Faszination Natur und Technik

Unsere Welt entdecken, erklären und verstehen

Faszination Natur und Technik

Unsere Welt entdecken, erklären und verstehen

EIN
ADAC
BUCH

Dem vorliegenden ADAC-Buch *Faszination Natur und Technik* liegen die folgenden Werke zugrunde:

1. *The Mitchell Beazley Family Encyclopedia of Nature,*
deutsche Ausgabe erschienen unter dem Titel *Geheimnisse der Natur*

© Bertelsmann Lexikon Verlag GmbH, Gütersloh/München 1992
Mitchell Beazley Publishers, London 1992

2. *Der menschliche Körper*

© Bertelsmann Lexikon Verlag GmbH, Gütersloh/München 1996

3. *The Encyclopedia of Science in Action,* deutscher Titel *Wissenschaft und Technik*
Producing: Duncan Baird Publishers, London

© Bertelsmann Lexikon Verlag GmbH, Gütersloh/München 1995

Dieses Buch entstand in Zusammenarbeit zwischen dem ADAC Verlag, München,
dem Bertelsmann Lexikon Verlag, Gütersloh/München und dem Verlagshaus Stuttgart.

Chefredaktion: Michael Dultz, Wolf Eckhard Gudemann
Projektleitung: Dr. Gisela Benecke, Dr. Hans-Joachim Völse, Heinz Wittenbrink
Redaktion: Thomas Heppel, Dr. Manfred Hoffmeister, Dr. Sabine Krome, Marion Pausch,
Ursula Rzepka, Anja Wiebensohn

Bildnachweis: Seite 576

Titelgestaltung: Graupner & Partner, München
Herstellung: John C. Bergener, Günter Hauptmann, Hans-Joachim Preußer

© ADAC Verlag GmbH, München 1996
© Bertelsmann Lexikon Verlag GmbH, Gütersloh/München 1996
© Verlagshaus Stuttgart GmbH, Stuttgart 1996

Druck- und Bindearbeiten: Mohndruck Graphische Betriebe GmbH, Gütersloh
Printed in Germany
ISBN: 3-87003-711-3

Einleitung

Die moderne Wissenschaft zeigt uns eine Welt, deren Erforschung noch lange nicht abgeschlossen ist. Ihre Formen sind phantastischer und ihre Gesetze erstaunlicher als alle Mythen, mit denen der Mensch früher seine Umwelt erklärte.

Der Band »Faszination Natur und Technik« will deshalb in Text und Illustration allgemeinverständlich darstellen, zu welchen Ergebnissen die Erforschung der Natur, des Menschen und seiner technischen Möglichkeiten inzwischen gelangt ist. Das Buch stellt konkrete, beobachtbare Phänomene in den Mittelpunkt der Darstellung. Es behandelt die Prozesse, die diesen Erscheinungen zugrunde liegen, und beantwortet dabei die Frage »Wie geht das?«

So entstand eine umfassende, reich illustrierte Enzyklopädie der Naturwissenschaft und Technik. Sie vermittelt Grundlagenwissen und gibt einen Überblick über alle wichtigen Themen im Umkreis von Mensch, Natur und Technik.

Astronomen erforschen das Weltall und liefern uns neue Erkenntnisse über den Urknall, mit dem die Existenz von Raum und Zeit vor 15 Milliarden Jahren begann. Aber auch unser Bild von der Erde und dem Menschen hat sich verändert. Geologen entdeckten, daß die Kontinente auf dem flüssigen Magma des Erdinneren schwimmen. Biologen erforschten, wie in den Zellen der Pflanzen und Tiere hochkomplizierte Eiweißmoleküle hergestellt werden, durch deren Zusammenwirken Leben überhaupt erst möglich wird; sie erkannten, daß die gesamte Erbinformation eines Individuums in den DNS-Fäden des Zellkerns gespeichert ist, und beschäftigen sich heute damit, den genetischen Code zu entschlüsseln. Verhaltensforscher beobachten, wie Signale und komplizierte Zeichensysteme das Zusammenleben von Tieren steuern. Selbst die Verarbeitung von Informationen im Gehirn und ihre Speicherung im Gedächtnis ist bereits in Ansätzen ergründet worden.

Die Explosion des Wissens in unserem Jahrhundert ist die Voraussetzung für das moderne Leben und seine Annehmlichkeiten, die uns heute so selbstverständlich erscheinen.

Doch erschwert gerade die Explosion des Wissens die Orientierung. Das Schulwissen veraltet immer schneller, viele Forscher verzichten darauf, die Ergebnisse ihrer Arbeit auch Nichtfachleuten vorzustellen. Selbst die Funktionsweise vieler technischer Geräte, mit denen wir es im Alltag zu tun haben, ist den meisten Menschen unbekannt.

»Faszination Natur und Technik« stellt Verbindungen zwischen verschiedenen Wissensgebieten her und geht auf die Fragen und Probleme ein, die Brennpunkte der gegenwärtigen Forschung bilden. Auf vielen Doppelseiten werden neueste wissenschaftliche Ergebnisse und technische Entwicklungen erläutert. Die Grafiken und Fotografien erleichtern den Zugang zu wissenschaftlichen und technischen Themenkreisen und vermitteln gleichzeitig, wie faszinierend und ästhetisch reizvoll diese Sachverhalte sein können.

Das Buch besteht aus drei Hauptteilen: »Die Natur«, »Der Mensch« und »Die Technik«. Der erste Teil beschäftigt sich mit der Umwelt des Menschen im weitesten Sinn. Er beginnt mit dem Aufbau und der Geschichte des Universums, unserer Milchstraße und des Sonnensystems. Eine Darstellung der Erde und ihrer Atmosphäre folgt. Ausführliche Kapitel sind dem Leben, seinen Formen und seiner Entwicklung gewidmet. Und auch die ökologischen Zusammenhänge und die Bedrohung der natürlichen Umwelt durch den Menschen sind wichtige Themen. Der zweite Hauptteil behandelt den Körper des Menschen, seine wichtigen Organe, seine Fortpflanzung und Entwicklung und die Orientierung in der Umwelt durch Sinnesorgane und Nervensystem. Der dritte Teil stellt alle Bereiche der modernen Technik von der Energieerzeugung über die Informationstechnologie bis zur Raumfahrt dar. Über die Grundlagen der meisten technischen Erfindungen informiert ein eigenes Kapitel zu Beginn dieses Teils.

Jedes Thema wird auf einer Doppelseite behandelt. Die Darstellung geht von einer großen Illustration aus, die in ausführlichen Bildunterschriften erläutert wird. Kleinere Illustrationen zeigen entscheidende Details oder weitere wichtige Aspekte. Der Haupttext stellt den Gegenstand im Zusammenhang vor.

Jede Doppelseite ist in sich abgeschlossen und kann für sich allein gelesen werden. Um den vollen Informationsreichtum des Bandes auszuschöpfen, sollten jedoch auch die Querverweise am Fuß der Seiten berücksichtigt werden. Sie stellen Verbindungen zu anderen inhaltlich verwandten Doppelseiten her und erlauben es dem Leser, sich ein Thema in einem größeren Zusammenhang zu erschließen. Über das ausführliche Register läßt sich gezielt nach Informationen suchen.

Inhalt

Der Mensch 212

Hormone

Nervensystem und Verhalten

Sinnesorgane

Gesundheitsgefahren durch Umwelteinflüsse

Die Technik 382

Grundlagen

Energie

Die Natur

Unter dem Mikroskop strahlen die chlorophyllhaltigen Zellen eines Buchenblattes in einem leuchtenden Grün. Mit Blattgrün oder Chlorophyll stellen die Pflanzen Zucker her. So verwandeln sie Sonnenlicht in chemische Energie und erzeugen dabei die Atemluft für alle höheren Lebensformen. Wir verdanken den grünen Chlorophyllmolekülen, daß wir das Raumschiff Erde bewohnen können.

Das Kapitel »Die Natur« beschreibt die Entstehung des Kosmos und das Leben auf der Erde. Es stellt die chemischen Prozesse dar, durch die Leben möglich wird, und erklärt, wie sich auf ihrer Grundlage so hochkomplexe Systeme wie die höheren Pflanzen und Tiere entwickeln konnten. Und es zeigt, daß jedes Lebewesen – auch der Mensch – in Ökosystemen auf andere Lebensformen angewiesen ist.

Randlage im Kosmos

Unser Sonnensystem im Gesamtzusammenhang des Universums

Unsere Vorfahren beobachteten den Himmel schon lange vor Erfindung des Fernrohrs. Vor- und frühgeschichtliche Bauten – von rohen Steinkreisen wie Stonehenge in England bis zu den genau ausgerichteten großen Pyramiden der Ägypter – belegen, daß bereits sehr früh die ersten Astronomen mit einfachen Mitteln die Bewegung von Sonne und Mond verfolgten. Sie konnten vor allem die Erscheinungen vorhersagen, die mit der Bewegung der Erde um die Sonne zusammenhängen, z. B. den Beginn der Jahreszeiten, die Sichtbarkeit der Sterne im Jahreslauf oder die Verfinsterungen von Sonne und Mond.

Die ältesten bekannten astronomischen Einrichtungen stammen aus der Zeit, als einige Gruppen von Menschen von der nomadischen Lebensweise zu einer ortsansässigen bäuerlichen Kultur übergingen. So errichteten die Bewohner Nordwest-Europas vor 5000 Jahren riesige Steinkreise – vermutlich, um den Sonnen- und Mondlauf, die Jahreszeiten und den Beginn von Saat oder Ernte festzulegen. Das bekannteste Beispiel ist der Steinkreis von Stonehenge in England, wo die Sonne zur Zeit der Sommersonnenwende genau in Richtung des sogenannten Heelsteins aufgeht.

Auch die alten Ägypter benutzten den Sternenlauf als Kalender. Schriftliche Überlieferungen zeigen, daß sie das erste Auftauchen des Sirius, des hellsten Sterns, vor Sonnenaufgang heranzogen, um den Zeitpunkt der Nilüberflutung zu bestimmen.

Das älteste Weltbild war das geozentrische Modell der alten Griechen mit der Erde im Zentrum. Die Erde stellten sie sich als runde Scheibe, später sogar schon als Kugel vor. Um sie bewegte sich alles. Fünf Planeten sollten um die Erde kreisen: Merkur, Venus, Mars, Jupiter und Saturn. Aber auch Sonne und Mond galten als Planeten. Die Sterne waren an der äußersten Sphäre »befestigt«.

Das neue heliozentrische Weltbild

Das geozentrische Weltbild hatte bis tief in das 17. Jahrhundert Gültigkeit. Es beruhte auf einer dauernden Überlieferung der antiken Schriften. Erst Nicolaus Copernicus, Domherr zu Frauenburg, stellte es ernsthaft in Frage. Er zeigte, daß nicht die Erde in der Mitte des Universums steht. Sie sei vielmehr nur ein Planet unter fünf anderen Planeten, die sich alle um die Sonne drehen.

Die Erfindung des Fernrohrs um 1600 beschleunigte das Ende des geozentrischen Systems. Der italienische Astronom Galileo Galilei entdeckte mit seinem kleinen Instrument die vier hellsten Jupitermonde und deren Bewegung um diesen Planeten. Er fand damit die erste Bestätigung dafür, daß nicht alle Himmelskörper um die Erde laufen. So vertrat auch Galilei in seinen Schriften das neue heliozentrische Weltbild mit der Sonne im Mittelpunkt.

Trotz des Widerstandes der Kirche setzte sich das heliozentrische Weltbild rasch durch. Konnte es doch viele Probleme wesentlich besser lösen. Immer größere Teleskope zeigten außerdem, wie vielfältig das Universum aufgebaut ist. Auf den Planeten wurden Einzelheiten erkennbar. Die Milchstraße löste sich in Millionen einzelner Ster-

Die Himmelssphäre

A *Die Sterne scheinen an einer riesigen Sphäre um uns herum angebracht zu sein. Als Folge der täglichen Drehung der Erde um ihre Achse laufen sie scheinbar in entgegengesetzter Richtung um uns herum. An der Himmelssphäre stehen aber zwei Punkte fest, der nördliche und südliche Himmelspol. Sie liegen genau über dem Nord- und Südpol der Erde.*

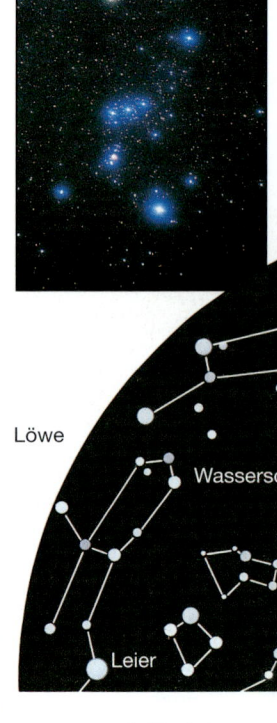

Unser Sonnenjahr

B *Die Sonne durchläuft in einem Jahr die Ekliptik (scheinbare Bahn der Sonne am Himmel, die der tatsächlichen Bahn der Erde um die Sonne entspricht). Der Erdäquator ist um 23,5° gegen die Ebene der Bahn um die Sonne geneigt. So steht die Sonne einmal nördlich, dann wieder südlich des Äquators. Am 21. 6., dem Sommeranfang, ist die Nordhalbkugel der Erde der Sonne zugeneigt. Am 22. 12. dagegen ist die Nordhalbkugel von der Sonne abgewandt. Der Winter beginnt. Auf der Südhalbkugel ist es umgekehrt. Dazwischen, am 21. 3. und 23. 9., ist Frühlings- bzw. Herbstanfang. Überall auf der Erde ist der Tag dann so lang wie die Nacht.*

Unsere Sternbilder haben eine willkürliche Form

Von fast allen Punkten der Erde aus kann man im Jahreslauf nur einen Teil des Himmels beobachten, wobei die Sterne in Polnähe zu jeder Jahreszeit zu sehen sind. Den ganzen Himmel lernt nur ein Betrachter am Äquator nach und nach kennen.

Löwe
Wassersc
Bootes
Leier

Scheinbare Bahn der Sonne

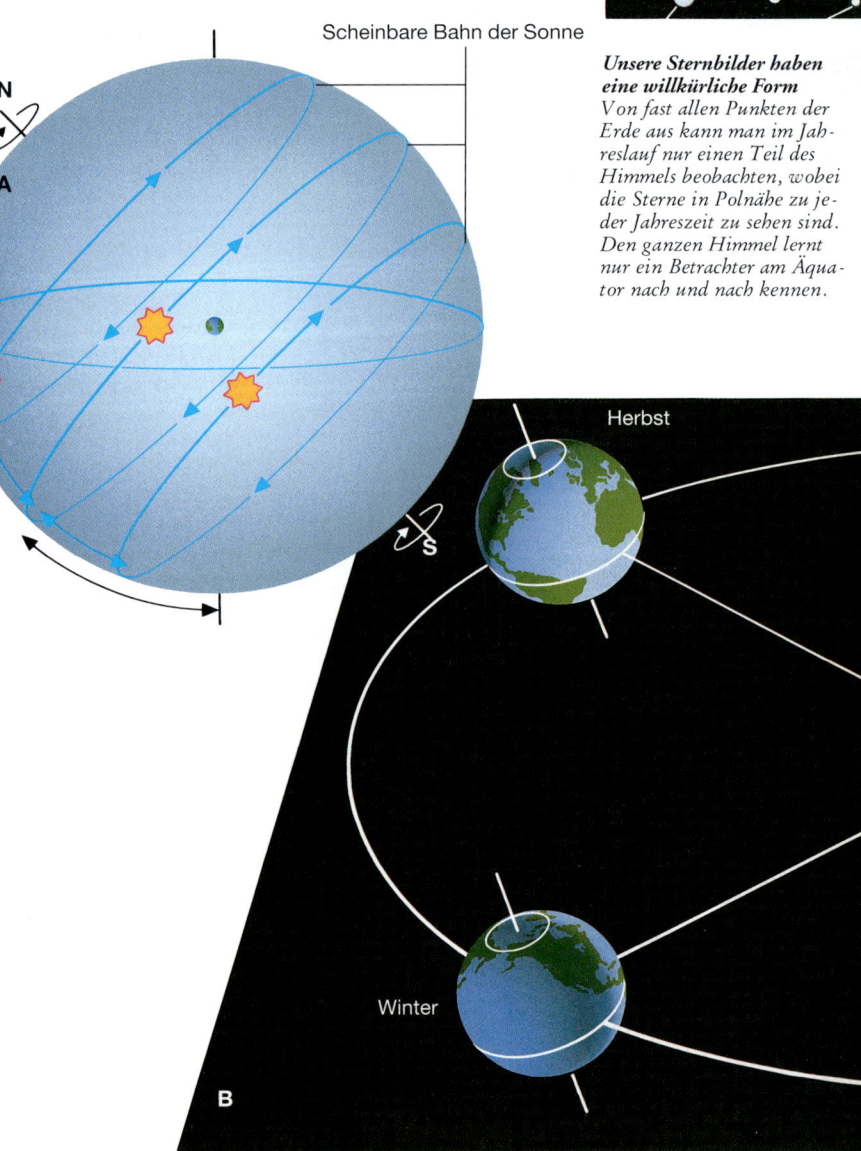

Herbst
Winter

N
A
S
B

Siehe auch: **Galaxien**, *S. 20/21* **Sonnensystem**, *S. 32/33* **Teleskope**, *S. 462/463*

ne auf. Zahlreiche schwache Nebel wurden verzeichnet. Gleichzeitig erkannte man, daß die Welt weitaus größer ist als ursprünglich geglaubt. Wilhelm Herschel entdeckte 1781 mit Uranus einen neuen Planeten hinter Saturn. Urbain Leverrier und John Couch Adams berechneten 1845 aus Störungen in der Bahn von Uranus den Ort des Neptuns. Und 1930 entdeckte schließlich Clyde Tombaugh den äußersten Planeten Pluto.

Mit Hilfe ausgeklügelter Messungen gelang es auch, die Entfernungen vieler Sterne zu bestimmen. Die riesigen Abstände zeigten, daß die Sterne in Wirklichkeit ferne Sonnen, ähnlich unserer eigenen Sonne, sind. Die Natur der Nebel, von denen immer mehr entdeckt wurden, blieb allerdings lange offen. Bei einem Teil handelt es sich um Gas- und Staubnebel. Der amerikanische Astronom Edwin Hubble erkannte aber schließlich, daß viele Nebelflecke weit entfernte Milchstraßensysteme sind. Je mehr derartige ferne Galaxien man entdeckte, desto deutlicher wurde, wie unbedeutend unser Platz im Universum ist. Die Galaxien selbst gehören zu noch größeren, blasenartigen Strukturen, die erst seit wenigen Jahren gründlich erforscht werden können. Heute wissen wir, daß wir selbst mit noch so riesigen Teleskopen nur einen Teil des ganzen Weltalls überblicken könnten.

Ein Observatorium aus Stein

Ⓔ *Stonehenge in Südengland nahe Salisbury ist eine Serie konzentrischer Steinkreise, die zwischen 3100 und 1500 v. Chr. errichtet wurden. In ihnen liegen fünf hufeisenförmig angeordnete, jeweils aus drei Steinen gebildete Bögen. Der mittlere ist so ausgerichtet, daß er zum Sommeranfang, am 21. 6., auf den Punkt am Horizont zeigt, wo die Sonne aufgeht, und zum Winteranfang, am 22. 12., in die Richtung weist, wo die Sonne untergeht. Ein kleinerer Stein, der »Heelstein«, liegt nordöstlich außerhalb der Hauptkreise. Zur Sommersonnenwende (1) geht die Sonne genau hinter ihm auf, wenn man*

Ⓒ *Die Sternbilder der nördlichen (und z. T. auch der südlichen) Himmelshalbkugel gehen meist auf Sagen der Antike zurück. Ein typisches Sternbild ist der Himmelsjäger Orion (Foto oben links) mit seinem roten Schulterstern Beteigeuze, den drei Gürtelsternen und dem blauweißen Fußstern Rigel.*

Ⓓ *Diese Figur ist aber zufällig und hängt von unserem Platz im Weltraum ab. Denn die Sterne in einem Sternbild haben ganz verschiedene Entfernungen zur Erde.*

ihn durch den mittleren Steinbogen betrachtet (siehe oben).
Zur Wintersonnenwende geht die Sonne an der gegenüberliegenden Stelle unter (2 und Foto links). Mit Hilfe weiterer Visierlinien in dieser Anlage konnten die Menschen auch andere Jahrespunkte bestimmen.

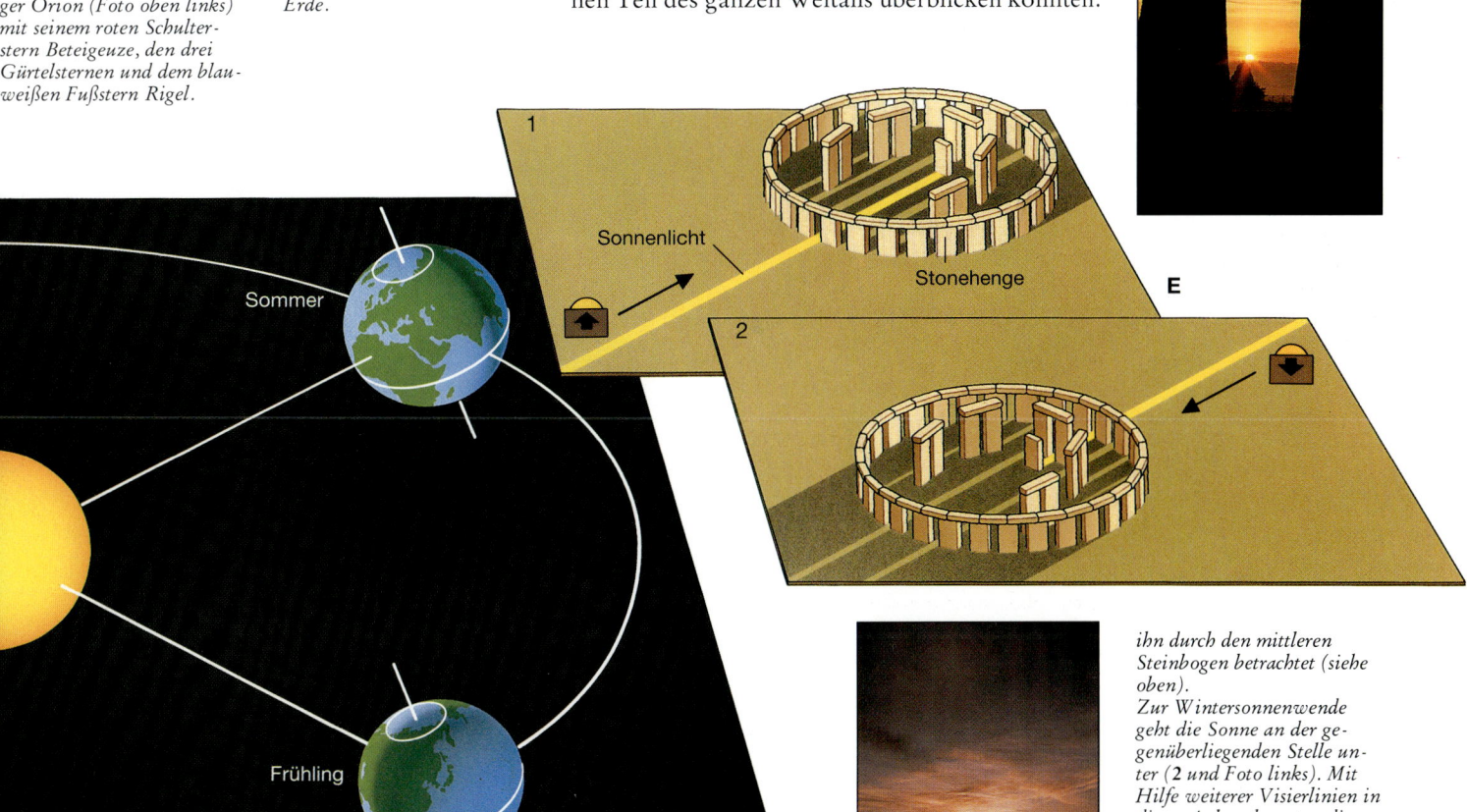

Das Licht verrät die Geheimnisse der Sterne

Methoden der Astronomie

Das Licht der Sterne verrät uns viel mehr als nur deren Position am Himmel. So hängt ihre Helligkeit von der tatsächlichen Leuchtkraft und Entfernung ab. Regelmäßige Helligkeitsänderungen zeigen uns manchmal, daß es sich nicht um einen Einzelstern, sondern um zwei Sterne handelt, die umeinander kreisen – einen Doppelstern. Die Analyse des Spektrums eines Sterns, d. h. der Wellenlänge, die er aussendet, liefert z.B. Informationen über seine Oberflächentemperatur. Bestimmte »Fingerabdrücke« im Spektrum verweisen aber auch auf einzelne Elemente und damit die chemische Zusammensetzung des Sterns.

Das Licht ist nicht die einzige elektromagnetische Strahlung, die uns aus dem Weltall erreicht. Das ganze Spektrum reicht von den extrem kurzwelligen Gammastrahlen über die Röntgenstrahlen und die ultraviolette Strahlung bis zum sichtbaren Licht und von da aus weiter zu längeren Wellenlängen, der Infrarotstrahlung und den Radiowellen. Allerdings durchdringt nur ein kleiner Teil dieser Strahlungen unsere Atmosphäre. Dazu gehört vor allem das sichtbare Licht. Aber selbst dieses wird durch die Atmosphäre beeinflußt. So funkeln die Sterne nicht, weil ihre Leuchtkraft wirklich so schnell schwankt, sondern wegen der Unruhe der Luftschichten. Deswegen und aus vielen anderen Gründen bevorzugen Astronomen Sternwarten auf hohen Bergen, wo die Luft klarer ist und man oft sogar über den Wolken steht.

Für das sichtbare Licht gibt es zwei Arten von Teleskopen. Am bekanntesten und ältesten ist das Linsenfernrohr (Refraktor). Es besteht aus zwei Linsen: Das Objektiv sammelt das Licht der fernen Objekte und bildet diese im Brennpunkt ab. Dann vergrößert das Okular das Brennpunktsbild. Viele Amateurfernrohre sind Refraktoren. Selbst Feldstecher arbeiten nach diesem Prinzip.

Teleskope sammeln Licht

Das Wichtigste bei einem Fernrohr ist sein Lichtsammelvermögen. Größere Objektive sammeln mehr Licht und können deshalb schwächere Objekte zeigen. Glaslinsen werden aber ab einer bestimmten Größe zu schwer. Deswegen sind alle großen Fernrohre Spiegelteleskope oder Reflektoren. Sie wurden erstmals von Sir Isaac Newton entwickelt. Hier erzeugt ein Parabolspiegel das Brennpunktsbild. Spiegel sind leichter und können einfacher als Linsen hergestellt werden. Sie zeigen auch keine störenden Farbsäume, die bei Linsen aufgrund der unterschiedlichen Brechung der einzelnen Farben des Lichtes entstehen.

Auch Radiowellen durchdringen die Atmosphäre. Radioteleskope sind ähnlich aufgebaut wie optische Teleskope, müssen wegen der längeren Wellenlängen aber viel größer sein. Trotzdem lösen sie weniger Einzelheiten auf. Dieser Nachteil kann durch die Zusammenschaltung mehrerer, in weitem Abstand über die Erdoberfläche verteilter Teleskope behoben werden.

Observatorien in einer Umlaufbahn um die Erde öffneten für die Astronomie ganz neue Wellenlängenbereiche: Die Ultraviolett-, Infrarot- und Röntgenastronomie. Und das Hubble-Weltraum-Teleskop erlaubte auch in der optischen Astronomie weitere Fortschritte.

Spektrum vom langwelligen roten bis zum kurzwelligen blauen Licht. Ein Spektrum kann aber auch mit Hilfe eines Prismas – eines dreikantigen Glaskörpers – erzeugt werden. Man unterscheidet deshalb Gitter- und Prismenspektrographen.

Computer

Beugungsgitter

Die Aufspaltung des Lichtes
Ⓐ *Das Herzstück eines Spektrographen ist eine Glasplatte mit 2000 und mehr parallel zueinander eingeritzten Linien pro Millimeter. An ihnen wird Licht je nach Wellenlänge unterschiedlich gebeugt. So entsteht mit Hilfe eines derartigen Beugungsgitters ein*

Halbleiterdetektor (CCD)

A

Parabolspiegel

Lichtweg

Elektronik in der modernen Astronomie
Ⓐ *Ein moderner Spektrograph wird meist an einem großen Reflektor angebracht. Der Teleskopspiegel sammelt das Licht. Ein weiterer Spiegel lenkt sodann das parallel ausgerichtete Lichtbündel auf ein Beugungsgitter (siehe oben), wo es in ein Spektrum aufgesplittet und von einer Kamera aufgenommen wird. Fotografische Filme oder Platten haben nur eine begrenzte Empfindlichkeit und müssen lange belichtet werden, wenn schwach leuchtende Himmelskörper sichtbar gemacht und unter-* sucht werden sollen. Daher benutzt man heute in zunehmendem Maße elektronische Verstärker, um das Spektrum der Himmelskörper aufzeichnen zu können. Dazu gehört vor allem das Charge Coupled Device (CCD). Dieser Halbleiterdetektor besteht aus etwa 1000 x 1000 lichtempfindlichen Elementen auf einem winzigen Sili- ziumchip. Mit ihm können sogar noch einzelne Photonen, also einzelne Lichtteilchen, registriert werden. Schon ein kleines Teleskop registriert damit Sterne, für die die Fotografie viel größere Instrumente benötigen würde. CCDs erfassen außerdem Teile des Spektrums, für die Filmmaterial unempfindlich ist.

Siehe auch: Elektromagnetische Wellen, S. 416/417 Linsen, S. 420/421 Teleskope, S. 462/463 Hubble, S. 558/559

serstofflinie   Natriumlinien

Das Sonnenspektrum

Das Sonnenspektrum läßt sich besser untersuchen als das jedes anderen Sterns. Es zeigt ein durchgehendes Farbband von Rot nach Violett und viele dunkle Linien. Sie gehen auf die Atome bestimmter Elemente innerhalb der Sonnenatmosphäre zurück, die Licht einzelner Wellenlängen absorbieren. Das ganze Sonnenspektrum enthält 20 000 Spektrallinien. Davon sind hier wegen des kleinen Maßstabs nur wenige zu erkennen. Drei starke Linien treten aber besonders hervor: Die eine liegt im roten Bereich und geht auf Wasserstoff zurück, zwei andere ganz eng benachbarte Linien im gelben Bereich sind Natriumlinien.

Wie das Licht der Sterne »gelesen« wird

Die Spektrographie erzielte in der Astronomie besonders große Erfolge. Ein Spektrograph splittet das Licht eines Sterns in seine einzelnen Wellenlängen auf, sein Spektrum. Stellt man in einer Kurve dar, welche Wellenlängen stärker, welche schwächer ausgesandt werden, so gibt der Gipfelpunkt dieser Kurve die Oberflächentemperatur an. Ein Stück Metall leuchtet beim Erhitzen zunächst rot, dann weiß und schließlich blau. So senden kühlere Sterne mehr langwelliges Licht am roten Ende des Spektrums aus, z.B. der rote Riesenstern Beteigeuze im Sternbild Orion. Heißere Sterne, wie unsere Sonne, haben ihr Strahlungsmaximum in der Mitte des sichtbaren Spektrums. Sie zeigen eine Mischung aus mehreren Farben und erscheinen gelb. Die heißesten Sterne mit einer Oberflächentemperatur von über 30 000 °C, sind dagegen weiß oder blauweiß. Sie senden vor allem ultraviolette Strahlung jenseits des kurzwelligen Endes des sichtbaren Spektrums aus. Die unterschiedlichen Farben erkennt bei hellen Sternen schon das bloße Auge.

Im Spektrum eines Sterns erscheinen Unmengen dunkler Linien. Diese »Lücken« gehen darauf zurück, daß diese Wellenlängen von bestimmten Gasen in den Atmosphären der Sterne absorbiert werden. Die Elektronen, die die Atomkerne umkreisen, springen zwischen verschiedenen Energiestufen oder Bahnen herauf oder herunter, je nachdem ob sie Energie – in Form von Strahlung einer bestimmten Wellenlänge – aufnehmen oder abgeben. Die als Licht sichtbare Strahlung jedes Elements hat also eine ganz bestimmte, nur für dieses Element typische Wellenlänge. Die Spektrallinien und die Lücken zwischen ihnen zeigen genau, aus welchen Elementen ein Stern besteht.

Schließlich ist das ganze Linienmuster im Spektrum oft nach kurzen oder langen Wellenlängen verschoben. Die Richtung und der Betrag dieser sog. Doppler-Verschiebung (siehe S. 414) gibt deshalb an, mit welcher Geschwindigkeit sich ein Stern uns nähert oder von uns entfernt.

B

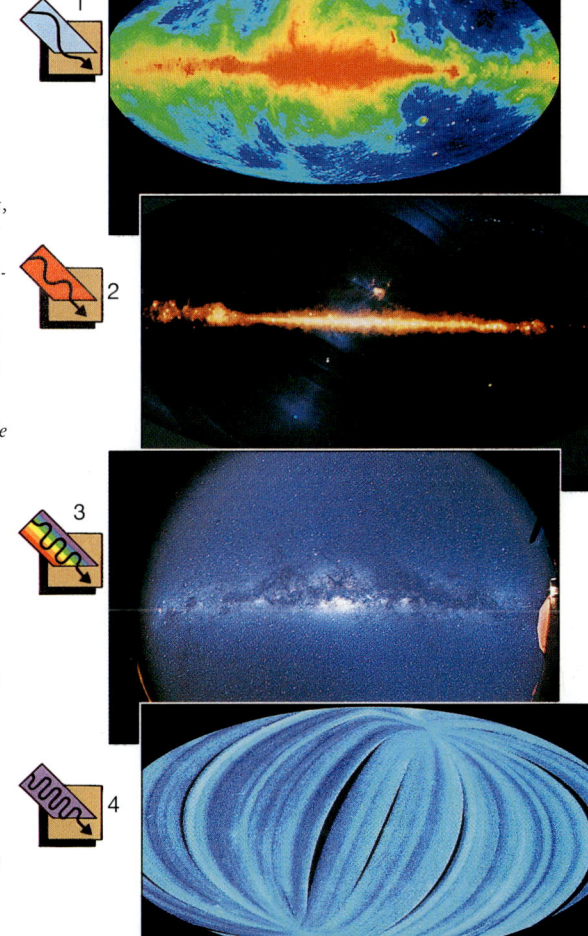

Das Weltall in verschiedenen Wellenlängen

B *Das Licht, für das unser Auge empfindlich ist, stellt nur einen kleinen Ausschnitt aller elektromagnetischen Schwingungen dar. Erforscht man das Weltall in anderen Wellenlängenbereichen, stellen sich völlig neue Erkenntnisse ein. So ist z.B. unsere Milchstraße ein starker Radiostrahler (1). Die roten Bereiche zeigen die höchste Radiointensität an. In einer Infrarot-Darstellung (2) herrscht Strahlung vor, die von Staubwolken zwischen den Sternen ausgeht. Das helle Band, das von links nach rechts verläuft, stammt von Staub in unserem Sonnensystem. Im sichtbaren Wellenlängenbereich (3) zeigt sich der Himmel in vertrauter Weise. Quer hindurch verläuft das neblige Band der Milchstraße. Ganz anders wieder die Ultraviolett-Darstellung (4), die während eines Zeitraums von sechs Monaten vom Satelliten »Extreme Ultraviolet Explorer« empfangen wurde (Gürtelsterne des Orion und helle Nebel). Der Röntgenwellenbereich (5) gibt die Strahlung aktiver Galaxien wieder, die in ihrem Kern vielleicht extrem massereiche Schwarze Löcher enthalten.*

Mit dem Urknall begannen Raum und Zeit

Die Entstehung des Weltalls

Die stark rotverschobene Strahlung der fernsten Galaxien und Quasare zeigt, daß diese sich nach allen Richtungen von uns wegbewegen. Je weiter sie von uns entfernt sind, desto größer ist ihre Fluchtgeschwindigkeit. Das Weltall expandiert wie ein Ballon, auf dessen Oberfläche sich alle Punkte voneinander entfernen. Verfolgt man diese Expansion zeitlich zurück, so muß die gesamte Materie und Energie des Weltalls aus einem unendlich kleinen Punkt, einer »Singularität«, in einer unvorstellbar heftigen Explosion entstanden sein, dem Urknall. Vielleicht wird sie in ferner Zukunft wieder zu einer Singularität zusammenfallen.

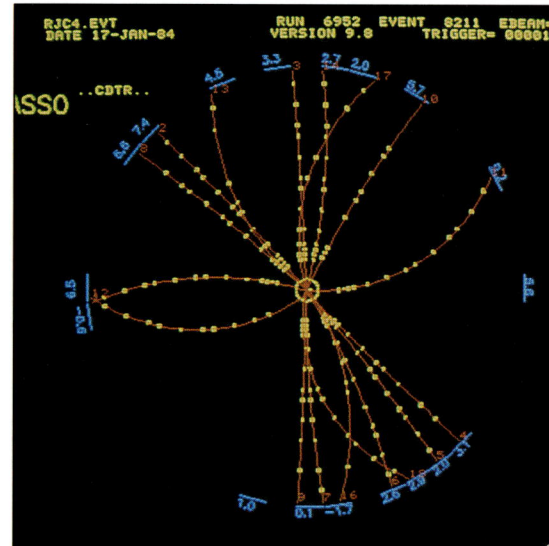

Astronomen errechnen die Entfernung der Galaxien, indem sie die Lichtstärke einzelner Sterne in ihnen mit der Helligkeit bestimmter Sterntypen (»Standardkerzen«) vergleichen, deren wirkliche (»absolute«) Leuchtkraft bekannt ist. Doch führt dies nur bei näheren Galaxien zum Ziel.

Dagegen ist eine andere Methode im weiteren Umfang anwendbar: Als die Astronomen erstmals die Spektren ferner Galaxien studierten, um deren Zusammensetzung zu untersuchen, fanden sie zwar Spektrallinien, wie sie von einzelnen Sternen her bekannt sind. Sie waren aber ganz erheblich zum roten Ende des Spektrums verschoben. Diese Rotverschiebung wird mit Hilfe des Doppler-Effekts erklärt. Genau so, wie die Tonhöhe einer Sirene absinkt, wenn sich diese von uns entfernt, so ist das Licht der Galaxien zu längeren Wellenlängen hin verschoben. Der amerikanische Astronom Edwin Hubble setzte die Rotverschiebung der Galaxien zu deren Entfernung in Beziehung: Je größer die Rotverschiebung, desto weiter sind die Galaxien entfernt.

Die Entdeckung Hubbles führte zu dem Schluß, daß das ganze Weltall expandiert. Die Materie des Weltalls war nach dieser Theorie irgendwann einmal in einem Punkt, in einer Singularität, mit unendlich hoher Dichte vereinigt. Aus ihm müßte die gesamte Masse und Energie des Universums in einem gewaltigen »Big Bang« oder Urknall herausgebrochen sein. Mit der Expansion und Abkühlung der Materie spalteten sich die vier Fundamentalkräfte (Gravitation, elektromagnetische Kraft, starke und schwache Kernkraft) voneinander ab, und es entstanden immer komplexere Materieteilchen.

Das Urknall-Modell kann vieles sehr gut erklären, was wir im Weltall beobachten. Dennoch bleiben Fragen unbeantwortet. So ist unklar, was mit der Antimaterie passierte, die sich den physikalischen Gesetzen gemäß beim Urknall ebenfalls gebildet hat. Antimaterie, die sich im Labor in winzigsten Mengen herstellen läßt, hat negativ geladene Kernteilchen, die Antiprotonen, und statt der negativen Elektronen unserer Materie positiv geladene Positronen. Man nimmt an, daß unmittelbar nach dem Urknall mehr Materie als Antimaterie vorhanden gewesen sein muß, denn beide vernichten sich sofort, wenn sie miteinander in Berührung kommen. Heißt das aber, daß alle beim Urknall entstandene Antimaterie vernichtet wurde? Es ist nicht ausgeschlossen, daß ferne Galaxien aus Antimaterie bestehen, und auch die Vermutung, daß in unserer Milchstraße Antimaterie vorkommt, ist nicht widerlegt.

Der Schöpfungsakt

Das Universum entstand vor ungefähr 15 Milliarden Jahren. Erst damals wurden Raum und Zeit geboren, so daß die Frage nach dem Vorher sinnlos ist. Der Urknall war das dramatischste Ereignis in der Weltgeschichte. Die Physiker benötigen zu seiner Beschreibung äußerst winzige oder riesige Zahlen. So betrug z. B. die Temperatur des Universums kurz nach dem Urknall, während der sog. Planck-Zeit, die mit unseren bekannten physikalischen Gesetzen nicht beschrieben werden kann, 10^{32} °C. Das ist eine 1 gefolgt von 32 Nullen! Diese Zeitspanne reichte bis 10^{-43} Sekunden nach dem Urknall. Das ist eine 1 dividiert durch eine 1 mit 43 Nullen. Während der Planck-Zeit waren vermutlich noch alle vier Fundamentalkräfte der Natur – die Schwerkraft, die starke und schwache Kernkraft und die elektromagnetische Kraft – in einer Superkraft vereinigt. Sodann spaltete sich zuerst die Schwerkraft und danach die starke Kernkraft ab. Dabei wurden so gewaltige Energien frei, daß sich das Universum in einer Inflationsperiode gewaltig vergrößerte. Bei den damaligen hohen Temperaturen entstanden auch Materieteilchen: bis etwa 10^{-6} Sekunden die Leptonen, das sind vor allem die Elektronen, sowie freie Quarks, von denen es sechs verschiedene Arten gibt, und deren jeweilige Antiteilchen (1). Bis 10^{-4} Sekunden vereinigten sich die Quarks zu größeren Teilchen: Protonen und Neutronen (2) bzw. Antiprotonen, Antineutronen und Positronen. Teilchen und Antiteilchen sind in ihren physikalischen Eigenschaften identisch, aber von entgegengesetzter Ladung. Sie können nicht zusammen bestehen: Sobald sie aufeinandertreffen, zerstrahlen sie, wobei enorme Energiemen-

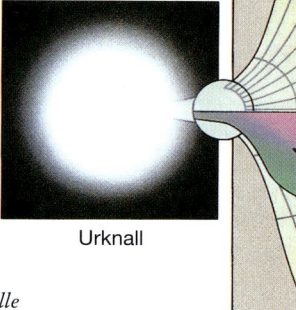

Urknall

Im Angesicht des Urknalls

Dieses bei DESY in Hamburg erstellte computergenerierte Bild zeigt den Zerfall eines bottom-Quarks, eines der beim Urknall entstandenen Bestandteile der schweren Elementarteilchen.

gen frei werden. Fast alle Partikel müssen deshalb in dieser ersten Phase des Universums, in der Teilchen und Antiteilchen dicht beieinander waren, vernichtet worden sein. Die Teilchen hatten jedoch einen Überschuß von einem Milliardstel gegenüber den Antiteilchen. So fand jeweils ein Teilchen aus einer Milliarde keinen Anti-Partner zur Zerstrahlung. Nur diesem winzigen Ungleichgewicht ist es zu verdanken, daß es im Weltall Materie und nicht nur Strahlung gibt. Nach 10^{-4} Sekunden konnten bei weiter absinkender Temperatur nur noch leichte Teilchen, wie die Elektronen, gebildet werden. Als das Weltall eine Sekunde alt war, sank die Temperatur auf 10 Milliarden °C. Die Bildung von Teilchen hörte auf. Darauf setzte eine Zeitspanne der Kernsynthese ein. Aus den schon vorhandenen

Protonen oder Wasserstoffkernen und den Neutronen entstanden das Wasserstoffisotop Deuterium, das Helium und winzige Spuren etwas schwererer Elemente (3). Alle Atomkerne sind elektrisch positiv, die Elektronen negativ geladen. Das damals noch ionisierte Gas oder Plasma war für Strahlung undurchsichtig. Als eine Million Jahre später die Temperatur auf 3000 °C fiel, vereinigten sich die Atomkerne mit den Elektronen und bildeten elektrisch neutrale Atome (4). Gleichzeitig wurde das Weltall durchsichtig.

Siehe auch: **Atome,** *S. 384/385* **Grundkräfte,** *S. 390/391* **Relativitätstheorie,** *S. 424/425*

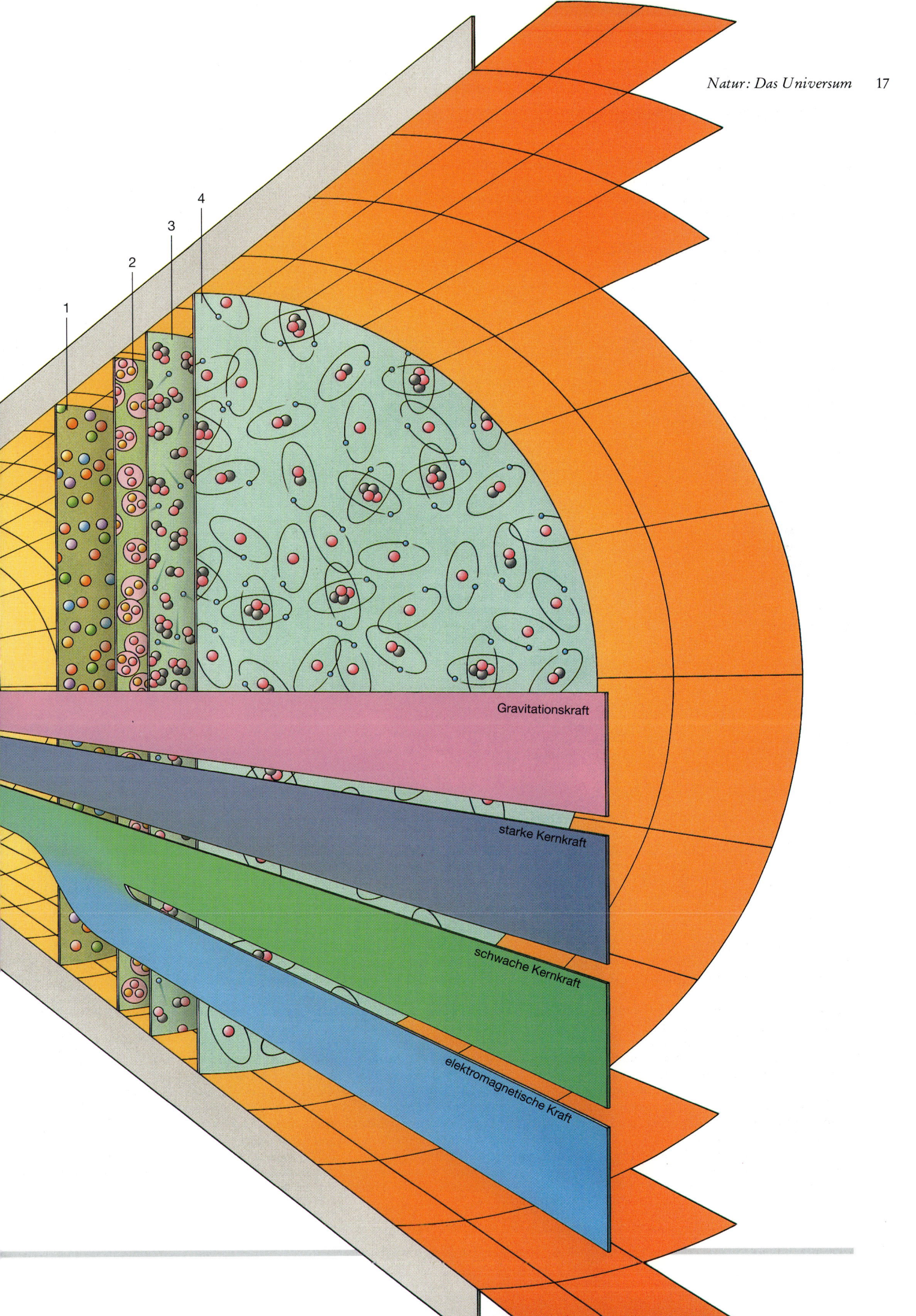

Gravitationskraft

starke Kernkraft

schwache Kernkraft

elektromagnetische Kraft

Das Echo des Urknalls

Ausdehnung und Zukunft des Universums

Im Jahre 1965 fanden Arno Penzias und Robert Wilson den stärksten Beweis für den Urknall. Mit einem Radioteleskop entdeckten sie eine schwache Strahlung, die aus allen Richtungen des Himmels eintrifft. Sie entspricht der Strahlung eines Körpers mit einer Temperatur von –271 °C. Die Wissenschaftler identifizierten sie als das schwache »Nachglühen« des Urknalls. Später fand der Forschungssatellit Cosmic Background Explorer in dieser kosmischen Hintergrundstrahlung kleine Unregelmäßigkeiten. Sie spiegeln vermutlich die ersten Zusammenballungen der Materie wider, also die Vorstufen in der Bildung von Galaxien.

Viele Einzelheiten sind im Rahmen der Urknall-Theorie noch umstritten. Diese Theorie ist auch nicht das einzige Modell zur Erklärung der Entstehung des Weltalls. Doch keine Theorie war so erfolgreich. Die Kosmologen versuchen daher, die noch bestehenden Probleme innerhalb der Urknall-Theorie zu lösen.

Weitgehend unumstritten ist, daß die im Jahre 1965 entdeckte kosmische Hintergrundstrahlung ein Überrest der Strahlung ist, die nach dem Urknall frei wurde. Eine Million Jahre nach dem »Big Bang«, bei einer Temperatur von 3000 °C, fanden Atomkerne und Elektronen zusammen und bildeten ein elektrisch neutrales Gas. Erst dann wurde das Weltall durchsichtig. Die kosmische Hintergrundstrahlung erfuhr wegen der Expansion des Weltalls und des Doppler-Effekts eine Wellenlängenvergrößerung und wird heute im Mikrowellenbereich registriert. Sie entspricht jetzt einer Temperatur von nur noch –271 °C.

Die Hintergrundstrahlung warf ein Problem auf: Heute zeigen sich im Universum riesige Materiezusammenballungen, die Galaxien, und dazwischen fast leere Räume. Der Mikrowellen-Hintergrund schien aber im Gegensatz dazu ganz gleichmäßig. Nirgendwo waren Unregelmäßigkeiten zu finden, die auf Vorstufen in der Bildung von Materieklumpen hingewiesen hätten.

1989 wurde der Cosmic Background Explorer (COBE) gestartet. Mit ihm konnte der Mikrowellen-Hintergrund außerhalb der Erdatmosphäre genauer vermessen werden. Und tatsächlich fanden sich darin erstmals feine Abweichungen. Dies war ein Blick auf die ersten Strukturen im frühen Universum, eine gute Bestätigung für die Theorie vom Urknall und der Inflation in der Frühgeschichte des Weltalls.

Wie alt ist unser Kosmos?

Aber es gibt immer noch Probleme mit dem Urknall. Am meisten Kummer macht die Frage nach dem Weltalter. Es kann aus der Größe der Hubble-Konstante H abgeleitet werden. Sie gibt an, wie schnell sich infolge der Expansion des Weltalls eine Galaxie bestimmter Entfernung von uns wegbewegt. Dabei gilt: Je weiter eine Galaxie entfernt ist, desto schneller bewegt sie sich. Die Konstante wurde erstmals von dem amerikanischen Astronomen Edwin Hubble berechnet. Leider sind die Entfernungen der Galaxien nur sehr ungenau bekannt. Außerdem zeigen die Galaxien wegen ihrer gegenseitigen Anziehung eigene Bewegungen, die nichts mit der Expansion des Weltalls zu tun haben. Ein oft benutzter Wert für H ist

85 km/s für je 1 Megaparsec Entfernung (1 Megaparsec ist eine Entfernungseinheit von 3,26 Millionen Lichtjahren; 1 Lichtjahr entspricht knapp 10 Billionen km). Damit erhält man ein Weltalter von rund 10 Milliarden Jahren. Andererseits sind die ältesten Sterne etwa 15 Milliarden Jahre alt! Entweder sind also die Altersangaben der Sterne zu hoch oder die Entfernungen der Galaxien zu klein angesetzt. Immerhin liegen aber die erhaltenen Zahlen nicht so weit auseinander, daß sie nicht doch noch in naher Zukunft in Einklang gebracht werden könnten.

Ein anderes Problem: Die durch die gegenseitige Anziehung bedingten Bewegungen der Sterne in den Galaxien zeigen, daß wir nur höchstens 10 % der Gesamtmasse des Weltalls wirklich sehen oder mit anderen Methoden, wie Radioteleskopen, erfassen. Es gibt offenbar riesige Mengen unsichtbarer Massen. Vielleicht sind es Klumpen aus nur schwach mit der anderen Materie in Wechselwirkung stehenden Teilchen, die um die Galaxien herum lagern. Vielleicht erklärt die Anordnung der unsichtbaren Materie auch, weshalb sich die Galaxien in riesigen Superhaufen zusammenschließen, die wiederum lange Fäden oder eine eigentümliche Blasenstruktur im Weltall bilden.

Strahlung aus der Vergangenheit
Ⓐ *Eine Million Jahre nach dem Urknall – eine im kosmischem Maßstab nur kurze Zeitspanne – sanken die Temperaturen im Universum auf 3000 °C. Atomkerne und Elektronen vereinigten sich zu neutralen Atomen, und das vorher für Strahlung undurchsichtige Weltall wurde durchsichtig (1). Die damalige Strahlung erfüllte den Raum mit rötlichem Licht. Heute, rund 15 Milliarden Jahre später, können wir diese kosmische Hintergrundstrahlung immer noch beobachten (2). Inzwischen hat sich das Weltall aber auf*

A

–271 °C abgekühlt. Die Strahlung, die vor 15 Milliarden Jahren vor allem im sichtbaren Bereich lag, verschob sich bis heute infolge der Expansion des Weltalls in den langwelligeren Millimeter- oder Mikrowellenbereich. Der Cosmic Background Explorer (COBE) erstellte in den letzten Jahren eine Himmelskarte, aus der die Stärke der kosmischen Hintergrundstrahlung hervorgeht. Dabei zeigen sich von Ort zu Ort winzige Unterschiede. Die etwas wärmeren Stellen deuten auf Bereiche im Weltall hin, in denen die Materiedichte schon 300 000 Jahre nach dem Urknall etwas höher war – vielleicht Vorstufen in der Bildung von Galaxien oder Galaxienhaufen (3). So war bereits damals die Struktur des heutigen Universums vorgezeichnet.

Siehe auch: Entstehung des Universums, S. 16/17 Atome, S. 384/385 Teleskope S. 462/463 Hubble, S. 558/559

Ferne Quasare
Das computererzeugte Bild eines »Doppelquasars« (links) wurde mit dem Very Large Array, einer Radioteleskopanordnung in New Mexico, USA, aufgenommen. Quasare sind vermutlich aktive Kerne von meist viele Milliarden Lichtjahre entfernten Galaxien. Ihre Strahlung könnte auf Vorgänge zurückgehen, wie sie vor allem in der Frühzeit des Universums auftraten.

Atom

Big Bang

B

1

2

3

Big Crunch

Die Zukunft des Universums
B *Obwohl das Universum seit dem Urknall expandiert, bremst die Schwerkraft der in ihm befindlichen Massen die Expansion ab. Ob die Schwerkraft schließlich die Oberhand gewinnt, hängt von der gegenwärtigen Expansionsgeschwindigkeit und* der Materiedichte des Universums ab.
Bei einer geringen Dichte (1) ist die Abbremsung so gering, daß die Expansion niemals zum Stillstand kommt. Die Galaxien streben immer weiter voneinander weg. Bei der sogenannten »kritischen Dichte« (2) ist die Abbrem- sung stärker, doch käme die Expansion erst in unendlich ferner Zeit völlig zum Stillstand. Die Messungen zeigen, daß die Verhältnisse in unserem Universum diesem sogenannten »flachen Universum« ziemlich nahekommen. Ein Universum mit hoher Dichte (3) wird so stark abgebremst, daß die Expansion schließlich in eine Kontraktion umschlägt. Materie, Zeit und Raum fallen in einer »Singularität« zusammen (»Big Crunch«), die der Singularität entspricht, aus der das Universum hervorgegangen ist. Vielleicht kann daraus später ein neues Univer- sum geboren werden. Einige Wissenschaftler haben Theorien entwickelt, denen zufolge unser Universum nur eines von vielen Universen ist. Mit mathematischen Modellen versuchen sie zu beschreiben, unter welchen Bedingungen es zu einem Urknall kommt.

Riesenräder des Alls

Die Milchstraße und andere Galaxien

Erstaunlicherweise sehen wir in einer klaren Nacht von der Erde aus mit bloßem Auge nur rund 3000 Sterne. Aber über den Himmel hinweg erstreckt sich von Horizont zu Horizont ein feines nebliges Band, die Milchstraße. Bereits die ersten Fernrohre konnten sie in Millionen schwacher Sterne auflösen. Heute wissen wir, daß die Milchstraße die Innenansicht unseres eigenen Sternsystems darstellt – eine riesige Spirale aus Gas und über 100 Milliarden Sternen. Unsere Milchstraße ist aber nur eine Galaxie unter Milliarden von anderen Systemen mit oft faszinierenden und bizarren Formen.

Wir sehen die Milchstraße als ein weißliches Band am Himmel, weil sich unser Sonnensystem inmitten dieses Sternsystems befindet. Wir sind rund 27000 Lichtjahre von der Mitte dieser 100 000 Lichtjahre großen diskusförmigen Galaxie entfernt. In der Richtung zum Sternbild Schütze liegt das Zentrum, in Richtung Stier der Galaxienrand.

Aus Beobachtungen anderer Galaxien und unseres eigenen Systems erhielten die Astronomen ein Bild vom Aufbau unserer Milchstraße. Die Mitte bildet ein riesiger rundlicher Kern, vollgepackt mit Sternen. Was genau in dessen Zentrum liegt, ist immer noch umstritten. Von diesem Kern aus winden sich Spiralarme nach außen. Dort entstehen auch neue Sterne.

Unsere Galaxis rotiert nicht wie ein starrer Körper. Die Rotationsgeschwindigkeit steigt vom Zentrum nach außen zunächst schnell an, um dann langsam wieder abzufallen. Die Sonne umläuft das Zentrum der Galaxis in ca. 240 Millionen Jahren, was einer Rotationsgeschwindigkeit von 230 km/s entspricht. Die Masse der Galaxis schätzt man auf 340 Milliarden Sonnenmassen.

Galaxien sind die wichtigsten Strukturen im Universum. Wahrscheinlich gibt es im Weltall genau so viele Galaxien wie Sterne in der Milchstraße. Die Galaxien schließen sich zu Haufen und weiter zu riesigen Superhaufen zusammen. In ganz großen Räumen zeigt sich eine Art Blasenstruktur mit Galaxien an der gedachten Oberfläche der Blasen und fast leeren Innenräumen.

Die Struktur der Spiralarme

B C *Die Spiralarme der Galaxien werden immer wieder neu gebildet und bestehen nicht für alle Zeiten aus den gleichen Sternen. Die Spiralstruktur würde sich sonst durch die Rotationen bereits nach kurzer Zeit auflösen. Warum das nicht geschieht, ist noch nicht endgültig geklärt. Eine mögliche Erklärung für die permanente Erneuerung der Spiralarme in den Galaxien bieten die »Dichtewellen«, die zu enormen Veränderungen des Gravitationsfeldes führen.*
Es handelt sich dabei um Störungen in der räumlichen Verteilung und in den Bewegungen der Sterne, die mit einem Stau auf einer Auto- *bahn vergleichbar sind: Die Autobahn würde bei diesem Vergleich einem Spiralarm, die Autos würden den einzelnen Sternen entsprechen (deren Zahl allerdings um ein Vielfaches größer ist). Die Sterne geraten dabei in die Gravitationswellen wie die Autos in einen Stau. Die Wellen selbst können an einer Stelle verharren, während sich die einzelnen Sterne durch sie hindurchbewegen.*

Unsere Milchstraße

A *Jeder Stern, der mit bloßem Auge zu sehen ist, ist Mitglied unserer Galaxis. Da unser Sonnensystem in der Scheibe der Galaxis liegt, sehen wir diese von innen heraus. Die ferneren Sterne in der Galaxis bilden einen nebligen Streifen am Himmel, die Milchstraße. Der* Durchmesser der Galaxis beträgt 100 000 Lichtjahre. Die Sonne ist 27 000 Lichtjahre vom Zentrum entfernt und benötigt 240 Millionen Jahre für einen Umlauf. Im galaktischen Kern liegen alte Sterne. Um die Scheibe der Galaxis herum, im sogenannten Halo, bilden Kugelsternhaufen eine Art Gerüst.*

Spiralarm

Dichtewellen

Siehe auch: Sternentstehung, S. 22/23 Brennstoff der Sterne, S. 24/25

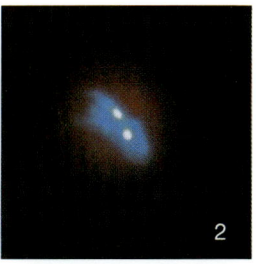

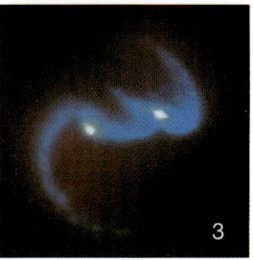

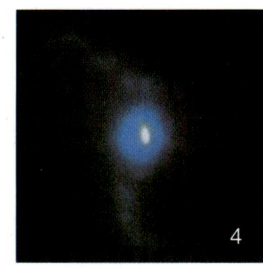

Kollisionen von Galaxien

D *Es gibt viele sehr seltsame Galaxien. Sie sind manchmal die Folge einer Kollision zweier Galaxien bei ihrer Bewegung durch den Raum. Die durch die Schwerkraft bedingten Wechselwirkungen verzerren die ursprünglich elliptischen Galaxien (1) zu einer ziemlich komplexen Balkenspirale (2–4).*

Sterntypen und Galaxienbegleiter

Die Galaxien kommen in verschiedenen Formen und Größen vor, von unauffälligen elliptischen Nebeln mit nur etwa einer Milliarde Sternen bis zu den viel auffälligeren Spiralnebeln mit Hunderten Milliarden von Sternen. Innerhalb der Galaxien gibt es zwei verschiedene Sterntypen: Population II-Sterne findet man hauptsächlich in elliptischen Galaxien. Sie sind offenbar die ältesten Sterne im Universum, bestehen fast vollkommen aus Wasserstoff und enthalten nur Spuren schwererer Elemente. Die Population I-Sterne, zu denen auch unsere Sonne gehört, sind jünger. Sie enthalten mehr schwerere Elemente.

Die größten Galaxien, gleich ob elliptisch oder spiralförmig, besitzen häufig kleine Begleiter. So umlaufen z.B. die Große und die Kleine Magellansche Wolke unser System. Sie sind von der Südhalbkugel aus sichtbar und erscheinen wie zwei losgerissene Fetzen der Milchstraße.

Aktive Galaxien, Quasare und Schwarze Löcher

In den Tiefen des Weltraums wurden in den letzten Jahrzehnten eine Reihe neuartiger, oft rätselhafter Objekte entdeckt. So gibt es auch Galaxien, die besonders starke Radio- oder Infrarotstrahler sind. Von diesen sogenannten »aktiven Galaxien« gibt es verschiedene Gruppen, z.B. die elliptischen Radiogalaxien oder die spiralförmigen Seyfert-Galaxien. Unter den aktiven Galaxien ragen besonders diejenigen mit einem Quasar im Zentrum heraus. Quasare sind die energiereichsten Objekte im Weltall. Die Leuchtkraft eines Quasars ist oft viel größer als die der ganzen sie umgebenden Galaxie mit ihren Milliarden von Sternen.

Die Radiosignale der aktiven Galaxien stammen oft von ausgedehnten »Jets«, die vermutlich auf Materieströme zurückgehen, die von den Zentren dieser Galaxien in zwei entgegengesetzte Richtungen ausgestoßen werden. Besonders die Quasare zeigen häufig in ganz kurzen Zeiträumen, innerhalb von einigen Tagen oder wenigen Monaten, Änderungen ihrer Leuchtkraft. Daraus muß man den Schluß ziehen, daß ihre gewaltigen Energien in einem vergleichsweise extrem engen Raum erzeugt werden, der wenig größer als unser Sonnensystem ist.

Der Mechanismus, der die aktiven Galaxien antreibt, ist umstritten. Doch laufen die heutigen Theorien darauf hinaus, daß sich im Zentrum der aktiven Galaxien und besonders der Quasare supermassive Schwarze Löcher mit Millionen Sonnenmassen befinden. In sie strömt aufgrund ihrer enormen Anziehungskraft spiralförmig Materie aus der Umgebung hinein. Noch ehe diese Materie die Grenze zum Schwarzen Loch überschreitet, wird sie auf Milliarden Grad aufgeheizt. Ein Teil wird durch ein starkes Magnetfeld senkrecht zu dieser Materiescheibe in zwei entgegengesetzte Richtungen abgelenkt und bildet die Jets. Durch Beschleunigung von Elektronen im Magnetfeld entsteht eine »Synchrotron-Strahlung«, wie sie aus Teilchenbeschleunigern bekannt ist.

Galaxien-Typen

Der amerikanische Astronom Edwin Hubble erfand für die Klassifikation der Galaxien ein gabelförmiges Modell, von dem er ursprünglich annahm, daß es den Entwicklungsweg der Galaxien darstelle (Pfeile). Wenn dies nach unserer heutigen Kenntnis auch unrichtig ist, so findet die Hubblesche Einteilung doch immer noch Verwendung. Danach gibt es elliptische Galaxien mit verschieden starker Abplattung (1–4), normale Spiralen mit

mehr oder weniger stark hervortretenden Kernen und Spiralarmen (5–7) sowie die sogenannten balkenförmigen Spiralnebel (8–10, siehe auch D). Eine weitere, hier nicht dargestellte Klasse sind die irregulären Galaxien, die keine irgendwie erkennbaren regelmäßigen Strukturen aufweisen.

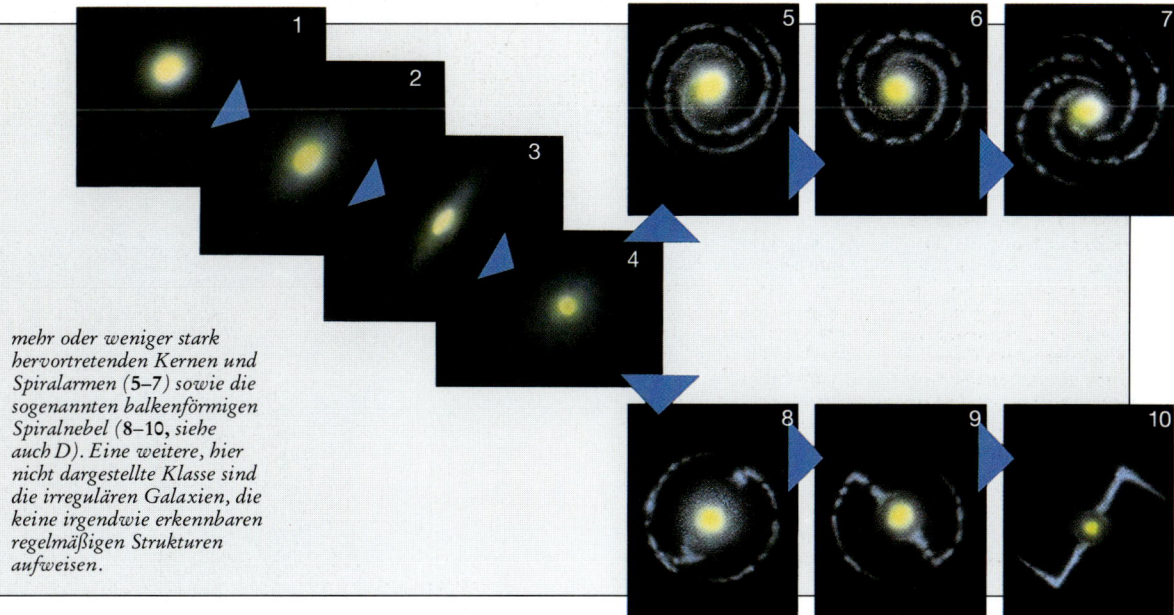

Die Geburt der Sterne

Wie sich aus Staub- und Gasnebeln Sterne bilden

Die Geburt eines Sterns kann durch den spektakulären Tod eines anderen Sterns ausgelöst werden: Die Schockwellen, die von einer Supernova-Explosion ausgehen, pressen Gas- und Staubwolken im Weltraum zusammen. Die Wolken zerfallen sodann in einzelne Fragmente, aus denen neue Sterne hervorgehen. Sie erzeugen dabei in ihrer Umgebung oft eindrucksvolle Nebel. Die Sterne entstehen auch meist nicht als Einzelgänger, sondern fast immer in ganzen Sternhaufen, wie etwa den Plejaden im Sternbild Stier. In den Sternen selbst steigen die Temperaturen so weit an, daß atomare Kernreaktionen in Gang kommen.

Obwohl sie aus eigenem Antrieb gar kein Licht erzeugen, sind Gas- und Staubnebel im Weltall auffällige Objekte. Es gibt drei Arten von Nebeln: Reflexions-, Emissions- und Dunkelnebel.

Die Reflexionsnebel bestehen aus Staub, der das Licht von meist jungen Nachbarsternen reflektiert, die zuvor aus diesem Nebel überhaupt erst hervorgegangen sind. Der Staub setzt sich aus winzigen Graphitkörnern, Eisteilchen, Silikatkügelchen u.a. zusammen. Die einzelnen, meist länglichen Körner sind dabei lediglich etwa 1/10 000 mm groß. Die kosmischen Staubnebel wirken meist bläulich. Dies liegt daran, daß die hellsten Nachbarsterne, von denen sie beleuchtet werden, sehr heiß und daher blau sind.

Werden die Staubnebel von keinem Stern beleuchtet, erscheinen sie oft als auffällige Dunkelnebel. Ein Beispiel ist der Pferdekopfnebel im Sternbild Orion. Im Verlauf der Milchstraße sieht man ebenfalls solche »Sternleeren«, etwa den berühmten »Kohlensack« im Südlichen Kreuz oder die »Dunkle Höhle« im Adler. Fein verteilte Staubwolken fallen oft einfach dadurch auf, daß die dahinter stehenden Sterne ähnlich rot verfärbt sind wie die Sonne hinter einer Rauchwolke. Diese interstellare Rötung muß bei vielen Beobachtungen berücksichtigt werden. Denn durch die Absorption des Lichtes werden die Hintergrundsterne mehr oder weniger stark geschwächt.

Besteht eine interstellare Wolke aus Gas, so kann sie von dem Licht der Nachbarsterne zum eigenen Leuchten angeregt werden und als heller Emissionsnebel erscheinen. Dazu bedarf es sehr heißer Nachbarsterne mit über 30 000 °C Temperatur, die eine energiereiche Ultraviolettstrahlung aussenden. Der in der Gaswolke vorherrschende Wasserstoff leuchtet oft in roter Farbe.

In 20 Millionen Jahren vom Nebel zum Stern

Die Bildung der Sterne vollzieht sich in interstellaren Wolken, die sich infolge der Schwerkraft, aber auch durch die Einwirkung von außen, etwa von Supernova-Explosionen, zusammenziehen. Dabei lösen sie sich schließlich in Dutzende bis Hunderte einzelner Fragmente auf. Jedes entwickelt sich zu einem eigenen Stern. Zunächst wird dabei eine langwellige Infrarotstrahlung erzeugt. Um die jungen Sterne herum bilden sich Staubscheiben, die ebenfalls eine Rötung der in ihnen liegenden Sterne bewirken. Deswegen sind junge Protosterne nur mit Hilfe der Infrarotastronomie beobachtbar. Aus den Staubscheiben können später Planeten, Kometen und Asteroiden entstehen.

Das Sternendiagramm

A Eines der wichtigsten Hilfsmittel zur Klassifikation der Sterne ist das Hertzsprung-Russell-Diagramm. Es setzt den Spektraltyp bzw. die Farbe und Oberflächentemperatur in Beziehung zur Leuchtkraft, die meist mit dem Durchmesser zusammenhängt. Die Sterne werden nach den Linien in ihren Spektren in die Klassen O, B, A, F, G, K, M und N eingeteilt. Rote Zwergsterne befinden sich im Diagramm rechts unten, blaue Riesen links oben. Sterne vom sogenannten »Typ O« sind mit über 25 000 °C an ihrer Oberfläche am heißesten, während rote »M-Sterne« nur 3500 °C bieten. Die Sonne ist ein gelber Stern mit 6000 °C. Viele Sterne entwickeln sich von gelben Sternen zu blauen Riesen und fallen dann zu weißen Zwergen zusammen. Die Sterne besetzen das Diagramm nur in bestimmten Bereichen. Die meisten sitzen auf einem Band, das von rechts unten nach links oben verläuft, der »Hauptreihe«. Sie beziehen ihre Energie durchweg aus der Verwandlung von Wasserstoff in Helium. Kleinere Sterne, wie die Sonne, bleiben Milliarden Jahre auf der Hauptreihe. Ein Stern von 20 Sonnenmassen hat dagegen bereits nach 10 Millionen Jahren den Wasserstoff seines Kerns verbraucht. Oben im Diagramm befinden sich sehr helle Riesen und Überriesen: Beteigeuze, ein Schulterstern des Orion, sitzt mit 20 Sonnenmassen als roter Überriese vom »kalten« M-Typ rechts oben. Rigel, ein Fußstern im Orion, ist ein blauer Überriese vom »heißen« Typ B und 60 000mal heller als die Sonne. Sterntemperaturen werden oft in Kelvin (K) angegeben, die Celsiusgraden entsprechen, aber vom absoluten Nullpunkt (-273,15 °C) an gezählt werden.

Siehe auch: Geschichte des Universums, S. 18/19

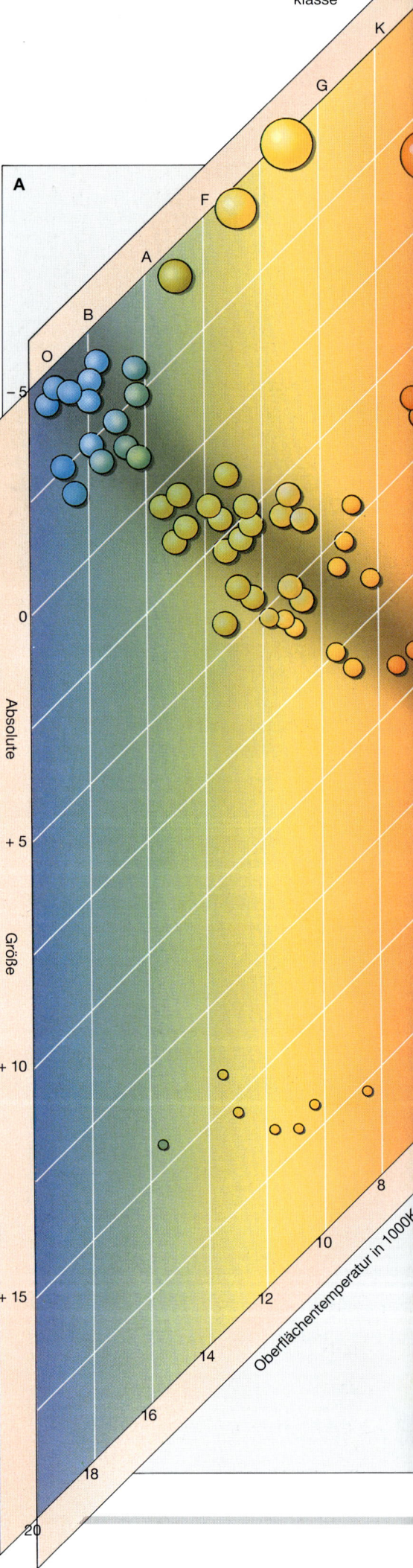

Spektralklasse

Absolute Größe

Oberflächentemperatur in 1000 K

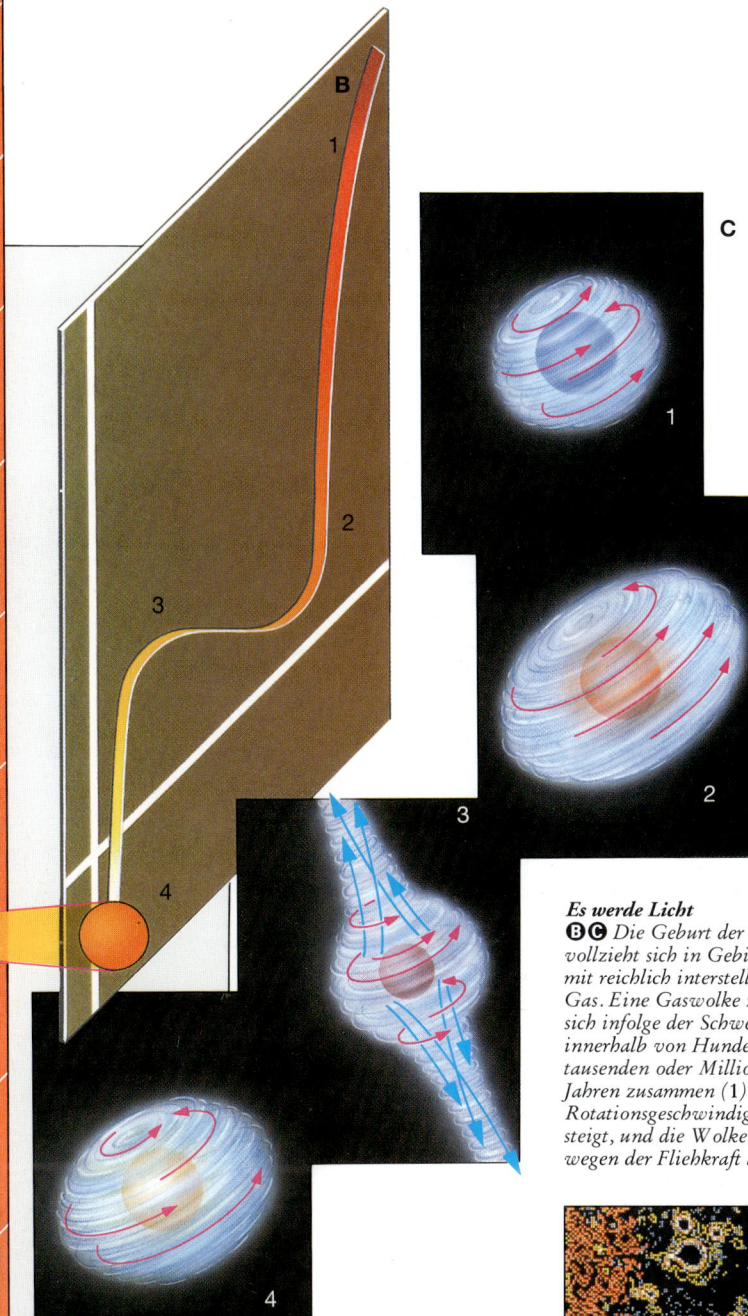

Mit zunehmender Kontraktion dreht sich der Stern immer schneller um seine Achse, wie eine Ballerina, die eine Pirouette dreht und die Arme an den Körper legt, um ihre Drehungen zu beschleunigen. Ein Teil dieses Drehimpulses und der sich zusammenballenden Materie wird aber wieder mit Hilfe von Magnetfeldern abgeführt: Oft sieht man daher in der Umgebung junger Sterne bizarre Nebel, die von dem gerade entstehenden Stern senkrecht zu den Staubscheiben abgestoßen werden.

Durch die Kontraktion erhöhen sich Druck und Temperatur des Sternes. Bei etwa 1700 °C zerfallen Wasserstoffmoleküle in Atome. Bei noch höheren Temperaturen brechen die Wasserstoffatome auf und bilden ein Plasma: Atomkerne und Elektronen schwirren frei umher. Schließlich bildet sich im Inneren der Sterne ein Gleichgewicht heraus: Die nach innen wirkende Schwerkraft wird durch den nach außen wirkenden Gasdruck ausgeglichen. Mit zunehmendem Druck steigt auch die Temperatur im Kern des Sterns. Werden im Zentrum des Sterns etwa 10 Millionen °C überschritten, zünden die ersten atomaren Kernprozesse. Der ganze Entstehungsprozeß eines Sterns von der Masse unserer Sonne dauert die vergleichsweise kurze Zeit von rund 20 Millionen Jahre. Bei massereichen Sternen geht es schneller, bei masseärmeren Sternen langsamer.

Zu Beginn dieses Prozesses befand sich der junge Stern im Hertzsprung-Russell-Diagramm noch rechts oberhalb der Hauptreihe. Von dort aus wandert er auf die Hauptreihe zu und erreicht sie zu der Zeit, in der die Kernprozesse in seinem Inneren zünden.

Es werde Licht

❶❷ *Die Geburt der Sterne vollzieht sich in Gebieten mit reichlich interstellarem Gas. Eine Gaswolke zieht sich infolge der Schwerkraft innerhalb von Hunderttausenden oder Millionen Jahren zusammen (1). Die Rotationsgeschwindigkeit steigt, und die Wolke flacht wegen der Fliehkraft ab (2).*

Der Protostern im Zentrum leuchtet zunächst stärker als unsere Sonne heute. Durch die umgebenden Wolken schimmert er allerdings nur schwach im infraroten Bereich. Im Hertzsprung-Russell-Diagramm läuft der Stern von oben nach unten (3), verliert also an Leuchtkraft. Zeitweise stößt er senkrecht zu der abgeflachten Scheibe Material in die Umgebung ab. Er wird wieder etwas heller (4). Erst wenn die Kernfusionsprozesse gezündet werden, nimmt der Stern seinen Platz auf der Hauptreihe ein. Das Infrarotbild (rechts) zeigt den Pferdekopfnebel im Orion – ein Dunkelnebel, in dem sich die Entstehung neuer Sterne gut beobachten läßt.

Blaue Überriesen

Obere Hauptreihe

Sonnenähnliche

Zwerge

2–5000 K

5–8000 K

8–13000 K

13000 K +

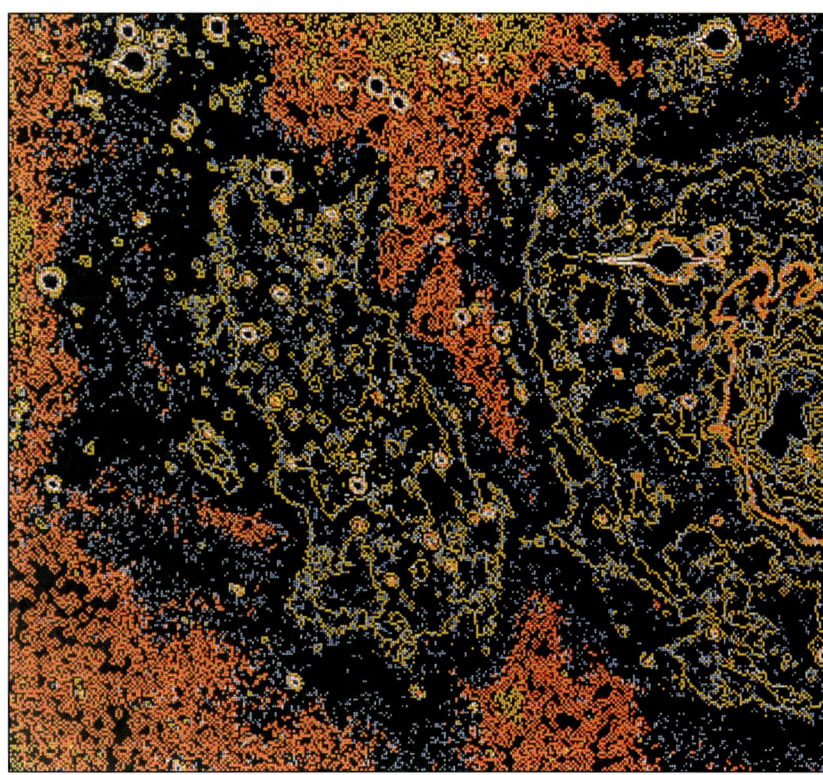

Strahlungsenergie für Millionen von Jahren

Der Brennstoff der Sterne

Sterne leuchten auf ganz andere Weise als ein Feuer auf der Erde. Das Licht, das wir von ihnen empfangen, wird von atomaren Kernprozessen erzeugt, die in ihrem überdichten heißen Inneren ablaufen. Diese Reaktionen verwandeln zunächst Wasserstoff, aus dem die Sterne zum größten Teil bestehen, in Helium. Dabei werden riesige Energiemengen frei. Unsere Sonne kann auf diese Weise viele Milliarden Jahre lang Energie erzeugen, bis schließlich der Wasserstoff in ihrem Kern erschöpft ist. Massereichere Sterne werden dagegen durch Reaktionen, die den Wasserstoff schneller verbrauchen, nur wenige Millionen Jahre alt.

Damit ein Stern – also eine einfache Gaskugel – stabil bleibt, muß in seinem Inneren ein hydrostatisches Gleichgewicht herrschen: Die nach innen gerichtete Schwerkraft wird durch den nach außen wirkenden Gasdruck ausgeglichen. Dieser Druck entsteht durch die Kollisionen ungezählter Atome, die bei den hohen Temperaturen mit riesiger Geschwindigkeit herumschwirren. Tief im Inneren des Sterns steigt die Schwerkraft an und im gleichen Maße Temperatur und Druck. Im Zentrum der Sonne werden z. B. 15 Millionen °C, ein Druck von 22 000 Billionen Pascal und eine Dichte von 134 g/cm³ erreicht. Die hohen Temperaturen spalten schon an der Oberfläche die aus zwei Atomen bestehenden Wasserstoffmoleküle in Einzelatome auf. Im Inneren werden sogar die Elektronen von den Atomkernen weggerissen, und es bildet sich ein Plasma aus Elektronen und Wasserstoffkernen, den Protonen.

Protonen stehen am Anfang einer Kette von Kernreaktionen, die man auch als Proton-Proton- oder pp-Reaktion bezeichnet. Aus ihr geht das zweitleichteste Element Helium hervor. Dabei werden gewaltige Energiemengen frei, auch wenn nur ein wenig Masse in Energie verwandelt wird. Aber es entstehen auch riesige Mengen subatomarer Teilchen, die Neutrinos.

Manche Sterne brennen schneller

Die pp-Reaktion ist die Hauptenergie-quelle sonnenähnlicher Sterne. Massereichere Sterne sind im Inneren so heiß, daß noch eine zweite Reaktionskette ablaufen kann, der CNO-Zyklus. Er ist wesentlich ergiebiger als die pp-Reaktion. Bei diesem Prozeß spielt Kohlenstoff die Rolle eines Katalysators, der die Reaktionskette in Gang bringt und unverändert daraus hervorgeht.

In jedem Fall aber ist das Wasserstoffbrennen die Basis für die Existenz eines Sterns. Ein sonnenähnlicher Stern brennt auf diese Weise rund 10 Milliarden Jahre lang. Die Sonne hat heute die Hälfte dieses Lebenszyklus durchlaufen. Massereichere Sterne, die mit Hilfe des CNO-Zyklus leuchten, verbrennen dagegen ihren Wasserstoff im Kern so schnell, daß er bereits nach wenigen Millionen Jahren verbraucht ist.

»Population II«-Sterne, die man in Kugelsternhaufen und elliptischen Galaxien findet, besitzen kaum schwerere Elemente. Sie bringen den CNO-Zyklus nicht in Gang. Selbst die massereichsten Population II-Sterne leuchten so nur mit Hilfe der pp-Reaktion und werden ebenfalls sehr alt.

Ein kosmischer Schmelzofen
Ⓐ *Im Zentrum eines sonnenähnlichen Sterns herrscht eine Temperatur von etwa 15 Millionen °C. Bei der Verschmelzung von Wasserstoff zu Helium werden ungeheure Energien als Gammastrahlung frei. Die Photonen verlieren auf ihrem Weg an die Oberfläche Energie, bis sie dort u. a. als sichtbares Licht austreten. In den äußersten Schichten wird die Energie in Form von heißen Gasströmen transportiert, im Inneren allein durch Strahlung.*

Ein ausgebrannter Stern
Das Foto zeigt den Rest eines Sterns: den übriggebliebenen »Ringnebel« und einen weißen Zwerg in seinem Zentrum (siehe ganz rechts).

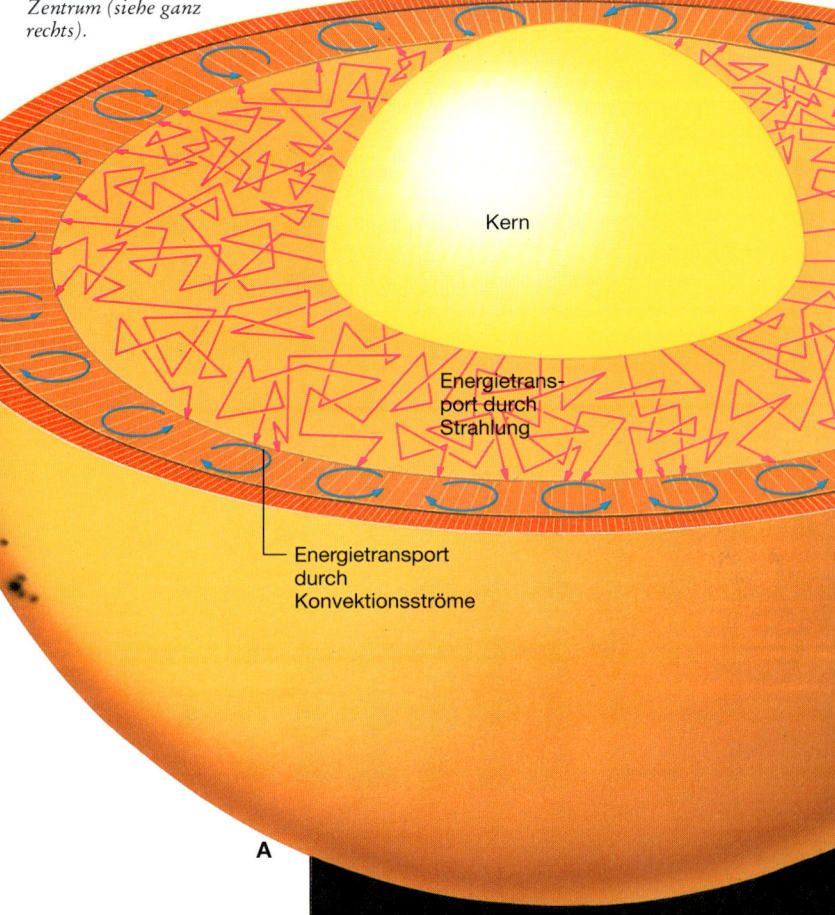

Kern

Energietransport durch Strahlung

Energietransport durch Konvektionsströme

A

Siehe auch: **Sternentstehung,** *S. 22/23* **Ende der Sterne,** *S. 26/27*

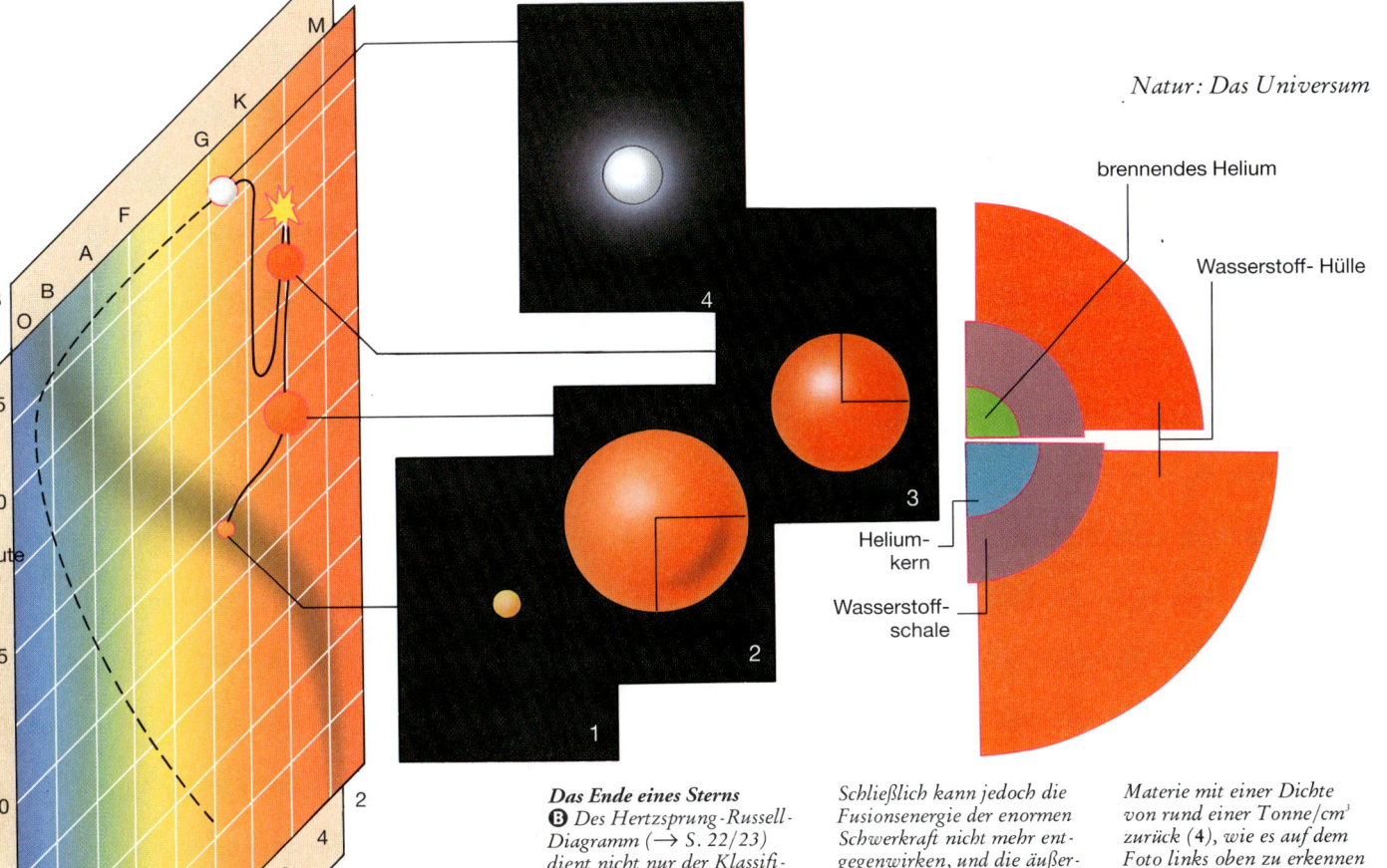

brennendes Helium

Wasserstoff- Hülle

Helium-
kern

Wasserstoff-
schale

Oberflächen-
temperatur K
x1000

Energieproduktion

C *Die Verwandlung von Wasserstoff in Helium nach der pp-Reaktion ist die fast ausschließliche Energiequelle eines Sterns von der Masse unserer Sonne: Zwei Protonen (Wasserstoffkerne) lagern sich im Innersten eines Sterns zusammen und bilden Deuterium. Dabei verwandelt sich ein Proton in ein Neutron, ein Positron (das Antiteilchen des Elektrons) und ein fast masseloses Neutrino. Das Deuterium vereinigt sich mit einem weiteren Proton zu Helium 3. Zwei Helium 3-Kerne verschmelzen unter Aussendung von Gammastrahlen zu Helium 4. Dabei werden zwei Protonen frei, die dann erneut in die pp-Kette eingehen können.*

Das Ende eines Sterns

B *Des Hertzsprung-Russell-Diagramm (→ S. 22/23) dient nicht nur der Klassifikation der verschiedenen Sterne, sondern beschreibt auch ihre Entwicklung. Ein verhältnismäßig massearmer, durchschnittlicher Stern wie unsere Sonne kann mit Hilfe der pp-Kette etwa 10 Milliarden Jahre auf der Hauptreihe des Hertzsprung-Russell-Diagramms verweilen (1). Ist schließlich der Wasserstoff im Sternkern verbraucht, setzt sich das Wasserstoffbrennen in einer Schale um den Heliumkern, der »Asche« der pp-Kette, fort (2). Der Kern zieht sich zusammen und wird heißer. (Die Größenverhältnisse zeigen die beiden Abbildungen rechts oben). Die Leuchtkraft nimmt dabei langsam zu, und der Stern läuft im Diagramm aufwärts (3). Erreicht die Temperatur im Zentrum 100 Millionen °C, verwandelt sich das Helium – wiederum unter Energiefreisetzung – in Kohlenstoff. Die äußeren Schichten des Sterns blähen sich nun auf. Es entsteht ein roter Riese.*

Schließlich kann jedoch die Fusionsenergie der enormen Schwerkraft nicht mehr entgegenwirken, und die äußersten Sternschichten lösen sich ab. Dabei bildet sich ein planetarischer Nebel oder Ringnebel.
In seinem Inneren bleibt der Sternkern als zusammengebrochener weißer Zwergstern aus entarteter, dichtgepackter

Materie mit einer Dichte von rund einer Tonne/cm³ zurück (4), wie es auf dem Foto links oben zu erkennen ist. Als weißer Zwerg wandert er in den unteren Teil des Diagramms, bis er schließlich erkaltet. Bei größeren Sternen kollabiert die Materie zu einem Schwarzen Loch, das alles Licht verschluckt.

Ein normales Sternenleben

Erreicht ein Stern die Hauptreihe des Hertzsprung-Russell-Diagramms (→ S. 22/23), beginnt das Wasserstoffbrennen. An welcher Stelle er auf der Hauptreihe steht, hängt von seiner Masse ab. Während des Wasserstoffbrennens wird ein Stern ganz langsam heller und bewegt sich auf der Hauptreihe ein wenig nach oben.

Ist der Sternkern ausgebrannt, wird das bisherige Gleichgewicht gestört. Der Gasdruck läßt nach, und die Schwerkraft gewinnt an Stärke: Der Kern zieht sich zusammen und wird heißer. So kann sich das Wasserstoffbrennen noch in einer Schale um den Kern herum fortsetzen. Dieser wird aber schließlich so heiß, daß bei höheren Temperaturen vor allem bei massereichen Sternen weitere Kernreaktionen stattfinden: Helium baut sich zu Kohlenstoff auf, dieser zu noch schwereren Elementen. Die Masse eines Sterns bestimmt schließlich sein Ende: weißer Zwerg, Neutronenstern oder Schwarzes Loch.

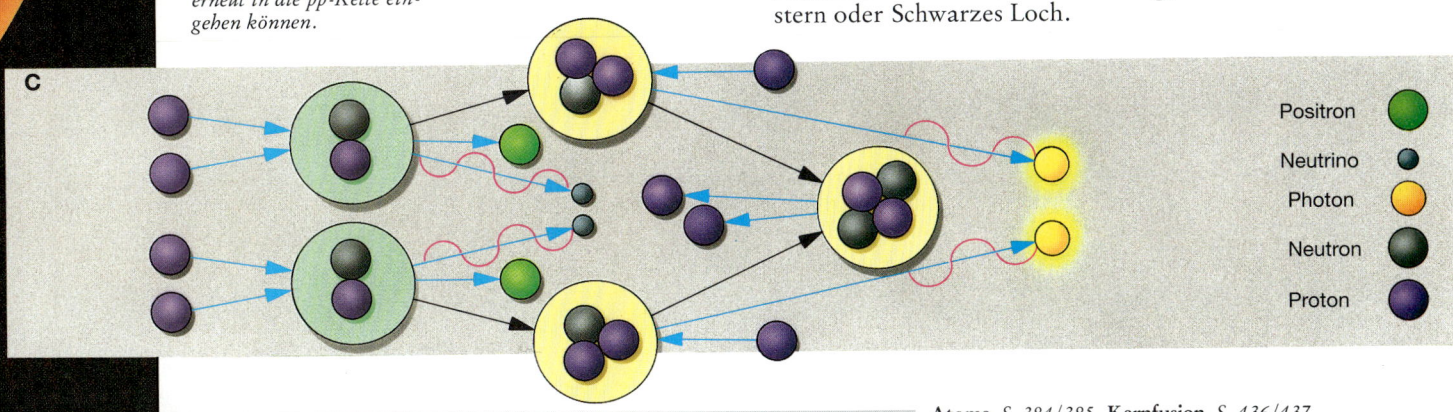

Positron

Neutrino

Photon

Neutron

Proton

Atome, *S. 384/385* **Kernfusion,** *S. 436/437*

Der Tod eines Sterns

Wie die Masse eines Sterns sein Ende bestimmt

Die Art und Weise, wie ein Stern zu Tode kommt, hängt von seiner Masse ab. Sonnenähnliche Sterne blähen sich zu einem roten Riesen auf und fallen dann in einen weißen Zwerg zusammen. Massereichere Sterne enden in einer gewaltigen Supernova-Explosion. Ihre äußeren Schichten werden mit gewaltigen Geschwindigkeiten abgestoßen. Zurück bleibt ein Neutronenstern oder im Extremfall ein Schwarzes Loch. Diese fast toten Sterne sind extrem verdichtet. Neutronensterne enthalten pro Kubikzentimeter eine Masse von bis zu 1 Milliarde Tonnen. Schwarze Löcher sind sogar so dicht, daß aus ihnen selbst Licht nicht mehr entweichen kann.

Geht bei einem massearmen Stern das Wasserstoffbrennen zu Ende, können in seinem Inneren keine weiteren Kernreaktionen in Gang kommen. Zu niedrig ist seine Temperatur. Er bläht sich zu einem roten Riesen auf, und die äußersten Schichten werden abgestoßen. Sie bilden einen planetarischen Nebel – »Rauchkringel«, die wegdriften und von dem Stern zum Leuchten angeregt werden. Ein ähnliches Schicksal erwartet sonnenähnliche Sterne, wenn ihre Kernreaktionen beim Kohlenstoff enden. Nur der Sternkern bleibt zurück, fällt unter der Schwerkraft zusammen, und ein weißer Zwergstern von der Größe unserer Erde entsteht. Atomkerne und Elektronen sind eng gepackt und bilden ein »entartetes Gas«, das in einem irdischen Laboratorium nicht nachgemacht werden kann.

Besitzt ein Stern einen Kern mit einer Masse über 1,4 Sonnenmassen, erleidet er ein noch aufregenderes Schicksal. Er kann – bei bis zu einigen Milliarden Grad Celsius anwachsenden Temperaturen in seinem Inneren – Elemente bis hin zu Stickstoff, Sauerstoff, Neon, Magnesium und Eisen aufbauen. Dann ist auch seine Fähigkeit zur Energieerzeugung am Ende. Beim Aufbau noch schwererer Atomkerne wird Energie benötigt, nicht freigesetzt. Der gewaltigen Schwerkraft steht im Sternkern kein nach außen gerichteter Druck mehr gegenüber. Ein ungeheurer Kollaps ist die Folge. Er vollzieht sich so schnell, daß in einer Art Rückwirkung die äußeren Schichten abrupt abgestoßen werden. Eine Supernova (vom Typ II) entsteht. Die Leuchtkraft steigt auf das Milliardenfache an. In winzigen Mengen werden jetzt mit der durch den Kollaps freiwerdenden Energie auch noch schwerere Elemente als Eisen aufgebaut und in den Raum geschleudert.

Der Druck im Sternkern wächst so gewaltig an, daß Protonen und Elektronen ineinander gepreßt werden und Neutronen bilden. Diese entartete Neutronenmaterie ist noch viel dichter gepackt als in einem weißen Zwerg. Ein Neutronenstern hat einen Durchmesser von nur noch 10-20 km und eine Dichte von 100 Millionen bis 1 Milliarde Tonnen pro cm³. Das ist vergleichbar mit der Dichte in einem Atomkern.

Die geheimnisumwobenen Schwarzen Löcher

Bei den Überbleibseln noch massereicherer Sterne – etwa mit 10 bis 100 Sonnenmassen – wird das Gravitationsfeld so stark, daß ihm auch die Neutronenstruktur nicht mehr genug Widerstand entgegensetzen kann. Deshalb nimmt man an, daß solche Sterne zu sogenannten »Schwarzen Löchern« zusammenfallen. Der Durchmesser eines Schwarzen Lochs beträgt nur noch wenige Kilometer. Seinem Gravitationsfeld kann auch Licht oder eine andere elektromagnetische Strahlung nicht mehr entweichen; es ist prinzipiell unsichtbar – daher der Name.

Die Existenz Schwarzer Löcher läßt sich nur aufgrund ihrer Gravitationswirkung auf andere Himmelskörper nachweisen. Die Astronomen vermuten, daß es sich bei einigen sehr starken Röntgenquellen im Weltall um Doppelsternsysteme handelt, bei denen einer der beiden Partner zu einem Schwarzen Loch kollabiert ist. Sein starkes Gravitationsfeld läßt Materie aus dem anderen Stern spiralförmig in das Schwarze Loch stürzen. Durch ihre enorme Beschleunigung entsteht die Röntgenstrahlung.

Blaue Überriesen

Ⓐ *Massereichere Sterne als die Sonne sind in ihrem Inneren viel heißer und dichter. Der Wasserstoff verbrennt viel schneller. Sie erscheinen als leuchtkräftige blaue Sterne am linken oberen Ende der Hauptreihe im Hertzsprung-Russell-Diagramm. Ein Stern mit 10 Sonnenmassen verbraucht den Wasserstoff in seinem Kern bereits nach einer im kosmischen Maßstab kurzen Zeit von wenigen Millionen Jahren. Danach setzt der 3 Alpha-Prozeß ein, durch den sich das Helium in Kohlenstoff und Sauerstoff verwandelt.*

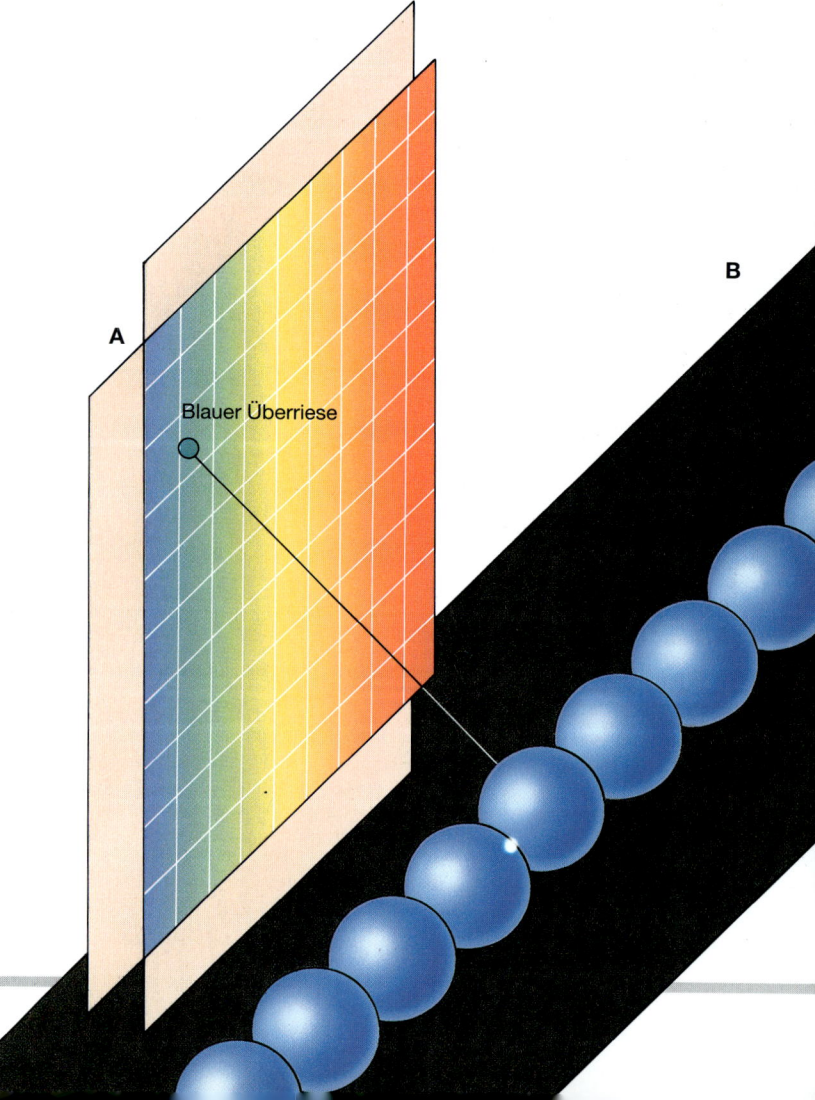

A

B

Blauer Überriese

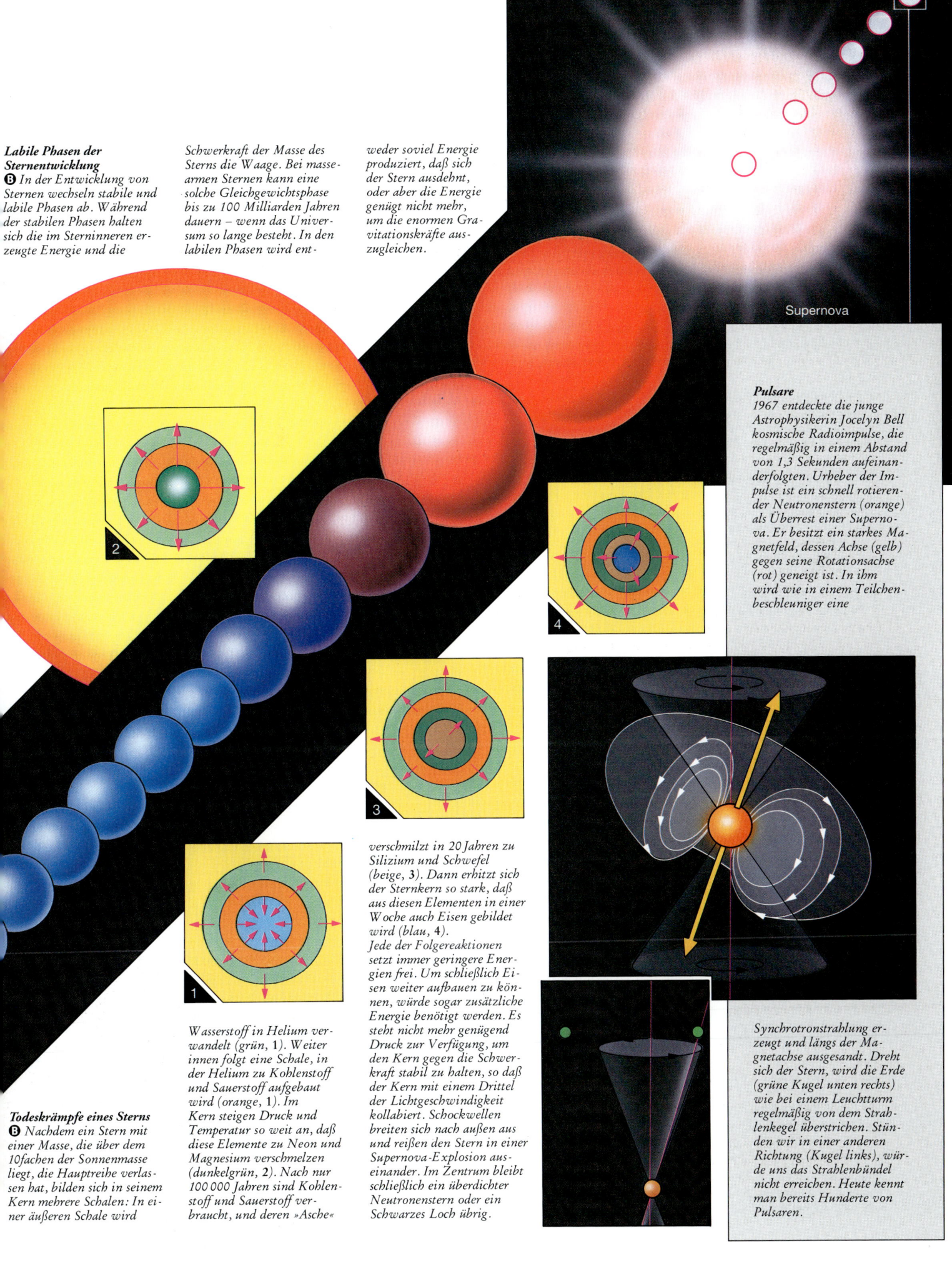

Labile Phasen der Sternentwicklung

B In der Entwicklung von Sternen wechseln stabile und labile Phasen ab. Während der stabilen Phasen halten sich die im Sterninneren erzeugte Energie und die Schwerkraft der Masse des Sterns die Waage. Bei massearmen Sternen kann eine solche Gleichgewichtsphase bis zu 100 Milliarden Jahren dauern – wenn das Universum so lange besteht. In den labilen Phasen wird entweder soviel Energie produziert, daß sich der Stern ausdehnt, oder aber die Energie genügt nicht mehr, um die enormen Gravitationskräfte auszugleichen.

Supernova

Todeskrämpfe eines Sterns

B Nachdem ein Stern mit einer Masse, die über dem 10fachen der Sonnenmasse liegt, die Hauptreihe verlassen hat, bilden sich in seinem Kern mehrere Schalen: In einer äußeren Schale wird Wasserstoff in Helium verwandelt (grün, **1**). Weiter innen folgt eine Schale, in der Helium zu Kohlenstoff und Sauerstoff aufgebaut wird (orange, **1**). Im Kern steigen Druck und Temperatur so weit an, daß diese Elemente zu Neon und Magnesium verschmelzen (dunkelgrün, **2**). Nach nur 100 000 Jahren sind Kohlenstoff und Sauerstoff verbraucht, und deren »Asche« verschmilzt in 20 Jahren zu Silizium und Schwefel (beige, **3**). Dann erhitzt sich der Sternkern so stark, daß aus diesen Elementen in einer Woche auch Eisen gebildet wird (blau, **4**).

Jede der Folgereaktionen setzt immer geringere Energien frei. Um schließlich Eisen weiter aufbauen zu können, würde sogar zusätzliche Energie benötigt werden. Es steht nicht mehr genügend Druck zur Verfügung, um den Kern gegen die Schwerkraft stabil zu halten, so daß der Kern mit einem Drittel der Lichtgeschwindigkeit kollabiert. Schockwellen breiten sich nach außen aus und reißen den Stern in einer Supernova-Explosion auseinander. Im Zentrum bleibt schließlich ein überdichter Neutronenstern oder ein Schwarzes Loch übrig.

Pulsare

1967 entdeckte die junge Astrophysikerin Jocelyn Bell kosmische Radioimpulse, die regelmäßig in einem Abstand von 1,3 Sekunden aufeinanderfolgten. Urheber der Impulse ist ein schnell rotierender Neutronenstern (orange) als Überrest einer Supernova. Er besitzt ein starkes Magnetfeld, dessen Achse (gelb) gegen seine Rotationsachse (rot) geneigt ist. In ihm wird wie in einem Teilchenbeschleuniger eine

Synchrotronstrahlung erzeugt und längs der Magnetachse ausgesandt. Dreht sich der Stern, wird die Erde (grüne Kugel unten rechts) wie bei einem Leuchtturm regelmäßig von dem Strahlenkegel überstrichen. Stünden wir in einer anderen Richtung (Kugel links), würde uns das Strahlenbündel nicht erreichen. Heute kennt man bereits Hunderte von Pulsaren.

Siehe auch: **Sternentstehung** S. 22/23 **Brennstoff der Sterne**, S. 24/25 **Atome**, S. 384/385

Zwillingssonnen

Wodurch sich Doppelsterne verraten

Unter den Sternen, die am Himmel zu beobachten sind, gibt es viele »Außenseiter«. Dazu gehören z. B. die Veränderlichen Sterne, deren Helligkeit sich im Laufe der Zeit regelmäßig oder unregelmäßig verändert, und die Novae mit ihren heftigen Eruptionen. Am häufigsten sind aber Doppel- und Mehrfachsterne, bei denen sich zwei oder mehrere Sterne gegenseitig umkreisen. Manche Sterne fallen ganz aus dem Rahmen, wie etwa die Neutronensterne und die Schwarzen Löcher. Diese Objekte verraten sich durch eine starke Radio- oder Röntgenstrahlung, die in ihrer Umgebung entsteht.

Das seltsame Verhalten vieler Sterne kann oft einfach dadurch erklärt werden, daß es sich nicht um einen Einzelstern, sondern um einen Doppelstern handelt, bei dem zwei Sterne einander umkreisen. Es hat sich sogar herausgestellt, daß eher die Einzelsterne als Sonderlinge angesehen werden müssen. Die Doppelsterne sind nämlich in unserer Galaxis in der Überzahl.

Die nahen Doppelsterne lassen schon mit einem Fernrohr in zwei Komponenten auflösen. Ein bekanntes Beispiel ist Sirius, der hellste Fixstern des Nachthimmels. Er wird von einem weißen Zwerg umkreist, einem massereichen, aber leuchtschwachen Stern. Man beobachtet oft, daß zwei Sterne ein gemeinsames Schwerezentrum umlaufen. Neben Doppelsternen finden sich auch Systeme mit drei und mehr Partnern.

Die meisten Doppelsterne können selbst mit den größten Teleskopen nicht aufgelöst werden. Um sie als Doppelsterne zu erkennen, dienen andere Methoden. Ein Weg führt über das Spektrum der Sterne. Das Spektrum eines Doppelsterns setzt sich aus zwei Sätzen von Spektrallinien zusammen. Da sich meist der eine Sternpartner auf uns zu, der andere von uns wegbewegt, sind die Linien wegen des Dopplereffekts in ihrer Wellenlänge etwas verschoben.

Leuchttürme im All

Viele Sterne zeigen Helligkeitsschwankungen. Die Klassen dieser Veränderlichen Sterne werden nach dem erstentdeckten Stern des betreffenden Typs benannt. Eine der wichtigsten Klassen bilden die Cepheiden, benannt nach dem Stern Delta Cephei im Sternbild Cepheus. Es sind massereiche Sterne, die in ihrem Kern Helium verbrennen. In ihnen kommt es zu Störungen des inneren Gleichgewichts. Die Folge sind regelmäßige Pulsationen: Der Stern dehnt sich durch zu starken inneren Druck aus. Schließlich läßt der Druck nach, und die Schwerkraft gewinnt an Stärke. Der Stern zieht sich zusammen, bis wieder der Druck Überhand gewinnt usw. Mit der Pulsation ändert sich auch die Leuchtkraft. Die Periode, mit der die Cepheiden pulsieren, hängt eng mit ihrer durchschnittlichen Leuchtkraft zusammen: Je heller der Stern, desto langsamer pulsiert er und umgekehrt.

Dies macht die Cepheiden und eine ähnliche Gruppe, die RR Lyrae-Sterne, zu regelrechten Leuchttürmen im Kosmos. Aus der Periode läßt sich ihre wahre Leuchtkraft ableiten. Vergleicht man diese mit der Helligkeit, in der sie von der Erde aus erscheinen, kann man ihre Entfernung von der Erde berechnen.

Gemeinsam durchs All

Viele Sterne sind keine Einzelgänger, sondern bestehen aus zwei Sternen, die einander umkreisen. Distanz, Helligkeit und Farbe schwanken in einem weiten Rahmen. Doppelsterne bieten für den Astronomen eine gute Möglichkeit, mit Hilfe einfacher mechanischer Gesetze aus den Umlaufbewegungen der Sternpartner deren Masse zu berechnen. Sie erlauben damit auch einen Test der Modelle, mit denen man die Massen von Einzelsternen bestimmt.
Ⓐ Ⓑ *Stehen die beiden Sterne so eng beieinander, daß sie im Teleskop nicht zu trennen sind, kann man sie oft an ihren Helligkeitsschwankungen entdecken.*

Solche Sterne nennt man auch Bedeckungsveränderliche. Die unterschiedliche Größe des Sterns auf den beiden Abbildungen geht auf die unterschiedliche Lichtintensität (und damit die Helligkeitsschwankungen) zurück, die eine photographische Platte mehr oder weniger stark schwärzt.

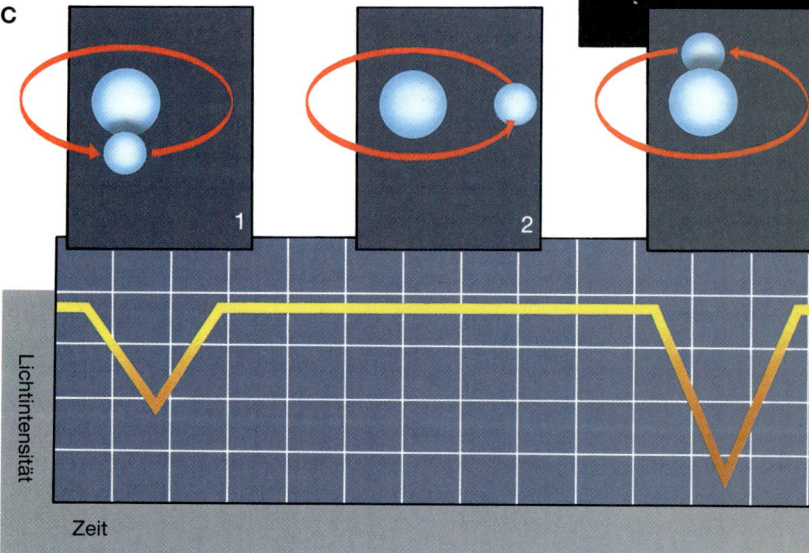

Scheinbare Veränderliche

Ⓒ *Nicht alle veränderlichen Sterne pulsieren. Die Bedeckungsveränderlichen sind in Wirklichkeit Doppelsternsysteme. Die beiden Partner sind einander aber so nah, daß sie im Fernrohr zu einem einzigen Lichtpunkt verschmelzen. Fällt die Bahnebene der Sterne etwa mit der Sichtlinie Erde–Stern zusammen, kommt es zu gegenseitigen Bedeckungen. Während eines Umlaufs entstehen zweimal Lichtabschwächungen – immer dann, wenn einer der beiden Sterne vor dem anderen herwandert (1 und 3 im Gegensatz zu 2). Sind beide Sterne gleich hell und groß, fällt der Lichtabfall gleich aus. Bei unterschiedlichen Partnern sind die beiden Minima aber verschieden tief. Dann spricht man von einem Haupt- und Nebenminimum. Aus der Lichtkurve der Helligkeitsveränderung kann auch die relative Größe der beiden Sternpartner abgeleitet werden.*

Siehe auch: Sternentstehung, S. 22/23 Ende der Sterne, S. 26/27

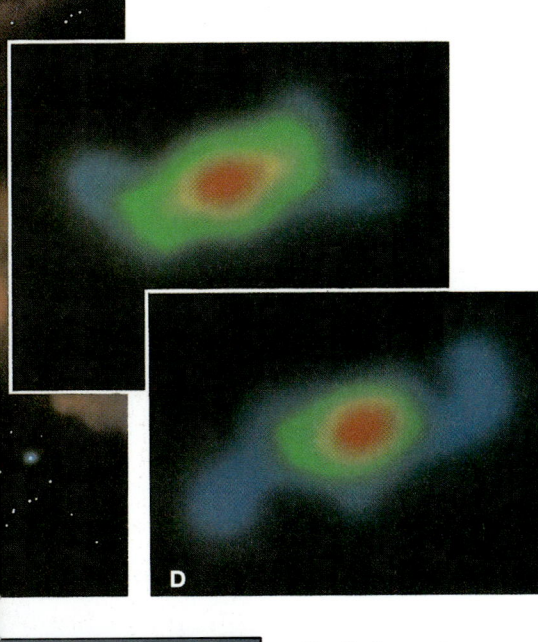

Das Spektrum von SS 433 enthält aber drei Liniensätze. Ein Satz ist nur wenig verschoben und bleibt an derselben Stelle. Die anderen Sätze zeigen mit einer Periode von 164 Tagen abwechselnd starke Verschiebungen nach Rot oder Violett. SS 433 ist ein Doppelsternsystem aus einem massereichen blauweißen Überriesen, der von einem winzigen überdichten Neutronenstern begleitet wird.

ⓔ Von dem nahen Überriesen fließt Materie auf eine Gasscheibe um den massereichen Neutronenstern über. Heiße Gasjets strömen mit einem Viertel der Lichtgeschwindigkeit senkrecht zu dieser Scheibe in zwei entgegengesetzte Richtungen. Die Gasscheibe führt mit den Jets in 164 Tagen eine Kreiselbewegung aus, so daß die Jets wie die Lichtbündel eines Leuchtturms durch das All streichen. Sie bewegen sich während eines Teils dieses Zyklus auf uns zu, dann wieder von uns weg. Entsprechend verändern sich die Spektrallinien der Jets. Der blaue Überriese und die Scheibe selbst zeigen dagegen unveränderte Linien, weil sie sich im Verhältnis zur Erde nicht bewegen.

Pulsierende Doppelsterne

Besonders aufregend sind die »kataklysmischen« Veränderlichen, zu denen u.a. die Novae gehören. Novae sind Sterne, die oft jahrhundertelang gleichmäßig leuchten. Dann werden sie aber in kürzester Zeit viele Millionen mal heller, um schließlich wieder etwa auf den früheren Zustand zurückzufallen. Novae sind Mitglieder eines Doppelsterns. Der eine Partner ist ein ausgebrannter weißer Zwerg, der andere ein jüngerer, normaler Stern. Beide Partner stehen so eng nebeneinander, daß von den äußeren Schichten des größeren Sterns unverbrauchter Wasserstoff auf den weißen Zwerg überfließt. Erreicht dessen Masse einen kritischen Wert, kann der Wasserstoff in einer Kernreaktion zünden, was mit einer Wasserstoffbombenexplosion vergleichbar ist.

Bei einer Supernova vom Typ I überschreitet die Masse des weißen Zwergs durch den Zufluß von seiten des anderen Partners die Chandrasekhar-Grenze (1,4 Sonnenmassen) und kollabiert zu einem Neutronenstern. Bei der Vereinigung von Protonen und Elektronen zu Neutronen werden ungeheure Energiemengen frei. Es kann auch zu einem vollständigen Zerreißen des weißen Zwergs und seiner restlosen Auflösung kommen. Typ I-Supernovae werden viel heller als Supernovae vom Typ II, die auf den Zusammenbruch eines extrem massereichen Sterns zurückgehen (→ S.26/27).

Das Spektrum eines ungleichen Sternenpaars

ⓓ SS 433 zeigt in seinem Spektrum ungewöhnliche Emissionslinien. Normalerweise bewegt sich ein Stern entweder von uns weg oder auf uns zu (links), und seine Spektrallinien sind entsprechend zum langwelligen Rot oder zum kurzwelligen Violett verschoben.

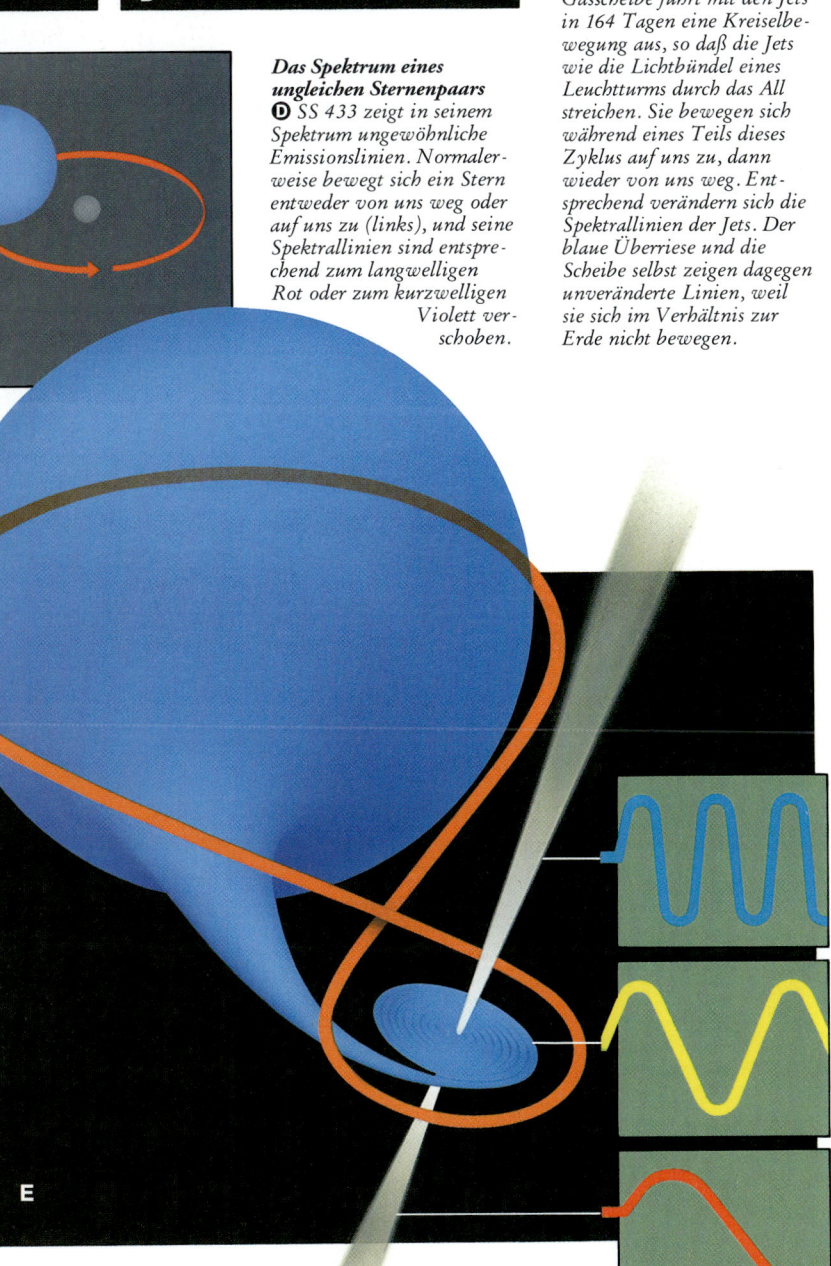

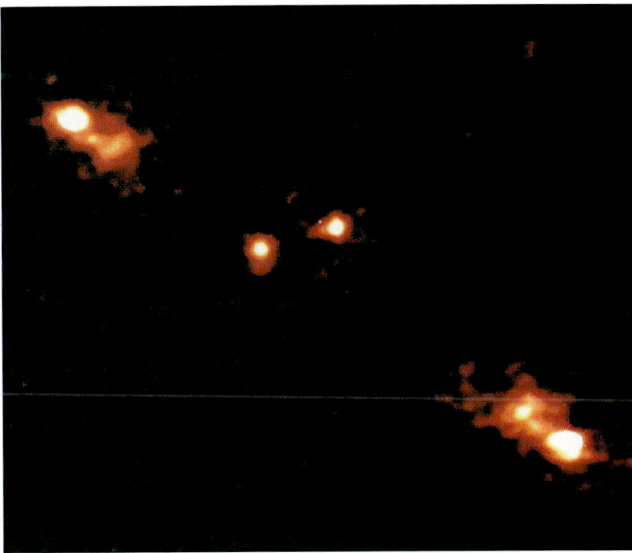

Ein schwarzes Loch?

Schwarze Löcher sind theoretisch das Endstadium eines Sterns mit über 20 Sonnenmassen nach einer Typ II-Supernova-Explosion. Da sie keine Strahlung aussenden, können sie nicht direkt beobachtet werden. Ein Kandidat ist der Röntgen-Doppelstern Cygnus X-1 (oben). Aus den Bahndaten des sichtbaren Partners geht hervor, daß er ein sehr massereiches Objekt umläuft. Vermutlich handelt es sich um ein Schwarzes Loch. Materie, die von dem normalen Stern auf das Schwarze Loch überfließt, erhitzt sich schon zuvor so stark, daß sie Röntgenstrahlung aussendet.

10 Milliarden Jahre Lebensdauer

Wie die Sonne und ihre Atmosphäre aufgebaut sind

Die Sonne ist ein riesiger Ball aus Gasströmen, dessen wesentlicher Bestandteil Wasserstoff ist. Ihr Durchmesser beträgt 1 392 000 km. Bei einer Temperatur von 15 Millionen °C verwandelt sich tief im Inneren der Sonne in einer atomaren Kernreaktion Wasserstoff in Helium – unter Freisetzung gewaltiger Energien. Diese Energien breiten sich bis zur Oberfläche aus, wo unterschiedlichste Strahlungen, von der Röntgenstrahlung bis zu den Radiowellen, austreten. Die Sonne wird noch weitere 5 Milliarden Jahre strahlen. Dann ist der Wasserstoff in ihrem Kern verbraucht, und unser Hausstern bläht sich zu einem roten Riesen auf.

Unsere Sonne ist ein ganz durchschnittlicher Stern. Ihre Masse erlaubt in ihrem Kern so hohe Temperaturen, daß Kernfusionsprozesse in Gang kommen. Aber ihre Masse reicht nicht aus, um später in einer Supernova-Explosion zu enden. Momentan ist sie etwa in der Mitte ihres 10 Milliarden Jahre dauernden Lebens angekommen. Gleichmäßig verwandelt sie in ihrem Kern Wasserstoff in Helium. Am Ende ihrer Lebensdauer wird sich die Sonne ausdehnen; ihre Oberfläche kühlt sich ab. Sie verwandelt sich in einen roten Riesen und verschlingt vielleicht sogar die Erde und das noch verbliebene Leben auf ihr. Aber bis dahin ist es noch lang. Die ganze bisherige Menschheitsgeschichte dauerte weniger als ein Tausendstel des Sonnenalters!

Sichtbare und unsichtbare Schichten

Die Sonne, unser Zentralgestirn, ist größer als die gelbe Scheibe, die wir sehen. Nur während einer totalen Sonnenfinsternis, wenn der Mond unsere Sonne völlig bedeckt, werden darüber hinaus die äußeren Schichten der Sonne – die Chromosphäre und die prachtvolle, oft strahlenförmige Korona – sichtbar. Durch diese Schichten schauen wir normalerweise hindurch. Erst ab einer bestimmten Schicht wird die Sonne so dicht, daß wir nicht noch tiefer in sie hineinblicken können. Das ist die scharf begrenzte Sonnenscheibe, die wir sehen. Man nennt diese Schicht auch Sonnenoberfläche oder Photosphäre. Ihre Temperatur beträgt 5800 °C. In der Photosphäre entstehen auch die meisten dunklen »Fraunhofer-Linien« des Sonnenspektrums. Sie zeigen die Anwesenheit bestimmter Elemente an.

Die Photosphäre erscheint zum Sonnenrand hin etwas dunkler. Diese sogenannte Randverdunklung geht darauf zurück, daß wir – wegen der Absorption des Lichts bei der schrägen Sicht – in der Nähe des Randes nicht so tief in die Sonne und damit nur bis zu höheren, kühleren Schichten blicken als in der Mitte der Sonnenscheibe.

Über der Photosphäre befindet sich die Chromosphäre. In der unteren Chromosphäre liegen die Temperaturen nicht wesentlich höher als in der Photosphäre, während sie weiter oben in der Korona wieder bis auf 2 Millionen °C ansteigen. Die innere Korona erstreckt sich bis zu einigen hunderttausend Kilometer über die Photosphäre. Einzelne Koronastrahlen erreichen aber eine Höhe von vielen Millionen Kilometern.

Die Korona ist außerhalb totaler Sonnenfinsternisse nur dann sichtbar, wenn die Aufnahmen den Röntgenwellenbereich abdecken. Ihre Struktur wird durch das Magnetfeld der Sonne bestimmt. In »Koronalöchern« zeigen die magnetischen Feldlinien nach außen, ohne sich zu schließen. Hier können Protonen und Elektronen der Sonne entkommen. Dieser sogenannte Sonnenwind bewegt sich mit Geschwindigkeiten von 500 bis 1600 km/s in das Planetensystem hinaus.

Von der Sonnenoberfläche ragen auch die Protuberanzen in die Korona hinein – Gaswolken, die riesigen Bögen oder Stichflammen gleichen. Ihre schnellen Bewegungen gehen auf örtlich wirkende, starke Magnetfelder zurück. Dabei erreicht das Gas Geschwindigkeiten von mehreren Hundert Kilometern pro Sekunde. Oft teilt man die Erscheinungen der Sonne in ruhige und aktive Phänomene ein. Zu den »ruhigen« Erscheinungen, die stets sichtbar sind, gehört die Granulation. Sie ist bereits mit kleinen Fernrohren zu erkennen. Diese körnige Struktur der Photosphäre geht auf helle, heiße und daher leichtere Gasballungen zurück, die zur Sonnenoberfläche aufsteigen. Dort kühlen sie ab, werden schwerer und sinken wieder als dunklere Zonen nach unten. Auch die Chromosphäre zeigt ein Netzwerk heller und dunkler Gebiete, wenn sie in speziellen Instrumenten sichtbar gemacht wird.

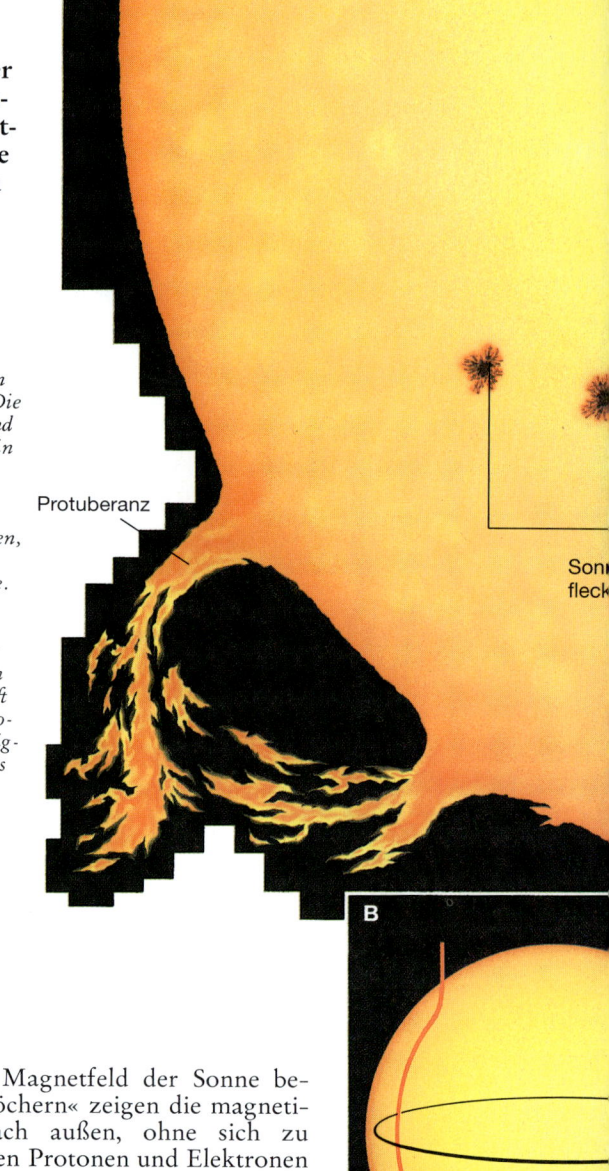

A

Protuberanz

Sonnflecke

B

Feuerkugel Sonne

Ⓐ *Die Sonne ist mit einer Oberflächentemperatur von 5800 °C ein gelber Stern. Die auffälligste Erscheinung sind die Sonnenflecken, die oft in riesigen Gruppen auftreten und nur 3500 bis 4000 °C heiß sind. Ihre Häufigkeit schwankt in einer 11jährigen, ihr magnetisches Verhalten in einer 22jährigen Periode. Besonders auffallend sind auch die Protuberanzen, riesige Gaswolken, die nur mit speziellen Instrumenten sichtbar werden und sich oft viele Hunderttausende Kilometer hoch mit Geschwindigkeiten von Hunderten km/s bewegen.*

Wie entstehen Sonnenflecken?

Ⓑ *Sonnenflecken verdanken ihre Entstehung starken örtlichen Magnetfeldern. Zu Beginn eines Sonnenzyklus verlaufen die magnetischen Feldlinien fast geradlinig vom magnetischen Nordpol zum Südpol der Sonne (1). Da aber die Sonne nahe dem Äquator schneller rotiert, wickeln sich die Feldlinien in Rotationsrichtung spiralförmig auf und schmiegen sich immer enger aneinander (2). Schließlich brechen*

Siehe auch: **Sternentstehung**, S. 22/23 **Brennstoff der Sterne**, S. 24/25 **Ende der Sterne**, S. 26/27 **Sonnensystem**, S. 32/33

Die äußeren Schichten

A Die Schicht der Sonne, die wir mit bloßem Auge sehen, nennen wir Photosphäre (1). Beobachtet man die Sonne mit einem Fernrohr und speziellen Filtern (es ist sehr gefährlich, ungeschützt in die Sonne zu blicken), so erkennt man ein Raster aus zahlreichen hellen und dunklen »Körnern«, den sogenannten Granulen. Es besteht aus heißen, hellen Gasströmen, die von unten hochsteigen. In der Höhe kühlen sie ab, werden schwerer und dunkler und sinken wieder in die Tiefe. Über der Photosphäre liegt die Chromosphäre (2), die bei einer totalen Sonnenfinsternis als rötlicher Saum erscheint. Die Temperatur der Sonne fällt von ihrem Zentrum stetig bis zur Obergrenze der Photosphäre auf 5800 °C und weniger. Dann steigt sie wieder an, um in der oberen Chromosphäre 10 000 °C zu erreichen. Von dort ragen die sogenannten Spikulen als kurzlebige gasförmige »Spieße« und die längerlebigen Protuberanzen (3) als riesige Gaswolken in die darüber liegende, bis zu 2 Millionen °C heiße Korona (4) hinein, aus der auch der »Sonnenwind« strömt. Die Korona wird bei totaler Sonnenfinsternis als weißlicher Strahlenkranz sichtbar, kann aber auch von Satelliten und mit speziellen Instrumenten von der Erde aus beobachtet werden.

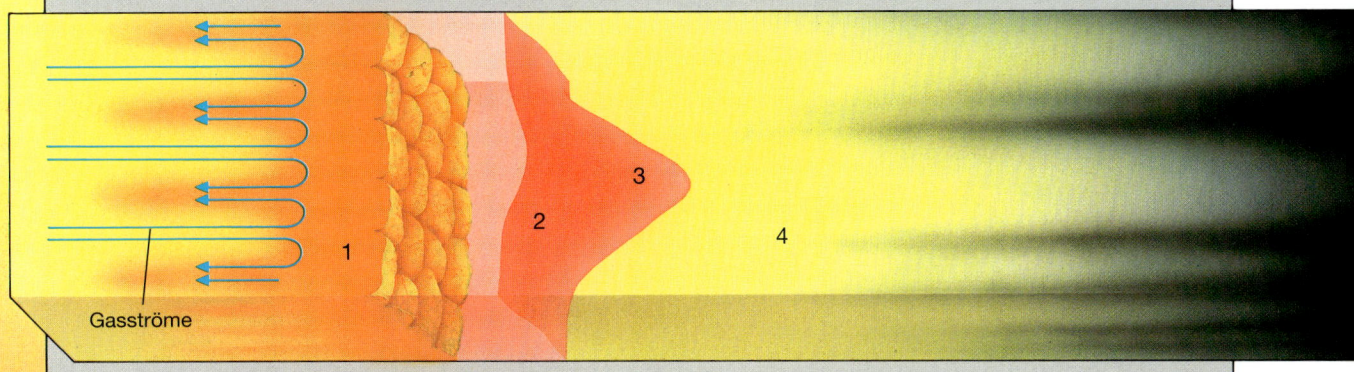

Gasströme

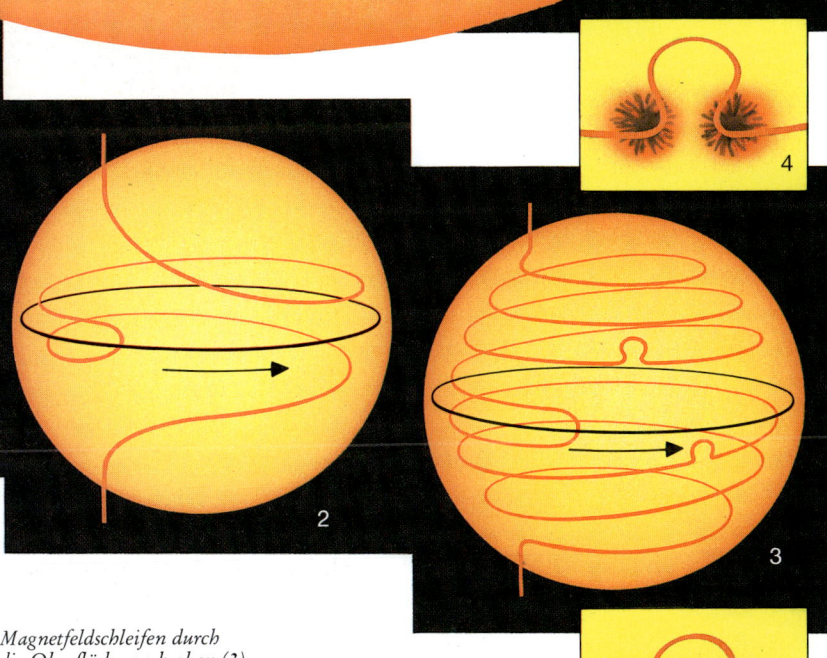

Magnetfeldschleifen durch die Oberfläche nach oben (3). An den zwei Stellen, an denen die Feldlinien die Sonnenoberfläche durchdringen, entstehen Flecken mit entgegengesetzter Polarität (4, 5). Wenn auf der einen Halbkugel der erste Fleck nördlich, der nachfolgende südlich gepolt ist, dann ist auf der anderen die Polung der Fleckengruppen umgekehrt. Nach 11 Jahren kehren sich die Polaritäten auf der Nord- und Südhalbkugel um; nach 22 Jahren beginnt der magnetische Zyklus von neuem.

Was eine Sonnenfinsternis enthüllt

Gelegentlich stehen Sonne, Mond und Erde so auf einer geraden Linie hintereinander, daß der Mond seinen Schatten auf die Erde wirft. Für einen Teil der Erde tritt eine Sonnenfinsternis ein.

Handelt es sich um eine totale Sonnenfinsternis, erscheint um die ganz verdeckte Sonnenscheibe die Sonnenkorona als ein weißlicher Kranz. Die Grafik zeigt fünf verschiedene Phasen der Bewegung des Mondes im Verlauf einer Finsternis (unten).

Am Anfang war eine Gaswolke

Wie unser Sonnensystem entstanden ist

Das Sonnensystem besteht nicht nur aus der Familie der neun großen Planeten, ihrer Monde und Ringe. Im Herrschaftsbereich der Sonne gibt es auch zahllose Asteroiden und Kometen, von denen laufend neue entdeckt werden. Vor allem weit jenseits der Bahn des äußersten Planeten Pluto vermuten die Astronomen noch viele kleine Himmelskörper. Dazu gehört die Oortsche Kometenwolke, aus der immer wieder einzelne Kometen in das Innere unseres Systems gelangen. Der Sonnenwind mit seinen elektrisch geladenen Teilchen dringt bis an die Grenze zum interstellaren Raum, der Heliopause, vor.

Untersuchungen haben gezeigt, daß unsere Erde, die anderen Planeten und die Sonne 4,5 Milliarden Jahre alt sind. Dies bedeutet, daß das ganze Sonnensystem fast gleichzeitig aus einer riesigen Gas- und Staubwolke entstand. Diese Wolke verdichtete sich, drehte sich immer schneller und bildete wegen der Fliehkraft eine flache, pfannkuchenartige Scheibe. Senkrecht zu ihr floß weiteres Material in Form von Gasbündeln ab.

Die Planeten entstanden, indem Moleküle und Staubteilchen viele Millionen Jahre lang zusammenstießen und sich zu immer größeren Körpern vereinigten. Die größeren Körper wurden in ihrem Inneren so heiß, daß sie aufschmolzen. Die schwereren Stoffe sanken zum Zentrum, die leichteren stiegen zur Oberfläche auf. Durch diese »Differentiation« bildete sich ein Schalenaufbau, wie er uns von der Erde her bekannt ist.

Der Nebel, aus dem sich die Planeten bildeten, bestand vor allem aus Wasserstoff und Helium. Ein starker Strom elektrisch geladener Teilchen, der Sonnenwind, vertrieb die Reste der leichten Gase aus dem innersten Teil des Planetensystems. So setzen sich die inneren Planeten vor allem aus schwereren Gesteinen und Metallen zusammen. Die sonnenferneren Planeten behielten dagegen diese leichten Gase und bestehen deswegen vor allem aus einer Gasatmosphäre. Am Rande des Systems entstanden Körper aus Eis, darunter auch Kometen und kleine Eisplaneten.

Noch über mehr als eine Milliarde Jahre nach der Entstehung der Planeten flogen unzählige Kleinkörper um die Sonne, die immer wieder mit den Planeten und deren Satelliten, wie etwa auch unserem Mond, zusammenstießen und dort Krater bildeten. Erst danach wurden diese Kollisionen seltener. Landschaften auf Planeten, die keine Aufsturzkrater zeigen, entstanden also erst in neuerer Zeit.

Auch heute werden immer noch Körper im Sonnensystem entdeckt. 1930 fand Clyde Tombaugh den neunten Planeten, Pluto. Er ist allerdings viel kleiner als die anderen Planeten. In den letzten Jahren entdeckte man mehrere kleine, wahrscheinlich eisartige Planeten im Bereich der Plutobahn. Schon früher vermutete Gerard Kuiper dort einen Ring zahlloser Kometenkerne, die nichts anderes als mit Staub durchsetzte Eisklumpen sind. Vielleicht ist Pluto nur das größte Exemplar in diesem sogenannten Kuiper-Gürtel und gar kein »echter« großer Planet. Hinter dem Kuiper-Gürtel dürften in noch größerer Entfernung in der »Oortschen Wolke« Milliarden weitere Kometen vorkommen.

A

Auch andere Sterne haben Planeten

Die Sonne ist nur einer unter Hunderten Milliarden Sternen der Milchstraße. Viele Planetensysteme warten auf ihre Entdeckung. Leider sind Planeten so lichtschwach, daß bisher auch den größten Teleskopen verborgen blieben. Es gibt aber indirekte Methoden, um sie aufzufinden.

Da Sonne und Planeten um einen gemeinsamen Schwerpunkt laufen, schwankt auch die Sonne um diesen Punkt. So könnten winzige Schwankungen anderer Sterne auf Planeten hinweisen. Staubhüllen um Protosterne, aus denen Planeten entstehen könnten, fand man auf Infrarotaufnahmen des Sterns Beta Pictoris und mit dem Hubble-Weltraumteleskops im Orionnebel. 1995 entdeckten die amerikanischen Astrophysiker Geoffrey Marcy und Paul Butler Hinweise auf Planeten um 70 Virginis im Sternbild Jungfrau und um 47 Ursae Majoris im Großen Bär. Auf diesen Planeten könnte es Wasser und damit sogar Leben geben.

Die Planetenfamilie unseres Sonnensystems
A B *Merkur ist der sonnennächste Planet mit einem Bahnradius von 0,39 AE (1 AE oder Astronomische Einheit ist die mittlere Entfernung Erde-Sonne). Ein Merkurjahr, die Umlaufzeit um die Sonne, dauert 88 Erdentage (1).*
Venus ist fast so groß wie die Erde. Der Bahnradius beträgt 0,72 AE, die Umlaufzeit 224 Erdentage (2).
Die Erde, unser Heimatplanet, hat einen Bahnradius von 1 AE oder 149,6 Millionen km und eine Umlaufzeit von 365 1/4 Tagen (3).
Mars, der »rote Planet«, läuft in 1,52 AE mittlerem Abstand und in 1,88 Jahren um die Sonne (4).

Siehe auch: Sternentstehung S. 22/23 Sonne, S. 30/31 Kometen S. 34/35 Äußere Planeten S. 36/37 Innere Planeten, S. 40/41

Milchstraße

neigte und exzentrische Bahn
führt dazu, daß er sich
20 Jahre lang innerhalb der
Neptunbahn bewegt (9).
Unser heutiges Wissen über
die Planeten wurde meist mit
Hilfe von Raumsonden
gewonnen. Sie entdeckten
Ringe und zahlreiche Monde
der äußeren Planeten, foto-
grafierten aktive Vulkane
auf fernen Monden und kartierten die Schwesterplaneten
der Erde. Besonders erfolgreiche Sonden waren Magellan,
die die Venusoberfläche mit
Radarsignalen vermaß, Pionier 11 (10), der Jupiter und
Saturn erforschte, Voyager 1
(11) und schließlich Voyager 2 (12), der mit Hilfe der
Schwerkraft von Saturn auch
Uranus und Neptun erreichte. Die Sonde Galilei
schwenkte inzwischen erfolgreich in eine Umlaufbahn um
den Riesenplaneten Jupiter
ein und setzte einen Flugkörper in seiner Atmosphäre ab.
Auch viele Asteroiden und
Kometen laufen um die
Sonne. Hier dargestellt sind
die Bahnen der Kometen
Kopff (13), Tempel-Tuttle
(14) und Halley (15).

B

Zwischen Mars und Jupiter
liegt die Zone der Asteroiden
oder Kleinplaneten. Sie
trennt das innere vom
äußeren Planetensystem.
Hinter dem Asteroidengürtel
folgen die Riesenplaneten,
die vor allem aus gasförmigem Wasserstoff und Helium

bestehen und von Ringsyste-
men und zahlreichen Satelliten umkreist werden.
Jupiter ist der größte Planet
mit einem Äquatordurchmes-
ser von 143 000 km. Er läuft
in 11,85 Jahren in einem
Abstand von 5,2 AE um die
Sonne (5).

Saturn gehört mit seinem
riesigen Ringsystem zu den
schönsten Planeten. Er
benötigt zu einem Umlauf
um die Sonne 29,5 Jahre und
hat einen mittleren Abstand
von 9,5 AE (6).
Uranus ist der erste mit
einem Fernrohr entdeckte

Planet. Er läuft in über 19 AE
Abstand in 84 Jahren um die
Sonne (7).
Neptun ist 30mal weiter als
die Erde von der Sonne entfernt, die er in 165 Jahren
umrundet (8).
Pluto umkreist die Sonne in
248 Jahren. Seine stark ge-

Zwischen den Bahnen der Planeten

Kometen und Asteroiden

Das Sonnensystem besteht nicht nur aus den Planeten. Besonders auffallende Himmelserscheinungen bieten die Kometen mit ihren langen Schweifen. Es sind mit Staub durchsetzte Eisbälle, die uns vom Rand des Sonnensystems aus auf langgestreckten Ellipsenbahnen besuchen. Dabei verlieren sie längs ihrer Bahn zahllose Staubteilchen. Läuft die Erde durch einen solchen Staubring, erleben wir einen Sternschnuppenschwarm. Aber auch größere Brocken, die Meteoriten, stoßen mit der Erde zusammen. Diese oft aus dem Raum zwischen Mars und Jupiter stammenden Körper setzen sich hauptsächlich aus Gesteinen oder Eisen zusammen.

Trotz ihrer langen Schweife handelt es sich bei Kometenkernen nur um sogenannte »schmutzige Schneebälle«. Es gibt zwei Kometentypen: Die langperiodischen Kometen stammen aus der »Oortschen Wolke«, einer kugelschalenförmigen Wolke aus Kometenkernen, die unser Sonnensystem im Abstand von bis zu zwei Lichtjahren umgibt. Die Planetenbahnen erscheinen im Vergleich zu ihr winzig. In so großen Entfernungen werden die »Schneebälle« durch gelegentlich nahe vorbeiziehende Sterne in ihrer Bahn so gestört, daß sie entweder aus unserem Sonnensystem ganz hinausgeschleudert werden oder aber tief in sein Inneres eindringen. Hier bieten sie dann oft ein auffallendes Schauspiel, bevor sie auf ihren stark langgestreckten Bahnen wieder in die Oortsche Wolke zurückkehren, so daß sie praktisch nie mehr von der Erde aus zu beobachten sind.

Kurzperiodische Kometen tauchen dagegen häufiger auf. Sie stammen vermutlich aus dem Kuiper-Gürtel, einem Bereich zwischen der Neptunbahn und etwa dem 100fachen der Entfernung der Erde zur Sonne. Von hier aus dringen sie auf ihren Ellipsenbahnen in das innere Sonnensystem vor. Gelegentlich können Kometen sogar bei einem nahen Vorbeiflug an einem der großen Planeten in eine noch engere Bahn mit nur wenigen Jahren Umlaufzeit gezwungen werden.

Die Kometen halten sich stets nur ganz kurze Zeit in der Nähe der Sonne auf. Im äußeren Sonnensystem sind sie zunächst unscheinbar. Werden sie aber von der Sonne erwärmt, verdampft das Eis, und es entsteht um die Schneebälle herum eine ausgedehnte Gashülle, die Koma. Der Sonnenwind drückt die Gase weg, die deshalb einen oft viele Millionen Kilometer langen Schweif bilden.

Auf seinem Weg um die Sonne verliert ein Komet längs seiner Bahn auch eine Menge Staub. Durchquert die Erde diese Staubgürtel, dringen die Staubteilchen in die obere Atmosphäre ein, bringen die Luft zum Leuchten und verglühen zumeist: Es sind die Sternschnuppen oder Meteore. Taucht die Erde in die dichtesten Teile eines Meteorstroms ein, kommen unter Umständen Hunderte Meteore pro Sekunde vor!

Größere Körper durchqueren die Erdatmosphäre unbeschadet und stürzen auf die Erde. Das sind die Meteoriten – Überbleibsel aus einer Zeit, in der unser Planetensystem entstand. Es gibt Eisenmeteorite, die vor allem aus Eisen und Nickel bestehen und in der Zusammensetzung dem Erdkern ähneln. Die Steinmeteorite gleichen dagegen den Gesteinen in der Erdkruste. Sie enthalten kleine Silikatkügelchen, die Chondren. Es

Woher die Kometen stammen
A *Das Sonnensystem reicht weit über die Plutobahn hinaus. Vielleicht ist Pluto der größte Körper des Kuiper-Gürtels, einer Zone, aus der die kurzperiodischen Kometen mit einer Umlaufzeit von höchstens etwa 200 Jahren stammen. Die Bahnen dieser Kometen fallen sehr nahe mit der Bahnebene der Planeten zusammen. Der Kuiper-Gürtel erstreckt sich also nicht sehr weit über oder unter diese Ebene. Langperiodische Kometen mit Umlaufzeiten über 200 Jahren haben Bahnen, die beliebig gegen die Planetenbahnebenen geneigt sind. Sie stammen aus der »Oortschen Wolke«, die bis 150 000 AE hinausreicht. (Eine Astronomische Einheit, AE, entspricht dem mittleren Abstand der Erde zur Sonne, 149,6 Millionen km.) In ihr gibt es vielleicht Billionen Kometenkerne, die darauf warten, durch Bahnstörungen, die vorüberziehende Sterne verursachen, in das innere Sonnensystem katapultiert zu werden.*

handelt sich dabei um erstarrte Schmelztröpfchen, deren Entstehung im einzelnen aber noch unklar ist. 5% der Steinmeteorite sind kohlige Chondrite, die Kohlenstoffverbindungen und Wasser enthalten. Sie zeigen uns noch unverändert, wie der Nebel zusammengesetzt war, aus dem vor 4,5 Milliarden Jahren unser Planetensystem entstand. Eine weitere Gruppe bilden die Steineisenmeteorite, deren Häufigkeit aber nur 1% ausmacht. Einige Meteoriten hat vermutlich ein auf dem Mars niedergehender Himmelskörper von dort bis zur Erde geschleudert

Die Kleinplaneten zwischen Mars und Jupiter

Im 18. Jahrhundert fanden Johann Titius und Johann Elert Bode, daß den Abständen der Planeten von der Sonne eine bestimmte Zahlenreihe entspricht. Sie wurde 1781 durch die Entdeckung des Uranus bestätigt. Doch wo sich nach dieser Reihe der fünfte Planet von der Sonne aus gerechnet befinden sollte, fand sich zunächst nichts. 1801 wurde dann ein kleinerer Körper gefunden, der die Sonne auf der »richtigen« Bahn umläuft. Bald darauf entdeckte man aber in dieser »Lücke« noch weitere Kleinplaneten. Mittlerweile sind schon über 6000 dieser »Planetoiden« oder »Asteroiden« bekannt. Die meisten sind nur wenige Kilometer groß. Einige beschränken sich aber nicht auf die Zone zwischen Mars und Jupiter, sondern überqueren z. B. die Mars- oder Erdbahn nach innen. Es ist nicht auszuschließen, daß sie eines Tages sogar mit unserem Planeten zusammenstoßen.

Asteroiden
D E *Zwischen Mars und Jupiter liegt der Gürtel der Asteroiden. Der größte, Ceres, mißt 1000 km. Die meisten sind aber sehr viel kleiner und haben eine so geringe Schwerkraft, daß sie nicht kugelförmig, sondern ganz unregelmäßig sind, wie z.B. Gaspra (oben rechts). Zwei weitere Gruppen von Asteroiden, die Trojaner, laufen auf der Jupiterbahn. Die eine geht Jupiter um 60° voraus, die andere läuft im gleichen Abstand hinter ihm her. Nur so sind ihre Bahnen stabil, während sie sonst aus der Jupiterbahn herausgeworfen würden. Mehrere Asteroiden haben stark exzentrische Ellipsenbahnen und überkreuzen sogar die Erdbahn nach innen.*

Siehe auch: **Sonnensystem**, S. 32/33 **Monde der äußeren Planeten**, S. 38/39

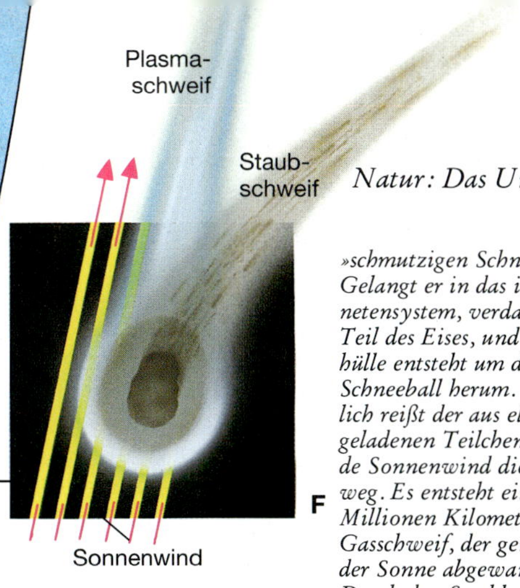

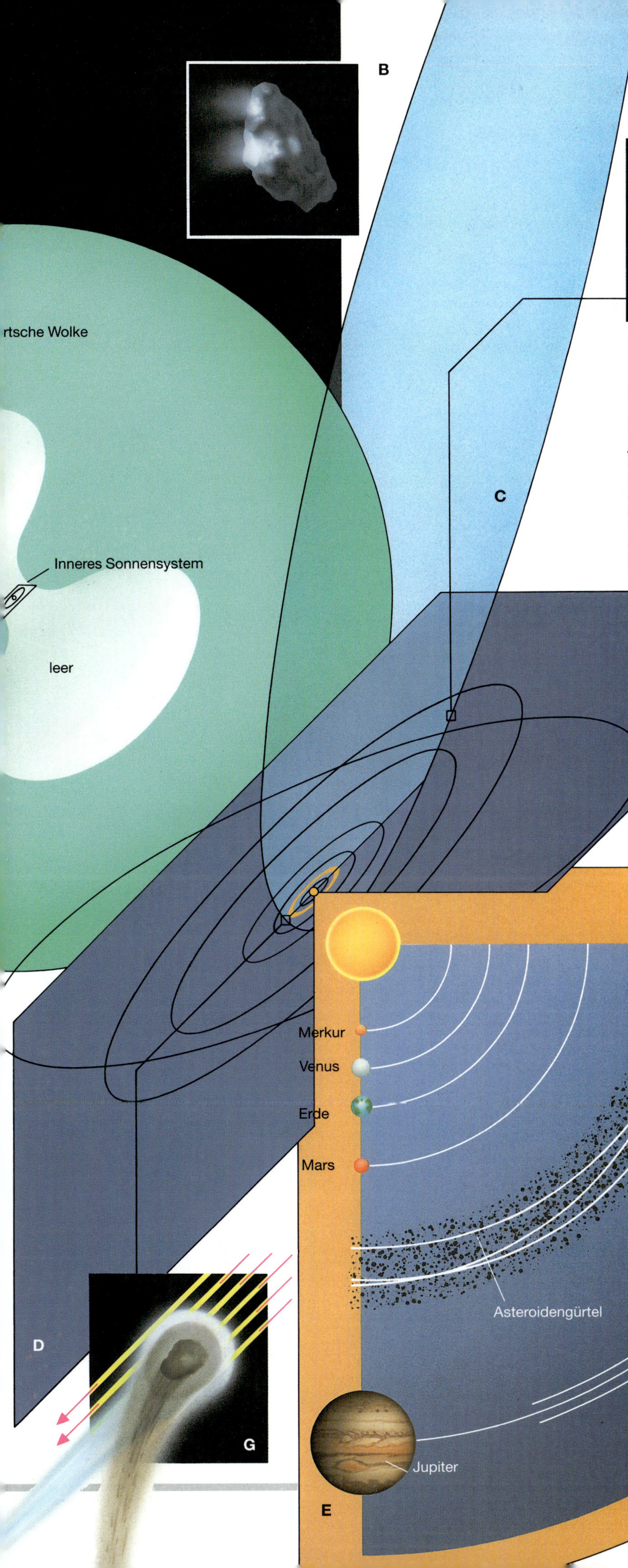

Plasma-
schweif

Staub-
schweif

Sonnenwind

»schmutzigen Schneeball«.
Gelangt er in das innere Planetensystem, verdampft ein
Teil des Eises, und eine Gashülle entsteht um den
Schneeball herum. Schließlich reißt der aus elektrisch
geladenen Teilchen bestehende Sonnenwind die Gase
weg. Es entsteht ein viele
Millionen Kilometer langer
Gasschweif, der genau von
der Sonne abgewandt ist.
Durch den Strahlungsdruck
werden auch die Staubteilchen vom Kometenkern weg-
gedrückt und erzeugen einen
zweiten Schweif. Da der
Staub langsamer wegfliegt
als das Gas, ist der Staub-
schweif gekrümmt. Ein Ko-
met zieht seinen Schweif deshalb nur dann wie eine
Rakete geradlinig hinter sich
her, wenn er noch weit von
der Sonne entfernt ist.
F G *Der Kometenschweif
ist stets von der Sonne abgewandt. Am sonnennäch-
sten Punkt, dem Perihel,
steht er im rechten Winkel
zur Bewegungsrichtung des
Kometen.*

Der Kometenschweif
B C *Ein typischer langperi-
odischer Komet beginnt weit
hinter den Grenzen des eigentlichen Sonnensystems in
der Oortschen Wolke seine
stark gegen die Planeten-
bahnebene geneigte Bahn. Er
besteht aus Eis, dunklem
Staub und organischen Verbindungen. Deswegen be-
zeichnet man ihn auch als*

Oortsche Wolke

Inneres Sonnensystem

leer

B

C

F

D

G

E

Merkur

Venus

Erde

Mars

Jupiter

Asteroidengürtel

Trojaner

Geheimnisvolle Gasgiganten

Die äußeren Planeten Jupiter, Saturn, Uranus und Neptun

Außerhalb des Asteroidengürtels laufen die vier Gasriesen um die Sonne. Sie sind viel größer als die Erde und bestehen aus mächtigen Atmosphären mit verhältnismäßig kleinen Gesteinskernen. Am größten ist Jupiter mit einem Durchmesser von 143 000 km. Er besitzt Wolkenwirbel, die die ganze Erde verschlingen könnten. Der zweitgrößte Planet ist Saturn mit seinem prachtvollen Ringsystem. Uranus und Neptun sind blaue und grüne Planeten – beide ungefähr viermal größer als die Erde. Einzig Pluto, dessen Bahn sich teilweise mit der des Neptuns überschneidet, ist vermutlich von erdähnlichem Aufbau.

Die größten Planeten unseres Sonnensystems liegen hinter der Marsbahn. In dieser Entfernung war der Sonnenwind, der bei der Entstehung der Planeten noch stärker war als heute, nicht mehr imstande, die leichten Wasserstoff- und Heliumgase zu vertreiben. So sammelten diese Planeten um ihre kleinen Gesteins- und Metallkerne riesige Gashüllen an. Ihre mittlere Dichte ist deshalb viel kleiner als die der Erde und liegt bei etwa 1 g/cm³, der Dichte von Wasser.

Die bekanntesten Gasplaneten sind Jupiter mit seinen auffälligen braunen Wolkenstreifen und dem berühmten Großen Roten Fleck – einem langlebigen Wirbelsturm – und Saturn mit seinem riesigen Ringsystem.

Neue Erkenntnisse über Uranus und Neptun

Über die äußersten Gasplaneten, Uranus und Neptun, war lange wenig bekannt. Diese blaugrünen Planeten, deren Farbe auf Methan in ihrer Atmosphäre zurückgeht, haben vermutlich Gesteinskerne etwa von der Größe der Erde. Sie sind so weit von der Sonne entfernt, daß die schwache Sonneneinstrahlung eigentlich gar kein »Wetter« mehr in ihren Atmosphären hervorrufen dürfte. Die Vorüberflüge von Voyager 2 in den Jahren 1986 bzw. 1989 brachten allerdings neue Erkenntnisse über die beiden Planeten. Die Uranusatmosphäre war zwar zur Zeit der Begegnung mit Voyager 2 wenig aktiv, doch konnten Polarlichter entdeckt werden, wie sie auch auf der Erde vorkommen. Sie gehen auf elektrisch geladene Teilchen der Sonne zurück, die die Atmosphäre in großer Höhe zum Leuchten bringen.

Auffällig ist die starke Achsenneigung des Uranus. Seine Achse steht nicht wie bei den meisten Planeten fast senkrecht auf der Bahnebene, sondern ist um 98° geneigt. Der Planet »rollt« auf seiner Bahn dahin. Auch die Ringe und die Bahnen der Satelliten sind so angeordnet. Vielleicht wurde Uranus einmal von einem anderen größeren Körper getroffen, wobei die Achse kippte.

Auf dem Neptun entdeckte Voyager 2 eine aktivere Atmosphäre mit einem komplexen Wettersystem, darunter ein riesiger Wirbel, der Große Dunkle Fleck. Diese gewaltige Dynamik ist nur damit zu erklären, daß Neptun in seinem Inneren viel mehr Energie erzeugt als Uranus. Tatsächlich strahlen alle Planetenriesen, außer Uranus, mehr Energie ab, als sie von der Sonne empfangen. Vermutlich ziehen sich diese Planeten infolge ihrer Schwerkraft zusammen und erzeugen dadurch im Inneren Wärme.

Die Struktur der Riesenplaneten

A *Im Gegensatz zu den Planeten im inneren Sonnensystem bestehen die äußeren Planeten (mit Ausnahme des Eisplaneten Pluto) aus gewaltigen Gashüllen, die darunter in flüssigen Zustand übergehen. Der äußerste Gasplanet ist Neptun (1) – mit 49 000 km Durchmesser und einer Masse, die 17mal größer ist als die Erdmasse. Vermutlich besitzt er einen Gesteinskern. Sein Mantel besteht aus Wasser-, Ammoniak- und Methaneis. Darüber liegt eine Atmosphäre aus Wasserstoff, Helium und Methan. Der nächstinnere Planet, Uranus (2), hat eine*

ähnliche Farbe und Zusammensetzung. Mit 51 000 km Durchmesser ist er etwas größer als Neptun. Seine Dichte ist jedoch geringer und seine Masse nur 15mal größer als die Erdmasse. Die Uranusachse ist um 98° gegen die Senkrechte auf der Bahn geneigt. So scheint Uranus auf seiner Bahn dahinzurollen. Saturn (3) ist mit 120 000 km Durchmesser ein

wahrer Gigant. Er besitzt 95 Erdmassen und einen 25 000 km großen Gesteinskern, über dem der Wasserstoff so zusammengepreßt ist, daß er metallische Eigenschaften annimmt. Der Mantel des Saturn besteht aus Wasserstoff und zu 7% aus Helium. Saturn ist durch seinen Ring berühmt. Alle Gasplaneten besitzen Ringsysteme, die aus Gesteins- und

Siehe auch: **Sonnensystem**, *S. 32/33* **Monde der äußeren Planeten** *S. 38/39* **Raumsonden**, *S. 560/561*

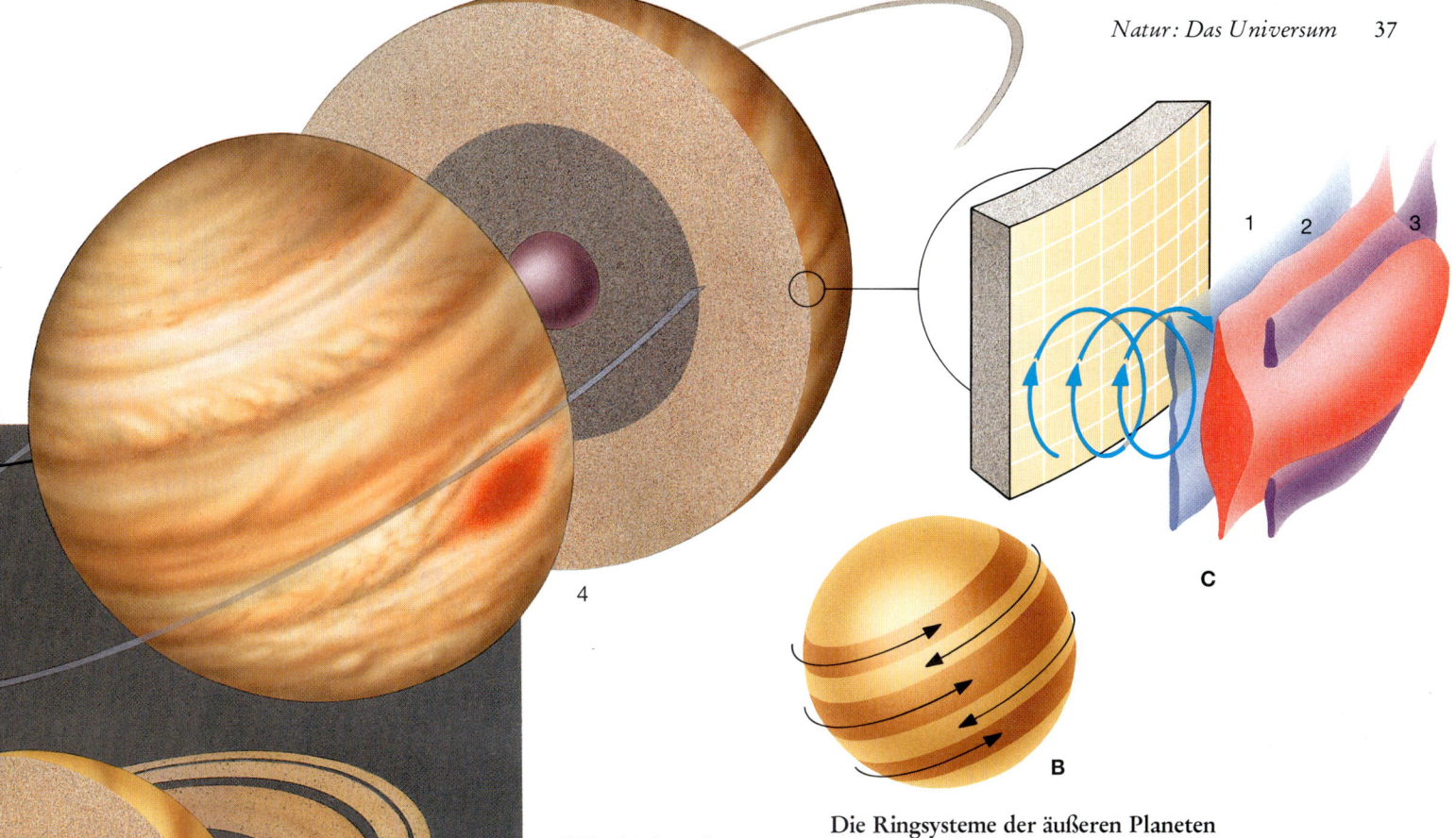

Die Ringsysteme der äußeren Planeten

Saturn zeigt aufgrund der etwas anderen chemischen Zusammensetzung seiner Atmosphäre keine so auffälligen Wolken wie Jupiter oder Neptun. Gelegentlich kommen aber weiße bis leicht gelbliche Wolken vor.

Am prachtvollsten ist sein Ringsystem, das man schon im 17. Jahrhundert mit den ersten Fernrohren beobachtete, aber erst jetzt nach den Flügen von Pionier und Voyager besser versteht. Einige Ringe mit den dazwischen liegenden Teilungen sind von der Erde aus sichtbar. Nahaufnahmen zeigten, daß sich diese Ringe wiederum aus Tausenden schmaler Ringe zusammensetzen, die aus kleinen Eis- und Gesteinsbrocken, von mikroskopisch kleinen Teilchen bis zur Größe von einigen Metern, bestehen. Seltsam sind auch speichenartige Muster auf den Ringen, die eigentlich schnell zerfallen müßten, da die Ringteilchen innen viel schneller um Saturn laufen als außen. Die »Speichen« halten sich aber oft viel länger. Elektrostatische Effekte mögen die Ursache sein.

Die Ringe von Uranus und Neptun sind nicht so auffällig und enthalten nur wenige Teilchen. Bei Neptun kommen einzelne Ringbögen vor, so daß die Ringe gelegentlich fast unterbrochen erscheinen. Noch weniger eindrucksvoll sind die Jupiterringe. Sie bestehen nur aus dünn verteiltem Staub.

Die Ringe der Riesenplaneten sind vielleicht dadurch entstanden, daß ihnen einmal ein anderer Körper, etwa einer ihrer Satelliten, so nahe kam, daß er innerhalb der sogenannten Rocheschen Grenze zerrissen wurde, einer Grenze, in der infolge der Gezeitenwirkung kein größerer Körper bestehen kann. Durch weitere Zusammenstöße der Bruchstücke bildeten sich aus ihnen schließlich die zahllosen Teilchen, die wir heute in den Planetenringen vorfinden.

Wolkenbänder und
Wirbelstürme auf dem Jupiter
Ⓑ *Das Bild des Planeten Jupiter wird geprägt von farbigen Wolkenbändern, die man schon mit verhältnismäßig kleinen Teleskopen gut erkennen kann. Die dunklen Bänder strömen von West nach Ost, die hellen Zonen von Ost nach West. An ihrer Grenze herrschen heftige entgegengesetzte Winde. Dort entstehen Wirbelstürme, wie wir sie auch von der Erde her kennen. Am mächtigsten ist der Große Rote Fleck, ein gigantischer Wirbelsturm mit einem Ausmaß von 26 000 x 13 800 km. Er ragt hoch in die Atmosphäre hinauf und rotiert entgegengesetzt zum Uhrzeigersinn in etwa sechs Tagen um seine eigene Achse. Da es auf dem Jupiter keine Reibung an einer festen Oberfläche gibt wie auf der Erde, verliert der Wirbel nur sehr langsam an Energie und kann lange bestehen.*
Ⓒ *Die Atmosphäre des Jupiter setzt sich aus drei Schichten zusammen: Wassereis (1), Ammonium-Hydrogensulfid (2) und Ammoniak-Kristalle (3). Vermutlich werden im Großen Roten Fleck die Gase so weit nach oben gerissen, daß sie dem Sonnenlicht ausgesetzt sind und in rötliche Schwefelverbindungen zerfallen.*

Eispartikeln von höchstens einigen Metern Größe bestehen. Sie entstanden vermutlich, als natürliche Satelliten den Planeten zu nahe kamen und durch Gezeitenkräfte zerrissen wurden. Am auffallendsten sind die Saturnringe. Die Falschfarbenaufnahme von Voyager 2 (oben) zeigt ihren feineren Aufbau und die Lücken zwischen ihnen, darunter die auch von
der Erde aus sichtbare Cassini-Teilung in der Bildmitte. Der innerste Riese ist der größte Planet Jupiter (4). Er ist fast 143 000 km groß, besitzt eine 318mal größere Masse als die Erde und zeigt einen unauffälligen Ring, der von den Voyager-Sonden entdeckt wurde. Das auffälligste Phänomen auf Jupiter ist aber der Große Rote Fleck.

Eiskalte Welten

Die Monde der äußeren Planeten

Der Pracht der Riesenplaneten entspricht der bizarre Aufbau ihrer Satelliten. Saturn allein besitzt z. B. rund 20 Monde. Zu ihnen zählen Titan mit einer so großen Schwerkraft, daß er eine dichte Atmosphäre festhalten kann, Iapetus mit einer dunklen und einer hellen Seite und Dione mit ihrem riesigen Krater. Man vermutet, daß dieser Mond bei dem Zusammenstoß mit einem anderen Körper fast zerrissen wurde. Zu den Neptunsatelliten zählt der Vulkanmond Triton. Uranus hat 15, Jupiter 16 Satelliten. Einige Jupitermonde erreichen die Dimensionen der Planeten Merkur und Pluto.

Als die beiden Voyagersonden von 1979 bis 1989 an den äußeren Planeten vorüberflogen, enthüllten die zur Erde gefunkten Bilder die Verschiedenheit ihrer zahlreichen Satelliten. Die Astronomen entdeckten dabei außerdem auch bisher unbekannte Monde der Planeten.

Die vier größten Jupitermonde wurden bereits 1610 von Galilei entdeckt. Sie erhielten nach alten Sagen die Namen von Geliebten des Jupiter. Der äußerste Satellit dieser Gruppe, Kallisto, ist von Aufschlagskratern übersät, die unter der »schmutzigen« Oberfläche auch blankes Eis freilegen. Der größte Krater, Walhalla, hat einen Durchmesser von 600 km und mehrere konzentrische Ringe bis zu einer Größe von fast 3000 km. Das Eis schmolz, weil hier vielleicht einmal ein größerer Körper niederging. Wasser breitete sich wellenförmig aus und erstarrte so schnell wieder, daß die Schockringe erhalten blieben.

Ganymed, der größte Mond im Sonnensystem, ähnelt Kallisto, besitzt aber weniger Krater. Der Mond Europa zeigt die glatteste Oberfläche im ganzen Planetensystem. Sie besteht aus einer Eiskruste, unter der sich vermutlich ein Ozean oder eine Schicht aus Eismatsch befindet. Beim Hochdrücken von flüssigem Wasser, das an der Oberfläche in den entstandenen Spalten wieder gefror, entstand ein riesiges Netzwerk dunkler Linien. Der innerste Galileische Mond ist Io. Mit seinen Schwefelvulkanen, die sein fleckiges Aussehen dauernd verändern, bildet er zu den anderen, eher friedlichen Monden einen starken Kontrast.

Titan besitzt eine Atmosphäre

Die meisten Saturnmonde sind kleine, kraterübersäte Welten. Mimas und Tethys besitzen Krater, die sogar ein Drittel ihres Durchmessers erreichen. Iapetus zeigt eine helle und eine dunkle Seite, auf der sich vielleicht schwarzer Staub niederschlug. Der größte Saturnsatellit ist Titan, anderthalbmal so groß wie unser Mond. Seine Atmosphäre besteht aus Stickstoff, Methan und Kohlenwasserstoffen. Sie ähnelt ein wenig der Uratmosphäre unserer Erde, ist aber viel kälter.

Auch die Satelliten des Uranus sind sehr verschieden. Fünf wurden bereits von der Erde aus, weitere zehn mit Voyager 2 entdeckt. Besonders auffallend ist Miranda, der kleinste »alte« Mond. Obwohl nur 480 km groß, vereinigt er alle möglichen geologischen Erscheinungen aus unserem Sonnensystem. So kleine Monde haben keine innere Aktivität und sind nur mit Aufschlagskratern aus der Frühzeit des Sonnensystems übersät. Miranda sieht aber wie ein bunter Fleckenteppich

Die 16 Jupitermonde
Ⓐ *Der größte Planet im Sonnensystem wird, soweit bisher bekannt, von 16 Satelliten umlaufen. Doch könnten weitere kleine Satelliten noch unentdeckt sein. Dicht an Jupiter liegt eine Gruppe winziger Satelliten: Metis, Adrastea, Amalthea und Thebe. Weiter nach außen folgen die vier größten Monde: Io, Europa, Ganymed und Kallisto. Es sind die Galileischen Monde, benannt nach Galileo Galilei, der sie 1610 entdeckte. Alle acht inneren Satelliten laufen in der Äquatorebene des Jupiter. Die äußeren Monde sind wiederum sehr klein: Leda, Lysithea, Himalia und Elara haben stark exzentrische Bahnen, die um 27° gegen den Jupiteräquator geneigt sind. Weiter außen laufen Carme, Sinope, Ananke und Pasiphae entgegengesetzt zu den anderen Monden auf*

30° gegen den Jupiteräquator geneigten Bahnen. Bei solchen rückläufigen Satelliten, die stark exzentrische Bahnen beschreiben, dürfte es sich um ehemalige Kleinplaneten handeln, die von den Planeten »eingefangen« wurden.

aus: Einerseits einige Aufschlagskrater, dann wieder Gebiete, die wie gepflügt erscheinen. Ferner gibt es ein 20 km hohes Riff. Einige Astronomen vermuten, daß der Mond Miranda einst von einem anderen Körper getroffen und auseinandergesprengt wurde. Später hätten sich diese Teile wieder willkürlich zusammengefügt.

Ein Menschenleben lang Nacht auf Triton

Der Planet Neptun besitzt neben kleinen Begleitern einen großen Satelliten, Triton. Trotz seines riesigen Abstands von der Sonne und einer Oberflächentemperatur von nur −235 °C ist es aber eine aktive Welt mit einer dünnen Atmosphäre aus Stickstoff. Voyager-Aufnahmen zeigten auch seltsame »Rauchfahnen« – vermutlich Vulkanausbrüche, bei denen flüssiger Stickstoff hochschießt und dunkleres Material mitgerissen wird.

Triton läuft entgegengesetzt zur Rotationsrichtung des Neptun in 5,9 Tagen um seinen Planeten. Die Pole sind jeweils ein halbes Neptunjahr (82,4 Erdenjahre) der Sonne ausgesetzt und liegen das andere halbe Neptunjahr dauernd im Dunkeln. So gefrieren in der Nacht, die ein ganzes Menschenleben dauert, die Gase der Atmosphäre und bilden eine Eisschicht.

Eine Vielfalt von Formen: die Satelliten des Saturn
Ⓒ *Die rückläufige und exzentrische Bahn von Phoebe, dem äußersten Satelliten des Saturn, weist darauf hin, daß er von Saturn eingefangen wurde. Einer der innersten Monde ist der kraterübersäte, alte Mimas. Ein Krater erreicht ein Drittel des Gesamtdurchmessers von Mimas. Es folgt Enceladus mit einer hellen, nicht so rauhen Oberfläche. Tethys und Dione zeigen wieder Krater, wenn auch nicht so viele wie Mimas. Rhea ist übersät von Aufschlagkratern, die größtenteils »verwittert« und abgetragen sind. Gewaltige Schuttmassen scheinen ihre Oberfläche zu überziehen. Hyperion als einer der äußersten Saturnmonde ist der unregelmäßigste Körper im Sonnensystem. Störungen durch Nachbarsatelliten und Saturn selbst verursachen eine taumelnde Rotation. Iapetus besitzt eine helle und eine dunkle Hemisphäre, die in der Umlaufrichtung um Saturn vorausgeht. Vielleicht sammelte Iapetus ständig dunkle Teilchen auf, die von dem äußersten, nur 220 km großen Satelliten Phoebe stammen, der sich als mit Staub durchsetzter Eiskörper im Laufe der Zeit auflöst.*

Carme
Sinope
Ananke
Pasiphae
Elara
Himalia
Lysithea
Leda

Siehe auch: **Sonnensystem,** *S. 32/33* **Äußere Planeten,** *S. 36/37* **Raumsonden,** *S. 560/561*

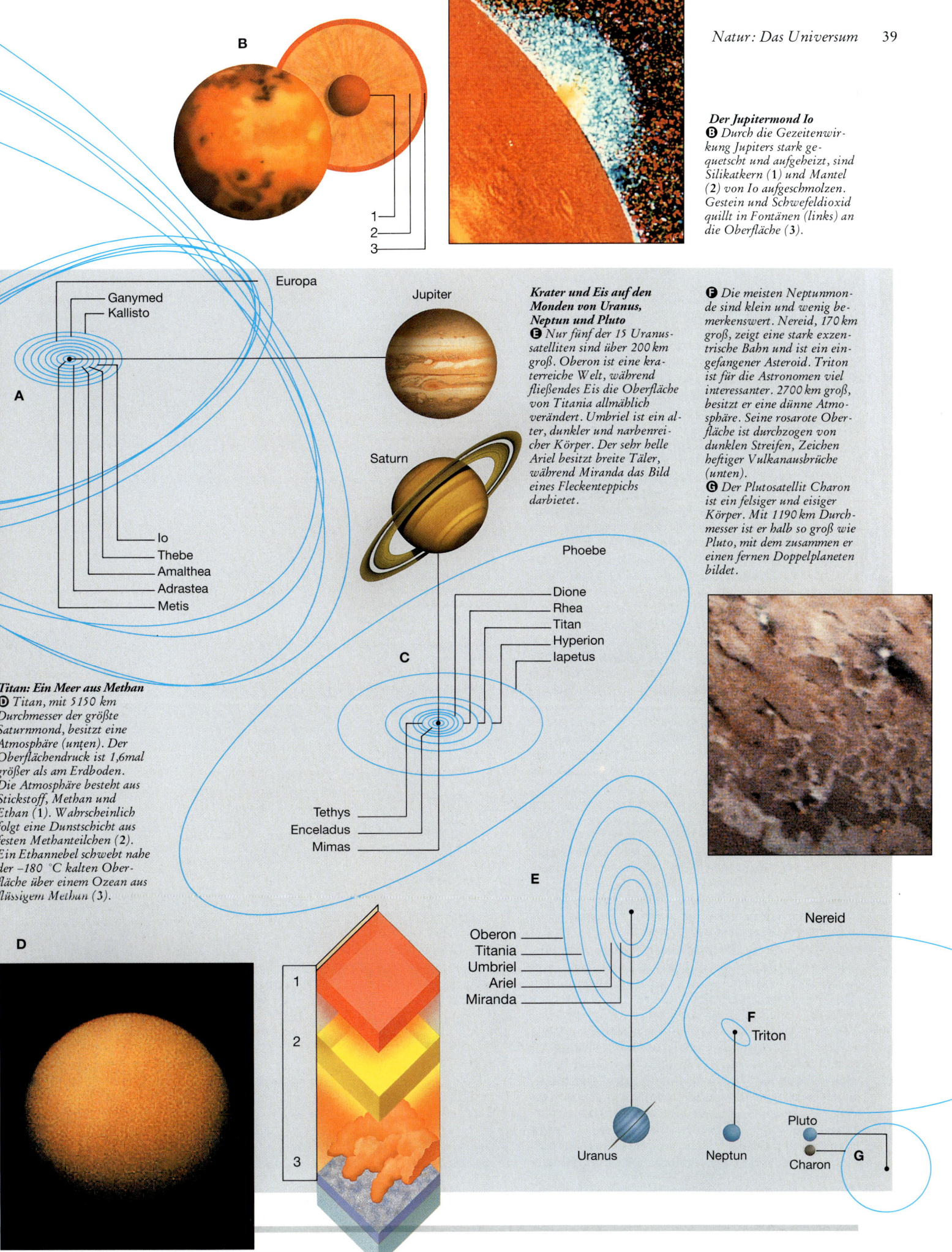

Der Jupitermond Io
B *Durch die Gezeitenwirkung Jupiters stark gequetscht und aufgeheizt, sind Silikatkern (1) und Mantel (2) von Io aufgeschmolzen. Gestein und Schwefeldioxid quillt in Fontänen (links) an die Oberfläche (3).*

Europa
Ganymed
Kallisto
Jupiter
Io
Thebe
Amalthea
Adrastea
Metis

A

Saturn

Phoebe

Dione
Rhea
Titan
Hyperion
Iapetus

C

Tethys
Enceladus
Mimas

Krater und Eis auf den Monden von Uranus, Neptun und Pluto
E *Nur fünf der 15 Uranussatelliten sind über 200 km groß. Oberon ist eine kraterreiche Welt, während fließendes Eis die Oberfläche von Titania allmählich verändert. Umbriel ist ein alter, dunkler und narbenreicher Körper. Der sehr helle Ariel besitzt breite Täler, während Miranda das Bild eines Fleckenteppichs darbietet.*

F *Die meisten Neptunmonde sind klein und wenig bemerkenswert. Nereid, 170 km groß, zeigt eine stark exzentrische Bahn und ist ein eingefangener Asteroid. Triton ist für die Astronomen viel interessanter. 2700 km groß, besitzt er eine dünne Atmosphäre. Seine rosarote Oberfläche ist durchzogen von dunklen Streifen, Zeichen heftiger Vulkanausbrüche (unten).*
G *Der Plutosatellit Charon ist ein felsiger und eisiger Körper. Mit 1190 km Durchmesser ist er halb so groß wie Pluto, mit dem zusammen er einen fernen Doppelplaneten bildet.*

Titan: Ein Meer aus Methan
D *Titan, mit 5150 km Durchmesser der größte Saturnmond, besitzt eine Atmosphäre (unten). Der Oberflächendruck ist 1,6mal größer als am Erdboden. Die Atmosphäre besteht aus Stickstoff, Methan und Ethan (1). Wahrscheinlich folgt eine Dunstschicht aus festen Methanteilchen (2). Ein Ethannebel schwebt nahe der −180 °C kalten Oberfläche über einem Ozean aus flüssigem Methan (3).*

D

1
2
3

Oberon
Titania
Umbriel
Ariel
Miranda

Nereid

F
Triton

Uranus

Neptun

Pluto
Charon
G

Kraterlandschaften ohne Leben

Die inneren Planeten Merkur, Venus und Mars

Unser Sonnensystem besitzt zwei verschiedene Planetentypen: in den äußeren Bereichen die vier Riesenplaneten mit mächtigen Gashüllen und innen die vier kleineren Gesteinsplaneten mit ihren dünneren Atmosphären. Ihnen ähnelt der äußerste Planet Pluto. Zu den Gesteinsplaneten gehört auch unsere Erde. Die anderen drei – Merkur, Venus und Mars – haben große Ähnlichkeit mit ihr. Trotzdem unterscheiden sie sich von ihr durch ihre Temperatur und Atmosphäre so stark, daß sie vermutlich nie Leben hervorbringen konnten. Sie zeigen damit, wie herausragend die Stellung unserer Erde im Sonnensystem ist.

Unsere drei nächsten Planetennachbarn Merkur, Venus und Mars erscheinen im Fernrohr und auf den Bildern der Raumsonden ganz verschieden. Merkur ist eine ausgedörrte Welt, die nur etwa ein Drittel so weit von der Sonne entfernt ist wie die Erde. Die Nähe zur Sonne verursacht auf ihm so starke Gezeiteneffekte, daß die Rotation im Laufe der Zeit abgebremst wurde. Merkur braucht deshalb genau zwei Drittel seines 88 Erdentage dauernden Jahres, um sich einmal um seine Achse zu drehen. Auf den ersten Blick ähnelt Merkur stark unserem Mond. Beide sind von zahlreichen Aufschlagskratern geprägt. Merkur besitzt zwar nicht so viele Krater, dafür sind sie aber oft größer als die Mondkrater. Die Zahl von Kratern über 200 km Durchmesser ist beachtlich. Vielleicht hängt dies damit zusammen, daß die Brocken, die mit Merkur zusammenstießen, wegen der Sonnennähe viel größere Geschwindigkeiten hatten als beim Mond.

Die meisten Krater auf den Planeten und Monden entstanden in den ersten 1–2 Milliarden Jahren der Geschichte des Sonnensystems. Auf Merkur fand man mehrere »Geisterkrater«, die nur ganz schemenhaft zu erkennen sind. Die Merkuroberfläche wurde wahrscheinlich durch Vulkanismus nach der Entstehung der ersten Kratergeneration nochmals umgestaltet. Radioaktive Stoffe mögen sein Inneres aufgeheizt und aufgeschmolzen haben. Lavaströme stiegen an die Oberfläche und überfluteten die alten Landschaften. Später wurde Merkur von weiteren Körpern getroffen. Dabei erhielt er nochmals einen gewaltigen »Schlag«, bei dem das 1300 km große Caloris-Becken entstand. Wegen seiner geringen Größe und der großen Sonnennähe hat Merkur fast keine Atmosphäre. Seine Oberflächentemperatur schwankt zwischen +470 °C und –180 °C.

Das Treibhausklima auf der Venus

Im Gegensatz zu Merkur besitzt Venus eine wolkenreiche Atmosphäre. Sie besteht vor allem aus Kohlendioxid, dem Gas, das auf der Erde für den Treibhauseffekt verantwortlich ist. Auf der sonnennahen Venus ist dieser Effekt noch viel stärker. Am Venusboden erreicht die Temperatur weit über 400 °C. Auch der atmosphärische Druck ist 90mal größer als auf der Erde. Die Venuswolken hindern uns an einem Blick auf die Oberfläche. Doch kartierten Radargeräte, vor allem an Bord der Venussonde Magellan, unseren Nachbarplaneten fast vollständig. Die Venusoberfläche wird geprägt von zahlreichen vulkanischen Formationen und Aufschlagskratern. Offenbar wurde

Uranus
Neptun
Pluto

Saturn
Jupiter

***Merkur und Venus:
der Sonne am nächsten***

Ⓐ *Merkur ist ein Drittel so weit von der Sonne entfernt wie die Erde. Seine Bahn ist exzentrischer als die der übrigen Planeten außer Pluto. Sein Durchmesser beträgt 4878 km. Die dünne Helium- und Argonatmosphäre besteht wahrscheinlich aus eingefangenen Teilchen des Sonnenwindes. Der aufgeschmolzene Metallkern macht vermutlich 60% der Gesamtmasse aus. Darüber liegt ein nur 700 km dicker Gesteinsmantel.*
Ⓑ *Venus ist nur zwei Drittel so weit von der Sonne entfernt wie die Erde, mit der sie zusammen entstanden sein dürfte. Ihre Masse beträgt 80% der Erdmasse. Die 250 km dicke Kohlendioxid-Atmosphäre ist lebensfeindlich. Gelbliche Wolken reichen bis in 70 km Höhe. Man vermutet, daß Venus in ihrem Aufbau mit einem Kern, einem Mantel und einer Kruste der Erde ähnelt. Das Magnetfeld der Venus ist jedoch wesentlich schwächer.*

Bilder von der Venus
Radarkarten, die man mit der Venussonde Magellan erhielt (unten), zeigen die Hochländer als helle Gebiete. Aus den Daten konnten auch stereoskopische Bilder erstellt werden wie das vom Vulkan Sapas Mons (links).

Siehe auch: **Sonnensystem**, S. 32/33 **Erde und Mond,** S. 42/43 **Raumsonden,** S. 560/561

Unser Heimatplanet
C *Die Erde zeigt sich vom Weltraum aus gesehen durch ihre Ozeane und ihre Atmosphäre als »Blauer Planet«. Der innere Erdkern aus festem Eisen und Nickel hat einen Durchmesser von 2500 km. Darüber folgen der flüssige äußere Kern bis 3500 km Abstand vom Erdmittelpunkt und der Erdmantel, der bis durchschnittlich 33 km tief unter die Erdoberfläche reicht. Der untere Erdmantel ist eher fest, der obere verformbar.*

Die verschwundenen Ozeane auf dem Mars
D *Der vierte Planet, Mars, ist gut halb so groß wie die Erde. Seine Masse beträgt 11% der Erdmasse. Mars besitzt vermutlich einen etwa 2900 km dicken Eisenkern, darüber einen 1800 km dicken geschmolzenen Mantel und eine 150 km dicke Gesteinskruste. Die rötliche Oberfläche zeigt auf der Südhalbkugel kraterreiche Hochländer, auf* der Nordhalbkugel tiefer gelegene Landschaften, aus denen die Tharsis-Region mit den größten Vulkanen im Sonnensystem herausragt. Trockene Flußtäler belegen, daß Mars früher flüssiges Wasser besaß. Heute gibt es Wasser fast nur noch als Eis im Boden und auf den Polkappen.
F *Man vermutet, daß Vulkanausbrüche früher das im Boden enthaltene Eis aufgeschmolzen haben.*

G *Flüsse bildeten sich und sammelten sich in den tiefer gelegenen Gebieten. So entstand vielleicht der Oceanus Borealis, der große Teile der Nordhalbkugel bedeckte.*
E *Auf der Südhalbkugel bildete sich eine große Eiskappe. Als die Vulkanausbrüche nachließen, wurde das Wasser wieder als Eis in den Gesteinen gebunden.*
H *So entstand die trockene Oberfläche des Mars, wie wir sie heute sehen.*

sie vor etwa 300 bis 500 Millionen Jahren völlig umgestaltet, da man keine älteren Meteoritenkrater entdecken kann. Dies mag die letzte große vulkanische Epoche auf diesem Planeten gewesen sein, bei der die Oberfläche von Lavaströmen weitgehend überflutet wurde. Bei der nachfolgenden Abkühlung bildeten sich Verwerfungen. Heute gibt es vermutlich keinen aktiven Vulkanismus mehr auf Venus.

Gab es Leben auf dem Mars?

Auch Mars dürfte früher eine dichte Atmosphäre gehabt haben. Sie entwich aber wegen der geringen Schwerkraft allmählich in den Weltraum. Heute beträgt der Druck am Marsboden weniger als ein Hundertstel des irdischen Luftdrucks. Mars ist der »Rote Planet«. Diesen Namen verdankt er dem rötlichen Eisenoxid, das seine ausgedehnten Sandwüsten bedeckt. Auf der Südhalb-kugel gibt es zahlreiche alte Aufsturzkrater. Die Nordhalbkugel formten vulkanische Aktivitäten um. Besonders der Tharsis-Rücken ragt heraus, eine Hochebene mit riesigen Schildvulkanen, darunter der 26 km hohe Olympus Mons, der höchste Vulkan des Sonnensystems. Früher glaubte man, Mars ähnele der Erde, und spekulierte über Leben auf ihm. Inzwischen wurden mit Marssonden Bodenproben direkt auf dem Planeten untersucht.

Hinzu kamen einige u. a. in der Antarktis gefundene, vom Mars stammende Meteoriten. Bei einem 1,3 Milliarden Jahre alten Marsmeteoriten, der 1995 untersucht wurde, fand man organische Moleküle, darunter aromatische Kohlenwasserstoffverbindungen, die auf eine einfache präbiologische Chemie hinweisen könnten. Doch bisher wurden nicht einmal mikroskopisch winzige Lebewesen auf dem roten Planeten entdeckt. Vielleicht müssen Astronauten klären, ob es auf dem Mars Leben gab oder sogar noch gibt.

Unser Begleiter im Weltall

Der Mond und seine geologischen Strukturen

Mit seinem Vulkanismus, den Kontinentalverschiebungen, der Atmosphäre, den Ozeanen und dem Leben ist unser Heimatplanet Erde ein sehr aktiver Himmelskörper, dessen Oberfläche in dauernder Veränderung begriffen ist. Das unterscheidet ihn vom Mond, der mit einem Viertel des Erddurchmessers immerhin so groß ist, daß er zusammen mit der Erde oft als Doppelplanet bezeichnet wird. Er ist durch seine große Masse Ursache für die Gezeiten Ebbe und Flut. Doch reicht diese Masse nicht aus, um eine Atmosphäre festzuhalten, so daß die Mondtemperatur auf der Tagseite +130 °C erreicht und auf der Nachtseite auf −150 °C absinkt.

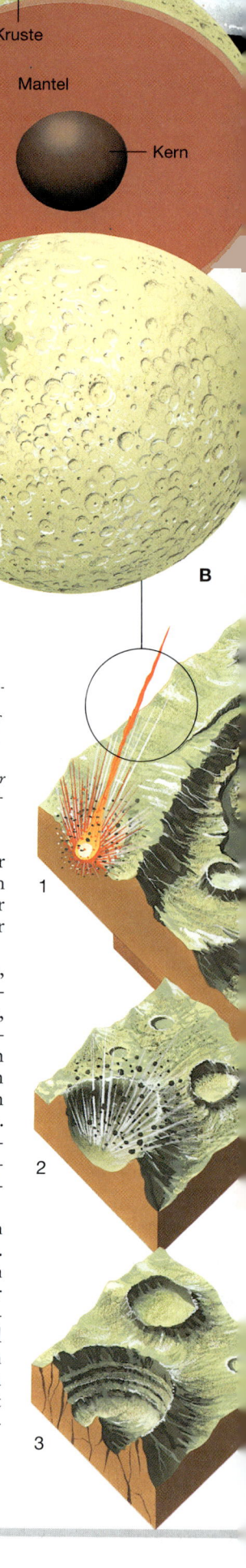

Die Erde dreht sich in 24 Stunden um ihre Achse. Durch die Fliehkraft ist sie am Äquator etwas »ausgebaucht«. Die Anziehung von Sonne und Mond auf diesen Äquatorwulst führt dazu, daß die um 23,5° geneigte Erdachse in 25 800 Jahren einen Umschwung um die Senkrechte auf der Erdbahnebene ausführt und sich dabei zur anderen Seite neigt. Diesen Effekt nennt man Präzession. Er führt u. a. dazu, daß unser heutiger Polarstern seine Rolle nach einigen Jahrhunderten allmählich verliert, weil die Erdachse dann in eine andere Richtung zeigt. Um das Jahr 13 000 n. Chr. wird Wega in der Leier der Polarstern sein.

Erde und Mond bewegen sich um einen gemeinsamen Schwerpunkt herum, der sich im Erdinneren befindet. Die durch diese Bewegung entstehende Fliehkraft auf der Erde bewirkt im Zusammenhang mit der Mondanziehungskraft das Auftreten der Gezeiten Ebbe und Flut. Sowohl auf der mondzugewandten wie auch auf der mondabgewandten Seite der Erde entsteht ein Flutberg (→ S. 68/69). Dreht sich die Erde um ihre Achse, wandern die Flutberge in 24 Stunden rings um die Erde herum. Die Sonne bewirkt ebenfalls schwache Gezeiten, die die Mondgezeiten verstärken oder abschwächen. Die Gezeiten bremsen die Rotation von Erde und Mond ab. Bei der Erde ist dies nur ein sehr langsamer Prozeß. Beim Mond wurde aber die Rotation schon so weit abgebremst, daß er jetzt der Erde stets dieselbe Seite zukehrt. Die uns abgewandte Seite war bis zur Mondumkreisung von Luna III 1959 völlig unbekannt.

Stehen Sonne, Erde und Mond genau auf einer geraden Linie hintereinander, entsteht eine Mondfinsternis. Der Mond steht im Erdschatten. Ein wenig Sonnenlicht wird aber in der Erdatmosphäre so gebrochen, daß es doch noch den Mond erreicht. Das gilt vor allem für das rote Licht, so daß der Mond selbst bei einer totalen Finsternis meist noch schwach rötlich zu sehen ist.

Steht der Mond genau zwischen Erde und Sonne, kommt es zu einer Sonnenfinsternis. Da Sonne und Mond von uns aus gesehen zufällig gleich groß erscheinen, kann der Mond die Sonne gerade vollständig bedecken. Bei einer solchen totalen Finsternis ist aber noch die äußere Hülle der Sonne, die Korona, sichtbar.

Die Erde – ein bevorzugter Planet

Die Entstehung des Lebens machte die Erde zu einem ganz besonderen Planeten. Vom Weltall her erscheint sie mit ihrer Atmosphäre und den Ozeanen in blauer Farbe. Die Ozeane, in denen

Aufbau des Mondes

(A) *Der Mond hat einen etwa 800 km dicken Kern, der wahrscheinlich aus geschmolzenem Eisen besteht, und einen mächtigen Gesteinsmantel. Die äußere Kruste ist eine praktisch durchgehende Platte und an der erdzugewandten Seite dünner als auf der abgewandten Seite. Da sich der Mond mit 27,3 Tagen in genau der Zeit um seine Achse dreht, die er zu einem Erdumlauf benötigt, weist er der Erde stets dieselbe Seite zu.*

Die Krater der Rückseite

(B) *Die kraterreiche Rückseite zeigt die Spuren von Asteroideneinschlägen aus der Frühzeit des Sonnensystems. Ein 10 m großer Meteorit mit einer Geschwindigkeit von 10 m/s hat die Energie einer großen Atombombe. Bei seinem Einschlag verdampft er (1) und erzeugt eine Schockwelle, die das Mondgestein zusammenpreßt. Große Mengen von Gesteinsbrocken werden herausgeschleudert und bilden manchmal helle Strahlen auf der Oberfläche (2). Im Inneren des Kraters wird ein Zentralberg aufgeworfen; der Kraterwall erhält eine terrassenartige Abstufung (3).*

das Leben einst begann, bedecken zwei Drittel der Erdoberfläche. Sie verdanken ihre Existenz dem Umstand, daß die Erde gerade so weit von der Sonne entfernt ist, daß das Wasser auf ihr weder verdampft noch gefriert.

Die äußere Schicht der Erde, die Lithosphäre, ist eine dünne Gesteinsschicht über dem aufgeschmolzenen Erdmantel. Sie besteht aus starren, bis 100 km dicken Platten, die sich gegeneinander verschieben. Zwischen auseinanderdriftenden Platten steigt Magma aus dem Untergrund nach oben und füllt die Lücken aus. An anderen Stellen sinken die Platten wieder in den Erdmantel ab. Dort, wo die Platten aufeinanderstoßen, entstehen Gebirge, aber auch Vulkane und Erdbebenzonen, wie z. B. im Westen von Amerika. Der Erdkern besteht vermutlich aus Eisen und Nickel.

Das Erdmagnetfeld geht auf Materieströme im Erdinneren und eine Art Dynamoeffekt zurück. Es reicht als Magnetosphäre weit in den Raum hinaus und schützt das Leben auf der Erde vor den elektrisch geladenen Teilchen des Sonnenwinds. Bei starker Sonnenaktivität steigt die Zahl der Teilchen an. Dann kommt es vor, daß sie vom Magnetfeld in die Polarzonen abgedrängt werden und in die Hochatmosphäre eindringen. Dort bringen sie Sauerstoff und Stickstoff zum Leuchten. Es entstehen Polarlichter.

Siehe auch: **Sonnensystem**, S. 32/33 **Innere Planeten**, S. 40/41 **Aufbau der Erde** S. 44/45 **Erdmagnetismus** S. 46/47

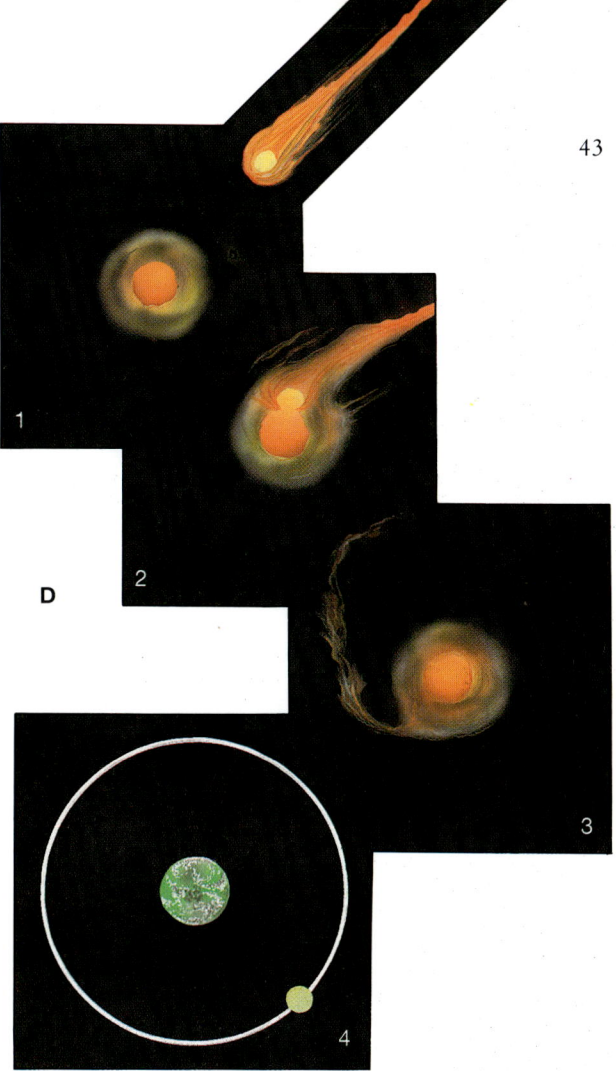

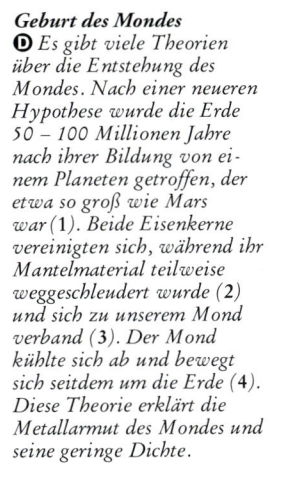

Geburt des Mondes

D Es gibt viele Theorien über die Entstehung des Mondes. Nach einer neueren Hypothese wurde die Erde 50 – 100 Millionen Jahre nach ihrer Bildung von einem Planeten getroffen, der etwa so groß wie Mars war (1). Beide Eisenkerne vereinigten sich, während ihr Mantelmaterial teilweise weggeschleudert wurde (2) und sich zu unserem Mond verband (3). Der Mond kühlte sich ab und bewegt sich seitdem um die Erde (4). Diese Theorie erklärt die Metallarmut des Mondes und seine geringe Dichte.

C

für Meere hielten. Alle bemannten Landungen erfolgten auf dieser Seite des Mondes. Bei ihren Mondumkreisungen gelangen den Astronauten Aufnahmen von einem Erdaufgang (oben rechts). Neben den Maria gibt es auf der Vorderseite des Mondes auch kraterreiche Hochländer. Einige Krater zeigen helle Strahlensysteme, die auf Gesteinsauswürfe bei der Entstehung der Krater zurückgehen, wie z. B. bei dem Krater Tycho auf der Südhalbkugel. Auch die Maria sind kreisrund, was darauf hinweist, daß sie ebenfalls durch die Kollision des Mondes mit anderen größeren Körpern aus dem All entstanden sind. Die Einschläge waren zum Teil so stark, daß sie die Mondkruste zertrümmerten. Lava stieg aus dem Mondmantel auf und füllte die Becken aus (1). Danach wurden die Maria erneut bombardiert – aber nur noch von kleineren Körpern, die in unserem Sonnensystem übrigblieben (2).

Die »Meere« auf der Vorderseite

C Im Gegensatz zu der kraterreichen Rückseite zeigt die Seite des Mondes, die stets der Erde zugewandt ist, tiefere Becken, die »Maria«. Frühe Astronomen wählten diesen lateinischen Ausdruck für »Meere«, weil sie die dunklen Flecken irrtümlich

Mondphasen

Der Mond bietet uns während seines Erdumlaufs durch die unterschiedliche Sonnenbeleuchtung verschiedene Phasen. Läuft er zwischen uns und der Sonne hindurch, ist der Erde seine Nachtseite zugekehrt: Wir haben Neumond. Danach sehen wir eine schmale zunehmende Sichel, die immer mehr anwächst (2). 7 ¹/₂ Tage nach Neumond ist zunehmender Halbmond oder Erstes Viertel (3). Etwa am 15. Tage steht unser Trabant von uns aus gesehen der Sonne etwa gegenüber: Wir haben Vollmond (4). Dann nimmt der Mond wieder ab. 22 ¹/₂ Tage nach Neumond ist abnehmender Halbmond. Der Mond erreicht das letzte Viertel seiner Bahn. Wir sehen eine abnehmende Sichel. 29 ¹/₂ Tage nach Beginn des Zyklus ist wieder Neumond. Wegen der Neigung der Mondbahn gegen die Erdbahn stehen Neumond und Vollmond nicht genau auf der Linie Erde-Sonne. Überquert aber der Mond zu dieser Zeit gerade die Erdbahnebene nach oben oder unten, entstehen Sonnen- oder Mondfinsternisse.

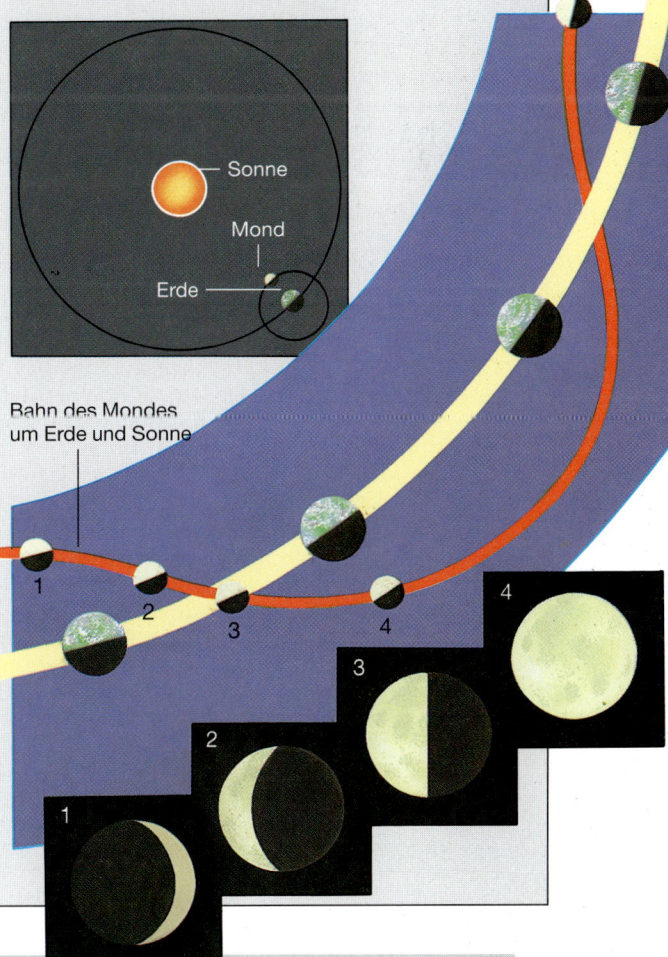

Sonne

Mond

Erde

Bahn des Mondes um Erde und Sonne

Eine Reise zum Mittelpunkt der Erde

Aufbau und Zusammensetzung des Erdinneren

Wenn man senkrecht durch die Erdkruste reisen könnte, fände man eine fremde und äußerst lebensfeindliche Welt vor. Schon nach wenigen Kilometern beginnt ein Inferno von Hitze und Druck. Darunter liegt aufgeschmolzenes Gesteinsmaterial. Abrupte Sprünge in der Dichte und in der chemischen Zusammensetzung der inneren Erde zeigen, daß die Erdkugel schalenförmig aufgebaut ist. Das tiefste Bohrloch in die Erdkruste reicht nur bis zu einer Tiefe von 12 km, aber vulkanische Auswürfe aus der Tiefe, seismische Untersuchungen und Meteorite haben uns weiterreichende Informationen geliefert.

Vor etwa 17 Milliarden Jahren entstand in einer Superexplosion (Urknall) das Universum. Aber erst vor 4,57 Milliarden Jahren bildete sich aus einem scheibenförmigen Sonnennebel die Sonne mit unserem Planetensystem. Staub- und Gaspartikel im Umfeld der Sonne vereinigten sich und formten schließlich einzelne Planeten.

Materialproben, die uns aus dem Sonnensystem erreichen, geben Auskunft, wie es im Inneren der Erde aussieht. Man nimmt an, daß Meteoriten Reststücke von kleinen, planetenähnlichen Himmelskörpern mit einem Durchmesser von weniger als 100 km sind. Die unterschiedlichen Meteoritentypen entsprächen dann den verschiedenen Schalen der zerbrochenen Planetoiden. Eisenmeteorite bestehen zu 97 % aus Metall, meist Nickel-Eisen. Sie sind so dicht, weil sie vermutlich aus dem Kern eines Planetoiden stammen. Steinmeteorite mit silicatischem Aufbau repräsentieren den unteren Mantel, Achondrite, ebenfalls Silicate, aber mit anderer Zusammensetzung, sind Fragmente des oberen Mantels und der Kruste.

Die Lava bildet sich im oberen Erdmantel

Vulkanische Auswürfe geben uns zwar Informationen über den verborgenen Untergrund, aber tief reichen diese Auskünfte nicht, denn obwohl die Lava weit unter der Oberfläche entsteht, sind diese Tiefen sehr gering, vergleicht man sie mit dem Erdradius von rd. 6370 km. Die basaltischen Laven, die im Bereich der ozeanischen Rücken ausfließen, werden im oberen Mantel durch Differentation erzeugt. Dabei entstehen in der Schmelze Bereiche unterschiedlicher Dichte, die nach Abkühlung verschiedene Gesteine bilden. Der Mantel selbst hat eine höhere Dichte, die leichteren Laven steigen daher zur Oberfläche auf.

Erdbebenwellen berichten aus dem Erdinneren

Die wichtigste Informationsquelle über den inneren Aufbau unseres Planeten sind die durch Erdbeben ausgelösten Schockwellen. Da transversale Wellen sich nicht durch Flüssigkeiten fortbewegen können, ist zu erkennen, daß ab etwa 2900 km Tiefe die Zone flüssiger Metalle des äußeren Erdkerns mit einer Dichte von 10 bis 12,3 g/cm³ beginnt, ab 5150 km der feste metallische Kern mit einer Dichte zwischen 13,3 bis 13,6 g/cm³. Aus dem Verhalten seismischer Wellen und aus Untersuchungen von Meteoriten kann man schließen, daß der innere Kern aus festem Eisen und Nickel besteht, obwohl die Temperatur mehr als 4000 °C erreicht. Die Grenze, die den äußeren Kern vom unteren Mantel trennt, wird Gutenberg-Diskon-

Aufbau der Erde
Ⓐ Die Lithosphäre (1), bis zu 100 km mächtig, besteht aus der Kruste und einem Teil des oberen Mantels. Die Kruste ist unter Kontinenten meist 30 km dick, kann aber bis 100 km erreichen. Die ozeanischen Krusten werden nur etwa 7 km dick. Die relativ starre und kühle Lithosphäre driftet auf der Asthenosphäre (2). In knapp 700 km Tiefe liegt die Grenze zwischen oberem (3) und unterem Mantel (4). Die Temperatur der Erde steigt von der Oberfläche nach unten um 30 °C/km. Nach etwa 100 km verlangsamt sich der Temperaturanstieg sehr stark. Auch der Druck nimmt mit der Tiefe schnell zu. Bereits in der Asthenosphäre könnten es 250 Millionen, im Erdkern bis zu 4 Milliarden Hektopascal (1 hPa = 100 N/m²) sein. Da die Dichte der Kontinente nur bei 2,9 g/cm³ liegt, schwimmen die kontinentalen Platten auf dem dichteren und damit schwereren Mantel, dessen Dichte maximal um ein Drittel

höher ist. Die Zunahme der Dichte mit der Tiefe ergibt sich aus einer engeren Lagerung der Atome in den Molekülen, die der ungeheure Druck im Erdinneren bewirkt. Der größte Dichtesprung von 5,5 nach 10,0 g/cm³ an der Grenze des Mantels zum Kern zeigt den Übergang von den Silicaten und Metalloxiden zur Schmelze der Metalle. Der Unterschied vom äußeren Kern (5) (10,0–12,3 g/cm³) zum inneren Kern (6) (13,3–13,6 g/cm³) ist viel geringer. Die mittlere Dichte

der Erde beträgt insgesamt etwa 5,5 g/cm³. Im oberen Mantel bilden sich große Konvektionsströme (7).

Die Erdkruste der Kontinente
Ⓑ Ein Blockdiagramm der Kontinentkruste zeigt stark deformierte und zum Teil

Siehe auch: Sternentstehung, S. 22/23 Kometen und Asteroiden, S. 34/35 Die Erde und der Mond, S. 42/43 Erdmagnetismus, S. 46/47

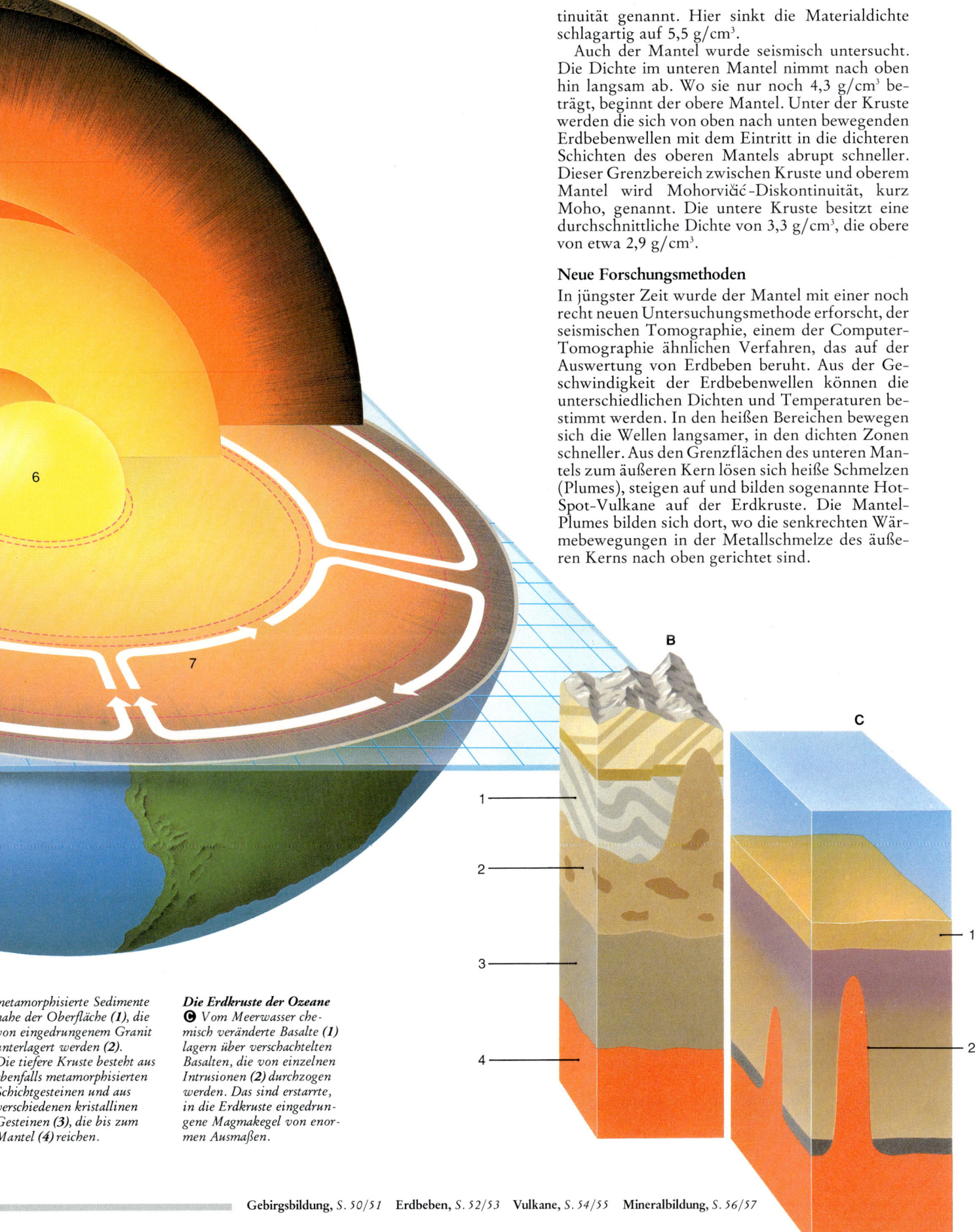

tinuität genannt. Hier sinkt die Materialdichte schlagartig auf 5,5 g/cm³.

Auch der Mantel wurde seismisch untersucht. Die Dichte im unteren Mantel nimmt nach oben hin langsam ab. Wo sie nur noch 4,3 g/cm³ beträgt, beginnt der obere Mantel. Unter der Kruste werden die sich von oben nach unten bewegenden Erdbebenwellen mit dem Eintritt in die dichteren Schichten des oberen Mantels abrupt schneller. Dieser Grenzbereich zwischen Kruste und oberem Mantel wird Mohorovičić-Diskontinuität, kurz Moho, genannt. Die untere Kruste besitzt eine durchschnittliche Dichte von 3,3 g/cm³, die obere von etwa 2,9 g/cm³.

Neue Forschungsmethoden

In jüngster Zeit wurde der Mantel mit einer noch recht neuen Untersuchungsmethode erforscht, der seismischen Tomographie, einem der Computer-Tomographie ähnlichen Verfahren, das auf der Auswertung von Erdbeben beruht. Aus der Geschwindigkeit der Erdbebenwellen können die unterschiedlichen Dichten und Temperaturen bestimmt werden. In den heißen Bereichen bewegen sich die Wellen langsamer, in den dichten Zonen schneller. Aus den Grenzflächen des unteren Mantels zum äußeren Kern lösen sich heiße Schmelzen (Plumes), steigen auf und bilden sogenannte Hot-Spot-Vulkane auf der Erdkruste. Die Mantel-Plumes bilden sich dort, wo die senkrechten Wärmebewegungen in der Metallschmelze des äußeren Kerns nach oben gerichtet sind.

metamorphisierte Sedimente nahe der Oberfläche (1), die von eingedrungenem Granit unterlagert werden (2). Die tiefere Kruste besteht aus ebenfalls metamorphisierten Schichtgesteinen und aus verschiedenen kristallinen Gesteinen (3), die bis zum Mantel (4) reichen.

Die Erdkruste der Ozeane
C *Vom Meerwasser chemisch veränderte Basalte (1) lagern über verschachtelten Basalten, die von einzelnen Intrusionen (2) durchzogen werden. Das sind erstarrte, in die Erdkruste eingedrungene Magmakegel von enormen Ausmaßen.*

Gebirgsbildung, S. 50/51   Erdbeben, S. 52/53   Vulkane, S. 54/55   Mineralbildung, S. 56/57

Eine riesige »Spule« im Inneren der Erde

Entstehung und Wirkung des Erdmagnetismus

Das Magnetfeld der Erde hat sich in den letzten 2000 Jahren immer mehr abgeschwächt, und es könnte sein, daß es innerhalb der nächsten 2000 Jahre für kurze Zeit ganz verschwindet. Aber das wäre eine Erscheinung, die sich in der Erdgeschichte schon häufig wiederholt hat. Immer wieder kehrte sich das Magnetfeld um: Nord wurde Süd, und Süd wurde Nord. Doch diese langzeitigen Veränderungen beeinflussen die Navigation mit dem Kompaß nicht. Viele Tiere – wie Tauben, Bienen und Lachse – mit kleinen magnetischen Körnern im Körper benutzen das Magnetfeld zur Orientierung.

Das Magnetfeld der Erde kann mit einem einfachen Stabmagneten verglichen werden. Wegen seiner beiden entgegengesetzten Pole, dem Nord- und dem Südpol, wird es als Dipolfeld bezeichnet. Natürlich gibt es keinen gigantischen Magnetstab im Inneren der Erde. Ein Dipolfeld kann aber auch durch eine Drahtspule erzeugt werden, in der ein elektrischer Strom fließt. Der Nordpol liegt an dem Ende der Spule, wo der elektrische Strom entgegen dem Uhrzeigersinn fließt. Daher spekulieren die Wissenschaftler, daß das Erdfeld von geladenen Partikeln aufgebaut wird, die sich – ähnlich wie die Elektronen des elektrischen Stromes – im flüssigen äußeren Kern der Erde bewegen, der aus Eisen und Nickel besteht. Im äußeren Kern entwickeln sich bei Temperaturen um 5000 °C und unter hohem Druck Wärmeströme im geschmolzenen Metall. Diese Ströme, so nimmt man an, werden so lange magnetische Felder erzeugen, wie die Erde noch heiß ist und rotiert.

Die Sonne magnetisierte die Erde

Als die Erde vor mehreren Milliarden Jahren noch ein wirbelnder Staub- und Gasball war, passierte sie das starke Magnetfeld der Sonne und wurde magnetisiert. Der Sonnenmagnetismus erfaßte die elektrisch leitfähige Materie und setzte ihre Elektronen in Bewegung. Der durch die wandernden Elektronen erzeugte Strom hatte zur Folge, daß ein eigenes Magnetfeld aufgebaut wurde. So entstand das erste Erdfeld.

Magnetfelder weisen auf Bodenschätze hin

Aus verschiedenen Gründen schwankt die Stärke des Erdfeldes. Störungen in der Atmosphäre verursachen tägliche Veränderungen im Magnetfeld. Gesteine mit unterschiedlichen Gehalten an magnetisierten Mineralien erzeugen lokale Veränderungen des Magnetfeldes, die nur mit empfindlichen Meßgeräten zu erkennen sind.

Es gibt drei Materialarten mit magnetischen Eigenschaften: Ferromagnetische Substanzen wie Nickel oder Eisen werden in einem magnetischen Feld magnetisiert und behalten diesen Zustand bei, auch wenn das Feld verschwunden ist. Paramagnetische Materialien wie Kupfer oder Sauerstoff werden in einem magnetischen Feld zwar magnetisch, bleiben es aber nicht, wenn kein magnetisches Feld mehr wirkt. Diamagnetische Materie wird mit umgekehrter Feldrichtung magnetisiert wie das aktivierende Feld.

Gesteine mit eisenhaltigen Mineralien wie Magnetit oder Titanmagnetit werden am stärksten von magnetischen Feldern beeinflußt. Wenn sich in der noch flüssigen Lava Magnetitkristalle bilden, werden sie vom Magnetfeld der Erde zum Nordpol bzw. zum Südpol orientiert. Nach dem Erstarren der Schmelze sind die kleinen Magnete im Basalt fixiert und zeigen uns später, wie zur Bildungszeit das Magnetfeld gepolt war und wo sich die gebildete Kruste damals auf der Erdoberfläche befand.

Geologen können selbst vom Flugzeug aus messen, wo magnetische Felder unter der Oberfläche auf Lagerstätten wie Erzvorkommen oder Ölfelder hindeuten. Mit dieser Methode wurden auch die Ölfelder der Nordsee erkundet. Menschen und Tiere benutzen das Magnetfeld für die Bestimmung der Himmelsrichtungen. Der Mensch braucht dazu ein technisches Hilfsmittel, den Magnet-Kompaß. Ein kleiner magnetisierter Metallstab, auf einer feinen Spitze gelagert, zeigt die Richtung zum Magnetpol, aber nicht zum Erdpol. Diese Mißweisung oder Deklination muß für jeden Ort korrigiert werden.

Das Magnetfeld: Ein lebenswichtiger Schutzschirm gegen den Sonnenwind
Ⓐ *Das Magnetfeld der Erde dehnt sich als Magnetosphäre weit in den Weltraum aus (1). Ein Strom geladener Partikel von der Sonne, der sogenannte Sonnenwind (2), verbiegt die eigentlich kugelige Magnetosphäre eines Dipolmagneten in einen stromlinienförmigen Tropfen. Das Magnetfeld der Erde hält den gefährlichen Sonnenwind aus Protonen, Elektronen und Alphastrahlung von der Erdoberfläche fern und ermöglicht so erst Leben auf der Erde. Nur in den Polarregionen (3), zwischen 65° und 75°, gelangen zahlreiche Sonnenwindpartikel tiefer in die Atmosphäre hinein.*

A

Wie Polarlichter entstehen
Über den arktischen und antarktischen Himmel glühen und flackern eindrucksvolle Lichtspiele, die als Polarlicht bekannt sind (oben). Sie werden von energiereichen Teilchen aus dem Sonnenwind verursacht, die vom magnetischen Erdfeld in die Polregionen gezogen werden. Mit hoher Geschwindigkeit (2000 km/s) durchschießen hier Elektronen und Protonen die obere Atmosphärenschicht und prallen auf Sauerstoff- und Stickstoffmoleküle. Aus den getroffenen Molekülen werden den Elektronen herausgeschlagen oder energetisch angeregt. Beim Rückfall in den Normalzustand senden die Moleküle Licht aus.

Siehe auch: Aufbau der Erde, S. 44/45   Plattentektonik, S. 48/49   Gebirgsbildung, S. 50/51   Vulkane, S. 54/55

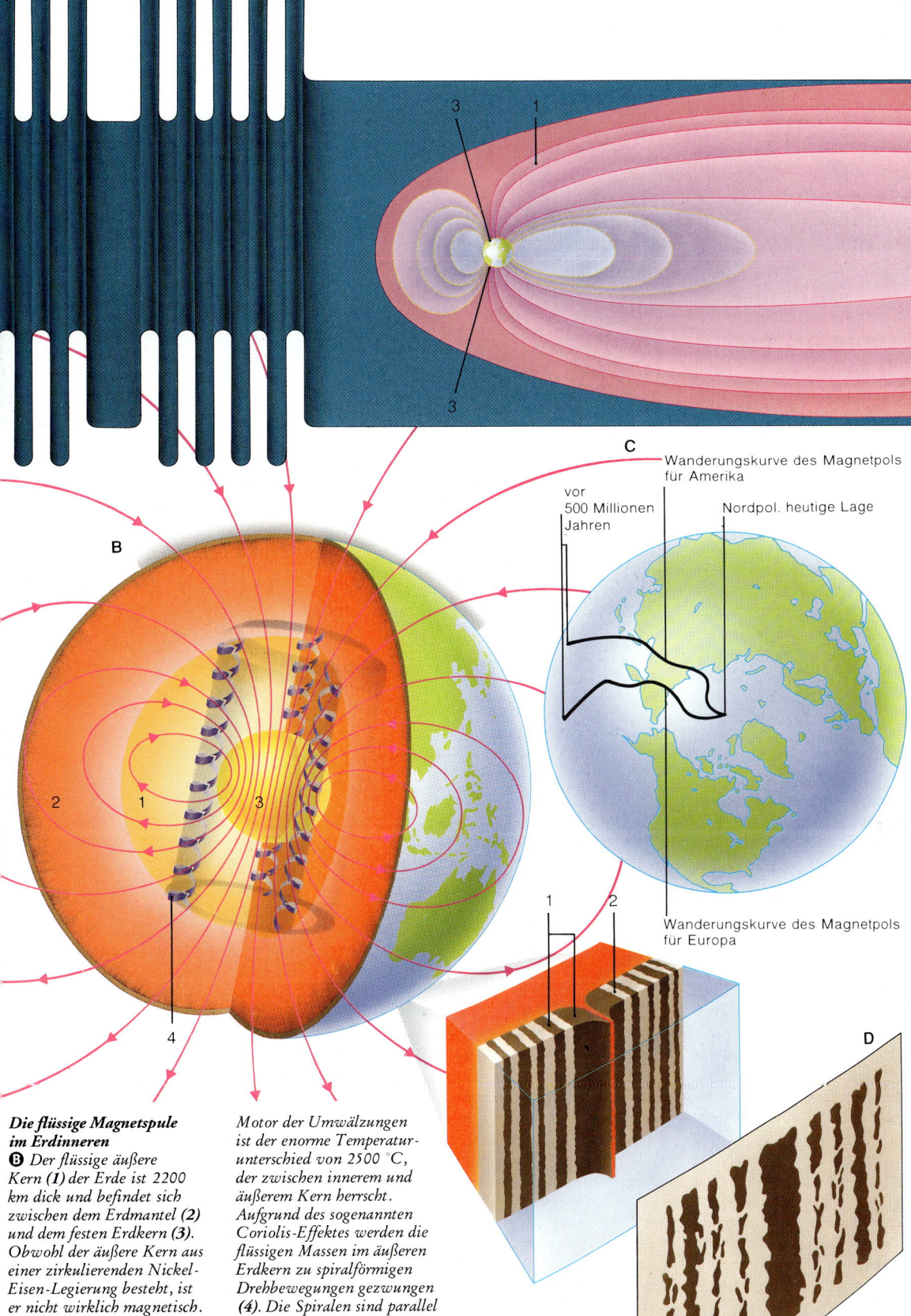

C
Wanderungskurve des Magnetpols für Amerika

vor
500 Millionen
Jahren

Nordpol. heutige Lage

Wanderungskurve des Magnetpols
für Europa

Die Verschiebung der Magnetpole

C *Die Magnetpole der Erde liegen zur Zeit etwa 1400 km (Arktis) bzw. 2700 km (Antarktis) von den geographischen Polen entfernt. Der arktische Magnetpol wandert jährlich um etwa 7,5 km nach Norden, der antarktische um etwa 10 km in nordwestlicher Richtung. Aus den magnetischen Mineralien zurückliegender Erdzeitalter kann die jeweilige Lage der damaligen Magnetpolpositionen rekonstruiert werden. Da die Kontinente inzwischen viele tausend Kilometer verdriftet sind und sich dabei auch gedreht haben, ist diese Berechnung allerdings sehr kompliziert.*

Magnetisierte Lava-Teilchen geben Aufschluß über die Vergangenheit

D *Bevor die Lava, die im Bereich der Mittelozeanischen Rücken aufsteigt, erstarrt, werden magnetische Mineralien wie Magnetit im existierenden Magnetfeld der Erde orientiert und verbleiben nach dem Auskristallisieren der Lava in dieser Lage. Wenn im Laufe der Zeit das Magnetfeld umgepolt wird, verbleiben Streifen mit dieser Magnetisierung (1) neben Basaltstreifen mit umgekehrter Magnetisierung (2). So geben diese Basaltstreifen Auskunft über die magnetische Vergangenheit der Erde. Leider gibt es aber zahlreiche Irregularitäten und Unterbrechungen (3).*

Die flüssige Magnetspule im Erdinneren

B *Der flüssige äußere Kern (1) der Erde ist 2200 km dick und befindet sich zwischen dem Erdmantel (2) und dem festen Erdkern (3). Obwohl der äußere Kern aus einer zirkulierenden Nickel-Eisen-Legierung besteht, ist er nicht wirklich magnetisch. Bei den dort herrschenden hohen Temperaturen kann Magnetismus nicht erhalten bleiben. Der Erdmagnetismus wird durch die Zirkulation elektrisch geladener Masse in der Metallschmelze erzeugt.*

Motor der Umwälzungen ist der enorme Temperaturunterschied von 2500 °C, der zwischen innerem und äußerem Kern herrscht. Aufgrund des sogenannten Coriolis-Effektes werden die flüssigen Massen im äußeren Erdkern zu spiralförmigen Drehbewegungen gezwungen (4). Die Spiralen sind parallel zur Drehachse der Erde angeordnet und wirken wie die Drahtspulen der Dynamos: Sie erzeugen ein Dipolmagnetfeld. Aus den einzelnen Magnetfeldern entsteht das Magnetfeld der Erde.

Driftende Kontinente

Wie die Plattentektonik das Bild der Erde verändert

Die Erdkruste setzt sich aus gigantischen Gesteinsplatten zusammen, die bis zu 100 km dick sein können. Doch diese Platten sind nicht unbeweglich fixiert. Sie driften sehr langsam – maximal einige Zentimeter pro Jahr – auf dem oberen Erdmantel. Sie kollidieren, vereinigen sich, brechen auseinander und tragen Ozeane und Kontinente. Wenn zwei dieser riesigen Gesteinsmassen zusammenstoßen, prallen ungeheure Kräfte aufeinander. Die Platten verkeilen sich ineinander, gleiten übereinander oder werden nach unten gedrückt. Erdbeben, Vulkanismus und Gebirgsbildung sind die Folge.

Als der deutsche Wissenschaftler Alfred Wegener 1912 durch geologische Beweise zeigen konnte, daß die Erdkontinente nicht immer in der heutigen Position lagen, schuf er die Grundlagen für eine Theorie der Kontinentaldrift. Doch die Ursachen der Bewegungen blieben ihm verborgen. Zuerst noch verlacht, gaben ihm die späteren Forschungen weitgehend recht. Seit knapp 30 Jahren weiß man, daß die Kontinente und Ozeane aus einzelnen, separaten Platten zusammengesetzt sind. Die Idee der Plattentektonik war begründet.

Danach setzen sich aus diesen Platten die sogenannte Lithosphäre, d. h. die Erdkruste, sowie die darunter befindlichen, wenig verfestigten Bereiche des oberen Erdmantels zusammen. Die Erdwissenschaftler identifizierten inzwischen zahlreiche verschiedene Platten, von denen einige sehr groß sind, z. B. die pazifische und die eurasische. Andere Platten sind kleine Bruchstücke. Das gilt vor allem für den Mittelmeerraum, den Nahen Osten und die Karibik.

Die ozeanischen Platten werden ständig erneuert

Wenn eine 30 km mächtige, aber relativ leichte kontinentale Platte mit einer 7 km dicken, doch schwereren ozeanischen Platte kollidiert, wird letztere in einem Winkel von etwa 45° nach unten in den heißen oberen Erdmantel hinabgedrückt. Die ozeanische Platte zieht den Meeresboden mit sich und schafft so einen Tiefseegraben. Die abtauchende Platte wird über 600 km tief gedrückt (Subduktion), bevor sie aufgeschmolzen wird. Ein Teil der entstehenden Schmelze steigt auf, dringt in die Kruste ein und bildet Vulkane. Die kontinentale Kruste ist zu leicht, um ganz in das schwerere Mantelmaterial untertauchen zu können. Kontinente sind daher sehr langlebig.

Aus der völligen Zerstörung der ozeanischen Kruste könnte man ableiten, daß sich die Erde verkleinert. Die verschwundene Kruste wird jedoch durch die neuentstandene basaltische Ozeankruste entlang der mittelozeanischen Rücken, wo fortlaufend Magma aufdringt, ersetzt. Das klassische Beispiel dafür ist der mittlere Atlantik, wo aufquellendes Magma zu beiden Seiten die ozeanische Kruste wegdrückt. Das über einer heißen Konvektion aufgestiegene Magma kühlt im Meer ab und bildet ein hohes untermeerisches Gebirge, die längste vulkanische Gebirgskette der Erde. Ozeanische Krusten werden gebildet, tauchen unter, schmelzen auf und werden neu geformt. Die älteste ozeanische Kruste ist jünger als 200 Millionen Jahre, die Kontinente sind dagegen bis zu 4 Milliarden Jahre alt.

mittelozeanischer Rücken

A

kontinentale Kruste

Aufsteigendes Magma hält die Platten in Bewegung

A *Unter den Krustenplatten wird die zähflüssige Magmaschmelze durch temperaturbedingte Dichteunterschiede in langsame Bewegung versetzt (1). Unter der Kruste auseinanderstrebende und aufsteigende Wärmeströmungen reißen an Schwachstellen der Platten gewaltige Spalten auf, an denen Magma auf die Ozeanböden ausfließt. Heiße Schmelzen steigen vom unteren Mantel, nahe der Grenze zum äußeren Erdkern, nach oben auf und lassen an den von ihnen gebildeten »hot spots« Vulkane entstehen. Die aufsteigenden Magmen drücken die beiden Ozeanplatten auseinander und schieben sie gegen die benachbarten kontinentalen Platten (2). Dabei werden die schweren ozeanischen Platten unter die leichteren Platten der Kontinente gepreßt. Im Bereich dieser Subduktionen (3) steigen aufgeschmolzene Teile der abgetauchten Platte auf und bilden Vulkane (Aleuten, Japan, Anden).*

Viele Beweise für die Kontinentaldrift

Glossopteris, ein fossiler baumförmiger Samenfarn, gehört zu den wichtigsten biologischen Beweisen für die Kontinentaldrift. Diese Pflanze wurde sowohl in Südamerika als auch in Südafrika, Indien, Australien und in der Antarktis gefunden. Daraus geht hervor, daß diese Kontinente einst eine zusammenhängende Landmasse bildeten, Gondwanaland genannt. An der Wende vom Karbon zum Perm, vor 350 bis 250 Millionen Jahren, müssen Afrika und Südamerika noch verbunden gewesen sein. Geschliffene Gesteine aus jener Zeit belegen, daß Südafrika von Eismassen bedeckt war. Die Richtung des Eisflusses, angezeigt durch Gesteinsriefen an der afrikanischen Küste, zeigt nach Westen zum offenen Meer hin. Die zugehörigen Eisablagerungen fand man auf der anderen Seite des Atlantiks, in Brasilien. Zur gleichen Zeit gab es auf der Nordhalbkugel einen ähnlichen Superkontinent, Laurasia, zu dem Nordamerika und Eurasien gehörten.

Die Kontinente bilden ein großes Puzzle

E *Die zerbrochenen Platten der früheren Großkontinente passen nicht mehr überall zusammen, weil Erosion oder Küstensedimente die ursprünglichen Umrisse verändert haben. Dennoch lassen sich die abgedrifteten Plattenteile wie ein Puzzle zusammensetzen. Vor 190 Millionen Jahren begann sich Nordamerika von Europa zu lösen, und der Nordatlantik entwickelte sich. Erst vor 120 Millionen Jahren trennten sich auch Südafrika und Südamerika voneinander. Der heutige Atlantik dürfte spätestens in 100 Millionen Jahren mit Laven und Sedimenten aufgefüllt sein.*

Siehe auch: Aufbau der Erde, S. 44/45   Erdmagnetismus, S. 46/47   Gebirgsbildung, S. 50/51   Erdbeben, S. 52/53   Vulkane, S. 54/55   Meeresboden, S. 70/71

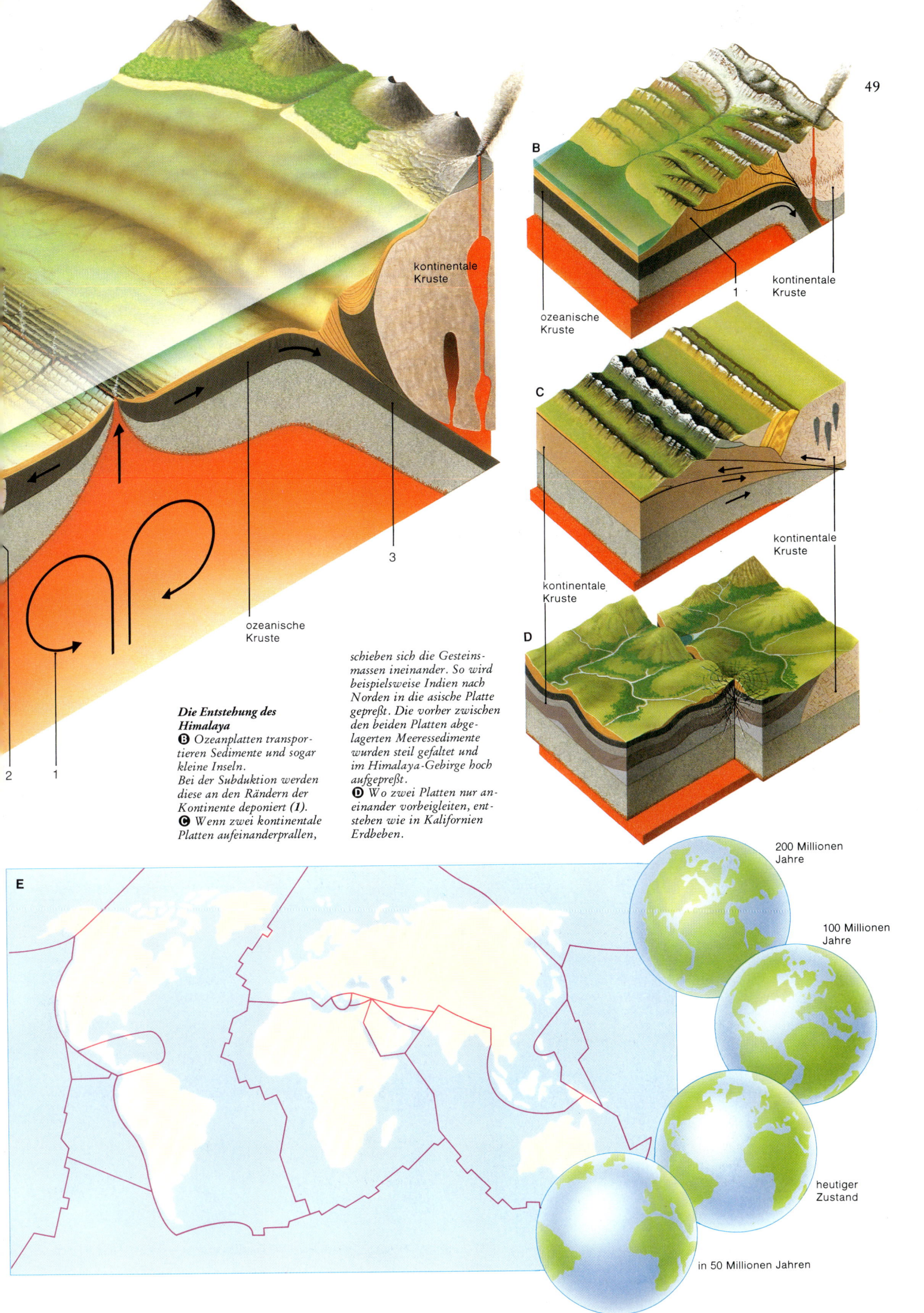

49

kontinentale
Kruste

ozeanische
Kruste

3

ozeanische
Kruste

2 1

B

kontinentale
Kruste

ozeanische
Kruste

1

C

kontinentale
Kruste

kontinentale
Kruste

D

kontinentale
Kruste

**Die Entstehung des
Himalaya**
B Ozeanplatten transpor-
tieren Sedimente und sogar
kleine Inseln.
Bei der Subduktion werden
diese an den Rändern der
Kontinente deponiert (1).
C Wenn zwei kontinentale
Platten aufeinanderprallen,

schieben sich die Gesteinsmassen ineinander. So wird
beispielsweise Indien nach
Norden in die asische Platte
gepreßt. Die vorher zwischen
den beiden Platten abge-
lagerten Meeressedimente
wurden steil gefaltet und
im Himalaya-Gebirge hoch
aufgepreßt.
D Wo zwei Platten nur aneinander vorbeigleiten, entstehen wie in Kalifornien
Erdbeben.

E

200 Millionen
Jahre

100 Millionen
Jahre

heutiger
Zustand

in 50 Millionen Jahren

Die Kollision der großen Kontinentalplatten

Entstehung und Einebnung der Gebirge

Wenn man auf dem Gipfel des Ben Lomond im schottischen Hochland steht, kann man sich kaum vorstellen, daß diese Gebirgsstrukturen und Gesteine sich auf der anderen Seite des Atlantiks in den nordamerikanischen Appalachen fortsetzen. Die etwa 500 Millionen Jahre alten geologischen Strukturen sind Zeugnis einer Gebirgskette, die während der kaledonischen Gebirgsbildung entstand und sich über viele tausend Kilometer von Spitzbergen bis zu den Appalachen erstreckte. Schon vor langer Zeit ist diese Kette abgetragen worden, in dem Gebiet bildeten sich jedoch immer wieder neue Gebirge.

Alle großen Gebirgsketten werden an den Rändern der beweglichen Kontinentalplatten gefaltet und gehoben. Der horizontal gerichtete Druck beim Zusammenpressen der Platten verformt die Kruste und das darunterliegende Gesteinsmaterial des oberen Mantels. Während die obere, starre Kruste von den tektonischen Kräften in Bruchschollen zerlegt wird, kann das Gestein im tieferen Untergrund unter hohem Druck und bei hohen Temperaturen beweglicher reagieren. Hier können die ursprünglich horizontal abgelagerten Sedimente nicht nur weiträumig verbogen, sondern auch wie ein Tischtuch in enge Falten gelegt werden. Wenn nach dem Herausheben der Erdkruste die Faltenstrukturen durch Abtragung freigelegt worden sind, werden die Falten aus härterem Gestein als Höhenrücken herauspräpariert. Die weicheren Gesteine werden schneller ausgeräumt, dort bilden sich weite Täler. So sind etwa die Berg- und Talregionen der Appalachen und des Schweizer Jura entstanden.

Im zentralen Bereich von Hochgebirgen, wie in den Alpen oder im Himalaya, ist die Krustenverformung besonders intensiv. Hier sind Gesteinsfalten flach zusammengepreßt, abgeschert und dann über mehrere Kilometer weit übereinandergeschoben worden. Diese komplizierten Strukturen werden Decken genannt. Die Alpen und der Himalaya sind durch den Aufprall zweier Kontinentalplatten hoch aufgepreßt worden. Unter dem gewaltigen Druck sind tiefreichende Risse bis in den kristallinen Sockel der Kruste vorgedrungen. An diesen Schwächelinien wurden große Gesteinspakete bewegt und schließlich übereinandergestapelt. Innerhalb von Kontinentalplatten können sich ausgedehnte Bruchschollenstrukturen wie beispielsweise in Norddeutschland und den Rocky Mountains entwickeln.

Nach der Auffaltung beginnt der Zerfall

Gebirge unterliegen einem stetigen Wandel. Bereits mit dem Beginn der Hebung nagt die Abtragung an Form und Höhe der Hochländer. Sobald die horizontalen Kräfte, die bei der Kollision von Krustenplatten auftreten, nachlassen, beginnen die verdickten Platten auseinanderzudriften. Dabei zerbrechen sie in kleinere Schollen. Entlang der Bruchlinien können die Schichten kippen, so daß sich Höhenrücken und Becken wie im Südwesten der USA aneinanderreihen. Mit dem weiteren Auseinanderdriften sinken einzelne Schollen in die Tiefe. Das heute 86 m unter dem Meeresspiegel liegende Death Valley ist so entstanden. Einige Geologen vermuten, daß sowohl das Hochland von Tibet als auch der Altoplano der Anden eines Tages in ähnlicher Weise einbrechen werden. Beide Gebirge besitzen eine mächtige Basis aus leichtem, beweglichem Gesteinsmaterial, das auseinanderquellen könnte, wenn es nicht mehr durch seitliche Pressung zusammengehalten würde.

Wo Plattenteile ohne vorherige Auffaltung voneinander wegdriften, reißen Spalten auf, entlang denen Gräben einbrechen, wie am Rhein oder in der ostafrikanischen Riffzone.

Meeresvulkane: die höchsten Gebirge der Welt

Die höchsten und größten Berge werden durch vulkanische Ausbrüche, nicht durch tektonische Kräfte aufgebaut. Der Mauna Kea (4205 m) und der Mauna Loa (4170 m) auf Hawaii haben an ihrer Basis einen Durchmesser von über 140 km. Um ihre wahre Höhe zu erfassen, müssen etwa 6000 m Meerestiefe hinzugerechnet werden, so daß sie mit einer Gesamthöhe von rund 10 000 m höher sind als der Mount Everest.

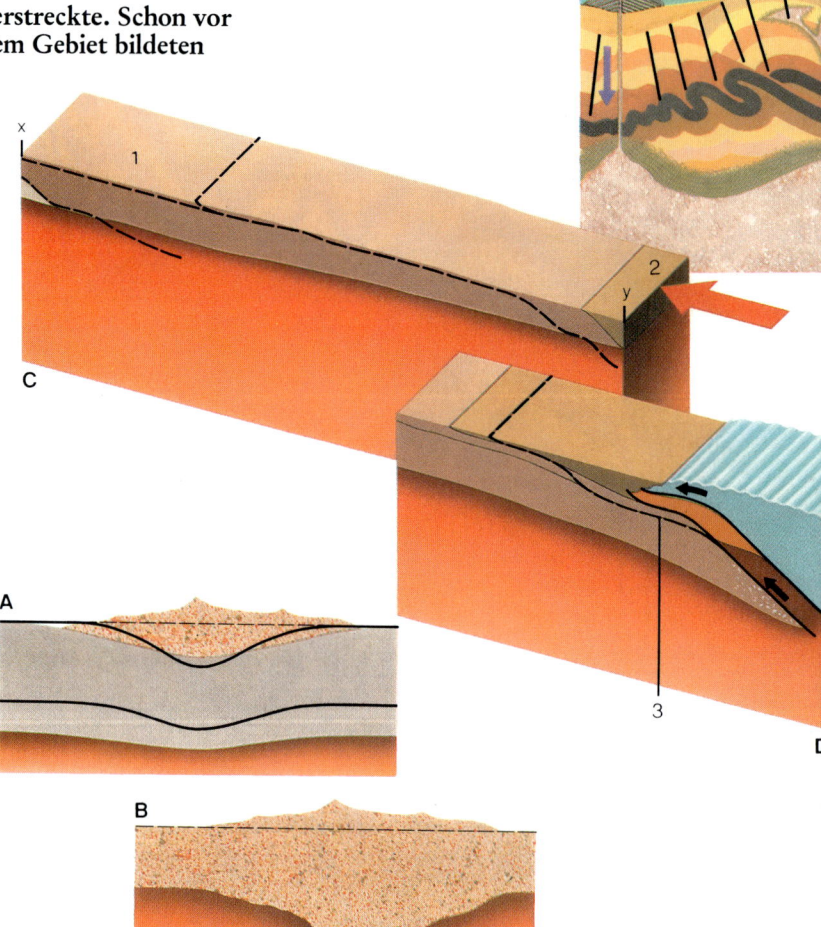

Das Fundament der Gebirge
Ⓐ *Der Himalaya ist fast doppelt so hoch wie die Alpen, obwohl beide Gebirgszüge durch die Kollision zweier Kontinentalplatten entstanden sind. Dies liegt wohl daran, daß die europäische Platte nur etwa halb so dick wie die indische Platte ist. Die schweren Gebirge würden sehr viel tiefer in den Mantel einsinken, wenn sie nur von der Kruste unmittelbar unter den Gebirgen selbst getragen würden. Wie die weiträumige Verbiegung des gesamten Krustenbereichs anzeigt, verteilt sich die Belastung aber auf eine größere Basisfläche.*
Ⓑ *Nach einer schon älteren Theorie werden die Gebirge von leichteren Gesteinsmas-*

Siehe auch: Aufbau der Erde, S. 44/45   Plattentektonik, S. 48/49   Erdbeben, S. 52/53   Vulkane, S. 54/55   Mineralbildung, S. 56/57

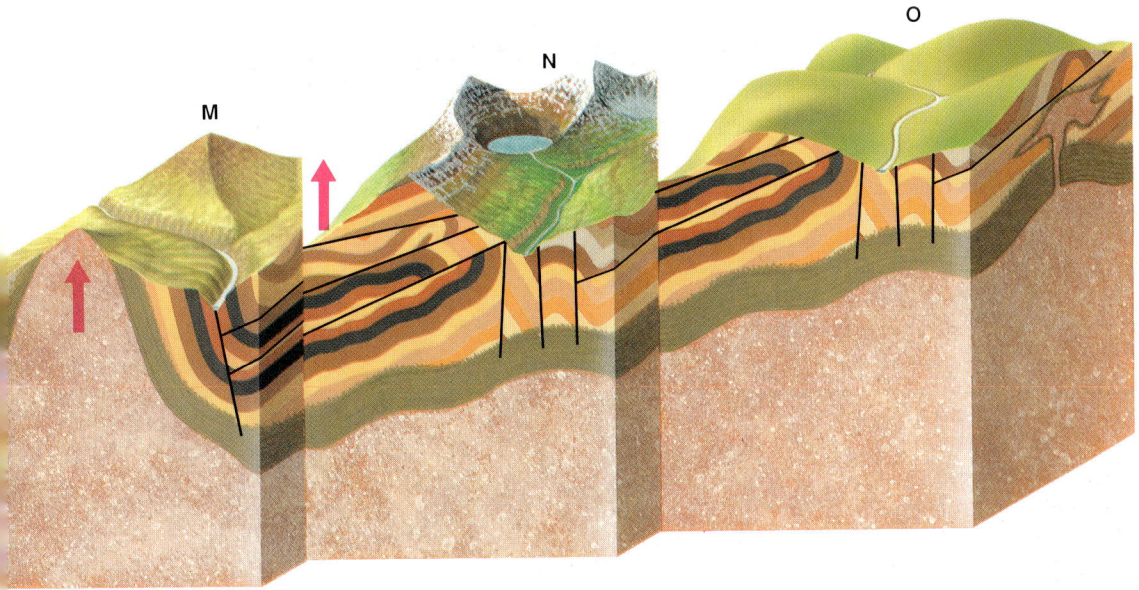

M *Die in der Tiefe gefalteten Gesteinsschichten und die darüber sedimentierten Ablagerungen werden am Ende der Gebirgsbildung (Orogenese) gehoben.*

N *Sobald Gesteine über das allgemeine Meeresniveau hinausragen, werden sie durch Verwitterungsprozesse zerkleinert und für Wasser, Eis und Wind transportfähig. Flüsse und Gletscher erodieren das Gestein und schneiden tiefe Täler in den gehobenen Gebirgskomplex. Erst diese Zertalung macht aus einem Hochplateau das Hoch und Tief eines Gebirges. Es gibt aber auch flache Hügelländer, die in über 3000 m Höhe liegen und nur randlich tiefe Schluchten aufweisen. Die aus dem Hebungszentrum heraustransportierten Schotter lagern sich am Fuße des Gebirges (Piedmont) als ausgedehnte Schwemmfächer ab oder werden bis ins Meer verfrachtet. Die Vorlandablagerungen (Molasse) können später im Zuge der Gebirgserweiterung sogar gefaltet werden (Flysch).*

O *Die unaufhaltsam fortschreitende Abtragung verwandelt das Gebirge in ein Hügelland und schließlich in eine sogenannte Fastebene.*

Typen der Gebirgsfaltung

H I *Gesteinsschichten können durch seitlichen Schub aufgebogen werden, Antiklinale, oder nach unten gekrümmt werden, Synklinale.*

J *Eine flache, S-förmige Verbiegung bezeichnet man als Flexur.*

K *Wenn ganze Schichtpakete abscheren und übereinanderrutschen, spricht man von Decken. In den Alpen sind sie an vielen Stellen zu finden. Allerdings sind Deckenüberschiebungen in Wirklichkeit sehr viel komplizierter als es im vereinfachenden Blockbild dargestellt wurde. All diese Strukturen werden von der Abtragung eingeebnet.*

Entstehung und Abtragung der Gebirge

L *Horizontal abgelagerte Sedimente werden in der Tiefe gefaltet, zerbrochen und übereinandergeschoben. Temperatur, Druck und die Geschwindigkeit der Gesteinsverformung entscheiden, ob das Gestein gefaltet oder zerbrochen wird. In der oberen Erdkruste, wo der Druck und die Temperatur noch gering sind, reagiert das Gestein auf die tektonisch erzeugten Spannungen durch Risse (Klüfte).*

sen im Basisbereich getragen, die wie ein Eisberg auf dem schwereren Magma des oberen Mantels schwimmen. Wenn die Kruste mit mächtigen Sedimentschichten beladen wird, sinkt sie wie ein Schiff tiefer ein.

Die Geschichte der Alpen

C – G *In den Alpen sind fast alle Formen tektonischer Aktivitäten zu beobachten. Obwohl sich die geologische Geschichte der Alpen über 250 Millionen Jahre zurückverfolgen läßt, beginnen die jüngeren gebirgsbildenden Phasen erst im Mesozoikum. Die heutigen Hochgebirgsformen entstanden sogar erst durch jungtertiäre Hebungen und quartäre Überformungen. Die alpide Gebirgsbildung ist*

das Resultat der Kollision der eurasischen (1) mit der afrikanischen (2) Kontinentalplatte. In den Gebirgskörpern sind abgeschuppte Schichten aus dem afrikanischen Kontinent eingearbeitet worden. Die durch den Aufprall der Kontinentmassen verursachten Falten (3) und die viele Kilometer breiten

Deckenüberschiebungen verengten die Alpen erheblich (siehe x–y bei **C** *und* **G***). Die dadurch sehr kompliziert aufgebaute Erdkruste wird im Laufe der Zeit immer weiter über das Meeresniveau gehoben und dann allmählich wieder abgetragen.*

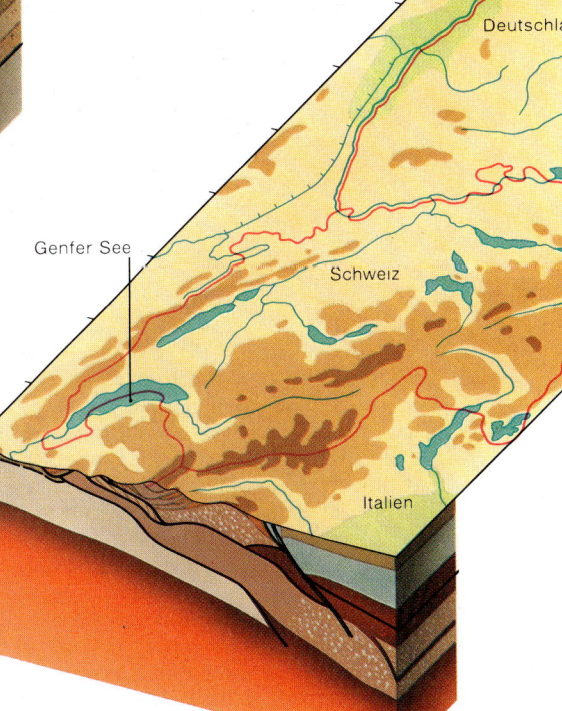

Gletscher, S. 64/65

Wenn Wolkenkratzer wie Kartenhäuser zerfallen

Entstehung und Wirkung von Erdbeben

Bei einem Erdbeben können selbst massive Gebäude wie Kartenhäuser in sich zusammenfallen, Küstenstädte von 30 m hohen Brandungswellen hinweggespült werden und Erdbebenwellen tagelang um den Globus laufen. Die dünne Erdkruste, auf der wir leben, ist nicht sehr stabil. Gewaltige Gesteinspressungen lösen ruckartige Bewegungen in der von Rissen durchzogenen Kruste aus, die die Erde erbeben lassen. Im Januar 1995 wurde z. B. Kobe (Japan) von einem Erdbeben und zahlreichen Nachbeben erschüttert. 5200 Menschen starben, Zehntausende wurden verletzt, Hunderttausende verloren ihr Zuhause.

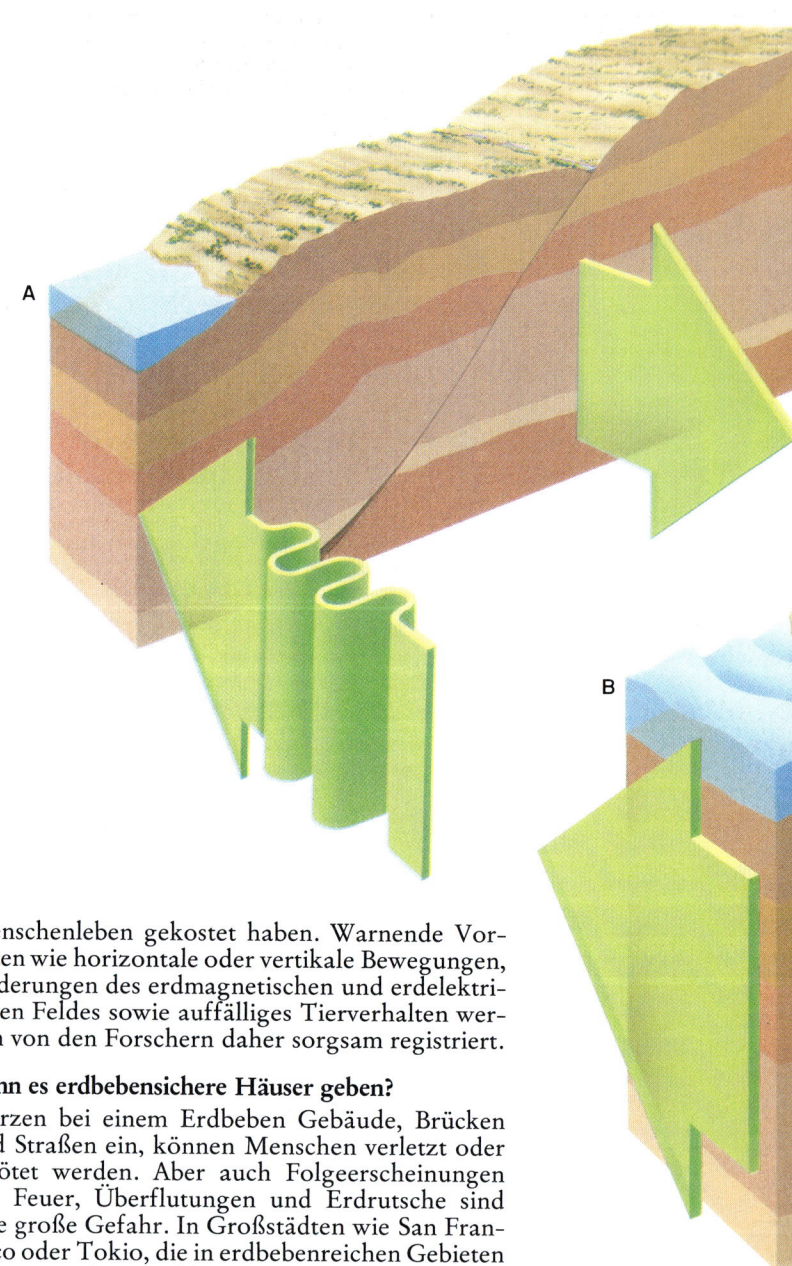

Wie sich Spannungen aufbauen und entladen
A *Die Erdkruste ist elastisch. Lange Zeit können Spannungen aufgebaut werden, ohne daß etwas passiert.* **B** *Wird ein Schwellenwert überschritten, kommt es zu ruckartigen Bewegungen. Je länger sich die Spannung zwischen zwei Beben auf-* bauen kann, um so heftiger wird der Erdstoß sein. Das Erdbebenzentrum (1) kann nahe der Oberfläche oder bis über 700 km tief im Erdreich liegen. Das Epizentrum des Bebens befindet sich senkrecht darüber an der Oberfläche (2). Die größten Schäden verursachen Erdstöße in bis zu 10 km Tiefe.

Erdbeben können an unterschiedlichen Bruchstellen in der Erdkruste ausgelöst werden. Das Erdbeben in Mexico City, das 1985 über 10 000 Menschenleben forderte, ereignete sich im Bereich einer Subduktionszone, wo eine Erdplatte unter eine andere geschoben wird. Dabei entstehen Spannungen, die sich ruckartig lösen. Der San-Andreas-Graben ist das berühmteste Beispiel für die Erdbebengefahr durch horizontale Verschiebung zweier Platten. Aber die wohl häufigste Erdbebenursache sind Überschiebungen zweier Platten an einer vertikal gerichteten Bruchlinie. Das katastrophale armenische Erdbeben von 1988 gehörte zu diesem Typ. Wenn Krustenteile sich dagegen ohne aufgestaute Spannungen aneinander vorbeibewegen können, kommt es nicht zu plötzlichen Erdstößen. Das Rutschen oder Kriechen entlang von Bruchlinien kann durch mineralische »Schmiermittel«, wie zum Beispiel Serpentin, erleichtert werden.

Die zerstörerische Kraft der Erdbebenwellen

Die Energie eines Erdbebens breitet sich in drei Wellenformen aus: Am schnellsten sind die longitudinalen Druckwellen (5,5–13 km/s). Sie erreichen eine Meßstation zuerst, daher wurden sie P-Wellen (von »primär«) genannt. Die langsameren S-Wellen (von »sekundär«) erreichen nur 3–7,5 km/s. Als Transversalwellen können sie sich nur in der festen Kruste fortpflanzen. Am energiereichsten sind die ebenfalls langsameren Oberflächen- oder L-Wellen (von »longitudinal«), die sich mit 3,8 km/s ausbreiten. Nach sehr starken Erdbeben laufen sie tagelang um die Erde.

Die Stärke von Erdbeben wird in zwei Größen angegeben: meßbare Magnitude oder geschätzte Intensität. Zur Messung der Magnitude werden die Ausschläge der Seismographen ausgewertet. Auf der Richter-Skala liegen die stärksten Erdbeben im Bereich 8–9. Von den jährlich nachgewiesenen 1 Million Erdstößen erreichen nur zwei diese katastrophale Stärke. Jeder folgende Wert auf der nach oben offenen Richter-Skala repräsentiert eine zehnmal größere Stärke und einen dreißigfachen Anstieg der freigesetzten Energie. Die Intensität eines Erdbebens kann von geübten Beobachtern auch nach der Mercalli-Skala geschätzt werden. Die Stufe I kennzeichnet nicht fühlbare Erdstöße. Die stärksten Erdbeben, bei denen Gebäude total zerstört, Menschen durch die Luft geschleudert werden und der Erdboden in Schollen zerbricht, erhalten den Maximalwert XII. Erdbeben fordern rund 10 000 Tote jährlich. In China soll das Erdbeben von 1556 allein 830 000

Menschenleben gekostet haben. Warnende Vorboten wie horizontale oder vertikale Bewegungen, Änderungen des erdmagnetischen und erdelektrischen Feldes sowie auffälliges Tierverhalten werden von den Forschern daher sorgsam registriert.

Kann es erdbebensichere Häuser geben?

Stürzen bei einem Erdbeben Gebäude, Brücken und Straßen ein, können Menschen verletzt oder getötet werden. Aber auch Folgeerscheinungen wie Feuer, Überflutungen und Erdrutsche sind eine große Gefahr. In Großstädten wie San Francisco oder Tokio, die in erdbebenreichen Gebieten liegen, werden Hochhäuser nach staatlichen Vorschriften »erdbebensicher« konstruiert. Als lebenswichtige Grundregel gilt die einfache und symmetrische Bauweise. Die Fundamente lagern auf Wechselschichten aus Gummi und Stahl, die seitliche Gebäudebewegungen erlauben. Hundertprozentig »sicher« sind sie jedoch nicht!

Siehe auch: **Aufbau der Erde,** *S. 44/45* **Plattentektonik,** *S. 48/49* **Vulkane,** *S. 54/55* **Küsten,** *S. 74/75* **Wolkenkratzer,** *S. 456/457*

Erdbebengebiet Kalifornien

Ⓑ *Der San-Andreas-Graben bezeichnet die 1200 km lange Grenze zwischen der pazifischen (3) und der nordamerikanischen Platte (4). Die Erdbebenwissenschaftler können jedoch nicht genau vorhersagen, wann der nächste Ruck in der Erdkruste auftreten wird. Beim Loma-Prieta-Erdbeben 1989, das auch San Francisco erfaßte, lag das Zentrum 18 km unter der Landoberfläche. Obwohl die pazifische Platte 2 m nach Nordwesten und an der nordamerikanischen Platte 1 m nach oben rutschte, wurde der größte Teil der Schockenergie im Untergrund absorbiert. An der Oberfläche traten relativ wenige Risse auf (5). Neben den tektonischen Beben (90 %) gibt es auch vulkanische (7 %) und Einbruchbeben (3 %).*

Wellen – so schnell wie Düsenjets

Ausgelöst durch untermeerische Erdbeben, Vulkaneruptionen oder plötzliche Erdrutsche auf dem Meeresboden, laufen lange Meereswellen (Tsunami) mit ungeheurer Geschwindigkeit (bis zu 800 km/h) über die Ozeane. Da ihre Höhe nur wenige Dezimeter beträgt, können sie auf See nicht bemerkt werden. Erst beim Aufstau in seichten Küstengewässern bilden sich die vernichtenden Brandungswellen, die mit über 30 m Höhe und immer noch 60–100 km/h Geschwindigkeit in die Küstenstädte einbrechen und große Verwüstungen anrichten. Im Abstand von 15 bis 30 Minuten erreichen mehrere Wellen die Küste. Selbst große Schiffe werden weit ins Inland geworfen. Nur wenn die Seebeben sehr weit entfernt Tsunamis in Gang setzen und damit die Laufzeiten sehr lang sind, können gefährdete Küstenbewohner rechtzeitig gewarnt werden. Am 22. 5. 1960 löste ein starkes Erdbeben in Südchile übernormal ansteigende Wellen aus: 40 m in Japan, 11 m in Hilo auf Hawaii und 3,3 m in Neuseeland.

Die verschiedenen Typen von Erdbebenwellen

Ⓑ *Primäre oder P-Wellen sind Druck-Ausdehnungswellen wie die Schallwellen (6). Sie schwingen in Laufrichtung und können sich auch in flüssigen Medien fortpflanzen. Die S-Wellen (7) schwingen seitlich; es sind Transversalwellen, die sich nur in fester, elastischer Materie ausbreiten und den flüssigen äußeren Erdkern deshalb nicht passieren können. Die Erdbebenwellen pflanzen sich in unterschiedlich dichten Schichten unterschiedlich schnell fort; dadurch sind Rückschlüsse auf den Aufbau des Erdinnern möglich. Aus den Laufzeiten, Brechungen und Reflexionen der Wellen können die Erdbebenzentren exakt bestimmt werden.*

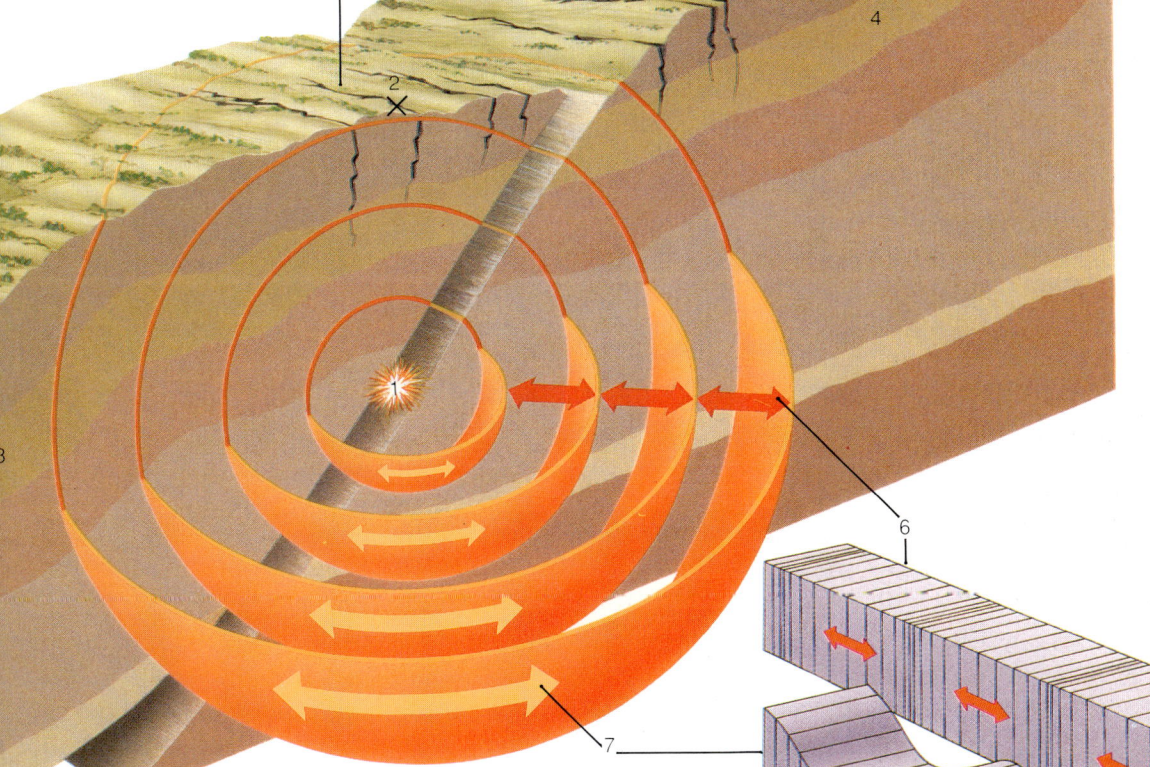

Die Triebkräfte des Erdinneren

Warum Vulkane Lava, Aschen und heiße Gase fördern

In einer gewaltigen Explosion schleuderte der Krakatau-Vulkan 1883 innerhalb von 24 Stunden 18 km³ Gestein in die Luft und verursachte riesige Flutwellen. Auf Java und Sumatra starben 36 000 Menschen. Wo vorher ein hoher Vulkan gestanden hatte, befand sich ein riesiges Loch. In der Atmosphäre breitete sich eine dichte Staubwolke aus, trübte die Sonne und verringerte für lange Zeit die Lufttemperaturen der nördlichen Halbkugel. Aber vulkanische Aktivitäten zerstören nicht nur, sie können auch aufbauen, wie die kleine Vulkaninsel Surtsey zeigt, die 1963 südwestlich von Island entstand.

Wenn sich entlang von Brüchen in der Kruste die Erde auftut, fließt ein Strom rotglühender Lava heraus. Dünnflüssige basaltische Lava bildet ausgedehnte Lavadecken. Die dickflüssigen Magmen mit hohen Gehalten an Kieselsäure, aus denen die komprimierten Gase schlecht entweichen können, werden in heftigen Eruptionen herausgeschleudert. Der ungeheure Gasdruck kann den Gipfel eines Vulkans völlig wegsprengen. Das Magma wird in kleinen Partikeln hoch in die Luft gewirbelt und als Asche verdriftet. Schicht um Schicht baut sich aus Lava und Aschen ein Vulkankegel auf. Die Viskosität oder Fließfähigkeit und der Gasreichtum werden von der chemischen Zusammensetzung der Magmen bestimmt. Basaltisches Magma des friedlichen Kilauea auf Hawaii enthält 50 % Siliciumdioxid, das andesitische Magma des explosiven Mount St. Helens hat 60 % Kieselsäure.

Seen aus geschmolzenem Gestein

Aus dünnflüssigen, basaltischen Magmen entweichen die wenigen Gase beim Aufstieg der Schmelze sehr langsam und ruhig. Erst wenige Meter unterhalb der Erdoberfläche beginnt die Lava (Magma, das die Oberfläche erreicht hat) zu schäumen. Explosionsartige Eruptionen sind nicht zu erwarten. Dennoch schießen aus Lavaseen zeitweise hohe Lavafontänen heraus. Der ruhige Lavaausfluß bildet Schildvulkane mit sehr flachen Hängen oder sogar nur weitflächige Basaltdecken. Abhängig vom Hanggefälle fließt die Lava unterschiedlich schnell, häufig nur im Schrittempo. Auf steilen Hängen hingegen kann die Geschwindigkeit eines Kleinwagens (70 km/h) noch überboten werden. An steilen Stufen bilden sich sogar kaskadenartige Lavafälle.

Warum die Lava in die Luft fliegt

Gasreiche Magmen reagieren beim schnellen Aufstieg wie Sekt in einer plötzlich geöffneten Flasche: Die gelösten Gase werden explosiv und schleudern die Flüssigkeit in hohem Bogen in die Luft. Da die zähflüssigen Magmen die Gase kaum entweichen lassen, staut sich der innere Gasdruck bis zu einigen hunderttausend Atmosphären auf. Je mehr Blasen sich bilden und je mehr der Außendruck nahe der Erdoberfläche abnimmt, um so mehr wächst die Sprengkraft im Vulkan an. Schließlich explodiert das Magma, und der Gasdruck zerreißt das benachbarte Gestein. Heftige Eruptionen schleudern Lava, Staub und Gesteinsstücke heraus. Zwischen den Eruptionen kommt es immer wieder zu Lavaausflüssen. Die Wechsellagerung von Lava und Tuffen (Sediment-

gestein) bildet kegelförmige Schicht- oder Stratovulkane mit einem Hanggefälle um 30°. Ein typisches Beispiel dafür bildet der Fuji in Japan. Der Feuerring aus zahlreichen tätigen Vulkanen um den Pazifischen Ozean herum bildet sich an Subduktionszonen des Pazifiks.

Ist die Erdatmosphäre vulkanischen Ursprungs?

Die vulkanischen Gase bestehen zum größten Teil aus Wasserdampf. Hinzu kommen vor allem Kohlendioxid, Schwefeldioxid, Salzsäure und Stickstoff. Die Anteile von Wasser, Kohlenstoff, Chlor und Stickstoff in der Luft, in den Ozeanen und in den Oberflächengesteinen der Erde entsprechen in etwa dem Zusammensetzungsverhältnis in den vulkanischen Gasen. Nur der Schwefelgehalt der vulkanischen Exhalationen (Gasausstöße) ist wesentlich höher. Vermutlich sind Erdatmosphäre und Ozeane im Laufe der viele hundert Millionen Jahre dauernden geologischen Entwicklung aus den vulkanischen Gasen gebildet worden.

Bizarre Lavaformen
Schon kleine Unterschiede in der Fließfähigkeit von Laven verursachen verschiedene Formen erstarrter Schmelze. Aus dünnflüssiger Lava kann sich Stricklava oder Pahoehoe (unten Mitte) bilden. Verdrehte Formen entstehen, wenn die oben schon abgekühlte Lava zu hartem

Basalt wird, aber der heiße, flüssige Kern sich noch bewegt. Bei schnellerer Bewegung bleiben die Pahoehoe-Basaltdecken dünn und haben eine relativ glatte Oberfläche. Ein anderer Basalt-Typ wird Aa-Basalt genannt. Die Lava ist zähflüssiger und erstarrt zu großen Blöcken (unten links).

Siehe auch: **Aufbau der Erde,** *S. 44/45* **Plattentektonik,** *S. 48/49* **Gebirgsbildung,** *S. 50/51*

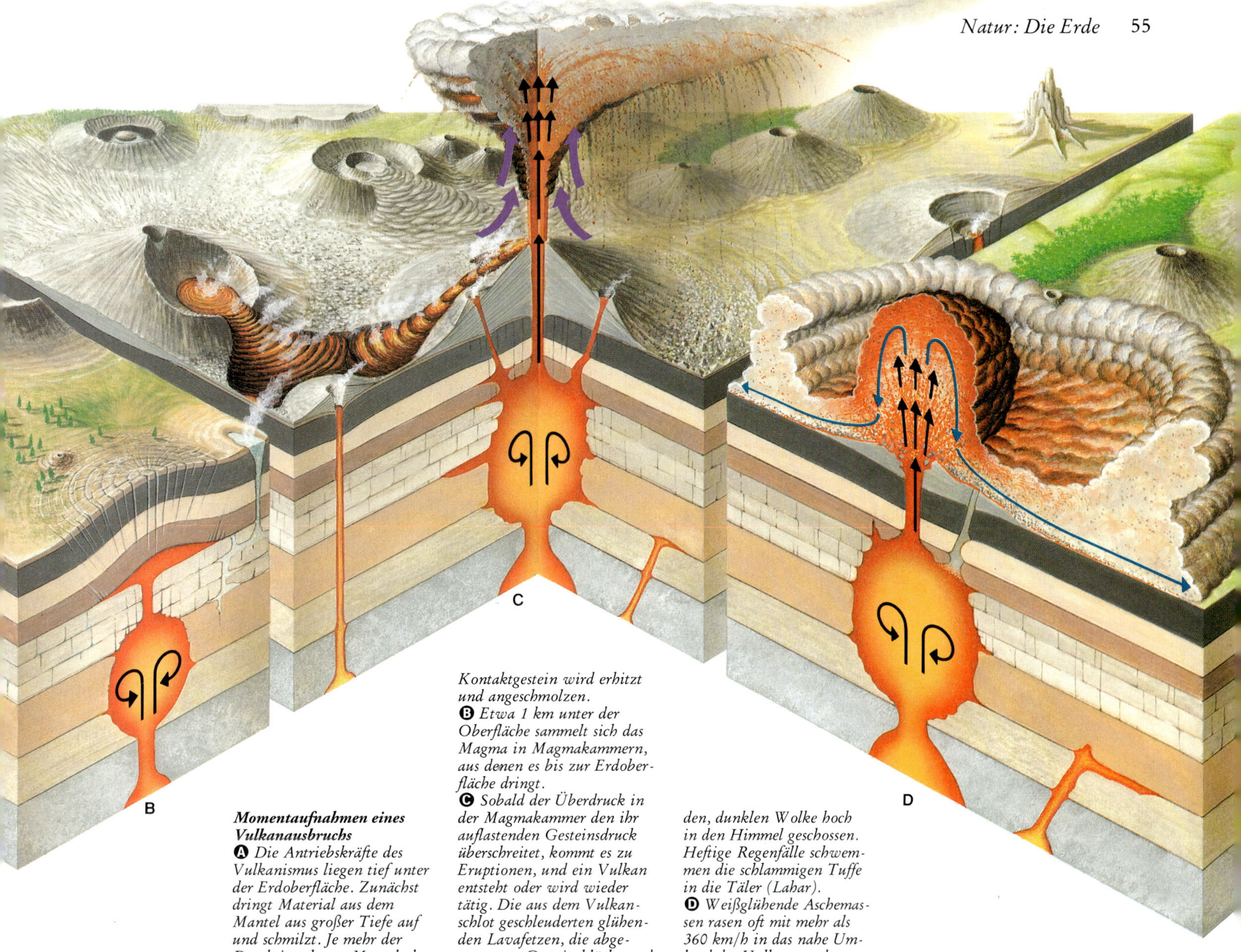

C

Momentaufnahmen eines Vulkanausbruchs

Ⓐ *Die Antriebskräfte des Vulkanismus liegen tief unter der Erdoberfläche. Zunächst dringt Material aus dem Mantel aus großer Tiefe auf und schmilzt. Je mehr der Druck im oberen Mantel ab-nimmt, um so dünner wird das Magma. Benachbartes* Kontaktgestein wird erhitzt und angeschmolzen.
Ⓑ *Etwa 1 km unter der Oberfläche sammelt sich das Magma in Magmakammern, aus denen es bis zur Erdober-fläche dringt.*
Ⓒ *Sobald der Überdruck in der Magmakammer den ihr auflastenden Gesteinsdruck überschreitet, kommt es zu Eruptionen, und ein Vulkan entsteht oder wird wieder tätig. Die aus dem Vulkan-schlot geschleuderten glühen-den Lavafetzen, die abge-sprengten Gesteinsblöcke und die heißen, staubigen Gase werden in einer aufquellen-* den, dunklen Wolke hoch in den Himmel geschossen. Heftige Regenfälle schwem-men die schlammigen Tuffe in die Täler (Lahar).
Ⓓ *Weißglühende Aschemas-sen rasen oft mit mehr als 360 km/h in das nahe Um-land der Vulkane und ver-sengen im Vorüberziehen alles Leben.*

B

D

Paricutin – ein Vulkankegel entsteht

Ein mexikanischer Bauer erlebte am 20. Februar 1943 eine böse Überraschung. Als er seinen Acker bestellte, sah er, wie sich plötzlich eine Erdspalte quer über sei-nem Feld öffnete, die Rauch und Feuer ausspuckte. Die Neugier des Farmers wurde schnell zur Ver-zweiflung, denn die nahen Bäume fingen Feuer, und innerhalb weniger Stunden floß rotglühende Lava über seinen Acker. Um Mitternacht flogen die ersten heißen Gesteine (Lapilli) und Aschen in die Luft. Schon bis zum Mittag des nächsten Tages hatte sich ein 50 m hoher Aschekegel gebildet.

Noch einen Tag später war seine Farm vollständig verschüttet. Nach einer Woche wurde der nun bereits 140 m hohe Vulkan von heftigen Eruptionen ge-schüttelt, die mehr als 350 km weit zu hören waren. Mitte April 1943 flossen Laven an der südwestlichen Basis des Vulkans aus, und am 10. Juni 1943 brach ein Teil des oberen Kraters ein. Erst 1952 kam der bis dahin auf über 400 m Höhe angewachsene Vulkan endlich zur Ruhe.

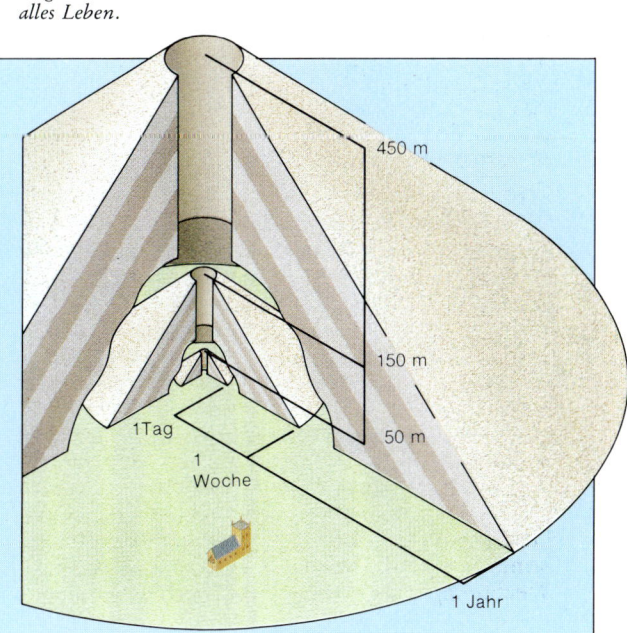

450 m

150 m

1 Tag

1 Woche

50 m

1 Jahr

Erdbeben, S. 52/53   Mineralbildung, S. 56/57   Inseln, S. 72/73   Atmosphäre, S. 78/79

Schillernde Vielfalt mit System

Bildung und Struktur der Mineralien

Auf der Erde gibt es 93 natürliche Elemente. Acht von ihnen – Sauerstoff, Silicium, Aluminium, Eisen, Calcium, Natrium, Kalium und Magnesium – machen 98 Gewichtsprozent der Erdkruste aus, allein 78 % entfallen dabei auf Sauerstoff und Silicium. Die Silicate (Salze der Kieselsäure), die hauptsächlich aus Sauerstoff und Silicium bestehen, bilden die größte Gruppe innerhalb der 2000 bekannten Mineralien. Stellt man sich die Sauerstoffatome als dicht gepackte Tennisbälle vor, so liegen die Siliciumatome wie Erbsen in den Zwischenräumen. So gesehen besteht die Erdkruste aus einer Kugelpackung von Sauerstoffatomen.

Silicate entstehen wie die meisten anderen Mineralien durch Auskristallisieren aus einer Flüssigkeit. Salze, die an einem heißen Tag aus flachen Meerwasserpfützen ausgeschieden werden, Quarzkristalle, die einige hundert Meter tief unter der Erde langsam kleine Hohlräume ausfüllen, Feldspat, Quarz und Glimmer, die viele Kilometer unter der Erdoberfläche aus der erstarrenden Magmaschmelze wachsen und Granit bilden – sie alle entstehen auf diese Weise. Die äußere Form kann je nach den Bildungsbedingungen unterschiedlich sein. Die milchig-weißen Quarzgänge in den Gesteinsklüften bestehen wie die sechseckigen Quarzkristalle aus dem gleichen Siliciumdioxid. Aber die wohlgeformten Bergkristalle hatten im Gegensatz zu Gangfüllungen ideale Bildungsbedingungen: richtige Temperatur, Lösungskonzentration und freien Raum zur Entfaltung.

Die Kristallstruktur bestimmt die Eigenschaften

Kristalle gibt es in einer verwirrenden Formen- und Farbenvielfalt, von den Pyritwürfeln, auch Katzengold genannt, bis zum silberroten Molybdänglanz. Je nach Anordnung der aufbauenden Atome können Kristalle in bestimmte Klassen eingeteilt werden. Der schmierige Talk wie das härteste Mineral, der Diamant, verdanken ihre Eigenschaften dem Baumuster ihrer Kristallstruktur.

Auch eine andere charakteristische Eigenschaft der Minerale, die Spaltbarkeit, hängt von ihrer Kristallstruktur ab. Entlang struktureller Schwächeebenen lassen sich viele Mineralien leichter aufbrechen. Natürliche Gläser wie der vulkanische Obsidian besitzen keinen regelmäßigen Kristallbau. Diese amorphen Festkörper zerbrechen daher mit unregelmäßigen, gekrümmten Bruchflächen, die an Meeresmuscheln erinnern. In manchen Mineralen, so bei Calcit, sind bestimmte Bruchrichtungen so ausgeprägt, daß die Kristalle vorherrschend in dieser Richtung gespalten werden.

Da die physikalischen Eigenschaften der Mineralien von der Kristallstruktur festgelegt werden, sind u. a. Härte, Spaltbarkeit und Lichtdurchlässigkeit innerhalb ein und desselben Kristalls in verschiedenen Richtungen unterschiedlich. Dieses Phänomen, die Anisotropie, erklärt auch, warum Wärme, Licht und Schall die verschiedenen Minerale richtungsgebunden unterschiedlich schnell durchdringen.

Aus dem weißen Licht absorbieren oder reflektieren die Minerale jeweils nur einige Wellenlängen und bestimmen damit ihre Farbe. Häufig entscheidet auch die chemische Zusammensetzung über die Mineralfarbe. Kupferverbindungen sind

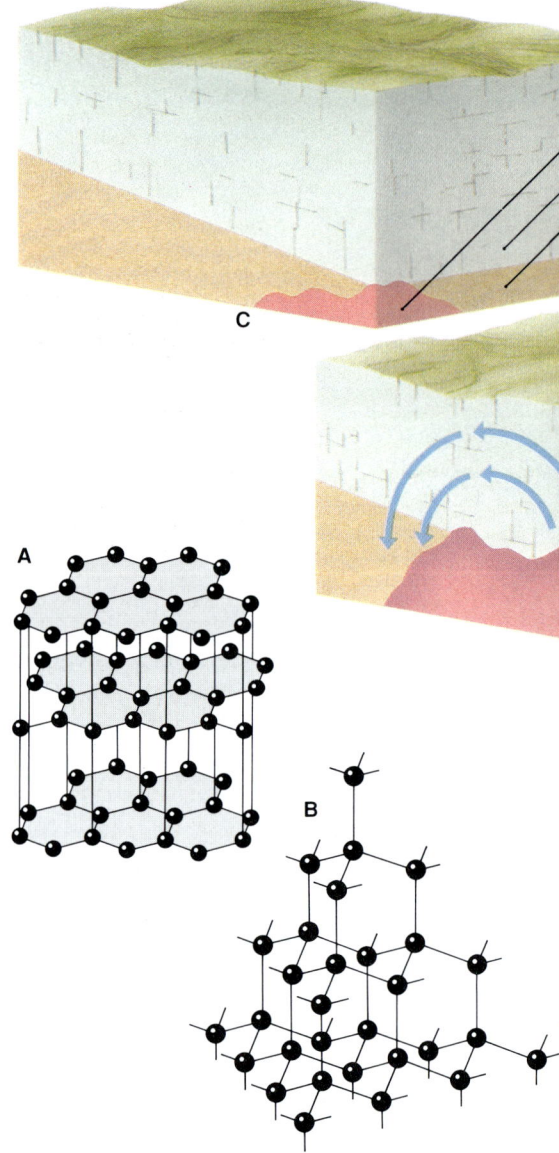

Was Graphit und Diamant unterscheidet
Ⓐ *Ein Mineral erlangt seine physikalischen Eigenschaften nicht nur durch den chemischen Aufbau, sondern auch durch die Art und Weise, wie die Atome miteinander verbunden sind. So besteht das härteste natürlich vorkommende Mineral, der Diamant, aus dem gleichen Kohlenstoff wie der sehr weiche Graphit. In dessen Schichten mit den sechseckig angeordneten Atomen sind die Bindungen sehr stark, die Verbindungen zwischen den gleitfähigen Schichten sind jedoch nur wenig stabil. Dieses Schichtmineral ist für die Herstellung von Bleistiften und Industrieschmierstoffen sehr gut geeignet.*
Ⓑ *Im Diamanten sind alle Kohlenstoffatome durch starke Bindungskräfte zu einem einzigen, kompakten Körper verschweißt. Alle Atome sind sich gleich nahe. Diese tetraedrische Atompackung ist damit außerordentlich dicht und erreicht mit Härte 10 die höchste Stufe auf der Härteskala von Mohs.*

oft blau oder grün. Auch Verunreinigungen im Mineral können den Farbton verändern. So wird der an sich farblose Quarz durch solche Verunreinigungen zum violetten Amethyst, zum rosa Rosenquarz oder zum braunen Rauchquarz. Beim Diamanten wird die unterschiedliche Farbe durch unterschiedliche Kristallstrukturen verursacht.

Dennoch herrscht bei den meisten Mineralien jeweils eine bestimmte charakteristische Grundfarbe vor. Hämatit und Magnetit, zwei aus Eisenoxiden bestehende Mineralien, kann man mit bloßem Auge kaum voneinander trennen. Es gibt jedoch eine einfache Bestimmungsmethode, den Strichtest: Reibt man ein Stück des Minerals über eine rauhe, unglasierte Porzellanplatte, so erzeugt Hämatit einen rötlichen Strich, während Magnetit einen schwarzen Abrieb hinterläßt. Die Mineralogen bedienen sich sehr genauer, allerdings auch aufwendiger Bestimmungsmethoden, u. a. chemischer, röntgenographischer und elektronenmikroskopischer Analysen.

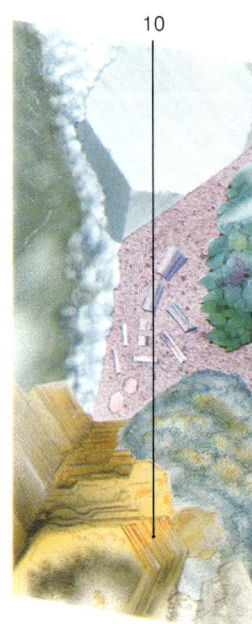

Siehe auch: Aufbau der Erde, S. 44/45   Vulkane, S. 54/55   Kohle, Öl und Gas, S. 58/59   Siliciumchips, S. 512/513

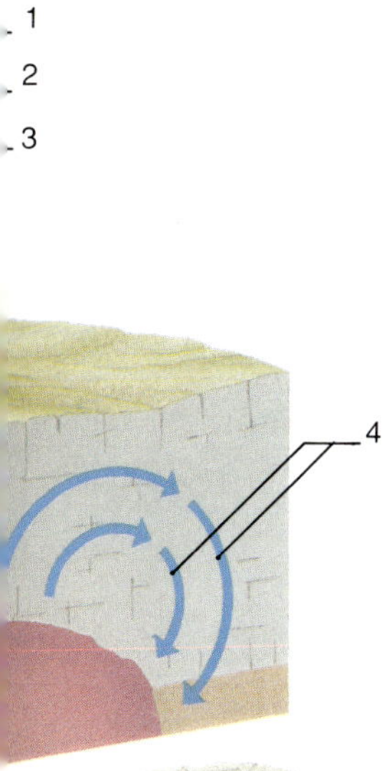

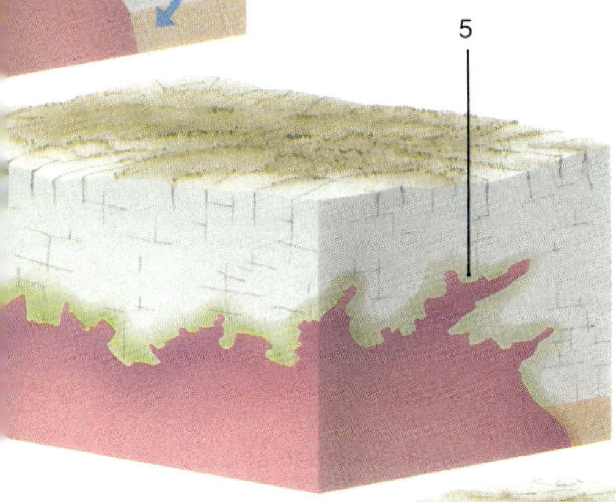

Wie Erze, Mineralien und Kristalle entstehen

C Erze – metallhaltige Mineralien oder Mineraliengemische – werden innerhalb der Erdkruste häufig in der Nähe von erstarrten Magmakörpern gebildet. In der Bildfolge dringt granitische Schmelze (1) in Sandstein (3) ein und erreicht darüberliegende Kalksteine (2). Das heiße Magma verursacht Wasserzirkulationen im Kalk. Dieses heiße (hydrothermale) Tiefenwasser (4) löst viele Elemente (Ionen) und Moleküle aus dem durchflossenen Gestein und scheidet diese an anderer Stelle wieder ab. Dort können Lagerstätten von Metallerzen entstehen. Mit dem Abkühlen der Schmelze wird der angrenzende Kalk verändert (metamorphisiert) und bildet eine Skarnzone (5), in der sich oft große Eisenerzlager (6) ausbilden. Sobald der darüber liegende Kalkstein erodiert worden ist, werden die Erze freigelegt (7) und vom oberflächennahen Grundwasser verändert, angelöst und in sekundären Lagerstätten wieder abgelagert. Dabei werden die langsam wachsenden Kristalle häufig besonders groß (8). Wenn das Magma noch kälter wird, scheiden sich die schweren Mineralien als wohlgeformte Kristalle ab, und der Gehalt an Wasser nimmt immer mehr zu. Beim weiteren Abkühlen bilden sich Erzgänge (9) mit besonders großen Kristallen (Pegmatite). Oft reichern sich hier auch seltene Mineralien an. Das in der Schmelze enthaltene Wasser läßt die Kristalle im Erzgang wachsen. Unter diesen Bedingungen entstehen auch zahlreiche farbenprächtige Kristallformen. Erztaschen in einem Pegmatitgang können Kristalle von Muskovit (10), Quarz (11), Turmalin (12) und von anderen Mineralien enthalten.

Kohlen in Diamanten verwandeln

Die meisten Versuche, Diamanten herzustellen, basierten darauf, die hohen Drucke und Temperaturen der Erdtiefe zu rekonstruieren. So wurde Kohlenstoff in den Kern einer Eisenkugel eingeschlossen. Durch plötzliches starkes Abkühlen sollte das Eisen sich zusammenziehen und den geschmolzenen Kohlenstoff zusammenpressen. Mit Sprengstoff erreichte man zwar hohe Temperaturen und Drucke, aber da der Druck schnell wieder abfiel, verwandelten sich die entstandenen Diamanten sofort wieder in Graphit. Setzt man präparierten Kohlenstoff bei einer Temperatur bis zu 1775 °C extrem hohem Druck von 30×10^9 Pascal mittels Explosionstechniken aus, bilden sich kleine Diamanten, die sich aber nur für Industriezwecke eignen.

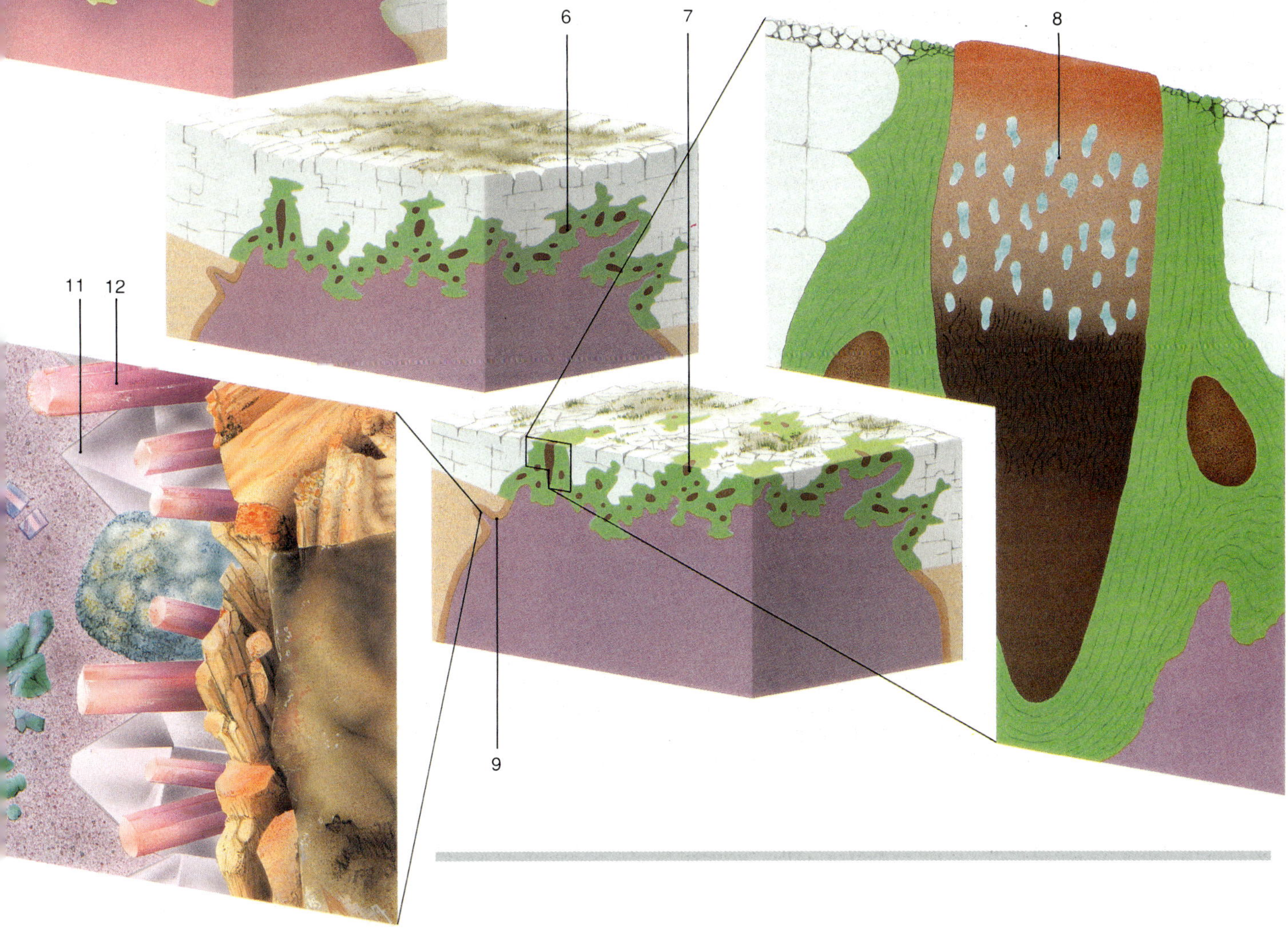

1

2

3

4

5

6   7

8

11   12

9

Energie aus der Vergangenheit

Wie aus Pflanzen und Tieren Kohle, Öl und Gas entstehen

Unsere heutige Welt ist von Pflanzen und Tieren abhängig, die vor vielen Millionen Jahren gelebt haben. Die damals von den Pflanzen genutzten Sonnenstrahlen sind bis heute in ihren Rückständen gespeichert. Auch der Energiewert tierischer Rückstände basiert auf damaligen Pflanzen und damit auf ehemaliger Sonnenenergie, die wir heute beim Verbrennen nutzen. Über 40% der Energie, die in Westeuropa verbraucht wird, stammt aus der Kohle. Was in über 300 Millionen Jahren entstanden ist, wird innerhalb einiger hundert Jahre verbrannt und verpestet die Atmosphäre mit Schwefelsäure, Stickoxiden und Kohlendioxid.

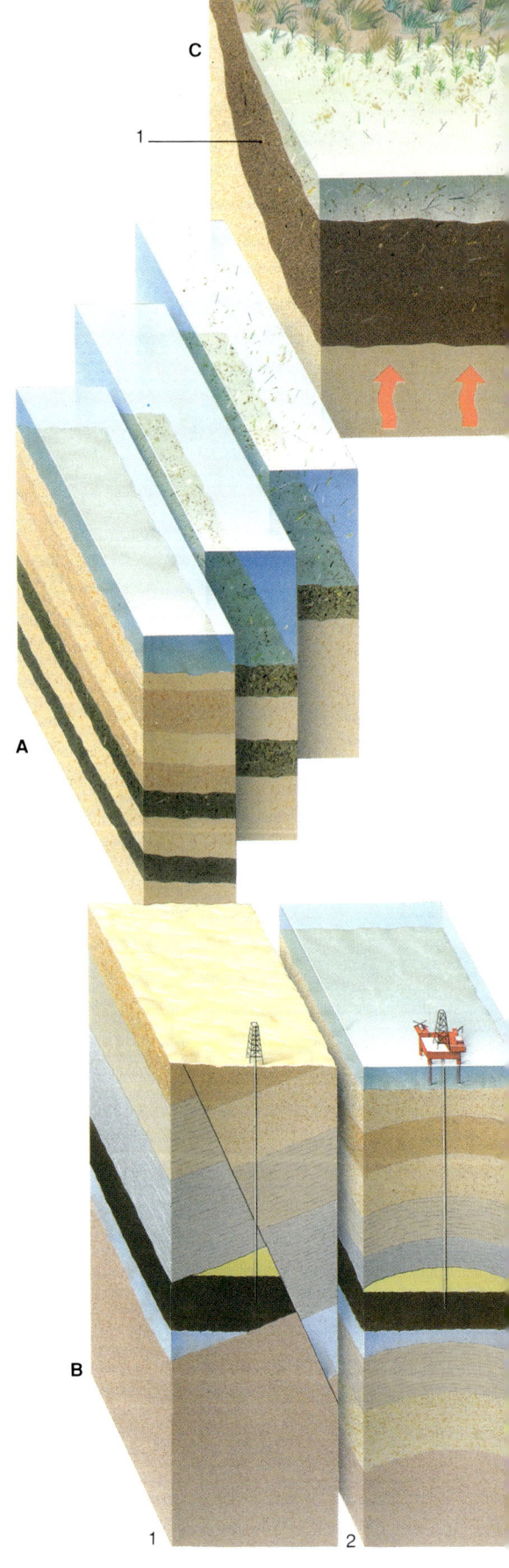

Kohle, Erdöl und Erdgas bilden sich aus den Zersetzungsprodukten pflanzlicher und tierischer Organismen unter hohem Druck und hoher Temperatur. Über 80 % der zur Zeit geförderten Öl- und Gasmengen stammen aus dem Erdmittelalter oder dem Tertiär, sind also zwischen 180 und 30 Millionen Jahre alt. Entstanden sind die Energievorräte aus Mikroorganismen, die nach dem Absterben auf dem damaligen Meeresboden sedimentiert wurden. Das Meerwasser bewahrte die organische Substanz vor völliger Oxidation, so daß die Hauptbestandteile des Erdöls, die ringförmigen und kettenförmigen Kohlenwasserstoffe, erhalten blieben. Mit der immer stärker anwachsenden Bedeckung durch andere Sedimente erhöhten sich Druck und Temperatur, und die flüssigen Kohlenwasserstoffe wurden in die Gesteinsporen benachbarter Speichergesteine gepreßt.

Kohlenlager nahmen ihren Ursprung in unterschiedlichen Erdzeitaltern, aber die beste und am häufigsten vorkommende Kohle stammt aus den sumpfigen Flußdeltas des Karbons (der Zeit vor 360–280 Millionen Jahren). Schon im Entstehungssumpf wurden die Pflanzenreste von Bakterien und Pilzen teilweise zersetzt. Gase, wie Methan (CH_4) und Kohlendioxid (CO_2), wurden freigesetzt, und die Kohle reicherte sich mit Schwefel an. Überlagernde Schichten preßten das Wasser aus der Kohle und drückten sie nach unten in heißere Bereiche der Erdkruste.

Kohle: mehr Entstehungshitze – mehr Heizkraft

Mit zunehmender Tiefe steigt die Temperatur in der oberen Erdkruste alle 33 m um 1 °C. Dadurch werden chemische Reaktionen in Gang gesetzt, die Torf in Kohle verwandeln. Mindestens 200 °C, entsprechend einer Tiefe von über 5000 m, sind nötig, um eine hochwertige Kohle zu bilden. Je nach der Bildungstemperatur und den Druckverhältnissen ergibt sich ein unterschiedlicher Kohlenstoffgehalt. Braunkohlen haben etwa 60 %, bituminöse Steinkohlen erreichen bis zu 92 % und Anthrazit mit dem höchsten Heizwert sogar über 92 % Kohlenstoffgehalt.

Öl und Gas bleiben nicht am Entstehungsort

Die Bildung von Erdöl und Erdgas ist temperaturabhängig. Aber auch die Schnelligkeit, mit der die Schichten in größere Tiefen absinken, spielt eine Rolle. Ideal für die Ölbildung sind Tiefen um 3 km. Wenn das ölhaltige Gestein von den Deckschichten zu schnell hinuntergepreßt wird, läßt die zu rapide ansteigende Temperatur Öle und Gase nach oben entweichen. Tiefer als 6 km wird nur

Die Entstehung von Erdöl und Erdgas

Ⓐ *Erdöl und Erdgas entstehen aus marinem Plankton, das sedimentiert und von anderen Sedimenten überlagert wurde. Mit der Zunahme von Druck und Hitze werden aus den Fetten und Ölen der Organismen die Kohlenwasserstoffe aufgespalten, und zähflüssiges Schweröl wird gebildet. Bei noch größerer Hitze entstehen immer leichtere Fraktionen, wie Leichtöle und Erdgas. Die Öle sammeln sich in porösen Speichergesteinen, die durch dichte, undurchlässige Deckschichten versiegelt sind.*

Ⓑ *Durch tektonische Verschiebungen der Schichtpakete (1) oder Aufwölbungen der Gesteinsschichten (2) bilden sich Öl- und Gaslager.*

Vom Torf zur Steinkohle

Ⓒ *Der Entstehungsbeginn der meisten Kohlenlager liegt im mittleren Karbon. Äquatornahe kontinentale Platten wurden in Küstennähe bei hohem Grundwasserstand stark versumpft. Die großen Bäume der feuchtheißen Sumpfwälder versanken nach dem Absterben im Schlamm und wurden so vor Sauerstoff und schneller mikrobiologischer Zersetzung geschützt. Mächtige Torfschichten (1) wurden zwischen Tonschichten (2), die sich bei zeitweiligem Rückzug des Meeres bildeten, abgelagert.*

Ⓓ *Am Anfang des Perms fielen die tropischen Tiefländer trocken und wurden zu Wüsten. Nun lagerten sich Sedimentgesteine (3) über den Ton- und Sumpfschichten ab. Mit zunehmender Temperatur und steigendem Druck bildete sich aus Torf Steinkohle.*

Ⓔ *Weitere 150 Millionen Jahre später kam das Meer zurück und überschwemmte die ehemaligen Wüsten. Im oberen Perm wuchsen im heutigen Mitteleuropa Korallenriffe (4), und bis zu 500 m mächtige Salzlager entstanden.*

Siehe auch: Aufbau der Erde, S. 44/45 Mineralbildung, S. 56/57 Meeresboden, S. 70/71 Bergbautechnik, S. 426/427

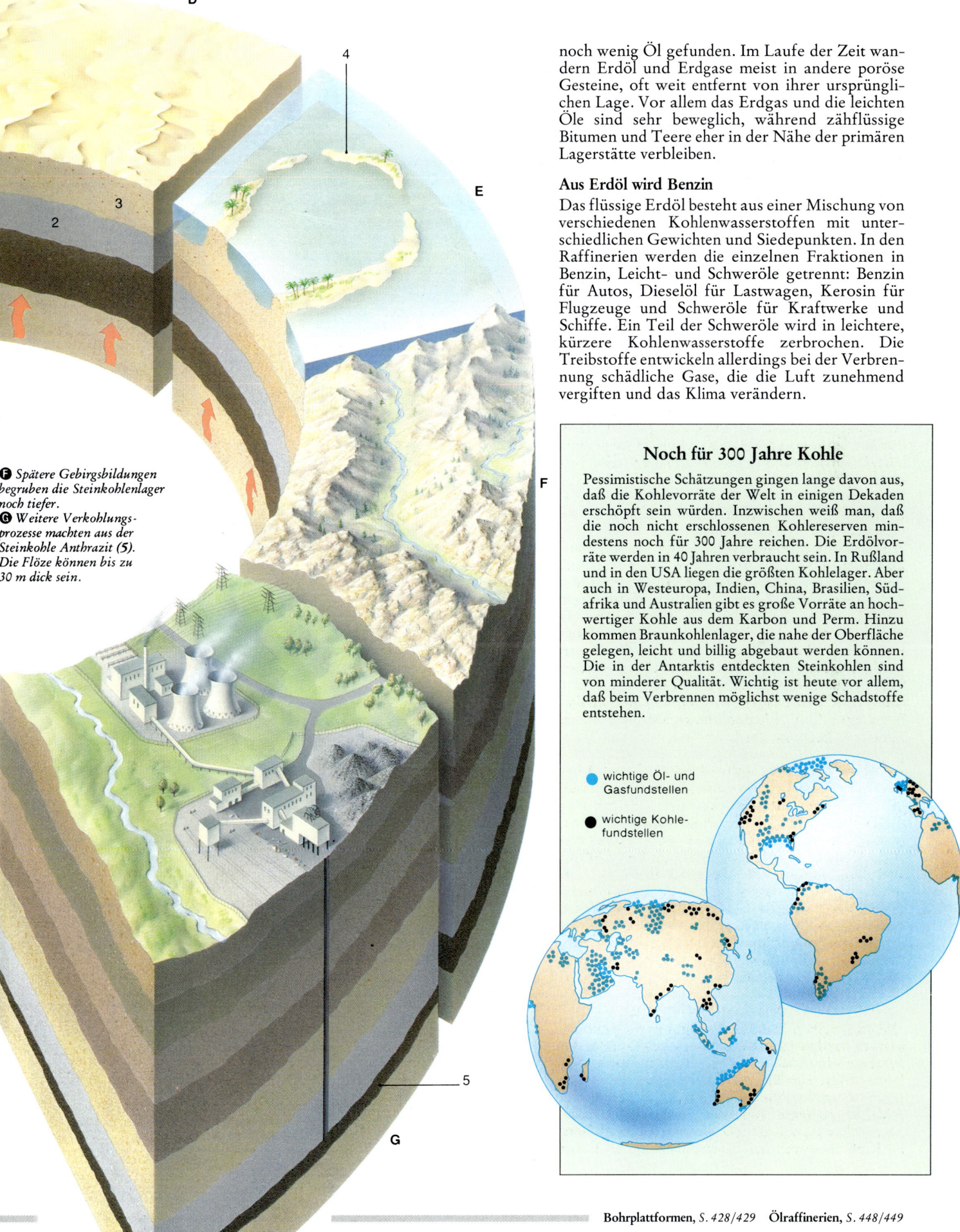

F *Spätere Gebirgsbildungen begruben die Steinkohlenlager noch tiefer.*
G *Weitere Verkohlungsprozesse machten aus der Steinkohle Anthrazit (5). Die Flöze können bis zu 30 m dick sein.*

noch wenig Öl gefunden. Im Laufe der Zeit wandern Erdöl und Erdgase meist in andere poröse Gesteine, oft weit entfernt von ihrer ursprünglichen Lage. Vor allem das Erdgas und die leichten Öle sind sehr beweglich, während zähflüssige Bitumen und Teere eher in der Nähe der primären Lagerstätte verbleiben.

Aus Erdöl wird Benzin

Das flüssige Erdöl besteht aus einer Mischung von verschiedenen Kohlenwasserstoffen mit unterschiedlichen Gewichten und Siedepunkten. In den Raffinerien werden die einzelnen Fraktionen in Benzin, Leicht- und Schweröle getrennt: Benzin für Autos, Dieselöl für Lastwagen, Kerosin für Flugzeuge und Schweröle für Kraftwerke und Schiffe. Ein Teil der Schweröle wird in leichtere, kürzere Kohlenwasserstoffe zerbrochen. Die Treibstoffe entwickeln allerdings bei der Verbrennung schädliche Gase, die die Luft zunehmend vergiften und das Klima verändern.

Noch für 300 Jahre Kohle

Pessimistische Schätzungen gingen lange davon aus, daß die Kohlevorräte der Welt in einigen Dekaden erschöpft sein würden. Inzwischen weiß man, daß die noch nicht erschlossenen Kohlereserven mindestens noch für 300 Jahre reichen. Die Erdölvorräte werden in 40 Jahren verbraucht sein. In Rußland und in den USA liegen die größten Kohlelager. Aber auch in Westeuropa, Indien, China, Brasilien, Südafrika und Australien gibt es große Vorräte an hochwertiger Kohle aus dem Karbon und Perm. Hinzu kommen Braunkohlenlager, die nahe der Oberfläche gelegen, leicht und billig abgebaut werden können. Die in der Antarktis entdeckten Steinkohlen sind von minderer Qualität. Wichtig ist heute vor allem, daß beim Verbrennen möglichst wenige Schadstoffe entstehen.

● wichtige Öl- und Gasfundstellen

● wichtige Kohlefundstellen

Bohrplattformen, *S. 428/429* **Ölraffinerien,** *S. 448/449*

Labyrinthe in der Tiefe

Höhlenbildung im Karst

Ein 550 m langer und 30 m hoher Raum wäre für ein Gebäude überaus groß. Er wäre noch bemerkenswerter, läge er wie die Hauptkammer der Carlsbad Caverns in 220 m Tiefe unter der Erdoberfläche. Diese Höhle in New Mexico, USA, wurde 1901 von einem Cowboy entdeckt, als er einen Schwarm Fledermäuse wie eine dunkle Wolke aus einem Höhleneingang aufsteigen sah. Die Glückshöhle in Sarawak, Borneo, ist mit 700 m Länge, 400 m Breite und 280 m Höhe sogar noch größer. Die längste Höhle der Welt schließlich ist die Mammuth-Höhle in Kentucky, USA. Mehr als 550 km Gänge sind bis heute erforscht worden.

Die unendliche Formenvielfalt der Stalaktiten (hängende Kalkgebilde) und Stalagmiten (Kalkausscheidungen auf dem Boden) in den Carlsbad Caverns begeistert jedes Jahr Millionen Höhlenbesucher. Die aus Calcit, dem häufigsten Kalkmineral, aufgebauten Höhlendekorationen bilden sich, wenn das in die Hohlräume eingedrungene Tropfwasser Kohlendioxid an die Höhlenluft verliert und das mit Hilfe des Kohlendioxids gelöste Calcit ablagert. Kalksteine bestehen aus Calciumcarbonat, das von Säuren leicht gelöst wird. Gießt man Salzsäure auf Kalkstein, so braust es auf, weil Kohlendioxid, CO_2, freigesetzt wird. Mit diesem Test prüfen Geologen Gesteine auf Kalke.

Saures Wasser löst Kalksteine auf

Gelangt Niederschlagswasser, Schmelz- oder Flußwasser auf Kalkgesteine, $CaCO_3$, oder Dolomite, $CaMg(CO_3)_2$, so wird das Gestein gelöst. Wasser ohne Kohlendioxid, CO_2, löst nur 10 mg $CaCO_3$/l. Kommt aber CO_2 hinzu, erhöht sich die Löslichkeit auf maximal einige hundert mg, weil sich dann Hydrogencarbonat, $Ca(HCO_3)_2$ bilden kann. In der Luft gibt es nur 0,03 % Kohlendioxid, aber in der Bodenluft, durch die das Sickerwasser fließt, können mehrere Prozent CO_2 angereichert sein. Das Wasser löst den Kalkstein auf und erweitert so im Untergrund alle durchflossenen Klüfte. Schließlich sind die unterirdischen Wasserwege so aufnahmefähig, daß sämtliches Niederschlagswasser in den Untergrund abgeleitet wird. Die Täler verlieren ihre Oberflächengewässer und werden zu Trockentälern. Es ist sehr schwer für den Menschen, in diesen Karstgebieten Wasser zu erschließen. Früher mußten Trink- und Brauchwasser mit Tankwagen auf die Schwäbische Alb, Deutschlands größtes Karstgebiet, gebracht werden. Heute versorgen Wasserleitungen die dortigen Städte und Dörfer. Das unterirdische Karstwasser konzentriert sich unter der Erde auf wenige Hauptkanäle, die immer größer werden. Sobald ein Mensch hindurch paßt, sprechen wir von Höhlen. Man weiß nie genau, wo verschwundenes Karstwasser in Höhlen unter der Erde fließt.

Nur in dicken Kalksteinschichten gibt es Höhlen

Lösungsfähiges Wasser und Kalkgesteine allein reichen noch nicht aus, um große Höhlen zu bilden. Mindestens 50 % Kalk müssen die Karstgesteine aufweisen, auch müssen sie hart und standfest sein, sonst brechen schon kleine Hohlräume leicht ein. Kalksteine mit niedrigem Carbonatgehalt und höheren Sand- und Tongehalten

Die Entstehung einer Tropfsteinhöhle
Stalaktiten und Stalagmiten (rechts) können sich nur in Höhlen bilden, die weit oberhalb des Grundwasserspiegels liegen. Jeder mit Kalk gesättigte Wassertropfen, der an der Höhlendecke austritt, scheidet Calcit ab und läßt Kalkröhren entstehen. Schicht um Schicht wachsen die anfänglich zarten Gebilde zu größeren Stalaktiten heran. Die auf den Boden fallenden Wassertropfen können noch immer Calcit ausscheiden und bilden dort Stalagmiten. Im Laufe der Zeit wachsen die beiden Kalksinterformen zu Säulen zusammen. Manche Stalaktiten werden in 10 Jahren um 7,6 cm größer. Mit modernsten Untersuchungsmethoden kann das Alter der einzelnen Schichten bestimmt werden, und daraus ergibt sich auch das Alter der Höhle selbst.

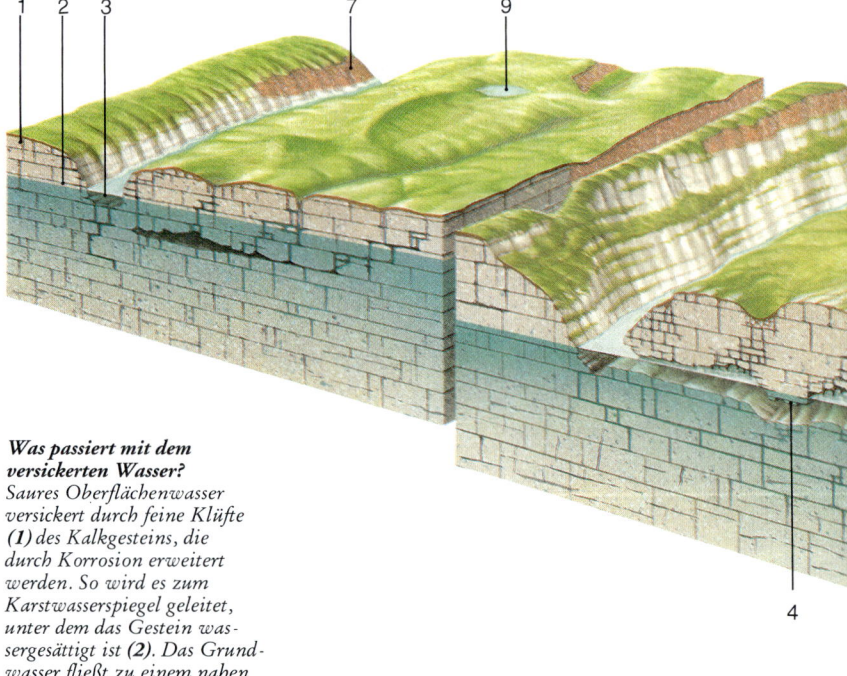

Was passiert mit dem versickerten Wasser?
Saures Oberflächenwasser versickert durch feine Klüfte (1) des Kalkgesteins, die durch Korrosion erweitert werden. So wird es zum Karstwasserspiegel geleitet, unter dem das Gestein wassergesättigt ist (2). Das Grundwasser fließt zu einem nahen Taleinschnitt und mündet hier in einen Fluß (3).

Spektakuläre Karstlandschaften

Die in löslichen Gesteinen ausgebildeten Reliefformen werden nach dem Namen einer westslowenischen Landschaft, die derartige Geländeformen sehr typisch aufweist, als Karstlandschaft bezeichnet. Karstgebiete sind durch Hohlformen geprägt. Die unterirdischen Hohlräume sacken langsam nach oder brechen plötzlich ein. Die an der Oberfläche entstehenden kraterförmigen Vertiefungen (Dolinen) können zu größeren Formen (Uvalas) zusammenwachsen, lange Täler zu karstgeprägten Poljen (flachen Becken) umgeformt werden. Es ist nicht sehr beruhigend, auf einsturzgefährdetem Gestein zu wohnen. Jederzeit kann der Boden nachgeben, und niemand ist in der Lage vorherzusagen, wann und wo das nächste Unglück passieren wird. Die eindrucksvollsten Karstformen bietet der tropische Turmkarst in China, Vietnam, auf den Philippinen und in der Karibik. Eine Vielzahl von steilen Kalktürmen, bis über 300 m hoch, überragt Ebenen oder das Meer.

Siehe auch: Gebirgsbildung, S. 50/51 Vulkane, S. 54/55 Küsten, S. 74/75

sind sehr brüchig und lassen das Sickerwasser
nicht durch. Größere unterirdische Wasserwege,
und damit Höhlen, können sich in diesem Material
kaum ausbilden. Dagegen kann es an der Oberfläche Flüsse geben. Noch stärker löslich als Kalkgesteine sind Gips (Calciumsulfat) mit 2,4 g/l und
Steinsalz (Natriumchlorid) mit 365 g/l Wasser.
Auch in diesen Mineralen können Höhlen und
Schächte entstehen.

Hohlräume in Lava und Eis

Hohlräume im Untergrund gibt es in Lavafeldern,
im Eis der Gletscher und als Brandungshöhlen in
meerumspülten Kliffs. Heiße Lava kühlt sich an
der Oberfläche ab, erstarrt und überbrückt den
Schmelzfluß. Wenn zuletzt die flüssige Lava ausfließt, bleiben unterirdische Gangsysteme zurück,
die wie Karsthöhlen aussehen. Im Eis bilden sich
Spalten- und Schmelzwasserhöhlen; Brandungshöhlen sind nur sehr klein und kurz.

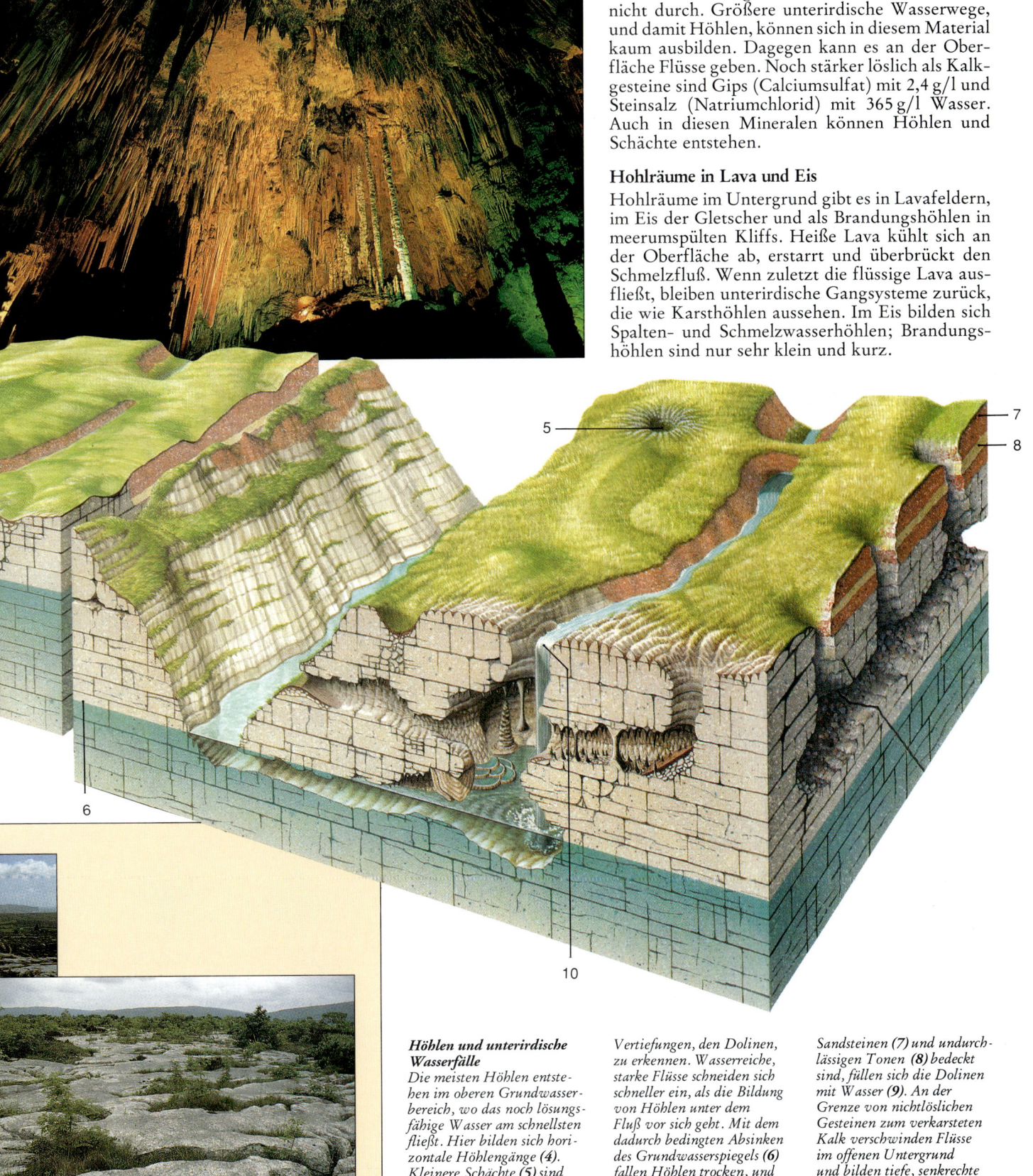

**Höhlen und unterirdische
Wasserfälle**
Die meisten Höhlen entstehen im oberen Grundwasser-
bereich, wo das noch lösungs-
fähige Wasser am schnellsten
fließt. Hier bilden sich horizontale Höhlengänge (4).
Kleinere Schächte (5) sind
an durch Auswaschung ent-
standenen trichterartigen

Vertiefungen, den Dolinen,
zu erkennen. Wasserreiche,
starke Flüsse schneiden sich
schneller ein, als die Bildung
von Höhlen unter dem
Fluß vor sich geht. Mit dem
dadurch bedingten Absinken
des Grundwasserspiegels (6)
fallen Höhlen trocken, und
neue bilden sich auf tieferem
Niveau. Wo die Kalke von

Sandsteinen (7) und undurchlässigen Tonen (8) bedeckt
sind, füllen sich die Dolinen
mit Wasser (9). An der
Grenze von nichtlöslichen
Gesteinen zum verkarsteten
Kalk verschwinden Flüsse
im offenen Untergrund
und bilden tiefe, senkrechte
Schächte mit hohen Wasserfällen (10).

Kommt eine neue Eiszeit?

Warum Kaltzeiten periodisch wiederkehren

Noch vor 20 000 Jahren war Nordwesteuropa unter einem mächtigen Eispanzer begraben. In Nordamerika reichte das Inlandeis bis nach St. Louis, das auf der geographischen Breite von Sizilien liegt. Nur in Grönland und in der Antarktis gibt es noch derartige Eisschilde. Vor 10 000 Jahren begann es auf der Erde wärmer zu werden. Nur noch 15 Millionen km² des heutigen Festlandes sind von Eis bedeckt, etwa ein Drittel der damaligen Eisfläche. Da sich bisher Kalt- und Warmzeiten in bestimmten Zyklen ablösten, könnte jedoch trotz der momentanen Erwärmung der Erde schon bald eine neue Eiszeit bevorstehen.

Die Warmzeiten zwischen den einzelnen Kaltzeiten, den Glazialen, waren wärmer als das heutige Klima. Während der Kaltzeiten sanken die Jahresmitteltemperaturen dann um 4–12 °C. Die Frage nach den komplexen Ursachen der periodischen Klimaveränderungen läßt sich bis heute nicht eindeutig beantworten.

In den 20er Jahren berechnete der jugoslawische Wissenschaftler Milutin Milanković aus den langperiodischen Schwankungen der Erdbahnelemente eine Strahlungskurve der Sonne. Als entscheidend wurde die Strahlungsmenge angesehen, die mittlere Breiten der landreichen Nordhalbkugel empfangen. Wenn dort die Sonnenwärme nicht ausreicht, um den Winterschnee rechtzeitig zu schmelzen, bilden sich auf den Landflächen Eisbedeckungen, die zu großen Eisschilden werden. In der letzten Eiszeit schob sich das Inlandeis in Norddeutschland pro Jahr um 200 m vor. Die starke Sonnenreflektion auf den Schnee- und Eisflächen kühlte die Erde weiter ab. Auch der um den Südpol gruppierte antarktische Kontinent, der seit über sieben Millionen Jahren vereist ist, wirkt auskühlend auf das Klima der Erde.

Theorien zur Eiszeitentstehung

Neben der Hypothese von Milanković gibt es eine ganze Reihe weiterer Deutungsversuche. Eine Folge von gleichzeitigen, starken Vulkaneruptionen könnte soviel verdunkelnden Staub in die Atmosphäre geschleudert haben, daß die Sonneneinstrahlung drastisch verringert wurde. Auch unterschiedlich große Gasmengen von Wasserstoff und Kohlendioxid in der Atmosphäre oder kosmische Staubwolken, die sich zeitweise zwischen Sonne und Erde plazieren und die Sonnenstrahlen abfangen, sind als klimaverändernde Faktoren denkbar. Schließlich könnte die Sonnenstrahlung selbst vorübergehend abgenommen oder der Wärmefluß aus dem Erdinneren sich verändert haben. Auch ist bis heute nicht geklärt, ob alle Eiszeiten gleiche Entstehungsbedingungen hatten.

Moränenlandschaft, geschaffen vom Inlandeis

Unter ungeheurem Druck schürfte das 3000 m mächtige, langsam fließende Inlandeis Boden und Gestein aus, transportierte das Moränenmaterial über Tausende von Kilometern weit und lagerte es als flache Hügel wieder ab. Am Eisrand wurden im Sommer riesige Mengen von Schmelzwasser frei, das in breiten Urstromtälern zum Meer abfloß. Endmoränen und Seen blieben zurück, als das Eis völlig abschmolz. Ausgeblasenes Feinmaterial bildete fruchtbare Böden.

Die Erdbahn beeinflußt die Sonneneinstrahlung

Die von Milanković 1920 errechneten Strahlungskurven basieren auf drei periodisch veränderlichen astronomischen Elementen:

Ⓐ *der Exzentrität der Erdbahn, also der Abweichung von der Kreisbahn,*

Ⓑ *der veränderlichen Neigung der Erdachse (Schiefe der Ekliptik) und schließlich*

Ⓒ *der Präzession der Tag- und Nachtgleiche (Umlauf des Perihels).*

Ⓓ *Durch diese veränderlichen Größen wird die Strahlung der Sonne auf die Erde und die verschiedenen Erdregionen dauernd verändert. Die Schwankungen der Strahlung sind dabei für jeden Breitengrad verschieden, für jeden gilt eine eigene Strahlungskurve. Die Bahn der Erde um die Sonne (**Ⓐ**)*

*variiert von einem nahezu perfekten Kreis (**1**) bis zu einer Ellipse (**2**) und zurück zum Kreis (**3**). Die Periode dauert 95 000 Jahre. Zur Zeit wird die Umlaufbahn kreisförmig, und die Sonnenwärme wird gleichmäßiger über die Erde verteilt. Auf einer Ellipsenbahn ist die Erde zeitweise weiter von der Sonne entfernt und wird dann kühler. Die Achse der Erde (**Ⓑ**) ist im Augenblick 23,5° gegenüber der Bahnebene geneigt. Daraus ergibt sich, daß das zur Sonne geneigte Polgebiet im Sommer mehr Strahlung erhält als die andere Polarregion. So entstehen die ausgeprägten Jahreszeiten. Eine geringere Neigung der Erdachse läßt die Jahreszeiten weniger deutlich werden. Innerhalb von 40 000 Jahren ändert sich die Neigung von 21,8°*

*nach 24,4° und wieder zurück. Die Präzession der Tag- und Nachtgleiche oder der Umlauf des Perihels (Sonnennähe, **Ⓒ**) ist die dritte veränderliche Größe, die Einfluß auf die Menge der eingestrahlten Sonnenenergie besitzt. Die Dauer der Periode beträgt 22 000 Jahre. Zur Zeit wird das Perihel im Winter der Nordhalbkugel, Anfang Januar, durchlaufen.*

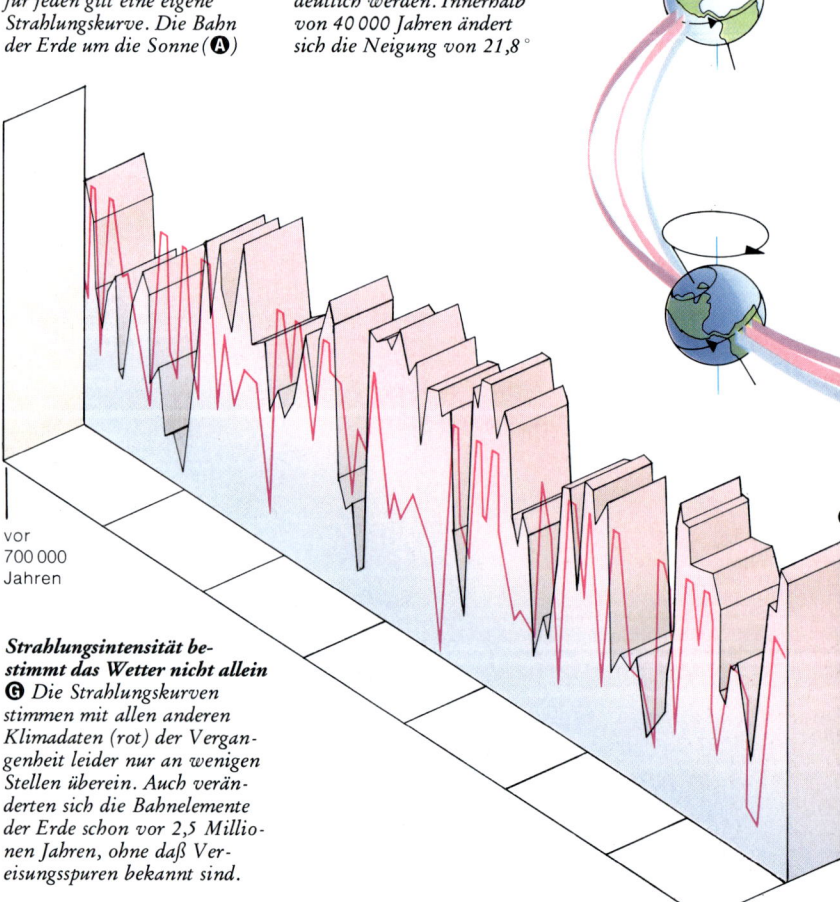

Strahlungsintensität bestimmt das Wetter nicht allein

Ⓖ *Die Strahlungskurven stimmen mit allen anderen Klimadaten (rot) der Vergangenheit leider nur an wenigen Stellen überein. Auch veränderten sich die Bahnelemente der Erde schon vor 2,5 Millionen Jahren, ohne daß Vereisungsspuren bekannt sind.*

vor 700 000 Jahren

heute

Siehe auch: **Die Erde und der Mond,** *S. 42/43* **Gebirgsbildung,** *S. 50/51* **Gletscher,** *S. 64/65* **Polargebiete,** *S. 66/67*

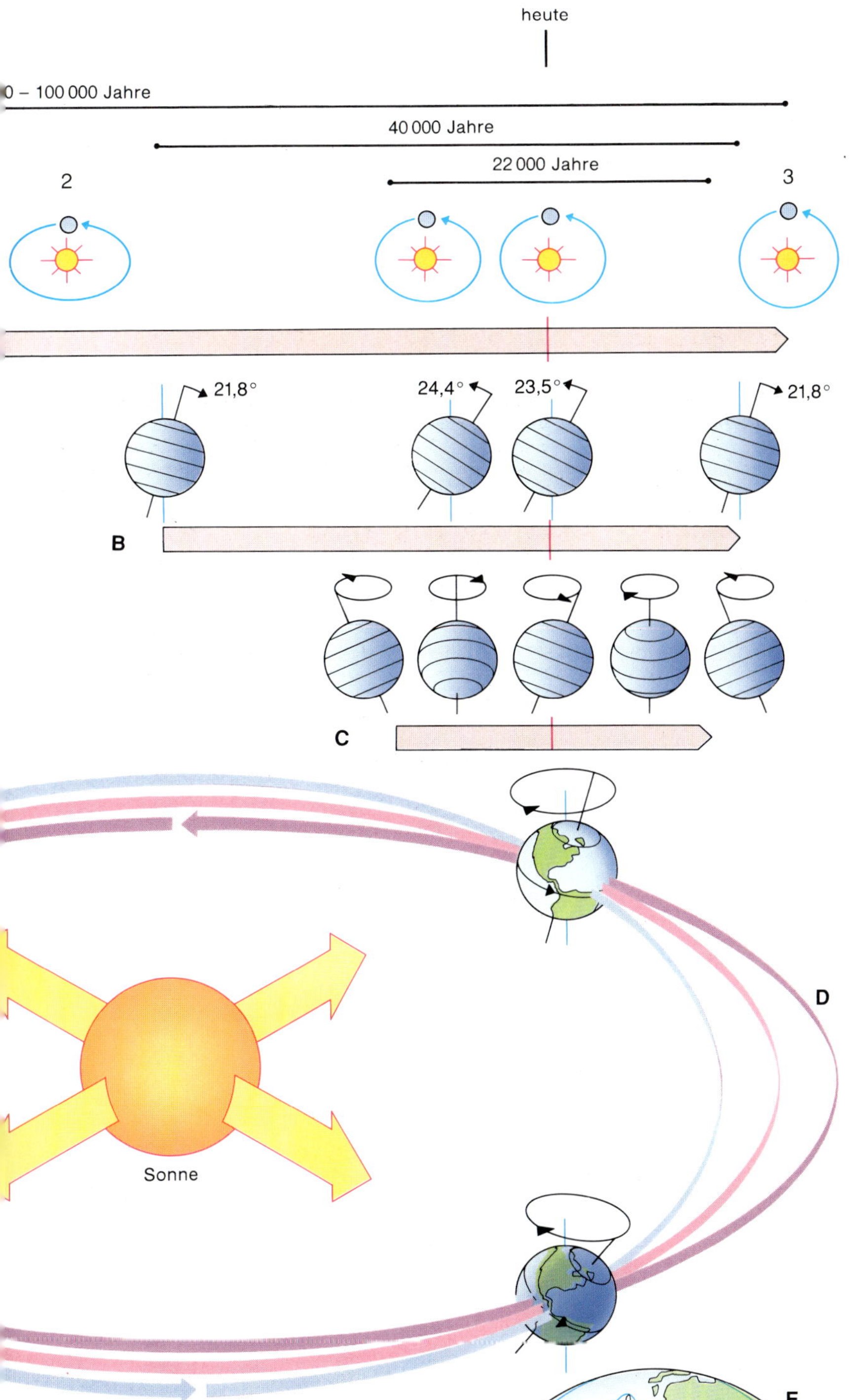

heute

0 – 100 000 Jahre

40 000 Jahre

22 000 Jahre

2

3

21,8° 24,4° 23,5° 21,8°

B

C

D

Sonne

E

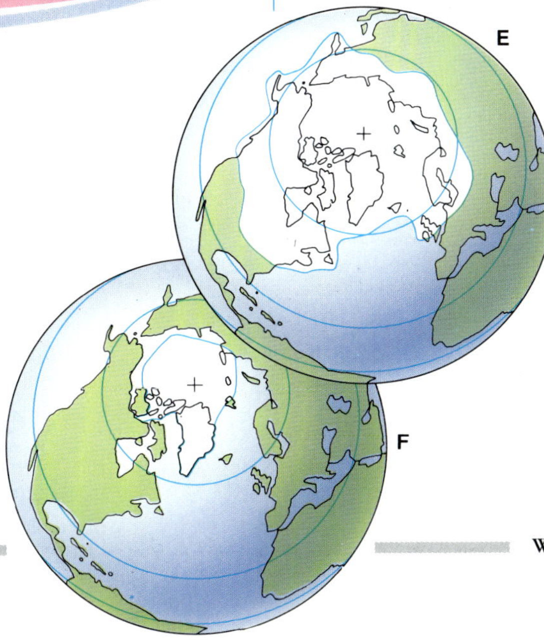

Eisflächen auf der Erde

E *Vor etwa 20 000 Jahren
waren 42 Millionen km² der
Erde unter Eis begraben.*

F *Heute sind noch immer
15 Millionen km² oder 11%
des Festlandes eisbedeckt.
Sollte das Eis bei einer
Klimaerwärmung schmelzen,
könnte der Meeresspiegel
um 70 m steigen.*

F

Zeugnisse früherer Kaltzeiten

Die Ablagerungen der verschiedenen Eiszeiten an
der Erdoberfläche (Moränen) werden abgetragen,
und die Eisschrammen auf Gesteinsoberflächen
verwittern im Laufe der Zeit. Weit zurückliegende
Kaltzeiten können damit nicht mehr nachgewiesen
werden. Deshalb haben vor allem die Untersuchungen vom Eis nicht veränderter Meeressedimente
große Bedeutung gewonnen. Die Fossilien wärme-
oder kälteliebender Tierarten, besonders von Foraminiferen (Bild), kleinsten Planktonorganismen,
zeugen von kaltem oder warmem Meerwasser.
Durch die Sauerstoffisotopenmethode, mit der man
das Verhältnis von leichtem Sauerstoff ($^{16}_{8}O$) zu
schwerem ($^{18}_{8}O$) in den Foraminiferen bestimmt, kann
die Wassertemperatur früherer Zeiten ermittelt werden. Bei höherem $^{18}_{8}O$-Anteil war das Wasser wärmer.
Für die letzten 1 000 000 Jahre wurden so allein 13
Kaltzeiten nachgewiesen. Außerdem werden Korallenriffe, Stalaktiten in Höhlen und Moore untersucht, in denen Pollen und Insekten erhalten sind.

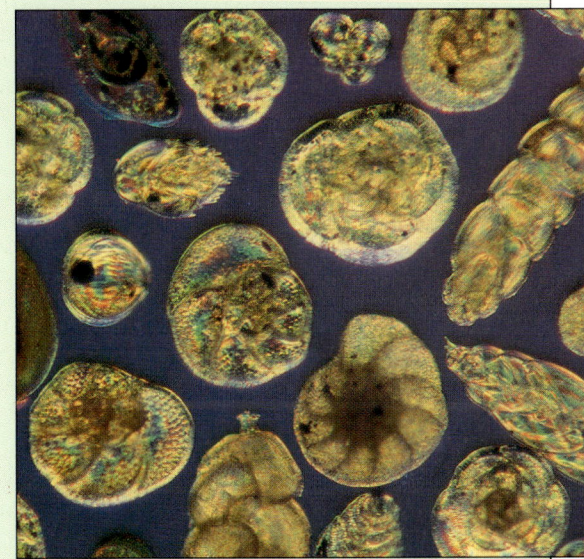

Neue Wanderwege während der Eiszeiten

In kalten, trockenen Regionen reichte der Schnee
nicht aus, um Inlandeis zu bilden. So blieben weite
Bereiche von Sibirien und Alaska eisfrei. Da während der Eiszeiten in den höheren Breiten der
Schnee nicht schmolz, gelangte weniger Wasser in
die Meere zurück, und der Meeresspiegel sank bis
zu 150 m. Viele Kontinenträder tauchten wie die
Bering-Straße aus dem Meer auf und fielen trok-
ken. So konnten Tiere und Menschen aus Sibirien
an den Rocky Mountains entlang bis in den Süden
Nordamerikas vordringen. Als sich das kanadische
Inlandeis mit dem Eis der Rockies vereinigte,
wurde dieser Weg versperrt. Die eisfreien Gebiete
dienten als Rückzugsflächen für Tier und Mensch.
Nach der Kaltzeit wurden die ehemals verglet-
scherten Gebiete wieder besiedelt. Die von der
Eislast in Schweden und Kanada mehrere 100 m
hinuntergedrückte Erdkruste steigt seit der Be-
freiung vom Eis langsam wieder auf.

Wetter, S. 82/83   Jahreszeiten, S. 94/95   Treibhauseffekt, S. 210/211

Gewaltige Ströme aus Eis

Landschaftsformung durch Gletscher

Die erosive Kraft und das Transportvermögen von Gletschern ist ungeheuer groß. Hochgebirgsgletscher unterschneiden hohe Felswände, lösen Bergstürze aus, formen U-förmige Täler und transportieren hausgroße Felsen über Tausende von Kilometern. Unter dem gewaltigen Druck des bewegten Eises werden die härtesten Gesteine zerkleinert und zu Staub zermahlen. Während der vergangenen Eiszeiten lagen große Teile Nordamerikas und Europas unter einem Eispanzer wie heute noch Grönland und die Antarktis. Mächtige Moränen und nackte, blankgeschliffene Gesteine zeugen von diesem Inlandeis.

Gletschereis kann nur entstehen, wenn die Temperaturen unter 0 °C bleiben und genügend Schnee fällt. Ausreichend kalt ist es in den Polargebieten und in den hohen Gebirgen der Erde. Pro 100 m Höhe nimmt die Lufttemperatur um etwa 0,7 °C ab. In Höhen über 5000 m fällt selbst auf Tropengipfeln mehr Schnee als abtauen kann.

Große Schneeflocken bilden einen leichten, luftgefüllten Lockerschnee (0,01 g/cm³). Mit zunehmender Schneeauflage zerdrückt das Gewicht die Eiskristalle, und die Luft wird herausgepreßt. Durch Antauen und Wiedergefrieren wachsen immer größere Eiskörner. Schnee mit grobkörniger Struktur wird auch Firn (0,55 g/cm³) genannt. Zuletzt werden die Eiskörner so eng aneinandergedrückt, daß die restliche Luft in Blasen gefangen wird und nicht mehr entweichen kann. Von nun an ist das gebildete Gletschereis luft- und wasserundurchlässig. Die Entwicklung vom Schnee zum Eis (0,9 g/cm³) dauert in den Alpen wenige Jahre, in der kalten Antarktis bis zu 200 Jahren.

Der Gletscher als Fließband

Ein typischer Alpengletscher hat eine Länge von mehreren Kilometern, ist einige hundert Meter breit und etliche hundert Meter dick. Druck und Bewegung verschaffen dem Eis eine außerordentlich hohe Erosionskraft. Die Gletschertäler zeigen im Querprofil eine charakteristische U-Form und sind im Längsprofil in eine Reihe von ausgeschürften Becken und Stufen gegliedert. Die Talvertiefungen, die sich nach dem Ausschmelzen der Gletscher mit Wasser füllen, bilden Bergseen. An den Küsten werden die vom Meer überfluteten Gletschertäler zu Fjorden.

Das Gletschereis besitzt im mitgeführten Gesteinsmaterial (Moränen) scharfe Erosionswaffen. Die Moränen stammen von angefrorenen und abgebrochenen Gesteinsoberflächen (Grundmoräne) und vom Gesteinsschutt, der von den steilen Wänden auf das Eis gefallen ist (Seitenmoräne). Im Gegensatz zum flüssigen Wasser können Gletscher unbegrenzt große Gesteinsblöcke transportieren. Wie ein Förderband bringt das Eis die beim Transport gegeneinander geriebenen Steine (gekratzte Geschiebe) fortlaufend an das Ende der Gletscher, wo sie ausschmelzen und vom Schmelzwasser sortiert abgelagert werden. Am Eisrand schmelzen die Alpengletscher auf breiter Front, das sommerliche Schmelzwasser fließt über und unter dem Eis. Aus den durchflossenen Eishöhlen strömt das vom Gesteinsstaub milchige Wasser (Gletschertrübe) durch das Gletschertor ins Freie. Dagegen gibt es im sehr kalten Eis der Antarktis

Die verschiedenen Elemente eines Gletschers
Der Schnee, der sich am oberen Talende in den Karen (1) ansammelt (Nährgebiet), wird erst Firn, dann Gletschereis. Wenn das festgefrorene Eis sich von den unteren Karwänden losreißt, bilden sich tiefe Eisspalten (Bergschrund, 2), die schon vielen Bergsteigern zum Verhängnis geworden sind. Unterschiedliche Fließgeschwindigkeiten des Eises verursachen an steilen Stellen Querspalten (3), am Rande Randspalten und am Ende des Gletschers große Radialspalten. Gletscherschliff und Frostverwitterung lassen im Gebirge steile Grate (4) und spitze Gipfel (Karlinge) entstehen. Gestein sammelt sich an der Seite der Gletscher als dunkle Seitenmoräne (5). Wo Gletscher zusammenlaufen, bilden sie Mittelmoränen (6). Kleinere Nebentäler, die nicht so tief erodiert worden sind (7), fallen steil zum Haupttal ab. Dieser Übergang ist durch enge Schluchten mit Wasserfällen (Klammen) gekennzeichnet (8).

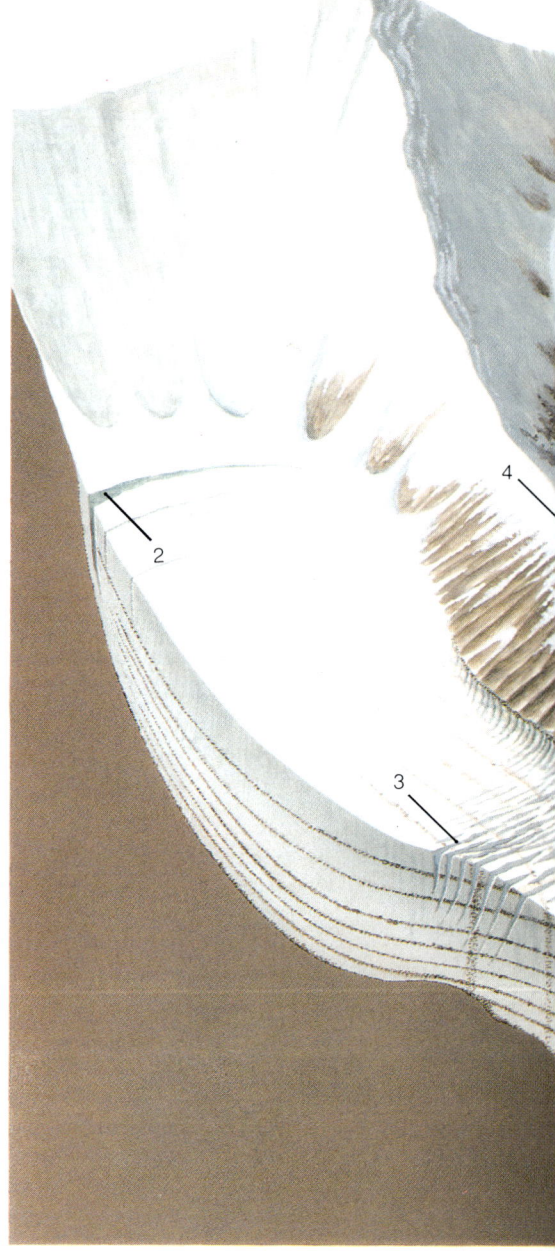

kein Wasser unter den Gletschern. Im Sommer sind die Alpengletscher wärmer und damit fließfähiger. Bei bis zu 25 % höherer Fließgeschwindigkeit stoßen die Gletscher dann ein paar Meter weiter vor. Die Eisbewegung wird durch die einige Zentimeter großen Eiskörner ermöglicht, die unter großem Druck an den Kanten vorübergehend anschmelzen.

In 100 000 Jahren zum Meer

Eine Reihe Stangen, quer über dem Gletscher aufgestellt, zeigt schon nach einigen Tagen, daß sich die weniger gebremste Eismitte schneller voranbewegt. Für genaue Eisvermessungen benutzt man heute Satelliten. Große Alpengletscher schaffen 30–200 m/Jahr, an Steilstrecken auch 2000 m. In der Antarktis braucht das kältere, starre Eis vom Südpol bis zur Küste über 100 000 Jahre (5 m/Jahr). Manche Gletscher in Alaska und im Himalaya schießen in bestimmten Zeitabständen plötzlich mit großer Geschwindigkeit (100 m/Tag) vor.

Die Entwicklung der Gletscherzunge
Wird im Nährgebiet eines Gletschers mehr Schnee zu Eis, als im Zehrgebiet wieder abschmilzt, stößt die Gletscherzunge (10) vor. Sind Fließgeschwindigkeit und Abschmelzen im Gleichgewicht, bleibt der untere Eisrand stationär, die Endmoräne baut sich höher auf. Schmilzt das Eis zurück, kann die Endmoräne (11) einen Gletschersee (12) aufstauen. Im unteren Abschmelzbereich läuft das Schmelzwasser nur solange auf dem Eis, bis eine Spalte den Weg nach unten öffnet. Die Tunnel im Eis enden im Gletschertor (13). Die auf dem Eissockel liegenden Blöcke bilden Gletschertische (9).

Siehe auch: Eiszeiten, S. 62/63   Polargebiete, S. 66/67   Küsten, S. 74/75   Regen, Schnee und Hagel, S. 88/89

**Die formende Kraft
des Eises**

*Rundhöcker (rechts und 14)
werden vom Eisschliff aus
den härteren Gesteinen geformt. Auf der talaufwärts
gerichteten, flachen Seite
kann man die Richtung
des Eises mittels der einge-
kratzten Riefen bestimmen.
Auf der steilen Rückseite
führt Anfrieren und Losrei-
ßen des Eises zu einer brüchi-
gen Gesteinsoberfläche. In
lockeren Eisablagerungen
bilden sich die Drumlins.
Der Name bezeichnet
stromlinienförmige, bis zu
mehreren Kilometern lange
Hügel, die vom nord-
amerikanischen Inlandeis
in großer Zahl geschaffen
wurden. Die Steilseite der
Moränenhügel liegt hier auf
der Vorderseite.*

Sechs Monate Nacht

Warum sind die Polargebiete so kalt?

Sechs lange Monate dauert die Polarnacht – ein bitterkaltes, dunkles Halbjahr ohne wärmende Sonne. Um den Winter vergessen zu machen, scheint die Sonne im Hochsommer bis zu 24 Stunden am Tag, aber sie steigt höchstens 23,5° über den Horizont. Nicht nur, daß die flachen Strahlen sich auf eine große Fläche verteilen, Eis und Schnee reflektieren bis über 85% der so dringend benötigten Energie in den Weltraum zurück. Und es wäre noch kälter am südlichen und nördlichen Ende der Erde, wenn nicht warme Luftmassen und Warmwasserströmungen ausgleichende Wärme in die benachteiligten Polgebiete transportierten.

Nord- und Südpol sind voller Gegensätze. Wer auf dem Nordpol steht, hat nur 3 m Meereis unter den Füßen, dagegen mußten Amundsen und Scott auf fast 3000 m Höhe steigen, um den Südpol zu erreichen. Das mächtige Inlandeis der Ostantarktis wächst sogar bis auf Höhen um 4500 m an. Da die Lufttemperatur mit der Höhe abnimmt, ist es um den Südpol generell 30–40 °C kälter als am Nordpol (–50 °C). Unvorstellbare –89,2 °C hat man in der Antarktis schon gemessen.

Auch im polaren Sommer gibt es große Temperaturunterschiede. Während es im Juli am Nordpol bei Temperaturen um den Gefrierpunkt keineswegs ungemütlich ist, muß man am Südpol selbst im Hochsommer noch mit Temperaturen zwischen –15 und –40 °C rechnen.

In Sibirien ist es kälter als am Nordpol

Die arktischen Landmassen, die das Nordpolarmeer umrahmen, haben ein extremeres Klima als der Nordpol. Im Winter fallen die Temperaturen dort bis auf –77,8 °C (Ojmjakon, Sibirien), im Sommer kann es über 30 °C heiß werden.

Dort, wo die Sonne einen Tag im Jahr nicht auf- und nicht untergeht, verlaufen auf 66°33'03" nördlicher und südlicher Breite die Polarkreise. Sie begrenzen die Polargebiete theoretisch, erfassen aber die Gebiete mit polarem Klima nur unvollkommen. Denn dieses wird von der jeweiligen Höhenlage einer Region, der Meer/Land-Verteilung, der Existenz warmer oder kalter Meeresströmungen oder einfach davon bestimmt, ob die Oberflächen eisfrei oder unter Eis und Schnee begraben sind. Daher eignet sich für die Abgrenzung der Arktis am besten die polare Baumgrenze. So hat das Nordpolargebiet eine Fläche von 26 Millionen km² (18 Millionen km² Meer und 8 Millionen km² Land).

Packeis erweitert die Inlandeisflächen

Auch die Abgrenzung der Antarktis ist nicht einfach. Der eisbedeckte Kontinent wird von sturmgepeitschten, kalten Ozeanen umbrandet. Wo soll man hier die Grenze ziehen? Einigt man sich auf das Meeresgebiet zwischen 55° und 62° südlicher Breite, wo die Oberflächentemperaturen plötzlich absinken und das kalte Antarktiswasser unter dem wärmeren Wasser des Nordens verschwindet (antarktische Konvergenz), so ergibt sich ein riesiges Gebiet mit polarem Charakter (52 Millionen km²), viel größer als der eigentliche Kontinent, der nur 14 Millionen km² einnimmt.

Im Winter gefrieren in den Polargebieten ungeheuer große Meeresflächen. In der Arktis erwei-

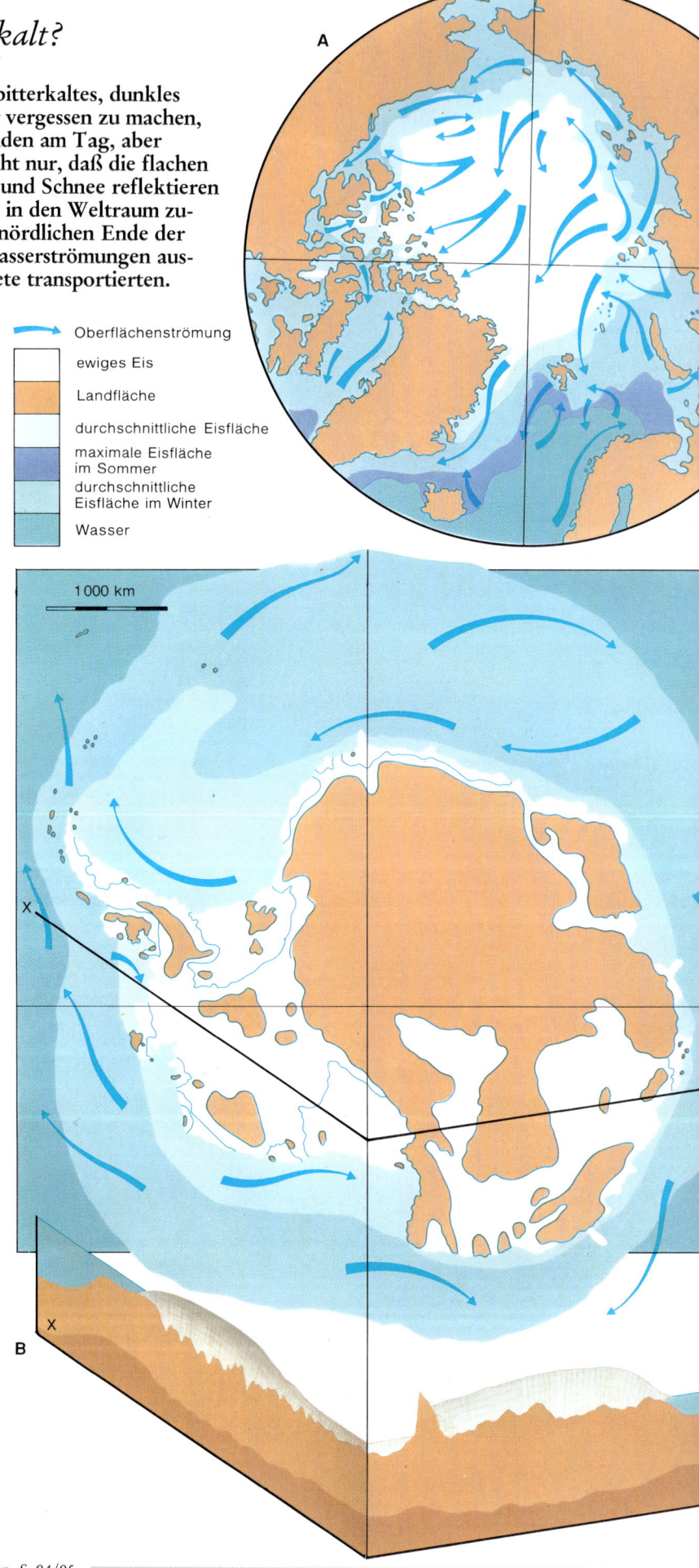

Oberflächenströmung

ewiges Eis

Landfläche

durchschnittliche Eisfläche

maximale Eisfläche im Sommer

durchschnittliche Eisfläche im Winter

Wasser

1000 km

Siehe auch: Eiszeiten, S. 62/63   Gletscher, S. 64/65   Jahreszeiten, S. 94/95

Die Eismasse Grönlands

Ⓐ *Das über 3000 m hohe Inlandeis Grönlands enthält 90% des Eises der Nordhalbkugel und produziert 90% der Eisberge aus der Arktis. Der nordpolare Eisgürtel wird stark von kalten und warmen Meeresströmungen beeinflußt (s. blaue Pfeile).*

Die Entstehung von Eisbergen

Von unregelmäßig geformten Gezeitengletschern kalben große Eisberge (rechts oben) ins Meer, die über Satelliten verfolgt werden. Vom Rande des Schelfeises brechen bis zu 160 km lange und 40 km breite Tafeleisberge (rechts unten) ab. Nur 1/5 bis 1/8 der Eisplatten (ca. 30 m) ragt über die Meeresoberfläche hinaus.

tert sich die Packeiszone von 5–9 Millionen km² im Sommer auf etwa 12 Millionen km² am Ende des Winters. In der Antarktis sind im Spätsommer noch 3–4 Millionen km² vom Packeis bedeckt, im Winter dagegen 20 Millionen km². Die Inlandeismassen sind sehr beständig. Bereits seit etwa 2–5 Millionen Jahren ist die Antarktis unter einem Eispanzer begraben.

Ein Viertel des Festlandes ist gefroren

Vom Festland der Erde sind 21 Millionen km² (14%) oberflächlich dauernd gefroren und 16,2 Millionen km² (11% des Festlandes) eisbedeckt. In der Tundra kann der Dauerfrostboden bis über 1000 m Tiefe erreichen.

Nebel und tiefhängende Wolken verhüllen in den feuchtkalten polaren Meeresbereichen häufig die Sonne. In den extrem kalten und dadurch auch sehr trockenen kontinentalen Polargebieten sind die Wolken oft so dünn, daß sie nicht mehr zu erkennen sind.

Offene Seegebiete im Eis

Ⓒ *Polynias sind offene Seegebiete (1) oder Küstenstreifen (2), die von Packeis umschlossen werden. Infolge der fehlenden Eisbedeckung wird hier viel Wärme vom Wasser an die Luft abgegeben. Das Oberflächenwasser kühlt sich ab und wird schwerer, außerdem nimmt* *die Dichte zu, weil die Salzkonzentration ansteigt, wenn das Süßwasser ausfriert. Die Konvektionsströmungen des Bodenwassers, die durch die Schwereunterschiede in Gang gesetzt werden, beeinflussen die ozeanischen Zirkulationsmuster. Im Sommer gibt das Packeis breite Küstenstreifen frei.*

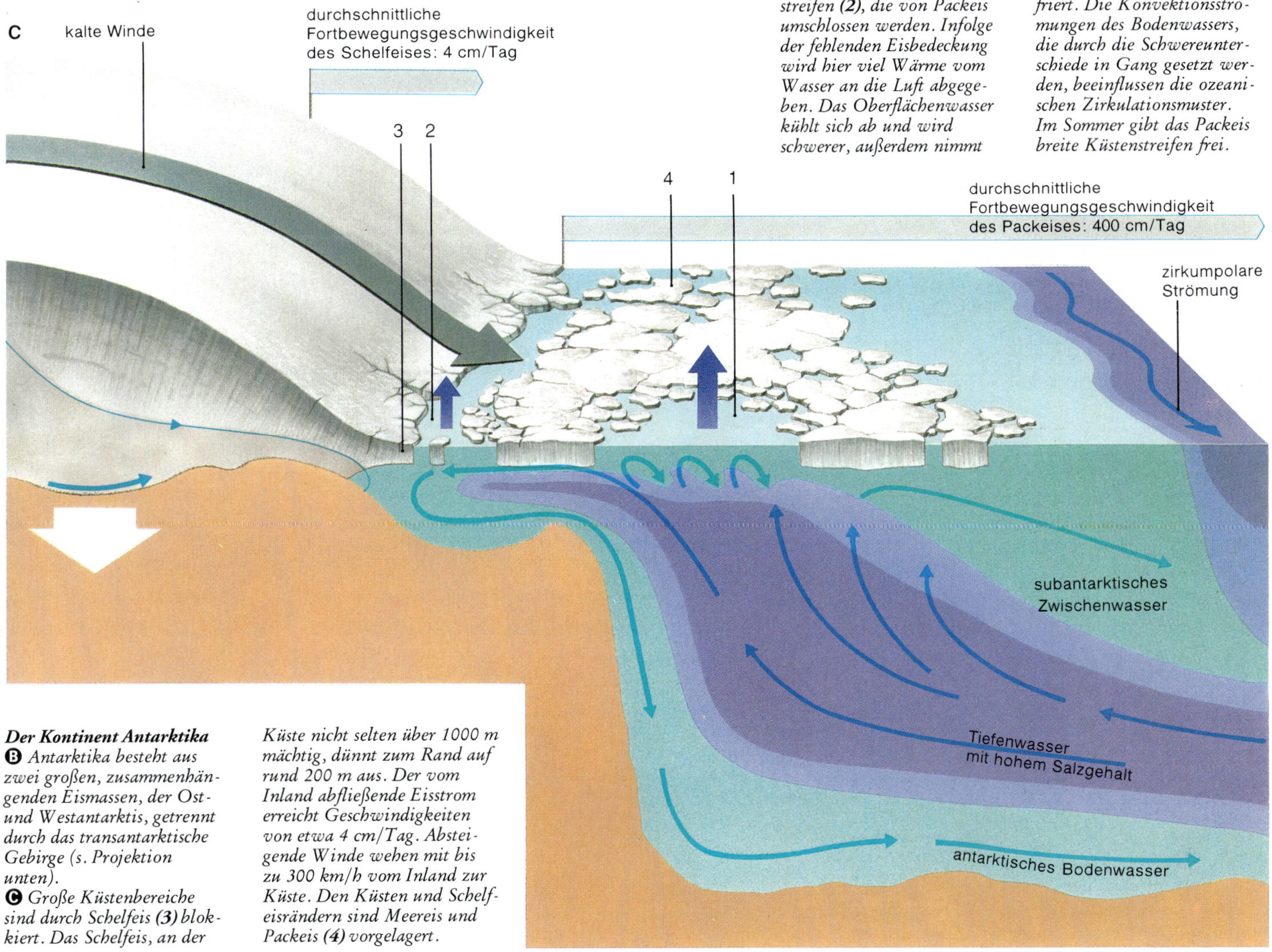

C kalte Winde

durchschnittliche Fortbewegungsgeschwindigkeit des Schelfeises: 4 cm/Tag

3   2

4   1

durchschnittliche Fortbewegungsgeschwindigkeit des Packeises: 400 cm/Tag

zirkumpolare Strömung

subantarktisches Zwischenwasser

Tiefenwasser mit hohem Salzgehalt

antarktisches Bodenwasser

Der Kontinent Antarktika

Ⓑ *Antarktika besteht aus zwei großen, zusammenhängenden Eismassen, der Ost- und Westantarktis, getrennt durch das transantarktische Gebirge (s. Projektion unten).*

Ⓒ *Große Küstenbereiche sind durch Schelfeis (3) blockiert. Das Schelfeis, an der* *Küste nicht selten über 1000 m mächtig, dünnt zum Rand auf rund 200 m aus. Der vom Inland abfließende Eisstrom erreicht Geschwindigkeiten von etwa 4 cm/Tag. Absteigende Winde wehen mit bis zu 300 km/h vom Inland zur Küste. Den Küsten und Schelfeisrändern sind Meereis und Packeis (4) vorgelagert.*

Rhythmus der Gezeiten

Wie Sonne und Mond Ebbe und Flut bestimmen

An manchen Küsten steigt die Flut bis zu 16 m hoch, bei Sturm noch höher. An anderen Küsten gibt es überhaupt keine Gezeiten. Die Energie der Gezeiten und Meereswellen ist nahezu unerschöpflich. Doch leider ist es technisch schwierig, äußerst kostspielig und umweltgefährdend, diese natürliche Kraftreserve einzufangen. Theoretisch würde sie in manchen Küstenländern ausreichen, den gesamten Bedarf an Elektrizität zu decken. Aber die Gezeiten wirken nicht nur auf das Meer, die Anziehungskräfte der Sonne und des Mondes heben und senken die Erdkruste bis zu 60 cm und zerklüften so das Gestein.

Die Gezeiten sind das Ergebnis der kombinierten Anziehungskräfte der Sonne und des Mondes im Zusammenhang mit den Fliehkräften, die sich aus der Rotation des Erde-Mond-Systems ergeben. Der Gezeitenhub ändert sich monatlich mit der Umlaufbahn des Mondes um die Erde. Im Jahresrhythmus ergeben sich Veränderungen durch die ungleiche Bewegung der Erde um die Sonne. Im Ablauf der Gezeiten hebt und senkt sich die gesamte Wassermasse der Ozeane um 1 m, aber sichtbar wird der Tidenhub nur an den Küsten. Sowohl die Form der Ozeanbecken wie der Verlauf der Küstenlinie beeinflussen den Gezeitenrhythmus und die Fluthöhe entscheidend.

Ebbe und Flut sind nicht überall gleich

In Vietnam und in der Karibik gibt es Ebbe und Flut nur einmal innerhalb eines Mondtages, der allerdings 50 Minuten länger dauert als der normale Tag. Im Gegensatz zu diesen Tagesgezeiten kommen in anderen Gebieten, so im Nordseeraum, zwei Hoch- und zwei Niedrigwasser pro Mondtag vor, die jeweils mit ähnlicher Höhe zu erwarten sind. Die Gezeiten der Meere bilden ein sehr kompliziertes Wellensystem. Die daraus resultierenden Gezeitenströme sind je nach Wassertiefe und Größe der Teilbecken der Weltmeere sehr unterschiedlich. Auf den offenen Ozeanen sind diese Wasserströme für uns wenig bedeutungsvoll, anders ist die Situation jedoch an Meerengen und Buchten. Bei jeder Flut strömen 0,43 km³ Wasser in den Jadebusen. Pro Sekunde sind das 8000 m³, 40 mal mehr Wasser als die Elbe in die Nordsee einbringt.

In fast völlig abgeschlossenen Binnenmeeren wie im Mittelmeer (0,4 m) und in der Ostsee bleibt der Tidenhub ganz flach. In trichterförmigen Flußmündungen können bis zu 8 m hohe, steile Flutwellen (Boren) mit 25 km/h Geschwindigkeit flußaufwärts schießen. In großen Flüssen machen sich die Gezeiten noch weit landeinwärts bemerkbar, an der Elbe bis 148 km, am Amazonas sogar bis 1000 km.

Wind und Wetter verändern die Gezeiten

Die Gezeitenwellen setzen sich aus vielen lokal unterschiedlichen Wellen zusammen, so daß es nicht einfach ist, zuverlässige Voraussagen über die jeweiligen Fluthöhen zu machen. Vor allem atmosphärische und klimatische Einflüsse können den Tidenhub erhöhen oder erniedrigen. Starke, langandauernde Winde aus einer Richtung und extreme Luftdruckverhältnisse verändern die Fluthöhe bis zu 3 m. Bei Sturmfluten staut der Wind

Die Entstehung von Ebbe und Flut
A *Mond und Erde rotieren um eine gemeinsame Achse (1), die wegen der großen Masse der Erde 1700 km innerhalb des Planeten liegt. Die Anziehung zwischen Erde und Mond wird durch Fliehkräfte, die bei der Rotation entstehen, ausgeglichen.*

Der Mond würde sonst entweder auf die Erde stürzen oder von ihr wegdriften. Auf der mondzugewandten Seite der Erde ist der Mond der Erde näher, damit ist die Anziehung größer als die in allen Punkten der Erde gleichgroße Fliehkraft in der entgegengesetzten Richtung. Es bleiben daher gezeiten-

A

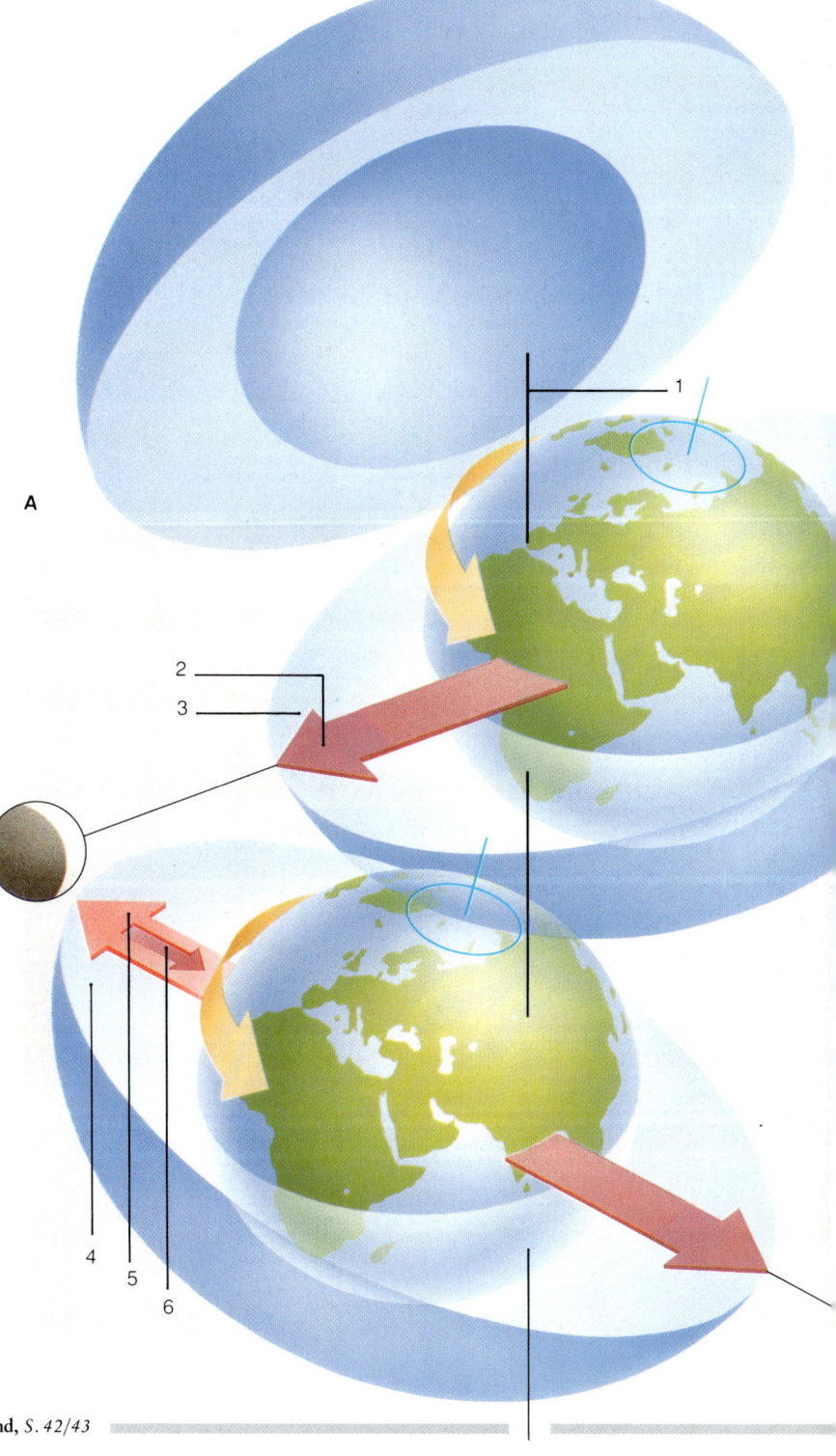

Siehe auch: **Das Sonnensystem,** *S. 32/33*   **Die Erde und der Mond,** *S. 42/43*

erzeugende Kräfte, die das Wasser von der Erde wegziehen, so daß ein »Wasserberg« entsteht (Zenitflut) (2, 3). Auf der mondabgewandten Seite der Erde ist die Anziehung des hier weiter entfernten Mondes um einen bestimmten Betrag (6) geringer als die Fliehkraft. Die nicht kompensierte Fliehkraft zieht daher von der Erde weg (Nadirflut) (4, 5). Damit wird erklärt, warum auf beiden Seiten der Erde in der Verbindungslinie Erde – Mond gleichzeitig Flut eintritt (3, 4). Da der Mondtag 50 Minuten länger als ein Erdtag dauert, verschieben sich die Gezeiten täglich. Hinzu kommen lokal bedingte Verzögerungen und durch den Sonnenstand verursachte Verspätungen.

das Wasser an der Küste, bei ablandigen Winden wird das Wasser von der Küste weggedrückt. Hoher Luftdruck preßt das Meerwasser hinunter und verhindert hohen Tidenhub, niedriger Luftdruck erlaubt höhere Fluthöhen als normal. Der Druckunterschied von 1 Hectopascal entspricht einem Fallen oder Steigen des Meeresspiegels um etwa 1 cm. Daraus können atmosphärische Fluktuationen des Wasserstandes von bis zu 50 cm resultieren. Wind und Gezeiten bewirken Küstenströmungen, die in Meerengen 29 km/h erreichen können. An der Flachküste fallen bei Ebbe große Flächen zeitweise trocken (Watt).

Wellen wandern über die Ozeane

Meereswellen werden von Winden erzeugt, die über freie Wasserflächen wehen. Einmal in Gang gesetzt, wandern die Wellen quer über die Ozeane, selbst wenn der Wind längst abgeflaut ist. Wellen aus unterschiedlichen Gebieten und verschiedenen Richtungen überlappen sich und bilden die Dünung. Veränderliches Wetter, lokale Winde mit vorherrschender Richtung und Meeresströmungen beeinflussen das komplizierte System der Meereswellen noch zusätzlich. Die Dünung, die an der kalifornischen Küste aufläuft, kann ihren Ursprung in einem neuseeländischen Sturmgebiet haben. Wellenbrecher an den Küsten Westeuropas können durch Wellen verursacht werden, die vom stürmischen Kap Horn 10 000 km über den Atlantik gelaufen sind. Ozeanwellen transportieren große Energiemengen rund um die Welt.

Stromerzeugung durch Gezeiten

Im Gezeitenkraftwerk La Rance im nordwestlichen Frankreich treiben 1000 t Meerwasser pro Sekunde vier Turbinen mit einer Leistung von 240 Megawatt an. Um Ebbe und Flut in nutzbare Energie umzusetzen, muß der Tidenhub groß genug sein. In La Rance beträgt der Höhenunterschied zwischen Hoch- und Niedrigwasser 12–14 m. Während starker Gezeitenströme wird ein Teil der gewonnenen elektrischen Energie benutzt, um Wasser in ein höhergelegenes Becken zu pumpen. Von dort fließt es bei Ebbe durch die Turbinen und hält auf diese Weise die Stromproduktion konstant.

4 ——

5 ——

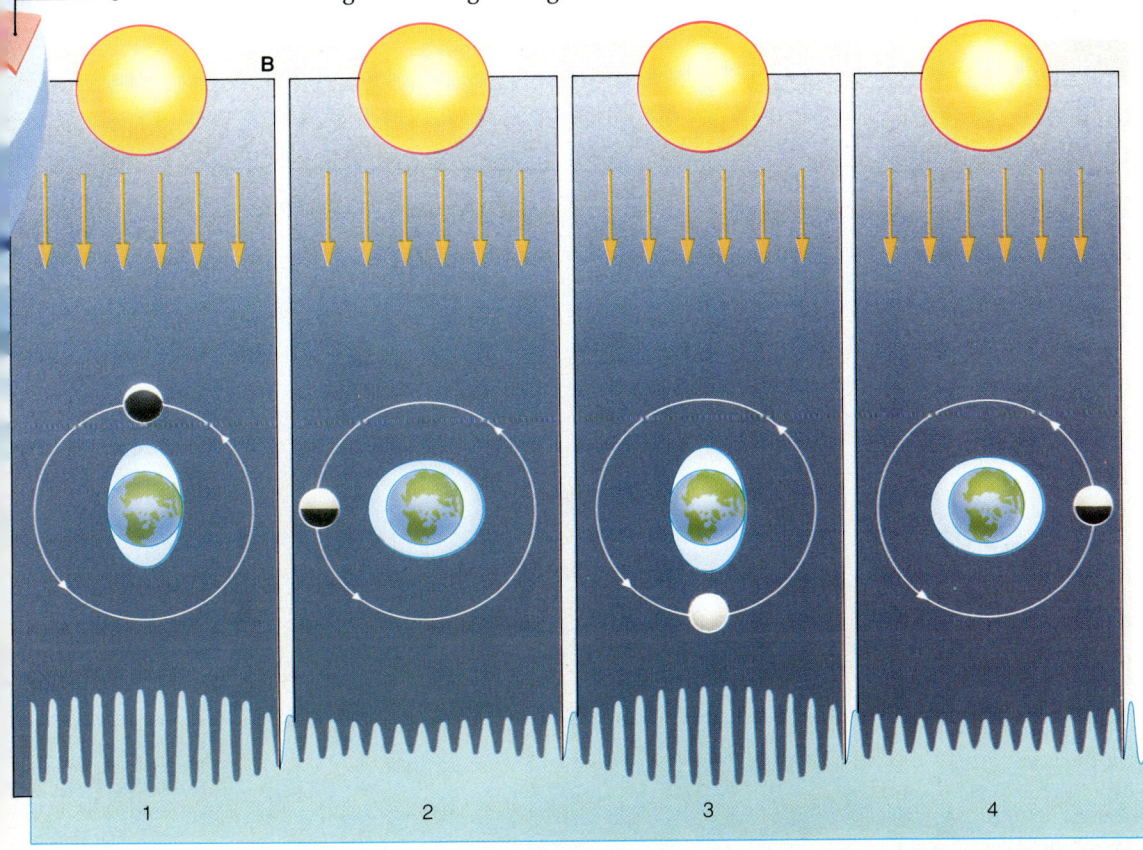

B

1   2   3   4

Der Einfluß der Sonne auf die Gezeiten
B Die Anziehungskraft der Sonne auf die Erde erreicht nur 48 % der des Mondes, aber dennoch hat sie Einfluß auf die Gezeiten. Bei Springflut stehen Sonne, Mond und Erde in einer geraden Linie, so daß sich die Anziehungskräfte addieren (1, 3). Wenn Sonne und Mond in einem rechten Winkel zueinander stehen (2, 4), sind die kombinierten Kräfte weniger efektiv – es entsteht eine niedrige Nippflut. Die Gezeiten stimmen nicht genau mit den Mondphasen überein, sondern treten ungefähr um ein bis zwei Tage verspätet ein. Auch die Winkel zwischen Sonne, Mond und Erde sind nicht immer gleich. Am 21. September und am 21. März stehen die drei Gestirne in fast gerader Linie und bewirken dann die höchsten Flutberge. Am 21. Juni und am 21. Dezember steht die Sonne besonders weit außerhalb der drekten Verbindungslinie zwischen Erde und Mond, dann sind die Springtiden am niedrigsten.

Meeresboden, S. 70/71   Küsten, S. 74/75   Wetter, S. 82/83   Treibhauseffekt, S. 210/211   Umweltfreundliche Energie, S. 440/441

Gebirgsketten von Pol zu Pol

Der Meeresboden und seine Schätze

Die größten Gebirgsketten der Erde liegen unter der Meeresoberfläche in den Ozeanbecken, einige dehnen sich von Pol zu Pol aus. In den Ozeanen gibt es die höchsten Vulkane und die tiefsten Gräben – ein spektakuläres Relief, vom Challenger-Tief (–10 899 m) bis zum etwa 9754 m über den umliegenden Meeresgrund aufsteigenden Mauna Kea (davon nur 4205 m oberhalb des Meeresspiegels). Die basaltische Ozeankruste ist höchstens 200 Millionen Jahre alt – jung gegenüber den bis zu 4 Milliarden Jahre alten Kontinentkernen. Auf den Meeresböden liegen reiche Bodenschätze, doch sind die Erze schwer zu gewinnen.

Schwimmende Platten
Ⓐ *Die 100 km dicke Lithosphäre besteht aus der Kruste und dem starren Bereich des oberen Erdmantels. Sie schwimmt auf dem Magma des oberen Mantels. Eine dickere Gebirgsregion taucht tiefer in das Mantelmagma ein als die dünneren Schelfe.*

Ausgedehnte vulkanische Gebirgsketten erheben sich über die Tiefseeböden zwischen den kontinentalen Schelfbereichen. Von einigen der Vulkane fließen Lavaströme und schaffen fantastische Formen. Nur wenige der unterirdischen Rücken, wie Island oder die Azoren, ragen bis über die Wasseroberfläche und sind teilweise abgetragen. Die Flanken dieser zum mittelatlantischen Rücken gehörenden, fast 1000 km breiten Erhebungen fallen bis zum Meeresboden über 5000 m ab.

In einigen Ozeanen bilden sich über »hot spots« (heißen Flecken) Vulkane. Hier durchbrechen heiße Magmen, die ihren Ursprung an der Grenze des unteren Mantels zum äußeren Erdkern haben, die Kruste. Die sehr heißen Schmelzen durchqueren als schlauchartige Ströme (Mantel-Plumes) den Mantel und verursachen ortsfeste »hot spots«. Auf der über diese »hot spots« driftenden

Kruste bilden sich, wie die Inselgruppe Hawaii zeigt, immer wieder neue Vulkane. Die inaktiven Vulkane liegen im Nordwesten Hawaiis.

Auf dem Meeresgrund: Sedimente der Tiefsee

Die wenigen feinkörnigen Sedimente der Tiefsee erreichen die weit von den Kontinenten entfernten Ozeanbereiche als windverblasener Staub, häufig sind es vulkanische Aschen. Im Umfeld der Polargebiete sedimentieren abschmelzende Eisberge auch größere Gesteine und Sand. Hinzu kommen die Kieselschalenreste von Plankton. Außerhalb der Moränenablagerungen bestehen die Korngrößen der Tiefseesedimente aus feinem Ton. Oberhalb von Wassertiefen von etwa –4500 m enthalten die roten Tiefseetone Kalk, in größerer Tiefe kommen nur noch silicatische Sedimente vor, weil CO_2-reiches Wasser das Calciumcarbonat löst. Diese Grenze heißt Kompensations-Tiefe für Kalk, sie liegt zwischen –4300 und –5200 m Wassertiefe. Die von Eisenverbindungen rotgefärbten Tiefseetone bilden nur äußerst dünne Schichten, die pro 1000 Jahre um nur 1 bis 2 mm wachsen.

Noch tiefer als die Tiefseeböden reichen mit mehr als 10 km die Tiefseegräben. Einer der am besten erforschten ist der Atacama-Graben westlich von Südamerika, der wie die anderen Tiefseegräben an einer Subduktionslinie der ozeanischen

Vulkanreihe

A

Kontinentalschelf — untermeerischer Canyon — Kontinentalhang — Sedimentlawine — Meeresboden — Koralleninsel (Atoll)

6000 m

Asthenosphäre — Akkreditionskeil — Tiefseegraben (10 000 m tief)

Siehe auch: **Plattentektonik**, *S. 48/49* **Vulkane**, *S. 54/55* **Inseln**, *S. 72/73* **Küsten**, *S. 74/75*

Platte gebildet wurde –s dort, wo die Platte unter
den Kontinent gedrückt wird. Die Tiefseegräben
können 1000 km breit und Tausende von Kilometern lang sein. In ihnen sammeln sich mächtige
Sedimente, die aus verwitterten Gesteinen der tief
erodierten Kontinente stammen und von den
Flüssen an die Küste transportiert wurden.

Das Schelf: Mittler zwischen Land und Meer

Zwischen den Tiefseeböden und der Küstenlinie
liegt eine weitere wichtige Region: das Schelf.
Vom Flachmeer des Schelfs mit 200 m Wassertiefe
fällt der Kontinentalhang bis zum Tiefseeboden in
3500 m unter dem Meeresniveau ab. Gründliche
Untersuchungen der Schelftypen haben gezeigt,
daß der feste Untergrund immer aus den gleichen
Gesteinsformationen wie die Kontinente besteht
und vollkommen anders aufgebaut ist als die
basaltischen Ozeanplatten. Es gibt zwei unterschiedliche Typen. Der atlantische oder passive
Schelf erstreckt sich mit einer maximalen Breite
von 1500 km flach abgedacht zum Schelfrand.
Über dem Untergrundgestein liegen Sande und
Schlamm. Der aktive pazifische Schelftyp ist
schmaler und wird häufig von Erdbeben erschüttert. Den atlantischen Typ findet man am Rande
der Ozeane, wo sich die Platten voneinander
wegbewegen, der pazifische Typ kommt dort vor,
wo Ozeanplatten unter die Kontinente abtauchen.

Querprofile zweier Canyons
B *Der Grand Canyon des
Colorado (USA) und*
C *der untermeerische Mon-
terey-Canyon vor der kalifornischen Küste haben etwa
gleiche Querprofile. Beide
sind vermutlich durch ähnliche Prozesse entstanden.*

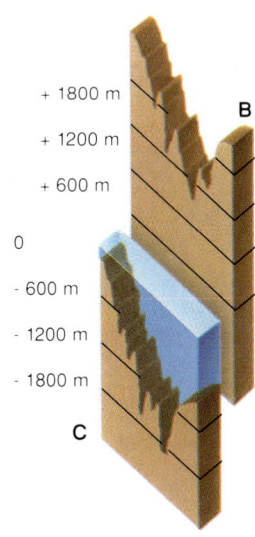

+ 1800 m
+ 1200 m
+ 600 m
0
- 600 m
- 1200 m
- 1800 m

B

C

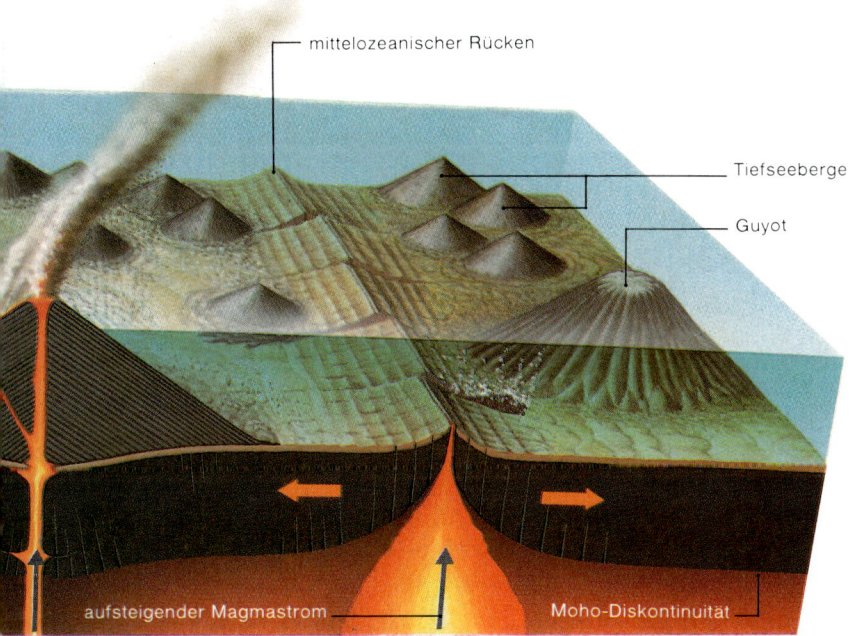

mittelozeanischer Rücken

Tiefseeberge

Guyot

aufsteigender Magmastrom   Moho-Diskontinuität

Die Struktur der Tiefseeböden

A *Vulkanreihen und Inselketten sind typisch für aktive
Ränder der Platten. Wenn
die ozeanischen Platten
(schwarz) unter die Platten
der Kontinente geschoben
werden, bilden sich Keile aus
Tiefseesedimenten und Tiefseegräben. Untermeerische*

*Canyons findet man zwar
häufiger an passiven Platten-
rändern, sie können aber
auch am Rande der Konti-
nente entstehen. Vermutlich
wurden sie durch Erosion
eingetieft, als der Meeresspiegel während der Eiszeiten
um 150 m tiefer lag. Die
Ozeanböden sind, besonders
im Bereich der mittel-*

*ozeanischen Rücken, von
komplexen Spaltensystemen
durchzogen, die zahlreiche
Magmaausflüsse verursachen.
Es gibt Vulkane, die unter
Wasser bleiben (Tiefsee-
berge), von Brandungswellen
geköpfte Kegel (Guyots) und
durch ihr Eigengewicht in
die Kruste absinkende
Vulkane (Atolle).*

Schätze am Meeresboden

Heiße mineralische Quellen am Meeresboden schaffen lokale Heißwasserzonen. Die hochschießen-
den mineralreichen Wassersäulen enthalten Eisen-,
Zink- und Kupfersulfide sowie Calciumsulfate.
Diese pechschwarzen »black smokers« erreichen
Temperaturen bis zu 350 °C. An den Austrittsstellen
bilden sich 10 m hohe Schlote. Kartoffelgroße Man-
ganknollen (unten) sind besonders im Pazifik verbreitet. Neben 30 % Mangangehalt enthalten sie
noch Eisen-, Zink-, Kupfer-, Cobalt- und Nickelver-
bindungen. Die dünnen Schalen der zwiebelartigen
Gebilde wachsen langsam (1–9 mm / 1 Million Jahre)
um einen Kristallisationskern, z. B. um ein Sandkorn
oder um einen Fischzahn.

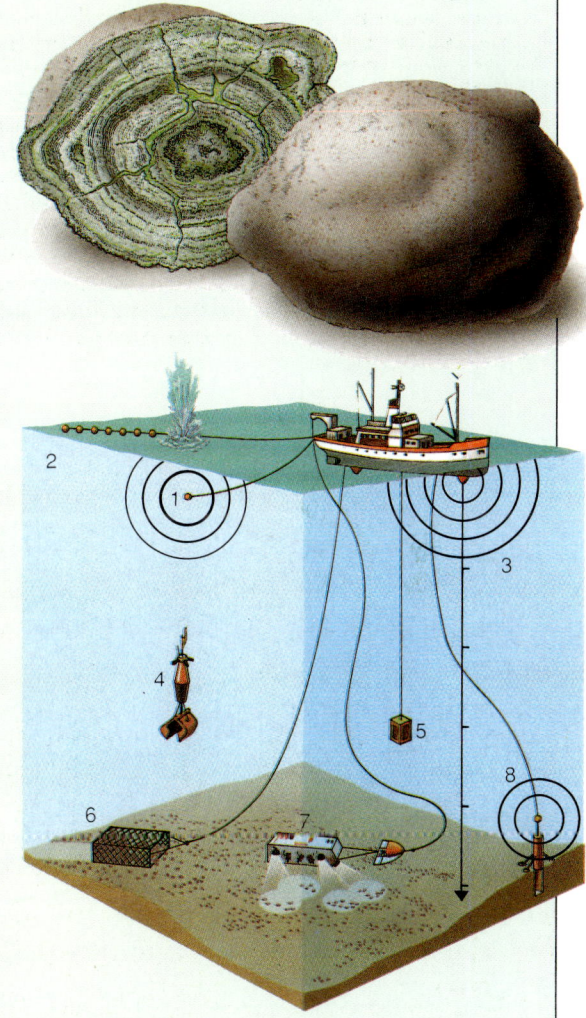

Der kommerzielle Abbau von Manganknollen

*Noch hat die Nutzung
der Bodenschätze nicht
begonnen. Die Versuche
konzentrieren sich auf zwei
Systeme: hydraulische Ab-
saugvorrichtungen und
Sammlung mit Dredschen.
Biologen haben große
Bedenken, daß dadurch*

*das Leben der Tiefsee
weitgehend zerstört würde.
Es gibt mehrere Methoden,
Erze aufzufinden: seismische
Untersuchungen mit Druck-
luftkanonen (1) und Hydrophonen (2), Echolote (3),
Greifer mit Kameras (4), Tie-
fensonden (5), Dredschen (6),
Tiefseekameras (7) und kabel-
gezogene Kastenbohrer (8).*

Erdölprospektion, S. 428/429

Wo Feuer und Wasser sich mischen

Wie Inseln entstehen und wieder untergehen

Am 14. November 1963 um 8 Uhr morgens schossen plötzlich 60 m hohe, schwarze Fontänen aus dem Meer. Etwa 10 km südwestlich der isländischen Westmänner-Inseln entstand eine neue Vulkaninsel. Tuff und Wasserdampf bildeten bald eine 4000 m hohe Wolke über der kleinen Insel. Die Isländer nannten sie Surtsey nach dem Giganten Surtur, der nach nordischer Mythologie am Tag des Jüngsten Gerichts die Erde in Flammen setzen wird. Der Kontakt von glutflüssiger Lava mit dem Meerwasser verursachte gewaltige Explosionen. Von Beginn an nagte die Meeresbrandung an der Insel und verkleinerte sie wieder.

Es gibt weit mehr als 300 000 ozeanische Vulkane, die wenigstens 500 m über den Meeresboden aufsteigen. Unter der Meeresoberfläche sind sie vor Abtragung geschützt und bleiben weitgehend unverändert erhalten. Sobald jedoch ihre Gipfel aus dem Wasser ragen, beginnt die Zerstörung durch die Witterungseinflüsse, es sei denn, daß sie in der tropischen Warmwasserzone zwischen 30 °N und 32 °S von schützenden Korallenriffen umrahmt werden.

Vulkaninseln und Inselbögen

Die meisten ozeanischen Inseln sind magmatischer Herkunft. Es sind Vulkane, die vom Meeresboden bis über die Meeresoberfläche aufgewachsen sind. Einige Inseln entstanden auch aus unterschiedlich großen abgerissenen Splittern kontinentaler Kruste, die von größeren Landmassen abdrifteten (wie beispielsweise bei Madagaskar, Japan und den Seychellen).

Die größte Ansammlung vulkanischer Inseln bildet sich dort, wo die ozeanischen Platten aufreißen und voneinander wegdriften (seafloor spreading). Hier entstehen die mittelozeanischen Rücken, die untermeerisch einige tausend Meter Höhe erreichen können und stellenweise als Inseln über den Meeresspiegel hinausragen (z. B. Island und Azoren). Inselbildende Vulkanreihen (Inselbögen) entstehen, wo eine ozeanische Platte wie am Aleutenbogen unter eine kontinentale Platte geschoben wird und abtaucht (Subduktion) oder wo eine ozeanische Platte unter eine andere ozeanische Platte geschoben wird (z. B. südjapanische Bonin-Atolle). Eine dritte Möglichkeit ist die Inselbildung über den ortsfesten »hot spots«. Dort steigt Magma vom unteren Erdmantel 2900 km hoch auf (z. B. Hawaii, Island, Kanarische Inseln). Beim Wandern der ozeanischen Platte über den »hot spot« entsteht eine Vulkanreihe.

Nicht überall gibt es Korallenriffe

Die Inseln in tropischen Gewässern sind unter der Wasseroberfläche meist mit Riffbauten besetzt. Allerdings bedarf es dazu verschiedener Bedingungen: Zum einen muß die Lichtmenge für die Photosynthese der Kalkalgen ausreichen. Zum anderen darf die Wassertiefe für Korallen 50 m nicht unterschreiten, andere Riffbildner können noch bis zu 100 m Tiefe leben. Schließlich muß das mindestens 18 °C warme Wasser auch noch bewegt werden, damit den ortsfesten Rifftieren Nahrung und Sauerstoff zugespült wird. Das Außenriff mit seiner starken Brandung bietet daher

Die Hawaii-Inseln und die Aleuten

B Die Kette der Hawaii-Inseln und die Gipfel des Imperatorrückens erstrecken sich über mehr als 6000 km. Sie bestehen aus über 100 Vulkanen, deren Alter vom Südosten zum Nordwesten hin ansteigt. Die nordwestlichen Inseln sind niedriger und stark erodiert. Das Gestein auf Hawaii (1) ist jünger als 1 Million Jahre, das auf Oahu (2) ist 2–3 Millionen Jahre alt, und die Lavaströme von Kauai (3) flossen vor 5 Millionen Jahren. Die Inseln des Aleuten-Inselbogens sind dagegen alle im gleichen Zeitraum durch Subduktionsvorgänge (4) entstanden.

die besten Lebensbedingungen. Zur Lagune eines Atolls hin wächst das Riff dagegen nur langsam. Flußmündungen mit trübem Süßwasser verhindern die Riffbildung gänzlich. Im flachen Wasser der tropischen Kontinentschelfe wachsen Korallenriffe bis zur Meeresoberfläche und bilden Barriereriffe. An der Ostseite von Australien erstreckt sich das Große Barriereriff über 2000 km. Während der pleistozänen Kaltzeiten sank der Meeresspiegel bis zu 200 m. Heutige Atolle ragten damals weit aus dem Wasser heraus.

Das Gewicht der Vulkane, die sich wie der Mauna Kea (Hawaii) knapp 10 000 m über den Meeresboden erheben, biegt die mit 5 km relativ dünne ozeanische Kruste schüsselartig ein. Wenn die Absenkgeschwindigkeit größer ist, als die Riffbildner die Insel wachsen lassen können, verschwindet die Insel und wird ein Tiefseeberg (sea mount). Marine Brandung und oberflächliche Abtragung ebnen viele Inseln ein, bevor sie unter der Meeresoberfläche versinken. Nach einem Schweizer Naturforscher werden diese untermeerischen Tafelberge »Guyot« genannt.

Inseln vom Fließband

C Das unterschiedliche Alter der Hawaii-Inseln ist dadurch bedingt, daß sie auf einer Art plattentektonischem Fließband aufsitzen, das sich über einem stationären »hot spot« bewegt. Hier wird Magma vom unteren Erdmantel durch die ozeanische Kruste nach oben gefördert (1). Die Insel Hawaii wurde von den Lavaströmen der Vulkane Mauna Kea, Mauna Loa und Kilauea gebildet. Die Pazifische Platte (2) bewegt sich durch die Ausdehnung des Meeresbodens (3) nach Nordwesten. Mit der driftenden Platte wandern die Vulkaninseln vom »hot spot« weg, und die vulkanische Aktivität

Siehe auch: **Aufbau der Erde**, *S. 44/45* **Plattentektonik**, *S. 48/49* **Vulkane**, *S. 54/55* **Wirbellose Tiere**, *S. 120/121*

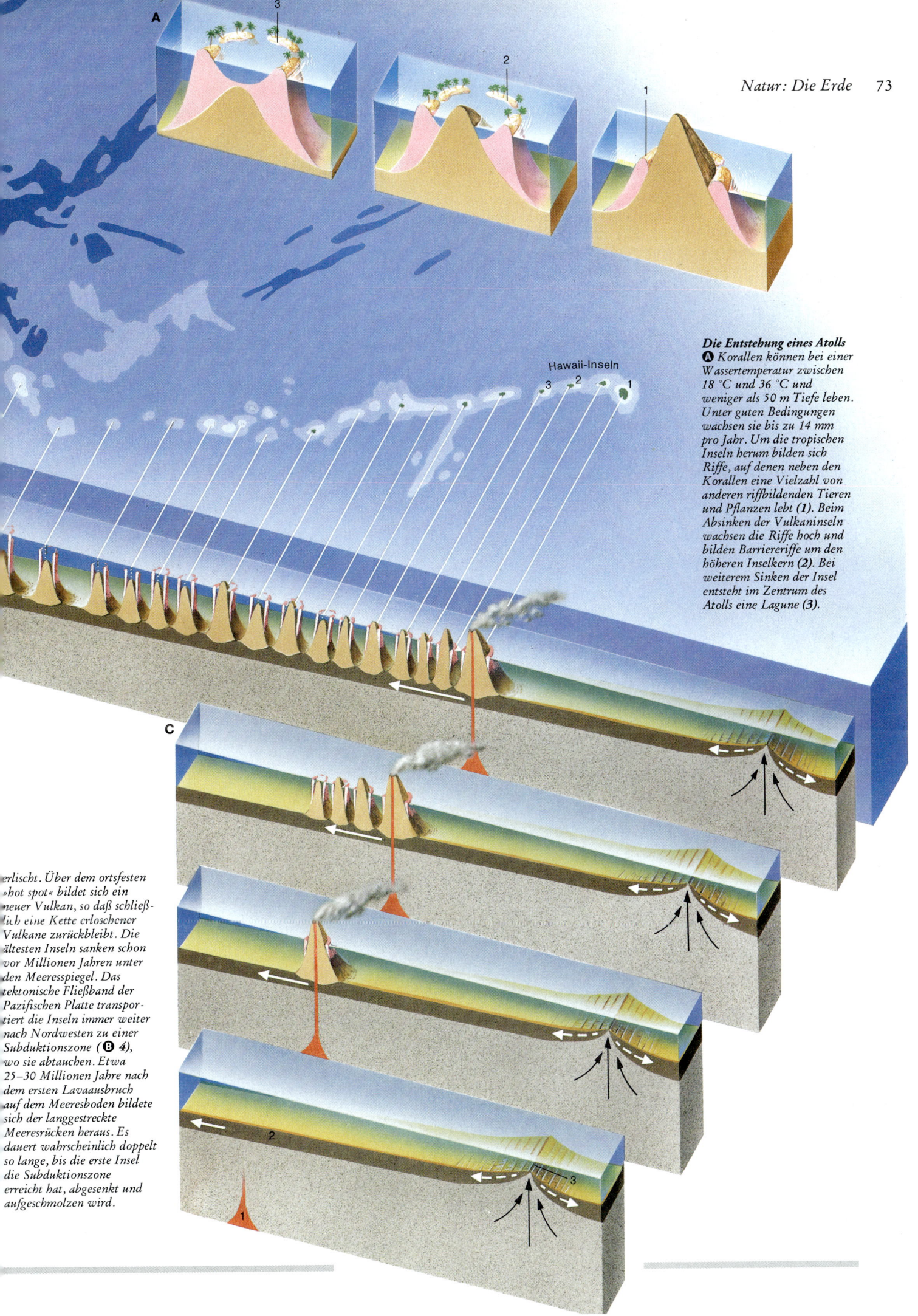

Hawaii-Inseln

Die Entstehung eines Atolls

Ⓐ Korallen können bei einer Wassertemperatur zwischen 18 °C und 36 °C und weniger als 50 m Tiefe leben. Unter guten Bedingungen wachsen sie bis zu 14 mm pro Jahr. Um die tropischen Inseln herum bilden sich Riffe, auf denen neben den Korallen eine Vielzahl von anderen riffbildenden Tieren und Pflanzen lebt (1). Beim Absinken der Vulkaninseln wachsen die Riffe hoch und bilden Barriereriffe um den höheren Inselkern (2). Bei weiterem Sinken der Insel entsteht im Zentrum des Atolls eine Lagune (3).

erlischt. Über dem ortsfesten »hot spot« bildet sich ein neuer Vulkan, so daß schließlich eine Kette erloschener Vulkane zurückbleibt. Die ältesten Inseln sanken schon vor Millionen Jahren unter den Meeresspiegel. Das tektonische Fließband der Pazifischen Platte transportiert die Inseln immer weiter nach Nordwesten zu einer Subduktionszone (**Ⓑ** 4), wo sie abtauchen. Etwa 25–30 Millionen Jahre nach dem ersten Lavaausbruch auf dem Meeresboden bildete sich der langgestreckte Meeresrücken heraus. Es dauert wahrscheinlich doppelt so lange, bis die erste Insel die Subduktionszone erreicht hat, abgesenkt und aufgeschmolzen wird.

Strömungen als Landschaftsbildner

Wie Küsten aufgebaut und zerstört werden

Der Mensch an der Küste lebt unsicher. Küsten sind schnell veränderliche Augenblicksgrenzen zwischen Meer und Land. Landhebung oder Landsenkung, Meeresspiegelschwankungen oder Erosion des höheren, trockenen Landes durch die Meeresbrandung können die Küstenlinie langsam oder auch sehr plötzlich verschieben. Deiche und andere Küstenschutzmaßnahmen halten dem Ansturm des Meeres nur in begrenztem Maße stand. Katastrophale Meereseinbrüche wie im Mittelalter an den Nordseeküsten sind bei weiter ansteigendem Meeresspiegel bereits vorprogrammiert.

An manchen Düneninseln vor der amerikanischen Ostküste von Florida bis New Jersey reißt das Meer pro Jahr bis zu 7 m Strand hinweg. Aber solange die Wogen mehr Sand anspülen als abtragen, besteht keine Gefahr für die Inseln. Nicht alle Strände der Erde werden von Sand gebildet. Woher jedoch auch immer die Küstensedimente stammen – von zermahlenen Kliffen oder eiszeitlichen Ablagerungen, von zerschmetterten Korallenriffen oder Muschelbänken –, das Meer wäscht sie an den Strand. Die schwarzen Strände Hawaiis verdanken ihre Schönheit den Basalten. In Westschottland frißt sich die Brandung in die Fußflächen des alten Hochlandes. Granatführende metamorphe Gesteine färben dort einige Strände rosarot.

Wind und Wellen formen die Küste

Obwohl starke Stürme die Strände schnell verändern können, sind auch die niedrigen Wellen, die Tag und Nacht auf den Strand rollen, nicht zu unterschätzen.

Jeder Brecher wirbelt Sand auf und wirft ihn auf den oft breiten Strand. Das ablaufende Wasser trägt aber nur einen Teil des transportierten Materials ins Meer zurück. Da sich die Wellen meist schräg auf die Küste zu bewegen, das angestiegene Wasser aber senkrecht, dem Gefälle folgend, ins Meer zurückfließt, werden die marinen Ablagerungen (Gerölle) an der Küste entlang verschoben und entsprechend der vorherrschenden Windrichtung über große Entfernungen versetzt. Neben der Brandung wirken Küstenströmungen in die gleiche Richtung. Wenn die Wellen senkrecht zur Küste auftreffen, staut sich das Meerwasser höher auf. Dadurch entstehen starke Unterströmungen, die erhebliche Sandmengen ins tiefere Meer zurückspülen können. Oft verliert die tückische Unterströmung erst mehrere hundert Meter von der Küste entfernt ihre Kraft.

Die Entstehung eines Deltas

Flüsse sind die größten Sandtransporteure. Bevor der Sand aus den Flußmündungen an die umliegenden Strände gespült wird, bildet sich an manchen Flachküsten ein Delta. Wenn das fließende Süßwasser in das stehende Meerwasser einmündet, endet die Transportkraft, und die Flußfracht wird sedimentiert. Feinste Schwebstoffpartikel klumpen im Salzwasser zusammen und sinken zu Boden. Die entstehenden Deltaschichten im wenig bewegten Meerwasser fallen steil von der Küste in das Meeresbecken ab. Das leichtere

Wellenbewegung im Meer
Die Höhe der Wellen und ihre Energie hängt von der Windgeschwindigkeit und von der Größe der offenen See ab, über die der Wind weht. Die Wellenbewegung durchläuft das Wasser. Dabei rotieren die Wasserpartikel in stationären Kreisen (1) und geben so die Wellenbewegung weiter.

Süßwasser überlagert oft auf längere Strecken das schwerere Salzwasser. Nur Flüssen mit sehr hoher Schwebstoff-Fracht gelingt es, ihr schweres, trübes Wasser gegen das Salzwasser direkt ins tiefere Meer zu leiten.

Die Formen eines Deltas hängen davon ab, ob das Meer relativ ruhig ist oder von Strömungen und Gezeiten bewegt wird. Das Mississippi-Delta wird von zerstörerischen Meereskräften verschont. Hier konnte sich ein verzweigtes, fingerartiges Delta herausbilden, das weit ins Flachmeer reicht. Dort, wo die Festlandkruste steil unter das Meer abtaucht, kann sich kein Delta bilden. Auch dort, wo Flüsse in einen untermeerischen Canyon münden oder starke Meeresströmungen die Sedimente sofort verdriften, wird man vergeblich nach Deltas suchen. Im Gegensatz zu Nil und Niger haben Kongo und Amazonas einen untermeerischen Canyon und daher kein Delta. An der Mündung des Amazonas bildet sich jedoch ein Unterwasserdelta.

Siehe auch: **Höhlenbildung,** S. 60/61 **Ebbe und Flut,** S. 68/69 **Inseln,** S. 72/73

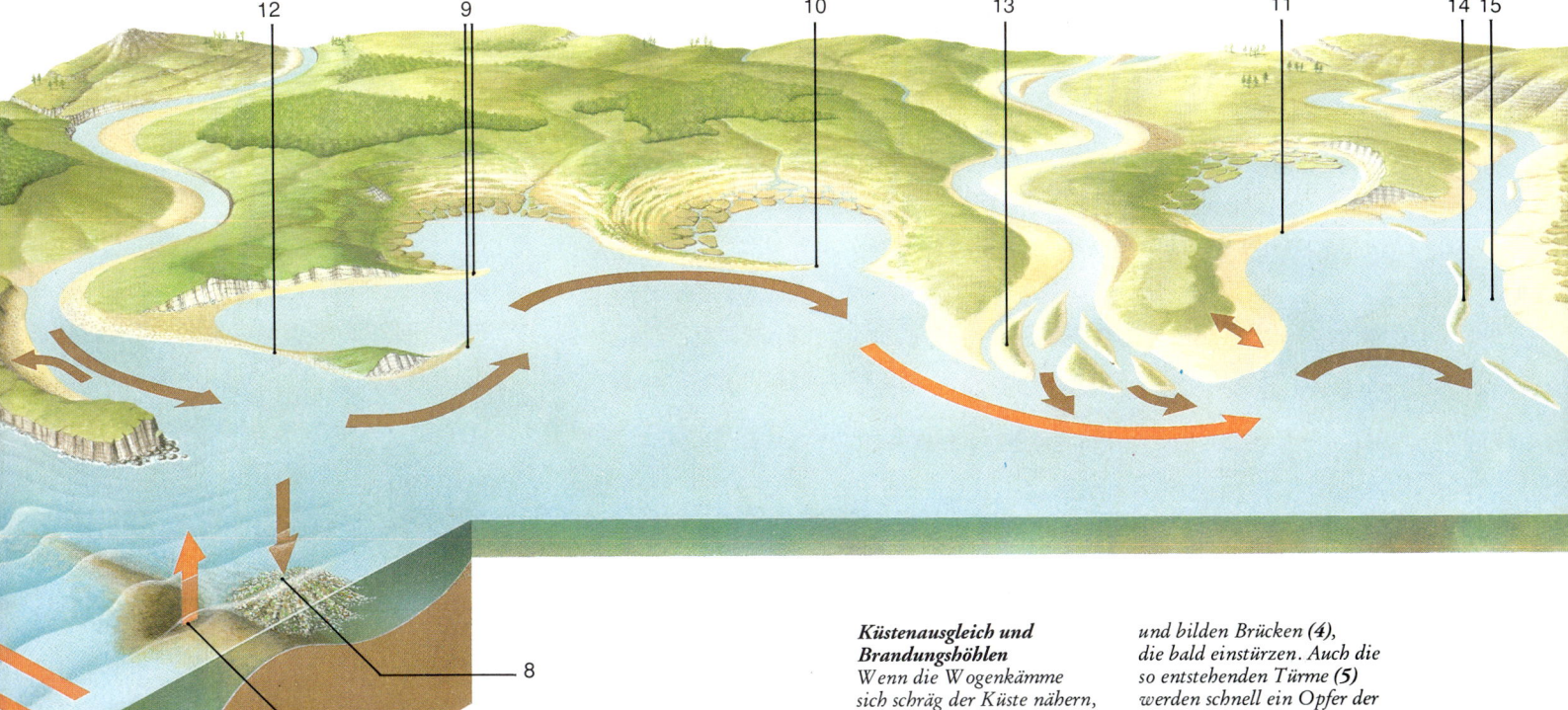

Wie Wellen gebremst werden

Am Strand wird der »Wasserkreislauf« unten gebremst, die Welle bricht sich. Wenn die Wellenbewegung im flacheren Wasser abbremst, verteilt sich die Wellenfront, und die Wellenberge rücken näher zusammen. Die ungebremsten Wellenkämme »überholen« den unteren Wellenbereich, überschlagen sich und schießen schließlich als wirbelnde Brecher auf den Strand. Am Spülsaum sammeln sich Seetang und Muschelschalen. Feinere Sande spült der Sog des ablaufenden Wassers zurück ins Meer. Draußen vor der Küste bilden sich wandernde Sandriffe oder Untiefen.

Küstenausgleich und Brandungshöhlen

Wenn die Wogenkämme sich schräg der Küste nähern, wird das landnahe Ende der Wellenlinie zuerst gebremst. Das bewirkt ein Einschwenken zur Küste hin. Diese Wellenbrechung konzentriert den Anprall auf Küstenvorsprünge (2), die stärker erodiert werden. Die Verteilung der Wellenenergie in Buchten führt dort zur Sedimentation, insgesamt wird so die Küstenlinie begradigt, sie wird zur Ausgleichsküste. Ausgehend von Bruchzonen im Gestein werden Brandungshohlkehlen und -höhlen (3) ausgespült. Beidseitige Höhlen an Vorsprüngen wachsen zusammen und bilden Brücken (4), die bald einstürzen. Auch die so entstehenden Türme (5) werden schnell ein Opfer der Brandung. Brandungshöhlen können landeinwärts in das Kliff hineinwachsen. Durch Öffnungen in der Decke kann das Meerwasser als Fontäne herausgepreßt werden. Bricht die gesamte Höhlendecke ein, entsteht ein schmaler Kanal (6). Eingriffe des Menschen wie Baggerlöcher (7) und Deponien (8) im Meer beeinflussen die Wellenformen und damit die Küstenlinie. In trichterförmigen Flußmündungen bilden sich oft Wattflächen.

Strömungen formen die Küstenlinie

In Richtung der vorherrschenden Windrichtung entstehen Meeresströmungen, die Sande verlagern. Wo die Strömung abreißt, werden Haken (9) gebildet.
Strandversetzung und küstenparallele Meeresströmungen können selbst größere Buchten durch Nehrungen (10) abschnüren. Das entstehende Haff (11) verlandet mit der Zeit.
Inseln verwachsen durch Strandwälle oder Nehrungen mit dem Festland (12).
Sandbänke und Strandwälle werden zu Düneninseln (13), die sich vor der eigentlichen Küste aufreihen und das dahinter liegende Watt schützen.
Zusammengewachsen bilden die Inselketten (14) vor dem Festland langgestreckte Lagunen (15).

Fjorde

Fjorde sind vom Meer überflutete Trogtäler. Die steilwandigen, vom Gletschereis in den Kaltzeiten stark übertieften Gebirgstäler gehören zu den eindrucksvollsten Küstenformen der Erde, wie dieses Bild aus Norwegen zeigt. Sie kommen überall dort vor, wo Gletscher steil zum Meer hin absteigen. Die Eismassen übertieften den Talboden besonders stark in den Talenden. Meerwärts ist meist eine flache, untermeerische Schwelle ausgebildet, oft nur 100 bis 200 m unter der Wasseroberfläche gelegen. Die wenig geneigten, hochliegenden Hangverflachungen, die Trogschultern, stammen wie der gewundene Fjordverlauf noch aus einer Zeit, bevor das Gebiet stark gehoben wurde. Flüsse gruben in das vorherige Flachrelief tiefe Einschnitte, die später durch Gletscher zu steilwandigen, U-förmigen Tälern wurden. Unter der schweren Eisbedeckung sank das Land um viele hundert Meter. Nach dem Abschmelzen des Eises stieg es langsam wieder auf. Hinweise darauf geben z. B. Strandterrassen.

Tödliche Trockenheit

Die heißen und kalten Wüsten der Erde

Die meisten stellen sich Wüsten als endlose, vegetationsleere Sandmeere vor, über denen eine glutheiße Sonne flimmert. Aber die größten Wüstengebiete sind extrem kalt, und die Sandgebiete in den Wüsten nehmen nur einen geringen Flächenanteil ein. Die größte, trockenste und kälteste Wüste ist die unwirtliche Antarktis, mit 15 Millionen km² fast doppelt so groß wie die heiße Sahara. Wassermangel überleben Pflanzen, Tiere und Menschen nicht allzu lange. Auch hohe Salzgehalte können lebensfeindliche Wüsten schaffen. Hinzu kommt heute der Mensch, der die Natur zerstört und die Wüsten Jahr um Jahr erweitert.

Die Natur der heißen und kalten Wüsten der Erde ist außerordentlich vielschichtig und abwechslungsreich gestaltet. Die größten Wüstengebiete sind eis- und schneebedeckt (Eiswüste) oder besitzen nackte Fels- und Schuttoberflächen (Hamada). Entlang von Tälern (Wadis) kann man vom Wind ausgeblasene Steinpflaster aus Geröllen (Serir) beobachten. Nur geringe Anteile der Wüsten sind mit Dünen überwandert (Erg). In extrem trockenen Vulkanlandschaften gibt es auch vegetationsarme Lavafelder und Aschenhänge. In abflußlosen Senken, die für Trockengebiete typisch sind, reichern sich Salze an und bilden Salzseen und -sümpfe.

Die Wüste ist nicht ohne Leben

Pflanzen und Tiere haben gelernt, unter den unwirtlichen Bedingungen der Wüste zu überleben, sie haben dazu die verschiedensten Anpassungsmechanismen entwickelt. Bei den äußerst geringen Niederschlägen unter 250 mm/Jahr und Verdunstungsraten, die noch wesentlich über diesem Wert liegen, haben die Pflanzen in heißen Wüsten sehr lange Wurzeln, oder sie speichern das Wasser wie die hervorragend angepaßten Kakteen. Flechten, Algen und Pilze ziehen sich unter helle Gesteinsoberflächen zurück.

Nicht alle Trockengebiete (15–30 % der Landoberfläche) sind extreme Wüsten mit statistischen Jahresregenmengen bis unter 20 mm. Je nach Definition werden zum Teil bereits vegetationsarme Gebiete mit einer Pflanzenbedeckung unter 50 % zu den Wüsten gezählt. Hinzu kommen große halbtrockene Klimaregionen mit Trocken- und Regenzeiten. Die Biomasse (das Gewicht aller lebenden Pflanzen und Tiere) einer Wüstendüne ist, verglichen mit anderen Lebensräumen, sehr gering. Sie erreicht nur 250 kg/ha, also äußerst wenig im Vergleich mit den 10 000 kg/ha der Savannen oder den 250 000 kg/ha in den tropischen Regenwäldern.

Das Klima entscheidet über den Wüstentyp

Dauernder oder zumindest zeitweiliger Wassermangel in der jährlichen Trockenzeit hat vorrangig klimatische Ursachen, die allerdings in den verschiedenen Trockengebieten der Erde höchst unterschiedlich sein können. In den wolkenarmen Hochdruckzellen der Passatregionen, die sich etwa 30° beiderseits des Äquators anordnen, entstehen Wüsten des Saharatyps. Vorherrschende Winde aus warmen und trockenen Landmassen verstärken die lokale Trockenheit. Hinter hohen Gebirgen wird das Land durch warme Föhnwinde

Wie Regen die Wüste formt
(A) *Seltene, aber starke Regengüsse reißen tiefe Wadis (1) in die Gebirge. Zwischen diesen steilwandigen Tälern bleiben isolierte Türme (2) und Höhen mit flachen Oberflächen, die Mesas (3), stehen. Der vom Wasser erodierte Verwitterungsschutt wird am Fuße des Berglandes, wo das Wasser langsamer fließt, wieder abgelagert. Die durch Überschwemmungen verursachte Seitenerosion hält die Wadiränder steil. So entstehen die für* kalte und warme Trockengebiete typischen Kastentäler. *Nicht verdunstetes Regenwasser gelangt durch Risse in den Gesteinen des Gebirges bis zu einer wasserleitenden Schicht (4), die sich unterirdisch kilometerweit ins Vorland erstreckt. Wo diese Schicht durch die geologische Struktur des Tals angeschnitten wird, kann eine Oasenquelle (5) entspringen. Wasseradern werden am Hang mit einem Schacht (7) geöffnet. Das Wasser wird in einem Tunnel (9) mit Luft* schächten (8) talwärts geleitet. An der Austrittsstelle des Stollens (10) fließt das Wasser in einen oberflächlichen Kanal (6), aus dem die Bewässerung der Felder (11) erfolgt und Wasser für die kleine Oasensiedlung entnommen wird.*

Siehe auch: **Polargebiete,** *S. 66/67* **Wetter,** *S. 82/83*

Der Mensch erweitert die Wüsten

Seit Tausenden von Jahren lebt der Mensch in den Trockengebieten im Einklang mit der Natur, aber in den letzten Jahrhunderten wurde die Vegetation zunehmend zerstört. Die Überbevölkerung führt zur Vernichtung der letzten Bäume. Zuviel Feuerholz wurde geschlagen, und die Überweidung läßt keine neuen Bäume mehr wachsen (links). Ohne schattenspendende Bäume trocknen die Böden noch stärker aus, und der Wind kann die fruchtbaren oberen Bodenschichten ungebremst abtragen. Das ungeschützte Land wird in der Regenzeit durch tiefe Auswaschungen weiter zerstört. Treibsand und Dünen überlagern noch erhaltene Ackerflächen; die mit falschen Techniken bewässerten Kulturen wurden durch Versalzung unbrauchbar. Die Ausdehnung der Wüsten hat man lange Zeit als Folge von Klimaveränderungen angesehen, die Hauptursache dürfte jedoch in der vom Menschen verursachten Überforderung der Natur liegen.

ausgetrocknet. Seewinde, die über kalte Meeresströmungen wehen, enthalten meist nur wenig Wasser. Beim Erwärmen über heißen Küsten nimmt ihre relative Luftfeuchtigkeit so stark ab, daß sich keine Wolken und Niederschläge mehr bilden können. Auf diese Weise haben sich die südafrikanischen und die südamerikanischen Küstenwüsten entwickelt.

Wasser und Wind transportieren Dünensand

Die kleinen Sandkörner der Dünen werden aus den vegetationsarmen Felsoberflächen durch Temperaturverwitterung und Salzsprengung herausgebrochen. Wasserfluten spülen den Sand von den Hängen durch die Wadis in die Fußregion der Gebirge. Fast ungebremst durch Vegetation kann der Wüstenwind dort die Sandkörner entlang der Wadis und vor dem Gebirge zusammenwehen. Die Arabische Halbinsel ist zu 30 % mit Dünen bedeckt, die Sahara zu 11 %, die nordamerikanischen Trockengebiete aber nur zu 2 %.

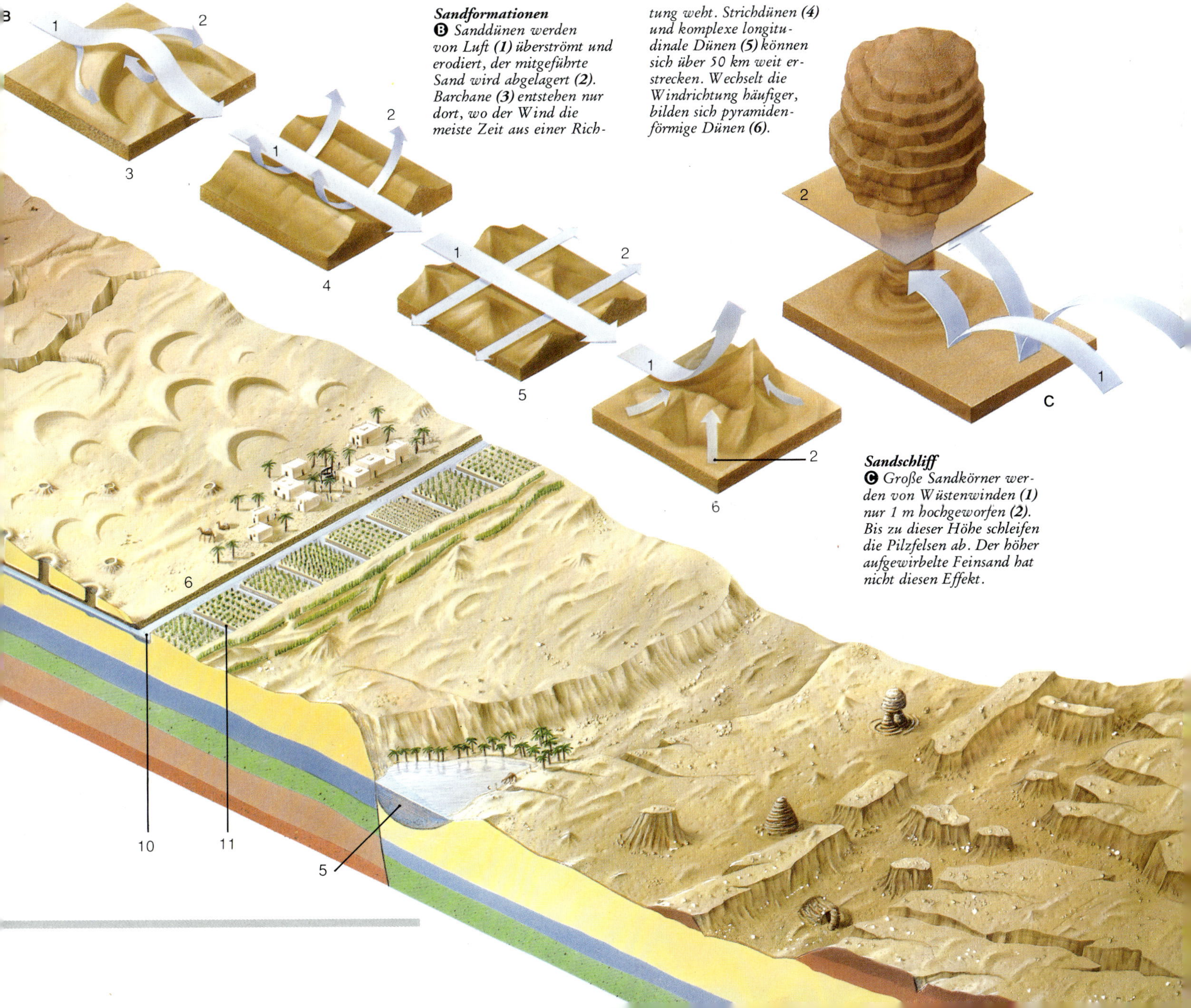

Sandformationen

B Sanddünen werden von Luft (1) überströmt und erodiert, der mitgeführte Sand wird abgelagert (2). Barchane (3) entstehen nur dort, wo der Wind die meiste Zeit aus einer Richtung weht. Strichdünen (4) und komplexe longitudinale Dünen (5) können sich über 50 km weit erstrecken. Wechselt die Windrichtung häufiger, bilden sich pyramidenförmige Dünen (6).

Sandschliff

C Große Sandkörner werden von Wüstenwinden (1) nur 1 m hochgeworfen (2). Bis zu dieser Höhe schleifen die Pilzfelsen ab. Der höher aufgewirbelte Feinsand hat nicht diesen Effekt.

Die Atmosphäre ermöglicht Leben

Wie der Schutzschirm der Erde entstand

Die Erdatmosphäre erstreckt sich über Hunderte von Kilometern in den Weltraum. Doch schon in 20 km Höhe würde beim Sperbergeier, der von allen Vögeln die größte Flughöhe erreicht, die Atmung aufgrund des niedrigen Luftdrucks von unter 100 Hektopascal nicht mehr funktionieren, und das Blut in seinen Adern würde kochen. Dennoch ist die Erde in unserem Sonnensystem einzigartig, da ihre Atmosphäre Leben ermöglicht. Die Entwicklung des Lebens und der Atmosphäre sind eng verknüpft, wobei die Freisetzung von Sauerstoff durch Pflanzen vor 2 Milliarden Jahren entscheidend war.

Als die Erde vor 4,6 Milliarden Jahren aus einer Wolke von Staub und Gasen kondensierte, bestand die sie umgebende Atmosphäre hauptsächlich aus Wasserstoff, Kohlendioxid und Kohlenmonoxid. Diese Uratmosphäre wurde jedoch schon bald in einer Phase erhöhter Sonnenaktivität vom Sonnenwind weggefegt. Im Zuge der Erstarrung der Erdoberfläche bildete sich eine neue Atmosphäre aus den Gasen, die dem heißen Erdinneren aus gigantischen Vulkanen entwichen. Ihre Hauptbestandteile waren Kohlendioxid, Stickoxide, Wasserstoff, Schwefeldioxid sowie Wasserdampf. Letzterer kondensierte mit zunehmender Abkühlung zu hochgradig saurem Regen, der sich in Geländevertiefungen sammelte und schließlich zur Bildung von Seen und Ozeanen führte.

Ozon schützt vor der UV-Strahlung

In der ersten Hälfte der Erdgeschichte war freier Sauerstoff nur als Spurengas vorhanden. Dann entwickelten sich in den Meeren in Tiefen von mehr als 10 m – weiter konnte die zerstörerische ultraviolette Strahlung nicht vordringen – die ersten Pflanzen, die der Atmosphäre Sauerstoff als Abfallprodukt ihres Stoffwechsels zuführten. Die UV-Strahlung spaltete einen Teil der zweiatomigen Sauerstoffmoleküle in Sauerstoffatome auf, die sich in chemischen Reaktionen mit Sauerstoffmolekülen zum dreiatomigen Sauerstoff, dem Ozon, verbanden. Ozon absorbiert UV-Strahlung sehr effektiv und zerfällt dabei wieder in atomaren und molekularen Sauerstoff. Es durchläuft einen ständigen Kreislauf von Neubildung und Zerfall. In der Folge verminderte sich die Intensität der UV-Strahlung am Erdboden.

Als der Sauerstoffgehalt schließlich auf 1 % der Atmosphäre anwuchs, betrug die zum Schutz vor der UV-Strahlung notwendige Wassertiefe nur noch 30 cm, und vielzellige marine Lebensformen konnten sich ausbilden, die die Produktionsrate für Sauerstoff weiter steigerten.

Bildung und Zusammensetzung der Atmosphäre
Ⓐ Vor mehr als 3,5 Milliarden Jahren war die Uratmosphäre ein lebensfeindliches Gemisch aus Kohlendioxid, Stickstoff und Wasserstoff. Die ersten einzelligen Organismen konnten deshalb nur im Schutz des Wassers entstehen.

Da einige von ihnen zur Photosynthese fähig waren, wobei Sauerstoff freigesetzt wird, begann der Sauerstoffgehalt in der Atmosphäre vor 2 Milliarden Jahren stetig anzuwachsen. Dies zeigen die ausgedehnten Rotsedimente, die von oxidiertem Eisen gefärbt sind. Denn zunächst waren eisenhaltige Formationen abgelagert worden, die – mangels Sauerstoff – keine Oxidation aufwiesen. Schon vor 3,5 Milliarden Jahren begann die Ablagerung des Kohlendioxids in den Sedimenten. Die riesigen Mengen von Kohlenstoff, die in Kalkstein, Kohle und Erdöl lagern, beweisen, daß die Kohlendioxidkonzentration einst viel größer gewesen sein muß als heute, wo sie bei nur 0,04% liegt. Der Rückgang des Kohlendioxids wurde durch den Anstieg des Stickstoffgehalts in der Luft ausgeglichen. Lebewesen haben vor 4 Milliarden Jahren ihre Energie zunächst durch Gärung und später durch Photosynthese in sauerstoffloser Atmosphäre gewonnen. Vor 1,5 Milliarden Jahren wurde die Photosynthese dann im sauerstoffhaltigen Umfeld betrieben. Erst vor 500 Millionen Jahren waren Lebewesen zur Atmung in sauerstoffhaltiger Atmospäre befähigt.

Auch die Sonne besitzt eine Atmosphäre

In der riesigen Gashülle der Sonne ist die Konzentration der Edelgase Neon, Krypton und Xenon deutlich höher als in der Erdatmosphäre. Unser Wissen über die Zusammensetzung der Sonnenatmosphäre konnten wir mit Hilfe der Spektroskopie erlangen. Zerlegt man das Sonnenlicht mit einem Prisma in die einzelnen Wellenlängen, wird ein Spektrum erzeugt. Es besteht aus bandförmig nebeneinanderliegenden Regenbogenfarben. Durchstrahlt das Licht ein Gas, regt es die Elektronen der Gasatome und -moleküle an, wodurch Teile des Lichtes absorbiert werden. An diesen Stellen entstehen dunkle Linien im Spektrum. Da jedes Atom oder Molekül eine bestimmte Elektronenstruktur hat, sind die Linien stoffspezifisch. Vergleicht man die Linienmuster des Sonnenlichtes mit denen bekannter Gase, läßt sich die Zusammensetzung der Sonnenatmosphäre

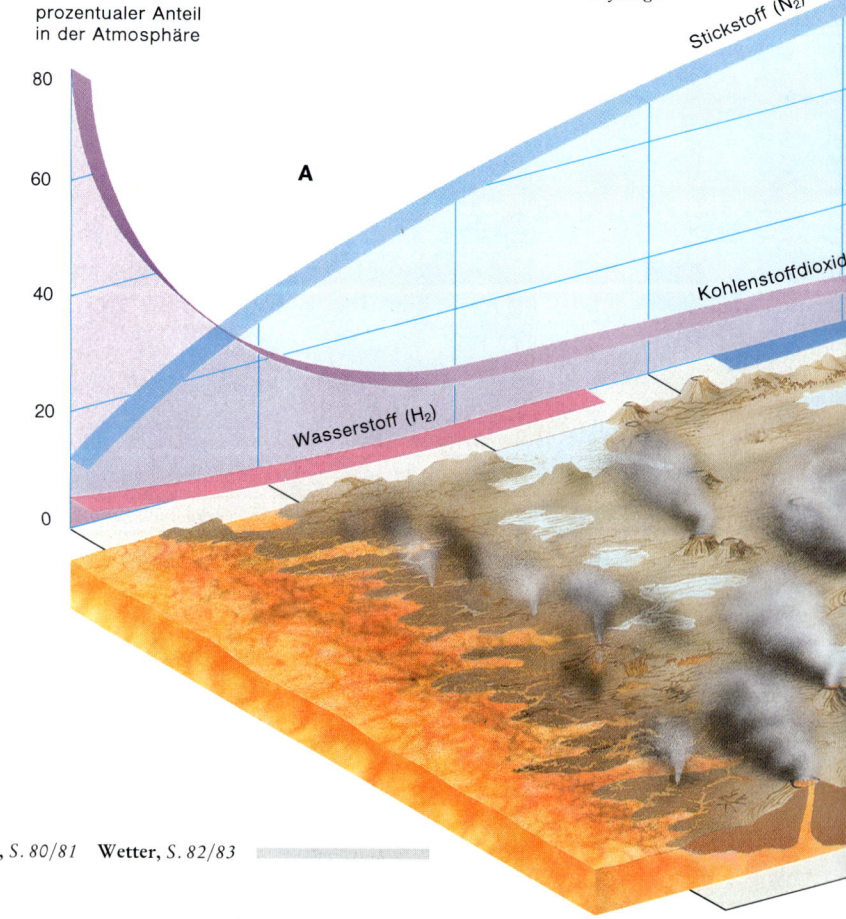

prozentualer Anteil in der Atmosphäre

Stickstoff (N₂)

Kohlenstoffdioxid

Wasserstoff (H₂)

A

Siehe auch: **Vulkane**, S. 54/56 **Regenbogen, Halo, Fata Morgana**, S. 80/81 **Wetter**, S. 82/83

Die lebenswichtige Feuchtigkeit bleibt in Erdnähe

Bei der Absorption der ultravioletten Sonnenstrahlung in der Ozonschicht der Stratosphäre wird diese erwärmt. Als Folge davon entsteht eine Inversionsschicht, die wie ein Deckel den Luftaustausch zwischen Troposphäre und Stratosphäre behindert. Dementsprechend wird faktisch die gesamte Feuchtigkeit im Bereich unter 8–16 km festgehalten, was wiederum die Höhengrenze für Wolken und Niederschlag bestimmt.

Allerdings treten spezielle Wolken auch in den sehr trockenen Schichten oberhalb der Troposphäre auf. Bei Sonnenaufgang und -untergang kann man manchmal in ungefähr 20–30 km Höhe perlmuttartige Wolken beobachten. Sie bestehen aus kugelförmigen Tröpfchen, die entweder zu klein sind, um bei den extrem niedrigen Temperaturen zu gefrieren, oder durch Schwefelsäure aus Vulkanausbrüchen vor dem Gefrieren geschützt sind.

Die Temperaturen in der Atmosphäre

Von einer durchschnittlichen Oberflächentemperatur von 15 °C fällt die Lufttemperatur bis zur Obergrenze der Troposphäre auf ca. –60 °C ab und erwärmt sich bis zur Obergrenze der Stratosphäre auf –10 °C. In der Mesosphäre kühlt sie dann auf –120 °C ab und steigt in der Thermosphäre wieder an.

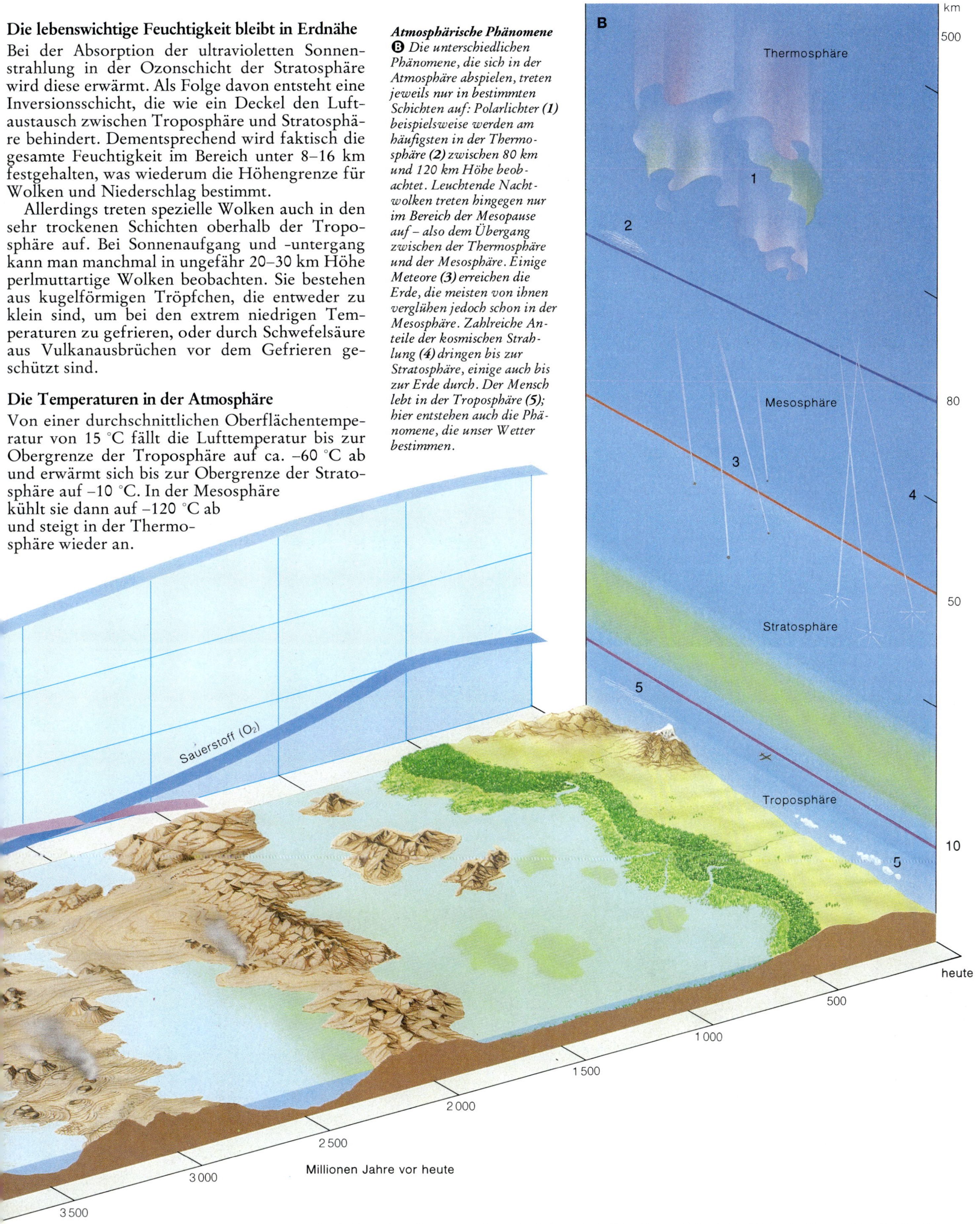

Atmosphärische Phänomene
Ⓑ Die unterschiedlichen Phänomene, die sich in der Atmosphäre abspielen, treten jeweils nur in bestimmten Schichten auf: Polarlichter (1) beispielsweise werden am häufigsten in der Thermosphäre (2) zwischen 80 km und 120 km Höhe beobachtet. Leuchtende Nachtwolken treten hingegen nur im Bereich der Mesopause auf – also dem Übergang zwischen der Thermosphäre und der Mesosphäre. Einige Meteore (3) erreichen die Erde, die meisten von ihnen verglühen jedoch schon in der Mesosphäre. Zahlreiche Anteile der kosmischen Strahlung (4) dringen bis zur Stratosphäre, einige auch bis zur Erde durch. Der Mensch lebt in der Troposphäre (5); hier entstehen auch die Phänomene, die unser Wetter bestimmen.

km
500
B
Thermosphäre
2
1
Mesosphäre
80
3
4
Stratosphäre
50
5
Troposphäre
10
5
Sauerstoff (O₂)
heute
500
1 000
1 500
2 000
2 500
Millionen Jahre vor heute
3 000
3 500

Wolkenbildung, S. 86/87   Entstehung des Lebens, S. 96/97   Ozonschicht, S. 208/209   Treibhauseffekt, S. 210/211

Lichter und Zeichen am Himmel

Regenbogen, Halo, Fata Morgana

Ein Arktisforscher berichtete einst, er habe neun Sonnen am Himmel gesehen. Er war einer der vielen optischen Täuschungen zum Opfer gefallen, die durch Lichtbrechungen und -reflektionen in der Atmosphäre zustandekommen. Spektakuläre Fata Morganas haben schon manchen Seefahrer glauben lassen, über dem Meer hohe Gebirge schwimmen zu sehen. Die Atmosphäre bietet ein ständig wechselndes Kaleidoskop an Formen und Farben; das wohl unheimlichste Phänomen ist ein plötzlich aufscheinender Albino-Regenbogen im Nebel. Zeichen am Himmel haben bei vielen Völkern mythologische Bedeutung.

Die Luftmoleküle streuen die kürzeren Wellenlängen des Lichtes, die am blauen Ende des Farbspektrums liegen, stärker als die längeren Wellenlängen am roten Ende – aus diesem Grund erscheint uns auch der Himmel blau. Nach einem Regenschauer, wenn die Luft reingewaschen ist, erscheint das tiefste Himmelsblau. Wenn die Sonne am frühen Morgen oder am späten Abend nahe dem Horizont steht, müssen die Lichtstrahlen einen wesentlich längeren Weg durch die wasserhaltige und mit Staubpartikeln verschmutzte Atmosphäre zurücklegen, bevor sie uns erreichen. Dadurch wird blaues Licht herausgefiltert, und es entsteht ein roter Morgenhimmel oder ein tief rot gefärbter Sonnenuntergang.

Im letzten Augenblick, bevor die Sonnenscheibe vollends hinter dem Horizont verschwindet, scheint manchmal plötzlich ein grüner Lichtblitz auf. Grünes Licht wird von allen Wellenlängen des Sonnenlichtes in der Atmosphäre am stärksten gebrochen. Die grünen Strahlen gelangen noch über den Horizont, wenn alle anderen Farben schon dahinter verschwunden sind, während die blauen Farben als erste durch den flachen Lichteinfall in die Atmosphäre herausgefiltert werden.

Regenbögen: Lichtbrechung durch Wassertropfen

Wenn das weiße Sonnenlicht in einen Regentropfen gelangt, wird es gebrochen (Refraktion) und reflektiert. Dabei werden die im Sonnenlicht enthaltenen Spektralfarben von Rot bis Blauviolett aufgespalten und erscheinen als Regenbogenfarben. Rot befindet sich auf der Außenseite des Hauptregenbogens, Violett innen. Beim schwächeren Nebenregenbogen wird das Licht zweimal gebrochen, die Anordnung der Farben ist deshalb umgekehrt. Zwischen den Regenbogen wird wenig Licht reflektiert, es entsteht ein dunklerer Streifen. Auf der Innenseite des Hauptregenbogens sind manchmal bis zu vier schwache rote, grüne und violette Streifen zu beobachten. Sie entstehen durch optische Vorgänge in unserem Auge, wo eine Überlappung von Wellen verschiedener Farben (Interferenz) zur Intensivierung oder Abschwächung der Farben führen kann.

Glorienscheine der Natur

Die gegenseitige Beeinflussung von Lichtwellen kann einen »Glorienschein« erzeugen. Bergsteiger, die mit der Sonne im Rücken auf einem Gipfel stehen, werfen häufig einen Schatten auf Talnebel, der einen gefärbten Hof hat. In ähnlicher Weise können Flugzeugschatten auf Wolken von gefärbtem Licht umrahmt sein. Diese optischen Erschei-

Wie Halos und Regenbögen entstehen
A *Halos sind weiße oder farbige Lichtringe um Sonne oder Mond. Der kleine Halo hat einen Öffnungswinkel von 22°. Der große Halo mit 46° ist selten zu sehen.*
B *Die meisten Halos werden durch Lichtbrechung an sechseckigen Eisplatten oder säulenförmigen Eiskristallen gebildet. Meist sind Halos weiß. Wenn die Brechung ganz klar ist, können auch Spektralfarben entstehen.*
C *Während Halos zwischen dem Betrachter und Sonne und Mond erscheinen, stehen Regenbögen immer gegenüber der Sonne. Es sind Bögen eines großen Kreises, dessen Mittelpunkt sich so*

weit unterhalb des Horizontes befindet, wie die Sonne darüber steht. Die violette Farbe des Hauptregenbogens (1) liegt immer bei 40,4°, die rote bei 42,2°. Das Rot des Nebenbogens (2) liegt bei 50,2°, Violett bei 53,2°. Die Intensität der Farben eines Regenbogens hängt von der Größe der Wassertropfen ab. Sehr kleine Wassertropfen lassen überlappende Farben entstehen, so daß an den Außenrändern statt Rot und Violett orange und rosa Farbtöne vorkommen.

Siehe auch: Erdmagnetismus, S. 46/47   Atmosphäre, S. 78/79   Wolkenbildung, S. 86/87

Haupt- und Nebenbögen

D Bei Hauptregenbögen wird das Sonnenlicht nach der Lichtbrechung von der Rückseite der Tropfen nur einmal reflektiert **(1)**. Das schwächere Licht des Neben-regenbogens wird im Regen-tropfen zweimal reflektiert, was die umgekehrte Farb-abfolge erklärt **(2)**.

Aureolen

Aureolen (links) entstehen durch Lichtbeugung an klei-nen Tropfen, nicht durch Lichtbrechung an Eiskri-stallen wie die Halos. Das gebeugte Licht interferiert mit den nicht gebeugten Lichtstrahlen und verursacht abwechselnd helle und dunkle Ringe. Da die verschiedenen Wellenlängen auch unter-schiedliche Farben des Spek-trums repräsentieren, kann in der dunklen Zone zwischen blauen Ringen ein roter Ring entstehen. Die Größe der Lichtringe ergibt sich aus dem Durchmesser der Wassertropfen. Je kleiner die Tröpfchen, um so größer die Ringe. Normalerweise sind die Tropfen in den Wolken 0,01–0,02 mm groß.

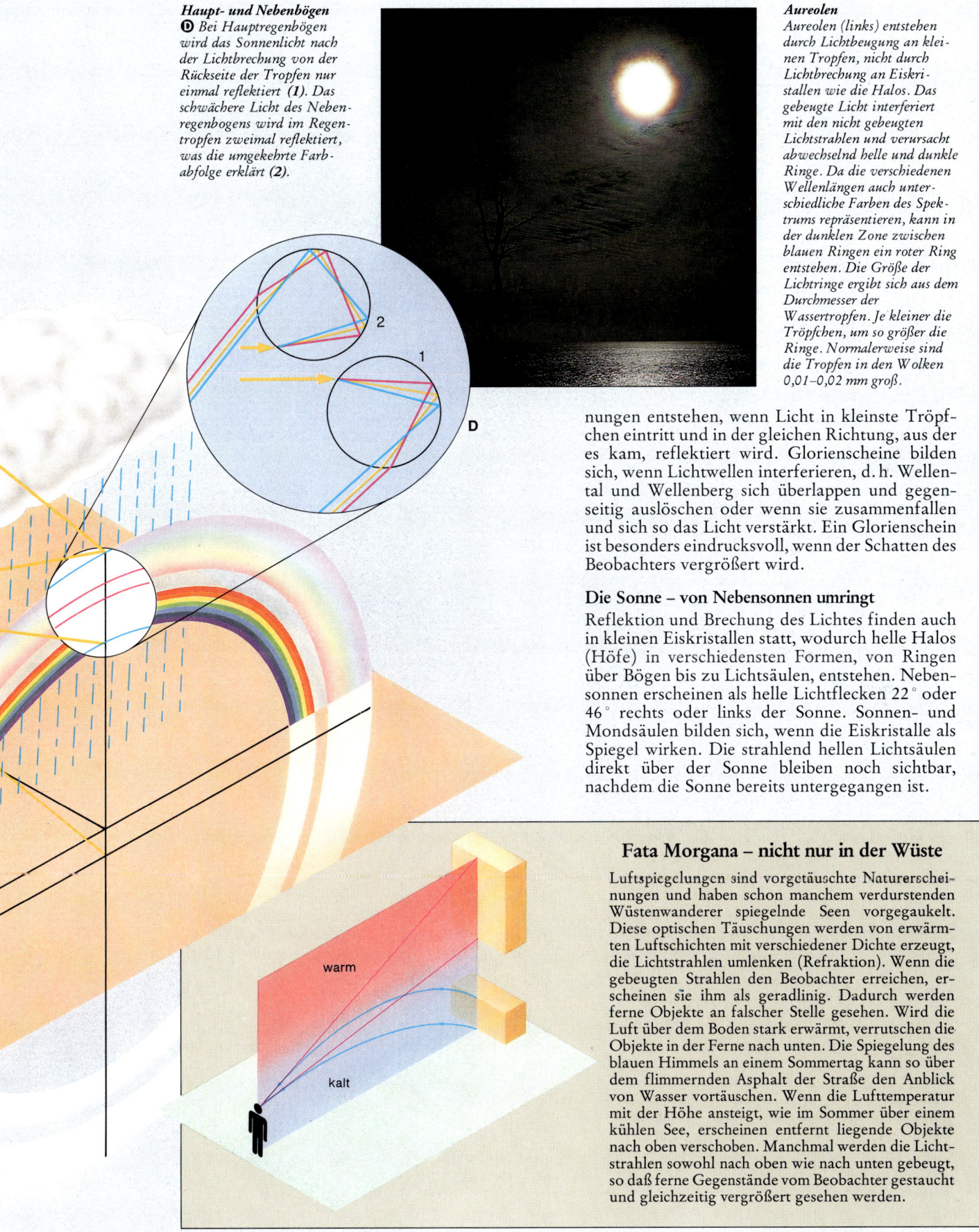

nungen entstehen, wenn Licht in kleinste Tröpf-chen eintritt und in der gleichen Richtung, aus der es kam, reflektiert wird. Glorienscheine bilden sich, wenn Lichtwellen interferieren, d. h. Wellen-tal und Wellenberg sich überlappen und gegen-seitig auslöschen oder wenn sie zusammenfallen und sich so das Licht verstärkt. Ein Glorienschein ist besonders eindrucksvoll, wenn der Schatten des Beobachters vergrößert wird.

Die Sonne – von Nebensonnen umringt

Reflektion und Brechung des Lichtes finden auch in kleinen Eiskristallen statt, wodurch helle Halos (Höfe) in verschiedensten Formen, von Ringen über Bögen bis zu Lichtsäulen, entstehen. Neben-sonnen erscheinen als helle Lichtflecken 22° oder 46° rechts oder links der Sonne. Sonnen- und Mondsäulen bilden sich, wenn die Eiskristalle als Spiegel wirken. Die strahlend hellen Lichtsäulen direkt über der Sonne bleiben noch sichtbar, nachdem die Sonne bereits untergegangen ist.

Fata Morgana – nicht nur in der Wüste

Luftspiegelungen sind vorgetäuschte Naturerschei-nungen und haben schon manchem verdurstenden Wüstenwanderer spiegelnde Seen vorgegaukelt. Diese optischen Täuschungen werden von erwärm-ten Luftschichten mit verschiedener Dichte erzeugt, die Lichtstrahlen umlenken (Refraktion). Wenn die gebeugten Strahlen den Beobachter erreichen, er-scheinen sie ihm als geradlinig. Dadurch werden ferne Objekte an falscher Stelle gesehen. Wird die Luft über dem Boden stark erwärmt, verrutschen die Objekte in der Ferne nach unten. Die Spiegelung des blauen Himmels an einem Sommertag kann so über dem flimmernden Asphalt der Straße den Anblick von Wasser vortäuschen. Wenn die Lufttemperatur mit der Höhe ansteigt, wie im Sommer über einem kühlen See, erscheinen entfernt liegende Objekte nach oben verschoben. Manchmal werden die Licht-strahlen sowohl nach oben wie nach unten gebeugt, so daß ferne Gegenstände vom Beobachter gestaucht und gleichzeitig vergrößert gesehen werden.

Regen, Schnee und Hagel, S. 88/89 Blitz und Donner, S. 90/91

Wie Sonnenenergie die Großwetterlage bestimmt

Tägliches Wettergeschehen und globales Klima

Eine sichere Wettervorhersage für den nächsten Tag ist nur selten möglich. Landwirten, Seeleuten oder Reisenden gar verläßliche längerfristige Voraussagen zu geben, ist noch schwieriger. Zu viele unberechenbare Einflüsse entscheiden über Regen, Sturm oder Sonnenschein. Selbst kleinste Ursachen können weitreichende Folgen haben: Der Flügelschlag eines Schmetterlings im brasilianischen Urwald kann sechs Monate später in Texas einen Tornado auslösen. Dieses erstaunliche Ergebnis erbrachten 1960 Computerberechnungen des amerikanischen Meteorologen Edward Lorenz.

Das Wettergeschehen der Erde wird allein von der Sonne in Gang gesetzt. Besonders in der Äquatorregion werden aufgeheizte, feuchte Luftmassen hoch in die Atmosphäre gewirbelt. Die aufsteigende Luft kühlt sich ab, und der Wasserdampf kondensiert zu kleinen Tröpfchen, aus denen sich am Nachmittag gewaltige Wolkentürme bilden. Heftige Regenschauer sind deshalb typisch in den Tropengebieten in Afrika, Asien und Amerika.

Aber die tropischen Luftmassen werden auch nach Norden und Süden verdriftet. In der Passatregion, in etwa 30° Breite, sinken sie ab und erwärmen sich dabei so stark, daß die Luft extrem trocken wird. Vom wolkenlosen Himmel glüht hier die Sonne herab und läßt das Land zu Wüsten verdorren. So entstanden die Sahara und die australischen Trockengebiete.

Ein Teil der absteigenden tropischen Höhenluft fließt auf der Nordhalbkugel als Nordostpassat zum Äquator zurück (in der Südhemisphäre als Südostpassat). Die ständige Zirkulation zwischen dem 30. Breitengrad und dem Äquator wird als Hadley-Zelle bezeichnet.

Tiefdruckgebiete in den gemäßigten Breiten

Der Rest der absinkenden Luftmassen fließt als warmer Wind nach Norden in die mittleren Breiten. Wo er übers Meer weht, nimmt er viel Feuchtigkeit auf. In Breiten von 50–70° prallt die feuchtwarme subtropische Luft auf eisige, trockene Polarluft. An dieser Polarfront entstehen immer neue Tiefdruckzellen (Zyklonen), die in den mittleren Breiten das feuchtgemäßigte Klima bewirken. Die regenbringenden Zyklonen dringen mit den Westwinden weit in die Kontinente vor.

Vom täglichen Wetter zum Klima

Die sich in vielen Gebieten der Erde ständig wiederholenden Wetterabfolgen – die Starkregen in Äquatornähe, die stetigen Passatwinde, die durchziehenden Tiefdruckgebiete der gemäßigten Breiten oder die eisigen Polarwinde – bestimmen das Wetter Jahr für Jahr in gleicher Weise. Diese typischen Wetterereignisse in einer bestimmten Region bezeichnet man als Klima. Am deutlichsten werden unterschiedliche Klimate durch die Vegetation angezeigt. Die großräumigen Klimaeinteilungen erfassen allerdings die starken lokalen Klimaunterschiede nur ungenügend. Höhenlage, Exposition zur Sonne sowie eine zur Hauptwindrichtung zugewandte oder abgewandte Lage modifizieren das allgemeine Klima erheblich. Die Klimate überlappen einander und verändern sich im Laufe der Zeit.

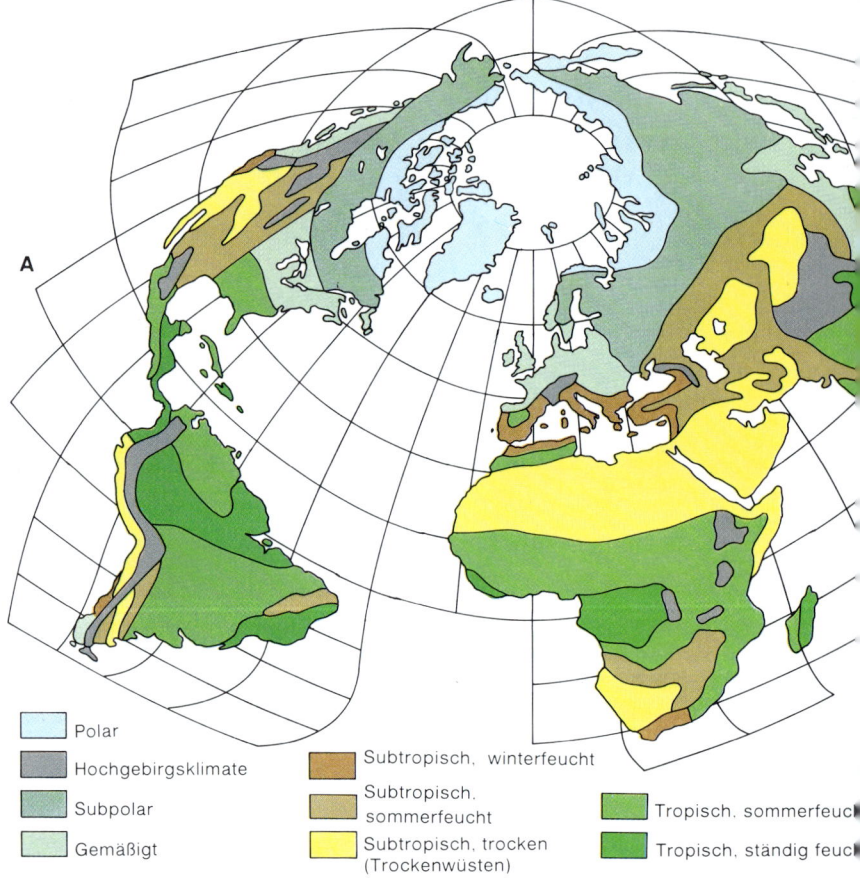

A

- Polar
- Hochgebirgsklimate
- Subpolar
- Gemäßigt
- Subtropisch, winterfeucht
- Subtropisch, sommerfeucht
- Subtropisch, trocken (Trockenwüsten)
- Tropisch, sommerfeucht
- Tropisch, ständig feucht

Die Albedo – zurückgestrahlte Sonnenenergie

Astronauten bietet sich ein farblich spektakuläres Mosaik von Wolkenmustern, Ozeanen und Landformen. Dies ist nur möglich, weil die Sonnenstrahlen von der Erdoberfläche nicht völlig absorbiert werden, ein erheblicher Anteil wird in den Weltraum zurückgeworfen. Dieser Anteil, die Albedo, beträgt im Mittel für die gesamte Erde 30 %. Die Albedo von Wäldern liegt zwischen 5–18 %, Grasländer haben einen Wert von 25 %, Wüsten von 25–37 %. Städte nehmen mit der geringen Albedo von 14–18 % viel Sonnenenergie auf. Neuschnee kann bis über 85 % der Sonnenstrahlen reflektieren, je mehr Schnee und Eis das Festland bedecken, um so kälter wird daher die Erde. Wenn die Sonne noch am Himmel steht, schlucken die Ozeane 97–98 % der eintreffenden Sonnenenergie, wenn aber die Sonne nur noch 15° über dem Horizont steht, werden die Sonnenstrahlen zur Hälfte zurückgespiegelt.

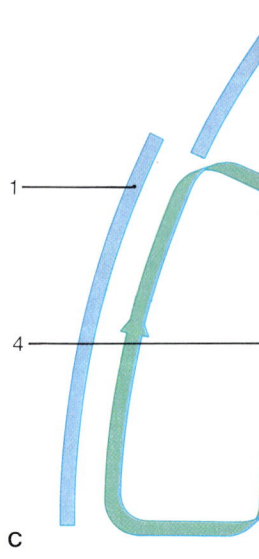

1

4

C

Siehe auch: **Winde,** *S. 84/85* **Regen, Schnee und Hagel,** *S. 88/89* **Wirbelstürme,** *S. 92/93* **Jahreszeiten,** *S. 94/95*

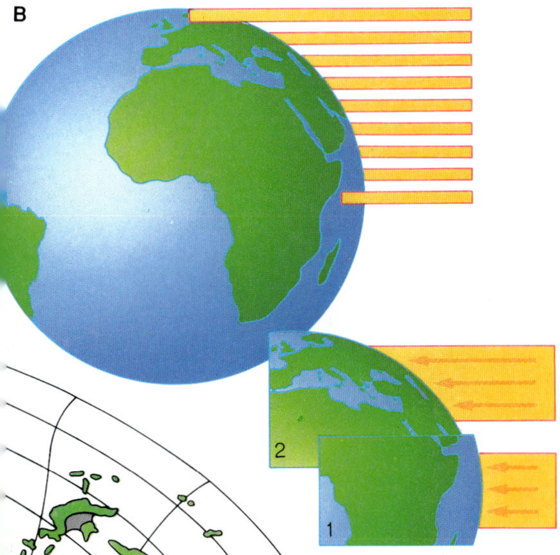

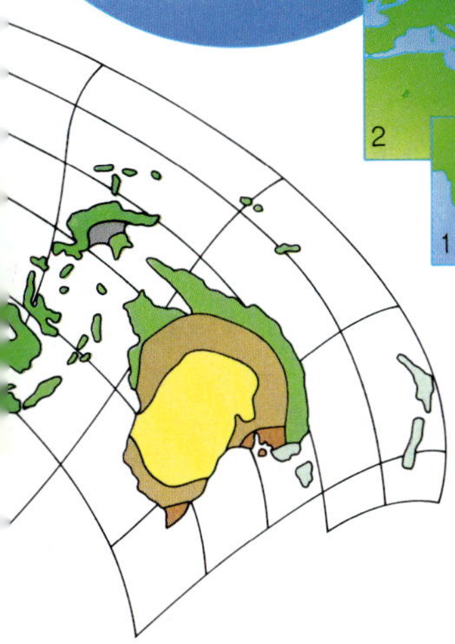

B

Weltweiter Wärmeausgleich
B *Die Erde hat die Form einer Kugel. Die Äquatorbreiten (1) werden daher durch eine höhere Dichte der Sonnenstrahlen stärker erwärmt als die Pole (2). In den Polargebieten geht zusätzlich Wärme dadurch verloren, daß die Strahlen einen längeren Weg durch die absorbierende Atmosphäre zurücklegen müssen. Da jedoch die Polargebiete nicht immer weiter auskühlen und die niedrigen Breiten nicht noch heißer werden, muß es einen weltweiten Wärmeausgleich geben. Diesen Wärmetransport übernehmen die warmen Meeresströmungen sowie die atmosphärische Zirkulation der Luftmassen.*

Veränderung der Wetterlage
C *Die Luftmassenzirkulation der nördlichen Erdhalbkugel verändert sich im Verlauf der Jahreszeiten nur wenig, denn Hadley- (1), Ferrel- (2) und Polar-Zelle (3) verlagern sich nur geringfügig. Dennoch gibt es in vielen Gebieten der Erde große tägliche Veränderungen im Wettergeschehen. Wind, Regen und Sonnenschein bleiben unberechenbar. Die Subtropen erfreuen sich in der Regel der stetigen Passatwinde, oft werden sie aber auch von verheerenden*

Kaltfront

Warmfront

Jetstreams
Windgeschwindigkeiten von 500 km/h überraschten im Zweiten Weltkrieg amerikanische Piloten, die in den Westpazifik flogen. Ihre Flugzeuge kamen kaum vorwärts. Die Piloten gehörten zu den ersten Menschen, die einen Jetstream erlebten. Diese Strahlströme umrunden die Erde in 1–4 km Höhe. Der lagebeständige Subtropenstrahlstrom pendelt um 35° Breite, der Polarfrontstrom zwischen 60° und 40° Breite. Jetstreams sind oft durch Cirruswolken zu erkennen. Sie bestehen aus Eiskristallen und können einige hundert Kilometer lang werden.

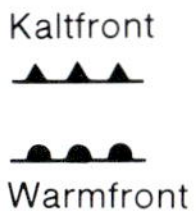

Hurricanes (4) heimgesucht. Wetterwechsel sind in mittleren Breiten besonders häufig. Hochdruck (Antizyklone) und Tiefdruck (Zyklone) wechseln sich ab. Von hohen Jetstreams (5) angetrieben,

bringen Tiefdruckwirbel an der Grenze zwischen Warmluft und Polarluft, der sogenannten Polarfront (6), Wind, Regen- und Schneefälle. Nach dem Durchzug einer Warmfront (7) folgt auf der Rückseite zumeist eine Zone mit klarem Hochdruckwetter (8), anfänglich noch durch einige Schauer aus Kumulus-Wolken unterbrochen.
Auch mit Hilfe der kompliziertesten Computer sind langfristige Vorhersagen des Wetters nicht zuverlässig.

2   3   6   7

5

8

Warum bewegt sich die Luft?

Der Wind als Wettermacher

Wenn am Ende der sengenden Trockenzeit der indische Monsun endlich den lebenspendenden Regen bringt, atmen die Menschen auf. Wenn mit Alpenföhn, nordamerikanischem Chinook oder dem afrikanischen Schirokko warme, trockene Luft ins Gebirgsvorland kommt, haben es wetterfühlige Menschen schwer, Körper und Seele leiden, die Selbstmordrate steigt. Zu den eindrucksvollsten Luftmassenbewegungen der Erde gehört der polare Jetstream der mittleren Breiten, der Tiefdruckzellen nach Osten mitreißt und so dauernde Wetterwechsel, mal angenehme Sonne, mal nötigen Regen bringt.

Winde entstehen durch den unterschiedlichen Druck zweier benachbarter Luftmassen. Die dichtere und damit schwerere Luft eines Hochdruckgebietes fließt in das Tiefdruckgebiet mit dünnerer, leichterer Luft. Je größer der Druckunterschied, um so heftiger werden die Winde. Durch den sogenannten Coriolis-Effekt werden die Luftbewegungen auf der Nordhalbkugel nach rechts (Osten) abgelenkt. Daraus ergibt sich beim Durchzug von Tiefdruckzellen eine regelmäßige Wetterabfolge: Vor dem Tief, also auf seiner Ostseite, strömt warme, feuchte Luft aus dem Süden heran, hinter dem Tief, auf seiner Westseite, bringen kalte Nordwestwinde polare Luft zu uns. Der warme Landregen vor dem Tief wird daher schließlich durch kühles Schauerwetter abgelöst. Wenn Kaltluft auf Warmluft stößt, entsteht eine sogenannte Kaltfront. Hier schiebt sich die kalte Luft steil unter die leichte Warmluft und drückt diese nach oben. Die instabile Aufwärtsbewegung führt zu Quellwolken, aus denen kurze, aber heftige Schauer niederprasseln. Nach dem Durchzug einer Warm- oder Kaltfront stabilisiert sich das Wetter. Solch ein Wetterablauf dauert in der Regel vier bis sieben Tage.

Winde – so schnell wie ein Düsenflugzeug

Flugzeuge, die von Amerika nach Europa in einer Höhe von neun bis zwölf km fliegen, sparen viel Treibstoff. Der polare Jetstream oder Strahlstrom ist mit Geschwindigkeiten von 100 bis über 600 km/h ein hilfreicher Rückenwind. Durch große horizontale Temperatur- und Druckunterschiede können diese Starkwindbänder in der oberen Troposphäre einige 1000 km Länge und einige 100 km Breite erreichen. Die vertikale Ausdehnung der Strahlströme beträgt mehrere Kilometer. Sie sind wetterbestimmend für die höheren Mittelbreiten der Nordhalbkugel. Ähnliche Jetstreams gibt es auch in den Subtropen, den Tropen sowie in der Arktis und Antarktis.

Fischer nutzen den Rhythmus des Windes

Am Tage steigt die warme Luft über dem Festland auf, und kühle Meeresluft strömt nach. Nachts ist es umgekehrt: dann weht der Wind zum Meer. Fischer wissen das, sie fahren vor Tagesanbruch mit ihren Segelbooten hinaus und kommen später am Tag zurück, immer mit dem Wind von achtern. Der französische Mistral, ein kalter, heftiger Wind, der im Frühling Obst und Gemüse erfrieren läßt und im späten Sommer mit kühler, trockener Luft Waldbrände anfacht, kann mit über 200 km/h Windgeschwindigkeit

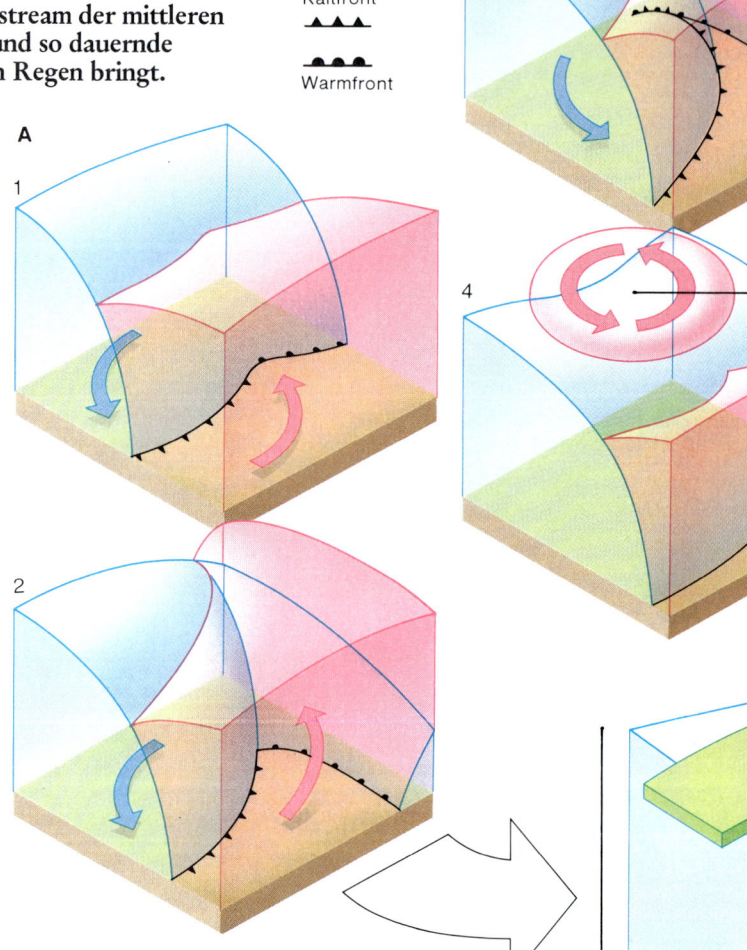

Kaltfront
Warmfront

das Rhônetal hinunterfegen. Angesogen vom stationären Tief bei Genua wird zentraleuropäische Luft durch den Rhônegraben kanalisiert. Ähnlich entstehen die trockenen Fallwinde der Bora, die von den nahen Bergen zur Adriaküste wehen. An den antarktischen Küsten erreichen solche Winde, die vom extrem kalten Inlandeis zur Küste brausen, Windgeschwindigkeiten von über 200 km/h.

Wie der Wüstensand nach Europa kommt

Wenn der glutheiße, ausdörrende Schirokko, der heiße Atem der Sahara, an der Vorderseite von Mittelmeertiefs nach Norden weht, leiden Nordafrika und Spanien unter trockener Hitze. Nach Überqueren des Mittelmeeres erreicht die afrikanische Luft Italien und den Balkan feuchtheiß. Die böigen Winde transportieren den rotgefärbten Wüstenstaub nicht selten bis über die hohen Alpen nach Süddeutschland, wo er manchmal als erschreckender »Blutregen« niedergeht.

Siehe auch: **Atmosphäre**, *S. 78/79* **Wetter**, *S. 82/83* **Wolkenbildung**, *S. 86/87* **Regen, Schnee und Hagel**, *S. 88/89* **Blitz und Donner**, *S. 90/91* **Wirbelstürme**, *S. 92*

Die Entstehung von Tiefdruckgebieten

Ⓐ *Die Tiefdruckgebiete der mittleren Breiten, die außertropischen Zyklonen, sind längst nicht so energiegeladen wie die tropischen, aber sie sind viel häufiger, leben länger und beeinflussen das Wetter größerer Gebiete. Die Entwicklung einer frontalen Tiefdruckzelle beginnt (1), wenn polare Kaltluft auf eine tropische Warmluftmasse stößt. Innerhalb dieser Front bildet sich das offene Stadium der Zyklone (2). Um die entstehende Welle drehen sich die ausgebildeten Fronten. Zuletzt »überholt« die Kaltfront die Warmfront, die Kaltluft schiebt sich unter die Warmluft und preßt sie nach oben, weg vom Boden – eine Okklusion (3) entsteht. Schließlich vereinigen sich die Kaltluftgebiete, zwischen denen der Warmluftkeil lag, und die Warmluft liegt abgehoben über der Kaltluft (4) – in der Wetterkarte wachsen die Signaturen für die Warm- und Kaltfront zusammen.*

Der Monsun

In Cherrapunji, im Stau des Himalayas gelegen, fielen einmal 897 mm Regen innerhalb von 24 Stunden. Zum Vergleich: Deutschland erhält durchschnittliche Jahresniederschläge von 760 mm. Cherrapunji gilt mit dem höchsten südwestmonsunalen Niederschlag des Indisch-Pakistanischen Subkontinents als regenreichster Ort der Erde. Kein Wunder, daß die Täler in den Fluten katastrophaler Überschwemmungen (Bild) ertrinken. Im Monsun-Sommer zieht das über dem erhitzten Land liegende Wärmetief feuchtwarme Meeresluft an, die ab März den Küsten regenspendende Gewitter bringt. Erst von Juni bis Oktober erreichen die Monsunregen auch das Landesinnere. Verspätet sich der wasserspendende Monsun oder trifft er gar nicht ein, bedeutet das für die betroffene Region eine Katastrophe: Mißernten und Hungersnöte sind die Folge. Die Regenzeit wird im Oktober von der Trockenzeit abgelöst, wenn der Wind umschlägt.

B

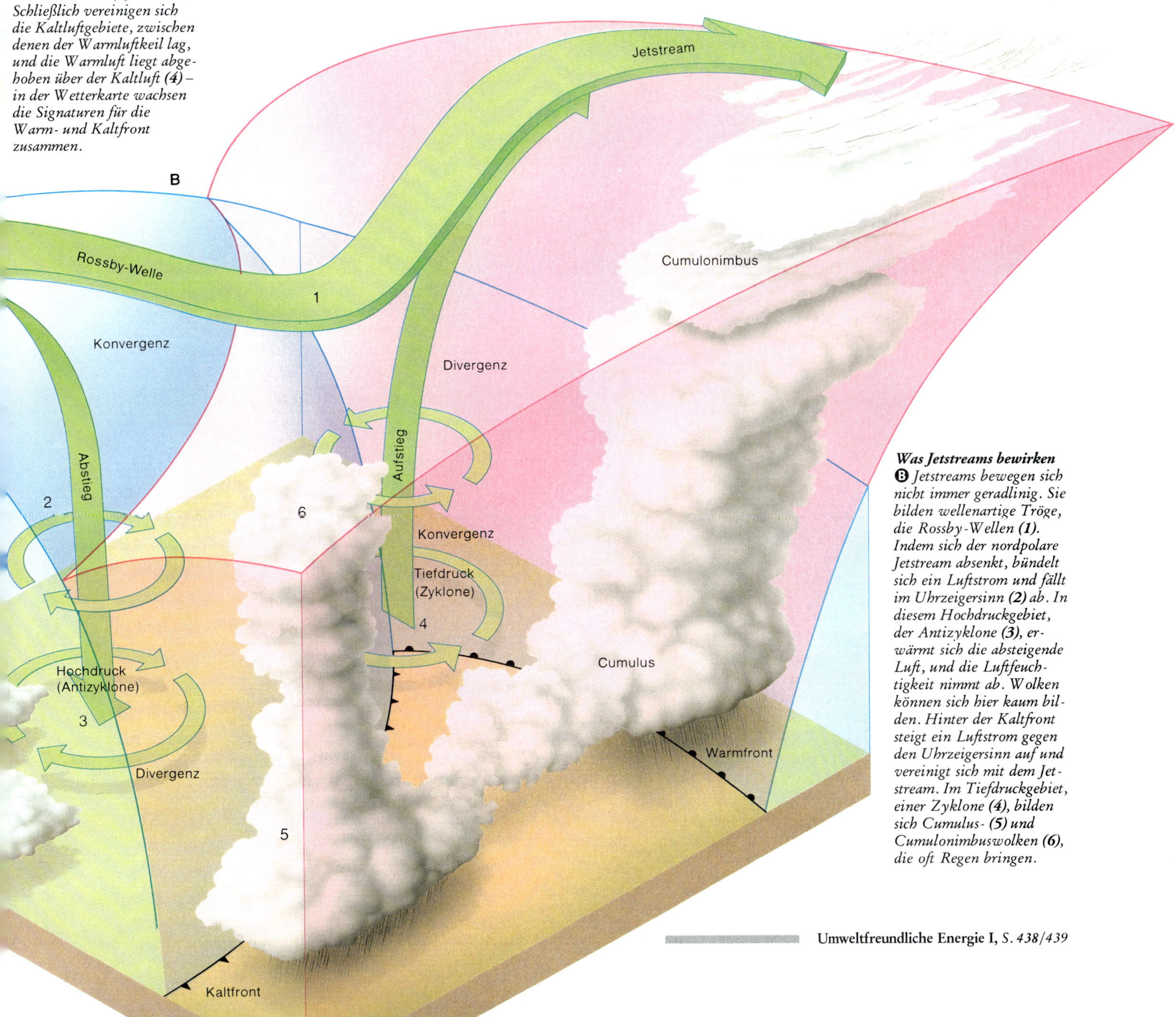

Jetstream

Rossby-Welle

Cumulonimbus

Konvergenz

Divergenz

Aufstieg

Abstieg

2

6

Konvergenz

1

Tiefdruck (Zyklone)

4

Cumulus

Hochdruck (Antizyklone)

3

Divergenz

5

Warmfront

Kaltfront

Was Jetstreams bewirken

Ⓑ *Jetstreams bewegen sich nicht immer geradlinig. Sie bilden wellenartige Tröge, die Rossby-Wellen (1). Indem sich der nordpolare Jetstream absenkt, bündelt sich ein Luftstrom und fällt im Uhrzeigersinn auf (2) ab. In diesem Hochdruckgebiet, der Antizyklone (3), erwärmt sich die absteigende Luft, und die Luftfeuchtigkeit nimmt ab. Wolken können sich hier kaum bilden. Hinter der Kaltfront steigt ein Luftstrom gegen den Uhrzeigersinn auf und vereinigt sich mit dem Jetstream. Im Tiefdruckgebiet, einer Zyklone (4), bilden sich Cumulus- (5) und Cumulonimbuswolken (6), die oft Regen bringen.*

Umweltfreundliche Energie I, S. 438/439

Wenn die Luft Wasser ausscheidet

Wie Wolken gebildet werden

Die Erdatmosphäre enthält Billionen Tonnen Wasser. Selbst in der trockensten Wüste hat die Luft noch bis zu 0,1 % Wasser, so daß über Nacht Tau oder sogar Wolken entstehen können. Verdunstung und Tröpfchenbildung bei der Abkühlung der Luft, wenn weniger Wasserdampf gehalten werden kann, stehen im steten Wechselspiel. Wolken entstehen hoch am Himmel oder nahe über dem Boden, am Boden spricht man von Nebel. Sie bilden sich an Bergen und hinter Flugzeugen oder steigen aus Schornsteinen in die Höhe. Ihre Formen und Bewegungen kündigen uns das Wetter der nächsten 48 Stunden an.

Wolken bilden sich, wo die Luft über den Tau- oder Sättigungspunkt hinweg abgekühlt wird – bei Temperaturen, bei denen die Wasseraufnahmefähigkeit der Luft überschritten wird. Dies geschieht, wenn sich Luftmassen unterschiedlicher Temperatur mischen oder wenn die Luft in kältere Höhen aufsteigt. Mit der Druckabnahme in der Höhe dehnt sich die Luft aus, verteilt auf diese Weise die Wärmeenergie und kühlt sich ab. Wenn der Taupunkt erreicht ist, bilden sich an kleinsten Staubpartikeln, den sogenannten Kondensationskernen, die ersten Wassertröpfchen. An kleinen Meersalzkristallen in der Luft, die Wasser stark anziehen, können sich sogar schon Wassertropfen entwickeln, bevor die Wassersättigung erreicht ist. In kalten Zonen werden die Wolken aus kleinsten Eiskristallen gebildet.

Phantastische Wolkentürme

Die Wolkenform und -größe hängt von den Kräften ab, die feuchte Luft nach oben wirbeln. Auch das Temperaturgefälle und die Höhe sind von Bedeutung. Wenn große Luftmassen in der unteren Atmosphäre aufsteigen, bilden sich ausgedehnte Schichtwolken ohne Strukturen. Wenn die Luft jedoch unstabil ist, wenn kleine Blasen erwärmter, feuchter Luft abheben und in kühle Höhen gelangen, bilden Quellwolken einzeln stehende, spektakuläre Wolkenformationen am Himmel. Wie hoch sich diese Wolken auftürmen, entscheidet der Temperaturunterschied zur umgebenden, kälteren Luft. Ähnlich wie ein Heißluftballon steigt die Luft solange auf, bis sie die gleiche Temperatur und damit die gleiche Dichte hat wie die umgebende Luft. In den Tropen, wo die hochstehende Sonne die Luft am Boden stark aufheizt, wachsen die Quellwolken bis über 15 km hoch in den blauen Himmel. In den kalten Polargebieten läßt die niedrige Luftschichtung meist nur flache Wolken zu.

Schichtwolken und Quellwolken

Wolken werden nach Form, Größe, Höhe und nach der Entstehungsart unterschieden. Es gibt Schicht- und Quellwolken in verschiedener Höhe. Stratus- oder Schichtwolken bedecken den Himmel wie eine große Bettdecke. Sie können tagelangen Landregen verursachen. In mittleren und großen Höhen werden sie dünner, so daß die Sonne fahl hindurchscheint. Die Cumulus- oder Quellwolken sind Einzelwolken, die sehr hoch werden (Cumulonimbus) und aus denen Gewitter, Starkregen und Hagelschauer niedergehen. Cumuluswolken bilden sich schnell und lösen sich

Die unterschiedlichen Wolkentypen
A *Wolken der verschiedensten Formtypen entwickeln sich in allen Höhenbereichen der Troposphäre. Stratus (1) ist eine graue, strukturlose Schichtwolke unter 2000 m, die höhere Gipfel verdeckt und oft sogar bis zum Boden reicht. Wegen der geringen Höhe scheint sie an windigen Tagen sehr schnell vorüberzuziehen. Die Stratus-Wolke kann sich über viele tausend Quadratkilometer ausdehnen, sie bringt Schnee oder Sprühregen. Cumuluswolken (2) sind kleine Quellwolken, die in Höhen unter 2000 m über den Himmel ziehen. Sie entstehen schnell, können sich aber auch bereits innerhalb einer Viertelstunde wieder auflösen. Es sind Schönwetterwolken, die sich über warmem Boden, über Kraftwerken oder sogar über abbrennenden Stoppelfeldern bilden. Sie können sich zu Stratocumulus vereinigen (3) oder zu gigantischen, 7000 m hohen und an der Basis bis zu 10 km breiten Cumulonimbus anwachsen (4). Diese eindrucksvollen Wolken-türme entstehen in unseren Breiten besonders oft an schwülen Sommernachmittagen. In feuchten Tropengebieten haben die Gewitterwolken die höchsten Formen. Sie bringen heftige Regenschauer, Hagel, Blitz und Donner und verschwinden genauso schnell wieder, wie sie gekommen sind. Mittlere*

schnell auf. Hochstehende, durchsichtige, dünne Eiswolken (Cirrostratus), die oft streifig angeordnet sind, zeigen uns, daß eine Wetterverschlechterung bevorsteht. Kleine Cumuluswolken können in großen Höhen als Schäfchenwolken den Himmel dekorieren.

Wolkenumhüllte Gipfel und sonnige Täler

Gebirgsbarrieren zwingen heranrückende Luftmassen zum Aufstieg in kalte Höhen. In der abgekühlten Luft bilden sich mächtige Schichtwolken, die alle Gipfel in dichten Nebel hüllen. Beim Kondensieren des Wasserdampfes wird Verdunstungswärme frei; sie läßt die wieder absteigende, ausgetrocknete Luft hinter dem Gebirge wärmer ankommen, als sie vor dem Gebirge aufgestiegen ist. Im Lee, hinter dem Gebirge, lösen sich die Wolken mit typischen Formen auf (Föhnwolken). Im Sommer heizt sich die Luft über den sonnennahen Gipfeln stark auf, und in Windseile bilden sich aufquellende Gewitterwolken.

Höhen um 3000 bis 4000 m erreichen Altostratus (5) und Altocumulus (6). Durch die größeren Höhen, in denen sie sich bewegen, sehen sie für uns relativ langsam aus. Langanhaltende, ergiebige Landregen bringen uns die bis 5000 m mächtigen Nimbostratus, die den Himmel schwarz verfärben. Cirrus-Wolken (7) geraten durch ihre Höhenlage zwischen 8000 und 12000 m in Nordeuropa häufig in den Jetstream. Die in Höhen von 6000 bis 7000 m gebildeten Cirrocumulus (8) treten häufig mit Cirrostratus (9), die 1000 m höher liegen, zusammen auf. Cirrostratus allein sind oft nur an einem Hof um Sonne oder Mond zu erkennen.

Siehe auch: Atmosphäre, S. 78/79 Regenbogen, Halo, Fata Morgana, S. 80/81 Winde, S. 84/85

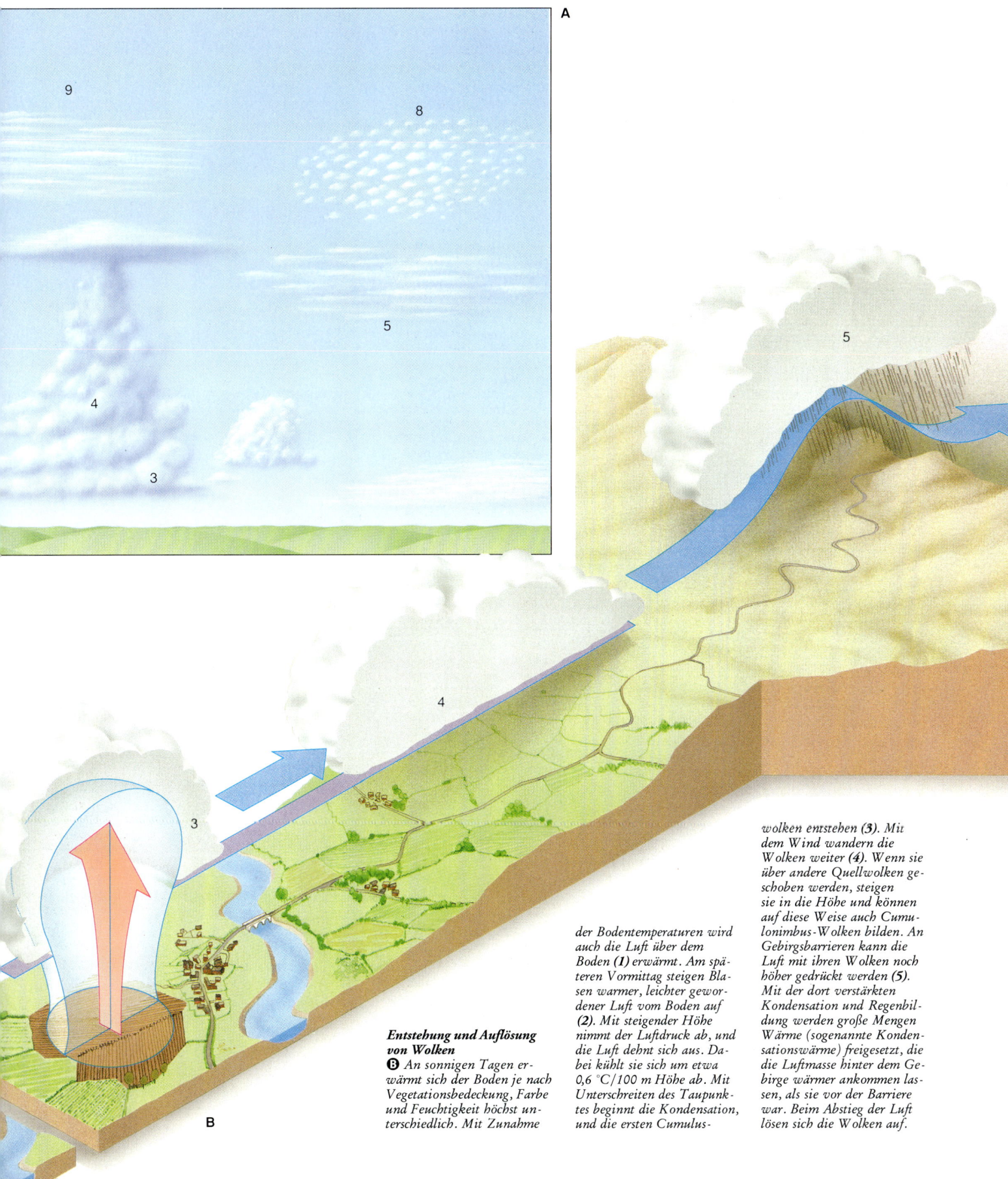

A

9

8

5

4

3

5

4

3

B

Entstehung und Auflösung von Wolken

B *An sonnigen Tagen erwärmt sich der Boden je nach Vegetationsbedeckung, Farbe und Feuchtigkeit höchst unterschiedlich. Mit Zunahme* der Bodentemperaturen wird auch die Luft über dem Boden (**1**) erwärmt. Am späteren Vormittag steigen Blasen warmer, leichter gewordener Luft vom Boden auf (**2**). Mit steigender Höhe nimmt der Luftdruck ab, und die Luft dehnt sich aus. Dabei kühlt sie sich um etwa 0,6 °C/100 m Höhe ab. Mit Unterschreiten des Taupunktes beginnt die Kondensation, und die ersten Cumulus-

wolken entstehen (**3**). Mit dem Wind wandern die Wolken weiter (**4**). Wenn sie über andere Quellwolken geschoben werden, steigen sie in die Höhe und können auf diese Weise auch Cumulonimbus-Wolken bilden. An Gebirgsbarrieren kann die Luft mit ihren Wolken noch höher gedrückt werden (**5**). Mit der dort verstärkten Kondensation und Regenbildung werden große Mengen Wärme (sogenannte Kondensationswärme) freigesetzt, die die Luftmasse hinter dem Gebirge wärmer ankommen lassen, als sie vor der Barriere war. Beim Abstieg der Luft lösen sich die Wolken auf.

Regen, Schnee und Hagel, S. 88/89   Blitz und Donner, S. 90/91

Die Himmelsschleusen öffnen sich

Wie Regen, Schnee und Hagel entstehen

Am Mount Waialeale auf Kauai (Hawaii) regnet es 350 Tage im Jahr. Mit 15 000 mm Regen jährlich ist dies das feuchteste Gebiet der Erde. Das andere Extrem sind die Wüsten – aber selbst die trockenste Wüste erhält auch einmal ein wenig Niederschlag. Die Erde kann durch Schnee oder Graupel abgekühlt, durch Nebel und Wolken unsichtbar gemacht oder mit Hagel und faustgroßen Eisstücken bombardiert werden. Vom Wasser lebt die Natur und mit ihr der Mensch. Ohne ausreichend Wasser verdursten Mensch und Tier und vertrocknen die Pflanzen. Die Niederschläge spenden uns dieses nötige Lebenselixier.

Die Basis einer Wolke wird gekennzeichnet durch das Kondensationsniveau, wo sich aus Wasserdampf kleine Tropfen bilden. Große Wolken steigen hoch hinauf bis in das Frostniveau mit Temperaturen weit unter 0 °C. Diese Wolken bestehen aus einer Mischung von Eiskristallen, unterkühlten Wassertropfen, die, obwohl unter dem Gefrierpunkt, noch nicht zu Eis kristallisiert sind, und Wasserdampf. Gasförmiges Wasser kann sich direkt an die Eiskristalle anlagern (Sublimation). Nachschub bieten die langsam verdunstenden Eiswassertropfen. Die sehr kleinen Eiskristalle wachsen zu Schneeflocken, die zur Erde herabschweben, wenn sie nicht auf dem Wege schmelzen oder gar verdunsten.

Verwüstungen durch Hagel

Fallende Schneeflocken können Staubpartikel mitreißen. Durch Eisenverbindungen gefärbter Staub kann gelben, rosafarbenen, selbst roten Schnee zaubern. Der französische Alpenort Isola wurde im Dezember 1975 von hellrosa Schnee überrascht, und in Wien fiel im Februar 1979 gelber Schnee. Wenn Regentropfen durch kalte Luftschichten mit Temperaturen unter 0 °C fallen, gefriert das Wasser zu transparenten Eiskörnern mit einer Größe von 1 bis 5 mm. Frostgraupeln sind unregelmäßige oder runde Eiskörner, 2 mm bis über 5 mm im Durchmesser groß. Sie entstehen, wenn winzige, unterkühlte Wassertropfen schalenförmige Eisschichten um Eiskristalle aufbauen. Durch Anlagerung immer neuer Eisschichten können in den Tropen Hagelkörner von bis zu 120 mm Durchmesser gebildet werden. Hagelschauer richten die größten Schäden von allen Niederschlagsarten an. Obwohl die meisten Hagelunwetter kürzer als eine Viertelstunde sind, können sie bis zu 10 km lange und 2 km breite Streifen der Zerstörung hinterlassen. Selbst bei kleineren Hagelstürmen werden Feldfrüchte unter Umständen völlig vernichtet und sogar Fensterscheiben zersplittert.

Eisregen macht die Straßen glatt

Nieselregen, der auf gefrorenen Boden fällt, erstarrt augenblicklich zu Eis. Dieser »Eisregen«, dessen Wirkung noch verstärkt werden kann, wenn es sich um unterkühltes Regenwasser handelt, überzieht Straßen, Bäume, Gebäude und Autos mit einer dünnen Eisschicht. Das durchsichtige, klare Eis wird von Autofahrern auch »schwarzes Eis« genannt, weil es auf den dunklen Straßen nur schlecht zu erkennen ist. Selbst leichte Steigungen werden dadurch unpassierbar.

Die Symmetrie der Schneeflocken

Schneeflocken (rechts) zeigen die charakteristische sechsseitige Symmetrie, die die Bindung der Wassermoleküle im Eis widerspiegelt. Die Abweichungen von diesem Grundmuster ergeben sich aus der unterschiedlichen Wachstumsgeschwindigkeit der einzelnen Kristallenden. Dadurch ist keine Schneeflocke wie die andere. In sehr großen Höhen, bei sehr tiefen Temperaturen und geringen Wasserdampfgehalten wachsen die Eiskristalle in einfacheren Formen. Aber näher zur Erde, in den wärmeren Luftschichten mit vergleichsweise hoher Luftfeuchtigkeit, können sich die vielgestaltig gefiederten sechsarmigen Sterne ausbilden.

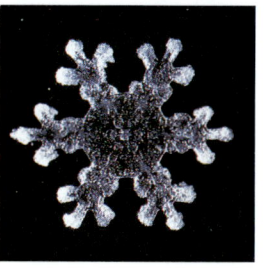

Wassertropfen wachsen zusammen

Ⓐ *In den niedrigen Wolken, die unterhalb der Frostgrenze bleiben, können sich keine Eiskristalle bilden. In den Tropen liegt dieses Niveau sehr hoch. Hier vereinigen sich Millionen kleiner Wassertröpfchen zu immer größer werdenden Regentropfen. Entgegengesetzte elektrische Ladungen beschleunigen oft das Zusammenwachsen. Wenn die Wassertropfen zu groß geworden sind, fallen sie sehr schnell und zerplatzen durch die immer stärker werdende Luftreibung in viele kleine Tröpfchen.*

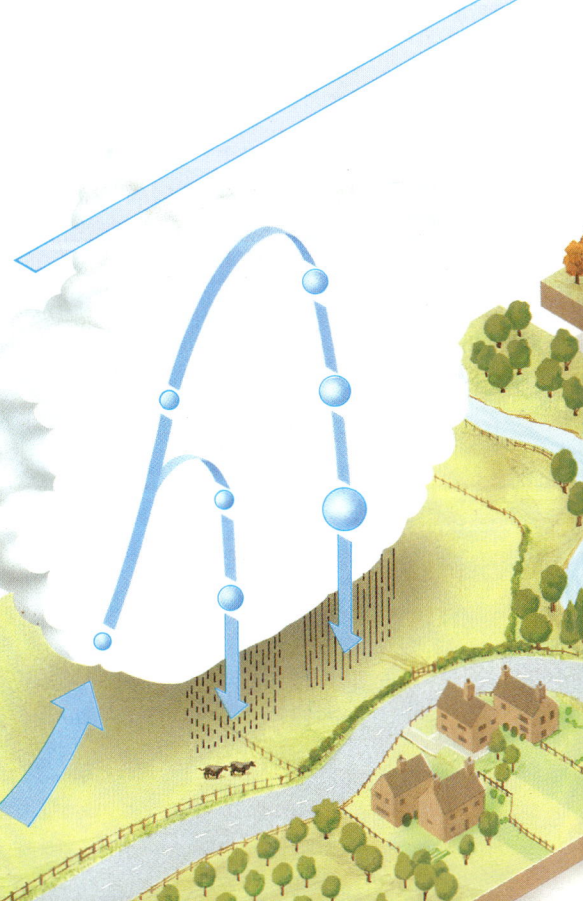

»Wolken in Bodennähe« sind verschiedene Nebelarten. Kleinste Wassertropfen oder Eiskristalle (Eisnebel) schweben in der Luft und erlauben nur noch wenige Meter Sicht, der Straßen- und Luftverkehr bricht oft völlig zusammen.

Auch Regen kann gestohlen werden

Seit einiger Zeit versucht man, aus Wolken durch Einbringen von Silberjodid oder Trockeneis die Bildung von Regentropfen zu beschleunigen. Diese Stoffe wirken wie Eiskristalle. Die Niederschläge können dadurch um 10–20 % zunehmen. Bei einem solchen »Regenklau« ist allerdings mit Protesten der Nachbarländer zu rechnen, denen dieser Regen dann natürlich fehlt.

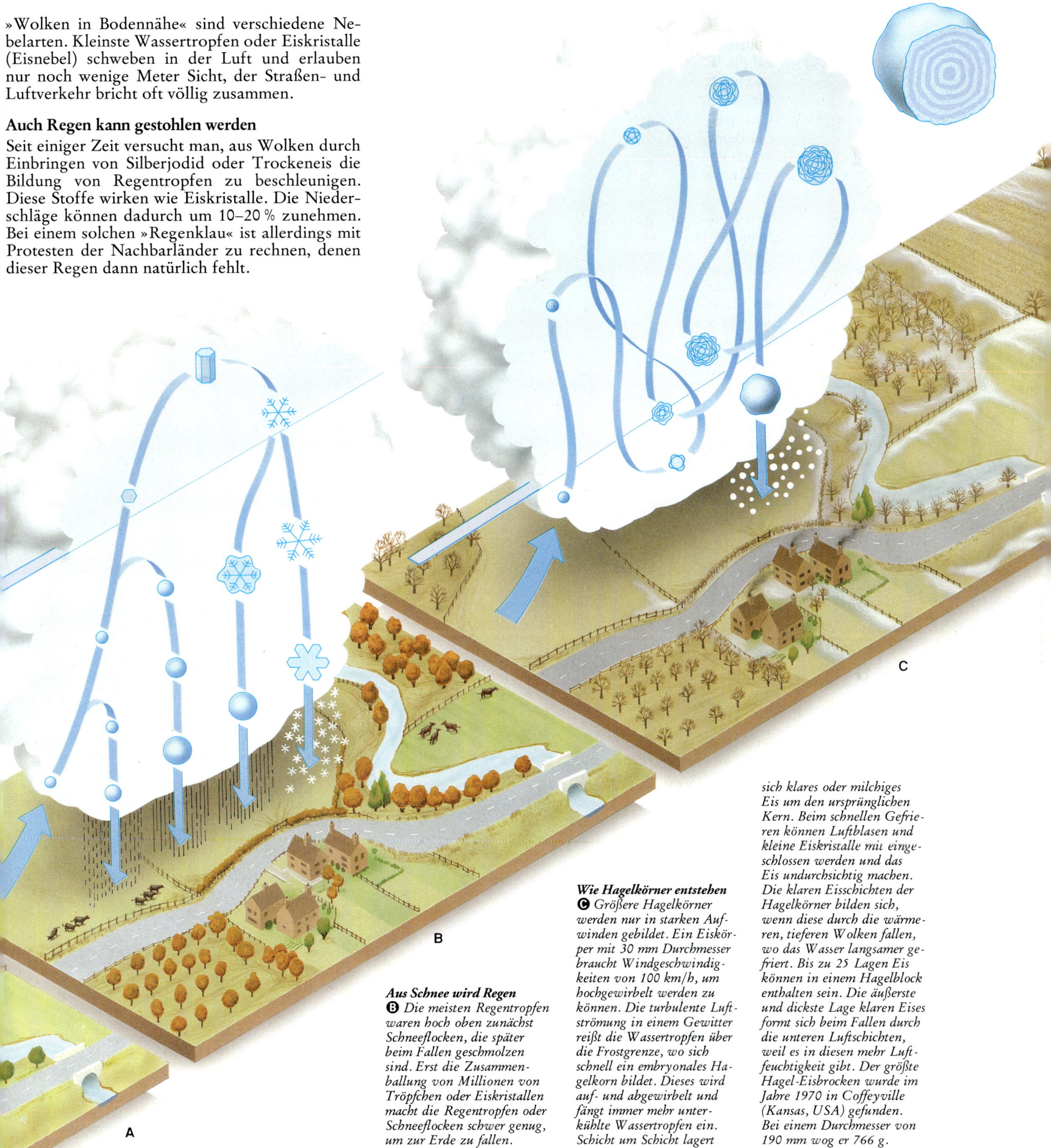

Aus Schnee wird Regen
B *Die meisten Regentropfen waren hoch oben zunächst Schneeflocken, die später beim Fallen geschmolzen sind. Erst die Zusammenballung von Millionen von Tröpfchen oder Eiskristallen macht die Regentropfen oder Schneeflocken schwer genug, um zur Erde zu fallen.*

Wie Hagelkörner entstehen
C *Größere Hagelkörner werden nur in starken Aufwinden gebildet. Ein Eiskörper mit 30 mm Durchmesser braucht Windgeschwindigkeiten von 100 km/h, um hochgewirbelt werden zu können. Die turbulente Luftströmung in einem Gewitter reißt die Wassertropfen über die Frostgrenze, wo sich schnell ein embryonales Hagelkorn bildet. Dieses wird auf- und abgewirbelt und fängt immer mehr unterkühlte Wassertropfen ein. Schicht um Schicht lagert sich klares oder milchiges Eis um den ursprünglichen Kern. Beim schnellen Gefrieren können Luftblasen und kleine Eiskristalle mit eingeschlossen werden und das Eis undurchsichtig machen. Die klaren Eisschichten der Hagelkörner bilden sich, wenn diese durch die wärmeren, tieferen Wolken fallen, wo das Wasser langsamer gefriert. Bis zu 25 Lagen Eis können in einem Hagelblock enthalten sein. Die äußerste und dickste Lage klaren Eises formt sich beim Fallen durch die unteren Luftschichten, weil es in diesen mehr Luftfeuchtigkeit gibt. Der größte Hagel-Eisbrocken wurde im Jahre 1970 in Coffeyville (Kansas, USA) gefunden. Bei einem Durchmesser von 190 mm wog er 766 g.*

Siehe auch: **Atmosphäre,** *S. 78/79* **Regenbogen, Halo, Fata Morgana,** *S. 80/81* **Wetter,** *S. 82/83* **Wolkenbildung,** *S. 86/87*

2000 Gewitterstürme pro Minute

Blitz und Donner bedrohen die Erde

Die Gewalt eines Blitzschlages ist furchterregend. Mit einer Stromstärke zwischen 10 000 und 40 000 Ampere fährt er durch einen engen Luftkanal, der auf bis zu 30 000 °C aufgeheizt wird, zur Erde. Das ist etwa die fünffache Temperatur, die auf der Sonnenoberfläche herrscht. Blitze sind nicht immer direkt nach unten gerichtet, sondern können ihre Richtung wechseln. Unter bestimmten Bedingungen kann ein Blitz über 30 km lang sein. Obwohl etwa drei Viertel der von Blitzen getroffenen Menschen überleben, sterben allein in den Vereinigten Staaten jährlich rund 100 Personen durch Blitzschlag.

Ein Blitzschlag ist eine massive elektrische Entladung, durch die entgegengesetzte elektrische Ladungen in der Luft neutralisiert werden. Als Flächenblitz erscheint die Entladung innerhalb einer Wolke oder zwischen zwei Wolken, während die Entladung zwischen Wolke und Erde als verästelter Linienblitz sichtbar wird. Das unterschiedliche Erscheinungsbild ist dadurch bedingt, daß sich beim Flächenblitz Wolkenteile zwischen Blitz und Beobachter befinden. Rund um die Erde sind zu jeder Zeit etwa 1500 bis 2000 Gewitterstürme aktiv, die pro Minute rund 6000 Blitze auslösen, überwiegend in Form von Wolkenblitzen. Obwohl fast 250 Jahre vergangen sind, seitdem der amerikanische Forscher und Staatsmann Benjamin Franklin nachwies, daß Blitze eine Form von Elektrizität darstellen, sehen sich Wissenschaftler immer noch nicht in der Lage, dieses Phänomen vollständig zu erklären.

Zum Auslösen eines Blitzes ist innerhalb der Gewitterwolke eine elektrische Feldstärke von etwa 1 000 000 Volt pro Meter nötig. Dieses Spannungspotential wird in der Wolke in nur einer halben Stunde durch starke, aneinandergrenzende steigende und fallende Luftströme aufgebaut. Durch die ständige wechselweise Reibung großer fallender Regentropfen, Hagelkörner und Eiskügelchen mit aufwirbelnden kleineren Wassertröpfchen und Eiskristallen wird elektrische Ladung ausgetauscht und getrennt. Die fallende Strömung erhält eine negative Ladung, während die aufsteigende positiv geladen wird, so daß sich am unteren Ende der Wolke negative, am oberen Ende positive Ladungen ballen.

Zuckt ein Blitz zur Erde, so durchläuft er einen Luftkanal von 1 bis 5 cm Durchmesser. Sichtbare Beweise für diesen Vorgang findet man in Form von Röhrchen aus Quarzglas, auch als Fulgurite bekannt. Sie entstehen, wenn beim Einschlag eines Blitzes im Sand die Körnchen schmelzen. Trifft ein Blitz eine feuchte Oberfläche – etwa die eines Baumes –, verdampft die Feuchtigkeit explosionsartig, so daß der Gegenstand in Stücke gerissen werden kann.

Wo ist es beim Gewitter gefährlich?

Die abwärtsfließende Vorentladung, die dem Hauptblitz vorausgeht, sucht sich stets den Weg zur Erde, der am besten leitet. Hohe Gebäude und Bäume werden am häufigsten getroffen. Doch auch Menschen, die sich während eines Gewitters im Freien aufhalten, setzen sich großen Gefahren aus. Das Risiko, von einem Blitz getroffen zu werden, wird noch höher, wenn man einen metallenen

Wie ein Blitz entsteht

Ⓐ *Sobald sich in einer Gewitterwolke die nötige elektrische Feldstärke gebildet hat, fließt der Strom von Elektronen aus einer Höhe von 5 bis 6 km nieder, stößt mit Luftmolekülen zusammen und setzt dabei weitere Elektronen frei, so daß diese Luftmoleküle eine positive Ladung erhalten (1). Diese Vorentladung schafft einen stark verzweigten Kanal für den Hauptblitz. Nähern sich die Hauptzweige der Vorentladung, die eine große negative Ladung mit sich führen, der Erde, so bewirken sie kurze aufsteigende Ströme positiver elektrischer Ladung (2), die von gut leitenden Punkten auf der Erde ausgehen. Berührt ein Hauptzweig der aus der Gewitterwolke kommenden Vorentladung eine von einem gut leitenden Punkt der Erde aufwärtssteigende positive Strömung, dann entsteht ein durchgehender Kanal elektrisch geladener Luft. Der elektrische Widerstand im Kanal ist sehr gering und erlaubt in Form eines hellen Blitzes den Rückschlag (3) eines gewaltigen positiven elektrischen Stroms nach oben in die Wolke. Dabei entsteht die erste Schallwelle, die wir als Donner wahrnehmen. Sie breitet sich mit einer Geschwindigkeit von 330 m/s aus. Zählt man die Sekunden zwischen dem Erscheinen des Blitzes und dem Hören des Donners und multipliziert sie mit 330, so läßt sich die Entfernung eines Gewitters (in Metern) verhältnismäßig genau abschätzen.*

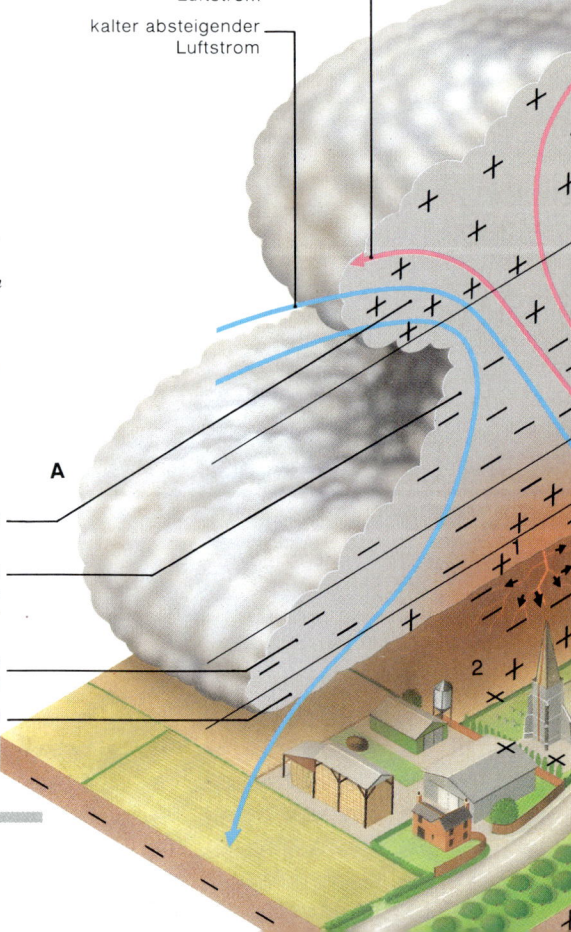

warmer aufsteigender Luftstrom

kalter absteigender Luftstrom

A

Eiskristalle

unterkühlte Wassertröpfchen und Hagelkörner

unterkühlte Wassertröpfchen

Wassertröpfchen

Siehe auch: **Atmosphäre**, S. 78/79 **Wetter**, S. 82/83 **Wolkenbildung**, S. 86/87

Gegenstand, wie einen Regenschirm, in den Händen hält. Am sichersten vor Blitzen ist man im Auto, denn dort fließt die Blitzenergie – nach Art des Faradayschen Käfigs – um die Insassen herum durch die metallene Karosserie, bevor sie über die feuchten Reifen in die Erde gelangt.

Manchmal läßt sich schon im voraus erkennen, daß sich ein Blitz anbahnt. Positive elektrische Ladungen sammeln sich an hoch aufragenden Gegenständen, wie Bäumen und Kirchtürmen, und können dann als schwaches Leuchten, als sogenanntes Elmsfeuer, sichtbar werden und einen Summton erzeugen.

Neben den hier dargestellten Wärmegewittern, die bei uns im Sommer auftreten und in den Tropen vorherrschend sind, gibt es noch andere Gewittertypen. Beim Zusammentreffen von warmen und kalten Luftmassen (Fronten) und beim Aufstieg der Luft an Gebirgsbarrieren entstehen z. B. Nacht- und Wintergewitter.

Es blitzt bis zur Neutralisierung
A *Bruchteile einer Tausendstelsekunde nach dem Rückschlag schießt ein negativ geladener Blitz den ionisierten Kanal hinab (4) und löst den nächsten Rückschlag aus. Dieser Vorgang wiederholt sich so lange, bis die Ladung der Wolke neutralisiert ist.*

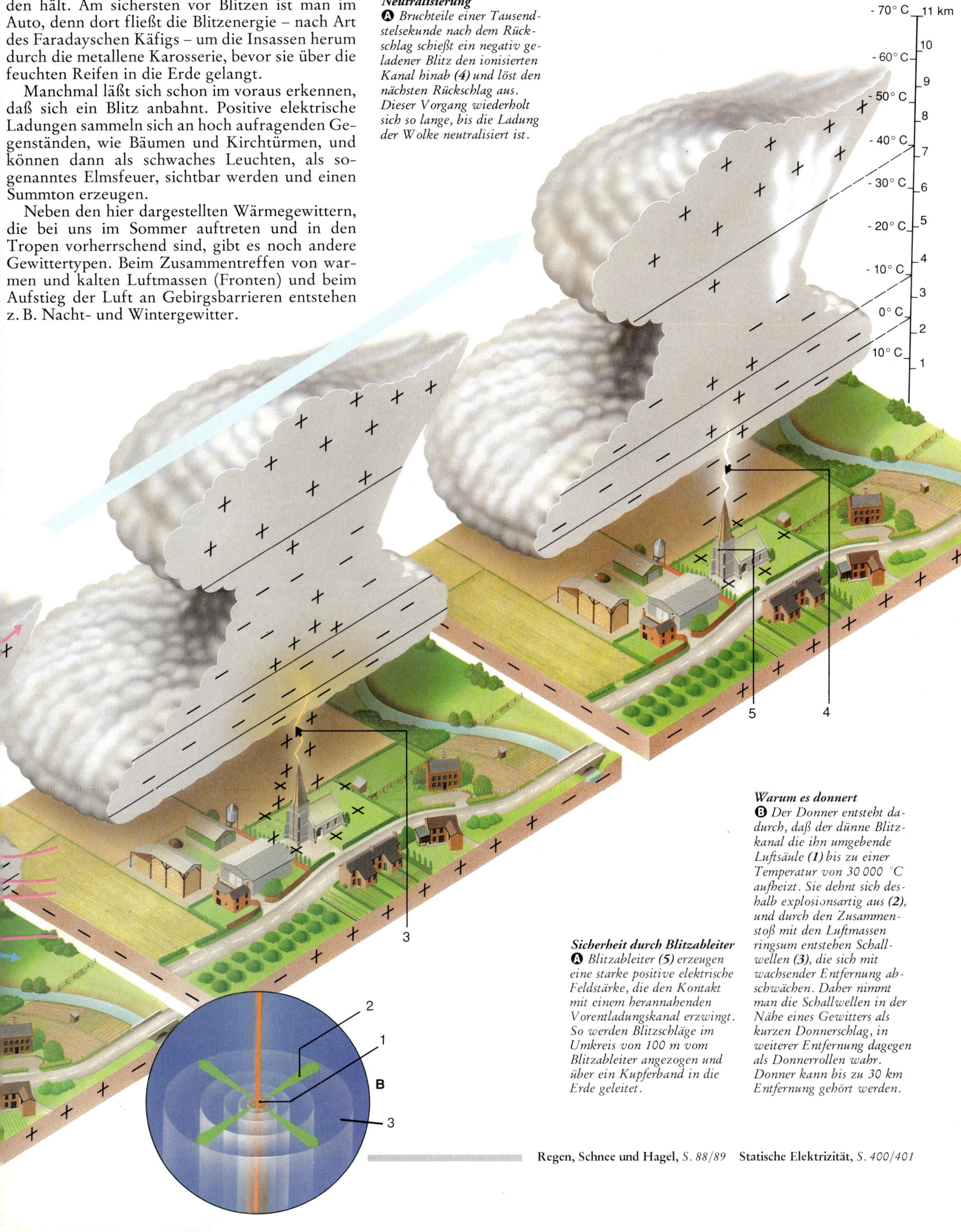

Sicherheit durch Blitzableiter
A *Blitzableiter (5) erzeugen eine starke positive elektrische Feldstärke, die den Kontakt mit einem herannahenden Vorentladungskanal erzwingt. So werden Blitzschläge im Umkreis von 100 m vom Blitzableiter angezogen und über ein Kupferband in die Erde geleitet.*

Warum es donnert
B *Der Donner entsteht dadurch, daß der dünne Blitzkanal die ihn umgebende Luftsäule (1) bis zu einer Temperatur von 30 000 °C aufheizt. Sie dehnt sich deshalb explosionsartig aus (2), und durch den Zusammenstoß mit den Luftmassen ringsum entstehen Schallwellen (3), die sich mit wachsender Entfernung abschwächen. Daher nimmt man die Schallwellen in der Nähe eines Gewitters als kurzen Donnerschlag, in weiterer Entfernung dagegen als Donnerrollen wahr. Donner kann bis zu 30 km Entfernung gehört werden.*

Regen, Schnee und Hagel, S. 88/89   Statische Elektrizität, S. 400/401

Tödliche Orkane

Die zerstörerische Kraft der Wirbelstürme

Ein tropischer Wirbelsturm, der 1970 Bangladesch heimsuchte, forderte eine halbe Million Todesopfer. Wirbelstürme, auch Hurrikane genannt, sind die weitaus zerstörerischsten Orkane der Erde. Tornados, obwohl nur ein Hundertstel so groß wie ein Hurrikan und von höchstens drei Minuten Dauer, erreichen sogar noch vernichtendere Sturmgeschwindigkeiten. Zwar sind nur 2% wirkliche »Todestornados«, doch lassen sie einen Streifen der Vernichtung zurück, der einige hundert Meter breit und bis zu 160 km lang sein kann. Mit Abstand die meisten verheerenden Tornados suchen die USA heim.

Tropische Stürme werden nur dann als Wirbelstürme bezeichnet, wenn sie wenigstens eine Windgeschwindigkeit von 120 km/h erreichen. Jede tropische Region hat ihren eigenen Namen für diese gefährlichen Orkane. Im atlantischen und östlichen pazifischen Ozeanbereich werden sie Hurrikane genannt, im westlichen Pazifik heißen sie Taifune, auf den Philippinen spricht man von Baguios und an den Küsten des Indischen Ozeans einfach von Zyklonen.

Zerstörung mit 320 km Windgeschwindigkeit

Hurrikane können sich nur über tropischen Ozeanen mit einer Mindesttemperatur von 27 °C entwickeln. Die erwärmte Luft steigt in Form einer großen Spirale auf. Um das windstille, wolkenfreie Zentrum, auch Auge genannt, wirbeln riesige Cumuluswolken, aus denen die Blitze zucken und wolkenbruchartig ein heftiger Schauer nach dem anderen niederprasselt. Rings um das normalerweise 30–40 km breite Auge heulen die alles mitreißenden Orkane. Je enger das Auge und je größer der Luftdruckunterschied zwischen dem Auge und der Umgebung ist, um so extremer sind die Windstärken. Die Intensität der Hurrikane kann sehr unterschiedlich sein. Die Meteorologen benutzen eine Skala, auf der das Zerstörungspotential von 1 (minimal) bis 5 (katastrophal) klassifiziert wird. Ein Hurrikan mit der Stärke 5 wird durch einen Druck im Auge von unter 920 Hektopascal bestimmt. Bei Windgeschwindigkeiten von über 250 km/h und einer Höhe der Meereswellen von mindestens 5,5 m über dem Normalstand sind die Küstenschäden in der Regel verheerend. Doch Glücklicherweise fallen weniger als 1% aller Hurrikane unter diese Kategorie.

Zu den wenigen gehörte Hurrikan Gilbert, der im September 1988 über den Golf von Mexiko raste und schwere Verwüstungen anrichtete. Als dieser Wirbelsturm, der einen Durchmesser von 1500 km erreichte, über Jamaika hinweg zog, entwickelte er eine Energie, die umgerechnet den Strombedarf der Insel für die nächsten 1000 Jahre hätte decken können. Gilbert bewegte sich nur mit einer Geschwindigkeit von etwa 18–25 km/h vorwärts, aber die Windgeschwindigkeiten am Rande des Auges erreichten über 320 km/h, angetrieben durch einen bis dahin noch nie gemessenen tiefen Luftdruck im Auge von 885 Hektopascal! Die Sturmflut erreichte 6 m Höhe, und 250 bis 380 mm Starkregen in wenigen Stunden verursachten ein verheerendes Hochwasser. Hinzu kamen noch 24 vernichtende Tornados. Das traurige Ergebnis waren 318 Tote, 100 000 aus ihren Wohnorten an der mexikanischen Küste evakuierte Bewohner und in Jamaica 500 000 obdachlose Menschen.

Es ist nach wie vor schwierig, die Stärke und die Zugstraße eines Hurrikans vorherzubestimmen. Obwohl es seit den 70er Jahren mit Hilfe der Satellitenüberwachung möglich ist die betroffenen Gebieten meist noch rechtzeitig zu warnen, können häufig nicht alle Bewohner in Sicherheit gebracht werden.

Nur das Land kann den Hurrikan stoppen

Während ein Hurrikan sich auf seinem Weg über das Meer noch verstärken kann, wird er beim Erreichen der Küste stark gebremst und gleichzeitig von seiner Energiezufuhr über dem warmen Ozean abgeschnitten. Landeinwärts verlangsamt die Oberflächenreibung die Wirbel immer mehr, so daß auch der »starke Gilbert« schließlich erlahmen mußte. Häufig gelangen Ausläufer von karibischen Hurrikanen über das Meer bis nach Westeuropa. Versuche amerikanischer Experten, durch den gezielten Abwurf von Silberjodid oder Trokkeneis außerhalb des Hurrikanauges künstlich Regen zu erzeugen, um dem Sturm Wärmeenergie zu entziehen, brachten wenig Erfolg. Anstatt die extremen Winde in der Umgebung des Auges zu bremsen, schaffte das Projekt »Stormfury« nur einen zweiten Wolkenring mit geringerer Windgeschwindigkeiten weiter entfernt vom Auge.

Nach einem Tornado
Die meisten Tornados erreichen eine Windgeschwindigkeit von 180 km/h – genug, um Dächer abzudecken, Bäume zu entwurzeln und gefährliche »Geschosse« durch die Luft zu schleudern. Tornados mit bis zu 800 km/h Wirbelgeschwindigkeit zerfetzen Gebäude (rechts) und schleudern Autos in die Luft.

Wie ein Tornado entsteht
A *Tornados werden hauptsächlich in den mittleren Breiten beobachtet. Sie entwickeln sich aus Gewitterwolken und gehen häufig mit Hurrikanen einher. Besonders der Mittlere Westen und der Süden der USA, wo kalte Polarluft aus dem Norden und warmfeuchte subtropische Luftmassen vom mexikanischen Golf aufeinandertreffen, werden von Tornados geplagt. Die in der Gewitterwolke aufsteigende Luft (**1**) wird durch den sogenannten Coriolis-Effekt zum spiralförmig aufsteigenden Wirbel, der sich in der Wolke vollständig ausbildet und danach einen zweiten, engen, kräftig rotierenden Wirbel in seiner Mitte entwickelt (**2**), der bis zum Boden reicht. Innerhalb und in der Umgebung des Tornados bilden sich komplexe Luftströmungen.*

Was Zyklone antreibt
B *Tropische Zyklone (nicht zu verwechseln mit den Zyklonen der mittleren Breiten) werden durch die beim Kondensieren von immensen Wassermengen freigesetzte Wärme angetrieben. Der Wasserdampf in den sich auftürmenden Gewitterwolken kondensiert, weil die Luft sich beim Aufsteigen abkühlt. Die Wärme wird beim Verdunsten dem* warmen Ozean entzogen. Dies bedingt ihr verstärktes Auftreten in bestimmten Regionen (siehe Karte). Nur bei sehr hohem sommerlichen Sonnenstand können sich Hurrikane entwickeln. In den kühleren südatlantischen Gewässern gibt es keine Zyklone. Dort ist der Coriolis-Effekt, der sich aus der Kugelform der Erde und der Erdrotation ergibt, zu gering entwickelt.

Siehe auch: Ebbe und Flut, S. 68/69   Atmosphäre, S. 78/79   Wetter, S. 82/83   Winde, S. 84/85

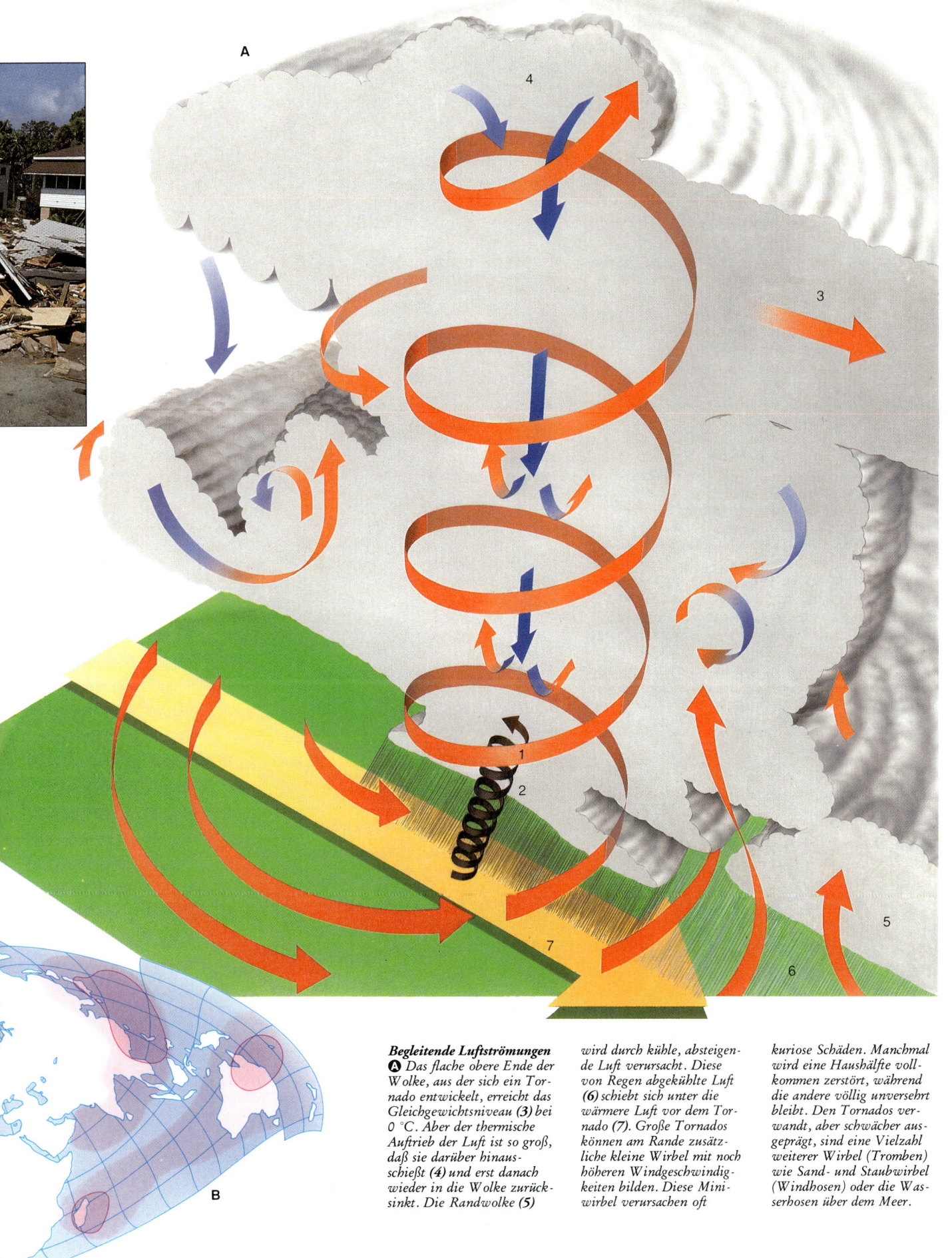

Begleitende Luftströmungen
Ⓐ *Das flache obere Ende der Wolke, aus der sich ein Tornado entwickelt, erreicht das Gleichgewichtsniveau (3) bei 0 °C. Aber der thermische Auftrieb der Luft ist so groß, daß sie darüber hinausschießt (4) und erst danach wieder in die Wolke zurücksinkt. Die Randwolke (5)* wird durch kühle, absteigende Luft verursacht. Diese von Regen abgekühlte Luft *(6) schiebt sich unter die wärmere Luft vor dem Tornado (7). Große Tornados können am Rande zusätzliche kleine Wirbel mit noch höheren Windgeschwindigkeiten bilden. Diese Miniwirbel verursachen oft* kuriose Schäden. Manchmal wird eine Haushälfte vollkommen zerstört, während die andere völlig unversehrt bleibt. Den Tornados verwandt, aber schwächer ausgeprägt, sind eine Vielzahl weiterer Wirbel (Tromben) wie Sand- und Staubwirbel (Windhosen) oder die Wasserhosen über dem Meer.

Wolkenbildung, S. 86/87   Regen, Schnee und Hagel, S. 88/89   Blitz und Donner, S. 90/91

Über 100 °C Temperaturunterschied

Die Natur im Rhythmus der Jahreszeiten

In Sibirien herrscht im Winter der strengste Frost. Bis auf –77,8 °C fällt die Temperatur, im Sommer kann es über 36 °C heiß werden. Die größte jährliche Temperaturdifferenz auf der Erde! Aber darauf hat sich die Natur eingestellt. Fortpflanzung und Aufzucht von Jungen finden in der warmen Jahreszeit statt. Den Winter überstehen viele Tiere durch ihren dichten, weißen Winterpelz. Andere fressen sich Fettpolster an, verkriechen sich zum Winterschlaf in Erdhöhlen, wandern in weniger unwirtliche Gegenden oder fliegen bis ans andere Ende der Erde. All diese Probleme kennen Tiere der Tropenregionen nicht.

Alles Leben – Pflanzen, Tiere und auch wir Menschen – muß sich dem Rhythmus der Natur unterwerfen. Der Lebensrhythmus wird durch den dauernden Wechsel von Tag und Nacht bestimmt. Die Abfolge von hell und warm, kalt und dunkel wird zur Biouhr. Im Jahresgang orientiert sich das Leben an den Jahreszeiten. An den eisigen Enden der Erde gibt es nur zwei Jahreszeiten: Ein halbes Jahr die dunkle Polarnacht fast ohne Sonne, das andere Halbjahr den Polartag ohne Dunkelheit. Die inneren Tropen erfreuen sich dagegen eines immerwährenden, sehr warmen Sommers. Nur in den mittleren Breiten sind die vier Jahreszeiten deutlich ausgeprägt.

Frühling, Sommer, Herbst und Winter entstehen hauptsächlich dadurch, daß die Rotationsachse der Erde um 23,5 ° gegenüber der Senkrechten zur Erdbahnebene gekippt ist. Da dieser Winkel beim Umlauf der Erde um die Sonne unveränderlich ist, verändert sich der Winkel, mit dem die Sonnenstrahlen einen bestimmten Bereich der Erdoberfläche erreichen. Im jeweiligen Winter fallen die Sonnenstrahlen flacher ein. Folglich verteilt sich die Wärme auf eine erheblich größere Oberfläche, und dadurch ist es kälter als im Sommer. Jahreszeiten können allerdings auch durch Trocken- und Regenzeiten geprägt werden.

Vor der Kälte fliehen oder mit ihr leben

Saisonale extreme Kälte oder Trockenheit zu ertragen, stellt hohe Ansprüche an die Anpassungsfähigkeit von Tieren und Pflanzen. Vögel haben es leicht, sie können die unwirtlichen Wintergebiete verlassen. Manche fliegen 20 000 km weit, von der Arktis in die Antarktis und zurück, um

Die Jahreszeiten auf der Nordhalbkugel
Jede der vier Jahreszeiten beginnt oder endet entweder mit einer Tagundnachtgleiche (Äquinoktium) oder mit einer Sonnenwende (Solstitium). Der Frühling (1) beginnt am 21. März, wenn Tag und Nacht gleich lang sind (2). Zu diesem Zeitpunkt sind beide Pole von der Sonne gleich weit entfernt.
Es folgt der Sommer (3), wenn der Nordpol die kürzeste Entfernung zur Sonne hat (21. Juni). Die Sommersonnenwende kennzeichnet gleichzeitig den längsten Tag (4).
Der Herbst beginnt am 23. September (5). Tag und Nacht haben wieder die gleiche Länge (6). Schließlich, am 21. Dezember, haben wir Winter (7). Die Wintersonnenwende ist durch den kürzesten Tag und die längste Nacht (8) charakterisiert.
Die Daten beziehen sich auf die Nordhalbkugel. Da die Erde beim Durchlaufen ihrer elliptischen Bahn um die Sonne sich im Sommer der Nordhalbkugel in Sonnenferne, im Aphel, befindet, braucht sie etwas mehr Zeit. Dadurch ist das warme Halbjahr hier 7 3/4 Tage länger als das Winterhalbjahr.

Im Winter des Nordens befindet sich die Erde in Sonnennähe (Perihel), diese Strecke der Umlaufbahn ist kürzer. Frühling und Sommer dauern deshalb auf der Nordhalbkugel 180 Tage und 10 Stunden, während Herbst und Winter zusammen nur 178 Tage und 20 Stunden in Anspruch nehmen. Die Präzession der Tagundnacht- *gleiche verändert sich im Laufe der Zeit. Der Umlauf des Perihels und gleichzeitig des Aphels dauert insgesamt 21 000 Jahre, für uns Menschen also ohne Belang. Wichtig für das gesamte Klimageschehen*

Siehe auch: Eiszeiten, S. 62/63 Atmosphäre, S. 78/79 Tierwanderungen als Instinktverhalten, S. 198/199

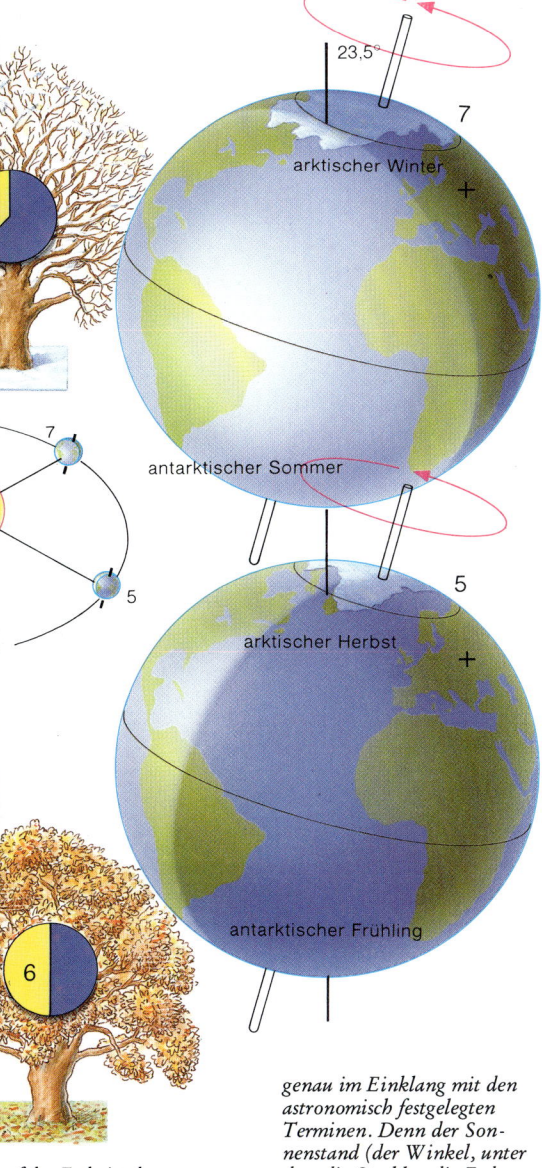

23,5°

7
arktischer Winter

antarktischer Sommer

7
5

arktischer Herbst

5

antarktischer Frühling

6

auf der Erde ist dagegen das jährliche Wandern des Zenitalstandes (senkrechter Stand) der Sonne zwischen den Wendekreisen.
Die zyklisch im Jahresgang zu beobachtenden Wetterabläufe sind aber nicht

wechseln nicht abrupt an einem bestimmten Tag, die Übergänge sind fließend. Außerdem wirken warme Meeresströmungen, Luftmassenbewegungen, Höhenunterschiede und reliefbedingte Faktoren sehr stark klimaverändernd. So bringen die warmen Meeresströmungen des Pazifik und des Atlantik den Westseiten der Nordkontinente ein milderes, feuchtes Klima.
Eine pragmatische Methode, den Beginn der Jahreszeiten für einen bestimmten Ort in einem bestimmten Jahr zu erkennen, bietet die angewandte Biologie bzw. die Phänologie, die den jahreszeitlichen Ablauf der Lebensvorgänge von Tieren und Pflanzen untersucht. Blütenbeginn, Fruchtreife, Laubfall und Zeitpunkte der Wanderungen von Tieren sind häufig sichere Anzeichen für die Jahreszeitenwechsel in einer bestimmten Region.

Ein Sommertag auf den Lofoten im Zeitraffer
Im Land der Mitternachtssonne (unten: stündlicher Sonnenstand) gibt es im Sommer Tage, an denen die Sonne nicht untergeht, und im Winter Tage, an denen sie nicht aufgeht. Genau am Polarkreis, auf 66°33' n. Br., trifft dies jeweils für einen Tag im Jahr zu.
An den Polen verschwindet die Sonne im Winter für ein halbes Jahr, dafür bleibt sie im Sommer für sechs Monate über dem Horizont. Selbst wenn die polare Sonne bis über 6° unter den Horizont gesunken ist, bleibt das Licht der Dämmerung noch sehr hell. Im Winter scheint am Pol nur der Mond.

genau im Einklang mit den astronomisch festgelegten Terminen. Denn der Sonnenstand (der Winkel, unter dem die Strahlen die Erdoberfläche erreichen) und die tägliche Sonnenscheindauer sind nicht die einzigen Faktoren, die Wetter und Klima bestimmen. Die unterschiedlichen jahreszeitlichen Klimabedingungen

immer ausreichend Nahrung zu finden. Große Säugetiere, wie Ren oder Karibu, Elch und Eisbär, wandern in benachbarte Regionen. Die weniger mobilen kleinen Tiere müssen die grimmige Kälte und den Nahrungsmangel am Ort überleben. Einige Insekten legen ihre Eier vor Winterbeginn. Die Nachkommen schlüpfen im Frühjahr, wenn die Eltern längst gestorben sind. Kleine Säugetiere wie Mäuse fressen sich ein Winterpolster an, so daß sie mit dem wenigen Futter auskommen, das sie unter der Schneedecke finden, wo es 10 °C wärmer ist als an der Luft.

Energie sparen durch den Winterschlaf
Viele Säugetiere überstehen die lebensfeindliche Jahreszeit, indem sie an geschützten Plätzen Winterschlaf halten und so kaum Energie verbrauchen. Größere Säuger wie der Dachs schlafen die meiste Zeit, wachen aber sofort auf, wenn sie gestört werden. Dieses Winterdösen verbraucht eine beträchtliche Menge Energie. Während des echten Winterschlafs werden Kreislauf und Stoffwechsel so stark gedrosselt, daß die Körpertemperatur von 32 °C auf 4 °C zurückgeht. Puls und Atmung sind dann kaum noch wahrnehmbar. Im Winterschlaf atmet ein Igel nur noch alle sechs Minuten. Obwohl damit der Energieverbrauch drastisch eingeschränkt wird, müssen die Langschläfer sich gehörige Körperfettreserven anfressen, bevor der kräftezehrende Winter beginnt. Haselmäuse sehen dann wie Fellkugeln aus. Manche Schafe deponieren ihre Körpervorräte im fettangereicherten Schwanz. Fast sieht es so aus, als ob nicht die beginnende Winterkälte, sondern die angefressenen Fettpolster den Winterschlaf auslösen. Denn Tiere in wärmeren Regionen beginnen mit ihrem Winterschlaf zur gleichen Zeit wie ihre Artgenossen in der eisigen Natur. Ein Winterschläfer kann weggetragen werden, ohne daß er aufwacht, doch wenn seine Körpertemperatur so weit absinkt, daß er erfrieren würde, beginnt automatisch ein heftiges Zittern; notfalls muß er durch Bewegung die nötige Mindestwärme aktivieren. Wenn der Frühling naht, räkelt sich der Winterschläfer und geht heißhungrig auf Nahrungssuche, um seinen enormen Gewichtsverlust wieder auszugleichen.

Tierwanderungen als Lernverhalten, S. 200/201   Biorhythmik, S. 344/345

Das größte Experiment aller Zeiten

Die Entstehung des Lebens

Niemand weiß, was die ersten Anfänge dessen, was wir »Leben« nennen, vor etwa 4 Milliarden Jahren im Urozean auslöste. Bis heute ist rätselhaft geblieben, wie aus anorganischer Materie die Vorstufen einzelliger Organismen ensthen konnten. Das erste Leben kam jedenfalls unter äußerst unwirtlichen Bedingungen zustande. Die Urerde war durch hohe UV-Einstrahlung, ständige Vulkanausbrüche, heftige Stürme und eine lebensfeindliche Atmosphäre aus Wasserstoff, Methan, Ammoniak und Wasserdampf gekennzeichnet. Daher mußten noch 2 Milliarden Jahre vergehen, bis sich komplexere Zellen entwickeln konnten.

Die ersten Schritte zum Leben

A Die ersten einfachen Zellen entstanden vor etwa 3,5 Milliarden Jahren. Sie dürften das Ergebnis einer spontanen Vereinigung von Molekülen gewesen sein. Ein entscheidender weiterer Schritt zur komplexen Zelle war die Entwicklung einer begrenzenden äußeren Membran, weil sie den ersten »selbst-replizierenden« Molekülen dazu verhalf, Umwelteinflüsse zu kontrollieren.
Bei der künstlichen Erhitzung von Aminosäure-Gemischen bilden sich kleine Proteinkügelchen oder Mikrosphären (Bild). Vermutlich waren sie an den ersten Schritten zum Leben beteiligt.

Für alle Lebewesen ist kennzeichnend, daß sie aus kohlenstoffhaltigen organischen Molekülen bestehen und fähig sind, sich fortzupflanzen. Diese typischen Merkmale des Lebens müssen sich zuerst in einfachen »molekularen Systemen« im Urozean etwa 600 Millionen Jahre nach der Entstehung der Erde entwickelt haben.

Gewisse Anhaltspunkte, wie die ersten organischen Moleküle entstanden sein könnten, liefern uns Laborversuche. Doch bis heute konnten nur wenige der einfacheren Bausteine des Lebens, wie z.B. Aminosäuren als Grundeinheiten aller Eiweißketten, in solchen Versuchen hergestellt werden. Man geht davon aus, daß sich einfache organische Moleküle im Urozean anreicherten und eine »Ursuppe« bildeten, in der unter dem Einfluß der Sonnenwärme langkettige Moleküle wie Nucleinsäuren, Proteine, Fette oder Kohlenhydrate entstanden. Schließlich müssen hochkomplexe Moleküle die »Fähigkeit« entwickelt haben, Informationen über ihre eigene Struktur zu speichern

Simulation der Uratmosphäre

C In den 50er Jahren führten S. Miller und H. Urey Experimente durch, in denen die Atmosphäre der Urerde vor etwa 4 Milliarden Jahren simuliert wurde. Dies sollte klären, ob unter solchen Bedingungen einfache organische Moleküle als Vorläufer des Lebens entstehen konnten. Aus kochendem Wasser (1) wurde heißer Wasserdampf erzeugt, in einem Reaktionsgefäß mit Wasserstoff, Methan und Ammoniak gemischt (2) und (mit Blitzen vergleichbaren) elektrischen Entladungen ausgesetzt (3). Nach Abkühlung kondensierte (4) und sammelte sich um das U-Rohr der Apparatur eine Flüssigkeit, die schon Grundbausteine aller lebenden Zellen enthielt: einfach gebaute Aminosäuren, Nucleotide, Zucker und Fettsäuren. Sie könnten sich durch Polymerisation zu größeren langkettigen Molekülen vereinigt haben. Allerdings wird bei der Verbindung zweier Aminosäuren jeweils ein Wassermolekül abgespalten, so daß diese Reaktion nicht spontan im Urozean abgelaufen sein

kann, sondern nur unter hoher Wärmeenergiezufuhr. Sind Polymere aber erst einmal vorhanden, können weitere entstehen. Vielleicht wurden in Millionen von Jahren einige Polymere schließlich selbst-replizierende Moleküle, die Urstoffe des Lebens.

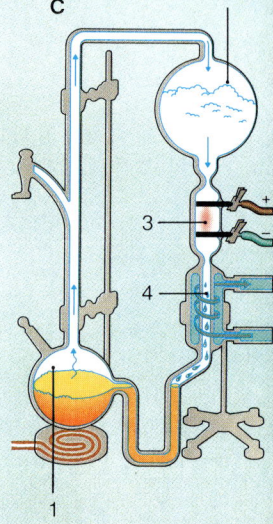

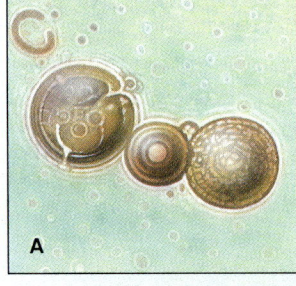

A

Am Anfang war die Erde wüst und leer

B Vor 4,6 Milliarden Jahren entstand aus einer Wolke kosmischen Staubs die Erde. Sie war für jegliches Leben noch völlig ungeeignet, denn die Uratmosphäre enthielt noch keinen Sauerstoff, sondern hauptsächlich Wasserstoff, Ammoniak, Methan und Wasserdampf, und sie bot noch keinen Schutz gegen die lebensfeindliche UV-Strahlung der Sonne. Gewitterstürme, Vulkanausbrüche und Meteoriteneinschläge waren an der Tagesordnung. Aber gerade diese Vorgänge lieferten die Energie, die für die Evolution des Lebens nötig war.

B

Siehe auch: Atmosphäre, S. 78/79   Pflanzliche Zellen, S. 102/103   Tierische Zellen, S. 104/105   Bakterien, S. 106/107

und identisch zu reproduzieren. Welcher Art allerdings diese ersten sich selbst »fortpflanzenden« Molekülsysteme waren, weiß man nicht.

Die ersten Einzeller

Erste zellähnliche Formen könnten entstanden sein, indem sich wasserdichte fetthaltige Membranen zu Hohlkugeln formierten, sich um Gruppen sich selbst reproduzierender Moleküle legten und schließlich mit ihnen verschmolzen.

Fast 2 Milliarden Jahre lang stellten einzellige Organismen das einzige Leben auf der Erde dar. Überreste davon findet man heute manchmal als Spurenfossilien, Stromatolithen genannt, in Form flach geschichteter Strukturen in Lagerstätten aus Kalk oder Dolomitgestein. Einige dieser frühen Zellen entwickelten die Fähigkeit zur Photosynthese, wobei sie Sauerstoff als Abfallprodukt ausschieden. So konnte mit der Zeit eine sauerstoffhaltige Atmosphäre entstehen.

Der nächste Meilenstein der biologischen Evolution vor 1,5 Milliarden Jahren war die Entstehung hochentwickelter eukaryotischer Zellen, die bereits einen Kern und komplexe »Organellen« besaßen. Daraus entwickelten sich dann die einzelligen Protozoen und Algen sowie alle vielzelligen Lebewesen.

Die evolutionäre Sackgasse im Präkambrium

Die ersten Spuren vielzelliger Lebewesen sind Abdrücke von wirbellosen Weichtieren wie Quallen oder Ringelwürmern. Sie finden sich in Gesteinen, die gegen Ende des Präkambrium vor 600 Millionen Jahren entstanden. Manche Wissenschaftler meinen, die präkambrische Fauna mit ihrer außergewöhnlichen Bauplanorganisation stelle ein fehlgeschlagenes Experiment der Evolution dar.

In der Regel bleiben nur Hartteile von Organismen fossil erhalten, also Muschelschalen, Flügeldecken, nadelartige Fortsätze oder in späteren Zeiten schließlich Knochen. Daher ist die fossile Überlieferung sehr lücken- und bruchstückhaft und enthält selten Überreste der vielen Weichtiere oder auch Algen, die existiert haben müssen. Wirbellose Tiere mit Hartteilen tauchten dann massenhaft zu Beginn des Kambrium auf – jenem Erdzeitalter, in dem in den Ozeanen explosionsartig tierisches Leben entstand.

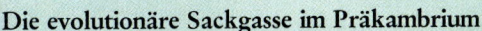

Anomalocaris (1) war mit über einem halben Meter Länge der größte Vertreter der im Burgess-Schiefer-Gestein überlieferten Fauna und ernährte sich mit seinen mächtigen, ringförmigen Kiefern. Bei *Opabinia (2)* handelte es sich um ein fremdartig anmutendes Tier mit einem bizarren Rüssel am Kopf. *Marella (3)* wurde als erste und häufigste Art im Burgess-Schiefer-Gestein gefunden. Besonders bemerkenswert ist das wurmähnliche Wesen *Pikaia (4),* der früheste bekannte Vertreter des Stammes der Chordata (Chordatiere, zu dem auch die Wirbeltiere gehören). *Wiwaxia (5)* war gepanzert und mit Stacheln bewehrt, die zum Schutz gegen Freßfeinde dienten. *Hallucigenia (6),* vermutlich ein nicht-festsitzender Bodenbewohner, ernährte sich mit Hilfe seiner zahlreichen Tentakeln. *Aysheaia (7)* lebte wahrscheinlich als Parasit auf urtümlichen Schwämmen am Meeresgrund.

Meerestiere aus dem Kambrium

D Die Fossilien des Burgess-Schiefer-Gesteins aus Britisch Kolumbien (Kanada) bieten einen faszinierenden Einblick in die Welt uralter mariner Organismen. Sie lebten im Zeitalter des Kambrium vor 570 Millionen Jahren.

In Gesteinsformationen dieses Erdzeitalters tauchen schon Vorfahren fast aller heutigen Tiergruppen auf. Etwa 90% der damaligen Organismen starben allerdings wieder aus, wodurch viele Bauplanmerkmale verlorengingen.

Die ersten Tiere verlassen das Wasser

Die Eroberung des Landes

Vor 440 Millionen Jahren krochen die ersten Gliederfüßer aus dem Wasser an Land und begannen ein neues Kapitel in der Evolution der Tierwelt. 220 Millionen Jahre später entstanden die mächtigen Dinosaurier. Bis zu ihrem mysteriösen Aussterben beherrschten sie 140 Millionen Jahre lang die Erde. Sie entwickelten eine große Vielfalt – enorm schwerfällige Pflanzenfresser wie den Brachiosaurus, 30 m lang und 80 Tonnen schwer, agile rattenartige Reptilien, aus denen später die Säugetiere hervorgingen, oder Tiere wie den fliegenden Pterodactylus und den furchteinflößenden Tyrannosaurus.

Vor rund 520 Millionen Jahren zu Beginn des Kambrium waren innerhalb von 50 Millionen Jahren die Vertreter der wichtigsten wirbellosen Tiergruppen entstanden. Diese explosionsartige Ausbreitung tierischen Lebens blieb jedoch bis zum Ende des Kambrium (vor rund 500 Millionen Jahren) an das Wasser gebunden. Die ersten Lebensformen an Land waren Algen, Flechten und Bakterien, die sich an den Rändern flacher Tümpel ausbreiteten. Diese einfache Vegetation wurde von den ersten luftatmenden Landtieren besiedelt – kleine, den Tausendfüßern ähnliche Gliederfüßer, die ein hartes äußeres Skelett vor dem Austrocknen bewahrte.

Das erste Tier mit einer Wirbelsäule, ein Fisch, entstand in den Ozeanen des Ordovizium (vor 470 Millionen Jahren). Eine Linie dieses Fisches mit einem knochenartigen Skelett entwickelte Lungen und »Beine«, die stark genug waren, sie an Land zu tragen. Sie waren der Ursprung der ersten vierbeinigen Wirbeltiere – der Amphibien, von denen sich alle späteren Wirbeltiere ableiten.

Die ersten Amphibien, die sich aus ihrer Süßwasser-Umgebung lösten, fanden tiefliegende, sumpfige und offene Wälder aus baumgroßem Schachtelhalm und Bärlapp, Lebermoos und anderen kleinen Pflanzen vor. Reptilien entstanden aus einer dieser Amphibiengruppen. Auf dem Land entwickelten sie sich weiter, verbreiteten sich in jeden verfügbaren Lebensraum und nutzten jede ökologische Nische. Sie paßten sich an unterschiedliche Lebensweisen an, gingen als Pterodactylus in die Lüfte und beherrschten eine Zeit lang sogar das Meer, wie Plesiosaurus, Ichthyosaurus und andere Formen.

Das Mesozoikum, das vom Ende des Perm (vor 220 Millionen Jahren) bis zum Ende der Kreidezeit (vor 65 Millionen Jahren) reicht, wird oft das Zeitalter der Reptilien genannt. Als die reptilartigen Dinosaurier in den Vordergrund traten, erschienen vor rund 200 Millionen Jahren auch die ersten Säugetiere, sie blieben jedoch für Millionen von Jahren klein und unscheinbar.

Das Aussterben der Dinosaurier

In der Geschichte der Evolution sind viele Arten neu entstanden und zahlreiche Tiere und Pflanzen wieder verschwunden und ausgestorben, so daß die vielen Millionen heutiger Arten lediglich einen kleinen Teil aller Lebewesen repräsentieren, die jemals existiert haben. Der Prozeß des Aussterbens verläuft jedoch nicht immer gleichförmig. In der Evolution hat es zahlreiche Perioden des verstärkten Aussterbens gegeben – eine große Zahl

von Arten wurde während eines in geologischer Rechnung kurzen Zeitraums ausgelöscht. Eines dieser Massensterben vollzog sich am Ende des Perm, als schätzungsweise 96 % aller wasserlebenden Arten ausstarben. Das bekannteste Beispiel für ein Massensterben findet sich jedoch gegen Ende der Kreidezeit, als die Dinosaurier und viele anderen Arten aus den Annalen verschwanden.

Die naheliegendste Erklärung für den Untergang der Dinosaurier ist, daß sich die Klimaverhältnisse auf der Erde dramatisch veränderten und es zu einer starken Abkühlung kam. Man vermutet, daß durch den Aufprall eines Meteoriten große Staubwolken in die Atmosphäre gelangten, die die Sonneneinstrahlung erheblich abschwächten. Dinosaurier verfügten nicht, wie etwa die Säugetiere, über ein ausgeklügeltes System, die Körpertemperatur konstant zu halten, und konnten deshalb einem solchen Klimawechsel nicht standhalten. Auch andere Massenausterben sind vermutlich auf Klimaveränderungen zurückzuführen.

1 Drepanaspis (kieferloser Fisch)
2 Platysomus (Strahlenflosser, Fisch)
3 Eusthenopteron (Amphibien-Vorstufe)
4 Ichthyostega (frühes Amphib)
5 Diadectes (frühes Amphib)
6 Meganeura (prähistorisches Insekt)
7 Pareiasaurus (primitives Reptil)
8 Icarosaurus (flugfähiges Reptil)
9 Thrinaxodon (säugetierähnliches Reptil)
10 Archaeopteryx (Urvogel)
11 Tyrannosaurus (größter fleischfressender Dinosaurier)

Siehe auch: Entstehung des Lebens, S. 96/97 Evolution der Warmblüter, S. 100/101

Wie eine neue Art entsteht
Darwins Theorie der »natürlichen Auslese« geht davon aus, daß sich Mitglieder derselben Art in ihrem Erbgut unterscheiden. Diese Unterschiede bringen manchen Individuen im Überlebenskampf einen Vorteil, so daß sie besser angepaßt sind und sich auch besser fortpflanzen.

Wenn sie ihre besondere Anpassung weitervererben, wird diese immer weiter verbreitet. Geschieht dies nacheinander mit mehreren Eigenschaften, bilden und addieren sich neue Charakteristika einer Population über zahlreiche Generationen. Sind diese Individuen nicht mehr in der Lage, sich mit den anderen, nicht angepaßten fortzupflanzen, hat sich eine neue Art gebildet. Unterschiedliche Abstammungslinien entwickeln sich von einem gemeinsamen Vorfahren, wenn die Nachkommen sich sowohl voneinander als auch von ihrem Urahn unterscheiden. Für die Ausbildung neuer Merkmale sind vor allem Mutationen (Veränderungen der Erbsubstanz DNS) verantwortlich. Die DNS mutiert entweder auf natürlichem Wege, weil sie sich selbst falsch kopiert, oder durch Strahlung oder chemische Einwirkung. Die meisten Mutationen sind nicht vorteilhaft und rufen Krankheiten und Mißbildungen hervor (rechts).

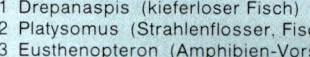

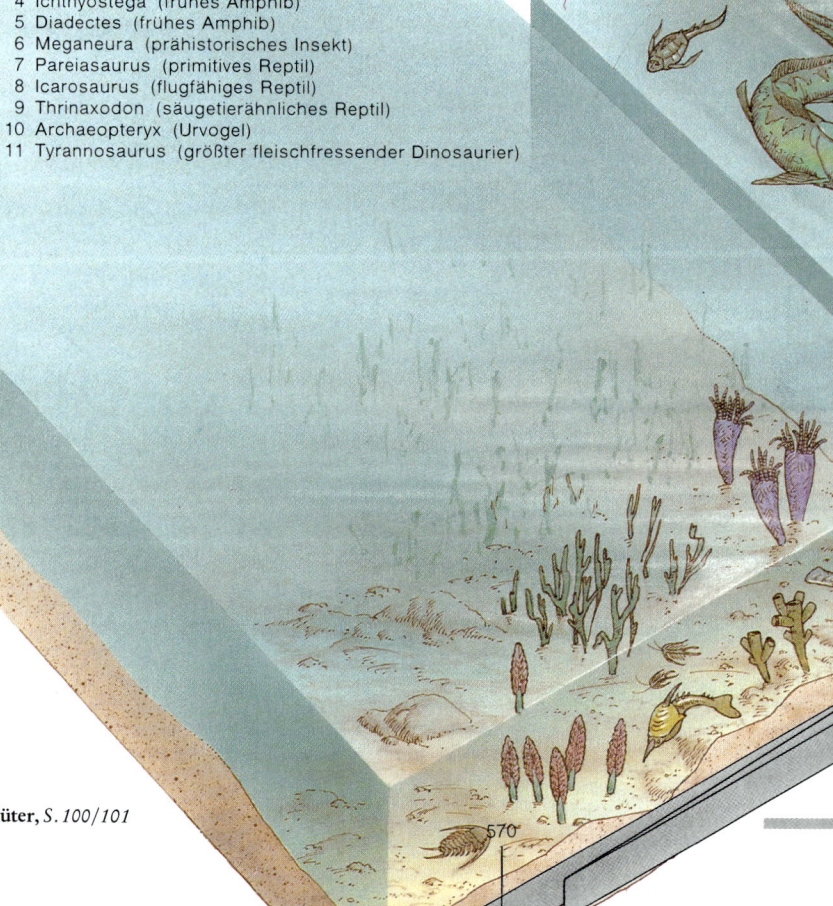

**Aus Fischen entwickeln
sich Amphibien**
Im Devon entstanden mehrere
Gruppen der Knochenfische.
Ausgestorbene Plattenhäuter
(Placodermi) schwammen
neben strahlenflossigen
Fischen, die bis heute überlebt
haben. Fische mit lappen-
artigen Flossenformen wie
Eusthenopteron bildeten den
Übergang zu luftatmenden
Amphibien wie Ichthyostega.
Die üppige Vegetation der
Sümpfe im Karbon ernährte
eine überwältigende Menge
tierischen Lebens. Amphibien
erkundeten die neue Umge-
bung, und einige von ihnen
wurden zu Landbewohnern.
Eine dieser Gruppen ent-
wickelte die Fähigkeit, sich
außerhalb des Wassers fortzupflanzen, indem sie Eier
mit sehr harter Schale
produzierte. Diese Gruppe
wurde zu den Reptilien.

Die Blütezeit der Reptilien
Die Tiere nahmen an Größe
zu, und gewaltige Fleischfresser wie Diadectes ernährten sich von Pflanzenfressern
wie Pareiasaurus. Insekten
erhoben sich in die Lüfte und
entwickelten sich zu Räubern
wie die Riesenlibellen
Meganeura. In der Trias (vor
230 Millionen Jahren) be-
gann das Zeitalter der Dinosaurier. Reptiliengruppen
entstanden, aus denen sich
u. a. auch eine Gruppe zu
warmblütigen Säugetieren
entwickelte. Als die Dinosaurier größer wurden, setzten
einige wie Kentrurosaurus
Stacheln zur Verteidigung
ein; andere, darunter
Compsognathus, verließen
sich auf ihre Geschwindigkeit
und entwickelten einen Gang
auf zwei Füßen. Archae-
opteryx war ein früher Vogel
aus dem Jura mit primitivem
Flugvermögen. Er teilte sich
den Himmel mit Pterodac-
tylus. Zu Beginn der Kreidezeit lebten pflanzenfressende
Saurier wie der Iguanodon.
Sie ernährten sich von den
gleichzeitig aufkommenden
Höheren Pflanzen. In der
späten Kreidezeit hatten die
Dinosaurier dann ein breites
Spektrum unterschiedlicher
Formen ausgebildet.

in Jahre vor unserer Zeitrechnung

Evolution der Fische, S. 122/123   Evolution der Reptilien, S. 126/127

Die Evolution der Warmblüter

Vögel und Säugetiere erobern die Welt

In der Entwicklungsgeschichte der Lebewesen ist der Erfolg einer Tiergruppe häufig an den Mißerfolg einer anderen Gruppe gekoppelt. So war es auch vor 65 Millionen Jahren gegen Ende der Kreidezeit. Viele Millionen Jahre hatten die Dinosaurier die Welt beherrscht, ihr plötzliches Aussterben machte anderen Tieren den Weg frei, die über eine neue Eigenschaft verfügten: Vögel und Säugetiere waren in der Lage, sich durch die Aufrechterhaltung einer konstant warmen Körpertemperatur den unterschiedlichsten Lebensbedingungen anzupassen, und verbreiteten sich über die gesamte Erde.

Gegen Ende der Kreidezeit hatten sich eine Flora und Fauna auf der Erde herausgebildet, die dem jetzigen Zustand schon sehr ähnelten. Blühende Pflanzen, so auch große Bäume, hatten sich gut entwickelt und die Insekten schon ihre heutige Vielfalt erreicht. Vögel zogen ihre Kreise, und kleine Säugetiere kletterten, rannten oder hüpften über die Erde. In der folgenden Periode des Tertiär (zwischen 65 Millionen und 2,5 Millionen Jahren vor unserer Zeit) bildeten Regenwälder, Mischwälder in gemäßigten Zonen und später auch große Grasländer Lebensräume, in denen sich diese neuen Tierformen ausbreiten konnten.

Kleine Säuger wurden Beute von Räubern, etwa von großen Laufvögeln wie dem »Riesenkranich« Diatryma (während des Eozän vor 55 Millionen Jahren) und dem südamerikanischen Phorusrhacos (im Miozän vor 24 Millionen Jahren). Auch andere Vögel hatten sich im Tertiär entwickelt und ausgebreitet. Flamingos, Pelikane und Papageien waren zu jener Zeit auch in Europa heimisch.

Die Säugetiere eroberten nach und nach den ganzen Erdball und entwickelten viele unterschiedliche Formen. Große, schnellfüßige Huftiere wanderten über die Grasländer und waren Beute für flinke Raubsäuger. Fledermäuse bevölkerten die Luft. Die Vorfahren von Delphinen und Walen kehrten ins Meer zurück, aus dem ihre Ururahnen mehrere Millionen Jahre zuvor gekommen waren. Die frühen Primaten entdeckten die Bäume als Lebensraum. Gefahren und Risiken, die dieser Lebensraum barg, führten zur Entwicklung eines besonders ausgeprägten Sehsinns, zum kontrollierten Einsatz der Hände und Füße sowie zu einer Vergrößerung des Gehirns. Von ihren Nachkommen leitet sich die Linie ab, die direkt zu Menschenaffen und Menschen führt.

Beuteltiere gehörten zu den frühesten Säugern

Die ersten Säugetiere legten vermutlich Eier, ebenso wie ihre reptilienähnlichen Vorfahren und die primitiven Kloakentiere, die bis heute überlebt haben – z. B. das Schnabeltier und der Ameisenigel. Diese frühen Säuger führten schließlich zur Entwicklung der Beuteltiere, die einst vornehmlich Südamerika bevölkerten, wo jetzt noch 70 Arten dieser Unterklasse existieren. Die größte Zahl von Beuteltierarten ist heute jedoch in Australien beheimatet. Dieser Kontinent wurde durch die Kontinentaldrift isoliert, bevor ihn die Höheren Säugetiere erreicht hatten und mit den Beuteltieren konkurrieren konnten.

Mit zunehmender Artenvielfalt gab es immer größere Säugetiere. Gut erhaltene Fossilfunde

Elefanten, Seekühe und Schliefer sind Verwandte

Säugetiere erschienen zum ersten Mal in der Trias (vor etwa 200 Millionen Jahren), blieben aber bis zum Tertiär klein und unscheinbar. Zalambdalestes ist ein besonders typisches Säugetier der späten Kreidezeit. Von da an erreichten die Säuger eine enorme Vielfalt, einige Ordnungen sind hier abgebildet.

Elefant, Dugong (Seekuh) und Klippschliefer sind verwandt, denn sie haben einen gemeinsamen Vorfahren, vermutlich den primitiven Paenungulat. Die Klippschliefer haben ihre Körperform weitgehend bewahrt, die heutigen Exemplare ähneln ihren Vorfahren. Elefanten und Dugongs haben sich früh in verschiedene Linien aufgetrennt, die sich möglicherweise auf einen Tethyther zu Beginn des Oligozän zurückführen lassen. Durch unterschiedliche Anpassungen trennten sich ihre Linien. Dugongs nahmen zunehmend eine Lebensweise im Wasser an: Rytiodus hatte bereits Flossen. Auf dem Land verzweigte sich die Linie der Elefanten: Zwei Äste führten zu den ausgestorbenen Arten Mammut und Platybelodon, der dritte zum heutigen Elefanten.

Katzen und Vögel: Wenig Änderungen seit 25 Millionen Jahren

Katzen entwickelten sich aus einem Zalambdalestes ähnlichen Vorfahren zu einer eigenen Gruppe. Ihre Körperform hat sich in den vergangenen 25 Millionen Jahren nur wenig verändert. Nimravus ähnelte stark dem modernen Leoparden. Vögel haben sich viel weniger verändert als die Säuger, da die Grundkonstruktion kaum Änderungen zuläßt. Osteodontornis des Oligozän ist den modernen Formen bereits sehr ähnlich.

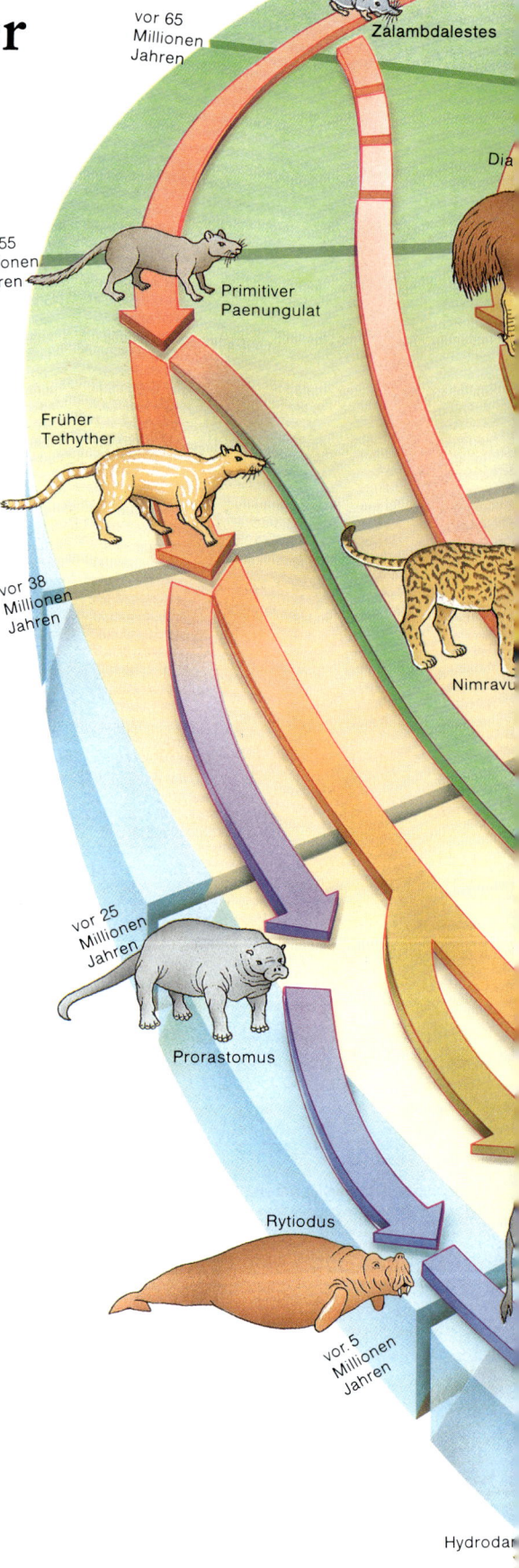

vor 65 Millionen Jahren — Ichthyornis — Zalambdalestes — Dia...

vor 55 Millionen Jahren — Primitiver Paenungulat

Früher Tethyther

vor 38 Millionen Jahren — Nimravu...

vor 25 Millionen Jahren — Prorastomus

Rytiodus

vor 5 Millionen Jahren — Hydroda...

Siehe auch: Evolution der Reptilien, S. 126/127 Evolution der Vögel, S. 128/129 Evolution der Säugetiere, S. 130/131

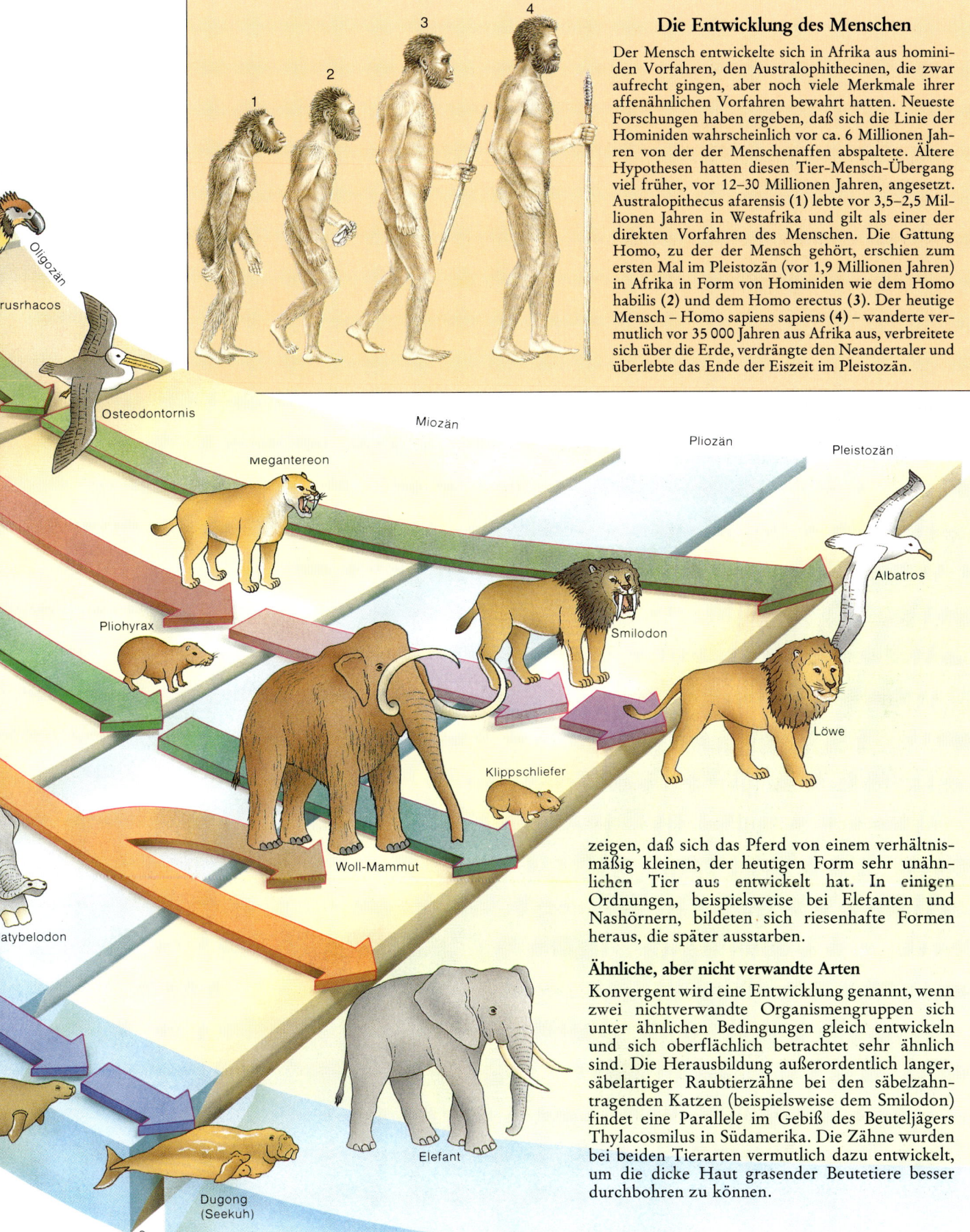

Die Entwicklung des Menschen

Der Mensch entwickelte sich in Afrika aus hominiden Vorfahren, den Australophithecinen, die zwar aufrecht gingen, aber noch viele Merkmale ihrer affenähnlichen Vorfahren bewahrt hatten. Neueste Forschungen haben ergeben, daß sich die Linie der Hominiden wahrscheinlich vor ca. 6 Millionen Jahren von der der Menschenaffen abspaltete. Ältere Hypothesen hatten diesen Tier-Mensch-Übergang viel früher, vor 12–30 Millionen Jahren, angesetzt. Australopithecus afarensis (1) lebte vor 3,5–2,5 Millionen Jahren in Westafrika und gilt als einer der direkten Vorfahren des Menschen. Die Gattung Homo, zu der der Mensch gehört, erschien zum ersten Mal im Pleistozän (vor 1,9 Millionen Jahren) in Afrika in Form von Hominiden wie dem Homo habilis (2) und dem Homo erectus (3). Der heutige Mensch – Homo sapiens sapiens (4) – wanderte vermutlich vor 35 000 Jahren aus Afrika aus, verbreitete sich über die Erde, verdrängte den Neandertaler und überlebte das Ende der Eiszeit im Pleistozän.

Osteodontornis

Oligozän

orusrhacos

Miozän

Megantereon

Pliozän

Pleistozän

Albatros

Smilodon

Pliohyrax

Löwe

Klippschliefer

Woll-Mammut

Platybelodon

Elefant

Dugong
(Seekuh)

vor 10 000 Jahren

zeigen, daß sich das Pferd von einem verhältnismäßig kleinen, der heutigen Form sehr unähnlichen Tier aus entwickelt hat. In einigen Ordnungen, beispielsweise bei Elefanten und Nashörnern, bildeten sich riesenhafte Formen heraus, die später ausstarben.

Ähnliche, aber nicht verwandte Arten

Konvergent wird eine Entwicklung genannt, wenn zwei nichtverwandte Organismengruppen sich unter ähnlichen Bedingungen gleich entwickeln und sich oberflächlich betrachtet sehr ähnlich sind. Die Herausbildung außerordentlich langer, säbelartiger Raubtierzähne bei den säbelzahntragenden Katzen (beispielsweise dem Smilodon) findet eine Parallele im Gebiß des Beuteljägers Thylacosmilus in Südamerika. Die Zähne wurden bei beiden Tierarten vermutlich dazu entwickelt, um die dicke Haut grasender Beutetiere besser durchbohren zu können.

Grundbausteine der Pflanzen

Die pflanzlichen Zellen

Hoch in den Kronen des Waldes, bis zu 100 m über dem Erdboden, fangen pflanzliche Zellen die Energie des Sonnenlichtes ein und erzeugen dabei Zucker. Unterstützt werden diese Zellen durch zahlreiche andere lebende und tote Zellen, die den Baumstamm und das Astwerk bilden. Dort befinden sich lange Gefäße, die die besonders aktiven Zellen in der Krone mit Wasser und Mineralien versorgen. Doch die Eigenschaften von pflanzlichen Zellen, die einerseits die Entstehung solcher Bäume und die Besiedlung unterschiedlichster Lebensräume ermöglichten, haben andererseits der pflanzlichen Entwicklung auch Grenzen gesetzt.

Man nimmt an, daß die frühen pflanzlichen Zellen vor über 1 Millarde Jahren gebildet wurden, als Zellen in den Urseen mit der Nahrung Bakterien aufnahmen, die Photosynthese betreiben konnten. Die Photosynthese ist ein Prozeß, der es ermöglicht, die Sonnenenergie mit einem grünen Pigment, dem Chlorophyll, einzufangen und aus Wasser und Kohlendioxid energiereiche Zucker zu bilden. Im Laufe der Zeit büßten die Bakterien vermutlich ihre Eigenständigkeit ein und wurden als Chloroplasten – Struktureinheiten einer pflanzlichen Zelle, die die Photosynthese betreiben – in die Zelle integriert. Die bei der Photosynthese gebildeten Zucker können in den Mitochondrien, die für die Energiegewinnung zuständig sind, wieder abgebaut werden; die dabei freigesetzte Energie wird für die Lebensprozesse benötigt. Zucker dient aber auch als Kohlenstoffquelle für den Aufbau anderer Zellbausteine. Der Besitz von Chloroplasten, die in der Lage sind, organische Stoffe aus anorganischen Grundbausteinen zu bilden und gegebenenfalls auch zu speichern, ist ein wesentliches Merkmal, das pflanzliche von tierischen Zellen unterscheidet.

Starke Zellwände wirken wie ein Korsett

Pflanzliche Zellen haben eine erstaunliche Formen- und Größenvielfalt. Es gibt isolierte einzellige Algen und hochspezialisierte Zellen im vielzelligen Verband einer Landpflanze. Alle pflanzlichen Zellen haben eine wichtige Eigenschaft gemein: eine Cellulosewand, die die Zellmembran umschließt. Die Zellwände benachbarter Zellen sind durch eine Mittellamelle miteinander verkittet. Die Zellwände bestimmen Form und Festigkeit des pflanzlichen Gewebes. Die starren Wände schränken aber auch die Beweglichkeit der Zellen ein, zudem können sie den Stoffaustausch zwischen benachbarten Zellen behindern. So konnten Pflanzen nie die Beweglichkeit entwickeln, die den tierischen Organismen eigen ist.

Die Organellen der Zelle

Die Organisation einer pflanzlichen Zelle ist in weiten Teilen mit der Organisation anderer höherer Zellen, wie der einer tierischen oder einer pilzlichen Zelle, vergleichbar. Sie alle besitzen einen Zellkern und bestimmte Zellstrukturen, die Zellorganellen, die, wie die Organe eines menschlichen Körpers, jeweils für bestimmte Funktionen zuständig sind. Die Zellorganellen sind von einer einfachen oder doppelten Membran umgeben. Die Membranen lassen nur bestimmte Stoffe in die Organellen hinein bzw. wieder heraus. Ein wichtiges Element der pflanzlichen Zelle ist die Vakuole. In der Vakuole befindet sich der aus verschiedensten Stoffen zusammengesetzte Zellsaft, der dafür sorgt, daß auf die Zellwände ein bestimmter Druck ausgeübt wird. Besonders bei krautigen Pflanzen, bei denen eine mechanische Festigkeit durch die verholzten, dicken Zellwände fehlt, zeigt sich die Abnahme des Druckes der Vakuole durch mangelnden Wassereinstrom schnell: Die Pflanze welkt.

Auch Zellen müssen atmen

Pflanzliche Zellen benötigen für die Atmung Sauerstoff. Auf Zellebene vollzieht sich die Atmung in den Mitochondrien. Der Sauerstoff ist notwendig für die Verbrennung der »Treibstoffmoleküle«, z.B. von Glucose. Die freigesetzte Energie wird besonders zur Synthese von ATP (Adenosintriphosphat) verwendet, eine universelle energiereiche Verbindung. Bei der Atmung entsteht Kohlendioxid als Abfallprodukt.

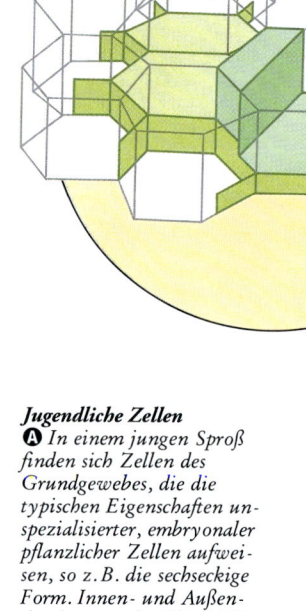

A

Zellwand

Zellwand

Vakuole

Jugendliche Zellen
Ⓐ *In einem jungen Sproß finden sich Zellen des Grundgewebes, die die typischen Eigenschaften unspezialisierter, embryonaler pflanzlicher Zellen aufweisen, so z.B. die sechseckige Form. Innen- und Außendruck sowie die Elastizität der Zellwände bestimmen die Packungsdichte eines Zellverbandes und die Form der Zellen.*

Weitere Zellorganellen
Ⓑ *Membranen durchziehen netzartig das Grundplasma (8). Benachbarte Zellen stehen über Plasmodesmen (9) in Verbindung. Weitere Strukturen des Zellplasmas sind Mitochondrien (10), Lysosomen (11) und Golgi-Apparat (12). Mikrotubuli (13) und andere Mikrofilamente bilden das »Zellskelett«.*

Siehe auch: **Tierische Zellen**, *S. 104/105* **Bakterien**, *S. 106/107* **Algen**, *S. 112/113* **Photosynthese**, *S. 158/159*

Zellkern und Ribosomen

B *Die wichtigste Struktur einer Zelle ist der Zellkern, der die genetische Information (DNS) enthält. Zwischen den Zellteilungen ist der Inhalt des Zellkerns nach Anfärbung als Chromatin (1) sichtbar. Botenmoleküle mit Kopien der DNS können den Zellkern durch Poren in der Kernmembran (2) verlassen. Sie verbinden sich mit den Ribosomen (3), um die Synthese neuer Eiweißmoleküle einzuleiten. Die Ribosomen sind mit parallel angeordneten Membransystemen verbunden, dem rauhen endoplasmatischen Retikulum (4).*

B

Spezialisierte Zellen

Nicht alle pflanzlichen Zellen sind photosynthetisch aktiv. Weiträumige, langgestreckte Xylemzellen (1) haben dicke, steife Zellwände. Aneinandergereiht bilden sie Gefäße, die von den Wurzeln bis zu den Sproßspitzen Wasser und Mineralstoffe transportieren. Im Gegensatz zu den Gefäßzellen, die im ausgereiften Zustand leblos sind, sind die Phloem- oder Siebzellen (2) vital. Diese hochspezialisierten Zellen bilden Strukturen aus, die als Siebplatten bezeichnet werden. Die Siebzellen sind stets mit anderen, kleineren Zellen verbunden, die sie mit den nötigen Nährstoffen versorgen. Während viele Zellen des Grundgewebes (3) nur eine dünne Zellwand besitzen und je nach Lage im Pflanzenkörper unterschiedliche Aufgaben, wie Photosynthese oder Nährstoffspeicherung, wahrnehmen, weisen die Zellen des Kollenchyms (4) und des Sklerenchyms (5), entsprechend ihrer Stützfunktion, besonders starke Zellwandverdickungen auf.

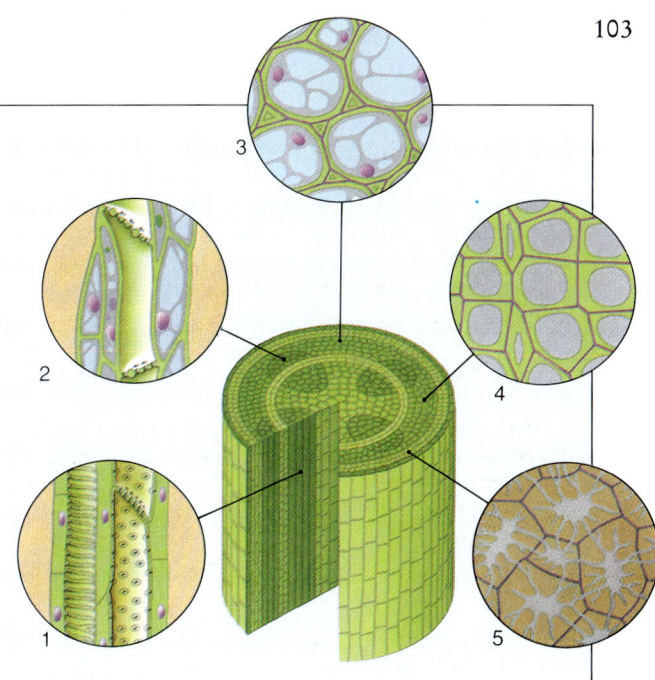

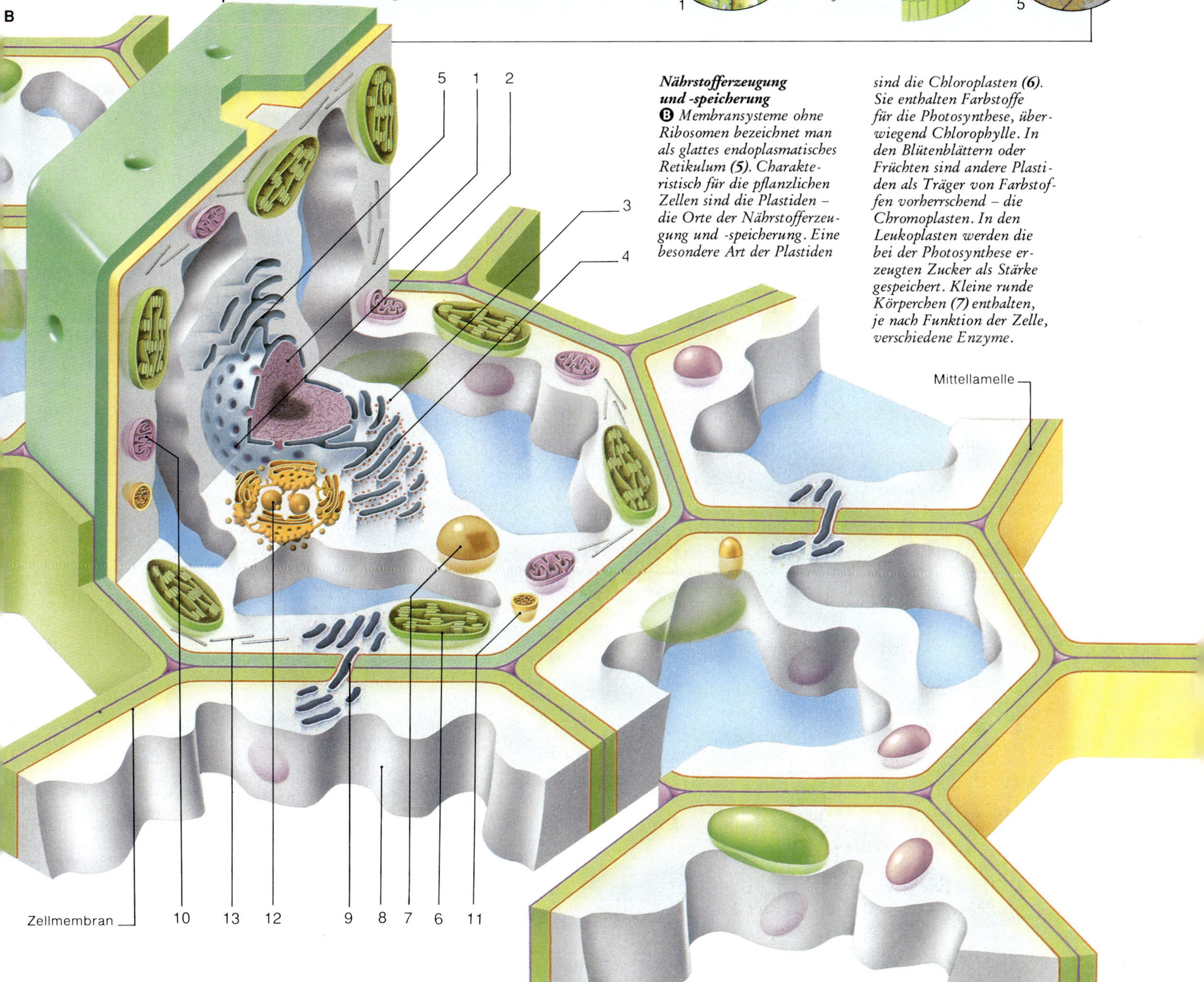

Nährstofferzeugung und -speicherung

B *Membransysteme ohne Ribosomen bezeichnet man als glattes endoplasmatisches Retikulum (5). Charakteristisch für die pflanzlichen Zellen sind die Plastiden – die Orte der Nährstofferzeugung und -speicherung. Eine besondere Art der Plastiden*

sind die Chloroplasten (6). Sie enthalten Farbstoffe für die Photosynthese, überwiegend Chlorophylle. In den Blütenblättern oder Früchten sind andere Plastiden als Träger von Farbstoffen vorherrschend – die Chromoplasten. In den Leukoplasten werden die bei der Photosynthese erzeugten Zucker als Stärke gespeichert. Kleine runde Körperchen (7) enthalten, je nach Funktion der Zelle, verschiedene Enzyme.

Mittellamelle

Zellmembran

5 1 2

3

4

10 13 12 9 8 7 6 11

Gentechnik bei Tieren und Pflanzen, S. 482/483

Grundbausteine der Tiere

Die tierischen Zellen

Mehrere 10 Billionen Zellen machen einen Schimpansen aus. Aus dieser gewaltigen Anzahl von Untereinheiten setzen sich alle Strukturen, Gewebe und Organe seines Körpers zusammen. Ob Haut, Blutgefäße, Gehirn oder Muskelgewebe – überall erfüllen spezialisierte Zellen ihre unterschiedlichen Aufgaben. Aber ob die Zellen nun elektrische Impulse weitergeben oder der Nahrungsaufnahme dienen, ob sie Hormone produzieren oder als Eizellen für die Arterhaltung sorgen, ihre Grundstruktur ist immer gleich und entspricht der so einfacher Tiere wie den Schwämmen.

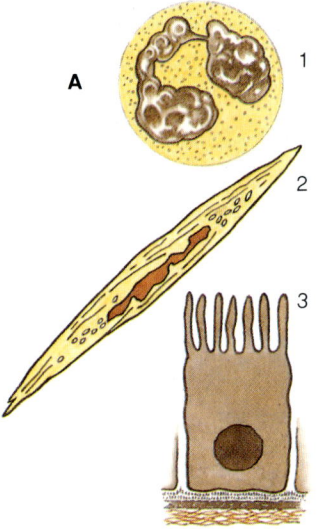

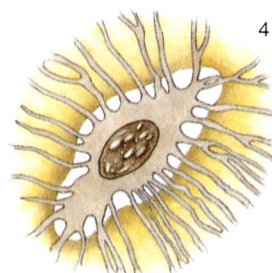

Zelltypen
Ⓐ *Zellen gibt es in vielen Formen und Größen: Weiße Blutkörperchen (**1**) spielen eine entscheidende Rolle im Immunsystem des Körpers. Verschiedene Muskelzellarten bei Wirbeltieren können mechanische Kräfte ausüben. Dünne, lange Zellen (**2**) sind in glatten Muskeln vorhanden, die sich im Verdauungstrakt und in Blutgefäßen befinden. Epithelzellen bilden die inneren und äußeren Oberflächen des Körpers. Zellen, die in den Eingeweiden Nährstoffe absorbieren, haben Ausstülpungen (**3**), Mikrovilli genannt, um die Oberfläche für die Aufnahme zu vergrößern. Osteocyten (**4**) entstammen den Osteoblasten, Zellen, die Knochengewebe aufbauen.*

Noch vor 200 Jahren stellten sich Wissenschaftler die Zellen als nichts anderes als eine formlose gallertartige Masse vor; heute wissen wir, daß sie einen höchst komplizierten Aufbau haben. Moderne Mikroskope haben die inneren Strukturen enthüllt, die für den Zusammenhalt der Zellformen und für den Aufbau und Transport komplexer Moleküle sowie die Steuerung der Zellteilung verantwortlich sind. Im Inneren jeder Zelle herrscht eine klare Arbeitsteilung: Unterschiedliche Zellvorgänge laufen in verschiedenen Organellen ab, die zusammengenommen mehr als die Hälfte der Zelle einnehmen können. Viele dieser Organellen sind Pflanzen- und Tierzellen gemeinsam, aber bezeichnenderweise fehlen den Tierzellen Chloroplasten, daher sind sie nicht zur Photosynthese fähig. Auch können sie ihre Nahrung nicht aus anorganischen Stoffen beziehen und brauchen ständig Nachschub von fertigen organischen Verbindungen wie Zucker als Energiespender, Aminosäuren, um Proteine aufzubauen, und Fettsäuren, um Lipide zu erzeugen (einen Bestandteil der Zellmembranen).

Tierische Zellen können ihre Form ändern

Um am Leben zu bleiben, muß sich eine Zelle physikalisch und chemisch von ihrer Umgebung isolieren. Dies wird durch die Zellmembran erreicht, eine dünne Schicht von Lipiden und Proteinen an der Oberfläche des Zellkörpers (Zellplasma oder Cytoplasma). Alle Zellen, ob von Pflanzen oder Tieren, besitzen eine Zellmembran; ähnliche Membranen umschließen die Organellen.

Jeder Austausch durch diese Membranen, einschließlich des Stromes wichtiger Nährstoffe und Ionen (wie Natrium und Calcium), wird durch besondere Transportproteine und Kanäle in der Membran geregelt. Nur Wasser dringt relativ ungehindert hindurch.

Die Zellmembran der tierischen Zelle ist übersät mit Rezeptorproteinen, die den Zellen ermöglichen, chemische »Botschaften« ihrer Umgebung aufzunehmen und darauf zu antworten. Daher sind Tierzellen zur Kommunikation fähig und tauschen ständig untereinander Signale aus.

Die zusätzliche Sperre der Pflanzen gegen die Außenwelt, die Zellwand, fehlt. Die dünne Zellmembran erlaubt tierischen Zellen sowohl mehr Mobilität als auch eine größere Formenvielfalt als Pflanzenzellen. Sie können komplizierte und feinstgegliederte Formen annehmen, wie z.B. Nervenzellen, sowie ihre Form schnell verändern, wie Muskelzellen beim Zusammenziehen und Ausdehnen.

Bestandteile einer Zelle
Ⓑ *Der von einer eigenen Membran umgebene Zellkern (Nucleus, **1**) ist das Informationszentrum der eukaryontischen Zelle, er enthält das genetische Material in den langen, fadenförmigen Chromosomen. Die Kernmembran (**2**) hat viele Poren (**3**), um die Kommunikation zu den anderen Teilen der Zelle zu ermöglichen. Im Inneren des Zellkerns befindet sich das Kernkörperchen (Nucleolus, **4**), das für die Erzeugung der Ribosomen (**5**) verantwortlich ist. Die Ribosomen sind die Proteinfabriken der Zellen und finden sich verstreut an der äußeren Oberfläche des rauhen endoplasmatischen Retikulums (**6**). Dieses besteht aus flachen Membranbeuteln und Röhren, die mit der Kernmembran verbunden sind. In diesen gelangen die RNS-Boten-Moleküle (sie steuern die Protein-Synthese) zu den Ribosomen. Auch Lipide werden hier produziert. Das glatte endoplasmatische Retikulum (**7**) ist mit dem rauhen verbunden. Hier werden kleine Membran-Vesikel (**8**) erzeugt. Diese transportieren Proteine zum Golgi-Apparat (**9**). Dort werden in verschiedenen Arbeitsgängen große Moleküle verändert und in andere Vesikel verpackt, die von dem Apparat abgeschnürt werden (**10**). So gelangen sie zu anderen Organellen oder werden durch Exocytose (**11–13**) von der Zelle ausgeschieden. Die Vesikel verschmelzen dabei mit der Zellmembran und geben den Inhalt nach außen ab. Der umgekehrte Vorgang wird Endocytose (**14–17**) genannt. Moleküle, die in die Zelle eindringen, können durch Enzyme in den Lysosomen (**18**) aufgespalten werden.*

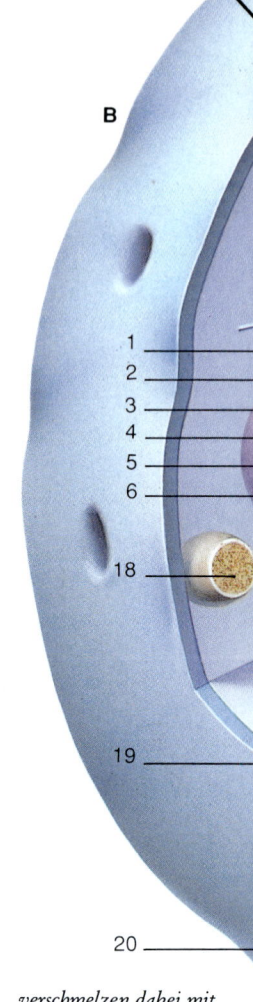

Das Protonen-Kraftwerk

Die meisten Stoffwechselprozesse in den Zellen brauchen Energie, die hauptsächlich durch ein besonderes Molekül (ATP) übertragen wird. Adenosindiphosphat (ADP) wird dazu eine dritte Phosphatgruppe angehängt, so daß es zu Adenosintriphosphat (ATP) wird. ATP ist sehr energiereich. Um die im Zucker steckende Energie in ATP zu speichern, bedarf es einer komplizierten Abfolge von Reaktionen, die in den Kraftwerken der Zellen, den Mitochondrien (1), stattfinden. Der Zucker kommt als Pyruvat (2) in die Mitochondrien und durchläuft den Citratcyclus. Dabei wird die Energie des Zuckers mittels Elektronen und Protonen in die Atmungskette übertragen (3). Hier werden Protonen von der einen Membranseite auf die andere transportiert (4). Diese Protonenpumpe erzeugt ein Druckgefälle, das sich auszugleichen sucht (5). In einem besonderen Proteinkomplex (6) fließen die Protonen wieder zurück und führen dabei ADP mit einem Phosphatrest zu ATP zusammen (7).

Siehe auch: Entstehung des Lebens, S. 96/97 Pflanzliche Zellen, S. 102/103 Bakterien, S. 106/107 Protozoen, S. 108/109 Zellstoffwechsel, S. 214/215

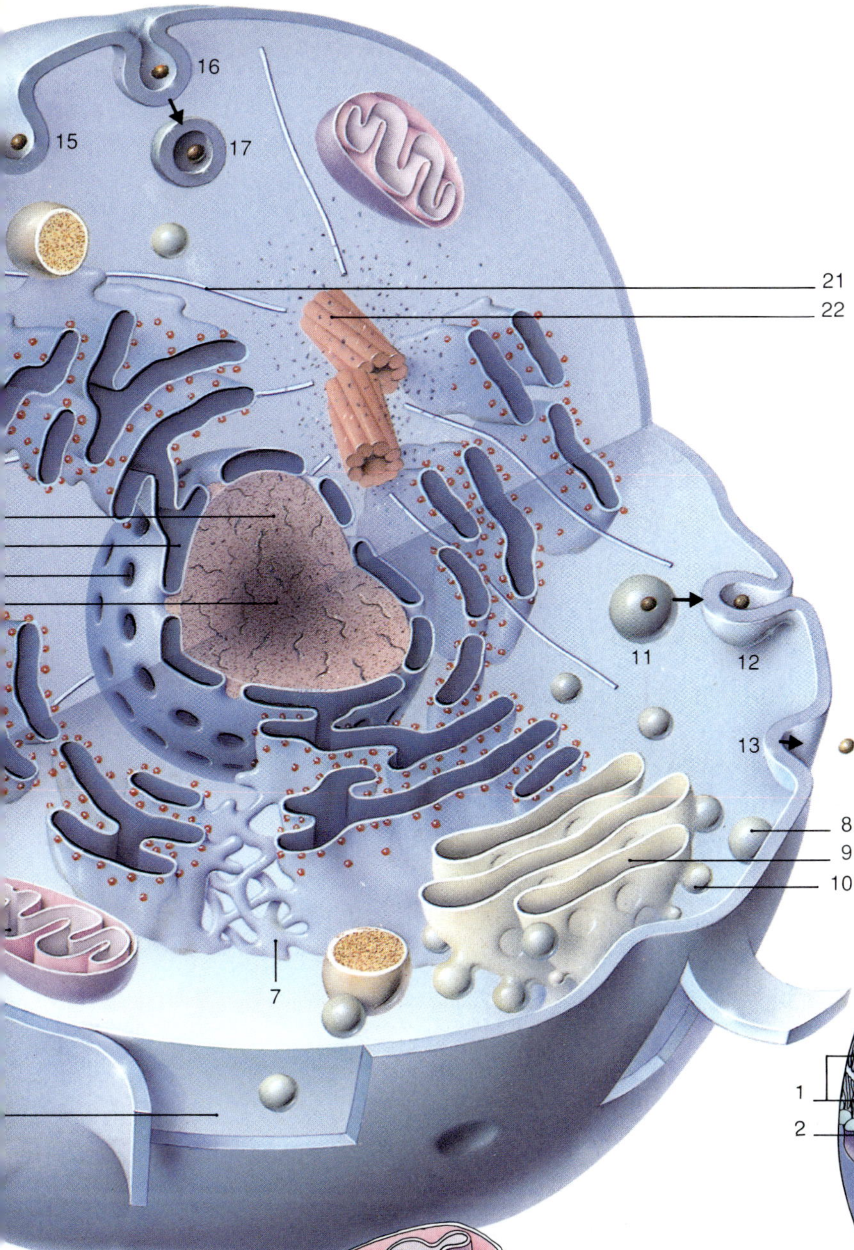

Mitochondrien sind die Kraftwerke der Zelle

B *Mitochondrien (19) erzeugen Energieträgermoleküle (ATP). Diese Moleküle werden in vielen Stoffwechselprozessen genutzt. Die meisten davon finden im wäßrigen Medium des Zellplasmas (20) statt. Im Zellplasma selbst gibt es eine Matrix von Proteinfäden (Mikrotubuli, 21), die an den Centriolen (22) entstehen. Die Mikrotubuli bilden das Zellskelett, das als Formgerüst dient und ein Transport- und Bewegungssystem bietet. Die Mikrotubuli und Centriolen spielen auch bei der Zellteilung eine Rolle, da sie die verdoppelten Chromosomen auseinanderziehen.*

Bau und Eigenschaften der Zellmembran

C *Die Zellmembran ist eine dünne Doppelschicht aus Phospholipiden (1), die das Zellplasma umgeben. Nur wenige Moleküle können ohne Hilfe die Zellmembran durchdringen. Besondere Transport-Proteine und Kanäle (2) in der Membran erlauben Zuckern, Aminosäuren und Ionen das Eindringen und Verlassen der Zelle. Andere Proteine (3) in der Membran wirken als Empfänger für chemische Kommunikationssignale und liefern eine Signatur, die die Erkennung durch andere Zellen ermöglicht, vor allem im Immunsystem. Cholesterin-Moleküle (4) sind wichtig für die Stabilität der Zellmembran.*

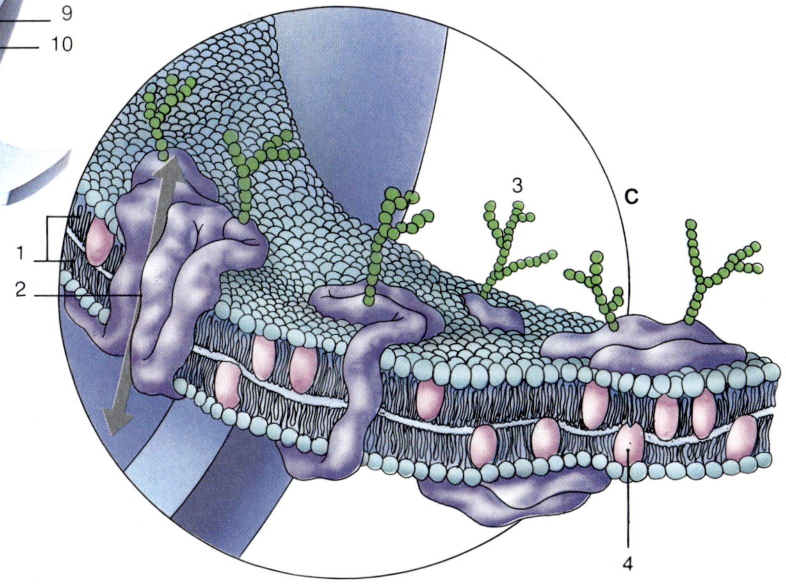

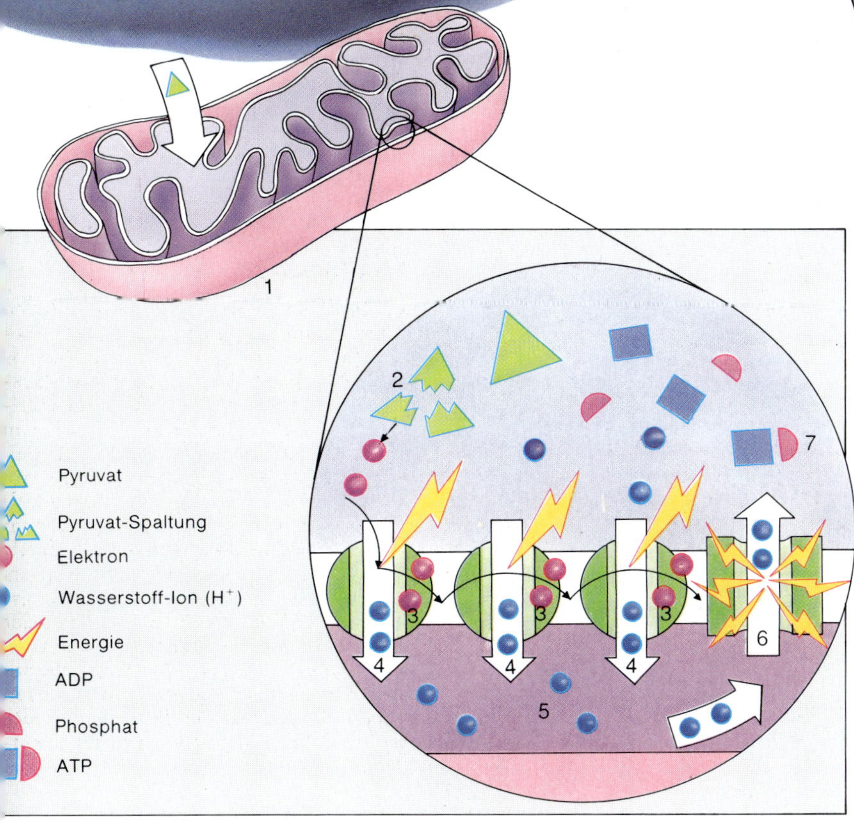

Was den Menschen von der Schabe unterscheidet

Alle Zellen empfangen Signale von der Außenwelt an ihrer Zellmembran. Tierische Zellen sind in dieser Hinsicht besonders spezialisiert. Die Fähigkeit einer Nervenzelle, ein Signal mit Hilfe eines elektrischen Feldes in ihrer Längsrichtung weiterzuleiten, wird durch besondere Eigenschaften der Zellmembran ermöglicht, an der ein elektrisches Potential aufgebaut wird. Von Zelle zu Zelle wird die Botschaft an der Synapse, der Kontaktstelle, durch ein chemisches Signal weitergeleitet, das vom Ende der Nervenzelle ausgeht und von den Rezeptoren in der Zellmembran der Nachbarzelle empfangen wird. Wie entscheidend das Zusammenspiel von Zellen in Geweben und Organen ist, zeigt das Beispiel der Nervenzellen. Die einzelne Nervenzelle bei einer Schabe und einem Menschen ist fast gleichartig, aber die Milliarden von Nervenzellen in einer bestimmten Anordnung im Gehirn gibt dem Menschen Fähigkeiten, die der Schabe mit ihrem kleinen Gehirn versagt sind.

Pyruvat

Pyruvat-Spaltung

Elektron

Wasserstoff-Ion (H⁺)

Energie

ADP

Phosphat

ATP

Spezialisierte Zellen, *S. 216/217* Erbgut, *S. 300/301* Gentechnik bei Tieren und Pflanzen, *S. 482/483*

Die älteste Lebensform

Strukturen und Fähigkeiten der Bakterien

Die zahlenmäßig erfolgreichste Lebensform unseres Planeten ist für das menschliche Auge unsichtbar. Bakterien begegnen uns überall, sie wachsen in allen lebenden Organismen sowie im Boden, in Flüssen und Seen, in heißen Quellen und in der lichtlosen Tiefsee. Bakterien waren vermutlich die ersten Lebensformen auf der Erde, und sie werden möglicherweise auch die letzten sein. Sie bauen organisches Material ab und bewirken dadurch die Mineralisierung, d. h. die gebundenen chemischen Elemente werden in eine für andere Organismen wieder nutzbare Form gebracht. Manche Bakterien sind Krankheitserreger.

Der Grundbaustein aller Lebewesen ist die Zelle. Lebewesen können entweder einzellig sein, wie Bakterien, Protozoen und einige Algen, oder mehrzellig wie fast alle Pflanzen und Tiere. Bakterien werden als Prokaryonten bezeichnet, um zu verdeutlichen, daß sie einen einfachen Zellaufbau ohne Kernmembran besitzen. Ihnen werden die Eukaryonten, zu denen alle übrigen Lebewesen gehören, gegenübergestellt.

Die Größe der Bakterien schwankt zwischen einem Tausendstel Millimeter und etwa einem halben Millimeter. Trotz ihrer Formenvielfalt lassen sich stets drei Grundformen wiedererkennen: sphärisch, stab- oder schraubenförmig. Obwohl alle Bakterien einzellig sind, können sie zeitweise sehr komplexe Zellverbände bilden. Alle Bakterien vermehren sich durch einfache Zellteilung: Entweder wächst eine Zelle zu doppelter Größe an und bildet teilende Querwände aus, oder es entsteht eine kleine Knospe, die auswächst und sich schließlich abteilt.

Bakterien sind »Allesfresser«

Jedes Lebewesen braucht zum Überleben nicht nur eine Energiequelle, sondern auch Stoffe, aus denen es die für den Aufbau der Körpersubstanz notwendigen Bausteine beziehen kann. Wichtige Bausteine sind Kohlenstoff, Stickstoff, Phosphor, Wasserstoff und Sauerstoff. Bakterien sind, im Gegensatz zu Tieren und Pflanzen, allerdings nicht sehr anspruchsvoll bei der Wahl ihrer Stoffquelle – sie können fast jeden organischen Stoff für ihre Bedürfnisse zerlegen. Sogar Pestizide und andere in der Natur nicht vorkommende Chemikalien nutzen einige Bakterien als Nährstoffquelle.

Cyanobakterien, früher Blaualgen genannt, haben einen eigenen Photosyntheseapparat, der durchaus mit dem der Höheren Pflanzen vergleichbar ist. Diese Bakterien nennt man auch autotroph, weil sie selbst ihre energiespendenden Stoffe herstellen können. Hingegen benötigen die heterotrophen Bakterien, so z. B. Escherichia coli – ein Darmbakterium –, organische Substanzen, aus denen sie die Energie und die Grundbausteine zum Überleben gewinnen. Dabei werden die organischen Stoffe abgebaut. Manche Bakterien benötigen bei diesem Prozeß Sauerstoff, ähnlich wie atmende Pflanzen und Tiere. Andere sind in der Lage, den Abbauvorgang auch ohne Sauerstoff zu vollziehen. Man spricht dann von einer Gärung. Gärungsprodukte wie Milchsäure, Citronensäure und Buttersäure werden wirtschaftlich genutzt.

Das Innere eines Bakteriums

Ⓐ *Bakterien haben statt eines Zellkerns einen Zellbereich, in dem sich Kernsubstanz konzentriert: das Karyoplasma, in dem sich ein einziges, ringförmiges Chromosom (1) befindet. Es enthält die Erbsubstanz DNS. Durchschnittlich sind auf dem Chromosom 3000 Gene. Der Mensch besitzt zum Vergleich rund 100 000. Das Zellplasma (2) enthält Strukturen, die den Reservestoff Glykogen speichern (3), sowie die Ribosomen (4), die Orte der Proteinbiosynthese. Viele Bakterien besitzen zusätzlich kleine DNS-Ringe, die Plasmide.*

Zwei Typen von Bakterien

Ⓑ *Bakterien können nach dem Typ ihrer Zellwand in zwei große Gruppen eingeteilt werden. Die einen haben eine einfache, 10–50 Nanometer (= 10^{-9} m) dicke Hülle. Bakterien dieses Typs nennt man grampositiv, weil sie sich mit der Gramfärbung purpurn färben. Gramnegative Bakterien, wie hier gezeigt, haben eine dünne Zellwand (1) mit einer zusätzlichen äußeren Ummantelung aus Proteinen und Lipiden (2). Zellen mit diesem Zellwandtyp lassen sich nicht anfärben. Schließlich umgibt die doppelschichtige Zellmembran (3) das Zellplasma.*

Fortbewegung durch Geißeln

Ⓒ *Einige Bakterien besitzen Geißeln (1), die von einem Geißelhaken (2) aus peitschenartig bewegt werden. Ein Protonenfluß in der Zellmembran (3) läßt eine Scheibe aus Proteinmolekülen (4) in der Zellmembran kreisen. Eine Achse (5) verbindet das »Rotorprotein« mit dem Geißelhaken. Eine weitere Scheibe (6) dient schließlich als Führung durch die Zellwand.*

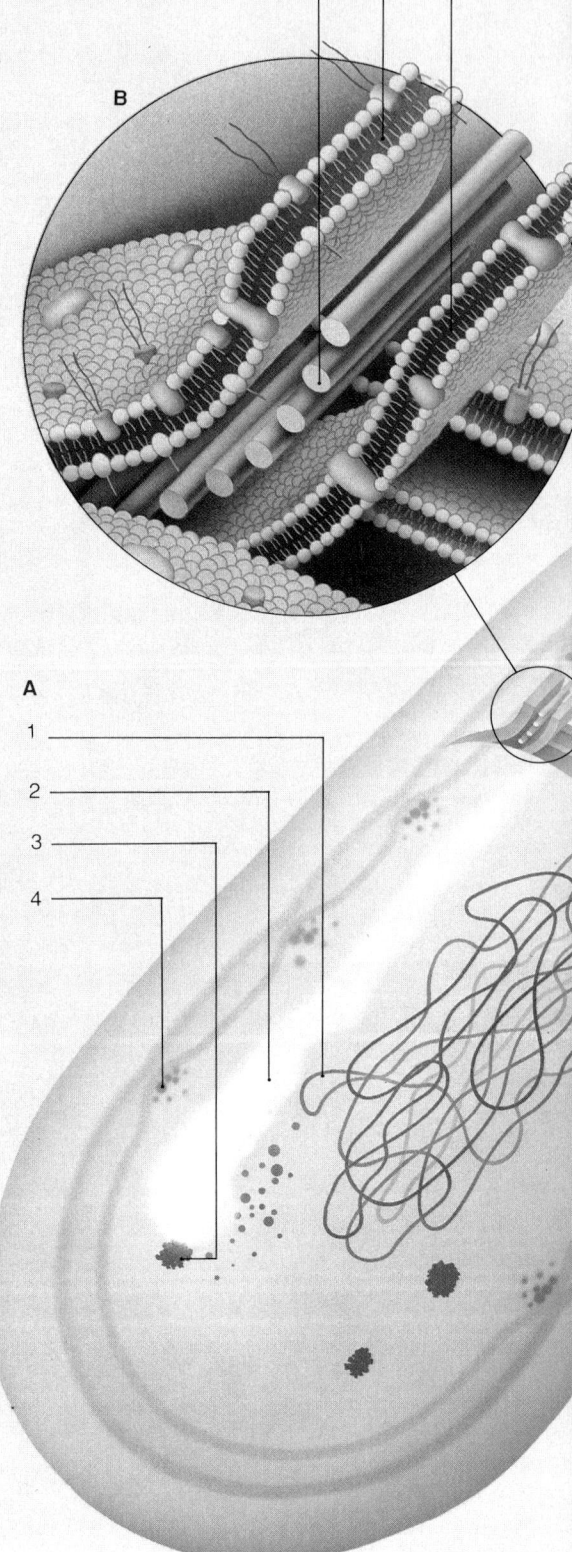

Siehe auch: Entstehung des Lebens, S. 96/97 Pflanzliche Zellen, S. 102/103 Tierische Zellen, S. 104/105

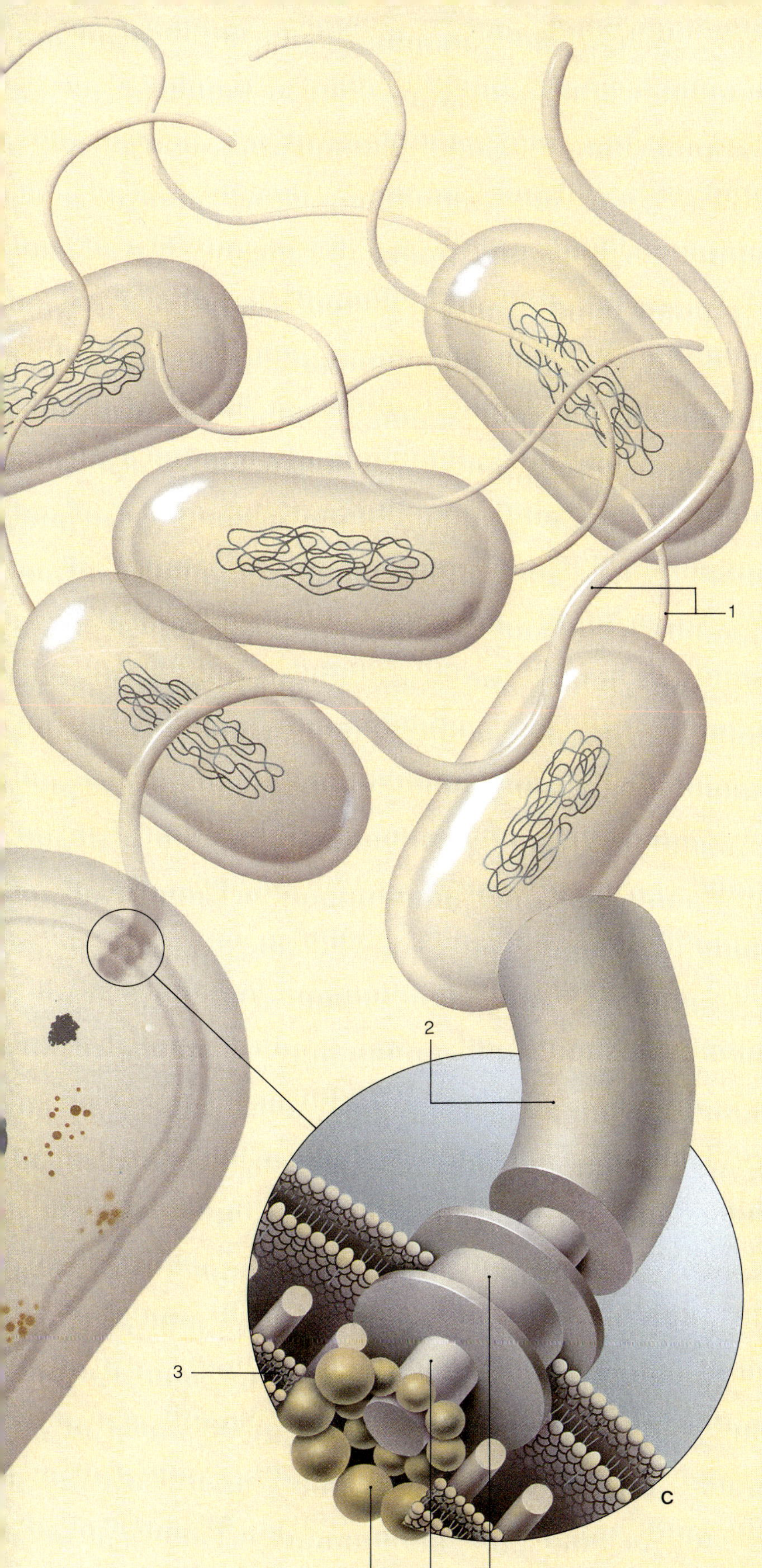

Wie Bakterien ihre Nahrung zersetzen

Bakterien nehmen kleine Nährstoffmoleküle wie Zucker, Aminosäuren und Fettsäuren direkt über ihre Zellmembran auf. Größere Moleküle, wie Proteine, Stärke und Cellulose, werden zunächst in Bruchstücke außerhalb der Zelle zerlegt. Diese Zerlegungsarbeit wird von Verdauungsenzymen geleistet, die von den Bakterien in das Außenmedium abgegeben werden. Verderb und Zersetzung von Fleisch, Früchten und Gemüse ist vor allem auf die Bakterienaktivität zurückzuführen.

Stickstoff für Höhere Pflanzen

Einige Bakterien sind in der Lage, den molekularen Stickstoff aus der Luft zu binden, d.h. zu fixieren. Dabei werden Stickstoffverbindungen gebildet, die von Höheren Pflanzen genutzt werden können. Diese Leistung, die die stickstoffbindenden Bakterien vollziehen, kann der Chemiker nur unter extremem Energieaufwand, d.h. bei hohen Temperaturen und Drücken, nachvollziehen.

Bakterielle Krankheitserreger

Schwerwiegende Einzelerkrankungen und Epidemien bakteriellen Ursprungs waren vor der Entdeckung der Antibiotika auch in Europa noch weit verbreitet. Die Symptome von vielen bakteriellen Erkrankungen werden von den toxischen Eiweißstoffen, die die Bakterien erzeugen, hervorgerufen. Das Botulinum-Toxin des Bakteriums Clostridium botulinum, das auf Lebensmitteln vorkommt, ist eines der stärksten Gifte. Das Tetanus-Toxin, das von dem nah verwandten Wundbakterium Clostridium tetani (1) gebildet wird, erzeugt Wundstarrkrampf. Wenn sich durch einen Nervenreiz (2) eine Muskelzelle zusammenzieht, blockiert das Tetanus-Toxin die folgende Muskelentspannung. Daher bleiben die Muskeln verkrampft.

In den entwickelten Ländern sind die meisten schwerwiegenden bakteriellen Erkrankungen weitgehend unter Kontrolle, so z.B. die Tuberkulose und die Diphtherie. Anders ist die Lage in der Dritten Welt, wo noch viele Opfer zu vermelden sind.

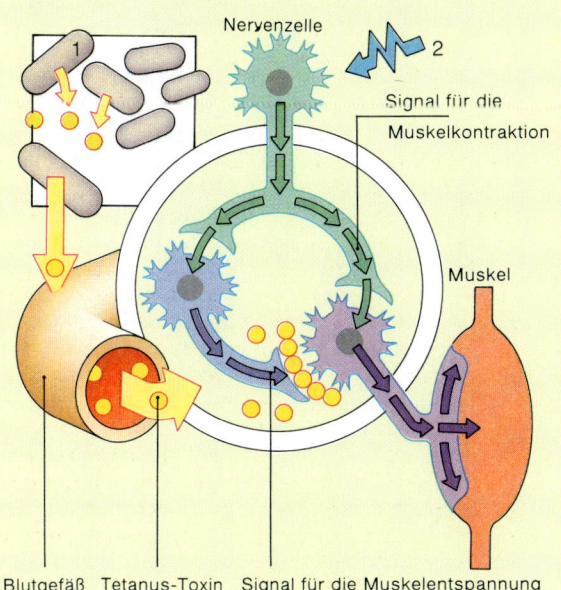

Nervenzelle

Signal für die Muskelkontraktion

Muskel

Blutgefäß   Tetanus-Toxin   Signal für die Muskelentspannung

Komplexe Einzeller
Das Leben der Protozoen

Es gibt fast 30 000 Arten von Protozoen, einzellige Mikroorganismen, die meist in wässriger Umgebung leben. Sie sind über die ganze Erdkugel verteilt. Protozoen lassen sich entweder in ihrer flüssigen Umwelt treiben, oder sie schwimmen und kriechen aktiv; manche leben auch als Parasiten in Tieren. Nur die größten sind mit dem bloßen Auge erkennbar. Protozoen zeigen eine erstaunliche Vielfalt in der Formgebung - von der tropfenförmigen Amöbe bis hin zu jenen, die mit komplizierten Gebilden zum Beutefang, zur Ernährung und zur Fortbewegung ausgestattet sind.

Fortbewegung und Ernährung

A *Amöben bewegen sich durch Ausstülpen sogenannter Scheinfüßchen aus ihrem Körper fort. Das Zellplasma strömt in das Scheinfüßchen und vergrößert es dabei ständig. Wenn das gesamte Zellplasma nachgeströmt ist, hat sich die ganze Amöbe fortbewegt. Die Scheinfüßchen dienen auch der Ernährung: Sie umfließen den Nahrungspartikel (1), der von einem Nahrungsbläschen umgeben wird (2). Verdauungsenzyme dringen in die Nahrungsbläschen ein, die mit dem Zersetzen der Nahrung schrumpfen (3). Unverdautes Material wird auf umgekehrtem Wege (4) ausgeschieden.*

Die genaue Definition der Protozoen ist umstritten. Die Klassifizierung sieht für diese Organismen ein eigenes Reich vor – das der Protisten –, da sie sich in mancher Beziehung von Bakterien, Pilzen, Tieren und Pflanzen unterscheiden. Ihre Struktur ist weiter entwickelt als die der Bakterien, da sie deutlich unterscheidbare Organellen, wie Zellkerne und Mitochondrien, besitzen. Der Unterschied zu Pflanzen, Tieren und Pilzen besteht jedoch darin, daß sie Einzeller und nicht Vielzeller sind. Einige von ihnen sind pflanzenähnlich und verfügen über Chloroplasten, womit sie zur Photosynthese fähig sind. Die meisten jedoch ernähren sich durch die Aufnahme organischer Reste oder anderer Mikroorganismen.

Das Reich der Protisten ist keine »natürliche« Gruppierung – einige Protozoen können enger mit Tieren oder Pflanzen verwandt sein als mit anderen Protozoen. Einzellige Organismen, die sonst jedoch schwer zu klassifizieren wären, lassen sich bequem in dieses Schubfach einordnen.

Auch Einzeller sind vielseitig

Größe und Gestalt der Protozoen weisen eine enorme Vielfalt auf. Amöben, die ständig ihre Form verändern, stellen einen einfachen Protozoentyp dar. Andere besitzen Schalen aus organischem Material, in die Fremdteilchen (Kieselalgenschalen, Sandkörner) oder selbstgebildete Hartteile, meist aus Calciumcarbonat, eingeschlossen sind. Diese Schalen sinken auf den Meeresboden, wenn die Zellen darin sterben und bilden schließlich einen Teil des Sedimentgesteins.

Einige bewimperte Protozoen verfügen über einen »Mund« und einen »Schlund«, durch die andere Protozoen, Bakterien und Algen in voller Größe geschluckt werden. Saugtierchen hingegen haben lange »Tentakel«, mit denen sie den Inhalt der Zellen, die sie erbeuten, aussaugen.

Den meisten Protozoen fehlen starre, schützende Zellwände, wie sie den Pflanzenzellen eigen sind, wenn auch Euglena und ihre Verwandten eine Schicht dünner, flexibler Eiweißplättchen haben, die unter der Zellmembran des Zellplasmas eingelassen sind. Obwohl sie kaum außerhalb des Wassers leben können, überstehen viele Protozoen das zeitweilige Austrocknen von Teichen oder Wasserläufen, indem sie sich einkapseln und in einen inaktiven Zustand treten. Protozoen pflanzen sich durch einfache Teilung in zwei oder mehr Zellen fort. Gelegentlich führen sie auch eine geschlechtliche Vermehrung durch, wobei zwei Zellen sich vereinigen, um eine größere Zelle zu bilden, die sich in viele kleinere teilt.

Mit 2 mm ein »Riese«

B *Das Trompetentierchen ist eines der größten Protozoen; es kann sich mit einem Haftorgan (1) an Steinen oder großen Algen festheften. Durch zahlreiche Wimpern (2) angetrieben, ist es aber auch in der Lage frei zu schwimmen. Am breiten Ende seines Körpers sind die Wimpern spiralförmig angebracht (3); wenn sie schlagen, verursachen sie einen Strudel, der kleine Teilchen im Wasser zum Mundbeutel (4) hinzieht; dort wird die geeignete Nahrung – Bakterien und kleine Algen – ausgefiltert und in den Schlund (5) geleitet. In Vakuolen (6) wandern die Nahrungspartikel durch den Körper des Protozoons und werden zersetzt. Unverdautes Material wird durch die Zellwände ausgeschieden. Das Trompetentierchen hat einen großen Zellkern (7), der sich aus vielen Knoten zusammensetzt.*

Nutzen und Schaden

Zu den Krankheiten, für die Protozoen beim Menschen verantwortlich sind, gehören Malaria und die Schlafkrankheit (Trypanosomiasis), darüber hinaus verursachen viele Einzeller zahlreiche Krankheiten bei Tieren, besonders bei Vieh, Wild, Fisch und Geflügel.

Protozoen können aber auch von sehr großem Nutzen sein. Wimperntierchen sind ein Teil der mikrobiellen Flora im Pansen wiederkäuender Tiere (z. B. Rinder) und helfen bei der Verdauung der pflanzlichen Cellulose, die das Tier bei seiner Ernährung in enormen Mengen zu sich nimmt, allerdings nicht selbst aufschließen kann. Für den Menschen sind Protozoen in Kläranlagen außerordentlich nützlich, wo sie während der biologischen Klärstufe zur Entfernung von Bakterien beitragen. Außerdem sind sie biochemische Werkzeuge in Labortests für neue pharmazeutische Produkte.

A

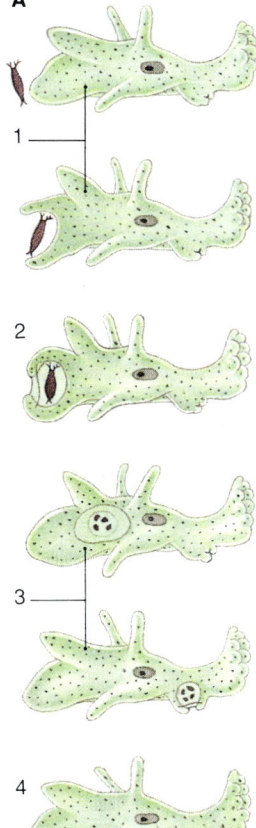

Siehe auch: **Mineralbildung,** *S. 56/57* **Pflanzliche Zellen,** *S. 102/103* **Tierische Zellen,** *S. 104/105*

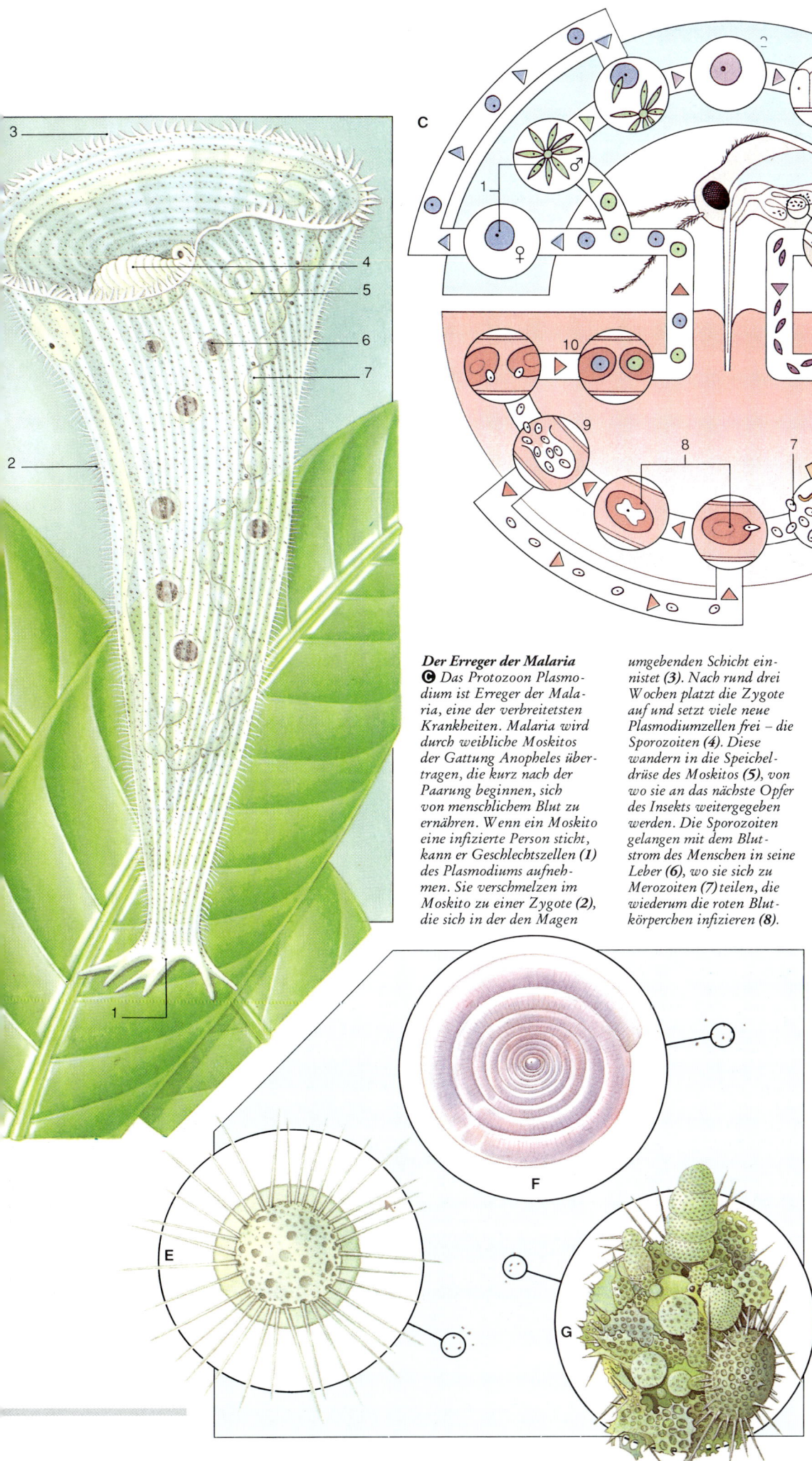

C

Der Erreger der Malaria
C Das Protozoon Plasmodium ist Erreger der Malaria, eine der verbreitetsten Krankheiten. Malaria wird durch weibliche Moskitos der Gattung Anopheles übertragen, die kurz nach der Paarung beginnen, sich von menschlichem Blut zu ernähren. Wenn ein Moskito eine infizierte Person sticht, kann er Geschlechtszellen (1) des Plasmodiums aufnehmen. Sie verschmelzen im Moskito zu einer Zygote (2), die sich in der den Magen umgebenden Schicht einnistet (3). Nach rund drei Wochen platzt die Zygote auf und setzt viele neue Plasmodiumzellen frei – die Sporozoiten (4). Diese wandern in die Speicheldrüse des Moskitos (5), von wo sie an das nächste Opfer des Insekts weitergegeben werden. Die Sporozoiten gelangen mit dem Blutstrom des Menschen in seine Leber (6), wo sie sich zu Merozoiten (7) teilen, die wiederum die roten Blutkörperchen infizieren (8).

Dort vermehren sich die Merozoiten (9) und greifen noch mehr Blutkörperchen an. Einige Merozoiten bilden schließlich Geschlechtszellen (10). Wenn diese von einer anderen Mücke mit der Nahrung aufgenommen werden, beginnt der Zyklus von vorne. Die Symptome der Malaria sind Fieberanfälle bei jeder Freisetzung neuer Merozoitengenerationen ins Blut, später Anämie (Blutarmut) und letztendlich Leberversagen.

Bizarre Formen
Die Erscheinungsformen der Protozoen variieren in hohem Maße:
D Difflugia hat eine ähnliche biologische Struktur wie die Amöbe, baut sich jedoch eine »Schale« aus Sandkörnern.
E Actinophrys hat – wie die Amöbe – Scheinfüßchen. Hier sind sie jedoch lang, dünn und stachelähnlich.
F Ammodiscus lebt im Meer. Er erzeugt ein hartes, mineralisches Gehäuse mit vielen Kammern.
G Cementella baut eine »Schale« aus den Skeletten anderer Protozoen. Unzählige Schalen solcher Organismen können den Meeresboden bedecken und sich zu Kalkstein verdichten.

Wein- und Bierproduzenten

Wie Pilze leben und sich vermehren

Auf den ersten Blick scheint Blauschimmelkäse wenig mit der Dezimierung des europäischen Ulmenbestandes gemein zu haben. Und doch ist beides das Ergebnis von Pilzaktivität. Die Gärung der Pilze beschert uns Brot, Wein und Bier sowie viele Antibiotika. Auf der anderen Seite aber verursachen pilzliche Infektionen zahlreiche Krankheiten bei Pflanzen, Tieren und Menschen. Pilze spielen auch eine lebenswichtige Rolle im natürlichen Lebenszyklus. Durch die Zersetzung von Tieren und Pflanzenmaterial setzen sie Nährstoffe frei, die für eine neue Generation von Pflanzen und Tieren wiederverwertbar sind.

Pilze wurden lange Zeit zu den Pflanzen gerechnet, inzwischen werden sie jedoch von Biologen als eigenständige Gruppe klassifiziert, weil sie sich in ihrer Struktur, in ihrem Wachstum und ihrer Ernährungsweise von den Pflanzen deutlich unterscheiden. Im Gegensatz zu diesen können Pilze die Sonnenenergie nicht für ihren Stoffwechsel nutzen. Einige Pilze wachsen nur auf einfachen Zuckern, die sie als Kohlenstofflieferanten nutzen. Stickstoff erhalten sie in Form von anorganischen Nitraten oder Ammonium-Verbindungen. Andere Arten geben Enzyme frei, die die komplexen Moleküle verdauen, welche in totem Pflanzen- und Tiermaterial vorhanden sind, und setzen sie in einfache Nährlösungen um, die dann absorbiert werden können. Wieder andere leben parasitisch und beziehen ihre Nahrung von lebenden Pflanzen oder Tieren.

Leben aus einem Netzwerk von Fäden

Einige Pilze sind einzellig oder bestehen nur aus wenigen Zellen, doch die meisten wachsen als feine Fäden (Hyphen), die sich an den Spitzen strecken und verzweigen und ein Netzwerk oder Myzel bilden. Zwar sind einzelne Hyphen nur unter dem Mikroskop sichtbar, das flauschige Myzel der häufig im Haushalt vorkommenden Schimmelpilze ist jedoch ein gewohnter Anblick. Hyphen von einfachen Pilzen – z. B. Zygomyzeten – sind lange Schläuche von Zellmaterial (Cytoplasma), die viele in einer Zellwand eingeschlossene Zellkerne enthalten. Dagegen sind die Hyphen der höheren Pilze – Basidiomyzeten und Ascomyzeten – durch Querwände in Kompartimente geteilt; sie bilden auch den Fruchtkörper eines Champignons, Fliegenpilzes oder einer Trüffel.

Schimmelverbreitung

Alle Pilze vermehren sich durch Sporen. Eine Spore ist eine einzelne Zelle, häufig umgeben von einer schützenden Hülle, aus der sich ein neuer Organismus entwickeln kann. Einige einfache Pilze produzieren Zoosporen, die wie Spermien aussehen und sich mit einem oder zwei peitschenähnlichen Geißeln vorwärts bewegen. Pilze, die Zoosporen produzieren, leben entweder im Wasser, wie die Wasserschimmel, oder parasitisch in den Zellen von Pflanzen; die parasitisch lebenden Pilze entlassen ihre Zoosporen in das Wasser, das die Oberfläche von Blättern, Stämmen und Wurzeln wie ein Film überzieht. Die wohlbekannten Schimmelpilze produzieren einfache Sporenbehälter (Sporangien), die bei Reife aufplatzen und eine Wolke von winzigen staub-

A

Sexuelle und nichtsexuelle Vermehrung
Ⓐ *Der Schwarze Brotschimmel ernährt sich von totem Material. Der Hauptteil des Myzels wächst durch die Nahrungssubstanz, aber einige Hyphen wachsen aufrecht, schwellen an ihren Spitzen an und bilden Sporangien, die Organe für die asexuelle Vermehrung. Zahlreiche Sporen entwickeln sich in diesen Sporenbehältern: Die Sporangienwand platzt auf, und die Sporen werden verbreitet (1). Sie keimen und wachsen zu einem neuen Myzel heran. Zygomyzeten durchlaufen auch einen sexuellen Entwicklungszyklus. Zwei verschiedengeschlechtliche Hyphen wachsen einander entgegen (2). Bei Kontakt schwellen ihre Spitzen an und werden durch eine Zellwand abgetrennt (3). Die beiden aneinanderliegenden Spitzen verschmelzen (4) und entwickeln eine kräftige Wand (5). Die Zygospore keimt aus (6), durchläuft einen Prozeß genetischer Vermischung (Meiose) und produziert Meiosporen (7).*

ähnlichen Sporen freisetzen. Wenn diese auf ein geeignetes Medium treffen, keimen sie aus. Aus jeder Spore entsteht eine Hyphe, die schließlich in ein neues Myzel auswächst.

Die auffälligsten Pilze sind die Basidiomyzeten – diese bilden für die Vermehrung die kurzlebigen Fruchtkörper, die wir Hutpilze nennen. Der dauerhafte Teil des Pilzes, der über Jahre hinweg bestehen kann, ist das Myzel, das sich häufig mehrere Meter im Boden oder im Holz ausdehnt. Weniger bekannte Basidiomyzeten, wie die Rost- und Brandpilze, verursachen Krankheiten an vielen Getreidearten.

Die Morcheln, Trüffeln und Hefen gehören zu der dritten großen Gruppe der Pilze – den Ascomyzeten. Sie produzieren ihre Sporen innerhalb von Schläuchen (Asci). Treffen zwei Hyphen unterschiedlichen Geschlechts aufeinander, wachsen sie zusammen. Die Zellkerne der Elternhyphen verschmelzen und teilen sich, und es entstehen acht Sporen.

Hut (Pileus)

Reste des Universalvelums

Stiel (Stipus)

Myzel

Siehe auch: **Pflanzliche Zellen, S. 102/103** **Tierische Zellen, S. 104/105** **Symbiose, S. 166/167**

Bäcker und Brauer

Wenn ein Faß mit Traubensaft gärt, steigen kohlendioxidhaltige Bläschen an die Oberfläche. Sie werden von Hefen (rechts) produziert, mikroskopisch kleinen, einzelligen Pilzen aus der Gruppe der Ascomyzeten, die die Zucker in dem Saft als Brennstoff für die Atmung benötigen. Im Gegensatz zu den meisten Pilzen atmen Hefen anaerob – sie benötigen also keinen Sauerstoff – und verwerten ihre Nahrung unvollständig. Die »Abfall«-Produkte dieser Form der Atmung sind Kohlendioxid und Alkohol, im Gegensatz zu Kohlendioxid und Wasser, die bei der aeroben Atmung entstehen. Diese Fähigkeit hat die Hefe zu einer der wichtigsten Pilzarten in der Sozialgeschichte des Menschen gemacht. Hefe verwandelt Malzgerste in Bier, und beim Backen veranlaßt sie das Brot aufzugehen und gibt ihm eine lockere Konsistenz.

Lamelle

Basidie

Hyphengeflecht

Universalvelum

Sporen

Der Lebenszyklus eines Hutpilzes

B *Der Fruchtkörper des Fliegenpilzes ist aus einem aus Hyphen bestehenden Stiel (Stipus) aufgebaut sowie einem Hut (Pileus), der die sporentragende Schicht (Hymenium) an den Lamellen schützt.*

D *Der Lebenszyklus dieses Hutpilzes beginnt mit der Keimung der Sporen; diese bilden ein Myzel, dessen Kompartimente je einen Zellkern enthalten.*

C *Verschiedengeschlechtliche Hyphen verschmelzen, es entwickelt sich ein sekundäres Myzel, in welchem die Kompartimente beide Eltern-Zellkerne enthalten. Der Fruchtkörper wächst aus dem sekundären Myzel aus; er beginnt sein Leben in einem schützenden Universalvelum, das schließlich aufreißt. Im Hymenium verschmelzen in jedem Kompartiment (1) die beiden Kerne und teilen sich (2). Die vier entstandenen Zellkerne (3) wandern zum Ende der Basidien, der Sporenträger (4, 5), wo sie sich zu Sporen entwickeln, die abgeschnürt werden (6).*

keimende Sporen

Zersetzer, *S. 172/173* **Antibiotika**, *S. 374/375*

Photosynthese im Wasser

Die verschiedenen Algentypen

Stellt man einen Krug mit klarem Wasser aus einem Teich auf ein sonniges Fensterbrett, so wird das Wasser sehr bald trübe und grün. Bisweilen kann man feststellen, daß die Grünfärbung regelrecht der Sonnenbewegung folgt. Tausende von einzelligen Algen nutzen das Sonnenlicht, um ihre Nährstoffe mit Hilfe der Photosynthese zu erzeugen. Aber nicht alle Algen sind so klein. Auch sind nicht alle grün. Die grünen Mikroalgen aus dem Teich und die großen Makroalgen der Meere scheinen kaum etwas Gemeinsames zu haben. Und doch gehören beide zum Organisationstyp der Algen.

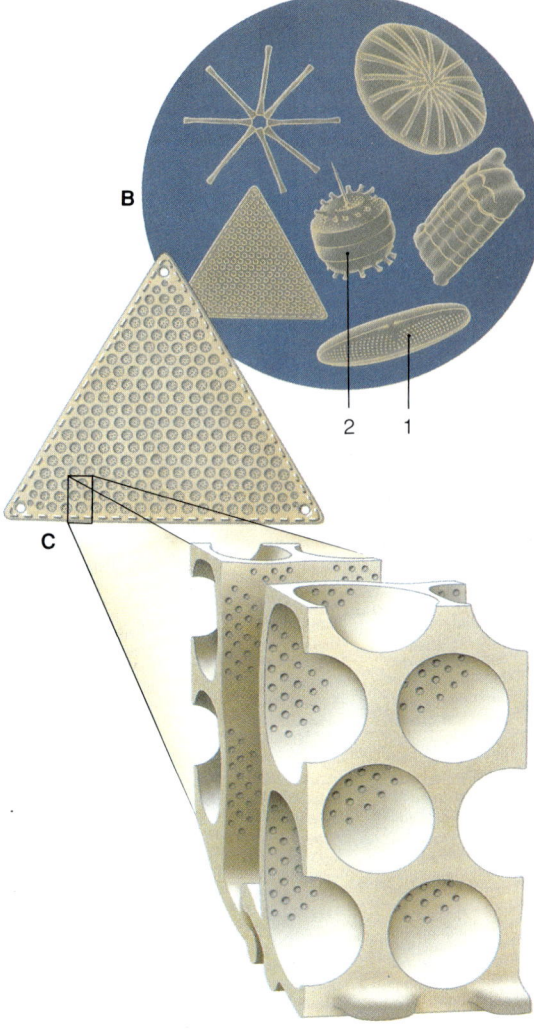

B

1

2

C

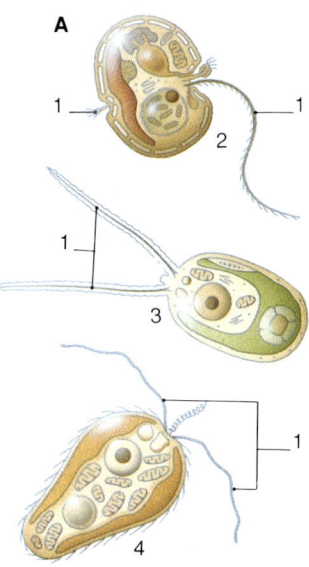

A

1 **1**

2

1

3

1

4

Bewegung durch Geißeln
Ⓐ *Viele einzellige Algen können sich aus eigener Kraft fortbewegen, um z. B. optimal zum Licht zu stehen. Dazu nutzen sie ihre peitschenförmigen Geißeln (1). Der Dinoflagellat Gonyaulax tamarensis (2) besitzt zwei Geißeln, die rechtwinklig zueinander stehen. Eine ist mehr oder weniger in einer die Zelle umlaufenden äquatorialen Rille verborgen. Mit den Geißeln bewegt sich die Alge vorwärts und gleichzeitig um die eigene Achse. Diese kreiselförmige Fortbewegungsweise ist für alle Dinoflagellaten typisch. Chlamydomonas (3), eine Grünalge, und die Goldalge Prymnesium parvum (4) haben ebenfalls je zwei Geißeln, Euglena besitzt nur eine, während andere Arten wie Platymonas sogar vier haben.*

Wie die Landpflanzen sind Algen Produzenten, denn sie können eigenständig ihre organischen Nährstoffe photosynthetisch bilden. Dazu benötigen sie lediglich Licht, Kohlendioxid, Wasser und einige lebenswichtige Mineralstoffe. Sie enthalten alle den grünen Farbstoff Chlorophyll, mit dem sie das Sonnenlicht einfangen können, das die Photosynthese in Gang setzt. Viele Algen haben zusätzlich noch andere Farbstoffe, wodurch sie rot, braun oder gelb aussehen.

Aufbau der Riesenalgen

Braune Meeresalgen wie Blasentang oder Riementang zählen zu den größten und anatomisch kompliziertesten Algen. Viele werden mehrere Meter lang, einige sogar länger als 100 m. Sie sind wie die Landpflanzen mehrzellig. Ein stengelähnliches Gebilde (Cauloid) besitzt am unteren Ende ein Haftorgan (Rhizoid), mit dem sich die Alge am Geröll des Meeresgrundes festhält. Blattähnliche Strukturen, die Phylloide, sind die Organe, in denen die Photosynthese stattfindet. Doch der innere Aufbau dieser Riesenalgen ist wesentlich einfacher als der der Landpflanzen. Sie brauchen weder Wurzeln, mit deren Hilfe sie das Wasser absorbieren, noch besondere Gewebe wie das Xylem der Landpflanzen, um das Wasser und die Mineralstoffe im Pflanzenkörper zu verteilen.

Algen können alle Stoffe, die sie zum Leben benötigen, direkt über die gesamte Körperoberfläche aufnehmen, so auch das Kohlendioxid für die Photosynthese oder den Sauerstoff für die Atmung. Damit diese Stoffe sowie Mineralien alle Zellen des Pflanzenkörpers erreichen, dürfen die Zellen keine allzu dicken Schichten bilden. Daher haben Algen nur wenige Zellschichten und flache oder fadenförmige Körperstrukturen.

Nur sehr große Braunalgen wie der Birnentang haben ein spezialisiertes Gewebe, das mit dem Phloem der Landpflanzen vergleichbar ist. Es dient dem Transport von nährstoffreichen Lösungen vom Ort der Photosynthese, dem Phylloid, der nahe der Wasseroberfläche liegt, zu Cauloid und Rhizoid, die sich in den lichtarmen, tieferen Wasserschichten befinden.

Unter den Süßwasseralgen sind wohl die Armleuchteralgen die am kompliziertesten gebauten Algen. Diese Grünalge kann über 1 m lang werden. Sie sitzt am Grunde von Teichen und bildet wirtelförmige Verzweigungen an einem zarten Stiel. Obwohl sie wie eine normale Höhere Pflanze aussieht, werden ihre »Stämme« und »Blätter« von einzelnen gleichartigen, aneinandergereihten Zellen gebildet.

Kieselalgen
Ⓑ *Diese Algen sind meist einzellig wie Navicula digitoradiata (1). Einige bilden einfache Kolonien wie Thalassiosira (2). Weitere Süß- oder Salzwasserarten (im Uhrzeigersinn): Triceratium favus, Asterionella formosa, Asteromphalus elegans und Biddulphia biddulphia.*

Schalenstrukturen
Ⓒ *Innerhalb der äußeren Plasmamembran haben die Kieselalgen zwei symmetrische Kieselsäureschalen abgelagert. Die Schalen weisen erstaunliche Strukturen auf. Durch die feinen Poren findet der Stoffaustausch zwischen Zelle und Außenmedium statt.*

Algen sind die Grundlage der Nahrungskette

Doch sind es nicht die auffälligen Riesenalgen, sondern die mikroskopisch kleinen Algen des Planktons, die von unschätzbarer Bedeutung für die Nahrungskette im Meer sind. Einzellige Algen wie Diatomeen und Dinoflagellaten sowie blaugrüne Cyanobakterien bilden die Hauptmasse des pflanzlichen Planktons. Unter bestimmten Bedingungen kann es zu einer Massenvermehrung oder »Algenblüte« einer Alge kommen. Als Beispiel dafür seien die berühmt-berüchtigten »Roten Tiden« an der nordamerikanischen Küste genannt, die von Dinoflagellaten verursacht werden, welche das Meer rot färben. Diese Algenblüte kann zahlreiche Fische und Schalentiere vergiften.

Aus Algen werden verschiedene Stoffe gewonnen, so auch Agar-Agar, eine Art Gelatine, die in bestimmten Lebensmittelzubereitungen und für die Herstellung von Nährmedien zur Aufzucht von Bakterien genutzt wird.

Siehe auch: **Küsten,** *S. 74/75* **Bakterien,** *S. 106/107* **Pilze,** *S. 110/111* **Photosynthese,** *S. 158/159*

Der Lebenszyklus des Blasentangs

D *Der Blasentang verankert sich mit dem Rhizoid (1). Gasgefüllte Blasen (2) halten die blattähnlichen Phylloide im Wasser aufrecht. Die Fortpflanzungsorgane befinden sich in Konzeptakeln (3) an der Spitze der Phylloide. In den weiblichen Konzeptakeln (4) bilden die Oogonien (5) Eizellen (6). Die männlichen Konzeptakeln (7) enthalten die Antheridien (8), die die Spermatozoiden (9) entlassen. Nach der Befruchtung der Eizelle (10) entwickelt sich aus der Zygote eine neue Pflanze.*

Dem Sonnenlicht entgegen

Algen müssen Photosynthese betreiben, um leben zu können. Daher findet man sie nur bis zu Tiefen, die das Sonnenlicht erreicht.
E *Der Meersalat kommt in den Küstengewässern, in Felsenbassins oder im offenen Meer bis zu einer Wassertiefe von rund 30 m vor.*
F *Braunalgen der Gattung Sargasso treiben ihre Thalli in der berühmten Sargassosee im Atlantik bis an die Wasseroberfläche. Meeresalgen, die zwischen der Hoch- und Niedrigwasserlinie leben, sind fähig, längere Zeiten außerhalb des Wassers zu überdauern.*

Algenkolonien

Die Süßwasser-Grünalge Volvox (rechts) bildet Kolonien. Tausende begeißelter Zellen vereinen sich zu einer Hohlkugel. Die Zellen sind durch Plasmabrücken verbunden und in einer Gallerte eingebettet. Bei der ungeschlechtlichen Vermehrung teilen sich einzelne Zellen, so daß ein Napf in die Hohlkugel ragt, der sich später umstülpt. Dabei gelangen die Geißeln auf die Außenseite. Diese Tochterkolonien werden nach dem Zerfall der Mutterkolonie frei. Bei der geschlechtlichen Vermehrung werden einzelne Zellen zu Geschlechtszellen umgewandelt. Nach der Befruchtung bildet sich aus einer Zygote eine neue Kolonie.

Sporenkunde

Der Lebenszyklus von Moosen und Farnen

Die heutigen Lebermoose ähneln den ersten Pflanzen, die sich vor 400 Millionen Jahren von wasser- zu landlebenden Pflanzen entwickelten – und sie sind nicht mehr als ein Überzug von grünen Zellen auf feuchtem Schlamm. Die höchstentwickelten Sporenpflanzen, die Farne, hingegen können bis zu 25 m hoch werden. Alle Sporenpflanzen sind Überlebende der Vorzeit, die die Entwicklungsgeschichte der Landpflanzen ins Gedächtnis rufen. Vor allem die Baumfarne, die hauptsächlich in dichten tropischen Regenwäldern vorkommen, erinnern an die gigantischen Farne und Bärlappe, die einst die Erde beherrschten.

Die bekanntesten Sporenpflanzen sind die Laubmoose und Farne, doch gibt es noch verschiedene andere Sporenpflanzen wie Lebermoose, Bärlappe und Schachtelhalme. Das Wassertransportsystem der Sporenpflanzen von den Wurzeln zu den Blättern ist weniger entwickelt als bei den Höheren Pflanzen. Bei den Laub- und Lebermoosen ist es besonders schwach ausgebildet, weshalb ihr Größenwachstum sehr begrenzt ist.

Alle Sporenpflanzen bilden Sporen, mikroskopisch kleine Fortpflanzungszellen, die – in einen komplexen Lebenszyklus eingebunden, der durch zwei deutlich unterscheidbare Abschnitte (Generationen) geprägt ist – zu neuen Pflanzen auswachsen können.

Die beiden Entwicklungsstadien der Sporenpflanzen sind Gametophyt (Produktion von Gameten, die mit Eiern oder Spermien vergleichbar sind) und Sporophyt (Produktion von Sporen). Der Gametophyt repräsentiert die geschlechtliche Generation der Pflanze; in der Sporophyten-Generation reift die Pflanze und reproduziert sich ungeschlechtlich durch Sporenverbreitung. Die Zellen des Gametophyten haben nur einen Chromosomensatz (sie sind haploid), während die Zellen der Sporophyten jeweils doppelte Chromosomensätze (diploid) aufweisen.

Die Befruchtung findet statt, wenn das Spermium eines Gametophyten in ein Ei eindringt. Die Zellen verschmelzen, so daß das befruchtete Ei zwei Chromosomensätze aufweist. Dieses wächst zum Sporophyten aus. Um eine Eizelle zu erreichen, muß das Spermium einer Sporophyte schwimmen – genau wie die Spermien der Tiere –, daher ist die Gametophytengeneration an feuchte Standorte gebunden.

Übergang vom Wasser zum Land

Die Geschichte der Pflanzenevolution auf dem Land spiegelt die allmähliche Verlagerung der Dominanz vom feuchte Gebiete liebenden Gametophyten zum Sporophyten wider. Diese Entwicklung gestattete den Pflanzen ein Wachstum in immer trockeneren Gebieten, die Fähigkeit zur geschlechtlichen Vermehrung behielten sie trotzdem bei. Am Anfang dieser Entwicklungsgeschichte – bei den Laub- und Lebermoosen – ist der Gametophyt noch der dominante Partner. Bei einem Moos beispielsweise ist der Gametophyt die grüne Pflanze, die wir kennen. Der Sporophyt ist das schlanke, braune Sporogon, das zu einer bestimmten Jahreszeit aus der Moospflanze wächst. Es ist im Hinblick auf die Ernährung vollkommen abhängig vom Gametophyten.

Wie sich Farne vermehren
Ⓐ *Die dominante Sporophytengeneration des Frauenfarns hat aufrechte Blätter oder Wedel (1) und Wurzeln (2), die aus Knoten des Wurzelstockes (3) entspringen. Farne können sich vegetativ vermehren, gewöhnlich durch Teilung des Wurzelstockes, oder generativ durch die Bildung einer unabhängigen, kurzlebigen Pflanze, des Gametophyten.*
Ⓑ *Der generative Entwicklungszyklus beginnt mit der Meiose, bei der Sporen entstehen. Auf der Wedelunterseite sitzen Sori (4), in denen sich Sporangien (5) befinden. Dort entwickeln sich die Sporen. Nach ihrer Freisetzung (6) keimt die Spore zu einem herzförmigen Prothallium, dem Gametophyten (7), aus, der die eier- und spermienbildenden Archegonien (8) und Antheridien (9) hervorbringt. In Feuchtigkeit schwimmt das Spermium (10) zum Hals des Archegoniums, um das Ei zu befruchten (11). Die entstehende Zygote entwickelt sich zur Farnpflanze (12).*

Im nächsten evolutionären Abschnitt, der von den Farnen und Schachtelhalmen repräsentiert wird, sind Sporophyt und Gametophyt getrennt, wobei der Gametophyt klein und kurzlebig ist, während der Sporophyt den dominanten Partner darstellt. Einige Bärlappe sind noch eine Stufe weiterentwickelt: Ihre Gametophyten verlassen die Spore nicht mehr. Sie sitzen auf dem Sporophyten, auf dem auch die Befruchtung stattfindet. Aber dazu benötigen sie noch Wasser, weil die Spermien zu den Eiern schwimmen müssen.

Die Entwicklungsgeschichte der Sporenpflanzen ist durch eine wichtige Veränderung geprägt: Während die Moose nur einen einzigen Sporentyp haben, aus dem der Gametophyt wächst, der Eier und Spermien produziert, besitzen die Bärlappe und Schachtelhalme – höhere Sporenpflanzen – männliche und weibliche Sporen. Dies war ein wichtiger Schritt zur Entwicklung der Höheren Pflanzen, bei denen die männliche Spore zum Pollenkorn wird.

Der Erfolg des Adlerfarns
Der Adlerfarn (oben) wuchert stark. So außerordentlich erfolgreich machen ihn die unterirdischen Wurzelstöcke, aus denen stets neue Wedel treiben. Diese vegetative Vermehrung ist so effektiv, daß der Adlerfarn die generative Vermehrung fast völlig aufgegeben hat.

Siehe auch: **Pflanzliche Zellen,** *S. 102/103* **Nacktsamige Blütenpflanzen,** *S. 116/117* **Bedecktsamige Blütenpflanzen,** *S. 118/119*

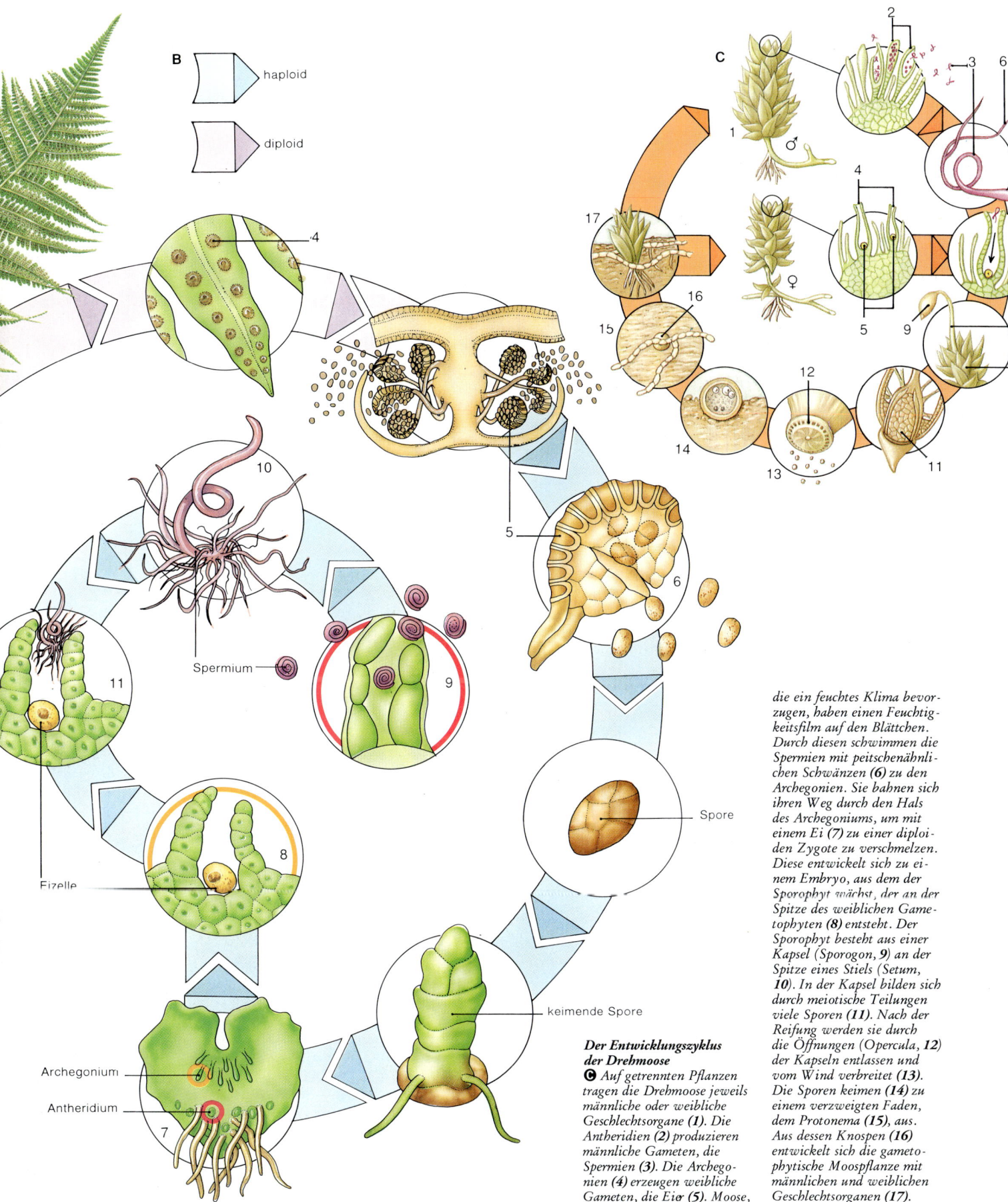

B

haploid

diploid

C

4

17

15

14

13

12

16

5

9

1 ♂

2

3

6

7

4

10

8

11

10

Spermium

9

11

Eizelle

8

Archegonium

Antheridium

7

5

6

Spore

keimende Spore

die ein feuchtes Klima bevorzugen, haben einen Feuchtigkeitsfilm auf den Blättchen. Durch diesen schwimmen die Spermien mit peitschenähnlichen Schwänzen (**6**) zu den Archegonien. Sie bahnen sich ihren Weg durch den Hals des Archegoniums, um mit einem Ei (**7**) zu einer diploiden Zygote zu verschmelzen. Diese entwickelt sich zu einem Embryo, aus dem der Sporophyt wächst, der an der Spitze des weiblichen Gametophyten (**8**) entsteht. Der Sporophyt besteht aus einer Kapsel (Sporogon, **9**) an der Spitze eines Stiels (Setum, **10**). In der Kapsel bilden sich durch meiotische Teilungen viele Sporen (**11**). Nach der Reifung werden sie durch die Öffnungen (Opercula, **12**) der Kapseln entlassen und vom Wind verbreitet (**13**). Die Sporen keimen (**14**) zu einem verzweigten Faden, dem Protonema (**15**), aus. Aus dessen Knospen (**16**) entwickelt sich die gametophytische Moospflanze mit männlichen und weiblichen Geschlechtsorganen (**17**).

Der Entwicklungszyklus der Drehmoose
C Auf getrennten Pflanzen tragen die Drehmoose jeweils männliche oder weibliche Geschlechtsorgane (**1**). Die Antheridien (**2**) produzieren männliche Gameten, die Spermien (**3**). Die Archegonien (**4**) erzeugen weibliche Gameten, die Eier (**5**). Moose,

»Lebende Fossilien«

Nacktsamige Blütenpflanzen

Der Mammutbaum in den Bergen an der amerikanischen Westküste wird so mächtig, daß man durch seinen ausgehöhlten Stamm mit dem Auto hindurchfahren kann. Die größten Exemplare sind bis zu 100 m hoch und wohl 1000 Tonnen schwer, Küsten-Mammutbäume übertreffen dies noch. Mammutbäume gehören botanisch zur Gruppe der Nadelhölzer (Koniferen), unter denen sich nicht nur die größten und mächtigsten Bäume, sondern auch die ältesten finden. Vor etwa 4000 Jahren begann in den White Mountains in Kalifornien ein Borstenkiefer-Keimling zu wachsen. Diese Kiefer ist heute einer der ältesten Bäume der Erde.

Die ausgedehnten Nadelwälder der nördlichen Hemisphäre, die sich über den nordamerikanischen Kontinent und einen Großteil Sibiriens erstrecken, machen ungefähr ein Drittel des Gesamtwaldbestandes der Erde aus. Sie beherbergen die weitaus meisten Koniferenarten der Erde, obwohl einige, wie die südamerikanische Schuppentanne und die Kauri-Fichte aus Australien und Neuseeland, auch auf der südlichen Hemisphäre zu finden sind.

Nadelhölzer gehören zu den Nacktsamern (Gymnospermen), d.h., ihre Samen sitzen offen (»nackt«) auf den Fruchtblättern. Sie traten einige Millionen Jahre vor den Bedecktsamern (Angiospermen) auf, bei denen die Samen von den Fruchtblättern umschlossen sind.

Die Vorteile der Nadeln

Die Blätter einer Konifere sind im allgemeinen entweder nadelförmig, wie bei Kiefern, Fichten und Lärchen, oder schuppenförmig und eng an die Äste angelegt, wie bei Zypressen und Scheinzypressen. Die Nadeln sind häufig hart und mit einer dicken, wasserabstoßenden Cuticula (einer Art Häutchen) überzogen, eine Anpassung an eher trockene Standorte. Auch die Nadelform bietet Schutz vor Austrocknung. Im Vergleich zu einem dünnen, flächigen Blatt besitzt eine Nadel bei derselben Menge photosynthetisch aktiven Gewebes eine viel kleinere Oberfläche und verringert so den Wasserverlust durch Transpiration. Die Spaltöffnungen, die Poren in der Nadel, über die Wasserdampf an die Umgebung abgegeben wird, sind auf der sonnenabgewandten Nadelunterseite sehr zahlreich; ihre Einsenkung in die Blattoberfläche verringert ebenfalls die Transpirationsrate. Deshalb können Koniferen auf den flachen, schnell austrocknenden Böden der Berghänge ebenso gedeihen wie unter den harten Bedingungen der Taiga oder in den rund um das Mittelmeer herrschenden trocken-heißen Klimaten.

Jeder Sonnenstrahl kann genutzt werden

Koniferen sind mit wenigen Ausnahmen, z.B. Lärche und Sumpfzypresse, immergrün. Nadelbäume werfen ihre Blätter nicht auf einmal ab, sondern verlieren und ersetzen ihre Nadeln kontinuierlich. An neuen Trieben wachsen junge Nadeln, während alte Nadeln nach einigen Jahren abfallen. Weil sie immergrün sind, können sie bereits sehr früh im Frühling mit der Photosynthese beginnen und nutzen so den kurzen nördlichen Frühling und Sommer am effektivsten.

Der Generationswechsel
Die Fortpflanzung von Moosen, Farnen und Blütenpflanzen ist von dem Wechsel zweier Generationen bestimmt. Der Sporophyt erzeugt männliche und weibliche Sporen, aus denen Gametophyten entstehen. Diese bilden Geschlechtszellen, die nach der Befruchtung wieder einen Sporophyten erzeugen. In der Entwicklung der Landpflanzen hat sich der Generationswechsel stark verändert.
Ⓐ Bei den Moosen wächst der Sporophyt (braun) unselbständig auf dem Gametophyten (grün).
Ⓑ Bei Bärlappen und bei
Ⓒ Farnen ist der Gametophyt auf den hier nicht gezeigten Vorkeim beschränkt. Die eigentliche Pflanze wird vom Sporophyten gebildet. Bei Palmfarnen wachsen die Gametophyten aus den Sporen direkt in den weiblichen **Ⓓ** und männlichen **Ⓔ** Zapfen des Sporophyten heran.

Der hölzerne Zapfen ist zwar das Wahrzeichen der Koniferen, aber nicht alle besitzen ihn. Beim Wacholder z.B. sind die Zapfenschuppen fleischig und zu einer blauschwarzen Beere, die den Samen umschließt, zusammengewachsen.

Männliche und weibliche Bäume

Der einzigartige Gingko-Baum mit seinen fächerförmigen Blättern ist mit den Nadelhölzern verwandt. Einst weit verbreitet, gibt es heute nur noch eine Art, den Gingko biloba. Ebenso wie die Ur-Konifere ist der Gingko-Baum eine Art »lebendes Fossil«, das 200 Millionen Jahre nahezu unverändert überlebt hat. Der Gingko-Baum bildet seine männlichen und weiblichen Fortpflanzungsstrukturen jeweils auf getrennten Bäumen. Die männlichen Blüten sehen wie kleine Zapfen aus und haben zahlreiche Staubblätter. Der weibliche Baum trägt keine Zapfen, sondern zunächst gestielte weibliche Blüten, später dann relativ große, gestielte, fleischig umhüllte Samen.

Der Mammutbaum (oben) bringt erstaunlich kleine Zapfen hervor, die selten größer als 5 cm werden. Jeder weibliche Zapfen produziert Tausende von Samen, doch die Keimungsrate ist niedrig.

Siehe auch: Moose und Farne, S. 114/115 Bedecktsamige Blütenpflanzen, S. 118/119 Pflanzenvermehrung, S. 132/133

Die Fortpflanzung der Koniferen

F *Der Fortpflanzungszyklus der amerikanischen Gelbkiefer ist typisch für viele Koniferen. Im Sommer trägt der Baum (Sporophyt) weibliche (1) und männliche (2) Zapfen. Eine Schuppe des weiblichen Zapfens (3) enthält zwei Samenanlagen (4), in denen sich jeweils eine Makrospore (5) zu einem weiblichen Gametophyten (6) entwickelt. In den Schuppen eines männlichen Zapfens (7) sind viele Mikrosporen (8), die zu männlichen Gametophyten innerhalb eines geflügelten Pollenkorns (9) werden. Die Bestäubung (10) erfolgt im folgenden Frühsommer. Die weiblichen Zapfen öffnen sich, so daß die Pollenkörner sie erreichen können. In der Samenanlage werden zwei Eizellen (11) ausgebildet. Die Befruchtung findet erst im Frühjahr statt, wenn nach Reifung des männlichen Gametophyten ein Pollenschlauch zu einer der Eizellen (12) gewachsen ist. Die Kerne der Spermien wandern durch den Pollenschlauch, und der Zapfen schließt sich wieder (13). Im weiblichen Gametophyten entwickelt sich die befruchtete Eizelle zum Embryo (14). Um den Embryo herum wird eine geflügelte Samenhülle ausgebildet (15). Im Herbst des zweiten Jahres öffnet sich der weibliche Zapfen (16), die Samen werden durch den Wind verbreitet und können nun auskeimen (17).*

Evolution von Nacktsamern zu Bedecktsamern

G *Die Magnolie ist eine der ursprünglichsten Bedecktsamigen Blütenpflanzen und zeigt mögliche evolutionäre Beziehungen zwischen Gymnospermen und Angiospermen. Die Karpelle der Magnolienblüte bilden einen eng gewundenen »Zapfen«.*
H *Nach der Bestäubung reift er zu einer Frucht heran, die die Samen enthält.*

Bestäubung durch Wind und Wasser, S. 134/135   Samen und Früchte, S. 138/139   Keimung, S. 140/141

Blüten von 1 m Durchmesser

Bedecktsamige Blütenpflanzen

In den Regenwäldern Indonesiens lebt parasitisch eine Pflanze, die die größten Blüten der Welt trägt, die Riesen-Rafflesie. Die rot-gelben Blüten können einen Durchmesser von über 1 m haben. Ihr übler, fauliger Geruch lockt die Uferaas-Fliegen an, die den Pollen von einer Blüte zur nächsten übertragen und so für die Befruchtung sorgen. Die schwimmenden Wasserlinsen besitzen die allerkleinsten Blüten. Winzig und stiellos, haben sie nur einen Durchmesser von wenigen Millimetern. Sie bestehen lediglich aus einem einzigen Staubfaden, der Pollen entwickelt, und einer Samenanlage, in der der Samen heranwächst.

Ob auf Wiesen oder in Wäldern, auf Berggipfeln oder im tropischen Regenwald, die meisten Pflanzen haben eines gemeinsam: Sie alle entwickeln Blüten. Manche sind sehr auffällig, andere so unscheinbar, daß man sie kaum entdeckt. Etwa 235 000 Bedecktsamige Blütenpflanzenarten (Angiospermen, bei denen die Samenanlage im Fruchtknoten eingeschlossen ist) sind bekannt. Sie werden den Nacktsamigen Blütenpflanzen (Gymnospermen, die die Samenanlagen offen auf den Fruchtblättern tragen) gegenübergestellt. Zu den Angiospermen zählen die meisten Wild- und Gartenpflanzen sowie die Süß- und Sauergräser.

Blütenpflanzen entwickelten sich, erdgeschichtlich gesehen, relativ spät. Sie entstanden vor rund 120 Millionen Jahren. Bald nahmen sie eine Vorrangstellung in der Vegetation ein, die sie bis heute innehaben. Ihre Entwicklung ging mit der Evolution der Insekten einher, von denen viele Pflanzen abhängig sind, weil sie sich nur mit ihrer Hilfe fortpflanzen können. Gelegentlich geht die Abhängigkeit so weit, daß beide Arten allein nicht mehr existenzfähig sind (Co-Evolution), wie bei der Yuccapflanze und der Yuccamotte.

Auch Bäume sind Blütenpflanzen

Botaniker teilen die Angiospermen in zwei Hauptgruppen ein: Einkeimblättrige (Monokotyledonen) und Zweikeimblättrige (Dikotyledonen) Pflanzen. Die Einkeimblättrigen Pflanzen haben in der Regel schmale Blätter, die oft an der Stengelbasis entspringen, mit parallelen Blattadern. Ihre Keimlinge besitzen nur ein Keimblatt. Gräser und Palmen, Bananen und Orchideen, Lilien, Osterglocken und Tulpen – sie alle sind Einkeimblättrige Pflanzen.

Die größere Gruppe bilden jedoch die Zweikeimblättrigen Pflanzen. Ihre Blätter haben verschiedenste Formen, und die Blattadern bilden ein Netzwerk. Die Wachstumszonen befinden sich an den Sproßspitzen, wo auch die künftigen Verzweigungstypen festgelegt werden. Der Keimling hat zwei Keimblätter (Kotyledonen). Die meisten Blumen und Kräuter, Beeren und Hülsenfrüchte sowie alle breitblättrigen Bäume wie Eiche, Esche und Kastanie sind zweikeimblättrig.

Bäume sind die größten Blütenpflanzen. Durch ihre Größe bieten sie ganzen Tiergemeinschaften Lebensraum: Insekten leben unter ihrer Rinde; Vögel und andere Tiere bauen ihre Nester in den Zweigen oder an den Wurzeln. Aber auch andere Pflanzen können auf großen Bäumen leben: Epiphyten siedeln sich auf den Ästen an; Moose oder Flechten verkleiden Stämme und Äste.

Alles vorbereitet für die Bestäubung

Ⓐ – **Ⓖ** *All die unterschiedlichen Blüten der Samenpflanzen haben vergleichbare Grundstrukturen, die der Erzeugung und Vereinigung von männlichen (Pollen) und weiblichen (Eizellen) Keimzellen dienen. Kelchblätter (1) umhüllen die oft prächtig gefärbten Kronblätter (2), bis sich die Blüte entfaltet. Es folgen die Staubblätter. Sie bestehen aus der Anthere (3), die die Pollenkörner enthält und am Ende des Filamentes (4) sitzt. Im Blütenzentrum befinden sich die weiblichen Fruchtblätter (Karpelle). Jedes Blatt trägt im unteren Teil eine Samenanlage (5), die Eizellen erzeugt. Das Fruchtblatt verjüngt sich nach oben zum Griffel (6) und endet mit der Narbe (7). Auf ihr keimen nach der Bestäubung die Pollenkörner.*

Blütenvielfalt

Ⓐ *Bei Hahnenfußgewächsen kann man alle Blütenteile gut unterscheiden, bei vielen Bedecktsamern sind dagegen Blütenelemente zusammengewachsen oder umgebildet.*

Fortpflanzung mit Hilfe der Bienen

Blüten tragen die Fortpflanzungsorgane und dienen in den meisten Fällen als Lockmittel für die Bestäuber. Dazu entfalten sie prächtige Farben und senden charakteristische Gerüche aus, die von den Bestäubern erkannt werden. Die leuchtenden Farben werden durch verschiedene Farbstoffe in den Zellen der Blütenblätter, wie Anthocyane, Carotinoide und Xanthophylle, erzeugt. Mindestens so bedeutsam für die Bestäuber sind die Düfte der Blüten: 30 Arten der mittelamerikanischen Orchideengattung Coryanthes werden von ebensovielen verschiedenen Bienen bestäubt. Jede Bienenart sucht sich »ihre« Blüte allein aufgrund des spezifischen Blütenduftes aus. Die Wohlgerüche der meisten Orchideen werden in besonderen Duftdrüsen (Osmophoren), die von den Blütenblättern gebildet werden, ausgeschieden. Weitere Belohnungen für bestäubende Insekten sind der süße Nektar, der in den Nektarien erzeugt wird, sowie der Pollen selbst.

Ⓑ *Die Schwertlilie hat prächtig gefärbte Kelchblätter.*

Ⓒ *Männliche und weibliche Elemente sind bei Orchideen miteinander verschmolzen und bilden das Gynostemium (8). Meist wird die ganze Pollenmasse einer Anthere als Pollinium (9) übertragen.*

Ⓓ *Die »Blüte« der Korbblütler ist aus Einzelblüten zusammengesetzt. Die äußeren unfruchtbaren Blüten locken Insekten an, die die inneren fruchtbaren Blüten bestäuben.*

Ⓔ *Weil Gräser vom Wind bestäubt werden, brauchen sie keine auffälligen Blütenblätter. Die Fortpflanzungsorgane sind von blattähnlichen Spelzen umgeben.*

Ⓕ *Haselnußsträucher sind getrenntgeschlechtlich: An »Kätzchen« werden die männlichen Blüten gebildet. Die weiblichen sitzen in den Achseln holziger Schuppen.*

Ⓖ *Bei manchen »zweihäusigen« Arten wie der Stechpalme bilden sich männliche bzw. weibliche Blüten sogar auf getrennten Pflanzen.*

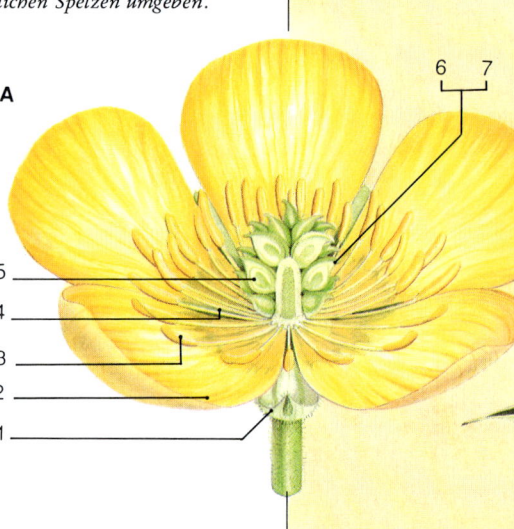

A

6 7
5
4
3
2
1

♂

In den Kreisen:

● Anthere
● Filament
● Narbe
● Griffel
● Samenanlage
● Eizelle

Siehe auch: Nacktsamige Blütenpflanzen, S. 116/117 Pflanzenvermehrung, S. 132/133 Bestäubung durch Wind und Wasser, S. 134/135

Blütenstände

Bei vielen Pflanzen vereinigen sich mehrere Einzelblüten zu einem Blütenstand (Infloreszenz). Blütenstände können gegliedert sein. Bei einer Dolde, wie sie beispielsweise vom Lauch (ganz links) gebildet wird, wachsen die Blütenstiele am Ende einer Hauptachse zu mehreren gleichlangen Seitenachsen aus. Von einer Traube spricht man dann, wenn an einer deutlich erkennbaren Hauptachse gestielte Einzelblüten sitzen, so z. B. beim Fingerhut (Mitte links). Die jüngsten Blüten befinden sich am oberen Ende des Blütenstandes. Ährengräser wie der Roggen (links) haben mehrblütige, verzweigte Ähren. Die Blüten sitzen ungestielt in den Achseln der Deckblätter. Entwickeln sich unterhalb der Endblüte des Hauptsprosses zwei Seitenäste, die ihrerseits mit Blüten abschließen, wie bei der Vogel-Sternmiere (unten), spricht man von einem Dichasium (= in zwei Teile getrennt).

Bestäubung durch Tiere, S. 136/137

Samen und Früchte, S. 138/139

Auch ohne Rückgrat stark

Überlebensstrategien wirbelloser Tiere

Wirbellose treten häufig in riesiger Zahl auf. Als eine der sieben biblischen Plagen kann ein einziger Heuschreckenschwarm in wenigen Tagen in einem Gebiet von 5000 km² 120 000 Tonnen an Vegetation vernichten. Es gibt allein zwischen einer und zwei Millionen bekannte Insektenarten. Sie sind damit die bei weitem artenreichste Gruppe der Wirbellosen. Aufgrund ihrer vielgestaltigen Anpassungen sind Wirbellose überall auf der Erde zu Hause: von arktischen Schneefeldern bis zu Wüstengebirgen, von den kalten Tiefen der Ozeane bis zu heißen, mineralhaltigen Quellen.

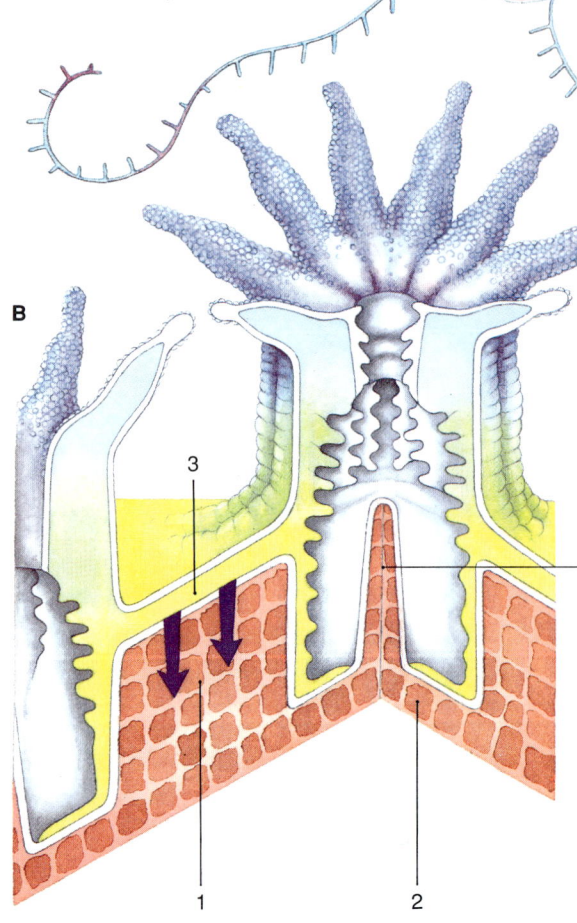

Mehr als 90 % aller Tiere zählen zu den Wirbellosen. Lediglich einer der 25 Tierstämme, die Chordaten, umfaßt neben zahlreichen Wirbellosen auch Wirbeltiere. Einige Wirbellose verursachen, aus Sicht des Menschen, außerordentlich große Schäden. Sie bohren Bäume und Möbel an, unterminieren Häuser, zerstören Getreide und andere Nahrungsmittel und übertragen Krankheiten. Andere wiederum sind von unschätzbarem Wert, indem sie Feldfrüchte bestäuben, Schädlinge erbeuten, einen wichtigen Beitrag zur Zersetzung toter Pflanzen und Tiere leisten und auf diese Weise den Nahrungskreislauf erheblich beschleunigen.

Anpassung an extremste Lebensbedingungen

Wirbellose haben hinsichtlich Form und Größe eine erstaunliche Vielfalt entwickelt. Einige Gruppen, wie Schwertschwänze und Libellen, haben sich über Hunderte von Millionen Jahren kaum verändert, andere wiederum, wie etwa die Taufliegen, sind vorläufige Endstufen zahlreicher evolutionärer Prozesse. Die Mundwerkzeuge der Wirbellosen beispielsweise sind völlig unterschiedlich, sie beißen, saugen, raspeln oder reißen. Einige können sogar so wenig genießbare Nahrung wie Holz und Stein nutzen. Auch die Atmungsmechanismen sind äußerst vielfältig. Sie reichen von der einfachen Sauerstoffaufnahme über die Haut bis zu den Buchlungen der Spinnen, den Kiemen der wasserlebenden und den Tracheen der landlebenden Insekten.

Die Entwicklung widerstandsfähiger Dauerformen hat einige Arten in die Lage versetzt, selbst extreme Umweltbedingungen standzuhalten. Die Eier der Kiemenfußkrebse können beispielsweise über Jahre im ausgetrockneten Schlamm ruhen. Die Eier entwickeln sich erst dann weiter, wenn der Schlamm wieder überschwemmt wird.

Wirbellose Giganten

Per definitionem sind Wirbellose Tiere ohne Wirbelsäule. Deren Funktion übernimmt der Druck von Körperflüssigkeit oder ein hartes äußeres Skelett. Da ein solches Außenskelett ein erhebliches Gewicht aufweist, entwickelten sich die landlebenden wirbellosen Tiere zu nur begrenzter Körpergröße. Unter denjenigen jedoch, die im Wasser leben, haben sich wahre Riesen herausgebildet. Der größte lebende Wirbellose ist der Riesenkrake, der 25 m Gesamtlänge und ein Gewicht von bis zu 2 Tonnen erreichen kann. Solche Giganten verfügen über Fangarme von nahezu 15 m, und ihre Augen sind mit gut 40 cm Durchmesser die größten Augen, die sich je entwickelt haben.

Kugelform durch Druck

Ⓐ Die kugelige Form der Rippenqualle entsteht durch den Druck von Flüssigkeit, die sich in vom Magen ausgehenden inneren Kanälen befindet. Diese stützen die Wimpernplättchen (1), mit deren Hilfe die Rippenqualle schwimmt. Jede Platte hat mehrere Reihen von Flimmerhaaren (Cilien), die das Tier vorwärtstreiben. Die Qualle bewegt sich mit dem Maul (2) voran. Die Tentakeln (3) werden von Muskeln kontrolliert.

Kalkstütze

Ⓑ Korallenpolypen werden von einer kalkhaltigen Schicht (Theka, 1) gestützt. Sie wird von einer Kalkscheibe (2) angelegt, die wiederum von der Fußscheibe des Polypen abgesondert wird. Das Material entziehen die Tiere dem Meerwasser. Mit ihren Nachbarn in der Kolonie sind die Polypen über Gewebestränge (3) verbunden. Zusätzliche Stabilität kann manchmal noch eine senkrechte Säule im Zentrum der Scheibe (4) verleihen.

Wasser als Halt

Ⓒ Die nahverwandte Seeanemone verfügt nicht über eine starre Struktur, sondern stützt sich selbst dadurch, daß sie um ihre zentrale Magenhöhle (1) Wasser über Schlunddrillen (2) einsaugt und über das Zentrum wieder ausstößt. Die Tentakeln (3) können durch Muskeln (4) eingezogen werden.

Hautmuskelschlauch

Ⓓ Der Regenwurm erhält seine äußere Form durch einen zweischichtigen Hautmuskelschlauch. Die äußere Schicht (1) enthält Ringmuskeln zur Verankerung im Boden. Die innere Schicht (2) besteht aus Längsmuskeln. Mit ihnen kann sich der Wurm zur Fortbewegung strecken und wieder zusammenziehen. In der Körperhöhle befinden sich Darm (3), Blutgefäße (4) und Nervenstränge (5).

Außenskelett

Ⓔ Gliederfüßer wie der Hundertfüßer haben ein Außenskelett, das ihren ganzen Körper bedeckt und die Entwicklung gegliederter Extremitäten ermöglicht hat. Die einzelnen Körperteile sind in die harte Cuticula (1) eingeschlossen. Beweglichkeit wird durch sich überlappende Gelenkhäute (2) erzielt. Aufgrund der Härte des äußeren Skeletts sind die Muskeln (3) im Inneren an der Cuticula fest verankert. Muskelgruppen (4) bewegen die einzelnen Glieder.

Siehe auch: Entstehung des Lebens, S. 96/97 Protozoen, S. 108/109 Fortpflanzung der Wirbellosen, S. 142/143

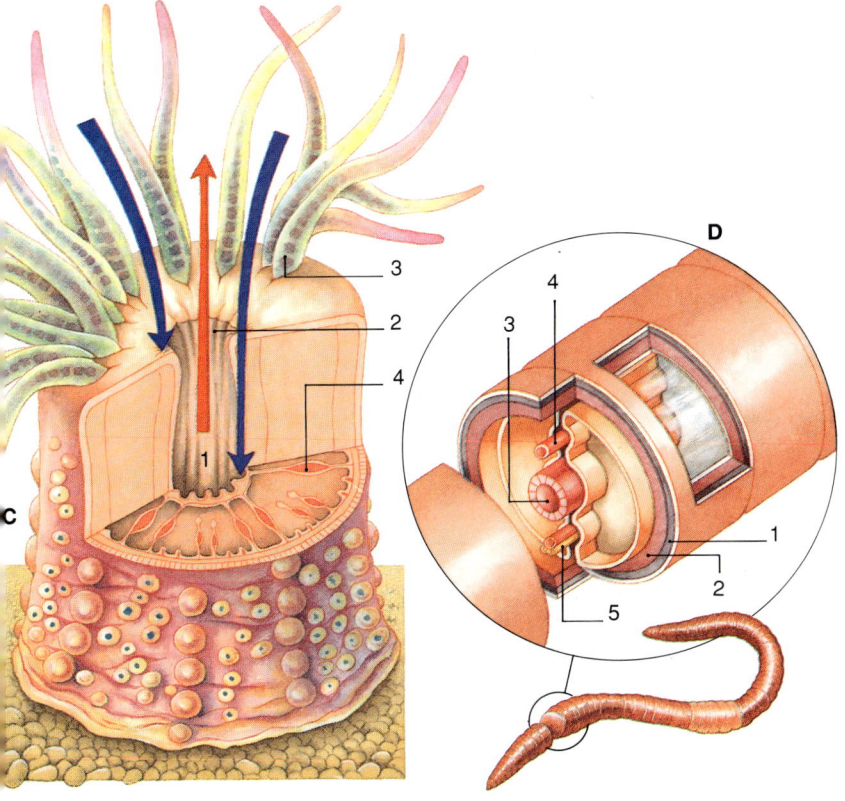

Multifunktionelle Panzer

Die erfolgreichste Gruppe unter den Wirbellosen, die Gliederfüßer, haben als Außenskelett einen schützenden Chitinpanzer, der Austrocknung, Regen und anderen widrigen Umständen widerstehen kann. Die gegliederten Fortsätze erlauben den verschiedenen Arten zu laufen, zu springen, zu schwimmen und zu fliegen, an das andere Geschlecht Signale abzugeben, sich zu paaren, Feinde zu bekämpfen und Beute zu machen.

Weichtiere haben Schalen entwickelt, während Röhrenwürmer Höhlen bauen und Einsiedlerkrebse die von anderen verlassenen Schalen bewohnen. Aber auch ein weicher Körper hat, besonders bei Parasiten wie Bandwürmern, seine Vorteile. Die Tiere können von ihren Wirten abgegebene Nahrungspartikel über die eigene Haut aufnehmen. Auch in der Mobilität unterscheiden sich die Wirbellosen: Zweischalige Muscheln etwa verankern sich an Felsen oder Schiffsrümpfen, während Heuschrecken ständig in Bewegung sind.

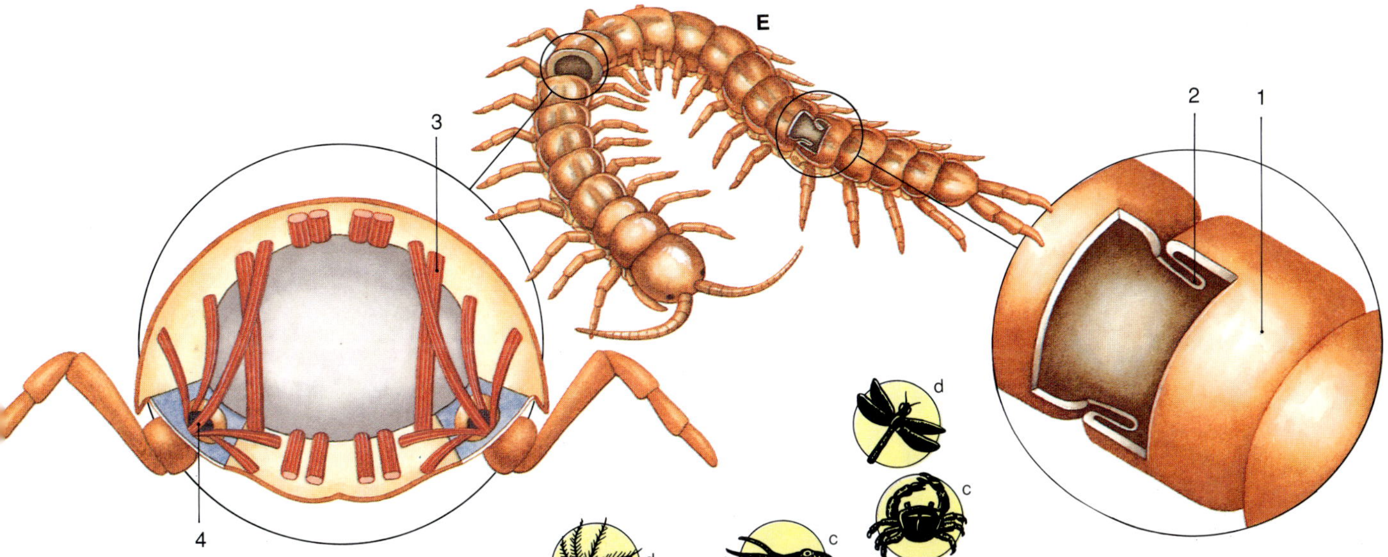

Gliederung der Wirbellosen
- *Einzeller (Protozoa)*
1 *Amöben, Pantoffeltierchen (frei beweglich)*
- *Vielzeller (Metazoa)*
2 *Schwammtiere (Spongia, festsitzend)*
3 *Hohltiere (Coelenterata):*
(a) *Korallen und Seeanemonen (fest)*
(b) *Quallen (frei)*
4 *Schnurwürmer (Nemertini, frei)*
5 *Plattwürmer (Plathelminthes, frei)*
6 *Fadenwürmer (Nematoda, frei)*
7 *Rädertiere (Rotatoria, frei)*
8 *Gliederfüßer (Arthropoda, frei):*
(a) *Hundertfüßer (Chilopoda)*

(b) *Spinnentiere (Arachnida)*
(c) *Krebstiere (Crustacea)*
(d) *Insekten (Insecta)*
9 *Weichtiere (Mollusca, frei):*
(a) *Schnecken (Gastropoda)*
(b) *Muscheln (Bivalvia)*
(c) *Kopffüßer (Cephalopoda)*
10 *Stachelhäuter (Echinodermata):*
(a) *Seewalzen (Holothuroidea, frei)*
(b) *Seeigel (Echinoidea, frei)*
(c) *Seesterne (Asteroidea, frei)*
(d) *Seelilien und Haarsterne (Crinoidea, fest)*
11 *Gliederwürmer (Annelida, frei)*
12 *Moostierchen (Bryozoa, fest)*
13 *Armfüßer (Brachiopoda, frei)*

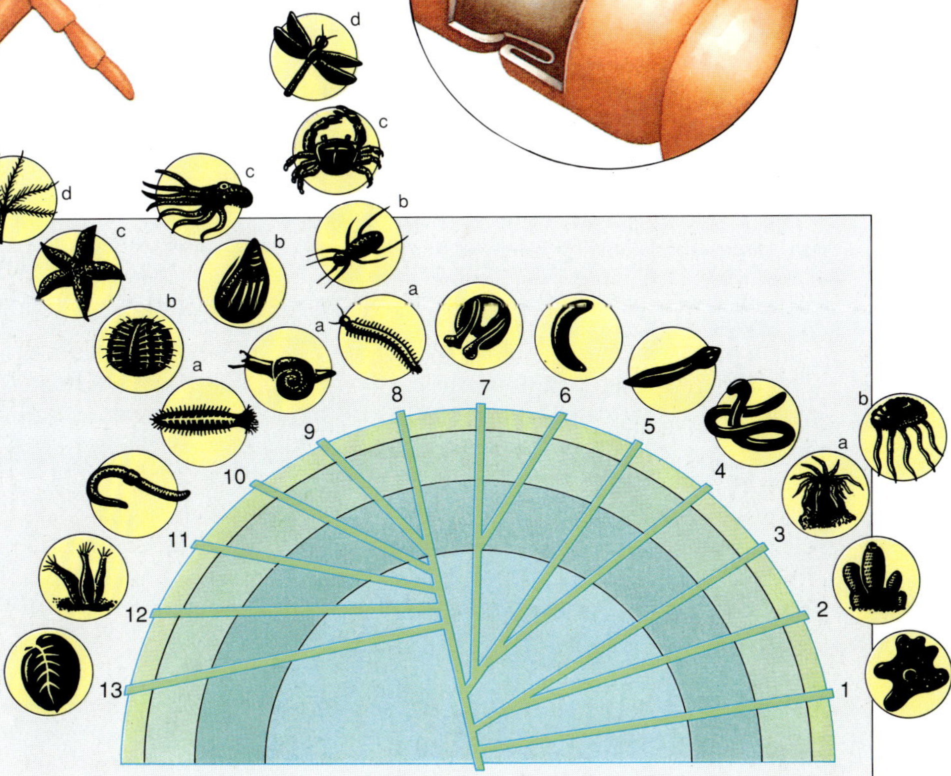

Ektoparasiten, S. 164/165   Zersetzer, S. 172/173   Chemische Waffen der Wirbellosen, S. 184/185

Leben im Wasser

Die Entwicklung der Fische

Mehr als 20 000 Fischarten sind im Laufe der Evolution entstanden und haben sich den unterschiedlichsten Lebensräumen angepaßt. Viele Fische leben nahe der Wasseroberfläche, andere dagegen können in Tiefen überleben, in denen der Druck einen Menschen zerquetschen würde. Eisfische sind unter dem Polareis angesiedelt, während der Teufels-Kärpfling sich in heißen Quellen findet und sowohl Salz- als auch Süßwasser verträgt. Der Lungenfisch kann in Trockenzeiten sogar außerhalb des Wassers überleben – vielleicht der Nachfahr einer Art, die zwischen Amphibien und Fischen vermittelte.

Die Entwicklung der Fische verlief nicht geradlinig. Obwohl es einen Fortschritt von den kieferlosen Fischen (vor 460–480 Millionen Jahren) über die ersten mit Kiefern versehenen Fische (vor 380 Millionen Jahren) zu den echten Knochenfischen (seit 175 Millionen Jahren) gibt, zeigte die Weiterentwicklung der früheren Arten, daß diese nicht im Wettbewerb unterlagen und einfach ausstarben, als neuere Formen auftauchten.

Die Strahlenflosser sind die Klasse mit den meisten Arten. Sie haben eine einzelne Rückenflosse, Brustflossen, gesäumt von dünnen radialen Knochen, Schuppen, die das ganze Leben lang wachsen, ein knochiges Skelett und eine Schwimmblase. All diese »modernen« Fische stammen von Vorfahren ab, die sich vor etwa 390 Millionen Jahren entwickelten. Die Haie dagegen – die in ihren Merkmalen verhältnismäßig primitiv erscheinen – entwickelten sich später, in der Zeit vor 190–135 Millionen Jahren.

Die Körperform ist dem Lebensraum angepaßt

Obwohl die meisten Fische ähnliche Grundstrukturen haben, sind sie in Größe und Form sehr unterschiedlich. Aale und Große Seenadeln können durch Riffspalten ein- und ausgleiten, während Pinzettfische ihr langes Maul zum Sondieren benutzen. Seepferdchen klammern sich mit ihren Greifschwänzen an Gräsern fest. Rochen und Schollen haben flache Formen entwickelt, um auf dem Meeresgrund verborgen liegen zu können. Einige höhlenbewohnende Fische besitzen keine funktionierenden Augen und Pigmente.

Die Nahrung der Fische variiert beträchtlich, von kleinen pflanzlichen oder tierischen Schwebeteilchen über Algen, die auf Steinen oder Korallen wachsen, bis zu anderen Fischen, Wirbellosen und Meeressäugetieren.

Freie Sicht nach allen Seiten

Fische verfügen über gutes Farbsehen, was ihnen bei der Nahrungssuche entgegenkommt; seitlich angeordnete Augen geben ihnen ein weites Gesichtsfeld. Fische im tiefen, dunklen Wasser haben oft nach oben gerichtete Augen: Sie entdecken ihre Beute als Silhouette gegen das von oben kommende Licht. Noch tiefer unten, wo völlige Dunkelheit herrscht, verkümmern die Augen häufig. Einige an der Wasseroberfläche lebende Fische haben Augen, die sowohl für die Sicht im Wasser als auch an der Luft eingerichtet sind.

Haie und Rochen verlassen sich bei der Beutesuche hauptsächlich auf ihren Geruchssinn. Bei Aalen ist er durch ihren langen Nasensack höchst

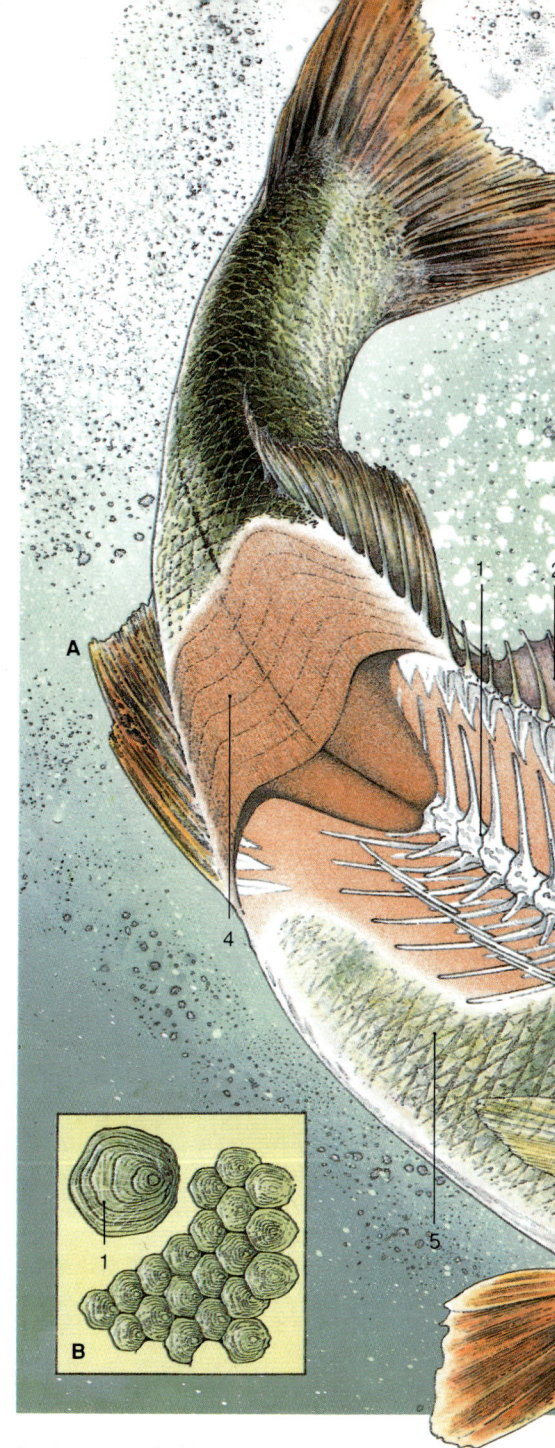

Der Körperbau der Knochenfische
A *Die meisten heutigen Fische gehören zur Klasse der Knochenfische. Sie haben ein knochiges Skelett (1) mit Flossen (2), die von knochigen Strahlen (3) verstärkt werden. Flossen und kräftige Muskeln (4) im biegsamen Körper sorgen beim Schwimmen für den Antrieb. Der stromlinienförmige Körper bietet dem Wasser wenig Widerstand. Die meisten Fische haben Schuppen (5). Kiemen (6), Augen (7) und Nasenöffnungen (8) ermöglichen den Fischen das Atmen, Sehen und Riechen unter Wasser.*

Schuppen zum Schutz
B *Heutige Fische haben dünne, überlappende Rund- oder Kamm-Schuppen. Sie sind in Reihen angeordnet, jede von ihnen mit einer Anzahl von kleinen, ringförmigen Graten (1) – Wachstumsringen, die das Alter eines Fisches anzeigen. Schuppen dienen als Schutz und elastische Hülle. Da sie durchscheinend sind, sieht man die Pigmentierung der Haut darunter.*

empfindlich. Vermutlich finden sie ihren Weg durch die Ozeane, indem sie kleinste Veränderungen der chemischen Zusammensetzung verschiedener Wassergebiete wahrnehmen.

Orientierung durch elektrische Felder

Manche Fische benutzen Elektrizität zur Navigation und zum Aufspüren der Beute, indem sie Impulse aussenden, die ein elektrisches Feld erzeugen; der Fisch spürt jede Veränderung, hervorgerufen durch ein Hindernis oder eine Beute, die das Feld stört. Die Elektrizität erzeugenden Organe entwickelten sich vermutlich aus Muskeln oder Nerven und sind in Platten angeordnet, die eine Art Batterie bilden. Andere Fische benutzen die Elektrizität zum Schutz oder um die Beute zu betäuben. Diese Fähigkeit hat sich in verschiedenen Arten ausgebildet, so bei Glattrochen, Zitterrochen und dem Zitteraal, der mit »Batterien«, die fast die Hälfte seines bis zu 2,5 m langen Körpers einnehmen, Impulse bis zu 600 Volt erzeugt.

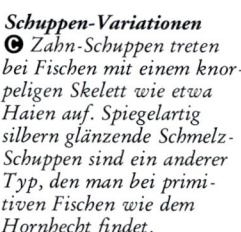

Schuppen-Variationen
C *Zahn-Schuppen treten bei Fischen mit einem knorpeligen Skelett wie etwa Haien auf. Spiegelartig silbern glänzende Schmelz-Schuppen sind ein anderer Typ, den man bei primitiven Fischen wie dem Hornhecht findet.*

Siehe auch: Eroberung des Landes, S. 98/99   Fortpflanzung der Fische, S. 144/145   Sechster Sinn, S. 188/189   Tierwanderung als Instinktverhalten, S. 198/199

Wie Fische atmen

F Fische können bis zu 90% des im Wasser gelösten Sauerstoffs mit ihren Kiemen aufnehmen, mehr als dreimal so viel, wie menschliche Lungen der Luft entziehen. Das Wasser fließt ins Maul (**1**), passiert die Kiemenkammern (**2**) und die Kiemen (**3**) und tritt durch eine Kiemenklappe (**4**) wieder aus. Der Durchfluß wird durch das Öffnen und Schließen des Maules geregelt, im Zusammenspiel mit der Kiemenklappe. Die Kiemen bestehen aus knochigen Kiemenbögen (**5**), an denen fleischige Kiemenblättchen (**6**) mit vielen Blutkapillaren sitzen, die den Sauerstoff aus dem Wasser absorbieren.

Jedes Blättchen hat feine Lamellen (**7**), um die Oberfläche für den Gasaustausch zu vergrößern. Wasser (**8**) passiert die Kiemen in der Gegenrichtung des kapillaren Blutstroms (**9**). Bei diesem Gegenstromprinzip besteht immer ein Gefälle im Sauerstoffgehalt zwischen Wasser und Blut, und es kann ständig Sauerstoff vom Wasser ins Blut übergehen. Die Blutgefäße (**10**) verteilen den Sauerstoff im Körper.

Putzerfische (unten) führen ein symbiotisches Leben, indem sie die Parasiten anderer Fische fressen. Dabei können sie sogar gefahrlos in geöffnete Mäuler schwimmen.

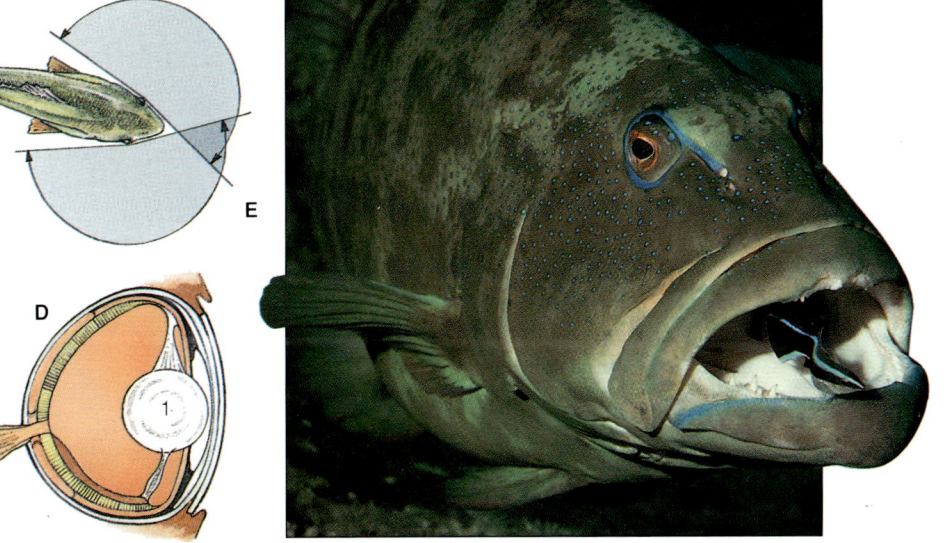

Die Sehweise der Fische

Fischaugen sind daran angepaßt, unter Wasser zu sehen.

D Anders als die Linse beim Menschen, ist sie beim Fisch eine vollkommene Kugel (**1**), die Bildverzerrung reduziert.

E Die hervorstehenden Augen gewähren eine beachtliche Rundumsicht, aber es gibt kaum eine Überlappung der Gesichtsfelder beider Augen und daher kaum dreidimensionales Sehen. Fische haben keine Augenlider, da das Auge nicht vor dem Austrocknen geschützt werden muß. Auch fehlen Pupillen. Fische in größeren Meerestiefen haben größere Augen, die das wenige Licht besser auffangen.

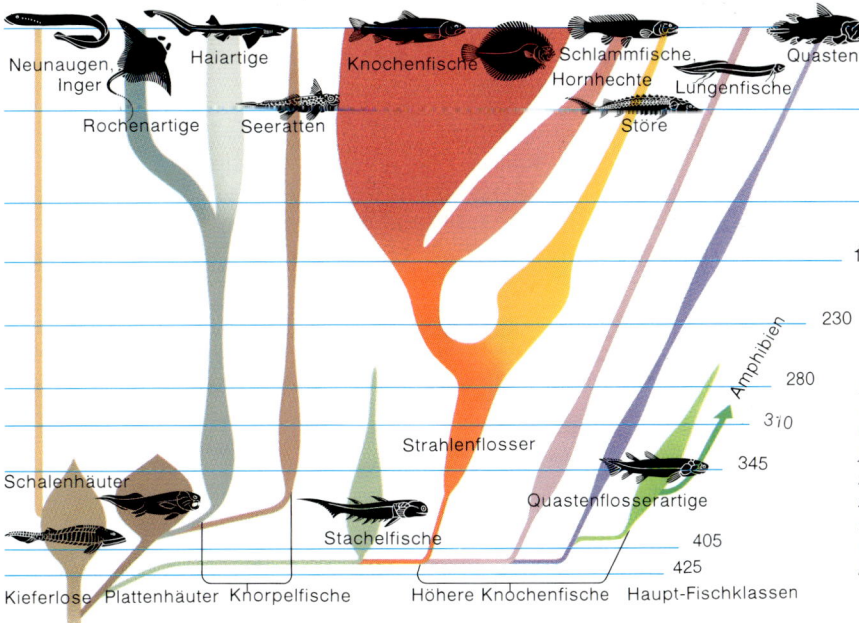

Die Entwicklungsgeschichte der Fische

G Der Stammbaum zeigt die Evolution vom Plattenhäuter zu den heutigen Knorpelfischen und Knochenfischen, nach der nur die primitiven Quastenflosser und Haie bis heute überlebt haben.

Wasserverschmutzung, S. 204/205

Pioniere des Landlebens

Die Amphibien zwischen Wasser und Land

Vor 360 Millionen Jahren waren Amphibien die ersten Lebewesen, die die Meere verließen und sich zu landlebenden Tieren mit Lungenatmung und Fortbewegung auf Beinen entwickelten. Eine Verbindung zum Wasser haben sie sich allerdings bis heute erhalten: Am Anfang ihres Lebens sind sie nach wie vor auf das nasse Element angewiesen, und nur wenige Arten leben in Trockengebieten. Zuerst denkt man bei Amphibien an die kleinen Frösche und Lurche. Aber es gibt auch ausgesprochen große Arten, wie die Riesensalamander, die die stattliche Länge von 1,5 m erreichen können.

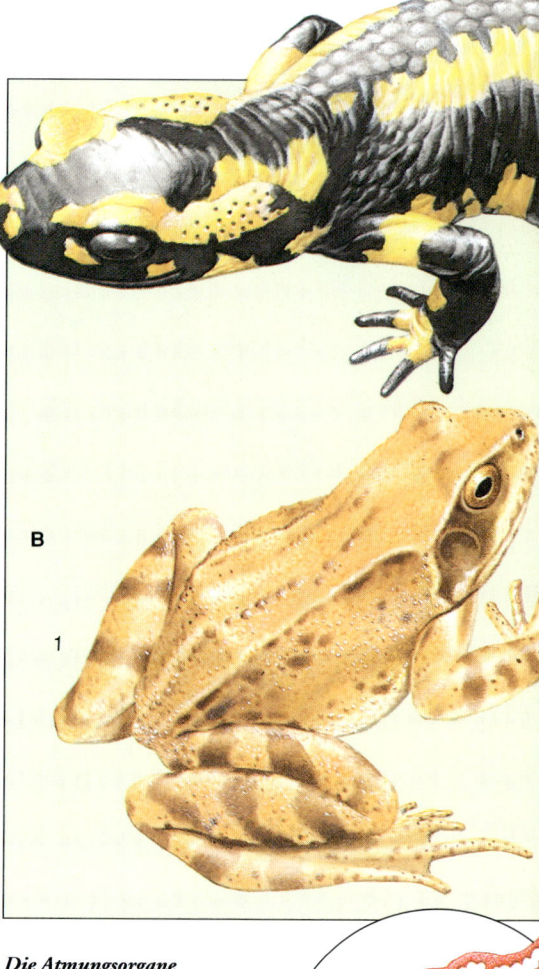

B

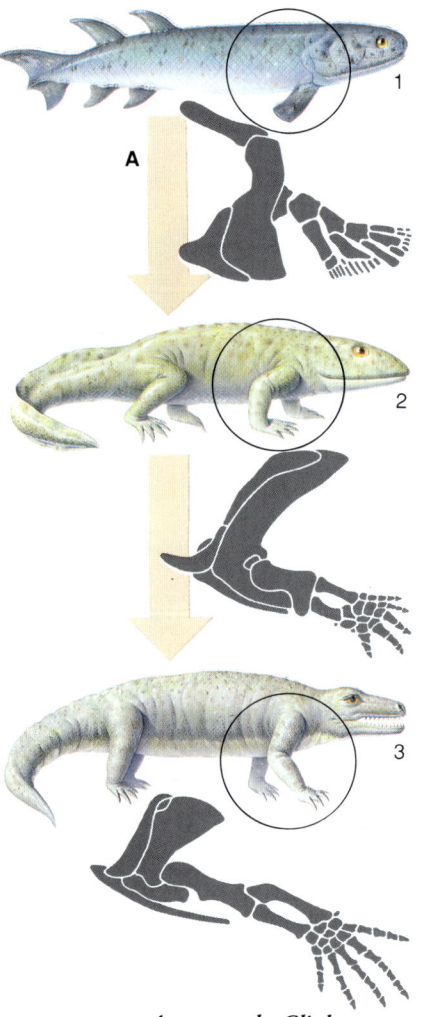

A

Die etwa 4000 Amphibienarten sind in drei Ordnungen unterteilt: Die bein- und schwanzlosen Blindwühlen werden gewöhnlich an den Anfang der Amphibienentwicklung gesetzt. Sie ähneln großen Regenwürmern, die bevorzugt in der Erde leben. Die größte Ordnung ist die der Froschlurche (Frösche und Kröten), sie umfaßt drei Viertel der Arten. Auch diese haben im ausgewachsenen Zustand keinen Schwanz. Ein weiteres augenfälliges Merkmal ist ihre riesige Mundspalte. Die dritte Ordnung, die Schwanzlurche, zu der Salamander und Lurche gehören, besitzt hingegen zeitlebens einen Schwanz. Im Gegensatz zu Blindwühlen und Froschlurchen kommt es bei einigen Schwanzlurchen bereits zur Besamung im Körper. Manche sind sogar lebendgebärend.

Anpassung an zwei verschiedene Lebensräume

Viele Merkmale der Amphibien spiegeln den Übergang vom Wasser zum Land wider. So haben sie sich etliche Anpassungen an das Leben im Wasser bewahrt, wie z. B. die den Fischen ähnelnde schlängelnde Bewegung der Schwanzlurche und Blindwühlen. Auch Stromlinienform und Schwimmhäute an den Füßen sind solche Überbleibsel. Viele Froschlurche befruchten ihre Eier noch im freien Wasser. Der Blutkreislauf der Amphibien ist zudem nur teilweise in Lungen- und Körperblutkreislauf getrennt, weil ihre Herzkammer noch keine Scheidewand hat. Die Metamorphose von der völlig im Wasser lebenden gliedmaßenlosen Kaulquappe mit Kiemen zu Frosch oder Kröte mit Gliedmaßen und Lunge ist sicherlich der deutlichste Hinweis auf den Ursprung der Amphibien im Wasser.

Das Leben an Land wiederum hat viele Anpassungen nötig gemacht, die zu den typischen Merkmalen der Landwirbeltiere zählen, so entstanden Gliedmaßen, die Lunge und die Weiterentwicklung der Sinnesorgane. Es bildeten sich Augenlider und Drüsen zur Befeuchtung der Augen. Froschlurche haben erstmals richtige Ohren mit äußerem Trommelfell und zwei Mittelohrknochen. Kehlkopf und Stimmbänder wurden zur Kommunikation an Land ausgebildet. Nasenöffnungen erlauben Atmen und Geruchsempfinden auch bei geschlossenem Maul.

Atmen und Wasseraufnahme durch die Haut

Die Haut der Amphibien hat neben dem Schutz des Körpers zwei weitere elementare Funktionen. Einmal wird sie zum Atmen benutzt – bei einigen Amphibien als Ergänzung zu den Lungen, bei anderen als alleinige Form der Atmung. Für einen gu-

Anpassung der Gliedmaßen an das Land
Ⓐ *Die Grundform der Amphibien-Extremität war bereits in Quastenflosser-Fischen wie dem Eusthenopteron (1) angelegt. Bei der Anpassung an Landbedingungen wurden die Gliedmaßen abwärts und weiter vom Körper weg verlagert. Bei der ersten bekannten Amphibie, Ichthyostega (2), sind die Gliedmaßen noch kompakt, und der Körper liegt dicht am Boden. Seymouria (3) hatte schon Glieder, die mehr Abstand vom Boden ermöglichten.*

Die Atmungsorgane der Amphibien
Ⓑ *Heutige Amphibien zeigen bemerkenswerte Variationen der Anpassung ihres Atemsystems an die Bedingungen an Land. Nur wenige im Wasser lebende Formen haben ihre Kiemen im ausgewachsenen Zustand behalten.*

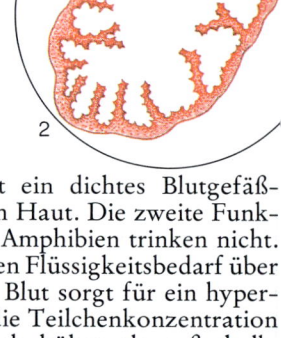

ten Gasaustausch sorgt ein dichtes Blutgefäßsystem unter der dünnen Haut. Die zweite Funktion ist ebenso wichtig. Amphibien trinken nicht. Sie decken ihren gesamten Flüssigkeitsbedarf über die Haut. Harnstoff im Blut sorgt für ein hypertonisches Milieu, d. h., die Teilchenkonzentration im Körper ist wesentlich höher als außerhalb. Durch die wasserdurchlässige Haut strömt nun Wasser nach innen zum Ort höherer Konzentration. Erdfrösche haben meist zusätzlich noch einen stark durchbluteten Fleck in der Beckenregion, der die Wasseraufnahme aus dem Boden verbessert.

Als Kaltblüter sind Amphibien stark von der Außentemperatur abhängig und daher in gemäßigten und wärmeren Regionen weiter verbreitet als in kalten. Viele Arten überleben große Kälte, indem sie ihren Kreislauf reduzieren. Sogar in der Wüste können einige wenige Arten überleben: Am Tage, wenn die Hitze ihre wasserdurchlässige Haut austrocknen könnte, verkriechen sie sich in schattigen Verstecken.

Siehe auch: Eroberung des Landes, S. 98/99 Evolution der Fische, S. 122/123 Fortpflanzung der Amphibien, S. 146/147 Metamorphose, S. 148/149

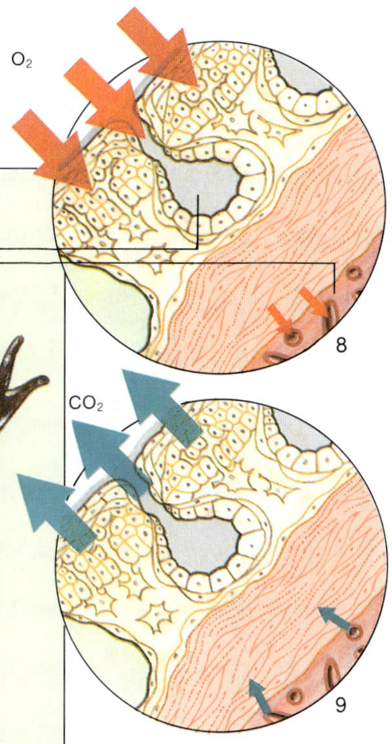

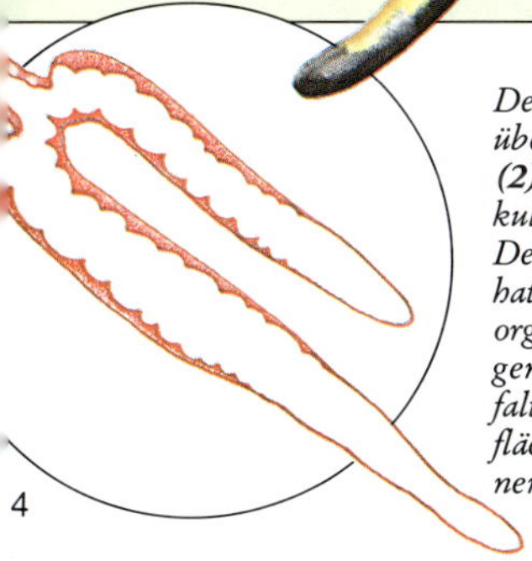

O₂

6
7

8

CO₂

9

3

5

4

und wird durch Blutkapillaren absorbiert **(8)**. Kohlendioxid als Abfallprodukt verläßt den Körper auf dem umgekehrten Weg **(9)**. Auch bei vielen Fröschen funktioniert der gesamte Gasaustausch so, während sie inaktiv in kühler und feuchter Umgebung verharren. Ihr Maul ist feucht und mit vielen Kapillaren versehen, die den Gasaustausch ermöglichen. Oberflächenaustausch ist für andere Wirbeltiere weniger wichtig. Sie decken praktisch den gesamten Sauerstoffbedarf über die Lungen. Beim Menschen macht der Oberflächenaustausch weniger als 1% der Atemfunktion aus.

Der Grasfrosch **(1)** verfügt über recht komplexe Lungen **(2)** mit Einfaltungen der vaskulären Kammerwände. Der Feuersalamander **(3)** hat noch einfachere Atmungsorgane. Seine Röhrenlungen **(4)** haben kaum Einfaltungen, die ihre Oberfläche vergrößern. Hier können die Lungen als Hilfsorgane betrachtet werden, weil Sauerstoff auch durch Gasaustausch durch die gesamte Körperfläche bezogen wird. Deshalb braucht der Feuersalamander eine feuchte Umgebung. Der Schwarze Salamander **(5)** ist ein Waldsalamander aus der Familie der lungenlosen Salamander, die man in Nordamerika findet. Bei ihm vollzieht sich die gesamte Atmung durch Oberflächen-Gasaustausch. Dies ist nur möglich, wenn sein Körper durch Schleimdrüsen **(6)** feucht gehalten wird. Der Austausch erfolgt passiv durch ein Kapillar-Netzwerk unter der Hautoberfläche **(7)**. Gelöster Sauerstoff tritt ein

Fehlende Glieder in der Entwicklungskette

Die ersten Amphibien entwickelten sich vor etwa 360 Millionen Jahren aus mit Quastenflossen versehenen Fischen. Diese Fische hatten knochige Verstärkungen in ihren Flossen, die ihnen vermutlich das Kriechen aus dem Wasser ermöglichten, sowie Lungen und Nasenöffnungen, um Luft zu atmen. Die frühesten Amphibien, die man als Fossilien gefunden hat, wie etwa die Ichthyostega, besaßen bereits entwickelte Becken- und Schultergürtel, um die neuen Gliedmaßen zu stützen, sowie Rippen, um die inneren Organe zu schützen. Eines der größten dieser Tiere war der bis zu 4 m lange Mastodonosaurus. Bis zur Entwicklung der Dinosaurier beherrschten die Amphibien das Land. Vor ca. 135 Millionen Jahren waren die meisten ausgestorben. Es gibt keine Fossilien als Verbindungsglieder zwischen heutigen Amphibien und den alten Formen und auch keine Belege für die Weiterentwicklung zu Blindwühlen (Caecilia), Schwanzlurchen (Urodeles) und Froschlurchen (Anura).

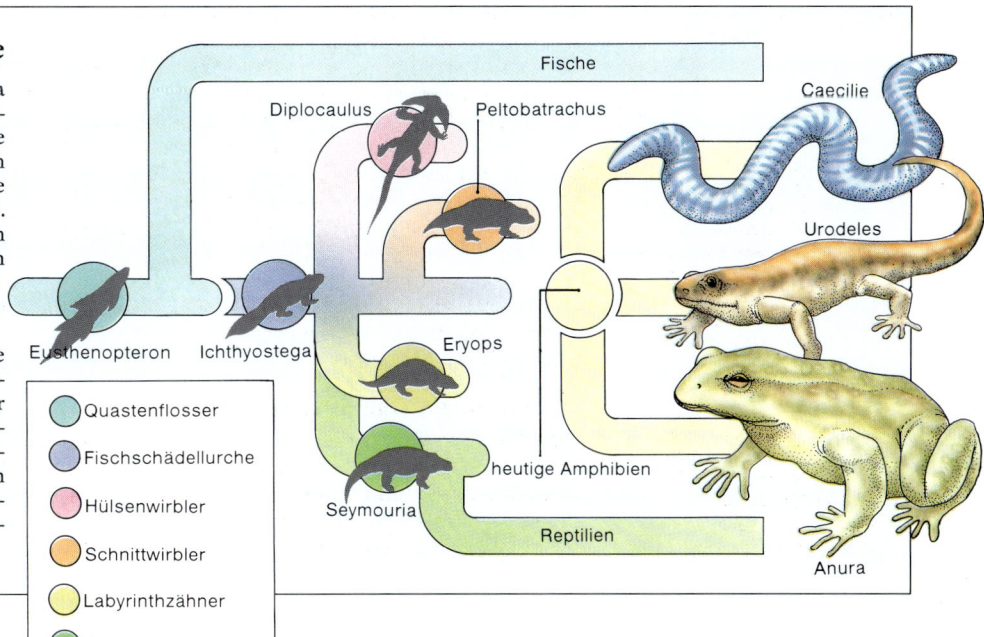

Fische

Diplocaulus

Peltobatrachus

Caecilie

Urodeles

Eusthenopteron

Ichthyostega

Eryops

heutige Amphibien

Seymouria

Reptilien

Anura

○ Quastenflosser
○ Fischschädellurche
○ Hülsenwirbler
○ Schnittwirbler
○ Labyrinthzähner
○ Steinkohlensaurier

Überlebende eines Schiffbruchs

Die Reptilien

Die heute lebenden Reptilien kann man mit den Überlebenden eines Schiffbruchs vergleichen, der vor 65 Millionen Jahren stattfand. Die meisten damals existierenden Reptilien wurden am Ende der Kreidezeit durch eine Naturkatastrophe vernichtet. Daher existieren heute nur noch etwa 6000 Reptilienarten – meist in geringen Individuenzahlen und klein im Vergleich zu ihren Vorfahren, jedoch von enormer Verschiedenartigkeit. So gehören kleine, wurmähnliche Geschöpfe ohne Augen und Beine ebenso dazu wie räuberisch lebende, über 6 m lange Krokodile und große, tonnenschwere Schildkröten.

Kampf um die richtige Körpertemperatur
B *Obwohl Wärme für Reptilien unabdingbar ist, kann aufgeheizter Wüstensand auch zu heiß für sie sein. So liegt die optimale Sandtemperatur für die südwestafrikanische Sandechse zwischen 30 und 40 °C. Tagsüber jedoch wird die*

Sandoberfläche oft viel heißer und damit tödlich für das Tier. Daher steht der Sandechse nur ein kleiner Teil des Tages für die Nahrungsaufnahme oder Partnersuche zur Verfügung. Morgens muß sie sich beeilen; sie nimmt ein Sonnenbad, indem sie ihren Bauch gegen den Sand preßt und Beine

Vor etwa 300 Millionen Jahren begannen Reptilien zahlreicher zu werden als ihre Vorfahren, die Amphibien. Über Jahrmillionen entwickelten sich die Dinosaurier mit ihrer enormen Körpergröße, bis sie schließlich durch eine Katastrophe ausstarben. Außer den Krokodilen und Alligatoren sind die meisten heutigen Reptilien verhältnismäßig klein. Sie werden in vier Ordnungen aufgeteilt: Für die primitivsten hält man aufgrund ihrer ursprünglichen Schädelmerkmale die Ordnung Testudines (Schildkröten), die alle Land- und Wasserschildkröten einschließt. Noch lebende Vertreter der Ordnung Crocodylia (Panzerechsen) sind die Familien der Echten Krokodile, Alligatoren und Gaviale. Zur Ordnung Squamata (Schuppenkriechtiere) gehören alle Schlangen und Eidechsen. Der einzige Vertreter der vierten Ordnung Rhynchocephalia (Schnabelköpfe) ist heute die Brückenechse aus Neuseeland.

Unterschiedlichste Körperformen

Echsen besitzen fünfzehige Gliedmaßen und in der Regel Augenlider, äußere Ohren und kleine Schuppen auf Rücken- und Bauchseite. Meist leben sie von tierischer Nahrung, manche jedoch, wie z. B. einige Leguane, ziehen vegetarische Kost vor. Beim Laufen strecken Echsen ihre Beine zunächst seitwärts aus und dann erst zum Boden hin. Dies führt unweigerlich dazu, daß sie watscheln, und ist vermutlich der Grund dafür, daß die Krokodile zurück ins Wasser gingen, da dieses Medium die Wirkung ihres Eigengewichts und ihre Schwerfälligkeit verminderte, aber gleichzeitig größeren Körperumfang zuließ.

Schlangen besitzen keine Extremitäten und haben ständig geschlossene, aber durchsichtige Augenlider und dachziegelartig angeordnete Schuppen auf der Haut. Alle Schlangen leben von tierischer Nahrung und verschlingen ihre Beute unzerkleinert. Manche Arten wie die Anakonda ersticken ihre Beutetiere allerdings zunächst durch Umschlingung, während andere beim Zubeißen Gift spritzen.

Schildkröten haben schwere, mit Hornschildern bedeckte äußere Panzer, die sich aus Wirbelplatten, Rippen und Randplatten zusammensetzen. Die Beine der Landschildkröten sind entsprechend gut ausgebildet, um das enorme Gewicht ihres »Käfigs« zu tragen. Die Fortbewegung ist allerdings nur langsam und schwerfällig. Alle Schildkröten können mit Hilfe ihrer Vorderbeine Nahrung ab- oder zerreißen. Landschildkröten leben gewöhnlich vegetarisch, Meeresschildkröten jedoch fressen Fisch und andere Meerestiere.

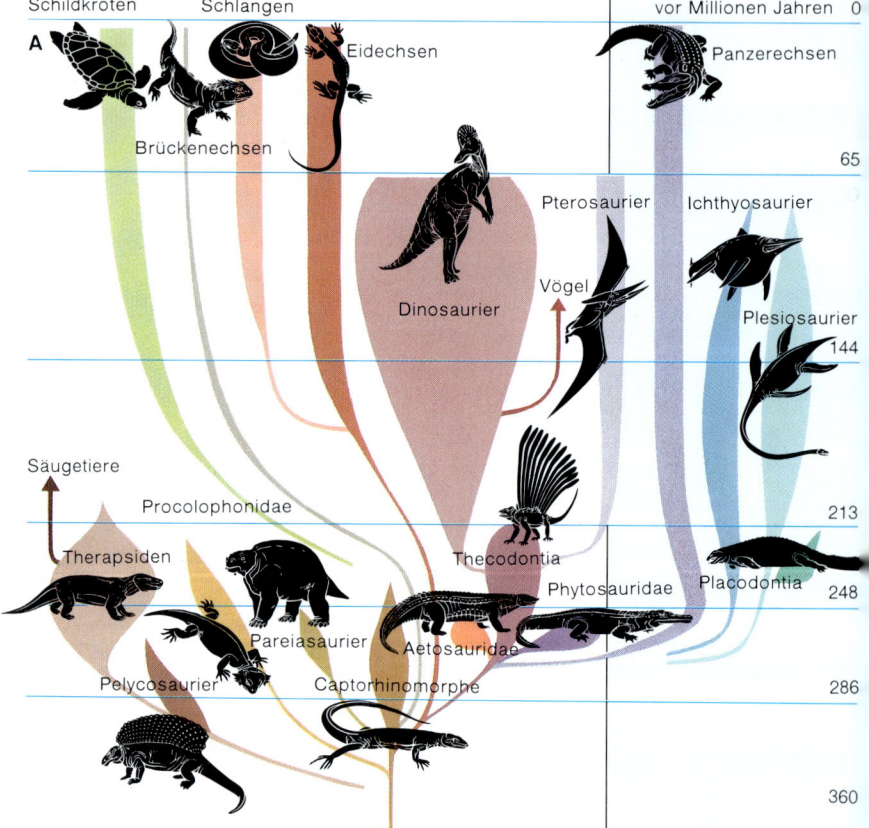

Leben ohne Eigenwärme

Die Aktivität der wechselwarmen (poikilothermen) Reptilien hängt in hohem Maße von der Außentemperatur ab, da sie keine Eigenwärme erzeugen können. Ihre Körpertemperatur kann entsprechend stark schwanken, aber jedes Reptil hat eine Vorzugstemperatur, bei der der Stoffwechsel optimal funktioniert. Schlangen z. B. brauchen zur Verdauung viel Wärme; Kälte dagegen lähmt das Tier, hemmt Wahrnehmung und Bewegung und kann sogar zum Tode führen. Durch zahlreiche Verhaltensstrategien versuchen Reptilien, ihrer optimalen Körpertemperatur stets so nahe wie möglich zu kommen: Dazu gehören Aufwärmen durch allmorgendliches Sonnenbaden oder bei Überhitzung Abkühlung im Schatten. Daß sie trotz starker Konkurrenz durch die gleichwarmen Säugetiere überleben konnten, mag unter anderem daran liegen, daß Reptilien weniger Nahrung benötigen, weil sie ihre Stoffwechselaktivität den Außenbedingungen angleichen.

A *Der Stammbaum der Reptilien*
Nur wenige Arten haben seit der Blütezeit der Reptilien überlebt. Krokodile stehen in direkter Verbindung zu den Sauriern. Sie besitzen auch die höchstentwickelten Herzen und Gehirne. Schildkröten haben sich in Millionen Jahren kaum verändert; ihre Ursprünge sind nicht sicher. Therapsiden, selbst alle ausgestorben, bilden einen wichtigen Zweig des Stammbaums, da sie über die Synapsiden zu den Säugetieren führen. Möglicherweise stammen alle Arten von der frühesten Gruppe der Reptilien ab, den Captorhinomorphen.

Siehe auch: Eroberung des Landes, S. 98/99 Fortpflanzung der Reptilien, S. 150/151

und Schwanz hochhält **(1)**. Dadurch ist ihr Körper bald aufgewärmt, und sie kann ihre gewohnte Agilität entfalten. Wenn aber die Temperatur der Sandoberfläche später am Tag heißer als 40 °C wird, stelzt die Echse nur noch mit ausgestreckten Beinen darüber **(2)**, um eine Überhitzung ihres Körpers zu vermeiden. Manchmal hält sie dazu auch auf beiden Körperseiten je ein Bein hoch **(3)**. Erreicht die Sandtemperatur mittags schließlich 45 °C, ist sie zu hoch. Nun sucht die Echse Abkühlung, indem sie sich mit schnellen Bewegungen des Schwanzes tief in den Sand einwühlt **(4)**.

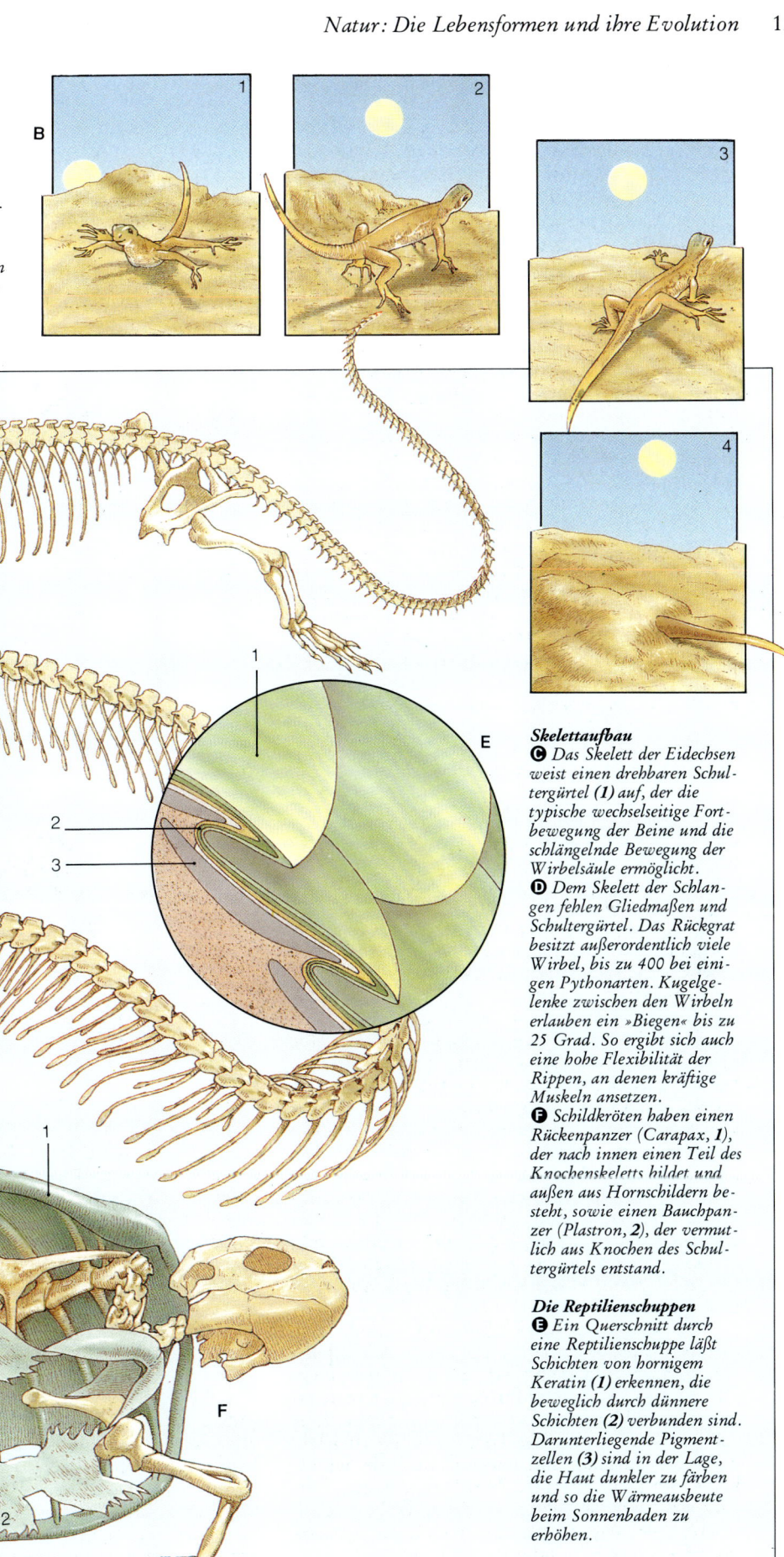

Skelettaufbau

C Das Skelett der Eidechsen weist einen drehbaren Schultergürtel **(1)** auf, der die typische wechselseitige Fortbewegung der Beine und die schlängelnde Bewegung der Wirbelsäule ermöglicht.

D Dem Skelett der Schlangen fehlen Gliedmaßen und Schultergürtel. Das Rückgrat besitzt außerordentlich viele Wirbel, bis zu 400 bei einigen Pythonarten. Kugelgelenke zwischen den Wirbeln erlauben ein »Biegen« bis zu 25 Grad. So ergibt sich auch eine hohe Flexibilität der Rippen, an denen kräftige Muskeln ansetzen.

F Schildkröten haben einen Rückenpanzer (Carapax, **1**), der nach innen einen Teil des Knochenskeletts bildet und außen aus Hornschildern besteht, sowie einen Bauchpanzer (Plastron, **2**), der vermutlich aus Knochen des Schultergürtels entstand.

Die Reptilienschuppen

E Ein Querschnitt durch eine Reptilienschuppe läßt Schichten von hornigem Keratin **(1)** erkennen, die beweglich durch dünnere Schichten **(2)** verbunden sind. Darunterliegende Pigmentzellen **(3)** sind in der Lage, die Haut dunkler zu färben und so die Wärmeausbeute beim Sonnenbaden zu erhöhen.

Gifttiere, *S. 174/175* **Tricks und Kniffe** *S. 180/181*

Eroberer der Lüfte

Was Vögel zu Fliegern macht

Die Hummelelfe (ein Kolibri) ist mit knapp 6 cm Länge, von der die Häfte allein auf Schnabel und Schwanz entfällt, der kleinste Vogel der Welt. Der afrikanische Strauß, ein flugunfähiger Laufvogel, ist mit bis zu 2,7 m Höhe der größte Vogel. Es gibt relativ viele Vögel, die nicht fliegen können, während andere Tausende von Kilometern im Flug zurücklegen oder bei gewagten Sturzflügen Geschwindigkeiten von über 200 Stundenkilometern erreichen. Die etwa 9300 Vogelarten bewohnen so unterschiedliche Lebensräume wie Eisschollen der Antarktis, tropische Regenwälder, Trockenwüsten und sogar die offene See.

Zwar ist die Verwandtschaft der 28 bekannten Vogelordnungen noch nicht vollständig erforscht, doch ist ihnen ein erstaunlich ähnlicher, an das Fliegen angepaßter Körperbau gemein. Sogar die heute flugunfähigen Vögel stammen von einstmals flugfähigen Vorfahren ab und teilen mit diesen immer noch viele Merkmale. Ihr Skelett aus leichten Knochen hat die Form eines starren Kastens mit einem großen Brustbein, dem Sternum. Bei flugfähigen Vögeln trägt es einen mächtigen Kamm, die Carina, als Hauptansatzpunkt der stark entwickelten Flugmuskulatur. Die Flügel selbst sind umgewandelte Vorderbeine. Einzigartig ist jedoch das Federkleid. Kein anderes Wirbeltier besitzt diese besondere Körperbedeckung. Die verschiedensten Federn bilden nicht nur die zum Fliegen notwendige Flügeloberfläche (Kontur- und Schwungfedern), sondern haben zugleich eine isolierende Wirkung, wodurch die Vögel eine relativ hohe Körpertemperatur halten können. Mit unzähligen Mustern und Farben dienen Federn auch dem Informationsaustausch der Vögel untereinander, indem sie z.B. eine Signalwirkung bei der Balz haben; sie eignen sich aber auch vorzüglich als Verberge- und Tarntracht.

Verwandtschaft mit Reptilien

Vögel weisen mit Reptilien, von denen sie höchstwahrscheinlich abstammen, zahlreiche Gemeinsamkeiten auf. Vor allem die Schuppen an Beinen und Füßen der Vögel sind Reptilienschuppen sehr ähnlich. Sowohl Vögel als auch Reptilien besitzen ein Kugelgelenk zwischen Schädel und Hals und ein relativ einfaches Mittelohr mit nur einem Gehörknöchelchen (Säugetiere haben drei). Die roten Blutkörperchen der Vögel und Reptilien haben – im Gegensatz zu Säugetieren – Zellkerne. Und schließlich legen Vögel dotterreiche Eier, in denen sich der Embryo, zunächst als Keimscheibe auf dem Dotter liegend, entwickelt, wie dies auch bei Reptilien üblich ist.

Der Urahn unserer Vögel

Der älteste Vogel, Archaeopteryx, lebte vor etwa 150 Millionen Jahren und erinnert in vieler Hinsicht bereits an einen modernen Vogel. Er war mit Federn bedeckt und besaß auch schon ein ausgeprägtes Gabelbein, beides deutliche Hinweise auf seine Flugfähigkeit. Jedoch hatte Archaeopteryx, anders als die heutigen Vögel, Zähne, einen Eidechsenschwanz und drei Krallen an jedem Flügel. Der »Vogel« benutzte diese Krallen vermutlich zum Herumklettern in Bäumen. Man nimmt an, daß Archaeopteryx zwar fliegen konnte,

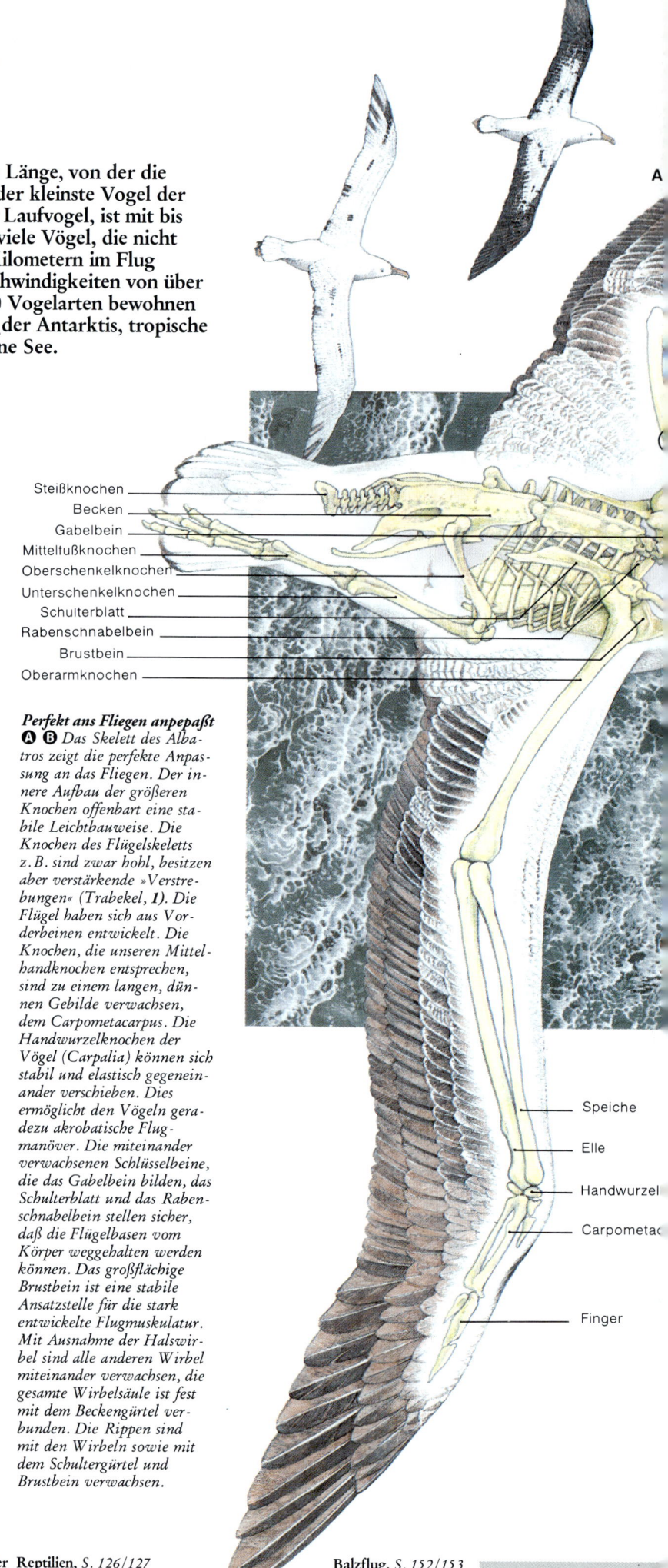

Steißknochen
Becken
Gabelbein
Mittelfußknochen
Oberschenkelknochen
Unterschenkelknochen
Schulterblatt
Rabenschnabelbein
Brustbein
Oberarmknochen

Speiche
Elle
Handwurzel
Carpometac
Finger

Perfekt ans Fliegen anpeßt
Ⓐ Ⓑ *Das Skelett des Albatros zeigt die perfekte Anpassung an das Fliegen. Der innere Aufbau der größeren Knochen offenbart eine stabile Leichtbauweise. Die Knochen des Flügelskeletts z.B. sind zwar hohl, besitzen aber verstärkende »Verstrebungen« (Trabekel, 1). Die Flügel haben sich aus Vorderbeinen entwickelt. Die Knochen, die unseren Mittelhandknochen entsprechen, sind zu einem langen, dünnen Gebilde verwachsen, dem Carpometacarpus. Die Handwurzelknochen der Vögel (Carpalia) können sich stabil und elastisch gegeneinander verschieben. Dies ermöglicht den Vögeln geradezu akrobatische Flugmanöver. Die miteinander verwachsenen Schlüsselbeine, die das Gabelbein bilden, das Schulterblatt und das Rabenschnabelbein stellen sicher, daß die Flügelbasen vom Körper weggehalten werden können. Das großflächige Brustbein ist eine stabile Ansatzstelle für die stark entwickelte Flugmuskulatur. Mit Ausnahme der Halswirbel sind alle anderen Wirbel miteinander verwachsen, die gesamte Wirbelsäule ist fest mit dem Beckengürtel verbunden. Die Rippen sind mit den Wirbeln sowie mit dem Schultergürtel und Brustbein verwachsen.*

Siehe auch: Evolution der Warmblüter, *S. 100/101* Evolution der Reptilien, *S. 126/127*

Balzflug, *S. 152/153*

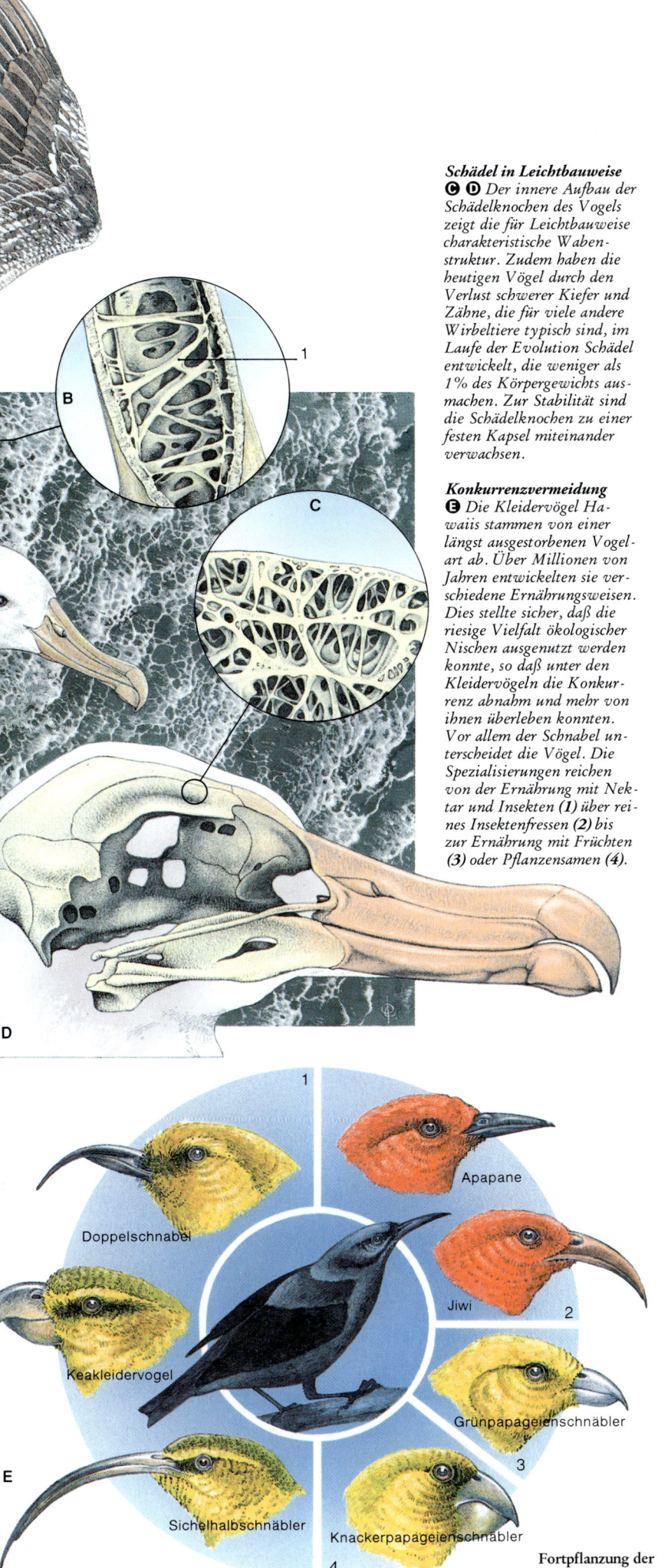

Schädel in Leichtbauweise
C D *Der innere Aufbau der Schädelknochen des Vogels zeigt die für Leichtbauweise charakteristische Waben-struktur. Zudem haben die heutigen Vögel durch den Verlust schwerer Kiefer und Zähne, die für viele andere Wirbeltiere typisch sind, im Laufe der Evolution Schädel entwickelt, die weniger als 1% des Körpergewichts aus-machen. Zur Stabilität sind die Schädelknochen zu einer festen Kapsel miteinander verwachsen.*

Konkurrenzvermeidung
E *Die Kleidervögel Ha-waiis stammen von einer längst ausgestorbenen Vogel-art ab. Über Millionen von Jahren entwickelten sie ver-schiedene Ernährungsweisen. Dies stellte sicher, daß die riesige Vielfalt ökologischer Nischen ausgenutzt werden konnte, so daß unter den Kleidervögeln die Konkur-renz abnahm und mehr von ihnen überleben konnten. Vor allem der Schnabel un-terscheidet die Vögel. Die Spezialisierungen reichen von der Ernährung mit Nek-tar und Insekten (1) über rei-nes Insektenfressen (2) bis zur Ernährung mit Früchten (3) oder Pflanzensamen (4).*

aber nur über kurze Strecken. Er hatte etwa die Größe einer Krähe, aber keinen Schnabel, sondern eine stumpfe, reptilienartige Schnauze.

1990 fand man zwei vogelartige Fossilien in Texas, die man vorläufig Protavis texensis taufte. Sollte sich herausstellen, daß diese Tiere tatsäch-lich fliegen konnten, muß man die Entstehung der Vögel vermutlich um weitere 75 Millionen Jahre in die späte Trias zurückverlegen, und Archaeop-teryx würde damit seine Stellung als ältester be-kannter Vogel verlieren.

Stromlinienform für hohe Geschwindigkeiten

Auch wenn Vögel, ebenso wie Reptilien, keine Ohrmuscheln haben – was ihrer Stromlinienform zugute kommt –, besitzen sie ein ausgezeichnetes Gehör sowie ein äußerst scharfes Sehvermögen, wodurch sie ihre Beute noch aus großer Höhe ausmachen können.

Im Flug hält ein Vogel aus Gründen der Aero-dynamik die Beine so nah wie möglich an den Körper gepreßt; auch die großen Konturfedern verleihen dem Vogelkörper Stromlinienform, was vielen Vögeln außerordentlich hohe Flugge-schwindigkeiten ermöglicht. In der Regel besitzen die schnellsten Flieger, wie z. B. der Wanderfalke, Lamellen in ihren Nasenöffnungen, um die in-neren Organe vor dem hohen Luftdruck, der sich durch die hohe Fluggeschwindigkeit aufbaut, zu schützen.

Neben Lungen haben Vögel Luftsäcke, die sich durch den ganzen Körper ziehen. Diese Luftsäcke unterstützen die Atmung und kühlen den Körper ab, der sich bei anstrengendem Dauerflug sonst leicht überhitzen könnte. Ein Dauerflieger nutzt meist nur ein Viertel seines Atemvolumens für die Versorgung mit Sauerstoff, den Rest braucht er zum Kühlen.

Schneller Stoffwechsel – gute Nahrungsverwertung

Das Blut eines Vogels besitzt in der Regel die gleiche Hämoglobinkonzentration wie das der Säugetiere, aber Blutdruck und Blutzuckerkon-zentration sind bedeutend höher, beides notwen-dige Voraussetzungen, um den Stoffwechsel »an-zuheizen«. Vögel fressen besonders energierei-ches, hochwertiges Futter – wie Pflanzensamen, Früchte, Fische und Insekten –, verdauen es sehr schnell und verwerten es besser als Säugetiere.

Bei einem Vogel kann bis zur Hälfte seines Ge-samtgewichts nur auf die Flugmuskulatur entfal-len. Ein Gleitflieger wie der Albatros hat dagegen viel weniger Muskulatur, aber starke Sehnen und Bänder, die die Flügel ohne große Anstrengung des Vogels in ihrer Position halten und ihm so langandauernde Segelflüge gestatten.

Vögel müssen Gewicht sparen

Nicht nur ein leichter Knochenbau soll das Ge-wicht gering halten. Vögel besitzen auch keine Schweißdrüsen, die die Federn nur befeuchten und damit schwerer machen würden. Weibliche Vögel haben nur einen Eierstock, und außerhalb der Brutsaison werden bei beiden Geschlechtern die Geschlechtsorgane zurückgebildet.

Fortpflanzung der Vögel, S. 154/155   Tierwanderungen als Lernverhalten, S. 200/201

Von Mäusen, Walen und Menschenaffen

Die Vielfalt der Säugetiere

Säugetiere sind als Land-, Wasser- und Flugsäuger mit 18 Ordnungen und mehr als 4500 Arten weltweit verbreitet. Von einer nur 3 cm großen Fledermausart bis zum 30 m langen Blauwal umfassen sie Tiere unterschiedlichster Gestalt und Lebensweise – Beutel- wie Raubtiere, Nage- und Huftiere, Elefanten, Robben und Delphine. Gemeinsame Merkmale all dieser Tiere sind ihre Warmblütigkeit, das Haarkleid der meisten Arten sowie die Fähigkeit, lebende Junge zu gebären und sie mit Milch aus ihren Brustdrüsen zu ernähren. Zudem zeichnet sie ihre große Anpassungsfähigkeit an verschiedenste Klimate und Lebensformen aus.

Die Jungtiere vieler Säuger erlernen die Fertigkeiten, die sie zum Überleben brauchen, von ihren Eltern und bleiben deshalb recht lange bei ihnen. Dies trifft besonders auf fleischfressende Säugetiere (Carnivora) zu, die meist spezielle Jagdtechniken erwerben müssen. Junge Schimpansen dagegen erlernen den Gebrauch und die Anfertigung von Werkzeugen – sie angeln z. B. mit Hilfe von Stöckchen Termiten aus ihren Bauten. Durch Beobachten älterer Gruppenmitglieder beherrschen sie bald selbst die Kunst, das Werkzeug richtig zu formen und geschickt damit umzugehen.

Die Evolution nutzt jede Nische

Um das große Nahrungsangebot auf der Erde effizient zu nutzen, haben Säuger unterschiedlichste Lebensformen entwickelt. So leben tagaktive neben nachtaktiven Tieren im selben Lebensraum, so daß das Nahrungs- und Raumangebot, um das sie bei gleichem Tagesrhythmus konkurrieren müßten, besser aufgeteilt wird. Das Karibu und die riesigen afrikanischen Antilopen- und Zebraherden erschließen sich durch ihre weiten Wanderungen saisonale Futterquellen. Wale und Pelzrobben wandern zur Fortpflanzung zu geschützten Buchten. Bis sie wieder in nahrungsreichere Gewässer zurückkehren, leben sie von gespeichertem Fett.

Viele kleine Nagetiere und einige größere Säuger wie der Schwarzbär überstehen den harten und rauhen Winter im Winterschlaf, andere, indem sie sich in unterirdische Baue oder tiefe Höhlen zurückziehen.

Anpassung als Überlebenskunst

Einige Säugetiere leben, obwohl sie landlebende Vorfahren besitzen, heute wieder im Meer. Wale und Delphine sind so gut an das Leben im Wasser angepaßt, daß sie niemals mehr an Land kommen. Bartenwale haben große, aus Barten (Walbein) bestehende Filter entwickelt, mit deren Hilfe sie eine von anderen Tieren wenig genutzte marine Futterquelle verwerten; sie sieben die riesigen Mengen an Krillgarnelen aus dem Wasser, die in fast allen Ozeanen, vor allem aber in der Antarktis in Hülle und Fülle zur Verfügung stehen.

In Lebensräumen, in denen es nur wenige Beutetiere gibt, leben Räuber wie der Eisbär häufig allein. Wo das Futter leichter verfügbar ist, entwickelten sich auf Kooperation beruhende Jagdtechniken. Raubtiere haben sich hier in Rudeln zusammengeschlossen. Viele pflanzenfressende Säugetiere leben mit celluloseabbauenden Bakterien und Einzellern in Symbiose, so daß sie sich

Milch zur Jungenaufzucht
A *Daß das Wolfsweibchen die Jungen mit eigener Milch säugt, ist eines der Hauptmerkmale der Säugetiere. Meist wird die Milch aus Zitzen, die auf dem Bauch sitzen, abgegeben. Ihre Anzahl entspricht in etwa der größtmöglichen Jungenzahl, die bei einem Wurf zu erwarten ist. Die Milchproduktion wird von Hormonen angeregt, die gegen Ende der Trächtigkeit ausgeschüttet werden. Wenn die Jungen entwöhnt sind, wird auch die Milchabgabe eingestellt. Milch ist vollwertige Nahrung für die Jungen, reich an Fetten, Eiweißen und Mineralien.*

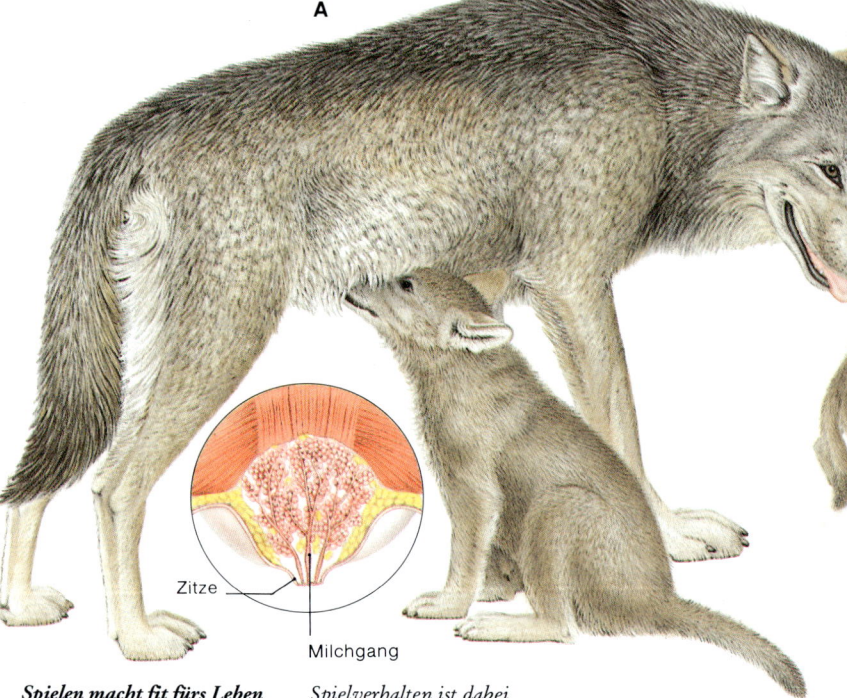

A

Zitze

Milchgang

Spielen macht fit fürs Leben
C *Viele Säugetierjunge verbringen eine lange Zeit in der Obhut ihrer Eltern. So erwerben sie Fertigkeiten, die sie als Erwachsene zum Überleben brauchen. Das* Spielverhalten ist dabei äußerst wichtig, da es die Koordinationsfähigkeit und die Reaktionsschnelligkeit verbessert.
Das Haarkleid, das einen unentbehrlichen Isoliermantel *bildet, ist ein weiteres charakteristisches Merkmal der Säugetiere. Gegenseitige Fellpflege erfüllt eine wichtige soziale Funktion.*

Ein geteiltes Herz für zwei Blutkreisläufe
F *Im Säugerherzen sind die rechte und die linke Hälfte durch eine Scheidewand getrennt. So kann das Blut unter Druck in den ganzen Körper gepreßt werden. In die linke Herzhälfte gelangt das sauerstoffreiche Blut aus der Lunge über die Lungenvenen (1). Dieses wird über die Aorta (2) in den Körper zur Versorgung der Organe und Gewebe gepumpt. Sauerstoffarmes Blut kehrt in das Herz über die untere (3) und obere (4) Hohlvene in den rechten Vorhof des Herzens zurück. Von dort aus gelangt es in die rechte Kammer und wird durch die Pulmonalklappe in die Lungenarterie (5) gepreßt, wo es sich erneut mit Sauerstoff anreichert.*

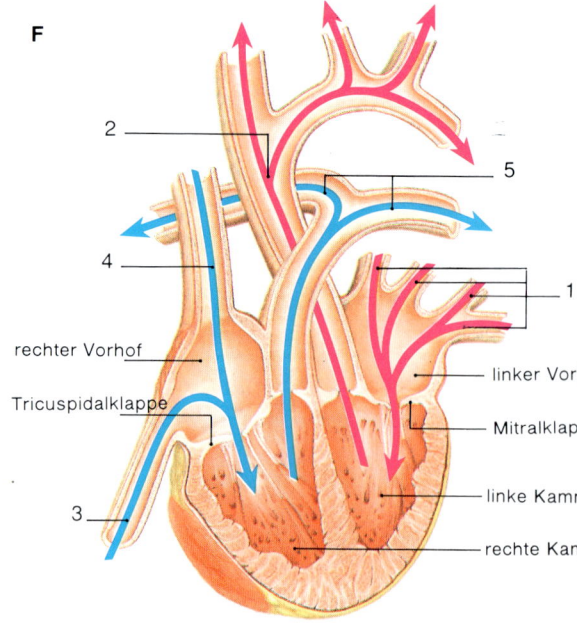

F

2

5

4

1

rechter Vorhof

linker Vor

Tricuspidalklappe

Mitralklap

3

linke Kamr

rechte Kam

Siehe auch: Evolution der Warmblüter, *S. 100/101* Fortpflanzung der Säugetiere, *S. 156/157* Echoortung, *S. 186/187* Instinkt und Lernen, *S. 190/191*

von schwer verdaulichen Pflanzen, um die die Konkurrenz gering ist, gut ernähren können. Das Faultier und der Koalabär haben eine schwerfällig wirkende Lebensweise ausgebildet, die jedoch nur wenig Energie erfordert und ihnen erlaubt, nährstoffarme Pflanzen zu fressen.

Ähnliche Arten trotz räumlicher Trennung

Geographische Isolation hat zur Vielfalt der Säugetiere beigetragen – viele recht unterschiedliche Säuger haben dennoch auf verschiedenen Kontinenten ganz ähnliche Anpassungen (Konvergenzen) an vergleichbare Lebensweisen bzw. Lebensräume erworben. Beispiele dafür sind die Ameisenfresser und Gürteltiere Südamerikas, das Erdferkel Afrikas, die Schuppentiere Asiens und die Ameisenigel Australiens und Neuguineas – alle ernähren sich von Ameisen und sind mit spitz zulaufenden Schnauzen, langen, klebrigen Zungen und kräftigen Krallen ausgestattet, um die Nester von Ameisen und Termiten aufzubrechen.

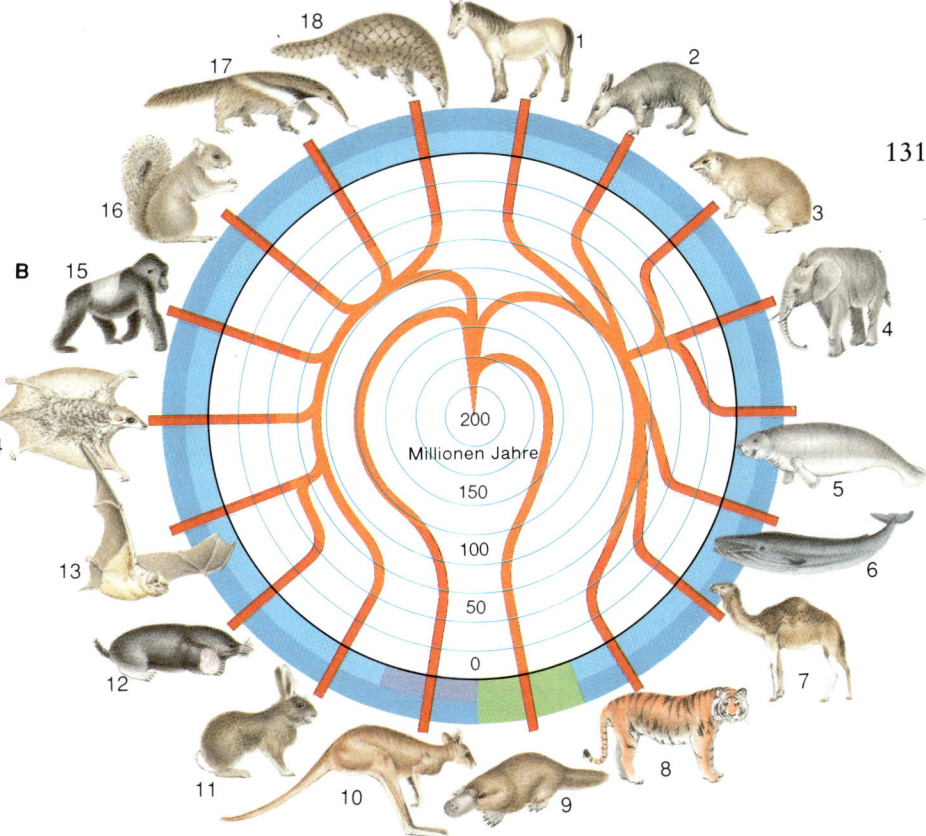

200
Millionen Jahre
150
100
50
0

mögliche Abstammung
fossile Funde

Prototheria

Metatheria

Eutheria

1 Perissodactyla (Unpaarhufer)
2 Tubulidentata (Röhrenzähner)
3 Hyracoidea (Schliefer)
4 Proboscidea (Elefanten)
5 Sirenia (Seekühe)
6 Cetacea (Wale)
7 Artiodactyla (Paarhufer)
8 Carnivora (Raubtiere)
9 Monotremata (Kloakentiere)
10 Marsupialia (Beuteltiere)
11 Lagomorpha (Hasenartige)
12 Insectivora (Insektenfresser)
13 Chiroptera (Fledertiere)
14 Dermoptera (Riesengleiter)
15 Primates (Primaten)
16 Rodentia (Nagetiere)
17 Xenarthra (Zahnarme)
18 Pholiota (Schuppentiere)

Fleischfresser-Gebiß

E *Das spezialisierte Gebiß ist besonders typisch für Säugetiere. So hat der Hund Schneidezähne (Incisivi), Reißzähne (Canini) und scharfkantige Backenzähne (Praemolaren und Molaren), die eine Brechschere zum Zerbeißen von Knochen bilden.*

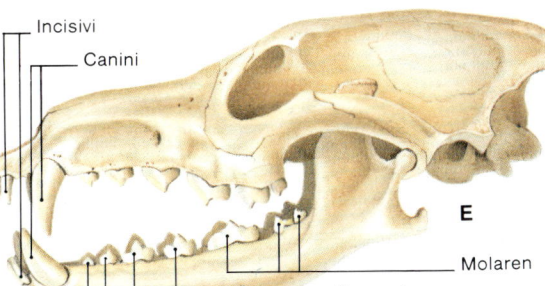

C

Incisivi
Canini

Molaren
Praemolaren

E

Abstammung der Säugetiere

B *Die Erforschung der Stammesgeschichte der Säugetiere ist auf fossile Fundreihen angewiesen. Doch bei den meisten Säugerordnungen sind die fossilen Überlieferungen unvollständig. Vermutlich stammen alle Säuger von »säugerähnlichen Reptilien«, den Synapsida, ab. Millionen von Jahren entwickelten sich die Synapsida weiter, bevor sie sich in zwei Unterklassen – Prototheria (eierlegende Säugetiere, Monotremata) und Theria (lebendgebärende Säugetiere) – spalteten. Die Theria teilten sich ihrerseits in zwei Gruppen, die Eutheria (plazentale Säuger) und die Metatheria (Beuteltiere).*

Veränderungen des Grundbauplans

D *Auch das Skelett der Säugetiere mußte sich an neue Anforderungen anpassen und unterlag vielfältigen Umwandlungen. Die Flügel der Fledermaus (1) waren Vorderbeine, während bei den Seehunden (2) die Beine zu paddelartigen Flossen umgestaltet wurden. Wale haben keine funktionsfähigen Beine mehr. Bei den Bartenwalen (3) sind die Kieferknochen gebogen und stark vergrößert, um die riesigen, siebartigen Bartenplatten aufzunehmen. Bei primitiven Säugetieren, wie dem Opossum, sind die Beine recht kurz. Längere Beine entwickelten Arten, die Schnelligkeit zum Überleben brauchen.*

D

1

2

3

Eine Milliarde Sporen für eine Pflanze

Pflanzenvermehrung durch Sporen, Samen und Ableger

Eine Milliarde Bärlapp-Sporen würde sehr leicht in eine Handfläche passen. Jede Spore verfügt über die Fähigkeit, Dutzende von Bärlapp-Pflanzen hervorzubringen, doch sind die Überlebenschancen der einzelnen Spore sehr gering. Eine sich entwickelnde Pflanze ist in so hohem Maße davon abhängig, einen Standort mit den richtigen Bedingungen von Feuchtigkeit, Temperatur und Sonnenlicht zu finden und gleichzeitig Pflanzenfressern zu entgehen, daß aus der einen Milliarde Sporen in vielen Fällen nur eine vollentwickelte Pflanze entsteht. Die hohe Zahl der Sporen zeigt jedoch, daß diese Verluste einkalkuliert sind.

Die meisten Pflanzen beginnen ihr Leben als Same oder Spore. Abgesehen davon sind Samen und Sporen völlig unterschiedlich. Der wichtigste Unterschied ist, daß der geschlechtliche Prozeß, der zur Samenproduktion führt, bei der Sporen-produktion fehlt. Männliche Spermienzellen sind bewegungsunfähig und geschützt in Pollenkörnern eingelagert. Sie verschmelzen mit Eizellen, um Samen zu erzeugen. Übertragen werden die Pollenkörner von äußeren Kräften, etwa durch ein Insekt oder den Wind. Dieser entwicklungs-geschichtliche Schritt machte die Pflanzen vom Wasser unabhängig und ermöglichte ihnen die Eroberung fast der gesamten Erde.

Die Nachteile ungeschlechtlicher Vermehrung

Sporen werden ungeschlechtlich produziert, von nur einem Elter. Sie sind exakte genetische Kopien der Elternpflanze und können ohne die sexuelle Verschmelzung mit einer anderen Zelle zu einer Pflanze heranwachsen. Jedoch haben sie keine Variationsmöglichkeiten, wie sie die geschlecht-liche Fortpflanzung bei der Verschmelzung zweier Chromosomensätze während der Befruchtung er-laubt. Veränderlichkeit ist für Anpassungsvor-gänge unentbehrlich. Wäre beispielsweise die ge-samte Nachkommenschaft einer Pflanze iden-tisch, würde eine Krankheit alle Pflanzen eines Standortes töten. Unterscheiden sie sich jedoch in ihrer Erbsubstanz, haben einige möglicher-weise Schutzmechanismen gegen diese Krank-heit und überleben. Die ungeschlechtliche Fort-pflanzung hat aber auch Vorteile: Sie ist sicherer und weniger aufwendig, da sie nicht auf Bestäuber angewiesen ist.

Vegetative Fortpflanzung aus Sproß und Blättern

Viele Pflanzen entwickeln Tochterpflanzen aus Sproß und Blättern, die von Tieren oder infolge von Stürmen abgebrochen werden. Diese vege-tative Fortpflanzungsfähigkeit wird von Gärtnern genutzt, wenn sie Ableger schneiden. Knollen, Zwiebeln oder beblätterte Sprosse können einer Pflanze eine weitere Methode vegetativer Fort-pflanzung gestatten. Sie enthalten einen Nähr-stoffvorrat und bestehen aus einer schlafenden Knospe, die unter günstigen Bedingungen neue Blätter ausbilden kann. Zunächst wächst eine Mutterpflanze aus der Brutzwiebel oder dem beblätterten Sproß, dann beginnt die reproduktive Phase, in der Tochterbrutzwiebeln oder Tochter-sprosse mit eigenen Knospen hervorgebracht werden. Durch diese Brutzwiebeln hat die neue Pflanze gute Entwicklungsmöglichkeiten, denn in

A

trockene Zwiebelschale

Zwiebelscheibe

Nebenwurzeln

Eine neue Pflanze aus der Zwiebel

A *Zwiebeln sind unter-irdische Speicherorgane, die-nen aber auch der vegeta-tiven Fortpflanzung. Im Frühling entwickeln sich die Blütenknospe (1) und die jungen, grünen Blätter (2) zu einer blühenden Pflanze, indem sie Nährstoffe und Wasser nutzen, die in den fleischigen Schuppenblättern (3) gespeichert sind. Nach der Blüte erzeugen die Blät-ter weiterhin Nährstoffe, die abwärts zu den Blattbasen transportiert werden. Hier entsteht eine Ersatzzwiebel, die die absterbende Ur-sprungszwiebel ersetzt. Achselknospen (4) können sich zu Tochterzwiebeln entwickeln.*

Die Bildung der Pollen

B *Die geschlechtliche Fort-pflanzung bei Blütenpflanzen beginnt mit der Bildung von Gameten. In den männlichen Staubbeuteln (1) befinden sich die Pollensäcke (2), angefüllt mit Pollenmutterzellen (Mikrosporozyten, 3), die von einer Schicht nährstofflie-fernder Zellen (Tapetum, 4)*

umgeben sind. Jede Mikro-sporozyte durchläuft zwei meiotische Zellteilungen. Bei der ersten wird eine zweizel-lige Dyade gebildet (5), bei der zweiten eine Tetrade aus vier Zellen (6), die in vier haploide Mikrosporen (7) zerfällt. Jede Mikrospore teilt sich mitotisch; es ent-steht ein generativer Kern (8)

und ein Pollenschlauchkern (9); beide bilden mit einer dicken Wand (10) das reife Pollenkorn (11). Ist der Staubbeutel reif, werden die Pollenkörner (12) frei-gegeben.

Bildung von Eizellen

Die weiblichen Gameten entstehen in den Ovarien (13), die die Samenanlagen (14) enthalten. Sie sind von zwei schützenden Gewebe-schichten, den Integumenten (15), umgeben, die eine kleine Öffnung, die Mikro-pyle (16), besitzen. Eine Samenanlage besteht zu-nächst aus einer einzigen Embryosackmutterzelle (Makrosporozyte, 17), die sich meiotisch in vier Embryosackzellen (Mega-sporen, 18) teilt. Nur eine dieser Megasporen (19) ent-wickelt später durch mitoti-sche Teilungen zunächst zwei (20), dann vier (21) und endlich acht Zellkerne. Um diese acht Zellkerne bil-den sich im reifen Embryo-sack (22) die Antipoden (23) und die Synergiden (24), welche sich später auflösen, die Endospermmutterzelle (25) mit den zwei Polzellen (26) sowie die Eizelle (27).

ihr muß die Mutterpflanze genügend Nährstoff-vorräte und Feuchtigkeit bereitstellen, um die Tochterpflanze über die schwierige Anfangsphase zu bringen, bevor deren Wurzeln und Blätter ausreichend entwickelt sind. Für einige Pflanzen mit fleischigen Blättern ist dies kein Problem, enthält doch schon ein einzelnes Blatt Wasser- und Nährstoffvorräte. Pflanzen wie etwa die Fett-hennen werfen einfach ihre Blätter ab, die sich dann bewurzeln.

Eine »Nabelschnur« zum Nachwuchs

Eine andere Methode, jungen Pflanzen einen gu-ten Entwicklungsbeginn zu sichern, ist bei Erd-beeren, Grünlilien, dem Kriechenden Hahnenfuß und vielen Gräsern zu beobachten. Sie verfügen über eine Art »Nabelschnur«, um ihre Nachkom-men mit Nährstoffen zu versorgen. Bei den Erd-beeren sind es Ausläufer, lange, dünne, horizontal wachsende Sproßabschnitte, die neue Pflanzen in 20 cm und mehr Entfernung von der Elternpflanze hervorbringen.

Siehe auch: Pflanzliche Zellen, S. 102/103 Moose und Farne, S. 114/115 Nacktsamige Blütenpflanzen, S. 116/117

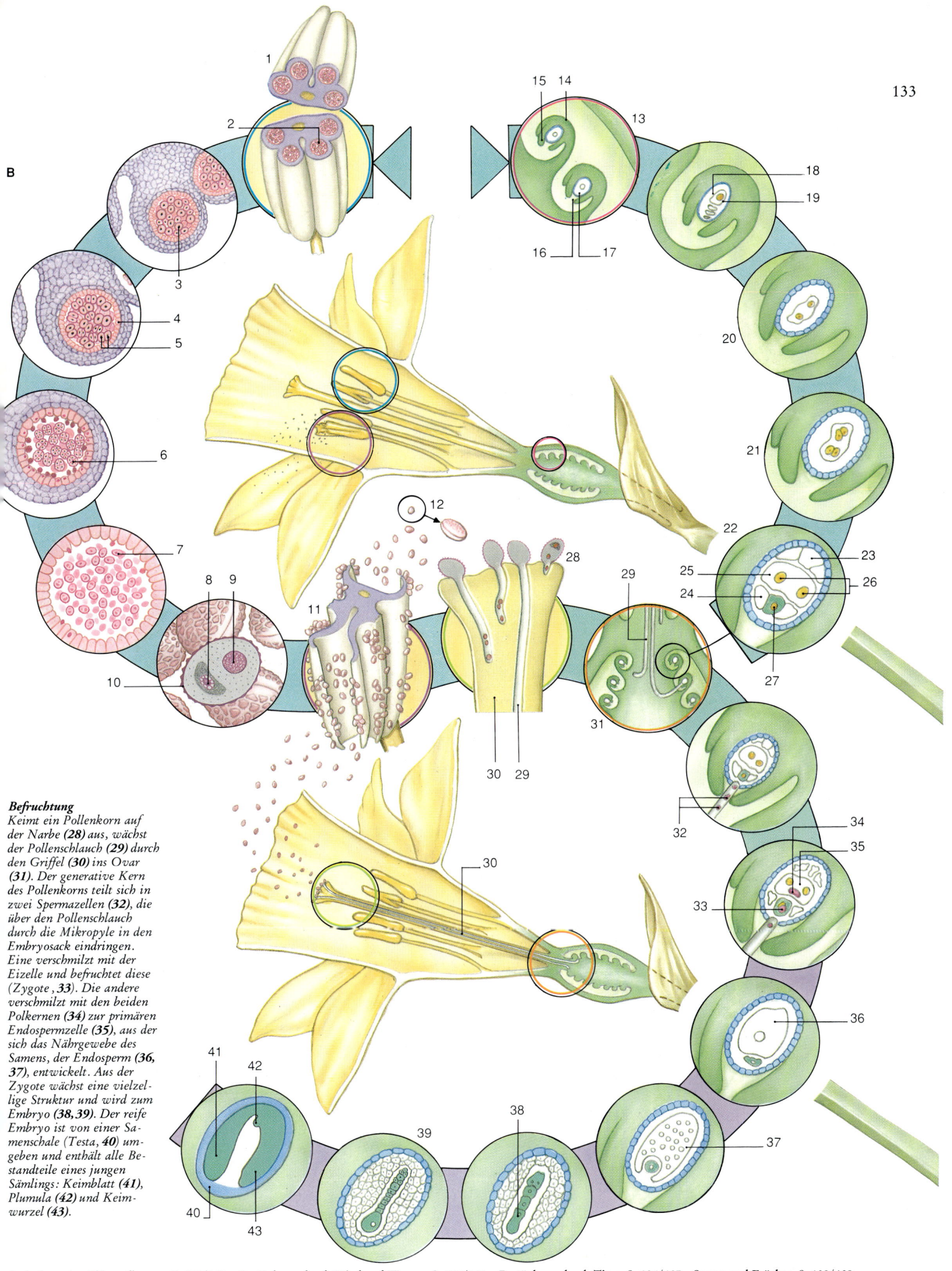

B

Befruchtung

Keimt ein Pollenkorn auf
der Narbe (28) aus, wächst
der Pollenschlauch (29) durch
den Griffel (30) ins Ovar
(31). Der generative Kern
des Pollenkorns teilt sich in
zwei Spermazellen (32), die
über den Pollenschlauch
durch die Mikropyle in den
Embryosack eindringen.
Eine verschmilzt mit der
Eizelle und befruchtet diese
(Zygote , 33). Die andere
verschmilzt mit den beiden
Polkernen (34) zur primären
Endospermzelle (35), aus der
sich das Nährgewebe des
Samens, der Endosperm (36,
37), entwickelt. Aus der
Zygote wächst eine vielzellige Struktur und wird zum
Embryo (38,39). Der reife
Embryo ist von einer Sa-
menschale (Testa, 40) um-
geben und enthält alle Be-
standteile eines jungen
Sämlings: Keimblatt (41),
Plumula (42) und Keim-
wurzel (43).

Bedecktsamige Blütenpflanzen, S. 118/119   Bestäubung durch Wind und Wasser, S. 134/135   Bestäubung durch Tiere, S. 136/137   Samen und Früchte, S. 138/139

Die Fortpflanzungslotterie
Bestäubung durch Wind und Wasser

Tausende von Kilometern von ihrem Herkunftsort entfernt entdeckte man Pollen von Eichen und Sauerampfer. Die Pollenkörner der windbestäubten Pflanzen sind mikroskopisch klein und so leicht, daß sie über außerordentlich weite Entfernungen verdriftet werden können. Durch die weitflächige, wenig zielgerichtete Verbreitung des Pollens müssen diese Pflanzen schon sehr häufig sein, damit die zufällige Befruchtung stattfinden kann. In Nordamerika kommt ein Greiskraut vor, das mehr als 1,6 Milliarden Pollenkörner pro Stunde freisetzt und damit der Hauptauslöser von Heuschnupfen in den USA ist.

B

Wind- oder Wasserbestäubung sind eine weit unsicherere Angelegenheit als die Bestäubung durch Insekten. Eine Hummel, die auf ihrem Weg eine Blüte nach der anderen besucht, überträgt dabei unwillkürlich Pollen der einen Blüte auf die Narbe (weibliches Blütenorgan) der anderen. Windböen wirbeln hingegen die Pollenkörner durch die Luft, und für jedes Pollenkorn, das sein Ziel erreicht, gehen Millionen andere zugrunde. Die Pflanze allerdings muß bei der Windbestäubung weder Nektar noch farbenprächtige Blüten ausbilden, um Insekten anzulocken.

Pollenflug der Bäume

Windbestäubung ist vor allem bei Bäumen weit verbreitet. Einige windbestäubte Bäume produzieren ihren Pollen in »Kätzchen« – hängenden männlichen Blütenständen. Sie sind elastisch, schlenkern im Wind und geben den Pollen leicht ab. Andere windbestäubte Pflanzen haben lange, geschmeidige Staubblätter, die denselben Zweck erfüllen. Die meisten windbestäubten Blüten besitzen eine große aufgefiederte Narbe, um die Chancen, Pollenkörner aufzufangen, zu vergrößern.

Weil windbestäubte Pflanzen soviel Pollen produzieren, befindet sich eine große Anzahl von Pollen in unserer Atemluft. So sind es in der Regel die Pollenkörner der windblütigen und nicht etwa die der duftenden, von Insekten bestäubten Pflanzen, die Heuschnupfen verursachen.

Windbestäubung: Alternative zu den Insekten

Die ersten bedecktsamigen Blütenpflanzen wurden wahrscheinlich von Insekten bestäubt, während die Windbestäubung ein späteres Stadium der Pflanzenevolution darstellt. Sie ist vermutlich zu Zeiten entstanden, in denen Insekten als Bestäuber zu unzuverlässig oder nicht zur richtigen Jahreszeit zur Stelle waren. Auch in trockenen und kühlen Regionen fehlen die Bestäuber.

Die Evolution der Nadelhölzer hingegen verlief völlig anders: Sie waren schon immer windbestäubt. Der Pollen wird in kleinen männlichen Zapfen produziert und durch einen Windstoß zu den größeren weiblichen Zapfen geweht. Die Pollenmenge, die z.B. ein Kiefernwald in den Frühlingsmonaten produziert, kann so groß sein, daß eine dicke gelbe Schicht die Oberfläche in der Nähe gelegener Teiche und Seen überzieht.

Wie Selbstbefruchtung verhindert wird

Blühende Wasserpflanzen, die von Landpflanzen abstammen, werden häufig von Fluginsekten bestäubt. Um Bestäuber anzulocken, müssen sie ihre

A

Pollenvielfalt
A Der Pollen wird in Pollensäcken gebildet, die sich in den Staubbeuteln befinden. In den Pollenkörnern ist das männliche Erbgut sicher gespeichert. Sie kommen in allen Formen und Größen vor, je nach Pflanzenart.
Die Abbildung zeigt Pollen von Mistel (**1**), Venus-Fliegenfalle (**2**), Spinat (**3**), Geißblatt (**4**), Rührmichnichtan (**5**), Baumwolle (**6**), Reis (**7**), Löwenzahn (**8**) und Rosenmalve (**9**). Die Pollenkörner mit ihren charakteristischen Hüllen überstehen in Sedimenten Jahrtausende unbeschadet. So können die Pollenexperten (Palynologen) ermitteln, welche Pflanzen zur Zeit der Sedimentablagerung im Untersuchungsgebiet wuchsen.

Siehe auch: **Nacktsamige Blütenpflanzen**, *S. 116/117* **Bedecktsamige Blütenpflanzen**, *S. 118/119* **Pflanzenvermehrung**, *S. 132/133*

Blüten über die Wasseroberfläche hinausstrecken. Einige Pflanzen jedoch setzen auf die Wasserbestäubung – bei den 50 Seegrasarten geschieht sie sogar unter der Wasseroberfläche. Eine europäische Seegrasart aus der Gattung Zostera kommt an vielen küstennahen Standorten vor. Wie die meisten Seegräser besitzt auch dieses lange, dünne, wurmförmige Fadenpollen, die mit den Gezeiten entweder direkt unter oder auf der Wasseroberfläche hin- und herschwimmen. Die Pflanzen bilden kleine Blütenstände aus, die aus einer über zwei männlichen Blüten sitzenden weiblichen Blüte bestehen. Sie bleiben nahe unter der Wasseroberfläche. Wenn Tausende von Fadenpollen in einer regelrechten Wolke freigesetzt werden, steigen sie langsam zur Oberfläche auf und verfangen sich in den beiden schmalen Stempeln der weiblichen Blüten. Um eine Selbstbefruchtung zu vermeiden, reifen die Stempel der weiblichen Blüte eher als die Staubblätter desselben Blütenstandes, d. h. bevor die Pollenabgabe beginnt.

Pollen wie Puder
Wichtig für Pollen windbestäubter Pflanzen ist nicht nur, daß die Pollenkörner leicht genug sind, um vom Wind verbreitet zu werden, sondern daß sie nicht zusammenkleben (unten). Ein trockener, puderartiger Pollen stellt die bestmögliche Verbreitung sicher.

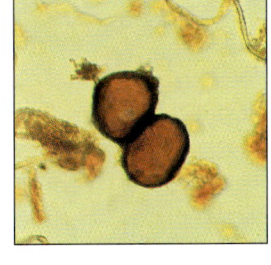

Kätzchen: Abflugrampen für die Pollen
Im Frühling, oft noch bevor die Blätter aus den Knospen treiben, fallen die Kätzchen der windbestäubten Pflanzen besonders auf. An wärmeren und trockenen Tagen wird der Pollen schon bei der leichtesten Luftbewegung in großer Zahl freigegeben.

Windbestäubte Pflanzen brauchen weder auffällige noch duftende Blüten, um bestäubende Insekten anzulocken. Zu ihnen gehören fast alle Gehölze der gemäßigten Breiten. Kätzchen tragen u. a. Birke (unten), Hasel, Walnuß, Weide, Erle, Pappel und Eiche.

Bestäubung auf der Wasseroberfläche
Ⓑ *Die Wasserschraube kommt in langsam fließendem Süßwasser vor. Es gibt männliche (1) und weibliche (2) Pflanzen. Die Blüte der weiblichen Pflanze (3) wächst auf spiraligen Stengeln zur Wasseroberfläche (4), wo sie sich entfaltet. Die männlichen Blüten lösen sich von der Blütenscheide (5) ab. Sie bestehen aus zwei Staubblättern und drei Blütenblättern, mit denen sie schwimmen können (6). Wenn sie nahe genug an eine weibliche Blüte herankommen, bewegen sie sich durch die Einbuchtung, die die weibliche Blüte (7) auf der Wasseroberfläche verursacht, schnell auf diese zu. Beim Aufeinandertreffen werden Pollenklümpchen von der männlichen Blüte zur weiblichen Blüte hinüberkatapultiert, treffen dort auf die Narbe, und es kommt zur Bestäubung. Danach verkürzt sich der spiralige Stengel, auf dem die weibliche Blüte sitzt, und zieht die bestäubte Blüte unter den Wasserspiegel zurück (8), wo nun die Früchte (9) reifen.*

Bestäubung durch Tiere, S. 136/137   Samen und Früchte, S. 138/139   Keimung, S. 140/141

Wie Pflanzen Tiere verführen

Bestäubung durch Insekten, Vögel und Fledermäuse

Emsigkeit ist bei Bestäubern eine nützliche Eigenschaft. Eine Hummel kann beim Nektarsammeln während eines einzigen Fluges 240 Blüten aufsuchen, wobei sie jedes Mal ein wenig Pollen aufnimmt wie auch zurückläßt. Von diesen 240 Blüten brauchen nur zwei der gleichen Art anzugehören, um eine Befruchtung zu ermöglichen. Viele Pflanzen verteilen ihre Nektarproduktion über den ganzen Tag, so daß die Nektarsauger nicht zu lange auf einer Blüte verweilen. Bei dieser Rationierung kann die Energie, die in Nektar investiert wird, gering gehalten werden: Ein Apfelbaum produziert nur 28 Gramm pro Tag.

Die ersten Blüten entwickelten sich vermutlich vor etwa 140 Millionen Jahren und ähnelten den heutigen Magnolien. Sie erzeugten Pollen, der von Käfern gefressen wurde, welche dabei einen Teil der Substanz von einer Blüte zur nächsten trugen. Diese verschwenderische und ineffiziente Bestäubungsmethode wurde bald durch die Entwicklung von Nektar verbessert, der für das Tier eine Belohnung in Form von Nahrung darstellte und Pollenverluste reduzierte. Auch vorher schon mußten jedoch viele Pflanzen zuckerhaltige Flüssigkeiten aus ihrem Saft ausscheiden, da eine zu hohe Konzentration von Zucker den Protein- und Hormontransport beeinträchtigt. Daß die zuckerhaltigen Köder schließlich nahe den Fortpflanzungsorganen angesiedelt wurden, war ein kleiner, doch entscheidender Schritt in der Evolution.

Es ist noch nicht genau erforscht, wie die meisten Pflanzen Käfer und Ameisen von ihren Blüten abhalten, aber möglicherweise beinhaltet ihr Nektar Stoffe, die diesen Insekten nicht schmecken. In der Evolution der blühenden Pflanzen ist die Entwicklung von Eigenschaften, mit deren Hilfe sich die Pflanzen auf bestimmte Bestäuber spezialisieren, ein immer wiederkehrendes Thema. Gleichzeitig hat sich die Zahl von Bestäubern immer mehr vergrößert. Die Entwicklung von Schmetterlingen und Nachtfaltern ist eng mit der der blühenden Pflanzen verbunden, genauso wie die Evolution der Bienen. Zusammen mit Schwebfliegen, Wespen und Kotfliegen gehören sie zu den wichtigsten Bestäubern unter den Insekten.

Der Bestäuber als Geisel

Ein Aronstab hat Blütenstände, die wie Aas riechen und getrennte männliche und weibliche Blüten enthalten. Schmeißfliegen werden in die weiblichen Blüten gelockt und können durch die Reusenhaare nicht mehr entkommen. In der Falle fressen sie Nektar und befruchten mit ihren mitgebrachten Pollen die weiblichen Blüten. Nach etwa einem Tag verwelken die Reusenhaare, und die männlichen Blüten sind reif und erzeugen Pollen. Die Fliege verläßt nun die Kesselfalle und streift dabei die männlichen Blüten. Die anhaftenden Pollen bringt sie zum nächsten Aronstab.

Auch Vögel und Fledermäuse bestäuben Pflanzen

In tropischen Gebieten haben sich Vögel und Fledermäuse zu Nektarsaugern und Bestäubern entwickelt. In gemäßigten Breiten war so etwas nicht möglich, da diese Tiere das ganze Jahr über reichliche Nektarvorräte benötigen. Wenn Kolibris auch während des Fressens die Flügel flatternd be-

Sex als Lockmittel
Ⓐ *Die Bienen-Ragwurz, eine Orchidee, lockt ihre Bestäuber an, indem ihre Blüten Farbe, Gestalt und Duft weiblicher Bienen der Gattung Eucera imitieren. Männliche Bienen lassen sich auf der breiten Lippe (1) der Blüte nieder und versuchen, sich mit ihr zu paaren.*

wegen können, so müssen die Blüten der Pflanzen, die von anderen Vögeln bestäubt werden, zudem stark genug sein, um scharfe Schnäbel und Krallen auszuhalten. Die Protea Australiens und Südafrikas ist mit ihren großen Blüten und steifen, borstenähnlichen Blütenblättern dafür hervorragend geeignet. Die Farben der von Vögeln bestäubten Blüten variieren zwar, die Mehrzahl ist jedoch leuchtend rot oder orange. Diese Farben können Vögel erkennen, nicht aber die meisten Insekten. Die von Fledermäusen bestäubten Blüten zeichnen sich durch ihren eher moschusartigen und übelriechenden Duft aus, während die meisten von Insekten bestäubten Blüten süßlich duften. Da nur wenige Vogelarten über einen Geruchssinn verfügen, sind von Vögeln bestäubte Blüten meistens geruchlos. Die von Fledermäusen bestäubten Blüten öffnen sich in der Abenddämmerung oder sogar erst nachts und sitzen oft weit vom Pflanzenkörper entfernt, um die zarten Flügel der Fledermäuse nicht zu verletzen.

Fremd- und Selbstbestäubung
Ⓐ *Die Pollinien (2) der Orchidee – ein Gebilde, das Tausende von Pollenkörnern enthält – lösen sich und haften mit den klebrigen Enden der Stiele (3) am Körper der Biene. Die Biene überträgt das gesamte Pollinium auf andere Blüten. Der Fremdbefruchtung folgt die Ausbildung Tausender kleiner Samen. Ist kein geeigneter Bestäuber vorhanden, bestäubt die Bienen-Ragwurz sich selbst: Die Pollenkörper neigen sich nach vorne und berühren das Stigma (4), einen der weiblichen Teile der Blüte. Dies geschieht z. B. wo die bestäubende Biene ausgestorben ist.*

Siehe auch: **Pflanzenvermehrung**, *S. 132/133*   **Bestäubung durch Wind und Wasser**, *S. 134/135*   **Samen und Früchte**, *S. 138/139*

Perfekte Symbiose
Die Symbiose zwischen Feigenbaum und Feigenwespe gehört zu den bemerkenswertesten Phänomenen in der Natur.
B Die Feigenscheinfrucht besteht aus winzigen männlichen und weiblichen Blüten, die von einer fleischigen Schicht eingeschlossen sind.

Wespen legen ihre Eier in weibliche Blüten, die mit den sich entwickelnden Wespen (1) darin zu Gallenblüten auswachsen. Die männlichen Wespen schlüpfen zuerst (2) und suchen sich sofort junge Weibchen, die noch in ihren Gallenblüten sind. Sie führen ihren Unterleib in die Gallenblüten ein und be-

fruchten die Weibchen (3), dann nagen sie ein Schlupfloch in die zähe Haut der Feige (4) und sterben anschließend, ohne je die Feige verlassen zu haben.
C Stunden später schlüpfen die befruchteten weiblichen Wespen (5); die männlichen Blüten mit ihren beiden Staubbeuteln (6) streuen

gleichzeitig den Pollen aus. Die mit Pollen gesprenkelten Weibchen (7) entkommen durch den Tunnel, den die männlichen Wespen angelegt haben.
D Weibliche Wespen fliegen zu einer jungen Feige, die zwei Arten voll entwickelter weiblicher Blüten enthält sowie verschlos-

sene männliche Blüten (8). Sie zwängen sich durch das kleine, geschützte Öffnung der Feigenscheinfrucht. Dann laden sie den Pollen auf den weiblichen Blüten mit langem Griffel (10) ab und legen ihre Eier (11) in die kurzgriffligen Blüten (12) mit ihrer Legeröhre (13).

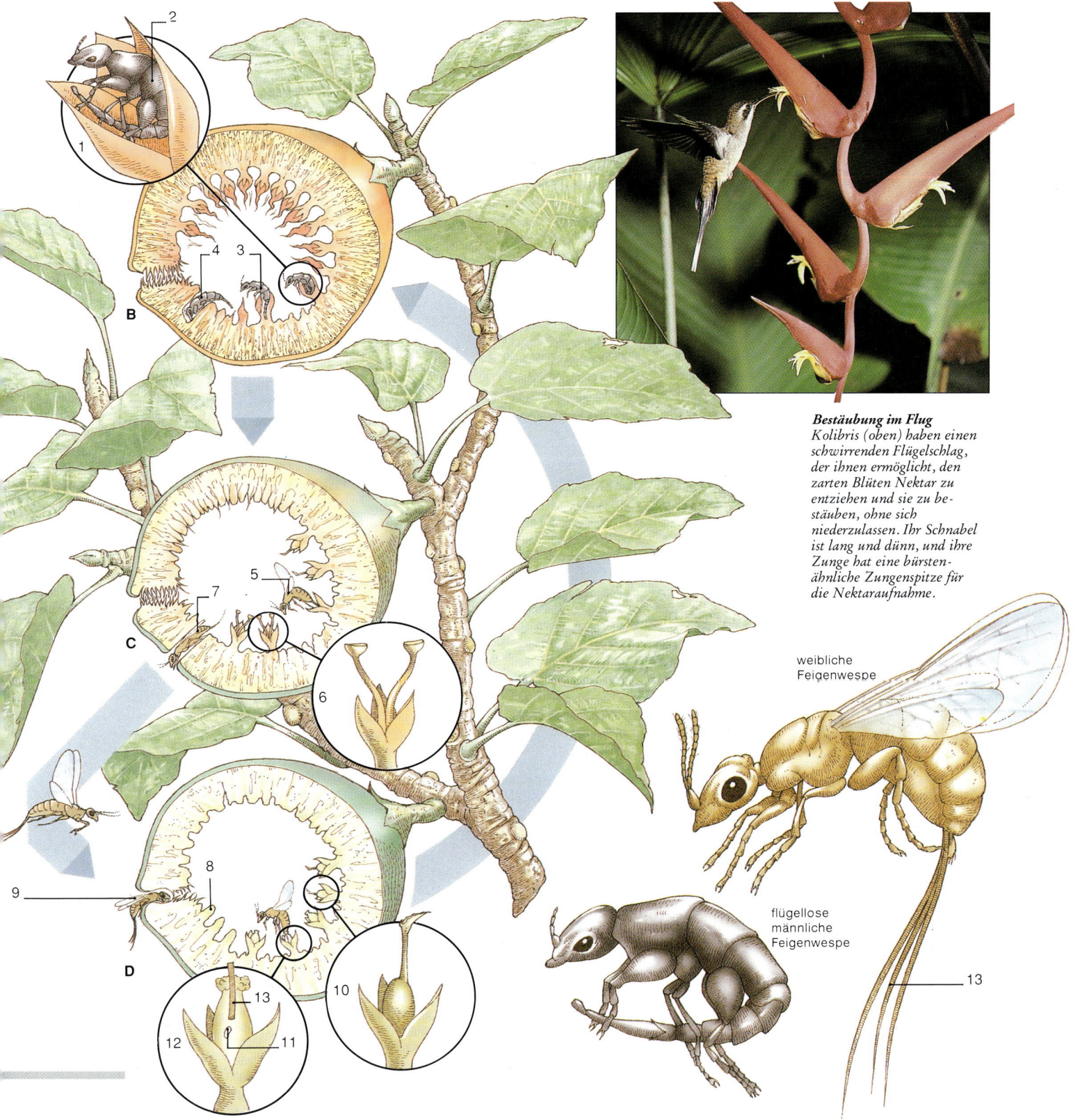

Bestäubung im Flug
Kolibris (oben) haben einen schwirrenden Flügelschlag, der ihnen ermöglicht, den zarten Blüten Nektar zu entziehen und sie zu bestäuben, ohne sich niederzulassen. Ihr Schnabel ist lang und dünn, und ihre Zunge hat eine bürstenähnliche Zungenspitze für die Nektaraufnahme.

weibliche Feigenwespe

flügellose männliche Feigenwespe

Eroberung neuer Standorte
Verbreitung durch Samen und Früchte

Die riesige Seychellen-Nuß wiegt mehr als 18 kg. Als einsamige Frucht ist sie der größte bekannte Samen. Früchte und Samen sind Organe, die der Verbreitung der Pflanzen dienen. Wenn die Amsel im Sommer Kirschbäume plündert, findet sie nicht nur an den süßen Früchten Gefallen, sondern verbreitet gleichzeitig den vom Fruchtfleisch umschlossenen Samen. Denn jeder Same wird von einem harten, schützenden Mantel oder einem Steinkern umhüllt. Dieser Steinkern passiert unversehrt den Verdauungstrakt der Vögel, wird mit dem Kot andernorts ausgeschieden und kann anschließend auskeimen.

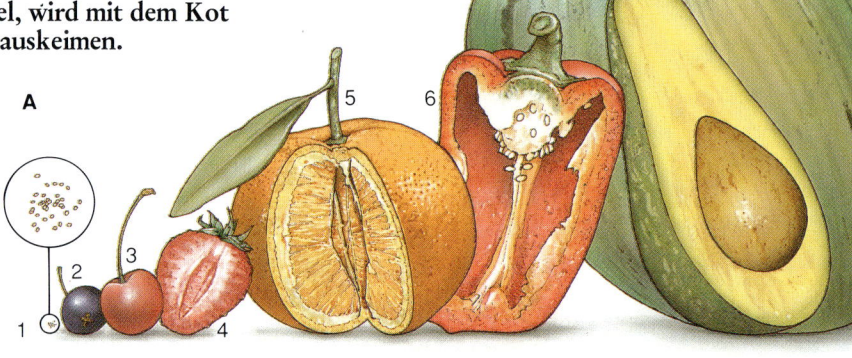

Blütenpflanzen vermehren sich in der Regel durch Samen, die in den weiblichen Fortpflanzungsorganen nach der Befruchtung gebildet werden. Diese Samen sind bei den Bedecktsamigen Pflanzen in einer schützenden Frucht eingeschlossen. Die Nacktsamer hingegen tragen ihre Samen offen auf den Schuppen ihrer Zapfen. Um sicherzustellen, daß möglichst viele Samen keimen können, haben Pflanzen vielfältige Strategien zur Samenverbreitung entwickelt.

Samen mit Flügeln nutzen den Wind
Viele Samen werden vom Wind verbreitet. Die kleinen, einsamigen Früchte des Löwenzahns und der Distel besitzen ihren eigenen Fallschirm, mit dem sie, zum Teil weit entfernt von den Elternpflanzen, landen. Nadelbäume wie Tanne und Kiefer haben leichte Samen, die einen papierartigen Flügel tragen. Zwei einsamige nußartige Teilfrüchte mit häutigen Flügeln werden z. B. vom Ahorn oder von der Platane ausgebildet. Die Flügel bieten dem Wind eine Angriffsfläche, so daß die Früchte sich längere Zeit in der Luft halten können, bevor sie in einem sanften, spiralförmigen Landungsmanöver die Erde erreichen. Orchideensamen hingegen benötigen keine Flügel. Sie sind so winzig klein, daß der Wind sie wie eine Staubwolke verteilt. Auch die kleinen Mohnsamen können ihre Kapseln ohne weitere Hilfe verlassen, wenn der Wind sie hin und her wiegt.

Kokosnüsse reisen über den Ozean
Die Samen der Disteln und des Löwenzahns werden meist nur einige Meter weit fortgetrieben. Andere Früchte können auf dem Wasserweg Tausende von Kilometern überbrücken. Meeresströmungen transportieren die schwimmfähigen Kokosnüsse über den Pazifik, bis sie etwa bei einer neu entstandenen Koralleninsel anlanden und diese besiedeln. Der Kokosnußembryo kann diese lange Reise – geschützt durch eine glatte Außenschicht (Exokarp), eine faserige Ummantelung (Mesokarp) und eine harte Schale (Endokarp) – unbeschadet überstehen.

Tiere als Transportmittel
Tiere sorgen mit zwei verschiedenen Methoden für die Verbreitung der Pflanzen. Einige Früchte bilden hakenförmige Gebilde aus, die sich am Fell oder Gefieder vorüberstreifender Tiere festklammern und auf diese Weise oft über weite Entfernungen mitgeschleppt werden. Häufiger jedoch wird saftiges, süßes Fruchtfleisch entwickelt – eine Verlockung für Tiere, die an dem krassen Farb

Samenvielfalt
Ⓐ *Samen und Früchte zeigen viele Formen und Größen. Die wohl kleinsten Samen kommen bei den epiphytischen Orchideen vor (1). Eine Million dieser Samen wiegt weniger als ein Gramm. Früchte werden von einer Fruchtwand (Perikarp) eingeschlossen, die oft fleischig ist, wie bei der Schwarzen Johannisbeere (2) und der Kirsche (3). Erdbeeren (4) haben einen fleischig verdickten Blütenboden. Bei Orangen (5) umschließt das saftige Fruchtfleisch die Samen, so auch beim Paprika (6). Avocados (7) enthalten hingegen nur einen golfballgroßen Samen. Zu den größten Samen zählt die Kokosnuß (8).*

Anhänglich wie eine Klette
Ⓑ *Die Verbreitung der Samen durch Tiere ist nicht zwangsläufig mit dem Verzehr der Samen durch die Tiere gekoppelt, wie bei der Brombeere oder den Erdbeeren. Manche Pflanzen, so auch Xanthium occidentale, in Australien als Noogoora bekannt, haben klettenartige Früchte (1) entwickelt. Ihre feinen Haken (2) heften sich an das Fell oder an die Stirnhaare weidender Tiere, so an Schafe oder Pferde. Die Kletten werden andernorts abgestreift oder fallen von selbst zu Boden. In Europa haben Kletten, Klebkraut, Nelkenwurz und Odermennig vergleichbare Verbreitungstechniken entwickelt.*

Flügelfrüchte
Ⓒ *Die Nutzung des Windes bei der Samenverbreitung ist die übliche Strategie. Die Früchte der Platanen haben »Flügel«. Fällt die reife Frucht vom Baum, so werden durch den Luftwiderstand (1) die Samen in eine kreisende Bewegung (2) versetzt. Fast alle Flügelfrüchte sind so gebaut, daß bei der Kreisbewegung der Schwerpunkt stets verlagert wird. Dadurch fallen die Samen spiralförmig und langsam nach unten. Seitenwinde bekommen mehr Gelegenheit, die Samen weiter zu verdriften.*

Landung am Fallschirm
Ⓓ *Die Frucht des Löwenzahns mit der fallschirmför*

migen Haarkrone (1) wird bei der leichtesten Brise von der Mutterpflanze getrennt.

Schleuderkapseln
Ⓔ *Die Samen des Mohns befinden sich in einer geripptten Kapsel (1), die bei der Samenreife austrocknet. Dabei klappen die Narben (2) nach oben, und darunterliegende Poren (3) öffnen sich. Während die Kapseln im Winde hin und her schwingen, werden die Samen aus der Kapsel geschleudert.*

Grannen als Widerhaken
Sobald die Blüten des Hafers (rechts unten) ihre Samen freigeben, fallen sie zu Boden. Dünne Haare (Grannen) bohren sich in Risse und Spalten des Bodens ein.

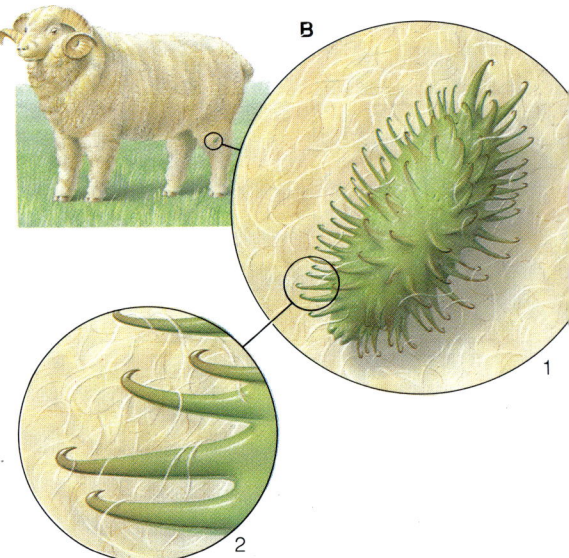

Siehe auch: Nacktsamige Blütenpflanzen, S. 116/117   Bedecktsamige Blütenpflanzen, S. 118/119   Pflanzenvermehrung, S. 132/133

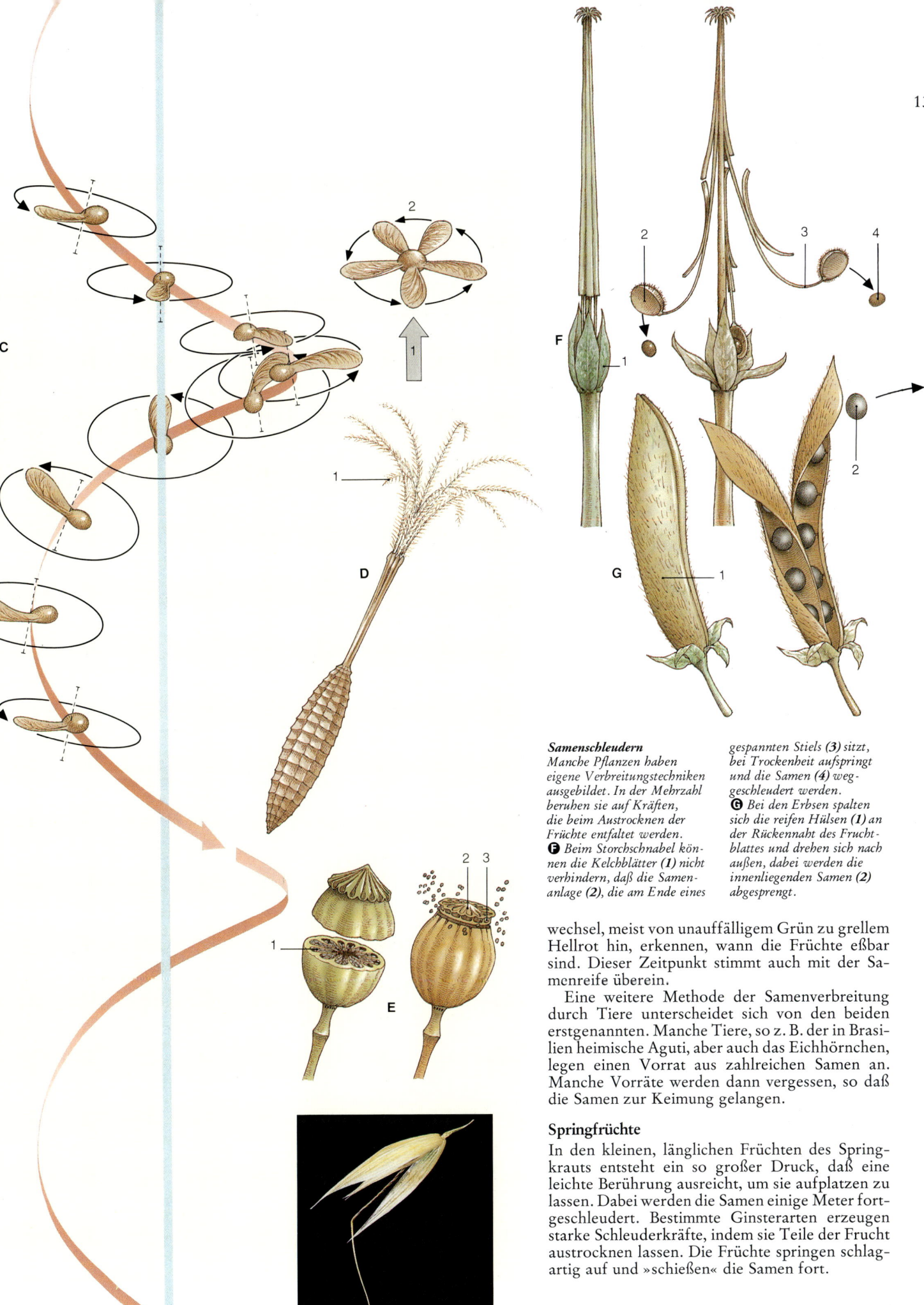

Samenschleudern

Manche Pflanzen haben eigene Verbreitungstechniken ausgebildet. In der Mehrzahl beruhen sie auf Kräften, die beim Austrocknen der Früchte entfaltet werden.
Ⓕ Beim Storchschnabel können die Kelchblätter (1) nicht verhindern, daß die Samenanlage (2), die am Ende eines gespannten Stiels (3) sitzt, bei Trockenheit aufspringt und die Samen (4) weggeschleudert werden.
Ⓖ Bei den Erbsen spalten sich die reifen Hülsen (1) an der Rückennaht des Fruchtblattes und drehen sich nach außen, dabei werden die innenliegenden Samen (2) abgesprengt.

wechsel, meist von unauffälligem Grün zu grellem Hellrot hin, erkennen, wann die Früchte eßbar sind. Dieser Zeitpunkt stimmt auch mit der Samenreife überein.

Eine weitere Methode der Samenverbreitung durch Tiere unterscheidet sich von den beiden erstgenannten. Manche Tiere, so z. B. der in Brasilien heimische Aguti, aber auch das Eichhörnchen, legen einen Vorrat aus zahlreichen Samen an. Manche Vorräte werden dann vergessen, so daß die Samen zur Keimung gelangen.

Springfrüchte

In den kleinen, länglichen Früchten des Springkrauts entsteht ein so großer Druck, daß eine leichte Berührung ausreicht, um sie aufplatzen zu lassen. Dabei werden die Samen einige Meter fortgeschleudert. Bestimmte Ginsterarten erzeugen starke Schleuderkräfte, indem sie Teile der Frucht austrocknen lassen. Die Früchte springen schlagartig auf und »schießen« die Samen fort.

Bestäubung durch Wind und Wasser, S. 134/135   Bestäubung durch Tiere, S. 136/137   Keimung, S. 140/141

Durch Erde, Mauern und Felsen

Keimung und Wachstum der Pflanzen

Bestimmte Liliengewächse können in 14 Tagen mehr als 3,5 m wachsen. Die Wurzeln einer südafrikanischen Wildfeige sollen sich bis zu einer Rekordlänge von 120 m entwickelt haben. In gemäßigten Breiten wird Pflanzenwachstum meistens im Frühling eingeleitet, wenn ein feuchter und warmer Boden für günstige Bedingungen sorgt. Die Samen, die den Winter im Ruhezustand überbrückt haben, beginnen zu keimen. Der Embryo im Samen sendet abbauende Enzyme in das Speichergewebe, um an die ersten wichtigen Nährstoffe zu gelangen. Wuchsstoffe werden gebildet, die das weitere Wachstum des Keimlings steuern.

Pflanzen wachsen, indem sie bestimmte strukturelle Einheiten (Module) immer wieder bilden. Das Modul eines Sprosses besteht aus einem blattfreien Sproßabschnitt, dem Internodium, einem Blatt und einer achselständigen Knospe. Die Module werden nacheinander an der Sproßspitze gebildet. In den achselständigen Knospen befinden sich weitere Bildungszonen, aus wo oder aus die verschiedensten Seitenverzweigungen ausgehen können. Das Internodium liegt zwischen zwei Nodien, den Stellen eines Sprosses, an denen ein Blatt sitzt oder von denen eine Verzweigung ausgeht.

Das Wachstum der Pflanzen vollzieht sich in bestimmten Zellteilungszonen: den Meristemen. Meristeme finden sich an der Sproß- und Wurzelspitze. Die Teilung des Wurzelmeristems führt zur Verlängerung der Wurzel, die des Sproßmeristems zur Entwicklung des Sprosses samt Blättern und Blüten. Neben den genannten äußeren, sichtbaren werden auch die inneren Elemente wie Xylem und Phloem ausgebildet. In vielen Pflanzen findet sich auch ein Meristem innerhalb des Sprosses. Dieses Meristem umgibt den Stamm direkt unterhalb der Borke.

Die neuen Zellen dehnen sich aus

Die in den Meristemen neugebildeten Zellen beginnen sehr bald mit der Aufnahme von Wasser mittels Osmose. Der Druck im Zellinneren steigt und bewirkt eine Volumenzunahme. Innerhalb einer Pflanzenzelle können Drucke von 10 000 bis 20 000 Hektopascal aufgebaut werden. Diese Kräfte treiben Wurzel und Sproß des Keimlings durch die mehr oder weniger harte Schale der Samen und durch den Boden. Sogar Fels oder Mauerwerk können durch solchen Druck gesprengt werden. Für das Pflanzenwachstum sind damit zwei Dinge ausschlaggebend: die Bildung neuer Zellen und die Streckung und Dehnung dieser Zellen. Damit die Zellen sich dehnen können, wird das Molekülgeflecht der Zellwand auseinandergezogen und neues Material angelagert.

Hormone bestimmen die Entwicklung

Der Entwicklungsfortgang einer Pflanze wird durch verschiedene Pflanzenhormone gesteuert, die in Abhängigkeit von bestimmten äußeren Reizen, besonders von Licht, Temperatur und Feuchtigkeit, gebildet werden.

Die wichtigsten Pflanzenhormone sind die Auxine, Gibberelline und Cytokinine. Jede dieser Hormongruppen bestimmt die Pflanzenentwicklung in charakteristischer Weise. Auxine, z. B. Indolessigsäure (IES), fördern die Zellstreckung in

Die Keimung beginnt

A *Die Samenkeimung ist der Start ins Leben einer neuen Pflanze. Sie setzt ein, wenn Wasser durch die Samenschale dringt. Nun quillt der Embryo auf, und Stoffwechselprozesse beginnen. In der Folge durchbricht die Wurzelanlage des Embryos (Radikula) die Samenschale. Aus dieser Primärwurzel entwickelt sich das ganze Wurzelsystem. Nach der Zahl ihrer Keimblätter werden die Bedecktsamigen Pflanzen (Angiospermen) in Einkeimblättrige (Monokotyledonen) und Zweikeimblättrige Pflanzen (Dikotyledonen) eingeteilt.*

Einkeimblättrige Pflanzen

A *Bei vielen Einkeimblättrigen Pflanzen, wie dem Mais (1), treibt zunächst ein Schaft (Koleoptile) aus, der die Sproßknospe (Plumula) umgibt. Das schildförmige Keimblatt bleibt beim Samen und dient der Nährstoffaufnahme. Es sorgt dafür, daß die Jungpflanze mit Nahrung versorgt wird, bis die ersten Blätter mit Hilfe der Photosynthese ihre Nährstoffe selbst herstellen können.*

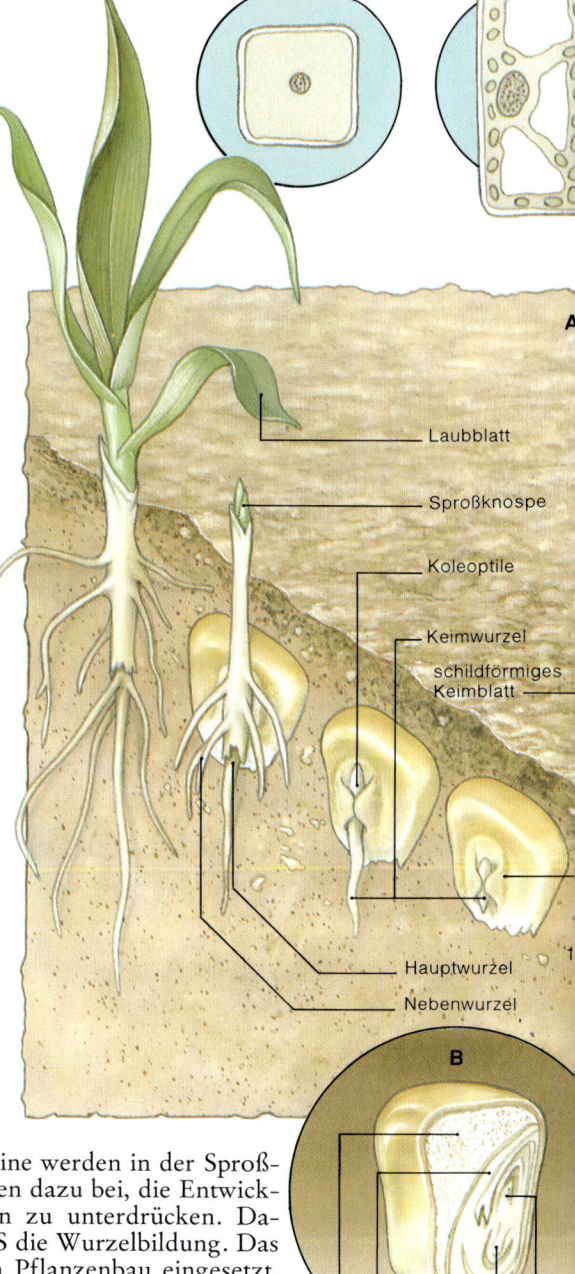

| Laubblatt |
| Sproßknospe |
| Koleoptile |
| Keimwurzel |
| schildförmiges Keimblatt |
| Hauptwurzel |
| Nebenwurzel |

Sproß und Wurzel. Auxine werden in der Sproßspitze gebildet und tragen dazu bei, die Entwicklung der Achselknospen zu unterdrücken. Darüber hinaus fördert IES die Wurzelbildung. Das Hormon wird daher im Pflanzenbau eingesetzt, um die Bewurzelung von Stecklingen zu fördern. Cytokinine regen die Zellteilung an. Das Verhältnis zwischen Auxinen und Cytokininen bestimmt zudem, ob ein Gewebe zur Bildung von Wurzeln oder Sprossen veranlaßt wird. Die vom Keimling im Samen erzeugten Gibberelline sind maßgeblich an den Keimungsprozessen beteiligt. Sie wirken aber auch an der Zellstreckung sowie an der Blatt- und Blütenbildung mit.

Im Gegensatz zur tierischen Zelle ist die Mehrheit der pflanzlichen Zellen ihr ganzes Leben lang in der Lage, jede benötigte Art von Zelltypen zu bilden, bis hin zur vollständigen neuen Pflanze. Wurzeln können z. B. an einem abgeschnittenen Sproß gebildet werden, ganze Pflanzen sich aus einem Blatt entwickeln.

Keimung des Mais

B *In einem Maiskorn werden die Nährstoffe im Nährgewebe (Endosperm, 1) gespeichert. Wenn der Keimvorgang beginnt, absorbiert das Keimblatt (2) die Nährstoffe und gibt sie an die wachsenden Gewebe um Sproßknospe (3) und Keimwurzel (4) ab.*

Siehe auch: **Pflanzliche Zellen**, S. *102/103* **Bedecktsamige Blütenpflanzen**, S. *118/119* **Pflanzenvermehrung**, S. *132/133*

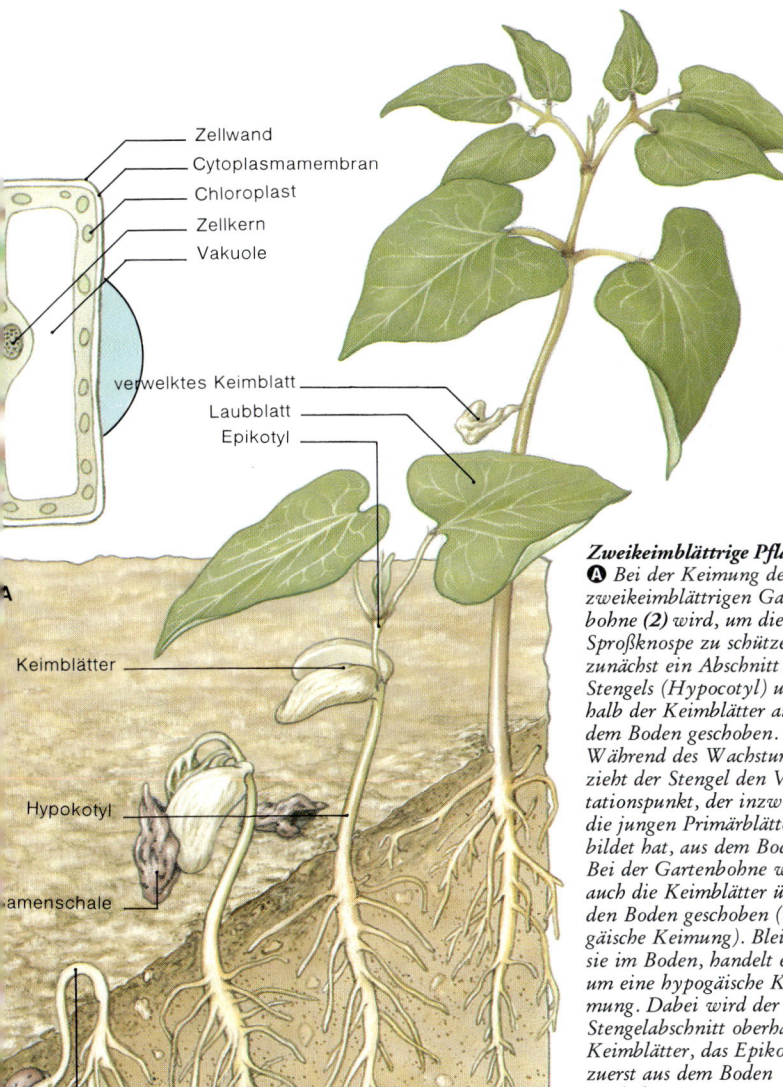

Zellwand
Cytoplasmamembran
Chloroplast
Zellkern
Vakuole

verwelktes Keimblatt
Laubblatt
Epikotyl

Keimblätter

Hypokotyl

amenschale

2

Hauptwurzel
Seitenwurzel
Haken

A

C

3   2   1

Pflanzenwachstum

E Das oberirdische Wachstum einer Pflanze wird
durch die Teilungsaktivität
des apikalen Bildungs-
gewebes (Meristem, **1**)
bestimmt. Aus den seitlichen
Blattanlagen (**2**) werden
die Blätter entwickelt. Der
Sproßscheitel (**3**) bildet die
Blattanlagen und den
Stengel. Dieser Teilungs-
zone folgt die Streckungs-
zone (**4**), in der die Zellen
erheblich an Volumen
zunehmen. In der anschließenden Differenzierungs-
zone erhalten die Zellen
ihre endgültige Form. Seiten-
knospen (**5**) treiben erst aus,
wenn eine hormonale
Blockade, die von der
Sproßspitze ausgeht,
aufgehoben wird.

Zweikeimblättrige Pflanzen

A Bei der Keimung der
zweikeimblättrigen Gartenbohne (**2**) wird, um die
Sproßknospe zu schützen,
zunächst ein Abschnitt des
Stengels (Hypocotyl) unterhalb der Keimblätter aus
dem Boden geschoben.
Während des Wachstums
zieht der Stengel den Vege-
tationspunkt, der inzwischen
die jungen Primärblätter gebildet hat, aus dem Boden.
Bei der Gartenbohne werden
auch die Keimblätter über
den Boden geschoben (epi-
gäische Keimung). Bleiben
sie im Boden, handelt es sich
um eine hypogäische Kei-
mung. Dabei wird der
Stengelabschnitt oberhalb der
Keimblätter, das Epikotyl,
zuerst aus dem Boden
geschoben.

Vergrößerung der Zellen

D Die neugebildeten Zellen (**1**) dehnen sich und bilden unter Wasseraufnahme
die Vakuolen (**2**). Einzelne
Vakuolen verschmelzen und
lassen eine große zentrale
Vakuole (**3**) entstehen. Die
Zelle vergrößert sich solange,
bis sich die Zellwand nicht
mehr dehnen kann.

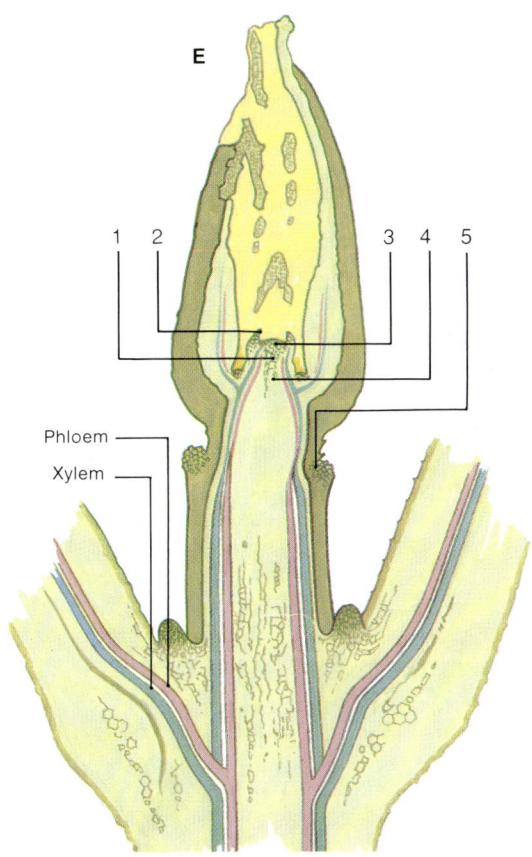

E

1   2   3   4   5

Phloem
Xylem

Keimung der Bohne

C In einer Bohne sitzt
die Keimwurzel (**1**) so, daß
sie beim Beginn der Kei-
mung die Samenschale
(Testa) durchbrechen
kann. Die in den Keim-
blättern (**2**) gespeicherten
Nährstoffe versorgen die
Sproßknospe (Plumula, **3**),
wenn sie wächst.

Kurz- und Langtagspflanzen

Um Blüten zu treiben, muß Bilsenkraut mindestens
12 Stunden lang ununterbrochen dem Tageslicht
ausgesetzt sein. Die Blütenbildung ist bei dieser und
bei vielen anderen Pflanzen vom Verhältnis Licht
zu Dunkelheit abhängig. Die Pflanze kann die Zeit
messen, die zwischen dem letzten Lichtsignal am
Abend und dem ersten am Morgen verstreicht.
Manche Pflanzen, z. B. Tabak, benötigen weniger
Tageslicht als das Bilsenkraut. Daher nennt man
Tabak auch Kurztagspflanze, während das Bilsenkraut zu den Langtagspflanzen gehört. Die Länge
der Dunkelperioden kann von Art zu Art innerhalb einer Familie schwanken. Bestimmte blaugrüne
Farbstoffe in Blättern und Stengeln – die Phyto-
chrome – empfangen die Lichtreize und leiten beim
Überschreiten der »kritischen Tageslänge« den
Blühprozeß ein. Die Tageslänge ist als auslösender
Reiz besonders geeignet, da sie sich an einem bestimmten Ort im Jahresgang immer gleich verändert und daher als objektives Zeitmaß dient.

Samen und Früchte, *S. 138/139*   Photosynthese, *S. 158/159*

Auch ein Geschlechtswechsel ist möglich

Fortpflanzung der Wirbellosen

Wenn das Weibchen der Gottesanbeterin das Männchen während der Paarung auffrißt, geschieht dies meist aufgrund eines Mißverständnisses zwischen den Partnern. Auch das Männchen der Gartenkreuzspinne ist dieser Gefahr ausgesetzt, deshalb befestigt es einen Seidenfaden am Netz des Weibchens und erzeugt mit den Beinen charakteristische Vibrationen, um dem Weibchen seine Anwesenheit zu signalisieren. Auf ein extra gewobenes Spermanetz gibt die männliche Spinne einen Spermatropfen ab und saugt ihn mit speziellen Tastern (Pedipalpen) aus dem Netz auf, um ihn in der weiblichen Genitalöffnung zu plazieren.

Formenvielfalt und Größenunterschiede der wirbellosen Tiere spiegeln sich auch in ihren Fortpflanzungsstrategien wider. Einige können aus einzelnen Teilen ihres Körpers ganze Individuen regenerieren (z.B. Strudelwürmer). Andere bedürfen komplexer Werbung, innerer Befruchtung, mehrerer Larvenstadien und sogar elterlicher Brutfürsorge, um sich erfolgreich fortpflanzen zu können. Viele Meerestiere führen Massenfortpflanzungen durch und wandern aus verschiedenen Gebieten zu gemeinsamen Brutplätzen, während andere Tiere weit verstreut leben und Paarungspartner nur mit großer Mühe finden.

Einige Wirbellose haben sich an die knappe Verfügbarkeit von Paarungspartnern angepaßt, indem sie entweder zu Hermaphroditen wurden (d.h., sie besitzen männliche und weibliche Geschlechtsorgane) oder aber in der Lage sind, das Geschlecht situationsbedingt zu wechseln. Viele Mollusken (Weichtiere), aber auch viele Anneliden (Ringelwürmer) gehören zu den Hermaphroditen. Auf diese Weise können bei jeder Paarung bei beiden Partnern Eier befruchtet werden. Beide Arten von Geschlechtsorganen zu produzieren, kostet jedoch auch mehr Energie.

Einige weniger hoch entwickelte Wirbellose, wie z.B. der Süßwasserpolyp Hydra, umgehen das Problem der Partnersuche, indem sie sich ungeschlechtlich durch Knospung vermehren. Um jedoch die zur Evolution und Anpassung an neue Umgebungen benötigte genetische Variabilität zu erhalten, sind diese Organismen meist zusätzlich in der Lage, sich sexuell zu vermehren.

Partnerfindung, Befruchtung und Aufzucht

Wirbellose Tiere, die sich geschlechtlich fortpflanzen, nutzen eine breite Palette unterschiedlicher Signale und Sinnesleistungen bei der Partnerwerbung. Geisterkrabben trommeln mit ihren Scheren auf dem Boden herum, Leuchtkäfer zeichnen während ihres Fluges artspezifische Lichtmuster in die Luft. Die Weibchen vieler Nachtfalter und Tagschmetterlinge locken mit chemischen Duftstoffen (Pheromonen) Männchen an. Die Werbung muß darüber hinaus sicherstellen, daß der Partner ein Tier derselben Art, aber entgegengesetzten Geschlechtes ist. Die zeitliche Synchronisation der Fortpflanzung ist häufig von Umweltereignissen, bestimmten Startsignalen oder der inneren biologischen Uhr abhängig.

Bei Tieren, die eine innere Befruchtung durchführen, injizieren die Männchen ihr Sperma direkt in den Körper des Weibchens, oder die Weibchen müssen eine Spermatophore (Spermienbehälter)

A

B

Begattung
B *Blaukrabben paaren sich, wie alle hartschaligen Krebse, direkt nach der Häutung des Weibchens. Das Männchen bleibt dicht bei ihm, um es zu schützen. Die Begattung findet »von Angesicht zu Angesicht« statt, wobei das Weibchen auf dem Rücken liegt.*

durch eine besondere Körperöffnung aufnehmen. Springschwänze setzen ihre Spermatophoren auf dem Boden ab und überlassen die Befruchtung dem Zufall. Die Fortpflanzungsstrategien der meisten Tiergruppen sind auf zwei Hauptstrategien zurückzuführen – zum einen die Produktion weniger, aber nährstoffreicher Eier, zum Teil in Verbindung mit elterlicher Brutfürsorge, zum anderen die Produktion sehr vieler kleiner, meist aber recht empfindlicher Eier. Soziale Insekten wie Bienen, Wespen und Ameisen verwenden in ihen Kolonien erhebliche Energien auf die Brutfürsorge und legen sogar besondere Brutkammern an, in denen die Jungtiere aufgezogen werden. Es gibt Käferarten, bei denen ein Elternteil zunächst die Eier und danach die Jungtiere bewacht, und bei einigen Krabben- und Hummerarten tragen die Weibchen die Eier und später die Jungtiere mit sich herum. Schlupfwespen legen ihre Eier im Körper anderer Tiere ab, die so als lebende Speisekammer für die Larven dienen.

Larvenstadien
C *Das Weibchen der Blaukrabbe legt nach der Befruchtung Eier, die es mit sich herumträgt. Sie werden durch starre Borsten unter seinem Hinterleib in der richtigen Lage gehalten. Wenn die Eier schlüpfreif sind, werden die Larven entlassen. Die durchsichtige Zoea (1), das erste Larvenstadium, ist etwa 2 mm lang, schwebt im Oberflächenwasser der Ozeane und ernährt sich von anderen Planktontieren. Das folgende Stadium, die Megalopislarve (2), sieht der späteren Krabbe schon ähnlicher und lebt auf dem Meeresboden. Bei einer Größe von 2,5 mm ist das erste Jungtierstadium (3) erreicht.*

Siehe auch: **Wirbellose Tiere,** *S. 120/121* **Kommunikation: Pheromone,** *S. 194/195*

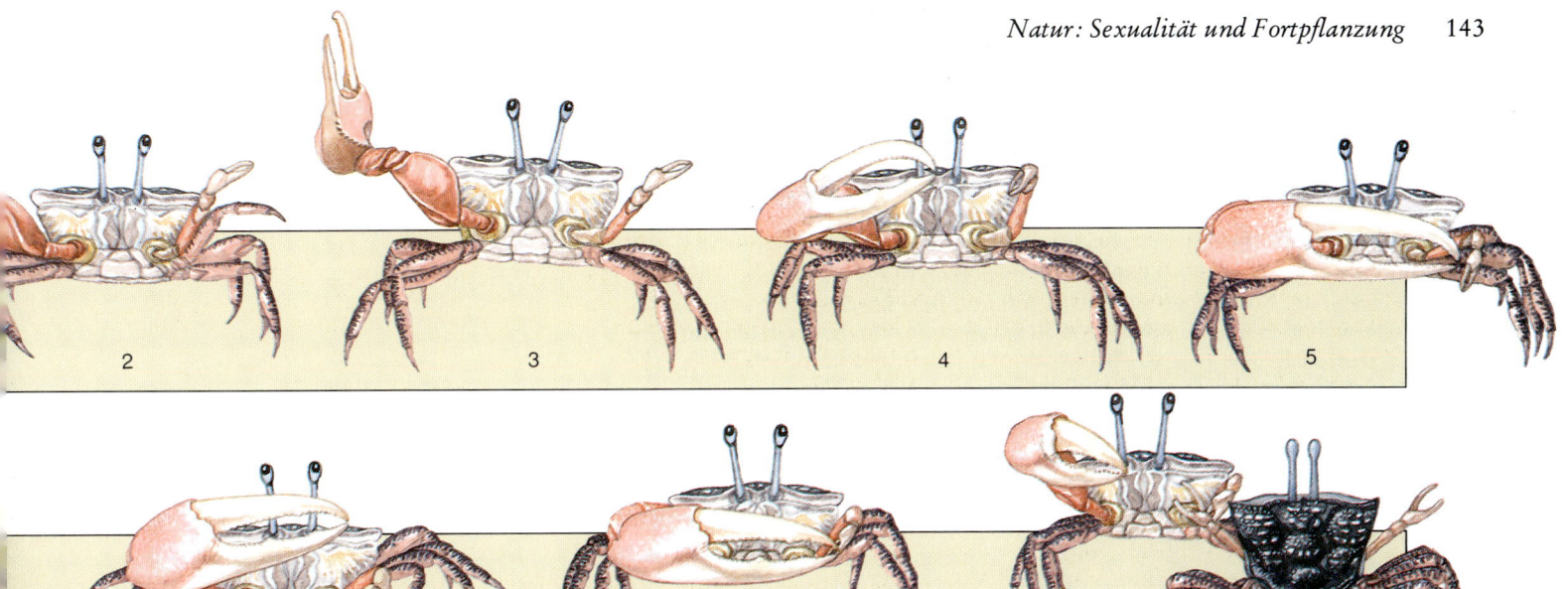

Winkrituale

A Winkerkrabben erkennen potentielle Paarungspartner optisch. Das Männchen besitzt eine enorm vergrößerte Schere, die nur der Partnerwerbung dient oder im Kampf mit konkurrierenden Männchen eingesetzt wird. Man kann deutlich mehrere Phasen des an einen Tanz erinnernden Winkrituals unterscheiden. Die erste Phase (**1–5**) wird ausgeführt, bevor ein bestimmtes Weibchen auftaucht, vor allem wenn viele andere Männchen in der Nähe sind. Die Scherenbewegung beginnt vor dem Gesicht (**1**), schwingt in die offene Position (**2**), dreht sich hoch und hinunter (**3**) und kehrt in die Ausgangsposition (**4–5**) zurück. Während des Winkens wippt das Krabbenmännchen mit dem gesamten Körper auf und ab. Diese Phase kann eine ganze Weile dauern.

Die zweite Phase beginnt erst, wenn ein Weibchen anwesend ist (**6–8**, das Weibchen wird nur in **8** dargestellt). Wieder wippt das Männchen mit dem Körper auf und ab, doch die Scherenbewegung ist einfacher und besteht nur aus einer sehr schnellen Auf- und Abbewegung. Ist die Werbung erfolgreich, folgt das Weibchen dem eifrigen Winker in seine Höhle zur Begattung.

Sexuelle und asexuelle Vermehrung

D Obelia kann zwischen sexueller und asexueller Vermehrung abwechseln. Obelia ist eine Kolonie, die aus Subindividuen (Polypen) besteht, welche sich auf die Nahrungsaufnahme (**1**) oder auf die Fortpflanzung spezialisiert haben.

Asexuelle Vermehrung bedeutet, daß ein neuer Polyp vom Hauptstamm knospt (**2**), aber mit diesem verbunden bleibt. Die sexuelle Phase tritt zwischen freischwimmenden quallenartigen Medusen auf, die sich als Medusenknospen (**3**) von den Fortpflanzungspolypen abschnüren.

Männliche Medusen besitzen Hoden, weibliche Medusen Ovarien. Eine männliche Meduse entläßt Sperma (**4**), um die Eier der weiblichen Medusen zu befruchten (**5**). Danach entwickelt sich aus den Eiern eine Larve (**6**), die frei umherschwimmt, bis sie einen geeigneten Untergrund zum Festsitzen (**7**) findet. Dort wächst sie und bildet eine neue Kolonie (**8–9**).

Brutfürsorge bleibt die Ausnahme

Vermehrung der Fische

Ein imposanter Farbwirbel ist zu sehen, wenn sich die mit prächtigen, schleierartigen Flossen ausgestatteten Männchen der Siamesischen Kampffische im Rivalenkampf beißen und stoßen. Männliche Fische färben sich während der Fortpflanzungszeit oft auffällig bunt, vor allem um Paarungspartner anzulocken, aber auch um Konkurrenten zu vertreiben. Sie drehen sich dabei hin und her, um ihren Schmuck gut zu präsentieren. Knurrhähne z. B. spreizen ihre leuchtend bunten Brustflossen wie Flügel. »Küssende« Guramis schubsen sich im Rivalenkampf gegenseitig mit den geöffneten Mäulern.

Die Balz der Stichlinge
Der in Europa weitverbreitete Dreistachelige Stichling (unten) legt ein komplexes Balzverhalten an den Tag. Während der Fortpflanzungssaison färbt sich das Männchen in charakteristischer Weise. Es zeigt leuchtend blaue Augen, eine rote Unterseite und rote Maulkonturen sowie silbrig glänzende Schuppen auf dem Rücken. In einer Höhlung im schlammigen oder sandigen Untergrund errichtet das Stichlingsmännchen ein kuppelartiges Nest aus Pflanzenteilen, die es mit Schleim zusammenfügt. Im fertigen Nest wartet der Stichling auf ein laichbereites Weibchen, das ein durch die Eier stark angeschwollener Bauch kennzeichnet.

Die meisten Fischarten geben ihre Eier und Spermien zur Fortpflanzung einfach ins Wasser ab. Bei dieser äußeren Befruchtung überlassen sie es den Strömungen, beides zusammenzubringen. Fische zeigen meist nur wenig Brutfürsorge, legen aber riesige Mengen kleiner Eier. Der Verlust einer erheblichen Menge an Eiern oder Fischbrut wird von vornherein einkalkuliert. Dennoch haben verschiedene Fischarten in Jahrmillionen Fortpflanzungsstrategien erworben, die dem Verlust wertvoller Brut vorbeugen. Einige Arten wie Haie, Schwertfische und Guppies halten die Eier und später sogar Fischlarven solange im mütterlichen Organismus zurück, bis diese groß genug sind, um allein zurechtzukommen (innere Befruchtung). Andere legen wenige Eier, die aber groß und dotterreich sind. Beim Schlüpfen sind die Jungfische, die sich lange vom Dotter ernähren konnten, deshalb schon relativ weit entwickelt.

Recht selten kommt es bei Fischen zu einer Form von Brutfürsorge oder gar zur Brutpflege.

Schaumgeboren
Siamesische Kampffische (rechts) können Sauerstoff sowohl aus der Luft als auch aus dem Wasser aufnehmen. Die Männchen sind wild und kämpferisch, vor allem gegen arteigene Männchen. Ist ein Weibchen laichbereit, baut das Männchen ein großes Schaumnest an der Wasseroberfläche. Nun greift es das Weibchen regelrecht an. Während dieses klümpchenweise seine Eier absondert, windet sich das Männchen schlängelnd um das Weibchen und gibt seine Spermien ab; dann sammelt es die Eier vom Boden auf und trägt sie vorsichtig ins Schaumnest. Die Jungfische schlüpfen dann innerhalb von zwei Tagen.

Bei diesen wenigen Arten werden die Eier häufig in speziell dafür angelegten Nestern bewacht. Bei nestbauenden Fischarten legt meist das Männchen das Nest an. Es verteidigt sowohl das Nest als auch dessen unmittelbare Umgebung erbittert gegen das Eindringen eines männlichen Artgenossen. Die Hochzeitsfarben, die eigentlich Weibchen anlocken sollen, dienen dann gegenüber männlichen Rivalen als Warnfarben.

Balz nur in der besten Fortpflanzungszeit

Einige tropische Fischarten laichen relativ häufig und nicht in zeitlich starren Fortpflanzungszyklen. Die meisten Arten – auch in den Tropen – haben aber bestimmte Zeiten, in denen die Männchen ihre Balzfarben ausbilden und die Weibchen langsam beginnen, positiv auf dieses Werbungsverhalten anzusprechen. Durch diese Fortpflanzungszyklen können zur günstigsten Zeit, gerade wenn Futter in ausreichender Menge verfügbar ist, Nachkommen erzeugt werden.

Fortpflanzung als Reiz-Reaktions-Schema
Das Balzverhalten der Stichlinge ist ein klassisches Beispiel für eine Handlungskette, bei der ein Verhalten oder ein Reiz des einen Tieres ein bestimmtes Verhalten des anderen Tieres hervorruft. Schwimmt ein laichbereites Weibchen (2) in sein Revier, löst dieser Anblick beim Männchen einen Zickzack-Tanz (1) aus. Das Weibchen zeigt nun seinen Bauch und bewegt sich auf das Männchen zu. Daraufhin schwimmt das Männchen in Richtung des Nestes (3). Das Weibchen folgt ihm. Das Männchen zeigt dem Weibchen die vorbereitete Nesthöhle (4), indem es seinen Kopf in den Eingang steckt. Wenn sich das Weibchen jetzt noch ziert, kommt es gelegentlich dazu, daß das Männchen das Weibchen aus Ungeduld in die Seite zwickt (5).

Siehe auch: Evolution der Fische, S. 122/123   Fortpflanzung der Amphibien, S. 146/147   Tierwanderungen als Instinktverhalten, S. 198/199

Zahlreiche Fische, beispielsweise Hering, Makrele und Goldbutt, wandern über große Entfernungen zu ihren angestammten Laichplätzen, weil dort später die Bedingungen für das Heranwachsen der Jungfische besonders günstig sind. Bemerkenswert ist, daß einige Fischarten wie Aale oder Lachse dabei sogar vom Süß- ins Salzwasser und umgekehrt wechseln.

Einige Fische ändern ihr Geschlecht

Einzigartig unter den Wirbeltieren ist die Eigenschaft einiger Fischarten, ihr Geschlecht zu wechseln bzw. sogar Männchen und Weibchen gleichzeitig sein zu können. Der an der nordamerikanischen Ostküste lebende Schwarze Sägebarsch macht im Alter von fünf Jahren eine Geschlechtsumwandlung vom Weibchen zum Männchen durch. Die Goldbrasse hingegen ist erst Männchen und wird später zum Weibchen. Bei Schwertträgern sind sich die Wissenschaftler nicht einig. Die einen schreiben den beliebten Aquarienfischen einen Geschlechtswechsel zu. Andere Forscher halten die Weibchen, die sich später umwandeln, für noch unentwickelte Männchen. Zahnkarpfen haben sowohl männliche als auch weibliche Geschlechtsorgane, die nacheinander aktiv werden. Gleichzeitig Eier und Samen hervorbringen können Sägebarsche, die damit echte Zwitter sind. Unsicherheit besteht noch beim Gürtelsand-Fisch. Dieser ausschließlich in Gruppen lebende Fisch kann entweder Männchen oder Weibchen oder auch Zwitter sein.

Schließlich schwimmt das Weibchen in das Nest hinein (6). Das Männchen beginnt nun mit dem Schnauzentriller. Dabei hämmert es mit raschen Schnauzenschlägen gegen den Schwanzstiel des Weibchens. Dieser Reiz löst die Ablage von bis zu 100 Eiern aus. Wenn das Weibchen das Nest wieder verlassen hat, schwimmt das Männchen hinein und befruchtet die Eier mit seinem Samen (7).

Väterliche Fürsorge
Das Männchen vertreibt das Weibchen, da die Gefahr besteht, daß es die Eier auffrißt. Das Stichlingsmännchen schützt nun das Nest vor Räubern, gerade auch vor anderen Männchen und vor gefräßigen Stichlingsweibchen (8). Mit den Brustflossen fächelt es den Eiern einen konstanten Strom frischen, sauerstoffreichen Wassers zu (Brutfächeln).

Maulbrüter

Um Eier und Junge zu schützen, haben einige Fischarten bizarr anmutende Strategien entwickelt. Viele Cichliden – kleine Buntbarsche aus dem tropischen Amerika, Afrika und Madagaskar – brüten ihre Eier im Maul aus. Nach der Befruchtung werden die Eier ins Wasser abgegeben und vom Weibchen mit dem Maul aufgesammelt. Dort bleiben die Eier, bis die Jungfische schlüpfen. Einige Tage lang flüchten sie noch bei Gefahr ins Maul der Mutter.

Balzrituale und chaotische Orgien

Paarungsverhalten der Amphibien

Wurmschleichen können ihre Genitalöffnungen von innen nach außen stülpen, und der Schwanzfrosch besitzt eine schwanzartig ausgezogene Kloake, um das Sperma direkt in das Weibchen einführen zu können, bevor es in den schnellfließenden Gewässern weggespült wird. Amphibien zeigen eine große Vielfalt an Fortpflanzungsstrategien, die von einfacher äußerer bis zur inneren Befruchtung reichen, vom Eierlegen bis zur Lebendgeburt. Die Balzrituale der Amphibien erreichen eine vergleichbare Variationsbreite, obwohl einige Arten auch ganz ohne Balz auskommen und sich in einer kurzen, chaotischen Orgie paaren.

Größe seiner Schallblasen und damit von seinem Alter abhängt, sichert sich das Weibchen einen Paarungspartner, der schon mehrere Jahre überlebt hat und daher vermutlich vorteilhafte Merkmale an den Nachwuchs weitergeben wird.

Stimulation des Partners

Für die Paarung besonders wichtig ist, daß Spermien und Eier zur selben Zeit und am selben Ort abgegeben werden. Bei Fröschen und Kröten, die sich im Wasser paaren, wird dies durch Muskelbewegungen des Körpers erreicht, die den Partner stimulieren. Das Männchen umfaßt das Weibchen fest unter den Vorderbeinen, wobei ihm besondere »Paarungsschwielen« an den Daumen behilflich sind. Es preßt dann seinen Körper gegen den des Weibchens und umklammert es, um es zur Abgabe der Eier zu bewegen.

Bei Salamandern und Molchen verläuft dieser Prozeß komplizierter. Das Männchen legt seine Spermien in einem kleinen, gestielten Paket, der

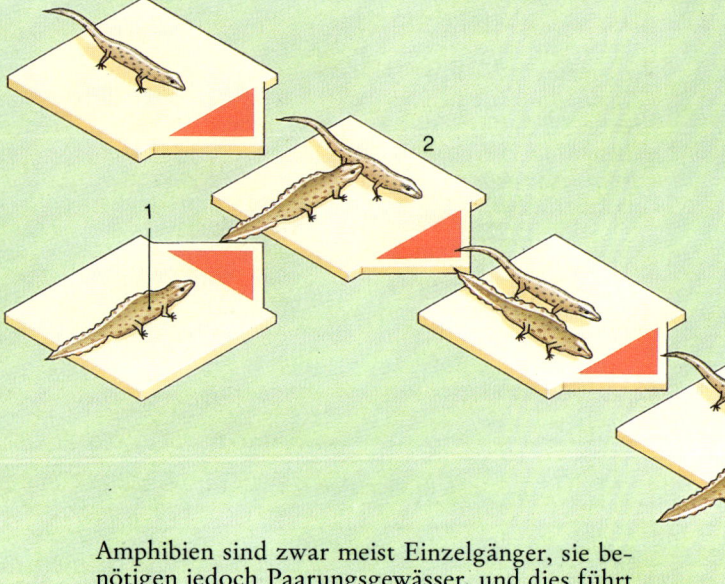

Amphibien sind zwar meist Einzelgänger, sie benötigen jedoch Paarungsgewässer, und dies führt riesige Mengen dieser Tiere zusammen. Bestimmte Umweltsignale – z. B. Tageslänge und Temperaturänderungen – rufen in allen lokalen Populationen derselben Art zur gleichen Zeit Wanderinstinkte wach.

»Konzerte« im Paarungstümpel

Eine »explosive Vermehrung« ist für viele Frosch- und Krötenarten typisch. Zur Konkurrenz um Paarungspartner versammeln sich Hunderte von Individuen in den Laichgewässern. Der Froschchor an einem Paarungstümpel ist kilometerweit zu hören und lockt weitere Artgenossen aus der Umgebung an. Diese »Konzerte« führen vor allem Arten mit einer relativ kurzen Fortpflanzungsperiode, wie Wasserfrosch und Erdkröte, auf. Sie sind darauf angewiesen, innerhalb weniger Tage einen passenden Paarungspartner zu finden.

Bei den Amphibien muß das Weibchen Geschlecht und Art des potentiellen Partners erkennen. Die Männchen balzen jeden anderen im Tümpel befindlichen Frosch, Salamander und auch jede Kröte an, ungeachtet des Geschlechts oder der Art. Froschweibchen fühlen sich am stärksten von dem Männchen mit dem lautesten und tiefsten Quaken angezogen. Da das Quaken eines Frosches von der

Der Balztanz der Teichmolche
Der Teichmolch laicht in ruhigen, flachen Gewässern. Während der Fortpflanzungssaison ist das Männchen (1) viel auffälliger als das Weibchen: Ein hoher Rückenkamm wird ausgebildet, dunkle Flecken erscheinen auf seinem Körper, und seine Unterseite einschließlich des Schwanzes färbt sich orange. Der Befruchtung geht ein komplexer Balztanz voraus, mit optischen, taktilen und chemischen Reizen. Zunächst nähert sich das Männchen dem Weibchen und beschnüffelt es (2). Das Weibchen versucht wegzuschwimmen, das Männchen folgt ihm, überholt es und legt sich ihm in den Weg, wobei es seinen imposanten Kamm präsentiert (3). In der nächsten

Siehe auch: Eroberung des Landes, S. 98/99 Evolution der Amphibien, S. 124/125 Metamorphose, S. 148/149

Spermatophore, an Land auf dem Boden oder am Grunde eines Teiches ab. Mit Hilfe von Duftstoffen aus Drüsen unter seinem Schwanz lockt es paarungswillige Weibchen an. Danach führt es ein tanzähnliches Balzritual auf, um das Weibchen in die richtige Position über der Spermatophore zu manövrieren, so daß es diese in seine Genitalöffnung aufnehmen kann.

Eier brauchen Feuchtigkeit

Obwohl tropische Regenwälder sehr feucht zu sein scheinen, gibt es doch häufig nur sehr wenig stehendes Wasser, in dem Amphibien laichen können. Einige Baumfrösche und Salamander legen ihre Eier in kleine Wasservorräte, so z. B. in die Blatt-Trichter von Bromeliengewächsen. Beutelfrösche und Wabenkröten bewahren ihre befruchteten Eier in Taschen auf dem Rücken des Weibchens auf.

Eine Reihe von Froscharten, zu denen auch einige der in Süd- und Mittelamerika lebenden Pfeilgiftfrösche gehören, legen ihre Eier auf Blättern oder Zweigen ab, wo sie vor der Aufmerksamkeit in Zisternen lauernder Räuber sicher sind. Dabei bewacht ein Elternteil, meist das Männchen, die Eier und hält sie bis zum Schlüpfen mit Wasser aus seiner Blase feucht. Flugfrösche paaren sich in Gruppen auf Ästen, die über Wasser hängen. Mit ihren Füßen schlagen sie Speichel zu Schaum, in den die Eier abgelegt werden. Der Schaum hält sie feucht, bis die kleinen Kaulquappen schlüpfen und vom Ast direkt ins Wasser fallen.

Eier auf dem Rücken
Die Surinam-Kröte (rechts) legt 3–10 Eier, die das Männchen befruchtet und danach in den Rücken des Weibchens drückt. Dessen Rückenhaut schwillt an und hüllt die Eier in Cysten ein. Nach 80 Tagen häutet sich das Weibchen und entläßt die jungen Kröten.

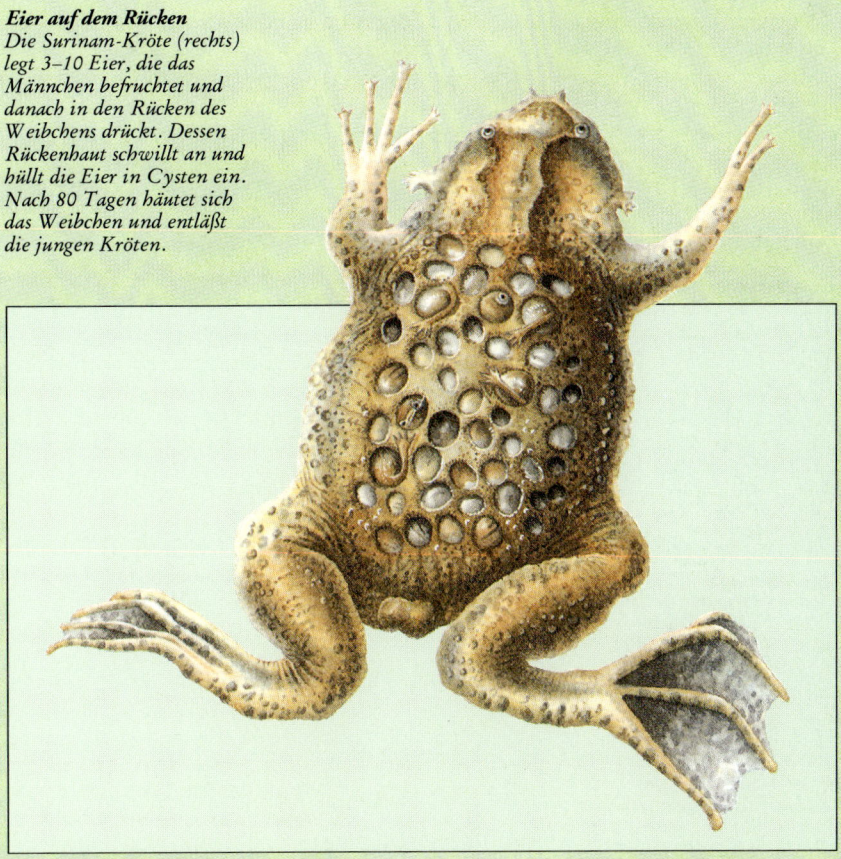

Phase folgt das Männchen weiter dem Weibchen (4). Schließlich stehen sie sich gegenüber, wobei das Männchen seinen Schwanz zurückbiegt und dem Weibchen Duftstoffe (Pheromone) zufächelt (5). Dieser Reiz verursacht eine deutliche Änderung im Verhalten des Weibchens. Es beginnt, sich

dem Männchen zu nähern, das nun seinerseits rückwärts wegschwimmt, wobei es die leuchtende Hochzeitsfärbung zeigt. Schließlich dreht sich das Molchmännchen um und bewegt sich vorwärts, das Weibchen folgt ihm (6). Das Männchen stoppt und führt mit seinem Schwanz vibrierende

Bewegungen aus (7), woraufhin sich das Weibchen so weit nähert, daß seine Schnauze den Schwanz des Männchens berührt (8). Als Antwort auf dieses Signal setzt der männliche Molch seinen Samenbehälter, die Spermatophore (9), ab. Danach entfernt sich das Männchen um genau eine

Körperlänge und dreht sich dann seitwärts. Das Weibchen bewegt sich so weit vorwärts, bis es das Männchen gerade berührt (10), so daß die Kloake über die Spermatophore gelangt. Sie wird in den Körper des Weibchens aufgenommen, wo die Befruchtung stattfindet.

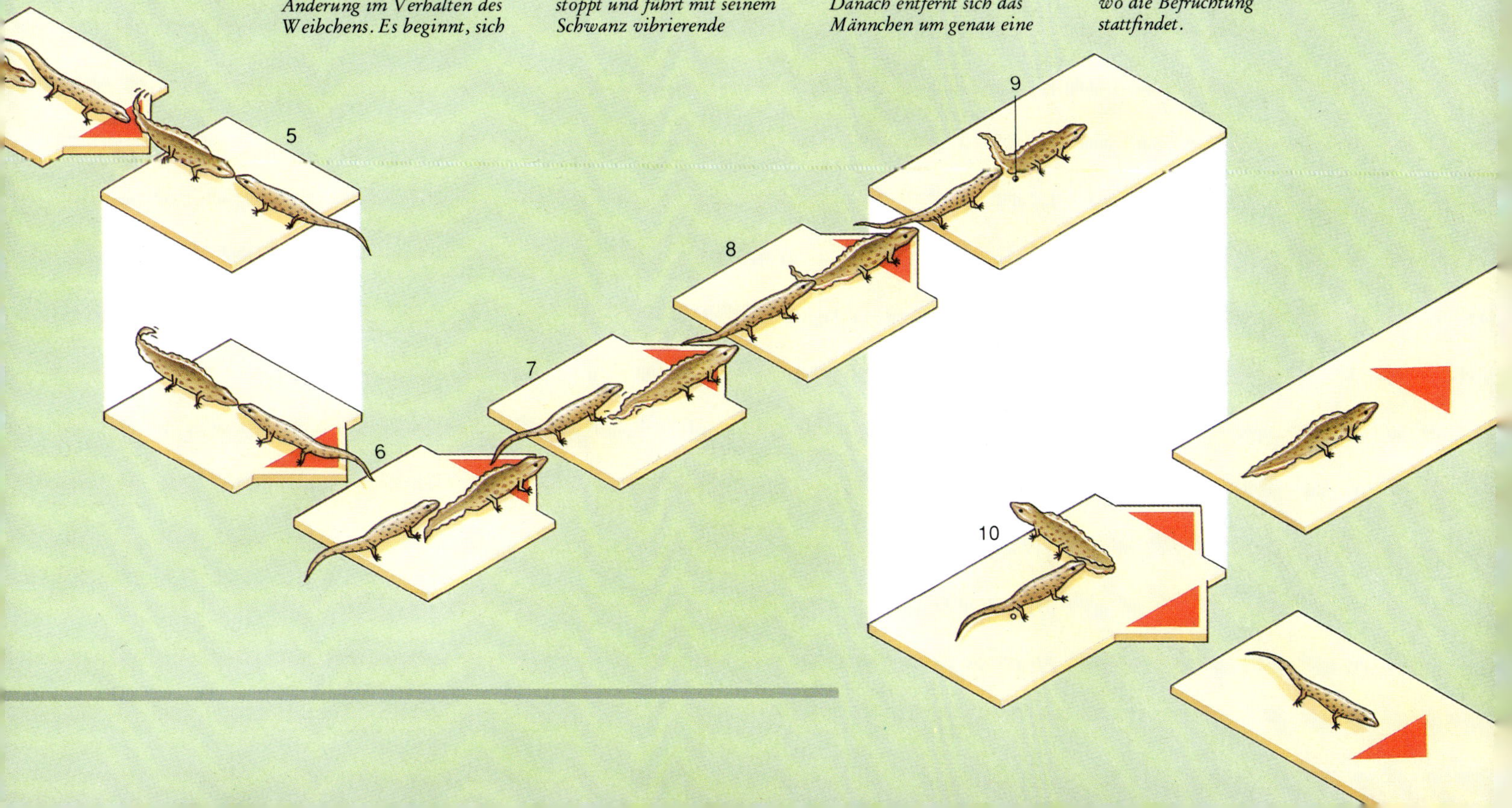

Von der Kaulquappe zum Frosch

Entwicklung durch Metamorphose

Daß Kaulquappe und Frosch oder Raupe und Schmetterling jeweils ein und derselben Art angehören, wäre kaum zu glauben, wenn wir die Umwandlungen nicht direkt beobachten könnten. Metamorphose heißt dieser Vorgang, bei dem Tiere in ihrer Entwicklung von der Larve zum erwachsenen Tier zum Teil drastische Veränderungen durchmachen. Bei vielen Tiergruppen zeigt die Metamorphose die einzelnen Stadien der Entwicklungsgeschichte im Schnelldurchlauf. Die Umwandlung eines Eies über die kiemenatmende Kaulquappe zum lungenatmenden Frosch ist sicherlich das anschaulichste Beispiel.

Lebenszyklus der Frösche
Ⓐ *Paaren sich Frösche, so finden die Befruchtung und Eiablage im Wasser statt (1). Innerhalb einer Stunde bläht sich die Gallerte um die Eier zu Froschlaich (2) auf. Das Ei (3) entwickelt sich zum Embryo (4), der sechs Tage nach der Befruchtung als langschwänzige Kaulquappe (5) mit äußeren, gefiederten Kiemen ausschlüpft. Maul und Augen entstehen später. Der Schwanz wird zum Fortbewegungsmittel. Die Hinterbeine sind nach der achten Woche gut ausgebildet (6). Unterdessen ist die Kaulquappe von einem Pflanzen- zum Fleischfresser geworden, und von der Kiemenatmung geht sie zur Lungenatmung über. Nach drei Monaten sind die Kiemen völlig verschwunden, und die Vorderbeine sind gut entwickelt (7). Die Metamorphose ist nicht abgeschlossen, solange das Tier noch einen langen Schwanz besitzt. Dessen Rückbildung findet im letzten Stadium (8) statt.*

Bei allen Tieren wird die zeitliche Abstimmung der einzelnen Phasen in der Metamorphose von Hormonen, chemischen Botenstoffen im Körper, gesteuert. Jedoch können darüber hinaus Tageslänge, Temperatur und die Physiologie der Tiere die Feinabstimmung dieser Vorgänge beeinflussen. Diese Abstimmung ist notwendig, um ungünstigen äußeren Faktoren wie Trockenheit oder Kälte Rechnung zu tragen.

Bei Kaulquappen wird das wichtigste Wachstumshormon von der Hypophyse, der Hirnanhangdrüse, produziert. Dieses Hormon allein führt aber zu einer Hemmung der Metamorphose. Sie beginnt erst, wenn die Schilddrüse die Produktion ihres Hormons, des Thyroxins, steigert. Dieses löst das Wachstum der Beinmuskulatur, die Auflösung der Schwanzgewebe und die Bildung der lichtempfindlichen Pigmente im Auge aus. Bei Insekten wird die Metamorphose ebenfalls durch das Zusammenspiel zweier Hormone gesteuert. Das Hormon Ecdyson leitet das Wachstum ein und bewirkt die Häutung. Drüsen nahe dem Gehirn produzieren das Juvenilhormon, das jedoch die Ausbildung charakteristischer Merkmale von ausgewachsenen Tieren verhindert; erst wenn die Sekretion dieses zweiten Hormons abnimmt, kann die Metamorphose zum Abschluß kommen.

Während der Metamorphose durchlebt ein Insekt, z. B. ein Schmetterling, mehrere Larvalstadien. Der größte Teil der Umbildungen von der Larve zum ausgewachsenen Tier (Adult) findet allerdings erst im letzten Zwischenstadium, dem Puppenstadium, statt. Bei der letzten Häutung vor der Puppenbildung werden die sich entwickelnden Flügelknospen und Gliedmaßen zum ersten Mal sichtbar. Eine starke Veränderung der Muskulatur ist nötig, um von der larvalen Fortbewegung zum Flatterflug und den kräftigen Beinen des ausgewachsenen Tieres zu wechseln.

Kokons schützen die Umwandlung

All diese Veränderungen dauern eine gewisse Zeit, während der die Puppe Schutz braucht. Einige Nachtfalterlarven produzieren eine Art Seide und spinnen Schutzkokons um sich herum oder fügen Blätter zu einer Ruhekammer zusammen. Andere verkitten Bodenpartikel mit klebrigen Sekreten, um eine unterirdische Kammer zu formen. Einige Larven behalten die letzte Larvalhaut; diese verhärtet und bildet eine Schutzhülle, die man Puparium nennt.

Nicht alle geflügelten Insekten durchleben so drastische Veränderungen. Bei Grashüpfern, Küchenschaben, Libellen und vielen anderen Tiergruppen finden sich allmähliche Übergänge durch Häutung, aber ohne Verpuppung. Nach jeder Häutung ähnelt die Larve mehr dem ausgewachsenen Insekt. Bis zu 40 Stadien können bei diesen Insekten vorkommen, die jeweils nur geringfügige Formveränderungen vom ersten Larvalstadium bis zum Adulten aufweisen.

Fischmetamorphosen

Schollen und Seezungen scheinen von oben nach unten (rücken-bauchwärts) abgeplattet zu sein, sind es tatsächlich jedoch seitlich. Die Jungfische besitzen noch normal symmetrische Fischgestalten. Nach einigen Wochen Entwicklungszeit verlagert sich ein Auge auf die andere Kopfseite, und das Maul verzieht sich. Der Fisch lebt von nun an gut getarnt auf dem Meeresgrund, auf einer Körperseite liegend, und entwickelt einen wellenförmigen Schwimmstil.

»Aus der Haut fahren«

Häutung kommt nicht nur während der Metamorphose vor. Da die Cuticula von Gliederfüßern aus totem, nicht mehr dehnbaren Material besteht, wird sie periodisch abgestreift. Eine neue muß gebildet werden, wenn das Tier den nächsten Wachstumsschub erlebt. Landlebende Wirbeltiere bilden Keratin, ein hartes, wasserfestes Protein, in den äußeren Hautgewebezellen. Da durch diese Hornhautbildung Zellkomponenten der Hautschichten verändert und zum Teil zerstört werden, wird die verhornte Zellschicht von Zeit zu Zeit abgestreift. Deshalb fahren Schlangen und andere Reptilien buchstäblich aus ihrer Haut. Bei Vögeln und Säugetieren lösen sich kleine, verhornte Hautpartikel beinahe fortwährend ab (auch der meiste Staub im Haus ist pulverisierte Haut). Sogar Frösche und Kröten streifen ihre Hautoberfläche ab, die sie dann in der Regel fressen.

Gestörte Metamorphose

Der mexikanische Axolotl entwickelt sich nur in seltenen Fällen vom Kiemen- zum Lungenatmer. Er erlangt die Geschlechtsreife, ohne das unreife Kiemenstadium zu überwinden (ganz links). Diese Neotenie beruht auf Faktoren, die die Umwandlung verhindern, z.B. dem Fehlen von Jod, das die Schilddrüse braucht, um Thyroxin als Auslöser der Metamorphose zu bilden. Steigt das Jod-Niveau an, entwickelt sich der Axolotl zur Reife (links).

6 7 8

Siehe auch: Fortpflanzung der Amphibien, S. 146/147

Phantasievolle Paarungsrituale

Die Fortpflanzung der Reptilien

Bei Krokodilen, See- und Landschildkröten ist das Geschlecht ihres Nachwuchses von der Temperatur abhängig, bei der die Eier ausgebrütet werden. Vor 260 Millionen Jahren konnten trockenresistente Eier der frühzeitlichen Reptilien in Lebensräumen bestehen, die für die meisten Amphibien zu trocken waren. Viele heutige Reptilien vergraben oder verstecken ihre hartschaligen Eier und kümmern sich anschließend weder um die Eier noch um die Jungen. Es gibt aber auch Ausnahmen: Eine Echsenart der Gattung Eumeces hilft den Jungen beim Abstreifen der Eihäute und beschützt sie dann noch etwa zehn Tage lang.

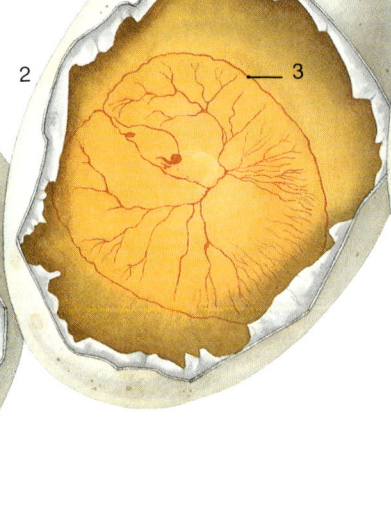

Viele Reptilien haben für die Zeit vor und während der Paarung komplexe Verhaltensmuster entwickelt. In dieser Zeit treten sekundäre Geschlechtsmerkmale, die Männchen und Weibchen unterscheiden, besonders ausgeprägt hervor. Eidechsenmännchen etwa nehmen eine leuchtende Färbung an und unterstreichen ihr glänzendes Äußeres durch ihre Bewegungen und ihre Haltung. Einige schwingen ihren Kopf hin und her, andere verfügen über ausdehnbare Kehllappen, wieder andere geben Drüsensekrete ab, die das andere Geschlecht anlocken sollen.

Bei bestimmten Schlangenarten bedienen sich die Weibchen eines Drüsensekrets, um Männchen anzuziehen. In der Regel jedoch sind Schlangen Einzelgänger, und oft kommt es eher zufällig zu einer Paarung, wenn sich Männchen und Weibchen gerade zur richtigen Zeit begegnen. Die Werbung aber ist bei allen Schlangenarten kompliziert und ritualisiert. Das Männchen schlängelt sich zum Weibchen hin und reibt sich an ihm. Bei einigen Arten wickeln sich Männchen und Weibchen umeinander, manchmal richten sie sich hoch auf. Bei der Paarung dringt die männliche Schlange mit einem ihrer beiden Hemipenes in die weibliche Kloake ein und befruchtet das Ei.

Langwieriger sind die Vorbereitungen zur Paarung bei den Schildkröten. Männchen der Landschildkröten stürzen sich häufig mit brüllenden Lauten auf die Weibchen und schnappen nach ihren Beinen. Damit werden die Weibchen gezwungen, ihre Gliedmaßen unter den Panzer zu ziehen und sich in Ruhestellung zu begeben. Männchen der Wasserschildkröten strecken ihren Kopf nach dem Weibchen aus. Während sie rückwärts vor dem ihnen folgenden Weibchen schwimmen, streichen sie mit ihren Beinen über Maul und Kinn des Weibchens.

Streicheln und Aneinanderreiben spielt auch bei der Werbung unter Krokodilen und Alligatoren eine wichtige Rolle. Der Paarungsakt selbst erscheint sehr viel gewalttätiger, da beide Partner sich im Wasser umeinander winden und sich hin- und herwerfen – manchmal länger als zehn Minuten –, bis das Männchen auf den Rücken des Weibchens steigt und die Paarung vollzogen wird.

Eier können auch im Körper ausgebrütet werden

Die meisten Eidechsen legen Eier. Einige Arten jedoch – darunter Glattechsen- und Geckoarten – gebären lebende Junge. Das Weibchen dieser Eidechsenarten behält die Eier solange im Körper, bis die Jungen geschlüpft sind, erst dann »gebiert« sie (Ovoviviparie). Die meisten Eidechsen jedoch

In mütterlicher Obhut

A Das Weibchen des Nilkrokodils gräbt ein ca. 40 cm tiefes Loch, in dem es seine Eier ablegt. Es plaziert dieses Loch in der Nähe von Wasser und Schatten, von wo es das Nest beobachten kann.
B Da Eier und Junge häufig eine Beute von Nesträubern werden, legt das Weibchen bis zu 50 Eier.
C Die mit Erde bedeckten Eier werden bis zu 90 Tage bewacht, bis hohe Töne aus den Eiern das Weibchen dazu stimulieren, diese auszugraben.
D Mit einem Hornhöcker an der Schnauze,

dem Eizahn, brechen die Jungen die Eischalen auf.
E Die Mutter sammelt die Jungen in ihrem Maul und trägt sie zum Säubern in den Fluß. Sie werden etwa acht Wochen betreut. Verirrten Nachwuchs erkennt sie an den Rufen; bei Gefahr bringt sie die Jungen im Maul in Sicherheit.

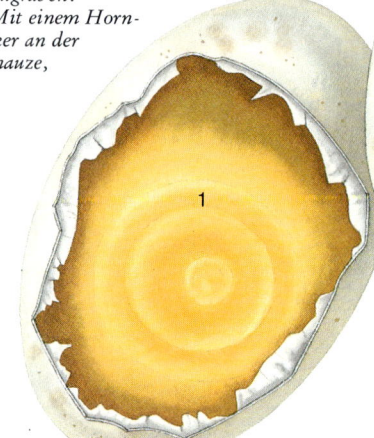

2 — 3

1

F

Wunderwerk Ei

F Das Reptilienei ist unabhängig, ihm fehlt nichts außer einer Wärmequelle, die es auf einer konstanten Temperatur von 27–35 °C hält. Ein oder zwei Tage nach dem Legen absorbiert eine wachsende Zellschicht Nährstoffe aus dem Dotter (1) in Form von Stärken, Zuckern, Fetten und Proteinen. Sobald sich der Embryo ausbildet (2), beginnen Blutgefäße (3) die Dotteroberfläche zu überziehen. Haben sie ein ausgedehntes Netz gebildet, nehmen die inneren Organe des Embryos Gestalt an (4). Ist der Embryo halb entwickelt (5), unterscheiden sich auch die verschiedenen »Lebenserhaltungssysteme«

des Eies klar voneinander. Zwischen Schale und Embryo befinden sich drei Membranen. Die innerste bildet den Fruchtwassersack (6), eine mit Flüssigkeit gefüllte, Erschütterungen abfedernde Kammer, die den Embryo umgibt und mit dem Dotter über die Nabelschnur (7) verbunden ist. Dotter- und Fruchtwassersack sind in den Harnsack (Allantois, 8) eingeschlossen, in dem Abfallstoffe gesammelt und vom Embryo ferngehalten werden. Die Allantois sorgt auch für den Gasaustausch. Sie liegt direkt an der Zottenhaut (Chorion, 9) unter der Eischale. Die zahlreichen Blutgefäße des Chorions versorgen den Embryo mit Sauerstoff.

Siehe auch: Eroberung des Landes, S. 98/99 Evolution der Reptilien, S. 126/127 Fortpflanzung der Amphibien, S. 146/147

B

C

D

4 5

8

7

6

9

E

vergraben ihre von einer harten, lederartigen Schale geschützten Eier und lassen sie in der Erde von der Sonne ausbrüten.

Auch die meisten Schlangen legen ihre Eier einfach ab und verlassen sie. Wenige Schlangenarten gebären lebende Junge. Dies kann in ähnlicher Weise wie bei den Eidechsen ablaufen. Eine andere Methode kommt sehr viel seltener vor. Hier werden die Jungen direkt vom Blutkreislauf der Mutter über den Eileiter ernährt, der ähnlich funktioniert wie die Plazenta höher entwickelter Säugetiere (Viviparie). Lebendgeborene, auf welche Art auch immer, sind weniger abhängig von der Umgebungstemperatur. Darüber hinaus zeigen einige Schlangen auch elterliche Fürsorge, indem sie sich beispielsweise um ihre Eier ringeln.

Sowohl Land- als auch Wasserschildkröten graben ihre zahlreichen Eier an sonnigen Plätzen an Land in einem Nest ein, das zugedeckt und verborgen wird. Anschließend zeigen die Mütter keinerlei Interesse mehr für Eier oder Junge.

»Gruppensex«
Glattspitznattern paaren sich in großen Gemeinschaften (links). Wie auch Klapperschlangen und zahlreiche andere Schlangenarten überwintern sie in Kolonien, wachen im Frühjahr zur selben Zeit auf und paaren sich dann in Gruppen, viele Männchen mit verschiedenen Weibchen. Mit Hilfe dieser Strategie wird die Fortpflanzung gesichert.

Zwischen Monogamie und Polygamie

Wie Vögel balzen und miteinander leben

Die Männchen der ostafrikanischen Spitzschwanz-Paradieswitwen sind durch ihren 40–50 cm langen schwarzen Schwanz von potentiellen Partnern aus über einem Kilometer Entfernung erkennbar. Leuchtendes Gefieder, spezielle Lockrufe und Gesänge sowie akrobatische Flüge gehören zum Standardrepertoire des meist kunstvoll ausgeführten Balz- und Werbeverhaltens der Vögel. Die Balz dient dazu, eine Bindung zwischen den Geschlechtern herzustellen, die für die Arterhaltung wichtige Fortpflanzung sicherzustellen und beide Elternteile auf die gemeinsame Brutfürsorge einzustimmen.

Bei der Paarung der Vögel lassen sich im wesentlichen vier Verhaltensmuster unterscheiden. Die weitaus meisten der etwa 8600 bekannten Arten, etwa 90 %, sind monogam, d. h., sie leben jeweils für eine Brutsaison mit nur einem Partner zusammen, in der übrigen Zeit des Jahres jedoch unabhängig. Am zweithäufigsten kommen wechselnde Geschlechtsbeziehungen vor, also mit verschiedenen Partnern, je nach Gelegenheit. Ein solches Sexualverhalten zeigen jedoch nur etwa 6 % der Vögel, beispielsweise viele Schneehühner und Kolibris. Auch Wasser- und Kampfläufer sowie einige Arten der Fasanen, Leierschwänze, Schnurrvögel und die meisten der Paradiesvögel gehören dazu. Noch seltener gibt es Polygynie, wobei ein Männchen zwei oder mehr Weibchen begattet, ebenso selten Polyandrie, wobei sich ein Weibchen mit mehr als einem Männchen paart. Polygynes Sexualverhalten zeigen der afrikanische Oryxweber sowie einige Webervögel der offenen Savannen. Sie sind tropischen Regionen angepaßt, leben in großen Gruppen und legen Nesterkolonien an. Polyandrisch hingegen leben z. B. die Wassertreter, Goldschnepfen und Blatthühnchen sowie auch einige Wasserläuferarten.

Luftsprünge und Schaukämpfe in der Balzarena

Bei einigen Vogelarten kommen bis zu 50 Tiere an bestimmten Plätzen zu ihren Balztänzen zusammen. Solche »Gesellschaftsbalz« zeigen polygame Vögel wie Birkhuhn, Kampfläufer, Leierschwanz sowie einige Paradies- und Laubenvögel, aber auch Schnurrvögel und Kolibris.

Nachdem die Männchen in ihre »Balzarena« eingeflogen sind, stolzieren sie einher und vollführen Luftsprünge, wobei sie ihr Gefieder kunstvoll entfalten und zur Schau stellen. So erregen sie die Aufmerksamkeit der viel unauffälliger gefiederten Weibchen, die der Zeremonie beiwohnen. Einige Vogelarten wie der Kampfläufer führen auch eindrucksvolle Schaukämpfe vor. Dadurch wird die Rangordnung unter den Männchen festgelegt, ohne daß sie sich ernsthaft gegenseitig verletzen. Die erfolgreichsten Männchen paaren sich schließlich mit den Weibchen. Bei den Birkhühnern läuft dies darauf hinaus, daß weniger als 10 % der Hähne 80 % aller Begattungen durchführen. Die Birkhennen neigen dazu, sich nur von den dominanten Hähnen begatten zu lassen, so daß nur deren Erbgut weitergegeben wird. Daß bei den Vögeln oft nur die Männchen prachtvoll gefiedert sind, verschafft den Weibchen Sicherheit. Ihre Unscheinbarkeit lockt weniger Feinde an und verbessert so den Fortpflanzungserfolg.

Siehe auch: Fortpflanzung der Vögel, S. 154/155

Der Balztanz der Haubentaucher

A *Der Haubentaucher zeigt bei seinen Paarungsspielen eine Reihe eindrucksvoller Posen, die an einen Tanz erinnern. Viele sind aus alltäglichen Verhaltensweisen entstanden und ritualisiert worden, um die Partnerbindung der monogamen Vögel zu festigen. Nach der Paarung ist die Anwesenheit des Männchens beim Brüten und Aufziehen der Jungen lebensnotwendig. Gegen Ende des Winters finden sich 100 oder mehr geschlechtsreife Haubentaucher zur Balz ein. Sowohl Männchen als auch Weibchen entwickeln ein leuchtendes Balzkleid mit abstehender Haube und Halskrause. Zunächst beginnt das Paarungsspiel noch etwas unsicher: Beide Partner stellen sich Brust an Brust und schütteln ihren Kopfschmuck hin und her (1). Zwischendurch putzen sie sich (2). Etwas später in der Saison wird der Balztanz bei den schon »verheirateten« Pärchen immer intensiver. Einer der Partner breitet seine Flügel weit aus, während der andere taucht und wieder nach oben schnellt (3). Dann wendet sich eines der Tiere plötzlich ab, läßt seinen Partner scheinbar im Stich und jagt über das Wasser davon (4). Auf dem Höhepunkt der Erregung richten sich beide Partner in »Pinguin-Pose« hoch gegeneinander auf und bieten sich gegenseitig Niststoff an (5).*

Hochzeits-Lauben

Die 18 Arten von Laubenvögeln kommen in Regenwaldgebieten und sonstigem Waldland im Nordosten Australiens und in Neuguinea vor. Ihr Werbe- und Balzverhalten geht weit über die Zurschaustellung ihres Gefieders hinaus: Die Männchen errichten »Lauben«, nestähnliche Bauwerke, die ausschließlich Balz und Paarung dienen.

Jede Laubenvogelart baut ihren eigenen Laubentyp. Die einfachere Ausführung ist eine Anordnung von gesammelten Zweigstückchen und Blättern auf einer Waldlichtung, die Luxusausführung besteht aus kunstvoll errichteten mehrwandigen Gebäuden mit geschmückten Alleen und Vorhöfen (unten). Die am unscheinbarsten gefärbten Männchen bauen die prachtvollsten Lauben. Am kompliziertesten ist die zeltartige Dachkonstruktion, die der Rothaubengärtner in einem Ringwall auf moosgepolstertem Untergrund errichtet und mit Blüten verziert.

B

A

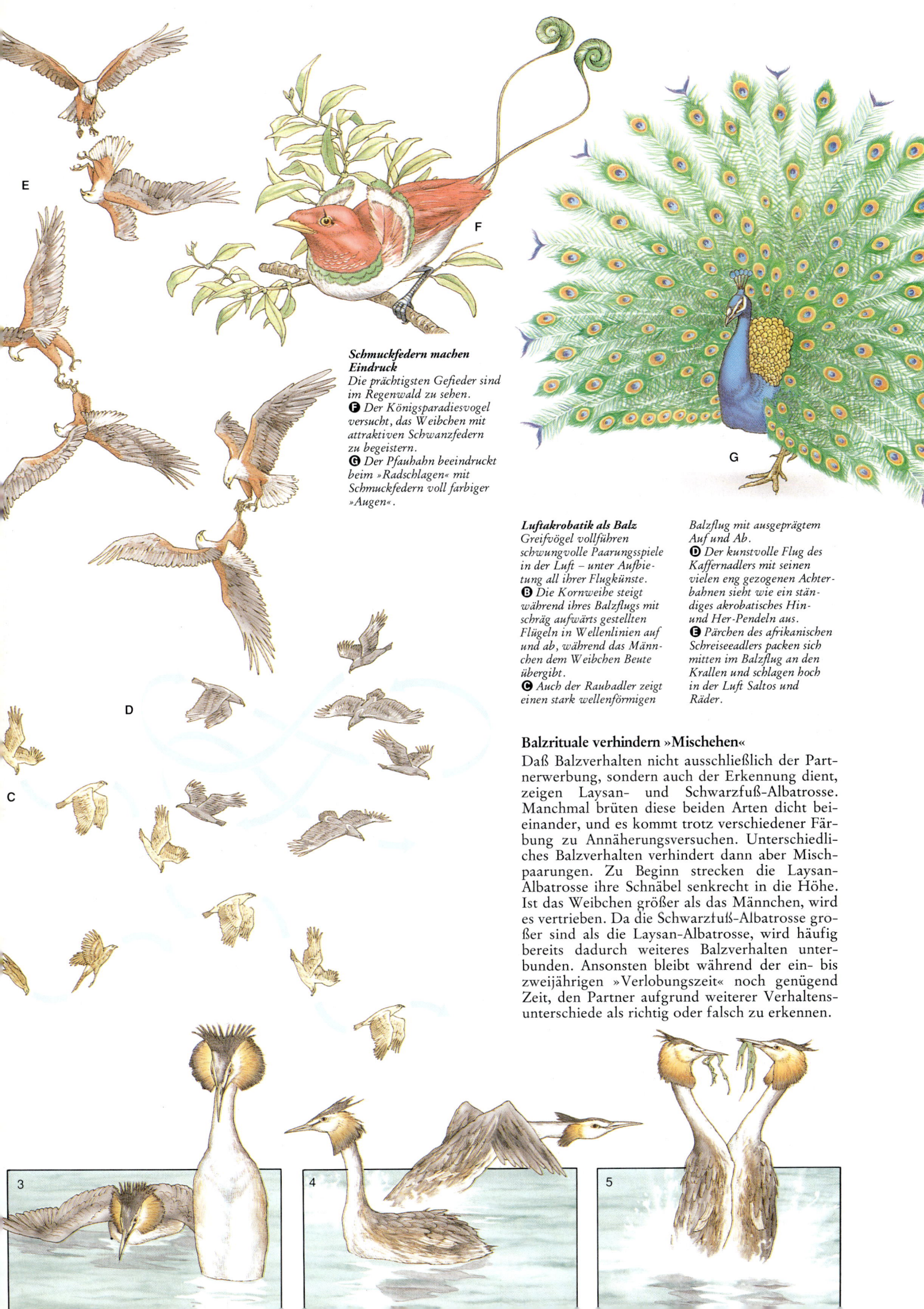

Schmuckfedern machen Eindruck
Die prächtigsten Gefieder sind im Regenwald zu sehen.
F Der Königsparadiesvogel versucht, das Weibchen mit attraktiven Schwanzfedern zu begeistern.
G Der Pfauhahn beeindruckt beim »Radschlagen« mit Schmuckfedern voll farbiger »Augen«.

Luftakrobatik als Balz
Greifvögel vollführen schwungvolle Paarungsspiele in der Luft – unter Aufbietung all ihrer Flugkünste.
B Die Kornweihe steigt während ihres Balzflugs mit schräg aufwärts gestellten Flügeln in Wellenlinien auf und ab, während das Männchen dem Weibchen Beute übergibt.
C Auch der Raubadler zeigt einen stark wellenförmigen

Balzflug mit ausgeprägtem Auf und Ab.
D Der kunstvolle Flug des Kaffernadlers mit seinen vielen eng gezogenen Achterbahnen sieht wie ein ständiges akrobatisches Hin- und Her-Pendeln aus.
E Pärchen des afrikanischen Schreiseeadlers packen sich mitten im Balzflug an den Krallen und schlagen hoch in der Luft Saltos und Räder.

Balzrituale verhindern »Mischehen«

Daß Balzverhalten nicht ausschließlich der Partnerwerbung, sondern auch der Erkennung dient, zeigen Laysan- und Schwarzfuß-Albatrosse. Manchmal brüten diese beiden Arten dicht beieinander, und es kommt trotz verschiedener Färbung zu Annäherungsversuchen. Unterschiedliches Balzverhalten verhindert dann aber Mischpaarungen. Zu Beginn strecken die Laysan-Albatrosse ihre Schnäbel senkrecht in die Höhe. Ist das Weibchen größer als das Männchen, wird es vertrieben. Da die Schwarzfuß-Albatrosse größer sind als die Laysan-Albatrosse, wird häufig bereits dadurch weiteres Balzverhalten unterbunden. Ansonsten bleibt während der ein- bis zweijährigen »Verlobungszeit« noch genügend Zeit, den Partner aufgrund weiterer Verhaltensunterschiede als richtig oder falsch zu erkennen.

Vom Ei zum Küken

Wie sich Jungvögel entwickeln

Vor Beginn der Paarungszeit setzt bei den Vögeln die Bildung der Geschlechtszellen ein, die mit einer Vergrößerung der während der meisten Zeit des Jahres stark reduzierten Geschlechtsorgane einhergeht. Bei der Begattung, die bei den Vögeln eher unbeholfen wirkt, werden die Geschlechtsöffnungen lediglich aufeinandergepreßt, was der Mauersegler sogar im Flug bewerkstelligt. Gemeinsames Merkmal der Fortpflanzung aller Vögel ist die Eiablage. Auch bei größeren Gelegen wird im Abstand von mindestens einem Tag nur ein Ei abgelegt. In der schützenden, harten Schale des Eies wachsen die Küken heran.

Vögel besitzen nur eine Ausführungsöffnung, über die Samen bzw. Eier, Kot und Harn ins Freie gelangen. Man nennt sie Kloake. Bei der Begattung werden meistens nur die Kloaken aufeinandergepreßt. Dies geht sehr schnell, reicht jedoch in der Regel aus, um den Samen in den Körper des Weibchens zu bringen. Dort schwimmt er innerhalb weniger Tage zum oberen Ende des Eileiters, wo die Befruchtung stattfindet. Bei einigen Vögeln ist die männliche Kloake zu einem vorstreckbaren Penis umgewandelt, wie etwa bei Entenvögeln und Straußen.

Nach der Befruchtung wandern die Eier langsam den Eileiter hinunter und werden ins Nest gelegt, jeweils eins pro Tag. Die harte, kalkhaltige Schale des Eies schützt den Embryo vor dem Eindringen von Mikroorganismen oder wirbellosen Tieren, ermöglicht aber dennoch den Gasaustausch für die Atmung.

Harter Kampf ums Überleben

Die meisten Vögel beginnen erst mit dem Brüten, wenn sie alle Eier gelegt haben, so daß alle Küken etwa zur gleichen Zeit schlüpfen. Bei Greifvögeln und Eulen beginnt das Brüten allerdings schon, sobald das erste Ei gelegt ist, so daß die Jungen dann nacheinander schlüpfen. Der zuerst geschlüpfte Nestling nimmt oft eine dominierende Stellung ein und wird von den Eltern bei der Fütterung den Jüngeren, Schwächeren vorgezogen. Wenn ausreichend Beute vorhanden ist, kann mehr als ein Junges überleben, bei knapper Beute müssen die Jüngeren jedoch meistens verhungern oder werden von den Geschwistern getötet.

Bei den meisten brütenden Vögeln fallen an der Bauchseite Federn aus, und es entstehen nackte Hautstellen, sogenannte Brutflecke, mit denen sich die Vögel auf die Eier kuscheln. Da sich an diesen Stellen die Blutgefäße erweitern, ist so eine besonders gute Wärmeübertragung auf die Eier gewährleistet. Pinguine, Pelikane, Kormorane, Tölpel, Entenvögel und Eulen haben keine Brutflecke. Enten rupfen sich selbst Bauchfedern aus, um den direkten Hautkontakt mit den Eiern zu ermöglichen. Pinguine tragen ihre Eier beim Brüten auf den Füßen.

Nesthocker und Nestflüchter

Um eine erfolgreiche Entwicklung zu gewährleisten, müssen die Eier auf einer Temperatur von ca. 37,5 °C gehalten werden. In tropischen und subtropischen Gegenden schützen die Eltern die Eier vor Überhitzung. Dazu schirmen die Vögel sie mit ihrem Körper ab. Manche Seeschwalben und Möwen befeuchten ihre Eier zur Kühlung auch mit Wasser, das in ihrem Brustgefieder haften blieb. Brutvögel wenden ihre Eier in regelmäßigen Abständen, um eine gleichmäßige Wärmeverteilung im Gelege zu gewährleisten. Die Brutzeiten bewegen sich zwischen ca. 10 Tagen bei einigen Spechten und ca. 80 Tagen bei Albatrossen. Bei vielen Vögeln brüten Männchen und Weibchen abwechselnd.

Die Gelegegröße variiert stark – zwischen einem Ei bei Pinguinen, Sturmtauchern und Kiwis und bis zu 20 Eiern bei Rebhühnern. Beim Schlüpfen sind die Jungen teilweise nackt und hilflos. Augen und Ohren sind bei ihnen meist noch geschlossen. Sie müssen im Nest beschützt und gefüttert werden, was zur Bezeichnung Nesthocker geführt hat. Doch nicht alle Jungen sind Nesthocker. Küken, die zum Zeitpunkt des Schlüpfens schon ihr volles Federkleid haben, laufen können und innerhalb kurzer Zeit nach dem Schlüpfen selbständig Futter picken, sind Nestflüchter.

Siehe auch: Evolution der Warmblüter, S. 100/101 Evolution derVögel, S. 128/129 Balzflug, S. 152/153

Die Entwicklung eines Entenembryos
Ⓐ *Ein Entenembryo wächst aus der Keimscheibe auf der Oberfläche des Eigelbs heran. Zunächst breitet sich ein Netz kleinster Blutgefäße über das Eigelb aus, und ein einfaches Herz entsteht. Der Embryo beginnt in die Länge zu wachsen und eine Wirbelsäule zu entwickeln (1). Dann bilden sich der Kopf und ein bauchig hervortretendes Auge, das Herz dreht sich in seine endgültige Position (2). Die Gedärme entstehen, das Gehirn vergrößert sich, und der Embryo fängt an, sich einzurollen (3–4). Die Gliedmaßen erscheinen als kleine Knospen, Schwanz und Mundöffnung bilden sich (5). Nach 13 Tagen (6) kann man den Vogel an seinem Schnabel erkennen. Nesthocker schlüpfen kurz nach diesem Stadium. Nestflüchter wie die Ente (7) entwickeln sich im Ei weiter. Die Federn wachsen, die Gliedmaßen werden stärker, und der Vogel schlüpft mit bereits offenen Augen.*

A

1
2 - 3 Tage

2
5 Tage

3
6 Tage

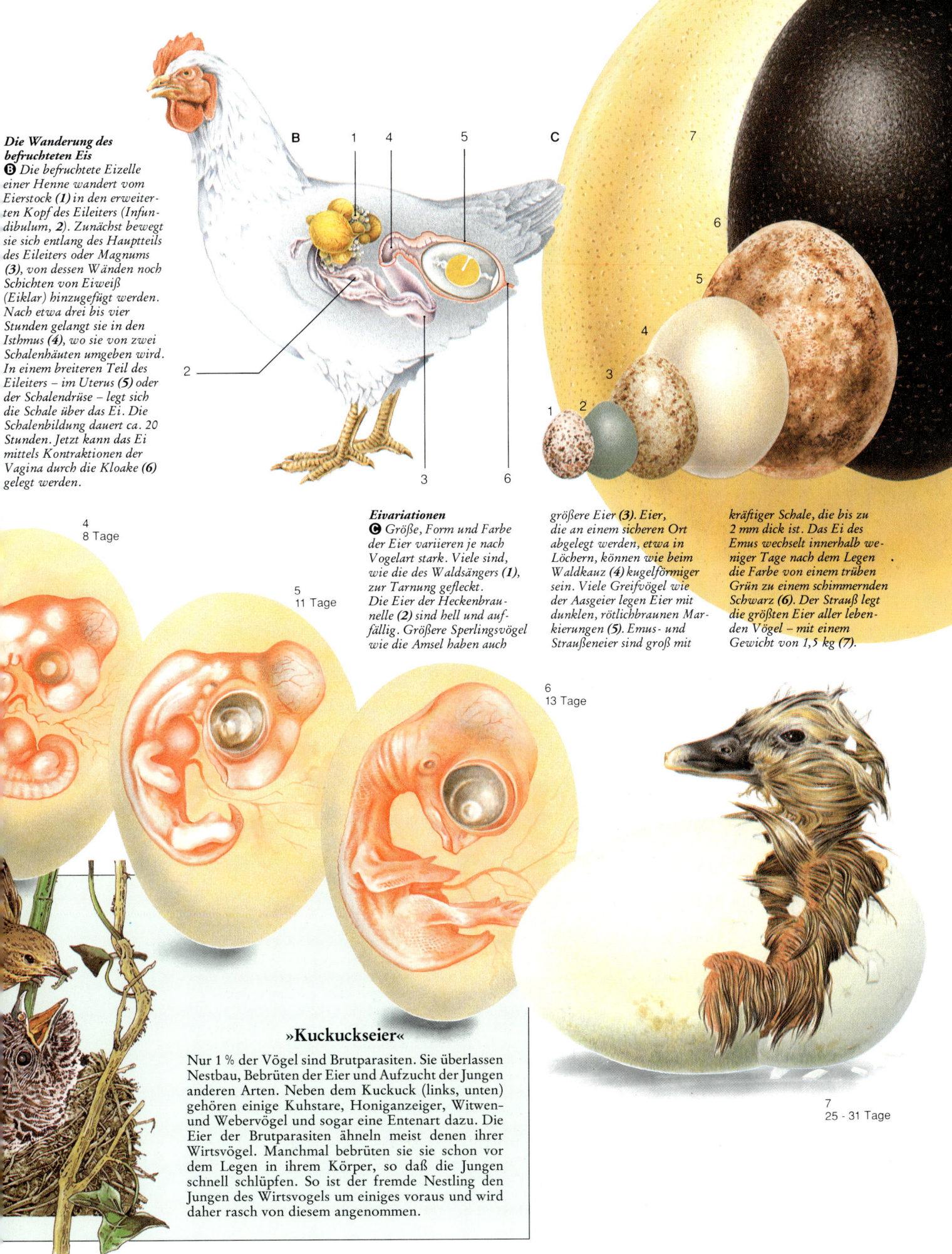

Die Wanderung des befruchteten Eis

B Die befruchtete Eizelle einer Henne wandert vom Eierstock (**1**) in den erweiterten Kopf des Eileiters (Infundibulum, **2**). Zunächst bewegt sie sich entlang des Hauptteils des Eileiters oder Magnums (**3**), von dessen Wänden noch Schichten von Eiweiß (Eiklar) hinzugefügt werden. Nach etwa drei bis vier Stunden gelangt sie in den Isthmus (**4**), wo sie von zwei Schalenhäuten umgeben wird. In einem breiteren Teil des Eileiters – im Uterus (**5**) oder der Schalendrüse – legt sich die Schale über das Ei. Die Schalenbildung dauert ca. 20 Stunden. Jetzt kann das Ei mittels Kontraktionen der Vagina durch die Kloake (**6**) gelegt werden.

B 1 4 5 C 7

2

3 6

6

5

4

3

1 2

4
8 Tage

5
11 Tage

6
13 Tage

7
25 - 31 Tage

Eivariationen

C Größe, Form und Farbe der Eier variieren je nach Vogelart stark. Viele sind, wie die des Waldsängers (**1**), zur Tarnung gefleckt. Die Eier der Heckenbraunelle (**2**) sind hell und auffällig. Größere Sperlingsvögel wie die Amsel haben auch größere Eier (**3**). Eier, die an einem sicheren Ort abgelegt werden, etwa in Löchern, können wie beim Waldkauz (**4**) kugelförmiger sein. Viele Greifvögel wie der Aasgeier legen Eier mit dunklen, rötlichbraunen Markierungen (**5**). Emus- und Straußeneier sind groß mit kräftiger Schale, die bis zu 2 mm dick ist. Das Ei des Emus wechselt innerhalb weniger Tage nach dem Legen die Farbe von einem trüben Grün zu einem schimmernden Schwarz (**6**). Der Strauß legt die größten Eier aller lebenden Vögel – mit einem Gewicht von 1,5 kg (**7**).

»Kuckuckseier«

Nur 1 % der Vögel sind Brutparasiten. Sie überlassen Nestbau, Bebrüten der Eier und Aufzucht der Jungen anderen Arten. Neben dem Kuckuck (links, unten) gehören einige Kuhstare, Honiganzeiger, Witwen- und Webervögel und sogar eine Entenart dazu. Die Eier der Brutparasiten ähneln meist denen ihrer Wirtsvögel. Manchmal bebrüten sie sie schon vor dem Legen in ihrem Körper, so daß die Jungen schnell schlüpfen. So ist der fremde Nestling den Jungen des Wirtsvogels um einiges voraus und wird daher rasch von diesem angenommen.

Geborgen im Mutterleib

Fortpflanzungsstrategien der Säugetiere

Der Fötus eines Blauwals steigert während der letzten beiden Monate im Bauch der Mutter sein Gewicht auf rund 2 Tonnen und legt dabei bis zu 100 kg am Tag zu. Daß sich die Föten der Säugetiere im Uterus der Mutter in absoluter Sicherheit und Geborgenheit entwickeln können, ist sicherlich ein Grund für den Erfolg dieser artenreichen Tiergruppe. Die mächtigen Blauwale bringen immer nur ein Junges zur Welt. Andere Säuger haben in einem Wurf viele Nachkommen – mit dem Ziel, daß wenigstens einige überleben. So gibt es bei den spitzmausähnlichen Großen Tanreks Madagaskars bis zu 30 Junge pro Wurf.

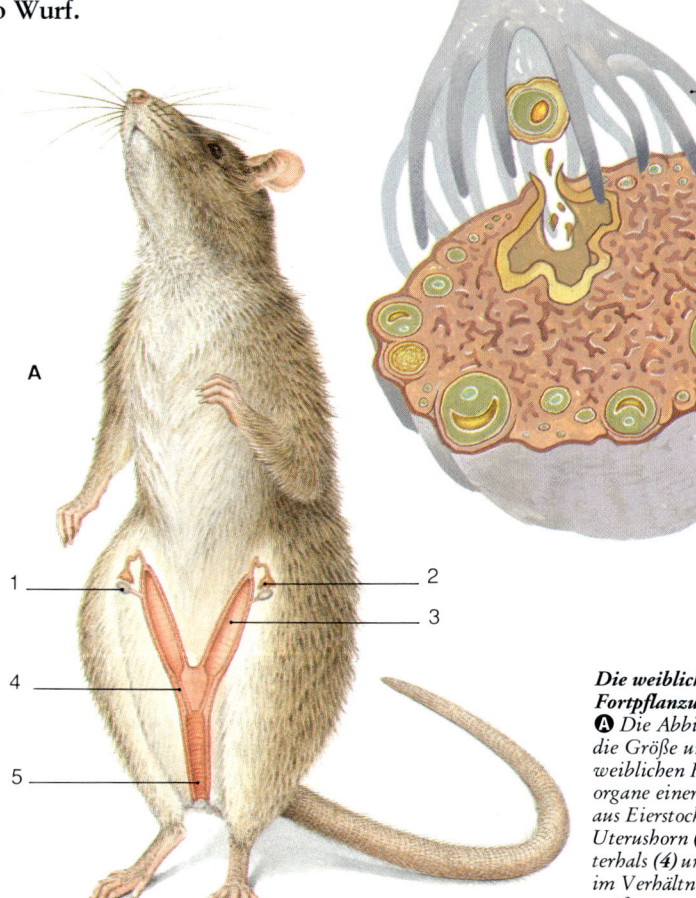

Höhere Säugetiere entwickelten sich vor rund 90 Millionen Jahren. Sie bilden die jüngste und zahlenmäßig größte der drei Hauptgruppen, die die rund 4000 heutigen Säugetierarten umfassen. Das im Mutterleib heranwachsende Junge, der Fötus, ist über die Plazenta (Mutterkuchen) mit dem Mutterleib verbunden. Die Plazenta verfügt über eine bemerkenswerte Struktur. Sie verknüpft die Blutgefäße von Fötus und Mutter so eng miteinander, daß Nahrung und Sauerstoff von der Mutter zum Fötus gelangen und Abfallstoffe und Kohlendioxid den umgekehrten Weg gehen, ohne daß ein Blutaustausch stattfindet.

Paarung durch Verführung oder mit Gewalt

Der erste Schritt zur erfolgreichen Fortpflanzung ist die Partnerfindung. Duftstoffe sind die am häufigsten auftretende Form sexueller Anziehung, Signale für Augen und Ohren werden ebenfalls eingesetzt. Viele Arten versammeln sich während der Brunft in großen Gruppen. Wale, Seehunde und Seelöwen wandern weite Strecken zu bevorzugten Brutplätzen an den Küsten. Der Amerikanische Elch lebt normalerweise in strenger Geschlechtertrennung. Lediglich im Herbst kommen Männchen- und Weibchenrudel zusammen. Dadurch wird die Vielfalt der Population bewahrt, da Tiere unterschiedlicher Abstammung sich vermischen und paaren.

Häufig ist die Phase des Werbens die notwendige Voraussetzung dafür, daß ein Tier überhaupt paarungsbereit wird. Viele männliche Antilopen legen ein ausgeklügeltes Werbungsverhalten an den Tag: Sie umkreisen die Weibchen, streicheln sie mit ihren Vordergliedmaßen und reiben sich an ihnen. Andere Säuger wiederum, die sich einen Harem halten, wie etwa See-Elefanten, befruchten ihre Weibchen mit Gewalt. Arten, die in großen Gruppen leben, neigen zu häufigen Partnerwechseln. Um die Harems der Männchen wird nicht selten heftig gekämpft. Es kommt auch vor, daß sich lediglich die dominierenden und größten Männchen erfolgreich paaren.

Andere Arten behalten zeitweise oder auf Dauer denselben Partner. Dies trifft vor allem auf Fleischfresser wie Schakale zu. Hier wird die Jagdkunst beider Eltern benötigt, um genügend Nahrung für die Jungen zu beschaffen.

Innere Uhr steuert die Fortpflanzungszyklen

Der Zeitpunkt der Fortpflanzung kann über Leben oder Tod des Nachwuchses entscheiden. Bei Pflanzenfressern werden die Jungen vornehmlich im Frühling geboren, wenn die Vegetation in der ersten Blüte steht. Die Fortpflanzungszyklen der Fleischfresser hingegen richten sich in der Regel nach denen ihrer Beute. Bei warmen Temperaturen wachsen die Jungen schneller, da sie weniger Energie verlieren und die Mutter mehr Milch produzieren kann. In den feuchten Tropen, deren reichhaltige Nahrungsquellen das ganze Jahr über zur Verfügung stehen, gibt es dagegen keine deutlichen Zyklen bei der Fortpflanzung.

Die meisten weiblichen Säuger sind nur zu einer bestimmten Zeit des Jahres oder in regelmäßigen Intervallen empfängnisbereit. Die Männchen durchlaufen häufig ähnliche Schwankungen in ihrer sexuellen Bereitschaft. Diese Fortpflanzungszyklen werden von einer inneren Uhr gesteuert. In der für die Fortpflanzung richtigen Zeit werden Hormone abgegeben, die die Geschlechtsorgane wachsen lassen und den Paarungstrieb unterstützen. Sexuelle Aktivität kann aber auch durch Signale der Umwelt, wie die länger werdenden Tage im Frühjahr, ausgelöst werden.

Die weiblichen Fortpflanzungsorgane
Ⓐ Die Abbildung zeigt die Größe und die Lage der weiblichen Fortpflanzungsorgane einer Ratte, bestehend aus Eierstock (1), Eileiter (2), Uterushorn (3), Gebärmutterhals (4) und Vagina (5), im Verhältnis zur Körpergröße.

Eisprung und Befruchtung
Ⓑ Vor dem Eisprung entwickelt sich ein Ei (1) im Eierstock (2) zu einem Follikel (3). Dieser besteht aus dem Ei, einer flüssigkeitsgefüllten Höhle und Epithelzellen. Der reife Follikel platzt, und das Ei wird von einer trichterförmigen Öffnung des Eileiters (4) aufgefangen. Während des Eisprungs wird vom Follikel das Hormon Östrogen produziert. Es sorgt dafür, daß sich die Auskleidung der Gebärmutter verdickt und sich das Netz aus Blutgefäßen erweitert. Bei der Paarung werden Millionen Spermien (5) vom männlichen Penis abgegeben. Mit Hilfe ihrer langen Geißeln (6) und durch Mitochondrien (7) gut mit Energie versorgt, schwimmen

Siehe auch: Evolution der Warmblüter, S. 100/101   Tierische Zellen, S. 104/105   Evolution der Säugetiere, S. 130/131

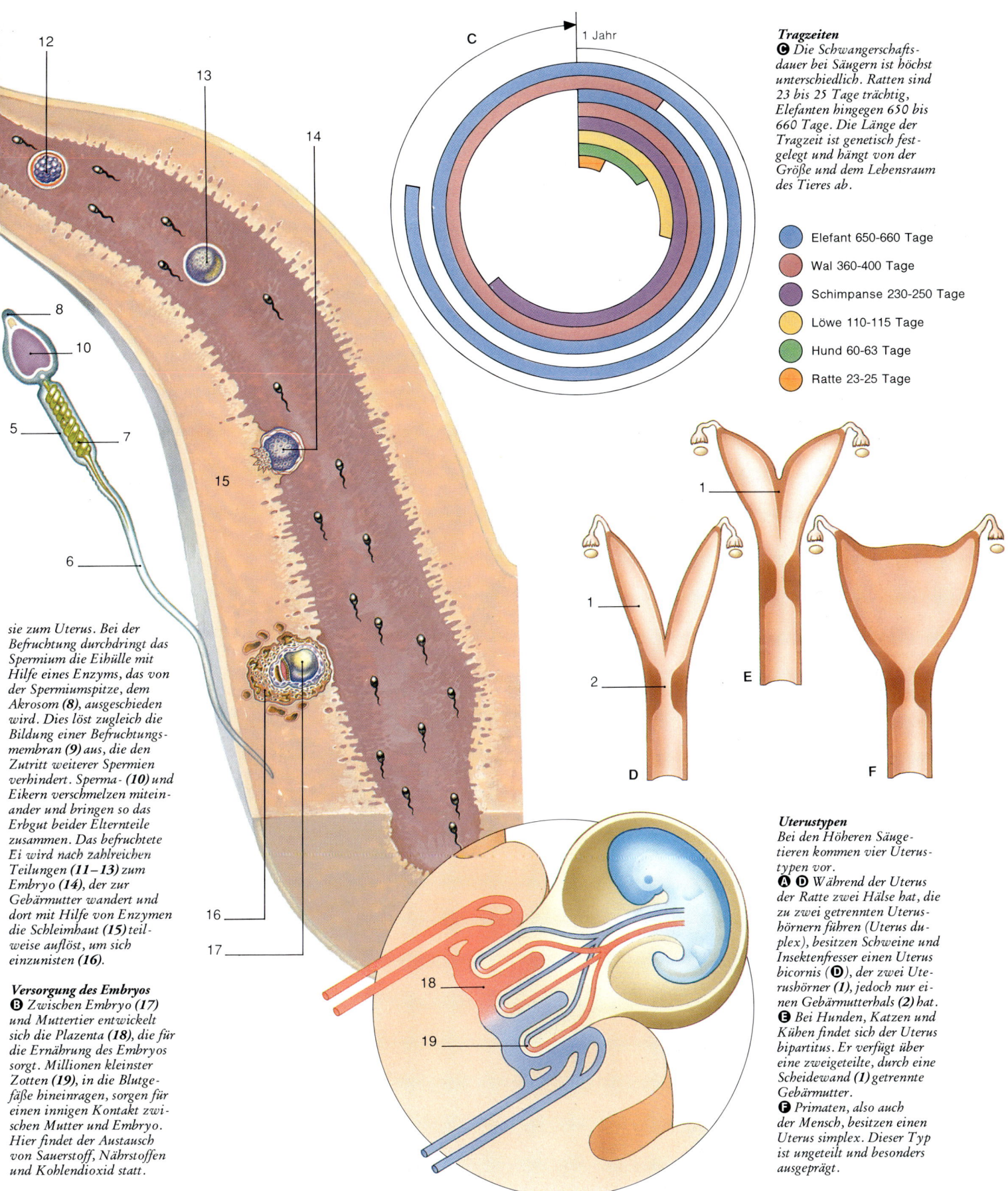

Tragzeiten

C *Die Schwangerschafts-dauer bei Säugern ist höchst unterschiedlich. Ratten sind 23 bis 25 Tage trächtig, Elefanten hingegen 650 bis 660 Tage. Die Länge der Tragzeit ist genetisch fest-gelegt und hängt von der Größe und dem Lebensraum des Tieres ab.*

- Elefant 650-660 Tage
- Wal 360-400 Tage
- Schimpanse 230-250 Tage
- Löwe 110-115 Tage
- Hund 60-63 Tage
- Ratte 23-25 Tage

sie zum Uterus. Bei der Befruchtung durchdringt das Spermium die Eihülle mit Hilfe eines Enzyms, das von der Spermiumspitze, dem Akrosom (**8**), ausgeschieden wird. Dies löst zugleich die Bildung einer Befruchtungs-membran (**9**) aus, die den Zutritt weiterer Spermien verhindert. Sperma- (**10**) und Eikern verschmelzen mitein-ander und bringen so das Erbgut beider Elternteile zusammen. Das befruchtete Ei wird nach zahlreichen Teilungen (**11–13**) zum Embryo (**14**), der zur Gebärmutter wandert und dort mit Hilfe von Enzymen die Schleimhaut (**15**) teil-weise auflöst, um sich einzunisten (**16**).

Versorgung des Embryos

B *Zwischen Embryo (**17**) und Muttertier entwickelt sich die Plazenta (**18**), die für die Ernährung des Embryos sorgt. Millionen kleinster Zotten (**19**), in die Blutge-fäße hineinragen, sorgen für einen innigen Kontakt zwi-schen Mutter und Embryo. Hier findet der Austausch von Sauerstoff, Nährstoffen und Kohlendioxid statt.*

Uterustypen

Bei den Höheren Säuge-tieren kommen vier Uterus-typen vor.

A D *Während der Uterus der Ratte zwei Hälse hat, die zu zwei getrennten Uterus-hörnern führen (Uterus du-plex), besitzen Schweine und Insektenfresser einen Uterus bicornis (**D**), der zwei Ute-rushörner (**1**), jedoch nur ei-nen Gebärmutterhals (**2**) hat.*

E *Bei Hunden, Katzen und Kühen findet sich der Uterus bipartitus. Er verfügt über eine zweigeteilte, durch eine Scheidewand (**1**) getrennte Gebärmutter.*

F *Primaten, also auch der Mensch, besitzen einen Uterus simplex. Dieser Typ ist ungeteilt und besonders ausgeprägt.*

Nahrung aus Sonnenlicht

Die Photosynthese der Pflanzen

Alles Leben auf der Erde ist von der Sonnenenergie abhängig. Grüne Pflanzen, Algen und einige Bakterien können die Sonnenenergie mit Hilfe der Photosynthese in chemische Energie umwandeln, die in Form von Zucker gespeichert wird. Jahr für Jahr werden über 150 Milliarden Tonnen Zucker photosynthetisch erzeugt. Auch die heutige Atmosphäre verdankt ihre Zusammensetzung der Photosynthese. Denn ein wichtiges Nebenprodukt dieses Prozesses ist Sauerstoff, der in die Atmosphäre gelangt. So stieg in den letzten 2 Milliarden Jahren die Sauerstoffkonzentration der Atmosphäre um das 50fache.

Die pflanzliche Photosynthese findet in besonderen Zellorganellen, den Chloroplasten, statt. Chloroplasten enthalten Chlorophyll als zur Photosynthese notwendiges grünes Pigment, das die Sonnenenergie einfängt und absorbiert. Dabei entstehen in einer komplizierten biochemischen Reaktionsfolge einfache Kohlenstoffverbindungen und Zucker. Die Kohlenstoffatome zum Aufbau dieser organischen Verbindungen werden aus dem Kohlendioxid in der Luft gewonnen. Gleichzeitig wird Wasser bei der sogenannten Photolyse in seine Bestandteile Wasserstoff und Sauerstoff zersetzt. Während Wasserstoff zur Reduktion des Kohlenstoffs nötig ist, kann Sauerstoff als Abfallprodukt entweichen.

Die Pflanze braucht Zucker als Brennstoff für die Atmung. Durch die Atmung wird chemische Energie erzeugt, mit deren Hilfe die für das Überleben und das Wachstum notwendigen biochemischen Reaktionen ablaufen können. Darüber hinaus entsteht Kohlendioxid als Abfallprodukt, das dann wieder bei der Photosynthese verwendet werden kann. Die bei der Photosynthese gebildeten einfachen organischen Verbindungen dienen auch als Ausgangsstoffe für die Synthese aller anderen Zellbausteine wie Proteine, Nucleinsäuren, Polysaccharide und Lipide. Die Pflanzen speichern Nährstoffe im allgemeinen in Form von Rohrzucker und Stärke.

Photosynthese nutzt nur geringen Teil des Lichts

Innerhalb einer Nahrungspyramide geht beim Übergang von einer Stufe zur nächsten (von der Pflanze zum Pflanzenfresser, von dort zum Fleischfresser usw.) jedesmal Energie verloren. Wäre es nicht möglich, durch die Photosynthese den schier unerschöpflichen Energievorrat der Sonne zu nutzen, wäre das Leben auf der Erde schnell zu Ende. Überleben könnte nur eine kleine Gruppe von Bakterien, die imstande sind, die chemische Energie zu nutzen, die in einfachen anorganischen Stoffen enthalten ist.

Dabei ist die Photosynthese kein sehr effektiver Weg, die Sonnenenergie in Nährstoffe zu verwandeln. Nur 1–3 % des Lichtes, das auf ein Blatt auftrifft, wird absorbiert, und auch davon wird nur ein Teil in Nahrungsenergie umgewandelt.

Einige Wüstenpflanzen etwa, die besonders intensivem Licht, hohen Temperaturen und niedriger Luftfeuchtigkeit ausgesetzt sind, halten ihre Spaltöffnungen tagsüber geschlossen, um einen Wasserverlust zu verhindern, und können daher auch nur sehr viel weniger Kohlendioxid aufnehmen. Viele tropische Pflanzen und Wüstenpflan-

Leitungswege der Pflanze
A *Kohlendioxid (CO_2) und Wasser sind die anorganischen Rohstoffe der Photosynthese. Das Kohlendioxid diffundiert durch die Spaltöffnungen (Stomata, **1**) im Blatt und durch die Zwischenzellräume (**2**) des Mesophylls. Das Wasser wird von den Wurzeln aufgenommen und über verholzte Leitgefäße (Xylem, **3**) herangeführt. Die Produkte der Photosynthese – einfache wasserlösliche Zucker – gelangen in die Siebröhren (Phloem, **4**) und werden von dort aus im Pflanzenkörper verteilt.*

Der Aufbau der Chloroplasten
B *Die Photosynthese findet in besonderen Zellstrukturen, den Chloroplasten, statt. Sie sind von einer Doppelmembran (**1**) umgeben, die eine Flüssigkeit, das Stroma (**2**), einschließt. Ein weiteres Membransystem innerhalb der Chloroplasten besteht aus vernetzten, flachen, sackförmigen Strukturen, den sogenannten Thylakoiden (**3**). Aufeinandergeschichtet*

bilden sie ein Grana genanntes Gebilde. Die Chloroplasten enthalten photosynthetisch aktive Pigmente, deren wichtigstes das Chlorophyll ist. Es absorbiert das Licht hauptsächlich im blauen, violetten und roten Bereich des Spektrums. Grünes Licht wird nicht absorbiert, sondern reflektiert. Deshalb erscheinen die Blätter grün. Photosynthese schließt komplexe Folgen chemischer Reaktionen ein. Man teilt diese ein in lichtabhängige Reaktionen, die sich in den Thylakoiden abspielen, und lichtunabhängige Reaktionen, die im Stroma stattfinden.

zen haben trickreiche Strategien entwickelt, um dennoch ausreichend Photosynthese betreiben zu können. Die Photosyntheserate einiger tropischer Nutzpflanzen wie Mais, Zuckerrohr und Mohrenhirse kann deshalb netto zwei- bis dreimal höher sein als die von Weizen und Reis.

Der Wirkungsgrad der Photosynthese wird auch durch eine Besonderheit im Stoffwechsel vieler Pflanzen beeinflußt: Eine gewisse Menge von photosynthetisch gebundenem Kohlenstoff wird fast sofort durch die Lichtatmung in Kohlendioxid zurückverwandelt – und zwar besonders dann, wenn die Kohlendioxidkonzentration niedrig ist. Dieser verschwenderische Prozeß ähnelt der normalen Atmung insofern, als er Sauerstoff verbraucht und Kohlendioxid erzeugt. Im Gegensatz zur Atmung findet er aber nur bei Licht und in anderen Strukturen, den Peroxisomen, statt. Ein Nutzen der Lichtatmung liegt vermutlich im Schutz vor der Photooxidation, bei der Sauerstoff unter Lichteinwirkung den Photosyntheseapparat schädigen kann.

Siehe auch: **Atmosphäre**, *S. 78/79* **Entstehung des Lebens**, *S. 96/97* **Pflanzliche Zellen**, *S. 102/103* **Tierische Zellen**, *S. 104/105*

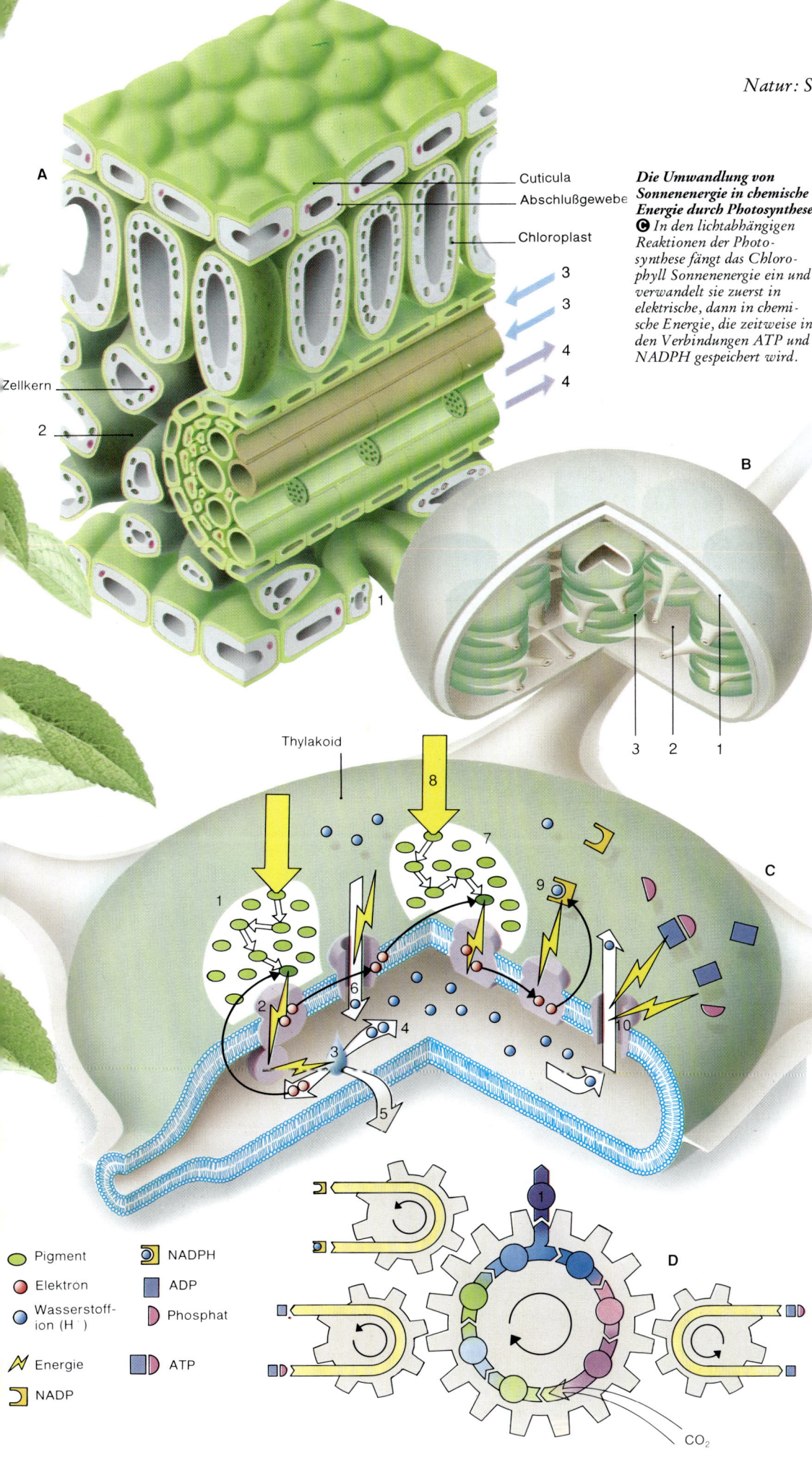

Cuticula
Abschlußgewebe
Chloroplast

Zellkern

2

Thylakoid

A

B

C

D

Pigment

Elektron

Wasserstoff-ion (H⁻)

Energie

NADP

NADPH

ADP

Phosphat

ATP

CO₂

Die Umwandlung von Sonnenenergie in chemische Energie durch Photosynthese
C In den lichtabhängigen Reaktionen der Photosynthese fängt das Chlorophyll Sonnenenergie ein und verwandelt sie zuerst in elektrische, dann in chemische Energie, die zeitweise in den Verbindungen ATP und NADPH gespeichert wird.

Diese Verbindungen werden später für die lichtunabhängige Zuckersynthese aus Kohlendioxid benötigt. Die Ausrüstung für die lichtabhängigen Reaktionen befindet sich auf der Thylakoidmembran. Lichteinfangende Pigmente, vor allem Chlorophyll, sind auf der Membran des Thylakoidsacks in Photosystemen (1) angeordnet. Wenn das Licht ein Pigmentmolekül trifft, wird eines seiner Elektronen auf ein höheres Energieniveau gehoben und durch das Photosystem zu einem Elektronenakzeptor in der Membran weitergeleitet (2). Das entstandene Elektronendefizit im Photosystem wird durch die Spaltung von Wasser (Photolyse, 3) wieder ausgeglichen. Gebildet werden Wasserstoffionen (Protonen bzw. H⁺, 4) und Sauerstoff (O₂, 5). Das ursprüngliche energiereiche Elektron kommt zu einem weiteren Elektronenakzeptor. Dabei wird ein Teil seiner Energie dazu verwendet, weitere H⁺-Ionen in den Thylakoidsack (6) zu »pumpen«. Das Elektron gelangt in ein zweites Photosystem (7), das ebenfalls Licht absorbiert (8) und dabei das Elektron wieder auf ein höheres Energieniveau hebt. Nun wird es durch andere Elektronenakzeptoren geleitet. Dabei gibt es einen Teil seiner Energie ab, um die Synthese von NADPH aus NADP und Protonen (H⁺) zu ermöglichen (9). Durch diese Vorgänge erhöht sich die Wasserstoffionenkonzentration im Thylakoidsack auf das Tausendfache im Vergleich zu der des Stromas. So entsteht eine hohe Konzentrationsdifferenz. Beim Streben nach einem Konzentrationsausgleich wird ein Enzym, die ATP-Synthetase (10), aktiviert, die die Bildung von ATP aus ADP und Phosphat katalysiert.

Die Bildung von Zucker
D Die energiereichen Verbindungen ATP und NADPH werden benutzt, um die Bildung von Zucker in den lichtunabhängigen Reaktionen anzukurbeln. Bis aus Kohlendioxid (CO₂) Zucker (1) als Endprodukt der Photosynthese vorliegt, müssen viele Reaktionen ablaufen, die alle Energie verbrauchen.

Bakterien, S. 106/107   **Algen**, S. 112/113

Pflanzen auf Insektenjagd

Warum manche Pflanzen Fleischfresser sind

Das hellgrüne Fettkraut sieht auf den ersten Blick recht harmlos aus, und doch bedeuten seine glitzernden Blätter für ein unachtsames Insekt den Tod. Das Fettkraut ist eines der Fleischfresser im Pflanzenreich. Die tödliche Schnappfalle der Venusfliegenfalle kann in Sekundenbruchteilen zuschnappen und Insekten mit Hilfe eines Enzymcocktails langsam verdauen. Andere fleischfressende Pflanzen, wie die Nepenthespflanzen auf Borneo und Malaysia, sind so groß, daß sie in ihren Kannenblättern mitunter Vögel oder sogar kleine Säugetiere erbeuten. Unfähig zu entkommen, werden sie von der Pflanze verdaut.

Alle Pflanzen benötigen eine Reihe von Grundnährstoffen, z. B. Kohlenstoff, Stickstoff, Sauerstoff, Phosphate, Kalium und andere Mineralstoffe sowie verschiedene Spurenelemente. Sie sind lebenswichtig für die Pflanzen und ermöglichen ihnen den Aufbau neuer Pflanzensubstanz. Sauerstoff nehmen sie aus der Atmosphäre auf, Kohlenstoff erhalten sie in Form von Kohlendioxid aus der Luft. Nährstoffe wie Stickstoff, Kalium und Phosphate hingegen ziehen die meisten Pflanzen aus dem Boden. Doch einige Pflanzen wachsen an Standorten, die sowohl arm an Nitraten (der Hauptstickstoffquelle für Pflanzen) als auch an anderen Mineralien sind. An diesen moorigen und sumpfigen Standorten ist der wassergetränkte Boden meist so sauer, daß Bodenbakterien, die sonst den Stickstoff aus Ammonium und Nitriten in von Pflanzen bevorzugte Nitrate umwandeln, dort kaum oder gar nicht vorkommen. Die Pflanzen glichen diesen Stickstoffmangel aus, indem sie zu Fleischfressern wurden. Ihren Stickstoffbedarf decken sie durch Verdauen der Proteine aus dem Körper von Insekten und anderen kleinen Tieren, die sie mit Hilfe einer ganzen Palette zum Teil bizarr gestalteter Fallen fangen. Viele fleischfressende Pflanzen können aber zumindest zeitweise auch auf Insektenfang verzichten, wenn der Boden ihnen genügend Nährstoffe liefert.

Tödliche Fallen

Insektenfressende Pflanzen haben außerordentlich vielschichtige Strategien entwickelt, um ihre Beute zu fangen. Die Blätter des Sonnentaus sind mit klebrigen Tentakeln bedeckt. Ein Insekt, das auf einem solchen Blatt landet, sitzt in der Falle. Die Blätter krümmen sich nach innen und drücken das gefangene Insekt zur Blattmitte. Äußerst wirksame Verdauungsenzyme in einer Flüssigkeit, die aus Drüsenköpfchen an der Spitze der Tentakeln abgegeben wird, verflüssigen den Körperinhalt des Insekts sehr schnell, und das Blatt absorbiert die lebensnotwendigen Substanzen.

Kannenpflanzen besitzen zu bauchigen Kannen umgewandelte Schlauchblätter, in denen sich Insekten verfangen. Bei einigen Arten dient der verwesende Körper gefangener Insekten den Larven bestimmter Fliegen, die gegen die Verdauungsenzyme der Pflanzen resistent sind, als Futter. Einige Vogelarten machen sich dies zunutze: Sie sind darauf spezialisiert, die Seiten der Kannen aufzuschlitzen, um an die Fliegenmaden zu gelangen.

Die Größe der Kannen variiert von Art zu Art erheblich. Die größten Kannenpflanzen sind die tropischen Nepenthesarten aus den Regenwäldern

A

Der Tod lauert am Grund

Ⓐ *Die hohlen, kannenförmigen Fallenblätter der Nepenthespflanzen stehen aufrecht am Ende des langen Schlauchblattes. Jede Kanne trägt einen Schirm, der die starken tropischen Regenfälle abhalten soll (1). Insekten werden durch die buntgefärbten Kannen und einen süßen, zuckrigen Nektar, den Drüsen am oberen Rand der Kanne produzieren (2), angelockt. Doch die Oberfläche des Kannenrandes ist glatt, und die meisten Insekten, die die Pflanze besuchen, verlieren den Halt und fallen in die Kanne. Da die innere Oberfläche mit kurzen, stacheligen, nach unten gerichteten Haaren besetzt ist, können sie kaum entkommen. Die Insekten ermüden schnell in ihrem Kampf und ertrinken in der mit einer wäßrigen Lösung voller Verdauungsenzyme gefüllten Kanne. Diese Enzyme werden von Drüsen am Kannenboden (3) abgesondert. Die Insekten werden langsam aufgelöst und verdaut. Übrig bleibt nur das unverdauliche Chitinskelett.*

Klebriger Schleim

Ⓑ *Die Blätter des Europäischen Fettkrautes funktionieren wie Fliegenfänger. Ein klebriger Schleim wird von gestielten Drüsen abgegeben (1). Wenn Insekten auf einem Blatt landen, ziehen sie beim Versuch zu flüchten den Schleim in lange Fäden, die antrocknen und sie*

Malaysias und Borneos. Bei Regengüssen füllen sich die Kannen mit Wasser. Sie sind manchmal so groß, daß Vögel und sogar kleine Säugetiere darin ertrinken und verdaut werden.

Am anderen Ende der Größenskala findet sich der in Europa vorkommende Wasserschlauch. Wasserschlauchgewächse schwimmen auf oder dicht unter der Wasseroberfläche, wo nur wenig Stickstoff verfügbar ist. Die stark geschlitzten Blätter des Wasserschlauches tragen kleine, halbdurchsichtige und mit Luft gefüllte blasenförmige Fallen. Jede Blase besitzt einen von einer Klappe verschlossenen »Mund«, der an seinem freien Ende mehrere starre Borsten trägt. Wenn ein kleines Tier wie ein Wasserfloh oder eine Moskitolarve gegen die hebelartig wirkenden Borsten stößt, springt die Klappe auf, und das Opfer wird zusammen mit dem einströmenden Wasser in die Blase des Wasserschlauchs geschwemmt. Die Klappe springt sofort in ihre Ausgangsposition zurück, und das Tier sitzt in der Falle.

festhalten (2). Die Befreiungsversuche des Insekts bewirken, daß das Blatt sich zusammenrollt (3). Es bildet einen »temporären Magen«, in den aus ungestielten Drüsen Verdauungsenzyme abgegeben werden. An der Spitze der Drüsen (4) speichern Vakuolen (5) und die Zellwände sekretorischer Zellen Enzyme (6). Der Beutefang löst einen Wasserschwall aus, der aus dem Gefäßsystem des Blattes (7) stammt, die Drüse durchspült und die Verdauungsenzyme über die Blattoberfläche (8) verteilt. Das Insekt liegt so in einer Pfütze aus Enzymen. Sein verflüssigter Körperinhalt wird absorbiert (9) und in der Pflanze verteilt (10).

Siehe auch: Photosynthese, S. 158/159   Parasitäre Pflanzen, S. 162/163

C

B

Enzyme

verdaute
Körpersubstanzen

Schnappfallen

C *Die Venusfliegenfalle kommt in den Sumpfgebieten im Osten der Vereinigten Staaten vor. Ameisen, Spinnen und Fliegen bilden ihre bevorzugte Beute, sie kann aber auch andere kleine Tiere wie Gehäuseschnecken und Nacktschnecken fangen. Die Blattspreiten der Venusfliegenfalle haben sich in zwei nierenförmige Hälften (1) umgebildet, die an der Blattmittelrippe (2) als Drehachse sitzen. Die Spreiteninnenseiten sind mit Drüsen bedeckt, die einen Insekten anlockenden Zuckernektar abgeben (3). Auf der Innenseite jeder Fangblatthälfte (4) stehen*

drei feine Fühlhaare (5). Wenn diese Haare in schneller Folge von einem Insekt berührt werden, verursacht dies an den Membranen der motorischen Zellen (6), die in der Mittelrippenregion sitzen, eine Änderung der Durchlässigkeit für Wasser. Diese Zellen bauen ihren Innendruck sehr schnell ab und erschlaffen, so daß der Druck der äußeren Epidermiszellen die beiden Blatthälften zusammenschnappen läßt (7). In Sekundenbruchteilen hat sich die Falle genügend weit geschlossen, um die Flucht größerer Insekten zu verhindern (8). Durch das Zappeln der Beute schließt sich die Falle ganz. Die Körpersubstanzen des Insekts werden durch Säuren und Enzyme abgebaut und schließlich absorbiert. Wenn zuletzt alle verwertbaren Bestandteile des Insektenkörpers verdaut sind, was Tage oder auch Wochen dauern kann, öffnen sich die Fangblätter erneut und scheiden die harten, unverdaulichen Reste aus.

Die Vampire unter den Pflanzen

Wie parasitäre Pflanzen einen Wirt finden

Etwa 1% aller Blütenpflanzen – das sind rund 3000 Arten – hat eine eigentümliche Lebensweise entwickelt. Diese Arten leben als Schmarotzer oder Parasiten auf Kosten von anderen Pflanzen. Vermutlich finden sie ihren Wirt, indem sie charakteristische Signalstoffe wahrnehmen. Sie zapfen den Wirtskörper an, um sich mit den nötigen Nährstoffen zu versorgen. Diese ungewöhnliche Lebensweise hat sonderbare Pflanzen hervorgebracht, wie z. B. die Riesenblüten der Rafflesia arnoldii. Großen wirtschaftlichen Schaden richten parasitäre Pflanzen an, wenn sie Nutzpflanzen befallen.

Der Erfolg von Parasiten, ob Pflanze oder Tier, ist in hohem Maße von der Strategie abhängig, einen geeigneten Wirt zu finden. Ein tierischer Parasit erkennt den potentiellen Wirt, indem er seine Sinne einsetzt. Er kann den Wirt in der Regel auch selbst ansteuern. Dagegen können parasitäre Pflanzen ihr Schicksal kaum selbst bestimmen. Ihre Samen müssen direkt auf den Wirt fallen oder zumindest in seiner Nähe zur Keimung gelangen. Trotz dieser Schwierigkeiten sind parasitäre Blütenpflanzen in fast allen Ökosystemen zu finden.

Photosynthese wird überflüssig

Parasitäre Pflanzen entziehen ihrem Wirt alles, was sie zum Leben benötigen — Wasser, Mineralstoffe und energiereiche Zucker, die der Wirt durch seine photosynthetische Aktivität gebildet hat. Den Zugang zu diesen Wirtsquellen verschaffen sie sich, indem sie eigene Verbindungsrohre ausbilden. Daher brauchen die sogenannten Voll- oder Holoparasiten selbst keine Photosynthese mehr zu betreiben. Sie haben diese Fähigkeit im Laufe ihrer Entwicklung verloren, so fehlen ihnen die dazu benötigten grünen Farbstoffe (Chlorophylle) bzw. die entsprechenden Assimilationseinrichtungen zum Teil völlig. Die Sommerwurz z. B. enthält keine Chlorophylle mehr. Ihre Blätter sind zu gelblichen Schuppen verkümmert. Andere Parasiten, z. B. die auf Bäumen wachsende Mistel, können nur noch in gewissem Umfang selbst Photosynthese betreiben. Man nennt diese Parasiten auch Halbschmarotzer oder Hemiparasiten.

Parasiten saugen ihren Wirt aus

Einige parasitäre Pflanzen, z. B. der Teufelszwirn, heften sich erfolgreich an höchst verschiedenartige Wirte. Andere sind sehr wählerisch. Um einen passenden Wirt zu finden, verstreuen manche Schmarotzer Hunderttausende von kleinen Samen, die mit dem Wind über große Entfernungen fortgetragen werden.

Ist der Same einer Schmarotzerpflanze bei einem geeigneten Wirt angelangt, dann keimt er, und der junge Keimling heftet sich an die Wirtspflanze. Bei einigen Arten wurde nachgewiesen, daß die Keimung und das Wachstum durch Stoffe angeregt werden, die für die Wirtspflanze charakteristisch sind. Solche wirtsspezifischen Signalstoffe zeigen der Schmarotzerpflanze an, daß sie ihr Ziel erreicht hat. Der Zapfvorgang wird durch die Ausbildung der sogenannten Haustorien (Saugorgane) eingeleitet. An den Kontaktstellen mit dem Wirt beginnt das Gewebe des

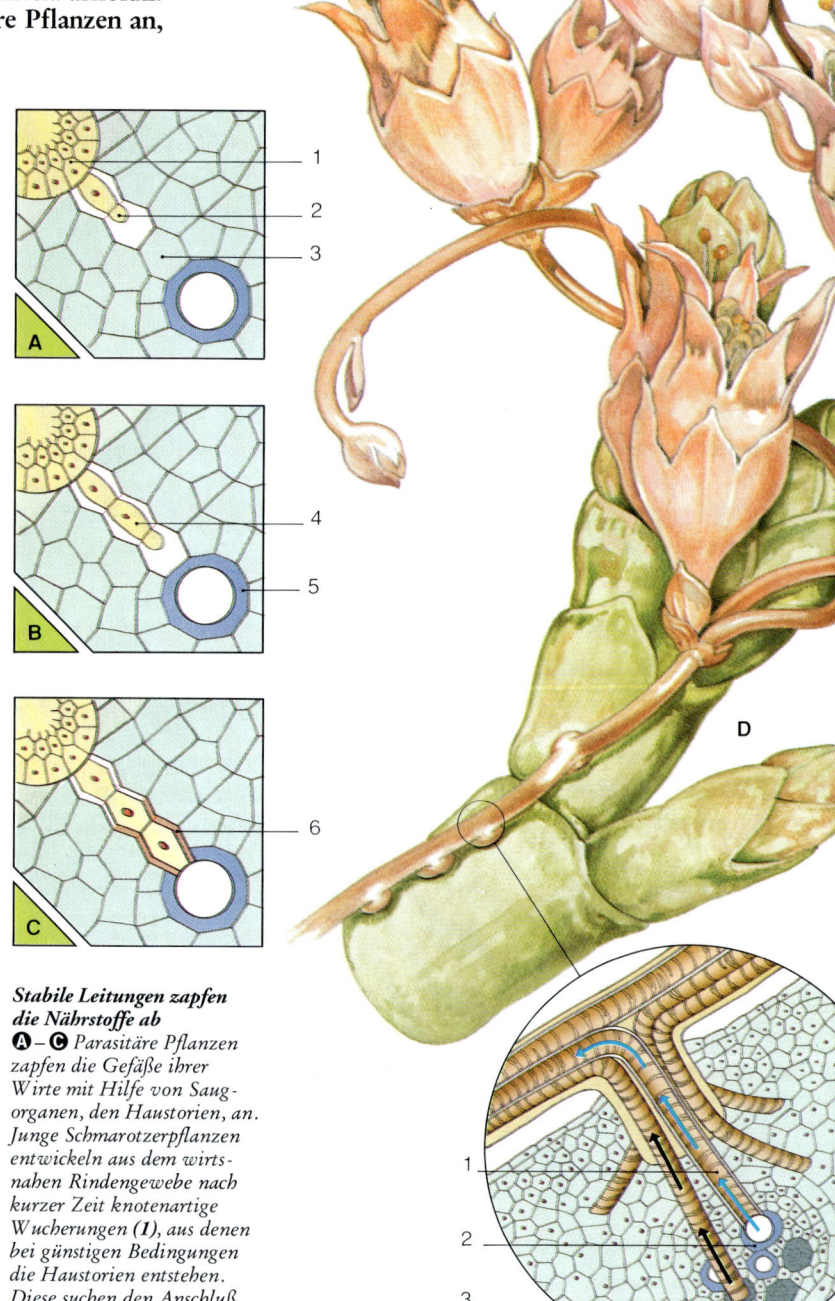

Stabile Leitungen zapfen die Nährstoffe ab

A – C *Parasitäre Pflanzen zapfen die Gefäße ihrer Wirte mit Hilfe von Saugorganen, den Haustorien, an. Junge Schmarotzerpflanzen entwickeln aus dem wirtsnahen Rindengewebe nach kurzer Zeit knotenartige Wucherungen (**1**), aus denen bei günstigen Bedingungen die Haustorien entstehen. Diese suchen den Anschluß an das Leitgewebe des Wirtes, indem sie sich zwischen die Zellen des Wirtsgewebes (**3**) schieben. Die Spitzenzellen (**2**) teilen sich und bilden feine Stränge (**4**), die immer tiefer in das Grundgewebe einwachsen. Dabei setzen sie Enzyme frei, die die Zellwände*

*auflösen. Sobald der Zellstrang das wasserleitende Xylem (**5**) des Wirtes erreicht hat, werden seine Zellwände verstärkt und verholzen (**6**, braun gekennzeichnet), Zwischenwände werden aufgelöst. Damit entsteht ein stabiles Wasser-Leitgefäß*

zwischen Wirt und Parasit. Andere Zellfäden bauen entsprechende Verbindungen zum Phloem des Wirtes auf, um an die zuckerhaltigen Leitbahnen zu gelangen.

Siehe auch: Bedecktsamige Blütenpflanzen, *S. 118/119* Samen und Früchte, *S. 138/139*

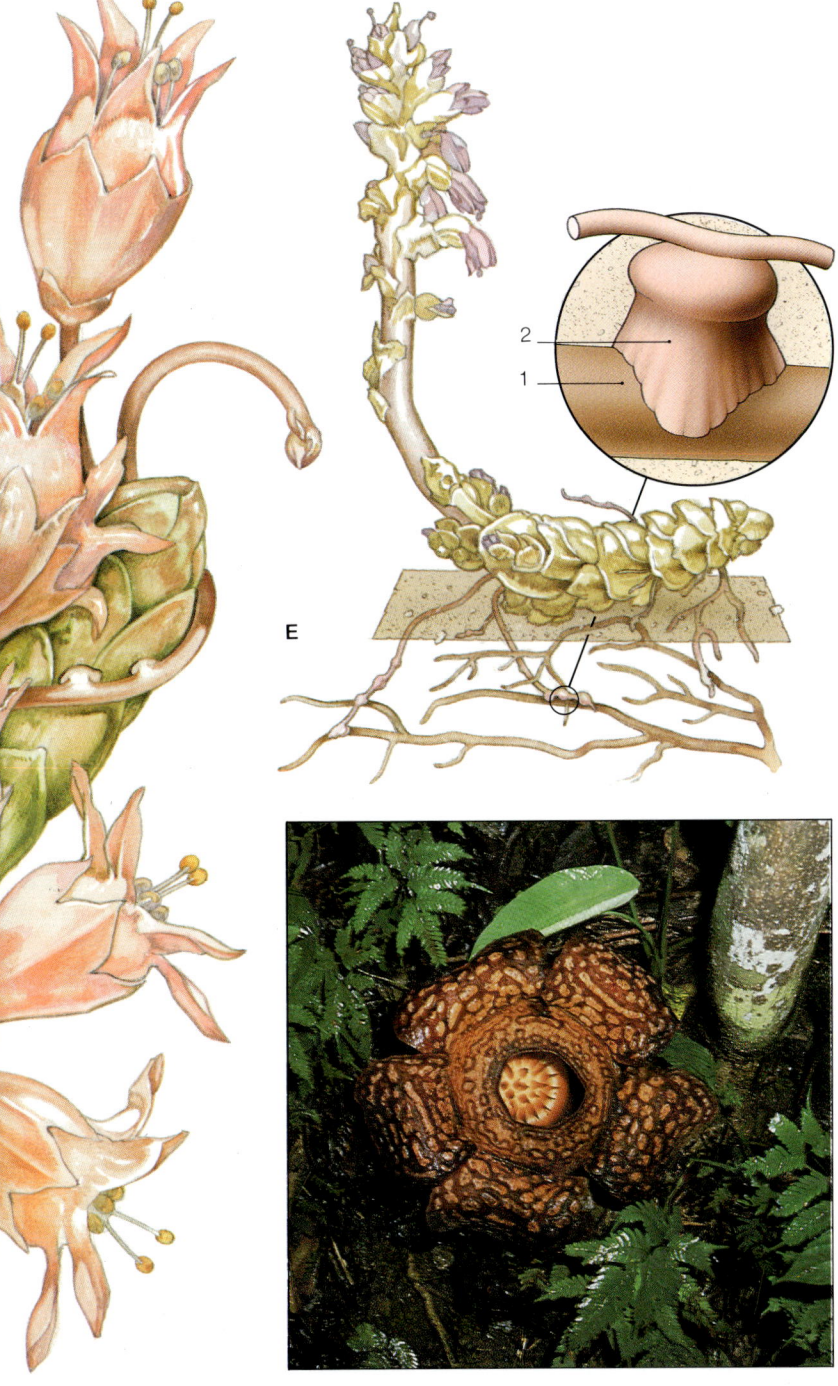

Wurzelparasiten
E *Die Schuppenwurz setzt sich an den Wurzeln von Blütenpflanzen fest (1). Die Haustorien entspringen einem polsterartigen Gebilde (2), das die Wirtswurzel umklammert. Sogar elektrische Leitungen sollen schon von derartigen Haustorien angegriffen worden sein.*

Die Suche nach dem Wirt
Das größte Problem für parasitäre Pflanzen besteht darin, einen neuen Wirt zu finden. Arten der Gattung Striga (unten) bilden über 100 000 Samen aus und verbreiten sie mit dem Wind. Mistelfrüchte können ihre Samen über eine Entfernung von 15 m wegschleudern.

Blüten mit Aasgeruch
Die Riesen-Rafflesie (links) wächst in den Urwäldern von Borneo und Sumatra. Diese Parasiten haben fast alle typischen Organe einer Blütenpflanze, z. B. Wurzeln und Stengel, verloren. Sie leben als Geflecht in den Wurzeln von Vitis-Arten. Rafflesia bildet Riesen- *blüten mit einem Durchmesser von über 1,5 m aus. Diese verströmen einen aasähnlichen Geruch, der die Bestäuber, die Uferaasfliegen, anlockt. Nach der Bestäubung bilden sich klebrige Beeren, die von früchtefressenden Nagetieren verzehrt und verbreitet werden.*

Der Teufelszwirn umschlingt seinen Wirt
D *Der Teufelszwirn besitzt kein Chlorophyll. Er nimmt sich die notwendigen Nährstoffe, indem er eine andere Pflanze anzapft. Weil er selbst keine Photosynthese betreibt, sind seine Blätter zu Schuppen reduziert. Die Samen des Teufelszwirns keimen und bilden vorübergehend eine kleine selbständige Pflanze. Sobald der rosafarbige Sproß mit einer anderen Pflanze in Kontakt kommt, wird die Wurzel zurückgebildet. Der Sproß windet sich eng um den Wirt und bildet Haustorien (1) aus, die dem Xylem (2) und Phloem (3) des Wirtes die notwendigen Nährstoffe entziehen.*

Schmarotzers verstärkt zu wachsen und dringt in den Wirt ein, es wird eine direkte Verbindung mit dem Gefäßsystem des Wirtes hergestellt. Gleichzeitig verbindet sich das Haustorium so eng mit dem Wirtsgewebe, daß der Kontakt nicht mehr gelöst werden kann.

Je nach Art des Parasiten zapfen sie die Wirte an unterschiedlichen Stellen an. Orobanche-Arten, auch Würger genannt, setzen sich an den Wurzeln fest. Dazu verwenden sie ihre eigenen Wurzeln. Andere Parasiten haben unterirdische Sprosse, die Haustorien ausbilden, welche die Wirtswurzel befallen. Verschiedentlich senden solche Arten Blütentriebe an die Oberfläche, während der Rest des Körpers unter der Bodenoberfläche bleibt. Der Teufelszwirn ist in der Lage, sich selbständig am Untergrund zu entwickeln, solange er keinen geeigneten Wirt findet. Wird ein Kontakt mit einem Wirt hergestellt, so wird dieser umschlungen, und Haustorien werden ausgebildet. Das Wirtserkennungssystem des Teufelszwirns

scheint nicht sehr stark ausgeprägt zu sein. Es wurden Exemplare gefunden, die sich selbst parasitierten.

Kulturpflanzenschädlinge

In tropischen Regionen richten Schmarotzerpflanzen erhebliche Schäden an. In Afrika können Rachenblütler der Gattung Striga den Ertrag von Mohrenhirse und Mais bis zu über 90 % mindern. Misteln schädigen australische Eukalyptus-Plantagen so stark, daß nur 50 % der Ernte übrigbleiben. In den Vereinigten Staaten schließlich richtet der Teufelszwirn, der auf Klee, Nesseln und Weiden parasitiert, große Schäden an. Die Bekämpfung der schmarotzenden Kulturschädlinge ist äußerst schwierig. Die mechanische Entfernung ist wegen der innigen Verbindung zwischen Parasit und Wirt meist nicht möglich. In manchen Fällen ist eine chemische Bekämpfung mit Herbiziden erfolgreich, sofern die zu schützenden Feldfrüchte eine solche Behandlung vertragen.

Photosynthese, S. 158/159 Pflanzenernährung, S. 160/161

Blutsauger und andere Schmarotzer

Ektoparasiten leben auf Tieren und Menschen

Im Mittelalter starben die Menschen, die sich mit Krätzmilben infiziert hatten, einen qualvollen Tod. Diese winzigen Spinnentiere, kaum größer als ein Punkt, bohren Gänge in die Haut, in denen sie sich vermehren, wodurch es zu Beulenbildungen kommt. Sobald die Milben geschlechtsreif sind, kriechen sie aus den eigroßen Beulen aus. Heute kann man Krätzmilbeninfektionen mit speziellen Salben relativ leicht behandeln. Ektoparasiten – Parasiten, die auf oder in der Haut leben – ernähren sich von Stoffen, die sie auf oder unter der Haut ihres Wirtes finden.

Parasiten des Menschen
Ⓐ *Manche Ektoparasiten leben auf oder dicht bei Menschen. Die Filzlaus (1) bevorzugt Körperregionen mit lichtem Bewuchs an groben Haaren, einer ihrer Lieblingsorte ist daher die Schamregion. Die Krätzmilbe (2) kann man mit bloßem Auge kaum erkennen. Sie verursacht die früher lebensgefährliche Krätze. Die Kleiderlaus (3) ist einer der gefährlichsten Parasiten, sie überträgt Bakterien, die Fleckfieber, Rückfallfieber oder Pest verursachen. Die Bettwanze (4) ist weltweit verbreitet. Tagsüber inaktiv, saugt sie nachts beim Menschen Blut.*

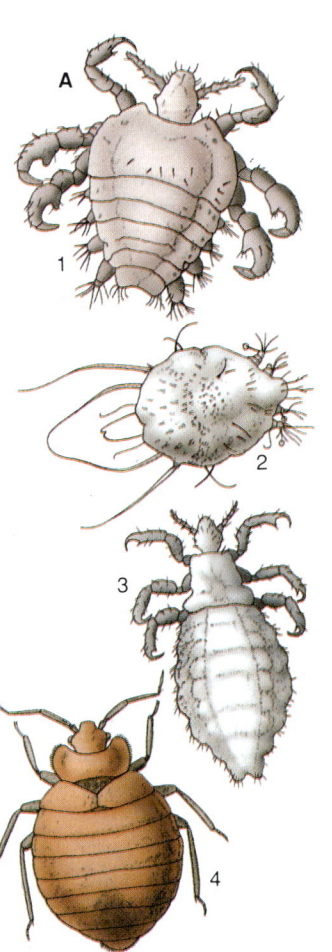

Ektoparasiten siedeln sich auf der Körperoberfläche des Wirts an und sind meist weniger schädlich als die im Körperinneren lebenden Endoparasiten. Dennoch können Blutsauger wie Zecken und andere Milben Krankheitserreger verbreiten. Diese werden über den Speichel dieser Parasiten übertragen und können für die Auslösung verschiedener Fleckfieberarten und sogar des Buschfleckfiebers, das in Asien sehr verbreitet ist, verantwortlich sein. Parasiten sind häufig wirtsspezifisch – d.h., daß in der Regel eine Parasitenart auf ihrer ganz bestimmten Wirtsart lebt. Normalerweise parasitiert ein Katzenfloh nur auf einer Katze und der Menschenfloh nur auf Menschen.

Den »Wohnsitz« beziehen

Eines der größten Probleme für einen Ektoparasiten ist es, sich auf der Oberfläche seines Wirtes festzuheften. Zwar setzen sich nicht alle Parasiten ihr ganzes Leben lang fest, aber auch die sich meist frei bewegenden oder pflanzensaftsaugenden Fluginsekten müssen sich zumindest während ihres »Angriffs« auf der Haut oder dem Pflanzenstengel festsaugen. Andere Parasiten verbringen dagegen ihr gesamtes Leben an einen Wirt geklammert.

Die haarige Oberfläche eines Säugerwirtes ist für Ektoparasiten, die mehr oder weniger Dauerbewohner sind, besonders günstig. Haare und Pelz können Zecken, Flöhe, Läuse und andere Parasiten beherbergen. Haarsträhnen bieten den Klauen einer Milbe Verankerungspunkte.

Die Schuppenhaut der Reptilien scheint eher ungünstig für Ektoparasiten zu sein, dennoch haben viele parasitische Spinnentiere sich auf ein Leben in dieser »unwirtlichen« Umgebung spezialisiert. So zwängen sich Zecken und andere Milben zwischen die Schuppen von Schlangen und Eidechsen.

Auch Insekten können Parasiten als Wirt dienen. Wiesenameisen etwa sind Wirte für kleine Milben der Gattung Antennophorus, einen Parasiten, der sich unterhalb der Kauladen der Ameise mit sechs spezialisierten, hakenförmigen Beinen festheftet. Seine beiden restlichen Beine sind erheblich länger und werden dazu benutzt, die Antennen der Ameise zu betrommeln. Solche Berührungsreize sind für die Ameise ein Signal, einen Tropfen Futter hervorzuwürgen, den dann die Milbe aufsaugt.

Für einen Ektoparasiten gestaltet sich der Wechsel auf ein neues Wirtsindividuum verhältnismäßig einfach. Die günstigste Gelegenheit ergibt sich immer dann, wenn zwei Wirtsindividuen in sehr engen körperlichen Kontakt miteinander treten. Ektoparasiten, die überall reichlich vorkommen, können auch für einige Zeit ihren Wirt verlassen und ihn später wieder besteigen, wie dies bei Flöhen häufig der Fall ist.

Parasitenbekämpfung

Nur weil Ektoparasiten leichter zu entdecken sind als Endoparasiten, lassen sie sich nicht einfacher bekämpfen. Das Sprühen mit Pestiziden ist deshalb auch nur von geringem Wert und kann die Umwelt erheblich schädigen. Aufgrund des ungeheuren Reproduktionspotentials von parasitischen Insekten entstehen häufig neue genetische Linien, die bereits von Anfang an gegen bestimmte Pestizide resistent sind.

Das Besprühen von parasitischen Pilzen allerdings, die auf der Oberfläche von Pflanzen und Tieren wachsen, mit pilztötenden Fungiziden oder die Verhinderung des Festsetzens solcher Pilze kann häufig außerordentlich effektiv sein.

Blutegel als Diener der Medizin

Vor Beginn der Ära der modernen Medizin war eine der am häufigsten verordneten Behandlungsmethoden der Aderlaß. Er wurde mit Hilfe von medizinischen Blutegeln (Hirudo medicinalis) durchgeführt. Die Wirksamkeit dieser Behandlungsmethode konnte zwar niemals zweifelsfrei bewiesen werden. Dennoch war der Aderlaß in früheren Zeiten so alltäglich, daß der Arzt, der den parasitischen Egel ansetzte, bald selbst nur noch »der Blutegel« genannt wurde. Heute ist dieses Tier in der Natur relativ selten geworden, doch wird der medizinische Blutegel hin und wieder immer noch benutzt, um Hämatome zu heilen – Blutgerinnsel, die eine harte Schwellung verursachen können. Das Antigerinnungsmittel Hirudin im Speichel des Egels baut den Blutpfropfen zuverlässig ab, so daß das Blut wieder fließen kann. Der Egel setzt sich mit Hilfe seines Saugnapfes schmerzlos an dem Wirt fest und saugt Blut, meist ohne daß der Wirt es bewußt wahrnimmt. Hat er sich vollgesogen, läßt der Egel los und fällt ab.

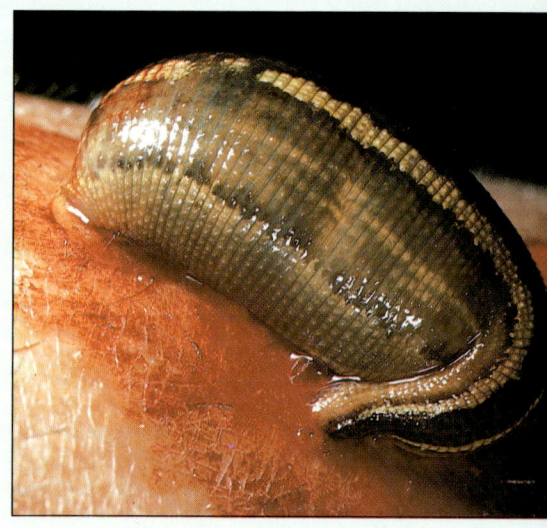

Siehe auch: Wirbellose Tiere, S. 120/121 Fortpflanzung der Wirbellosen, S. 142/143 Symbiose, S. 166/167

Lebenslauf einer Zecke

B *Die dreiwirtige Zecke gehört zur Familie der Schildzecken. Das Weibchen legt etwa 3000 Eier (1). Nach wenigen Wochen schlüpft eine winzige sechsbeinige Larve (2). Sie heftet sich an das Bein eines Wirtstieres, wo sie vier bis fünf Tage Blut saugt (3). Hat sie genug gefressen, läßt sie sich auf den Boden fallen und geht aus einer Häutung als achtbeinige Nymphe (4) hervor. Die Nymphe wartet im Unterholz ab, bis sie sich an ihrem zweiten Wirt festheften kann (5). Auch auf diesem saugt sie einige Tage lang Blut, bevor sie sich erneut fallen läßt und sich in der folgenden Häutung zur adulten Zecke (6) entwickelt. Diese wartet auf dem Boden (7) auf ihren dritten Wirt (8). Zecken müssen sich, um Eier legen zu können, einmal vollständig vollsaugen. Danach lassen sie sich auf den Boden fallen und legen dort Eier ab. Bei der Wahl der Wirte sind einige Arten wirtsspezifisch, andere befallen ein breites Spektrum von Wirten.*

Sprungkünstler Floh

Der Katzenfloh (links) besitzt spezialisierte Hinterbeine, die ihm ermöglichen, von seinem Wirtstier abzuspringen oder wieder aufzusteigen. Er kann, gemessen an seiner Größe, über ungeheure Distanzen springen. Die abgerundete Form seines Kopfes sowie die seitlich zusammengedrückte Körpergestalt erlauben ihm, sich leicht durch das Fell seines Wirtes zu bewegen. Haare an Körper und Beinen bewahren ihn davor, aus dem Fell des Wirtes herauszufallen. Katzenflöhe sind in der Regel wirtsspezifisch, dennoch kommt es vor, daß sie Menschen befallen.

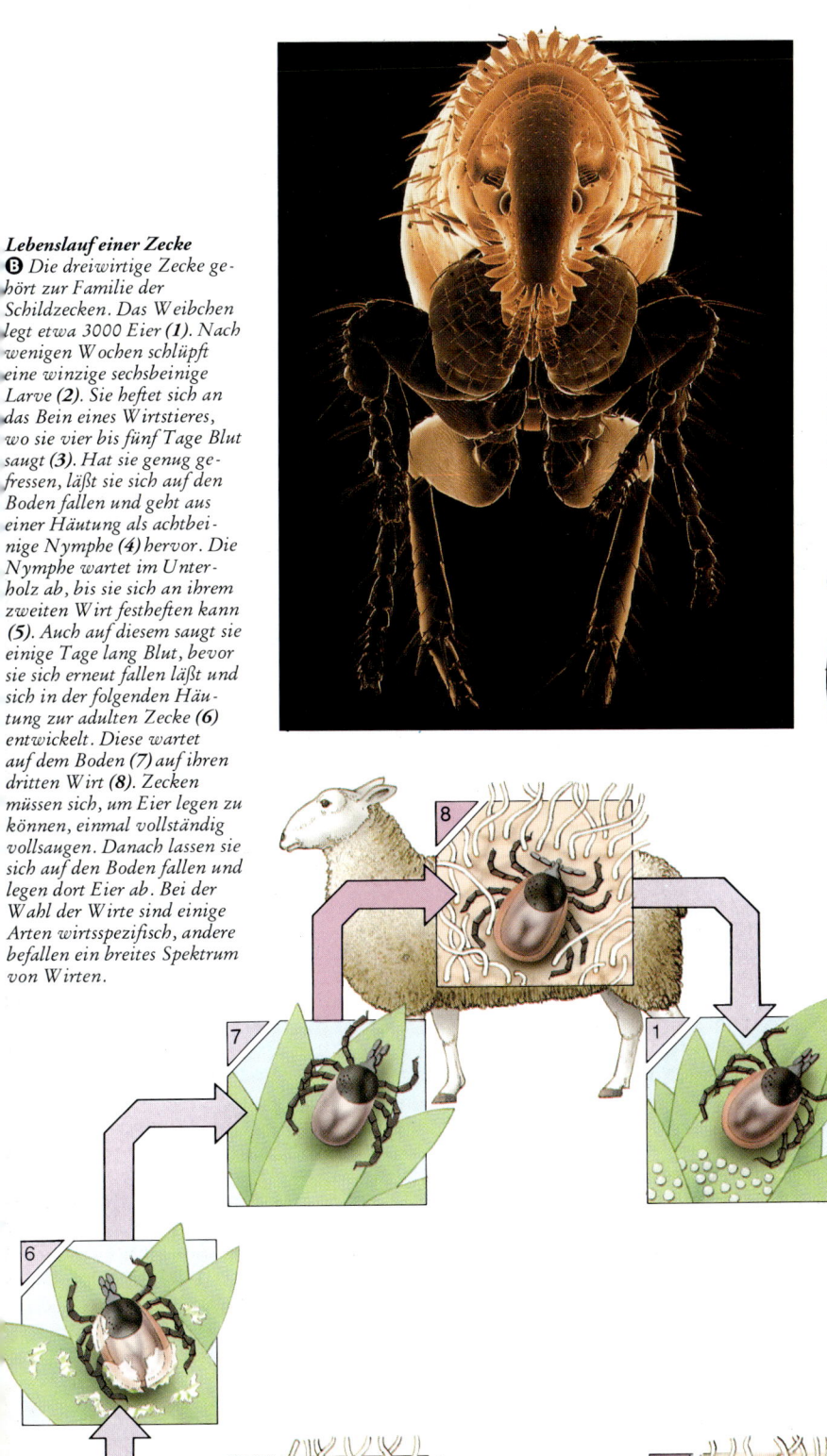

Werkzeuge einer Zecke

Kopf und Mundwerkzeuge einer Zecke sind kräftig entwickelt.
C *Wenn die Zecke auf der Haut nach einem Ort zum Blutsaugen sucht, setzt sie die Pedipalpen (1) wie eine Führungsschiene für das Hypostom (3) ein, das aus den beiden Cheliceren (2) besteht. Dies ermöglicht der Zecke, leichter durch das Fell ihres Wirtes zu klettern.*
D *Will sie fressen, kratzt die Zecke die Haut (4) des Wirtes mit feinen Borsten am Hypostom auf. Wenn die Wunde die richtige Größe hat, führt die Zecke das gesamte Hypostom ein, wobei sie die Pedipalpen zur Seite klappt. Das Blut (5) wird aus dem Wirt über das Hypostom in den Körper der Zecke gepumpt, deren Hinterleib während des Saugens enorm anschwillt.*

Erwerb flüssiger Nahrung, *S. 168/169*

Abhängigkeit zu gegenseitigem Nutzen

Symbiosen zwischen verschiedensten Partnern

In den Eingeweiden der australischen Termiten leben Tausende winzig kleiner Myxotricha-Protozoen. Sie sind für die Termiten von lebenswichtiger Bedeutung, weil sie das von ihnen gefressene, pulverisierte Holz abbauen. Im Gegenzug werden sie mit allen nötigen Nährstoffen versorgt. Die Protozoen selbst beherbergen drei Arten von Bakterien, denen sie ihr Futter liefern: Zwei Arten sitzen auf der äußeren Membran und helfen den Protozoen, sich fortzubewegen. Im Inneren wirkt eine Bakterienart an der Verdauung mit. Diese Beziehungen – Symbiosen genannt – sind für alle Beteiligten von Nutzen.

Neben den klassischen Räuber-Beute-Beziehungen gibt es auch Verbindungen, bei denen ein Organismus indirekt Nutzen aus einem anderen zieht. Dies ist beispielsweise bei den freilebenden Bodenpilzen der Fall, die Pflanzen unbeabsichtigt Nährstoffe liefern, indem sie für ihren eigenen Erhalt totes organisches Material abbauen. Dabei setzen sie u. a. für sie selbst unverwertbare Mineralien frei, die von Pflanzen jedoch benötigt und aufgenommen werden.

Bei den meisten Lebewesen bestehen solche Beziehungen zu einer ganzen Reihe anderer Arten. Manchmal jedoch entwickelt sich zwischen zwei Arten eine besonders enge und spezialisierte Beziehung, die zu starker gegenseitiger Abhängigkeit führt. Wenn sich diese Beziehung weiterentwickelt und es sogar zu einer körperlichen Verbindung kommt – eine Art lebt vielleicht in oder auf einer anderen –, ordnen Biologen diese besonderen Verhältnisse einer Gruppe von Beziehungen zu, die unter dem Begriff der Körperkontaktgemeinschaften zusammengefaßt werden.

Zwischen Nutzen und Schaden

Es gibt ein ganzes Spektrum verschiedener Körperkontaktgemeinschaften, angefangen mit jenen, bei denen beide Partner profitieren (Symbiose oder Mutualismus), über solche, bei denen einer durch den anderen miternährt wird (was man als Kommensalismus oder »mit am Tisch sitzen« bezeichnet), bis zu echtem Parasitismus. Dabei benutzt der eine Organismus den anderen regelrecht als Futterquelle und fügt ihm auf diese Weise in den meisten Fällen erheblichen Schaden zu. Es gibt jedoch auch Beziehungen, bei denen nicht der Gewinn von Nahrung der wichtigste Aspekt ist, sondern der Schutz oder auch der Transport. Manchmal bedeutet dies nur passive Unterstützung (im wahrsten Sinne des Wortes), z. B. bei Kletterpflanzen wie Efeu oder Clematis, die sich an einem Baum hinaufranken, oder bei einem Pseudoskorpion, der sich ein Transportmittel verschafft, indem er sich eine Weile an den Beinen eines Fluginsektes festheftet.

Es ist unmöglich, eine scharfe Trennungslinie zwischen den einzelnen Beziehungsformen zu ziehen. Beziehungen, die über eine ganze Zeit von gegenseitigem Nutzen waren, können unter bestimmten Bedingungen in echten Parasitismus umschlagen. Organismen, die normalerweise Kommensalen sind – wie z. B. Bakterien und Pilze im menschlichen Darm –, können, wenn das Immunsystem des Menschen geschwächt ist, parasitisch werden und Erkrankungen auslösen.

Ameisen und Ameisenpflanze
A *Argentinische Ameisen profitieren vom Nektar der Ameisenpflanze. Dieser wird in Nektarien (1) am Grund der Blüte (2) gebildet. Die Pflanze nutzt lebenswichtige Mineralien aus dem Kot der Ameisen und andere von ihnen abgegebene Stoffe (3), die sie über warzige innere Kammern (4) absorbiert.*

Grade der Abhängigkeit

Die Beziehungen zwischen zwei Partnern zu wechselseitigem Nutzen sind besonders interessant. Der Grad der Unabhängigkeit der Partner symbiotischer Beziehungen reicht vom Putzerfisch, der frei im Ozean umherschwimmt und die Zähne von Haien und anderen großen Fischen von Futterresten reinigt, bis zu einzelligen Zooxanthellen, die ihr ganzes Leben in den Geweben von Korallenpolypen und im Mantelsaum der Riesenmuschel Tridacna zubringen. Dies wird als obligate Symbiose bezeichnet. Ein Partner kann also vom anderen vollständig abhängig sein, und genauso gibt es symbiotische Beziehungen, bei denen jeder, wenn er dazu gezwungen ist, gänzlich ohne den anderen Partner zurechtkommt.

Diese im Laufe der Evolution entstandenen Beziehungen stellen ein labiles Gleichgewicht zwischen den Arten dar, das sich durch Änderung des Milieus jederzeit in die eine oder andere Richtung verschieben kann.

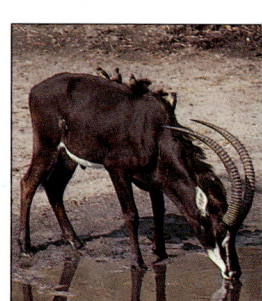

Suche nach Hautparasiten
Madenhacker (oben) ernähren sich von den Zecken und Insekten, die sie finden, wenn sie afrikanische Großsäuger wie Büffel und Flußpferde nach Hautparasiten absuchen. Dies wird als »Pflege-Symbiose« bezeichnet.

Siehe auch: **Pilze**, *S. 110/111* **Algen**, *S. 112/113* **Parasitäre Pflanzen**, *S. 162/163* **Ektoparasiten**, *S. 164/165*

A

6

»Untermieter«

A Die meisten Pflanzen, die Ameisen beherbergen, profitieren von deren aggressiver Abwehr von Blattfressern. Die Ameisenpflanzen der Gattung Myrmecodia hingegen wachsen auf anderen Pflanzen und sind deshalb auf die zusätzliche Mineralstoffversorgung durch die Ameisen angewiesen.

Während des Wachstums der Pflanzen verdicken sich ihre Stengel, in denen sich Höhlungen bilden, die von den Argentinischen Ameisen (**5**) besiedelt werden. Die Kammern haben untereinander keine Verbindung, aber jeweils separate Ausgänge (**6**). Schon bald siedelt eine Ameisenkolonie in der Pflanze.

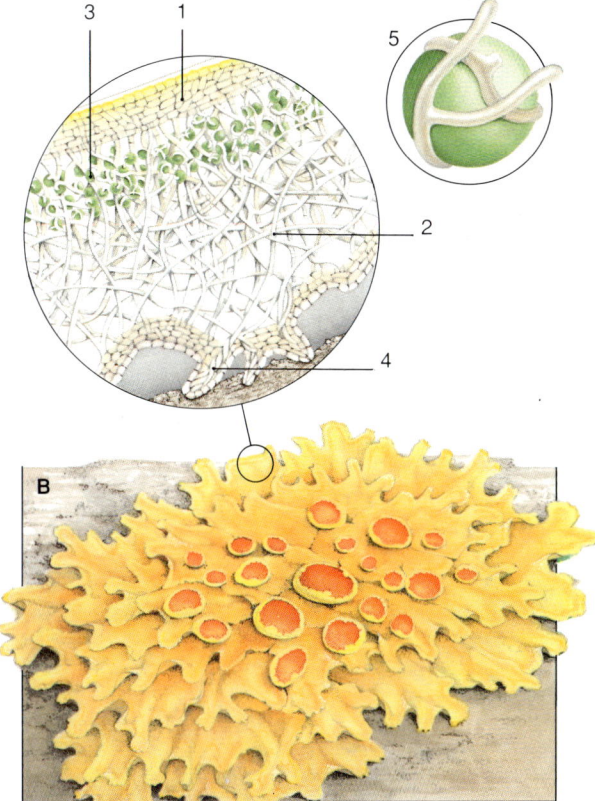

B

4

3

Flechten: Symbiose zwischen Pilz und Alge

B Flechten sind das Produkt einer innigen symbiotischen Beziehung zwischen Pilz und Alge. Die Algen versorgen die Pilze mit Zucker und Sauerstoff, während die Pilze der Alge Wasser und Mineralien liefern. Ein Schnitt durch die Flechte zeigt die obere Rindenschicht (**1**) aus einer dichten Matte aus Pilzhyphen (**2**). Direkt darunter sind die Algenzellen (**3**) in eine lose Schicht eingebettet. Die allein aus Hyphen bestehende Markschicht schließt mit der unteren Rindenschicht ab, die mit Haftfasern (**4**) der Unterlage aufsitzt. Soredien (**5**), mit Hyphen umsponnene Algen, dienen der vegetativen Vermehrung.

Folge mir, ich führe dich

Der mit den Spechten verwandte, starengroße Honiganzeiger ist über das südliche Asien und Afrika verbreitet. Seinen Namen verdankt er der Fähigkeit, die Aufmerksamkeit des Honigdachses auf sich zu ziehen und diesen zu einem Bienenstock, den er entdeckt hat, zu führen. Der Honigdachs bricht dann mit seinen kräftigen Vorderpfoten das Nest auf und frißt den Honig. Im Gegenzug gelangt der Honiganzeiger nun an die Bienenmaden und die aus Wachs gefertigten Waben. Seine Fähigkeit, Bienenwachs zu verdauen, ist unter den Wirbeltieren einzigartig und wird durch spezielle Bakterien im Darm des Vogels ermöglicht, die die dazu notwendigen Enzyme bereitstellen. Der Vogel lenkt die Aufmerksamkeit des Honigdachses zunächst durch lautes Gezwitscher und Auffächern seiner Schwanzfedern auf sich. Da dieses Verhalten auf einer Instinkthandlung beruht, akzeptiert der Honiganzeiger den Menschen als »Ersatz-Honigdachs« und wird von diesem gern für seine Dienste belohnt.

Nahrhafter Cocktail

Wie sich Tiere von Flüssigkeiten ernähren

Einige Tiere haben sich auf den ausschließlichen Erwerb flüssiger Nahrung wie Blütennektar, Pflanzensaft oder Tränenflüssigkeit und Blut anderer Tiere spezialisiert und sich entsprechend angepaßt. Wenn der »blutsaugende« Vampir, eine Fledermausart, seine Beute beißt, bleibt dies zunächst meist unbemerkt, da er mit seinem Biß einen betäubenden Speichel abgibt, der zudem das Blut seines Opfers daran hindert, zu gerinnen. Andere sich von Flüssigkeit ernährende Tiere injizieren in ihre Nahrung verdauungsfördernde Enzyme und saugen sie erst dann auf, wenn sie bereits zersetzt ist.

Nektar ist eine energiereiche Nahrungsquelle mit einem sehr hohen Anteil an Kohlenhydraten. Die Blüten, die Nektar produzieren, sind verhältnismäßig selten, stehen meist sehr weit auseinander und sind für zahlreiche Nektarfresser viel zu zerbrechlich, als daß sie auf ihnen landen könnten. An diese Situation haben sich – neben vielen anderen Tieren – Kolibris, einige Fledermäuse und Motten angepaßt. Sie sind in der Lage, im Vergleich zu ihrer Größe relativ große Entfernungen fliegend zu überwinden, und haben darüber hinaus die Fähigkeit entwickelt, vor den Blüten zu schweben und den Nektar im Flug aufzusaugen. Schmetterlinge und Motten nehmen nur als erwachsene Tiere Nektar auf – also in dem Stadium ihres Lebenszyklus, in dem sie Energie zum Fliegen benötigen. Im tropischen Regenwald finden Nektarfresser, die nicht auf bestimmte Blüten spezialisiert sind, in der Regel das ganze Jahr über Nahrung. In gemäßigten Breiten sind Pflanzenwachstum und Blütezeit jahreszeitlich begrenzt, und Schmetterlinge und Motten haben einen daran angepaßten Lebenszyklus.

Der Zucker (Kohlenhydrate) des Nektars bildet keine ausgewogene Nahrung, ebensowenig wie Pflanzensaft, der zu 80 % aus Wasser besteht. Einige sehr kleine sich von Flüssigkeit ernährende Insekten wie etwa Mottenschildläuse und Blasenfüße umgehen dieses Problem, indem sie nacheinander einzelne Zellen anbohren und den nahrhaften Inhalt aussaugen. Andere wiederum verfügen in ihrem Körper über winzige Organismen, die die fehlenden Nährstoffe erzeugen.

Die Blutsauger unter den Tieren

Moskitos, Blutegeln und anderen blutsaugenden Parasiten ist eine Schwierigkeit gemein: das Gerinnen ihrer Nahrung während der Aufnahme. Deshalb leiten sie zunächst in den Blutkreislauf ihrer Opfer ein Antikoagulantium ein, das die Blutgerinnung verhindert. Darüber hinaus verfügen viele Blutsauger über außerordentlich scharfe Mundwerkzeuge, mit denen sie die Haut durchbohren und für eine gewisse Zeit unbemerkt ihre Nahrung aufnehmen.

Verdauung außerhalb des Körpers

Zu den Tieren, die Verdauungsenzyme auf ihre Nahrung träufeln, um sie in lösliche Bestandteile aufzuschließen, gehören auch viele Fliegenarten. Vor allem die Stubenfliege verdaut Fleisch auf diese Art. Einige Spinnen injizieren ihrer betäubten Beute Enzyme und warten, bis sich die Körpersubstanzen verflüssigen.

Bluttrunk
Der Gemeine Vampir (oben) ernährt sich hauptsächlich durch Blut von Vieh wie Schweinen, Rindern und Eseln. Mit seinen rasiermesserscharfen Schneidezähnen fügt er den Tieren kleine Wunden zu, während die Antikoagulantien seines Speichels das Blut der Opfer frei fließen lassen. Von Vampiren wird irrtümlich behauptet, sie saugten das Blut ihrer Opfer. In Wirklichkeit lecken sie die Wunden mit ihren Zungen aus. Vampire jagen ihre Beute in der Nacht und setzen dabei ihren relativ gut entwickelten Seh- und Geruchssinn ein.

Diese Art der Nahrungsaufnahme bietet einige Vorteile. Das Tier bedarf keines großen Verdauungsapparates, in dem die Nahrung aufgeschlossen werden muß. Unverdaute Nahrungsvorräte trägt es nicht mit sich herum. Es ist deshalb leichter und verbraucht während des Flugs weniger Energie. Der Hauptnachteil liegt aber darin, daß das Tier mit der Nahrungsaufnahme solange warten muß, bis die Enzyme ihre Arbeit geleistet haben.

Auch Tränen sind Nahrung

In den Tropen haben sich zahlreiche Mottenfamilien darauf spezialisiert, die Tränenflüssigkeit grasender Säugetiere wie Vieh oder Wild aufzusaugen. Einige verursachen den Tränenfluß sogar, indem sie mit ihren Stechrüsseln über die Augen der Opfer reiben, andere sind weniger aggressiv. Viele dieser Motten ernähren sich vor allem während der Trockenzeit von Tränenflüssigkeit. Vermutlich gewinnen sie auf diese Weise das dringend benötigte Salz wie auch bestimmte Proteine.

Äußere Verdauung
A Die Kaisergoldfliege besitzt hochentwickelte Mundwerkzeuge. Hat sie Nahrung gefunden, gibt sie Verdauungsenzyme aus ihren Speicheldrüsen (1) über das Speichelrohr (2) und den Saugrüssel (3) ab. Der Speichel wird durch Gleitrinnen (4) in den Lamellen (5) am Ende des Rüssels über die Nahrung gespritzt. Die Gleitrinnen bewahren ihre Form durch Chitinringe (6). Ist die Nahrung von den Enzymen aufgeschlossen, saugt die Fliege die Flüssigkeit (7) über die Gleitrinnen auf. Sie wandert dann über einen Kanal (8) in den Mitteldarm (9), wo die Verdauung abgeschlossen wird.

Siehe auch: Ektoparasiten, S. 164/165 Symbiose, S. 166/167 Gifttiere, S. 174/175 Echoortung, S. 186/187

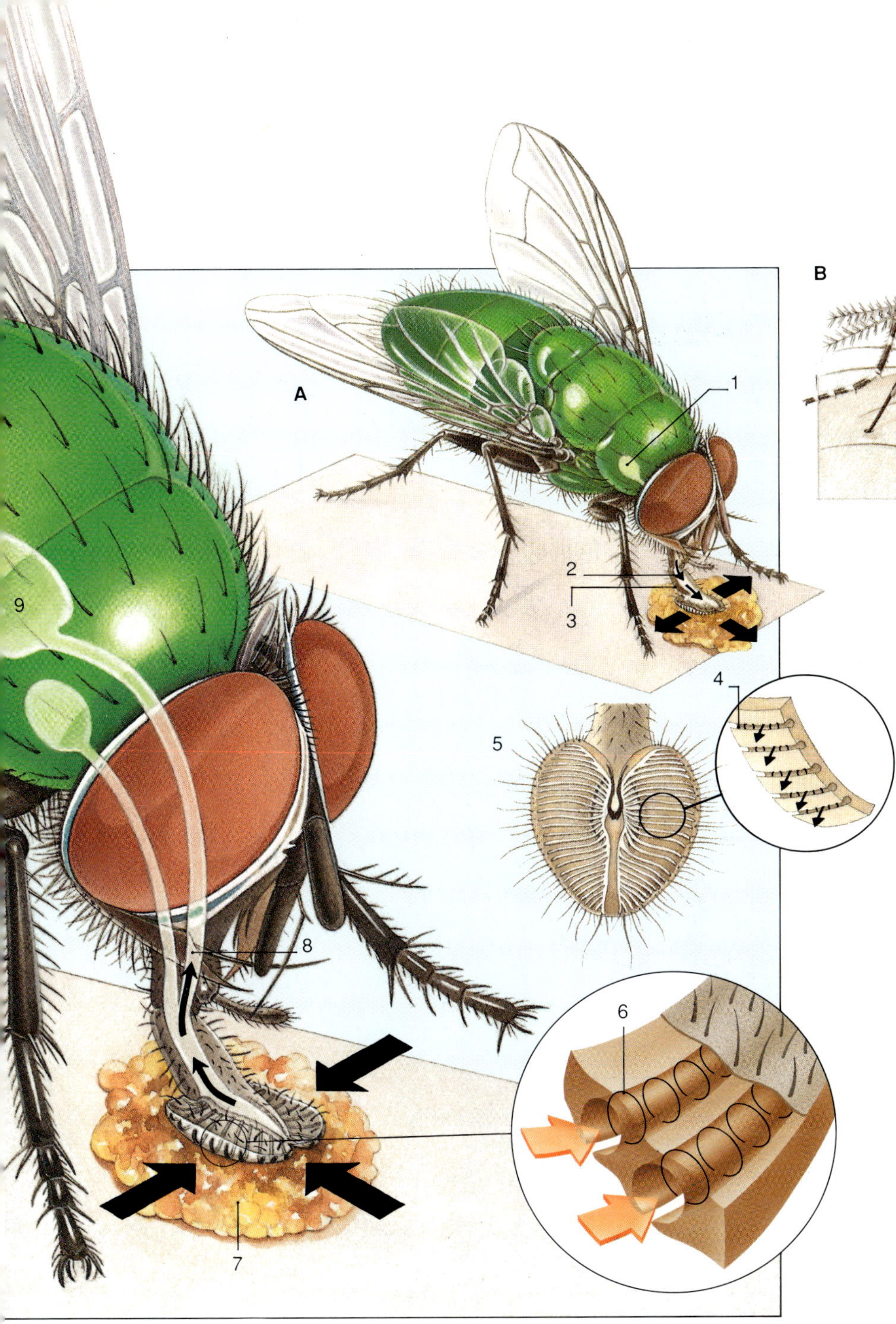

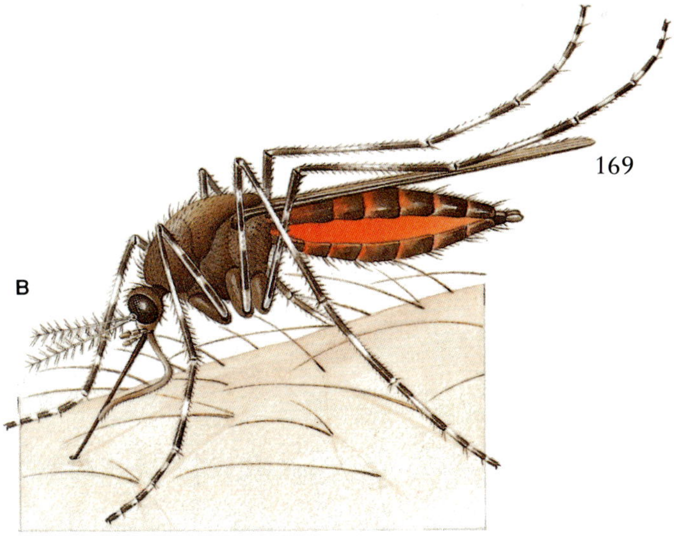

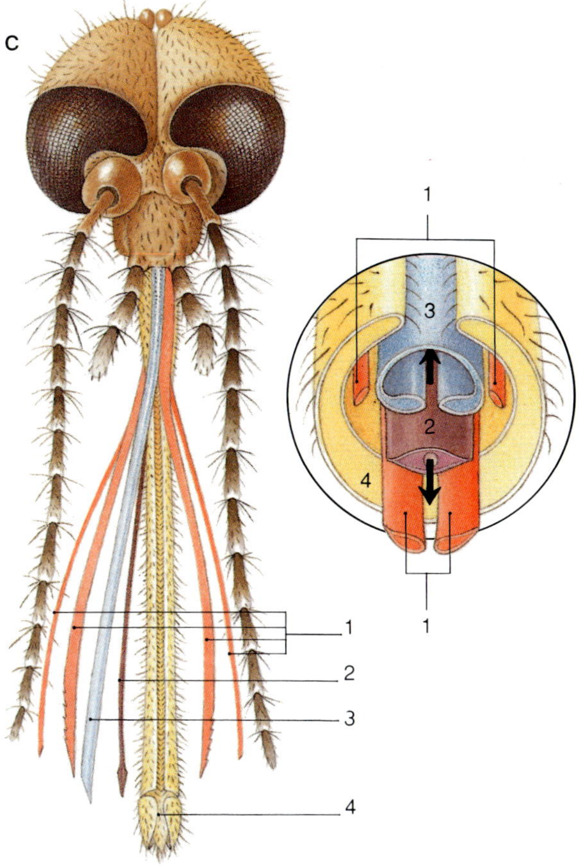

A

B

C

1 2 3 4 5 6 7 8 9

Sirupspender

Ameisen sind hervorragend an die Aufnahme flüssiger Nahrung angepaßt, da sie gewöhnlich untereinander Flüssigkeit und halb verdaute Nahrung über ihre Mundwerkzeuge austauschen. Viele Ameisenarten leben in Symbiose mit saftsaugenden Käfern und Blattläusen. Da Pflanzensaft zwar reich an Kohlenhydraten, jedoch verhältnismäßig arm an Proteinen ist, müssen die Saftsauger große Mengen mitsamt dem Zucker aufnehmen, um die notwendige Proteinmenge zu erhalten. Überschüssiger Zucker wird dann in Form von Siruptropfen wieder ausgeschieden. Ameisen nutzen dies, versorgen Käfer und Blattläuse mit genügend Nahrung und können ihre »Herden« dazu veranlassen, Sirup auszuscheiden, indem sie sie mit ihren Fühlern reizen. Zahlreiche Ameisenarten halten »Wache« über große Ansammlungen von Käfern und Blattläusen, während diese Nahrung zu sich nehmen. Manche Ameisenarten bauen ihren Sirupspendern sogar aus Erde überdachte »Ställe«.

Perfekte Ausstattung zum Blutsaugen

B *Der Körper eines Moskitos kann beim Fressen so anschwellen, daß sich die Haut ausdehnt und extrem dünn wird. Das Blut des Opfers ist dann sichtbar.*
C *Die Mundwerkzeuge sind perfekt daran angepaßt, Haut zu durchbohren. Sie bestehen aus vier Stiletten (1), der Hypopharynx (2), einer röhrenförmigen Konstruktion, durch die das Antikoagulantium, das die Blutgerinnung des Opfers verhindern soll, gepumpt wird, und dem röhrenförmigen Labrum (3) zum Blutsaugen. Alle diese Bestandteile werden vom Labium geschützt (4), das die Stilette in die Haut einführt.*

Leben von kleinsten Organismen

Filtrieren macht auch große Tiere satt

Mehr als 4 Tonnen Nahrung kann das größte Säugetier aller Zeiten, der Blauwal, an einem Tag zu sich nehmen. Diese riesige Menge setzt sich aus dem kleinen, krabbenähnlichen Krill und anderen winzigen Organismen zusammen, die durch das gewaltige Maul des Wales gefiltert werden. Filtration ist eine sehr effektive Ernährungsmethode, die technisch auf verschiedenste Weise bewältigt wird. Die Zunge des Flamingos schießt wie ein Kolben 17 mal pro Sekunde herein und heraus, um Wasser durch ein Sieb in seinem Schnabel zu pressen. Austern filtern bis zu 37 Liter Wasser pro Stunde durch ihre festsitzenden Filterapparate.

Grundsätzlich müssen alle Filtrierer große Mengen Wasser, das hohe Konzentrationen an Nahrungspartikeln enthält, durch ihr Filtersystem treiben. Deshalb leben alle Tiere, die sich so ernähren, auch am oder im Wasser.

Filtrierer wie Wale, Heringe und viele andere Fischarten schwimmen mit geöffnetem Maul vorwärts, d.h., sie nehmen während der Fortbewegung Nahrung auf. Dies ist die von Wirbeltieren am häufigsten angewendete Filtermethode. Mehr als 20 Fischarten ernähren sich ausschließlich auf diese Weise, so der Riesenhai, der Teufelsrochen, zwei Arten von Süßwasserfischen und verschiedene Sardinen, Sardellen und Makrelen. Andere ebenfalls mobile Filtrierer, wie Vögel und zahlreiche Wirbellose, wechseln beim Filtrieren ihren Standort nicht. Sie haben Vorrichtungen entwickelt, mit denen sie selbst Wasserströmungen erzeugen, so daß sie nicht auf vorherrschende Strömungen angewiesen sind.

Schnäbel als Siebe

Die relativ wenigen Arten von filtrierenden Vögeln haben im Laufe der Evolution kammähnliche Siebvorrichtungen in Form von feinen Hornplatten (Lamellen) an den Rändern ihrer Schnäbel entwickelt. Gründelenten wie Löffel- und Stockenten ernähren sich durch das Sieben des nahrungsreichen Wassers oder Schlamms. Der Vogel zieht dabei mit seiner Zunge, die als saugender Stempel wirkt, Wasser in seinen Schnabel und drückt es dann durch die Lamellen wieder hinaus.

Schleimnetze und rotierende Organe

Die meisten Filtrierer sind Wirbellose. Viele von ihnen gehören zu den festsitzenden (sessilen) Organismen, die das Wasser durch ihre festen Filtersysteme hindurchschleusen.

Die komplexesten Wirbellosen-Filtersysteme sind die der Muscheln, ganz besonders der Austern. Ihr Filterapparat besteht aus modifizierten Kiemen, die sowohl für die Atmung als auch für die Nahrungsaufnahme benutzt werden. Diese Kiemen sind so groß, daß sie den gesamten Körper der Muschel ausfüllen.

Große Nahrungspartikel werden mit dem Wasser aussortiert und ausgestoßen, wenn die Auster ihre Schale zuschnappen läßt. Kleinere Partikel werden von einer Flimmerrinne gefangen, durch den Darm transportiert und um ein rotierendes kristallines Gebilde gewickelt, Kristallstiel genannt, das ausschließlich strudelnde Weichtiere (Mollusken) aufweisen. Es ist das einzige rotierende Organ, das je in einem Tier entdeckt wurde.

Während die Nahrung um den Kristallstiel rotiert, wird sie von Magenenzymen zersetzt.

Manche Tiere produzieren einen Filter nur zur einmaligen Benutzung, ähnlich wie ein Staubsaugerbeutel, der nach Gebrauch nicht wiederverwendet wird. Der höhlenbewohnende Pergamentwurm z.B. sondert ein Schleimnetz ab, mit dem er kleine Planktonnahrung aus dem Wasser zieht. Die winzigen Poren dieses Netzes verstopfen rasch, so daß der Wurm regelmäßig das Netz zusammenrollt, es auffrißt und anschließend ein neues produziert.

Neben der gewaltigen Menge an festsitzenden (sessilen) wirbellosen Filtrierern gibt es Schwärme von treibenden planktischen Tieren, die ihre Nahrung aus den höheren Wasserschichten filtern. Dazu gehören sowohl planktische Larven von Tieren, die im Erwachsenenstadium sessil im Flußbett leben – Würmer, Mollusken, Krebse, Seesterne –, als auch ausgewachsene Wirbellose, besonders Krebse, die spezialisierte Filtrierer sind.

A 1 2

2 — ventraler Nervenkn
— 3
— Magen

Plattenmuskel —

Nahrungsaufnahme mit den Füßen

A *Seepocken liegen auf dem Rücken, geschützt durch ein starkes Gehäuse aus Kalkplatten (**1**). Bei Ebbe schützen sie sich vor Austrocknung, indem sie die Rankenfüße einziehen und die oberen beweglichen Platten schließen. Bei Flut öffnen sich die Platten, und das Tier stößt die Rankenfüße ins Wasser. Jeder Fuß ist an der Basis in zwei separate Äste oder Cirren (**2**) geteilt, die mit dicht angeordneten kleinen Borsten (Seten) versehen sind, welche die Nahrung aus dem Wasser filtern. Die Beine werden zusammengerollt und mit den Nahrungspartikeln zur Mundöffnung (**3**) geführt.*

Siehe auch: **Wirbellose,** *S. 120/121* **Fische,** *S. 122/123*

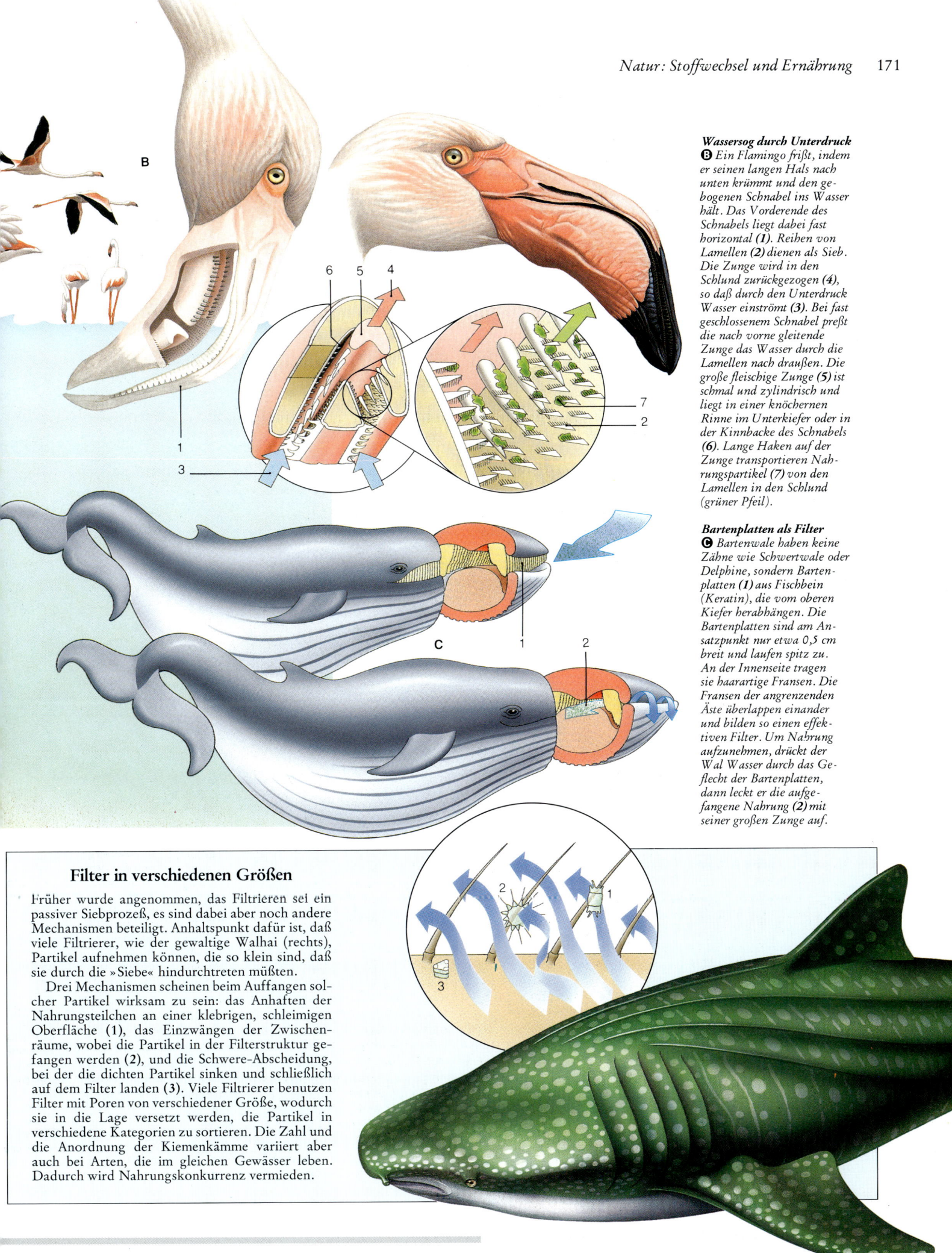

Wassersog durch Unterdruck

ⓑ Ein Flamingo frißt, indem er seinen langen Hals nach unten krümmt und den gebogenen Schnabel ins Wasser hält. Das Vorderende des Schnabels liegt dabei fast horizontal **(1)**. Reihen von Lamellen **(2)** dienen als Sieb. Die Zunge wird in den Schlund zurückgezogen **(4)**, so daß durch den Unterdruck Wasser einströmt **(3)**. Bei fast geschlossenem Schnabel preßt die nach vorne gleitende Zunge das Wasser durch die Lamellen nach draußen. Die große fleischige Zunge **(5)** ist schmal und zylindrisch und liegt in einer knöchernen Rinne im Unterkiefer oder in der Kinnbacke des Schnabels **(6)**. Lange Haken auf der Zunge transportieren Nahrungspartikel **(7)** von den Lamellen in den Schlund (grüner Pfeil).

Bartenplatten als Filter

ⓒ Bartenwale haben keine Zähne wie Schwertwale oder Delphine, sondern Bartenplatten **(1)** aus Fischbein (Keratin), die vom oberen Kiefer herabhängen. Die Bartenplatten sind am Ansatzpunkt nur etwa 0,5 cm breit und laufen spitz zu. An der Innenseite tragen sie haarartige Fransen. Die Fransen der angrenzenden Äste überlappen einander und bilden so einen effektiven Filter. Um Nahrung aufzunehmen, drückt der Wal Wasser durch das Geflecht der Bartenplatten, dann leckt er die aufgefangene Nahrung **(2)** mit seiner großen Zunge auf.

Filter in verschiedenen Größen

Früher wurde angenommen, das Filtrieren sei ein passiver Siebprozeß, es sind dabei aber noch andere Mechanismen beteiligt. Anhaltspunkt dafür ist, daß viele Filtrierer, wie der gewaltige Walhai (rechts), Partikel aufnehmen können, die so klein sind, daß sie durch die »Siebe« hindurchtreten müßten.

Drei Mechanismen scheinen beim Auffangen solcher Partikel wirksam zu sein: das Anhaften der Nahrungsteilchen an einer klebrigen, schleimigen Oberfläche (1), das Einzwängen der Zwischenräume, wobei die Partikel in der Filterstruktur gefangen werden (2), und die Schwere-Abscheidung, bei der die dichten Partikel sinken und schließlich auf dem Filter landen (3). Viele Filtrierer benutzen Filter mit Poren von verschiedener Größe, wodurch sie in die Lage versetzt werden, die Partikel in verschiedene Kategorien zu sortieren. Die Zahl und die Anordnung der Kiemenkämme variiert aber auch bei Arten, die im gleichen Gewässer leben. Dadurch wird Nahrungskonkurrenz vermieden.

Recycling in der Natur
Abbau und Wiederaufbereitung organischen Materials

Mehr als 90% der abgestorbenen Pflanzen auf der Erde werden von einer Vielzahl von Zersetzern abgebaut. Asseln, Bakterien, Insekten, Milben, Würmer und Pilze entsorgen den natürlichen Abfall, indem sie ihn allmählich zersetzen und auf diese Weise die Nährstoffe aus der toten Materie wieder für die lebenden Organismen nutzbar machen. Die Zersetzer bilden die unterste Stufe der Nahrungspyramide, die über die Pflanzen als Nährstoffproduzenten bis zu den Höheren Tieren als Konsumenten reicht. Die Energie, die diesen Kreislauf ständig in Gang hält, liefert die Sonne.

Wie Fliegenmaden und Bakterien eine Maus verschwinden lassen

A Der Kadaver einer Waldmaus zieht durch Verwesungsgeruch weibliche Fliegen an. Sie legen ihre Eier meist an feuchten, geschützten Körperstellen ab. Die Maden schlüpfen nach 24 Stunden und sondern Enzyme ab, die das Gewebe verflüssigen.

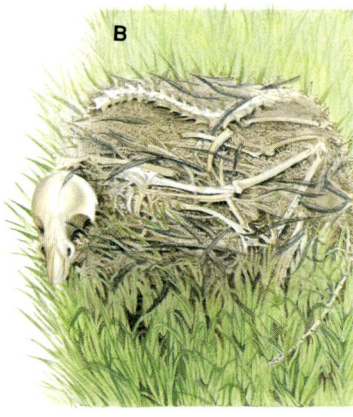

B Die durch die Nährstoff-»Suppe« im Körperinnern der Maus ernährten Maden reifen schnell heran. Zwei Wochen nach dem Schlüpfen kriechen sie in den Boden, um sich zu verpuppen; schon einige Tage später schlüpfen die ausgewachsenen Fliegen. Nur das Skelett der Maus bleibt übrig. Es wird langsam von Bakterien abgebaut.

Am Abbau toter Pflanzen und Tiere sind mehrere chemische und physikalische Prozesse beteiligt. Aasfresser wie Hyänen, Geier, Aaskäfer und Ameisen zerkleinern die Tierkadaver. Unvollständig verdaute Stoffe werden als Dung abgegeben, der wiederum von Bakterien, Mistkäfern und Pilzen aufbereitet wird. Holzbohrkäfer und ihre Larven befallen umgefallene Bäume.

Die bei weitem bedeutendsten und zahlreichsten »Zersetzer« sind zugleich auch die kleinsten: Bakterien und Pilze. Sie ernähren sich, indem sie das organische Material durch Abgabe von Verdauungsenzymen vorverdauen und dann die verflüssigten Nahrungsbestandteile direkt durch ihre Oberfläche aufnehmen. Diese Organismen bilden die letzte Stufe im Abbauprozeß und geben ihrerseits einfache anorganische Verbindungen an den Boden zurück, wo sie Pflanzen wieder als Nährstoff dienen. Organische Substanz besteht vornehmlich aus Kohlenstoff, Sauerstoff, Stickstoff und Wasserstoff: Der Abbau dieser Stoffe setzt Energie frei. Übrig bleiben Wasser und Kohlendioxid, das wieder »Rohstoff« für die Photosynthese der Pflanzen ist. In ähnlicher Weise geben Bakterien Stickstoff in Form löslicher Nitrate an den Boden ab, die wieder von den Pflanzenwurzeln aufgenommen werden.

Auch verschiedene Käfer, Fliegenmaden und andere Insektenlarven, Ameisen, Termiten, Gehäuse- und Nacktschnecken, Regenwürmer sowie Asseln, Tausendfüßer und Milben beteiligen sich an den Abbauprozessen. Zu den größeren Tieren, die den Boden durchmischen und ihn dabei gleichzeitig mit ihren nährstoffreichen Exkrementen anreichern, zählen Dachse, Kaninchen, Mäuse, Maulwürfe und in Südamerika auch die Gürteltiere.

Produktive Ökosysteme durch Recycling

In jedem Ökosystem sind die verfügbaren Ressourcen begrenzt. Die Produktivität des Systems hängt daher überwiegend davon ab, wie effizient Nährstoffe wiedergewonnen werden können. Viele tropische Regenwälder – die sicherlich die produktivsten Ökosysteme der Erde sind – wachsen auf vergleichsweise nährstoffarmen Böden. Die Fülle an Lebewesen in diesen Wäldern beruht auf Zersetzungsprozessen, die in warmem und feuchtem Klima beschleunigt ablaufenden und so die Rückführung von Nährstoffen in den Boden unterstützen und beschleunigen. In wasserdurchtränkten und damit sauerstoffarmen Böden gehen organische Abbauprozesse viel langsamer vor sich. Dies liegt unter anderem daran, daß

Die Lebensgemeinschaft der Zersetzer

C Eine Vielzahl von Organismen ist an Abbau- und Zersetzungsprozessen beteiligt. Am bedeutendsten sind die Bakterien (1), die im Laubstreu ebenso vorkommen wie in allen Bodentiefen: 1 g Boden kann bis zu 4 Milliarden Bakterien enthalten. Die meisten Bakterien benötigen Sauerstoff; grabende Säugetiere, wie Maulwürfe (2) und Spitzmäuse (3), die unablässig den Boden bearbeiten und durchlüften, leisten ihnen hier gute Dienste. Ameisen (4) und Regenwürmer (5) haben eine ähnliche bodenauflockernde Funktion und ernähren sich zudem direkt von Pflanzenmaterial: Ihr Kot ist nährstoffreich und wird von Bakterien, Protozoen und kleinen Boden-Nematoden (6) aufgenommen, aber auch von Wirbellosen wie Springschwänzen (7) und Milben (8). Baumstümpfe werden von Holzkäfern angefressen (9). Ihre Larven legen umfangreiche Gangsysteme (10) an, die das Holz zerstören und Pilzsporen das Eindringen in das Holz erleichtern.

einige Bakterien und Pilze Sauerstoff benötigen und daher in gut durchlüfteten Böden besser leben können.

Abbauprozesse im Meer

Im Meer leben viele aasfressende Fische, Krebstiere (z. B. Krabben, Garnelen) und andere Wirbellose. Kleine Stücke organischen Materials, die diese Tiere beim Fressen fallenlassen, schweben im Wasser und werden von unzähligen Filtrierern gefressen. Dazu gehören Seeanemonen, Entenmuscheln, Haarsterne, Weich- und Fächerkorallen und eine Vielzahl von Planktontieren. Andere organische Stoffe, die den Meeresboden erreichen, dienen bodenbewohnenden Würmern, Seegurken sowie marinen Schnecken als Nahrung. Wenn ein Kadaver auf den Boden der Tiefsee sinkt, machen sich Aasfresser wie Krabben, Würmer und Schleimaale darüber her. Diese Tiere finden ihr Futter selbst in der Dunkelheit der Tiefsee durch ihren empfindlichen Geruchs- und Tastsinn.

Siehe auch: **Kohle, Öl und Gas,** *S. 58/59* **Bakterien,** *S. 106/107* **Protozoen,** *S. 108/109* **Pilze,** *S. 110/111*

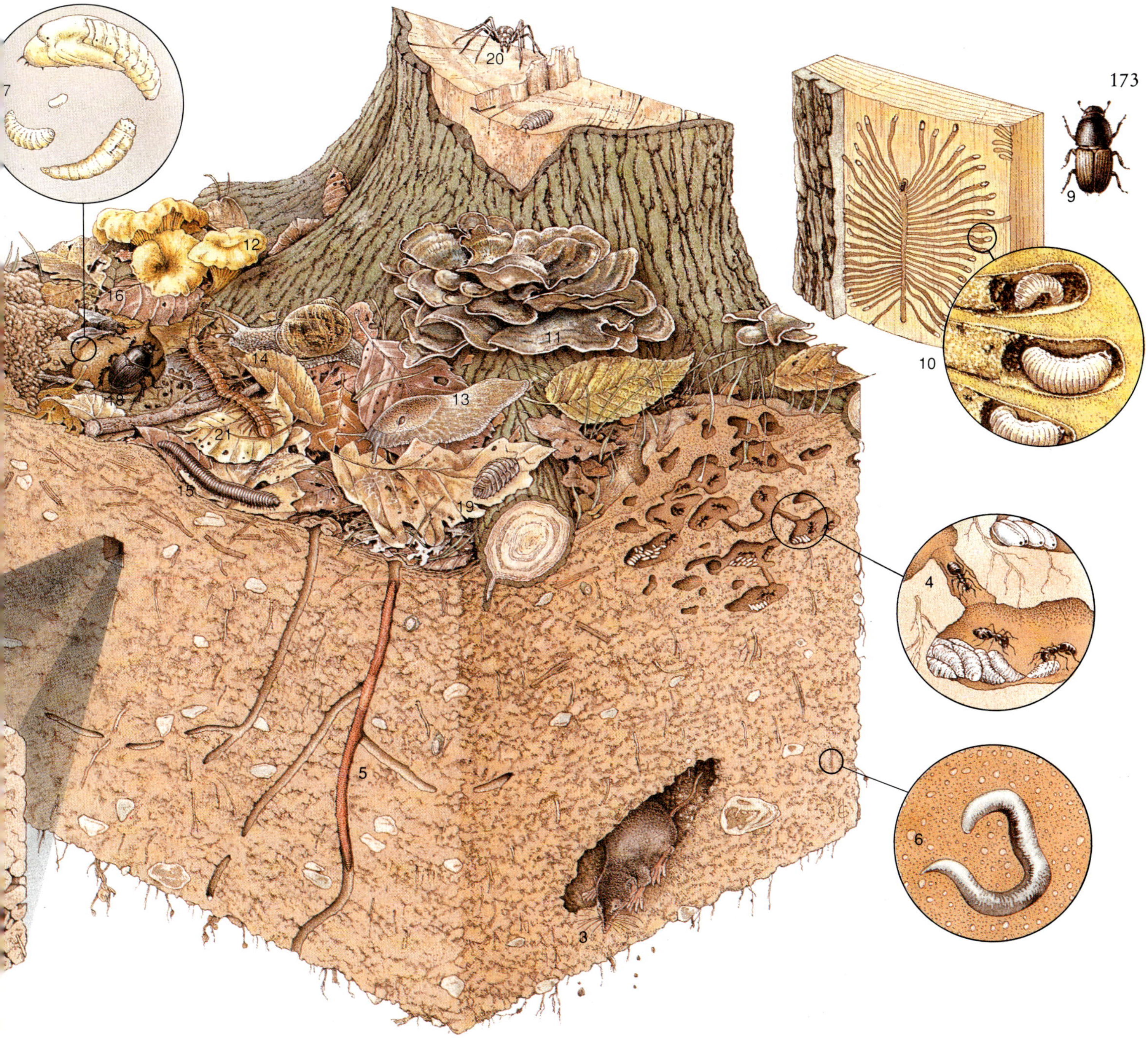

Reiches Nahrungsangebot
*C Ein Netzwerk feinverzweigter Pilzfäden, die Verdauungssäfte abgeben, durchzieht schließlich den ganzen Baumstumpf. Einige bilden Fruchtkörper aus: konsolenförmige Schmetterlingsporlinge **(11)** und hutförmige Holztrichterlinge **(12)**. Die Streu besteht aus teilweise zersetzten Blättern, Baumrinde, Zweigen, Tierleichen und Kot. Sie ernährt eine reiche Wirbellosenfauna, die aus Nacktschnecken **(13)**, Gehäuseschnecken **(14)**, Tausendfüßern **(15)**, Fliegen **(16)** und ihren Larven **(17)**, Käfern **(18)** sowie Asseln **(19)** besteht. Räuber wie Spinnen **(20)** und Hundertfüßer **(21)** profitieren vom reichen Nahrungsangebot.*

Das Mistkäfer-Projekt

Mistkäfer erweisen sich als außerordentlich effiziente Recycler: Sie vergraben Kotbrocken im Boden. Gleichzeitig wird dabei der Boden aufgelockert, wodurch die Zersetzung des Dungs durch Bodenbakterien erleichtert wird. In Nordaustralien haben sich die dort vorkommenden Mistkäfer darauf spezialisiert, die Kotkrümel der Känguruhs zu fressen. Doch seit dem ausgehenden 18. Jahrhundert wurden riesige Rinderherden ins Land gebracht. Täglich fielen ungeheure Mengen an Dung an, der nicht abgebaut wurde und sich ansammelte, weil die einheimischen Mistkäfer weder mit der Menge noch mit der Konsistenz des Dungs zurechtkamen. Um der drohenden ökologischen Krise entgegenzuwirken, wurden afrikanische Mistkäfer importiert. Da sie keine einheimischen Konkurrenten hatten, vermehrten sich die importierten Mistkäfer sehr schnell – und so war das Problem bald zufriedenstellend gelöst.

Photosynthese, *S. 158/159* Pflanzenernährung, *S. 160/161*

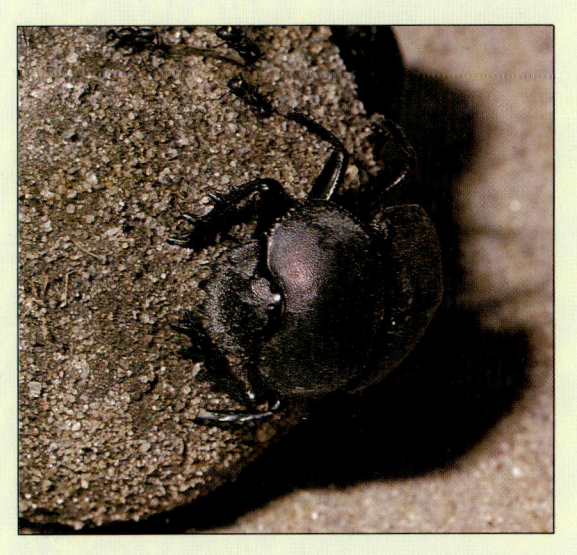

In den Fängen des Todes

Gifttiere setzen Waffen ein

Die Pfeilgiftfrösche Zentral- und Südamerikas besitzen Hautdrüsen, die ein absolut tödliches Gift produzieren - ein hunderttausendstel Gramm davon kann einen Menschen töten. Das hält die indianischen Ureinwohner aber keineswegs davon ab, dieses Gift zum Erlegen von Wild einzusetzen. Die Giftmenge, die nur ein einziger Goldbaumsteiger liefert, reicht aus, um damit 40 Pfeilspitzen zu präparieren; dennoch ist das so getötete Wild eßbar. Viele Tiere besitzen Gifte, mit deren Hilfe sie sich entweder verteidigen oder aber Beute machen. Dazu gehören Schlangen, Skorpione, Spinnen, verschiedene Insekten und auch Fische.

Tiere setzen ihr Gift zum Töten oder zur Lähmung einer Beute ein, oder sie nutzen es zur Abschreckung eines Feindes. Viele Tiere haben spezielle, äußerst wirksame Waffen entwickelt, mit denen sie das Gift dem Opfer regelrecht injizieren. Vipern und Kobras haben Giftzähne, Rochen spezielle Flossenstrahlen, Wespen besitzen Stacheln, Schmetterlingsraupen Brennhaare, Spinnen Klauen an den Kieferfühlern (Cheliceren). In den meisten Fällen muß das Gift direkt in die Blutbahn eines Opfers gelangen, um seine Wirkung zu entfalten. So ist z.B. das Gift einer Klapperschlange relativ harmlos, wenn es nur auf die Haut gelangt. Wird es verzehrt, ist die millionenfache Dosis der bei einem Biß injizierten Giftmenge erforderlich, um beim Menschen den Tod herbeizuführen.

Kugelfische sowie verschiedene Raupen besitzen Gifte, die eher als Abschreckung für potentielle Räuber dienen, denn sie wirken erst nach dem Verzehr der Tiere. Die Feinde lernen so aber, diese Tiere zu meiden.

Schlangen: Gefahr für den Menschen

Kobras gehören zu den Schlangenarten mit der größten Giftmenge. Eine einzige Kobra kann bis zu 350 mg Gift speichern. Obwohl das eine eher kleine Menge zu sein scheint, gehen Wissenschaftler davon aus, daß nur 1 g Trockengift dieser Schlange genügt, um mehr als 160000 Mäuse oder zum Vergleich 165 Menschen zu töten. Die asiatische Königskobra, die sich überwiegend von anderen Schlangen ernährt, ist mit 6 m die längste Giftschlange der Welt. Obwohl ihre Giftzähne nur etwa 1,5 cm lang sind, kann diese Schlangenart genug Gift abgeben, um einen Elefanten zu töten. Menschen kommen durch die Königskobra aber nur selten zu Tode, da sie nicht sehr aggressiv ist.

Die für den Menschen größte Bedrohung durch Giftschlangen geht von der Sandrasselotter aus. Da dieses Tier verhältnismäßig häufig ist und zudem weitverbreitet vorkommt, vor allem in West-Afrika, dem Mittleren Osten, Indien und Sri Lanka, stellt es eine besondere Gefahr dar. Die Schlange bevorzugt dichtbesiedelte Gegenden, ist aggressiv, wachsam, außerordentlich flink, gut getarnt und besitzt zudem ein ungewöhnlich wirksames Gift, dessen Menge ausreicht, um acht Menschen zu töten.

Spinnen können giftiger als Schlangen sein

Das Gila-Monster, eine Krustenechse, die im Südwesten der USA vorkommt, und ihre nahe

Muskelkontraktion

Muskelentspannung

Der Giftstachel
Ⓐ *Durch Kontraktion von Muskeln (1) wird der Stachel eines Skorpions in das Gewebe des Opfers getrieben. Das in der Giftdrüse (2) gespeicherte Gift wird durch Muskeln in der Giftdrüsenwand (3) über den Giftkanal in die Wunde gepreßt.*

Verwandte, die mexikanische Skorpions-Krustenechse, sind die einzigen giftigen Vertreter der Eidechsen. Auch sie nutzen ihr Gift eher zum Beutemachen als zur Verteidigung. Krustenechsen können aber nicht wie Schlangen ihr Gift injizieren, sondern müssen es regelrecht in ein Beutetier hineinkauen.

Zu den giftigsten Spinnen der Erde gehören neben drei australischen Trichterspinnen auch einige Arten der Schwarzen Witwe, deren Verbreitungsgebiet in Südeuropa, Afrika, Asien, Australien, Neuseeland und weiten Teilen Amerikas sehr groß ist. Sie machen fast ausschließlich Jagd auf Insekten, denen sie zunächst Gift injizieren, um danach ihre Beute auszusaugen. Die Neurotoxine der Schwarzen Witwe können bis zu fünfzehnmal stärker sein als das Gift der Klapperschlange: Menschen leiden nach einem Biß von dieser Spinne meist unter Übelkeit, Erbrechen und Lähmungen, sterben aber selten daran, weil nur wenig Gift beim Biß übertragen wird.

Skorpione jagen Insekten und Nager
Ⓐ *Von den ungefähr 600 bekannten Skorpionarten besitzen nur wenige ein für den Menschen gefährliches Gift. Die meisten Skorpione jagen vor allem Insekten, obwohl größere Arten mit bis zu 19 cm Länge auch kleine Nager und Eidechsen erbeuten. Fast alle Skorpione halten die Beute zunächst mit den gewaltigen Scheren fest und töten sie dann durch einen gezielten Stich.*

Siehe auch: Tricks und Kniffe, S. 180/181   Chemische Waffen der Wirbellosen, S. 184/185   Natürliche Gifte, S. 380/381

Speikobras *(oben) können einem Angreifer über eine Distanz von bis zu 2,5 m zwei Giftstrahlen mit großer Zielgenauigkeit in die Augen spritzen. Das Gift verursacht nicht nur lähmenden Schmerz, sondern kann zu Sehstörungen und Erblindung führen.*

Einteilung der Giftschlangen
Giftschlangen lassen sich nach Stellung und Art ihrer Giftzähne in drei Gruppen einteilen:
B *opisthoglyphe Arten wie die zu den Trugnattern zählende afrikanische Boomslang, die ihre kurzen, mit einer äußeren Giftrinne versehenen Giftzähne im hinteren Kieferbereich tragen,*
C *proteroglyphe Arten wie die Kobras, die lange, feststehende Giftzähne mit einem Giftkanal besitzen, und*
D *solenoglyphe Arten wie die Klapperschlange mit dem wohl spezialisiertesten Giftapparat. Ihre langen Giftzähne sind in einer Falte verborgen. Will das Tier angreifen, werden die Zähne durch Bewegung der Kieferknochen nach vorne geklappt.*

Tödlicher Cocktail

Tiergifte können zwei Haupttypen von Giften zugeordnet werden: Neurotoxine, die hauptsächlich auf das Zentralnervensystem des Opfers wirken und Herz- und Atemstillstand herbeiführen, dabei aber nur wenige Gewebeschäden verursachen, sowie Hämotoxine, die das Gewebe eines Opfers irreversibel schädigen. Jedes Tiergift ist eine Mischung aus Komponenten beider Typen, wirkt jedoch entweder überwiegend neurotoxisch oder hämotoxisch. Hämotoxine enthalten außer Säuren, die lediglich das Gewebe zerstören, noch andere Bestandteile, die eine verhältnismäßig subtile Wirkung haben: Hämolysine greifen die Roten Blutkörperchen an; Cytolysine vernichten weiße Blutkörperchen und andere Abwehrzellen im Blut; Koagulationshemmer verzögern die Blutgerinnung, die hingegen von Thrombinen gefördert wird; Bakterizide verhindern das Eindringen von Bakterien in die Bißwunden; Verdauungsfermente bereiten die Beute zum Fressen vor; schließlich sind noch Enzyme wie die Hyaluronidase beteiligt, die für eine schnelle Verteilung des Giftes im Körper eines Beutetieres sorgen, sowie darüber hinaus die Phospholipase, die Zellmembranen abbaut, und Proteasen, die das Gewebe des Opfers verflüssigen.

Kobras	(Afrika, Asien, Indien)
Gift:	Wirkung vornehmlich neurotoxisch, enthält auch Koagulationshemmer und Hämolysine
Symptome:	Lähmungen, später Lungenversagen
Vipern	(Eurasien, Afrika)
Gift:	Wirkung vornehmlich neurotoxisch, enthält auch Enzyme
Symptome:	stechender/brennender Schmerz, Gewebeschädigung, Herzversagen, Blutvergiftung
Braunspinnen	(Eurasien/Amerika)
Gift:	Wirkung vornehmlich hämotoxisch, enthält auch Hämolysine, Cytolysine und Hyaluronidase
Symptome:	stechender/brennender Schmerz, innere Blutungen, Blasenbildung, Geschwüre, Fieber, Erbrechen, mitunter auch Krämpfe und Herzanfälle
Große Kurzschwanzspitzmaus	(Nord-Amerika)
Gift:	Wirkung vornehmlich neurotoxisch, enthält auch gewebeschädigende Enzyme
Symptome:	lokale Schmerzen, Unwohlsein, Rötung der Haut rund um die Bißwunde
Pufferfisch	(Indischer und Pazifischer Ozean)
Gift:	Wirkung vornehmlich neurotoxisch
Symptome:	nur giftig bei Verzehr; Kribbeln in Lippen und Zunge, erhöhter Speichelfluß, Lähmung der Muskulatur, geistige Verwirrungszustände, Krämpfe, Tod
Europäischer Feuersalamander	(Europa)
Gift:	Wirkung vornehmlich neurotoxisch, enthält Alkaloide
Symptome:	beim Menschen unbekannt; bei Tieren: Herzrhythmusstörungen, Krämpfe, Lähmungserscheinungen, Tod

Architekten in Seide

Wie Spinnen ihre Netze bauen

Die Seide der Spinnen übertrifft in ihrer Elastizität sogar Nylonfäden – ein Seidenfaden würde erst bei einer Länge von 80 km durch sein Eigengewicht reißen. Mit der Seide, die durch Drüsen abgesondert wird, können Spinnen eine Vielfalt an Netzen bauen – von hauchdünnen Hängematten bis zu zerbrechlichen Spiralen, klebrigen Decken und dickwandigen Trichtern. Außerdem nutzen sie die Seide, um ihre Beute einzuwickeln und ihre Eier einzuspinnen, ja selbst bei der Paarung, wenn das Spinnenmännchen sein Sperma auf ein Minigespinst ablegt, um es mit seinen komplizierten Begattungsorganen aufnehmen zu können.

A

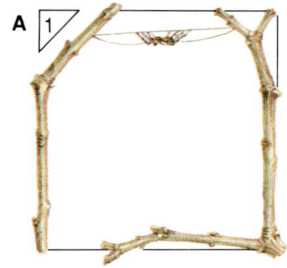

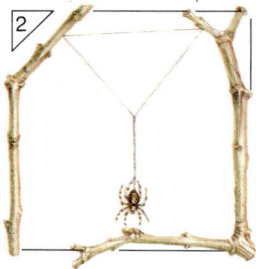

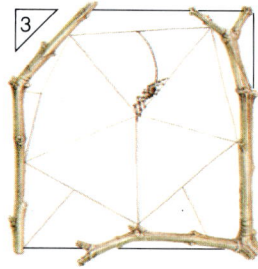

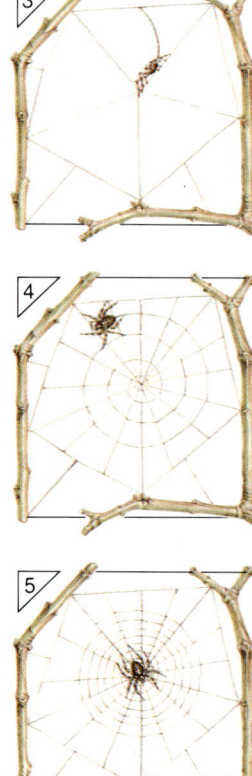

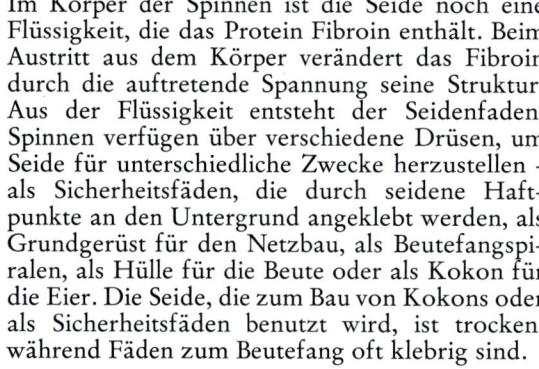

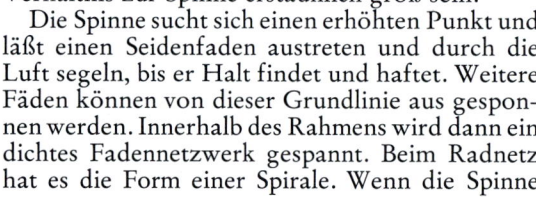

Im Körper der Spinnen ist die Seide noch eine Flüssigkeit, die das Protein Fibroin enthält. Beim Austritt aus dem Körper verändert das Fibroin durch die auftretende Spannung seine Struktur. Aus der Flüssigkeit entsteht der Seidenfaden. Spinnen verfügen über verschiedene Drüsen, um Seide für unterschiedliche Zwecke herzustellen – als Sicherheitsfäden, die durch seidene Haftpunkte an den Untergrund angeklebt werden, als Grundgerüst für den Netzbau, als Beutefangspiralen, als Hülle für die Beute oder als Kokon für die Eier. Die Seide, die zum Bau von Kokons oder als Sicherheitsfäden benutzt wird, ist trocken, während Fäden zum Beutefang oft klebrig sind.

Technische Kunstwerke

Die Vielfalt der Netze reicht vom scheinbar chaotischen Fadengewirr bis zu dichten Decken, Röhren und außerordentlich komplizierten Radnetzen wie denen der Kreuzspinnen. Netze, die über dem Boden gesponnen werden, benötigen eine Art Gerüst, einen Rahmen aus Fäden, der an Steinen, Pflanzen oder anderen festen Gegenständen verankert wird. Dieser Rahmen kann im Verhältnis zur Spinne erstaunlich groß sein.

Die Spinne sucht sich einen erhöhten Punkt und läßt einen Seidenfaden austreten und durch die Luft segeln, bis er Halt findet und haftet. Weitere Fäden können von dieser Grundlinie aus gesponnen werden. Innerhalb des Rahmens wird dann ein dichtes Fadennetzwerk gespannt. Beim Radnetz hat es die Form einer Spirale. Wenn die Spinne

Phasen des Netzbaus
A *Die Spinne läßt einen Seidenfaden vom Wind waagerecht treiben, bis er an einem Hindernis festklebt. Diese horizontale Verstrebung wird verstärkt. Ein zweiter, schlafferer Faden entsteht und hängt unter dieser Brücke (1). Auf halber Höhe des zweiten Fadens läßt sich die Spinne an einem vertikalen Faden herunter, bis sie auf einen festen Gegenstand stößt (2). Sie zieht die Seide stramm und verankert sie, wodurch eine y-förmige Figur entsteht, deren Zentrum später die Nabe des Netzes bildet. Die Spinne webt die Rahmenfäden und die Radialfäden, die sich im Mittelpunkt treffen (3). Nachdem die restlichen Radien gezogen sind,*

wird eine Hilfsspirale aus trockener Seide von innen nach außen gewebt (4). Sie hält das Netz zusammen, während die Spinne die klebrige Spirale einzieht. Die in engen Windungen verlaufende klebrige Spirale wird außen begonnen. Die Spinne befestigt den Faden an den Radialfäden und frißt die Hilfsspirale allmählich auf, nur deren Zentrum bleibt als Plattform für die Spinne erhalten (5). Meist bauen die Spinnen ihre Netze in der Nacht, um nicht die Aufmerksamkeit tagsüber jagender Vögel auf sich zu lenken. Radnetzspinnen müssen jede Nacht ein neues Netz spinnen. Das alte Netz wird zuvor gefressen, um den Verlust an Eiweiß zu minimieren.

Die netzwerfende Spinne

Die meisten Netze sind passive Fallen, doch gehören manche Spinnen auch zu den aktiven Jägern. Die netzwerfende Spinne der Gattung *Dinopis* erinnert in ihrem Beutefangverhalten an altrömische Zirkusspiele, bei denen ein Kämpfer seinen Gegner mit einem Netz bewegungsunfähig machte. Sie webt in der Nacht ein kleines Netz aus Seidenfäden, die mittels einer Haarreihe an den Hinterbeinen zu Tausenden von Schlingen aufgeplustert werden (1). Die Spinne hängt mit dem Kopf nach unten über dem Boden und hält das Netz an vier Fäden in den beiden vorderen Beinpaaren. So lauert sie auf ihre Beute (2). Dabei nimmt sie die fliegenden Insekten sowohl mit ihren großen Augen wahr als auch durch die Luftschwingungen, die die Opfer verursachen. Sobald ein Insekt unter ihr vorbeifliegt, öffnet sie das Netz und stülpt es über die Beute (3). Mit den Beinen spinnt sie die Beute immer mehr ein und setzt dann ihren lähmenden Biß an. Mehrere Versuche können nötig sein, bis sie einen Fang macht.

Siehe auch: **Wirbellose Tiere**, *S. 120/121* Fortpflanzung der Wirbellosen, *S. 142/143*

Der Spinnapparat

🅑 *Spinnenseide wird in besonderen Drüsen im Hinterleib der Spinnen produziert. Jede Drüse (1) ist durch einen engen Gang mit einer Spinnwarze (2) verbunden, die sich über winzige Erhebungen, die Spinnspulen (3), nach außen öffnet. Die meisten Spinnen haben am Hinterleibsende drei Paar Spinnwarzen, die während des Spinnvorgangs durch Muskeln (4) beweglich sind. Die Seide selbst wird nicht durch Muskelbewegungen aus den Spinnwarzen gedrückt, sondern mit den Klauen der Hinterbeine oder durch Befestigung an einem Gegenstand herausgezogen.*

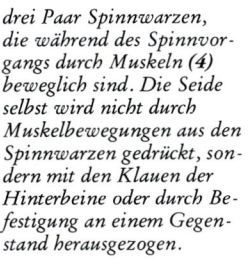

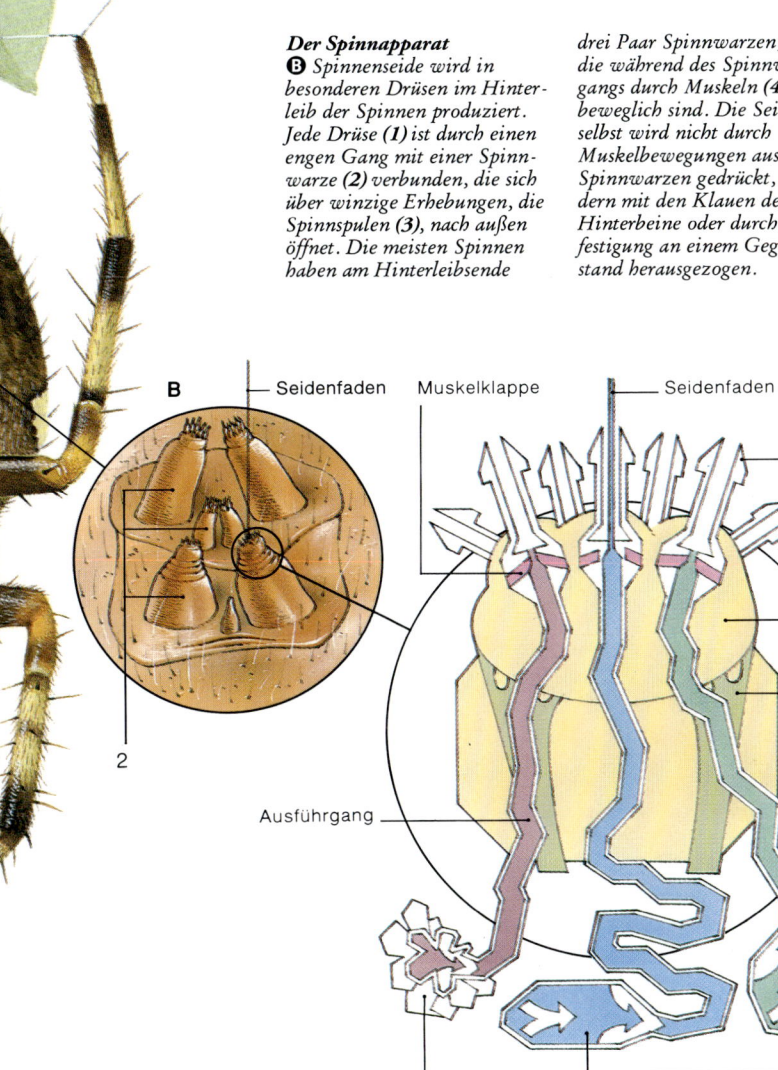

B — Seidenfaden — Muskelklappe — Seidenfaden
3
2
4
Ausführgang
2
1

Lähmung der Beute

Hat sich ein Opfer in den klebrigen Fäden des Netzes verfangen (oben), legt die erfolgreiche Jägerin ihrem Opfer eine seidene Zwangsjacke an und injiziert ihrer Beute ein lähmendes Gift. Diese kann nun ausgewickelt und sofort verspeist oder als Vorrat für einen späteren Zeitpunkt aufgehoben werden. Spinnen bewegen sich meist an der Unterseite des Netzes an Klauen hängend fort, um den Kontakt ihres Körpers mit den klebrigen Fäden zu vermeiden.

einen Teil des Fadens produziert hat, zieht sie kurz und kräftig daran, so daß der Klebstoff auf dem Faden Tröpfchen bildet; ein sehr wirkungsvolles Mittel zum Beutefang. Kurz vor der Mitte des Netzes hört die klebrige Spirale auf. Es schließt sich die trockene Spirale an, die als Plattform für die Spinne dient. Die Lücken zwischen der klebrigen Spirale und der Netzmitte ermöglichen es der Spinne, von der Oberseite des Netzes auf die Unterseite zu gelangen. Nachts liegt die Spinne gewöhnlich in der Mitte ihres Netzes in Wartestellung, tagsüber zieht sie sich meist in ihren seidenen Unterschlupf in der Nähe zurück.

Wie sich die Spinne im Netz bewegt

Experimente haben gezeigt, daß die Konstruktion des Netzes erblich festgelegt ist und durch Berührungsreize gesteuert wird. Eben erst geschlüpfte Spinnen können schon beim ersten Versuch perfekte Radnetze fertigen.

Obwohl an dem klebrigen Faden des Radnetzes Insekten hängenbleiben, kann die Spinne selbst sich ohne Schwierigkeiten auf ihrem Netz bewegen. Sie läuft nur auf den trockenen Fäden und benutzt spezielle Borsten, um die feinen Seidenfäden zu ergreifen. Ein öliger Überzug an ihren Füßen verhindert, daß sie haften bleibt, falls sie doch einmal mit dem Klebstoff in Berührung kommt. Gewöhnlich bewegen sich Spinnen auf der Unterseite ihres Netzes an den Klauen hängend fort, um zu verhindern, daß ihr Körper die klebrigen Fadenspiralen berührt.

1   2   3

Fallensteller, *S. 178/179*

Strategien der Räuber

Wie Tiere ihre Beute fangen

Ein kleiner Fisch berührt nichtsahnend die Tentakel einer Portugiesischen Galeere. Sofort entladen die Nesselzellen ihren giftigen Nesselfaden. Der Fisch wird gelähmt, ist völlig hilflos. Langsam ziehen die Tentakel ihn in das Maul der Qualle. So hat dieser faszinierende Meeresräuber es nicht einmal nötig, Energie auf die Verfolgung seiner Beute zu verschwenden. Unter den auf Beute lauernden Räubern gibt es Arten, die eine so geschickte Tarnung an den Tag legen, daß sie in der Tierwelt ihresgleichen sucht. Sie haben darüber hinaus beim Ergreifen oder Anlocken der Beute eine Reihe außergewöhnlich raffinierter Strategien entwickelt.

Räuberischer Staat
Die Portugiesische Galeere oder Seeblase findet man in warmen atlantischen Gewässern. Die Staatsqualle besteht aus vielen hundert Einzelpolypen, die sich aus einer einzigen Larve entwickeln. Die Individuen der Kolonie sind auf die Ausführung verschiedener Funktionen spezialisiert.

Gründungspolyp und Gasbehälter

Geschlechtspolypen

Freßpolypen

Fangfäden

Wenn ein im Hinterhalt liegender Räuber sich nicht verraten will, muß er in der Lage sein, die Beute schnell zu ergreifen. Chamäleons, Frösche und Kröten haben lange, klebrige Zungen, die sie blitzartig ausstrecken können, um ein vorbeikommendes Insekt zu fangen. Fangschrecken (Gottesanbeterinnen) entfalten schnell ihre langen »betenden« Vorderbeine, mit denen sie ihre Beute in die Zange nehmen, und Libellenlarven schnellen eine »Fangmaske« – den verlängerten Teil der Mundgliedmaßen – hervor. Die Krake, die unauffällig in einer Spalte oder unter einem Vorsprung lauert, kann ebenso rasch ihre mit Saugnäpfen besetzten Tentakel ausfahren, um die Beute zu ergreifen.

Bei derartigen Blitzaktionen muß der Räuber über gutes, möglichst stereoskopisches Sehvermögen verfügen. Frösche und Kröten haben deshalb große, wulstartig vorstehende Augen.

Viele Tiere, die ihre Beute aus dem Hinterhalt fangen, verstecken sich gerne in Erdhöhlen oder bedecken sich mit Sand. Die Sandlaufkäferlarven warten am Eingang zu ihren Erdlöchern. Sandkrabben liegen sandbedeckt am Strand; nur ihre Stielaugen lugen hervor. Der Ameisenlöwe – die Larve der Ameisenjungfer – gräbt eine Grube in den Sand und wartet darauf, daß ein kleines Tier hineinfällt, das er ergreifen kann. Manchmal wird er ungeduldig und bombardiert seine Beute mit Sand, um sie an der Flucht zu hindern. Tintenfische und Rochen schaufeln, um sich zu tarnen, Sand über ihren Rücken, wenn sie auf dem Meeresboden lauern. Krokodile und Alligatoren verlassen die Ufersande und verstecken sich knapp unter der Wasseroberfläche, wobei nur die Nasenlöcher und Augen sichtbar sind.

Köder sind elegant und effektiv

Anstatt einfach dazusitzen und zu warten, ist eine für den Beutefang effektivere Methode das Anlocken der in Reichweite befindlichen Beute mit einem Köder. Das bekannteste Beispiel dafür ist der Atlantische Seeteufel, der einen langen, steifen, fadenähnlichen Köder hat, oft mit einer fleischigen Spitze versehen, den er genau vor seinem Maul hin- und herwedelt. Sobald ein kleiner Fisch durch den bewegten Köder angelockt wird, öffnet der Atlantische Seeteufel sein riesiges Maul, und der Fisch wird mit dem einströmenden Wasser eingesaugt. In der Tiefsee, wo die Sicht stark eingeschränkt ist, benutzen andere Seeteufelarten Leuchtreize als Lockmittel.

Die in den Vereinigten Staaten von Amerika beheimatete Geierschildkröte, eine der größten

Getarnte »Unschuld«
Eine asiatische Art der Fangheuschrecken (Mantis, oben) tarnt sich als Blüte, um Beutefliegen anzulocken.

Schleimige Stacheln
Strahlentierchen (rechts) sind einzellige Meerestiere. Auf ihren Kapseln tragen sie Stacheln, die mit einem klebrigen Schleim versehen sind, welcher Nahrungspartikel auffängt.

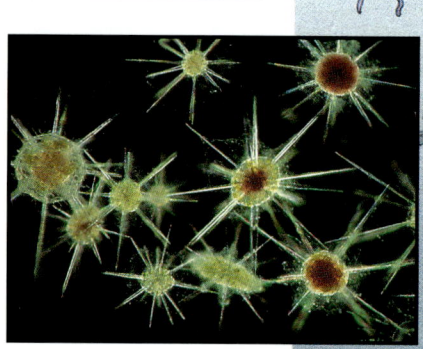

Süßwasserschildkröten, hat auf der Oberseite ihrer Zunge einen rosafarbenen, zweizipfligen, wurmähnlichen Köder. Mit aufgesperrtem Maul lauert sie unter Wasser und bewegt den Köder hin und her, um Fische anzulocken.

Durch ihren Gang auf der Wasseroberfläche ködert die Listspinne kleinste Fische und Kaulquappen, die sie dann erbeutet.

Der Säbelzähnige Schleimfisch – ein kleiner, an Korallenriffen vorkommender Fisch – ist ein bemerkenswerter Imitator und benutzt die Tarnung als eine Art Köder. Er hat die gleichen auffälligen blauen und schwarzen Streifen wie der Putzer-Lippfisch, der sich durch die Entfernung von Parasiten von der Haut und den Kiemen größerer Fische ernährt. Der Schleimfisch imitiert den Tanz des Lippfisches und lockt dadurch Fische an, die gereinigt werden wollen. Anstatt ihnen jedoch diesen wohltätigen Dienst zu erweisen, greift der Schleimfisch zu und beißt seinen »Kunden« ein Stück Fleisch heraus.

Siehe auch: **Evolution der Fische, S. 122/123**

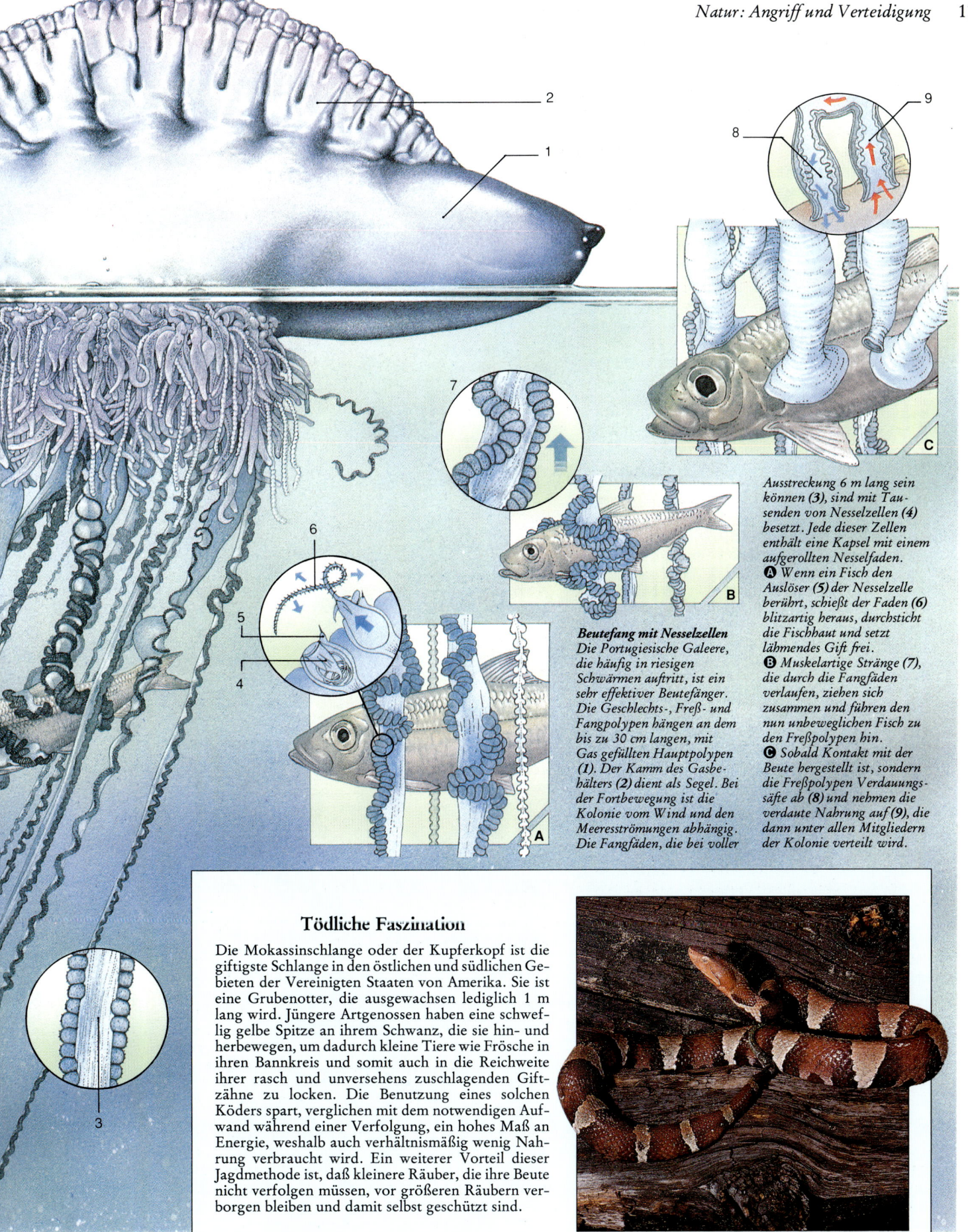

Beutefang mit Nesselzellen

Die Portugiesische Galeere, die häufig in riesigen Schwärmen auftritt, ist ein sehr effektiver Beutefänger. Die Geschlechts-, Freß- und Fangpolypen hängen an dem bis zu 30 cm langen, mit Gas gefüllten Hauptpolypen **(1)**. Der Kamm des Gasbehälters **(2)** dient als Segel. Bei der Fortbewegung ist die Kolonie vom Wind und den Meeresströmungen abhängig. Die Fangfäden, die bei voller Ausstreckung 6 m lang sein können **(3)**, sind mit Tausenden von Nesselzellen **(4)** besetzt. Jede dieser Zellen enthält eine Kapsel mit einem aufgerollten Nesselfaden.

Ⓐ Wenn ein Fisch den Auslöser **(5)** der Nesselzelle berührt, schießt der Faden **(6)** blitzartig heraus, durchsticht die Fischhaut und setzt lähmendes Gift frei.

Ⓑ Muskelartige Stränge **(7)**, die durch die Fangfäden verlaufen, ziehen sich zusammen und führen den nun unbeweglichen Fisch zu den Freßpolypen hin.

Ⓒ Sobald Kontakt mit der Beute hergestellt ist, sondern die Freßpolypen Verdauungssäfte ab **(8)** und nehmen die verdaute Nahrung auf **(9)**, die dann unter allen Mitgliedern der Kolonie verteilt wird.

Tödliche Faszination

Die Mokassinschlange oder der Kupferkopf ist die giftigste Schlange in den östlichen und südlichen Gebieten der Vereinigten Staaten von Amerika. Sie ist eine Grubenotter, die ausgewachsen lediglich 1 m lang wird. Jüngere Artgenossen haben eine schweflig gelbe Spitze an ihrem Schwanz, die sie hin- und herbewegen, um dadurch kleine Tiere wie Frösche in ihren Bannkreis und somit auch in die Reichweite ihrer rasch und unversehens zuschlagenden Giftzähne zu locken. Die Benutzung eines solchen Köders spart, verglichen mit dem notwendigen Aufwand während einer Verfolgung, ein hohes Maß an Energie, weshalb auch verhältnismäßig wenig Nahrung verbraucht wird. Ein weiterer Vorteil dieser Jagdmethode ist, daß kleinere Räuber, die ihre Beute nicht verfolgen müssen, vor größeren Räubern verborgen bleiben und damit selbst geschützt sind.

Ektoparasiten, *S. 164/165* **Tarnung**, *S. 182/183*

Flüchten, Verstecken oder Bluffen

Mit Tricks und Kniffen Verfolger überlisten

Die Verfolger bestimmter Seegurkenarten erleben ihr blaues Wunder, wenn sie ihre Beute angreifen wollen. Die Seegurken verteidigen sich, indem sie ihren Angreifern ihre später nachwachsenden Eingeweide entgegenschleudern. Abschreckungstaktiken und Ablenkungsmanöver anderer Tiere entfalten zwar selten eine solche Dramatik, doch spielen sie bei vielen Arten eine wichtige Rolle für die Selbstverteidigung. Abschreckungstrachten beruhen meist auf Warnfarben, die im ganzen Tierreich erkannt werden, vor allem auf Rot-, Orange- und Gelbtönen, die vor der Gefährlichkeit oder Giftigkeit ihres Trägers warnen sollen.

Tiere, die weder Verteidigungswaffen noch Warntrachten besitzen, laufen meist weg oder suchen sich zu verstecken. Selbst ein langer (aber doch zeitlich begrenzter) Lauf kostet ein Tier weniger Energie als die Entwicklung und Unterhaltung das Überleben sichernder Waffen. Antilopen und Gazellen z. B. sind vorzüglich an ihre weiten Steppenwanderungen angepaßt. Für eine spontane, effektive und damit meist lebensrettende Beschleunigung reichen lange, mit kräftiger Laufmuskulatur versehene Beine aus.

Zwar warnt in der Regel schon die Flucht eines Tieres seine Artgenossen, doch geben einige Tiere darüber hinaus regelrechte Warnsignale. Geisterkrabben und Känguruhratten beispielsweise betrommeln den Boden vor ihrem unterirdischen Bau. Vögel stoßen meist schrille Warnschreie aus; einige Arten verfügen sogar über unterschiedliche Rufe, je nachdem, ob die Bedrohung von einem Räuber aus der Luft oder von einem Landraubtier ausgeht.

Flucht oder Erstarren

Schnellfüßige Tiere wie Gazellen können aus dem Stand lossprinten, sobald ein Räuber sichtbar wird. Andere Tiere erstarren in der Bewegung und hoffen, daß Tarnfärbung und Bewegungslosigkeit sie retten. Merken diese Tiere aber, daß ihre Taktik keinen Erfolg hat, können sie plötzlich mit hoher Geschwindigkeit davoneilen. Die südamerikanischen Nandus, relativ große, flugunfähige Vögel, laufen hin und her, schlüpfen hinter einen Busch, machen unvermittelt auf ihrer eigenen Fährte kehrt und springen sogar manchmal in einem Satz über ihren Verfolger, um in entgegengesetzter Richtung zu verschwinden. Dann ducken sie sich schnell ins hohe Gras und vertrauen auf ihre vorzügliche Tarnung.

Frösche oder auch das in Südamerika beheimatete Wasserschwein springen zum Schutz einfach ins Wasser, denn dorthin folgen die meisten Landraubtiere ihrer Beute nicht.

Schrecktrachten irritieren

Drei Haupttypen von Schrecktrachten können unterschieden werden. Manche Tiere zeigen ihrem Verfolger unvermittelt große, aber falsche Augen – so das Tagpfauenauge, ein Schmetterling. Die Augen sollen dem Räuber vortäuschen, ein viel größeres Tier aufgestört zu haben, als es tatsächlich der Fall ist. Auch das unerwartete Präsentieren der Warnfarben Rot, Orange und Gelb auf Unterflügeln, Hälsen oder anderen Körperteilen ist eine äußerst erfolgreiche Abschreckungs-

Abschreckungsmethoden

A Die australische Kragenechse zischt angsteinflößend, wenn sie sich bedroht fühlt, und stellt ihren schwarzroten Fächerkragen auf. Diese Warnfarben schrecken einen Räuber meist ab.

B Viele Schmetterlinge, so das Tagpfauenauge, zeigen ihre Augenflecke, um Räubern ein großes Tier vorzutäuschen.

C Die Hakennatter stellt sich tot, wenn sie bedroht wird. Sie rollt sich auf den Rücken und läßt ihr Maul offenstehen, dem ein Geruch verwesenden Fleisches entströmt. Der Räuber ist von dem scheinbar toten Tier abgeschreckt.

D Der Fünfstreifenskink kann auf der Flucht einen Teil seines Schwanzes abwerfen, der sich noch eine ganze Weile hin- und herwindet und damit den Verfolger von seiner Beute ablenkt.

E Die Rotbauchunke wirft sich bei Gefahr auf den Rücken, präsentiert ihren schwarz-rot gemusterten Bauch und zeigt damit, daß sie giftig ist.

F Ein Igelfisch kann zur Abschreckung seinen Körper aufpumpen und so die Stacheln in seiner Haut weit nach allen Seiten abspreizen.

Siehe auch: Evolution der Amphibien, S. 124/125

Artgenossen werden gewarnt
G *Impalas tragen, wie viele Antilopen und Gazellen, auffällige schwarze Markierungen an ihren Fersen. Wenn ein Mitglied der Herde Gefahr wittert und flüchtet, blitzen die Fersenmarkierungen im Lauf auf. Diese Farbsignale werden von in der Nähe grasenden* *Herdenmitgliedern wahrgenommen, die nun ebenfalls gewarnt sind und flüchten. Bei anderen Tierarten übernehmen andere Körperteile diese Funktion, so z.B. bei Kaninchen die weiß gefärbte Unterseite des Schwanzes, die bei schneller Flucht für Artgenossen weithin sichtbar aufblinkt.*

strategie. Die dritte Variante besteht in einer plötzlichen Größenzunahme. Manchmal handelt es sich dabei nur um einen Bluff, wie im Falle der großen Ohreulen, die größer erscheinen, weil sie sich aufplustern und die Flügel ausbreiten. Ebenfalls mehr Schein als Sein ist die Größenzunahme bei einigen Kröten, die mit Hilfe von Luft ihr Volumen vergrößern und sich zusätzlich strecken.

Ausgeklügelte Verstecke

Kleine Tiere müssen sich darauf verlassen, in ein Versteck wie etwa ein Erdloch schlüpfen zu können, um einem Feind zu entgehen. Kaninchen, Mäuse und andere Kleinsäuger errichten häufig eine Vielzahl von Gängen und Gangsystemen mit mehreren Ein- und Ausgängen, durch die sie blitzschnell entkommen können.

Strandkrabben bauen einen Wall aus Sand oder Schlamm um den Eingang ihrer Wohnröhre. Der Wall dient ihnen dabei als Sichtschutz, hinter dem nur die Stielaugen der Krabbe hervorschauen.

Täuschungsmanöver

Einige Tiere wenden Verteidigungsstrategien an, bei denen das Beutetier die Aufmerksamkeit des Räubers bewußt auf sich lenkt. Diese Strategien werden hauptsächlich von Elterntieren zum Schutz ihrer Jungen eingesetzt. Erwachsene Regenpfeifer (rechts) z.B. gehören zu den Vogelarten, die regelrechte Täuschungsmanöver durchführen. Sie geben vor, verletzt zu sein, indem sie einen scheinbar gebrochenen Flügel über den Boden schleifen, um so einen Räuber von ihren Eiern oder bereits geschlüpften Jungen wegzulocken. Das Manöver ist von einem klagenden Schmerzlaut begleitet. Bevor er mit seiner Vorstellung beginnt, hüpft der Vogel ein kleines Stück vom eigentlichen Nestplatz weg. Selbst wenn der Räuber ihn nicht über eine längere Strecke verfolgt, hat er zumindest das Nest aus den Augen verloren und findet es vermutlich auch nicht wieder. Wenn der Elternvogel sicher ist, daß der Räuber sich weit genug vom Nest entfernt hat, fliegt er auf und bringt sich selbst in Sicherheit.

Evolution der Reptilien, *S. 126/127* Gifttiere, *S. 174/175* Tarnung, *S. 182/183*

Meister der Maskierung
Tarnung als Überlebensstrategie

Tarnung ist beim Militär ein wesentlicher Bestandteil moderner Kriegsführung. Doch bereits seit Millionen von Jahren nutzen Tiere eine weit eindrucksvollere Palette von Täuschungsmanövern und Tarnfarben in ihrem Kampf ums Überleben. Diese Taktik wenden sowohl Räuber an – um sich einer Beute ungesehen nähern zu können – als auch die Beutetiere – um unentdeckt zu bleiben. Einige Tiere ändern ihre Farben jahreszeitenabhängig; andere wiederum, wie die Tintenfische, können dramatische Farbumschläge in weniger als einer Sekunde aktiv herbeiführen.

Die geschickteste Methode für ein Tier, das voll im Blickfeld ist, aber dennoch unentdeckt bleiben will, ist, nach etwas anderem auszusehen. Natürlich sollte das imitierte Objekt nicht seinerseits ein Beutetier sein und Anlaß zu einem Angriff geben. Zahlreiche Organismen tarnen sich deshalb, indem sie Gestalt und Farben von Blättern, Zweigen, Vogelkot oder anderen unbelebten Objekten nachahmen. Dabei gibt es vier Hauptstrategien.

Auflösung der Körperformen

Die erste Strategie zeigen Tiere, die die Farbe ihrer Umgebung exakt annehmen können – so ein leuchtend grüner Laubfrosch vor dem Hintergrund der Blätter eines Regenwaldbaumes. Genausowenig heben sich Schneehase oder Hermelin in ihrem weißen Winterfell von ihrer schneebedeckten Umgebung ab.

Eine zweite, ähnliche Strategie ist die sogenannte Somatolyse. Die Tiere weisen Muster und Färbungen auf, die ihre Körperkonturen vor einem ähnlichen Hintergrund optisch auflösen. Die Streifung eines Tigers, der hinter einer Beute im hohen Gras herschleicht, ist dafür ein eindrucksvolles Beispiel. Auch die Eier von Seeschwalbe und Regenpfeifer, die auf den nackten Boden gelegt werden, haben eine so wirkungsvolle somatolytische Tarnung, daß sie zwischen Kieseln und Erdklümpchen nicht auffallen.

Eine dritte Art der Tarnung ist bei Tieren zu beobachten, die zur Milderung der Licht-Schatten-Wirkung eine Schattierung tragen, bei der die Oberseite des Körpers dunkler gefärbt ist als die Unterseite. Kopfunter lebende Tiere, wie Faultiere oder einige Welsarten, besitzen eine Gegenschattierung. Diese auch zur Somatolyse zählende Tarnung ist von einigen Tiefseefischen und Krebstieren zu höchster Vollendung gebracht worden. Die Tiere sind an der Seite silbrig gefärbt, so daß sie das Sonnenlicht reflektieren und ihre Körperumrisse dadurch kaum auszumachen sind. Einen ähnlichen Effekt haben Leuchtorgane auf der Unterseite des Körpers.

Die vierte Tarnstrategie wird oft auch mit anderen Techniken kombiniert. Das Tier erscheint nicht mehr als greifbarer, kompakter Körper, weil es seitlichen Schattenwurf möglichst vermeidet, etwa indem es seinen Körper in Bodenvertiefungen preßt.

Zweifellos bringt das Zusammenspiel von genetischer Mutation und natürlicher Selektion die Tarnkleider hervor. Wenn eine Spontanmutation eine Änderung des Erscheinungsbildes bewirkt, die einem Tier nützt, indem es nicht zu Beute wird

oder aber selbst mehr Beute machen kann, so sind die Überlebenschancen dieses Tieres höher als die seiner Artgenossen. Das neue, genetisch festgelegte Merkmal für eine bessere Tarnung vererbt das Tier an seine Nachkommen, die nun ihrerseits Überlebensvorteile haben.

Unsichtbar durch Farbwechsel

Tintenfische können mit weniger als einer Sekunde ihre Farbe schneller wechseln als Chamäleons. Dies ermöglichen ihnen komplexe Strukturen (Chromatophor-Organe), die elastische, pigmentgefüllte Zellen (Chromatophoren) enthalten, die von Muskelfasern umgeben sind. Sobald diese sich zusammenziehen, verformt sich die Zelle zu einer flachen Scheibe, so daß das Pigment sich ausdehnt und damit deutlicher sichtbar wird. Die häufig unterschiedlich gefärbten Pigmentzellen in den Chromatophor-Organen können sich unabhängig voneinander ausdehnen oder zusammenziehen. So entstehen vielfältige Farbmuster.

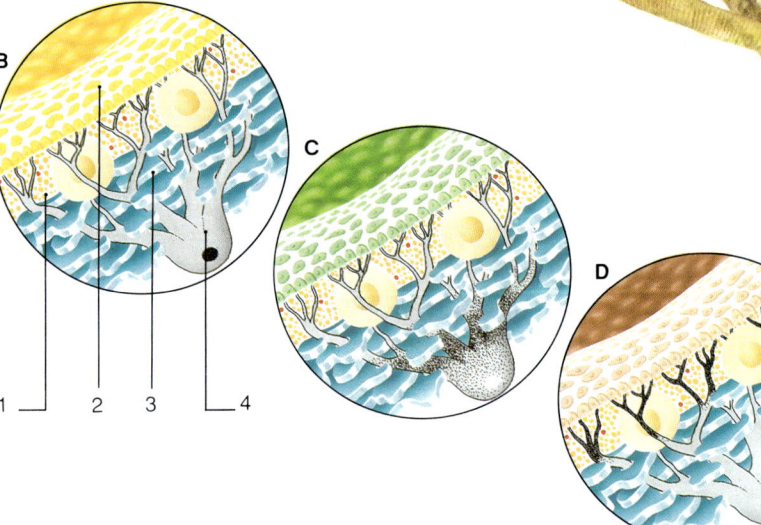

Das Chamäleon: Inbegriff der Verwandlung
A *Chamäleons können ihre Farbe in weniger als zwei Minuten wechseln – zur Tarnung, zur Regulation der Körpertemperatur, um Rivalen abzuschrecken und bei der Partnerwerbung. Das Nervensystem steuert die Pigmentverlagerung.*

Technik des Farbwechsels
B *Die Haut des Chamäleons enthält eine Schicht gelber Tröpfchen, die zwischen gelben Zellen (1) unter der Epidermis (2) sitzen. Darunter befinden sich Pigmentzellen (Guanophoren, 3), die zunächst farblos erscheinen. Die Haut hat dann die Farbe des Lichtes, das von den gelben Tröpfchen reflektiert wird.*
C *Vor dunklem Hintergrund, d.h., wenn die melaninhaltigen Farbzellen (Melanophoren, 4) ihr dunkles Pigment verbreiten, reflektieren Guanophoren blaues Licht. Durch die Mischung von blauem und gelbem reflektiertem Licht wirkt die Haut grün.*
D *Dunkler wird die Haut, wenn das Pigment die Ausläufer der Melanophoren in der gelben Schicht erreicht.*

Siehe auch: **Tricks und Kniffe**, S. 180/181

E

F

G

H

Kombinierte Tarnstrategien
Die meisten Tiere setzen auf eine der vier grundlegenden Tarnstrategien. Eine Kombination verschiedener Techniken bewirkt eine noch bessere Maskierung, egal, ob es sich um die Beute oder den Räuber handelt.

E *Das Okapi kombiniert auflösend (somatolytisch) wirkende Streifen auf Rumpf und Beinen mit einem dunklen Rücken und helleren Bauch, was es einem Räuber erheblich erschwert, das Tier anhand seiner Körperumrisse auszumachen.*

F *Obwohl der Eisbär mit seinem weißen Pelz perfekt an seine arktische Umgebung angepaßt ist, drückt er seinen Körper zudem noch fest gegen den Untergrund, um jeglichen Schattenwurf zu vermeiden, wenn er sich an ahnungslose Seehunde anschleicht.*

G *Auch der Leopard schmiegt sich eng an einen Ast, wenn er unbemerkt bleiben will. Er weist eine ähnlich gefleckte Fellzeichnung wie der südamerikanische Jaguar auf. Beide Tiere täuschen mit ihrem gefleckten Fell die Schatten vor, die herabhängende Blätter werfen.*

H *Heringe lösen ihre Körperumrisse durch unzählige Lichtreflexionen auf. Zudem schwimmen sie in großen Schwärmen, so daß Angreifer durch das plötzliche Aufscheinen von Hunderten silbrig glänzender Fischkörper verunsichert werden.*

Do-it-yourself-Tarnung

Viele Spinnenkrabben tarnen sich aktiv, indem sie Stücke marinen »Abfalls« an ihrem Körper befestigen. Einer der bekanntesten Vertreter dieser Form von Selbstdekoration ist Oregonia gracilis (rechts), eine Krabbe, die an der Nordwestküste der Vereinigten Staaten von Amerika vorkommt. Sie benutzt ihre vorderen Scherenbeine wie Pinzetten und hebt kleine Algenstücke, Teile der kalkigen Wohnröhre von Röhrenwürmern, Holzspäne sowie alles andere zweckmäßige Material auf. Mit ihren Mundwerkzeugen bearbeitet die Krabbe die einzelnen Teile, um deren Oberfläche aufzurauhen, und befestigt sie dann an kleinen, mit Widerhaken versehenen Borsten (sogenannten Setae) am Körper. Die genaue Anordnung der Setae ist artspezifisch und dient als Bestimmungsmerkmal; bei Oregonia sitzen sie auf der Rückenschale, den Schreitbeinen und in einem Wulst oberhalb der Augen. Am Tage verharren die Krabben unbeweglich, wobei sie ihren Körper fest in den Meeresboden drücken.

Chemische Kriegsführung

Die Verwendung von Abwehrstoffen im Tierreich

Eine Dusche kochend-heißer, ätzender Flüssigkeit, lähmende Giftspritzer, nach Fäulnis riechende oder narkotisierende Sekrete – all dies gehört zum chemischen Waffenarsenal der Tiere. Kraken und Kalmare sondern Tinte oder Leuchtflüssigkeiten ins Wasser ab, um einen Freßfeind zu verwirren, während sie selbst blitzartig flüchten. Andere Tierarten erzeugen äußerst wirksame Gifte, die bei einem Räuber, der so töricht ist, sie anzugreifen, große Schmerzen oder den Tod verursachen. Chemische Verteidigung geht oft mit einer auffälligen Färbung oder mit Abschreckverhalten einher.

Mit Kopfstand und Kampfstoff
Bei Bedrohung steht der Schwarzkäfer (ganz oben) praktisch Kopf. Läßt sich ein Feind durch diese Vorstellung nicht beeindrucken, besprüht ihn der Käfer mit einem übelriechenden Reizmittel. Die Laubheuschrecke (oben) sondert Flüssigkeitströpfchen aus ihren Beingelenken ab.

Zahlreiche Tiergruppen haben unabhängig voneinander eine ganze Palette chemischer Verteidigungsstrategien entwickelt. Eine Säugerfamilie, die Mustelidae, zu der auch Wiesel, Hermelin und Stinktier gehören, ist in besonderem Maße für den Einsatz übelriechender Verteidigungssekrete bekannt. Die Haut vieler Kröten ist mit Giftdrüsen besetzt, deren Absonderungen jeden Räuber abschrecken. Vögel verlassen sich nur selten auf chemische Abwehrstoffe, dennoch schmeckt das Fleisch vieler Vögel faulig oder verursacht Übelkeit und Erbrechen. Diese im wahrsten Sinne des Wortes ungenießbaren Arten sind zur Abschreckung meist leuchtend bunt gefärbt, so daß Räuber sehr schnell lernen, sie zu meiden.

Die ausgeklügeltste chemische Verteidigung findet sich ohne Zweifel bei den Wirbellosen. Geißelskorpione beispielsweise reagieren auf einen Angriff, indem sie ihren Hinterleib aufrichten und ihrem Feind aus Analdrüsen einen feinen Nebel entgegensprühen, der aus einer stark ätzenden Flüssigkeit besteht.

Einige Käfer reagieren auf den Angriff eines Feindes durch sogenanntes »Reflexbluten«, meist aus den Beingelenken. Das Blut der Weichkäfer enthält Cantharidin – einen äußerst wirksamen Stoff, der Ameisen und andere Räuber abschreckt.

Wehrhafte Schmetterlingsraupen

Die Raupen des Schwalbenschwanzes und des Apollo-Falters besitzen direkt hinter dem Kopf leuchtend rot oder orange gefärbte zweizipflige Verteidigungswaffen (Osmetrien). Diese sind normalerweise von einer Tasche verdeckt, können jedoch augenblicklich entblößt werden, wenn das Tier aufgestört wird. Die beeindruckende Präsentation dieser Waffen allein kann schon ausreichen, einen Räuber abzuschrecken. Wird der Angriff dennoch durchgeführt, geben die ausgefahrenen »Hörnchen« ein stark riechendes Sekret aus Fettsäuren ab, das die Raupe ihrem Feind zur Abwehr entgegenspritzt. Es gibt Hinweise darauf, daß Schwalbenschwänze zusammenarbeiten, um die Effektivität ihrer chemischen Verteidigung noch zu erhöhen. Wird ein Individuum am Rande einer Gruppe angegriffen, fahren die anderen Schwalbenschwänze ihre Osmetrien aus. Diese »konzertierte Aktion« erzeugt einen regelrechten chemischen »Nebel« rund um die Gruppe.

Für die chemische Verteidigung muß ein Tier in die Produktion von Giften oder Stechapparaten Energie investieren. Einige Schmetterlingsarten sparen diese Energie ein, indem sie zur Verteidigung geeignete Chemikalien aus Futterpflanzen

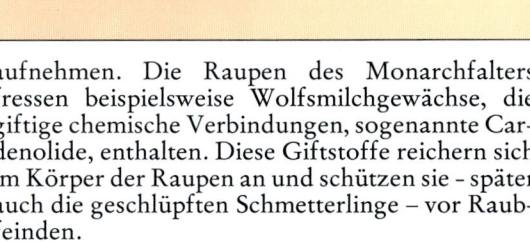

A

Käfer in Gefechtsstellung
Ⓐ *Der Bombardierkäfer gehört zu den weltweit verbreiteten Laufkäfern. Die Größe der verschiedenen Arten variiert zwischen 1–3 cm, die Farbe der Tiere ist – als Warnung – meist leuchtend orange mit schwarzer Musterung. Indem er einen Cocktail siedend-heißer Chemikalien durch einen »Geschützturm« am Ende seines Hinterleibs aussprüht, kann der Bombardierkäfer sogar Vögel und Eidechsen abschrecken. Wird er angegriffen, ist der Käfer in der Lage, bis zu 50mal hintereinander seine heiße, ätzende Lösung abzugeben. Seine Zielsicherheit ist dabei erstaunlich. Durch leichtes Schwenken der Spitze seines Hinterleibs kann er den Sprühregen zur Seite, vor- oder rückwärts lenken. Jede Entladung wird von einem lauten Knall und dem gleichzeitigen Ausstoß einer ätzenden Dampfwolke begleitet, was zur Ablenkung oder sogar zur zeitweiligen Erblindung des Räubers führt.*

aufnehmen. Die Raupen des Monarchfalters fressen beispielsweise Wolfsmilchgewächse, die giftige chemische Verbindungen, sogenannte Cardenolide, enthalten. Diese Giftstoffe reichern sich im Körper der Raupen an und schützen sie - später auch die geschlüpften Schmetterlinge – vor Raubfeinden.

Klebstoffe fesseln den Angreifer

Die wurmförmigen Stummelfüßer, die im feuchtwarmen Klima der Tropen leben, geben aus Drüsen am Ende ihrer Kopfanhänge eine geruchlose Flüssigkeit ab. Diese Substanz verfestigt sich sehr schnell zu einer gummiartigen Masse; Räuber verstricken sich in den zähen Klebstoffäden und werden bewegungsunfähig.

Blattläuse sondern flüssige Wachströpfchen aus hakenförmigen Gebilden an ihrem Hinterleib ab. Das Wachs erhärtet beim Kontakt mit dem Angreifer augenblicklich und nimmt ihm die Bewegungsfreiheit.

Siehe auch: **Gifttiere,** *S. 174/175* **Tricks und Kniffe,** *S. 180/181* **Natürliche Gifte,** *S. 380/381*

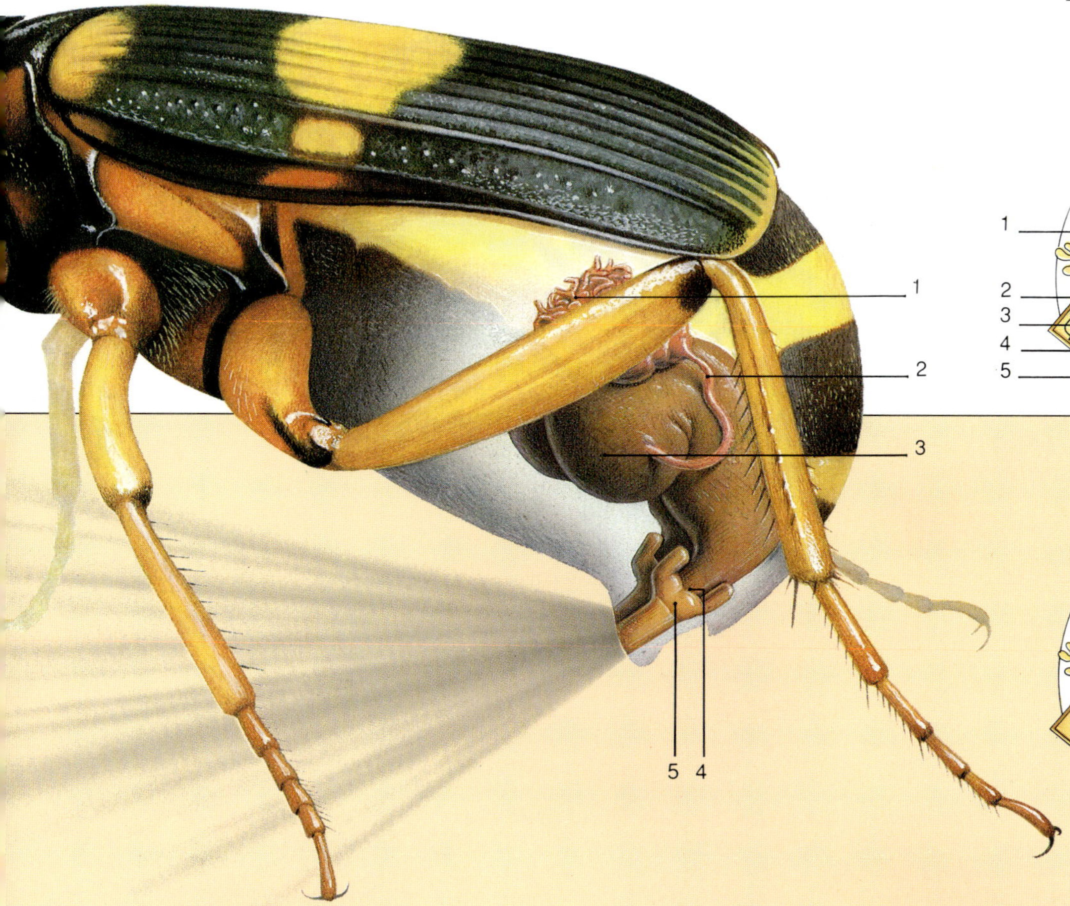

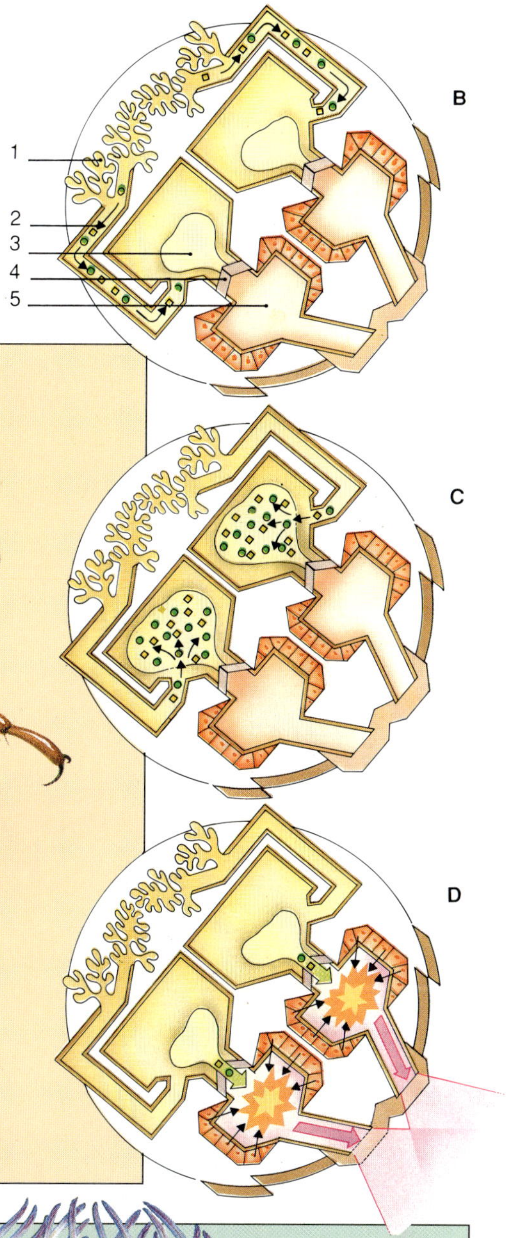

B

C

D

Explosive Technik

A B *Zwei Pygidialdrüsen im Hinterleib des Bombardierkäfers produzieren die ätzenden Chemikalien und erzeugen die Entladungsexplosion. Jede Drüse besteht aus zahlreichen sekretorisch aktiven Zellen (1), die um den Ausführgang (2) angeordnet sind, der in einer Sammelblase (3) mündet.*

Als Ventil wirkende Muskeln (4) verbinden die Sammelblase mit einer stabilen, hitzeresistenten Explosionskammer (5).
C *Die Drüsenzellen produzieren Hydrochinon und Wasserstoffperoxid, die in der Blase gespeichert werden. Jede Blase enthält Chemikalien für etwa 50 Entladungen.*

D *Wird der Käfer angegriffen, öffnet sich das Ventil, und die Chemikalien gelangen in die Explosionskammer. Dort werden bestimmte Enzyme produziert, die eine hitzeerzeugende Reaktion einleiten. Der Druck steigt und treibt die ätzende Flüssigkeit durch eine Öffnung neben dem Anus des Käfers nach außen.*

Waffenraubende Schnecken

Fadenschnecken gehören zu den bestgeschützten marinen Organismen. Das Geheimnis dieser Meeresnacktschnecke verbirgt sich hinter ihren Rückenanhängen (1), die in zwei Reihen ihren Körper entlanglaufen. Viele dieser Anhänge enthalten Nesselzellen (2), die auf alles, was sie berührt, ihre mit Haken besetzten und an der Spitze mit Gift versehenen Nesselfäden abschießen.

Die Nesselzellen produziert die Fadenschnecke nicht etwa selbst, sondern stiehlt sie ihrer bevorzugten Beute, der Seeanemone. Frißt die Schnecke eine Seeanemone, kann sie die Nesselkapseln aus ihren Tentakeln nicht verdauen; sie nimmt die Kapseln zwar auf, diese werden dann aber durch den gesamten Körper der Nacktschnecke bis in die Spitzen ihrer Rückenanhänge in die dort befindlichen Nesselzellentaschen transportiert. So erhält die Fadenschnecke ihre »Verteidigungswaffen« kostenlos, und sie spart Energie. Die auffallende Färbung soll potentiellen Freßfeinden als Warnung dienen.

Natürliches »Radar«

Wie sich Tiere durch Schallwellen orientieren

Taucher, die vor einem Schwarm Delphine schwimmen, verspüren häufig eine starke Körpervibration. Jeder Delphin »betrachtet« die Taucher mit Hilfe eines gebündelten Strahls Ultraschall von hoher Energie, der von ihm ausgesandt und vom Taucher als »Echo« reflektiert wird. Fledermäuse und einige Seehundarten verfügen über eine ähnliche Technik. Zwei höhlenlebende Vogelarten bedienen sich einer einfacheren Variante der Echoortung, um im Dunkeln ihre Nester ausfindig zu machen. Die bei diesem Verfahren abgegebenen Töne sind auch für das menschliche Ohr wahrnehmbar.

Ultraschall ist in mancher Hinsicht dem Sehvermögen überlegen, da er den ganzen Körper durchdringt. »Betrachtet« ein Delphin einen Artgenossen, kann er unter Umständen sogar feststellen, ob dieser kürzlich gefressen hat. Noch wichtiger jedoch: Echopeilung kann dort eingesetzt werden, wo die Augen versagen, etwa im schmutzig-trüben, aber nahrhaften Küstenwasser, das oft die reichsten Jagdgründe für große »Fischfresser« bildet. Im häufig schlammigen Wasser der Flüsse, wie im Amazonas oder Indus, verlassen sich die Flußdelphine derartig stark auf Echoortung, daß sich ihr Sehvermögen rückentwickelt hat und die Tiere lediglich Hell von Dunkel unterscheiden können. Der Pottwal – die größte Art in der Familie der Zahnwale – bedient sich der Echoortung in den dunklen Gewässern unterhalb 1000 m, um Kalmare zu jagen. Fledermäuse orten nachts mit Hilfe der Echopeilung Motten und andere Insekten, die im Laufe der Evolution nachtaktiv geworden waren, um insektenfressenden Vögeln zu entgehen.

Die richtige Frequenz ist wichtig

Sowohl Fledermäuse als auch Delphine setzen hochfrequente Töne ein, die außerhalb des menschlichen Hörvermögens liegen. Ist die Wellenlänge des Tones größer als das reflektierende Objekt, gibt es nur ein schwaches oder gar kein Echo. Die menschliche Stimme erzeugt Töne mit einer Wellenlänge von rund 35 cm – für die Fledermaus bei der Jagd auf Motten völlig nutzlos.

Delphine verfolgen in der Regel größere Beute und kommen mit einer minimalen Wellenlänge von 1 cm aus. Um diese zu produzieren, bedarf es jedoch erheblicher Anstrengungen, da der Schall unter Wasser fünfmal schneller ist als in der Luft, die Wellenlänge für dieselbe Tonfrequenz also auch fünfmal größer. Delphine erzeugen daher Frequenzen bis zu 270 Kilohertz (kHz) – das sind 270 000 Schwingungen pro Sekunde –, Fledermäuse hingegen lediglich bis 160 kHz. Diesem Maximum steht bei Delphinen eine Niedrigstfrequenz von 0,25 kHz gegenüber, was einer Wellenlänge von 6,8 m entspricht. Solche Töne werden von den Tieren zum Absuchen des Meeresbodens sowie bei der Navigation eingesetzt.

Infraschall weist Brieftauben den Weg

Daß Wale und Delphine sich mittels Ultraschall orientieren, ist seit einiger Zeit bekannt. Kürzlich haben Wissenschaftler entdeckt, daß die Brieftaube ihren Weg mit Hilfe des Infraschalls findet, wobei der Vogel Schwingungen bis zu 0,05 Hertz wahrnehmen kann. Solche Schwingungen gehen von vielen verschiedenen Quellen aus, z. B. Erdbeben, Jetstreams und Gebirgszügen, und enthalten für die Brieftauben wertvolle geographische Informationen.

Echoortung bei Fledermäusen

Die Echosignale der Fledermäuse variieren erheblich, je nach Beute und Lebensraum. Fledermäuse, die in offenem Gelände jagen, produzieren erst hohe, dann niedrige Impulsfrequenzen. Sie können so Beute unterschiedlichster Größe erkennen. Die Hufeisennasen und die amerikanische Schnurrbart-Fledermaus verfügen über zweigeteilte Tonimpulse (Bisonar), deren erster Teil von gleichmäßiger Frequenz ist. Wird eine fliegende Motte von einem Impuls konstanter Frequenz »eingefangen«, verursacht das Flügelschlagen ein Echo, dem die Fledermaus nachspüren kann. Die Frequenz des Echos (und damit die Tonhöhe) ist abhängig von der Bewegungsrichtung des Beutetiers (Doppler-Effekt, siehe C).

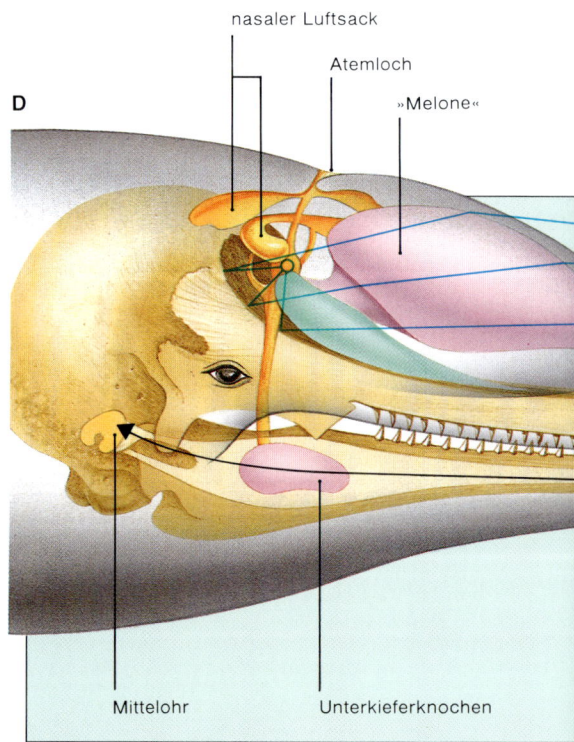

Die verschiedenen Gesichter der Fledermäuse
Ein Charakteristikum der Fledermäuse ist die große Variationsbreite ihrer Gesichter – vermutlich durch die unterschiedlichen Methoden bedingt, Ultraschall zu erzeugen.
Ⓐ Eine Ausnahme bildet der Gemeine Vampir, bei dem die Echoortung nur eine untergeordnete Rolle spielt. Er ernährt sich vor allem vom Blut der Säugetiere, die er mit Augen und Nase (1) aufspürt.
Ⓑ Das Braune Langohr hingegen verläßt sich auf Ultraschallaute. Seine großen Ohren sind hervorragend geeignet, das Echo aufzufangen.

Das Delphinsonar ortet sogar einzelne Fische
Ⓓ Delphine erzeugen Klick- und Pfeiftöne, indem sie beim Auftauchen an die Wasseroberfläche durch ihr Atemloch Luft einströmen lassen. Diese Luft wird durch ein Röhrensystem gepreßt, das sich im nasalen Luftsack unterhalb des Atemlochs befindet, wodurch Töne entstehen. Vermutlich werden die Töne von der sogenannten »Melone« gebündelt, einem großen Fettorgan im Kopf des Delphins, das als eine Art »Tonlinse« arbeitet. Der vom Zielobjekt reflektierte Schall wird von einem Fettkanal im hohlen Unterkiefer aufgefangen und dann direkt zum Mittelohr geleitet. Das Delphinsonar ist außerordentlich hoch entwickelt. Ein Delphin kann nicht nur einen einzelnen Fisch anhand der Wellen, die von dessen Schwimmblase reflektiert werden, in einem Schwarm erkennen (1), er kann auch die von mehreren Mitgliedern eines Schwarms reflektierten Wellen entschlüsseln und so deren Zahl ermitteln (2).

nasaler Luftsack

Atemloch

»Melone«

D

Mittelohr

Unterkieferknochen

Siehe auch: **Sechster Sinn, S. 188/189   Akustische Signale, S. 192/193   Tierwanderungen als Lernverhalten, S. 200/201**

c

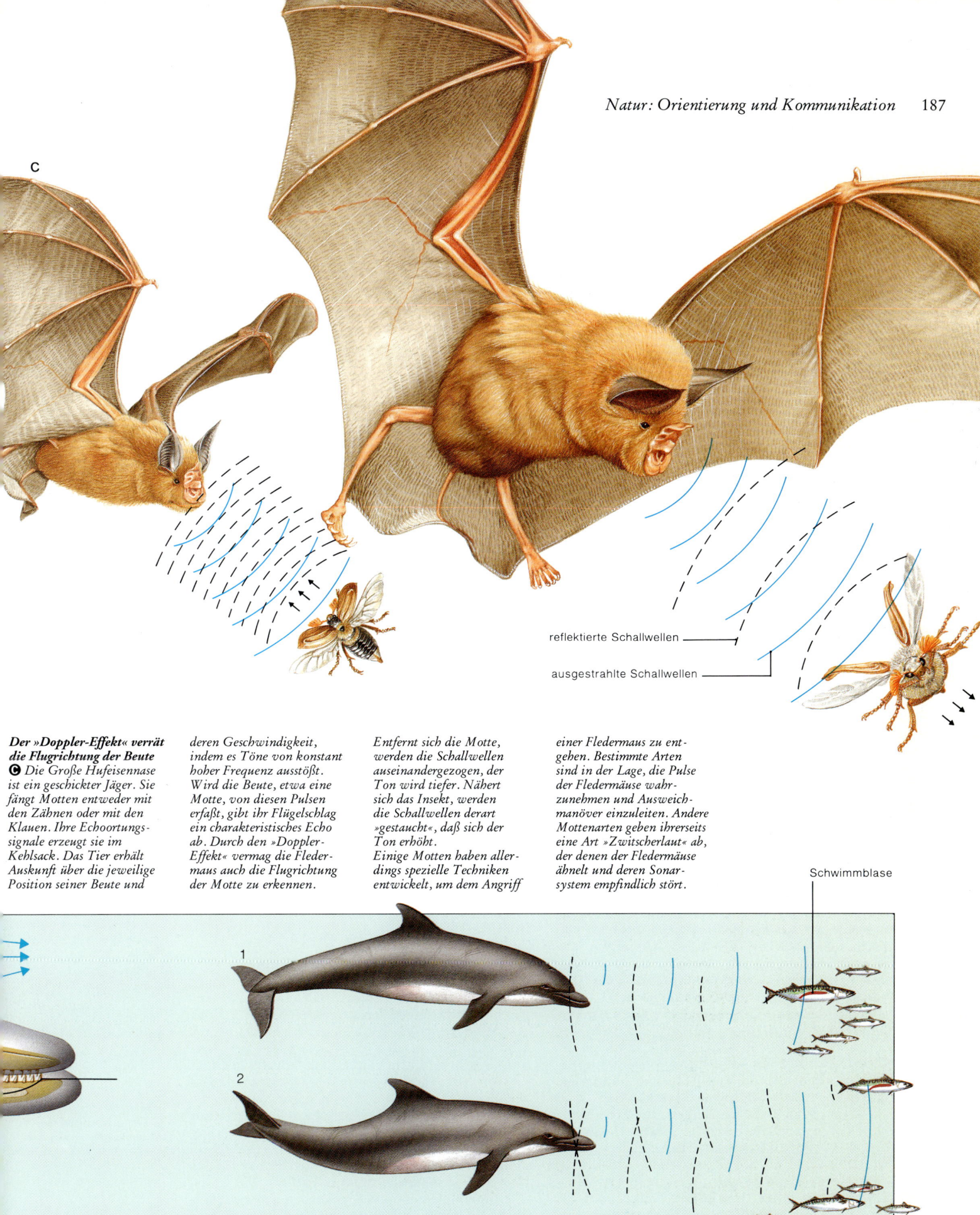

reflektierte Schallwellen

ausgestrahlte Schallwellen

Schwimmblase

1

2

Der »Doppler-Effekt« verrät die Flugrichtung der Beute

C Die Große Hufeisennase ist ein geschickter Jäger. Sie fängt Motten entweder mit den Zähnen oder mit den Klauen. Ihre Echoortungssignale erzeugt sie im Kehlsack. Das Tier erhält Auskunft über die jeweilige Position seiner Beute und

deren Geschwindigkeit, indem es Töne von konstant hoher Frequenz ausstößt. Wird die Beute, etwa eine Motte, von diesen Pulsen erfaßt, gibt ihr Flügelschlag ein charakteristisches Echo ab. Durch den »Doppler-Effekt« vermag die Fledermaus auch die Flugrichtung der Motte zu erkennen.

Entfernt sich die Motte, werden die Schallwellen auseinandergezogen, der Ton wird tiefer. Nähert sich das Insekt, werden die Schallwellen derart »gestaucht«, daß sich der Ton erhöht.
Einige Motten haben allerdings spezielle Techniken entwickelt, um dem Angriff

einer Fledermaus zu entgehen. Bestimmte Arten sind in der Lage, die Pulse der Fledermäuse wahrzunehmen und Ausweichmanöver einzuleiten. Andere Mottenarten geben ihrerseits eine Art »Zwitscherlaut« ab, der denen der Fledermäuse ähnelt und deren Sonarsystem empfindlich stört.

Der sechste Sinn der Tiere

Außergewöhnliche Wahrnehmungsfähigkeiten

Im trüben Wasser eines Flusses herrscht oft schlechte Sicht. Der Süßwasserkrabbe müßte dies entgegenkommen – ihre Feinde können sie nicht sehen. Und doch wird sie plötzlich von einem Schnabeltier geschnappt. Das Schnabeltier »sieht« die Krabbe so klar wie ein helles Licht, dank winziger Poren um seinen »Schnabel« herum, die elektrische Felder spüren, welche durch Muskelbewegungen entstehen. Haie haben ähnliche Sinnesorgane. Wenn zwei so enfernt verwandte Tiere die gleiche sensorische Fähigkeit haben, dann könnten auch andere Wassertiere sie besitzen – bis jetzt ist dies jedoch noch nicht erwiesen.

Elektrische Sinnesorgane sind immer noch weitgehend unerforscht. Untersuchungen von sensorischen Fähigkeiten, die Elektrizität, Magnetismus, Luft- und Wasserbewegungen oder Infra-Rot (Wärme) umfassen, sind noch verhältnismäßig neu. Die Forschungen konzentrierten sich, in Anlehnung an die Hauptwahrnehmungsfähigkeiten des Menschen, zunächst nur auf das Sehen und Hören. Erst allmählich haben Biologen festgestellt, wie unterschiedlich die Sinne anderer Lebewesen sein können.

Fische nutzen elektrische Felder als Echolot

Ein elektrisches Sinnesorgan kann einem Raubtier, das im Meer, in Flüssen oder Seen jagt, nützlich sein, denn Wasser leitet elektrische Ströme sehr gut. Einige Fische haben so ein Organ. Der afrikanische Elefantenfisch benutzt elektrische Felder als eine Art Echolot. Er erzeugt elektrische Impulse durch spezielle Schwanzmuskeln und baut so ein elektrisches Feld auf. Poren an seinem Kopf »lesen« die Elektrizität und spüren alle Störungen im Feld auf, die etwa von einem Felsen oder dem Flußufer herrühren. Dies ermöglicht dem Fisch, sich auch in trübem, schlammigem Wasser zurechtzufinden. Zudem kann er auf diese Weise seine Beute aufspüren. Der Zitteraal, der elektrische Organe von solcher Leistungsfähigkeit besitzt, daß er damit Beutetiere betäuben kann, erzeugt auch Signale zur Orientierung.

Der Tastsinn erschließt eine ganze Welt

Wie die meisten Fische haben auch der Elefantenfisch und der Zitteraal noch ein weiteres wichtiges Sinnesorgan, das an der Längsseite ihres Körpers entlangläuft. Es ist das Seitenlinienorgan, das Wasserbewegungen und Vibrationen von geringer Frequenz wahrnimmt, wodurch es bei der Jagd hilft und die eigene Sicherheit verstärkt.

Dieses Organ ist nur ein Aspekt eines komplexen und vielfältigen Sinnessystems – des Tastsinns, den auch Menschen besitzen. Wir können uns allerdings nicht die detaillierten Sinnesempfindungen vorstellen, die eine Maus auf nächtlicher Nahrungssuche durch ihre Barteln erlebt oder ein Wels durch seine fleischigen, aus dem Mund herabhängenden Barben. Bei einem fliegenden Vogel übertragen barthaarähnliche Federn Informationen über Luftströmungen an das Gehirn, das diese Informationen zur Steuerung der Flugbewegungen nutzt. Bestimmte Körperteile von Insekten – meist ihre Beine und Fühlerenden – sind mit sensorischen Haaren bedeckt, die einen ähnlichen Zweck erfüllen.

Magnetische Sinne zur Orientierung

Manche Tiere können die Magnetfelder der Erde und ihre Ausrichtung spüren. Von diesen sensorischen Fähigkeiten machen besonders jene Tiere Gebrauch, die über große Entfernungen wandern. Die Vermutung, daß Tiere während ihrer Wanderungen magnetische Sinne nutzen, tauchte zum ersten Mal im Zusammenhang mit Untersuchungen über Zugvögel auf. Die These wurde bestätigt, als Scharen von Vögeln in einem Gebiet Schwedens beobachtet wurden, das so reichhaltige Eisenvorkommen hatte, daß sie das Magnetfeld der Erde beeinflußten. Vogelscharen, die auf einem geraden Kurs nach Südwesten flogen, verloren, als sie dieses Gebiet überflogen, für einige Minuten ihre Orientierung, bevor sie den richtigen Kurs wieder aufnahmen.

Honigbienen benutzen beim Bau ihres Stockes ebenfalls einen magnetischen Sinn, neue Waben werden dadurch in der gleichen Richtung angelegt wie die zuvor gebaute Wabe.

Das Seitenlinienorgan
Ⓐ *Der Blauhai hat, wie alle Haie, zwei verschiedene sensorische Systeme, um seine Beute aufzuspüren: die Lorenzinischen Ampullen und das Seitenlinienorgan.*
Ⓑ *Das Seitenlinienorgan registriert entfernte Schwingungen geringer Frequenz. Das System besteht aus*

Hautöffnungen **(1)**, die Meerwasser durch Röhren **(2)** in den Lateralkanal **(3)** einlassen. Dieser enthält Büschel von Sensorhaaren **(4)**, welche die empfangenen Signale durch den Seitenlinien-Nerv **(5)** an das Gehirn weiterleiten.
Ⓒ *Jedes Büschel von Sensorhaaren ist in eine*

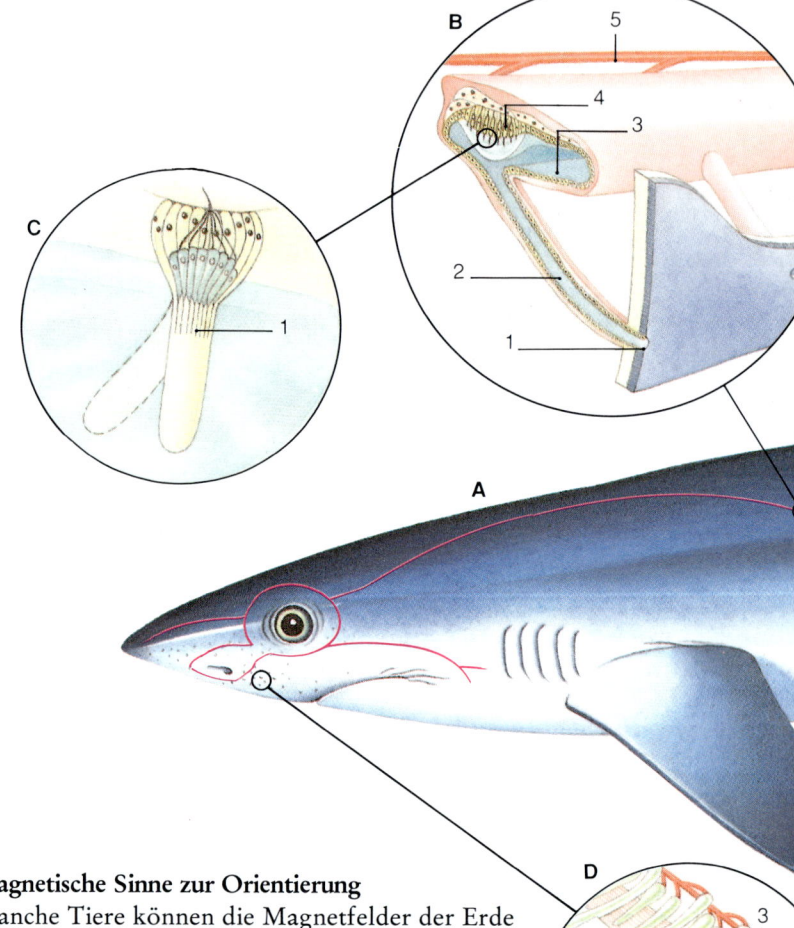

Elektrische Rezeptoren
Ⓓ *Die Lorenzinischen Ampullen sind elektrische Rezeptoren (1), die sich durch Poren am Unterkiefer des Hais nach außen öffnen (2). Am anderen Ende sind die Ampullen mit Nerven (3) verbunden, die noch kleinste Spannungsdifferenzen an das Gehirn weiterleiten.*

Siehe auch: Erdmagnetismus, S. 46/47 Echoortung, S. 186/187 Akustische Signale, S. 192/193

gelatineartige Kapsel, die Cupula, eingeschlossen. Vibrationen in der Umgebung des Hais werden durch die Röhren auf die Cupula übertragen. Ihre Haarbüschel (1) nehmen dabei den Reiz auf. Sie können sowohl die Stärke als auch die Richtung des Signals feststellen.

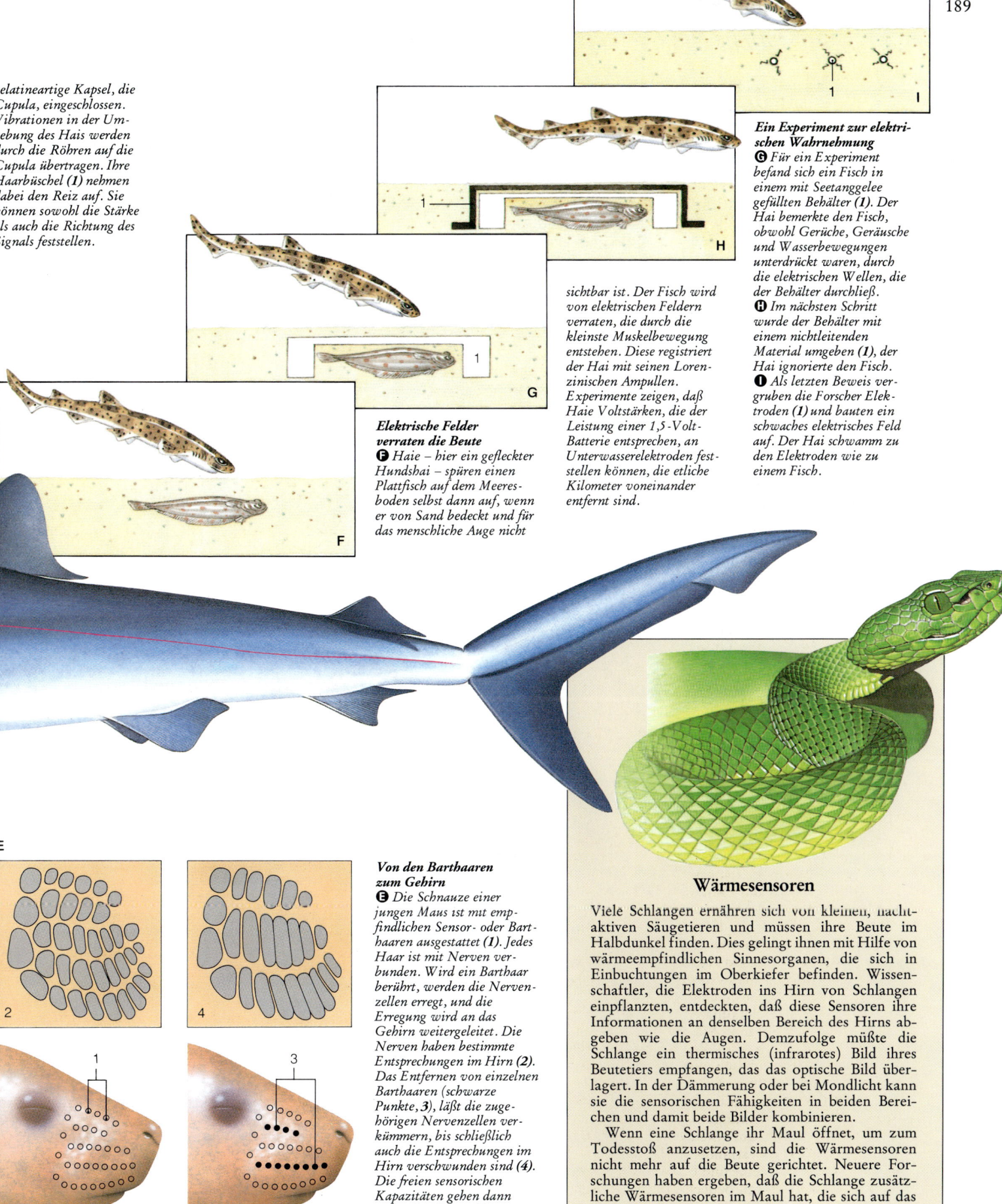

Elektrische Felder verraten die Beute

F Haie – hier ein gefleckter Hundshai – spüren einen Plattfisch auf dem Meeresboden selbst dann auf, wenn er von Sand bedeckt und für das menschliche Auge nicht sichtbar ist. Der Fisch wird von elektrischen Feldern verraten, die durch die kleinste Muskelbewegung entstehen. Diese registriert der Hai mit seinen Lorenzinischen Ampullen. Experimente zeigen, daß Haie Voltstärken, die der Leistung einer 1,5-Volt-Batterie entsprechen, an Unterwasserelektroden feststellen können, die etliche Kilometer voneinander entfernt sind.

Ein Experiment zur elektrischen Wahrnehmung

G Für ein Experiment befand sich ein Fisch in einem mit Seetanggelee gefüllten Behälter (1). Der Hai bemerkte den Fisch, obwohl Gerüche, Geräusche und Wasserbewegungen unterdrückt waren, durch die elektrischen Wellen, die der Behälter durchließ.
H Im nächsten Schritt wurde der Behälter mit einem nichtleitenden Material umgeben (1), der Hai ignorierte den Fisch.
I Als letzten Beweis vergruben die Forscher Elektroden (1) und bauten ein schwaches elektrisches Feld auf. Der Hai schwamm zu den Elektroden wie zu einem Fisch.

Von den Barthaaren zum Gehirn

E Die Schnauze einer jungen Maus ist mit empfindlichen Sensor- oder Barthaaren ausgestattet (1). Jedes Haar ist mit Nerven verbunden. Wird ein Barthaar berührt, werden die Nervenzellen erregt, und die Erregung wird an das Gehirn weitergeleitet. Die Nerven haben bestimmte Entsprechungen im Hirn (2). Das Entfernen von einzelnen Barthaaren (schwarze Punkte, 3), läßt die zugehörigen Nervenzellen verkümmern, bis schließlich auch die Entsprechungen im Hirn verschwunden sind (4). Die freien sensorischen Kapazitäten gehen dann auf andere Haare über.

Wärmesensoren

Viele Schlangen ernähren sich von kleinen, nachtaktiven Säugetieren und müssen ihre Beute im Halbdunkel finden. Dies gelingt ihnen mit Hilfe von wärmeempfindlichen Sinnesorganen, die sich in Einbuchtungen im Oberkiefer befinden. Wissenschaftler, die Elektroden ins Hirn von Schlangen einpflanzten, entdeckten, daß diese Sensoren ihre Informationen an denselben Bereich des Hirns abgeben wie die Augen. Demzufolge müßte die Schlange ein thermisches (infrarotes) Bild ihres Beutetiers empfangen, das das optische Bild überlagert. In der Dämmerung oder bei Mondlicht kann sie die sensorischen Fähigkeiten in beiden Bereichen und damit beide Bilder kombinieren.

Wenn eine Schlange ihr Maul öffnet, um zum Todesstoß anzusetzen, sind die Wärmesensoren nicht mehr auf die Beute gerichtet. Neuere Forschungen haben ergeben, daß die Schlange zusätzliche Wärmesensoren im Maul hat, die sich auf das Ziel richten, wenn sie zustößt.

Tierwanderungen als Instinktverhalten, S. 198/199   Tierwanderungen als Lernverhalten, S. 200/201   Sehen, S. 360/361   Hautsinn, S. 368/369

Denken ergänzt Instinkte

Lernleistungen der Tiere

Wir ziehen unsere Finger schneller, als wir denken können, von einer offenen Flamme zurück. Die Tatsache, daß man handeln kann, ohne vorher zu denken, ist auf eine Reflexbewegung zurückzuführen, die nichts mit den analytischen Prozessen des Gehirns zu tun hat. Alle Tiere führen Reflexbewegungen aus, und für viele von ihnen sind sie ein Hauptbestandteil des täglichen Lebens. Viele Tiere stützen ihr Verhalten jedoch auch auf Erfahrungen und können sogar lernen, Urteile zu fällen. Der Mensch hat auf Grund seines Reflexionsvermögens noch umfangreichere Fähigkeiten entwickelt – er weiß, daß er weiß.

Eine der herausragendsten Eigenschaften des Tieres ist die Fähigkeit, sich absichtsvoll und zielgerichtet zu bewegen. Es mag sich ruckartig fortbewegen, gleiten, schwimmen, gehen oder sogar fliegen – wenn es nicht schwer verletzt ist, sind seine Bewegungen niemals ziellos. Sie werden durch das Nervensystem koordiniert.

Beim Tausendfüßer muß eine Vielzahl von Beinen zusammenarbeiten: Die Nervenimpulse, die gegeben werden, sind als Wellenbewegung sichtbar – sie läuft die wie ein Fransensaum anmutenden Beinreihen entlang.

Aber wohin bewegt sich das Tier? Möglicherweise findet die Fortbewegung zur Nahrung oder zu einem Partner hin statt oder auch fort von einer Gefahr – in jedem Fall ist die Bewegung Folge eines sensorischen Reizes. Die Sinnesorgane des Tieres erhalten Informationen über seine Umgebung, die über Sinnesnerven zum Gehirn gelangen, welches entsprechende Befehle an die Muskeln gibt. Einige Reize umgehen den Schritt der Informationsinterpretation, um einen sofortigen Reflex als Antwort auszulösen. Dies ist eine wichtige Überlebenshilfe und erlaubt den Tieren, sich umgehend von einem schmerzhaften Reizobjekt zurückzuziehen. Reflexe treten auch an weniger offensichtlicher Stelle auf. Die aufrechte Körperhaltung ist z. B. auf einen Reflex zurückzuführen, der durch Signale ausgelöst wird, die von den Gleichgewichtsorganen ausgehen.

Erst das Gedächtnis ermöglicht Lernen

Nicht allein auf Reflexe geht ein bestimmtes Verhalten von Möwennestlingen zurück. Wenn eine brütende Silbermöwe zum Nest zurückkehrt, picken die Jungen automatisch an ihrem Schnabel, um Futter zu erbetteln. Eine Attrappe des Elterntieres mit der richtigen Farbgebung (gelber Schnabel mit orangem Fleck an der Spitze) würde das gleiche Verhalten auslösen.

Dieser Mechanismus funktioniert ähnlich wie der Gleichgewichtsreflex; er ist aber durch Erfahrung verfeinert worden. Versuchsergebnisse lassen vermuten, daß der Nestling zwar von Natur aus einen Pickreflex hat, daß er dessen richtigen Einsatz allerdings noch erlernen muß. Erst nachdem er einige Tage nach allem möglichen gepickt hat, registriert er nach Versuch und Irrtum den Nutzen des Pickens an dem Fleck auf dem elterlichen Schnabel.

Um von derartigen Erfahrungen profitieren zu können, muß das Tier ein gutes Gedächtnis haben. Dies ist eine der Hauptfunktionen des Gehirns. Selbst relativ primitive Tiere wie Insekten sind in der Lage, sich an bestimmte Details, wie den Weg zu einer Nahrungsquelle, zu erinnern. Das Gedächtnis der weiter entwickelten Tiere ermöglicht es diesen, nicht nur aus ihren eigenen Erfahrungen zu lernen, sondern auch, was ebenso wichtig ist, aus den Erfahrungen anderer.

Ein junger Schimpanse würde, auf sich allein gestellt, alle möglichen Dinge fressen; er entdeckt und lernt erst nach und nach, was eßbar ist und was nicht. Er ist jedoch nicht allein: Er lebt in einer großen Familiengruppe, und die ausgewachsenen Tiere in dieser Gruppe wissen bereits, was eßbar ist und wo man diese Nahrung findet. Durch Nachahmung der erwachsenen Tiere kann der junge Schimpanse auf das langwierige Verfahren des Lernens durch Versuch und Irrtum verzichten. Er erlernt so komplexe Fähigkeiten, die über Jahrhunderte entwickelt und verfeinert und über Generationen weitergegeben wurden.

Lernen durch Nachahmung **Ⓐ** *Schimpansen zeigen beim Gebrauch von Werkzeugen große Intelligenz. Sie benutzen Stöcke, um Termiten zu »angeln«: Ein Zweig wird an einem Ende mit Speichel befeuchtet und in den Termitenhaufen gesteckt. Nach einer Weile ziehen sie den Stock heraus und fressen die daran haftenden Termiten. Wahrscheinlich lernen die jungen Schimpansen dieses komplexe Verhaltensmuster durch Beobachtung ihrer Eltern: Wenn sie zwischen zwei und drei Jahre alt sind, gehen sie bereits spielerisch mit Stöcken um; bis zu ihrem vierten Lebensjahr beherrschen sie die wirkungsvolle Anwendung dieses Werkzeugs.*

Siehe auch: Tierwanderungen als Lernverhalten, S. 200/201   Nervenzelle, S. 332/333

B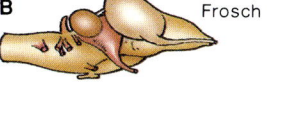
Frosch

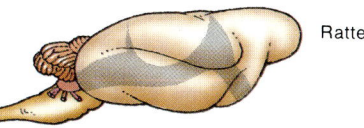
Ratte

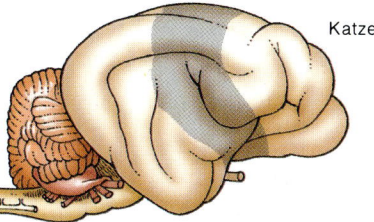
Katze

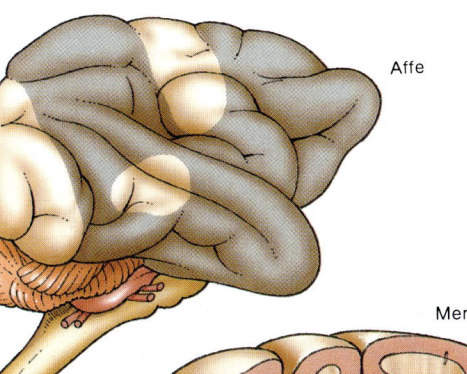
Affe

Mensch

Aufbau des Gehirns

B *Das Gehirn der Wirbeltiere hat drei Hauptregionen – das Vorderhirn, das Mittelhirn und das Hinterhirn. Bei niederen Tieren wie Fischen und Amphibien unterliegt jedem dieser Teile eine bestimmte Sinnesfunktion – dem Vorderhirn der Geruchssinn, dem Mittelhirn die Sehkraft und dem Hinterhirn das Gleichgewicht und das Hörvermögen. Bei den höher entwickelten Tieren jedoch haben sich Teile des Gehirns vergrößert, oder ihre Funktion wurde den sich ändernden Bedürfnissen des Organismus angepaßt. Besonders ein Teil des Vorderhirns – das Großhirn (Cerebrum, 1) – hat sich zu einer komplexen, tief gefurchten Struktur entwickelt. Seine äußere Schicht – die Großhirnrinde (Cortex, 2) – enthält Bereiche, die Bewegungen und sensorische Informationen koordinieren, sowie große Bezirke (rot), in denen Denken und Urteilsbildung stattfinden. Sie beherbergen den sogenannten »bewußten« Verstand. Unbewußte Tätigkeiten wie Atmen und Herzfrequenz werden vom Stammhirn kontrolliert.*

Die erste Prägung

Hühner, Enten und Gänse sowie eine Zahl weiterer Vögel, Fische und Säugetiere weisen eine Besonderheit in der Evolution auf, die den Jungen eine bessere Überlebenschance gibt. Bei der Geburt und auch noch einige Stunden danach (bis zu 30 Stunden) richtet das junge Tier seine gesamte Aufmerksamkeit auf das erste große Objekt, das diese durch Bewegung oder bloße Nähe erregt, und folgt ihm von da an. In der Natur ist solch ein erstes Objekt im allgemeinen ein Elternteil. Junge Tiere können aber auch – wie Experimente mit Graugänsen von dem österreichischen Verhaltensforscher Konrad Lorenz zeigten – auf andere Tiere, auf einen Menschen oder sogar auf leblose Gegenstände geprägt werden.

Die Arbeitsteilung im Gehirn

B *Die meisten Gehirnfunktionen hängen vom Zusammenspiel von Nerven in verschiedenen Bereichen des Gehirns ab. Bestimmte Bezirke scheinen jedoch enger mit speziellen Aktivitäten verknüpft zu sein. Im Vorderhirn sind das Großhirn (1) und die Großhirnrinde (2) Koordinierungszentren; sie enthalten das Gedächtnis. Das limbische System (3) kontrolliert die willkürlichen Muskeln und die Tätigkeiten der inneren Organe. Der Thalamus (4) koordiniert Sinneseindrücke und motorische Signale und gibt sie zum Großhirn weiter; der Hypothalamus (5) und der Hirnanhang regulieren das Hormonsystem. Sinneseindrücke wie Sehen, Tasten und Hören werden durch das Mittelhirndach (Tectum, 6) koordiniert. Im Hinterhirn kontrolliert das Kleinhirn (Cerebellum, 7) Muskelaktivitäten, die für Bewegungen der Gliedmaßen und für die Körperhaltung benötigt werden. Das Mark (8) enthält Reflexzentren für die Atmung, den Herzschlag und die Verdauung.*

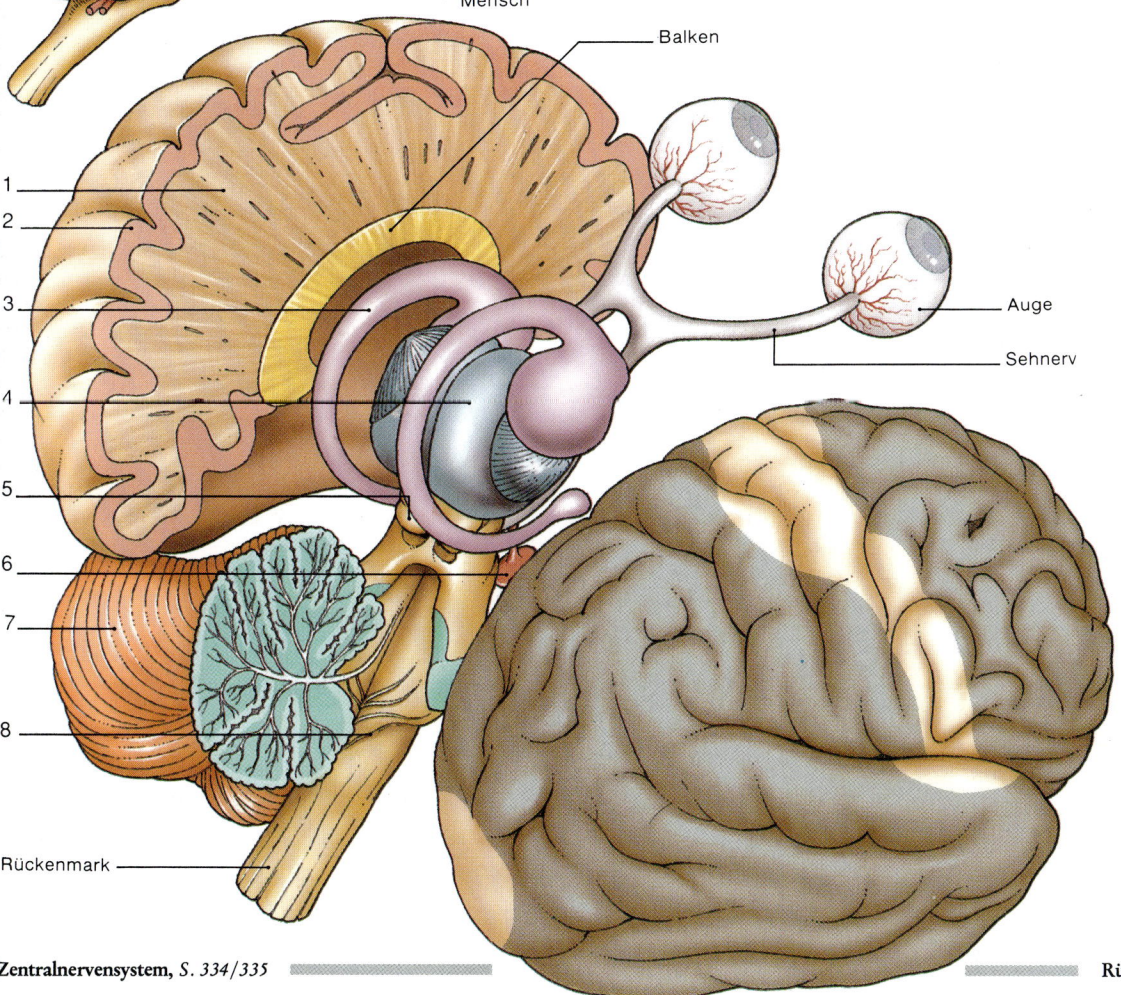

Balken

1

2

3 — Auge

Sehnerv

4

5

6

7

8

Rückenmark

Warnsignal und Minnegesang

Wie Tiere mit Tönen kommunizieren

Das Brummen eines Bartenwals in der Tiefsee kann über 80 km weit von einem anderen Wal gehört werden. Wasserströmungen mit unterschiedlichen Temperaturen und Salzgehalten schaffen »Schallwellenleiter«, die Töne ohne große Energieverluste über weite Entfernungen transportieren. Tonsignale von Vögeln reichen von denen eines Storches, der laut mit seinem Schnabel klappert, bis zu Meistersängern mit einem Repertoire von einigen tausend Liedern. Wie Menschen haben viele Vögel regionale Dialekte, die von den Eltern an die Jungen weitergegeben werden.

Männchen der europäischen Fettspinne sind, ebenso wie der Bartenwal, Spezialisten in der Nutzung spezieller Strukturen ihrer Umgebung zur Übermittlung einer Schallnachricht. Während sie auf einem Blatt sitzen, bewegen sie ihren Hinterleib sehr schnell auf und ab, so daß das Blatt vibriert wie die Haut auf einer Trommel. Der summende Ton des Blattes ist ein Paarungsruf für die weiblichen Spinnen dieser Art. Männliche Maulwurfsgrillen heben zum gleichen Zweck Höhlen aus: Sie graben zwei schalltrichterähnliche Öffnungen, die als Megaphon dienen, um den Hochzeitsruf der Grille zu verstärken. Messungen des Schalls ergaben 1 m über dem »Megaphon« Lautstärken von 92 Dezibel – so laut wie der Verkehr auf einer Hauptstraßenkreuzung.

Nicht jede Tierkommunikation ist für das menschliche Ohr wahrnehmbar. Kleine Tiere – z. B. Spitzmäuse und Wühlmäuse – kommunizieren in der Regel in Hochfrequenzbereichen jenseits unseres Hörvermögens. Solche Frequenzen sind auch für ihre Jäger, wie etwa Eulen, nicht mehr wahrnehmbar, obwohl diese ein ausgezeichnetes Hörvermögen besitzen – wie auch viele andere Vögel.

Eine verlangsamt abgespielte Aufzeichnung des Rufes eines amerikanischen Ziegenmelkers enthüllte, daß der Ruf einen Ton enthält, den der Mensch bei Normalgeschwindigkeit nicht hören kann. Eine zweite Aufzeichnung einer Spottdrossel, die den Ruf des Ziegenmelkers imitiert, weist, mit der langsameren Geschwindigkeit abgespielt, ebenfalls diesen zusätzlichen Ton auf; Vögel können offensichtlich mehr Töne pro Sekunde unterscheiden als Menschen.

Auch der Boden übermittelt Schall

Schall wird gewöhnlich durch die Schwingung von Luft- oder Wassermolekülen übermittelt. Doch dies sind nicht die einzigen Vibrationsformen, die Informationen übertragen. Der Boden leitet ebenfalls Vibrationen weiter. Sandgräber, die eher allein leben als in Kolonien, schlagen ihren Kopf auf das Dach ihrer Höhle, um ihre Anwesenheit den anderen Sandgräbern kundzutun und so eine Konfrontation in der Höhle zu vermeiden. Einen anderen Rhythmus trommeln sie in der Fortpflanzungszeit, wenn sie, um einen Partner zu finden, in einer für ihre Art charakteristischen Weise hämmernde Signale aussenden.

Viele Insekten haben feinste Vibrationsdetektoren. An den Beinen einer Küchenschabe befinden sich derartig empfindliche Schallsensoren, daß sie den Tritt einer anderen Küchenschabe

Wie ein Vogel singt

A *Das Atmungssystem eines Vogels ist sehr komplex: Seine relativ kleinen Lungen (1) sind mit muskellosen Luftsäcken (2) verbunden, die durch die Brustmuskulatur gefüllt bzw. geleert werden. Um zu singen, schließt der Vogel zunächst eine Klappe in einer der beiden Bronchien (3) zwischen den Lungen und der Syrinx (Kehlkopf, 4), was ihm ermöglicht, Luft in die Säcke zu pressen.*
B *Der Luftdruck im Interclavicularsack (5), der die Syrinx umgibt, drückt (6) die innere Paukenhaut (7) der Syrinx in den Bronchialgang (8), um ihn zu schließen. Dann ziehen sich Muskeln im Syrinx (9)*

Töne für die Partnersuche

C *Grashüpfer haben Probleme, im hohen Gras Geschlechtspartner zu finden. Sie suchen sie daher mit Hilfe von Tonsignalen. Auch andere Tiere, die nachtaktiv sind oder in dichter Vegetation leben, nutzen Töne zur Kommunikation.*

Tonerzeugung mit den Beinen

D *Grashüpfer erzeugen ihre Hochzeitsrufe durch Stridulationen, d.h. durch das Reiben der Haken (1) an der Innenseite des Hinterbeines an den harten Rippen der Vorderflügel. Die Stridulationshaken variieren von 80 bis 450 pro Bein. Jede Art hat ihren eigenen »Ruf«, der zum Teil von der Anordnung der Haken abhängt.*

zusammen, wirken dem Luftdruck im Luftsack entgegen und ziehen die Membran zurück, um den Bronchialgang wieder zu öffnen. Luft strömt über die gespannte Membran und bringt sie beim Gesang zum Schwingen. Wenn die Spannung sich erhöht, steigt auch die Tonhöhe des Gesanges an, ebenso wie der Ton eines Trommelfelles

höher wird, wenn dessen Spannung steigt. Bei Singvögeln arbeitet jedes Paar von Syrinx-Muskeln unabhängig; dies erlaubt das Singen von unterschiedlichen Tönen. Schwach gespannte Muskeln (10) produzieren einen tieferen Ton als stark gespannte (11). Wenn die Membran zu gespannt ist, wird die Luft geräuschlos durchgelassen.

Siehe auch: **Echoortung**, S 186/187   **Sechster Sinn**, S. 188/189   **Pheromone**, S. 194/195   **Optische Signale**, S. 196/197

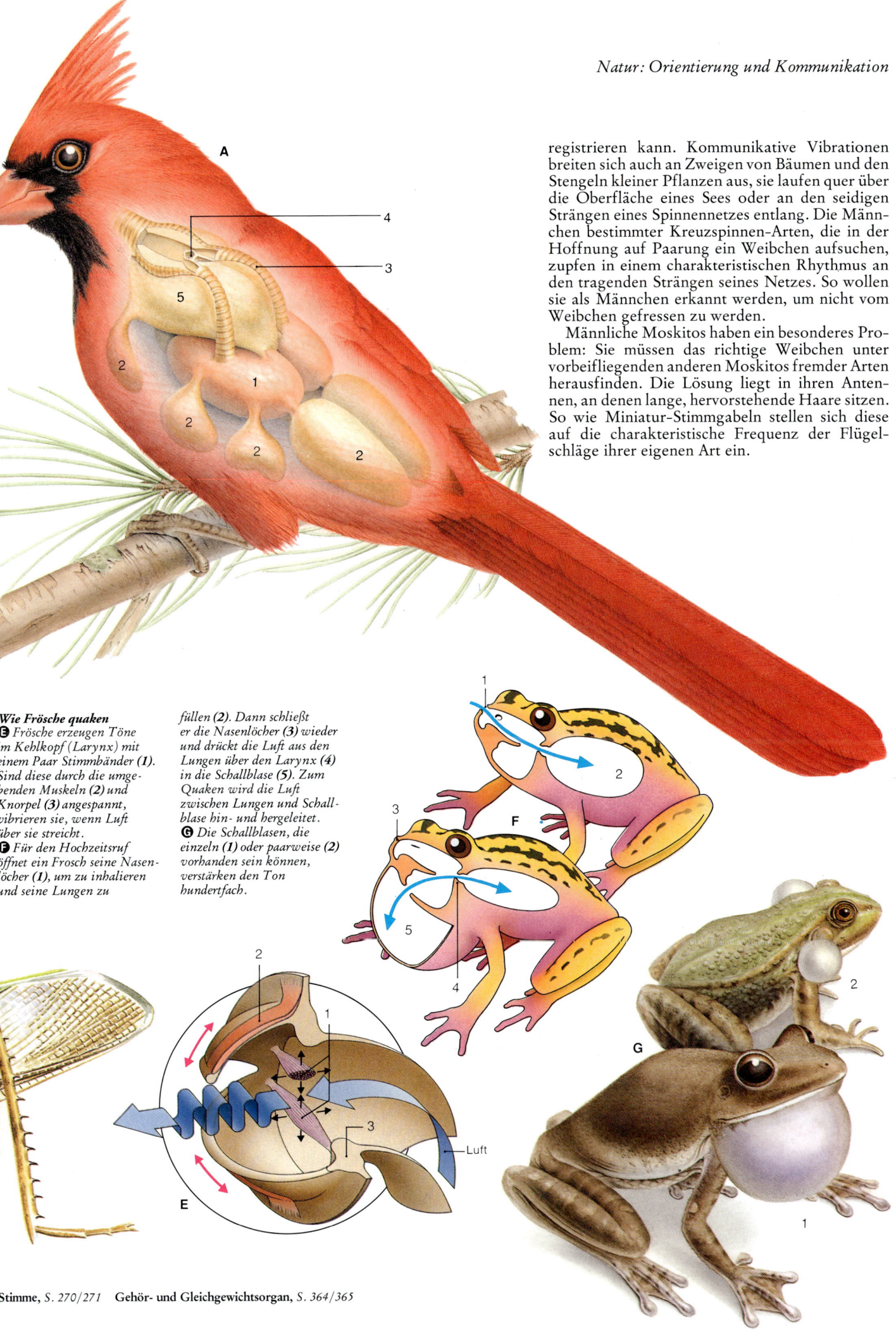

registrieren kann. Kommunikative Vibrationen breiten sich auch an Zweigen von Bäumen und den Stengeln kleiner Pflanzen aus, sie laufen quer über die Oberfläche eines Sees oder an den seidigen Strängen eines Spinnennetzes entlang. Die Männchen bestimmter Kreuzspinnen-Arten, die in der Hoffnung auf Paarung ein Weibchen aufsuchen, zupfen in einem charakteristischen Rhythmus an den tragenden Strängen seines Netzes. So wollen sie als Männchen erkannt werden, um nicht vom Weibchen gefressen zu werden.

Männliche Moskitos haben ein besonderes Problem: Sie müssen das richtige Weibchen unter vorbeifliegenden anderen Moskitos fremder Arten herausfinden. Die Lösung liegt in ihren Antennen, an denen lange, hervorstehende Haare sitzen. So wie Miniatur-Stimmgabeln stellen sich diese auf die charakteristische Frequenz der Flügelschläge ihrer eigenen Art ein.

Wie Frösche quaken

E *Frösche erzeugen Töne im Kehlkopf (Larynx) mit einem Paar Stimmbänder (1). Sind diese durch die umgebenden Muskeln (2) und Knorpel (3) angespannt, vibrieren sie, wenn Luft über sie streicht.*
F *Für den Hochzeitsruf öffnet ein Frosch seine Nasenlöcher (1), um zu inhalieren und seine Lungen zu* füllen (2). Dann schließt er die Nasenlöcher (3) wieder und drückt die Luft aus den Lungen über den Larynx (4) in die Schallblase (5). Zum Quaken wird die Luft zwischen Lungen und Schallblase hin- und hergeleitet.
G *Die Schallblasen, die einzeln (1) oder paarweise (2) vorhanden sein können, verstärken den Ton hundertfach.*

Chemische Kommunikation
Gerüche werden zur Verständigung genutzt

Kamele schlagen beim Urinieren ihre Schwänze hin und her, um sich mit den Düften des Urins zu bespritzen. Das Breitmaulnashorn stampft in seinen Exkrementen herum und verbreitet mit jedem Schritt seinen eigenen Geruch. Für Säuger ist der persönliche Duft ein Ausdruck der Behaglichkeit, eine Wegmarkierung, um nach Hause zu finden, oder ein Hilfsmittel, um Gebietsansprüche zu stellen und die Gruppenzugehörigkeit zu dokumentieren. Was noch viel wichtiger ist – der Duft ist ein wesentliches und sehr spezifisches Element bei Partnerfindung und Fortpflanzung.

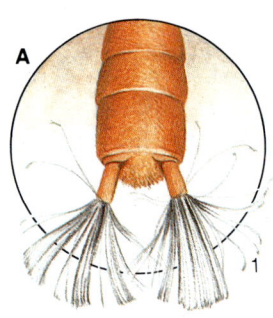

Geruchsstoffe für die Partnerwerbung
Ⓐ *Geruchsstoffe spielen bei der Partnerwerbung der Insekten eine wichtige Rolle. Das Männchen von Danaus gilippus (2) umwirbt das Weibchen (3), indem es Düfte in einer Drüse am Unterleib produziert, die von zwei einziehbaren »Haarstiften« (1) an der Spitze des Hinterleibs versprüht werden. Das Männchen umfliegt das Weibchen und berührt es von Zeit zu Zeit, wobei der Kopf und die Fühler des Weibchens intensiv mit seinem Geruchsstoff benetzt werden. Dieser veranlaßt das Weibchen, sich auf dem Boden niederzulassen und dort bis zur erfolgreichen Paarung zu verharren.*

Jeder, der eine Katze hält, wird unwillkürlich ein Partner ihrer chemischen Konversation. Katzen reiben sich an den Beinen der Menschen, um eine Spur ihres persönlichen »Parfums« zu hinterlassen, das in Duftdrüsen auf der Backe erzeugt wird. Wenn sie gestreichelt worden sind, lecken sie ihr Fell meistens emsig ab, um Duftspuren des Streichelnden aufzunehmen. Beide Verhaltensweisen dienen dazu, einen gemeinsamen Duft als Gruppenidentität zu nutzen.

In der Natur sieht man solche Verhaltensweisen nur bei Angehörigen der gleichen Art. Europäische Dachse versehen Mitglieder ihrer Gruppe mit »Moschusduft«, indem sie sie mit dem scharf riechenden Sekret aus einer Drüse neben dem After einreiben. Dieser Geruch dient als gemeinsames Gruppenmerkmal. Neue Gruppenmitglieder können es durch ihren Eigengeruch leicht verändern.

Der Gruppengeruch ermöglicht es den Dachsen, ihre eigenen Stammesgenossen von fremden zu unterscheiden. Wenn ein fremder Dachs sich innerhalb des Territoriums der Gruppe Nahrung sucht, werden seine Futterstellen schnell bemerkt und, offensichtlich als Warnung, von den das Terrain beanspruchenden Bewohnern mit Düften markiert. Hamster, die die Geruchsmarke eines Eindringlings in ihrem Territorium finden, knirschen mit den Zähnen und zeigen damit Aggression. Die weitverbreitete Ansicht, daß Geruchsmarkierung nur mit Territorialverhalten in Zusammenhang zu bringen seien, stellt jedoch eine zu starke Verallgemeinerung dar. Einige Duftflecken sind eindeutig zur Markierung von Pfaden gedacht. Solche markierten Wanderwege der Dachse können einen Acker überqueren und so stark riechen, daß sie auch das Umpflügen überstehen. Galago-Affen urinieren auf ihre Hände, bevor sie sich auf Nahrungssuche begeben, und können ihren Weg durch die geruchsintensiven Pfotenabdrücke nach Hause zurückverfolgen.

Während der Paarungszeit spielt der Duft eine noch wichtigere Rolle. Zu dieser Zeit hinterlassen ranghohe männliche Tiere gewöhnlich zahlreiche Duftmarkierungen, die Bestandteile enthalten, welche sich auf das Verhalten der Weibchen und untergeordneter Männchen auswirken. Bei Ratten können Substanzen im Urin der Männchen die Pubertät bei jungen Weibchen beschleunigen oder die Trächtigkeit bei Weibchen, die sich mit einem anderen Männchen gepaart haben, hemmen. Bei hoher Populationsdichte kann der Urin ausgewachsener Weibchen die geschlechtliche Entwicklung der jungen Weibchen verzögern. Hormonelle Substanzen, die derartig nach außen wirken,

Die Duftdrüsen des Steinböckchens
Ⓑ *Von allen Säugetieren ist das Steinböckchen, eine Antilopenart aus Zentralafrika, mit den wohl erstaunlichsten Duftdrüsen ausgestattet. Dieses Tier verfügt über nicht weniger als sechs Duftdrüsen: Eine davon ist als schwarzer Fleck sichtbar (1) und sitzt unter den*

Ohren. Eine weitere liegt vorn an jedem Auge und sieht aus wie eine Rinne, die von einem fleischigen Lid bedeckt wird (2). Andere Duftdrüsen findet man an den Füßen (3), den Knien (4) und zwischen den Afterklauen an den Hinterbeinen (5); die männlichen Tiere haben darüber hinaus büschelige Drüsen (6) nahe den Hodensäcken.

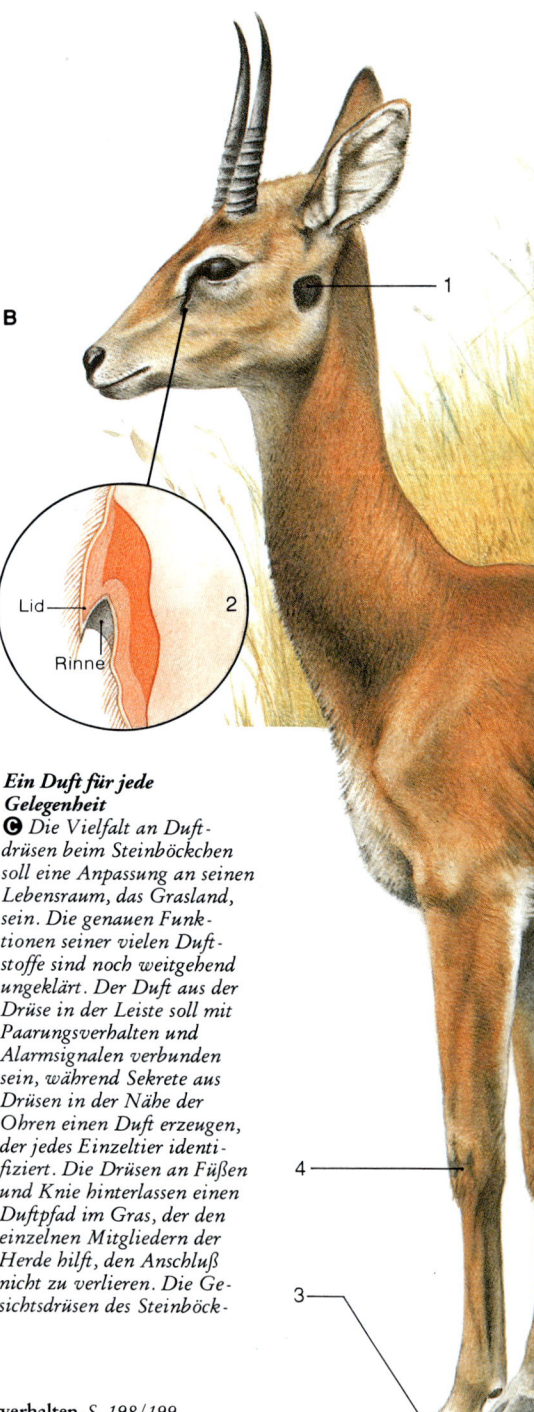

Lid

Rinne

Ein Duft für jede Gelegenheit
Ⓒ *Die Vielfalt an Duftdrüsen beim Steinböckchen soll eine Anpassung an seinen Lebensraum, das Grasland, sein. Die genauen Funktionen seiner vielen Duftstoffe sind noch weitgehend ungeklärt. Der Duft aus der Drüse in der Leiste soll mit Paarungsverhalten und Alarmsignalen verbunden sein, während Sekrete aus Drüsen in der Nähe der Ohren einen Duft erzeugen, der jedes Einzeltier identifiziert. Die Drüsen an Füßen und Knie hinterlassen einen Duftpfad im Gras, der den einzelnen Mitgliedern der Herde hilft, den Anschluß nicht zu verlieren. Die Gesichtsdrüsen des Steinböck-*

Siehe auch: **Akustische Signale**, S. 192/193   **Optische Signale**, S. 196/197   **Tierwanderungen als Instinktverhalten**, S. 198/199

Selbst-Markierung

D *Die Kongoni-Kuh-antilope benutzt Sekrete aus ihren Gesichtsdrüsen, um sich an ihren Vorderpartien selbst zu markieren: Dabei entsteht ein auffälliger dunkler Fleck auf ihrem Fell. Dann scheuert sie sich an Rivalen, Gefährten und leblosen Objekten, um auch diese individuell zu kennzeichnen.*

werden Pheromone genannt. Solche, die langfristige Veränderungen hervorrufen, etwa die geschlechtliche Entwicklung beeinflussen, nennt man Primer (priming)-Pheromone. Andere, die lediglich einen Partner anlocken oder die Nachbarn vor Gefahr warnen, heißen Signal-Pheromone.

Erstaunlicherweise erzeugen einige Pflanzen Alarm-Pheromone, wenn sie von Insekten angegriffen werden. Bäume scheinen auf solche Signale von anderen zu reagieren, indem sie in ihre Blätter mehr Gerbsäure einlagern – bittere chemische Stoffe, die den Verdauungsprozeß beeinträchtigen und daher pflanzenfressende Insekten abschrecken. Maispflanzen produzieren ein Alarm-Pheromon als Reaktion auf Angriffe von Blattläusen, dieses wiederum wird von parasitierenden Wespen, die ihre Eier in den Blattläusen ablegen, registriert. So erhalten die Wespen durch die Maispflanze Informationen über die Blattläuse.

chens werden zur Abgrenzung seines Territoriums benutzt. Das männliche Tier beißt zunächst einen Grashalm in Kopfhöhe ab (1), drückt dann seine Duftdrüse über den gestutzten Halm (2) und bedeckt ihn mit einer klebrigen, schwarzen Masse (3). Diese individuelle Markierung erneuert das Steinböckchen periodisch an denselben Halmen, um den kräftigen Duft zu erhalten (4). Solche Markierungen sind entlang der Territorialgrenzen des Männchens am häufigsten. Sie werden aber auch beliebig innerhalb seines Bezirks verteilt und treten in Angstsituationen, bei Aggressionsverhalten und zur Paarungszeit in verstärktem Maße auf.

Drüse

Panikmache als Kriegslist

Die meisten in Gesellschaften lebenden Insekten produzieren Signal-Pheromone, wenn ihre Kolonie bedroht ist und angegriffen wird. Die unter solchen Umständen von Soldatenameisen ausgestoßenen Alarm-Pheromone locken eine große Zahl weiterer Soldatenameisen an diesen Ort und verleiten sie zu angriffslustigem Verhalten. Ameisenarten, die andere Ameisen versklaven, setzen Alarm-Pheromone für ihre eigenen Zwecke ein. Die Pheromone werden in Drüsen (1) gebildet, die bei den Sklaven (2) wesentlich kleiner als bei den Sklavenhalterameisen (3) sind. Beim Angriff versprühen diese riesige Mengen von Alarm-Pheromonen. Das löst bei den Verteidigern des angegriffenen Ameisenstaats ein kopfloses und unkoordiniertes Verhalten aus. In offensichtlicher Panik laufen sie schließlich auseinander und hinterlassen eine schutzlose Kolonie. So ist es ein leichtes, die Puppen zu rauben, die ausgewachsen als Sklaven gehalten werden.

Geschmack und Geruch, S. 366/367

Zeichensprache bei Tieren
Die Vielfalt visueller Kommunikation

Ist ein weiblicher Schimpanse zur Paarung bereit, entwickelt er eine helle rosafarbene Schwellung im Genitalbereich, die so auffällig ist, daß sie von einem interessierten Männchen auch aus großer Entfernung wahrgenommen werden kann. Viele Tiere bedienen sich visueller Signale, deren Bedeutung häufig nur durch lange und sorgfältige Studien zu entschlüsseln sind. Die Funktionen solcher Signale sind vielfältig: Sie zeigen Paarungsbereitschaft an, dienen der Verteidigung und als Warnung, halten die Rangfolge im Rudel aufrecht oder gelten wie bei den Bienen als Hinweis auf eine Nahrungsquelle.

Eines der spektakulärsten Schauspiele, die die Natur bietet, findet in den Mangrove-Sümpfen Malaysias statt. Dort versammeln sich zur Paarung auf offenen Wasserflächen Leuchtkäfer, deren Schwärme sich oft über mehr als 100 m erstrecken – mit einem Leuchtkäfer auf nahezu jedem Blatt eines jeden Baumes. In perfekter Synchronisation geben sie rund neunzigmal in der Minute Blitze ab. Selbst Leuchtkäfer an den Randzonen eines solchen Schwarms agieren simultan mit den anderen. Es sind die Weibchen, die die Blitze erzeugen, um auf diese Weise ein Männchen zu finden. Eine solche Massendemonstration hat Vorteile: Auch weiter entfernte Männchen werden angezogen, potentielle Räuber hingegen durch die blendenden Lichtpulse abgeschreckt.

Tintenfische ähneln Lichterketten

Nicht nur Leuchtkäfer sind in der Lage, Blitze abzugeben. In der dunklen Tiefsee leben Tintenfischarten, deren Arme von aneinandergereihten Lichtorganen erleuchtet werden und Lichterketten auf einem Jahrmarkt ähneln. Noch vielfältiger ist die visuelle Kommunikation allerdings bei Tageslicht. Unter den Wirbellosen verfügen Tintenfische, Kalmare und Kraken über die komplexesten Systeme, da ihr Sehvermögen am besten ausgebildet und ihr Auge so hoch entwickelt ist wie das von Vögeln und Säugetieren. Die meisten dieser Weichtiere können bewußt ihre Farbe ändern. Sind die Tiere ärgerlich, erschreckt oder sexuell angeregt, rufen sie auf ihrem Körper ein wechselndes Spiel leuchtender Farben hervor, meist in Streifenform. Ein Krake kann diese Farbwechsel noch durch bizarre Veränderungen seiner elastischen Haut ergänzen, die plötzlich mit kleinen Beulen übersät ist oder große, fingerartige Ausbuchtungen hervorbringt.

Insekten drohen und locken

Unter niederen Wirbellosen ist visuelle Kommunikation von geringer Bedeutung, da bei ihnen die Augen nur wenig ausgebildet sind und lediglich Licht und Schatten unterscheiden können. Aufgrund ihres starren äußeren Skeletts verwenden Insekten, Spinnen und Krustentiere nur selten optische Signale. Zu schnellen Farbwechseln sind sie durch ihren undurchsichtigen Chitinpanzer meist nicht in der Lage. Schmetterlinge allerdings setzen ihre farbenprächtigen Flügel gezielt bei der Werbung ein. Die männliche Winkerkrabbe verfügt über eine stark vergrößerte Schere, die offensichtlich für Weibchen einen unwiderstehlichen Charme hat. Viele Insekten, vor allem Nachtfalter,

Bienentänze weisen den Weg zur Futterquelle
Honigbienen geben die Lage von Nektar- und Pollenquellen durch eine Abfolge von Tänzen weiter. Nektar und Pollen versorgen die Bienen mit Kohlenhydraten und Proteinen – lebenswichtige Stoffe für den Erhalt des Bienenvolkes.
***B** Der Rundtanz kennzeichnet Nahrung, die sich innerhalb eines 80 m-Radius befindet. Länge und Schnelligkeit des Tanzes geben darüber Auskunft, wie reichhaltig die Quelle ist.*
***C** Der Schwänzeltanz besteht aus einer Achterfigur, auf deren gerader Strecke die Biene den Hinterleib hin und her schwenkt, und zeigt entferntere Nahrungsvorkommen. Die Richtung des Schwänzellaufs weist auf die Lage der Nahrung hin, während die Entfernung durch die Häufigkeit der Schwänzelbewegungen angezeigt wird. Zur Übermittlung dieser Informationen müssen die Bienen den Stand der Sonne kennen, ein Gefühl für Zeit und Windgeschwindigkeit haben sowie geographische Markierungen und magnetische Sensoren nutzen.*

Siehe auch: Fortpflanzung der Fische, S. 144/145   Balzflug, S. 152/153

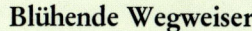

Sonnenlicht

Körperhaltungen spiegeln die Rangfolge im Rudel

An der Spitze eines Wolfsrudels steht der Alpha-Rüde. Sein Status hängt von seiner Stärke ab, die durch visuelle Signale wie Gesichtsausdruck und Körperhaltung untermauert wird.

D Der dominierende Wolf hat eine offensive Drohhal-

tung angenommen. Der gebogene Rücken, die aufgerichteten Haare und das Zähneblecken drücken starke Aggression aus.

E Der andere Wolf zeigt durch unterwürfiges Zusammenkauern und eingeklemmte Rute, daß er die Überlegenheit des Alpha-Wolfes anerkennt.

D

E

Bezugspunkt für die Bienenkommunikation ist die Sonne

A Bienentänze werden meist im Stock aufgeführt und über Tast- und Geruchssinn gedeutet. Die Information basiert jedoch auf dem Stand der Sonne, was der horizontale Schwänzeltanz am Einflugloch **(1)** zeigt. Der Schwänzellauf deutet auf eine Nektarquelle 40° links vom Scheitelpunkt der Sonne hin. Beim Rundtanz **(2)** spielt die Richtung der Nahrungsquelle keine Rolle. Ein Schwänzellauf senkrecht nach unten **(3)** zeigt, daß sich das Futter entgegengesetzt zur Sonne befindet. Ein Lauf nach oben **(4)** weist in Sonnenrichtung. Der Tanz im Stock **(5)** ist eine vertikale Wiedergabe von **(1)**.

Blühende Wegweiser

Um ihren Bestäubern zum Nektar zu verhelfen, verfügen manche Blüten über Wegweiser. Manchmal sind diese auch für den Menschen sichtbar, so das kontrastierende Blau und Gelb des Vergißmeinnicht. Häufig jedoch handelt es sich um ultraviolette Muster, die nur von Insekten wahrgenommen werden. Amerikanischer Silberwurz **(1)** und Bergwohlverleih **(2)** erscheinen dem menschlichen Auge gelb, Insekten erkennen Adern, die zu einem dunklen Zentrum führen, in dem sich der Nektar befindet.

Gottesanbeterinnen und Grashüpfer, führen beim Herannahen von Räubern mit ihren Flügeln abschreckende Drohgebärden aus.

Vögel und Säugetiere »plustern sich auf«

Unter Vögeln häufig vorkommende Verhaltensweisen sind das Aufplustern der Federn, das Auffächern des Schwanzes oder das Aufrichten eines besonders ausgebildeten Federschopfes am Kopf. Solche Gebärden werden dazu benutzt, einen Partner anzulocken, Rivalen abzuschrecken oder Räuber zu vertreiben.

Bedrohte Säugetiere können ihr Haarkleid aufrichten und damit größer erscheinen. Männliche Mützenrobben verfügen über eine aufblasbare Membran in ihren Nüstern, um Rivalen einzuschüchtern und sexuell empfänglichen Weibchen zu imponieren. Elefanten inszenieren zur Abschreckung gefährlicher Eindringlinge oft einen Scheinangriff, indem sie laut trompeten und mit ihren Ohren schlagen.

Attrappe löst Drohhaltung aus

Der männliche Dreistachlige Stichling (oben) nimmt bei der Verteidigung seines Territoriums eine drohende, den Kopf nach unten gerichtete Haltung ein. Diese Pose ist ein eindeutiges visuelles Signal, denn dabei wird der rote Bauch gezeigt. Das Verhalten erfolgt instinktiv und wird durch den Anblick eines anderen männlichen Stichlings ausgelöst. Ein klassisches Experiment der Verhaltensforschung hat dies bewiesen: Im Labor wurde die Drohhaltung bereits durch ein entsprechend angemaltes Stückchen Holz oder sogar durch die Reflektion des Fisches in einem Spiegel ausgelöst.

1

2

Der Drang in die Ferne
Warum manche Tiere lange Wanderungen machen

Zwischen Alaska und Hawaii gibt es nichts als Wasser. Ohne jede Möglichkeit, eine Rast einzulegen, fliegt der Kleine Goldregenpfeifer diese 3500 km lange Strecke in nur 36 Stunden. Meist wird er von Rückenwind unterstützt. Wird er aber vom Seitenwind abgetrieben, kann sich die Entfernung zum Ziel fast verdoppeln. Diese enormen Strapazen nimmt der Vogel auf sich, um von seinem Brutgebiet im Norden zum Überwintern in den warmen Süden zu fliegen, wo er ausreichend Nahrung vorfindet. Ausgelöst werden die instinktiven Wanderungen meist durch äußere Faktoren wie Temperatur oder Tageslänge.

Vor allem im Herbst kommt es für Vögel, die in der Arktis oder nördlich der gemäßigten Zonen leben, zu Futtermangel. Gerade zu dieser Zeit jedoch brauchen sie für ihren Stoffwechsel mehr Energie, weil die Temperaturen sinken. Den Vögeln bleibt also kaum etwas anderes übrig, als den Winter über in den Süden in wärmere Regionen zu ziehen, um im folgenden Frühjahr zum Brüten nach Norden zurückzukehren. Trotz der Risiken dieser Wanderungen (Stürme, Hunger, Räuber u. a.) überwiegen doch die Vorteile und verschaffen den Zugvögeln, die die Reise unbeschadet überstehen, für das folgende Jahr eine bessere Chance, erfolgreich Junge aufzuziehen.

Es leuchtet ein, warum Vögel im Winter nach Süden ziehen; doch welchen Vorteil bringt es, wenn sie einmal im warmen, futterreichen Süden sind, in den Norden zurückzukehren und dort im wettermäßig unsicheren Frühling zu brüten? Dafür gibt es zwei Hauptgründe. Zum einen steigt in den gemäßigten Breiten und den nördlichen Regionen das Nahrungsangebot, vor allem an Insekten, während des Frühlings und Frühsommers stark an. So können die Vögel mehr Junge aufziehen, als sie es in den klimatisch relativ einheitlichen Tropen könnten. Zum anderen ist in den Tropen jede verfügbare Nische mit standorttreuen Tieren bevölkert. Die Konkurrenz um Futter und Nistplätze ist dort größer, und Nesträuber, die Eier und Junge erbeuten, sind viel zahlreicher.

Wanderungen in geeignete Fortpflanzungsgebiete
Obwohl die am weitesten wandernden Tiere unter den Zugvögeln zu finden sind, wandern auch andere Tiergruppen. Alle suchen günstige Bedingungen zur Futterversorgung und Fortpflanzung. Grauwale z. B., die in den kalten polaren Gewässern Futter in Hülle und Fülle finden, ziehen zur Fortpflanzung in die warmen tropischen und subtropischen Meere, weil den Jungtieren der Speck fehlt, der sie vor dem kalten Wasser schützen

Der Lebenszyklus der Aale
A *Zusammen mit seinem nahen Verwandten, dem Amerikanischen Aal, laicht der Europäische Flußaal in der Sargasso-See weit entfernt von seinem »normalen« Lebensraum. Geschlüpfte Aallarven treiben langsam mit den Strömungen zurück nach*

Norden, um dort in den Flüssen auszuwachsen. Während die Wanderzeit des Amerikanischen Aals etwa ein Jahr dauert, braucht der Europäische Aal drei Jahre. Direkt nach dem Schlüpfen sind die Larven (1) ca. 7 mm lang; mit der Zeit erreichen sie eine Länge von etwa 50 mm (2–4). Nun vollziehen die Aallarven nahe der Küste die Metamorphose zum durchsichtigen, 65 mm langen Glasaal (5). Wenn sie die Flußmündungen erreichen, schwimmen die Glasaale mit der Flut die Flüsse hinauf. Dort werden beide Aalarten, abhängig von Geschlecht und Umweltbedingungen, nach 6–15 Jahren geschlechtsreif (6), wenn sie schon über 1 m lang sind. Nun beginnt die lange Wanderung in ihre Laichgebiete, zurück zur Sargasso-See (gelbe Pfeile), wo sie nach der Paarung sterben. Die farbigen Flächen in der Karte stimmen mit den Farben des jeweils dargestellten Larvenstadiums überein und dokumentieren die vom Aal in jedem Entwicklungsstadium zurückgelegten Distanzen.

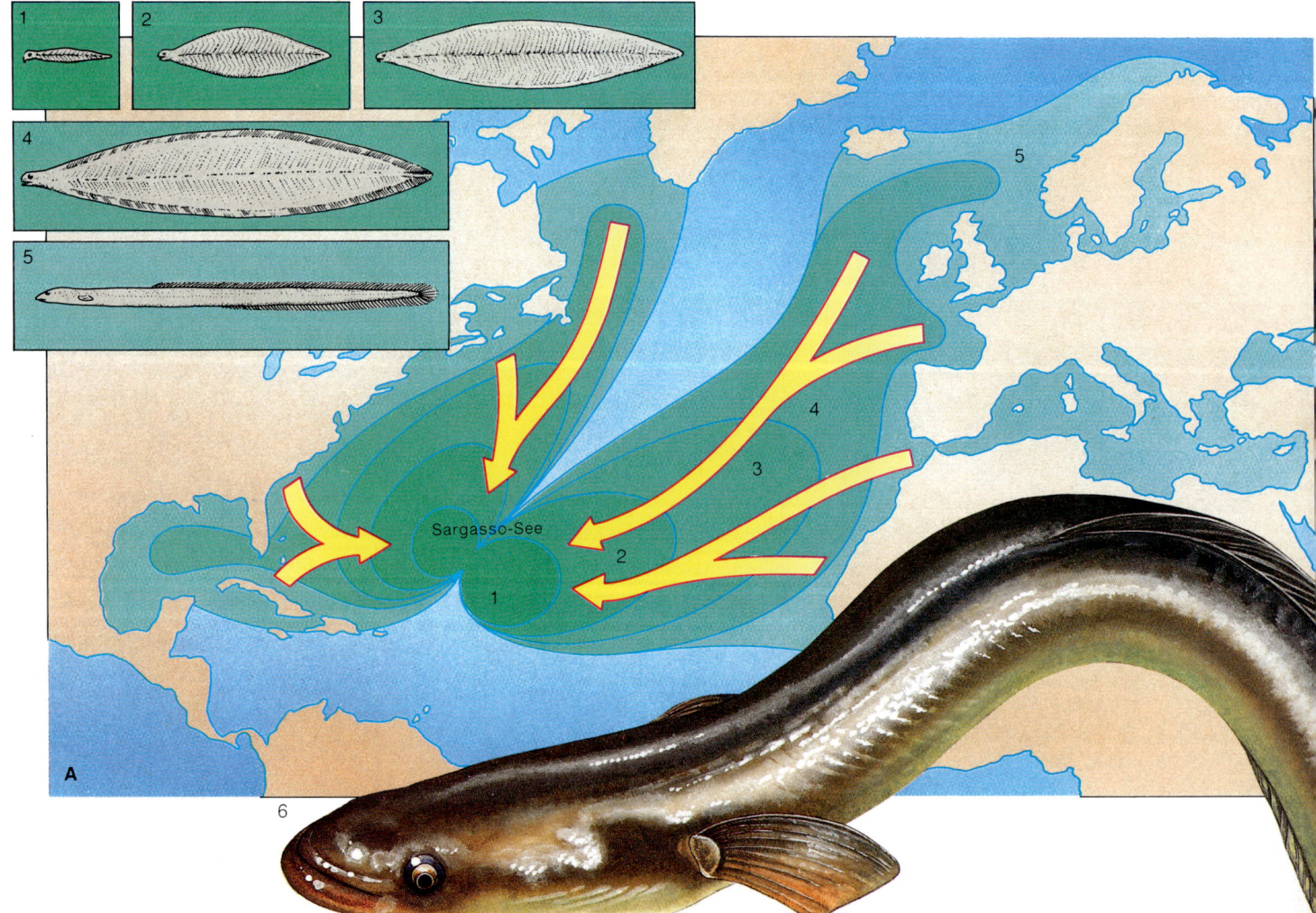

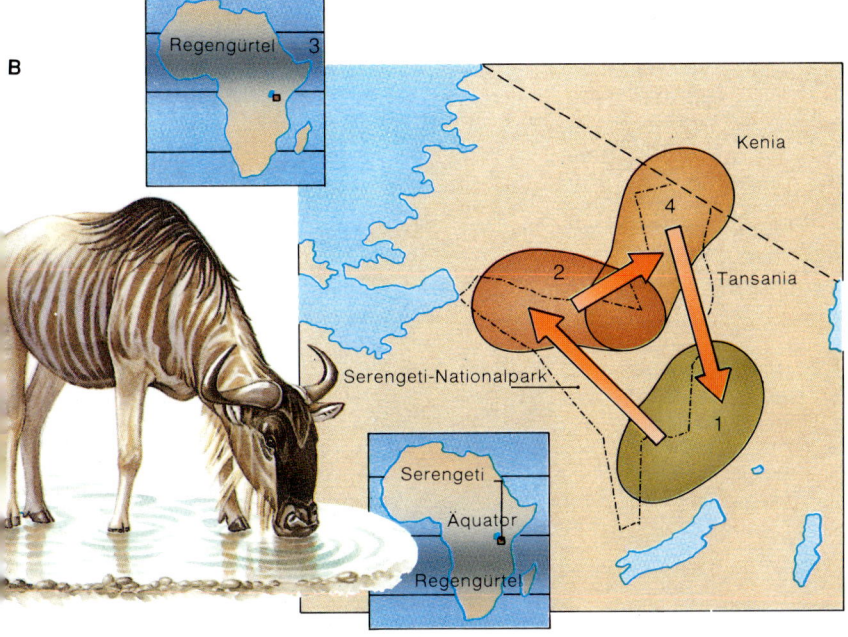

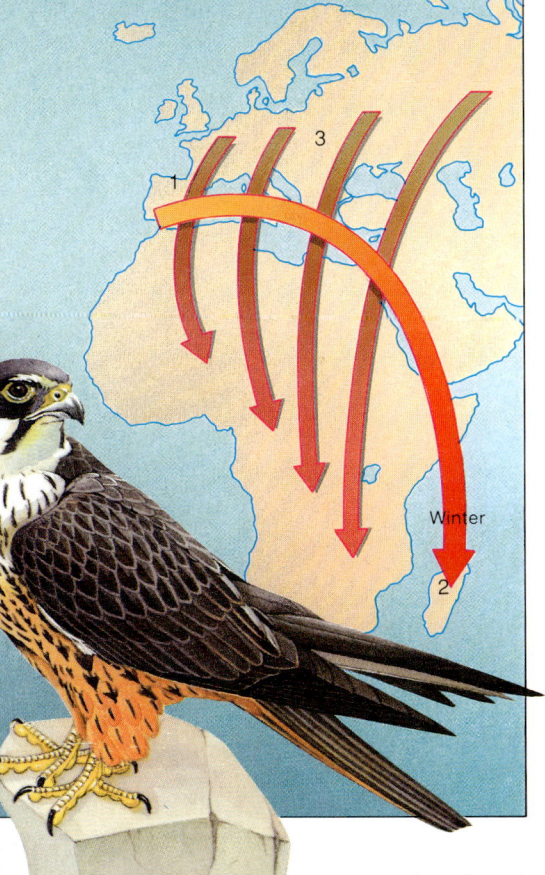

Wandernde Jäger

Der Eleonorenfalke ist ein Greifvogel, der auf den Inseln und in den südlichen Küstengebieten des Mittelmeers brütet. Anders als bei seinen europäischen Verwandten liegt der Brutzyklus des Eleonorenfalken so, daß seine Jungen im Spätsommer bis Herbst (1) schlüpfen. Im Winter wandern die Jungvögel nach Süden bis Madagaskar (2), um in den riesigen Schwärmen kleiner Zugvögel jagen zu können, die auf den Zugrouten zu ihren afrikanischen Winterquartieren das Mittelmeer überqueren (3).

Gnus folgen dem Regengürtel

B *Die Wanderung der Streifengnus richtet sich nach der jahreszeitlichen Verlagerung des äquatorialen Regengürtels. Sie ernähren sich von Gras, dessen Wachstum von den Regenfällen abhängt. Von November bis April halten sie sich im Süden der Serengeti-Steppe (1) auf, wo es ausreichend regnet. Hier pflanzen sie sich fort. Bis Anfang Mai wandern die Gnus in den westlichen Teil (2). Zwar ziehen die Regengebiete nach Norden weiter (3), doch gibt es hier das meiste Gras. August und September verbringen die Tiere im Nordteil der Serengeti (4), wo es feuchter ist als in anderen Regionen.*

Heuschrecken fliegen 3200 km im Jahr

C *Wüstenheuschrecken fliegen in riesigen Schwärmen. Werden sie an den Rand getrieben, kehren sie immer wieder ins Zentrum des Schwarms zurück. 3200 km können die Heuschrecken pro Jahr zurücklegen. Dabei vernichten sie die Vegetation im Bereich ihrer Flugrouten und fressen soviel, wie 1,5 Millionen Menschen zu ihrer Ernährung bräuchten. Die Karte (1) zeigt die in Nordafrika vorherrschenden Windrichtungen, welche den Schwarm zu neuen Futterquellen tragen. Heuschreckenschwärme werden gelegentlich aufs Meer geweht, wo die Insekten dann ertrinken.*

könnte. Die Elterntiere specken in dieser Zeit wegen des geringeren Nahrungsangebotes stark ab. Der Rückzug in die Polargewässer tut deshalb not. Auch viele Fische machen zwischen Fortpflanzungs- und Futterplätzen weite Wanderungen. Meeresschildkröten legen enorme Entfernungen zurück, um zu ihren Brutstränden auf abgelegenen Küstenstreifen zu gelangen, wo es nur wenige Räuber gibt. Frösche und Kröten kehren jedes Frühjahr in dieselben Tümpel und Flüsse zurück, um abzulaichen.

Instinkt und Erfahrung wirken zusammen

Vor allem bei Fernwanderern spielen vererbte Instinkte eine wichtige Rolle. In einem großangelegten Experiment wurde dies untersucht: Gewöhnlich ziehen die im Sommer am Ostrand der Ostsee heimischen Stare im Herbst über die Niederlande nach Großbritannien oder Nordfrankreich. Dabei fliegen »grüne« Jung- und erfahrene Altvögel zusammen. Nun wurden 11 000 Vögel eingefangen und mit dem Flugzeug in die Schweiz gebracht. Dort ließ man Jung- und Altvögel getrennt frei. Während sich die erfahrenen Altvögel neu orientierten und ihre angestammten Winterquartiere ansteuerten, flogen die unerfahrenen Jungvögel parallel zur alten Zugrichtung und landeten dabei in Spanien. Den Staren ist zwar angeboren, sich auf einer bestimmten Flugroute zu orientieren, aber erst die Erfahrung befähigt sie zur Orientierung abseits der üblichen Route.

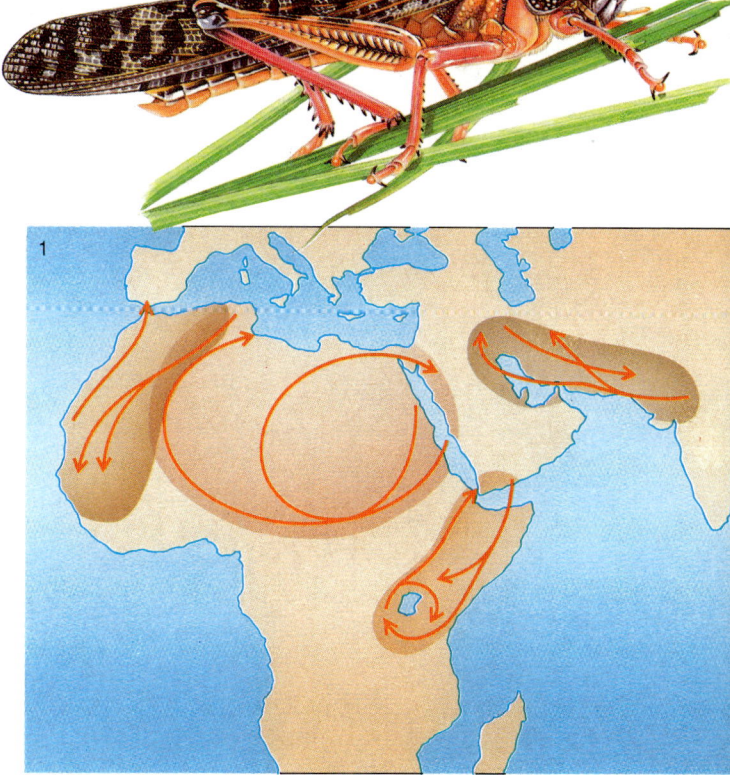

Siehe auch: Jahreszeiten, *S. 94/95* Instinkt und Lernen, *S. 190/191* Tierwanderungen als Lernverhalten, *S. 200/201*

Magnetfelder weisen den Weg

Wie Tiere sich auf ihren Wanderungen orientieren

In einem berühmt gewordenen Experiment holte man einen Schwarzschnabel-Sturmtaucher aus seiner Nisthöhle auf Skokholm vor der Küste von Wales und ließ ihn 5000 km entfernt in Boston wieder frei. Nach 12 Tagen war er zurück im heimischen Nest, sogar einen Tag eher als der Brief, der seine Freilassung bestätigte. Man weiß bis heute noch nicht, wie Tiere so lange und gefährliche Reisen unbeschadet überstehen und exakt ihre Ziele erreichen. Manche orientieren sich mit Hilfe sichtbarer Fixpunkte auf dem Festland, andere mit speziellen geräusch- oder magnetfeldempfindlichen Sensoren.

Einige Tiere nutzen einen »magnetischen Sinn« bei ihren Wanderungen. Die Ringelgans kann anscheinend jeweils den Winkel berechnen, in dem sich ihr Körper zu erdmagnetischen Feldlinien befindet, die sie durchfliegt. Hohe Sonnenfleckenaktivität erschwert die Navigation von Vögeln, weil dann magnetische Stürme über die Erde gehen. Auch Wale werden durch Magnetfeldstörungen in ihrer Orientierung beeinträchtigt. Das lange Zeit unerklärliche massenhafte Stranden von Walen scheint nur dort aufzutreten, wo natürliche Magnetfelder durch geologische Bewegungen gestört werden. Anscheinend sind Wale in der Lage, feinste Unterschiede von Magnetfeldstärken zu registrieren. So können sie Tausende von Kilometern durch den dunklen Ozean entlang unsichtbarer unterseeischer »Magnetstraßen« wandern.

Auch der Geruchssinn führt zum Ziel

Zahlreiche Säugetiere orientieren sich vor allem über kurze Entfernungen mit Hilfe des Geruchssinns. Er hilft auch Salamandern und anderen Amphibien, ihre Laichgewässer aufzufinden, und läßt Meeresschildkröten über Tausende von Kilometern hinweg die Strände ansteuern, wo sie ihre Eier ablegen. Lachse durchkreuzen den Ozean, um in genau dem Fluß zu laichen, wo sie selbst ausgeschlüpft sind. Den größten Teil ihrer Reise orientieren sie sich mit Hilfe des Sonnenstandes, durch Meeresströmungen und anhand ihres

Orientierung am Stand der Sonne

Ⓐ *Brieftauben können von ihnen unbekannten Orten viele hundert Kilometer weit nach Hause zurückfinden. Sichtbare Fixpunkte auf dem Festland haben kaum Bedeutung für die Vögel. Entscheidend ist vielmehr der Sonnenstand, den sie mit Hilfe innerer Uhren genau berechnen können. Werden im Labor künstlich Dauer und Abfolge von Helligkeit und Dunkelheit (Tag- und Nachtrhythmus) verändert, lassen sich die inneren Uhren der Tauben manipulieren. Eine Brieftaube mit unbeeinflußter innerer Uhr startet in die richtige Richtung relativ zur Sonne (1). (Die roten Pfeile geben jeweils die richtige Abflugrichtung an, während die schwarzen Pfeile den Streubereich der tatsächlich gewählten Flugrichtungen zeigen.) Tauben, die um 12 Uhr mittags freigelassen werden, deren innere Uhr man aber künstlich um sechs Stunden »vorgestellt« hat, nehmen die Sonne schon in ihrer*

18-Uhr-Position (2) wahr, also viel zu weit westlich. Daher werden sie getäuscht und starten in zu weit östliche Richtungen (3), weil sie den 18-Uhr-Winkel zur Sonne einhalten.

Magnetfelder können die Sonne ersetzen

Ⓐ *Ist die Sonne hinter Wolken verdeckt (4), ist die Flugorientierung der Brieftauben kaum beeinträchtigt, auch nicht bei Vögeln mit künstlich veränderten inneren Uhren (5). Die Tiere sind in der Lage, mit einem zusätzlichen Navigations*

system das Magnetfeld der Erde zu nutzen. Zum Beweis befestigt man am Hals von Versuchstauben Magneten, die das natürliche Magnetfeld stören. Bei Bewölkung fliegen solche Tiere zufallsmäßig in alle möglichen Richtungen ab (6). Versuchstauben mit nichtmagnetischen Messingstäbchen am Hals zeigen dagegen keine Orientierungsstörung. An unbewölkten Sonnentagen jedoch richten sich Tauben trotz eines störenden Magneten am Hals nach dem Stand der Sonne und starten in die richtige Richtung (7).

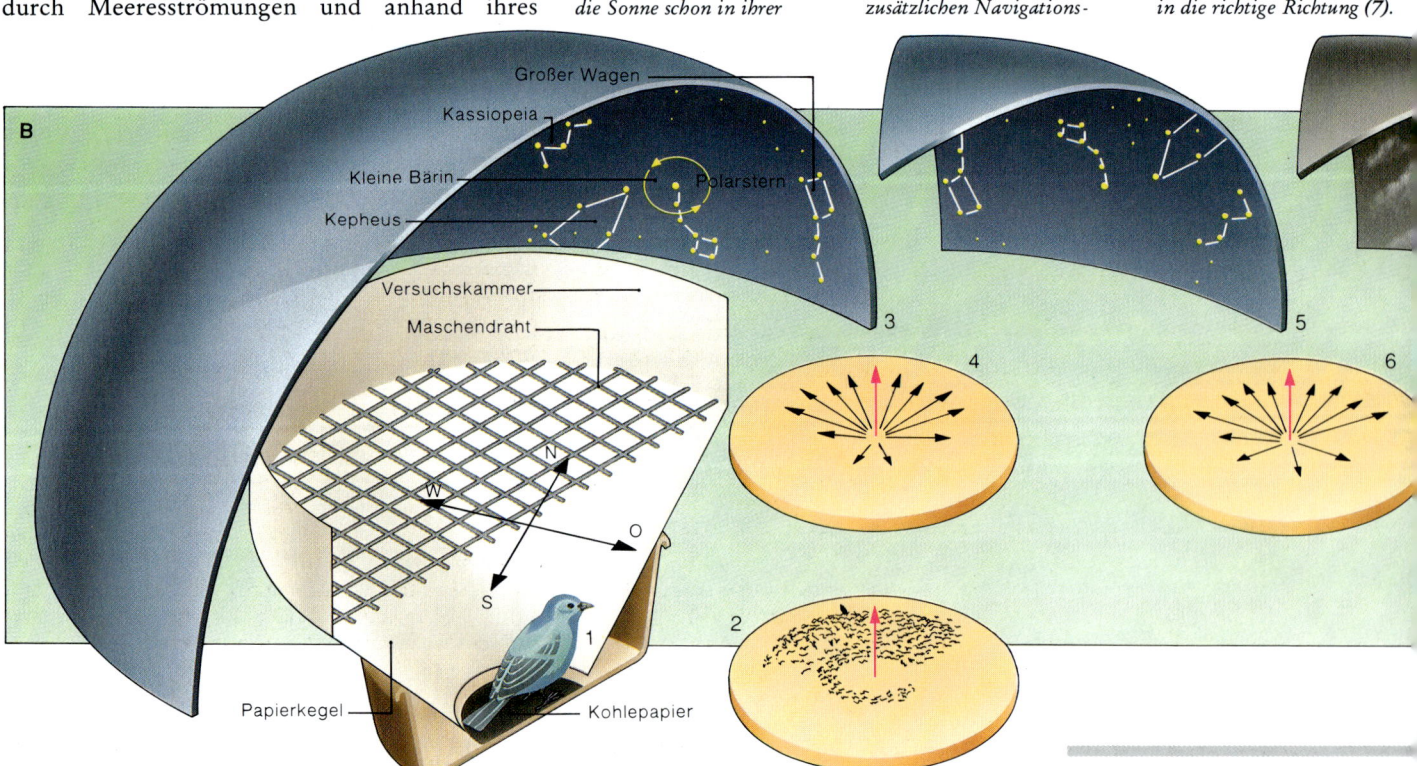

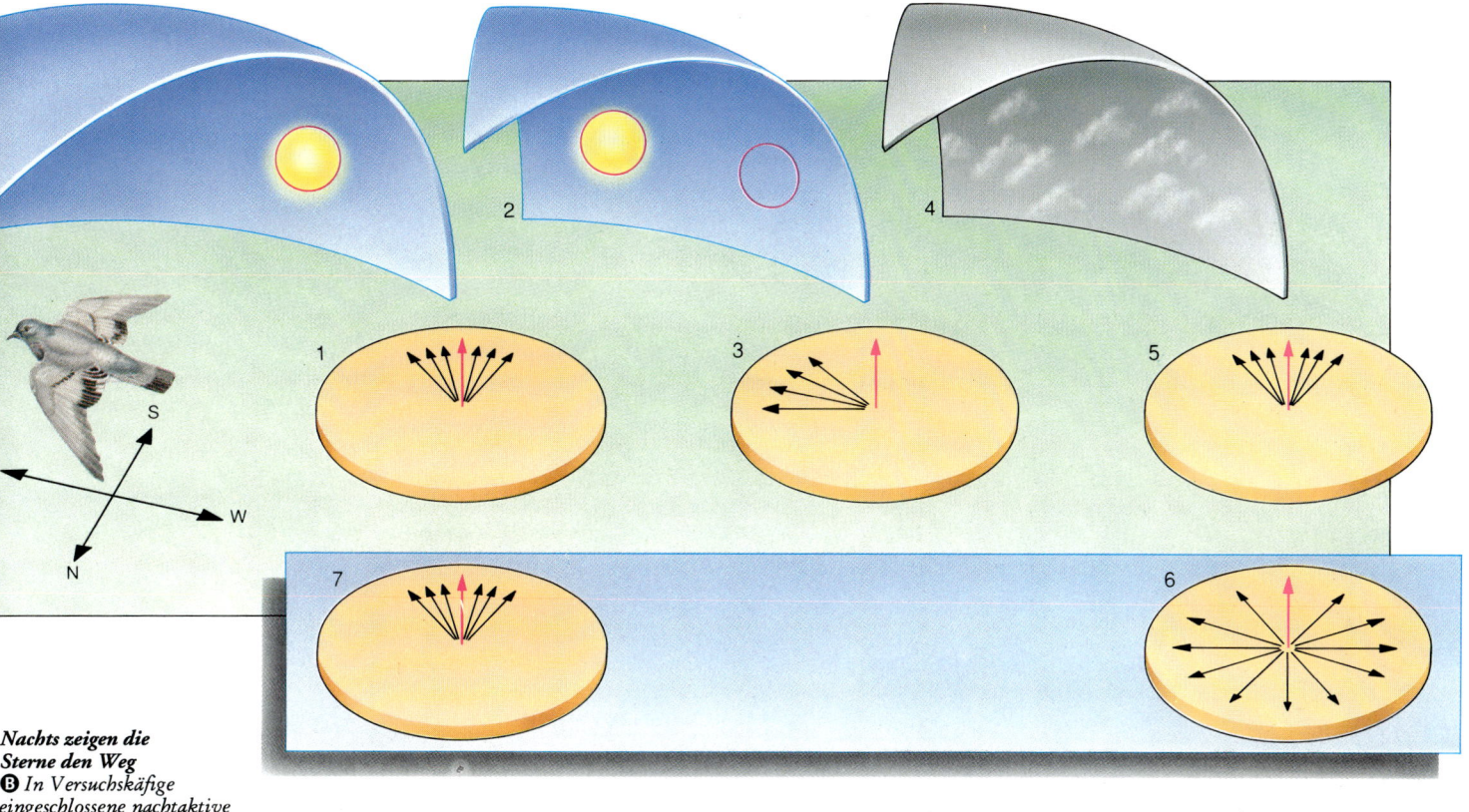

Nachts zeigen die Sterne den Weg
B *In Versuchskäfige eingeschlossene nachtaktive Vögel wurden beim Anblick des Sternenhimmels unruhig*

und machten Anstalten abzufliegen, im Frühjahr in Richtung Norden und im Herbst in Richtung Süden. Experimente mit Indigofinken (1) sollten zeigen, ob sie bei ihrer Orientierung mit Hilfe der Sterne eine

ähnliche innere Uhr verwenden wie tagaktive Zugvögel. Man konfrontierte die Finken mit einem künstlich projizierten Sternenhimmel, wie in einem Planetarium. Bei ihren Abflugversuchen hinterließen sie Fußspuren (2) auf ausgelegtem Kohlepapier. So konnte man die bevorzugte Abflugrichtung herausfinden. Durch Variation der Sternbilder am Kunsthimmel veränderte man gezielt die Tageszeiten und damit die vermutete innere Uhr der Tiere.

*Der einzige sich nicht am Himmel bewegende Stern, der Polarstern, war ein konstanter Orientierungspunkt. Entsprach die Projektion der Sternbilder der Realität (3), flogen die Finken in die richtige Richtung nordwärts (4) ab (Bedeutung der Pfeile siehe **A**). Wurden um 12 Stunden versetzte Sternbilder projiziert (5), starteten die Vögel ebenfalls in die korrekte Richtung (6). Dies zeigte, daß sie sich direkt am Polarstern orientieren und auf die*

künstliche Zeitversetzung nicht mit Hilfe einer inneren Uhr reagieren. Wurde aber durch diffuses Licht ein bewölkter Kunsthimmel (7) simuliert, flogen die Versuchsvögel zufallsmäßig in alle Himmelsrichtungen ab (8). Weitere Experimente ergaben, daß Indigofinken die Bewegung der Sterne, die dem Polarstern am nächsten stehen, genau berechnen können. Auch wenn er am Kunsthimmel fehlt, ist ihre Orientierung deshalb nicht beeinträchtigt.

magnetischen Sinnes. Gelangen sie schließlich in die Nähe von Süßwasser, können sie sich exakt an die Riechstoffe des Flußwassers »erinnern«, in dem sie selbst zur Welt kamen.

Navigation durch Infraschall

Die meisten Vögel haben einen nur gering ausgeprägten Geruchssinn. Einige jedoch, wie Sturmtaucher und die viel kleineren Sturmschwalben, nutzen die Geruchsorientierung, um zurück zu ihren Nesthöhlen auf der anderen Seite des Ozeans zu finden. Darüber hinaus weiß man heute im Gegensatz zur lange gültigen Lehrmeinung, daß manche Vögel sogar im Infraschallbereich hören. Ihr Gehör kann also sehr niedrige Tonfrequenzen bis zu 0,1 Hertz wahrnehmen und ist somit empfindlicher als das des Menschen (16 bis 20 000 Hertz). Natürliche Infraschallquellen, die Vögel zur Orientierung nutzen können, sind beispielsweise Meereswellen, Jetstreams oder Windströmungen über Gebirgspässen.

Lichtmessungen als Orientierungshilfe

Das Licht, das von der Sonne ausgeht, hat ganz unterschiedliche Schwingungsebenen. Ein Teil des Sonnenlichts wird beim Durchdringen der Erdatmosphäre polarisiert, schwingt also nur noch in einer Ebene. Dieses Phänomen nutzen einige Tiere zur Orientierung bei ihren Wanderungen. Mit Hilfe des Polarisierungsgrades des Lichts können sie den genauen Stand der Sonne berechnen, selbst wenn diese hinter Wolken, Bergen oder dem Horizont versteckt ist. Experimente haben gezeigt, daß Tauben Veränderungen der Polarisationsebene des Lichts »messen« können.

Auch von Bienen ist seit langem bekannt, daß sie sich auf diese Weise orientieren. Kleine Zellgruppen im Auge der Bienen entschlüsseln das Polarisationsmuster selbst dann, wenn die Biene nur einen winzigen Ausschnitt wolkenfreien Himmels sieht. Sie kann es mit einer im Gehirn gespeicherten »Gesamtkarte« aller Lichtdaten vergleichen und so die Position der Sonne genau ermitteln.

Siehe auch: Erdmagnetismus, *S. 46/47* Sechster Sinn, *S. 188/189* Instinkt und Lernen, *S. 190/191* Tierwanderungen als Instinktverhalten, *S. 198/199*

Vergraben und Vergessen?

Belastung der Böden durch Müll und Strahlen

Zwischen 1947 und 1953 wurden im Osten der USA etwa 22 000 Tonnen chemischer Abfälle auf eine Mülldeponie verbracht. Die Deponie ging zu einem symbolischen Preis in den Besitz des örtlichen Erziehungsministeriums über – mit der Auflage, das Gebiet nicht freizugeben. Doch die Warnungen wurden nicht beachtet, und in der Nachbarschaft entstanden etliche Siedlungen. Erst 1976 entdeckte man eine übelriechende Leckage. Zahlreiche Anwohner klagten über Unwohlsein, Schwangere und Kinder mußten evakuiert werden. Seitdem ist Love Canal, eine Ortschaft im Staat New York, ein unrühmliches Beispiel für Bodenverseuchung.

Besonders in den industrialisierten Ländern ist das Ausmaß der Bodenkontamination beträchtlich. Immer wieder finden sich neue Altlasten. Im niederländischen Lekkerkerk baute man z. B. rund 300 Häuser auf einem mit Lösungsmitteln und anderen Chemikalien verseuchten Boden. In der Nähe von Utrecht, wo früher ein Asphaltwerk betrieben wurde, hat Teer den Boden bis auf eine Tiefe von 45 m vergiftet. Die Sanierung dieser Gegend ist außerordentlich kostspielig und extrem aufwendig: Stahlplatten müssen bis zur kontaminierten Tiefe in den Boden gerammt und die abgetragenen Bodenschichten in eine Verbrennungsanlage gebracht werden.

Unsachgemäße Lagerung

In den industrialisierten Staaten werden alljährlich Abfälle in großen Mengen erzeugt und häufig an ungeeigneten Stellen unbehandelt und ungeordnet deponiert. Unter diesen Abfällen finden sich giftige, zum Teil auch radioaktive Stoffe.

Sind die Deponien nicht genügend abgesichert, kann Regenwasser toxische Substanzen aus dem Deponiekörper auswaschen, diese in tiefere Bodenschichten verlagern und schlimmstenfalls das Grundwasser vergiften. Früher betrachtete man diese Giftauswaschungen sogar als des Rätsels Lösung: Die Schadstoffe sollten verdünnt, durch Bodenmikroorganismen abgebaut oder an Bodenpartikeln angelagert und damit unschädlich gemacht werden. Das war ein schlimmer Irrtum. In den alten Bundesländern hat man rund 35 000 Stätten mit sogenannten mehr oder weniger gefährlichen Altlasten registriert. In Dänemark geht man davon aus, daß rund 2000 Deponien das nahegelegene Grundwasser verunreinigen.

Moderne Deponien nutzen Abgase

Moderne Deponien werden mit einer undurchlässigen Boden- und Seitenabdichtung aus Ton und verschweißten Kunststoffbahnen versehen, um wassergefährdende Auswaschungen aus dem Deponiekörper in den Untergrund zu verhindern. Oft wird die Deponie auch wasserdicht abgedeckt, damit kein Regenwasser mehr in den Deponiekörper eindringen kann.

Bakterien bauen die organischen Stoffe in der Deponie mehr oder weniger stark ab. Dabei entstehen Gase wie Kohlendioxid und Methan. Diese Gase gelangen in die Atmosphäre und verstärken nicht nur den Treibhauseffekt, sondern können darüber hinaus hochexplosive Gemische bilden. In modernen Deponien wird deshalb das energiereiche Methangas aufgefangen und für Heiz-zwecke genutzt. Für die Methangaserzeugung eignen sich in besonderem Maße die energiereichen organischen Abfälle, einschließlich Abwässer, die unter anaeroben Bedingungen, d. h. in Abwesenheit von Sauerstoff, von bestimmten Bakterien abgebaut werden. Den schlammigen Abbaurückstand kann man als Dünger nutzen oder auch zu wertvollem Kompost weiterverarbeiten, vorausgesetzt, die organischen Abfälle sind nicht mit toxischen, nicht abbaubaren Stoffen, wie etwa Schwermetallen, belastet. Besonders in China wird diese Methode der Abfallbeseitigung in beinahe jedem Dorf praktiziert.

Kontaminierte Schlämme und andere Abfälle, die nicht ordnungsgemäß an ihrem Entstehungsort behandelt werden können, transportiert man nicht selten in arme, unterentwickelte Länder. Dort werden sie gegen Bezahlung meist unsachgemäß gelagert. Jährlich entledigen sich die Industriestaaten auf diese Weise einer Menge von über 40 000 Tonnen giftiger Industrieabfälle.

Radioaktive Strahlungen

A Viele Elemente sind von Natur aus instabil. Bei ihrem Zerfall senden sie radioaktive Strahlung aus. Folgende Strahlungen können entstehen: α (Alpha)-Strahlung, die aus positiv geladenen Helium-Kernen (zwei Protonen und zwei Neutronen, **1**) besteht, β (Beta)-Strahlung, aus negativ geladenen Elektronen (**2**), und γ (Gamma)-Strahlung (**3**), die, wie die Röntgenstrahlen (**4**), eine energiereiche elektromagnetische Welle ist. Bei der Ausstrahlung eines β-Teil-chens wird im Kern ein Neutron in ein positives Proton umgewandelt (**5**). Auch die Abstrahlung eines α-Teilchens geht mit einer Kernumwandlung einher (**6**). Die Strahlungsarten unterscheiden sich in ihrer Fähigkeit, Materie zu durchdringen. α-Teilchen werden z. B. von einer Hand gestoppt. β-Teilchen sind mit einer rund 1 mm dünnen Aluminiumschicht abschirmbar, bei Röntgenstrahlen ist eine zentimeterdicke Bleiplatte und bei γ-Teilchen eine meterdicke Betonwand notwendig.

Siehe auch: **Strahlen und Strahlenschäden**, S. 370/371 **Chemikalien**, S. 378/379

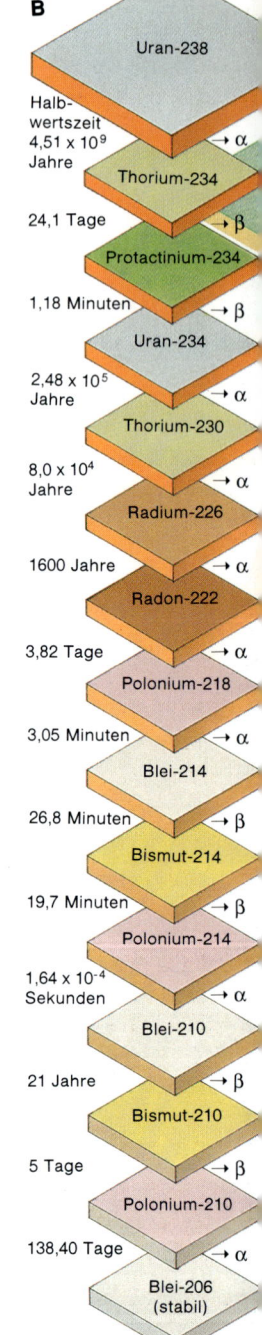

B

Element	Halbwertszeit	Zerfall
Uran-238	4,51 x 10⁹ Jahre	→ α
Thorium-234	24,1 Tage	→ β
Protactinium-234	1,18 Minuten	→ β
Uran-234	2,48 x 10⁵ Jahre	→ α
Thorium-230	8,0 x 10⁴ Jahre	→ α
Radium-226	1600 Jahre	→ α
Radon-222	3,82 Tage	→ α
Polonium-218	3,05 Minuten	→ α
Blei-214	26,8 Minuten	→ β
Bismut-214	19,7 Minuten	→ β
Polonium-214	1,64 x 10⁻⁴ Sekunden	→ α
Blei-210	21 Jahre	→ β
Bismut-210	5 Tage	→ β
Polonium-210	138,40 Tage	→ α
Blei-206 (stabil)		

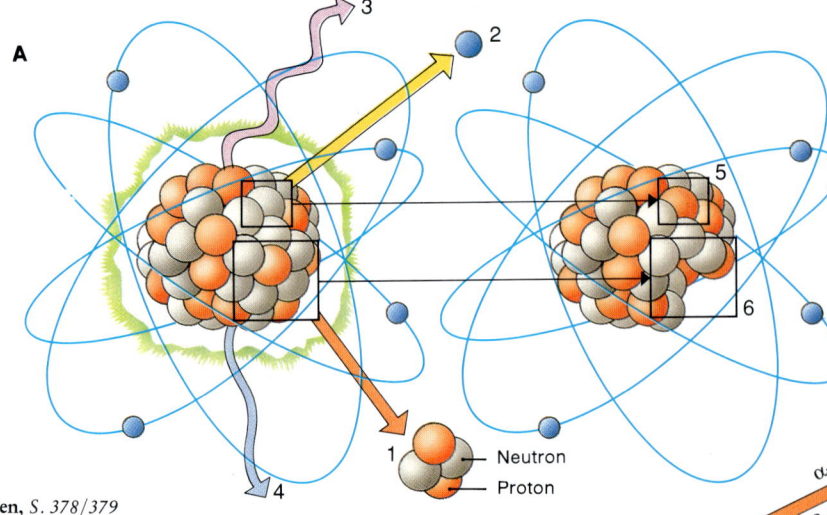

A

1 — Neutron
— Proton

α-St
β-St
Röntgen-S

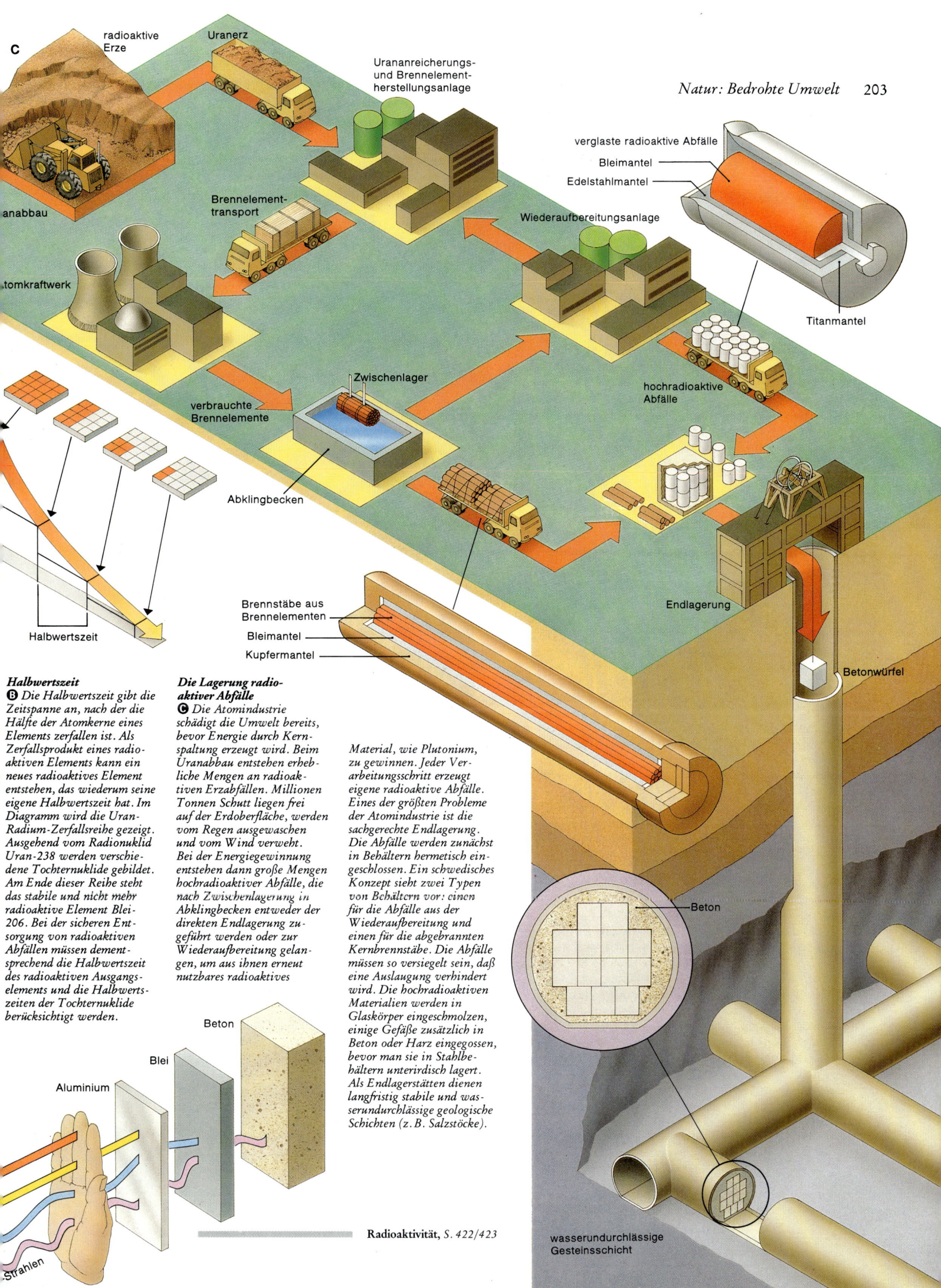

c

radioaktive Erze

Uranerz

Urananreicherungs- und Brennelement- herstellungsanlage

anabbau

Brennelement- transport

Atomkraftwerk

Wiederaufbereitungsanlage

verglaste radioaktive Abfälle

Bleimantel

Edelstahlmantel

Titanmantel

hochradioaktive Abfälle

Zwischenlager

verbrauchte Brennelemente

Abklingbecken

Endlagerung

Brennstäbe aus Brennelementen

Bleimantel

Kupfermantel

Betonwürfel

Halbwertszeit

Beton

Aluminium

Blei

Beton

Strahlen

wasserundurchlässige Gesteinsschicht

Halbwertszeit

B Die Halbwertszeit gibt die Zeitspanne an, nach der die Hälfte der Atomkerne eines Elements zerfallen ist. Als Zerfallsprodukt eines radioaktiven Elements kann ein neues radioaktives Element entstehen, das wiederum seine eigene Halbwertszeit hat. Im Diagramm wird die Uran-Radium-Zerfallsreihe gezeigt. Ausgehend vom Radionuklid Uran-238 werden verschiedene Tochternuklide gebildet. Am Ende dieser Reihe steht das stabile und nicht mehr radioaktive Element Blei-206. Bei der sicheren Entsorgung von radioaktiven Abfällen müssen dementsprechend die Halbwertszeit des radioaktiven Ausgangselements und die Halbwertszeiten der Tochternuklide berücksichtigt werden.

Die Lagerung radioaktiver Abfälle

C Die Atomindustrie schädigt die Umwelt bereits, bevor Energie durch Kernspaltung erzeugt wird. Beim Uranabbau entstehen erhebliche Mengen an radioaktiven Erzabfällen. Millionen Tonnen Schutt liegen frei auf der Erdoberfläche, werden vom Regen ausgewaschen und vom Wind verweht. Bei der Energiegewinnung entstehen dann große Mengen hochradioaktiver Abfälle, die nach Zwischenlagerung in Abklingbecken entweder der direkten Endlagerung zugeführt werden oder zur Wiederaufbereitung gelangen, um aus ihnen erneut nutzbares radioaktives Material, wie Plutonium, zu gewinnen. Jeder Verarbeitungsschritt erzeugt eigene radioaktive Abfälle. Eines der größten Probleme der Atomindustrie ist die sachgerechte Endlagerung. Die Abfälle werden zunächst in Behältern hermetisch eingeschlossen. Ein schwedisches Konzept sieht zwei Typen von Behältern vor: einen für die Abfälle aus der Wiederaufbereitung und einen für die abgebrannten Kernbrennstäbe. Die Abfälle müssen so versiegelt sein, daß eine Auslaugung verhindert wird. Die hochradioaktiven Materialien werden in Glaskörper eingeschmolzen, einige Gefäße zusätzlich in Beton oder Harz eingegossen, bevor man sie in Stahlbehältern unterirdisch lagert. Als Endlagerstätten dienen langfristig stabile und wasserundurchlässige geologische Schichten (z.B. Salzstöcke).

Radioaktivität, S. 422/423

Gefährdetes Naß

Wie Schadstoffe in die Gewässer gelangen

Eine rätselhafte Krankheit tötete in den 60er Jahren in Japan mehr als 40 Menschen. Sie hatten Meerestiere aus der Bucht von Minamata gegessen, in die 30 Jahre lang quecksilberhaltige Abwässer geleitet worden waren. 50 000 Menschen erlitten schwere gesundheitliche Schädigungen wie Hautreizungen, Gefühllosigkeit, Sprachstörungen und Gesichtsfeldeinengungen. Auch Ölverunreinigungen bedrohen zunehmend das Leben im Meer und an den Küsten. Gezielt wurde Öl während des Golfkrieges in den Persischen Golf geleitet – eine neue Form der »ökologischen Kriegsführung«.

Die vielfältigen Quellen der Gewässerverschmutzung
Zahlreiche Aktivitäten des Menschen führen zur Verunreinigung der Gewässer. Viele Schadstoffe gelangen über die Luft in die Gewässer. Einige langlebige Pflanzenschutzmittel werden, nachdem sie auf den Feldern versprüht wurden, vom Regenwasser in die Flüsse transportiert (**1**). Auswaschung von großen Ackerbauflächen (**2**) führt zur Bodenverarmung und verschlammt die Flüsse. Auch die Millionen Tonnen Salz, die jeden Winter auf die vereisten Straßen gestreut werden, gelangen schließlich in die Gewässer und gefährden die darin lebenden

Der Fall Minamata schreckte die Weltöffentlichkeit auf. Erstmals wurde erkannt, daß das in die Bucht eingeleitete Quecksilber sich nicht unendlich verdünnen ließ, sondern sich im Körper der Meerestiere und letztlich im Menschen als Endglied der Nahrungskette anreicherte. Aber auch andere Schwermetalle sind hochgiftig, wie Blei in Farben und Benzin oder Cadmium, ein Nebenprodukt der Zinkgewinnung. Wirken mehrere Giftstoffe zugleich auf einen Organismus ein, so ist der Schaden oft stärker als die Summe der Schädigungen durch die Einzelstoffe.

Gifte reichern sich in der Nahrungskette an

Nicht alle Schadstoffe haben das gleiche Schicksal, wenn sie ins Wasser gelangen. Schwermetalle heften sich an mitgeführte feinkörnige Partikel. Verlangsamt sich die Fließgeschwindigkeit, sinken diese Partikel zu Boden. Damit reichern sich auch die Schadstoffe im Sediment an. Die hier lebenden Organismen, etwa Muscheln und Krebse, nehmen sie mit der Nahrung auf.

Zweifelhaften Ruhm erlangten die chlorierten Kohlenwasserstoffe, zu denen auch das Insektengift DDT zählt. DDT, das zur Bekämpfung der Malariamücken eingesetzt wurde, ist wasserunlöslich und zudem schwer abbaubar. Gelangt dieser Stoff ins Oberflächenwasser, so lagert er sich vorzugsweise im Fettgewebe kleinerer Wasserbewohner ab, die anderen Tieren als Nahrung dienen. Die Schadstoffe reichern sich von einem Nahrungskettenglied zum nächsten immer stärker an, bis die Giftmenge am Ende tödliche Folgen haben kann.

Auch polychlorierte Biphenyle (PCBs) sind umweltbelastende Schadstoffe. Sie werden als Kühl- und Isolierflüssigkeiten in Transformatoren sowie als Weichmacher für Lacke und Klebstoffe verwendet. Die PCBs verhalten sich ähnlich wie DDT, sind aber noch schwerer abbaubar.

Belastetes Trinkwasser gefährdet den Menschen

Ein neuerer Fall von Wasserverunreinigung in größerem Umfang ist die zunehmende Belastung der Oberflächengewässer und der zur Trinkwassergewinnung dienenden Grundwasservorkommen mit Nitrat. Dafür gibt es drei Gründe: der verstärkte Einsatz von Düngemitteln, die Einleitung von nitrathaltigen Abwässern in Flüsse und Seen und die intensive Viehzucht, bei der große Mengen stickstoffhaltiger Gülle anfallen.

Auf den Feldern ist Nitrat ungefährlich. Doch nimmt der Mensch es verstärkt über das Trinkwasser auf, können bestimmte Bakterien in Mund und Rachen es in Nitrit verwandeln, das sich wiederum im Magen-Darm-Trakt mit Aminen zu krebserregenden Nitrosaminen verbindet. Nitrite gehen aber auch mit den roten Blutkörperchen eine starke Bindung ein, so daß diese nicht mehr in der Lage sind, den Sauerstofftransport durchzuführen. Besonders gefährdet sind Säuglinge und Kleinkinder.

Zuviel Nitrat im Wasser führt zu verstärktem Algenwuchs. Sterben die Algen ab, so wird in großen Mengen Sauerstoff für ihren biologischen Abbau benötigt. Der Sauerstoffmangel bedeutet für andere Wasserbewohner den sicheren Tod. Die Überdüngung von Gewässern und ihre negativen Folgen ist in vielen ländlichen Gebieten mit intensiver Landwirtschaft zu beobachten.

Es ist einfach, Industrie und Landwirtschaft für die starke Wasserverschmutzung zu verurteilen. Letztlich sind wir jedoch alle für die Belastung unserer Gewässer in hohem Maße mitverantwortlich.

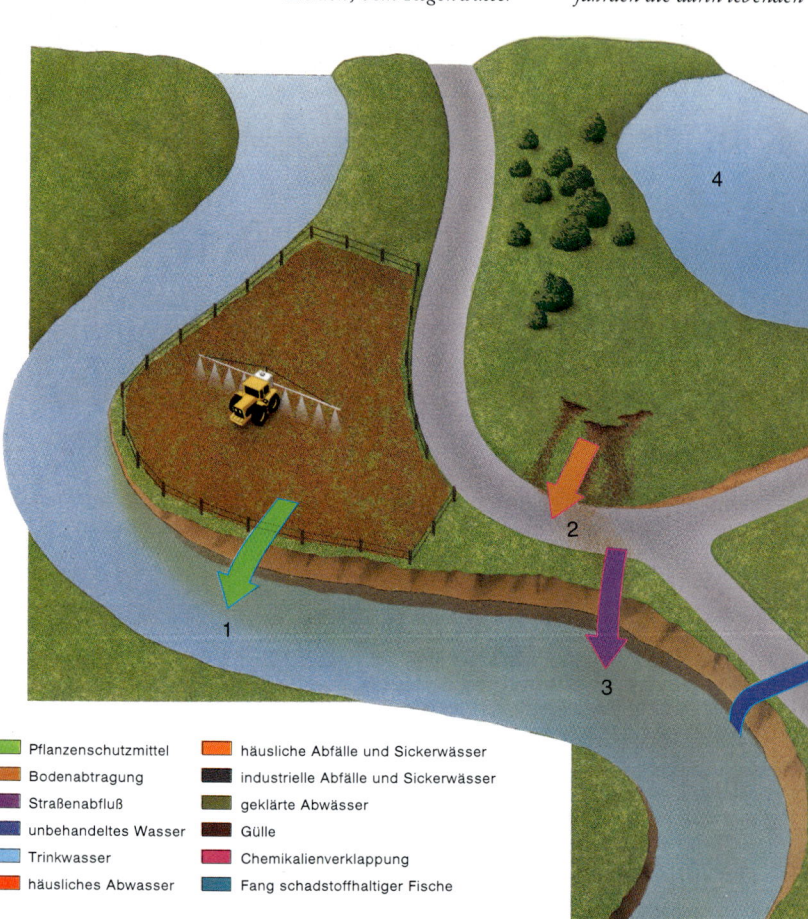

▢ Pflanzenschutzmittel	▢ häusliche Abfälle und Sickerwässer
▢ Bodenabtragung	▢ industrielle Abfälle und Sickerwässer
▢ Straßenabfluß	▢ geklärte Abwässer
▢ unbehandeltes Wasser	▢ Gülle
▢ Trinkwasser	▢ Chemikalienverklappung
▢ häusliches Abwasser	▢ Fang schadstoffhaltiger Fische

Siehe auch: **Algen**, S.112/113   **Zersetzer**, S. 172/173

Pflanzen und Tiere ***(3)****. Der hohe Wasserbedarf zwingt zum Bau von immer mehr Wasserreservoiren* ***(4)****, oft auf Kosten von wertvollem Ackerland. Private Haushalte verwenden verschiedenste Chemikalien zur Reinigung* ***(5)****. Diese können nicht immer wirkungsvoll in den Kläranlagen* ***(6)*** *abgebaut werden. Einige Haushaltschemikalien, z.B. Desinfektionsmittel, schädigen sogar die biologische Stufe einer Kläranlage. Manchmal werden häusliche Abwässer ungeklärt in das Oberflächenwasser geleitet* ***(7)****. Die aus Mülldeponien* ***(8)*** *entweichenden Sickerwässer können giftige Stoffe enthalten. Industrielle Abwässer sind ebenfalls stark belastet. Sie werden in Kläranlagen oder auf besonderen Rieselfeldern* ***(9)*** *entsorgt. Manche Fabriken leiten heute noch ihre Abwässer ungeklärt in Flüsse* ***(10)*** *oder Meere. Klärschlamm* ***(11)****, im Übermaß auf die Ackerflächen aufgebracht, führt zur Überdüngung der Gewässer. Folge einer intensiven Tierhaltung* ***(12)*** *ist ein hoher Gülleausstoß, der letztlich in die Gewässer gelangt. Eine Methode, sich schädlicher Chemikalien zu entledigen, ist die Verklappung auf See* ***(13)****. Manche dieser Schadstoffe kommen über die Nahrungskette zum Menschen zurück, z.B. über die Fische, die er verzehrt* ***(14)****.*

Ölpest

Je nachdem, ob leichtes Öl in einer warmen oder schweres Öl in einer kalten Region (z.B. Alaska) in die Umwelt gelangt, sind die Schädigungen unterschiedlich groß. Wie schnell sich das Öl ausbreitet, hängt davon ab, wie schnell die flüchtigen Anteile verdunsten bzw. die zähflüssigen auf der Wasseroberfläche aufgebrochen werden. Ein Teil der leichteren Ölfraktion löst sich im Wasser und gefährdet die Wasserorganismen. Der Rest vermischt sich mit dem Wasser und bildet eine Emulsion. Das Öl kann verklumpen und an den Strand gespült werden oder sich an kleinere Partikel heften und mit ihnen zum Meeresgrund sinken. Öl vergiftet Tiere oder verklebt sie, vor allem das Gefieder von Seevögeln. Ölverseuchungen werden durch Abscheidung (rechts), Abbrennen, Ausbaggern u.a. bekämpft. Chemische Verfahren, die Öl durch Dispersionsmittel zum Absinken bringen, sind umstritten, da sie besonders in flachen Küstengewässern die Organismen des Meeresbodens vergiften können.

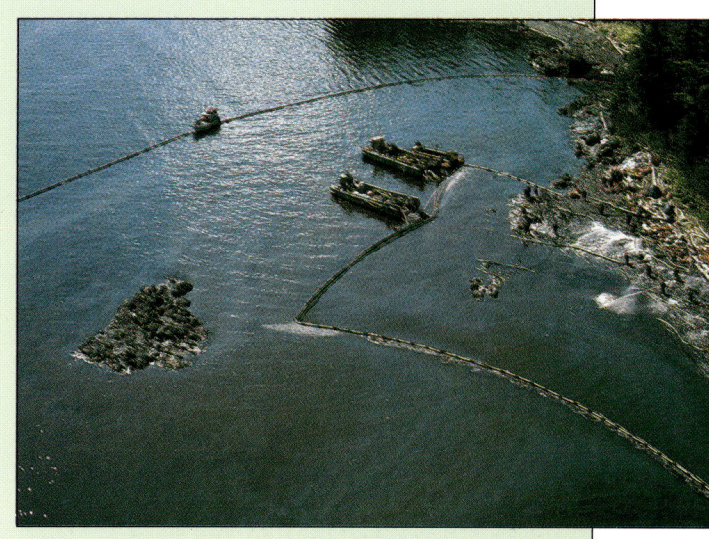

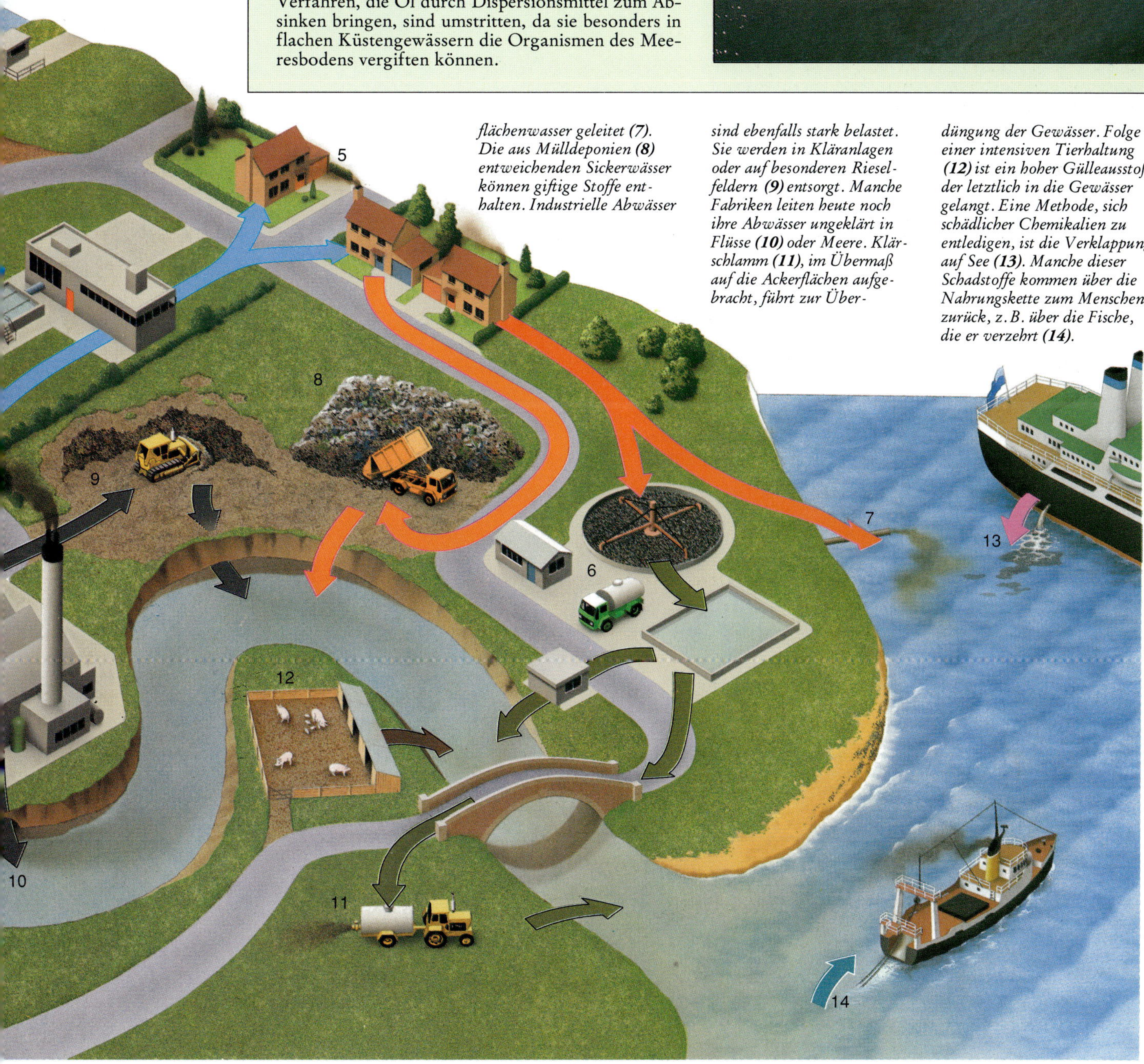

Müll und Strahlen, *S. 202/203* **Luftverschmutzung,** *S. 206/207* **Chemikalien,** *S. 378/379* **Erdölproduktion,** *S. 430/431*

Regen, saurer als eine Zitrone

Luftverschmutzung und Waldsterben

Vielerorts ist der Regen saurer als der Saft einer Zitrone. Obwohl Niederschläge grundsätzlich leicht sauer sind, werden hohe Säuregrade z. B. von vielen Wasserorganismen nicht mehr ertragen, so daß sie sterben. Extrem klare Seen zeugen von Leblosigkeit. In den Städten nagt der saure Regen an Gebäuden und Skulpturen. Hinzu kommt das Waldsterben: Ein großer Teil der Waldbestände in Tschechien, Deutschland, Griechenland, den Niederlanden, Norwegen, Polen und Großbritannien sind durch die Luftverschmutzung stark geschädigt oder bereits tot.

Täglich verunreinigen wir die Luft, die wir atmen. Blei, dem Benzin zugesetzt, gelangt über den Auspuff in unsere Umwelt. Besonders stark ist die Belastung in verkehrsreichen Städten und entlang stark befahrener Straßen. In Turin ergab eine Untersuchung, daß etwa 30 % des festgestellten Bleis in dem Blut der Einwohner aus den bleihaltigen Benzinen stammten. Blei ist ein giftiges Schwermetall, das zu Magenbeschwerden, Kopfschmerzen, Koma und in Extremfällen auch zum Tod führen kann. Bereits niedrige Konzentrationen können das Gehirn von Kindern schädigen. Aufgrund dieser Erkenntnis werden weltweit immer weniger bleihaltige Kraftstoffe eingesetzt. Doch Blei ist bei weitem nicht der einzige gefährliche Stoff, der tagtäglich die Luft der industrialisierten Länder belastet.

Die vergleichsweise starke Industrialisierung in Europa und Nordamerika geht mit einer enormen Belastung der Atmosphäre einher. Hohe Schornsteine sorgen für die entsprechende Verteilung der Schadstoffe, sogar bis in abgelegenste industriefreie Gebiete. Tote Seen, sterbende Bäume und belastete Böden sind wohlbekannte unmittelbare Folgen der Luftverschmutzung.

Sekundäre Folgen der Schadstoffbelastungen sind z. B. die Zerstörung natürlicher Nahrungsketten. Mit den Wäldern sterben auch ganze voneinander abhängige Lebensgemeinschaften mit zum Teil noch unbekannten Spätfolgen für das gesamte Ökosystem. Der saure Regen gefährdet auch unser Trinkwasser. Saures Wasser kann

Die Entstehung von saurem Regen

Aus den Schornsteinen der Industrie gelangt Schwefel (1) als Schwefeldioxid (SO_2), Stickstoff (2) als Stickstoffmonoxid (NO) oder Stickstoffdioxid (NO_2) in die Atmosphäre. Diese Gase können sich direkt am Boden ablagern (3). In der Atmosphäre reagieren sie mit Sauerstoff, um dann als Säuren in den sauren Niederschlägen (4) auf die Erde zurückzukehren. Schwefeldioxid verwandelt sich in Schwefelsäure (H_2SO_4), Stickoxide in Salpetersäure (HNO_3). Die Säuren lösen sich in den Wassertröpfchen der Wolken und können so über große Entfernungen transportiert

werden, bevor sie als saurer Regen niedergehen. Katalysatoren wie Wasserstoffperoxid, Ozon und Ammonium fördern die Säurebildung in den Wolken (5). Ammoniak (NH_3), das in der Atmosphäre selbst gebildet wird (6) oder aus Gülle in die Atmosphäre entweicht, wird zu Ammonium (NH_4^+) umgesetzt. Die in den Wolken gelösten Ionen regnen ab (7).

Bildung von Ozon

Kohlenwasserstoffe, die z. B. über die Auspuffe des Kraftverkehrs in die Atmosphäre gelangen (8), reagieren im Sonnenlicht mit den Stickoxiden und bilden Ozon (9). Während Ozon in der Stratosphäre unschätzbare Dienste leistet, indem es

schädliche UV-Strahlen zurückhält, ist es in der Atemluft ein schädlicher Reizstoff.

Die Folgen der Übersäuerung

Saurer Regen löst gebundene Schwermetalle und Aluminium (Al^{3+}) aus dem Boden (10). Gelangen die Metalle in die Gewässer, so können sie die dort lebenden Organismen in vielfältiger Weise schädigen. Aluminium reizt z. B. die Hautoberfläche vieler Fische, Kiemen verschleimen, was letztlich zum Tod führt. Durch den sauren Regen sinkt auch der pH-Wert in den Gewässern. Nach kanadischen Untersuchungen verschwinden Elritzen (11) und Garnelen (12), wenn der pH-Wert unter 6 sinkt. Die Forellen (13), die sich von den Garnelen ernähren, gehen zwangsläufig auch in ihrer Zahl zurück. Bei einem pH-Wert von 5,6 wird das Außenskelett des Flußkrebses (14) stark angegriffen. Alles was übrig bleibt, ist ein kristallklarer See mit Algen wie etwa Spirogyra (15).

Waldschäden

Der saure Regen wirkt auf Pflanzen besonders dadurch, daß er die Blattoberflächen schädigt, die Nährstoffaufnahme durch die Wurzeln behindert und die Aufnahme von giftigen Schwermetallen fördert. Mehr als 20% des deutschen Waldes weist deutliche Schäden auf.

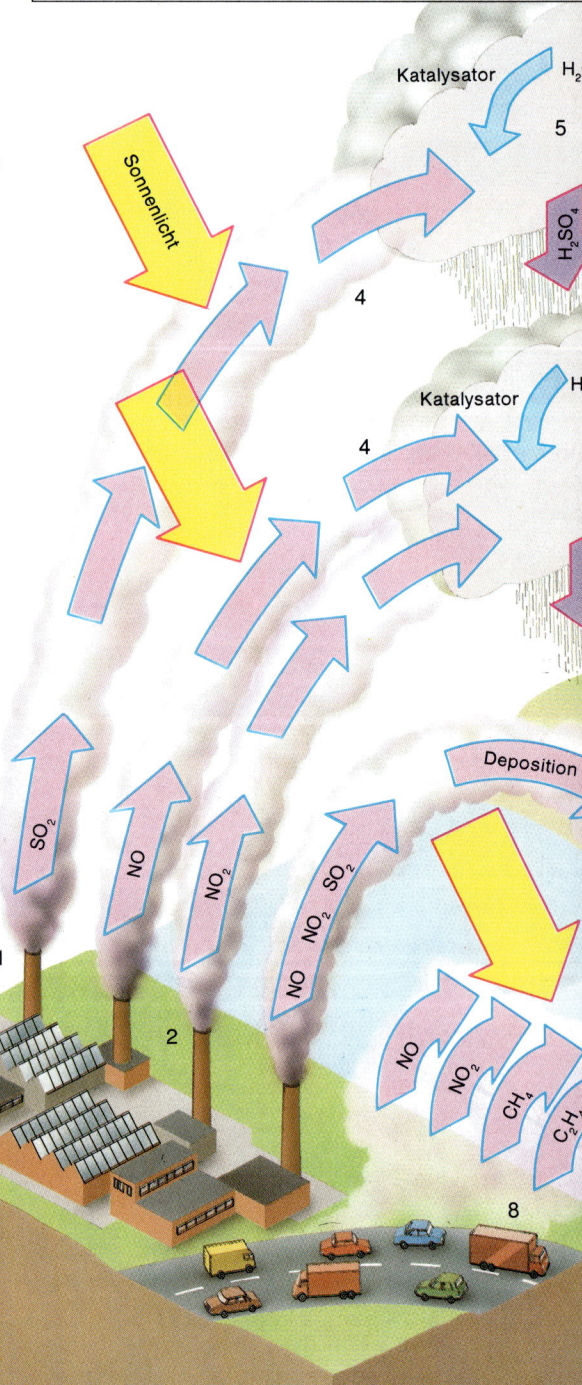

Siehe auch: **Atmosphäre**, S. 78/79 **Treibhauseffekt**, S. 210/211

Wintersmog und Sommerozon

Von Smog (»smokefog« = Rauchnebel) spricht man, wenn Luftverschmutzungen sich in einer kalten Luftschicht angereichert haben, die unter einer darüberliegenden warmen Schicht gefangen gehalten wird. Diese Situation tritt bei einer sogenannten Inversionswetterlage ein. Besonders dort, wo stark schwefelhaltige Kohlen in unzureichend mit Reinigungsanlagen ausgestatteten Kraftwerken verbrannt werden, besteht in kalten Wintern die Gefahr schwefelhaltiger Smogbildung über den Städten. Diese Fälle sind in Westeuropa und Nordamerika inzwischen eher selten. Eine neue Art von Smog, der photochemische Smog, hervorgerufen von Kohlenwasserstoffen und Stickstoffoxiden, ist an ihre Stelle getreten. Diese Stoffe reagieren mit dem Sonnenlicht und bilden das gesundheitsschädliche Ozon. Los Angeles, eingeschlossen zwischen Bergen und See, ist mehrmals im Sommer derartigen Smogsituationen ausgesetzt, obwohl 1989 strenge Smogbekämpfungsmaßnahmen ergriffen wurden.

Der europäische Wald ist krank
Vor allem die Luftverschmutzung, aber auch Wind, Dürre, Pilzbefall, Insektenplagen und Wildverbiß sind für die Schädigungen des Waldes verantwortlich (Karte unten). Einen Blatt- oder Nadelverlust von mehr als 25% weisen ein Viertel der europäischen Bäume auf. Das starke West-Ost-Gefälle (z.B. Frankreich 8,4%, Polen 54,9%) ist u.a. mit den in Europa vorherrschenden Winden aus westlichen Richtungen zu erklären. So ist ein Teil der Schäden in Osteuropa aus dem Westen »importiert«. Aber auch unterschiedliche Standards in der Abgasreinigung der Kraftwerke sind dafür eine Ursache.

giftige Schwermetalle, die im Boden gebunden vorkommen, lösen. Sie gelangen so auf indirektem Wege in unsere Nahrung. Auch die Korrosion der Wasserleitungen durch das saure Trinkwasser gefährdet die Gesundheit. Leber und Nieren erleiden ernsthafte Schäden, wenn Kupfer aus den Wasserleitungen verstärkt aufgenommen wird.

Kampf um die Erhaltung der Umwelt

Seit den frühen 80er Jahren wurden Anstrengungen unternommen, um den mit dem sauren Regen verbundenen Gefahren zu begegnen. Viele Industriestaaten haben Abkommen geschlossen, um die Emissionen zu reduzieren. Abgasgrenzwerte wurden festgelegt. Fast alle Neuwagen besitzen heute einen Katalysator und fahren mit bleifreiem Benzin. Die stark luftverunreinigenden Kohlekraftwerke erhielten Rauchgasreinigungsanlagen. Umweltschützer halten dennoch die Vereinbarungen und Maßnahmen für unzureichend.

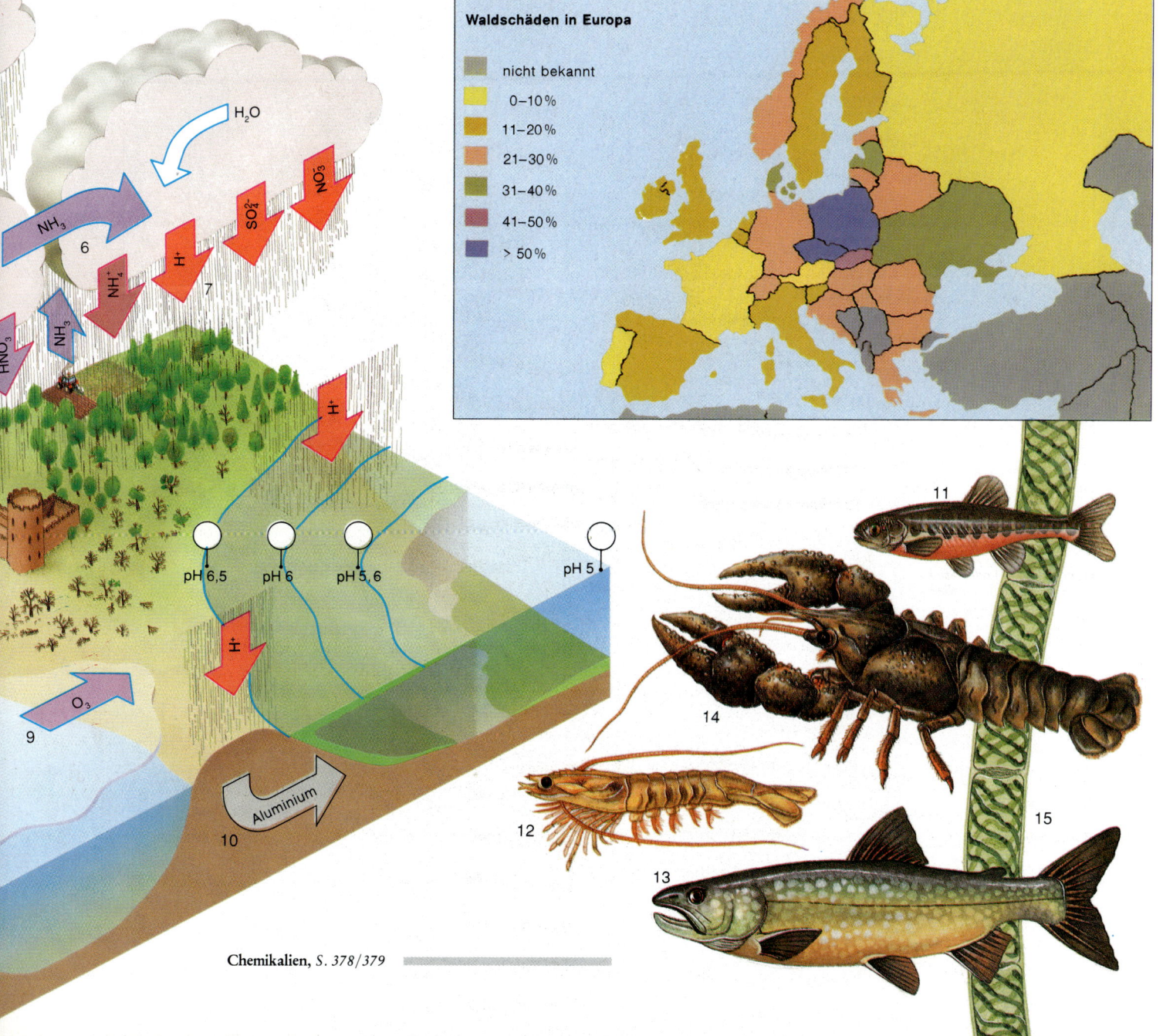

Waldschäden in Europa

- nicht bekannt
- 0–10%
- 11–20%
- 21–30%
- 31–40%
- 41–50%
- > 50%

H₂O 6 NH₃ NH₄⁺ HNO₃ SO₄²⁻ NO₃⁻ H⁺ 7

pH 6,5 pH 6 pH 5,6 pH 5

O₃ 9 10 Aluminium

11 14 12 13 15

Chemikalien, S. 378/379

Bedrohter Schutzschirm

Ursachen und Gefahren des Ozonlochs

Gäbe es über uns in 14–35 km Höhe nicht ein abschirmendes Gas, so wäre kein Leben auf der Erde möglich. Eine leichte und empfindliche Ozonschicht schützt uns wie ein großer Sonnenschirm vor den gefährlichen, energiereichen ultravioletten Strahlen der Sonne. Doch seit einigen Jahrzehnten verunreinigen wir die Atmosphäre mit Stoffen, die das lebenswichtige Ozon mehr und mehr vernichten. Besonders die Fluorchlorkohlenwasserstoffe (FCKW) ließen über der Antarktis ein riesiges Ozonloch entstehen. Seit 1992 weiß man, daß die Nordhalbkugel ebenfalls durch ein immer weiter aufreißendes Ozonloch bedroht ist.

Ohne Sonnenlicht wäre die Erde ein lebloser Planet. Die Sonnenstrahlen wärmen die Erdoberfläche und werden für die Photosynthese der Pflanzen gebraucht. Doch einige Wellenlängen im Spektrum des Sonnenlichts sind nicht so lebensfreundlich; ultraviolettes Licht tötet Mikroorganismen und wird daher in Krankenhäusern als Desinfektionsmittel eingesetzt. Dank einer bisher konstant dichten Ozonschicht in der Atmosphäre wurde ein Großteil des schädlichen UVB (ultraviolett B)-Lichts ausgefiltert, bevor es Pflanzen und Tiere gefährden konnte.

In der Atmosphäre tickt eine Zeitbombe

In den 70er und 80er Jahren zeigten Forschungsergebnisse, für die die Wissenschaftler P. Crutzen, M. Molina und F.S. Rowland 1995 mit dem Nobelpreis für Chemie ausgezeichnet wurden, daß die ständig zunehmende Umweltverschmutzung das empfindliche Gleichgewicht in der Atmosphäre zerstörte. Vor allem FCKW, die als Kühlmittel in Kühlschränken und als Treibgas für Schaumstoffe und Spraydosen verwendet werden, wirken durch freigesetzte Chloratome zerstörerisch auf die Ozonmoleküle (O_3).

Erst nach mehr als zehn Jahren erreichen FCKW-Gase die obere Atmosphäre. In dieser Höhe ist die UV-Strahlung intensiv genug, die FCKW zu zerschlagen und das enthaltene Chlor freizusetzen. Das Chlor kann dann in einer Kettenreaktion viele tausend Ozonmoleküle aufbrechen, bevor es aus der Atmosphäre verschwindet. Schon eine geringe Zunahme der Chlorgehalte in der Atmosphäre hat daher enorme zerstörerische Wirkungen auf die chemische Zusammensetzung der oberen Atmosphäre.

In den letzten Jahrzehnten war die FCKW-Emission rapide angestiegen, auf dem Höhepunkt 1987 wurden 800 000 Tonnen produziert. Inzwischen sind Produktionsbeschränkungen beschlossen worden. Die FCKW sind außerhalb der Atmosphäre völlig harmlos und sehr reaktionsträge. Deshalb bleiben sie sehr lange unzersetzt in den unteren Luftschichten erhalten und gelangen so in die höhere Atmosphäre, wo sie 65–130 Jahre an der Zerstörung des Ozons teilhaben.

Erst 1985 begannen die Wissenschaftler, die schon länger bekannten niedrigen Ozonwerte über der Antarktis ernst zu nehmen und sprachen vom »Ozonloch«. Seit 1992 bildet sich auch über dem Nordpol im Frühjahr ein Ozonloch. In der dünnen, kalten Luft, bei Temperaturen unter -80 °C, bilden sich im Polarwinter Wolken aus Eis- und Stickoxidkristallen. So können die Stickoxide

Molekülaufbau

A *Sauerstoffmoleküle haben zwei Sauerstoffatome, Ozon hat drei (O_3). Es kann in O_2-Moleküle und O-Atome gespalten werden. Diese Reaktion ist auch umkehrbar. Die einfachste Form der FCKW ist CCl_3F, das Trichlorfluormethan, bei dem die vier Wasserstoffatome durch drei Chlor- und ein Fluoratom ersetzt sind.*

Das Ozonloch wird größer

B *Seit 1979 war die Stärke der Ozonschicht über der Antarktis jeden Oktober um 50% verringert. Das Ozonloch hat sich dementsprechend konstant erweitert. Die Stärke der Ozonschicht mißt man in Dobson-Einheiten (DE). 100 DE entsprechen 1 mm Ozonschichtdicke bei Normaldruck. Im Südsommer ist die Ozonschicht in der Regel 350 DE stark. Das Ozonloch schließt sich, sobald sich die polaren Stratosphärenwolken mit den Sonnenstrahlen im Südfrühling auflösen und ozonhaltige Luft aus polaren Randgebieten in die Antarktis gelangt. Im Spätwinter nimmt die Anzahl der DE – wie inzwischen auch auf der Nordhalbkugel – immer mehr ab.*

Sauerstoffatom (O)

Sauerstoffmolekül (O_2)

Ozonmolekül (O_3)

Trichlorfluormethan (CCl_3F)

Chlormonoxid (Cl O)

UV-Licht

1979

1982

nicht mehr die aus den FCKW gebildeten Chlormonoxidmoleküle (ClO) neutralisieren. Die sich anreichernden ClO-Moleküle beginnen mit der Zerstörung des Ozons, wenn die Frühjahrssonne über den Polen zurückkehrt. Erst wenn die Sonne die in der Stratosphäre gebildeten Stickoxidkristalle wieder freischmilzt, werden die zerstörerischen ClO-Moleküle teilweise abgefangen, und die rapide Ozonzerstörung wird verlangsamt.

Damoklesschwert – Krebs und Hunger

Die Folgen der Ozonverminderung sind gravierend. Die Zunahme energiereicher UVB-Strahlung mit einer Wellenlänge unter 242 Nanometer (= 10^{-9}m) greift unsere Haut und die Augen an. Die Abnahme des Ozons um 1 % wird die Anzahl der Hautkrebsfälle um 5 % ansteigen lassen. Darüber hinaus ist zu befürchten, daß die Schädigung der Pflanzen die Ernteerträge bei verdoppelter Strahlungsintensität um 25 % verringern wird.

Dobson-Einheiten

über 400

325 – 400

200 – 325

150 – 200

unter 150

Siehe auch: Polargebiete, S. 66/67 Atmosphäre, S. 78/79 Photosynthese, S. 158/159 Treibhauseffekt, S. 210/211 Erdbeobachtung mit Satelliten, S. 556/557

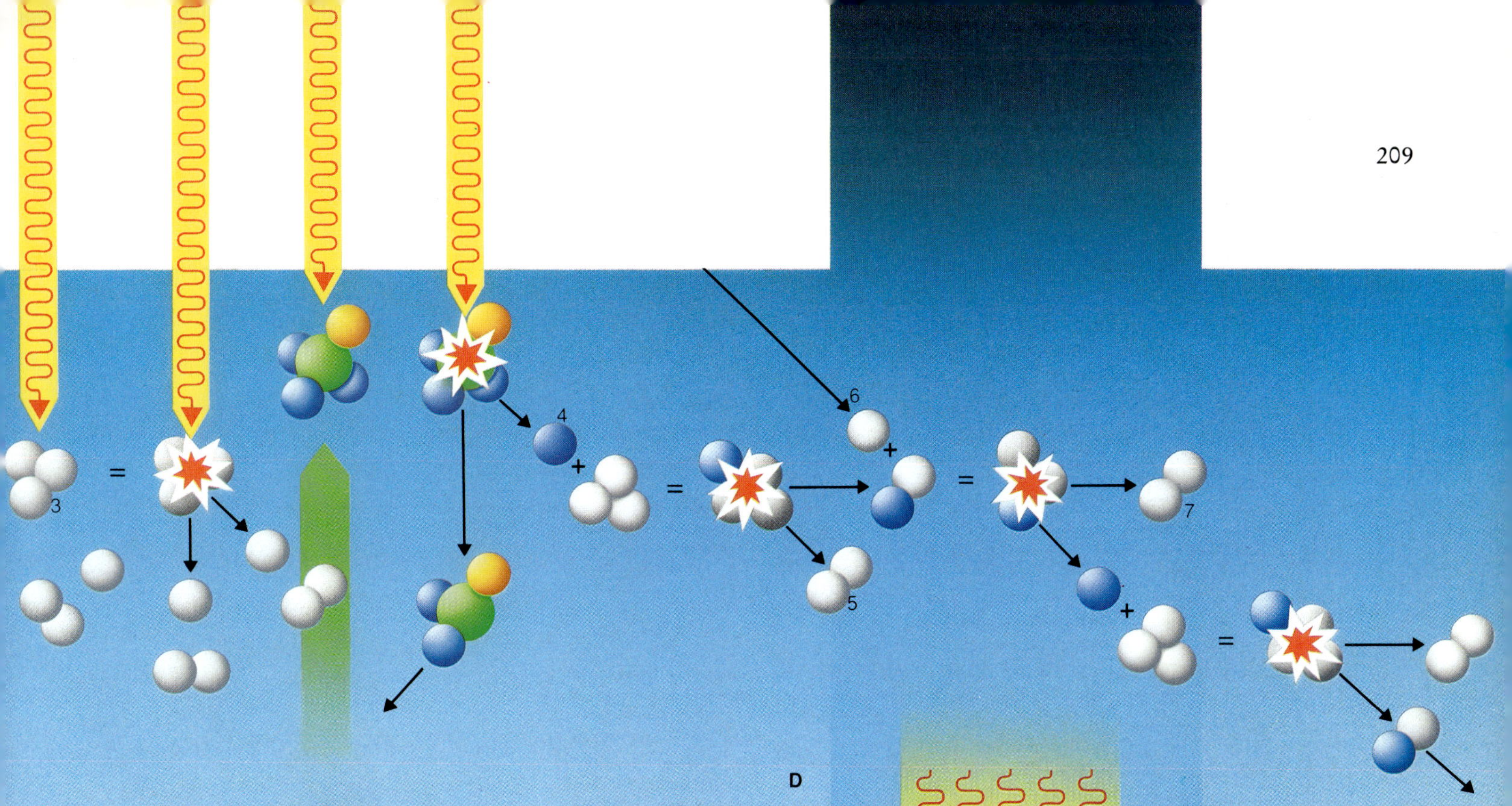

209

Gleichgewicht zwischen Ozonbildung und -zerfall

C Das von den Sauerstoffmolekülen aufgefangene UVB-Licht leitet chemische Reaktionen ein. Wenn UV-Strahlen auf ein O_2-Molekül auftreffen, entstehen zwei freie Sauerstoffatome (1), die sich jeweils mit einem O_2-Molekül vereinigen (2) und so Ozon (O_3) bilden (3).

Das gebildete Ozon absorbiert wiederum UVB-Licht und zerfällt in O_2 und ein aktives O-Atom. Das freigesetzte Sauerstoffatom kann mit einem anderen freien Sauerstoffatom zusammenprallen und ein O_2-Molekül bilden oder auf ein O_2-Molekül treffen, um mit ihm Ozon (O_3) zu formen. Danach beginnt der

abgelaufene Prozeß von neuem. So kommt eine Kettenreaktion in Gang, und es entsteht ein natürliches Gleichgewicht: Ozonneubildung und Ozonzerfall halten sich die Waage. Der schützende Ozonfilter, der das Leben außerhalb der Ozeane erst möglich machte, entstand vor einigen hundert Millionen Jahren.

Wie Ozon zerstört wird

C Wenn ein CCl_3F-Molekül von UVB-Licht getroffen wird, spaltet sich ein Chloratom ab (4). Dieses entreißt einem Ozonmolekül ein Sauerstoffatom und bildet Chlormonoxid (ClO). Zurück bleibt ein O_2-Molekül (5). Wenn das ClO mit

einem freien Sauerstoffatom zusammentrifft (6), vereinigen sich die beiden Sauerstoffatome zu einem Molekül O_2 (7). Sie lassen ein aktives, einzelnes Chloratom zurück, das ein weiteres Ozonmolekül zerstört. Diese Reaktion kann sich unbegrenzt oft wiederholen.

Eine Folge der Ozonzerstörung

D Das UVB-Licht tötet immer mehr Phytoplankton in den obersten Meeresschichten und verstärkt damit indirekt den Kohlendioxidgehalt in der Luft und damit den Treibhauseffekt. Denn das Phytoplankton absorbiert normalerweise große Mengen Kohlendioxid (CO_2) aus dem Meer, das aus der Luft ersetzt wird.

1990
1995

Stratosphäre
Troposphäre
Erdoberfläche

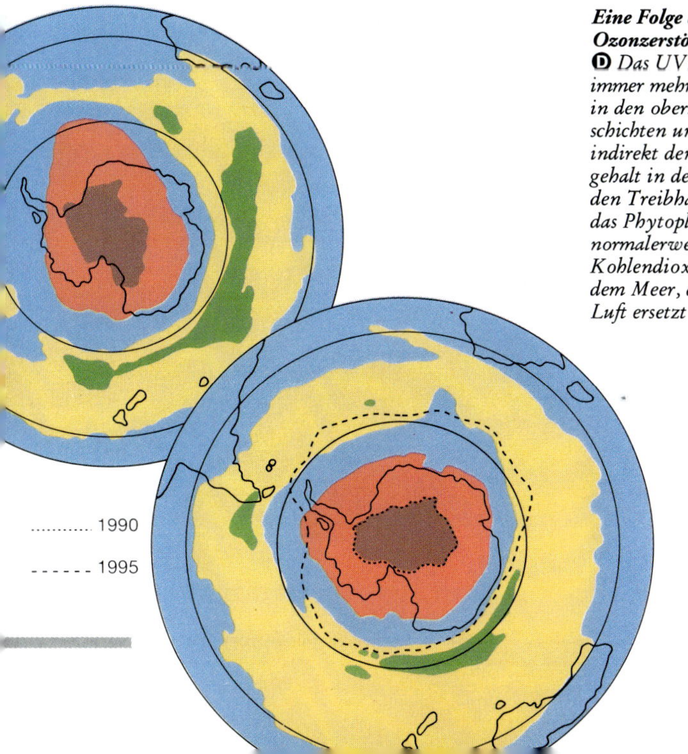

Die Erde als Treibhaus

Warum sich unser Klima verändert

Gäbe es in der Atmosphäre keinen Wasserdampf und kein Kohlendioxid (CO_2), würde die Erde bei einer Jahresmitteltemperatur von −18 °C zur Eiskugel erstarren. Wie eine isolierende Decke halten diese Gase die Sonnenwärme zurück und sichern uns so die angenehme Mitteltemperatur von +15 °C, die das Leben auf der Erde braucht. Wenn wir den CO_2-Gehalt allerdings durch die Verbrennung fossiler Brennstoffe immer weiter ansteigen lassen und zusätzlich noch die Atmosphäre durch andere Gase mit ähnlicher Wirkung anreichern, könnten katastrophale Klima- und Umweltveränderungen die Folge sein.

Wenn die schlimmsten Vorhersagen eintreffen, kann die globale Mitteltemperatur in den nächsten Jahrzehnten um 2–3 °C ansteigen. So warm war es nur in den Warmzeiten des Pleistozäns. Aber bis heute kann niemand eindeutig sagen, ob die augenblicklichen Erwärmungstendenzen wirklich den Beginn eines anderen Klimas bedeuten. Wir können nur hoffen, daß die 80er und 90er Jahre mit ihrem ungewöhnlich warmen Wetter eine normale, zyklische Klimaperiode von kurzer Dauer repräsentieren. Die warnenden Stimmen vieler Wissenschaftler sollten jedoch nicht ungehört bleiben.

Erderwärmende Gase

Zu den sogenannten Treibhausgasen, die das kurzwellige Sonnenlicht durchlassen, die Wärmestrahlen aber zur Erde reflektieren, ähnlich wie die Glasscheiben eines Gewächshauses, gehört inzwischen auch eine Reihe vom Menschen produzierter Gase, etwa das Methan, das Mensch und Haustiere abgeben. Industrieanlagen und Kraftfahrzeuge sind für zunehmende Gehalte an Stickoxiden in der Luft verantwortlich. Auch die an der Zerstörung der Ozonschicht beteiligten Fluorchlorkohlenwasserstoffe, kurz FCKW genannt, zählen dazu. Es ist schwer abzuschätzen, wie stark diese Schadstoffe bis zur Mitte des nächsten Jahrhunderts zunehmen werden. Aber eines scheint sicher: Wenn nicht per Gesetz eingegriffen wird, dürfte der Gehalt an atmosphärischen Stickoxiden um 50 % anwachsen und das atmosphärische

Einstrahlung und Abstrahlung von Sonnenenergie
A *Sonnenenergie gelangt als Infrarotstrahlung, sichtbares Licht und UV-Licht auf die Erde (1). Etwa ein Drittel wird zurückgeworfen: von der Atmosphäre ca. 25 % (2) und von der Erdoberfläche rd. 5 % (4). Die Atmosphäre und die Wolken schlucken ca. 25 % (3), so daß nur 45 % die Erdoberfläche erreichen (5). Mit aufsteigender Luft (6) und mitgeführtem Wasserdampf (7) gibt die Erde Energie wieder ab.*

Die Temperaturen steigen regional unterschiedlich
C *Da die natürlichen Vegetationszonen eng mit den Klimazonen verknüpft sind, könnten sie sich auf der Nordhalbkugel bis zu 1100 km nordwärts verlagern. Nadelwälder würden dann von Laubwäldern verdrängt. In Süddeutschland herrschten mediterrane Sommer. Die allgemeine Erwärmung würde sich regional unterschiedlich auswirken. Die Temperaturerhöhungen für das Jahr 2050 wurden mit Computermodellen errechnet.*

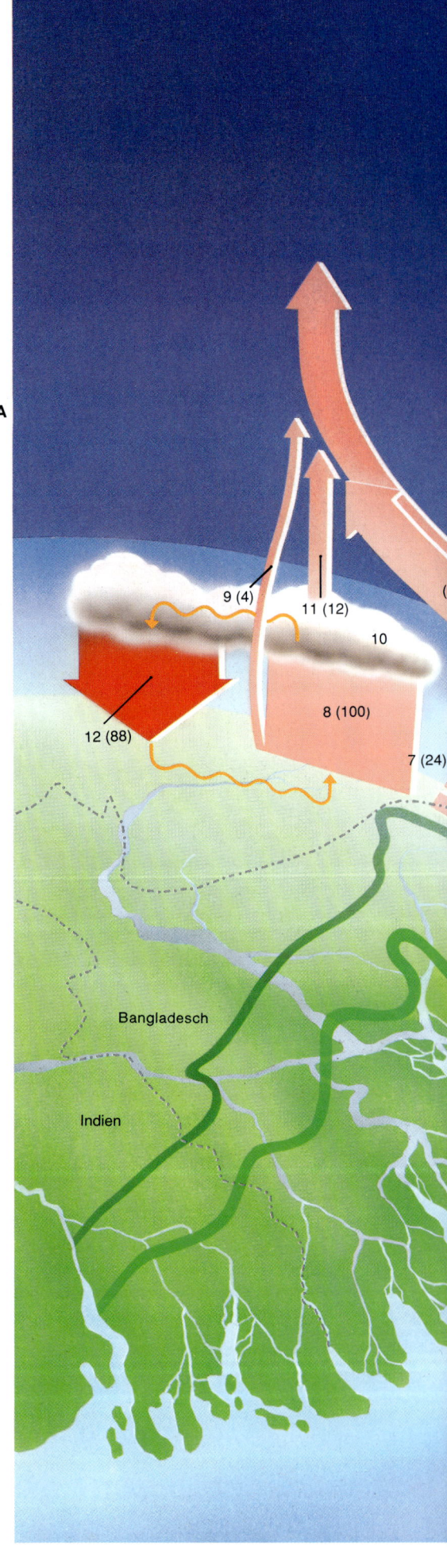

9 (4)   11 (12)   10

8 (100)

12 (88)   7 (24)

Bangladesch

Indien

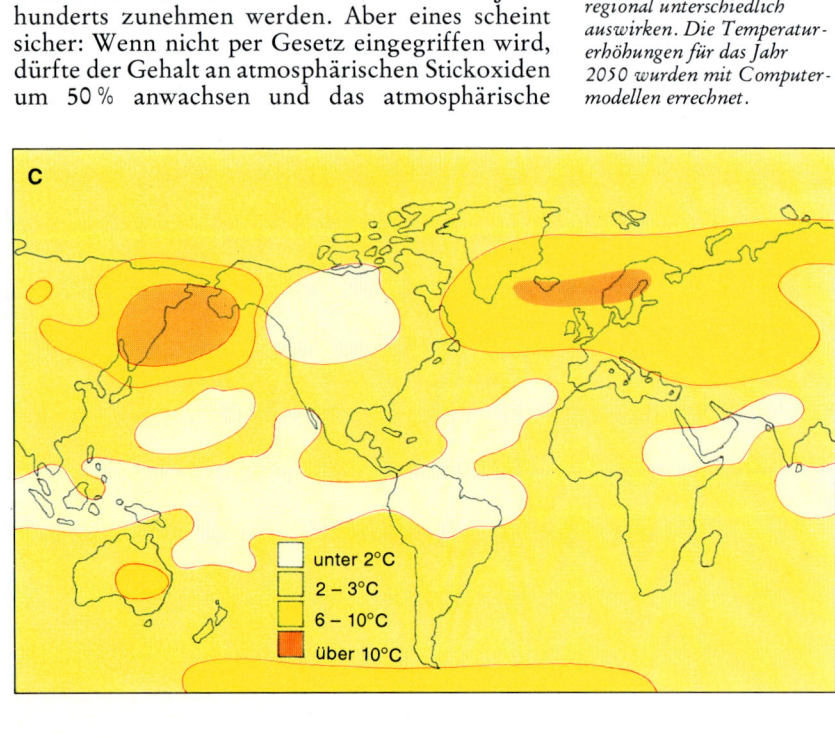

C

unter 2°C
2 – 3°C
6 – 10°C
über 10°C

Siehe auch: **Eiszeiten,** *S. 62/63* **Atmosphäre,** *S. 78/79* **Wetter,** *S. 82/83* **Luftverschmutzung,** *S. 206/207*

Treibhausgase fangen Wärmestrahlen ab
Ⓐ Ein Teil der reflektierten Infrarotstrahlung (8) verschwindet im Weltraum (9). Der größte Teil wird aber von den Treibhausgasen abgefangen (10). Auch von der Treibhausgasschicht gelangt Wärme in den Weltraum (11). Den größten Teil strahlt sie jedoch zur Erde zurück (12), was zur Erwärmung beiträgt.

Zahlen in Klammern sind prozentuale Anteile der einfallenden Sonnenstrahlung

1 (100)

Gefahr für Küstentiefländer
Ⓑ Die Hälfte der Weltbevölkerung lebt in Küstentiefländern. Bereits ein Meeresanstieg von nur 2 m (1) würde fast 20% von Bangladesch überfluten. Die Evakuierung von vielen Millionen Menschen wäre unvermeidlich. Stiege das Meer gar um 5 m, würden 50% überschwemmt (2).

Methan sich verdoppeln. Neben dem Wasserdampf, der zu 67 % am Treibhauseffekt beteiligt ist, kommt dem Kohlendioxid mit 25 % besondere Bedeutung zu. Allein durch die Verbrennung fossiler Brennstoffe werden 40 000 Tonnen CO_2 pro Minute freigesetzt. Hinzu kommt die Brandrodung tropischer Wälder. Jeder Hektar verbrennenden Tropenwaldes erzeugt 700 Tonnen CO_2. Außerdem können die vernichteten Pflanzen kein CO_2 aus der Luft mehr binden. Bohrproben aus über 100 000 Jahre altem Polareis zeigen eine drastische Zunahme der heutigen CO_2-Gehalte gegenüber den damaligen Werten. Fast 100 000 Jahre lang lagen die Werte zwischen 180 und 280 ppm (1 ppm = 10^{-4} %), heute erreichen sie fast 350 ppm, und für das Jahr 2030 hat man 560 ppm errechnet. Dann würde die Jahresmitteltemperatur um 2–5 °C ansteigen.

Mögliche Folgen der Erderwärmung

Wenn die Erdtemperatur wirklich steigt, werden die Polargebiete stärker erwärmt als die Tropen. Am deutlichsten dürften sich die Veränderungen im Frühling und Herbst auswirken. Die Erwärmung der tropischen Ozeane würde die Intensität, Häufigkeit und räumliche Verbreitung der tropischen Wirbelstürme stark verändern. Die Verlagerung der Luftmassengrenzen könnte regenbringende Zyklone polwärts verschieben. Die Ernten in den USA, Europa und den Ländern der ehemaligen Sowjetunion wären geringer. Durch das günstigere Klima in Alaska, Kanada, Skandinavien und Sibirien ergäben sich dort bessere Anbaumöglichkeiten. Allerdings würden die ärmeren Böden die Erträge dennoch niedrig halten. Vielleicht wäre das arktische Polarmeer im Sommer eisfrei. Die Gebirgsgletscher und das grönländische und antarktische Inlandeis könnten teilweise abschmelzen und so den Meeresspiegel ansteigen lassen. Diese schweren Auswirkungen des Treibhauseffekts, verstärkt durch das schneller als erwartet wachsende Ozonloch, sind die großen Zukunftsbedrohungen der Menschheit.

Die Küstenstädte werden versinken

Die Weltmeere erwärmen sich wesentlich langsamer als das Land. Aufgrund dieser Tatsache würde der Prozeß der allgemeinen Erderwärmung verlangsamt. Dennoch könnten – sollten die erschreckenden Prognosen zahlreicher Wissenschaftler zur traurigen Wirklichkeit werden – die Temperaturen spätestens bis zur Mitte des 21. Jahrhunderts um 1–3 °C gestiegen sein. Eine Erwärmung aller Meere um 1 °C hätte eine so starke Ausdehnung des Wassers zur Folge, daß der Meeresspiegel um 0,6 m anstiege. Hinzu kämen das anschwellende Schmelzwasser der Gletscher und des polaren Inlandeises. Viele Weltstädte wie Amsterdam, Bombay, Hongkong, Los Angeles, Rio de Janeiro, New York, Shanghai, Sydney und Tokio könnten bis zum Jahr 2100 3 m unter dem Meeresspiegel liegen. Wie hier am Beispiel der Halbinsel Florida im Südosten der Vereinigten Staaten von Amerika gezeigt, würde sich in Abhängigkeit vom Meeresspiegelanstieg der Küstenlinienverlauf stark verändern.

Golf von Bengalen

1 2

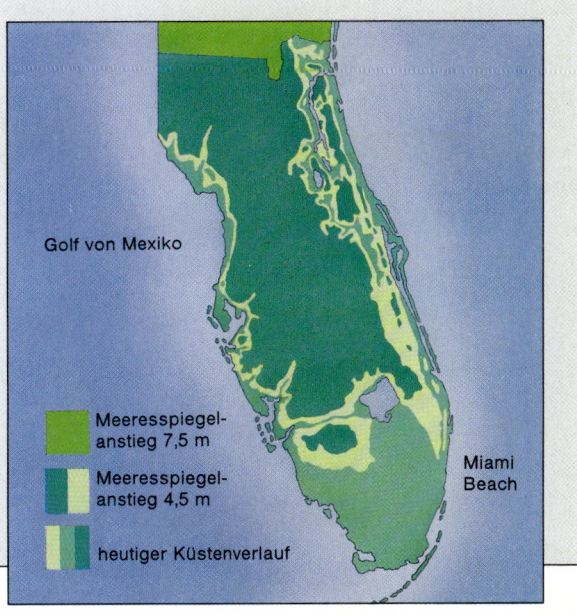

Golf von Mexiko

Miami Beach

Meeresspiegelanstieg 7,5 m

Meeresspiegelanstieg 4,5 m

heutiger Küstenverlauf

Erdbeobachtung mit Satelliten, S. 556/557

Der Mensch

Rote Blutkörperchen unter dem Elektronenmikroskop: Geronnenes Fibrin, das hier aus
Kontrastgründen zum Teil grün eingefärbt ist,
hält die Blutkörperchen auf einer Wunde fest.
Der rote Farbstoff in den Blutkörperchen transportiert Sauerstoff zu allen menschlichen Zellen.
Wir können nur leben, weil der Blutkreislauf
und viele andere Systeme unseres Körpers
harmonisch zusammenwirken – von der Atmung
und Verdauung bis zur Wahrnehmung und der
Verarbeitung von Sinneseindrücken im Gehirn.
Das Kapitel »Der Mensch« beschreibt, wie diese
Systeme funktionieren und sich gegenseitig
steuern. Es stellt dar, wie der menschliche
Organismus aufgebaut ist, wie er sich von den
ersten Teilungen der Eizelle bis ins hohe Alter
lebenslang verändert, wie er sich gegen Verletzungen und Krankheiten zur Wehr setzt und
seine Eigenschaften an Nachkommen vererbt.

Die kleinste Fabrik der Welt

Die Stoffwechselvorgänge in der Zelle

Wenn man sich vorstellt, daß aus einer winzig kleinen, befruchteten Eizelle einmal ein ausgewachsener Mensch von beachtlicher Größe wird, läßt sich in etwa ermessen, welche enormen Leistungen Zellen vollbringen. Bei jeder neuen Zellteilung und dem darauffolgenden Zellwachstum müssen neue Membranen und Strukturmaterialien zusammengebaut werden. Diese Vorgänge werden von zahlreichen chemischen und physikalischen Prozessen wie Stofftransport, Auf- und Abbau von Zellsubstanzen und Bewegungserscheinungen begleitet, die alle mehr oder weniger Energie benötigen.

Ständig laufen in einer Zelle vielfältige Prozesse ab, bei denen Stoffe umgewandelt werden. Viele dieser Stoffe dienen dem Aufbau neuen Zellmaterials, andere, wie die Enzyme, sorgen dafür, daß die Stoffwechselreaktionen überhaupt zustandekommen. Eine wichtige Aufgabe des Stoffwechsels ist die Bereitstellung von Energie, die in der Zelle von bestimmten energiereichen Verbindungen gespeichert und dort freigesetzt wird, wo sie benötigt wird.

Der Stoffwechsel in einer Zelle läßt sich in zwei Bereiche, Baustoffwechsel und Energiestoffwechsel, unterteilen. Beide Prozesse ermöglichen es der Zelle, nicht nur zu überleben, sondern auch Stoffe wie Hormone oder Verdauungssäfte abzugeben, Wärme für die Aufrechterhaltung der Körpertemperatur zu erzeugen oder mechanische Energie als Arbeit der Muskeln zu produzieren. Auch für die Erzeugung von Nervenimpulsen sind Stoffwechselreaktionen im Zellinnern verantwortlich.

Der Baustoffwechsel

Benötigt die Zelle in Anpassung an ihre jeweiligen Aufgaben neues Zellmaterial (Baustoffe) – etwa Proteine zum Aufbau von Membranen –, so werden verschiedene Mechanismen in Gang gesetzt, die dieses Material liefern. Zunächst werden die benötigten Baupläne vom Zellkern bereitgestellt. Streng nach Vorlage werden an besonderen Zellstrukturen, den Ribosomen, die Baustoffe hergestellt, die der Konstruktion des Zellgebäudes dienen. Man nennt diese Baustoffe auch Strukturproteine. Nach dem gleichen Prinzip, allerdings nach anderen Bauplänen, werden Hilfsstoffe bereitgestellt, die den Ablauf bestimmter chemischer Reaktionen in der Zelle überhaupt erst ermöglichen. Diese Stoffe nennt man Enzyme oder Biokatalysatoren. Die Enzyme gehen aus der Reaktion, an der sie beteiligt sind, unverändert hervor.

Werden die Strukturproteine bzw. die Enzyme aufgrund einer veränderten Situation in einer anderen Form oder gar überhaupt nicht mehr benötigt, so werden sie entweder um- oder abgebaut. An diesem Um- bzw. Abbau sind wiederum andere Enzyme beteiligt. Die Abbauprodukte – vor allem Aminosäuren – gehen in der Regel nicht verloren, sondern werden zum Aufbau neuer Strukturproteine oder Enzyme verwendet. Werden allerdings bestimmte Abbaustoffe überhaupt nicht mehr benötigt, so ist die Zelle auch in der Lage, sich dieser zu entledigen, indem sie sie aus ihrem Inneren hinausbefördert.

Der Zellstoffwechsel

A *Aufnahme, Ab- und Umbau sowie Abgabe von Stoffen in die Zelle und aus der Zelle heraus erfolgen im Zusammenwirken von Lysosomen, Golgi-Apparat und endoplasmatischem Reticulum (ER).*
Material (1) wird durch Endocytose in die Zelle aufgenommen, indem es von einer Membran umschlossen wird (2). Es löst sich als Endosom (3) von der Zellmembran ab und gelangt ins Zellinnere. Ein primäres Lysosom wird gebildet, indem vom mit Ribosomen (rot) besetzten rauhen endoplasmatischen Reticulum (4) ein proteinhaltiges Vesikel (5) abgeschnürt wird, das daraufhin mit der Membran des Golgi-Apparates verschmilzt (6). Hier finden nun Prozesse statt, die die Proteine zu abbauenden Enzymen umbauen. Vom Golgi-Apparat werden diese Enzyme in einem Membranvesikel als primäres Lysosom (7) abgeschnürt. Das Lysosom verschmilzt nun mit dem Endosom zu einem sekundären Lysosom (8), so daß das aufgenommene Material mit den spaltenden Enzymen in Verbindung kommt (9). Die verwertbaren Bestandteile des aufgespaltenen Materials werden nun aktiv unter Energieaufwand durch die Membran des Lysosoms (10) in das Cytoplasma transportiert (11). Sie stehen dem Zellstoffwechsel zur Verfügung.
Das Lysosom wandert mit den zurückgebliebenen Abfallstoffen zur Zellmembran, verschmilzt mit ihr (12) und entleert den Inhalt durch Exocytose (Umkehrung der Endocytose) nach außen (13). Auf ähnliche Weise werden auch nicht mehr benötigte Organellen wie Mitochondrien (14) von Lysosomen umschlossen und verdaut, wobei die Reste ebenfalls durch Exocytose aus der Zelle geschafft werden (15).

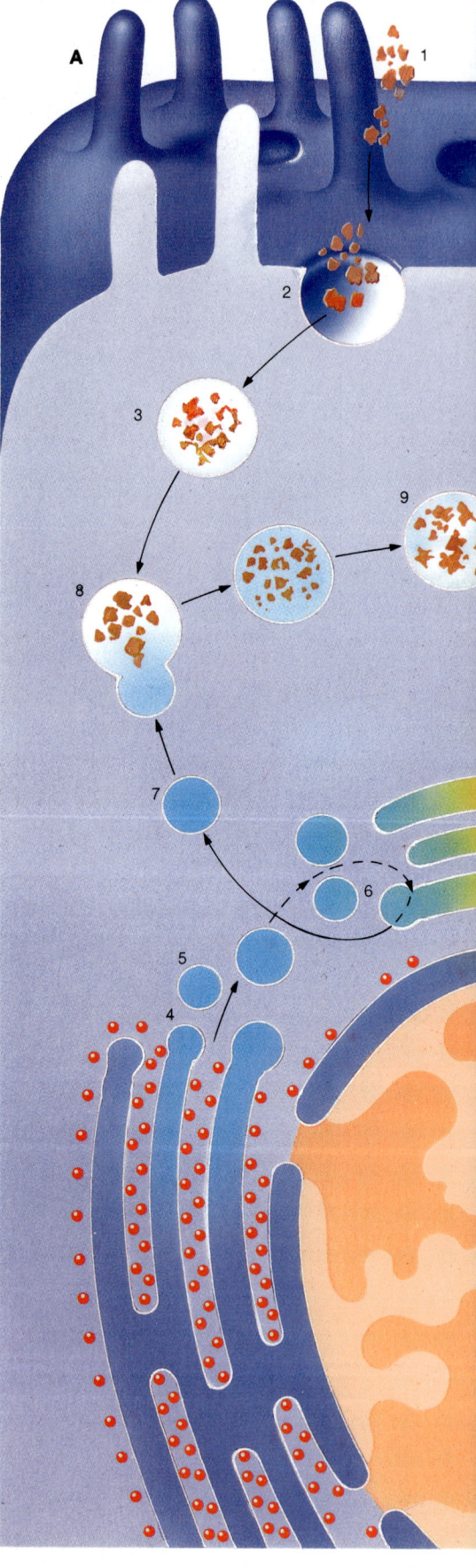

Siehe auch: **Tierische Zelle,** S. 104/105 **Spezialisierte Zelle,** S. 216/217 **Muskelfaser,** S. 240/241

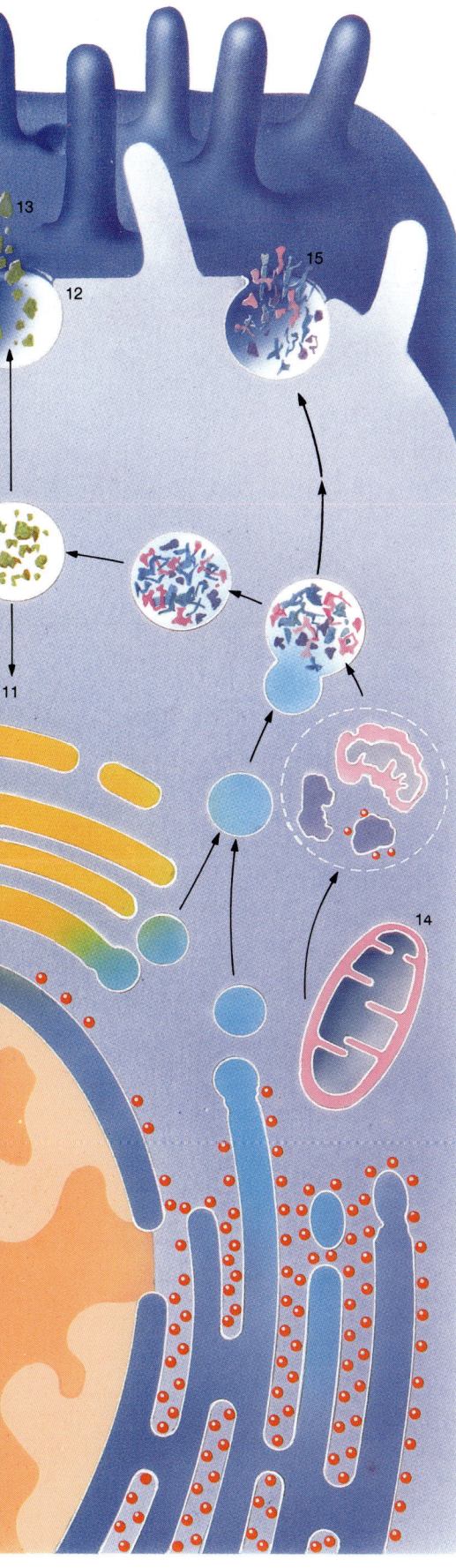

Der Energiestoffwechsel

Die meisten Stoffwechselvorgänge benötigen Energie, um ablaufen zu können. Dies gilt gleichermaßen für Transportvorgänge, Synthesen oder Verdauungsvorgänge. Die Energie wird von außen in Form energiereicher Zucker oder Fette zugeführt. Sind diese in die Zelle gelangt, sorgen in den Mitochondrien die komplizierten Prozesse von Citronensäurezyklus und Atmungskette dafür, daß die Energie aus den Zuckern und Fetten auf kleine Einheiten übertragen wird, die die einzelnen Reaktionen mit Energie versorgen können. Energieüberträger ist in der Regel Adenosintriphosphat (ATP), das aus dem energieärmeren Adenosindiphosphat (ADP) gebildet wird.

Das ATP aktiviert z. B. Proteine, die dann eine Reaktion auslösen, es sorgt für die Wiederherstellung der Ausgangsstruktur eines Proteins, oder es ermöglicht die Bewegungsvorgänge kontraktiler Elemente z. B. in den Muskelfasern.

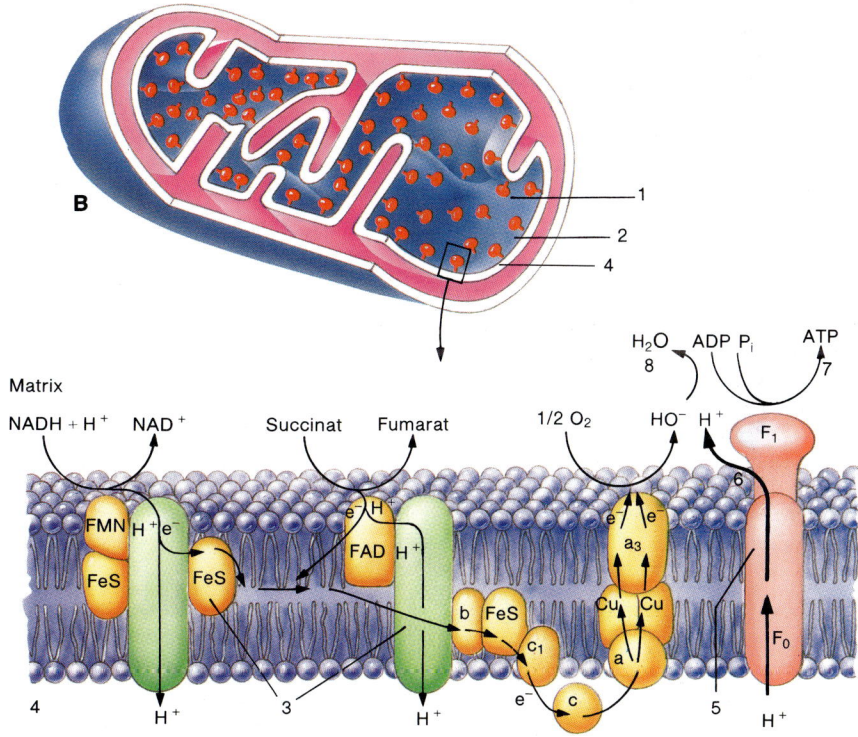

Die treibende Kraft des Zellstoffwechsels

Ⓑ *Die Energie für alle Stoffwechselreaktionen wird in den Mitochondrien bereitgestellt. Nachdem die energieliefernden Zucker im Cytoplasma zu Pyruvat aufgespalten worden sind, wird dies in den Innenraum (1) der Mitochondrien (die Matrix) transportiert. Dort befinden sich die Enzyme des Citronensäurezyklus, bei dem die Protonen (H^+) und Elektronen (e^-) für die Atmungskette in Form von $NADH + H^+$ und Succinat bereitgestellt werden. Die Enzyme der Atmungskette befinden sich an und in der Mitochondrienmembran (2). Durch die Übertragung der Elektronen von einem zum nächsten Enzym (3) wird Energie frei, die für einen Protonenfluß in den Raum zwischen äußerer und innerer Membran sorgt (4). In speziellen Enzymkomplexen (5) dringen nun die Protonen wieder durch die Membran in die Matrix ein (6) und ermöglichen dabei die Bildung von ATP (7) und Wasser (8).*

Für alle Fälle eine Zelle

Spezialisierte Zellen

Die unterschiedliche Gestalt von Haut, Fleisch, Knochen oder Schleimhäuten läßt vermuten, daß diese Gewebe und Organe keineswegs aus gleichartigen Zellen bestehen können. Zwar hat jede Zelle die gleichen Grundstrukturen wie primitive Einzeller, in Größe, Form und Funktion jedoch unterscheiden sich die verschiedenen Zelltypen beträchtlich voneinander. Ein ganz wesentlicher Punkt bei der Entwicklung von den Einzellern zu Vielzellern wie den Menschen ist die Spezialisierung von Zellen. So weist unser Körper mehr als 200 verschiedene Zelltypen auf.

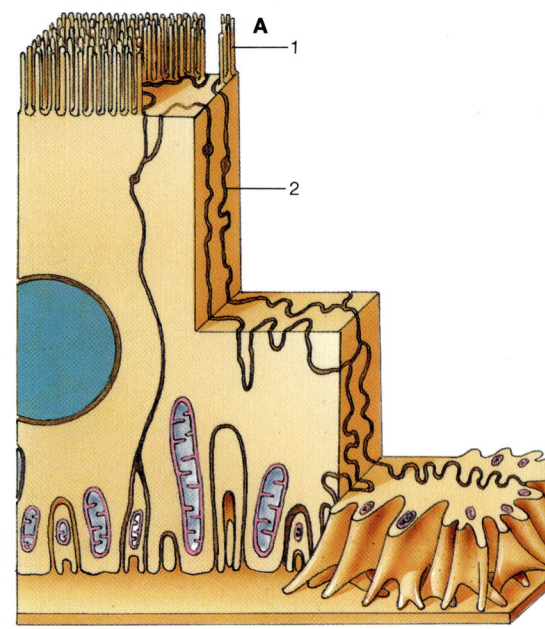

Während die Zellen von Einzellern oder Wenigzellern noch alle gleichermaßen für Nahrungsbeschaffung, Energiebereitstellung, Kommunikation mit der Außenwelt, Strukturbildung und Fortpflanzung zuständig sind, erfüllen die Zellen im Gewebe eines Vielzellers ganz bestimmte, oft deutlich gegeneinander abgegrenzte Aufgaben; sie sind spezialisiert und entsprechend differenziert. Ein Gewebe ist der Zusammenschluß vieler Zellen zur Ausübung bestimmter Funktionen. Mehrere verschiedene Gewebe können ein in sich geschlossenes Organ bilden.

Trotz der deutlichen Unterschiede zwischen Ein- und Vielzeller gibt es noch einen klaren Zusammenhang zwischen beiden Formen. Jeder Vielzeller fängt einmal als Einzeller an: mit der bei der geschlechtlichen Fortpflanzung aus der Befruchtung der Eizelle durch das Spermium hervorgehenden Keimzelle. Diese ist gänzlich undifferenziert.

Vom Keim zur spezialisierten Zelle

Damit aus der Keimzelle nach vielen Zellteilungen die spezialisierten Zellen unserer Gewebe und Organe werden können, muß noch sehr viel passieren. Bereits bei den ersten Zellteilungen wird den neuen Zellen eine bestimmte Entwicklungsrichtung mit auf den Weg gegeben. Diese sogenannte Determination ist die Voraussetzung für die spätere Differenzierung zu Zellen des Abschluß-, Binde-, Stütz-, Muskel- oder Nervengewebes.

Hochkomplizierte, zum Teil auch noch vollkommen unbekannte Vorgänge sind nötig, damit es zu Determination und Entwicklung kommt. Zunächst ist das Cytoplasma in der Keimzelle und den Zellen der ersten Teilungsstadien in sich nicht überall gleich zusammengesetzt. Diese stofflichen Unterschiede führen zu einer Polarität in den Zellen. Wird nun bei der Zellteilung die neue Zellmembran zwischen den beiden Polen gezogen, sind die beiden daraus hervorgegangenen Zellen nicht mehr gleich. Sie verfügen z. B. über eine unterschiedliche Ausstattung mit Enzymen und anderen Stoffen.

Diese Unterschiede wirken sich auch auf das Ablesen der genetischen Information im Zellkern aus, indem nur ganz bestimmte Gene der Erbinformation »angeschaltet«, andere hingegen inaktiviert werden. Die Zelle hat damit für ihre weitere Entwicklung eine bestimmte Richtung eingeschlagen. Sie bildet nun nicht mehr alle Proteine, obwohl die Anleitung zu ihrer Synthese nach wie vor in der Erbinformation enthalten ist.

Epithelzellen

A *Epithelzellen bilden Abschlußgewebe; sie kleiden z. B. den Darm aus und weisen dann viele längliche Ausstülpungen, Microvilli (1), auf. Durch diese Oberflächenvergrößerung können sie besonders gut Stoffe aufnehmen. Auch zu den Nachbarzellen gibt es Ausstülpungen (2), durch die die Zellen regelrecht verzahnt sind.*

Drüsenzellen

B *Ebenfalls zu den Epithelien gehören Drüsenzellen. Sie dienen der Bildung und Abgabe von Sekreten wie Verdauungssäften, Schweiß oder Hormonen. Zu diesem Zweck haben sie reichhaltig ausgebildete Zellstrukturen wie das endoplasmatische Reticulum und den Golgi-Apparat und enthalten viel Sekret-Granula (1). Die Sekrete werden bei der einen Drüsenart (links) unmittelbar, bei einer anderen Drüsenart (Mitte) umhüllt abgeschieden. Mehrzellige Drüsen (rechts) sind meist nach einem bestimmten Prinzip aufgebaut: Die eigentlichen Drüsenzellen (2) kleiden einen Hohlraum (3) aus, von dem aus über einen Kanal (4) die Sekrete abfließen.*

Stützendes Bindegewebe

C *Bindegewebe erfüllen in erster Linie Stützfunktion. Diese wird vor allem durch eingelagerte Fasern in den Zellzwischenräumen (1), den Interzellularen, erreicht. Die Zellen des Bindegewebes (2) sind meist sternförmig und nur an kleinen Punkten (3) miteinander verbunden, so daß sich die großen Zellzwischenräume bilden können. Auch Knochen und Blut gehören trotz ihrer Unterschiede zu diesem Gewebetyp.*

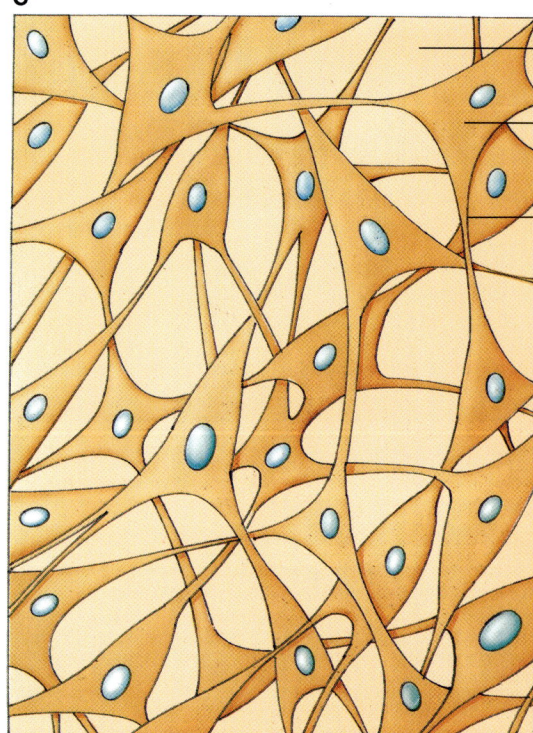

Muskelzellen

D *Muskelzellen werden in zwei Haupttypen eingeteilt: Die glatten Muskelzellen (1) sind spindelförmig und besitzen nur einen Zellkern (2).*

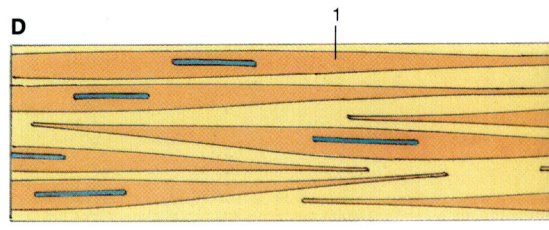

Sie umkleiden beispielsweise die Blutgefäße und die Verdauungsorgane. Bei den hier nicht gezeigten quergestreiften Muskelfasern sind hingegen mehrere Zellen verschmolzen, oder es haben zahlreiche Kernteilungen ohne Zellteilungen stattgefunden. Diese Muskelfasern sind in jedem Fall mehrkernig.

Sinneszellen

E *Sinneszellen (1) gehören zu den am weitesten spezialisierten Zellen. Sie sind durch Strukturen gekennzeichnet, die Reize aus der Umwelt aufnehmen und die Erregung weiterleiten können. Dies geschieht z. B. durch Flimmerhaare (2), die durch mechanische Reize wie Schall oder Druck in ihrer Lage verän-*

Siehe auch: Tierische Zellen, S. 104/105   Aufbau und Leistung der Knochen, S. 220/221   Muskeln, S. 238/239   Haut, S. 242/243

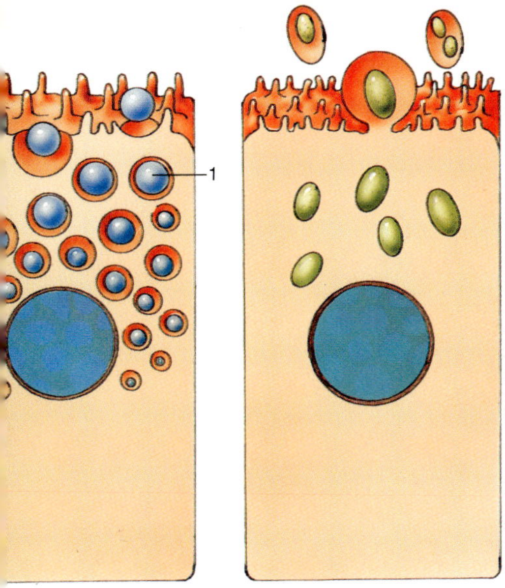

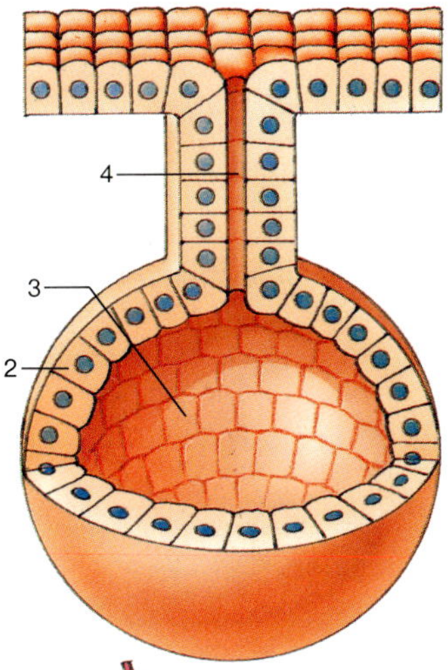

Aufgaben der Fettzellen

Zu den größten Zellen im menschlichen Körper zählen die Fettzellen, die aus dem Bindegewebe hervorgehen und große Fettbläschen (Vakuolen) aufweisen. Bei überhöhter Nahrungszufuhr werden in den Fettzellen vermehrt Fettsäuren aufgebaut, die als Triglyceride gespeichert werden.

Es gibt zwei Arten von Fettgewebe. Das weiße Fettgewebe dient als Energiereservoir für nahrungsarme Zeiten sowie als Bau- und Polstergewebe. Diese Zellen (siehe Bild) haben in der Regel nur ein Fetttröpfchen. Das braune Fettgewebe dient vor allem zur Aufrechterhaltung der Körpertemperatur (Thermoregulation). Seine Zellen weisen vermehrt Mitochondrien auf. In diesen wird das in zahlreichen Fetttröpfchen eingelagerte Fett verbrannt und dabei Wärme erzeugt.

Waren die Funktionen Energiespeicher und Thermoregulation früher sehr wichtig, so ist heute die überhöhte Bildung von Fettgewebe aufgrund von falscher Ernährung für viele Menschen ein Problem.

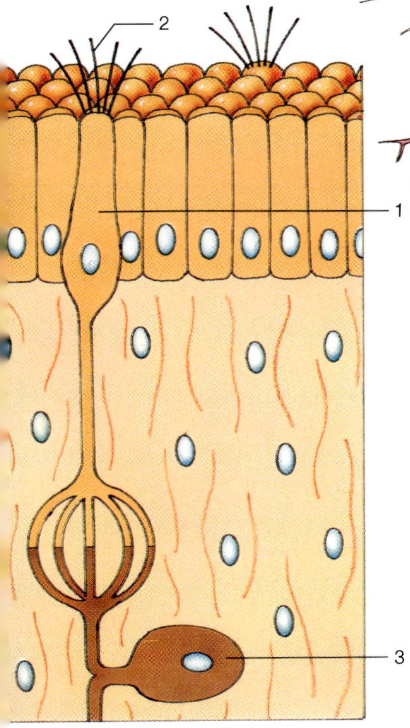

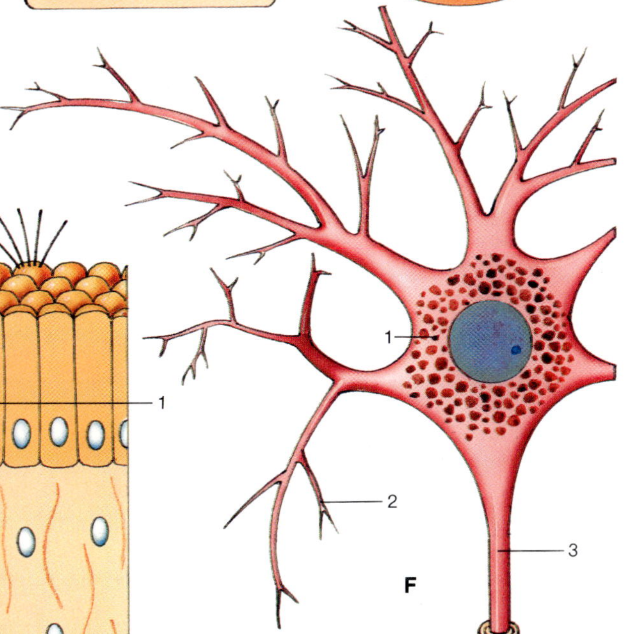

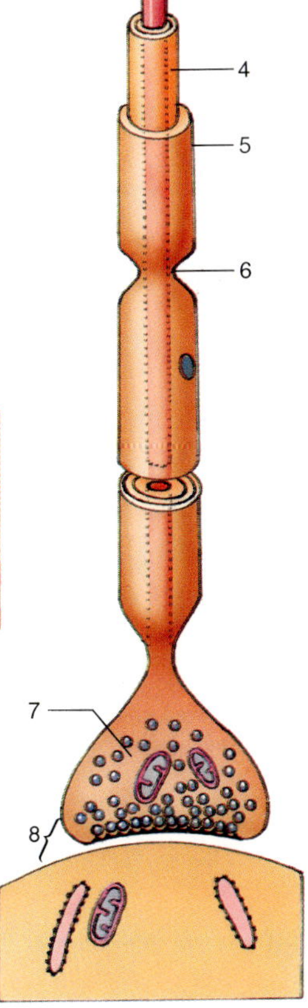

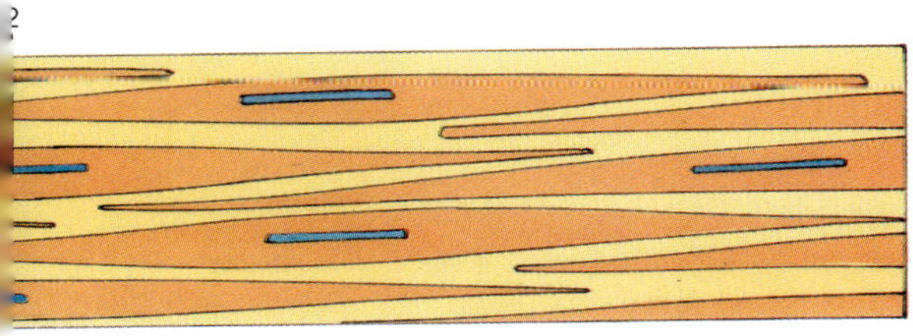

F

Die aktiven Gene sorgen für die Ausbildung der für die jeweiligen Zellen wichtigen Funktionen.

Endpunkt der Differenzierung ist das spezialisierte Gewebe. Jede Gewebszelle hat nun ein bestimmtes Aussehen, hat Strukturen aufgebaut, die ihr die Erfüllung ihrer spezifischen Aufgaben ermöglichen. Charakteristische Strukturen sind beispielsweise die Flimmerhaare (Cilien) der Zellen der Nasenschleimhaut, Fetteinlagerungen bei Fettzellen, das schwammartige Gerüstwerk der Knochenbälkchen, die feinen Muskelfibrillen der Muskelfasern oder die Verästelungen (Dendriten und Axone) der Nervenzellen.

Die verschiedenen Zellarten unterscheiden sich übrigens auch grundsätzlich durch ihre Lebensdauer. Praktisch genauso lange wie der Gesamtorganismus leben die meisten Nervenzellen, vor allem die Nervenfasern. Auch Muskel- und Drüsenzellen werden sehr alt. Das andere Extrem sind die Darmepithelzellen oder die Weißen Blutkörperchen, die nur wenige Tage Überlebensdauer haben und demzufolge auch ständig ersetzt werden müssen.

dert werden, was von angeschlossenen Nervenzellen **(3)**
registriert und als Nervenimpuls weitergegeben wird.

Nervenzellen

F *Die größten Zellen sind
die Nervenzellen. Ihr Zellkörper **(1)** kann 0,1 mm groß
sein. Von diesem gehen
baumartig verzweigte Den-
driten **(2)** und bis zu 1 m*

*lange Axone **(3)** aus. Die
Nervenfasern sind sie mit
einer Myelinscheide **(4)** und
Schwannschen Zellen **(5)**
umgeben, die in bestimmten
Abständen Einschnürungen,
die Ranvierschen Schnür-
ringe **(6)**, aufweisen. Ein
Axon endet an einem End-
köpfchen **(7)**, das dort, wo es
z.B. auf andere Nervenzellen
trifft, Synapsen **(8)** bildet.*

Zelluläre Immunabwehr, *S. 274/275*   **Befruchtung**, *S. 314/315*   **Nervenzelle**, *S. 332/333*   **Sinneszellen**, *S. 356/357*

Wenn Zellen aus der Art schlagen

Entstehung, Ausbreitung und Behandlung von Krebs

In den Industrienationen ist Krebs mittlerweile zur zweithäufigsten Todesursache nach den Herz-Kreislauf-Erkrankungen geworden. Für diese Entwicklung werden vor allem schädliche Umwelteinflüsse wie die Belastung durch ionisierende Strahlen und giftige Chemikalien verantwortlich gemacht. Trotz der bisherigen Heilungserfolge bei Krebs und der zum Teil spektakulären Fortschritte in Forschung und Wissenschaft wird der entscheidende Schachzug im Kampf gegen den Krebs wohl eine der großen medizinischen Herausforderungen des 21. Jahrhunderts bleiben.

Krebs – eine uralte Krankheit, die durch eine Fehlsteuerung von Körperzellen verursacht wird – ist zu einer Geißel der Menschheit geworden. Parallel zu der gestiegenen Lebenserwartung, die auf der enormen Verbesserung der allgemeinen Lebensverhältnisse und der erfolgreichen Bekämpfung von Infektionskrankheiten beruht, ist die Zahl der Krebsfälle in den letzten 100 Jahren dramatisch angestiegen. Schätzungsweise jeder Vierte der heute in Deutschland oder in den Vereinigten Staaten lebenden Menschen wird im Laufe seines Lebens an einer der über 100 bekannten Krebsformen erkranken. Hinzu kommt eine jährliche Erhöhung der Krebssterberate von 1,1 % – und das trotz umfassender Vorsorgeuntersuchungen und modernster Behandlungsmethoden.

Besorgniserregend ist auch die Zunahme von Krebserkrankungen, vor allem von Leukämien, bei kleinen Kindern und Jugendlichen. Dennoch lassen sich auch Erfolge bei der Therapie verzeichnen, und die weltweit unternommenen Anstrengungen im Bereich der Krebsforschung geben Anlaß zu weiterer Hoffnung.

Krebsauslösende Faktoren

Zu den krebsauslösenden Faktoren (Carcinogene, Cancerogene) gehören neben einer Vielzahl chemischer Substanzen (Benzol, polycyclische aromatische Kohlenwasserstoffe, Nitrosamine, Aflatoxine, Asbest u. v. a.) die UV-Strahlung der Sonne, radioaktive Strahlen (z. B. aus atomaren Zerfallsprodukten), die in der medizinischen Diagnostik verwendeten Röntgenstrahlen sowie einige Viren, darunter das Eppstein-Barr-Virus und das Humane T-Zell-Leukämie-Virus (HTLV-I). Diese Viren werden aufgrund ihrer Fähigkeit, Krebs auszulösen, auch als onkogene Viren bezeichnet. Unter dem Einfluß dieser Faktoren kann es zu Mutationen im Erbgut einzelner Körperzellen kommen, wodurch die Kontrollmechanismen, die normalerweise Wachstum, Differenzierungsmuster, Teilung und Lebensdauer der Zellen steuern, außer Kraft gesetzt werden.

Krebszellen weisen typischerweise eine gestörte Regulation und eine stark verlängerte Lebensdauer auf. Haben sie sich erst einmal im Körper ausgebreitet und Metastasen gebildet, so führen lebensbedrohliche Störungen von Organfunktionen (z. B. Lunge, Nieren, Leber, Gehirn), Auszehrung, eine Schwächung des Immunsystems oder innere Blutungen letztlich zum Tode des Patienten.

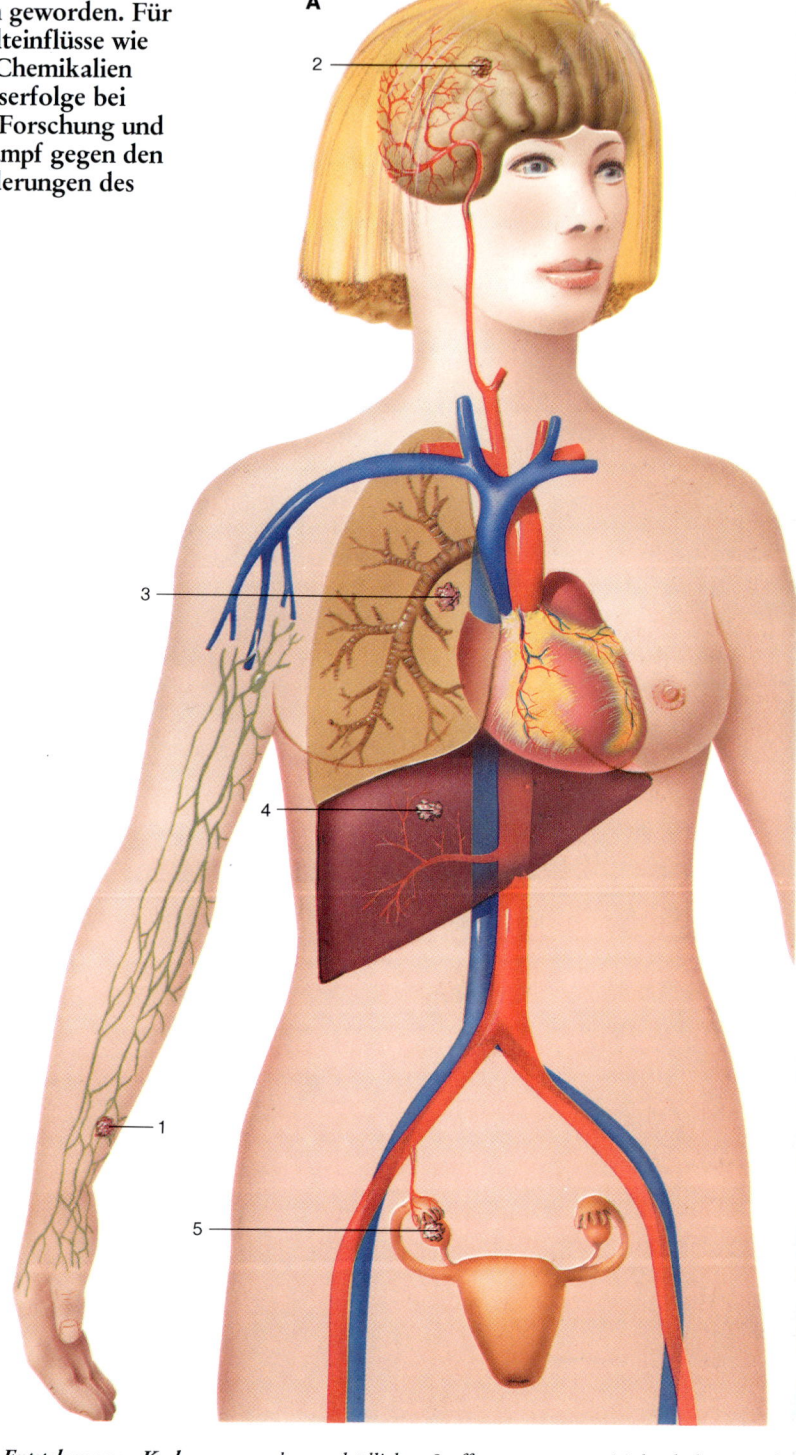

A

Die Entstehung von Krebs
Ⓐ *Im Prinzip kann jede Körperzelle entarten und zu einem bösartigen Tumor heranwachsen. Tatsächlich sind bestimmte Körperregionen besonders anfällig für die Krebsentstehung. So ist die Haut der krebserregenden ultravioletten Strahlung ausgesetzt, Magen, Darm, Leber und Lunge* anderen schädlichen Stoffen. *Bei bestimmten Organen hat die Krebsanfälligkeit noch unbekannte Gründe. Besonders gefährlich ist, wenn ein Tumor Tochtergeschwülste, Metastasen, bildet. Der bösartige Hautkrebs (malignes Melanom) wäre an sich leicht zu behandeln. Problematisch wird es, wenn einzelne Zellen des Primär-* tumors *(1) durch das Lymph- und Blutgefäßsystem wandern und in anderen Körperregionen Metastasen bilden. Bevorzugte Regionen dafür sind Gehirn (2), Lunge (3), Leber (4) und Eierstöcke (5). Um das maligne Melanom erfolgreich behandeln zu können, muß es frühzeitig erkannt werden – bevor es metastasiert hat.*

Siehe auch: **Tierische Zellen,** *S. 104/105* **Hautfarbe,** *S. 244/245* **Zelluläre Immunabwehr,** *S. 274/275*

**Vorsorgeuntersuchungen
zur Krebsfrüherkennung**

Angesichts der rund 2000
Menschen, die täglich allein
in den Ländern der EU an
Krebs sterben, erscheint es
eher unverständlich, daß nur
etwa 30% der Frauen und
lediglich 11% der Männer
die von den Krankenkassen
angebotenen Vorsorgeunter-

suchungen zur Krebsfrüherkennung wahrnehmen. Da-
bei kann es lebensrettend
sein, eine Krebserkrankung
bereits im Frühstadium zu
diagnostizieren. Die Vor-
sorge muß schon zu Hause
beginnen: Durch regelmä-
ßige Selbstbeobachtung lassen sich Veränderungen von
Leberflecken, die Größenzu-

nahme eines Hodens u. a.
feststellen. Kommt ein Verdacht auf, geben besondere
Untersuchungsmethoden,
z. B. die Mammographie –
eine spezielle Röntgenun-
tersuchung der weiblichen
Brust –, genaueren Auf-
schluß. Das Mammogramm
(Foto rechts) zeigt einen
Krebsknoten in der Brust.

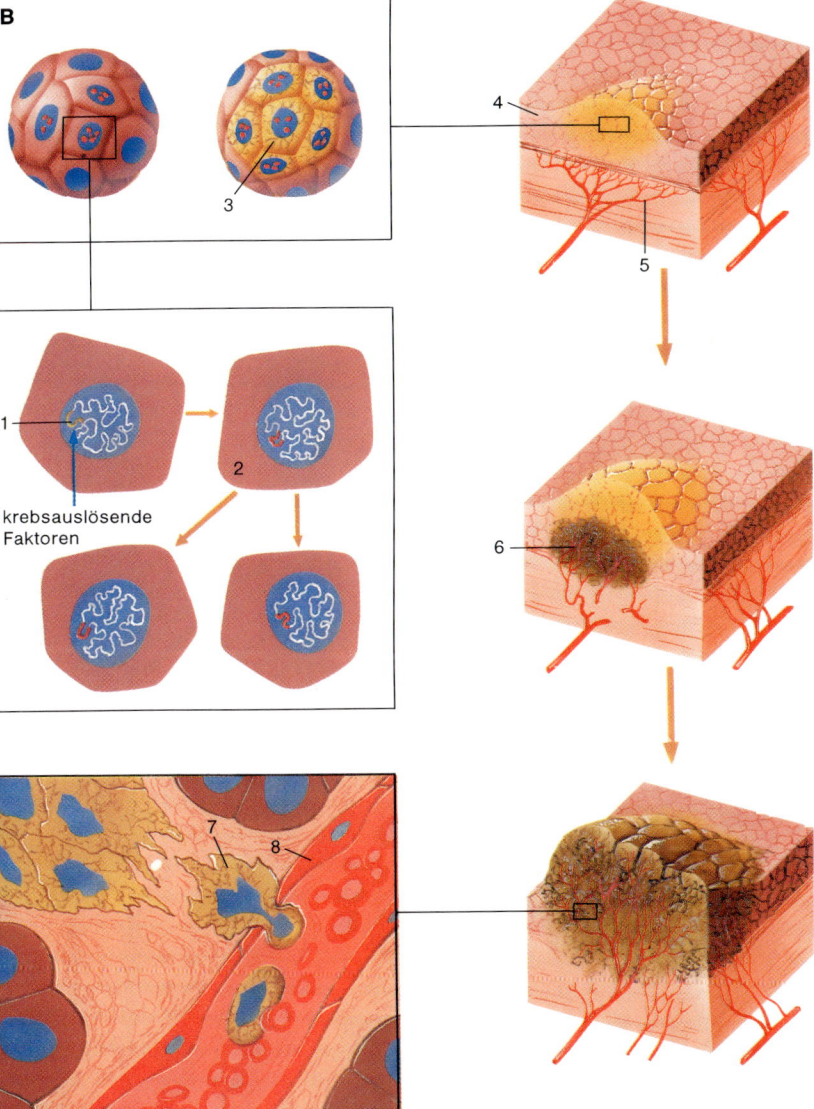

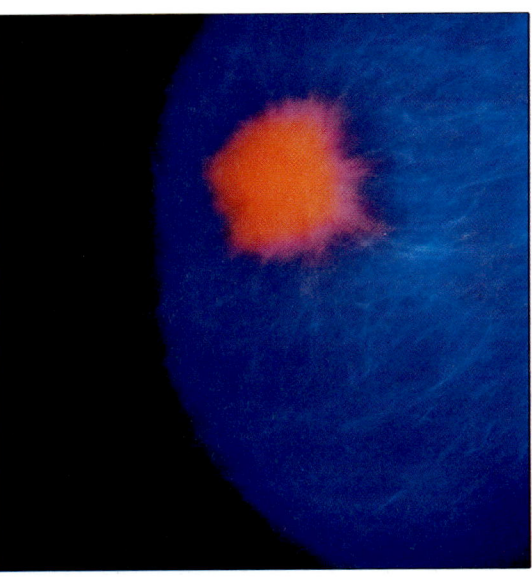

Therapie – auf der Suche nach neuen Wegen

Die konventionelle Krebsbehandlung stützt sich
im wesentlichen auf drei Grundpfeiler: Operation, Chemotherapie und Bestrahlung. Welche
dieser Maßnahmen eingesetzt wird, ob einzeln
oder in Kombination, hängt von der Art der
Krebserkrankung und der körperlichen Verfassung des Patienten ab. Bedingt durch die enormen Nebenwirkungen und möglichen Spätfolgen
(z. B. sekundäre Tumorbildung), wie sie vor
allem die Bestrahlung und die medikamentöse
Behandlung mit Cytostatika mit sich bringen,
haben Wissenschaftler in den letzten Jahren nach
neuen Ansatzpunkten für eine verträglichere
Therapie gesucht, vornehmlich mit dem Ziel, das
körpereigene Abwehrsystem im Kampf gegen
Krebszellen zu mobilisieren. Obwohl einige
Aspekte dieser unter dem Begriff »Immunthera-
pie« zusammengefaßten Behandlungsmethoden
recht vielversprechend erscheinen, steht die Medizin auch hier noch ganz am Anfang.

Warzen, Leberflecken und Polypen

Das unplanmäßige Wachstum von Zellen muß
nicht unbedingt zu Krebs führen, in den meisten
Fällen bleiben derartige Wucherungen harmlos.
Es handelt sich dabei um gutartige Tumore, die
von dem umgebenden Gewebe durch eine fasrige
Kapsel getrennt sind, so daß sie sich normalerweise nicht ausbreiten. Kleine Wucherungen der
Schleimhäute, z. B. in Nase oder Darm, werden
Polypen genannt. Auf der Haut finden sich häufig
Warzen, die durch Vireninfektion entstehen können, und Leberflecken, deren Zellen dunkler sind
als die der sie umgebenden Haut. Größere Wucherungen können Probleme bereiten, wenn sie
auf Blutgefäße oder Nerven drücken. Sie können
dann leicht entfernt werden. Problematisch wird
es erst, wenn ein gutartiger Tumor seine Kapsel
durchbricht, bösartig wird und sich ausbreitet.
Dies kann z. B. durch die Verletzung der Tumor-
kapsel geschehen.

**Tumor- und Metastasen-
bildung**

B Die Mechanismen der
Krebsentstehung sind noch
nicht restlos geklärt. Eine
Ursache dürfte die Mutation
von Proto-Onkogenen (**1**)
sein, die an der Regulation
des normalen Zellwachstums
beteiligt sind. Durch krebs-
auslösende Faktoren (Carcinogene) wird ein Proto-On-

kogen zum Onkogen (**2**), so
daß die Zelle zur Krebszelle
entartet und unplanmäßig
wächst. Ein kleiner Tumor
(**3**) bildet sich. Häufig sind
diese Tumore in Epithelge-
weben (**4**) zu finden. Werden
sie noch nicht von Blutgefäßen durchzogen, können sie
lange klein und unauffällig
bleiben. Vermutlich sorgt ein
chemisches Signal dafür, daß

nahegelegene Blutgefäße (**5**)
aussprossen und ein großer,
von Blutgefäßen durchzoge-
ner Tumor (**6**) entsteht, der
rasch wächst. Schließlich
kann es passieren, daß sich
einzelne Tumorzellen abtrennen (**7**), durch die Wand
eines Blut- (**8**) oder Lymph-
gefäßes dringen und in andere Organe wandern, um
dort Metastasen zu bilden.

Genomanalyse und Gentherapie, *S. 302/303* **Strahlen und Strahlenschäden,** *S. 370/371* **Viren,** *S. 376/377* **Chemikalien,** *S. 378/379*

Festigkeit und Härte im Leichtbauprinzip

Der Aufbau des Knorpel- und Knochengewebes

Bereits im Mutterleib wird für den werdenden Menschen ein Modell aus durchscheinendem Knorpel angelegt, das über ein Bindegewebsstadium in Knochen übergeht. Dieser Prozeß kommt mit dem Ende der Pubertät zum Abschluß. Das Knochengerüst ist der wichtigste Teil des passiven Bewegungsapparates und gibt dem Körper seine grobe Form. Jeder Knochen hat ca. ein Zehntel der Festigkeit von Stahl und ist so aufgebaut, daß mit möglichst wenig Baustoff höchste Belastbarkeit erreicht wird. Außen haben alle Knochen eine harte Rinde, innen ein lockeres Balkenwerk mit Hohlräumen für Fett, Luft und Knochenmark.

Das Knochengewebe ist nach dem Zahnschmelz das härteste Gewebe des menschlichen Organismus. Allerdings ist seine Widerstandskraft gegen Reibung, Biegung und Scherkräfte im Gegensatz zum Knorpelgewebe sehr gering.

Das Knorpelgewebe

Das Knorpelgewebe besteht aus spezialisierten Zellen (Chondroblasten), die die Knorpelgrundsubstanz ausscheiden. In dieser Grundsubstanz befinden sich die Vorstufen für die kollagenen und elastischen Eiweißstoffe, die verantwortlich sind für die unterschiedlichen Eigenschaften der verschiedenen Knorpelarten: den durchscheinenden (hyalinen) Knorpel der Gelenkflächen und der Rippen, den elastischen Knorpel des Ohres und des Kehldeckels sowie den Faserknorpel der Bandscheibe und des Meniskus.

Die kleinste Baueinheit des Knorpels heißt Chondron und besteht aus mehreren Knorpelzellen (Chondrozyten), die in die Grundsubstanz eingelagert sind, umgeben von Kollagenen oder elastischen Fasern.

Die Knorpelhaut (Perichondrium) umhüllt als dünne Bindegewebsschicht den Knorpel und garantiert seine Druckfestigkeit und insbesondere seine Biegungsfestigkeit. Das Knorpelgewebe enthält keine Blutgefäße und keine Nerven. Diese sind in der Knorpelhaut enthalten. Von hier aus erfolgt auch die Ernährung des gefäßlosen Knorpelgewebes. Nur der Gelenkknorpel, dem eine Knorpelhaut fehlt, wird von der Gelenkflüssigkeit ernährt.

Das Knochengewebe

Das sehr druck- und zugfeste Knochengewebe (Druckfestigkeit 14–16 kp/mm^2) hat einen intensiven Stoffwechsel und ist gut durchblutet. Der Knochen besteht zu 44 % aus anorganischen Bestandteilen, vornehmlich Calciumsalzen, die für die Härte des Knochens verantwortlich sind. Der organische Anteil von etwa 23 % wird überwiegend von Kollagenfasern abgedeckt. Das restliche Drittel besteht aus Wasser. Dieser Wasseranteil nimmt mit zunehmendem Lebensalter, ähnlich wie beim Knorpel, ab. Der Knochen wird spröder, er ist gegenüber mechanischen Beanspruchungen nicht mehr so widerstandsfähig, und es kommt leichter zu Knochenbrüchen.

Die äußere feste Schale des Knochens (Corticalis oder Compacta) wird fest umschlossen durch die äußere Knochenhaut (Periost), in der sich Nerven und die für die Ernährung des Knochens wesentlichen Blutgefäße befinden.

Die indirekte Knochenbildung

Ⓐ *Bei der indirekten Knochenbildung (chondrale Ossifikation) wird zunächst um den Schaft (Diaphyse, 1) eines Knorpels (2) eine Knochenmanschette (3) wachsender Dicke gebildet. Innerhalb des Knorpels verknöchert das Gewebe (primäre Knochenkerne) zuerst in den Diaphysen, danach in den Gelenkenden (Epiphysen, 4). Hier bilden sich zentrale, sekundäre Knochenkerne (5). Zwischen Diaphyse und Epiphyse verbleiben schmale Scheiben des Knorpelgewebes, die Epiphysenfugen (6). Dieses Gewebe teilt sich lebhaft, so daß zur Diaphyse hin aus dem Knorpel laufend Knochengewebe gebildet wird (7). Dadurch wird der Knochen ständig verlängert (8), und die Epiphysen entfernen sich voneinander. Gegen Ende des Knochenwachstums verknöchern schließlich auch die Epiphysenfugen (9). Der Knochen enthält rotes Knochenmark (10), Fettmark (11), Blutgefäße (12) und Bälkchenwerk (Spongiosa, 13). Er ist von der Knochenrinde (Compacta, 14) umgeben.*

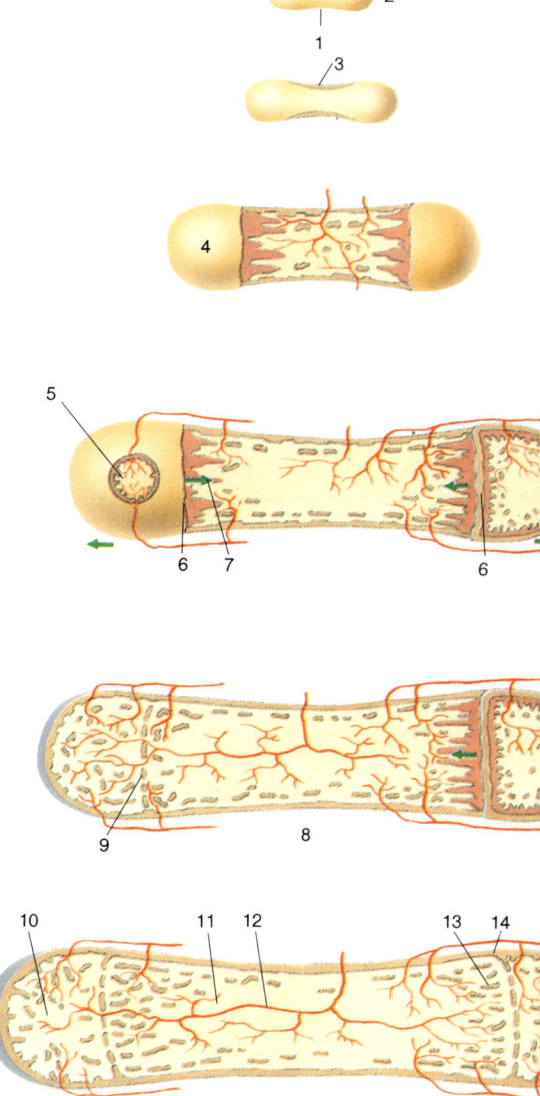

B

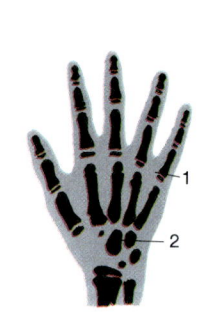
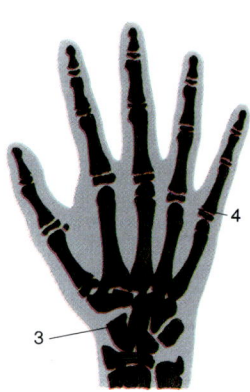
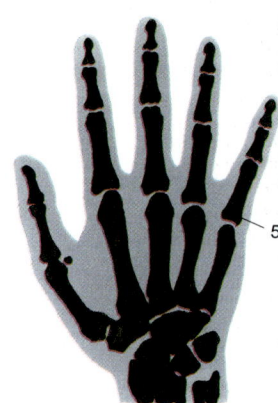

Das Knochenalter

Ⓑ *Anhand von Röntgenaufnahmen des Handskeletts läßt sich das »Knochenalter« feststellen: Beim fünf Jahre alten Kind sind noch deutlich die Epiphysenfugen (1) zu sehen. Aus knorpeligen Skelettstücken (2) entwickeln sich erst langsam die Handwurzelknochen (3), die bei einem 15jährigen schon voll ausgebildet sind. Die beim 15jährigen noch deutlich erkennbaren Epiphysenfugen (4) sind erst beim Erwachsenen vollständig durch Knochensubstanz ersetzt (5).*

Siehe auch: Spezialisierte Zellen, S. 216/217   Knochengerüst, S. 222/223   Zelluläre Immunabwehr, S. 274/275

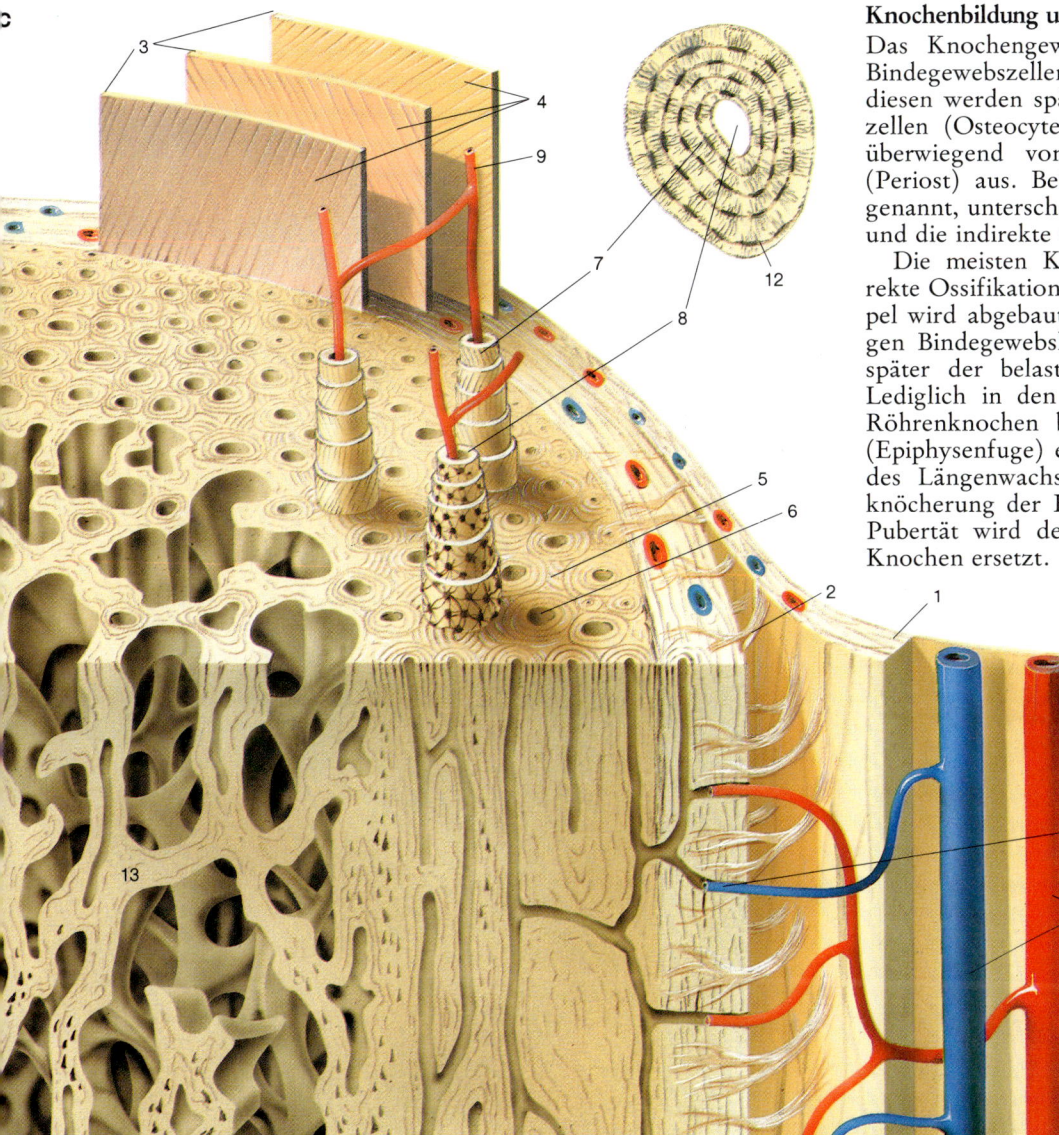

Knochenbildung und Wachstum

Das Knochengewebe wird von spezialisierten Bindegewebszellen (Osteoblasten) gebildet. Aus diesen werden später die eigentlichen Knochenzellen (Osteocyten). Die Knochenbildung geht überwiegend von der äußeren Knochenhaut (Periost) aus. Bei diesem Prozeß, Ossifikation genannt, unterscheidet man die direkte (desmale) und die indirekte (chondrale) Knochenbildung.

Die meisten Knochen entstehen durch indirekte Ossifikation. Der zunächst gebildete Knorpel wird abgebaut und durch einen geflechtartigen Bindegewebsknochen ersetzt, aus dem sich später der belastbare Lamellenknochen bildet. Lediglich in den gelenknahen Abschnitten der Röhrenknochen bleibt eine knorpelige Region (Epiphysenfuge) erhalten, die bis zum Abschluß des Längenwachstums aktiv ist. Bis zur Verknöcherung der Epiphysenfuge gegen Ende der Pubertät wird der Knorpel fortwährend durch Knochen ersetzt.

mellen (7) in unterschiedlicher Faserrichtung, die die Haversschen Kanäle (8) freilassen. In diesen verlaufen winzige Blutgefäße (9), die über kleine Gefäßbrücken (Volkmannsche Gefäße, 10) untereinander und mit den Gefäßen der Knochenhaut (11) verbunden sind. Zwischen den Lamellen befinden sich zahlreiche Knochenzellen (Osteocyten, 12). Zur Knochenmitte hin gehen die Haversschen Systeme in das Bälkchenwerk (13) der Spongiosa über. Diese Strukturen ordnen sich entsprechend der Beanspruchung in charakteristischer Weise an. Auch die Knochenrinde wird in Bereichen besonderer mechanischer Belastung bedeutend dicker ausgebildet als in weniger belasteten.

Der Aufbau des Knochens

C *Der primär gebildete, geflechtartig gebaute Knochen wird ab dem zweiten Lebensjahr in den funktionstüchtigeren Lamellenknochen umgebaut, so daß beim Erwachsenen das gesamte Skelett fast ausschließlich aus Lamellenknochen besteht. Unter der Knochenhaut (Periost, 1), die durch Sharpeysche Fasern (2) am Knochen verankert ist, liegen die äußeren Grundlamellen (3). Ihre Kollagenfasern (4) verlaufen in verschiedenen Richtungen. Innenseitig, unter der Knochenhaut, ordnen sich als Knochenrinde (Compacta) die Schaltlamellen (5) mit den darin befindlichen Haversschen Systemen (Osteonen, 6) an. Diese bestehen aus Speziallα-*

Nach dem Knochenbruch

Knochenbrüche entstehen meist durch direkte oder indirekte Gewalteinwirkung (Schlag, Sturz, Aufprall). Typische Bruchformen sind Drehbrüche, Querbrüche, Stauchbrüche oder Schrägbrüche.

Nach einem Knochenbruch kommt es zu komplizierten zellulären, physiologischen und mechanischen Prozessen, die mit einer Entzündungsreaktion beginnen und sich über Gefäß- und Knorpelbildung fortsetzen. Schließlich wird der mineralisierte Knorpel abgebaut und durch geflechtartigen Faserknochen ersetzt, der wiederum in den funktionstüchtigen Lamellenknochen umgebaut wird. Dieser Heilvorgang dauert zwischen sechs und zwölf Wochen.

Für den Heilvorgang ist anfangs eine konsequente Ruhigstellung erforderlich, bis der Knochenbruch bindegewebig angefestigt ist. Unter optimalen Heilungsbedingungen entsteht ein Gewebe, das mindestens ebenso stabil ist wie der zuvor unverletzte Knochen.

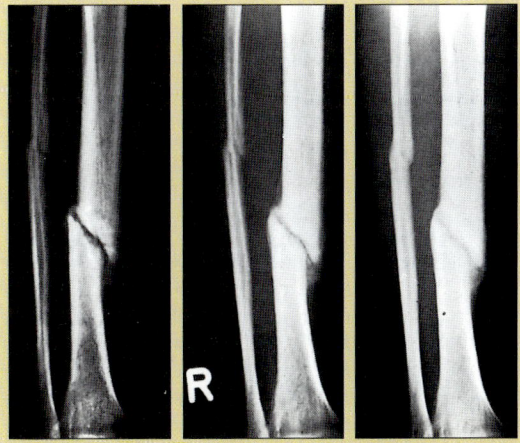

Heilung eines Unterschenkelbruches:
nach 6 (links), 10 (Mitte) und 14 Wochen (rechts)

Vom Kind zum Erwachsenen, *S. 322/323*   **Schilddrüse und Nebenschilddrüse**, *S. 328/329*   **Chemikalien**, *S. 378/379*

Mehr als 200 Knochen halten uns aufrecht

Bestandteile und Funktionen des Skeletts

Unser Skelett besteht aus über 200 Einzelknochen und bildet zusammen mit den Muskeln und Gelenken den Bewegungsapparat, der es uns ermöglicht, sowohl durch kraftvolle Bewegungen des ganzen Körpers als auch durch äußerst fein abgestimmte Bewegungen einzelner Gliedmaßen mit unserer Umwelt in Kontakt zu treten. Das Knochengerüst gibt unserem Körper Halt, verleiht ihm seine äußere Gestalt und umschließt schützend die inneren Organe. Darüber hinaus dient es aber auch als mobiler Speicher für Mineralstoffe und beinhaltet das blutbildende Knochenmark.

Das Skelett des Menschen nimmt durch seine vertikale Orientierung eine Sonderstellung in der Natur ein; die Körperachsen der Tiere sind dagegen fast ausschließlich waagerecht orientiert. Das Skelett hat sich im Laufe der Evolution parallel zu der für den Menschen charakteristischen Herausbildung des Großhirns zu seiner heutigen Form entwickelt.

Der aufrechte Gang, der sich ausschließlich auf die Beine stützt, hat es den Armen ermöglicht, losgelöst von ihrer ursprünglichen Funktion als Fortbewegungs- und Trägerorgan ganz neue Aufgaben zu übernehmen, beispielsweise den Gebrauch von Werkzeugen sowie die Nutzung der Hände als Tastorgane und als Mittel zur Kommunikation.

Das Ausmaß der Präzision, mit der wir uns zu bewegen vermögen, und das harmonische Zusammenwirken einzelner Gliedmaße zeigt sich eindrucksvoll in sportlichen Disziplinen wie dem Kunstturnen, aber auch in besonderen Fertigkeiten wie etwa dem Klavierspiel oder der Gebärdensprache.

Belastbar bis maximal 1800 kg

Das Gesamtgewicht des Skeletts beträgt beim Erwachsenen in der Regel 18 % des Körpergewichts, also im Durchschnitt 12 kg, wobei jeweils 1 kg allein auf die beiden Oberschenkelknochen entfällt. Diese größten Einzelknochen unseres Körpers sind so stabil, daß sie einer Zug- oder Druckbelastung von 1700 bis 1800 kg standhalten können.

Damit die Knochen dem Körper einerseits die nötige Stabilität verleihen, ihm andererseits aber auch eine hohe Bewegungsfreiheit ermöglichen, sind sie über verschiedenartige Gelenke miteinander verbunden.

In ihrer Gesamtheit stellen die Knochen und Gelenke den passiven Teil des Bewegungsapparates dar, vergleichbar einem Hebelsystem, an dem die Sehnen und Bänder der Muskeln als aktiver Teil ansetzen und – durch Nervenimpulse gesteuert – die Knochen halten und gezielt bewegen.

Darüber hinaus bietet das Knochengerüst Raum und optimalen Schutz für die inneren Organe. Der Hirnschädel umgibt das Gehirn, die Wirbelsäule umschließt das Rückenmark, Herz und Lunge werden von den Rippen des Brustkorbs geschützt, und das sich wie eine Schale nach oben öffnende Becken bietet Halt und Schutz für Darm, Blase sowie die inneren Geschlechtsorgane.

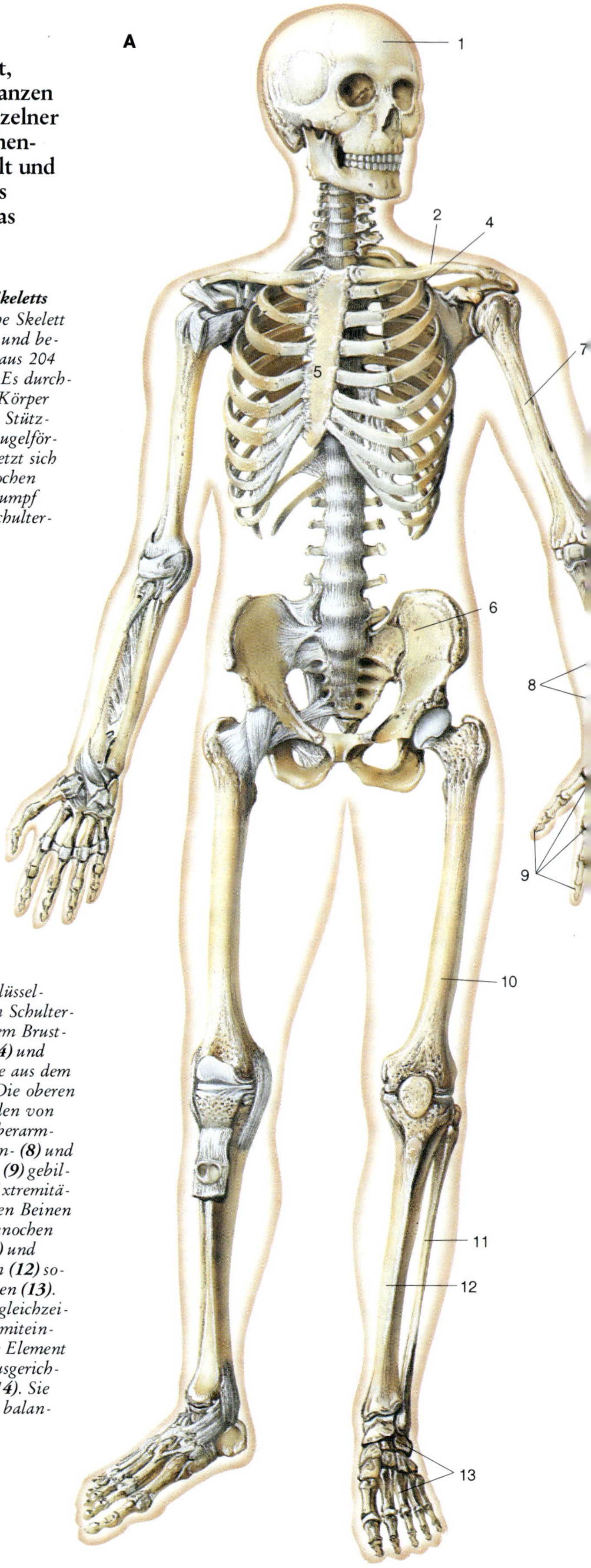

Der Aufbau des Skeletts

A *Das menschliche Skelett wiegt etwa 12 kg und besteht ohne Zähne aus 204 bis 209 Knochen. Es durchzieht den ganzen Körper und hat vor allem Stützfunktionen. Der kugelförmige Schädel (1) setzt sich aus 22 Schädelknochen zusammen. Der Rumpf besteht aus dem Schultergürtel mit den Schlüsselbeinen (2) und den Schulterblättern (3), aus dem Brustkorb mit Rippen (4) und Brustbein (5) sowie aus dem Beckengürtel (6). Die oberen Extremitäten werden von den Armen mit Oberarm- (7), zwei Unterarm- (8) und den Handknochen (9) gebildet. Die unteren Extremitäten bestehen aus den Beinen mit Oberschenkelknochen (10), Waden- (11) und Schienbeinknochen (12) sowie den Fußknochen (13). Das tragende und gleichzeitig alle Skeletteile miteinander verbindende Element ist die senkrecht ausgerichtete Wirbelsäule (14). Sie trägt auch den frei balancierenden Schädel.*

Siehe auch: Aufbau und Leistung der Knochen, S. 220/221 Schädel, S. 224/225 Kiefer und Gebiß, S. 226/227 Wirbelsäule, S. 228/229

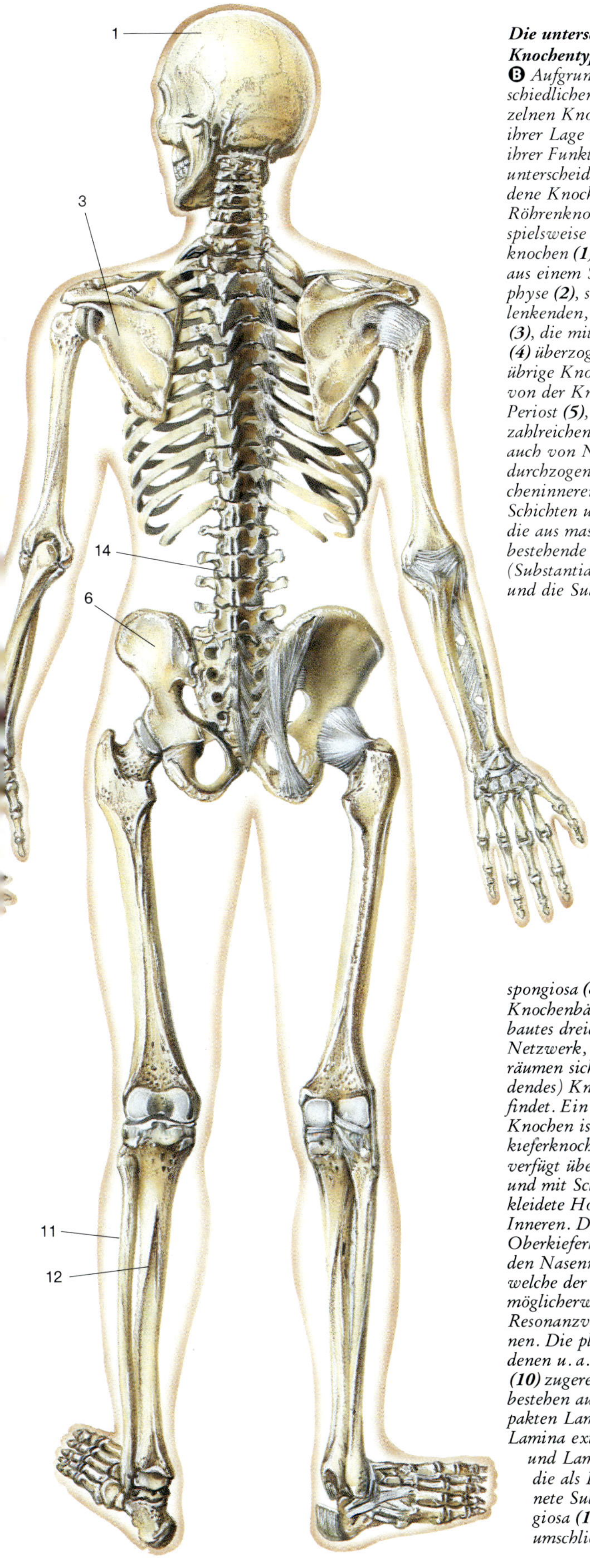

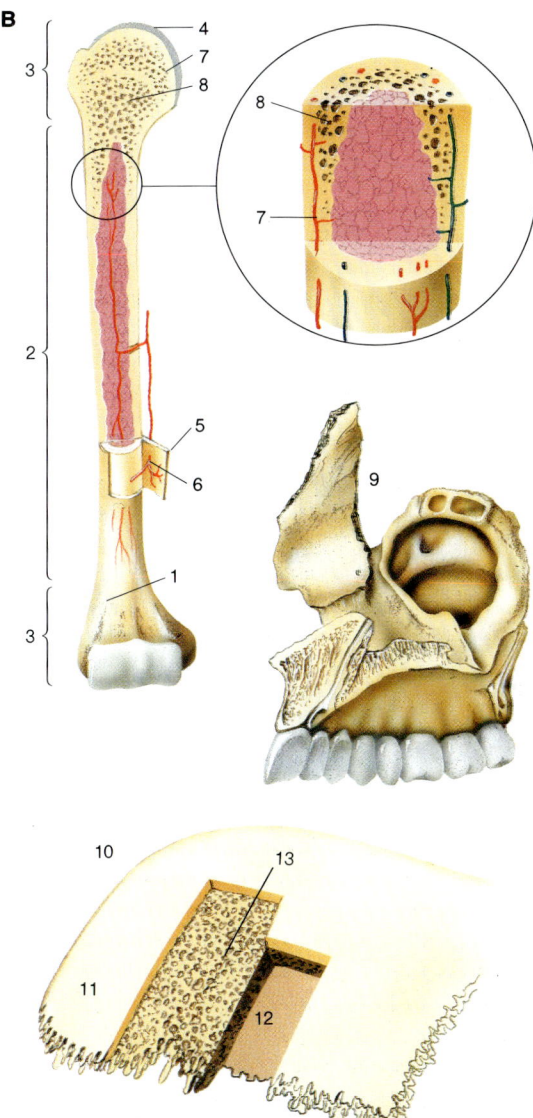

Die unterschiedlichen Knochentypen

B *Aufgrund der unterschiedlichen Form der einzelnen Knochen, die von ihrer Lage im Körper und ihrer Funktion abhängig ist, unterscheidet man verschiedene Knochentypen. Zu den Röhrenknochen gehört beispielsweise der Oberarmknochen (1). Dieser besteht aus einem Schaft, der Diaphyse (2), sowie zwei Gelenkenden, den Epiphysen (3), die mit Gelenkknorpel (4) überzogen sind. Der übrige Knochen ist umgeben von der Knochenhaut, dem Periost (5), welches neben zahlreichen Blutgefäßen (6) auch von Nervenfasern durchzogen wird. Im Knocheninneren lassen sich zwei Schichten unterscheiden: die aus massivem Material bestehende Knochenrinde (Substantia compacta, 7) und die Substantia*

spongiosa (8), ein aus Knochenbälkchen aufgebautes dreidimensionales Netzwerk, in dessen Hohlräumen sich rotes (blutbildendes) Knochenmark befindet. Ein pneumatisierter Knochen ist z. B. der Oberkieferknochen (9). Dieser verfügt über luftgefüllte und mit Schleimhaut ausgekleidete Hohlräume im Inneren. Der Hohlraum des Oberkieferknochens zählt zu den Nasennebenhöhlen, welche der Druckentlastung, möglicherweise auch der Resonanzverstärkung dienen. Die platten Knochen, denen u. a. das Stirnbein (10) zugerechnet wird, bestehen aus zwei kompakten Lamellen, die als Lamina externa (11) und Lamina interna (12) die als Diploë bezeichnete Substantia spongiosa (13) im Inneren umschließen.

Anpassung an besondere Beanspruchungen

Auch wenn unser Skelett mit dem Erreichen der Geschlechtsreife sein Längenwachstum einstellt und sich äußerlich nicht mehr sichtbar verändert, so sind unsere Knochen doch keine toten oder starren Gebilde, sondern ein in hohem Maße in den Stoffwechsel des Körpers eingebundenes Organ. Knochen reagieren sehr flexibel auf funktionelle Veränderungen. Nimmt z.B. die Zug- oder Druckbelastung eines Knochens durch vermehrte mechanische Beanspruchung zu, so kommt es im Knochengewebe zu einer Spannungserhöhung, die wie ein Reiz wirkt und zu einem vermehrten Anbau von Knochensubstanz führt. Im umgekehrten Fall kann es bei mangelnder Knochenbelastung (beispielsweise bei Astronauten, die längere Zeit in der Schwerelosigkeit verbracht haben) zu einer Abnahme der Knochensubstanz und zu Calciumverlusten kommen. Die funktionelle Anpassung der Knochen nimmt mit zunehmendem Alter ab.

Arme, S. 232/233   **Beine,** S. 234/235   **Knie,** S. 236/237

Knochenarchitektur mit Köpfchen

Der menschliche Schädel

Die äußere Gestalt und der Aufbau des menschlichen Kopfskeletts stehen in einem engen funktionellen Zusammenhang mit der aufrechten Haltung des Menschen. Die Kugelform des Schädels erleichtert das freie Balancieren des Kopfes auf der Wirbelsäule und bietet gleichzeitig einen optimalen Schutz für das Gehirn und die Sinnesorgane. Bedingt durch seine erhöhte Position erhält der Schädel einen vergrößerten Freiheitsraum, der ihm als Träger der hochentwickelten Informations- und Kommunikationsorgane eine herausragende Stellung in der Natur verschafft hat.

Unser Schädel besteht aus einem Knochenmosaik, das sich zu einer architektonischen Einheit zusammenfügt. Insgesamt 29 unregelmäßig geformte Knochen sind an seinem Aufbau beteiligt, darunter auch die Gehörknöchelchen, die für die Übertragung der Schallwellen verantwortlich sind, und das zwischen Kehlkopf und Unterkiefer gelegene, hufeisenförmige Zungenbein, das den Muskeln der Zunge als Ansatzpunkt dient.

Im Verlauf der stammesgeschichtlichen Entwicklung hat der menschliche Schädel eine im Vergleich zum Vierbeiner eher kugelige Form angenommen. Dabei haben sich die Proportionen in der Weise verändert, daß der das Gehirn umfassende Teil eine gegenüber den knöchernen Ausprägungen des Gesichtes enorme Vergrößerung erfahren hat. Durch die damit verbundene Verlagerung des Schwerpunktes in die Schädelmitte wird das aufrechte Tragen des beim Erwachsenen immerhin bis zu 5 kg schweren Kopfes allerdings erheblich erleichtert.

Die Form des Schädels hängt in gewissen Grenzen aber auch von Rasse, Geschlecht und Konstitution ab, was sich deutlich an den verschiedenartigen Gesichtern der Menschen erkennen läßt. Schließlich ist mit der Aufrichtung des Kopfes und der damit verbundenen Freiheit auch die mimische Ausdrucksfähigkeit des menschlichen Gesichtes gewachsen.

Aufbau und Statik des Schädels

Der knöcherne Schädel des Menschen gliedert sich in den Hirnschädel, der das Gehirn kapselartig umschließt, und den Gesichtsschädel. Die einzelnen Knochen sind mit Ausnahme des Kiefergelenkes fest durch unbewegliche Nähte oder Knorpelfugen miteinander verbunden. Die Grenze zwischen Hirn- und Gesichtsschädel verläuft beiderseits vom äußeren Gehörgang über den oberen Rand der Augenhöhle bis zur Nasenwurzel. Während sich der Gehirnschädel aus dem Schädeldach und der Schädelbasis zusammensetzt, besteht der Gesichtsschädel aus dem Nasen- und Kieferskelett. Die einzelnen Knochenelemente sind so miteinander verbunden, daß sie an mechanisch besonders belasteten Stellen massive Verstrebungen bilden. So wird beispielsweise der Kaudruck durch drei Knochenpfeiler abgefangen und um die empfindlichen Augenhöhlen und das Nasenskelett herum gleichmäßig abgeleitet.

Die Schädelbasis verfügt über drei Querbalken und einen Längsbalken. Die zwischen den Knochenverstrebungen liegenden Bereiche sind mechanisch weniger belastet und daher dünner. Schädelbasisbrüche treten deshalb auch meistens in diesen Knochenarealen auf. Über das große Hinterhauptsloch mit den beiden seitlich gelegenen Gelenkhöckern sind das Gehirn mit dem Wirbelkanal und der Schädel als Ganzes mit der Halswirbelsäule gelenkig verbunden.

Schädelnähte und Schädellücken

Beim Neugeborenen sind die Knochennähte (Suturen) des Schädeldaches von stark wachsendem Bindegewebe erfüllt, das die Zuwachsflächen für die Verknöcherung liefert. An den Stellen, wo mehrere dieser Knochen zusammentreffen, verbreitert sich das Bindegewebe zu den Fontanellen (Knochenlücken), die während der Geburt für die Verschiebbarkeit der Deckknochen sorgen und den Durchtritt durch den Geburtskanal erleichtern. Die letzte und größte der insgesamt sechs Fontanellen, die Stirnfontanelle, schließt sich erst im Laufe des dritten Lebensjahres.

Siehe auch: Aufbau und Leistung der Knochen, S. 220/221   Knochengerüst, S. 222/223   Kiefer und Gebiß, S. 226/227

Hirn- und Gesichtsschädel in der Seitenansicht

A In der Seitenansicht des Schädels sind der kugelförmige Hirnschädel und der Gesichtsschädel gut erkennbar. Der Hirnschädel wird beim Menschen von acht Knochen gebildet. Dazu zählen neben dem Stirnbein (Os frontale, **1**), welches den oberen Teil der Augenhöhlen bildet und im Innern die paarigen Stirnhöhlen enthält, das Hinterhauptbein (Os occipitale, **2**), das paarig angelegte Scheitelbein (Os parietale, **3**) und schließlich das ebenfalls beidseitig gelegene Schläfenbein (Pars squamosa ossis temporalis, **4**).

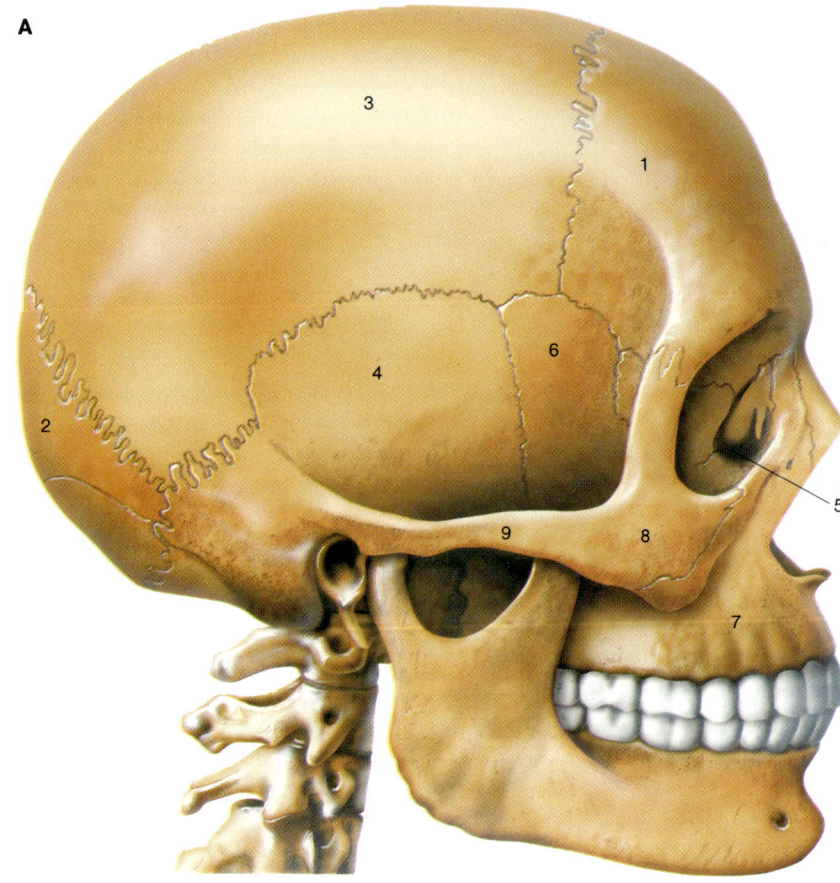

Das Siebbein (Os ethmoidale, **5**) liegt in der Schädelmitte und bildet das Dach der Nasenhöhle, während das schmetterlingsförmige Keilbein (Os sphenoidale, **6**) die Schläfenbeine nach vorne hin ergänzt und den hinteren Teil der Augenhöhle umfaßt. Der Gesichtsschädel setzt sich aus 14 zum großen Teil paarig angelegten Knochen zusammen. Die in der Mitte verwachsenen Oberkieferknochen (Maxilla, **7**) umschließen die Kieferhöhlen und bilden den größten Teil des harten Gaumens, der nach hinten von den beiden Gaumenbeinen vervollständigt wird. Fortsätze des Schläfen- und Jochbeins (Os jugale, **8**) bilden den Jochbogen (**9**).

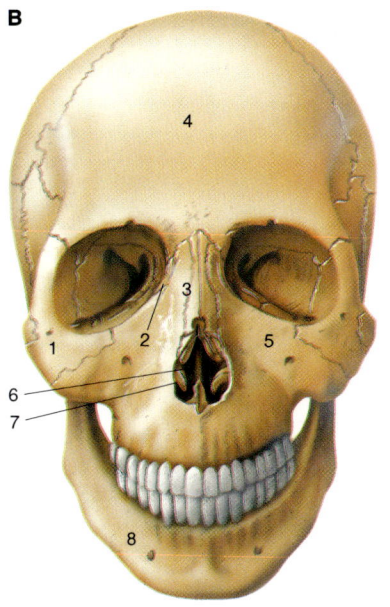

B

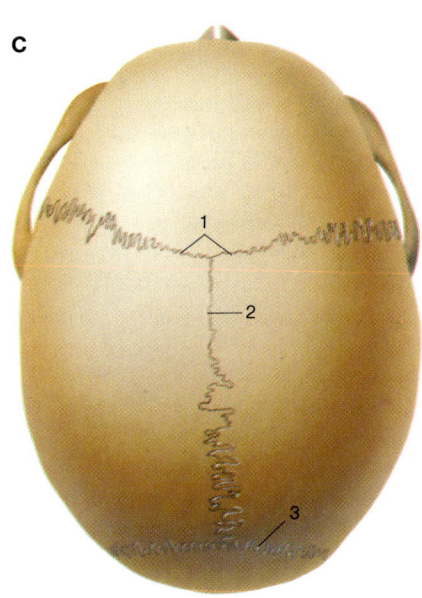

C

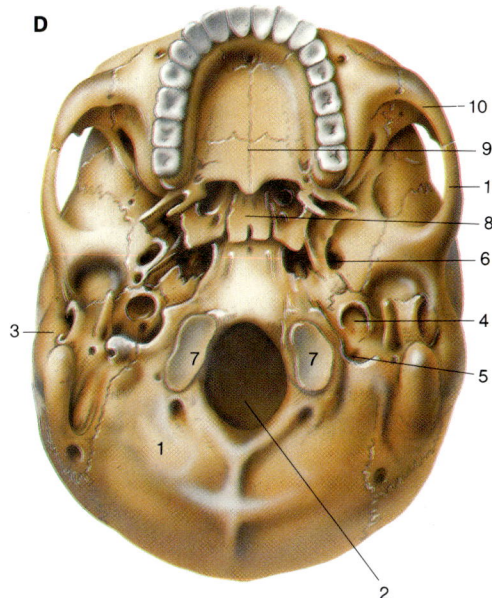

D

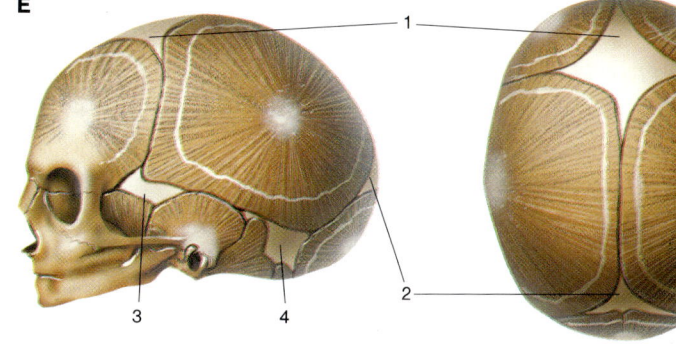

E

Vorderansicht des Schädels

B In der Vorderansicht sind das Jochbein (Os zygomaticum, *1*), das seitlich den Schädel begrenzt, und das paarige Tränenbein (Os lacrimale, *2*) erkennbar. Die Nasenbeine (Ossa nasalia, *3*) schieben sich zwischen Stirnbein (*4*) und Oberkiefer (*5*) und bilden den Nasenrücken. Das Pflugscharbein (Vomer, *6*) ist der hintere Teil der Nasenscheidewand. Die unteren Nasenmuscheln (Conchae nasales inferiores, *7*) und der selbständige Unterkiefer (Mandibula, *8*), der über das Kiefergelenk mit dem Kopfskelett verbunden ist, vervollständigen den Gesichtsschädel.

Nähte als Verzahnungen der Schädelknochen

C Von oben erkennt man am Schädeldach des Erwachsenen einige aus derbem Bindegewebe bestehende Nähte (Suturen). Die Kranznaht (Sutura coronalis, *1*) verbindet das Stirnbein mit den beiden Scheitelbeinen, die Pfeilnaht (Sutura sagittalis, *2*) verläuft zwischen rechtem und linkem Scheitelbein, und die Lambdanaht (Sutura lambdoidea, *3*) verbindet die Scheitelbeine mit dem Hinterhauptsbein.

Blick auf die Schädelbasis

D Im Hinterhauptsbein (*1*) liegt das große Hinterhauptsloch (Foramen magnum, *2*). Weitere Öffnungen der Schädelbasis sind die jeweils paarigen äußeren Gehörgänge (*3*) und die Carotiskanäle (*4*), durch die die Schlagadern hindurchtreten. Durch die Foramen jugulare (*5*) verlaufen der IX., X. und XI. Hirnnerv, durch die Foramen ovale (*6*) der dritte Trigeminusast. Die Condyli occipitalis (*7*) bilden die Gelenkflächen für den ersten Halswirbel. Weiterhin sind zu erkennen: Pflugscharbein (*8*), Gaumenbein (Os palatinum, *9*), Jochbein (*10*) und Schläfenbein (Os temporale, *11*).

Die Fontanellen beim Neugeborenen

E Bei der Geburt sind die einzelnen Schädelknochen noch nicht verwachsen, so daß zwischen ihnen große Lücken (Fontanellen) klaffen. Der Schädel ist dadurch verformbar, was beim Durchtritt durch den Geburtskanal sehr wichtig sein kann. Am größten ist die Stirnfontanelle (Fonticulus anterior, *1*). Als »kleine Fontanelle« wird die Hinterhauptsfontanelle (F. posterior, *2*) bezeichnet. Zu den paarigen Seitenfontanellen zählen F. sphenoidalis (*3*) und F. mastoideus (*4*).

Schädelbohrungen

Der Begriff Trepanation bezeichnet das Anbohren des Schädels, um operative Eingriffe am Gehirn vorzunehmen oder den als Folge eines wachsenden Gehirntumors gestiegenen Hirndruck zu senken. Zu diesem Zweck wird ein Trepan (Schädelbohrer) verwendet. Das Gerät hat die Form eines Zylinders, an dessen unterem Ende sich eine rotierende Kreissäge oder Kugelfräse befindet, die es erlaubt, Teile des Schädeldaches zu entfernen. Dabei muß mit äußerster Präzision vorgegangen werden, um nicht wichtige Blutgefäße, die nur wenige Millimeter unter den Schädelknochen verlaufen, zu verletzen. Wird das herausgesägte Knochenteil nach dem Eingriff wieder eingefügt, so verwächst es im Verlauf des Heilungsprozesses mit dem Schädeldach.

Trepanationen wurden bereits in der Steinzeit vorgenommen, wie Schädelfunde (s. Foto) belegen, und sind nicht etwa eine Errungenschaft der modernen Neurochirurgie.

Mund, Schlund und Speiseröhre, S. 282/283   Zentralnervensystem, S. 334/335

Dem Menschen auf den Zahn gefühlt

Wie Kiefer und Gebiß aufgebaut sind

Obwohl Zähne aufgrund ihrer Härte eher Knochen ähneln, stammen sie aus dem gleichen Embryonalgewebe wie Haare, Haut und Schleimhäute. So sind die Schuppen der Haifische in ihrem Grundaufbau identisch mit unseren Zähnen. Sie sind die härtesten Gebilde, die unser Körper überhaupt herstellt. Dies bestätigen auch Fossilfunde, bei denen die Zähne meist gut erhalten sind. Kiefer und Gebiß ermöglichen durch ihren besonderen Bau und ihr funktionelles Zusammenspiel die Zerkleinerung und Durchmischung der Nahrung als ersten Schritt der Verdauung und sind darüber hinaus für den Sprechvorgang bedeutsam.

Der Kauapparat des Menschen setzt sich aus Kiefergelenken, Kieferknochen, Gebiß und den dazugehörenden Nerven, Blutgefäßen und der Kaumuskulatur zusammen. Evolutionsgeschichtlich ist das Kiefergelenk der Säugetiere und des Menschen eine Neubildung, die aus der gelenkigen Verbindung zwischen dem Schläfenbein und dem erst später entstandenen Unterkieferknochen besteht. Man bezeichnet es deshalb als sekundäres Kiefergelenk. Das ursprüngliche, primäre Kiefergelenk der Nichtsäuger wird dagegen von den Gehörknöchelchen Hammer und Amboß gebildet, die bei uns der Leitung des Schalls dienen.

Der Unterkiefer (Mandibula) ist der einzige frei bewegliche Schädelknochen und enthält die Zahnfächer (Alveolen), in denen die Unterkieferzähne verankert sind. Seine enorme Beweglichkeit verdankt er einer faserknorpeligen Gelenkscheibe (Discus) und einer schlaffen Gelenkkapsel, die Bestandteil des Kiefergelenkes sind. Durch das Zusammenspiel mit der Kaumuskulatur werden so neben vertikalen Kieferbewegungen auch ein Vor- und Zurückschieben des Unterkiefers sowie Mahl- und Rotationsbewegungen gegen den Oberkiefer möglich.

Das Oberkieferbein (Maxilla) ist ein paarig angelegter Knochen des Gesichtsschädels, der jeweils an Augen- und Nasenhöhle grenzt und die Wurzeln aller Oberkieferzähne einer Seite aufnimmt. Im Knocheninneren befindet sich ein Hohlraum, der als Kieferhöhle (Sinus maxillaris) bekannt ist. Die Kieferhöhlen gehören zu den Nasennebenhöhlen und stehen über eine kleine Öffnung am oberen Ende mit der Nasenhöhle in Verbindung. Manchmal sind die Knochenwände zwischen den Kieferhöhlen und den Zahnfächern (Alveolen) sehr dünn, so daß entzündliche Prozesse an den Zahnwurzeln auf die Schleimhäute der Kieferhöhlen übergreifen können.

Jeder Zahn ist ein Spezialist

Das Gebiß ist bogenförmig angelegt und trennt bei geschlossenen Kiefern den als Vorhof bezeichneten Raum zwischen Wangen und Lippen von der eigentlichen Mundhöhle. Daß dem Gebiß neben seiner Aufgabe der Nahrungszerkleinerung auch eine wichtige Funktion bei der Lauterzeugung zukommt, merkt man spätestens beim Verlust eines der vorderen Zähne. Zischlaute wie »s« oder Laute wie »t«, »v« oder »l« kann man ohne Zähne kaum hervorbringen.

Beim Menschen wird zunächst ein Milchgebiß mit 20 Zähnen angelegt, das im Verlauf der Ju-

Kiefer und Gebiß

Ⓐ *Das Oberkieferbein besteht aus dem Körper (1) und dem Alveolarfortsatz (2). In diesen sind die jeweils acht Zähne einer Oberkieferhälfte eingelassen. Je nach Belastungsgrad weisen die Zähne verschieden viele Wurzeln auf. So haben die Schneide- (3) und Eckzähne (4) eine Wurzel, die Backenzähne (5) dagegen zwei bis drei Wurzeln. Der Unterkiefer gliedert sich in den hufeisenförmigen Unterkieferkörper (6) mit dem zahntragenden Alveolarfortsatz (7) und die beidseitig aufsteigenden Unterkieferäste (8), die jeweils einen walzenförmigen Gelenkkopf (9) und den Kronenfortsatz (10) aufweisen. Alle Zahnwurzeln sind mit Nervenästen (11) verbunden, die sich mit weiteren Nerven des unteren Gesichtsbereiches zum Trigeminus-Nerv (12) vereinigen, der zum Zwischenhirn führt.*

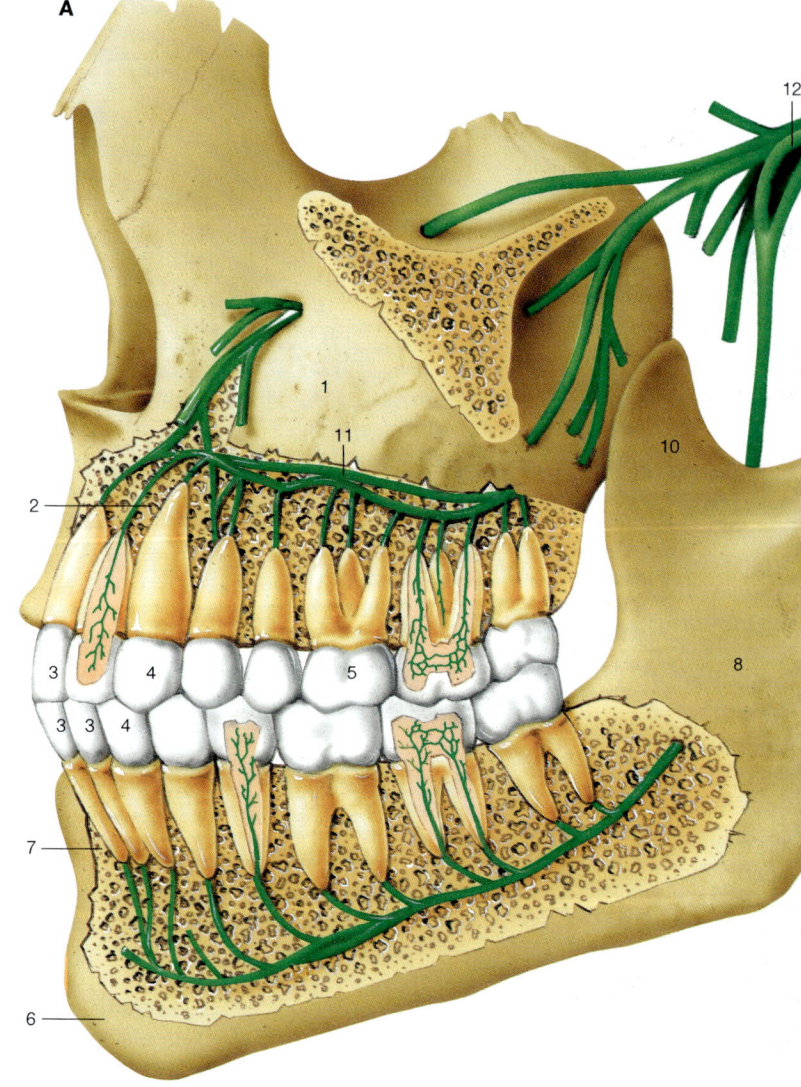

A

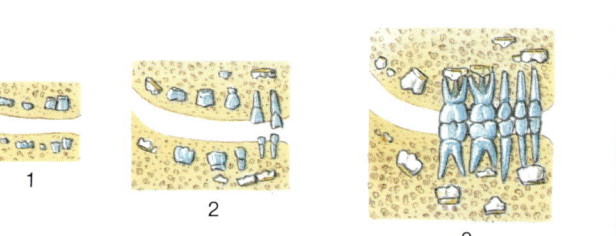

C

Siehe auch: **Schädel, S. 224/225   Mund, Schlund und Speiseröhre, S. 282/283   Vom Kind zum Erwachsenen, S. 322/323**

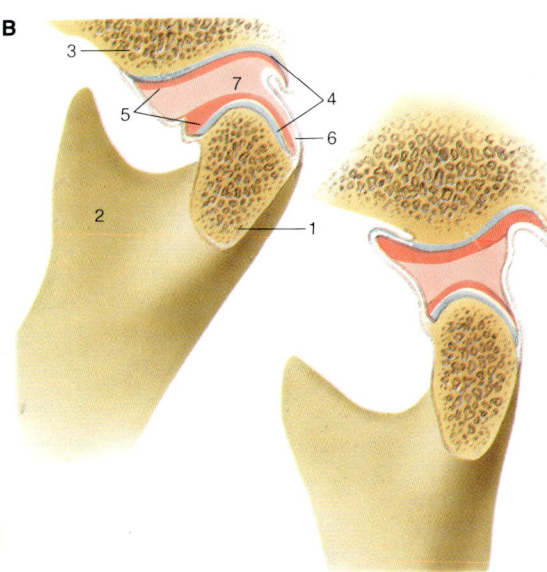

B

Aufbau des Kiefergelenkes

B *Der knöcherne Teil des Kiefergelenkes setzt sich aus dem Gelenkkopf (1) des Unterkiefers (2) und der zum Schläfenbein gehörenden Gelenkpfanne (3) zusammen. Beide Teile sind mit Gelenkknorpel (4) überzogen, an den sich beidseitig ein schmaler Gelenkspalt (5) anschließt. Über die Gelenkkapsel (6) und den mit ihr verwachsenen Discus (7) stehen die beiden Gelenkflächen miteinander in Verbindung. Diese Anordnung ermöglicht die verschiedenen kraftvollen Kieferbewegungen wie Mahlen oder Zubeißen. Links ist der Kiefer geschlossen, rechts geöffnet.*

Entwicklung der Zähne

C *Weil die Kiefer des Kleinkindes für ein 32-Zähne-Gebiß noch zu klein sind, entwickelt sich zunächst das Milchgebiß (hellblau), bevor sich nach und nach die bleibenden Zähne durchsetzen. Die Grafik zeigt die Entwicklung bei der Geburt (1), nach 9 Monaten (2), 3 Jahren (3), 6 Jahren (4), 9 Jahren (5), 12 Jahren (6) und nach ca. 20 Jahren (7).*

Verschiedene Zahntypen

D *Der Erwachsene hat je Kieferhälfte zwei Schneidezähne (Incisivi, 1), einen Eckzahn (Caninus, 2), zwei Backen- (Praemolaren, 3) und drei Mahlzähne (Molaren, 4). Bei Zähnen mit mehreren Wurzeln sind die Alveolen im Kieferknochen durch Septen (5) unterteilt.*

Form und Aufbau der Zähne

E *Jeder Zahn läßt sich in drei Abschnitte gliedern: die Zahnkrone (1), den vom Zahnfleisch (2) bedeckten Zahnhals (3) und die Zahnwurzel (4). Der Hauptbestandteil des Zahns ist das calciumphosphatreiche Zahnbein oder Dentin (5), eine knochenähnliche Substanz, die im Bereich der Krone zum Schutz vor Abnutzung mit dem Zahnschmelz (6) überzogen ist. Dieser besteht vorwiegend aus kleinen kompakten Calciumsalzkristallen. Im Bereich der Zahnwurzel wird das Dentin vom Zahnzement (7) umgeben, der eine echte Knochenhülle darstellt und über die Wurzelhaut (8) ernährt wird. Gleichzeitig verbinden Eiweißfasern der Wurzelhaut den Zahn fest mit der Alveolenwand (9) des Kieferknochens (10). Die Wurzelhaut dient außerdem als Polster zum Schutz vor zu starken Druckeinwirkungen. In der Zahnhöhle (11) befinden sich Nerven und Blutgefäße (12), die den Zahn über die Wurzelkanäle (13) versorgen.*

E

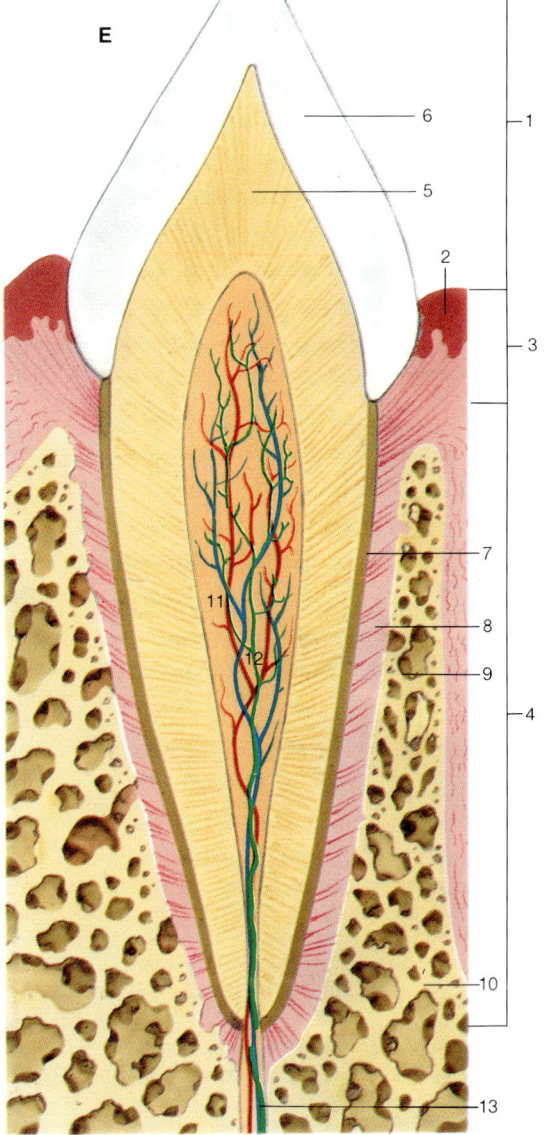

D

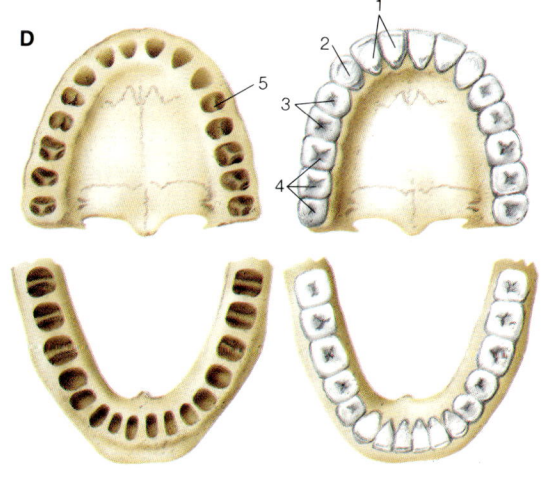

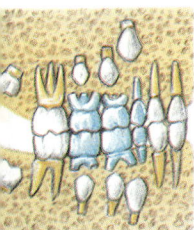

5

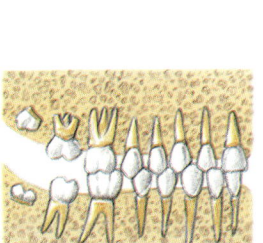

6

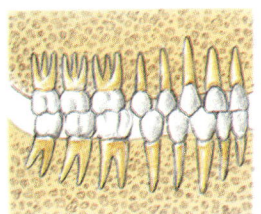

7

gend durch das Dauergebiß ersetzt wird. Der Erwachsene besitzt im Normalfall 32 Zähne, die lückenlos aneinander schließen. Die Zähne des Ober- und Unterkiefers sind leicht gegeneinander verschoben, so daß sie »auf Lücke stehen«. Die einzelnen Zähne sind verschieden gestaltet und, entsprechend der vielseitigen Ernährungsweise des Menschen, auf spezielle Funktionen hin ausgerichtet. Die meißelförmigen Schneidezähne (Incisivi) dienen mit ihren messerartigen Kanten dem Abbeißen, die Eckzähne (Canini) dagegen dem Festhalten und Herausreißen eines Nahrungsstückes. Die Backenzähne (Prämolares) und die Mahlzähne (Molares) schließlich leisten mit ihren breiten Kauflächen die eigentliche Kauarbeit. Die Zähne werden durch Äste des Trigeminus-Nervs versorgt, der auch für die Empfindungen im Kopfbereich verantwortlich ist. Dies erklärt, warum Zahnschmerzen häufig »ausstrahlen« und zusätzlich Kopf- oder Ohrenschmerzen verursachen können.

Tragende Längsachse unseres Skeletts

Die Konstruktion der Wirbelsäule

Die Wirbelsäule, die sich aus den Wirbeln zusammensetzt, bildet als knöcherne Gliederkette die Längsachse unseres Skeletts. Mit ihrer charakteristischen Krümmung stellt sie das tragende Element des aufrecht gehenden Menschen dar und verleiht ihm gleichzeitig Stabilität und Beweglichkeit. Sie trägt aber nicht nur den Kopf, den Rumpf und die oberen Extremitäten, sondern umschließt als schützende Hülle auch das empfindliche Rückenmark. Darüber hinaus bieten die knöchernen Fortsätze der Wirbelsäule zahlreiche Ansatzpunkte für Muskeln und Bänder.

Die Gliederung der Wirbelsäule

A Die Wirbelsäule gliedert sich in vier Abschnitte. Die Halsregion umfaßt die sieben Halswirbel (**H**). Die ersten beiden bilden eine funktionelle Einheit: Der Atlas (**1**) steht über seine Gelenkflächen (**2**) einerseits mit dem Schädel, andererseits mit dem zweiten Halswirbel oder Axis (**3**), mit dem er ein Gelenk bildet, in Verbindung. Die Brustregion besteht aus zwölf Brustwirbeln (**B**), deren Querfortsätze (**4**) die Rippen (**5**) abstützen. Die fünf Wirbel der Lendenregion (**L**) zeichnen sich durch kräftige Wirbelkörper (**6**) und horizontal gerichtete Dorn-

Die menschliche Wirbelsäule besteht aus 33 bis 34 Wirbeln und weist eine doppelt S-förmige Krümmung auf, wodurch eine elastische Federung ermöglicht wird. Beim Erwachsenen beträgt die Länge der freien Wirbelsäule zwischen 55 und 63 cm, was etwa 35 % der Körperlänge entspricht.

Nach ihrer Position unterscheidet man sieben Halswirbel, zwölf Brustwirbel und fünf Lendenwirbel, die durch faserknorpelige Zwischenwirbel- oder Bandscheiben sowie durch Gelenke, Bänder und Muskeln beweglich miteinander verbunden sind. Man bezeichnet sie deshalb auch als »freie« oder »wahre Wirbel«. Nach unten schließen sich fünf Kreuzbeinwirbel und vier bis fünf Steißbeinwirbel an, die – aufgrund ihrer frühzeitigen Verknöcherung zum Kreuz- bzw. Steißbein – den freien Wirbeln als »unfreie« oder »falsche Wirbel« gegenübergestellt werden.

Grundaufbau der Wirbelknochen

Im allgemeinen besteht ein Wirbel aus einem Wirbelkörper, dem eigentlichen Tragelement der Wirbelsäule, an den sich nach hinten der Wirbelbogen anschließt. Beide Teile bilden gemeinsam das Wirbelloch. Die Wirbellöcher der einzelnen Wirbel liegen übereinander und ergeben in ihrer Gesamtheit den Wirbelkanal, der das Rückenmark mit seinen Hüllen und Gefäßen schützend umgibt.

Vom Wirbelbogen gehen ein nach hinten gerichteter Dornfortsatz und seitlich je ein Querfortsatz aus. Diese Fortsätze dienen als Ansatzfläche für Bänder und Muskeln. Darüber hinaus sind die paarig angelegten oberen und unteren Gelenkfortsätze zu nennen, die mit den jeweils benachbarten Wirbelknochen gelenkige Verbindungen eingehen. Während die Wirbelkörper von oben nach unten entsprechend der zunehmenden Gewichtsbelastung größer werden, nimmt der Durchmesser der Wirbellöcher nach unten hin ab.

Druckverteilung durch Bandscheiben

Jeweils zwischen zwei Wirbelkörpern, ausgehend vom zweiten Halswirbel bis zum Kreuzbein, befindet sich eine Bandscheibe. Sie besteht aus einem Gallertkern, der außen von einem kollagenen Faserring umschlossen wird. Die Bandscheibe übernimmt gewissermaßen die Funktion eines Stoßdämpfers, indem sie die auf der Wirbelsäule lastenden erheblichen Druckkräfte abfängt und gleichmäßig auf die Fläche der Wirbelkörper verteilt.

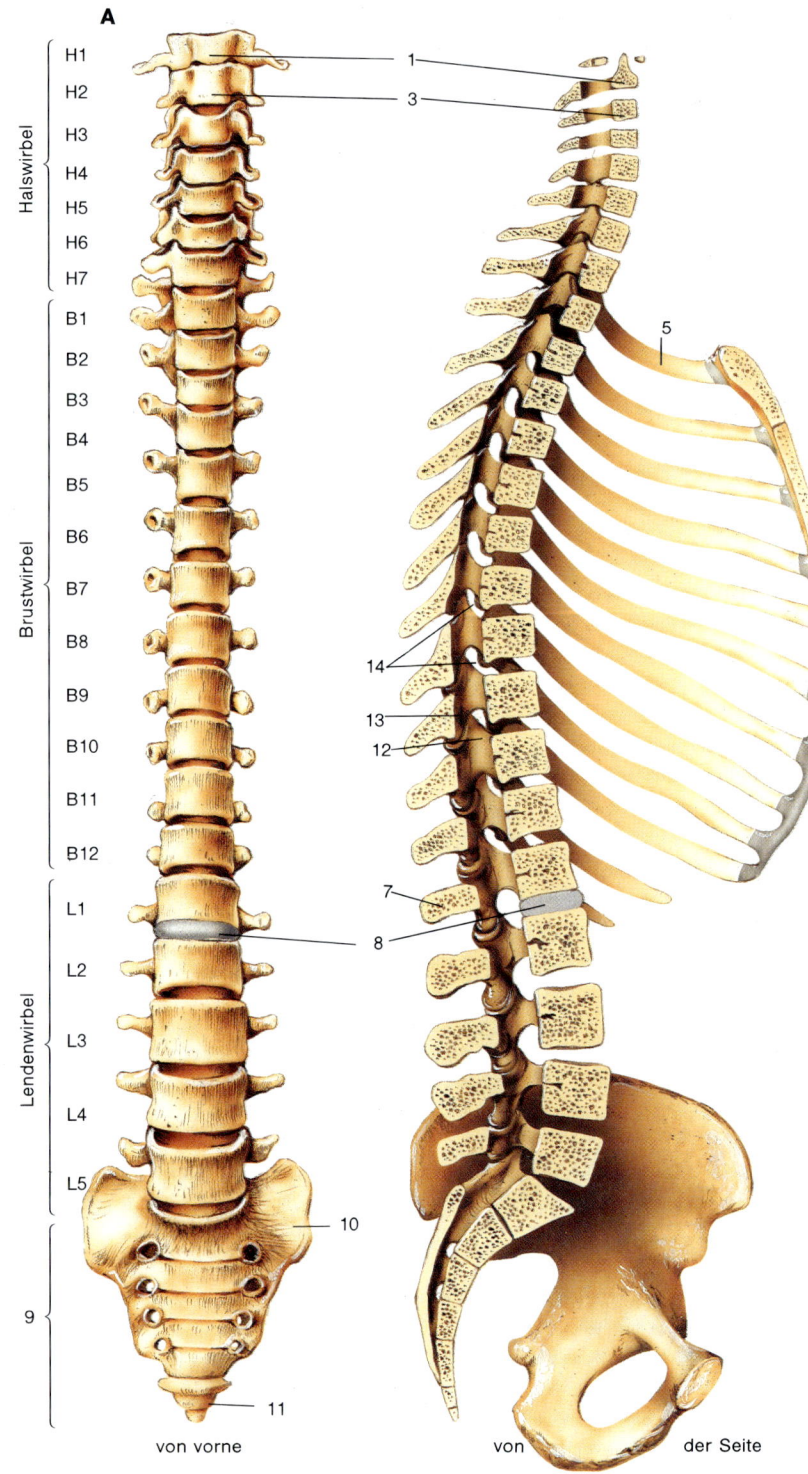

A

Halswirbel — H1, H2, H3, H4, H5, H6, H7
Brustwirbel — B1, B2, B3, B4, B5, B6, B7, B8, B9, B10, B11, B12
Lendenwirbel — L1, L2, L3, L4, L5

von vorne

von der Seite

Siehe auch: **Knochengerüst,** S. 222/223   **Schädel,** S. 224/225   **Arme,** S. 232/233   **Lunge und Brustraum,** S. 268/269

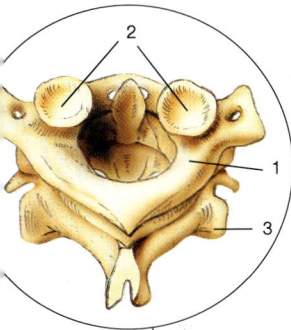

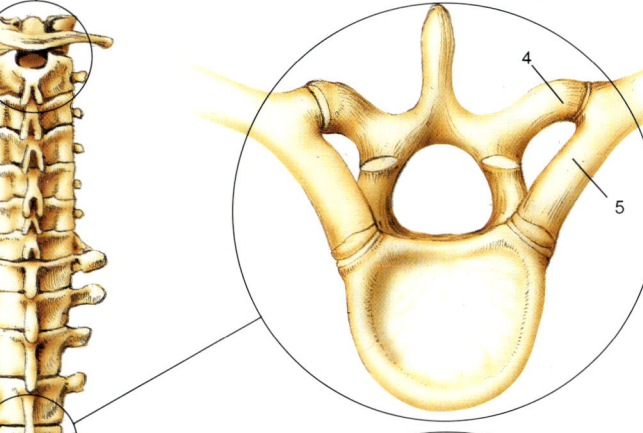

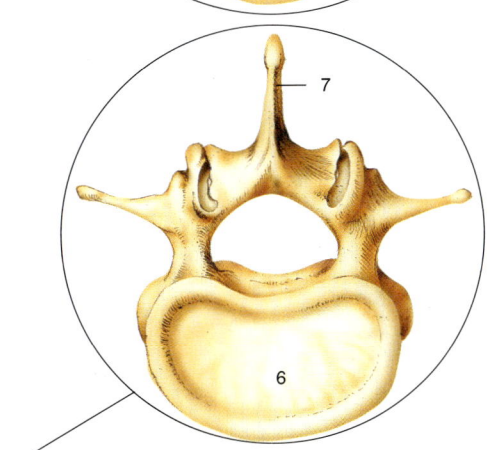

fortsätze (7) aus. Sie ermöglichen eine hohe Beweglichkeit in diesem Bereich. Zwischen den Wirbelkörpern sorgen die Bandscheiben (8) für die notwendige elastische Federung. Die Beckenregion (9) setzt sich aus Kreuz- (10) und Steißbein (11) zusammen. Die 23 paarigen Zwischenwirbelgelenke, die vom

Axis bis zum Kreuzbein reichen, sind in ihrem Grundaufbau gleichartig gestaltet. Jeweils ein oberer Gelenkfortsatz (12) ist mit dem unteren Gelenkfortsatz (13) des darüber liegenden Wirbels verbunden. So ordnen sich die Dornfortsätze dachziegelartig übereinander. Durch beidseitige Einbuch-

tungen des Wirbelbogens entstehen bei der Anlagerung zweier Wirbel die Zwischenwirbellöcher (14). Diese ermöglichen den Durchtritt der Rückenmarksnerven.

Verkrümmungen der Wirbelsäule

B Zu den Verkrümmungen durch eine Abschwächung

oder Überbetonung der normalen Wirbelsäulenform gehören der flache Rücken (1), der hohle Rücken (2) und der runde Rücken (3). Seitliche Verkrümmungen der Wirbelsäule, die mit einer Verdrehung der Wirbelkörper verbunden sind, bezeichnet man als Skoliose (4).

B

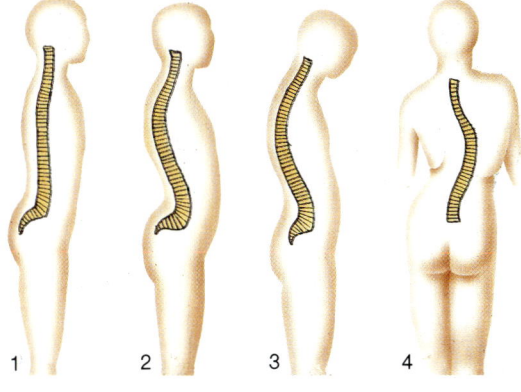

Die Brustwirbel tragen den Brustkorb

Der knöcherne Brustkorb setzt sich aus dem Brustbein, zwölf Rippenpaaren sowie den zwölf Brustwirbeln zusammen. Hinten sind die Rippen über die Rippengelenke mit den Brustwirbeln verbunden. Die Wirbelsäule wird somit zum Träger des Brustkorbs und stellt gleichzeitig seine hintere Begrenzung dar. An der vorderen Verbindung zum Brustbein sind nur die oberen sieben Rippenpaare direkt beteiligt. Die übrigen stehen nur indirekt mit dem Brustbein in Verbindung bzw. enden frei in der Bauchwand. Auf diese Weise entsteht ein Hohlraum, der starr und beweglich zugleich ist, der einerseits die inneren Organe schützt, andererseits aber auch die Atmung ermöglicht.

von hinten

Diagnose eines Bandscheibenvorfalls

Mit Hilfe der Computertomographie kann ein Bandscheibenschaden sicher diagnostiziert werden. Dabei handelt es sich um ein bildgebendes Verfahren, bei dem ein Detektorsystem die Röntgenstrahlung erfaßt, die von einer senkrecht zur Längsachse des Patienten rotierenden Röntgenröhre ausgeht. Die Ergebnisse werden anschließend durch Berechnungen eines Computers in horizontale Schichtbilder umgesetzt. In 96 % der Fälle ist bei einem Bandscheibenschaden die Lendenwirbelsäule betroffen. So läßt sich beispielsweise ein Vorfall der Bandscheibe zwischen dem fünften Lendenwirbel und dem ersten Kreuzbeinwirbel im Computertomogramm deutlich erkennen. Das Vortreten der Bandscheibe (1) über die Ränder des Wirbelkörpers (2) hinaus führt zu einer Eindellung des Rückenmarkkanals (3), was neben möglichen sensiblen Störungen und motorischen Ausfällen außerordentlich heftige Schmerzen zur Folge hat.

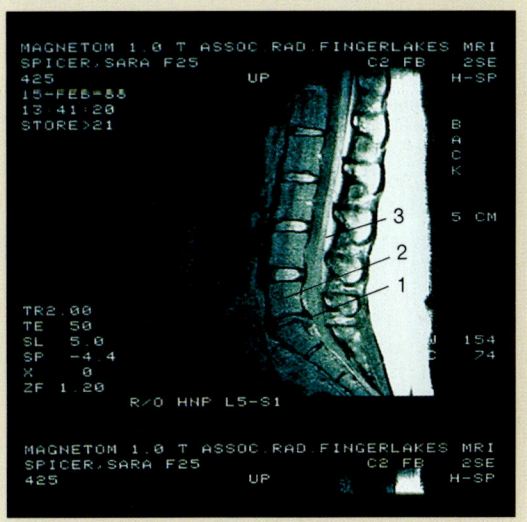

Rückenmark und Reflex, *S. 336/337*   Röntgentechnik, *S. 476/477*

Echte und unechte Gelenke

Wie die Knochenverbindungen Bewegungen ermöglichen

Durch die Gelenke werden die einzelnen Knochen zum Skelett verbunden. Auf diese Weise ist einerseits für den Zusammenhalt und die nötige Stabilität des Körpers gesorgt, andererseits wird durch die gelenkige Verbindung der Knochenelemente dem Körper Beweglichkeit verliehen. Das Ausmaß der Bewegung hängt dabei von dem Gelenktyp und von der Form der Gelenkflächen ab. Schließlich sorgen die Gelenke sowie die beteiligten Muskeln und Bänder auch dafür, daß die Bewegungen des Körpers soweit eingeschränkt werden, daß die bewegten Elemente immer noch in ihre Ursprungslage zurückkehren können.

Die Funktionsfähigkeit der Gelenke als knochenverbindende Elemente sind eine Grundvoraussetzung für unsere Lebensäußerungen. Gelenkerkrankungen oder Verletzungen, die mit einem dauerhaften Verlust der Bewegungsmöglichkeiten verbunden sind, können zu einer enormen Beeinträchtigung der Lebensqualität führen. Das Wissen um Bau und Funktion der Gelenke spielt daher in der praktischen Medizin eine große Rolle.

Die Einteilung der Gelenke

In der Arthrologie, der Gelenklehre, unterscheidet man allgemein zwischen kontinuierlichen Knochenverbindungen, die auch als Synarthrosen, Haften, Fugen oder unechte Gelenke bezeichnet werden, und den diskontinuierlichen Knochenverbindungen, den Diarthrosen oder echten Gelenken. Bei den unechten Gelenken sind zwei Knochen durch verschiedene Gewebe unbeweglich miteinander verbunden.

Entsprechend dem verbindenden »Haftmaterial« gibt es Band-, Knorpel- und Knochenhaften. Bei den Bandhaften werden zwei Knochen durch kollagenes oder elastisches Bindegewebe zusammengehalten, so z. B. die Schädelknochen bei Kindern. Bei den Knorpelhaften ist hyaliner Knorpel (Knochengewebevorstufe) das verbindende Material. Man findet sie in Gestalt der Epiphysenfugen während des Wachstums. Wenn nach Abschluß der Wachstumsperiode die Epiphysenfugen verknöchern, sind aus den Knorpelhaften Knochenhaften entstanden. Diese können aber auch aus Bandhaften hervorgehen, wie die verknöcherten Nähte des Schädeldaches bei Erwachsenen zeigen.

Die Bewegungsmöglichkeiten der Haften sind aufgrund ihrer Struktur stark eingeschränkt und erlauben lediglich eine gewisse Dehnung bzw. Federung.

Die eigentlichen Bewegungen erfolgen in den kompliziert gebauten echten Gelenken. Bei diesen ist immer ein spezifischer Bandapparat vorhanden sowie ein mit Gelenkflüssigkeit gefüllter Gelenkraum, der nach außen von einer Gelenkkapsel begrenzt wird. Darüber hinaus sind die gelenkbildenden Knochen an den gelenkigen Flächen stets mit Gelenkknorpel überzogen und stehen über einen Gelenkspalt in lockerer Verbindung.

Neben den Gelenken mit definierbaren Achsen, die Bewegungen auf einer oder mehreren Ebenen erlauben, stellen die sogenannten straffen Gelenke oder Amphiarthrosen einen Sonder-

fall dar, da ihr straffer Bandapparat die Bewegungsmöglichkeiten soweit einschränkt, daß nur eine federnde und Druck abfangende Funktion ermöglicht wird. Die kleinen Gelenke zwischen den Hand- und Fußwurzelknochen repräsentieren diesen Gelenktyp.

Zusammenhalt und Bewegungsausmaß

Die Gelenke werden aber nicht nur von den Bändern, sondern vor allem von der Eigenspannung der Muskulatur und deren Zugwirkung zusammengehalten. So ist es normalerweise nur unter Vollnarkose möglich, das Schultergelenk auszurenken.

In gleichem Maße sind Muskulatur und Bänder für das Ausmaß der Beweglichkeit verantwortlich. Durch ein entsprechendes Dehnungstraining kann die »Gelenkigkeit« enorm gesteigert werden. Ein bekanntes Beispiel dafür sind die Darbietungen der sogenannten »Schlangenmenschen«.

A

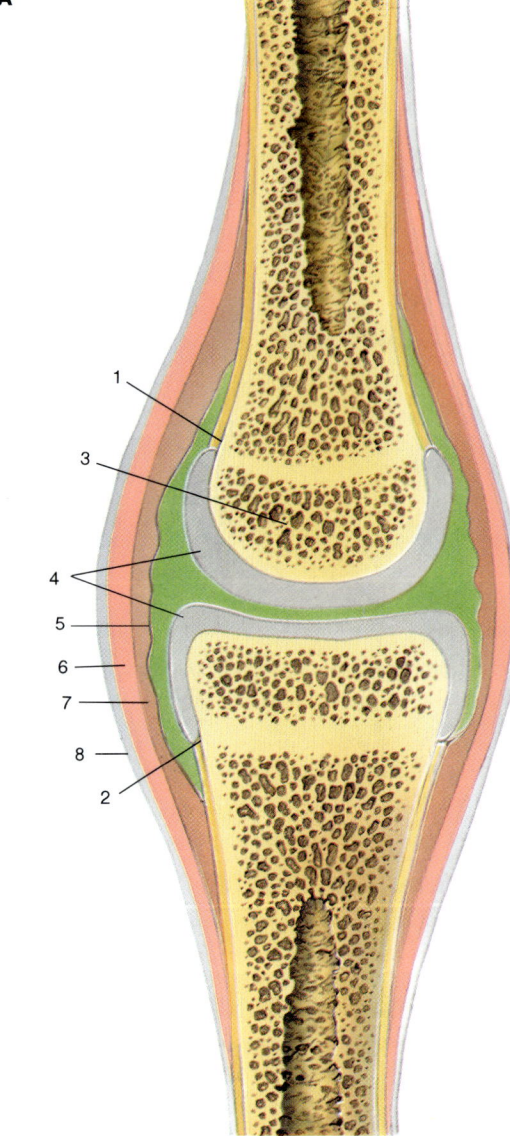

Der komplizierte Aufbau echter Gelenke
Ⓐ *Echte Gelenke verfügen trotz ihres funktionell recht unterschiedlichen Aufbaus über einige grundlegende Bestandteile. Im allgemeinen bestehen sie aus zwei einander ergänzenden Knochenenden, von denen eines den konvex geformten Gelenkkopf (**1**), das andere die entsprechend konkav geformte Gelenkpfanne (**2**) bildet. Kopf und Pfanne sind als Knochenenden von Knochenbälkchen (Spongiosa, **3**) ausgefüllt, die besondere Festigkeit verleihen. Die Gelenkflächen sind mit hyalinem, druckelastischem Knorpel (**4**) überzogen und ermöglichen zusammen mit der Gelenkflüssigkeit (Synovia, **5**) das reibungslose Gleiten der Knochenenden gegeneinander. Die dickflüssige, fadenziehende Synovia enthält*

Fetttröpfchen, Eiweiß, Hyaluronsäure und Zelltrümmer. Wie ein Getriebeöl schmiert sie die Gelenkflächen und ernährt zudem den Knorpel, der keine Blutgefäße aufweist.
*Der Gelenkinnenraum wird von der aus zwei Membranen aufgebauten Gelenkkapsel umschlossen. Die äußere Membrana fibrosa (**6**) besteht aus kollagenem Fasermaterial; ihr fester Halt schützt vor Verrenkungen. Die innere Synovialmembran (**7**) weist elastische Fasern, Nerven und Gefäße auf, außerdem sondert sie die Synovia ab. Außen sorgen Verstärkungsbänder (**8**) für die Stabilität des Gelenkes und begrenzen gleichzeitig die Bewegungsmöglichkeiten.*

Siehe auch: Knochengerüst, S. 222/223 Wirbelsäule, S. 228/229 Arme, S. 232/233 Beine, S. 234/235 Knie, S. 236/237

B

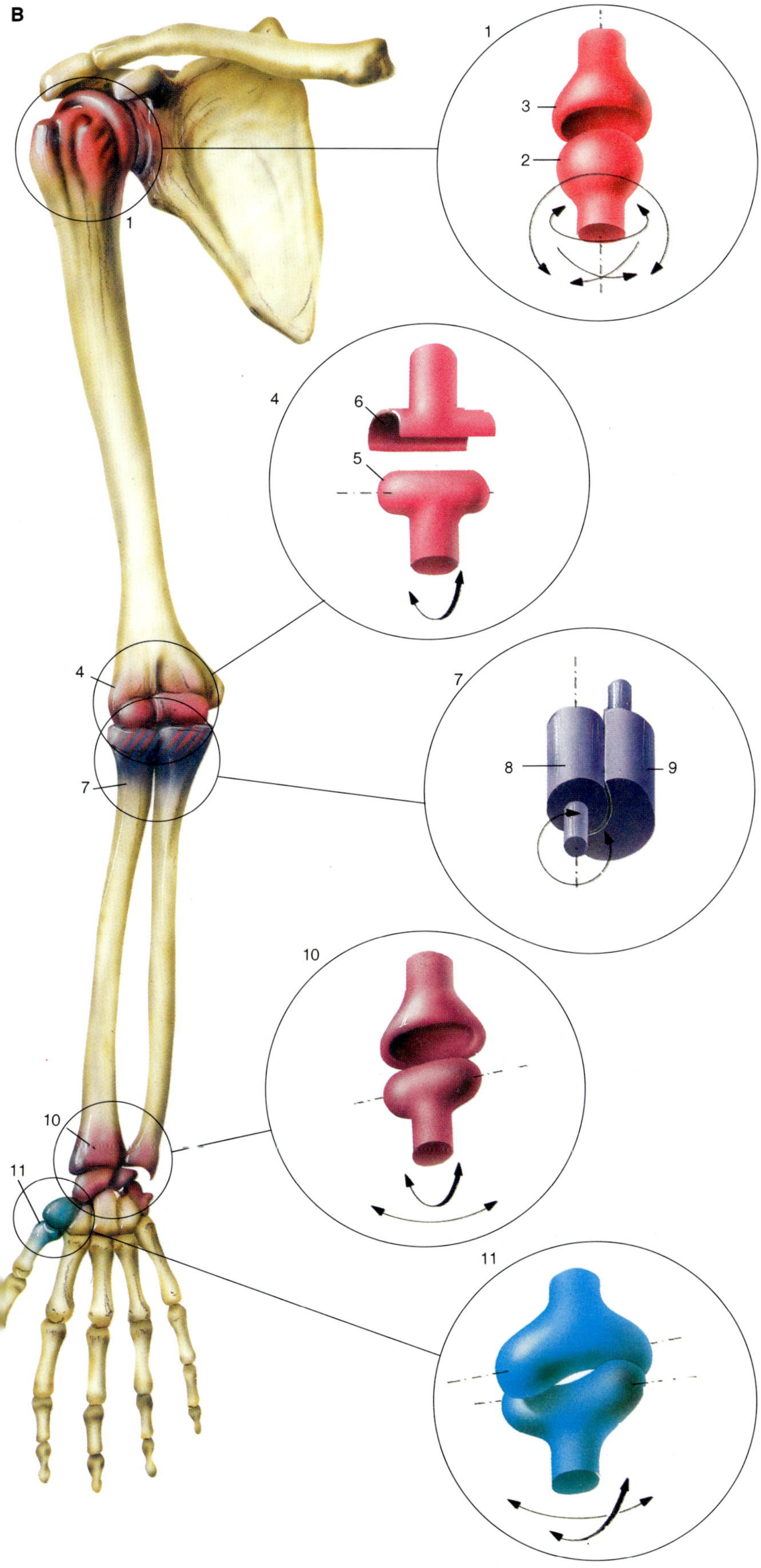

Die verschiedenen Typen echter Gelenke

Ⓑ Die wichtigsten Gelenktypen sind in Arm und Hand zu finden. Die drei- oder vielachsigen Kugelgelenke **(1)**, zu denen die Schulter-, aber auch die Hüftgelenke zählen, erlauben Bewegungen in alle Richtungen. Sie bestehen aus einem kugelförmigen Gelenkkopf **(2)**, der sich in eine hohlkugelförmige Gelenkpfanne **(3)** einfügt. Das Oberarm-Ellengelenk sowie die Mittel- und Endgelenke der Finger und Zehen sind einachsige Scharniergelenke **(4)**. Sie bestehen aus einem walzenförmigen Gelenkkopf **(5)**, der von einer schalenförmigen Gelenkpfanne **(6)** umgeben wird. Ebenfalls einachsig ist das Dreh- oder Zapfengelenk **(7)**, bei dem sich ein durch Bänder geführtes Achsenlager **(8)** um einen feststehenden, zylindrischen Gelenkkörper **(9)** dreht. Hierzu zählt z. B. das Ellen-Speichen-Gelenk. Bei den zweiachsigen Gelenken kann die Bewegung in zwei Ebenen erfolgen, wobei die beiden Achsen meist senkrecht aufeinanderstehen. Nach der Form der Gelenkflächen unterscheidet man das Ei- oder Ellipsoidgelenk **(10)**, dessen klassischer Vertreter das obere Handgelenk ist, und als dessen Sonderform das Sattelgelenk **(11)**. Ein Beispiel hierfür ist das Gelenk zwischen Daumen und Handwurzel, bei dem die Bewegungen des Daumens einem sich im Sattel vor- und zurückbeugenden Reiter vergleichbar sind.

Künstliche Gelenke

Wenn Gelenke aufgrund degenerativer Veränderungen wie z. B. Arthrosen oder Rheuma in ihrer Funktion stark eingeschränkt sind und jede Bewegung Schmerzen bereitet, kann der operative Einsatz eines künstlichen Gelenkes oder Gelenkteils hilfreich sein. So zählt der Ersatz von Hüftgelenken (siehe Foto) mit weltweit etwa 400 000 Operationen pro Jahr heute zu den Routineeingriffen. Kniegelenke werden in Deutschland rund 15 000mal pro Jahr ersetzt, Schultergelenke nur etwa 1000mal. Aber auch für Ellenbogen-, Finger- und Zehengelenke gibt es Endoprothesen. Sie bestehen aus gewebeverträglichen Materialien (Metall, Keramik, Kunststoff) und werden heute schon vielfach mit computergesteuerten Fräsmaschinen individuell angefertigt. Mit röntgenologischen Kontrolluntersuchungen wird später der Sitz der Endoprothesen, die etwa 10 Jahre halten, überprüft.

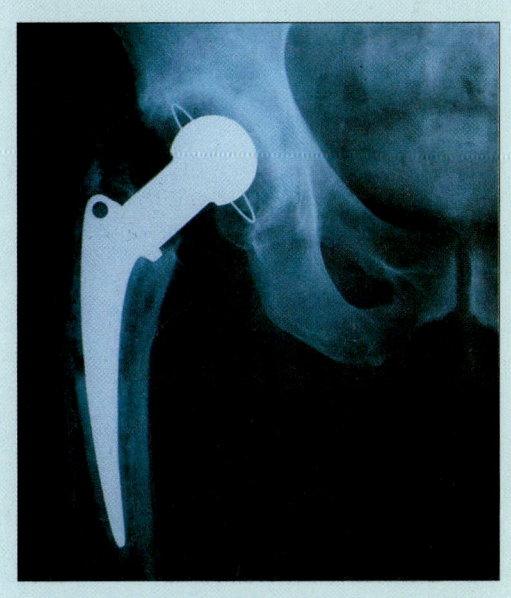

Vielseitiges Bewegungs- und Ausdrucksorgan

Der Schultergürtel und die oberen Gliedmaßen

Die Knochen des Schultergürtels bilden ein überaus bewegliches Verbindungsglied zwischen dem Rumpf und den oberen Gliedmaßen. Arme und Hände sind das zentrale Werkzeug des Menschen, sind Bewegungs- und Ausdrucksorgan zugleich. Die Beweglichkeit der oberen Gliedmaßen nimmt entsprechend der wachsenden Zahl der Knochen und Gelenke von der Schulter bis zu den Händen zu. Dadurch sind gezielte und fein abgestimmte Greifvorgänge in viele Raumrichtungen möglich. Letztlich spiegeln sich auch die herausragenden Fähigkeiten des menschlichen Gehirns in der handwerklichen Leistungsfähigkeit der Hand.

Obwohl die oberen und die unteren Gliedmaßen des Menschen einen einheitlichen Bauplan aufweisen, so unterscheiden sie sich in funktioneller Hinsicht doch erheblich. Mit der stammesgeschichtlichen Entwicklung des Menschen zum aufrechten Gang haben auch die ursprünglich gleichgestalteten Gliedmaßen entsprechende Veränderungen erfahren. Während der Beckengürtel und die unteren Gliedmaßen zum Träger des gesamten Körpers geworden sind und somit ausschließlich die Funktion eines Stütz- und Fortbewegungsorgans übernommen haben, konnten sich die oberen Gliedmaßen, von den statischen Aufgaben entbunden, zu einem vielseitigen Bewegungs- und Ausdrucksorgan entwickeln.

Bau und Funktion des Schultergürtels

Der Schultergürtel, der sich aus den großflächigen Schulterblättern und den Schlüsselbeinen zusammensetzt, verbindet die Arme mit dem Rumpf und bildet gemeinsam mit ihnen eine frei auf dem Brustkorb verschiebbare Funktionseinheit. Im Gegensatz zum Beckengürtel, über den die unteren Gliedmaßen relativ starr mit der Wirbelsäule verbunden sind, steht der Schultergürtel nur über die gelenkige Verbindung zwischen Schlüsselbein und Brustbein mit dem Brustkorb in Verbindung. Darüber hinaus gibt es am jeweils äußeren Ende der Schlüsselbeine eine gelenkige Verbindung zum Schulterblatt. Die inneren und äußeren Schlüsselbeingelenke ermöglichen die Verschiebbarkeit des Schulterblattes an der Rückseite des Brustkorbs und erhöhen auf diese Weise den Bewegungsspielraum der Arme.

Die komplizierte Konstruktion des Ellenbogens

Der Kopf des Oberarmknochens verbindet sich mit der Gelenkpfanne des Schulterblattes zum Schultergelenk. Die Größen der Gelenkflächen von Pfanne und Kopf stehen dabei im Verhältnis 1:4. Durch die geringe Fläche der Pfanne wird das Bewegungsausmaß des dreiachsigen Kugelgelenks zusätzlich erhöht.

Über das durch drei einfache Gelenke zusammengesetzte Ellenbogengelenk ist der Oberarm mit den beiden Knochen des Unterarms verbunden. Neben Beuge- und Streckbewegungen erlaubt dieses kompliziert gebaute Gelenk auch Drehbewegungen des Unterarms, bei denen Elle und Speiche entweder parallel liegen (Handfläche zeigt nach oben) oder sich überkreuzen (Handrücken zeigt nach oben). Eine Rotation in

Die Skelettelemente der oberen Gliedmaßen
Ⓐ *Der ringförmige Schultergürtel setzt sich beiderseits aus dem Schulterblatt (1) und dem Schlüsselbein (2) zusammen. Letzteres ist jeweils über das Innere Schlüsselbeingelenk (3) mit dem Brustbein (4) und über das Äußere Schlüsselbeingelenk (5) mit dem Schulterblatt verbunden. Schulterblatt und Oberarmknochen (6) bilden das Schultergelenk (7). Nach unten schließt sich über das Ellenbogengelenk (8) der Unterarm mit Elle (9) und Speiche (10) an. Das Handskelett schließlich umfaßt acht Handwurzelknochen (11), fünf Mittelhandknochen (12) und insgesamt 14 Fingerknochen (13). Hier unterscheidet man das proximale (14) und das distale Handwurzelgelenk (15), die Handwurzel-Mittelhandgelenke (16), die Fingergrundgelenke (17), die Mittel- und Endgelenke der Finger (18) sowie das Sattelgelenk des Daumens (19).*

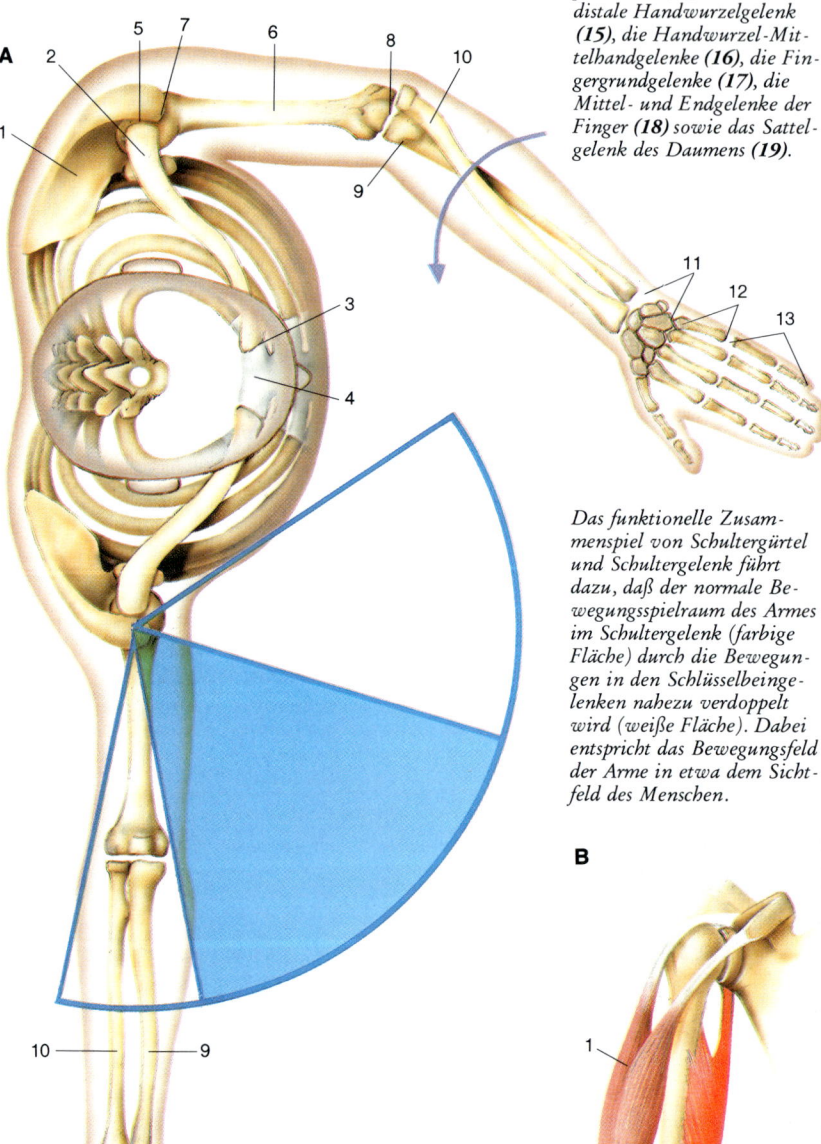

Das funktionelle Zusammenspiel von Schultergürtel und Schultergelenk führt dazu, daß der normale Bewegungsspielraum des Armes im Schultergelenk (farbige Fläche) durch die Bewegungen in den Schlüsselbeingelenken nahezu verdoppelt wird (weiße Fläche). Dabei entspricht das Bewegungsfeld der Arme in etwa dem Sichtfeld des Menschen.

Siehe auch: Knochengerüst, S. 222/223   Gelenke, S. 230/231   Beine, S. 234/235   Muskeln, S. 238/239   Haare und Nägel, S. 248/249

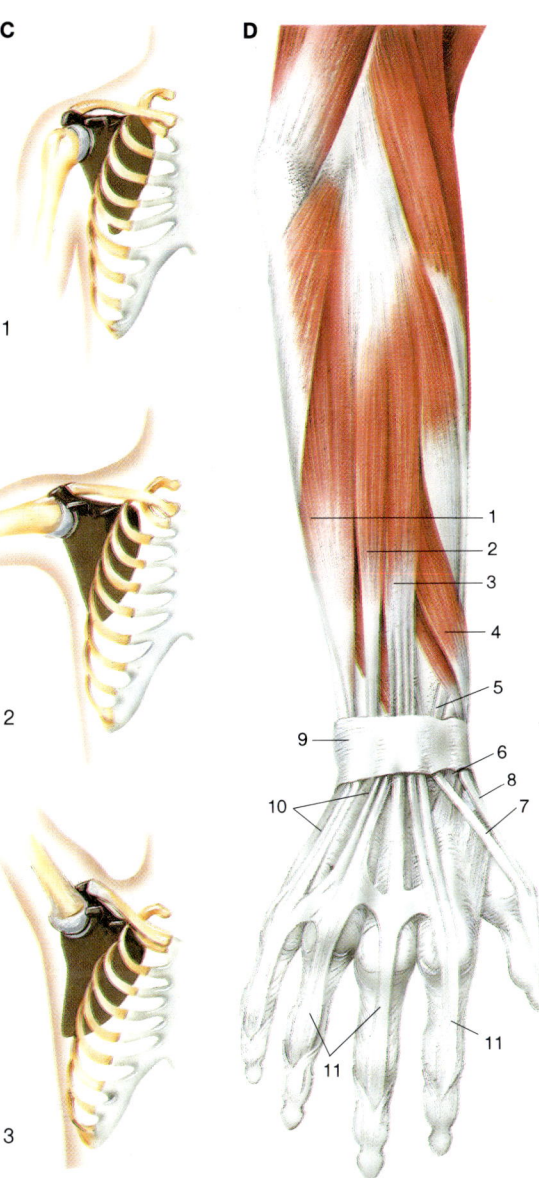

C

1

2

3

D

1
2
3
4
5
9
6
8
10
7
11
11
11

E

1   6   5   4   2   3
7
2
4
1   6   5

rechte angehoben, so kommt es zu einer leichten Verschiebung des Schulterblattes (2). Ein weiteres Anheben des Armes ist nur durch die Mitarbeit des Schultergürtels möglich. Dabei wird die Gelenkpfanne des Schultergelenks durch die Verlagerung des Schulterblattes in die für die Armbewegung benötigte Position gebracht (3).

Handbewegungen durch Muskeln und Sehnen

D *Zahlreiche Muskeln und Sehnen ermöglichen die gute Beweglichkeit der Hand. Vom Unterarm kommen der Ulnare Handstrecker (1), der Kleinfingerstrecker (2), der Gemeinsame Fingerstrecker (3), Langer (4) und Kurzer (5) Daumenabzieher, Langer Radialer Handstrecker (6) sowie Langer (7) und Kurzer (8) Daumenstrecker. Unter dem Streckersehnenhalteband (9) verlaufen diese Muskelsehnen durch mehrere Sehnenscheiden (10), die sich bei Überbeanspruchung entzünden können. Die Sehnen des Gemeinsamen Fingerstreckers bilden die Sehnenhaut (11) der Finger.*

Die Bewegung der Finger

E *Die Bewegung der Finger kann unabhängig von der Stellung der Hand erfolgen.*

Das Ausstrecken des Fingers geschieht durch Anspannung des Gemeinsamen Fingerstreckers (1) und des Zwischenknochenmuskels (2). Dabei sind die Kollateralbänder (3) entspannt. Für

die Beugung ist die Anspannung von Regenwurmmuskel (4), Tiefem (5) und Oberflächlichem (6) Fingerbeuger verantwortlich. Auch die Kollateralbänder spannen sich dabei an (7).

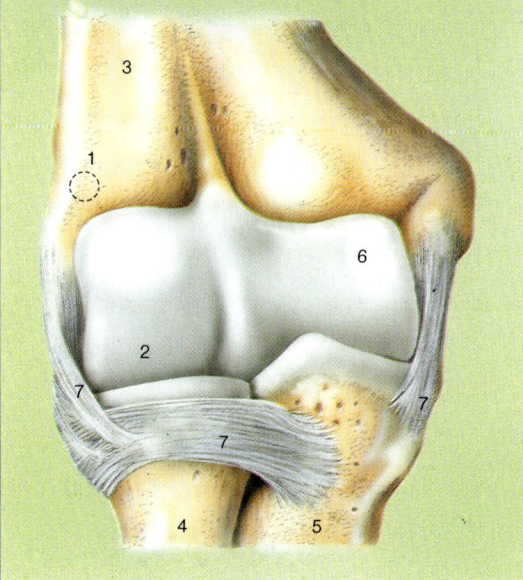
Zusammenspiel von Muskeln und Knochen

B *Die großen Muskeln des Oberarms zeigen, daß jedem Muskel (Synergist) ein anderer Muskel (Antagonist) entgegenspielt. Zieht sich der Zweiköpfige Oberarmbeuger (1) zum Heben eines Gewichtes zusammen, dehnt sich der antagonistische Strecker (Dreiköpfiger Oberarmmuskel, 2). Die Sehnen sind dabei so in Knochenfurchen gelagert, daß sie wie Seile eines Seilzugs über eine Rolle laufen (3).*

Wie Armbewegungen möglich werden

C *Die Schlüsselbeingelenke ermöglichen die Verschiebbarkeit des Schultergürtels. Wird der Arm aus der Ruhestellung (1) in die Waage-*

den Handwurzelgelenken selbst, die nur über zwei Freiheitsgrade verfügen, ist dagegen nicht möglich.

Die Hand als spezialisiertes Greiforgan

Der gesamte Aufbau und die Dynamik der oberen Gliedmaßen ist funktionell auf die Hand als Greif-, Tast- und Kommunikationsorgan ausgerichtet. Zwar nimmt die Bewegungsfähigkeit der einzelnen Gelenke von der Schulter zur Hand hin ab, die Beweglichkeit insgesamt jedoch steigt, da die Knochen kleiner werden und die Zahl der Gelenke zunimmt. Das vielfache Bewegungsspiel der Hand wird auf diese Weise durch insgesamt 27 Knochen, 36 Gelenke und 39 Muskeln ermöglicht.

Für die zangenartige Greifbewegung von besonderer Bedeutung ist die Oppositionsfähigkeit des Daumens, also die Tatsache, daß er den übrigen Fingern gegenübergestellt werden kann, sowie die nach innen gewölbte Handfläche.

Im Dienste der Fortbewegung

Der Beckengürtel und die unteren Gliedmaßen

Eine wichtige statische Grundlage der unteren Gliedmaßen ist der Beckengürtel. Er liefert die stabile Verbindung zum Rumpf und überträgt dessen Gewicht schonend auf die Beine. Die unteren Gliedmaßen sind über die Hüftgelenke beweglich mit dem Becken verbunden und werden so zum Träger des Körpers und zum Fortbewegungsapparat. Dabei kommt dem Fuß als Endabschnitt eine zentrale Bedeutung zu. Seine Gewölbekonstruktion erlaubt die elastische Abfederung des auf ihm lastenden Körpergewichts und macht ihn als spezialisiertes Stützorgan zu einem typisch menschlichen Merkmal.

Im Gegensatz zur oberen Extremität, bei der Struktur und Funktion darauf abzielen, die Freiheitsgrade der Bewegung zu erhöhen und in erster Linie schnelle Bewegungsänderungen zu ermöglichen, überwiegen bei der Konstruktion der unteren Extremität die Erfordernisse der Fortbewegung und die statischen Aspekte. Das Bewegungsausmaß von Beckengürtel, Bein und Fuß ist insgesamt geringer, die Freiheitsgrade in den Gelenken nehmen von der Hüfte bis zum Fuß hin ab. So ist die Sicherheit des aufrechten Ganges gewährleistet und der Körper hat auch bei komplizierten Bewegungsabläufen (z. B. beim Springen oder Balancieren auf einem Bein) stets eine stabile Grundlage. Das Becken dient dabei nicht nur als festes Verbindungselement zwischen den Beinen und dem Rumpf, sondern es stellt gleichzeitig ein schützendes Behältnis für die inneren Organe des Bauchraumes dar.

Der Aufbau des Beckengürtels

Das Becken bildet einen knöchernen Ring und setzt sich aus dem Kreuzbein der Wirbelsäule und den beiden schaufelartigen Hüftbeinen zusammen. Das Hüftbein selbst wird von drei Knochen gebildet: dem Darmbein, dem Schambein und dem Sitzbein, die beim Erwachsenen durch Knochenhaften (unbewegliche Gelenkreste) miteinander verbunden sind. Alle drei Knochen formen die Hüftgelenkspfanne, die den Gelenkkopf des Oberschenkels aufnimmt. Das Becken ist durch die feste Verbindung mit dem Kreuzbein nahezu unbeweglich gegenüber der Wirbelsäule. Nur durch diese Konstruktion kann es als Widerlager für die beiden Oberschenkelknochen dienen, deren Bewegungen aus den dreiachsigen Hüftgelenken heraus erfolgen.

Das Bein ist ein Winkelheber

Der Oberschenkelknochen ist der größte Knochen des menschlichen Skeletts. Über das Kniegelenk ist er mit dem Unterschenkel verbunden, dessen knöcherne Grundlage das Schienbein und das Wadenbein sind. Dabei ruht die Körperlast auf dem Schienbein und wird nach unten auf die Sprunggelenke übertragen. Im Gegensatz zum Unterarm sind die beiden Knochen des Unterschenkels aus statischen Gründen nicht umeinander drehbar. Das ganze Bein kann als eine Art doppelter Winkelheber betrachtet werden. Der erste Hebel wird aus der Verbindung des Oberschenkels mit der Hüfte gebildet, der zweite besteht aus Unterschenkel und Fuß. Das Kniegelenk verbindet die beiden Hebel.

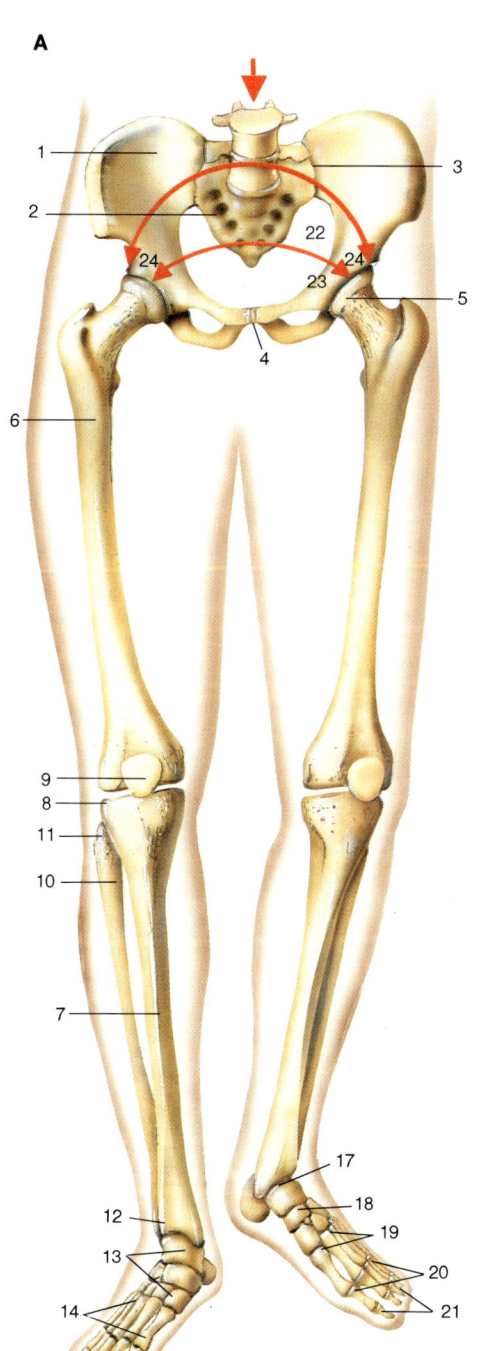

A

25

Knochenaufbau der unteren Gliedmaßen

A Der knöcherne Aufbau der unteren Extremität besteht aus sechs Abschnitten. Die beiden schaufelförmigen Hüftbeine (1) verbinden sich mit dem Kreuzbein der Wirbelsäule (2) zum Beckengürtel. Die Kreuzbeingelenke (3) und die Schambeinfuge (4) sorgen für eine Abpufferung von Stößen und ermöglichen während der Schwangerschaft auch die Erweiterung des Beckenringes. Das Hüftgelenk (5) ist ein modifiziertes Kugelgelenk mit drei Freiheitsgraden (Nußgelenk). Der Oberschenkelknochen (6) steht mit dem Schienbein (7) über das Kniegelenk (8) in Verbindung, an dessen Aufbau auch die Kniescheibe (9) beteiligt ist, nicht aber mit dem Wadenbein (10). Die beiden Knochen des Unterschenkels sind oben über das Schienbein-Wadenbein-Gelenk (11) und unten über eine Bandhaft (12) nahezu unbeweglich miteinander verbunden. Das Fußskelett setzt sich aus sieben Fußwurzelknochen (13), fünf Mittelfußknochen (14) und 14 Zehenknochen (15) zusammen. Die Große Zehe (16) verfügt nur über zwei Glieder. Bei den Fußgelenken unterscheidet man das Obere (17) und das Untere (18) Sprunggelenk, ferner die Fußwurzel-Mittelfußgelenke (19), die Zehengrundgelenke (20) sowie die Mittel- und Endgelenke der Zehen (21). Die Form des Beckengürtels ergibt eine flexible Bogenkonstruktion. Dabei bildet das Becken einen Gewölbebogen (22), der durch einen quer verlaufenden Schambeinbogen (23) stabilisiert wird. Während beim Stehen das Gewicht vom Kreuzbein auf die Hüftgelenke verteilt wird (24), lastet es beim Sitzen auf den beiden Sitzbeinhöckern (25).

Siehe auch: **Aufbau und Leistung der Knochen**, S. 220/221 **Knochengerüst**, S. 222/223 **Wirbelsäule**, S. 228/229

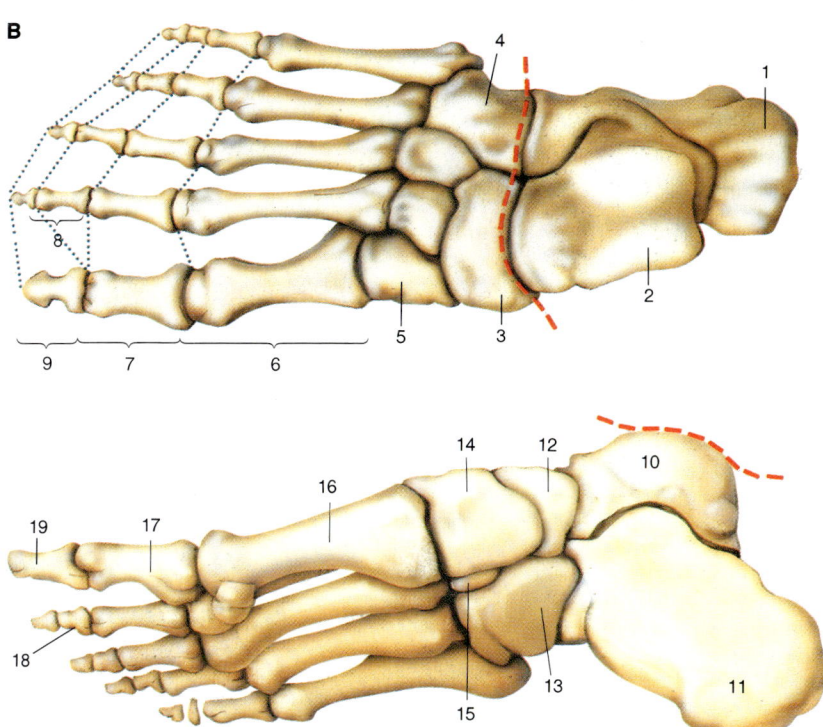

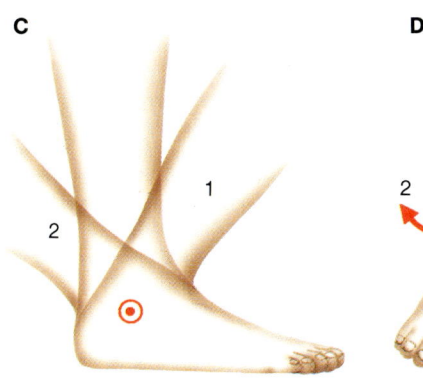

Abrollbewegung des Fußes beim Gehen.

Das Untere Sprunggelenk

D *Das Untere Sprunggelenk liegt zwischen dem Sprung-, dem Fersen- und dem Kahnbein. Im Gegensatz zum Oberen Sprunggelenk läßt es*

als Zapfengelenk Drehbewegungen zu. Dabei bezeichnet man das Einwärtsdrehen des Fußes als Supination (1), das Auswärtsdrehen als Pronation (2). Erst durch die Zusammenarbeit beider Gelenke erfährt der Fuß sein volles Bewegungsausmaß.

Der Fuß: ein spezialisiertes Stützorgan

Das Fußskelett weist ebenso wie die Hand eine Dreiteilung auf und gliedert sich in Fußwurzel, Mittelfuß und Zehen. Durch die Form und die Anordnung der einzelnen Knochenelemente und Gelenke sowie durch die Unterstützung eines straffen Bandapparates erhält der menschliche Fuß eine charakteristische Gewölbestruktur. Diese Struktur verleiht dem Fuß die notwendige Elastizität und ermöglicht darüber hinaus den druckfreien Verlauf von Nerven und Gefäßen in der Fußsohle. Während das Längsgewölbe durch die stockwerkartige Anordnung der sehr kräftig entwickelten Fußwurzelknochen entsteht, sind an der Bildung des Quergewölbes neben den Fußwurzelknochen auch die Mittelfußknochen beteiligt.

Die Fußknochen in Aufsicht und Seitenansicht

B *Aufsicht: Fersenbein (1), Sprungbein (2), Kahnbein (3), Würfelbein (4), Inneres Keilbein (5), fünf Mittelfußknochen (6), fünf Zehengrundglieder (7), vier Zehenmittelglieder (8) und fünf Zehenendglieder (9). Die kräftige, unterbrochene Linie zeigt die Lage des Unteren Sprunggelenkes. Seitenansicht: Hier sind Sprungbein und*

(10), Fersenbein (11), Kahnbein (12), Würfelbein (13), Inneres Keilbein (14) sowie Mittleres Keilbein (15) zu erkennen. Es folgen die Mittelfußknochen (16) und die Zehengrund- (17), die Zehenmittel- (18) und die Zehenendglieder (19), wobei der Großzehe das Mittelglied fehlt. Die Lage des Oberen Sprunggelenkes wird durch die gestrichelte Linie gezeigt.

Das Obere Sprunggelenk

C *Das Obere Sprunggelenk ist ein Scharniergelenk, das vom Sprungbein, einem der sieben Fußwurzelknochen, vom Schienbein sowie vom Wadenbein gebildet wird. Es erlaubt Beugung (1) oder Streckung (2) aus der Normalstellung des Fußes heraus, bei der dieser mit dem Unterschenkel einen rechten Winkel bildet. Das Obere Sprunggelenk ermöglicht die*

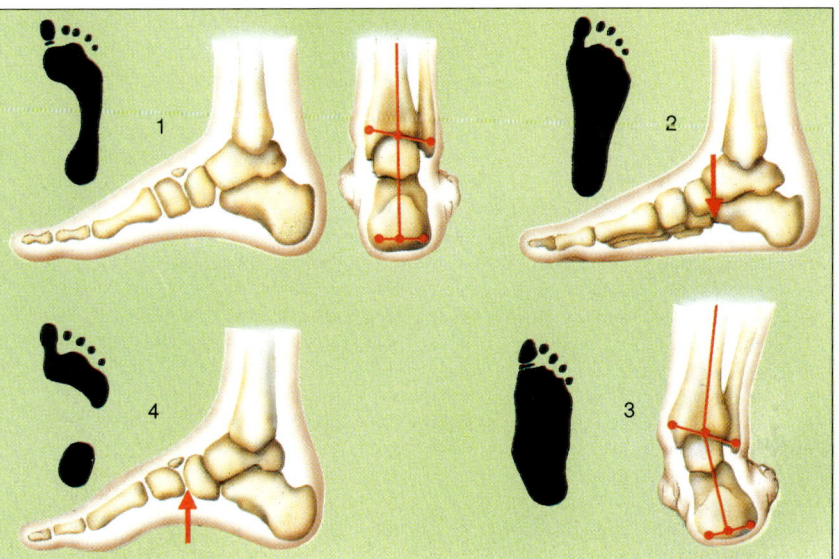

Fehlstellungen des Fußes

Viele Abweichungen von der normalen Fußform lassen sich schon anhand eines einfachen Fußabdruckes erkennen (s. Abb.).

Beim gesunden Fuß (1) bildet der Fußabdruck fünf Zehenfelder sowie ein vorderes und hinteres Sohlenfeld mit einem schmalen Verbindungsstreifen. Die Hauptlast ruht auf dem Fersenbein und dem ersten Mittelfußknochen. Bricht die Längswölbung aufgrund einer Bänderüberdehnung ein, so daß die gesamte Fußsohle den Boden berührt, dann spricht man von einem Plattfuß (2). In einigen Fällen ist der Plattfuß mit einem Knickfuß kombiniert, bei dem die Längsachse durch Sprung- und Fersenbein seitlich abknickt (3). Der Hohlfuß hat ein überhöhtes Längsgewölbe, der Fußabdruck erscheint zweigeteilt (4). Beim Spreizfuß führt ein durch Überlastung eingesunkenes Quergewölbe zur fächerförmigen Verbreiterung der Mittelfußknochen, die häufig mit einem Abknicken der Großzehen verbunden ist.

Mehr als nur ein Scharnier

Aufbau und Funktionsweise des Kniegelenkes

Das größte Gelenk des Menschen, das Kniegelenk, verbindet Ober- und Unterschenkelknochen beweglich miteinander. Seine Konstruktion ermöglicht zwei unterschiedliche Bewegungsarten, erhöht aber auch die Verletzungsgefahr. Wäre das Kniegelenk wie ein einfaches und wenig störanfälliges Scharnier gebaut, könnte es nur gebeugt und gestreckt werden; es erlaubt jedoch auch, in Beugestellung den Unterschenkel zu drehen. Trotz dieser Beweglichkeit kann es so fixiert werden, daß Ober- und Unterschenkel im Stehen eine feste Tragsäule bilden. Entscheidend hierfür ist der Bandapparat.

Nach unten endet der Oberschenkelknochen in zwei walzenförmigen Verdickungen, den von einer Knorpelschicht bedeckten Gelenkrollen. Ihnen entsprechen zwei flache Gelenkpfannen am oberen Ende des Schienbeins. Eine das ganze Gelenk umhüllende, bindegewebige Gelenkkapsel hat Schutz- und Stützfunktion und produziert in Zellen der Innenschicht (Synovialmembran) eine zähe Flüssigkeit (Synovia), die als Gelenkschmiere dient.

Die beiden Gelenkrollen des Oberschenkelknochens sind jeweils ungleichmäßig gekrümmt. Mit zunehmender Beugung treffen immer stärker gekrümmte Abschnitte der Gelenkrollen auf die Schienbeinpfannen, so daß die Berührungsflächen zwischen Ober- und Unterschenkelknochen kleiner werden. In Beugestellung läßt der kleinere Krümmungsradius außerdem die im Stehen straff gespannten Seitenbänder erschlaffen. Erst dadurch, daß mit zunehmender Beugung die Berührungsflächen und die Bänderspannung abnehmen, wird die Drehbewegung des Unterschenkels möglich.

Diese Drehbewegung ist wichtig: Wollte man z. B. im Stechschritt über einen Kartoffelacker marschieren, würde man sofort auf die Nase fallen. Bei gestrecktem Knie verhindern nämlich die gespannten Seitenbänder des Kniegelenks die Drehbewegung des Unterschenkels, die erforderlich ist, damit der Fuß in unebenem Gelände einen festen Halt auf dem Boden findet.

Seiten- und Kreuzbänder halten das Knie

Die beiden Seitenbänder fixieren das Kniegelenk von außen, indem sie in Streckstellung nicht nur die Überstreckung des Gelenks und die Drehung des Unterschenkels, sondern außerdem die Seitenbewegung nach innen oder außen verhindern. Passive, gewaltsame Bewegungen dieser Art sind Ursache vieler Bandverletzungen.

Im Inneren des Gelenks fesseln die beiden Kreuzbänder den Oberschenkelknochen und das Schienbein aneinander. Sie verlaufen schräg gekreuzt im Raum zwischen den Gelenkrollen. Besonders in Beugestellung, wenn die Seitenbänder erschlaffen, sichern sie den Zusammenhalt der Knochen. Sie begrenzen das Ausmaß der Beugung und verhindern vor allem die Verschiebung des Schienbeins nach vorn und rückwärts gegenüber dem Oberschenkelknochen. Daher beobachtet man bei einem Kreuzbandriß das sogenannte »Schubladenphänomen«, also die abnorm weite Verschiebbarkeit des Unterschenkels gegen den Oberschenkel.

Die Aufgaben von Menisken und Muskeln

Die Gelenkrollen und Gelenkpfannen des Knies passen nicht genau aufeinander. Zum Ausgleich ist das Kniegelenk mit zwei Menisken ausgestattet, hufeisenförmigen Faserringen mit keilförmigem Querschnitt. Der nach außen gerichtete Rücken der Keile ist mit der Gelenkkapsel verwachsen. Die Menisken bilden eine verformbare Ergänzung der flachen Gelenkpfannen. Indem sie sich als Keile in den Gelenkspalt schieben, vergrößern sie die Druck übertragende Fläche zwischen Ober- und Unterschenkelknochen.

Die das Kniegelenk beherrschende Muskulatur sind die Oberschenkelmuskeln. Besonders kräftig entwickelt ist die Streckmuskulatur auf der Vorderseite des Oberschenkels, da sie beim Aufrichten aus der Hockstellung einen Großteil der Rumpflast heben muß. Die Knorpelfläche auf der Innenseite der als Sesambein in die Strecksehne eingelassenen, knöchernen Kniescheibe gleitet dabei über die Knorpelfläche der Gelenkrollen, was verhindert, daß die Sehne direkt auf dem Knochen reibt.

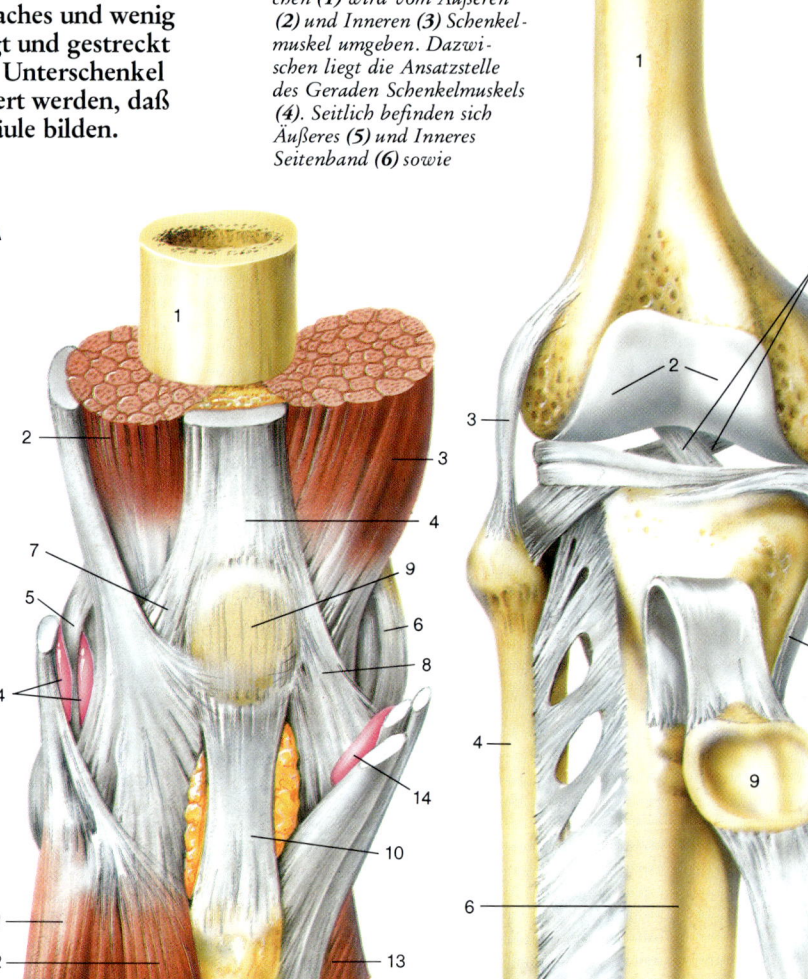

Das Kniegelenk mit Muskeln und Bändern
A *Der Oberschenkelknochen (1) wird vom Äußeren (2) und Inneren (3) Schenkelmuskel umgeben. Dazwischen liegt die Ansatzstelle des Geraden Schenkelmuskels (4). Seitlich befinden sich Äußeres (5) und Inneres Seitenband (6) sowie*

Äußeres (7) und Inneres Halteband (8) der Kniescheibe (9). Von dort aus geht das Kniescheibenband (10) ab. Nach unten hin verlaufen die Muskeln des Unterschenkels wie Langer Wadenmuskel (11), Vorderer Schienbeinmuskel (12) und Zwillingswadenmuskel (13). Unter den Bändern und Sehnen liegen Schleimbeutel (14), die Gelenkschmiere enthalten.

Das Kniegelenk ohne die bedeckenden Muskeln
B *Der Oberschenkelknochen (1) endet in zwei unterschiedlich gestalteten Gelenkrollen (2) und ist durch das Äußere Seitenband (3) mit dem Wadenbein (4) und durch das Innere Seitenband (5) mit dem Schienbein (6) verbunden. Dazwischen sind die*

Siehe auch: **Aufbau und Leistung der Knochen,** S. 220/221 **Knochengerüst,** S. 222/223

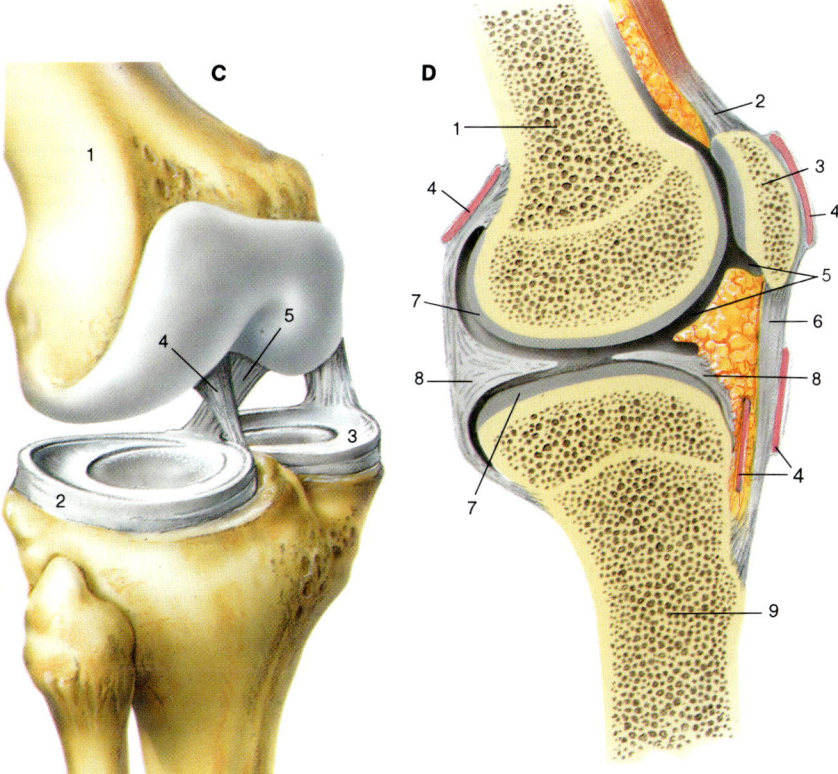

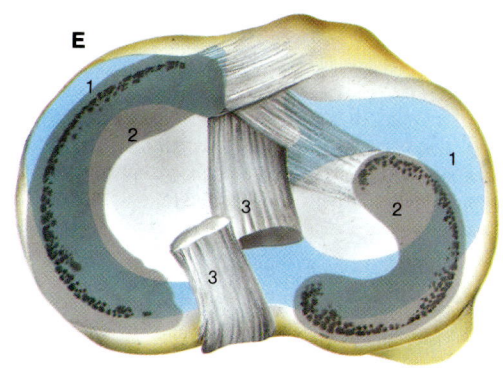

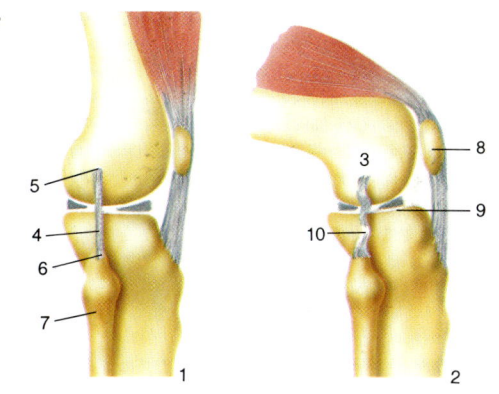

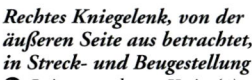

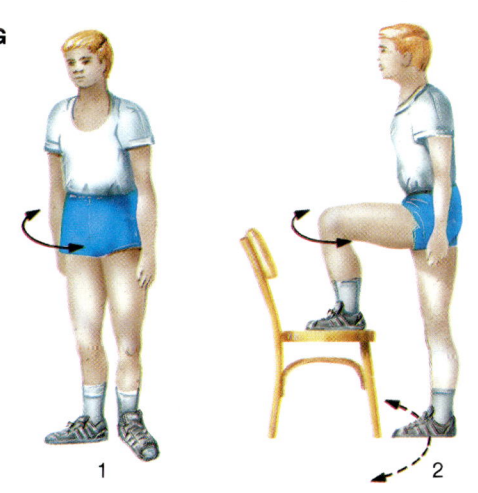

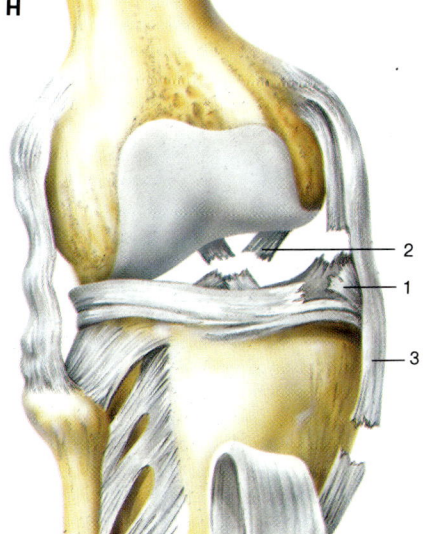

Kreuzbänder (**7**) und die Menisken (**8**) gut zu erkennen. Die Kniescheibe (**9**) ist hier abgeklappt.

Das Kniegelenk, gedreht und auseinandergezogen

C Der Oberschenkel (**1**) ist etwas gebeugt. Äußerer (**2**) und Innerer (**3**) Meniskus sowie Vorderes (**4**) und Hinteres (**5**) Kreuzband sind deutlich zu sehen.

Seitlicher Aufschnitt

D Dargestellt sind: Oberschenkelknochen (**1**), Ansatzsehne des Schenkelstreckers (**2**), Kniescheibe (**3**), Schleimbeutel (**4**), die mit Flüssigkeit gefüllte Gelenkhöhle (**5**), Kniescheibenband (**6**), Gelenkknorpel (**7**), Meniskus (**8**) und Schienbein (**9**).

Die Menisken bei Streckung und Beugung

E In der Aufsicht auf den Schienbeinknochen wird die Verschiebung der Menisken bei Streckung (**1**) und Beugung (**2**) deutlich. Zwischen den Menisken setzen die Kreuzbänder (**3**) an.

Rechtes Kniegelenk, von der äußeren Seite aus betrachtet, in Streck- und Beugestellung

F Bei gestrecktem Knie (**1**) liegt der flach gekrümmte vordere Teil der Gelenkrolle (**3**) breit auf der Gelenkpfanne des Schienbeins, so daß im Stehen die Berührungsfläche zwischen Ober- und Unterschenkelknochen am größten ist. Das Seitenband (**4**) ist jetzt gespannt, da seine obere Ansatzstelle (**5**) am weitesten von der unteren (**6**) am Wadenbein (**7**) entfernt ist. Wird das Knie gebeugt (**2**), gleitet die Knorpelfläche der Kniescheibe (**8**) über die Gelenkfläche des Oberschenkelknochens, die Menisken (**9**) verschieben sich nach hinten und bilden verkleinerte Gelenkpfannen für den stärker gekrümmten hinteren Abschnitt der Gelenkrollen, während die Seitenbänder erschlaffen (**10**). So wird in Beugestellung die Drehbewegung des Unterschenkels möglich.

Die Drehung im Kniegelenk

G Im Stehen ist nur eine Rotation des ganzen Beines im Hüftgelenk möglich (**1**). Dabei erfolgt keine Drehung im Kniegelenk. Mit einem Fuß auf dem Stuhl kann man sich um die Längsachse des Schienbeins drehen (**2**), indem man auf dem anderen Bein um den Stuhl herum-

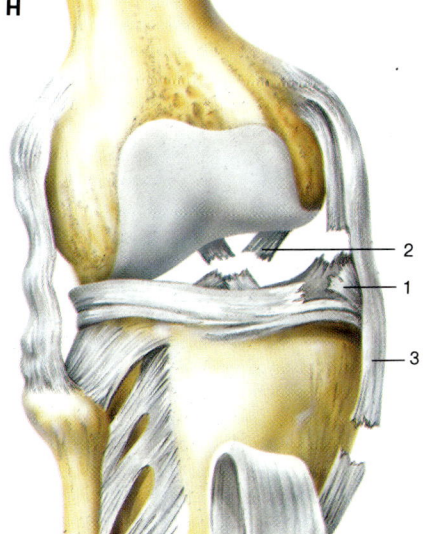

hüpft. Dabei dreht sich das Kniegelenk und nicht der Oberschenkel.

Wenn Menisken und Bänder reißen

H Vor allem Menisken (**1**) werden durch gewaltsame Drehbewegungen des Unterschenkels bei gebeugtem Knie beschädigt. Die Be-

wegungsbeeinträchtigungen können durch Entfernen des betroffenen Meniskus gelindert werden. Wird der Unterschenkel heftig zur Seite gebogen, etwa wenn zwei Fußballspieler gleichzeitig mit dem Spann gegen den Ball treten, können auch Kreuz- (**2**) und Seitenbänder (**3**) reißen.

Gelenke, S. 230/231   Beine, S. 234/235   Muskeln, S. 238/239

Immer unter Spannung

Über Form, Lage und Verteilung unserer Muskeln

Über 700 durch Nervenimpulse aktivierte Muskeln sorgen dafür, daß wir uns bewegen können. Weniger bekannt ist, daß die Skelettmuskulatur, die durchschnittlich 45 % unserer Körpermasse ausmacht, auch für die aufrechte Körperhaltung und für die Wärmeerzeugung von großer Bedeutung ist. Von der Energie, die für die Muskelarbeit eingesetzt wird, werden lediglich 45 % für die eigentliche Muskelbewegung verbraucht. Die restlichen 55 % sind zur Erzeugung von Wärmeenergie nötig, ein Vorgang, der besonders bei einer Unterkühlung durch das Kältezittern deutlich wird.

Muskeln bestehen aus spindel- oder faserförmigen, seltener aus verzweigten Zellen, die sich zu einzelnen Muskelsträngen oder -schichten zusammenschließen. Mit einer Sehne haften sie am Knochen und ermöglichen auf diese Weise deren Bewegung.

Die Muskelformen

Lange, spindelförmige Muskeln mit kurzer Sehne gestatten ausgiebige, jedoch nicht sehr kraftvolle Bewegungsabläufe. Wenn an einer langen Sehne kurze Muskelfasern entlang der Sehne ansetzen, spricht man von einem gefiederten Muskel, der eine große Muskelkraft entfalten kann. Setzen die Muskelfasern zu beiden bzw. zu mehreren Seiten einer Sehne an, ist er doppelt bzw. mehrfach gefiedert. Zwei- bzw. mehrköpfige Muskeln haben zwei bzw. mehrere Ursprünge oder »Köpfe« und ein gemeinsames Ende – wie der Zweiköpfige Armmuskel, kurz Biceps. Ist der Muskelstrang durch eine bzw. mehrere Sehnen unterbrochen, spricht man von zwei- bzw. mehrsträngigen Muskeln. Nach der Form unterscheidet man auch platte, drei- bzw. viereckige Muskeln.

Jeder Muskel hat einen Gegenspieler

An einer Bewegung sind mehrere Muskeln beteiligt. Wirken sie im gleichen Sinne, so sind sie Synergisten. Andere Muskeln wirken der Bewegung entgegen, sind also Gegenspieler oder Antagonisten. Die Notwendigkeit eines solchen Zusammenspiels ergibt sich aus der Tatsache, daß Muskeln sich zwar aktiv zusammenziehen können, nicht aber aktiv erschlaffen. Der Antagonist sorgt durch seine Verkürzung für die Dehnung des zuerst verkürzten Muskels. In Abhängigkeit von der Bewegung kann ein und derselbe Muskel einmal als Synergist, dann wieder als Antagonist wirken.

Warum Frauen das »schwache« Geschlecht sind

Mit rund 30 kg fällt die männliche Skelett-Muskelmasse stark ins Gewicht, während Frauen es durchschnittlich lediglich auf 24 kg Muskelmassengewicht bringen. Für diesen beachtlichen Unterschied wird vor allem das Sexualhormon Testosteron verantwortlich gemacht, das den Muskelaufbau fördert. Auch die durchschnittliche maximale muskuläre Kraftentwicklung der Frau beträgt nur 65 % der des Mannes, weshalb Frauen schon aus diesem Grunde für schwere körperliche Arbeit weniger geeignet sind als Männer.

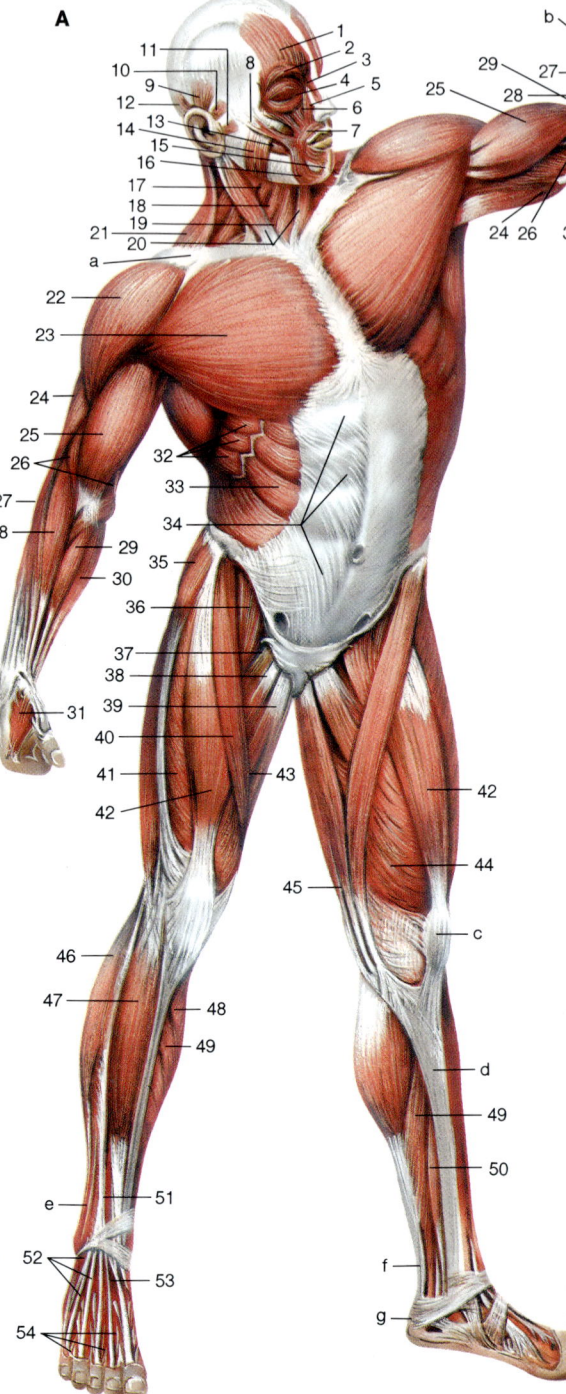

Die oberflächliche Muskulatur des Körpers in der Vorderansicht
Ⓐ **(1)** Stirnmuskel (M. occipitofrontalis), **(2)** Augenringmuskel (M. orbicularis oculi), **(3)** Senker der Augenbraue (M. depressor supercilii), **(4)** Augenringmuskel (M. orbicularis oculi), **(5)** Nasenrückenmuskel (M. nasalis), **(6)** Hebermuskeln der Nase und der Oberlippe, **(7)** Ringmuskel des Mundes (M. orbicularis oris), **(8)** Großer Jochbeinmuskel (M. zygomaticus major), **(9)** Oberer Ohrmuskel (M. auricularis superior), **(10)** Schläfenscheitelmuskel (M. temporoparietalis), **(11)** Vorderer Ohrmuskel (M. auricularis anterior), **(12)** Hinterhauptmuskel (M. occipitofrontalis), **(13)** Wangenmuskel (M. buccinator), **(14)** Kaumuskel (M. masseter), **(15)** Kinnmuskel (M. mentalis), **(16)** Mundwinkelsenker (M. depressor anguli oris), **(17)** Schildzungenbeinmuskel (M. thyrohyoideus), **(18)** Schulterzungenbeinmuskel (M. omohyoideus), **(19)** Brustzungenbeinmuskel (M. sternohyoideus), **(20)** Kopfnicker (M. sternocleidomastoideus), **(21)** Kapuzenmuskel (M. trapezius), **(22)** Armheber (M. deltoideus), **(23)** Großer Brustmuskel (M. pectoralis major), **(24)** Armstrecker (M. triceps brachii), **(25)** Zweiköpfiger Armmuskel (M. biceps brachii), **(26)** Armbeuger (M. brachialis), **(27)** Langer radialer Handstrecker (M. extensor carpi radialis longus), **(28)** Oberarmspeichenmuskel (M. brachioradialis), **(29)** Radialer Handbeuger (M. flexor carpi radialis), **(30)** Langer Hohlhandmuskel (M. palmaris longus), **(31)** Dorsale Zwischenknochenmuskeln (Mm. interossei dorsi), **(32)** Vorderer Sägemuskel (M. serratus anterior), **(33)** Äußerer Schräger Bauchmuskel (M. obliquus externus abdominalis), **(34)** Gerader Bauchmuskel (M. rectus abdominis), **(35)** Spanner der Oberschenkelbinde (M. tensor fasciae latae), **(36)** Innerer Schenkelbeuger (M. iliopsoas), **(37)** Kammuskel (M. pectineus), **(38)** Langer Oberschenkelanzieher (M. adductor longus), **(39)** Schlankmuskel (M. gracilis), **(40)** Schneidermuskel (M. sartorius), **(41)** Seitlicher Schenkelmuskel (M. vastus lateralis), **(42)** Gerader Schenkelmuskel (M. rectus femoris), **(43)** Großer Oberschenkelanzieher (M. adductor magnus), **(44)** Innerer Schenkelmuskel (M. vastus medialis), **(45)** Halbsehnenmuskel (M. semitendinosus), **(46)** Langer Wadenmuskel (M. peroneus longus), **(47)** Vorderer Schienbeinmuskel

Siehe auch: Kiefer und Gebiß, S. 226/227 Muskelfaser, S. 240/241 Knie, S. 236/237

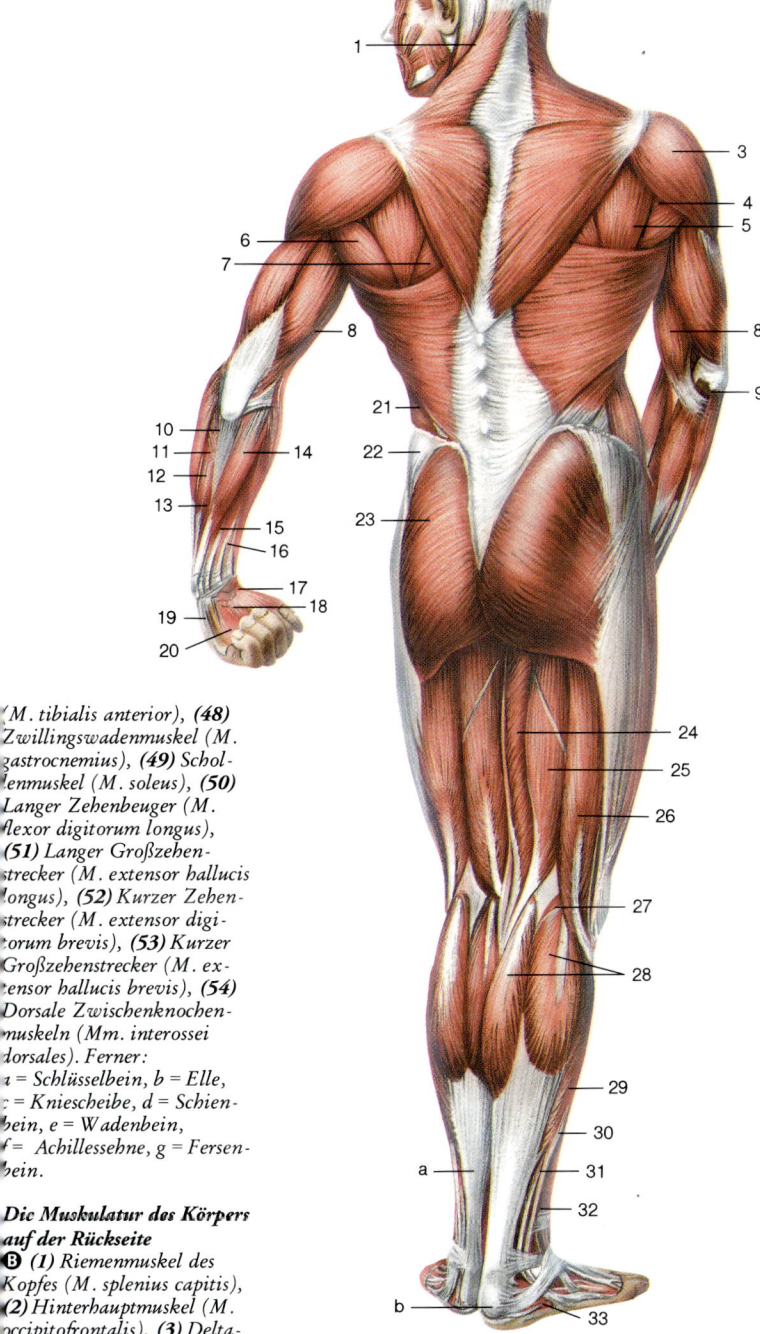

B

Anaboles Doping

Der Muskeleiweißaufbau kann durch bestimmte Stoffe, die Anabolika, gefördert werden. Ihre Verwendung kann bei Eiweißmangelzuständen medizinisch sinnvoll sein. Hingegen ist sie bei der Nutztiermast und beim Leistungssport verboten, weil verschiedene Nebenwirkungen festgestellt werden konnten, etwa die Vermännlichung bei der Frau. Der Einsatz von Anabolika beim Wettkampf gilt als Doping. Maßvolles Training (Bild) führt ebenfalls zum Aufbau der Muskelsubstanz und -kraft, schafft gleichzeitig faire Wettkampfbedingungen und schont die Gesundheit.

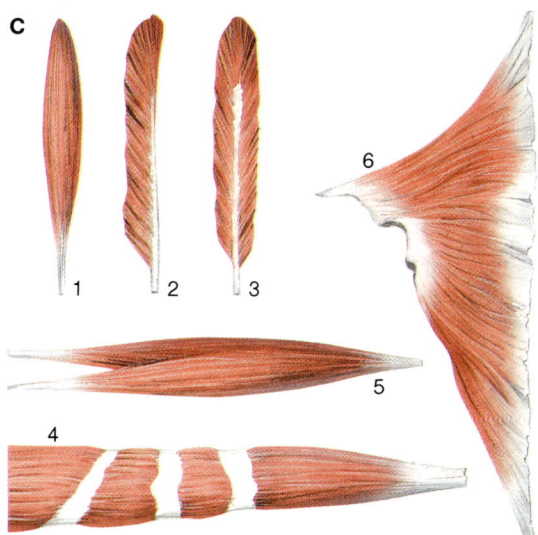

C

(M. tibialis anterior), **(48)** Zwillingswadenmuskel *(M. gastrocnemius)*, **(49)** Schollenmuskel *(M. soleus)*, **(50)** Langer Zehenbeuger *(M. flexor digitorum longus)*, **(51)** Langer Großzehenstrecker *(M. extensor hallucis longus)*, **(52)** Kurzer Zehenstrecker *(M. extensor digitorum brevis)*, **(53)** Kurzer Großzehenstrecker *(M. extensor hallucis brevis)*, **(54)** Dorsale Zwischenknochenmuskeln *(Mm. interossei dorsales)*. Ferner: a = Schlüsselbein, b = Elle, c = Kniescheibe, d = Schienbein, e = Wadenbein, f = Achillessehne, g = Fersenbein.

Die Muskulatur des Körpers auf der Rückseite

B *(1)* Riemenmuskel des Kopfes *(M. splenius capitis)*, *(2)* Hinterhauptmuskel *(M. occipitofrontalis)*, *(3)* Deltamuskel *(M. deltoideus)*, *(4)* Kleiner Rundmuskel *(M. teres minor)*, *(5)* Untergrätenmuskel *(M. infraspinatus)*, *(6)* Großer Rundmuskel *(M. teres major)*, *(7)* Großer Rautenmuskel *(M. rhomboideus major)*, *(8)* Armstrecker *(M. triceps brachii)*, *(9)* Runder Einwertsdreher *(M. pronator teres)*, *(10)* Ellenbogenmuskel *(M. anconeus)*, *(11)* Kurzer radialer Handstrecker *(M. extensor carpi radialis brevis)*, *(12)* Ge-

meinsamer Fingerstrecker *(M. extensor digitorum)*, *(13)* Ulnarer Handstrecker *(M. extensor carpi ulnaris)*, *(14)* Ulnarer Handbeuger *(M. flexor carpi ulnaris)*, *(15)* Oberflächlicher Fingerbeuger *(M. flexor digitorum superficialis)*, *(16)* Langer Daumenbeuger *(M. flexor pollicis longus)*, *(17)* Kurzer Daumenabzieher *(M. abductor pollicis brevis)*,

(18) Kurzer Daumenbeuger *(M. flexor pollicis brevis)*, *(19)* Kleinfingerabzieher *(M. abductor digiti minimi)*, *(20)* Kurzer Kleinfingerbeuger *(M. flexor minimi brevis)*, *(21)* Äußerer Schräger Bauchmuskel *(M. obliquus externus abdominis)*, *(22)* Mittlerer Gesäßmuskel *(M. gluteus medius)*, *(23)* Großer Gesäßmuskel *(M. gluteus maximus)*, *(24)* Plattsehnen-

muskel *(M. semimembranosus)*, *(25)* Halbsehnenmuskel *(M. semitendinosus)*, *(26)* Zweiköpfiger Schenkelmuskel *(M. biceps femoris)*, *(27)* Sohlenspanner *(M. plantaris)*, *(28)* Zwillingswadenmuskel *(M. gastrocnemius)*, *(29)* Schollenmuskel *(M. soleus)*, *(30)* Langer Wadenmuskel *(M. peroneus longus)*, *(31)* Kurzer Wadenmuskel *(M. peroneus brevis)*,

(32) Langer Zehenstrecker *(M. extensor digitorum longus)*, *(33)* Kleinzehenabzieher *(M. abductor digiti minimi)*. Ferner: a = Achillessehne, b = Fersenbein.

Muskelformen

C *(1)* spindelförmig, *(2)* einfach gefiedert, *(3)* zweifach gefiedert, *(4)* mehrbäuchig, *(5)* zweiköpfig und *(6)* platt.

Zucken und Ziehen, Heben und Halten

Feinbau und Funktionsweise der Muskeln

Der Grundbaustein oder die »Zelle« der Skelettmuskeln ist eine Faser, die Muskelfaser. Sie ist bisweilen so groß, daß sie mit dem bloßen Auge zu erkennen ist: Ihr Durchmesser kann bis zu 0,1 mm und ihre Länge bis zu 20 cm betragen. Ihre auf Längenänderung hin ausgerichtete Feinstruktur ist in den letzten Jahrzehnten sehr genau untersucht worden. Interessante Einblicke in die molekularen Strukturen und in ihr Zusammenspiel entschlüsselten das Funktionsprinzip der Längenänderung und machten das Großgeschehen der Bewegung und anderer Muskelzellfunktionen um einiges verständlicher.

Die Muskelfasern entstehen durch Verschmelzung einzelner Muskelzellen während der Keimesentwicklung. Jede Faser ist von zahlreichen langgestreckten Eiweißmolekülen durchzogen, die gebündelt sogenannte Myofibrillen bilden. Die Myofibrillen sind wiederum von anderen Eiweißmolekülen umhüllt, den kollagenen Fasern, die ein netzartiges Geflecht um sie herum bilden. Während die Myofibrillen die Muskelfasern verkürzen können, sind die kollagenen Fasern für die Zugübertragung auf die Sehnen – die Bindeglieder zwischen Muskeln und Skelettapparat – wichtig.

Willkürliche und unwillkürliche Muskelsteuerung

Bei der Skelettmuskulatur weisen die kontraktilen Elemente der mehrkernigen Muskelfaser das höchste Ordnungsprinzip aller Muskeln auf. Das befähigt sie dazu, sich schnell zusammenzuziehen. Bei der mikroskopischen Betrachtung eines Muskellängsschnitts zeigt sich diese Ordnung durch stets wiederkehrende dunkle Zonen, die ein Streifenmuster bilden. Man nennt diese Muskulatur daher auch quergestreifte Muskulatur. Sie wird von den motorischen Nerven willkürlich gesteuert.

Weniger streng geordnet sind die Mikrostrukturen der glatten Muskulatur, die vom vegetativen Nervensystem gesteuert wird. Diese deutlich kleineren und langsameren Muskelfasern finden sich in allen unwillkürlich arbeitenden Bereichen des Körpers: Dünn- und Dickdarm, Atemtrakt, Gefäßwand, Gebärmutter, Harnblase, Haarbalgmuskel, Pupillenmuskel.

Der Herzmuskel ist sein eigener Herr

Eine Sonderform der quergestreiften Muskeln findet sich im Herzmuskel. Dieser besteht aus verzweigten, einkernigen Einzelzellen. Anders als die willkürlich erregbare Skelettmuskulatur arbeitet der Herzmuskel unwillkürlich, wird aber im Gegensatz zur glatten Muskulatur auch nicht unmittelbar vom Zentralnervensystem gesteuert. Vielmehr sind hier die herzeigenen Erregungszentren (Sinus- und Atrioventrikularknoten) für die rhythmische Reizerzeugung verantwortlich. Lediglich der Rhythmus des Herzschlages wird von sympathischen und parasympathischen Nerven moduliert.

Entsprechend der hohen Dauerbelastung und den Anforderungen an das Herz weisen die Herzmuskelzellen viele Mitochondrien auf, die als Zellkraftwerke für die Energiebereitstellung in der Zelle sorgen.

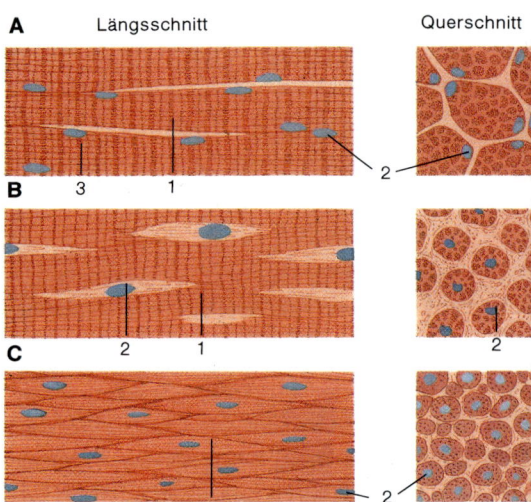

E

Feinschnitte des Muskelgewebes
Unter dem Mikroskop werden einzelne Muskeltypen sichtbar:
A *Die quergestreifte Skelettmuskulatur zeichnet sich durch große, lange Zellen (1) mit mehreren randständigen Zellkernen (2) aus. Außerdem sind regelmäßige Streifen (3) quer zur Längsrichtung erkennbar.*
B *Bei der Herzmuskulatur sind diese Streifen nicht mehr so regelmäßig. Die Zellen sind verzweigt (1) und haben nur einen mittelständigen Zellkern (2).*
C *Die glatte Muskulatur der Eingeweide zeigt spindelförmige und verzweigte Zellen (1) mit einem mittelständigen Zellkern (2).*

A Längsschnitt Querschnitt

B

C

Die Muskelfaser
D *Muskelfasern bestehen aus Actin- und Myosinfilamenten. Das Actinfilament (1) setzt sich aus vier ineinander verdrillten Strängen zusammen: zwei dickere Actinketten (2) aus aneinandergereihten Actinmolekülen (3) und zwei dünneren Tropomyosinketten (4) mit dem Troponin-Anteil (5). Das Myosinfilament (6) ist aus bis zu 360 büschelartig zusammengefaßten Myosinmolekülen (7) aufgebaut, die in Schaft (8), Hals (9) und einen zweigeteilten Kopf (10) gegliedert sind. Der Kopf ist gelenkartig mit dem Hals verbunden und enthält das Enzym ATPase, das für die Gewinnung der Bewegungsenergie von Bedeutung ist.*

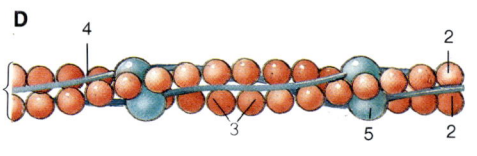

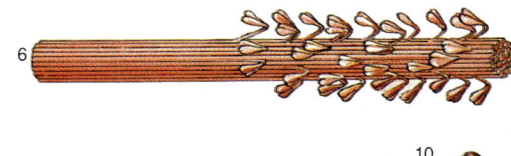

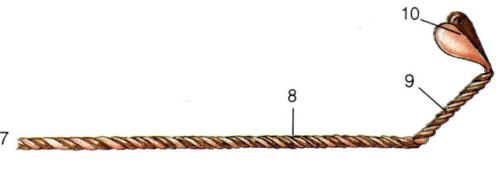

Siehe auch: **Kiefer und Gebiß,** S. 226/227 **Knie,** S. 236/237 **Muskeln,** S. 238/239

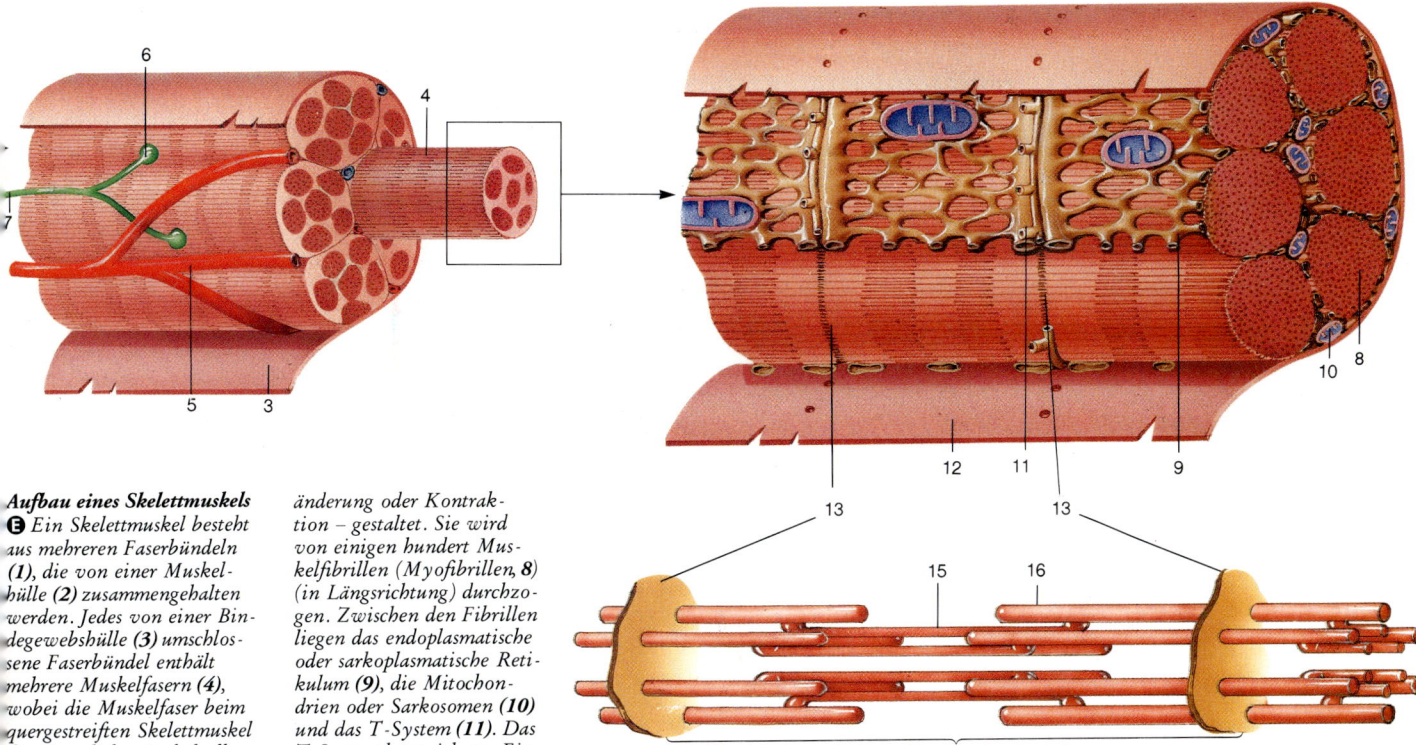

Aufbau eines Skelettmuskels

E *Ein Skelettmuskel besteht aus mehreren Faserbündeln (1), die von einer Muskelhülle (2) zusammengehalten werden. Jedes von einer Bindegewebshülle (3) umschlossene Faserbündel enthält mehrere Muskelfasern (4), wobei die Muskelfaser beim quergestreiften Skelettmuskel die eigentliche Muskelzelle darstellt. Im Gegensatz zu anderen Muskelzellen ist sie extrem groß und mehrkernig, da sie durch Verschmelzung mehrerer Muskelzellen während der Keimesentwicklung entstanden ist. Die Muskelfaser wird durch ein Geflecht von Blutkapillargefäßen (5) mit Nähr- und Sauerstoff versorgt. Auch die motorische Endplatte (6) der Nervenfaser (7) setzt an der Muskelfaser an. Die innere Struktur der Muskelfaser ist entsprechend ihrer Aufgabe – der Längen-*änderung oder Kontraktion – gestaltet. Sie wird von einigen hundert Muskelfibrillen (Myofibrillen, 8) (in Längsrichtung) durchzogen. Zwischen den Fibrillen liegen das endoplasmatische oder sarkoplasmatische Retikulum (9), die Mitochondrien oder Sarkosomen (10) und das T-System (11). Das T-System baut sich aus Einstülpungen der Zellmembran auf, die bei der Muskelfaser auch Sarkolemma (12) genannt wird. Jede Muskelfibrille wird durch plattenartige Proteinstrukturen, die Z-Scheiben (13), in etwa 0,002 mm lange Fächer oder Sarkomere (14) unterteilt. Die bei der mikroskopischen Betrachtung auffallende Querbänderung (siehe* **A**) *klärt sich nun durch die spezielle Anordnung zweier langkettiger Proteinmoleküle, die dicken Myosin-*

(15) und die dünnen Actinfilamente (16), auf. Diese sind die eigentlich verantwortlichen Elemente für die Muskelkontraktion. Die Actinfilamente sind in der Mitte des Moleküls an der Z-Scheibe fixiert und überlappen mit ihren freien Enden die rund 1000 Myosinfilamente pro Sarkomer.

Muskelkontraktion

F *Die Funktionsweise des Skelettmuskels muß man sich folgendermaßen vorstellen: Wird die Erregung (1) eines Nervs über die motorische Endplatte auf die Muskelfaser übertragen, so dringt die Erregung über die Einstülpungen der Muskelfasermembran (T-System, 2) bis zum Inneren der Faser vor. Dies bewirkt, daß Calcium-Ionen (Ca²⁺) aus dem sarkoplasmatischen Retikulum (3) freigesetzt werden (4). Die Ca²⁺-Ionen dringen bis zum Actinfilament (5) vor und werden dort an das Troponin gebunden. Dadurch werden am Actinfilament Bindungsstellen frei, die nun mit den Myosinköpfchen (6)* *reagieren können. Die Myosinköpfchen klappen um (7) und ziehen das Actinfilament zur Sarkomer-Mitte – das Sarkomer wird kürzer, der Muskel zieht sich zusammen (siehe auch* **E**, *14–16). Diese Bindung bleibt 10–100 ms erhalten. Danach wird sie unter Energieverbrauch (8), bei dem Adenosintriphosphat (ATP) als Energiespender dient, wieder gelöst, und der Myosinkopf richtet sich auf (9). Dieser Vorgang wiederholt sich mehrfach, so daß im Endeffekt die Muskelkontraktion als Gleitbewegung der Actinfilamente zwischen die Myosinfilamente betrachtet werden kann. Die Länge der beiden Moleküle ändert sich nicht.*

F

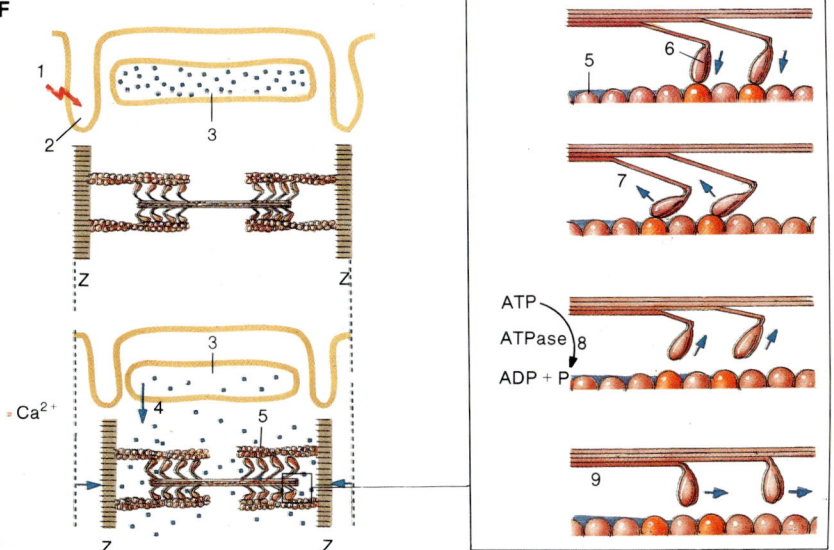

Eine Nervenzelle steuert bis zu 2000 Muskelfasern

Der Reiz einer Nervenzelle (Motoneuron) kann nach 1 Millisekunde bis zu 2000 Muskelfasern gleichzeitig zu einer Verkürzung (Kontraktion) veranlassen. Nur dort, wo eine sehr genaue Steuerung der Muskeln notwendig ist – wie etwa bei den Augen –, werden weniger als zehn Muskelfasern von einem Motoneuron erfaßt. Motoneuron und die dazugehörigen Muskelfasern bilden eine motorische Einheit.

Alle drei Wochen eine neue Haut

Die Haut – ein Organ mit vielfältigen Aufgaben

Kaum ein anderes Organ hat so viele verschiedene Funktionen zu erfüllen wie die Haut. Als »Schutzschild« vor schädlichen Umwelteinflüssen und Krankheitserregern überzieht sie unseren Körper und grenzt ihn gegen die Außenwelt ab. Darüber hinaus ist die Haut maßgeblich an der Regulation der Körpertemperatur beteiligt, sie steht im Dienste des Wasser- und Salzhaushaltes und des Immunsystems, verfügt als Sinnesorgan über besondere Sinneszellen (Rezeptoren), die dem Zentralnervensystem bestimmte Reize von außen übermitteln, und sie spielt sogar eine Rolle bei der Kommunikation.

Die Haut bedeckt die gesamte äußere Körperoberfläche des Menschen wie eine geschlossene Decke, sie nimmt beim Erwachsenen eine Fläche von ca. 2 m² ein und macht etwa 16 % des Körpergewichtes aus. Lediglich an den Körperöffnungen geht die Haut in die Schleimhäute über, welche die inneren Körperoberflächen auskleiden. Die wichtigste Aufgabe der Haut ist der Schutz des Körperinneren vor Strahlen, mechanischen Verletzungen sowie chemischen und thermischen Schäden.

Durch die außergewöhnliche Regenerationskraft, mit der die oberste Hautschicht kontinuierlich erneuert wird, und durch die Absonderungen besonderer Drüsen stellt die Haut eine natürliche Barriere für Krankheitserreger dar. Die Sekrete der in der Haut befindlichen Talg- und Schweißdrüsen bilden zusammen einen fettreichen und somit wasserabweisenden Oberflächenfilm, den Säureschutzmantel (pH 4–6), der das Eindringen von Bakterien weitgehend verhindert und den Körper vor Austrocknung bewahrt.

Auch bei immunbiologischen Vorgängen spielt die Haut eine Rolle. Sie beinhaltet alle Zellarten des Abwehrsystems, insbesondere Lymphocyten und Makrophagen, und kann auf eingedrungene Schadstoffe entsprechend reagieren.

Die Haut als Klimaanlage

Gleichzeitig trägt die Haut bei großer Hitze über die vermehrte Schweißabsonderung zur Abkühlung des Körpers nach dem Verdunstungsprinzip bei. Mit dem Schweiß werden auch Salze, Harnstoff, Harnsäure und Ammoniak ausgeschieden. An der Temperaturregulierung ist aber auch das Gefäßsystem der Haut beteiligt: Wenn die mittlere Hauttemperatur bei sehr kalter Witterung absinkt, bewirkt ein nervös gesteuerter Regulationsmechanismus das Zusammenziehen der Blutgefäße, so daß die Wärme im Körperinneren festgehalten wird. Im umgekehrten Fall hat bei Hitzebelastung eine Gefäßerweiterung den Einstrom von warmem Blut in die Haut zur Folge. Bedingt durch die Wärmeleitfähigkeit des Gewebes und die gesteigerte Durchflußrate des Blutes kann die Wärme nach außen abgegeben werden.

Die Haut als Spiegel der Gedanken und Gefühle

Für die Pigmentierung der Haut sind ebenfalls spezialisierte Zellen verantwortlich, die Melanocyten. Sie bilden den Farbstoff Melanin, der den Organismus vor ultravioletten Strahlen schützt. Die Hautfarbe hängt aber zu einem gewissen Grad auch von der jeweiligen Durchblutung ab

Der Aufbau der Haut

Die Haut setzt sich aus der Cutis, der Haut im engeren Sinne, der Subcutis oder Unterhaut und den Hautanhangsgebilden wie z.B. den Haaren (1) zusammen. Am dicksten ist die Haut mit 4 mm an den Hand- und Fußflächen, am dünnsten mit 1 mm am Augenlid.
Die Cutis gliedert sich in die Oberhaut oder Epidermis und die sich nach innen anschließende Lederhaut oder Dermis. Die Epidermis besteht aus mehreren Zelllagen und wird durch die große Teilungsaktivität der Basalzellen (2) innerhalb von drei Wochen vollständig erneuert. In dieser Zeit verhornen die Zellen zunehmend und sterben schließlich ab, so daß die Hautoberfläche von einer Schicht toter Zellen, den Keratinocyten (3), überdeckt wird. Diese werden beim Waschen oder durch Reibung kontinuierlich abgeschilfert, wobei der Haut aufliegende Krankheitserreger gleich mit entfernt werden. Im unteren Bereich der Epidermis befinden sich die Pigmentzellen oder Melanocyten (4), die über einen runden Zelleib mit langen Fortsätzen verfügen, und die für die Tastempfindung verantwortlichen Merkel-Zellen (5), die besonders in der Haut von Hand- und Fußflächen vorkommen.
Die Dermis besteht vorwiegend aus Bindegewebe mit einem Netzwerk aus kollagenen und elastischen Fasern (6), die der Haut ihre Dehnbarkeit und Zerreißfestigkeit verleihen. Sie wird von Blutgefäßen (7), Lymphgefäßen (8) und Nervenfasern (9) durchzogen. Die Nervenfasern können frei enden (10) oder mit Nervenendkörperchen in Verbindung stehen. Hierzu gehören u. a. die der Vibrationswahrnehmung dienenden Pacini-Körperchen (11) und die Meißnerschen Tastkörperchen (12), die Berührungsreize aufnehmen.

Um die Kontaktfläche zur Epidermis zu vergrößern und ihre Ernährung zu verbessern, ragt die obere Schicht der Dermis mit zapfenartigen Ausläufern, den Papillen (13), in die Epidermis hinein. In der Dermis liegen ferner die Schweißdrüsen (14), deren lange Ausführungsgänge an der

Hautoberfläche enden (15), und die Haarwurzeln (16) oder -follikeln mit den meist in den Haartrichter mündenden Talgdrüsen (17). Zu jedem Haar gehört auch ein Haarmuskel (18), der für das Aufstellen der Haare bei einer »Gänsehaut« sorgt. Nach innen geht die Dermis in die Subcutis über, die aus

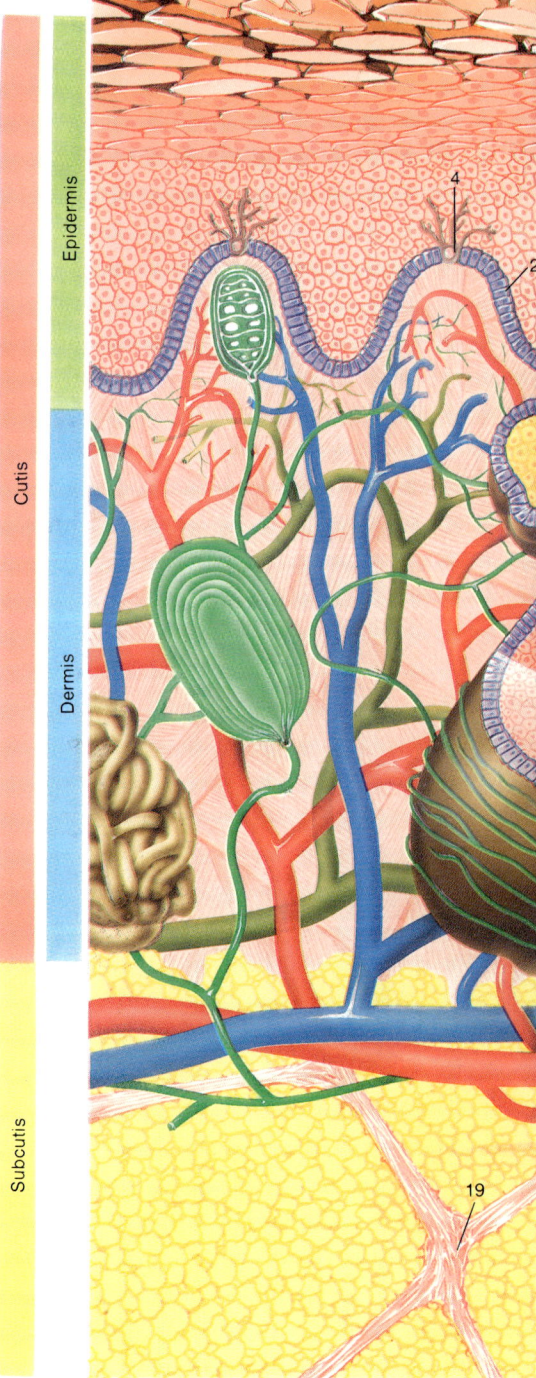

Siehe auch: Hautfarbe, S. 244/245 Wundheilung, S. 246/247 Haare und Nägel, S. 248/249 Hautsinne, S. 368/369

*ockerem Bindegewebe (19)
nd Fettgewebe (20) besteht.
Dieser Aufbau ermöglicht
ie Verschiebbarkeit der
Haut gegen die Unterlage
nd dient damit als Druck-
olster und Stoßdämpfer,
ber auch als Isolierschicht
nd Fettspeicher.*

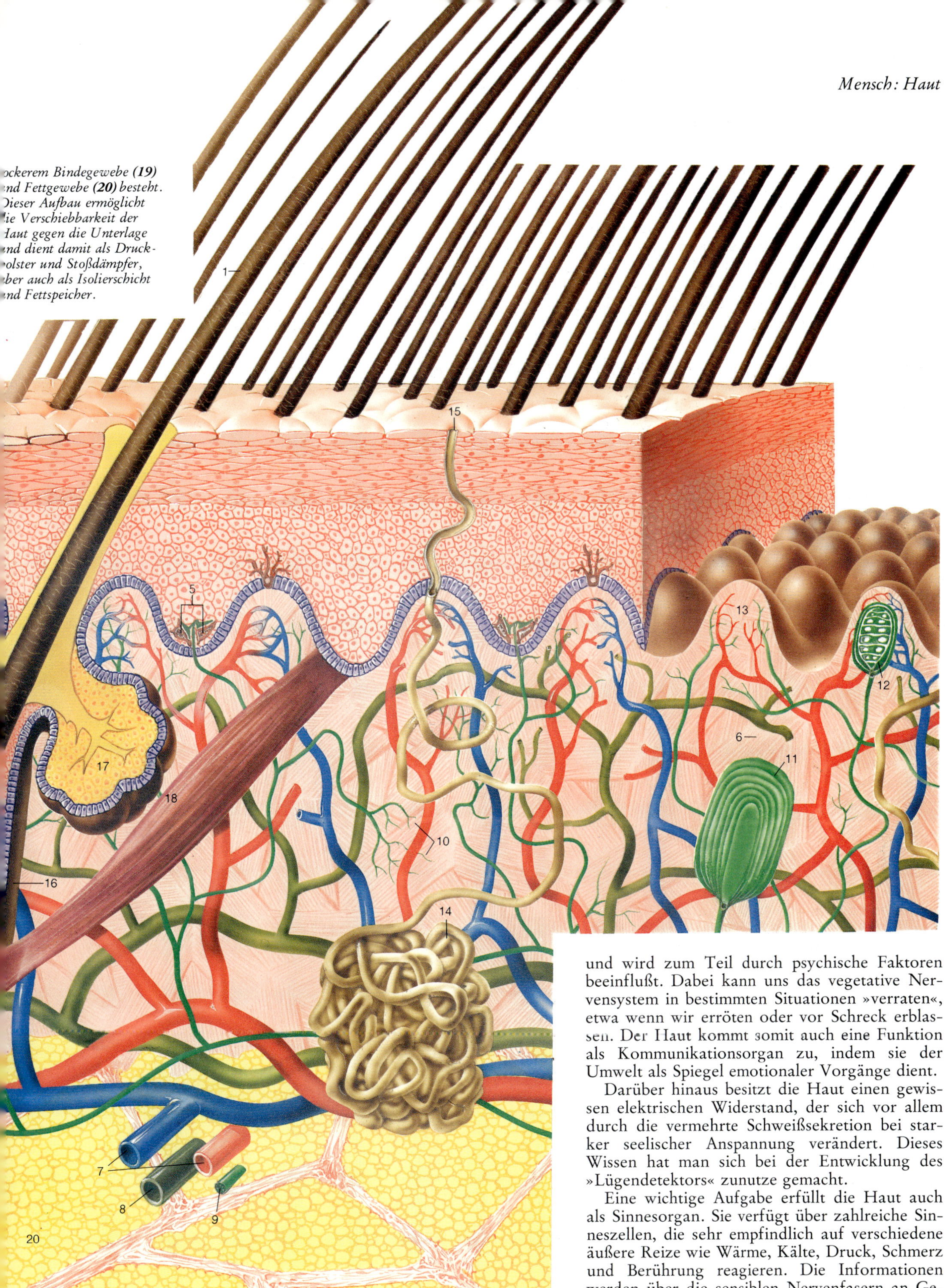

und wird zum Teil durch psychische Faktoren beeinflußt. Dabei kann uns das vegetative Nervensystem in bestimmten Situationen »verraten«, etwa wenn wir erröten oder vor Schreck erblassen. Der Haut kommt somit auch eine Funktion als Kommunikationsorgan zu, indem sie der Umwelt als Spiegel emotionaler Vorgänge dient.

Darüber hinaus besitzt die Haut einen gewissen elektrischen Widerstand, der sich vor allem durch die vermehrte Schweißsekretion bei starker seelischer Anspannung verändert. Dieses Wissen hat man sich bei der Entwicklung des »Lügendetektors« zunutze gemacht.

Eine wichtige Aufgabe erfüllt die Haut auch als Sinnesorgan. Sie verfügt über zahlreiche Sinneszellen, die sehr empfindlich auf verschiedene äußere Reize wie Wärme, Kälte, Druck, Schmerz und Berührung reagieren. Die Informationen werden über die sensiblen Nervenfasern an Gehirn und Rückenmark weitergeleitet und dort verarbeitet.

Der natürliche Sonnenschirm

Warum es verschiedene Hautfarben gibt

Obwohl das Licht der Sonne für alles Leben auf der Erde unerläßlich ist, kann ein Übermaß dieser energie- und lebenspendenden Strahlung doch große Schäden verursachen. Vor allem die Erbsubstanz in unseren Körperzellen, die DNS, wird durch die ultravioletten Anteile des Sonnenlichtes ständig in Mitleidenschaft gezogen. Um sich vor dieser zerstörerischen Kraft zu schützen, baut die Haut einen wirksamen Schutzschild aus dem lichtabsorbierenden Pigment Melanin auf und verfügt über ein Reparatursystem, das der Ausbesserung von bereits entstandenen Schäden in der Erbsubstanz dient.

Die natürlichen Farbstoffe, die Pigmente, sind fast so alt wie das Leben selbst. Sie stammen aus den verschiedensten Stoffklassen und dienen bei Pflanzen und Tieren den unterschiedlichsten Zwecken. So erfüllt beispielsweise die spezifische Körperfärbung vieler Tiere eine wichtige Funktion bei der Partnerwahl (Geschlechterfindung) oder dient als Tarn- oder Warnfärbung dem Schutz vor Feinden. Und nur mit Hilfe des Chlorophylls sind die grünen Pflanzen in der Lage, die Lichtenergie für den wohl wichtigsten biochemischen Prozeß auf der Erde zu nutzen – die Photosynthese.

Beim Menschen hingegen dient die Pigmentierung der Haut vor allem dem Schutz vor den ultravioletten Strahlen der Sonne. Verantwortlich für unsere Hautfarbe ist das Melanin (griech. melas, »schwarz«), ein Abkömmling der Aminosäure Tyrosin, das in besonderen Pigmentzellen, den Melanocyten, gebildet wird. Das Melanin befindet sich dabei nicht frei in der Zelle, sondern wird in speziellen Zellorganellen, den Melanosomen, angereichert. Die Melanocyten kommen außer in der Oberschicht der Haut (Epidermis) auch in den Haarfollikeln und in der Iris vor. Sie sind aus Vorläuferzellen, den Melanoblasten, hervorgegangen, die bereits im dritten Monat der Embryonalentwicklung aus der Neuralleiste in die Epidermis eingewandert sind.

Im Durchschnitt kommt auf fünf bis acht Epidermiszellen ein Melanocyt, so daß sich auf 1 mm² Epidermis etwa 1000 dieser Zellen befinden. Das Verteilungsmuster ist genetisch festgelegt und variiert in den verschiedenen Körperregionen. So sind auch die »Sommersprossen«, deren Pigmentierung sich unter dem Einfluß von Licht verstärkt, und die meist harmlosen »Leberflecke« als lokale Verdichtungen von Pigmentzellen zu verstehen. Sie können angeboren sein oder sich erst später ausbilden, es besteht aber in jedem Falle eine erbliche Veranlagung.

Die Entstehung verschiedener Hautfarben

Man mag nun vermuten, daß die rassebedingten Abstufungen der Hautfarbe ebenfalls in der Melanocytenzahl zu suchen sind. Tatsächlich aber hat ein Papua aus Neuguinea im Mittel genauso viele Melanocyten wie ein schwedischer Lappe. Die Unterschiede beruhen vielmehr auf dem Ausmaß der Melaninbildung und der Zahl, Form und Größe sowie der Verteilung der Melanosomen in den Epithelzellen. Hingegen ist für die gelbliche Haut der Asiaten das Carotin, ein Pigment der Dermis, verantwortlich.

Die Pigmentzellen

Die Melanocyten (1) liegen auf dem Grund der Epidermis in einer Zellschicht, dem Stratum basale (2). Ganz typisch für diese Zellen ist der runde Zelleib mit den langen und unregelmäßig geformten Fortsätzen (3), die sich nach oben hin zwischen den Keratinocyten (4) verzweigen, sowie das Vorkommen der Melanosomen (5). Die Melanocyten sind zudem reich an Mitochondrien (6) und endoplasmatischem Retikulum (7) und verfügen über einen ausgeprägten Golgi-Apparat (8).

Produktion des Melanins

Die Bildung des Melanins erfolgt in mehreren Schritten. Zunächst entsteht an den Ribosomen (9) des rauhen endoplasmatischen Retikulums (rER) ein spezielles Enzym, die Tyrosinase. Die Enzymmoleküle werden dabei direkt im Inneren des rER gebildet und gelangen anschließend, gut verpackt in membranumhüllten Transportvesikeln (10), zu einem der Golgi-Felder, wo sie in Golgivesikeln (11) angesammelt werden. Aus diesen bilden sich ovale Bläschen, die Prämelanosomen (12). Sie enthalten neben dem Enzym auch die Aminosäure Tyrosin, die aus der Umgebung aufgenommen wird und die Ausgangssubstanz für die Melaninbildung darstellt. Durch das Auftreffen von ultravioletten Strahlen (13) wird nun die Tyrosinase aktiviert und beginnt sofort mit der Umwandlung von Tyrosin in das Dihydroxyphenylalanin (DOPA), aus dem dann über weitere Zwischenprodukte das schwarz-braune Melanin entsteht.

Verbreitung und Wirkung des Melanins

Mit fortschreitender Melaninbildung erlischt die Aktivität der Tyrosinase, und die Vesikel wandern als reife Melaningranula oder Mela-

Siehe auch: **Tierische Zellen,** S. 104/105   **Entartete Zellen,** S. 218/219

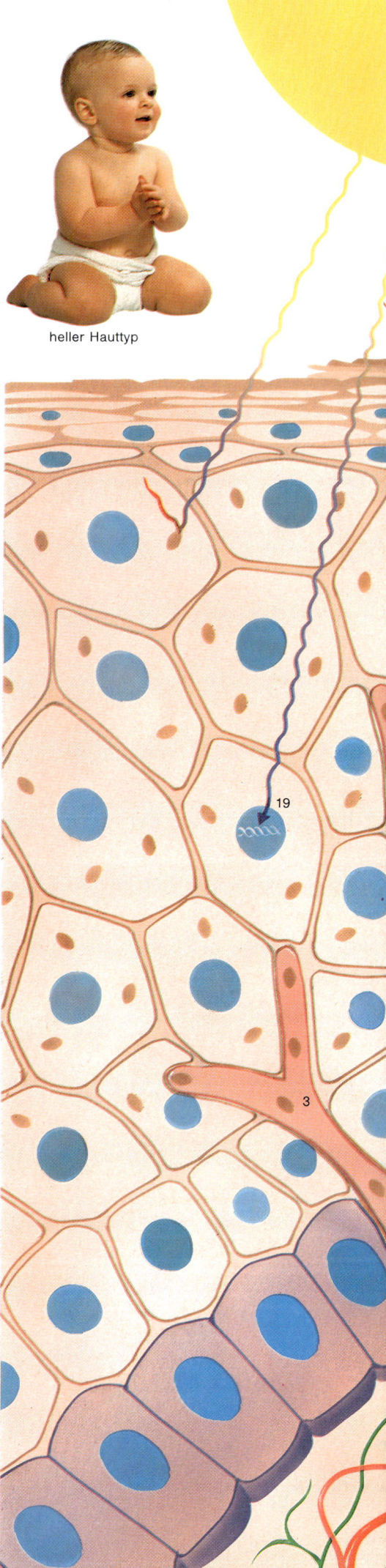

heller Hauttyp

dunkler Hauttyp

nosomen **(14)** in die Zellfortsätze ein **(15)**. Von dort aus werden sie über Ausknospungen an die benachbarten Keratinocyten weitergegeben, ein Vorgang, den man als cytokrine Sekretion bezeichnet **(16)**.

Das Melanin absorbiert die ultraviolette (UV) Strahlung **(17)** und wandelt sie in harmlose Infrarot-Strahlung **(18)** um. Geschieht dies nicht, kann die UV-Strahlung auf das Erbgut im Zellkern **(19)** treffen, was zu Veränderungen in der DNS und damit zu Mutationen führen kann. Versagt der zelleigene Reparaturmechanismus, kommt es im Extremfall auch zu Hautkrebs.

Die Zahl der Melanosomen entscheidet über die Hautfarbe. Eine geringe Melanosomendichte, wie auf der linken Seite der Grafik, führt zu heller Haut. Eine hohe Melanosomendichte bedingt dunkle Haut (rechte Grafikseite).

Da helle Haut durch die geringe Melanosomenzahl sehr UV-empfindlich ist, empfiehlt sich beim Sonnenbad eine UV-absorbierende Sonnencreme **(20)**.

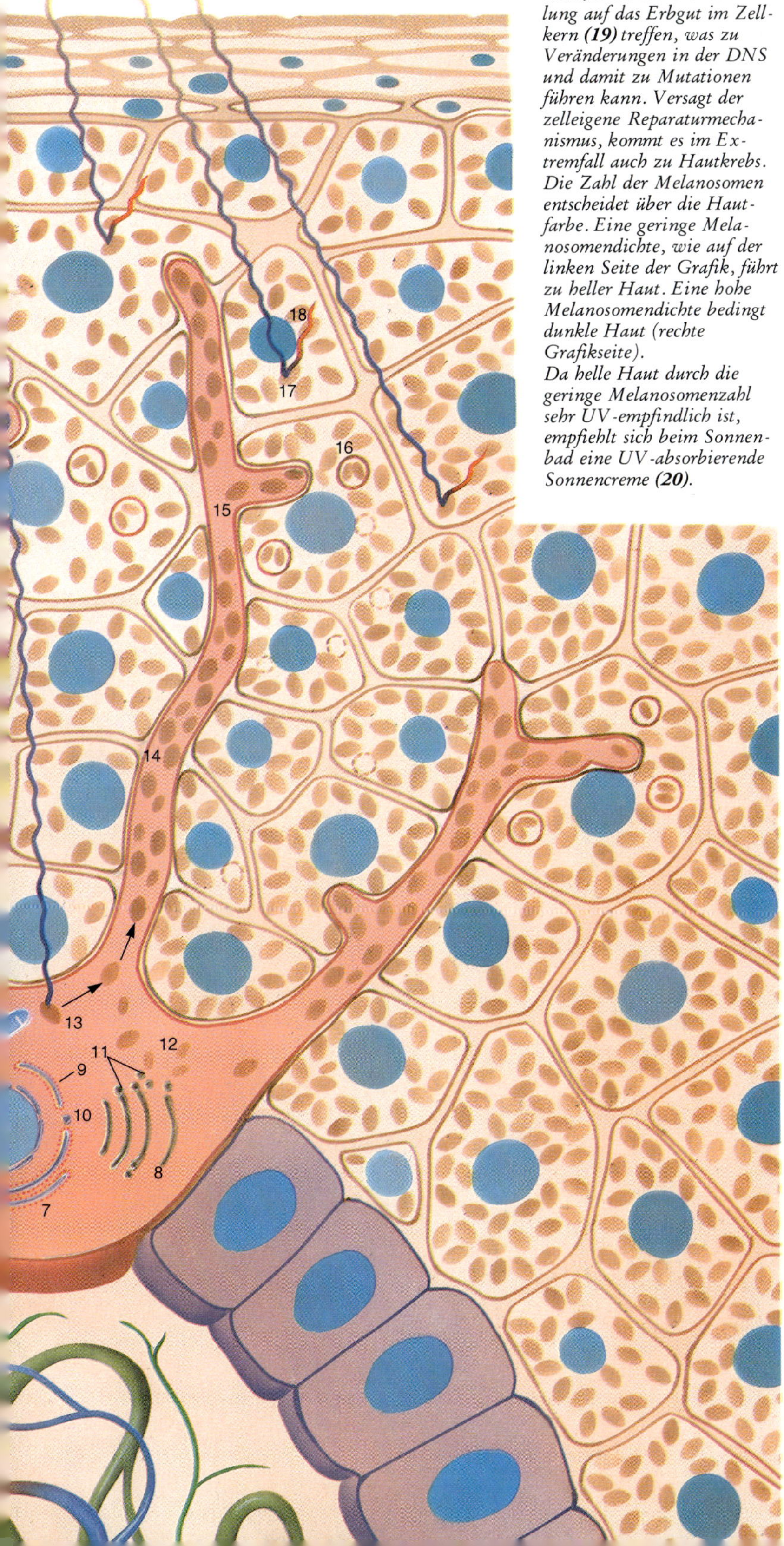

V-Strahlen

Albinismus

Die Bedeutung der Pigmente in der Haut erkennt man vor allem dann, wenn sie fehlen. Sehr selten (in Europa einmal unter 100 000 Fällen) kommt es bei der Übertragung des Erbmaterials zu einem Fehler, so daß den betroffenen Menschen ganz oder teilweise die Fähigkeit fehlt, Pigmente zu bilden. Dieses auch im Tierreich zu findende Phänomen heißt Albinismus und äußert sich in heller, rosafarbiger Haut und weißblonden bis weißen Haaren. Da auch der Regenbogenhaut des Auges die Pigmente fehlen, erscheint sie bei Albinos wegen der durchschimmernden Blutgefäße rötlich. Beim teilweisen Albinismus, der Weißfleckigkeit, sind nur einzelne Körperteile betroffen.

Da Albinos ohne Pigmente der natürliche UV-Filter fehlt, erkranken sie häufiger an Hauttumoren. Die fehlende Pigmentierung des Sehapparates führt außerdem zu Schwachsichtigkeit und Lichtscheu.

Allgemein nimmt die Pigmentierung von Norden nach Süden zu und ist als natürliche Anpassung an die jeweils vorherrschenden geographischen und klimatischen Bedingungen zu sehen. Die Melaninbildung wird beim Menschen hauptsächlich durch die ultravioletten Strahlen der Sonne gesteuert. Sie verleiht uns die von vielen so begehrte Bräunung der Haut, kann jedoch bei hellen Hauttypen auch zu vorzeitiger Hautalterung oder sogar zu Hautkrebserkrankungen führen. Nimmt die Bestrahlung ab, so geht auch die Melaninbildung zurück, und das Melanin in den Epithelzellen wird nach und nach abgebaut.

Aber auch Hormone nehmen in einem gewissen Umfang Einfluß auf die Pigmentierung, insbesondere das in der Hypophyse gebildete Melanocyten-stimulierende Hormon (MSH) und das hemmend wirkende Melatonin der Zirbeldrüse. Bestimmte Störungen im Hormonhaushalt können sich daher auch auf die Pigmentierung der Haut auswirken.

Haut, S. 242/243   **Haare und Nägel**, S. 248/249

Nachwachsendes Gewebe

Wie sich eine Wunde schließt

Wir erleben es täglich: der kleine Schnitt beim Rasieren, ein Splitter im Finger oder das abgeschürfte Knie. Meist sind es kleine Verletzungen, die schnell verheilen und uns kaum beeinträchtigen. Aber gerade das zeigt, in welch hohem Maße die Haut zur Regeneration befähigt ist. Unermüdlich muß sie sich gegen die schädlichen Einwirkungen von außen zur Wehr setzen. Jeder Heilungsprozeß ist dabei durch die Abfolge komplizierter biochemischer Vorgänge gekennzeichnet, und selbst bei größeren Wunden vermag die Haut in Zusammenarbeit mit dem Gefäßsystem Erstaunliches zu leisten.

Die Fähigkeit zur Regeneration von verlorengegangenen Zellen und Geweben ist eine Eigenschaft fast aller Lebewesen. Eindrucksvoll zeigt sich dies am Beispiel einer Eidechse, die, um ihrem Freßfeind zu entkommen, ihren Schwanz »abwirft«, der bald darauf durch einen neuen ersetzt wird. Allerdings nimmt die Regenerationsfähigkeit mit steigender Organisationshöhe der Organismen ab. Beim Menschen ist sie von dem betroffenen Gewebe abhängig. Abschluß- und Bindegewebe sind außerordentlich regenerationsfähig, die Muskulatur des Herzens und bestimmte Nervenzellen dagegen überhaupt nicht.

Allgemein grenzt man die physiologische Regeneration, den natürlichen Ersatz von abgestorbenen Zellen und Gewebe (z. B. von Blutzellen, Haaren, oberen Hautschichten), von der pathologischen oder reparativen Regeneration ab, die in enger Beziehung zur Wundheilung steht.

Die Kenntnis der Selbstheilungskräfte des Körpers nach Verletzungen hat man sich schon früh in der Menschheitsgeschichte zunutze gemacht. Aus diesem Wissen entstand das wohl älteste Teilgebiet der Medizin, die Chirurgie.

Gewebsdefekte können auf verschiedenem Wege entstehen. Schnitt-, Biß- und Schürfwunden z. B. sind auf mechanische Einwirkungen zurückzuführen. Starke Hitze ruft Verbrühungen und Verbrennungen hervor, Kälte dagegen Erfrierungen. Viele Chemikalien verursachen Verätzungen, und auch energiereiche Strahlen oder Strom können Verletzungen bewirken.

Wundverschluß und Granulationsgewebe

Die Wundheilung läuft in der Regel in drei aufeinanderfolgenden Phasen ab: Exsudations-, Proliferations- und Differenzierungsphase. Je nach Art der Wunde können diese Phasen unterschiedlich stark ausgeprägt sein. Darüber hinaus beeinflussen auch Lebensalter, bestimmte Hormone und der allgemeine Gesundheitszustand den Heilungsprozeß.

Eine ganz wesentliche Rolle beim Wundverschluß spielt das Granulationsgewebe. Dabei handelt es sich um eine junge, besonders gefäßreiche Bindegewebsform, die aus zahlreichen Blutkapillaren und einem Keimgewebe besteht. Das Keimgewebe setzt sich aus verschiedenen Zellen zusammen, die ihre Gestalt leicht verändern, u. a. aus Fibroblasten und deren diversen Abkömmlingen. Die Fibroblasten – deshalb auch Granulationszellen genannt – entwickeln sich aus den normalen Bindegewebszellen des Umfeldes durch Wucherung.

Die erste Phase der Wundheilung

A *Die Wunde füllt sich durch die verletzten Gefäße* (1) *mit Blut. Eine vorläufige Abdichtung wird durch die sofort einsetzende Blutgerinnung erreicht. Dabei verkleben die Wundränder durch die Fibrinfäden des Blutgerinnsels, und es entsteht Wundschorf (2), der die Austrocknung der Wunde und das Eindringen von Krankheitserregern verhindert. Bald setzt die Entzündungsreaktion ein. Über eine Erweiterung der Gefäße (3) wird die Durchblutung verstärkt, was zur Rötung und Erwärmung des umliegenden Gewebes führt. Die Durchlässigkeit der Gefäßwände erhöht sich, so daß sich Blutserum (4) in der Wunde ansammelt, was eine Schwellung zur Folge hat. Auch Leukocyten (5) werden angelockt. Diese reinigen die Wunde, indem sie abgestorbene Zellen, Gewebetrümmer, eingedrungene Keime und Schmutzpartikel (6) umschließen und verdauen.*

Neues Gewebe entsteht

B *In der anschließenden Proliferationsphase beginnt*

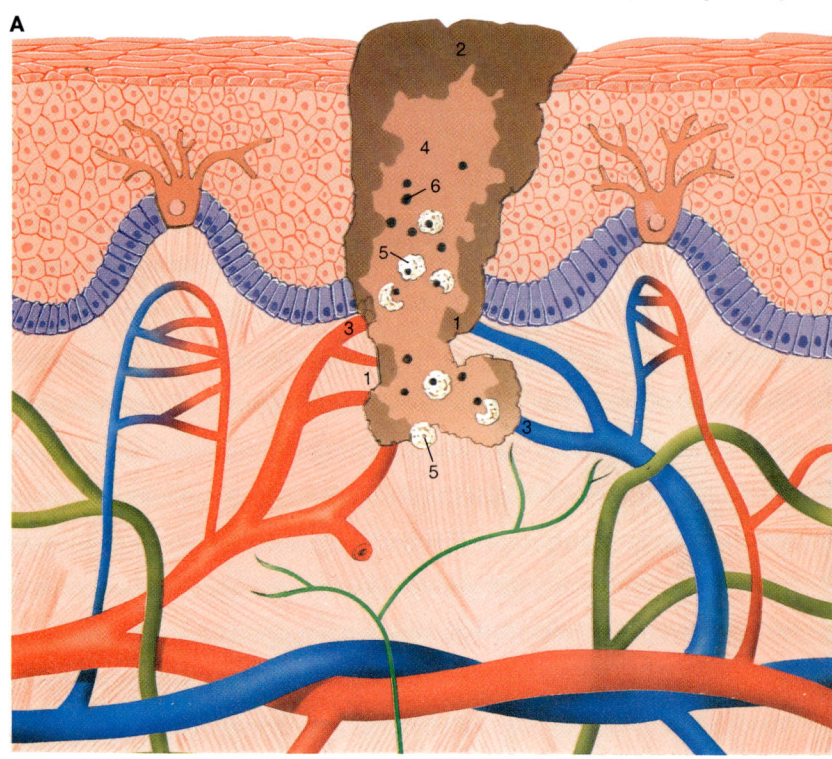

A

Wann bilden sich Narben?

Nur bei geringfügigen Verletzungen, welche die Oberhaut (Epidermis) betreffen, erfolgt die Regeneration ausschließlich aus den teilungsfähigen, basalen Zellschichten. Solche Verletzungen hinterlassen daher auch keine Narben. Bei tieferen Wunden, d. h. unter Beteiligung des Bindegewebes, ist der Verlauf der Heilung und die Narbenbildung von der Form und Entstehungsweise der Wunde abhängig.

Die primäre Wundheilung (z. B. nach einer Operation) erfolgt innerhalb von vier bis sechs Tagen unter Verklebung eng zusammenliegender Wundränder. Bei weit auseinanderklaffenden Wundrändern, nach Wundinfektion oder bei stark geschädigten Wundrändern dagegen setzt die sekundäre Wundheilung ein. Diese dauert länger, die Entzündungserscheinungen sind stärker, und es kommt zur Bildung des Granulationsgewebes, das für die Auffüllung der Wundhöhle sorgt.

der Wiederaufbau der normalen Gewebsarchitektur. Hierbei wachsen Zellen aus der Innenwand der verletzten Blutgefäße in den Wundbereich und bilden sogenannte Kapillarbäume (1). Die Zellen des angrenzenden Bindegewebes, die Fibroblasten (2), wandern ebenfalls aus der Umgebung ein, teilen sich rege und bilden mit den Blutkapillaren ein junges Bindegewebe, das wegen seiner körnigen Oberfläche als Granulationsgewebe bezeichnet wird. Aus diesem entsteht später das Narbengewebe. Die Fibroblasten sind aber auch für die Bildung der zahlreichen Kollagenfasern (3) des Bindegewebes verantwortlich, die sich entsprechend der mechanischen Belastung

Siehe auch: Spezialisierte Zellen, S. 216/217 Haut, S. 242/243 Blutgerinnung, S. 262/263 Zelluläre Immunabwehr, S. 274/275

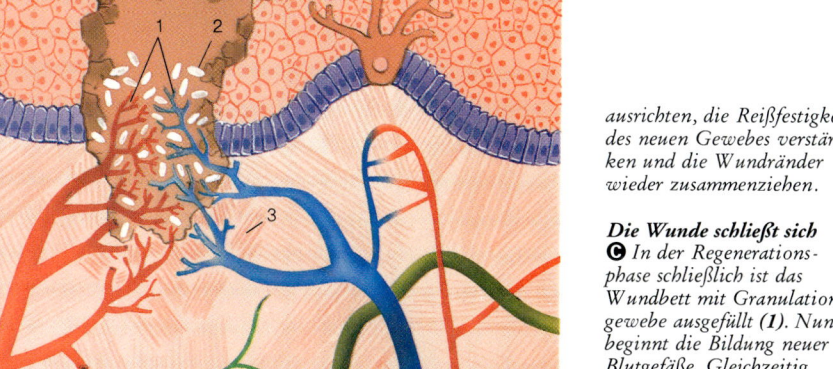

ausrichten, die Reißfestigkeit des neuen Gewebes verstärken und die Wundränder wieder zusammenziehen.

etwa einer Woche vollständig geschlossen ist und der Wundschorf (3) sich ablöst (4).

Die Wunde schließt sich

C In der Regenerationsphase schließlich ist das Wundbett mit Granulationsgewebe ausgefüllt (1). Nun beginnt die Bildung neuer Blutgefäße. Gleichzeitig schieben sich junge Epithelzellen (2) langsam vom Rand her über die Wundfläche. Sie teilen sich so lange, bis die Wunde nach

»Spätfolgen«

D Die rötliche Narbe verblaßt mit der Zeit, da ein Teil der Kapillaren wieder zurückgebildet wird. Bei relativ flachen Verletzungen ist nach einer gewissen Zeit von der Wunde nichts mehr zu sehen, während tiefere Einschnitte als Narben ein Leben lang sichtbar bleiben.

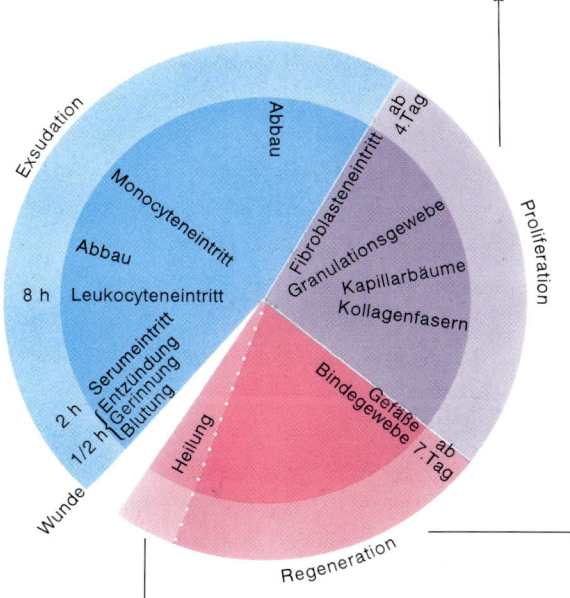

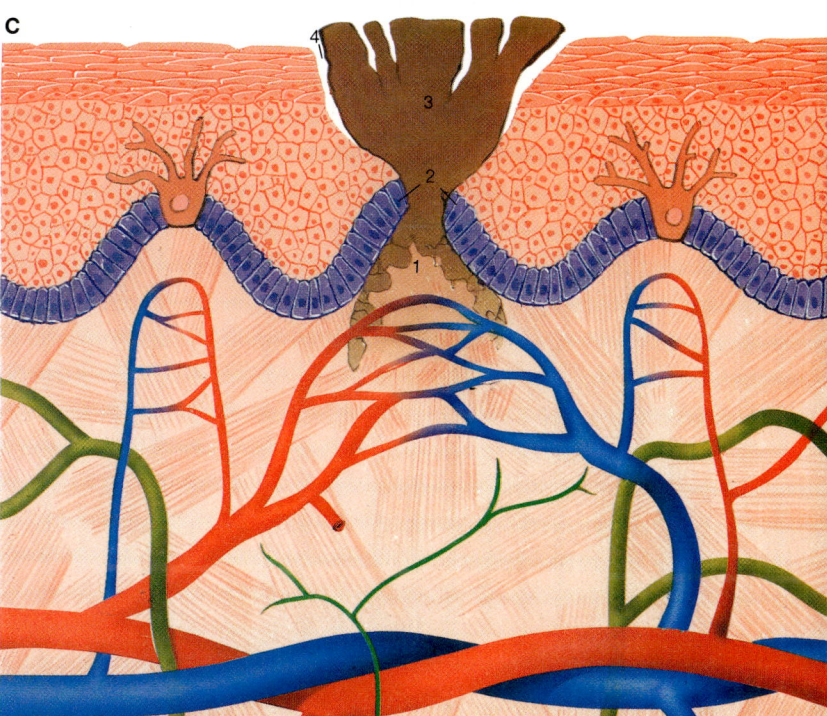

Hauttransplantation

Bei extrem schweren Hautverletzungen wie z. B. großflächigen Verbrennungen reicht die Regenerationskraft des angrenzenden Gewebes allein oft nicht mehr aus. Um den Heilungsprozeß zu beschleunigen und Komplikationen wie bakterielle Infektionen der Wundflächen oder entstellende Narbenbildungen weitgehend zu vermeiden, bedient sich die plastische Chirurgie verschiedener Transplantationstechniken. Im einfachsten Fall wird ein Stück Hautgewebe in der entsprechenden Größe aus einem anderen Teil des Körpers chirurgisch entfernt und in die Wunde eingenäht. Dabei kommt es wie bei der Wundheilung zu einer Fibrinverklebung zwischen Transplantat und Wundgewebe und zu einer entzündlichen Reaktion. Im weiteren Verlauf sprossen dann Bindegewebs- und Gefäßzellen in das Transplantat ein, so daß dieses Anschluß an das umliegende Gewebe gewinnt und seine volle Regenerationskraft entfalten kann.

Humorale Immunabwehr, S. 276/277

Schmückende Relikte der Vergangenheit

Bau und Funktion von Haaren und Nägeln

Mit der Menschwerdung sind uns allmählich »die Haare ausgegangen«. Daß unsere Vorfahren noch über ein wärmendes Wollhaarkleid verfügten, wird nur für kurze Zeit während der Entwicklung im Mutterleib als sogenannte Lanugobehaarung sichtbar. Beim Menschen hat die Behaarung ihre Aufgabe als Wärmeregulator weitgehend eingebüßt und ist durch ihre charakteristische Verteilung in den verschiedenen Körperregionen zu einem sekundären Geschlechtsmerkmal geworden. Dieser Trend hat sich später durch kulturelle Entwicklungen noch verstärkt, wie die unterschiedliche Haarmode bei Männern und Frauen zeigt.

Haare, Nägel und Hautdrüsen gehören zu den Hautanhangsgebilden, sie gehen, gefestigt durch Strukturproteine (Keratine), als Hornfäden bzw. Hornplatten aus der äußeren Schicht der Haut hervor. Obwohl das Haarkleid des Menschen im Vergleich zu den meisten anderen Säugetieren zurückgebildet ist, erfüllt es doch noch einige der ursprünglichen Aufgaben. Das Kopfhaar schützt vor Ultraviolett- und Hitzestrahlung, und auch die Haare am Eingang von Nase und Ohren üben eine Schutzfunktion aus. Darüber hinaus spielen die Haare als Sinnesorgane für Berührungsreize eine wichtige Rolle und unterstützen die Verteilung von Duftstoffen.

Das Behaarungsmuster des Menschen ist individuell und geschlechtsspezifisch festgelegt, kann aber in Abhängigkeit vom Alter und durch hormonelle Einflüsse stark variieren. Allgemein ist die Behaarung des Gesichts und des Rumpfes beim Mann stärker ausgeprägt als bei der Frau.

Mit dem Einsetzen der Pubertät nehmen die in den Achselhöhlen und im Genitalbereich angesiedelten Duftdrüsen ihre Tätigkeit auf. Daß die Haare in diesen Bereichen nicht zurückgebildet sind, zeigt deutlich ihre Funktion als Übermittler von Duftstoffen.

Die gesamte Körperbehaarung ist bereits im siebten Fetalmonat als dünnes und unpigmentiertes Lanugo- oder Flaumhaarkleid angelegt. Später werden die Haare des Kopfes, die Bartharre, Augenbrauen und Wimpern sowie die Achsel- und Schambehaarung nach und nach durch sogenannte Terminalhaare ersetzt, die sich in Länge, Durchmesser und Farbe unterscheiden. Lediglich die Haare der Arme, Beine und des Rumpfes bleiben als Flaumhaare weiter bestehen, doch auch sie werden länger und kräftiger. An den Handinnenflächen, den Fußsohlen und an Teilen der äußeren Geschlechtsorgane hingegen fehlen Haare ganz. Das Wachstum der Haare erfolgt nicht kontinuierlich. Im Durchschnitt wächst ein Kopfhaar 1 cm pro Monat und hat eine Lebensdauer von höchstens sieben Jahren.

Form und Farbe der Haartypen

Der Haartypus hängt von der Form des Haarquerschnittes und dem Ansatz der Haarwurzel in der Kopfhaut ab. Glattes Haar ist rundlich mit einem geraden Ansatz, lockiges hingegen oval bis bohnenförmig mit schrägem Ansatz. Die Haarfarbe wird vom Gehalt und der Verteilung der Pigmente bestimmt. Die schwarzbraunen Eumelanine sind für blonde, braune und schwarze Haare verantwortlich, die gelben bis rotbraunen

Der Aufbau des Haares
Ⓐ *Das Haar gliedert sich in die Haarwurzel (1), die mit der Haarzwiebel (2) der aus Bindegewebe bestehenden Haarpapille (3) aufsitzt, und den aus der Epidermis herausragenden Haarschaft (4). Die Haarwurzel wird von der inneren (5) und der äußeren (6) Wurzelscheide umschlossen, welche sich*

aus eingestülpten Teilen der Epidermis entwickelt haben. Die beiden Wurzelscheiden sind durch eine durchscheinende Basalmembran, die sogenannte Glashaut (7), vom umliegenden Bindegewebe getrennt. Dieses ist von einem zarten Netz sensorischer Nervenfasern (8) durchzogen, die schon auf feinste Berührungen rea-

gieren. Dadurch kommt dem Haar auch eine Aufgabe als Tastorgan zu. Die dem Haar benachbarte Talgdrüse (9) mündet im Übergangsbereich zwischen Wurzelscheide und Haartrichter (10). Weiter unten entspringt der zu jedem Haar gehörende Haarmuskel (11) und zieht schräg nach oben bis unter die Epidermis.

Das Haar wird von der begrenzenden Zellschicht der Haarpapille aus fortlaufend gebildet und über die Blutkapillaren (12) ernährt, es erhält von den in diesem Bereich befindlichen Melanocyten (13) auch seine Farbe. Die Zellen werden dann zur Hautoberfläche abgeschoben, differenzieren sich hier und verhornen schließlich.

Siehe auch: **Spezialisierte Zellen,** *S. 216/217* **Hautfarbe,** *S. 244/245* **Hautsinn,** *S. 368/369*

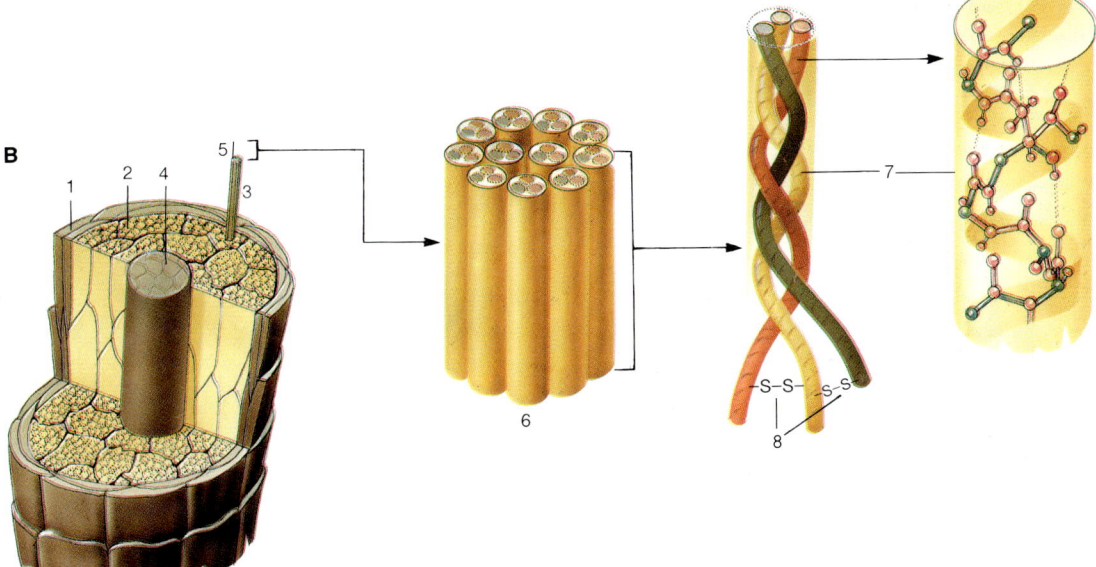

B

Der Haarschaft

B *Am Haarschaft unterscheidet man die dachziegelartig übereinandergeschichteten Zellen der Cuticula (1), die darunterliegenden, langgestreckten Rindenzellen (2), die von Makrofibrillen (3) durchzogen werden und dem Haar Zugfestigkeit verleihen, und das Mark (4), dessen Zellen nur schwach mit dem Protein Keratin verfestigt sind. Die Vergrößerung zeigt, daß die Makrofibrillen aus Mikrofibrillen (5) und diese wiederum aus elf Protofibrillen (6) bestehen. Eine Protofibrille wird durch drei schraubig verdrehte a-Keratin-Moleküle (7) gebildet, die ihrerseits spiralig gewunden (a-Helix) und durch Disulfidbrücken (8) miteinander verbunden sind.*

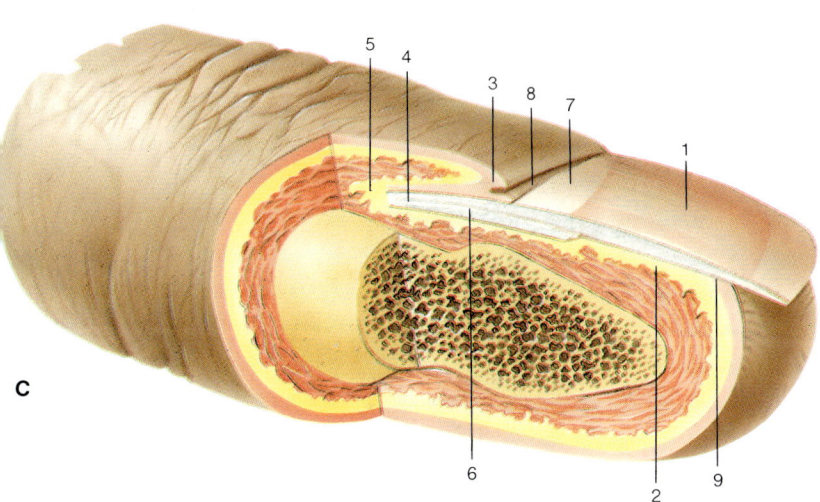

C

Das Prinzip der Dauerwelle

Die Dauerwelle ist ein kosmetischer Eingriff, durch den glattes Haar gekräuselt oder lockiges Haar geglättet werden kann. Das Grundprinzip ist eine zweistufige chemische Reaktion, die zu einer dauerhaften Veränderung in der molekularen Struktur des im Haar enthaltenen Keratins führt. Dieses Faserprotein besteht aus langen, schraubenartig angeordneten Aminosäureketten. Diese Ketten sind über Schwefelbrücken, sogenannte Disulfidbrücken, miteinander vernetzt (1). Durch die Behandlung mit einem Reduktionsmittel werden diese Querverbindungen aufgebrochen (2) und ermöglichen so die mechanische Verformbarkeit des Haares in der gewünschten Weise durch Neuanordnung der Querverbindungen. Anschließend werden die Disulfidbrücken durch Anwendung eines Oxidationsmittels in der neu orientierten Form wieder geschlossen (3).

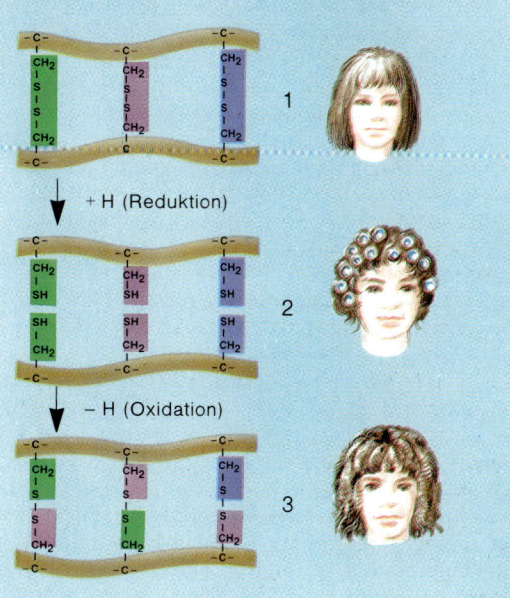

Die Struktur der Nägel

C *Die Nägel bestehen aus einer Hornschuppenschicht, die durch Filamente versteift ist. Die Nagelplatte gliedert sich in den Nagelkörper (1), der dem bindegewebigen Nagelbett (2) aufliegt und hinten vom Nagelwall (3) begrenzt wird, und die Nagelwurzel (4), die in der Nageltasche (5) verankert ist. Ausgehend von der äußeren Zellschicht (6) des Nagelbettes, dessen vordere Begrenzung als weißer »Halbmond« (Lunula, 7) sichtbar ist, erfolgt die Bildung der Nagelsubstanz. Das sich von der Nageltasche auf die Nagelplatte vorschiebende Häutchen bezeichnet man als Eponychium (8), die Zellschicht unterhalb des Nagelkörpers als Hyponychium (9).*

Phäomelanine für die rötlichen Schattierungen. Wenn die Haare ergrauen, so ist das auf die nachlassende Melaninbildung und die Einlagerung von Luftbläschen zurückzuführen. Beim Albino dagegen liegt der fehlenden Melaninbildung ein angeborener Gendefekt zugrunde.

Schützende Nägel für Finger und Zehen

Die Nägel bestehen aus einer 2–4 mm im Monat wachsenden Schicht von eng aneinanderhaftenden Hornplatten und bedecken schützend die Endglieder der Finger und Zehen. Unseren tierischen Vorfahren gaben sie vor allem Halt beim Klettern, während sie uns heute gelegentlich noch als »Werkzeug« dienen. Zudem sind sie Widerlager für Druckreize auf die Tastballen.

Haare und Nägel sind in allen Kulturkreisen zu einem Schmuckorgan geworden, dessen phantasievolle und oftmals wechselnde Ausgestaltung der Selbstdarstellung dient und Traditionen oder den Zeitgeist widerspiegeln soll.

Der Strom des Lebens

Wie der Kreislauf funktioniert

Der Kreislauf hat lebenswichtige Bedeutung für den menschlichen Organismus. Das Blut muß die Organe mit Sauerstoff und Nährstoffen versorgen sowie die Stoffwechselprodukte (Kohlendioxid und Abfallstoffe) fortschaffen. Daneben ist der Kreislauf für den Wärmeaustausch im Körper und die Verteilung der Hormone zuständig. Fällt der Kreislauf – etwa nach einem Unfall – auch nur kurzzeitig aus, so tritt innerhalb weniger Sekunden Bewußtlosigkeit ein, nach wenigen Minuten ein Koma und schließlich der Tod. Daher steht in der Ersten Hilfe die Aufrechterhaltung von Atmung und Kreislauf an oberster Stelle.

Die Verteilung des Blutes – beim Mann ca. 5,4 Liter, bei der Frau ca. 4,5 Liter – in die verschiedenen Körperorgane erfolgt über elastische Röhren, die Blutgefäße. Vom Herzen weg führen die Arterien, zum Herzen hin die Venen. Beim sogenannten Körper-Kreislauf entspringt direkt aus dem Herzen, aus der linken Herzhälfte, die Hauptschlagader, die Aorta. Nach wenigen Zentimetern zweigen die beiden Halsschlagadern ab, die die Versorgung des Kopfes und des Gehirns übernehmen. Durch unzählige Abzweigungen und Aufspaltungen werden die Arterien immer zahlreicher und gleichzeitig im Durchmesser immer enger (Arteriolen). Die kleinsten Blutgefäße schließlich sind die Kapillaren mit einem Durchmesser von nur noch 3 Mikrometern (= 3/1000 mm).

Diese winzigen Gefäße durchziehen wie ein hauchdünnes Gewebe jedes Organ bis in den letzten Winkel hinein. Durch ihre außerordentlich dünnen Wände – die Gesamtoberfläche beträgt ungefähr 1000 m² – können Sauerstoff und Nährstoffe in die umliegenden Gewebe-Zellen hindurchtreten (Diffusion). In umgekehrter Richtung wechseln die Abfallprodukte zum Abtransport ins Blut hinüber.

Jetzt wird das Blut wie in einem Flußsystem wieder gesammelt: Aus winzigen Zuflüssen entstehen zunächst die größeren Venolen und schließlich die großen Körper-Venen, die das Blut zum Herzen, und zwar in die rechte Herzhälfte, zurückführen. Von hier wird das »verbrauchte« Blut in die Lunge geleitet. Auch dort verzweigen sich die Gefäße wieder bis in die winzigen Kapillaren oder Haargefäße. Diesmal gibt das Blut durch Diffusion das Kohlendioxid ab. Angereichert mit frischem Sauerstoff kehrt das Blut über die Lungenvenen in die linke Herzhälfte zurück, und der Kreislauf kann von neuem beginnen. Die übriggebliebenen Abfallprodukte werden – wieder im Körperkreislauf – über die Leber oder die Nieren ausgeschieden.

Das Herz: Motor des Kreislaufs

Die Kraft für den Bluttransport in die Kapillaren bringt das Herz als Kreislaufpumpe auf. Etwa 80mal pro Minute (bei körperlicher Anstrengung auch öfter) wird das Blut in die Arterien gepreßt. Dabei werden in der Aorta Spitzengeschwindigkeiten von 1 m/s erreicht. Nachdem die Fließgeschwindigkeit in den Kapillaren bis auf ca. 0,3 mm/s abgefallen ist, kann das Blut nicht mehr aus eigener Kraft zum Herzen zurückkehren. Die dazu erforderliche Kraft erzeugt der Körper

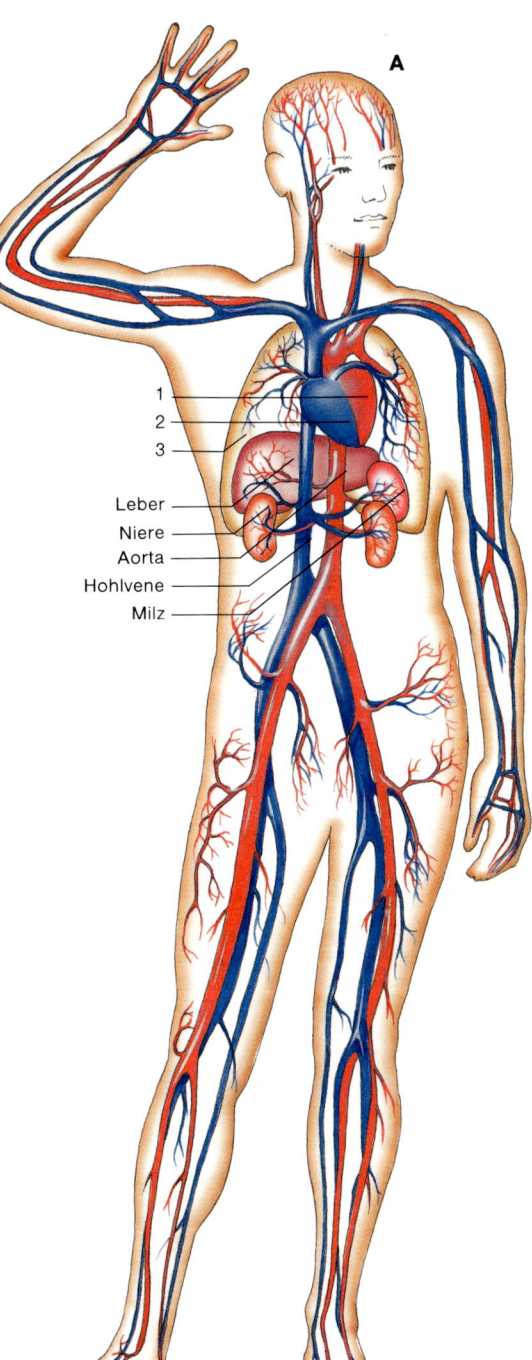

Der Blutkreislauf

Ⓐ Jede Kontraktion des menschlichen Herzens pumpt Blut in zwei verschiedenen Kreisläufen durch den Körper. Die linke Seite des Herzens (1) pumpt sauerstoffreiches Blut (rot) durch muskulöse Arterien zu den Kapillaren, die Organe und Gewebe versorgen. Dort wird

der Sauerstoff durch Stoffwechselreaktionen verbraucht. Sauerstoffarmes Blut (blau) dringt durch ein Netzwerk von Kapillaren und fließt in die Venen, die es in die rechte Seite des Herzens (2) bringen, von wo es in die Lungen (3) gepumpt wird, um wieder Sauerstoff aufzunehmen.

Die Blutversorgung des Fötus

Ⓑ Erst bei der Geburt nimmt der Blutkreislauf seine vollen Funktionen auf. Beim Fötus wird das Blut über die Placenta mit Sauerstoff angereichert. Dieses Blut fließt durch die Nabelvene (1) zur Pfortader (2) und zur Hohlvene (3), die in den rechten Vorhof des Herzens (4) mündet. Von dort wird ein Teil des Blutes durch ein Loch in der Scheidewand (5) in den linken Vorhof gedrückt und durch die linke Herzkammer in den Körperkreislauf. Der

Siehe auch: **Herz**, S. 252/253 **Blutdruck**, S. 254/255 **Blutgefäße**, S. 256/257 **Blut**, S. 258/259

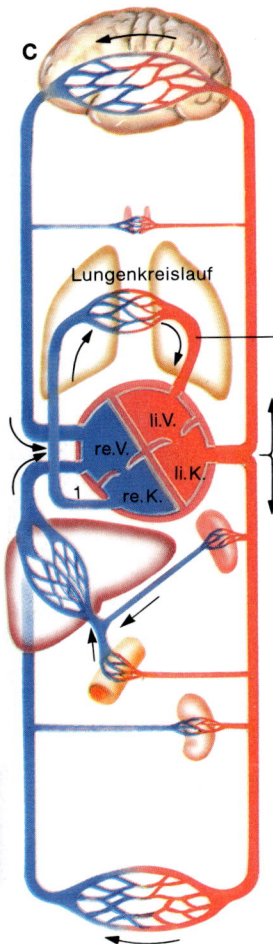

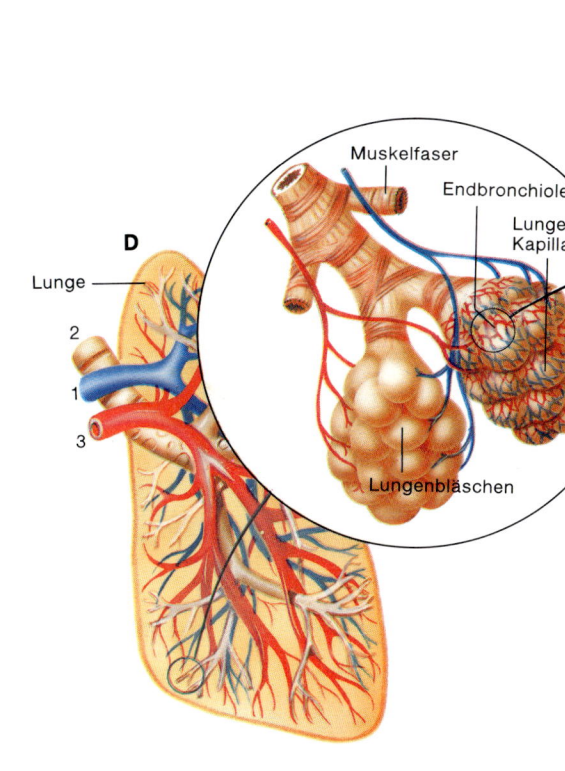

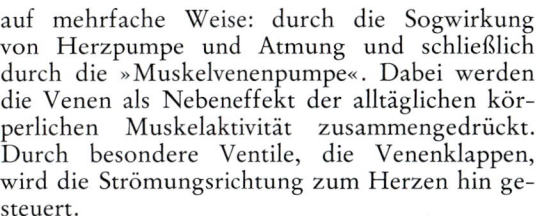

auf mehrfache Weise: durch die Sogwirkung von Herzpumpe und Atmung und schließlich durch die »Muskelvenenpumpe«. Dabei werden die Venen als Nebeneffekt der alltäglichen körperlichen Muskelaktivität zusammengedrückt. Durch besondere Ventile, die Venenklappen, wird die Strömungsrichtung zum Herzen hin gesteuert.

Je nach Situation werden die Organe unterschiedlich stark mit Blut versorgt. So wird z. B. nach dem Essen mehr Blut in die Eingeweide gepumpt – man fühlt dann häufig eine »Leere im Kopf«. Während körperlicher Aktivität dagegen gelangt mehr Blut in die Muskeln. Der wechselnde Blutfluß wird über hormonelle und nervliche Einwirkungen auf die winzigen Muskelzellen in den Arterienwänden reguliert. Bei Bedarf, d. h., wenn die Blutversorgung an einer anderen Stelle bevorzugt sichergestellt werden muß, kann das Blut über »Kurzschlüsse« (Anastomosen) direkt von den Arteriolen in die Venolen – also an den Kapillaren vorbei – geleitet werden. Bei Kälte oder bei größerem Blutverlust wird das Blut »zentralisiert«, d. h. auf die wichtigen inneren Organe konzentriert; dadurch erscheint z. B. die Haut blaß und kalt.

Sauerstoffversorgung in der Lunge

D *In den Lungen wird das sauerstoffarme Blut wieder mit Sauerstoff angereichert. Es tritt durch die Lungenschlagader (1) ein. Luft wird durch die Bronchien (2) zugeführt. Sie gliedern sich in Bronchiolen auf, die in Lungenbläschen (Alveolen) enden. Dort besteht direkter Kontakt mit den Blutgefäßen, so daß der Sauerstoff durch die Gefäßwände ins Blut übertreten kann. Das sauerstoffbeladene Blut gelangt durch die Lungenvene (3) zum Herzen.*

Gasaustausch

E *Der Gasaustausch geschieht durch die hauchdünnen Alveolenwände. Die Gase dringen von Räumen mit höherer Konzentration in Gebiete mit geringerer Konzentration. Strömt frische Luft (1) in den Alveolensack, diffundiert Sauerstoff (2) in das Blut, wo er von den Roten Blutkörperchen (3) gebunden wird. Anderseits wird das nicht mehr benötigte Kohlendioxid (4) von den Roten Blutkörperchen in den Alveolensack abgegeben und schließlich ausgeatmet (5).*

andere Teil wird durch die rechte Herzkammer in den Lungenkreislauf gepumpt, der durch einen arteriellen Gang (6) kurzgeschlossen ist, so daß das Blut sofort in den Körperkreislauf gelangt (7). Nur 4 % des Blutes durchlaufen die Lungen (8). Sie sind bis zur Geburt mit Flüssigkeit gefüllt. Das sauerstoffarme Blut gelangt durch die Nabelarterie (9) in die Plazenta. Dort durchfließt es Zotten (10), die in einen durch mütterliches Blut gebildeten Blutsee (11) ragen. Hier wird der Sauerstoff vom mütterlichen Arterienblut (12) auf das Blut des Fötus übertragen.

Der Lungenkreislauf nimmt seine Funktion auf

C *Bei der Geburt schließt sich das Loch der Scheidewand, so daß das gesamte Blut von der rechten Kammer in den Lungenkreislauf (1) gedrückt wird. Die Lunge entfaltet sich und beginnt zu atmen. Dies ist der kritischste Augenblick im Leben eines Menschen. Das sauerstoffangereicherte Blut aus der Lungenvene (2) wird von der linken Kammer in den Körperkreislauf gepumpt (3).*

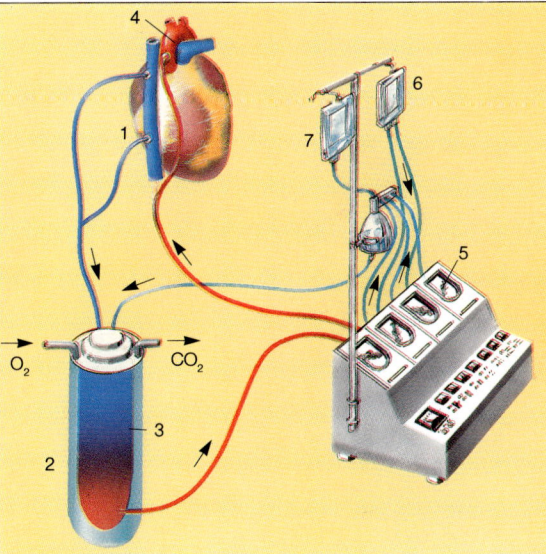

Herz-Lungen-Maschine

Die Pumptätigkeit des Herzens macht eine Operation am offenen Herz praktisch unmöglich, da das Blut mit jedem Herzschlag aus der Operationsöffnung herausgedrückt würde. Zwar läßt sich das Herz kurzzeitig stillegen, dann ist die Versorgung des Körpers mit Sauerstoff aber nicht mehr gewährleistet. Bei Herzoperationen kann eine Herz-Lungen-Maschine die Kreislauf-, Atmungs- und Stoffwechselfunktionen für eine gewisse Zeit aufrechterhalten. Das Blut wird aus der Hohlvene (1) in die Herz-Lungen-Maschine geführt. Im Oxygenator (2) strömen Blut und Sauerstoff auf jeweils einer Seite einer halbdurchlässigen Membran (3) aneinander vorbei. So kann Sauerstoff (O_2) ins Blut und Kohlendioxid (CO_2) hinaus gelangen. Das sauerstoffreiche Blut wird wieder in die Aorta (4) und damit in den Körperkreislauf zurückgepumpt. Über Nebenpumpen (5) können bei Bedarf Blutersatzstoffe (6) und Medikamente (7) hinzugefügt werden.

Gastransport im Blut, S. 264/265   Atemwege, S. 266/267   Lunge und Brustraum, S. 268/269   Das Lymphsystem, S. 272/273

Der Motor des Körpers

Das Herz als Antriebsorgan des Blutkreislaufs

Das Herz ist der Motor des Blutkreislaufs. Gemessen an seinem Gewicht, das beim Erwachsenen etwa 300 g beträgt, ist die Leistung dieses Motors nicht besonders beeindruckend – nur etwa 0,9 Watt. Doch seine Ausdauer ist enorm. Das Herz schlägt in Ruhestellung 60–80mal in der Minute, d. h. etwa 100 000mal pro Tag. Mit jedem Schlag pumpt es dabei ungefähr 70 ml Blut in den Kreislauf. Die Arbeit, die es auf diese Weise Tag für Tag erbringt, würde genügen, um einen Gegenstand mit dem Gewicht des Herzens täglich sechsmal auf die Höhe des Matterhorns zu heben.

Das Herz ist ein muskulöses Hohlorgan, das zwei kräftige Pumpen besitzt: eine für den großen Körperkreislauf und eine für den kleinen Lungenkreislauf. Der Herzmuskel (Myokard) umschließt zwei durch eine muskulöse Herzscheidewand voneinander getrennte Hohlräume, die linke und die rechte Kammer (Ventrikel). Zieht sich der Herzmuskel zusammen (Kontraktion), so wird aus der linken Herzkammer sauerstoffreiches Blut unter hohem Druck in die Hauptschlagader (Aorta) gepumpt. Gleichzeitig befördert die rechte Herzkammer sauerstoffarmes Blut unter niedrigem Druck in die Lungenarterien. Die unterschiedliche Druckarbeit erklärt, warum die linke Herzwand 10 mm, die rechte aber nur 2 bis 4 mm dick ist.

Zu jeder Kammer gehört ein Vorhof (Atrium) mit der Funktion eines Vorfluters. Im rechten Vorhof sammelt sich venöses Blut aus der Körperperipherie, im linken Vorhof mit Sauerstoff angereichertes aus der Lunge. In der Diastole, der Erschlaffungs- und Füllungsphase des Herzens, strömt Blut aus den Vorhöfen in die Kammern. Der Erschlaffung folgt die Kontraktion des Herzmuskels. Diese Anspannungs- und Austreibungsphase wird Systole genannt.

Die Funktion der Herzklappen

Um zu verhindern, daß das Blut während der Systole in die Vorhöfe zurückbefördert wird, ist zwischen jede Kammer und ihren Vorhof ein Ventil (Herzklappe) eingebaut. Papillarmuskelstränge verankern die Segelklappen an der Ventrikelwand, damit sie während der Systole nicht in den Vorhof zurückschlagen, wodurch auch Blut in den Vorhof fließen könnte. Zwei andere Ventile (Taschenklappen) verhindern, daß während der Diastole Blut aus der Lungenschlagader in den rechten Ventrikel und aus der Aorta in den linken Ventrikel zurückströmt.

Wie der Herzschlag geregelt wird

Das Herz kann sich selbst erregen. Die zu den rhythmischen Kontraktionen führenden Erregungen werden automatisch, von äußeren Reizen unabhängig, im sogenannten Sinusknoten gebildet. Dieser besteht aus einer Anhäufung spezifischer, zur Erregungsbildung befähigter Muskelzellen im rechten Vorhof. Über besondere Myokardfasern werden die Erregungen auf die Muskulatur der beiden Kammern übertragen. Bei Ausfall des Sinusknotens können andere Myokardbezirke rhythmische Erregungen herbeiführen, die aber eine niedrigere Frequenz haben.

Die rechte Herzseite

A *Das Herz stellt ein System aus zwei sich gleichzeitig bewegenden Pumpen dar, die ihren verschiedenen Aufgaben entsprechend unterschiedlich kräftig ausgebildet sind. In der rechten Herzhälfte wird sauerstoffarmes Blut (blau) aus dem Körperkreislauf in die Lungen gepumpt. Dabei fließt es zunächst über die Obere (1) und Untere (2) Hohlvene in den rechten Vorhof (3). Zwischen Vorhof und rechter Herzkammer (4) befindet sich als Ventil die Tricuspidalklappe (5), deren drei Segel (6) mit Muskelsträngen (7) an der Kammerwand verankert sind. Dadurch werden die Segel nicht durch den hohen Druck des Blutes bei der Kontraktion in den Vorhof gedrückt. Das Ventil zwischen rechter Kammer und Lungenschlagader (8) wird von der Pulmonalklappe (9) gebildet. Drückt das Blut von der Schlagader in diese Taschen, so schließen sie sich. Dagegen kann das Blut aus der rechten Kammer bei Kontraktion in die Lungenschlagader und damit in die Lunge fließen (siehe auch* **B**).

Die linke Herzseite

A *Das von den Lungenvenen (10) kommende, sauerstoffreiche Blut (rot) fließt durch den linken Vorhof (11) und die zweisegelige Mitralklappe (12) in die linke Herzkammer (13). Da das Blut von hier aus durch die Aortenklappe (14) in den Aortenbogen (15) und von dort aus in den Körperkreislauf gepumpt wird, wozu ein größerer Druck nötig ist, muß die linke Herzseite mehr Kraft zum Pumpen aufwenden als die rechte. Zwischen den beiden Herzkammern befindet sich die Herzscheidewand (16), die ebenso wie die anderen Kammerwände aus Herzmuskelgewebe besteht.*

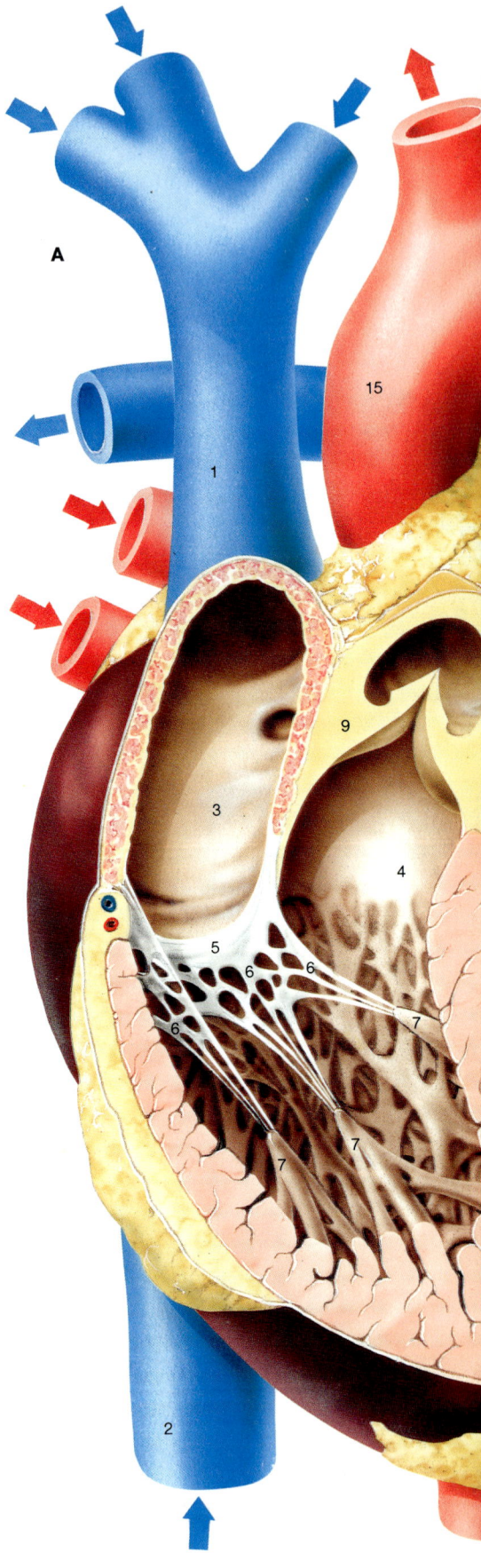

Siehe auch: **Muskeln**, *S. 238/2395* **Blutkreislauf**, *S. 250/251* **Blutgefäße**, *S. 256/257*

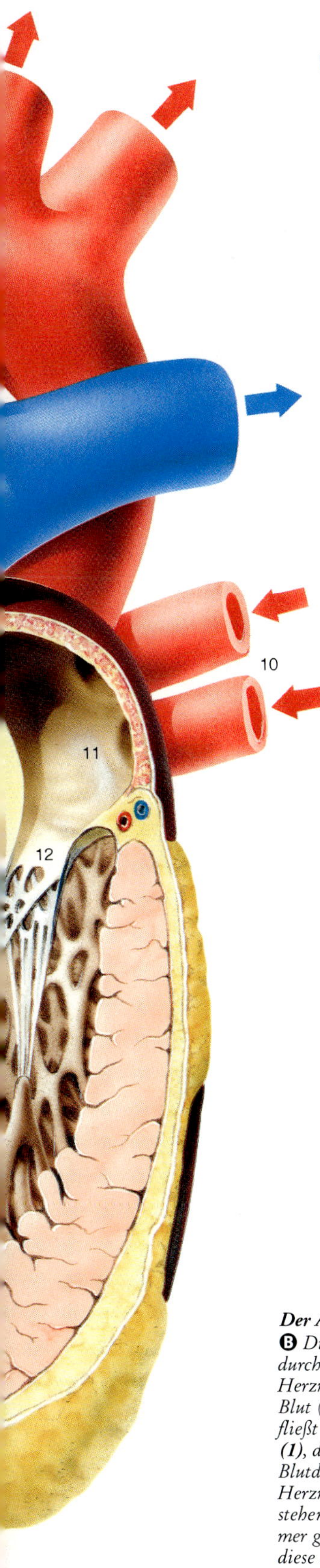

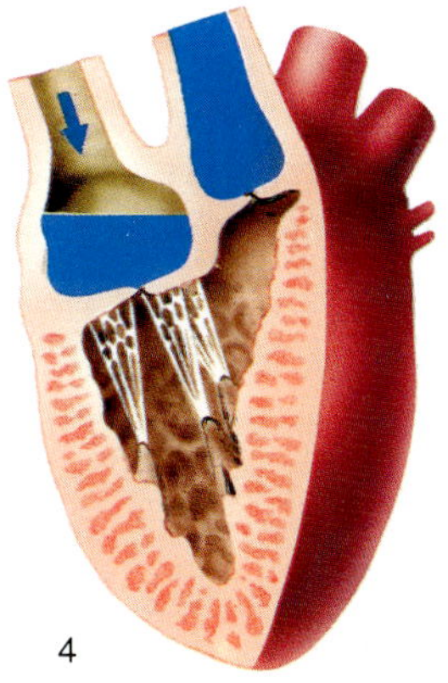

1

10

11

12

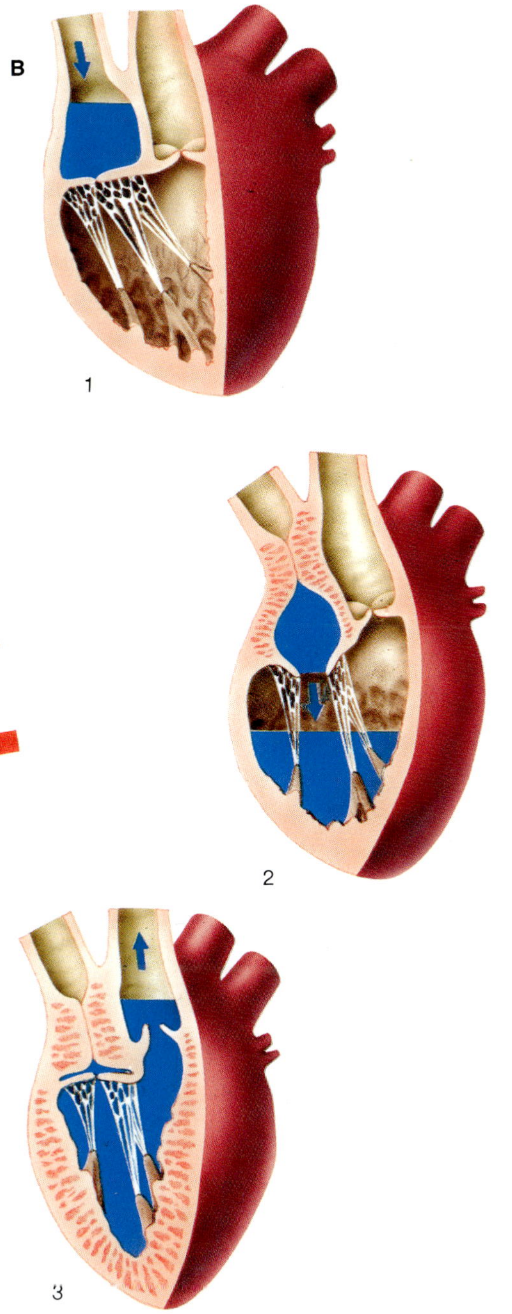

B

2

3

Der Antrieb der Herzpumpe
B *Die Pumpbewegung wird durch Zusammenziehen des Herzmuskels bewirkt. Das Blut (hier rechte Herzhälfte) fließt zuerst in den Vorhof (1), dann wird es durch den Blutdruck und den bei der Herzmuskelerschlaffung entstehenden Sog in die Kammer gedrückt (2). Wenn diese sich zusammenzieht, preßt sie das Blut in die Lungenschlagader (3). Der Vorhof ist inzwischen wieder blutgefüllt (4).*

4

Das EKG

Die bei der Erregung des Herzens auftretenden elektrischen Ströme werden an bestimmten Stellen der Haut (drei Elektroden für beide Arme und linkes Bein, sechs Elektroden für die Brustwand, eine Elektrode am rechten Bein für die Erdung) mit Elektroden abgeleitet und von einem hochempfindlichen Gerät als Elektrokardiogramm, kurz EKG, registriert. Dies ist möglich, weil der vom Herzen ausgehende Stromimpuls nicht an den äußeren Grenzen des Herzens halt macht, sondern sich bis auf die Körperoberfläche ausbreitet. Das EKG gibt dem Arzt Auskunft über Herzlage, Herzfrequenz, Erregungsrhythmus, Erregungsursprung, Impulsausbreitung, Erregungsrückbildung und natürlich auch über die Störungen, die dabei auftreten können. Die EKG-Kurve weist typische Wellen oder Zacken auf. Die P-Welle entspricht der Vorhoferregung, die Q-Zacke, die R-Zacke und die S-Zacke (der QRS-Komplex) sind Ausdruck der Kammererregung, die T-Welle zeigt die Erregungsrückbildung. Abweichungen von diesem Kurvenmuster deuten auf Störungen hin.

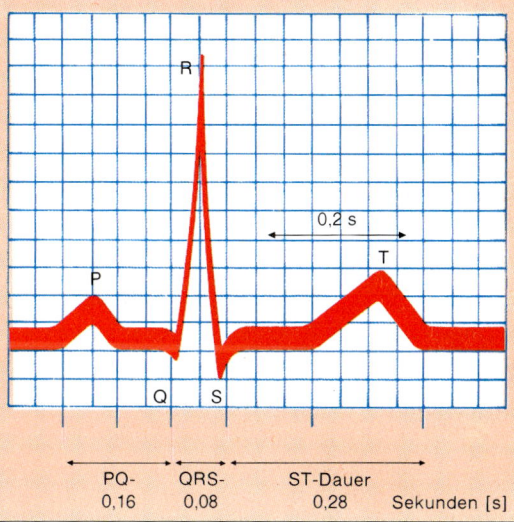

| PQ-
0,16 | QRS-
0,08 | ST-Dauer
0,28 | Sekunden [s] |

Um den bei körperlicher Anstrengung erhöhten Sauerstoffbedarf des Körpers zu decken, muß das Herz seine Pumpleistung unter Umständen beträchtlich steigern. Das pro Minute geförderte Volumen – in Ruhestellung 4–5 Liter – kann dabei auf 10–15 Liter ansteigen und bei trainierten Sportlern auch einmal 30 Liter pro Minute erreichen. Diese Anpassung der Herzarbeit an einen erhöhten Sauerstoffbedarf erfolgt vor allem durch die Beschleunigung der Schlagfrequenz und die Steigerung der Kontraktionskraft. Zur Mehrarbeit angetrieben wird das Herz durch den Sympathikus, einen Teil des vegetativen Nervensystems. Dessen Impulse lösen direkt über Nervenfasern, die zum Herzen laufen, und indirekt durch Ausschüttung des »Streßhormons« Adrenalin schnellere und kräftigere Kontraktionen des Herzmuskels aus. Da dieser dann auch selbst erheblich mehr Sauerstoff braucht, steigert sich die Durchblutung der Herzkranzgefäße im Extremfall auf das Fünffache.

Vegetatives Nervensystem, S. 340/341 **Streß**, *S. 350/351*

Der Druck muß stimmen

Wie der Blutdruck sich wechselnden Bedingungen anpaßt

Bei längerem Stehen oder beim raschen Aufstehen kann einem schwindlig werden. Unter dem Einfluß der Schwerkraft versackt Blut in den leicht dehnbaren Venen der Beine, der Rückstrom venösen Blutes zum Herzen nimmt ab, das Herz kann nicht mehr genug Blut in die Aorta pumpen, der Blutdruck fällt, und die Minderdurchblutung des Gehirns macht sich als Schwindel bemerkbar. Normalerweise sorgen jedoch verschiedene ineinandergreifende Regelsysteme des Kreislaufs dafür, daß der Sauerstoff-Mindestbedarf aller Organe und jeder Mehrbedarf, etwa bei erhöhter Aktivität eines Organs, gedeckt wird.

Bis zum 500fachen steigt bei körperlicher Arbeit der Sauerstoffbedarf der Skelettmuskulatur, deren Durchblutung gesteigert werden muß. Die dafür erforderliche Erweiterung der Muskelgefäße wird durch lokale chemische Signale ausgelöst. Neben Sauerstoffmangel wirkt vor allem die Ansammlung von Kohlendioxid und Milchsäure gefäßerweiternd, die Durchblutung der Skelettmuskulatur kann dadurch von unter 1 Liter pro Minute (l/min) in Ruhe auf Maximalwerte von bis zu 25 l/min ansteigen. Diese durch lokale Steuerung (Autoregulation) erreichbare Mehrdurchblutung funktioniert jedoch nur, wenn sich gleichzeitig der Gesamtkreislauf den veränderten Bedingungen anpaßt. Dies bewirken die neuronalen und hormonalen Signale der zentralen Kreislaufsteuerung.

Wenn Muskeln und Organe mehr Blut brauchen

Da das gesamte Herzminutenvolumen in Ruhe nur etwa 20 % der bei harter Arbeit allein von der Muskulatur benötigten Blutmenge ausmacht, muß das Herz seine Förderleistung unter Umständen vervielfachen. Vom Kreislaufzentrum im verlängerten Rückenmark (Medulla ablongata), das auf geringe Blutdruckänderungen reagiert, gehen über Bahnen des Sympathikus Impulse zum Herzen, die dessen Frequenz und seine Fähigkeit, sich zusammenzuziehen, erhöhen. Im Extremfall kann das Herz seine Förderleistung auf 25–30 l/min erhöhen.

Das Herz wäre überfordert, müßte es alle Organe gleichzeitig mit der maximalen Blutmenge versorgen. Das Blut muß also auf Kosten ruhender Organe auf aktive Organe umverteilt werden. In Blutgefäßen gibt es zwei Typen von Rezeptoren, die durch Sympathikusimpulse und das Hormon Adrenalin aktiviert werden und dabei gegensätzliche Effekte auslösen: Die Erregung der Alpha-Rezeptoren (durch Sympathikusimpulse) wirkt gefäßverengend, die der Beta-Rezeptoren (vor allem durch Adrenalin) gefäßerweiternd. Verstärken sich bei körperlicher Aktivität die Impulse des Sympathikus, werden Haut- und Nierengefäße (überwiegend Alpha-Rezeptoren) enger gestellt, die Gefäße der Muskulatur (mehr Beta-Rezeptoren) dagegen erweitert.

Regulation des Blutdrucks

Eine ganz wesentliche Funktion der Kreislaufregulation ist die Steuerung des Blutdrucks, der für die Zirkulation des Bluts erforderlich ist. In der Wand von Aorta und Halsschlagader liegende Sensoren, sogenannte Barorezeptoren,

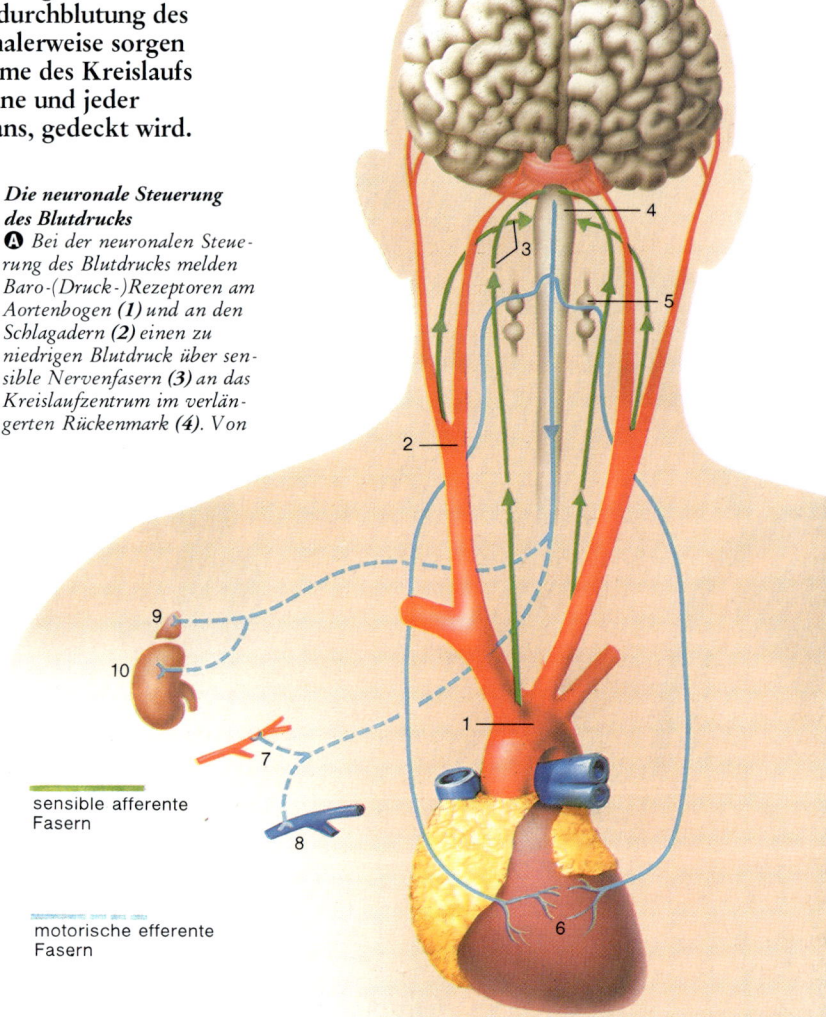

A

Die neuronale Steuerung des Blutdrucks
Ⓐ *Bei der neuronalen Steuerung des Blutdrucks melden Baro-(Druck-)Rezeptoren am Aortenbogen (1) und an den Schlagadern (2) einen zu niedrigen Blutdruck über sensible Nervenfasern (3) an das Kreislaufzentrum im verlängerten Rückenmark (4). Von*

sensible afferente Fasern

motorische efferente Fasern

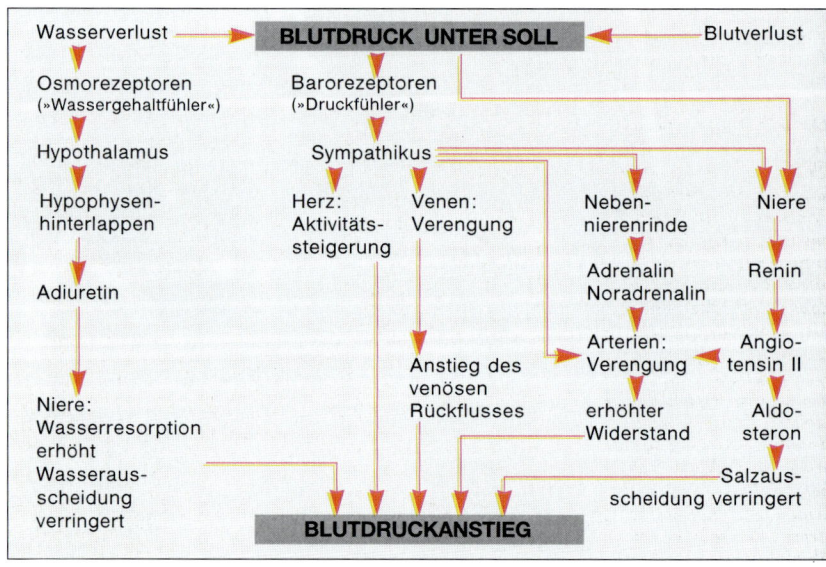

B

Wasserverlust		**BLUTDRUCK UNTER SOLL**			Blutverlust
Osmorezeptoren (»Wassergehaltfühler«)		Barorezeptoren (»Druckfühler«)			
Hypothalamus		Sympathikus			
Hypophysenhinterlappen		Herz: Aktivitätssteigerung	Venen: Verengung	Nebennierenrinde	Niere
Adiuretin				Adrenalin Noradrenalin	Renin
			Anstieg des venösen Rückflusses	Arterien: Verengung	Angiotensin II
Niere: Wasserresorption erhöht				erhöhter Widerstand	Aldosteron
Wasserausscheidung verringert					Salzausscheidung verringert
		BLUTDRUCKANSTIEG			

Siehe auch: **Blutkreislauf,** S. 250/251 **Herz,** S. 252/253 **Blutgefäße,** S. 256/257

C

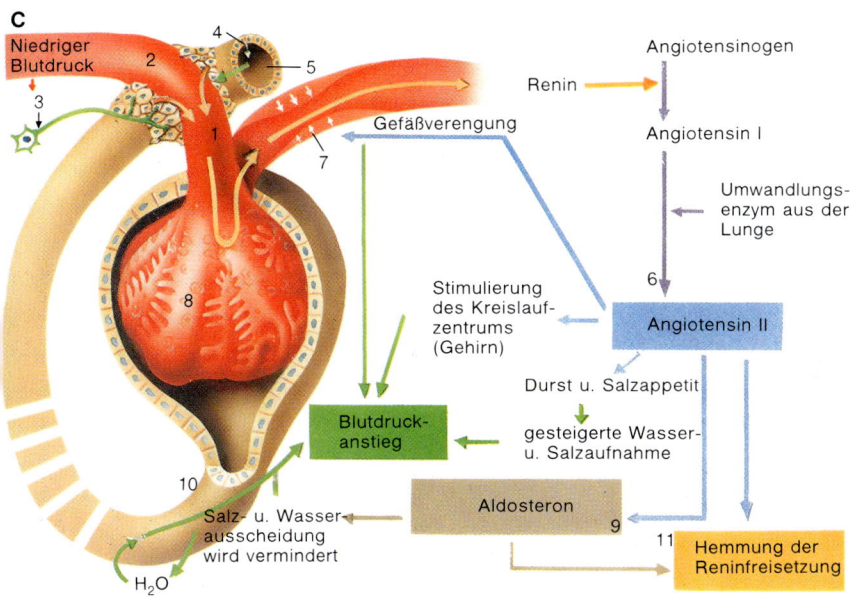

Niedriger Blutdruck

Renin → Angiotensinogen

Gefäßverengung

Angiotensin I

Umwandlungs-
enzym aus der
Lunge

Stimulierung
des Kreislauf-
zentrums
(Gehirn)

Angiotensin II

Durst u. Salzappetit

Blutdruck-
anstieg

gesteigerte Wasser-
u. Salzaufnahme

Aldosteron

Salz- u. Wasser-
ausscheidung
wird vermindert

H₂O

Hemmung der
Reninfreisetzung

D

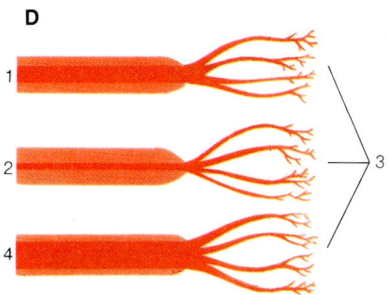

dort sendet der sympathische Teil des vegetativen Nervensystems über die Grenzstrangganglien *(5)* Impulse, die das Herz *(6)* zur Mehrarbeit anregen. Andere Nervenfasern bewirken eine Gefäßverengung in kleinen Arterien *(7)* und Venen *(8)* sowie die Adrenalin- und Noradrenalinausschüttung in der Nebennierenrinde *(9)*. In der Niere *(10)* kann die Ausschüttung des Hormons Renin ausgelöst werden. Bei zu hohem Blutdruck sorgen Parasympathikusreize durch Sympathikushemmung für die umgekehrte Wirkung.

Blutdrucksteigernde Mechanismen
B *Die Mechanismen zur Blutdrucksteigerung sind aktiver Natur, während die Blutdrucksenkung meist passiv geschieht. Die Übersicht zeigt die verschiedenen blutdrucksteigernden Mechanismen.*

Die Blutdruckregulation in der Niere
C *Bei der Blutdruckregulation in der Niere spielt die Freisetzung von Renin (1) aus Polkissenzellen in die zuführende Arteriole (Vas afferens, 2) eine entscheidende Rolle. Sie wird durch Nervenimpulse ausgelöst, wenn Barorezeptoren (3) einen zu niedrigen Blutdruck gemessen haben. Ein weiteres Signal kommt von der Macula densa (4), die einen zu niedrigen Salzgehalt im Tubulus (5) als Folge erniedrigten Blutdrucks registriert. Renin bringt nun über mehrere Zwischenstu-*

fen die Bildung von Angiotensin II (6) in Gang. Dieses wirkt auf mehrere Arten blutdrucksteigernd. So wird z. B. die abführende Arteriole (Vas efferenz, 7) verengt, so daß die Filtration in der Glomeruluskapsel (8) gesteigert wird, weil mehr Blut hineinfließt, als die Kapsel verlassen kann. In der Folge erhöht sich der Blutdruck. Angiotensin II regt ferner die Nebennierenrinde zur Aldosteronbildung (9) an. Dieses Hormon vermindert die Salz- und Wasserausscheidung in der Niere, wodurch das Blutvolumen zunimmt, weil das Salz Wasser an sich zieht (10) und so der Druck erhöht wird. Angiotensin II und Aldosteron hemmen ihrerseits die Reninfreiset-

zung (11), so daß der Regelkreis geschlossen wird und der Blutdruck nicht unkontrolliert weiter steigt.

Die Selbstregulation des Blutdrucks
D *Innerhalb kleinräumiger Bereiche wird der Blutdruck durch Autoregulation gesteuert. Ist er lokal erhöht, bewirkt gegenüber dem Normalzustand (1) eine Gefäßverengung (2), daß er in den dahinterliegenden Kapillaren (3) sinkt. Bei lokal erniedrigtem Blutdruck sorgt eine Gefäßerweiterung (4) für die Druckerhöhung in den Kapillaren. Bei großräumiger Regulation ist die Wirkung umgekehrt: Eine Gefäßverengung verringert den Platz, den das Blut hat, und bewirkt so die Blutdrucksteigerung.*

melden Blutdruckänderungen an das Kreislaufzentrum. Der durch Gefäßerweiterung (z. B. in Muskelgefäßen) oder durch das Versacken von Blut in den Beinvenen (bei raschem Aufstehen) hervorgerufene Blutdruckabfall veranlaßt das Kreislaufzentrum, sympathische Impulse an das Herz (zur Erhöhung des Herzminutenvolumens) und an Blutgefäße (zur Engerstellung) zu schicken. Auf diese Weise steigt der kurzfristig gesenkte Blutdruck wieder an. Umgekehrt wird bei akuter Erhöhung der Druck in Sekundenschnelle wieder nach unten reguliert.

Langes Leben mit niedrigem Blutdruck
In Ruhe liegt der systolische Blutdruck (kontrahierter Herzmuskel) des Erwachsenen zwischen 120 und 140 mm Hg (Quecksilbersäule). Bei körperlicher oder psychischer Belastung kann er vorübergehend um 20–30 mm Hg ansteigen. Der diastolische Blutdruck (entspannter Herzmuskel) beträgt 80–90 mm Hg. Wer ständig einen niedrigen Blutdruck hat, fühlt sich oft schlapp und müde, hat aber Aussicht auf ein langes Leben. Bei Werten unter 105/60 mm Hg spricht man von Hypotonie. Ein rascher Blutdruckabfall kann zu Schwindel oder Kollaps führen. Ein ständig auf über 160/95 mm Hg erhöhter Blutdruck verursacht zwar kaum Beschwerden, verkürzt aber die Lebenserwartung. Die anhaltende Druckbelastung schädigt Herz und Blutgefäße. Die Folgen sind Herzinfarkt, Herzinsuffizienz, Hirnschlag und Nierenversagen.

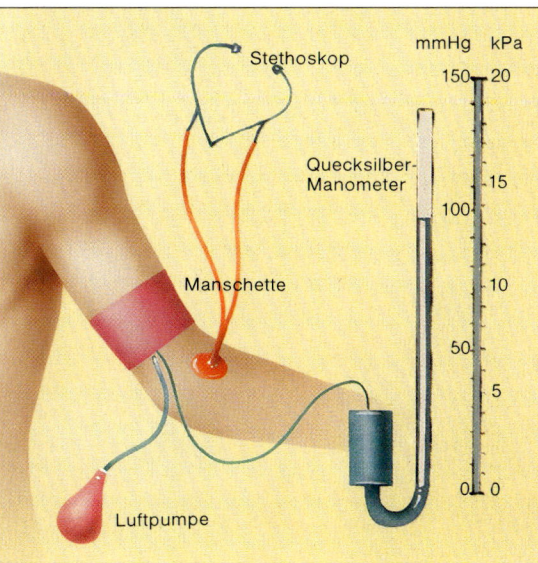

Stethoskop

mmHg kPa

Quecksilber-Manometer

Manschette

Luftpumpe

Die Blutdruckmessung
Die Höhe des Blutdrucks gibt dem Arzt wichtige diagnostische Hinweise. Die Messung erfolgt meist mit einer Manschette und einem Stethoskop am Oberarm. Die Manschette, die ein Manometer zur Druckmessung aufweist, wird aufgeblasen, so daß die Oberarmarterie abgedrückt wird. Läßt man nun die Luft langsam ab, ist bei einem bestimmten Druck auf die Arterie im Stethoskop (in der Armbeuge angelegt) ein pulsähnliches Geräusch zu hören. Diese Fließgeräusche des Blutes in der Arterie werden hörbar, wenn der Blutdruck gerade den Druck der Manschette übersteigt. Dieser obere Wert (z. B. 120 mm Hg) gibt den systolischen Druck an. Bei weiterem Luftablassen wird das Geräusch erst lauter, dann wieder leiser, bis es schließlich verstummt. Jetzt kann die Manschette die Arterie auch bei niedrigstem Blutdruck (z. B. 80 mm Hg) nicht mehr zusammendrücken, so daß auch kein Geräusch mehr entsteht. Das Ergebnis ist ein Blutdruck von »120 zu 80« – in diesem Beispiel ein normaler Wert.

Nieren, S. 294/295 **Vegetatives Nervensystem,** S. 340/341

Das Rohrsystem im Körper
Arterien und Venen transportieren das Blut

Das dichte Netz des Gefäßsystems bildet mit dem Herzen eine funktionelle Einheit im Dienst der Blutzirkulation. Die Komponenten dieses Systems – Arterien, Arteriolen, Kapillaren, Venolen, Venen und Lymphgefäße – weisen anatomische Besonderheiten auf, die ihren unterschiedlichen Funktionen entsprechen. So sorgt die Aorta für einen gewissen Druckausgleich, die Muskelspannung der Arterien regelt die Blutverteilung und den Blutdruck, die Kapillaren dienen dem Stoffaustausch, Venen sind Sammelrohre und Blutreservoir, die Lymphgefäße wirken als zusätzliche Drainage.

Die großen Arterien – jene Gefäße, die das Blut vom Herzen in den Körper transportieren – sind so gebaut, daß sie in Herznähe großen Druckschwankungen standhalten können und müssen, weil das Herz das Blut stoßweise in den Körper pumpt. Ihre Wände reagieren auf die Druckwelle, indem sie sich entsprechend weiten. Das können sie, weil sie mit glatten Muskelzellen und vielen elastischen Fasern ausgestattet sind. Je weiter sich aber die Arterie vom Herzen entfernt, desto weniger dehnbar ist sie, ihr Anteil an Muskelfasern nimmt entsprechend zu.

Arterien als Verteiler und Druckregler

Alle mittleren und kleinen Arterien haben eine klar abgegrenzte, kräftige Muskelschicht. Veränderungen der Muskelspannung (Tonus) beeinflussen die Durchblutung und den Blutdruck. Gefäßerweiterung (Tonusverminderung) in Gebieten eines erhöhten Blutbedarfs bei gleichzeitiger Gefäßverengung (Tonuserhöhung) an anderer Stelle führt zu einer Umverteilung des Blutes zugunsten von Organen mit erhöhter Aktivität. Die den Kapillaren vorgeschalteten Arteriolen bieten der Blutströmung den größten Widerstand: Etwa 50 % des Gesamtwiderstands entfallen auf die kleinen Arterien und Arteriolen. Veränderungen der Muskelspannung in diesem Gefäßabschnitt haben daher besonders starken Einfluß auf den Blutdruck.

Stoffaustausch durch Kapillaren

Der Gasaustausch, die Abgabe von Nährstoffen an die Körperzellen und die Aufnahme von Stoffwechselschlacken ins Blut, erfolgt durch die Kapillarwand, die dementsprechend dünn und durchlässig sein muß. Gase und Stoffe treiben (diffundieren) dabei vom Ort der höheren Konzentration zum Ort der niedrigeren Konzentration. Am arteriellen Ende der Kapillaren wird durch den Druck des Blutes auch Flüssigkeit durch feine Poren der Kapillarwand hinausgedrückt. Etwa 20 Liter Flüssigkeit pro Tag gelangen auf diese Weise in den Zellzwischenraum. Am venösen Ende der Kapillaren überwiegt der entgegengesetzte Effekt des von Eiweißen ausgeübten osmotischen Drucks, wodurch rund 18 Liter Flüssigkeit in die Kapillaren zurückgelangen. Aufgabe der Lymphkapillaren und Lymphgefäße ist es, die restliche Flüssigkeitsmenge aufzunehmen und in den Blutkreislauf zurückzuführen. Diese Drainagefunktion der Lymphgefäße verhindert eine Flüssigkeitsansammlung und damit die Ödembildung im Gewebe.

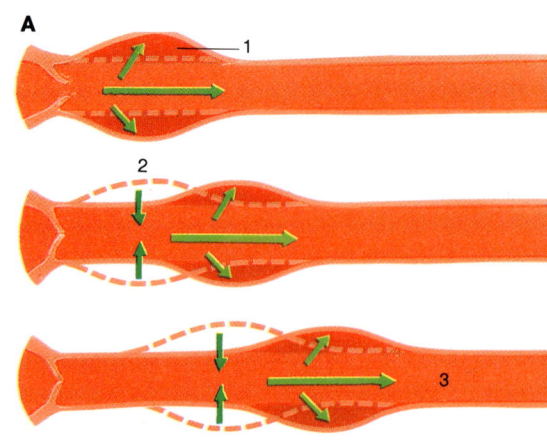

A

B

	Aorta	Große Arterien	Arterien-äste	Arteriolen	Kapillaren	Venolen	Venen-äste	Große Venen	Hohlvenen
Anzahl	1	zunehmend		0,16·10⁹	5·10⁹	0,5·10⁹	abnehmend		2

Anzahl 1 — zunehmend — $0{,}16 \cdot 10^9$ — $5 \cdot 10^9$ — $0{,}5 \cdot 10^9$ — abnehmend — 2

1. Durchmesser des einzelnen Gefäßes [cm]   2,6   0,8   0,3–0,06   0,002   0,0009   0,0025   0,15–0,7   1,6   3,2

2. Gemeinsame Querschnittsfläche [cm²]   5,3   20   20   500   3500   2700   100   30   18

3. Gemeinsames Fassungsvolumen [cm³]   180   250   250   125   300   550   1550   900   250

← Gesamtvolumen des großen Kreislaufs (ohne Herz) ca. 4,4 l →

Venen sind Sammelrohre und Blutreservoire

Das aus den Kapillaren abfließende Blut wird über Venolen und Venen gesammelt und der rechten Herzhälfte zugeführt. Im Vergleich zur arteriellen Seite sind venöse Gefäße dünnwandig, dehnbar und weit. Dementsprechend groß ist ihr Fassungsvermögen: Mehr als zwei Drittel des Gesamtblutvolumens befindet sich auf der venösen Seite des Kreislaufs. Zusammen mit den Lungengefäßen dienen Venen als Blutspeicher, aus dem bei Bedarf Blut wieder in Bewegung gesetzt wird, indem Nervenimpulse die Spannkraft der Venen erhöhen.

Wegen des geringen venösen Blutdrucks ist der Druck, den kontrahierende Skelettmuskeln auf Venen ausüben, als treibende Kraft des venösen Rückstroms wichtig. Für diese »Muskelpumpe« sind Venenklappen erforderlich. Diese taschenförmigen Falten der inneren Venenauskleidung (Intima) verhindern, daß das Blut in die falsche Richtung gedrückt wird.

Der arterielle Bluttransport
A *Die großen Arterien in der Nähe des Herzens zeichnen sich durch eine große Elastizität aus. Wird während der Austreibungsphase des Herzens (Systole) Blut in die Arterie gedrückt, gibt die Wand dem Druck nach und dehnt sich (1). In der Schlagpause (Diastole) zieht sich die herzzugewandte Arterienwand wieder elastisch zusammen (2), so daß das Blut weitergedrückt wird. Auf diese Weise wird der nächste Gefäßabschnitt ebenfalls gedehnt, und die Welle schreitet fort (3). Dieses »Windkesselprinzip« gleicht die Druckschwankung zwischen Systole und Diastole etwas aus.*

Von der Aorta zur Hohlvene
B *Das Blut durchströmt auf seinem Weg durch den Körperkreislauf nacheinander Arterien, Arterienäste, Arteriolen, Kapillaren, Venolen und Venen. Diese Gefäßtypen unterscheiden sich stark in Durchmesser und Gesamtzahl. Die wenigen großen Arterien beispielsweise sind zwar mit fast 1 cm Durchmesser sehr groß, da es aber nur wenige gibt, ist ihre gemeinsame Querschnittsfläche im Vergleich zu den Kapillaren sehr klein. Die Kapillaren haben aufgrund ihrer großen Zahl (ca. 5 Milliarden Gefäße) eine große Gesamtquerschnittsfläche. Die größte Menge Blut jedoch können die Venen aufnehmen. Durch ihre dünnen und sehr dehnbaren Wände stellen sie das Blutreservoir des Körpers dar.*

Siehe auch: Blutkreislauf, S. 250/251   Blutdruck, S. 254/255   Blut, S. 258/259   Gastransport im Blut, S. 264/265

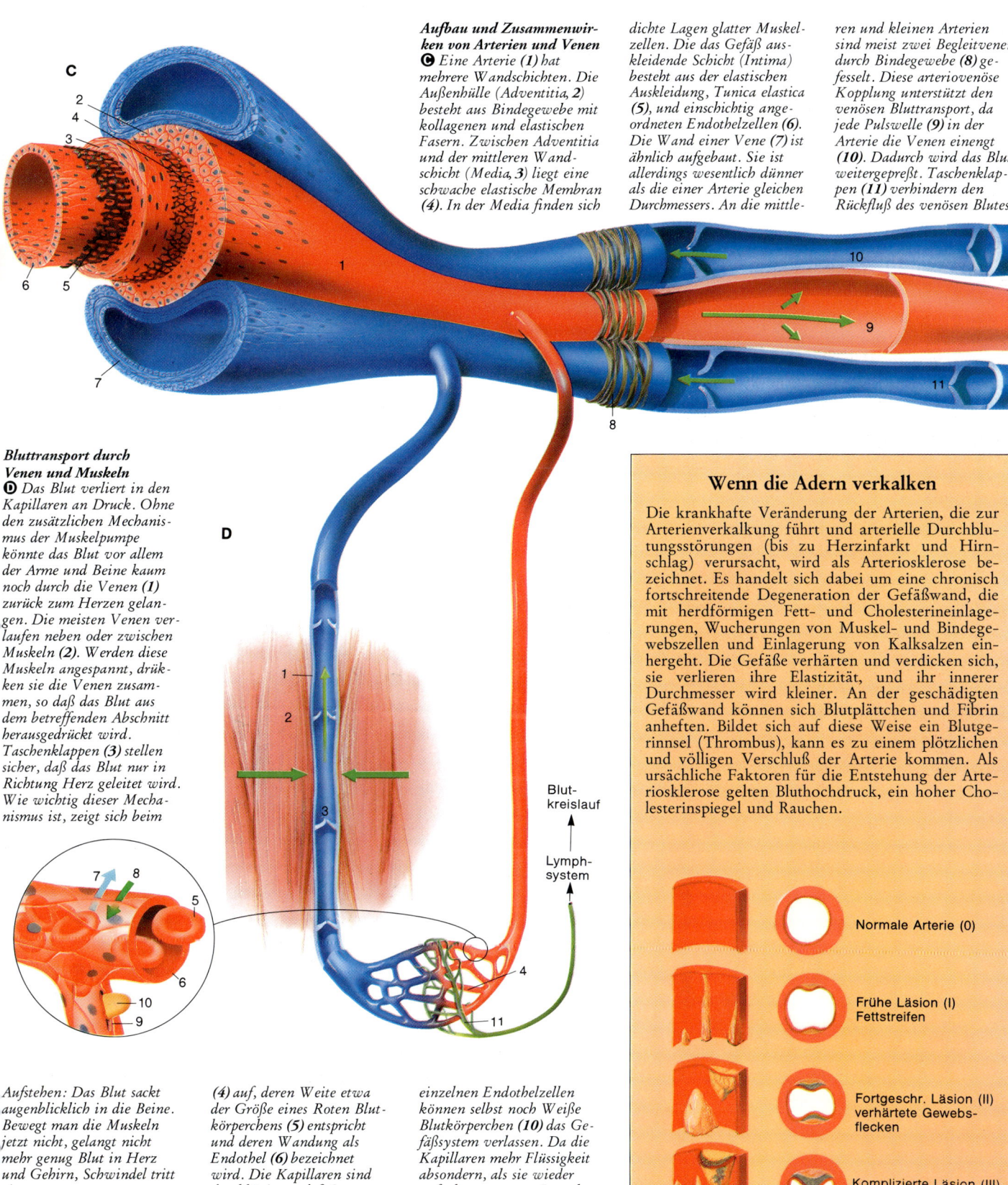

C

Aufbau und Zusammenwirken von Arterien und Venen
C *Eine Arterie (1) hat mehrere Wandschichten. Die Außenhülle (Adventitia, 2) besteht aus Bindegewebe mit kollagenen und elastischen Fasern. Zwischen Adventitia und der mittleren Wandschicht (Media, 3) liegt eine schwache elastische Membran (4). In der Media finden sich*

dichte Lagen glatter Muskelzellen. Die das Gefäß auskleidende Schicht (Intima) besteht aus der elastischen Auskleidung, Tunica elastica (5), und einschichtig angeordneten Endothelzellen (6). Die Wand einer Vene (7) ist ähnlich aufgebaut. Sie ist allerdings wesentlich dünner als die einer Arterie gleichen Durchmessers. An die mittle-

ren und kleinen Arterien sind meist zwei Begleitvenen durch Bindegewebe (8) gefesselt. Diese arteriovenöse Kopplung unterstützt den venösen Bluttransport, da jede Pulswelle (9) in der Arterie die Venen einengt (10). Dadurch wird das Blut weitergepreßt. Taschenklappen (11) verhindern den Rückfluß des venösen Blutes.

Bluttransport durch Venen und Muskeln
D *Das Blut verliert in den Kapillaren an Druck. Ohne den zusätzlichen Mechanismus der Muskelpumpe könnte das Blut vor allem der Arme und Beine kaum noch durch die Venen (1) zurück zum Herzen gelangen. Die meisten Venen verlaufen neben oder zwischen Muskeln (2). Werden diese Muskeln angespannt, drükken sie die Venen zusammen, so daß das Blut aus dem betreffenden Abschnitt herausgedrückt wird. Taschenklappen (3) stellen sicher, daß das Blut nur in Richtung Herz geleitet wird. Wie wichtig dieser Mechanismus ist, zeigt sich beim*

D

Blutkreislauf

Lymphsystem

Wenn die Adern verkalken

Die krankhafte Veränderung der Arterien, die zur Arterienverkalkung führt und arterielle Durchblutungsstörungen (bis zu Herzinfarkt und Hirnschlag) verursacht, wird als Arteriosklerose bezeichnet. Es handelt sich dabei um eine chronisch fortschreitende Degeneration der Gefäßwand, die mit herdförmigen Fett- und Cholesterineinlagerungen, Wucherungen von Muskel- und Bindegewebszellen und Einlagerung von Kalksalzen einhergeht. Die Gefäße verhärten und verdicken sich, sie verlieren ihre Elastizität, und ihr innerer Durchmesser wird kleiner. An der geschädigten Gefäßwand können sich Blutplättchen und Fibrin anheften. Bildet sich auf diese Weise ein Blutgerinnsel (Thrombus), kann es zu einem plötzlichen und völligen Verschluß der Arterie kommen. Als ursächliche Faktoren für die Entstehung der Arteriosklerose gelten Bluthochdruck, ein hoher Cholesterinspiegel und Rauchen.

Normale Arterie (0)

Frühe Läsion (I)
Fettstreifen

Fortgeschr. Läsion (II)
verhärtete Gewebsflecken

Komplizierte Läsion (III)
Durchblutungsstörungen

Arteriosklerose:
Stadieneinteilung nach der WHO

Aufstehen: Das Blut sackt augenblicklich in die Beine. Bewegt man die Muskeln jetzt nicht, gelangt nicht mehr genug Blut in Herz und Gehirn, Schwindel tritt ein.

Kapillaren versorgen die Zellen mit Sauerstoff
D *Die Endarteriolen spalten sich in zahlreiche Kapillaren*

(4) auf, deren Weite etwa der Größe eines Roten Blutkörperchens (5) entspricht und deren Wandung als Endothel (6) bezeichnet wird. Die Kapillaren sind durchlässig, so daß Sauerstoff, Glucose und Wasser hinaus (7) und Kohlendioxid sowie Stoffwechselabfall hinein gelangen können (8). Durch Lücken (9) zwischen

einzelnen Endothelzellen können selbst noch Weiße Blutkörperchen (10) das Gefäßsystem verlassen. Da die Kapillaren mehr Flüssigkeit absondern, als sie wieder aufnehmen, sorgen Lymphgefäße für eine Drainage des Kapillarsystems (11). Die Flüssigkeit wird über das Lymphsystem wieder dem Blutkreislauf zugeführt.

Lymphsystem, S. 272/273

Das Blut: unser wichtigstes Serviceorgan

Wie der Stoffaustausch der Körperzellen funktioniert

Ein im Meer treibender Einzeller bezieht alle Stoffe, die er zum Leben braucht, direkt aus dem Wasser, das ihn umgibt. Für die vielen Milliarden Zellen unseres Körpers schrumpft das Weltmeer auf ein Volumen von 4–5 Litern zusammen – dies ist das Blutvolumen eines 70 kg schweren Menschen. Blut ist das Transportorgan des Körpers mit der Aufgabe, den Stoffaustausch jeder einzelnen Körperzelle mit der Umwelt zu vermitteln. Zu diesem Zweck muß es ständig im Organismus kreisen, es muß bestimmte Bestandteile enthalten und sich fortlaufend regenerieren.

Blut ist, wie bereits Goethe wußte, ein ganz besonderer Saft. Seine Funktionen lassen sich – den verschiedenen Transportgütern entsprechend – in sieben Hauptbereiche unterteilen:

1. Gastransport: Das Blut transportiert den für die Zellatmung benötigten Sauerstoff (O_2) von der Lunge in die Gewebe und von dort Kohlendioxid (CO_2) zurück zur Lunge.

2. Energie- und Materialtransport: Das Blut versorgt die Zellen mit den erforderlichen Nähr- und Aufbaustoffen, Salzen und Vitaminen.

3. Abfallbeseitigung: Die in den Geweben anfallenden Stoffwechselendprodukte müssen abtransportiert werden, da eine Anhäufung dieser Schlacken die Körperzellen vergiften würde.

4. Temperaturregulation: Die bei Stoffwechselprozessen entstehende Wärme muß aus der Tiefe der Gewebe an die Körperoberfläche gebracht und von dort nach außen abgegeben werden – auch dies ist eine Transportfunktion des Blutes.

5. Botenfunktion: Zahlreiche Prozesse in Zellen und Organen werden durch chemische Botenstoffe, Hormone genannt, gesteuert. Diese gelangen auf dem Blutweg an ihren Bestimmungsort. Das Blut transportiert also auch Nachrichten und Steuerbefehle.

6. Abwehrfunktion: Das Blut bringt auf Angriff und Verteidigung spezialisierte Zellen (Lymphocyten, Freßzellen, Killerzellen) und Abwehrstoffe (Immunglobuline, Antikörper) überall dahin, wo Krankheitserreger bekämpft und körperfremde Stoffe beseitigt werden müssen.

7. Pufferfunktion: Das Blut enthält Substanzen mit Pufferwirkung. Diese bilden ein Transport- und Ausgleichssystem mit dem Zweck, eine (durch Atmung, Nahrungsaufnahme oder Stoffwechselprozesse hervorgerufene) Über- oder Untersäuerung des Körpers zu verhindern.

Das Blut muß ständig erneuert werden

Blutzellen haben eine unterschiedlich lange Lebensdauer und werden ständig neu gebildet. Damit es weder zu einem Mangel an lebensnotwendigen Stoffen noch zu einer Anhäufung schädlicher Stoffwechselprodukte kommt, muß außerdem auch die Zusammensetzung der Blutflüssigkeit ständig erneuert werden.

In der Lunge nimmt das Blut Sauerstoff auf und gibt CO_2 ab, aus dem Darm wird es mit Nährstoffen und Vitaminen befrachtet, in Leber und Niere von Gift- und Abfallstoffen befreit und in der Haut abgekühlt. Nur durch den ständigen Ausgleich seiner Zusammensetzung kann das Blut selbst ausgleichend wirken, um das

Es besteht zu 90% aus Wasser. Im Blutplasma sind zahlreiche Stoffe gelöst. Als niedermolekulare Substanzen (3) sind dies verschiedene Mineralien, Kohlenhydrate, Fette, Lipide und Aminosäuren, die als Nährstoffe dienen. Auch Stoffwechselabbauprodukte wie Harnstoff, Harnsäure, Gallenfarbstoffe

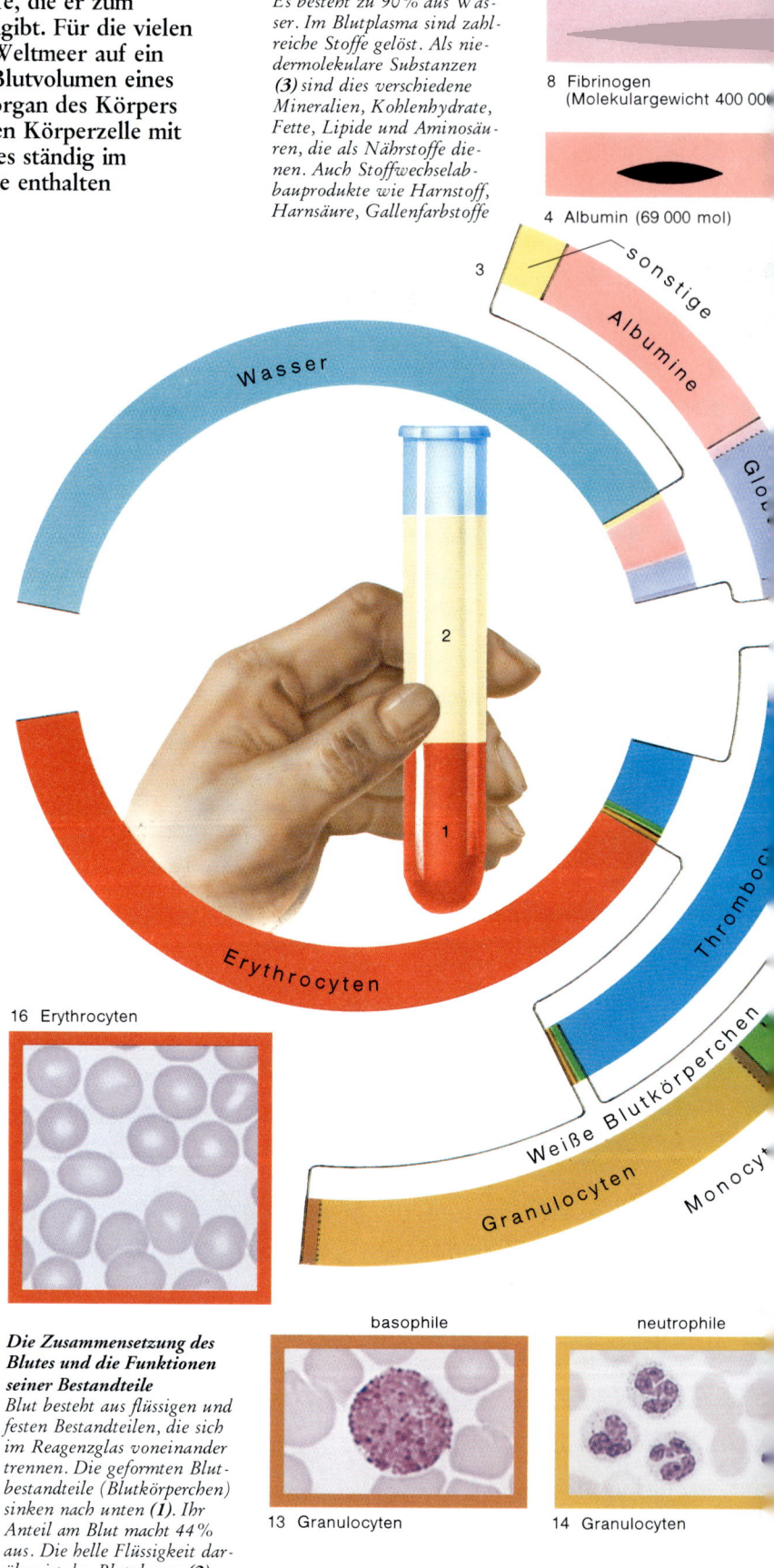

8 Fibrinogen (Molekulargewicht 400 000)

4 Albumin (69 000 mol)

3

sonstige

Albumine

Glob

Wasser

Thromboc

Erythrocyten

Weiße Blutkörperchen

Granulocyten

Monocyt

16 Erythrocyten

Die Zusammensetzung des Blutes und die Funktionen seiner Bestandteile
Blut besteht aus flüssigen und festen Bestandteilen, die sich im Reagenzglas voneinander trennen. Die geformten Blutbestandteile (Blutkörperchen) sinken nach unten (1). Ihr Anteil am Blut macht 44% aus. Die helle Flüssigkeit darüber ist das Blutplasma (2).

basophile

neutrophile

13 Granulocyten

14 Granulocyten

Siehe auch: Tierische Zellen, S. 104/105   Blutkreislauf, S. 250/251   Blutgerinnung, S. 262/263   Gastransport im Blut, S. 264/265

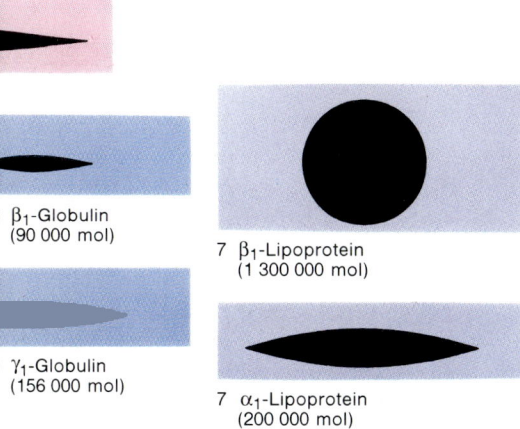

β₁-Globulin
(90 000 mol)

7 β₁-Lipoprotein
(1 300 000 mol)

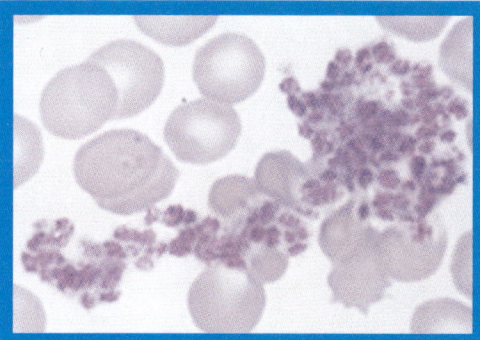

γ₁-Globulin
(156 000 mol)

7 α₁-Lipoprotein
(200 000 mol)

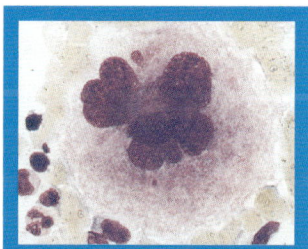

9 Thrombocyten

Lymphocyten

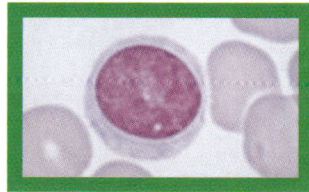

10 Megakaryocyten

11 Lymphocyten

eosinophile

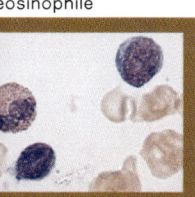

15 Granulocyten

12 Monocyten

u. a. sind im Blut enthalten. Sie werden teilweise von der Niere aus dem Blut entfernt. Den überwiegenden Teil der im Blutplasma gelösten Stoffe bilden die Blutproteine (hier einige im Größenvergleich dargestellt). Das Albumin (**4**), das etwa 60% der Plasmaproteine ausmacht, bindet z.B. Lipide, Hormone oder körperfremde Stoffe und transportiert sie. Auch auf osmotischen Druck und pH-Wert des Blutes hat dieser Stoff Einfluß. Die Globuline fassen verschiedene Eiweiße zusammen. Zu den Alpha-Globulinen zählen Proteine des Blutgerinnungssystems und Proteine, die z.B. Hormone binden können. Die Gamma-Globuline (**5**) bilden Antikörper, die sich bei einer Immunreaktion an die Antigene von Eindringlingen wie Bakterien anheften. Die zu den Beta-Globulinen (**6**) zählenden Alpha- und Beta-Lipoproteine (**7**) transportieren Fette und Lipide. Das Fibrinogen (**8**) ist an der Blutgerinnung beteiligt.

Das Blutserum

Vom Blutplasma läßt sich das Serum abtrennen, indem nach der Blutgerinnung alle unlöslichen Blutanteile inklusive Fibrinogen abgeschöpft werden. Aus dem Serum werden verschiedene Proteine gewonnen, die z.T. große medizinische Bedeutung haben.

Die Blutkörperchen

Die geformten Blutbestandteile lassen sich sehr gut unter dem Mikroskop identifizieren. Die Blutplättchen (Thrombocyten, **9**) spielen eine wesentliche Rolle bei der Blutgerinnung. Sie sind Bruchstücke sehr großer Zellen, der Megakaryocyten (**10**). Zu den Weißen Blutkörperchen (Leukocyten) gehören die Lymphocyten (**11**), Monocyten (**12**) und Granulocyten. Letztere werden unterteilt in basophile (**13**), neutrophile (**14**) und eosinophile (**15**) Granulocyten. Die Weißen Blutkörperchen sind wichtig für das Immunsystem. Den größten Anteil der Blutkörperchen machen die Roten Blutkörperchen (Erythrocyten, **16**) aus, die den roten Blutfarbstoff Hämoglobin enthalten. Dieses Molekül besitzt eine hohe Bindungsfähigkeit für Sauerstoff und Kohlendioxid und sorgt für den Gastransport im Blut.

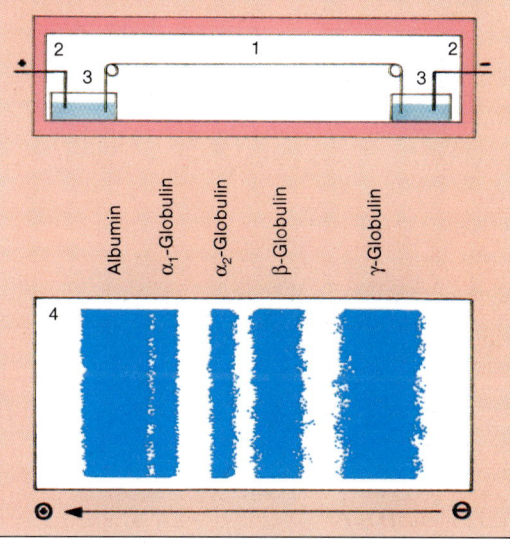

Wie werden Proteine analysiert?

Das heute übliche Verfahren zur Proteinanalyse ist die Elektrophorese. Die Proteine im Blutserum sind elektrisch geladene Teilchen. Setzt man sie einem elektrischen Feld zwischen einem Plus- und einem Minus-Pol aus, bewegen sie sich auf einen Pol zu. Je nach Größe und Ladung wandert ein Molekül schneller oder langsamer als andere Moleküle. Nach einer bestimmten Einwirkungszeit des elektrischen Feldes haben sich die verschiedenen Moleküle räumlich voneinander getrennt.

In der Praxis bedient man sich z.B. eines Papierstreifens (**1**), der in einer mit den Elektroden (**2**) verbundenen Pufferlösung hängt (**3**). Die Proteine werden an einer Seite auf den Papierstreifen aufgetragen und wandern zur anderen Seite. Durch Anfärbung (**4**) lassen sich die Proteine sichtbar machen und durch Vergleichslösungen bestimmen. Bei der Gelelektrophorese wandern die Proteine durch ein Gel, einen gallertartigen, wasserreichen Stoff mit geeigneteren Eigenschaften als Papier.

»innere Milieu«, d. h. die Umgebung der Zellen, möglichst konstant zu halten. Deshalb bedarf es der ständig erneuerten Transport- und Pufferkapazität des Blutes. Nur so ist es möglich, daß sich Konzentrationen organischer und anorganischer Stoffe, osmotischer Druck, pH-Wert, Temperatur und viele andere Größen nur in sehr engen Grenzen verändern, was von großer Bedeutung für das Funktionieren und das Überleben aller Körperzellen ist.

Blutzellen und Blutplasma

Das Blut ist, seiner Aufgabe entsprechend, ein flüssiges Organ und besteht aus Zellen; diese stehen aber nicht, wie in anderen Geweben, in einem mehr oder weniger festen Verbund miteinander, sondern schwimmen frei in der Blutflüssigkeit. Das Blutvolumen besteht bei Männern zu 46 % und bei Frauen zu 41 % aus Blutzellen. Die Blutflüssigkeit, in der wichtige Blutbestandteile gelöst sind, wird Plasma genannt.

Zelluläre Immunabwehr, S. 274/275   Humorale Immunabwehr, S. 276/277   Nieren, S. 294/295

Blut ist nicht gleich Blut

Warum gibt es Blutgruppenunverträglichkeiten?

Nicht Herz oder Niere, sondern Blut ist das am häufigsten transplantierte Organ. Schon in früheren Zeiten hatte man versucht, Tier- oder Menschenblut zu übertragen. Stammte das Blut von einem Tier, mißlang der Versuch immer, stammte es von einem anderen Menschen, verlief die Prozedur in einigen Fällen erfolgreich. Doch warum der eine Verletzte dank der Bluttransfusion überlebte, der andere aber zu Tode kam, weiß man erst seit Anfang des 20. Jahrhunderts, als man die Blutgruppen entdeckte. Seitdem lassen sich die meist tödlichen Zwischenfälle bei Blutübertragungen vermeiden.

Die Blutgruppenindividualität eines jeden Menschen beruht auf bestimmten Merkmalen der Roten Blutkörperchen (Erythrocyten) und einigen Eiweißstoffen im Blutserum. Diese Individualität spielt bei der Blutübertragung eine wichtige Rolle und ist eine vererbte Eigenschaft, weshalb sie auch bei Vaterschaftsklagen von Bedeutung ist.

Zu den verschiedenen Abwehrstoffen des Blutes gehören die sogenannten Agglutinine. Dies sind besondere Eiweiße, die Bakterien und artfremde Eiweißstoffe in der Blutbahn verklumpen, d. h. agglutinieren lassen. Eine besondere Art von Agglutininen bewirkt die Zusammenballung der Roten Blutkörperchen. Im Gegensatz zu anderen Agglutininen, die erst bei Bedarf gebildet werden, sind diese bei Menschen einer bestimmten Blutgruppenzugehörigkeit von vornherein vorhanden.

Das System der Blutgruppen

Nach dem AB0-System unterscheidet man vier Blutgruppen: A, B, AB und 0. Rote Blutkörperchen der Blutgruppe A tragen auf ihrer Oberfläche das Merkmal A, bei Blutgruppe B das Merkmal B. Sind beide Merkmale vorhanden, spricht man von der Blutgruppe AB, wenn beide fehlen, von der Blutgruppe 0. Im Serum der Blutgruppe A befindet sich immer das β-Agglutinin (Anti-B), Blutgruppe B hat α-Agglutinin (Anti-A). Der Blutgruppe AB fehlen beide Agglutinine, Serum der Blutgruppe 0 enthält sowohl Anti-A als auch Anti-B. Zur Zusammenballung der Roten Blutkörperchen kommt es immer dann, wenn das Merkmal A mit α-Agglutinin oder B mit β-Agglutinin zusammentrifft.

Eine Bluttransfusion darf deshalb nur vorgenommen werden, wenn Spender und Empfänger dieselbe Blutgruppe haben. Stark ist die Unverträglichkeitsreaktion, wenn übertragene Blutkörperchen vom Empfänger agglutiniert werden, da dessen Serum gegenüber dem Spenderserum im Überschuß vorhanden ist. Im äußersten Notfall kann ein Mensch mit Blutgruppe 0 als Universalspender dienen, da seine Blutkörperchen keine agglutinable Substanz tragen, also auf Agglutinin α oder β des Empfängers nicht reagieren. Umgekehrt hat ein Träger des Merkmals AB kein Agglutinin im Serum und kann Universalempfänger sein. Todesfälle sind dabei jedoch nicht auszuschließen, da das Serum der Gruppe 0 agglutinieren kann und Rote Blutkörperchen der Gruppe AB von den Agglutininen des Spenders geschädigt werden können.

Unterschiedliche Rhesus-Faktoren

Unabhängig vom AB0-System gibt es in den Roten Blutkörperchen ein weiteres erbliches Merkmal, das für die Blutübertragung eine wesentliche Rolle spielt: den Rhesus-Faktor (Rh), der zuerst am Rhesusaffen im Jahr 1940 entdeckt wurde.

Etwa 85 % aller weißen Menschen ist Rh-positiv, bei 15 % fehlt der Rhesus-Faktor im Blut, sie werden als Rh-negativ bezeichnet. Auch dieser Faktor ist bei einer Blutübertragung von Bedeutung, denn wenn einem Rh-negativen Menschen Blut von einem Rh-positiven Spender übertragen wird, können sich im Blut des Empfängers Antikörper bilden (Sensibilisierung). Bei einer weiteren Übertragung von Rh-positivem Blut kann es dann beim sensibilisierten, Rh-negativen Empfänger zu einer allergischen Reaktion kommen. Bekannt sind auch die Unverträglichkeiten, die beim Nachwuchs von Eltern auftreten können, die einen unterschiedlichen Rh-Faktor haben.

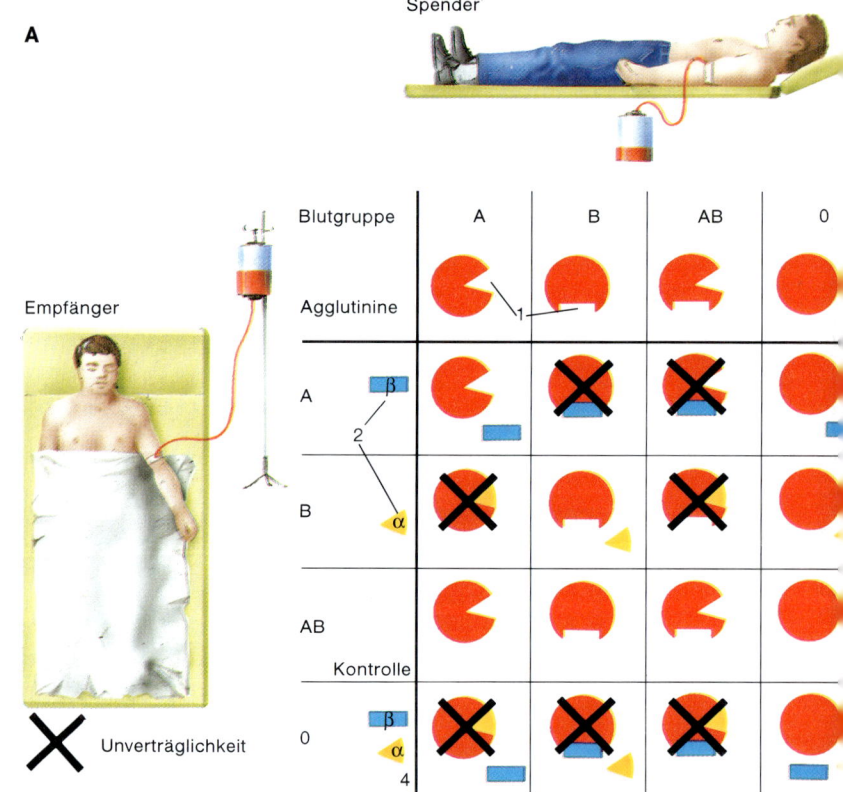

Wenn Spender- und Empfängerblut nicht zusammenpassen
A *Blutgruppenunverträglichkeiten ergeben sich aus Oberflächenmerkmalen (1) der Roten Blutkörperchen (Erythrocyten) und der Wirkung von Agglutininen (2), die genau zu den Merkmalen der Roten Blutkörperchen passen und diese verklumpen lassen. Die Agglutinine einer 0-Spende (3) sind derart in der Unterzahl, daß sie anderen Empfängern kaum Probleme bereiten (Universalspender). Umgekehrt würden gespendete Erythrocyten durch die Agglutinin-Übermacht der Empfängergruppe 0 (4) sofort verklumpen.*

Die Blutgruppenbestimmung
B *Die Bestimmung der Blutgruppen erfolgt mit den Testseren Anti-A, Anti-B und als Kontrolle mit einem Gemisch aus Anti-A und Anti-B. Von den Testseren wird jeweils ein Tropfen mit einem Tropfen des zu prüfenden Blutes vermischt. Die fehlende oder vorhandene Verklumpung der Roten Blutkörperchen gibt Auskunft über die Blutgruppe. So reagiert z. B. die Probe 1 mit dem Serum Anti-A, indem sie verklumpt nicht aber mit Anti-B-Serum. Daraus kann man schließen, daß die Blutprobe von einer Person stammt, die die Blutgruppe A besitzt. Keine Reaktion mit allen Testseren zeigt die Probe 4, d. h. es muß hier Blut der Blutgruppe 0 vorliegen.*

Siehe auch: **Blut**, S. 258/259 **Zelluläre Immunabwehr**, S. 274/275 **Ursprung des Menschen**, S. 298/299 **Erbgut**, S. 300/301

C

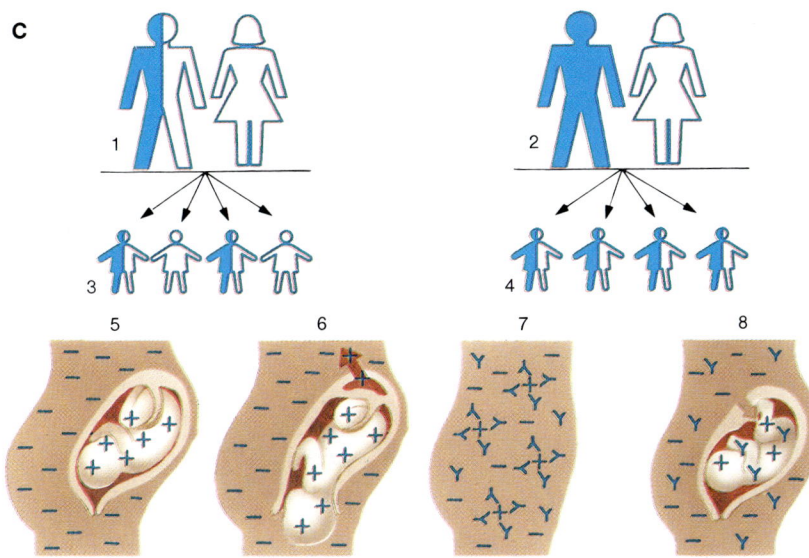

Der Rhesus-Faktor

C *Ein Merkmal des Blutes, der Rhesus-Faktor, kann bei sonst gleichen Blutgruppen zu Unverträglichkeitsreaktionen zwischen Mutter und Kind führen. Ist der Vater gemischterbig (1) oder reinerbig (2) Rh-positiv (d. h. er hat den Rhesus-Faktor) und die Mutter ist Rh-negativ,* *können die Kinder Rh-positiv sein. Im ersten Fall (3) ist die Wahrscheinlichkeit, daß die Kinder Rh-positiv sein werden, 50%, im zweiten Fall (4) beträgt sie sogar 100%. Während der ersten Schwangerschaft (5) treten noch keine Probleme auf, aber es gelangt bei der Geburt Blut des Kindes in den* *mütterlichen Blutkreislauf (6). Später bilden sich im mütterlichen Blut Antikörper gegen Rh-positives Blut (7). Ist bei einer weiteren Schwangerschaft das Baby wieder Rh-positiv, zerstören die über die Plazenta eingedrungenen mütterlichen Antikörper die roten Blutkörperchen des Kindes (8).*

Blutgruppenhäufigkeit und Völkerverwandtschaft

D *Aus der Häufigkeitsverteilung einer Blutgruppe kann man auf Völkerverwandtschaften schließen. Daß die in Zentralasien (1) sehr häufige Blutgruppe B auch in Alaska (2) vorkommt, ist z. B. ein Beleg für die gemeinsame Abstammung von Mongolen und nordamerikanischen Indianern.*

Blutpräparate

Während bei starken Blutverlusten eine Übertragung sämtlicher Blutbestandteile (Vollblutkonserve) erforderlich ist, kann der Mangel eines oder einiger weniger Bestandteile, der sich bei einigen Krankheiten zeigt, durch gezielten Einsatz bestimmter Blutpräparate ausgeglichen werden. Diese Präparate werden entweder aus Vollblutkonserven gewonnen oder gezielt gespendet.

So entzieht man z. B. bei der Plasmapherese dem Blut nur einen Teil des Plasmas (flüssige Blutbestandteile ohne Blutzellen), das Restblut wird dem Spender danach wieder zugeführt. Plasmaspenden sind im Gegensatz zur Vollblutspende sehr viel häufiger möglich. Wichtige Bestandteile des Plasmas sind u. a. die verschiedenen Gerinnungsfaktoren, die für Hämophiliekranke (Bluter) überlebenswichtig sind.

Gebräuchliche Blutkonserven und -präparate

Art	Lagerungsdauer	Verwendung
Vollblut-konserve	max. 6 Wochen	bei akuten Blutverlusten
Heparin-Vollblut	8–12 Stunden	bei Dialyse, Herz-Lungen-maschine
Erythrocyten-Konzentrat (duffycoat-haltig)	max. 24 Stunden	zur raschen Anhebung des Hämoglobin-Wertes
Erythrocyten-Konzentrat (duffycoat-frei)	3–6 Wochen im geschlossenen Beutel	zur Ausschaltung der Sensibilisierung vor Organtransplantationen
Frischplasma	bis 6 Stunden	zum Austausch von Thrombocyten und Gerinnungsfaktoren
Thrombocyten-Konzentrat	4–6 Stunden	bei Gerinnungsstörungen
Leukocyten-Konzentrat	3–6 Stunden	bei bestimmten Blutkrankheiten

B

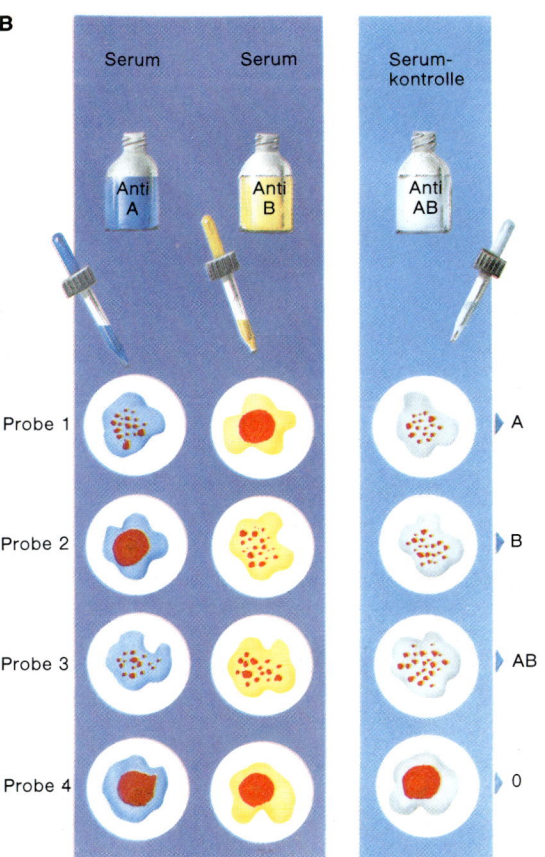

Serum — Serum — Serumkontrolle

Anti A — Anti B — Anti AB

Probe 1 ▸ A
Probe 2 ▸ B
Probe 3 ▸ AB
Probe 4 ▸ 0

D

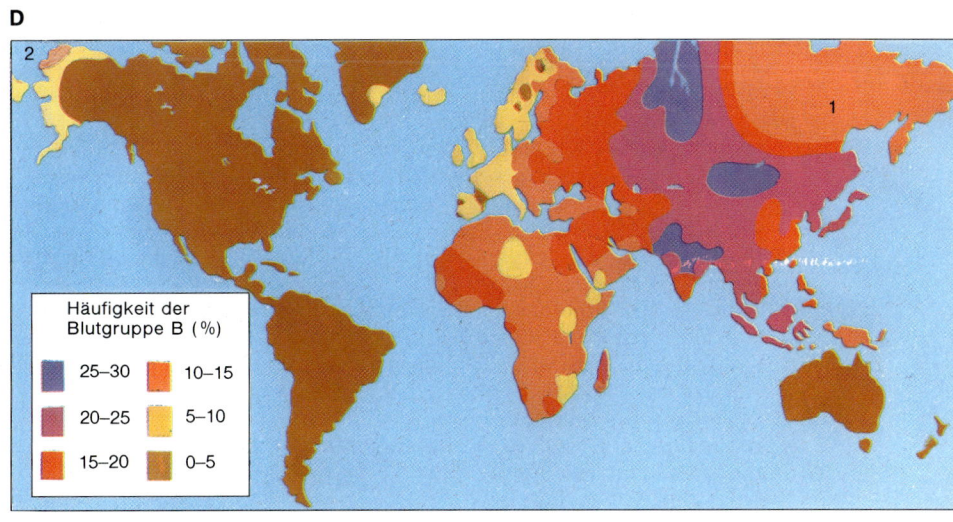

Häufigkeit der Blutgruppe B (%)

- 25–30
- 20–25
- 15–20
- 10–15
- 5–10
- 0–5

Ein Leck wird repariert

Wie der Körper sich vor Blutverlusten schützt

Eine eher harmlose Kopfplatzwunde kann wie ein schreckliches Blutbad aussehen. Schon 200 ml Blut – eine Tasse voll – genügt, um diesen irreführenden Eindruck zu erwecken. In der Regel verursacht aber erst ein Blutverlust von mehr als einem Liter ernsthafte Beschwerden. Akut lebensbedrohlich ist ein Verlust von 50–60 % des Gesamtblutvolumens. In diesem Zusammenhang ist eine Eigenschaft des Blutes von erheblicher Bedeutung – die Fähigkeit zur Gerinnung und damit zur Abdichtung von Gefäßleckagen. Sie verhindert, daß eine kleine Wunde zu einer tödlichen Gefahr wird.

Einerseits darf Blut im Kreislauf nicht gerinnen, da auch ein kleiner Blutpfropf verheerende Folgen haben kann; man denke nur an Hirnschlag, Herzinfarkt oder Embolie. Andererseits muß Blut gerinnen, wann und wo auch immer ein Leck im Röhrensystem des Kreislaufs auftritt. Schwere Hämophilie, auch Bluterkrankheit genannt, ist ein angeborener Gerinnungsdefekt, der ohne ständige Behandlung mit dem Leben auf Dauer nicht vereinbar ist. Mit anderen Worten: Blut muß, ohne zu gerinnen, jederzeit gerinnungsfähig sein.

An der Blutgerinnung sind zahlreiche Substanzen (»Gerinnungsfaktoren«) beteiligt, die in der Gefäßwand, in den Blutplättchen (Thrombocyten) und im Plasma in inaktiver Form enthalten sind. Die plasmatischen Gerinnungsfaktoren werden überwiegend in der Leber gebildet, von den Eiweißstoffen Fibrinogen (Faktor I) und Prothrombin (Faktor II, für dessen Synthese Vitamin K erforderlich ist) bis hin zum Faktor XIII. In Gang gesetzt wird der Gerinnungsprozeß durch die Verletzung eines Blutgefäßes. Dabei werden zunächst inaktive Faktoren aktiviert, die ihrerseits weitere Faktoren aktivieren.

Neben den aktivierenden gibt es auch hemmende Substanzen. Bei einer Verletzung wird das Gleichgewicht, das normalerweise zwischen den beiden Arten von Faktoren besteht, an der Stelle der Verletzung in Richtung Aktivierung verschoben. Die hemmenden Faktoren verhindern jedoch, daß die örtlich erwünschte Gerinnung an Stellen auftritt, wo sie Schaden anrichten könnte. Als Gegengewicht zum Fibrin bildenden Gerinnungssystem gibt es deshalb auch ein Fibrin auflösendes (fibrinolytisches) System, das unerwünschte Gerinnsel beseitigen kann.

Blutplättchen sorgen für die Blutstillung

In der ersten Phase der Blutstillung heften sich Blutplättchen (Thrombocyten) an den Wundrändern der verletzten Gefäßinnenwand an und setzen dabei zahlreiche Substanzen frei. Diese tragen einerseits zur Aktivierung des Gerinnungssystems bei und bewirken andererseits ein Zusammenziehen des verletzten Gefäßes. Die Thrombocyten ballen sich zusammen und bilden einen vorläufigen Pfropf, der kleinste Lecks abdichten kann. Diese erste Phase der Blutstillung, d. h. die Bildung eines kleinen, noch nicht sehr festen Pfropfs aus Blutplättchen und die Engerstellung des Gefäßes, verläuft sehr rasch. Sie dauert nur 1–3 Minuten. Gleichzeitig wird der zweite Schritt, die eigentliche Blutgerinnung eingeleitet,

Gefäßheilung durch Blutgerinnung

A *Bei der Blutgerinnung werden je nach Tiefe der Verletzung eines Gefäßes zwei verschiedene Systeme aktiviert, die die Gerinnung in Gang bringen. Der Gerinnungsfaktor XII ist inaktiv, solange er die Innenwand (Endothel, 1) eines Blutgefäßes (2) berührt. Fehlt das Endothel infolge einer Verletzung und trifft der Gerinnungsfaktor z. B. auf das Kollagen der Blutgefäßumkleidung, aktiviert er ein System, das – da die Aktivierung im Innern des Blutgefäßes ausgelöst wird – Endogenes System heißt. Ein Bestandteil davon, der Faktor TF$_3$, stammt von den Blutplättchen oder Thrombocyten (3), die bereits für eine erste Abdichtung des Gefäßes gesorgt haben. Das Gegenstück ist das Exogene System. Es entsteht außerhalb des Gefäßes, wenn Gewebsfaktoren vom verletzten Gewebe mit dem Gerinnungsfaktor VII und Calcium (Ca^{2+}) in Berührung kommen (4). Beide Systeme aktivieren nun den Faktor X (5). Er bildet mit dem Thrombocyten-Faktor*

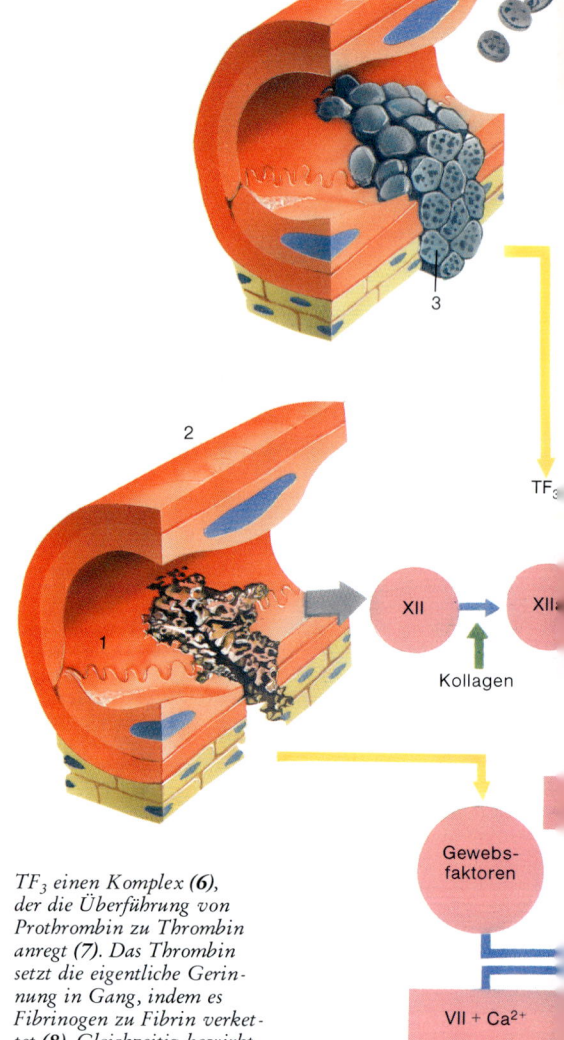

TF$_3$ einen Komplex (6), der die Überführung von Prothrombin zu Thrombin anregt (7). Das Thrombin setzt die eigentliche Gerinnung in Gang, indem es Fibrinogen zu Fibrin verkettet (8). Gleichzeitig bewirkt Thrombin die Aktivierung von Faktor XIII (9) zu XIIIa, das die Fibrinketten

die zur Bildung des unlöslichen Fibrins aus seiner löslichen Vorstufe Fibrinogen führt.

Thrombin läßt das Blut gerinnen

Das komplizierte plasmatische Gerinnungssystem wird in Gang gesetzt, wenn durch Gefäßverletzung bestimmte Faktoren aus der Gefäßwand (Endogenes System) und dem umliegenden Gewebe (Exogenes System) mit bis dahin inaktiven, im Plasma enthaltenen Faktoren in Berührung kommen und sie auf diese Weise aktivieren. Diese Faktoren aktivieren ihrerseits weitere, zunächst inaktive Substanzen. Die Endstufe dieser Aktivierungskaskade ist die Bildung des unlöslichen, fadenförmigen Eiweißes Fibrin, das aus dem im Plasma gelösten Fibrinogen hervorgeht. Die Fibrinfäden vernetzen die zusammengeballten Blutplättchen und bilden zusammen mit roten Blutkörperchen, die sich in diesem Netz verfangen, den endgültigen Blutpfropf, der das Leck verstopft – die Blutung ist gestillt.

zu einem festen Geflecht (10) stabilisiert. Ist der Heilungsprozeß abgeschlossen (11), wird das Gerinnsel allmählich aufgelöst (Fibrinolyse). Verschiedene Faktoren wie Sauerstoffmangel oder Medikamente aktivieren die Bildung von Plasmin aus Plasminogen (12). Plasmin löst die langen Fibrinketten in Fibrinopeptide auf. Diese wirken wiederum hemmend auf die Fibrinverkettung (13). Wichtig ist, daß sich im Blut auch Stoffe befinden, die die Blutgerinnung am falschen Ort verhindern. Antithrombin III z. B. hemmt bestimmte Reaktionen (14) des Gerinnungssystems. Vitamin K dagegen unterstützt die Bildung von Prothrombin sowie Faktoren des Exogenen Systems (15).

Siehe auch: **Wundheilung, S. 246/247** **Blutgefäße, S. 256/257** **Blut, S. 258/259**

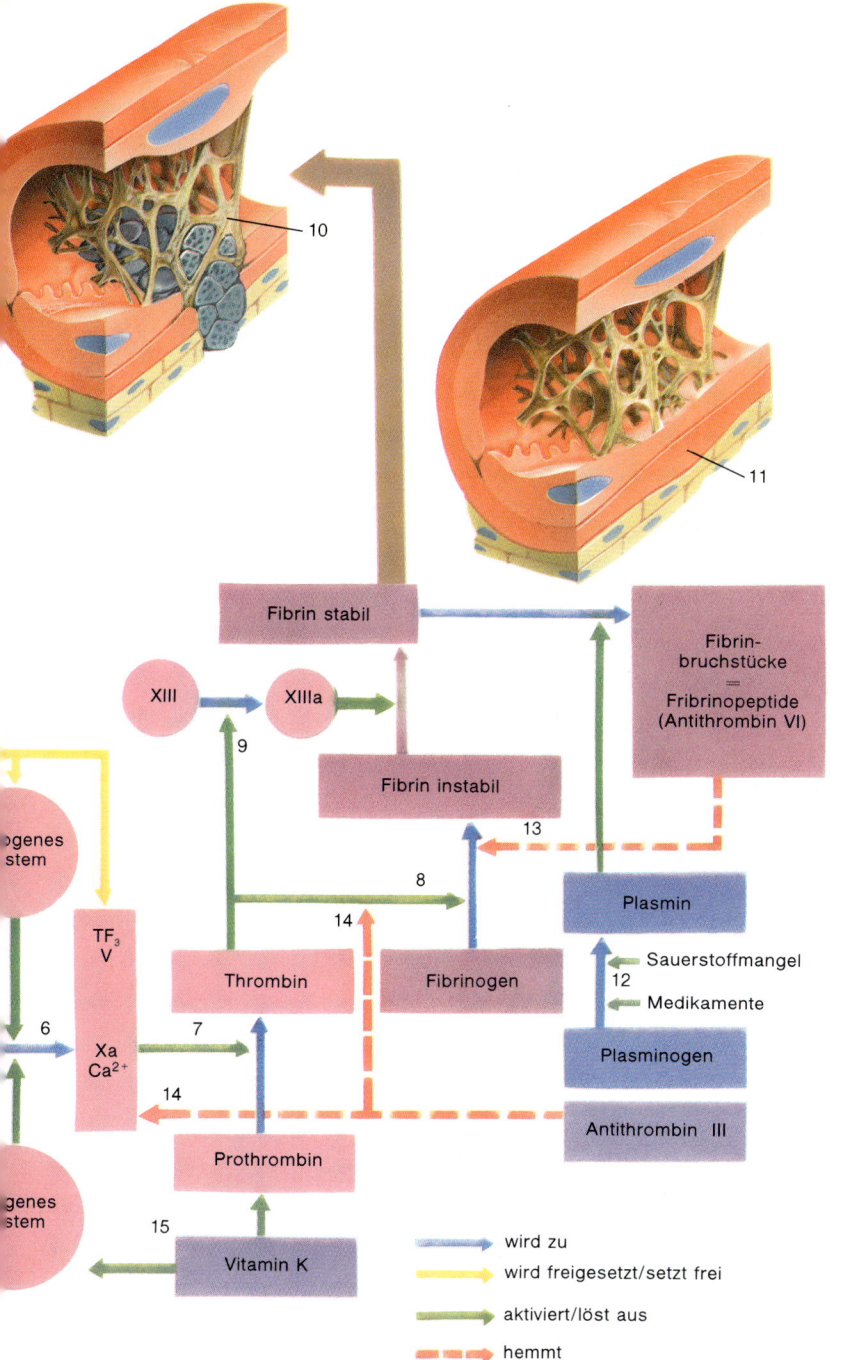

XIII → XIIIa

Fibrin stabil

Fibrin instabil

Fibrin-bruchstücke = Fribrinopeptide (Antithrombin VI)

9

8

13

14

TF₃ V

Thrombin

Fibrinogen

Plasmin

Sauerstoffmangel

Medikamente

12

6

Xa Ca²⁺

7

14

Plasminogen

Antithrombin III

Prothrombin

15

Vitamin K

→ wird zu
→ wird freigesetzt/setzt frei
→ aktiviert/löst aus
---→ hemmt

10

11

Wie ein Thrombus entsteht
Ⓑ *Wenn das ausgeklügelte System von Gerinnung und Gerinnungsauflösung aus dem Gleichgewicht kommt, können sich nicht von selbst auflösende Blutgerinnsel, die Thromben, entstehen. Ein ortsständiger Thrombus (**1**) bereitet noch keine großen Probleme. Gefährlich wird es, wenn ein Thrombus sich löst und verkeilt (**2**). Wird das Gefäß dabei verschlossen oder drastisch verengt, entstehen Thrombosen. In einer Beinvene kann dies wegen mangelhafter Durchblutung zu Gefäßbrand (**3**) führen. Losgelöste Thromben können durch das Herz (**4**) in die Lunge (**5**) wandern und dort eine lebensbedrohliche Embolie auslösen.*

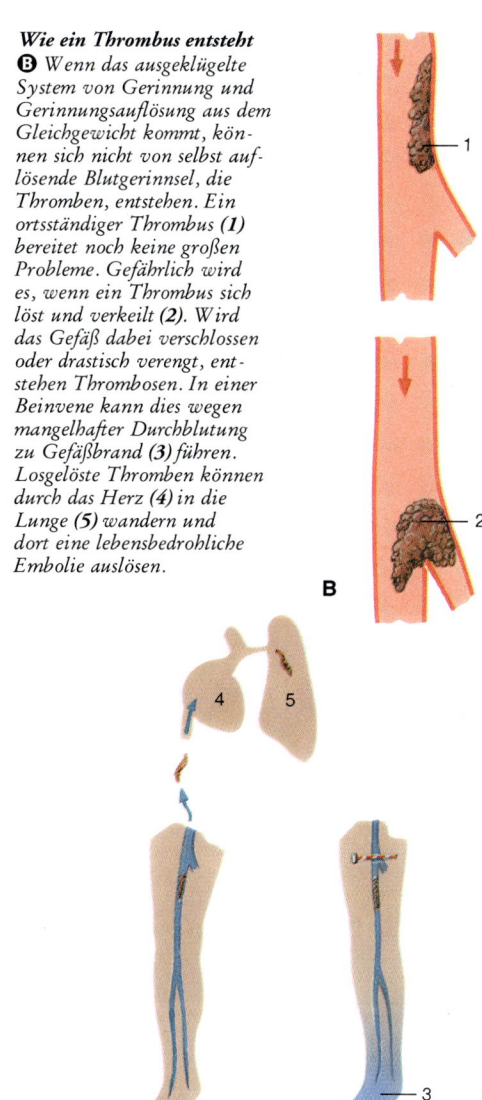

B

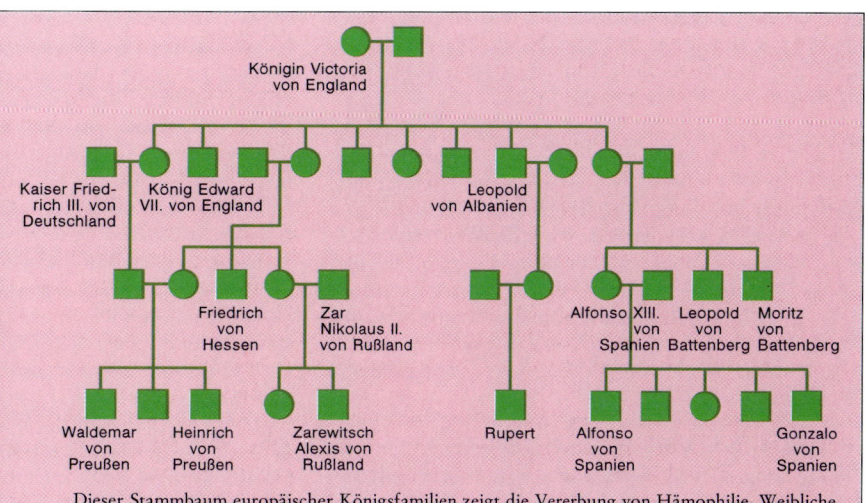

Bluterkrankheit

Die als Hämophilie bezeichnete Bluterkrankheit ist eine Erbkrankheit, die von der Mutter übertragen wird und fast ausschließlich beim männlichen Geschlecht in Erscheinung tritt. Die Erbanlage dafür ist an das X-Chromosom gebunden.

Vererbt eine Mutter das defekte X-Chromosom an einen Sohn (Geschlechtschromosomie XY), zeigt sich die Krankheit, weil ein zweites defektloses X-Chromosom fehlt, das – wie bei der Mutter – für einen Ausgleich sorgt. Der Betroffene leidet an einer Blutgerinnungsstörung, die auf einer verminderten Aktivität des Faktors VIII (Hämophilie A) oder IX (Hämophilie B) beruht. Selbst geringste Verletzungen führen zu Blutungen, vor allem in Muskeln und Gelenken. Als Blutergelenk bezeichnet man den schweren, irreparablen Knochendefekt, der durch wiederholte Gelenkblutungen verursacht wird. Durch Zufuhr des fehlenden Gerinnungsfaktors, der aus Spenderblut gewonnen wird, kann den Patienten geholfen werden.

Königin Victoria von England

Kaiser Friedrich III. von Deutschland

König Edward VII. von England

Leopold von Albanien

Friedrich von Hessen

Zar Nikolaus II. von Rußland

Alfonso XIII. von Spanien

Leopold von Battenberg

Moritz von Battenberg

Waldemar von Preußen

Heinrich von Preußen

Zarewitsch Alexis von Rußland

Rupert

Alfonso von Spanien

Gonzalo von Spanien

Dieser Stammbaum europäischer Königsfamilien zeigt die Vererbung von Hämophilie. Weibliche Abkömmlinge sind in der Darstellung durch Kreise, männliche durch Quadrate gekennzeichnet. An Hämophilie erkrankte Nachkommen sind mit einem grün ausgefüllten Quadrat markiert.

Erbgut, S. 300/301 Genomanalyse und Gentherapie, *S. 302/303*

Damit die Zellen nicht ersticken

Das Blut transportiert Sauerstoff und Kohlendioxid im Körper

Das für die Zellatmung benötigte Gas Sauerstoff wird im Blut transportiert. Daß Gase wasserlöslich sind, zeigt sich beim Öffnen einer Sprudelflasche. Diese Art der physikalischen Lösung ist jedoch für den Gastransport im Blut völlig unzureichend, weil 300 Liter Blut notwendig wären, um eine ausreichende Sauerstoffversorgung des Körpers zu gewährleisten. Daß tatsächlich nur 5 Liter ausreichen, liegt daran, daß der Sauerstofftransport hauptsächlich durch chemische Bindung an Hämoglobin erfolgt – ein großes, überwiegend aus Eiweiß bestehendes Molekül, das in großen Mengen in den Roten Blutkörperchen vorkommt.

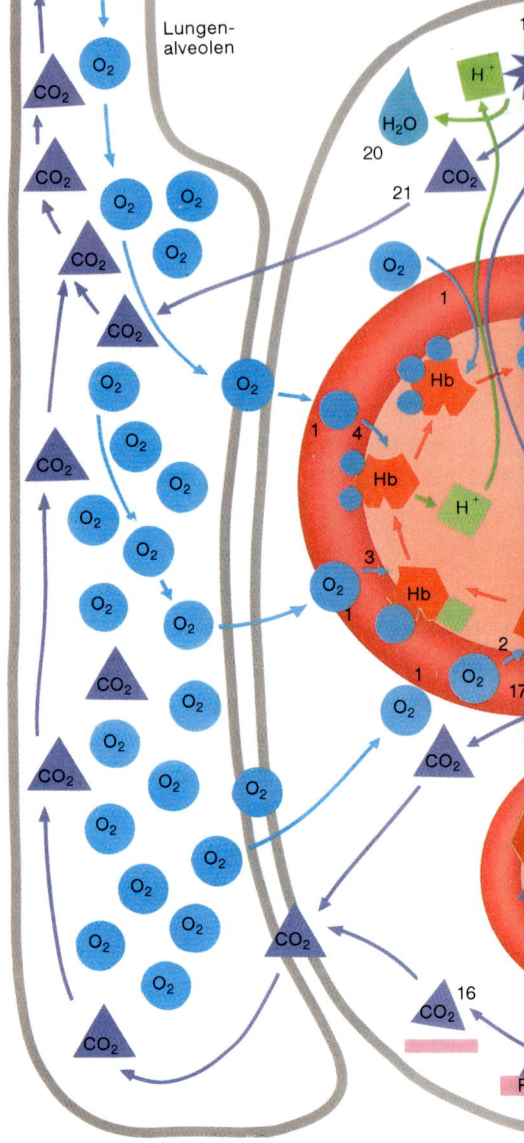

Lungen-
alveolen

Die verschiedenen Stoffwechselvorgänge in den Körperzellen verbrauchen Energie, die der Körper aus energiereichen Nährstoffen (Kohlenhydrate, Fette und Eiweiße) gewinnt. Diese Stoffe werden in unterschiedlichen Prozessen um- und schließlich abgebaut. Die dabei freiwerdende Energie wird in bestimmten Energieübertragermolekülen – zu nennen ist besonders das Adenosintriphosphat, kurz als ATP bezeichnet – gespeichert. Endprodukt des Stoffabbaus ist das Kohlendioxid (CO_2), ein »Abfallprodukt«, dessen sich die Zellen über das Blut entledigen. Um das Kohlendioxid bilden zu können, benötigen die Körperzellen Sauerstoff (O_2), der wiederum über das Blut an sie herangeführt wird.

Es muß also nicht nur Sauerstoff durch das Blut von der Lunge zu den Körperzellen herangetragen werden, auch das im Energiestoffwechsel der Zelle entstehende Kohlendioxid muß – allerdings in umgekehrter Richtung – wieder abtransportiert werden, d.h. von den Körperzellen zur Lunge, wo es schließlich ausgeatmet wird.

Während Sauerstoff überwiegend an den roten Blutfarbstoff Hämoglobin gebunden transportiert wird, bilden 80 % des Kohlendioxids unter Mithilfe eines Enzyms mit Wasser Hydrogencarbonate (HCO_3^-). Dabei freiwerdende Wasserstoffionen (H^+) nimmt das Hämoglobin auf. Die restlichen 20 % des CO_2 lagern sich ebenfalls an das Hämoglobin oder an andere Proteine an bzw. sind frei im Blut gelöst.

Zusammenspiel beim Gasaustausch

Ein für den Gasaustausch sehr wesentlicher Effekt besteht darin, daß das Vermögen des Blutes, CO_2 zu binden, von seiner Sauerstoffsättigung abhängt: Durch O_2-Abgabe im Gewebe verstärkt sich das CO_2-Bindungsvermögen des Blutes, in der Lunge hingegen verschlechtert sich das CO_2-Bindungsvermögen, d.h. die Sauerstoffaufnahme begünstigt die CO_2-Abgabe in die Atemluft.

Umgekehrt verändert auch CO_2 die Hämoglobin-Sauerstoff-Bindung. Je mehr CO_2 in der Lunge abgegeben wird, um so stärker nimmt die O_2-Bindungsfähigkeit des Hämoglobins zu, während sie im Gewebe durch die erhöhte CO_2-Konzentration abnimmt, was die O_2-Abgabe an die Zellen erleichtert.

Gleichgewicht zwischen Säuren und Basen

Neben ihrer Funktion für den Gastransport haben Hämoglobin und Hydrogencarbonat eine zweite lebenswichtige Aufgabe: Sie sorgen für die Pufferung des Blutes. Als Puffer wird ein

Der Gastransport im Blut

Die wohl wichtigste Aufgabe des Blutes ist der Transport von Sauerstoff (O_2) und Kohlendioxid (CO_2). Sauerstoff kommt mit der Atemluft in die Lunge. Dort diffundiert er in den Lungenbläschen (Alveolen) durch die Alveolenwand in das Blutgefäß und schließlich in ein Rotes Blutkörperchen (1). Das Hämoglobin-Molekül (Hb) bindet den Sauerstoff (2). Diese Bindung verändert das Hb derart, daß eine zweite Bindungsstelle für O_2 (3) entsteht. Nachdem ein weiteres O_2-Molekül angedockt hat, wird eine dritte Bindungsstelle gebildet (4). Dieser Vorgang wiederholt sich noch einmal. Das mit vier O_2-Molekülen beladene Hb wird im Roten Blutkörperchen durch die Lungenvene ins Herz und von dort aus in den Körperkreislauf transportiert. Im Gewebe, wo O_2 gebraucht wird und CO_2 als Abfallprodukt entsteht, gibt das Hb den Sauerstoff ab: Die durch die Lösung von CO_2 (5) im Blut zusammen mit Wasser (6) gebildete Kohlensäure (7) bewirkt durch eine Erniedrigung des pH-

Stoff bezeichnet, der das Gleichgewicht zwischen Säuren und Basen aufrecht erhält. Ist das Milieu zu sauer, verhält sich ein Puffer ausgleichend basisch und umgekehrt. Der mittlere pH-Wert, ein Maß für die H^+-Konzentration, des Blutes, liegt bei 7,4. Größere Abweichungen nach oben oder unten sind lebensgefährlich, da sich dadurch Struktur und Funktion vieler im Blut befindlicher Stoffe verändern können, und müssen abgepuffert werden. Hydrogencarbonat kann dabei unter Aufspaltung in Wasser und CO_2 Wasserstoffionen (H^+) abfangen bzw. im umgekehrten Fall freisetzen. Auf diesen Prozeß hat Hämoglobin ebenso Einfluß, wie es auch selbst Wasserstoffionen aufnehmen kann.

Trotz seiner großen Pufferkapazität kann das Blut bei bestimmten Krankheiten (Diabetes, Gicht) übersäuern. Durch die bevorzugte Wahl Basen bildender Lebensmittel wie kohlensäurehaltiger Mineralwässer kann der Übersäuerung entgegengewirkt werden.

Wertes, daß das erste O_2-Molekül vom Hb gelöst wird (8). Dieses Ablösen schwächt die nächste Sauerstoffbindung, so daß nach und nach alle O_2-Moleküle vom Hb abgegeben werden (9). Sie diffundieren durch die Blutgefäßwand (10) in das Gewebe. Das CO_2 wird auf vier verschiedene Arten durch das Blut zur Lunge transportiert. Ein Teil wandert in die Roten Blutkörperchen und wird von einer bestimmten Bindungsstelle des Hb gebunden (11). Andere CO_2-Moleküle verbinden sich mit Proteinen (12) im Blut. Hat sich aus CO_2 und Wasser Kohlensäure gebildet, tauscht diese im Roten Blutkörperchen ein Proton gegen das Kalium (K^+)-Ion des Hb aus (13).

Siehe auch: **Zellstoffwechsel,** *S. 214/215* **Blutkreislauf,** *S. 250/251* **Herz,** *S. 252/253* **Blut,** *S. 258/259*

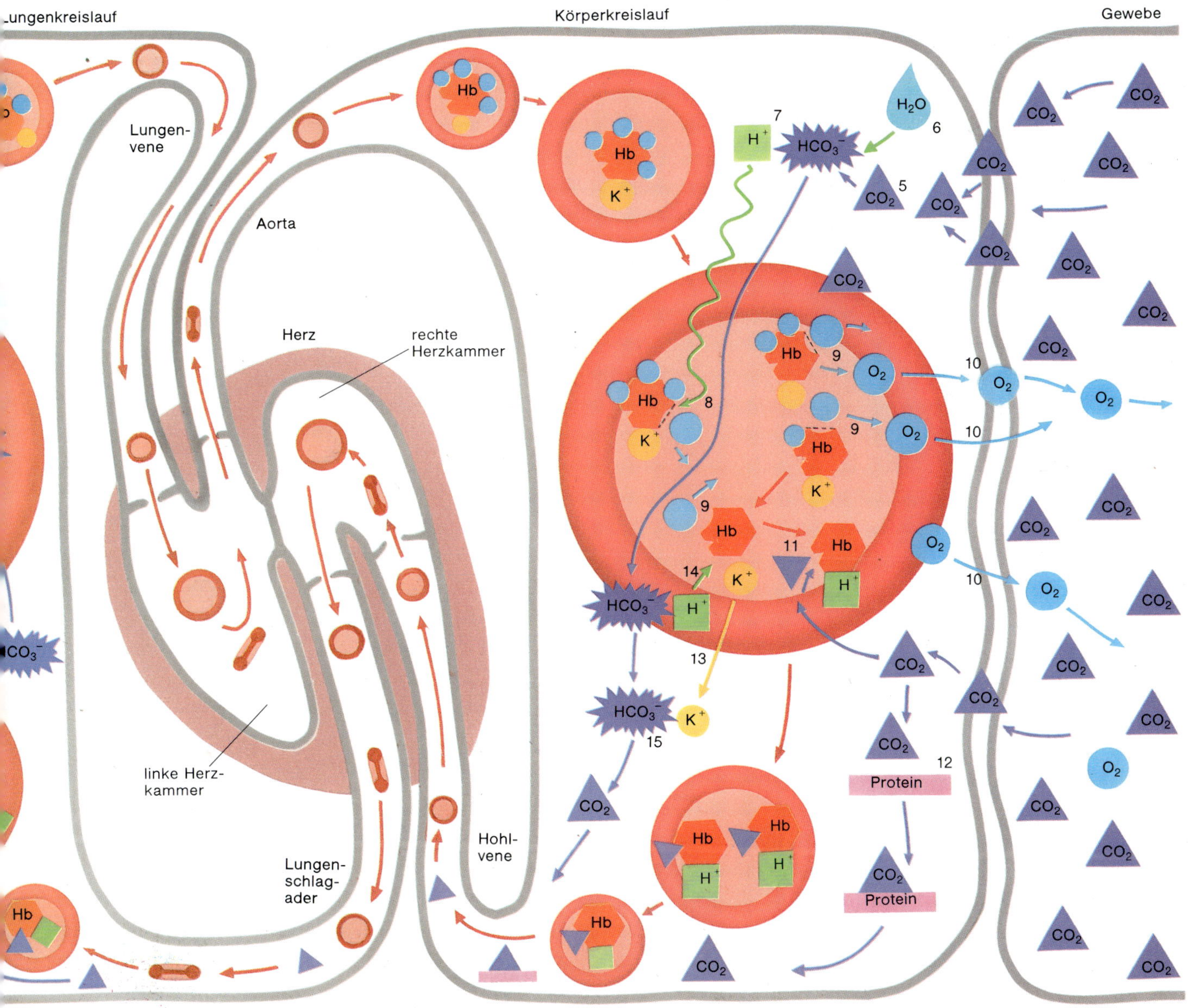

Lungenkreislauf

Körperkreislauf

Gewebe

Lungenvene

Aorta

Herz

rechte Herzkammer

linke Herzkammer

Hohlvene

Lungenschlagader

Hb   K$^+$ H$^+$ HCO$_3^-$ H$_2$O   CO$_2$ O$_2$ Protein

5   6   7   8   9   10   11   12   13   14   15

Das Proton dockt seinerseits
[a]m Hb an (14). Das nun
[ge]bildete Kalium-Carbonat
[(1]5) wird ebenso wie die
[C]O$_2$-beladenen Roten Blut-
[k]örperchen, die Proteine
[u]nd das freie CO$_2$ vom Blut
[d]urch das Herz zur Lunge
[tr]ansportiert. Dort lösen sich
[di]e CO$_2$-Moleküle vom Pro-
[te]in (16) und vom Hb (17).
[S]ie diffundieren ebenso wie
[d]as freie CO$_2$ durch die
[B]lutgefäßwand in die Alve-
[o]len. Das Kalium-Carbonat
[t]auscht im Roten Blutkör-
[p]erchen das Kalium-Ion
[g]egen ein Proton des Hbs
[a]us (18). Die entstandene
[K]ohlensäure (19) zerfällt in
[W]asser (20) und CO$_2$ (21).
[L]etzteres wandert in die
[L]unge und wird wie die
[a]nderen CO$_2$-Moleküle mit
[d]er Atemluft ausgeschieden.

Hämoglobin

Das Molekül des roten Blutfarbstoffs Hämoglobin setzt sich aus etwa 10 000 Atomen zusammen.
Es besteht aus einer Eiweißkomponente (Globin),
die aus vier Polypeptidketten (1) aufgebaut ist,
und vier Farbstoffkomponenten (Häm, 2) mit je
einem zweiwertigen Eisenatom. Durch die Ver-
knäuelung der Polypeptidketten erhält das Hä-
moglobinmolekül seine kugelähnliche Gestalt.

An das zweiwertige Eisen der vier Hämgrup-
pen kann Sauerstoff (O$_2$) angelagert werden.
Dabei geht Hämoglobin (Hb) in Oxyhämoglobin
(HbO$_2$) über, ohne daß sich die Wertigkeit des
Eisens verändert. Dies ist eine Oxygenation im
Gegensatz zur Oxidation, bei der zweiwertiges
Eisen in dreiwertiges Eisen übergeht. Bei Vergif-
tungen (z. B. durch Nitrit) kann dies geschehen.
Das durch Oxidation entstehende Hämiglobin
kann O$_2$ nicht mehr transportieren. Tödlich ist
eine Vergiftung, wenn dabei mehr als 60 % des
Hämoglobins zu Hämiglobin oxidiert werden.

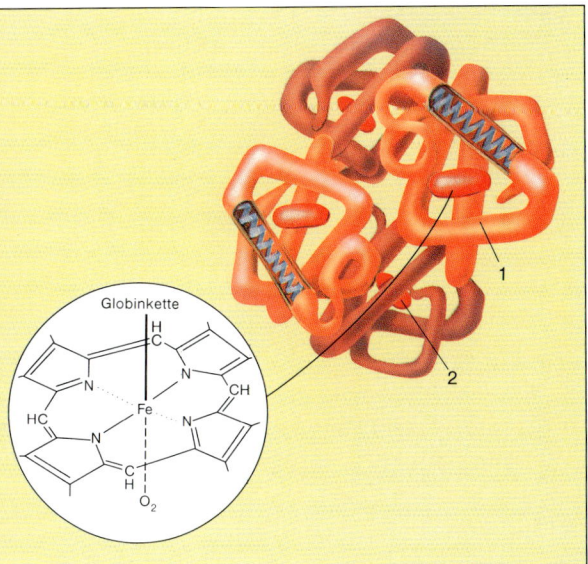

Globinkette

1   2

Wie der Sauerstoff ins Blut übergeht

Nase, Luftröhre und Lungen ermöglichen die Atmung

Ohne Luft, genauer gesagt ohne Sauerstoff, kann der Mensch nicht leben. Im Körper wird der Sauerstoff im Blut zu den Orten des Verbrauchs, den Körperzellen, transportiert. Damit er aber überhaupt bis dorthin gelangen kann, muß es eine Körperöffnung, Luftröhren und ein Organ geben, durch das der Sauerstoff ins Blut übergehen kann. Auf umgekehrtem Weg muß Kohlendioxid als »Abfall« der Atmung nach außen gelangen können. All dies ermöglicht der Atemapparat, der aus Nase, Luftröhre, Bronchien und Lungen besteht und die Verbindung zwischen Außenluft und Blut herstellt.

Durch die Atemwege gelangt die Luft in die Lunge und wieder hinaus. Die beim Einatmen angesaugte Luft wird in der Nase angewärmt, befeuchtet, weitgehend von Staub und Bakterien gereinigt und nicht zuletzt durch den Geruchssinn chemisch geprüft. Dazu streicht die Luft an den zahlreichen, gut durchbluteten Schleimhäuten der Nasenmuscheln vorbei, die mit Flimmerhärchen bedeckt sind. Diese Härchen schieben Staubteilchen in Richtung Rachen, wo sie mit Speichel zusammen verschluckt werden. Anschließend strömt die Luft durch die Stimmritze des Kehlkopfs in die Luftröhre.

Der Weg der Luft in die Lungenbläschen

Die Luftröhre wird durch 16–18 hufeisenförmige Knorpelspangen verstärkt, die nach hinten offen sind. Diese verhindern, daß die Luftröhre bei Unterdruck (also beim Einatmen) zusammenfällt. Nach innen ist die Luftröhre mit Schleimhaut ausgekleidet. Diese ist nicht nur mit Schleimdrüsen, sondern auch mit Flimmerzellen ausgestattet, die Schleim und Schwebeteilchen aus der Luft nach oben transportieren.

In Höhe des vierten Brustwirbels teilt sich die Luftröhre in die beiden Hauptbronchien mit geschlossenen Knorpelringen. Die folgenden, überaus feinen Verzweigungen, die Bronchiolen, haben keine Knorpelstützen. Sie sind mit Muskelfasern ausgestattet, die ihren Durchmesser vergrößern oder verkleinern können.

Am Ende des sich immer weiter verzweigenden Bronchialbaums sind um die Endbronchiolen die Lungenbläschen (Alveolen) angeordnet, in denen der Gasaustausch stattfindet. Der Durchmesser der einzelnen Alveolen beträgt zwischen 0,06 und 0,2 mm. Dank ihrer großen Zahl (ca. 300 Millionen) haben sie gemeinsam eine Oberfläche von über 100 m².

Lage und Aufbau der Lunge

Das Atemorgan, die Lunge, ist aus einem schwammartigen Gewebe zusammengesetzt und besteht aus zwei kegelförmigen, links und rechts den seitlichen Brustraum ausfüllenden Lungenflügeln, die in zwei bzw. drei Lungenlappen gegliedert sind. Diese haben wiederum insgesamt acht bis zehn Segmente, die funktionelle, durch Bindegewebe abgegrenzte Einheiten darstellen.

Zwischen den beiden Lungenflügeln liegt das Herz. Außerdem verlaufen hier die großen Gefäße (Aorta, Hohlvene), verschiedene Nerven, die Speiseröhre, die Luftröhre und die davon abzweigenden Hauptäste des Bronchialbaums.

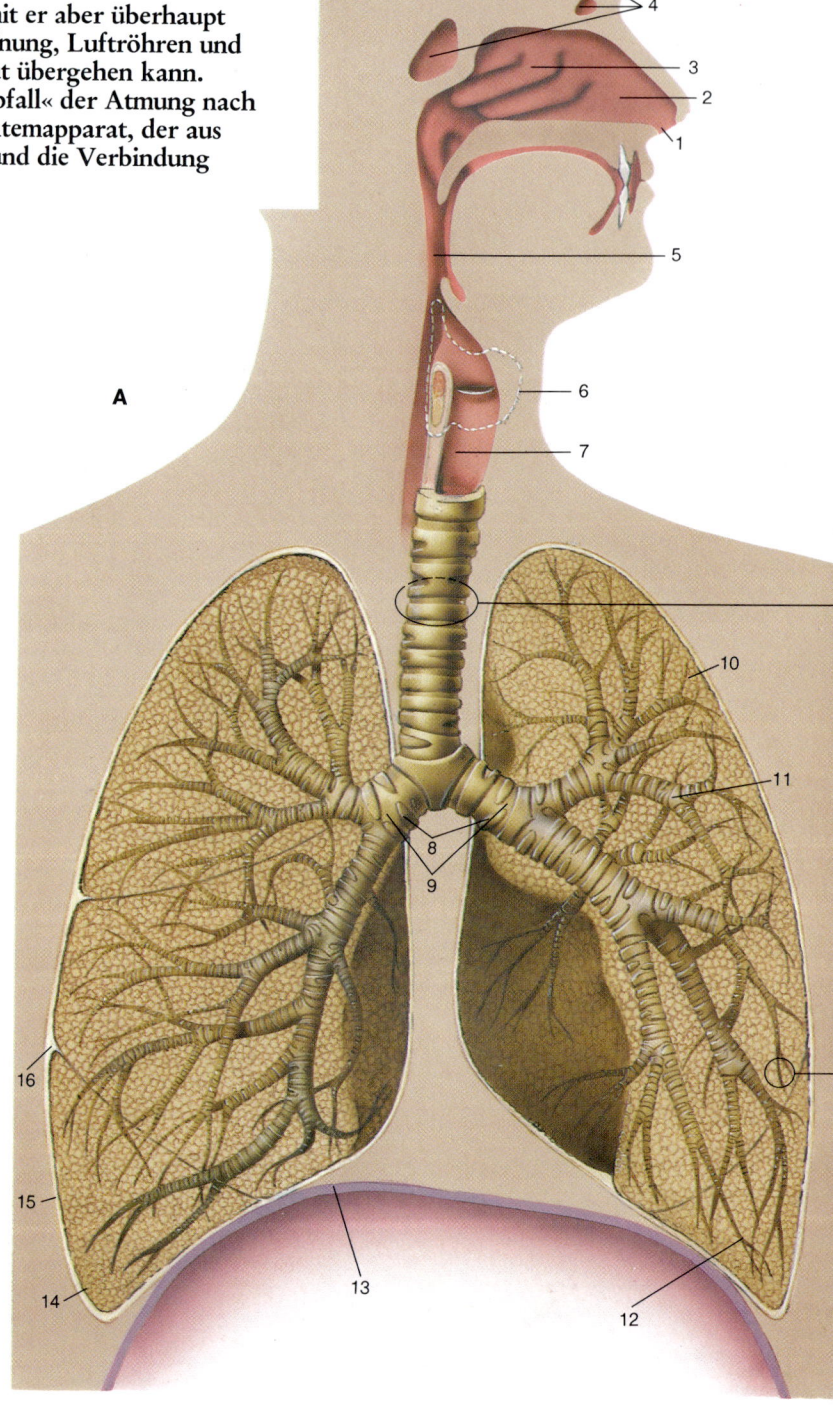

A

Die Atemwege

Ⓐ Die Nasenlöcher **(1)** bilden die Öffnungen der Atemwege zur Außenwelt. Im anschließenden Nasenkanal **(2)** befinden sich die schleimhautumkleideten Nasenmuscheln **(3)**. Sie dienen ebenso wie die Nasennebenhöhlen **(4)** der Erwärmung und Reinigung der Luft. Im Rachen **(5)** vereinigen sich Atem- und Nahrungsweg, bis sie sich oberhalb des Kehlkopfes **(6)** wieder trennen. Die nun folgende, mit Knorpelspangen verstärkte Luftröhre **(7)** teilt sich in die beiden ebenfalls mit Knorpelspangen **(8)** umkleideten Hauptbronchien **(9)** auf, die jeweils einen Lungenflügel **(10)** versorgen. Die Hauptbronchien verzweigen sich in Seitenbronchien **(11)**, die in Bronchiolen **(12)** enden. Zum Magenraum hin liegen die Lungenflügel dem Zwerchfell **(13)** auf. Dieses spielt bei der Atmung eine wichtige Rolle. Die Lungenflügel sind von zwei Häutchen, dem Lungenfell **(14)** und dem Rippenfell **(15)**, umschlossen, zwischen denen der Pleuraspalt **(16)** liegt.

Siehe auch: **Blutkreislauf,** *S. 250/251* **Herz,** *S. 252/253*

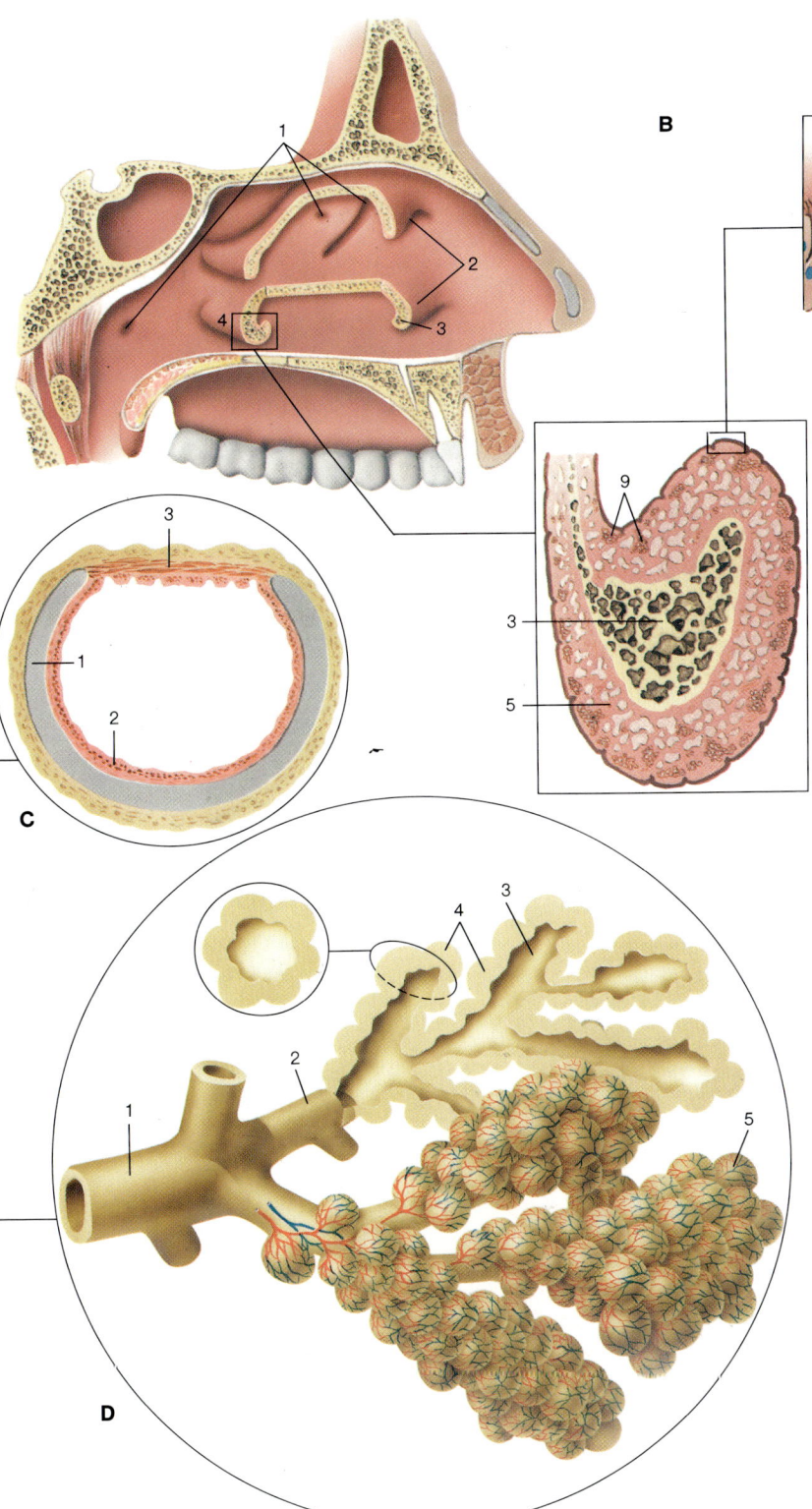

B

C

D

Der Nasenraum

B *Die Vergrößerung der Nasenhöhle zeigt die Mündungen (1) der Nasennebenhöhlen und die Nasenmuscheln (2). Diese werden durch Knochengewebe (3) gefestigt, die untere Muschel (4) hat einen eigenen Knochen. Das Knochengewebe ist von der Nasenschleimhaut (5) umgeben, die durch eine Zellschicht mit Flimmerhärchen (6) begrenzt ist. An ihrem Schleimfilm bleiben Schmutzpartikel (7) haften, die durch die Flimmerhärchen in den Rachen geleitet werden, so daß die Atemorgane geschützt sind. Den Schleim erzeugen Becherzellen (8) und Nasendrüsen (9).*

Husten und Niesen

Gelangt ein Bissen in den »falschen Hals«, d.h. in die Luft- statt in die Speiseröhre, wird der Hustenreflex ausgelöst. Zunächst schließt sich unwillkürlich die Stimmritze. Dann erfolgt eine rasche und kräftige Anspannung der für die Ausatmung zuständigen Muskeln, und der Druck im Brustkorb erhöht sich. Dadurch wird die Stimmritze schließlich regelrecht aufgesprengt, und es kommt zu einer explosionsartigen Ausatmung, um den störenden Fremdkörper (oder auch Schleimklumpen) aus den Luftwegen hinauszubefördern. Der Husten kann aber auch willkürlich ausgelöst werden oder das Symptom einer Krankheit sein (z. B. Bronchitis).

Ein weiterer Schutzreflex ist das Niesen. Hierbei kommt es nach chemischer oder mechanischer Reizung der Nasenschleimhaut zum explosionsartigen Ausstoß der Atemluft, und zwar durch die Nase, da sich gleichzeitig der Mund reflektorisch schließt.

Nach unten wird der Brustraum durch das Zwerchfell von der Bauchhöhle getrennt. Diese muskuläre Scheidewand bildet eine nach oben gewölbte Kuppel.

Die Lunge als Blasebalg

Zwischen der Lunge und den sie umgebenden Strukturen (vor allem Brustwand und Zwerchfell) befinden sich die beiden Blätter der Pleura, zwei dünnwandige, glatte Häutchen. Das eine (Lungenfell) bedeckt die Oberfläche der Lunge, das andere (Rippenfell) kleidet die Innenfläche der Brusthöhle aus. Der feine Flüssigkeitsfilm zwischen beiden Pleurablättern wirkt als Gleitschicht. Da der Flüssigkeitsfilm nicht dehnbar ist und zwischen Lungenfell und Rippenfell ein Unterdruck herrscht, ist die Lunge gezwungen, den Bewegungen des Brustkorbs und des Zwerchfells zu folgen, ohne daß sie daran festgewachsen ist. Auf diese Weise wird die Lunge – wie ein Blasebalg – belüftet.

Aufbau der Luftröhre

C *Der Querschnitt zeigt einen hufeisenförmigen Knorpel (1), die innenliegende Schleimhaut (2) und die Hinterwand (3), die den Knorpelring durch Binde- und Muskelgewebe schließt. Dieser verhindert, daß die Luftröhre durch den beim Einatmen entstehenden Unterdruck zusammenfällt.*

Die Bronchien

D *Die Bronchiolen (1) zweigen sich in Endbronchiolen (2) auf, von denen wiederum Alveolargänge (3) abgehen. Um Endbronchiolen und Alveolargänge herum sind die Lungenbläschen (Alveolen, 4) angeordnet. Diese sind von einem sehr dichten Kapillarnetz aus Blutgefäßen (5) umschlossen.*

Die Schicht zwischen dem Luftraum der Alveolen und den Blutgefäßen ist so dünn, daß Sauerstoff und Kohlendioxid frei hindurchdiffundieren können. Das von der Lungenschlagader kommende sauerstoffarme Blut wird mit Sauerstoff beladen und durch die Lungenvene in den großen Körperkreislauf weitergeleitet.

Gastransport im Blut, *S. 264/265* **Lunge und Brustraum,** *S. 268/269* **Stimme,** *S. 270/271*

Was passiert bei der Atmung?

Komplizierte Reflexe sorgen für die Sauerstoffaufnahme

Die vielen Milliarden Körperzellen benötigen Sauerstoff, um die Energie in den Zuckern und Fetten zu nutzen, die für ihren Stoffwechsel »verbrannt« werden müssen. Da die wenigsten Zellen mit der Luft direkt Kontakt haben, muß der Sauerstoff über Atemwege, Lunge und Blut zu ihnen gelangen. Damit genug Sauerstoff ins Blut und Kohlendioxid als »Abfall« hinaus kann, wird die Luft in der Lunge aktiv ausgetauscht. So werden durch Einatmen und Ausatmen täglich 10 000–20 000 Liter Luft in so engen Kontakt mit dem Blut gebracht, daß dabei in Ruhe etwa 0,3 Liter Sauerstoff pro Minute aufgenommen werden.

Bei der Einatmung (Inspiration) heben die äußeren Zwischenrippenmuskeln den Brustkorb an und erweitern ihn dadurch; gleichzeitig zieht sich die Muskulatur des Zwerchfells zusammen, dessen nach oben gewölbte Kuppel sich dadurch abflacht und den Innenraum des Brustkorbs vergrößert. Da die Lunge diesen Bewegungen folgt und sich ausdehnt, wird über Luftröhre und Bronchien Luft angesaugt.

Die Ausatmung (Exspiration) erfolgt in Ruhe weitgehend passiv, indem die Lunge sich nach der Dehnung wieder elastisch zusammenzieht. Bei verstärkter Ausatmung ziehen die inneren Zwischenrippenmuskeln die Rippen nach unten; die angespannte Bauchmuskulatur drückt Eingeweide und Zwerchfellkuppel nach oben.

Beim Einatmen gelangt die Luft zuletzt in bläschenartige Gebilde, die Lungenalveolen. Die Lungenbläschen sind von dem dichten Netz der Lungenkapillaren umsponnen, in denen das Blut auf die dem Gasaustausch zur Verfügung stehende Fläche verteilt wird.

Sauerstoffarmes (venöses) Blut strömt von der rechten Herzhälfte über die Lungenarterie und ihre beiden Hauptäste in die Lungenflügel. Wie der Bronchialbaum verästelt sich die Lungenarterie bis in die feinsten Haargefäße, die die Alveolen umschließen. Nach dem Gasaustausch fließt das nun sauerstoffreiche (arterielle) Blut über die Verästelungen der Lungenvene in die linke Herzhälfte.

Die Gewebeschranke zwischen Luft und Blut besteht aus zwei Schichten, der Alveolarwand und der Kapillarwand. Beide zusammen sind 50mal dünner als Luftpostpapier. Durch dieses feine Häutchen, das sich zwischen der Luft in den Alveolen und dem Blut in den Kapillaren erstreckt, findet der Gasaustausch statt: Sauerstoff (O_2) diffundiert dem Konzentrationsgefälle entsprechend aus der Luft ins Blut und Kohlendioxid (CO_2) aus dem Blut in die Luft. Dieser äußeren Atmung in der Lunge entspricht der umgekehrte Vorgang im Gewebe, wo die innere Atmung oder Zellatmung stattfindet: CO_2 diffundiert aus dem Gewebe ins Blut und Sauerstoff aus dem Blut in die Zelle, wo er in den Mitochondrien zur Verbrennung von Zucker oder Fett benötigt wird.

Sensoren im Körper melden den Sauerstoffbedarf

Wir können zwar willentlich den Atem anhalten, doch nach weniger als einer Minute wird der Zwang zu atmen immer größer: Die Steuerung der Atmung, d.h. die Anpassung an den Sauer-

Die Steuerung der Atmung
Ⓐ *Die Atmung geschieht reflektorisch durch das Atemzentrum im verlängerten Rückenmark (Medulla oblongata, 1). Inspiratorische (Einatmung auslösende) Neuronen (2) bewirken das Zusammenziehen bestimmter Brustmuskeln (3) und des Zwerchfells (4). Mit zuneh-*

A

Niesen, Husten — Erhöhte Muskelarbeit — 1 + Erregung
7 + Schlaf
Adrenalin — + Blutdruckabfall
7 Bluttemperatur
12 Hormone (Schwangerschaft)
CO_2 11 6 2 Singen, Sprechen
CO_2
10 + Förderung der Atmung
9 − Hemmung der Atmung
8
5
4
3

mender Dehnung des Brustkorbes werden immer mehr Dehnungsrezeptoren (5) erregt und senden Signale zum Atemzentrum, die die Einatmung hemmen. Ab einer bestimmten Brustkorbdehnung ist die Hemmung des Einatmenreflexes so stark, daß der Brustkorb zusammensackt und so das

stoffbedarf des Körpers, erfolgt unwillkürlich. Chemische Signale und nervöse Regulationsmechanismen sorgen dafür, daß im Blut und im Gesamtorganismus die Konzentrationen von O_2 und CO_2 innerhalb enger Grenzen konstant bleiben. Sensoren, sogenannte Chemorezeptoren in der Halsschlagader und Aorta, registrieren einen O_2-Abfall im arteriellen Blut und melden ihn über Nervenbahnen ans Gehirn. Besonders wichtig sind Rezeptoren in der Nähe des Atemzentrums im verlängerten Rückenmark, die auf CO_2-Erhöhung reagieren. Die Signale dieser Rezeptoren bewirken, daß das Atemzentrum den Blasebalg des Brustkorbs aktiviert, – die an der Atmung beteiligten Muskeln kontrahieren stärker und rascher und steigern dadurch die Belüftung der Lunge – unter Umständen auf mehr als das Zehnfache des Ruhewerts. Während in Ruhe etwa 15 Atemzüge pro Minute zu je 0,5 Liter Luft genügen, liegt das Maximum, der Atemgrenzwert, bei 120–170 Liter pro Minute.

Ausatmen einleitet. Aktives Ausatmen wird durch Signale der exspiratorischen (Ausatmung auslösenden) Neuronen (6) gesteuert. Rhythmus und Tiefe der Atmung sind von zahlreichen Einflüssen (7) abhängig. Am wichtigsten sind die Gehalte an Sauerstoff (O_2) und Kohlendioxid (CO_2) im Blut. Am Aortenbogen (8) über der Lunge befinden sich Chemorezeptoren, die bei Unterschreitung eines bestimmten O_2-Gehaltes dem Atemzentrum Signale zur Atmungssteigerung übermitteln (9). Da CO_2 leicht vom Blut (10) in die Hirnflüssigkeit (Liquor, 11) übergeht, können Chemorezeptoren (12) direkt am Atemzentrum auf eine CO_2-Erhöhung ansprechen.

Siehe auch: **Muskeln,** *S. 238/239* **Blutkreislauf,** *S. 250/251* **Blutdruck,** *S. 254/255* **Gastransport im Blut,** *S. 264/265*

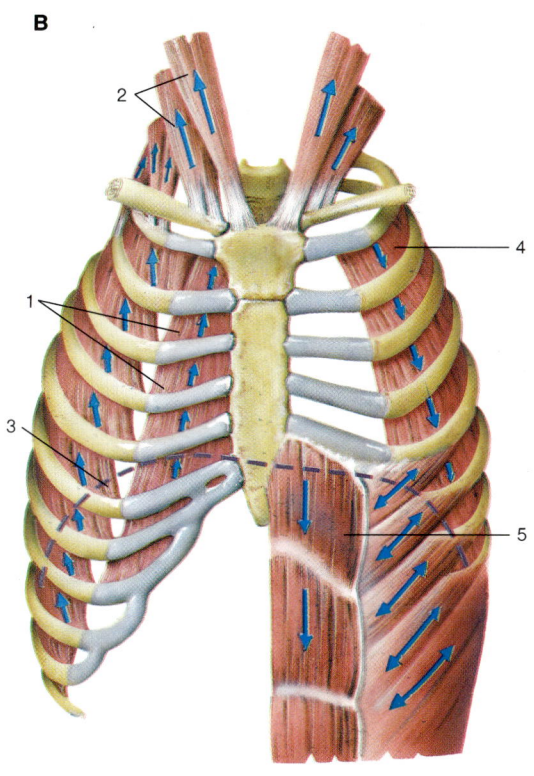

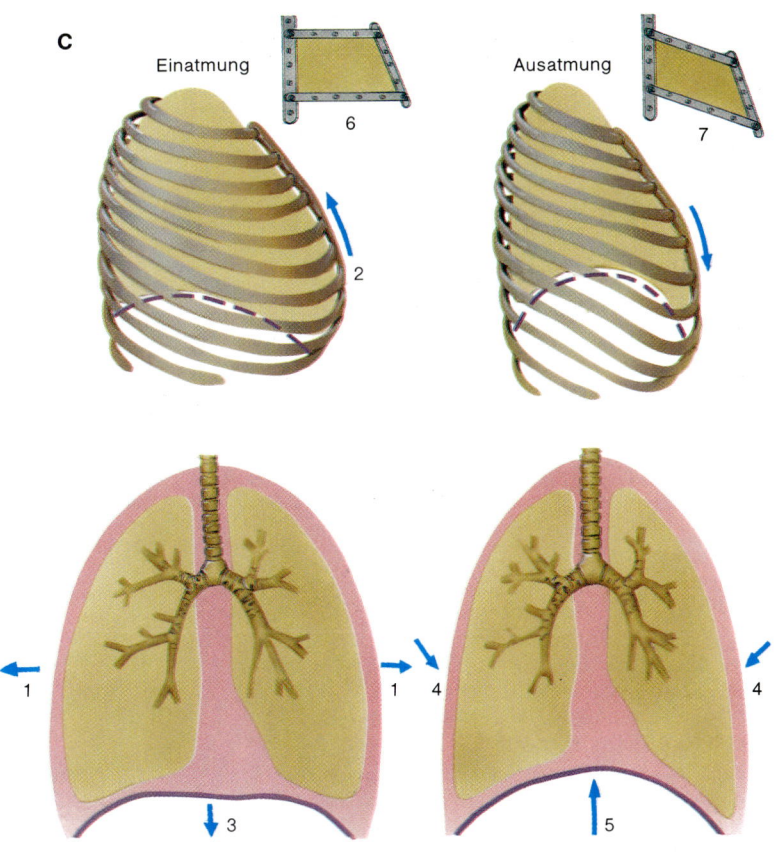

Einatmung · 6 · 2 · 1 · 3

Ausatmung · 7 · 2 · 1 · 4 · 5

Atmen ist Muskelarbeit

B Zur Betätigung des Blasebalgs, der die Belüftung der Lunge ermöglicht, dienen Muskeln zur Hebung oder Senkung der Rippen sowie das Zwerchfell und die Muskeln der Bauchdecke (Bauchpresse). Vor allem die äußeren Zwischenrippenmuskeln (1) heben die Rippen an und erweitern so den Brustkorb. Unterstützt werden sie dabei vom Kopfnicker (2), einem Muskel, der zwischen Brustbein und Kopf verläuft. Das Zwerchfell (3) ragt kuppelförmig in die Brusthöhle. Bei Anspannung senkt sich die Kuppel und vergrößert dadurch den Innenraum der Brusthöhle.

Nur bei angestrengter Ausatmung sind Muskeln zur Verkleinerung des Brustkorbs erforderlich, die inneren Zwischenrippenmuskeln (4). Beim Ausatmen wird die Erschlaffung des Zwerchfells durch Bauchmuskeln wie den Geraden Bauchmuskel (5) unterstützt, deren Kontraktionen die Eingeweide nach oben gegen die Zwerchfellkuppel drücken.

Ein- und Ausatmen

C Beim Einatmen wird Luft angesaugt, indem das Lungenvolumen vergrößert wird. Dies geschieht durch die Dehnung des Brustkastens (1), bei der sich die Rippen leicht anheben (2), und durch Kontraktion des Zwerchfells (3). Beim Ausatmen zieht sich der Brustkorb passiv wieder zusammen (4), das Zwerchfell entspannt sich (5). Die Volumenänderung verdeutlicht ein Modell: Bei gehobenem Brustkorb (6) ergibt sich ein größeres Volumen als bei gesenktem (7).

D	liegend	sitzend	laufend
Atemzugvolumen	350 ml	500 ml	2000 ml
Atemfrequenz	12/min	16/min	25/min
Atemminutenvolumen	4 l	8 l	50 l
Herzschlagvolumen	60 ml	80 ml	100 ml
Herzfrequenz	60/min	70/min	140/min
Herzminutenvolumen	3,6 l	5,6 l	14 l

Unterschiedliche Lungen- und Herztätigkeit

D Die Tabelle zeigt die Werte für Lungen- und Herztätigkeit bei unterschiedlicher körperlicher Betätigung. Eine Läuferin atmet viermal soviel Luft ein wie eine ruhende Person (vergleiche das Atemzugvolumen »sitzend« mit »laufend«). Auch die Blutmenge, die das Herz pro Minute pumpt (Herzminutenvolumen) erhöht sich. Atem- bzw. Herzminutenvolumen errechnen sich durch Multiplikation von Atemzugvolumen mit Atemfrequenz bzw. Herzschlagvolumen mit Herzfrequenz.

Taucherkrankheit

Ein Risiko beim Tauchsport ist die Dekompressionskrankheit, auch Caisson- oder Taucherkrankheit genannt. Beim Abtauchen wird durch den steigenden Druck immer mehr Gas in Blut und Geweben gelöst (1). Während Sauerstoff schnell verbraucht wird, sammelt sich Stickstoff, der 79 % der Luft ausmacht, in Blut und Geweben an. Solange er darin gelöst ist, ergeben sich keine Probleme, taucht der Taucher aber zu schnell auf, bildet das Gas Bläschen (2). Diese können Blutgefäße blockieren und zu den typischen Symptomen der Taucherkrankheit führen: Jucken, Gelenkschmerzen, Gleichgewichts- und Sehstörungen, Muskelschwäche und Brustenge. Die einzig hilfreiche Maßnahme ist der sofortige Transport des Tauchers in eine Dekompressionskammer, in der er zuerst wieder erhöhtem Druck ausgesetzt wird. Senkt man den Druck in der Druckkammer langsam, kann der Stickstoff ohne Blasenbildung aus dem Körper entweichen.

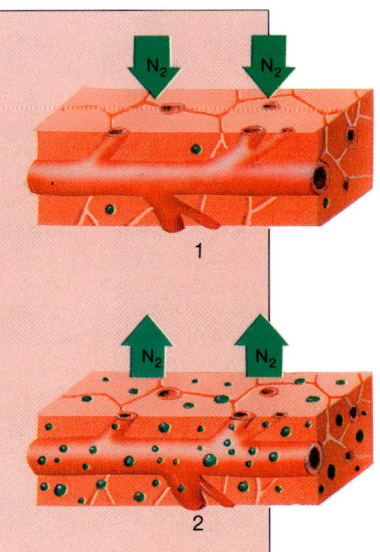

Atemwege, S. 266/267 · Vegetatives Nervensystem, S. 340/341

Der Klang der Stimme

Wie wir sprechen und singen

Betrachtet man das Prinzip der Tonerzeugung rein physikalisch, so besteht kaum ein Unterschied zwischen einer Motorsäge und einem Opernsänger – beide erzeugen Töne, indem sie Luft in Schwingung versetzen. Daß der Sänger dabei andere Frequenzen erzeugt, verdanken wir dem komplexen Zusammenspiel körperlicher und geistiger Prozesse. Das in der Hirnrinde entstehende Konzept wird unter Beteiligung des Sprachzentrums in Kehlkopf, Rachen, Mund- und Nasenhöhle sowie durch eine besondere Atemtechnik so umgesetzt, daß die Töne des Sängers einen ungleich angenehmeren Klang haben.

Der Stimmapparat besteht aus dem Kehlkopf (Larynx) als dem tonerzeugenden Organ und den Resonanzräumen Rachen, Mund- und Nasenhöhle. Schon der einfachste Ton erfordert ein kompliziertes Zusammenspiel der Kehlkopfmuskeln (zur Änderung der Frequenz, d. h. der Tonhöhe), von Hals- und Kopfmuskeln (zur Änderung der Resonanz, d. h. der Klangfarbe) und der Brust- und Bauchmuskulatur (zur Veränderung der Lautstärke).

Die auch an der Atmung beteiligten Muskeln erzeugen den Luftstrom, der im Kehlkopf die in zwei Falten verlaufenden Stimmbänder zum Schwingen bringt. Die Zahl der Schwingungen pro Sekunde bestimmt die Tonhöhe. Wie bei einer Violinsaite variiert die Schwingungszahl je nach Dicke, Spannung und Länge der Stimmbänder. Die Muskeln des Stimmapparats verändern die Spannung der Stimmbänder (wie beim Stimmen einer Violine) und ihre Länge (wie beim Greifen der Töne auf einer Saite), und auch die Dicke der Stimmfalte läßt sich – entsprechend der Saitenstärke – verändern.

Klang durch Resonanz

Neben dem im Kehlkopf gebildeten Grundton einer bestimmten Frequenz entstehen noch zahlreiche darüberliegende Teiltöne, die für die Klangfarbe wichtig sind. Den Klang einer Stimme prägen die Resonanzräume von Rachen, Mund- und Nasenhöhle, indem sie bestimmte Frequenzen dämpfen, andere verstärken. Dies macht eine Stimme unverwechselbar. So erkennen wir die Stimme eines uns vertrauten Menschen vielleicht an der Form seines Rachens. Eine verstopfte Nase macht hörbar, wie stark auch die Nasenhöhle an der Stimmbildung beteiligt ist. Durch verformbare Resonanzräume kann die menschliche Stimme ihre Klangfarbe wechseln, da Mundhöhle und Rachenraum sehr rasch eine andere Form annehmen können. Eine schöne Stimme ist Ausdruck günstig geformter Resonanzräume. Ein Sänger mit ausgebildeter Stimme kann seine Resonanzräume beherrschen.

Lautstärke und Stimmlage

Neben der Tonhöhe und der Klangfarbe läßt sich auch die Lautstärke der Stimme verändern. Ob ein sanftes Murmeln oder gellende Schreie zu vernehmen sind, ist eine Frage der Luftmenge. Je stärker der Luftstrom über die Stimmbänder streicht, um so weiter wird deren Ausschlag nach oben und unten und um so stärker gerät die Luft in Schwingung – die Stimme wird

Der Stimmapparat

A *Der Stimmapparat wird von mehreren Strukturen gebildet, die im Zusammenspiel für Tonerzeugung, Klangfarbe und Lautstärke der Stimme verantwortlich sind. Im Nasenraum sind Nasenscheidewand (1) und Nasenrachen (Nasopharynx, 2) daran beteiligt, im Mund- und Rachenraum Weicher (3) und Harter Gaumen (4), Zunge (5), Mundrachen (6), Zungenwurzel (7) und Unterkiefer (8). Im Kehlkopfbereich beeinflussen Kehldeckel (9), Zungenbein (10), Oberer Kehlkopfdeckel (11), Schildknorpel (12), Stimmband (13), Ringknorpel (14) und Luftröhre (15) die Stimmbildung.*

Rund um die Stimmbänder

B *Stellt man den oft als Adamsapfel hervorspringenden Schildknorpel durchsichtig dar, lassen sich weitere Details erkennen: Der Kehldeckel (1) ist vom Zungenbein (2) eingefaßt. Darunter ist der Schildknorpel (3) angedeutet. Die Stimmbänder (4) verlaufen zwischen Schildknorpel und Stellknorpel (5), der zusammen mit dem Ringknorpel (6) die Stimmbänder in Bewegung versetzt.*

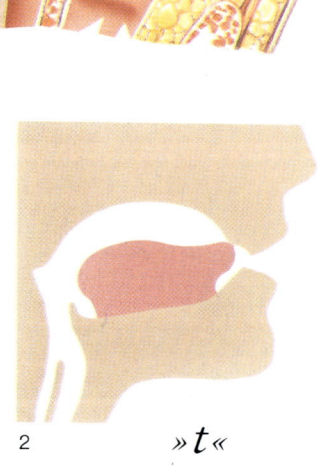

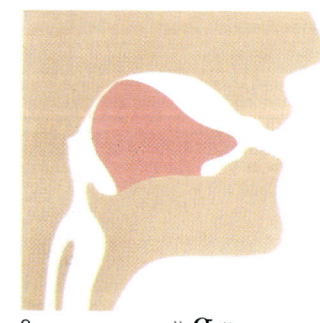

» *t* «

C

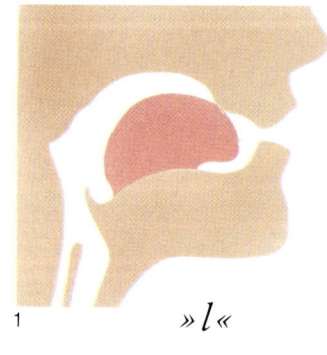

1   » *l* «

3   » *g* «

Siehe auch: **Akustische Signale,** *S. 192/193* **Atemwege,** *S. 266/267* **Lunge und Brustraum,** *S. 268/269*

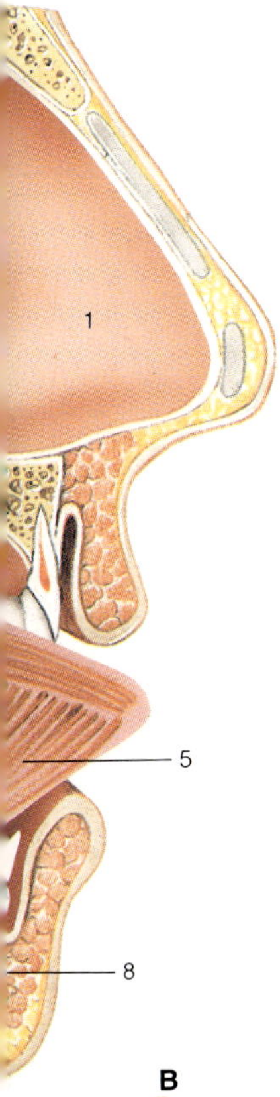

die Schwingung der Stimm-
bänder entsteht. Die Vibration der Luft, die als Ton
wahrgenommen wird, ent-
steht durch das rasch aufeinanderfolgende Austreten und
Abreißen des Luftstroms an
der Stimmritze. Die Ton-
höhe, d. h. die Frequenz der
Schwingung, ergibt sich aus
der Länge und Spannung
der Stimmbänder, die von
Muskeln reguliert wird.

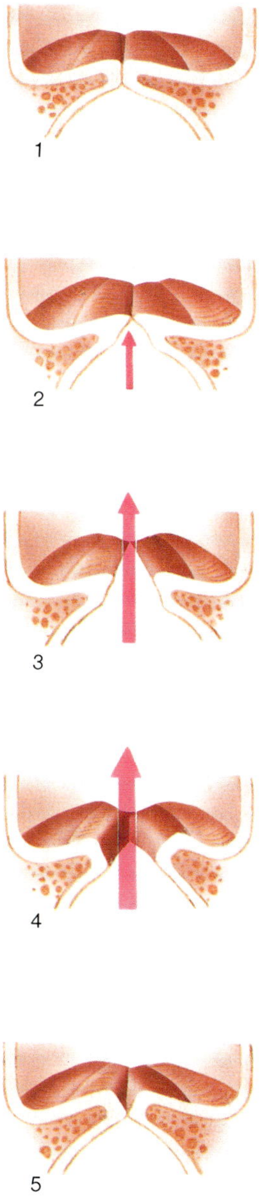

Der Umfang der menschlichen Stimme

F *Die Sprechlage der gewöhnlichen Männer- (♂)
und Frauenstimmen (♀) ist*
in der Grafik gekennzeichnet. In Blau sind die Bereiche der Bruststimme, in Rot
die der Kopfstimme angegeben. Dazwischen ist die
mittlere Stimmlage weiß
dargestellt. Gestrichelt sind
die möglichen Erweite-
rungen des Stimmumfangs
gezeigt.

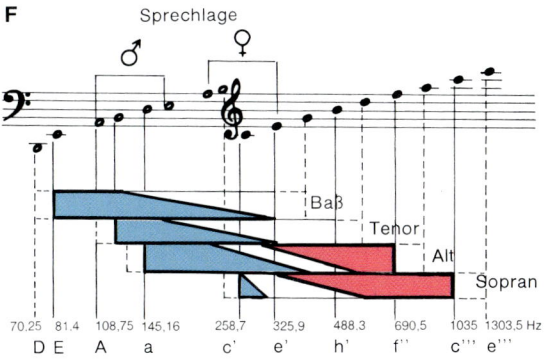

F

D

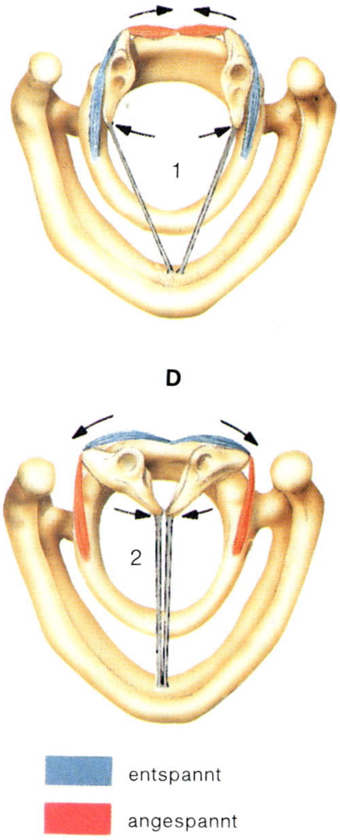

B

entspannt
angespannt

Atmen und Sprechen

D *Winzige Muskeln
zwischen Stellknorpel und
Ringknorpel öffnen (beim
Einatmen, 1) oder schließen
(beim Sprechen, 2) die
Stimmritze. Andere verla-
gern, spannen oder entspannen die Stimmbänder, indem
sie die Knorpel des Kehl-
kopfs verstellen, wie z. B.
die zwischen Schildknorpel
und Ringknorpel verlaufenden Muskelfasern.*

Wie Töne entstehen

E *Zu Beginn eines Tons
berühren sich die beiden
Stimmbänder, die dazwi-
schen liegende Stimmritze ist
also geschlossen (1). Die aus
der Lunge kommende Luft
drückt die Stimmbänder auseinander (2–4). Dadurch
sinkt der Luftdruck und die
Stimmritze schließt sich wieder (5). Nun kann sich der
Druck unterhalb der Stimmritze wieder erhöhen – der
Vorgang beginnt von
neuem. Dabei öffnet und
schließt sich die Stimmritze
stets im unteren Bereich der
Stimmbänder früher (2, 4)
als im oberen, wodurch in
einer Art Abrollbewegung*

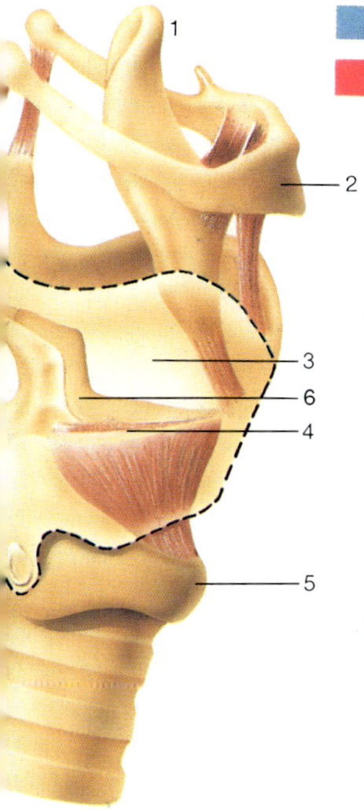

Die Bildung von Konsonanten

C *An der Bildung von
Konsonanten ist im wesentlichen die Zunge beteiligt.
Beim »l« drückt sie vorne an
den Gaumen und wölbt sich
etwas (1). Beim »t« bleibt sie
flacher, drückt aber ebenfalls
recht weit vorne gegen den
Gaumen (2). Zur Aussprache
des »g« drückt die Zunge an
den hinteren Gaumen und
die oberen Backenzähne (3).*

E

Der Stimmbruch

Mit Beginn der Pubertät wird so manche Sänger-
karriere, vor allem von Jungen, abrupt unterbrochen. Die bis dahin sichere Stimme schlägt immer
häufiger Kapriolen und wird tiefer. Jahre können
vergehen, bis sich die Stimme endgültig wieder
»beruhigt« hat. Dieses Phänomen des Stimm-
bruchs ist ein völlig normaler Vorgang während
der Pubertät. Die während dieser Zeit reichlich
ausgeschütteten Geschlechtshormone lösen ein
verstärktes Wachstum des Kehlkopfes aus. Weil
dadurch die Länge der Stimmbänder zunimmt,
wird die Stimme tiefer. Bei Jungen bewirkt die
Verlängerung um etwa 10 mm, daß die Stimme
ungefähr eine Oktave tiefer wird. Bei Mädchen
ist es nur etwa eine Terz, da ihre Stimmbänder
nur 3–4 mm wachsen. Da während des Wachstums die Stimmbänder nicht immer gleich gespannt werden können bzw. unterschiedlich
schnell wachsen, reißt die Stimme manchmal aus.

lauter, vergleichbar einer Geige, deren Ton stärker wird, je kräftiger der Bogen über die Saiten
streicht. Flüstersprache dagegen ist tonlos. Die
Stimmritze bleibt dabei geöffnet, die Stimmbänder schwingen nicht. Der Luftstrom dient nur
dazu, mit Zunge, Gaumen, Zähnen und Lippen
Vokale und Konsonanten zu bilden, wie dies
auch bei stimmhafter Sprache geschieht. Zu
hören sind beim Flüstern aber nur die Eigentöne
des Luftraums von Mund- und Rachenhöhle.

Der Übergang von einer Stimmlage in die andere ist von einer abrupten Verkürzung oder
Verlängerung der Stimmbänder gekennzeichnet.
Bei Bruststimme öffnet sich die Stimmritze
zwischen den beiden Bändern während jeder
Schwingung nur kurze Zeit, bei Mittelstimme ist
die Öffnungszeit verlängert, und bei Kopfstimme schwingen die Stimmbänder, ohne sich
zu berühren. Da bei Kopfstimme die Stimmritze
offen bleibt, erklingt kein Grundton, es entstehen nur die darüberliegenden Obertöne.

Gehör- und Gleichgewichtssinn, S. 364/365   Die Natur der Welle, S. 414/415

Schauplätze einer Abwehrschlacht

Die Organe des Immunsystems

In jeder Sekunde wird der Körper von einem Heer verschiedenster Angreifer überfallen: von Bakterien, Viren, Würmern, Allergenen. Die Haut wehrt als äußerer Schutzwall schon viele Krankheitserreger ab. Doch Tausende werden mit jedem Atemzug eingeatmet, mit jedem Bissen Nahrung verschluckt. Weitere Eintrittspforten sind Verletzungen der Haut durch Verbrennungen, Splitter, Insektenstiche und -bisse. Schließlich kann der Körper sogar von eigenen Zellen angegriffen werden. Wenn der Körper nicht über ein ganzes Arsenal von Verteidigungswaffen verfügte, könnte er nur wenige Tage überleben.

Die Hauptarbeit der Abwehr liegt bei den Weißen Blutkörperchen bzw. bei den von ihnen produzierten Antikörpern. Ganz verschiedene Organe des Körpers dienen – neben anderen Aufgaben – auch den Weißen Blutkörperchen als Orte der Produktion und Vermehrung, des Transports, der Informationsübergabe oder einfach als Kampfschauplatz.

Im Knochenmark vor allem der großen Knochen (Becken, Oberschenkel, Brustbein) werden die meisten roten und weißen Blutzellen gebildet. Hier teilen sich die Stammzellen unzählige Male; die entstehenden Tochterzellen wachsen und differenzieren sich weiter, bis sie als einsatzfähige Zellen an das Blut abgegeben werden.

Der Thymus, ein ca. 15 g schweres Organ, liegt hinter dem Brustbein zwischen den Lungenflügeln und auf dem Herzbeutel. Hier werden – zumindest in den ersten Lebensjahren – weitere Weiße Blutkörperchen, die T-Zellen (T von Thymus), produziert; später wird die Bildung dieser Zellen von anderen Organen übernommen, und der Thymus bildet sich zurück.

Das Blut dient u. a. auch dem Transport der Weißen Blutkörperchen an die jeweiligen Kampforte bzw. ist selbst Schauplatz des Abwehrkampfes.

Die Schadstoff-Filtersysteme des Lymphsystems

Das Lymphsystem ist – ähnlich dem Blutkreislauf – ein bis in die letzten Winkel des Körpers verzweigtes System von feinsten Kanälchen, die sich zu immer größeren Gefäßen sammeln und schließlich an zwei Stellen in der Nähe des Herzens in die Venen münden. Der Lymph-Transport geschieht dabei teils aktiv durch Muskelzellen in den Gefäßwänden, teils passiv durch äußeren Druck bei Körperbewegungen. Ein Rückfluß wird durch Klappen (wie bei den Venen) verhindert. In der Lymphe werden zum einen die Flüssigkeit und das Eiweiß gesammelt, das aus dem Blut in die Zellzwischenräume gesickert ist; zum anderen wird das Fett, das die Darmzotten aus der Nahrung aufgenommen haben, weitertransportiert. Vor allem aber benutzen die Weißen Blutkörperchen, die aus der Blutbahn in die Gewebe eingewandert sind, die Lymphe für ihren Rücktransport.

Breiten sich Entzündungen auf ein Lymphgefäß aus, kann dies als roter Strang unter der

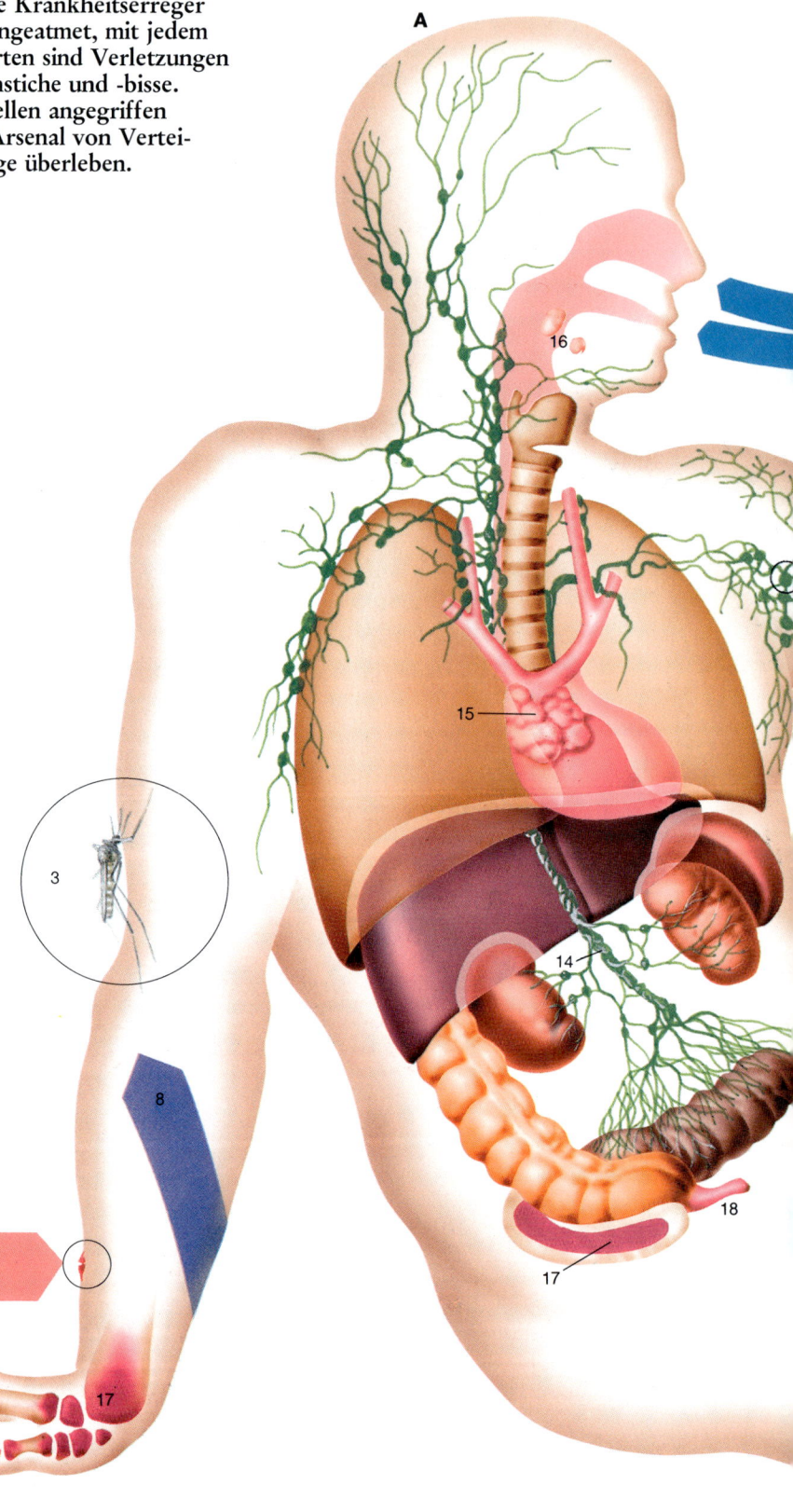

Siehe auch: **Wundheilung,** *S. 246/247* **Blut,** *S. 258/259* **Zelluläre Immunabwehr,** *S. 274/275* **Humorale Immunabwehr,** *S. 276/277*

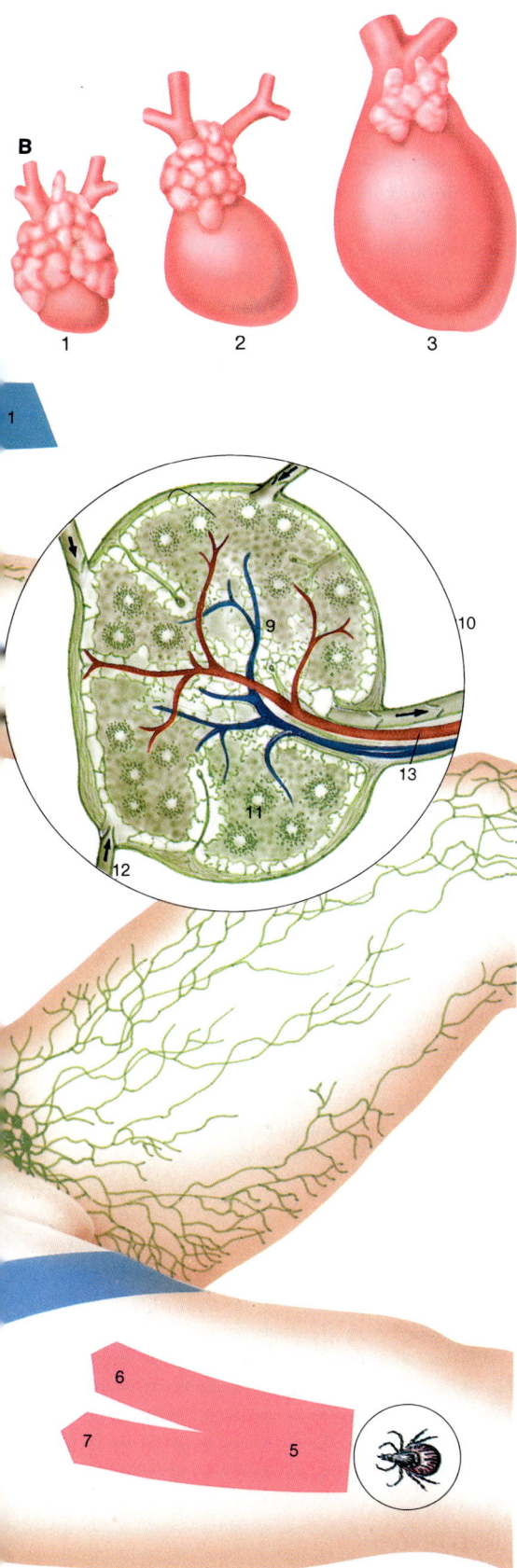

B

Das Lymphsystem – Ort der Immunabwehr

Ⓐ *Der Mensch ist ständig von Mikroorganismen und körperfremden Stoffen bedroht. Über die Atemwege (1) dringen Allergene (z. B. Pollen) oder Viren (wie das Grippe-Virus) in den Körper. Bei Hautverletzungen (2) können Bakterien ins Blut gelangen, durch einen Mückenstich (3) u. a. körperfremdes Eiweiß. An feuchten Hautstellen (4) lauern Pilze. Beim Biß einer Zecke (5) können Bakterien (6) und Viren (7) übertragen werden. In tropischen Regionen bohren sich Würmer (8) durch die Haut. Die Eindringlinge werden durch das Immunsystem abgewehrt. Das Lymphsystem besteht aus mehreren Komponenten: In Uferzellen (9) der Lymphknoten (10) werden Schadstoffe aus dem Blut gefiltert. Die Rindenknötchen (11) bilden Lymphocyten und Antikörper, die über Lymphgefäße (12) und Blutgefäße (13) zu den Infektionsorten transportiert werden. Der Hauptstrang der Lymphgefäße ist der Milchbrustgang (14). Der Thymus (15) dient u. a. der Prägung von Lymphocyten zu T-Zellen, die als Träger der Antikörper den größten Teil der Lymphocyten im Blut ausmachen. Die Mandeln (16) sind lymphatische Abwehrorgane, die z. B. Bakterien oder deren Antigene aufnehmen und eine Immunabwehr einleiten. Weiße Blutkörperchen werden im Roten Knochenmark (17) produziert und sammeln sich u. a. im Wurmfortsatz (18) des Blinddarms.*

Der Thymus

Ⓑ *Der Thymus wächst besonders stark bis zur Geburt und hat beim Neugeborenen seine größte Ausdehnung (1). Danach vergrößert er sich nicht mehr, während das Herz wächst (2). In der Pubertät beginnt seine Rückbildung (3).*

Hautreaktionen beim Insektenstich

Beim Insektenstich kann die Haut stark anschwellen, wenn es zur verstärkten Durchblutung und Ansammlung von T-Zellen und Weißen Blutkörperchen kommt. Eine Allergie verstärkt die Reaktion (rechts).

Was ist Eiter?

War die Immunabwehr von Bakterien an einem bestimmten Ort nicht gleich erfolgreich, so entsteht Eiter: eine Ansammlung von Entzündungsflüssigkeit, Zelltrümmern, Bakterien und abgestorbenen Weißen Blutkörperchen. Dies ist z. B. möglich bei verringerter Abwehrleistung des Körpers oder aufgrund der Fähigkeit mancher Bakterien, durch bestimmte Stoffe die Durchblutung in ihrem Umfeld zu verringern und/oder die Freßzellen in ihrer Tätigkeit zu hemmen.

Ist der Ort der Eiteransammlung gut abgegrenzt, so spricht man von einem Abszeß (z. B. ein Furunkel), ist der Eiter in einem Körperhohlraum (z. B. einem Lungenbeutel) angesammelt, von einem Empyem. Breitet sich Eiter auch im Bindegewebe aus, bezeichnet man dies als Phlegmone (z. B. Wundrose, fachsprachlich Erysipel).

Haut sichtbar werden (»Blutvergiftung«). Auf dem Rückweg passiert die Lymphe wiederholt Ansammlungen von erbs- bis walnußgroßen Lymphknoten. Diese dienen als Filter für Krankheitserreger oder Schadstoffe. Daher halten sich hier viele Weiße Blutkörperchen auf, speziell die Lymphocyten, um diese »Feinde« zu vernichten. Bei Entzündungen schwellen die Lymphknoten häufig an; sind sie durch Krankheit geschädigt oder durch den Chirurgen entfernt worden, kann ein Lymphödem die Folge sein.

Die Gaumen- und die Rachenmandeln stellen eine außergewöhnlich dichte Ansammlung von Lymphknoten dar; bei Entzündungen im Rachenbereich sind sie aufgrund ihrer starken Beanspruchung gerötet und geschwollen. Auch im Blinddarm-Wurmfortsatz (Appendix) befindet sich eine größere Ansammlung von Weißen Blutkörperchen. Die Milz, ein bohnenförmiges Organ zwischen Magen und linker Niere, ist ebenfalls ein Produktions-, Sammel- und Kampfzentrum der Weißen Blutkörperchen, speziell die Milzknötchen. Neben der Immunabwehr dient die Milz vor allem dazu, überalterte Rote Blutkörperchen auszufiltern und abzubauen. Beim Erwachsenen gehört die Milz aber offensichtlich nicht zu den lebenswichtigen Organen. Nach einer Milzentfernung werden ihre Aufgaben vom Knochenmark, von der Leber und von anderen Organen des Lymphsystems übernommen. Auch die Leber beteiligt sich an der Bekämpfung von Krankheitserregern.

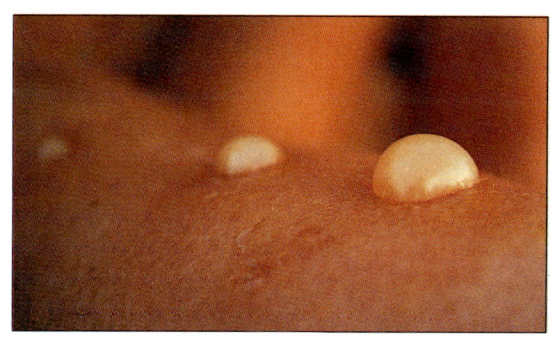

Gefräßige Soldaten

Die Weißen Blutkörperchen als zelluläre Immunabwehr

Wenn über Lunge, Magen, Schleimhäute oder über Verletzungen der Haut Fremdstoffe oder Krankheitserreger in den Körper eingedrungen sind – meist gleich zu Tausenden oder Millionen –, muß er sich so schnell und so wirkungsvoll wie möglich verteidigen. Er bedient sich dabei einer riesigen Armee von speziell geschulten »Soldaten«, den winzigen Weißen Blutkörperchen. Obwohl ihre Größe nicht mehr als 10–15 µm (tausendstel mm) beträgt, bilden sie meist einen erfolgreichen Schutz, denn es gibt zahlreiche verschiedene Arten Weißer Blutkörperchen, jeweils ausgerichtet auf eine besondere Aufgabenstellung.

In 1 millionstel Liter Blut befinden sich rund 5000 dieser angriffslustigen Verteidiger, bei Krankheit auch deutlich mehr. Etwa 25 Milliarden Weiße Blutkörperchen halten sich im gesamten Blut des Menschen auf, ebensoviele sind in den verschiedenen Körpergeweben, vor allem in den Organen des Immunsystems, verteilt. Hier bekämpfen sie die Eindringlinge oder tauschen untereinander Informationen mit Hilfe von Mittlersubstanzen aus. Über Blut- und Lymphkreislauf werden die Weißen Blutkörperchen ständig hin- und hertransportiert, so daß sie rasch an jedem gewünschten Ort der »Festung« Körper einsatzbereit sind. Zudem können sie sich – im Gegensatz zu den Roten Blutkörperchen – aktiv durch Kriechbewegungen fortbewegen und sogar aus der Blutbahn in die Zellzwischenräume übertreten (Diapedese).

Eindringlinge werden »aufgefressen«

Die Hauptwaffe der meisten Weißen Blutkörperchen ist ihre Freßlust. Angelockt durch chemische Reize der Bakteriengifte, von Zerfallsstoffen der Bakterien oder von Zelltrümmern, wandern sie auf die Feinde zu und verleiben sich die Fremdstoffe ein. Diesen eigentümlichen Vernichtungsvorgang nennt man Phagocytose, die beteiligten Freßzellen Makrophagen oder Mikrophagen bzw. Granulocyten.

Während sich diese Freßzellen wahllos auf jeglichen Fremdkörper stürzen, hat eine weitere Sorte der Weißen Blutkörperchen, die im Thymus gereiften T-Lymphocyten, eine besondere »Schulung« durchlaufen: Als Elitesoldaten können sie ganz bestimmte Fremdstoffe anhand von deren Oberflächenstruktur erkennen. Ist ein Krankheitserreger in großer Zahl in den Körper eingedrungen, wird in wenigen Tagen eine riesige Zahl der Elitesoldaten produziert.

Wenn ein Fremdstoff erfolgreich bekämpft wurde, behält der Körper spezielle »Gedächtniszellen« zurück, die den Erreger bei einem neuen Kontakt sofort wiedererkennen. So können die jeweiligen T-Lymphocyten viel rascher vermehrt und die Erreger schon vor dem eigentlichen Ausbruch der Krankheit bekämpft werden. Die weitere Wirkungsweise der Elitesoldaten regulieren zwei andere Arten spezialisierter Weißer Blutkörperchen: Die Helfer-T-Zellen steigern die Freßlust der Soldaten, während die Suppressor-T-Zellen die Aktivität der Freßzellen hemmen. Manche Erkrankung ist darauf zurückzuführen, daß dieser fein abgestimmte Regelkreis außer Kontrolle geraten ist.

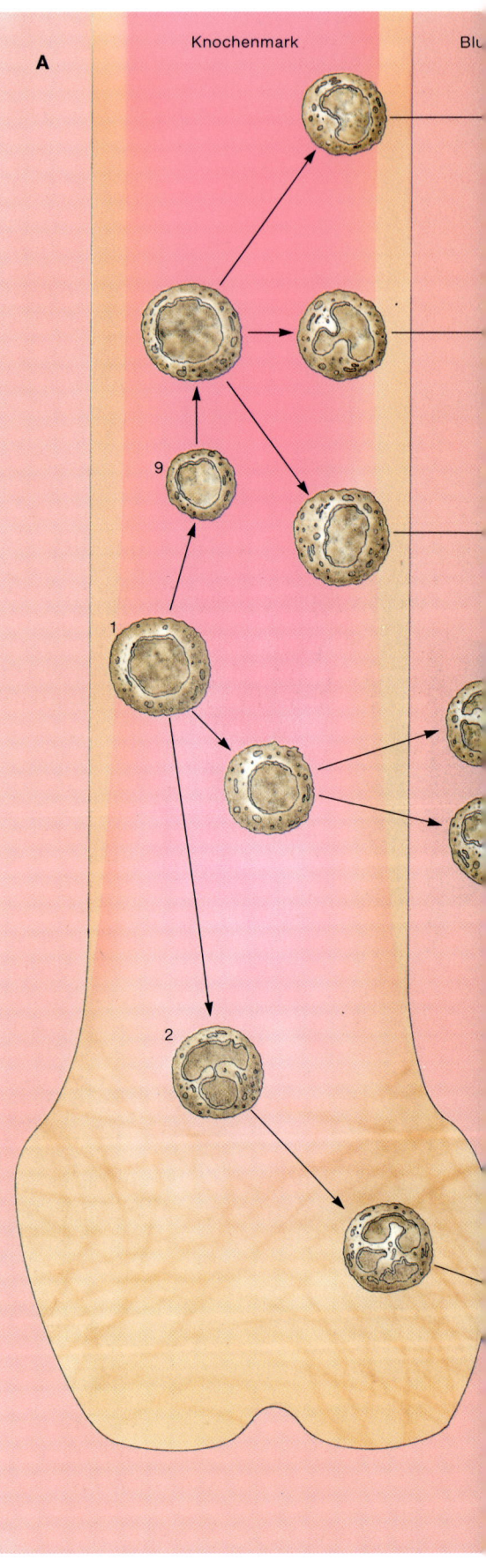

Das körpereigene Abwehrsystem – verschiedene Arten Weißer Blutkörperchen
A *Die verschiedenen Arten der Weißen Blutkörperchen werden vor allem im Knochenmark gebildet. Sie entstehen alle aus den gleichen Stammzellen (1). Ein Teil differenziert sich zu Monoblasten (2), aus denen schließlich Monocyten (3) werden. Nach einigen Tagen im Blut, in denen sie Fremdpartikel aufgenommen haben (4), dringen sie durch die Kapillarwand (5) in den Zwischenraum des Gewebes. Dort wandeln sie sich zum Teil zu Makrophagen (6) um, die große Partikel wie Bakterien »fressen«. Andere Monocyten übertragen Informationen über ins Zellinnere aufgenommene Antigene auf Lymphocyten (7). Diese Weißen Blutkörperchen sind ebenfalls aus dem Knochenmark ins Blut, ins Gewebe und schließlich ins Lymphsystem gelangt. Aber auch im Lymphsystem selbst werden Lymphocyten gebildet. Hier sorgen verschiedene Typen für die Abwehr und Vernichtung von Krankheitserregern, z. B. lösen sie die Zellmembranen von Krebszellen (8) auf. Gelingt ihnen das nicht, können sich die Krebszellen schließlich über das ganze Lymphsystem ausbreiten und in weit entfernten Organen Metastasen bilden. Myeloblasten (9) differenzieren sich zu drei Typen von Granulocyten mit unterschiedlichen Aufgaben: Die eosinophilen Granulocyten (10) vernichten vor allem Antigen-Antikörper-Komplexe (11). Die meisten Granulocyten sind neutrophile (12), sie »fressen« als Mikrophagen kleine Fremdkörper (13) und bilden den Eiter. Basophile Granulocyten (14) wirken als Gegenspieler der Thrombocyten dem Gerinnungssystem entgegen und haben gefäßerweiternde Wirkung. Sie verursachen allergische Reaktionen wie Rötung, Nesselausschlag oder Bronchialkrämpfe.*

Knochenmark

Bl

Siehe auch: **Zellstoffwechsel**, *S. 214/215* **Wundheilung**, *S. 246/247* **Blut**, *S. 258/259*

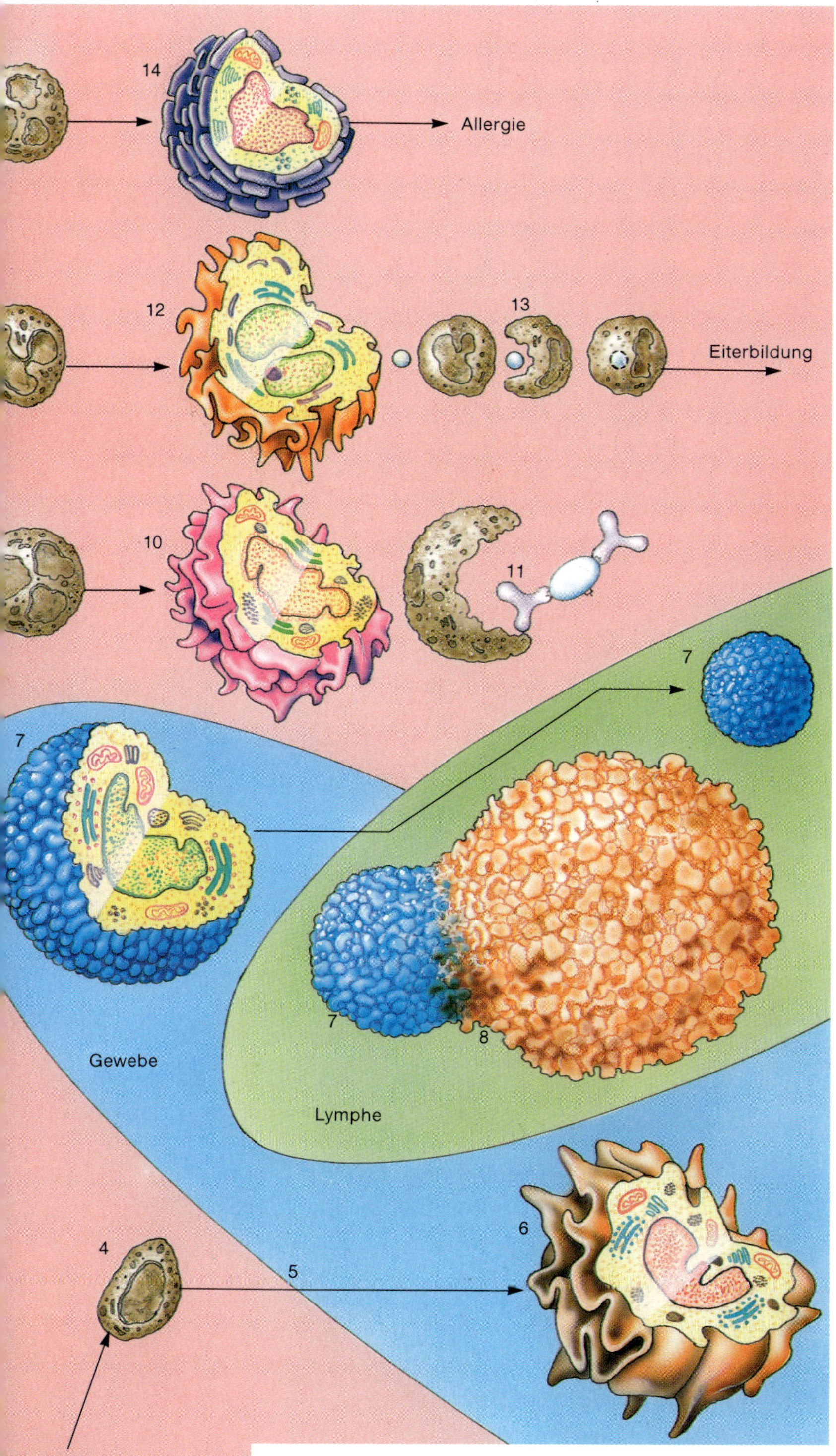

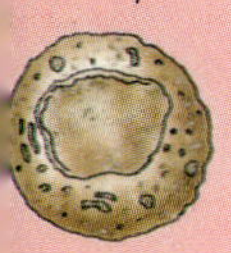

14

→ Allergie

12

13

→ Eiterbildung

10

11

7

7

Gewebe

8

Lymphe

4

5

6

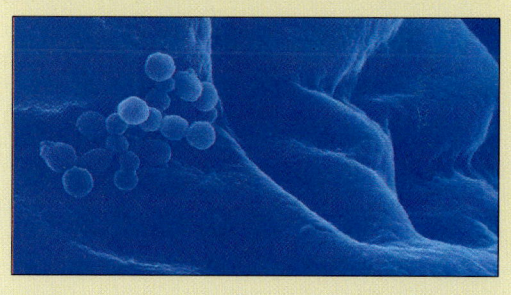

Eine weitere Art der Weißen Blutkörperchen, die B-Lymphocyten, produziert »Geheimwaffen«, die Antikörper. Die Mastzellen schließlich, ebenfalls eine Zellart des Immunsystems, können durch Ausstoßung von Botenstoffen die Begleitreaktion von Entzündungen (Schwellungen, Durchblutung, Wärme) steigern, was Allergien zur Folge haben kann.

Im Bedarfsfall müssen in kürzester Zeit große Mengen Weißer Blutkörperchen gebildet werden. Ist dieses Wachstum nicht mehr zu stoppen, kommt dies einer krebsartigen Wucherung von Gewebezellen gleich. Das Blut wird dann von einer Unmenge von zu rasch gewachsenen und damit unreifen Weißen Blutkörperchen überschwemmt – die meist tödlich verlaufende Leukämie. Kinder, die ohne funktionierendes Immunsystem geboren werden, müssen ihr Leben lang strengstens gegen Berührung mit Krankheitskeimen abgeschirmt werden.

Die Menge Weißer Blutkörperchen gibt Hinweise auf Krankheiten
Ⓑ *Wird im Blutbild eines Patienten eine deutliche Vermehrung von Monocyten und Lymphocyten festgestellt, kann dies ein wichtiger Hinweis auf eine Infektionskrankheit sein, die vielleicht sonst nicht sofort erkennbar ist.*

B	Einteilung der Weißen Blutkörperchen				
	Monocyten	**Lymphocyten**	**Granulocyten**		
			eosinophile	neutrophile	basophile
Anteil (%)	2–8	25–33	2–4	55–65	0,3–0,5
Durchmesser (µm)	12–2	26–8 u. >10	11–14	10–12	9–11
Anzahl (Zellen/µl Blut)	150–160	2000–2500	150–300	4500	50
maximal bei Krankheit	>800	>4000			

Geheimwaffen des Körpers

Botenstoffe und Antikörper als humorale Immunabwehr

Die Verteidigungsstrategien der körpereigenen Soldaten, der Weißen Blutkörperchen, gegen eindringende Krankheitserreger werden durch eigens entwickelte »Geheimwaffen« nachhaltig unterstützt. Dies geschieht zum einen durch spezielle Nachrichtenstoffe, die auf schnellstem Wege Botschaften innerhalb des Körpers übermitteln können und damit etwa die Tätigkeit der Weißen Blutkörperchen aktivieren. Zum anderen sorgt die »Polizei« des Körpers, die in riesiger Zahl produzierten Antikörper, für ein rasches Aufspüren und eine effektive Vernichtung der Eindringlinge.

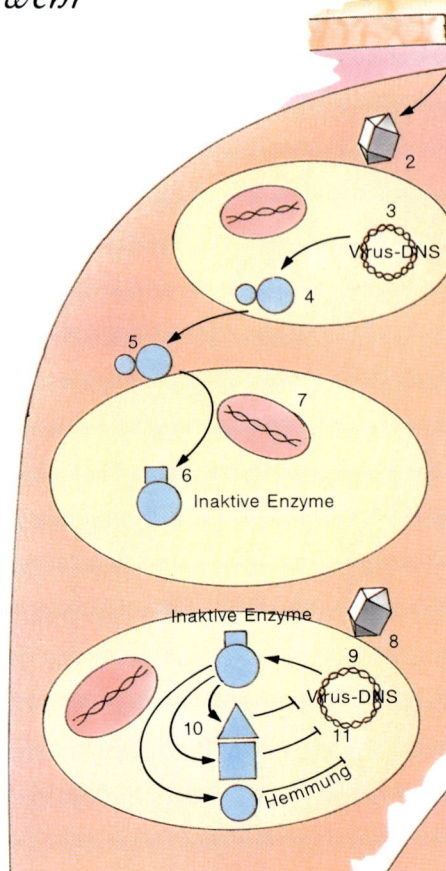

Ist ein Krankheitserreger eingedrungen, wird das sogenannte Komplementsystem aktiviert, besondere Eiweißkörper mit vielfältigen Aufgaben: Sie erhöhen die Durchblutung, locken auf chemischem Wege die Weißen Blutkörperchen an und fördern deren Freßlust; zudem bewirken sie die Auflösung von Krankheitskeimen durch Enzyme und aktivieren andere wichtige Botenstoffe.

Das Interferon ist z. B. ein Nachrichtenstoff, der benachbarte Gewebezellen von einem Errergerbefall informiert und sie dadurch zu begrenzten Selbstschutzaktivitäten anregt.

Antikörper greifen die Krankheitserreger an

Die Antikörper oder Immunglobuline sind Eiweißmoleküle mit einer eigens auf einen bestimmten Fremdkörper – ein Antigen – ausgerichteten Spürnase. Jeder Fremdstoff – ob Gift, Krankheitserreger, eine fremde oder eine entartete eigene Körperzelle – besitzt nämlich eine für ihn typische Oberflächenstruktur. Zu jedem schon bekannten Antigen verfügt der Körper über eine spezielle Sorte von Antikörpern – er kann rund 1 Million verschiedene Antikörper-Arten ausbilden. Ein Säugling hat eine gewisse Ausstattung dieser Antikörper noch von der Mutter erhalten. Später jedoch muß die Herstellung von den körpereigenen B-Lymphocyten, einer Art der Weißen Blutkörperchen, übernommen werden.

Gegen Antigene, die dem Körper noch nie zuvor begegnet sind, hat der Organismus oftmals noch keine passenden Antikörper parat. Kinderkrankheiten z. B. können sich daher relativ ungehindert entfalten. Erst wenn die B-Lymphocyten die Produktion der passenden Antikörper gelernt haben, kann deren massenhafte Produktion einsetzen; spezielle Weiße Blutkörperchen werden als »Gedächtniszellen« für künftige Fälle zurückbehalten. Tritt eine erneute Infektion mit demselben Erreger auf, kann diesmal sehr rasch eine große Anzahl passender Antikörper gebildet werden. Andererseits gibt es Erreger, z. B. Grippe-Viren, die sehr häufig ihre Oberflächenstruktur ändern, der Körper besitzt daher kaum einmal die dazu passenden Antikörper.

Durch Impfung kann häufig geholfen werden: Bei der passiven Impfung werden dem Patienten direkt die entsprechenden Antikörper gespritzt. Langfristig sinnvoller ist jedoch die aktive Impfung, bei der dem Körper die Erreger (Antigene) selbst in abgeschwächter Form zugeführt werden, so etwa bei der Schluckimpfung gegen Kinderlähmung. Der Körper bildet nun die passen-

Die Steuerung der Immunabwehr

Ⓐ *Die humorale Immunabwehr wird durch Interferon und das Komplementsystem gesteuert. Ein in die Blutbahn eindringendes Virus (1) setzt sich auf einer Zelle fest (2). Es entläßt seine Erbsubstanz in die Zelle, etwa DNS (3), was die Synthese des Botenstoffes Interferon (4) anregt. Das Interferon wird ausgeschieden und von anderen Zellen aufgenommen (5). Hier bewirkt es die Bildung vorerst inaktiver Enzyme (6) durch den Zellkern (7). Heftet sich später ein Virus an der Zelle fest (8) und entläßt seine DNS (9) in die Zelle, werden die Enzyme aktiviert (10) und hemmen die virale DNS bei der Virusvermehrung (11).*

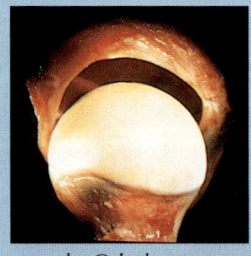

gesundes Gelenk   krankes Gelenk

Selbstzerstörung des Körpers

Manche Antigene können den Oberflächenstrukturen von körpereigenen Zellen so sehr ähneln, daß die Antikörper beide miteinander verwechseln. Auch können Antikörper gegen körpereigene Strukturen gebildet werden. In beiden Fällen kommt es zu fatalen Folgen: Der Körper setzt Antikörper gegen eigenes Gewebe ein, so bei bestimmten Gefäßentzündungen gegen die Gefäßwände oder bei rheumatischen Erkrankungen gegen die Gelenkkapseln. Auch bei der Multiplen Sklerose oder der Jakob-Creutzfeld-Erkrankung werden solche Fehlfunktionen vermutet.

In ähnlicher Weise kann sich die körpereigene Abwehrpolizei auch gegen ärztlich erwünschte Fremdstoffe wenden: gegen Medikamente, gegen fremdes Blut bei Blut-Transfusionen oder gegen Organ-Transplantate. Das eigentlich hilfreiche Medikament, beispielsweise Insulin, wird dadurch »unschädlich« gemacht oder das lebenswichtige Fremdblut oder Fremdorgan abgestoßen.

Siehe auch: **Blut**, *S. 258/259* **Zelluläre Immunabwehr**, *S. 274/275*

B

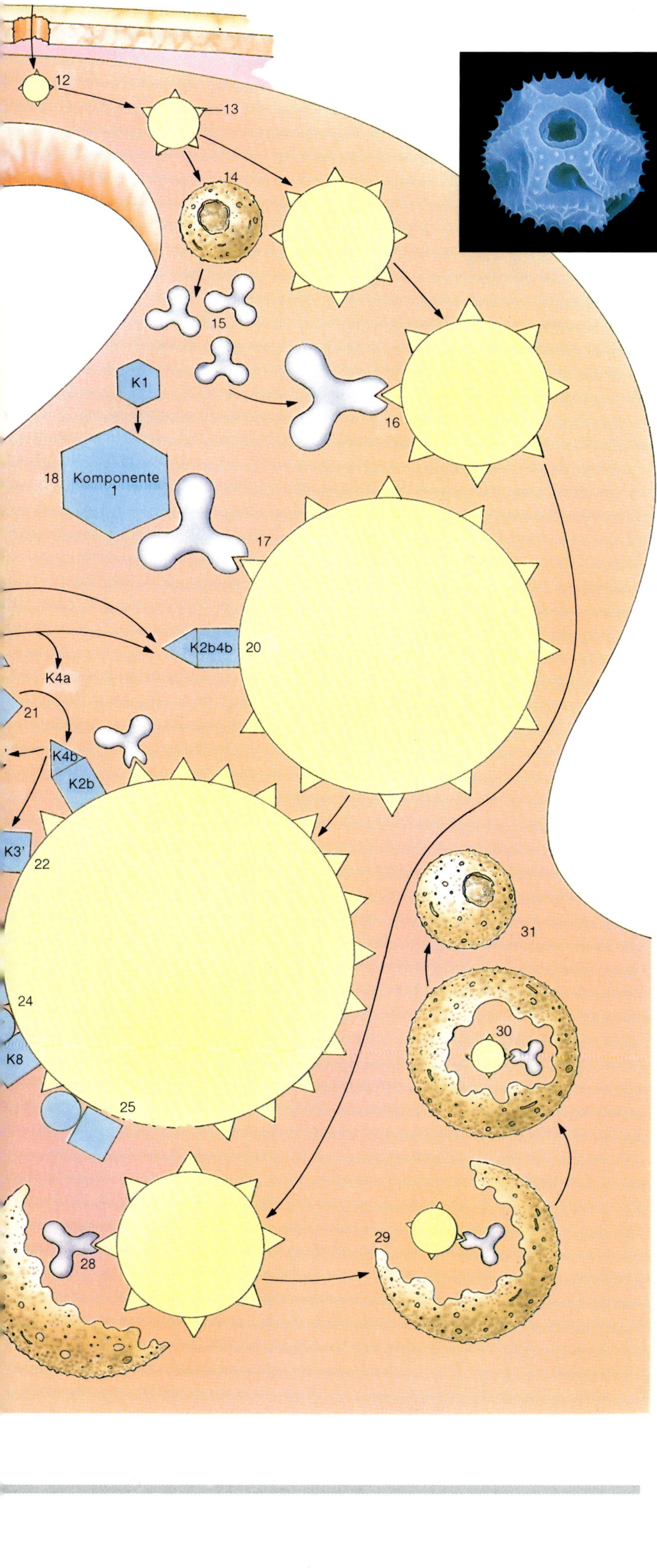

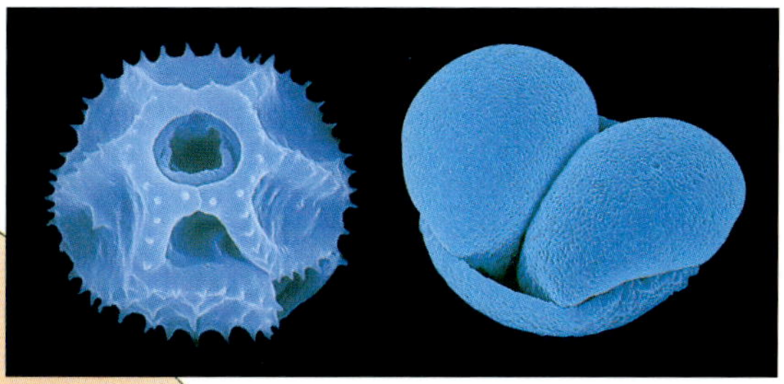

Allergische Reaktionen

Pollen (oben links) können als Allergene übertriebene Immunreaktionen auslösen. Die Pollenoberflächen weisen verschiedenartige Oberflächenstrukturen auf, die in ihren kleinsten Einheiten als Antigene die Erkennungsmerkmale für die Antikörper sind. Daneben sind Hausstauballergien weit verbreitet. Auslöser der allergischen Reaktionen ist hier meist der Kot der Hausstaub-Milben (oben rechts).

Die Abwehr von Fremdkörpern

B *Dringt ein Fremdkörper wie ein Bakterium (12) in die Blutbahn ein, regt dieses Antigen (13) die B-Lymphocyten (14) zur Bildung spezifischer Antikörper (15) an. Sie setzen sich mit ihren genau passenden Andockstellen an den Antigenen fest (16). Der dadurch entstandene Antigen-Antikörper-Komplex (17) löst die Reaktionsfolge des Komplementsystems aus, indem er die Komponente 1 bindet (18). Dieser Komplex aus Antigen, Antikörper und Komponente 1 sorgt dafür, daß sich die Komponenten 2 und 4 (19) nach Abspaltung kleiner Teile gemeinsam auf der Bakterienoberfläche festsetzen (20). Anschließend wird die Komponente 3 (21) durch den Komplex 2b4b so verändert, daß auch ihr Hauptteil sich auf dem Bakterium festsetzt (22) und seinerseits das Andocken eines Komplexes aus den Komponenten 5–9 (23) auf der Membran bewirkt (24). Dieser Komplex löst an einer Stelle die Bakterienmembran auf (25) und verursacht so schließlich den Tod der Zelle, da nun Wasser einströmt und die Zelle zum Platzen bringt. Ein anderer Teil der Komponente 3 (26) wie auch Teile des Komplexes 5–9 (27) locken Weiße Blutkörperchen an und stimulieren sie, als Freßzellen andere Antigen-Antikörper-Komplexe zu »fressen« (28). Dabei wird der Komplex von Zellausstülpungen umflossen (29), bis er sich in einer Art Vakuole (30) innerhalb der Freßzelle befindet. Sodann werden Verdauungsenzyme in diese Freßkammer ausgeschüttet und zersetzen den Komplex (31). Die Reste werden von der Zelle aufgenommen.*

den Antikörper und hat sie zur Verfügung, wenn die echten Erreger angreifen.

Jeder Antikörper ähnelt in der Form einem großen Y. An den beiden oberen Enden sitzen die Erkennungsstellen (»Spürnasen«) für die jeweiligen Antigene. Hat ein Antikörper das dazu passende Antigen gefunden (Schlüssel-Schloß-Prinzip), so verbindet er sich fest mit ihm und oft noch an seinem zweiten Arm mit einem zweiten Erreger. So können die körpereigenen Freßzellen die Antigen-Antikörper-Komplexe sehr leicht erkennen und rasch vernichten, indem die Zelle sie umschließt und schließlich auflöst.

In einigen Fällen produziert der Körper unerwünscht viele Antikörper und begleitende Entzündungsreaktionen durch entsprechende Botenstoffe (z. B. Histamin, Heparin) aus kleinen, sehr beweglichen Zellen des Immunsystems (sogenannte Mastzellen). Diese Überreaktion hat Allergien zur Folge, an denen der Körper oft mehr leidet als am Erreger selbst.

Bakterien als Krankheitserreger, *S. 372/373* **Viren**, *S. 376/377*

Nährstoffe als Energielieferanten

Eine kleine Ernährungslehre

Um seinen täglichen Energiebedarf zu decken und seine Körpersubstanz aufzubauen oder zu erhalten, braucht der Mensch viele unterschiedliche Stoffe, die er als Nahrung aufnimmt. Hochspezialisierte Verdauungs- und Stoffwechselsysteme verarbeiten die aufgenommenen Nährstoffe. Wie exakt die Feinregulierung dabei sein muß und wie empfindlich unser Körper auf falsche Ernährungsgewohnheiten reagiert, macht ein kleines Beispiel verblüffend deutlich: Aus nur einem Gramm Fett »zuviel« am Tag resultiert rechnerisch nach 20 Jahren ein stattliches Übergewicht von mehr als 11 kg.

Bei jedem Lebewesen dient die Nahrung einem doppelten Zweck: dem Aufbau und Erhalt von Körpersubstanz sowie der Energiegewinnung. Beim jungen, wachsenden Organismus steht der Neuaufbau im Vordergrund, aber auch im erwachsenen Zustand findet noch in großem Maße ein Ersatz und Umbau von Körpersubstanz statt. Unser Energiebedarf resultiert aus der Arbeit, die Muskeln, Stoffwechselreaktionen und Transportvorgänge im Körper verrichten. Die »Kraftstoffe«, durch deren Verbrennung die dafür erforderliche Energie gewonnen wird, sind die energieliefernden Bestandteile unserer Nahrung.

Wichtige Energiequellen

Abgesehen vom Wasser sind Kohlenhydrate, Eiweiße (Proteine) und Fette die mengenmäßig bedeutendsten Nährstoffe und Energiequellen. Bei ihrem Abbau liefern sie dem Organismus Verbrennungsenergie. Wir drücken diese mit der physikalischen Einheit Kilokalorie (kcal) oder Kilojoule (kJ) aus. Nicht immer entspricht dabei die Ausbeute im Körper der theoretisch in dem Stoff gespeicherten Energie. Insbesondere die Proteine haben im Stoffwechsel einen schlechten Wirkungsgrad, da ihr Ab- und Umbau selbst schon mit einem hohen Energieverbrauch einhergeht. Der tatsächliche Energiegehalt läßt sich durch den physiologischen Brennwert beschreiben. Bei Kohlenhydraten und Eiweißen beträgt er 4,1 kcal (17 kJ) pro Gramm, bei Fett dagegen mit 9,3 kcal (39 kJ) mehr als das Doppelte.

Die Nährstoffe im Stoffwechsel

Zu den Kohlenhydraten gehören die Zucker, die Stärke und das Glykogen sowie ein Teil der Ballaststoffe (Pektin und Cellulose). Die Proteine (Eiweiße) bestehen aus vielen, bis zu 20 verschiedenen, chemisch miteinander verbundenen Aminosäuren. Fette setzen sich aus jeweils drei Fettsäuren zusammen, die mit einem Glycerinmolekül verbunden sind. Einige Aminosäuren und Fettsäuren sind für den Menschen lebensnotwendig und müssen mit der Nahrung aufgenommen werden. Auch die Vitamine, die Mineralstoffe und ein Teil der Spurenelemente besitzen einen essentiellen Charakter. Sie sind Bestandteil von Enzymsystemen, haben katalysatorische und steuernde Funktionen oder dienen dem Aufbau von Knochen und Zähnen.

Das Problem der richtigen Ernährung

Wie kompliziert es ist, sich richtig zu ernähren, zeigt die Tatsache, daß über 50 Nährstoffe für den Menschen essentiell sind. Es gibt praktisch kein Lebensmittel – mit Ausnahme der Muttermilch –, das alle Nährstoffe im richtigen Verhältnis zueinander enthält. Daher ist eine ausgewogene Ernährung sehr wichtig. Man betrachtet den Menschen hier als ein offenes System: Zur Aufrechterhaltung der lebensnotwendigen Körperfunktionen ist eine regelmäßige Nährstoffzufuhr erforderlich. Die im Körper um- und abgebauten Stoffe werden, wenn sie für diesen Zweck nicht mehr verwertbar sind, auf verschiedenen Wegen ausgeschieden bzw. abgegeben: als Urin, Kot, Schweiß, Atemluft und Wärme. Jedes Abweichen von diesem dynamischen Gleichgewicht und vom tatsächlichen Bedarf führt über kurz oder lang zu krankhaften Veränderungen. Hunger, aber auch Überernährung, einseitige Kost und diverse Eßstörungen wie etwa Magersucht oder Bulimie (Eß-Brechsucht) hemmen die physiologische Ausgewogenheit und stellen für den Organismus ein Risiko dar.

Die Körpersubstanz des Menschen
Ⓐ *Die gesamte Körpersubstanz des Menschen ist nach vielen Ab- und Umbauprozessen aus den Nährstoffen unserer Nahrung entstanden. Betrachtet man die reinen chemischen Elemente, besteht unser Körper zu fast 97% aus Sauerstoff, Kohlenstoff,*

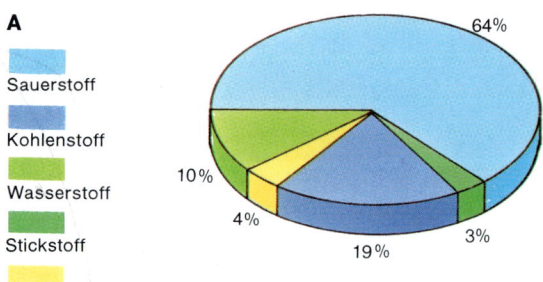

A

64%

Sauerstoff

Kohlenstoff

Wasserstoff

Stickstoff

10%

4%

19%

3%

Mineralstoffe (Calcium, Phosphor, Schwefel, Natrium, Chlor, Magnesium)

0,1%
Spurenelemente (Chrom, Jod, Eisen, Cobalt, Kupfer, Fluor, Mangan, Molybdän, Selen, Zink)

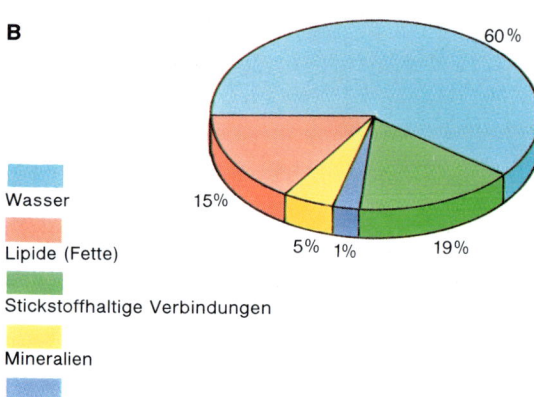

B

60%

Wasser

Lipide (Fette)

Stickstoffhaltige Verbindungen

Mineralien

Kohlenhydrate

15%

5% 1% 19%

Wasserstoff und Stickstoff. Etwa 3% sind Mineralstoffe. Nur 0,1% der Körpersubstanz sind Spurenelemente, die in dieser Grafik nicht darstellbar sind.

Fast zwei Drittel nur Wasser
Ⓑ *Eine Aufteilung nach Stoffklassen zeigt, daß der Mensch zu fast zwei Dritteln aus Wasser besteht, den überwiegenden Rest machen Eiweiße und Fette aus.*

Nährstoffbedarf und Nährstoffverarbeitung
Ⓒ *Was der Mensch zum Leben braucht, läßt sich grob in sieben Gruppen aufteilen: Mineralien (mit Spurenelementen), Fette, Wasser, Eiweiße, Vitamine, Kohlenhydrate und Ballaststoffe sind in unterschiedlicher Menge in den Nahrungsmitteln enthalten. Der Körper muß sich die einzelnen Nährstoffe mit Hilfe von Enzymen in den Verdauungsorganen zugänglich machen. Mineralien und Spurenelemente werden beim Abbau freigesetzt und im Dünn- und Dickdarm von der Darmschleimhaut (1) aufgenommen. Von dort werden sie in den Blutkreislauf (2) weitergegeben. Fette gelangen meist in Form größerer Tröpfchen in den Verdauungstrakt. Ein erster Angriff von fettabbauenden Lipasen (3) aus der Zungengrunddrüse kann nach der Verkleinerung der Tröpfchen (4) stattfinden. Die eigentliche Fettspaltung erfolgt erst im Dünndarm durch die Lipase aus der Bauchspeicheldrüse (5), bis die Fette (Triglyceride) in Glyceride (6) und Fettsäuren (7) zerlegt sind. Nach Übertritt in die Darmschleimhaut werden sie wieder zu Triglyceriden zusammengebaut und von einer Eiweißhülle umgeben (8). Über das Lymphsystem (9) gelangen sie ins Blut (10), wo wieder Glyceride und Fettsäuren freigesetzt werden, die dann bis zur Leber (11) gelangen. Dort werden sie entweder als Triglyceride gespeichert (12) oder wieder in den Blutkreislauf abgegeben. Überschüssige Triglyceride speichert der Körper auch in Fettzellen (13). Wasser wird direkt oder als Nahrungsbestandteil zugeführt und von Dünn- (14) und Dickdarmschleimhaut (15) aufgenommen, nur ein kleiner Teil mit dem Stuhl ausgeschieden (16).*

Siehe auch: **Zellstoffwechsel**, S. 214/215

C

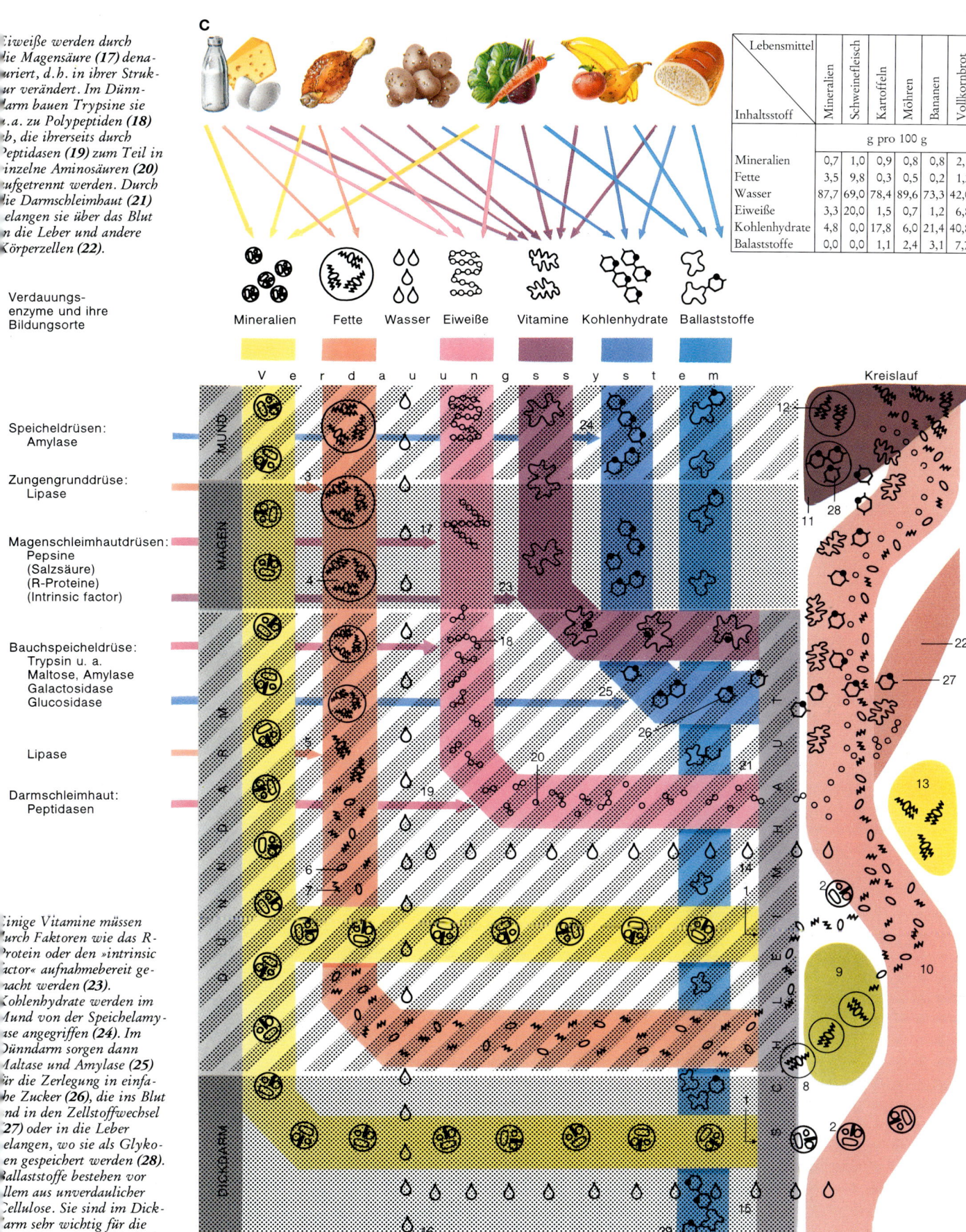

Eiweiße werden durch
die Magensäure (17) dena-
uriert, d.h. in ihrer Struk-
ur verändert. Im Dünn-
Darm bauen Trypsine sie
.a. zu Polypeptiden (18)
b, die ihrerseits durch
Peptidasen (19) zum Teil in
inzelne Aminosäuren (20)
ufgetrennt werden. Durch
die Darmschleimhaut (21)
elangen sie über das Blut
n die Leber und andere
Körperzellen (22).

Verdauungs-
enzyme und ihre
Bildungsorte

Speicheldrüsen:
Amylase

Zungengrunddrüse:
Lipase

Magenschleimhautdrüsen:
Pepsine
(Salzsäure)
(R-Proteine)
(Intrinsic factor)

Bauchspeicheldrüse:
Trypsin u. a.
Maltose, Amylase
Galactosidase
Glucosidase

Lipase

Darmschleimhaut:
Peptidasen

Einige Vitamine müssen
durch Faktoren wie das R-
Protein oder den »intrinsic
factor« aufnahmebereit gemacht werden (23).
Kohlenhydrate werden im
Mund von der Speichelamy-
ase angegriffen (24). Im
Dünndarm sorgen dann
Maltase und Amylase (25)
ür die Zerlegung in einfa-
he Zucker (26), die ins Blut
nd in den Zellstoffwechsel
27) oder in die Leber
elangen, wo sie als Glyko-
en gespeichert werden (28).
Ballaststoffe bestehen vor
llem aus unverdaulicher
Cellulose. Sie sind im Dick-
arm sehr wichtig für die
indickung des Stuhls (29).

Mineralien Fette Wasser Eiweiße Vitamine Kohlenhydrate Ballaststoffe

Verdauungssystem

Kreislauf

Lebensmittel / Inhaltsstoff	Mineralien	Schweinefleisch	Kartoffeln	Möhren	Bananen	Vollkornbrot
	g pro 100 g					
Mineralien	0,7	1,0	0,9	0,8	0,8	2,1
Fette	3,5	9,8	0,3	0,5	0,2	1,2
Wasser	87,7	69,0	78,4	89,6	73,3	42,0
Eiweiße	3,3	20,0	1,5	0,7	1,2	6,8
Kohlenhydrate	4,8	0,0	17,8	6,0	21,4	40,8
Balaststoffe	0,0	0,0	1,1	2,4	3,1	7,7

Magen, S. 284/285   **Dünndarm,** S. 286/287   **Dickdarm,** S. 288/289   **Leber und Galle,** S. 290/291   **Bauchspeicheldrüse,** S. 292/293

Das Hungerzentrum ist immer aktiv

Warum wir Hunger- und Durstgefühle haben

Idealerweise sichert das Wechselspiel von Hunger, Durst und Sättigung eine Übereinstimmung von Nahrungsaufnahme und Bedarf. Erhöht sich unser Energieverbrauch, sollte die Nahrungszufuhr entsprechend steigen. Während dieses System bei Menschen mit ausgeprägter körperlicher Aktivität meist noch gut funktioniert, treten bei der heute leider weit verbreiteten Bewegungsarmut, d. h. bei nur geringem Energiebedarf, häufiger Störungen auf. Es scheint, als würden die sonst gut aufeinander abgestimmten Mechanismen durch das mit dem Essen einhergehende Lustgefühl überlagert.

Die Aufnahme von fester und flüssiger Nahrung wird beim Menschen in erster Linie durch die subjektiv empfundenen Reize Hunger und Sättigung sowie durch den Durst beeinflußt. Im Gegensatz zu dem eher lustgeprägten Appetit gehören echter Hunger und Durst zu den primären Trieben, die der Selbsterhaltung des Individuums dienen.

Steuerung der Nahrungsaufnahme

Hunger wird als unspezifischer, zwanghafter Drang nach Nahrung empfunden. Systeme hormoneller, nervöser, psychischer und vor allem stoffwechselbedingter Art greifen dabei regulierend ein und überlagern sich teilweise.

Der Hypothalamus, ein Teil des Zwischenhirns, gilt als Sitz des Hunger- und Sättigungszentrums. Dabei wird angenommen, daß das Hungerzentrum permanent aktiv ist und nur zeitweise, etwa nach Nahrungszufuhr, durch das Sättigungszentrum gedämpft wird.

Der erste Anreiz zur Nahrungsaufnahme geht zunächst von reflektorischen Kontraktionen des leeren Magens aus, welche auf dem Nervenweg an das Gehirn weitergeleitet werden. Mit zunehmendem Füllungsgrad gelangen Impulse von den Magenrezeptoren in das Sättigungszentrum und überlagern dort den Hungerreiz. Das Sättigungsgefühl folgt der Nahrungszufuhr mit Verzögerung, teilweise erst einige Zeit nach bereits beendeter Mahlzeit.

Sehr viel genauer hingegen ist der Einfluß des Blutzuckergehaltes auf das Eßverhalten zu bestimmen. Wesentlich ist hierbei weniger der absolute Blutzuckerspiegel als vielmehr der Konzentrationsunterschied zwischen arteriellem und venösem Blutzuckerspiegel. Wächst diese auch als »arteriovenöse Differenz« bezeichnete Größe auf über 10 mg% Glucose (dieser Wert entspricht 10 mg pro 100 g Blut), so wird das Sättigungszentrum aktiviert und die Nahrungsaufnahme eingestellt. Sinkt hingegen die arteriovenöse Differenz unter den Schwellenwert, stellt sich das Hungergefühl wieder ein.

Leptin – ein Hormon kontrolliert das Fettdepot

Ein 1994 neu entdecktes Hormon der Fettzellen, das Leptin, soll entscheidend an der Regulation der Nahrungsaufnahme beteiligt sein. Es entfaltet seine Wirkung im Gehirn, indem es über den Füllungsgrad der Fettzellen »berichtet«. Funktioniert diese Signalübertragung nicht oder nur unzureichend, kommt es zu einer übermäßigen Nahrungsaufnahme und damit zu Übergewicht.

Hunger und Sättigung

A Hunger und das Gefühl der Sättigung werden vom Hypothalamus (1) im Gehirn geregelt. Ausschlaggebend für das Hungergefühl sind mehrere Faktoren. Die Kontraktionen des Magens, die dem Durchmischen des Nahrungsbreies dienen, sind bei leerem Magen so heftig, daß sie schmerzhaft sein können. Diese Leerkontraktionen werden durch Mechanorezeptoren (2) in der Magenwand registriert und über den Eingeweidenerv an den Hypothalamus gemeldet. Weitere Signale kommen von Glucoserezeptoren (3) an Venen und Arterien u. a. im Dünndarmbereich, die eine abnehmende Glucoseverfügbarkeit melden. Thermorezeptoren (4), die u. a. im Rückenmark zu finden sind, registrieren eine Abnahme der Körperkerntemperatur, die durch ein verringertes Nahrungsangebot verursacht sein kann. Vermutet werden außerdem noch Liporezeptoren, die im Rahmen der Langzeitregulierung das Auftreten von Zwischenprodukten des Fettstoffwechsels registrieren. Diese Zwischenprodukte werden beim Auf- und Abbau der Fettdepots (z. B. beim Fasten) frei. Hat der Hunger zur Nahrungsaufnahme geführt, entsteht im Hypothalamus das Gefühl der Sattheit, wenn von den Rezeptoren entsprechende Rückmeldungen gekommen sind. Die Mechanorezeptoren der Magenwand erkennen die Dehnung des Magens. Die Glucoserezeptoren melden eine erhöhte Glucoseverfügbarkeit, die Thermorezeptoren einen Anstieg der Körpertemperatur. Zu diesen Faktoren kommen noch Meldungen von Rezeptoren in Nase (5), Mund (6) und Rachen (7). Auch Kaubewegungen (8) tragen dazu bei, daß das Gefühl der Sattheit entsteht. Daher kann Kauen Hungergefühle kurzzeitig bekämpfen.

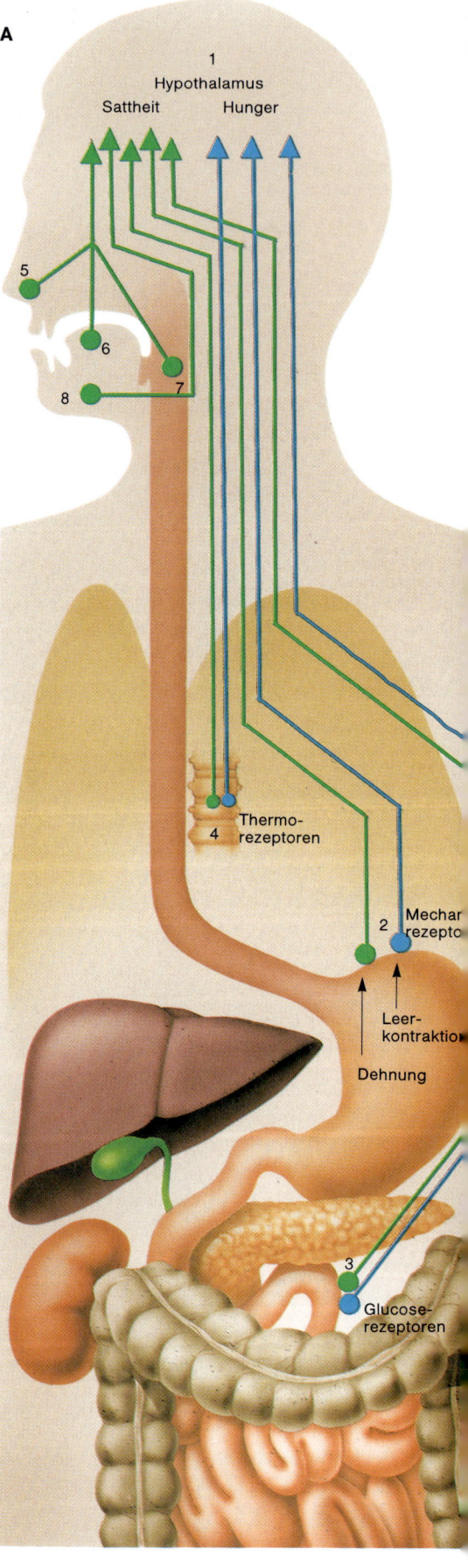

A

1 Hypothalamus
Sattheit   Hunger

5

6

7

8

4   Thermorezeptoren

2   Mechanorezepto

Leerkontraktio

Dehnung

3   Glucoserezeptoren

Siehe auch: **Blutdruck**, S. 254/255 **Ernährungslehre**, S. 278/279 **Nieren**, S. 294/295 **Blase**, S. 296/297

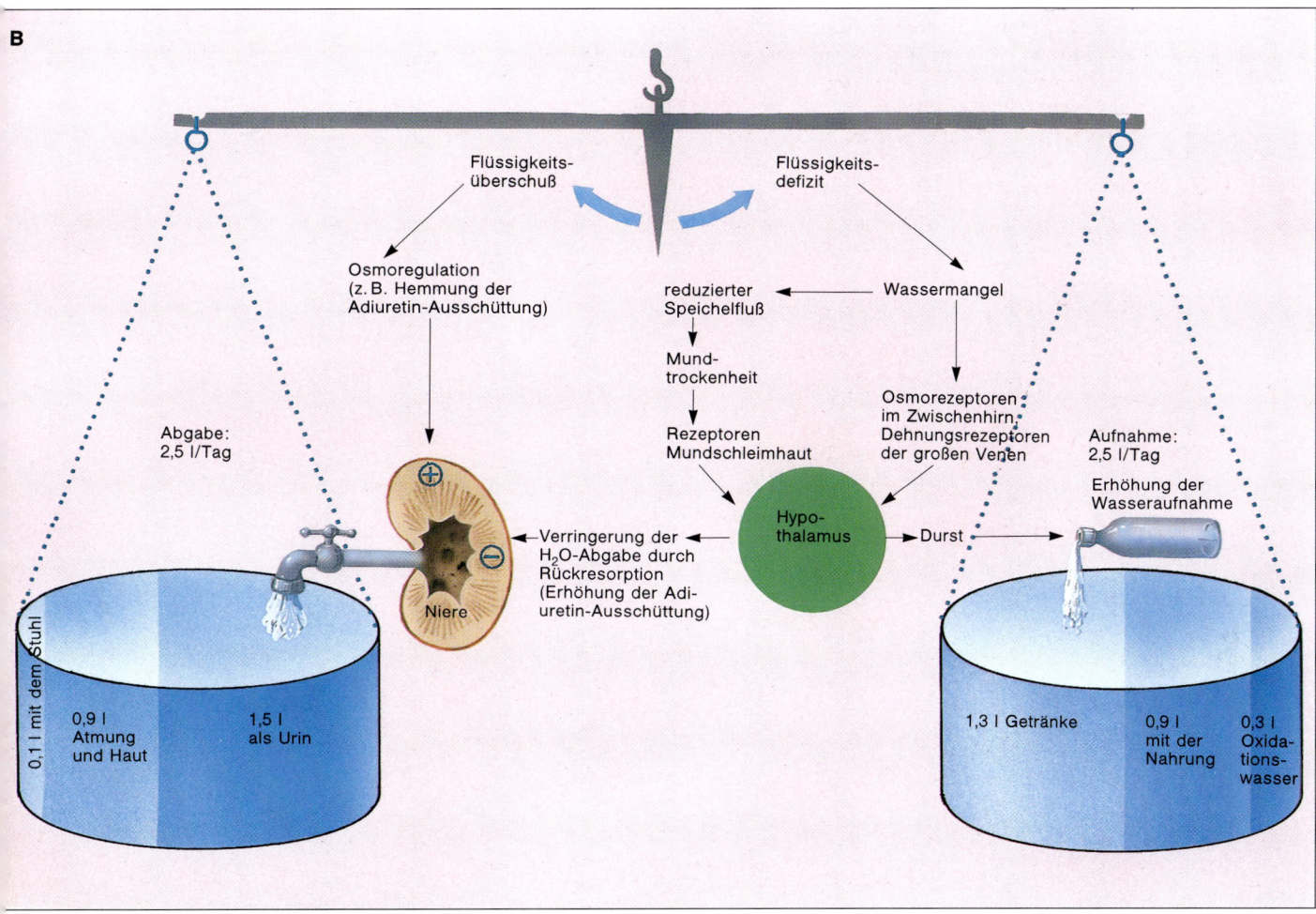

Die Regulierung des Wassergehalts im Körper

B Der Wassergehalt des Körpers darf nur in geringem Umfang schwanken – hier symbolisch durch eine Waage dargestellt. Der Flüssigkeitsabgabe durch Blase, Haut, Atmung und Stuhlgang (linker Waagenarm) steht eine normalerweise gleiche Menge der Aufnahme durch Getränke, Nahrung und als Oxidationswasser (Wasser entsteht infolge von Stoffwechselreaktionen) gegenüber (rechter Waagenarm). Auf eine überhöhte Flüssigkeitszufuhr reagiert der Körper, indem er z.B. durch Blutdruckerhöhung die Filtrationsrate in der Niere erhöht bzw. die Rückführung des Wassers aus der Niere verringert. Ausgelöst wird dies u.a. durch eine Hemmung der Ausschüttung von Adiuretin, einem Hormon, das die Wasserrückführung aus dem Primärharn in der Niere steigert. Wird hingegen z.B. durch übermäßiges Schwitzen zuviel Flüssigkeit abgegeben, entsteht ein Defizit. Direkt fühlbar ist der Wassermangel durch reduzierten Speichelfluß und daraus folgende Mundtrockenheit. Dies wird von Rezeptoren der Mundschleimhaut registriert und an den Hypothalamus gemeldet. Osmorezeptoren im Zwischenhirn sprechen auf eine Erhöhung der Salzkonzentration durch Wassermangel in den Zellen an. Vermutet wird ferner, daß Dehnungsrezeptoren an den großen Venen dem Hypothalamus einen Wassermangel im Blut melden. Das so empfundene Durstgefühl treibt uns zur verstärkten Wasseraufnahme. Zudem steigert der Hypothalamus seine Adiuretin-Ausschüttung, so daß sich die Rückresorption des Wassers in der Niere erhöht. Die Wasserbilanz wird damit wieder ausgeglichen.

Wie Durstgefühle entstehen

Ein weiterer Trieb unter der Kontrolle des Hypothalamus ist der Durst. Vom Durstzentrum aus werden in engem Zusammenspiel mit der Niere der osmotische Druck und das Volumen unserer Körperflüssigkeiten durch die Wasseraufnahme und Wasserabgabe beeinflußt. Das Durstgefühl wird dabei immer durch einen Mangel an Wasser oder aber durch eine Zunahme des Salzgehaltes im Körper ausgelöst. Die Durstschwelle beim Menschen ist bereits überschritten, wenn der Körper mehr als 0,5 % seines Gewichts an Wasser verloren hat. Nachlassende Speichelbildung sowie das Gefühl der Mund- und Rachentrockenheit setzen äußere Signale, daß eine Flüssigkeitsaufnahme erforderlich ist. Die Reaktionszeiten für die Volumen- und Osmoregulation beim Menschen sind recht kurz. Innerhalb von 1–2 Stunden werden Überschüsse an Wasser oder wasserbindenden Salzen über die Nieren ausgeschieden.

Fasten, ohne zu hungern

Ein jahrtausendealtes Mittel zu Gewichtsabnahme, Entschlackung und Selbsterfahrung ist das Fasten. So ist es auch fester Bestandteil vieler Religionen geworden: Das Christentum hat vor Ostern die Fastenzeit, Moslems verzichten im Fastenmonat Ramadan zwischen Sonnenaufgang und -untergang auf die Nahrungsaufnahme. Das Erstaunliche am Fasten ist, daß schon nach kurzer Zeit das Hungergefühl verschwindet. Bereits nach etwa zwei Tagen hat die Verdauung ihren Dienst eingestellt, der Körper versorgt sich nun aus seinen eigenen Fettreserven mit Energie. Vorausgesetzt, daß man viel trinkt und an die Mineral- und Vitaminversorgung (z.B. durch Obst- und Gemüsesäfte) denkt, läßt sich eine Fastenwoche oft gut überstehen. Allerdings ist es ratsam, sich vorher über die Durchführung zu informieren. Menschen mit gesundheitlichen Problemen sollten nur unter der Aufsicht eines Arztes fasten.

Bissen für Bissen, Schluck für Schluck

Der Weg der Nahrung vom Mund zum Magen

Im Gegensatz zu den Einzellern und niederen Tieren verfügt der Mensch zur Sicherung seines Aufbau- und Erhaltungsstoffwechsels über ein besonders ausgebildetes Organsystem, das die Aufnahme und den Weitertransport der Nahrung erst ermöglicht. Durch die nur wenige Quadratzentimeter große Mundöffnung treten im Laufe eines Lebens durchschnittlich rund 40 000 Liter flüssige und nahezu 25 000 kg feste Nahrung ihre Reise in die Verdauungsorgane an. Mit insgesamt über 3 Millionen Schluckakten verschlingt der Mensch fast das Tausendfache des eigenen Körpergewichts.

Zum oberen Verdauungstrakt des Menschen gehören die Mundhöhle mit Lippen, Zähnen, Zunge und Gaumen, der mittlere und untere Abschnitt des Schlundes (Pharynx) sowie die Speiseröhre (Oesophagus). Aufgabe dieser Organe ist zunächst die Aufnahme der von außen zugeführten Nahrung, dann deren mechanische Zerkleinerung und schließlich der Weitertransport bis in den Magen.

Nahrungszerkleinerung mit 60 kg Druck

Als Kontaktstelle zur Außenwelt ist der Mund eine Art Kontrollposten. Er nimmt nach erfolgter Prüfung der angebotenen Nahrung durch Augen und Nase zunächst eine sensorische Beurteilung mit Hilfe der Geschmackspapillen und des Tastvermögens der Zunge vor. Ist die Nahrung fest, folgen das Abbeißen und Zerkleinern der Feststoffe mittels der Schneide-, Eck- und Backenzähne. Der Druck, der dabei durch die Backenzähne ausgeübt wird, ist beachtlich. Er kann bis zu 60 kg pro Zahn betragen! Durch willensmäßige Steuerung und durch Reflexe wird der Kaudruck immer exakt den erforderlichen Verhältnissen angepaßt. Ein sogenannter kinästhetischer Sinn (Muskel- oder Kraftsinn) vermittelt dabei die Wahrnehmung des Kauwiderstandes an das Gehirn. Gleichzeitig mit der mechanischen Zerkleinerung setzt ein vermehrter Speichelfluß ein. Die im Speichel enthaltenen Schleimstoffe (Mucine) haben die Aufgabe, den Speisebrei vor dem Schlucken gleitfähig zu machen, indem sie seine Oberfläche glätten. Sollten die verschiedenen Sinneszellen im Mund jedoch Alarm schlagen, weil die Speise zu heiß, zu grob, zu sauer ist, so verlängert sich die Einspeichelung und Verweilzeit in der Mundhöhle, bis schließlich Temperatur, Teilchengröße und Konzentration der Nahrung stimmen. Der Schluckakt kann beginnen.

Schlund und Speiseröhre

Durch das praktisch nur mit geschlossenem Mund mögliche, willkürlich eingeleitete Schlucken gelangt die Nahrung zunächst in den mittleren Schlund. Hier kreuzen sich die Atem- und die Speisewege. Sobald die Nahrung den Zungengrund, die Gaumenbögen oder die hintere Rachenwand berührt, wird der unwillkürliche Schluckakt durch eine reflektorische Kontraktion der Schlundschnürer eingeleitet. Das Gaumensegel mit dem Zäpfchen hebt sich, die Verbindung zum Nasen-Rachenraum ist unterbrochen. Zur Luftröhre hin wird der Kehlkopfein-

Der Schluckreflex

A *Die zerkaute und mit Speichel vermischte Nahrung (1) löst bei der Berührung der Reizzentren im Gaumen (2) und mittleren Rachen (3) einen Schluckreflex aus, der vom Schluckzentrum gesteuert wird. Dieses befindet sich im verlängerten Mark (Medulla oblongata) des Gehirns. Der Schluckreflex dauert nur 0,2 bis 0,3 Sekunden. Während dieser Zeit ist die erneute Auslösung eines Schluckreflexes gehemmt.*

Der Vorgang des Schluckens

B *Der aus einer Reihe komplizierter Bewegungen von Zunge (4) und Halsmuskulatur zusammengesetzte Schluckvorgang beginnt, indem die Zunge gegen das Dach der Mundhöhle (5) drückt. Dadurch wird die Speise in den Rachen geschoben. Der weiche Gaumen (6) schlägt dabei nach oben und dichtet den Nasen-Rachenraum (7) ab, weshalb während des Schluckens nicht geatmet werden kann. Gleichzeitig wird der Kehlkopfdeckel (8) nach unten gedrückt.*

Der Weg zur Speiseröhre

C *Beim weiteren Vordringen der Speise in die Speiseröhre (9) klappt der Kehlkopfdeckel so weit nach unten, daß der Luftröhreneingang (10) abgedeckt wird. Bei unzureichendem Abschluß des Nasen-Rachenraumes oder Kehlkopfes verschluckt man sich, das Essen gerät einem in den »falschen Hals«.*

Von der Speiseröhre zum Magen

D *Ist die Speise in der Speiseröhre angelangt, setzt eine vom Willen unabhängige, wellenförmige Preßbewegung (peristaltische Welle) ein (11). So wird die Speise zum Magen befördert.*

Aufbau der Speiseröhre

E *Die Speiseröhre ist daumendick und hat eine Länge*

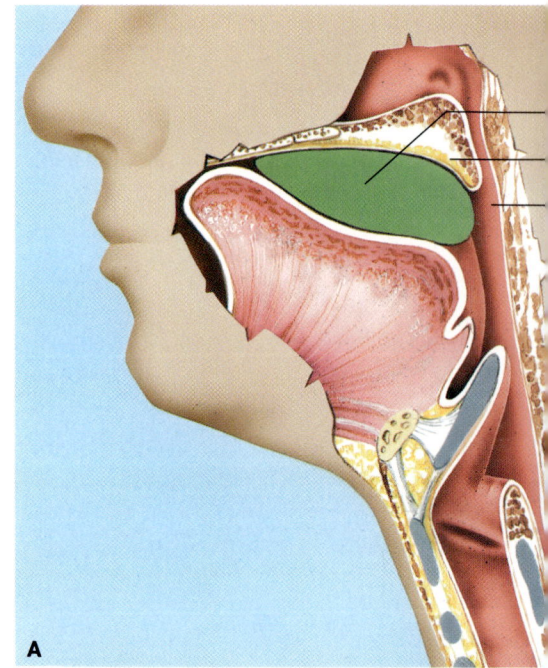

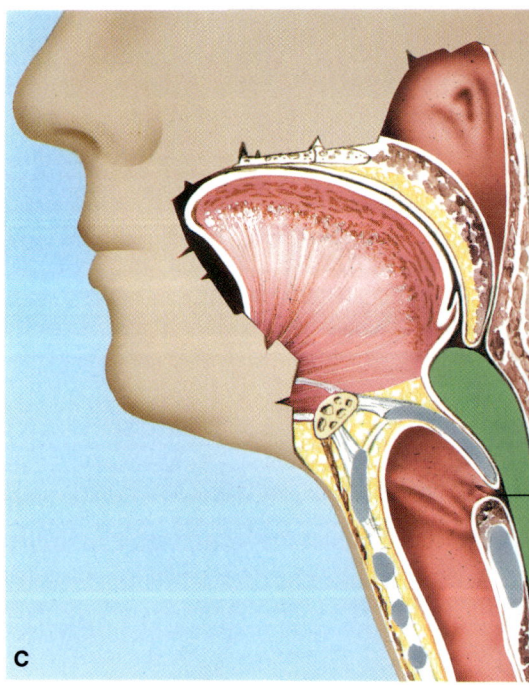

von ca. 25 cm. Sie besitzt außen eine Längsmuskulatur (12), die u. a. für eine Durchmischung mit Verdauungssäften sorgt, und innen eine Ringmuskulatur (13). Diese ermöglicht das Zusammenziehen der Speiseröhre während der peristaltischen Welle. Innenseitig ist die Speiseröhre mit einer Schleimhaut (Mucosa, 14, und Submucosa, 15) überzogen, die wiederum durch

eine Epithelschicht (16) zum Lumen (17), dem Innenraum der Speiseröhre, hin abgegrenzt ist. Da die Schleimhaut nicht mit sensiblen Nerven durchsetzt ist, nimmt man vom wellenförmigen Transport des Speisebreis (18) nichts wahr, obwohl sich die Muskulatur im Vergleich zum Ausgangszustand (19) erheblich dehnt (20). Im Ruhezustand schließt der Speiseröhren-

Siehe auch: **Kiefer und Gebiß**, S. 226/227 **Muskelfaser**, S. 240/241 **Magen**, S. 284/285 **Dünndarm**, S. 286/287 **Dickdarm**, S. 288/289

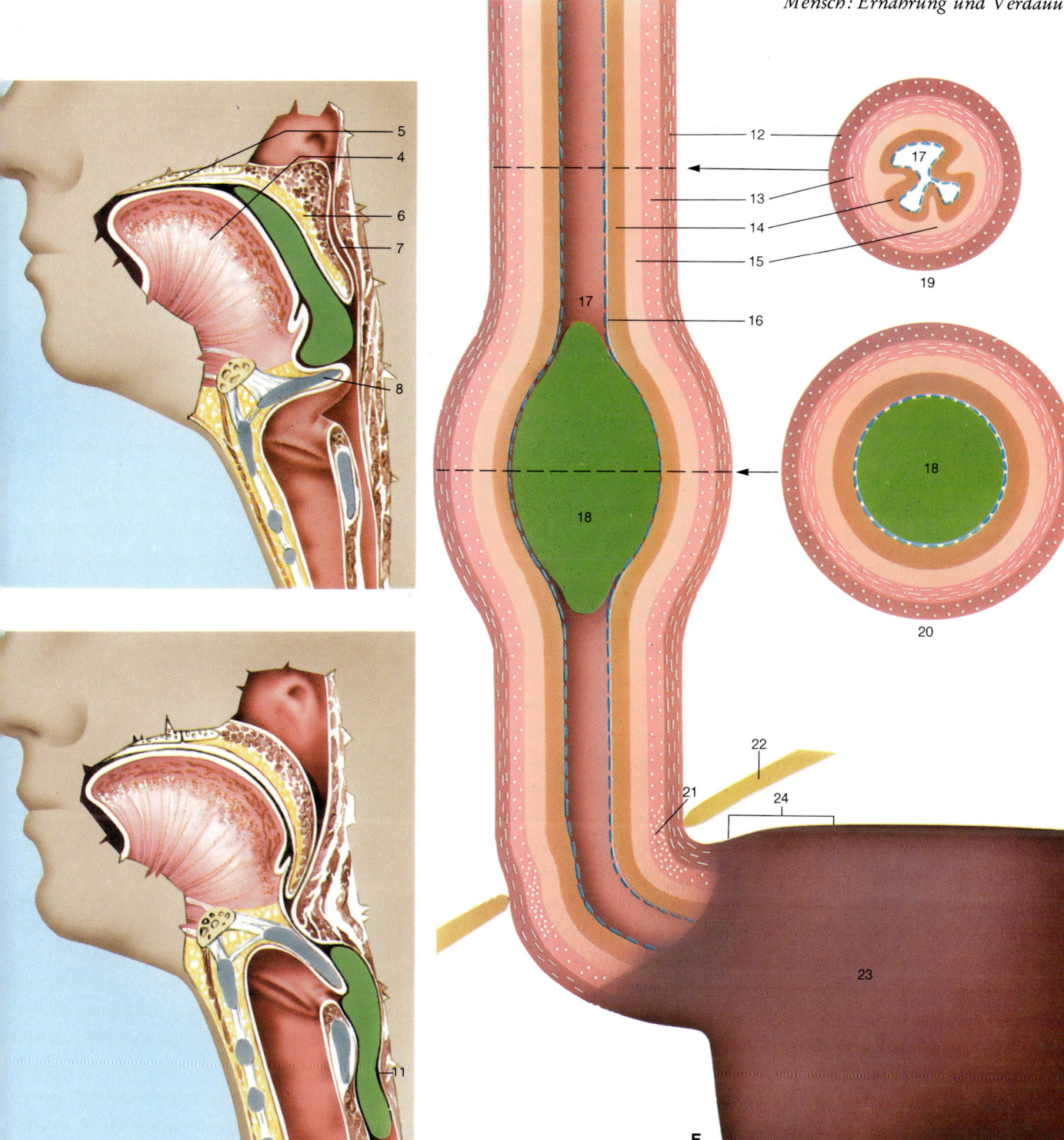

schließmuskel (21) in der Nähe des Zwerchfelldurchtritts (22) die Speiseröhre gegen den Magen (23) ab; er erschlafft automatisch beim Schlucken, verhindert aber ansonsten einen Rückfluß der Nahrung. Feste Nahrung hat nach etwa 3–5 Sekunden, Flüssignahrung bereits nach 1 Sekunde die Speiseröhre passiert und den Übergang in den Magen (Cardia, 24) erreicht.

gang durch den Kehlkopfdeckel verschlossen, bis die Nahrung den oberen Speiseröhrenbereich erreicht hat. Wellenförmige, abwärts verlaufende Kontraktionen (Peristaltik) des Speiseröhrenmuskels transportieren nun die zerkaute Speise zu ihrem nächsten Bestimmungsort, dem Magen. Wenngleich die Erdanziehungskraft diesen Vorgang maßgeblich unterstützt, so ist er doch prinzipiell auch unter umgekehrten Bedingungen, quasi im Kopfstand, möglich. Deshalb sind auch Astronauten im schwerelosen Feld des Weltalls in der Lage, so zu essen.

Der Mageneingang selbst besitzt keinen eigenen Schließmuskel. Vielmehr wird in einem fein abgestimmten System mit dem Zwerchfell und dem Speiseröhrenschließmuskel beim Gesunden ein Rückfluß der Nahrung in die Speiseröhre verhindert. Unangenehme Störungen dieser Regulation sind uns als saures Aufstoßen oder Sodbrennen bekannt. Die Beschwerden werden vor allem durch die aggressive Magensäure hervorgerufen, die die Schleimhaut der Speiseröhre angreift. Oft hilft es hier schon, den Oberkörper höher zu halten, damit die Säure im Magen bleibt.

Speicherkammer und Durchgangsstation

Aufbau und Funktion des Magens

In der Entwicklungsgeschichte wurden die einzelnen Lebewesen mit außerordentlich vielgestaltigen Magenformen und -funktionen ausgestattet. Schließlich unterscheiden sich die Anforderungen an den Magen eines »Allesfressers«, wie es der Mensch ist, grundlegend von den Aufgaben des Verdauungsapparates bei einem pflanzenfressenden Wiederkäuer. Durch unsere Fähigkeit, kurzzeitig größere Energie- und Nährstoffmengen aufzunehmen, sind wir dank der Speicherfunktion des Magens im Unterschied zu vielen anderen Arten weitgehend unabhängig von einer kontinuierlichen Nahrungssuche.

Der Magen ist ein muskulöses Hohlorgan und liegt unterhalb des Zwerchfells links in der oberen Bauchhöhle. Im gefüllten Zustand hat er eine typisch gekrümmte Form, die in drei Haupttypen vorkommt. Am häufigsten ist der Hakenmagen, seltener der Langmagen (allerdings häufiger bei Frauen); die sogenannte Stierhornform entsteht z. B. beim Liegen oder bei Anspannung der Bauchdecken.

Wie lange die Nahrung im Magen bleibt, hängt von ihrer Zusammensetzung, der Art der Zubereitung (z. B. roh, gekocht o. ä.) und dem Ausmaß der Vorverdauung ab. Bei gemischter Kost beträgt die Entleerungszeit etwa drei bis vier Stunden, fettreiche oder grobstückige, schlecht gekaute Nahrung verweilt erheblich länger im Magen. Hingegen können Wasser und leicht verdauliche, breiige Substanzen den Magen schon in kurzer Zeit passieren.

Magenbewegungen zerkleinern den Speisebrei

Die Magenwand besteht aus mehreren kräftigen Muskelschichten, die durch ein wellenförmiges Zusammenziehen (Peristaltik) für eine Zerkleinerung des angedauten Speisebreies und eine intensive Durchmischung mit dem Magensaft sorgen. Die Durchmischung kann zwei Stunden dauern. Zuvor schon werden Kohlenhydrate durch Speichelamylase verdaut, ehe diese durch die Magensaftsäure inaktiviert wird. Etwa dreimal in der Minute bauen sich die anfänglich noch flachen Schnürwellen im oberen Magenbereich (Fundus) auf, im mittleren (Corpus) und unteren Magenabschnitt (Antrum) gehen sie in kräftige, tief einschnürende Kontraktionen über. Je nach Beschaffenheit des Mageninhalts und dem Ausmaß seiner Andauung wird dieser mit kräftigen Muskeleinschnürungen des Antrums in die oberen Magenabschnitte zurückgepreßt oder aber in kleinen Portionen zur weiteren Verdauung in den Zwölffingerdarm (Duodenum) abgegeben. In letzterem Fall führt eine vorübergehende Öffnung des Magenpförtners (Pylorus), eines ringförmigen Schließmuskels am Magenausgang, mit anschließender kräftiger Kontraktion zum Übertritt des angedauten Breies in den Darm.

Magensäfte zersetzen die Nahrung

In der Schleimhaut des Magens befindet sich eine große Anzahl Drüsen, die täglich bis zu drei Liter Magensaft absondern. Dieses schleimige Sekret enthält für die Verdauung wichtige Substanzen: Pepsinogen, Salzsäure, Mucine sowie den sogenannten »intrinsic factor«. Das Pepsino-

Die Verarbeitung der Nahrung im Magen

Ⓐ Die Nahrung gelangt vom Oesophagus (1) durch das Zwerchfell (2) in den Magen. Sie wird durch peristaltische Bewegungen, die durch längsverlaufende (3), querverlaufende (4) und schrägverlaufende (5) Muskelschichten erzeugt werden, zerkleinert und vermischt. Blutgefäße (6) versorgen die Muskeln.

Die Magenbewegungen vermischen den Nahrungsbrei mit Salzsäure und Enzymen, die von der Schleimhaut (7) abgesondert werden. Der gleichzeitig gebildete Magenschleim schützt die Magenwand vor der starken Säure. Falten in der Schleimwand (8) sorgen zusätzlich zur Peristaltik für einen Nahrungsfluß zum Pförtner (Pylorus, 9), durch den der Brei schubweise in den Zwölffingerdarm (10) abgegeben wird. Dieser schließt sich im Übergangsbereich und hemmt über eine hormonelle Rückkopplung auf dem Blutwege die Magenperistaltik, bis er entleert und zur erneuten Aufnahme von Nahrungsbrei bereit ist.

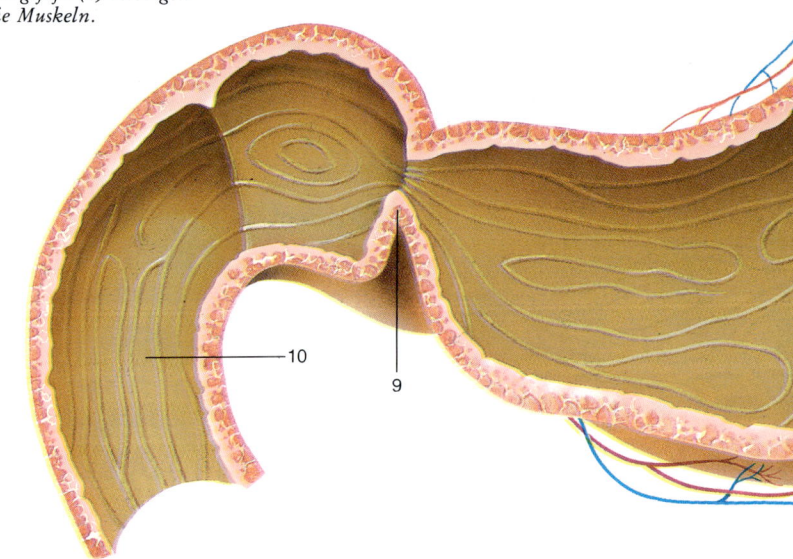

Beförderungs-Wellen

Ⓑ Die peristaltischen Wellen durchmengen und befördern den Mageninhalt. Sie beginnen am sogenannten Fundus (1), verstärken sich im mittleren Abschnitt (2) und erzeugen im Bereich des Antrums (3) und Pyrolus (4) die stärksten Einschnürungen. Besonders starke Kontraktionen sind hörbar (»Magenknurren«) und können sogar leicht schmerzhaft sein.

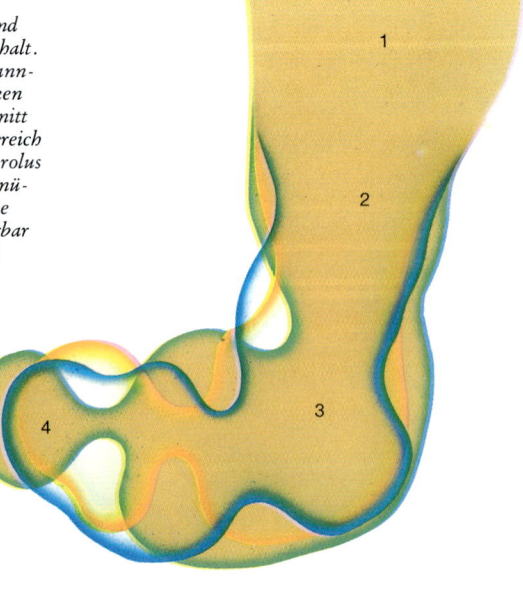

Siehe auch: **Muskeln, S. 238/239 Mund, Schlund, Speiseröhre, S. 282/283**

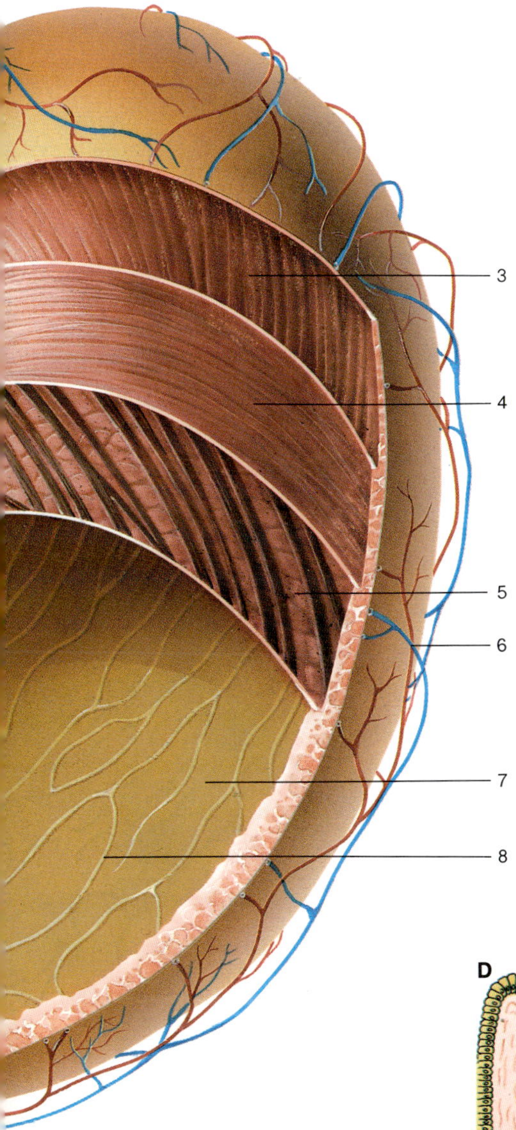

3

4

5

6

7

8

Produktion der Magensäfte

D *Die Regulation der Magensekretion erfolgt durch Hormone und Nervenreize. Bei einer Stimulation wird in den Hauptzellen (1) der Magendrüsen das Pepsinogen, in den Belegzellen (2) die Salzsäure und in den Nebenzellen (3) der Magenschleim gebildet. Die Sekrete gelangen durch die porenartigen Ausführungsgänge (4) in den Magenraum. Gegen eine »Selbstverdauung« schützen den Magen zwei Mechanismen. Erst im Schutz des Magenbreies wird das inaktive Pepsinogen durch die Salzsäure in das aktive, eiweißabbauende Pepsin überführt. Gegen die eigene Salzsäure (etwa pH 0,9–2,0) hilft zudem eine sich ständig erneuernde alkalische Schleimschicht, die die aggressive Säure im Bereich der Schleimhautoberfläche neutralisiert. Eine auf organischen oder psychischen Ursachen (z. B. Streß) beruhende Überproduktion an Salzsäure kann zu Entzündungen der Magenschleimhaut und zu Magengeschwüren bis hin zum Magendurchbruch führen.*

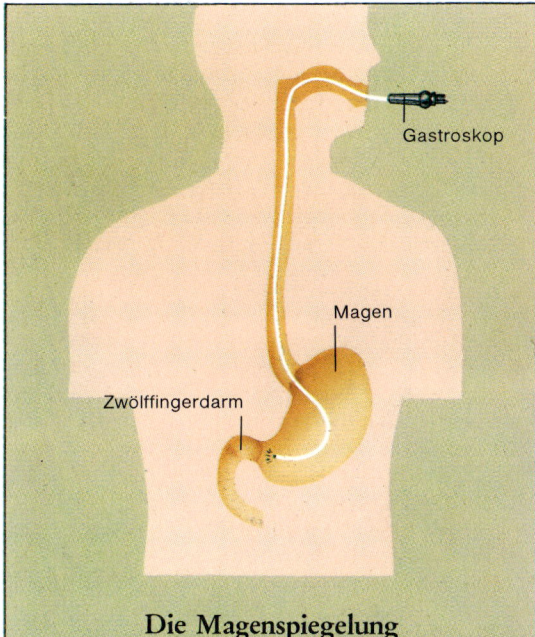

Gastroskop

Magen

Zwölffingerdarm

Die Magenspiegelung

Die Magenspiegelung (Gastroskopie) ist eine »Besichtigung« des Mageninneren mit einem speziellen optischen Instrument, dem Gastroskop. Durch die über Mund und Speiseröhre eingeführten und in alle Richtungen beweglichen Lichtleitfasern sowie das spezielle Linsensystem des Magenspiegels lassen sich alle inneren Bereiche des Magens einsehen. Die Magenspiegelung dient vor allem der Erkennung von krankhaften Veränderungen der Magenschleimhaut, der Diagnose von Schleimhautpolypen und von Magengeschwüren sowie zur Untersuchung auf Magenkrebs.

Über die optischen Untersuchungen hinausgehend, lassen sich bei einer Magenspiegelung sogar Gewebsproben verdächtiger Organpartien entnehmen (Biopsie). Insgesamt ist diese mit wenig Risiko verbundene Art der Magenuntersuchung für den Arzt verhältnismäßig einfach durchzuführen, sie kann ambulant vorgenommen werden und liefert sehr schnell aussagekräftige Ergebnisse.

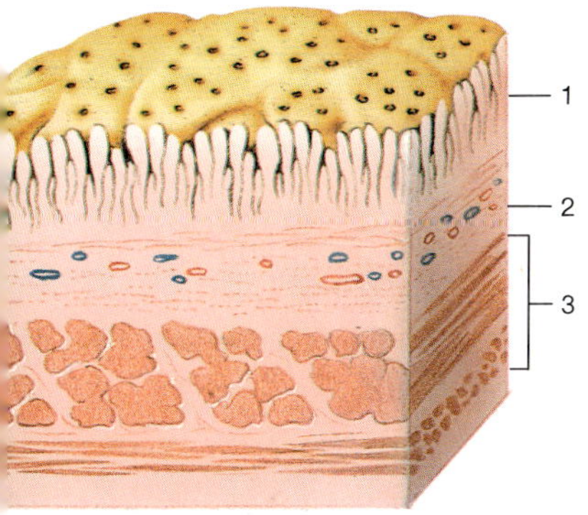

4

D

3

2

1

1

2

3

3

Schnitt durch die Magenwand

C *Innen ist die Schleimhaut (Mucosa, 1) mit den schlauchförmigen Drüsen sichtbar. Darunter liegt die Submucosa (2), die Blut- und Lymphgefäße sowie Nerven enthält. Daran schließt sich die dicke Muskelschicht (3) an, deren drei Faserschichten in verschiedenen Richtungen verlaufen.*

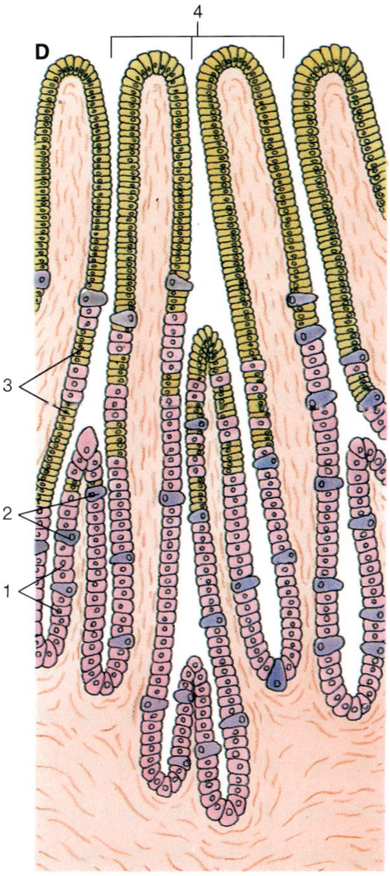

gen wird durch Salzsäure in seine aktive Form, das Pepsin, überführt und spaltet als solches die Nahrungseiweiße in größere Bruchstücke, die Peptide. Zubereitetes, z. B. gekochtes Eiweiß, wird dabei wesentlich schneller abgebaut, weil es nicht mehr durch die Magensalzsäure denaturiert, also seine Struktur nicht mehr zerstört werden muß. Der Salzsäure kommt jedoch nicht nur diese einleitende Funktion bei der Eiweißverdauung zu. Sie sorgt auch für eine wirkungsvolle Abtötung von schädlichen Mikroorganismen und löst die Bindegewebsbestandteile von mit der Nahrung aufgenommenem Fettgewebe auf. Die reichlich vorhandenen Schleimstoffe (Mucine), die die Magenschleimhaut mit einem undurchdringlichen Schutzfilm überziehen, schützen diese vor einer Eigenschädigung durch das saure Milieu. Der »intrinsic factor« schließlich ermöglicht die Aufnahme des wichtigen Vitamin B_{12} durch die Darmwand in den Blutkreislauf im hinteren Abschnitt des Dünndarms.

Dünndarm, S. 286/287   **Dickdarm**, S. 288/289

Zwölf Finger und Millionen Zotten

Wie der Dünndarm die Nährstoffe aus der Nahrung zieht

Im Gegensatz zu seiner überragenden Bedeutung bei der Nährstoffaufnahme (Resorption) sind die Bezeichnungen für die einzelnen Abschnitte des Dünndarms wenig schmeichelnd. Sie sind dem Augenmaß eines Arztes im Operationssaal entlehnt: In seiner anatomischen Erscheinung ist er insgesamt »dünn« (Dünndarm), hat in seinem ersten Abschnitt nur »zwölf Finger« Länge (Zwölffingerdarm), windet sich teils »leer« (Leerdarm), teils »krumm« (Krummdarm) durch die Bauchhöhle, um schließlich in den Dickdarm, und zwar am Blinddarm oberhalb eines Wurmfortsatzes, zu münden.

Die im oberen Verdauungstrakt begonnene Zerlegung der Nahrung in einzelne Grundbausteine wird im Dünndarm weiter fortgesetzt. Verschiedene Enzyme, die der Dünndarm zum Teil selbst produziert oder die von der Bauchspeicheldrüse beigesteuert werden, sowie andere Hilfsstoffe wie die Gallensäuren sind dabei unerläßlich.

Der Transport des Darminhalts

Für die intensive Durchmischung des Speisebreies mit Gallensaft und Verdauungsenzymen sowie den Weitertransport sorgen im Dünndarm verschiedene Bewegungsmechanismen. Die alle fünf bis sechs Sekunden auftretenden Pendelbewegungen bewirken durch Verkürzung und Verlängerung verschiedener Darmabschnitte eine Hin- und Herbewegung des Speisebreies. Das an mehreren Stellen gleichzeitig auftretende rhythmische Zusammenziehen kleiner Darmabschnitte knetet den Darminhalt zwischen jeweils zwei ringförmigen Muskeleinschnürungen. Der Transport der Nahrung in Richtung Dickdarm wird durch wellenförmig verlaufende peristaltische Kontraktionen der Ringmuskulatur des Darmrohres erreicht. Eine »Zottenpumpe« läßt durch Zusammenziehen und Entspannung der unzähligen Darmzotten pumpenartige Bewegungen im Inneren des Darms entstehen, durch die die Schleimhaut die Stoffaufnahme deutlich verstärken kann.

Die Dünndarmsekrete

Im Zwölffingerdarm sondern die nur hier vorkommenden Brunnerschen Drüsen zum Schutz der Darmschleimhaut einen alkalischen, dickflüssigen Schleim ab. Zahlreiche andere Drüsen, auch Lieberkühnsche Krypten genannt, sind über den gesamten weiteren Dünndarm verteilt und bilden den enzymhaltigen Darmsaft, der zusammen mit dem Bauchspeichel und der Galle die chemische Verdauung der Nahrung vollendet. Teils gleichen die im Darmsaft enthaltenen Enzyme denen der Bauchspeicheldrüse, teils ergänzen sie diese in ihrer Wirkung.

Nährstoffaufnahme im Verdauungstrakt

Die Dünndarmpassage der Nahrung dauert 1–3 Stunden. Die Fortbewegung des Nahrungsbreies (Chymus) durch die Darmperistaltik erfolgt beim Gesunden in genau der Zeit, die eine ausreichende Aufnahme der Nahrungsbestandteile gewährleistet. So werden die meisten Zucker und Aminosäuren bereits im Zwölffingerdarm (Duodenum) und im oberen Leerdarm (Jejunum) re-

sorbiert. Der insgesamt langsamere Abbau der Fette führt dazu, daß der Körper freie Fettsäuren und Glycerin erst in den mittleren bis unteren Abschnitten des Dünndarms, im Krummdarm (Ileum), aufnimmt. Nur recht kurzkettige Fettsäuren können aufgrund ihrer geringeren Molekülgröße schon weiter oberhalb in den Kreislauf, und zwar direkt in den Pfortaderkreislauf, eingeschleust werden. Ähnliches gilt auch für die meisten der Nahrung entstammenden Vitamine. Mineralstoffe und Wasser werden teils im unteren Dünndarm, teils im Dickdarm dem Speisebrei entzogen. Auch die Aufnahme von Cholesterin sowie die Rückführung der Gallensalze in den Darm-Leber-Kreislauf erfolgt in den unteren Dünndarmabschnitten.

Für die Resorption stehen zwei unterschiedliche Mechanismen bereit. Der passive Transport erfordert keine Energie und wird lediglich durch das Konzentrationsgefälle zwischen dem Darminnenraum und den Schleimhautzellen ermöglicht. Dies betrifft überwiegend die kleineren

B

Der Dünndarm – Aufbau in verschiedenen Schichten
A *Die Schichten der Dünndarmwand sind für das gesamte Darmrohr typisch. Von außen wird der Dünndarm vom Bauchfell (1) überzogen. Einer äußeren Längsmuskelschicht (2) folgt die innere Ringmuskulatur (3). Eine starke Oberflächenvergrößerung (insgesamt ca. 300 m²) erzielt der Dünndarm durch die Ausbildung von Falten (Kerkringsche Falten, 4), Zotten (Villi 5, bis zu 40 Stück pro mm²) und Krypten (6). Schließlich ist jede Schleimhaut- oder Saumzelle (7), die an ihrem freien Ende mit einem Mikrozottensaum (Mikrovilli, 8) ausgestattet ist, eine Schnittstelle zwischen Verdauung und Resorption.*

Resorption der Nahrung
B *Die verdauten Nahrungsbestandteile werden von der*

Dünndarmschleimhaut aufgenommen (resorbiert) und über das Blut oder die Lymphe in den Intermediärstoffwechsel eingeschleust. Neben Wasser resorbiert der Körper nahezu alle Zucker, Aminosäuren, Fettsäuren, Glyceride sowie Vitamine und Mineralstoffe über hochspezifische, teils aktive, teils passive Transportmechanismen der Schleimhautzellen (1). Durch das in die Zotten (2) hineinreichende kapillare Gefäßsystem (3) gelangen die Stoffe nach ihrer Resorption größtenteils über das Blut in den Pfortaderkreislauf (4) bis zur Leber (5). Bereits in der Darmwand werden die freien Fettsäuren und das Glycerin wieder zu Neutralfetten zusammengefügt und über die Lymphbahnen (6) ab-

Siehe auch: **Mund, Schlund und Speiseröhre, S. 282/283 Magen, S. 284/285 Dickdarm, S. 288/289**

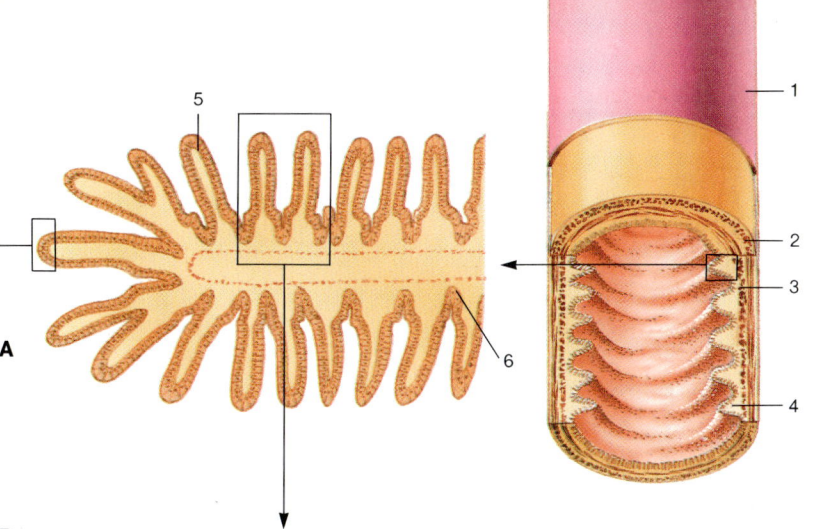

A

B

~1 mm

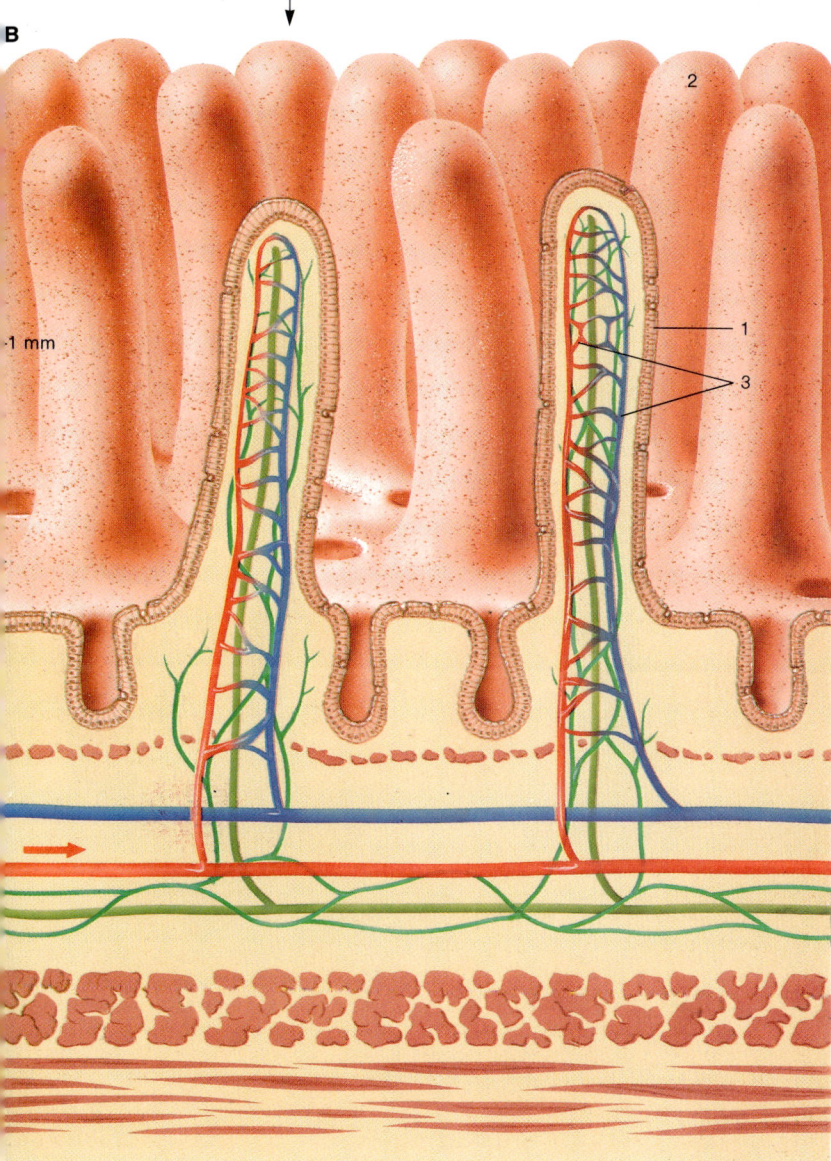

krümmt und der Mündungs-
ort des Gallen- und Bauch-
speicheldrüsengangs. An den
Zwölffingerdarm schließt
sich der Leerdarm (Jejunum)
mit einer Länge von 1,1 m
an. Der Übergang zum
1,8 m langen Krummdarm
(Ileum) ist fließend. Zuletzt
mündet der Dünndarm seit-
lich über einen Ventilver-

schluß (Ileocaecalklappe) in
den Dickdarm (5).

Der Verdauungstrakt
D Im Längsschnitt ist die
Lage des Magens (1), Dickdarms (2) und Dünndarms
(3) sowie die Anbindung
der Organe an die hintere
Bauchwand durch das Ge-
kröse (4) zu erkennen.

C

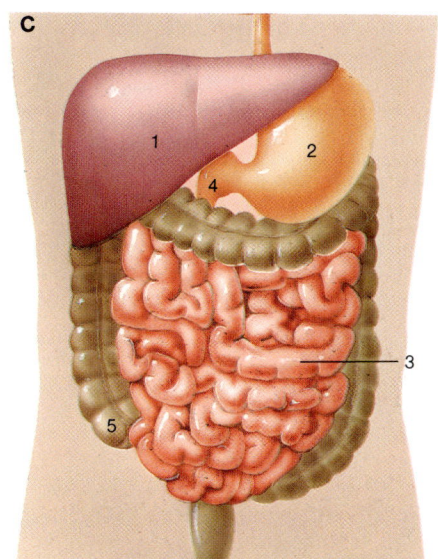

D

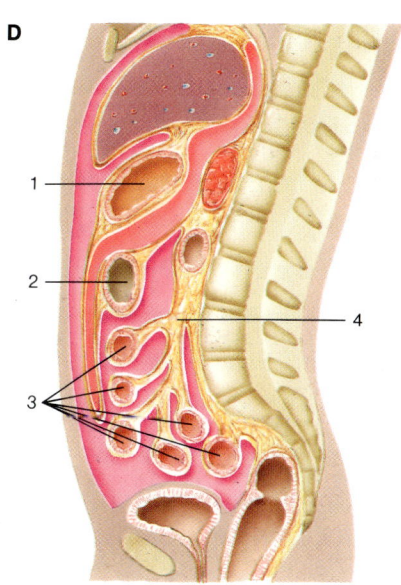

ransportiert, die schließlich
über den Milchbrustgang (7)
m linken Venenwinkel (8)
den Anschluß an den Blut-
reislauf finden. Nur klei-
ere, kurzkettige Fettsäuren
önnen auch direkt auf dem
Blutweg in den Leberstoff-
wechsel gebracht werden.
Ein besonderer Weg der
Stoffaufnahme, wenn auch
mengenmäßig nur in gerin-

gem Umfang genutzt, ist die
Pinocytose. Dabei drücken
sich Partikel durch die Zellmembranen des Zottensaums
in das Kapillarsystem hinein. Die nicht oder nur
schlecht resorbierbaren Bestandteile unserer Nahrung
(z.B. Sorbit) vermögen im
Darm große Wassermengen
zu binden, was dann häufig
Durchfall zur Folge hat.

Lage und Aufbau des Dünndarms
C Die Vorderansicht des
Bauchraumes zeigt neben
Leber (1) und Magen (2) die
Lage des Dünndarms (3). Der
knapp 3 m lange Dünndarm
beginnt am Magenpförtner
(4). Er besteht aus drei Abschnitten: Der Zwölffingerdarm (Duodenum) ist nur
25 cm lang, sichelförmig ge-

Nährstoffmoleküle. Beim aktiven Transport verbindet sich ein körpereigenes Trägermolekül
(Carrier) mit einem Nährstoff und transportiert
diesen unter Energieverbrauch zum Bestimmungsort. Solche aktiven Transportmechanismen sind für die Zucker, die Aminosäuren sowie
für die größeren Nahrungsmoleküle bekannt.
Besondere, bislang nicht vollständig geklärte,
passive Resorptionsmechanismen scheint es für
die Fette zu geben.

Leber und Galle, S. 290/291   Bauchspeicheldrüse, S. 292/293

Teil-Recycling und Eindickung

Die Aufgaben des Dickdarms

Der rund 1,5 m lange Dickdarm trägt seinen Namen in jeglicher Hinsicht zu Recht. Nicht nur, daß er sich im Durchmesser deutlich von den anderen Darmteilen abhebt. Eine seiner wichtigsten Funktionen besteht darin, Wasserverluste für den Körper durch »Eindickung« seiner Ausscheidungsprodukte möglichst gering zu halten. Im Vergleich zur vorangehenden Darmpassage nimmt er sich dafür reichlich Zeit. Erreicht eine Mahlzeit bereits nach wenigen Stunden seinen Eingang, so kann es durchaus noch ein bis zwei Tage dauern, bis sie durch den Mastdarm schließlich endgültig ausgeschieden wird.

Die Schleimhautoberfläche des Dickdarms (Colons) unterscheidet sich völlig von der des Dünndarms, da man hier keinerlei Zotten mehr findet. Auch besitzt er einen größeren Durchmesser als der Dünndarm, den er in der Bauchhöhle wie ein Rahmen umgibt. Man unterteilt den Dickdarm deshalb zunächst in einen aufsteigenden (Colon ascendens), einen querverlaufenden (Colon transversum) und einen absteigenden Ast (Colon descendens). Die sich anschließende s-förmige Sigmaschleife (Colon sigmoideum) bildet den Übergang zum Mast- oder Enddarm (Rectum), dessen unterster Abschnitt der Analkanal ist. Dieser wird an seinem Ausgang, dem After, durch zwei kräftige Ringmuskeln verschlossen.

Rückgewinnung von Wasser und Natrium

Die Verdauungsvorgänge sind beim Menschen bereits im Dünndarm abgeschlossen. Der Dickdarm selbst produziert deshalb auch keine Verdauungssäfte mehr. Vielmehr sondert er große Schleimmengen ab, die als Gleitmittel dienen. Mit jeder »Transport-Welle« des Dünndarms öffnet sich die Ileocaecalklappe, ein Ventil oberhalb des Blinddarms am Dickdarmeingang. Dadurch gelangen täglich rund 500 ml des Verdauungsbreies (Chymus) in den Dickdarm. Ähnlich wie in den anderen Abschnitten sorgt hier der Darm mit seinen rhythmischen, wellenförmigen Bewegungen für eine intensive Durchmischung des Verdauungsbreies und für dessen Weitertransport. Die Rückgewinnungskapazität des Dickdarms (Resorption) ist beträchtlich: Von dem täglich aufgenommenen Flüssigkeitsvolumen (rd. 1–2 Liter) scheidet er nur 100 ml mit dem Kot wieder aus. Zwar werden überwiegend Wasser und Natrium resorbiert, aber auch andere Mineralstoffe, auch einige Aminosäuren, werden aufgenommen. Darüber hinaus trägt die reiche Bakterienflora dieses Darmabschnitts zur Vitaminversorgung bei. Einige B-Vitamine und das Vitamin K werden hier auf mikrobiellem Wege synthetisiert und über die Darmwand dem Körper zugeführt.

Kotbildung

Durch Wasserentzug wird der Chymus auf etwa 150 g eingedickt. Neben unverdaulichen Bestandteilen der Nahrung besteht er jetzt aus einer Reihe von körpereigenen und -fremden Substanzen, derer sich der Organismus auf diese Art entledigt. Hierzu zählen Millionen abgeschilferter Darmepithelzellen, Reste von Verdau-

Siehe auch: Lymphsystem, S. 272/273 Mund, Schlund und Speiseröhre, S. 282/283 Magen, S. 284/285 Dünndarm, S. 286/287

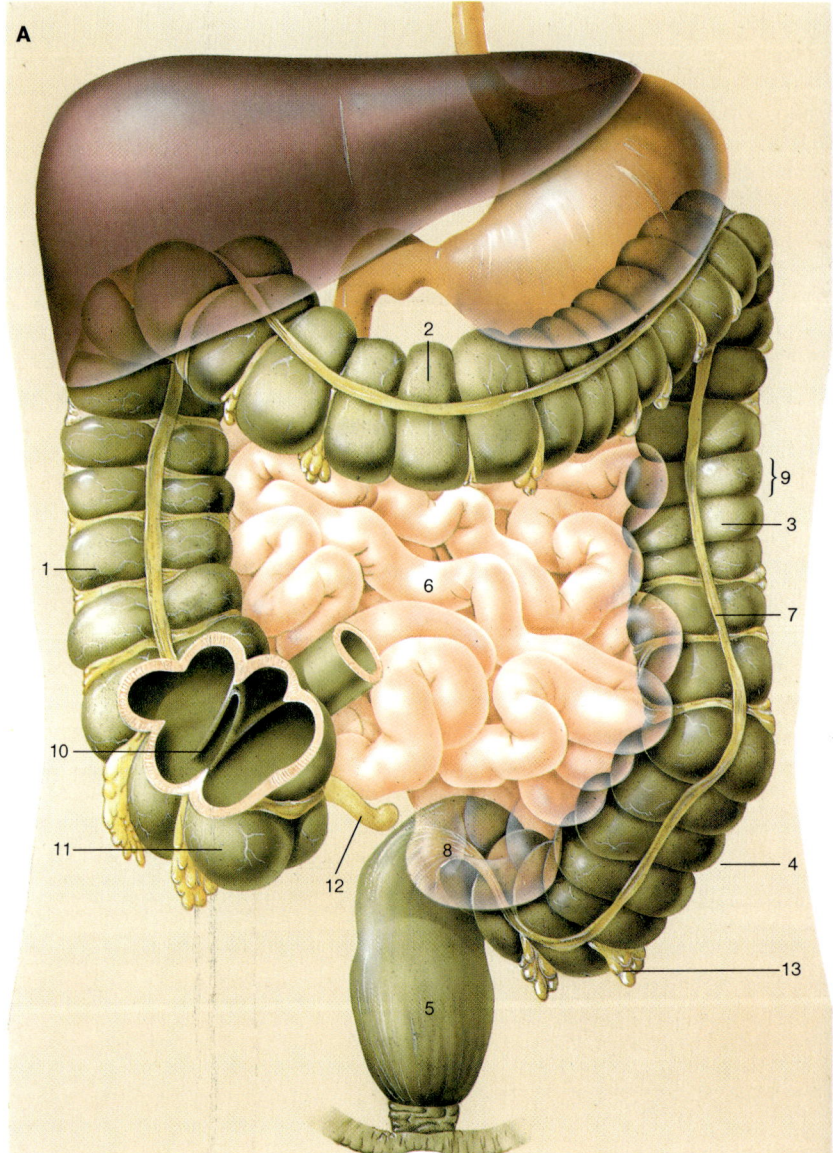

Der Dickdarm

Ⓐ Der Dickdarm mit seinem aufsteigenden (1), querverlaufenden (2) und absteigenden Ast (3) sowie die sich anschließende Sigma-Schleife (4), die zum Mast- oder Enddarm (5) überleitet, bilden den letzten Abschnitt des Verdauungstraktes. Im Gegensatz zum Dünndarm (6) wird der Dickdarm nicht mehr vollständig von einem Längsmuskel umschlossen. Dieser verläuft jetzt vielmehr in drei strangförmigen Muskelbändern, den Tänien (7). Erst am Mastdarm (Rectum) umgibt der Muskel das Darmrohr wieder ganz (8).

Übergang vom Dünndarm zum Dickdarm

Ⓐ Zwischen den Muskelbändern befinden sich zahlreiche Ausstülpungen, die Haustren (9). Durch Kontraktionen der Ringmuskulatur des Darmrohres bilden sich an der Darminnenwand halbmondförmige Falten. Die Ileocaecalklappe (10), auch Bauhinsche Klappe genannt, öffnet den Dickdarmeingang nur kurzzeitig mit einer vom Dünndarm kommenden peristaltischen Welle. Wie ein Rückschlagventil verhindert der Klappenverschluß einen Rückfluß des Darminhalts, der sich nun im ersten und weitesten Abschnitt des Dickdarms, dem Blinddarm (11), befindet. Am unteren Ende des Blinddarms hängt der Wurmfortsatz (Appendix vermiformes, 12), dessen Entzündung (Appendicitis) meist fälschlicherweise als »Blinddarmentzündung« bezeichnet wird. Die im Wurmfortsatz eingelagerten Lymphknötchen dienen der Infektabwehr. Zwischen den Muskelbändern sind fettgefüllte Ausstülpungen der Dickdarmwand (13) zu erkennen, die bei »Bierbauchträgern« besonders ausgeprägt sind.

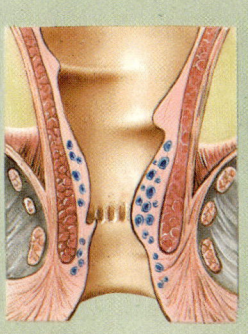 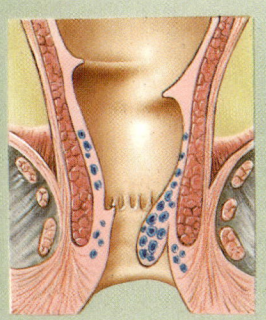 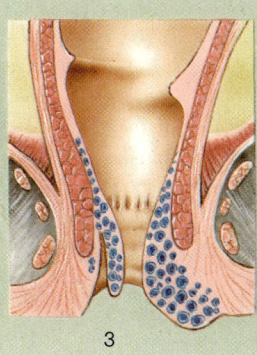

1   2   3

Hämorrhoiden

Hämorrhoiden sind knotenartige Erweiterungen der Gefäße der Hämorrhoidal-Zone. Besonders bei der Stuhlentleerung können diese Gefäße einreißen. Dies zeigt sich durch die typischen hellroten Blutauflagerungen auf dem Stuhl.

Die Hämorrhoiden I. Grades (1) sind in der Regel nicht schmerzhaft. Bei Hämorrhoiden II. Grades (2) ist ein Vorfall beim Pressen festzustellen. Nässen und Brennen der Analregion sowie schmerzhafte Stuhlentleerung stellen sich ein. Ist der Vorfall ausgedehnter und nicht mehr rückbildungsfähig, spricht man von Hämorrhoiden III. Grades (3). In diesem Stadium ist eine Verödung oder chirurgische Entfernung angezeigt.

Der Mastdarm

B Der letzte Abschnitt des Verdauungskanals ist der 15–20 cm lange Mastdarm (Rectum). Die Kohlrauschsche Falte (1) gliedert den Mastdarm in den eigentlichen Kotbehälter oder die obere Ampulle (2) und den unteren Analkanal (3), der im After (Anus, 4) mündet. Die Dickdarmschleimhaut reicht noch in das obere Drittel des Analkanals. Sie geht in eine dünne, sehr empfindliche Haut über, an die sich die äußere Haut anschließt. Zwei kräftige Muskeln schließen den Darm zur Körperoberfläche hin ab: der innere (Musculus sphincter internus, 5) und der äußere Musculus sphincter externus, 6) Schließmuskel. In der Hämorrhoidalzone (7) liegt

unter der Schleimhaut ein Venengeflecht, das mit der oberen Mastdarmschlagader verbunden ist. Neben der Ringmuskulatur (8) ist in diesem Abschnitt die Längsmuskulatur (9) wieder voll ausgebildet. Zwar dient der letzte Dickdarmabschnitt primär der Ausscheidung, doch ist auch hier noch eine Resorption möglich. Unter Umgehung des Verdauungsweges nutzen wir dieses Vermögen, um bestimmte Medikamente, etwa Zäpfchen, direkt in den Intermediärstoffwechsel einzuschleusen. Die großen peristaltischen Rollbewegungen beginnen in der rechten Dickdarmkrümmung und schieben den Darminhalt in den Analkanal. Die damit verbundene Dehnung in diesem Bereich

löst über einen Reflex zunächst eine unwillkürliche Dehnung des inneren Schließmuskels mit Stuhldrang aus. Gleichzeitig setzt eine Kontraktion der Darmmuskulatur ein, überlagert durch eine permanente Kontraktion des äußeren Schließmuskels, der den Analkanal am After verschließt und erst durch willensgesteuerte Erschlaffung die Entleerung einleitet. Die Dehnung der Magenwand kann die gleiche Reaktion hervorrufen und ebenfalls zu Stuhldrang führen. In den ersten Lebensjahren ist dieser Vorgang sehr ausgeprägt, was erklärt, weshalb beim Säugling und beim Kleinkind die Nahrungsaufnahme häufig mit einer Darmentleerung einhergeht.

ungssäften und der Galle, Schwermetalle und Entgiftungsprodukte der Leber. Rund ein Drittel des Kotes besteht aus Bakterienresten; seine charakteristische Farbe beruht auf Gallenbestandteilen. Gärungs- und Fäulnisprozesse im Dickdarm sind wesentliche Vorgänge bei der Kotbildung. Sie verursachen die Entstehung von Gasen und teilweise übelriechenden, zudem auch giftigen biogenen Aminen, welche dem bakteriellen Endabbau schwefelhaltiger Aminosäuren entstammen. Die Befürchtung, daß Verstopfungen oder seltener Stuhlgang zu einer Eigenvergiftung mit Stuhlbestandteilen führen könnten, ist allerdings unbegründet, da diese bei intakter Leberfunktion entgiftet und ausgeschieden werden. Menge und Konsistenz des Stuhls hängen im Normalfall wesentlich von der Verdaulichkeit der Nahrung ab. So erhöht eine ballaststoffreiche Kost Volumen und Wasserbindung und regt dadurch die Darmtätigkeit an. Letztendlich sammelt sich der Stuhl im Mastdarm und wird ausgeschieden.

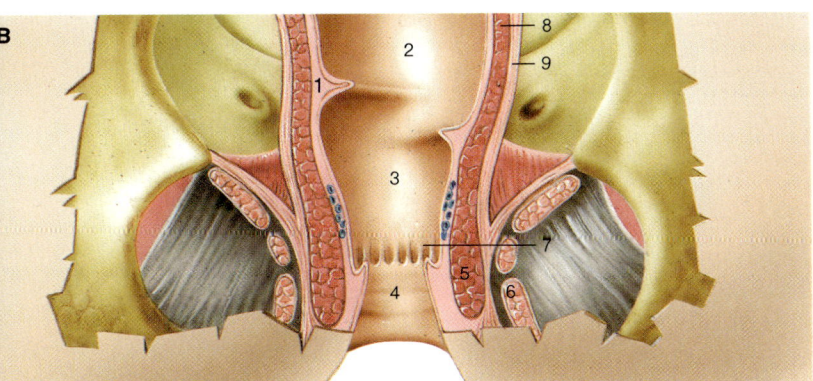

B

1, 2, 3, 4, 5, 6, 7, 8, 9

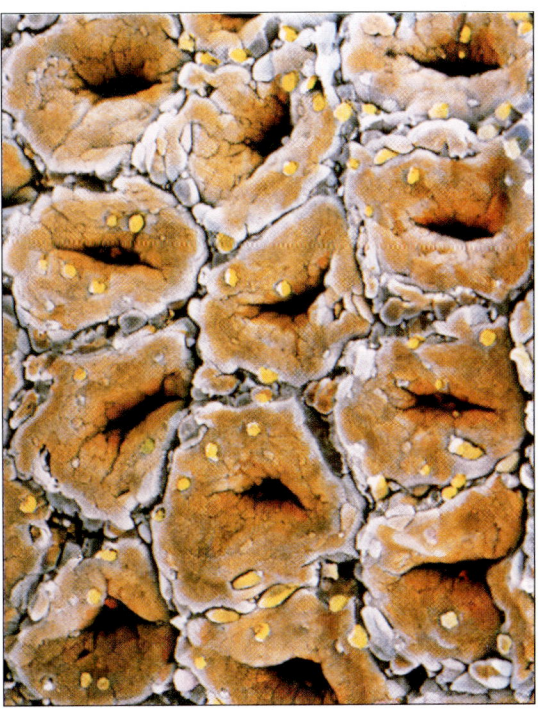

Rückgewinnung und Durchfall

A Der hauptsächlich im Dickdarm stattfindende Wasserentzug aus dem Speisebrei ist eng mit der Natriumrückgewinnung (Na⁺-Resorption) verknüpft. Die Na⁺-Resorption erfolgt teils passiv, teils aktiv mittels einer sogenannten Natriumpumpe. Die passive Wasserresorp-

tion folgt osmotischen Druckunterschieden im Gefolge von Natrium und anderen gelösten Mineralsalzen. Können Salze (oder andere osmotisch wirksame Substanzen wie einige Vitamine und in geringem Umfang auch Aminosäuren) nicht ausreichend resorbiert werden, kann auch Wasser in das Darminnere strömen und zu Durchfällen führen.

Die Dickdarmschleimhaut
Die Schleimhaut des Dickdarms hat – im Gegensatz zu der des Dünndarms – keine Zotten, sondern tiefe Einstülpungen, die Krypten, wie die eingefärbte rasterelektronenmikroskopische Aufnahme (rechts) zeigt. Hier bilden besondere Zellen Schleimstoffe, die die Gleitfähigkeit des Stuhls fördern.

Rund um Gift und Galle

Aufbau und Funktion der Leber

Selbst in Zeiten künstlicher Körperorgane ist es in der Medizin bisher nicht gelungen, die Leistungen der Leber für den Organismus auch nur ansatzweise durch eine »Maschine« zu ersetzen. Kaum eine lebensnotwendige Leistung unseres Organismus geschieht ohne ihre Beteiligung, so daß die Leber zu Recht als beherrschendes Kontrollorgan im Stoffwechsel oder als »zentrales Laboratorium« bezeichnet werden kann. Etwa 1,5 Liter Blut in der Minute durchströmen dieses wichtige Organ. Ein Totalausfall der Leber würde zwangsläufig binnen weniger Stunden zum Tode führen.

Die Leber ist ein Anhangsorgan des Verdauungstraktes und mit einem Gewicht von ca. 1,5 kg die größte Drüse des menschlichen Körpers überhaupt. Sie besitzt ein hohes Regenerationsvermögen. Sämtliche Funktionen stehen in enger Beziehung zum Blut-, Kreislauf- und Verdauungssystem.

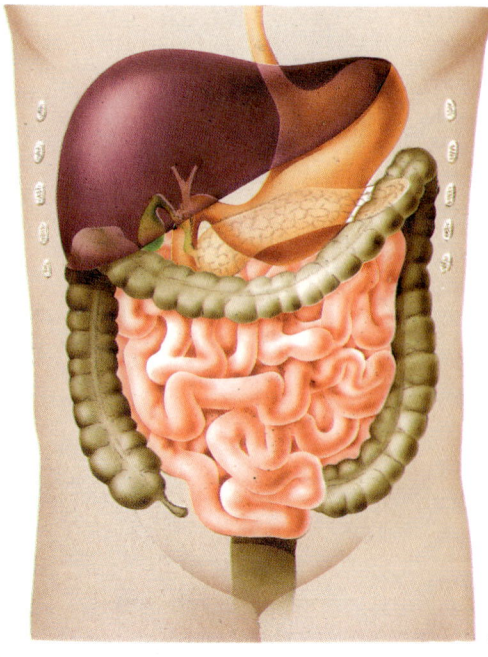

Zwischen Zwerchfell und Rippenbogen
Ⓐ *Die Leber liegt im Oberbauch unterhalb des Zwerchfells. Der untere Rand der Leber deckt sich etwa mit dem Rippenbogen.*

A

Die Leber als Laboratorium für Nährstoffe

In Fortsetzung der Verdauungstätigkeit des Magen-Darm-Traktes nimmt die Leber den überwiegenden Teil der resorbierten Nährstoffe auf, deponiert sie und sorgt für ihre weitere Verwertung im Organismus. In den Zellen der Leber vollzieht sich ein Ab- und Umbau der Zucker aus der Kohlenhydratverdauung. Unter Beteiligung der Bauchspeicheldrüsenhormone Insulin und Glucagon werden die Zucker in Form von Leberstärke (Glykogen) gespeichert und bei Bedarf, d. h. bei sinkendem Blutzuckerspiegel, als Energielieferanten sowie als Material zum Aufbau neuer Stoffe bereitgestellt. Die Leber ist aber auch der Ort für die Neubildung von Glucose (Gluconeogenese), der Schlüsselsubstanz des Energiehaushaltes schlechthin, aus Proteinvorstufen. Dabei wird Stickstoff unter Bildung von Harnstoff, dem Abfallprodukt des Proteinstoffwechsels, erzeugt. Dieser Vorgang findet ausschließlich in der Leber statt. Die Aminosäuren der Nahrungsproteine können in der Leber aber auch zu körpereigenen Eiweißen zusammengefügt werden.

Ebenso koordiniert die Leber die Synthese, die vorübergehende Speicherung und die Abgabe von Fettsäuren und Fetten an das Blut. Von fettlöslichen Vitaminen und den Spurenelementen Eisen, Kupfer und Cobalt wird ein Vorrat in der Leber angelegt, so daß sie auch in Zeiten geringer Nährstoffversorgung ausreichend zur Verfügung stehen.

Die Entgiftungsfunktion der Leber

Im Körperstoffwechsel treten zahlreiche, oft nicht weiter verwertbare oder gar schädliche Substanzen auf, für die die Leber verschiedene Entgiftungsmechanismen bereitstellt. Oftmals besteht das Prinzip darin, den Schadstoff an einen anderen körpereigenen Stoff zu binden, ihn in wäßrige Lösung zu bringen und ihn dann über den Harn oder Kot auszuscheiden. Alkohol sowie zahlreiche Arzneimittel und Umweltchemikalien werden chemisch umgewandelt und dadurch, wenn es sich nicht um zu große Mengen handelt, unschädlich gemacht.

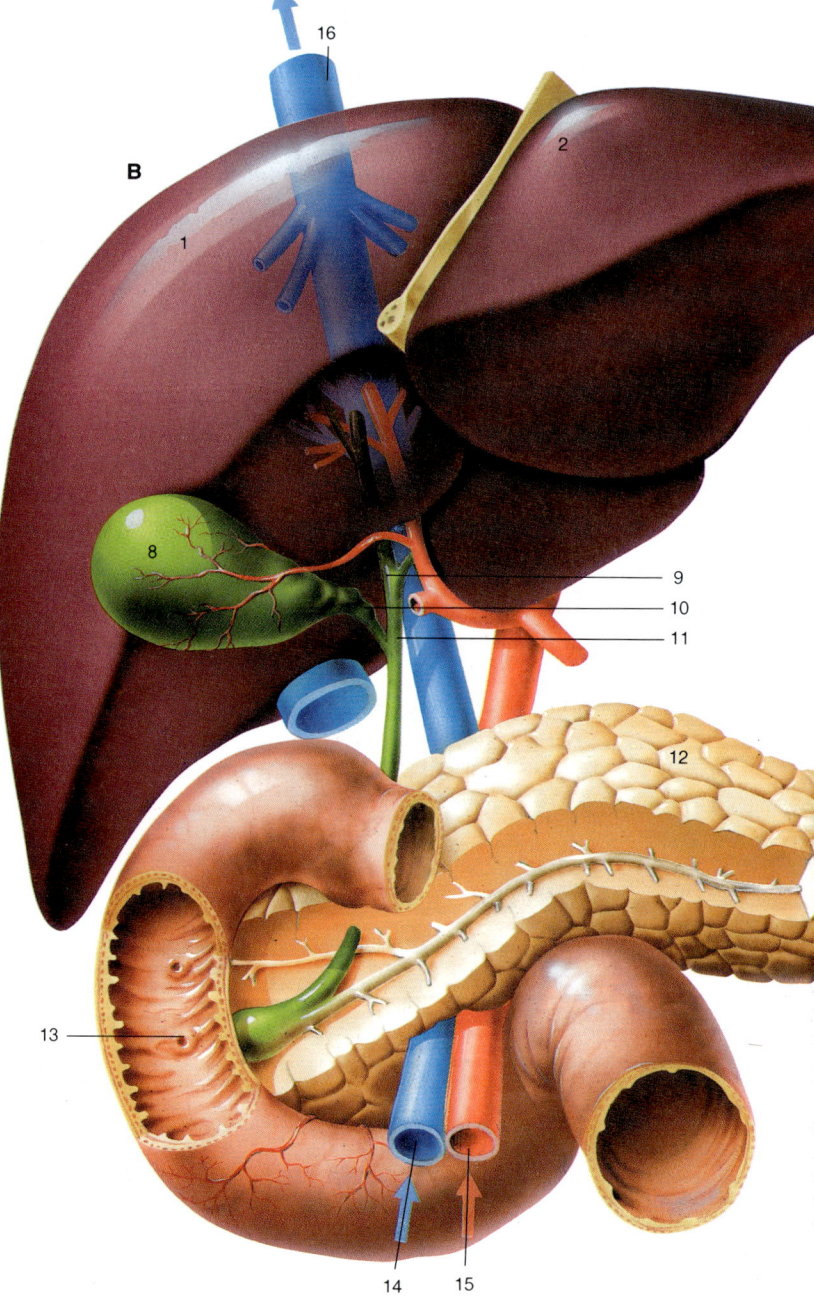

B

Siehe auch: **Zellstoffwechsel,** S. 214/215   **Blutkreislauf,** S. 250/251

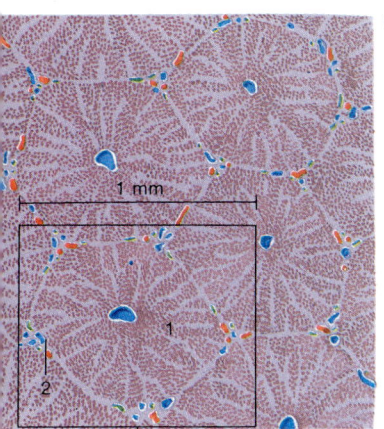

C

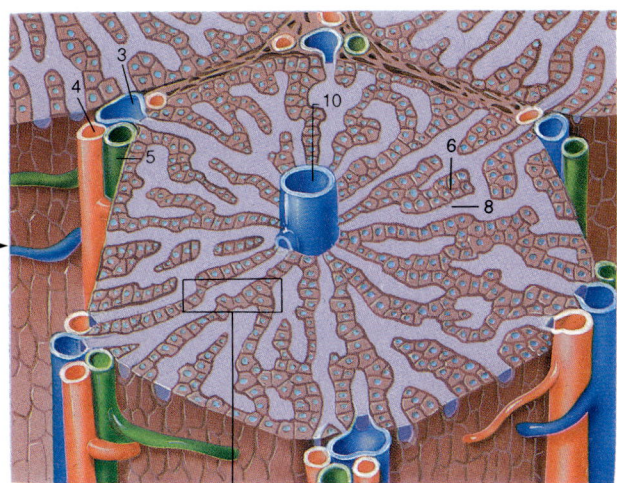

(Ductus cysticus, **10**) in den Hauptgallengang (Ductus choledochus, **11**), der nach Vereinigung mit dem von der Bauchspeicheldrüse (**12**) kommenden Gang in den Zwölffingerdarm (**13**) mündet. Über die Pfortader (Vena portae, **14**) wird die Leber mit nährstoffreichem Blut aus den Resorptionsbereichen des Dünn- und Dickdarms versorgt. Die Leberarterie

Wann bilden sich Gallensteine?

Entzündungen im Gallensystem, erschwerter Gallenabfluß oder Stoffwechselstörungen können zur Auskristallisation eines oder mehrerer Bestandteile der Galle führen: Es bilden sich Gallensteine. Sie haben etwa Kirschkerngröße und treten sowohl einzeln als auch in größerer Zahl auf. Obwohl sie meist keine Beschwerden verursachen, können sie, vor allem nach dem Genuß fettreicher Nahrung, akute, sehr schmerzhafte Gallenkoliken auslösen, die durch einen spontanen Steinverschluß und damit verbundene spastische Kontraktion des Gallengangs entstehen. Sobald der Stein abgeht oder in die Gallenblase zurückfällt, klingen die Schmerzen ab. Sogar eine Gelbsucht kann durch einen von Gallensteinen behinderten Gallenabfluß bedingt sein. Der Nachweis von Gallensteinen erfolgt mittels Sonographie oder röntgenologisch. Durch medikamentöse Steinauflösung oder operative Entfernung, neuerdings auch durch Stoßwellenzertrümmerung, lassen sich Gallensteine beseitigen.

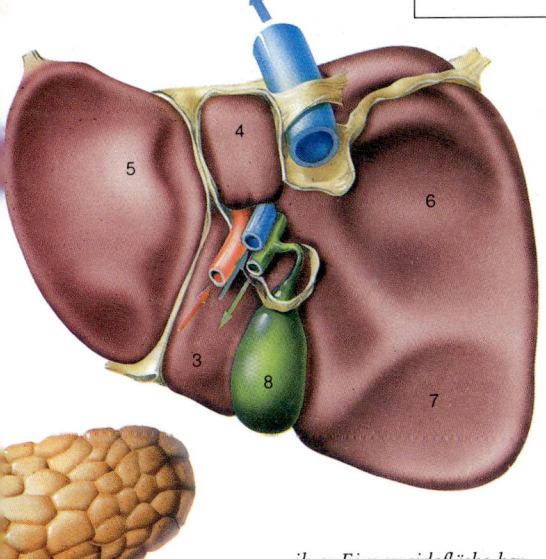

Die Leber im Zusammenspiel mit anderen Organen
Ⓑ Die Leber besteht aus dem größeren rechten (**1**) und dem kleineren linken (**2**) Leberlappen, wobei letzterem auch der viereckige Lappen (Lobus quadratus, **3**) und der geschwänzte Lappen (Lobus caudatus, **4**) zuzuordnen sind, die man nur erkennt, wenn man die Leber von

ihrer Eingeweidefläche her betrachtet (rechte kleinere Grafik). Auf dem linken Lappen sind die Abdrücke vom Magen (**5**) und auf dem rechten Lappen die von der Niere (**6**) und vom Querast des Dickdarms (**7**) sichtbar. Die Gallenblase (Vesica fellea, **8**) befindet sich an der Vereinigungsstelle der Gallengänge (**9**), die aus der Leber kommen. Sie hat ein Fassungsvermögen von ca. 50 ml. Von der Gallenblase führt der Gallenblasengang

(Arteria hepatica, **15**) bringt sauerstoffreiches »Lungen-Blut« zur Leber. Über die Lebervene (**16**) gelangt das Blut wieder in den allgemeinen Körperkreislauf.

Aufbau der Leber
Ⓒ Im Feinaufbau besteht die Leber aus zahlreichen, nur 1 mm großen, sechseckigen Leberläppchen (Lobulus hepatis, **1**). An jeder Ecke eines solchen Läppchens (**2**) münden die feinen Verästelungen der Pfortader (**3**) und der Leberarterie (**4**), und es entspringen kleine Gallenkanälchen (**5**). Zwischen den strahlenförmig angeordneten Zellverbänden (**6**) mit den Gallenkapillaren (**7**) befinden sich innerhalb eines Läppchens kleinste Blutkanälchen (Sinusoide, **8**), die vom Blut frei durchströmt werden. Diese sind Sitz der Kupfferschen Sternzellen (**9**), die als »Freßzellen« Bakterien, Fremdkörper und Gewebetrümmer durch Phagocytose in sich aufnehmen. Durch die Zentralvene (**10**) fließt das Blut nach der Stoffwechselpassage über die Sammelvenen in die Lebervene (Vena hepatica).

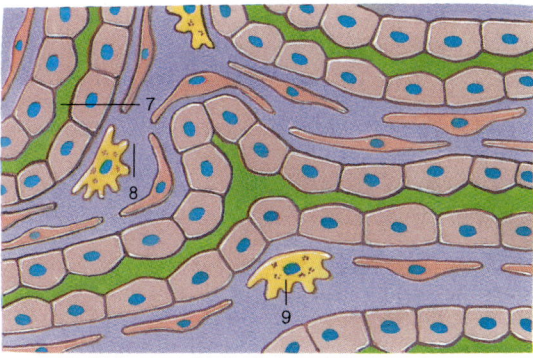

Lebergalle und Blasengalle

Die Leber scheidet täglich etwa einen halben bis einen Liter gelbfarbene Gallenflüssigkeit aus, welche in der Gallenblase, einem birnenförmigen Schleimhautsack an der Leber, nach Wasserentzug in konzentrierter Form gespeichert wird. Durch Hormone gesteuert, zieht sich die Gallenblase von Zeit zu Zeit zusammen und ermöglicht so den Übertritt der Galle in den Zwölffingerdarm. Dort hat die Galle die Aufgabe, die Nahrungsfette zu emulgieren, d. h. in feinste Tröpfchen aufzulösen, sowie die fettspaltenden Enzyme zu aktivieren. Von den unteren Dünndarmabschnitten wird der überwiegende Teil der Gallensäuren (rund 90 %) zurückgeführt und steht dann der Leber für die Gallenbildung erneut zur Verfügung. Die diesem sogenannten »enterohepatischen Kreislauf« entgangenen Gallenbestandteile, also ca. 10 %, prägen die Farbe des Kotes und werden mit diesem ausgeschieden.

Dünndarm, S. 286/287   **Dickdarm, S. 288/289**

Doppelrolle für ein Organ

Die Bauchspeicheldrüse produziert Hormone und Verdauungsenzyme

Die menschliche Bauchspeicheldrüse ist ein Körperorgan, das in einzigartiger Weise zwei völlig verschiedene, voneinander unabhängige Aufgaben im Organismus zu erfüllen hat. Als Produktionsstätte für fünf Drüsenhormone greift sie zentral in lebenswichtige Funktionen des Ab- und Umbaus aufgenommener Stoffe ein. Darüber hinaus ist die Bauchspeicheldrüse die wohl wichtigste Quelle menschlicher Verdauungsenzyme. Das von ihr abgesonderte Sekret ist klar und wäßrig-dünnflüssig und wird wegen seiner Ähnlichkeit mit dem Speichel auch als Bauchspeichel bezeichnet.

Die Bauchspeicheldrüse (Pankreas) ist ein ca. 100 g schweres, walzenförmiges Anhangsorgan des Verdauungstraktes. Sie liegt hinter dem Magen quer im Oberbauch, ihr Ausgang mündet gemeinsam mit dem Gallengang in den Zwölffingerdarm. Funktionell gliedert sich die Bauchspeicheldrüse in einen exokrinen (in den Darm) und einen endokrinen (in das Blut absondernden) Drüsenkörper. Letzterer ist u. a. Bildungsort der Hormone Insulin und Glucagon.

Steuerung der Bauchspeicheldrüse

Der exokrine Drüsenkörper dient ausschließlich der Verdauung. Ähnlich wie beim Magen, wird auch die Bauchspeicheldrüse vor einer Eigenverdauung durch ihre Enzyme dadurch geschützt, daß diese zunächst nur in wirkungslosen Vorstufen vorliegen. Erst an ihrem Bestimmungsort im Dünndarm werden sie durch das Hormon Enteropeptidase in die aktive Form überführt.

Die Bauchspeicheldrüse sondert täglich etwa 1,5 Liter Speichel ab. Das Spektrum der Enzyme in diesem Sekret ist von der Zusammensetzung der Nahrung abhängig. So ist bei eiweißreicher Kost die Bildungsrate der proteinspaltenden Pankreasenzyme entsprechend erhöht.

Die Produktion des Bauchspeichels wird sowohl über psychische Reize (z. B. Geruch, Aussehen der Speisen) als auch über einen hormonellen Regelmechanismus angeregt. Bei Kontakt des Bauchspeichels mit dem sauren Mageninhalt werden in der Zwölffingerdarmschleimhaut die Hormone Sekretin und Pankreozymin freigesetzt. Das Sekretin steigert den Gallenfluß und regt in der Bauchspeicheldrüse die Bildung von Natriumhydrogencarbonat ($NaHCO_3$) an, das den aus dem Magen kommenden salzsauren Speisebrei im Dünndarm neutralisiert. Das Pankreozymin (= Cholecystochinin) regelt die Abgabe der von der Bauchspeicheldrüse gebildeten Enzyme in den Bauchspeichelsaft und fördert ebenfalls den Gallenfluß.

Die Enzyme des Bauchspeichels

Die Pankreasamylase gleicht in ihrer Wirkung der Speichelamylase und setzt den bereits im Mund begonnenen Kohlenhydratabbau fort. Die entstehenden Bruchstücke (Maltose) werden durch das Enzym Maltase in einfache Zucker (Glucose) abgebaut.

An eiweißspaltenden Enzymen (Proteinasen und Peptidasen) enthält der Bauchspeichel Trypsin, Chymotrypsin und Carboxypeptidase. Trypsin und Chymotrypsin trennen das Nahrungsei-

weiß zunächst in etwas kleinere Bruchstücke auf, die man als Polypeptide bezeichnet. Nun tritt die Carboxypeptidase in Aktion und spaltet diese Bruchstücke noch weiter, so daß aus den Polypeptiden die kleineren Peptide entstehen. Verschiedene Peptidasen vollenden schließlich den Eiweißabbau durch Aufspaltung der Peptide in freie Aminosäuren.

Wiederum andere Enzyme, die Nucleasen, zerlegen die in der Nahrung vorhandenen Nucleinsäuren, die Bausteine der genetischen Erbinformationen einer jeden Zelle.

Ein Enzym des Fettabbaus ist die Pankreaslipase, die ihre fettspaltenden Eigenschaften nur im Vorhandensein von Gallensäuren, die von der Galle ausgeschüttet werden, entfaltet. Die Gallensäuren sorgen dafür, daß die Nahrungsfette in winzige Fetttröpfchen zerteilt werden, so daß die Pankreaslipase die Fette (Lipide) besser aufbrechen kann. Weitere fettabbauende Enzyme sind die Lecithinase und die Phosphatase.

Siehe auch: Ernährungslehre, S. 278/279   Leber und Galle, S. 290/291   Hormondrüsen, S. 326/327

Lage und Funktion der Bauchspeicheldrüse

Ⓐ *Bei der rund 18 cm langen Bauchspeicheldrüse unterscheidet man einen Kopf- (Caput, 1), den Körper- (Corpus, 2) und den Schwanzteil (Cauda, 3). Letzterer grenzt an die Milz (4), der Kopfteil an den Zwölffingerdarm (5). Die von der Leber abgegebene Galle wird in der Gallenblase (6) gesammelt und über den Gallengang (Ductus choledochus, 7) in den Zwölffingerdarm geleitet. Der Hauptgang der Bauchspeicheldrüse (Ductus pancreaticus, 8) mündet gemeinsam mit dem Gallengang an der großen Papille (Papilla duodeni major, 9) in den Zwölffingerdarm. Der Hauptgang durchzieht das Organ in ganzer Länge. In der Vergrößerung sind die Zellen (10) erkennbar, die die Verdauungssekrete in einen Nebenast (11) des Hauptganges abscheiden. Vor allem im Schwanzteil befinden sich die »Langerhansschen Inseln«, die die Hormone Insulin und Glucagon abgeben.*

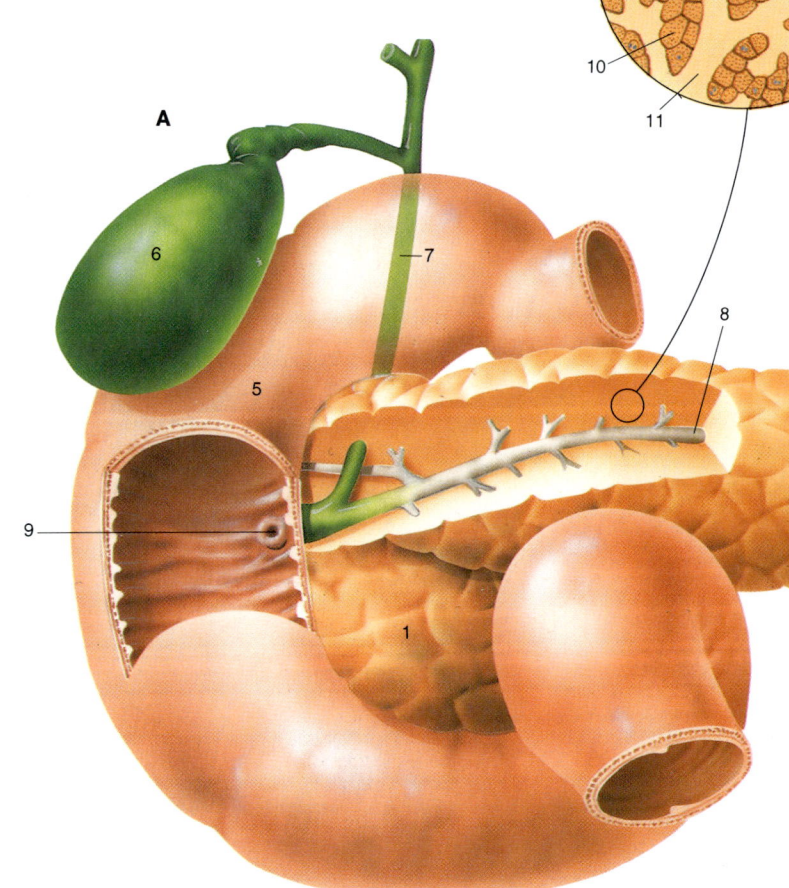

Wie Enzyme funktionieren

Nahezu alle Stoffwechselvorgänge werden durch Enzyme gesteuert. Diese wirken als Biokatalysatoren, d. h. sie beschleunigen eine Reaktion, ohne selbst verändert zu werden. Damit eine Reaktion ablaufen kann, muß durch Energiezufuhr ein Energieberg (1) überwunden werden. Katalysatoren verringern diesen Berg (2), so daß die Reaktion eher oder schneller ablaufen kann. Viele Enzyme steuern nur eine bestimmte Reaktion. Nach dem Schlüssel-Schloß-Prinzip paßt der Ausgangsstoff genau an eine Stelle des Enzyms. Typisches Beispiel für eine derartige Reaktion ist die Übertragung eines Molekülteils auf ein anderes mittels eines Co-Enzyms (Co). Das Substrat (S_1) dockt an das erste Enzym (E_1) an und verliert das zu übertragende Molekülstück (P) an das Co-Enzym. Das beladene Co-Enzym kann nun an ein zweites Enzym (E_2) andocken und das Molekülstück P auf ein anderes Substrat (S_2) übertragen.

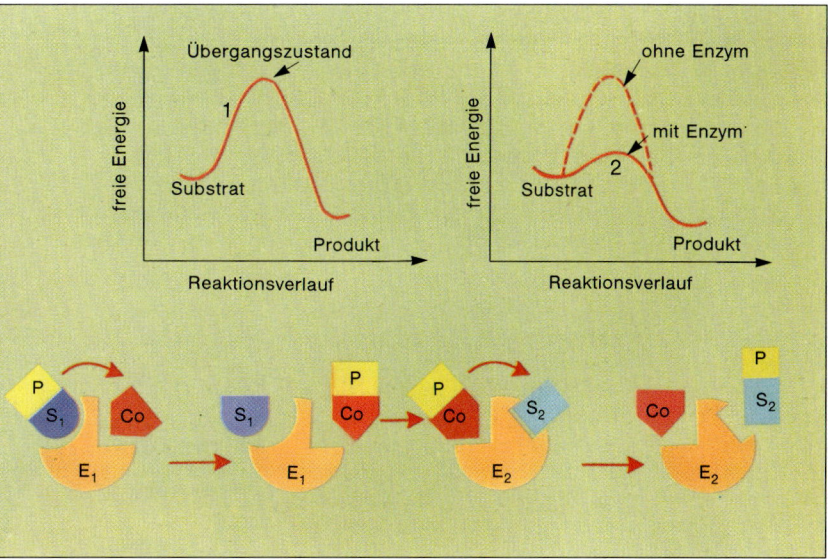

Ausschüttung der Sekrete

B Die Bauchspeicheldrüse wird durch verschiedene Vorgänge angeregt, ihre Sekrete abzusondern: durch Kauvorgänge und Speichelfluß im Mund sowie durch die Dehnung der Magenwand und die Salzsäurefreisetzung. Der wichtigste Vorgang ist der Eintritt von Nahrungsbrei in den Zwölffingerdarm (1). Fette und ein niedriger pH-Wert lösen die Ausschüttung von Sekretin und Pankreozymin aus (2). Sekretin regt zum einen in der Leber die Bildung von Galle (3) an, die später in der Gallenblase (4) eingedickt wird, zum andern fördert Sekretin in der Bauchspeicheldrüse die Abgabe von basischem Pankreassaft (5), der durch Hydrogencarbonat die Magensäure neutralisiert. Das Pankreozymin bewirkt die Ausschüttung von Galle aus der Gallenblase sowie die Abgabe von Enzymen (6) aus der Bauchspeicheldrüse. Pankreassaft und Enzyme werden in den Zwölffingerdarm abgegeben (7). Galle kommt durch den Gallengang hinzu (8).

Schutz vor Selbstzerstörung

C Damit nicht schon im Drüsengang eine Verdauung stattfindet, liegen die Enzyme zunächst in wirkungslosen Vorstufen als Trypsinogen (1) und Chymotrypsinogen (2) vor. Durch Einwirkung der im Darm vorhandenen Enteropeptidase (3) entsteht aus Trypsinogen Trypsin (4). Letzteres überführt wiederum das Chymotrypsinogen in Chymotrypsin (5). Findet eine krankhafte frühzeitige Überführung bereits im Hauptgang statt, so führt dies zu einer akuten Pankreasnekrose, der Eigenverdauung des Organs. Sowohl Trypsin als auch Chymotrypsin spalten als Proteinasen Eiweiße (6) in Polypeptide (7) auf.

Aus Blut wird Urin

Wie die Nieren das Blut waschen

Sie machen weniger als 0,5 % des Körpergewichts aus. Dennoch strömen 20–25 % des vom Herzen ausgeworfenen Blutes in die Nieren. Die nur faustgroßen Organe filtern täglich bis zu 180 Liter Primärharn aus dem Blut heraus, um diesen schließlich auf etwa 2 Liter Urin zu konzentrieren. Dabei werden schädliche Stoffwechselprodukte ausgeschieden, nützliche Mineralien und Zucker hingegen wieder zurückgeführt. Doch das ist nicht alles: Die Nieren regulieren den Salz- und Wasserhaushalt, sie beeinflussen den Blutdruck und sind in das Hormongleichgewicht des Körpers eingeschaltet.

Nur selten spüren wir etwas von der Existenz der emsigen Blutwaschanlage in unserem Lendenbereich. Leise und unermüdlich verrichten die Nieren eine enorme Filtrierarbeit, wobei sie genauestens zwischen giftigen Fremdsubstanzen, schädlichen Stoffwechselendprodukten und für den Körper wichtigen Elektrolyten unterscheiden können. Möglich wird das »Entschlacken« durch ein kompliziert verzweigtes Gefäßsystem der Niere, in das immer wieder Filter eingebaut sind.

Die komplexen Filtersysteme der Nieren

Jede Niere erhält ihr Blut aus einer kräftigen Nierenarterie. Innerhalb der Niere teilen sich die Blutgefäße immer weiter auf, bis sie sich schließlich zu hauchdünnen Kapillaren verkleinert haben. Diese mikroskopisch feinen Gefäße knäueln sich zu Kapillarschlingengeflechten (Glomerulusschlingen) innerhalb eines kapselförmigen Gebildes und bilden hier die erste Filtrationsbarriere. Für Flüssigkeiten und kleinere Moleküle sind die Wände der Kapillarschlingen durchlässig. Durch sie wird dem Blut ein wäßriges Filtrat, der Primärharn, abgepreßt. Der auf diese Weise gebildete »Vorharn« enthält noch alle im Blut gelösten Inhaltsstoffe mit Ausnahme großmolekularer Eiweißkomplexe.

Um die übrigen Blutbestandteile nach ihrem Nutzen oder Schaden für den Körper entweder in den Blutkreislauf zurückzuführen oder auszuscheiden, wird der abtropfende Primärharn in der Glomeruluskapsel gesammelt. Die Kapsel umschließt die Glomerulusschlingen und führt den Primärharn einem System von Harnkanälchen (Tubulusapparat) zu. Diese Kanälchen sind mit hoch spezialisierten Zellen ausgestattet, die selbständig in der Lage sind, diverse Stoffe aufzunehmen, abzugeben oder durchzuschleusen. Der Großteil der im Primärharn gelösten Blutbestandteile wird auf diese Weise wieder in den Blutkreislauf zurückgeführt, ebenso wie bis zu 99 % des Wasseranteils aus dem Glomerulusfiltrat. Diese Rückführungsrate ist den jeweiligen Bedürfnissen des Körpers angepaßt: Ist der Organismus ausgetrocknet, wird mehr Salz und Wasser resorbiert als bei ausreichender Flüssigkeitszufuhr. Fremd- und Schadstoffe aber werden von den Tubuluszellen beschleunigt abgegeben, so z. B. viele Medikamente oder körpereigene Abbauprodukte. Übrig bleibt schließlich pro Tag ein auf etwa 2 l verringertes Urinkonzentrat, das mit dem ursprünglich filtrierten Blut nicht mehr viel gemein hat.

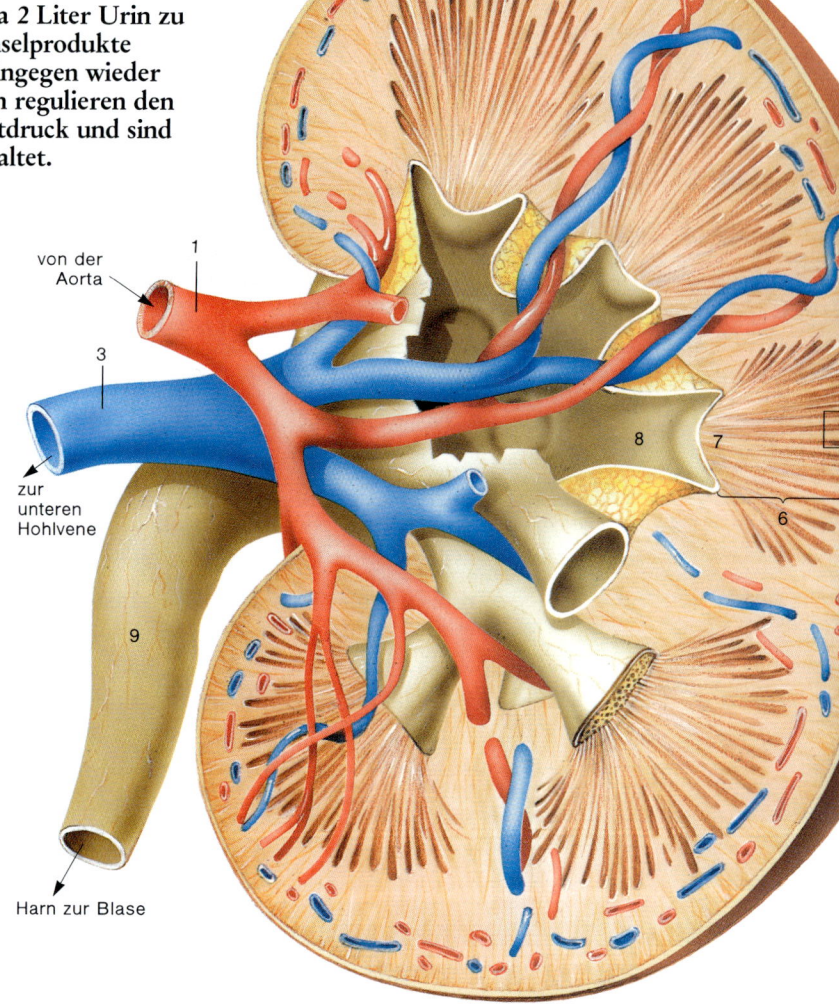

von der Aorta

1

3

zur unteren Hohlvene

A

2

8

7

6

9

Harn zur Blase

Durch Harnschau Krankheiten entdecken

Aus der Urinuntersuchung lassen sich weitgehende Informationen über Schädigungen der Niere und anderer Organe gewinnen. Lange Zeit galt die »Harnschau« und Geschmacksprobe sogar als wichtigstes Untersuchungsmittel des Arztes; in Darstellungen des Mittelalters wird der Mediziner fast immer beim Betrachten eines gefüllten Harnglases gezeigt.

Etliche Untersuchungen innerhalb der Urindiagnostik lassen sich mit einfachen Mitteln durchführen: Bei der Zuckerkrankheit (Diabetes mellitus = honigsüßer Durchfluß) schmeckt der Urin durch den vermehrten Zuckergehalt süßlich. Bei Nierenschädigungen im Bereich der filternden Kapillarschlingen verliert der Körper Eiweiß mit dem Urin, der Harn schäumt beim Schlag auf. Auch bei bestimmten Erkrankungen der Leber ist der Urin verändert, so zeigt er z. B. bei einer durch Leberentzündung (Hepatitis) bedingten Gelbsucht (Ikterus) eine auffallend bierbraune Farbe.

Die Niere im Längsschnitt
Ⓐ *Über eine starke Nierenarterie (1) erhält die von einer Kapsel (2) umschlossene Niere ihr Blut, welches über eine Nierenvene (3) wieder dem Kreislauf zugeführt wird. Die Nierenkörperchen (4) mit den als Filter dienenden Glomeruluskapillaren befinden sich im Rindenbereich (5). Das Tubulussystem besteht aus stark geknäulten Harnkanälchen, die beim Menschen zusammen eine Länge von 100 km haben. Es erstreckt sich in Mark (6) und Rinde, um schließlich über ein Sammelrohr in der Nierenpapille (7) ins hohle Nierenbecken (Pelvis, 8) zu münden. Über die Harnleiter (Ureter, 9) gelangt der Harn in die Harnblase, um dann ausgeschieden zu werden.*

Siehe auch: **Regelung des Blutdrucks, S. 254/255 Blut, S. 258/259**

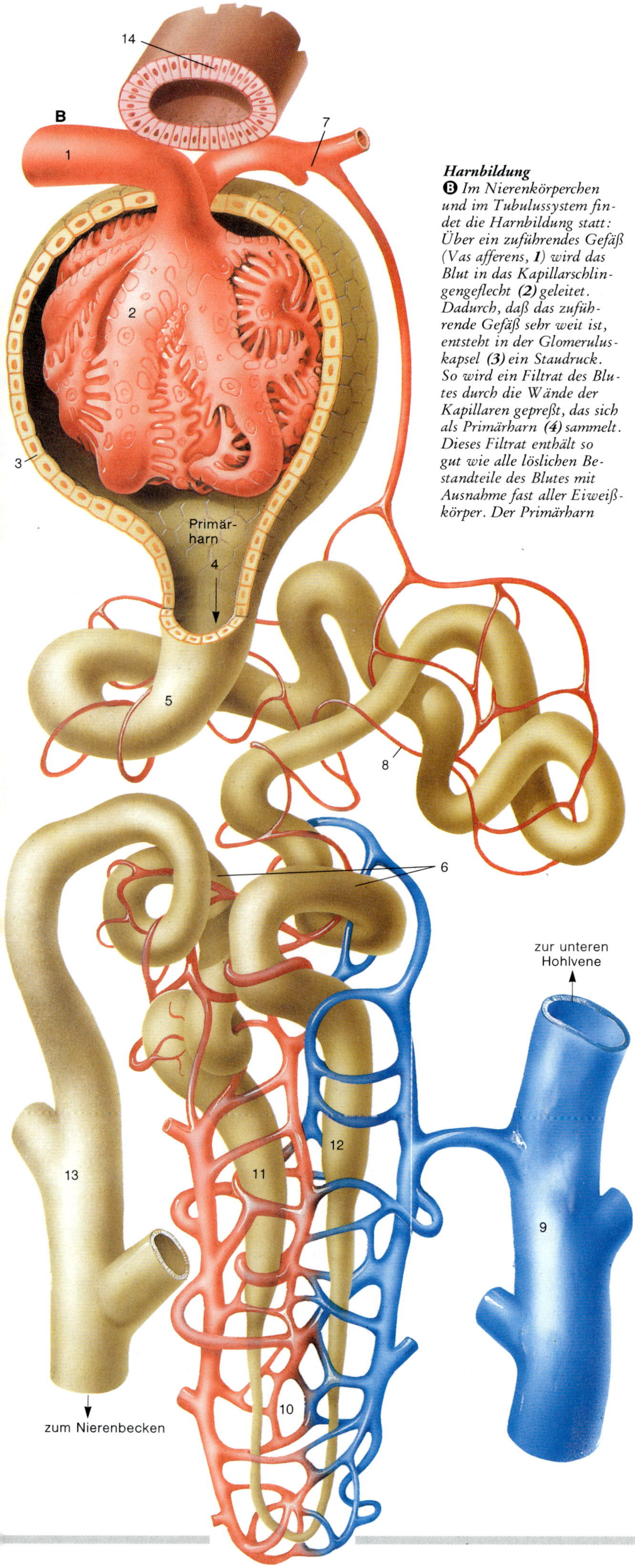

Harnbildung

B Im Nierenkörperchen und im Tubulussystem findet die Harnbildung statt: Über ein zuführendes Gefäß (Vas afferens, **1**) wird das Blut in das Kapillarschlingengengeflecht (**2**) geleitet. Dadurch, daß das zuführende Gefäß sehr weit ist, entsteht in der Glomeruluskapsel (**3**) ein Staudruck. So wird ein Filtrat des Blutes durch die Wände der Kapillaren gepreßt, das sich als Primärharn (**4**) sammelt. Dieses Filtrat enthält so gut wie alle löslichen Bestandteile des Blutes mit Ausnahme fast aller Eiweißkörper. Der Primärharn gelangt nun in die Harnkanälchen (Tubuli, **5**) des Tubulusapparates. Diese Kanälchen bilden die sogenannte Henlesche Schleife (**6**), die bis in das Nierenmark hineinreicht. Das Blut aus den Glomeruluschlingen wird über abführende Kapillaren (Vas efferens, **7**) durch ein Netz von Haargefäßen (**8**) geleitet, die die Harnkanälchen umgeben, bis es schließlich wieder dem venösen Kreislauf (**9**) zugeführt wird. Im Bereich der Henleschen Schleife erfolgt eine Stoffrückgewinnung, bei der ein Großteil der im Primärharn gelösten Stoffe und 99% des Wassers wieder in den Blutkreislauf gelangen, während Schadstoffe ausgeschieden werden. Zwischen den beiden Ästen der Henleschen Schleife befindet sich Markgewebe mit den Kapillaren (**10**), in die Natrium- und Chlorid-Ionen aus dem aufsteigenden Ast (**11**) gelangen. Die Ionen-Konzentration in den Kapillaren steigt dadurch rapide an. Dies wirkt sich auch auf den danebenliegenden absteigenden Ast (**12**) der Henleschen Schleife aus, da ihm – angezogen von der erhöhten Ionenkonzentration in den Kapillaren – Wasser entzogen wird. Das wieder absteigende Sammelrohr (**13**) ist sehr wasserdurchlässig, so daß abermals Wasser in den Blutkreislauf zurückgeführt wird. In diesem Bereich kontrolliert allerdings das Hormon Adiuretin die Resorption. Dieses erhöht die Wasserdurchlässigkeit der Tubuli, wenn das Blut wasserarm ist. Über der Glomeruluskapsel sind die spezialisierten Zellen angedeutet, welche den Druck und den Salzgehalt des Blutes registrieren (Macula densa, **14**) sowie das Hormon Renin bilden und abgeben. Dieses löst bei zu geringem Salzgehalt im Blut einen Blutdruckanstieg aus, durch den die Filterleistung im Glomerulus erhöht wird.

Primär-harn

zur unteren Hohlvene

zum Nierenbecken

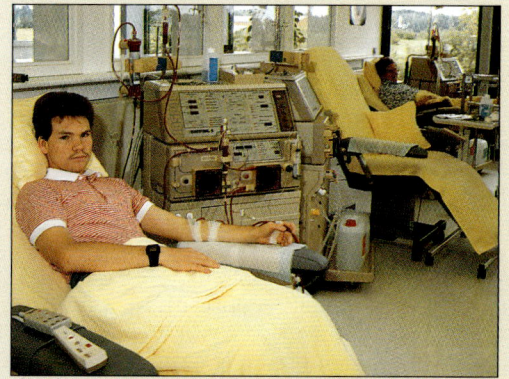

Die künstliche Blutwäsche – ein Leben mit der Dialyse

Wenn die Filtrationsleistung der Niere gestört ist, ist sie nicht mehr in der Lage, ihre Entgiftungsfunktion wahrzunehmen. Um die schädlichen Auswirkungen der toxischen Ausscheidungsprodukte zu verhindern, ist die künstliche Blutwäsche (Dialyse) lebenswichtig. Dabei wird den Patienten zumeist über einen operativ angelegten Gefäßkurzschluß (Shunt) zwischen Armarterie und Armvene Blut entnommen. Dieses fließt in ein System halbdurchlässiger (semipermeabler) Membranen. Entlang der Membran fließen Blut und Dialyseflüssigkeit gegenläufig. Da ein Konzentrationsgefälle zwischen beiden Flüssigkeiten besteht, treten auszuscheidende Stoffe in die Dialyseflüssigkeit über, so daß das Blut »gereinigt« wieder in den Kreislauf zurückgeführt werden kann. Gleichzeitig reichert sich das Blut mit Chlor- und Hydrogencarbonat-Ionen an.

Blase, *S. 296/297*   **Hormondrüsen,** *S. 326/327*

Was passiert beim Wasserlassen?

Die Wege des Harns

Mehrmals täglich werden wir unruhig, wenn der Druck auf die Blase steigt. Doch wenn wir »müssen«, heißt das noch lange nicht, daß wir auch »können«. Denn der Vorgang der Harnblasenentleerung (Miktion) erfordert vor allem eines: Entspannung. Nur dann kann das Zusammenspiel von willkürlicher und reflektorischer Muskelkontraktion und -erschlaffung die gewollte Erleichterung verschaffen. So sind die Speicherreserven der ableitenden Harnwege auch recht variabel: Zwar tritt Harndrang schon bei einer Blasenfüllung von rund 350 ml auf, doch das maximale Fassungsvermögen beträgt nahezu das Dreifache.

Wenn die Nieren Harn gebildet haben, leiten sie ihn über die Ausführungsgänge ihrer Harnkanälchen in das Nierenbecken. Hier beginnen mit den beiden Harnleitern (Ureteren) die ableitenden Harnwege. Die Harnleiter sind etwa 30 cm lange, muskelstarke Schläuche, die den Urin von den Nieren in die Harnblase befördern. Verklemmt sich ein abgehender Nierenstein in den Ureteren, ziehen sich die muskulösen Wandschichten der Harnleiter zusammen – ein äußerst schmerzhafter Vorgang, die Nierensteinkolik. An ihrer Mündungsstelle in die Harnblase sind die Harnleiter ventilartig mit der Blasenwand verbunden. Aus diesem Grunde ist die Flußrichtung des Urins nur vom Harnleiter in die Blase möglich, nicht aber umgekehrt.

Wenn der Druck steigt

Die Harnblase ist ein Hohlorgan aus gut dehnbarer, glatter Muskulatur. Ihre Schleimhaut ist stark gefaltet, so daß sie sich dem ständig wechselnden Inhaltsvolumen problemlos anpassen kann. In der Blasenwand befinden sich Dehnungsrezeptoren, die dem Gehirn vermehrt Impulse übermitteln, wenn die Harnmenge rund 350 ml überschreitet. Der Beginn der Blasenentleerung wird dann willkürlich ausgelöst: Zuerst zieht sich die glatte Muskulatur der Blasenwand zusammen. Dadurch erweitert sich die Harnröhre an ihrer Austrittsstelle aus der Harnblase, was zur reflektorischen Öffnung des inneren Schließmuskels führt. Die willkürlich steuerbare Erschlaffung des äußeren Schließmuskels schließt sich an. Nun kann der Urin über die Harnröhre nach außen geleitet werden. Der gesamte Vorgang der Harnblasenentleerung steht unter der Kontrolle des vegetativen Nervensystems. Dabei unterdrückt das Aktivitäts- und Wachsamkeitssystem Sympathikus die Blasenentleerung, während das Entspannungssystem Parasympathikus die Entleerung stimuliert – Grund dafür, daß die Entleerung der Blase nur bei Entspannung möglich ist. Nicht selten können auch psychische Faktoren die Blasenentleerung beeinflussen, was z. B. in der Redewendung »sich vor Angst oder Freude in die Hose machen« zum Ausdruck kommt.

Die schwache Blase – der kleine Unterschied

Daß Frauen häufiger Harndrang verspüren als Männer, ist nicht nur ein Vorurteil, sondern hat verschiedene, größtenteils anatomische Gründe. Die Harnröhre der Frau ist mit 3–4 cm Länge weitaus kürzer als die etwa 20 cm lange Harn-

Die Harnwege der Frau
A *Ableitende Harnwege der Frau im Frontalschnitt: Die von den Nieren kommenden Harnleiter (1) münden ventilartig in die Harnblasenwand (2). Ein innerer (3) und ein äußerer Schließmuskel (4) sichern den Verschluß der Harnblase zur Harnröhrenausführungsöffnung (5). Die weibliche Harnröhre ist recht kurz. Das führt zu geschlechtsspezifischen Problemen: Frauen sind gefährdeter für Entzündungen der Harnblase als Männer.*

Die Harnwege des Mannes
B *Ableitende Harnwege des Mannes im Frontalschnitt: Auch hier münden die von den Nieren kommenden Harnleiter (1) in die Blasenwand (2). Doch bis zum Austritt aus der Harnröhre hat der Harn beim Mann eine längere Strecke zu überbrücken. Besonders bei älteren Männern kann es durch Vergrößerungen der Prostata (3) zur Einengung der Harnröhre und damit zu Harnabflußstörungen kommen. In diesem Abschnitt der Harnröhre münden auch die von den Hoden kommenden Spritzkanäle (4). Weiter zu erkennen sind: die Cowpersche Drüse (5), die ein alkalisches Sekret zur Samenflüssigkeit beisteuert, mit ihrem Ausführungsgang (6) sowie der Harnröhrenschwellkörper (7) mit verdicktem Ende (8).*

Die Blase
C *Die Blase ist ein sehr dehnbares Organ. Ihre Form verändert sich, je nachdem, ob sie gerade gefüllt (1) oder entleert (2) wird.*

Urinausscheidung
D *Die Gegenstände symbolisieren die Urinmenge, die täglich (1), wöchentlich (2), jährlich (3) und bis zum 65. Lebensjahr (4) vom Menschen durchschnittlich ausgeschieden wird.*

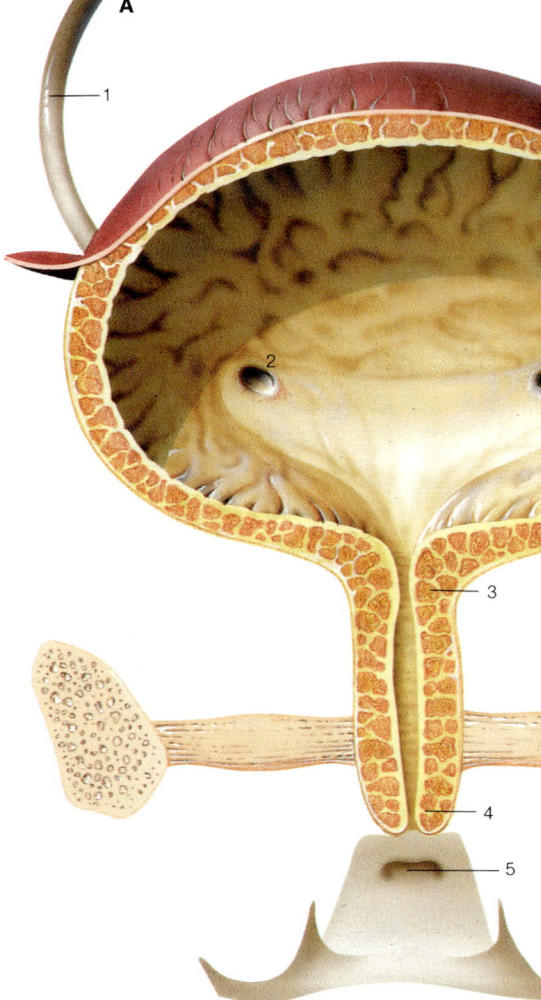

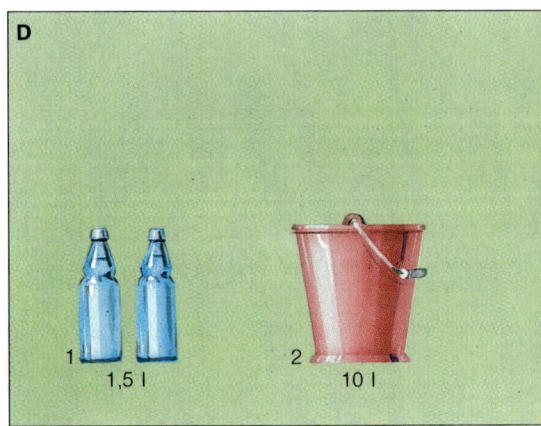

Siehe auch: **Nieren,** *S. 294/295* **Weibliche Geschlechtsorgane,** *S. 304/305* **Männliche Geschlechtsorgane,** *S. 308/309*

B

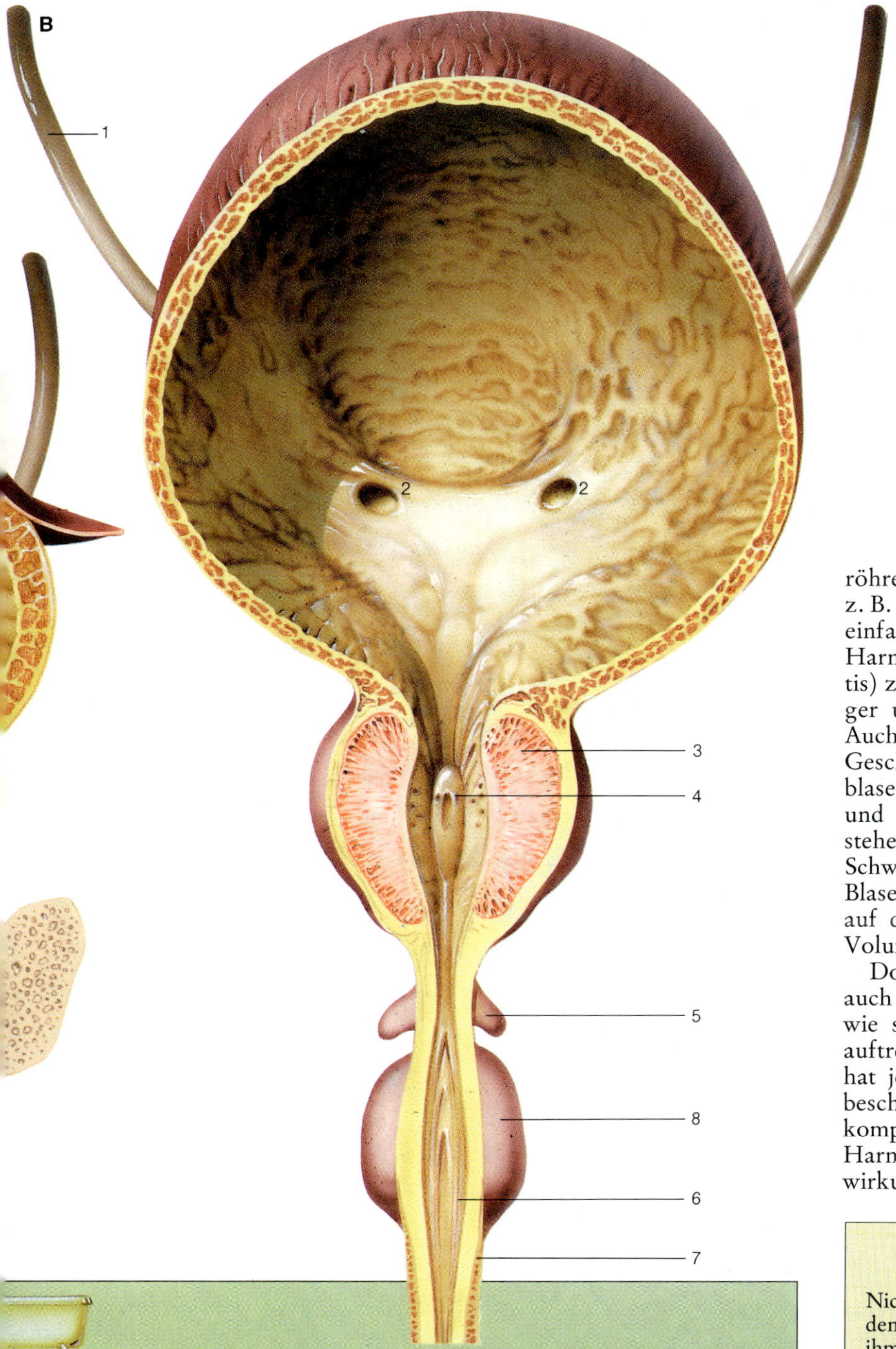

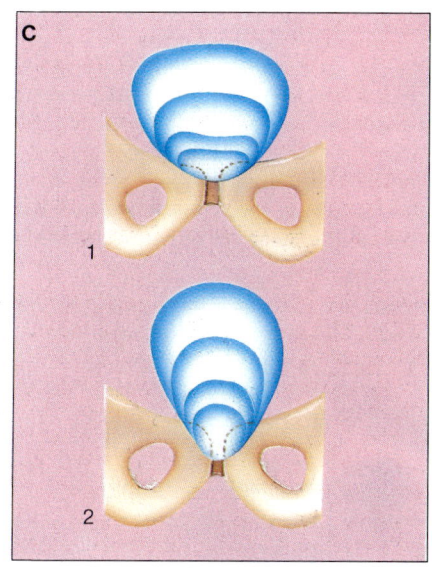

C

röhre des Mannes. Aus diesem Grund haben es z. B. aufsteigende Keime bei der Frau sehr viel einfacher, in die Blase zu gelangen und eine Harndrang auslösende Blasenentzündung (Zystitis) zu verursachen. Frauen leiden deutlich häufiger unter einer Blasenentzündung als Männer. Auch mechanisch kann – beispielsweise durch Geschlechtsverkehr – das Harnröhre und Harnblase umgebende Nervengeflecht gereizt werden und ein deutlich vermehrter Harndrang entstehen (»Flitterwochen-Zystitis«). Auch in der Schwangerschaft müssen Frauen häufiger ihre Blase entleeren, da die vergrößerte Gebärmutter auf die Blase drückt und lediglich eine mäßige Volumenzunahme zuläßt.

Doch die Kürze der weiblichen Harnröhre hat auch ihre Vorteile: Blasenentleerungsstörungen, wie sie beim Mann besonders im Alter häufig auftreten, gibt es bei der Frau kaum. Hingegen hat jeder zweite Mann über 60 Jahre Prostatabeschwerden. Die vergrößerte Vorsteherdrüse komprimiert die Harnröhre und führt zum Harnstau mit unter Umständen schädlichen Auswirkungen auf die Nieren.

Harn als Heilmittel?

Nicht jedermanns Sache ist die Vorstellung, sich den eigenen Harn auf die Haut zu träufeln, mit ihm zu gurgeln oder ihn gar zu trinken. Und dennoch gibt es nicht wenige Menschen, die Harn als Heilmittel für viele gesundheitliche Probleme nutzen. Äußerlich wird er gegen zahlreiche Hautprobleme angewendet: Akne, Entzündungen, Pilzinfektionen, kleinere Wunden, Hornhaut, Warzen oder Neurodermitis. Aber auch innerhalb des Körpers wird mit Harn behandelt: Gurgeln soll wahre Wunder bei Halsschmerzen und Keuchhusten bewirken. Durch Trinken ihres Harns sollen manche schon ihre Diphterie geheilt haben. Da im morgendlichen »Mittelstrahlurin« nur wenige Keime enthalten sind, besteht zumindest bezüglich einer Infektionsgefahr kein Risiko.

36 000 l

Adam und Eva kamen aus Afrika

Der Ursprung des modernen Menschen

Die Übertragung der Grundgedanken der Evolutionstheorie auf die Herkunft des Menschen waren geradezu revolutionär, als Charles Darwin 1871 sein Werk über die Abstammung des Menschen veröffentlichte. Daß Affen und Menschen gemeinsame Vorfahren haben, bestreitet heute wohl kaum noch jemand. Doch erst die Erforschung der menschlichen Fossilien, die seit den 1970er und 1980er Jahren einen geradezu dramatischen Aufschwung erlebt, sowie neue Analysemethoden tragen dazu bei, mehr Licht in die Jahrmillionen dauernde Entstehung der Menschenartigen bis hin zum modernen Menschen zu bringen.

Stammbaum des Menschen und der Menschenaffen
Ⓐ Der Stammbaum des Menschen und der Menschenaffen spiegelt den heutigen Wissensstand wieder. Wichtige Knochenfunde und ihre zeitliche Zuordnung sind hier eingetragen. Weitere Ausgrabungen von Überresten unserer Urahnen *sowie molekularbiologische Analysen werden das Puzzle der menschlichen Entwicklung zu einem immer deutlicheren Bild zusammenfügen. Zahlreiche Seitenlinien führten ins Leere, diese Vormenschen starben aus. Bei den Menschenaffen dagegen haben etliche Arten überlebt.*

Die Entwicklungsgeschichte der Hominiden läßt sich fast bis zu den Anfängen in Afrika vor mehr als 4 Millionen Jahren rekonstruieren. Die frühesten überlieferten Formen unserer direkten Vorfahren waren die affenähnlichen, aber aufrecht gehenden Australopithecinen.

Der Zwang zum aufrechten Gang

Starke klimatische Veränderungen hatten dazu geführt, daß die afrikanischen Regenwälder erheblich schrumpften. Bald dehnten sich offene Baumsavannen in dem Gebiet aus und stellten die dort lebenden Menschenaffen (Australopithecus africanus) vor neue Aufgaben: Größere Strecken mußten überwunden werden, um an die Nahrung zu gelangen. Ein aufrechtes Gehen erwies sich dafür als äußerst vorteilhaft. Auch Feinde konnten eher wahrgenommen werden, und die Hände wurden zum Tragen und zur Verteidigung frei.

Die Nahrungsumstellung von den saftigen Früchten und Blättern des Waldes auf härtere Samen, Nüsse, Wurzeln und Gräser der Savanne stellte andere Anforderungen an den Kauapparat. Die kräftigen Eckzähne wurden kleiner, Mahlbewegungen wurden möglich, die Mahlfläche der Backenzähne vergrößerte sich erheblich.

Eine weitere Trockenperiode vor 2,5 Millionen Jahren sorgte für einen zusätzlichen Entwicklungsschub unserer Urahnen. Die Australopithecinen bildeten massige Kauapparate aus (Nußknackertypen). Sie lebten bis vor 1 Million Jahren, starben dann aber aus.

Geschicklichkeit als Entwicklungsmotor

Parallel dazu entwickelte sich eine leichter gebaute Art, die mit rd. 660 cm³ Gehirnvolumen ein anderthalbmal größeres Gehirn besaß als Australopithecus africanus. Fossilfunde dieses Typs fanden sich zusammen mit Steinwerkzeugen in 1,9 Millionen Jahren alten Sedimentschichten, u. a. in Tansania und Südafrika: Der »geschickte Mensch«, Homo habilis, war entstanden.

Aus dem Homo habilis soll vor etwa 1,8 Millionen Jahren der »aufrecht gehende Mensch«, Homo erectus, hervorgegangen sein. Dieser Frühmensch breitete sich wahrscheinlich schon wenig später von Afrika nach Ostasien und Europa aus, wie bedeutende Fossilfunde (Java- und Peking-Mensch) belegen.

Homo erectus war ein erfolgreicher Jäger, der zur Deckung seines hohen Energiebedarfs auch tierische Nahrung brauchte. Er entwickelte Jagd-

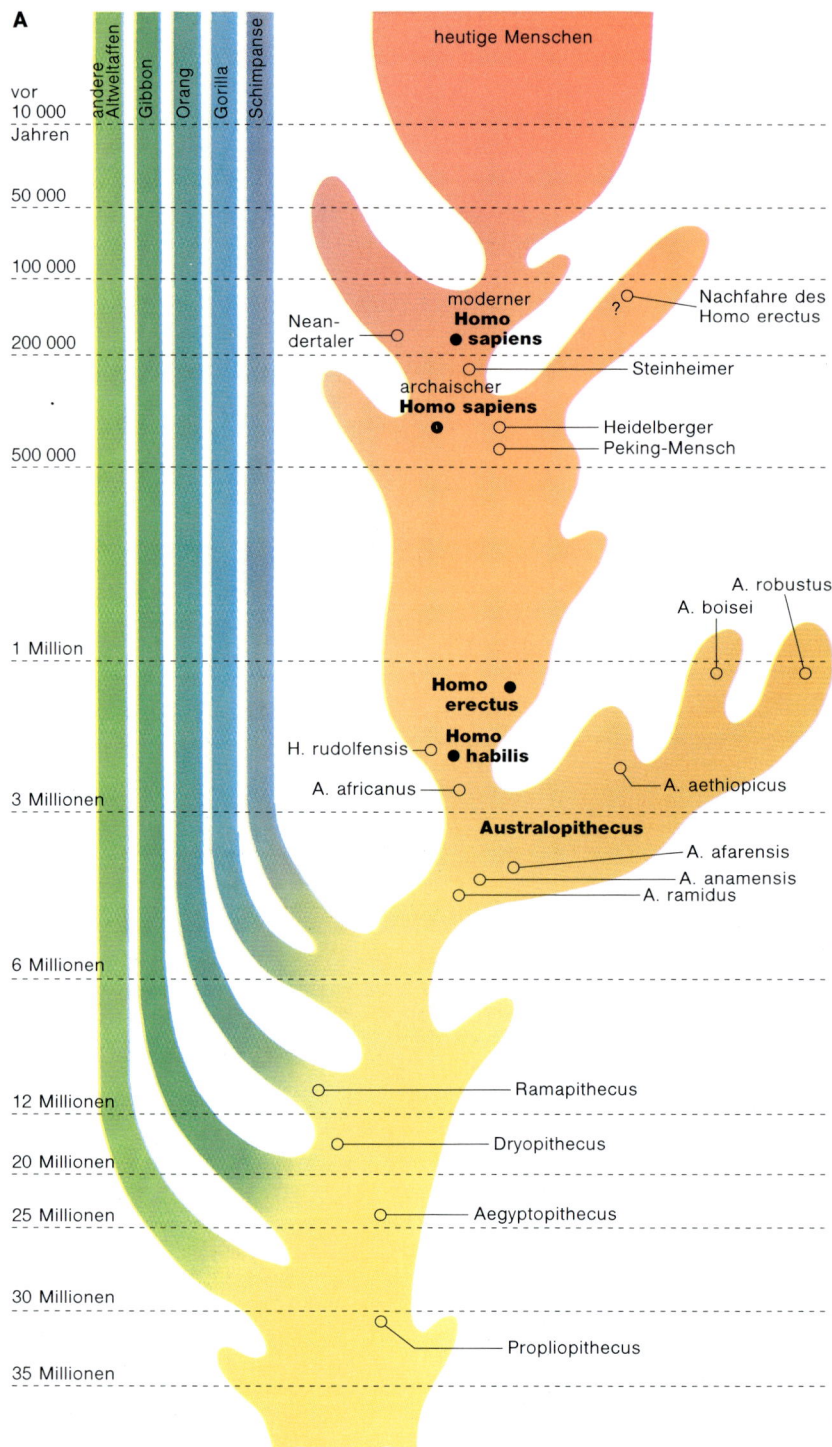

A

heutige Menschen

andere Altweltaffen
Gibbon
Orang
Gorilla
Schimpanse

vor
10 000
Jahren

50 000

100 000

200 000

500 000

1 Million

3 Millionen

6 Millionen

12 Millionen

20 Millionen

25 Millionen

30 Millionen

35 Millionen

Neandertaler

moderner **Homo ● sapiens**

? — Nachfahre des Homo erectus

Steinheimer

archaischer **Homo sapiens ●**

Heidelberger
Peking-Mensch

A. robustus

A. boisei

Homo ● erectus

Homo ● habilis

H. rudolfensis

A. africanus

A. aethiopicus

Australopithecus

A. afarensis

A. anamensis

A. ramidus

Ramapithecus

Dryopithecus

Aegyptopithecus

Propliopithecus

Siehe auch: Evolution der Säugetiere, S. 130/131 Blutgruppen, S. 260/261 Erbgut, S. 300/301

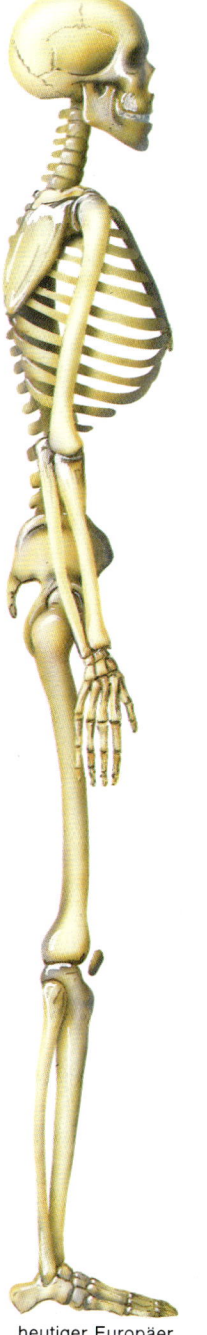

heutiger Europäer

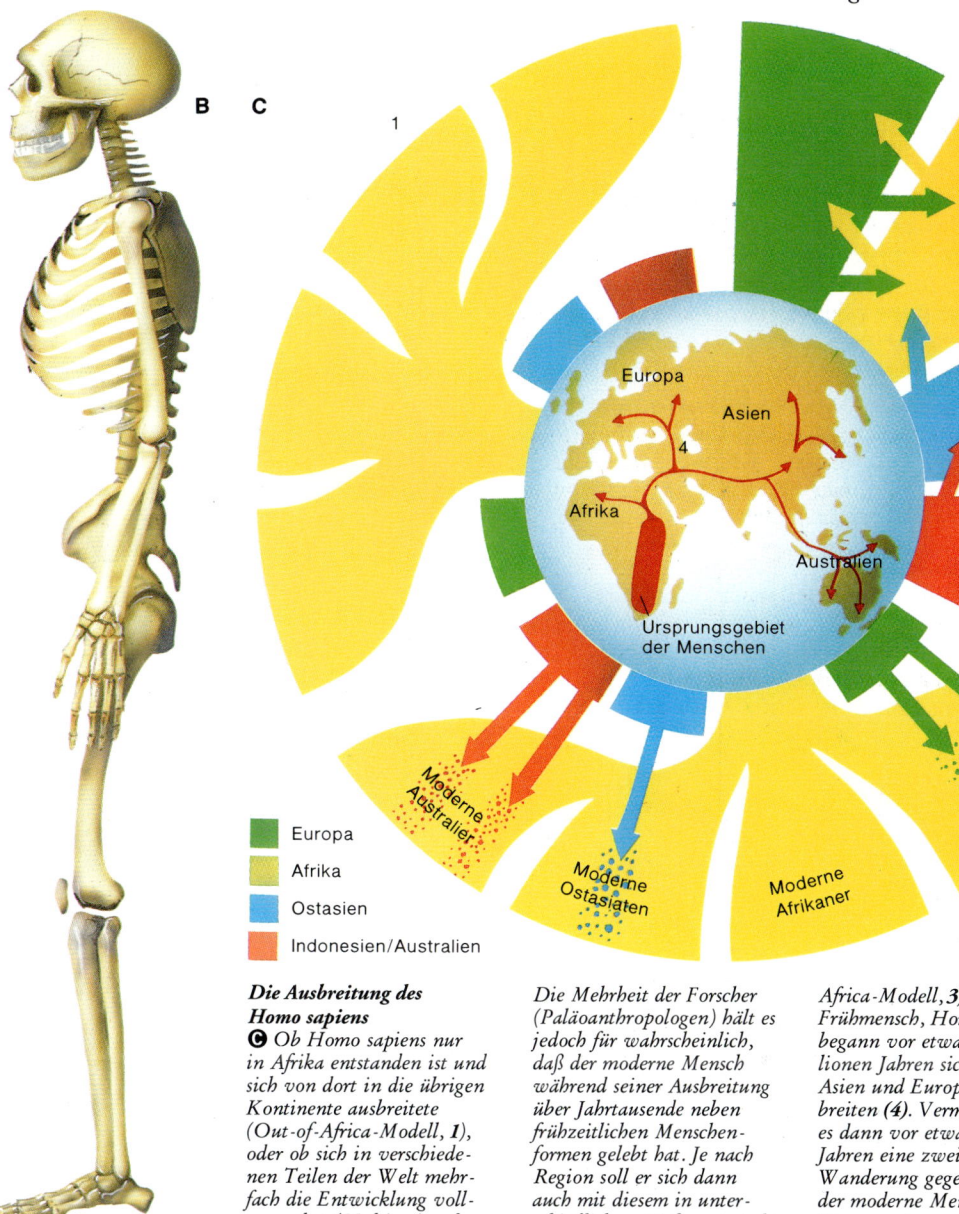

Neandertaler

B C

Europa

Afrika

Ostasien

Indonesien/Australien

1

2

4

3

Europa

Asien

Afrika

Australien

Ursprungsgebiet
der Menschen

Moderne
Australier

Moderne
Ostasiaten

Moderne
Afrikaner

Moderne
Europäer

Die Ausbreitung des Homo sapiens

C *Ob Homo sapiens nur in Afrika entstanden ist und sich von dort in die übrigen Kontinente ausbreitete (Out-of-Africa-Modell, **1**), oder ob sich in verschiedenen Teilen der Welt mehrfach die Entwicklung vollzogen hat (Multiregionales Modell, **2**), ist noch unklar.*

*Die Mehrheit der Forscher (Paläoanthropologen) hält es jedoch für wahrscheinlich, daß der moderne Mensch während seiner Ausbreitung über Jahrtausende neben frühzeitlichen Menschenformen gelebt hat. Je nach Region soll er sich dann auch mit diesem in unterschiedlichem Maße vermischt haben (Moderates Out-of-Africa-Modell, **3**). Der Frühmensch, Homo erectus, begann vor etwa 1,5 Millionen Jahren sich nach Asien und Europa auszubreiten (**4**). Vermutlich hat es dann vor etwa 50 000 Jahren eine zweite große Wanderung gegeben, die der moderne Mensch, Homo sapiens, wiederum von Afrika aus antrat.*

Der Neandertaler war eine Sackgasse

B *Während in Afrika vermutlich schon der moderne Mensch entstanden war, entwickelte sich in Europa aus Frühmenschen der Neandertaler (Homo neanderthalensis). Er lebte vor rund 60 000 Jahren und starb vor etwa 35 000 Jahren aus. Benannt ist er nach seinem ersten Fundort, dem Neandertal östlich von Erkrath. Vergleicht man sein Skelett mit dem des heutigen Europäers, so erkennt man, daß der Neandertaler kleiner war, eine fliehende und flache Stirn sowie starke Überaugenbögen und ein zurückweichendes Kinn hatte. Der Neandertaler ist kein direkter Vorfahre des modernen Menschen.*

strategien in der Gruppe, die die Ausbildung des Sprachvermögens förderten. Er beherrschte aber auch schon das Feuer. Mit den zunehmenden Fähigkeiten ging die Weiterentwicklung des Gehirns einher: Der späte Homo erectus erreichte ein Hirnvolumen von bis zu 1200 cm³. Im Vergleich dazu hat der heutige Mensch ein Hirnvolumen von 1350 cm³.

Vom Frühmenschen zum modernen Menschen

Erst vor 400 000 Jahren zeigte sich eine deutliche Wandlung des Frühmenschen zum modernen Menschen hin. Kennzeichnend sind die stärker senkrecht stehenden Seitenwände des Schädels und das stärker gerundete Hinterhaupt. Die stark hervorspringenden Knochenwülste über der Augenhöhle traten zurück. Diese modernere Menschenart nennt man Homo sapiens, den »verständigen oder klugen Menschen«, aus der sich der moderne Mensch, Homo sapiens sapiens, entwickelt hat.

Alle Spuren führen nach Afrika

Genanalysen belegen unseren afrikanischen Ursprung. Das haben Forscher durch Untersuchung der Mitochondrien herausgefunden, jenen Kraftwerken der Zelle mit eigenem genetischen Material, die nur von der Mutter mit dem Ei weitervererbt werden. Weil sich dieses genetische Material außerhalb des Zellkerns nicht mit anderem vermischt, eignet es sich besonders zur Verfolgung von Erblinien.

Die Analyse dieser Gene stützt die Urmutter-Hypothese, die besagt, daß unsere gemeinsamen Wurzeln in Afrika liegen. Von dort aus soll sich Homo sapiens vor etwa 200 000 Jahren über die ganze Welt verbreitet haben, und zwar zuerst nach Asien, dann vor etwa 55 000 Jahren nach Australien, vor etwa 35 000 Jahren nach Europa und vor 15 000 Jahren nach Amerika. Unterstützt werden diese Ergebnisse durch Genanalysen bestimmter Teile des Y-Chromosoms, das nur väterlicherseits vererbt wird.

4 m Erbsubstanz pro Zelle

Wie das Erbgut gespeichert und weitergegeben wird

Obwohl der Kern einer Zelle nur wenige tausendstel Millimeter groß ist, enthält er alle Erbinformationen für die Entwicklung des Menschen. In den vielfach verschlungenen Lebensfäden der Desoxyribonucleinsäure (DNS), des genetischen Materials, sind die Bauanleitungen chiffriert, die zur Ausprägung der vererbten Merkmale führen. Wenn die Zellen sich teilen, organisiert sich das Fadengewirr der DNS zu mikroskopisch sichtbaren Chromosomen, so daß sichergestellt ist, daß die gespeicherten Erbinformationen vollständig an die Keimzellen und damit an die nächste Generation weitergegeben werden.

Die DNS gleicht in ihrem Aufbau einer Strickleiter, die schraubenförmig gewunden ist und wegen ihrer Spiralform auch als Doppelhelix bezeichnet wird. Die Stränge der Leiter bestehen abwechselnd aus Zuckermolekülen (Desoxyribose) und Phosphatgruppen, während die Sprossen von zwei stickstoffhaltigen Basen gebildet werden. Ein DNS-Abschnitt mit etwa 1000 Basensprossen, der für die Ausprägung eines Merkmals zuständig ist, bildet eine Erbeinheit (Gen). Die Reihenfolge der Basen (Basensequenz) ist die Sprache, mit der die DNS Anweisungen für die Produktion von Eiweißstoffen (Proteinen) codiert (genetischer Code). Für die Zellen des Organismus steht die Herstellung von Eiweißstoffen im Vordergrund, da diese den Zellstoffwechsel lenken (Enzyme) oder am Zellaufbau beteiligt sind (Strukturproteine). Im genetischen Code der DNS sind die Baupläne für die Proteine in Form von aufeinanderfolgenden Basen enthalten. Jeweils drei benachbarte Basen (Basentriplett) codieren eine der zwanzig verschiedenen Aminosäuren, die mit anderen Aminosäuren zu Proteinen verknüpft werden. Dabei ist es lediglich die Abfolge der vier verschiedenen DNS-Basen Adenin, Thymin, Guanin und Cytosin, die der Vielfalt der Erscheinungsformen zugrunde liegt.

Verpackungskünstler DNS

Aus etwa 3 Milliarden Basen besteht die Sequenz der menschlichen DNS, die in jeder Zelle, die einen Kern besitzt, vorhanden ist. Bei einer Länge von 4 m DNS pro Zelle müßte es eigentlich eng werden. Doch die DNS macht sich klein: In sich doppelspiralig gewunden, wickelt sie sich mehrfach um Eiweißuntereinheiten (Histone), die wiederum zu größeren Einheiten (Nucleosomen) zusammengeknäuelt sind. Die Nucleosomen werden ihrerseits zu größeren Chromatinfäden zusammengeballt, die in ihrer Gesamtheit das Chromosom bilden. In den 23 Chromosomen-Paaren (diploider Chromosomensatz) des Menschen – ein einfacher (haploider) Satz von der Mutter, einer vom Vater – ist unser komplettes Erbgut verstaut, auf einer Größe von fünf tausendstel Millimeter!

Die verschiedenen Zellteilungen

Wenn Körperzellen ersetzt werden, muß sichergestellt sein, daß die neu gebildeten Zellen mit der gleichen funktionsfähigen Erbsubstanz ausgestattet sind. Bei der Körperzellteilung (Mitose) wird erbgleich Chromosomenmaterial von der Mutterzelle an die zwei entstehenden Tochter-

Siehe auch: **Tierische Zellen,** *S. 104/105* **Genomanalyse und Gentherapie,** *S. 302/303*

Die Struktur der DNS
Ⓐ *Die Erbsubstanz DNS befindet sich im Zellkern (1) jeder Zelle. Die meiste Zeit liegt sie als diffuses Knäuel (2) vor. Vor einer Zellteilung jedoch entwirrt sich dieses Knäuel, so daß sich voneinander abgrenzbare Chromosomen (3) bilden. Die DNS ist darin äußerst*

platzsparend verpackt. In der Vergrößerung sieht man eine Spirale (4), die ihrerseits aus einer weiteren Spirale (5) gebildet wird. Hier ist die DNS in bestimmten Abständen um Eiweißkörper, die Histone (6), gewunden. Bei weiterer Vergrößerung erkennt man die beiden Stränge der DNS-Doppelhelix (7). Diese bestehen aus Zuckerresten (8), die durch Phosphate (9) miteinander verbunden sind. An jedem Zuckerrest sitzt eine von vier verschiedenen Basen (10), die jeweils mit einer Base des Nachbarstranges verbunden ist. Dabei bilden Guanin (G) und Cytosin (C) sowie Adenin (A) und Thymin (T) ein Paar. Diese Basen bilden den genetischen Code. Jeweils drei benachbarte Basen (11) ergeben den Code für eine Aminosäure (z. B. GAC). Bei der Proteinbiosynthese werden viele hundert Aminosäuren zu Proteinen zusammengefügt.

Verdoppelung der DNS
Ⓐ *Damit die Erbinformation bei der Zellteilung weitergegeben werden kann, muß die DNS geteilt wer-*

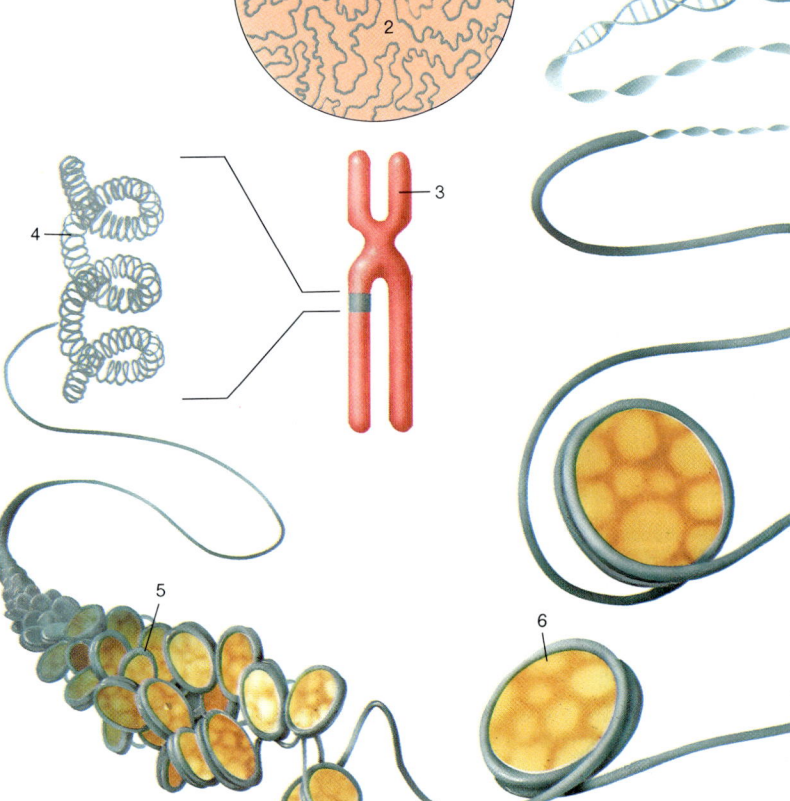

den. *Dies geschieht, indem ein Enzym, die DNS-Helicase (12), den Doppelstrang aufbricht, so daß zwei Einzelstränge entstehen (13). Ein anderes Enzym, die DNS-Polymerase (14), ergänzt die jeweils andere Hälfte eines Einzelstranges zum Doppelstrang (15). Das Resultat sind zwei identische Kopien.*

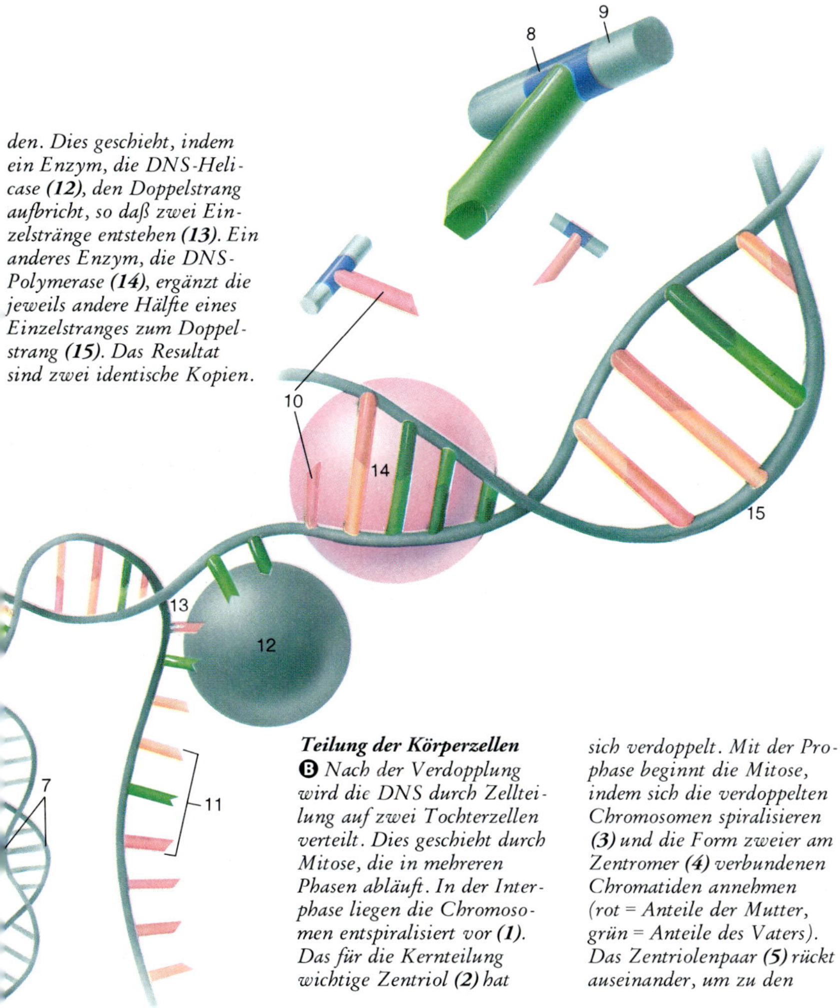

zellen weitergegeben. Dazu muß sich die DNS in den Chromosomen verdoppeln (Replikation). Nun orientieren sich die verdoppelten Chromosomen in einer gedachten Äquatorialebene der Zelle, von wo je ein Chromosomensatz zu den Zellpolen gezogen wird. Schließlich schnürt sich die Zelle in der Mitte ein, bis zwei etwa gleich große Tochterzellen mit einem eigenen Chromosomensatz entstanden sind.

Die Reifeteilung der Geschlechtszellen, auch Meiose genannt, ähnelt der Mitose bis auf einen wesentlichen Unterschied: Damit sich das Erbgut bei der Vereinigung von Eizelle und Spermium nicht verdoppelt, wird der normale (diploide) Chromosomensatz auf den halben, haploiden Satz von 23 Chromosomen reduziert (Reduktionsteilung). Verschmelzen männliche und weibliche Keimzellen bei der Befruchtung, so hat das entstehende Individuum wieder den kompletten Satz von 46 Chromosomen, 23 vom Vater und 23 von der Mutter.

Teilung der Körperzellen

Ⓑ *Nach der Verdopplung wird die DNS durch Zellteilung auf zwei Tochterzellen verteilt. Dies geschieht durch Mitose, die in mehreren Phasen abläuft. In der Interphase liegen die Chromosomen entspiralisiert vor (1). Das für die Kernteilung wichtige Zentriol (2) hat* sich verdoppelt. *Mit der Prophase beginnt die Mitose, indem sich die verdoppelten Chromosomen spiralisieren (3) und die Form zweier am Zentromer (4) verbundener Chromatiden annehmen (rot = Anteile der Mutter, grün = Anteile des Vaters). Das Zentriolenpaar (5) rückt auseinander, um zu den* Zellpolen zu wandern. *Nucleolus (6) und Kernhülle (7) lösen sich auf. In der Metaphase ordnen sich die Chromatiden in der Äquatorialebene der Zelle an (8). Es bildet sich ein Spindelfaserapparat (9). In der Anaphase werden die Chromatiden getrennt und durch die Spindelfasern zu den jeweiligen* Zellpolen gezogen. *In der Telophase liegen in der Nähe der Zellpole zwei identische Chromosomenpakete, um die jeweils eine neue Kernhülle (10) gebildet wird. Damit ist die Kernteilung vollzogen. Währenddessen hat die Zellteilung mit der Einschnürung und Bildung einer neuen Zellmembran (11) begonnen.*

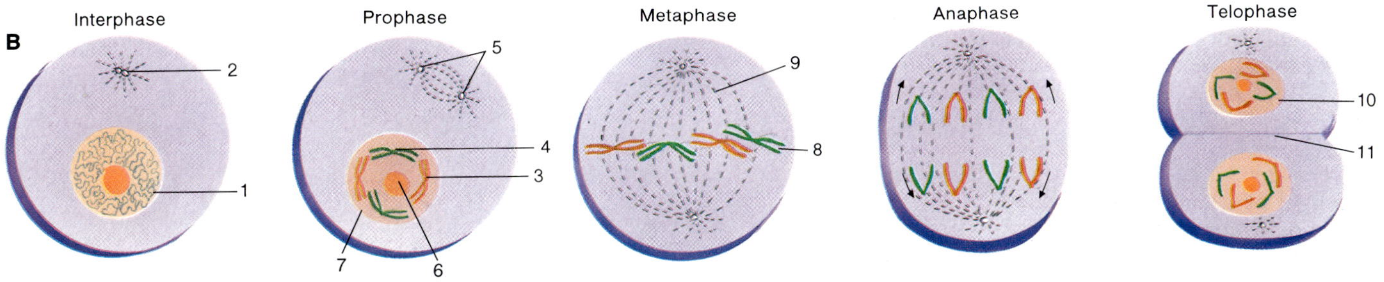

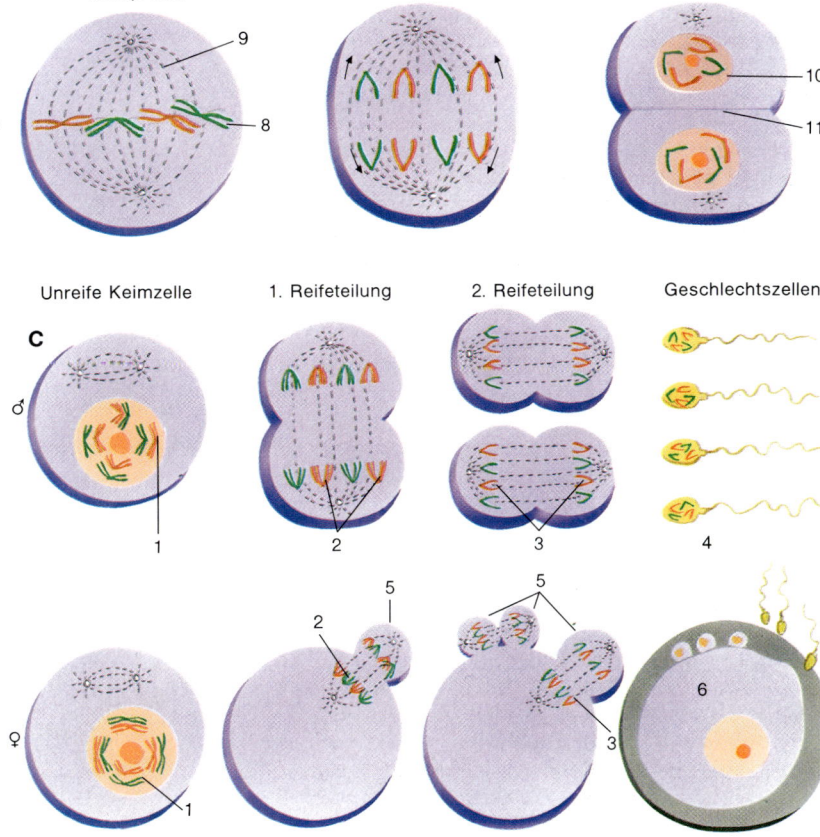

Interphase · Prophase · Metaphase · Anaphase · Telophase

Die Bildung von Geschlechtszellen

Ⓒ *Normalerweise hat jede Zelle einen doppelten Chromosomensatz, sie ist diploid. Damit bei der Befruchtung durch die Verschmelzung der beiden Geschlechtszellen (Eizelle und Spermium) nicht ein vierfacher Satz entsteht, der beim nächsten Mal wiederum verdoppelt würde, muß der Chromosomensatz bei der Bildung der Geschlechtszellen halbiert werden. Dies geschieht in der Meiose, der sogenannten Reduktionsteilung. Hier liegen die Chromosomen zu Beginn als Tetraden (1) vor, die aus je zwei Chromatiden der zwei homologen mütterlichen (rot) und väterlichen (grün) Chromosomen bestehen.*

Dabei liegen die Chromatiden so dicht beieinander, daß es zu einem Austausch von Genmaterial kommen kann. Dies ist die Voraussetzung für die Neuverknüpfung von Genen und damit für die Weiterentwicklung von Eigenschaften. In den nun folgenden beiden Reifeteilungen werden erst die homologen Chromosomen auseinandergezogen (2), dann die Chromatiden getrennt (3), bis daraus vier Zellen mit einem einfachen (haploiden) Chromosomensatz entstanden sind. Bei den männlichen Geschlechtszellen sind dies vier gleichgroße Spermien (4), bei den weiblichen sind es drei kleine Polkörperchen (5), die später zugrunde gehen, und eine große Eizelle (6).

Unreife Keimzelle · 1. Reifeteilung · 2. Reifeteilung · Geschlechtszellen

Eisprung, S. 306/307   Samenreifung, S. 310/311   Befruchtung, S. 314/315   Gentechnik bei Pflanzen und Tieren, S. 482/483

Humangenetik: Segen oder Fluch?

Die Erforschung und Veränderung menschlicher Gene

Die Bausteine des Erbgutes, die Gene, machen den Menschen zu dem, was er ist. Sie bestimmen Geschlecht und Größe, Haar- und Hautfarbe. Manchmal steckt in ihnen aber auch die verschlüsselte Information für schwere Krankheiten. Genetiker haben die Ursachen vieler Erbkrankheiten aufgespürt, für einige dieser Leiden gibt es Hilfe oder gar Heilung. Es ist aber noch nicht vergessen, daß Genetiker auch Argumentationshilfen für die Greueltaten der Nazis lieferten. In der kontrovers geführten Diskussion um Gentherapie und Gentechnik werden Ängste vor erneutem Mißbrauch wieder wach.

Als Gregor Mendel in den 60er Jahren des vorigen Jahrhunderts im Klostergarten zu Brünn seine Kreuzungsversuche mit Erbsen und Bohnen unternahm, konnte er nicht ahnen, daß er damit eine neue Wissenschaft begründen würde. Erst nach Mendels Tod wurden die von ihm aufgestellten Gesetze um die Jahrhundertwende wiederentdeckt: Die Erblehre (Genetik) entstand. Mit ersten vagen Kenntnissen von der Erblehre ausgestattet – die Struktur der DNS wurde erst 1953 entschlüsselt – leisteten einige Mediziner und Biologen nur wenige Jahre später geistige Beihilfe zu Menschenversuchen und Völkermord während des Dritten Reichs. Heute ist die Humangenetik als bedeutende Wissenschaftsdisziplin nicht mehr wegzudenken. Denn inzwischen ist die Ursache für viele Krankheiten im Erbgut entdeckt worden. In »Gen-Karten« ist verzeichnet, auf welchem Chromosom Defekte lokalisiert sind; für einige dieser Krankheiten konnte man bereits eine Therapie entwickeln. Für werdende Eltern spielt die genetische Beratung in vielen Fällen eine wichtige Rolle.

Mal skurrile Eigenheit, mal schweres Leiden

Viele Habsburger Herrscher hatten eine deutlich vergrößerte Unterlippe. Dominant vererbte Gene ließen die dicke Lippe fast 400 Jahre auffälliges Merkmal der Regenten bleiben. Weniger harmlos war das Leiden anderer europäischer Königshäuser. Die englische Königin Victoria vererbte den auf einem einzigen Gen festgelegten Mangel am Blutgerinnungsfaktor VIII an zahlreiche männliche Nachkommen. Den Blutern (Hämophilen), die schon bei geringen Verletzungen unstillbar bluten, kann heute geholfen werden. Bei der Phenylketonurie bewirkt der Gen-Defekt den Mangel eines Enzyms, das die Aminosäure Phenylalanin abbaut. Wird dieser Defekt nicht unmittelbar nach der Geburt entdeckt, hat dies eine geistige Behinderung des Kindes zur Folge. In Deutschland werden alle Neugeborenen daraufhin untersucht, bei phenylalaninfreier Diät können sich die Kinder normal entwickeln.

Berufseinstieg nur nach Genanalyse?

In jüngster Zeit wurden immer mehr Krankheiten als Erbleiden entschlüsselt, bei denen mehr als nur ein Genabschnitt defekt ist, darunter auch so bekannte »Volkskrankheiten« wie Gefäßverkalkung (Arteriosklerose) und eine Form der Alzheimer-Krankheit. Obgleich es wünschenswert ist, neue Therapien zu entwickeln, um solche Krankheiten wirksam zu be-

Die Chromosomen
Ⓐ *Das menschliche Erbgut ist in jeder Zelle auf insgesamt 46 Chromosomen verteilt. Die Chromosomen 1 bis 22 sind doppelt vorhanden, hinzu kommen zwei Geschlechtschromosomen. Frauen haben zwei X-Chromosomen, Männer ein X- und ein Y-Chromosom.*

A

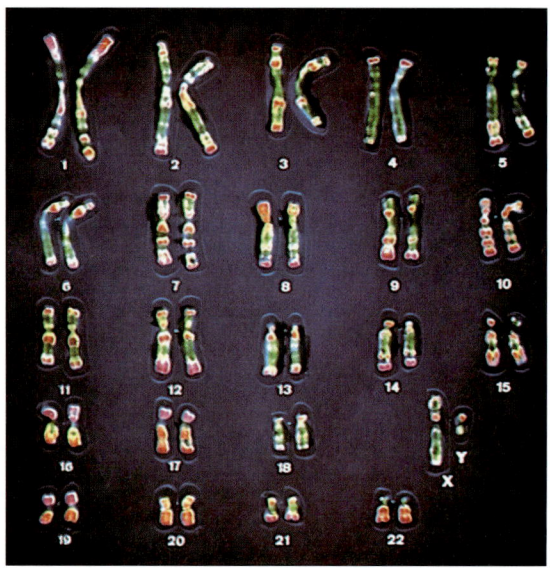

Sichtbar wie auf dem Foto sind die Chromosomen nur während bestimmter Phasen der Zellteilung, nachdem sie angefärbt worden sind. Nach ihrer Größe geordnet, geben sie bereits Aufschluß über das Geschlecht (hier sind also die Chromosomen eines Mannes dargestellt) und über Abweichungen von der normalen Chromosomenzahl. So ist z.B. ein dreifach vorhandenes Chromosom 21 die Ursache des Down-Syndroms (Trisomie 21, veraltet auch »Mongolismus«). Diese Chromosomenanomalie äußert sich in einer Fehlentwicklung des Organismus, die sich u.a. durch Minderwuchs, Muskelschwäche, schräge Augenstellung, tief sitzende Ohren und vergrößerte Zunge zeigt. Durchschnittlich tritt bei 600 Geburten ein Fall mit Down-Syndrom auf. Das Risiko, ein Kind mit Down-Syndrom zu bekommen, ist bei älteren Müttern größer. Chromosomenanomalien dieser Art lassen sich vor der Geburt im Rahmen der Pränataldiagnostik, z.B. durch eine Fruchtwasseruntersuchung, feststellen.

Genanalyse zur Erforschung von Erbkrankheiten
Ⓑ *Mehrere tausend Gene sind in den letzten Jahren analysiert worden, dabei wurde auch ihre Lage auf den jeweiligen Chromosomen bestimmt. Diese Genloci können Fehler in der Basenreihenfolge aufweisen, d.h., sie sind mutiert, was dann häufig zu Erbkrankheiten führt. Das Aufspüren dieser Defekte ist eines der Ziele eines riesigen Forschungsvorhabens, dem »Human Genome Project« (HUGO). Bei diesem Projekt sollen alle menschlichen Gene – geschätzt werden etwa 100 000 Gene mit drei Milliarden Basenpaaren – analysiert und lokalisiert werden. Voraussichtlich im Jahr 2005 wollen die international zusammenarbeitenden Wissenschaftler dieses Vorhaben bewältigt haben.*
Das X-Chromosom (links) zeigt die Lage einiger genetisch bedingter Krankheiten. Das Wissen um den Defekt eines Gens auf dem Chromosom sagt jedoch noch nichts darüber aus, ob die Krankheit auch tatsächlich zum Ausbruch kommt.

B

Okularer Albinismus: Pigmentmangel der Iris (rote Augen)

Duschenne-Muskeldystrophie: Muskelschwund

Retinitis pigmentosa: Pigmentablagerungen in der Netzhaut (allmähliche Erblindung)

Charcot-Marie-Tooth-Hoffmann-Krankheit (dominante Form): Erkrankung der peripheren Nerven, Beinmuskelschwäche

X-chromosomale Agammaglobulinämie: Antikörpermangel (Anfälligkeit für bakterielle Infektionen)

Lesch-Nyhan-Syndrom: Harnsäureüberschuß (spastische Lähmungen, geistige Behinderung, Bewegungsstörung, Selbstverstümmelungen)

Hämophilie B: Bluterkrankheit

Fragile-X-Syndrom: erbliche geistige Behinderung

Glucose-6-Phosphat-Dehydrogenase-Mangel: durch Bohnen oder Medikamente auslösbare Auflösung der Roten Blutkörperchen

Rot-Grün-Blindheit

Hunter-Syndrom: Skelettfehlbildungen, geistige Behinderungen

Siehe auch: **Entartete Zellen,** S. 218/219 **Erbgut,** S. 300/301 **Gentechnik bei Pflanzen und Tieren,** S. 482/483

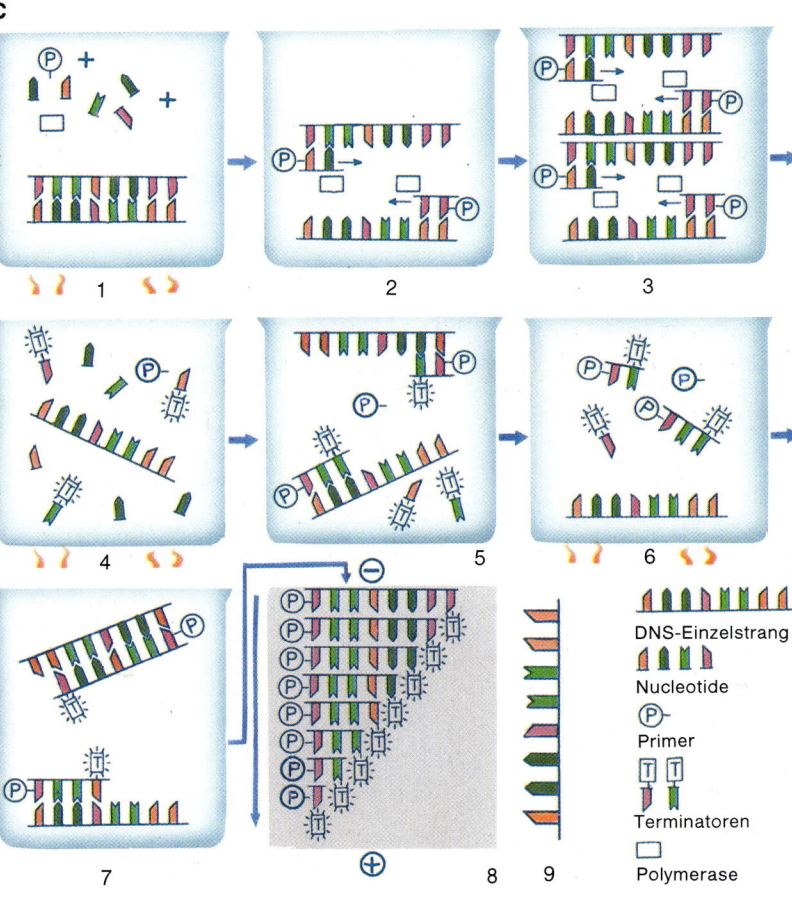

handeln, schwingt die Sorge vor der genetischen Überwachung bei aller Forschungseuphorie mit. Bereits 1972 hatte ein US-Konzern seine Mitarbeiter einer Genanalyse unterzogen, 1982 führten 18 US-Unternehmen Gentests bei ihren Beschäftigten durch. Die Angst vor einer genetischen Klassifizierung ist also keineswegs nur die Horrorvision technikfeindlicher Minderheiten.

Gentherapie als Hoffnungsschimmer?

1990 wurde in Amerika erstmalig ein vierjähriges Mädchen gentherapeutisch behandelt, 1994 zogen deutsche Mediziner in Berlin und Freiburg nach. Bei der Gentherapie wird mit Hilfe molekularbiologischer Methoden veränderte Erbsubstanz (DNS) in kranke Zellen eingeschleust. Durch Einbau der Fremd-DNS in das Erbgut der betroffenen Zellen erhofft man sich die Korrektur schwerer genetischer Defekte oder die wirksame Eindämmung bösartiger Erkrankungen. Die genetische Veränderung bezieht sich bisher ausschließlich auf Körperzellen, die nicht an Nachkommen weitergegeben werden. Aber auch Eingriffe in die menschliche Keimbahn scheinen für die Gentherapeuten bald kein Tabu mehr zu sein. Dabei würden die genetischen Veränderungen auch auf die Nachkommen übertragen. Neben ethischen Fragen sind auch viele technische Probleme noch nicht gelöst. Erst in einigen Jahren wird sich zeigen, ob die oftmals aus Tierversuchen abgeleiteten Erwartungen an die Gentherapie erfüllt werden können.

DNS-Einzelstrang

Nucleotide

Ⓟ **Primer**

Terminatoren

Polymerase

Die Ermittlung des genetischen Codes

C Um die Basenfolge (den genetischen Code) eines Abschnittes der Erbsubstanz DNS zu ermitteln, wird zuerst mit Hilfe der Polymerasen-Ketten-Reaktion (PCR) die Erbsubstanz vervielfältigt. Ein Stück DNS wird zusammen mit DNS-Nucleotiden, dem Enzym Polymerase und sogenannten Primern erhitzt (**1**). Dabei trennt sich die DNS in Einzelstränge auf. Nach Abkühlung setzen sich die Primer an bestimmten Stellen des DNS-Einzelstranges fest und lösen die Synthese des zweiten Stranges unter Mitwirkung der Polymerase aus (**2**). Schließlich liegt das DNS-Stück doppelt vor. Bei jeder weiteren Erhitzung und Abkühlung spaltet und verdoppelt sich die DNS (**3**), bis soviel Material vorliegt, daß eine Analyse der Basenfolge (Sequenzierung) durchgeführt werden kann. Dazu wird einzelsträngige DNS mit Nucleotiden, Primern und Terminatoren zusammen erhitzt (**4**). Terminatoren sind Basen, die das Wachstum eines DNS-Einzelstranges beenden. Wird

das Gemisch abgekühlt, startet ein Primer die Bildung eines komplementären Stranges, bis ein Terminator zufällig den Strang beendet (**5**). Nach mehreren Schritten des Erhitzens (**6**) und Abkühlens (**7**) liegen viele unterschiedlich lange DNS-Stränge mit Terminator vor. Die Einzelstränge werden entsprechend ihrer Ladung und Größe bei einer Gel-

elektrophorese sortiert (**8**). Betrachtet man das Gel unter Laserlicht, leuchten die zuvor markierten Terminatoren in bestimmten Farben, so daß sich daraus auf die komplementäre Basenfolge schließen läßt (**9**). Die ermittelte Basenfolge läßt sich nur per Computer mit den anderen Basenfolgen vergleichen und einem bestimmten Gen zuordnen.

Gentherapie gegen Krebs

D Mit der Gentherapie versucht man, verschiedene Krankheiten wie z. B. Krebs zu heilen. Dem Patienten wird ein Krebsknoten (**1**) entnommen und daraus ein Tumor-infiltrierender-Lymphocyt (TIL, **2**) gewonnen, der Krebsknoten auffindet. Der TIL wird mit einem Retrovirus (**3**) infiziert, in dessen Chromosom (**4**) zu-

vor ein Gen für den Tumor-Nekrose-Faktor (TNF-Gen, **5**) eingebaut wurde. Das TNF-Gen, das Krebszellen zerstören kann, wird in das Chromosom des TIL eingebaut (**6**) und mit ihm milliardenfach vermehrt. Nach Infusion (**7**) in den Patienten suchen die TIL die Krebsknoten auf (**8**), diese werden durch das eingebaute TNF-Gen zerstört.

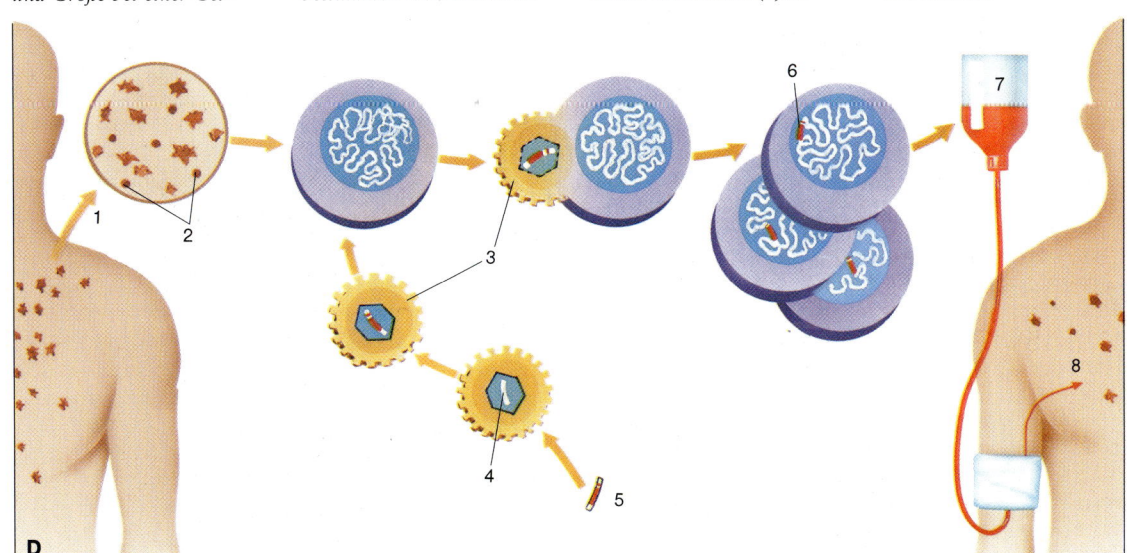

Im Schutz des Beckens

Der Aufbau der weiblichen Geschlechtsorgane

Die unterschiedlichen Rollen von Frau und Mann bei der Fortpflanzung begründen die Unterschiede der dafür zuständigen Organe: Während der Mann »nur« seinen Samen beisteuert, stellen die Geschlechtsorgane der Frau nicht nur das zu befruchtende Ei bereit, sondern bieten dem sich entwickelnden Leben auch neun Monate Schutz und Versorgung. Daher sind die weiblichen Geschlechtsorgane – im Gegensatz zu den männlichen – überwiegend nach innen verlagert und somit von den Beckenknochen geschützt. Die äußeren Geschlechtsorgane spielen eine entscheidende Rolle in der Sexualität.

Vom Schamhaar (Pubes) mehr oder minder dicht bedeckt, ist das äußere Genital bei der stehenden Frau – im Gegensatz zum Mann – fast vollständig verborgen. Die behaarten großen Schamlippen (Labia majora) umfassen den Scheidenvorhof und die Harnröhrenöffnung. Zahlreiche Talg-, Schweiß- und Duftdrüsen befinden sich hier. Die haarlosen kleinen Schamlippen (Labia minora) sind zumeist von den großen Schamlippen bedeckt und begrenzen den Scheideneingang.

Der Kitzler (Klitoris), in einer der Vorhaut vergleichbaren Hautfalte zwischen großen und kleinen Schamlippen gelegen, spielt eine entscheidende Rolle beim sexuellen Empfinden der Frau und zeigt einen ähnlichen Aufbau wie der männliche Penis: Zwei längliche Schwellkörper vereinigen sich zur Kitzlereichel, sie vergrößern und verhärten sich bei sexueller Stimulation.

Die inneren Geschlechtsorgane

Die Scheide (Vagina) ist ein schlauchförmiges, elastisches Gebilde aus Bindegewebe und Muskulatur, das die Verbindung zur Gebärmutter (Uterus) herstellt. Im Kindesalter ist die Scheide meist unvollständig durch eine dünne Membran (Jungfernhäutchen oder Hymen) verschlossen, die beim ersten Geschlechtsverkehr, sportlicher Betätigung oder dem Gebrauch von Tampons einreißt. Während des Geschlechtsverkehrs paßt sich die Scheide den Erfordernissen einer möglichen Empfängnis an: sie wird dehnbarer, und das ansonsten saure Vaginalsekret wird pH-neutral. Zusätzlich erleichtert dünnflüssiger Schleim aus dem Gebärmutterhals die Fortbewegung der Spermien.

Die Gebärmutter hat eine birnenförmige Gestalt und besteht aus einer dicken kräftigen Muskelschicht. Innen ist sie mit einer Schleimhaut (Endometrium) ausgekleidet, deren Beschaffenheit zyklusabhängigen Schwankungen unterworfen ist. Am Übergang zwischen Gebärmutterkörper (Korpus) und Gebärmutterhals (Zervix) befindet sich der innere Muttermund. Der äußere Muttermund (Portio), an dem bei der Krebsvorsorge ein Abstrich zur Untersuchung entnommen wird, ragt in die Scheide hinein und ist gynäkologisch einsehbar. Vor der ersten Geburt ist er noch grübchenförmig klein, danach vergrößert er sich zu einem quergestellten Spalt. Die Gebärmutter ist leicht nach vorne geneigt, eine verstärkte Rückneigung kann zu – meist allerdings nicht krankhaften – verstärkten Menstruationen und Schmerzen führen.

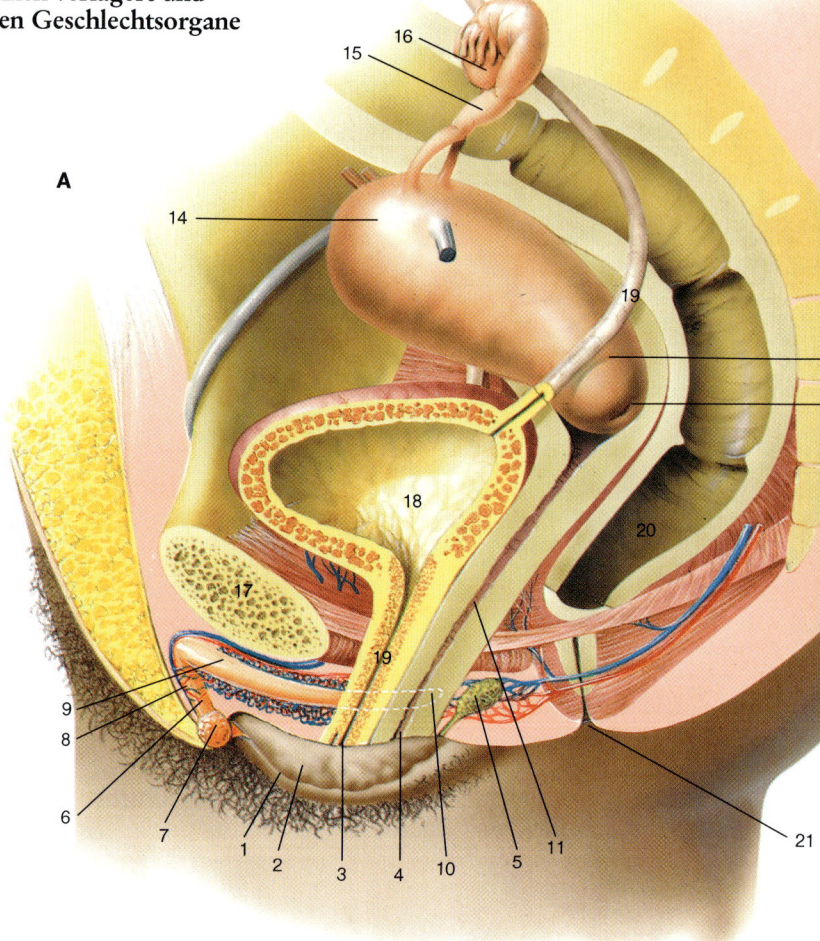

A

Die Anhangsgebilde der Gebärmutter, d. h. Eierstock (Ovar) und Eileiter (Tuba uterina), werden zusammen auch als Annexe bezeichnet. Die paarig angelegten Eierstöcke sind etwa pflaumengroße Organe, die vor der Pubertät noch eine glatte Oberfläche besitzen, welche dann jedoch durch narbige Einziehungen nach dem Eisprung (Ovulation) uneben wird. Neben der allmonatlichen Bereitstellung von befruchtungsfähigen Eizellen sind die Eierstöcke auch der Hauptbildungsort der weiblichen Sexualhormone Östrogen und Progesteron.

Die 10–15 cm langen Eileiter (Tuben) bestehen aus mit Schleimhaut ausgekleideten Muskelschläuchen, die das Ei nach dem Eisprung aufnehmen und es durch rhythmische Kontraktionen zum Uterus befördern. In der Nähe des Eierstocks, im Ampullenbereich des Eileiters, findet gegebenenfalls die Befruchtung der Eizelle statt. Erst dann kann sich die befruchtete Eizelle (Zygote) in der Uterusschleimhaut einnisten.

Der weibliche Geschlechtsapparat im Querschnitt
A *Ein Querschnitt durch den Beckenraum zeigt die weiblichen Geschlechtsorgane. Vom Schamhaar überdeckt sind die Äußeren (1) und Inneren (2) Schamlippen. Dahinter liegen die Harnröhre (3), die von Schwellgewebe umgeben ist, und der Scheideneingang (4), daneben die Bartholinsche Drüse (5). Deutlich herausgestellt ist auch die Klitoris (6), die aus Perle (7), Schaft (8), Schenkel (9) und Wurzel (10) besteht. Die Parallelen zum Aufbau des Penis verweisen auf die gemeinsame äußere Geschlechtsanlage aus der frühen Embryonalzeit. Nach innen schließt sich die Scheide (11) an. Ihr sind Gebärmuttermund (12) und*

Siehe auch: **Beine,** *S. 234/235* **Blase,** *S. 296/297* **Eisprung,** *S. 306/307* **Männliche Geschlechtsorgane,** *S. 308/309*

B

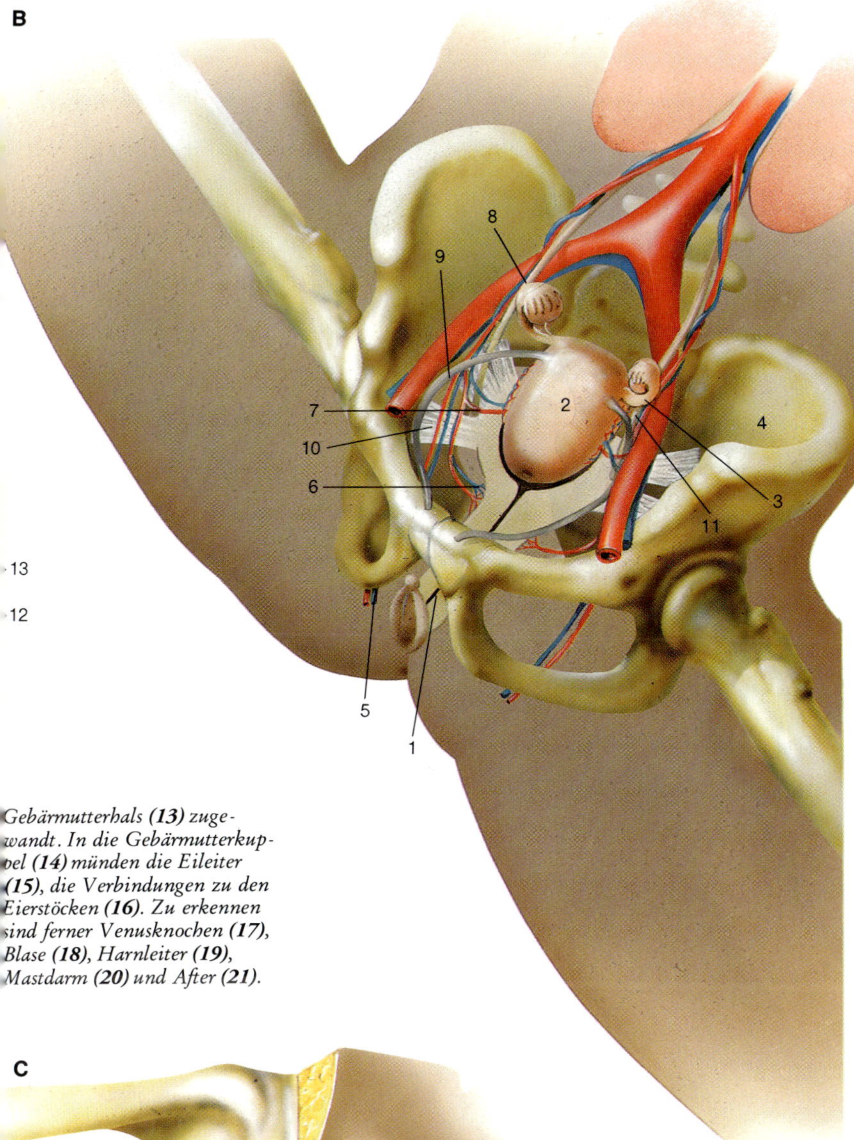

8
9
7
10
6
2
4
3
11
13
12
5
1

Gebärmutterhals ***(13)*** *zugewandt. In die Gebärmutterkuppel* ***(14)*** *münden die Eileiter* ***(15)***, *die Verbindungen zu den Eierstöcken* ***(16)***. *Zu erkennen sind ferner Venusknochen* ***(17)***, *Blase* ***(18)***, *Harnleiter* ***(19)***, *Mastdarm* ***(20)*** *und After* ***(21)***.

Frontalansicht der weiblichen Geschlechtsorgane
B *Die Frontalansicht verdeutlicht die Lage von Scheide (Vagina,* ***1****),* *Gebärmutter* ***(2)*** *und Eileitern* ***(3)*** *im Schutze der Beckenknochen* ***(4)***. *Zahlreiche Arterien und Venen zu Klitoris* ***(5)***, *Vagina* ***(6)***, *Gebärmutter* ***(7)*** *und Eierstockband* ***(8)*** *stellen die Blutversorgung sicher. Bänder verankern die Gebärmutter im Unterleib: rundes Gebärmutterband* ***(9)***, *Haupthalteband* ***(10)*** *und Kreuzbeinband* ***(11)***. *Eine Erschlaffung dieses Halteapparates führt zur Gebärmuttersenkung, die sich u. a. an Rückenschmerzen, Druckgefühlen, gesteigertem Harndrang und Blasenbeschwerden bemerkbar macht.*

C

5
6
4
7
1
11
3
2
8
9
10

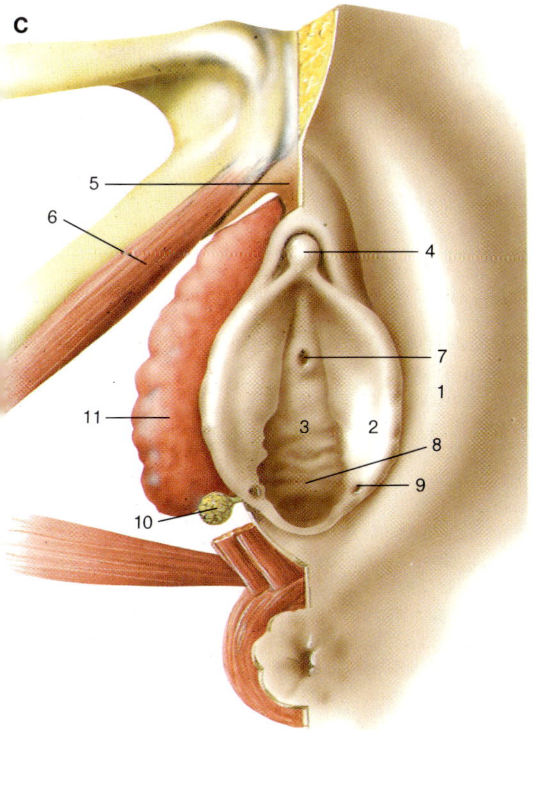

Aufbau der äußeren Geschlechtsorgane
C *In der Aufsicht auf die äußeren Geschlechtsorgane der Frau sind die großen* ***(1)*** *und die kleinen* ***(2)*** *Schamlippen zu sehen. Letztere umschließen den Scheidenvorhof* ***(3)***. *Vorne laufen sie zur Perle* ***(4)*** *der Klitoris zusammen, deren Schaft* ***(5)*** *in zwei Schenkeln ausläuft, die von einem Muskel* ***(6)*** *bedeckt sind. Im Scheidenvorhof liegen Harnröhrenausgang* ***(7)*** *und Scheidenmündung* ***(8)***. *Beidseitig befindet sich je eine Mündung* ***(9)*** *der paarig angelegten Bartholinschen Vorhofsdrüsen* ***(10)***. *Seitlich des Scheidenvorhofs sind ferner die großen Vorhofschwellkörper* ***(11)*** *zu finden, die aus starken Venengeflechten bestehen.*

Die weibliche Brust

Auch wenn die Brust nicht direkt zu den Fortpflanzungsorganen gezählt werden kann, ist ihre Funktion doch sehr eng damit verbunden. Zum einen stellt sie ein wichtiges sekundäres Geschlechtsmerkmal dar und ist als solches für das erotische Empfinden der Frau bedeutsam. Zum anderen ist ihre Funktion für die Ernährung des Neugeborenen hervorzuheben.

Unter dem Einfluß der Geschlechtshormone entwickelt sich während der Pubertät die weibliche Brustdrüse aus zahlreichen Drüsenlappen und Bindegewebe. Die Lappen bestehen aus kleineren Läppchen, die sich wiederum aus Milchbläschen (1) zusammensetzen. Von diesen führen Milchausführgänge (2) zur Brustwarze (3). Form und Größe der Brust werden vor allem durch das Fettgewebe (4) bestimmt. Erst während der Schwangerschaft entwickeln sich die Milchbläschen voll, so daß zum Beginn der Stillperiode der Milcheinschuß erfolgen kann.

4
2
3
1

Schwangerschaft, *S. 318/319* **Geburt und Geburtshilfe,** *S. 320/321* **Hormondrüsen,** *S. 326/327*

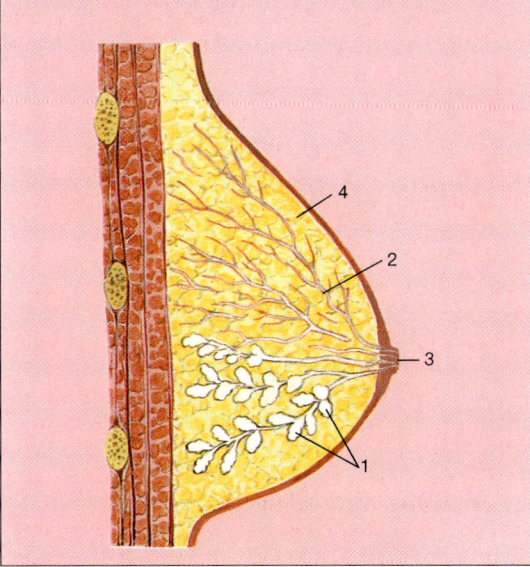

Vom Ur-Ei zum Eisprung

Die Ursachen der monatlichen Regelblutung

Frauen im zeugungsfähigen Alter bekommen im monatlichen Rhythmus eine Regelblutung. Während sie bei vielen ohne Probleme vonstatten geht, haben manche Frauen in dieser Zeit immer wieder Beschwerden. Gewichtszunahme, Reizbarkeit, ein Ziehen im Unterleib oder heftige Kreislaufprobleme können »die Tage« zur Qual machen. Warum dies so ist und was dabei alles im Körper geschieht, ist vielen Menschen nur ansatzweise bekannt. Die Blutung, das periodische Ablösen der Gebärmutterschleimhaut, ist nur ein Teil eines komplizierten Prozesses im Dienste der Fortpflanzung.

Bereits während der Entwicklung im Mutterleib bilden sich beim weiblichen Embryo Keimzellen (»Ureier«, Oogonien), von denen jedoch ein Großteil abstirbt. Die überlebenden Ureier teilen sich in primäre Eizellen (Oocyten), die von einem Eibläschen umgeben sind und Primärfollikel genannt werden. Zum Zeitpunkt der Geburt enthält jeder Eierstock etwa 400 000 Primärfollikel. Bis zur Pubertät befinden sie sich in einem Ruhestadium, in dem wiederum 90 % der Eizellen zugrunde gehen.

Von der Hirnanhangdrüse (Hypophyse) werden das Luteinisierende Hormon (LH, Lutropin) und das Follikelstimulierende Hormon (FSH, Follitropin) ausgeschüttet. Dadurch angeregt, differenzieren sich mit Pubertätsbeginn jeweils einige Primärfollikel im monatlichen Zyklus weiter. Mit zunehmendem Wachstum bilden sich Sekundär- und Tertiärfollikel, bis diese einen Durchmesser von fast 8 mm erreicht haben. Die reifen Follikel produzieren u. a. auch Östrogen, das die Gebärmutterschleimhaut (Endometrium) zum Wachstum anregt. Ein Tertiärfollikel wandelt sich in den Graafschen Follikel um, der die nötigen Differenzierungsschritte beendet hat und dessen Eizelle jetzt »sprungreif« ist.

Der biologische Zeittakt

In den Jahren zwischen dem Beginn der monatlichen Blutungen (Menarche) und ihrem Aufhören (Menopause) treten im Monatszyklus regelmäßige Veränderungen an Eierstock und Gebärmutter auf. In der Mitte eines jeden Zyklus wird eine Eizelle aus dem Graafschen Follikel entlassen und von den Eileitern aufgenommen. Dieser Eisprung (Ovulation) etwa am 14. Zyklustag wird durch einen Anstieg des Luteinisierenden Hormons aus der Hirnanhangdrüse bewirkt.

Im Eileiter wird die Eizelle durch wellenförmige peristaltische Bewegungen zur Gebärmutter transportiert. Sie muß innerhalb weniger Stunden befruchtet werden, andernfalls stirbt sie ab. Der Graafsche Follikel, aus dem das Ei entsprungen ist, verbleibt im Eierstock und wandelt sich nach dem Eisprung zu einer hormonproduzierenden Drüse, dem Gelbkörper (Corpus luteum), um.

Warum blutet es?

Im Gelbkörper wird bis zum Beginn der Monatsblutung das Hormon Progesteron gebildet, um eine Schwangerschaft ermöglichen zu können. Die Monatsblutung ist eine Progesteronentzugsblutung, denn durch Absinken der Hormon-

Eireifung und Eisprung
A *Im Eierstock (Ovar, 1) reifen die Eier in besonderen Hüllen oder Follikeln heran. Bis zur Geburt sind aus den Urkeimzellen Oogonien geworden, die als primäre Oocyten (2) eine Entwicklungspause einlegen. In dieser Phase sind sie von einschichtigen, primären Follikeln (3) umgeben. Später entwickeln sich daraus Sekundärfollikel (4), die von einer mehrschichtigen Wand umgeben sind. Durch Höhlenbildung entsteht der Tertiärfollikel (Bläschenfollikel, 5), der 0,5–1 cm groß sein kann. In wenigen Tagen vergrößert er sich zum sprungreifen Graafschen Follikel (6). Beim eigentlichen Follikelsprung (Eisprung, 7) wird die Eizelle in die Tubenhöhle (8) freigesetzt. Der nun leere Graafsche Follikel verwandelt sich in einen Gelbkörper (9), der die Hormone Progesteron (das Gelbkörperhormon) und Östrogene produziert. Das Ei wird aktiv durch peristaltische Bewegungen durch den Eileiter getrieben (10), bis es die Gebärmutter (11) erreicht.*

Der Menstruationszyklus
B *Schema des Menstruationszyklus: Nach der Regelblutung wird ab dem vierten Zyklustag die Gebärmutterschleimhaut wieder aufgebaut (1). Zeitgleich schreitet im Eierstock die Follikelreifung voran (2). Etwa in der Mitte des Zyklus werden verstärkt Follitropin und Lutropin von der Hirnanhangdrüse ausgeschüttet (3). Ersteres bewirkt die Follikelreifung und die Ausschüttung von Östradiol (4), das u. a. den Sexualtrieb steigert. Lutropin löst den Eisprung (Ovulation, 5) aus. Danach steigt die Körpertemperatur um etwa 0,5 °C (6), und der aus dem Graafschen Follikel entstandene Gelbkörper (7) produziert verstärkt Progesteron (8). Bleibt das Ei unbefruchtet, stellt der Gelbkörper seine Tätigkeit ein (9); ein neuer Zyklus kann beginnen.*

konzentration ist die Versorgung und Durchblutung der Gebärmutterschleimhaut nicht mehr sichergestellt. Die Schleimhaut wird abgestoßen. Dabei reißen auch die kleinen Blutgefäße, wodurch es zu mehr oder weniger starken Blutverlusten kommt.

Mit der drei- bis siebentägigen Blutung (Menstruation, lat. menstruus = monatlich) werden also die oberen Zellschichten der Gebärmutterschleimhaut abgestoßen, sofern sich keine befruchtete Eizelle in ihr eingenistet hat. Doch sofort nach Ende der Blutung wird eine neue Schleimhautschicht aufgebaut, um die Aufnahme einer neuen, befruchteten Eizelle vorzubereiten. Abgesehen von Schwangerschaften und Phasen der Stillzeit, wiederholt sich im Abstand von 25 bis 33 Tagen dieser Zyklus immer wieder, im Normalfall in stetiger Regelmäßigkeit. Schwankungen können jedoch durch Streßfaktoren, Ernährungsveränderungen oder Krankheit ausgelöst werden.

Siehe auch: **Weibliche Geschlechtsorgane, S. 304/305**

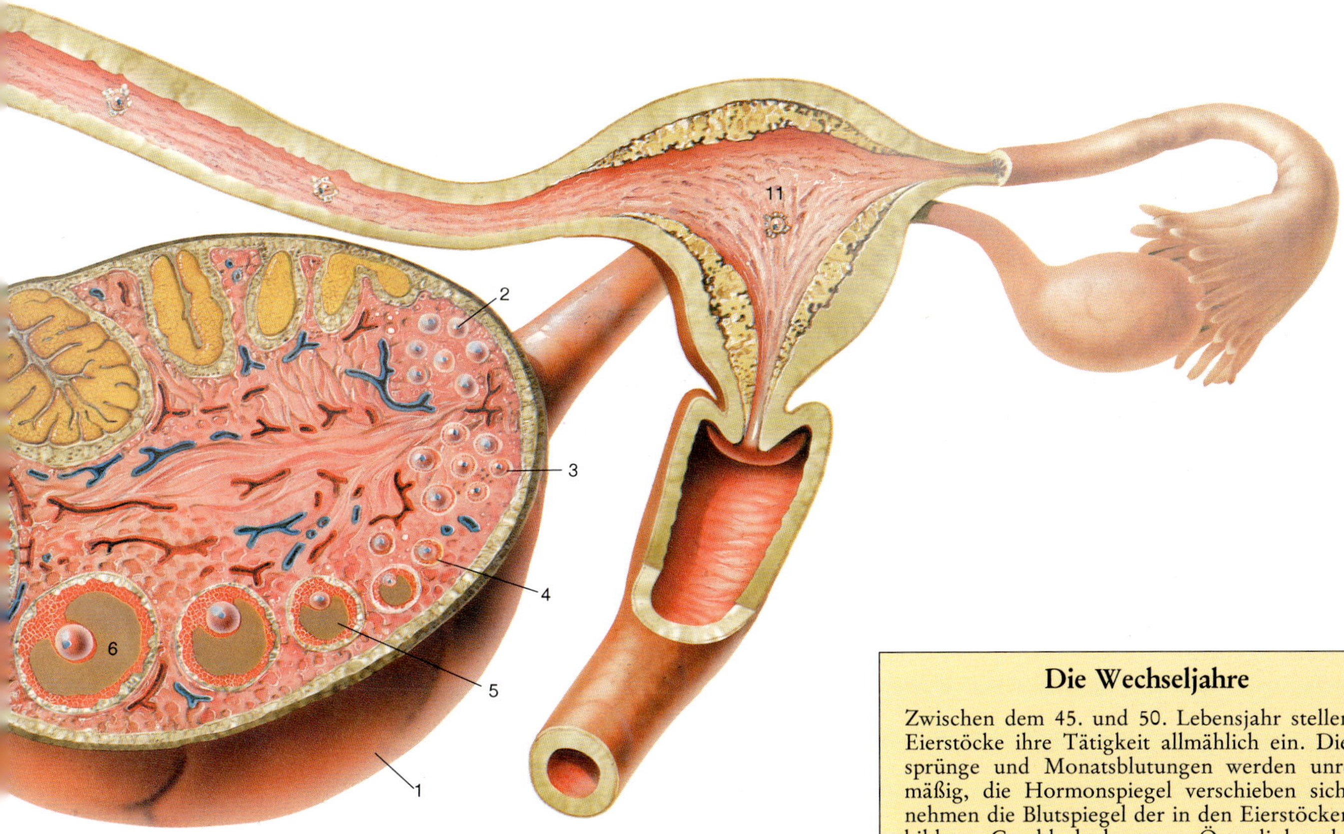

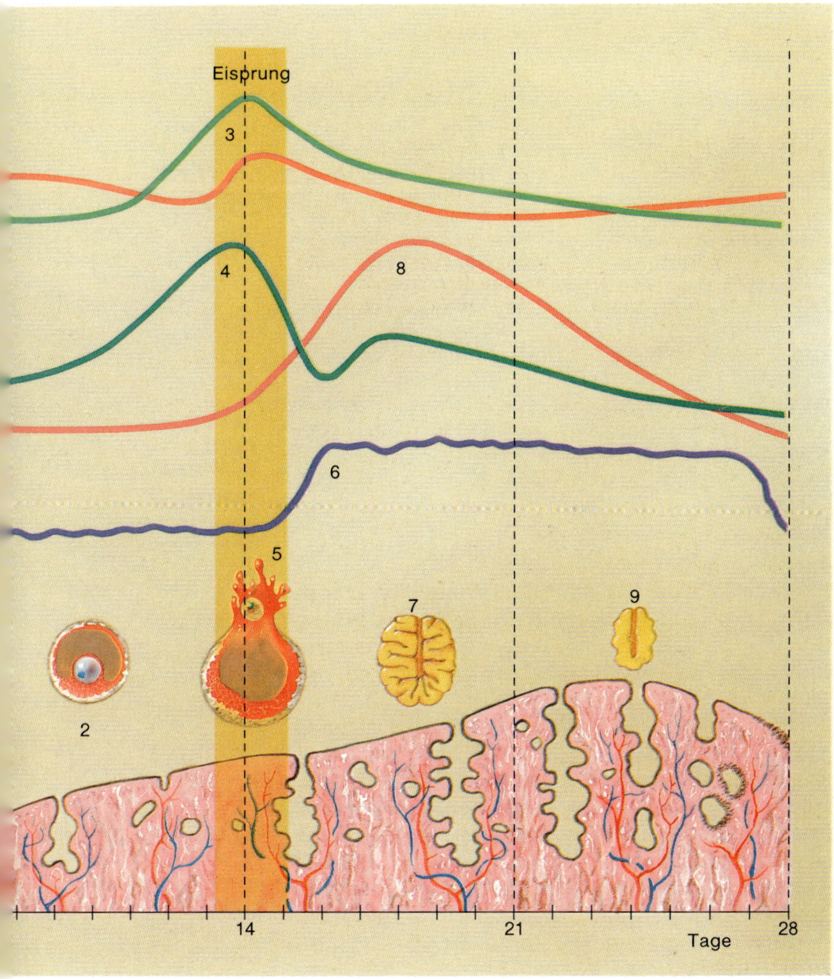

Die Wechseljahre

Zwischen dem 45. und 50. Lebensjahr stellen die Eierstöcke ihre Tätigkeit allmählich ein. Die Eisprünge und Monatsblutungen werden unregelmäßig, die Hormonspiegel verschieben sich. So nehmen die Blutspiegel der in den Eierstöcken gebildeten Geschlechtshormone Östradiol und Progesteron langsam ab, während die vom Hypophysen-Vorderlappen gebildeten Hormone Follitropin (FSH) und Lutropin (LH) vergleichsweise zunehmen. Zwischen dem 49. und 50. Lebensjahr einer Frau hören die Monatsblutungen in den meisten Fällen auf.

Der sich ändernde Hormonspiegel in den Wechseljahren (Klimakterium) kann sich durch vielfältige Auswirkungen auf Geist und Körper der Frau bemerkbar machen: Neben unangenehmen Hitzewallungen, Herzrasen und einer schleichenden Verminderung der Knochendichte (bis hin zur Osteoporose) treten häufig auch Depressionen, Schlafstörungen und Stimmungslabilitäten auf. Sind die Beschwerden zu stark, so wird versucht, durch Hormongaben das Gleichgewicht wieder so weit herzustellen, daß diesen Problemen begegnet werden kann.

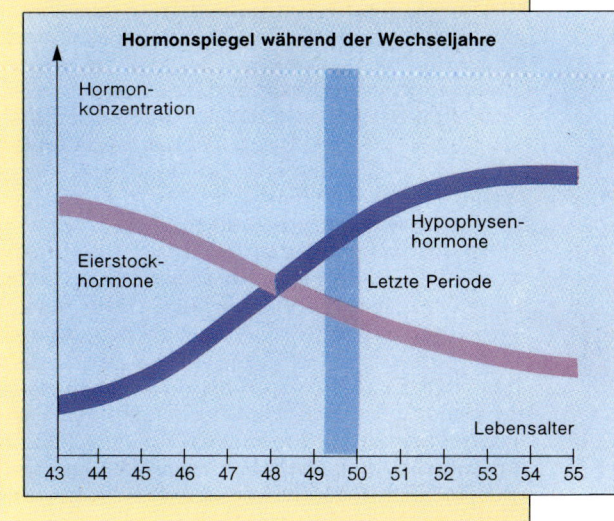

Hormonspiegel während der Wechseljahre

Hormon-konzentration

Hypophysen-hormone

Eierstock-hormone

Letzte Periode

Lebensalter

43 44 45 46 47 48 49 50 51 52 53 54 55

Eisprung

Tage

14   21   28

Samenreifung, S. 310/311   Empfängnisverhütung, S. 312/313   Befruchtung, S. 314/315   Hormondrüsen, S. 326/327

Der kleine Unterschied

Innere und äußere Geschlechtsorgane des Mannes

Wie beim weiblichen Geschlecht werden auch beim Mann innere und äußere Geschlechtsorgane (Genitale) unterschieden. Zu den vielfältigen Funktionen der inneren Genitale gehört die Produktion von Samenzellen und Sexualhormonen sowie die Sekretbildung. Das äußere Genital dient hingegen hauptsächlich der sexuellen Vereinigung. Neben den bereits bei der Geburt vorhandenen primären Geschlechtsmerkmalen entwickeln sich in der Pubertät sekundäre Merkmale, die das zukünftige Bild des Mannes bestimmen: ausgeprägtere Behaarung, Bartwuchs, tiefe Stimme und ein – im Gegensatz zur Frau – muskulöserer Körperbau.

Die Geschlechtsorgane des Mannes sind zum Teil verborgen (innere Geschlechtsorgane), zum Teil sichtbar (äußere Geschlechtsorgane). Zu den inneren Geschlechtsorganen werden Hoden, Nebenhoden, Samenleiter, Prostata und Samenbläschen gerechnet. In den Hoden (Testes) findet die Samenreifung und die Testosteronproduktion statt. Vom Nebenhoden (Epididymis), in dem der Samen gespeichert wird, führt der 40–50 cm lange Samenleiter (Ductus deferens) im Samenstrang zur Prostata (Vorsteherdrüse). Hier werden den Samenzellen Nährstoffe und aktivierende Enzyme beigefügt. Die Sekrete aus Prostata und Samenbläschen machen den Großteil der Ejakulatflüssigkeit aus; sie sorgen dafür, daß die Spermien auf dem Weg zur Eizelle nicht absterben.

Zu den äußeren Geschlechtsorganen werden das Glied (Penis) und der Hodensack (Scrotum), der die beiden Hoden (Testis) enthält, gezählt. Der Peniskopf, die Eichel (Glans penis), setzt sich durch einen Gewebsrand oder Eichelkranz (Corona glandis) vom Schaft ab. In der Mitte des Peniskopfes, der von einer zurückziehbaren Vorhaut geschützt ist, mündet die Harnsamenröhre, die Urin aus der Blase befördert. Bei sexueller Erregung ist sie Teil des Samenleiters.

Die Wirkung der Sexualhormone

Durch die in der Pubertät beginnenden hormonellen Umstellungen verändern sich nicht nur die primären Geschlechtsmerkmale. Unter dem Einfluß der männlichen Sexualhormone (Androgene) – hier insbesondere des Testosterons – kommt es zur stärkeren Körperbehaarung, die Stimme wird tiefer und der Knochenbau stärker. Neben der Ausprägung dieser sekundären Geschlechtsmerkmale stimuliert das Testosteron auch die Samenzellreifung und den Sexualtrieb (Libido) sowie in späteren Mannesjahren die Glatzenbildung.

Sichtbare Erregung: Erektion und Ejakulation

Aufgrund seiner beiden Funktionen, Urinausscheidung und Kopulation, ist der sichtbare Anteil des männlichen Penis außerordentlich wandlungsfähig. Ermöglicht wird die Wandlung vom weichen zum vergrößerten, steifen Penis (und umgekehrt) durch wechselnde Füllung der reichverzweigten Blutgefäße des männlichen Gliedes. Im Penisschaft befinden sich zwei schwammartige Schwellkörper (Corpora cavernosa und spongiosa), die von einer derben Bindegewebsschicht (Tunica albuginea) umgeben sind. Wäh-

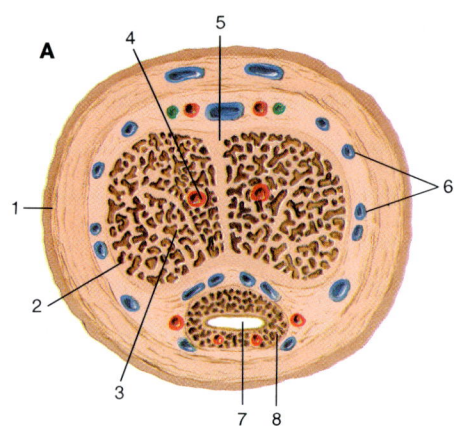

Der Penisschaft im Querschnitt
A Der Querschnitt durch den von der Penishaut (1) umgebenen Penisschaft zeigt den Schwellkörper (2) mit seinen kavernenartigen Hohlräumen (3), die bei der Erektion mit Blut gefüllt werden. Dazu ist der Schwellkörper von zwei Arterien (4) durchzogen. Bei der Erektion wird die Bindegewebskapsel (Tunica albuginea, 5) angespannt. Sie drückt auf die Venen (6), so daß kaum noch Blut abgeführt werden kann. Auch die Harnsamenröhre (7) ist von einem Schwellkörper (8) umgeben, dessen Schwellung den Transport von Sperma erleichtert.

rend der Versteifung (Erektion) füllen sich die Hohlräume der Schwellkörper prall mit arteriellem Blut. Dadurch spannt sich die feste Bindegewebskapsel und komprimiert die Penisvenen. Der venöse Rückstrom des Blutes wird weitgehend verhindert. Der so unterdrückte Blutabfluß bei gleichzeitig gesteigertem Zufluß läßt die Erektion andauern.

Wenn es während des Höhepunktes sexueller Erregung (Orgasmus) zum Samenerguß (Ejakulation) kommt, wird Samenflüssigkeit aus der Harnsamenröhre gepreßt. Dies geschieht durch kräftige Kontraktionen des Samenleiters, welcher aus einer dicken Schicht glatter Muskulatur besteht und den Samen stoßweise hinausbefördert. Zu Beginn der Penisversteifung erscheint an der Urethramündung der Peniseichel ein Sekret (»Sehnsuchtstropfen«). Die schleimhaltige Flüssigkeit wird von kleinen Drüsen in der Harnsamenröhre gebildet und dient als befeuchtendes Gleitmittel.

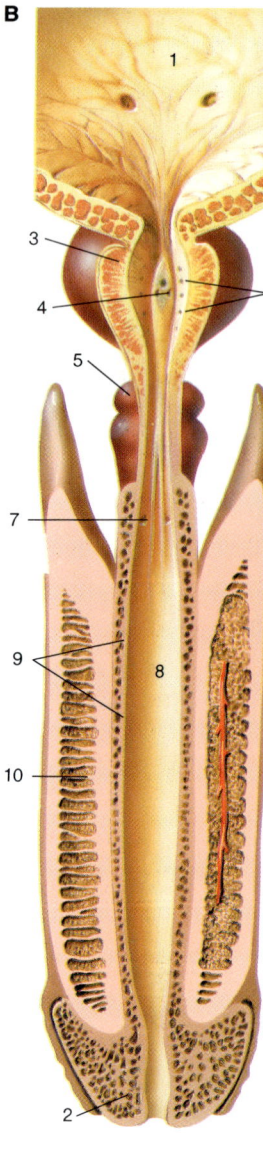

Die männliche Harnröhre
B Die Harnröhre verläuft von der Blase (1) bis zur Eichel (2). Direkt nach dem Austritt aus der Blase ist sie von der Vorsteherdrüse (Prostata, 3) umgeben. Dort münden auch die beiden Samenleiter (4). Die Prostata versorgt ebenso wie die Samenblase und die Cowper-Drüse (5) die Samenflüssigkeit mit wesentlichen Bestandteilen. Die Drüsensekrete werden durch die Prostataausführungsgänge (6) und die Ausführungsgänge der Cowper-Drüse (7) in die Harnsamenröhre (8) geleitet. Im Penisschaft liegt die von einem eigenen Schwellgewebe (9) umgebene Harnsamenröhre zwischen den Penisschwellkörpern (10) und endet in der Eichel.

Siehe auch: **Weibliche Geschlechtsorgane,** S. 304/305 **Samenreifung,** S. 310/311 **Befruchtung,** S. 314/315

C

Die Lage der männlichen Geschlechtsorgane
*C Die Seitenansicht zeigt, daß vom Nebenhoden **(1)**, der dem Hoden **(2)** anliegt, der Samenleiter **(3)** ausgeht. Er vereinigt sich im Bereich der Prostata **(4)** mit der von der Blase **(5)** kommenden Harnröhre **(6)** zur Harnsamenröhre (Urethra). In der Nachbarschaft mündet der Ausführungsgang der Samenblase **(7)**, die ein fruchtzuckerreiches Sekret zum Sperma beisteuert. Kurz hinter der Prostata durchtritt die Harnsamenröhre den Harnröhrenschließmuskel **(8)**. Im anschließenden Bereich ist die Harnsamenröhre von einem Schwellkörper **(9)** umgeben, der bis zur Eichel **(10)** reicht. Über der Harnsamenröhre liegt der Penisschwellkörper **(11)**. Die Eichel ist durch die Vorhaut **(12)** des Penis geschützt. Bei der Beschneidung wird das Häutchen, das die Vorhaut über der Eichel hält, durchtrennt, so daß die Vorhaut zurückweicht und die Eichel freigibt. In der Abbildung sind außerdem zu erkennen: die knorpelartige Schambeinfuge **(13)**, Mastdarm **(14)**, After **(15)** und Kreuzbein **(16)**.*

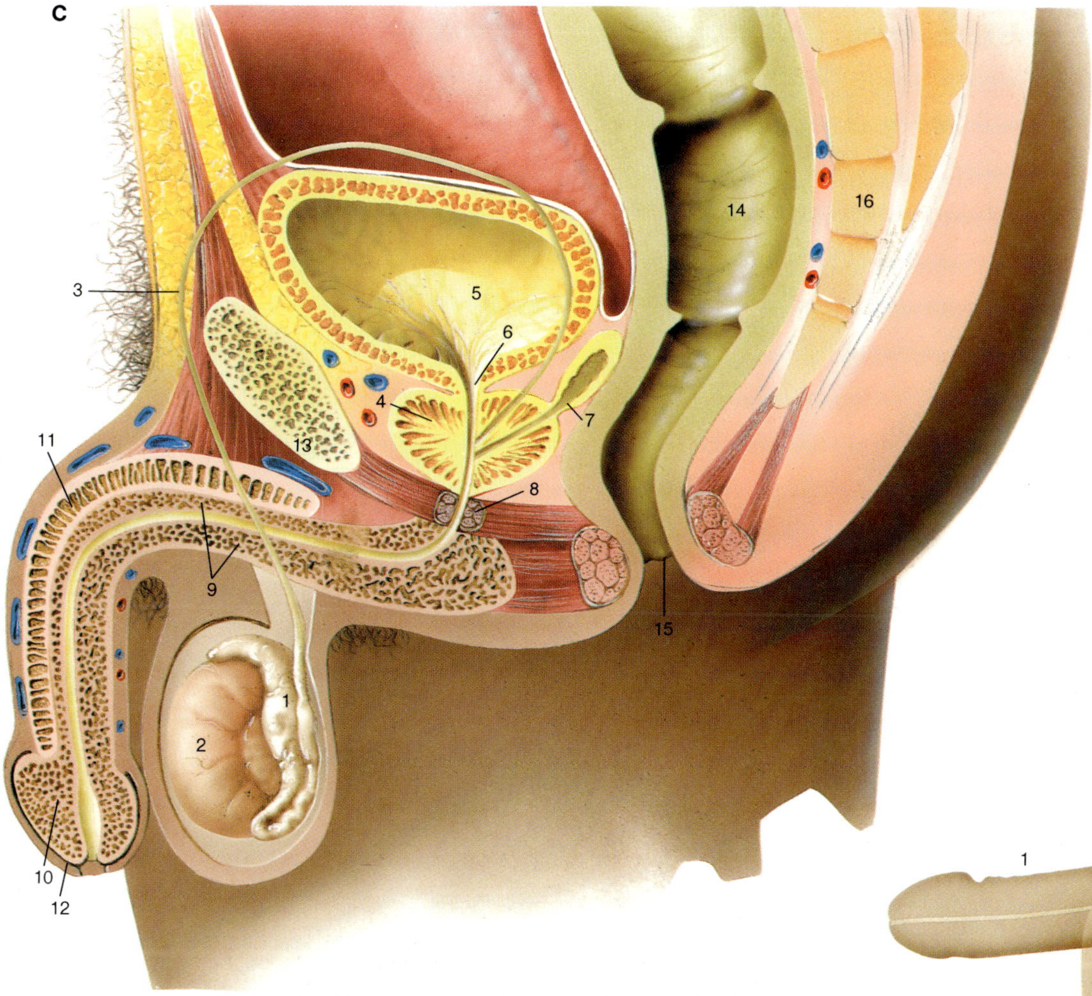

Die Genitalreflexe
*D Verschiedenartige Reize, z. B. zärtliche bis kräftige Berührungen beim Vorspiel zum Geschlechtsakt sowie sexuelle Phantasien oder Träume, lösen die Genitalreflexe aus. Nervenimpulse regen den Einstrom von arteriellem Blut in die Schwellkörper an, so daß sich deren Hohlräume füllen. Der Penis schwillt an, wird hart, streckt sich **(1)** und vergrößert sich gegenüber der Ruhestellung **(2)**. Gleichzeitig weitet sich die Harnsamenröhre. Der Hoden wird durch einen Muskel, den Hodenheber, zum Damm hingezogen **(3)**. Auf diese Weise wird der Samenleiter **(4)** verkürzt und ist zur Ejakulation (Ausstoß der Samenflüssigkeit) bereit.*

D

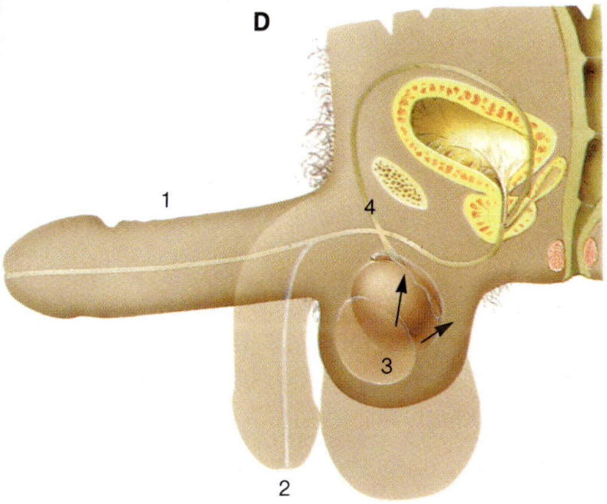

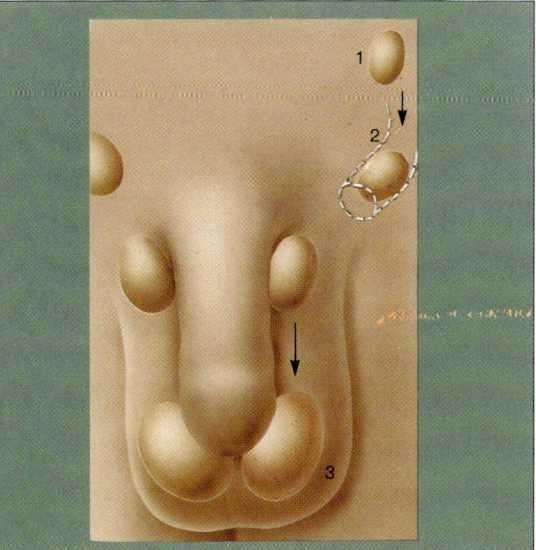

Keimdrüsen auf Wanderschaft

Die paarig angelegten Hoden eines männlichen Embryos erfahren im Verlauf der Embryonalentwicklung im Mutterleib eine Lageänderung.

Die früheste Phase der Keimdrüsendifferenzierung findet schon vor der Geburt im inneren Bauchraum, im Bereich der Lenden statt (1). Erst mit Abschluß des dritten Embryonalmonats beginnen die Hoden mit dem Samenstrang durch den Leistenkanal (2) in den Hodensack zu wandern (Descensus testis) und sich dort weiterzuentwickeln. Beim Neugeborenen befinden sich die Hoden zumeist schon im Hodensack (3). Ist dies auch nach einem Lebensjahr noch nicht oder noch nicht ganz der Fall, sollte diese Hodenretention mit Hormonen oder operativ behandelt werden. Andernfalls kann dies die Fruchtbarkeit beeinträchtigen, besonders weil die Samenreifung erst bei einer um 2–4 °C verminderten Körpertemperatur – wie sie im Hodensack gegeben ist – stattfinden kann.

Vom Kind zum Erwachsenen, *S. 322/323* Nebennieren und Geschlechtsdrüsen, *S. 330/331*

Drei Monate Reifezeit

Die Samenzellbildung im Hoden

Bereits vor der Geburt wandern Urkeimzellen (Spermatogonien) in den Hoden ein. Diese beginnen sich ab der Pubertät zu differenzieren. Zwei bis drei Monate dauert es in der Regel, bis sich aus den Vorstufen der männlichen Keimzellen die befruchtungsfähigen Spermien entwickelt haben. Denn zwei Reifeteilungen und mehrere Entwicklungsstufen müssen durchlaufen werden, bevor das reife Spermium eine Eizelle befruchten kann. Die lange Reifezeit steht der enormen Produktionsmenge nicht entgegen: 200 Millionen Spermien kann ein geschlechtsreifer Hoden täglich produzieren.

Die gesamte Entwicklung der Urkeimzellen zu den reifen Samenzellen (Spermatogenese) findet im Hoden statt. Obwohl die Hoden eine so wichtige Aufgabe bei der Fortpflanzung übernehmen, scheinen sie an einer besonders ungeschützten Stelle angebracht zu sein – auf den ersten Blick ein Rätsel. Doch die Verlagerung der Samenzellreifung aus dem Körperkern in den Hodensack ist sinnvoll. Denn bei der normalen Körperkerntemperatur von etwa 36,6 °C könnten die Zellen der Spermatogenese nicht richtig funktionieren, Spermienbildung und damit die Fruchtbarkeit wären beeinträchtigt. Im Hodensack ist es immerhin 2–4 °C kälter als im Körperkern, und ein ausgeklügeltes Kühlungssystem sorgt für die Feinabstimmung: Badet ein Mann sehr heiß, dehnen sich die Muskelbündel in der Haut des Hodensacks und entfernen die Hoden vom Körper. Bei Kälte hingegen ziehen sich die Fasern zusammen, runzeln die Hodenhaut und bringen die Hoden näher an die Wärme des Schritts. In manchen Stammesgesellschaften nutzen die Männer die Abhängigkeit der Samenbildung von der richtigen Temperatur zur – allerdings sehr unzuverlässigen – Geburtenkontrolle, indem sie ihre Hoden einige Tage vor dem Beischlaf immer wieder in heißes Wasser tauchen.

Die Reifung der Samenzellen

Die Reifung und Bildung der Samenzellen vollzieht sich in den Samenkanälchen (Tubuli seminiferi). Dieser Prozeß beginnt schon kurz vor der Pubertät, indem die Keimstränge einen Hohlraum (Lumen) erhalten und sich damit in Samenkanälchen umwandeln. In den Samenkanälchen – ihre Gesamtlänge wird beim 30jährigen Mann auf etwa 300 m geschätzt – befinden sich neben den Samenzellen noch die Sertoli-Stützzellen, die zur Ernährung der reifenden Spermien beitragen und das hormonelle Milieu aufrechterhalten. Die Samenzellen wandern im Verlauf der Spermatogenese mit zunehmender Differenzierung von der Außenwand der Kanälchen zum Zentrum. Die Endschritte finden nahe dem Kanälchenlumen statt, von wo die Spermien abtransportiert werden, um im Nebenhoden »zwischenzulagern«.

Die erste Phase der Spermatogenese ist die Zellteilung (Mitose) der vor der Geburt in die Hoden eingewanderten Spermatogonien in »primäre Spermatocyten«. Diese besitzen den normalen doppelten (diploiden) Chromosomensatz von 46 Chromosomen. Anschließend erfolgen zwei besondere Reifeteilungen (Meiose),

wobei aus einem primären Spermatocyten zuerst zwei sekundäre Spermatocyten und dann vier Spermatiden entstehen. Die vier entstandenen Spermatiden verfügen normalerweise nur über den einfachen (haploiden) Chromosomensatz von 23 Chromosomen. Zwei der vier Spermatiden enthalten ein X-Chromosom, zwei ein Y-Chromosom. Die Halbierung der Chromosomen und damit des Erbguts während der Meiose ist Voraussetzung dafür, daß nach der Verschmelzung von Samen- und Eizelle – die ebenfalls nur den halben Chromosomensatz enthält – ein neuer Organismus entsteht, der nicht mehr als die erforderlichen 46 Chromosomen besitzt.

Die Spermatiden müssen noch einige Differenzierungsschritte durchlaufen, ehe sie zu befruchtungsfähigen Spermien herangereift sind. Dazu gehört die Bildung von Kopf und Schwanz. Der Kopf enthält den haploiden Chromosomensatz im Zellkern, der Schwanz ist frei beweglich und für die Fortbewegung zuständig.

A

Die männlichen Geschlechtsdrüsen
Ⓐ *Die von einer Bindegewebskapsel (**1**) umschlossenen männlichen Geschlechts- oder Keimdrüsen (Hoden, **2**) bestehen aus rund 250 Läppchen (**3**), die durch Schichten von Bindegewebe (**4**) voneinander getrennt sind. In den Läppchen sind ein oder mehrere Samenkanälchen (**5**) enthalten. Die Samenkanälchen bilden ein verzweigtes Netz von Ausführungsgängen, die vom Nebenhoden (Epididymis, **6**) aufgenommen werden. In den Wänden der Samenkanälchen findet die Samenzellbildung (Spermatogenese) statt. Im Nebenhodengang (**7**) reifen die Samenzellen unter dem Einfluß der männlichen Hormone*

Siehe auch: **Tierische Zelle,** *S. 104/105* **Erbgut,** *S. 300/301* **Männliche Geschlechtsorgane,** *S. 308/309*

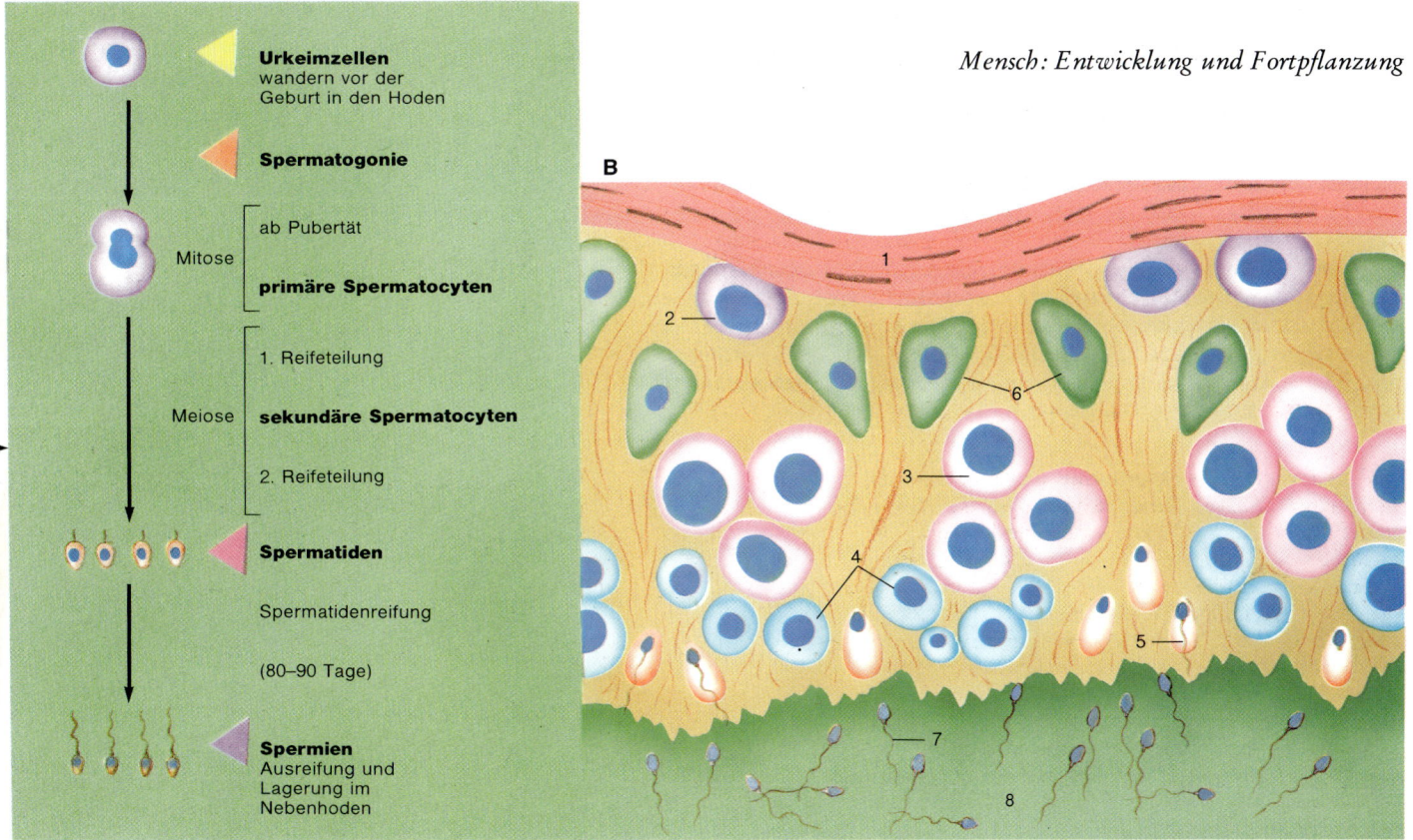

Urkeimzellen
wandern vor der
Geburt in den Hoden

Spermatogonie

Mitose | ab Pubertät

primäre Spermatocyten

1. Reifeteilung

Meiose | sekundäre Spermatocyten

2. Reifeteilung

Spermatiden

Spermatidenreifung

(80–90 Tage)

Spermien
Ausreifung und
Lagerung im
Nebenhoden

B

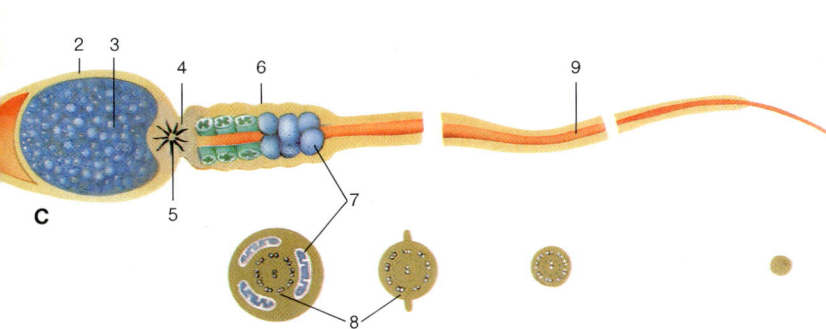

C

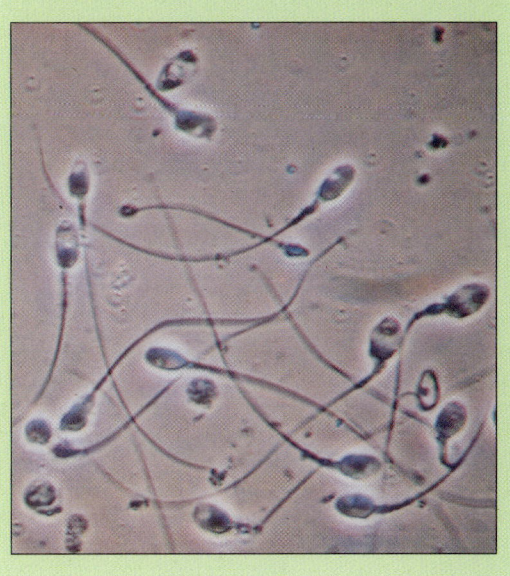

Das Sperma: Spermien mit energiereicher Begleitung

In der Samenflüssigkeit (Sperma) sind nicht nur die reifen Spermien enthalten. Energiereiche Flüssigkeiten aus Samenblase und Vorsteherdrüse (Prostata) werden den Spermien beigefügt und sorgen dafür, daß den Samenzellen auf dem weiten Weg zur Eizelle nicht die Kraft ausgeht und daß sie beweglich bleiben. Das beim Samenerguß (Ejakulation) abgegebene Sperma enthält 2–6 ml Flüssigkeit und 80 bis 500 Millionen Spermien. Es ist schwach alkalisch, um das saure Milieu in der Scheide neutralisieren zu können, und weist einen kastanienblütenartigen Geruch auf. Beträgt die Spermienanzahl weniger als 50 Millionen, kann die Befruchtungsfähigkeit beeinträchtigt sein. Normal ist hingegen, wenn bis zu ein Drittel der Spermien unbeweglich oder fehlgebildet sind.

(Androgene). Die reifen Spermien können dann im Nebenhoden bis zu einem Monat gespeichert werden, wenn kein Samenerguß stattfindet. Beim Samenerguß werden die Spermien durch wellenförmige Muskelkontraktionen des Samenleiters (8) in die Harnröhre und schließlich nach außen befördert. Auf ihrem Weg werden ihnen noch Sekrete aus Samenblase und Prostata beigemengt, wodurch die Spermien ihre Beweglichkeit erhalten.

Die Samenzellbildung

B Die Samenzellbildung findet in den Samenkanälchen der Hoden statt. An der Außenwand der Samenkanälchen (1) befinden sich die bereits vor der Geburt eingewanderten Urkeimzellen (Spermatogonien, 2). Diese teilen sich von der Pubertät an zu primären Spermatocyten (3) durch einfache Zellteilung (Mitose). Während der anschließenden zwei Reifeteilungen (Meiose) werden sekundäre Spermatocyten (4) und schließlich Spermatiden (5) gebildet, die nur noch den einfachen (haploiden) Chromosomensatz enthalten. Die Sertoli-Stützzellen (6) dienen in dieser Phase der Spermienentwicklung als Ernährungszellen. Die soweit ausgebildeten Spermien (7) werden sodann in den Hohlraum des Samenkanälchens (Lumen, 8) entlassen und müssen hier noch weitere Entwicklungsschritte durchlaufen, ehe sie zu reifen Spermien geworden sind.

Aufbau der Spermien

C Die ausgereiften Spermien haben einen recht komplizierten Aufbau. Das Acrosom (1) bildet die dünne Vorderkappe des Spermienkopfes (2). Es enthält ein Enzym, mit dem die Eihülle bei der Befruchtung aufgelöst wird. Hinter dem Spermienkern (3) mit dem haploiden Chromosomensatz befinden sich im Hals (4) Centriolen (5), die im befruchteten Ei die Trennung der Chromosomen mit Hilfe des Spindelapparates organisieren. Im Mittelstück (6) sind spiralig Mitochondrien (7) angeordnet, die die Energie für die Geißelbewegungen liefern. Die Microtubuli (8) im Mittelstück und im größten Teil des Schwanzfadens (9) ermöglichen die Bewegung.

Befruchtung, S. 314/315   **Unfruchtbarkeit,** S. 316/317   **Nebennieren und Geschlechtsdrüsen,** S. 330/331

Möglichkeiten der Empfängnisverhütung

Die geplante Begrenzung der Nachkommenschaft

Zu allen Zeiten hat die Menschheit nach Mitteln zur Begrenzung der Nachkommenschaft gesucht, denn zur Lebensplanung gehört auch die Familienplanung. Waren die Methoden der Schwangerschaftsverhütung (Kontrazeption) in früheren Zeiten sehr begrenzt, steht heutigen Paaren eine Vielzahl von »natürlichen«, mechanischen, chemischen und hormonellen Mitteln zur Verfügung. Doch trotz der großen Auswahl gibt es keine optimale Lösung, da kein Verhütungsmittel Zuverlässigkeit, Ungefährlichkeit und einfache Anwendung in sich vereint.

Bereits im alten Ägypten waren intravaginale, getränkte Tampons bekannt, die eine spermienabtötende Wirkung haben sollten. Auch die Geschichte des Kondoms – anfänglich aus Schweinedarm oder Froschhaut gefertigt – läßt sich weit zurückverfolgen. Die einzige über Jahrhunderte verbreitete, halbwegs wirksame Methode stellte jedoch das »Aufpassen« dar, d. h. das Zurückziehen des Penis aus der Scheide vor dem Samenerguß (Coitus interruptus).

Bei der Wahl eines Verhütungsmittels (Kontrazeptivum) entscheidet heute neben der Verträglichkeit insbesondere die Sicherheit der Methode. Diese wird durch den sogenannten Pearl-Index ausgedrückt, der anzeigt, mit wieviel ungewollten Schwangerschaften innerhalb von 100 »Frauenjahren« gerechnet werden muß.

Hormonelle Verhütung durch die »Pille«

In Deutschland werden hormonelle Verhütungsmittel – hauptsächlich wegen ihrer hohen Zuverlässigkeit (Pearl-Index 1) – von 30 % der Frauen benutzt. Eine Vielzahl von »Pillen« ist auf dem Markt, der Wirkmechanismus ist jedoch bei allen Präparaten derselbe: Die täglich von außen zugeführten Sexualhormone Östrogen und Progesteron hemmen die Ausschüttung von Hormonen aus der Hirnanhangdrüse (Hypophyse), wodurch der Eisprung (Ovulation) unterdrückt wird. Neben diesem Effekt verändern die Ovulationshemmer auch den Gebärmutterschleim und behindern die Einnistung des befruchteten Eies. Verschiedene Kombinationen von Östrogen und Progesteron zielen darauf ab, die Zuführung der Hormone möglichst eng den natürlichen Hormonschwankungen der Frau anzugleichen.

Die nur im Notfall anzuwendende »Pille danach« wirkt, indem hohe Östrogendosen die Einnistung des befruchteten Eies in der Gebärmutterschleimhaut verhindern.

Mechanische und chemische Methoden

Spermienabtötende Salben und Vaginalspülungen sind – allein angewandt – ähnlich unsicher wie Kondome (Pearl-Index 3–10). In Kombination erhöht sich die Zuverlässigkeit. Zudem besteht durch Kondome ein guter Schutz vor ansteckenden Krankheiten, darunter auch AIDS.

Das Diaphragma, eine vor dem Muttermund eingelegte Gummikappe, hat in Verbindung mit spermienabtötenden Salben einen Pearl-Index von 2–4. Noch sicherer sind Intrauterinpessare (»Spiralen«) mit einem Pearl-Index von 1,5–3. Die Pessare werden vom Arzt in die Gebärmut-

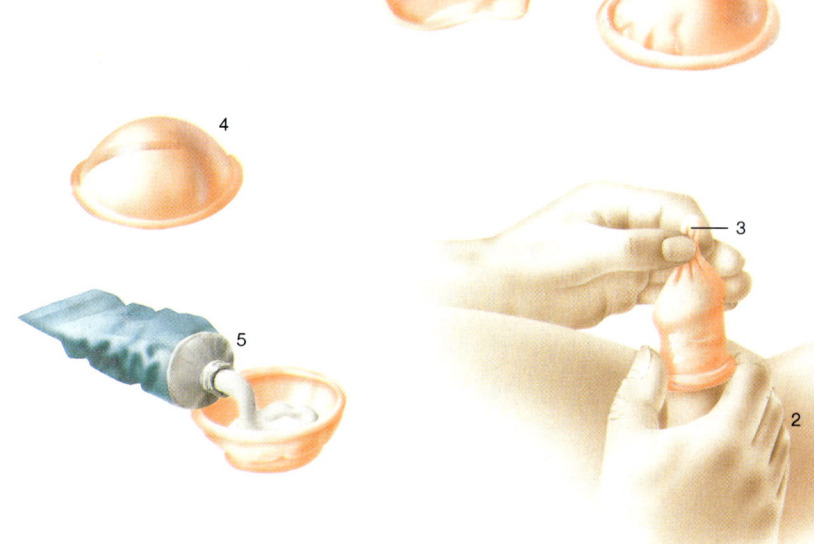

ter eingeführt und verändern durch Abgabe von Progesteron oder Kupfer Schleim und Schleimhaut der Gebärmutter, so daß sich kein Ei mehr einnisten kann.

Natürliche Methoden

Der unvollständig ausgeführte Geschlechtsverkehr stellt trotz seiner Unsicherheit (Pearl-Index 10–25) immer noch eine der häufigsten Verhütungsmethoden dar. Natürliche Verhütung ist weiterhin durch Beschränkung des sexuellen Verkehrs auf die unfruchtbaren Tage (Knaus-Ogino-Methode) möglich. Während diese Methode allein angewendet nur bei Frauen mit regelmäßigem Zyklus eine gewisse Sicherheit bietet, ist durch zusätzliche Beobachtung des Muttermundschleims, der in den fruchtbaren Tagen wässeriger als sonst ist, sowie durch Temperaturmessungen (Erhöhung nach dem Eisprung um 0,5 °C) natürliche Verhütung auch bei unregelmäßigem Zyklus möglich (Pearl-Index 1–3).

Verhütung durch Barrieren
Ⓐ *Die Barriere-Methoden verhindern das Eindringen des Spermas in die Gebärmutter. Die von Männern verwendeten Kondome (**1**) sind meist aus dünnem Gummi und werden über das erigierte Glied gezogen (**2**). Dabei bleibt an der Spitze ein Reservoir (**3**) übrig, das das Sperma aufnehmen kann. Nach dem Samenerguß muß der Mann das Kondom festhalten und das Glied vorsichtig aus der Scheide herausziehen, damit nicht doch noch Spermien in die Scheide gelangen. Kondome sind auch ein Schutz gegen Infektionen (Geschlechtskrankheiten, AIDS). Das Diaphragma (**4**) wird zur Erhöhung der Sicherheit mit einer spermaabtötenden Salbe bestrichen (**5**) und von der Frau mit der Hand in die Scheide eingeführt. Bei richtigem Sitz verschließt es den Muttermund und ragt noch etwas in die Scheide zurück (**6**). Das Diaphragma muß nach dem Geschlechtsverkehr noch sechs bis acht Stunden an Ort und Stelle bleiben, damit alle Spermien abgetötet werden können.*

Siehe auch: Weibliche Geschlechtsorgane, S. 304/305   Eisprung, S. 306/307   Männliche Geschlechtsorgane, S. 308/309

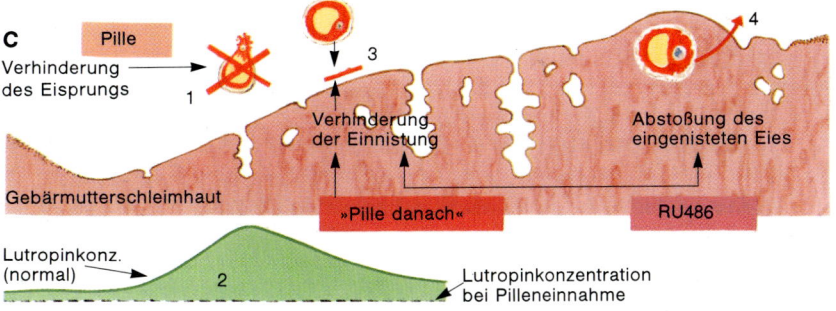

C

Pille

Verhinderung
des Eisprungs

1

3

4

Verhinderung
der Einnistung

Abstoßung des
eingenisteten Eies

Gebärmutterschleimhaut

»Pille danach«

RU486

Lutropinkonz.
(normal)

2

Lutropinkonzentration
bei Pilleneinnahme

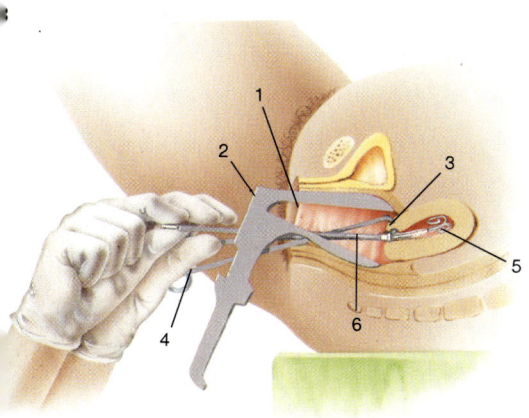

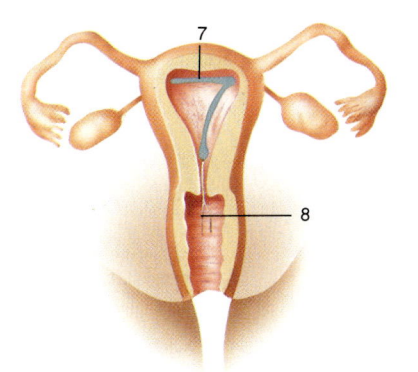

Verhütung durch Spiralen

Ⓑ Intrauterinpessare (»Spiralen«) verhindern in der Gebärmutter durch Abgabe von Kupfer oder Progesteron die Einnistung des befruchteten Eies. Zum Legen der Spirale wird die Scheide (1) mit dem Spekulum (2) geweitet und der Muttermund (3) mit der Kugelzange (4) etwas geöffnet. Nun wird die Spirale (5) durch ein Einführungsröhrchen (6) in die Gebärmutter geschoben, wo sie sich entfaltet (7). Die Fäden (8) der Spirale ragen durch den Muttermund in die Scheide und erlauben die Kontrolle ihres korrekten Sitzes. Spiralen eignen sich insbesondere für ältere Frauen, die schon geboren haben.

Hormonelle Verhütung

Ⓒ Neben der eigentlichen Anti-Baby-Pille gibt es noch weitere hormonelle Verhütungsmittel, die später eingreifen. Während die Hormone der Pille den Eisprung verhindern (1), indem sie die Ausschüttung des eisprungauslösenden Luteinisierenden Hormons (Lutropin) hemmen (2), wirkt die »Pille danach« erst nach der Befruchtung des Eies, indem ihre hohe Östrogendosis die Einnistung des Eies (3) in die Gebärmutterschleimhaut verhindert. Diese Pille sollte nur im Notfall (z. B. Versagen einer anderen Verhütungsmethode oder Vergewaltigung) angewendet werden. Das Präparat RU486 (»Abtreibungspille«) zählt nicht mehr zu den Verhütungsmitteln. Das Anti-Progesteron verhindert die Einnistung des befruchteten Eies oder sorgt bis zur 12. Schwangerschaftswoche für die Abstoßung eines bereits eingenisteten Eies (4).

Die Temperaturmethode

Ⓓ Bei der Temperaturmethode wird der Temperaturverlauf während des Monatszyklus gemessen. Nach dem Eisprung steigt die Körpertemperatur um etwa 0,5 °C. Zusätzlich können durch Beobachtung des Gebärmutterschleims die fruchtbaren Tage ermittelt werden. Sie umfassen den 9. bis 15. Zyklustag. Etwa zwei Tage nach dem Eisprung beginnen die sicher unfruchtbaren Tage.

D

Beispiel für einen 28-Tage-Zyklus-Kalender

Datum		7	8	9	10	11	12	13	14	15	16	17	18	19	20	21	22	23	24	25	26	27	28	29	30	1	2	3	4
Körpertemperatur in °C	37,4																												
	37,3													Tag des Temperaturanstiegs														
	37,2				unfruchtbar														sicher unfruchtbar										
	37,1											6 Tage																
	37,0																												
	36,9																												
	36,8																												
	36,7																												
	36,6														Eisprung														
	36,5																												
Zyklustag		1	2	3	4	5	6	7	8	9	10	11	12	13	14	15	16	17	18	19	20	21	22	23	24	25	26	27	28
Schleim										trocken	trocken	trocken	zäh/feucht	zäh/feucht	klar/feucht	zäh/feucht	glasig/naß	dehnbar/naß	trüb/feucht	trüb/feucht	zäh/feucht	trocken	trocken	trocken	trocken	trocken	trocken	trocken	
Blutung		•	•	•	•																								•

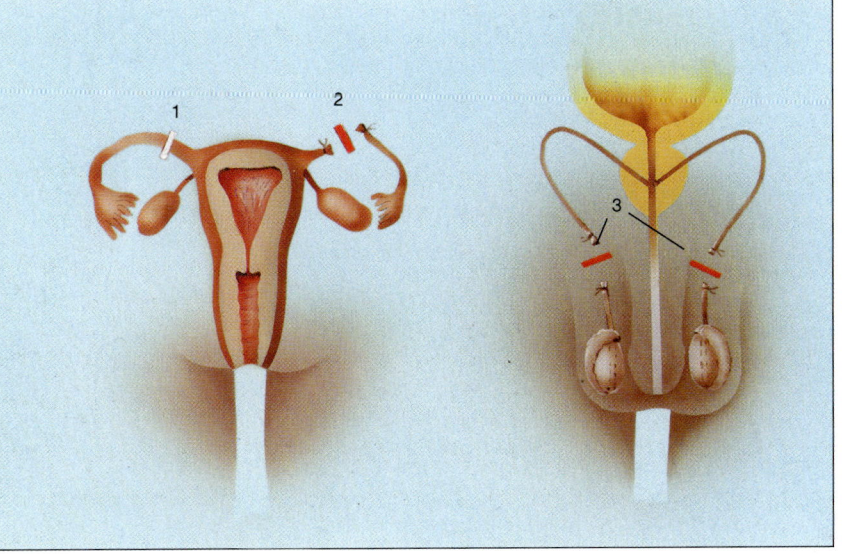

Sterilisation

Wenn Kinderwünsche verwirklicht oder nicht vorhanden sind oder wenn medizinische Gründe vorliegen, besteht für Mann und Frau die Möglichkeit, eine dauerhafte und endgültige Verhütungsmethode zu wählen: die Sterilisation. Bei der Frau werden – zumeist im Rahmen einer Bauchspiegelung – die Eileiter verklebt (1) oder durchtrennt (2). Die Sterilisation des Mannes (Vasektomie) erfolgt durch Unterbrechung des Samenleiters (3).

Obwohl der Eingriff risikoarm und die Verhütungsmethode nahezu sicher ist, können sich nur wenige Menschen dazu entschließen. Dies mag an der als definitiv empfundenen Entscheidung liegen, obwohl bei schonender Sterilisation eine Wiedererlangung der Fruchtbarkeit (Refertilisierung) durch eine erneute Operation möglich ist. Eine Sterilisation hat weder direkte Auswirkungen auf den Geschlechtstrieb, noch werden die sexuellen Funktionen und Empfindungen beeinträchtigt.

Befruchtung, S. 314/315   Unfruchtbarkeit, S. 316/317   Schwangerschaft, S. 318/319

Ein Ei und Millionen Spermien

Wie die Eizelle befruchtet wird und sich weiterentwickelt

Mehrere hundert Millionen Spermien gelangen beim Geschlechtsverkehr mit dem Samenerguß in den weiblichen Genitaltrakt. Nach dem langen Weg durch Gebärmutter und Eileiter kann von den übriggebliebenen 300 bis 500 Spermien nur eines die Eizelle befruchten. Hat sich die befruchtete Eizelle nach zahlreichen Zellteilungen als Keimling in der Gebärmutterschleimhaut eingenistet, entstehen bereits nach wenigen Entwicklungstagen Strukturen, aus denen sich die Organe des Embryos entwickeln. Damit die Ernährung des wachsenden Embryos sichergestellt wird, bildet sich der Mutterkuchen.

Nach dem Eisprung (Ovulation) ist die Eizelle nur wenige Stunden befruchtungsfähig. Da die Wanderung der Eizelle vom Eierstock zur Gebärmutter (Uterus) 5–6 Tage dauert, findet die Befruchtung zumeist innerhalb von 6–12 Stunden nach dem Eisprung im Eileiter statt. Kommt ein Spermium mit der Eizelle in Berührung, gibt seine Spitze (Akrosom) Enzyme frei. Diese zersetzen an einer Stelle die äußere, lockere Zellschicht (Reste des Eierstockfollikels) und die darunter liegende Zellmembran des Eies. Die Membranen von Spermienakrosom und Ei verschmelzen, so daß die Samenzelle in die Eizelle eindringen kann. Die Samenzelle schwillt zum männlichen Vorkern an, der mit dem Kern der Eizelle verschmilzt. Danach schließt sich die befruchtete Eizelle (Zygote) sofort gegen die restlichen anstürmenden Spermien ab: Die Eihülle wird undurchdringlich, und die Zygote beginnt sich zu teilen.

Die Geschlechtsbestimmung

Bereits in diesem Stadium ist das Geschlecht des neuen Menschenlebens festgelegt. Da während der Bildung der Geschlechtszellen der doppelte Chromosomensatz der Körperzellen halbiert wurde, ist auch nur noch ein geschlechtsbestimmendes Chromosom in jeder Keimzelle (Ei- und Samenzelle) vorhanden: Jede weibliche Eizelle weist nur noch ein X-Chromosom auf, männliche Zellen haben hingegen X- und Y-Chromosomen, so daß es Samenzellen mit einem X- und

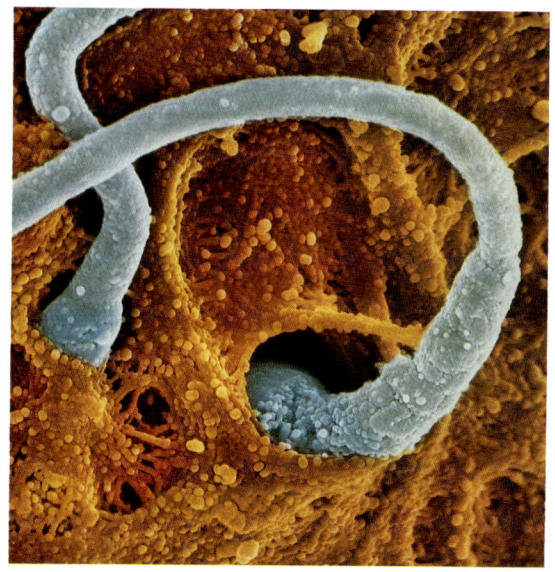

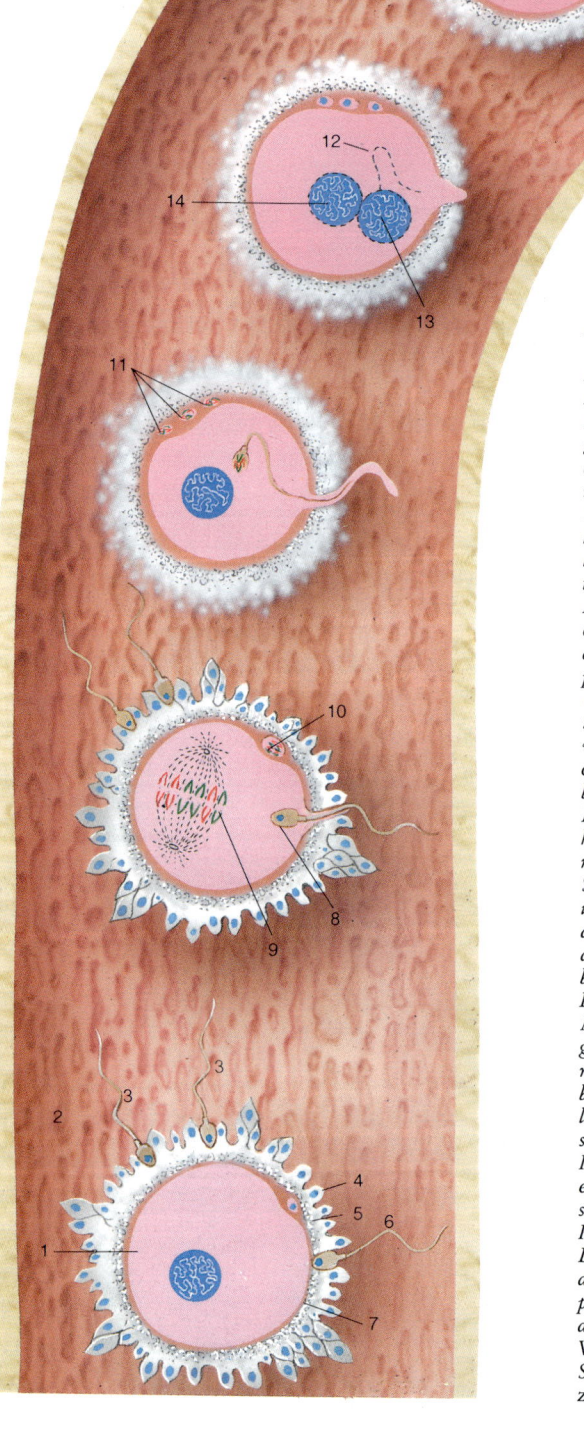

Befruchtung

Die Befruchtung der Eizelle (1) erfolgt innerhalb von 12 Stunden nach dem Eisprung im Eileiter (2). Einige hundert Spermien haben den Weg bis dahin geschafft und stürmen auf die Eizelle zu (3). Während mehrere Spermien die äußere Schicht aus restlichen Follikelzellen (4) durchdringen können (links: rasterelektronenmikroskopische Aufnahme), gelingt es nur einem Spermium, sich an der Glashaut, Zona pellucida (5), festzusetzen (6). Mit Enzymen, die die Spermienspitze freisetzt, wird erst die Zona pellucida, dann die Plasmamembran der Eizelle aufgelöst. Die Spermienmembran kann nun mit der Eizellenmembran verschmelzen (7), Spermienkopf, Mittelstück und Schwanzteil dringen in die Eizelle ein (8). Das Eindringen des Spermiums bewirkt zweierlei: Die Eizelle schottet sich durch Membranveränderungen gegen das Eindringen weiterer Spermien ab, und sie beginnt die zweite Reifeteilung (9), die mit der Abschnürung des zweiten Polkörpers endet. Auch der erste Polkörper (10) teilt sich, so daß schließlich drei Polkörper vorliegen (11). Diese bei der Reifeteilung der Eizelle abgeschnürten plasmaarmen Zellen degenerieren. Während Mittelstück und Schwanzteil des Spermiums zugrunde gehen (12),

Siehe auch: **Erbgut**, S. 300/301 **Weibliche Geschlechtsorgane**, S. 304/305 **Eisprung**, S. 306/307 **Samenreifung**, S. 310/311

16

18

17

19

20

21

22

Die Einnistung
Etwa am sechsten Tag nistet sich der nun Blastocyste genannte Keim in die Gebärmutterschleimhaut (Endometrium) ein. Dazu gibt der Trophoblast Enzyme ab, die das Epithel der Gebärmutterschleimhaut (19) auflösen und dem Keimling am sechsten Tag ein Eindringen in die Schleimhaut ermöglichen. Hat sich der Keimling in der Schleimhaut eingenistet, schließt sich das Epithel wieder (20). Um den zehnten Entwicklungstag beginnen in der Schleimhaut Blutgefäße (21) auf den Keimling zuzuwachsen: Der Mutterkuchen (Plazenta) entsteht. Der Mutterkuchen stellt sicher, daß der Keim während seiner weiteren Entwicklung ausreichend mit Nährstoffen versorgt wird. Aus Spalten im Trophoblasten bildet sich die Chorionhöhle (22), die später von der Fruchtblase ausgefüllt wird. Schließlich differenziert sich der

Embryoblast zur zweiblättrigen Keimscheibe. Aus dieser Keimscheibe entwickelt sich schließlich der Embryo, bei dem bereits in der dritten bis vierten Woche das Herz zu schlagen beginnt.

hwillt der Spermienkopf n und wird zum männli- en Vorkern (13). Er ver- hmilzt mit dem Kern der izelle (14) zum diploiden ygotenkern.

Die ersten Zellteilungen
urz nach der Befruchtung ird die erste Zellteilung er Zygote eingeleitet (15). Während der folgenden eilungen wandert der eimling zur Gebärmutter, o er etwa am vierten ag ankommt und das tzt mehrzellige Morula- tadium (16) erreicht. Durch indringen von Flüssigkeit erden die Zellen (Blasto- eren) auseinandergedrängt nd bilden ein Keimbläs- hen mit dem Embryo- lasten (17), aus dem sich päter der Embryo ent- vickelt, auf der einen und er anderen Seite. Letzterer ildet die Außenwand des eimbläschens und dient is zur Entstehung der lazenta der Ernährung es Keimlings.

olche mit einem Y-Chromosom gibt. Für die Geschlechtsbestimmung ist nun entscheidend, ob in X- oder ein Y-Spermium die Eizelle befruch- et. Finden bei der Kernverschmelzung ein müt- erliches X und ein väterliches X zusammen, ent- vickelt sich ein Mädchen, treffen X und Y auf- inander, entsteht ein Junge.

Reaktion des Körpers auf die Schwangerschaft
Die Schwangerschaft verursacht recht tiefgrei- ende hormonelle Umstellungen im Körper der rau. So sorgen z. B. einige Hormone dafür, daß as befruchtete Ei nicht abgestoßen wird. Pro- esteron, das vom Gelbkörper im Eierstock ge- ildet wird, signalisiert der Hirnanhangdrüse die estehende Schwangerschaft, damit die Absto- ung der Gebärmutterschleimhaut bei der Men- truation ausbleibt. Auch der Keimling gibt chon bald nach der Einnistung Hormone (Cho- iongonadotropin, β-HCG) in den mütterlichen lutkreislauf ab, deren Nachweis im mütter- ichen Harn Grundlage für den Schwanger- chaftstest ist.

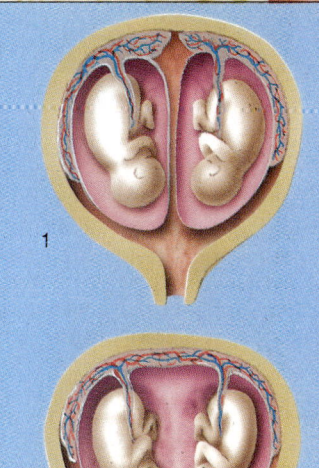

Wie entstehen Zwillinge?
Wenn die Eierstöcke zur Zeit des Eisprungs zwei Eier freisetzen – ein Ei aus jedem Eierstock oder zwei aus demselben –, so können auch zwei Eier befruchtet werden: Die Frau bekommt Zwillinge. Diese zweieiigen Zwillinge haben jeweils eine eigene Plazenta und Eihaut (1). Sie können unterschiedlichen Geschlechts sein und gleichen einander nicht mehr als Geschwister. Eineiige Zwillinge entstehen hingegen erst nach der Befruchtung. Der Keimling schnürt sich in diesem Falle in einem frühen Entwicklungsstadium durch und teilt sich in zwei identische Hälften. Beide werden von derselben Plazenta versorgt (2). Diese Zwillinge gleichen einander wie ein Ei dem anderen und sind immer gleichen Geschlechts.

Die Zwillingshäufigkeit beträgt 1–2 % der Geburten, Drillinge kommen nur bei etwa jeder 8 000. Geburt vor. Durch Hormonbehandlungen ist die Zahl der Mehrlingsgeburten leicht gestiegen.

1

2

Unfruchtbarkeit, S. 316/317   Schwangerschaft, S. 318/319

Wenn das Wunschkind ausbleibt

Was gegen die Unfruchtbarkeit bei Mann und Frau getan werden kann

Bei 10–20% aller Paare sind einer der Partner oder sogar beide durch organische Defekte oder psychische Probleme unfruchtbar, vielen von ihnen kann dennoch zum Kinderglück verholfen werden. Wenn alle Bemühungen erfolglos bleiben, ein Kind zu zeugen, finden ungewollt Kinderlose ihre letzte Hoffnung oftmals in den Methoden der Fortpflanzungsmedizin. Reagenzglasbefruchtung, künstliche Besamung, Leihmütter und Retortenbabys – für manche Paare der letzte Ausweg, für andere die Horrorvision einer bis in die letzten Intimbereiche durchtechnisierten Gesellschaft.

Noch heute halten sich die Vorurteile, daß an der Kinderlosigkeit eines Paares in erster Linie die Frau »schuld« sei. Inzwischen ist jedoch eindeutig bewiesen, daß die Ursachen der Unfruchtbarkeit (Infertilität/Sterilität) zu gleichen Teilen beim Mann und bei der Frau zu suchen sind. Bei einem Fünftel der Paare liegen die Gründe der Infertilität bei beiden Partnern zugleich. Geholfen werden kann häufig beiden, zuerst müssen allerdings die möglichen Ursachen der Unfruchtbarkeit abgeklärt werden, ein zumeist recht langwieriger Prozeß.

Beim Mann ist oftmals eine schlechte Samenqualität dafür verantwortlich, daß der Nachwuchs ausbleibt. Unter dem Mikroskop kann untersucht werden, wie viele Spermien in einer frischen Spermaprobe vorhanden sind, wie sie sich bewegen und ob viele der Spermien mißgebildet sind. Darüber hinaus können Mann und Frau auch gegen die Spermien des Mannes allergisch sein und Antikörper bilden. Dies ist durch einen Labortest nachweisbar. Abhilfe für die Probleme des Mannes schafft das künstliche Einbringen von Spermien in die Gebärmutter (Insemination), ein anderer neuer Weg ist die Injektion eines einzigen Spermiums direkt in das Ei. Für beide Methoden sind weniger funktionsfähige Spermien nötig als beim Geschlechtsverkehr; so haben nur noch wenige Männer tatsächlich als steril zu gelten.

Bei der Frau hat die Kinderlosigkeit in der Regel zwei Ursachen. Manchmal liegt eine Störung im Hormonhaushalt zugrunde, die dazu führt, daß der Eisprung ausbleibt. Durch eine einfache Hormonbehandlung kann die Hirnanhangsdrüse zur vermehrten Hormonausschüttung angeregt und damit der Eisprung (Ovulation) ausgelöst werden. Ein anderer häufiger Grund für die Unfruchtbarkeit der Frau ist eine Verklebung oder Beschädigung der Eileiter, zumeist ausgelöst durch vorausgegangene Entzündungen von Eierstock oder Eileiter (Adnexitis). Hier ist Abhilfe durch eine spezielle mikrochirurgische Operation möglich, während der die Durchgängigkeit der Eileiter wiederhergestellt wird – zu etwa einem Drittel sind diese Eingriffe erfolgreich.

Befruchtung im Reagenzglas

Sind die Störungen der Fruchtbarkeit so komplex, daß sie mit herkömmlichen hormonellen oder chirurgischen Methoden nicht zu beheben sind, bleibt als letzter Ausweg manchmal nur noch die künstliche Befruchtung im Reagenz-

glas. Mit der Geburt von Louise Brown begann 1978 die Ära der sogenannten Retortenbabys. Louise ist das erste durch In-vitro-Fertilisation gezeugte Baby. Obwohl es heute mehrere tausend Retortenbabys gibt, liegt die Erfolgsrate der Reagenzglasbefruchtung nur bei etwa 15 %, denn die Nachahmung der natürlichen Zeugung hat immer noch einige Schwachpunkte. Zuerst werden der Frau nach täglicher Hormonbehandlung zur Zeit des Eisprungs mehrere Eier abgesaugt. Sind die Eier reif und damit »brauchbar«, bringt der Arzt sie im Reagenzglas mit etwa 200 000 Samenzellen zusammen. Wenn sich im Glas (in vitro) ein befruchtetes Ei teilt, wird es am nächsten Tag mit etwas Nährlösung über einen Katheter in die Gebärmutter eingeführt. Danach bleibt abzuwarten, ob sich der Keimling aus dem Reagenzglas auch tatsächlich in der Gebärmutter einnistet. Denn erst wenn nach zwei Wochen die Monatsblutung ausbleibt, dürfen sich die Eltern Hoffnungen machen.

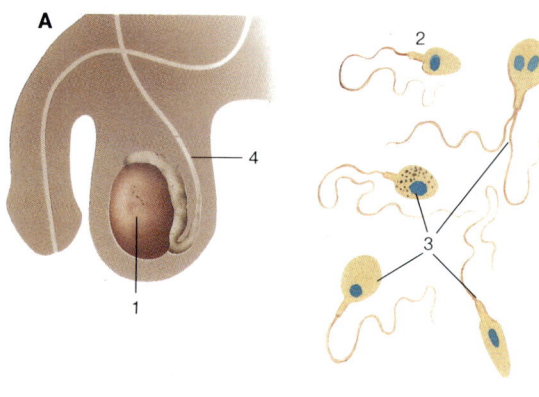

Fruchtbarkeitsprobleme bei Männern
Ⓐ *Fruchtbarkeitsprobleme betreffen zu 50% den Mann. Störungen bei der Spermienentstehung im Hoden (1) führen zu geringerer Zahl, zu mangelnder Beweglichkeit und häufigen Mißbildungen der Spermien (2, 3). Diese Fehlentwicklungen* erschweren oder verhindern eine Befruchtung. Auch eine Blockade im Samenleiter (4) kann Unfruchtbarkeit zur Folge haben.

Fruchtbarkeitsprobleme bei Frauen
Ⓑ *Bei der Frau gibt es folgende Gründe: In den Eierstöcken (1) können durch Hormonstörungen Eier nicht zur Befruchtungsfähigkeit gelangen, oder sie werden nicht oder nur in gestörten Zyklen freigegeben. Auch machen verklebte Eileiter (2, die Wanderung der Eier in die Gebärmutter unmöglich bzw. verhindern, daß Spermien in den Eileiter gelangen. Gutartige Tumore, Narbengewebe oder Formabweichungen der Gebärmutter (3) behindern die Wanderung der Spermien oder die Einnistung befruchteter Eier. Eine veränderte Beschaffenheit des Schleimpfropfes im Gebärmutterhals (4) läßt Spermien nicht lebend hindurch.*

Siehe auch: Weibliche Geschlechtsorgane, S. 304/305 Eisprung, S. 306/307 Samenreifung, S. 310/311

Silikonkappen als Spermareservoir

C *Um trotz blockierter Samenleiter Spermien gewinnen zu können, werden Silikonkappen (1) direkt am Nebenhoden (2) befestigt. In diesem Reservoir sammelt sich Sperma, das bei Bedarf (3) entnommen wird.*

Spermienaufbereitung trennt »Spreu vom Weizen«

D *Ist der Anteil an beweglichen Spermien zu gering, helfen Methoden der »Spermienaufbereitung«. Manchmal genügt es, das Sperma zu waschen und zu filtern. Auch lassen sich mittels einer Zentrifuge (1) starke Spermien von schwachen trennen. In einer Nährlösung schaffen es nur die kräftigen Spermien, gegen die Zentrifugalkraft anzuschwimmen. Diese befinden sich anschließend im oberen Teil des Röhrchens (2), während die schwachen Spermien nach unten getrieben werden (3).*

Die Mikroinjektion

F *Neu bei der künstlichen Befruchtung ist die Mikroinjektion. Dabei wird ein besonders ausgewähltes Spermium (1) mit Hilfe einer sehr feinen Nadel (2) direkt in die Eizelle (3) injiziert. Die Eizelle muß man dabei mit einer Pipette (4) festhalten. Die Erfolgsquote kann so verdreifacht werden.*

Künstliche Besamung

G *Eine einfache Methode ist die künstliche Besamung (Insemination). Können die Spermien nicht durch den Gebärmutterhals (1) gelangen, werden sie mittels einer Kanüle (2) direkt in die Gebärmutter (3) gebracht. Auch bei Samenspenden wird die Insemination angewendet.*

Befruchtung in der Retorte

E *Seit Ende der 1970er Jahre wird kinderlosen Paaren auch durch die künstliche Befruchtung in der Retorte (In-vitro-Fertilisation) geholfen. Dabei werden der Frau befruchtungsfähige Eier aus den Eierstöcken abgesaugt. Die Eier kommen in einer Petrischale (1) oder in einem Reagenzglas mit Spermien zusammen. Nach erfolgter Befruchtung werden meist mehrere schon mehrzellige Keimlinge in die Gebärmutter eingebracht. Die Bezeichnung »Retortenbaby« ist insofern irreführend, als nur die Befruchtung – nicht aber die Schwangerschaft – in der Retorte stattfindet.*

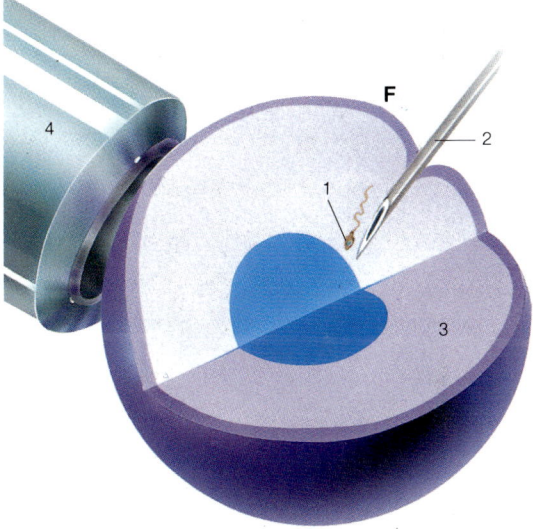

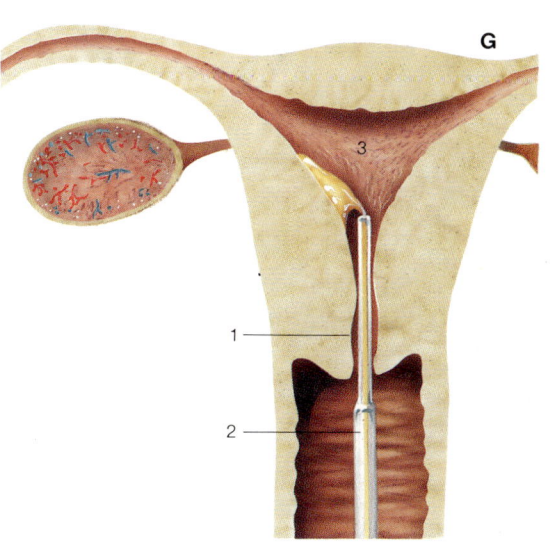

Leihmütter – ein Kind mit zwei Müttern

Für Frauen, die in ihrer Gebärmutter kein Kind austragen können, gibt es eine sehr umstrittene Möglichkeit, doch noch zum ersehnten Nachwuchs zu kommen: die bezahlte »Leihmutter«. Dabei wird der Leihmutter die im Reagenzglas befruchtete Eizelle der biologischen Eltern in die Gebärmutter eingeführt. Neun Monate lang trägt die Leihmutter das Kind fremder Eltern. Neben ethischen und moralischen Vorbehalten gegenüber der Leihmutterschaft bereitet diese auch viele juristische Probleme. Das übliche Recht, daß eine Frau, die ein Kind gebärt, auch alle Rechte und Pflichten ihm gegenüber hat, wäre auf Leihmütter nicht anwendbar. So ist aus diesen und anderen Gründen in den meisten Ländern die Leihmutterschaft verboten, in anderen Staaten haben fehlende Gesetze eine Grauzone zwischen Babyverkauf, »Ersatzbrüterinnen« und Nachhilfe für die Schöpfung entstehen lassen.

Empfängnisverhütung, S. 312/313   Befruchtung, S. 314/315

Wie aus undifferenzierten Zellen ein Mensch wird

Das Erlebnis der Schwangerschaft

Die frühe Phase einer Schwangerschaft verläuft für die künftige Mutter meist unbemerkt, obwohl in ihrem Körper bereits neues Leben keimt. Erst wenn die Monatsblutung ausbleibt, ahnt sie, was »passiert« ist. Während der ersten Wochen machen Hormonumstellungen, Übelkeit und Gereiztheit der Schwangeren oftmals zu schaffen. Gerade in dieser Zeit entwickelt sich aus wenigen Zellen ein mit allen Organanlagen versehener Embryo, der in den folgenden Monaten als Fetus noch beachtlich wächst. Jetzt sollte die Frau besonders darauf achten, sich gesund zu ernähren und ihrem Körper ausreichend Ruhe zu gönnen.

Debatten über Retortenbabys, künstliche Befruchtung und Abtreibung haben die Frage nach dem Lebensbeginn ins öffentliche Interesse gerückt. Die Antwort ist nicht eindeutig: Manche halten die Befruchtung, das Eindringen des Spermiums in das Ei, für den Anfang neuen Lebens. Andere behaupten, Leben beginnt mit der Einnistung des Eis in der Gebärmutter, also etwa am sechsten bis siebten Tag. Eine weitere Theorie setzt den Lebensbeginn erst dann an, wenn der Embryo etwas fühlen kann, d. h. mit der Ausbildung des Nervensystems drei bis vier Wochen nach der Befruchtung.

Der Zeitpunkt, zu dem die Frau merkt, daß sie werdendes Leben in sich trägt, ist sehr variabel. Manche Frauen geben an, »sofort« gespürt zu haben, daß sie schwanger sind. Bei anderen, insbesondere mit sehr unregelmäßigem Monatszyklus, stellt sich das Schwangerschaftsgefühl erst nach zwei oder gar drei Monaten ein.

Gerade in den ersten drei Monaten entwickelt sich in rascher Abfolge aus einem undifferenzierten Zellhaufen ein mit allen Organanlagen ausgestatteter Embryo, der für Schädigungen und Gifte besonders anfällig ist. Während der ersten vier Wochen bilden sich aus dem äußeren Keimblatt (Ektoderm) Gehirn, Nerven und die Zellen der Sinnesorgane sowie die Haut mitsamt Haaren und Nägeln. Das mittlere Keimblatt (Mesoderm) wird zu Knorpel, Knochen, Muskeln und Bindegewebe sowie zu Herz, Nieren, Keimdrüsen und Blutzellen. Vom inneren Keimblatt (Entoderm) leiten sich die Schleimhäute und Innenwände von Leber, Harntrakt und Atemwegen ab. In der vierten bis achten Woche bilden sich Arme und Beine. Das Anfang der 60er Jahre verbreitete Schlafmittel »Contergan« unterbrach in dieser Phase die Entwicklung, so daß Kinder mit verstümmelten Gliedmaßen auf die Welt kamen. Im dritten Monat differenzieren sich Augen und Ohren, und auch das Geschlecht ist bereits erkennbar. Obwohl der Embryo nach drei Monaten erst daumengroß ist, ist schon »alles dran«. In den restlichen sechs Monaten bis zur Geburt muß er als Fetus »nur noch« siebenmal länger und hundertmal schwerer werden.

Risiken für das Ungeborene – oft vermeidbar

Um Nahrung und Sauerstoff zu bekommen, ist der Embryo über die Nabelschnur und den Mutterkuchen (Plazenta) direkt mit dem Blutkreislauf der Mutter verbunden. Obwohl die Plazenta einige Verunreinigungen abfiltern kann, gelangen manche Schadstoffe in den Kreislauf des

Zweite Woche: Die Entwicklung der Organanlagen
Ⓐ *Am Ende der zweiten Schwangerschaftswoche hat sich der Embryoblast zur Keimscheibe mit zwei Keimblättern (Ento-, 1, und Ektoderm, 2) entwickelt. Der Ektoderm bildet nun die Amnionhöhle (3), im Entoderm entwickelt sich der*

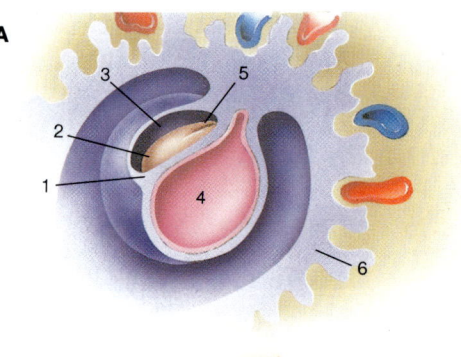

Dottersack (4). In den folgenden Tagen entsteht im Ektoderm die Primitivrinne (5), in die Zellen einwandern, die das dritte Keimblatt, das Mesoderm, bilden. Aus den Keimblättern entstehen die Organanlagen. Die äußere Schicht der Keimblase bildet die Zottenhaut (Chorion, 6), deren Zotten später vom mütterlichen Blut umspült werden und so den Stoffaustausch zwischen Mutter und Fetus durch die Nabelschnur ermöglichen.

Dritte Woche: Bildung von Gehirn und Rückenmark
Ⓑ *Gegen Ende der dritten Woche entsteht im Ektoderm die Neuralrinne (1), die später zum Neuralrohr wird, das Gehirn und Rückenmark bildet. Der Dottersack (2) hat sich vergrößert, und die Amnionhöhle (3) wird zur Fruchtblase.*

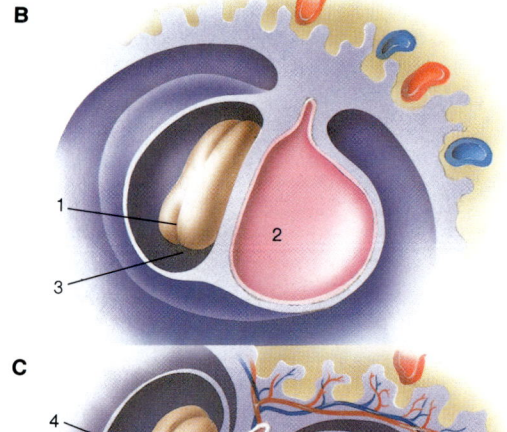

Vierte Woche: Das Herz beginnt zu schlagen
Ⓒ *Im Mesoderm bilden sich Anfang der vierten Woche 40 Ursegmente (1) und die Herzanlage heraus, das primitive, ungekammerte Herz beginnt zu schlagen. Der Dottersack (2) faltet sich ein und bildet im Haftstiel (3), der späteren Nabelschnur, den Harnsack (Allantois, 4). Der Dottersack liefert außerdem Blutzellen und die Urkeimzellen, die sich im weiblichen Fetus schon bis zur Geburt zu Ei-Mutterzellen entwickelt haben. Aus dem Ektoderm differenzieren sich außer der Gehirnanlage (5) auch Oberhaut und Sinnesorgane.*

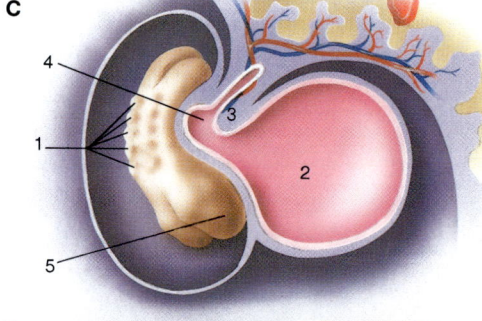

12. Woche

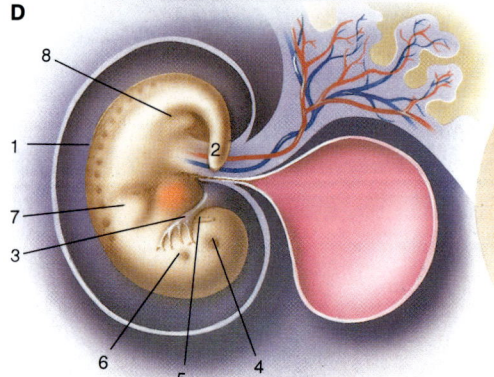

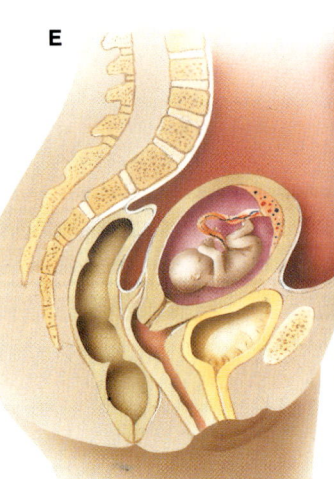

Siehe auch: Blutkreislauf, S. 250/251   Genomanalyse und Gentherapie, S. 302/303   Befruchtung, S. 314/315

Vierte bis achte Woche: Vom Embryo zum Fetus

D Am Ende der vierten Woche werden aus 32–33 der Ursegmente Wirbel (1), die übrigen formen anfangs den Schwanz (2), der sich allmählich zurückbildet. Im Halsbereich entstehen Kiemenbögen (3), aus denen sich Unterkiefer, Gehörknöchelchen, Hals- und Gesichtsgefäße entwickeln. Auch die paarig angelegten Linsengruben (4), die späteren Augen, Nasengruben (5) und Gehörbläschen (6) sind jetzt ebenso zu erkennen wie Arm- (7) und Beinknospen (8). Von außen nicht erkennbar, entwickeln sich aus dem Entoderm die Schleimhäute und Innenwände von Verdauungs- und Atmungstrakt sowie Leber und Bauchspeicheldrüse. Am Ende des zweiten Monats haben sich alle Organanlagen differenziert, der Embryo ist zum Fetus geworden.

Größenwachstum in der Fetalperiode

E Nach zwölf Wochen mißt der Fetus 7,5 cm. Wenn die Mutter nach 20 Wochen das erste Mal die Bewegungen des Babys spürt, hat es bereits eine Größe von 20 cm. Etwa in der 28. Woche öffnet der dann ca. 36 cm große Fetus die Augen. Die Gebärmutter verdrängt die Organe im Bauchraum (1) und drückt auf die Blase (2). In der 40. Woche senkt sich die Gebärmutter, der Kopf des Kindes schiebt sich in den Beckenraum. Die Geburt steht kurz bevor.

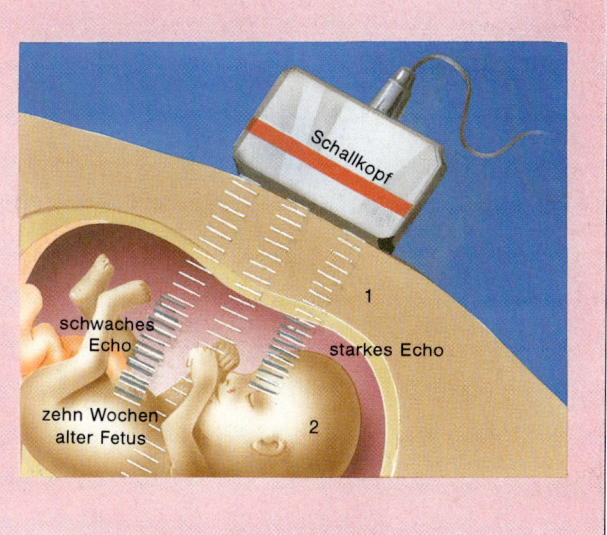

Ultraschall

Bereits nach fünf Wochen können die werdenden Eltern die ersten Bilder von ihrem zukünftigen Nachwuchs sehen – und das ohne Gefahren für Mutter und Kind. Hochfrequente Schallwellen (1) dringen durch den Körper und werden wie ein Echo zurückgeworfen, wenn sie auf Gewebe treffen (2). Das aus dem Echo aufgebaute Bild vermittelt schon früh Informationen über Lage und Form des Embryos und der Plazenta. Später sind dann Herzschläge und Körperbewegungen zu erkennen, auch die Frage »Junge oder Mädchen« läßt sich nach fünf Monaten oftmals klären. In der 16.–18. Woche wird in vielen Ländern eine Ultraschalluntersuchung angeboten: Anhand von Längenmessungen kann die bisherige Schwangerschaftsdauer bestimmt werden. Sind gravierende Mißbildungen erkennbar, kommt die schwerwiegende Frage eines Schwangerschaftsabbruchs auf die Eltern zu.

Schallkopf

schwaches Echo

starkes Echo

zehn Wochen alter Fetus

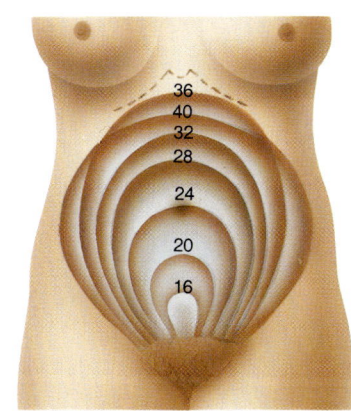

F

36
40
32
28
24
20
16

Das Wachstum der Gebärmutter

F Auch von vorne betrachtet, läßt sich das Wachstum der Gebärmutter zeigen: Ist sie in der 16. Woche kaum vergrößert, nimmt sie in der 36. Woche fast den gesamten Bauchraum ein. Erst kurz vor der Geburt senkt sie sich.

Embryos und können dort dauerhafte Schäden anrichten. Deshalb sollten Schwangere mit Medikamenten besonders vorsichtig sein. Eine Dosis, die die Mutter kaum spürt, kann für den Embryo schon gefährlich werden. Sehr schädlich sind Alkohol und Nicotin. Kinder von Alkoholikern sind häufiger mißgebildet, insbesondere Schädigungen der Augen kommen vermehrt vor. Rauchen beeinträchtigt die Entwicklung des Embryos, weil dadurch die Sauerstoffzufuhr über die Nabelschnur vermindert wird; Neugeborene von Raucherinnen sind oft klein und untergewichtig, zum Teil sogar behindert.

Manchmal verändern Chromosomenschäden die Entwicklung des Embryos. Der häufigste Defekt ist das Down-Syndrom, bei dem das Chromosom 21 nicht doppelt, sondern dreifach (Trisomie) vorhanden ist. Die geistige Entwicklung dieser Kinder zumeist älterer Mütter ist gestört, ihr typischer Gesichtsausdruck (»Mongolismus«) leicht wahrzunehmen.

20. Woche

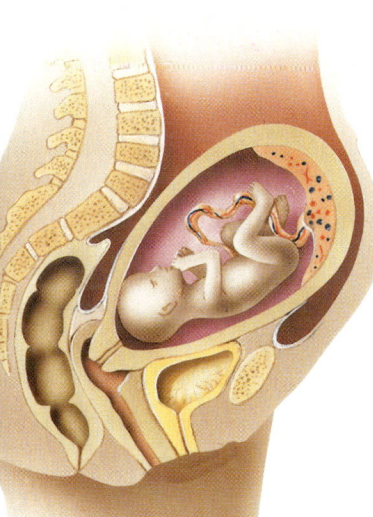

28. Woche

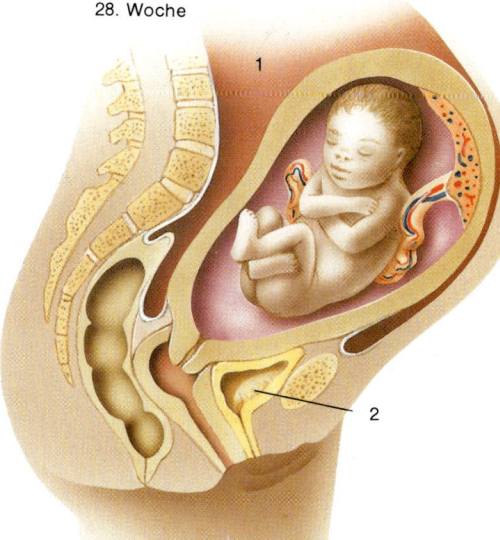

40. Woche

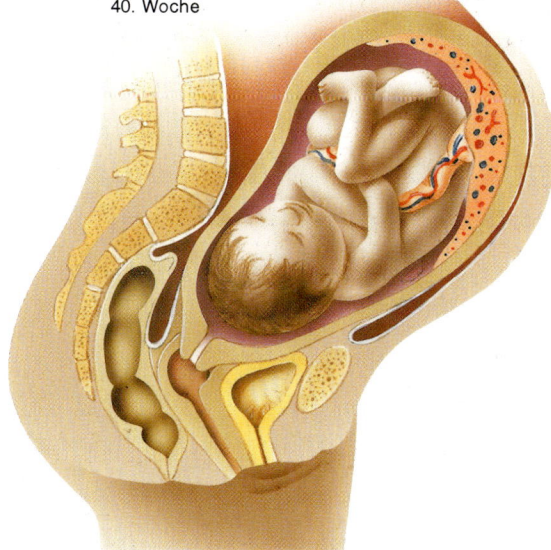

Geburt und Geburtshilfe, S. 320/321   Vom Kind zum Erwachsenen, S. 322/323   Chemikalien, S. 378/379   Ultraschall in der Medizin, S. 474/475

Ein Kind wird geboren

Ablauf und Stationen einer Geburt

Während sich ab Mitte der 60er Jahre die »programmierte Geburt«, eine Einleitung der Geburt mit Wehentropf und manueller Eröffnung der Fruchtblase, an den Krankenhäusern durchzusetzen begann, geht heute der Trend wieder zur »natürlichen Geburt«. Diese Umorientierung wurde durch die Theorien der »Sanften Geburt« von Frédéric Leboyer und Michel Odent sowie die Frauengesundheitsbewegung ausgelöst. Danach sollten Eingriffe in den Geburtsablauf nur so weit wie nötig vorgenommen werden, im Vordergrund steht weniger die Technik als vielmehr die Frau, die ihr Kind zur Welt bringt.

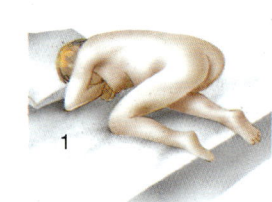

Die normale Schwangerschaftsdauer beträgt ca. neun Kalendermonate, vom Beginn der letzten Regelblutung an gerechnet. Vor Ende der 36. Schwangerschaftswoche spricht man von einer Frühgeburt, was eine längere Mutterschutzfrist zur Folge hat, ab 14 Tagen nach dem errechneten Termin von einer Übertragung.

Am Ende der Schwangerschaft ist die Gebärmutter mit etwa 1 kg Gewicht der größte Muskel im Körper und durch die Schwangerschafts- und Senkwehen gut trainiert für die Geburtsarbeit. In vielen Fällen ist dies der Zeitpunkt, zu dem der Schleimpfropf abgeht, der in den zurückliegenden Monaten den Muttermund verschlossen und damit das Kind vor Infektionen geschützt hat.

Die Anzeichen für die Geburt selbst können ganz unterschiedlich sein: zunehmende Wehentätigkeit, bei manchen Frauen Verhaltensstörungen wie Arbeitswut, bei anderen Durchfall als Folge der vermehrten Aktivität im Bauchraum. Bei wiederum anderen reißt als erstes die Fruchtblase ein, und Fruchtwasser geht tröpfelnd oder im Schwall ab.

Bei einer Frau, die ihr erstes Kind bekommt, wird mit einer Geburtsdauer von acht bis zwölf Stunden gerechnet, ausgehend von regelmäßigen, kräftigen Wehen (d. h. alle drei bis fünf Minuten). Die Wirkungsweise der Wehen ist dem Überstreifen eines Rollkragenpullovers vergleichbar: Die Gebärmutter beginnt sich am oberen Rand (Fundus) zusammenzuziehen und drückt dadurch das Kind in Richtung Muttermund. Der Teil des Kindes, der »vorangeht«, also in den meisten Fällen der Kopf, dehnt den Muttermund. Gleichzeitig sorgen die wellenförmigen Kontraktionen der Gebärmutter dafür, daß sich der Muttermund über den Kopf des Kindes zurückzieht.

Von der Eröffnungsphase zur Nachgeburt

Das Zurückziehen des Muttermundes über den Kopf wird Eröffnungsphase genannt und ist beendet, wenn der Muttermund ganz »verstrichen«, d. h. ca. 10 cm eröffnet und nicht mehr neben dem Kopf zu tasten ist. In dieser Phase der Geburt wirkt es sich positiv aus, wenn die Frau umhergeht und allgemein aufrechte Positionen einnimmt, da so die Schwerkraft die Geburt unterstützen kann. Bei manchen Geburten kommt es zu einer längeren Übergangsphase, und zwar dann, wenn der Muttermund noch nicht ganz geöffnet ist, aber bereits Preßdrang besteht, weil der Kopf schon relativ weit auf seinem Weg durch das Becken gekommen ist.

Die Gebärhaltung der Frau

Ⓐ Die »klassische« Rückenlage wird heute als ungünstig angesehen, weil dabei auf die Schwerkraft verzichtet wird: Die Geburt dauert länger und ist schmerzhafter, da die Wehen weniger wirksam sind. Außerdem drückt die Gebärmutter in dieser Position die großen

von der Seite

von vorne

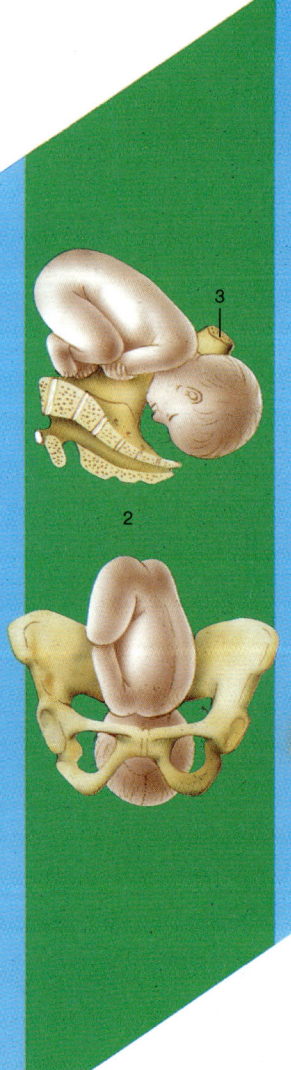

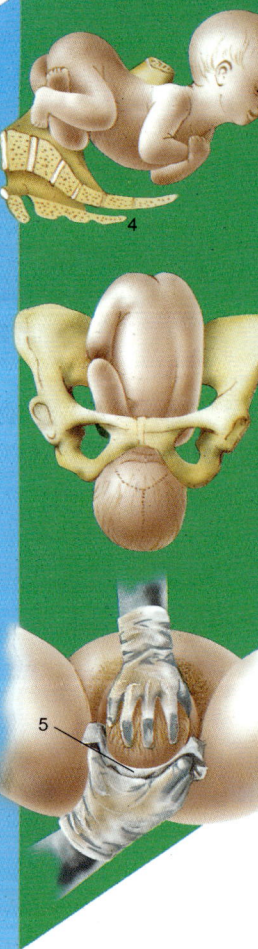

Die Phasen der Geburt

Ⓑ Die schwierigste Geburtsphase ist der Durchtritt des Kindes durch den vom Becken begrenzten Geburtskanal. Nach der Eröffnungsphase, in der die Kontraktionen der Gebärmutter (Wehen) das

Siehe auch: **Blutgruppen**, S. 260/261

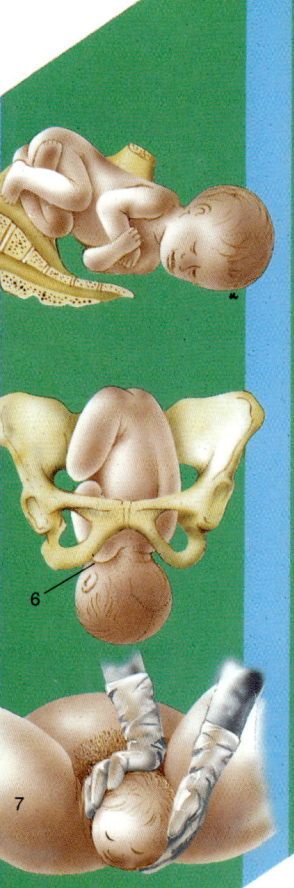

Blutgefäße ab. Knie-Ellenbogen-Lage (1), unterstützte Hocke (2) und die halbsitzende Stellung (3) erleichtern die Geburt ebenso wie die häufig praktizierte Seitenlage.

von außen

äußere Drehung des Kopfes, wenn sich die in die Beckenhöhle eingetretenen Schul-

Kind zum Muttermund gedrückt haben, tritt der Kopf seitlich in das Becken und dann schräg durch die Beckenhöhle (1). Dann beginnt die Austrittsbewegung, bei der sich der Kopf mit dem Gesicht nach hinten dreht (2), um aus dem Geburtskanal austreten zu können. Dazu muß er sich um die Schamfuge (3) herum bewegen. Bei der Geburt des Kopfes (4) gehen nacheinander Hinterhaupt, Vorderhaupt, Stirn und Gesicht über den Damm (5), der von der Hebamme unterstützt wird, damit er nicht reißt. In der nächsten Phase der Geburt beginnt die

tern (6) drehen und dabei der Kopf »mitgenommen« wird. Die Hebamme kann diesen Vorgang (7) unterstützen. Jetzt wird die schamfugenwärts gelegene Schulter geboren (8). Der Kopf hat sich nun ganz zur Seite gedreht (9) und die hintere Schulter sowie der übrige Körper werden geboren (10). Die

Nabelschnur wird an beiden Seiten abgebunden (11) und durchtrennt.

Die Nachgeburt

C *Die Geburt ist mit der Ausstoßung der Nachgeburt vollendet. Dabei löst sich der Mutterkuchen (Plazenta, 1) von der Gebärmutter. Im Normalfall ziehen sich die gerissenen Blutgefäße der Gebärmutter zusammen, so daß es zu keiner stärkeren Blutung kommt.*

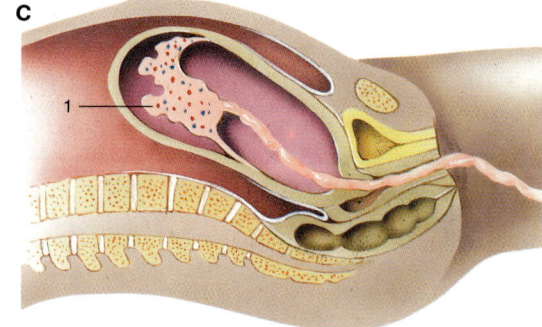

Die eigentliche Geburt des Kindes wird als Austreibungsphase bezeichnet. In dieser Phase hilft die Frau durch aktives Mitpressen während der Wehen ihrem Baby aus dem Geburtskanal, der Scheide, hinaus ins Leben. Auch hier können aufrechte Stellungen die Geburtsarbeit erleichtern. Erst wenn der Mutterkuchen (Plazenta) vollständig ausgestoßen ist, also etwa 10 bis 30 Minuten nach dem Kind, gilt die Geburt als abgeschlossen.

Heute gibt es – neben der klassischen Geburt im Krankenhaus mit dem daran anschließenden stationären Aufenthalt über mehrere Tage – auch die Möglichkeit einer ambulanten Geburt, bei der die Familie einige Stunden später wieder nach Hause geht und dort von einer Hebamme betreut wird. Außerdem erfreut sich die Hausgeburt wieder zunehmender Beliebtheit. Auch die Zahl der Geburtshäuser, die u. a. durch ihre familiäre Atmosphäre in vielen Fällen eine gute Alternative zur Klinik darstellen, wächst stetig.

Kaiserschnitt

Ist der natürliche Weg durch den Geburtskanal nicht möglich, muß das Kind durch Kaiserschnitt (Sectio caesarea) geboren werden. Das kann sich erst bei der Geburt ergeben – wenn sich abzeichnet, daß der Kopf nicht durch das Becken paßt, oder wenn plötzlich auftretende starke Blutungen oder schwache kindliche Herztöne ein schnelles Eingreifen vom Arzt erfordern. Bei Quer- oder Schräglagen oder auch bei Mehrlingen bleibt häufig nur der Weg eines geplanten Kaiserschnittes. Steißlagen (Kind aufrecht) können allerdings auch vaginal geboren werden. Beim Kaiserschnitt wird der Hautschnitt heute waagerecht ausgeführt, so daß die Narbe später kaum noch zu sehen ist. Statt in Vollnarkose kann der Eingriff auch unter örtlicher Betäubung (Periduralanästhesie, PDA) durchgeführt werden. Dadurch ist die Mutter bei Bewußtsein, kann also die Geburt ihres Kindes miterleben, und es treten weniger Nachwirkungen als bei Vollnarkose auf.

Weibliche Geschlechtsorgane, S. 304/305   Schwangerschaft, S. 318/319   Nebennieren und Geschlechtsdrüsen, S. 330/331

Faszination des Wachstums

Die Entwicklung vom Kind zum Erwachsenen

Durchschnittlich 20 Jahre dauert die Entwicklung vom Neugeborenen zum Erwachsenen. Der körperliche und geistige Reifungsprozeß, der sich in mehreren Abschnitten vollzieht, nimmt damit nahezu ein Viertel der gesamten Lebensspanne des Menschen in Anspruch und steht in engem Zusammenhang mit den Leistungen seines hochentwickelten Gehirns. Parallel zu den körperlichen Veränderungen durchlaufen die Heranwachsenden Phasen seelischer Umbrüche, in denen eine kritische Auseinandersetzung mit der Umwelt stattfindet und sich die individuelle Persönlichkeit herausbildet.

Der Mensch ist innerhalb der Säugetiere die Art mit der höchsten Lebenserwartung und benötigt von allen Lebewesen die längste körperliche Entwicklungszeit. Der Umstand, daß wir Menschen gut 50 Jahre über die Geschlechtsreife hinaus leben und im Durchschnitt ein Alter von etwa 75 Jahren erreichen, hängt aus evolutionärer Sicht mit unserer Intelligenz und unserer nahezu unerschöpflichen Lernfähigkeit zusammen. Da wir uns nicht wie die Tiere hauptsächlich durch instinktive Verhaltensweisen mit unserer Umwelt auseinandersetzen, sondern das Rüstzeug für den Kampf ums Überleben erst mühsam durch Lernen erwerben müssen, benötigen wir eine entsprechend lange Kindheit und Jugend. Die Intelligenz und die Fähigkeit zu lernen ermöglichen dem Menschen andererseits ein zeitlebens hohes Maß an Anpassungsfähigkeit.

Gene und Umwelt bestimmen den Menschen

Für die Steuerung des Wachstums und der körperlichen Reifung, die sich in mehreren Abschnitten vollzieht, ist in erster Linie die genetische Information der DNS verantwortlich. Insbesondere Hormone wie das Wachstumshormon Somatotropin (STH) und das Schilddrüsenhormon T3 übernehmen hier eine wichtige Funktion. Daneben spielen aber auch äußere Faktoren wie Ernährung, Krankheiten und Schadstoffbelastung eine wichtige Rolle.

Die geistige und seelische Entwicklung eines Menschen wird darüber hinaus entscheidend durch sein soziales Umfeld geprägt. In diesem Zusammenhang sind eineiige Zwillinge, die unter unterschiedlichen Lebensbedingungen aufwachsen, für viele Wissenschaftler von besonderem Interesse. Aufgrund der genetischen Identität eineiiger Zwillinge läßt sich sehr gut zeigen, welche Fähigkeiten und Eigenschaften anlagebedingt und welche auf die Umwelt zurückzuführen sind.

Das Wachstum verläuft in mehreren Phasen

Ein Neugeborenes mißt im Durchschnitt 52 cm vom Scheitel bis zur Ferse bei einem Gewicht von etwa 3500 g. Es besitzt 350 Knochen – 144 mehr als ein Erwachsener –, die erst im Laufe der Jahre zu den rund 206 Knochenelementen des ausgereiften Skeletts verschmelzen. Auch die Wirbelsäule, die bei der Geburt eine eher stabförmige Form besitzt, erhält erst später ihre charakteristische Krümmung.

Das Wachstum verläuft nicht kontinuierlich, sondern es wechseln Phasen verstärkter Massen-

Wachstum und Reifung
Die Entwicklung des Menschen von der Geburt bis zum Erwachsenen vollzieht sich in mehr oder weniger deutlich voneinander abgrenzbaren Lebensabschnitten: Säuglingsalter, Kleinkindalter, Pubertät und Jugendalter (1). Im Säuglingsalter ist die Ausbildung der Bewegungsmotorik gut zu beobachten. So kann das Kleinkind in der Regel mit 18 Monaten selbständig gehen (2). Während des Wachstums verändern sich die Proportionen des Körpers ganz erheblich. So nimmt der Kopf beim Neugeborenen noch ein Viertel der gesamten Körperlänge ein, beim Erwachsenen dagegen nur noch ein Achtel (3). Die Wachstumsgeschwindigkeit ist nicht immer gleich und wird nach Beendigung des Knochenwachstums etwa zwischen dem 16. und 19. Lebensjahr eingestellt (4).

Pubertät
Während der Kindheit gleichen sich Jungen und Mädchen im Körperbau oft erstaunlich und lassen sich manchmal nur anhand der äußeren Geschlechtsorgane,

der primären Geschlechtsmerkmale, unterscheiden. Mit der Geschlechtsreife (Pubertät, 5), die bei Mädchen mit ungefähr elf Jahren, bei Jungen etwa mit zwölf Jahren beginnt und die durch zentralnervöse Vorgänge ausgelöst wird, kommt es unter dem Einfluß der Geschlechtshormone zur Ausprägung der typischen männlichen und weiblichen sekundären Geschlechtsmerkmale. Beim heranwachsenden Mann wird der gesamte Körper muskulöser, die Schultern verbreitern sich, die Gesichtszüge werden kantiger, und es wachsen die ersten Barthaare. Die gesamte Körperbehaarung verstärkt sich, insbesondere in der Schamregion und im Achselbereich, manchmal auch auf Brust und Bauch. Die äußeren Geschlechtsorgane nehmen an Umfang und Pigmentierung zu, und in den Hoden werden die ersten Samenzellen gebildet. Auch Kehlkopf und Stimmbänder vergrößern sich, so daß sich die Stimmlage langsam vertieft (»Stimmbruch«). Bei der heranreifenden Frau wird das gesamte Erscheinungsbild dagegen weicher und rundlicher. Die Brüste beginnen zu wachsen, die Hüften werden breiter, und die Schultern runden sich. Die Körperbehaarung nimmt lediglich in Form der Scham- und Achselbehaarung zu. Die Gebärmutter und die äußeren Geschlechtsorgane werden größer. In den Eierstöcken reifen die ersten Eizellen heran, und die Monatsblutungen

zunahme (Dickenwachstum oder »Fülle«) mit Abschnitten überwiegenden Längenwachstums (Streckung) ab.

Zwischen dem fünften und siebten Lebensjahr kommt es zu einem ersten Gestaltwandel, in dessen Verlauf sich das noch rundliche Kleinkind zum schlankeren Schulkind entwickelt. Neben dem beginnenden Zahnwechsel bilden sich in dieser Zeit vor allem die individuellen Gesichtszüge verstärkt heraus.

Der zweite Gestaltwandel, der bei Jungen etwa mit zwölf Jahren, bei Mädchen meist ein Jahr früher einsetzt, ist gleichzeitig der Beginn der Pubertät. Neben der Ausprägung der sekundären Geschlechtsmerkmale und der einsetzenden Geschlechtsreife kommt es in diesem Lebensabschnitt zu Veränderungen im seelischen und geistigen Bereich, die häufig von emotionalen Schwankungen begleitet sind. Diese sind Ausdruck einer zunehmenden Selbständigkeit und der Neuorientierung in der Gesellschaft.

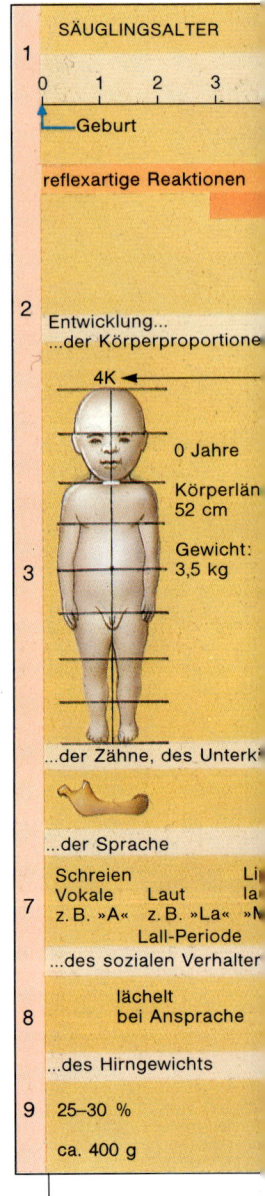

SÄUGLINGSALTER

1
0 1 2 3

Geburt

reflexartige Reaktionen

2
Entwicklung...
...der Körperproportione

4K

0 Jahre
Körperlän
52 cm

Gewicht:
3,5 kg

3

...der Zähne, des Unterk

...der Sprache

Schreien
Vokale Laut Li
z. B. »A« z. B. »La« »N
Lall-Periode

...des sozialen Verhalter

lächelt
bei Ansprache

...des Hirngewichts

25–30 %

ca. 400 g

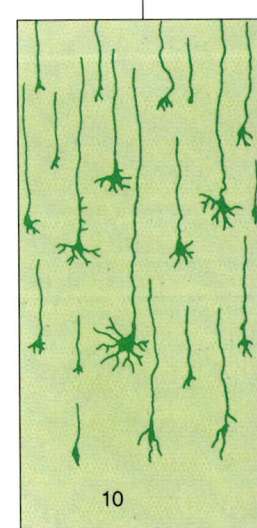

10

Siehe auch: **Kiefer und Gebiß,** *S. 226/227* **Genomanalyse und Gentherapie,** *S. 302/303*

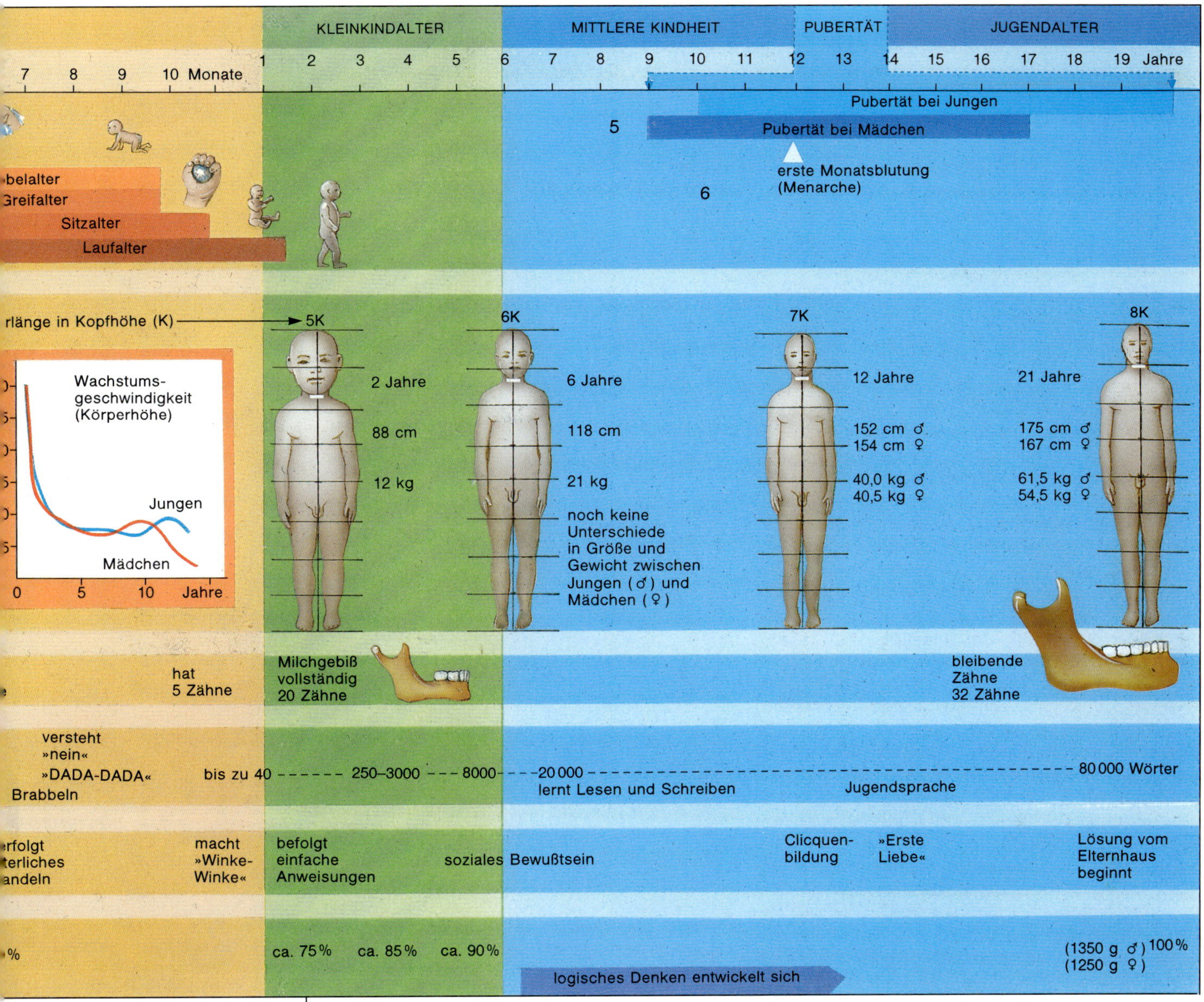

	KLEINKINDALTER	MITTLERE KINDHEIT	PUBERTÄT	JUGENDALTER

7 8 9 10 Monate 1 2 3 4 5 6 7 8 9 10 11 12 13 14 15 16 17 18 19 Jahre

Pubertät bei Jungen
Pubertät bei Mädchen   5
erste Monatsblutung (Menarche)   6

...belalter
Greifalter
Sitzalter
Laufalter

rlänge in Kopfhöhe (K) → 5K   6K   7K   8K

Wachstumsgeschwindigkeit (Körperhöhe)
Jungen
Mädchen
0   5   10   Jahre

2 Jahre	6 Jahre	12 Jahre	21 Jahre
88 cm	118 cm	152 cm ♂ / 154 cm ♀	175 cm ♂ / 167 cm ♀
12 kg	21 kg	40,0 kg ♂ / 40,5 kg ♀	61,5 kg ♂ / 54,5 kg ♀

noch keine Unterschiede in Größe und Gewicht zwischen Jungen (♂) und Mädchen (♀)

hat 5 Zähne
Milchgebiß vollständig 20 Zähne
bleibende Zähne 32 Zähne

versteht »nein«
»DADA-DADA«
Brabbeln

bis zu 40 - - - - 250–3000 - - - 8000 - - - 20 000 - - - - - - - - - - - - - - 80 000 Wörter
lernt Lesen und Schreiben
Jugendsprache

...erfolgt ...terliches ...andeln
macht »Winke-Winke«
befolgt einfache Anweisungen
soziales Bewußtsein
Cliquenbildung
»Erste Liebe«
Lösung vom Elternhaus beginnt

...%   ca. 75%   ca. 85%   ca. 90%
(1350 g ♂) 100%
(1250 g ♀)
logisches Denken entwickelt sich

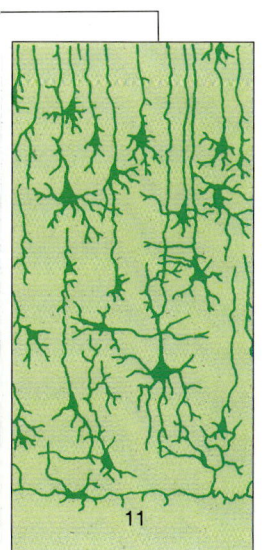

11

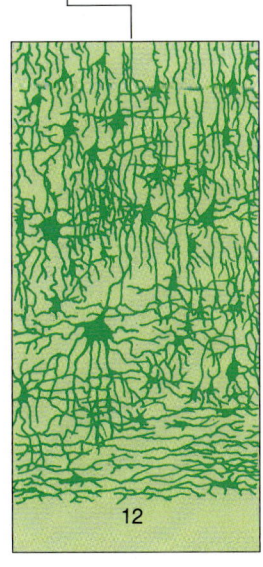

12

(Menarche) beginnen **(6)**. Seit etwa 100 Jahren läßt sich eine immer frühere Pubertät beobachten.

Die Entwicklung zur geistigen Reife

In der Entwicklung der Sprachfähigkeit **(7)** und des sozialen Verhaltens **(8)** zeigt sich die Reifung des Nervensystems, die von allen Organen am schnellsten geht. Bei der Geburt beträgt das Hirngewicht bereits 25%, nach sechs Monaten 50% und nach zwei Jahren 75% des Hirngewichtes eines Erwachsenen **(9)**. Die Entwicklung des Gehirns zeichnet sich durch die zunehmende Vernetzung der Nervenzellen untereinander aus **(10, 11, 12)**.

Progerie – das Leben im Zeitraffer

Progeria infantilis, der greisenhafte Zwergenwuchs, ist eine seltene, aber schwerwiegende kindliche Entwicklungsstörung, die bereits in frühester Kindheit einsetzt. Nur etwa 20 Kinder sind derzeit weltweit betroffen. Die Ursachen des rasch fortschreitenden Alterungsprozesses, bei dem es neben Kleinwüchsigkeit, Haarausfall, Zahnentwicklungsstörungen und Alterungserscheinungen der Haut auch zu Osteoporose, Arthrosen und generalisierter Arteriosklerose kommt, ohne daß dabei die geistige Entwicklung beeinträchtigt wird, sind nicht bekannt. Wissenschaftler vermuten aber, daß eine spontane Veränderung im Erbgut während der Embryoentwicklung für die Krankheit verantwortlich ist. Die Symptome sind so charakteristisch, daß die Patienten, obwohl sie aus den verschiedensten Erdteilen stammen, sich auffallend ähnlich sehen. Kaum einer von ihnen erreicht das 20. Lebensjahr.

Weibliche Geschlechtsorgane, *S. 304/305*   Männliche Geschlechtsorgane, *S. 308/309*   Altern, *S. 324/325*   Hormondrüsen, *S. 326/327*

Altern – ein ganz normaler Vorgang

Warum unser Organismus nur begrenzt lebensfähig ist

Mit der Stunde Null der Geburt fängt es spätestens an: Die Lebensuhr tickt, und die Zeit des einzelnen beginnt abzulaufen. Trotz der Fortschritte der modernen Medizin sind Alterungsprozesse höchstens hinauszuzögern, nicht jedoch aufzuhalten. Denn die Zahl der möglichen Zellteilungen ist begrenzt, in unserer Erbsubstanz ist in etwa vorprogrammiert, wann das natürliche Ende naht. Mit der Verlangsamung der Regenerations- und Reparaturmechanismen im Alter nimmt auch die Zahl der Krankheiten zu. Verschleißerscheinungen kommen hinzu.

Die meisten Menschen wollen lange leben, keiner jedoch will alt und gebrechlich sein. Aber die typischen Altersleiden sind häufige Begleiter betagter Menschen: Jeder dritte Mann über 70 Jahren leidet an Prostatakrebs, unter den über 80jährigen ist es bereits jeder zweite. Fast jeder Mensch über 80 hat eine Trübung der Augenlinsen; drei Millionen der Deutschen über 60 leiden an Alterszuckerkrankheit (Diabetes mellitus, Typ II), die durch schlechtere Insulinverwertung zustande kommt.

Daß es ein langes und zugleich gesundes Leben nur sehr selten gibt, hat viele Gründe. Seit man weiß, daß auch die Zelle sterblich ist und sich nicht unbegrenzt teilt, wird das biologische Alter nicht in Jahren, sondern nach der Zahl abgelaufener Zellteilungen gemessen.

Mit zunehmendem Alter können einzelne Veränderungen im Erbgut der Zelle (Mutationen) immer schlechter von Enzymen repariert werden, so daß häufiger die Reihenfolge der DNS-Bausteine durcheinandergerät. Durch Mutationen kann dann bisher unterdrücktes – da potentiell gefährliches – Erbmaterial aktiviert und auf diese Weise eine Krebserkrankung gefördert werden. Der gegenteilige Weg ist ebenfalls denkbar: Durch Mutationen, die nicht mehr ausgeglichen werden können, kommt es zum Verlust von Genabschnitten, die speziell das Tumorwachstum hemmen.

Andererseits gibt es auch vom Körper selbst produzierte Substanzen, die auf Dauer den Organismus schädigen: Immer wenn die Zellen Nahrung abbauen, um die darin enthaltenen Nährstoffe und die Energie zu nutzen, entstehen sogenannte »Freie Radikale«, reaktionsfreudige Moleküle, die mit Enzymen, Zellwänden und dem Erbgut reagieren, dieses schädigen und so das Altern beschleunigen.

Das höchstmögliche Alter
Mit über 111 Jahren zeigt die rüstige Frau (rechts) noch eine hohe Lebenskraft (Vitalitätsstufe I). Dafür müssen viele günstige Faktoren zusammentreffen. Von den meisten Wissenschaftlern wird ein Alter von etwa 120 Jahren als das biologisch höchstmögliche angesehen.

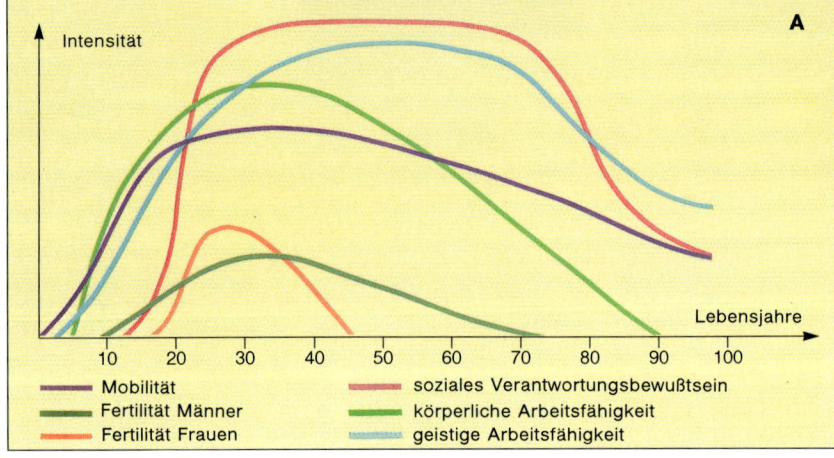

Die Leistungsfähigkeit des Menschen
Ⓐ *Die Leistungsfähigkeit des Menschen verändert sich im Laufe seines Lebens sehr stark. Zu Beginn muß sie sich erst entwickeln, zum Ende des Lebens nimmt sie durch natürliche Alterungsprozesse wieder ab. Dabei erreichen einzelne Fähigkeiten zu sehr unterschied-*

lichen Zeitpunkten ihr Maximum. Die Fruchtbarkeit der Frau hat schon mit Anfang 20 ihren Höchststand, während die körperliche Arbeitsfähigkeit mit Ende 20 am größten ist. Auch die geistige Leistungsfähigkeit entwickelt sich recht langsam, bleibt aber etwa zwischen dem 30. und 70. Lebensjahr auf sehr

hohem Niveau. Beispiele von Wissenschaftlern oder Künstlern, die noch im hohen Alter kreativ waren oder sind, zeigen, daß der Geist noch sehr lange arbeitsfähig bleiben kann. Die abnehmenden körperlichen und geistigen Fähigkeiten wirken sich schließlich auch auf das Sozialverhalten aus.

B	Zellen und Gewebe				Zentralnervensystem		
	Zellstoffwechsel	Tumore	Fettzellen	Haut	Gehirn	Nervensystem	Sinnesorgane
	wird durch Alterung der Zellorganellen behindert; Zellteilungsrate sinkt	entstehen häufiger, da die Reparaturfähigkeit der Erbsubstanz abnimmt	werden stärker gefüllt; Fettgewebe nimmt zu	verliert an Elastizität, weil Kollagenfasern vernetzen	verliert an Leistungsfähigkeit; Kurzzeitgedächtnis läßt nach	verliert an Reaktionsvermögen auf bestimmte Reize	wie Nase, Ohren und Zunge verlier an Empfindlichkei Akkommodationsfähigkeit der Lins geht verloren

Siehe auch: **Zellstoffwechsel**, *S. 214/215* **Entartete Zellen**, *S. 218/219* **Immunabwehr**, *S. 274/275*

Fitneß für Körper und Geist

Viele Alterungserscheinungen müssen sich nicht zwangsläufig einstellen, wenn man Körper und Geist fithält. Regelmäßiger Sport wie Gymnastik oder Joggen hält Sehnen und Gelenke geschmeidig und stärkt Herz und Muskeln (links unten). Allerdings müssen ältere Menschen dabei ihre Grenzen kennen. Eine Abstimmung mit dem Hausarzt kann Risiken vermeiden. Auch der Geist bleibt länger frisch, wenn er auch im Alter noch gefordert wird (rechts unten). Seniorenstudiengänge sind beispielsweise gut geeignet, die geistige Leistungsfähigkeit zu erhalten, und bieten darüber hinaus wichtige soziale Kontakte.

Am Ende steht der Tod

Hat die Funktionsfähigkeit eines lebenswichtigen Organs durch Alterungs- und Verschleißerscheinungen soweit nachgelassen, daß es versagt, kann es zum Kreislaufzusammenbruch und schließlich zum Herztod (»klinischer Tod«) kommen. Innerhalb von drei bis vier Minuten ist es möglich, den Kreislauf durch eine Reanimation mittels Herzdruckmassage und Atemspende wieder zu aktivieren. Gelingt dies nicht, wird das Gehirn nicht mehr genügend durchblutet, so daß Sauerstoff- und Zuckermangel entstehen. Die nicht mehr versorgten Gehirnregionen sterben ab, es kommt zum nicht umkehrbaren Hirntod. Durch Schädigung des Gehirns kann der Hirntod auch vor dem Herztod eintreten. In diesem Fall können die Kreislauffunktionen noch einige Zeit aufrechterhalten werden, um etwa Organe für eine Spende funktionsfähig zu erhalten. Sind Herz- und Hirnfunktionen erloschen, ist der Mensch klinisch und biologisch tot.

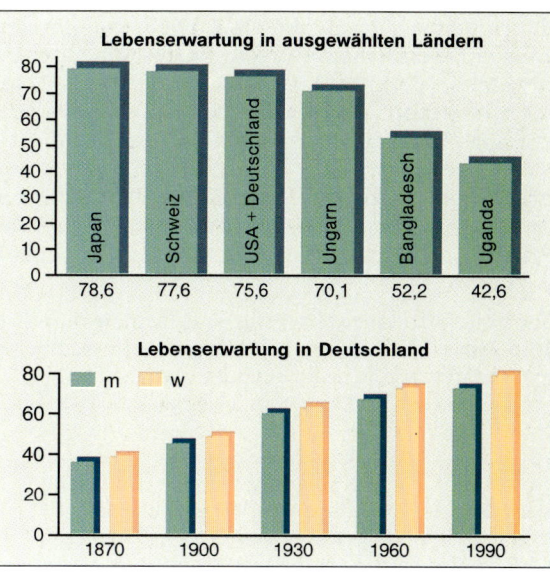

Lebenserwartung in ausgewählten Ländern

Japan	Schweiz	USA + Deutschland	Ungarn	Bangladesch	Uganda
78,6	77,6	75,6	70,1	52,2	42,6

Lebenserwartung in Deutschland (m / w): 1870, 1900, 1930, 1960, 1990

Warum wir altern

Die Ursachen der Alterungserscheinungen, die der Körper zeigt, sind noch nicht lückenlos aufgedeckt worden. In vielen Theorien wird das Altern darauf zurückgeführt, daß zahlreiche Vorgänge in den Körperzellen nicht mehr so schnell und präzise ablaufen wie in jüngeren Jahren.

Zellmembranen verlieren an Elastizität und werden steifer, so daß der Stoffdurchtritt erschwert ist. Stoffwechselabfall häuft sich in den Zellen an. Reparaturmechanismen versagen zunehmend. Hinzu kommt, daß Organe und Gewebe sich abnutzen und dadurch an Leistungsfähigkeit verlieren. Programmtheorien

suchen die Ursachen in der Erbsubstanz: Entweder treten mit den Jahren »Alters-Gene« in Aktion, oder andere Gene, die die Zelle jung halten, fallen aus. Nach der Theorie des globalen Versagens beginnt das Altern dann, wenn die Kommunikation zwischen einzelnen Teilen des Organismus abreißt.

Wie kann man das Leben verlängern?

Obwohl der Tod in den Lebensfäden der DNS vorprogrammiert ist, läßt sich die Geschwindigkeit des Alterns jedoch beeinflussen. Bewegung und gesunde Ernährung beugen vielen typischen Alters- und Zivilisationskrankheiten wie Gefäßverkalkung (Arteriosklerose), Diabetes und Gicht vor. Ein weiterer Jungbrunnen ist geistige Aktivität. Auch positive Gefühle wie Glück, Ausgeglichenheit und Freude stärken das körpereigene Immun- und Abwehrsystem; dies ist sogar biochemisch nachweisbar: Der Organismus ist weniger anfällig für eindringende Keime und wird seltener krank.

Doch auch der Gesundheits- und Fitneßwahn hat seine Grenzen: Zwar wird einerseits durch körperliche Betätigung oftmals eine Herz-Kreislauf-Erkrankung verhindert, andererseits beschleunigt der Sport aber auch die – in ihrer Wiederholbarkeit begrenzte – Zellteilung. Sportmediziner haben errechnet, daß deshalb die durch Bewegung »gewonnene« Lebensdauer in etwa nur dem zeitlichen Aufwand für das wöchentliche Training entspricht – allerdings bei in der Regel deutlich gesteigertem Wohlbefinden. Und dies ist das entscheidende Kriterium für ein menschenwürdiges Altern: die Erhaltung der Lebensqualität des einzelnen.

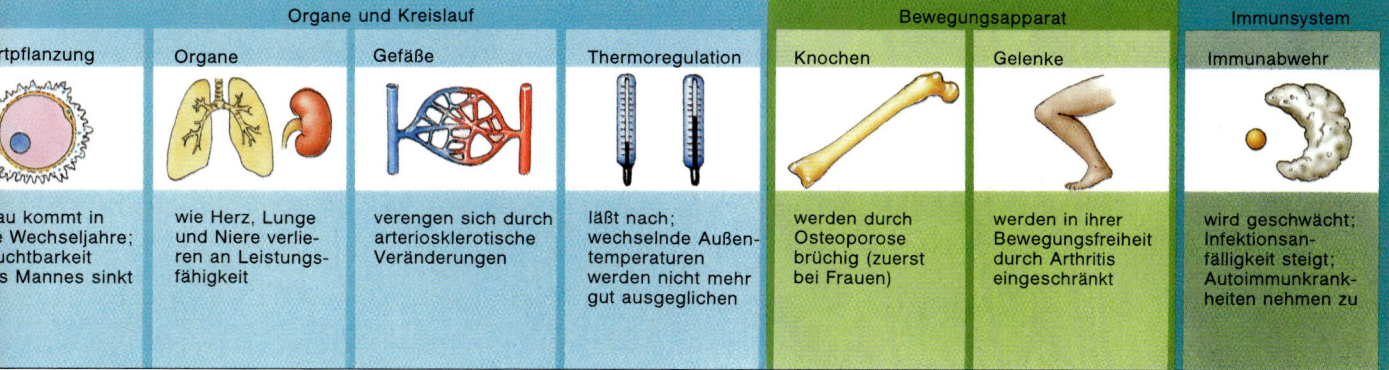

	Organe und Kreislauf				Bewegungsapparat		Immunsystem
...tpflanzung	**Organe**	**Gefäße**	**Thermoregulation**		**Knochen**	**Gelenke**	**Immunabwehr**
...u kommt in ... Wechseljahre; ...chtbarkeit ...s Mannes sinkt	wie Herz, Lunge und Niere verlieren an Leistungsfähigkeit	verengen sich durch arteriosklerotische Veränderungen	läßt nach; wechselnde Außentemperaturen werden nicht mehr gut ausgeglichen		werden durch Osteoporose brüchig (zuerst bei Frauen)	werden in ihrer Bewegungsfreiheit durch Arthritis eingeschränkt	wird geschwächt; Infektionsanfälligkeit steigt; Autoimmunkrankheiten nehmen zu

Erbgut, *S. 300/301*   **Vom Kind zum Erwachsenen,** *S. 322/323*   **Schlaf,** *S. 346/347*   **Sehfehler,** *S. 362/363*

Chemische Botenstoffe

Hormone als Regler unserer Lebensfunktionen

Manchmal beschleicht uns das Gefühl, von geheimnisvollen inneren Kräften beherrscht zu werden. Verursacht wird dies durch Hormone, chemische Botenstoffe, die schon in kleinsten Mengen regulierend in den Stoffwechsel und die Organtätigkeiten eingreifen, ja sogar auf unsere Psyche Einfluß nehmen. In Zusammenarbeit mit dem Nervensystem koordinieren die Hormone alle Körperfunktionen. Dabei sorgt ein komplizierter Steuerungsmechanismus für ein harmonisches Zusammenspiel der Körperfunktionen. Aufeinander abgestimmt sorgen sie dafür, daß der Körper sein »inneres Gleichgewicht« hält.

Hormone als chemische Informationsträger sind eine uralte »Erfindung« und lassen sich in der Stammesgeschichte weit zurückverfolgen. Schon bei Würmern kommt das als »Streßhormon« bekannte Adrenalin vor, und bei Amphibien bewirkt das Schilddrüsenhormon Thyroxin die Umwandlung der Kaulquappe zum erwachsenen Tier. Selbst bei Pflanzen gibt es vergleichbare Substanzen, die Phytohormone.

Je weiter man auf der Evolutionsleiter nach oben steigt, um so mannigfaltiger und verwickelter werden die Aufgaben des Hormonsystems, das sich beim Menschen zu einem fein abgestimmten Netzwerk chemischer Kommunikation entwickelt hat. Es ermöglicht die unbewußte Anpassung an eine sich stetig verändernde Umwelt und reguliert Wachstum und Fortpflanzung. Darüber hinaus hilft es, Streß zu bewältigen und den Stoffwechsel im Gleichgewicht zu halten.

Die chemische Natur der Hormone

Chemisch entstammen die Hormone verschiedenen Stoffklassen. Thyroxin und Adrenalin sind Abkömmlinge von Aminosäuren, Insulin und Oxytocin gehören zu den Proteinen, und die Hormone der Keimdrüsen und der Nebennierenrinde zählen zu den Steroidhormonen, deren gemeinsamer Vorläufer das Cholesterin ist. Gebildet werden Hormone in speziellen Drüsen oder Zellgruppen. Da diese keine gesonderten Ausführungsgänge besitzen, werden die Hormone direkt ins Blut abgegeben und gelangen mit dem Blutstrom zu den Orten, an denen sie ihre spezifische Wirkung entfalten können.

Die Zellen der Gewebe und Organe, die auf ein Hormon ansprechen, werden als Zielzellen bezeichnet und verfügen über bestimmte Bindungsstellen, sogenannte Rezeptoren, die in der Lage sind, die Hormonmoleküle zu binden. Als Folge dieser Bindung werden in den Zielzellen verschiedene biochemische Prozesse ausgelöst, die zu einer veränderten Aktivität im Zellstoffwechsel führen. Ebenso wichtig ist aber auch der Hormonabbau. Würde dieser nicht funktionieren, so würde der Körper mit Hormonen überschwemmt, und eine Steuerung wäre nicht mehr möglich. Der Abbau erfolgt in der Leber, wo die Hormone mit Hilfe von Enzymen in eine biologisch unwirksame Form überführt werden.

Wie der Hormonhaushalt gesteuert wird

Hormone sind Teile eines Regelkreises. Dabei spielt das Hypothalamus-Hypophysen-System eine maßgebliche Rolle, da es als oberste Steue-

Steuerung durch Hypothalamus und Hypophyse
Innerhalb des Hormonsystems kontrolliert der Hypothalamus (1) die Hormonausscheidungen des Hypophysen-Vorderlappens (2). Er produziert darüber hinaus Adiuretin und das »Wehenhormon« Oxytocin, die im Hypophysen-Hinterlappen (3) gespeichert werden. Möglicherweise Einfluß auf alle Hormondrüsen hat die Epiphyse (4), die Melatonin ausschüttet, ein Hormon, das die »innere Uhr« des Menschen beeinflußt. Der Hypophysen-Zwischenlappen (5) gibt ein Hormon ab, das – vermutlich als Überbleibsel unserer amphibischen Vorfahren – die Hautpigmentierung beeinflußt.

Schilddrüse
Die glandotropen, also die steuernden Hormone, werden vom Hypophysen-Vorderlappen abgegeben. Als Schilddrüsen(Thyroidea)-stimulierendes Hormon (TSH) bewirkt Thyreotropin in der Schilddrüse (6) die Ausschüttung von Effektorhormonen: die stoffwechselbeeinflussenden Hormone Thyroxin und Triiodthyronin sowie das den Calciumspiegel erniedrigende Hormon Calcitonin. Als Gegenspieler zu letzterem wirkt das Parathormon der Nebenschilddrüse (7).

Thymusdrüse
Neben dem Lactotropen Hormon (LTH), das die Milchproduktion in der Brustdrüse stimuliert, gibt der Hypophysen-Vorderlappen als zweites Effektorhormon das Somatotrope Hormon (STH oder Somatotropin) ab. Dieses regt über die Thymusdrüse (8) zahlreiche Wachstumsvorgänge an.

Nieren und Nebennieren
In den Nebennieren (9) bewirkt das Hypophysen-Hormon Corticotropin (adrenocorticotropes Hormon, ACTH), daß vom

Nebennierenmark die Streßhormone Adrenalin und Noradrenalin ausgeschüttet werden. In der Nebennierenrinde wird durch ACTH die Produktion von Aldosteron, Cortisol und von Androgenen angeregt. Das im Hypophysen-Hinterlappen (3) gespeicherte Adiuretin bewirkt in den Nieren (10)

eine deutliche Verminderung der Harnproduktion.

Bauchspeicheldrüse
Die Bauchspeicheldrüse (11) schüttet die für den Zuckerstoffwechsel wichtigen Hormone Glucagon und Insulin aus. Ist die Produktion von Insulin gestört, kommt es zur Zuckerkrankheit (Diabetes).

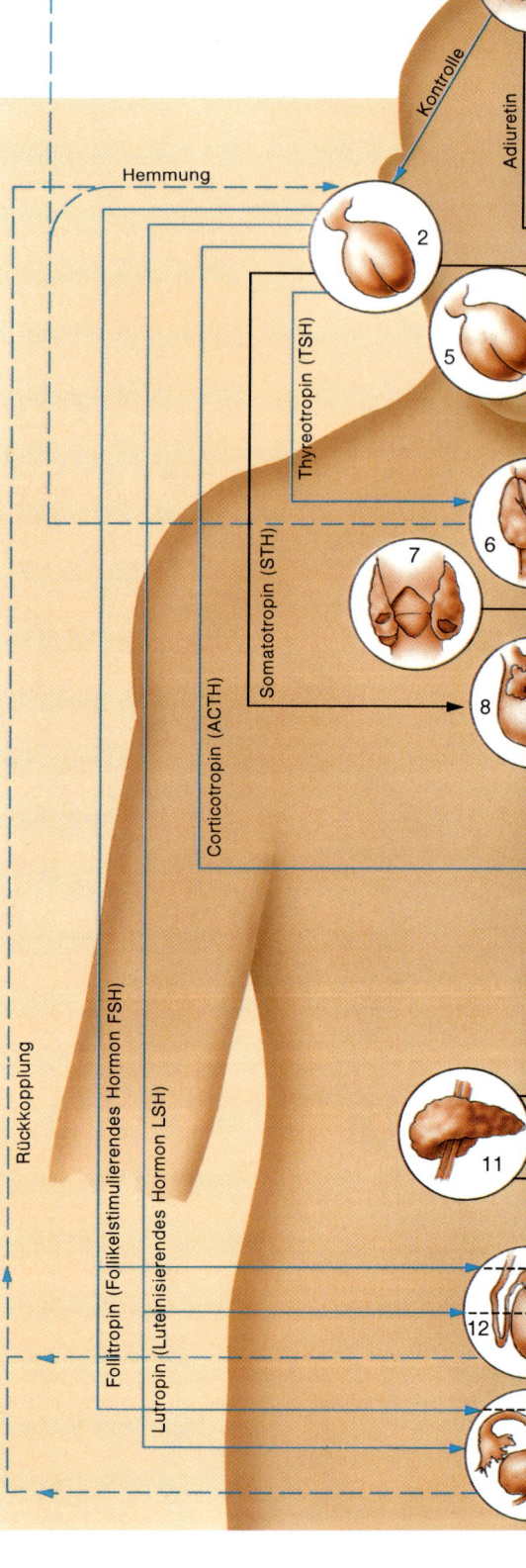

Siehe auch: Bauchspeicheldrüse, S. 292/293   Eisprung, S. 306/307   Schilddrüse und Nebenschilddrüse, S. 328/329

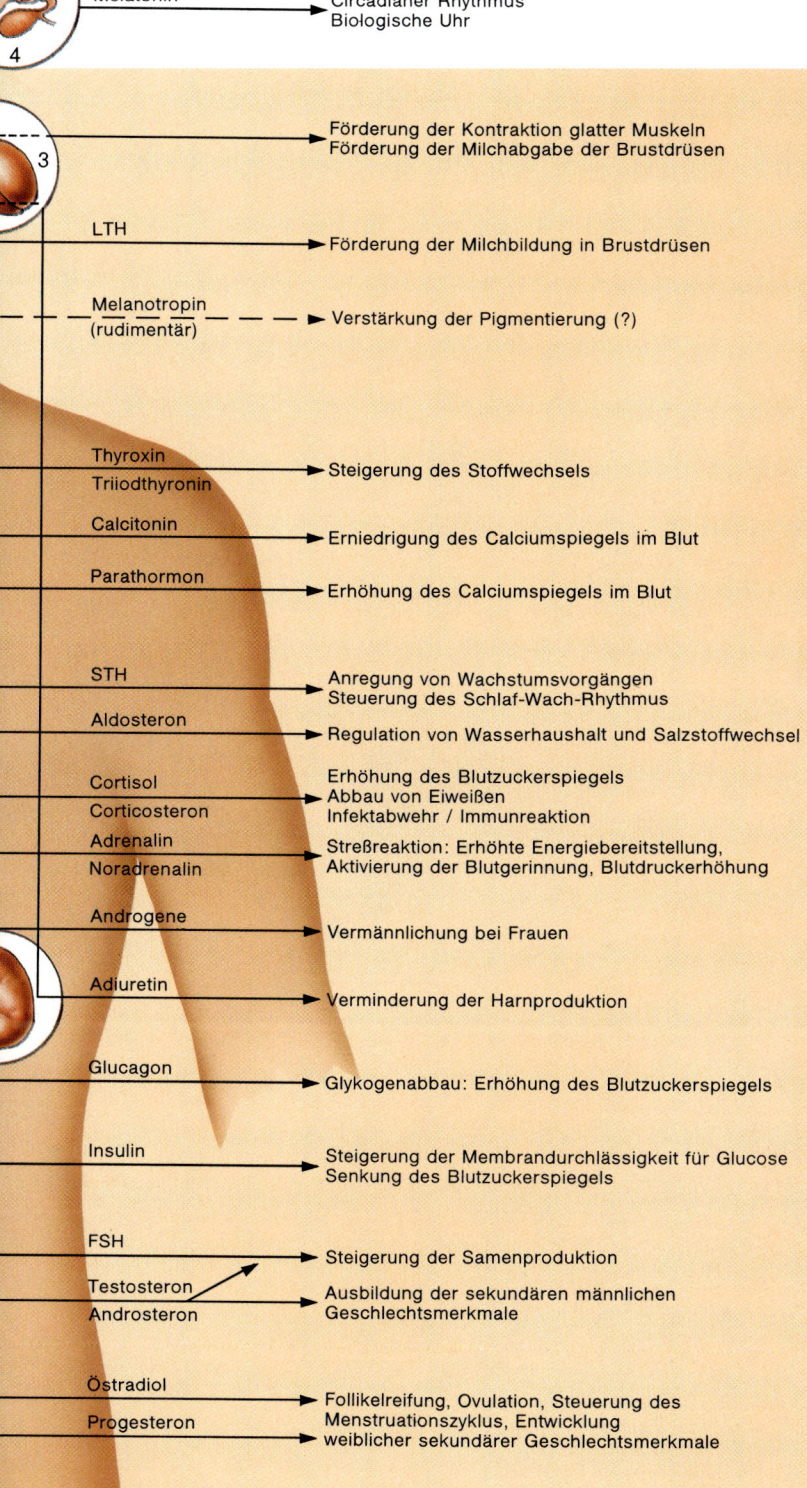

Effektorhormon (direkt wirkende Hormone)
glandotrope Hormone (steuernde Hormone)

Melatonin → Circadianer Rhythmus / Biologische Uhr

→ Förderung der Kontraktion glatter Muskeln
Förderung der Milchabgabe der Brustdrüsen

LTH → Förderung der Milchbildung in Brustdrüsen

Melanotropin (rudimentär) → Verstärkung der Pigmentierung (?)

Thyroxin / Triiodthyronin → Steigerung des Stoffwechsels

Calcitonin → Erniedrigung des Calciumspiegels im Blut

Parathormon → Erhöhung des Calciumspiegels im Blut

STH → Anregung von Wachstumsvorgängen
Steuerung des Schlaf-Wach-Rhythmus

Aldosteron → Regulation von Wasserhaushalt und Salzstoffwechsel

Cortisol / Corticosteron → Erhöhung des Blutzuckerspiegels
Abbau von Eiweißen
Infektabwehr / Immunreaktion

Adrenalin / Noradrenalin → Streßreaktion: Erhöhte Energiebereitstellung,
Aktivierung der Blutgerinnung, Blutdruckerhöhung

Androgene → Vermännlichung bei Frauen

Adiuretin → Verminderung der Harnproduktion

Glucagon → Glykogenabbau: Erhöhung des Blutzuckerspiegels

Insulin → Steigerung der Membrandurchlässigkeit für Glucose
Senkung des Blutzuckerspiegels

FSH → Steigerung der Samenproduktion

Testosteron / Androsteron → Ausbildung der sekundären männlichen
Geschlechtsmerkmale

Östradiol / Progesteron → Follikelreifung, Ovulation, Steuerung des
Menstruationszyklus, Entwicklung
weiblicher sekundärer Geschlechtsmerkmale

Das Prinzip des zweiten Boten

Die Wirkung vieler Hormone (Aminosäuren oder Peptide) erfolgt nicht direkt, sondern wird mit Hilfe eines zweiten Botenstoffes vermittelt, dem cyclischen Adenosinmonophosphat (cAMP, **1**). Die Bindung des Hormons (erster Bote) an den spezifischen Rezeptor (**2**) in der Plasmamembran der Zielzelle regt ein Enzym in der Zellmembran an, die Adenylatcyclase (**3**). Sie ermöglicht die Bildung von cAMP aus dem universellen Energieträger Adenosintriphosphat (ATP). Das cAMP überträgt nun die Information des Hormons durch Anregung eines Enzyms (Proteinkinase, **4**), das seinerseits die Aktivitäten weiterer Enzyme durch Anlagerung eines Phosphatrestes verändert (**5**). Dadurch werden bestimmte Vorgänge innerhalb der Zelle gesteuert. Das cAMP kann aber auch die Membrandurchlässigkeit oder die Genaktivität verändern. Die Wirkung des cAMP ist zeitlich begrenzt, da es abgebaut wird. Das Hormon selbst braucht also nicht in die Zelle einzudringen. Gleichzeitig wird das Hormonsignal im Zellinneren um ein Vielfaches verstärkt.

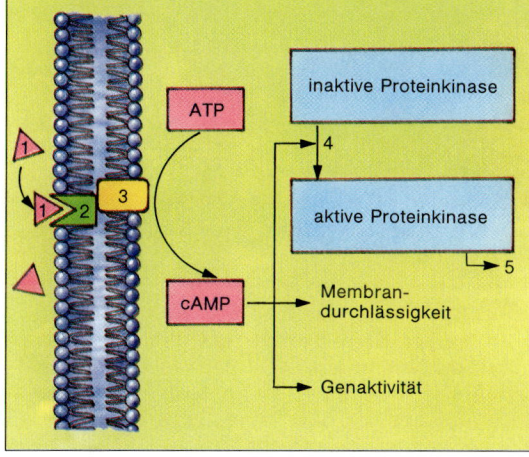

rungszentrale viele hormonelle Vorgänge kontrolliert. Der Hypothalamus ist ein Teil des Zwischenhirns und steht über neurosekretorische Zellen in enger Verbindung mit der Hirnanhangdrüse (Hypophyse). Diese besteht aus drei Teilen: dem Vorderlappen aus Drüsengewebe, der zahlreiche Hormone bildet, dem Hinterlappen, der zwei der im Hypothalamus gebildeten Hormone speichert und freisetzt, sowie einem Zwischenlappen. Der Hypothalamus steuert durch Hormone die Tätigkeit der Hypophyse, welche ihrerseits durch spezifische Steuerungshormone (glandotrope Hormone) Einfluß auf untergeordnete Hormondrüsen nimmt. Daneben setzen beide Instanzen aber auch Effektorhormone frei, die direkt auf die entsprechenden Zielzellen einwirken. Die Aktivitäten des Hypothalamus und der Hypophyse selbst werden über Rückkopplungsmechanismen der Hormone aus den untergeordneten Hormondrüsen gesteuert. Zusätzlich unterliegt der Hypothalamus einer Kontrolle durch das Nervensystem.

Geschlechtsdrüsen
Die Hormonausschüttung durch die Geschlechtsdrüsen wird ebenfalls durch glandotrope Hormone des Hypophysen-Vorderlappens gesteuert. Follitropin (FSH) bewirkt in den Hoden (**12**) die Steigerung der Samenproduktion. In den Eierstöcken (**13**) löst es hingegen die Ausschüttung des Östrogens Östradiol aus. Zusammen mit dem durch Lutropin (LSH) stimulierten Progesteron steuert es die einzelnen Phasen des Menstruationszyklus und die Entwicklung weiblicher Sekundärgeschlechtsmerkmale. In den Hoden des Mannes veranlaßt Lutropin die Ausschüttung der Androgene Testosteron und Androsteron.

Rückkopplung
Einige der genannten Effektorhormone wirken rückkoppelnd auf Hypothalamus und Hypophyse, indem sie ihrerseits die Ausschüttung der glandotropen Hormone hemmen.

Nebennieren und Geschlechtsdrüsen, S. 330/331   Biorhythmik, S. 344/345   Psyche, S. 352/353

Die Quelle unserer Leistungsfähigkeit

Die Bedeutung von Schilddrüsen- und Nebenschilddrüsenhormonen

Wie ein Schmetterling schmiegt sich die Schilddrüse mit ihren zwei Seitenlappen und einem schmalen Mittellappen unter dem Schildknorpel des Kehlkopfes an die Luftröhre. Ohne die Schilddrüse läuft im Körper nichts: Jede Funktionseinbuße bremst die körperlichen und psychischen Abläufe. Die Schilddrüsenhormone stehen im Dienst des Stoffwechsels, wenn sie versagen, ist der Mensch nicht mehr lebensfähig. Die Nebenschilddrüsen sind der Schilddrüse nachbarschaftlich verbunden: Funktionell haben sie nichts mit ihr gemein. Ihr Hormon reguliert im Gegenspiel mit anderen Hormonen den Calcium- und Phosphathaushalt.

Die Schilddrüse ist zuständig für die Bildung, Speicherung und Verteilung der Schilddrüsenhormone: des Triiodthyronins (T3) mit drei Jodatomen und des Tetraiodthyronins (T4 oder Thyroxin) mit vier Jodatomen, die beide aus der Aminosäure Tyrosin hervorgehen. Das eigentlich wirksame Hormon ist das T3: Im selben Maße, wie es sich verbraucht, wird es im Blut aus T4 durch Abspaltung eines Jodatoms nachgebildet.

Um täglich soviel T3 und T4 zu bilden, wie der Körper verbraucht, benötigt die Schilddrüse 150 bis 300 millionstel Gramm Jod. Wird der individuelle Jodbedarf nicht gedeckt, reagiert sie mit Kropfwachstum: Mehr Gewebe bedeutet eine bessere Verwertung des verfügbaren Jods.

Mit Hilfe der Schilddrüsenhormone erschließt sich der Körper die Energie, die in der Nahrung steckt. Der T3-Spiegel im Blut bestimmt, ob der Stoffwechsel auf Hochtouren läuft oder auf Sparflamme. Besonders in Phasen körperlicher Entwicklung hat ein Schilddrüsenhormonmangel den verheerenden Kretinismus zur Folge: Die Knochen wachsen nicht, das Gehirn gelangt nicht zur Reife.

Alle Zellen, ob in Nervensystem, Herz, Magen-Darm-Trakt, Muskulatur, Knochen, Haut, Haaren oder Keimdrüsen, sind von den Schilddrüsenhormonen abhängig. So setzt eine normale körperliche und geistige Leistungsfähigkeit einen intakten T3- und T4-Haushalt voraus.

So wichtig sind die Schilddrüsenhormone, daß sie auf Vorrat produziert und gespeichert werden. Die hormonbildenden Zellen sind so angeordnet, daß sie zahllose winzige Speicherräume bilden, die Schilddrüsenfollikel. Diese enthalten Schilddrüsenkolloid, ein dickflüssiges Gemisch aus Fett, Stärke und dem Eiweiß Thyreoglobulin, worin T3 und T4 eingebettet sind. Das Kolloid ist gleichsam der Vorratsbehälter, das Thyreoglobulin die Verpackung. Von diesem Depot kann der Körper bei plötzlichem Versiegen der Produktion etwa acht Wochen lang zehren.

Calcitonin senkt den Calciumspiegel

Funktionell ist die Schilddrüse kein einheitliches Organ: Eingestreut zwischen den Follikeln finden sich die organfremden, eingewanderten C-Zellen, die auch in den Nebenschilddrüsen und der Bauchspeicheldrüse vorkommen. Die C-Zellen bilden Calcitonin, das an der Regulation des Calcium-Phosphat-Haushalts mitwirkt. Es fördert den Einbau von Calcium und Phosphat in den Knochen. Auf diese Weise senkt es bei Bedarf den Calciumblutspiegel.

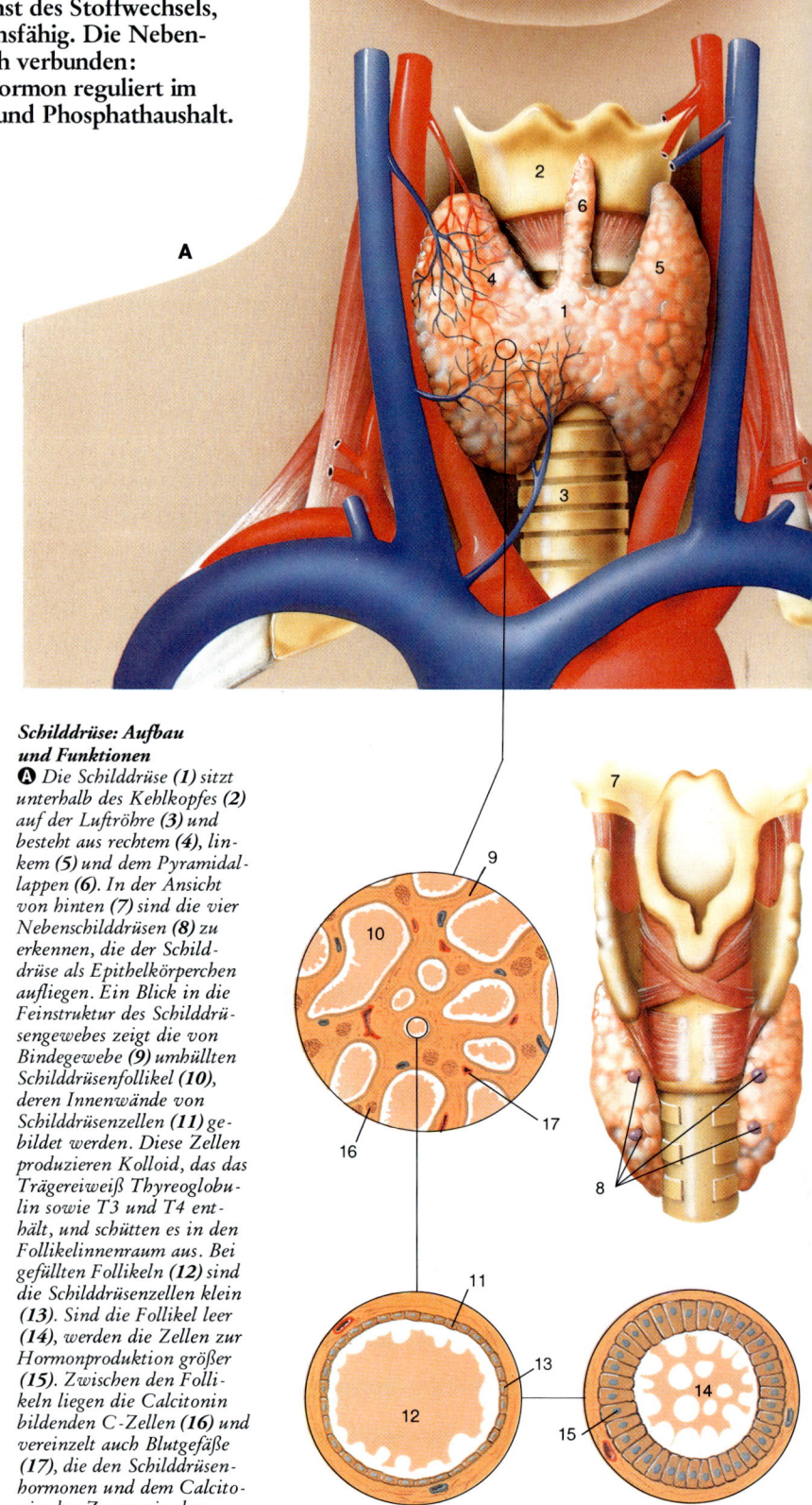

Schilddrüse: Aufbau und Funktionen

A Die Schilddrüse (**1**) sitzt unterhalb des Kehlkopfes (**2**) auf der Luftröhre (**3**) und besteht aus rechtem (**4**), linkem (**5**) und dem Pyramidallappen (**6**). In der Ansicht von hinten (**7**) sind die vier Nebenschilddrüsen (**8**) zu erkennen, die der Schilddrüse als Epithelkörperchen aufliegen. Ein Blick in die Feinstruktur des Schilddrüsengewebes zeigt die von Bindegewebe (**9**) umhüllten Schilddrüsenfollikel (**10**), deren Innenwände von Schilddrüsenzellen (**11**) gebildet werden. Diese Zellen produzieren Kolloid, das das Trägereiweiß Thyreoglobulin sowie T3 und T4 enthält, und schütten es in den Follikelinnenraum aus. Bei gefüllten Follikeln (**12**) sind die Schilddrüsenzellen klein (**13**). Sind die Follikel leer (**14**), werden die Zellen zur Hormonproduktion größer (**15**). Zwischen den Follikeln liegen die Calcitonin bildenden C-Zellen (**16**) und vereinzelt auch Blutgefäße (**17**), die den Schilddrüsenhormonen und dem Calcitonin den Zugang in den Kreislauf eröffnen.

Siehe auch: **Hormondrüsen,** *S. 326/327*

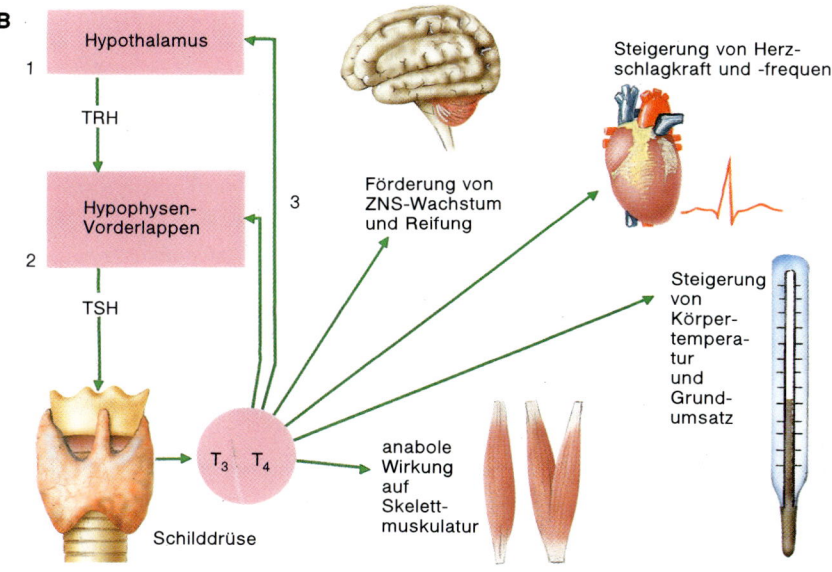

B

Hypothalamus
1
TRH
Hypophysen-Vorderlappen
2
TSH
Schilddrüse
3
T_3 T_4

Steigerung von Herzschlagkraft und -frequenz

Förderung von ZNS-Wachstum und Reifung

Steigerung von Körpertemperatur und Grundumsatz

anabole Wirkung auf Skelettmuskulatur

Die Aufgaben der Nebenschilddrüsen

Die Schilddrüse steht nicht allein: Vier pfefferkorngroße Nebenschilddrüsen, die Epithelkörperchen, sitzen auf ihrer Rückseite, in der Nähe der Flügelspitzen. Unterhalb der Schilddrüse finden sich weitere Epithelkörperchen. Diese enge Nachbarschaft verbürgt allerdings keine funktionellen (hormonellen) Gemeinsamkeiten. Vielmehr haben die Minidrüsen die Aufgabe, den Calcium-Phosphat-Haushalt aufrechtzuerhalten, und stehen daher eher den C-Zellen nahe: Sie halten das Parathormon bereit, das weitgehend als Gegenspieler des Calcitonins auftritt und für die Erhöhung des Calciumblutspiegels sorgt. Da dazu Calcium aus den Knochen freigesetzt wird, birgt eine Calciumunterversorgung auch immer die Gefahr einer Entkalkung der Knochen und damit eine erhöhte Brüchigkeit. Da Calcium für viele physiologische Prozesse wie Blutgerinnung oder Nervenerregbarkeit notwendig ist, muß sein Spiegel im Blut konstant gehalten werden.

Die Steuerung des Schilddrüsenhormonspiegels

B *Ein geringer Schilddrüsenhormonspiegel im Blut löst im Hypothalamus die Ausschüttung des Thyreotropin-Releasinghormons (TRH) aus (1). Dieses regt die Hirnanhangdrüse (Hypophyse) dazu an, das schilddrüsenstimulierende Hormon (TSH) abzugeben (2). Unter dem Einfluß des TSH bildet die Schilddrüse* vermehrt Hormone und gibt mehr T3 und T4 ins Blut ab. Über den Hormonanstieg im Blut erfolgt eine Rückmeldung an Hypothalamus und Hypophyse, so daß die TRH- und TSH-Ausschüttung gehemmt werden (3). Die Schilddrüsenhormone steigern den Energieumsatz der Zellen: Der Grundumsatz nimmt zu, die Körpertemperatur steigt, das Herz leistet Mehrarbeit. Es wird vermehrt Eiweiß gebildet, was der Muskulatur zugute kommt.

Regulation des Calciumhaushalts

C *An der Regulation des Calciumhaushalts sind drei Hormone beteiligt: Das Parathormon (PTH) wird von den Nebenschilddrüsen vermehrt ins Blut abgegeben, wenn der Calciumspiegel unter den Normwert* sinkt. Umgekehrt vermindert sich seine Ausschüttung bei Überschreitung des Normwerts. PTH fördert den Knochenabbau und somit die Freisetzung von Calcium. Im Darm steigert es indirekt die Calciumaufnahme, indem es die Bildung des Vitamin-D-Hormons in den Nieren anregt. Außerdem fördert PTH, unterstützt vom D-Hormon, in den Nieren die Rückresorption von Calcium und wirkt so dessen Ausscheidung über den Harn entgegen. Calcitonin hat den gegenläufigen Effekt. Bei übernormalen Calciumwerten steigt seine Konzentration stark. Dadurch wird der Knochenabbau gehemmt, und es kommt zu einem vermehrten Einbau von Calcium in den Knochen. An den Nieren fördert Calcitonin die urinale Calciumausscheidung.

C

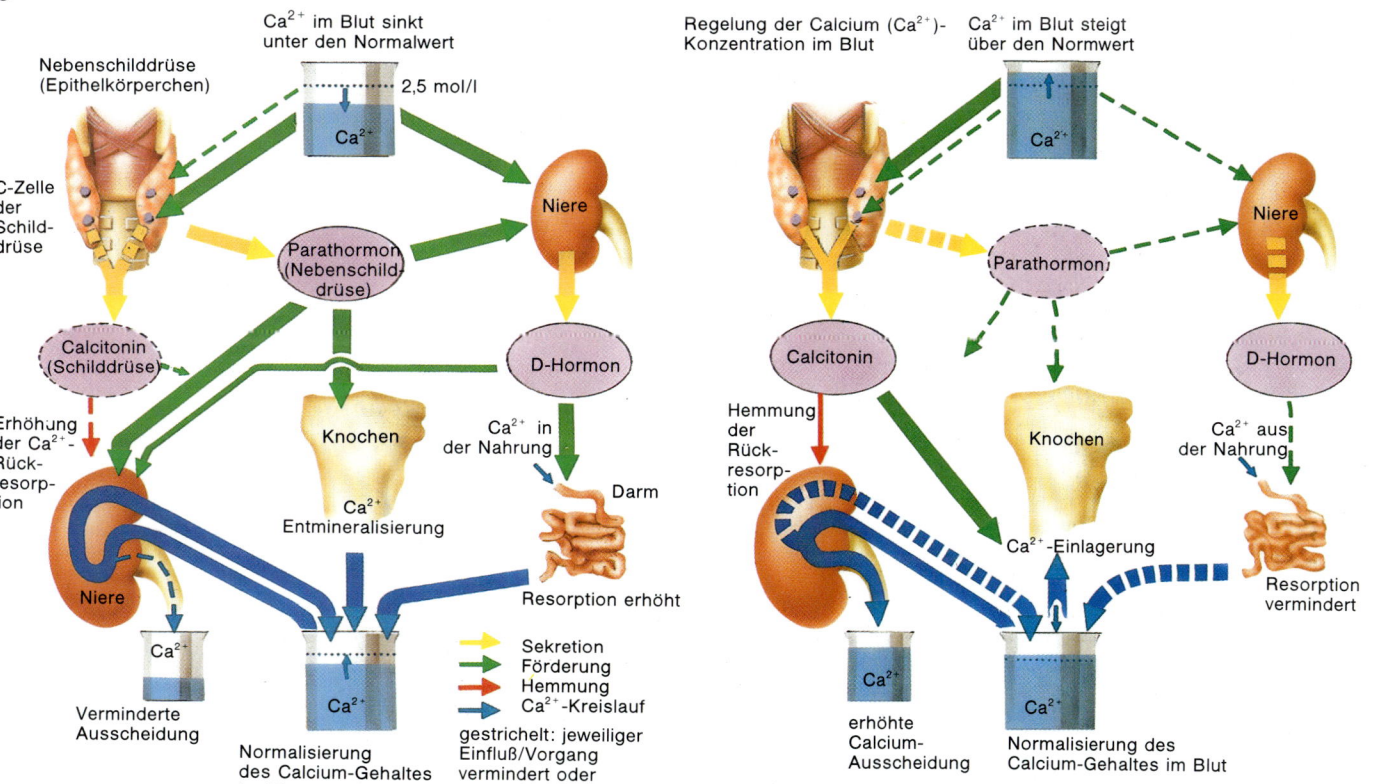

Nebenschilddrüse (Epithelkörperchen)

C-Zelle der Schilddrüse

Ca²⁺ im Blut sinkt unter den Normalwert

2,5 mol/l

Parathormon (Nebenschilddrüse)

Calcitonin (Schilddrüse)

Niere

D-Hormon

Erhöhung der Ca²⁺-Rückresorption

Knochen

Ca²⁺ in der Nahrung

Entmineralisierung

Darm

Resorption erhöht

Niere

Verminderte Ausscheidung

Normalisierung des Calcium-Gehaltes im Blut

Sekretion
Förderung
Hemmung
Ca²⁺-Kreislauf
gestrichelt: jeweiliger Einfluß/Vorgang vermindert oder fehlend

Regelung der Calcium (Ca²⁺)-Konzentration im Blut

Ca²⁺ im Blut steigt über den Normwert

Parathormon

Calcitonin

Niere

D-Hormon

Hemmung der Rückresorption

Knochen

Ca²⁺ aus der Nahrung

Ca²⁺-Einlagerung

Resorption vermindert

erhöhte Calcium-Ausscheidung

Normalisierung des Calcium-Gehaltes im Blut

Hormonfabriken des Körpers

Nebennieren und Keimdrüsen produzieren Streß- und Sexualhormone

Die Rolle der Hormone als Vermittler zwischen Leib und Seele ist nirgendwo so deutlich wie bei den Grunderfahrungen des Menschen, die von den Bereichen Streß und Sexualität bestimmt sind. Die seelische Befindlichkeit wird durch das Walten und Wirken der Streß- und Geschlechtshormone entscheidend mitgestaltet. Der größte Teil der Sexualhormone wird zusammen mit den Keimzellen in den Keimdrüsen gebildet: beim Mann in den Hoden, bei der Frau in den Eierstöcken. Für die Bildung und Sekretion der Streßhormone sind die Nebennieren zuständig, die große Hormonfabrik des Körpers.

Die Nebennieren sitzen wie eine Mütze auf dem oberen Pol der Nieren. Ansonsten aber haben die beiden Organpaare nichts miteinander zu tun. Trotz ihres geringen Gewichts von 5–15 Gramm wiegen die Nebennieren schwer im Hormonhaushalt des Organismus. Zwei hormonbildende Gewebe unterschiedlichen Ursprungs haben sich in einem Organ zusammengefunden, ohne miteinander zu verschmelzen: Als Rinde und Mark sind sie nicht nur funktionell, sondern auch lokal voneinander abgegrenzt.

Die vielfältige Produktion der Nebennieren

Die Rinde (Cortex) produziert etwa 30 Rindenhormone (Corticoide), die miteinander verwandt sind, chemisch zur Gruppe der Steroide gehören und sich nach ihren Aufgaben in drei Gruppen einteilen lassen: Mineralocorticoide wie Aldosteron, Glucocorticoide wie Cortisol und männliche Geschlechtshormone (Androgene). Während die erste Gruppe den Wasser- und Ionenhaushalt reguliert, entfaltet die zweite vielfältige Aktivitäten – vom Stoffwechsel der Kohlenhydrate und Eiweiße über die Hemmung von Entzündungen bis zur Stärkung der Herzkraft. Cortisol z.B. erhöht durch vermehrte Bereitstellung von Glucose die Leistungsbereitschaft. Der Androgenbedarf von Mann und Frau wird nur zum kleineren Teil von der Nebenniere gedeckt.

Wenn einem etwas »durch Mark und Bein geht«, ist immer auch das Nebennierenmark, das zweite hormonbildende Gewebe der Nebennieren, betroffen: Es stellt den Organismus auf Streßsituationen ein, indem es auf den »Notruf« mit dem berühmten Adrenalinstoß antwortet, der ein Fünftel Noradrenalin mit einschließt. Zu den beiden Streßhormonen gesellen sich Glucocorticoide, welche wiederum die Nebennierenrinde zur Streßbewältigung beisteuert.

Hormone im Dienst der Fortpflanzung

Der größte Teil der Sexualhormone entsteht in den Keimdrüsen: Östrogene und Gestagene bei der Frau, Androgene beim Mann. Die von der Hypophyse durch das Follikelstimulierende Hormon (FSH) gesteuerte Reifung der Eibläschen (Follikel) in den Eierstöcken geht mit der Bildung von Östrogenen und insbesondere von Östradiol einher. Nach dem Eisprung wird die Hormonproduktion auf Progesteron umgestellt. Dieses zweiphasige Produktionsmuster der Eierstöcke zeigt sich in den Schleimhautveränderungen der Gebärmutter, die den Menstruationszyklus kennzeichnen.

Die Bildung von Streß- und Sexualhormonen
Ⓐ *In der Knäuelschicht (Zona glomerulosa) der Nebennierenrinde werden die Mineralocorticoide gebildet, z.B. das Aldosteron, dessen Ausschüttung durch das Gewebshormon Angiotensin ausgelöst wird. Aldosteron ist an der Regulation des Wasserhaushalts und des Blutdrucks beteiligt. In der Bündelschicht (Zona fasciculata) werden die Glucocorticoide, vor allem Cortisol, gebildet. Deren Ausschüttung wird durch das CRH (Corticotropin-Releasinghormon) des Hypothalamus angeregt und durch das ACTH (adrenocorticotropes Hormon) der Hypophyse vermittelt. Die Glucocorticoide erhöhen den Blutzucker, hemmen die Abwehrzellen des Immunsystems und wirken Entzündungen entgegen. In der Netzschicht (Zona reticularis) werden Sexualhormone gebildet, in erster Linie das männliche Geschlechtshormon Testosteron. Das Nebennierenmark wird durch Nervenimpulse des Sympathikus aktiviert, so daß die Ausschüttung der Streßhormone Adrenalin und Noradrenalin in Sekundenschnelle erfolgt. Demgegenüber kommen die Glucocorticoide der Nebennierenrinde wie Cortisol langfristig zur Geltung. Cortisol, Adrenalin und Noradrenalin vermitteln die Streßreaktion an die Organe.*

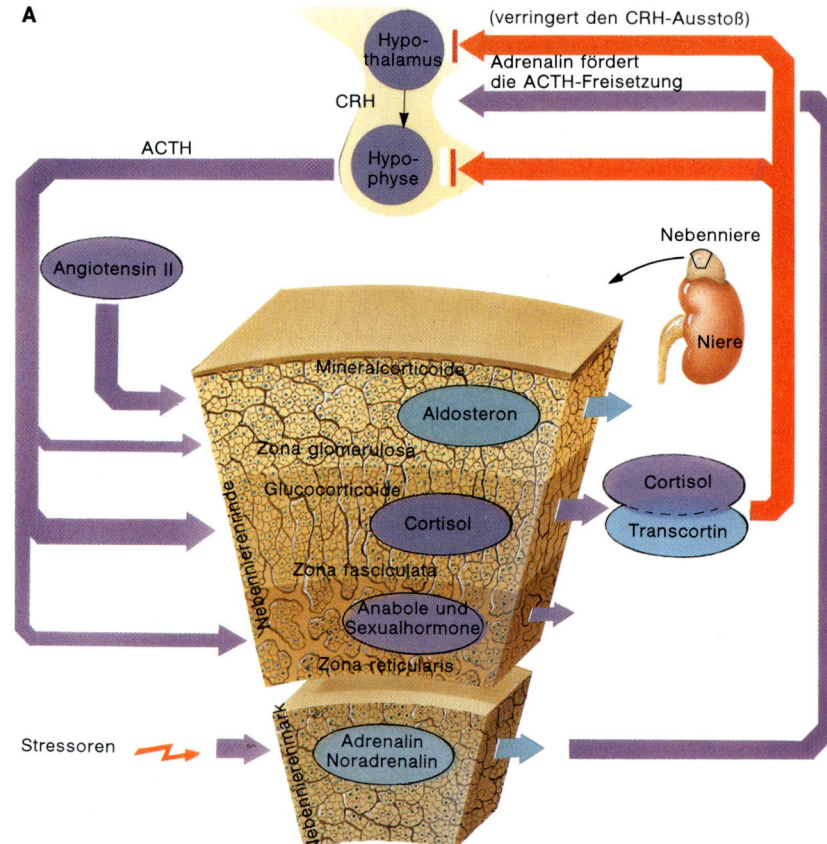

A

(verringert den CRH-Ausstoß)

Hypothalamus

Adrenalin fördert die ACTH-Freisetzung

CRH

ACTH

Hypophyse

Nebenniere

Angiotensin II

Niere

Mineralcorticoide

Aldosteron

Zona glomerulosa

Cortisol

Transcortin

Glucocorticoide

Cortisol

Zona fasciculata

Nebennierenrinde

Anabole und Sexualhormone

Zona reticularis

Nebennierenmark

Stressoren

Adrenalin Noradrenalin

Die Hoden produzieren jene zwei Drittel der Androgene, die zusammen mit dem Ertrag der Nebennierenrinde den Gesamtbedarf decken. In erster Linie fällt dabei Testosteron an, dessen Herstellung und Verbreitung den Hodenzwischenzellen obliegt. Verteilungsprobleme gibt es nicht: Unter Leitung des Steuerhormons FSH wird das Testosteron gleich vor Ort im Hoden tätig, wo es die Bildung und Reifung der Samenzellen vorantreibt. Ein Teil des Testosterons erfährt eine Geschlechtsumwandlung in Östrogen, und der Rest bringt gemeinsam mit diesem die Samenzellen stufenweise zur endgültigen Reife.

Außerhalb der Hoden zeigt Testosteron jene eiweißaufbauende, muskelbildende Wirkung, die es als körpereigenes Anabolikum ausweist. Manchen Sportlern ist diese natürliche Wirkung zu wenig; sie nehmen zusätzliche Anabolika ein (Doping) und setzen sich dabei einem hohen gesundheitlichen Risiko aus, da schwerwiegende Nebenwirkungen hervorgerufen werden können.

Siehe auch: Genomanalyse und Gentherapie, S. 302/303   Weibliche Geschlechtsorgane, S. 304/305   Eisprung, S. 306/307

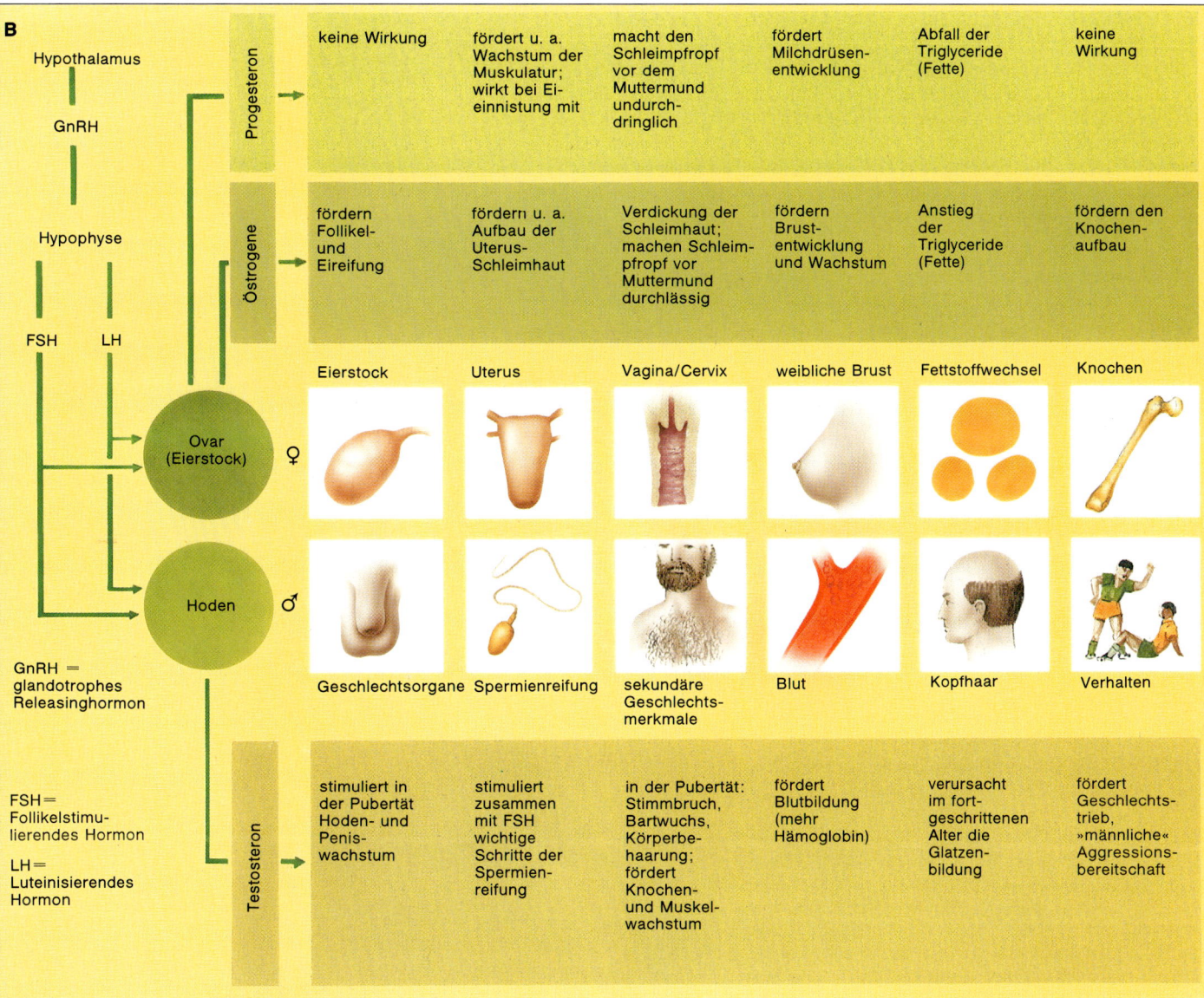

B

Hypothalamus — GnRH — Hypophyse — FSH LH — Ovar (Eierstock) ♀ — Hoden ♂

GnRH = glandotrophes Releasinghormon

FSH = Follikelstimulierendes Hormon

LH = Luteinisierendes Hormon

	Eierstock / Geschlechtsorgane	Uterus / Spermienreifung	Vagina/Cervix / sekundäre Geschlechtsmerkmale	weibliche Brust / Blut	Fettstoffwechsel / Kopfhaar	Knochen / Verhalten
Progesteron	keine Wirkung	fördert u. a. Wachstum der Muskulatur; wirkt bei Ei-einnistung mit	macht den Schleimpfropf vor dem Muttermund undurch-dringlich	fördert Milchdrüsen-entwicklung	Abfall der Triglyceride (Fette)	keine Wirkung
Östrogene	fördern Follikel- und Eireifung	fördern u. a. Aufbau der Uterus-Schleimhaut	Verdickung der Schleimhaut; machen Schleim-pfropf vor Muttermund durchlässig	fördern Brust-entwicklung und Wachstum	Anstieg der Triglyceride (Fette)	fördern den Knochen-aufbau
Testosteron	stimuliert in der Pubertät Hoden- und Penis-wachstum	stimuliert zusammen mit FSH wichtige Schritte der Spermien-reifung	in der Pubertät: Stimmbruch, Bartwuchs, Körperbe-haarung; fördert Knochen- und Muskel-wachstum	fördert Blutbildung (mehr Hämoglobin)	verursacht im fort-geschrittenen Alter die Glatzen-bildung	fördert Geschlechts-trieb, »männliche« Aggressions-bereitschaft

Wirkung von FSH und LH

B Das Follikelstimulierende (FSH) und das Luteinisie-rende Hormon (LH) bewir-ken die Ausschüttung der Ge-schlechtshormone aus Hoden bzw. Eierstock, die erst dann ihre Wirkungen entfalten.

Entwicklung der Geschlechtsanlagen

C Bis zur siebten Woche hat ein Fetus eine indifferente Geschlechtsanlage. Dann bewirkt ein Y-Chromosom durch die Bildung des Testis-determinierenden Faktors (TDF) die Entstehung der frühembryonalen Hoden. Diese bilden Testosteron, das die weitere Entwicklung der männlichen Geschlechtsor-gane ermöglicht. Entfällt der Einfluß des TDF, entwickeln sich Eierstöcke (Ovarien), die Östradiol ausschütten und zur Differenzierung der weiblichen Geschlechtsorgane führen. Viele Strukturen der Geschlechtsorgane sind daher homolog: Geschlechts-höcker wird zum Kitzler bzw. Rutenschwellkörper (1), Geschlechtsfalten werden zu kleinen Schamlippen bzw. Harnröhrenschwellkörper (2), Geschlechtswülste zu großen Schamlippen bzw. Hodensack (3).

Glucocorticoid-Therapie

Mit ihren entzündungshemmenden, antiallergi-schen und immundämpfenden Eigenschaften haben sich Cortison und andere (synthetische) Glucocorticoide auch als Arzneimittel einen Namen gemacht. Sie werden vorbeugend nach Organtransplantationen und als Akutmaßnahme bei Schock sowie zur Therapie schwerer allergi-scher Krankheiten, chronischer Entzündungen und Autoimmunleiden eingesetzt. Allerdings hat die Glucocorticoid-Therapie Grenzen: Langzeit-anwendung kann trotz minimaler Dosierung zu einem Krankheitsbild namens Cushing-Syndrom mit Bluthochdruck, Knochenabbau, Gewebsüber-wässerung, Diabetessymptomen und psychischer Labilität führen. Eine hochdosierte, aber kurzdau-ernde Therapie ist dagegen gefahrlos. Das Ende der Behandlung darf nie abrupt erfolgen, da die körpereigene Produktion bei der Behandlung ver-siegt und erst wieder in Schwung kommen muß.

C

♀ ◄— indifferente Anlage, ♂ —► ♂

Kommunikation durch Nervenzellen

Wie eine Nervenerregung entsteht und weitergeleitet wird

Auch wenn der Leser beim Aufnehmen dieser Zeilen einen kühlen Kopf bewahrt, geht es in seinem Nervensystem heiß her: Rund eine Million chemischer und physikalischer Prozesse laufen in einer Sekunde dort ab. Wippt er zudem auf seinem Stuhl hin und her, so erhöht sich die Zahl weiter. Die kleinste selbständige Funktionseinheit dieses Systems ist die Nervenzelle. Den besonderen Eigenschaften dieser Zelle ist es zu verdanken, daß eine Kommunikation und mithin die Wechselwirkung aller an das Nervensystem angeschlossenen Körperteile mit dem inneren und äußeren Umfeld stattfinden kann.

Als Spezialisten für das Nachrichtenwesen haben die Nervenzellen, die Neurone, den anderen Zellen einiges voraus: Die Beschaffenheit ihrer Zellmembran befähigt sie zur Aufnahme und Weiterleitung von Informationen in Form elektrischer Signale. In Gestalt der Sinneszellen verwandeln sie von außen kommende chemische (Geruchs- und Geschmacksstoffe), elektromagnetische (Licht) oder mechanische Reize (Schall, Druck) in Stromimpulse.

Das typische Neuron ist ungemein kontaktfreudig: So ist der Weg zur Zelle hin mit vielen Fortsätzen (Dendriten) gepflastert, die auf Signale warten. Der Weg von der Zelle weg ist länger und führt über einen einzigen Fortsatz (Axon), der aber durch Endverzweigung die aufgenommene Information auch auf viele nachgeschaltete Zellen verteilt. In einem jedoch sind die Neurone den übrigen Zellen unterlegen: In ihnen pflanzen sich zwar die Nervenimpulse fort, sie selbst aber können sich nicht fortpflanzen. Im Zuge der Spezialisierung ist ihr Teilungsapparat auf der Strecke geblieben.

Die Fähigkeit zur Erregungsbildung und -leitung verdankt das Neuron der elektrischen Spannung, unter der seine Membran im Ruhezustand steht. Dafür verantwortlich ist die unterschiedliche Verteilung positiver und negativer Ionen diesseits und jenseits der Zellmembran. Innen häufen sich negativ geladene Eiweiße und positive Kalium-Ionen, außen negative Chlor- und positive Natrium-Ionen. Diese Verteilung wird durch eine Ionenpumpe aufrechterhalten, die fortwährend Natrium aus der Zelle heraus- und Kalium hineinpumpt. Die Nettobilanz ergibt mehr negative Ladungen in als außerhalb der Zelle: So beträgt das Membranruhepotential –70 Millivolt. Bei Erregung des Neurons wandelt sich das Ruhepotential zum Aktionspotential.

Vom Nervenimpuls zur Reaktion

Nur zu Nervengewebe vernetzt können die Neurone ihre Kontaktbereitschaft umsetzen und ihren Aufgaben nachkommen. Über ihren Fortsatz (Axon) und dessen Ausläufer gehen sie bis zu mehrere tausend Verknüpfungen ein, während ihr Zelleib von vielen anderen Nervenzellen Signale empfängt. Aber nicht nur zu ihresgleichen haben Neuronen Kontakt. Da Signale Reaktionen verlangen, die von bestimmten Organen wie Muskeln und Drüsen ausgeführt werden, müssen sich Neurone diesen auch mitteilen. Die Verbindung zu Nerven-, Drüsen- oder Muskelzellen erfolgt über eine Synapse.

Der Aufbau von Nervenzellen

A Nervenzellen sind sehr spezialisiert und haben daher ganz besondere Eigenschaften. Der Zellkörper (Soma, 1) enthält neben dem Kern (2) und anderen typischen Organellen Nissl-Schollen (3), in denen eine Vorstufe der Neurotransmitter (siehe **D**) gebildet wird. Vom Zellkörper strahlen Ausläufer ab: baumartige Dendriten (4), die Nervenimpulse aufnehmen, und langgezogene Axone (5), die die Erregung weiterleiten. Sie stellen den Kontakt zu den anderen Nervenzellen und der Umgebung her. In den Axonen verlaufen Neurofibrillen (6). Die Nervenfasern der Axone sind mit Zellen zur Isolierung vom umgebenden Gewebe ausgestattet, den Schwann-Zellen (7). Diese sind in mehreren Schichten um das Axon (8) herumgewachsen, so daß eine sogenannte Myelinscheide (9) entstanden ist. Derartige Nervenfasern werden als markhaltig bezeichnet. Zwischen den Schwann-Zellen erkennt man die Ranvierschen Schnürringe (10), die für die Fortleitung der Stromimpulse von Bedeutung sind. Die Endköpfchen (11) der Axone sind Bestandteil der Synapsen.

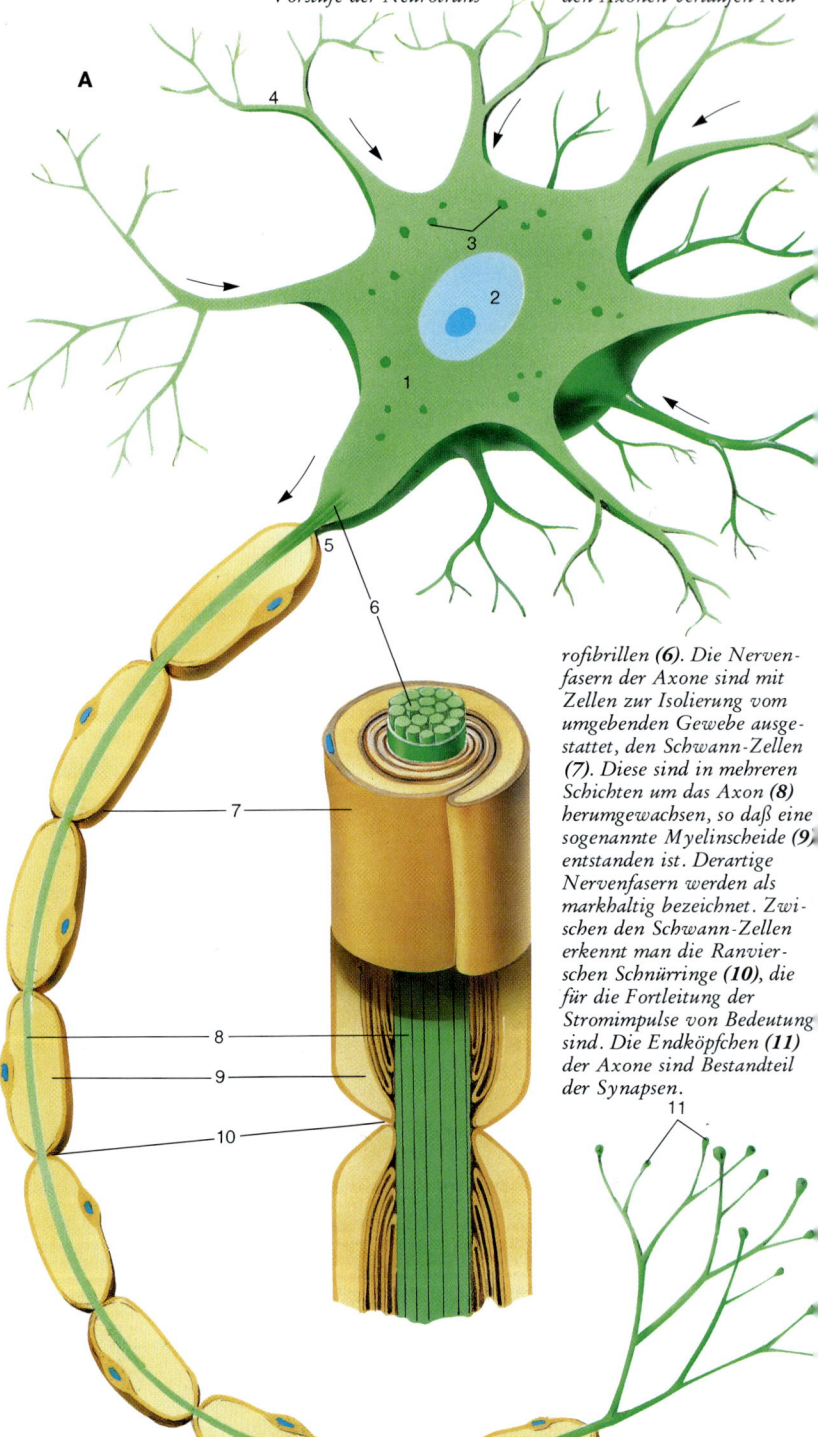

Siehe auch: **Spezialisierte Zellen**, *S. 216/217* **Zentralnervensystem**, *S. 334/335* **Rückenmark und Reflex**, *S. 336/337* **Sinneszellen**, *S. 356/357*

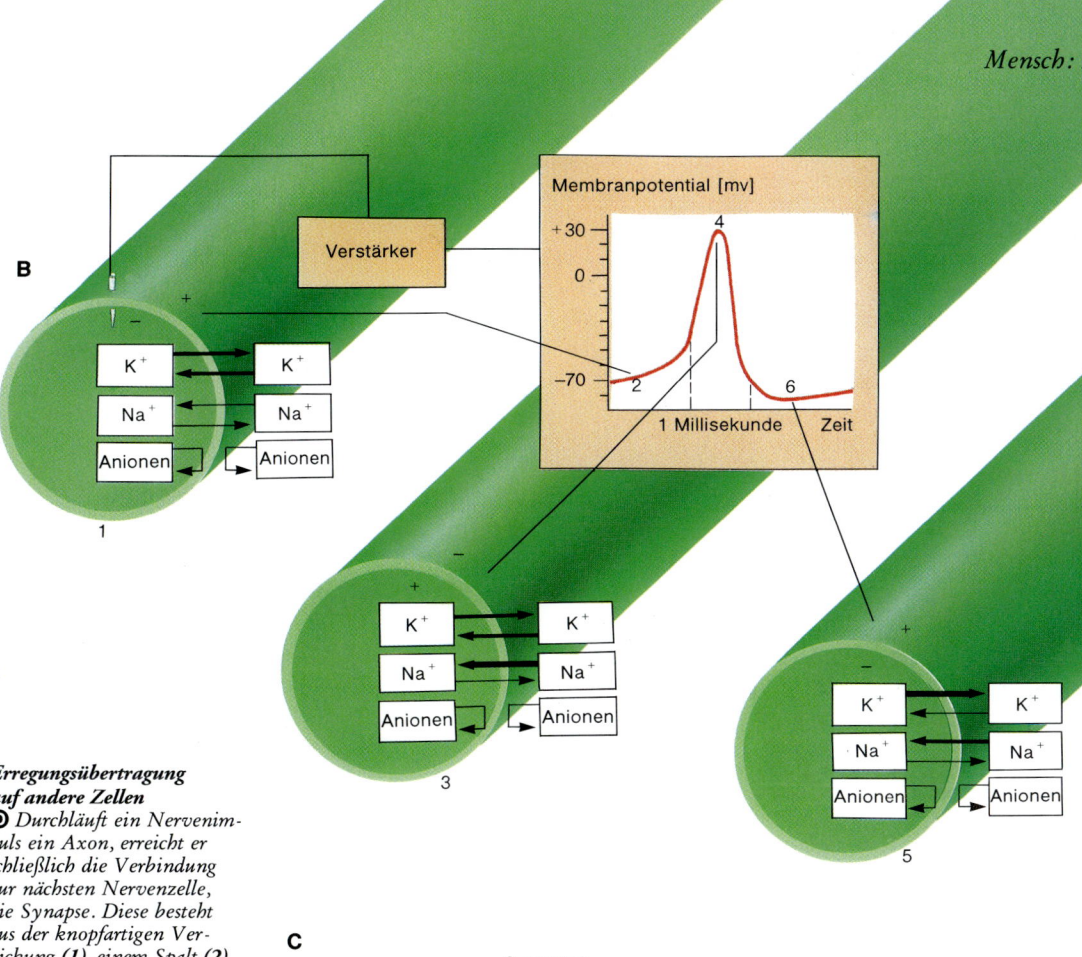

B

Verstärker

Membranpotential [mv]

+30
−70

4
2
6

1 Millisekunde   Zeit

K⁺ K⁺
Na⁺ Na⁺
Anionen Anionen
1

K⁺ K⁺
Na⁺ Na⁺
Anionen Anionen
3

K⁺ K⁺
Na⁺ Na⁺
Anionen Anionen
5

Die Entstehung von Aktionspotentialen

B *Die Weiterleitung der Signale erfolgt durch elektrische Impulse. Im Ruhezustand (1) besteht ein Überschuß an negativen Ladungen im Zellinneren, bedingt durch die unterschiedliche Verteilung von positiven (Kalium = K⁺ und Natrium = Na⁺) und negativen Ladungsträgern (Chlorid und Eiweiße) zwischen Nervenzelle und Umgebung. In diesem Zustand (Ruhepotential) läßt sich eine Spannung von −70 mV messen (2). Wird ein Bereich der Zelle erregt, kommt es zum Aktionspotential (3). Es strömen verstärkt positive Natrium-Ionen in die Zelle, so daß sich die Ladungsverteilung umkehrt und eine Spannung von +20 mV entsteht (4). Diese Umpolarisation kehrt sich wieder um, da Kalium-Ionen aus der Zelle strömen und der Natrium-Einstrom eingeschränkt ist (5). Es kommt zur Repolarisation (6). Ionenpumpen stellen das ursprüngliche Ionen-Verhältnis wieder her.*

Aktionspotentiale führen zum Stromfluß

C *Ist die kontinuierliche Ausbreitung der Aktionspotentiale entlang der Axonmembran durch Schwannsche Zellen (1) behindert, resultiert aus der unterschiedlichen Ladungsverteilung als Ladungsausgleich ein Stromfluß, der von Schnürring zu Schnürring »springt« (2). Dadurch wird die Erregung besonders schnell weitergeleitet.*

Erregungsübertragung auf andere Zellen

D *Durchläuft ein Nervenimpuls ein Axon, erreicht er schließlich die Verbindung zur nächsten Nervenzelle, die Synapse. Diese besteht aus der knopfartigen Verdickung (1), einem Spalt (2) und der Membran (3) der nächsten Nervenzelle. Die Erregung vom Axon setzt Neurotransmitter (4) frei, die in Bläschen (Vesikeln, 5) eingelagert sind. Die Neurotransmitter strömen in den Spalt und erreichen die gegenüberliegende Membran. Hier lösen sie eine Erhöhung der Membrandurchlässigkeit für Ionen aus, indem sie Ionen-Kanäle (6) öffnen. Dabei kommt es je nach Synapsentyp zu zwei unterschiedlichen Effekten: Kalium-*

C

Stromfluß

2

1

D

ausstrom hemmt die Übertragung durch eine Verstärkung des Ruhepotentials, Natriumeinstrom dagegen erzeugt ein Aktionspotential, das sich entlang der Membran in alle Richtungen ausbreitet (7): Die Erregung ist auf eine andere Nervenzelle, Drüsen- oder Muskelzelle übertragen worden.

1
5
4
2
6
3

7

Für sich nicht lebensfähig, sind die Neurone auf Helfer angewiesen, die sie ernähren, stützen, schützen und voneinander gegen Kurzschlüsse isolieren. Diese Aufgaben werden von den Gliazellen (Glia = Leim) wahrgenommen, die selbst zwar nicht mitteilungsfähig, dafür aber noch teilungsfähig sind. Im Nervengewebe kommen auf ein Neuron fünf bis zehn Gliazellen.

Für den Dialog mit Körper und Außenwelt muß das Nervenzellnetz entsprechend aufgebaut und organisiert sein: Afferente (hinführende) Neuronen übernehmen die Signale von peripheren Sinneszellen und senden sie ins zentrale Nervensystem (ZNS). Dort sitzen etwa 20 Milliarden Zwischenzellen (Interneurone) als Integratoren und verteilen, hemmen, filtern, kombinieren oder modulieren die Impulse nach Bedarf und Vermögen. Efferente (vom ZNS wegführende) Neurone zu den Muskeln und Drüsen schließen den Funktionskreis vom Signal zur zielgerechten Wirkung.

Die oberste Schaltzentrale

Das Zentralnervensystem steuert die Funktionen des Körpers

Aus bis zu 100 Milliarden Zellen besteht das reichvernetzte Geflecht der Nervenverbindungen in unserem Körper. Die weitaus meisten von ihnen gehören zum Zentralnervensystem (ZNS), bestehend aus Gehirn und Rückenmark. Hier wird alles gesteuert und koordiniert: das Fühlen und Erkennen, Lernen und Erinnern, Denken, Sprachvermögen und Bewußtsein. Neben Geist und Psyche lenkt das ZNS aber auch die Bewegung der Muskeln, den Gang und die vegetativen Funktionen um Kreislauf, Atmung, Verdauung, Stoffwechsel und Sexualität. Kurz: Es bestimmt, was den Menschen ausmacht.

Gehirn und Rückenmark kommunizieren direkt miteinander und bilden eine funktionelle Einheit, das Zentralnervensystem oder kurz »ZNS«. Erst die vom Rückenmark zu den einzelnen Organsystemen, zu Gefäßen, Muskeln und Drüsen führenden Nervenfasern gehören zum peripheren Nervensystem. Dazu zählen auch die sensiblen Nerven, die Impulse von der Körperoberfläche und den Organen zum ZNS zurückleiten.

Die komplexe Arbeitsteilung des ZNS

Das ZNS ist nach seiner äußeren Form und seinen Funktionen noch weiter unterteilt. Nach Eintritt der Nervenbahnen in das Schädelinnere erweitert sich das Rückenmark zum verlängerten Mark (Medulla oblongata). Hier liegen wichtige Kerngebiete für Nerven, die direkt aus dem Gehirn zum Gesicht ziehen, ohne den Umweg über das Rückenmark zu gehen (Hirnnerven).

In der hinteren Schädelgrube befindet sich das stark gewundene Kleinhirn (Cerebellum). Es koordiniert den Bewegungsablauf, dient der Erhaltung des Gleichgewichts und reguliert beim Gehen und Stehen die Körperhaltung.

Oberhalb von Kleinhirn und verlängertem Mark schließt sich das Mittelhirn (Mesencephalon) an. Im Mittelhirnbereich befinden sich wichtige Schaltstellen für die Seh- und die Hörbahn. Die in Auge und Ohr aufgenommenen Sinneseindrücke werden hier zu den entsprechenden Großhirnabschnitten weitergeleitet, wo sie durch Verknüpfung mit anderen Zentren wie Sprache und Gedächtnis erst bewußt gemacht werden. Ebenfalls im Mittelhirn liegt die »schwarze Substanz« (Substantia nigra), in der Dopamin produziert wird. Dies ist nicht nur eine wichtige Vorstufe von Noradrenalin und Adrenalin, die als Streßhormone und als Überträgerstoffe für Nervenimpulse (Neurotransmitter) dienen, sondern es ist auch selbst Neurotransmitter. Bei Ausfall der Dopaminherstellung entwickelt sich die Parkinsonsche Krankheit.

Das Zwischenhirn (Diencephalon) hat seinen Namen durch die Lage zwischen den beiden Großhirnhälften erhalten. Es besteht aus dem Thalamus und dem Hypothalamus mit der Hypophyse (Hirnanhangdrüse). Der Thalamus ist der Vorfilter für das Großhirn. Als »Tor zum Bewußtsein« wählt er aus, welche ankommenden Informationen zur Hirnrinde weitergeleitet werden. Wenn es uns gelingt, uns in einer Gruppe redender Menschen auf einen Gesprächspartner zu konzentrieren, hat der Thalamus die Wortfetzen der anderen ausgeblendet. Der Hypotha-

Die Struktur des Gehirns
Ⓐ *Der mediane Längsschnitt des Gehirns zeigt unterschiedliche Strukturen. Der Hirnstamm besteht aus dem verlängerten Rückenmark (Medulla oblongata, 1) mit Reflexzentren, der verbindenden Brücke (2) und dem Mittelhirn (3), das reflexartige Bewegungen*

A

von Augen, Kopf und Rumpf steuert. Durch den Hirnstamm zieht sich die Netzsubstanz (Formatio reticularis, 4) mit zahlreichen Regulationszentren. Die Schaltstelle zwischen Großhirn und Hirnstamm bildet das Zwischenhirn (5). Seine Bestandteile sind Thalamus und Hypothalamus (hier

lamus ist hingegen das übergeordnete Koordinationszentrum der vegetativen Körperfunktionen. Nahrungsaufnahme, Kreislauf, Schlaf-Wachrhythmus, Wärmehaushalt und Sexualfunktion werden von hier aus gesteuert. Aber der Hypothalamus produziert auch Hormone: Über kleine Gefäße werden die Hormone Adiuretin (regelt den Wasserhaushalt) und Oxytocin (Wehenauslösung und Milcheinschuß nach der Geburt) an den Hinterlappen der Hypophyse ausgeschüttet und von dort in den Kreislauf abgegeben.

Im Großhirn (Telencephalon) schließlich werden die verschiedensten Leistungen integriert und individuell verknüpft. Wenn wir Worte lesen, verstehen und bilden können, wenn Empfindungen wie Schmerz oder Kälte in den vielfältigen Erfahrungsschatz aus Erinnerung, Wissen und entsprechender Körperreaktion eingebaut werden, ist dies alles eine Leistung des Großhirns. Es ermöglicht das, was wir Intelligenz und Bewußtsein nennen.

nicht sichtbar) sowie die hormonausschüttende Hirnanhangdrüse (Hypophyse, 6). Das Kleinhirn (7) besteht aus gefalteter Kleinhirnrinde, in der sich Koordinationssysteme (Muskeln, Gleichgewicht) befinden. Größter und stammesgeschichtlich jüngster Hirnteil ist das Großhirn (8), das durch tiefe Furchen (Fissuren, 9) in Stirnlappen (10), Scheitellappen (11), Hinterhauptlappen (12) und (in dieser Schnittebene nicht sichtbare) Schläfenlappen unterteilt ist. Man erkennt auch die stark aufgefaltete Großhirnrinde (13). Die beiden Großhirnhälften sind durch den Balken (14) verbunden. Darunter liegt die Melatonin ausschüttende Zirbeldrüse (15).

Siehe auch: **Schädel,** *S. 224/225* **Wirbelsäule,** *S. 228/229* **Hormondrüsen,** *S. 326/327* **Nervenzelle,** *S. 332/333*

B

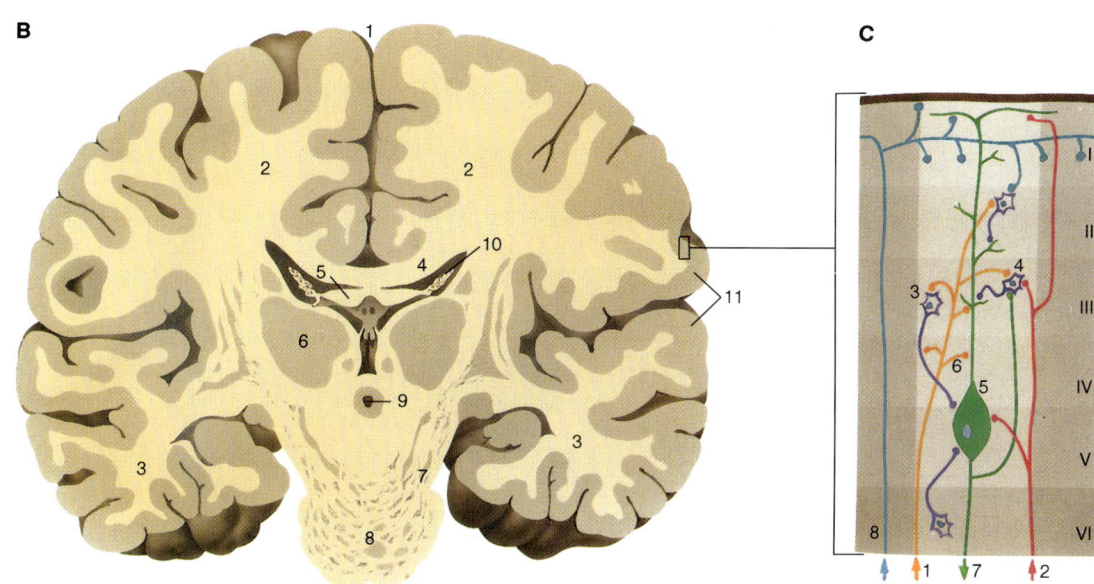

C

Die graue Substanz

G *In der grauen Substanz der Großhirnrinde (Cortex) sind zahlreiche Neuronen in bestimmten Schichten (I–VI) miteinander verbunden. Sie ermöglichen die differenzierte Beantwortung von Signalen. Ein Ausschnitt (Kolumne) stellt eine Art Regelkreis dar: Von spezifischen Thalamuskernen kommende afferente (zuführende) Fasern (1) erregen ebenso wie die Afferenzen aus anderen Arealen (2) die Sternzellen (Astrocyten, 3) oder die Golgizellen (4). Deren Erregung wird auf die Pyramidenzellen (5) umgeschaltet. Letztere – auch direkt mit Afferenzen verbunden (6) – schicken Antwortimpulse über efferente (wegführende) Fasern (7) in andere Bereiche. Unspezifische Afferenzen (8) führen in mehrere Kolumnen und wirken so auf andere Großhirnregionen.*

Das Gehirn im Querschnitt

B *Ein Frontalschnitt in Höhe von Mittelhirn und Brücke zeigt neben den durch einen Spalt (1) getrennten Großhirnhälften (2) mit den abgesetzten Schläfenlappen (3) auch Balken (4), Hirngewölbe (5), Thalamus (6), die Kleinhirn und verlängertes Rückenmark* verbindenden Hirnstiele (7) und die Brücke (8). Mit Hirnwasser gefüllt sind Aquädukt (Hirnwasserleiter, 9) und Seitenventrikel (Hirnwasserkammern, 10). Als Begrenzung der Großhirnrinde ist die graue Substanz (11) erkennbar, in der sich die meisten Zelleiber der Großhirnneuronen befinden.*

D

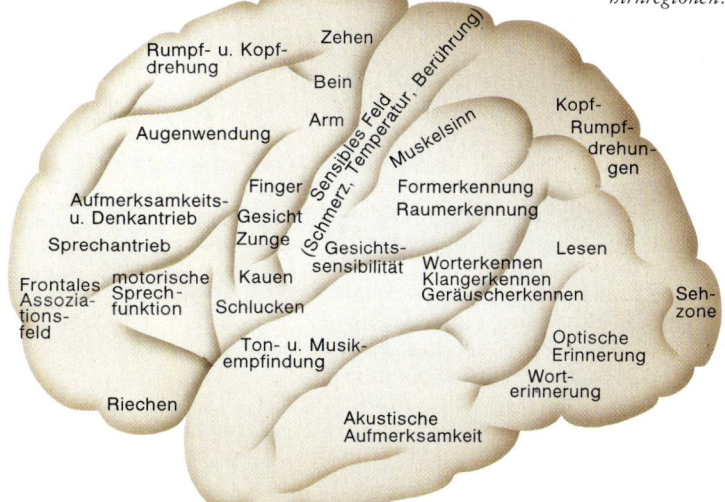

Signale sensibler Nervenfasern an die Großhirnrinde

D *Die Wissenschaftler Penfield und Rasmussen haben die für sensible Nervenfasern zuständigen Bereiche der Großhirnrinde gekennzeichnet. So werden etwa die linken Körperabschnitte auf die rechte Hirnrinde projiziert, weil grundsätzlich die eine Hirnseite über die gegensei-* tige Körperhälfte herrscht. Körperteile mit erhöhter Sensibilität (z. B. Finger, Lippen, Zunge) wurden entsprechend größer dargestellt.*

Lage verschiedener Großhirnfunktionen

E *Auf dieser »Landkarte« der Großhirnrinde sind die wichtigsten Funktionen bestimmten Großhirnarealen* zugeordnet. Diese Zuordnungen wurden beim Menschen möglich, indem man bei Zerstörungen einzelner Bereiche die Ausfallerscheinungen protokollierte.*

Sprache wird sichtbar

F *Mit der Positronen-Emissions-Tomographie lassen sich die Großhirnfunktionen direkt lokalisieren. Die* Strahlung eines in die Blutbahn gespritzten, schwach radioaktiven Mittels wird gemessen und läßt die unterschiedliche Durchblutung von Hirnarealen wie hier bei sprachspezifischen Aufgaben erkennen: beim Hören von Wörtern (1), beim Lesen (2), bei der Wortbildung (3) und beim Aussprechen von Wörtern (4).*

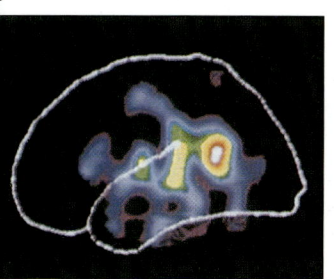

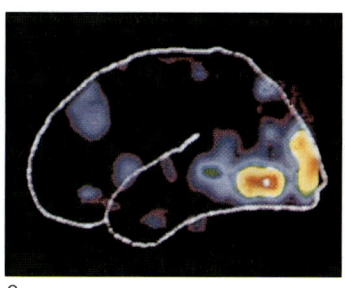

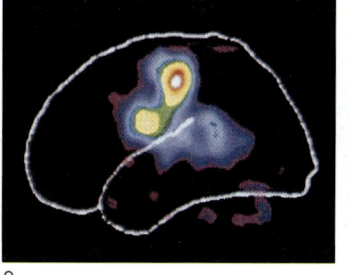

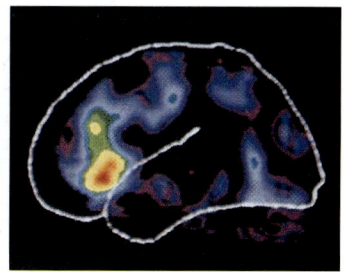

2

3

4

Rückenmark und Reflex, *S. 336/337*   **Vegetatives Nervensystem**, *S. 340/341*   **Schmerz**, *S. 348/349*   **Sehen**, *S. 360/361*

Der verlängerte Arm des Gehirns

Das Rückenmark und der monosynaptische Reflexbogen

Wenn wir die Finger von einem heißen Bügeleisen wegziehen oder bei einem Luftstoß die Augen schließen, werden diese Reaktionen durch Reflexe ermöglicht. Die meisten Reflexe – unwillkürliche Antworten auf bestimmte Reize – werden vom Rückenmark gesteuert. Das Rückenmark stellt daher nicht nur eine Bündelung von Nervenfasern dar, die das Gehirn mit dem peripheren Nervensystem verbinden, sondern ist auch eine mit einfachen Aufgaben betraute Verlängerung des Gehirns. Dabei sind spezielle Nervenzellen zu Reflexbogen verschaltet, die genau festgelegte, schnelle Reaktionen ermöglichen.

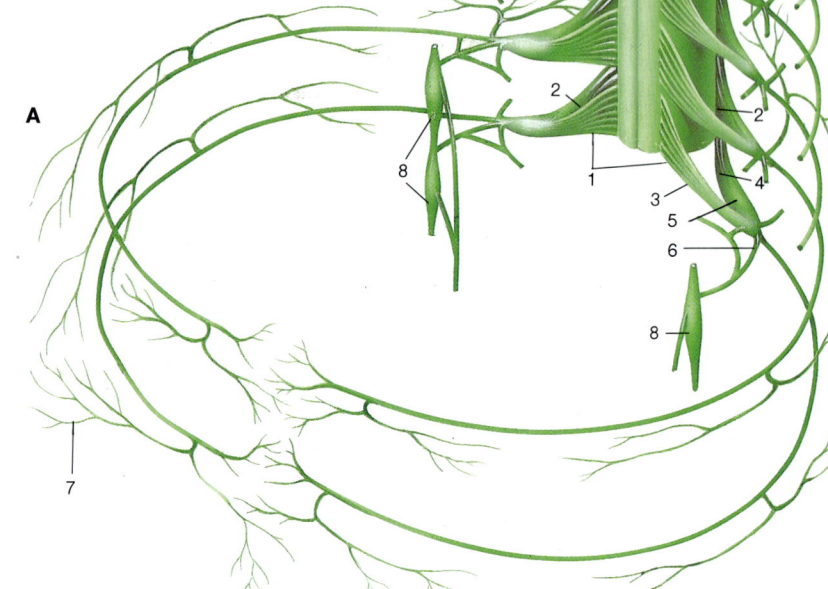

Von den beiden Anteilen des Zentralnervensystems, Gehirn und Rückenmark, ist letzteres entwicklungsgeschichtlich wesentlich älter und relativ einfach aufgebaut. Ursprünglich ist das Rückenmark entsprechend dem Aufbau der Wirbelsäule in Segmente aufgeteilt. Wächst der Körper, bleibt aber das Wachstum der Rückenmarkssegmente hinter dem der Wirbelkörper zurück, so daß das Rückenmark beim Erwachsenen etwa in der Höhe der oberen Lendenwirbel endet, wobei der eigentliche Aufbau in Rückenmarkssegmente erhalten bleibt.

Die Rückenmarksquerschnitte sind in allen Segmenten prinzipiell gleich aufgebaut. Die Zellkörper der Nervenzellen sowie zum Teil ihre Auswüchse (Dendriten und Axone) liegen im Inneren des Rückenmarks (graue Substanz). Die graue Substanz ist in den Außenbereichen von den auf- und absteigenden Nervenbahnen umgeben. Da das die Nervenfasern als »Isolierung« umhüllende Myelin die Nervenfasern im Querschnitt weiß erscheinen läßt, werden diese Bereiche weiße Substanz genannt. Die Ausdehnung von grauer und weißer Substanz variiert in den einzelnen Abschnitten des Rückenmarks allerdings erheblich. So ist die weiße Substanz im Zervikalmark im Bereich der Halswirbelsäule am umfangreichsten und nimmt nach unten hin deutlich ab. Zum Kreuzbein hin im Sakralmark überwiegt die graue Substanz.

In jedem Rückenmarkssegment führen auf der hinteren Seite Nervenfasern in das Rückenmark hinein und auf der vorderen Seite aus dem Rückenmark heraus. Und zwar treten alle in das Gehirn leitenden (afferenten) Nervenfasern – die den Körper betreffenden (somatischen) wie die die Organe betreffenden (visceralen) Afferenzen – über die Hinterwurzeln in das Rückenmark ein. Dagegen treten alle aus dem Gehirn leitenden (efferenten) Nervenfasern, die motorischen und vegetativen Efferenzen, über die Vorderwurzeln aus dem Rückenmark aus.

Steuerung von Körperfunktionen durch Reflexe

Auf Reize aus der Umwelt reagiert der Körper häufig mit relativ gleichförmigen Reaktionen. Solche stereotypen Reaktionen auf sensible Reize werden als Reflexe bezeichnet. Beispielsweise führt das Berühren der Hornhaut des Auges immer zu einem Lidschlag (Lidschlagreflex), und das bereits erwähnte Anfassen eines heißen Gegenstandes läßt die Hand sich zurückziehen, noch bevor der Hitzeschmerz bewußt wird und man willkürlich darauf hätte reagieren können.

Der Ablauf der meisten Reflexe wird nicht bewußt wahrgenommen. Dies gilt z. B. für diejenigen Reflexe, die für den Transport und die Aufarbeitung der Nahrung im Magen und im Darmtrakt sorgen, oder für die, die Kreislauf und Atmung kontinuierlich an die jeweiligen Erfordernisse anpassen. Ebenfalls unbewußt laufen normalerweise all die motorischen Reflexe ab, die die aufrechte Haltung des Körpers im Raum bewirken, das Gleichgewicht bewahren, und die es durch entsprechende Mit- und Gegenregulation ermöglichen, willkürliche Bewegungen sicher auszuführen. Es gibt eine Vielzahl von Reflexbögen, die an dieser Regelung und Steuerung der Motorik beteiligt sind.

Der monosynaptische Reflexbogen des Dehnungsreflexes zählt trotz seines einfachen Bauplanes zu den wichtigsten. Er ist aus der ärztlichen Sprechstunde bekannt: Ein leichter Schlag mit einem Reflexhammer auf die Sehne unmittelbar unterhalb der Kniescheibe führt zu einem Zucken des Schenkelstreckers im Oberschenkel. Durch diese Untersuchung wird geprüft, ob der Reflexbogen des monosynaptischen Dehnungsreflexes des Vierköpfigen Schenkelstreckers intakt ist. Andere Muskelreflexe, die bei neurologischen Untersuchungen geprüft werden, sind z. B. der Achillessehnen-, der Bizepssehnen- oder der Pupillenreflex. Bei letzterem wird die Verkleinerung der Pupillen auf einen Lichtreiz hin getestet. Alle Reflexprüfungen geben Hinweise auf Störungen des Zentralnervensystems.

Gebündelte Nervenfasern im Rückenmark

A *Wie hier am Beispiel zweier Rückenmarkssegmente aus dem Bereich der Brustwirbelsäule gezeigt wird, vereinigen sich die einzelnen Nervenfasern der Vorder- (1) und Hinterwurzelfilamente (2) im knöchernen Wirbelkanal zu den Vorder- (3) und Hinterwurzeln der Spinalnerven (4), wobei bei den Hinterwurzeln das Spinalganglion (5) als deutliche Verdickung auffällt. Auf jeder Seite bilden Vorder- und Hinterwurzel je einen gemeinsamen Nerv, den Spinalnerv (6), der dann durch eine entsprechende Lücke zwischen zwei Wirbelbogen aus dem Wirbelkanal austritt. Durch komplexe Verflechtungen bilden sich aus den Spinalnerven die somatischen und vegetativen Nerven. Während erstere z. B. die Haut im Brustbereich (7) versorgen, bilden letztere die sympathischen Grenzstrangganglien (8). Die aus dem Rückenmark kommenden Nerven versorgen den gesamten Körper mit Ausnahme des Kopfes, für den zwölf paarige Kopfnerven zuständig sind.*

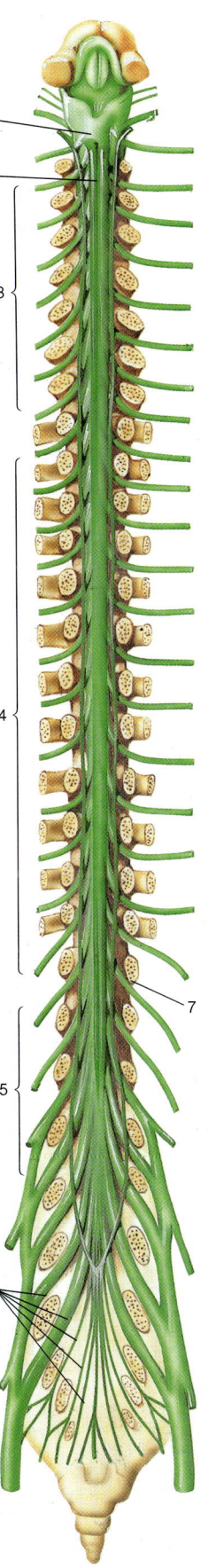

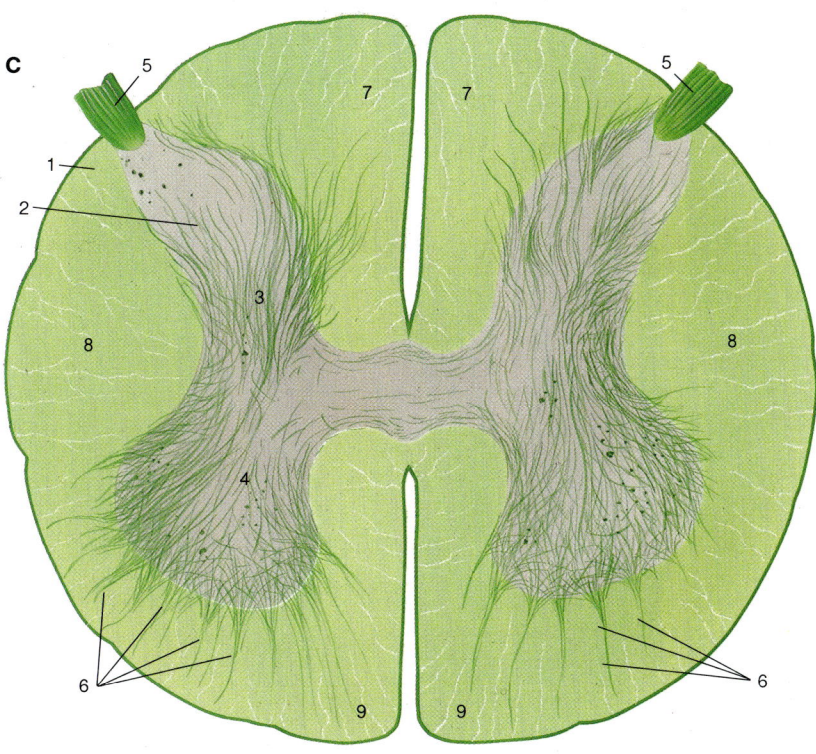

C

Reflexbogen bei Eigen- und Fremdreflex

D *Ein Reflexbogen ist eine neuronale Verschaltung zwischen reizaufnehmenden Rezeptoren, einem Reflexzentrum und ausführenden Organen (Erfolgsorganen) wie z.B. Muskeln. Beim Eigenreflex liegen die Rezeptoren im Erfolgsorgan, wie beim Patellarsehnenreflex: Der Arzt klopft mit einem Hämmerchen (1) kurz unter der Kniescheibe auf die Sehne des Schenkelstreckers. Die kurzfristige Dehnung aktiviert primäre Muskelspindelendigungen (2), so daß über Ia-Fasern (3) eine Salve von Aktionspotentialen ins Rückenmark (4) einläuft und durch eine monosynaptische Erregung der entsprechenden Motoneuronen (5) eine Zuckung im Schenkelstrecker auslöst. Beim Fremdreflex werden z. B. beim Treten auf eine Reißzwecke (6) Hautsinneszellen gereizt, die über sensible Fasern (7) Signale ins Rückenmark senden. Hier werden über mehrere Synapsen (polysynaptischer Reflexbogen) und Rückenmarkssegmente (8) angeregt, die das Zurückziehen des Beines auslösen.*

Die neuronale Versorgung des Körpers vom Rückenmark aus

B *Im Anschluß an den Hirnstamm (1) tritt das Rückenmark in den Wirbelkanal (2) der Wirbelsäule ein. Zwischen den Wirbeln treten die Spinalnerven aus dem Wirbelkanal aus: im Bereich der Halswirbelsäule die Halsnerven (Nervi cervicales, 3), im Brustwirbelbereich die Brustnerven (Nervi thoracici, 4), im Bereich der Lendenwirbelsäule die Lendennerven (Nervi lumbalis, 5) und schließlich im Kreuzbeinbereich die Kreuznerven (Nervi sacrales, 6). Die Wirbelsäule ist zwar auf ihrer ganzen Länge von Nervenfasern durchzogen, das eigentliche Rückenmark reicht aber lediglich bis in Höhe der oberen Lendenwirbel (7). Darunter wird der Rückenmarkkanal von den oberhalb aus dem Rückenmark ausgetretenen Lenden- und Kreuznerven ausgefüllt. Durch Beschädigungen des Rückenmarks kann es zu Querschnittslähmungen kommen, wenn die Verbindungen zwischen Gehirn und den unteren Extremitäten unterbrochen werden. Je nachdem, in welcher Höhe die Verletzung liegt bzw. ob sie ein- oder beidseitig besteht, sind der gesamte Unterkörper, lediglich eine Seite oder nur die Beine von der Lähmung betroffen.*

Die graue und die weiße Substanz

C *Im Querschnitt des Rückenmarks sind als Strukturen die weiße (1) und die graue Substanz (2) zu erkennen. Erstere wird von myelinumhüllten Nervenfasern gebildet, letztere durch Zellkörper, Dendriten und Axone, die hier auch Synapsen bilden. Die graue Substanz ist beidseitig in Hinter- (3) und Vorderhorn (4) gegliedert. Auf der Rückseite treten die Hinterwurzeln der Spinalnerven (5) aus, an der Vorderseite sind die Wurzelfasern (6) zu sehen, die die weiße Substanz durchziehen und die Vorderwurzelfilamente bilden. Die weiße Substanz gliedert sich in Hinterstrang (7), Seitenstrang (8) und Vorderstrang (9).*

D

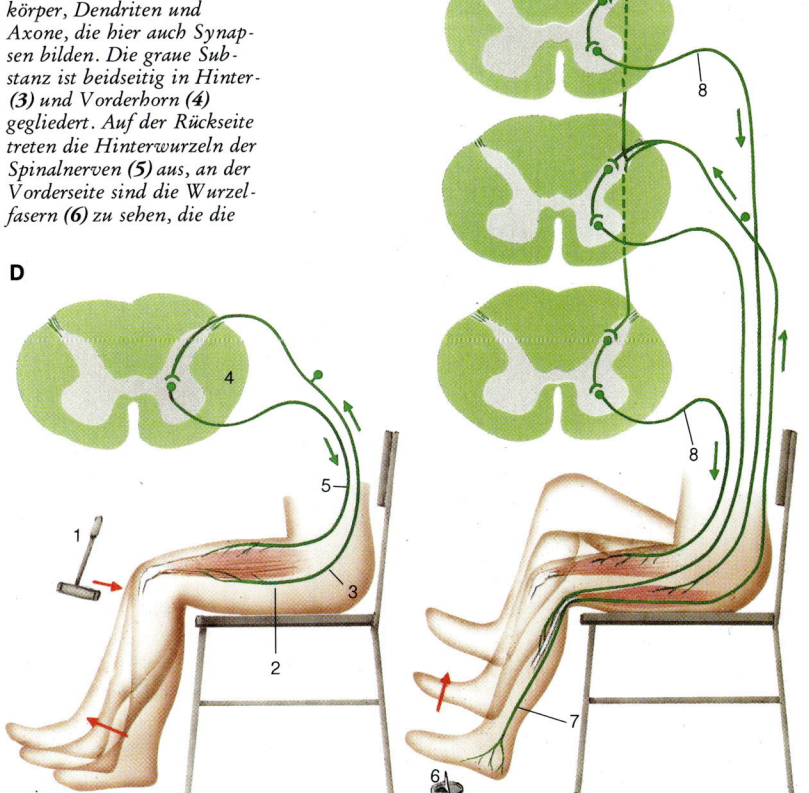

Peripheres Nervensystem, S. 338/339 **Vegetatives Nervensystem**, S. 340/341 **Sinneszellen**, S. 356/357

Das periphere Nervensystem

Wie Informationen an das Zentralnervensystem geleitet werden

Ebensowenig wie ein Chef ohne Mitarbeiter existieren kann, können Gehirn und Rückenmark als Zentralnervensystem (ZNS) ohne Verbindung zu den übrigen Körperregionen und zur Außenwelt arbeiten. Die Verbindung des ZNS mit seiner Umgebung, z. B. über reizaufnehmende Sinneszellen oder Bewegung ermöglichende Muskeln, erfolgt durch das periphere Nervensystem. Dazu gehören alle Nervenzellen und Nervenfasern, die außerhalb des Gehirns und des Rückenmarks liegen. Die Fasern dienen als Telegrafenleitungen, die Zellen als Relaisstationen, über die das ZNS seinen Nachrichtendienst betreibt.

Sowohl das somatische (für die Außenwelt zuständige) als auch das vegetative (die Innenwelt betreffende) ZNS sind für den Empfang und das Senden von Signalen auf ein peripheres Leitungssystem aus Nervenfasern angewiesen. Fasern, die Nervenimpulse (als Signalträger) von den Sinnesorganen zum ZNS leiten, heißen afferent (zuführend), im somatischen System auch sensorisch oder sensibel. Fließt der Nachrichtenstrom in die andere Richtung, also vom ZNS zur Peripherie, spricht man von efferenten (wegführenden) Fasern, sofern der Signalempfänger die Muskulatur ist, auch von motorischen Fasern.

In den peripheren Nerven sind die Nervenfasern zu Bündeln vereint, die von Bindegewebe zusammengehalten werden. In der Regel handelt es sich um gemischte Nerven aus afferenten und efferenten Fasern. Das vegetative Nervensystem benutzt außerhalb des ZNS zumeist eigene Leitungswege.

Bei den Nervenfasern, welche die peripheren Nerven ausmachen, handelt es sich um die Axone von Nervenzellen. Die dazugehörigen Zellkörper finden sich einerseits im Hirn oder Rückenmark: Demgemäß unterscheidet man Hirnnerven und Spinalnerven. Andererseits entspringt ein Teil der peripheren Nervenfasern aber auch außerhalb des ZNS, und zwar in den sogenannten Ganglien, zu denen sich jeweils mehrere Zellkörper zusammenlagern. Solche Nervenfasern bezeichnet man als postganglionär (hinter dem Ganglion liegend), im Gegensatz zu den präganglionären (vor dem Ganglion liegenden) Fasern, die aus dem ZNS kommend über Synapsen mit Zellkörpern anderer Fasern in den Ganglien verbunden sind.

Die Verbindungen des Gehirns zur Außenwelt

Von den zwölf Hirnnervenpaaren, die ihrer umständlichen Namen wegen mit den römischen Ziffern I bis XII (in der Reihenfolge ihres Schädelaustritts) abgekürzt werden, gehört dem Ursprung nach das erste zum Großhirn, das zweite zum Zwischenhirn und der Rest zum Stammhirn. Die Nerven I, II und VIII sind sensorisch: Sie leiten die Impulse der Sinnesorgane zum Gehirn, wo dann die entsprechenden Empfindungen zustande kommen. Die Nerven III, IV, VI, XI und XII sind überwiegend motorisch: Sie bringen die Muskeln der Kopf- und Halsregion in Bewegung. Die Nerven V, VII, IX und X schließlich enthalten motorische und sensorische sowie (afferente und efferente) parasympathische Fasern.

Aufbau des Rückenmarks

Das Rückenmark ist in 31 Segmente gegliedert, denen jeweils ein Spinalnervenpaar zugeordnet ist. Benannt werden die Spinalnerven nach dem Marksegment, aus dem sie mit einer vorderen und hinteren Wurzel hervorgehen, bzw. nach dem Wirbel, an dem sie austreten. In der Frühphase der Embryonalentwicklung liegen die Marksegmente auf gleicher Höhe mit den entsprechenden Wirbeln. Da aber die Wirbelsäule im Laufe ihrer Entwicklung stärker wächst als das Rückenmark, ist dieses zuletzt viel kürzer: Es endet beim ersten Lendenwirbel. Die Anfänge der Spinalnerven müssen also mit absteigenden Segmenten zunehmend längere Wegstücke im Wirbelkanal zurücklegen, weil ihre Austrittsstellen immer weiter von ihrem Ursprung im Rückenmark entfernt liegen. So ist der Wirbelkanal vom zweiten Lendenwirbel bis zum Steißbein also allein mit den Wurzeln der Spinalnerven des Lenden-, Kreuz- und Steißmarks gefüllt.

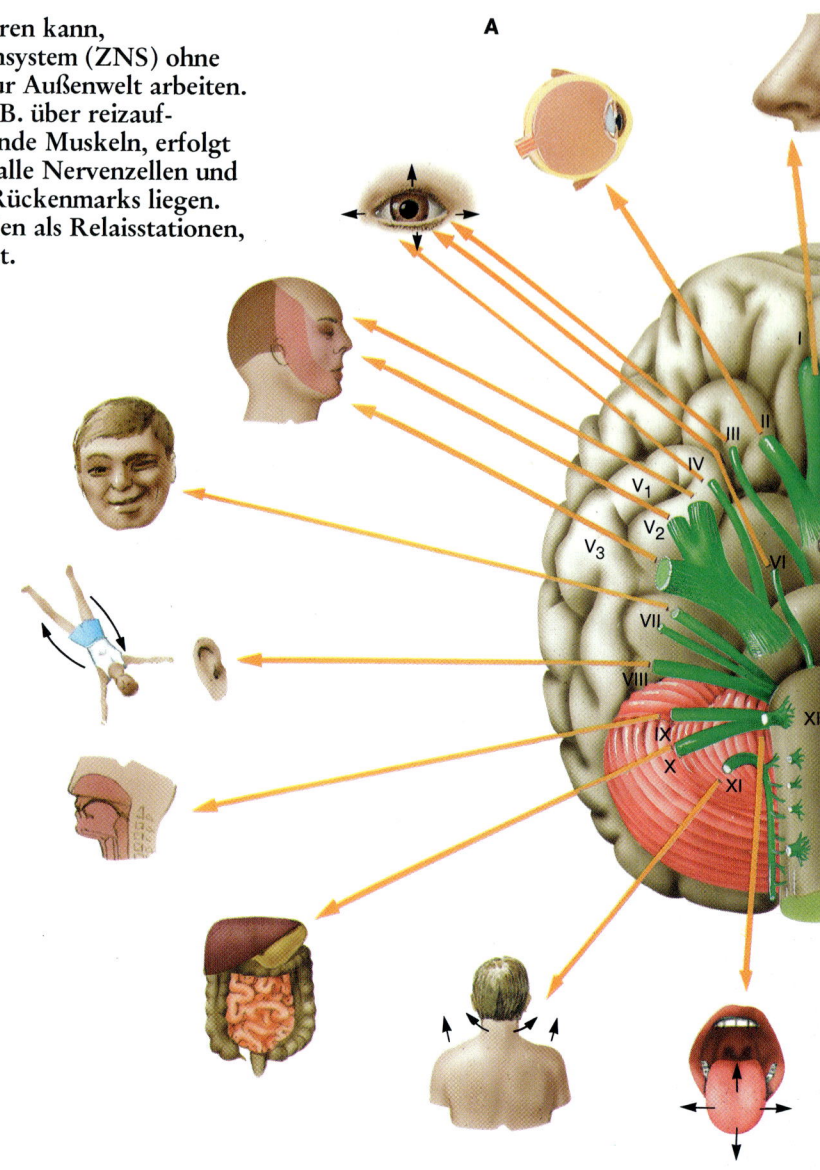

A

Die zwölf Hirnnerven

A *Die zwölf Hirnnerven (römische Zahlen von I bis XII) sind für den Kopf- und Halsbereich sowie für die Eingeweide zuständig. Der Riechnerv (Nervus olfactorius, I) überträgt die Geruchswahrnehmung vom Riechkolben zum Gehirn. Der Sehnerv (N. opticus, II) leitet die visuellen Sinneseindrücke zum Gehirn. Die drei Augenmuskelnerven (N. oculomotorius, III, N. trochlearis, VI, N. abducens, IV) steuern die Augenbewegungen. Die drei Äste des Drillingsnervs (N. trigeminus, V_1–V_3) versorgen Gesichtshaut, Schleimhäute, Kiefer und Zähne. Der Gesichtsnerv (N. facialis, VII) ermöglicht das Mienenspiel. Der Hör- und Gleichge-*

Siehe auch: Wirbelsäule, S. 228/229   Muskeln, S. 238/239   Zentralnervensystem, S. 334/335   Rückenmark und Reflexe, S. 336/337

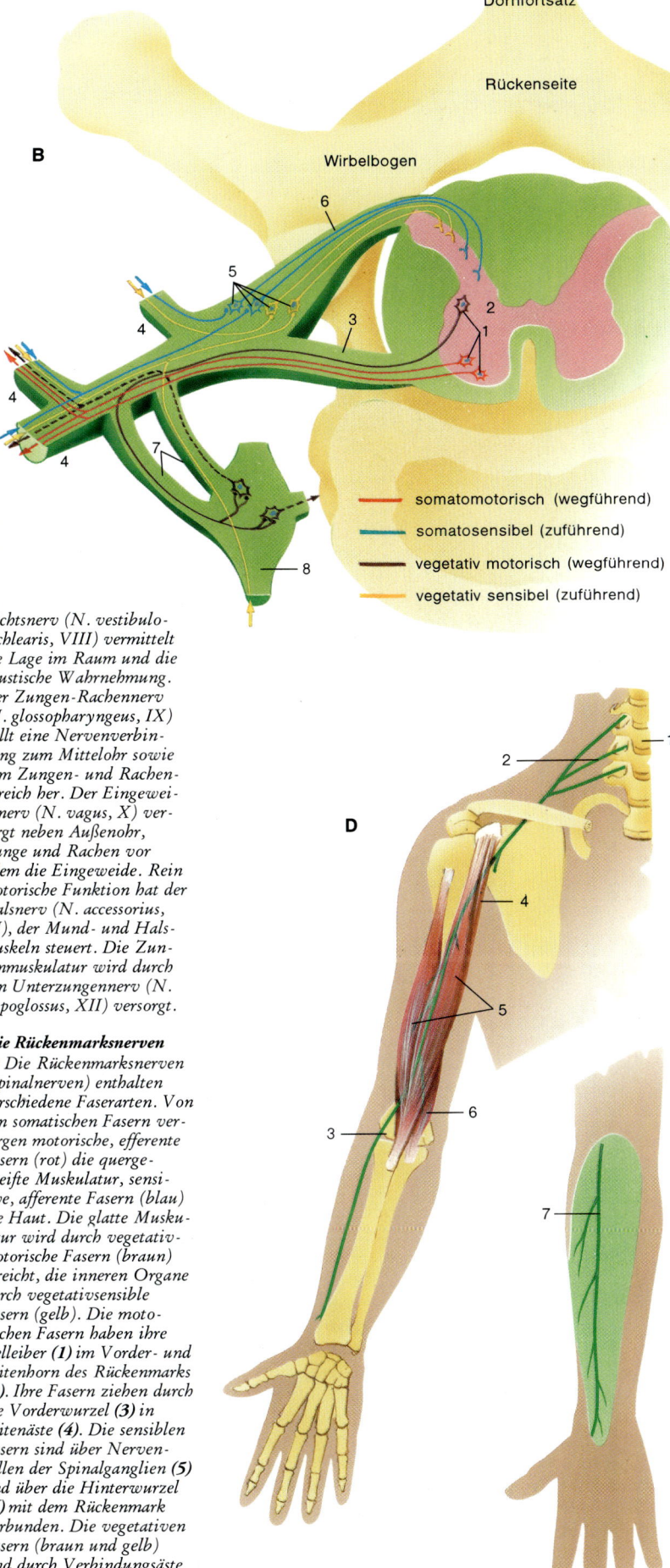

B

Dornfortsatz

Rückenseite

Wirbelbogen

C

D

somatomotorisch (wegführend)
somatosensibel (zuführend)
vegetativ motorisch (wegführend)
vegetativ sensibel (zuführend)

...wichtsnerv (N. vestibulo-
..ochlearis, VIII) vermittelt
..ie Lage im Raum und die
..kustische Wahrnehmung.
..er Zungen-Rachennerv
(N. glossopharyngeus, IX)
..ellt eine Nervenverbin-
..ung zum Mittelohr sowie
..um Zungen- und Rachen-
..ereich her. Der Eingewei-
..enerv (N. vagus, X) ver-
..orgt neben Außenohr,
..unge und Rachen vor
..llem die Eingeweide. Rein
..otorische Funktion hat der
..alsnerv (N. accessorius,
..I), der Mund- und Hals-
..uskeln steuert. Die Zun-
..enmuskulatur wird durch
..en Unterzungennerv (N.
..ypoglossus, XII) versorgt.

Die Rückenmarksnerven
B Die Rückenmarksnerven
(Spinalnerven) enthalten
..erschiedene Faserarten. Von
..en somatischen Fasern ver-
..orgen motorische, efferente
..asern (rot) die querge-
..reifte Muskulatur, sensi-
..ive, afferente Fasern (blau)
..ie Haut. Die glatte Musku-
..tur wird durch vegetativ-
..otorische Fasern (braun)
..reicht, die inneren Organe
..urch vegetativsensible
..asern (gelb). Die moto-
..schen Fasern haben ihre
..elleiber (1) im Vorder- und
..eitenhorn des Rückenmarks
(2). Ihre Fasern ziehen durch
..ie Vorderwurzel (3) in
..eitenäste (4). Die sensiblen
..asern sind über Nerven-
..ellen der Spinalganglien (5)
..nd über die Hinterwurzel
(6) mit dem Rückenmark
..erbunden. Die vegetativen
..asern (braun und gelb)
..ind durch Verbindungsäste
(7) mit den Grenzstrang-
..anglien (8) des vegetativen
..ervensystems verbunden.

Die peripheren Nervenfasern
C Die peripheren Nervenfasern durchziehen den
ganzen Körper. Die Hirn-
nerven treten direkt aus dem
Gehirn (1) aus. Im Bereich
der Halswirbelsäule ent-
springen die Nerven, die das
Hals- (2) und das Armge-
flecht (3) bilden. Von letzterem gehen u. a. die drei
großen Armnerven aus:
Speichennerv (4), Ellennerv
(5) und Mittelarmnerv (6).
Aus dem Rückenmark der
Brustwirbelsäule stammen
die Zwischenrippennerven
(7). Von den Spinalnerven
der Lendenwirbelsäule wird
das Lendengeflecht (8) gebildet. Das größte Nervengeflecht ist das Kreuzgeflecht
(9), aus dem u. a. der dickste
Nerv, der Ischiasnerv (10),
entspringt. Er teilt sich

über der Kniekehle in den
Schienbeinnerv (11) und den
Wadenbeinnerv (12).

Der Muskel-Haut-Nerv
D Der Muskel- und Haut-
versorgung durch Nerven
dient der Muskel-Haut-
Nerv (N. musculocutaneus).
Er geht aus dem Seitenstrang
des Rückenmarks hervor (1)
und bildet mit anderen Nerven das Armgeflecht (2). Der
Muskel-Haut-Nerv verläuft
bis zur Ellenbeuge (3). Seitenäste versorgen Raben-
schnabelfortsatz-Oberarm-
muskel (4), Bizeps (5) und
Armbeuger (6). In der Ellenbeuge kommen die sensiblen
Fasern des Nerven an die
Oberfläche und versorgen
als Ellenseitiger Unterarm-
hautnerv (7) die Innenseite
des Unterarms.

Auge, S. 358/359   Gehör- und Gleichgewichtssinn, S. 364/365   Geschmack und Geruch, S. 366/367   Hautsinn, S. 368/369

Unbewußte Steuerung
Das vegetative Nervensystem arbeitet im Verborgenen

Ob das Herz schneller schlägt, die Atemzüge sich vertiefen, der Körper auf Verdauung umstellt, einem der Angstschweiß auf die Stirn tritt oder ein Kribbeln im Unterleib sexuelle Erregung signalisiert, das vegetative Nervensystem zieht dabei unmerklich die Fäden. Von seinen Zentren im Hirnstamm und im Hypothalamus aus werden die Funktionen der inneren Organe so reguliert und koordiniert, wie es dem Organismus gerade nottut. Die funktionelle Anpassung erfolgt automatisch, willkürlich beeinflußbar ist das vegetative Nervensystem in der Regel nicht. Man nennt es daher auch autonom.

A

Wenn es um den reibungslosen Ablauf der Lebensfunktionen und damit um das Leben selbst geht, verläßt sich der Körper auf seine eigenen Regelkreise: Zu unzuverlässig wäre die willentliche Steuerung durch das Großhirn.

Sinneszellen (Rezeptoren) verwandeln die Reize, die Auskunft über den Zustand der inneren Organe geben, in Nervenimpulse. Diese gelangen über die zuführenden (afferenten) Nervenbahnen in die vegetativen Zentren des Zentralnervensystems (ZNS), wo sie ausgewertet werden. Je nach Ergebnis gehen dann Botschaften über die wegführenden (efferenten) Nervenbahnen an die glatten Muskeln, z. B. der Gefäße, der Luftröhre oder der Blase, an die Herzmuskulatur oder die Drüsen. So werden Kreislauf, Atmung und Stoffwechsel den jeweiligen Anforderungen angepaßt. Bei der Verdauung verringert der Körper seine übrige Aktivität, die Körperwärme bleibt im zulässigen Bereich, Wasser- und Energiehaushalt befinden sich im Gleichgewicht.

Das vegetative Nervensystem steht dennoch in Wechselwirkung mit dem willkürlichen Nervensystem, was sich in einer Verquickung der Strukturen im ZNS zeigt. Wird etwa eine Situation über die Sinnesorgane vom willkürlichen Nervensystem als bedrohlich erkannt, versetzt das vegetative Nervensystem den Körper durch Adrenalinausschüttung in Fluchtbereitschaft, während der Bedrohte gleichzeitig kraft seiner Willkürmotorik »die Beine in die Hand nimmt«.

Reaktionen nach außen und innen

Das vegetative Nervensystem setzt sich zentral aus zwei Anteilen zusammen: dem Sympathikus und dem Parasympathikus. In vielerlei Hinsicht sind diese beiden Teilsysteme Gegenspieler. Der Sympathikus wird vor allem aktiv, wenn der Körper nach außen reagieren soll, so bei körperlicher Arbeit, Gefahr oder in anderen Streßsituationen. Das parasympathische Teilsystem bestimmt das vegetative Geschehen, wenn es um Körperfunktionen geht, die nicht nach außen gerichtet sind, wie Nahrungsaufnahme, -verwertung und -ausscheidung. Zu diesen beiden Teilsystemen kommt noch ein drittes hinzu: das Darmnervensystem. Dieses besteht aus komplexen Neuronengeflechten unter der Darmschleimhaut und zwischen den Muskelschichten des Darms.

Ein medizinisch bedeutsamer Unterschied zwischen Sympathikus und Parasympathikus findet sich im peripheren Abschnitt des vegetativen Nervensystems, wo an den Ganglien (Anhäufung

Blasenentleerung – ein komplexer Vorgang
Ⓐ *Die Steuerung der Blasenentleerung macht die gegensätzliche Wirkung von Sympathikus und Parasympathikus deutlich. Ab einer bestimmten Füllmenge der Blase (1) werden die Dehnungsrezeptoren (2) der Blasenwand (3) erregt. Dieses Signal wird im Sacralmark (4) auf parasympathische*

Neuronen (5) übertragen, die mit der Vorderen Brücke des Hirnstamms (6) in Verbindung stehen. Von dort wird die Blasenentleerung willentlich ausgelöst, indem Nervenimpulse über das Sacralmark zum parasympathischen Beckenganglion (7) geschickt werden. Dieses regt die Blasenmuskulatur (8) an, sich zusammenzuziehen, der innere Schließmuskel (9) entspannt sich. Ein Motoneuron (10), das sonst die Anspannung des äußeren Schließmuskels (11) bewirkt, wird gehemmt. Durch die Anspannung der Blasenmuskulatur bei Entspannung der Schließmuskeln kann sich die Blase entleeren. Der Sympathikus – nur ab dem sympathischen Beckenganglion (12) gezeigt – verhindert die Blasenentleerung durch Entspannung der Muskulatur (13) und Kontraktion des inneren Schließmuskels (14). Bei Säuglingen fehlt noch die Verbindung zur Vorderen Brücke, so daß die Blasenentleerung rein reflektorisch gesteuert wird.

Wechselspiel von Sympathikus und Parasympathikus
Ⓑ *Die Nervenbahnen von Sympathikus und Parasympathikus entspringen aus verschiedenen Bereichen des Rückenmarks, die mit den entsprechenden Wirbelnummern gekennzeichnet sind. Die Hirnnerven III, VII, IX und X (1) und das Sacralmark (2) der Kreuzbeinwir-*

von Nervenzellkörpern) die Impulse aus dem ZNS umgeschaltet werden, bevor sie in ihren Zielorganen eine Wirkung zeigen. Dieses Umschalten wird sowohl vom Sympathikus als auch vom Parasympathikus durch Vermittlung des Überträgerstoffes Acetylcholin bewerkstelligt. Bei der Erregungsübertragung von den hinter den Ganglien verlaufenden Fasern auf das Drüsen- oder Muskelgewebe der Zielorgane wirken hingegen zwei unterschiedliche Überträger: An den sympathischen Faserenden wird Noradrenalin, an den parasympathischen Acetylcholin freigesetzt. Die Organ- und Wirkungsspezifität wird dadurch erreicht, daß Noradrenalin auf zwei verschiedene Empfängerstellen (Alpha- und Beta-Rezeptoren) der Zielzellen gelangt. Dies läßt sich auch pharmakologisch nutzen: Werden z. B. die Beta-Rezeptoren durch »Beta-Blocker« besetzt, kann Noradrenalin das Signal zur Gefäßverengung nicht an die Zielzelle weitergeben. Dadurch nehmen Herzschlagfrequenz und Blutdruck ab.

Siehe auch: Wirbelsäule, S. 228/229 Herz, S. 252/253 Blutdruck, S. 254/255 Blase, S. 296/297 Nebennieren und Geschlechtsdrüsen, S. 330/331

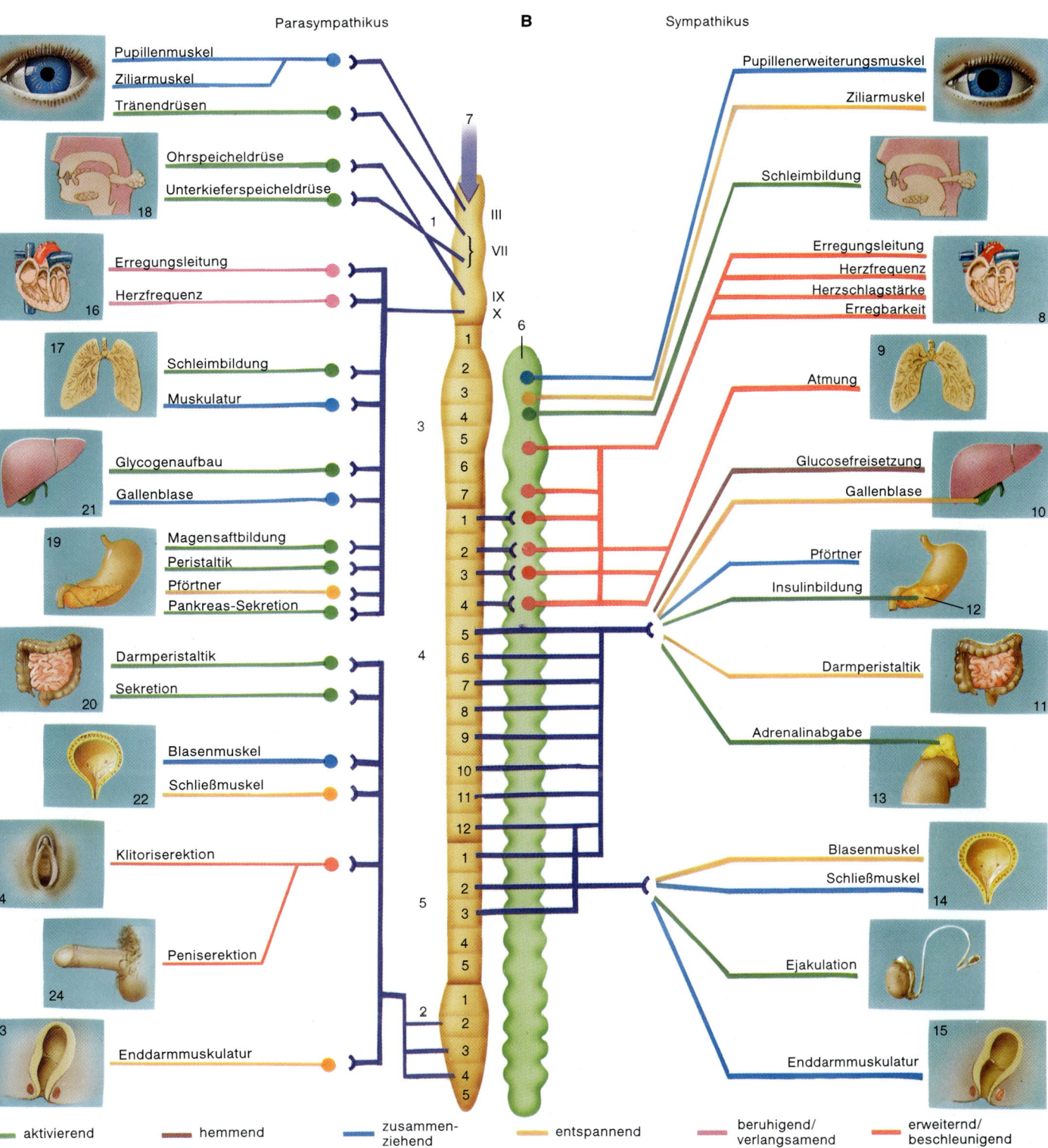

Parasympathikus

B

Sympathikus

Pupillenmuskel
Ziliarmuskel
Tränendrüsen

Ohrspeicheldrüse
Unterkieferspeicheldrüse

Erregungsleitung
Herzfrequenz

Schleimbildung
Muskulatur

Glycogenaufbau
Gallenblase

Magensaftbildung
Peristaltik
Pförtner
Pankreas-Sekretion

Darmperistaltik
Sekretion

Blasenmuskel
Schließmuskel

Klitoriserektion

Peniserektion

Enddarmmuskulatur

Pupillenerweiterungsmuskel
Ziliarmuskel

Schleimbildung

Erregungsleitung
Herzfrequenz
Herzschlagstärke
Erregbarkeit

Atmung

Glucosefreisetzung
Gallenblase

Pförtner
Insulinbildung

Darmperistaltik

Adrenalinabgabe

Blasenmuskel
Schließmuskel

Ejakulation

Enddarmmuskulatur

▬ aktivierend	▬ hemmend	▬ zusammen-ziehend
	▬ entspannend	
▬ beruhigend/verlangsamend	▬ erweiternd/beschleunigend	

lsäule sind der Ursprung s Parasympathikus. Aus als- (**3**), Brust- (**4**) und ndenwirbelsäule (**5**) entringen die sympathischen ervenbahnen, die in den anglien des Grenzstranges) umgeschaltet werden. e beiden Teilsysteme des getativen Nervensystems en an ein und denselben

Organen meist gegensätzliche Vorgänge aus. Dabei sind die durch den Sympathikus gesteuerten Vorgänge überwiegend nach außen gerichtet, während der Parasympathikus eher die inneren Körperfunktionen steuert. Bei Gefahr z.B. stellen übergeordnete Zentren (**7**) den Sympathikus in den Vor-

dergrund. Herzschlag und Blutdruck steigern sich (**8**), die Atmung wird beschleunigt (**9**), die Leber stellt den Energieträger Glucose bereit (**10**), in Magen und Darm wird die Verdauung unterbrochen (**11**). Die Bauchspeicheldrüse (**12**) setzt Insulin frei, um die Zuckeraufnahme in die Zellen zu beschleu-

nigen. Die Nebennierenrinde (**13**) scheidet das »Streßhormon« Adrenalin aus, Blasen- (**14**) und Enddarmentleerung (**15**) werden blockiert. Die körperlichen Voraussetzungen für eine Flucht sind nun gegeben. Demgegenüber steht z.B. die entspannende Mittagspause, in der der Parasympa-

thikus überwiegt. Herzfunktionen (**16**) und Atmung (**17**) werden beruhigt, die Verdauungsfunktionen in Mund (**18**), Magen (**19**) und im Darm (**20**) ermöglicht. Die Leber (**21**) baut Speicherstoffe auf. Blasen- (**22**) und Darmentleerung (**23**) werden ebenso erleichtert wie sexuelle Reaktionen (**24**).

Über 37,5 °C sind nicht erwünscht

Wie der Körper für die richtige Temperatur sorgt

»Von der Stirne heiß rinnen muß der Schweiß!« Dieser natürliche Kühlungsmechanismus setzt ein, wenn der Körper bei Anstrengung oder hoher Außentemperatur heiß zu laufen droht. Dann öffnet er seine Poren, bringt die Schweißdrüsen in Schwung und verschafft sich Kühlung über die Verdunstung des Schweißes auf der Haut. Zugleich weiten sich die äußeren Blutgefäße, so daß das Blut über die oberflächlichen Hautvenen fließt und leichter Wärme abgeben kann, was an der Röte des Gesichts deutlich wird. Sinn und Zweck ist es, die Temperatur im Körperinneren nicht über 37,5 °C ansteigen zu lassen.

Im Gegensatz zu den wechselwarmen (poikilothermen) Kaltblütern (Reptilien, Fischen) gehört der Mensch (neben den übrigen Säugern und den Vögeln) zu den Lebewesen, die als Warmblüter ungeachtet äußerer Kälte und Hitze innerlich gleichmäßig warm (homoiotherm) bleiben. So sind die Warmblüter zwar von der Umgebungstemperatur unabhängig, müssen aber stets dafür sorgen, daß die Temperatur im Körperinneren in einem Sollbereich konstant bleibt.

Beim Menschen liegt dieser Bereich zwischen 36,5 °C und 37,5 °C. Diese Temperaturkonstanz gilt jedoch nicht für den gesamten Körper. Die äußeren Schichten werden von der Umfeldtemperatur beeinflußt und sind damit manchem Wechselbad ausgesetzt: Sie verhalten sich also eher poikilotherm. Wirklich homoiotherm sind nur das Schädelinnere und die großen Körperhöhlen: Brust, Bauch, Becken. Man nennt die hier herrschende Temperatur auch Kerntemperatur. Von dieser weicht die Schalentemperatur je nach äußeren Bedingungen ab: An Händen und Füßen etwa kann es selbst in der Tiefe des Gewebes 10 °C kälter sein.

Wärmeabgabe gegen innere Hitze

Beim ruhenden Menschen erfolgt die Abgabe der durch den Stoffwechsel erzeugten Körperwärme an die umgebende Luftschicht vor allem über das Blut, also durch Leitung und Konvektion, und durch Abstrahlung. Etwa ein Fünftel der Wärmeabgabe findet durch die Haut statt, da der Mensch ständig warme Flüssigkeit verliert, die dann auf der Haut verdunstet (Evaporation). Bei körperlicher Aktivität und hohen Umgebungstemperaturen verstärkt sich die Verdunstung: Durch Schwitzen wird dem Körper zusätzlich Verdunstungswärme entzogen. Wem allerdings vor Angst der kalte Schweiß ausbricht, dem wird richtig kalt, weil in diesem Fall die Erweiterung der oberflächlichen Blutgefäße und damit der Wärmenachschub fehlt.

Der Schutz vor Kälte

Wenn es dem Körper zu kalt wird, werden die Gefäße der Körperschale eng gestellt. Das Blut zieht sich in den Kern zurück, die Wärmeisolation ist gesteigert. Die dabei häufig auftretende »Gänsehaut« ist ein Überbleibsel unserer Vorfahren: Das Aufstellen des Fells vergrößerte die isolierende Luftschicht. Dieser Effekt läßt sich auch mit warmer, weiter Kleidung erreichen. Die Ankurbelung der Wärmebildung geschieht zum einen automatisch: durch unwillkürliche Muskel-

Mechanismen der Temperaturregelung
Ⓐ *Die Regulation der Körpertemperatur läßt sich als Regelkreis darstellen. Im Hypothalamus, einem Teil des Zwischenhirns, befindet sich das Temperaturregulationszentrum. Dieses funktioniert wie ein Thermostat: Von den Meßfühlern in*

Haut (1) und Körperinnerem (2) werden Haut- und Körpertemperatur gemeldet. Weicht die Temperatur vom Sollwert ab, wird den Stellgliedern signalisiert (3), daß sie durch Änderungen der Stellgrößen die Werte korrigieren sollen (4). Steigt z.B. die Körpertemperatur über den Sollwert, wird das

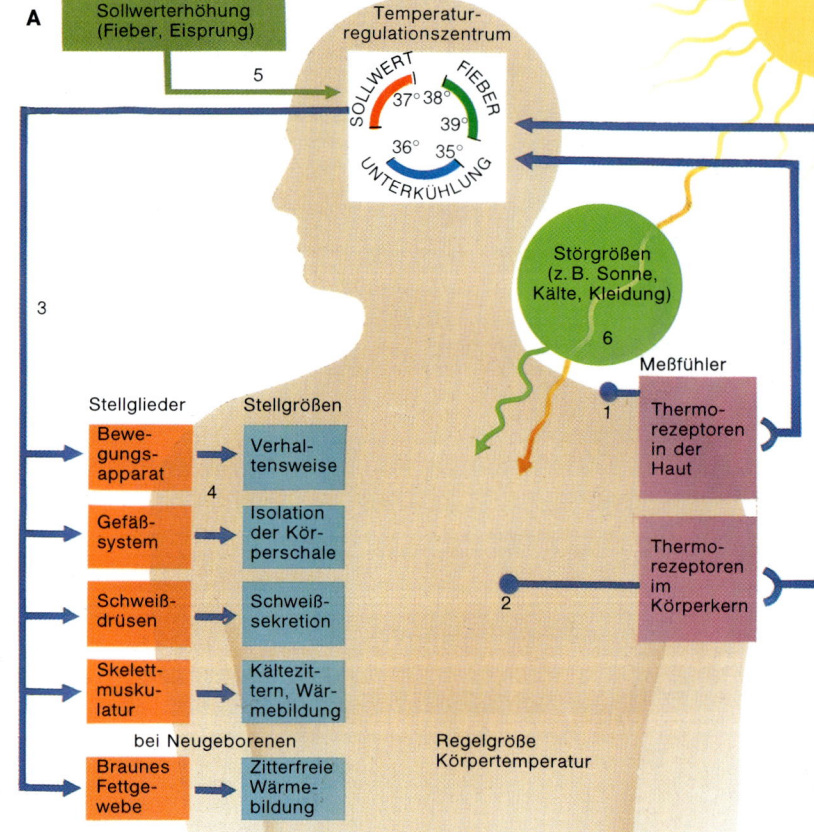

aktivität, die sich als Kältezittern bemerkbar macht. Zum anderen aber ergreift der Frierende bei dem Gefühl körperlicher Kühle auch bewußt die Initiative: Er läßt seine Muskulatur spielen. Um das Drei- bis Fünffache wird so der Basisenergieumsatz gesteigert. Für das Neugeborene hält die Natur eine zusätzliche Heizmöglichkeit bereit: die zitterfreie Wärmebildung, die sich im braunen Fettgewebe (im Achselbereich und zwischen den Schulterblättern) abspielt.

Die Konstanthaltung der Körperkerntemperatur ist ein treffendes Beispiel biologischer Regulation: Der fein abgestimmte Ausgleich zwischen Wärmeabgabe und verstärkter Wärmebildung wird von einem hochdifferenzierten Regelsystem gesteuert, das jede Abweichung vom Sollwert rasch korrigiert. Durch Vernetzung verschiedener Mechanismen ist eine Mehrfachregulation gewährleistet, wodurch eine konstante Körpertemperatur gegen die verschiedenen Störgrößen aufrechterhalten werden kann.

Gefäßsystem der Haut angewiesen, sich zu erweitern, um Wärme nach außen abzuführen. Die Schweißdrüsen sondern Schweiß ab, dessen Verdunstung ebenfalls kühlend wirkt. Dem Bewegungsapparat wird Passivität verordnet. Bei Körpertemperaturen unter dem Sollwert verengen sich die Gefäße, so daß sich die Isolierwirkung der Haut verstärkt. Gleichzeitig sorgt die Skelettmuskulatur für Wärmebildung durch Kältezittern. Neugeborene verfügen über die Möglichkeit der zitterfreien Wärmebildung durch Fettabbau. Der Sollwert kann durch Fieber oder Hormonfreisetzung beim Eisprung erhöht werden (5). Störgrößen (6) wirken von außen auf den Regelmechanismus ein.

Siehe auch: **Blutdruck, S. 254/255 Eisprung, S. 306/307 Empfängnisverhütung, S. 312/313 Zentralnervensystem, S. 334/335**

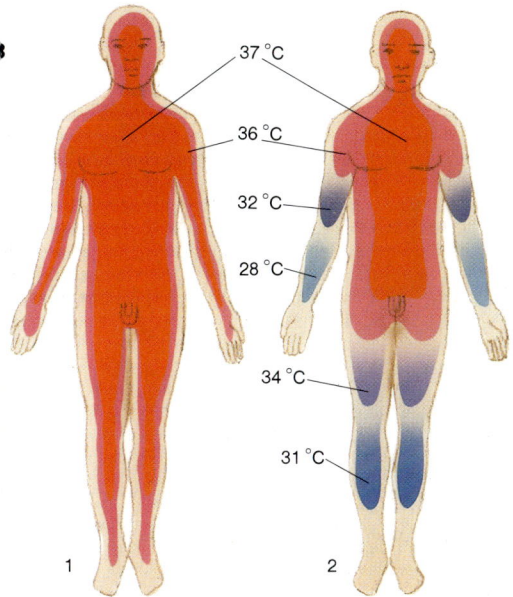

1

2

Temperaturfelder
Da der Körper fast immer
Wärme an die Umgebung
abgibt, weisen die Grenzbereiche nahe der Außenhaut
eine niedrigere Temperatur
auf als der Körperkern. Die
Abbildung zeigt Temperaturfelder bei warmer (1) und
kalter (2) Umgebung. Gleichbleibend warm (homoiotherm) ist nur der Körperkern aus Brust-, Bauch- und
Schädelinnenraum. In warmer Umgebung erwärmen
sich auch Bereiche der wechselwarmen (poikilothermen)
Körperschale auf die Kerntemperatur von rund 37 °C.
Für klinische Zwecke mißt
man die Körperkerntemperatur am zuverlässigsten
in den Körperhöhlen, die
zugänglich sind: im Mund
oder im Enddarm.

**Schwankungen der
Körpertemperatur**
C Die Temperaturschwankungen im Körperkern sind
wesentlich geringer als in
der Körperschale. Außerdem
schwankt die Körperkerntemperatur periodisch um
einen Mittelwert. Ein Zusammenhang dieser Periodik
mit dem Schlafrhythmus
wird vermutet.

**Wie der Körper
Wärme abgibt**
D Der Körper gibt auf verschiedene Arten Wärme ab.
Sind Gegenstände im
Umfeld heißer als die Haut,
nimmt der Körper Strahlungswärme auf (1), sonst
gibt er sie ab (2). Dabei
spielt die Lufttemperatur fast
keine Rolle, da Luft kaum
Wärmestrahlung absorbiert.

So strahlt ein menschlicher
Körper in einem warmen
Zimmer Wärme an eine
kalte Außenwand ab, auch
wenn er diese nicht berührt.
Zur Wärmeleitung (3)
bedarf es eines direkten
Kontaktes, z. B. zwischen
Haut und Luft, sofern zwischen beiden ein Temperaturgefälle besteht. Wird die
erwärmte Luftschicht immer

wieder ausgetauscht (Konvektion), verstärkt sich die
Wärmeabgabe (Kühleffekt
des Windes). Bei hohen
Umgebungstemperaturen
reicht die normale Wärmeabgabe nicht mehr aus. Dann
hilft nur das Schwitzen (4).
Da der Schweiß der Haut die
zur Verdunstung notwendige
Wärmeenergie entzieht, entsteht Verdunstungskälte.

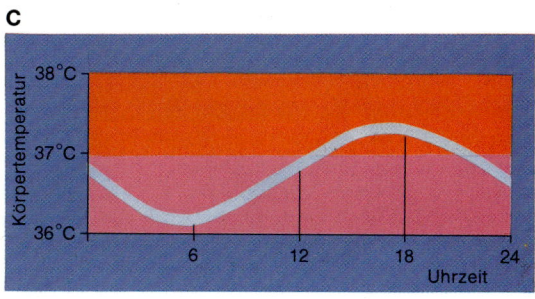

C

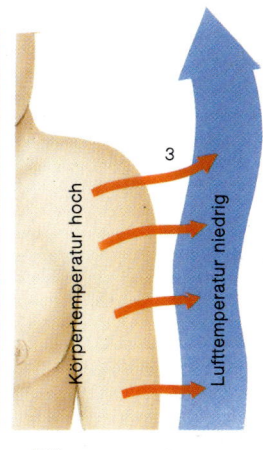

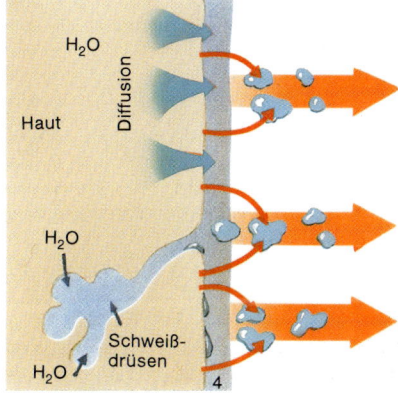

D

Wärmeaustausch durch
Strahlung

Wärmeentzug durch
Konvektion

Wärmeentzug durch
Verdunstung

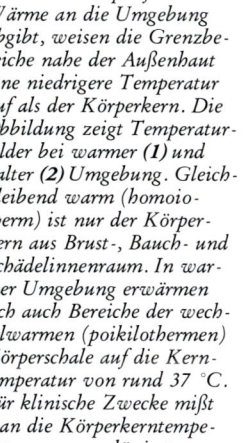

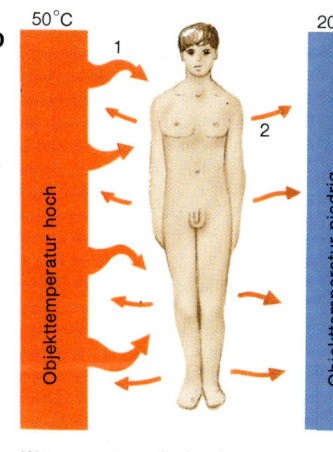

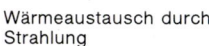

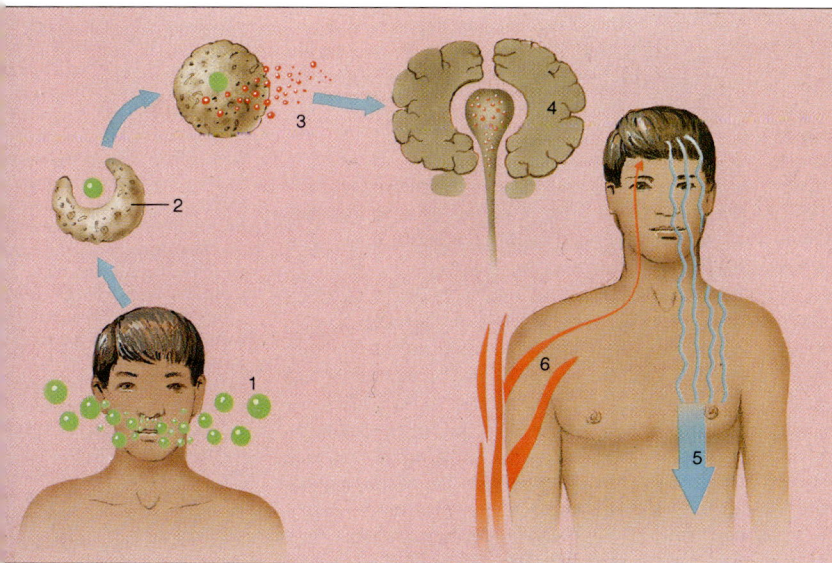

Wie entsteht Fieber?

Dringen Bakterien (1) als Infektionserreger in den
Körper ein, werden sie sofort durch das Immunsystem bekämpft. Bestimmte Bakterienarten regen
die auf den Plan gerufenen Freßzellen (2) zur
Erzeugung eines Fieberstoffes (3) an, der den
Hypothalamus (4) im Gehirn erreicht und dort den
Sollwert des Temperaturreglers erhöht. Die Erhöhung bewirkt, daß die eigentlich normale
Körpertemperatur wie Kälte empfunden wird (5)
und der Körper sich als Gegenmaßnahme aufheizt
(6). Ein Fieberanfall beginnt daher meist mit Frieren
und Kältezittern (Schüttelfrost). Hört die Wirkung
der Fieberstoffe auf und wird der Sollwert wieder
normalisiert, entsteht das Gefühl der starken Überwärmung (»das Fieber ausschwitzen«) am Ende
einer Fieberperiode.

Sinn und Zweck des Fiebers sind möglicherweise
die positiven Auswirkungen der Wärme auf Abwehr-
und Heilungsprozesse.

Biorhythmik, S. 344/345   **Bakterien als Krankheitserreger**, S. 372/373

Taktgeber, die unser Leben bestimmen

Der Rhythmus unserer äußeren und inneren Uhren

Vieles um uns herum läuft rhythmisch ab: der Gang der Jahreszeiten ebenso wie der Wechsel von Tag und Nacht, der Rhythmus der Musik aus dem Radio oder der exakte Takt des Sekundenzeigers. Aber auch in unserem Körper gibt es rhythmische Vorgänge wie Herzschlag und Atmung. Der sicherlich auffälligste Rhythmus, der unser Leben bestimmt, ist der Wechsel von Wachen und Schlafen. Daß wir uns abends müde ins Bett legen und gerne in den Schlaf sinken, liegt nur zum Teil an der Mühsal des Tages oder der hereinbrechenden Dunkelheit – auch eine von mehreren inneren Uhren ist dafür verantwortlich.

Zahlreiche Körperfunktionen sind Rhythmen unterworfen. Leistungsfähigkeit, Körpertemperatur oder die Ausschüttung des Nebennierenrindenhormons Cortisol ändern sich im Tagesablauf. Daneben gibt es Rhythmen mit längerer Zyklusdauer: Der Menstruationszyklus dauert im Durchschnitt 28 Tage, und die Freisetzung von bestimmten Hormonen wie das Geschlechtshormon Testosteron und das Wachstumshormon unterliegen sogar einer Jahresperiodik.

Rhythmen sorgen dafür, daß wichtige Ereignisse in dafür günstige Tages- oder Jahreszeiten fallen. So wird das für die Energiebereitstellung wichtige Cortisol morgens vermehrt ausgeschüttet. Und wir schlafen nachts, wenn wir ohnehin nichts sehen.

Es läge nahe zu vermuten, daß die verschiedenen Körperfunktionen von periodisch wiederkehrenden Außenfaktoren gesteuert werden. Vor allem Zeitpunkt und Dauer der Hellphase eines Tages scheint als Taktgeber besonders geeignet zu sein. Doch reicht das allein nicht aus, wie uns z. B. der Umstand zeigt, daß wir im Winter vor Sonnenaufgang aufwachen. Es muß also auch innere Uhren geben.

Die Funktionsweise der inneren Uhren

Den inneren Uhren kann man nur auf die Spur kommen, indem man jegliche Einflüsse von außen ausschaltet. Deshalb hat man Versuchspersonen über mehrere Wochen völlig von der Außenwelt abgeschlossen (Isolationsexperiment). Obwohl sie weder durch die Sonne noch irgendeinen anderen äußeren Zeitgeber beeinflußt waren, wurden sie nach einer bestimmten Zeit müde und wachten nach einer gewissen Weile wieder auf. Der Tagesrhythmus pendelte sich nicht bei 24 Stunden, sondern im Mittel bei 25 Stunden ein. Messungen der Körpertemperatur ergaben, daß normalerweise synchron verlaufende Rhythmen in der Isolation auseinanderliefen (Desynchronisation). Die Forscher schlossen daraus, daß es für jede rhythmisch verlaufende Funktion eine eigene innere Uhr geben muß.

Hinweise auf die Funktionsweise der Uhrwerke konnten bisher hauptsächlich nur bei Tieren entdeckt werden. So verläuft die Produktion von Proteinen durch bestimmte Gene rhythmisch: Herrscht Mangel an einem Protein, ist das Gen sehr aktiv, bis es durch die zunehmende Menge des Proteins wieder gehemmt wird. In Nervenzellen sorgen sich öffnende und schließende Proteintunnel in den Membranen für rhythmische Leitfähigkeitsveränderungen.

Tagesrhythmen
Ⓐ *Zahlreiche Körperfunktionen unterliegen einem Tagesrhythmus. Das Nebennierenrindenhormon Cortisol, das für die Energiebereitstellung und die Aktivierung von Stoffwechselfunktionen verantwortlich ist, wird morgens am stärksten ausgeschüttet. Es bereitet den Körper auf Aktivität vor. Das Geschlechtshormon Testosteron ist fast den ganzen Tag über verstärkt wirksam. Dies hängt möglicherweise mit der Eigenschaft des Hormons zusammen, die Aggressivität zu steigern. Die Körpertemperatur erreicht am späten Nachmittag ihren Höhe-*

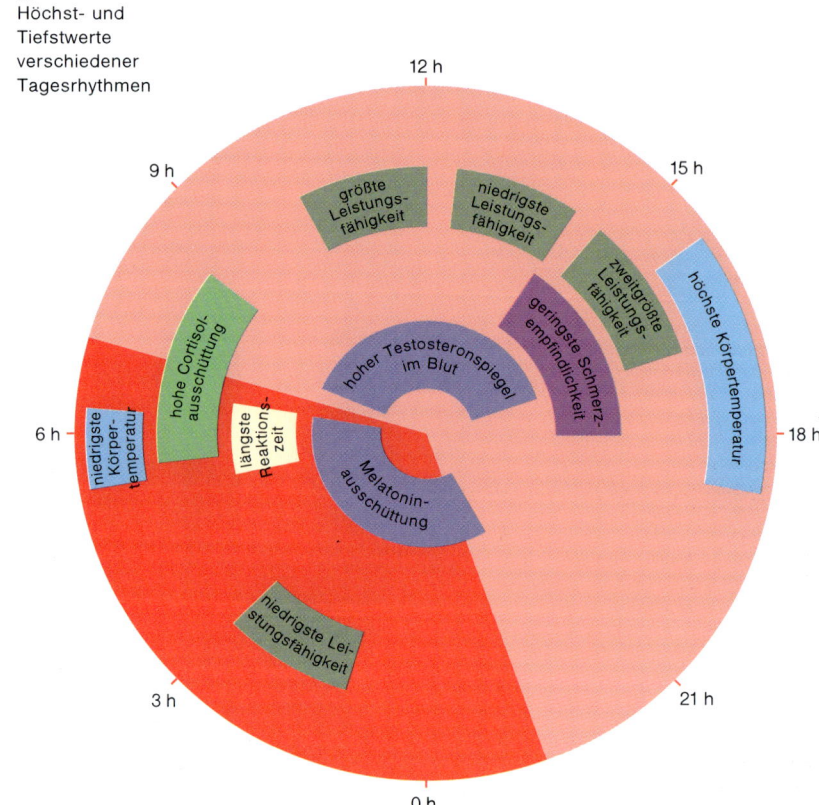

A
Höchst- und
Tiefstwerte
verschiedener
Tagesrhythmen

12 h
9 h
15 h
6 h
18 h
3 h
21 h
0 h

größte Leistungsfähigkeit
niedrigste Leistungsfähigkeit
zweitgrößte Leistungsfähigkeit
geringste Schmerzempfindlichkeit
höchste Körpertemperatur
hohe Cortisolausschüttung
hoher Testosteronspiegel im Blut
längste Reaktionszeit
Melatoninausschüttung
niedrigste Körpertemperatur
niedrigste Leistungsfähigkeit

Da die inneren Uhren aber nicht gleich schnell laufen und auch nicht die gleiche Periodendauer wie die äußeren Rhythmen haben, würden die inneren Uhren bald sowohl untereinander als auch im Vergleich zu den äußeren Rhythmen nicht mehr im Gleichtakt laufen. Es muß also eine Verbindung zwischen den Uhren geben, die eine Synchronisation aller Rhythmen ermöglicht, also den gemeinsamen Takt vorgibt. Licht, genauer gesagt Zeitpunkt und Dauer der Helligkeit, stellt den dafür notwendigen Taktgeber dar. Für die Verbindung wird der suprachiasmatische Kern (SCN) verantwortlich gemacht, der sich im Hypothalamus befindet, einer für die Steuerung vieler Funktionen wichtigen Hirnregion. Der SCN stellt nicht nur selbst eine innere Uhr dar, sondern registriert Licht und hindert ab einer bestimmten Helligkeit die Zirbeldrüse (Epiphyse) daran, das Hormon Melatonin auszuschütten. Melatonin sorgt nachts für den Gleichtakt der verschiedenen inneren Uhren.

punkt und morgens gegen 6 Uhr ihren Tiefpunkt. Zu dieser Zeit ist auch die Reaktionszeit am längsten. Auch die allgemeine Leistungsfähigkeit schwankt beträchtlich. Am höchsten ist sie vormittags und am späteren Nachmittag, dazwischen sinkt sie recht weit ab (Mittagsloch). Ihren Tiefpunkt hat sie nachts etwa zwischen 1 und 3 Uhr. In dieser Zeit passieren auch die meisten auf Übermüdung zurückzuführenden Unfälle. Ein Zahnarztbesuch ist am späteren Nachmittag am sinnvollsten, weil dann die Schmerzempfindlichkeit gering ist. Das »Zeithormon« Melatonin wird während der Dunkelheit ausgeschüttet, u. a. synchronisiert es die inneren Uhren.

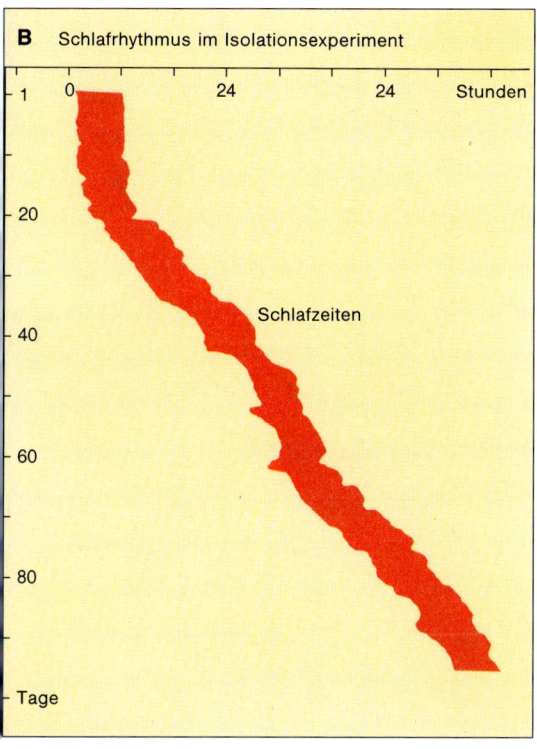

B Schlafrhythmus im Isolationsexperiment

Schlafzeiten

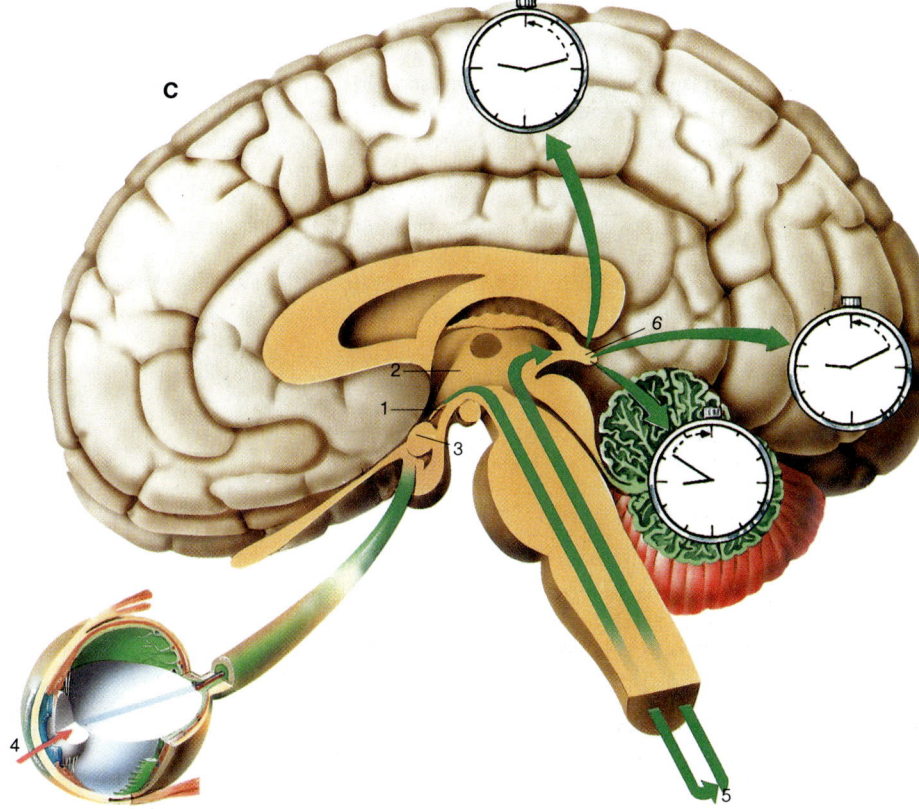

C

Isolationsversuche

B Bei Isolationsexperimenten zeigt sich, daß sich die in der Dauer relativ konstant bleibenden Schlafzeiten in den ersten Tagen kaum, später aber deutlich verschieben. Dabei bleibt der Tagesrhythmus (zwei Drittel wach, ein Drittel Schlaf) jedoch im Mittel aller Versuchspersonen auf etwa 25 Stunden. Die Schlafzeiten verschieben sich daher jeden Tag um ca. eine Stunde. Das in der Grafik dargestellte

Protokoll eines derartigen Experiments zeigt, daß die Schlafzeiten (roter Bereich) aber durchaus Schwankungen in Länge und Beginn ausgesetzt sind.

Melatonin eicht die Uhren

C Die wichtigste innere Uhr und gleichzeitig Taktgeber für die meisten anderen inneren Uhren ist der suprachiasmatische Kern (SCN, **1**) im Hypothalamus (**2**). Er liegt an der Sehnervenkreuzung (**3**) und registriert die Nervenimpulse,

die durch den Lichteinfall ins Auge (**4**) hervorgerufen werden. Ab einer bestimmten Helligkeit sendet der SCN ein Nervensignal aus, das über das Rückenmark (**5**) die Zirbeldrüse (Epiphyse, **6**) erreicht und eine Hemmung der Melatoninproduktion bewirkt. Fällt in der Dunkelheit diese Hemmung weg, so wird Melatonin freigesetzt und gelangt zu anderen inneren Uhren im Gehirn. Das Melatonin eicht die Rhythmen immer wieder auf Tageslänge.

Folgt die Empfängnis einem Jahresrhythmus?

D Jahresrhythmen werden vor allem durch äußere Faktoren gesteuert. Bei Tieren sollen derartige Rhythmen die Fortpflanzung so legen, daß die Jungenaufzucht in die warme Jahreszeit fällt. Auch beim Menschen ist ein solcher Rhythmus noch ansatzweise zu finden. Allerdings spielen hier auch soziale Faktoren hinein, so daß Aussagen nur schwer zu machen sind. Die ausgewählten Beispiele der

Verteilung der Geburten bzw. Empfängnisse über das Jahr in Deutschland können daher nur eine Tendenz zeigen: Empfängnis-Maxima von Mai bis August, wenn auch die Ausschüttung von Sexualhormonen besonders hoch ist, und entsprechend eine Geburtenhäufung von Februar bis Mai. Daß die Kurve von 1994 dem Trend nur noch wenig folgt, kann schon ein Hinweis darauf sein, daß wir von Jahresrhythmen unabhängiger werden.

D

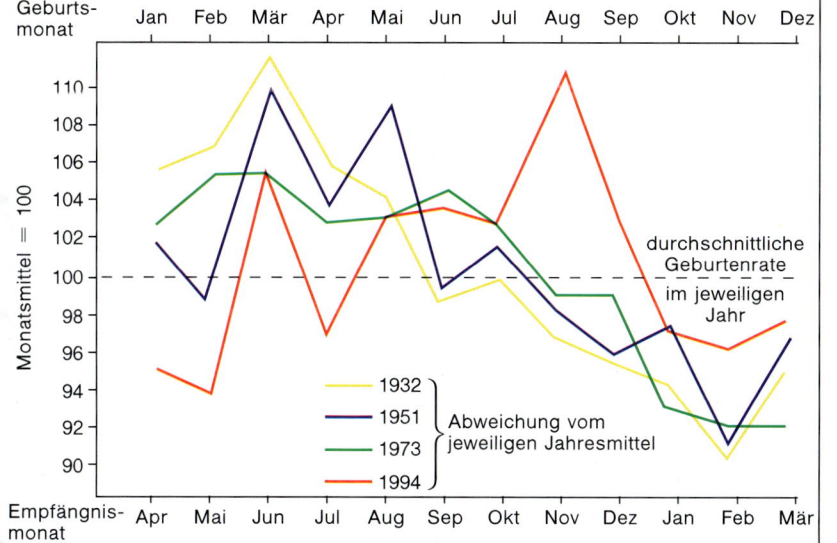

durchschnittliche Geburtenrate im jeweiligen Jahr

1932
1951 } Abweichung vom
1973 } jeweiligen Jahresmittel
1994

Wenn der Rhythmus aus dem Takt gerät

Der Mensch kommt häufig in Konflikt mit den natürlichen Rhythmen. Unregelmäßige Schlafenszeiten passen nicht mit dem inneren Wach-Schlaf-Rhythmus zusammen, was zu Schlafproblemen führt. Noch schlimmer wirken sich lange Flugreisen mit Zeitverschiebungen aus. Durch die Desynchronisation von äußerem Taktgeber und der inneren Uhr wird der sogenannte Jetlag verursacht, der sich u. a. in Schlafstörungen, Übelkeit, Darmträgheit und in Depressionen äußern kann. Häufig paßt sich die innere Uhr erst nach etwa drei Tagen an die neuen äußeren Gegebenheiten an.

Der Gesundheit am abträglichsten sind Nacht- und Schichtarbeit. Während bei Nachtarbeit die innere Uhr um zwölf Stunden verstellt ist, wird sie immer wieder durch Helligkeit und den Rhythmus der Umgebung beeinflußt, so daß innerer und äußerer Rhythmus nicht mehr synchron laufen. Nervöse Störungen sind die Folge.

Regulation der Körpertemperatur, *S. 342/343*   Schlaf, *S. 346/347*   Streß, *S. 350/351*

Warum müssen wir schlafen?

Wie wir nachts entspannen und Erlebnisse verarbeiten

Ein Drittel unseres Lebens scheinen wir mit Nichtstun zu verbringen – wir schlafen. Dabei sind wir nachts so untätig nicht. Wir drehen und wenden uns, bewegen unsere Augen und erleben im Traum phantastische Abenteuer. Daß es sich dabei um einen ganz natürlichen Vorgang handelt, zeigen uns die Tiere, auch wenn diese oft in ganz anderen Rhythmen und auf andere Weise schlafen. Fragen wir aber nach Sinn und Zweck des Schlafes, muß die Wissenschaft noch immer passen: Die Schlafforschung hat eher mehr Fragen aufgeworfen, als sie beantworten konnte.

Hat man früher den Schlaf eher als passiven Vorgang ähnlich einer Bewußtlosigkeit angesehen, so wird er heute meist als aktiv gesteuerter Zustand betrachtet, der gleichberechtigt neben dem Wachen steht und bei dem im vegetativen Nervensystem die parasympathischen Einflüsse überwiegen.

Machen uns Schlafstoffe müde?

Nach einem Tag Wachsein werden wir abends unkonzentriert, träge, wir gähnen und werden schließlich schläfrig. Nach acht Stunden Schlaf wachen wir am nächsten Morgen erfrischt wieder auf. Der Schlaf scheint uns Erholung für den Körper, vor allem für Gehirn und Muskeln, gebracht zu haben. Tatsächlich entspannen die Muskeln, unser Gehirn bleibt aber erstaunlich aktiv, nicht nur, wenn wir träumen. Vielleicht erholt es sich, weil es während des Schlafes kaum Sinnesreize von außen verarbeiten muß. Auch spricht einiges dafür, daß im Schlaf Stoffwechselabfall vom Tage abgebaut wird.

Eine andere Theorie versteht den Schlaf als Anpassung und Vorsorge. Danach schützt der Schlaf vor den Gefahren und der Kälte der Nacht (und vor der Mittagshitze, denkt man an die Siesta, den Mittagsschlaf in den wärmeren Regionen) sowie vor Erschöpfung. Und er schont die Energiereserven des Körpers.

Um zu klären, warum wir schläfrig werden, suchen Wissenschaftler schon lange nach Schlafstoffen, die sich in unserer Wachzeit im Körper, vor allem im Gehirn, anhäufen und uns schließlich müde machen. Nach langwierigen Tierversuchen hat man dann auch einige Stoffe ausgemacht und isoliert. Muntere Tiere, denen man diese Stoffe injizierte, wurden müde. Dies konnte beim Menschen zum Teil nachvollzogen werden. Warum diese Stoffe entstehen und wie sie wirken, wurde aber noch nicht genau geklärt.

Einen anderen Erklärungsansatz bietet unsere eingebaute »biologische Uhr« als Taktgeber, der uns sagt, wann wir ins Bett müssen. Für diese Erklärung spricht, daß Versuchspersonen im Schlafentzug in den frühen Morgenstunden immer besonders müde wurden. Interessant ist dabei, daß diese Müdigkeitskurve spiegelbildlich zur Kurve der Körpertemperatur verläuft: Nimmt diese ab, erhöht sich die Schlafbereitschaft. Die innere Uhr ist auf Nachtschlaf programmiert. Betrachten wir die Menschheitsgeschichte, erscheint dies auch sinnvoll: Nachts lauerten die meisten Gefahren, nachts konnte der Mensch nicht jagen, da es kein Licht gab.

Schlafrhythmus und Schlafdauer in den einzelnen Lebensphasen
Ⓐ *Schlafdauer und Verteilung des Schlafes über Tag und Nacht sind nicht in jeder Lebensphase gleich, sondern verändern sich im Laufe des Lebens. Neugeborene schlafen in den ersten Wochen durchschnittlich 17*

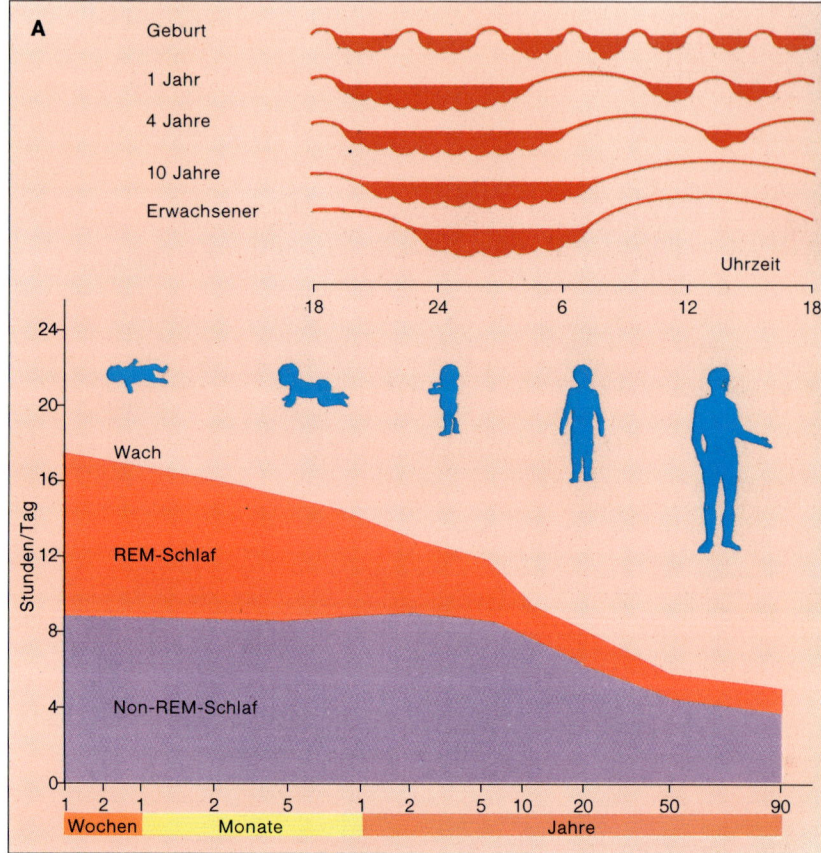

Stunden, wobei es im Einzelfall 10–23 Stunden sein können. Charakteristisch ist, daß der Schlaf bei ihnen in Intervallen über den ganzen Tag verteilt ist und der REM-Schlaf etwa so häufig ist wie der Non-REM-Schlaf. Nach einem Jahr hat sich schon viel geändert. Die Kinder schla-

Vermutlich bewirkt eine Kombination aus all diesen Faktoren, daß wir schlafen. Wir werden müde, weil wir lange wach waren und sich dabei Schlafstoffe im Körper angesammelt haben. Unsere innere Uhr gibt uns Schlafrhythmus und -dauer an.

Was passiert im Schlaf?

Daß der Schlaf nicht gleichförmig ist, zeigen Untersuchungen im Schlaflabor. Nicht weniger als fünf verschiedene Schlafphasen lassen sich unterscheiden, die sich während der Nacht ablösen und durch unterschiedliche Hirnaktivität geprägt sind. Neben den Non-REM-Phasen vom Leicht- bis zum Tiefschlaf gibt es den REM-Schlaf (»rapid eye movement«). In der REM-Phase bewegen sich nicht nur unsere Augen sehr schnell, wir träumen in dieser Zeit auch am meisten. Während Tiefschlafphasen vor allem in der ersten Nachthälfte vorkommen, ist die zweite Hälfte durch REM-Schlaf geprägt.

fen jetzt tagsüber nur noch ein- oder zweimal relativ kurz, dafür in der Regel die ganze Nacht durch. Der REM-Schlaf macht nur noch etwa ein Drittel des Gesamtschlafes aus. Ab dem 20. Lebensjahr nimmt die Schlafdauer nur noch langsam ab. Bei Erwachsenen liegt sie zwischen fünf und zehn Stunden, bei den meisten beträgt sie allerdings sieben bis neun Stunden. Nach wissenschaftlichen Untersuchungen erreichen die Acht-Stunden-Schläfer im Vergleich zu den Viel- und Wenigschläfern im Durchschnitt ein höheres Alter. Im Alter verringert sich die Gesamtschlafzeit, ebenso ist die Tendenz festzustellen, daß auch tagsüber wieder ein- oder mehrmals kurz geschlafen wird.

Siehe auch: **Vom Kind zum Erwachsenen, S. 322/323**

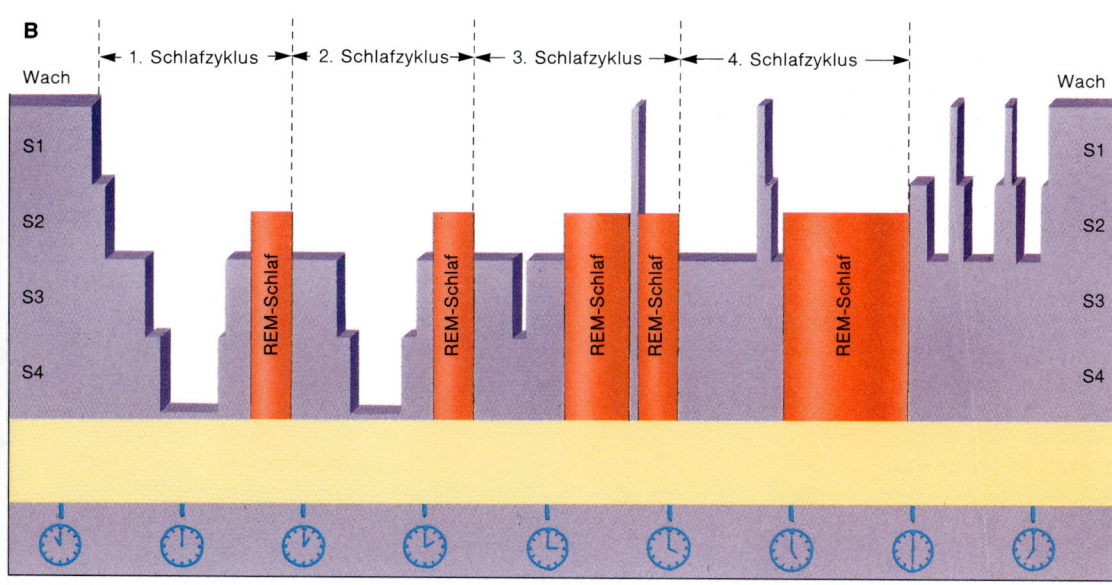

B

1. Schlafzyklus → 2. Schlafzyklus → 3. Schlafzyklus → 4. Schlafzyklus →

Wach
S1
S2
S3
S4

REM-Schlaf

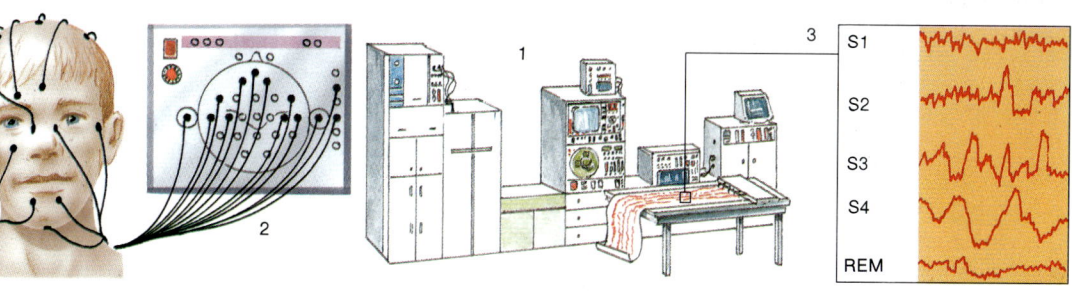

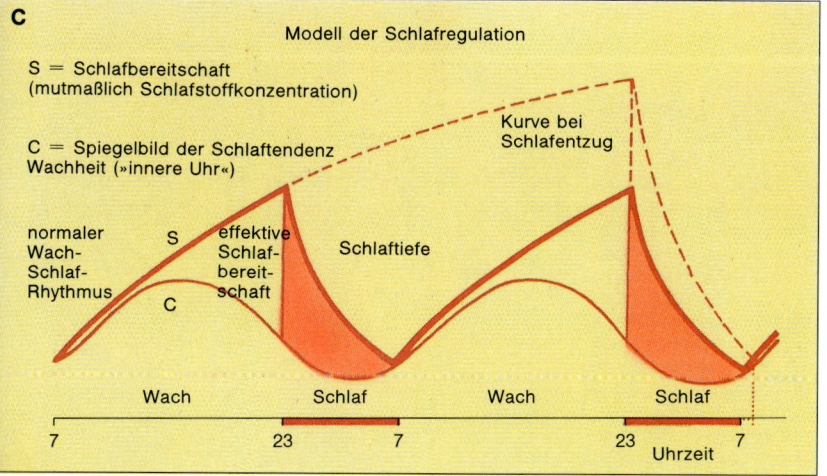

3

S1
S2
S3
S4
REM

Die verschiedenen Phasen des Schlafs

B Im Schlaflabor (**1**) läßt sich durch Messung der Hirnströme mittels EEG (Elektroenzephalogramm, **2**) und Registrierung von Augen- und Muskelbewegung der Schlaf in verschiedene Phasen einteilen, die durch unterschiedliche EEG-Kurven (**3**) gekennzeichnet sind. Die Phasen S1 bis S4 sind die Non-REM-Phasen, weil in ihnen keine schnellen Augenbewegungen (»rapid eye movement«) vorkommen, die die REM-Phase charakterisieren. Das typische, gesunde Schlafprofil einer Nacht läßt sich anhand der REM-Phasen in Schlafzyklen unterteilen. Im ersten Zyklus wird über die Zwischenstufen recht bald die erste und längste Tiefschlafphase (S4) erreicht. Sie kommt auch im zweiten Zyklus vor. In den weiteren Zyklen fehlt der Tiefschlaf, dafür werden die traumreichen REM-Phasen immer länger. Gegen Morgen flacht der Schlaf ab, kurze Wachphasen kommen vor bis zum Erwachen. Für einen erholsamen Schlaf ist sehr wichtig, daß alle Schlafphasen normal häufig durchlebt werden.

C

Modell der Schlafregulation

S = Schlafbereitschaft
(mutmaßlich Schlafstoffkonzentration)

C = Spiegelbild der Schlaftendenz
Wachheit (»innere Uhr«)

Kurve bei
Schlafentzug

normaler
Wach-
Schlaf-
Rhythmus

S

effektive
Schlaf-
bereit-
schaft

C

Schlaftiefe

Wach — Schlaf — Wach — Schlaf

7 — 23 — 7 — 23 — 7

Uhrzeit

Schlafregulierung

C Wie der Schlaf reguliert wird, ist bisher nur ansatzweise geklärt worden. Der Schlafforscher Alexander Borbély verknüpft den Einfluß der inneren Uhr (Schlaftendenz) mit einer während des Wachseins ansteigenden Schlafbereitschaft, die durch die Anhäufung von Schlafstoffen wie Melatonin, DSIP, L-Tryptophan oder PS verursacht werden könnte. Borbély zeichnet

die Kurve der Schlafstoffe (S) über die umgekehrte Kurve der Wachheit bzw. Schlaftendenz (C). Sind beide Kurven sehr weit auseinander, wie um 23 Uhr, ist die effektive Schlafbereitschaft am größten. Während des Schlafs verringert sich der Abstand beider Kurven wieder, weil einerseits Schlafstoffe abgebaut werden, andererseits die Wachheit (C) wieder steigt. Treffen beide Kurven

gegen 7 Uhr zusammen, ist die effektive Schlafbereitschaft am geringsten, man wacht auf. Dieses Modell erklärt auch, warum wir nach einer durchzechten Nacht in der nächsten Nacht nicht wesentlich länger schlafen müssen: Die Schlafstoffkurve S flacht ab, so daß der Abbau der Schlafstoffe nicht wesentlich länger dauert. Außerdem trifft S schon früh auf die wieder ansteigende Kurve C.

Träumen

Das Faszinierendste am Schlafen sind sicherlich die Träume. In Erinnerung bleiben sie uns meist dann, wenn wir während eines Traumes aufwachen. Da die traumreichen REM-Phasen nicht unbedingt am Ende des Schlafes stehen, glauben wir oft zu Unrecht, traumlos geschlafen zu haben. Manchmal träumen wir verrückte Dinge, in anderen Träumen dagegen spiegelt sich ein hohes Maß an Realität wider. Wir träumen von Personen, die wir kennen, von Situationen, die wir schon einmal erlebt haben oder vor denen wir uns fürchten. Mancher glaubt sogar, im Traum die Zukunft zu sehen.

Auch wenn uns das Träumen noch viele Rätsel aufgibt, wissen wir einiges schon recht genau. So trifft z. B. die weitverbreitete Annahme, daß lange Träume sich in sehr kurzer Zeit abspielen, nicht zu: Traumdauer und die tatsächlich vergangene Zeit stimmen überein. Auch wurde lange Zeit angenommen, daß man nur in der REM-Phase träumt. Wir träumen jedoch auch in anderen Schlafphasen, allerdings nicht so intensiv.

Über den Sinn des Träumens wird bislang nur spekuliert. Für die einen ist es eine Art Selbstreinigung, bei der unbrauchbare Informationen aus dem Gehirn gelöscht werden. Andere meinen, daß es vor allem das Unbewußte, tagsüber Verdrängte ist, was uns nachts einholt. Träume helfen uns wohl auch, neu Erlebtes zu sortieren und mit Erinnerungen zu mischen, um so zu lernen. Nicht von ungefähr ist der traumreiche REM-Schlaf im Säuglings- und Kleinkindalter am längsten.

Zentralnervensystem, S. 334/335   **Vegetatives Nervensystem, S. 340/341**   **Biorhythmik, S. 344/345**

Die Alarmanlage unseres Körpers

Was Schmerz ist und wie er entsteht

Der Schmerz informiert uns über Bedrohungen unseres
Organismus von außen und von innen, so daß wir auf Schädigungen
mit Abwehr- und Verhütungsmaßnahmen reagieren können. Schmerz
ist aus diesem Grund unentbehrlich. Ohne Schmerzwarnung würden wir
uns schon bei den alltäglichsten Verrichtungen verletzen, wie es z. B.
bei Leprakranken der Fall ist. Bei diesen kommt es durch Infektion
des sensiblen Nervensystems zu einem Sensibilitäts- und Schmerz-
empfindungsverlust, was durch nicht bemerkte Verletzungen zu
schwersten Verstümmelungen führen kann.

Schmerz ist ein unangenehmes Sinnes- und Ge-
fühlserlebnis, das oft mit einer Gewebsschädigung verknüpft ist. Nach heutigem Wissen wird
der Schmerzreiz über spezielle Empfänger, die
Schmerzrezeptoren, aufgenommen. Diese Rezeptoren sind freie Endigungen von Nervenfasern. Sie machen den größten Teil der sensiblen
Nervenfasern aus, was die lebenswichtige Bedeutung der Schmerzempfindung unterstreicht.

An der Ellenbogenhaut lassen sich durch kräf-
tiges Einstechen zwar Berührungsempfindungen,
aber keine Schmerzempfindungen auslösen. In
diesem Hautareal befinden sich zahlreiche
hauttypische Mechanorezeptoren, jedoch keine
Schmerzrezeptoren. Schmerz ist also eine eigene
Sinnesqualität.

Drei Arten von Schmerzen

Bei dem z. B. durch Hautverletzungen ausgelösten Oberflächenschmerz empfindet man zunächst einen eng begrenzten »hellen« Schmerz,
der schnell abklingt. Oft folgt ein zweiter,
dumpfer, brennender Schmerz, der weniger gut
zu lokalisieren ist und nur langsam abklingt. Der
dumpfe Tiefenschmerz (z. B. bei Gelenkschmerzen) leitet sich aus Schmerzrezeptoren an den
Skelettmuskeln, an Knochen, Gelenken und Bindegewebe ab. Beim visceralen oder Eingeweide-
schmerz führen Dehnungen oder Krämpfe von
Hohlorganen im Körperinneren – z.B. Darm-
blähungen oder Austreibungskoliken bei Gallensteinen – zu einer Schmerzwahrnehmung.

Die Ursachen des Schmerzes

Zahlreiche chemische Stoffe wie von außen einwirkende Säuren oder das körpereigene Histamin können die Schmerzrezeptoren erregen.
Temperaturreize lösen eine Schmerzempfindung
aus, wenn die Umgebung der Schmerzrezeptoren
45 °C übersteigt, weil dann die Körpereiweiße
geschädigt werden. Auch eine Unterversorgung
mit Nährstoffen, z. B. aufgrund von mangelhafter Durchblutung, führt zu Schmerzen. Beim
»Raucherbein«, einer massiven Durchblutungs-
störung in den Beinen, läßt sich daher sagen:
Je kürzer die Wegstrecke ist, die der Betroffene
noch ohne Schmerzen in den Waden zurücklegen kann, desto weiter fortgeschritten ist der arterielle Verschluß und die Blutunterversorgung.

Bei einem Bandscheibensyndrom (»Vorfall«)
strahlen die Schmerzen in das durch den einge-
klemmten Spinalnerven versorgte Gebiet. Wird
ein Nerv fortgesetzt gereizt (chronische Nerven-
schädigung), kommt es zu »spontanen« Schmer-

*Prozesse der
Schmerzempfindung*
Ⓐ *Die über Schmerzempfän-
ger (Schmerzrezeptoren, **1**)
der Haut (**2**) aufgenommenen Signale werden nach
Eintritt durch die Hinterwurzel (**3**) ins Rückenmark
(**4**) im Hinterhorn (**5**) auf*

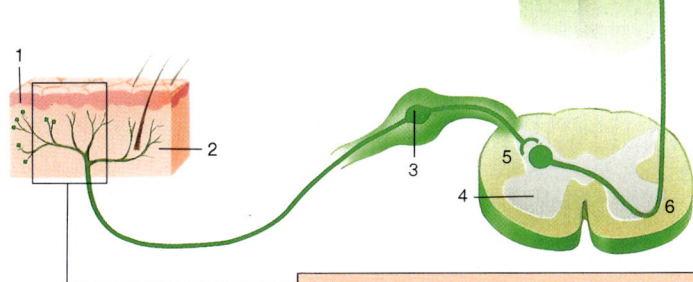

*die aufsteigenden Neurone
im Vorderseitenstrang (**6**)
umgeschaltet. Die Schmerz-
information wird dann im
Hirnstamm (**7**), im Thalamus
(»Tor zum Bewußtsein«, **8**),
im Limbischen System (**9**)
und im Endhirn (**10**) weiterverarbeitet. Die wechsel-
seitige Erregung verschiedener Hirnareale führt zum
höchst unangenehmen, zum
Teil unerträglichen Schmerzempfinden. Verschiedene
Stoffe erhöhen in der Haut
nicht nur die Empfindlichkeit der Schmerzrezeptoren
und freien Nervenendigun-
gen, sondern lösen auch
selbst Schmerz aus. Bei
Entzündungen freigesetztes
Prostaglandin wirkt direkt
auf die Nervenendigungen
(**11**) oder macht im Verein
mit Histamin die Wände
der kleinsten Venen (**12**)
durchlässiger, so daß Blutplasma austritt (**13**). Verschiedene Enzyme sorgen
dafür, daß aus bestimmten
Bestandteilen des Plasmas
Bradykinin entsteht, das
wiederum direkt auf die*

*Rezeptoren und freien Ner-
venendigungen wirkt. Durch
Verletzung oder Entzündung
aktivierte Blutplättchen (**14**)
in den Kapillaren sondern
Serotonin aus. Dieses erregt
selbst nur wenige Rezeptoren, erhöht aber bei vielen
die Empfindlichkeit für Bradykinin. Ebenfalls nur
schwach wirkt das bei allergischen Reaktionen von*

*Mastzellen (**15**) freigesetzte
Histamin. Der Immunab-
wehr dienende Freßzellen
(Granulocyten, **16**) und
durchblutungsgestörte Muskelzellen (**17**) geben Wasser-
stoff-Ionen (H⁺) ab, die
viele Schmerzrezeptoren
erregen. Diese schmerzver-
stärkenden Prozesse finden
auch in anderen Bereichen,
z.B. an Gelenken, statt.*

Siehe auch: **Muskeln**, S. 238/239 **Haut**, S. 242/243 **Nervenzelle**, S. 332/333 **Zentralnervensystem**, S. 334/335

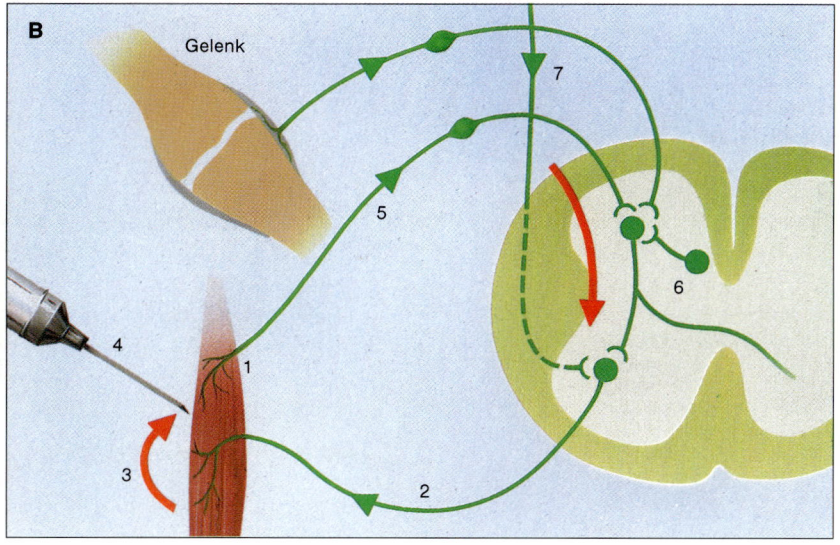

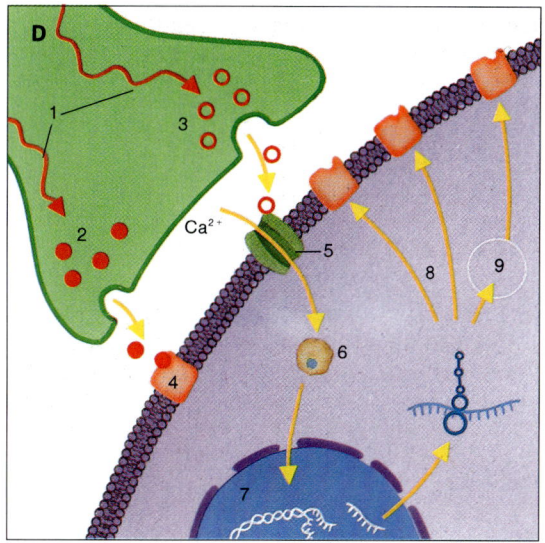

Muskelspannungen aufgrund von Gelenkschmerzen

B Ein Schmerz, z. B. in einem Gelenk, kann zu zeitweiligen oder dauerhaften Muskelspannungen führen. Die Schmerzrezeptoren **(1)** der Muskeln, Sehnenansätze und Gelenke verstärken die Reflexerregung der Nerven, die die willkürliche Bewegung steuern (Motoneurone **2**), wodurch es immer wieder zur Anspannung (Kontraktion) der Skelettmuskeln kommt. Die Muskelspannung (Muskeltonus) ist permanent erhöht. Es ist ein Teufelskreis des Muskelschmerzes entstanden, der sich durch immer neue Reflexe selbst unterhält **(3)**. Eine Schmerzmittelinjektion **(4)** in den Muskel (Lokalanästhesie) kann die Erregungsübertragung der sensiblen Neurone **(5)** unterbrechen. Über bestimmte Schmerzmittel (Analgetika) werden hemmende Neurone im Rückenmark aktiviert, die die Aktivität des Motoneurons drosseln **(6)**. Verhaltenstherapeutische Maßnahmen korrigieren die Fehlhaltung des Knochen-Muskel-Apparates und hemmen so über absteigende Bahnen des Gehirns die Aktivität des Motoneurons **(7)**.

Kopfschmerzen – ein weitverbreitetes Übel

C Viele Menschen leiden unter Kopfschmerzen. Am häufigsten sind Migräne **(1)** und Spannungskopfschmerzen **(2)**. Selten sind Cluster-Kopfschmerzen **(3)**, die besonders nach Alkoholkonsum auftreten. Migräne ist vor allem auf die Schläfe konzentriert, strahlt aber bis in den Nacken aus. Der diffuse Spannungskopfschmerz kann den ganzen Kopf umschließen, während der Cluster-Kopfschmerz punktuell um ein Auge auftritt, aber hinter das Ohr, zur Schläfe und zur Wange ausstrahlt. Kopfschmerzen können durch Medikamente meist behandelt werden. Sinnvoller sind Vermeidungsstrategien wie Entspannungstechniken, Bewegung, Verzicht auf Kaffee, Zigaretten und Alkohol.

Das Schmerzgedächtnis

D Als Ursache von Phantomschmerzen und chronischen Schmerzen wird ein Schmerzgedächtnis vermutet. Werden z. B. bei einer Operation Nervenfasern durchtrennt, »feuern« sie weiterhin Schmerzimpulse **(1)** ins Rückenmark. Dort sorgen diese an der nächsten Nervenverbindung für die Abgabe der Überträgerstoffe Substanz P **(2)** und L-Glutamat **(3)**. Diese binden sich an Rezeptoren **(4)** der nachgeschalteten Nervenzelle, wodurch Calcium (Ca^{2+})-Kanäle **(5)** geöffnet werden. Das Calcium aktiviert ein Molekül **(6)**, das im Zellkern **(7)** Gene anschaltet, die für die Neubildung von Rezeptoren **(8)** und Neurotransmittern **(9)** sorgen. Dadurch ist die Zelle übersensibilisiert.

zen im Versorgungsgebiet des Nerven. Dieser nicht an den Schmerzrezeptoren entstehende Schmerz wird Neuralgie genannt.

An vielen Schmerzen sind Entzündungen beteiligt, beispielsweise bei der Gelenkerkrankung Arthritis. Bei der Abwehrreaktion freigesetzte Stoffe senken massiv die Erregungsschwelle der Schmerzrezeptoren. So sprechen die Schmerzrezeptoren eines entzündeten Gelenks bereits auf geringste Gelenkbewegungen an. Etwa ein Drittel der Rezeptoren, die sogenannten »schlafenden Schmerzrezeptoren«, ist erst durch einen solchen Entzündungsprozeß erregbar.

Schmerz, der sich im Gehirn abspielt

Oft ist es für das Schmerzerlebnis unwichtig, ob überhaupt eine Gewebsschädigung vorliegt. So gibt es einen in einem bestimmten Organ empfundenen seelisch bedingten Schmerz ohne Störung des betreffenden Organs. Der Betroffene verlagert dabei einen für ihn nicht zu verarbeitenden psychischen Konflikt in den körperlichen Bereich.

Wenn ein Arm oder Bein amputiert wurde, empfinden die Betroffenen nicht nur Schmerzen in dem übriggebliebenen Stumpf, sondern auch in dem amputierten Körperteil. Diese Phantomschmerzen sind unabhängig von Reizungen des Stumpfes. Man vermutet, daß das Nervensystem ein Schmerzgedächtnis ausbildet und das Gehirn lange braucht, um den Gliedmaßenverlust zu verarbeiten.

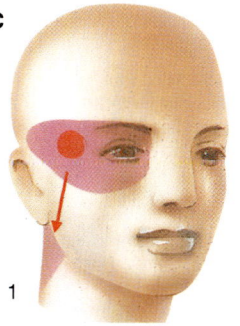

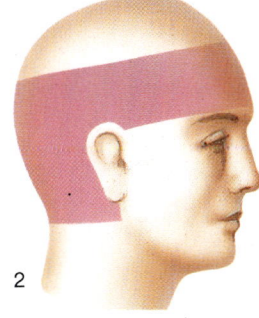

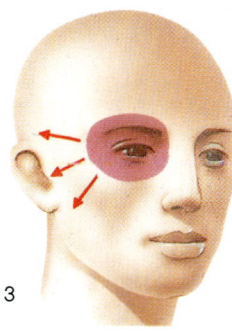

C	Migräne	Spannungskopfschmerzen	Cluster-Kopfschmerz
Charakteristik	pulsierend, pochend	dumpf, drückend »Schraubstockgefühl«	unerträglich stechend, bohrend
Dauer/ Zeitpunkt	4–72 Stunden morgens	12–16 Stunden tagsüber	30–120 Minuten nachts
Ursache	Gefäßverengung und -erweiterung, Sauerstoffmangel	Verspannungen in Muskeln, Halswirbelsäule; Gefäßkrämpfe	Gefäßerweiterung; typischerweise nach Alkoholgenuß
Begleitsymptome	Übelkeit, Erbrechen, Lichtempfindlichkeit, evtl. Sehstörungen	Schlafstörungen, diffuser Schwindel	hängendes Augenlid, Pupillenverengung, Augenrötung, Tränenfluß

Rückenmark und Reflex, *S. 336/337* Peripheres Nervensystem, *S. 338/339* Sinneszellen, *S. 356/357* Hautsinn, *S. 368/369*

Streß und Streßbewältigung

Die Reaktion des Körpers auf Belastungen

Zwei Radrennfahrer jagen dem Ziel entgegen. Im direkten Wettkampf fordern sie von ihrem Körper die letzten Reserven, um ein paar Zentimeter vor dem anderen ins Ziel zu gelangen. Danach sind Sieger und Verlierer erschöpft, aber befriedigt. Anders ergeht es dem Chef einer kleinen Firma, der 15 Stunden am Tag in Hektik, Anspannung und Besorgnis um seine Existenz kämpft. Er fühlt sich abends ebenso erschöpft, ist aber nervös, hat Magenprobleme und schläft schlecht. Alle drei haben Streß. In ihrem Körper passiert im Prinzip dasselbe. Ursache und Auswirkungen sind jedoch grundverschieden.

Streß wird heute vorwiegend negativ gesehen. Seiner Definition nach ist er jedoch zunächst nichts anderes als eine unspezifische (von der Ursache unabhängige) Reaktion des Organismus auf jede Form von Anforderung. Die Streßreaktion ist also ein ganz normaler, ja lebenswichtiger Vorgang, der Veränderungen von außen entgegenwirkt. Ursprünglich wurde der Körper durch Streß in die Lage versetzt, durch Kampf oder Flucht Gefahren auszuweichen. Der Angriff eines Feindes oder die Jagd nach etwas Eßbarem forderten eine schnelle Reaktion und die Mobilisierung aller verfügbaren Reserven.

Zur Streßbewältigung setzt der Körper Prozesse in Gang, die vom Gehirn ausgehen und durch die Freisetzung von Hormonen bzw. durch Nervenimpulse den Stoffwechsel und die Organfunktionen an die streßauslösende Situation anpassen. Zucker- und Fettsäurespiegel im Blut erhöhen, Atmung und Herzschlag beschleunigen sich, Blutdruck und Gerinnungsfähigkeit des Blutes steigen, Muskeln werden angespannt und in diesem Moment nicht benötigte Körperfunktionen eingeschränkt: Die Durchblutung von Verdauungs- und Ausscheidungsorganen sowie der Haut wird verringert, um das Blut vor allem den Muskeln zur Verfügung zu stellen. Auch das Immunsystem und die Funktionen der Geschlechtsorgane werden gehemmt. Der Körper ist nun bereit zu fliehen oder anzugreifen.

Vom guten und vom schlechten Streß

Sofern sie selten sind und nicht zu lange andauern, haben diese Körperreaktionen kaum negative Folgen. Sie ermöglichen überhaupt erst, Leistungen zu erbringen, die in Notsituationen extrem sein können.

Diesem guten Streß, auch Eustreß (vom griechischen »eu« = gut) genannt, setzen wir uns auch freiwillig, z. B. im sportlichen Wettkampf aus. Er gibt uns die Möglichkeit, uns zu verausgaben und Spannungen abzubauen. Aber auch Herausforderungen geistiger Natur können diesen Eustreß hervorrufen, vorausgesetzt, man fühlt sich ihnen gewachsen.

Auslöser für Streß, die Stressoren, sind aber nicht nur sportlicher Ehrgeiz oder andere positive Anforderungen, sondern oft auch Faktoren negativer Natur: der Verlust eines uns nahestehenden Menschen, Angst vor Prüfungen, Ärger, Hektik, Lärm, Enttäuschung, Krankheit, Über- oder Unterforderung. Ob und wann diese Stressoren eine Streßreaktion auslösen, ist individuell verschieden und hängt von der Verfassung

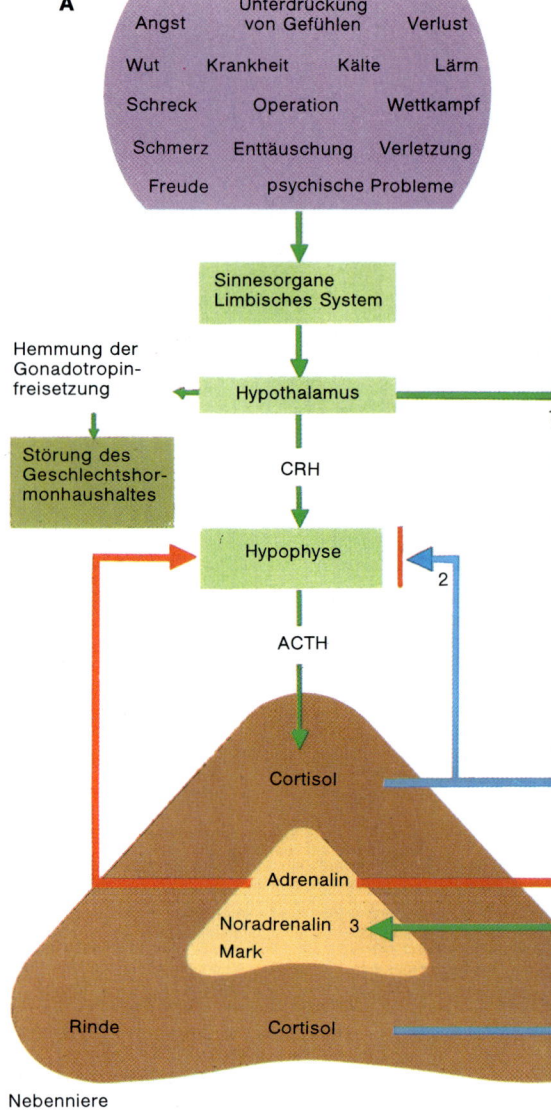

Streßreaktionen des Körpers
A *Die Reaktion des Körpers auf Streß ist im wesentlichen eine Verstärkung bestimmter Stoffwechselfunktionen, die grundsätzlich immer ablaufen, wenn auch nur in geringerem Umfang. Ausgelöst wird sie durch Stressoren, die über die Sinnesorgane und das Limbische System dem Hypothalamus gemeldet werden. Hier wird zum einen der sympathische Teil des vegetativen Nervensystems aktiviert (1), zum anderen das Corticotropin-Releasing-Hormon (CRH) ausgeschüttet. Dieses veranlaßt die Hirnanhangdrüse (Hypophyse), das Adrenocorticotrope Hormon (ACTH) auszuschütten. ACTH bewirkt, daß aus der Nebennierenrinde verstärkt Cortisol freigesetzt wird. Cortisol stört das Immunsystem und bewirkt eine Erhöhung der Thrombocytenzahl, vor allem aber regt es in der Leber die Gluconeogenese an, so daß verstärkt Glucose bereitgestellt wird. Per Rückkopplung hemmt Cortisol die ACTH-Ausschüttung (2). Im Nierenrindenmark wird durch Einflüsse des Sympathikus (3)*

des Betreffenden und dessen Einschätzung der Situation ab.

Kommt es häufig zu lange andauernden negativen Streßzuständen, wirkt sich dies in vielerlei Hinsicht nachteilig auf die Gesundheit aus. Im Gegensatz zum Eustreß wird beim Dysstreß (dem negativen Streß, dys = miß-) die in Form von Zucker (Glucose) bereitgestellte Energie nicht entsprechend abgebaut und dann in Fett umgewandelt. Weitere Folgen von andauerndem Streß sind hoher Blutdruck und laufend erhöhte Herztätigkeit und Blutgerinnungsfähigkeit. Dadurch wächst die Gefahr, an Störungen des Herz-Kreislaufsystems zu erkranken: Arteriosklerose bis hin zum Herzinfarkt oder Schlaganfall können die Folgen sein. Die Schwächung des Immunsystems macht den Körper anfälliger für Infektionen. Das während der Streßsituation freigesetzte Histamin bewirkt die Schwellung und Entzündung der Magenschleimhaut. Magenblutungen können sich einstellen.

die Abgabe von Adrenalin und Noradrenalin ins Blut ausgelöst. Die beiden Hormone verstärken die Hormonausschüttung der Hirnanhangdrüse und wirken auf Rezeptoren von Zellen in bestimmten Geweben, so daß die Glucosebereitstellung unterstützt wird. Daneben lösen Adrenalin und Noradrenalin die Verengung der Gefäße im Magen-Darm-Bereich sowie in der Haut aus. Gleichzeitig werden die Gefäße in den Herz- und Skelettmuskeln erweitert, so daß das Blut zu den Muskeln strömt. Zudem beschleunigen sich Herzschlag und Atmung, und die Bronchien erweitern sich. Ist die Reaktion sehr stark und häufig, kann es zu Gesundheitsschäden kommen.

Siehe auch: **Muskelfasern**, *S. 240/241* **Blutdruck**, *S. 254/255* **Leber und Galle**, *S. 290/291*

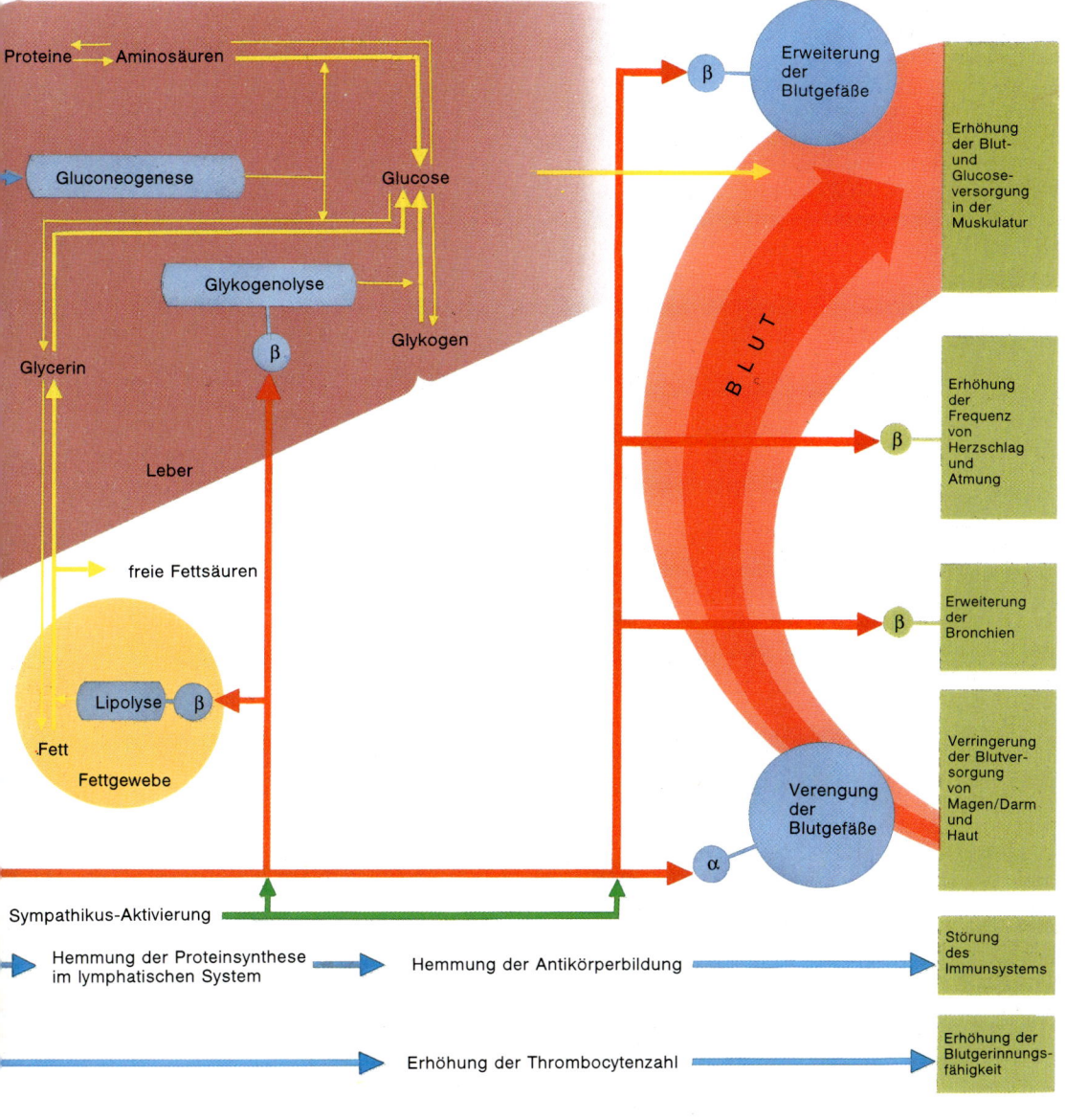

Proteine — Aminosäuren

Gluconeogenese

Glucose

Glykogenolyse

β

Glykogen

Glycerin

Leber

freie Fettsäuren

Lipolyse β

Fett

Fettgewebe

Sympathikus-Aktivierung

Hemmung der Proteinsynthese im lymphatischen System

Hemmung der Antikörperbildung

Erhöhung der Thrombocytenzahl

β Erweiterung der Blutgefäße

B L U T

β Erhöhung der Frequenz von Herzschlag und Atmung

β Erweiterung der Bronchien

Verengung der Blutgefäße

α

Erhöhung der Blut- und Glucoseversorgung in der Muskulatur

Verringerung der Blutversorgung von Magen/Darm und Haut

Störung des Immunsystems

Erhöhung der Blutgerinnungsfähigkeit

Die negativen Auswirkungen von Dauerstreß

Ⓐ *Die Erhöhung der Kreislauftätigkeit kann zu Dauerbluthochdruck und Herzüberlastung führen. In Verbindung mit einer erhöhten Blutgerinnung steigt das Herzinfarkt- und Schlaganfallrisiko. Die freigesetzte Glucose wird bei mangelnder Bewegung in Fett umgewandelt. Die geringe Durchblutung von Magen und Darm führt zu Verdauungsstörungen, die der Haut zu Blässe. Die dauernde Sympathikusreizung kann u. a. Erektionsschwierigkeiten verursachen. Weiterhin ist die Anfälligkeit für Infektionen erhöht. Streß löst ferner die gesteigerte Freisetzung von Histamin im Gewebe aus. Dadurch kann es z. B. im Magen zu Blutungen kommen, weil die Schleimhaut anschwillt. Allgemeine Streßsymptome sind u. a. Nervosität, Konzentrationsschwierigkeiten, Schlaflosigkeit und Kopfschmerzen.*

Stärke und Wirkung einzelner Stressoren

Ⓑ *Auch wenn die Wirkung der verschiedenen Stressoren individuell sehr unterschiedlich ist, läßt sich eine Rangfolge aufstellen, wie Befragungen gezeigt haben. Verschiedenen Lebensereignissen werden Lebensveränderungseinheiten (LVE) zugewiesen, die die Stärke des einzelnen Stressors verdeutlichen. Summieren sich die Stressoren auf über 200 LVE, drohen Gesundheitsgefahren.*

B

	0	10	20	30	40	50	60	70	80	90	100
Tod des Ehepartners											
Scheidung											
Trennung vom Ehepartner											
Gefängnisstrafe											
Tod eines Familienangehörigen											
Eigene Verletzung oder Krankheit											
Heirat											
Verlust des Arbeitsplatzes											
Aussöhnung in der Ehe											
Pensionierung											
Krankheit in der Familie											
Schwangerschaft											
Sexuelle Schwierigkeiten											
Arbeitsplatzwechsel											
Erhebliche Einkommensveränderung											
Tod eines Freundes											

	0	10	20	30	40	50	60	70	80	90	100
Berufswechsel											
Ehestreit											
Größere Kreditaufnahme											
Neuer Verantwortungsbereich im Beruf											
Kinder verlassen das Elternhaus											
Ärger mit angeheirateten Verwandten											
Großer persönlicher Erfolg											
Schulbeginn oder -abschluß											
Änderung des Lebensstandards											
Änderung persönlicher Gewohnheiten											
Ärger mit dem Chef											
Änderung von Arbeitsbedingungen											
Wohnungswechsel											
Schulwechsel											
Änderung gesellschaftl. Gewohnheiten											
Änderung der Schlafgewohnheiten											

Was tun gegen gesundheitsgefährdenden Streß?

Alle Stressoren auszuschalten, dürfte für die meisten Menschen unmöglich sein. Private Probleme sind nicht selten nur schwer lösbar, der Beruf stellt häufig hohe Anforderungen an die Belastbarkeit des einzelnen, und Krankheiten können sich lange hinziehen. Dafür läßt sich aber die Wirkung der Stressoren vermindern. Innere Gelassenheit und Ruhe, das Akzeptieren von unveränderlichen Umständen, das Handeln und nicht das Geschehenlassen können die Schwelle erhöhen, bei der Streß ausgelöst wird.

Dazu dienen auch »Trockenübungen« mit streßauslösenden Situationen. Sie können helfen, die Schwellenwerte für Stressoren durch Gewöhnung zu erhöhen. Aber auch der unvermeidbare Streß muß sich nicht unbedingt negativ auswirken. Ein sinnvoller körperlicher Ausgleich baut die bereitgestellte Energie ab, Entspannungstechniken bringen den gestreßten Körper wieder in den Normalzustand.

Hormondrüsen, S. 326/327   Nebennieren und Geschlechtsdrüsen, S. 330/331   Vegetatives Nervensystem, S. 340/341

Die Moleküle der Gefühle

Das Limbische System steuert unsere Empfindungen

Dem Glücksgefühl sind die Hirnforscher seit Jahrzehnten auf der
Spur. Um zu erfahren, in welchen Hirnwindungen die Liebe nistet und
wo sich die biochemische oder elektrophysische Grundlage euphorischer
Glückseligkeit befindet, mußten indes zuerst die Moleküle der Gefühle
entschlüsselt werden: Botenstoffe, die zwischen den 10 Milliarden Zellen
unseres Gehirns Informationen vermitteln, sind ständig unterwegs, um
das Empfinden zu beeinflussen. Jedoch sind »Glück« und »Freude«, aber
auch negative Gefühle zu komplexe Phänomene, als daß sie allein
biochemisch erklärt werden könnten.

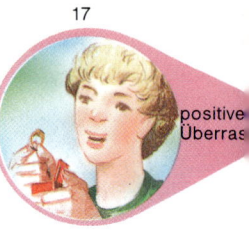

positive
Überras

Hat die Euphorie eines Langstreckenläufers
nachdem er den »toten Punkt« überwunden hat,
die gleiche physiologische Grundlage wie das
Mutterglück unmittelbar nach der Geburt? Sind
die zarten Gefühle verträumter Paare und das
ekstatische Lustempfinden im Liebesrausch auf
die gleichen Mechanismen zurückzuführen? Auf
biochemischer Ebene wenigstens scheinen sich
die Vorgänge während des Glückstaumels zu
gleichen – so unterschiedlich die Ursachen dafür
auch sein mögen: Denn wenn die grauen Zellen
»high« sind, liegt dies zumeist an den Botenstoffen (Transmitter), die an speziellen Strukturen
der Zelloberfläche (Rezeptoren) andocken können und dadurch Informationen weitergeben.

Eine wichtige Untergruppe dieser Rezeptoren
wurde erst 1973 entdeckt: die Opiat-Rezeptoren.
Über diese greifen Rauschgifte wie Heroin und
Morphium in das Nervensystem ein. Kurze Zeit
später fanden Wissenschaftler heraus, warum
das Gehirn Rezeptoren für von außen zugeführte Drogen besitzt: Der Körper selbst produziert morphinähnliche Substanzen, die er bei
Bedarf ausschütten kann. Diese körpereigenen
Endorphine lösen z. B. bei extremen Belastungen
einen wohligen Schauer oder euphorische Stimmungen aus – ein eingebautes Belohnungs- und
Schutzsystem. Eher problematisch ist es, daß
wahrscheinlich auch der Genuß von Süßigkeiten
und Fetten die Endorphinproduktion anregt.
Der damit verbundene Lustgewinn gefährdet
zwangsläufig jede Diät.

Wo die Glückseligkeit ihren Sitz hat

Auf der Suche nach einem Ankerplatz für die
Überbringer der Gefühlsnachrichten wurde eine
Gehirnregion ausgemacht, die aus verschiedenen
Strukturen besteht und als Limbisches System
bezeichnet wird. Dieses »emotionale Gehirn« befindet sich im Bereich des Zwischenhirns, auf
halbem Weg zwischen dem komplexe Verstan-
desleistungen steuernden Großhirn und dem für
vegetative Grundfunktionen zuständigen Hirnstamm. Hier scheinen die Endorphine als Verstärker bzw. Dämpfer einzugreifen, indem sie
die Wirkungen anderer Überträgerstoffe entweder verstärken oder vermindern.

Besonders eng verknüpft sind die einzelnen
Strukturen des Limbischen Systems (z. B. Ammonshorn, Mamillarkörper, Gewölbe) mit dem
Großhirn, in dem Erinnerungen gespeichert werden, und speziell mit dem Teil des Großhirns,
das Geruchswahrnehmungen verarbeitet. So ist
es zu erklären, daß Begebenheiten viel leichter

im Gedächtnis gespeichert werden, wenn sie im
Zusammenhang mit – positiven oder negativen –
Gefühlen erfahren wurden und wenn sie mit intensiven Geruchsempfindungen gekoppelt waren:
Der Duft von Kerzen, Lebkuchen und Tannen-
zweigen etwa wird immer wieder »Weihnachts-
gefühle« hervorrufen.

Doch trotz dieser Erkenntnisse ist die wissenschaftliche Forschung noch weit davon entfernt,
zu verstehen, wie Glück oder andere Gefühle
»funktionieren«. Zu komplex sind die unzähligen Wechselbeziehungen zwischen den etwa
zehn Milliarden Nervenzellen, die im komplizierten Nervensystem jeweils mit mehreren tausend Nachbarzellen in Verbindung stehen. Zu
wenig ist auch über die einzelnen Auslöser bekannt, welche die Transmitter auf die Reise
schicken und ihren jeweiligen Fahrplan und An-
kunftsort bestimmen. Dem großen Geheimnis
intimster Empfindungen sind wir noch lange
nicht auf der Spur.

Nervenkitzel
und Lustgewinn
A *Vor allem junge Men-*
schen betreiben häufig
Extremsportarten: Bungee-
Springer suchen das Wechsel-
bad der Gefühle. Die Angst
vor dem Sturz aus 60 m
Höhe, die Überwindung
innerer Widerstände beim
Absprung, die Faszination
der Schwerelosigkeit im
freien Fall und die Erleich-
terung des Abfangens, wenn
das Gummi tatsächlich hält,
lassen Adrenalin und Endor-
phine wirken und erzeugen
euphorische Gefühle. Daß
sich manche Menschen frei-
willig und wiederholt in
derartige Situationen brin-
gen, mag darauf hinweisen,
daß ein suchtartiges Verlan-
gen nach dem ausgelösten
Gefühl entwickelt wird.

Siehe auch: Nervenzelle, S. 332/333 Zentralnervensystem, S. 334/335 Vegetatives Nervensystem, S. 340/341

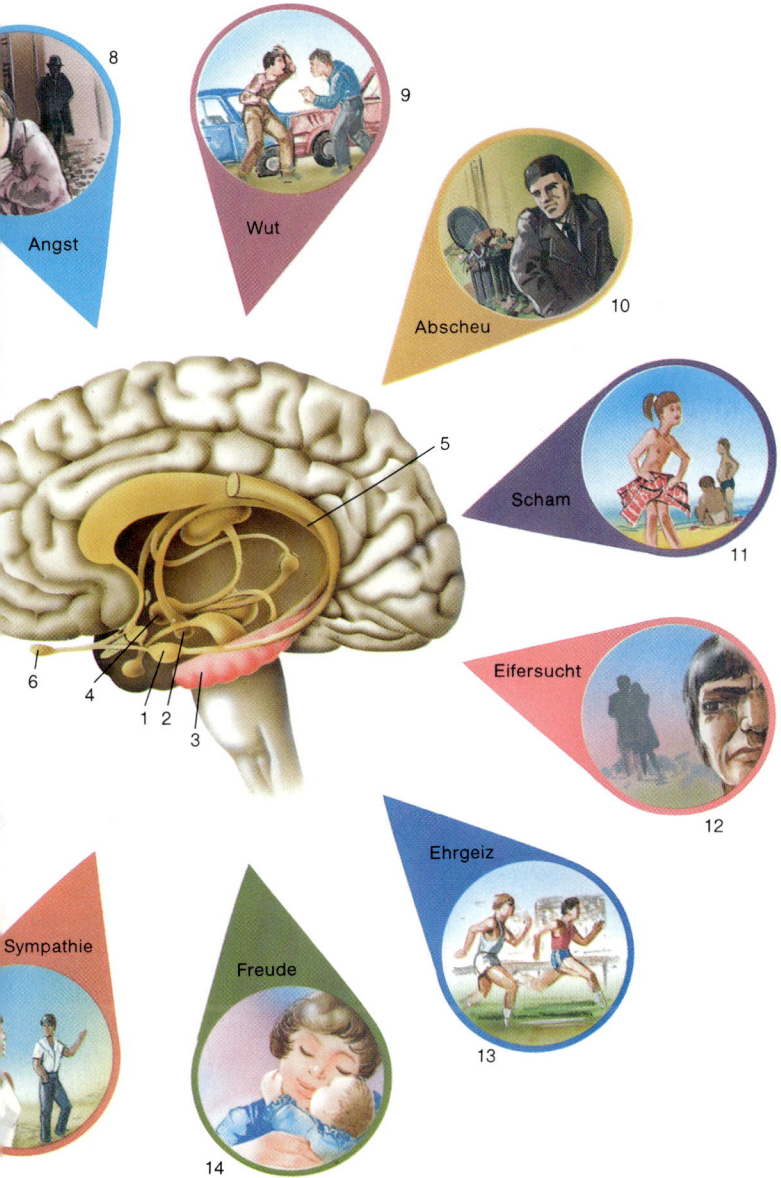

Schaltzentrale der Gefühle

B *Im Limbischen System wird der Kern der Gefühlswelt vermutet. In Mandelkern (1), Mamillarkörper (2), Ammonshorn (3), Hypothalamus (4) und Fornix (5) werden Stimmungen beeinflußt. Die Nähe und direkte Verbindung zum Riechkolben (6) erklärt, warum* *Gerüche mit angenehmen oder unangenehmen Gefühlen verbunden werden. Unlust (7), Angst (8), Wut (9), Abscheu (10), Scham (11), Eifersucht (12), Ehrgeiz (13), Freude (14), Sympathie (15), Liebe (16), positive Überraschung (17) sind Gefühle, die unser Seelenleben ausmachen.*

Farben und Psyche

Daß unsere Stimmung auch von der Umwelt abhängig ist, zeigt die Wirkung von Farben. Nicht nur unser Temperaturempfinden, also daß wir Rot als warm und Blau als kalt verspüren, hängt damit zusammen. Psychologen sehen noch mehr Farbwirkungen: Rot wird als anregend beschrieben (Farbe der Revolution). Gelb wirkt heiter (Sonnenschein) und kommunikativ. Blau drückt Stetigkeit aus, wirkt konservativ. Grün vermittelt Ruhe, Hoffnung und Leben. Was liegt näher, als die Wirkung der Farben auf die Psyche auch praktisch einzusetzen. Grün und Ockergelb sollen in Klassenzimmern für Konzentration und Lernbereitschaft sorgen. Heiße Arbeitsplätze wie eine Gießerei werden durch Blau »abgekühlt«. Über die Ursache der Farbwirkungen wissen wir vor allem, daß manche Farben auf das vegetative Nervensystem Einfluß haben. Rote Farben regen den Sympathikus an, und Adrenalin wird freigesetzt. Blaues Licht bewirkt das Gegenteil: Wir werden ruhig, der Blutdruck sinkt.

Seelische Erregung Aufbegehren Anspannung Hitze	**Heiterkeit Kommunikation Wärme**
Treue Stetigkeit Entspannung Kühle	**Ruhe Hoffnung Lebensmut**

Wandel der Gefühlsregungen

C *Nach der Theorie des Psychologen Bridges müssen sich Gefühle erst schrittweise differenzieren. Danach fühlt ein Kleinkind nur unspezifische Erregung sowohl für Lust als auch für Mißbehagen. Erst nach einigen Monaten werden die Gefühle unterscheidbarer. Das Temperament, mit dem sie ausgelebt werden, nimmt hingegen mit zunehmendem Alter ab. Auch werden Gefühle mit dem Älterwerden immer mehr mit Erfahrungen vermischt, sie verlieren also ihre »Reinheit«. Beispielsweise können manche Gefühle wie Scham oder Eifersucht dann eher unterdrückt, andere wie Ehrgeiz oder Liebe stärker betont werden.*

Was bestimmt das Bewußtsein?

Gefühle sind ein Bestandteil unseres Bewußtseins; was dies aber eigentlich ausmacht, ist uns rätselhaft. Wir kennen den Aufbau des Gehirns, die Funktion der Nervenfasern und der Neurotransmitter. Aber all das reicht nicht aus, um Erleben, Intelligenz, Gefühle und Sehnsüchte zu erklären. Wir wissen, daß Endorphine Glücksgefühle auslösen. Aber warum ist Glück schön, warum tut es nicht weh? Wir können lesen, weil wir die Buchstaben und Wörter gelernt und abgespeichert haben. Warum wir uns in eine Geschichte hineinleben können, wissen wir nicht.

So können wir die Frage nach dem Bewußtsein wohl nur philosophisch beantworten. Materielle Erklärungsversuche sind bisher gescheitert, eher resultiert das Bewußtsein aus dem Zusammenspiel einzelner Komponenten. Sinneswahrnehmungen, Gedächtnisinhalte, Erfahrungen, Triebe und Gefühle werden im Gehirn gefiltert und formen schließlich das bewußte Erleben.

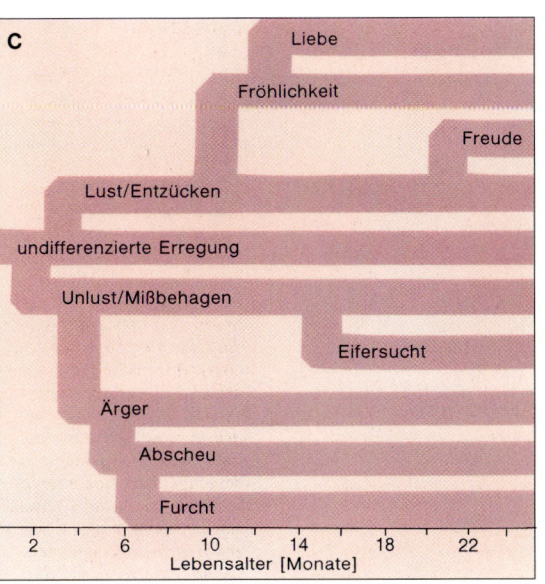

Sucht und Abhängigkeit, S. 354/355

Teufelskreis Sucht

Wirkung von Suchtmitteln auf Körper und Psyche

Ob es der Konsum von Alkohol, die Schachtel Zigaretten, der Besuch einer Spielhalle oder das exzessive Joggen ist – süchtig machen auch sie, nicht nur die harten Drogen Heroin, Cocain oder LSD. Viele Dinge um uns herum – Tätigkeiten, Stoffe und Erlebnisse – bessern derart unsere Stimmung auf, daß wir uns häufig in diesen Zustand versetzen wollen. So wird die Regelmäßigkeit zur Gewohnheit und schließlich zur Sucht. Irgendwann kann man nicht mehr »ohne« und steckt in einem Teufelskreis: Jedem Rausch folgt ein Kater, der wieder mit einem Rausch bekämpft wird.

Sucht bedeutet ein zwanghaftes Angewiesensein auf die Erfüllung eines Bedürfnisses. Damit umfaßt dieser Begriff nicht nur Abhängigkeiten von Rauschgiften, Alkohol oder Medikamenten, sondern gilt im weitesten Sinne auch für Spielsucht, Eßsucht, Fernsehsucht, Arbeitssucht sowie die Sucht nach körperlicher Verausgabung oder großem Nervenkitzel. Die letztgenannten Beispiele beziehen sich vor allem auf die psychische Sucht, also auf das gesteigerte Verlangen nach diesen Dingen. Die erstgenannten Suchtgifte erzeugen darüber hinaus noch eine körperliche Abhängigkeit, weil das Absetzen dieser Drogen besonders starke Entzugserscheinungen mit sich bringt.

Zu beachten ist dabei, daß die meisten Suchtmittel nicht zwangsläufig süchtig machen, sofern sie in geringer Menge und in größeren Abständen konsumiert werden. Erst regelmäßiger starker Konsum führt zu nicht mehr kontrollierbarer Abhängigkeit mit schweren Schädigungen der körperlichen wie der seelischen Gesundheit.

Auch Sport und Essen können süchtig machen

Während Besitz und Konsum bestimmter Suchtgifte, vor allem der harten Drogen wie Heroin, Cocain oder LSD, verboten sind, sind andere wie Alkohol oder Nicotin frei zugänglich, wieder andere werden als Medikamente vom Arzt verschrieben. Im Falle des Alkohols besteht sogar eine Art sozialer Konsumdruck: Eine Feier ohne alkoholische Getränke ist kaum denkbar, sogar am Arbeitsplatz wird an Geburtstagen oder Jubiläen getrunken. Erst wenn der mißbräuchliche Konsum zur Sucht wird und Arbeitsunfähigkeit verursacht, kommt es zu Kritik. Auch die meisten Tätigkeiten, die zur Sucht werden können, sind legal. Extremsport, Nervenkitzel oder fettes bzw. süßes Essen regen die Produktion körpereigener Opiate (Endorphine) an und haben daher ein nicht zu unterschätzendes Suchtpotential.

Wiederholung vermindert die Wirkung

Charakteristisch für die Substanzabhängigkeit sind Toleranz und Entzugserscheinungen. Bei Toleranz nimmt bei gleichbleibender Dosierung einer Substanz deren Wirkung ab, und es muß für eine gleichbleibende Wirkung die Dosis erhöht werden. So liegt z. B. eine Dosis von 10 mg des »Aufputschmittels« Amphetamin im bereits wirksamen Bereich, bei stark Abhängigen können aber selbst Dosen von 1700 mg ohne große Wirkung bleiben. Die Toleranz wird auf physiologische Veränderungen zurückgeführt.

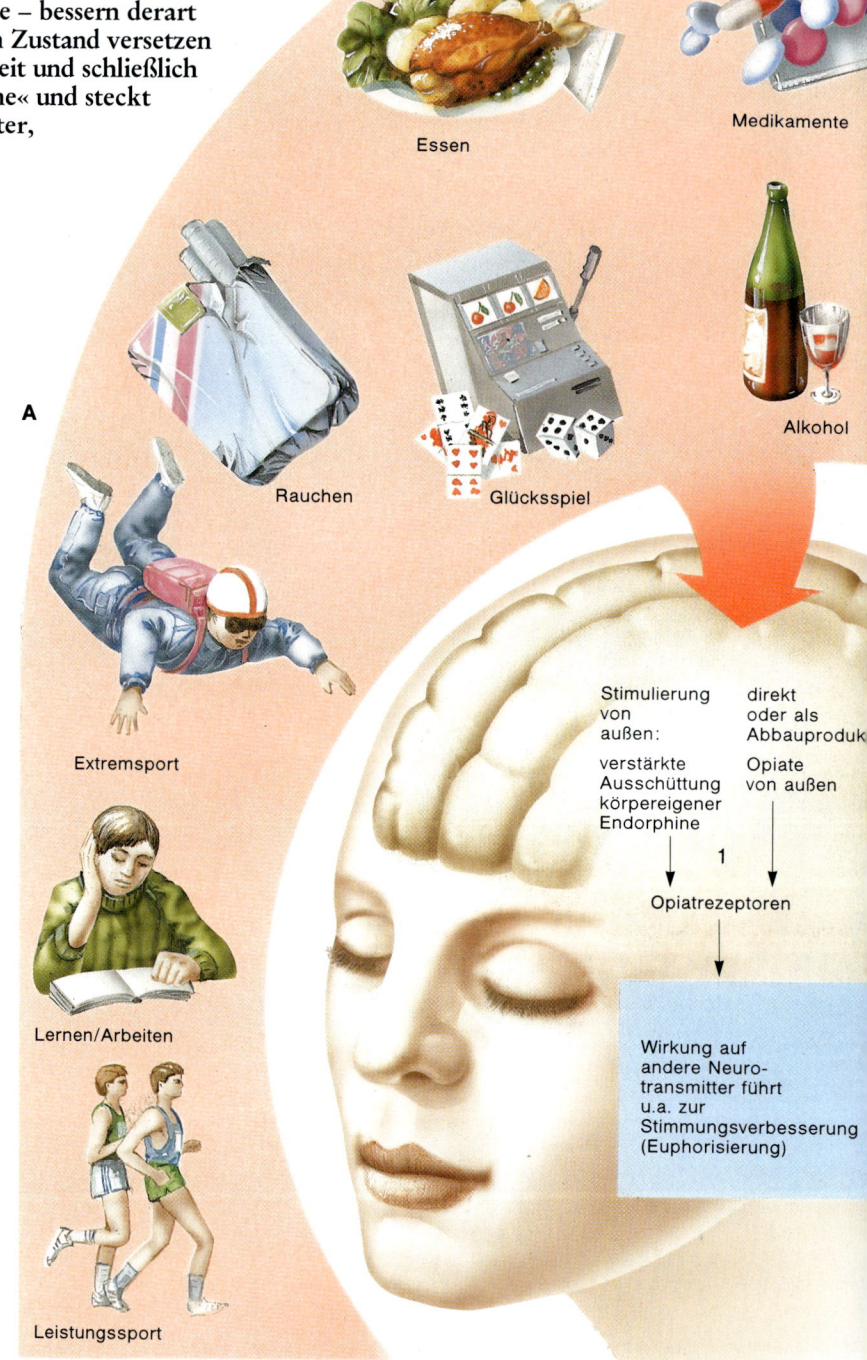

Essen

Medikamente

A

Rauchen

Glücksspiel

Alkohol

Extremsport

Lernen/Arbeiten

Leistungssport

Stimulierung von außen:

direkt oder als Abbauprodukt

verstärkte Ausschüttung körpereigener Endorphine

Opiate von außen

1

Opiatrezeptoren

Wirkung auf andere Neurotransmitter führt u.a. zur Stimmungsverbesserung (Euphorisierung)

Süchtigwerden und Suchtverhalten

A *Süchtig machen können viele Dinge: Leistungssport wie Triathlon, intensives Lernen, gefährliche Sportarten wie Fallschirmspringen, riskantes Glücksspiel, fett- und zuckerhaltiges Essen, Alkohol, Medikamente, Drogen wie Cocain, Heroin, Opium oder Ecstasy,* *Rauchen oder das Schnüffeln von Lösungsmitteln. Der Vorgang des Süchtigwerdens ist noch nicht restlos geklärt. Ziemlich sicher ist, daß die verschiedenen Suchtmittel entweder im Limbischen System des Gehirns in einer Art »Belohnungssystem« die Ausschüttung körpereigener opiumähnlicher Stoffe (Endorphine) bewirken oder* *selbst Opiate oder deren Vorstufen enthalten (1). Die Wirkung der Opiate auf Opiatrezeptoren verstärkt Bildung und Ausschüttung anderer Übertragersubstanzen (Neurotransmitter). Das Resultat ist neben Schmerzausschaltung u. a. eine deutliche Stimmungsverbesserung. Nach einer Theorie von R. Solomon treten nun*

Siehe auch: **Hormondrüsen,** *S. 326/327* **Zentralnervensystem,** *S. 334/335* **Schmerz,** *S. 348/349* **Psyche,** *S. 352/353*

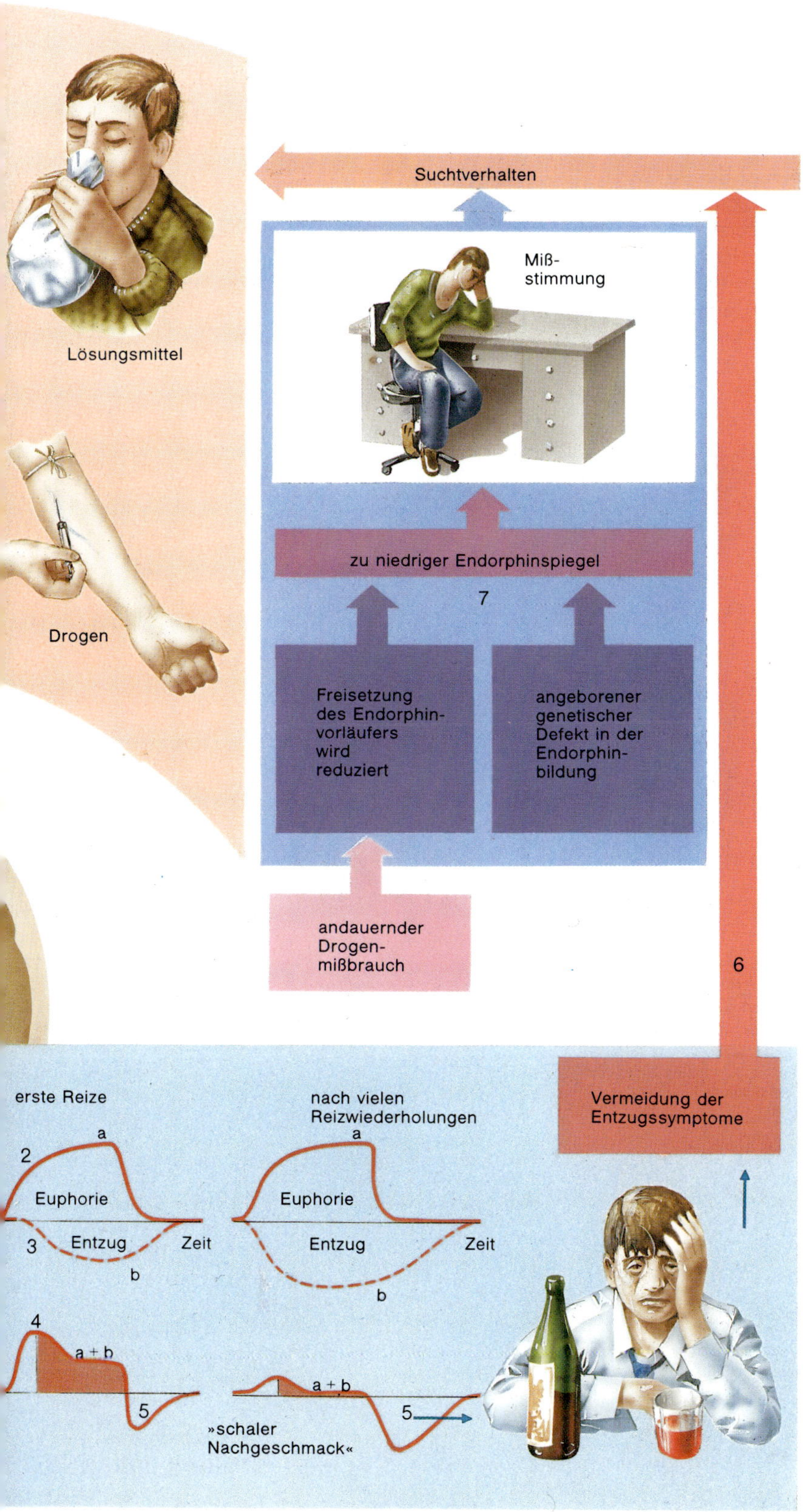

Suchtverhalten

Miß-
stimmung

Lösungsmittel

Drogen

zu niedriger Endorphinspiegel

7

Freisetzung
des Endorphin-
vorläufers
wird
reduziert

angeborener
genetischer
Defekt in der
Endorphin-
bildung

andauernder
Drogen-
mißbrauch

6

Vermeidung der
Entzugssymptome

erste Reize

2

a

Euphorie

3   Entzug   Zeit

b

nach vielen
Reizwiederholungen

a

Euphorie

Entzug   Zeit

b

4

a + b

5

a + b

5

»schaler
Nachgeschmack«

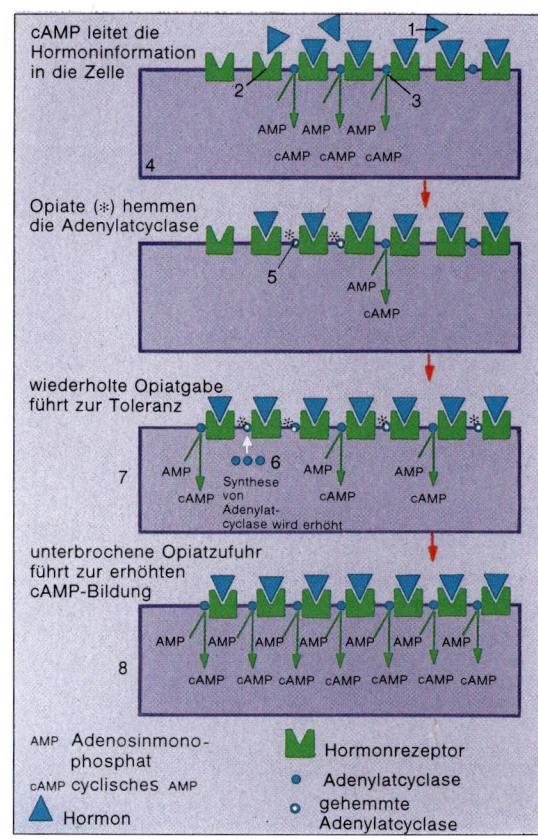

B

cAMP leitet die
Hormoninformation
in die Zelle

1

2   3

AMP AMP AMP

cAMP cAMP cAMP

4

Opiate (*) hemmen
die Adenylatcyclase

5

AMP

cAMP

wiederholte Opiatgabe
führt zur Toleranz

7   AMP   6   AMP   AMP

cAMP   Synthese   cAMP   cAMP
        von
        Adenylat-
        cyclase
        wird erhöht

unterbrochene Opiatzufuhr
führt zur erhöhten
cAMP-Bildung

8

AMP AMP AMP AMP AMP AMP AMP

cAMP cAMP cAMP cAMP cAMP cAMP cAMP

AMP   Adenosinmono-
      phosphat

cAMP cyclisches AMP

▼   Hormon

⊔   Hormonrezeptor

●   Adenylatcyclase

◉   gehemmte
    Adenylatcyclase

**Wie die Zelle die Wirkung
von Opiaten reduziert**
B *Nach dem Opiat-Rezep-
tor-Modell der Sucht führt
die Bindung verschiedener
Hormone (1) an Rezeptoren
(2) mit Hilfe des Enzyms
Adenylatcyclase (3) zur Synthese des Botenmoleküls
cAMP, das für die Wirkung
des Hormons in der Zelle (4)
verantwortlich ist. Opiate
hemmen die Adenylatcyclase*
*und reduzieren damit die
cAMP-Bildung (5). Einer
weiteren Opiatgabe paßt
sich die Zelle an, indem sie
mehr Moleküle des Enzyms
bildet (6) und sich die
cAMP-Menge normalisiert
(7). Bei Unterbrechung der
Drogenzufuhr entfällt die
Hemmung, die Enzyme
werden aktiv und bilden
zuviel cAMP (8). Dies führt
zu Entzugserscheinungen.*

Wenn nach Toleranzentwicklung für eine Substanz auch eine zweite Substanz kaum noch
wirkt und daher in höherer Dosierung eingenommen werden muß, spricht man von Kreuzto-
leranz. Diese entwickelt sich etwa zwischen Alkohol und Beruhigungsmitteln (Barbituraten).

Verursachen zwei Substanzen gleiche Abhän-
gigkeitssymptome und sind sie daher austausch-
bar, kann eine Substanz die andere ersetzen.
Man spricht dann von Kreuzabhängigkeit. Den
Effekt, daß die Einnahme der Ersatzsubstanz
Entzugserscheinungen verhindert, kann man sich
bei der Behandlung von Abhängigkeit zunutze
machen. Ersetzt man Heroin durch Methadon, treten aufgrund der Kreuzabhängigkeit weniger intensive Entzugserscheinungen auf: Eine
schwächere psychoaktive Wirkung, andere Auf-
nahmewege und eine längere Halbwertzeit von
Methadon erlauben zudem eine allmähliche Verminderung der Abhängigkeit von der Droge und
die Rückkehr in ein normales Sozialleben.

*zwei gegensätzliche Effekte
auf: Zuerst kommt es zur
Euphorie (2), die bald wieder
abklingt. Etwas zeitversetzt
noch während der Euphorie-
phase macht sich ein negativer Prozeß bemerkbar (3),
der etwas länger anhält und
im Prinzip mit den Entzugserscheinungen gleichzusetzen
ist. Beide Effekte summieren
sich, so daß sich eine neue*

*Kurve ergibt (4), die der
tatsächlichen Stimmung entspricht. Der negative Bereich
am Ende des »Rausches«
ist gleichbedeutend mit dem
»Festtagskater« oder dem
»schalen Nachgeschmack«
(5). Während die einmalige
»Rausch« überwiegend positiv empfunden wird, verstärken sich bei häufigen und zu
schnell aufeinanderfolgenden*

*Suchtreizen die negativen
Gefühle. Immer wieder neue
Stimulierungen sollen diese
Gefühle unterdrücken, der
Teufelskreis der Sucht hat
begonnen (6). Das Suchtverhalten wird wahrscheinlich
auch durch Störungen des
körpereigenen Belohnungs-
systems, die zu einem erniedrigten Endorphinspiegel
führen, verstärkt (7).*

Vermittler zwischen Mensch und Welt

Wie wir die Umgebung dank unserer Sinneszellen wahrnehmen

Ein Leben ohne Sinne wäre nicht nur sinnlos, sondern schlicht ein Ding der Unmöglichkeit. Erst durch die Sinnesleistungen nimmt der Mensch sich selbst sowie seine Umwelt wahr. In jeder Sekunde werden von den Sinneszellen rund eine Million Sinnesimpulse zum Rückenmark oder zum Großhirn weitergeleitet. Bedeutende philosophische Schulen wie die der Empiristen und Positivisten haben sogar die Auffassung vertreten, daß unser gesamtes Wissen mit Hilfe der Sinne erfahrbar ist – unter der Voraussetzung, daß aus Einzelbeobachtungen allgemeine Aussagen abgeleitet werden können.

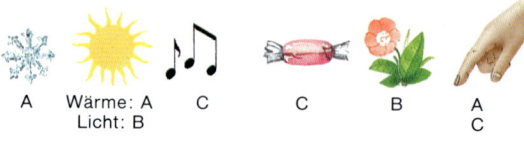

Gleichsam als Antennen oder Satelliten unserer Sinne wirken die Sinnesrezeptoren. Sie nehmen die verschiedenen Reize – etwa Licht, Schall, Druck oder Säure – auf. Wenn Biologen oder Physiologen von solcher Reizaufnahme sprechen, meinen sie eigentlich die Überführung des Reizes in ein elektrisches Rezeptorpotential; den Vorgang bezeichnen sie als Transduktion. Das erzeugte Potential verbliebe ungenutzt und bedeutungslos am Ort der Entstehung, wenn nicht für eine Fortleitung in Form von Aktionspotentialen in den afferenten Nerven hin zum Rückenmark oder Großhirn gesorgt wäre.

Erst im Großhirn entstehen die Sinneseindrücke und -empfindungen. Ein Beispiel: Der Reiz der Photorezeptoren in der Netzhaut, die Licht mit einer Wellenlänge von 400 Nanometer (1 Nanometer $= 10^{-9}$ m) aufnehmen, löst den Sinneseindruck »blau« aus.

Gruppen einander ähnlicher Sinneseindrücke, die durch die verschiedenen Sinnesorgane (Auge, Ohr etc.) vermittelt werden, nennt man Sinnesmodalitäten. Dabei denkt man unweigerlich zunächst an die klassischen fünf Sinne: Sehen, Hören, Schmecken, Riechen und Tasten. Darüber hinaus verfügen wir aber sogar über noch mehr als den sprichwörtlichen sechsten Sinn: Gleichgewichtssinn, Vibrationssinn, Schmerzsinn und Temperatursinn gesellen sich zu den »fünf Klassikern« und sind ebenso unentbehrlich für ein funktionstüchtiges Leben.

Es ist leicht nachvollziehbar, daß wir unter dem Bombardement von Reizen, dem wir ausgesetzt sind, wohl bald unsere Sinne verlören oder an ihnen irre gingen. Glücklicherweise sind solche Zustände eher die Ausnahme, wofür nicht zuletzt ein Bereich des Zwischenhirns, der Thalamus, verantwortlich ist. Dieser arbeitet als zentrale Filterstation, die gewährleistet, daß im Normalfall nur die für das Individuum wichtigsten Informationen in die Kommandozentren des Großhirns Einlaß erhalten.

Doch zurück zu den Sinneszellen selbst. Sie haben im Laufe der Evolution eine Spezialisierung erfahren, die es ihnen erlaubt, nur auf ganz bestimmte Reize optimal zu reagieren (adäquate Reize), allerdings mit gewissen Einschränkungen: Bisweilen reagieren Sinnesrezeptoren auch »artfremd«, also inadäquat. Elektrischer Strom beispielsweise kann grundsätzlich alle Rezeptoren erregen, und Druckrezeptoren erweisen sich als auch für Temperaturreize empfänglich; ein Schlag auf das Auge reizt nicht etwa Mechano-, sondern Photorezeptoren, womit das Phänomen

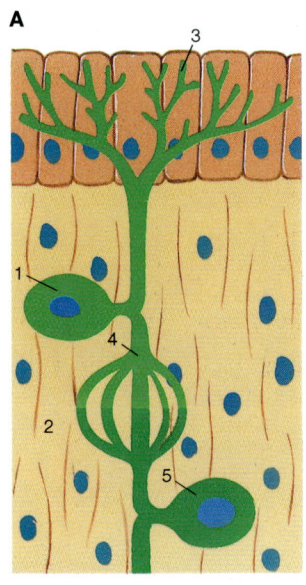
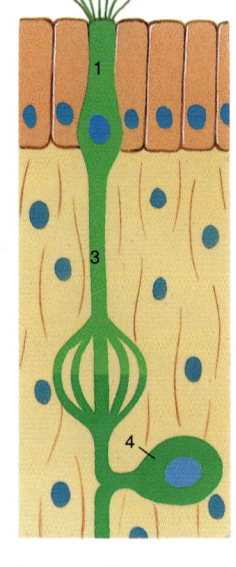

A ... 3
1
2 ... 4
5

B ... 2
1
3
4

C ... 1
2
3

Die Grundtypen der Sinneszellen

Ⓐ–Ⓒ *Die zahlreichen, hier symbolisierten Sinneseindrücke werden durch drei Arten von Sinneszellen erfaßt.*

Ⓐ *Der Zellkörper der Sinnesnervenzelle (**1**) liegt im Innern eines Gewebes (**2**), z. B. einem Spinalganglion.*

*Von hieraus zieht sich ein langer Fortsatz bis zur Oberfläche und fächert sich dort in freie Nervenendigungen (**3**) auf. Die Erregung dieser Endigungen wird über den Zellkörper und das Axon (**4**) auf die nachgeschaltete Nervenzelle (Neuron, **5**) übertragen. Die freien Endigungen der Sinnesnervenzellen umspannen*

beispielsweise in der Haut die Haarwurzeln und registrieren alle Berührungen des Haars.

Ⓑ *Bei einer primären Nervenzelle befindet sich der Zellkörper (**1**) direkt in der Oberflächenschicht (Epithel) eines Gewebes. Der Reiz wird bei diesem Zelltyp häufig durch Fortsätze (**2**) aufgenommen und die Erregung auch hier über das Axon (**3**) auf das nachfolgende Neuron (**4**) übertragen. Beispiele für primäre Sinneszellen sind die Riechzellen der Riechschleimhaut in der Nase und die lichtempfindlichen Stäbchen und Zäpfchen der Netzhaut des Auges.*

Ⓒ *Sekundäre Sinneszellen finden sich ebenfalls in Epithelien. Sie haben einen reizaufnehmenden Fortsatz (**1**), verfügen aber nicht über einen erregungsleitenden Axon. Stattdessen sind sie von den Dendriten (**2**) eines nachgeschalteten Neurons (**3**) umsponnen. Typische sekundäre Sinneszellen sind die Geschmackszellen der Geschmacksknospen in der Zunge.*

des »Sterne-Sehens« erklärt wäre. Und um die unvollständige Liste der Abweichungen abzuschließen: Grün-Rezeptoren in der Netzhaut des Auges springen auch auf blaues Licht an, wenn dessen Intensität nur stark genug ist.

Die Gewöhnung an Sinnesreize

»Überreizungen« rufen in der Regel bei den Sinneszellen eine in gewisser Hinsicht entgegengesetzte Reaktion hervor, die man Adaptation (Anpassung) nennt: Konstant einwirkende Reize werden mit der Zeit nur noch abgeschwächt oder überhaupt nicht mehr wahrgenommen. Beispielhaft ragt hier unsere Nase hervor: Selbst auf übelste Gerüche verliert sie nach einiger Zeit ihre olfaktorische Reizbarkeit. Ein anderes Beispiel ist die Anpassung des Auges an die jeweiligen Lichtverhältnisse (Hell-Dunkel-Adaptation). Adaptation betrifft übrigens alle Sinnesmodalitäten – mit einer Ausnahme: An Schmerz gewöhnt sich auch auf lange Sicht kein Mensch.

Siehe auch: Spezialisierte Zellen, S. 216/217

Wie Licht wahrgenommen wird

D Bei den Lichtsinneszellen ist die Erforschung von Reizaufnahme, Erregungsbildung und deren Weiterleitung schon recht weit fortgeschritten. Das lichtempfindliche Stäbchen aus der Netzhaut des Auges läßt sich in ein inneres (**1**)

Molekül Transducin (T) verbinden, das eine Art Vermittlerrolle spielt. Nachdem sich das Transducin wieder vom Rhodopsin gelöst hat, ist es so verändert, daß es eine Verbindung mit der Phosphordiesterase (PDE) eingehen kann, die dadurch aktiviert wird (PDE*). In der Zellmembran (**4**) des

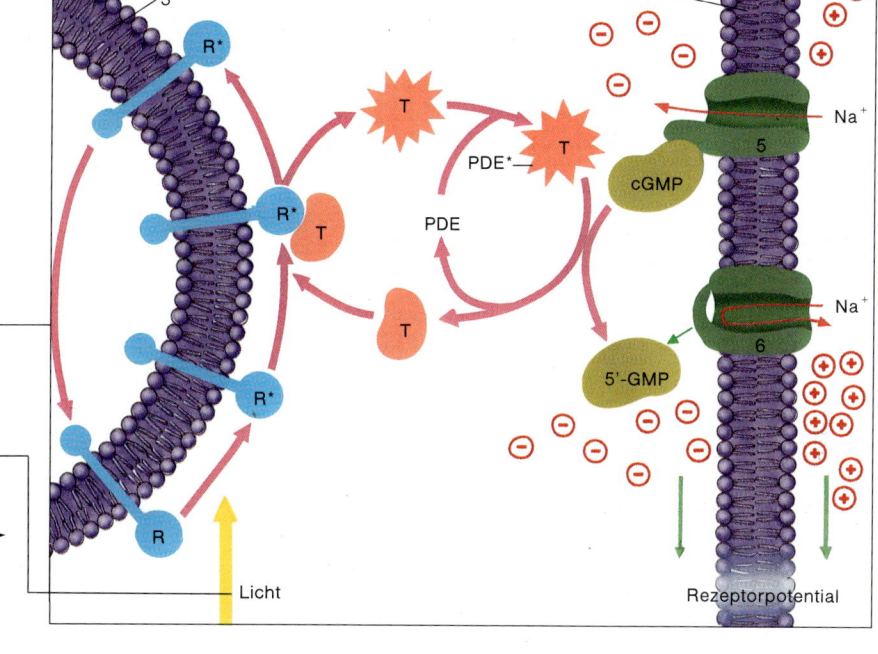

Pigmentzelle

Reizstärke

Rezeptorpotential

7

Aktionspotential

Transmitterausschüttung

8

Licht

Sehrinde des Gehirns

Weil die Natrium-Ionen nun nicht mehr durch die Membran können, entsteht ein Ladungsgefälle. Im Zellinnenraum nehmen die negativen, im Extrazellularraum die positiven Ladungen zu: Es entsteht ein Rezeptorpotential, das von der Reizstärke abhängig ist. Im inneren Segment wird es in Aktionspotentiale umgewandelt (**7**). Mit der Höhe des Rezeptorpotentials steigt die Frequenz der Aktionspotentiale. Die Reizstärke ist also in eine Frequenz umgewandelt (codiert) worden.

des Reizes auf die nächste Nervenzelle übertragen.

Anpassung und Gewöhnung

E Da Sinneszellen wechselnden Reizfluten ausgesetzt sind, können sie sich an Reizmengen anpassen bzw. an Reize gewöhnen. Das Auge hat mehrere Möglichkeiten zur Hell-Dunkel-Anpassung (Adaptation). So ist die Größe eines Netzhautbereiches, der ein Neuron erregt, von der Menge des einfallenden Lichtes abhängig. Bei Helligkeit sind die Neuronen in der

Netzhaut derart verknüpft, daß nur wenige Rezeptoren (**1**) ihre Erregung auf ein Neuron (**2**) übertragen. Bei Dunkelheit sind es wesentlich mehr Rezeptoren (**3**), so daß die Lichtempfindlichkeit gesteigert wird. Andererseits sinkt aber aus diesem Grund das Auflösungsvermögen im Dunkeln. Ein anderes Beispiel ist die Gewöhnung an Gerüche. Verursacht der erste Geruchsreiz noch eine hohe Aktionspotentialfrequenz (**4**), nimmt diese bei weiteren identischen Geruchsreizen stark ab (**5**).

E

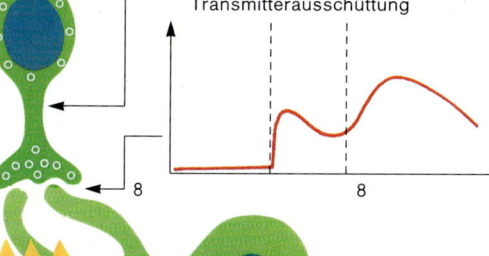

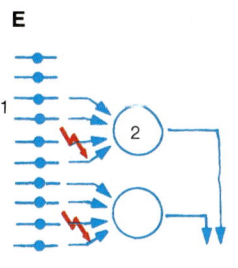

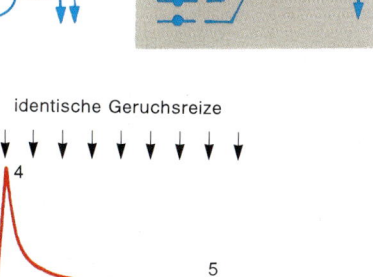

identische Geruchsreize

Aktionspotentialfrequenz

und ein äußeres (**2**) Segment aufteilen. Letzteres enthält etwa 1000 Membranscheiben (**3**). In der Ausschnittsvergrößerung sind die in die Membran eingebetteten lichtempfindlichen Rhodopsinmoleküle (R) zu erkennen. Trifft ein Lichtteilchen (Photon) auf das Rhodopsin, wird es angeregt (R*). Nun kann es sich kurzzeitig mit dem

Stäbchens befinden sich Kanäle (**5**), durch die Natrium-Ionen (Na⁺) von außen nach innen gelangen können. Die Kanäle werden durch das Molekül cGMP offen gehalten. Die aktivierte Phosphordiesterase (PDE*) bewirkt nun die Umwandlung von cGMP zu 5'-GMP, die Membrankanäle (**6**) schließen sich.

Derart codiert kann die Information über die Reizstärke sicherer über größere Entfernungen übermittelt werden. An der nächsten Synapse lösen die Aktionspotentiale die Ausschüttung von Transmittersubstanz aus (**8**). Die Menge der Ausschüttung nimmt mit der Frequenz zu. So wird die Information über die Höhe

---

Auge, *S. 358/359*   **Gehör und Gleichgewichtssinn**, *S. 364/365*   **Geschmack und Geruch**, *S. 366/367*   **Hautsinn**, *S. 368/369*

Warum können wir sehen?

Die Arbeitsweise des Auges

Der Physiologe Hermann von Helmholtz hat sich einmal gering-schätzig über die Leistungsfähigkeit des menschlichen Auges geäußert. Er würde einem Optiker ein so nachlässig konstruiertes optisches Instrument wie das Auge auf der Stelle zurückgeben. Helmholtz bezog sich damit auf einige kleine Abbildungsfehler des Augenapparates. Derlei Einwände vermögen aber unserem Sehorgan nichts von seiner Faszination und Funktionstüchtigkeit zu nehmen. Nicht zuletzt die Tatsache, daß für die visuelle Informationsverarbeitung immerhin ein Drittel unserer Großhirnrinde aufgeboten wird, legt davon Zeugnis ab.

Nah- und Fernsehen
A *Die Einstellung (Akkommodation) der Linse (1) auf Fern- oder Nahsehen wird vor allem durch den Ziliarmuskel gesteuert. In Normalstellung (Fernakkommodation) ist der Ziliarmuskel erschlafft (2), der Zug der Aderhaut (3) überträgt sich auf die Zonulafasern (4).*

Die Linse wird dadurch auseinandergezogen und flacht ab (5). Beim Nahsehen wirkt der angespannte Ziliarmuskel (6) dem Zug der Aderhaut entgegen, so daß die Zonulafasern gelockert werden (7). Die Linse entspannt sich und krümmt sich stärker (8), wodurch sich ihre Brechkraft erhöht.

Seine Form und Funktionsfähigkeit erhält das Auge durch die drei Augenhäute. Die außen gelegene, undurchsichtige und sehr derbe Lederhaut (Sklera) macht das Weiße des sichtbaren Auges aus. Sie umschließt den gesamten Augapfel. Nur in ihrem vorderen Abschnitt ist sie lichtdurchlässig und wird hier als Hornhaut (Cornea) bezeichnet.

Das »Scharfstellen« der Linse

Die mittlere Augenhaut, die Aderhaut (Chorioidea), ist von einem dicht gewobenen Gefäßnetz durchzogen und außerdem stark pigmentiert. Auf diese Weise wird das Augeninnere nach Art einer Dunkelkammer gegen äußere Lichteinflüsse abgeschirmt: Lediglich durch die Pupille kann Licht einfallen.

In ihrem vorderen Teil setzt sich die Aderhaut in den Ziliarkörper fort, der die Linse über sein Bindegewebsnetz in ihrer Fassung hält. Am Zügel des ringförmigen Ziliarmuskels wird die optische Einstellung des Auges (Akkommodation) auf das jeweilige Objekt bewerkstelligt: Muskelkontraktion bewirkt eine Entspannung des Aufhängeapparates der Linse, die sich entsprechend ihrer Eigenelastizität stärker krümmt. Ihre Brechkraft nimmt zu, das Auge ist auf Nahsicht eingestellt. Bei der Umstellung auf Fernsicht verhält es sich umgekehrt: Der Ziliarmuskel erschlafft, der Aufhängeapparat strafft sich, die Linse flacht ab und büßt an Brechkraft ein.

Ebenfalls aus der mittleren Augenhaut geht die Iris hervor, die dem Auge die charakteristische Farbe verleiht. Funktionell entspricht die Iris der Blende des Fotoapparates.

Zwischen Linse und Hornhaut befinden sich vordere und hintere Augenkammer, die mit liquorähnlicher Flüssigkeit gefüllt sind. Aus diesem Reservoir erfolgt die Nährstoffversorgung von Linse und Hornhaut, die aus Gründen der Lichtdurchlässigkeit von den Blutgefäß-Zufahrtsstraßen abgeschnitten sind.

Wahrnehmung von Licht und Farbe

Die innerste Haut bildet die Retina (Netzhaut). Sie trägt die Sinneszellen in Gestalt von Stäbchen und Zapfen, die in typischer Weise über die Netzhaut verteilt sind: Die Zapfen befinden sich nahezu ausschließlich in einem Bereich von 0,2 mm Durchmesser, dem Gelben Fleck, der die Stelle des schärfsten Sehens markiert. Dieser liegt in einer kleinen Vertiefung, der Fovea centralis. Die Dichte der Stäbchen nimmt dagegen zur Netzhautperipherie hin ständig zu.

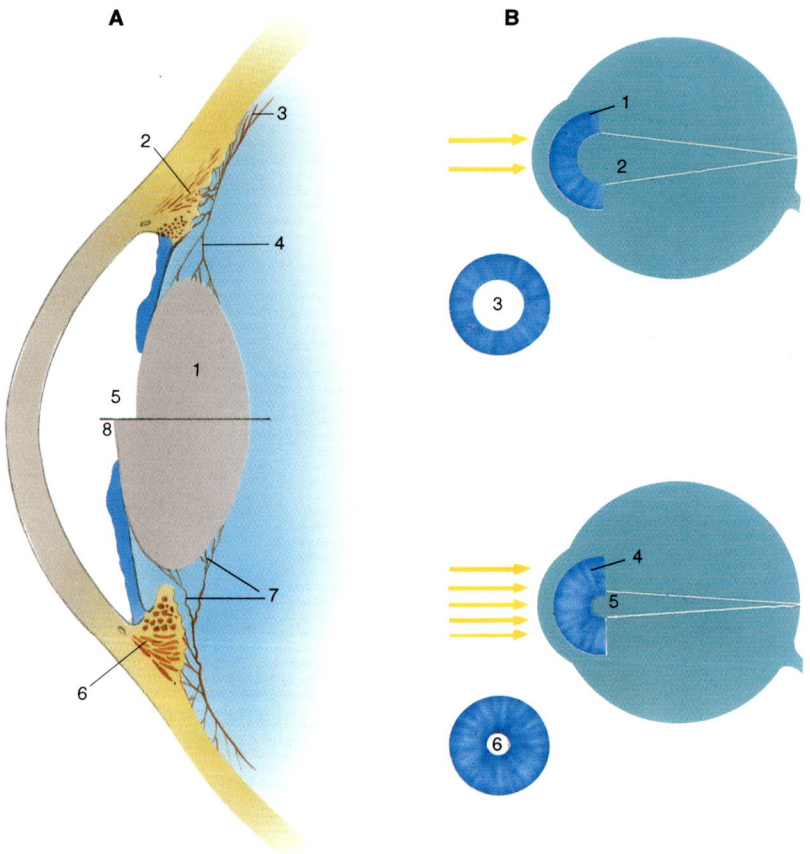

A B

Die Zapfen sind außer für das scharfe Sehen auch für die Erkennung von Farben verantwortlich. Sie arbeiten aufgrund ihrer mangelnden Lichtempfindlichkeit nur tagsüber, womit sich erklärt, daß wir in der Dämmerung farbenblind werden (»Nachts sind alle Katzen grau«).

Die Nachtschicht übernehmen die von Natur aus »farbenblinden« Stäbchen. Sie sind allerdings sehr lichtempfindlich und garantieren, daß wir bei Dämmerung zumindest Umrisse von Objekten wahrnehmen können.

An ihrer Außenfläche ist die Netzhaut von einer Pigmentzellschicht (Pigmentepithel) umgeben, welche verhindert, daß das einfallende Licht am Augenhintergrund reflektiert wird. Die mangelnde Lichtreflexion ist nebenbei der Grund dafür, daß wir die Pupille als schwarz empfinden.

Der Quellungsdruck des Glaskörpers sowie die Kammerwasserproduktion halten den engen Kontakt zwischen Pigmentepithel und Netzhaut aufrecht.

Anpassung an die Lichtverhältnisse
B *Damit sich das Auge sowohl an große Helligkeit als auch an Dunkelheit gewöhnen kann, muß der Lichteinfall gesteuert werden können. Bei geringer Beleuchtungsstärke ist die Iris (1) daher weit geöffnet, so daß viel Licht einfällt (2). Die Öffnung der Iris, die Pupille (3), ist groß. Im Sonnenschein verengt sich die Iris (4), der Lichteinfall wird reduziert (5). Die Pupille ist klein (6). Die Iris wirkt wie die Blende beim Fotoapparat. Ist sie verengt, ist die Schärfentiefe am größten. Daher ist z.B. das Lesen bei guter Beleuchtung weniger ermüdend, da dann die Linse beim Nahsehen nicht so oft scharfstellen muß.*

Siehe auch: **Nervenzelle, S. 332/333   Peripheres Nervensystem, S. 338/339**

schicht **(11)**, die mit der Aderhaut **(12)** fest verwachsen ist, und erhält damit die Form des Augapfels. Die Netzhaut besteht aus vielen lichtempfindlichen Zellen: Die Stäbchen **(13)** sind besonders lichtempfindlich und über die ganze Netzhaut verteilt, während die Zapfen **(14)** im wesentlichen im Gelben Fleck **(15)**, der Stelle des schärfsten Sehens, konzentriert sind. Sie sorgen für das Farbsehen. Stäbchen und Zäpfchen sind über bipolare Ganglienzellen **(16)** mit großen Ganglienzellen **(17)** verbunden, deren Ausläufer am Blinden Fleck **(18)** den Augapfel verlassen und den Sehnerv **(19)** bilden. Im Sehnerv verlaufen außerdem Arterien und Venen **(20)**, die die Blutgefäße **(21)** der Netzhaut versorgen. Die Augenmuskeln **(22)**, die an der Lederhaut ansetzen, ermöglichen die Bewegungen des Augapfels.

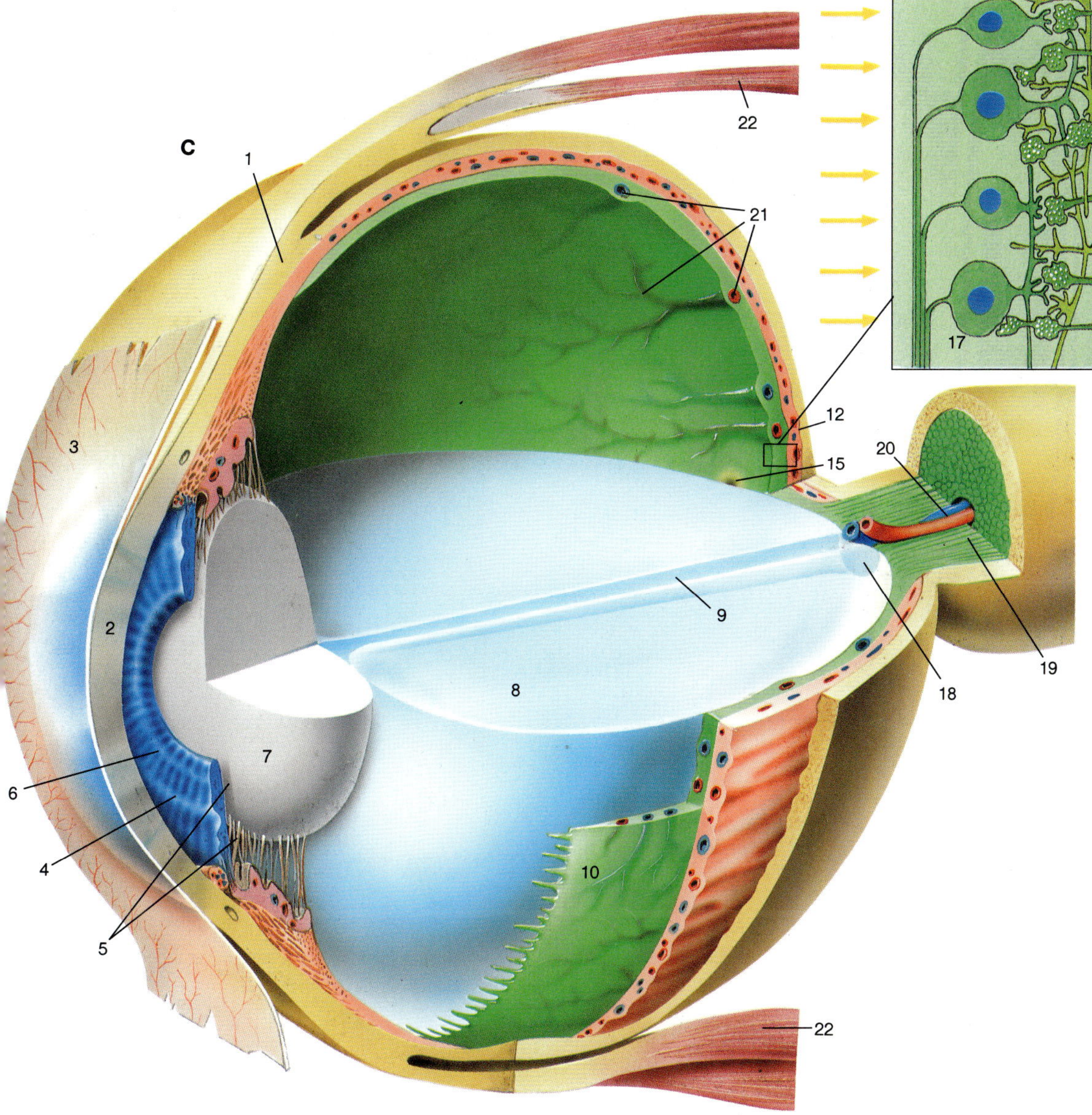

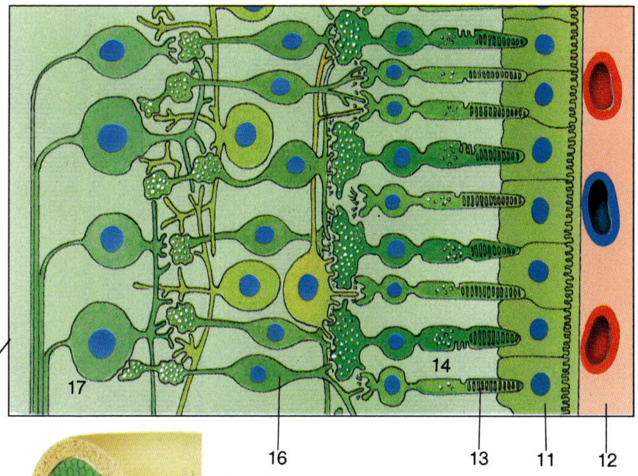

Der Aufbau des Auges

C Das Auge entspricht einer hohlen Kugel mit einer Öffnung und einer lichtempfindlichen Innenfläche. Umschlossen ist der Augapfel von der Lederhaut **(1)**, die nach vorne hin durchsichtig ist und die Hornhaut **(2)** bildet. Diese wird durch die Bindehaut **(3)** geschützt. Hinter der Hornhaut liegt zwischen vorderer **(4)** und hinterer **(5)** Augenkammer die Iris **(6)**. Die Linse **(7)** fokussiert das einfallende Licht. Dahinter ist der Augapfel vom Glaskörper **(8)** ausgefüllt, der vom Glaskörperkanal **(9)** durchzogen wird. Darin verlaufen in der Embryonalzeit Blutgefäße. Der gallertige Glaskörper drückt die Netzhaut **(10)** an die Pigmentepithel-

Wenn die Tränen kommen

Weinen ist nicht nur Ausdruck einer Gemütsstimmung, sondern zunächst vor allem ein Schutzmechanismus gegen die Einwirkung von Fremdkörpern. Gelangen nämlich Partikel in das Auge, wird reflexartig der Parasympathikus aktiviert, der die Tränendrüsen zur Abgabe einer Flüssigkeit veranlaßt, um Reizstoffe fortzuspülen.

Die Tränenflüssigkeit enthält Enzyme zur Bakterienabwehr sowie Salze. Über verschiedene Ausführungsgänge geben die Tränendrüsen **(1)** die Tränenflüssigkeit in die obere Umschlagfalte **(2)** der Bindehaut ab, von wo aus sie durch den Lidschlag über die gesamte vordere Augenfläche verteilt wird. Sie sammelt sich über dem inneren Lidwinkel, von wo aus sie über die Tränenpunkte **(3)** in die Tränenkanälchen **(4)** und von dort in den Tränensack **(5)** gelangt. Die Tränen werden am Ende über den Tränen-Nasen-Gang **(6)** in die Nasenhöhle **(7)** »entsorgt«. Wird Tränenflüssigkeit beim Weinen im Überschuß gebildet, fließt sie oberflächlich ab.

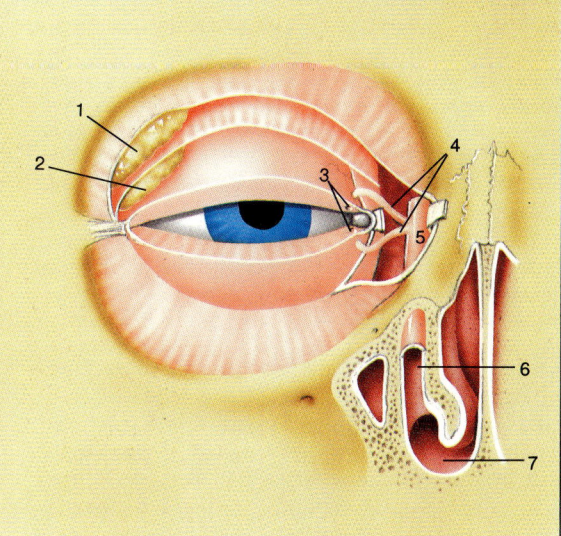

Sinneszellen, S. 356/357   Sehen, S. 360/361   Sehfehler, S. 362/363   Optik, S. 420/421

Komplexe Seharbeit

Wie wir die Bilder unserer Umwelt wahrnehmen

Daß Schwarzweiß-Bilder die Wirklichkeit nur sehr eingeschränkt wiedergeben, wird deutlich, wenn man die komplexen und differenzierten Vorgänge der visuellen Wahrnehmung betrachtet. Mehrere hunderttausend Farbeindrücke werden beim Normalsehenden in der Sehrinde des Großhirns verarbeitet, und wir können nicht weniger als 160 reine Farben unterscheiden – ganz zu schweigen von den ungezählten Graustufen, die den Raum zwischen Weiß und Schwarz ausfüllen. Die Tatsache, daß wir über zwei Augen verfügen, ermöglicht uns das räumliche Sehen.

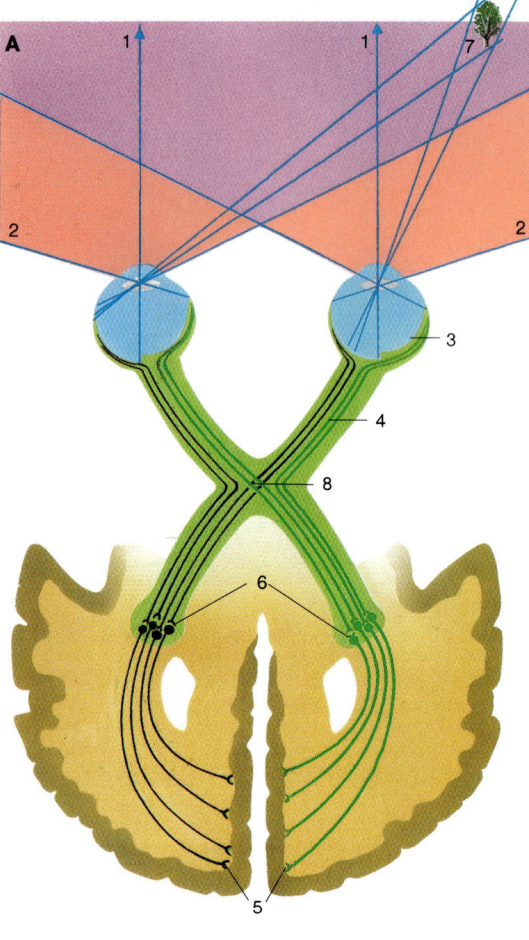

Der Vergleich des Auges mit einem Fotoapparat läßt die grundlegenden Vorgänge des Sehens anschaulich werden: Die Netzhaut ist dabei mit dem lichtempfindlichen Film vergleichbar, Linse und Glaskörper machen das Objektiv aus, Augenlider und Iris finden in der Blende des Fotoapparates ihre Entsprechung. Grundvoraussetzung, daß hier wie da Bilder entstehen, ist der Einfall von Licht, genauer gesagt von elektromagnetischer Strahlung. Da alle sichtbaren Gegenstände unserer Umwelt Licht verschieden stark reflektieren, heißt Sehen im Prinzip das Wahrnehmen von Kontrastunterschieden.

Die Augen müssen justiert werden

Damit nun die in das Auge einfallenden Lichtstrahlen ein Bild auf der Stelle des schärfsten Sehens entwerfen, müssen sie im Auge so gebrochen werden, daß sie auf die Netzhaut fallen. Beim Blick in die Ferne beträgt die Brechkraft des Auges 60 Dioptrien, wovon der Löwenanteil auf die Hornhaut entfällt. Die Einheit Dioptrien bezeichnet das Maß für den Kehrwert der Brennweite in Meter eines optischen Systems. Ein Rechenbeispiel mag das verdeutlichen: 1 Dioptrie entspricht einer Brennweite von 1 m, 2 Dioptrien entsprechen 1/2 m, also 50 cm, 3 Dioptrien 1/3 m usw.

Ändern wir unseren Blick von der Ferne auf einen nahen Gegenstand, muß der dioptrische Augenapparat seine Brechkraft entsprechend steigern. Diese Nahakkommodation wird von der Augenlinse besorgt, die ihre Brechkraft durch eine verstärkte Krümmung um bis zu 14 Dioptrien steigern kann, was einer Gesamtbrechkraft des Auges von 74 Dioptrien entspricht. Das bedeutet, daß das gesunde (jugendliche) Auge einen Gegenstand auf 1/14 m, also in 7 cm Entfernung scharf erkennen kann. Mit zunehmendem Alter nimmt die Brechkraft der Linse ab, und der Nahpunkt rückt weiter in die Ferne.

Doch ist mit der Nahakkommodation das Einstellungs-Pensum des Auges noch nicht erfüllt: Betrachten wir einen Gegenstand in der Ferne, verlaufen die Sehachsen praktisch parallel zueinander. Nehmen wir hingegen einen nahen Gegenstand ins Visier, werden die Augen unwillkürlich von den Augenmuskeln so gedreht, daß die Blickrichtungsachsen sich kreuzen, damit ein Bild auf einander entsprechenden Netzhautstellen entsteht. Man nennt den Vorgang Konvergenzreaktion. Unterstützt wird die Naheinstellung außerdem durch den Pupillenreflex. Gleichzeitig mit der Nahakkommodation verengt sich auto-

Wie Sinneseindrücke in Bilder umgewandelt werden
A *Das Gesichtsfeld setzt sich aus den beiden einzelnen Feldern der Augen zusammen. In Blickrichtung (1) überlappen sich stark, die äußersten Randbereiche (2) unterscheiden sich. Die von der Netzhaut (3) registrierten Bilder gelangen als Nervenimpulse über die Sehnerven (4) zur Sehrinde (5). Dabei werden die Sinneseindrücke der z. B. jeweils linken Netzhautabschnitte beider Augen nach Umschaltung in den Kniekörpern (6) in die linke Hirnhälfte geschickt. Daher wird ein rechts liegendes Objekt (7) in die linke Hirnhälfte projiziert. Die Nervenfasern der nach innen hin liegenden Netzhautbereiche überkreuzen sich in der Sehnervenkreuzung (8).*

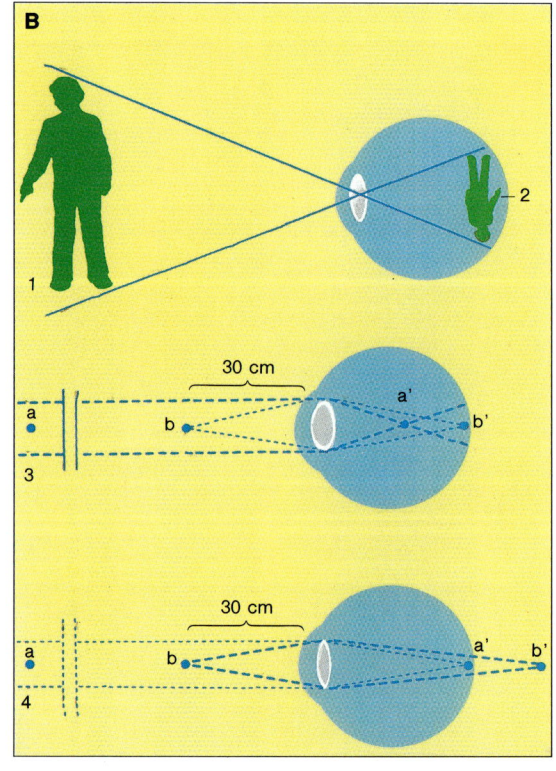

Umschaltung der Augen von Nah- auf Fernsicht
B *Genau wie bei einer Lochkamera erscheint das Objekt (1) auf der Netzhaut (2) als verkleinertes, spiegelbildliches und umgekehrtes Bild. Das Gehirn wandelt es wieder in ein normales Bild um. Beim Nahsehen (Nahakkommodation, 3) sorgt der Ziliarapparat dafür, daß sich die Linse stärker krümmt und die Brechkraft zunimmt. Ein Objekt (b) im Nahbereich wird daher scharf auf der Netzhaut abgebildet (b'), während der Schärfepunkt eines entfernten Gegenstands (a) sich in diesem Fall weit vor der Netzhaut befindet (a'). Bei der Fernakkommodation (4) wird die Linse durch die Zonulafasern gestreckt; sie wird flacher und hat eine geringere Brechkraft. Der Schärfepunkt des entfernten Objektes (a) liegt nun auf der Netzhaut (a'). Das nahe Objekt (b) ist hingegen unscharf, weil sein Schärfepunkt weit hinter der Netzhaut liegt (b').*

Siehe auch: Optische Signale, S. 196/197   Zentralnervensystem, S. 334/335   Sinneszellen, S. 356/357

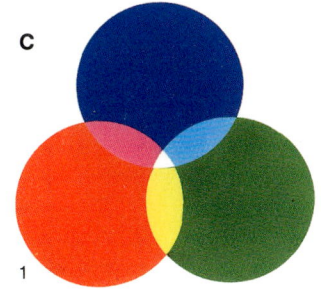

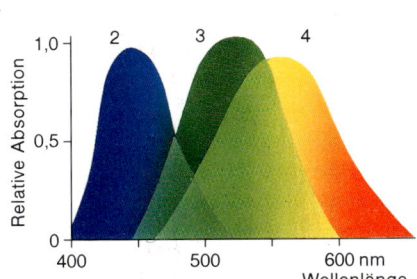

Das Farbensehen

C *Das sichtbare Licht liegt in einem elektromagnetischen Wellenbereich von 380–780 nm. Nach der trichromatischen Theorie des Farbensehens läßt sich jede Farbe als Mischung aus den drei Grundfarben Rot, Grün und Blauviolett darstellen (1). Alle drei Farben zusammen* ergeben dabei Weiß. Bestätigt wurde diese Theorie, als drei Zapfentypen in der Netzhaut unterschieden werden konnten, von denen jeder auf ein bestimmtes Spektrum besonders empfindlich reagiert: Es gibt blau bis violettempfindliche (2), grünempfindliche (3) und rot- bis gelbempfindliche Zapfen (4).

Die Erregungen der drei Zapfentypen decken in ihrer Kombination das komplette Spektrum der sichtbaren Farben ab. Fällt also auf eine bestimmte Stelle der Netzhaut Licht verschiedener Wellenlängen, entsteht durch die Addition der einzelnen Erregungen ein bestimmter Farbeindruck.

matisch auch die Pupille. So erhöht sich die Tiefenschärfe – ein Effekt, den jeder Fotograf durch das Engstellen der Blende am Objektiv erreicht.

Warum wir dreidimensional sehen

Wie entsteht nun räumliches Sehen? Die Tatsache, daß die Augen einen gewissen Abstand voneinander haben, hat zur Folge, daß bei Naheinstellung die Bilder im rechten und linken Auge auf geringfügig (horizontal) versetzten Netzhautstellen entworfen werden. Diese sogenannte Querdisparation wird im Gehirn zu einem räumlichen Tiefeneindruck zusammengefügt (fusioniert), so daß wir die Dinge perspektivisch und plastisch wahrnehmen. Erst wenn die Querdisparation ein gewisses Maß überschreitet, scheitert die binokuläre Fusion: Wir sehen Doppelbilder. Man kann sich das leicht klarmachen, indem man einen Gegenstand sehr nahe an das Auge heranbringt. Diesseits des Nahpunkts sehen wir ihn unscharf und doppelt.

Grundsätzlich gilt, daß mit zunehmender Entfernung eines Gegenstandes das räumliche Sehen nachläßt. Ab etwa 2,6 km ist plastische Wahrnehmung unmöglich. Daß wir uns dennoch eine Vorstellung von der Gestalt eines weiter entfernten Objektes machen können, hängt damit zusammen, daß wir im Laufe des Lebens gelernt haben, die Größe vieler Gegenstände einzuschätzen. Erblicken wir in der Ferne aber ein unbekanntes Objekt, können wir die tatsächliche Entfernung nur schwer abschätzen.

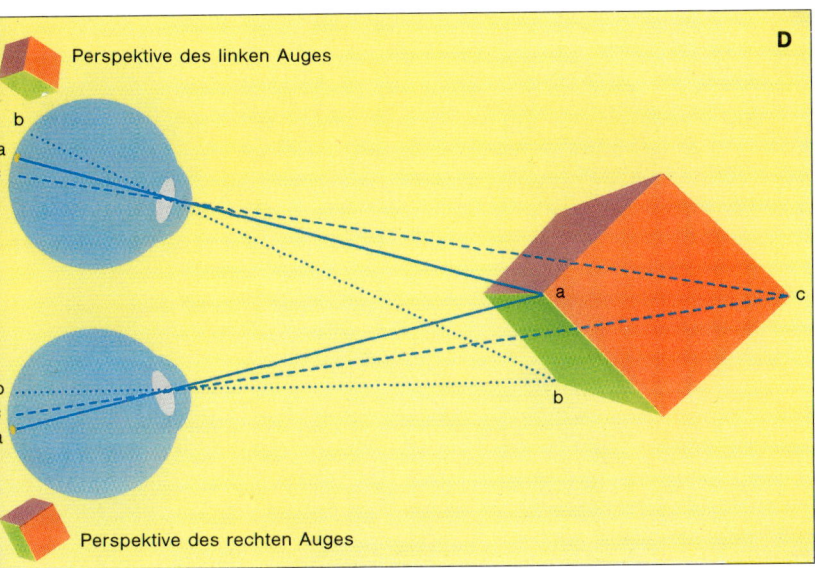

Perspektive des linken Auges

Perspektive des rechten Auges

Wie räumliches Sehen entsteht

D *Erst die Überlappung der Sehfelder beider Augen macht räumliches Sehen möglich. Wird ein Punkt a eines Gegenstands fixiert, werden die beiden Augen etwas zueinander gedreht, so daß der Punkt in beiden Augen im Gelben Fleck, dem Ort der größten Seh-* schärfe, abgebildet wird. Ein anderer Punkt b des räumlichen Gegenstands wird auf den Netzhäuten etwas versetzt gezeigt. So entstehen zwei verschiedene Perspektiven, die vom Gehirn zu einem räumlichen Eindruck verschmolzen werden. Dieser ist um so besser, je näher der Gegenstand ist, weil die Perspektiven sich stärker unterscheiden. Weit entfernte Objekte nehmen wir daher nicht räumlich wahr. Ein hinter dem fixierten Punkt a liegender Punkt c erscheint im rechten Auge links vom Gelben Fleck und im linken Auge rechts vom Gelben Fleck. Daher kann er doppelt wahrgenommen werden (»Schielen«).

Optische Täuschungen

E *Optische Täuschungen beruhen auf Fehlern des optischen Augenapparates oder weisen auf die noch wenig ergründeten psychophysiologischen Mechanismen der Signalverarbeitung im Gehirn hin.*
Die beiden mittleren, gleichgroßen Kreise erscheinen unterschiedlich, wenn sie einmal von kleineren, dann von größeren Kreisen umgeben sind (1). Zwei parallele Geraden wirken durch die spitzwinklig verlaufenden Strahlen in der Mitte nach außen gewölbt (2), die gezähnten parallelen Linien gegeneinander geneigt (3). Der Eindruck eines weißen Rechtecks entsteht nur, weil in der Sehrinde komplexe rezeptive Felder erregt werden: Das Bild wird vom Gehirn zu einem Rechteck »zusammengesetzt« (4). Die hintere Figur müßte eigentlich kleiner sein. Da sie aber so groß ist wie die vordere, wirkt sie aufgrund der Perspektive der Allee größer (5).

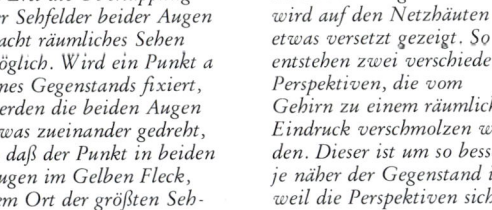

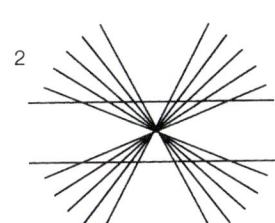

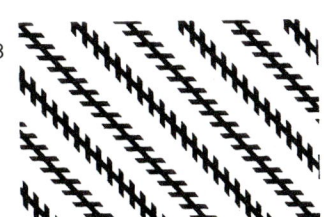

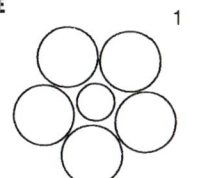

Auge, S. 358/359 **Sehfehler, S. 362/363** *Optik, S. 420/421*

Wenn das Bild verschwimmt

Wie Fehlsichtigkeiten entstehen und korrigiert werden

Das menschliche Sehorgan wird häufig mit einem Fotoapparat verglichen, um die Funktionsweise der einzelnen Organteile anhand dieses Modells anschaulich erklären zu können. Zwar ist das Auge optischen Geräten manchmal überlegen, doch zeigen uns insbesondere Weit- und Kurzsichtigkeit, daß das Auge nicht in jedem Falle so exakt funktioniert wie der Fotoapparat. In Deutschland sind etwa 60 % der Bevölkerung auf Sehhilfen angewiesen. Da Fehlsichtigkeiten so häufig vorkommen, ist auch kaum jemand geneigt, in ihnen eine Krankheit im eigentlichen Sinne zu sehen.

Ob Strahlen genau auf der Netzhaut ihren Brennpunkt finden, hängt von der Brechkraft der verschiedenen Augenabschnitte und von der Gesamtlänge des Augapfels ab. Diese gerät bei fast jedem zweiten Menschen – meist erblich bedingt – ein wenig aus dem Lot. Dadurch treffen die Strahlen unmittelbar vor oder hinter der Netzhaut zusammen – je nachdem, ob der Augapfel zu lang oder zu kurz geraten ist.

Ein zu langer Augapfel führt zur Kurzsichtigkeit

Beim Kurzsichtigen ist das Auge gewissermaßen über sich hinausgewachsen, beim Blick in die Ferne vereinigen sich die Strahlen vor der Netzhaut. Fachoptisch ausgedrückt: Der Fernpunkt liegt nicht im Unendlichen, sondern in einem bestimmten Abstand vor dem Auge. Jenseits dieses Fernpunktes können Gegenstände nicht mehr scharf gesehen werden. Manchmal erkennt man einen Kurzsichtigen daran, daß er beim Blick in die Ferne die Augen zukneift. Damit erhöht der Betreffende die Tiefenschärfe und erzielt obendrein einen gewissen Blendschutz. Doch gegen die Kurzsichtigkeit helfen einzig Brillengläser, genauer Zerstreuungs- oder Konvexlinsen.

Um die Fehlsichtigkeit zu bestimmen, hält der Augenarzt dem Kurzsichtigen entsprechende Minusgläser verschiedener Dioptriestärken vor, bis die Fehlsichtigkeit ausgeglichen ist. Dabei ist das schwächste Minusglas das richtige. Bei einem zu starken Minusglas liegt der Schärfepunkt hinter der Netzhaut, so daß sich das Auge ständig anpassen, also die Linse aktiv krümmen muß, um den Schärfepunkt nach vorne auf die Netzhaut zu verlagern. Nach einiger Zeit führt dies jedoch zu Kopfschmerzen.

Weitsichtigkeit: Folge eines zu kurzen Augapfels

Ursache der Weitsichtigkeit ist zumeist ein zu kurz geratener Augapfel. Die Akkommodations- oder Anpassungsfähigkeitfähigkeit reicht nicht aus, um Gegenstände in der Nähe scharf zu sehen. Der Augenarzt gleicht diese Fehlsichtigkeit durch eine geeignete konvexe Sammellinse, also ein Plusglas, aus. Bei sehr starker Weitsichtigkeit muß der Betroffene sogar bei Fernsicht akkommodieren, d.h. die Brechkraft seiner Augen erhöhen, damit der Schärfepunkt auf der Netzhaut liegt. Weil sich bei starker Akkommodation ein oder beide Augen nach innen drehen, kann ein Einwärtsschielen die Folge sein. Schielende Kinder müssen daher zuerst auf Weitsichtigkeit untersucht werden, bevor andere Ursachen des Schielens in Betracht gezogen werden.

Im Alter läßt die Brechkraft der Linse nach

Ganz anders geartet ist die Altersweitsichtigkeit. Hier spielt die Länge des Augapfels keine Rolle. Vielmehr ist die nachlassende Elastizität der Linse, die etwa ab dem 45. Lebensjahr an Brechkraft verliert, für den Weitblick im Alter verantwortlich. Dabei rückt der Nahpunkt immer weiter in die Ferne, bis der Betreffende auch bei ausgestreckten Armen die Zeitung nicht mehr zu lesen vermag. Diese Fehlsichtigkeit kann durch eine Lesebrille ausgeglichen werden.

Glücklich dürfen sich jene Kurzsichtigen schätzen, deren Fehlsichtigkeit etwa 3 Dioptrien beträgt. Sie können im Alter im Fernpunkt des Auges (30 cm) lesen. Wie ist es aber möglich, daß manche Menschen ihr Leben lang ohne Brille auskommen? Diese Menschen haben ein normalsichtiges (oder leicht weitsichtiges) Auge, das ihnen die Fernsicht erlaubt, und ein geringgradig kurzsichtiges, das auch im Alter noch die Brille beim Zeitungslesen erübrigt.

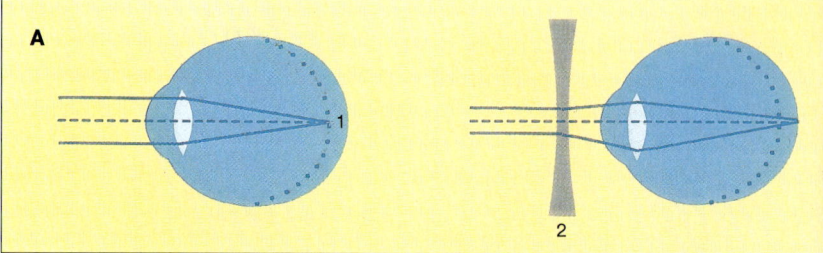

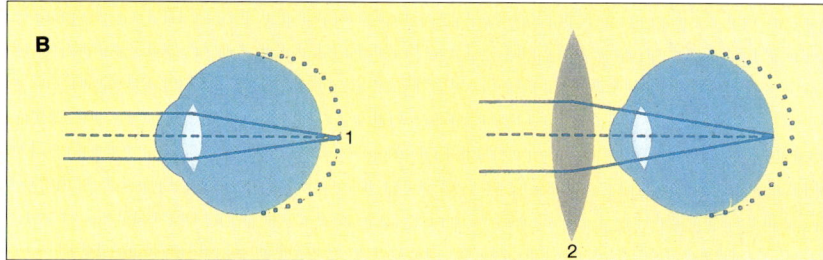

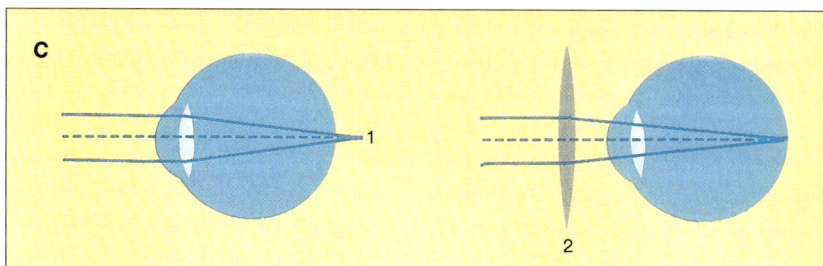

Kurzsichtigkeit

A Bei Kurzsichtigkeit ist meist der Augapfel zu lang, seltener die Brechkraft der Hornhaut bzw. der feinabstimmenden Linse zu stark. Das scharfe Bild wird daher vor der Netzhautebene erzeugt (**1**). Durch Vorschaltung einer Zerstreuungslinse (**2**) mit einer negativen Brechkraft wird der Strahlengang so verändert, daß die parallel einfallenden Lichtstrahlen sich auf der Netzhaut vereinigen.

Weitsichtigkeit

B Bei Weitsichtigkeit ist der Augapfel zu kurz, seltener die Brechkraft der Hornhaut bzw. der Linse zu schwach; die parallel einfallenden Strahlen vereinigen sich hinter der Netzhautebene (**1**). Damit das Bild scharf auf der Netzhautebene abgebildet wird, muß die Brechkraft des Auges mit einer Sammellinse (**2**) erhöht werden.

Altersweitsichtigkeit

C Bei der Altersweitsichtigkeit ist der Augapfel normal geformt. Mit zunehmendem Alter verliert aber die Linse ihre Elastizität und damit ihre Fähigkeit, sich ausreichend stark zu krümmen, um naheliegende Gegenstände scharf abzubilden (**1**). Diesen Fehlsichtigen kann durch eine Lesebrille mit einer Brechkraft von 2 bis 8 Dioptrien geholfen werden (**2**).

Siehe auch: Sinneszellen, S. 356/357 Auge, S. 358/359 Sehen, S. 360/361

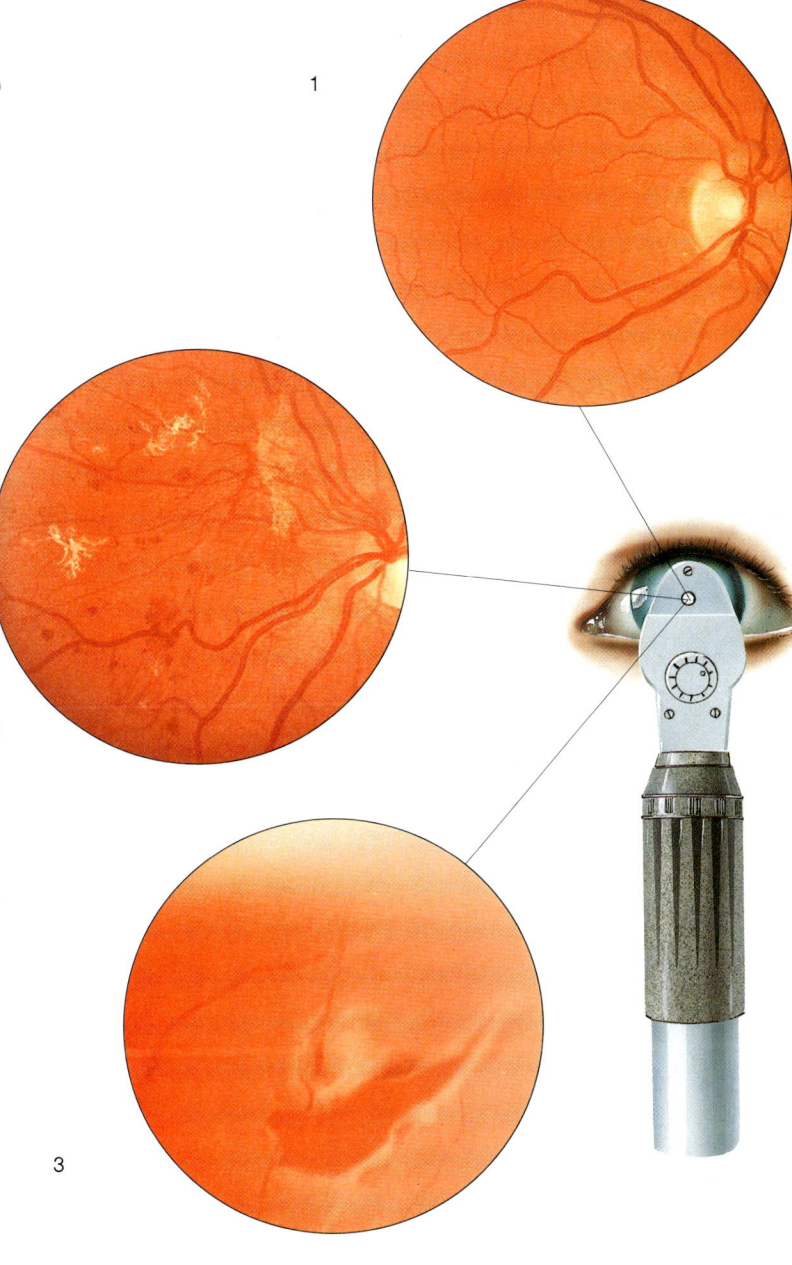

1

3

Schädigungen der Netzhaut

D *Der Augenarzt kann mit dem Augenspiegel, dem Ophthalmoskop, den Augenhintergrund (Fundus), also Netz- und Aderhaut, direkt begutachten. Bei einem normalen Fundus (1) ist neben den Blutgefäßen der Blinde Fleck gut zu erkennen. An dieser Stelle befindet sich der Sehnerv, und Blutgefäße treten in das Auge ein bzw. aus. Links liegt der fast gefäßfreie Gelbe Fleck, der Ort des schärfsten Sehens. Typische Netzhautveränderungen zeigen sich bei Diabetikern (2). Es kommt zu Gefäßerweiterungen (Aneurysmen) und Gefäßneubildungen, die in wuchernden Bindegewebssträngen verlaufen. Schrumpfen die*

Stränge, führt der entstehende Zug zu einer Ablösung der Netzhaut vom Glaskörper. Die Netzhautablösung (Ablatio, 3) ist die schlimmste Folge einer starken Kurzsichtigkeit. Die Ablösung beginnt mit einem plötzlichen Einriß der Netzhaut, woraufhin Glaskörperflüssigkeit unter die Netzhaut dringt und diese immer weiter vom Pigmentepithel ablöst. Auch Verletzungen können Ursache einer Netzhautablösung sein. Als Wunderwaffe gegen eine Netzhautablösung gilt die moderne Laserbehandlung. Bei Diabetikern, bei denen die Methode am häufigsten eingesetzt wird, verschweißt der Laserstrahl die Gefäßsprossungen zielgenau wie eine Plombe.

Mit dem Laser gegen Kurzsichtigkeit

Berührungsfrei und mit hoher Präzision kann der gepulste UV-Excimer-Laser nach exakten Vorausberechnungen Hornhautabtragungen vornehmen, die im günstigsten Fall die Benutzung einer Sehhilfe überflüssig machen. Hauptsächlich Kurzsichtigen soll mit dieser neuen, aus der Chipherstellung entwickelten Methode geholfen werden. Der energiereiche Strahl schleudert mit Überschallgeschwindigkeit aus der kaum 1 mm dicken Hornhaut Gewebeteile heraus, die nur Bruchteile von Millimetern (ca. 0,005 mm) groß sind. Ob diese Methode in Zukunft die Zahl der Brillenträger erheblich reduzieren wird, ist zum jetzigen Zeitpunkt noch fraglich. Es fehlt vor allem noch an genügend Erfahrungen. Auch mögliche nachteilige Langzeiteffekte sind noch nicht sicher auszuschließen.

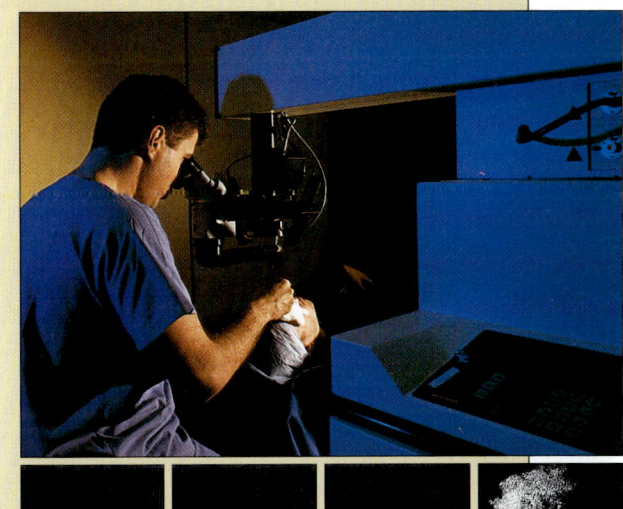

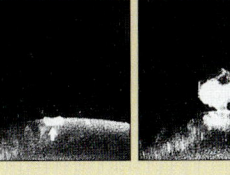  

Farbschwäche und Farbenblindheit

E *Ein Sehfehler, der nichts mit der Sehschärfe zu tun hat, ist die Farbenblindheit. Fehlen bestimmte Zapfentypen bzw. Fotopigmente in der Netzhaut, ist das Farbensehen gestört. Dies reicht von einer Farbschwäche, bei der nur bestimmte Farbtöne nicht unterschieden werden können, bis zur seltenen absoluten Farbenblindheit, die nur Schwarz-Weiß-Sehen zuläßt. Am häufigsten ist die vererbte Rot-Grün-Schwäche, sie kommt bei 10% der männlichen Bevölkerung vor. Fehlen z. B. die grünempfindlichen Zapfen, kann die Zahl 42 in der Farbflecktafel nicht oder nur mühsam erkannt werden.*

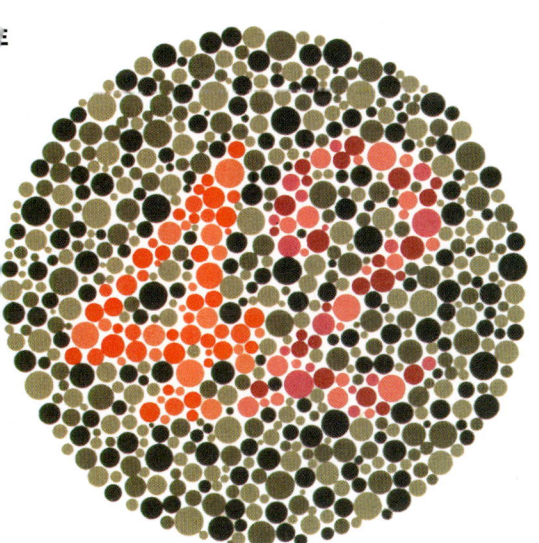

Der Gehör- und Gleichgewichtssinn

Aus Schallwellen werden Nervenimpulse

»Das Auge führt den Menschen in die Welt, das Ohr führt die Welt in den Menschen.« Diese lyrische Huldigung an den Gehörsinn stimmte einst der Naturforscher und Philosoph Lorenz Oken an. Man könnte auch die Worte des Musikologen Joachim-Ernst Berendt anführen, der das Ohr mit einem Kompaß verglich. Als solcher kann es nicht nur werten, sondern auch messen. Und dies auf die Frequenz genau. Denn was uns als Klangwelt erscheint, ist biologisch nichts anderes als die Übersetzung von Schallwellen in elektrische Nervenimpulse, aus denen im Gehirn Sinneswahrnehmungen werden.

Das eigentliche Hören ist ein komplizierter Vorgang. Die auf das Ohr und den äußeren Gehörgang treffenden Luftschallwellen versetzen entsprechend ihrer Frequenz und Intensität das Trommelfell in Schwingungen. Diese werden über die Gehörknöchelchen auf die Steigbügelfußplatte übertragen. Die Steigbügelschwingungen setzen sich als Volumenverschiebungen der Innenohr-Perilymphe (einer Flüssigkeit) fort, die sich nach Art von Wanderwellen bis zur Spitze der Schneckenspirale, dem Helicotrema, bewegen, ehe sie zurücklaufen und schließlich am »runden Fenster« verebben. Die Wanderwellen bewirken, daß die Basilarmembran der häutigen Schnecke ausgebuchtet wird. Die Auslenkungen führen zu Scherbewegungen zwischen den Haarzellen im Corti-Organ und in der Tektorialmembran. Auf diesen mechanischen Reiz reagieren die Sinneszellen.

Aufgrund des räumlichen Aufbaus der Schnecke gibt es für jede Schwingungsfrequenz auf der Basilarmembran an einer bestimmten Stelle ein Auslenkungsmaximum. Schwingungen mit hoher Frequenz haben ihr Amplitudenmaximum nahe am Steigbügel, solche mit niedriger Frequenz in der Nähe des Helicotremas, der Spitze der Schneckenspirale. Jede Frequenz wird folglich an einer Stelle der Basilarmembran abgebildet. Das menschliche Ohr kann Schallwellen in einem Frequenzbereich von 20 bis 20 000 Hertz (Hz = Schwingungen pro Sekunde) wahrnehmen, am empfindlichsten reagiert es zwischen 1000 und 4000 Hz.

Eigentlich müßte an der Grenzschicht zwischen Luft und Trommelfell erhebliche Schallwellenenergie durch Reflexion verloren gehen. Das Trommelfell ist jedoch derart beschaffen, daß es zumindest im mittleren Frequenzbereich die gesamte Schwingungsenergie aufnimmt, so daß sein Schallwellenwiderstand – die sogenannte Impedanz – auf ein Minimum beschränkt bleibt. Die Schallwellen werden im Mittelohr sogar – aufgrund der Hebelwirkung der Gehörknöchelchen und des im Vergleich zur Steigbügelplatte erheblich größeren Trommelfells – um das Zwanzigfache verstärkt. So gelingt es, den niedrigen Schallwiderstand der Luft an den hohen der Innenohrflüssigkeit anzupassen.

Wie das Gleichgewichtsorgan arbeitet

Als zweite »Sinnesabteilung« ist im Innenohr das Gleichgewichtsorgan lokalisiert. Seine Bestandteile sind die drei senkrecht aufeinanderstehenden Bogengänge sowie die Makulaorgane.

Siehe auch: Akustische Signale, S. 192/193 Stimme, S. 270/271 Nervenzelle, S. 332/333

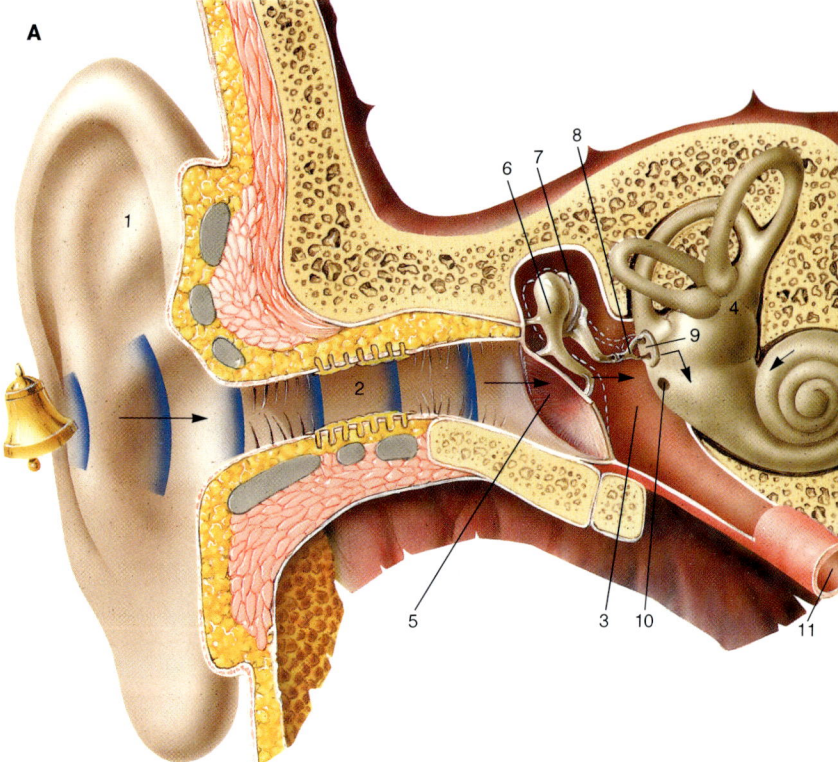

Der Aufbau des Ohrs

A Das Ohr wird in drei Abschnitte eingeteilt: das äußere Ohr mit Ohrmuschel (1) und dem äußeren Gehörgang (2) mit den Ohrschmalzdrüsen, das Mittelohr (Paukenhöhle, 3) und das Innenohr (4). Das Mittelohr, das durch das Trommelfell (5) vom äußeren Ohr abgegrenzt ist, beherbergt die Gehörknöchelchen Hammer (6), Amboß (7) und Steigbügel (8). Der Hammergriff ist mit dem Trommelfell verwachsen, der Hammerfortsatz gelenkig mit dem Amboß verbunden, dieser mit der Steigbügelplatte. Deren Fußplatte ist exakt in das ovale Fenster des Innen-

Der Bogengangsapparat stellt kreisförmig geschlossene Kanäle dar, die mit Flüssigkeit (Endolymphe) gefüllt sind. Am Bogengangsende, der Ampulle, finden sich die Sinneszellen. Deren Härchen ragen in eine gallertige Masse, die Cupula. Wird nun der Kopf gedreht, verbleibt »für ein Trägheitsmoment« die Endolymphe in Ruhe, während die Cupula die Kopfbewegung ohne Verzögerung mitvollzieht. Dadurch wird die Cupula mit den eingelagerten Sinneshärchen abgebogen, und die Haarzellen werden gereizt. Durch die Anordnung der Bogengänge in drei Ebenen werden Drehbeschleunigungen in allen Richtungen wahrgenommen.

Im Gegensatz dazu sind lineare (gerade) Beschleunigungen der adäquate Reiz für die Makulaorgane, die uns über die Stellung des Schädels im Raum informieren. Die Makula-Sinneszellen ragen in die gallertige Statolithenmembran, die eine wesentlich höhere Dichte als die Endolymphe besitzt. Bei Neigung des Kopfes rutscht die Statolithenmembran über die Sinneszellen hinweg, die Sinneshärchen werden dabei abgelenkt und erregt.

ohrs (9) eingepaßt. Etwas tiefer befindet sich ein zweites membranverschlossenes Knochenfenster, das runde Fenster (10). Schallwellen versetzen das Trommelfell in Schwingungen, die sich über die Gehörknöchelchen fortsetzen. Über das ovale Fenster gelangen sie zum Innenohr. Für den Druckausgleich zwischen Mittelohr und Außenwelt sorgt die Eustachische Röhre (11), die in den Rachenraum mündet.

Das Innenohr: Unsere Hörzentrale

B Das Innenohr sitzt in einem mit Perilymphe gefüllten Hohlraumsystem, dem knöchernen Labyrinth des Felsenbeins. Es besteht aus einem etwa 1 cm großen Vorhof (Vestibulum, 1), der die Makulaorgane (2) beherbergt. Der Vorhof setzt sich nach hinten in die drei

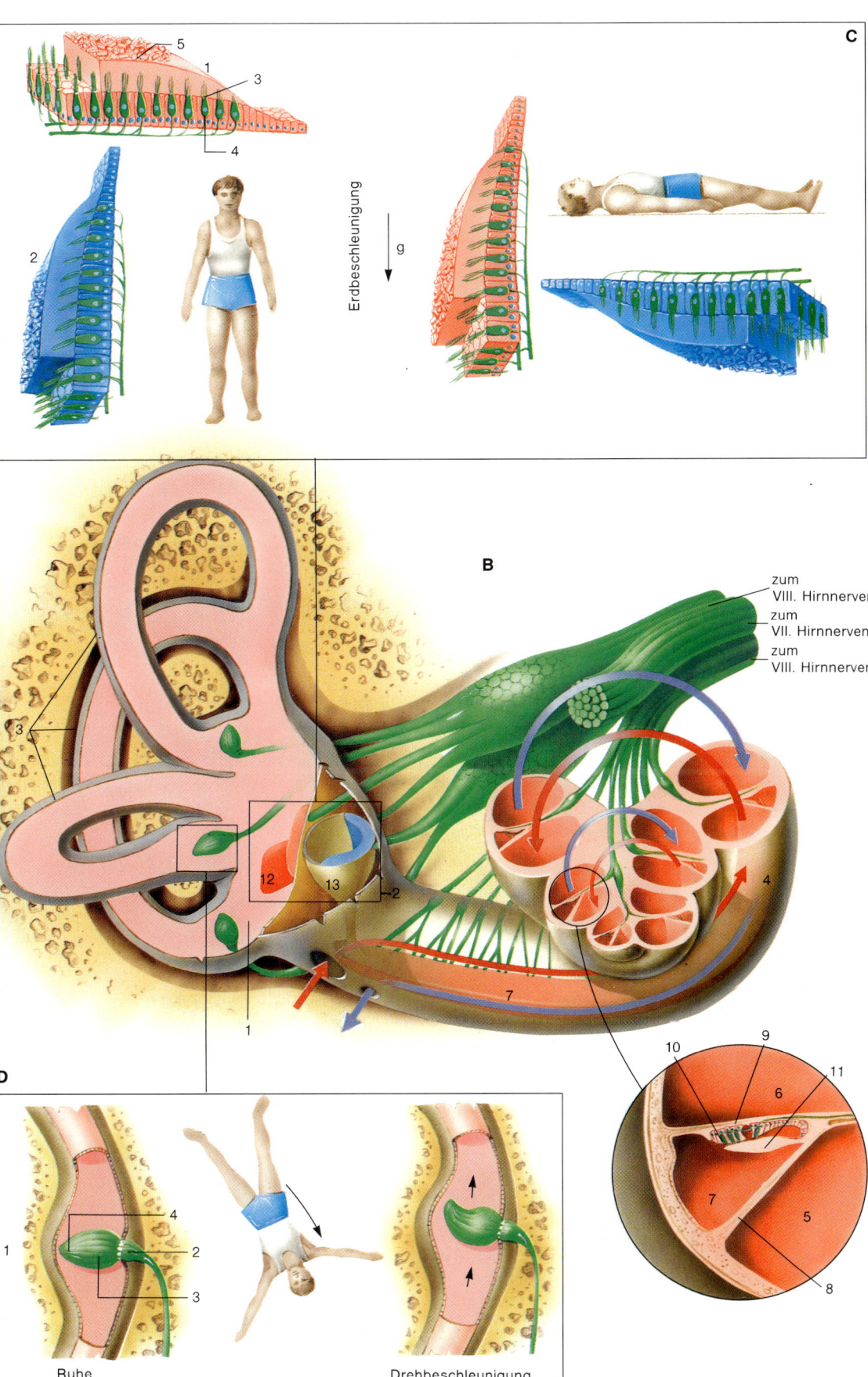

C

B

zum
VIII. Hirnnerven

zum
VII. Hirnnerven

zum
VIII. Hirnnerven

Erdbeschleunigung

g

D

Ruhe

Drehbeschleunigung

Bogengänge (*3*) fort. Nach vorn ist das Innenohr Ausgangspunkt für einen anderen spiralförmigen Gang, die Schnecke (Cochlea, *4*). Der Schneckengang ist durch eine Zwischenwand in die Scala vestibuli (*5*) und die Scala tympani (*6*) geteilt. Dazwischen liegt ein mit Endolymphe gefüllter Hohlraum, die häutige Schnecke (*7*). Sie wird durch die Reissnersche Membran (*8*) von der Scala vestibuli und durch die Basilarmembran (*9*) von der Scala tympani abgegrenzt. Auf der Basilarmembran liegt das eigentliche Hörorgan, das Corti-Organ mit den Haarzellen (*10*) und der Tektorialmembran (*11*). Die Schallschwingungen setzen sich im Innenohr als Wanderwellen fort, und zwar von der Scala vestibuli bis zur Schneckenspitze (roter Pfeil) und über die Scala tympani zum runden Fenster (blauer Pfeil). Die zwischengeschalteten Haarzellen nehmen den Reiz auf und leiten die Erregung zum Gehirn weiter. Ebenfalls im Innenohr liegen die Gleichgewichts- oder Makulaorgane: der Utriculus (*12*) mit den Bogengängen und der Sacculus (*13*).

Die Sinneszellen unseres Gleichgewichtssinns

C Die Sinneszellen im Utriculus liegen in einer waagerechten (*1*), die im Sacculus in einer senkrechten Ebene (*2*). Die Haare (*3*) der Sinneszellen (*4*) ragen in eine gallertige Membran, die an der Oberfläche Calciumcarbonatkristalle (Statolithen, *5*) eingelagert hat. Bei Bewegungen des Kopfes ändern sich die Verhältnisse der durch die Erdbeschleunigung hervorgerufenen Kräfte. Die Gallerte wird verschoben, die Haarzellen werden gereizt. Dies gilt auch für Beschleunigungen in der Senkrechten.

D Die drei Bogengänge stehen im rechten Winkel zueinander und decken damit die drei Richtungen des Raumes ab. Jeder Bogengang ist am Ende zur Ampulle (*1*) erweitert. Dort befinden sich auf einer Leiste die Sinneszellen (*2*). Ihre Sinneshärchen (*3*) ragen in eine gallertige Masse, die Cupula (*4*). Jede Drehbewegung ist ein Reiz, durch den die Haarzellen erregt werden. Die Erregung wird über den VIII. Hirnnerv an das Zentrale Nervensystem übermittelt.

Zentralnervensystem, *S. 334/335* Peripheres Nervensystem, *S. 338/339* Sinneszellen, *S. 356/357* **Die Natur der Welle,** *S. 414/415*

Vier Geschmacksrichtungen – 4000 Gerüche

Wie der Mensch riecht und schmeckt

Über Geschmack sollte man bekanntlich besser nicht streiten. Schon gar nicht, wenn man sich vor Augen führt, wie wenig differenziert – rein biologisch – der menschliche Sinn für Geschmack ist. Gerade einmal vier Geschmacksqualitäten liegen uns auf der Zunge: sauer, salzig, süß und bitter. Da steht es schon weit besser um die menschliche Nase. Zwar kann es der Mensch nicht mit dem Flußaal aufnehmen, der vielleicht den empfindlichsten Geruchssinn im Tierreich hat, aber immerhin sind es bis zu 4000 verschiedene Gerüche, die in den menschlichen Riechschleimhautrezeptoren registriert werden.

Geruchs- und Geschmackssinn lassen sich allerdings gar nicht so exakt auseinanderhalten. Vor allem bilden wir uns zuviel auf unseren (guten) Geschmack ein. Denn manches, was wir zu schmecken glauben, müßten wir tatsächlich als Leistung unseres Geruchssinns verbuchen.

Ihrer Funktion nach gibt es aber gewisse Unterschiede zwischen den beiden Sinnen. Der Geschmackssinn, der uns im wesentlichen über die Geschmacksknospen in der Zunge verliehen ist, spielt eine wichtige Rolle im Verdauungsprozeß; er setzt über bestimmte Reflexbögen die Speichelsekretion in Gang. Demgegenüber kommt einer guten Nase vor allem eine Hygienefunktion zu, sie ist ein Kommunikationsorgan mit Signalcharakter. Weil der Geruchssinn enge Wechselbeziehungen zum vegetativen Nervensystem unterhält, können schlechte Gerüche Beschwerden wie Übelkeit und Erbrechen auslösen. Auch die sexuelle Reaktionsbereitschaft wird durch angenehme oder unliebsame Düfte stimuliert oder aber zunichte gemacht.

Gemeinsam ist Geschmacks- und Geruchssinn, daß der Reiz von Chemorezeptoren aufgenommen wird, also ein Reizmolekül mit einem Rezeptormolekül zusammengetroffen ist. Erst wenn diese Vereinigung stattgefunden hat, erfolgt die elektrische Erregung der verantwortlichen Hirnnervenfasern. Die Geschmacksbotschaften gelangen dabei mit unterschiedlicher Geschwindigkeit in das primäre sensorische Feld der Großhirnrinde. »Süße« Nachrichten werden innerhalb von 0,17 Sekunden gemeldet, »bittere« dagegen erst innerhalb von 0,25 Sekunden.

Warum Salz »süß« schmecken kann

Schon geringfügige Änderungen in der chemischen Struktur eines Nahrungsstoffes rufen andere Geschmacksempfindungen hervor. So führt etwa ein in der westafrikanischen Frucht Synsepalium dulcificum enthaltenes Protein dazu, daß eine Zitrone nicht mehr sauer, sondern eher süßlich schmeckt. Auch die Einnahme von Drogen kann die gewohnte Geschmacksempfindung nachhaltig verändern.

Grundsätzlich läßt sich aus der chemischen Struktur eines Nahrungsbestandteils nicht auf den zu erwartenden Geschmack schließen. Und auch dann bliebe noch etwas zu berücksichtigen: Der Geschmackseindruck ist von der jeweiligen Dosierung eines Stoffes abhängig. So schmeckt Kochsalz in niedrigen Dosen nicht salzig, sondern süßlich. Auch spielen unsere Emotionslage und der Zustand unseres Körpers bei der Wahr-

Geruch und Geschmack passen nicht immer zusammen
Eine köstlich duftende Speise verkündet meist auch einen guten Geschmack. Doch bei einigen Käsesorten müssen wir die Nase unbeteiligt lassen. Hier signalisiert uns der Geruch »ungenießbar«, während der Geschmack trotzdem ausgezeichnet ist.

Das Riechsystem
A B *Die Riechfelder (1) der Riechschleimhaut liegen in beiden Nasengängen am Unterrand der knöchernen Siebbeinplatte (2). Die Riechzelle (3) als eigentliche Sinneszelle ist eingebettet in Stütz-, Basal- und schleimproduzierenden Drüsenzellen. An einem Ende ragt sie mit sechs bis acht kleinen Riechhärchen (4) in die Schleimschicht, in der die eingeatmeten Geruchsstoffe (5) gelöst werden. Das andere Ende der Sinneszelle gelangt durch die Siebbeinlöcher in den Riechkolben (6), wo die Sinneszellen mit den Mitralzellen (7) in Verbindung stehen. Die Dendriten (8) der Mitralzellen ziehen in der Riechbahn,*

Tractus olfactorius (9), zum Ammonshorn oder Hippocampus (10). Von dort gibt es Verbindungen zur Riechrinde. Diese Verbindung zur Großhirnrinde und zum Mandelkern (11), der ursprünglich auch zum Riechsystem gehörte, bewirkt, daß wir Gerüche und Gefühle miteinander verbinden und uns später z. B. angezogen fühlen, wenn wir einen bestimmten Geruch wahrnehmen. Dieses Vermögen ist ein Relikt aus der Zeit, als Gerüche zur Partnerwahl noch sehr wichtig waren.

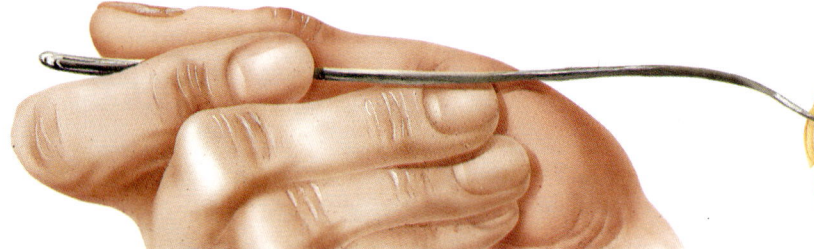

Süß, salzig, sauer, bitter
C *Die Geschmacksknospen für die vier verschiedenen Geschmacksqualitäten sind ungleichmäßig über die Zunge verteilt. Vermutlich werden die Empfindungen »süß« (1) und »salzig« (2) von Geschmacksknospen der Pilzpapillen registriert und im vorderen Zungenbereich*

wahrgenommen. Der Geschmack »salzig« kann auch auf einer Reizung freier Nervenendigungen beruhen. Sauren Geschmack empfinden wir über die seitlich gelegenen Blattpapillen (3), während wir »bitter« mit den Wallpapillen im hinteren Zungenbereich (4) schmecken (»bitterer Nachgeschmack«).

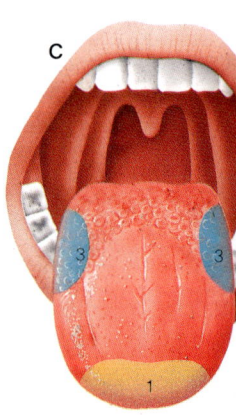

nehmung kräftig mit. Ein nach schweißtreibendem Langlauf ausgetrockneter Mensch wird ein versalzenes Essen als ganz normal empfinden.

Riechen auch bei Schnupfen

Unsere Nase unterscheidet zahllose Geruchsstoffe. Damit ein gasförmiger Duftstoff gerochen werden kann, muß er aus der Einatemluft zu den Chemorezeptoren in der Riechschleimhaut gelangen, die mit dem Riechnerv (Nervus olfactorius) verbunden ist. Dessen Nervenfasern sammeln sich über dem Siebbein zum Riechkolben, von wo aus die Erregungsleitung weiter auf der Riechbahn bis in die Kerne und Rindengebiete des limbischen Hirnsystems führt. Glücklicherweise assistieren unserem Riechnerv in seiner Tätigkeit noch weitere Hirnnerven. Denn nur deshalb können wir bei Ausfall der Riechschleimhaut, etwa bei einer verschnupften Nase, Gerüche zwar abgeschwächt, aber immer noch recht differenziert wahrnehmen.

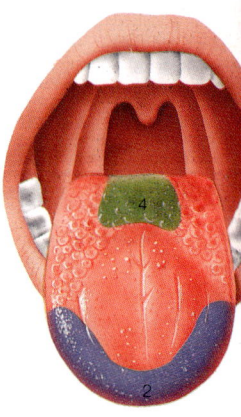

Siehe auch: **Pheromone, S. 194/195** **Mund, Schlund und Speiseröhre, S. 282/283** **Magen, S. 284/285**

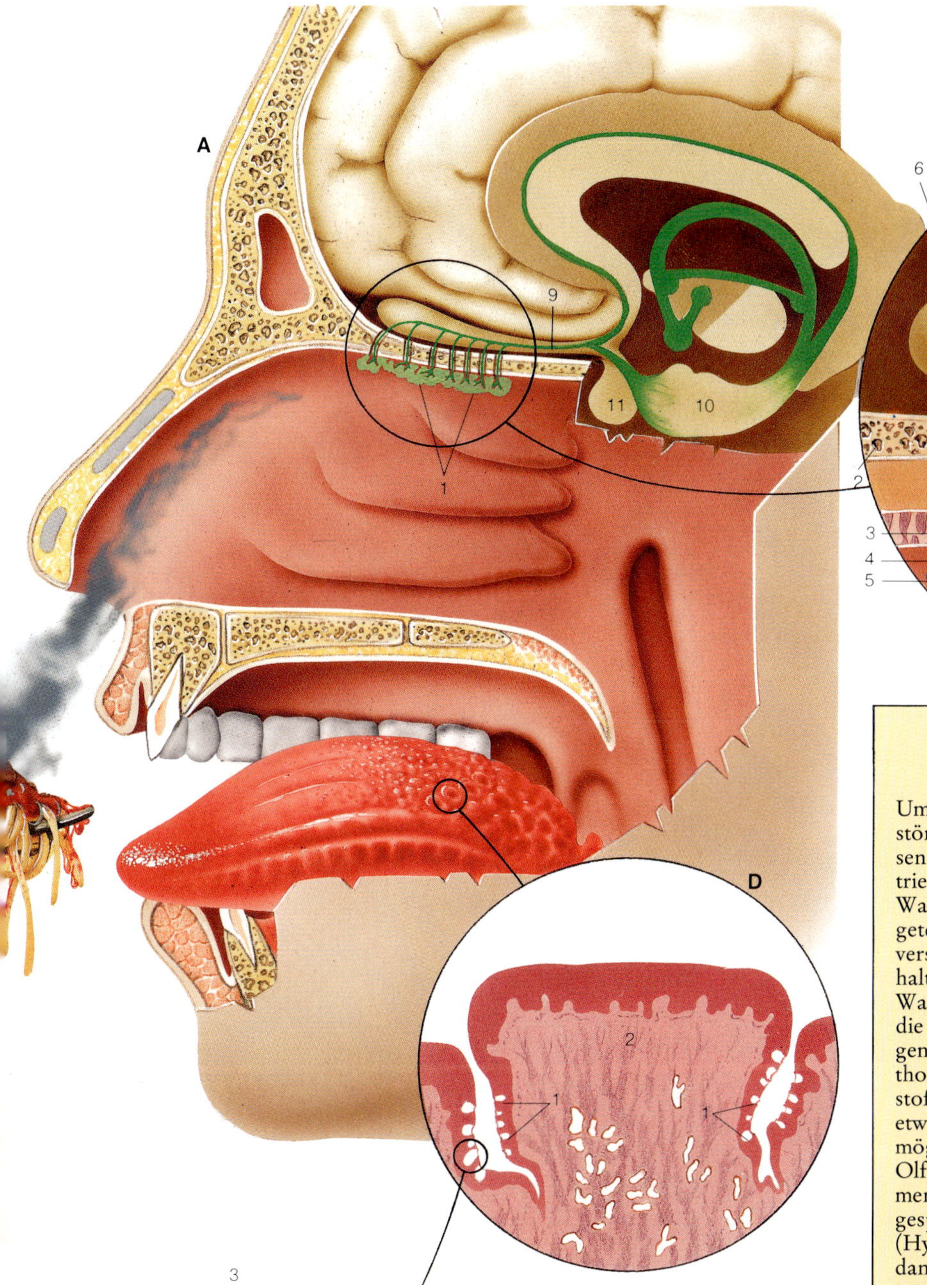

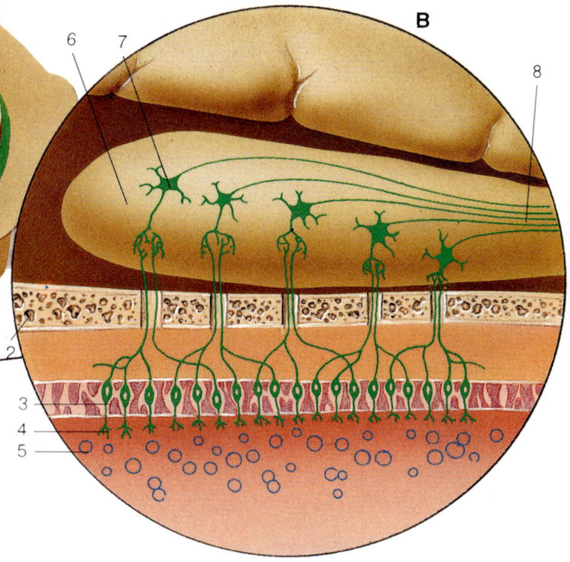

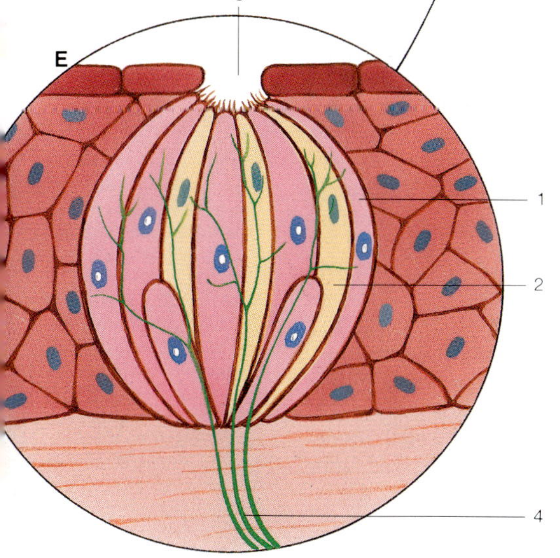

Olfaktometrie –
dem Riechvermögen auf der Spur

Um die Geruchsleistungen zu prüfen und Riechstörungen aufzudecken, bedienen sich Hals-Nasen-Ohrenärzte oder Neurologen der Olfaktometrie. Bei der qualitativen Riechprüfung wird die Wahrnehmung und Erkennung von Riechstoffen getestet. Vor jedes Nasenloch werden zunächst verschiedene »reine« Olfaktorius-Riechstoffe gehalten. Hierzu zählen z. B. Zimt, Lavendel, Wachs, Terpentinöl. Im Anschluß daran prüft man die Leistung des fünften Hirnnerven (Nervus trigeminus). Entsprechende Riechstoffe sind Menthol oder Essigsäure. Schließlich werden Riechstoffe mit Geschmackskomponente getestet, also etwa der »Bitterstoff« Pyridin. Ist das Riechvermögen vollständig ausgefallen (Anosmie), werden Olfaktorius-Riechstoffe nicht mehr wahrgenommen, die übrigen Stoffe aber geschmeckt bzw. gespürt. Bei abgeschwächtem Riechvermögen (Hyposmie) sinkt zuerst die Erkennungsschwelle, danach geht die Wahrnehmung verloren.

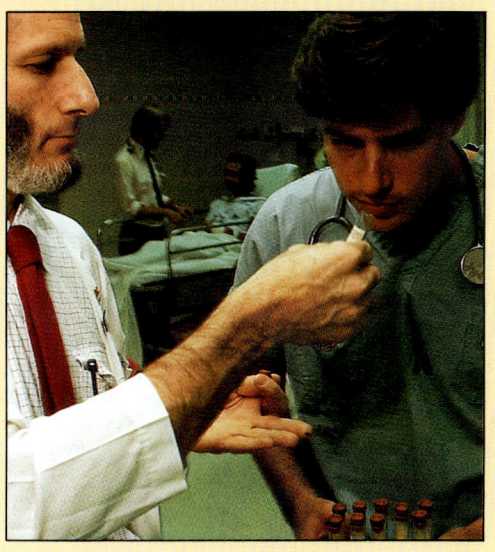

Die Geschmackszellen
D Die Geschmackszellen, die die chemischen Reize aufnehmen, liegen in den Geschmacksknospen (**1**), die sich in den Wänden der Zungenpapillen (**2**), in der Mundschleimhaut, im Kehldeckel und im Rachen befinden.

Der Aufbau der Geschmackszellen
E Um die eigentlichen Sinneszellen (**1**), die Geschmackszellen, herum bilden Stützzellen (**2**) eine Kapsel. Jede Sinneszelle hat kleine Fortsätze, die Geschmacksstiftchen, die am Geschmacksporus (**3**) in die Mundhöhle hervorragen, den Reiz aufnehmen und ihn vermutlich durch Membranveränderung an die Dendriten (**4**) der Nervenzelle weitergeben.

Mit Spürsinn in die Tastwelt

Haut und Haare vervollständigen unser Bild von der Welt

Eine Welt, die dem Menschen nur zu Ohren und zu Gesicht käme, wäre unvollständig. Erst mit Haut und Haaren ertasten wir uns eine Umgebung, in der die mit dem Auge wahrgenommenen Dinge ihre sinnlichen Eigenschaften erhalten. Geschaute Strukturen und Formen werden mit Hilfe unseres Tastsinns – fachwörtlich Mechanosensibilität genannt – als weich, flüssig, klebrig, zäh, hart oder widerborstig erkannt. Auch die anderen, früher zu Unrecht als »niedere Sinne« bezeichneten Hautsinne wie das Temperatur- und Schmerzempfinden runden unser Bild von der Außenwelt ab.

Das geringschätzige Urteil über den Tastsinn hängt vielleicht damit zusammen, daß – anders als etwa beim Hören und Sehen – die Leistungen des Tastsinns nicht an ein genau umschriebenes und kompliziertes Sinnesorgan gekoppelt sind und nicht in einem spezialisierten Hirnnerv fortgeleitet werden; vielmehr wird die Hautsensibilität über einfach strukturierte und über die gesamte Haut verteilte Mechanorezeptoren vermittelt, die ihre Signale über zahlreiche Nervenbahnen an das Gehirn senden.

Was der Tastsinn leistet

In bestimmten Körperregionen sind die Leistungen des Tastsinns besonders ausgeprägt. Lippen, Zunge und Fingerkuppen sind so reich an Mechanorezeptoren, daß sie zu erstaunlichen Wahrnehmungen befähigt sind: Bereits Hauteindellungen von 10 Mikrometer, also 0,01 Millimeter, lösen taktile Empfindungen aus. Dies haben Untersuchungen ergeben, bei denen Tastreize in Form, Dauer und Intensität in großem Umfang variiert wurden. Die Sinnesprüfungen haben dabei auch überraschende Ergebnisse zutage gefördert: Entgegen einer vermeintlichen Alltagserfahrung reagiert die Fingerspitze des Zeigefingers nicht sensibler als die der übrigen Finger.

Auch ein anderes Vorurteil wurde widerlegt: daß Blinde besonders empfindliche Finger hätten. Tatsächlich unterscheiden sich die Empfindungsschwellen Blinder praktisch nicht von denen sehender Menschen. Allerdings ist das räumliche Auflösungsvermögen der Mechanorezeption bei Blinden deutlich erhöht. Dabei handelt es sich nämlich nicht um unveränderliche Fähigkeiten, die uns in die Wiege gelegt sind. Das Auflösungsvermögen der Mechanorezeption läßt sich vielmehr durch regelmäßiges Training um etwa die Hälfte erhöhen. Daher rührt das erstaunliche Vermögen von Blinden, die dichten Punkte der Blindenschrift beim Betasten sicher und rasch lesen zu können.

Das Auflösungsvermögen wird durch verschiedene Faktoren beeinträchtigt: Es nimmt etwa bei schlechter Hautdurchblutung, bei Abkühlung der Haut oder durch häufiges Betasten desselben Gegenstandes (Gewöhnung) ab.

Die Tastleistungen sind grundsätzlich abhängig von der Dichteverteilung der Mechanorezeptoren. Für die Wahrnehmung von Berührungsreizen spielt es überdies eine entscheidende Rolle, ob die entsprechenden Hautareale nacheinander oder aber simultan gereizt werden. Dies läßt sich durch Alltagserlebnisse verdeutli-

Die Thermorezeptoren

A Bei den Thermorezeptoren in der Haut handelt es sich vermutlich um freie Nervenendigungen. Die Kaltrezeptoren reagieren auf Hauttemperaturen unter 36 °C, indem sie Nervenimpulse (Aktionspotentiale) auslösen, deren Häufigkeit mit abnehmender Temperatur zunimmt. Warmrezeptoren sprechen ab etwa 35 °C an. Bei Temperaturzunahme erhöht sich die Frequenz der Nervenimpulse. Zwischen 20 °C und 40 °C kommt es recht schnell zu einer Gewöhnung: 38 °C warmes Badewasser erscheint deshalb nur anfänglich zu heiß. Größere Temperaturextreme melden die Rezeptoren dauernd.

Raumschwellen verschiedener Hautbereiche

chen: Wir erfahren über die Beschaffenheit eines Gegenstandes mehr, wenn wir ihn bestreichen, als wenn wir nur die Hand auf ihn legen. Sukzessive Reizung erhöht also die Mechanosensibilität. Dies erklärt sich daraus, daß beim Bestreichen eine größere Zahl Tastrezeptoren erregt und zugleich die Gewöhnung an den Reiz vermindert wird. Zudem sprechen beim Bestreichen auch Rezeptoren der sogenannten Tiefensensibilität an, die u. a. Informationen über die Stellung des Muskel-Gelenkapparates vermitteln.

Wahrnehmung von Temperatur und Schmerz

Durch Berühren erfahren wir nicht nur etwas über die äußere Beschaffenheit, sondern auch über die Temperatur eines Gegenstands. Thermorezeptoren zeigen an, ob etwas zu kalt oder zu warm ist oder ob sich die Temperatur geändert hat. Wird eine Berührung zu heftig oder die Temperatur zu tief oder zu hoch, geben andere Rezeptoren Alarm: Es schmerzt.

Unterschiedliche Tastempfindlichkeit

B Die Tastempfindlichkeit in bestimmten Hautarealen läßt sich relativ einfach feststellen. Mit einem stumpfen Stechzirkel (1) wird die Haut gleichzeitig an zwei Punkten gereizt, deren Abstand man immer weiter verringert. Der Abstand, bei dem die Versuchsperson beide Reize nicht mehr auseinanderhalten kann, wird simultane Raumschwelle genannt. Diese ist nicht nur von der Dichte der Rezeptoren, sondern auch von ihrer Verschaltung untereinander abhängig. Zeigefinger- und Zungenspitze sowie Lippen besitzen mit 1–5 mm das höchste Auflösungsvermögen, d.h. die kleinste Raumschwelle. Relativ große Raumschwellen haben Nacken und Rücken. Zwei Reizpunkte müssen dort zur getrennten Wahrnehmung mindestens 5–7 cm auseinanderliegen. Mit dem Alter steigt die simultane Raumschwelle: Auf dem Rücken eines zwölfjährigen Jungen ist sie mit 3,5 cm nur halb so hoch wie beim Erwachsenen. Durch Training kann die Raumschwelle wieder verringert werden.

Siehe auch: Haut, S. 242/243   Haare und Nägel, S. 248/249   Nervenzelle, S. 332/333   Rückenmark und Reflex, S. 336/337

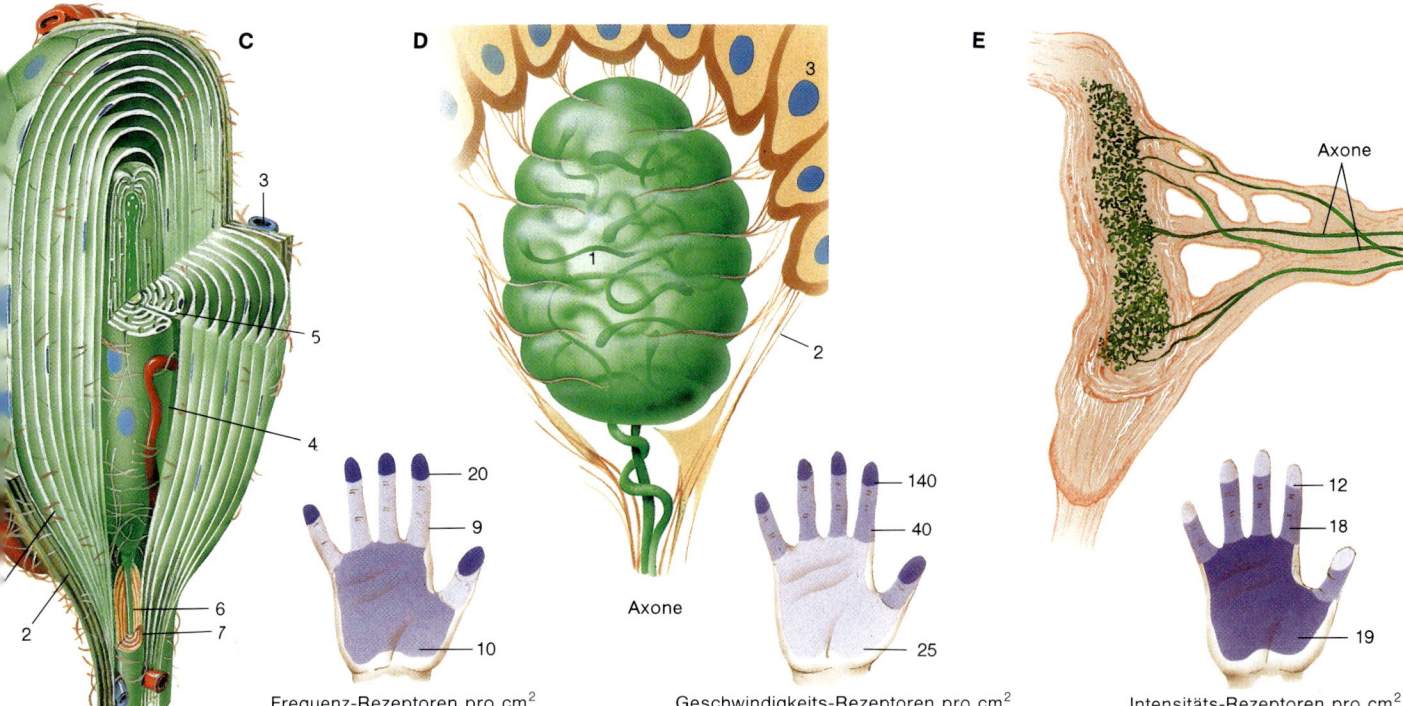

C

Frequenz-Rezeptoren pro cm^2

Axone

Geschwindigkeits-Rezeptoren pro cm^2

E

Axone

Intensitäts-Rezeptoren pro cm^2

Die Vater-Pacini-Lamellenkörperchen

C Die größten Rezeptoren in der Haut sind die millimetergroßen Vater-Pacini-Lamellenkörperchen. Sie bestehen aus bis zu 60 Lagen von Bindegewebslamellen (1). Außen sind sie von einer Bindegewebskapsel (2) umschlossen, die von Blutgefäßen (3) durchzogen ist. Durch das Körperchens zieht sich der Innenkolben (4), der aus einem von Halblamellen (5) umschlossenen Axon (6) besteht. Im Anschluß an den Innenkolben wird das Axon von einer Isolierschicht (7) umgeben. Die Körperchen sind Vibrationsrezeptoren und registrieren die Frequenz eines Tastreizes. Sie sind am häufigsten an den Fingerspitzen zu finden.

Die Meissnerschen Körperchen

D Die Meissnerschen Körperchen (1) arbeiten als Geschwindigkeitsdetektoren und sind die häufigsten Mechanorezeptoren. Über Kollagenfasern (2) werden Lageveränderungen der Oberhautzellen (3) auf die Körperchen übertragen. Sie vermögen allerdings nicht die Intensität und Dauer eines Tastreizes zu erkennen, sondern registrieren nur dessen Geschwindigkeit. Mit 140 Rezeptoren pro cm^2 ist auch ihre Dichte in den Fingerspitzen am größten.

Die Ruffini-Körper

E Ebenfalls zu den Druckrezeptoren gehören die Ruffini-Körper, die sich sowohl in der unbehaarten als auch in der behaarten Haut finden. Sie sprechen auf die Dehnung der Haut an (Intensitätsrezeptoren) und sind in der Handinnenhaut am häufigsten, an den Fingerspitzen am wenigsten vertreten. Umstritten ist, ob die Ruffini-Körper gleichzeitig auch Wärmerezeptoren sind.

Die Rezeptordichte

F Die Dichte der Kälte- (1), Wärme- (2), Druck- (3) und Schmerzrezeptoren (4) in der Haut ist in ausgewählten Körperregionen sehr unterschiedlich. Dunkle Farben weisen auf eine hohe Dichte hin, hellere auf eine geringere. Im Vergleich sind die Schmerzrezeptoren am häufigsten. Ihre Dichte beträgt im Gesicht 184 Rezeptoren pro cm^2 (Druck 50, Kälte 8, Wärme 0,6) und an der Innenseite der Unterarme 203 (Druck 15, Kälte 6, Wärme 0,4). Lediglich die Nasenspitze weicht davon ab (Schmerz 44, Druck 100, Kälte 13 und Wärme 1 Rezeptor pro cm^2).

F

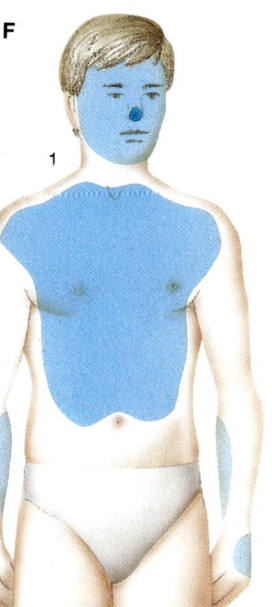

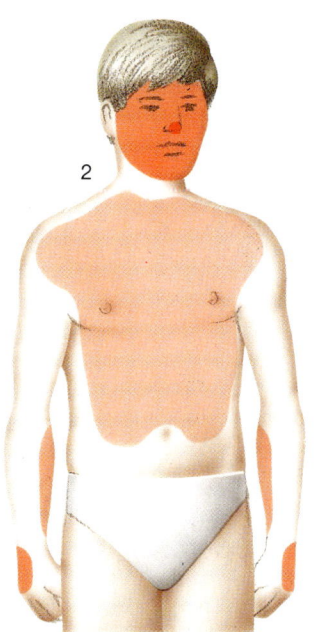

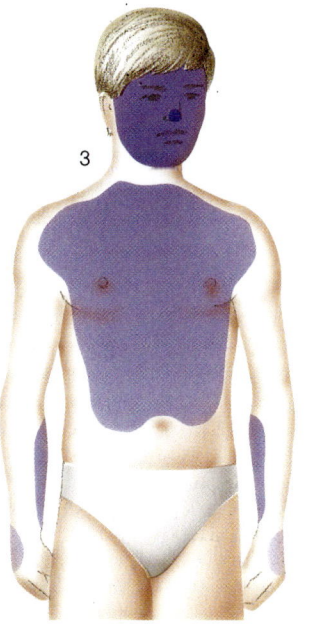

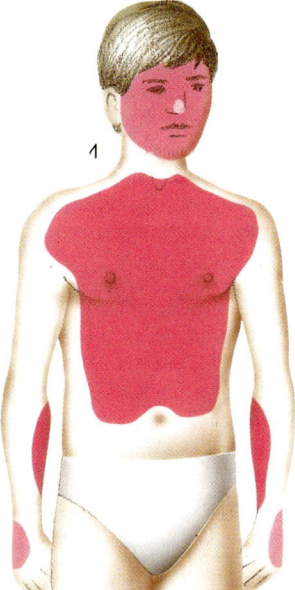

Peripheres Nervensystem, S. 338/339   **Regulation der Körpertemperatur**, S. 342/343   **Schmerz**, S. 348/349   **Sinneszellen**, S. 356/357

Unsichtbare Gefahren

Eine Vielzahl von Strahlungen gefährdet unser Leben

Strahlung jeder Art hat für uns etwas Unheimliches. Wir können sie nicht sehen, riechen, hören oder fühlen. Bedrohlich erscheint sie uns durch die Gesundheitsgefährdung, die vor allem von radioaktiver Strahlung ausgeht. Welch fatale Wirkungen eine massive Verstrahlung haben kann, zeigt die Reaktorkatastrophe von Tschernobyl, durch die bereits mehrere tausend Menschen gestorben sind. Auch ohne Katastrophen sind wir ständig Strahlungen ausgesetzt, ob durch kosmische Strahlung, radioaktive Gesteine oder Röntgenuntersuchungen. Dazu kommt die immer größer werdende Belastung durch Elektrosmog.

Strahlungsquellen
A *Der Mensch ist vielen Strahlungsarten ausgesetzt. Aus natürlichen Quellen stammen die ultraviolette Strahlung (1) der Sonne, die kosmische Strahlung (Protonen-, Neutronen- und harte Gammastrahlung, 2) sowie die terrestrische Strahlung. Letztere rührt von schwach radioaktiven Gesteinen (3) und von dem aus dem Boden dringenden radioaktiven Edelgas Radon (4) her. Dabei werden vor allem Alpha-, Beta- und Gamma-Strahlen erzeugt. Alpha-Strahlung hat nur eine geringe Reichweite und Eindringtiefe, gibt die Energie aber sehr konzentriert ab.*

Als Strahlung werden elektromagnetische Wellen und Teilchenstrahlen bezeichnet. Die elektromagnetische Strahlung besteht aus sich im Raum ausbreitenden elektrischen und magnetischen Feldern. Das Spektrum dieser Strahlung reicht vom technischen Wechselstrom mit einer Wellenlänge von 107 m bis hin zur sekundären Höhenstrahlung mit einer minimalen Wellenlänge von 10–16 m. Je geringer die Wellenlänge – und gleichzeitig je höher die Frequenz –, desto leichter kann die Strahlung durch Materie hindurchdringen, wie es z. B. bei Röntgen- und Gammastrahlung der Fall ist. Beim radioaktiven Zerfall entsteht neben der Gammastrahlung die Teilchenstrahlung. Alpha-Strahlen sind Heliumkerne, Beta-Strahlen bestehen aus Elektronen und Positronen, daneben gibt es Neutronen- und Protonenstrahlung.

Woher kommt die Strahlung?

Hauptquelle der nicht von Menschen erzeugten Strahlung ist die natürliche Radioaktivität, die zum einen durch den Zerfall schwerer Atomkerne, zum anderen durch die Fusion leichter Atomkerne verursacht wird. Aus dem Weltall erreicht uns ständig die vor allem aus energiereichen Protonen und Alpha-Teilchen bestehende Höhenstrahlung solaren oder galaktischen Ursprungs, die durch Wechselwirkung mit Atomen in der äußeren Atmosphäre zur sekundären kosmischen Strahlung wird. Ihre Intensität nimmt zum Erdboden hin ab. Eine weitere natürliche Strahlenquelle ist die Radioaktivität der Gesteine. So dringt – regional sehr unterschiedlich – u. a. das radioaktive Edelgas Radon aus dem Boden. Auch die Baumaterialien unserer Häuser weisen eine gewisse Radioaktivität auf.

Seit einigen Jahrzehnten erzeugt auch der Mensch in zunehmendem Maße Strahlung. Atombombenexplosionen, »normale« und katastrophenbedingte Emissionen radioaktiver Stoffe aus Kernkraftwerken, Röntgenstrahlen und die vielfältigen elektromagnetischen Strahlen, die durch Hochspannungsleitungen, Funk- und Fernsehausstrahlungen entstehen (Elektrosmog), decken ein breites Spektrum ab.

Wie wirkt sich Strahlung auf den Körper aus?

Elektromagnetische Strahlung hoher Frequenz bzw. geringer Wellenlänge ist ebenso wie die Teilchenstrahlung in der Lage, Atome zu ionisieren, d. h., sie kann Atomen Elektronen hinzufügen oder sie ihnen wegnehmen. Diese ionisierende Strahlung kann atomare Bindungen in den

Körperzellen aufbrechen, so daß Moleküle verändert oder zerstört werden. Dadurch kommt es zur Inaktivierung von Enzymen oder zur Veränderung der Erbsubstanz DNS. Viele dieser Effekte bewirken nur eine leichte Störung des Zelllebens, manchmal auch den Tod einer Zelle. Je stärker die Strahlung aber ist, desto häufiger sterben Zellen ab oder können sich nicht mehr teilen. Im Extremfall treten die Symptome der akuten Strahlenkrankheit wie Brechdurchfall, Haarausfall, allgemeine Schwächung und Blutungen auf. Mit zunehmender Strahlenbelastung wird auch immer wahrscheinlicher, daß bestimmte Abschnitte auf den Chromosomen im Zellkern durch Strahlung verändert werden. Dadurch wird die Wachstumsregulation der Zelle gestört, sie wird zur Krebszelle.

Elektromagnetische Strahlung größerer Wellenlänge als die ionisierende Strahlung stellt ebenfalls ein Gesundheitsrisiko dar, so z. B. Radio- und Funkwellen sowie die elektrischen

Gelangt sie mit der Atemluft in die Lunge, kann sie ungehindert in die Zellen eindringen. Beta- und Gammastrahlung haben größere Eindringtiefen, verteilen die Energie dabei aber auf eine längere Strecke. Künstlich erzeugte ionisierende Strahlung stammt aus der technischen Nutzung der Kernenergie (Atombombentests, Kernkraftwerke, 5) und der medizinischen Diagnostik (Röntgengeräte, 6). Weniger energiereiche elektromagnetische Strahlung mit u. a. thermischer Wirkung geht von Sendeanlagen, z. B. Mobiltelefonen (7), oder von Mikrowellengeräten (8) aus. Hochspannungsleitungen (9) sind von elektrischen und magnetischen Feldern umgeben.

Siehe auch: **Müll und Strahlen,** S. 202/203   **Entartete Zellen,** S. 218/219   **Hautfarbe,** S. 244/245   **Biorhythmik,** S. 344/345

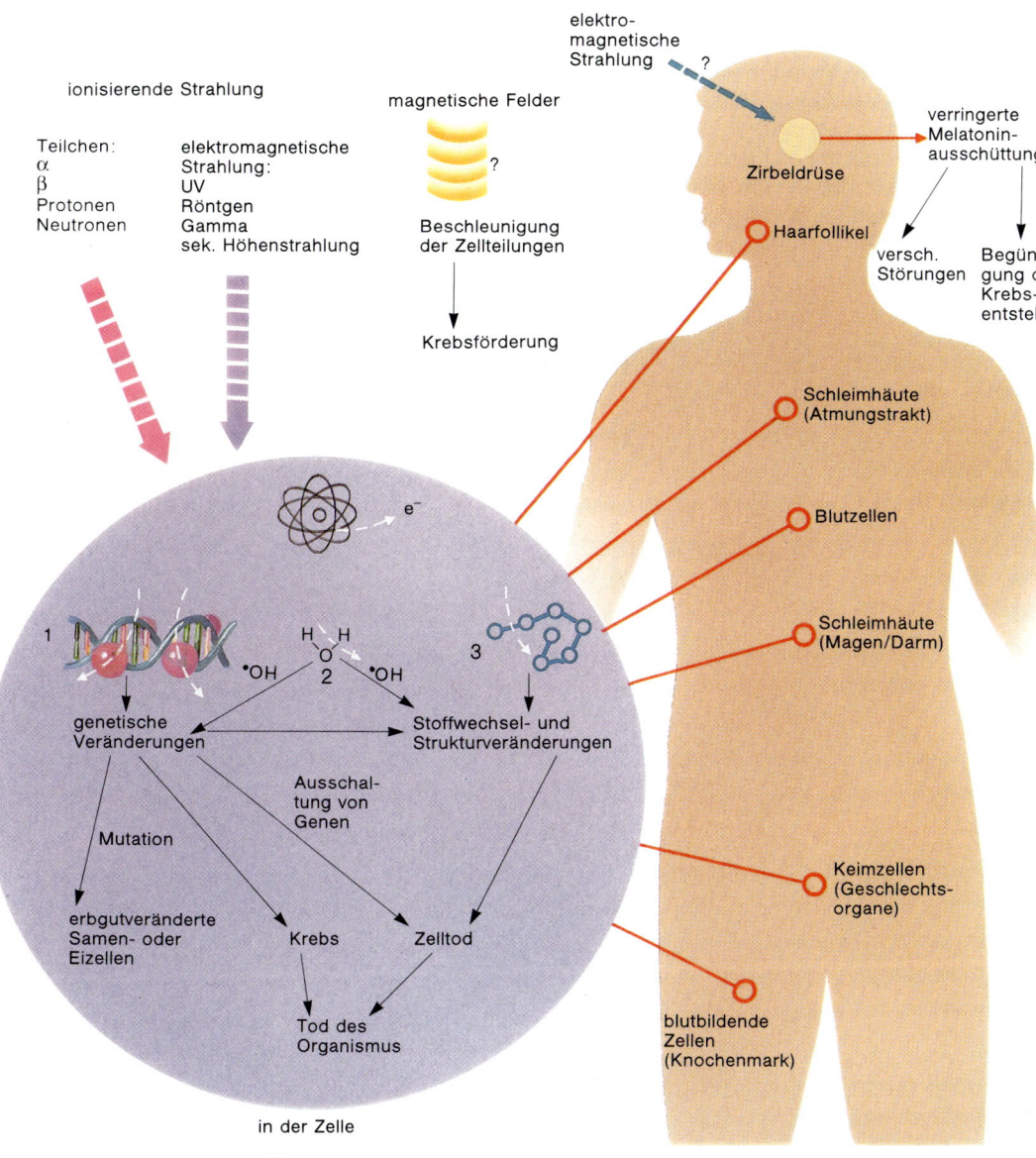

ionisierende Strahlung

Teilchen:
α
β
Protonen
Neutronen

elektromagnetische
Strahlung:
UV
Röntgen
Gamma
sek. Höhenstrahlung

elektro-
magnetische
Strahlung ?

magnetische Felder

?

Beschleunigung
der Zellteilungen

Krebsförderung

Zirbeldrüse

verringerte
Melatonin-
ausschüttung

versch.
Störungen

Begünsti-
gung der
Krebs-
entstehung

Haarfollikel

Schleimhäute
(Atmungstrakt)

Blutzellen

Schleimhäute
(Magen/Darm)

Keimzellen
(Geschlechts-
organe)

blutbildende
Zellen
(Knochenmark)

e⁻

1

genetische
Veränderungen

H H
O
2
•OH   •OH

3

Stoffwechsel- und
Strukturveränderungen

Ausschal-
tung von
Genen

Mutation

erbgutveränderte
Samen- oder
Eizellen

Krebs

Zelltod

Tod des
Organismus

in der Zelle

Zellveränderungen durch Ionisierung von Atomen
B *Teilchenstrahlung (Alpha- und Betastrahlung, Neutronen, Protonen) und energiereiche elektromagnetische Strahlung (UV-, vor allem UV-B und UV-C, Röntgen- und Gammastrahlung) ionisieren Atome bzw. brechen Atombindungen auf. Sie wirken vor allem in sich häufig teilenden Zellen an drei Angriffspunkten: Die DNS (1) wird ganz oder teilweise aufgebrochen. Werden dadurch Gene ausgeschaltet, ist die Zelle möglicherweise nicht mehr teilungs- oder lebensfähig. Werden Gene verändert, kommt es zu Mutationen, die zu Mißbildungen bei den Nachkommen führen können. Betrifft die Mutation ein Wachstumsgen (Onkogen), kann ein unkontrolliertes Zellwachstum ausgelöst werden, das zum Krebs führt. Auch Wassermoleküle (2) werden durch ionisierende Strahlen aufgespalten. Die entstehenden hochreaktiven Sauerstoffradikale greifen ihrerseits andere Moleküle wie die DNS oder Eiweiße an. Treffen ionisierende Strahlen auf Eiweißmoleküle (3), können sie die Struktur der Moleküle verändern: Enzyme werden wirkungslos, Zellstrukturen geschädigt. Wird der Zellstoffwechsel stark gestört, kommt es zum Zelltod. Über die Wirkungen magnetischer Felder und elektromagnetischer Strahlung niederer Energie gibt es noch keine gesicherten Erkenntnisse. Wahrscheinlich wirken sie krebsbegünstigend.*

Strahlenbelastungen im Vergleich
C *Um Wirkungen von Strahlendosen beurteilen zu können, muß die unterschiedliche Qualität der Strahlenarten mit einbezogen werden. So hat z.B. die aus Teilchen bestehende Alpha-Strahlung eine 20mal größere biologische Wirksamkeit als die elektromagnetische Gamma-Strahlung. Die Äquivalentdosis trägt dem Rechnung und ergibt sich aus der Strahlungsenergie, die durch das Material aufgenommen wird, und einem für jede Strahlungsart spezifischen Faktor. Dieser beträgt für Alpha-Strahlung 20, für Beta-, Gamma- und Röntgenstrahlung 1, für schnelle Neutronen und Protonen 10 sowie für thermi-*

C

Natürliche jährliche Strahlenbelastung (in mSv)	
kosmische Strahlung	0,32–0,68
terrestrische Umgebungsstrahlung	0,2–30
innere Strahlenbelastung	0,3
Beispiele für Ganzkörperäquivalentdosen (in mSv)	
Langstreckenflug New York–Tokio	0,1
Röntgenaufnahme der Brust (Mammographie)	1–10
Grenze der kurzzeitigen Belastung, unter der Frühschäden nicht erkennbar sind	<200
50 % Todesfälle innerhalb 30 Tagen	>4500

sche Neutronen 3. Die Einheit der Äquivalentdosis ist Sievert (Sv, früher rem: 1 Sv = 100 rem). Die unterschiedliche Strahlungsempfindlichkeit verschiedener Körperorgane oder -gewebe wird durch die »effektive Äquivalentdosis« ausgedrückt. Der Faktor z.B. für Gewebe der Brust beträgt

0,15, d.h., eine Organdosis von 60 mSv entspricht einer effektiven Ganzkörperäquivalentdosis von 60 x 0,15 = 9 mSv. Die Tabelle zeigt, daß Schäden erst bei deutlich höheren Dosen zu erwarten sind. Langfristige Auswirkungen geringerer Strahlendosen sind allerdings nach wie vor nicht geklärt.

und magnetischen Felder elektrischer Geräte. Diesem Elektrosmog sind wir immer stärker ausgesetzt: Mobiltelefone senden direkt am Ohr, Babyphone werden häufig sehr nahe am Kinderbett installiert. Starke Sendeanlagen und Hochspannungsmasten stehen dicht neben Häusern.

Dem Elektrosmog werden zwei vermutlich schädliche Wirkungen zugesprochen: Selbst geringe magnetische Felder beschleunigen die Zellteilung und gelten daher als krebsfördernd. Zudem wird durch elektromagnetische Wellen möglicherweise die Melatoninausschüttung der Zirbeldrüse gebremst. Melatonin gilt als Wach-Schlaf-Hormon, seine Reduzierung führt zur Beeinträchtigung der Zirbeldrüse und des Immunsystems, wodurch Kopfschmerzen, Schlaflosigkeit und sogar epileptische Anfälle ausgelöst werden können. Melatonin soll außerdem eine krebshemmende Wirkung haben, ein zu geringer Melatoninspiegel kann daher die Krebsentstehung begünstigen.

Chemikalien, *S. 378/379* Elektromagnetisches Spektrum, *S. 416/417* Radioaktivität, *S. 422/423* Röntgentechnik, *S. 476/777*

Kehren die Seuchen zurück?

Erkrankungen durch Bakterien

Sie sind so alt wie das Leben selbst. Sie sind nur Bruchteile von Millimetern groß und mit bloßem Auge nicht zu erkennen. Und doch sind sie überall – die Bakterien. Obwohl die meisten unter ihnen für den Menschen völlig harmlos sind, gibt es doch Arten, die gefährliche, ja sogar tödliche Infektionen hervorrufen können, wenn sie nicht rechtzeitig bekämpft werden. Trotz so wirksamer Medikamente wie der Antibiotika ist die Zahl vieler bakterieller Erkrankungen in den letzten Jahren wieder gestiegen, was nicht zuletzt auf die enorme Anpassungsfähigkeit dieser Organismen zurückzuführen ist.

Epidemien und Pandemien
Ⓐ *Viele bakterielle Erkrankungen breiten sich epidemisch über weite Landstriche oder gar Kontinente aus. Im letzteren Fall spricht man dann von einer Pandemie. Was früher bei schlechten hygienischen Bedingungen, noch nicht vorhandenen Impfmöglich- keiten und fehlenden Antibiotika regelmäßig geschah, ist glücklicherweise recht selten geworden. Daß Pandemien aber auch jederzeit möglich sind, zeigt das Beispiel der Cholera, einer Krankheit, die vor allem durch lebensbedrohliche Brechdurchfälle gekennzeichnet ist.*

Der Mensch muß sich, wie jedes andere Lebewesen auch, mit einer Vielzahl von Krankheitserregern auseinandersetzen. Von den grausamen Pestzügen des Mittelalters und den unzähligen Opfern der Tuberkulose und der Syphilis noch bis in unser Jahrhundert hinein berichten die Überlieferungen in den Geschichtsbüchern. Sie machen auch deutlich, wie ohnmächtig der Mensch in früheren Zeiten diesen Infektionen gegenüberstand.

Lange hat es gedauert, bis man die Verbindung zwischen solchen Krankheiten und den Bakterien als ihrem Verursacher erkannte. Im Jahre 1677 gelang es dem Holländer Antoni van Leeuwenhoek, mit Hilfe eines selbstgefertigten Mikroskops Bakterien erstmalig für das menschliche Auge sichtbar zu machen. Viele Naturforscher sind ihnen seither auf der Spur gewesen, doch blieb es 1882 dem deutschen Arzt Robert Koch vorbehalten, gezielt den Erreger einer bakteriellen Infektion beim Menschen zu isolieren. Für die Entdeckung der Tuberkulose- und später der Cholerabakterien erhielt der brillante Analytiker 1905 den Nobelpreis.

Der Kampf gegen mikroskopisch kleine Feinde

Um bakterielle Infektionen zu vermeiden, ist Hygiene sehr wichtig. So war im letzten Jahrhundert der erste Schritt zur Bekämpfung des Kindbettfiebers die Durchsetzung elementarer Hygiene-Regeln auf den Wöchnerinnen-Stationen. Die für uns selbstverständliche Keimfreiheit (Asepsis) von Operationsräumen und -instrumenten war damals noch unbekannt. Auch heute noch wird uns die Notwendigkeit der Hygiene immer wieder vor Augen geführt – gerade in ärmeren Ländern, z.B. beim Ausbruch der Cholera nach Naturkatastrophen.

Der eigentliche Durchbruch in der Bekämpfung der durch Bakterien ausgelösten Krankheiten war die Entdeckung der Antibiotika. Diese vor allem von Pilzen, aber auch künstlich hergestellten Stoffe hemmen das Bakterienwachstum oder töten Bakterien sogar ab. Heute steht uns neben einigen Impfungen, z.B. gegen Keuchhusten, Diphtherie und Tetanus, ein weites Spektrum von Antibiotika für die Bekämpfung bakterieller Erkrankungen zur Verfügung.

Der übermäßige Einsatz von Antibiotika hat allerdings dazu geführt, daß viele Erreger Resistenzen gegen die jeweiligen Präparate entwickelt haben. Die meisten Bakterien verfügen nämlich neben der genetischen Information ihres Ringchromosoms über kleine zirkuläre DNS-

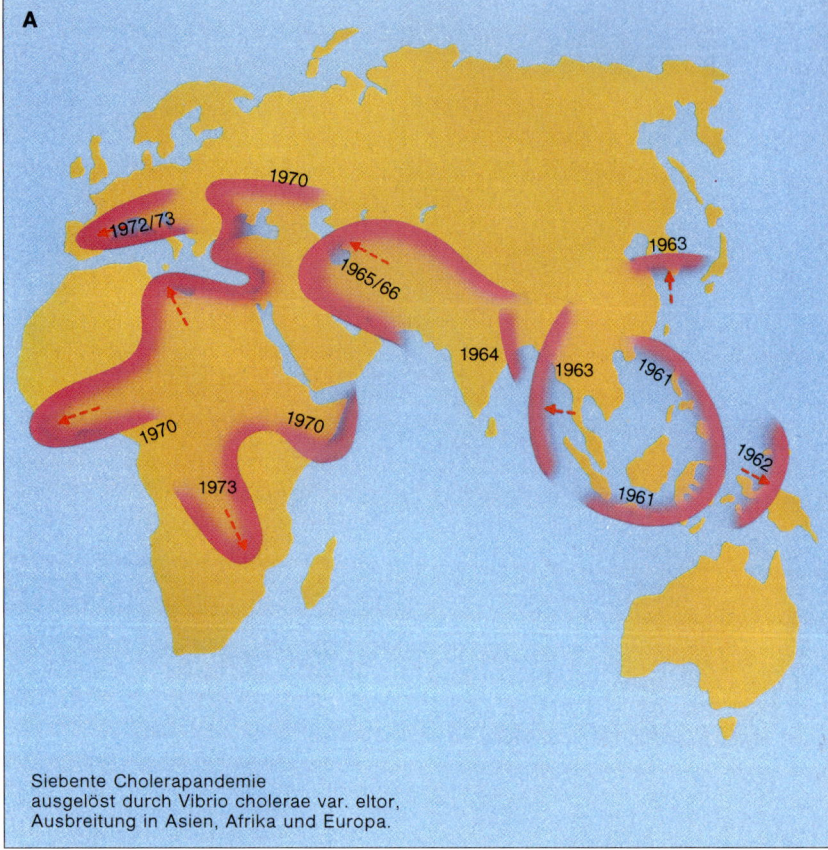

A

Siebente Cholerapandemie
ausgelöst durch Vibrio cholerae var. eltor,
Ausbreitung in Asien, Afrika und Europa.

Moleküle, die Plasmide. Plasmide vermehren sich unabhängig vom Bakterienchromosom und werden bei jeder Zellteilung an die Tochterzellen weitergegeben. Auch können sie durch Konjugation, bei der zwei Bakterienzellen in direkten Kontakt miteinander treten, übertragen werden. Dabei kann es zum Austausch genetischen Materials zwischen den Bakterien kommen.

Neu erworbene Fähigkeiten, so die Resistenz gegen bestimmte Antibiotika oder die Kapazität zur Produktion giftiger Substanzen (Toxine), gehen häufig auf diese Plasmide zurück, die sich durch Austausch schnell verbreiten. Solche Anpassungs- und Verbreitungsprozesse werden dort gefördert, wo Antibiotika zu häufig eingesetzt werden oder Keime zahlreich auftreten, wie in Krankenhäusern, Abwässern und in der Massentierhaltung. So ist die Verbreitung von Antibiotikaresistenzen durch Plasmide dafür mitverantwortlich, daß viele bakterielle Erkrankungen in letzter Zeit wieder zugenommen haben.

Neue Cholerapandemien
Ⓐ *Nach sechs Cholerapandemien im 19. und zu Beginn des 20. Jahrhunderts schien die Seuche durch Impfungen und verbesserte Hygiene unter Kontrolle zu sein. Mitte dieses Jahrhunderts trat in Indonesien jedoch eine neue Form des Erregers auf. Zwischen 1961 und 1973 breitete sich die Cholera von Indonesien über weite Teile Asiens bis nach Afrika und Europa aus. Dort stoppten klimatische und hygienische Schranken die Ausbreitung. 1991 kam es zu begrenzteren Ausbrüchen der Cholera in Nord- und Südamerika. Auch heute sterben weltweit jährlich mindestens 3000 Menschen an dieser Krankheit.*

Siehe auch: **Bakterien**, S. 106/107 **Zelluläre Immunabwehr**, S. 274/275 **Humorale Immunabwehr**, S. 276/277

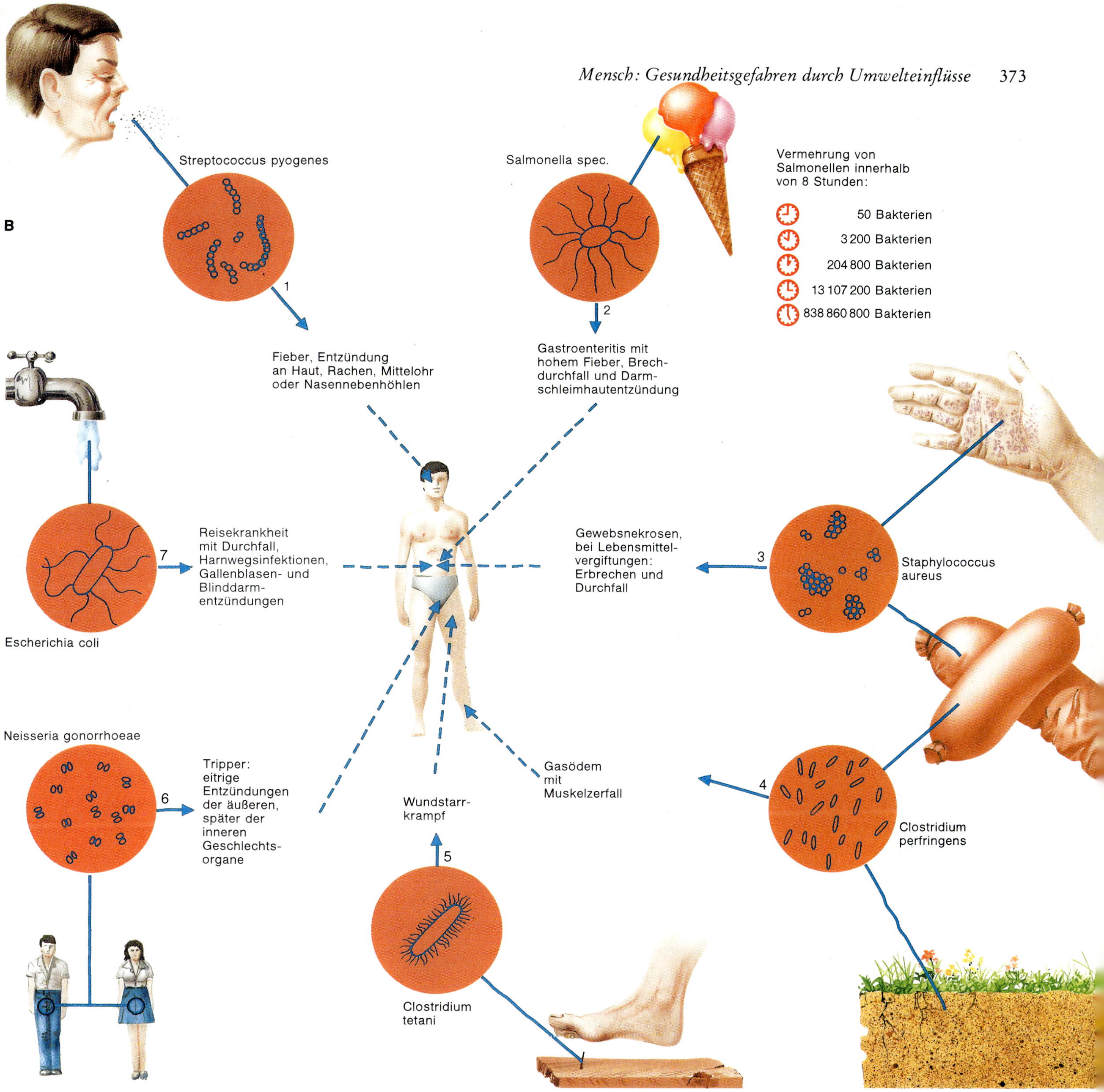

B

Streptococcus pyogenes

Salmonella spec.

Vermehrung von
Salmonellen innerhalb
von 8 Stunden:

50 Bakterien

3 200 Bakterien

204 800 Bakterien

13 107 200 Bakterien

838 860 800 Bakterien

1

Fieber, Entzündung
an Haut, Rachen, Mittelohr
oder Nasennebenhöhlen

2

Gastroenteritis mit
hohem Fieber, Brech-
durchfall und Darm-
schleimhautentzündung

7

Reisekrankheit
mit Durchfall,
Harnwegsinfektionen,
Gallenblasen- und
Blinddarm-
entzündungen

Escherichia coli

Gewebsnekrosen,
bei Lebensmittel-
vergiftungen:
Erbrechen und
Durchfall

3

Staphylococcus
aureus

Neisseria gonorrhoeae

6

Tripper:
eitrige
Entzündungen
der äußeren,
später der
inneren
Geschlechts-
organe

Gasödem
mit
Muskelzerfall

4

Clostridium
perfringens

Wundstarr-
krampf

5

Clostridium
tetani

Bakterielle Infektionen

B Einige Beispiele zeigen die Bandbreite bakterieller Infektionen: Streptococcus pyogenes (1) wird u. a. durch Tröpfcheninfektion übertragen und sondert Exotoxine ab, die z. B. Rote Blutkörperchen abbauen und entzündungs- oder fieberauslösend sind. Salmonellen (2) werden über Lebensmittel auf den Menschen übertragen. Durch die Bildung hitzestabiler Toxine und ihre Eigenschaft, in das Darmepithel einzuwandern, können Salmonellen eine akute Gastroenteritis (Magendarmkatarrh) hervorrufen. Für Säuglinge und abwehrgeschwächte Menschen kann die Infektion lebensbedrohlich werden, wenn die Erreger in die Blutbahn gelangen. Dringen die normalerweise auf der Haut, aber auch in Lebensmitteln vorkommenden Bakterien der Art Staphylococcus aureus (3) in den Körper ein, lösen abgesonderte Exotoxine Beschwerden im Magendarmtrakt aus. Ebenfalls in Lebensmitteln, aber auch gehäuft im Erdboden kommt Clostridium perfringens (4) vor. Gewebsschädigende Toxine führen zum gefürchteten Gasödem, das tödlich verlaufen kann. Das bekannte Tetanus-Bakterium, Clostridium tetani (5), ist meist in der Erde zu finden. Über verschmutzte Hautverletzungen findet es den Weg in den Körper, wo seine Exotoxine im Nervensystem hemmende Neuronen blockieren. Der dadurch ausgelöste Wundstarrkrampf war früher gefürchtet und ist heute durch Impfungen selten geworden. Die Gonorrhoe ist die häufigste Geschlechtskrankheit und wird durch Neisseria gonorrhoeae (6) hervorgerufen. Beim Geschlechtsverkehr übertragene Neisserien dringen in die Epithelzellen der Urogenitalschleimhäute ein und rufen eitrige Entzündungen hervor. Unbehandelt kann die Infektion zur Sterilität führen. Escherichia coli (7) gehört zur normalen Darmflora des Menschen, kommt aber unter schlechten hygienischen Bedingungen auch im Trinkwasser oder in Lebensmitteln vor. Die Exotoxine der Colibakterien können schwere Infektionen verursachen, wie z. B. die Reisekrankheit.

Regulation der Körpertemperatur, S. 342/343   Antibiotika, S. 374/375   Viren, S. 376/377

Wunderwaffe gegen Bakterien

Die Bedeutung der Antibiotika

Mit der Entdeckung des ersten Antibiotikums im Jahre 1928 begann die Erforschung und Entwicklung einer der bedeutsamsten Arzneimittelgruppen in der Geschichte der Medizin. Erstmals konnten einige der bislang meist tödlich verlaufenden Volksseuchen wirksam in ihren Ursachen bekämpft werden. Doch erst die industrielle Herstellung großer Mengen antibiotisch wirksamer Substanzen lieferte den Ärzten das entscheidende Instrumentarium im Kampf gegen eine Vielzahl von Infektionserregern. Auch heute noch zählen Antibiotika zu den meistverordneten Arzneimitteln.

Die Entdeckung des Penicillins, des ersten Antibiotikums, im September 1928 war das Ergebnis eines Zufallsbefundes. Der britische Bakteriologe Alexander Fleming (1881–1955), der sich im Labor des Londoner St. Mary's Hospital der Bekämpfung von Eitererregern widmete, entdeckte auf einem mit Staphylokokken kultivierten Nährboden als Verunreinigung eine Schimmelpilzkolonie der Gattung Penicillium (»Pinselschimmel«). Das Interessante an diesem ansonsten nicht ungewöhnlichen Befund aber war, daß er in einem nahezu kreisrunden Bereich um die Pilzkolonie herum kein Bakterienwachstum nachweisen konnte. Fleming schloß aus seiner Beobachtung, daß es eine vom Pilz produzierte Substanz geben müsse, die dem Bakterienwachstum entgegenwirkt, und überimpfte die Pilzkolonie auf ein flüssiges Nährmedium, um den Hemmstoff genauer zu untersuchen. Dabei stellte er fest, daß die vom Pilz abgegebene Substanz löslich ist. Die so angereicherte Nährlösung wirkte sich im Versuch ebenfalls nachteilig auf das Wachstum bestimmter Bakterien aus, zeigte aber keinen Einfluß auf tierische Zellen.

Flemings Forschungsergebnisse, in denen er die antibakterielle Wirkung der von ihm als »Penicillin« bezeichneten Substanz beschreibt und auf ihre mögliche Bedeutung für die Behandlung bakterieller Infektionen hinweist, wurden erstmalig im Juni 1929 veröffentlicht. Seine Entdeckung fand jedoch zunächst kaum Beachtung.

Von der Entdeckung zur ärztlichen Anwendung

Was Fleming nicht gelang, sollte erst 1940 dem australischen Pathologen Howard W. Florey (1898–1968) und dem britischen Chemiker Ernst B. Chain (1906–1979) mit ihrer später als »Oxford-Kreis« bekannten Arbeitsgruppe glücken: die Herstellung des Penicillins in reiner, konzentrierter Form. Bereits im Februar 1941 wurde es versuchsweise bei sechs Patienten mit Streptokokken- und Staphylokokkeninfektionen eingesetzt und bestätigte die ihm von Fleming zugeschriebenen therapeutischen Eigenschaften. Dieser Durchbruch erregte das Interesse der pharmazeutischen Industrie, so daß noch während des 2. Weltkrieges Penicillin bei der Behandlung verwundeter Soldaten eingesetzt werden konnte. 1945 wurden Chain, Florey und Fleming gemeinsam mit dem Nobelpreis für Medizin ausgezeichnet.

Ebenfalls von Erfolg gekrönt war die Arbeit des amerikanischen Mikrobiologen Selman A. Waksman (1888–1973), der 1942 als erster den

Das erste Antibiotikum

Eine Petrischale mit Bakterienkolonien von Staphylococcus aureus und einer Kolonie des Schimmelpilzes Penicillium notatum (rechts) zeigt, wie die Antibiotika entdeckt wurden: Um die Schimmelpilzkolonie herum sind die Bakterien abgestorben. Der Entdecker Alexander Fleming vermutete hier eine bakterienabtötende Substanz, die von dem Schimmelpilz abgesondert wird, und fand Penicillin.

Einteilung und Wirkungsspektrum

Ⓐ *Gegenwärtig gibt es mehrere tausend Substanzen mit nachgewiesener antibiotischer Wirkung, aber nur etwa 60 eignen sich für die*

medizinische Anwendung. Da sich unter ihnen neben natürlich vorkommenden auch halb- und vollsynthetische Substanzen befinden, ist der Begriff des Antibiotikums entsprechend erweitert worden. Je nach dem Umfang ihres Wirkungsspektrums werden die einzelnen Substanzen den Schmalband-, Mittelband- oder

Breitbandantibiotika zugeordnet. So zählt beispielsweise das von Streptomyces noursei gebildete Nystatin, das ausschließlich als Mittel gegen Pilze Verwendung findet, zu den Schmalbandantibiotika, während das vollsynthetisch hergestellte Chloramphenicol neben seiner antibakteriellen Wirkung auch Viren bekämpft.

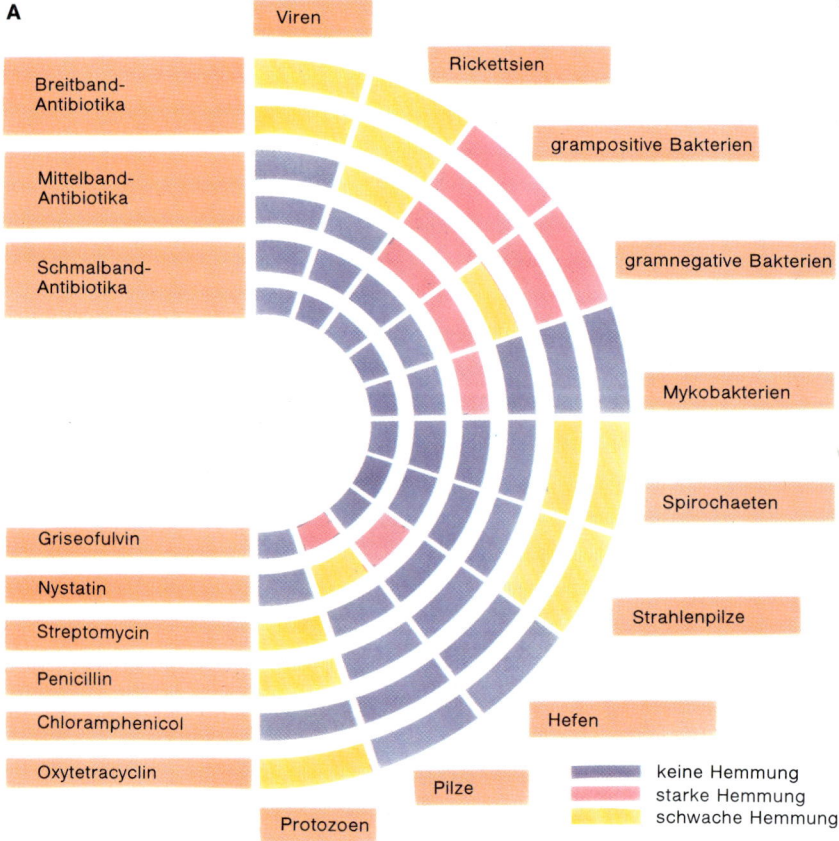

A

Breitband-Antibiotika

Mittelband-Antibiotika

Schmalband-Antibiotika

Viren
Rickettsien
grampositive Bakterien
gramnegative Bakterien
Mykobakterien
Spirochaeten
Strahlenpilze
Hefen
Pilze
Protozoen

Griseofulvin
Nystatin
Streptomycin
Penicillin
Chloramphenicol
Oxytetracyclin

■ keine Hemmung
■ starke Hemmung
■ schwache Hemmung

Siehe auch: **Bakterien**, *S. 106/107* **Zellstoffwechsel**, *S. 214/215* **Erbgut**, *S. 300/301*

B

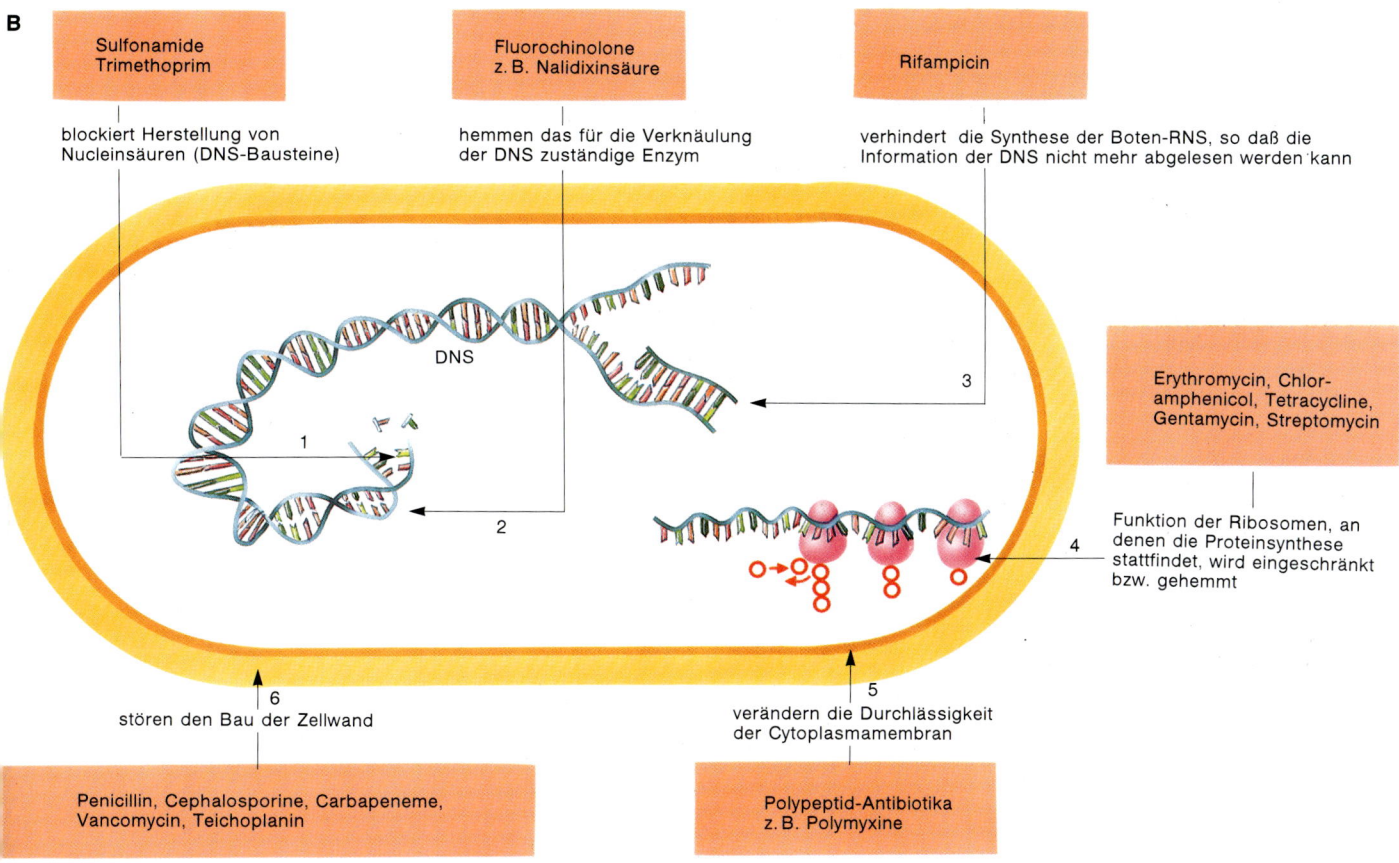

Sulfonamide
Trimethoprim

blockiert Herstellung von
Nucleinsäuren (DNS-Bausteine)

Fluorochinolone
z. B. Nalidixinsäure

hemmen das für die Verknäulung
der DNS zuständige Enzym

Rifampicin

verhindert die Synthese der Boten-RNS, so daß die
Information der DNS nicht mehr abgelesen werden kann

DNS

Erythromycin, Chlor-
amphenicol, Tetracycline,
Gentamycin, Streptomycin

Funktion der Ribosomen, an
denen die Proteinsynthese
stattfindet, wird eingeschränkt
bzw. gehemmt

stören den Bau der Zellwand

verändern die Durchlässigkeit
der Cytoplasmamembran

Penicillin, Cephalosporine, Carbapeneme,
Vancomycin, Teichoplanin

Polypeptid-Antibiotika
z. B. Polymyxine

Angriffsorte der Antibiotika
B *Antibiotika gegen Bakterien wirken auf zwei verschiedene Arten. Antibiotika mit bakteriostatischer Wirkung hemmen Wachstum und Vermehrung des Erregers, indem sie in den Stoffwechsel der Bakterienzelle eingreifen. Dabei wird die zur Bakterienteilung nötige Verdopplung der Erbsub-* stanz DNS verhindert, d.h. die Synthese der Nucleinsäuren blockiert (1) oder die Verknäulung der DNS verhindert (2). Andere Antibiotika dieser Gruppe stören die zur Proteinsynthese nötige Übersetzung des genetischen Codes mittels Boten-RNS (3) oder die Proteinsynthese (4) selbst. Die zellabtötende (bakterizide) Wirkung der zweiten Gruppe von Antibiotika wird vor allem durch die Veränderung von Zellwand und -membran verursacht. Die Veränderung der Membrandurchlässigkeit (5) hebt die Kontrolle über den Stoffdurchtritt auf, was den Bakterienstoffwechsel stört. Penicilline und andere Antibiotika stören den Zellwandaufbau (6).

Die Wirkung des Penicillins
C *Die bakterizide Wirkung von Penicillin zeigt die Wichtigkeit der Bakterienzellwand. Weil in der Bakterienzelle mehr gelöste Teilchen als außerhalb sind, würde Wasser in die Zelle strömen und sie zum Platzen bringen. Die Zellwand verhindert dies, indem sie die Zelle zusammenhält.*

Penicillin und andere Antibiotika (1) stören die Synthese von Bausteinen der Zellwand und machen sie brüchig. Das in die Zelle (2) eindringende Wasser (3) dehnt die Zelle aus (4), so daß die Zellwand immer rissiger wird und schließlich zerreißt. Nun zerplatzt auch die Membran, und die Bakterienzelle stirbt ab (5).

C

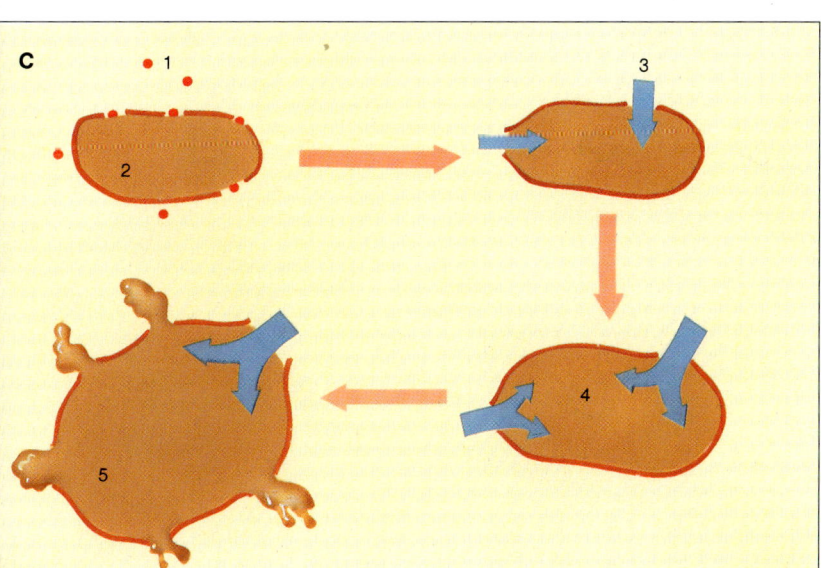

Begriff des »Antibiotikums« prägte. Dieses definierte er als eine chemische Verbindung, die von Mikroorganismen (insbesondere niederen Pilzen und Bakterien) produziert wird und in verdünnter Lösung das Wachstum anderer Mikroorganismen zu hemmen vermag. Ein Jahr später entdeckte Waksman das Streptomycin, das von einigen Actinomyceten der Gattung Streptomyces gebildet wird und sich später vor allem bei der Behandlung der Tuberkulose bewähren sollte. Waksman erhielt 1952 den Nobelpreis.

In den folgenden Jahrzehnten wurden weitere Antibiotika entdeckt oder künstlich hergestellt, so daß die meisten bakteriellen und eine recht große Zahl anderer Infektionen bekämpft werden konnten. Die zum Teil unkontrollierte Anwendung von Antibiotika ließ allerdings immer mehr resistente Bakterien-Stämme entstehen. Die Suche nach neuen Antibiotika und nach Stoffen, die die Resistenzen bekämpfen, soll eine drohende medizinische Katastrophe verhindern.

Bakterien als Krankheitserreger, *S. 372/373* **Viren,** *S. 376/377*

Unsichtbare Zellparasiten

Wenn Viren den Menschen befallen

Die Viren haben aus der Not eine Tugend gemacht. Obwohl diese infektiösen Partikel aus Nucleinsäure und Protein noch nicht einmal die Kennzeichen des Lebendigen aufweisen und sozusagen an der Schwelle zum Leben stehengeblieben sind, gehören sie zu den erfolgreichsten und den am weitesten verbreiteten Parasiten der Welt. Sie nisten sich in ihren Wirtszellen ein und veranlassen diese, auf Kosten ihrer eigenen Lebensfunktionen neue Viren zu produzieren. Für den Menschen stellen viele Viren eine Gefahr dar, da sie Erreger von gefürchteten Krankheiten sind.

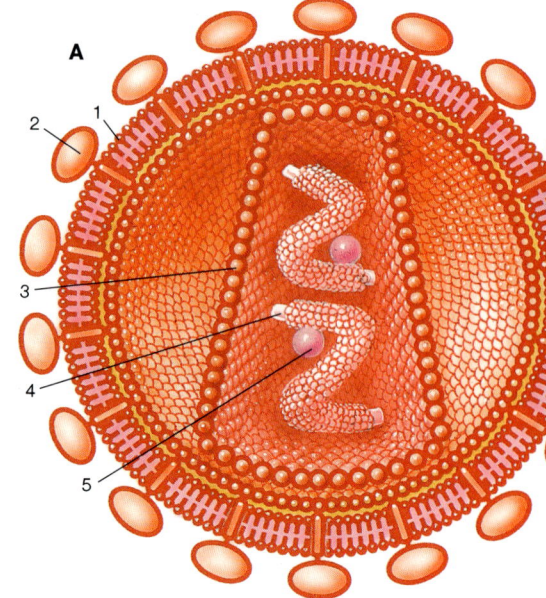

A

Schon lange vor unserer Zeitrechnung war asiatischen Ärzten bekannt, daß Menschen, die bestimmte Infektionen überlebt hatten, kein zweites Mal daran erkrankten. 1874, ein knappes Jahrhundert nachdem der britische Arzt Edward Jenner entdeckt hatte, daß Kuhpocken vor einer Infektion mit dem menschlichen Pockenvirus schützen, wurde in Deutschland die gesetzliche Impfpflicht eingeführt.

Dem medizinischen Fortschritt und den großen Anstrengungen der Weltgesundheitsorganisation (WHO) ist es zu verdanken, daß einige Virusinfektionen ihre Bedrohlichkeit verloren haben. Beispielsweise ist das Variolavirus, der Erreger der schwarzen Pocken, dem in der Vergangenheit zahllose Menschen zum Opfer gefallen sind, seit 1980 ausgerottet. Anders ist es bei den Grippeerregern, den Influenzaviren, die auch heute noch Ursache schwerer Krankheiten sein können. Neben den typischen Grippesymptomen wie Fieber, Husten, Schnupfen, Kopf- und Gliederschmerzen können bei besonders disponierten Personen (älteren und geschwächten Menschen sowie Kleinkindern) lebensbedrohliche Komplikationen wie Lungen- und Gehirnentzündung auftreten. Auch bakterielle Sekundärinfektionen sind nicht selten. Die empfohlene Grippeimpfung bietet zudem keinen ausreichenden Schutz, da die Influenzaviren sehr variabel sind. Durch die häufige Veränderung der viralen Antigenstruktur wird die vorhandene Immunität durchbrochen, und es kann zum Ausbruch neuer Epidemien kommen.

Kinderkrankheiten: Mumps, Masern und Röteln

Zwei wichtige Vertreter aus der Familie der Paramyxoviridae sind das Mumps- und das Morbillivirus. Beide Erreger werden weltweit durch Tröpfcheninfektion übertragen und rufen die als Mumps bzw. Masern bekannten Krankheitsbilder hervor. Mumps ist durch eine fieberhafte Entzündung der Ohrspeicheldrüsen gekennzeichnet, kann aber auch auf andere Organe übergreifen. Besonders junge Männer sind gefährdet, da als Komplikation eine Hodenentzündung mit nachfolgender Sterilität auftreten kann. Bei Masern kommt es neben Fieber und einem Katarrh der oberen Luftwege zu den typischen Hauterscheinungen, die auf einer Immunreaktion beruhen. Beide Infektionen hinterlassen eine lebenslange Immunität. Sicherer ist jedoch die prophylaktische Impfung vor allem aufgrund von möglichen Spätfolgen bei verschiedenen Krankheiten, z. B. bei Masern.

Die Struktur der Viren
Ⓐ *Viren bestehen im einfachsten Fall aus genetischem Material und einem Proteinmantel, dem Kapsid. Letzteres kann aus verschiedenen Strukturelementen aufgebaut sein, so daß sich Viren in Form und Aufbau sehr voneinander unterscheiden. Besonders eindrucksvoll ist z. B. das gefürchtete HIV-Virus (»Human Immunodeficiency Virus« = Humanes Immunschwäche-Virus), das für AIDS verantwortlich ist. Aus der äußeren Lipid-Doppelschicht (1) ragen Proteine (2) heraus; diese spielen für die Infektiösität eine wichtige Rolle, weil sie mit ähnlichen Strukturen an der Oberfläche von Zellen Kontakt aufnehmen. Im von einer weiteren Protein-*

hülle (3) umgebenen Kernbereich befindet sich die virale Erbsubstanz (4), hier RNS (Ribonucleinsäure), und – speziell bei Retroviren wie HIV – das Enzym Reverse Transskriptase (5). Dieses Enzym vermag DNS (Desoxyribonucleinsäure) herzustellen, die in die Chromosomen der Wirtszelle eingebaut wird.

Formenvielfalt
Ⓑ *Trotz der Schwierigkeiten, die die Untersuchungen der nur mit dem Elektronenmikroskop sichtbaren Viren mit sich bringen, hat man die Viren in Familien unterteilen können. Die Tabelle zeigt die Formenvielfalt dieser Erreger und liefert Beispiele für die von ihnen ausgelösten Krankheiten.*

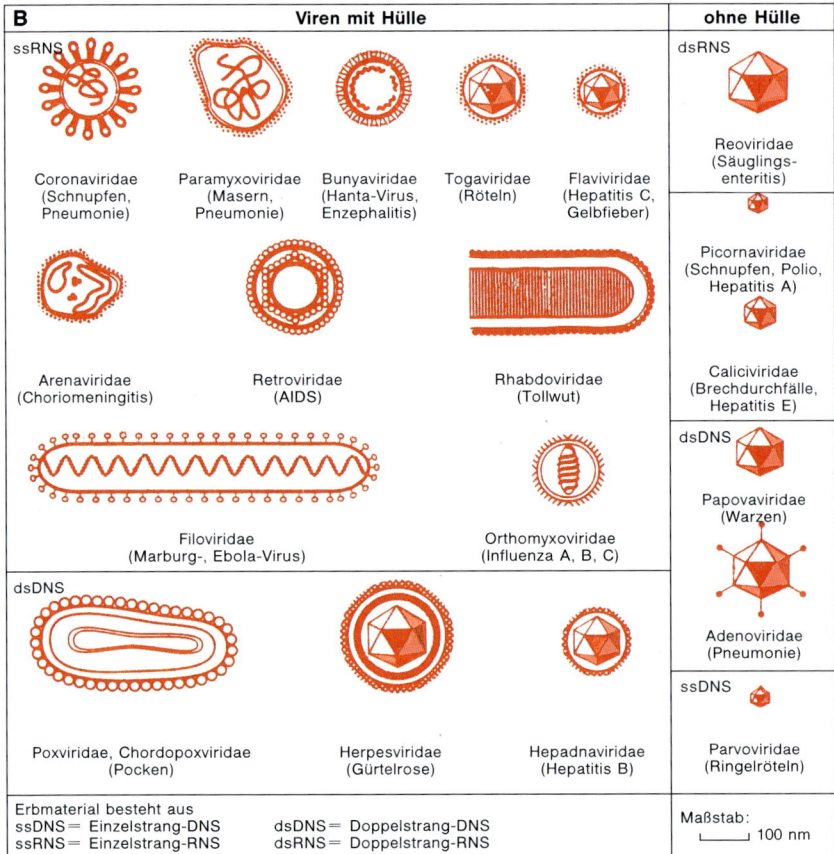

B | **Viren mit Hülle** | **ohne Hülle**

ssRNS

Coronaviridae (Schnupfen, Pneumonie)

Paramyxoviridae (Masern, Pneumonie)

Bunyaviridae (Hanta-Virus, Enzephalitis)

Togaviridae (Röteln)

Flaviviridae (Hepatitis C, Gelbfieber)

Arenaviridae (Choriomeningitis)

Retroviridae (AIDS)

Rhabdoviridae (Tollwut)

Filoviridae (Marburg-, Ebola-Virus)

Orthomyxoviridae (Influenza A, B, C)

dsRNS

Reoviridae (Säuglingsenteritis)

Picornaviridae (Schnupfen, Polio, Hepatitis A)

Caliciviridae (Brechdurchfälle, Hepatitis E)

dsDNS

Papovaviridae (Warzen)

Adenoviridae (Pneumonie)

ssDNS

Parvoviridae (Ringelröteln)

dsDNS

Poxviridae, Chordopoxviridae (Pocken)

Herpesviridae (Gürtelrose)

Hepadnaviridae (Hepatitis B)

Erbmaterial besteht aus
ssDNS = Einzelstrang-DNS   dsDNS = Doppelstrang-DNS
ssRNS = Einzelstrang-RNS   dsRNS = Doppelstrang-RNS

Maßstab:
⊢——⊣ 100 nm

Siehe auch: **Zellstoffwechsel,** *S. 214/215* **Lymphsystem,** *S. 272/273* **Humorale Immunabwehr,** *S. 276/277*

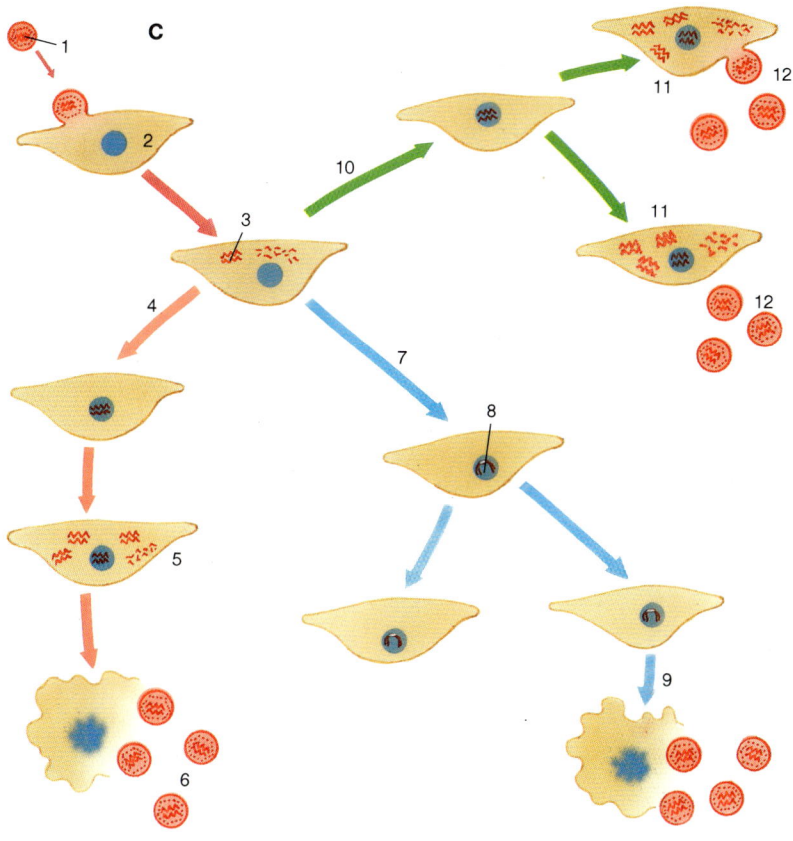

Virenvermehrung

C *Die Gefährlichkeit von Viren beruht darauf, daß sie zu ihrer Vermehrung auf andere Zellen angewiesen sind und diese dabei zerstören. Zuerst dringt das Virus (1) in die Zelle (2) ein, wobei sein Erbmaterial (3) freigesetzt wird. Es gibt drei mögliche Vermehrungswege: Bei einer lytischen Infektion (4) wird der Stoffwechsel der Wirtszelle derart umgestellt, daß er nur noch virale Proteine und Nucleinsäuren erzeugt (5), aus denen sich die Viren zusammensetzen. Schließlich stirbt die Wirtszelle und entläßt die Viren (6). Bei einer latenten Infektion (7) ruht das Virus-Genom eine gewisse Zeit im Zellkern (8) der Wirtszelle. Es wird in Chromosomen der Wirtszelle eingebaut und bei jeder Zellteilung mitvererbt. Das Virus kann aber auch wieder aktiv werden, so daß das gleiche wie bei einer lytischen Infektion passiert (9). Bei einer persistierenden Infektion (10) überlebt die Zelle, obwohl sich die Viren vermehrt haben (11), und teilt sich. Dabei setzt die Zelle ständig Viren frei (12).*

Kinderlähmung

D *Ein gutes Beispiel für eine Virusinfektion, die sich im gesamten Organismus ausbreitet, ist die Kinderlähmung (Poliomyelitis). Bis zur flächendeckenden Durchführung der Schluckimpfung war sie eine gefürchtete Kinderkrankheit, die aber auch Erwachsene betreffen kann. Ist der Poliovirus durch den Mund in den Organismus gelangt, vermehrt er sich in Mandeln und Dünndarm. Über das Lymphsystem gelangen die Viren schließlich ins Blut und werden so in verschiedene Organe verschleppt. Fieber setzt ein. Nach einer Woche dringen die Viren dann auch ins Zentralnervensystem ein und verursachen Lähmungen.*

D

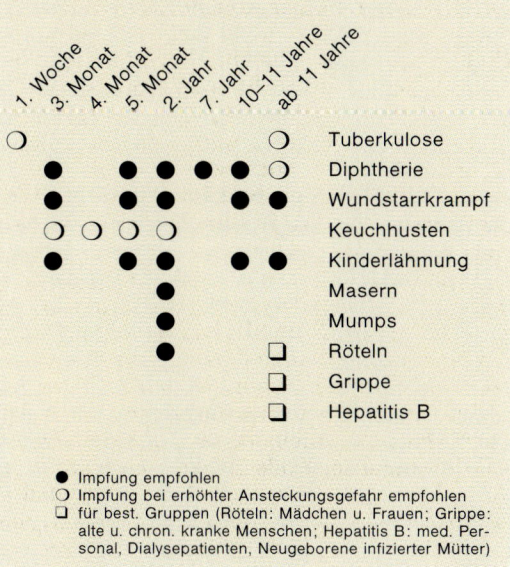

1. Tag: Ansteckung: Eindringen und Vermehrung im Dünndarm

2. Tag: Eindringen u. Vermehrung in Lymphknoten

3. Tag: 1. Virenschub im Blut

4. Tag: Vermehrung in Organen außerhalb des ZNS

5. Tag: 2. Virenschub im Blut

ab 7. Tag: Eindringen, Vermehren und Ausbreitung im ZNS

ab 9. Tag: Invasion des Zentralnervensystems

ab 11. Tag: Lähmungserscheinungen

Ebenfalls bedeutend ist das zu den Togaviren gehörende Rubellavirus, der Erreger der Röteln. Diese Infektion, im Verlauf meist komplikationslos für den Betroffenen, kann bei Frauen in den ersten drei Schwangerschaftsmonaten zu schweren Schädigungen des Ungeborenen führen. Doch auch hier kann eine vorbeugende Impfung ausreichenden Schutz gewähren.

AIDS: Schutz vor Ansteckung oberstes Gebot

Daß Viren auch in unserer Zeit eine ernste Bedrohung darstellen, zeigen einige besonders heimtückische Viren. So gibt es bis heute gegen das das Immunsystem angreifende AIDS-Virus (→ S. 274/275) noch keine erfolgreiche Therapie. Gegen das AIDS-Virus hilft nur Ansteckungsvermeidung. Eine lokal begrenzte Epidemie des Ebola-Virus hat erst vor kurzem in Afrika für Aufregung gesorgt. Hauptsymptom sind innere Blutungen mit oft tödlichem Ausgang, wie sie auch das Marburg-Virus hervorruft.

Schutzimpfungen

Viele Viruserkrankungen – aber auch einige bakterielle Infektionen – können durch vorbeugende Schutzimpfungen verhindert werden. Bei der aktiven Immunisierung wird das Immunsystem durch Gabe von abgeschwächten Erregern, Erregerbestandteilen oder entgifteten Bakterientoxinen gezielt zur Bildung von Antikörpern angeregt. Der Körper probt sozusagen den Ernstfall und hat nach ungefähr 14 Tagen eine Basisimmunität entwickelt, die meist in bestimmten Zeitabständen wieder aufgefrischt werden muß. Kommt der geimpfte Mensch dann später mit dem »echten« Erreger in Kontakt, so sorgt das »immunologische Gedächtnis« für eine schnelle und gezielte Inaktivierung des Erregers aus dem Organismus selbst heraus. Bei der passiven Immunisierung dagegen werden spezifische Antikörper direkt verabreicht. So kann z. B. beim Verdacht einer Infektion deren Ausbruch durch die sofortige Schutzwirkung verhindert werden.

	1. Woche	3. Monat	4. Monat	5. Monat	2. Jahr	7. Jahr	10–11 Jahre	ab 11 Jahre	
	○						○		Tuberkulose
		●	●	●	●	●	●	○	Diphtherie
		●	●	●	●	●	●	●	Wundstarrkrampf
	○	○	○	○					Keuchhusten
		●	●	●	●	●	●	●	Kinderlähmung
					●				Masern
					●				Mumps
					●			□	Röteln
								□	Grippe
								□	Hepatitis B

● Impfung empfohlen
○ Impfung bei erhöhter Ansteckungsgefahr empfohlen
□ für best. Gruppen (Röteln: Mädchen u. Frauen; Grippe: alte u. chron. kranke Menschen; Hepatitis B: med. Personal, Dialysepatienten, Neugeborene infizierter Mütter)

Erbgut, *S. 300/301*   **Bakterien,** *S. 372/373*

Alltägliche Vergiftung

Giftige Chemikalien als Abfallprodukte des Fortschritts

Die gesundheitliche Belastung des Menschen durch giftige Chemikalien nimmt fortlaufend zu. Die Verschmutzung der Umwelt durch giftige Abfallprodukte der Industrie, der berufsbedingte Kontakt mit Gefahrstoffen und die Entwicklung immer neuer synthetischer Chemikalien sind dafür mitverantwortlich, daß bestimmte Krebserkrankungen und Allergien häufiger auftreten. Problematisch sind vor allem die möglichen Spätschäden, die oft erst Jahre nach dem Kontakt mit einer giftigen Substanz auftreten, so daß der Zusammenhang nicht rechtzeitig erkannt wird.

1976 wurde die Öffentlichkeit durch die dramatischen Folgen des Unfalls in einem italienischen Chemiewerk auf eine Substanz aufmerksam, die zu den giftigsten Chemikalien zählt – das Tetrachlordibenzodioxin (TCDD), besser bekannt als »Sevesogift«. Das bei der Herstellung eines Pflanzenschutzmittels als »Verunreinigung« anfallende Gift machte deutlich, wie wichtig Schutzmaßnahmen für die Bevölkerung und für die Menschen sind, die beruflich mit giftigen Chemikalien in Kontakt kommen.

Von zentraler Bedeutung ist in diesem Zusammenhang die Arbeitsmedizin. Zu ihren Aufgaben gehört die Erforschung der Wechselbeziehungen zwischen Mensch und Arbeitswelt, die Schaffung von Arbeitsbedingungen, welche ein Höchstmaß an Schutz vor gesundheitlichen Schäden garantieren, die Erkennung berufsbedingter Erkrankungen sowie therapeutische Hilfestellung für Betroffene.

Aufnahme durch Haut, Atemluft und Nahrung

Einige Lösungsmittel, z. B. Benzol oder Tetrachlorkohlenstoff, gelangen aufgrund ihrer »fettfreundlichen« (lipophilen) Eigenschaften über die intakte Haut oder Schleimhaut in den Körper. Selbst Gummihandschuhe können diese Substanzen bei längerem Kontakt durchdringen.

Giftige Gase, etwa das Vinylchlorid, das bei der Herstellung von Bodenbelägen aus PVC anfällt, kommen beim Einatmen zunächst in die Lunge, um dann im Körper vielfältige Wirkungen wie Leber-, Magen- und Speiseröhrenschäden zu verursachen. Auch viele Lösungsmitteldämpfe gelangen über die Luftbläschen der Lunge ins Blut, andere Fremdchemikalien werden vom Darm aus resorbiert, wenn sie unwissentlich mit der Nahrung aufgenommen werden.

Schon kleine Mengen schädigen den Körper

Die Schäden, die durch eine chemische Substanz im Organismus verursacht werden können, sind dosisabhängig und äußerst komplex. So führt beispielsweise Arsenik, ein Oxid des Arsens, in geringer Konzentration über längere Zeit zu chronischer Vergiftung mit Reizungen der Schleimhäute, Magen-Darm-Beschwerden, schmerzhaften Nervenentzündungen, Muskelabbau, Lähmungserscheinungen, Nagelveränderungen, Braunfärbung der Haut (Arsenmelanose) sowie Hautverdickungen, aus denen sich später ein »Arsenkrebs« entwickeln kann. Ferner treten Lidschwellungen auf, Haarausfall, Schädigungen von Knochenmark, Leber und Nieren usw. Eine einmalige Dosis von 0,3 g Arsenik bewirkt bereits eine akute Vergiftung, die innerhalb weniger Stunden mit dem Tod durch Kreislauf- und Herzversagen enden kann. Arsenik – nur noch selten als Rattengift verwendet – dient u. a. zur Konservierung von Häuten.

Chemikalien können auch Krebs verursachen

Als Mutation bezeichnet man eine erbliche Veränderung der genetischen Information. In der Folge kann es zur Entartung der betroffenen Zellen und so zur Bildung bösartiger Tumore (Krebs) kommen. Chemikalien, die erbgutverändernde Eigenschaften besitzen, werden daher auch zu den Mutagenen oder genotoxischen Karzinogenen gerechnet. Bedeutsam sind hier insbesondere viele aromatische Verbindungen wie Benzol und p-Aminophenol (Bestandteil von Foto-Entwicklern), N-Nitrosoverbindungen, Kaliumdichromat (z. B. in Zündhölzern), Cadmiumchlorid sowie bestimmte Pestizide.

A

SCHADSTOFFE

Atemluft — Nahrung — Hautkontakt

Ausatmen leichtflüchtiger Chemikalien

Lunge — Magen-Darm-Trakt — Haut

ORGANE UND GEWEBE: NERVENSYSTEM, KNOCHEN, FETTGEWEBE

BLUTKREISLAUF

Leber

Niere — Plazenta — Gallenblase

Harnblase — Embryo/Fetus — Darm

wasserlösliche Chemikalien

Chemikalien mit hoher molarer Masse

Urin — Kot

Schadstoffe im Körper
A *Die ungewollt (z. B. durch Abgase) oder gewollt (z. B. durch Schädlingsbekämpfungsmittel) in die Umwelt gebrachten Schadstoffe dringen auf verschiedenen Wegen in den Körper ein und gelangen in den Blutkreislauf. Werden sie nicht wieder ausgeschieden, erreichen sie von hier aus die Organe und schädigen sie oder sammeln sich im Fettgewebe an, wie z. B. die Halogenkohlenwasserstoffe. Diese sind ferner in der Lage, durch die Plazentaschranke in den Körper eines Embryos oder Fetus zu gelangen. Schwermetalle können sich ebenfalls über längere Zeit im Körper ansammeln und zu chronischen Erkrankungen führen.*

Siehe auch: **Müll und Strahlen,** S. 202/203 **Wasserverschmutzung,** S. 204/205 **Entartete Zellen,** S. 218/219 **Nieren,** S. 294/295

B

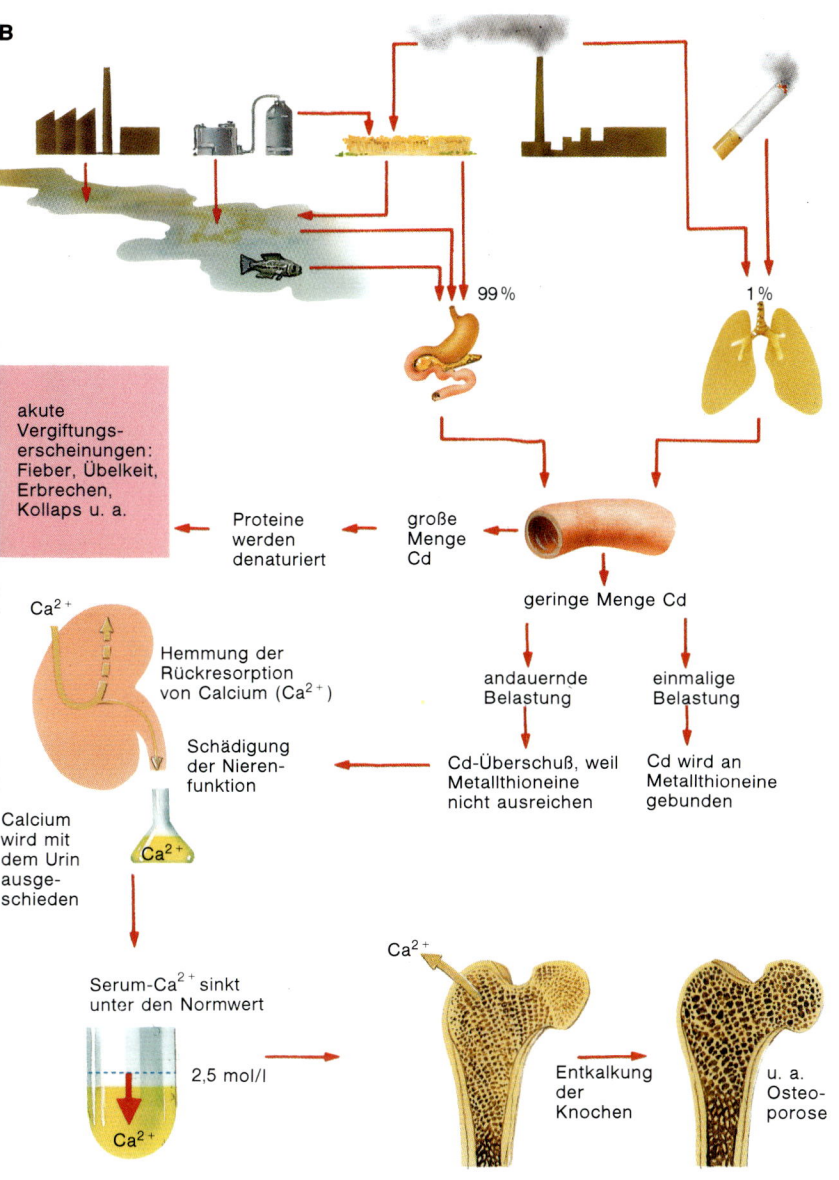

akute
Vergiftungs-
erscheinungen:
Fieber, Übelkeit,
Erbrechen,
Kollaps u. a.

99 %

1 %

Proteine
werden
denaturiert

← große
Menge
Cd

geringe Menge Cd

Ca^{2+}

Hemmung der
Rückresorption
von Calcium (Ca^{2+})

Schädigung
der Nieren-
funktion

andauernde
Belastung

einmalige
Belastung

Cd-Überschuß, weil
Metallthioneine
nicht ausreichen

Cd wird an
Metallthioneine
gebunden

Calcium
wird mit
dem Urin
ausge-
schieden

Ca^{2+}

Serum-Ca^{2+} sinkt
unter den Normwert

2,5 mol/l

Ca^{2+}

Ca^{2+}

Entkalkung
der
Knochen

u. a.
Osteo-
porose

Der Ames-Test

Unter den Testverfahren zur Überprüfung muta-
gener Eigenschaften von Chemikalien ist der sogenannte Ames-Test eine einfache, aber sichere Methode. Dazu werden spezielle Salmonellabakterien
verwendet, die aufgrund einer Punktmutation die
Aminosäure Histidin nicht mehr selbst herstellen
können. Diese werden zusammen mit einem Rattenleberextrakt und der zu testenden Chemikalie
auf einem histidinfreien Nährmedium kultiviert.
Ist die Chemikalie mutagen, so kommt es bei einigen Bakterien zu einer Rückmutation, so daß sie
wieder Histidin produzieren können. Diese Zellen
wachsen nun auf dem Medium. Dabei ist die Anzahl der Bakterienkolonien in Abhängigkeit von
der Chemikalienkonzentration ein Maß für die
Mutagenität der getesteten Substanz. Für den
Menschen bedeutet ein positives Testergebnis, daß
die Substanz mit hoher Wahrscheinlichkeit Krebs
erzeugt.

Ames-Test

10^8 Testbakterien

Rattenleberextrakt

verdächtige
Chemikalie

48 h
37 °C

Petri-Schale mit
histidinfreiem
Wuchsmedium

Brutschrank

die Kolonien
werden gezählt

Wie Cadmium den Körper vergiftet

B *Wie Schadstoffe in den
Körper gelangen und welche
Wirkungen sie haben, zeigt
das Beispiel des Cadmiums
(Cd). Die Quellen dieses
Schwermetalls sind u. a. die
Abwässer der Industrie,
Klärschlämme, Rauchabgase
und Zigarettenrauch. Cad-
mium gelangt in die Gewässer, wird von Kulturpflan-
zen aufgenommen und
dringt so über Trinkwasser,
Nahrung und über die Luft
in den Körper und schließlich ins Blut. Hier wird
Cadmium – wie auch andere
Schwermetalle – an das Protein Metallthionein gebunden, das als Entgiftungsstoff
wirkt. Hält die Belastung
allerdings an, reicht dieser
Entgiftungsmechanismus*
*nicht mehr aus. Cadmium
verursacht durch die Schädigung der Nieren eine Aus-
schwemmung von Calcium
(Ca^{2+}) aus den Knochen,
die dadurch brüchig werden.
Weitere Folgen einer chronischen Cadmiumvergiftung
sind rheumatoide Schmerzen
im Becken, in der Lenden-
wirbelsäule und den Gliedmaßen, ferner Dauerschnup-
fen, Beeinträchtigung des
Geruchsvermögens sowie
Harn- und Nierensteine.
Eine große Gefahr für Neugeborene ergibt sich durch
die Ansammlung des
Schwermetalls in der Mut-
termilch. Große Mengen
Cadmium führen zu einer
Denaturierung von Blutpro-
teinen, was akute Vergif-
tungserscheinungen zur
Folge hat.*

Stoff	Vorkommen/Entstehung	Wirkung im Organismus
Arsen-verbindungen	Legierungen, Schädlingsbekämpfungsmittel	Schleimhautreizung, Muskelabbau, Nervenentzündung u. a.
Asbest	Altlast im Baugewerbe, Feuerschutz	Asbestose, Lungenkrebs
Benzol	Benzin, Lösungsmittel	Schwindel etc., Krebs
Blausäure	Schädlingsbekämpfungsmittel, Nüsse	Blockade der Zellatmung, Ersticken
Blei	Akku-Herstellung, Benzin	Schwäche, Müdigkeit, Magen-beschwerden
Cadmium	Industrie, Klärschlamm, Rauchen	Rheumatoide Schmerzen, Osteoporose
Kohlen-monoxid	unvollständige Verbrennungen (z. B. Zigarette, Automotor)	verdrängt O_2 im Hämoglobin, Ersticken
Nitrosamine	entstehen bei der Verdauung aus Nitraten bzw. Nitriten und Aminen	Krebs
Organo-phosphate	Schädlingsbekämpfungsmittel, Kampfgase (Sarin, Tabun)	Nervengift (Hemmung der Acetylcholinesterase)
Ozon	Entstehung aus O_2 und NO_x an heißen Tagen	Schleimhautreizung, Kopfschmerz
PCB	Isolierflüssigkeit, Lackzusätze	Ablagerung im Fettgewebe, Krebs
Schwefeldioxid	Verbrennung fossiler Rohstoffe	Bronchialschleimhautschädigung

Strahlen und Strahlenschäden, *S. 370/371*   **Natürliche Gifte**, *S. 380/381*

Nur selten tödlich

Natürliche Gifte und ihre Wirkungen

So schillernd und vielgestaltig sich uns die Tier- und Pflanzenwelt präsentiert, so vielfältig ist auch die Herkunft der natürlichen Gifte. Zahlreiche Pflanzen- und Tierarten produzieren toxische Substanzen, die zur Verteidigung oder zum Beutefang eingesetzt werden. Einige dieser Giftstoffe können beim Menschen gefährliche, in Ausnahmefällen sogar tödliche Wirkungen entfalten, wenn sie in entsprechender Dosis in den Körper gelangen. Nicht nur in den tropischen Erdregionen, auch in Mitteleuropa kann ein Ausflug in die Natur so manch Unkundigem zum Verhängnis werden.

Wer je von einer Wespe gestochen wurde oder beim Baden im Meer mit den Nesselkapseln einer »Feuerqualle« in Kontakt geraten ist, weiß, wie schmerzhaft solche Begegnungen sein können. Allerdings rufen die Giftsubstanzen dieser Tiere im allgemeinen nur kurzfristige und lokal begrenzte Reaktionen hervor. Der Stich eines Saharaskorpions oder der Biß einer Sandrasselotter dagegen kann durchaus tödlich sein, wenn nicht sofort medizinische Maßnahmen ergriffen werden, wie z.B. die Gabe eines spezifischen Antiserums.

Auch unter den Pflanzen gibt es viele giftige Vertreter. Hier sind vor allem kleinere Kinder gefährdet, denn ihre natürliche Neugier und das oft ansprechende Äußere von Giftpflanzen (z.B. Goldregen, Tollkirsche, Eisenhut) verleiten sie dazu, Teile der Pflanze zu essen.

Neben den allgemein bekannten Giftpilzen wie dem Grünen Knollenblätterpilz sind auch Schimmelpilze gefährlich. So bildet Aspergillus flavus, der sich z.B. in verdorbenen Erdnüssen findet, krebserregende Aflatoxine, die vor allem die Leber angreifen.

Gifttiere zu Wasser und zu Lande

Man mag es kaum glauben: Der Kugel- oder Fugufisch, der in Japan als Delikatesse gilt, gehört zu den giftigsten Fischen überhaupt. Er produziert in seinen Eierstöcken Tetrodotoxin, ein tödliches Nervengift (Neurotoxin), das bei falscher Zubereitung des Fisches die Weiterleitung von Nervenimpulsen blockiert und innerhalb weniger Stunden zu Muskel- und Atemlähmung führen kann.

Unter den Quallen sind vor allem die Portugiesische Galeere (Physalia physalis) und die Würfelqualle (Chironex fleckeri) gefürchtet. Ihre Nesselgifte können neben schweren Hautverletzungen zu akutem Kreislaufversagen führen.

Zu den wenigen für den Menschen gefährlichen Spinnen zählen die Schwarzen Witwen der Gattung Lactrodectus. Diese Kugelspinnen erzeugen das Protein Latrotoxin, ebenfalls ein Neurotoxin, das beim Biß in die Beute injiziert wird. Bei Menschen erzeugt es u.a. sehr schmerzhafte Muskelkrämpfe. Todesfälle kommen aber eher selten vor, da die übertragene Giftmenge meist zu gering ist.

Gifte können auch heilen

Zur Zeit sind über 750 Giftstoffe aus mehr als 1000 Pflanzenarten bekannt. Der gefleckte Schierling (Conium maculatum) beispielsweise enthält als giftigen Inhaltsstoff das Alkaloid Coniin, welches schon Sokrates im sogenannten »Schierlingsbecher« den Tod brachte. Coniin wird sehr schnell vom Körper aufgenommen und bewirkt bereits in Dezigrammdosen eine aufsteigende Lähmung, die in der Beinmuskulatur beginnt und schließlich, bei vollem Bewußtsein, die Atemmuskulatur erfaßt, so daß der Betroffene langsam erstickt.

Anders wirkt das Digitoxin, das Gift des Roten Fingerhutes (Digitalis purpurea). Es gehört zu den herzwirksamen Glykosiden und wird in kleinsten Mengen wegen seiner direkten Wirkung auf die Herzmuskulatur zur Behandlung der Herzschwäche eingesetzt. Hohe Dosen – schon zwei bis drei getrocknete Blätter genügen – verursachen Herzlähmung und Tod. Viele Pflanzengifte, darunter auch das Digitoxin, sind in entsprechend niedriger Dosierung als Arzneimittel in Gebrauch. Tierische Gifte werden dagegen bisher kaum pharmazeutisch genutzt.

Siehe auch: **Pilze,** S. 110/111 **Gifttiere,** S. 174/175

Gifte bei Tieren und Pflanzen

Ⓐ *Viele Tiere setzen zur Jagd oder Verteidigung Gift ein, die auch dem Menschen gefährlich werden können. Im Meer bedrohen uns die Nesselkapseln von Quallen wie der Portugiesischen Galeere (1) oder der Seewespe (2). Am Meeresgrund sind die Giftpfeile der Kegelschnecke (3) oder die Stacheln des Diadem-Seeigels (4) eine Gefahr. Der Feinschmecker muß sich vor dem Nervengift des Kugelfisches (5) fürchten. An Land lähmen Schwarze Witwe (6), Schwarze Mamba (7) und Skorpion (8) ihre Beute mit Gift, während sich die Biene (9) mit ihrer chemischen Waffe nur verteidigt. Der Baumsteigerfrosch (10) zeigt seine Giftigkeit durch grelle Farben an.*

Auch Pflanzen verfügen über starke Gifte. Buschwindröschen (11), Maiglöckchen (12), Gemeiner Stechapfel (13) und Tollkirsche (14) sind in Mitteleuropa heimisch. In Nordamerika wachsen Amerikanische Agave (15) und Scheinzypresse (16), in Südafrika die Belladonnalilie (17) – bei uns eine beliebte Zierpflanze. Aus Südamerika stammend, aber auch in Mitteleuropa angebaut werden Virginischer Tabak (18) und Kartoffel (19), deren Beeren und Knollenkeimlinge giftig sind.

B

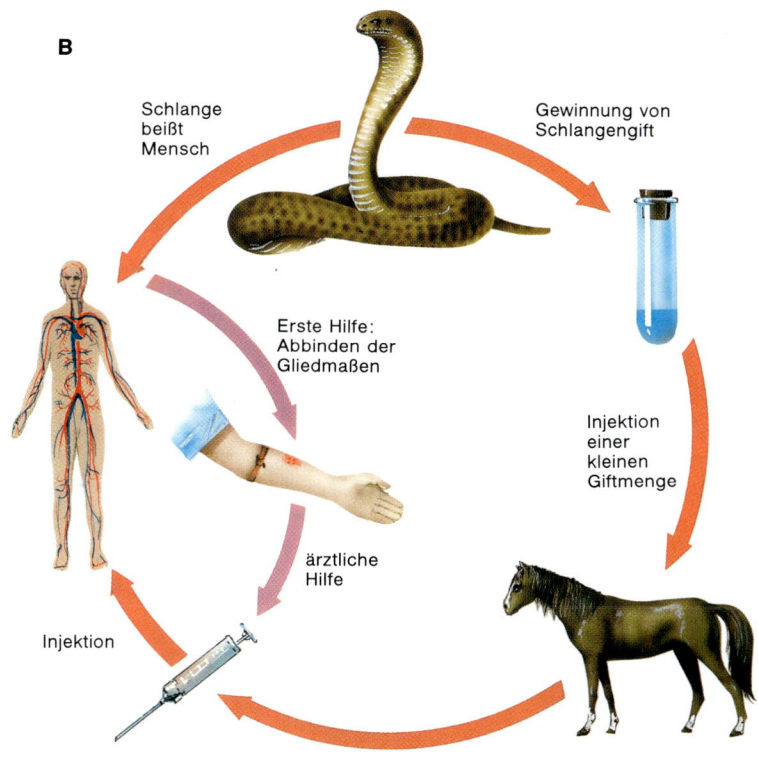

Schlange
beißt
Mensch

Gewinnung von
Schlangengift

Erste Hilfe:
Abbinden der
Gliedmaßen

Injektion
einer
kleinen
Giftmenge

ärztliche
Hilfe

Injektion

Bevorratung
von regional wichtigen
Schlangenseren

Abzapfen von
Blut, Gewinnung
von Seren

Antikörperbildung
im Blut
des Tieres

Schlangengifte und ihre Wirkung

Ein Schlangengift ist ein »Giftcocktail« aus mehreren Bestandteilen. Bei Giftnattern und Seeschlangen herrschen die neurotoxisch wirksamen Peptide vor, während bei Vipern und Grubenottern hauptsächlich Enzyme maßgebend sind. So ist der Hauptbestandteil des Giftes der Kobra und anderer Schlangen ein hochwirksames, in der Wirkung dem Pfeilgift Curare vergleichbares Neurotoxin. Es blockiert die Nervenimpulsübertragung auf die Muskeln und verursacht dadurch Lähmungen. Das Gift von Vipern und Grubenottern enthält u. a. Hyaluronidasen, Phospholipasen und Hämorrhagine. Die Phospholipasen greifen die Zellmembranen an, die Hyaluronidasen schädigen das Bindegewebe und unterstützen so die Verteilung der Giftbestandteile im Körper. Die Hämorrhagine zerstören die Bindegewebsfasern der Blutkapillaren. Dadurch kommt es zu Blutungen durch Überdehnung und Reißen der vorgeschädigten Gefäße. Gerinnungsfaktoren stören zudem die Blutgerinnung. Neben diesen lokalen Schäden kann es wie im Fall der gefürchteten Sandrasselotter, der Kettenviper, der Puffottern und Klapperschlangen durch starke Giftkonzentrationen zu Blutungen im ganzen Körper, zu schweren Kreislaufstörungen und zum tödlichen Schock kommen.

Die Gewinnung von Gegengiften

Ⓑ *Bei umsichtigem Verhalten und sinnvoller Bekleidung (hohe Schuhe, lange Hosen aus festem Stoff) ist die Gefahr, von einer Schlange gebissen zu werden, eher gering. Kommt es doch einmal dazu, ist schnelles Handeln erforderlich. Als Erste Hilfe sollte das betroffene Glied oberhalb der Wunde abgebunden werden, damit das Gift sich im Körper nicht so schnell ausbreitet. Man muß sofort einen Arzt oder ein Krankenhaus aufsuchen. Dort sind meist die Gegengifte, die in der Region benötigt werden, vorrätig. Zur Gewinnung der Gegengifte (Antiseren) wird Giftschlangen Gift entnommen und davon eine geringe Menge einem Pferd injiziert. Dieses bildet nun Antikörper gegen das Gift. Dem Pferd wird Blut abgezapft und daraus das Antiserum gewonnen. Oft enthalten Antiseren Antikörper gegen verschiedene Schlangengifte, da die Opfer die Schlangen meist nicht genau beschreiben können.*

Tödliche Verwechselung

Jahr für Jahr sterben in Deutschland zwischen 40 und 60 Menschen an den Folgen einer Pilzvergiftung. Die meisten Todesfälle gehen dabei auf das Konto des Grünen Knollenblätterpilzes (Amanita phalloides), der immer wieder mit Champignons, z. B. dem Wiesenchampignon (Agaricus campestris), verwechselt wird.

Der Grüne Knollenblätterpilz enthält neben Phallotoxinen und Phallolysinen vor allem die hochgiftigen Amatoxine. Hierbei handelt es sich um kleine hitzestabile Proteinmoleküle, die bereits in geringer Konzentration die Proteinsynthese in den Zellen zum Erliegen bringen, indem sie ein für diesen Prozeß notwendiges Enzym hemmen. Dabei sind vor allem die stoffwechselaktiven Ausscheidungsorgane Leber, Nieren und das Darmepithel betroffen. Neben Kreislaufversagen ist insbesondere die Zersetzung der Leber als Todesursache zu nennen.

Wiesen-Champignon

Grüner Knollenblätterpilz

Blutgerinnung, *S. 262/263*   Humorale Immunabwehr, *S. 276/277*   Nervenzelle, *S. 332/333*   Chemikalien, *S. 378/379*

Die Technik

Die Feinstrukturen eines Mikrochips läßt nur das Mikroskop erkennen. Jeder der Schaltkreise, die zu Tausenden auf einen Quadratmillimeter passen, kann hundert Millionen und mehr Rechenoperationen pro Sekunde ausführen. Wie Flugzeuge, Autos und Erdbeobachtungssatelliten gehören Mikrochips zu den Geräten, ohne die die moderne Zivilisation nicht überleben könnte.

Das Kapitel »Die Technik« erklärt, wie die Maschinen und Apparate funktionieren, denen wir ein längeres und sichereres Leben verdanken, als es je in der Geschichte möglich war. Es stellt die physikalischen und chemischen Grundlagen moderner Technik dar und erläutert Schlüsseltechnologien von der Energieerzeugung bis zur Raumfahrt. So wird zugleich verständlich, wie die Welt durch das Ineinandergreifen moderner Hochtechnologien zum »globalen Dorf« werden konnte.

Bausteine der Materie

Aus Atomen setzt sich unsere Welt zusammen

Das moderne naturwissenschaftliche Denken basiert auf der Erkenntnis, daß die Materie aus Atomen besteht. Mit Durchmessern von weniger als einem Nanometer (1 milliardstel Meter) liegen die Atome jedoch weit unterhalb der Grenzen direkter Wahrnehmung. Ihr Aufbau läßt sich nur in abstrakten Modellen beschreiben. In unserem Jahrhundert gelang es den Physikern, diese Hypothesen immer weiter zu verfeinern. Sie liefern eine gesicherte Grundlage für das Verständnis aller physikalischen und chemischen Phänomene und Prozesse – auch wenn jede neue Erkenntnis neue Fragen aufwirft. Zahlreiche Technologien – von Mikrocomputern und Lasern bis zu Solarzellen und Kernreaktoren – wenden Erkenntnisse der Atomphysik an und revolutionieren damit das Alltagsleben in der modernen Welt.

Viel leerer Raum im Inneren

Auch mit den stärksten Mikroskopen läßt sich ein einzelnes Atom niemals direkt beobachten. Die Wellenlängen des Lichts, die das menschliche Auge wahrnimmt, übersteigen den Durchmesser des Atoms hundertfach. Licht kann Strukturen von der Größe eines Atoms nicht mehr auflösen. Trotzdem ist es möglich, Darstellungen von Atomen zu erzeugen: Das Raster-Tunnel-Mikroskop mißt Form und Größe des Elektronenfeldes rund um das Atom, und die Röntgen-Kristallographie kann den Abstand zwischen den Atomen bestimmen. Beide Verfahren bestätigen die alte Hypothese, daß es sich bei Atomen um selbständige Einheiten handelt.

Erst sehr spät stellte man fest, daß Atome keine unteilbaren Komplexe sind, sondern noch kleinere Teilchen, die Protonen, Neutronen und Elektronen, enthalten. Der erste Anlaß für diese Entdeckung war das Verhalten von Kathodenstrahlen. Ende des 19. Jahrhunderts fand der britische Physiker J. J. Thompson heraus, daß die von der negativ geladenen Elektrode in einer luftleeren Röhre ausgesandten energiereichen »Strahlen« sich aus schnellen Teilchen mit negativer Ladung und einer Masse von etwa 9×10^{-31} kg zusammensetzten. Die von Thompson entdeckten Teilchen waren die Elektronen. Da die Atome nach außen elektrisch neutral erscheinen, glaubte der Forscher, die winzigen negativ geladenen Elektronen seien in einen positiv geladenen »Schwamm« eingebettet.

Im Jahre 1911 konnte der neuseeländische Physiker Ernest Rutherford jedoch zeigen, daß die positive Ladung des Atoms sich in einem dichten Kern konzentriert. In dem von Rutherford entwickelten Atommodell kreisen die leichten Elektronen um einen schweren Kern aus positiv geladenen Teilchen, den Protonen. Der Abstand zwischen den Elektronen und dem Kern ist mehr als 10 000 mal größer als der Durchmesser des Kerns. Atome bestehen also im wesentlichen aus leerem Raum.

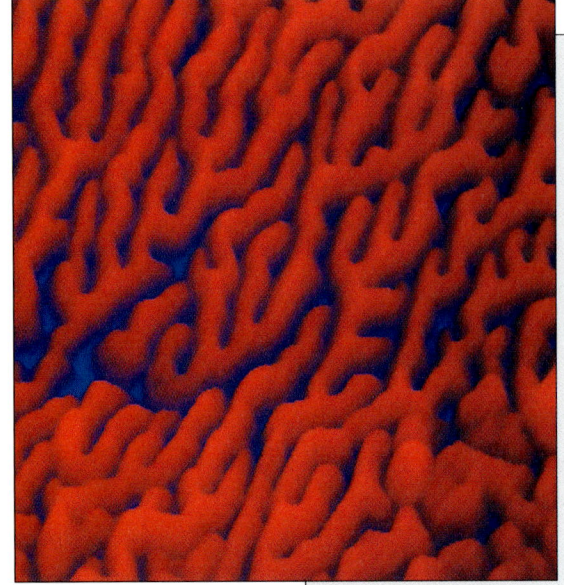

Atome unter dem Mikroskop
Das mit einem Raster-Tunnel-Mikroskop erzeugte Bild zeigt die elektrische »Spur« einer dünnen Schicht aus Silberatomen (links). Die Verdickungen in den rotgefärbten Strängen entsprechen den einzelnen Silberatomen; ihre regelmäßige Anordnung ist gut erkennbar. Das Raster-Tunnel-Mikroskop mißt mit einer extrem feinen, elektrisch geladenen Spitze die Ladung der Elektronenhüllen. Bei der Darstellung handelt es sich also genau genommen um ein Bild der Elektronenschalen. Die Farben wurden willkürlich für eine besonders deutliche Wiedergabe gewählt.

Elektronen werden sichtbar
A *Eine positiv geladene Elektrode (2) beschleunigt die von einer negativ geladenen Elektrode (1) ausgesandten »Strahlen«. Sie treffen auf einen Fluoreszenzschirm (3) und bilden einen Leuchtpunkt. Ein elektrisches Feld (4) lenkt die Kathodenstrahlen ab. Richtung und Ausmaß der Ablenkung (5) zeigen, daß es sich bei den Strahlen eigentlich um winzige, negativ geladene Teilchen handelt: die Elektronen, deren Masse 2000 mal geringer ist als die des leichtesten Atoms. Thompsons Atommodell geht auf diese Beobachtung zurück: Hier finden sich die Elektronen (6) eingebettet in einen positiv geladenen »Schwamm« (7).*

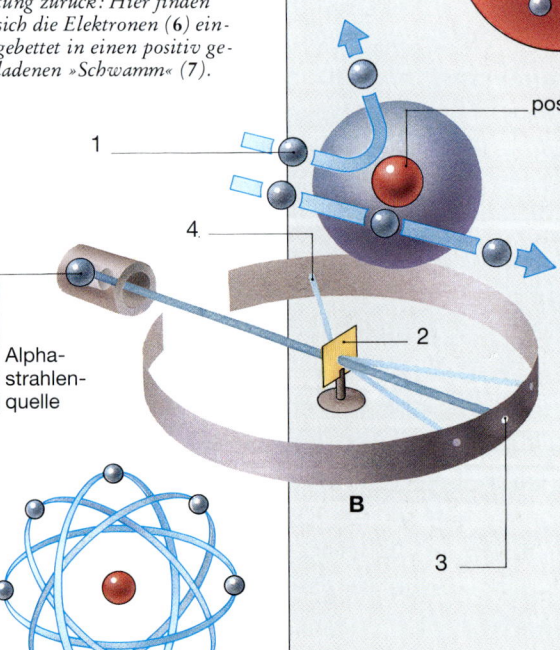

positiver Kern

Die Entdeckung der Atomkerne
B *Rutherford schoß Alphateilchen – positiv geladene Heliumkerne (1) – auf eine dünne Goldfolie (2). Die meisten flogen erwartungsgemäß geradeaus durch das Metall (3), einige wurden jedoch zurückgeschleudert (4). Rutherford erkannte, daß die zur Ablenkung der positiv geladenen Partikel erforderlichen Kräfte nur auftreten konnten, wenn sich die Alphateilchen einem hochkonzentrierten Bereich mit positiver Ladung näherten – einem Kern und nicht nur einem diffus positiven »Schwamm«. In Rutherfords Atommodell (5) umkreisen Elektronen einen kleinen, aber dichten positiven Kern.*

Siehe auch: Elektronen, S. 386/387 Quantentheorie, S. 388/389 Grundkräfte, S. 390/391 Kernenergie, S. 434/435

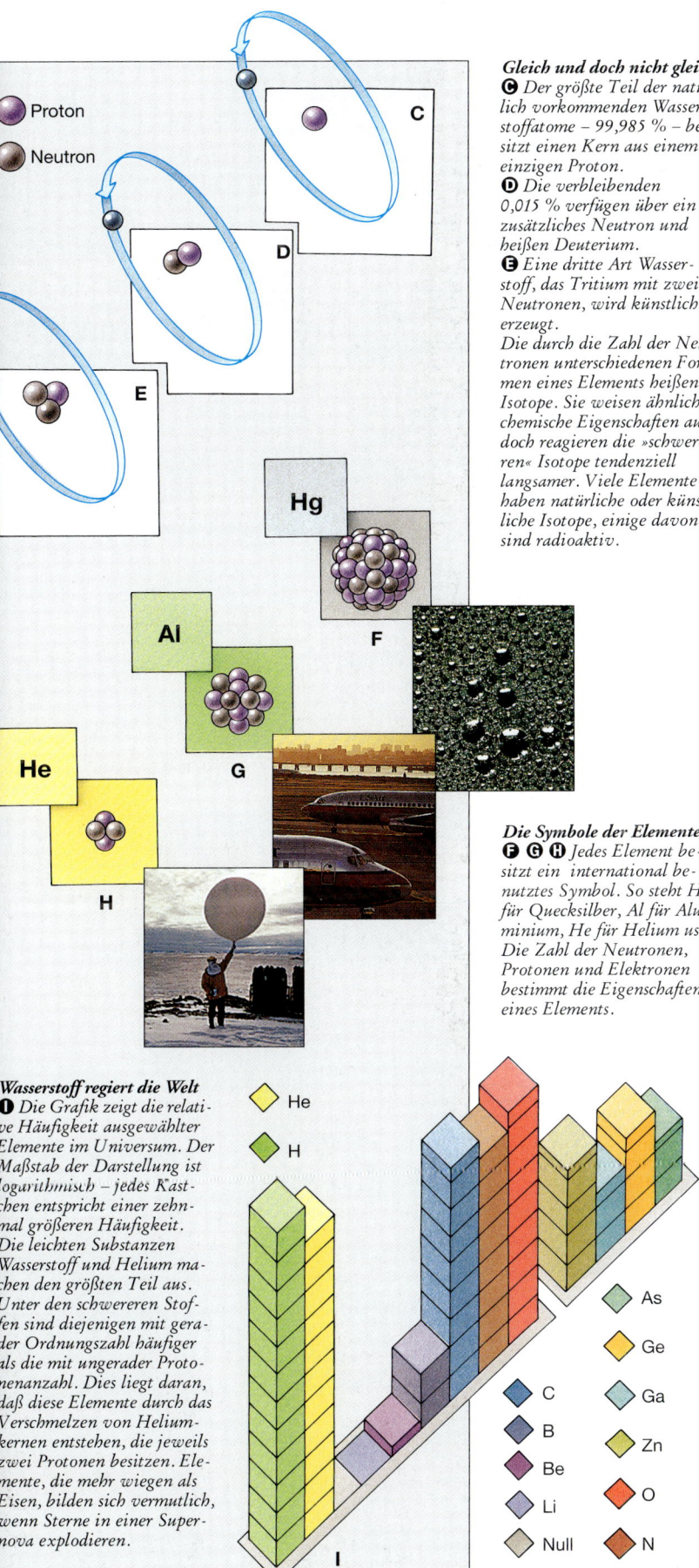

Gleich und doch nicht gleich
C *Der größte Teil der natürlich vorkommenden Wasserstoffatome – 99,985 % – besitzt einen Kern aus einem einzigen Proton.*
D *Die verbleibenden 0,015 % verfügen über ein zusätzliches Neutron und heißen Deuterium.*
E *Eine dritte Art Wasserstoff, das Tritium mit zwei Neutronen, wird künstlich erzeugt.*
Die durch die Zahl der Neutronen unterschiedenen Formen eines Elements heißen Isotope. Sie weisen ähnliche chemische Eigenschaften auf, doch reagieren die »schwereren« Isotope tendenziell langsamer. Viele Elemente haben natürliche oder künstliche Isotope, einige davon sind radioaktiv.

Die Symbole der Elemente
F G H *Jedes Element besitzt ein international benutztes Symbol. So steht Hg für Quecksilber, Al für Aluminium, He für Helium usw. Die Zahl der Neutronen, Protonen und Elektronen bestimmt die Eigenschaften eines Elements.*

Wasserstoff regiert die Welt
I *Die Grafik zeigt die relative Häufigkeit ausgewählter Elemente im Universum. Der Maßstab der Darstellung ist logarithmisch – jedes Kästchen entspricht einer zehnmal größeren Häufigkeit. Die leichten Substanzen Wasserstoff und Helium machen den größten Teil aus. Unter den schwereren Stoffen sind diejenigen mit gerader Ordnungszahl häufiger als die mit ungerader Protonenanzahl. Dies liegt daran, daß diese Elemente durch das Verschmelzen von Heliumkernen entstehen, die jeweils zwei Protonen besitzen. Elemente, die mehr wiegen als Eisen, bilden sich vermutlich, wenn Sterne in einer Supernova explodieren.*

Der Kern bestimmt die Identität der Elemente

Viele Stoffe unserer Umwelt sind Verbindungen. Wasser zum Beispiel besteht aus Wasserstoffatomen und Sauerstoffatomen. Mit elektrischem Strom oder durch chemische Prozesse läßt es sich in seine Bestandteile zerlegen. Im Gegensatz dazu gelingt es nicht, die Elemente Sauerstoff und Wasserstoff durch herkömmliche Methoden in einfachere Substanzen zu spalten. Ein Atom stellt das kleinstmögliche Teilchen eines Elements dar, das noch dessen chemisches Verhalten zeigt. Aus den über 100 bekannten Arten von Atomen setzen sich Millionen von verschiedenen Verbindungen zusammen.

Die Elemente unterscheiden sich in vielerlei Hinsicht voneinander – es gibt Strom leitende und nichtleitende, reaktionsfreudige und reaktionsträge Elemente; bei Zimmertemperatur sind einige fest, andere flüssig oder gasförmig. Der unterschiedliche Aufbau der Atome ist letztlich die Ursache dafür, daß sich die Elemente so verschieden verhalten. Die Anzahl der Elementarteilchen, aus denen die Atome sich zusammensetzen, ist unterschiedlich groß. Wasserstoffatome bestehen aus nur einem Proton und einem Elektron; die Atome des Urans haben 92 Protonen und Elektronen. Atomkerne mit einer noch größeren Zahl von Protonen lassen sich künstlich herstellen. In den meisten Atomen stimmt die Zahl der Elektronen mit jener der Protonen überein. Doch bestimmt nur die Menge der Protonen im Kern die Identität eines Atoms. Die Wissenschaftler sprechen von der »Kernladungszahl« oder »Ordnungszahl« eines Elements.

Wasserstoff hat die Ordnungszahl 1. Helium besitzt zwei Protonen und die Kernladungszahl 2. Heliumatome wiegen indes viermal mehr als gewöhnliche Wasserstoffatome. Dies liegt an den Neutronen, Kernteilchen, die fast dieselbe Masse aufweisen wie die Protonen, jedoch keine elektrische Ladung tragen. Die Menge der Protonen und der Neutronen zusammen ergibt die »Massenzahl«, die bei Helium 4 beträgt.

Am Anfang war der Urknall

Das Universum entstand vermutlich vor rund 20 Milliarden Jahren in einem unvorstellbar gewaltigen Ereignis. Bei diesem Urknall oder »Big Bang« explodierte ein dichter Ball von Teilchen. Sekunden danach ging Wasserstoff, dessen Kern aus nur einem Proton besteht, als erstes Element aus dem Urknall hervor. Wasserstoff blieb bis heute das häufigste Element im Kosmos. In der Hitze, die dem Urknall folgte, verschmolzen Wasserstoffkerne zu Helium. Diese beiden Elemente machen etwa 99 % aller Atome des Universums aus.

Jahrmillionen später begannen Wasserstoff und Helium, sich zu Sternen und Galaxien zu verdichten. Die Temperatur innerhalb der Sterne stieg bis zu dem Punkt, an dem Atomkerne miteinander verschmelzen. Die Fusion erzeugte noch mehr Helium, und erst als die Hitze immer weiter wuchs, wurden schwerere Elemente durch die Verschmelzung zu größeren Kernen produziert.

Wie sich Atome verhalten

Elektronen bestimmen die chemischen Eigenschaften

Die elektrische Ladung zählt zu den fundamentalen Eigenschaften der Materie. Sie hat ihren Ursprung im Inneren der Atome: Die Protonen des Atomkerns tragen eine positive Ladung, der die negative Ladung der Elektronen in der Hülle des Atoms entspricht. Die Anzahl der Protonen im Kern verändert sich nur durch Radioaktivität, Kernspaltung oder Kernverschmelzung. Elektronen dagegen können sich von ihrem Herkunftsatom entfernen und Beziehungen zu anderen Atomen eingehen, wenn ihnen verhältnismäßig wenig Energie zugeführt wird. Anzahl und Anordnung der Elektronen bestimmen die chemischen Eigenarten eines Elements. Die heutigen Kenntnisse des Atomaufbaus und der Eigenschaften der Elektronen erlauben es den Chemikern, genau vorherzusagen, wie sich Elemente im Verlauf von Reaktionen verhalten.

Der Aufbau eines Atoms

Im Atommodell Rutherfords bewegten sich die Elektronen so um den Atomkern, wie die Planeten um die Sonne kreisen. Dabei war theoretisch jeder beliebige Abstand eines Elektrons vom Kern möglich. Dieses Atommodell erwies sich schnell als zu einfach. Für das Verhalten der Elektronen ist nicht die Gravitation, sondern die elektromagnetische Wechselwirkung entscheidend. Die Elektronen halten sich in Wirklichkeit auf genau bestimmten »Schalen« oder »Energieniveaus« auf, zwischen denen es keine kontinuierlichen Übergänge gibt. Elektronen in der Nähe des Atomkerns verfügen über weniger Energie als solche der äußeren Schalen eines Atoms. Führt man den Elektronen durch elektromagnetische Wellen Energie zu, dann springen sie von einem niedrigen zu einem höheren Energieniveau. Wenn sie auf ein energieärmeres Niveau zurückfallen, geben sie wieder ein entsprechendes »Energiepaket« ab. Die Physiker bezeichnen diese Pakete als »Quanten«.

Elektronen können die Schale wechseln

Das einfarbige Licht von Natrium- oder Neonröhren ist ein Ergebnis von Quantensprüngen. In den Lampen werden Atome durch eine hohe Spannung angeregt. Durch die zugeführte Energie begeben sich einige Elektronen auf eine weiter vom Kern entfernte Schale. Wenn sie zurückfallen, strahlen sie diese Energie in Form von Lichtwellen wieder ab. Die Farbe des Lichts entspricht der Frequenz der Lichtwellen und damit ihrer Energie. Das Licht ist einfarbig, weil es von Atomen ausgestrahlt wird, deren Elektronen alle die gleiche Energiemenge abgeben.

Meist besetzen mehrere Elektronen zugleich eine der konzentrisch um den Kern angeordneten »Schalen«, wobei die Energiebeträge der Elektronen einer Schale weitgehend übereinstimmen. Feine Unterschiede im Impuls des Elektrons, seinen magnetischen Eigenschaften und seinem »Spin« (siehe Abbildung) sorgen jedoch dafür, daß jedes Elektron ein individuelles Energieniveau besitzt.

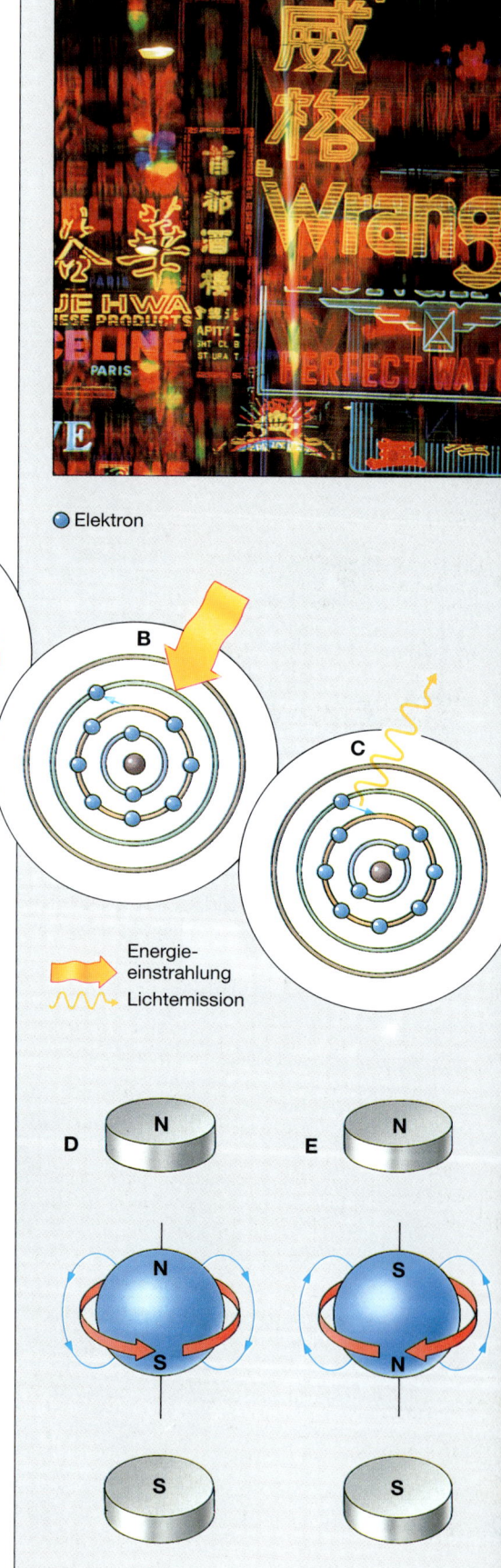

Warum Neonröhren leuchten
Neonlampen erzeugen ein charakteristisches rotes Licht (rechts). Jede Lampe enthält eine Glasröhre, die mit unter niedrigem Druck stehendem Neongas gefüllt ist.
Ⓐ *Ein Neon-Atom besitzt zehn Elektronen: zwei in der ersten und acht in der zweiten Schale.*
Ⓑ *Das Anlegen einer Spannung hebt eines der Elektronen in die höhere Schale.*
Ⓒ *Augenblicke später fällt das Elektron in seine Ursprungsschale zurück. Wie jede bewegte elektrische Ladung strahlt es dabei elektromagnetische Energie ab, hier in Form von Licht. Weil die Energieniveaus benachbarter Schalen sich durch einen festen Betrag*

unterscheiden, nimmt die Energie der angeregten Elektronen in sämtlichen Neonatomen der Röhre um exakt dieselbe Menge zu und ab, und alle senden Licht einer bestimmten Wellenlänge (und damit Farbe) aus.

● Elektron

Energie-einstrahlung
Lichtemission

Zwei Elektronen eines Atoms haben nie die gleiche Energie
Die Elektronen unterscheiden sich nicht nur durch den Abstand vom Atomkern voneinander, sondern auch durch den Bahndrehimpuls, das Verhalten in einem Magnetfeld und den »Spin«, der sich mit der Rotation eines Körpers vergleichen läßt. Mit diesen vier Größen kann man den Energiezustand eines Elektrons vollständig kennzeichnen. Bei zwei Elektronen ist er nie gleich.
Ⓓ Ⓔ *Zwei Elektronen von sonst gleichem Energieniveau (oder eines »Orbitals«) unterscheiden sich durch den Spin, also dadurch, ob sie sich in einem magnetischen Feld von links nach rechts oder umgekehrt drehen.*

Siehe auch: **Atome**, S. 384/385 **Quantentheorie**, S. 388/389 **Grundkräfte**, S. 390/391 **Chemische Bindungen**, S. 394/395

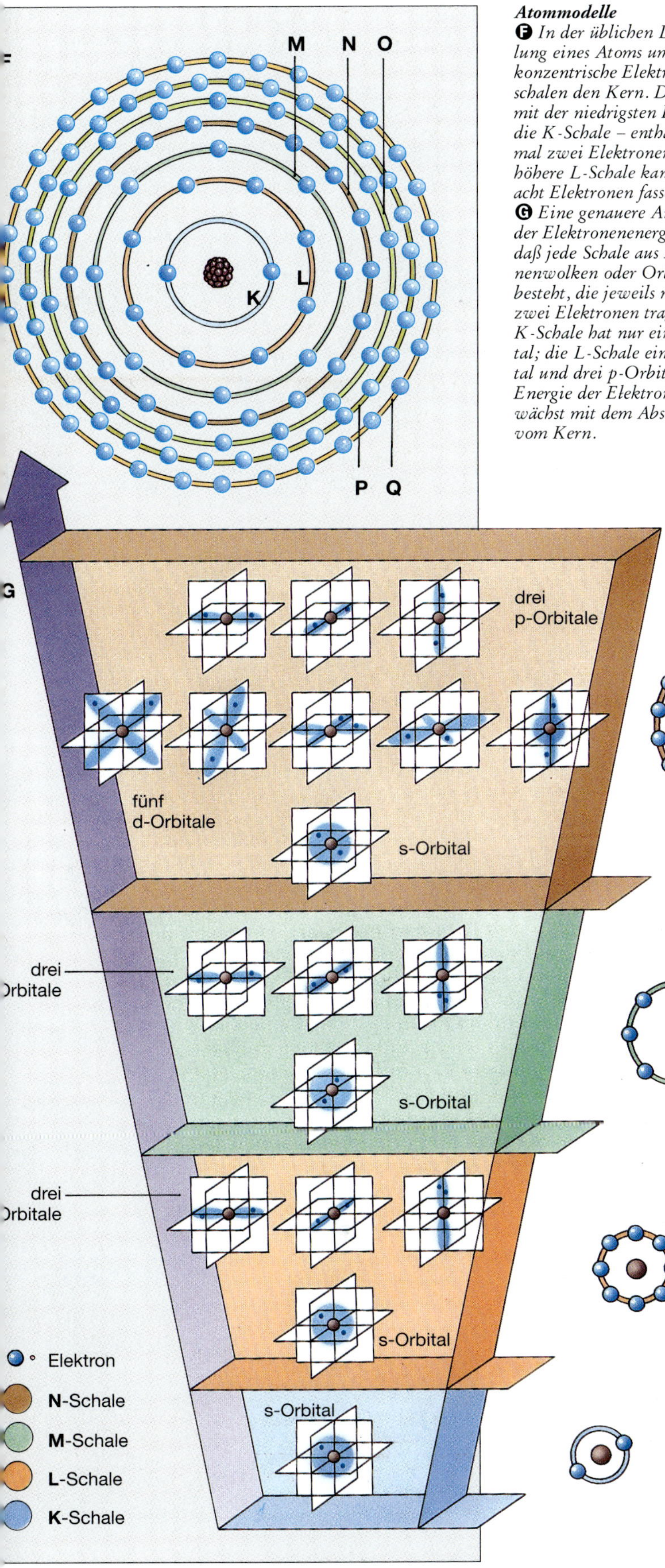

Atommodelle

F *In der üblichen Darstellung eines Atoms umgeben konzentrische Elektronenschalen den Kern. Die Schale mit der niedrigsten Energie – die K-Schale – enthält maximal zwei Elektronen. Die höhere L-Schale kann bis zu acht Elektronen fassen usw.*
G *Eine genauere Analyse der Elektronenenergien zeigt, daß jede Schale aus Elektronenwolken oder Orbitalen besteht, die jeweils maximal zwei Elektronen tragen. Die K-Schale hat nur ein s-Orbital; die L-Schale ein s-Orbital und drei p-Orbitale. Die Energie der Elektronen wächst mit dem Abstand vom Kern.*

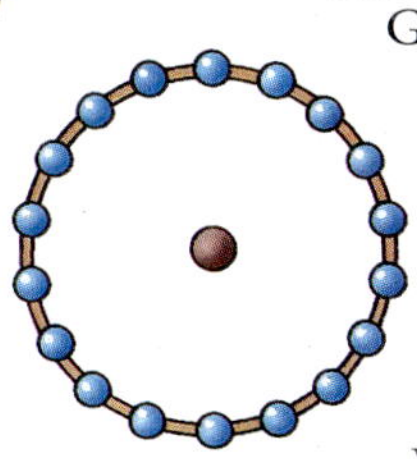

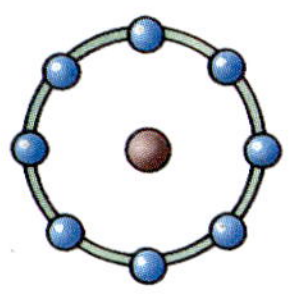

Schalen, Orbitale und Atomstruktur

Die Vorstellung, daß die Elektronen den Kern in konzentrischen Schalen (die man wissenschaftlich als K-, L-, M-, N-, O-, P- und Q-Schale bezeichnet) umkreisen, erklärt viele chemische Vorgänge. Dabei besitzen die Elektronen einer Schale ähnliche Energiebeträge, und die Energieniveaus der Schalen nehmen mit dem Abstand vom Kern zu. Die genaue Analyse chemischer Bindungen erfordert jedoch ein noch weiter verfeinertes Modell.

Diesem Modell zufolge befinden sich die Elektronen nicht in festen Schalen mit kreisförmigen Umlaufbahnen, sondern rotieren in wolkenartigen Gebilden, den Orbitalen, um den Kern. Die Energie und der Aufenthaltsort eines Elektrons lassen sich nicht gleichzeitig exakt bestimmen. Lediglich die Aufenthaltswahrscheinlichkeit kann als Wolke oder »Orbital« sichtbar gemacht werden. Form und Größe des Orbitals hängen außer von der Entfernung vom Kern auch vom Drehimpuls und den magnetischen Eigenschaften der enthaltenen Elektronen ab; jedes Orbital birgt höchstens zwei Elektronen mit unterschiedlichem Spin, aber sonst gleichem Energiezustand. Einige Orbitale sind kugel-, andere hantelförmig; wieder andere haben eine komplexe dreidimensionale Gestalt. Die kernnächste Elektronenschale, die K-Schale, enthält nur ein kugelförmiges s-Orbital; sie kann deshalb höchstens zwei Elektronen mitführen. Die zweite oder L-Schale besitzt ein kugelförmiges s-Orbital und drei hantelförmige p-Orbitale, jeweils zueinander um 90° gedreht. Das Energieniveau der p-Orbitale liegt etwas höher als das der s-Orbitale. Die L-Schale weist bis zu acht Elektronen auf. Die M-Schale hat ebenso ein s- und drei p-Orbitale mit maximal acht Elektronen. Die vierte und die fünfte Schale vermögen bis zu 18 Elektronen aufzunehmen, da sie zu den s- und p-Orbitalen noch über fünf d-Orbitale verfügen. Die sechste und siebte Schale können dank zusätzlicher f-Orbitale bis zu 32 Elektronen enthalten. In einem nicht angeregten Atom besetzen die Elektronen die niedrigsten Orbitale. In einem Neon-Atom mit insgesamt zehn Elektronen z.B. sind die s-Orbitale der ersten und zweiten Schale und die p-Orbitale der zweiten Schale komplett gefüllt; andere Orbitale werden nicht benutzt. Reagieren zwei Elemente miteinander, hält die Wechselwirkung der Elektronen in den äußeren Schalen die Atome zusammen und bestimmt die Eigenschaften der Verbindung. Elemente mit ähnlicher Anordnung der Elektronen, besonders in den äußeren Schalen, haben ähnliche chemische und physikalische Eigenschaften. Auch bei dem Element Argon sind z.B. wie beim Neon ein s- und drei p-Orbitale der äußeren Schale besetzt. Obwohl die Gesamtzahl der Elektronen bei Neon 10, bei Argon 18 beträgt, verhalten sich diese Elemente sehr ähnlich. Sie sind reaktionsträge und bei Zimmertemperatur gasförmig. Die Struktur der Elektronenhülle ist so letztlich verantwortlich für die Position eines Elements im Periodensystem der chemischen Elemente mit seinen Gruppen und Spalten.

drei p-Orbitale
fünf d-Orbitale
s-Orbital
drei p-Orbitale
s-Orbital
drei p-Orbitale
s-Orbital
s-Orbital

- Elektron
- **N**-Schale
- **M**-Schale
- **L**-Schale
- **K**-Schale

Zufall und Notwendigkeit

Wie die Quantentheorie das physikalische Weltbild revolutionierte

Daß die Relativitätstheorie das physikalische Weltbild grundlegend veränderte, ist allgemein bekannt. Die Quantentheorie, deren Grundlagen ebenfalls in den ersten Jahrzehnten des 20. Jahrhunderts entwickelt wurden, brach vielleicht noch radikaler mit den Grundaussagen der klassischen Physik: Sie zeigte, daß die Natur auf der atomaren Ebene nicht nach dem Prinzip von Ursache und Wirkung funktioniert, das wir aus dem Alltag kennen. Im Bereich der Elementarteilchen herrscht der Zufall: Wir können nicht genau vorhersagen, wann ein Teilchen sich in bestimmter Weise verhält – weil wir es nur mit Wahrscheinlichkeiten, nicht mit den Notwendigkeiten der klassischen Physik zu tun haben. Ohne Quantentheorie wäre die moderne Technik – vom Atomkraftwerk bis zur Elektronik – nicht denkbar.

Atome folgen besonderen Gesetzen

Im Bereich des Allerkleinsten herrschen andere Gesetze als in der Alltagswirklichkeit. Gegenstände, die wir mit dem bloßen Auge, aber auch mit Lichtmikroskopen oder Fernrohren beobachten, befinden sich an einem Ort, den wir genau angeben können, indem wir diese Gegenstände z. B. in ein Koordinatensystem einordnen. Wir können die Masse dieser Objekte bestimmen, ihre Bewegungen vorausberechnen und genau sagen, welche Folgen ein Ereignis hat. Wenn wir die Position und die Bewegung eines Gegenstands nicht genau kennen, können wir wenigstens sicher sein, daß sie sich prinzipiell in Erfahrung bringen ließen. Bei den Erscheinungen, mit denen sich die Atomphysik beschäftigt, gibt es diese Sicherheiten nicht. Um Vorgänge hier dennoch so exakt wie möglich beschreiben zu können, entwickelten die Physiker im 20. Jahrhundert ein neues Theoriegebäude, die Quantenmechanik. Sie ist sehr abstrakt und nur schwer zu verstehen, aber ihre Vorhersagen haben sich immer wieder bestätigt.

Atombausteine sind Teilchen und Wellen zugleich

Zu Anfang des Jahrhunderts entdeckte man, daß das Licht, das normalerweise als kontinuierliche Welle angesehen wird, sich unter bestimmten Bedingungen wie ein Strom winziger Partikel verhält. Der Physiker Louis de Broglie schloß daraus, daß umgekehrt alle Partikel Welleneigenschaften besitzen müssen. 1927 bestätigte ein Versuch der Amerikaner Davisson und Germer erstmals diese Annahme: Wenn ein Strahl von Elektronen – der Teilchen, die Strom transportieren – auf einen Nickelkristall gerichtet wird, werden sie gestreut wie Lichtwellen, die auf ein Beugungsgitter fallen. Die Grundbestandteile der Materie sind also nicht nur winzige Partikel, sondern sie schwingen zugleich auch wie Licht- oder Radiowellen. Als man die Gesetze, die für Wellen gelten, auf die Elektronen anwandte, verstand man, wie die Elektronenhülle der Atome aufgebaut ist und warum sich Atome miteinander zu Molekülen verbinden.

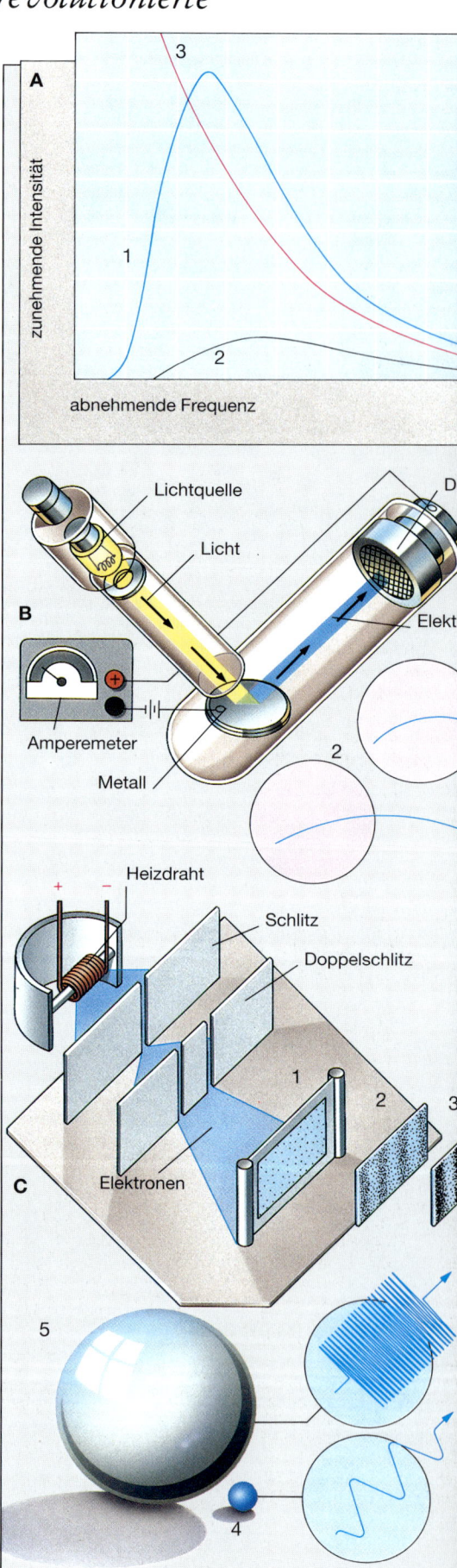

Energie kommt nur in Paketen vor

Ⓐ *Wenn ein Körper alle Strahlen, die auf ihn fallen, absorbiert und wieder abstrahlt, haben die Kurven, die die Intensität der ausgehenden Strahlung verschiedener Frequenz wiedergeben, eine unterschiedliche Form (1, 2). Aus der klassischen Theorie, die die Strahlung als Wellen versteht, würde sich aber eine Kurve ergeben, bei der die Intensität mit der Frequenz zunimmt (3), bis im ultravioletten Bereich eine unendliche Menge an Strahlung erzeugt wird. Max Planck konnte die tatsächlich gemessenen Kurven mit einer Formel erklären, die voraussetzt, daß die Atome Strahlung in kleinen Paketen oder »Quanten« von unterschiedlicher Wellenlänge abgeben, zwischen denen es keinen fließenden Übergang gibt.*
Ⓑ *Einstein benutzte das Konzept der Energiequanten zur Erklärung des »photoelektrischen Effekts«. Fällt Licht auf eine Metalloberfläche, gibt sie Elektronen ab, wenn die Frequenz des Lichts einen bestimmten Wert übersteigt. Unterhalb dieses Wertes hat die Erhöhung der Strahlungsintensität keine Wirkung auf die Höchstenergie der Elektronen (1). Oberhalb einer bestimmten Frequenz bewirkt energiereicheres Licht mehr Bewegungsenergie der Elektronen (2). Das Licht muß also aus Teilchen bestehen, die eine Energie und einen Impuls haben und die Elektronen aus der Metalloberfläche herausschlagen.*

Materiewellen

Ⓒ *Alle Teilchen haben Wellennatur. Hier passieren Elektronen, die von einer erhitzten Spule abgegeben wurden, einen Einzel- und dann sehr enge Doppelschlitze, bevor sie auf einen Detektor treffen. Obwohl es sich um Teilchen handelt, entsteht ein für Wellen typisches Beugungsmuster aus Bändern hoher Intensität und Flächen, an denen sich fast keine Elektronen nachweisen lassen (1-3). Elektronen haben die relativ große de Broglie-Wellenlänge von einem zehnmilliardstel Meter (10^{-10} m, 4), während die eines Balles mit 10^{-34} m (5) unmeßbar klein ist.*

Siehe auch: **Atome**, S. 384/385 **Elektronen**, S. 386/387 **Grundkräfte**, S. 390/391

Atome lassen sich nicht anschaulich vorstellen

Subatomare Objekte – Gegenstände, die kleiner sind als ein Atom – müssen sowohl als Wellen wie als Teilchen beschrieben werden. Es ist aber unmöglich, beides zugleich zu tun. Untersucht man ein Objekt als Welle, kann man zwar seinen Impuls exakt feststellen; da eine Quantenwelle eine Ausdehnung hat, läßt sich aber nicht mehr genau sagen, wo das Objekt sich befindet. Beschreibt man es dagegen als Teilchen, läßt sich sein Ort genau angeben, der Impuls bleibt aber unbestimmt. Die Physiker sprechen davon, daß die Meßergebnisse »verschmiert« sind. Die Quantenmechanik gibt genau an, wie groß die Unschärfe ist, zu der es bei Untersuchungen in so kleinen Dimensionen kommt. Sie hängt von einer Größe ab, die Max Planck bei der Untersuchung elektromagnetischer Strahlung entdeckte, der »Planckschen Wirkungskonstante«. Diese Unschärfe gehört zu den Grundgegebenheiten der Natur und läßt sich durch genauere Instrumente nicht verringern.

Die Position eines Teilchens ist nie vorhersagbar

In der Quantenmechanik verhalten sich alle Gegenstände nicht nur wie Teilchen, sondern auch wie Wellen. Doch handelt es sich dabei um »Wahrscheinlichkeitswellen«. Wenn die Position eines Elektrons gemessen wird, verhält es sich wie ein klassisches Teilchen. Es wird jedoch seltener an Plätzen nachgewiesen, an denen die Intensität seiner Wahrscheinlichkeitswelle gering ist, und häufig dort, wo die Intensität der Welle hoch ist.

Daß sich Teilchen nur mit einer gewissen Wahrscheinlichkeit an einer Stelle aufhalten, wird im Tunnelelektronenmikroskop ausgenutzt, mit dem sich sogar Atome sichtbar machen lassen. Die Spitze des Tunnelmikroskops wird so nah wie möglich an die äußeren Atome eines Untersuchungsobjekts herangeführt. Die Bahnen der Elektronen der Oberfläche und der Mikroskopspitze sind »verschmiert«, so daß die Elektronen den Abstand zwischen Objekt und Mikroskopspitze »untertunneln« und sich als elektrische Ströme bemerkbar machen.

Gott würfelt

Trotz aller Erfolge der Quantenmechanik blieb sie lange umstritten. Albert Einstein konnte nie die zentrale Rolle akzeptieren, die der Begriff der Wahrscheinlichkeit in der Quantenmechanik spielt. Der Satz »Gott würfelt nicht« drückte Einsteins Unzufriedenheit darüber aus, daß bei der Beschreibung der grundlegenden Wechselwirkungen der Materie Wahrscheinlichkeiten an die Stelle absoluter Sicherheiten treten.

Einstein konnte noch annehmen, daß es »versteckte Variablen« gibt, Eigenschaften von Teilchen, die bisher nur noch nicht entdeckt wurden und mit deren Hilfe sich die Physik wieder vom Element des Zufalls befreien könnte, das durch die Quantentheorie in sie eingedrungen war. Später haben Physiker jedoch nachgewiesen, daß es solche versteckten Variablen nicht geben kann und daß der Zufall einen nicht eliminierbaren Anteil am Verhalten der Materie hat.

Unvollständige Information

Messungen in der Größenordnung der Atome lassen sich mit dem Fotografieren schnell bewegter Motive vergleichen. Man kann die Geschwindigkeit eines Kolibriflügels durch lange Belichtung dokumentieren, bei der der Flügel verwischt erscheint (rechts). Dann ist es unmöglich, die Lage des Flügels genau zu zeigen. Dazu ist eine kurze Belichtung erforderlich, die die Flügel »einfriert«, aber keine Information über die Geschwindigkeit der Bewegung liefert.

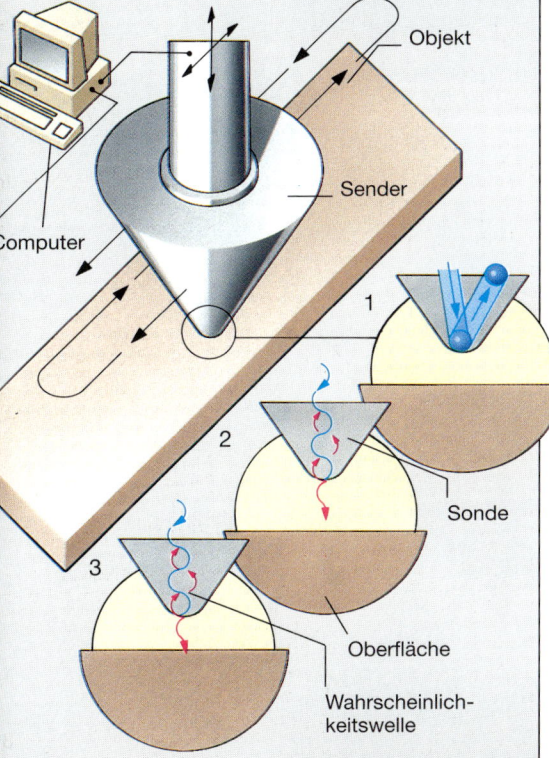

Ein Quanteneffekt macht Bilder von Atomen möglich

Ⓓ *Das Tunnelelektronenmikroskop arbeitet mit der Aufenthaltswahrscheinlichkeit von Teilchen. Eine extrem dünne Metallsonde überstreicht das Untersuchungsobjekt. Beide stehen unter Spannung. In der klassischen Physik hätte ein Elektron einen genau bestimmten Ort im Objekt oder in der Sonde (1). Der Quantentheorie zufolge hält es sich mit einer gewissen Wahrscheinlichkeit auch außerhalb von Oberfläche oder Sonde auf (2). Sind sich beide nahe genug, können deshalb Elektronen den Abstand »untertunneln« und sich als Stromfluß innerhalb der Sonde bemerkbar machen (3).*

Profil eines Moleküls

Das Raster-Tunnel-Elektronenmikroskop bildet einen Gegenstand auf molekularer Ebene ab, indem es ihn von oben nach unten abtastet und sich nach jedem Durchgang etwas zur Seite bewegt. Die Sonde gleitet dadurch mit gleichbleibendem Abstand über der unebenen Oberfläche auf und ab, daß man den zwischen Probe und Sonde fließenden Strom immer gleich hält. So kann die Sonde das Oberflächenprofil des Gegenstandes nachzeichnen, hier z.B. bei einem Molekül der Erbsubstanz DNS (rechts).

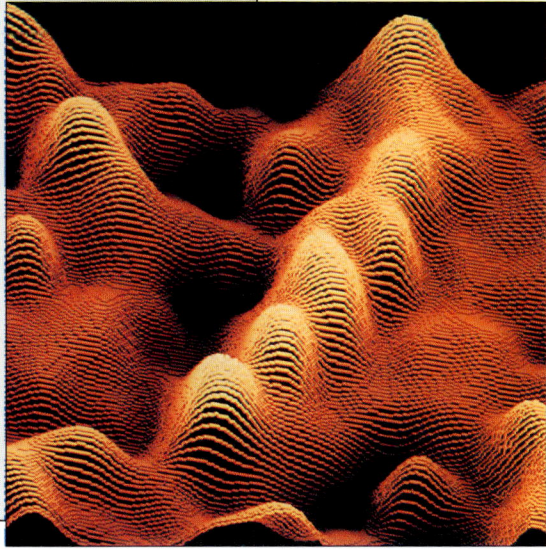

Chemische Bindungen, *S. 394/395* Elektronenmikroskop, *S. 466/467* Teilchenbeschleuniger, *S. 468/469* Laser, *S. 506/507*

Was die Welt zusammenhält

Die Grundkräfte und die Quarks

Wissenschaftler suchen nach immer grundlegenderen Erklärungsprinzipien für die Erscheinungen des Universums. Sie sind zu der Erkenntnis gelangt, daß das Verhalten aller physikalischen Objekte auf die Wirkung von vier fundamentalen Kräften zurückgeht: auf Gravitation, Elektromagnetismus sowie auf zwei (stark und schwach genannte) Wechselwirkungskräfte, deren kurze Reichweiten etwa der Größe von Atomkernen entsprechen.

Zu den Hauptzielen der modernen Physik gehört es, diese vier Kräfte in einer einzigen mathematischen Theorie zusammenzufassen. Elektromagnetische sowie starke und schwache Wechselwirkung lassen sich bereits in einem einheitlichen theoretischen Rahmen verstehen, doch blieben alle Versuche, die Gravitation einzubeziehen, bislang ohne Ergebnis.

Fernwirkung: Gravitation und Elektromagnetismus

Wer einmal versucht hat, die gleichen Pole zweier Magneten zusammenzudrücken, hat erfahren, was »Fernwirkung« bedeutet. Die gegenseitige Abstoßung läßt sich auch noch über vergleichsweise große Entfernung feststellen, selbst wenn ein anderer Gegenstand dazwischen liegt. Auch die Gravitationskraft und die elektrostatische Anziehung oder Abstoßung wirken ohne materielle Verbindung zwischen den beteiligten Körpern durch den leeren Raum hindurch. Die Physik spricht im Zusammenhang mit diesem erstaunlichen Phänomen von »Feldern«, räumlichen, um einen Körper gruppierten Ausdehnungen, in denen Kräfte meßbar wirken. Die Kraft zwischen zwei Gegenständen sinkt dabei mit der Entfernung: Anschaulich illustriert dies die abnehmende Dichte von Feldlinien. Der Begriff des Feldes eignet sich gut zur Beschreibung der Wirkungsweise der genannten Kräfte, er erklärt jedoch nicht, weshalb sie existieren.

Starke Wechselwirkung: die Kernkraft

Nach den Gesetzen der Physik des 19. Jahrhunderts dürften Atomkerne nicht existieren. Sie bestehen aus extrem dichten Ansammlungen elektrisch neutraler Neutronen und positiv geladener Protonen. Selbst auf die relativ weite Distanz von 1 mm wirkt die Anziehungskraft der Erde auf zwei Protonen um mehr als das 10 000fache geringer als deren Abstoßungskraft. Diese nimmt zu, je näher die Protonen einander kommen. Entspricht der Abstand der Größe eines Atomkerns (der millionste Teil eines milliardstel Meters), ist die Abstoßung so hoch, daß der Kern zerplatzen müßte. Nur die noch weitaus stärkere Kernkraft hält die Neutronen und Protonen zusammen.

Diese wirkt indes nur auf winzige Entfernungen. Bereits bei über 80 Protonen verliert der Atomkern seine Stabilität, weil die Distanz zwischen Protonen auf den gegenüberliegenden Seiten des Kerns so beträchtlich ist, daß die elektrische Abstoßung die Kernkraft überwindet.

Kraft und Entfernung

Materie unterliegt vier Wechselwirkungskräften. Jede dominiert in einem gewissen Bereich. In den Weiten des Universums bildet die Gravitation die beherrschende Kraft. Über immense Entfernungen bewirkte sie die Ansammlung von Sternen zu Spiralnebeln (unten).

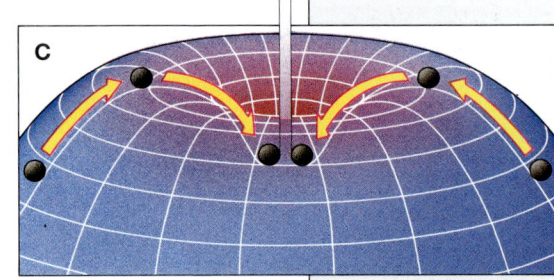

Magnetfeld

C

Kern
Elektron
B

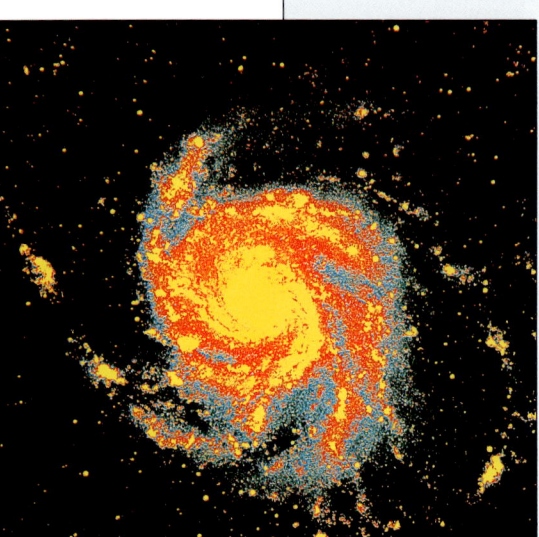

Ⓐ *Wechselwirkungen über kleinere Entfernungen werden von elektromagnetischen Kräften verursacht. Sie erzeugen z. B. das Magnetfeld um einen Stabmagneten.*
Ⓑ *Auch die Bahn von Elektronen um einen Atomkern ist ein Ergebnis elektromagnetischer Kräfte.*
Ⓒ *Welche Kraft zwischen Protonen vor allem wirkt, hängt von ihrer Entfernung ab. Auf große Distanz bewirkt die elektromagnetische Kraft, daß sie sich abstoßen. Bei geringem Abstand zieht die Kernkraft sie zusammen. Die Protonen müssen also den »Berg« der elektromagnetischen Kraft erklimmen, bevor sie in das »Tal« der Anziehung durch die Kernkraft hinabsteigen können.*

Teilchen übertragen Kräfte

Ⓓ *Die Grundkräfte scheinen durch den leeren Raum zu wirken, als würden sich die Teilchen gegenseitig bemerken. Heute nimmt man an, daß eigene Botenteilchen jede der Wechselwirkungen übermitteln. Sie übertragen die Kraft von einem Teilchen zum anderen und wirken wie ein Ball, den eine Person einer anderen zuwirft (3). Die »Gluonen« (1) transportieren die Kernkraft, durch die Protonen und Neutronen aufeinander wirken. Zwei negativ geladene Elektronen stoßen einander durch die elektromagnetische Kraft ab, die von kurzlebigen Photonen (2) vermittelt wird. Photonen übertragen auch das Licht.*

Gluon

1

Proton   Neutron

D   Photon

2

Elektron

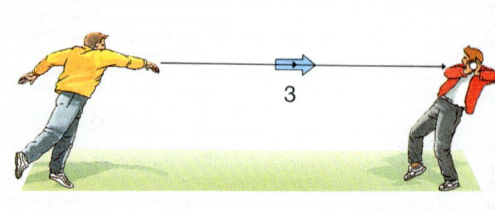

3

Siehe auch: **Urknall,** *S. 16/17* **Atome,** *S. 384/385* **Elektronen,** *S. 386/387*

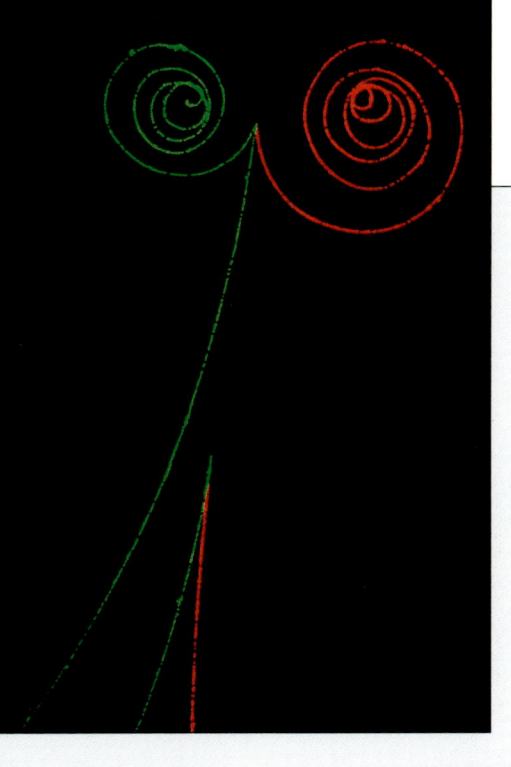

Materie und Antimaterie

Materie und Antimaterie

Die Welt besteht aus Materie, einer Ansammlung von Atomen, die ihrerseits Elektronen, Protonen und Neutronen enthalten. Jedes dieser Teilchen besitzt ein fast identisches Gegenstück aus Antimaterie mit gleicher Masse, gleichem Spin (Eigendrehimpuls), aber verschiedener Ladung. Tritt ein Gammastrahl in eine Blasenkammer ein, kann er sich in der Nähe eines Atoms spontan in ein Elektron und dessen Antimaterie-Entsprechung, ein Positron, verwandeln. Beide schießen auseinander, denn ihre Ladung zwingt sie, sich in einem starken Magnetfeld im Kammerinneren spiralförmig in entgegengesetzter Richtung zu bewegen (links).

Die Quantentheorie, mit deren Hilfe Physiker die Kräfte und Teilchen im Inneren von Atomen und Kernen beschreiben, stellt ein hochabstraktes, mathematisches Gedankengebäude dar. Aber sie bietet eine funktionierende Theorie, und ihre Aussagen kommen auch bereits bei der Konstruktion elektronischer Schaltkreise, der Herstellung von Superleitern und in vielen wichtigen Wirtschaftsbereichen zur Anwendung.

Die Quantentheorie gelangt u.a. zu dem verblüffenden Ergebnis, daß jedem Teilchen, etwa einem Proton oder Elektron, eines von entsprechender Masse, jedoch umgekehrter Ladung entspricht. Man bezeichnet sie als Antiteilchen oder auch Antimaterie. Obwohl die Welt nahezu vollständig aus Materie besteht, tauchen in Detektoren – etwa in Blasenkammern – häufig Antimaterieteilchen auf. Ein positives Elektron heißt Positron, das »Spiegelbild« des Protons wird einfach Antiproton genannt.

Der Teilchenzoo und die Quarks

Als erste Elementarteilchen spürte man die Elektronen auf, danach die Protonen und Neutronen. Mit der Zeit brachten immer ausgefeiltere Instrumente weitere Teilchen ans Licht. Die wachsende Zahl neuer Teilchen gefährdete die Einfachheit der Physik. Rettung brachte ein kühner Einfall: ein hypothetisches Teilchen namens Quark. Fast alle neuentdeckten Partikel ließen sich nach einfachen Mustern ordnen, wenn man sie sich als Kombinationen von sechs Quark-Typen und ihren Antimaterie-Gegenstücken dachte. Inzwischen wurde die Existenz der Quarks experimentell nachgewiesen. Man geht davon aus, daß die starke Wechselwirkung zwischen den Quarks wirkt und von den Gluonen vermittelt wird. Nur eine einzige Gruppe von Teilchen und Antiteilchen, die Leptonen, zu denen das Elektron und das Positron gehören, vermochte die Quark-Theorie nicht zu erklären. Die Leptonen sind von der starken Wechselwirkung nicht betroffen.

Woraus sich Protonen und Neutronen zusammensetzen

E *Die Teilchen in einem Atomkern bestehen aus noch elementareren Bausteinen, den Quarks. Protonen und Neutronen gehören zu der hier gezeigten »Teilchenfamilie« mit dem Spin 1/2. Zu dieser Familie zählen alle Kombinationen aus den drei Quarks »up«, »down« und »strange«. Protonen und Neutronen enthalten nur up- und down-Quarks, exotischere Teilchen – wie die hier abgebildeten Sigma- oder Σ-Teilchen und xi- oder Ξ-Teilchen – auch strange-Quarks. Σ-Teilchen und Ξ-Teilchen gehören zu den zahlreichen mit Teilchenbeschleunigern neuentdeckten Elementarteilchen.*

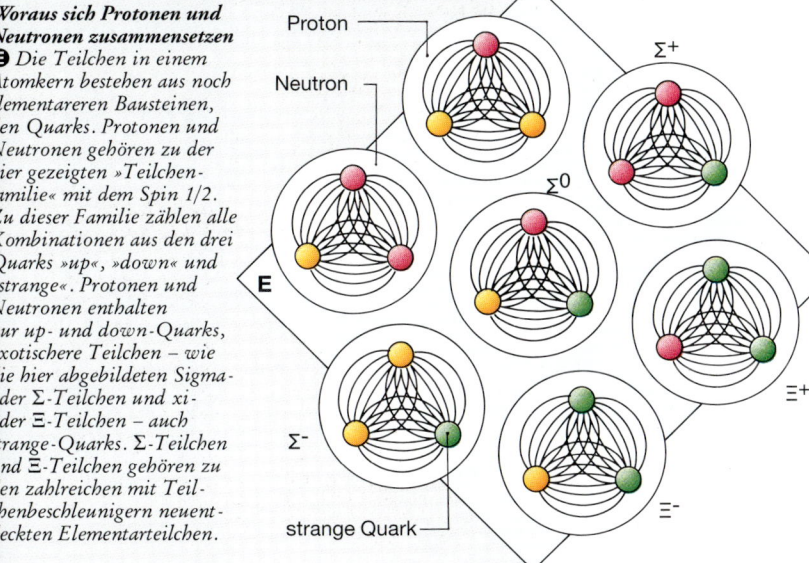

Proton
Neutron
Σ+
Σ0
E
Ξ+
Σ−
Ξ−
strange Quark

Der Zerfall von Neutronen

F *Isolierte Neutronen zerfallen zu Protonen, während eines ihrer beiden down-Quarks sich in ein up-Quark verwandelt. Dieser Vorgang resultiert aus der schwachen, von einem W-Teilchen übertragenen Kernkraft. Die Masse des W-Teilchens ist hundertmal größer als die des aussendenden Neutrons. Eine solche Anomalie wird – aber nur für die Dauer eines nicht erfaßbaren Zeitraums – durch die Unschärferelation möglich, die zu den Grundaussagen der Quantenmechanik gehört. Das W-Teilchen spaltet sich in ein Antineutrino und ein Elektron. Die Reichweite der schwachen Wechselwirkung beträgt nur* 10^{-17}*m!*

Proton
W-Teilchen
Neutron
Antineutrino
Neutron
Proton
Elektron

🟡 up-Quark
🔴 down-Quark
🔵 W-Teilchen
∿ Antineutrino

F

Die schwache Wechselwirkung wandelt Teilchen um

In den Atomkernen verbinden sich Protonen und Neutronen. Isolierte Neutronen lösen sich jedoch auf: Sie verwandeln sich in Protonen und erzeugen während dieses sogenannten Betazerfalls Elektronen und Antineutrinos.

Weder Elektrizität noch Kernkraft verursachen den Betazerfall. Die Kernkraft wirkt auf Neutronen und Protonen, nicht aber auf Elektronen und Antineutrinos. Es muß also eine weitere Kraft geben, die »schwache Wechselwirkung«. Sie wirkt zwischen allen Elementarteilchen und bewirkt vor allem die Umwandlung verschiedener Teilchen ineinander. Zu Druck- und Zugwirkungen führt sie kaum, und ihre Reichweite ist minimal. 1983 gelang es, die Teilchen, die diese Kraft vermitteln, sogenannte W- und Z-Bosonen, nachzuweisen. Bereits zuvor konnte gezeigt werden, daß die schwache Wechselwirkung und die elektromagnetische Kraft Formen einer Grundkraft, der »elektroschwachen Kraft«, sind.

Die Ordnung der Chemie

Das Periodensystem der Elemente

Der Gedanke, daß die Welt um uns lediglich aus einigen grundlegenden Substanzen besteht, ist keineswegs neu. Bereits die alten Griechen glaubten, alle Materie setze sich aus den vier »Elementen« – Erde, Feuer, Luft und Wasser – zusammen. Heute kennen Chemiker über 100 Grundstoffe, chemische Bausteine, die sich nicht ohne weiteres in kleinere Einheiten zerlegen lassen. In der Natur kommen 88 dieser Elemente vor; den Rest bilden instabile, nur im Labor existierende Elemente.

Mitte des 19. Jahrhunderts erkannte der russische Chemiker Dmitrij Mendelejew, daß bei einer Anordnung der Elemente vom leichtesten zum schwersten gewisse Eigenschaften in bestimmten Abständen wiederkehren: Das Periodensystem veranschaulicht diese Gesetzmäßigkeiten.

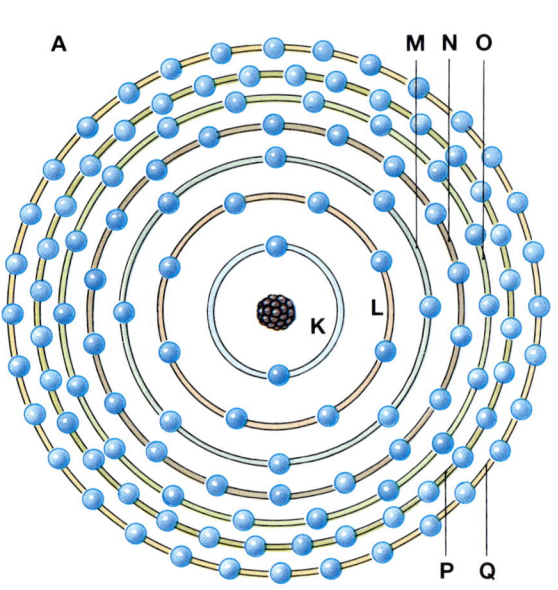

Wie die Elemente klassifiziert werden

Die Atome jedes Elements tragen eine charakteristische Zahl von Protonen in ihrem Kern – Wasserstoff eins, Kohlenstoff sechs usw. – bis hin zu Lawrencium mit 103 Protonen und noch schwereren Kernen. In einem neutralen Atom entspricht diese Kernladungszahl oder Ordnungszahl genau der Menge der Elektronen, die in den Schalen rund um den Kern angeordnet sind. Die Kernladungszahl bestimmt die Position eines Elementes im Periodensystem. Die chemischen Eigenschaften hängen aber in erster Linie von Zahl und Anordnung der Elektronen ab. Im Periodensystem sind die Elemente mit steigender Kernladungszahl von links nach rechts und von oben nach unten angeordnet. Die weitere Aufteilung in »Perioden« und »Gruppen« unterstreicht Parallelen im Atombau verschiedener Elemente. Jene der I. Hauptgruppe, z.B. Lithium und Kalium, besitzen jeweils ein einzelnes Außenelektron in der äußeren Schale und somit ähnliche chemische Eigenschaften.

Aufbau des Periodensystems
A Das Periodensystem ist in Perioden – Querreihen von links nach rechts – und Gruppen – Längsspalten von oben nach unten – eingeteilt. Jedes Element besitzt einen festen, durch Gruppe und Periode bestimmten Platz innerhalb des Systems. Auf diese Weise läßt sich der Zusammenhang zwischen dem Aufbau eines Elements und seinen Eigenschaften veranschaulichen.
Die Elektronen eines Atoms umkreisen den Kern in bis zu sieben konzentrisch angeordneten Schalen, die mit K, L, M, N, O P und Q bezeichnet werden. Die innerste Schale K trägt maximal zwei, die Schalen L und M

haben höchstens acht Elektronen; die Schalen N und enthalten bis zu 18, P schließlich im Höchstfall Elektronen.
Die Nummer der Periode der ein Element steht, gib Auskunft über die Anzah seiner Elektronenschalen. Wasserstoff und Helium, ein beziehungsweise zwei Elektronen besitzen, ist die K-Schale besetzt. Die beiden Elemente bilden d erste Periode. Bei den ach Elementen der zweiten Periode (von Lithium bis Ne füllen Elektronen die K- die L-Schale, bei jenen der dritten Periode überdies a M-Schale usw.
Innerhalb einer einzelner Periode sind charakteristi

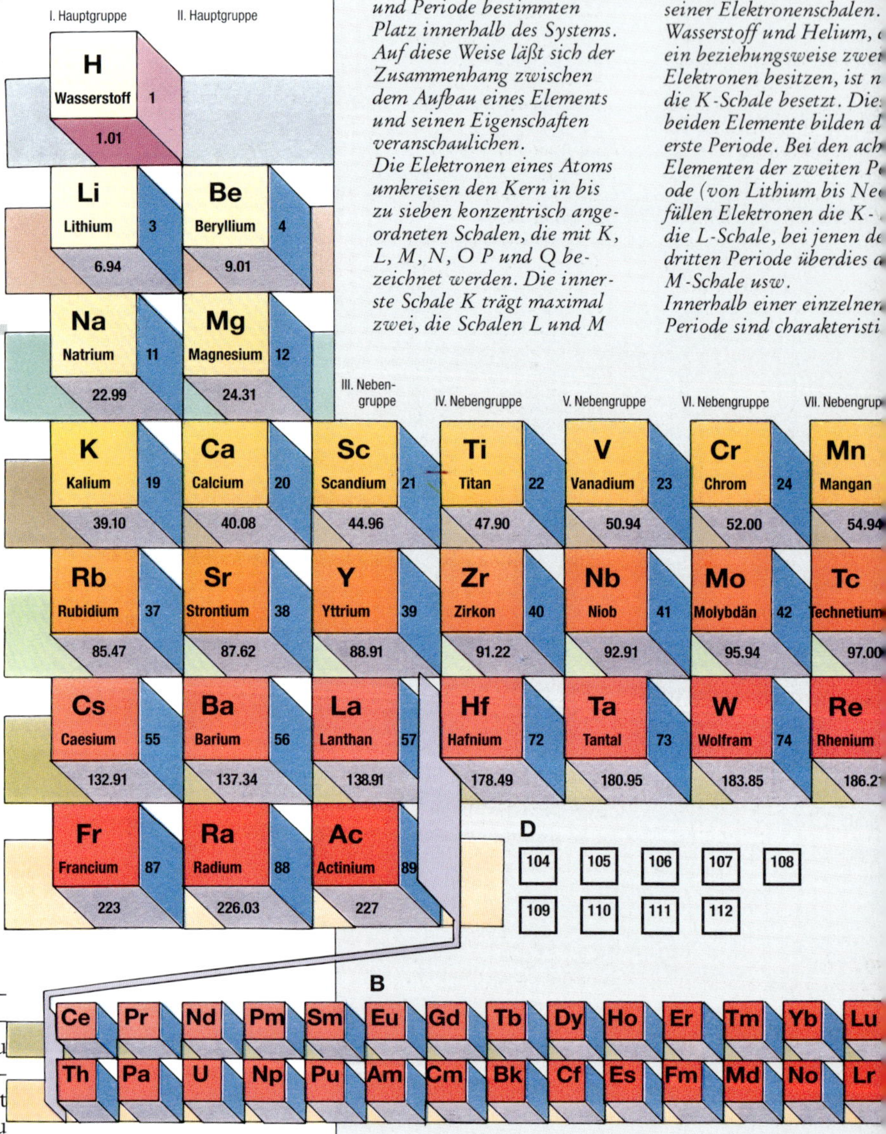

Seltene und neue Elemente
B Lanthanoide und Actinoide fallen aus dem Periodensystem heraus. Lanthanoide haben zwei Elektronen in der Außenschale. Alle Actinoide sind radioaktiv.

Transurane
D Elemente mit höherer Protonenzahl als das Actinoid Uran (U) sind künstlich erzeugt. Anfang 1996 erreichte man die Ordnungszahl 112.

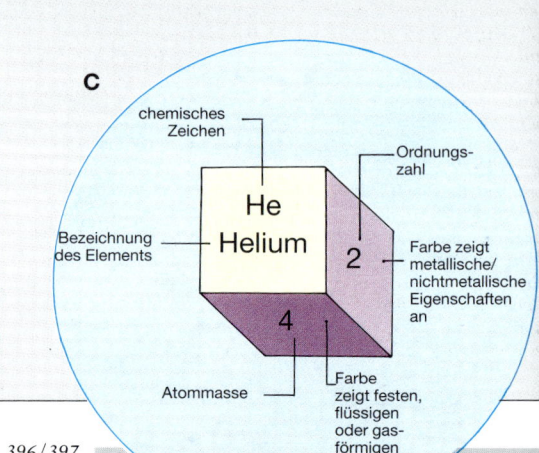

C

chemisches Zeichen

Bezeichnung des Elements

He
Helium

2 — Ordnungszahl

Farbe zeigt metallische/ nichtmetallische Eigenschaften an

4 — Atommasse

Farbe zeigt festen, flüssigen oder gasförmigen Zustand an

Siehe auch: Elektronen, S. 386/387 Chemische Bindungen, S. 394/395 Chemische Reaktionen, S. 396/397

enschaften der Elemente
beobachten, die sich vom
fang zum Ende hin ver-
rken oder verringern.
beginnt jede Periode mit
em hochreaktiven Metall.
ch rechts hin nehmen die
inität der Elemente und
Metallcharakter dann im-
r weiter ab – bis zu einem
ischen Nichtmetallverhal-
Der Säurecharakter
gt dagegen von links nach
hts. Am Ende jeder Peri-
steht ein Edelgas – ein
grund seiner Elektronen-
ktur (Besetzung der s-
d p-Orbitale der Außen-
ale mit acht Elektronen)
ktionsträges Element.
den Längsspalten (Grup-
) finden sich Elemente
ähnlichen Eigenschaften.

Die Hauptgruppen tragen die Bezeichnungen IA bis VIIIA, während die Elemente der Nebengruppen IB bis VIIIB als »Übergangsmetalle« bezeichnet werden. Die Übergangsmetalle haben eine unvollständige innere Elektronenschale. Die Nummer der jeweiligen Gruppe weist darauf hin, wie viele Elektronen sich in der äußersten Schale des betreffenden Atoms, der sogenannten Valenzschale, befinden. Hiervon hängen letztlich Art und Stärke der Bindungsfähigkeit der Atome der verschiedenen Elemente ab. Kernladungszahl und Masse der Atome nehmen von links nach rechts und von oben nach unten kontinuierlich zu.

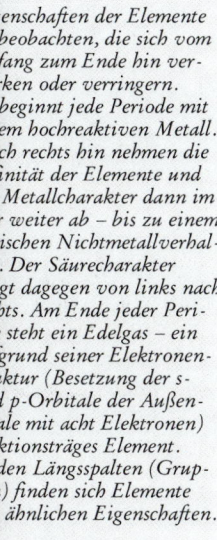

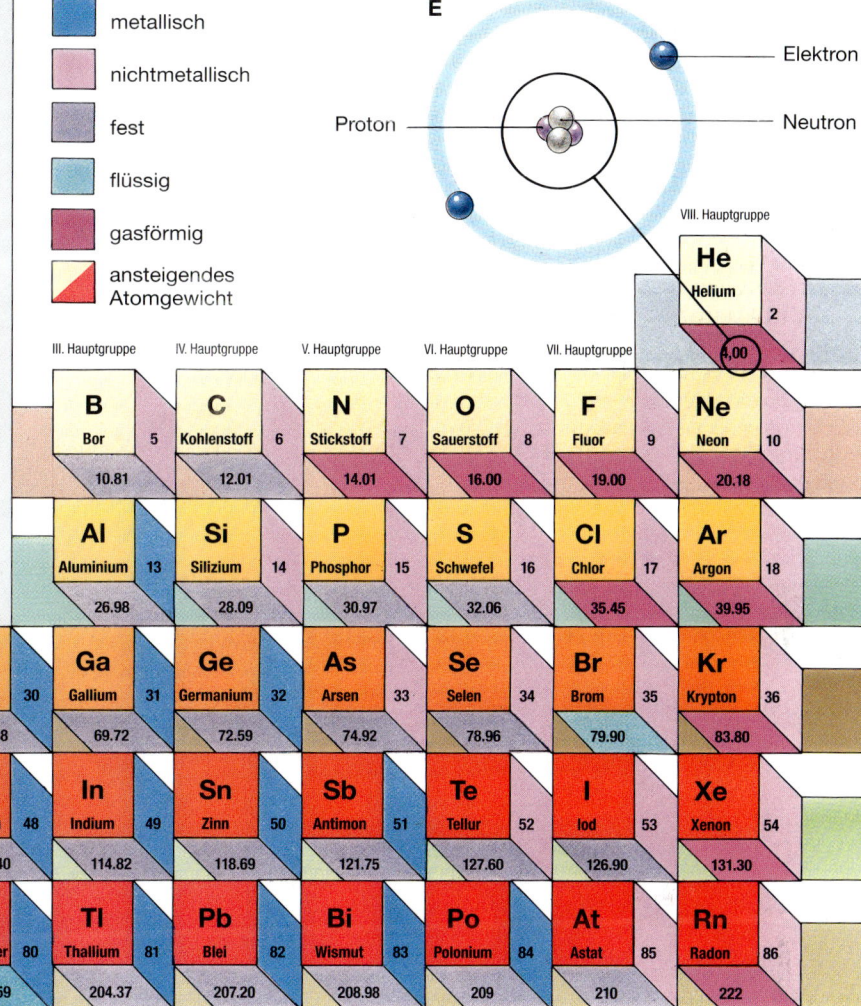

Legende:
- metallisch
- nichtmetallisch
- fest
- flüssig
- gasförmig
- ansteigendes Atomgewicht

Atommodell: E — Elektron, Neutron, Proton

VIII. Nebengruppe			I. Nebengruppe	II. Nebengruppe	III. Hauptgruppe	IV. Hauptgruppe	V. Hauptgruppe	VI. Hauptgruppe	VII. Hauptgruppe	VIII. Hauptgruppe
										He Helium 2 · 4,00
					B Bor 5 · 10,81	**C** Kohlenstoff 6 · 12,01	**N** Stickstoff 7 · 14,01	**O** Sauerstoff 8 · 16,00	**F** Fluor 9 · 19,00	**Ne** Neon 10 · 20,18
					Al Aluminium 13 · 26,98	**Si** Silizium 14 · 28,09	**P** Phosphor 15 · 30,97	**S** Schwefel 16 · 32,06	**Cl** Chlor 17 · 35,45	**Ar** Argon 18 · 39,95
Fe ...sen 26 · 55,85	**Co** Kobalt 27 · 58,93	**Ni** Nickel 28 · 58,71	**Cu** Kupfer 29 · 63,55	**Zn** Zink 30 · 65,38	**Ga** Gallium 31 · 69,72	**Ge** Germanium 32 · 72,59	**As** Arsen 33 · 74,92	**Se** Selen 34 · 78,96	**Br** Brom 35 · 79,90	**Kr** Krypton 36 · 83,80
Ru ...enium 44 · 101,07	**Rh** Rhodium 45 · 102,91	**Pd** Palladium 46 · 106,4	**Ag** Silber 47 · 107,87	**Cd** Cadmium 48 · 112,40	**In** Indium 49 · 114,82	**Sn** Zinn 50 · 118,69	**Sb** Antimon 51 · 121,75	**Te** Tellur 52 · 127,60	**I** Iod 53 · 126,90	**Xe** Xenon 54 · 131,30
Os ...nium 76 · 190,20	**Ir** Iridium 77 · 192,22	**Pt** Platin 78 · 195,09	**Au** Gold 79 · 196,97	**Hg** Quecksilber 80 · 200,59	**Tl** Thallium 81 · 204,37	**Pb** Blei 82 · 207,20	**Bi** Wismut 83 · 208,98	**Po** Polonium 84 · 209	**At** Astat 85 · 210	**Rn** Radon 86 · 222

Gruppe IA

e Elemente dieser Gruppe
d hochreaktive Metalle,
in der Natur niemals un-
unden vorkommen. Die
me tragen je ein Außen-
tron, das sich leicht löst,
daß hier eine hohe Bereit-
aft zur Bildung positiver
en existiert. Die Elemente
1. Gruppe reagieren hef-
mit kaltem Wasser, wobei
sserstoffgas und ein Me-
hydroxid (eine Base) ent-
en.

Gruppe IIA

diesen Elementen handelt
ich ebenfalls um Metalle.
rdings sind sie weniger
tionsfreudig als jene der
gruppe, weil sie
enelektronen abgeben
ssen, um positive Ionen
tionen) zu bilden.

Gruppe IIIA

Der Metallcharakter ist bei den Elementen dieser Gruppe deutlich schwächer als bei den zuvor genannten. Das relativ seltene, stets chemisch gebundene Bor etwa ist ein typisches Nichtmetall, das keine einfachen Ionenbindungen eingeht und überhaupt nicht mit Wasser reagiert. Die anderen Elemente dieser Gruppe, wie z.B. Aluminium, können alle drei beziehungsweise eines ihrer Valenzelektronen abgeben, wodurch eine relativ stabile Elektronenanordnung zustandekommt. Die Elemente der III. Gruppe sind auch in der Lage, mit Atomen anderer Stoffe gemeinsame Elektronenpaare zu bilden, sich also zu kovalenten Bindungen zu überlappen.

Gruppe IVA

Die ersten drei Elemente – Kohlenstoff, Silizium und Germanium – sind Nichtmetalle, die kovalente Bindungen eingehen. Nur Blei und Zinn, die weiter unten in der Gruppe stehen, besitzen metallische Eigenschaften, weil die Anziehungskraft des Kerns auf ihre äußeren Elektronen mit der Anzahl der Schalen gebremst wird. Die Valenzelektronen dieser Elemente können sich deshalb leichter lösen.

Gruppe VA

Diese Elemente neigen zu kovalenten Bindungen, doch ist das erste, Stickstoff, stark elektronegativ. Salzartige, kristalline Verbindungen aus Stickstoff und Alkalimetallen heißen Nitride.

Gruppe VIA

Die Elemente Schwefel, Selen und Tellur können zwei Elektronen aufnehmen und Anionen bilden, gehen aber auch kovalente Bindungen mit vielen Nichtmetallen ein.

Gruppe VIIA

Die als Halogene bezeichneten Nichtmetalle kommen in elementarer Form in der Natur nicht vor. Sie besitzen sieben Außenelektronen und nehmen leicht ein weiteres auf, damit eine stabile Konfiguration entsteht.

Gruppe VIIIA

Die Edelgase sind mit acht Außenelektronen sehr stabil und daher äußerst reaktionsträge.

Die Atommasse

C E Die Kernladungszahl gibt Aufschluß über die Anzahl der Protonen im Atomkern. Sie steigt im Periodensystem von links nach rechts und von oben nach unten an. Die Atommasse – die Summe der Masse von Protonen, Neutronen und Elektronen in einem Atom – nimmt in derselben Richtung zu. Helium trägt die Ordnungszahl zwei und die Massenzahl vier, weil es aus zwei Protonen und zwei Neutronen (die Masse der Elektronen ist zu vernachlässigen) besteht. Die Massenzahl ist nicht immer eine ganze Zahl, da es sich häufig um den Durchschnitt zweier oder mehrerer Isotope (Kerne mit unterschiedlicher Neutronenzahl) des betreffenden Elements handelt.

Unendliche Variationsmöglichkeiten

Die Natur chemischer Bindungen

Einzelne Atome kommen in der Natur nur sehr selten vor. In der Regel bestehen gasförmige, flüssige oder feste Stoffe aus Molekülen. Moleküle sind Verbindungen aus zwei oder mehr Atomen ein und desselben Elements oder verschiedener Substanzen. Aus den 88 in der Natur vorhandenen Elementen des Periodensystems läßt sich eine fast unendliche Zahl verschiedenartiger Moleküle bilden. Die Wissenschaftler kennen heute bereits Millionen unterschiedlicher Verbindungen, und viele andere warten auf ihre Entdeckung. Es sind, ungeachtet dieser fast unüberschaubaren Vielfalt, im wesentlichen zwei Formen der chemischen Bindung, die die Moleküle zusammenhalten. Beide, sowohl die Ionenbindung als auch die Kovalenzbindung, beruhen auf dem Austausch von Elektronen zwischen den beteiligten Atomen.

Bindungen durch Elektronenaustausch

Im ausgehenden 19. Jahrhundert identifizierten britische Forscher eine neue Gruppe von Elementen. Diese Gase – Helium, Neon, Argon, Krypton, Xenon und Radon – waren sämtlich geruchlos, farblos sowie nicht brennbar. Sie reagierten mit keiner anderen Substanz und erhielten daher den Namen »Edelgase«. Ihr Verhalten illustriert die Rolle von Elektronen in chemischen Bindungen.

Die Elektronen eines Atoms sind in konzentrischen Schalen rund um den positiv geladenen Kern angeordnet. Jede Schale kann nur eine bestimmte Anzahl von Elektronen aufnehmen. Gehen zwei Atome eine Bindung ein, so kommt es zu einer Wechselwirkung zwischen den Elektronen der jeweiligen »Außen«- oder »Valenzschalen«. Die Außenschalen aller Edelgase sind komplett besetzt und dadurch besonders stabil. Atome streben grundsätzlich danach, durch chemische Verbindungen möglichst eine Edelgaskonfiguration mit in der Regel acht (bei Helium zwei) Elektronen in der Außenschale zu erreichen. Das Atom kann dazu Elektronen aufnehmen und die Außenschale komplettieren. Es kann aber auch Elektronen der äußersten Schale abgeben, so daß die darunterliegende, stabile Schale übrigbleibt. Damit verwandeln sich die beteiligten Atome in Ionen, wobei das negativ geladene »Anion« einen Elektronenüberschuß gegenüber dem Kern, das positiv geladene »Kation« dagegen einen Elektronenmangel verzeichnet. Elektrostatische Anziehungskräfte bewirken, daß zwei Teilchen mit entgegengesetzter Ladung eine »Ionenbindung« miteinander eingehen.

Stoffe, deren Moleküle durch Ionenbindungen zusammengehalten werden, liegen bei Zimmertemperatur gewöhnlich in fester Form vor. Ihre Moleküle sind dann in Kristallgittern, den »Ionengittern«, angeordnet. In diesem Zustand ist jedes positive Ion ringsum von negativen Ionen umgeben und umgekehrt. Form und Gestalt des Kristallgitters hängen von der Zahl und Größe der jeweils beteiligten Ionen ab.

Die Struktur von Natrium und Chlor
Ionenbindungen halten die Atome im Kochsalz, Kalkstein und in den Erzen zahlreicher Metalle (links ein Kupferbergwerk) zusammen.
A Einige Elemente gehen leichter Ionenbindungen miteinander ein als andere. Ein Natriumatom (1) gibt das einzige Elektron seiner Außenschale leicht ab, weil dadurch ein Ion mit Edelgasstruktur entsteht (2). In der Außenschale von Chlor (3) bewegen sich sieben Elektronen. Durch Aufnahme eines weiteren Elektrons bildet es ein negatives Ion (4) und erreicht so ebenfalls ein Elektronenoktett, d.h. eine stabile Edelgasstruktur.

Bindungsenergien
Treffen Natrium und Chlor aufeinander, gibt das Natriumatom ein Außenelektron an das Chloratom ab, wobei mittels Ionenbindung Natriumchlorid (Kochsalz) entsteht.
B C Wie leicht Atome eine Ionenbindung eingehen, hängt davon ab, wie leicht Valenzelektronen abgegeben oder aufgenommen werden können. Die Grafik zeigt die zur Abgabe von Elektronen nötige »Ionisierungsenergie« und die »Elektronenaffinität« (Aufnahmebereitschaft) der Elemente von Natrium bis Argon. Bei Natrium muß wenig Ionisierungsenergie aufgebracht werden, so daß es Außenelektronen leicht abgibt, während Chlor eine

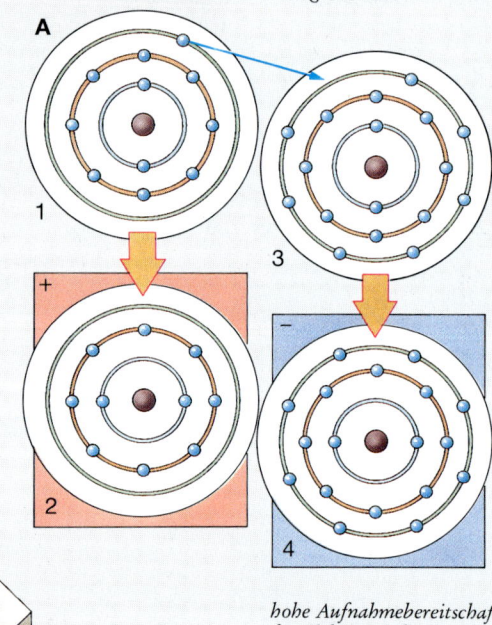

hohe Aufnahmebereitschaft für Elektronen besitzt. So kommt es leicht zu einer Ionenbindung. Silizium und Phosphor besitzen mittlere Ionisierungsenergie und Elektronenaffinität. Sie verbinden sich meist durch gemeinsame Elektronenpaare in kovalenten Bindungen.

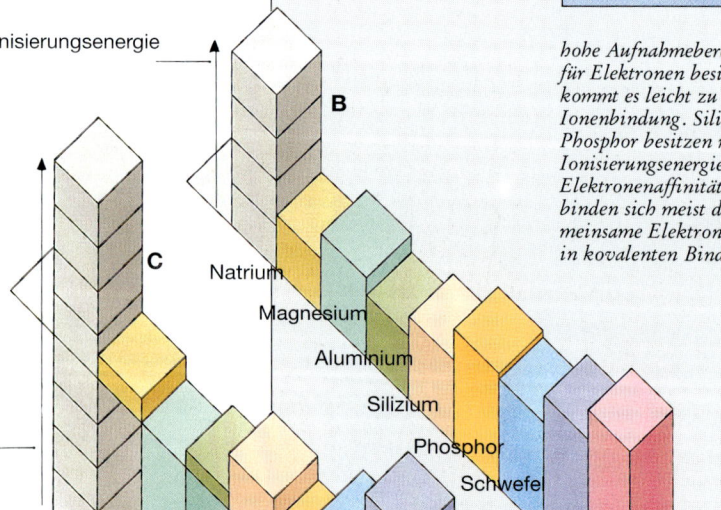

Ionisierungsenergie

Elektronenaffinität

Natrium
Magnesium
Aluminium
Silizium
Phosphor
Schwefel
Chlor
Argon

Siehe auch: Elektronen, S. 386/387 Periodensystem, S. 392/393 Kohlenstoffchemie, S. 398/399

Wasserstoffverbindungen

D *Zwei Wasserstoffatome bilden ein Wasserstoffmolekül (H₂). Die kovalente Bindung entsteht durch Überlagerung der kugelförmigen s-Orbitale beider Atome, deren Außenschale nun komplett besetzt ist. Damit erreicht Wasserstoff die stabile Elektronenkonfiguration des Edelgases Helium.*

E *Wasserstoff verbindet sich auch kovalent mit Fluor, wobei das runde s-Orbital des Wasserstoffs sich mit einem der drei hantelförmigen p-Orbitale des Fluoratoms überschneidet.*

Riesenmoleküle

Organische Verbindungen enthalten neben Kohlenstoff weitere Elemente – am häufigsten Wasserstoff, Sauerstoff und Stickstoff – in kovalenten Bindungen. Viele lagern sich zu Polymeren, Riesenmolekülen aus extrem langen Atomketten, zusammen. Polymere wie zum Beispiel PVC, Polyethylen und Nylon sind synthetische, im Labor erzeugte Stoffe. Es gibt auch zahlreiche Polymere natürlichen Ursprungs, etwa Gummi. Er wird aus dem Kautschuk gewonnen, der aus dem Stamm der Hevea brasiliensis tritt (rechts). Vielfach sorgen Wasserstoffatome als »Brücken« zwischen Kohlenstoffketten für den Zusammenhalt von Riesenmolekülen.

Bildung von Methan

F *Durch kovalente Bindungen eines Kohlenstoffatoms mit vier Wasserstoffatomen entsteht Methan (CH₄). Die beiden kugelförmigen s-Orbitale eines ungebundenen Kohlenstoffatoms sind voll besetzt, zwei der drei hantelförmigen p-Orbitale enthalten jeweils ein Elektron (1). Die drei p-Orbitale verschmelzen aber mit dem äußeren (größeren) s-Orbital (2,3). Dadurch entstehen vier Hybridorbitale, die mit jeweils einem Elektron besetzt sind (4). Das s-Orbital jedes sich nähernden Wasserstoffatoms (5) überlagert ein Orbital des Hybrids und bildet ein pyramidenförmiges Methanmolekül mit vier identischen Bindungen (6).*

Gemeinsame Elektronenpaare verbinden Atome

Die besonders stabilen Edelgaskonfigurationen kommen auch durch »kovalente« Bindungen, den anderen Haupttyp chemischer Bindungen, zustande. Wie bei der Ionenbindung wird hier die optimale Besetzung der Außenschale mit Elektronen erreicht. Dies geschieht indes nicht durch Aufnahme oder Abgabe von Elektronen, sondern durch die Bildung eines den Atomen gemeinsamen Elektronenpaars.

Die Elektronenschalen eines Atoms enthalten jeweils ein oder mehrere »Orbitale«, das sind die Räume, in denen sich die Elektronen vorzugsweise befinden. Jedes der kreis- oder hantelförmigen, zum Teil auch komplexer strukturierten Orbitale entspricht einem Energieniveau. Ein Orbital bietet zwei Elektronen Raum, kann aber auch nur einfach besetzt oder völlig leer sein ($\rightarrow$ S. 386/87). Bei einer kovalenten Bindung durchdringen sich zwei Orbitale der beiden beteiligten Atome und bilden ein gemeinsames Elektronenpaar. Da jedes Orbital dieser beiden Atome in der Regel nur ein Elektron enthält, »gewinnen« die Atome jeweils ein Elektron in der Valenzschale hinzu. Ein Fluormolekül besteht z.B. aus zwei Atomen mit je sieben Außenelektronen. Indem die beiden Atome eine kovalente Bindung eingehen, erreichen sie die komplette Besetzung mit acht Elektronen, also das erwünschte »Oktett«, in der Außenschale.

Werden zwei Atome auf diese Weise durch ein einziges Elektronenpaar aneinandergekoppelt, spricht man von einer »einfachen Bindung«. Häufig bilden Atome jedoch mehrere gemeinsame Elektronenpaare, werden also durch Doppel- oder auch Dreifachbindungen zusammengehalten. Stickstoff etwa kommt in der Erdatmosphäre in Molekülen vor, die aus zwei Atomen bestehen (N₂). Jedes Stickstoffatom besitzt fünf Valenzelektronen und teilt sich drei Elektronen mit einem Atom desselben Elements. Bei diesem Molekül liegt demnach eine Dreifachbindung vor.

Organische Verbindungen und Hybridisierung

Kohlenstoff ist ein besonders reaktionsfreudiges Element; er verbindet sich leichter als alle anderen Elemente mit anderen Stoffen. Über acht Millionen Kohlenstoffverbindungen sind bekannt. Viele gehören zu den wichtigen biologischen Bausteinen. Die Kohlenstoffchemie (auch »organische Chemie« genannt) beruht auf kovalenten Bindungen. Kohlenstoffatome können Einfach-, Zweifach- und Dreifachbindungen eingehen und sich zu langen Ketten zusammenlagern.

Daß Kohlenstoff sich so leicht mit anderen Substanzen verbindet, beruht u.a. auf der Fähigkeit seiner Orbitale, »Hybride« zu formen. Bei der Hybridisierung ordnen sich die Elektronen zu einer neuen räumlichen Struktur, die für Bindungen energetisch günstiger ist. Ein Kohlenstoffatom besitzt sechs Elektronen, je zwei im inneren und äußeren s-Orbital und zwei in den hantelförmigen p-Orbitalen. Diese Orbitale können sich innerhalb eines Atoms »vermischen« und erlauben damit dem Kohlenstoff eine Vielzahl verschiedener Konfigurationen.

Wenn Stoffe miteinander reagieren

Energieverbrauch bei chemischen Reaktionen

Wenn ein Eisennagel mit Wasser oder Luft in Berührung kommt, beginnt er zu rosten. Dabei bildet die Metalloberfläche mit dem im Wasser oder in der Luft enthaltenen Sauerstoff Eisenoxid. Für diesen sehr langsam ablaufenden Prozeß bedarf es keiner äußeren Energiezufuhr. Ein Streichholz dagegen kann über Jahre unberührt liegen, produziert jedoch eine Flamme, sobald man es über eine rauhe Fläche streicht. Die Höhe der in einer chemischen Reaktion verbrauchten oder freigesetzten Energie und die Geschwindigkeit, mit der eine Reaktion abläuft, sind in der Technik genauso wichtig wie die Beschaffenheit und Menge der Reaktions- bzw. Endprodukte. So werden z. B. Kohle und Öl verbrannt, um Energie zu gewinnen, während die erzeugten Abgase dieser Verbrennung eher unerwünschte Nebenprodukte darstellen.

Endotherme und exotherme Reaktionen

Energie kann viele verschiedene Gestalten annehmen, die sich mehr oder minder leicht ineinander umwandeln lassen. Die Verwandlung von chemischer Energie in Wärme ist uns allen aus dem Alltag bekannt. Die chemische Energie »sitzt« dabei in den Bindungen zwischen den Atomen in einem Molekül.

Bei der Verbrennung von Kohlenstoff z. B. enthalten die miteinander reagierenden Substanzen – Sauerstoff und der Kohlenstoff selbst – mehr Energie als das Kohlendioxid, das bei der Reaktion entsteht. Im Verlauf der Reaktion wird die überschüssige Energie als Licht und Wärme freigesetzt. Einen solchen Prozeß bezeichnen die Chemiker als eine »exotherme Reaktion«. Ist das Energieniveau der Endprodukte dagegen höher als das der beteiligten Stoffe, wird also bei der chemischen Reaktion Energie verbraucht, spricht man von einer »endothermen Reaktion«. Die Energie muß, z. B. in Form von Wärme, bereitgestellt werden.

Wie Reaktionen gesteuert werden

Die Reaktionsgeschwindigkeit hängt maßgeblich von der Beschaffenheit der Reaktionspartner ab. Zink reagiert z. B. deutlich schneller mit Salz- als mit Essigsäure. Doch spielen auch andere Faktoren wie Wärmezufuhr, Stoffkonzentration oder Katalysatoren eine Rolle. Mit ihrer Hilfe können in der Technik chemische Prozesse kontrolliert beschleunigt oder verlangsamt werden.

In einem Reaktionsgemisch sind alle Teilchen in Bewegung und prallen aneinander. Geschieht dies mit ausreichender Geschwindigkeit (d. h. mit genügend Energie), kommt es zu einer Reaktion. Eine Temperaturerhöhung beschleunigt die Bewegung der Moleküle. Damit vergrößert sich die Wahrscheinlichkeit einer »erfolgreichen« Kollision, und die Reaktion läuft schneller ab. Derselbe Effekt läßt sich erzielen, wenn die Konzentration (die aktive Masse) der reagierenden Stoffe zunimmt, weil die dichter beieinanderliegenden Moleküle dann leichter zusammentreffen können.

Verbrauch von Energie
Ⓐ *Das Energieniveau der reagierenden Stoffe (grün) ist niedriger als das der Produkte (gelb). Zur Reaktionsbeschleunigung ist Energie nötig. Die Eisengewinnung aus Erz (rechts) ist ein endothermer Prozeß: Durch die Reaktion von Kohlenstoff und Sauerstoff wird Wärme zugeführt.*

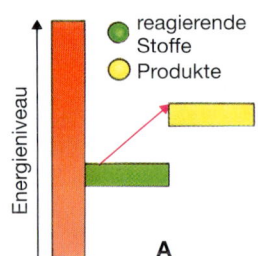

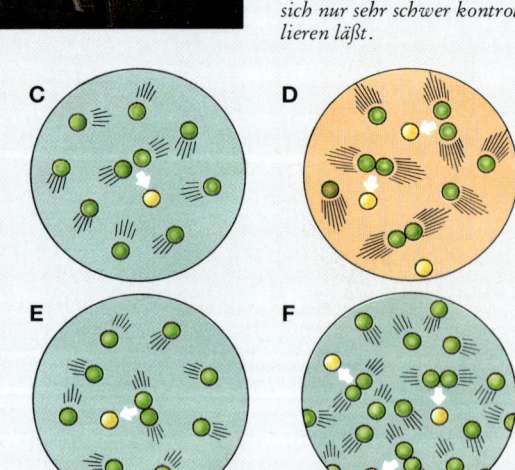

Freisetzung von Energie
Ⓑ *Das Energieniveau der Produkte (gelb) liegt unter dem der Ausgangsstoffe (grün). Im Verlauf der Reaktion wird Energie als Wärme frei. Bei der stark exothermen Verbrennung von Rohöl (links) wird so viel Energie freigesetzt, daß sie sich nur sehr schwer kontrollieren läßt.*

Reaktionsgeschwindigkeit
Ⓒ *Bei niedrigen Temperaturen ist die Bewegungsenergie der Teilchen gering, und die Reaktion läuft langsam ab.*
Ⓓ *Bei höherer Temperatur treffen die Moleküle mit größerer Geschwindigkeit aufeinander. Durch Kollisionen energiereicherer Teilchen beschleunigt sich der Reaktionsvorgang (gelb).*
Ⓔ Ⓕ *Auch eine Erhöhung des Drucks (bei Gasen) oder der Konzentration (bei Flüssigkeiten) läßt die Zahl der Kollisionen und damit die Reaktionsgeschwindigkeit steigen.*
Ⓖ Ⓗ *Zu einem ähnlichen Ergebnis führt die Vergrößerung der reaktionsfähigen Oberfläche eines festen Stoffes durch Pulverisierung.*

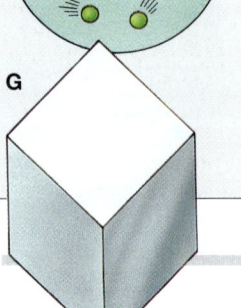

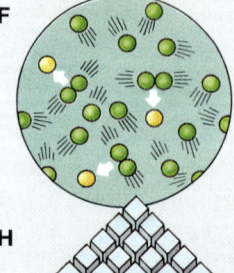

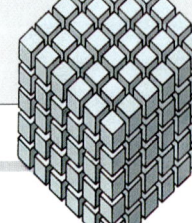

Siehe auch: Elektronen, S. 386/387 Periodensystem, S. 392/393 Chemische Bindungen, S. 394/395

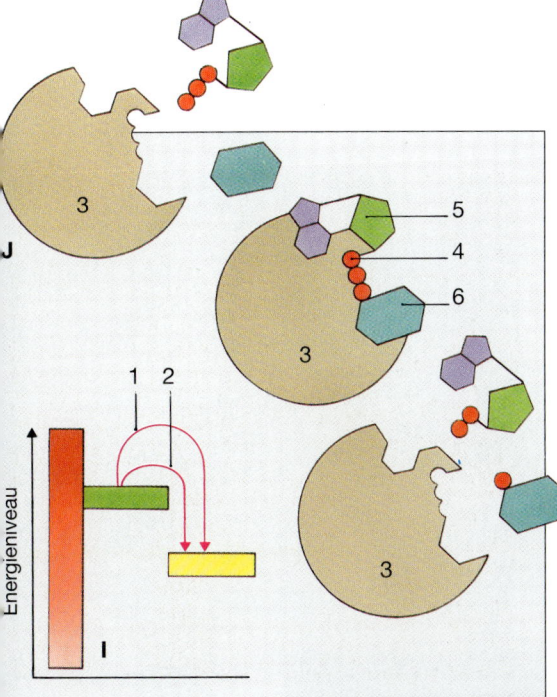

Katalysatoren
❶ *Die Aktivierungsenergie läßt sich als die Energiestufe (1) definieren, welche die reagierenden Substanzen erreichen müssen, bevor eine chemische Reaktion in Gang kommt. Ein Katalysator setzt das zu überwindende Energieniveau (2) herab und reduziert damit die Aktivierungsenergie.*
❷ *Ein Enzym kann nur ganz bestimmte Substanzen binden. Wie Schlösser, in die nur bestimmte Schlüssel passen, kontrollieren in jeder Zelle verschiedene Enzyme unterschiedliche Vorgänge. Hier beschleunigt ein Atmungsenzym (3) den Transfer eines Phosphoratoms (4) von einem ATP- (5) zu einem Glukose-Molekül (6).*

Reaktionen brauchen Aktivierungsenergie

Wenn zwei Moleküle aufeinanderprallen, kann es zu einer chemischen Reaktion kommen. Doch reagieren die Ausgangsstoffe nur dann miteinander, wenn sie eine bestimmte Energiemenge, die sogenannte »Aktivierungsenergie«, besitzen. Bei Energiezufuhr von außen steigt die Zahl der Teilchen mit ausreichender Aktivierungsenergie, und die Reaktionsgeschwindigkeit nimmt zu.

Für jede chemische Reaktion ist ein genau bestimmbares Maß an Aktivierungsenergie nötig. Ist die Aktivierungsenergie gering, läßt sich die Reaktion bei Zimmertemperatur sichtbar nachvollziehen. Reaktionen mit hoher Aktivierungsenergie verlaufen dagegen bei Raumtemperatur nur sehr langsam oder überhaupt nicht.

Ein Streichholz z.B. entzündet sich nicht von selbst, sondern erst, wenn man es an einer rauhen Fläche reibt. Dieser Vorgang liefert die Aktivierungsenergie. Einmal angestoßen, verläuft der Prozeß exotherm und erzeugt genug Aktivierungsenergie, um sich selbst in Gang zu halten.

Die Reaktionsgeschwindigkeit läßt sich auch mit Hilfe eines Katalysators steigern. Katalysatoren senken die zur Reaktion erforderliche Aktivierungsenergie. Die meisten Katalysatoren nähern zwei Moleküle für kurze Zeit so dicht aneinander an, daß eine Reaktion stattfinden kann. Danach löst sich der Katalysator und erfüllt seine Aufgabe erneut bei weiteren Teilchen.

Katalysatoren werden in den meisten industriell genutzten Synthesereaktionen verwendet, u.a. bei der Herstellung von Benzin, Kunststoffen oder Ammoniak. Schließlich bilden hochspezialisierte biologische Katalysatoren, die Enzyme, eine wesentliche Grundlage allen Lebens. Diese Eiweißmoleküle, die jeweils für eine ganz bestimmte Reaktion verantwortlich sind, beschleunigen wichtige Prozesse innerhalb der Zellen. Im menschlichen Körper arbeiten rund 30 000 unterschiedliche Enzyme. Die bekanntesten sind die sogenannten proteolytischen Enzyme, die eiweißspaltend die Verdauung unterstützen.

Reaktionsbeschleuniger

Katalysatoren erhöhen die Reaktionsgeschwindigkeit. Ohne sie wären viele industriell verwendbare Prozesse so langsam, daß sich ihre Nutzung nicht lohnen würde. Häufig dienen feste Stoffe, etwa die Metalle Platin und Eisen, als Katalysatoren. Doch gibt es auch flüssige oder gasförmige Katalysatoren. So beschleunigt im Bleikammerverfahren gasförmige nitrose Säure die Herstellung von Schwefelsäure. Die sogenannten Zeolithe unterstützen bestimmte Reaktionen. Dank ihrer komplexen Raumnetz-Struktur (rechts) können diese Aluminium-Silikat-Moleküle leicht andere Teilchen binden.

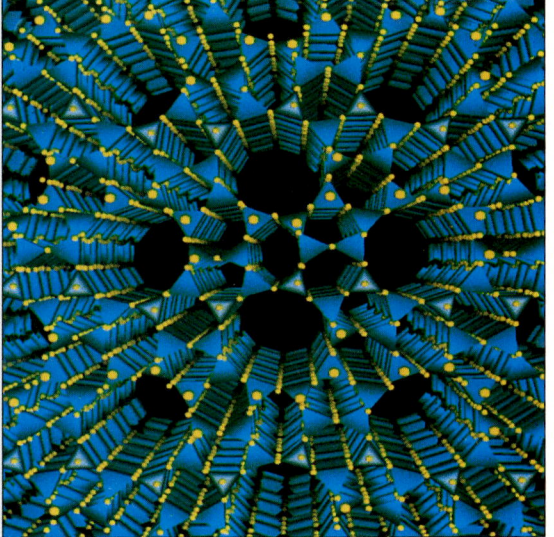

Umkehrbare Reaktionen

Einige Reaktionen verlaufen nur von den Ausgangsstoffen zu den neu gebildeten Reaktionsprodukten. Bei anderen reagieren die Endprodukte miteinander und verwandeln sich zurück in die Ausgangsstoffe. Eine solche Rückreaktion kann auch unter dem Einfluß der bei der Reaktion entstehenden Wärme stattfinden. Bei solchen umkehrbaren Reaktionen finden nach einer bestimmten Zeit gleichviele Hin- wie Rückreaktionen statt. Ist dieser Gleichgewichtszustand erreicht, scheint die Reaktion zum Stillstand gekommen zu sein, da das Verhältnis von reagierenden Substanzen zu Reaktionsprodukten sich nicht mehr verändert. Da aber die Hin- und Rückreaktionen weiterhin ablaufen, handelt es sich um ein dynamisches Gleichgewicht. Chemiker können den Ertrag an bestimmten Produkten steigern, indem sie – z.B. durch eine Erhöhung der Konzentration – die Geschwindigkeit der Hinreaktion vergrößern und damit das Gleichgewicht verschieben.

Gleichgewichtszustände
Ⓚ *In einer Umkehrreaktion reagieren Wasserstoff (H_2) und Jod (I_2) zu Jodwasserstoff (III), wobei Wärme frei wird. Durch die Wärme zerfällt der Jodwasserstoff wieder.*
Ⓛ *Erhöht man die Menge der Substanzen, verschiebt sich das Gleichgewicht.*
Ⓜ *Nach dem Prinzip des kleinsten Zwangs (Le Chatelier-Prinzip) strebt ein verschobenes Gleichgewicht zur Rückkehr in den Ausgangszustand. Deswegen nimmt die Menge des Jodwasserstoffs und der Wärme zu, um das Gleichgewicht wiederherzustellen.*
Ⓝ Ⓞ *Die Ableitung der erzeugten Wärme steigert die Produktion von Wärmeenergie und von Jodwasserstoff.*

Das lebendigste aller Elemente

Vielfalt der Kohlenstoffchemie

Die Erdkruste besteht nur zu weniger als 1 %
aus dem nichtmetallischen Element Kohlenstoff,
doch bildet dieses Element mehr Verbindungen
als alle anderen Elemente des Periodensystems
zusammen. Zu dieser großen Vielfalt zählen
Kunst- und Kraftstoffe, Düngemittel, synthetische Fasern und Pestizide sowie vor allem die
wichtigen Bausteine des Lebens. Kohlenstoffverbindungen werden vielfach als organisch
bezeichnet, weil alles bekannte Leben auf ihnen
aufbaut. Seine enorme Reaktionsfreudigkeit
verdankt der Kohlenstoff den Eigenschaften der
Elektronenhülle seiner Atome. Sie ermöglichen
die Entstehung von Riesenmolekülen aus Millionen von Kohlenstoff- und anderen Atomen. Ihre
Struktur ist manchmal so komplex, daß sie in
der Lage ist, die gesamte Erbinformation eines
Lebewesens zu speichern.

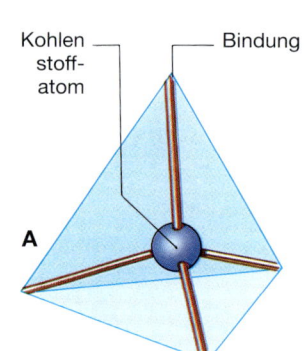

Kohlenstoffatom — Bindung

A

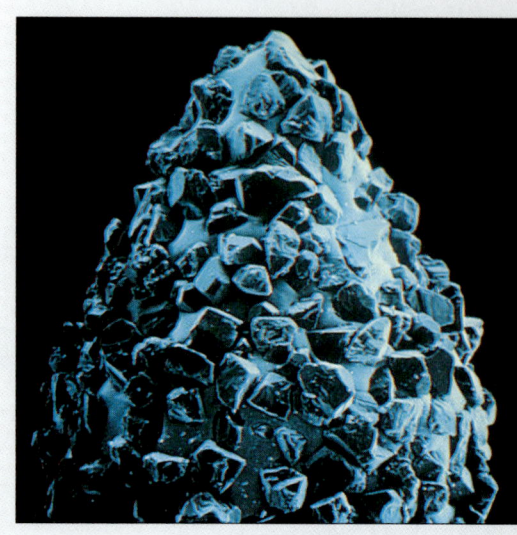

Bildung extrem langer Ketten

Mit vier Elektronen in der Außenschale gehört
Kohlenstoff zur vierten Hauptgruppe des Periodensystems. Um die stabile Edelgasstruktur mit
acht Elektronen in der Außenschale zu erreichen,
geht Kohlenstoff gerne kovalente Bindungen ein.
Dabei kommt es zur Bildung gemeinsamer Elektronenpaare – außer mit anderen Kohlenstoffatomen vorzugsweise mit Wasserstoff-, Sauerstoff-
oder Chloratomen. Vor allem untereinander gehen Kohlenstoffatome feste kovalente Bindungen
ein und können dank dieser Fähigkeit extrem lange Ketten bilden. Dies gilt für reinen Kohlenstoff
(Diamant oder Graphit), der aus Milliarden von
zu Kristallen zusammengeschlossenen Atomen
besteht, ebenso wie für organische Kohlenstoffverbindungen. Zu den letzteren gehören die »Polymere«, riesige Molekülketten, die sich aus Tausenden aneinandergehängter Kohlenstoffatome
zusammensetzen.

Unbegrenzte Variationsmöglichkeiten

Die große Zahl natürlicher und synthetischer
Kohlenstoffverbindungen ist nur zum Teil durch
die schier unbegrenzte Fähigkeit des Kohlenstoffatoms zu erklären, sich mit seinesgleichen zu
verbinden. Kohlenstoffverbindungen mit gleicher
Anzahl von Atomen können nämlich ganz unterschiedliche Formen haben. Die Chemiker sprechen von verschiedenen »Isomeren«, wenn sich
Moleküle zwar in ihrer räumlichen Struktur, nicht
aber in der Zahl der Atome unterscheiden.

Kohlenstoffketten weisen zudem verschiedene
Bindungstypen auf: Bei einer einfachen Bindung
bildet eines der vier Elektronen in der Außenschale eines Kohlenstoffatoms ein gemeinsames Paar
mit einem Elektron eines anderen Atoms. Binden
zwei Elektronen zwei andere, liegt eine Zweifach-
bindung vor. Entsprechend besteht eine Dreifachbindung aus drei Elektronenpaaren. Die Zahl der
Kohlenstoffbindungen, die so oder durch Veränderungen der Kettenlänge und der Atomanord-
nung zustandekommt, geht ins Unendliche.

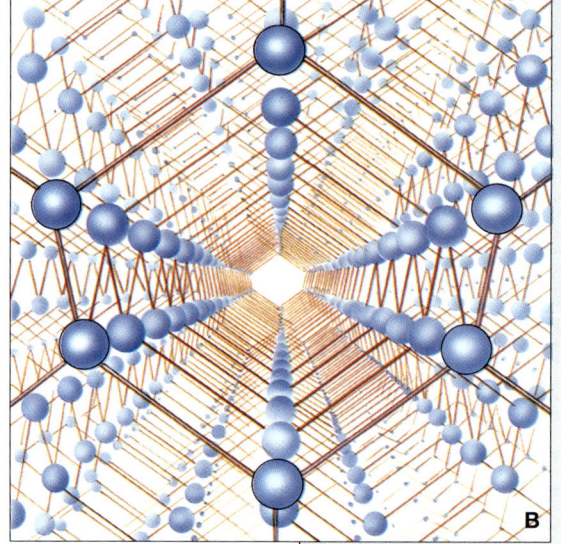

B

Diamanten

Ⓐ *Kohlenstoff besitzt vier
Außenelektronen und bildet
vier einzelne kovalente Bindungen. Da diese negativ geladenen Zonen einander abstoßen, gruppieren sich die
Bindungen in gleichem Ab-
stand rings um das Atom.*
Ⓑ *In einem Diamanten wiederholt sich diese Tetraeder-
struktur milliardenfach, weil
jedes Atom vier weitere Atome bindet. Der großen An-
zahl kovalenter Bindungen
verdankt der Diamant seine
Härte. Er eignet sich ideal
für zahntechnische Geräte
(oben die Spitze eines
Zahnarztbohrers).*

Gesättigte und unge-
sättigte Verbindungen

Ⓒ Ⓓ *Kohlenwasserstoffe,
die ausschließlich Einfachbindungen enthalten, heißen
Alkane. Zu den kleinsten
gehören Methan (C_2H_4) und
Ethan (C_2H_6), andere Alkane bestehen aus mehreren
tausend Kohlenstoffatomen.*
Ⓔ *Alkene sind Kohlenwasserstoffe, deren Kohlenstoffatome von Doppelbindungen
zusammengehalten werden.
Den einfachsten Aufbau hat
das Ethen (C_2H_4).*
Ⓕ *Dreifach gebundene Kohlenwasserstoffe heißen Alkine
(z.B. Ethin, C_2H_2). Alkane
sind reaktionsträger, weil bei
ihnen Wasserstoffatome alle
Plätze für neue Bindungen
besetzen. Sie sind daher als
»gesättigte Kohlenwasser-
stoffe« bekannt.*

Gleich und doch nicht
gleich

*Die drei Isomere des
Alkans Pentan besitzen
dieselbe Summenformel
(C_5H_{12}). Unterschiedliche
Anordnungen der Atome
verändern jedoch deren
physikalische und chemi-
sche Eigenschaften. Mit
der Zahl der Atome pro
Molekül wächst auch die
der möglichen Isomere.*

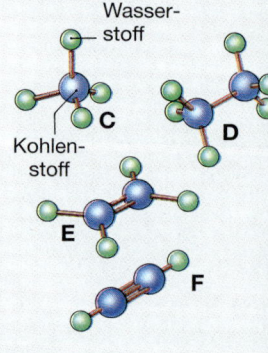

Wasser-
stoff

C

D

Kohlen-
stoff

E

F

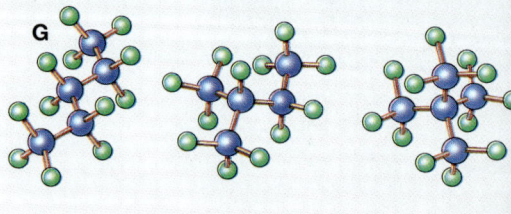

G

Siehe auch: **Elektronen**, *S. 386/387* **Chemische Bindungen**, *S. 394/395* **Raffinerien**, *S. 448/449* **Polymere**, *S. 450/451* **Gentechnik**, *S. 482/483*

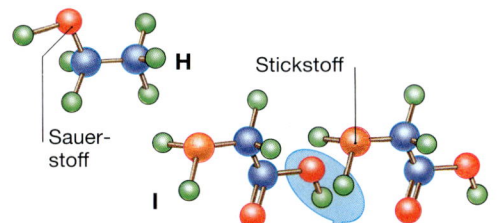

Sauer-
stoff

H

Stickstoff

I

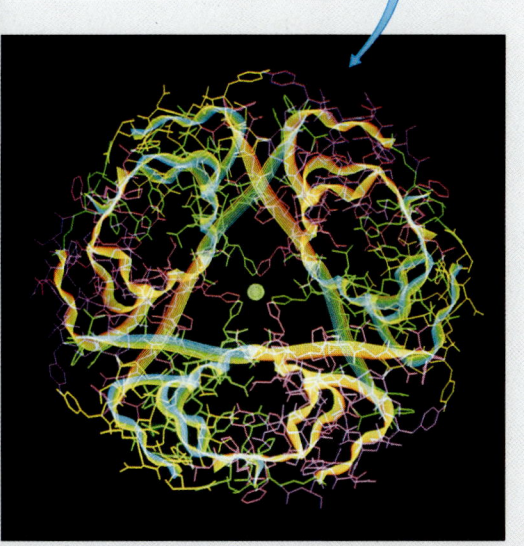

Funktionelle Gruppen

H **I** *Funktionelle Gruppen beeinflussen das Verhalten einer Kohlenstoffverbindung entscheidend. So ist Ethanol (C_2H_5OH) eine wasserlösliche Flüssigkeit, während das ihm verwandte Ethan zu den unlöslichen Gasen zählt. Reaktionen zwischen verschiedenen funktionellen Gruppen spielen bei vielen biologischen Prozessen eine wichtige Rolle. Aminosäuren, aus denen alle Proteine aufgebaut sind, können sich durch die in ihnen enthaltenen Carboxi- (-COOH) und Aminogruppen ($-NH_2$) zu hochkomplizierten räumlichen Strukturen verketten. Das Protein Insulin (links) besteht aus Tausenden von Aminosäuren.*

Die Struktur des Parfums

J *Eine Vielzahl von Verbindungen basiert auf sechseckigen Benzolringen. In einigen ersetzen andere Elemente ein oder mehrere Wasserstoffatome, wodurch Stoffe wie TNT, Aspirin oder die Moleküle verschiedener Duftstoffe entstehen können (rechts).*
Mehrere Benzolringe können sich auch zu »polyzyklischen« Verbindungen zusammenschließen. Zu ihnen gehören – neben dem zu Mottenkugeln verarbeiteten Naphthalin – wichtige biologische Bausteine. Sehr lange polyzyklische Verbindungen können bei Mensch oder Tier Krebs erzeugen.

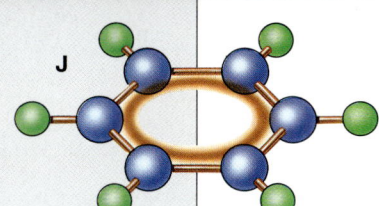

J

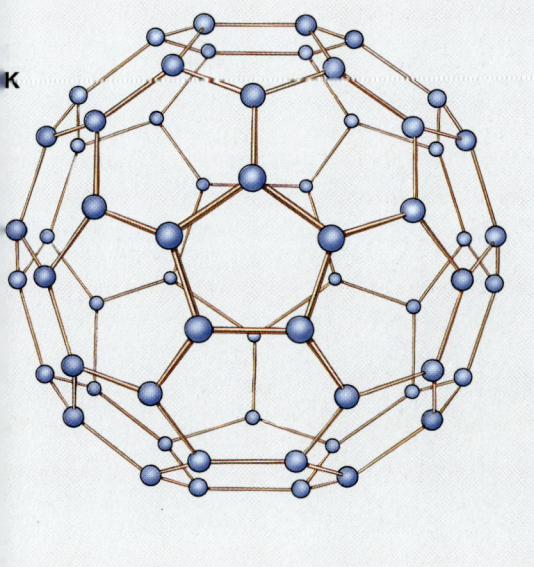

K

Moleküle wie Fußbälle

K *Das Molekül Buckminsterfulleren ähnelt einem Fußball. Das offene Innere des kugelförmigen Käfigs vermag andere Atome aufzunehmen. Man hofft, diese Strukturen bei der Konstruktion winziger Apparate benutzen zu können. Ungeachtet der komplexen geometrischen Form des Moleküls schließen sich die beteiligten Atome auf dem üblichen Weg über hybridisierte Orbitale und kovalente Bindungen zusammen. Wie beim Benzolring verbinden sich dabei jeweils mehrere Atome.*

Was den Alkohol zum Alkohol macht

Die Eigenschaften eines organischen Moleküls hängen nicht nur von der Länge und Anordnung der Kohlenstoffatome oder den Bindungstypen, sondern auch vom Vorhandensein funktioneller Gruppen ab. Diese chemischen Untereinheiten können ein oder mehrere Wasserstoffatome in einer Kohlenstoffverbindung ersetzen und dadurch deren Charakteristika verändern.

Der Einfluß der funktionellen Gruppen ist so groß, daß sich organische Verbindungen nach ihnen ordnen lassen. Bei den Alkoholen ist eine Hydroxidgruppe (OH) an einen Kohlenstoffrest gebunden. Methanol (Holzgeist), Ethanol (Weingeist oder Spiritus) und Ethylenglycol (Frostschutzmittel) gehören allesamt zu dieser Familie. Carbonsäuren (z.B. Citronensäure) zeichnen sich durch eine COOH-Gruppe, primäre Amine durch eine NH_2-Gruppe aus und so fort. Organische Verbindungen enthalten oft mehrere gleiche oder verschiedene funktionelle Gruppen.

Benzolringe können gut riechen

Zu den wichtigsten Kohlenwasserstoffen gehören die aromatischen Verbindungen. Viele von ihnen sind die Hauptbestandteile von wohlriechenden und wohlschmeckenden Substanzen und kommen in Gewürzen oder Parfums vor. Alle Mitglieder dieser großen, 1830 entdeckten Familie enthalten einen oder mehrere Benzolringe. Benzolringe sind aber auch Bestandteile besonders giftiger organischer Verbindungen.

Die sechs Kohlenstoffatome des Benzols (C_6H_6), der einfachsten Form ringförmiger Kohlenstoffverbindungen, sind durch Einfachbindungen zu einem regelmäßigen Sechseck zusammengeschlossen. An jedem Kohlenstoffatom hängt zusätzlich ein einfach gebundenes Wasserstoffatom. Die verbleibenden Elektronen (das jeweils ungebundene vierte Außenelektron jedes der sechs Kohlenstoffatome) verteilen sich gleichmäßig über den Ring – sie oszillieren. Benzolringe können durch diese beweglichen Elektronen an weiteren Reaktionsvorgängen teilnehmen und sind durch ihre Ringstruktur zugleich erheblich stabiler als kettenförmige Kohlenwasserstoffe von vergleichbarer Größe.

Kugelmoleküle – Werkstoffe der Zukunft?

1985 entdeckten Wissenschaftler eine neue Form reinen Kohlenstoffs, als sie Graphit mit einem Hochleistungslaserstrahl verdampften. Analysen ergaben, daß es sich dabei um ein kugelförmiges Molekül aus 60 Kohlenstoffatomen handelte – zusammengeschlossen in fünf- und sechseckigen Verbänden.

Das Molekül wurde nach dem Architekten und Zukunftsforscher R. Buckminster Fuller benannt, der dem Molekül ähnelnde Traglufthallen entwarf. Seit dieser Zeit fand man weitere Fullerene mit 70 bis 76 Atomen und ist nun auf der Suche nach praktischen Anwendungsmöglichkeiten für diese außergewöhnlichen Strukturen. Es stellte sich bereits heraus, daß sich die Moleküle hervorragend als Hochtemperaturleiter und Katalysatoren eignen.

Geladene Atome

Entstehung und Wirkung statischer Elektrizität

Ladungen verursachen Blitzschläge, lassen Kunststoffverpackungsteile an den Fingern haften und bringen Wollpullover beim Ausziehen zum Rascheln. Solche teils lästigen, teils verblüffenden Effekte sind Ausdruck des seit dem Altertum bekannten Phänomens Elektrizität. Offensichtlich werden dabei sowohl anziehende (bei »klebender« Folie) als auch abstoßende (etwa bei frisch gekämmten, abstehenden Haaren) Kräfte wirksam, so daß es zwei Arten elektrischer Ladung geben muß: positive und negative. Daß dies mit der Struktur der Atome zusammenhängt, die aus negativ geladenen Elektronen und positiv geladenen Protonen bestehen, ist noch gar nicht lange bekannt. Immer wenn zwischen diesen winzigen Teilchen kein zahlenmäßiges Gleichgewicht herrscht, liegt eine elektrostatische Ladung vor.

Warum elektrische Ladungen entstehen

Atome bestehen aus einem Kern mit positiv geladenen Protonen und elektrisch neutralen Neutronen, der von einer Hülle negativ geladener Elektronen umgeben ist. Die Protonen stecken fest im Inneren des Kerns, und die Kernladungszahl läßt sich lediglich durch tiefgreifende Einwirkungen, wie etwa radioaktive Vorgänge, verändern.

Elektronen sind dagegen sehr viel schwächer gebunden und können sich bei hohen Temperaturen oder starker Spannung abtrennen. Auch Reibung führt bei manchen Stoffen zur Abgabe oder Aufnahme von Elektronen. Die Folge ist ein Elektronenmangel oder aber ein Elektronenüberschuß. In beiden Fällen lädt sich der Stoff elektrisch auf. Gegensätzlich geladene Körper ziehen sich an. Je geringer der Abstand und je größer der Ladungsunterschied, desto stärker ist die zwischen ihnen wirkende Kraft.

Eine Ladung kann eine neue Ladung erzeugen

Wie ein Magnet von einem Magnetfeld ist ein geladenes Teilchen von einem elektrischen Feld umgeben. Kraftlinien in unterschiedlicher Dichte verdeutlichen, welcher Kraft ein geladenes Teilchen an einem bestimmten Punkt unterliegt.

Plaziert man einen positiv geladenen Leiter in die Nähe eines anderen leitfähigen Stoffes, wird auf dessen Oberfläche eine Ladung erzeugt. Man spricht von elektrischer »Influenz« und von einer »influenzierten« elektrischen Ladung. Da die negativen Elektronen sich im Inneren des Leiters frei bewegen können, werden sie von dem positiv geladenen Körper angezogen. Deshalb konzentriert sich die negative Ladung auf der einen Seite und die positive Ladung auf der anderen. Aus diesem Grund kann man kleine Papierschnipsel mit einem geladenen Stab auflesen, unabhängig von der Art der Ladung: Dicht an der Oberfläche der Papierteilchen wird eine Ladung mit gegensätzlicher Polung erzeugt, und die gegensätzlichen Ladungen der Staboberfläche und des Papiers reichen aus, um die Papierschnipsel am Stab festzuhalten.

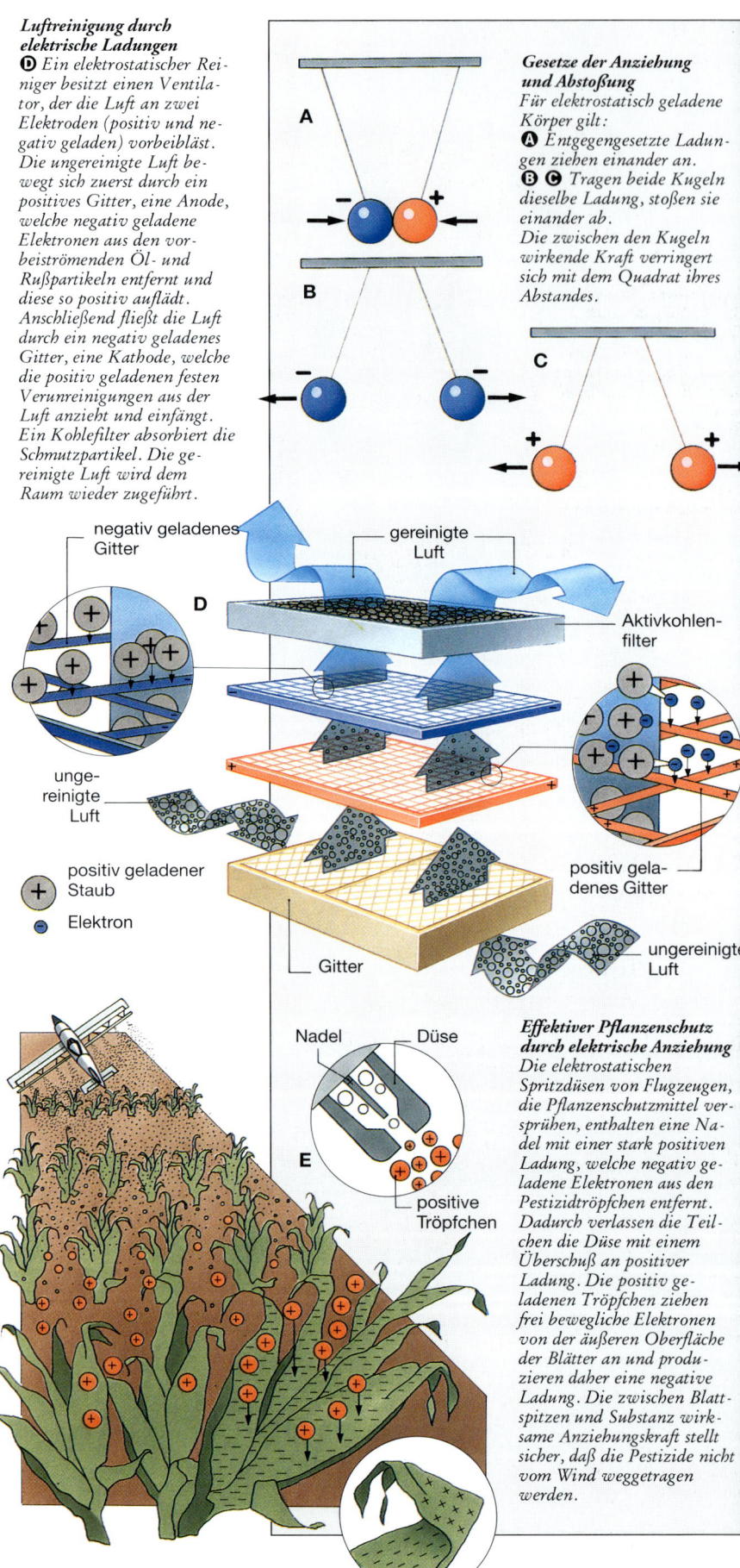

Luftreinigung durch elektrische Ladungen
D Ein elektrostatischer Reiniger besitzt einen Ventilator, der die Luft an zwei Elektroden (positiv und negativ geladen) vorbeibläst. Die ungereinigte Luft bewegt sich zuerst durch ein positives Gitter, eine Anode, welche negativ geladene Elektronen aus den vorbeiströmenden Öl- und Rußpartikeln entfernt und diese so positiv auflädt. Anschließend fließt die Luft durch ein negativ geladenes Gitter, eine Kathode, welche die positiv geladenen festen Verunreinigungen aus der Luft anzieht und einfängt. Ein Kohlefilter absorbiert die Schmutzpartikel. Die gereinigte Luft wird dem Raum wieder zugeführt.

Gesetze der Anziehung und Abstoßung
Für elektrostatisch geladene Körper gilt:
A Entgegengesetzte Ladungen ziehen einander an.
B C Tragen beide Kugeln dieselbe Ladung, stoßen sie einander ab.
Die zwischen den Kugeln wirkende Kraft verringert sich mit dem Quadrat ihres Abstandes.

negativ geladenes Gitter

gereinigte Luft

Aktivkohlenfilter

ungereinigte Luft

positiv geladener Staub

Elektron

positiv geladenes Gitter

ungereinigte Luft

Gitter

Nadel   Düse

E

positive Tröpfchen

Effektiver Pflanzenschutz durch elektrische Anziehung
Die elektrostatischen Spritzdüsen von Flugzeugen, die Pflanzenschutzmittel versprühen, enthalten eine Nadel mit einer stark positiven Ladung, welche negativ geladene Elektronen aus den Pestizidtröpfchen entfernt. Dadurch verlassen die Teilchen die Düse mit einem Überschuß an positiver Ladung. Die positiv geladenen Tröpfchen ziehen frei bewegliche Elektronen von der äußeren Oberfläche der Blätter an und produzieren daher eine negative Ladung. Die zwischen Blattspitzen und Substanz wirksame Anziehungskraft stellt sicher, daß die Pestizide nicht vom Wind weggetragen werden.

Siehe auch: Elektronen, S. 386/387 Grundkräfte, S. 390/391 Elektrischer Strom, S. 402/403

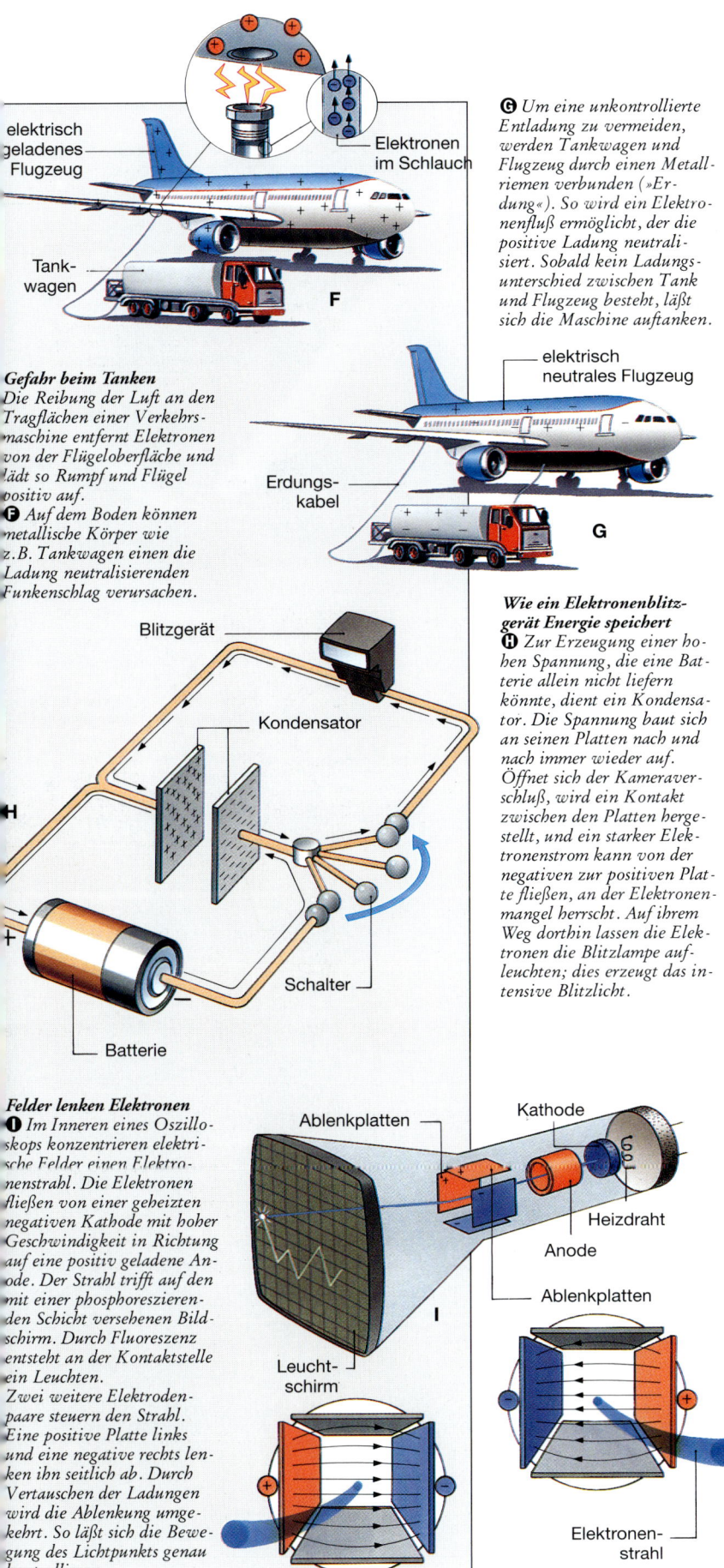

G *Um eine unkontrollierte Entladung zu vermeiden, werden Tankwagen und Flugzeug durch einen Metallriemen verbunden (»Erdung«). So wird ein Elektronenfluß ermöglicht, der die positive Ladung neutralisiert. Sobald kein Ladungsunterschied zwischen Tank und Flugzeug besteht, läßt sich die Maschine auftanken.*

elektrisch geladenes Flugzeug

Tankwagen

F

Gefahr beim Tanken
Die Reibung der Luft an den Tragflächen einer Verkehrsmaschine entfernt Elektronen von der Flügeloberfläche und lädt so Rumpf und Flügel positiv auf.
F *Auf dem Boden können metallische Körper wie z.B. Tankwagen einen die Ladung neutralisierenden Funkenschlag verursachen.*

Elektronen im Schlauch

Elektronen im Schlauch

elektrisch neutrales Flugzeug

Erdungskabel

G

Blitzgerät

Kondensator

Wie ein Elektronenblitzgerät Energie speichert
H *Zur Erzeugung einer hohen Spannung, die eine Batterie allein nicht liefern könnte, dient ein Kondensator. Die Spannung baut sich an seinen Platten nach und nach immer wieder auf. Öffnet sich der Kameraverschluß, wird ein Kontakt zwischen den Platten hergestellt, und ein starker Elektronenstrom kann von der negativen zur positiven Platte fließen, an der Elektronenmangel herrscht. Auf ihrem Weg dorthin lassen die Elektronen die Blitzlampe aufleuchten; dies erzeugt das intensive Blitzlicht.*

H

Schalter

Batterie

Felder lenken Elektronen
I *Im Inneren eines Oszilloskops konzentrieren elektrische Felder einen Elektronenstrahl. Die Elektronen fließen von einer geheizten negativen Kathode mit hoher Geschwindigkeit in Richtung auf eine positiv geladene Anode. Der Strahl trifft auf den mit einer phosphoreszierenden Schicht versehenen Bildschirm. Durch Fluoreszenz entsteht an der Kontaktstelle ein Leuchten. Zwei weitere Elektrodenpaare steuern den Strahl. Eine positive Platte links und eine negative rechts lenken ihn seitlich ab. Durch Vertauschen der Ladungen wird die Ablenkung umgekehrt. So läßt sich die Bewegung des Lichtpunkts genau kontrollieren.*

Ablenkplatten

Kathode

Heizdraht

Anode

Ablenkplatten

I

Leuchtschirm

Elektronenstrahl

Funkenentladungen bei zu hoher Spannung

Reibung kann - je nachdem welche Materialien verwendet werden – Ladung erzeugen. Dieses Phänomen ist aus dem Alltag bekannt: Läuft man mit Gummischuhen über einen Nylonteppich, kann sich der Körper so stark aufladen, daß man einen leichten elektrischen Schlag verspürt, wenn man einen Gegenstand aus Metall berührt.

Sind zwei Körper unterschiedlich geladen, läßt sich dies durch eine zwischen ihnen wirkende, in Volt meßbare Spannung beschreiben. Zwischen den Körpern wird eine Bewegung geladener Teilchen, Strom genannt, danach streben, diese Spannung zu neutralisieren. Ein Isolator, wie etwa die Luft, läßt dies normalerweise nicht zu, doch hebt eine ausreichend hohe Spannung die isolierenden Eigenschaften auf. In diesem Fall kommt es zur Funkenentladung oder Lichtbogenbildung z.B. zwischen den stark geladenen unteren Schichten einer Gewitterwolke und der vergleichsweise neutralen Erdoberfläche.

Kondensatoren

Ein Kondensator ist ein einfaches elektrisches Gerät, das aus zwei durch Luft, Kunststoff oder andere Materialien gegeneinander isolierten Metallflächen besteht. Ein direkter Stromfluß zwischen den beiden Platten ist nicht möglich. Wenn man die Platten jedoch an eine Stromquelle anschließt, läßt sich ein Elektronenüberschuß auf der einen und ein Elektronenmangel auf der anderen Seite erzeugen, so daß die Kondensatoren als Ladungsspeicher dienen können. Die positive und die negative Ladung ziehen sich gegenseitig an. Nach und nach kann sich so eine große elektrische Spannung aufbauen. Die Fähigkeit, elektrische Ladung zu speichern, bezeichnet man als »Kapazität« des Kondensators. Durch Parallelschaltung mehrerer Kondensatoren läßt sich die Kapazität erhöhen. In Radiogeräten und anderen Apparaten werden häufig Kondensatoren mit veränderlicher Kapazität verwendet.

Anwendungsmöglichkeiten elektrischer Felder

Elektrische Felder können Strahlen geladener Teilchen bündeln und lenken. In technischen Geräten bestehen diese Strahlen meist aus Elektronen, die von einer erhitzten Kathode abgegeben werden. Die Elektronenkanone einer Fernsehröhre zieht mit einer starken positiven Ladung Elektronen an und beschleunigt sie auf mehr als 360 Millionen km/h. Ein einfaches Beispiel für die Steuerung eines solchen Strahls ist ein Herzfrequenzmesser. Elektroden nehmen die Signale des Herzens wahr und leiten sie an ein Oszilloskop weiter. Hier erzeugen sie ein elektrisches Feld, das einen Elektronenstrahl lenkt, der so ein Abbild des Pulsschlags liefert.

Die stärksten bisher erzeugten elektrischen Felder dienen dazu, in Teilchenbeschleunigern (→ S. 468/69) geladene Teilchen fast auf Lichtgeschwindigkeit zu bringen, um die Partikel mit größtmöglicher Energie kollidieren zu lassen. Zu einer so starken Beschleunigung ist eine Vielzahl hintereinanderliegender Felder erforderlich.

Teilchenbeschleuniger, S. 468/469 Lautsprecher und Mikrofone, S. 484/485 Fernseher, S. 492/493

Teilchen im Fluß

Bewegliche elektrische Ladungen

Elektrischer Strom erhitzt die Drähte eines Haarföns ebenso wie die Elektronenkanone in einer Fernsehröhre oder die Hochspannungsleitungen von Kraftwerken – was unter Umständen zu kostspieligen Energieverlusten führt. Doch Strom liefert mehr als nur Wärmeenergie. Die Leistung eines Elektromotors beruht auf dem Magnetfeld, das einen stromdurchflossenen Draht umgibt. Elektromagnetische Wellen können Informationen übertragen; Ströme, die durch Salzlösungen fließen, bewirken die chemische Trennung von Verbindungen. Nahezu alle Stoffe (abgesehen von »Supraleitern«) setzen aber elektrischem Strom Widerstand entgegen. Damit überhaupt ein Strom fließt, muß zwischen den Polen einer Energiequelle, z. B. einer Batterie oder eines Generators, eine elektrische Spannung vorhanden sein.

Leiter und Isolatoren

Elektrischer Strom ist eine Bewegung geladener Teilchen. Bei den meisten leitfähigen Stoffen handelt es sich dabei um Elektronen, welche im Inneren der metallischen Kristallgitter frei von Atom zu Atom bewegen können. Diese Eigenschaften weisen alle Metalle in fester und in flüssiger Form auf. Sogenannte Isolatoren lassen dagegen normalerweise keinen Stromfluß zu.

Bei starker Erhitzung gehen Metalle in den gasförmigen Zustand über. Sie liegen dann als Einzelatome vor, die gebundene Elektronen mit sich führen. Da keine freien Elektronen existieren, wird kein Strom übertragen. Allerdings kann ein Gas unter besonderen Bedingungen als Leiter fungieren. In einer fluoreszierenden Röhre z. B. befindet sich Quecksilberdampf unter sehr niedrigem Druck. Legt man eine hohe Spannung an die Röhre, brechen die Gasmoleküle auseinander. Dadurch werden Elektronen frei, die geringe Mengen Stroms transportieren können.

Die Elektrolyse

Strom besteht nicht immer nur allein aus Elektronen. Auch eine Salzlösung (z. B. Kochsalzlösung) kann elektrische Ströme transportieren. Beim Stromfluß werden die unterschiedlich geladenen, in Lösung befindlichen Elemente, die »Ionen«, in entgegengesetzte Richtungen gezogen und abgeschieden. Deshalb kann man durch Elektrolyse reine Metalle wie etwa Natrium oder Kalium gewinnen, deren Erze sehr beständig sind.

Der Stromfluß in Salzlösungen kann auch unerwünschte Folgen haben. Die meisten Teile eines Schiffskörpers bestehen aus Stahl, einige wenige – wie die Schiffsschraube – jedoch aus Messing, einer Kupferlegierung. Bedingt durch die Leitfähigkeit des Meerwassers (einer Salzlösung) kommt es zu einem Stromfluß zwischen den beiden unterschiedlichen Metallen, was zu schwerwiegender Korrosion führen kann. Am Schiffskörper werden daher »Opferanoden« aus Zink angebracht, die den Strom auf sich umlenken.

Der Stromfluß

A *Elektronen müssen sich in bestimmten Bahnen mit je eigenen spezifischen Energieniveaus bewegen. In einem dichten Metallkristall sind einige der Elektronen mit niedrigen Energien (auf den innersten Niveaus) an einzelne Atome gebunden, doch gibt es auch zahlreiche ungebundene Elektronen. Diese sammeln sich in Energiebändern, und zwar entweder in vollgefüllten Valenzbändern (rosa), welche die Atome der Kristalle zusammenhalten, oder in Leitungsbändern (gelb), die es den Elektronen ermöglichen, sich frei im Kristallgitter zu bewegen und so Ladung zu transportieren.*

Leitende Luft

Luft ist normalerweise ein guter Isolator, doch können ihre Moleküle in einem starken elektrischen Feld in leitfähiges Plasma aufbrechen. Oben das Bild eines künstlichen Blitzes, in dessen Zentrum 30 000 °C herrschen. Er wurde erzeugt, um die Sicherheit eines Elektrizitätsmastes zu testen.

Leiter und Isolatoren

B *Die festen Stoffe besitzen Valenz- und Leitungsbänder, die sich überlappen und so den Elektronen den Übergang erleichtern (links). Bei Isolatoren (rechts) ist die Energielücke zu groß, um übersprungen zu werden, so daß sie keine Ladung transportieren können.*

Leitungsband

Elektron

Valenzband

Ladungstransport durch Ionen

C *Gelöstes Natriumchlorid (Kochsalz) besteht aus Teilchen, die eine elektrische Ladung zwischen zwei Elektroden transportieren können. Die Natriumionen nehmen an der Anode je ein Elektron auf und werden so zu metallischem Natrium. Durch Abgabe eines Elektrons entsteht an der Kathode Chlorgas.*

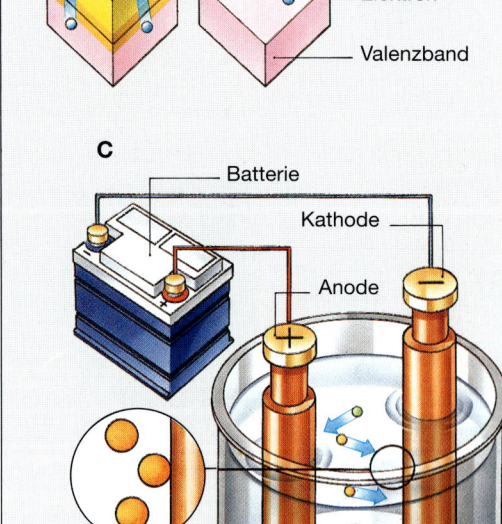

Batterie

Kathode

Anode

Natrium

Chlor

Siehe auch: **Elektronen** S. 386/387 **Statische Elektrizität**, S. 400/401 **Schaltungen**, S. 406/407 **Kraftwerke**, S. 432/433

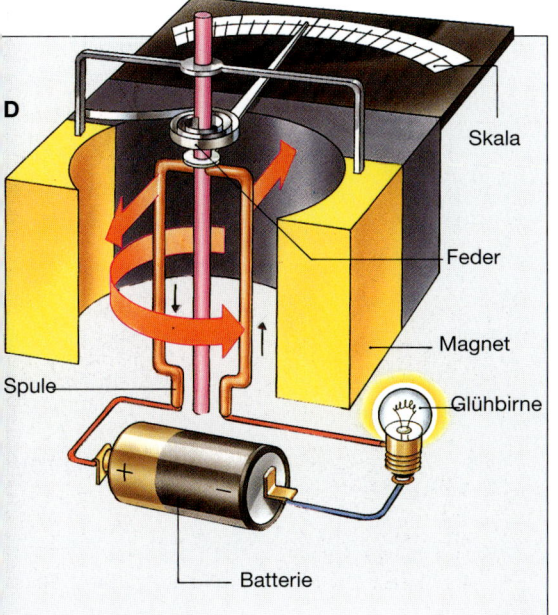

D Skala
Feder
Magnet
Glühbirne
Spule
Batterie

Strommessung

D *Ein Amperemeter ähnelt einem Elektromotor. Elektrischer Strom fließt durch eine Drahtspule, die an einer Spindel zwischen den Polen eines Magneten befestigt ist. Die Wechselwirkung zwischen Strom und Magnetfeld produziert ein Drehmoment, das eine Nadel zu einer Skala bewegt. Dem Drehmoment wirkt eine an der Spindel angebrachte Feder entgegen, die mit zunehmender Bewegung des Zeigers eine immer größere Kraft ausübt. Da die auf die Spule wirkende Kraft proportional zu dem sie durchfließenden Strom ist, zeigt die Bewegung der Nadel die Stärke des Stromes an.*

Ströme und Elektronen in Drähten

Ein einziges Elektron überträgt eine geringfügige elektrische Ladung, doch ist die Anzahl der Elektronen auch in den kleinsten geladenen Stoffen sehr hoch. Etwa sechs Milliarden Elektronen zusammengenommen entsprechen einer Ladung von 1 Coulomb. Ein gewöhnlicher Eisennagel enthält 10^{25} – eine Eins mit 25 Nullen – Elektronen, doch seine gesamte negative Ladung wird durch die positive Ladung seiner Atomkerne ausgeglichen. Nur eine verhältnismäßig kleine Anzahl der Elektronen ist frei beweglich.

Ein Strom von 1 Ampere entspricht einem Fluß von einem Coulomb pro Sekunde. Im Stromkreis einer Autodeckenbeleuchtung bewegen sich pro Sekunde mehrere Milliarden Elektronen an jedem einzelnen Punkt vorbei.

Strom läßt sich nicht nur über die Anzahl der fließenden Elektronen messen; man kann seine Größe auch anhand seiner magnetischen (oder einer anderen) Wirkung bestimmen.

Widerstand und Spannung

Fließt Strom durch einen Leiter, wird Energie benötigt, um den Widerstand zu überwinden. Dieser wird in Ohm (Ω) gemessen. Der Glühfaden vieler Taschenlampenbirnen etwa hat einen Widerstand von ca. $7\,\Omega$. Der Widerstand verschwindet nur unter extremen Bedingungen, etwa bei Temperaturen in der Nähe des absoluten Nullpunkts ($-273{,}15\,°C$).

Widerstände setzen elektrische Energie in Wärmeenergie um. Deshalb heizen sich elektrische Geräte auf – ein in der Regel unerwünschter Effekt. Ein Stromkreis läßt sich nur bei gleichbleibender Energiezufuhr durch eine Batterie oder einen Generator aufrechterhalten. Diese Geräte erzeugen eine in Volt (V) meßbare Spannung, die an einen Widerstand angelegt werden muß, damit überhaupt ein Strom fließen kann. Dabei wandern die Elektronen vom negativen Pol, der Elektronenquelle, zum positiven Pol, an dem Elektronenmangel herrscht.

Widerstände hemmen den Stromfluß

E *Die Teile eines Stromkreises haben einen unterschiedlich hohen Widerstand; bei mehr Widerstand bewegt sich der Strom zähflüssiger und es entsteht mehr Wärme. Der Elektronenfluß läßt sich mit dem Wasserfluß in einer Rohrschleife vergleichen.*

E Batterie
Widerstand
Pumpe
Verengung

Hier stellt statt einer Batterie eine Pumpe die Energie bereit, um – analog zu den Elektronen – die Wassermoleküle durch den Wasserkreis zu treiben. Ähnlich wie ein elektrischer Widerstand erschwert eine Verengung im Rohr den Fluß und erhöht den zum Passieren nötigen Energieverbrauch.

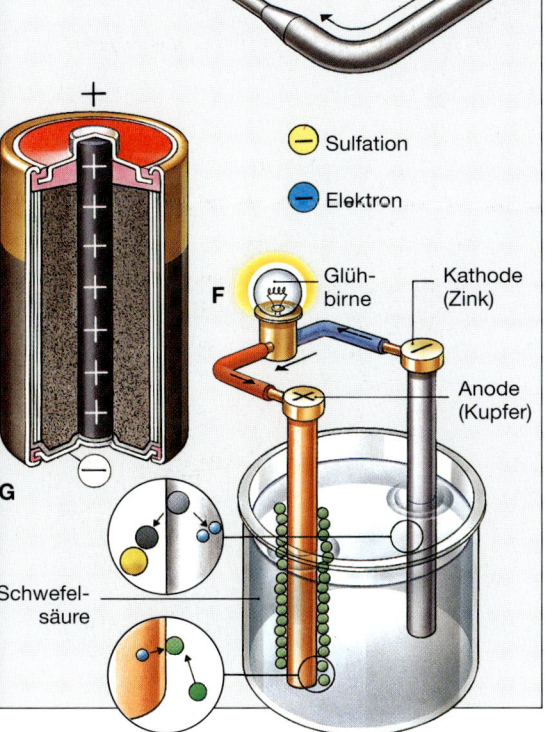

○– Sulfation
●– Elektron

F Glühbirne
Kathode (Zink)
Anode (Kupfer)
G
Schwefelsäure

⬤ Zinkatom
⬤ Zinkion
⬤ Wasserstoffatom
⬤ Wasserstoffion

Batterien

F *Batterien wie z. B. Kupfer-Zink-Elemente verwandeln chemische Energie in elektrischen Strom. Das beim Gebrauch erzeugte Wasserstoffgas trennt jedoch die Kupferanode von der Säure ab, was die Effizienz dieses Geräts stark mindert.*

G *Trockenzellen benutzen als Elektrolyt statt einer Flüssigkeit eine Paste.*

Galvanische Elemente und elektromotorische Kraft

Galvanische Elemente, meist nicht ganz korrekt als Batterien bezeichnet, sind Quellen elektromotorischer Kraft. Die meisten »Akkumulatoren« machen sich die chemische Reaktion zwischen zwei Elektroden zunutze, bei der sich eine positive und eine negative Ladung aufbauen. Sobald ein Stromkreis zwischen ihnen geschlossen ist, werden die Elektronen von der positiven Elektrode aufgenommen und von der negativen Elektrode abgegeben und halten so den Stromfluß aufrecht.

Eine einfache Zelle kann durch Kupfer- und Zinkelektroden in wäßriger Schwefelsäure hergestellt werden. Unter Einwirkung der Säure löst sich das Zink, tritt als positive Ionen in die Lösung ein und gibt dabei Elektronen ab, so daß sich die Platte negativ auflädt. Elektronen der Kupferplatte werden von Wasserstoffionen aufgenommen; die Kupferanode wird dabei positiv aufgeladen: Eine an den Stromkreis angeschlossene Glühbirne leuchtet auf.

Warum zeigt der Kompaß nach Norden?

Magnetismus und Elektromagnetismus

Wir sind umgeben von Magnetfeldern. Einige dieser Felder sind natürlichen Ursprungs, andere werden von Stromkabeln und von Maschinen erzeugt. Da Magnetismus vom Menschen nicht direkt wahrgenommen wird, erscheint er als geheimnisvolle Kraft, die über weite Entfernungen und scheinbar leere Räume hinweg wirkt. Ebenso wie elektrische Phänomene sind magnetische Effekte Ausdruck einer zwischen bewegten geladenen Teilchen existierenden Kraft. Eine Hülle mit negativ geladenen Elektronen, die ein Magnetfeld erzeugen, umgibt jeden Atomkern. Der Stromfluß in Drähten kommt durch Elektronenbewegung zustande, so daß sich auch hier ein begleitendes Magnetfeld bildet. Durch die Überlagerung der Felder mehrerer Drähte entstehen Kräfte, die stark genug sind, um Elektromotoren und andere Maschinen anzutreiben.

Der Nordpol der Erde ist ein magnetischer Südpol

Jeder Magnet besitzt einen Nordpol und einen Südpol – ein isolierter Nord- oder Südpol (ein »Monopol«) wurde dagegen bis heute noch nicht einmal in den kleinsten Grundbausteinen der Materie aufgefunden. Gleichartige Pole stoßen sich stets ab, während ungleiche einander anziehen. Der den Magneten umgebende Raum wird als »Magnetfeld« bezeichnet und durch Kraftlinien dargestellt, die am Nordpol beginnen und am Südpol enden. Die Kraftlinien zeigen für jeden Punkt die Richtung an, in die ein Kompaß an diesem Ort weisen würde. Die Feldstärke verringert sich im Quadrat des Abstands zu den Polen. Bei doppeltem Abstand besitzt das Magnetfeld daher nur noch ein Viertel der ursprünglichen Stärke.

Das Magnetfeld der Erde bewirkt, daß der Nordpol eines Kompasses in etwa nordwärts zeigt. Da sich gleiche Pole jedoch anziehen, muß der Nordpol der Erde tatsächlich ein magnetischer Südpol sein.

Stoffe können magnetisiert werden

Materialien lassen sich danach unterteilen, welche Wirkung sie auf ein Magnetfeld ausüben. Als »diamagnetisch« werden Stoffe bezeichnet, welche die Intensität eines Feldes verringern, weil sich im Inneren ihrer atomaren Bausteine die Elektronen (jedes ein winziger Magnet) so ausrichten, daß sie der Richtung des Feldes entgegenwirken. Das Gegenteil passiert bei den sogenannten »paramagnetischen« Stoffen: Hier verstärken die sich drehenden Elektronen die Wirkung des Feldes. »Ferromagnetisch« sind diejenigen Elemente, die umgangssprachlich als »magnetisch« gelten: Eisen, Kobalt und Nickel. Sie haben starke paramagnetische Eigenschaften.

Stahl bleibt weitaus länger magnetisiert als reines Eisen. Er eignet sich daher sehr gut zur Herstellung von Dauermagneten. Im Kern eines Elektromagneten dient reines Eisen der Bündelung des dort erzeugten Feldes und ermöglicht zugleich ein rasches An- und Abschalten des Feldes.

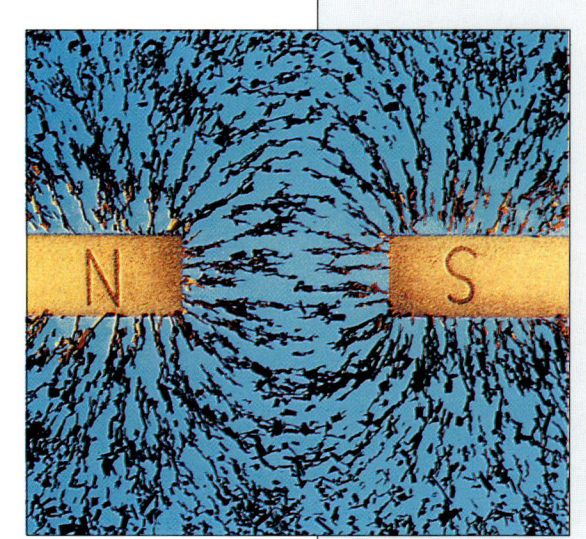

Eisenspäne machen Magnetlinien sichtbar
Die Kraft zwischen zwei Magneten läßt sich durch ein Feld aus magnetischen Kraftlinien darstellen. Diese zeigen die Richtung an, in die sich ein einzelner Pol – ein Monopol – bewegen würde, wenn er in die Nähe des Magneten gebracht würde. In das Feld des Stabmagneten gestreute Eisenfeilspäne (links) richten sich entlang der Kraftlinien aus und zeigen deutlich die Gestalt des vom Magneten erzeugten Feldes.

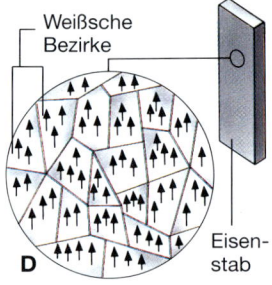

Anziehung und Abstoßung
A Preßt man die gleichen Pole zweier Stabmagneten zusammen, wirkt eine abstoßende Kraft, die mit zunehmender Nähe schnell wächst.
B Dagegen ziehen sich die ungleichnamigen Pole der beiden Magnete gegenseitig an.

Das Magnetfeld der Erde
E Ein magnetischer Kompaß ist ein Stabmagnet, der sich nach dem Feld eines viel größeren Magneten – der Erde selbst – ausrichtet. Man vermutet, daß gewaltige elektrische Ströme im flüssigen Eisenkern des Erdinneren dieses immense magnetische Feld erzeugen. Seine Nord-Süd-Achse deckt sich etwa mit der Erdachse. Die Richtung des Erdmagnetfelds ist nicht unveränderlich. Die Position des magnetischen Nordpols auf der Erdoberfläche verschiebt sich ständig. Geologische Untersuchungen zeigen, daß das Feld in der Vergangenheit sogar einige Male seine Richtung vollständig umgekehrt hat, so daß sich die magnetischen Pole vertauschten.

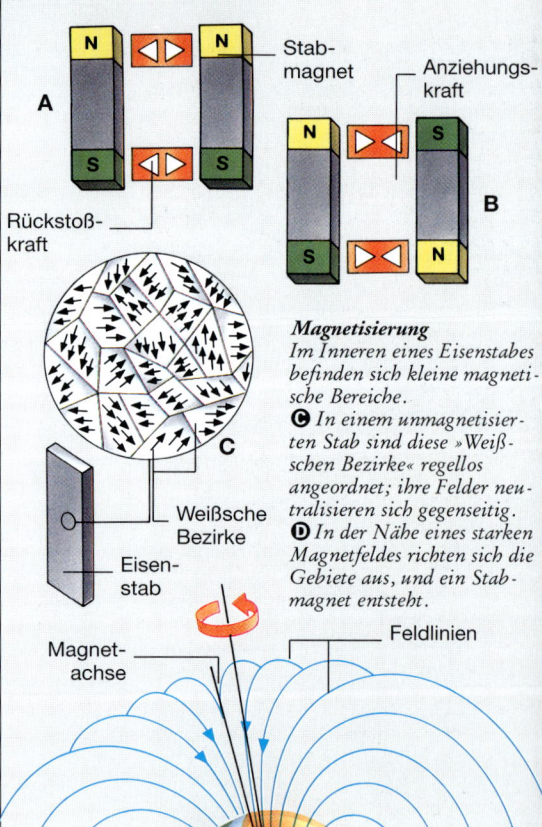

Magnetisierung
Im Inneren eines Eisenstabes befinden sich kleine magnetische Bereiche.
C In einem unmagnetisierten Stab sind diese »Weißschen Bezirke« regellos angeordnet; ihre Felder neutralisieren sich gegenseitig.
D In der Nähe eines starken Magnetfeldes richten sich die Gebiete aus, und ein Stabmagnet entsteht.

Siehe auch: Grundkräfte, S. 390/391 Statische Elektrizität, S. 400/401 Elektrischer Strom, S. 402/403

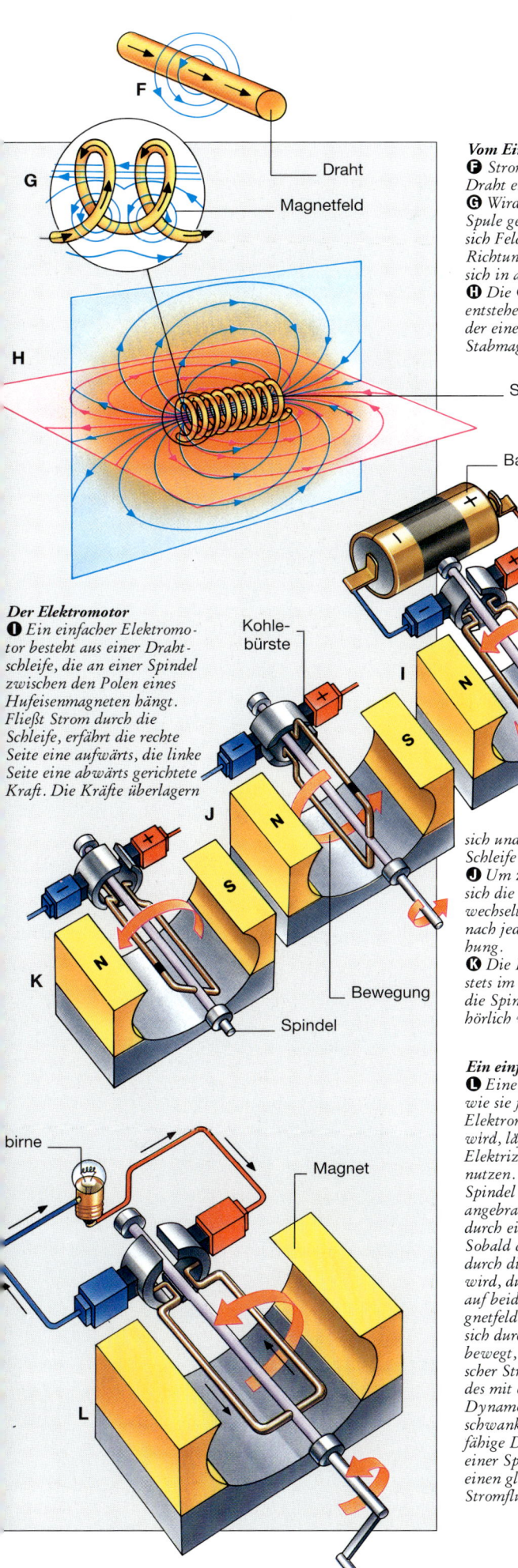

Draht

Magnetfeld

Vom Einzeldraht zur Spule
F *Stromfluß erzeugt im Draht ein kreisförmiges Feld.*
G *Wird der Draht zu einer Spule gewunden, verstärken sich Felder in bestimmten Richtungen und neutralisieren sich in anderen Bereichen.*
H *Die Gestalt des dadurch entstehenden Feldes ähnelt der eines herkömmlichen Stabmagneten.*

Spule

Batterie

Magnet

Der Elektromotor
❶ *Ein einfacher Elektromotor besteht aus einer Drahtschleife, die an einer Spindel zwischen den Polen eines Hufeisenmagneten hängt. Fließt Strom durch die Schleife, erfährt die rechte Seite eine aufwärts, die linke Seite eine abwärts gerichtete Kraft. Die Kräfte überlagern*

Kohlebürste

magnetische Kraft

sich und bewirken, daß die Schleife die Spindel dreht.
J *Um zu verhindern, daß sich die Kräfte umkehren, wechselt die Stromrichtung nach jeder halben Umdrehung.*
K *Die Drehkraft wirkt so stets im Uhrzeigersinn, und die Spindel dreht sich unaufhörlich weiter.*

Bewegung

Spindel

Ein einfacher Generator
❶ *Eine ähnliche Anordnung, wie sie für einen einfachen Elektromotor verwendet wird, läßt sich auch zur Elektrizitätsgewinnung benutzen. An einem Ende der Spindel wird eine Kurbel angebracht und die Batterie durch die Glühbirne ersetzt. Sobald die Kurbel – und dadurch die Spule – gedreht wird, durchlaufen die Drähte auf beiden Seiten ein Magnetfeld. In einem Leiter, der sich durch ein Magnetfeld bewegt, entsteht ein elektrischer Strom. Da die Stärke des mit einem einfachen Dynamo erzeugten Stroms schwankt, werden leistungsfähige Dynamos mit mehr als einer Spule ausgestattet, um einen gleichbleibenden Stromfluß zu gewährleisten.*

birne

Magnet

An- und abschaltbarer Magnetismus

Elektronen erzeugen nicht nur durch ihre Drehbewegungen im Atom magnetische Felder. Auch ein Fluß aus Milliarden an Elektronen – der elektrische Strom – bewirkt ein magnetisches Feld. Dieses, vor fast 200 Jahren von Michael Faraday beobachtete Phänomen bezeichnet man als »Elektromagnetismus«. Das Magnetfeld um einen geraden Draht besteht aus geschlossenen konzentrischen Kraftlinien, deren Mittelpunkt innerhalb des Drahtes liegt. Diese Form läßt sich technisch kaum ausnutzen. Wird der Draht dagegen zur Spule gewunden, entsteht durch die Wechselwirkung zwischen den Feldern eines jeden Windungsstroms ein Feld, das dem eines Stabmagneten gleicht, jedoch nach Belieben an- und abgeschaltet werden kann. Solche Elektromagneten dienen z.B. auf Schrottplätzen als Lastenheber. Auch Elektromotoren, Generatoren oder magnetische Resonanz-Scanner basieren auf elektromagnetischen Kräften.

Elektromotoren nutzen Energie effizient

Ebenso wie die Pole zweier Magnete können sich die Magnetfelder eines stromdurchflossenen Drahtes und eines Magneten gegenseitig abstoßen. Elektromotoren arbeiten mit diesem Effekt. Eine unter Strom stehende Drahtschleife wird hier an einer Spindel in einem Magnetfeld angebracht. Die bei Stromfluß auf den entgegengesetzten Seiten der Spule entstehenden magnetischen Felder erzeugen durch die Wechselwirkung mit dem vorhandenen Magnetfeld eine Drehbewegung. Die meisten in der Technik eingesetzten Elektromotoren arbeiten mit mehreren Spulen, wobei nur die jeweils senkrecht zum magnetischen Feld stehende unter Strom gesetzt wird, um ein annähernd konstantes Drehmoment zu gewährleisten. Einige Elektromotoren funktionieren mit Gleichstrom, andere mit Wechselstrom. Elektromotoren sind besonders effizient, da sie über 70% der eingesetzten Energie in Drehkraft umwandeln.

Wie ein Magnetfeld Strom erzeugt

Bei Stromfluß erzeugt ein Elektromotor eine Drehbewegung. Ein Generator funktioniert genau umgekehrt. Er besteht aus denselben Bauteilen wie ein Motor, doch erzeugt – oder »induziert« – hier ein sich bewegendes Magnetfeld in einem Leiter elektrischen Strom. Die Bewegung des Magnetfelds bewirkt nämlich, daß sich auch die in dem Leiter vorhandenen Elektronen bewegen. Auf diese Weise läßt sich Bewegungsenergie in elektrischen Strom umwandeln. Große Generatoren erzeugen so sehr viel elektrische Energie.

Fließt ein Wechselstrom durch eine um einen Eisenkern gewickelte Spule, wird eine magnetische Flußänderung erzeugt. Die Höhe der dadurch in einer Sekundärspule gewonnenen Spannung verhält sich proportional zu den Windungszahlen der Spulen. Nach diesem Prinzip arbeitet der »Transformator«, der die ursprüngliche Spannung einer Wechselstromquelle steigert oder verringert.

Kraftwerke, *S. 432/433* **Kernspintomographie**, *S. 478/479*

Der Strom als Arbeitstier

Elektrische Schaltungen und Schaltbilder

Wer auf einen Lichtschalter drückt, schließt einen elektrischen Kreis, der es dem Strom – also beweglichen Elektronen – ermöglicht, durch die Leitungen von der Stromquelle zum Glühfaden einer Lampe zu fließen. Die Art und die Verknüpfung der Bauteile im Stromkreis bestimmen, welche Aufgaben eine elektrische Schaltung übernehmen kann. Allerdings ähneln die Schaltungen äußerlich oft einem Knäuel von Leitungen. Auch die Funktion der Bauteile ist nicht immer leicht zu bestimmen. Durch die Verwendung von Schaltbildern, in denen standardisierte Symbole die Bauteile und ihre Verbindungen darstellen, kann jedoch leicht nachvollzogen werden, welchen Weg der Strom in einem Schaltkreis nimmt. Schaltbilder enthalten auch Symbole zur Darstellung des Typs der Energiequelle.

Was ist Spannung?

Ein Objekt, das auf 1 m Höhe angehoben wird, erwirbt ein Energiepotential. Ist es einmal losgelassen, wird die Energie frei, während es auf den Boden fällt. Die Aufgabe einer Batterie in einer Schaltung ist es, das elektrische Potential an einem Anschluß gegenüber dem anderen zu erhöhen. Elektrischer Strom (ein Strom von Elektronen) bewegt sich von Bereichen hohen Potentials zu Bereichen niedrigeren Potentials, ähnlich wie ein Objekt unter dem Einfluß der Schwerkraft zu Boden fällt. Werden also die beiden Enden einer Batterie mit einem Stück Draht oder einem anderen Leiter verbunden, fließt Strom von einem Anschluß zum anderen. Der Potentialunterschied zwischen den Anschlüssen der Batterie wird als Spannung bezeichnet. Wieviel Strom durch eine Schaltung fließt, wenn eine Potentialdifferenz besteht, hängt vom Widerstand der Schaltung ab. Ein großer Widerstand erlaubt nur einen kleinen Strom und umgekehrt.

Wechselstrom und Gleichstrom

Die Batterie in einer Taschenlampe hält eine stetige Potentialdifferenz aufrecht, die einen Strom durch den Glühfaden der Birne fließen läßt. Er bewegt sich immer in eine Richtung (Gleichstrom). Haushalte werden dagegen mit Wechselstrom versorgt. Ein mehr als 50-60mal in der Sekunde von positiv zu negativ wechselndes Potential bewirkt hier einen genauso schnell schwingenden Strom. Die beiden Stromarten haben verschiedene Anwendungen: Gleichstrom wird von den meisten empfindlichen elektronischen Geräten gebraucht, während Wechselstrom zur Leistungsübertragung über größere Entfernungen Verwendung findet.

Die Stärke des Gleichstroms kann mit einem Amperemeter gemessen werden, in dem der stetige Strom ein entsprechendes Magnetfeld erzeugt, das wiederum eine Anzeigenadel bewegt. Für die Messung von Wechselstrom, der ständig die Richtung wechselt, eignet es sich aber nicht.

Serienschaltungen

Ⓐ *Bei Serienschaltungen fließt der Strom durch mehrere »Verbraucher«, z.B. Glühbirnen. (Beim meist verwendeten Wechselstrom führt nur ein Leiter, die »Phase«, Spannung; der andere Leiter ist der elektrisch neutrale »Nulleiter«.)*

Potentialunterschiede

Ⓒ *Die elektrische Spannung, welche Strom durch eine Schaltung treibt, läßt sich durch Höhenunterschiede darstellen. Die Batterie entspricht einem Aufzug, und Widerstände (z.B. Lichter in einem Schaltkreis) werden durch Abhänge dargestellt. Kugeln (der Strom), kreisen in der Konstruktion. Ihre Energie (oder das Potential) wird durch den Aufzug erhöht. Ein Teil dieser Energie wird jedesmal frei, wenn ein Ball einen Abhang hinunterrollt, bis sie vollständig verbraucht ist. Dem Wert der Spannung entspricht die Höhe. Je steiler die Schräge, desto größer der Widerstand und desto höher die Energie, die an ihm »abfällt«.*

Wie eine Benzinanzeige funktioniert

Ⓓ *Die Benzinanzeige eines Autos ist ein einfacher Strommesser. Die Bewegung der Nadel hängt vom Strom ab, der durch das Gerät fließt. Der Strom wird durch einen veränderlichen Widerstand kontrolliert, der aus einem Kohlenstoffstreifen besteht, auf dem ein Metallkontakt gleitet. Die Position des Kontakts auf dem Streifen bestimmt, wieviel Strom »durchgelassen« wird und durch das Meßgerät fließt. Der Metallkontakt ist seinerseits mit einem Schwimmer verbunden, dessen Stellung von der Benzinmenge im Tank abhängt.*
Ⓔ *Das Schaltbild zeigt klarer, wie diese einfachen Bauteile verbunden sind.*

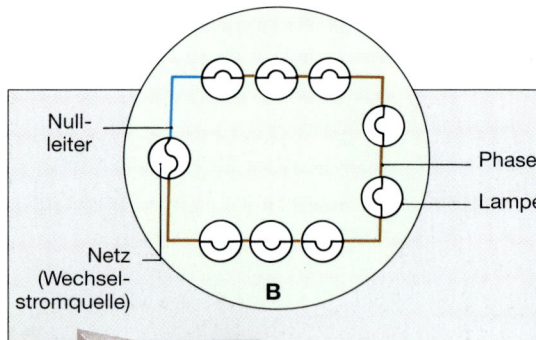

Null-leiter
Phase
Lampe
Netz (Wechselstromquelle)

B

Das Schaltbild

Ⓑ *Die Darstellung als Schaltbild vereinfacht die scheinbare Komplexität einer elektrischen Schaltung. Das Schaltbild für die Lichterkette zeigt deutlich, daß die Birnen zwischen den Wechselstromanschlüssen in Reihe geschaltet sind. Standardsymbole kennzeichnen Elemente wie Batterie, Schalter und Lampen.*

C

Aufzug (Batterie)

Abhänge (Widerstände)

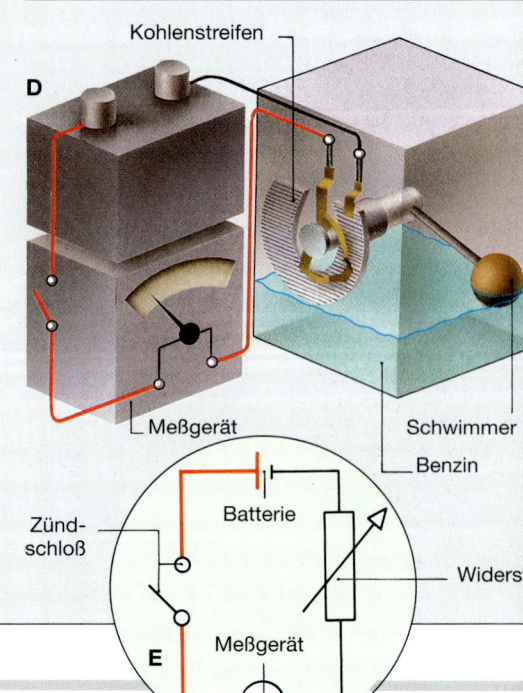

Kohlenstreifen

D

Meßgerät
Schwimmer
Benzin

Zündschloß
Batterie
Widersta...

E
Meßgerät

Siehe auch: Elektronen, S. 386/387 Elektrischer Strom, S. 402/403 Elektronik, S. 408/409

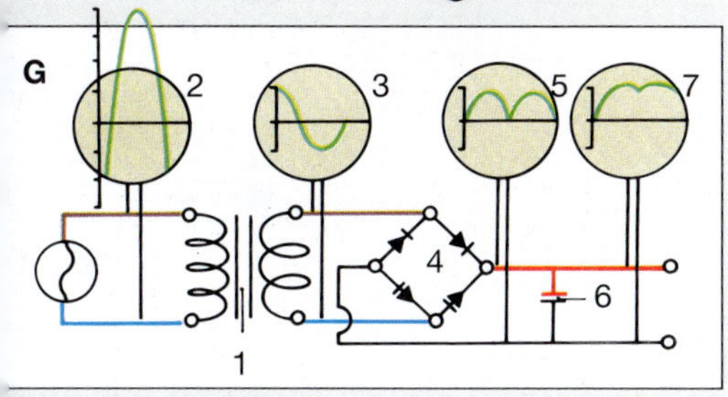

Aus Wechselstrom wird Gleichstrom

F *Ein Notebook enthält miniaturisierte Bauteile, um in das kleine Gehäuse zu passen. Die Stromversorgung, die den Wechselstrom in Gleichstrom umwandelt, läßt sich aber nicht beliebig verkleinern.*

G *Das Schaltbild zeigt die Gleichrichtung der Versorgungsspannung. Zuerst reduziert ein Transformator (1) die Wechselspannung von 220 V (2) auf 12 V (3). Ein Gleichrichter mit vier Dioden (4) wandelt den Wechselstrom in Gleichstrom (5). Zuletzt »glättet« ein Kondensator (6) das Signal, um eine konstante Ausgangsspannung (7) zu erzeugen.*

Parallele Schaltungen

H *Vom Sicherungskasten gehen ein stromführender Leiter (»Außenleiter« oder »Phase«) und ein neutraler »Nulleiter« aus.*

I *Das Schaltbild zeigt die Parallelschaltung. Leistungsstromversorgungen – z.B. für eine Straßenbahn (rechts) – sind parallel geschaltet.*

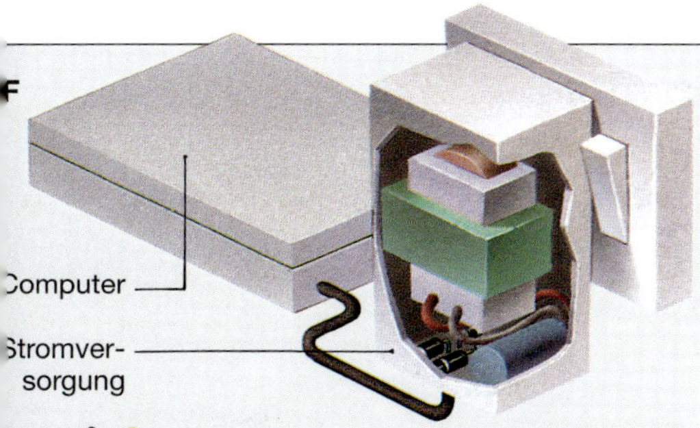

Computer

Stromversorgung

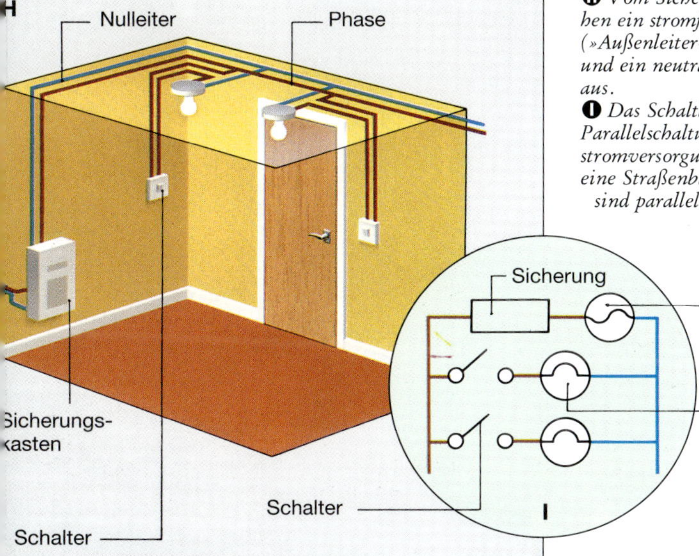

Nulleiter · **Phase**

Sicherungskasten

Schalter

Sicherung · **Netz** · **Lampe** · **Schalter**

Bevorzugte Widerstände

J *Wie Autos auf einer vielbefahrenen Straße wählen auch die Elektronen in einem Stromkreis den Weg mit dem geringsten Widerstand. In einem Stromkreis mit zwei parallel geschalteten Widerständen unterschiedlichen Wertes fließt der Strom bevorzugt durch den kleineren Widerstand. In der schematischen Darstellung entsprechen die unterschiedlichen Gefälle der Abhänge den verschiedenen Widerständen eines Stromkreislaufs. Die Zahl der Elektronen, die die Abhänge hinabrollen – die Stromstärke –, ist nicht gleich, obwohl bei beiden Widerständen die gleiche Höhe – Spannung – überwunden werden muß.*

Stromrichtung

Lift (Batterie)

Abhänge (Widerstände)

Dioden und Gleichrichter

Radios und andere Geräte sind häufig für den Betrieb mit Batterien, die eine niedrige Gleichspannung liefern, ausgelegt. Will man das Radio am Netz betreiben, muß die hohe Spannung des Netzes heruntertransformiert und in Gleichstrom verwandelt werden. Diese Umwandlung geschieht mit Hilfe von Dioden (Halbleiterbauelementen), die Strom nur in eine Richtung durchlassen.

Der Wechselstrom des Stromnetzes im Haushalt ändert ständig seine Richtung. Wird er durch eine Diode geleitet, kann nur eine Halbschwingung des Stroms passieren. Der sich ergebende Strom fließt nur in eine Richtung. Die andere Hälfte des Stroms wird von der Diode vollständig blockiert. Dieser Vorgang wird als »Halbwellengleichrichtung« bezeichnet. Eine spezielle Anordnung von vier Dioden ermöglicht die »Vollwellengleichrichtung«: Beide Halbschwingungen des Stroms können ausgenutzt werden und führen zu einer höheren Gleichstromausbeute.

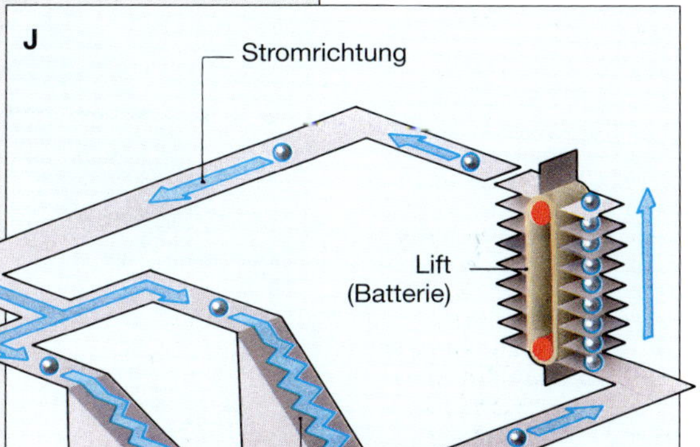

Parallelschaltungen sichern genügend Energie

Wären die Haushaltsgeräte – wie die Glühbirnen der Lichterkette – in Serie an die Stromversorgung angeschlossen, so entspräche die Spannung an den einzelnen Geräten nur einem Teil der Ausgangsspannung des Stromnetzes; die Geräte würden eine entsprechend verminderte Energie erhalten. Um dieses Problem zu umgehen, sind die Schalter und Steckdosen im Haushalt parallel geschaltet. Das bedeutet, daß für jede einzelne Steckdose oder jeden Schalter eigene Leitungen aus dem Stromkreislauf abzweigen. Somit kann jedes an die Steckdosen angeschlossene Gerät oder jede Lampe über die volle Netzspannung verfügen, unabhängig davon, ob andere Geräte an- oder abgeschaltet sind.

Der Strom, der durch die einzelnen Abzweigungen eines parallelen Stromkreises fließt, verhält sich umgekehrt proportional zu dem Wert des jeweiligen Widerstands – je höher der Widerstand, desto kleiner ist der Strom.

Halbleiter, *S. 410/411* **Logische Schaltungen**, *S. 412/413*

Moderne Heinzelmännchen

Elektronische Bauelemente überwachen unser Leben

Immer wenn es abends dämmert, schalten sich die Straßenlaternen automatisch ein. Trotz Wetteränderungen und unterschiedlichen Tageslängen im Verlauf der Jahreszeiten scheinen sie die richtige Zeit zum Einschalten zu »wissen«. Vielen Lampen verleiht ein Sensor aus Halbleitermaterial diese Fähigkeit, einem Stoff, wie er auch bei der Herstellung von Transistoren und Mikrochips Verwendung findet. Der Sensor nützt eine wichtige Eigenschaft der Halbleiter aus: Ihr elektrischer Widerstand sinkt, je mehr Licht auf sie fällt.

Zusammen mit einigen anderen elementaren Bauelementen – Transistoren, Widerständen, Kondensatoren – ist der Sensor eine der vielen elektronischen Einrichtungen, die das Leben erleichtern und die oft für selbstverständlich gehalten werden.

Verwandlung von Licht in Strom

Ein moderner Fotoapparat benötigt Lichtsensoren, um die Helligkeit eines Motivs zu messen und die richtige Blende und Verschlußzeit zu errechnen. Die Sensoren werden in der Regel aus dem halbleitenden Galliumarsenid (GaAs) hergestellt. Unter Beleuchtung ändert GaAs seinen elektrischen Widerstand und damit den Strom durch eine Steuerschaltung. Solch ein Lichtsensor heißt Fotowiderstand. Ein weiterer Typ eines Halbleiters ist die Fotodiode. Diese ist wie eine normale Diode ein Übergang zwischen halbleitendem Material vom p-Typ und vom n-Typ (→ S. 410). Im Dunkeln leitet die Fotodiode den Strom nur in eine Richtung. Fällt jedoch Licht auf den Übergang zwischen p-Typ und n-Typ Halbleiter, ändert sich ihr Verhalten, und sie leitet Strom in beide Richtungen. Lichteinfall kann so als plötzliche Zunahme des Stroms durch die Fotodiode in der »falschen« Richtung von einer Schaltung erkannt werden.

Verstärker machen Musik

Transistoren werden für sehr viele unterschiedliche Aufgaben verwendet. Diese Halbleiterbauelemente können die Funktion von Sensoren, Schaltern oder Verstärkern übernehmen.

Verstärker wandeln schwache Impulse in weit stärkere elektrische Signale um. Je nach Art des Signals handelt es sich um Spannungs-, Leistungs- oder Stromverstärkung. Die Anzahl der hintereinandergeschalteten Verstärker bestimmt die Stärke des Ausgangssignals. Vor-Verstärker vergrößern kleine Signalwechselspannungen oder Gleichspannungsänderungen; Leistungsverstärker erzeugen die vorgegebene Ausgangsleistung.

Allerdings erfolgt die Wiedergabe nicht in allen Fällen mit optimaler Genauigkeit: Hohe Eingangsspannungen werden gegebenenfalls mehr verstärkt als schwächere, was zu Verzerrungen führt. Durch die Kombination verschiedener Bauteile lassen sich jedoch die erwünschten unverzerrten Signalformen erzielen.

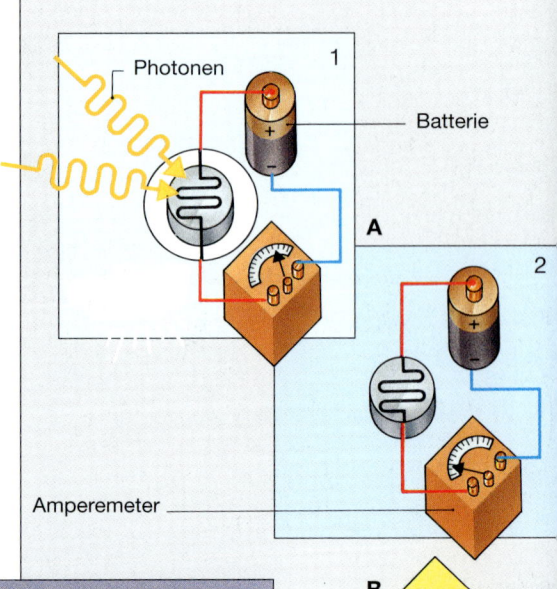

Licht schaltet Lampen

Ⓐ *Viele Straßenlaternen besitzen Lichtdetektoren mit Halbleiterelementen aus Galliumarsenid, deren Widerstand sinkt, wenn Licht auf sie fällt.*
Das Prinzip des Photowiderstandes läßt sich an einer einfachen Schaltung demonstrieren. Bei Helligkeit (1) ist der Widerstand gering, und der Stromfluß nimmt zu. Bei Dunkelheit (2) vergrößert sich der Widerstand, während die Strommenge sinkt. Zusammen mit anderen Bauelementen kann dieses Prinzip dazu benutzt werden, Straßenlampen (unten) dann abzuschalten, wenn genug Licht auf die Photodetektoren fällt.

Photowiderstand

Ⓑ *Fällt Licht auf einen Photowiderstand, kollidieren im energiearmen Valenzband des Halbleiters Photonen mit Elektronen (1). Die Elektronen (3) gewinnen zusätzliche Energie, so daß sie in das energiereichere Leitungsband überwechseln können (2), und die Leitfähigkeit steigt.*

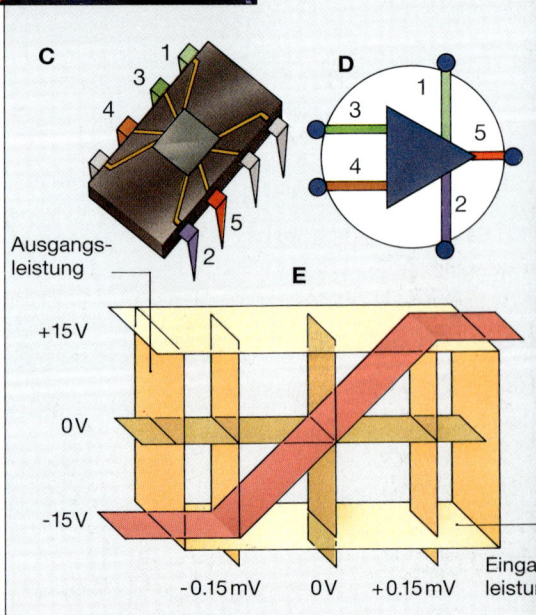

Operationsverstärker

Ⓒ *Das Gehäuse eines Operationsverstärkers birgt einen Schaltkreis, der eine winzige Eingangsleistung 100 000fach vergrößern kann. Er nutzt nur fünf seiner acht Anschlußbeinchen: die positive und die negative Spannungsversorgung (1, 2), die beiden Eingänge (3, 4) sowie den Ausgang (5).*
Ⓓ *Diese Abbildung zeigt das Standardsymbol für den Operationsverstärker.*
Ⓔ *Bei Eingangswerten zwischen −0,15 und +0,15 mV ist die Verstärkung linear. Oberhalb und unterhalb dieser Grenzen kann der Verstärker die Signale entweder überhaupt nicht oder aber nicht linear (Verstärkung um einen gleichbleibenden Faktor) verarbeiten.*

Siehe auch: **Elektrischer Strom,** *S. 402/403* **Halbleiter,** *S. 410/411* **Mikrofone und Verstärker,** *S. 484/485*

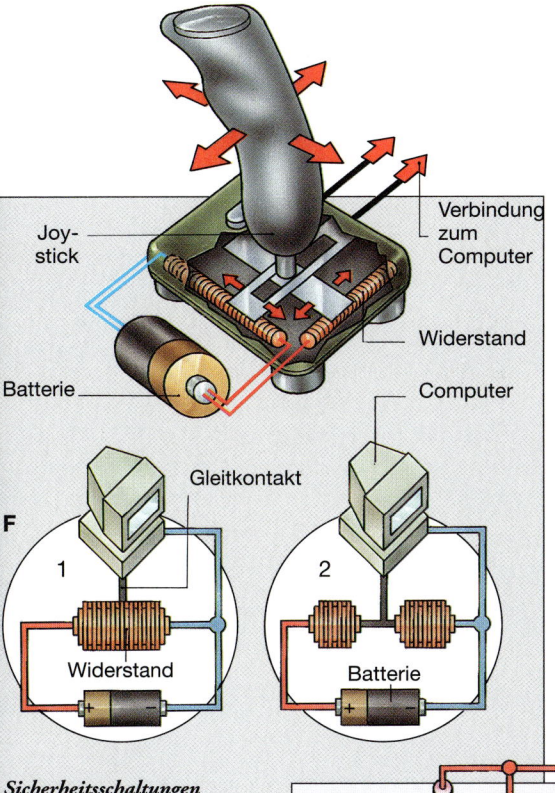

Joystick

Verbindung zum Computer

Widerstand

Batterie

Computer

Gleitkontakt

F

Widerstand

1

2

Widerstand

Batterie

Wie Joysticks arbeiten

F *Die von Computerspielen, aber auch aus der Militärtechnik bekannten Joysticks sind mit zwei rechtwinklig angeordneten Spulen aus Draht mit einem hohen Widerstand verbunden, deren Enden an die Pole einer Batterie angeschlossen sind. Bei Betätigung des Joysticks verändert sich die Position der Gleitkontakte an den Spulen. Da an einem Ende der Spule 1,5 V, am anderen 0 V liegen, greift der Kontakt eine dazwischenliegende Spannung ab. Der Gleitkontakt teilt den Widerstand (1) in zwei kleinere Widerstände (2). Die Spannung wird dem Rechner gemeldet und in Positionsdaten übersetzt.*

Sicherheitsschaltungen

G H *Viele Gasboiler besitzen einen Photowiderstand als Sicherheitselement. Er steuert ein elektromagnetisch arbeitendes Ventil, das den Gasstrom zur Flamme ein- oder ausschaltet. Das Magnetventil wird erst bei der relativ hohen Spannung von 15 V aktiviert. Diese Span-*

Widerstand

Photowiderstand

Gasflamme

Operationsverstärker

Magnetventil

G

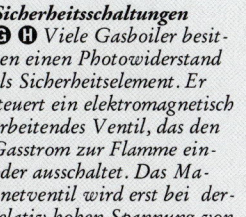

Widerstand

Ventil

H

nung wird durch Verstärkung des vom Photowiderstand ausgehenden Signals mit Hilfe von Strom aus einer Batterie erzeugt. Steigt der Wert des Widerstands, erlischt die Gaszufuhr.

Ungewollte Rückkopplung

I J *Ein Beispiel für positive Rückkopplung ist die »Resonanz« bei Tonaufnahmen: Ein Mikrofon verwandelt Schall in elektrische Wellen. Das verstärkte Signal gelangt an einen Lautsprecher. Zu »positiver Rückkopplung« kommt es, wenn der Lautsprecher sich in Mikrofonnähe befindet. Der ausgestrahlte Klang wird erneut aufgenommen, wieder verstärkt usw. Die erzeugte Resonanz ist schließlich als schriller Pfeifton zu hören.*

I

Sänger

Mikroton

Verstärker

Lautsprecher

J

zunehmende Lautstärke

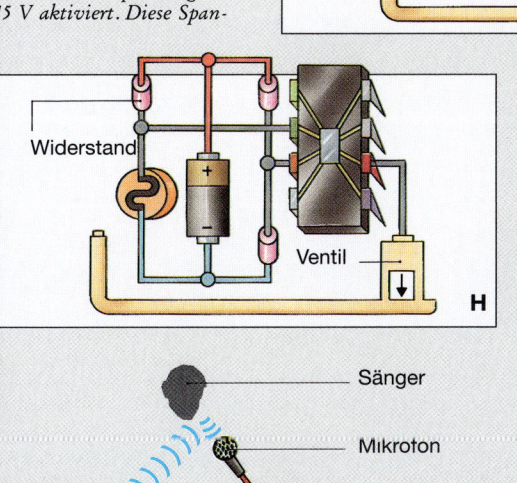

Wie die Lautstärke geregelt wird

Der Lautstärkeregler eines Radioapparates arbeitet als stufenlos verstellbarer Widerstand. Dieses »Potentiometer« enthält in seinem Inneren ein Kohlenstoffband mit hohem elektrischen Widerstand, dessen Enden an die Pole einer 1,5-V-Batterie angeschlossen sind. Das elektrische Potential auf der einen Seite beträgt daher 1,5 V, das auf der anderen 0 V, die dazwischenliegenden Punkte besitzen entsprechend abgestufte Potentiale. Bewegt man den Gleitkontakt am Band entlang, werden die jeweiligen Spannungen abgegriffen und in die Verstärkerkreise des Rundfunkgerätes gespeist; sie bestimmen dort die Amplitude, mit der das Eingangssignal verstärkt wird.

Solche Spannungsteiler haben in der Regelungstechnik eine Vielzahl unterschiedlicher Aufgaben. Das Mischpult eines Tonaufnahmestudios kann fast tausend Potentiometer enthalten; jedes regelt einen anderen Klangaspekt.

Sicherheit durch Kontrollschaltungen

Die oben beschriebenen Komponenten – Photowiderstand, Verstärker und Potentiometer – lassen sich zu einer einfachen Kontrollschaltung zusammenstellen. Eine solche Baugruppe kann zum Beispiel einen Gasboiler überwachen, indem sie das Licht der Gasflamme erfaßt. Erlischt die Flamme, schließt sich ein Magnetventil und unterbricht damit die Gaszufuhr.

In dieser Schaltung dienen Photowiderstand, Festwiderstand und Verstärker als Regelkreis. Zwei Stromkreise sind parallelgeschaltet; das Potential wird an unterschiedlichen Stellen abgegriffen. Wenn der Widerstand innerhalb eines der Stromkreise sinkt, weil auf den in ihn eingebauten Photowiderstand kein Licht fällt, vergrößert sich der Unterschied der beiden abgegriffenen Potentiale. Er sorgt über den Verstärker dafür, daß das Ventil geschlossen wird.

Thermostate für die richtige Temperatur

Ein elektrisches Heizgerät wandelt die zugeführte Elektrizität in Wärme um. Das Gerät enthält einen Thermostaten – einen temperaturempfindlichen Schalter. Wird Wärme erzeugt, steigt die Temperatur auf einen Schwellenwert an, bei dem dieser Regler die Stromzufuhr automatisch drosselt. Sinkt die Temperatur unter die Grenze, schaltet sich der Strom wieder ein. Ein solcher Regelkreis, der die zugeführte Energie nach der abgegebenen bemißt und einen bestimmten Zustand (hier gleichbleibende Temperatur) aufrechterhält, wird als »negative Rückkopplungsschleife« bezeichnet. Auch viele biologische Prozesse, z. B. die Steuerung der Körpertemperatur bei warmblütigen Tieren, verlaufen nach dem Prinzip der negativen Rückkopplung.

Mit Steuerungs- und Regelungsprozessen in unterschiedlichen Systemen beschäftigt sich die Wissenschaft der Kybernetik. Sie kennt neben der negativen Rückkopplung, bei der das Ergebnis, der »Output«, den »Input« reduziert, auch die positive Rückkopplung oder »Verstärkung«, bei der der Output den Input vergrößert.

Bausteine der modernen Welt

Die besonderen elektrischen Eigenschaften von Halbleitern

Einige Materialien – vor allem Metalle – sind gute Leiter elektrischen Stroms. Andere, so z.B. Gummi, sind nichtleitend und werden daher in der Technik als Isolatoren verwendet. Eine kleine Anzahl von Elementen und Verbindungen – die »Halbleiter« – leiten Strom nur unter bestimmten Bedingungen. Dabei hängt es vor allen Dingen von der Temperatur und der Beleuchtung ab, ob und wieviel Strom durch einen Halbleiter fließen kann. Die Leistungseigenschaften, vor allem die Richtung, in die ein Strom fließen kann, lassen sich ferner durch Hinzufügen von kleinsten Mengen anderer Elemente in die Kristallstruktur nach Belieben beeinflussen, um Transistoren, Dioden und Kondensatoren herzustellen – die wichtigsten Bauteile von Computern und anderen elektronischen Geräten.

Wann leiten Halbleiter?

Silizium, Germanium und kristalline Verbindungen wie Kadmiumsulfid sind halbleitende Materialien. Die Kerne ihrer Atome sind von Elektronen umgeben, die nur bestimmte Energiezustände einnehmen können. Bei niedrigen Temperaturen halten sich die Elektronen im »Valenzband« auf. Elektronen in diesem Band können sich nicht von Atom zu Atom bewegen, was für eine Stromleitung notwendig wäre. Sind diese Materialien kalt, verhalten sie sich deshalb wie Isolatoren.

Die speziellen Eigenschaften von Halbleitern beruhen darauf, daß bei ihnen nur ein kleiner Energieabstand das Valenzband und das »Leitungsband« – die Energiezustände, in denen sich die Elektronen frei bewegen können – trennt. Wird ein Halbleiter erwärmt, erreichen mehr und mehr Elektronen genug Energie, um in das Leitungsband zu springen. Der Halbleiter beginnt, elektrischen Strom zu transportieren, wobei die Temperatur seine Leitfähigkeit bestimmt.

Überschüssige Elektronen und bewegliche Löcher

Wenn ein Elektron eines erwärmten Halbleiters in das Leitungsband springt, hinterläßt es eine Leerstelle – ein »Loch« – im Valenzband. Ein Elektron eines benachbarten Atoms kann sich in dieses Loch hineinbewegen, wird aber seinerseits wieder ein Loch hinterlassen. Der durch einen Halbleiter fließende Strom kann deshalb entweder als Bewegung von Elektronen in die eine oder von Löchern in die andere Richtung angesehen werden.

In einem kalten Halbleiter sind keine freien Elektronen oder Löcher zur Stromleitung verfügbar. Dieses Verhalten kann jedoch durch Einbringen einiger Atome eines anderen Elements – »Dotieren« – geändert werden. Wenn das Element des Dotierstoffes »überschüssige« Elektronen in seinem Valenzband enthält, können sich diese Elektronen frei im Halbleiter bewegen. Besitzt der Dotierstoff einen Mangel an Valenzelektronen, werden ladungstragende Löcher in das Material eingebracht.

Die Temperatur entscheidet

Ⓐ *Elektronen im Valenzband eines Atoms sind an dieses Atom gebunden. Sobald sie aber in das Leitungsband übergehen, können sie sich frei von Atom zu Atom bewegen. In Metallen (1) überlappen sich die Bänder, daher sind sie gute Leiter. In Isolatoren (2) sind die Bänder durch eine große Energielücke getrennt. In Halbleitern (3) ist diese Lücke kleiner. Bei niedrigen Temperaturen (4) bleiben die Elektronen im Valenzband. Wird es wärmer, springen die Elektronen in das Leitungsband: Ein Strom kann fließen (5). Ein elektronisches Thermometer (unten) nutzt diese Eigenschaft, um Temperaturen zu messen.*

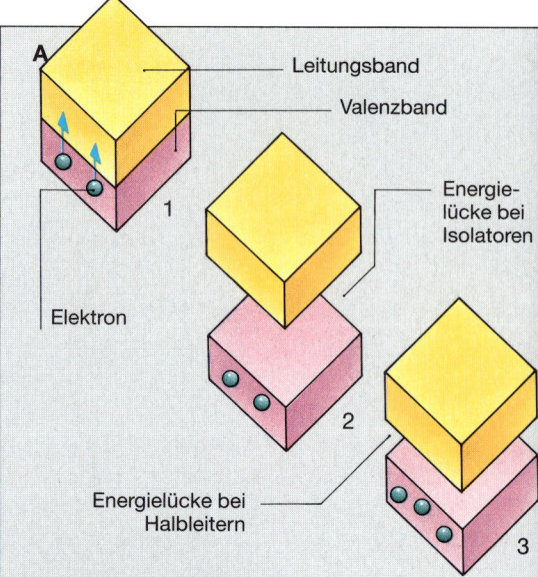

Typen von Halbleitern

Ⓑ *Ein Siliziumatom hat vier Elektronen im Valenzband. Ein Kristall reinen Siliziums ist ein regelmäßiges Gitter aus diesen Atomen (1). Wird der Kristall mit Arsen dotiert, werden einige Siliziumatome durch Arsenatome, die fünf Valenzelektronen besitzen, ersetzt. Die »überflüssigen« Elektronen gehen in das Leitungsband über und können Strom leiten. So dotierte Halbleiter heißen n-Typ (2). Wird der Kristall mit Bor, welches drei Valenzelektronen besitzt, dotiert, werden Löcher in den Kristall eingebracht. Diese können von Atom zu Atom »springen«« und so Strom leiten. So dotierte Halbleiter heißen p-Typ (3).*

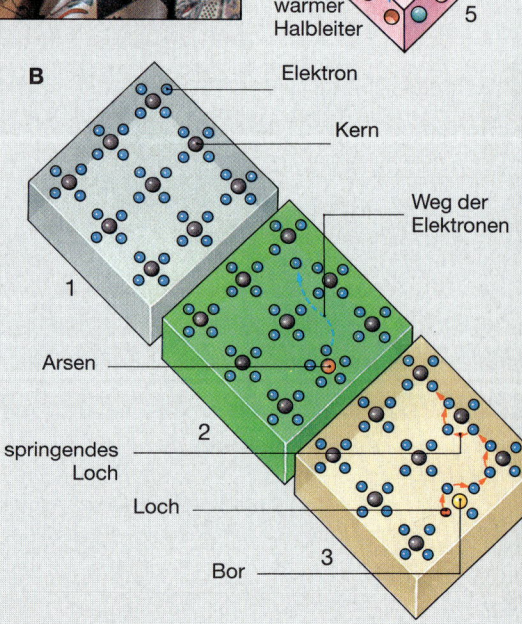

Siehe auch: **Elektrischer Strom,** *S. 402/403* **Elektronik,** *S. 408/409* **Logische Schaltungen,** *S. 412/413*

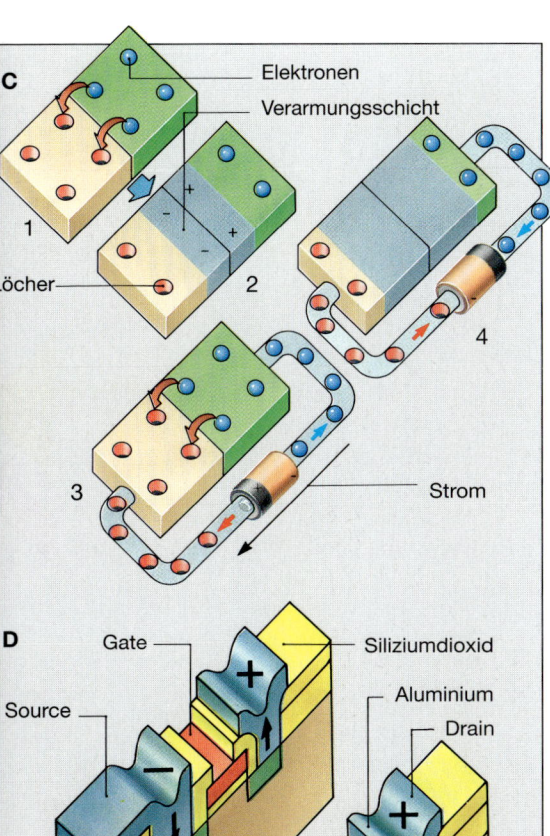

C
- Elektronen
- Verarmungsschicht
- Löcher
- Strom

1   2   3   4

D
- Gate
- Siliziumdioxid
- Source
- Aluminium
- Drain
- p-Typ-Silizium
- n-Typ-Silizium
- Strom
- Elektronen

1   2

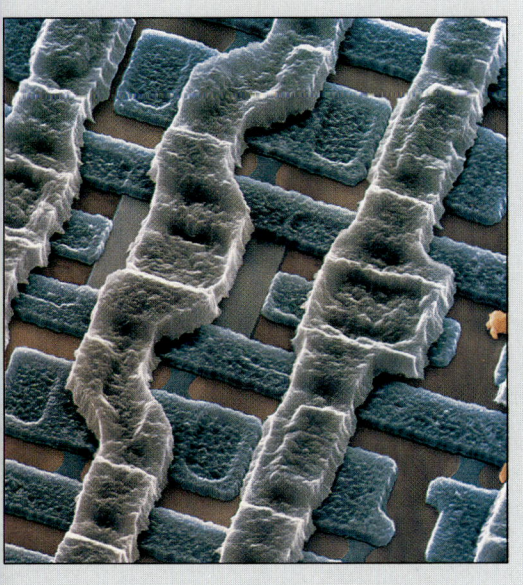

Wann fließt Strom?

C *Werden Halbleiter vom p-und n-Typ in Kontakt gebracht, springen freie Elektronen vom n-Material zum p-Material, um dort die Löcher zu »füllen« (1). Eine Verarmungsschicht entsteht (2), die Stromfluß verhindert. Schließt man eine Batterie mit dem Pluspol an den p-Bereich an, werden Löcher sofort ersetzt, wenn sie durch Elektronen gefüllt wurden (3). Gleichzeitig nehmen Elektronen aus dem Minuspol den Platz der Elektronen ein, die dem n-Bereich verlorengehen: Strom fließt. Dreht man die Batterie um, dreht sich der Fluß der Ladungsträger. Die Verarmungsschicht verbreitert sich: Es fließt kein Strom (4).*

Wie ein Chip arbeitet

D *Ein Chip enthält Tausende Feldeffekttransistoren, die sich wie Schalter verhalten. Jeder hat drei Anschlüsse. Zwei sind mit Source (Quelle) bzw. Drain (Senke) verbunden, die Inseln von n-Typ-Silizium auf p-Typ-Substrat sind. Siliziumdioxid isoliert sie vom dritten Anschluß, dem Gate (Gatter). Der Pfad von Source zu Drain geht durch zwei Dioden – Übergänge von p-Typ- (braun) zu n-Typ-Silizium (grün) – die Stromfluß verhindern (1). Eine positive Spannung am Gate (2) zieht jedoch Elektronen in die Region zwischen Source und Drain. Weil nun der ganze Pfad über freie Elektronen verfügt, kann Strom fließen.*

Chip-Herstellung

Auf einer stark vergrößerten Ansicht eines Mikroprozessors (links) sind die einzelnen Transistoren auf der Oberfläche erkennbar. In den letzten Jahren entwickelten sich die Chips zu Schaltungen mit Millionen von Transistoren. Bisher wurde UV-Licht zur Erzeugung der Chipbauelemente verwendet. Die Strukturen können jedoch nicht kleiner als die Wellenlänge des verwendeten Lichts sein, was eine Beschränkung für die Größe und Dichte der Elemente bedeutet. Röntgenstrahlen kürzerer Wellenlänge erlauben es, noch mehr Elemente auf die Fläche aufzubringen und so den Chip und damit den Computer noch schneller zu machen.

Dioden: Einbahnstraßen für elektrischen Strom

Materialien des n-Typs (überschüssige Elektronen) wie des p-Typs (überschüssige Löcher) können Strom leiten. Werden n- und p-Typ-Materialien in Kontakt gebracht, treten interessante und nutzbare Effekte auf. Das einfachste so gefertigte Bauelement ist eine »Diode« mit genau einem p-n-Übergang. Schließt man eine Batterie an, werden entweder die Ladungsträger – Löcher im p-Material und Elektronen im n-Material – aus dem Übergangsbereich abgesaugt: Das Element verhält sich wie ein Isolator, und es fließt kein Strom. Werden aber die Batterieanschlüsse vertauscht, kann ein konstanter Strom fließen, weil die Ladungsträger an den Enden kontinuierlich ersetzt werden, während sie sich am Übergang gegenseitig auslöschen. Diese Fähigkeit, Strom nur in eine Richtung durchzulassen, wird in »Gleichrichtern« genutzt, in denen Wechselstrom durch Dioden geleitet wird. Der Ausgang ist Gleichstrom, der nur in eine Richtung fließt.

Grundlage für Computer und Verstärker

Eine Diode besteht aus zwei unterschiedlich dotierten Halbleiterschichten, die mit einem Anschluß oder einem externen elektrischen Kontakt verbunden sind. Ein Transistor hat eine dritte Halbleiterschicht und drei Anschlüsse. Der Pfad zwischen zwei dieser Anschlüsse entspricht einem elektrischen Widerstand. Der Wert dieses Widerstandes – und somit die Höhe des Stroms, der ihn durchfließt – hängt von der Spannung am dritten Anschluß ab. Eine am mittleren Anschluß angelegte Spannung kann den Strom zwischen den beiden anderen Anschlüssen ein- oder ausschalten. Dieser Schalteffekt ist die Grundlage aller digitalen Computer. Größere Transistoren können aber auch als Verstärker verwendet werden. Das kleine Ausgangssignal eines Mikrophons wird an der mittleren Elektrode eingespeist. Seine Veränderungen verursachen entsprechende Wechsel in einem viel stärkeren Strom zwischen den anderen beiden Anschlüssen.

Vom Transistor zum Mikrochip

Der Gebrauch von Halbleitern hat das moderne Leben revolutioniert. Der erste Transistor wurde 1948 gebaut. Innerhalb von nur wenigen Jahren hatten Transistoren den Platz der Vakuumröhren eingenommen. Transistoren wurden zuerst einzeln hergestellt, später zu Hunderten auf integrierten Schaltungen untergebracht, die besser unter dem Namen »Chips« bekannt sind. Auch Widerstände und Kondensatoren können auf einem Chip untergebracht werden, um so »Mikroprozessoren«, die Herzstücke aller Computer, herzustellen. Fotokameras, Kühlschränke und Autos enthalten Chips als Steuerungselemente.

Neuere Chipentwicklungen pressen mehr und mehr Bauteile auf immer kleinere Siliziumflächen. Durch Millionen von Transistoren verbrauchen Chips heute beträchtliche Mengen an Strom. Diese elektrische Energie wird unvermeidlich in Wärme umgesetzt. Daher enthalten Computer Kühlgebläse, um die entstehende Wärme abzuführen.

Chipherstellung *S. 512/513* **Computer** *S. 514/515*

Stromkreise als Rechenmaschinen

Wie Computer logische Operationen durchführen

Ein Computer ist eine Maschine, die Zahlen addiert und subtrahiert. Die Zahlen stehen für eine Vielfalt von Dingen, von Punkten auf dem Bildschirm über Stereosound bis zu Datenadressen im Speicher. Moderne Computer verarbeiten viele Millionen von Zahlen gleichzeitig.

Der Computer ist dazu in der Lage, weil es sich um Binärzahlen handelt, die nur aus Einsen und Nullen bestehen und die sich deshalb durch ein einfaches »Ein-« und »Ausschalten« von Spannung repräsentieren lassen. Die Grundschaltungen, die diese Spannungen regeln, heißen »logische Gatter« oder »logic gates«. Sie können so schlicht wie ein einzelner Transistor sein. Eine Kombination von wenigen logischen Gattern ergibt einen Schaltkreis, der zwei binäre Zahlen addieren kann – ein Prozeß, der allen Funktionen eines Computers zugrundeliegt.

Dezimales und binäres Zahlensystem

Die Zahlen, mit denen wir im Alltag umgehen, sind sogenannte Dezimalzahlen (vom lateinischen »decimus« = »zehnter«). Man zählt von eins bis neun, größere Zahlen werden in Zehnerschritten zusammengesetzt. Zehn mal zehn ergeben hundert, zehn mal hundert tausend. Computer können dagegen nur mit zwei Zahlen rechnen, der »1« und der »0«. Der Grund dafür ist einfach: Computer arbeiten mit Strom; eine »1« läßt sich durch das Vorhandensein von Strom oder Spannung darstellen, eine »0« durch ihr Fehlen. Auch mit nur zwei Zahlen läßt sich aber beliebig weit zählen und rechnen. Der 2 unserer gewohnten Zahlen entspricht dann die »10«, der 3 die »11«, der 4 die »100« usw. Statt 4 und 3 zu addieren, addiert man also »100« und »11« und erhält eine »111«, die der 7 des Dezimalsystems entspricht. Man spricht bei diesem Zahlensystem im Gegensatz zu Dezimalzahlen von »Binärzahlen« (vom lateinischen »bis« = »zwei«).

Ein und Aus: die Basis aller Rechenoperationen

Auf einem Siliziumchip befinden sich Millionen von Feldeffekttransistoren (FETs). Sie können auf kleinstem Raum komplexe logische Operationen durchführen. Im Prinzip unterscheidet sich ihre Arbeitsweise aber nicht von herkömmlichen Transistoren oder den Röhrenschaltungen der ersten Computer. In allen Fällen wird ein Stromfluß von einem anderen Stromfluß gesteuert. Dabei kommt es nicht auf die Stärke des Stroms an, sondern nur auf sein Vorhandensein oder Nicht-Vorhandensein, das entweder die »1« oder die »0« des binären Zahlensystems repräsentiert.

Binäre Ziffern können nach den Regeln der Booleschen Algebra (nach dem Mathematiker George Boole benannt) verglichen und weiterverarbeitet werden. In der Booleschen Algebra bezeichnen bestimmte Ausdrücke wie NOT, AND und NOR logische Operationen. So wird z.B. ein Transistor, dessen Output immer das Gegenteil von seinem Input ist, als NOT-Gate bezeichnet.

Mit »1« und »0« werden alle Zahlen symbolisiert
B *Zählen im Dezimalsystem ist, als lege man Blöcke in Regalfächer. Die ersten 9 Blöcke passen in das rechte Fach, doch um bis 10 zu zählen, muß man einen Block ins Fach daneben legen und das rechte Fach entleeren. Beim Weiterzählen wird es dann wieder aufgefüllt. Der Inhalt jedes Fachs stellt eine Zahl dar, die wie eine Dezimalstelle die Anzahl der Einer, Zehner, Hunderter usw. in der Zahl angibt.*
A *Ähnlich lassen sich binäre Zahlen darstellen. Hier hat jedes Fach nur Platz für einen Block, dessen Inhalt einer »1« oder »0« in einer binären Zahl entspricht. Jeder Block hat den doppelten Wert des vorhergehenden. Ein Block im ersten Fach steht für eine 1, ein Block im zweiten Fach für eine 2 usw. Hier dargestellt ist 1 + 2 + 16, also 19. Ein Abakus (rechts) ist eine uralte Addiermaschine, in der Zahlen als Perlen dargestellt sind. Er basiert weder auf der Zahl 10 noch auf der Zahl 2, sondern zählt in Potenzen von 5.*
C *Die Kommunikation im Computer findet über binäre Zahlen statt. Buchstaben werden durch den ASCII-Code (American Standard Code for Information Interchange) repräsentiert, der zum internationalen Standard wurde und den Austausch von Textdaten zwischen beliebigen Computern erlaubt.*

Wie ein NOT-Gate arbeitet
D *Ein Feldeffekttransistor kann als NOT-Gate arbeiten, indem er für einen binären Input von 0 oder 1 den gegenteiligen Wert (1 bzw. 0) ausgibt. Er hat drei Anschlüsse: Zwischen zwei von ihnen, »Source« und »Drain«, kann Strom fließen. Die am dritten Anschluß, dem »Gate«, angelegte Spannung steuert den Stromfluß. Strom wird als Serie von Impulsen an die Source gelegt. Eine positive Spannung am Gate (1) (»ein« oder binär »1«) sperrt den Stromfluß zur Drain, ergibt also »0«. Eine negative Gatespannung, die »0« darstellt, läßt den Impuls dagegen passieren und aus der Drain austreten, entspricht also einer »1« (2).*

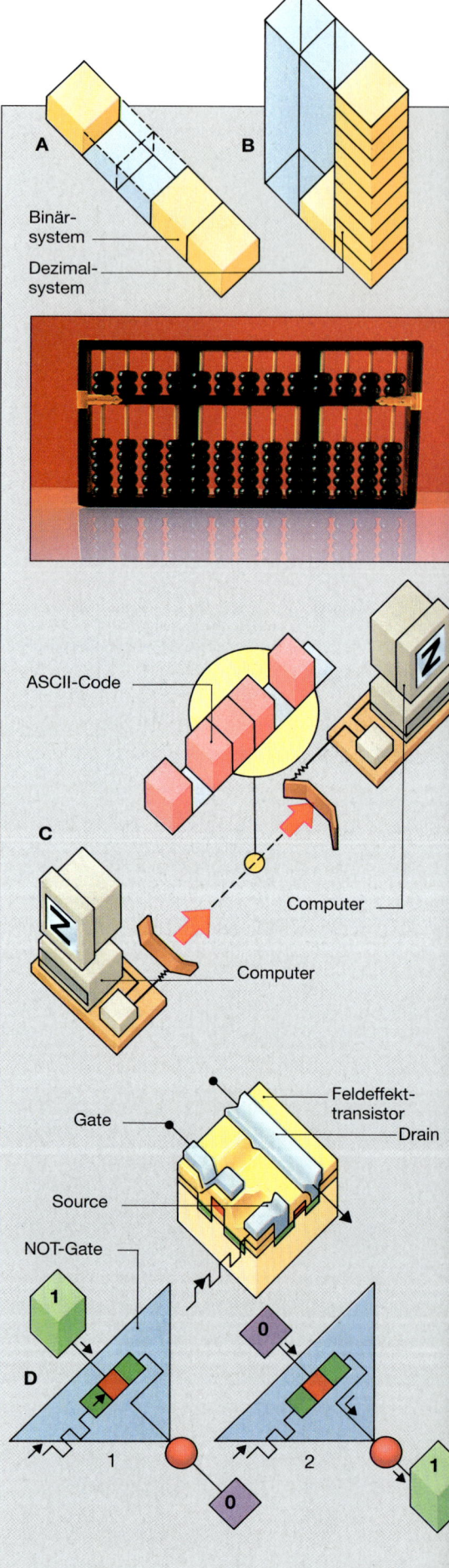

Binärsystem
Dezimalsystem

ASCII-Code

Computer

Computer

Gate

Feldeffekttransistor

Drain

Source

NOT-Gate

Siehe auch: **Elektrischer Strom,** *S. 402/403* **Elektronik,** *S. 408/409* **Halbleiter,** *S. 410/411* **Computer,** *S. 514/515*

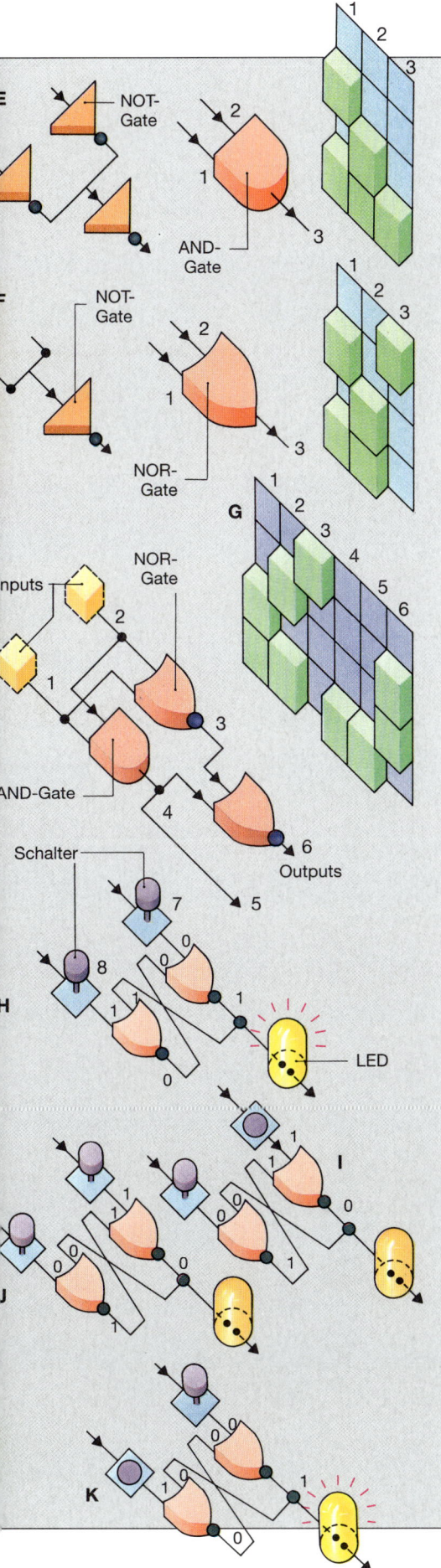

Logische Grundschaltungen
Eine Wahrheitstabelle (links) bildet Inputs und Outputs logischer Schaltungen ab. Hier steht ein grünes Feld für »1«, ein blaues für »0«. Die Spalten (1) und (2) geben die Inputs an, (3) den Output.
E *Drei NOT-Gates lassen sich zu einem AND-Gate verknüpfen. Dessen Output ist »1«, wenn die beiden Inputs »1« sind (siehe Wahrheitstabelle). Jede andere Kombination von Inputs ergibt den Output »0«.*
F *Die Wahrheitstabelle für ein NOR-Gate sagt aus, daß sein Output das Gegenteil von dem eines AND-Gate ist. Der Output ist nur »1«, wenn beide Inputs »0« sind.*

Warum »1« + »1« = »10« ist
G *Ein Halbaddierwerk ist eine Kombination von einem AND- und zwei NOR-Gates. Es addiert zwei Inputs (Spalte 1 und 2 der Tabelle) und stellt das Ergebnis als zweistelligen Binärcode (Spalte 5 und 6) dar. Sind die Inputs (1) und (2) »1«, ist der Output des AND-Gates (4) »1« und der Output des ersten NOR-Gates (3) »0«. Das zweite NOR-Gate ergibt dann einen Output (6) »0« – die Einerstelle des Binärcodes. Der Output des AND-Gate gibt die zweite Stelle des Binärcodes an, also »1« (5). So ergibt die Addition von 1 und 1 im Binärcode »10« – das entspricht der 2 im Dezimalsystem.*

Speichern mit Flipflops
»Flipflops« bestehen aus zwei NOR-Gates. Der Output eines Gates wird jeweils an einen Input des anderen Gates geleitet. Die beiden anderen Inputs sind an zwei Schalter (7) und (8) gekoppelt. Durch Drücken und Loslassen eines Schalters wird jeweils ein Stromimpuls ausgelöst, der »1« darstellt. Eine Leuchtdiode (LED) zeigt an, wann der Output des Speichers »1« ist.
H **I** *Anfangs leuchtet die LED. Ein Druck auf Schalter (7) schaltet sie aus.*
J **K** *Löst man den Schalter, bleibt die LED dunkel. Betätigen von Schalter (8) kehrt den Schaltkreis um und läßt die LED wieder leuchten.*

Ein komplexes Netz aus einfachen Schaltungen

Transistoren, die als logische Gatter nach den Regeln der Booleschen Algebra funktionieren, können in verschiedener Form und Kombination logische Operationen durchführen. Ein NOT-Gate ergibt einen Output von »1« für einen Input von »0« (und umgekehrt). Wenn zwei Inputs kombiniert und an ein einzelnes NOT-Gate gelegt werden, wird es zum NOR-Gate, dessen Output nur dann »1« ist, wenn beide Inputs »0« sind. Auf ähnliche Weise ergibt die Kombination von drei NOT-Gates in einem einfachen Schaltkreis ein AND-Gate. Hier ist der Output nur dann »1«, wenn beide Inputs »1« sind. Jedes Gatter hat sein eigenes Symbol. Seine Funktion läßt sich in einer »Wahrheitstabelle« darstellen, die alle Kombinationen von Inputs mit ihren zugehörigen Outputs aufzeigt. Diese Outputs lassen sich kombinieren und durch weitere logische Gatter schleusen, so daß sich ein komplexes Netz von Möglichkeiten ergibt.

Wie ein Computer addiert

Ein Computer verarbeitet Zahlen, die die verschiedensten Dinge repräsentieren – von Bildschirmpunkten bis zur Position eines Roboterarms. Die einfachste Rechenfunktion, die ein Computer auszuführen hat, ist das Addieren zweier einstelliger Binärzahlen. Drei logische Gatter – ein AND und zwei NORs – werden dazu verknüpft. Die Anordnung ergibt zwei Outputs – eine Einer-Ziffer und eine Übertrags-Ziffer. Werden zwei Einsen ins Addierwerk gefüttert, so ergibt sich eine »0« als Einerziffer und eine »1« als Übertragsziffer. Zusammen bilden sie eine »10« – den binären Ausdruck für die Dezimalzahl 2. Der Computer addiert größere Zahlen, indem er die Einer- und Übertrags-Outputs in Tausende weiterer Addierkreise lenkt.

Mittels ähnlicher Schaltkreise kann man auch Inputs voneinander subtrahieren. Auf der Basis solcher einfachen Bausteine lassen sich weit kompliziertere Berechnungen anstellen.

Winzige Schalter als Informationsspeicher

Magnetische Medien wie Platten und Bänder können digitale Informationen langfristig speichern. Daneben braucht der Computer einen schnellen Arbeitsspeicher, auf den er direkt zugreifen kann. Diese Art Speicher heißt Direktzugriffsspeicher (random access memory). Im RAM werden die Daten nicht magnetisch, sondern elektronisch gespeichert. Es gibt zwei Arten von RAM: Der »dynamische RAM« stützt sich auf Kondensatoren, um kleinste elektrische Ladungen, die digitalen Einsen und Nullen entsprechen, zu speichern. Ungeachtet seines Namens ist er relativ langsam. Ein statischer RAM dagegen ist weit schneller, aber teurer. Er besitzt bistabile Schaltkreise (oder »Flipflops«), die in geschickter Anordnung zwei NOR-Gates nutzen. Diese bilden einen Schaltkreis, bei dem jeder neue Input den Output in sein Gegenteil umkehrt. So kann ein Impuls von 1 oder 0 im Flipflop gespeichert und bei Bedarf fast unmittelbar ausgelesen werden.

Wenn die Natur schwingt

Wellen und Wellengesetze

Türmt der Wind draußen auf dem Meer Wellenberge auf, ist der Seegang noch im Hafen als leichtes Schaukeln zu spüren. Die Lichtwellen, die von der Sonne ausgehen, bilden die Grundlage zahlreicher biologischer Prozesse auf der Erde. Schallwellen sind die Voraussetzung der Sprache und damit aller menschlichen Kommunikation. Die auf den ersten Blick so verschiedenen Arten von Wellen haben vieles gemeinsam. Sie übertragen Energie von einem Punkt zum anderen, ohne Materie zu verschieben. Wellen lassen sich nach ihrem Ursprung, ihrer Schwingungsform und -richtung sowie ihrer Geschwindigkeit unterscheiden. Nach einheitlichen Prinzipien breiten sie sich aus, werden reflektiert, gebrochen oder gebeugt. Die Kenntnis dieser Gesetzmäßigkeiten ermöglicht die Anwendung von Wellen in den unterschiedlichsten Instrumenten.

Was bei einem Erdbeben passiert

Ein Erdbeben setzt gewaltige Energiemengen frei. Wellen transportieren die Bewegungsenergie durch die Erde, so daß sie an weit entfernten Orten als Erschütterung zu spüren ist. Es handelt sich dabei um Schwingungen in einem Medium (hier dem Gestein), die von einem Teilchen zum anderen weitergegeben werden, ohne daß sich die Materie als Ganze bewegt.

Die Energie eines Erdbebens verteilt sich auf zwei verschiedene Wellenformen: »Primäre« oder P-Wellen übertragen sich durch abwechselnde Verdichtung und Streckung des Gesteins. Sie werden auch als »Longitudinalwellen« (lat. longitudo = Länge) bezeichnet, weil das Medium, das Gestein, hier in der Fortpflanzungsrichtung der Welle schwingt. »Sekundäre« oder S-Wellen schwingen quer zu ihrer Fortpflanzungsrichtung und werden deshalb auch »Transversalwellen« (lat. transversus = querliegend) genannt. P-Wellen erreichen Geschwindigkeiten von über 5 km/s, transversale S-Wellen indessen nur rund 3 km/s.

Spiegelung und Brechung

Fällt ein Lichtstrahl auf eine versilberte Fläche, dann wird er reflektiert, wobei sich Einfalls- und Ausfallswinkel exakt entsprechen. Nicht nur »elektromagnetische« Wellen aus schwingenden elektrischen und magnetischen Feldern – z.B. Licht- oder Radiowellen – unterliegen diesem Prinzip. Ganz ähnlich verhalten sich mechanische Schall-, Wasser- oder Erdbebenwellen.

Eine weitere, allen Wellen gemeinsame Eigenschaft ist die Refraktion oder Brechung, die sich zeigt, wenn ein Lichtstrahl schräg auf eine Linse trifft und von seiner geraden Bahn abgelenkt wird. Die Welle tritt von einem Medium in ein anderes von unterschiedlicher Dichte über, wodurch sich Ausbreitungsgeschwindigkeit und -richtung (bei schrägem Einfall) verändern. Die Brechung von Schallwellen erfolgt auf vergleichbare Weise. Zur Schallrefraktion verwendet man zuweilen »akustische Linsen« aus riesigen Wachsblöcken.

Transversalwellen
Ⓐ *Ein Brett, das regelmäßig in ein Wasserbecken getaucht wird, erzeugt Transversalwellen. Die Wassermoleküle schwingen vertikal, und zwar rechtwinklig zur Ausbreitungsrichtung der Welle. Die Entfernung zwischen zwei Gipfeln bezeichnet man als Wellenlänge, die Höhe der Gipfel als Amplitude.*

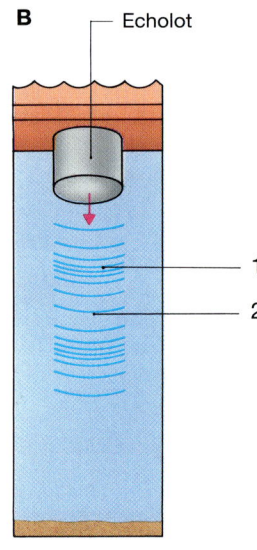

Longitudinalwellen
Ⓑ Ⓒ *Ein Echolot erzeugt longitudinale Druckwellen durch die Bewegung von Wassermolekülen. Dabei entstehen Verdichtungen (1) und Verdünnungen (2) – Zonen hohen und niedrigen Drucks. Die Wassertiefe ergibt sich aus der Zeit, welche die Welle bis zum Meeresboden und zurück benötigt.*

Der Einfluß des Mediums
Ⓓ *Wellen werden abgelenkt oder gebrochen, wenn sie von einem Medium in ein anderes übertreten. Der Effekt zeigt sich deutlich, wenn Wellen aus tiefem Wasser über eine schräggestellte Stufe in seichteres gelangen. Hier bewegen sie sich schneller – die Wellenkämme rücken dadurch enger zusammen, und die Wellenlänge nimmt wahrnehmbar ab. Zur Brechung kommt es, weil die Wellen in einem bestimmten Winkel auf die Barriere treffen: Die Wellenlänge verkürzt sich an dem einen Ende der Wellenfront früher als an dem anderen, wodurch sich die Bewegungsrichtung ändert.*

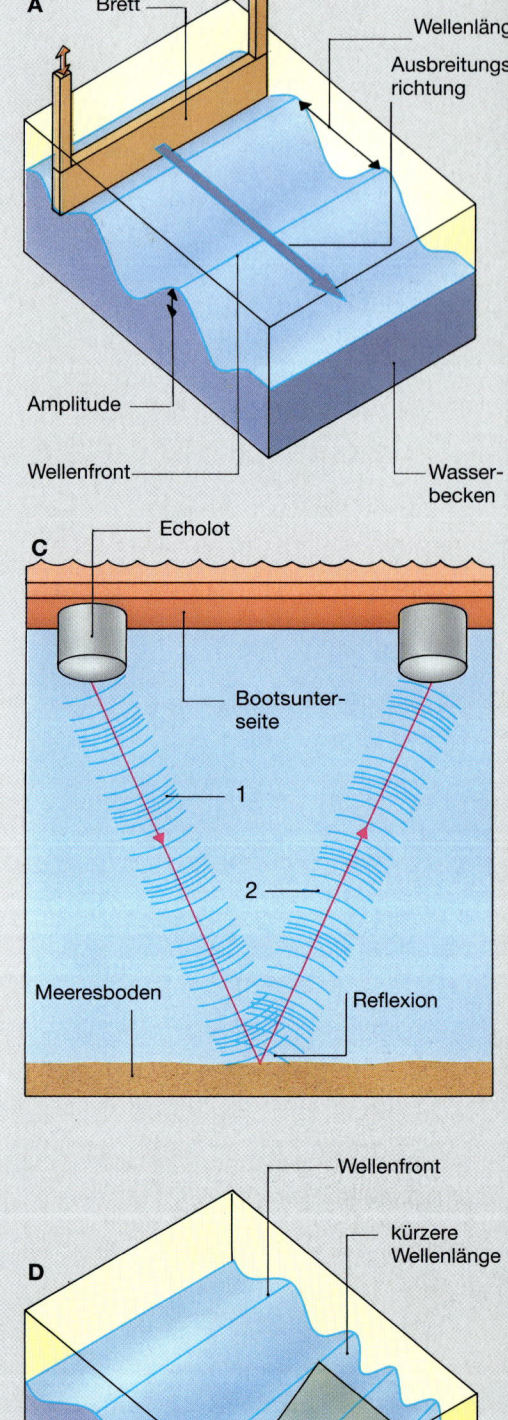

Siehe auch: **Elektromagnetische Wellen**, S. 416/417 **Optik**, S. 418/419 **Ultraschall**, S. 474/475 **Lautsprecher und Mikrofone**, S. 484/485

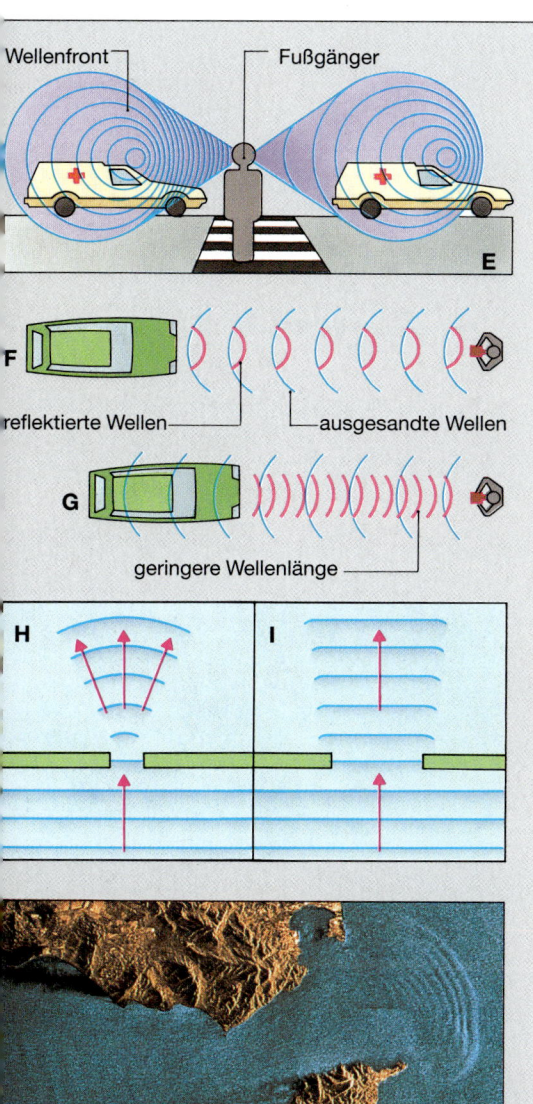

Wellenfront Fußgänger

E

reflektierte Wellen — ausgesandte Wellen

F

G

geringere Wellenlänge

H I

J

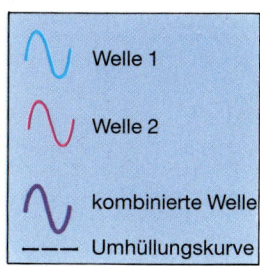

Welle 1
Welle 2
kombinierte Welle
– – – Umhüllungskurve

Der Doppler-Effekt

Bewegt sich der Ursprung einer Welle, kommt es zum »Doppler-Effekt«: Findet die Bewegung zu einem Beobachter hin statt, muß jede Wellenfront einen etwas kürzeren Abstand überwinden als ihre Vorgängerin, so daß sich ihre Frequenz insgesamt erhöht; vollzieht sich die Bewegung vom Beobachter weg, vergrößert sich der Abstand der Wellen. Der gleiche Effekt kommt zustande, wenn sich ein Beobachter im Verhältnis zu einem ruhenden Wellenursprung bewegt.

Der Doppler-Effekt findet sich auch bei elektromagnetischen Wellen wie denen des Lichts. Das Licht von Himmelskörpern, die sich rasch vom Beobachter wegbewegen, verschiebt sich in Richtung auf das rote, langwellige Ende des Spektrums. Man beobachtet eine solche Rotverschiebung bei entfernten Galaxien um so deutlicher, je größer ihr Abstand von uns ist. Die Ursache dafür ist, daß sich das Universum mit großer Geschwindigkeit ausdehnt.

Die Beugung und ihre Nebeneffekte

Passiert eine Welle ein Hindernis oder einen Spalt, der ihrer Länge entspricht, breitet sie sich danach konzentrisch aus. Diesen Vorgang bezeichnet man als Beugung. Die Beobachtung von Beugungserscheinungen bei Lichtstrahlen führte zu der Erkenntnis der Wellennatur des Lichts.

Da Lichtwellen weniger als ein millionstel Meter lang sind, ist die Beugung mit bloßem Auge kaum wahrnehmbar. Für Wissenschaftler, die mit optischen Hochleistungsmikroskopen arbeiten, stellt sie jedoch einen schwerwiegenden Störfaktor dar. Objekte von ähnlicher Größe wie Lichtwellen verursachen starke Beugungseffekte: Sie lassen Ränder verschwimmen und erzeugen sichtbare helle und dunkle »Streifen«, welche die Qualität des Mikroskopbildes deutlich beeinträchtigen können. Für extrem kleine Präparate eignen sich daher nur Elektronenmikroskope, die anstelle von Licht Elektronenwellen von ultrahoher Frequenz benutzen.

Wenn sich Wellenberge überlagern

Auch die Interferenz gehört zu den für alle Wellenformen charakteristischen Erscheinungen. Treffen zwei Wellen zur gleichen Zeit am selben Ort ein, addieren sich ihre »Amplituden« (oder Höhen) und es kommt zur »Interferenz«. Diese Überlagerung läßt sich anhand von Wasserwellen veranschaulichen: Zwei Berge ergeben zusammen einen höheren Gipfel, zwei Täler ein tieferes Tal. Stoßen ein Gipfel und ein Tal derselben Größe zusammen, heben sie einander auf.

Ähnlich verhalten sich Radiowellen. Zwei UKW-Sender, die Wellen gleicher Frequenz und ähnlicher Amplitude ausstrahlen, rufen feste Muster gegenseitiger Verstärkung und Aufhebung im Raum hervor. Dementsprechend schwanken Lautstärke und Deutlichkeit, was den Empfang erheblich stören kann. Radiostationen mit dem gleichen Programm senden in benachbarten Gebieten daher meist mit unterschiedlichen Frequenzen, um Interferenzen zu vermeiden.

Unsichtbare Energieträger

Die verschiedenen Arten elektromagnetischer Wellen

Radio-, Mikro-, Licht- und Röntgenwellen gehören zur elektromagnetischen Strahlung. Alle elektromagnetischen Wellen übertragen mit sehr großer Geschwindigkeit Energie von einem Ort zum anderen. Elektromagnetische Wellen teilen viele Eigenschaften mit Schall- und Wasserwellen. Sie alle sind wandernde Störungen und unterliegen den Gesetzen der Reflexion und Brechung. Während aber mechanische Wellen sich nur in Festkörpern, Flüssigkeiten oder Gasen bewegen, benötigen elektromagnetische Wellen kein Trägermedium und durchdringen auch ein Vakuum. Wenn sie ein Medium passieren, verlieren sie an Geschwindigkeit.

Ohne die elektromagnetische Strahlung der Sonne wäre Leben auf der Erde unmöglich. In fast allen modernen technischen Geräten werden die Eigenschaften dieser Wellen ausgenutzt.

Die Natur des Lichts

Unsere Augen liefern uns Informationen über das, was in unserer Umgebung geschieht. Sie reagieren indes nur auf einen kleinen Bruchteil der Gesamtstrahlung, die von Gegenständen abgegeben bzw. reflektiert wird, nämlich das Licht. Bereits Mitte des 19. Jahrhunderts vermutete der schottische Physiker James Clerk Maxwell die Existenz von lichtähnlicher Strahlung, die den menschlichen Sinnesorganen verborgen bleibt.

Maxwell kam zu dem Schluß, daß sich Licht (und auch andere Strahlung) in Form von elektromagnetischen Wellen fortbewegt. Elektromagnetische Wellen entstehen, wenn eine sich bewegende elektrische Ladung ihre Richtung oder Größe ändert und damit ein sich veränderndes magnetisches Feld erzeugt. Dieses produziert seinerseits ein elektrisches Wechselfeld, das wiederum ein magnetisches herstellt. Die sich gegenseitig aufrechterhaltenden Felder bilden die elektromagnetische Welle, die sich mit einer Geschwindigkeit von 300 000 000 m/s – also über einer Milliarde km/h – geradlinig von ihrer Quelle entfernt. Jede Art von elektrischer Ladung kann elektromagnetische Wellen produzieren; so erzeugt ein Blitz ebenso Radiowellen wie der Strom, der in der Antenne eines Rundfunksenders auf- und absteigt.

Elektromagnetische Strahlung kann gebrochen oder gebeugt werden; sie verhält sich ähnlich wie Schall- oder Wasserwellen. Einige ihrer Merkmale lassen sich jedoch nur deuten, wenn man die Strahlung nicht als kontinuierliche Welle, sondern als Strom getrennter Teilchen oder »Quanten« begreift (ein Lichtquant heißt »Photon«). Beide Vorstellungen scheinen sich auszuschließen; der Widerspruch läßt sich aber durch die Annahme auflösen, daß sich die Strahlung insgesamt als Welle bewegt, ihre Energie jedoch in getrennten »Paketen« fließt. Diese Theorie trifft nicht nur auf Wellen zu, die über Teilcheneigenschaften verfügen, sondern auch auf Teilchen, z.B. Elektronen, die sich unter bestimmten Umständen wie Wellen verhalten.

Strahlungsintensität

A *Elektromagnetische Wellen bewegen sich geradlinig, es sei denn, sie werden gebrochen oder reflektiert. Bei zunehmender Entfernung von der Quelle fällt die Stärke der Strahlung umgekehrt quadratisch zur Entfernung ab: Jede Entfernungsverdoppelung führt zu einer vierfachen Abschwächung der Strahlungsintensität.*
B *Die elektrischen (blau) und magnetischen (rot) Felder einer elektromagnetischen Welle halten sich gegenseitig aufrecht und verfügen über dasselbe Maß an Energie. Die Felder schwanken im rechten Winkel zueinander und zur Bewegungsrichtung der Welle.*

Bewegte Ladungen erzeugen Wellen

Radiowellen, Röntgenstrahlen und Licht sind ähnliche Phänomene. Sie entstehen bei der Beschleunigung oder Verlangsamung geladener Teilchen.
C *In der Antenne eines Radiosenders schwingen z.B. negativ geladene Elektronen.*

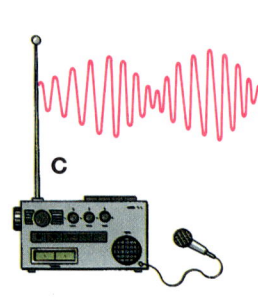

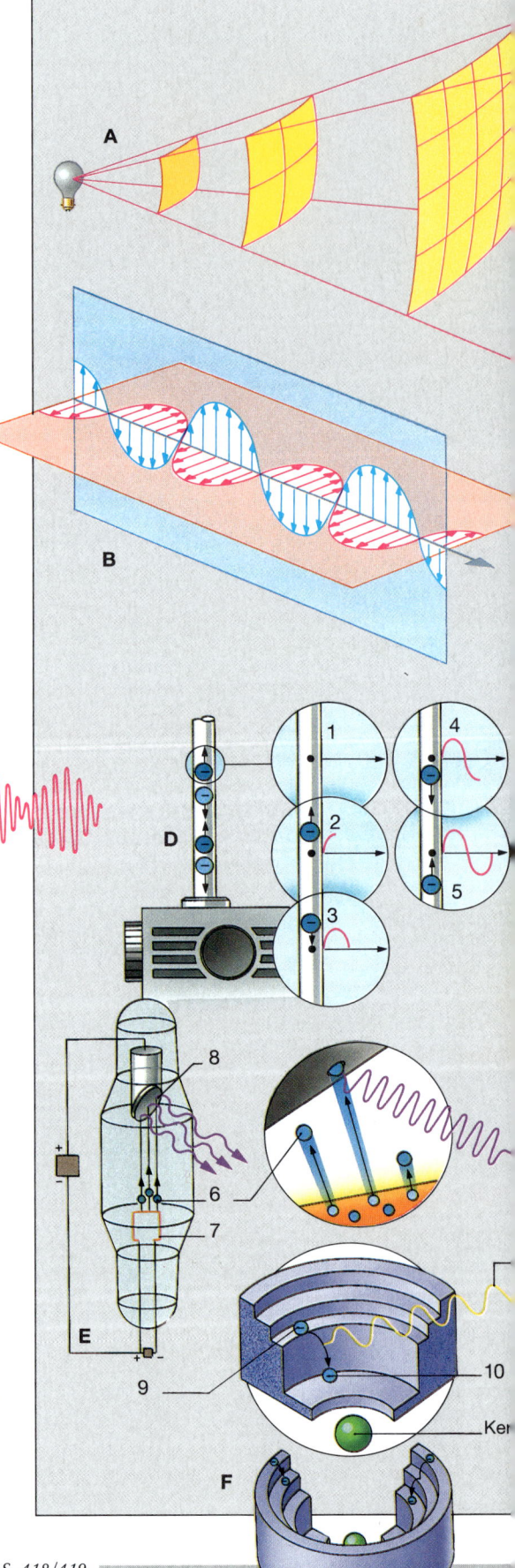

D *Jedes von ihnen erzeugt ein elektrisches und magnetisches Wechselfeld, das sich von der Antenne wegbewegt (1–5).*
E *Bei einer luftleeren Röntgenröhre entfernen sich auf Hochgeschwindigkeit beschleunigte Elektronen (6) von einer negativ geladenen Elektrode (7) und prallen gegen eine positiv geladene Zielanode (8) aus Metall. Durch das plötzliche Abbremsen entstehen energiereiche Röntgenstrahlen.*
F *Versetzt man Elektronen innerhalb von Atomen durch Wärmezufuhr in einen hochenergetischen Zustand (9), so geben sie beim Absinken auf ihr ursprüngliches Niveau (10) ihre überschüssige Energie als Licht (11) ab.*

Siehe auch: **Elektronen,** *S. 386/387* **Quantentheorie,** *S. 388/389* **Wellen,** *S. 414/415* **Optik,** *S. 418/419*

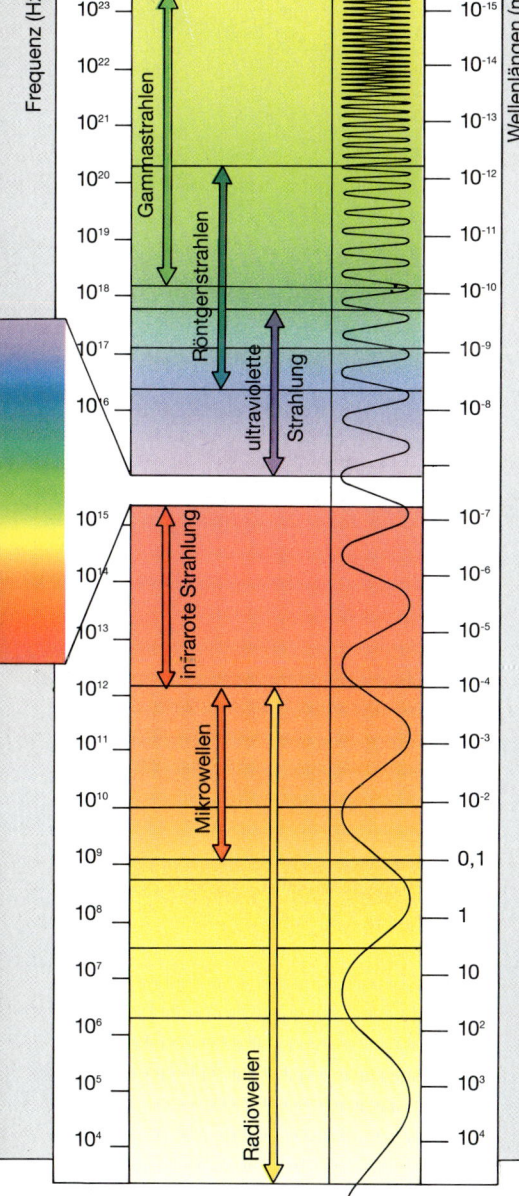

Lichtbrechung im Prisma
Ein dreieckiges Prisma teilt weißes Licht (links) in seine Farbkomponenten auf, weil kürzere Wellenlängen (wie Blau oder Indigo) stärker gebrochen oder gebeugt werden als längere (wie Rot oder Orange).
Verschiedene Medien brechen Licht oder andere elektromagnetische Strahlen auf unterschiedliche Weise. Der Winkel, mit dem Licht in einem Diamanten abgelenkt wird, ist größer als der Winkel, in dem es Glas durchdringt. Der »Brechungsindex« bezeichnet die Fähigkeit eines Mediums, Licht zu brechen. Ein geschliffener Brillant funkelt so intensiv, weil er einen besonders hohen Brechungsindex besitzt.

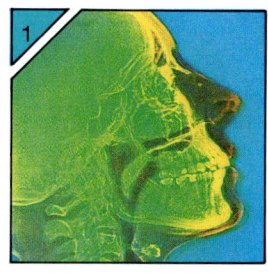

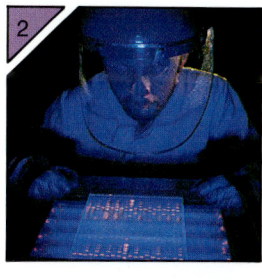

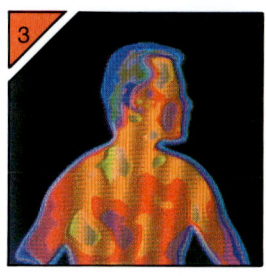

Geschwindigkeitswechsel

Alle elektromagnetischen Wellen bewegen sich mit Lichtgeschwindigkeit (300 000 000 m/s), also sehr viel schneller als jede mechanische Welle. Sie erreichen dieses Maximum jedoch nur innerhalb eines Vakuums; durchqueren sie ein Medium – einen Festkörper, eine Flüssigkeit oder ein Gas –, verlangsamen sie sich. Beim schrägen Übergang von einer Substanz zu einer anderen werden elektromagnetische Strahlen gebrochen. Deshalb läßt Licht sich mit einer Glaslinse auf einen Punkt konzentrieren.

Einige Stoffe absorbieren bestimmte Strahlungsarten, während sie anderen Durchtritt gewähren. So durchdringt Licht Glas, dieses absorbiert jedoch ultraviolette und reflektiert infrarote Strahlen. Da Glas die UV-Strahlen abfängt, führt ein Sonnenbad hinter einer Scheibe nie zur Bräunung. Ein Treibhaus erhitzt sich, weil einfallendes Licht die Pflanzen erwärmt, das Glas jedoch die von den warmen Pflanzen abgegebene Infrarotstrahlung nach innen zurückwirft.

Das elektromagnetische Spektrum

Elektromagnetische Wellen folgen in bezug auf Frequenz, Wellenlänge, Amplitude und Geschwindigkeit den gleichen Gesetzen wie andere Wellen. Mechanische Wellen lassen sich mit unterschiedlichen Frequenzen erzeugen; bei Schallwellen entsprechen tiefe Töne niedrigen und hohe Töne hohen Frequenzen. Der Frequenzbereich elektromagnetischer Wellen reicht von Radiowellen mit 1000 Schwingungen pro Sekunde oder »Hertz« (Hz) bis zu Gammastrahlen mit Frequenzen von über einer Milliarde Hz. Jeder Frequenz entspricht eine Wellenlänge. Dabei gilt für alle elektromagnetischen Wellen die Gleichung: Frequenz x Wellenlänge = Lichtgeschwindigkeit.

Der Bereich der Frequenzen und der jeweiligen Wellenlängen ist in der Grafik links als elektromagnetisches Spektrum dargestellt. An seinem einen Ende befinden sich die Radiowellen mit Längen von über einem Kilometer, am anderen die extrem kurzen Gammastrahlen (bis 10^{-16} m).

Die von einer Welle transportierte Energie steht in direkter Beziehung zur Wellenfrequenz. Je höher die Frequenz ist, desto größer ist die Energie. Röntgenstrahlen vermögen weiche Gewebe zu durchdringen und dienen zur Herstellung medizinischer Untersuchungsbilder (1). Die ultraviolette (UV-) Strahlung transportiert weniger Energie, kann aber Mikroorganismen abtöten und menschliche Zellen schädigen. Labortechniker tragen unter UV-Strahlung eine Schutzbrille, um Verletzungen der Netzhaut zu vermeiden (2).

Fließt Strom durch den Glühfaden einer Glühbirne, erhitzt er sich und strahlt weißes Licht ab. Kühlere Gegenstände geben energieärmere Strahlung mit niedrigeren Frequenzen ab. Vom menschlichen Körper geht Energie in Form von infraroter Strahlung aus. Spezielle Detektoren erfassen sie und wandeln sie in ein sichtbares Bild um (3). Radiowellen verfügen über noch weniger Energie; größere Entfernungen überwinden sie nur mit Hilfe entsprechend starker Sender (4).

Frequenz (Hz)

10^{23}
10^{22}
10^{21}
10^{20}
10^{19}
10^{18}
10^{17}
10^{16}
10^{15}
10^{14}
10^{13}
10^{12}
10^{11}
10^{10}
10^{9}
10^{8}
10^{7}
10^{6}
10^{5}
10^{4}

Gammastrahlen
Röntgenstrahlen
ultraviolette Strahlung
infrarote Strahlung
Mikrowellen
Radiowellen

Wellenlängen (m)

10^{-15}
10^{-14}
10^{-13}
10^{-12}
10^{-11}
10^{-10}
10^{-9}
10^{-8}
10^{-7}
10^{-6}
10^{-5}
10^{-4}
10^{-3}
10^{-2}
0,1
1
10
10^{2}
10^{3}
10^{4}

Teleskope, *S. 462/463* **Röntgenstrahlen,** *S. 476/477* **Radio,** *S. 488/489* **Astronomische Satelliten,** *S. 558/559*

Warum ist der Himmel blau?

Licht, Farbe und Sehvermögen

Licht ist eine Welle, doch läßt sich dies mit bloßem Auge nicht wahrnehmen. Treffen indes mehrere Lichtwellen aufeinander, kommt es zu sichtbaren Interferenzerscheinungen, z. B. den umherschwirrenden schillernden Flecken auf der Oberfläche einer Seifenblase. Das Sonnenlicht enthält eine riesige Bandbreite verschiedener Wellenlängen. Was wir als Licht bezeichnen, entspricht eigentlich nur einem winzigen, für Menschen jedoch bedeutenden Ausschnitt des gesamten elektromagnetischen Spektrums. Substanzen, die selektiv mehrere Wellenlängen reflektieren und absorbieren, erhalten dadurch ihre charakteristische Farbe. So erscheint der Himmel uns nur blau, weil das Licht dieser Wellenlänge beim Eintritt in die Atmosphäre wesentlich stärker gestreut wird als das des restlichen Spektrums.

Farbzerlegung durch Interferenz

Die Wellenlänge des Lichtes beträgt kaum ein tausendstel Millimeter. Reflektieren zwei Oberflächen, deren Abstand voneinander etwa so groß ist wie dieser Betrag, einen Lichtstrahl, kommt es zur Interferenz. Bei diesem Abstand können sich die Spitzen der beiden reflektierten Wellen überlagern und gegenseitig verstärken, wodurch die Helligkeit zunimmt. Es kann jedoch auch passieren, daß die beiden Wellen im Gegentakt schwingen und einander aufheben. Diese Phänomene – konstruktive (verstärkende) oder destruktive (abschwächende) Interferenz genannt – sind z. B. die Ursache für die wechselnden Farbmuster, die bei einem Ölfilm auf einer Wasseroberfläche entstehen. Die Ölschicht ist zwar nur hauchdünn, doch verteilt sie sich nicht völlig ebenmäßig. Da jede Wellenlänge einer Farbe entspricht, werden bestimmte Farben in einigen Bereichen des Ölfilms verstärkt, andere Farben an anderen Stellen der Ölschicht.

Die Farben des Regenbogens

Wie ein geheimnisvolles Zeichen steht nach einem Gewitter manchmal ein Regenbogen am Himmel. Tatsächlich handelt es sich dabei um ein nicht allzu schwer erklärbares Phänomen: Das Sonnenlicht umfaßt Strahlen einer Vielzahl von Wellenlängen (und Farben). Die Regentropfen reflektieren und brechen es und spalten es dabei in seine einzelnen Farben auf, die als Regenbogen am Himmel erscheinen.

Abhängig vom Standpunkt des Beobachters kann ein Regenbogen verschiedene Gestalten haben. Der Betrachter am Boden nimmt ihn meist als halbkreisförmigen Bogen wahr, ein Pilot in großer Höhe sieht dagegen manchmal einen ganzen Kreis. Zuweilen entdeckt man außer dem konzentrischen Hauptbogen einen höher am Himmel stehenden schwächeren Bogen. Seine Lichtstrahlen und Farben werden zweimal pro Regentropfen reflektiert und wirken dementsprechend matter.

Die Farben der Seifenblasen
Die Haut einer Seifenblase (links) besteht aus einem dünnen Wasserfilm mit ständig wechselnden Farbmustern. Auch hier wird das Phänomen der Interferenz sichtbar: Von der Innenseite der Haut reflektierte Wellen legen eine geringfügig größere Strecke zurück als solche, die auf die Außenhaut treffen. Die beiden Reflexionen überlagern sich. Je nach Dicke der Blasenhaut heben sich manche Wellen (und dadurch manche Farben) auf, während andere sich verstärken. Die Farbe der Haut hängt also von deren Beschaffenheit an einem bestimmten Punkt ab.

Schillernde Linsen
Ⓐ *Eine Kameralinse schimmert aufgrund ihrer hauchdünnen Außenlackierung aus Harz, die unerwünschte Reflexionen vermeiden soll. Von der Unterseite der Lackierung reflektiertes Licht legt einen größeren Weg zurück als von der Oberseite stammendes: Die beiden Wellen treten daher nicht im Gleichtakt aus. Bei den meisten Wellenlängen und Farben des Spektrums interferieren die Wellen in destruktiver Weise (2) und heben sich gegenseitig auf. Kürzere Wellenlängen, etwa blau oder violett, interferieren allerdings konstruktiv (1) und verstärken sich gegenseitig. Sie sind sichtbar und erzeugen die typische blauviolette Färbung der Linse.*

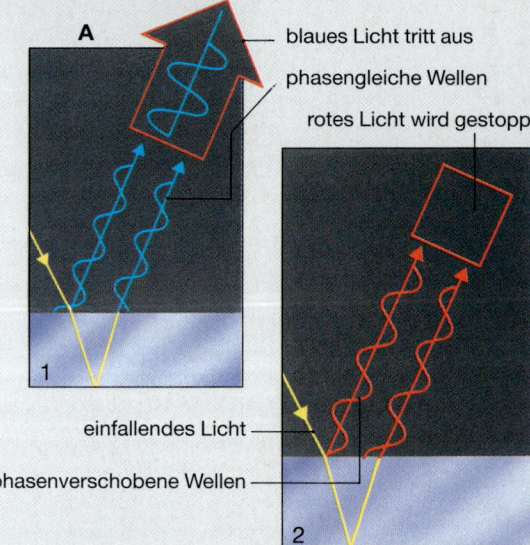

blaues Licht tritt aus

phasengleiche Wellen

rotes Licht wird gestoppt

einfallendes Licht

phasenverschobene Wellen

Sonnenlicht

Regentropfen

Regentropfen als Prismen
Ⓑ *Ein Regenbogen entsteht, wenn Wassertropfen in der Luft Sonnenstrahlen reflektieren. Dabei treten Strahlen in einen Tropfen ein, werden an der Oberfläche gebrochen und dann von der gegenüberliegenden Seite des Tropfens zurückgeworfen. Schließlich werden sie noch einmal gebrochen, wenn sie wieder aus dem Tropfen austreten. Jeder Regentropfen entspricht so einem Prisma, welches das Licht in einzelne Farben aufspaltet. Der Reflexionswinkel des blauen Lichts ist spitzer als der der roten Strahlen. Daher fällt blaues Licht von tieferen Tröpfchen in das Auge als rotes Licht, und der Bogen erscheint oben rot, unten blau.*

Siehe auch: Elektromagnetische Wellen, S. 416/417 Linsen, S. 420/421 Fernsehen, S. 492/493

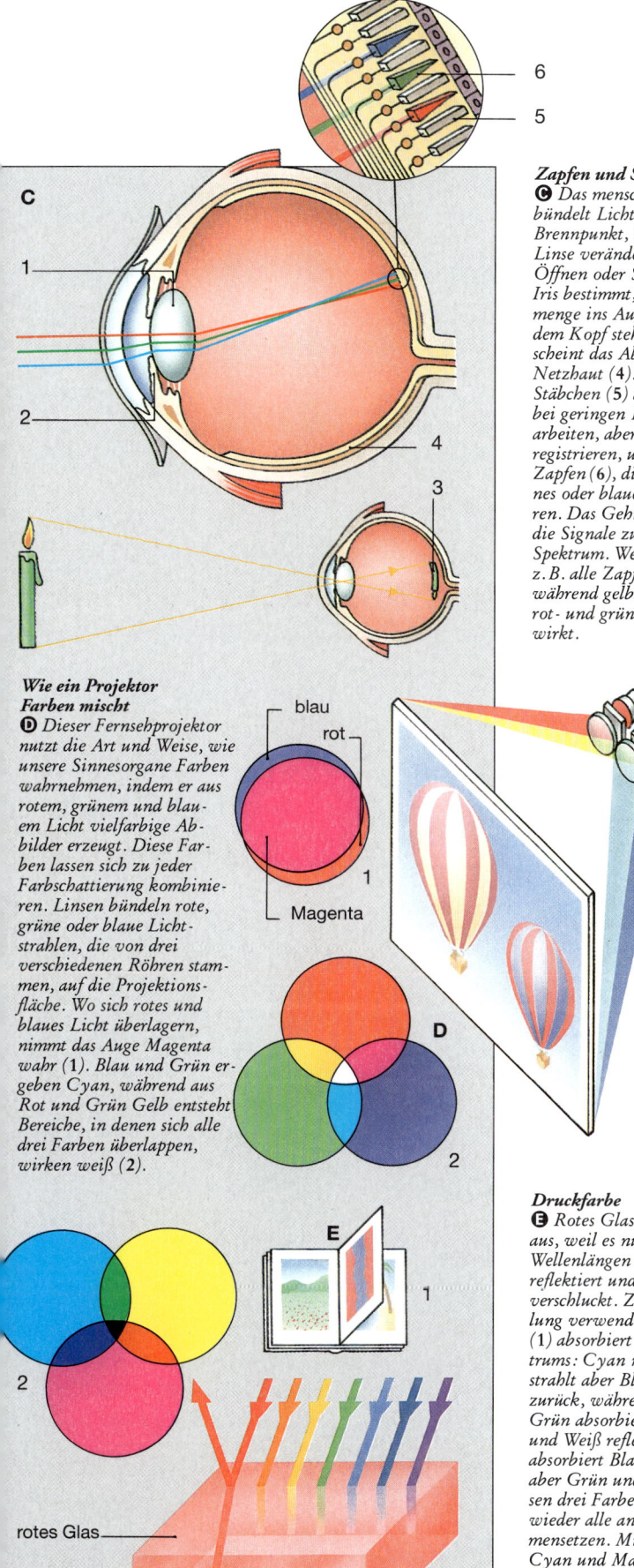

Farbfilm S. 504/505 Laser, S. 506/507 Farbdruck, S. 508/509

Zapfen und Stäbchen

ⓒ *Das menschliches Auge bündelt Licht in einem Brennpunkt, indem es seine Linse verändert (1). Das Öffnen oder Schließen der Iris bestimmt, welche Lichtmenge ins Auge fällt (2). Auf dem Kopf stehend (3) erscheint das Abbild auf der Netzhaut (4). Sie ist mit Stäbchen (5) ausgestattet, die bei geringen Lichtmengen arbeiten, aber keine Farben registrieren, und den Zapfen (6), die auf rotes, grünes oder blaues Licht reagieren. Das Gehirn kombiniert die Signale zum gesamten Spektrum. Weißes Licht regt z. B. alle Zapfen an, während gelbes nur auf die rot- und grünempfindlichen wirkt.*

Wie ein Projektor Farben mischt

ⓓ *Dieser Fernsehprojektor nutzt die Art und Weise, wie unsere Sinnesorgane Farben wahrnehmen, indem er aus rotem, grünem und blauem Licht vielfarbige Abbilder erzeugt. Diese Farben lassen sich zu jeder Farbschattierung kombinieren. Linsen bündeln rote, grüne oder blaue Lichtstrahlen, die von drei verschiedenen Röhren stammen, auf die Projektionsfläche. Wo sich rotes und blaues Licht überlagern, nimmt das Auge Magenta wahr (1). Blau und Grün ergeben Cyan, während Rot und Grün Gelb entsteht Bereiche, in denen sich alle drei Farben überlappen, wirken weiß (2).*

Druckfarbe

ⓔ *Rotes Glas sieht farbig aus, weil es nur die roten Wellenlängen weißen Lichtes reflektiert und die übrigen verschluckt. Zur Buchherstellung verwendete Druckfarbe (1) absorbiert Teile des Spektrums: Cyan nimmt Rot auf, strahlt aber Blau und Grün zurück, während Magenta Grün absorbiert, jedoch Blau und Weiß reflektiert. Gelb absorbiert Blau, reflektiert aber Grün und Rot. Aus diesen drei Farben lassen sich wieder alle anderen zusammensetzen. Mischen sich Cyan und Magenta, wird nur blaues Licht reflektiert. Magenta über Gelb ergibt Rot, und Cyan auf Gelb wirkt grün. Alle drei Farben zusammen erscheinen schwarz (2).*

Wie das Auge arbeitet

Auge und Kamera bringen das Licht auf ähnliche Weise in einen Brennpunkt. Beide besitzen Linsen und eine lichtempfindliche Oberfläche – die Netzhaut oder den Film. Die Scharfeinstellung erfolgt aber auf unterschiedliche Art. Die Linse in der Kamera bewegt sich vor und zurück, um scharfe Abbilder von Gegenständen in unterschiedlicher Distanz zu erzeugen.

Die Linse des menschlichen Auges kann ihre Position nicht verändern, ist aber dazu in der Lage, das Licht unterschiedlich stark zu brechen. Dabei stellt sie nicht die einzige brechende Oberfläche dar – die durchsichtige Hornhaut und die gallertartigen Flüssigkeiten, die das Auge ausfüllen, tragen wesentlich zur Bündelung des Lichtes bei. Mit Hilfe eines Muskelringes, der die Linse dehnt oder zusammendrückt, gelingt die Feinabstimmung oder »Akkommodation«: Die Lichtstrahlen von entfernten wie von nahen Gegenständen können in einem Brennpunkt fokussiert werden.

Weit- und Kurzsichtigkeit

Nicht jedes Auge kann eine vollständige Akkommodation durchführen. In einigen Fällen reicht die Wölbung des Augapfels nicht aus, um das Licht so stark zu brechen, daß scharfe Abbilder von nahen Gegenständen entstehen. Hier spricht man von Weitsichtigkeit. Ist der Augapfel zu lang oder die Hornhaut ungewöhnlich konkav geformt, bricht sich das Licht von entfernten Objekten zu stark, um einen scharfen Brennpunkt auf der Netzhaut zu erzeugen. Solche Menschen sind kurzsichtig. Beide Probleme lassen sich mit Hilfe vorgeschalteter Glaslinsen – einer Brille – beheben.

Beim Grauen Star, einer häufigen Augenkrankheit, trübt sich die Linse, was zur Erblindung führen kann. Inzwischen ist es möglich, die kranke Linse durch eine künstliche oder gespendete zu ersetzen oder sie schlicht zu entfernen. Das Auge bricht das Licht dann zwar nicht stark genug – es wird weitsichtig. Aber auch hier gleicht eine Brille den Mangel weitgehend aus.

Farbreproduktion

Die farbempfindlichen Bereiche der menschlichen Netzhaut heißen Zapfen. Sie reagieren auf blaues, gelbes und rotes Licht, indem sie Nervenimpulse an das Gehirn senden, die dieses wiederum als Farbe interpretiert. Das übrige Spektrum erscheint als Kombination der drei »Primärfarben«.

Denn um eine Farbe herzustellen, genügt es, verschiedene Mengen der Primärfarben zu mischen. Fernseh- und Computerbildschirme sind von phosphoreszierenden Punkten bedeckt, die ausschließlich rotes, grünes oder blaues Licht aussenden und zusammen andere Farben ergeben. Man spricht von »additiver« Farbmischung. Umgekehrt verschlucken Druckfarben unterschiedliche Komponenten weißen Lichtes (eine Mischung aller Farben), welches das Blatt anstrahlt. Kombiniert man verschiedene Druckfarben, absorbiert jede einen Teil des Spektrums (»subtraktive Farbmischung«). Normalerweise wird mit den Farben Cyan, Magenta, Gelb und Schwarz gedruckt.

Verstärker des Auges

Die Arbeitsweise von Spiegeln und Linsen

Die ersten Linsen wurden im Mittelalter angefertigt, und schon ihre noch bescheidene Fähigkeit, Gegenstände zu vergrößern, dürfte die Menschen in Ehrfurcht versetzt haben. Im Laufe der Zeit verbesserten sich die Techniken des Glasschleifens, und es entstanden Linsensysteme, mit denen die Menschen erstmals sowohl sehr kleine als auch weit entfernte Gegenstände erkennen konnten.

Die Entdeckungen der modernen Naturwissenschaft hätten ohne Mikroskope und Teleskope nie gemacht werden können. Im einfachsten Falle handelt es sich bei diesen Instrumenten um die Verbindung zweier Konvexlinsen. Dabei werden dieselben physikalischen Prinzipien ausgenutzt wie bei den kompliziertesten optischen Geräten, die das Licht mit einer Vielzahl von Prismen, Spiegeln und Linsen bündeln.

Die Geschwindigkeit des Lichts

Wie Radiowellen oder Röntgenstrahlen zählt auch das Licht zu den elektromagnetischen Wellen. Beim Durchgang durch verschiedene Medien verändert es daher seine Geschwindigkeit und seine Richtung. Die Industrie macht sich diese Eigenschaften bei der Herstellung einer Vielfalt von optischen Instrumenten zunutze.

Die Lichtgeschwindigkeit im Vakuum, eine der wichtigsten physikalischen Naturkonstanten, beträgt 299 792,5 km/s. Bei allen Medien, die das Licht durchquert, hängt die Geschwindigkeit des Lichts von der »optischen Dichte« des Stoffes ab. Tritt ein Lichtstrahl von einem Medium in ein anderes von unterschiedlicher optischer Dichte über – etwa von Luft in Wasser –, wechselt es an der Grenzfläche die Richtung. Diese »Beugung« oder »Refraktion« kommt zustande, weil die Geschwindigkeit des Lichts und damit der Abstand zweier aufeinanderfolgender Wellen beim Übergang variiert.

Wie Strahlen auf einen Punkt konzentriert werden

Bereits im Altertum wußte man, daß bestimmte Glasformen das Verhalten von Licht beeinflussen. So kann eine Kristallkugel Sonnenstrahlen in einem – wenn auch nicht sonderlich scharfen – Brennpunkt bündeln. Die Brechung vollzieht sich dabei nicht im Inneren der Glaskugel, sondern an der Grenze von Glas und Luft. Ein dünnes Glasstück mit zwei gewölbten Oberflächen – eine Linse – erzielt dieselbe Wirkung bei bedeutend verringertem Gewicht. Denn die Linsenoberfläche entspricht nur den mittleren Teilen der Oberfläche einer Glaskugel, die das Licht in einem scharfen Brennpunkt konzentrieren.

Die Stärke einer Linse entspricht ihrer Brennweite, also dem Abstand zwischen der Linse und dem Punkt, in dem parallel auf die Linse treffende Strahlen konzentriert werden. Eine stark gekrümmte Linse bricht das Licht stärker und hat deshalb eine kürzere Brennweite als ein dünneres Pendant aus dem gleichen Glas.

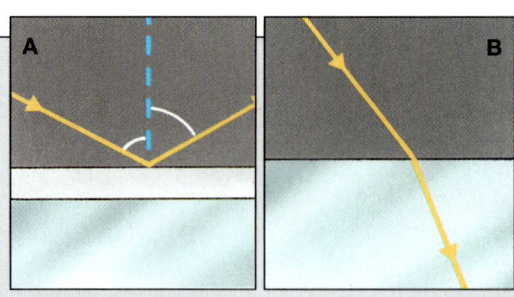

Spiegelung und Brechung

A Trifft ein Lichtstrahl auf die Oberfläche eines Spiegels, wird er in einem Winkel reflektiert, der genau dem Einfallswinkel entspricht.

B Da der Strahl langsamer durch Glas dringt als durch Luft, wird er beim Übergang in dieses Medium von der Oberfläche weg gebrochen.

Teleskope sammeln Licht

Parallele Lichtstrahlen, die auf einen Hohlspiegel fallen, werden auf den Brennpunkt hin reflektiert. Teleskope nutzen diese Eigenschaft, um Licht zu sammeln; einige besitzen exakt geschliffene Spiegel von mehr als 10 m Durchmesser.

C Bei einem kreisförmigen Spiegel würden die von den Rändern reflektierten Strahlen nicht genau im Brennpunkt zusammentreffen.

D Teleskopspiegel sind daher parabelförmig geschliffen, so daß alle parallel auf die Oberfläche des Spiegels einfallenden Strahlen in einem Punkt gebündelt werden. Eine Silberschicht auf der Vorderseite des Glases verhindert überdies unerwünschte Brechungseffekte.

Brennpunkte

E Ein Lichtstrahl, der durch ein dreieckiges geschliffenes Glasprisma tritt, wird an zwei Grenzflächen gebrochen. Zuerst bewegt er sich aus der Luft ins Glas hinein und wird von der Grenzfläche weg abgelenkt. Der Strahl läuft dann geradlinig durch das Glas, bis er wieder in den Luftraum gelangt und zur Grenzfläche hin gebeugt wird.

F Eine Linse kann man sich wie eine Kombination aus mehreren Prismen mit leicht abweichenden Seitenlängen und Beugungswinkeln vorstellen. Jedes Prisma bricht das Licht daher unterschiedlich; alle zusammen aber bündeln parallel einfallende Strahlen in einem Brennpunkt. Bei einer Konvexlinse handelt es sich um einen reellen Brennpunkt (1), in dem sich die Strahlen tatsächlich treffen.

G Bei einer konkaven Linse werden parallel einfallende Strahlen zerstreut, doch scheint es, als würden sie von einem Punkt auf der anderen Seite der Linse her, dem virtuellen Brennpunkt (2), ausgehen.

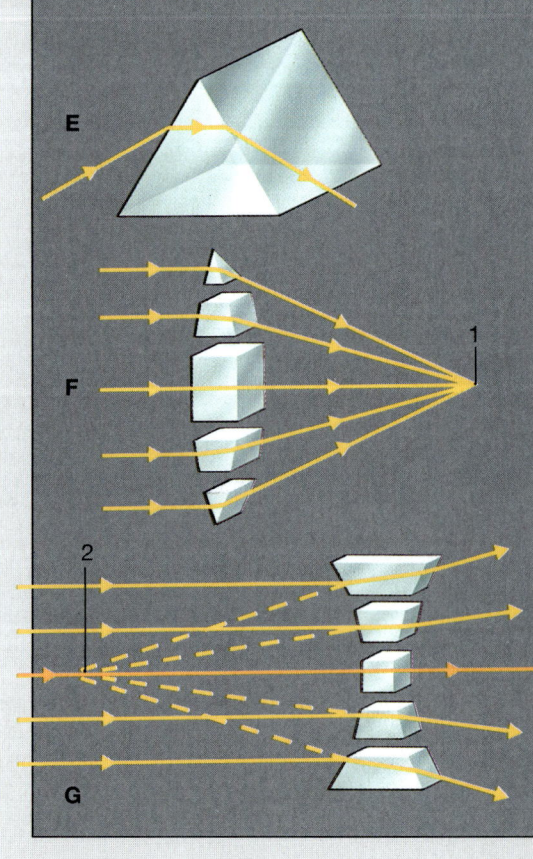

Siehe auch: **Methoden der Astronomie**, S. 14/15 **Wellen**, S. 414/415 **Elektromagnetische Wellen**, S. 416/417

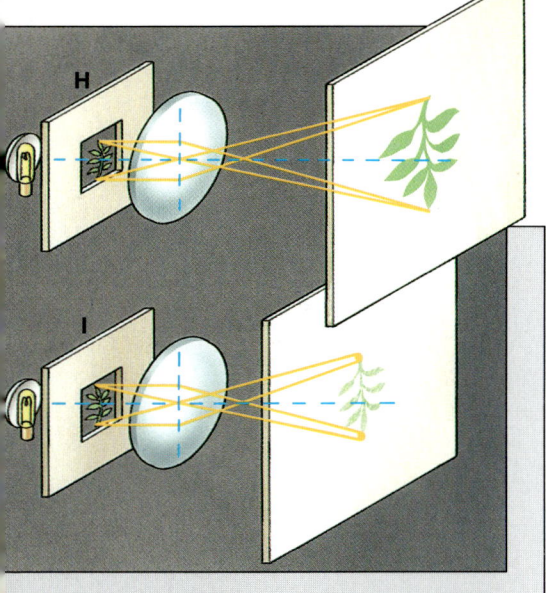

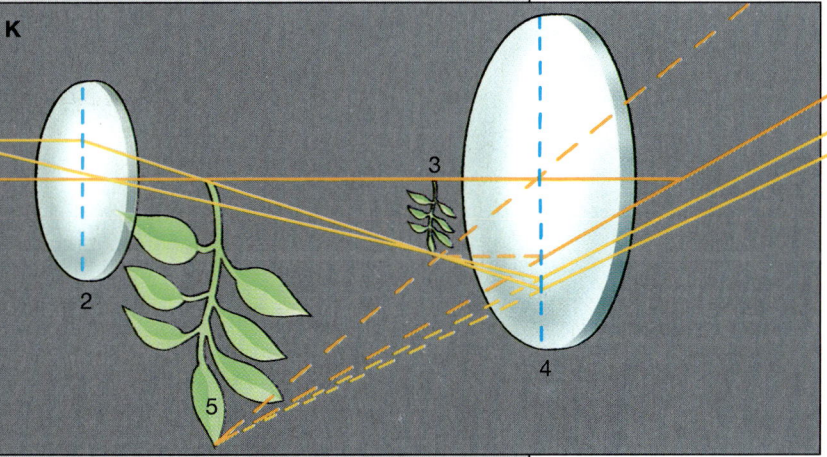

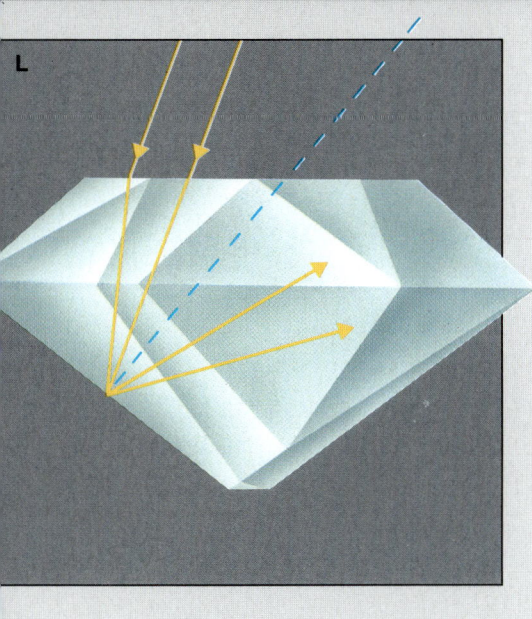

Linsen und Mikroskope

H Die Konstruktionsstrahlen zeigen, wie in einem Projektor durch eine Linse ein scharfes reelles Bild entsteht.

I Bewegt sich die Leinwand, treffen die Strahlen nicht mehr zusammen, und das Abbild verschwimmt.

J Eine konvexe Linse wirkt als Vergrößerungsglas, wenn sich ein Objekt (1) weniger als eine Brennweite von ihr entfernt befindet. Strahlen, die von einem Punkt des Blattes ausgehen, entfernen sich voneinander und scheinen von einem größeren virtuellen Gegenstand (2) hinter der Linse herzurühren.

K Ein Mikroskop besteht aus zwei Linsen. Die erste (2) bringt ein umgekehrtes, vergrößertes, reelles Abbild (3) des Objekts (1) hervor, die zweite (4) erzeugt eine vergrößerte virtuelle Version (5) des Zwischenbildes.

Warum ein Diamant funkelt

L Die optische Dichte einer Substanz wirkt sich auf die Geschwindigkeit des Lichtes in diesem Stoff aus. Tritt das Licht von einem Medium in ein anderes über, bestimmt der Eintrittswinkel, ob der Strahl gebrochen oder reflektiert wird. Wenn die optischen Dichten zweier Stoffe sehr unterschiedlich sind, werden in der Regel selbst Lichtstrahlen reflektiert, die in einem großen Winkel auf die Grenzfläche auftreffen. Bei einem Diamant reflektieren zahlreiche Facetten die Lichtstrahlen, bevor sie wieder aus ihm austreten können. Auf diese Weise entsteht das unnachahmliche Funkeln, das einen echten Diamanten auszeichnet.

Vergrößerungen durch virtuelle Bilder

Ein auf eine Kinoleinwand projizierter Film besteht aus einer schnellen Folge von Einzelbildern, die einen intensiven Lichtstrahl kurzfristig unterbrechen. Eine konvexe bzw. konvergierende Linse fokussiert das durch den Film dringende Licht so, daß alle Strahlen, die von einem Punkt des Films ausgehen, wieder an einem Punkt zusammentreffen. Wenn dieser Punkt nicht genau auf der Leinwand liegt, wird das Bild unscharf. Ein solches Bild bezeichnet man als reelles Bild. Auch die Objektive von Kameras und Fernrohren erzeugen reelle Bilder. Reelle Bilder lassen sich fotografieren oder mit weiteren Linsen vergrößern.

Benutzt man konvexe Linsen als Vergrößerungsgläser, entsteht eine andere Form von Abbildungen, die man »scheinbare« oder »virtuelle« Bilder nennt. Dazu muß der Gegenstand weniger als eine Brennweite von der Linse entfernt sein. Dann zerstreut die Linse die Lichtstrahlen, die von einem Punkt eines Gegenstandes ausgehen, und der Beobachter erhält den Eindruck, der Ursprung der Lichtstrahlen läge in einem entfernten Punkt.

Konkave Linsen zerstreuen parallel einfallende Lichtstrahlen in derselben Weise und erzeugen ebenfalls virtuelle Abbilder. Wenn man sie mit konvexen Linsen kombiniert, kann man Farbfehler korrigieren, die durch unterschiedliche Brechung verschiedener Wellenlängen entstehen. Solche Systeme werden bei Kameraobjektiven, Teleskopen und Mikroskopen eingesetzt. Konkave Linsen gleichen Kurzsichtigkeit aus, während konvexe der Weitsichtigkeit entgegenwirken.

Der Weg des Lichtes durch eine Linse läßt sich mit Hilfe zweier einfacher Regeln berechnen. Jeder parallel zur Hauptachse der Linse einfallende Strahl wird zu dem Brennpunkt hin gelenkt, der genau eine Brennweite von der Linse entfernt liegt. Durch die Mitte der Linse gelangende Strahlen behalten ihre Richtung dagegen bei. Diese zwei Konstruktionsstrahlen genügen, um den Ort und die Größe des Abbildes zu bestimmen.

Brechung oder Totalreflexion

Ein Lichtstrahl wird gebrochen, wenn er auf die Grenzfläche zwischen zwei Substanzen mit unterschiedlichen optischen Dichten trifft. Ein Strahl, der von Luft in Glas eindringt, wird von der Oberfläche weg, im umgekehrten Falle dagegen zu ihr hin gebrochen. Bei sehr niedrigen Einfallswinkeln erfolgt keine Brechung, sondern – ähnlich wie beim Aufprall auf einen Spiegel – die vollständige Reflexion. Glasfaserkabel, die als »Lichtleiter« dienen können, nutzen diese Eigenschaft der »Totalreflexion«. Die wiederholte Reflexion an der Grenze zwischen Kern und Verkleidung aus Gläsern unterschiedlicher optischer Dichten verhindert den Austritt von Strahlen.

Reflektierende Prismen basieren ebenfalls auf der Totalreflexion. Im Inneren eines Feldstechers z.B. werfen Prismen das Licht zurück, das den Raum zwischen den Linsen durchläuft. So läßt sich trotz geringer Größe des Geräts eine große optische Wegstrecke erreichen.

Teleskope, S. 462/463 **Mikroskope,** S. 464/465 **Fotokamera,** S. 498/499 **Hubble-Teleskop,** S. 558/559

Strahlende Materie

Formen der Radioaktivität

Radioaktivität ist geräuschlos und unsichtbar und wirkt daher auf viele Menschen furchteinflößend und geheimnisvoll. Dabei umgibt uns natürliche Strahlung ständig und überall – sie ist in der Luft, im Gestein, ja sogar in unserer Nahrung enthalten. Selbst der heiße Kern unseres Planeten, der die geologischen Abläufe bestimmt, besteht aus radioaktivem Material. »Radioaktivität« bezeichnet eine Eigenschaft sogenannter Radioisotope. Viele von ihnen kommen in der Natur vor, andere lassen sich künstlich erzeugen. Die instabilen Atomkerne dieser Stoffe verwandeln sich durch Abstoßung von Elementarteilchen und elektromagnetischer Strahlung in stabile Partikel. Dieser Vorgang, der sich unabhängig von Temperatur, Druck oder chemischer Bindung vollzieht, heißt radioaktiver Zerfall.

Strahlende Atome verwandeln sich

Atome werden nach der Anzahl positiv geladener Protonen in ihrem Kern unterschieden. Kohlenstoffatome haben immer sechs Protonen, Stickstoffatome sieben usw. Man könnte meinen, daß die gegenseitige Abstoßung der Protonen in seinem Inneren den Kern zerreißen müßte. Die Neutronen »dämpfen« indes die Ladung der Protonen. Außerdem hält die »Kernkraft« die Kernbausteine zusammen.

Zwischen Protonen, Neutronen und Kernkraft herrscht ein äußerst empfindliches Gleichgewicht. Manche Atomkerne besitzen zu viele oder zu wenige Neutronen, um ihre Stabilität zu wahren. Solche Kerne verändern daher ihren Aufbau, indem sie zerfallen und dabei Strahlung absondern. Die meisten Arten von Kohlenstoffatomen sind allerdings stabil, so z.B. C-12, ein Kohlenstoffisotop aus je sechs Protonen und Neutronen. C-14 dagegen, mit sechs Protonen und acht Neutronen, zerfällt in einem Prozeß, bei dem eines der Neutronen ein energiereiches Elektron oder »Betateilchen« ausschleudert. Dadurch verwandelt sich das Neutron in ein Proton: Der Atomkern enthält jetzt je sieben Protonen und Neutronen. Das hinzugewonnene Proton macht das Kohlenstoffatom zum Stickstoffatom und verleiht ihm damit eine völlig neue Identität. Die Atome mit überschüssigen Neutronen erreichen in der Regel durch den Betazerfall ein stabiles Verhältnis von Neutronen und Protonen.

Sehr schwere Atomkerne, die stabilere Strukturen anstreben, geben hingegen zumeist »Alphateilchen« (Heliumkerne) ab. Jeder dieser Partikel setzt sich aus zwei Protonen und zwei Neutronen zusammen. »Gammastrahlen« bilden den dritten häufig auftretenden Typ radioaktiver Strahlung. Sie sind eine Form elektromagnetischer Strahlung, deren Wellenlänge (10^{-14}m) wesentlich kürzer ist als die des Lichts. Gammastrahlen entstehen, wenn ein Atomkern dem Alpha- oder Betazerfall unterliegt, danach aber noch immer zuviel überschüssige Energie aufweist.

Siehe auch: **Atome,** *S. 384/385* **Elektronen,** *S. 386/387* **Grundkräfte,** *S. 390/391* **Kernenergie,** *S. 434/435*

Alpha-, Beta- und Gammastrahlung

A *Den Kern des stabilen Kohlenstoffisotops C-12 bilden je sechs Protonen und Neutronen.*
B *Das instabile C-14-Isotop besitzt im Vergleich dazu zwei zusätzliche Neutronen. Stabilität erlangt es, wenn sich die Neutronenzahl durch Betazerfall reduziert. Dabei gibt ein Neutron durch Abstoßen eines schnellen Elektrons oder Betateilchens überschüssige Masse ab und verwandelt sich in ein leichteres Proton.*
C *Aufgrund ihrer geringen Masse können Betateilchen Aluminium bis zur Dicke von 1,5 mm durchdringen. Isotope mit überzähligen Protonen erreichen Stabilität auf dem umgekehrten Weg: Sie fangen ein nahendes Elektron ein. Das positive Proton verwandelt sich durch die negative Ladung in ein Neutron.*
D *Große, instabile Kerne zerfallen unter Abgabe von Alphateilchen – Pakete aus zwei Protonen und zwei Neutronen. Alphastrahlung besitzt geringes Durchschlagkraft: Bereits ein Blatt Papier vermag sie aufzuhalten. Alpha- und Betastrahlung bewirken eine Elementumwandlung. Uran zerfällt z.B. durch Verlust eines Alphateilchens zu Thorium.*
E *Gammastrahlen entziehen dem Kern hingegen lediglich überschüssige Energie. Sie durchdringen Aluminium bis zu einer Dicke von 5 cm.*
F *Im allgemeinen ist die Anzahl der Neutronen in stabilen Atomkernen genauso hoch wie die der Protonen oder geringfügig höher. Das Diagramm zeigt das Zahlenverhältnis der Protonen und Neutronen sowie den Strahlungstyp. Alphastrahlung kennzeichnet Elemente, die schwerer sind als Wismut. Betastrahlung geben Kerne mit zu vielen Neutronen ab; Elektronenaufnahme ist typisch für kleine Kerne mit überzähligen Protonen.*

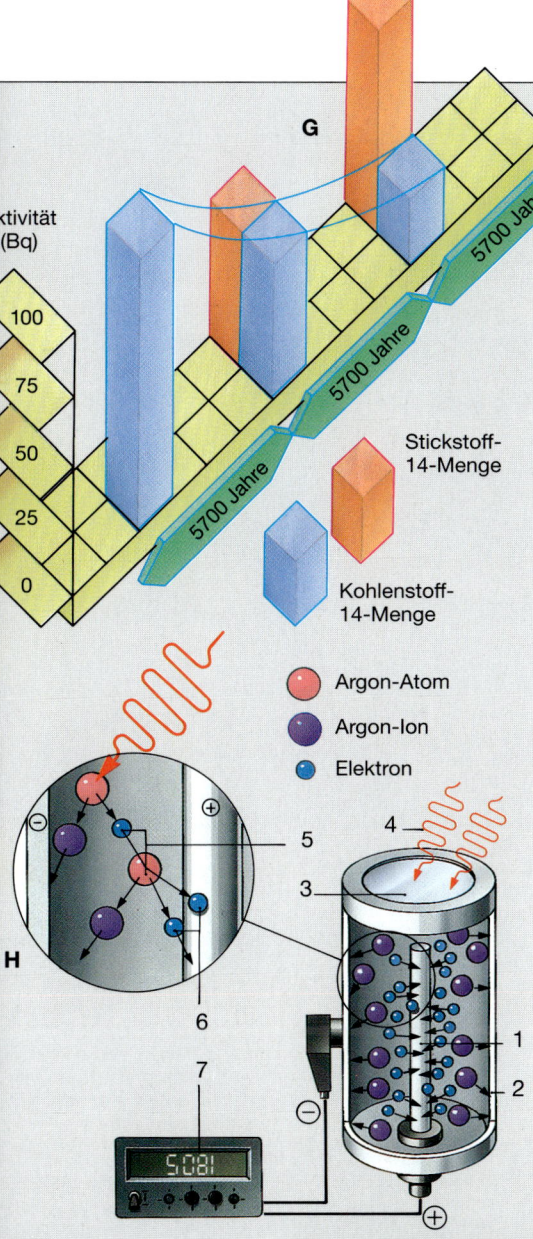

Wie aus Kohlenstoff Stickstoff wird

G *Radioisotope weisen eine von der jeweiligen Stoffmenge unabhängige, konstante Halbwertszeit auf. Bei Kohlenstoff-14 beträgt sie 5700 Jahre. Das heißt, daß eine Probe dieses Elements, die mit einer Aktivität von 100 Kernzerfällen pro Sekunde (oder 100 Becquerel, Bq) strahlt, nach 5700 Jahren nur noch eine Aktivität von 50 Bq besitzt. Innerhalb dieses Zeitraums zerfällt die Hälfte der Probe zu Stickstoff. Nach weiteren 5700 Jahren liegt die Strahlung bei 25 Bq, und die Probe hat sich erneut um die Hälfte reduziert. Das Produkt (Stickstoff) nimmt proportional zum Zerfall von C-14 zu.*

Geigerzähler

H *Ein Geigerzähler besteht aus einem mit Argon gefüllten Metallrohr, durch dessen Mitte eine Drahtelektrode läuft (1). Je nach Dicke der Ummantelung (2) liegt sie an einer positiven Spannung von bis zu 3000 V. Durch ein Glimmerfenster (3) gelangt Strahlung (4) in das Rohr und erzeugt Argon-Ionen und Elektronen. Die Elektronen bewegen sich immer schneller auf die positive Elektrode zu, prallen dabei auf weitere Argon-Atome und lösen Ionisierungsprozesse aus (5). Eine »Elektronenkaskade« bildet sich. Die Strompulse treffen auf die Elektrode (6), werden elektronisch gezählt und auf einem LCD angezeigt (7).*

Teilchenflug

Mit verschiedenen Verfahren läßt sich die Bahn von Teilchen aus instabilen Kernen sichtbar machen. In einer Nebelkammer (rechts) wird Gas auf eine Temperatur abgekühlt, bei der es zu sichtbaren Tropfen kondensiert, sobald es mit irgendwelchen Partikeln in Berührung kommt. In die Kammer eindringende Alpha- und Betateilchen hinterlassen deshalb eine Kondensationsspur. Blasenkammern funktionieren ähnlich, enthalten aber statt Gas eine Flüssigkeit, die sich auf dem Siedepunkt befindet. Winzige Bläschen bilden sich entlang der Teilchenspur, die sich auf diese Weise verfolgen läßt.

Das Tempo radioaktiven Zerfalls

Der Zeitpunkt, zu dem ein bestimmter Atomkern zerfällt, läßt sich nicht voraussagen. Eine statistische Größe, die Halbwertszeit, gibt allerdings Auskunft darüber, in welcher Spanne sich die Hälfte der Kerne einer festgelegten Menge eines radioaktiven Stoffes zersetzt. Bei einem Isotop mit einer Halbwertszeit von elf Jahren ist in dieser Zeit die Hälfte der Kerne zerfallen.

Die Halbwertszeiten verschiedener radioaktiver Isotope weichen deutlich voneinander ab: Uran benötigt 4,5 Milliarden Jahre, um sich zur Hälfte in Thorium zu verwandeln; die Halbwertszeit von Jod-131 beträgt acht Tage, während sie sich bei Polonium auf eine zehntausendstel Sekunde beläuft. Mit einer Halbwertszeit von 5700 Jahren entsteht aus dem radioaktiven Kohlenstoff-14 Stickstoff-14. Dieser Zeitraum entspricht in etwa der Länge der aufgezeichneten Geschichte und ist deshalb für die präzise Datierung archäologischer Funde von Bedeutung.

Wie Radioaktivität auf den Körper wirkt

1896 entdeckte der französische Physiker Henri Becquerel die Radioaktivität, als er versehentlich Uransalze auf einer Fotoplatte liegen ließ. Nach ihrer Entwicklung wies die Platte Trübungen auf, als sei sie mit einer Lichtquelle in Berührung gekommen. Die eigentliche Ursache bildete jedoch die energiereiche Strahlung (Alpha- und Betateilchen sowie Gammastrahlen) des Urans. Trifft sie auf eine fotografische Schicht, prallt sie auf deren Atome und spaltet in einem Ionisierungsvorgang einige Elektronen ab. Instrumente zum Nachweis radioaktiver Partikel, z.B. der Geiger-Müller-Zähler, erfassen nicht die Teilchen selbst, sondern diese von ihnen ausgelöste Ionisierung. Maßeinheiten dieser Aktivität sind Becquerel (ein Becquerel entspricht einem Kernzerfall pro Sekunde) und Sievert, mit dem man die Wirkung einer Strahlendosis auf lebende Zellen mißt.

Radioaktivität wirkt sich auf lebende Zellen aus, weil sie Atome ionisiert. Ionisierte Moleküle sind chemisch instabil und reagieren oft abnorm, so daß Zellstrukturen zerstört, die Zellteilung unterbrochen oder grundlegende Zellfunktionen beeinträchtigt werden können.

Es ist umstritten, ob die Radioaktivität in der Nähe von Kernkraftwerken schädlich ist. Die meisten Menschen sind viel stärkeren natürlichen Strahlungsquellen ausgesetzt. Das Gas Radon dringt aus dem Erdboden – vor allem, wenn die unteren Felsschichten stark radioaktiven Granit in großen Mengen enthalten – und fängt sich in der Raumluft der Häuser. Ein Fünftel der natürlichen Strahlenbelastung, der der Mensch unterworfen ist, stammt aus körpereigenem Kalium. Dieses Mineral findet sich in zahlreichen Nahrungsmitteln. Es dringt in jede Körperzelle ein, auch in jene, die für die Bildung von Sperma und Eizellen sorgen. Das radioaktive Kalium-40, das nach Auffassung der Forscher die Hauptverantwortung für das Auftreten von Mutationen in menschlichen Zellen trägt, macht etwa 0,1 % des vom Menschen mit der Nahrung aufgenommenen Kaliums aus.

Röntgenstrahlen, S. 476/477

Langsamer altern im Raumschiff

Die Hauptaussagen der Relativitätstheorie

Die Antwort auf die Frage nach dem bedeutendsten Physiker des 20. Jahrhunderts lautet fast überall: »Albert Einstein«. Man verbindet seinen Namen mit der allgemeinen und der speziellen Relativitätstheorie und mit der wohl berühmtesten Gleichung der Naturwissenschaft: $E = mc^2$. Die spezielle Relativitätstheorie veränderte das physikalische Weltbild grundlegend, indem sie scheinbar absolute Größen wie Zeit und Entfernung von den Umständen abhängig machte, unter denen sie beobachtet werden. Die spezielle Relativitätstheorie kann erklären, warum Uhren in einem schnell fliegenden Flugzeug langsamer gehen als auf der Erde, während die allgemeine Relativitätstheorie sich damit beschäftigt, wie Lichtwellen von Gravitationsfeldern beeinflußt werden und warum z. B. aus »Schwarzen Löchern« kein Licht herausdringt.

Grundannahmen

Die spezielle Relativitätstheorie beschäftigt sich mit Bezugssystemen, relativ zu denen Bewegungen gemessen werden. Ein Mädchen in einem mit gleichbleibender Geschwindigkeit fahrenden Zug befindet sich relativ zum Zug in Ruhe. Relativ zu einem Beobachter auf einem Bahnsteig bewegt sich das Mädchen mit der Geschwindigkeit des Zugs vorwärts. Verläßt sie ihren Sitzplatz, bewegt sie sich relativ zum Zug mit ihrer Gehgeschwindigkeit, aber relativ zum Bahnsteig mit der Summe von Geh- und Zuggeschwindigkeit.

Während die klassische Mechanik Newtons einen absoluten Raum und eine absolute Zeit annahm, die als Bezugssystem für alle Naturvorgänge dienen, geht die spezielle Relativitätstheorie davon aus, daß alle Bezugssysteme gleichwertig sind, daß also Geschwindigkeit und andere Größen immer nur relativ zu einem System gemessen werden können. Dabei spielt die Lichtgeschwindigkeit eine entscheidende Rolle.

Die Lichtgeschwindigkeit ist konstant

Das zweite Postulat der speziellen Relativitätstheorie besagt nämlich, daß die Lichtgeschwindigkeit für alle Beobachter gleich ist. Die Folgen zeigt ein Beispiel: Ein Raumschiff ist mit Scheinwerfern ausgestattet. Der Alltagserfahrung entsprechend müßte sich das Licht für einen Beobachter, auf den das Raumschiff zufliegt, mit der Summe von Licht- und Raumschiffgeschwindigkeit bewegen. Tatsächlich hat es jedoch nur Lichtgeschwindigkeit.

Zu dieser Erkenntnis führten Versuche Albert Abraham Michelsons und Edward Williams Morleys in den 1890er Jahren. In Richtung der Erdrotation strahlendes Licht ist nicht schneller als sich rechtwinklig zur Erdrotation bewegendes Licht. Dieses Ergebnis läßt sich im Rahmen der klassischen Mechanik, für die sich Geschwindigkeiten beliebig addieren lassen, nicht erklären. Die Lichtgeschwindigkeit ist die höchste überhaupt mögliche Geschwindigkeit.

Relative Bewegung
A *Die einfache Relativität in der klassischen Mechanik illustriert das Beispiel eines Schützen in einem fahrenden Zug. Für einen Beobachter innerhalb des Waggons bewegt sich die Kugel mit der Mündungsgeschwindigkeit V_1. Doch für jemand außerhalb des fahrenden Zuges ist die Geschwindigkeit der Kugel die Summe aus V_1 und der Geschwindigkeit des Zuges V_2.*
B *Den Regeln der klassischen Mechanik entspräche dieselbe Voraussage für einen von einer Fackel geworfenen Lichtstrahl. Der Beobachter im Waggon würde als Geschwindigkeit des von der Fackel geworfenen Lichts c messen, der Beobachter außerhalb $c + V_2$. Tatsächlich messen aber beide Beobachter dieselbe Geschwindigkeit, nämlich c. Darauf basiert ein Postulat der Theorie der speziellen Relativität: Die Lichtgeschwindigkeit ist eine Konstante und für alle Beobachter gleich – eine Tatsache, die nach den Regeln der klassischen Mechanik nicht erklärt werden kann.*

Gleiche Gesetze
Ein weiteres Postulat der speziellen Relativitätstheorie besagt, daß die Gesetze der Physik in allen ruhenden oder gleichförmig bewegten Systemen dieselben sind. Deshalb kann niemand durch Beobachtung klären, ob sein System in Ruhe ist oder sich gleichförmig bewegt.
C *Ein Mann in einem Lift versucht dies vergeblich durch Messen der Fallzeit eines Balls. Denn das Ergebnis ist davon unabhängig, ob der Aufzug hält (1) oder sich mit konstanter Geschwindigkeit bewegt (2).*

Bewegung des Aufzugs

Siehe auch: **Urknall**, S. 16/17 **Ausdehnung des Universums** S. 18/19 **Quantentheorie**, S. 388/389 **Grundkräfte**, S. 390/391

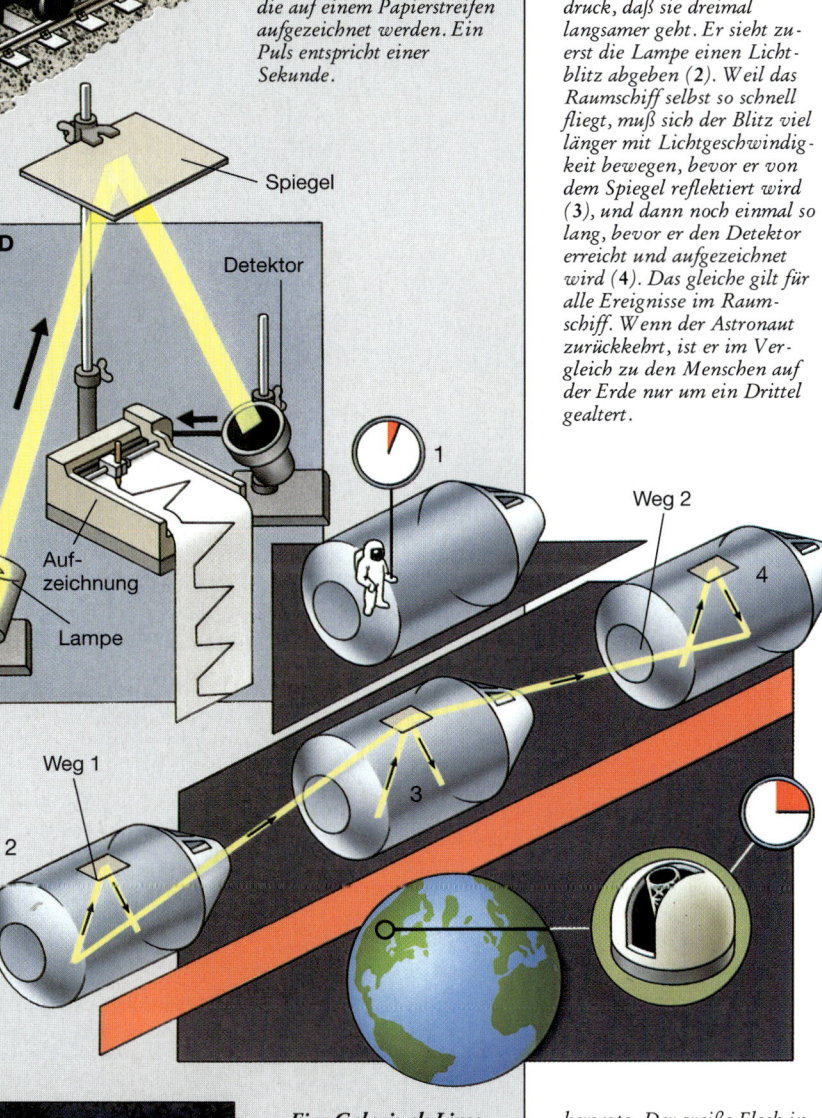

Paradoxe Uhr
❶ *Den relativistischen Effekt der Zeitdehnung und Zeitverkürzung illustriert diese Uhr innerhalb eines Raumschiffs, das sehr schnell an der Erde vorbeifliegt. Zu der Uhr gehört eine Lampe, die regelmäßig Lichtblitze abgibt. Diese werden von einem Spiegel auf einen Photosensor reflektiert, der sie in Stromimpulse verwandelt, die auf einem Papierstreifen aufgezeichnet werden. Ein Puls entspricht einer Sekunde.*

Spiegel

Detektor

Aufzeichnung

Lampe

Weg 2

Weg 1

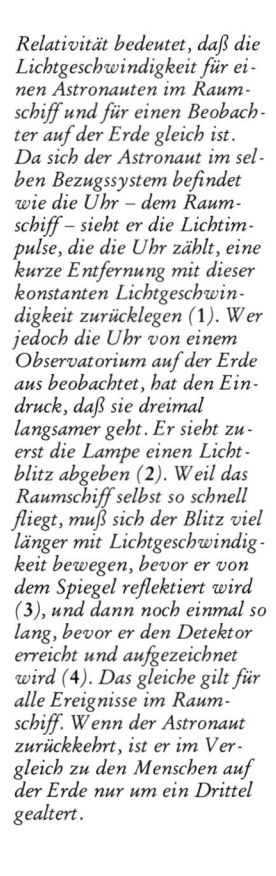

Relativität bedeutet, daß die Lichtgeschwindigkeit für einen Astronauten im Raumschiff und für einen Beobachter auf der Erde gleich ist. Da sich der Astronaut im selben Bezugssystem befindet wie die Uhr – dem Raumschiff – sieht er die Lichtimpulse, die die Uhr zählt, eine kurze Entfernung mit dieser konstanten Lichtgeschwindigkeit zurücklegen (1). Wer jedoch die Uhr von einem Observatorium auf der Erde aus beobachtet, hat den Eindruck, daß sie dreimal langsamer geht. Er sieht zuerst die Lampe einen Lichtblitz abgeben (2). Weil das Raumschiff selbst so schnell fliegt, muß sich der Blitz viel länger mit Lichtgeschwindigkeit bewegen, bevor er von dem Spiegel reflektiert wird (3), und dann noch einmal so lang, bevor er den Detektor erreicht und aufgezeichnet wird (4). Das gleiche gilt für alle Ereignisse im Raumschiff. Wenn der Astronaut zurückkehrt, ist er im Vergleich zu den Menschen auf der Erde nur um ein Drittel gealtert.

Eine Galaxis als Linse
Diese vom Hubble-Weltraumteleskop gemachte Aufnahme des Einstein-Kreuzes (links) ist ein dramatisches Beispiel für die Wirkung einer Gravitationslinse, wie sie die allgemeine Relativitätstheorie vor- *hersagte. Der weiße Fleck in der Mitte ist eine Galaxis in etwa 400 Millionen Lichtjahren Entfernung. Ihr enormes Gravitationsfeld bündelt wie eine riesige Linse das Licht eines weitere 7,6 Milliarden Lichtjahre entfernten Quasars zu vier Lichtzonen um die Galaxis herum.*

Zeit und Entfernung hängen vom Bezugssystem ab

In Systemen die sich schnell bewegen, dehnt sich die Zeit, auch wenn dies nur für Beobachter außerhalb des sich bewegenden Bezugsrahmens spürbar ist. Für einen Beobachter auf der Erde geht eine Uhr in einem schnellen Raumschiff langsamer als eine Uhr auf der Erde. Ein Astronaut würde davon vor seiner Rückkehr nichts bemerken. Die Uhren der Astronauten, die mit 40 000 km/h zum Mond geschickt wurden, gingen nach der Rückkehr etwas nach. Während sich die Zeit in Bezugsrahmen, die sich schnell bewegen, dehnt, verkürzen sich für den Beobachter außerhalb die Entfernungen. Könnte man in ein Raumschiff blicken, das fast mit Lichtgeschwindigkeit fliegt, würden alle Objekte in ihm zusammengedrückt erscheinen. Bei den üblichen Geschwindigkeiten spielen diese Effekte keine Rolle. Meßbar sind sie jedoch bei Teilchenbeschleunigern, die kleinste Partikel auf Geschwindigkeiten nahe der Lichtgeschwindigkeit bringen.

Geschwindigkeit vergrößert die Masse

Eines der überraschendsten Ergebnisse der Relativitätstheorie drückt die Gleichung $E = mc^2$ aus. Die Energie eines Körpers in Ruhe (E) ist gleich dem Produkt aus seiner Masse und dem Quadrat der Lichtgeschwindigkeit. Bewegt sich der Gegenstand schneller, nehmen seine Energie und damit seine Masse zu. Bei den Geschwindigkeiten, mit denen wir es auf der Erdoberfläche normalerweise zu tun haben, ist dieser Effekt nicht wahrnehmbar. Nähert sich jedoch die Geschwindigkeit eines Objekts der Lichtgeschwindigkeit, wächst seine Masse rapide. Bei Lichtgeschwindigkeit würde sie unendlich. Da zu einer solchen Beschleunigung eine unendlich große Kraft notwendig wäre, kann kein Gegenstand diese Geschwindigkeit erreichen. Umgekehrt erklärt die Umwandlung von Masse in Energie die bei Atomexplosionen freiwerdenden Energiemengen. Die Masse eines Urankerns ist nämlich höher als die der aus ihm entstehenden Spaltprodukte.

Warum der Raum gekrümmt sein muß

Die spezielle Relativitätstheorie beschäftigt sich mit ruhenden oder gleichförmig bewegten Systemen. Die Theorie der allgemeinen Relativität geht davon aus, daß es nicht möglich ist, ein gleichmäßig beschleunigtes System von einem System zu unterscheiden, auf das ein Schwerefeld wirkt. Die Konsequenzen sind ähnliche Effekte wie bei der speziellen Relativitätstheorie. Auch Gravitationsfelder bewirken, daß sich Maßstäbe verkürzen und Uhren langsamer laufen. Solche Effekte wurden tatsächlich beobachtet. Extrem starke Gravitationsfelder wie z. B. bei Schwarzen Löchern, zu denen große ausgebrannte Sterne zusammenstürzen, setzen alle normalerweise geltenden physikalischen Gesetze außer Kraft. Der allgemeinen Relativitätstheorie zufolge wird der Raum selbst durch Gravitationsfelder gekrümmt. Da überall Gravitation wirksam ist, kann es im ganzen Universum keine völlig gerade Linie geben.

Kampf um die Schätze der Erde

Moderne Bergbautechniken

Bergbau ist ein Kernbestandteil der menschlichen Zivilisation: Seine mineralischen Produkte – Stein, Bronze und Eisen – gaben den großen Kulturepochen der Menschheit ihre Namen. Bergbau wird heute in einem größeren Umfang als je zuvor betrieben: Etwa vier Milliarden Tonnen Kohle werden jährlich weltweit gefördert, und einzelne Gruben – wie der Kupfertagebau von Bingham Canyon in Utah – bringen es auf 270 000 Tonnen Erz und Abraum pro Tag. In Bergwerken unter und über Tage sorgen neue Techniken und die fortschreitende Mechanisierung für immer höhere Förderleistungen.

Die Industrie verarbeitet etwa 80 verschiedene Mineralien, darunter so gewöhnliche wie Eisen und Kalk, aber auch exotische wie Platin oder Molybdän. Eine Vielzahl von Fördertechniken ermöglicht es, diese Erze in ihren unterschiedlichen natürlichen Lagerstätten abzubauen.

Am leichtesten und billigsten sind Bodenschätze im Tagebau zu gewinnen: Aus dem Tagebau stammen über 80 % aller in den USA geförderten Mineralien (außer Öl und Gas). Bei der einfachsten Form des Tagebaus kann das Material je nach Bodenbeschaffenheit einfach aus einer offenen Grube herausgeschaufelt oder herausgesprengt werden. Schweres Gerät transportiert es dann ab. Bei entsprechender Größe stabilisieren Terrassen die Grubenränder und erlauben eine Förderung an mehreren Stellen zugleich.

»Schürfen« an der Oberfläche

Während Tagebau mit offener Grube sich für breite und tiefe Vorkommen in Oberflächennähe eignet, spielt der »Streifenabbau« vor allem bei relativ dünnen, aber ausgedehnten Lagern in Oberflächenschichten eine Rolle, wie etwa beim Kohlebergbau oder dem Abbau anderer Mineralien von ähnlicher Struktur und Festigkeit. Bagger tragen hier das Deckmaterial – Deckgebirge oder Abraum genannt – Schicht um Schicht ab, um das gesuchte Erz freizulegen. Mächtige Schleppschaufelbagger brechen es und bringen es mit Kübeln von bis zu 180 m³ Fassungsvermögen fort, wobei sie den Abraum jeweils über bereits ausgebeuteten Streifen wieder aufschütten.

Kohleabbau im Erdinneren

Wo das Deckgestein 30 m übersteigt, wird Tagebau unrentabel, so daß Untertagebergwerke gebaut werden müssen. Dafür bedarf es zunächst einmal überhaupt eines Zugangs zur Mine: Häufig handelt es sich um einen senkrecht nach unten gebauten Schacht von etwa 7–8 m Durchmesser mit Fördergeräten an der Oberfläche. Zugang zum Erz gewähren oftmals aber auch horizontal in eine Hügel- oder Bergflanke gegrabene Stollen oder eine spiralförmige Rampe. Bei den letztgenannten Techniken transportieren LKWs das anfallende Material ab, so daß das mühselige Umladen auf Förderanlagen entfällt. Waagerechte Gänge oder Sohlen zweigen vom Schacht oder Stollen ab und dienen als Transportwege für Bergleute, Gerät und Erz.

Zu den üblichen Fördermethoden zählt auch der »Kammer-und-Pfeilerbau«: Dabei werden die Mineralschichten solange abgebaut, bis nur noch

Schwefelförderung durch Verflüssigung
Ⓐ Schwefel gehört zu den wichtigsten Grundstoffen der chemischen Industrie. Er läßt sich aus Lagerstätten von über 300 m Tiefe gewinnen. Das sogenannte »Frasch-Verfahren« macht sich den niedrigen Schmelzpunkt des Schwefels (119 °C) zunutze.

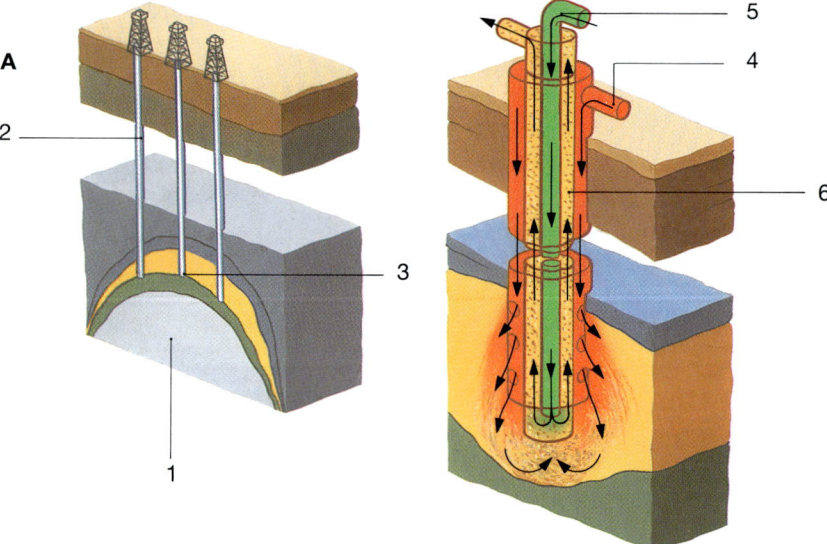

einzelne Pfeiler übrigbleiben, die die Decke abstützen. Dieses Verfahren wird häufig im Kohlebergbau eingesetzt, weil Kohle oft horizontal lagert und von stabilem Nebengestein umgeben ist. Viele Bodenschätze kommen jedoch als steil abwärts führende Schichten oder »Flöze« vor und erfordern deshalb eine andere Technik, etwa den »Strossenbau auf Teilsohle«. Hierbei treiben Bergleute Teilsohlen – oder waagerechte Gänge – bis zum Flöz und sprengen die Mineralien heraus, wodurch eine Höhle oder »Strosse« entsteht, die sich zunehmend vergrößert. Die abgetragenen Brocken stürzen auf den Boden der Strosse, wo sie sich leicht aufsammeln lassen.

Ist das Nebengestein (oder das Erz) weich, oder wird in großer Tiefe und unter hohem Druck geschürft, ist es notwendig, die Grube während des Abbaus abzustützen. Dabei benutzen die Bergleute hydraulische Stempel oder Holzverstrebungen, oder sie füllen die Strossen einfach mit Abfallmaterial wie Sand oder Erzrückständen auf.

Schwefel kommt in der Natur häufig in Salzdomen (1) vor – felsartigen Formationen, die Natriumchlorid und Gips enthalten. Beim Frasch-Verfahren treiben die Bergleute Bohrlöcher (2) in die schwefelhaltige Schicht (3) und versenken in jedem Bohrloch drei Röhren. 155 °C heißes Wasser strömt unter Druck durch das äußere Rohr hinunter (4). Beim Austritt bringt es den Schwefel zum Schmelzen. Komprimierte Luft, die durch die innere Röhre nach unten gelangt (5), preßt das schäumende Gemisch aus geschmolzenem Schwefel und Wasser durch die mittlere Röhre nach oben (6). Weltweit wird heute über 80 % des gewonnenen Schwefels so abgebaut.

Siehe auch: **Fossile Brennstoffe**, S. 58/59 **Erdölprospektion**, S. 428/429 **Erdölförderung**, S. 430/431 **Tunnel**, S. 454/455

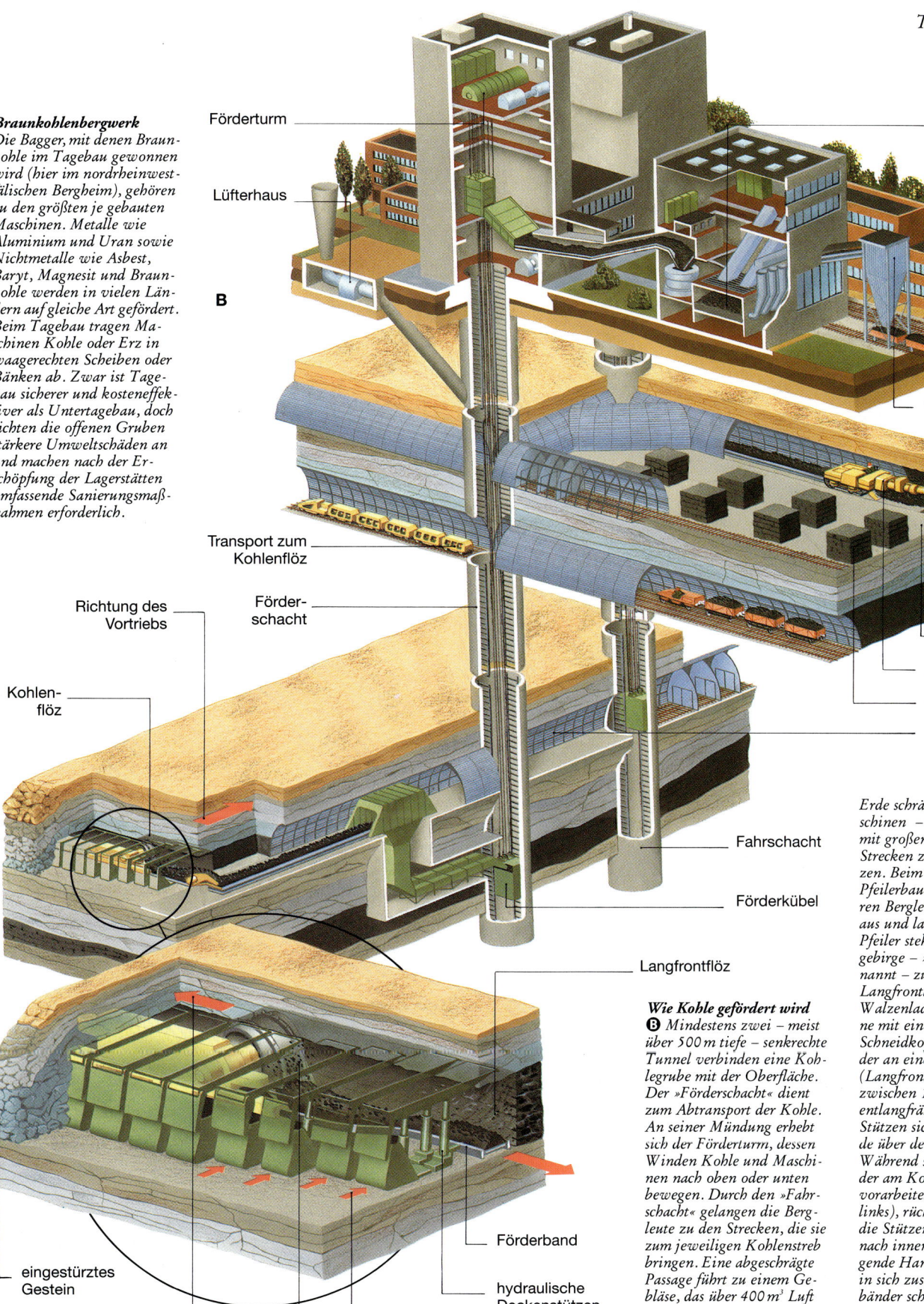

Braunkohlenbergwerk

Die Bagger, mit denen Braunkohle im Tagebau gewonnen wird (hier im nordrheinwestfälischen Bergheim), gehören zu den größten je gebauten Maschinen. Metalle wie Aluminium und Uran sowie Nichtmetalle wie Asbest, Baryt, Magnesit und Braunkohle werden in vielen Ländern auf gleiche Art gefördert. Beim Tagebau tragen Maschinen Kohle oder Erz in waagerechten Scheiben oder Bänken ab. Zwar ist Tagebau sicherer und kosteneffektiver als Untertagebau, doch richten die offenen Gruben stärkere Umweltschäden an und machen nach der Erschöpfung der Lagerstätten umfassende Sanierungsmaßnahmen erforderlich.

B

Förderturm

Lüfterhaus

Kohlesortierung

Kohleverladung

Transport zum Kohlenflöz

Förderschacht

Richtung des Vortriebs

Kohlenflöz

Kammer

Streckenvortriebsmaschine

Pfeiler

Strecke

Fahrschacht

Förderkübel

Langfrontflöz

eingestürztes Gestein

Bewegungsrichtung des Schneidkopfs

rotierender Schneidkopf

vorrückende Stützen

hydraulische Deckenstützen

Förderband

Wie Kohle gefördert wird

B Mindestens zwei – meist über 500 m tiefe – senkrechte Tunnel verbinden eine Kohlegrube mit der Oberfläche. Der »Förderschacht« dient zum Abtransport der Kohle. An seiner Mündung erhebt sich der Förderturm, dessen Winden Kohle und Maschinen nach oben oder unten bewegen. Durch den »Fahrschacht« gelangen die Bergleute zu den Strecken, die sie zum jeweiligen Kohlenstreb bringen. Eine abgeschrägte Passage führt zu einem Gebläse, das über 400 m³ Luft pro Sekunde aus dem Förder- oder »ausziehenden« Schacht zieht. Frischluft gelangt über den Fahrschacht in das Innere und verteilt sich über die ganze Grube. Tief unter der

Erde schrämen Vortriebsmaschinen – fahrbare Geräte mit großen Schneidköpfen – Strecken zu den Kohlenflözen. Beim Kammer- und Pfeilerbau sprengen und bohren Bergleute die Kohle heraus und lassen genügend Pfeiler stehen, um das Deckgebirge – »Hangendes« genannt – zu stützen. Beim Langfrontbau kommt ein Walzenlader – eine Maschine mit einem rotierenden Schneidkopf – zum Einsatz, der an einem Kohlenflöz (Langfront) auf einer Länge zwischen 100 und 300 m entlangfräst. Hydraulische Stützen sichern das Hangende über den Bergleuten. Während sich der Walzenlader am Kohlenflöz entlang vorarbeitet (von rechts nach links), rücken die Bergleute die Stützen zu ihrem Schutz nach innen; das dahinterliegende Hangende fällt dann in sich zusammen. Förderbänder schaffen die Kohle zu riesigen Kübeln, die das Mineral an die Oberfläche bringen, wo schwere Lastwagen oder Eisenbahnwaggons den Abtransport zu den Verarbeitungsstätten besorgen.

Auf der Suche nach dem Schwarzen Gold

Wie Erdölquellen systematisch erschlossen werden

Der Durst der Industrienationen nach Rohöl ist nahezu unstillbar. Seit 1859 der erste Förderturm in Dienst ging, verbessern Wissenschaftler ständig die Erschließungs- und Fördertechniken, damit der Ölfluß nicht versiegt. Geologen besitzen inzwischen Verfahren, um winzigste Veränderungen des Erdmagnet- und Gravitationsfeldes zu messen. Mit Geophonen fangen sie tief im Erdinneren reflektierte Schallwellen auf, deren Analyse die Position neuer Ölquellen offenbart. Den endgültigen Beweis für ein Vorkommen liefert jedoch auch heute noch nur die Aufschluß- oder Explorationsbohrung.

Vor Jahrmillionen wurde der Grundstein für die gegenwärtige, milliardenschwere Ölindustrie gelegt. In den urzeitlichen Ozeanen wimmelte es von winzigen, planktonartigen Pflanzen und Lebewesen. Die Überreste dieser Organismen sanken auf den sauerstoffarmen Meeresgrund und lagerten sich dort im Faulschlamm ab. Im Laufe der Zeit bildeten sich neue Gesteinsschichten, die den Schlamm zusammenpreßten, bis sich sein organischer Anteil unter Sauerstoffabschluß in eine Mischung aus flüssigen und festen Kohlenwasserstoffen verwandelte.

Zunehmender Druck durch neue Sedimente preßte die Kohlenwasserstoffe aus dem Muttergestein in die porösen Deckschichten an den Randzonen der Sedimentbecken. In diesen Formationen befinden sich heute rund 60 % aller Öl- und Gasvorkommen der Erde. Eine Lagerstätte entsteht nur, wenn eine undurchlässige Schicht aus Salz, Gips oder Lehm das Speichergestein umschließt und eine weitere Wanderung des Öls ver-

hindert. In einigen Gebieten breiten sich durch die günstige Kombination von Quelle, Reservoir und Deckschicht Ölfelder von über 500 Millionen Barrel (ein Barrel entspricht 159 Litern) aus.

Es ist keine einfache Aufgabe, die in bis zu 5 km Tiefe lagernden Ölvorkommen zu erkunden und zu erschließen. Luft- und Satellitenaufnahmen machen geringfügige Unterschiede in der Struktur des Erdbodens sichtbar, die auf eine Lagerstätte hinweisen. Mit herkömmlichen geologischen Meßmethoden lassen sich zudem für Erdöllager charakteristische Formationen identifizieren. Eine erfolgreiche Bohrung erfordert jedoch eine exakte Karte der tieferen Gesteinsschichten. Hierbei leistet die Seismologie, die sich mit der Entstehung, Ausbreitung und Auswirkung von Erdbeben beschäftigt, wertvolle Hilfe. Seismologen analysieren aus dem Erdinneren reflektierte künstliche Schallwellen, die sie vorher durch

Suche unter Wasser

C *Seismische Verfahren erschließen Lagerstätten nicht nur an Land, sondern auch unter Wasser. Druckluftkanonen senden dabei Impulse durch das Wasser in unterseeische Gesteinsschichten aus; eine Kette von Unterwassermikrofonen oder Hydrophonen im Schlepptau des Schiffes fängt die reflektierten Signale auf. Mit Hilfe spezieller (»piezoelektrischer«) Kristalle wandeln Hydrophone die auftreffenden Impulse in elektrische Signale um. Computer verarbeiten sie und erstellen eine digitale Karte der Gesteinsschichten (rechts). Daneben werden Echolote eingesetzt, um zu messen, wie tief das Wasser über der untersuchten Stelle ist.*

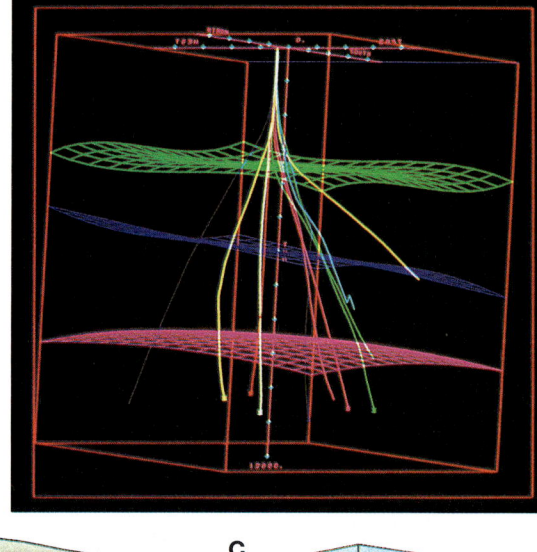

Lagerstätten tief im Erdinneren

A *Erdöl kommt in unterschiedlichen geologischen Formationen vor. Erdölreservoire befinden sich oft in den Satteln geologischer Spalten, den »Antiklinalen«. Gesteinsfaltungen bilden hier von undurchlässigen Schichten bedeckte Dome, die sich nach oben schieben und dabei Erdgas- und Erdölwanderungen auslösen. Die Dome können mehrere hundert Kilometer lang und Tausende Meter hoch sein. Obgleich sie sich unter der Erdoberfläche befinden, sind sie auf Luft- oder Satellitenbildern sichtbar, denn der Druck auf die oberen Schichten bewirkt Erosionen, die an der Oberfläche an einem Bodenmuster in Form konzentrischer Kreise zu erkennen sind. Ölvorkommen verursachen auch lokale, mit »Magnetometern« meßbare Schwankungen im Erdmagnetfeld.*
B *Öl lagert häufig in den Poren von Sandstein. Ein dünner Wasserfilm umhüllt jedes Quarzteilchen und wirkt als Schmiermittel, das dem Öl die Bewegung erleichtert.*

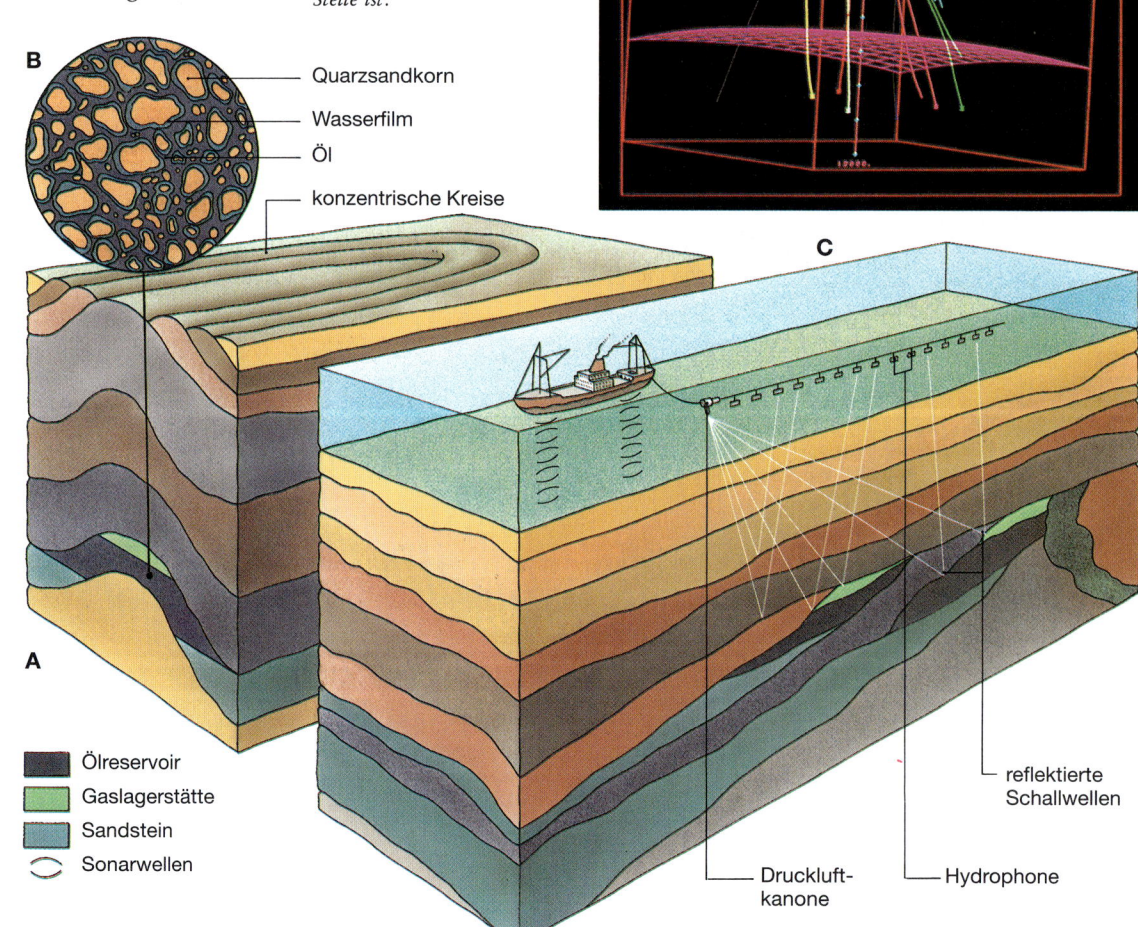

Quarzsandkorn
Wasserfilm
Öl
konzentrische Kreise

- ▬ Ölreservoir
- ▬ Gaslagerstätte
- ▬ Sandstein
- ◡ Sonarwellen

reflektierte Schallwellen
Druckluftkanone
Hydrophone

Siehe auch: **Kohlenstoffchemie**, S. 398/399 **Erdölförderung**, S. 430/431 **Industrielle Chemie**, S. 444/445 **Raffinerien**, S. 448/449

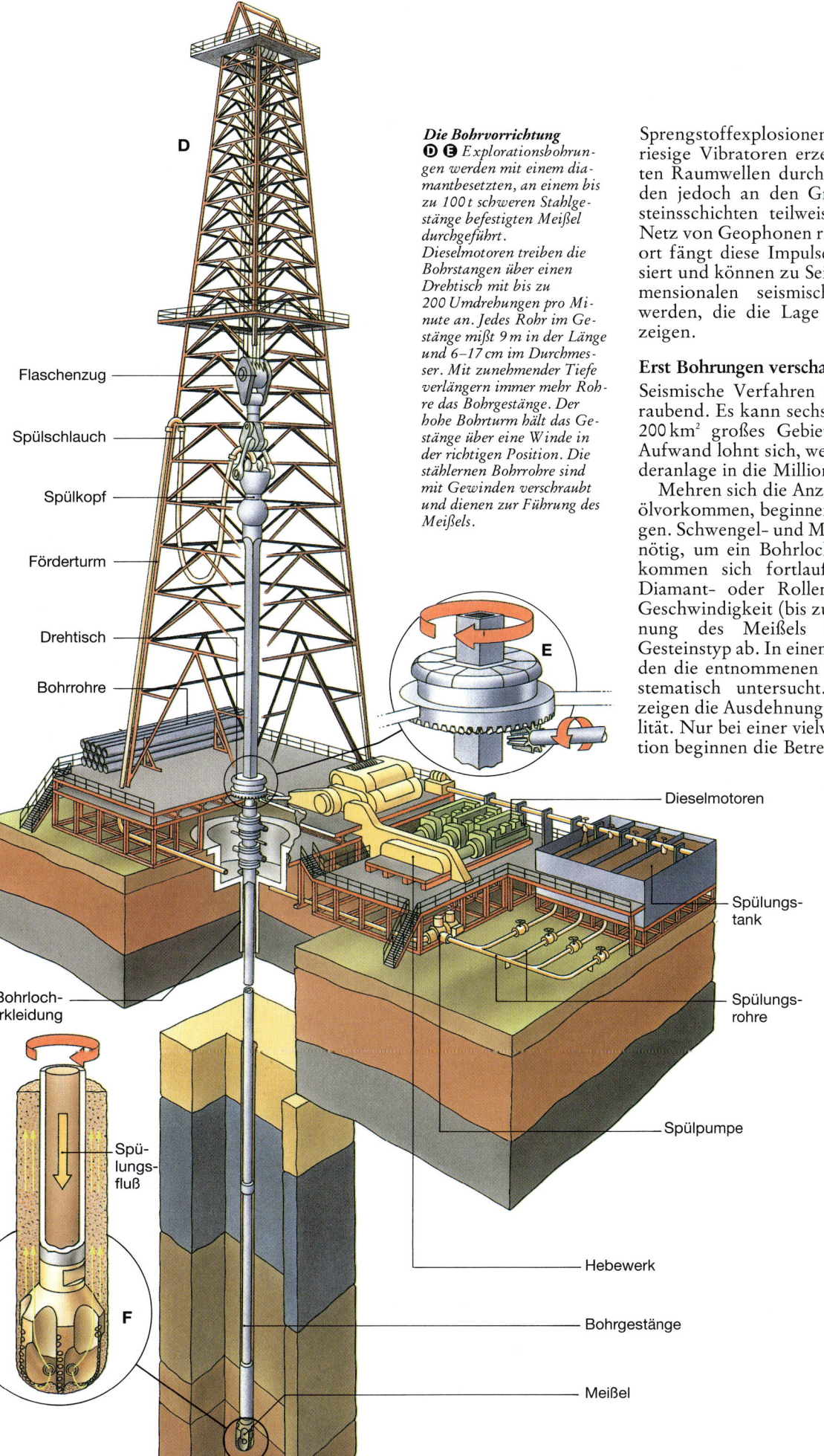

Flaschenzug

Spülschlauch

Spülkopf

Förderturm

Drehtisch

Bohrrohre

Bohrloch-
erkleidung

Spü-
lungs-
fluß

D

E

F

Die Bohrvorrichtung
D E *Explorationsbohrun-
gen werden mit einem dia-
mantbesetzten, an einem bis
zu 100 t schweren Stahlge-
stänge befestigten Meißel
durchgeführt.
Dieselmotoren treiben die
Bohrstangen über einen
Drehtisch mit bis zu
200 Umdrehungen pro Mi-
nute an. Jedes Rohr im Gestänge mißt 9 m in der Länge
und 6–17 cm im Durchmes-
ser. Mit zunehmender Tiefe
verlängern immer mehr Rohre das Bohrgestänge. Der
hohe Bohrturm hält das Gestänge über eine Winde in
der richtigen Position. Die
stählernen Bohrrohre sind
mit Gewinden verschraubt
und dienen zur Führung des
Meißels.*

Sprengstoffexplosionen, schwere Gewichte oder
riesige Vibratoren erzeugen. Die niederfrequen-
ten Raumwellen durchdringen das Gestein, werden jedoch an den Grenzen zwischen den Gesteinsschichten teilweise reflektiert. Ein dichtes
Netz von Geophonen rings um den Prospektions-
ort fängt diese Impulse auf. Sie werden digitalisiert und können zu Seismogrammen oder dreidimensionalen seismischen Profilen verarbeitet
werden, die die Lage möglicher Ölvorkommen
zeigen.

Erst Bohrungen verschaffen endgültige Klarheit
Seismische Verfahren sind kostspielig und zeit-
raubend. Es kann sechs Monate dauern, ein rund
200 km² großes Gebiet zu untersuchen. Dieser
Aufwand lohnt sich, weil die Kosten für eine För-
deranlage in die Millionen gehen.

Mehren sich die Anzeichen für ein reiches Erd-
ölvorkommen, beginnen die Explorationsbohrun-
gen. Schwengel- und Meißelarbeiten waren früher
nötig, um ein Bohrloch niederzubringen. Heute
kommen sich fortlaufend drehende, gezahnte
Diamant- oder Rollenmeißel zur Anwendung.
Geschwindigkeit (bis zu 80 m/h), Form und Zah-
nung des Meißels hängen vom jeweiligen
Gesteinstyp ab. In einem geologischen Labor werden die entnommenen Gesteinsproben sofort systematisch untersucht. Erweiterungsbohrungen
zeigen die Ausdehnung des Feldes und die Ölqua-
lität. Nur bei einer vielversprechenden Erdforma-
tion beginnen die Betreiber mit der Förderung.

Dieselmotoren

Spülungs-
tank

Spülungs-
rohre

Spülpumpe

Hebewerk

Bohrgestänge

Meißel

Erde und Gestein werden aus dem Bohrloch gepumpt
F *Um schnell weiterbohren
zu können, muß das entstehende Bohrklein rasch von
der Bohrlochsohle entfernt
werden. Dazu wird eine aus
Wasser, Lehm, Chemikalien
und aufgeschwemmten Fest-
stoffen (von Nußschalen bis
Muskovit) bestehende, zähflüssige sogenannte Spültrübe
durch die Rohre des Bohrgestänges nach unten gepumpt.
Sie tritt aus Löchern im
Meißel aus und steigt, mit
Bohrklein angereichert,
durch das Bohrloch wieder
nach oben. An der Ober-
fläche wird sie in Tanks gepumpt. Geologen untersu-
chen die Gesteinsproben nach
Hinweisen auf Ölvorkom-
men, während die geklärte
Spülung erneut ins Bohrloch
fließt.
Die Spülung reinigt und
kühlt auch den Meißel, sorgt
für gleichbleibenden Druck
im Bohrloch und verhindert,
daß die Bohrlochwand zu-
sammenfällt, bevor sie durch
eine Stahlwandung verstärkt
wird, oder daß Öl unter dem
natürlichen Druck aus dem
Bohrloch schießt.*

Bis zu 300 m hohe Giganten

Methoden der Ölförderung

270 m über dem Grund der rauhen Nordsee erhebt sich Statfjord B, eine der gewaltigsten bislang erbauten Bohrplattformen. Der Beton- und Stahlponton wiegt mehr als die beiden Türme des New Yorker World Trade Center zusammen und bietet Antriebsmotoren sowie dem gesamten zur Tiefseebohrung nötigen Gerät Platz. Pro Tag werden hier 150 000 Barrel Öl (1 Barrel entspricht 159 Litern) gefördert. Schwimmende Anlagen wie Statfjord B oder an Land installierte Produktionsstätten sind die erste Station auf dem langen Weg, den das Rohöl und die aus ihm gewonnenen Produkte bis zum Endverbraucher zurücklegen.

Bei vielen wirtschaftlich genutzten Ölquellen und bei allen Erdgasvorkommen gelangen die Kohlenwasserstoffe zunächst ohne künstliche Hilfsmittel »eruptiv« an die Oberfläche. Deshalb ist es relativ einfach, eine Aufschlußbohrung in eine Produktionsbohrung zu verwandeln. Nach dem Zurückziehen des Bohrgestänges zementiert man den Ringraum zwischen Rohren und Bohrlochwand aus und installiert am Steigrohr das Eruptionskreuz (den »christmas tree«) mit Ventilen, Meßgeräten und Rohrverbindungen, die den Ölfluß kontrollieren. Schließlich wird das Gewicht der während der Bohrung nach unten gepumpten Spülung reduziert, bis das Öl durch natürlichen Druck kontinuierlich nach oben steigt. Unterschiedliche Methoden stehen zur Verfügung, um eine Quelle optimal auszubeuten. Die Durchlässigkeit der ölführenden Gesteinsschichten wurde früher oft durch die Zerkleinerung des Gesteins mit Sprengstoff erhöht. Heute wird derselbe Effekt mit Säuren oder hydraulischer Zerkleinerung erreicht. Läßt der Lagerstättendruck nach, kommen Tiefpumpen (wie die »Pferdeköpfe«) zum Einsatz. Der Lagerstättendruck läßt sich auch durch Einpressen von Wasser, Dampf, komprimiertem Gas oder Chemikalien aufrechterhalten. Glas- oder Plastiktröpfchen in der Spülung verhindern, daß die Hohlräume sich bei nachlassendem Druck wieder schließen.

Off-shore-Bohrungen

Rund ein Drittel des weltweit geförderten Rohöls stammt von Off-shore-Feldern wie dem Golf von Arabien, der Nordsee oder dem Golf von Mexiko. Off-shore-Bohrungen können eine Tiefe von 2000 m unter dem Meeresboden erreichen. Von der Wassertiefe ist es abhängig, welcher Bohrinseltyp zum Einsatz kommt. Die herkömmlichen Hubplattformen sind in Schelfgebieten mit weniger als 400 m Wassertiefe verankert; die seltenen frei beweglichen Bohrschiffe werden für Aufschlußbohrungen eingesetzt.

Die hochmodernen Bohrinseln teufen bis zu 60 Bohrlöcher ab. Einige von ihnen liegen direkt unterhalb der Plattform, andere sind über Pipelines auf dem Meeresgrund mit ihr verbunden. Solche Satellitenbohrungen erlauben es, angrenzende kleinere Ölquellen mit verhältnismäßig geringem Kostenaufwand anzuzapfen. Möglich wird dies durch den Einsatz neuer Richtbohrtechniken. Statt senkrecht nach unten, teufen Petroleumingenieure den Meißel zu einem mehrere Kilometer vom Ponton entfernten Zielfeld ab. Dieses Verfahren macht nicht nur zusätzliche

Bau und Transport der Bohrinseln
D Stationäre Bohrplattformen kommen in unter 400 m tiefen Gewässern zum Einsatz. Ihre gewaltigen Dimensionen sind nur sichtbar, wenn die Plattformen in seichten Küstenstreifen errichtet werden. Luftgefüllte Tanks helfen, sie ins offene Meer zu ziehen. Aufgrund der gewaltigen Trägheitskräfte könnte bereits die kleinste falsche Bewegung katastrophale Folgen haben. Ist die Plattform in der richtigen Position, werden die Tanks geflutet: Sie sinken auf den Grund und graben sich wie ein riesiger ringförmiger Anker in den Boden.

Ölkatastrophen
Mit der Zahl der Öltransporte stieg auch die der Ölkatastrophen (rechts). Um ökologische Schäden zu begrenzen, versuchen Helfer zunächst, das ausgelaufene Rohöl zusammenzuhalten, ehe Spezialisten es verbrennen, auffangen, bakteriologisch behandeln oder chemisch binden.

»Pferdeköpfe« fördern Öl
A *Sinkt der Druck einer Quelle, muß das Öl an die Oberfläche gepumpt werden. An Land geschieht dies häufig mit der als »Pferdekopf« bekannten Pumpe. Dabei überträgt ein Gestänge die Hebelwirkung des Pumpenarms (1) auf die Tiefpumpe (2) im Bohrloch.*

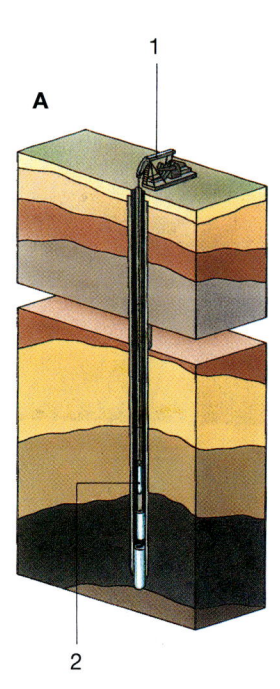

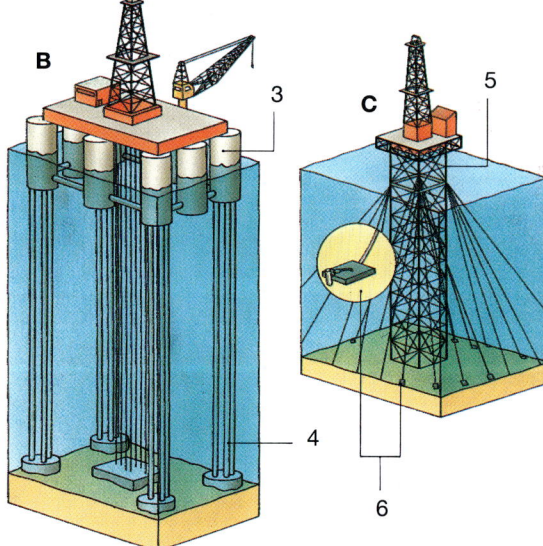

Tiefseebohrungen
B *Öl wird heute aus bis zu 2000 m unter dem Meeresboden gelegenen Feldern gefördert. Die meisten Bohrinseln geben Wind- und Wellengeringfügig nach und sind deshalb leichter und billiger als starre Plattformen. Schwimmer (3) tragen halbtauchende Förderinseln (Tension-leg-platform) und übertragen Spannungen auf am Grund befestigte Stahlrohre (4).*
C *Verspannte Fördertürme (Guyed tower) ruhen auf einer schmalen, im Boden verankerten Stahlkonstruktion (5). An Gewichten befestigte Stahlseile (6) sichern der Anlage den notwendigen Bewegungsspielraum.*

Siehe auch: Kohlenstoffchemie, S. 398/399 Erdölprospektion, S. 428/429

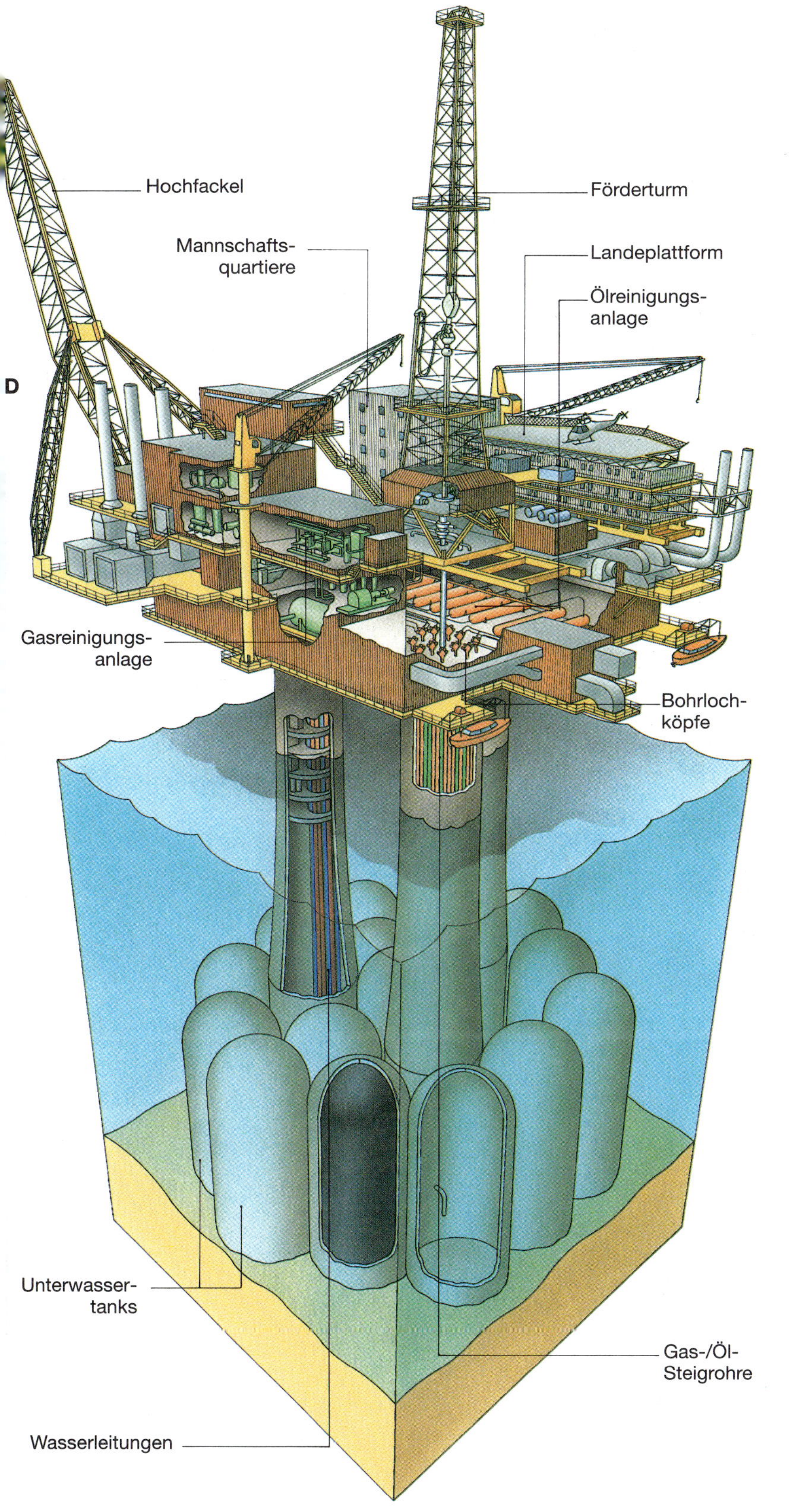

Hochfackel

Förderturm

Mannschafts-
quartiere

Landeplattform

Ölreinigungs-
anlage

D

Gasreinigungs-
anlage

Bohrloch-
köpfe

Unterwasser-
tanks

Gas-/Öl-
Steigrohre

Wasserleitungen

Plattformen überflüssig, sondern erhöht auch die Fördermenge, weil viele Reservoire einige Kilometer breit, jedoch nur wenige Meter tief sind und sich durch horizontale Bohrungen wesentlich besser erschließen lassen.

Nicht befriedigend gelöst ist das Problem der Entsorgung alter Bohrplattformen. Das zeigte auch die Kontroverse um die Versenkung der Bohrinsel Brent Spar im Meer (1995). Bei der Entsorgung kommt es durch Ölreste und Chemikalien zu erheblichen Umweltbelastungen.

Riesentanker und Pipelines transportieren das Öl

Bevor das Rohöl in die Raffinerie gelangt, wird es auf der Produktionsplattform von Wasser und Erdgas getrennt. Die Ölgesellschaften bereiteten früher das Rohöl vor Ort auf und verschifften die fertigen Produkte. Mit zunehmender Nachfrage und Angebotspalette erwies es sich jedoch als vorteilhafter, den Rohstoff zu Raffinerien an Land zu bringen, weil diese näher an den Absatzmärkten liegen.

Pipelines befördern Öl über Land und auf kurzen Strecken unter Wasser. Eine der aufwendigsten dieser Leitungen, die Transalaskapipeline, führt von den 400 km nördlich des Polarkreises gelegenen Ölfeldern bei Prudhoe Bay zum 1000 km entfernten, eisfreien Hafen von Valdez an der Südküste von Alaska. Längere Strecken übernehmen in der Regel jedoch Supertanker, die mittlerweile mehr als ein Drittel aller Handelsschiffe ausmachen.

Moderne Bohrtechniken
E *Jede einzelne Bohrinsel bildet den Kern einer komplexen Produktionsstätte. Durch unterseeische Pipelines (2) fließt hier Öl von bis zu 60 Einzelfeldern zusammen (1). Neue Richtbohrverfahren ermöglichen es zudem, Bohrungen nicht nur senkrecht, sondern auch in ver-* *schiedenen Winkeln (3) niederzubringen, so daß sich Hindernisse umgehen und zahlreiche Ölquellen von einer Sammelstation aus erschließen lassen. Tankschiffe (4) gehen in sicherem Abstand zur Plattform dicht bei Ladebojen (5) vor Anker und nehmen dort das Öl auf.*

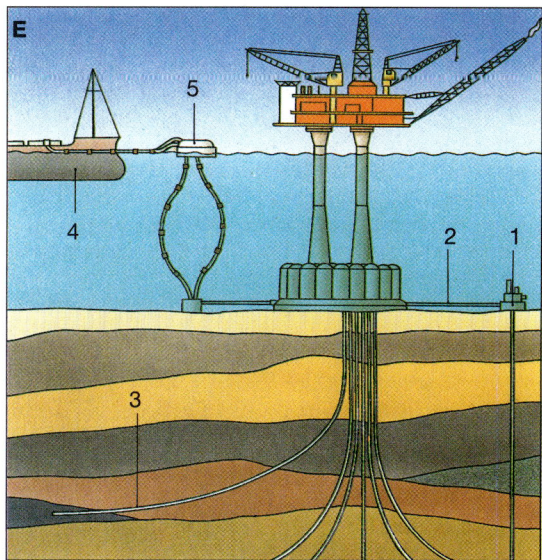

Wie die Förderplatt-
formen arbeiten
D *Die klassischen stationären Plattformen werden durch ihr Eigengewicht (bis zu 1 000 000 Tonnen) in Position gehalten. Ihre Basis besteht aus Stahlbetonteilen, von denen Betonträger nach oben ragen. Diese enthalten die Rohrleitungen für Öl, Gas* *und Wasser. Der auf den Trägern befestigte Stahlaufbau trägt die gesamte Bohrausrüstung, die Maschinerie sowie die Mannschaftsquartiere. Öl (orange) und Gas (grün) fließen durch Steigrohre nach oben, wo sie von Verunreinigungen befreit werden. Über eine Pipeline gelangt das Gas zum* *Festland. Das gereinigte Öl strömt in die Unterwassertanks am Fuß der Plattform, wo es bis zum Abtransport auf dem Seeweg lagert. Dann werden die geleerten Tanks mit Meerwasser geflutet. Ins Bohrloch geleitetes Wasser (blau) dient auch dazu, den zur Förderung nötigen Druck aufrechtzuerhalten.*

Industrielle Chemie, S. 444/445   Raffinerien, S. 448/449   Tunnel, S. 454/455   Schiffe, S. 538/539

Energie aus fossilen Brennstoffen

Stromerzeugung in Kohle- und Gaskraftwerken

Tag und Nacht laufen die Kohlekraftwerke, um den Strombedarf der modernen Zivilisation zu decken. Die größten dieser Kraftwerke verbrauchen über 20 000 Tonnen Kohle am Tag und erzeugen 9000 Megawatt Leistung – genug, um 100 Millionen Glühlampen zum Leuchten zu bringen. Das Kernstück des Kraftwerks sind die Generatoren, 3 m lange Dynamos, die 400 Tonnen wiegen und 50 oder 60mal in der Sekunde rotieren. Stromerzeugung verursacht aber auch Umweltschäden wie den Sauren Regen. In allen Kraftwerken, die mit fossilen Brennstoffen arbeiten, entsteht das für den Treibhauseffekt verantwortliche Kohlendioxid.

Ein Kraftwerksgenerator unterscheidet sich nur in seiner Größe von einem Fahrraddynamo. In beiden Fällen erzeugt ein rotierender Magnet einen Strom in einer Kupferspule, dem Anker. Die starken Elektromagneten in einem industriellen Generator drehen sich mit 3 000–15 000 Umdrehungen in der Minute und erzeugen einen Strom von 10 000 Ampere in dicken Kupferleitern.

Die Antriebskraft für die Drehung dieser Generatoren stammt in den meisten Kraftwerken aus der Verbrennung eines Brennstoffs, meist Kohle, in einem riesigen Kessel. Ein viele Kilometer langes Netz von Rohren leitet Wasser durch den Kessel. Durch die Aufnahme der Verbrennungshitze wird das Wasser zu Hochdruckdampf mit einer Temperatur von mehr als 500 °C. Dieser strömt durch eine Reihe von Turbinen, die Windmühlen ähneln und über eine Antriebswelle mit dem Generator verbunden sind.

Sind saubere Kohlekraftwerke möglich?

In den meisten konventionellen Kraftwerken wird Kohle verwendet, weil sie nicht nur ausreichend vorhanden - die Vorräte dürften noch 350 Jahre reichen -, sondern auch relativ billig ist. Die Verbrennung von Kohle belastet jedoch die Umwelt stark. Die meisten Kohlearten enthalten ungefähr 3 % Schwefel. Bei der Verbrennung entsteht daraus Schwefeldioxid (SO_2), ein Gas, das in Verbindung mit dem Wasserdampf in der Atmosphäre Sauren Regen bildet.

Ältere Kraftwerke können mit einer Einrichtung, die eine Mischung von Kalk und Wasser in die Abgase sprüht, ausgerüstet werden. Das meiste Schwefeldioxid reagiert mit Kalk zu Gips, der dann als Baumaterial verkauft wird. Dieses Verfahren ist sehr teuer und erzeugt unbrauchbaren Schlamm in großen Mengen. Ein großes Kraftwerk produziert im Jahr genug Schlamm, um eine Fläche von 1 km² mit einer Schicht von 30 cm Dicke zu bedecken.

Der Schwefel kann auch bei der Verbrennung beseitigt werden. Bei der Wirbelschichtfeuerung werden Kohle und Kalk zu einem feinen Puder zerstampft und dem Kessel zugeführt. Das Blasen von Druckluft durch diese brennende Mischung erzeugt eine brodelnde Masse, in der Schwefel eine harmlose Schlacke bildet. Die Dampfleitungen führen direkt durch die Verbrennungszone und nehmen dabei die Hitze wesentlich effektiver auf als in einem normalen Kessel.

Bei der Vergasung, einer weiteren Art der Kohlenutzung, werden Kohle und Wasser mit wenig Sauerstoff erhitzt und erzeugen sauber verbren-

mit Abgasfiltern hat dagegen nur einen Wirkungsgrad von ca. 30 %.

Bei Kraftwerken, die mit Erdgas arbeiten, saugt ein Kompressor (1) Luft an und verdichtet sie, bevor sie in die Brennkammer (2) strömt. Hier wird in der verdichteten Luft Erdgas verbrannt. Dabei entstehen heiße Abgase, die sich über Turbinenschaufeln (3) entspannen und dabei den Kompressor und einen 200 MW-Generator (4) drehen. Außerdem ist ein kleinerer Generator angeschlossen, der den Gleichstrom für den Elektromagneten im Generator liefert. Haben die heißen Gase die Turbine verlassen, werden sie durch einen Wärme-

tauscher (5) geleitet. Hier heizt ihre restliche Wärme in einer Röhrenspirale Wasser zu Dampf auf, bevor sie in die Atmosphäre entweichen. Wasser wird aus einem Kaltwassertank (6) in die oberste Spirale des Wärmetauschers gepumpt und hier fast bis zum Siedepunkt erhitzt, während es sich im Rohr durch die heißen Gase schlängelt. Das Wasser gelangt dann in eine zweite Schleife, den Verdampfer (7) wo es vom flüssigen in den gasförmigen Zustand (Dampf) übergeht. Ein Sammeltank (8) trennt das noch verbliebene Wasser vom Dampf, bevor dieser in die Überhitzerkreise (9, 10) gelangt.

Moderne Kraftwerke
Ⓐ *Die Darstellung zeigt ein Kraftwerk, das mit einem kombinierten Zyklus dem brennenden Gas soviel Energie wie möglich entzieht, wobei die heißen Abgase sowohl zur Dampferzeugung wie auch zum Antrieb einer Turbine, die wiederum mit einem Generator verbunden ist, genutzt werden. Kraftwerke dieses Typs sind relativ sauber – die Abgase bestehen hauptsächlich aus Dampf und Kohlendioxid – und verwandeln fast 50 % der Energie aus dem Gas in Strom. Ein Kohlekraftwerk*

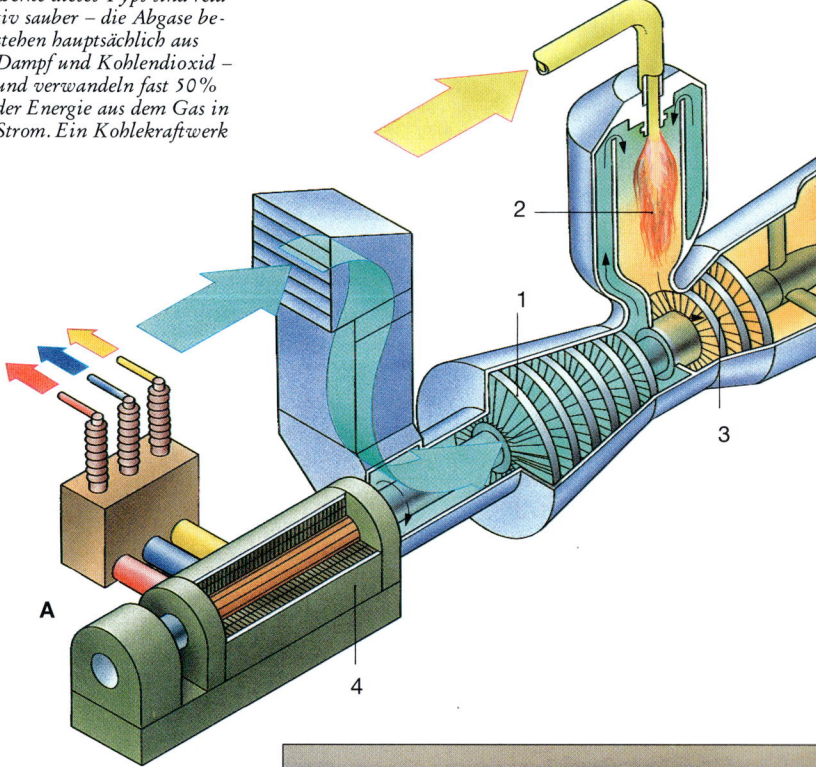

Dampfkamine
Ⓐ *Das warme Wasser aus dem Kondensator (13) gibt Wärme in Kühltürmen ab (rechts). Es wird über Kies versprüht und mit Luft gekühlt, die durch Löcher an der Basis des Turms einströmt. Trotz der austretenden Dampfwolken geht nur sehr wenig Wasser verloren.*

Siehe auch: **Strom,** *S. 402/403* **Magnetismus und Elektromagnetismus,** *S. 404/405*

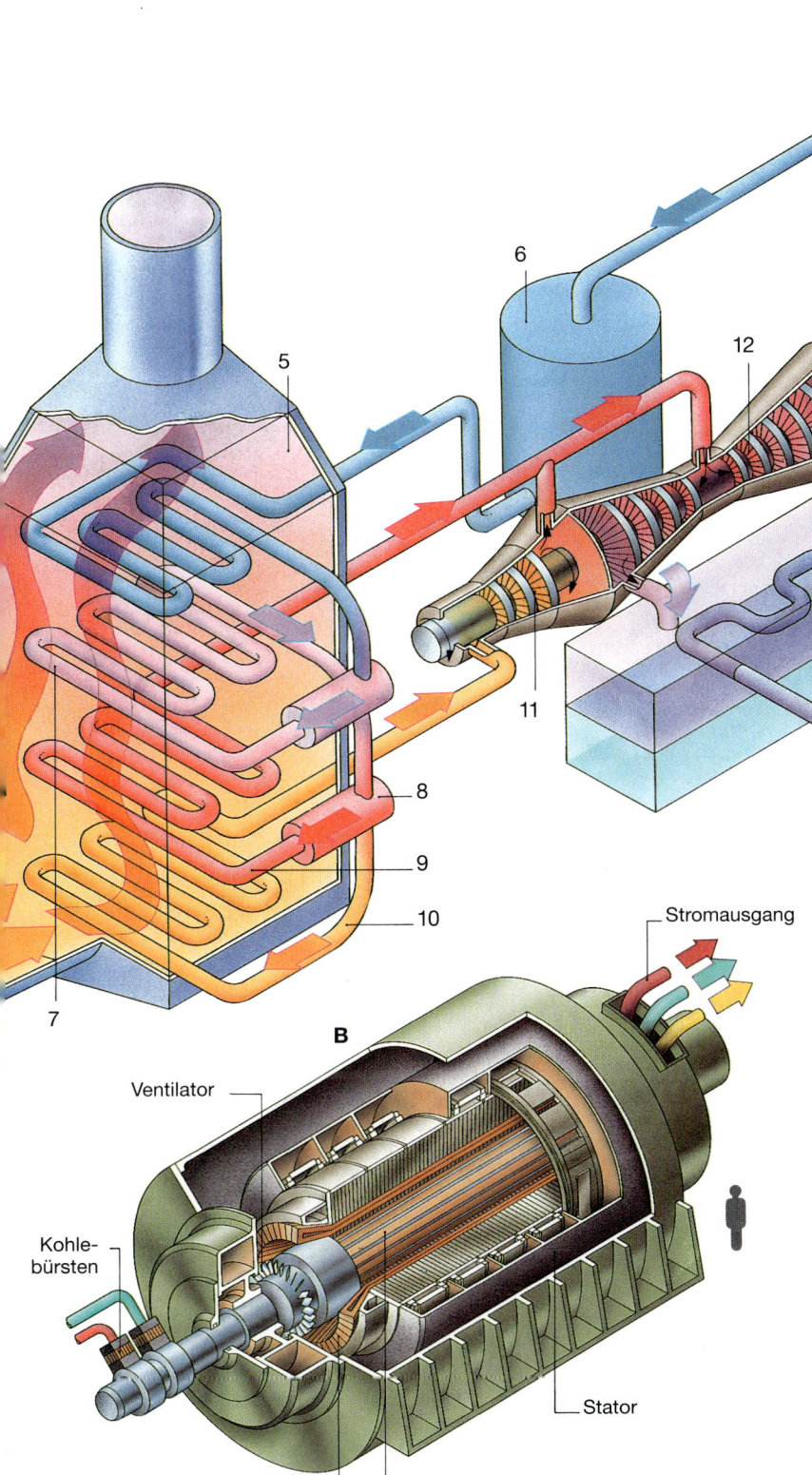

5

6

12

13

14

11

8

9

10

7

B

Stromausgang

Ventilator

Kohle-
bürsten

Spulenwindungen   Rotor

Stator

nicht ganz so heiß und geht
direkt zur Niederdruckturbine (**12**), wo er auf den teilweise entspannten Dampf
aus der Hochdruckturbine
trifft. Nach der weiteren
Entspannung durch die doppelte Niederdruckturbine hat
der Dampf seine nutzbare
Energie abgegeben. Er kondensiert beim Durchfließen
wassergekühlter Röhren (**13**).
Dieses Wasser verliert seine
Wärme in einem Kühlturm.
Die Schaufeln der zwei
Dampfturbinen drehen sich
mit 3 000-15 000 U/min und
treiben eine mit einem Generator (**14**) verbundene Welle
an. Der produzierte Strom
gelangt in das öffentliche
Stromnetz.

**Überheißer Dampf treibt
die Turbinen an**
Ⓐ *Zwei Überhitzerkreise
speisen die Dampfturbinen.
Die untere Schleife (**10**) erhitzt den Dampf auf über
500 °C, bevor er sich in der
Hochdruckturbine (**11**) entspannt. Der Dampf aus der
zweiten Überhitzerschleife ist*

nenden Wasserstoff und Kohlenmonoxid. Kraftwerke, die diese Gasmischung verbrennen, schädigen die Umwelt weniger. Sie sind aber teuer und
verbrauchen große Mengen Wasser.

Mehr Energie aus weniger Brennstoff
Es ist nicht möglich, ein Kraftwerk zu bauen, das
100 % Wirkungsgrad hat. Die neueren Methoden
der Kohleverbrennung reduzieren aber die Emissionen und nutzen gleichzeitig den Brennstoff
besser aus: Kraftwerke mit einer Wirbelschichtfeuerung oder Kohlevergasung verwandeln etwa
42 % der Wärmeenergie der brennenden Kohle in
Strom. Dagegen setzen die meisten Kraftwerke
alter Technik nur ca. 30 % der im Brennstoff enthaltenen Energie in Strom um.

Erdgas verbrennende Kraftwerke mit kombi-
niertem Zyklus erreichen durch eine zweimalige
Nutzung der Verbrennungswärme sogar eine
Energieausbeute von 50 %. Zuerst wird das Gas in
einer Turbine verbrannt, die den ersten Generator
antreibt. Mit den Abgasen läßt sich Dampf erzeugen, der weitere Turbinen durchströmt, die mit
einem zweiten Generator verbunden sind.

Ähnlich arbeiten Kraftwerke mit Kraft-Wärme-
Kopplung. Sie erweisen sich dann als vorteilhaft,
wenn sich das Kraftwerk in der Nähe einer Stadt
befindet. Statt Dampf zu erzeugen, werden die
Abgase zur Warmwasserversorgung umliegender
Häuser und Fabriken genutzt. Systeme wie diese
können einen Gesamtwirkungsgrad von 60 % erreichen.

**Riesige Dynamos
erzeugen Strom**
Ⓑ *Dreht sich ein Magnet in
einer Drahtspule, wird eine
elektrische Wechselspannung
erzeugt. Eine Autolichtma-
schine und ein industrieller
Generator arbeiten nach
demselben Prinzip – aber bei
verschiedenen Spannungen.
Der Rotor ist ein Elektroma-*

*gnet, gespeist von Gleich-
strom aus der Erregermaschi-
ne, und dreht sich mit 3 000-
15 000 U/min. Strom erhält
er durch Gleitkontakte oder
Bürsten aus Graphit, einer
Form des Kohlenstoffs, die
Strom gut leitet und deren
Reibungswiderstand gering
ist. Der Rotor induziert eine
Wechselspannung von 22 kV
in den drei Sätzen von Spulenwindungen aus massivem*

*Kupfer. Diese laufen durch
den schichtweise aufgebauten
Stator, der aus dünnen Ei-
senplatten mit einer isolierenden Lackschicht zur Vermeidung von gefährlichen
Wirbelströmen aufgebaut ist.
Die 10 000 Ampere des
Stroms erzeugen in den Windungen sehr viel Wärme.
Kühlwasser kreist deshalb
durch den Kern. Und zusätzlich blasen Ventilatoren von
beiden Seiten Wasserstoffgas
durch den Rotor, um so dessen Abwärme abzuführen.*

Bergbau, S. 426/427 **Erdölförderung**, S. 430/431

Der Atomkern als Energiequelle

Stromerzeugung in Kernkraftwerken

Erstmals erzeugte 1951 ein Kernreaktor Strom: Der Testreaktor EBR-1 lieferte die Energie für vier Glühbirnen. Die Kernenergie versprach, Strom sehr preiswert zu machen, und schien ein neues Zeitalter des Wohlstands zu eröffnen. Heute liefern weltweit rund 400 Kernkraftwerke 17 % des Gesamtbedarfs an Elektroenergie. Kernreaktoren sind leistungsstark (1 kg Uranbrennstoff erzeugt soviel Wärmeenergie wie 11 800 Barrel Heizöl) und vergleichsweise »sauber«. Aber Sicherheits-, Entsorgungs- und Kostenfragen haben in vielen Ländern zu einer Neueinschätzung der Atomenergieprogramme geführt.

Kernkraftwerke nutzen – nicht anders als mit Öl oder Gas betriebene Kraftwerke – durch Wärmeenergie unter Druck gesetztes Gas, um Turbinen anzutreiben, die wiederum mit Stromgeneratoren verbunden sind. In Kernkraftwerken entsteht die Wärme durch die Spaltung instabiler Schwermetall-Isotope, üblicherweise Uran-235.

Das wichtigste Uranerz ist Uraninit oder Pechblende. Es wird zu feinsandigem Pulver zermahlen und mit chemischen Lösungsmitteln behandelt, die ein Gemisch von Uranoxiden freisetzen, den sogenannten »Yellowcake«. U-235 macht nur 0,7 % des im Yellowcake enthaltenen Urans aus; der Rest besteht hauptsächlich aus U-238, das als Brennstoff ungeeignet ist. Der U-235-Gehalt des Gemischs läßt sich erhöhen, indem man das Uran in Gas umwandelt und bei hoher Geschwindigkeit in einer Zentrifuge schleudert. Die schwereren U-238-Atome sammeln sich an der Zentrifugenwand und werden entfernt; das verbleibende, angereicherte Uran enthält bis zu 3 % U-235. Es wird zu

Die Dampfenergie wird mit Hilfe eines Satzes von Hochdruckturbinen und weiteren Turbinensätzen, die für geringeren Druck ausgelegt sind, zum Betrieb eines Generators genutzt, der an das Stromnetz angeschlossen ist. Überschüssiger Dampf kondensiert an einem dritten Kühlkreis (grün) und wird zu den Dampfgeneratoren zurückgeleitet.
Das Reaktorgebäude besteht aus strahlenabsorbierendem Stahlbeton. Eine innere Isolierschicht aus Stahl verhindert den Austritt von Gasen. Fällt der Primärwasserkreis aus, wird der Reaktorkern mit kaltem, borhaltigen Wasser geflutet, um die Spaltvorgänge auf ein sicheres Maß zu verlangsamen.

Der Druckwasserreaktor
Ⓐ *Ein DWR nutzt die bei der Kernspaltung entstehende Wärme, um Dampf für den Betrieb von Turbinen zu erzeugen. Die Wärme aus dem Reaktorkern gelangt über drei getrennte Kühlwasserkreise zu den Turbinen. Das Primärwasser (hellblau) wird durch den heißen Reaktorkern gepumpt. Um zu verhindern, daß es bei einer Überhitzung auf 300 °C siedet, wird es unter einem Druck von 150 bar gehalten.*

Danach durchläuft dieses Wasser vier Wärmeaustauscher bzw. Dampferzeuger. In ihnen durchströmt es Tausende von Metallrohren, die vom Wasser des zweiten Kühlkreises (dunkelblau) umgeben sind. Dieses Wasser siedet und gelangt als unter hohem Druck stehender Dampf zur Turbinenanlage.

»Pellets« (Tabletten) gepreßt, die man in Hüllrohren, den »Brennstäben«, versiegelt und in den Reaktor einführt.

U-235 ist ein radioaktiver Stoff, dessen Kerne sich spontan spalten, wobei zwei kleinere Kerne, Wärme in Form von Infrarot-Strahlung und zwei oder drei schnelle Neutronen entstehen. Treffen diese Neutronen auf andere U-235-Kerne, lösen sie deren Spaltung aus und setzen weitere Wärme und Neutronen frei. Übersteigt die Menge des U-235 eine »kritische Masse« (ca. 4 kg), kommt es zur Kettenreaktion; die Kernspaltungsrate steigt rapide an und befreit riesige Energiemengen. Dieser Prozeß verleiht unkontrolliert Kernwaffen ihre Zerstörungskraft.

In Kernreaktoren werden die Spaltvorgänge sorgfältig überwacht. Jedes Neutron, das eine Kernspaltung auslöst, darf nur durch ein neues Neutron ersetzt werden, soll es nicht zur Überhitzung oder sogar einer Explosion kommen. Das geschieht durch das Einlassen von neutronenab-

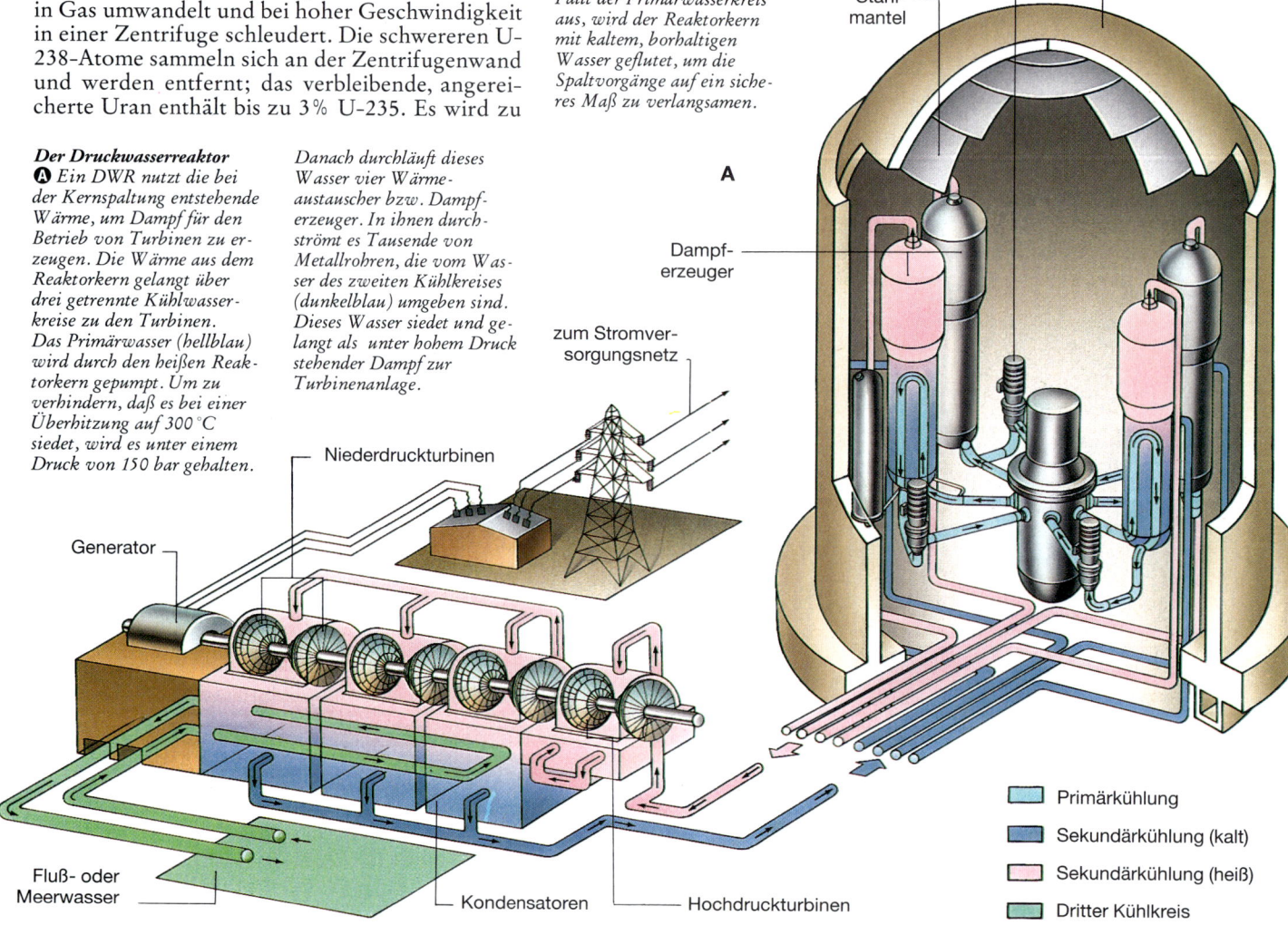

Kühlwasserpumpe

Stahlbetonhülle

Stahlmantel

Dampferzeuger

A

zum Stromversorgungsnetz

Niederdruckturbinen

Generator

Fluß- oder Meerwasser

Kondensatoren

Hochdruckturbinen

Primärkühlung
Sekundärkühlung (kalt)
Sekundärkühlung (heiß)
Dritter Kühlkreis

Siehe auch: **Atome,** *S. 384/385* **Grundkräfte,** *S. 390/391* **Kraftwerke,** *S. 432/433* **Zukunft der Kernkraft,** *S. 436/437*

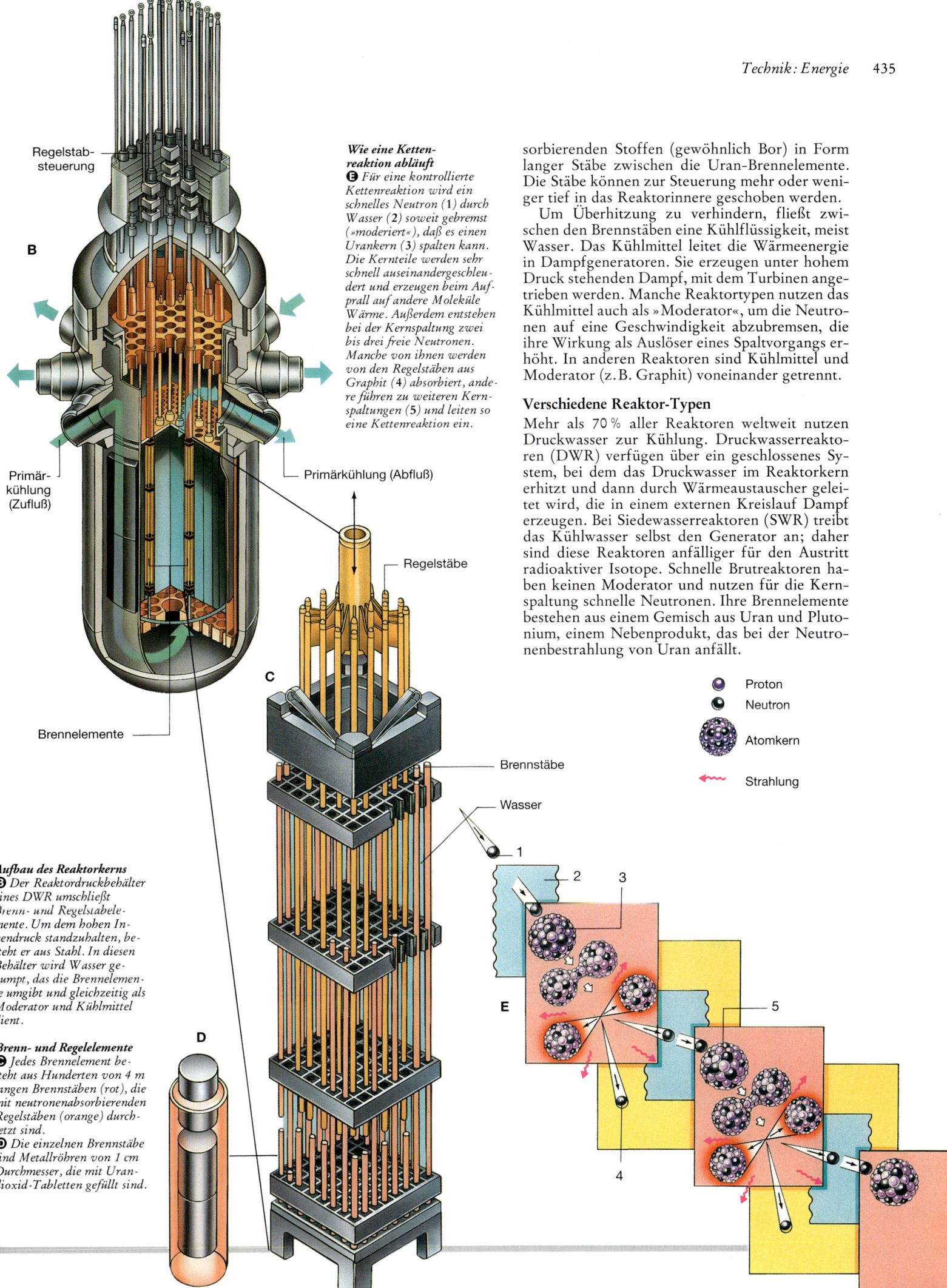

Regelstab-
steuerung

B

Primär-
kühlung
(Zufluß)

Primärkühlung (Abfluß)

Brennelemente

Regelstäbe

C

Brennstäbe

Wasser

D

E

Wie eine Ketten-reaktion abläuft

E *Für eine kontrollierte Kettenreaktion wird ein schnelles Neutron (1) durch Wasser (2) soweit gebremst (»moderiert«), daß es einen Urankern (3) spalten kann. Die Kernteile werden sehr schnell auseinandergeschleudert und erzeugen beim Aufprall auf andere Moleküle Wärme. Außerdem entstehen bei der Kernspaltung zwei bis drei freie Neutronen. Manche von ihnen werden von den Regelstäben aus Graphit (4) absorbiert, andere führen zu weiteren Kernspaltungen (5) und leiten so eine Kettenreaktion ein.*

Aufbau des Reaktorkerns

B *Der Reaktordruckbehälter eines DWR umschließt Brenn- und Regelstabelemente. Um dem hohen Innendruck standzuhalten, besteht er aus Stahl. In diesen Behälter wird Wasser gepumpt, das die Brennelemente umgibt und gleichzeitig als Moderator und Kühlmittel dient.*

Brenn- und Regelelemente

C *Jedes Brennelement besteht aus Hunderten von 4 m langen Brennstäben (rot), die mit neutronenabsorbierenden Regelstäben (orange) durchsetzt sind.*
D *Die einzelnen Brennstäbe sind Metallröhren von 1 cm Durchmesser, die mit Urandioxid-Tabletten gefüllt sind.*

sorbierenden Stoffen (gewöhnlich Bor) in Form langer Stäbe zwischen die Uran-Brennelemente. Die Stäbe können zur Steuerung mehr oder weniger tief in das Reaktorinnere geschoben werden.

Um Überhitzung zu verhindern, fließt zwischen den Brennstäben eine Kühlflüssigkeit, meist Wasser. Das Kühlmittel leitet die Wärmeenergie in Dampfgeneratoren. Sie erzeugen unter hohem Druck stehenden Dampf, mit dem Turbinen angetrieben werden. Manche Reaktortypen nutzen das Kühlmittel auch als »Moderator«, um die Neutronen auf eine Geschwindigkeit abzubremsen, die ihre Wirkung als Auslöser eines Spaltvorgangs erhöht. In anderen Reaktoren sind Kühlmittel und Moderator (z.B. Graphit) voneinander getrennt.

Verschiedene Reaktor-Typen

Mehr als 70 % aller Reaktoren weltweit nutzen Druckwasser zur Kühlung. Druckwasserreaktoren (DWR) verfügen über ein geschlossenes System, bei dem das Druckwasser im Reaktorkern erhitzt und dann durch Wärmeaustauscher geleitet wird, die in einem externen Kreislauf Dampf erzeugen. Bei Siedewasserreaktoren (SWR) treibt das Kühlwasser selbst den Generator an; daher sind diese Reaktoren anfälliger für den Austritt radioaktiver Isotope. Schnelle Brutreaktoren haben keinen Moderator und nutzen für die Kernspaltung schnelle Neutronen. Ihre Brennelemente bestehen aus einem Gemisch aus Uran und Plutonium, einem Nebenprodukt, das bei der Neutronenbestrahlung von Uran anfällt.

Proton

Neutron

Atomkern

Strahlung

Energieproduktion nach Art der Sonne

Welche Zukunft hat die Kernenergie?

Sichere Kernkraftwerke wären umweltverträglicher und weniger gefährlich als vergleichbare Kohlekraftwerke. Die Gefahr einer Atomkatastrophe, wie sie der Reaktorunfall in Tschernobyl 1986 drastisch vor Augen geführt hat, sowie die problematische Frage, wo und wie der Atommüll gelagert werden soll, haben jedoch gezeigt, daß es wirkliche Sicherheit bei Kernkraftwerken nicht geben kann. Viele Menschen fordern deshalb den Verzicht auf die Kernenergie. Im Gegensatz dazu versucht die Atomindustrie, durch die Entwicklung von Fusionsreaktoren und höhere Sicherheitsstandards die Zukunft der Atomenergie zu sichern.

Gegenwärtig sind weltweit rund 400 Kernkraftwerke in Betrieb. Wesentlich mehr werden es in naher Zukunft vermutlich kaum werden, denn viele Länder haben den Reaktorbau eingestellt. Die USA haben seit 1978 keinen neuen Reaktor in Auftrag gegeben. Schweden plant den endgültigen Ausstieg aus der Kernenergie bis 2010. Die schwindende Begeisterung für die Kernkraft ist auch auf das wachsende Problem der Entsorgung radioaktiver Abfälle zurückzuführen, die in fast allen Phasen der Herstellung oder Verwendung nuklearer Brennstoffe anfallen.

Atommüll strahlt Jahrtausende

Atommüll wird nach der Stärke seiner radioaktiven Strahlung und der Halbwertzeit (die angibt, wann die Hälfte des Materials zerfallen ist) als hochaktiv oder schwachaktiv eingestuft. Zum schwachaktiven Müll zählen riesige Mengen von Abfällen, die beim Zermahlen von Uranerz entstehen, sowie kontaminierte Werkzeuge, Baumaterial, Glasbehälter usw. Der Umgang mit solchem Material war früher recht nachlässig: Erzabfälle wurden neben Uranminen auf Halden gekippt, anderer schwachaktiver Müll wurde in Behälter verpackt und im Meer versenkt. Heute entsorgt man schwachaktive Abfälle gewöhnlich sorgfältiger – in dafür geeigneten Deponien.

Ein weit größeres Problem bildet der hochaktive Müll: verbrauchte Brennstäbe aus Kraftwerken und Nebenprodukte, die bei der Herstellung von Atomwaffen anfallen. Dieser Müll enthält hochradioaktive und zum Teil giftige Isotope mit einer äußerst langen Halbwertzeit; er muß mindestens 10 000 Jahre gelagert werden, bis die Strahlung auf ein unbedenkliches Maß absinkt. Derzeit warten die meisten hochaktiven Abfälle – zwischengelagert in wassergekühlten Behältern bei Kernkraftwerken oder Wiederaufbereitungsanlagen – auf ihr endgültiges Schicksal. Vermutlich werden diese Abfallstoffe zur Entsorgung in Glas oder Keramik eingeschmolzen und in einem Stahlbehälter eingeschlossen. Um das Risiko einer Freisetzung zu verringern, sollen diese Behälter in mindestens 200 m Tiefe in Salzstöcken gelagert werden. Allerdings sind bislang alle vorgeschlagenen Endlagerstätten auf heftigen öffentlichen und juristischen Widerstand gestoßen, so daß es derzeit weltweit noch kein Endlager gibt.

Reaktorunfälle kommen zwar äußerst selten vor, haben aber langfristige und weitreichende Folgen. Harrisburg und Tschernobyl haben das Ansehen der Kernenergie nachhaltig geschädigt. Man bemüht sich daher, die Sicherheit neuer Re-

Sicherheit durch neue Reaktortypen

Ⓐ Grundlegend neue Reaktoren könnten die Kernkraft erheblich sicherer machen. Ein neuer Reaktortyp ist der Process Inherent Ultimately Safe (PIUS) Reaktor. Wie bei einem herkömmlichen Reaktor gelangt die Wärme aus dem Uran-Reaktorkern über das Primärkühlwasser zum Dampferzeuger. Das wesentliche Sicherheitsmerkmal ist, daß Reaktorkern und Kühlkreislauf von borgesättigtem Wasser umgeben sind. Bor absorbiert Neutronen. Fällt der Kühlwasserdruck ab, flutet das borhaltige Wasser aufgrund des höheren Drucks durch Noteinlaßventile den Reaktorkern und stoppt den Spaltvorgang.

Fusionsenergie

Ⓑ Wasserstoffkerne verschmelzen bei Temperaturen von 100 Millionen Grad und mehreren Milliarden Atmosphären Druck miteinander. Unter diesen Bedingungen werden den Atomen die Elektronen entzogen und so die Kräfte, die die Kerne voneinander fernhalten,

Einspeisungs-rohr

Noteinlaß-ventil

Dampf

kaltes Wass

A

Uran-Kern

Noteinlaß-ventil

Primärer-Kühlkreislauf

borhaltiges Wasser

Dampf-erzeuger

überwunden. Um Fusionsenergie nutzbar zu machen, müssen diese Extrembedingungen auf der Erde geschaffen werden. Bislang wurden die vielversprechendsten Resultate in ringförmigen »Tokamak«-Reaktoren erzielt. Im Inneren eines Tokamak wird ein Gemisch aus den Wasser-

aktoren zu verbessern. Die eigentliche Lösung der Umwelt- und Sicherheitsprobleme, die die Kernkraft mit sich bringt, bestünde allerdings darin, langzeitschädlichen Atommüll zu vermeiden und die Strahlengefährdung deutlich zu verringern.

Die Alternative: Kernfusion

Die Leistungsfähigkeit wird bei jedem neuen Reaktor verbessert. Der Traum vieler Techniker ist jedoch die Nutzbarmachung der Kernfusion – Energieerzeugung nach dem Vorbild der Sonne. Dabei werden Atome miteinander verschmolzen und setzen in einer sich selbst erhaltenden Reaktion ungeheure Energiemengen frei. Die für eine Kernfusion am besten geeigneten Rohstoffe sind die Wasserstoff-Isotope Deuterium (in Wasser reichlich vorhanden) und Tritium (das man aus dem Element Lithium gewinnt). Bisher ist eine kontrollierte Kernfusion erst für wenige Sekunden gelungen; von ihrer kommerziellen Nutzung ist man noch Jahrzehnte entfernt.

stoffisotopen Tritium (mit einem Kern aus einem Proton und zwei Neutronen, 1) und Deuterium (ein Proton und ein Neutron, 2) mit Strahlung und 700 MW starken Elektroimpulsen bombardiert. Dadurch erhitzt sich der Wasserstoff, und seine Atome lösen sich in Plasma (ein Gemisch aus positiv geladenen Kernen und negativ geladenen Elektronen) auf (3). Das Plasma ist zu heiß, um mit derzeit bekannten Materialien umhüllt zu werden; man schließt es deshalb in ein von extrem leistungsstarken Magneten (4) aufgebautes Feld (5) ein. Die geladenen Plasmateilchen bewegen sich spiralförmig am Magnetfeld entlang (6). Die »nackten« Tritium- und Deuteriumkerne in dieser Plasmaschmelze fusionieren (7) unter Abgabe eines Neutrons (9) zu Heliumkernen (8). Die Neutronen prallen auf eine »Hülle« (10), die das Plasma umgibt, und erzeugen Wärme, die von einem Wärmeaustauscher (11) gesammelt wird. Es entsteht Wasserdampf (12), der an Stromgeneratoren angeschlossene Turbinen antreibt.

Siehe auch: **Brennstoff der Sterne,** S. 24/25 **Atome,** S. 384/385 **Grundkräfte,** S. 390/391 **Kernenergie,** S. 434/435

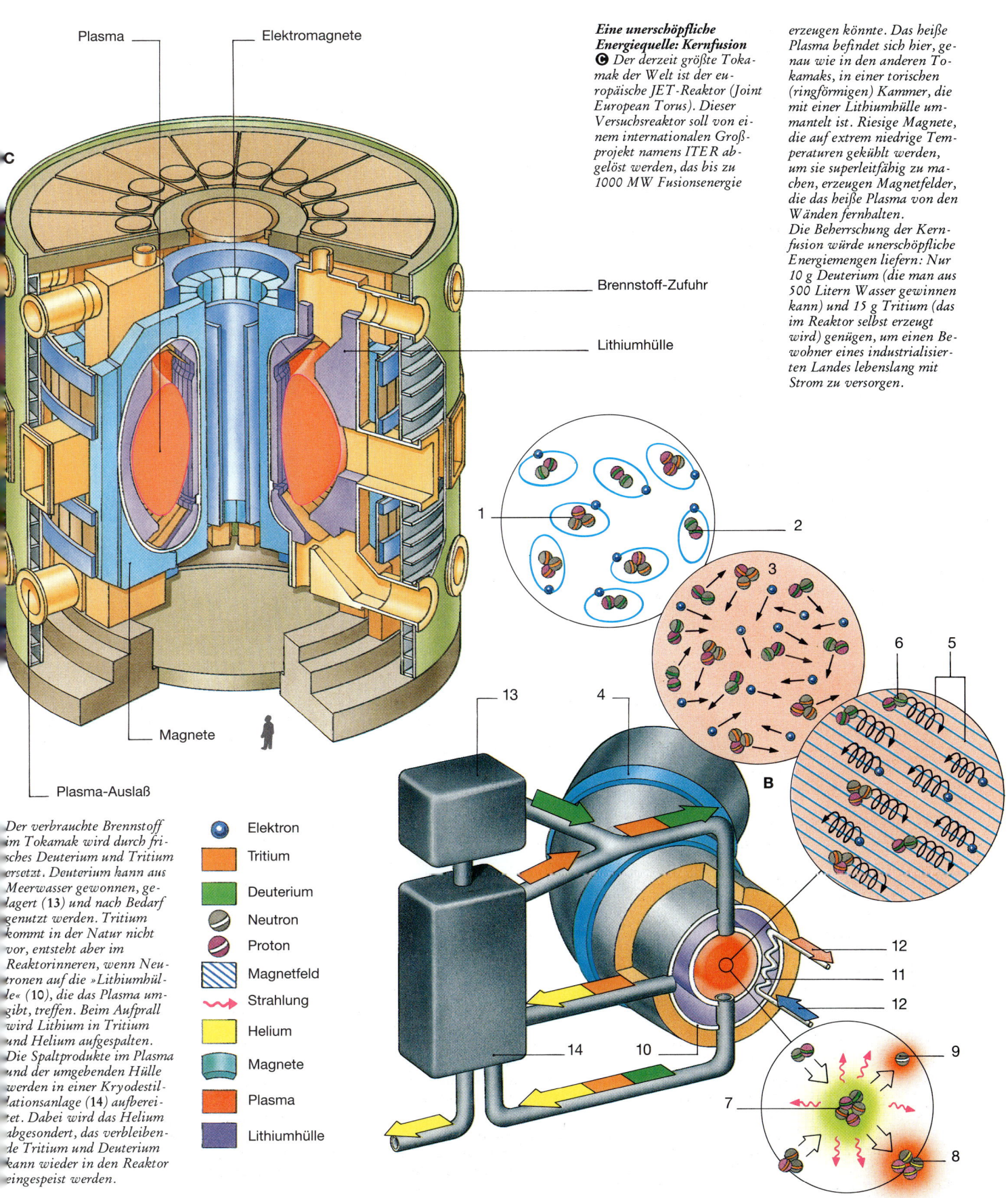

Plasma

Elektromagnete

Brennstoff-Zufuhr

Lithiumhülle

Magnete

Plasma-Auslaß

C

Eine unerschöpfliche Energiequelle: Kernfusion
Ⓒ Der derzeit größte Tokamak der Welt ist der europäische JET-Reaktor (Joint European Torus). Dieser Versuchsreaktor soll von einem internationalen Großprojekt namens ITER abgelöst werden, das bis zu 1000 MW Fusionsenergie erzeugen könnte. Das heiße Plasma befindet sich hier, genau wie in den anderen Tokamaks, in einer torischen (ringförmigen) Kammer, die mit einer Lithiumhülle ummantelt ist. Riesige Magnete, die auf extrem niedrige Temperaturen gekühlt werden, um sie superleitfähig zu machen, erzeugen Magnetfelder, die das heiße Plasma von den Wänden fernhalten.
Die Beherrschung der Kernfusion würde unerschöpfliche Energiemengen liefern: Nur 10 g Deuterium (die man aus 500 Litern Wasser gewinnen kann) und 15 g Tritium (das im Reaktor selbst erzeugt wird) genügen, um einen Bewohner eines industrialisierten Landes lebenslang mit Strom zu versorgen.

Der verbrauchte Brennstoff im Tokamak wird durch frisches Deuterium und Tritium ersetzt. Deuterium kann aus Meerwasser gewonnen, gelagert (13) und nach Bedarf genutzt werden. Tritium kommt in der Natur nicht vor, entsteht aber im Reaktorinneren, wenn Neutronen auf die »Lithiumhülle« (10), die das Plasma umgibt, treffen. Beim Aufprall wird Lithium in Tritium und Helium aufgespalten. Die Spaltprodukte im Plasma und der umgebenden Hülle werden in einer Kryodestillationsanlage (14) aufbereitet. Dabei wird das Helium abgesondert, das verbleibende Tritium und Deuterium kann wieder in den Reaktor eingespeist werden.

- Elektron
- Tritium
- Deuterium
- Neutron
- Proton
- Magnetfeld
- Strahlung
- Helium
- Magnete
- Plasma
- Lithiumhülle

B

Unerschöpfliche Energiequellen

Mit welchen Techniken sich Energien von Sonne und Wind nutzen lassen

1981 überquerte mit dem »Solar Challenger« zum ersten Mal ein Flugzeug den Ärmelkanal, dessen Propeller von Sonnenenergie bewegt wurden. Zwar flog die ungewöhnlich aussehende Maschine langsam, doch demonstrierten ihre 16 000 Sonnenzellen, welches Potential in dieser billigen und sauberen Energie schlummert. Schon zu Beginn des nächsten Jahrtausends könnten Kraftwerke gebaut werden, die mit Solarzellen eine Dauerleistung von mehreren Megawatt erreichen. Kleinere Sonnenkraftwerke versorgen bereits heute die Südweststaaten der USA und viele Länder des Mittelmeerraums in erheblichem Umfang mit Strom.

Die Sonne gibt in einer Sekunde genug Energie ab, um den jährlichen Strombedarf der USA 13 millionenmal zu decken. Der größte Teil dieser Energie verliert sich im Weltraum; einen Teil absorbiert unsere Atmosphäre, und nur ein winziger Rest erreicht als sichtbares oder infrarotes Licht die Erdoberfläche. Die Intensität der Sonnenstrahlung am Boden ist mit etwa 200 Watt pro Quadratmeter gering. Um sie wirtschaftlich zu nutzen, muß sie mit erheblichem technischen Aufwand großräumig eingefangen werden. Dennoch zählt die Sonne zu den wichtigsten Energieressourcen. Ihre Bedeutung wird wachsen, denn ihre Nutzung belastet die Umwelt kaum, und die fossilen Energiereserven gehen langsam, aber sicher zur Neige.

Solarzellen sammeln das Sonnenlicht

Sonnenenergie läßt sich auf drei Weisen sammeln: mit photovoltaischen, passiven oder aktiven Systemen. Photovoltaische Systeme wandeln mit Solarzellen Sonnenenergie direkt in elektrischen Strom um. Die Solarzellen entstanden als Energiequelle für Satelliten. Ihre Herstellung war so teuer, daß ein Watt Energieabgabe über 2000 Dollar kostete. Heute beträgt der Preis für ein Watt keine fünf Dollar mehr – wenig im Vergleich zu Atomstrom.

In passiven Solarenergie-Systemen absorbieren Strukturen ohne bewegliche Teile Wärme. Der Aufwand ist gering; die Kosten sind niedrig. Ein Solarofen z. B. ist nichts anderes als ein wärmeisolierter schwarzer Kasten mit einem Glasdeckel.

Licht treibt Uhren an
Sonnenzellen lassen sich auf Paneelen hintereinanderschalten (rechts). Sie versorgen Alltagsgeräte wie Taschenrechner, Uhren und Radios. Aber auch Siedlungen in abgelegenen Gegenden und Satelliten erhalten ihren Strom von photovoltaischen Zellen.

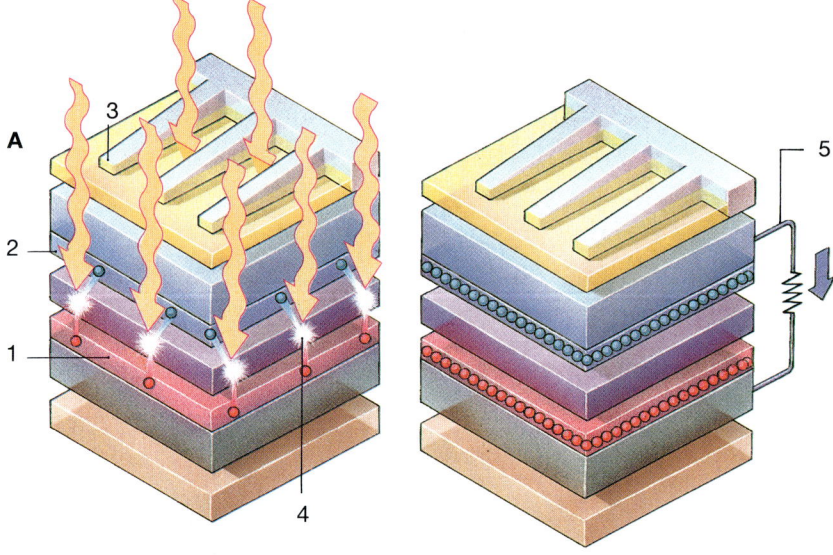

Photonenfallen
Ⓐ *Eine photovoltaische oder Solarzelle besteht aus zwei Silizium-Halbleitern. Einer sammelt positive (1), der andere negative (2) Ladung an. Die Siliziumschichten sind sandwichartig zwischen zwei Metallkontakten angeordnet und werden von einem Gitter (3) geschützt. Trifft ein Photon oder Lichtteilchen auf die Verbindung zwischen den Halbleiterschichten (4), schlägt es ein Elektron aus dieser Zone und läßt ein positiv geladenes Gebiet über, das als »Loch« bezeichnet wird. Elektronen und Löcher werden jeweils von einem der beiden Halbleiter angezogen. Wenn diese an einen Draht (5) angeschlossen werden, fließt ein Strom zwischen ihnen.*

Sonnenfarmen
Die Sonnenfarm (links) besteht aus 1818 Spiegeln von jeweils 7x7 m, die Sonnenlicht auf einen Kollektor an der Spitze eines 91 m hohen Turms fokussieren. Das durch den Kollektor gepumpte Wasser wird auf über 500 °C erhitzt. Der Dampf treibt eine Turbine an, die acht Stunden täglich bis zu 10 Megawatt Strom erzeugt.

Siehe auch: **Elektronische Elemente**, *S. 408/409* **Halbleiter**, *S. 410/411*

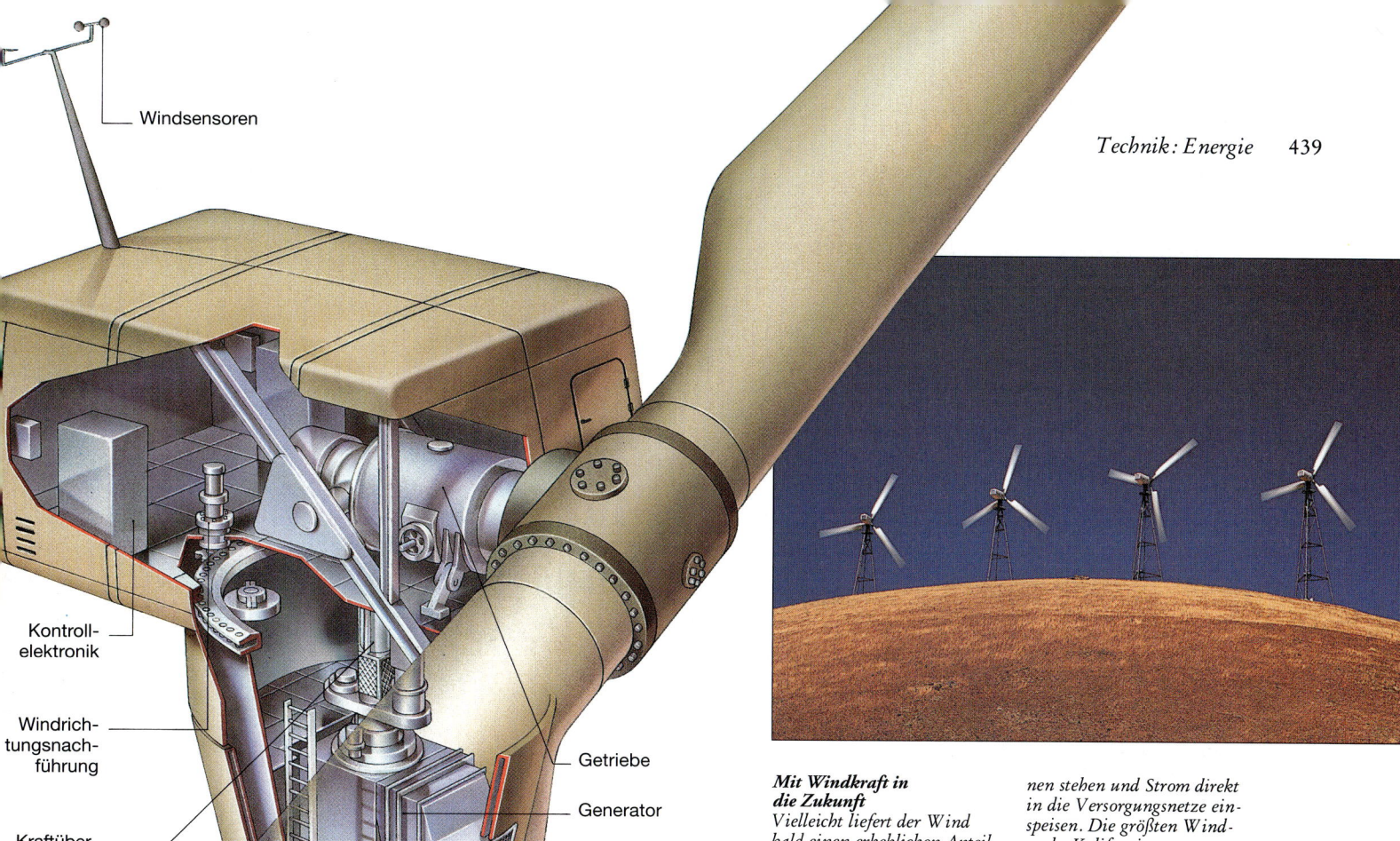

Windsensoren

Kontroll-
elektronik

Windrich-
tungsnach-
führung

Kraftüber-
tragung zum
Generator

B

Getriebe

Generator

Kühlungsluft
Ein-/Ausgang

Windturbinen besitzen Sensoren für die Richtung und Geschwindigkeit des Windes. Ihre Informationen werden benutzt, um die Anlage ständig in optimaler Position zu halten. Auch der Anstellwinkel der Blätter kann automatisch verändert werden, um die größtmögliche Energieausbeute zu erzielen.

Moderne Windmühlen
Windturbinen haben paarige aerodynamische Blätter, die bis zu 60m Spannweite erreichen. Kommerziell genutzte Turbinen können mehrere hundert Kilowatt Strom erzeugen. Die Blätter werden aus einem wetterbeständigen, widerstandsfähigen und leichten Material angefertigt, z.B. aus imprägniertem Holz. Die Rotoren drehen sich 20 bis 50 mal in der Minute und sind durch ein Getriebe mit dem Generator verbunden. Moderne

Wird er ununterbrochen der Sonne ausgesetzt, erwärmt er sich auf bis zu 130 °C – genug, um Nahrungsmittel zu kochen. In Entwicklungsländern kann er große Mengen Feuerholz einsparen.

Aktive Solarenergie-Systeme können vielfältiger eingesetzt werden. Eine Flüssigkeit, oft Wasser, wird in einem Sonnenkollektor erhitzt und dann an den Ort geleitet, wo man sie benötigt. Kleine Systeme dieses Typs, deren Hauptbestandteile eine Reihe schwarzer Wasserleitungsrohre sind, die sandwichartig zwischen zwei Glasschichten liegen, liefern in einigen Mittelmeerländern bereits 70 % des heißen Wassers.

In großen aktiven Solarenergie-Systemen fokussieren Tausende von Parabolspiegeln Sonnenlicht auf einen Kollektor. Durch den Kollektor gepumptes Wasser verdampft, und der entstehende Dampf treibt Turbinen an. Solche Solarkraftwerke könnten bei einer Spiegelfläche von einem halben Quadratkilometer 100 Megawatt Strom erzeugen – genug für 30 000 Haushalte.

Mit Windkraft in die Zukunft
Vielleicht liefert der Wind bald einen erheblichen Anteil des Stroms, den die Menschheit braucht. Wirtschaftlich nutzen läßt er sich in riesigen »Windparks« (oben) aus Tausenden von Turbinen, die auf hohen Bergrücken, an Küsten und in offenen Ebe-

nen stehen und Strom direkt in die Versorgungsnetze einspeisen. Die größten Windparks Kaliforniens erzeugen bereits mehr als 1500 Megawatt – soviel wie drei Kernkraftwerke. Windparks sind jedoch kein Allheilmittel: Sie beeinträchtigen das Landschaftsbild, sind laut und werden Vögeln gefährlich.

Traditionelle Techniken werden wiederbelebt

Die Natur verwandelt Sonnenlicht in mechanische Energie, wenn die ungleichmäßige Erwärmung der Luft über dem Land und der See Winde entstehen läßt. Windmühlen gehören zu den ältesten Maschinen der Menschheit; schon vor über 5000 Jahren dienten sie dazu, Korn zu mahlen und Wasser zu pumpen. Heute wird die Windmühle (oder Windturbine) in einer verfeinerten Form wiederbelebt. Im Gegensatz zu den vielen Flügeln traditioneller Windmühlen haben moderne Windturbinen nur zwei oder drei aerodynamisch geformte Blätter. Elektronische Kontrollsysteme erlauben es ihnen, starke Winde mit einem sehr hohen Wirkungsgrad auszunutzen.

Brennstoffzellen speichern Sonnenenergie

Sonnenenergie-Systeme erzeugen saubere Energie, produzieren aber nicht immer genau dann Strom, wenn er gebraucht wird. Weil die Speicherung elektrischer Energie in Batterien teuer und wenig effizient ist, werden neue Lösungen gesucht. Die vielleicht vielversprechendste besteht darin, Wasser durch Elektrolyse in Sauerstoff und Wasserstoff zu zerlegen. Diese Elemente lassen sich in flüssiger Form leicht lagern und transportieren. In einer Brennstoffzelle führt man sie je nach Bedarf wieder zusammen, um ohne Umweg elektrischen Strom zu erzeugen. Die bei ihrer Zusammenführung entstehende Energie kann aber auch in Motoren genutzt werden, ohne Giftstoffe oder Treibhausgase zu produzieren.

Kraftwerke, S. 432/433 Wasser- und Erdwärmekraftwerke, S. 440/441 Zukunft der Autos, S. 532/533

Strom aus der Kraft des Wassers

Moderne Wasser- und Gezeitenkraftwerke

Unsere technische Welt verbraucht Energie in riesigen Mengen. Heute sind fossile Brennstoffe die wichtigsten Energielieferanten. Kohle, Erdöl und Erdgas werden jedoch allmählich knapper: Spätestens 2035 wird es nicht mehr rentabel sein, Öl zu fördern. Im nächsten Jahrtausend sollen deshalb vor allem solche Energien unseren Bedarf decken, die unbegrenzt vorkommen, weil die Natur sie immer wieder neu erzeugt. Kraftwerke, die diese Energieformen verwerten, produzieren nicht soviel Abwärme und Giftstoffe wie traditionelle Anlagen und sind weniger riskant als Atomreaktoren. Aber auch alternative Energien können die Umwelt schädigen.

Fast alle regenerativen Energiequellen verdanken wir der Sonne: Ihre Strahlung läßt sich direkt in Wärme oder Strom verwandeln. Doch auch die Gravitationskraft des Mondes, die den Wechsel der Gezeiten verursacht, kann man in Kraftwerken nutzen. An manchen Stellen unseres Globus liegt zudem das glutflüssige Magma des Erdkerns so nah unter der Erdoberfläche, daß sich aus seiner Hitze Strom gewinnen läßt.

Auch Wasserkraft ist Sonnenenergie

Durch Wasserkraft erzeugter Strom ist aus Sonnenenergie gewonnen: Die Sonne läßt Oberflächenwasser verdampfen, das als Regen und Schnee wieder zur Erde herabfällt und Flüsse und Bäche speist. Flußwasser kann Turbinen antreiben, deren Rotationsenergie von Generatoren in elektrische Energie umgewandelt wird.

Wieviel Leistung ein Wasserkraftwerk erzeugt, hängt von drei Faktoren ab: vom Volumen des Wassers, das durch die Turbinen strömt, von seinem Gefälle und vom Wirkungsgrad der Turbinen und Generatoren. Hochdruckkraftwerke, in denen Wasser über einen Höhenunterschied von über 1000 m hinabstürzen kann, erzeugen mit wenig Wasser eine sehr hohe Leistung. Deshalb beziehen gebirgige Länder wie die Schweiz ihren Strom zum größten Teil aus Wasserkraftwerken.

Nieder- und Mitteldruckkraftwerke, bei denen große Mengen Wasser eine geringe Höhe hinabfallen, können ebenfalls große Mengen an elektrischer Energie erzeugen. Wo die geographischen Bedingungen es erlauben, werden Dämme gebaut, um die Fluten zu stauen und so den Wasserdruck zu steigern.

In vielen Teilen der Welt wurden in unserem Jahrhundert riesige Kraftwerke mit künstlichen Speichern errichtet: Der Assuanstaudamm in Ägypten etwa ist 111 m hoch, 3800 m lang und bildet einen Stausee (den Nasser-See), der eine Fläche von 5000 km² einnimmt. Er hat eine Leistung von 2100 Megawatt – so viel wie zwei Kernkraftwerke – und bietet darüber hinaus noch weitere wirtschaftliche Vorteile. Solche aufwendigen Staudammprojekte können jedoch katastrophale Folgen für die Umwelt haben. Außerdem zwingen sie die ansässige Bevölkerung oft, ihren Wohnort zu verlassen und die angestammte Lebensweise aufzugeben. In manchen Fällen hat die Ablagerung von Schwemmsand die Lebensdauer der Anlagen einschneidend verkürzt. Diesen Schwierigkeiten begegnet man heute oft durch den Bau kleinerer Wasserkraftwerke, die nur ein Dorf oder eine Kleinstadt mit Elektrizität versorgen.

Die Wärme der Meere

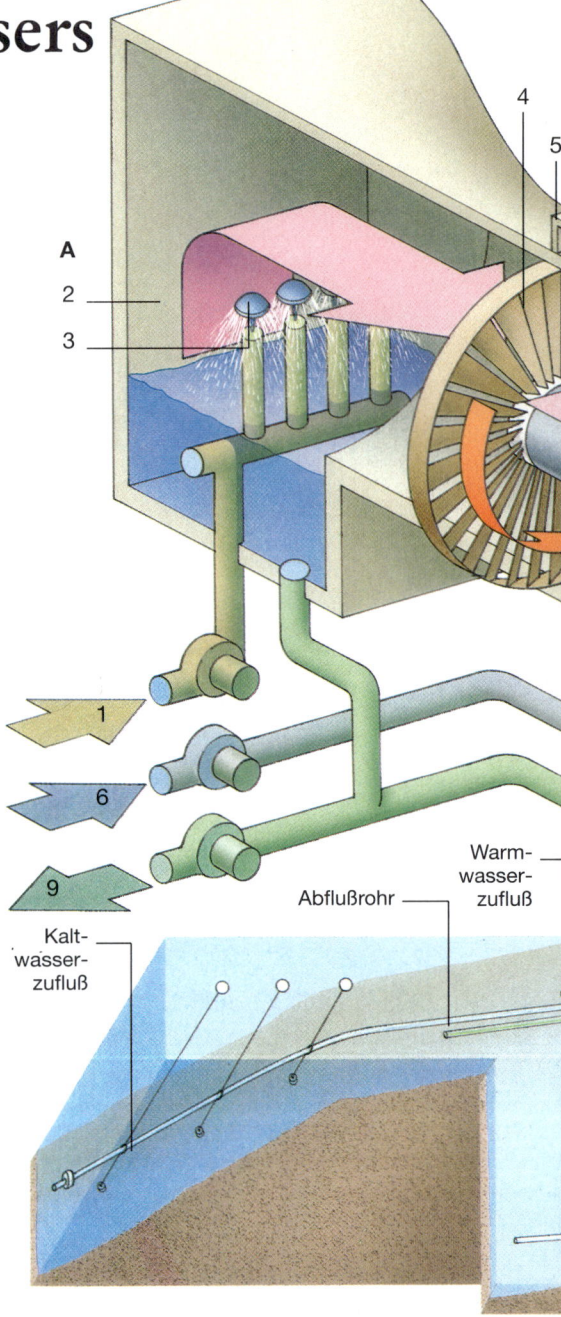

A Gradientenkraftwerke werden in der Zukunft vielleicht einmal die Wärmeenergie des von der Sonne aufgeheizten Meerwassers in Strom umwandeln. Warmes Oberflächenwasser (1) wird in eine Vakuumkammer geleitet (2) und durch Düsen (3) gepumpt, die es in feine Tröpfchen umwandeln. Diese verdunsten rasch und bilden Dampf, der eine Niederdruckturbine antreibt (4). Diese ist wiederum mit einem Stromgenerator verbunden (5). Der Dampf wird durch zwei Kondensatoranlagen geleitet, die mit kaltem Tiefenwasser (6) gekühlt werden. Im ersten Kondensator (7) kommt der Dampf mit Rohren in Berührung, die kaltes Meereswasser enthalten. Das Wasser, das an der Oberfläche dieser Rohre kondensiert, ist salzfrei. Es ist ein wertvolles Nebenprodukt dieses Verfahrens. Der verbliebene Dampf kondensiert durch direkten Kontakt mit kaltem Wasser (8) und wird abgelassen (9). Das kalte Wasser wird aus mindestens 1 km Tiefe durch ein langes Rohr heraufgepumpt. Das warme Wasser stammt von der Oberfläche des Meeres. Rekondensiertes Wasser wird durch ein Abflußrohr wieder ins Meer abgelassen. An solche Anlagen lassen sich z.B. auch Abfüllanlagen für entsalztes Wasser anschließen; riesige Tanks mit kaltem, nährstoffreichem Wasser könnten der Fischzucht dienen.

Warmwasserzufluß
Abflußrohr
Kaltwasserzufluß

Wasserturbinen

Mit einer Jahresstromerzeugung von 320 Millionen Kilowattstunden ist das Walchensee Kraftwerk eines der größten Hochdruckspeicher-Kraftwerke Deutschlands. Seit 1924 speist das Kraftwerk, das den Walchensee und den Kochelsee zur Gewinnung von elektrischer Energie nutzt, Strom in das Hochspannungsnetz.

Siehe auch: Elektronik, S. 408/409 Halbleiter, S. 410/411

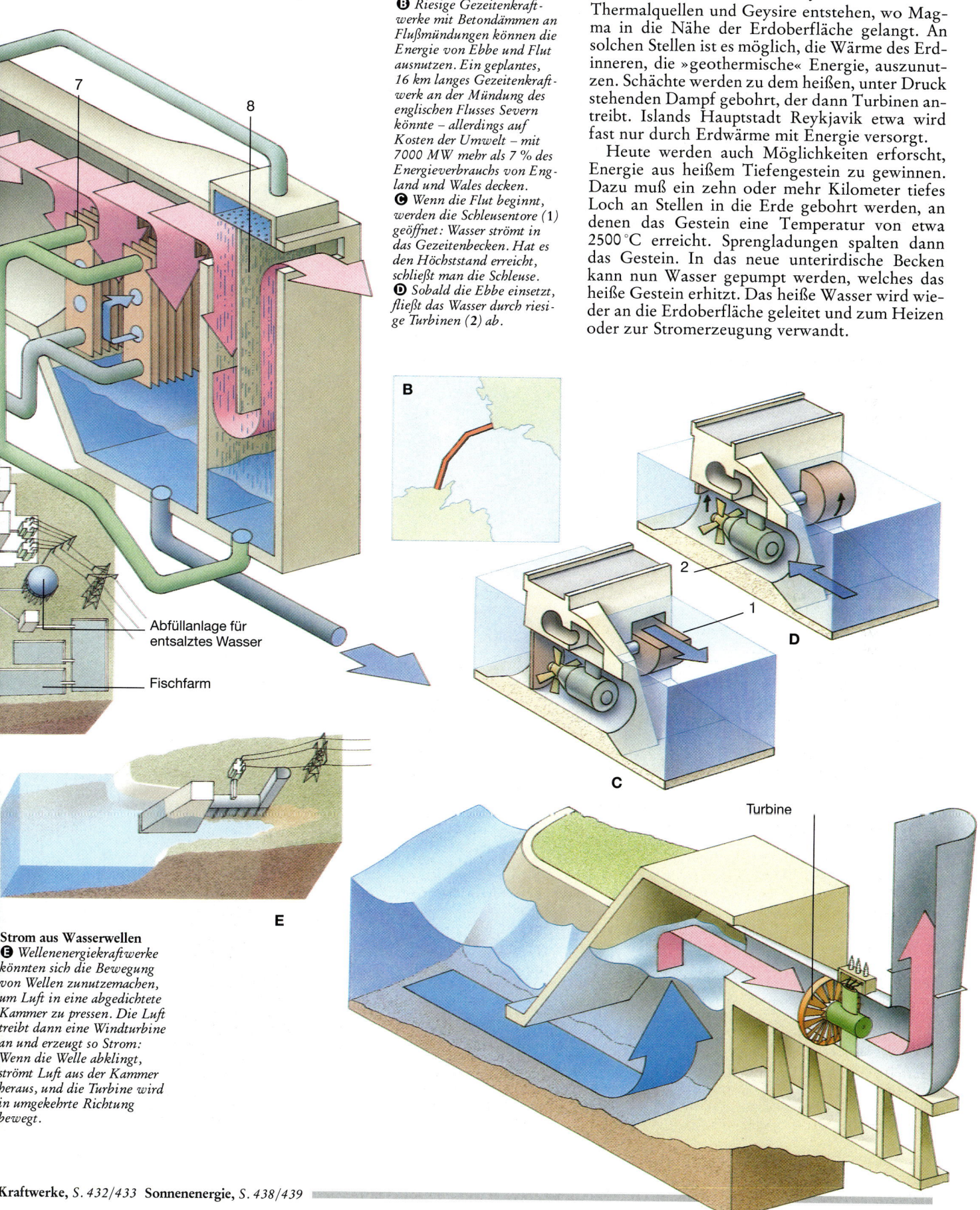

Gezeitenkraftwerke

B *Riesige Gezeitenkraftwerke mit Betondämmen an Flußmündungen können die Energie von Ebbe und Flut ausnutzen. Ein geplantes, 16 km langes Gezeitenkraftwerk an der Mündung des englischen Flusses Severn könnte – allerdings auf Kosten der Umwelt – mit 7000 MW mehr als 7 % des Energieverbrauchs von England und Wales decken.*
C *Wenn die Flut beginnt, werden die Schleusentore (1) geöffnet: Wasser strömt in das Gezeitenbecken. Hat es den Höchststand erreicht, schließt man die Schleuse.*
D *Sobald die Ebbe einsetzt, fließt das Wasser durch riesige Turbinen (2) ab.*

Natürliche und künstliche Geysire

Thermalquellen und Geysire entstehen, wo Magma in die Nähe der Erdoberfläche gelangt. An solchen Stellen ist es möglich, die Wärme des Erdinneren, die »geothermische« Energie, auszunutzen. Schächte werden zu dem heißen, unter Druck stehenden Dampf gebohrt, der dann Turbinen antreibt. Islands Hauptstadt Reykjavik etwa wird fast nur durch Erdwärme mit Energie versorgt.

Heute werden auch Möglichkeiten erforscht, Energie aus heißem Tiefengestein zu gewinnen. Dazu muß ein zehn oder mehr Kilometer tiefes Loch an Stellen in die Erde gebohrt werden, an denen das Gestein eine Temperatur von etwa 2500 °C erreicht. Sprengladungen spalten dann das Gestein. In das neue unterirdische Becken kann nun Wasser gepumpt werden, welches das heiße Gestein erhitzt. Das heiße Wasser wird wieder an die Erdoberfläche geleitet und zum Heizen oder zur Stromerzeugung verwandt.

Abfüllanlage für entsalztes Wasser

Fischfarm

Turbine

B

C

D

E

Strom aus Wasserwellen

E *Wellenenergiekraftwerke könnten sich die Bewegung von Wellen zunutzemachen, um Luft in eine abgedichtete Kammer zu pressen. Die Luft treibt dann eine Windturbine an und erzeugt so Strom: Wenn die Welle abklingt, strömt Luft aus der Kammer heraus, und die Turbine wird in umgekehrte Richtung bewegt.*

Kraftwerke, S. 432/433 Sonnenenergie, S. 438/439

Das wohltemperierte Haus

Wie Heizungen und Klimaanlagen das Wohnen angenehmer machen

Geräte, die unser Raumklima beeinflussen, sind uns zur Selbstverständlichkeit geworden. Meist bemerken wir unsere Heizung oder Klimaanlage erst, wenn sie nicht mehr funktioniert. Gerade dank jener Einrichtungen, die eine von äußerer Kälte oder Hitze unabhängige gemäßigte Temperatur ermöglichen, konnte der Mensch fast jeden Teil der Erde – von den Rändern der polaren Eiskappen bis zu den heißesten Wüsten – in Besitz nehmen. Wohlbefinden oder Unbehagen hängen aber nicht allein von der Temperatur, sondern von einer Kombination aus Wärme, Feuchtigkeit und Luftqualität ab, die sich in modernen Haushalten genau regeln lassen.

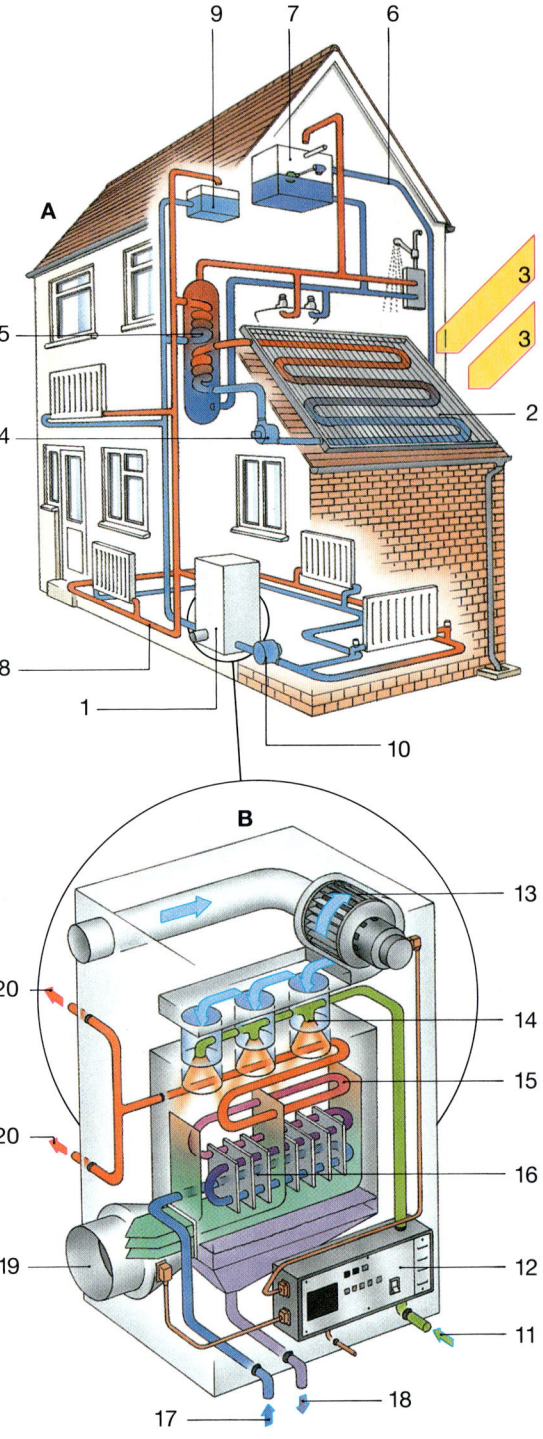

Zwar heizen manche Menschen ihre Häuser noch mit Holz-, Gas- oder Elektroöfen in jedem Raum, doch wird es immer üblicher, Energie von einer zentralen Quelle her zu verteilen. Ein Heizkessel erzeugt dabei Wärme, die sich als Luftstrom im Haus verbreitet. Die Wärme kann aber auch aus einem Boiler stammen, der Wasser in einem geschlossenen Kreislauf erhitzt, ehe es durch eine Reihe von Rohren und Heizkörpern fließt. Heizkörper strahlen etwa 20 % ihrer Wärme als Infrarotwellen ab; der Rest gelangt indirekt über erwärmte Luft in die Umgebung. Die Heizkörper bestehen zumeist aus Preßstahl, der normalerweise unter der Einwirkung von Wasser und Sauerstoff korrodieren würde. Sie rosten nicht, weil der im Wasser gelöste Sauerstoff sich bei einer geringen Anfangskorrosion verbraucht und danach kein Sauerstoff mehr in das System eindringt.

Thermostate regeln die Temperatur

Manche Boiler erhitzen Wasser elektrisch, doch in den meisten Haushalten dienen Gas oder Öl als Energiequelle. In diesen Fällen benötigt das Gerät Luft für die Verbrennung und eine Ableitvorrichtung für die Abgase. Dies geschieht über einen geregelten, zum Raum hin abgedichteten Abzug. Der gegen eine Außenwand oder einen Kamin montierte Boiler saugt Verbrennungsluft von außen an und führt parallel dazu alle kohlendioxid- und kohlenmonoxidhaltigen Abgase ab. Auf diese Weise bleiben Luft und Abgase im Boiler stets von der Raumluft getrennt.

Thermostate steuern die Heizanlage. Sie enthalten einen – meist spiralförmig aufgerollten – Streifen aus zwei verschiedenen Metallen, die sandwichförmig aneinanderliegen. Ändert sich die Temperatur, dehnen sich die Metalle aus oder ziehen sich zusammen – und zwar unterschiedlich schnell, so daß der Bimetall-Streifen sich entweder in die eine oder in die andere Richtung krümmt. Dadurch unterbricht oder schließt er einen Stromkreis, über den Brennstoff in den Boiler gelangt und gezündet wird. Ein einzelner Thermostat reicht aber nicht aus, um eine konstante Innentemperatur zu gewährleisten, da er den Boiler erst dann in Gang setzt, wenn die Temperatur unter einen bestimmten Schwellenwert sinkt. Bis das Gerät wirksam wird, kann die Raumtemperatur um einige weitere Grade gefallen sein. Dieses »Nachhängen« läßt sich durch Zuschalten eines zweiten, externen Thermostaten vermeiden, der einen plötzlichen Abfall der Außentemperatur erkennt und einem Absinken der Innentemperatur zuvorkommt.

Energiesparendes Heizen

A Moderne Heizanlagen sollen Energie sparen, sich leicht regeln lassen und sowohl zum Heizen als auch zur Warmwasserbereitung dienen. In Europa ist das Naßverfahren, bei dem Wasser die Wärme verteilt, das am meisten verbreitete System. Ein Gasboiler erhitzt Wasser (1). Eine Pumpe (10) treibt es durch ein geschlossenes Rohrnetz (8) über eine Reihe von Heizkörpern. Sie sind geriffelt, um die wärmeabgebende Fläche zu vergrößern. Darüber hinaus windet sich das Warmwasserrohr durch einen Wärmeaustauscher (5), in dem es Wärme an einen getrennten Wasserkreislauf abführt. Dieses Warmwasser fließt zu den Hähnen und Duschen in Küche und Bad. Ein großer Speicherbehälter (7) im Dachraum ist an die Hauptwasserleitung angeschlossen (6). Er versorgt diesen Kreislauf und nimmt überschüssiges Wasservolumen auf. Ein zweiter, kleinerer Behälter (9) erfüllt die gleiche Funktion für den Heizungskreislauf.

Heiße Länder nutzen zur Warmwasserbereitung zunehmend Sonnenenergie (3). Die Pumpe (4) treibt Wasser durch Röhren, die unter einem Sonnenpaneel (2) liegen. Dieses ist schwarz eingefärbt und mit Glas abgedeckt, um eine maximale Wärmeaufnahme zu erzielen. Das erhitzte Wasser fließt dann durch den Wärmeaustauscher (5).

Gasboiler

B Bei modernen Gasboilern handelt es sich meist um Modelle vom leistungsfähigen Kondensator-Typ. Ein elektronischer Durchflußregler (12) steuert die Menge des einströmenden Gases (11). Ein Gebläse (13) saugt Luft von außen an. Luft und Gas werden vor der Entzündung in einem Satz abwärts gerichteter Brenner (14) gemischt.

Das Kaltwasser (17) wird in zwei Stufen aufgeheizt: Es durchläuft erst einen gerippten Wärmeaustauscher (16), der seine Energie von den Verbrennungsgasen bezieht, und wird dann durch Röhren geleitet, die direkt durch die Gasflammen laufen (15). Hier kann es sich aufheizen, bis es kochend aus dem Boiler strömt (20). Kondenswasser, das sich an den Platten des Wärmeaustauschers niederschlägt, muß aus dem Boiler geleitet werden (18). Die Verbrennungsabgase (19) verlassen das Gerät durch einen Abzug.

Siehe auch: **Küche**, S. 458/459

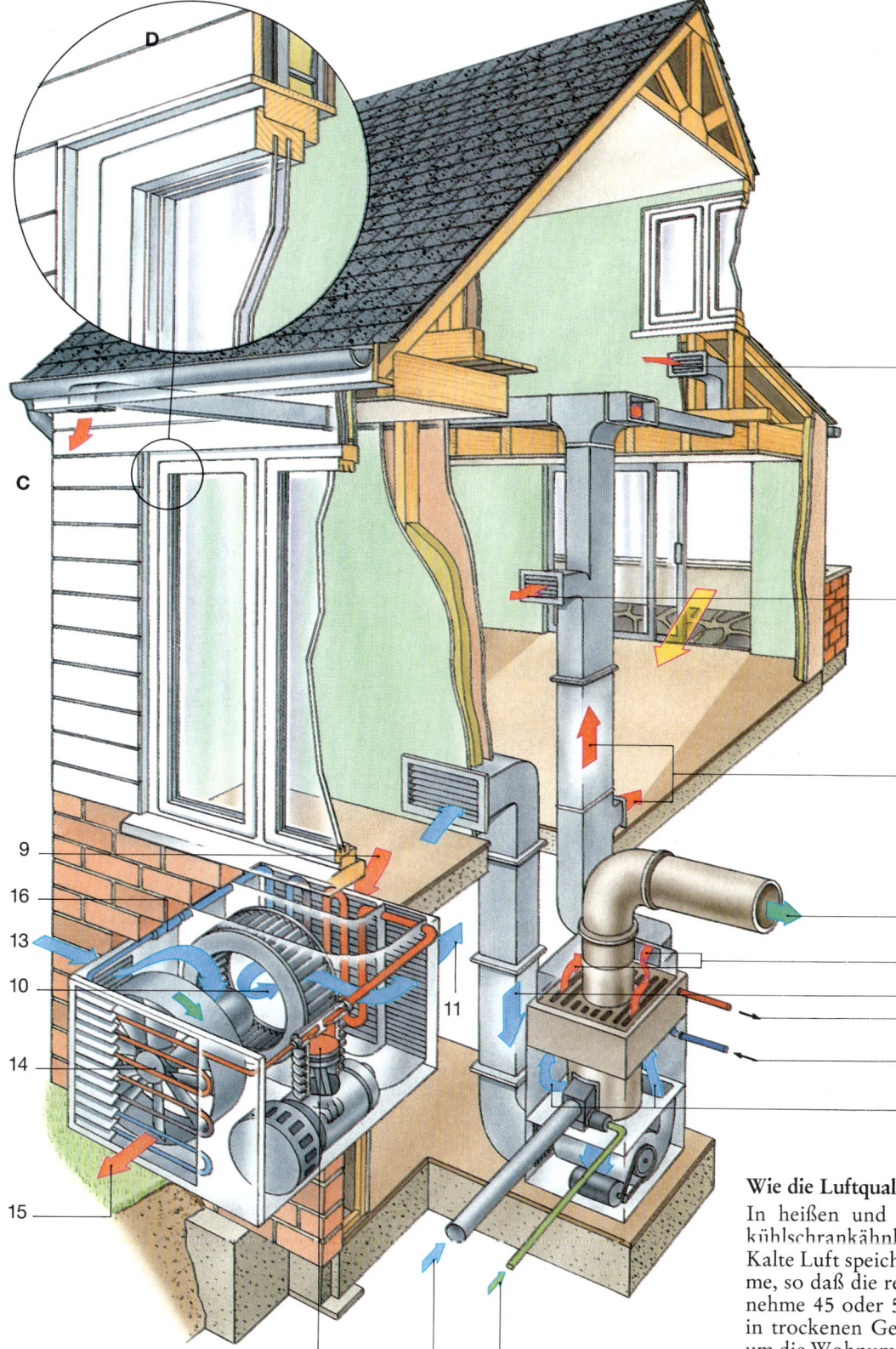

Häusliche Wärme

C **D** *In den USA sorgt in vielen Häusern ein zentraler Heizofen für Raumwärme und Warmwasser. Luft (1) und Brennstoff (2) strömen von außen ein. Als Brennstoff kommen Öl oder Gas in Frage; hier wird ein Ölofen gezeigt. Eine schmale Düse pumpt das Öl in den elektrisch zündenden Ofen. Die Abgase gelangen durch einen Abzug nach außen (3). Ein Gebläse an der Basis des Ofens saugt über einen breiten Kamin aus Metall (4) kalte Luft aus dem Haus an. Diese umfließt die Ofenwände und erwärmt sich dabei (5), ehe sie sich über ein Zuleitungssystem (6) im Haus verteilt. Der Ofen sorgt auch für warmes Wasser: Kaltes Wasser (7) zirkuliert durch einen um den Ofen gelegten Mantel und wird dabei erhitzt (8).*

Hohe Energieverluste beim Heizen lassen sich durch Isolierung vermeiden. Mit Glaswolle verschalte Dach- und Mauerhohlräume zahlen sich dabei ebenso aus wie doppelt verglaste Fenster oder eine Schicht Zinnoxid, welche die Abstrahlung von wärmetragender Infrarotstrahlung nach außen hemmt. All diese Maßnahmen vermögen Wärmeverluste bis auf die Hälfte zu reduzieren. Am spürbarsten lassen sich die Heizkosten jedoch durch Zurückdrehen des Thermostats senken. Eine Rückstellung um nur 1 °C erspart ca. 7 % der anfallenden Kosten.

Wie die Luftqualität verbessert wird

In heißen und feuchten Regionen temperieren kühlschrankähnliche Klimaanlagen die Raumluft. Kalte Luft speichert weniger Feuchtigkeit als warme, so daß die relative Luftfeuchtigkeit auf angenehme 45 oder 55 % sinkt. Umgekehrt setzt man in trockenen Gebieten der Luft Feuchtigkeit zu, um die Wohnumgebung angenehmer zu gestalten. Dabei werden Geräte benutzt, die Luft über ein laufendes Band aus feuchtem Tuch leiten, oder aber Wasser zum Sieden bringen und den Dampf in den Luftstrom einspeisen.

Die etwa 20 kg Luft, die wir täglich einatmen, enthalten – vor allem in den Städten – zahlreiche Verunreinigungen. Ein elektrostatischer Filter kann schädliche Partikel aus der Atemluft entfernen. Dabei zieht ein Ventilator Luft durch ein positiv geladenes Gitter, das die Teilchen ionisiert, weil es einige ihrer Elektronen absprengt, ehe sie an einem zweiten, negativ geladenen Gitter haften bleiben. Die gereinigte Luft fließt in den Raum.

Klimaanlagen

C *Ein geschlossenes Zimmer mit einer Klimaanlage am Fenster funktioniert wie ein großer Kühlschrank. Kaltes, flüssiges Kühlmittel fließt unter niedrigem Druck durch Kühlrippen an der Raumseite. Ein Schleuderlüfter zieht warme Raumluft (9) über die Rippen. Die gekühlte Luft*

(10) strömt in den Raum zurück (11). Das erwärmte Kühlmittel verdunstet und wird dann in einem Verdichter (12) komprimiert. Das heiße, komprimierte Gas fließt durch einen zweiten Rippensatz an der Außenseite. Ein weiterer Lüfter (14) führt kühlere Außenluft (13) über die heißen Rippen, um

deren Wärme abzuziehen (15). Dabei sinkt die Temperatur des Kühlmittels unter seinen Siedepunkt. Es kondensiert und fließt durch ein Expansionsventil (16), wo es durch einen plötzlichen Druckabfall so weit abkühlt, daß es von neuem in den Kühlzyklus eingespeist werden kann.

Suche nach dem optimalen Kompromiß

Wichtige Produktionsverfahren der industriellen Chemie

Das Haber-Bosch-Verfahren zur Ammoniaksynthese zählt zu den ökonomisch bedeutsamsten Erfindungen des 20. Jahrhunderts. Die 1913 entwickelte Methode gestattet es Chemikern, Ammoniak billig und in großen Mengen aus Stickstoff und Wasserstoff zu gewinnen. Als Ausgangsmaterial für Kunstdünger und Sprengstoffe diente Ammoniak in der Vergangenheit sowohl friedlichen als auch kriegerischen Zwecken. Die Produkte der chemischen Industrie sind zwar meist unauffällig, doch fanden sie dank ihrer Vielseitigkeit und der Innovationskraft der Chemiker Eingang in viele Bereiche des modernen Lebens.

Dünge- und Sprengmittel, Plastikfasern, Kühlmittel und eine breite Palette anderer Erzeugnisse enthalten Ammoniak. Mit Schwefel-, Salpeter- und Phosphorsäure, Ätznatron, Chlor, Sauerstoff und Stickstoff gehört es zu den 50 wichtigsten Rohstoffen, auf denen unsere Industrie aufbaut. Sie erzeugt diese Substanzen in gewaltigen Mengen (rund 100 Millionen Tonnen Schwefelsäure pro Jahr weltweit) und nutzt sie für die unterschiedlichsten Produkte. Die große wirtschaftliche Bedeutung bewirkt eine stetige Verbesserung der Herstellungstechniken, deren Hauptziel ein immer höheres Maß an Produktivität und Sicherheit bei gleichzeitig sinkendem Preis ist.

Optimierung der Produktionsprozesse

Industrielle Chemie muß stets der Anforderung Rechnung tragen, die größtmögliche Menge eines Stoffes mit dem geringsten Kostenaufwand zu produzieren. Die Techniker versuchen, die Reaktionsgeschwindigkeit mit Hilfe von Hitze, Druck, Katalysatoren und ausgefeilten Apparaturen zu beschleunigen und damit die Wirtschaftlichkeit zu steigern.

Ein typisches Beispiel für die Optimierung eines chemischen Produktionsprozesses ist das »Kontaktverfahren« zur Schwefelsäuregewinnung. Dabei reagieren Schwefeldioxid (SO_2) und Sauerstoff zu Schwefeltrioxid (SO_3). Unter Zusatz von Wasser entsteht hieraus Schwefelsäure (H_2SO_4). Der erste Teil des Prozesses läuft jedoch nicht nur in einer Richtung ab. Ein Teil des SO_3 verwandelt sich in seine Ausgangsstoffe zurück. Schließlich kommt es zu einem Reaktionsgleichgewicht mit konstantem Verhältnis der beteiligten Substanzen. Dieses verschiebt sich bei einem Absenken der Temperatur zugunsten des Schwefeltrioxids, wobei sich jedoch zugleich die Reaktion verlangsamt. Deshalb greift man zu einer Kompromißlösung. Man beschleunigt die Reaktion mit einem Metallkatalysator, der seine Aktivität allerdings erst oberhalb von 450 °C entfaltet. Um das bestmögliche Ergebnis zu erzielen, hält man die Temperatur unmittelbar über dieser Grenze.

Viele andere Techniken unterstützen chemische Prozesse, ohne direkt in sie einzugreifen. So ist es möglich, Sauerstoff und Stickstoff aus der Erdatmosphäre herauszufiltern, indem man Luft verflüssigt und dann destilliert. Dieser Vorgang funktioniert ähnlich wie ein Kühlschrank: Die Luft wird komprimiert und in einem Wärmeaustauscher gekühlt. Dieser besteht aus einer Reihe schmaler Röhren, welche die Oberfläche vergrößern, auf der die Luft Wärme abgeben kann.

Chlorgewinnung

Ⓐ Die Elektrolyse spaltet eine Substanz mit Hilfe von Elektrizität in ihre einzelnen Bestandteile auf. Dieser Vorgang wird u.a. zur industriellen Herstellung von Chlor genutzt. Durch gelöstes Natriumchlorid (Kochsalzlösung) mit frei beweglichen Natrium- und Chlorionen (1) fließt ein Strom. Die negativen Chlorionen wandern zur positiv geladenen Anode (2) und bilden dort Chlorgas (3). Die negative Kathode (4) aus flüssigem Quecksilber zieht die positiven Natriumionen an. Das dabei entstehende Gemisch sammelt sich in einem zweiten Gefäß (5). Durch Zugabe von Wasser (6) bilden sich Natriumhydroxid (Natronlauge, 7) und Wasserstoffgas (8), zwei wertvolle Nebenprodukte mit einem breiten industriellen Verwendungsspektrum. Für kommerzielle Zwecke läßt sich Chlor in Elektrolysezellen (rechts) auch aus Meerwasser gewinnen. Chlor findet sich in Bleichmitteln und zahlreichen organischen Verbindungen, z.B. in PVC.

Dann läßt man das Gas rasch expandieren, was nach dem Charlesschen Gesetz eine starke Kühlung bewirkt. Ein Teil des Gases verflüssigt sich, der Rest strömt zum Kompressor zurück und fließt erneut in den Kreislauf ein. Durch kontrolliertes Erwärmen gelingt es, die nun verflüssigten Substanzen zu trennen, da der Siedepunkt von Stickstoff mit −196 °C niedriger liegt als der des Sauerstoffs (−183 °C) und er früher verdampft. Stickstoff kommt in vielen Bereichen zum Einsatz. Als Gas erstickt er Flammen und kann beim Einsatz hochreaktiver Verbindungen als Schutz dienen. Flüssiger Stickstoff findet u.a. beim Schockgefrieren Verwendung. Zahlreiche chemoindustrielle Vorgänge verwenden Luftsauerstoff. Zuweilen beschleunigt und intensiviert der Einsatz von reinem Sauerstoff den Prozeß. Dies führt zu einer effektiveren Ausnutzung der Apparaturen und gleicht die hohen Investitionskosten für den Einsatz von Sauerstoff bei weitem aus.

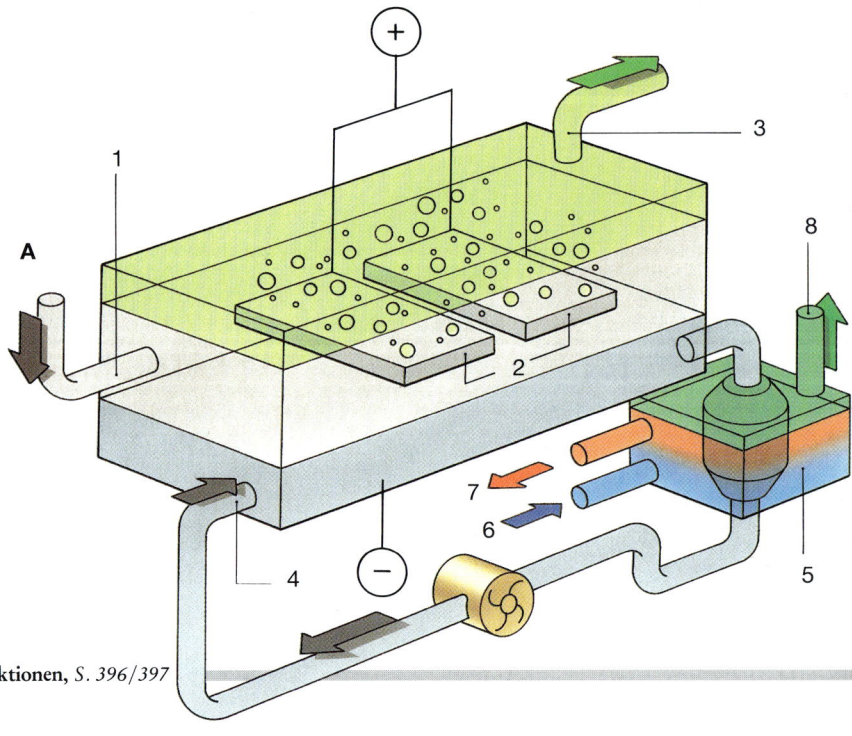

Siehe auch: Chemische Bindungen S. 394/395 Chemische Reaktionen, S. 396/397

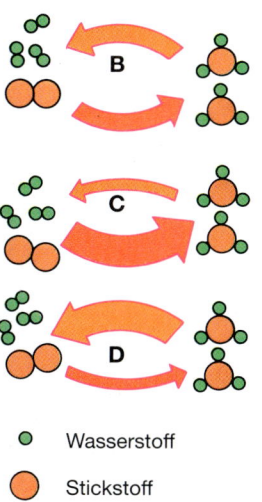

- ● Wasserstoff
- ● Stickstoff
- ● Ammoniak

F

Ammoniaksynthese

Ⓑ Beim Haber-Bosch-Verfahren geht Stickstoff (N₂) eine Synthese mit Wasserstoff (H₂) ein, wobei Ammoniak (NH₃) entsteht. Diese Reaktion ist prinzipiell umkehrbar, d. h., Ammoniak läßt sich ebenso in seine Bestandteile – Stickstoff und Wasserstoff – aufspalten. In Abhängigkeit von Bedingungen wie Temperatur, Druck sowie der Konzentration der Ausgangs- und Endprodukte pendelt sich zu einem bestimmten Zeitpunkt ein Reaktionsgleichgewicht ein, bei dem sich das Verhältnis der Ausgangs- zu den Endstoffen nicht weiter ändert. In industriellen Prozessen bemüht man sich, die Menge der erzeugten Substanzen möglichst zu steigern. Nach dem Prinzip vom kleinsten Zwang (Le Châtelier-Prinzip) weicht ein im Gleichgewichtszustand befindliches System äußeren Veränderungen aus. In der Praxis steigert die Entnahme von Ammoniak die Syntheseleistung, weil das System dazu tendiert, den fehlenden Stoff durch Nachproduktion zu ersetzen, um das Gleichgewicht zu wahren. Ähnlich verhält es sich beim Entzug von Wärmeenergie, die ebenfalls zu den Reaktionsprodukten zählt: Um die fehlende Hitze zu kompensieren, erhöht sich die Temperatur und mit ihr die Quantität des Ammoniaks.

Ⓒ Bei niedrigen Temperaturen und hohem Druck verschiebt sich das Gleichgewicht zu den Endprodukten hin.

Ⓓ Umgekehrt begünstigen hohe Temperaturen und geringer Druck die Ausgangsstoffe. Den Chemiker interessiert nicht nur das Gleichgewicht selbst, sondern auch die Geschwindigkeit, mit der es sich erreichen läßt. Vermag das bloße Auge die Reaktion zwischen Stickstoff und Wasserstoff bei Zimmertemperatur kaum wahrzunehmen, so beschleunigt sich der Vorgang unter Zuführung von Wärme erheblich. Zugleich sinkt, dem Prinzip vom kleinsten Zwang entsprechend, die Menge des anfallenden Endproduktes. Die industrielle Chemie wägt diese Faktoren gegeneinander ab und sucht nach geeigneten Kompromißlösungen.

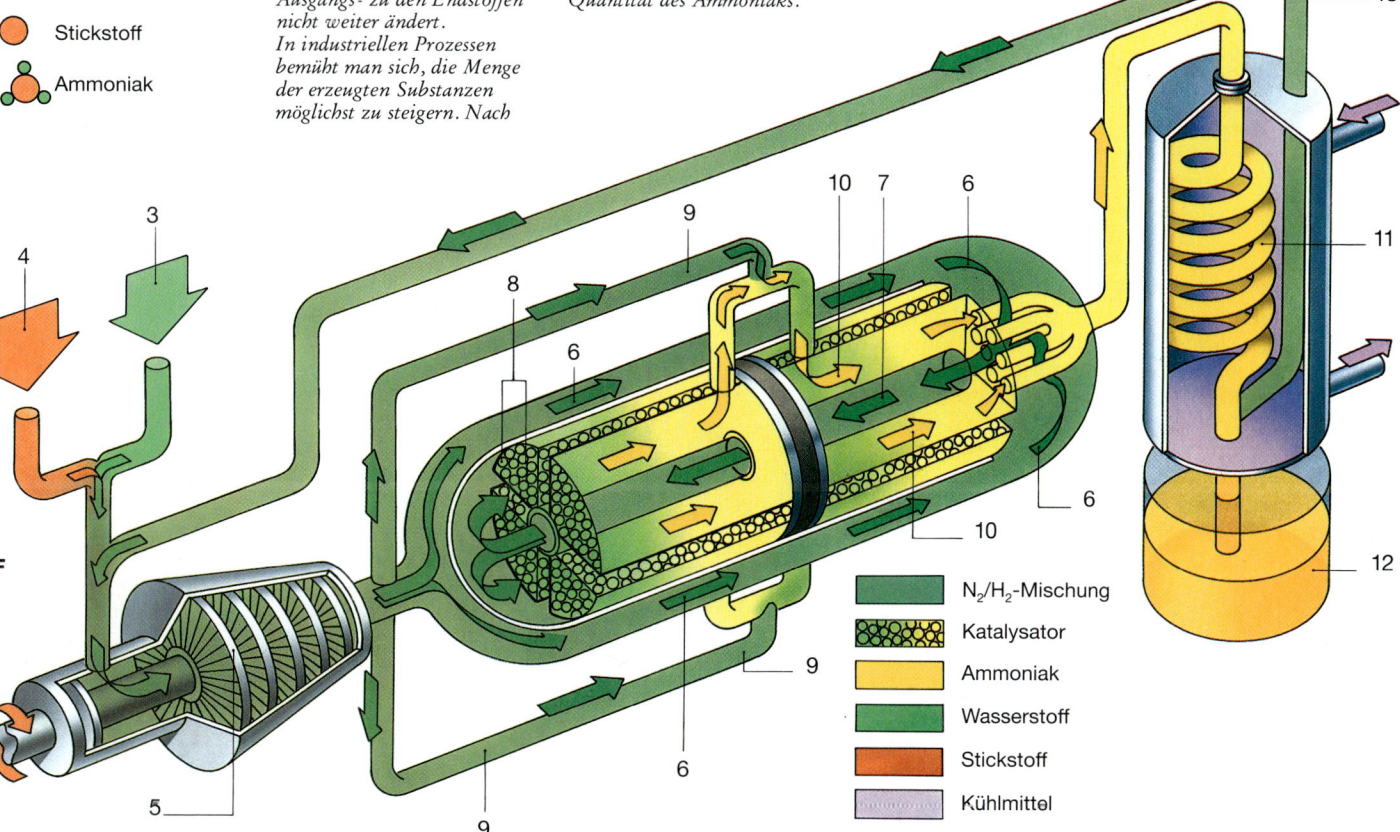

- ● N₂/H₂-Mischung
- ● Katalysator
- ● Ammoniak
- ● Wasserstoff
- ● Stickstoff
- ● Kühlmittel

Das Haber-Bosch-Verfahren

Ⓔ Ⓕ Noch immer entspricht die Herstellung von Ammoniak weitgehend dem Verfahren, das die deutschen Chemiker Haber und Bosch zu Beginn des Jahrhunderts entwickelten. Die Reaktion vollzieht sich bei rund 500 °C und einem Druck von 400 at (392266 Hektopascal). Unter diesen Bedingungen verwandeln sich ca. 90% der Ausgangsstoffe in Ammoniak. Eisenkügelchen dienen als Katalysatoren. An ihrer Oberfläche sammeln sich Wasserstoff und Stickstoff, wobei die alten Bindungen aufbrechen (1) und sich die Elemente neu zu Ammoniak formieren (2). Die Reaktion läuft in einem Stahlgefäß ab. Über ein Röhrensystem strömen Wasserstoff (3) und Stickstoff (4) zu. Ein Kompressor (5) bringt das Gas auf 400 at, ehe es im äußeren Bereich des Kontaktofens (6) Wärme aufnimmt. Ein Rohr (7) leitet es dann durch den Katalysator, der für einen weiteren Anstieg der Temperatur sorgt. Anschließend bewegt sich das Gas über die äußere Schnittfläche der Metallteilchen (8). Bei der Ammoniaksynthese wird Hitze frei, wodurch sich das Gas erwärmt und die Reaktionsgeschwindigkeit sinkt. Um sie wieder anzuheben, setzt man kühles Frischgas zu (9), bevor das Gemisch den zweiten Katalysatorabschnitt durchläuft (10) und weiteres Ammoniak bildet. Durch Tiefkühlung (11) verflüssigt sich dieses und sammelt sich in einem Becken (12). Unverbrauchte Anteile der Ausgangsstoffe durchlaufen den Kreislauf von neuem (13).

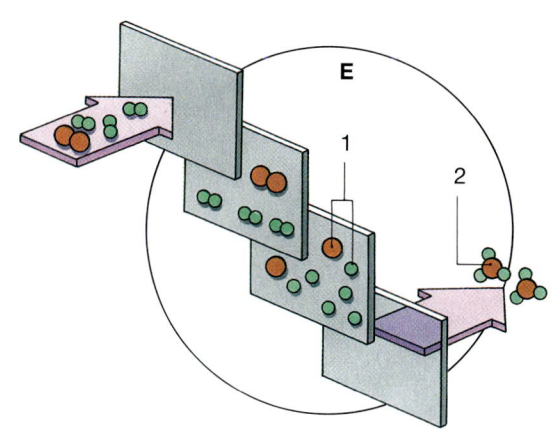

Stahlherstellung, S. 446/447 Raffinerien S. 448/449 Polymere, S. 450/451

Härte durch Kohlenstoff

Roheisengewinnung und Stahlherstellung

Stahl gibt den Erfindungen der modernen Welt Kontur. Er ist äußerst widerstandsfähig, außerdem elastisch, stabil und billig. Deshalb hat er sich zum meistgebrauchten Metall entwickelt und bildet vom Schiffbau bis zur Uhrenproduktion den Grundstoff in zahlreichen Industriesparten. Stahl besteht aus Eisen, dem geringe Anteile Kohlenstoff und Spurenelemente in unterschiedlichen Mengen zugefügt wurden, um es zu härten. Jede der verschiedenen Stahllegierungen hat spezifische Eigenschaften und Anwendungsmöglichkeiten. Schließlich läßt Stahl sich mit Magneten leicht von anderen Abfällen trennen und daher gut wiederverwerten.

Nach Aluminium ist Eisen (Fe) das häufigste Metall in der Erdkruste. Es ist Bestandteil vieler Mineralien. Die wichtigsten Eisenerze heißen Magnetit (Fe_3O_4) und Hämatit (Fe_2O_3). In ihnen ist das Eisen chemisch an Sauerstoff gebunden. Jährlich werden weltweit fast eine Million Tonnen Eisenerz gefördert.

Stahl entsteht in einem zweistufigen Prozeß. In einem Hochofen gewinnt man zunächst aus Eisenerz Eisen. Dann wird das Eisen veredelt und chemisch verändert.

Im Hochofen wird heiße, mit Sauerstoff angereicherte Luft über eine Mischung aus Eisenerz, Koks und Kalkstein geleitet. Sauerstoff und Koks reagieren zu Kohlenmonoxid (CO). Dabei wird Energie frei, welche die Temperatur im Hochofen auf 1900°C ansteigen läßt und das Erz zum Schmelzen bringt. Das Kohlenmonoxid reagiert seinerseits mit dem geschmolzenen Eisen und befreit dabei den im Erz gebundenen Sauerstoff. Chemiker bezeichnen einen solchen Vorgang als Reduktion. Es entstehen Kohlendioxid (CO_2) und geschmolzenes Eisen. Der Kalkstein bindet Verunreinigungen in einer flüssigen Schlacke, die sich auf dem geschmolzenen Endprodukt ablagert und leicht zu entfernen ist. Übrig bleibt Roheisen mit einem Reinheitsgrad von ca. 95 % und 5 % Reststoffen, hauptsächlich Kohlenstoff mit Spuren von Schwefel, Phosphor, Mangan und Silizium.

Die Eigenschaften von Stahl und Edelstahl

Der Kohlenstoffgehalt von Stahl beträgt zwischen 1,7 % und 0,03 %. In der Industrie wird dem Eisen zunächst der gesamte Kohlenstoffanteil entzogen und dann kontrolliert wieder zugeführt.

Das Sauerstoffaufblasverfahren ist heute der gebräuchlichste Weg zur Massenfertigung von Stahl. Besondere Stähle und Stahllegierungen werden dagegen häufig in Lichtbogenöfen erschmolzen, die eine genauere Kontrolle der Stahlzusammensetzung erlauben. Während im Sauerstoffaufblasverfahren geschmolzenes Roheisen und Schrott die Rohstoffe bilden, wird im Lichtbogenofen kaltes Alteisen durch starke elektrische Spannung geschmolzen. In beiden Fällen wird der Kohlenstoff zunächst durch Sauerstoffzufuhr entzogen und dem geschmolzenen Stahl kurz vor dem »Abstich« mit weiteren Zusatzstoffen dosiert wieder beigegeben.

Kohlenstoff und Eisen verbinden sich zu Zementit, einer extrem harten Verbindung. Die Höhe des Kohlenstoffanteils bestimmt den Härtegrad des Metalls. Stahllegierungen mit weniger als 0,15 % Kohlenstoffanteil sind formbar, elastisch und bruchsicher: Sie eignen sich etwa zur Herstellung von Autokarosserien. Der in der Bauindustrie gängige Flußstahl enthält mehr Kohlenstoff und ist stärker, jedoch weniger biegsam. Maschinenwerkzeuge, z.B. Steinbohrer, mit bis zu 1,6 % Kohlenstoffanteil sind extrem belastbar.

Durch Hinzufügen anderer Metalle bekommt Stahl spezielle Eigenschaften. Durch Beimischung von Chrom oder Nickel entsteht Edelstahl, geschätzt wegen seines Glanzes und seiner geringen Rostanfälligkeit. Mangan erhöht die Härte des Stahls. Setzt man dagegen Kobalt und Nickel in bestimmten Mengen zu, dehnt sich der Stahl im selben Maße wie Glas; dies ist für die Herstellung von Fensterrahmen von Bedeutung.

Die physikalischen Eigenschaften des Stahls hängen außerdem vom jeweiligen Kühlungsverfahren ab. Langsames Abkühlen oder Ausglühen macht ihn formbar und resistent gegen Erschütterungen. Schnell abgekühlter Stahl ist dagegen hart und brüchig.

überschüssige Gase zur Gasreinigungsanlage

A

1

4

Verschlußventil

Heißluft

250°C

600°C

1000°C

1900°C

Kalkstein
Koks
Eisenerz

Heißluftleitung

3

2

Schlacke

geschmolzenes Eisen

Aus Eisenerz wird Eisen

A *Die Beschickung des Hochofens mit Eisenerz, Kalkstein und Koks erfolgt von oben (1). Durch Öffnungen, sogenannte Windformen, strömt von unten Heißluft ein. In der Hitze wird das Eisenerz zu Eisen reduziert. Das geschmolzene Eisen sinkt auf den Boden und wird dort abgestochen (2). Die oben schwimmende Schlacke (3) fließt in einen getrennten Behälter. Überschüssige Gase (Gichtgas, 4) steigen nach oben und gelangen zu einer Gasreinigungsanlage. Hochöfen arbeiten etwa zehn Jahre lang rund um die Uhr, dann wird die hitzeresistente Ziegelausmauerung porös und muß ersetzt werden.*

Siehe auch: **Chemische Reaktionen** S. 396/397 **Bergbau** S. 426/427 **Industrielle Chemie,** S. 444/445

Abzug

Sauerstoff-zufuhr

geschmol-zenes Eisen

C

B

Schlacke

feuer-feste Auskleidung

D

E

F

In 40 Minuten vom Eisen zum Stahl

Im Konverter entsteht Stahl durch die Zusammenführung von geschmolzenem Eisen und Sauerstoff. In nur 40 Minuten verwandeln sich dabei 350 Tonnen Eisen in Stahl. Die bei der Reaktion freigesetzte Hitze sorgt selbst dafür, daß die Temperatur des Ofens über dem Schmelz-punkt des Eisens liegt.

B Ein Kran befördert ge-schmolzenes Roheisen in einem Schöpfer vom Hoch-ofen in den gekippten Kon-verter. Zugleich wird Alt-eisen zugefügt, das in der Regel 25 % der Beschickung ausmacht.

C Nach der Aufrichtung des Konverters bläst man nun durch ein wassergekühltes

Rohr mit hoher Geschwin-digkeit Sauerstoff in das Ge-fäß. Er reagiert mit dem Kohlenstoff im Roheisen zu Kohlendioxid und anderen Oxiden. Der zugefügte Kalk bildet mit den oxidierten Verunreinigungen eine Schlacke, die sich auf der Oberfläche ablagert. Gicht-gas verläßt den Konverter über einen Abzug.

D Der veredelte Stahl sinkt auf den Boden des Ofens, wo er abgestochen wird. In die-sem Stadium können andere Metalle hinzugefügt werden, um die gewünschte Stahlle-gierung zu erhalten.

E Wenn der Stahl abgeflos-sen ist, wird die Schlacke entfernt, und der Ofen steht für eine neue Beschickung bereit.

Die Formung des Stahls

Der geschmolzene Stahl fließt in eine fortlaufende Guß-mulde. Dadurch entsteht ein endloser Barren, der sich auf jede beliebige Länge schnei-den läßt.

Im Walzwerk wird der Stahlstrang anschließend wieder zur Rotglut erhitzt und von starken Walzen in die gewünschte Form gepreßt (oben rechts).

F Die Anzahl und Anord-nung der Walzen bestimmen die Gestalt des fertigen Pro-dukts. So entsteht die typi-sche I-Form handelsüblicher Universalstahlträger, die vor allem im Baugewerbe Ver-wendung finden, durch die Kombination von senkrecht und waagerecht angeordne-ten Walzen.

Eine »raffinierte« Industrie

Die Verarbeitung von Rohöl

In reiner Form oder als Schmieröl ist Erdöl ein Grundstoff der meisten Industriegüter und Fertigungstechniken. Als Brennstoff deckt es heute rund 40% des Energiebedarfs der Menschheit. Das Rohöl selbst besitzt allerdings nur geringe Verwendungsmöglichkeiten. Es besteht aus einem Gemisch von Flüssigkeiten und gelösten Gasen, die physikalisch getrennt und chemisch behandelt werden müssen, damit das Erdöl seinen eigentlichen Wert erlangt. Dazu wird das Rohöl in Raffinerien verarbeitet, die zum Teil die Größe einer Kleinstadt erreichen. Weltweit produzieren über 900 Raffinerien eine kaum übersehbare Palette an Erdölprodukten.

Rohöl ist keine einheitliche Substanz, sondern eine veränderliche Mischung von Kohlenwasserstoffmolekülen. Diese Teilchen setzen sich in erster Linie aus Kohlenstoff- und Wasserstoffatomen zusammen, sind manchmal jedoch auch mit Schwefel, Stickstoff oder Sauerstoff verbunden. Zudem weisen die Moleküle starke Größenunterschiede auf: Einige bilden einfache, unverzweigte Ketten, die aus weniger als zehn Atomen bestehen, andere sind verästelt oder ringförmig und binden mehr als 100 Atome.

Trennung der Ölprodukte durch Erhitzung

Voraussetzung für eine Weiterverarbeitung von Rohöl ist, seine Bestandteile voneinander zu trennen. In Raffinerien wird dazu das klassische Verfahren der Destillation verwendet. Erhitzt man Stoffe, so gehen sie vom festen in den flüssigen und anschließend vom flüssigen in den gasförmigen Zustand über. Der Siedepunkt der einzelnen Bestandteile des Öls steigt mit zunehmender Größe der Moleküle. Dieser Unterschied im Siedepunkt wird bei der in der Rohölraffinierung angewandten fraktionierten Destillation ausgenutzt.

Die Destillation erfolgt in bis zu 80 m hohen Fraktioniertürmen, wo innen in unterschiedlicher Höhe perforierte Böden angebracht sind. Die Temperatur beträgt am Fuß des Turms ca. 400˚C, an der Spitze lediglich 30˚C. Wenn erhitztes Rohöl in den Turm gepumpt wird, sinken die flüssigen Bestandteile nach unten, während die Dämpfe nach oben steigen und auf dem Weg

Destillation des Rohöls

A *Die Fraktionierkolonne (1) bildet das Herzstück der Ölraffinerie. Von unten strömt Rohöl in den Turm (2), das zuvor im Hochofen auf 400˚C erhitzt wurde. Ein Teil des Öls verdampft bei dieser Temperatur und steigt nach oben. Auf dem Weg kühlt es ab und kondensiert je nach Siedetemperatur auf verschiedenen Ebenen des Turms. Die Flüssigkeit sammelt sich auf den Böden (3), die im Abstand von 50 cm im Turm angebracht sind. Füllkörper (4) auf jeder Ebene leiten die aufsteigenden Gase durch die bereits kondensierte Flüssigkeit hindurch. Dadurch erhitzt sich das abgelagerte Öl erneut, so daß die leichter flüchtigen Bestandteile sich mit den übrigen nach oben steigenden Gasen verbinden. So spaltet sich das Rohöl in eine Reihe von Kohlenwasserstoffverbindungen (Fraktionen) mit unterschiedlichen Siedepunkten. Die leichteste Fraktion besteht aus kleinen, einfach strukturierten Molekülen, welche die Kolonne in gasförmigem Zustand verlassen (5). Schwerere Frak-*

tionen werden auf verschiedenen Ebenen direkt von der Säule abgezapft (6). Einige lassen sich sofort verarbeiten, während man andere zunächst reinigt oder chemisch verändert. Zu den schwersten Fraktionen zählen Flüssigkeiten, die bei der anfänglichen Erhitzung des Rohöls nicht verdampfen. Sie werden in einen Vakuum-Destillierkolben gepumpt (7), in dem der Siedepunkt der Fraktionen durch Unterdruck abgesenkt wird. Die Destillation läuft daher bei einer weit niedrigeren Temperatur ab, als dies unter atmosphärischen Bedingungen der Fall wäre. Die schweren Fraktionen, die bei der Vakuum-Destillation entstehen, werden anschließend oftmals in kleinere, besser verwendbare Moleküle gespalten. Zu den häufig angewandten Verfahren zählt in diesem Zusammenhang das »katalytische Kracken«, bei dem die Rohölfraktionen mit Hilfe eines Katalysators zerteilt werden.

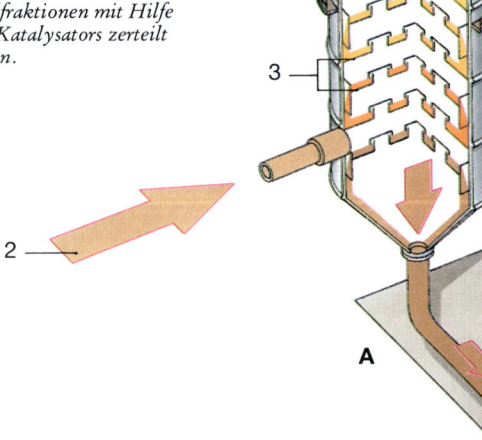

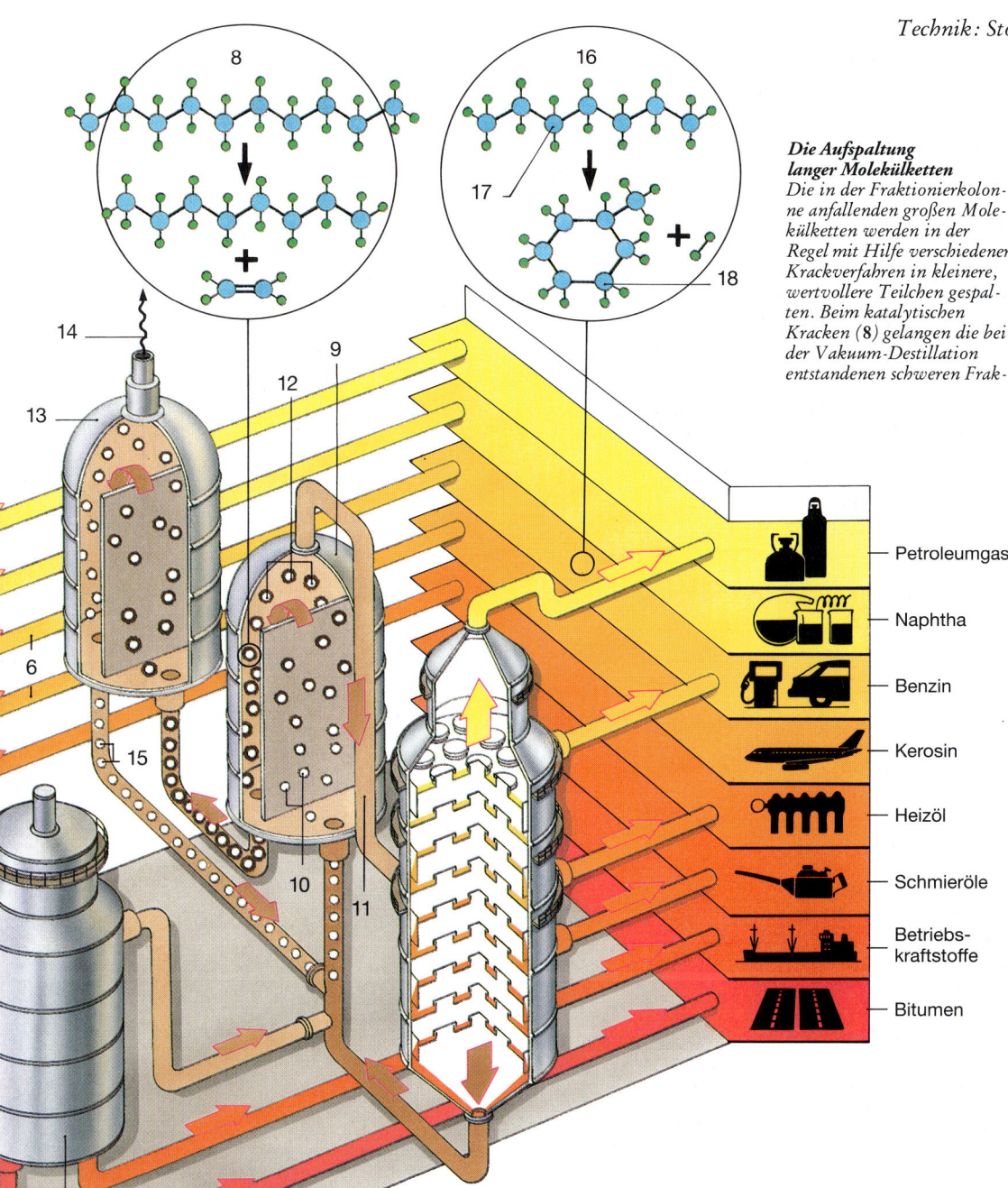

Die Aufspaltung langer Molekülketten

Die in der Fraktionierkolonne anfallenden großen Molekülketten werden in der Regel mit Hilfe verschiedener Krackverfahren in kleinere, wertvollere Teilchen gespalten. Beim katalytischen Kracken (8) gelangen die bei der Vakuum-Destillation entstandenen schweren Frak-tionen in einen großen Reaktor (9). Sie reagieren dort bei einer Temperatur von ca. 500 °C mit pulverisierten Mineralien wie Silikaten, Tonerde oder Zeolit (10), die als Katalysatoren (Reaktionsbeschleuniger) dienen. Die großen Moleküle werden gespalten; kleinere Verbindungen entweichen als Dampf durch die Reaktorspitze in eine zweite Fraktionierkolonne (11). Um die Katalysatorstoffe an einer weiteren chemischen Reaktion zu hindern, erstickt man sie durch eine Kohlenstoffschicht (12) und läßt das Produkt dann in einen zweiten Reaktor (13) entweichen. Dort wird der Kohlenstoff bei einer Temperatur von 725 °C zu Kohlendioxidgas verbrannt (14); die wiedergewonnenen Katalysatorstoffe eignen sich nun für einen erneuten Krackvorgang (15). Neben dem Kracken gibt es eine Reihe anderer Verfahren, um die Größe, Form oder Reinheit der verschiedenen Fraktionsmoleküle zu verändern. Benzin etwa wird chemisch umgewandelt (reformiert, 16) und dadurch qualitativ verbessert. Durch Reforming verwandelt man Kohlenwasserstoffketten wie Heptan (17) in ringförmige Moleküle (18) und gewinnt so einen gut brennbaren Treibstoff mit hoher Oktanzahl.

Petroleumgas

Naphtha

Benzin

Kerosin

Heizöl

Schmieröle

Betriebskraftstoffe

Bitumen

Produktionsanlagen

Die größten Raffinerien erstrecken sich über eine Fläche von über 100 Hektar. Sie besitzen bis zu 15 Fraktionierkolonnen und 70 Vorratstanks. Viele Raffinerien liegen an Häfen mit großer Wassertiefe, so daß Tanker mit einem Fassungsvermögen von über 400 000 Tonnen dort ankern können.

Erdölprodukte

Weltweit werden jährlich rund drei Milliarden Tonnen Rohöl zu einer riesigen Spanne von Produkten verarbeitet. Die Fraktion mit dem niedrigsten Siedepunkt, das Raffineriegas, steigt in der Fraktionierkolonne am höchsten. Es wird als Brennstoff zum Betreiben der Raffinerie genutzt. Die zweitleichteste Fraktion mit bis zu vier Kohlenstoffatomen pro Molekül ist flüssiges Petroleumgas, das in Flaschen gefüllt als Brennstoff in den Handel gelangt. Zu den leichten Fraktionen zählen auch Benzin mit fünf bis acht und Naphtha mit sechs bis zehn Kohlenstoffatomen. Letzteres findet vor allem in der chemischen Industrie Verwendung. Zu den schweren Fraktionen gehören Kerosin (Flugzeugbenzin) und Gasöl (zehn bis zwanzig Kohlenstoffatome), das als Heizöl und Kraftstoff für Dieselmotoren dient. Noch schwerer sind Schmieröle, Betriebskraftstoffe sowie im Straßenbau zu verwertende teerartige Bitumen mit über zwanzig Kohlenstoffatomen pro Molekül.

dorthin abkühlen. So bilden sich unterschiedliche Ölfraktionen, je nachdem, auf welcher Höhe das Öl abgezogen wird.

Reinigung und Weiterverarbeitung

Durch Destillation werden flüssige Stoffe voneinander getrennt, ohne daß sich ihre Eigenschaften verändern. Anschließend reinigt oder modifiziert man die Fraktionen, um die verschiedenen Stoffe so intensiv wie möglich nutzen zu können. Schwere Fraktionen, die aus großen Molekülketten bestehen, lassen sich in kleinere, wertvolle – etwa Petroleum – spalten. Umgekehrt können leichte Moleküle zusammengefügt werden, um größere zu erzeugen. Kraftstoffe wie Dieselöl oder Kerosin unterzieht man einer Reinigung, um ihren Schwefelgehalt zu senken und den Ausstoß von Schadstoffen bei der Verbrennung zu verringern. Bei einigen Kraftstoffen lassen sich durch eine Veränderung der Form der Moleküle die Verbrennungseigenschaften verbessern.

Siehe auch: **Bindungen,** *S. 394/395* **Reaktionen,** *S. 396/397* **Kohlenstoffchemie,** *S. 398/399* **Ölförderung,** *S. 430/431* **Polymere,** *S. 450/451*

Plastische Moleküle

Herstellung und Eigenschaften von Polymeren

Die Giganten in der Welt der Chemie heißen Polymere. Tausende von Atomen sind in ihnen miteinander verkettet. Nicht nur der Mensch, auch die Natur nutzt die Eigenschaften dieser Riesenmoleküle. Zu den natürlich vorkommenden Polymeren zählen Lignin, der Hauptbestandteil von Holz, und die DNS, die in fast allen Lebewesen die Erbinformation speichert. Industriell erzeugte Polymere kennen wir als »Kunststoffe«. Ihre Zusammensetzung hängt davon ab, welche Aufgaben sie erfüllen sollen. Flexible Kunststoffasern lassen sich zu Kleidungsstücken verarbeiten, andere sind so widerstandsfähig, daß man Flugzeuge aus ihnen bauen kann.

Der Begriff Polymer setzt sich aus den griechischen Wörtern polys (viel) und meros (Teil) zusammen. Polymere sind Riesenmoleküle, in denen sich zwischen hundert und einer Million Untereinheiten, sogenannte Monomere, aneinanderreihen. Die meisten wirtschaftlich bedeutsamen Polymere beruhen auf Kohlenstoffverbindungen, doch gibt es auch anorganische Polymere. So werden bei vielen industriellen Schmierölen Siliziummonomere miteinander verkettet.

Man unterscheidet überdies zwischen Homopolymeren, die lediglich Untereinheiten eines einzigen Typs verketten, und Copolymeren, die sich aus verschiedenartigen Monomeren zusammensetzen. Der Kunststoff Polyethylen enthält zum Beispiel ausschließlich Ethyleneinheiten, während viele synthetische Gummisorten aus einer Verbindung von Butadien und Styrol bestehen.

Die Moleküle werden nach Maß gefertigt

Die Eigenschaften eines Polymers hängen nicht nur davon ab, welche Monomere miteinander verkettet sind. Wichtig ist auch, welche dreidimensionale Struktur sich bei der Verkettung ergibt. In manchen Polymeren reihen sich die Untereinheiten aneinander wie Perlen auf einer Schnur, andere verzweigen sich und bilden mit Seitenketten benachbarter Moleküle ein komplexes Gitterwerk. Bei der chemischen Herstellung von Polymeren, der Polymerisation, ist es möglich, die Größe und Gestalt des Riesenmoleküls zu beeinflussen und ihm Eigenschaften wie Härte, Elastizität oder die Fähigkeit zur Faserbildung zu verleihen.

Polymere, bei denen nur wenige Verzweigungen die regelmäßige dreidimensionale Struktur unterbrechen, neigen zur Bildung von Kristallen und verknüpfen sich mit ihren Nachbarmolekülen zu einem dichten, zähen Material. Moleküle mit vielen Seitenketten können sich dagegen nicht eng zusammenschließen; sie besitzen wegen ihrer lockeren Struktur nur eine schwache Spannung.

Die Menge der Verzweigungen und der Anteil an verschiedenen Substanzen bestimmen, wie ein Polymer auf Hitze oder Belastungen reagiert. So eignet sich z. B. PVC (Polyvinylchlorid), das für Verkleidungen, Regenrinnen und Röhren benutzt wird, nach Zusatz von Weichmachern zur Herstellung von Textilien.

Anders als natürliche Materialien rosten und verrotten Polymere nicht. Diese Langlebigkeit ist einerseits von großem Vorteil, erschwert andererseits jedoch die Abfallbeseitigung. Um dieses Problem zu lösen, fügt man häufig Zuckermoleküle

Siehe auch: **Bindungen,** S. 394/395 **Chemische Reaktionen,** S. 396/397

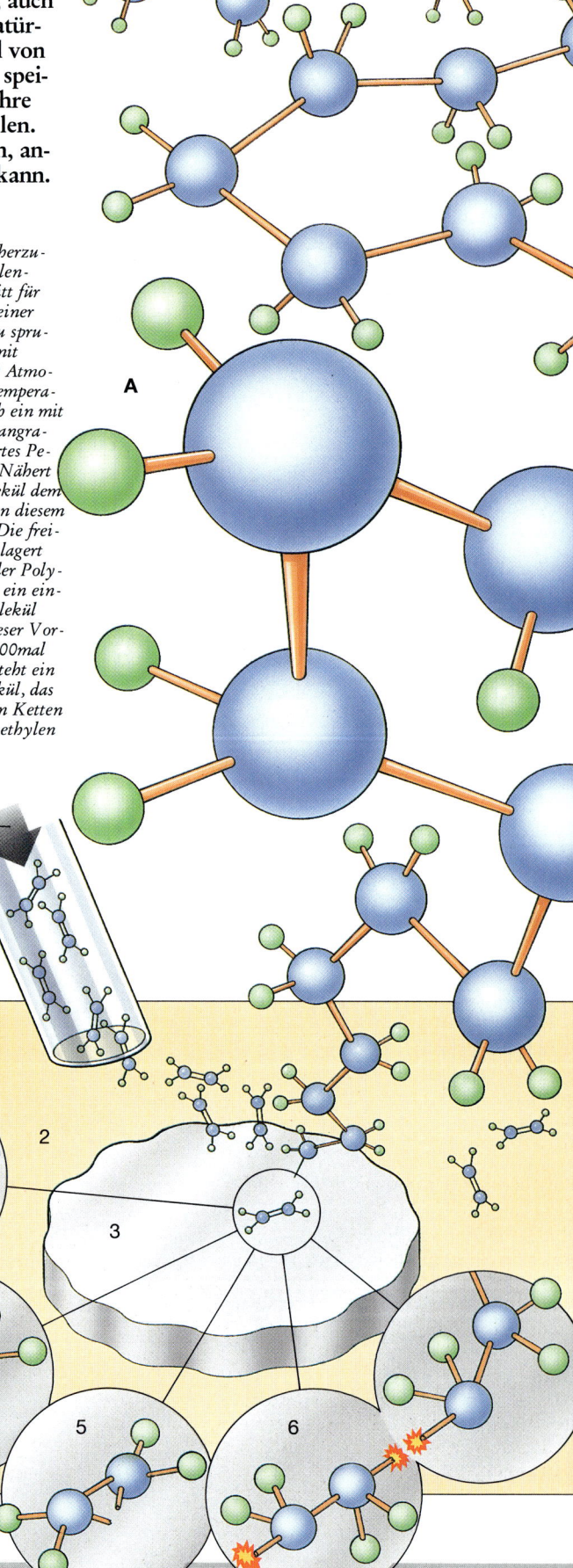

Molekülverkettung
A *Um Polyethylen herzustellen, werden Ethylen-Untereinheiten Schritt für Schritt an das Ende einer Kette angefügt. Dazu sprudelt Ethylengas (1) mit einem Druck von 20 Atmosphären und einer Temperatur von 150 °C durch ein mit dem Katalysator Titangranulat (3) angereichertes Petroleumdestillat (2). Nähert sich ein Ethylenmolekül dem Titan an, wird es von diesem aufgebrochen (4,5). Die freigewordene Bindung lagert sich dann am Ende der Polymerkette an (6). Um ein einziges Polyethylenmolekül herzustellen, muß dieser Vorgang sich bis zu 50 000mal wiederholen. Es entsteht ein unverzweigtes Molekül, das sich mit benachbarten Ketten zu hochdichtem Polyethylen verknüpft.*

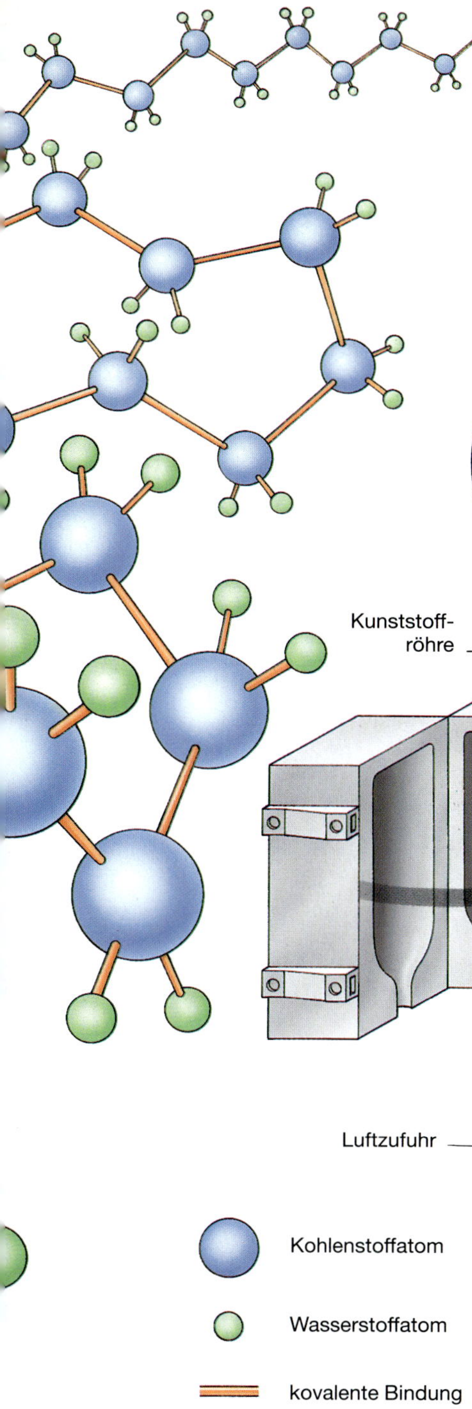

Trichter

B

Metallbehälter

Schraube

Heizelemente

Kunststoff-röhre

Guß-form

Luftzufuhr

fertiggestellte Flasche

Kohlenstoffatom

Wasserstoffatom

kovalente Bindung

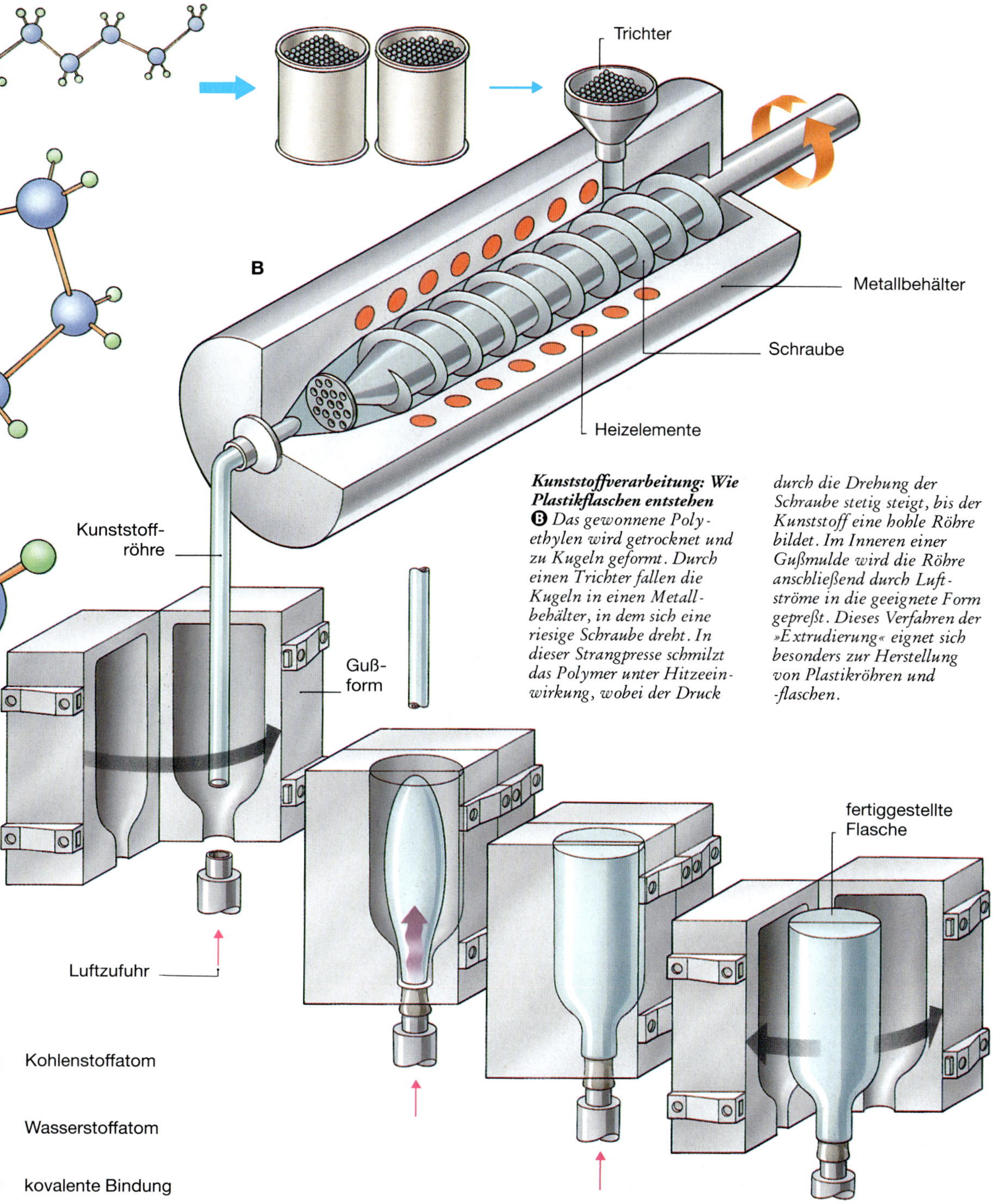

B Das gewonnene Poly-ethylen wird getrocknet und zu Kugeln geformt. Durch einen Trichter fallen die Kugeln in einen Metall-behälter, in dem sich eine riesige Schraube dreht. In dieser Strangpresse schmilzt das Polymer unter Hitzeein-wirkung, wobei der Druck durch die Drehung der Schraube stetig steigt, bis der Kunststoff eine hohle Röhre bildet. Im Inneren einer Gußmulde wird die Röhre anschließend durch Luft-ströme in die geeignete Form gepreßt. Dieses Verfahren der »Extrudierung« eignet sich besonders zur Herstellung von Plastikröhren und -flaschen.

in die Polymerkette ein. Zuckerabbauende Bakte-rien können die Kette dann in kleine Fragmente zerbrechen. In der Medizin finden organisch ent-sorgbare Polymere ebenfalls Verwendung: Chir-urgische Fäden und Arzneikapseln, die sich von selbst im Körper auflösen, bestehen aus biologisch abbaubaren Polymeren.

Polymere in der Informationstechnik

Auch die moderne Informationstechnik arbeitet überall dort, wo Photonen (»Lichtteilchen«) ver-wendet werden, mit Kunststoffen auf Polymerba-sis. Glasfaserkabel leiten die Photonen, so wie Metalle Elektronen leiten. Da Photonen sich mit Lichtgeschwindigkeit fortbewegen, können Com-puter, die solche »Lichtstromkreise« benutzen, Daten schneller verarbeiten als Geräte mit her-kömmlichen Leitungen. Überdies sind Kunst-stoffkomponenten leichter als metallische und un-terliegen keinen magnetischen oder elektrischen Störungen.

Plastikflaschen

C Thermoplaste werden vor allem zur Fertigung von Plastikflaschen, Folien oder Fasern verwendet. Es handelt sich um Polymere mit gerin-ger Kettenverzweigung. Sie schmelzen bei Hitze und verformen sich bei Dehnung.

Autoreifen

D Elastomere dienen u. a. zur Produktion von Autorei-fen. Sie weisen mehr Quer-verbindungen auf und keh-ren nach Belastung wieder in ihre Form zurück.

Isolierungen

E Duroplaste behalten auf-grund ihrer netzartigen Ver-knüpfung ihre stabile Form. Sie eignen sich gut als Iso-liermaterial und finden sich oft in elektrischen Geräten.

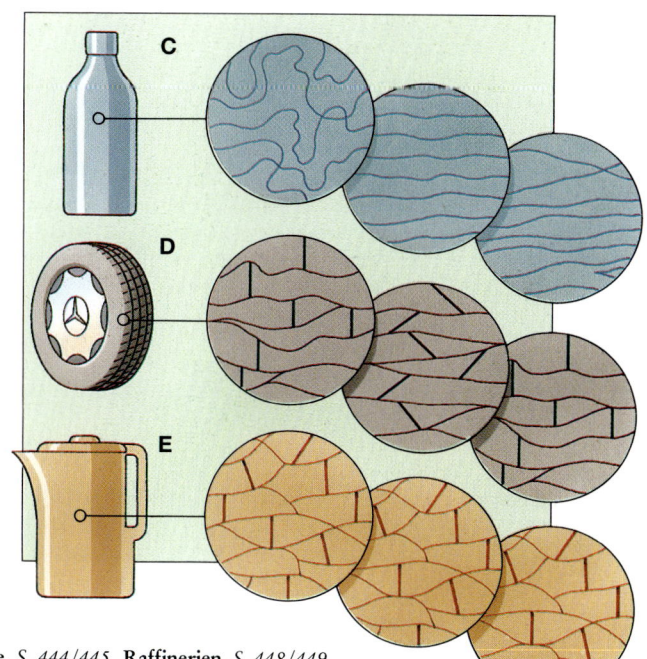

C

D

E

Spannweiten über 2000 m

Die Leistungen des modernen Brückenbaus

Der Ponte Vecchio in Florenz ist bereits seit 1345 eine wichtige Verkehrsverbindung über den Arno und zugleich Inbegriff architektonischer Eleganz und baulicher Stabilität – ein Vorbild noch für moderne Architekten. Aufgrund enorm gewachsener physikalischer Kenntnisse und mit stärkeren und zugleich leichteren Baumaterialien entwerfen aber auch die Brückenbauer unserer Zeit technische Wunderwerke. So überspannt die Humber Bridge in England die Mündung des Flusses Humber in einem einzigen, 1,4 km langen Bogen. Ihr Gewicht von 38 000 Tonnen tragen paarweise angeordnete Stahlkabel, die an 150 m hohen Türmen hängen.

Es gibt kein »ideales« Konstruktionsmuster für eine Brücke. Immer müssen eine Reihe von Faktoren berücksichtigt werden: die zu überbrückende Strecke, die Art des Verkehrs, der sich über die Brücke bewegt, die Bedingungen des Baugrunds, Materialkosten und ästhetische Kriterien. Alle Brücken gehen auf vier Grundformen zurück: Balken-, Bogen-, Ausleger- und Hängebrücke. Diese Typen unterscheiden sich in der Tragkonstruktion, also dadurch, wie die Lasten – das Eigengewicht der Brücke und das Gewicht der Fahrzeuge, die diese Brücke benutzen (die Verkehrslast) – verteilt sind.

Bei der Balkenbrücke trägt ein waagerechter Beton- oder Stahlbalken, der auf zwei Pfeilern ruht, die Verkehrslast. Hauptnachteil ist, daß der Balken nachgibt, seine Oberseite zusammengepreßt und seine Unterseite auseinandergezogen wird; so entstehen leicht Risse. Das Eigengewicht des Balkens und die Last des Verkehrs, der über die Brücke fährt, wirken häufig auch auf die Pfei-

Schrägseilbrücken

Obwohl einer Hängebrücke ähnlich, ist die Schrägseilbrücke (unten) eine von der Auslegerbrücke abgeleitete Brückenform. Die freitragenden waagerechten Elemente sind an Pfeilern befestigt und werden von den fächerförmig von den Turmspitzen ausgehenden Seilen unterstützt. Die Seile verhindern, daß die Fahrbahn sich verformt. Seilverspannte Brücken können deshalb mit verhältnismäßig dünnem Überbau hergestellt werden; so entsteht der Eindruck einer luftigen Konstruktion. Derartige Brückenformen sind seit den 50er Jahren üblich geworden; hier abgebildet ist die Brücke in der Bucht von Yokohama in Japan.

Konstruktionsvarianten

Ⓐ *Balkenbrücken werden oft mit Stahlverstrebungen ausgesteift, um die Stabilität zu erhöhen. Manchmal dienen Durchlaufträger aus Stahl mit quadratischem oder rechteckigem Querschnitt als »Balken«. Diese Kastenträger überspannen mehr als 250 m.*
Ⓑ *Bogenbrücken werden aus Stahl oder Spannbeton gebaut. Der Überbau stützt sich entweder über Streben auf dem Bogen ab oder er ist direkt am Bogen aufgehängt.*

Ⓒ *Für Auslegerbrücken werden häufig Kastenträger oder Stahlfachwerkkonstruktionen verwendet. Der Hauptvorteil besteht darin, daß solche Brücken vom Ufer aus ohne jegliches Gerüst gebaut werden können.*
Ⓓ *Hängebrücken machen von allen Konstruktionen die größten Spannweiten möglich. Die Brücke über die japanische Meerenge von Akashi, die 1998 fertiggestellt sein soll, wird 1990 m überspannen.*

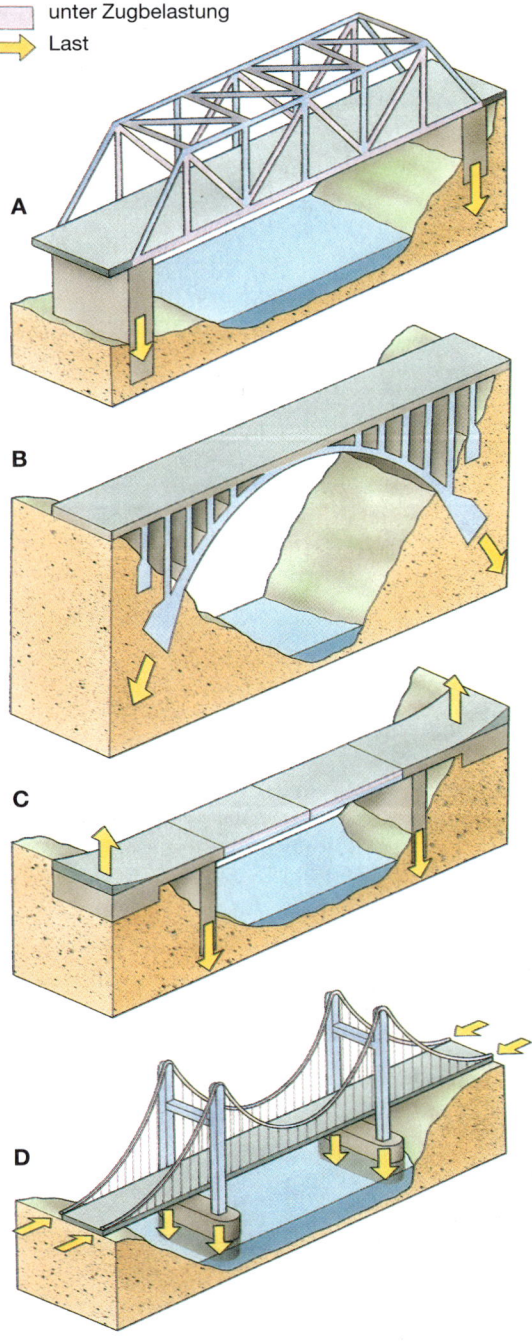

- unter Druckbelastung
- unter Zugbelastung
- Last

A

B

C

D

Siehe auch: Stahlherstellung, S. 446/447 Tunnel, S. 454/455 Wolkenkratzer, S. 456/457

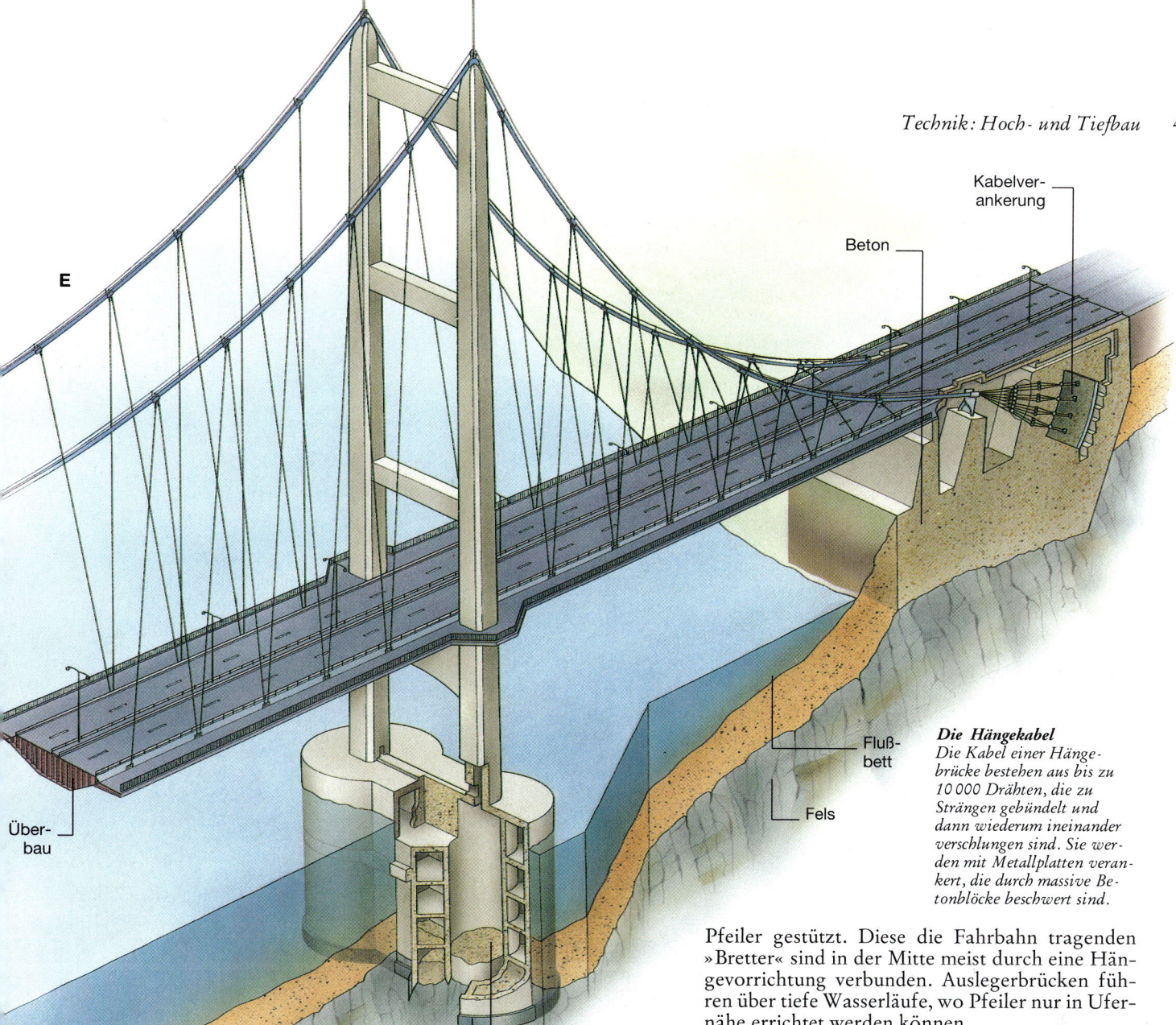

E

Kabelver-
ankerung

Beton

Über-
bau

Fluß-
bett

Fels

Metallver-
ankerung

Caisson

Die Hängekabel
*Die Kabel einer Hänge-
brücke bestehen aus bis zu
10 000 Drähten, die zu
Strängen gebündelt und
dann wiederum ineinander
verschlungen sind. Sie werden mit Metallplatten verankert, die durch massive Be-
tonblöcke beschwert sind.*

Pfeiler gestützt. Diese die Fahrbahn tragenden
»Bretter« sind in der Mitte meist durch eine Hän-
gevorrichtung verbunden. Auslegerbrücken führen über tiefe Wasserläufe, wo Pfeiler nur in Ufer-
nähe errichtet werden können.

Hängebrücken überspannen noch breitere Ab-
gründe. Die eigentliche Brücke – mit rechteckigem oder trapezförmigem Querschnitt zur Erhöhung der Stabilität – hängt an dicken Kabeln
aus Stahl. Diese sind beiderseits des Ufers verankert und werden über Betonpylone geführt.

Vor- und Nachteile von Betonkonstruktionen

Die Spannweite der Brücken hängt nicht zuletzt
vom Verhältnis zwischen der Festigkeit und dem
Gewicht der Baustoffe ab, aus denen sie erbaut
sind. Auslegerbrücken aus hochdehnbarem Stahl-
fachwerk erreichen bis zu 700 m Spannweite.
Hängekonstruktionen ermöglichen Spannweiten
von 1500 m und mehr, da Kabel größere Spannungen aufnehmen können als Stahlbalken.

Beton ist ein billiges und gut zu verarbeitendes
Material. Er ist widerstandsfähig gegen Druckkräfte, nicht jedoch gegen Zugkraft, und eignet
sich deshalb vor allem für Bögen und Pfeiler, weniger für Balken und Ausleger. Die seit den 50er
Jahren angewandte Spannbetontechnik verleiht
dem Beton größere Zugfestigkeit. Dazu werden
Stahlseile mit hydraulischen Winden angespannt
und dann mit Beton umgossen. Die Seile straffen
den Beton und erlauben ihm nun auch, Spannungen aufzunehmen.

**Wie die Fundamente
gelegt werden**
E *Die Pylone einer Hängebrücke sind hohle Spannbe-
tonkonstruktionen, die bis zu
100 m hoch sein können. Um
die Pfeiler im Flußbett zu
verankern, werden ihre Fundamente in einem aufwendigen Verfahren gelegt. Zuerst
wird ein Caisson – ein unten
offener großer Senkkasten
aus Beton – in den Boden
eingelassen. In den Caisson
bläst man Preßluft, um Wasser, Geröll und Ablagerungen aus ihm zu entfernen
und den Boden auszuhöhlen.
Der Caisson wird so lange
beschwert, bis er in die gewünschte Tiefe hinabgesun-
ken ist. Dann wird er unten
abgedichtet und mit Beton
gefüllt, so daß ein solides
Fundament entsteht.*

ler und können sie verschieben. Diese Kraft ist um
so stärker, je mehr sich der Balken biegt. Durch
eine größere Zahl von Pfeilern sowie einen feste-
ren Balken kann die Brücke stabilisiert werden.
Die Balken moderner Brücken bestehen aus Beton
oder aus Stahlkonstruktionen, dem sogenannten
Fachwerk, das die Stabilität erhöht, ohne das Eigengewicht zu vergrößern. Bogenbrücken werden
gebaut, wo Pfeiler schwer anzubringen sind, etwa
über Schluchten oder reißenden Strömen. Der
Bogen ist besonders stabil, weil auf ihn gleichmäßige Druckkräfte wirken, die ihn zusammendrücken, statt ihn auseinanderzuziehen. Das Gewicht der Verkehrslast wird als schräg nach außen
gerichtete Druckkraft über die Fußpunkte des Bo-
gens an die Widerlager weitergegeben.

Die Auslegerbrücke ähnelt in ihrer Konstruktion zwei Sprungbrettern, deren Schmalseiten an-
einanderstoßen. Jedes dieser freitragenden »Bretter« ist im Ufer fest verankert und wird ein Stück
weit vom Ufer entfernt nach innen durch einen

Stählerne Maulwürfe

Der Bau des Kanaltunnels

Seit dem 1. Dezember 1990 ist Großbritannien keine Insel mehr. Die Vereinigung der beiden Teilstücke des Kanaltunnels schuf die erste feste Verbindung zwischen England und Frankreich seit der Eiszeit und eröffnete eine neue Ära des Schienenverkehrs. Genaugenommen besteht das Bauwerk aus drei separaten Röhren 50 m unterhalb des Meeresbodens – ausgebaggert von riesigen, 500 Tonnen schweren Bohrmaschinen. 33 Monate dauerte es, bis das Mammutprojekt beendet war. 13 000 Arbeiter beförderten genügend Gestein ans Tageslicht, um die größte Pyramide von Gizeh, die Cheopspyramide, dreimal damit füllen zu können.

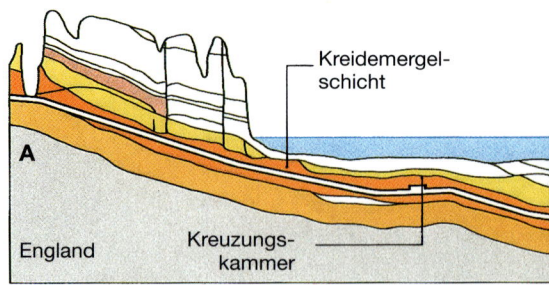

Seit dem frühen 19. Jahrhundert träumten Ingenieure davon, einen Tunnel unter dem Ärmelkanal zu graben. Die Vorhaben scheiterten aus Mangel an technischen Kenntnissen und finanziellen Mitteln und auch an fehlendem politischen Willen – nicht zuletzt wegen der englischen Angst vor einer französischen Invasion. So konnte die neben dem japanischen Seikantunnel längste Unterwasserpassage der Welt erst im Mai 1994 dem Verkehr übergeben werden. Ihr Bau kostete über 15 Milliarden US-Dollar.

Vor der Ausbaggerung wurden verschiedene Routen geprüft. Mit seismischen Vermessungsmethoden kartierte man die Gesteinsschichten unter dem Kanal; von provisorischen Bohrplattformen aus nahmen die Ingenieure Kernproben aus Tiefen bis zu 80 m unter dem Meeresboden.

Der Bohrvorgang

In einem ersten Bauabschnitt begann man 1988, den 4,8 m breiten Versorgungstunnel zu bohren, der zwischen den beiden Eisenbahntunneln verläuft. Von ihm aus ließ sich der Zustand der Kreidemergelschicht prüfen, bevor die aufwendigen Hauptbohrungen begannen. Den mächtigen Tunnelbohrmaschinen waren schmale Bohrer vorgeschaltet, die 10 m im voraus sondierten, ob Wassereinschlüsse oder andere unerwartete Gefahren drohten.

Die Tunnelbohrmaschinen arbeiten wie riesige mechanische Erdwürmer. Die Bohrköpfe tragen an ihrer Stirn mechanische Meißel. Etwas zurückgesetzt, fügen Roboterarme gebogene Betonsegmente zur Innenschale zusammen. Ihre Druckbelastung ist zweieinhalb bis dreimal so hoch wie die von Elementen moderner Brücken. Dann werden die Lücken zwischen Kreide und Betonverschalung mit Mörtel aufgefüllt. Laserstrahlen halten die Riesenmaschinen auf Kurs; auch kleinste Abweichungen werden hydraulisch sofort korrigiert.

Während des Baus des Kanaltunnels förderten die Tunnelbauer über sechs Millionen Kubikmeter Lehm. Auf der französischen Seite mischten sie den Aushub mit Wasser und pumpten den Brei in Lagunen, die später mit Gras bepflanzt wurden. Die Engländer schütteten den Aushub am Fuße der weißen Klippen von Dover auf, um Baugrund für die benötigten Klima- und Pumpanlagen zu gewinnen. Auf der französischen Seite ist das Gelände geologisch stark verworfen, so daß Wassereinbrüche in den neugegrabenen Tunnel drohten. Um diese Gefahr abzuwenden, brachte man direkt hinter den Schneidköpfen der Tunnelbohrmaschinen Wasserdichtungen an; außerdem wur-

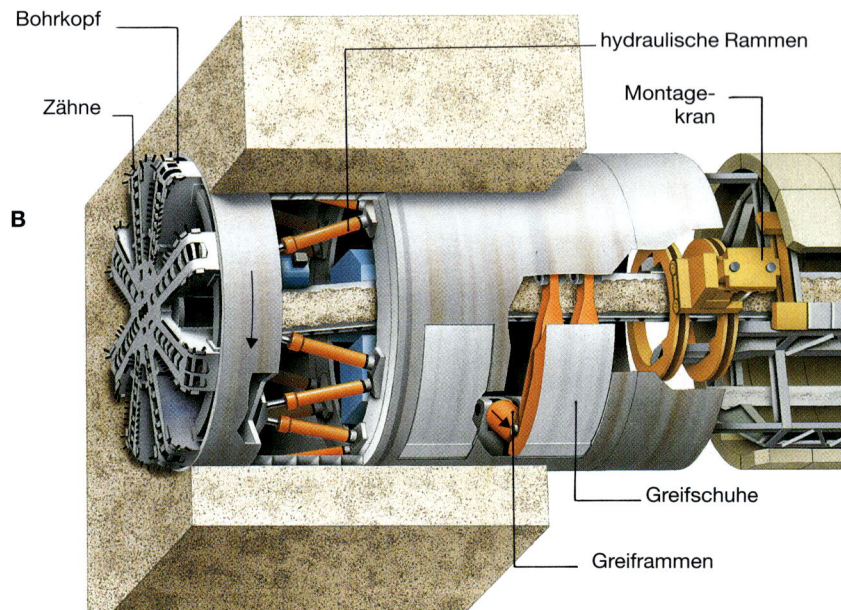

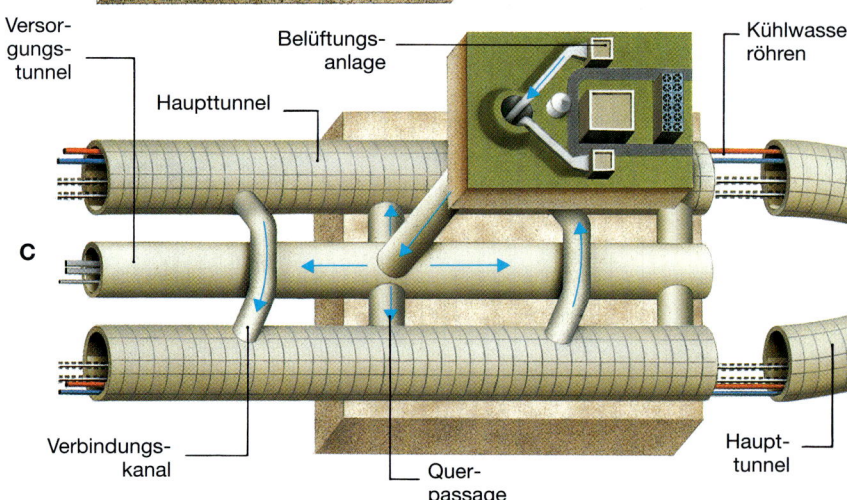

Infrastruktur des Tunnels
Ⓒ Der Kanaltunnel besteht aus drei getrennten Röhren: zwei Tunnel, in denen die Gleise liegen, und einem Versorgungstunnel, der auch zu Evakuierungsmaßnahmen benutzt werden kann. Durch einen Schacht zur Oberfläche werden pro Sekunde über 70 m³ Ventilationsluft in den Versorgungstunnel geblasen.

Diese fließt durch Querpassagen – Verbindungen zwischen allen drei Tunnel im Abstand von 375 m – in die Eisenbahntunnel. Daneben nehmen alle 250 m Verbindungsröhren die Druckwelle auf, die ein schnell fahrender Zug erzeugt. Ein paar Kilometer von jeder Küste entfernt, können die Züge in 19 m

breiten und 170 m langen Kreuzungskammern die Gleise wechseln. Zwei Zugtypen benutzen den Tunnel: der personenbefördernde Eurostar und der Autoreisezug Le Shuttle. Der Versorgungstunnel verfügt über eigene Rettungsfahrzeuge – automatisch gesteuert durch Kabel, die unter der Straße verlaufen.

Siehe auch: **Bergbau**, S. 426/427 **Erdölprospektion**, S. 428/429 **Erdölförderung**, S. 430/431

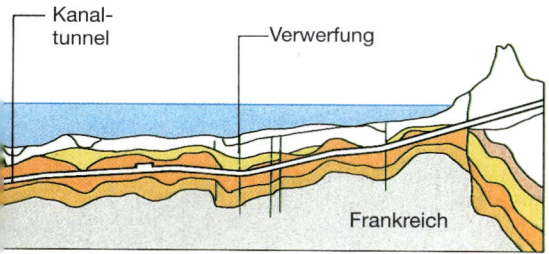

Kanal-
tunnel

Verwerfung

Frankreich

Betonsegment

Abraumförderband

Schluß-
segment

oberes Segment-
förderband

Die Tunnelbohrmaschinen
B *Fast 9 m hohe Tunnelbohrmaschinen, die eine 260 m lange Schleppe mit Geräten hinter sich herzogen, bohrten die Hauptröhren des Kanaltunnels. Über ein eigenes Schienennetz wurden Abraum und Versorgungsgüter zwischen Küste und Baustelle transportiert. Vorn an der Tunnelbohrmaschine dreht sich der Schneidkopf, dessen harte Zähne sich in die Kreidemergelschicht fräsen, durch die der Tunnel getrieben wird. Den Abraum beseitigt ein Förderband. Greifschuhe, die von hydraulischen Rammen gegen die Wände gedrückt werden, fixieren die Tunnelbohrmaschinen, während andere Rammen den Schneidkopf*

Probleme mit der Kreideschicht
A *Die Kreidemergelschicht eignet sich für den Tunnelbau in fast idealer Weise. Insbesondere ermöglicht sie einen schnellen Tunnelvortrieb, weil sie nicht zu hart und außerdem wasserundurchlässig ist. Sie besitzt andererseits Festigkeit genug, um bis zur Ausschalung des Tunnels standzuhalten. Die Schicht unterquert den ganzen Ärmelkanal, wird aber auf der französischen Seite durch Verwerfungen gestört, bevor sie in die Tiefe abtaucht. Daher kam der Tunnelbau von Frankreich her zunächst nur langsam voran. Hier wurde der Tunnel mit wasserdichten Gußeisenelementen verschalt.*

vortreiben und ihn auf Kurs halten. Ein Montagekran fügt alle 1,5 m einen Ring aus sechs Betonsegmenten als Innenschale ein und schließt ihn mit einem siebten, dem Schlußsegment, ab. Über Förderbänder im oberen und unteren Teil der Tunnelbohrmaschine gelangen die Segmente vor Ort.

den die Tunnel auf der französischen Seite mit Gußeisen verschalt.

Nach dem ersten und dem zweiten Drittel des Weges münden die beiden Bahntunnel in weiträumige Kreuzungskammern. Dort können die Züge von einem Gleis aufs andere wechseln, so daß für routinemäßige Wartungen nur jeweils ein sechstel des gesamten Tunnelnetzes gesperrt werden muß.

Sicherungen gegen Gesteinseinbrüche
Die englische Kreuzungskammer wurde nach der »neuen österreichischen Tunnelbauweise« gegraben, einem Verfahren, das auch bei allen Neubaustrecken der Deutschen Bahn AG angewandt wird. Große Bohrköpfe an regulierbaren Auslegern schürfen die Kammer abschnittsweise aus. Dabei wird das freigelegte Gestein sofort mit Spritzbeton eingesprüht. Matten, Bolzen und Bögen aus Stahl sorgen zusätzlich dafür, daß das Gestein seine Festigkeit nicht verliert.

Auch bei anderen modernen Tunnelbauverfahren kommt es vor allem darauf an, die Festigkeit des untertunnelten Gesteins zu sichern. Eine Möglichkeit besteht darin, mit einer Kühlflüssigkeit das Wasser innerhalb des Gesteins für einige Zeit einzufrieren. Es können aber auch härtende Flüssigkeiten in das Gebirge gedrückt werden. Eine weitere Sicherungsmethode besteht darin, eine unter hohem Druck stehende Zementmischung in das Gestein zu spritzen, die nach dem Trocknen die Festigkeit deutlich erhöht.

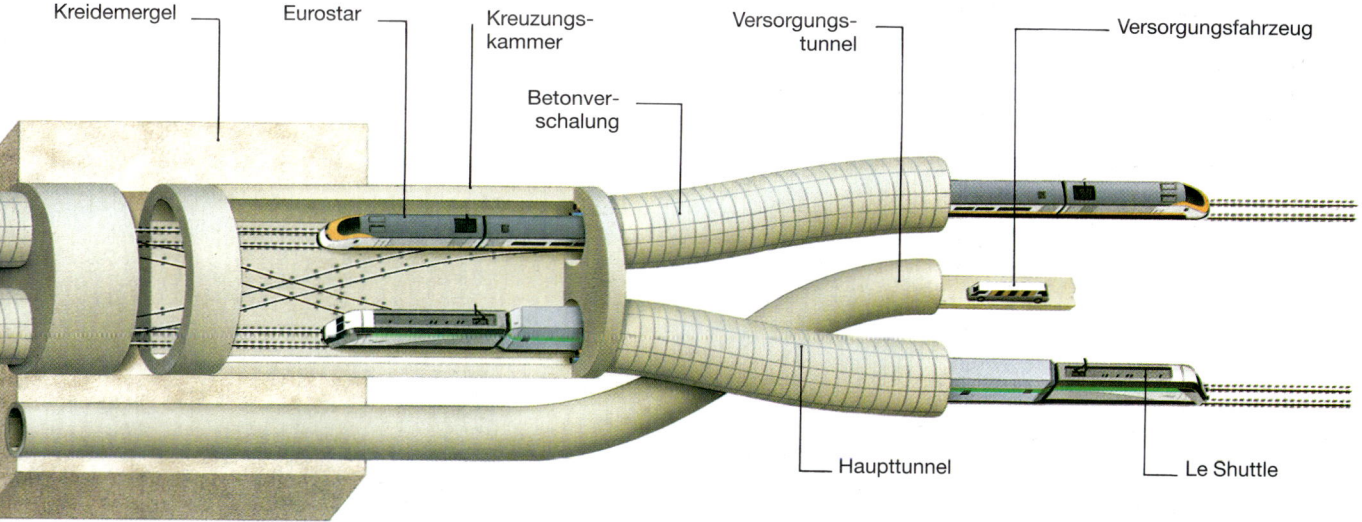

Kreidemergel Eurostar Kreuzungskammer Versorgungstunnel Versorgungsfahrzeug

Betonverschalung

Haupttunnel Le Shuttle

Fluchtpunkte
Diese eindrucksvolle Ansicht eines der beiden Haupteisenbahntunnel zeigt deutlich die dicken Kühlwasserröhren. Sie dienen dazu, die von vorbeifahrenden Zügen erzeugte Hitze abzuführen. Über die Betonsimse zu beiden Seiten der Schienen kann ein steckengebliebener Zug verlassen werden.

Die neuen Türme von Babylon

Wie Wolkenkratzer entstehen

Der 443 m hohe Sears Tower, der die Skyline von Chicago beherrscht, war lange das höchste Bürogebäude der Welt. Bis 1996 hielt der 1974 errichtete Wolkenkratzer mit seinen 110 Stockwerken diesen Rekord, dann wurde er von einem Hochhaus in Kuala Lumpur übertroffen. Man schätzt, daß am Ende des 20. Jahrhunderts 300 Millionen Menschen in 21 Megastädten leben werden, deren Raumbedarf vielleicht noch höhere Bauwerke decken werden. Japanische Baufirmen haben bereits Pläne für Gebäude bis zu 2 000 m Höhe vorgelegt. Mit vorhandenen Technologien könnte bereits heute ein Wolkenkratzer mit einer Höhe von 800 m errichtet werden.

Ein sicheres Fundament

Wie bei jedem Gebäude müssen auch beim Bau eines Wolkenkratzers zunächst die Fundamente gelegt werden: Zuerst wird an der entsprechenden Stelle die Erde ausgehoben, indem man eine Schicht des Bodens unterhalb des geplanten Gebäudes ausgräbt oder heraussprengt und die Seitenwände der Grube mit Brettern abstützt, die mit Stahlpfeilern, den sogenannten »Soldaten«, befestigt werden. Die Grabungen reichen bis auf einen Erd- oder Felsengrund, der das Gewicht des Gebäudes tragen kann. Häufig müssen jedoch zahlreiche dicke Pfeiler mit Rammen in den Grund getrieben werden, um festere Bodenschichten zu erreichen. Und manchmal ist der Boden so nachgiebig, daß man ihn mit chemischen Mitteln binden muß: Die Zwillingstürme des World Trade Center in New York stehen auf einem Grund, der auf diese Weise »konsolidiert« wurde.

Die Bodenpfeiler werden in der Regel mit einer Grund- oder Sohlplatte aus Beton verbunden, in der die vertikalen Stützen des Wolkenkratzers verankert sind. Die Grundplatte und die Bodenpfeiler dienen als Anker, die nicht nur das Gewicht des Gebäudes tragen, sondern es auch gegen Seitenwinde abstützen. Das Fundament eines Wolkenkratzers muß entsprechend massiv angelegt sein – das 288 m hohe Gebäude in der South Wacker 311 in Chicago ruht z. B. auf einer 2,4 m dicken Betonplatte, die mit 100 zwischen 91 cm und 2,74 m dicken und bis zu 34 m langen Grundpfeilern verbunden ist.

Durch neue Techniken immer höher hinaus

Die früheren Wolkenkratzer hatten eine einfache Träger-Stützen-Struktur. Das Gebäudegeripe bestand aus Stahlpfeilern, die durch Träger miteinander verbunden waren. Diese Bauweise begrenzte aber die Höhe des Gebäudes auf etwa 20 Stockwerke. Über diese Größe hinaus hätten die Träger und Stützen, um die Schwingungen des Gebäudes auszuhalten, so dick sein müssen, daß es nicht mehr wirtschaftlich gewesen wäre.

Mit dem »Core-wall-System« wurden Höhen zwischen 30 und 40 Stockwerken möglich. Bei dieser Konstruktionsweise erhält das Gebäude einen steifen Kern – häufig aus ineinander verschachtelten Stahlbetonwänden. Dieser Kern ist widerstandsfähig gegen die auf das Haus einwirkenden Biegekräfte und trägt ganz oder teilweise dessen Gewicht. Aber er bietet auch Platz für die Lifte und Leitungen, die im Gebäude von unten nach oben verlaufen. Die einzelnen Geschosse werden um den Kern angeordnet und sind freitra-

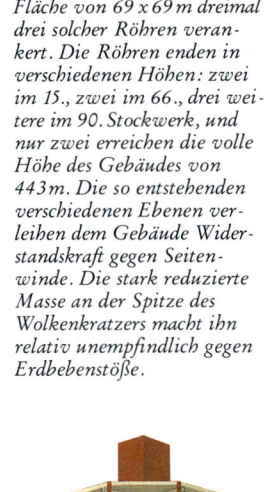

Ein Büroturm aus Fachwerk
Der Sears Tower in Chicago (rechts) mit seinen 110 Stockwerken ist, architektonisch betrachtet, ein Fachwerkbau aus Stahlröhren. Am Fuß des Gebäudes sind auf einer Fläche von 69 x 69 m dreimal drei solcher Röhren verankert. Die Röhren enden in verschiedenen Höhen: zwei im 15., zwei im 66., drei weitere im 90. Stockwerk, und nur zwei erreichen die volle Höhe des Gebäudes von 443 m. Die so entstehenden verschiedenen Ebenen verleihen dem Gebäude Widerstandskraft gegen Seitenwinde. Die stark reduzierte Masse an der Spitze des Wolkenkratzers macht ihn relativ unempfindlich gegen Erdbebenstöße.

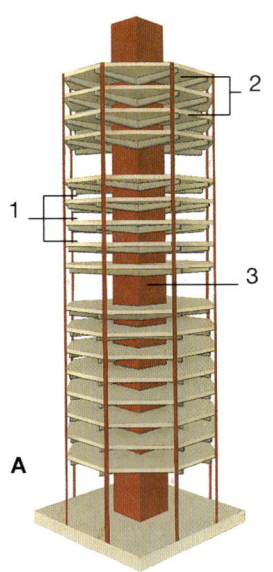

A

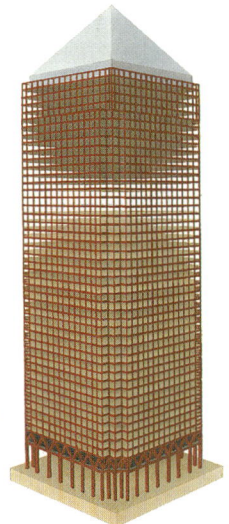

B

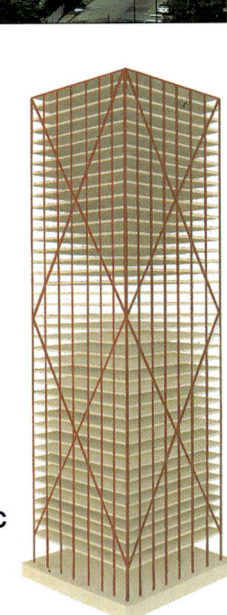

C

Hochbauarten
A *Bei einem im »Core-wall-System« gebauten Wolkenkratzer bestehen die Geschosse aus Leichtbeton (1), die von Kragarmen aus Spannbeton getragen werden (2). Die Kragarme sind ihrerseits mit dem Gebäudekern aus schachtelartig angeordneten Betonwänden (3) verbunden.*

B *Eng beieinanderliegende Pfeiler, die mit breiten Trägern verschweißt sind, tragen ein »Framed-tube-Gebäude«. Wenn Seitenkräfte, z. B. Winde, einwirken, neigt sich der Bau. Auf starken Wind reagiert er elastisch, weil sich die dem Wind abgewandten Pfeiler zusammendrücken lassen, während sich die Pfeiler an der Windseite dehnen.*

C *Um bis in besonders große Höhen bauen zu können, ohne dabei die Zahl und die Stärke der Pfeiler steigern zu müssen (und so möglichst viel Raum für Fenster zu lassen), werden die röhrenförmigen Fachwerke eines »framed tube« zusätzlich mit Diagonalstreben ausgesteift. Tragende Gebäudeelemente sind rot dargestellt.*

Siehe auch: Stahlherstellung, S. 446/447 Brücken, S. 452/453

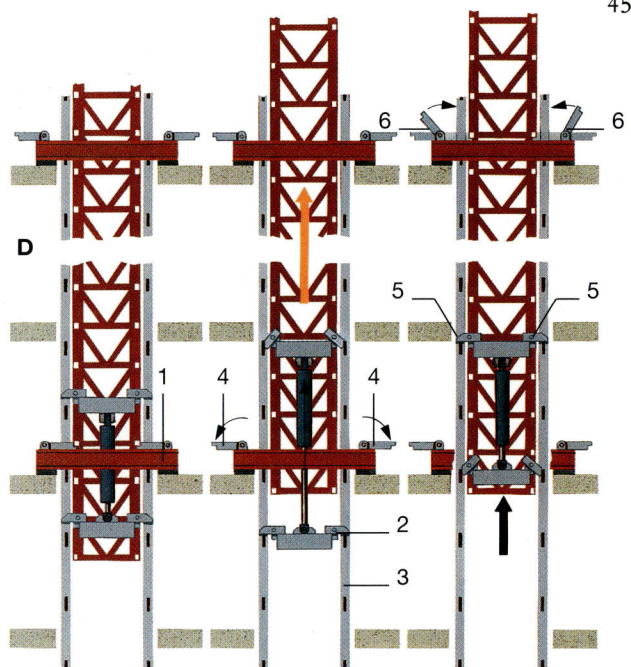

Leichtbeton

Stahl-
rippen-
decke

Außen-
stütze

Stahlträger

Außenstütze

Vorhangfassade

E

Beton-
Grundplatte

Bodenpfeiler

Schnellbauweise

E Der 50 Stockwerke hohe, mit einem Stahlgerüst erbau-te Tower in Canary Wharf ist Londons höchstes Gebäu-de. Die »Framed-tube-Bau-weise« wird wegen der Wirt-schaftlichkeit und schnellen Fertigung in der ganzen Welt angewendet: Canary Wharf wurde in nur 30 Mo-naten in die Höhe gezogen. Das Gebäude ruht auf einer 4,5 m dicken Grundplatte aus Beton. Diese ist mit 222 1,5 m dicken Pfeilern ver-bunden und etwa 18 m tief abgesenkt. Die Stahlstützen und Träger des Wolkenkrat-zers bestehen aus vielen gleichförmigen »Bäumen« – billig herzustellenden Ein-heiten, die vor Ort schnell zusammengefügt werden können. Die Geschosse ha-ben Stahlrippendecken, die an die Metallträger ge-schweißt sind. Auf diese Decken wurde Leichtbeton gegossen, so daß eine feste, aber leichte Stahlbetonfläche entstand. Mit den Decken verbunden sind auch die 1,5 mm dicken Platten der nichttragenden Außenwand aus Edelstahl.

D

Kletterkräne

D Beim Bau eines Wolken-kratzers »klettern« Kräne entsprechend der Höhe der Arbeiten innerhalb des Turms hinauf. Zuerst wird der Kran fest an einem Stahlträger in einem der Ge-schosse festgeklemmt (1). Um höher hinauf zu gelangen, greift eine Klammer (2), die mit einer hydraulischen Hebevorrichtung am Kran befestigt ist, in eine »Leiter« (3), die im Turminneren nach oben führt. Die Haupt-klammer wird gelöst (4), die Hebevorrichtung fährt hoch, und der Kran steigt nach oben. Nun schließen sich die Klammern wieder (5, 6), und die Hebevorrichtung kann ebenfalls nach oben ge-zogen werden.

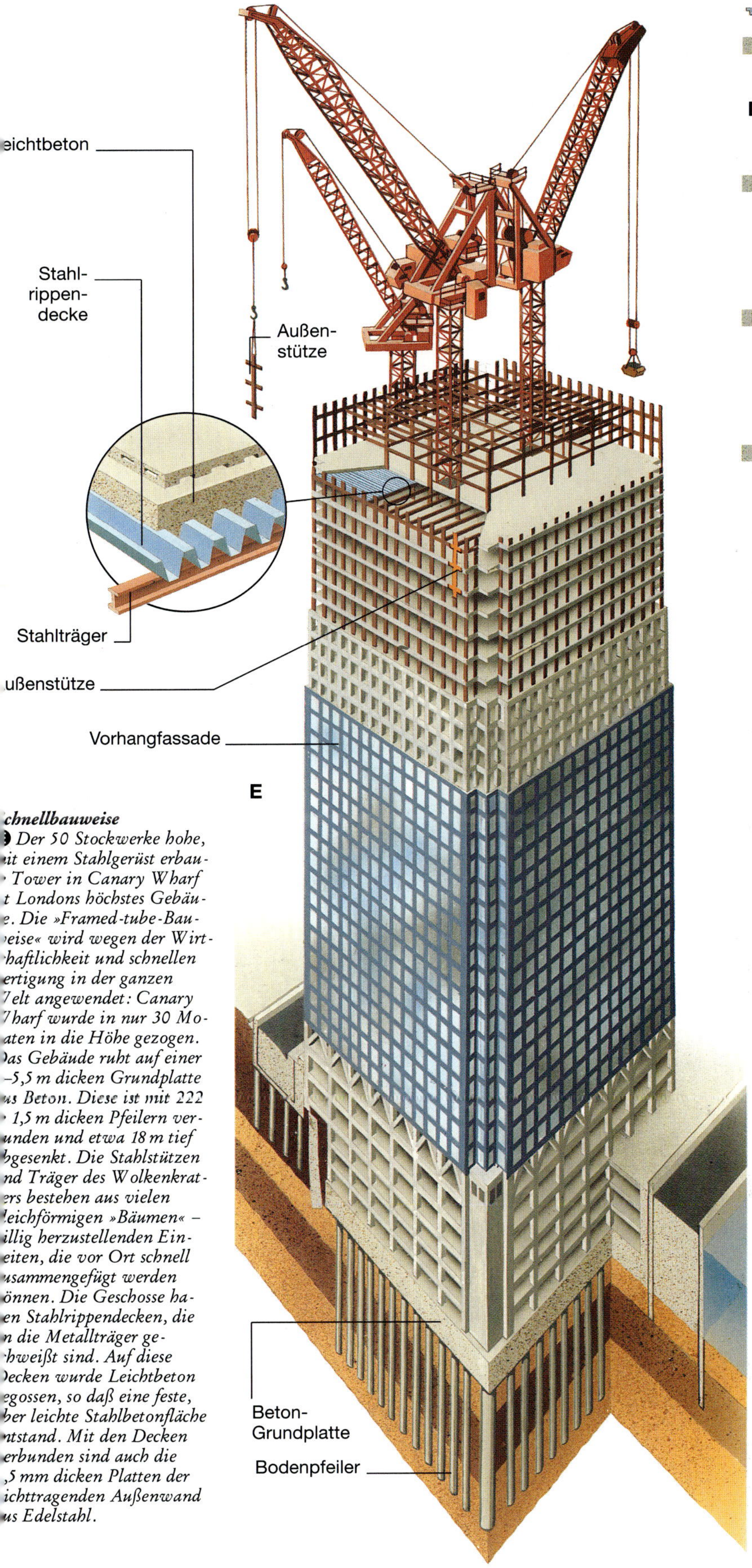

gend an ihm befestigt. Der Architekt hat beim Ent-wurf dieser freitragenden Bauteile einen großen gestalterischen Spielraum.

Der nächste wichtige Entwicklungsschritt im Wolkenkratzerbau gelang mit den sogenannten »Framed-tube-Gebäuden«. Ihr Prinzip ist dem »Core-wall-System« genau entgegengesetzt, denn bei ihnen werden alle tragenden Gebäudeelemen-te an den Rand verlegt, so daß ein riesiger, steifer Tubus entsteht. Er trägt das Gewicht des Gebäu-des und leistet den Seitenkräften Widerstand. Vie-le moderne Wolkenkratzer wurden nach diesem System gebaut. Typisch hierbei sind Außenwände von dichter Struktur – zahlreiche, durch dicke Querstreben miteinander verbundene Randpfei-ler, die dem Architekten aber im Inneren alle Frei-heiten bei der Gestaltung der großen Ge-schoßflächen lassen.

Die zunehmende Höhe der Gebäude hat die Bauingenieure gezwungen, sich neuer Techniken zu bedienen, um Erdbebenschäden zu vermeiden. Es werden im wesentlichen zwei Typen von »erd-bebensicheren« Hochhäusern gebaut: Entweder bewegen computergesteuerte Schiebemechanis-men bei einem Beben einen schweren Betonblock über das Dach des Gebäudes, der die Erschütte-rungen des Baugrundes ausgleichen soll. Oder aber riesige »Stoßdämpfer« aus Gummi in den Gebäudefundamenten bewirken, daß sich der ganze Bau mit den seismischen Stößen bewegt, so daß die Gebäudeschäden auf ein Minimum redu-ziert werden.

Fortschritt in der Küche

Lebensmitteltechnologie und Küchengeräte

Bereits in grauer Vorzeit konnten die Menschen Nahrungsmittel durch Kochen, Trocknen, Kühlen und Gären konservieren. Weitere Verfahren wurden nach der industriellen Revolution entwickelt. Gleichzeitig veränderten sich die Kochtechniken und paßten sich den neuen Lebensbedingungen und Energieformen, aber auch den Konservierungsweisen an. Nach dem Gas- und dem Elektroherd revolutionierte die Mikrowelle die Nahrungsmittelzubereitung. Mikrowellen erhitzen in kürzester Zeit das in den Lebensmitteln enthaltene Wasser und eignen sich daher besonders gut für die zeitsparende Zubereitung tiefgefrorener Produkte.

Vor allem zwei biologische Vorgänge sind dafür verantwortlich, daß Lebensmittel verderben. Zum einen handelt es sich um den Prozeß der Selbstzerstörung oder Autolyse, der direkt nach dem Ernten oder Schlachten einsetzt. Körpereigene Enzyme brechen hierbei die Struktur der Zellen von innen heraus auf und bewirken somit die Selbstauflösung oder Selbstverdauung. Auf der anderen Seite können Lebensmittel an Qualität verlieren, wenn Mikroorganismen wie Bakterien oder Pilze komplexe organische Zellmoleküle in kleinere Einheiten spalten. Diese werden von den Mikroorganismen zum Wachstum oder zur Vermehrung genutzt. Einige von ihnen – besonders Bakterien der Gattung Clostridium, Campylobacter, Salmonellen, Listeria und Staphylokokken – bilden toxische Nebenprodukte, die häufig Lebensmittelvergiftungen verursachen. Verschiedene Konservierungsformen sollen die Aktivität der Mikroorganismen und autolytischen Enzyme hemmen.

Kochen mit Mikrowellen

Ⓐ *In einem Mikrowellengerät versetzen elektromagnetische Hochfrequenzwellen (Mikrowellen) die Wassermoleküle in Lebensmitteln in Schwingung und erhitzen sie damit. Transformatoren erzeugen eine Spannung, die ausreicht, um ein Magnetron – eine Mikrowellen produzierende Kathodenstrahlröhre – zu versorgen.*
Ⓑ *Der spiralförmige Leuchtdraht des Magnetrons sendet Elektronen aus. Magnetische und elektrische Felder bündeln die Elektronen zu einem »Paket«, das sehr schnell eine kreisrunde Bahn umläuft und dabei eine Reihe von Elektroden passiert. Nähern sich Elektronen einer Elektrode, lädt sie sich positiv auf; bei den benachbarten Elektroden entsteht dadurch eine negative Ladung. Da sich das Elektronenbündel schnell bewegt, wechselt die Ladung jeder Elektrode in jeder Sekunde milliardenfach zwischen positiv und negativ. Eine kleine, mit einer Elektrode verbundene Antenne wandelt diese Elektronenschwankung in Mikrowellen mit einer Frequenz von 2450 MHz*

um. Die Wellen gelangen durch eine Metallröhre zu rotierenden Metallschaufeln, welche die Strahlung gleichmäßig über das Kochgut verteilen. Die Mikrowellen – die man sich als ein schwingendes elektrisches Feld vorstellen kann – dringen in die Nahrung ein.

Ⓒ *Die im Kochgut enthaltenen Wassermoleküle tragen an einem Ende eine positive, am anderen eine negative Ladung. Unter dem Einfluß von Mikrowellen schnellen sie hin und her, um sich den elektrischen Feldern anzugleichen. Diese Bewegung erzeugt die zum Garen nötige Wärme.*

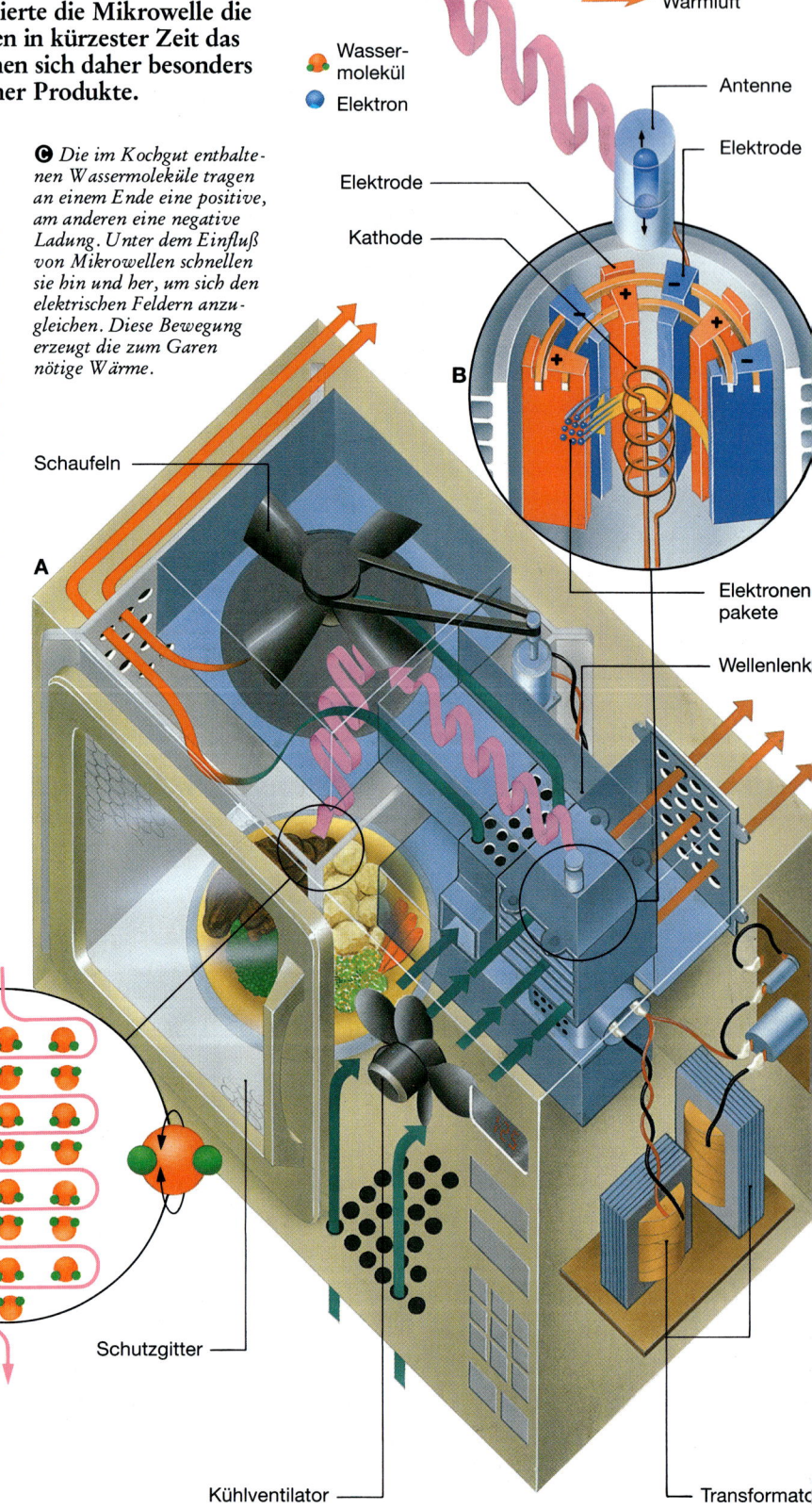

Mikrowellen
Kaltluft
Warmluft
Wassermolekül
Elektron
Antenne
Elektrode
Elektrode
Kathode
B
Schaufeln
A
Elektronenpakete
Wellenlenk
positive Ladung
negative Ladung
C
Schutzgitter
Kühlventilator
Transformato

Siehe auch: Ernährungslehre, S. 278/279 Magnetismus und Elektromagnetismus, S. 404/405 Elektromagnetische Wellen, S. 416/417 Heizung, S. 442/43

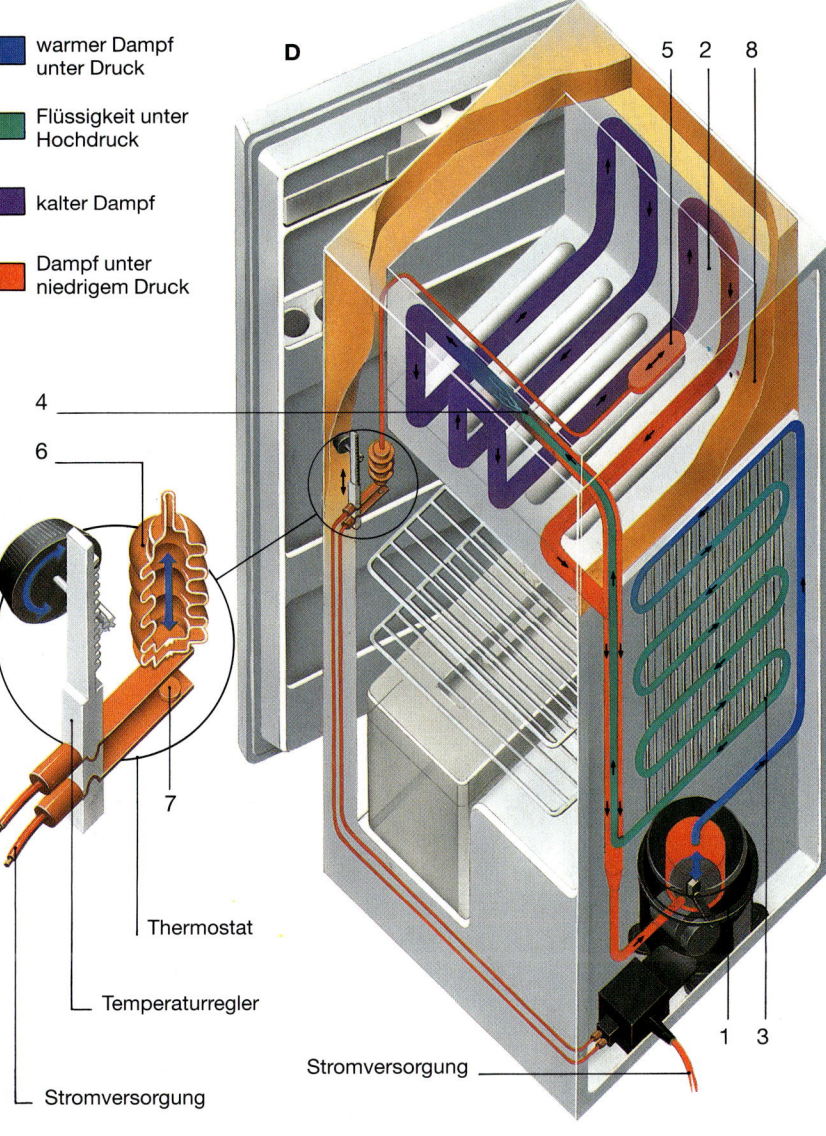

warmer Dampf
unter Druck

Flüssigkeit unter
Hochdruck

kalter Dampf

Dampf unter
niedrigem Druck

D

4

6

7

Thermostat

Temperaturregler

Stromversorgung

Stromversorgung

5 2 8

1 3

Erhitzte Lebensmittel sind haltbarer

Hohe Temperaturen, etwa beim Kochen, deaktivieren die in den Lebensmitteln vorhandenen autolytischen Enzyme und töten viele Mikroorganismen ab. Nach dem gleichen Prinzip werden Speisen in Dosen konserviert, lassen sich hier aber noch länger aufbewahren. Die meisten großen Konservenfabriken arbeiten nach der Fließbandmethode. Maschinen füllen die mit Zinn ausgekleideten Büchsen mit einer exakt bemessenen Menge des vorbereiteten Produktes. Dann erfolgt die Sterilisation durch Dampfdruck bei einer Temperatur um 120 °C. Durch die Hitze dehnt sich der Inhalt aus, und es entweicht Luft, so daß keine Oxidation mehr stattfinden kann. Die versiegelte Dose kühlt langsam ab, wobei sich das Konservierungsgut wieder zusammenzieht. Auf diese Weise entsteht ein Teilvakuum, das Mikroorganismen ihre Lebensgrundlage entzieht und außerdem den Deckel festhält.

Bei bestimmten Waren reichen niedrigere Temperaturen, um die Mikroorganismen auf ein ungefährliches Maß zu verringern und die Haltbarkeit zu gewährleisten, z.B. bei Milch, nachdem sie durch Erhitzen auf rund 70 °C »pasteurisiert« und anschließend rasch abgekühlt wurde.

Bei Kälte vermehren sich Bakterien nicht

Gefrieren und Tiefgefrieren gehören zu den häufigsten Konservierungsmethoden, da sie Geschmack, Qualität und Nährwert kaum beeinträchtigen. Das Gefrieren von Lebensmitteln verlangsamt die Aktivität der autolytischen Enzyme und bremst das Wachstum von Bakterien. Dieser Effekt verstärkt sich beim Tiefgefrieren (unter -18 °C), das die Vermehrung von Mikroorganismen unmöglich macht und manche Keime vollständig abtötet. Tiefkühlkost ist in der Regel »schockgefroren«: Sie wurde in weniger als 30 Sekunden auf mindestens -4 °C abgekühlt. Dadurch bilden sich in den Nahrungsmitteln nur winzige Eiskristalle, die weder die Beschaffenheit noch das Erscheinungsbild verändern.

Generell gilt, daß bei einem Feuchtigkeitsgehalt von weniger als 15% keine Schimmelpilze oder Bakterien gedeihen. Die Dehydration, der Entzug von Wasser durch Trocknen, Einsalzen oder Räuchern, stellt deshalb eine wirksame, seit Jahrhunderten praktizierte Konservierungsmethode dar. Ein moderneres, vor allem bei Obst, Gemüse und Kaffee angewandtes Verfahren, ist das »Gefriertrocknen«. Unter vermindertem Druck werden die Lebensmittel, die vorher auf Temperaturen bis zu -70 °C gekühlt wurden, in einem Vakuumbehälter erwärmt. Durch Hochfrequenz-, Kontakt- oder Strahlungstrocknung »sublimiert« das Eis, geht also unmittelbar vom festen in den gasförmigen Zustand über.

Vielfach werden Lebensmittel, vor allem Gewürze, durch Bestrahlung mit Gammastrahlen oder Hochgeschwindigkeitselektronen sterilisiert. Zurück bleiben trockene, poröse, in ihrer Struktur aber kaum veränderte Lebensmittel. Diese Sterilisationsmethode ist billig, aber nicht unumstritten, da sie die meisten Organismen abtötet.

Wie ein Kühlschrank funktioniert

D Handelsübliche Kühl- und Gefrierschränke kühlen, indem sie Wärme von einem Ort zu einem anderen umleiten. Ein Kühlmittel – eine Flüssigkeit mit niedrigem Siedepunkt (um 20 °C bei Luftdruck) – sorgt für den Energietransport. Lange galten Fluorchlorkohlenwasserstoffe (FCKW) als dazu am besten geeignet. Sie beschleunigen jedoch, wenn sie aus verbrauchten Kühlschränken austreten, den Abbau der Ozonschicht der Erdatmosphäre. In FCKW-freien Kühlschränken treten an ihre Stelle Mittel, die sich zersetzen, bevor sie die Ozonschicht erreichen. Ein Kälteverdichter oder

Kompressor (1) bringt das Kühlmittel in Umlauf. Es zirkuliert in einem Röhrensystem, das um das Gefrierfach (2) herum und dann hinter dem Schrank nach unten verläuft. Das Kühlmittel tritt als erwärmter, verdichteter Dampf aus dem Kompressor aus und strömt auf der Rückseite des Geräts in einen Wärmeaustauscher (3). Hier gibt der Dampf Wärme an die Umgebungsluft ab und verflüssigt sich dabei. Die Flüssigkeit wird dann durch ein Expansionsventil (4) gedrückt und verdampft bei vermindertem Druck, wobei ihre Temperatur sinkt. Der Kühlschrank wird also kalt, weil sich Gase (nach dem Charlesschen Gesetz) bei Vergrößerung ihres

Volumens abkühlen. Der kalte Dampf kühlt das Eisfach auf 20 °C ab und erwärmt sich selbst. Danach gelangt er zurück in den Kompressor, und der Kreislauf beginnt von vorne. Luftströmungen, die durch Temperaturunterschiede entstehen, verbreiten die Kälte im Kühlschrank. Ein Thermostat regelt die Innentemperatur. Er enthält eine luftgefüllte Röhre, die im Eisfach (5) endet. Wenn sich die Luft erwärmt, dehnt sie sich aus (6) und setzt durch einen elektrischen Schalter (7) den Kompressor in Gang. Das Kühlschrankgehäuse besteht aus Polyurethanschaum (8), der isolierend wirkt und großem Druck standhält.

Willige Diener mit begrenzter Intelligenz

Leistungen und Grenzen von Industrierobotern

Den Begriff »Roboter«, der sich vom tschechischen Wort für »Sklave« herleitet, prägte der Schriftsteller Karel Čapek in einem Theaterstück der 20er Jahre. Erst in den 50er Jahren aber kam die »Robotik« auch praktisch voran: George Devol ließ sich das Modell eines »statischen industriellen Manipulators« – einer Frühform des Roboterarmes – patentieren. Weiterentwicklungen dieses Modells sind heute in komplexen Fertigungsprozessen weltweit im Einsatz. Andere Modelle mähen Rasen, verabreichen Arzneien, ja scheren sogar Schafe. Doch selbständig arbeitende, wirklich intelligente Roboter bleiben weiterhin Zukunftsmusik.

Die Vision eines Automaten in Menschengestalt wurde noch nicht verwirklicht, doch findet sich ein Teil der menschlichen Anatomie bei heutigen Industrierobotern wieder: der Arm. Diese Roboter haben Gelenke, die wie Schultern, Ellenbogen und Handgelenke funktionieren, und als Hand einen Endeffektor, der Werkzeuge benutzen kann. Doch die Ähnlichkeit hat Grenzen: In ihrer mechanischen Leistungsfähigkeit sind Roboter dem Menschen überlegen. Sie sind stark genug, um schwere Lasten zu halten, ohne zu ermüden, und sie arbeiten genau und beständig. Somit eignen sie sich in idealer Weise für die mühsamen und langweiligen Aufgaben, die Bestandteil vieler Produktionsprozesse sind.

Von der Zahl seiner Gelenke – oder Freiheitsgrade – hängt ab, was ein Roboter kann. So bedarf es dreier Grade, um den Endeffektor, die »Hand«, an eine beliebige Stelle im Schwenkbereich des Armes zu bewegen, und dreier wei-

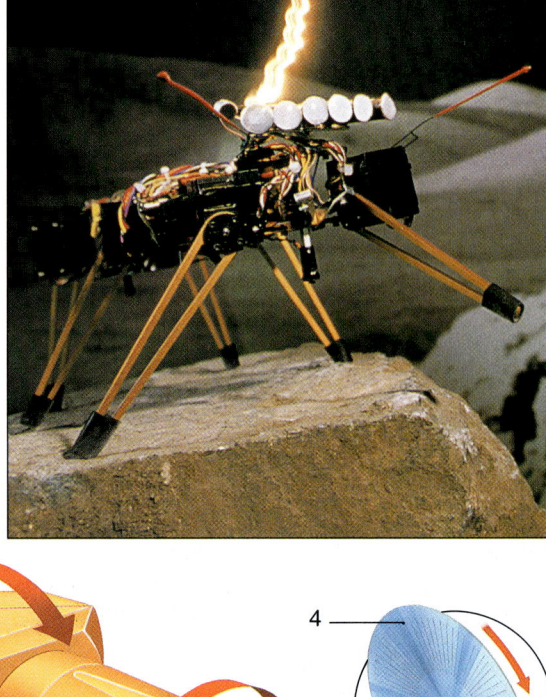

Künstliche Dummheit
Amerikanische Forscher entwickelten Roboterinsekten (oben), die Schatten aufsuchen und sich darin verstecken. Spötter sprachen von »künstlicher Dummheit«. Ähnliche Roboter werden vielleicht bald Reparaturen an schwer zugänglichen Maschinenteilen durchführen.

Roboter im Einsatz
Die Automobilherstellung zählt zu den wichtigsten Einsatzgebieten von Robotern. Kräftiger als menschliche Arbeiter, verrichten Roboter sämtliche gleichbleibenden Arbeiten – von der Lackierung und Montage bis zu Schweißarbeiten (rechts).

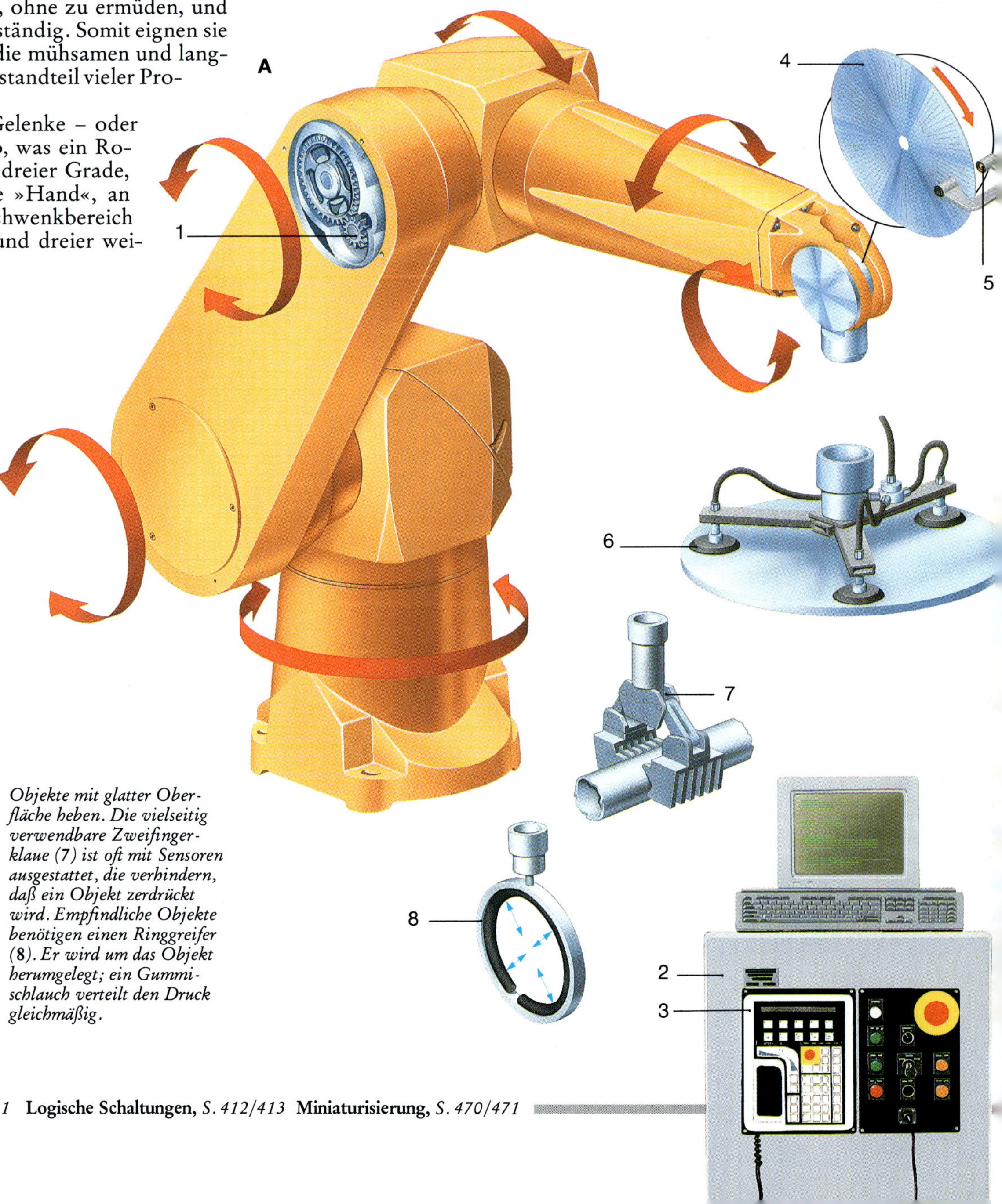

Der Roboterarm
Ⓐ *Ein Roboterarm ist um mehrere Gelenke drehbar. Elektrische Aktuatoren (1) bringen ihn in Position. Ein »Handgelenk« bewegt den Endeffektor. Die Robotersteuerung erfolgt durch einen Computer (2), der über eine Druckknopftafel (3) programmiert wird. Roboter bestimmen ihre Position oft mit Inkremental-Codierern (4). Bei der Drehung eines Gelenks sendet eine Lichtzelle (5) einen Impuls aus, sobald eine Linie auf einer Scheibe an ihr vorbeistreicht. Der Computer zählt die Impulse und errechnet die Position des Gelenks. Durch auswechselbare Effektoren läßt sich ein Roboter für verschiedene Aufgaben einsetzen. Vakuumgreifer (6) können mit Saugnäpfen*

Objekte mit glatter Oberfläche heben. Die vielseitig verwendbare Zweifingerklaue (7) ist oft mit Sensoren ausgestattet, die verhindern, daß ein Objekt zerdrückt wird. Empfindliche Objekte benötigen einen Ringgreifer (8). Er wird um das Objekt herumgelegt; ein Gummischlauch verteilt den Druck gleichmäßig.

Siehe auch: Gelenke, S. 230/231   Logische Schaltungen, S. 412/413   Miniaturisierung, S. 470/471

terer Grade, damit dieser ein Objekt oder Werkstück aus einer beliebigen Richtung greifen kann. Ein Roboter mit sechs Graden (plus einem siebenten für das Öffnen und Schließen des Endeffektors) erreicht fast die Beweglichkeit des menschlichen Armes. Doch hat jedes Gelenk auch etwas Spiel, was die genaue Positionierung des Armes erschwert. Deshalb – und um Kosten zu sparen – sind die meisten Industrieroboter nur mit vier oder fünf Freiheitsgraden ausgestattet.

Zur Gewährleistung größerer Stabilität müssen die Arme schwer sein. Also sind für ihren Antrieb starke Motoren nötig, die zudem äußerst präzise arbeiten müssen. Für manche kleineren Roboter eignen sich Schrittmotoren, die bei jedem elektrischen Impuls eine festgelegte Strecke zurücklegen. Die größten Arme sind für einen puren Elektroantrieb jedoch zu schwer; sie arbeiten oft mit hydraulischen Motoren, die von einem Zentralcomputer gesteuert werden.

Wie Roboter ihre Umgebung wahrnehmen

Um seine Aufgaben erfüllen zu können, muß ein Roboter von künstlichen Sinnesorganen Informationen über seine Umgebung erhalten. Nahfeldsensoren erkennen benachbarte Objekte, ohne sie berühren zu müssen – etwa durch Aufbau eines elektromagnetischen Feldes. Ein in der Nähe befindliches Metallobjekt ändert den Wert dieses Feldes, und die Veränderung kann der Steuerung mitgeteilt werden. Bei anderen Typen wird die Struktur eines reflektierten Lichtstrahls oder die

Auf dem Sprung
B *Es ist schwierig, einen hüpfenden Roboter zu steuern, weil er ständig das Gleichgewicht verliert. Dieses Versuchsmodell kann sich in alle Richtungen fortbewegen. Das 1 m hohe Gerät besteht aus einem Körper, der Sensoren und die Elektronik enthält, und einem Bein zum* *Hüpfen. Ein Kabel verbindet das Gerät mit einem nahen Computer. Ein Kreiselkompaß erfaßt die Neigung, während andere Sensoren messen, wie lang das Bein ist, welche Position es im Verhältnis zum Körper einnimmt und ob es den Boden berührt. Wenn das Gerät zu hüpfen beginnt, drücken hy-* *draulische Aktuatoren den Fuß nach links (1), so daß sich der Körper nach rechts neigt. Dann läßt ein druckluftgetriebener Kolben das Bein vom Boden wegschnellen (2). In der Luft wird das Bein eingezogen und nach rechts geschwenkt, um das Gerät beim Landen auszubalancieren (3).*

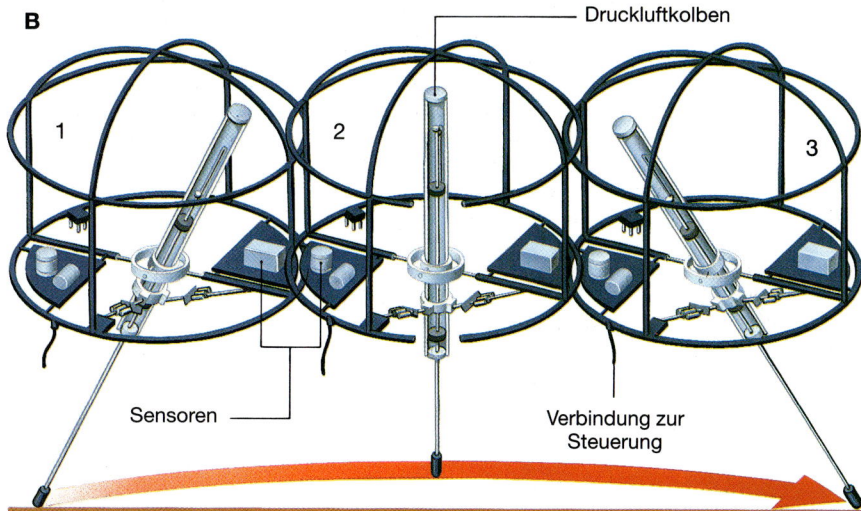

B — Druckluftkolben — Sensoren — Verbindung zur Steuerung

für die Reflexion eines Infrarot-Impulses benötigte Zeit gemessen. Der Tastsinn schließlich läßt sich mit einfachen Mikroschaltern nachahmen. Auf den kleinsten Druck hin schließen sich Kontakte und zeigen damit an, wann der Endeffektor ein Werkstück greift. Bei der Verwendung eines einfachen Elektromotors läßt sich auch die vermehrte Stromentnahme beim Zugriff des Endeffektors auf ein Objekt zur Steuerung nutzen.

Eine weit feinere Sensorik ist mit Bildsystemen zu erreichen, die sich auf Videokameras stützen. Die scheinbar leichte Aufgabe, Objekte auf einem Videobild zu erkennen, erfordert große Mengen Rechenkapazität und komplexe Programme der »künstlichen Intelligenz«. Es wurden aber auch schon Geräte zum Riechen und Schmecken entwickelt, denen die Leitfähigkeit bestimmter Substanzen zugrunde liegt.

Auch ferngesteuerte Operationen werden möglich

Die mit den Robotern nahe verwandten Telemanipulatoren können in gefährlichen Situationen, etwa zur Bombenräumung oder in radioaktiv verseuchten Gebieten, eingesetzt werden. Sie werden nicht von einem Computer gesteuert, sondern vollziehen die Bewegungen eines sie steuernden Menschen nach. Die Entwicklung der Technologie der »virtuellen Realität« sowie Fortschritte in der Robotermechanik dürften es eines Tages möglich machen, gefährliche und schwierige Aufgaben – darunter chirurgische Operationen – von fernen Kontinenten aus durchzuführen.

Computer, *S. 514/515* **Autos,** *S. 528/529* **Raumsonden,** *S. 560/561*

Blick in unendliche Weiten

Optische Fernrohre und Radioteleskope

Über 4000 m hoch ist der erloschene Vulkan Mauna Kea auf Hawaii, der Sitz des leistungsfähigsten Teleskops der Erde. Forscher können damit Licht wahrnehmen, das sich vor Jahrmilliarden von den Grenzen des Universums aus auf den Weg gemacht hat. Der 10 m-Spiegel erfaßt zehnmilliardenmal mehr Licht als das bloße Auge, und seine Instrumente offenbaren feinste Strukturen von Sternen und Galaxien. Mit riesigen Parabolantennen können Astronomen sogar ein fernes Echo des Urknalls aufzeichnen. Das mit 305 m Durchmesser derzeit größte Radioteleskop befindet sich ortsfest in einem Tal bei Arecibo in Puerto Rico.

Kleine Teleskope sind in der Regel Refraktoren; wie Feldstecher oder Mikroskope benutzen sie Linsen, um das einfallende Licht zu sammeln und Objekte zu vergrößern. Allerdings haben Linsen einige Nachteile. So sind sie chromatischen Abbildungsfehlern unterworfen, die zur Entstehung von Farbringen rings um den beobachteten Gegenstand führen. Zudem beschränkt der Druck ihres Eigengewichts ihre maximale Größe. Die größten astronomischen Teleskope sammeln und bündeln das einfallende Licht daher durch einen Spiegel, den Reflektor. Spiegel sind vergleichsweise leicht und lassen sich unschwer in die erforderliche hyperbolische Form bringen. Je größer die Reflektoren, desto mehr Licht wird aufgefangen und desto höher ist die Auflösung; auf diese Weise können Astronomen immer weiter ins Universum hinausschauen.

Herstellung der Gläser und Spiegel

In der Regel fräst man Spiegel behutsam aus einer dicken Glasplatte heraus. Das 5 m-Hale-Spiegelteleskop auf dem Mount Palomar in den USA war lange das größte dieses Typs. Noch mächtigere Reflektoren würden aufgrund ihres Eigengewichts durchhängen und ihre optische Leistungsfähigkeit verlieren. Beim Keck-Teleskop auf Hawaii umging man dieses Problem, indem man 36 sechseckige Stellglieder zu einem 10 m-Mosaik zusammenfügte.

Große Spiegel lassen sich auch herstellen, wenn geschmolzenes Glas während des Verfestigungsprozesses in Drehbewegung versetzt wird. Der entstehende konkave Klotz kann relativ leicht in eine hyperbolische Form geschliffen werden. Solche Spiegel sind sehr dünn und leicht: Das Suburu-Teleskop in Japan z. B. hat einen Spiegeldurchmesser von 8,2 m, ist aber nur 20 cm dick.

Radiowellen liefern Signale der Schöpfung

Um den Ursprung des aufgefangenen Signals bestimmen zu können, muß eine Teleskopschüssel weit größer sein als die Wellenlänge der Strahlung, die durch das Instrument beobachtet wird. Dies stellt für optische Instrumente kein Problem dar, da die Wellenlänge des Lichtes sich in einer Größenordnung von einem tausendstel Millimeter bewegt. Da Radiowellen dagegen häufig eine Länge von weit über 10 m haben, benötigen Radioteleskope Schüsseln von mindestens 25 m Durchmesser. Wie optische Spiegelteleskope bündeln sie die gesammelten Radiowellen auf einen – mit dem Sekundärspiegel vergleichbaren – Detektor, der sie in elektrische Signale umwandelt.

Radiobilder

Radioteleskope basieren auf demselben Prinzip wie optische Instrumente; sie sind aber deutlich größer, da Radiowellen viel länger als Lichtwellen sind. Die einfallende Strahlung wird durch eine Parabolschüssel gesammelt und auf eine zweite Oberfläche reflektiert, die die Strahlung dann auf einen Detektor bündelt. Das Very Large Array-Teleskop (VLA) in Neu-Mexiko (unten) besteht aus 27 Schüsseln. Sie sind auf einem Y-förmigen Gleiskörper von über 20 km Länge montiert. Mittels Interferometrie werden die Signale von allen 27 Schüsseln zu einem Bild mit der Schärfe eines 21 km-Teleskops kombiniert.

Die Bilder entstehen durch die Messung der Radiointensitäten und Radiofrequenzen aus unterschiedlichen Himmelsgegenden. Ein Computer fügt eine Falschfarbenkarte hinzu, die eine bessere Deutung ermöglicht. Das Bild (rechts), aus Meßergebnissen der 3-cm-Radiowellen zusammengestellt, zeigt gelbe und orangefarbene Wolken aus gasförmigem Wasserstoff, die wahrscheinlich ein Stadium der Sternentstehung darstellen.

Selbst die größten Radioteleskope sind zu klein, um ein gutes optisches Bild zu erzeugen. Genauere Resultate erhält man durch »Interferometrie«. Dabei nehmen zwei Teleskope Signale desselben Objektes wahr, die per Computer verknüpft werden. Die Auflösung entspricht derjenigen einer Antenne in Größe der Basislinie (der Entfernung beider Reflektoren voneinander).

Auf diese Weise können auch mehr als zwei Instrumente zusammenarbeiten – ein Datenfeld kombiniert heute Beobachtungen aus Australien und Japan mit Daten von einem geostationären Teleskop und entspricht dadurch einem Radioteleskop mit einer Auflösung vom zweifachen Durchmesser der Erde. Mittels Interferometrie und elektronischer Bildverarbeitung läßt sich auch die Leistungsfähigkeit von optischen Teleskopen verbessern. Im Moment wird auf Hawaii Keck 2, ein Gegenstück zu Keck 1, gebaut. Die Anlage wird Bilder liefern, die denen eines Teleskops von 85 m Durchmesser entsprechen.

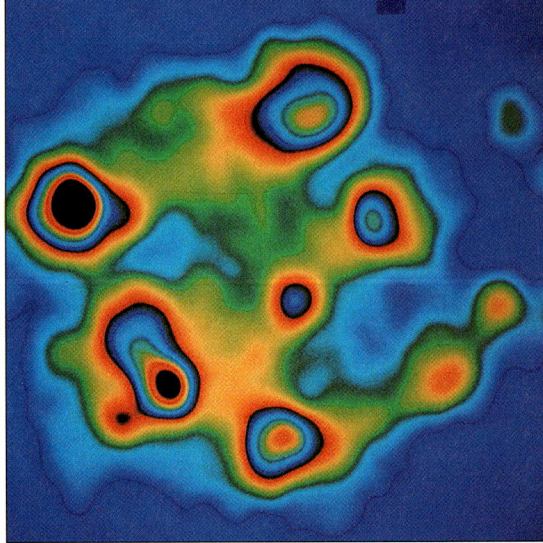

Siehe auch: Methoden der Astronomie, *S. 14/15* Elektromagnetische Wellen, *S. 416/417* Optik, *S. 418/419* Linsen, *S. 420/421* Mikroskope, *S. 464/465*

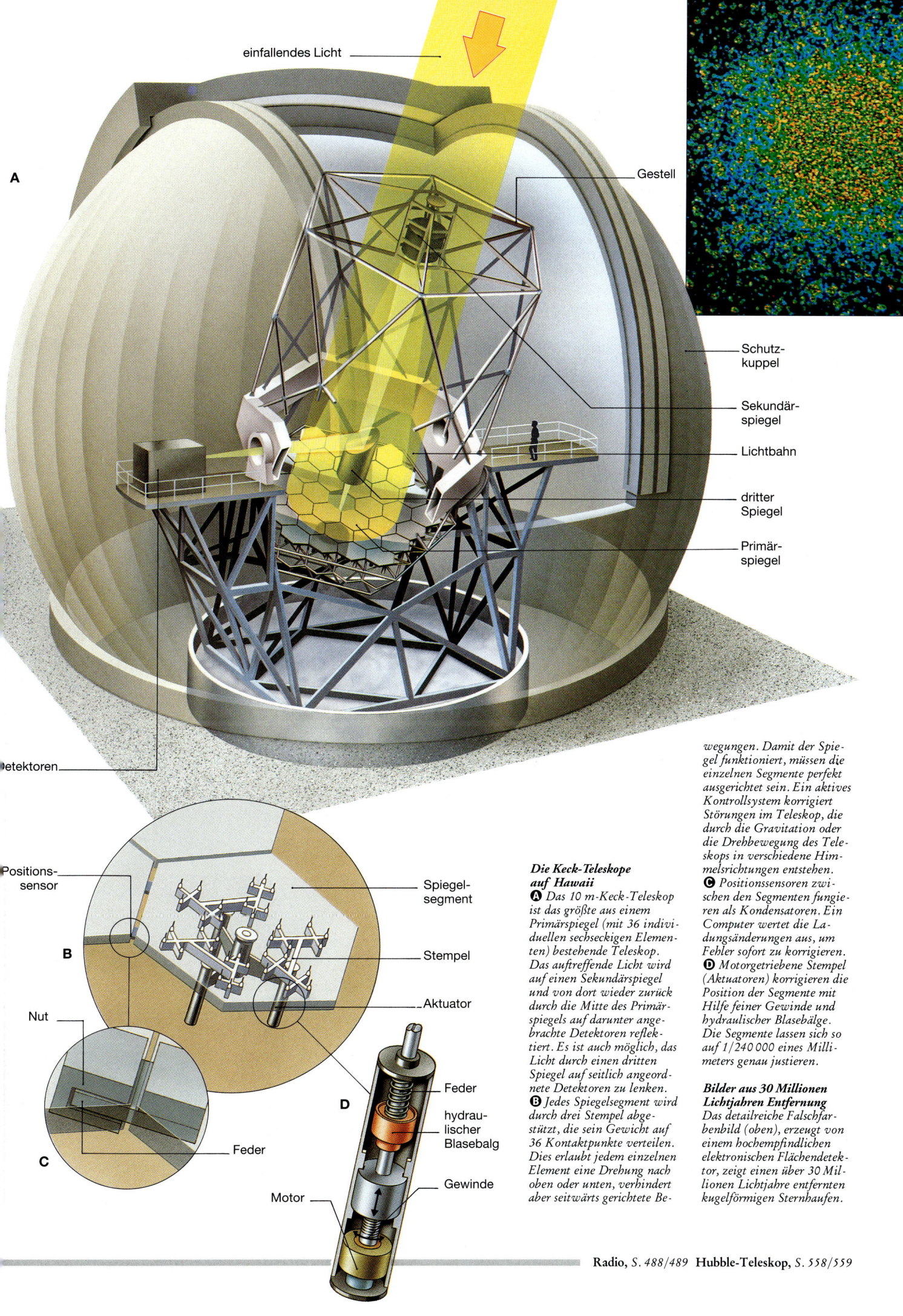

einfallendes Licht

Gestell

A

Schutz-
kuppel

Sekundär-
spiegel

Lichtbahn

dritter
Spiegel

Primär-
spiegel

Detektoren

Positions-
sensor

Spiegel-
segment

B

Stempel

Nut

Aktuator

D

Feder

hydrau-
lischer
Blasebalg

Feder

C

Gewinde

Motor

Die Keck-Teleskope auf Hawaii

Ⓐ *Das 10 m-Keck-Teleskop ist das größte aus einem Primärspiegel (mit 36 individuellen sechseckigen Elementen) bestehende Teleskop. Das auftreffende Licht wird auf einen Sekundärspiegel und von dort wieder zurück durch die Mitte des Primärspiegels auf darunter angebrachte Detektoren reflektiert. Es ist auch möglich, das Licht durch einen dritten Spiegel auf seitlich angeordnete Detektoren zu lenken.*

Ⓑ *Jedes Spiegelsegment wird durch drei Stempel abgestützt, die sein Gewicht auf 36 Kontaktpunkte verteilen. Dies erlaubt jedem einzelnen Element eine Drehung nach oben oder unten, verhindert aber seitwärts gerichtete Be-*

wegungen. Damit der Spiegel funktioniert, müssen die einzelnen Segmente perfekt ausgerichtet sein. Ein aktives Kontrollsystem korrigiert Störungen im Teleskop, die durch die Gravitation oder die Drehbewegung des Teleskops in verschiedene Himmelsrichtungen entstehen.

Ⓒ *Positionssensoren zwischen den Segmenten fungieren als Kondensatoren. Ein Computer wertet die Ladungsänderungen aus, um Fehler sofort zu korrigieren.*

Ⓓ *Motorgetriebene Stempel (Aktuatoren) korrigieren die Position der Segmente mit Hilfe feiner Gewinde und hydraulischer Blasebälge. Die Segmente lassen sich so auf 1/240 000 eines Millimeters genau justieren.*

Bilder aus 30 Millionen Lichtjahren Entfernung

Das detailreiche Falschfarbenbild (oben), erzeugt von einem hochempfindlichen elektronischen Flächendetektor, zeigt einen über 30 Millionen Lichtjahre entfernten kugelförmigen Sternhaufen.

Radio, *S. 488/489* **Hubble-Teleskop**, *S. 558/559*

Vergrößerung durch Lichtbrechung

Linsensysteme in Mikroskopen und Kameras

Auf die Erfinder der ersten Mikroskope wirkte es wie ein Wunder, plötzlich eine neue Welt von nie wahrgenommener Lebensfülle zu sehen. Die einfachen Glasperlen, die in diesen frühen Instrumenten als Linsen verwendet wurden, führten zu stark verzerrten Bildern. Im Gegensatz dazu enthält ein modernes Mikroskop ausgeklügelte Linsensysteme, die ein stark vergrößertes, von Verzerrungen freies Bild hervorbringen. Ein hochqualitatives Zoomobjektiv für eine Kamera besteht ebenfalls aus bis zu 30 verschiedenen Elementen, die kombiniert werden, um die Verzerrungen der einzelnen Linsen auszugleichen.

In einer Linse wird das Licht gebrochen, um die Lichtstrahlen in einem Brennpunkt zusammenzuführen. Weißes Licht ist eine Mischung aus verschiedenen Wellenlängen oder Farben – von Rot bis Violett. Jedoch ist der Grad, in dem ein Strahl gebrochen wird, je nach Wellenlänge verschieden. Das bedeutet, daß sich ein Strahl weißen Lichts in die einzelnen Farbbestandteile aufspaltet, wenn er durch eine Linse geführt wird, und daß die verschiedenen Farben an voneinander abweichenden Brennpunkten gebündelt werden. So bildet sich um das fokussierte Bild ein Ring von Farben; man spricht von »chromatischer Aberration«. Eine kombinierte Linse löst dieses Problem. Sie enthält verschiedene Elemente, die jeweils aus unterschiedlichen Gläsern bestehen. Diese kombinierten Elemente haben dieselbe Bündelungskraft wie aus einem Glasstück bestehende Linsen, hingegen eine stark reduzierte chromatische Aberration. Aber auch solche Linsen stellen einen Kompromiß dar, da sie die Abweichungen nicht im ganzen Spektrum eliminieren. Bei Farbfilmen und Videokameras, die nur auf rotes, blaues und grünes Licht reagieren, reicht es jedoch aus, die chromatische Aberration in diesen Wellenlängen zu reduzieren. Astronomen hingegen können bei der Sternbeobachtung keinerlei Verzerrungen hinnehmen. Daher werden für astronomische Teleskope riesige gekrümmte Spiegel verwendet, die ohne chromatische Aberration arbeiten.

Verzerrte Wirklichkeit

Die chromatische Aberration ist nicht die einzige Art der Verzerrung, die bei einer Linse entsteht. Die meisten Linsen haben aus Gründen der einfacheren Herstellung sphärisch geschliffene Oberflächen. Durch diese Form werden die Lichtstrahlen, die durch die Linsenmitte fallen, in einem etwas anderen Punkt gebündelt als diejenigen, die die Linsenränder passieren. Dieser Effekt entsteht vor allem bei starken (stark gekrümmten) Linsen. Er wird durch eine Kombinationslinse beseitigt, die aus mehreren hintereinanderliegenden schwächeren Linsen besteht. Verringert wird diese Verzerrung auch dann, wenn alle Strahlen, die nicht durch die Linsenmitte fallen, abgeblockt werden. Aus diesem Grund nehmen Kameras bei kleinerer Blendenöffnung schärfere Bilder auf als bei großen Blenden.

Die Brennweite bestimmt die Größe des Bildes

Eine wichtige Eigenschaft eines Objektivs – beziehungsweise einer Linse – ist seine Brennweite, also die Entfernung der Mittelachse der Linse von

Dreidimensionale Vergrößerung
Ⓑ *Ein professionelles Mikroskop enthält Prismen, die das Licht teilen und in das Binokular lenken, sowie Ansatzstücke für Photo- und Fernsehkameras. Bei einem Doppelokular nimmt der Forscher sein Untersuchungsobjekt mit jedem Auge aus einem geringfügig anderen Blickwinkel wahr und erhält deshalb den Eindruck von Tiefe in dem vergrößerten Bild. Ein Mikroskop kann Bilder hervorbringen, die kleinste Details eines 37 bis 54 Millionen Jahre alten, in einem Felsen gefundenen Fossils sichtbar machen (unten).*

Zoomobjektive
Ⓐ *Das Zoomobjektiv einer Kamera enthält bis zu 30 verschiedene Glaselemente, die zu drei beweglichen Gruppen zusammengebaut sind. Die Brennweite des Objektivs (seine »Stärke«) verändert sich, indem der Zoomring gedreht wird, wodurch sich die drei Gruppen gegeneinander verschieben. Diese Verschiebungen verändern den Bildausschnitt und die Größe der Objekte.*

Fehlerkorrektur
Ⓐ *Weißes Licht ist aus vielen verschiedenen Farben zusammengesetzt. Ein einzelnes Glaselement (1) spaltet einen weißen Lichtstrahl auf, so daß die blauen Bestandteile stärker gebrochen werden als die roten. Diese »chromatische Aberration« führt zu farbigen Rändern. Um sie zu vermeiden, wird eine achromatische Doppellinse verwendet, die aus einem konkaven und einem konvexen Element besteht (2). Die chromatische Aberration der konkaven Linse verläuft in entgegengesetzter Richtung und gleicht somit die der anderen Linse aus.*

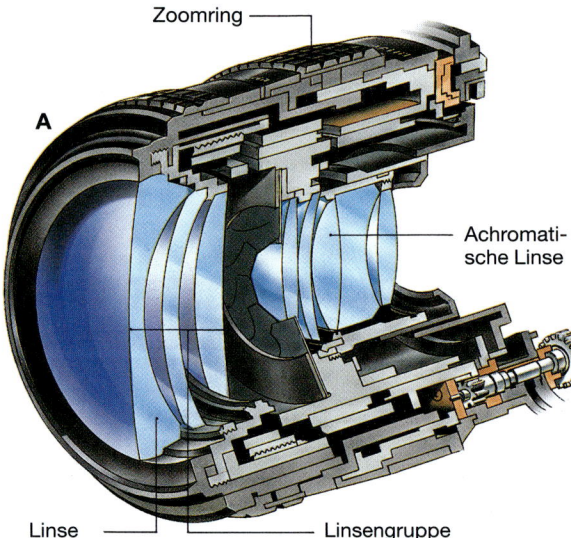

Zoomring

A

Achromatische Linse

Linse — Linsengruppe

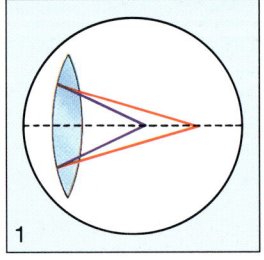

1

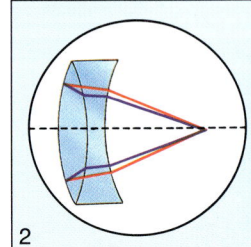

2

Siehe auch: Optik, S. 418/419 Linsen, S. 420/421 Elektronenmikroskop, S. 466/467 Fotokamera, S. 498/499

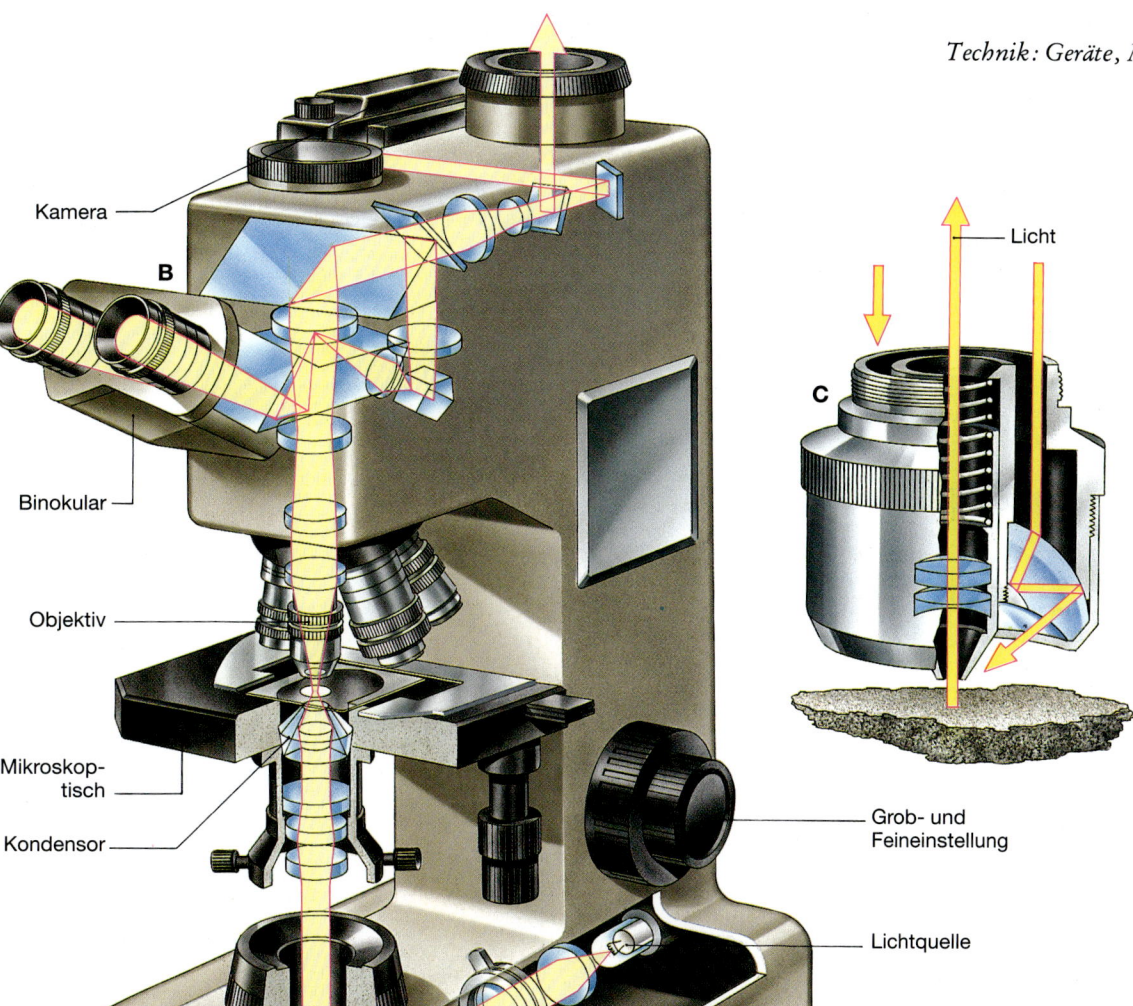

Kamera

B

Binokular

Objektiv

Mikroskop-
tisch

Kondensor

Prisma

Grob- und
Feineinstellung

Lichtquelle

Filter

Lichtweg

Licht

C

Beleuchtungswege

B *Bei den meisten Mikroskopen wird das Objekt von unten beleuchtet. Das Licht einer Glühbirne wird zu einem Strahl gebündelt und passiert eine Reihe von Filtern. Diese selektieren bestimmte Wellenlängen aus dem von der Glühbirne produzierten breiten Spektrum. Darauf lenkt ein Prisma den Lichtstrahl nach oben in einen Kondensor. Er besteht aus einer Reihe von Linsen, die das Licht auf einen kleinen Punkt auf dem Objekt bündeln. Licht, das durch das Objekt fällt, wird von einer der Objektivlinsen aufgefangen, die je nach gewünschter Vergrößerung gewechselt werden können. Die gewählte Linse lenkt das Licht nach oben in ein System optischer Gläser, welches das vergrößerte Bild zum Binokular oder zur Kamera wirft.*
C *Einige Objektive sind mit einem äußeren Ringkondensor ausgestattet, der das Licht nach unten auf das Objekt bündelt. Das reflektierte Licht fällt dann in die Objektivlinse und liefert ein Bild von der Oberfläche des Objekts.*

D

1

2

Vergütung schützt vor Streuverlusten

D *Ein Teil des Lichts, das auf eine Linse fällt, wird von deren Oberfläche reflektiert. Da solche Reflexionen bei jeder Oberfläche der Elemente eines Zoomobjektivs entstehen, wird insgesamt so viel Licht gestreut, daß sich die Bildqualität verschlechtert (1). Vergütung der Linsen*

3

4

5

reduziert die unerwünschte Reflexion. Dazu wird eine dünne Schicht einer Metall-Fluor-Verbindung auf die Oberflächen aufgetragen (3). Sie ist so dick, daß Lichtwellen, die von der Außenseite dieser Schicht reflektiert werden (4), exakt um eine halbe Wellenlänge gegen die von der Grenzfläche zwischen Glas und Lack zurückgeworfenen Wellen verschoben sind (5). Die beiden Wellen heben sich gegenseitig auf, so daß nur sehr wenig Licht reflektiert wird (2). Bei den Farben an den Enden des sichtbaren Spektrums verliert die Beschichtung jedoch ihren Effekt. Durch ihre Reflexion entsteht die typische rot-violette Tönung vergüteter Linsen.

jener Stelle hinter der Linse, wo sie ein Bild von einem entfernten Objekt produziert. Je größer die Brennweite, desto größer ist das Bild, desto größer ist jedoch auch die Entfernung dieses Bildes vom Objektiv. Große Brennweiten (500 mm und mehr) werden von Sport- und Naturfotografen verwendet, um ihre Objekte »heranzuholen«. Bei einer 35 mm-Kamera müßten solche Objektive mindestens 500 mm von der Filmebene entfernt sein – eine platzaufwendige und unpraktische Lösung. Deshalb werden diese Objektive so konstruiert, daß die Entfernung zwischen Linse und Film verkürzt wird und gleichzeitig die Stärke der Brennweite erhalten bleibt. Sie werden als Teleobjektive bezeichnet.

Viele Foto-, Video- und Filmkameras sind inzwischen mit Zoomobjektiven ausgestattet. Diese Objektive haben variable Brennweiten, die sich entweder durch Drehen eines Rings am Objektiv oder durch Betätigen eines Knopfes einstellen lassen, der einen elektrischen Servomotor in Gang setzt. Dadurch werden auf komplizierte Weise Gruppen von Objektivlinsen zusammen- oder auseinandergezogen, wodurch sich die Brennweite und dementsprechend auch die Bildgröße verändern. Dabei verschiebt sich aber auch die Position des Bildes – es liegt nun nicht mehr im Kamerabrennpunkt. Deshalb müssen andere Objektivlinsen dafür sorgen, daß das Bild automatisch wieder in den Brennpunkt gerückt wird, so daß der Benutzer die Brennweite ohne zusätzlichen Aufwand stufenlos verstellen kann.

Moleküle werden sichtbar

Leistung und Arbeitsweise von Elektronenmikroskopen

Die leistungsfähigsten Elektronenmikroskope sind imstande, Objekte auf das Einmillionenfache zu vergrößern; dies entspricht dem Größenunterschied zwischen einer Briefmarke und der Fläche eines kleinen Staates. Von besonderem Wert sind Elektronenmikroskope vor allem wegen ihres hohen Auflösungsvermögens: Sie geben auch winzigste Partikel in allen Details wieder. Seit man anstelle von Licht mit Hochgeschwindigkeitselektronen arbeitet, lassen sich sogar weniger als ein Nanometer (etwa 10 Atome) voneinander entfernte Teilchen unterscheiden und Bilder von Viren oder gar einzelnen Molekülen herstellen.

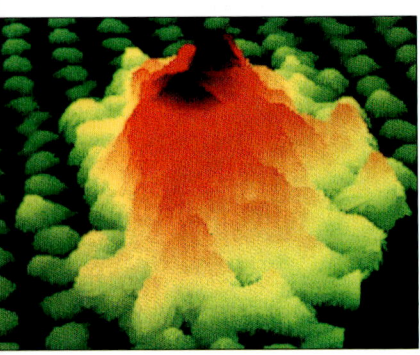

Sichtbare Atome
Mit einem Tunnelmikroskop lassen sich sogar einzelne Atome sichtbar machen. Dabei wird ausgenützt, daß sich die Elektronenhüllen von Atomen wechselseitig beeinflussen. Man bewegt eine Sonde, deren Spitze kaum ein bis zwei Atome dick ist, über die Oberfläche eines Präparates. Ströme in der Sondenspitze reflektieren die Konturen der Probe. Das Bild (oben) zeigt ein Goldpartikel von etwa drei Atomen Dicke (gelb und rot) auf einer Fläche regelmäßig angeordneter Kohlenstoffatome (grün).

Mit bloßem Auge kann ein Mensch bestenfalls zwei Punkte getrennt wahrnehmen (»auflösen«), die wenigstens ein zehntel Millimeter voneinander entfernt sind. Durch ein Mikroskop mit 1000facher Vergrößerung lassen sich Gegenstände unterscheiden, die nur ein tausendstel Millimeter auseinanderliegen. Zusätzliche Linsen erlauben noch stärkere Vergrößerungen, doch nimmt dabei der Detailreichtum nicht mehr weiter zu. Das Auflösungsvermögen eines Lichtmikroskops ist begrenzt, weil die Lichtwellen sich an Objekten vorbeibewegen, die kleiner als 500 Nanometer (die Wellenlänge des Lichts) sind.

Elektronenmikroskope arbeiten nicht mit Lichtwellen, sondern mit Elektronen, die bei hohen Geschwindigkeiten auch wellenartige Eigenschaften zeigen. Da die Wellenlänge von Elektronenstrahlen nur ca. 0,005 Nanometer beträgt, können sie viel feinere Details wiedergeben als Lichtwellen.

Wie durch Elektronenstrahlen Bilder entstehen

Ein Durchstrahlungselektronenmikroskop (TEM, nach dem englischen »Transmission Electron Microscope«) besteht aus einem langen Rohr, in dem ein Vakuum herrscht. Am oberen Rohrende befindet sich eine Glühkathode. Dieser unter hoher Spannung (etwa 100 000 Volt) stehende Wolframfaden wird erhitzt, wodurch sich Elektronen von seiner Oberfläche lösen und in das Vakuum gelangen. Als gebündelter Strahl bewegen sie sich sehr schnell auf ein dünngeschnittenes Präparat zu, das auf halbem Wege zwischen den beiden Enden des Rohres befestigt ist. Dichtere Teile der Probe absorbieren die Elektronen oder lenken sie ab; durch die vergleichsweise »leeren« Bereiche wandern sie dagegen hindurch, um dann am Ende der Röhre auf einen Fluoreszenzschirm oder eine Fotoplatte zu prallen. Hellere Bildstellen entsprechen dünneren Abschnitten des Objekts.

Dagegen lassen beim Rasterelektronenmikroskop (SEM; nach dem englischen »Scanning Electron Microscope«) reflektierte Elektronen ein dreidimensionales Bild der Probe entstehen.

Im TEM steuern Magnetfelder, die von elektrischen Spulen erzeugt werden, die Richtung der Elektronenstrahlen. Magnetische Felder von bestimmter Form können Elektronenwellen durch Beschleunigung oder Verzögerung ähnlich sammeln oder zerstreuen, wie dies Glaslinsen bei Lichtwellen tun. So regelt eine Elektronenlinse Durchmesser und Helligkeit des Strahls und entspricht damit dem Kondensor eines Lichtmikroskops. Eine weitere Elektronenlinse übernimmt

die Aufgabe des Objektivs, bündelt den Strahl und vergrößert das entstehende Bild etwa auf das 50fache. Dank zusätzlicher Linsen entsteht ein 100- bis 500 000fach vergrößertes Bild.

Tausendmal dünner als ein Blatt Papier

Vor einer Untersuchung im TEM wird das Präparat zunächst in feine Scheiben geschnitten, da der Elektronenstrahl Schichten von mehr als 100 Nanometer (etwa ein Tausendstel der Dicke eines Papierblattes) nicht durchdringen kann. Schnitte werden in der Regel entweder mit dem Ultramikrotom, einem Präzisionsschneidegerät, oder durch Zerstäuben hergestellt, wobei man das Objekt mit hochenergetischen Ionen bombardiert. Auf einer Kupferplatte fixiert man die Proben dann in der Objektebene des TEM. Organische Präparate lassen sich wesentlich kontrastreicher darstellen, wenn die Objekte vor der Untersuchung in eine Lösung mit schweren (elektronenreichen) Metallen getaucht wurden.

Siehe auch: Linsen, S. 420/421, Mikroskope, S. 464/465, Teilchenbeschleuniger, S. 468/469 Miniaturisierung, S. 470/471

Scannen mit Elektronenstrahlen

A *Während das TEM die innere Struktur eines Präparates wiedergibt, liefert das Rasterelektronenmikroskop dreidimensionale Bilder der Oberfläche des Objektes. Obwohl es mit dem Durchstrahlungselektronenmikroskop verwandt ist, basiert es auf einem grundsätzlich*

anderen Verfahren. Zwar kommen auch hier eine Glühkathode (ein aufgeheizter Wolframfaden, der unter einer Spannung von etwa 100 000 Volt steht) und elektromagnetische Linsen zum Einsatz, die den Elektronenstrahl auf das Präparat lenken. Aber anders als beim TEM entsteht kein direktes Bild. Statt dessen erzeugen »Sekundärelektronen« das Bild, die der Elektronen-

strahl durch seine hohe Energie aus dem Objekt »herausschlägt«. Am oberen Ende der SEM-Röhre »lösen« sich die Elektronen von der Oberfläche der Wolframelektrode und werden dann in Richtung auf die positiv geladene Anode am unteren Ende der durch kräftige Pumpen luftleer gemachten Röhre beschleunigt. Bevor sie das Präparat erreichen, werden sie durch drei Gruppen elektromagnetischer Linsen zu einem knapp 10 Nanometer breiten Punkt gebündelt, dessen Durchmesser eine Lochblende kontrolliert. Ein viertes Paar elektromagnetischer Spulen – die Scanner-Spulen – lenken den Strahl genau so ab, daß er in parallelen Linien

systematisch die Oberfläche des Untersuchungsobjektes überstreicht. Die Scanner-Spulen sind mit einem Computer verbunden, der die Bewegung des Strahls mit der Anordnung der Koordinatenlinien auf dem Bildschirm synchronisiert.
Der Hochgeschwindigkeitselektronenstrahl löst Elektronen aus Atomen an der Oberfläche des Objektes. Diese Sekundärelektronen werden nun ihrerseits zu einem Ziel hin beschleunigt, welches auf einen Aufschlag mit der Aussendung von Licht reagiert. Die Lichtblitze werden registriert und in elektrische Impulse umgewandelt; sie erscheinen auf dem Monitor als helle oder dunkle Bereiche. Linie für Linie baut sich ein Bild auf. Der Bildschirm unten zeigt eine Kieselalge in 300facher Vergrößerung.

Dreidimensionale Effekte

Das Bild (oben) wurde mit einem Rasterelektronenmikroskop (SEM) aufgenommen und per Computer künstlich eingefärbt. Es zeigt einen Klettverschluß in 40facher Vergrößerung. Der deutlich sichtbare dreidimensionale Effekt ist typisch für SEM-Bilder.

Starkstromversorgung

Elektronenkanone

Wolframkathode

Elektronenstrahl

elektromagnetische Linsen

Verbindung zur Vakuumpumpe

Lochblende

A

Scanner-Spulen

elektromagnetische Linsen

Luftschleuse (Probenbestückung)

Manipulator (Positionierung der Probe)

Untersuchungsobjekt

Computerbildschirm

Blitzdetektor

Fluoreszenzschirm

Weg der Sekundärelektronen

Rennbahnen für Elementarteilchen

Teilchenbeschleuniger zeigen den Aufbau der Materie

In der Nähe von Genf befindet sich das größte wissenschaftliche Instrument, das je gebaut wurde: der Teilchenbeschleuniger des CERN. Über 3000 Beschäftigte sorgen für seinen Betrieb, und sein Elektrizitätsbedarf entspricht dem einer Stadt von 200 000 Einwohnern. Die gewaltigen Energien werden dazu verwendet, Elektronen und ihre Antiteilchen, die Positronen, beim Durchlaufen eines Ringes von 27 km Umfang fast auf Lichtgeschwindigkeit zu beschleunigen, ehe sie miteinander kollidieren. Die Untersuchung der Ergebnisse liefert Wissenschaftlern wichtige Hinweise auf die Struktur der Materie und den Ursprung des Universums.

C

Fokussierungsmagnete

ovale Beschleunigungsröhre

A

Serviceschacht

Hauptbeschleunigungsring

Jedes geladene Teilchen, ob Elektron, Positron, Proton oder Ion, wird beschleunigt, wenn es in ein elektrisches Feld gelangt. Geräte, die diese Eigenschaft nutzen, heißen Teilchenbeschleuniger. Nicht alle sind exotisch anmutende wissenschaftliche Instrumente. Auch eine Fernsehbildröhre strahlt durch Erhitzen eines Glühfadens Elektronen in ein Vakuum aus, das einem elektrischen Feld zwischen einer positiven und einer negativen Elektrode ausgesetzt ist. Die beschleunigten Teilchen treffen, von kräftigen Elektromagneten gesteuert, auf einen Fluoreszenzschirm und bilden dort ein Muster, das in ein sichtbares Bild umgewandelt wird.

Die Energie, die ein Teilchen durch ein elektrisches Feld übertragen bekommt, wird in der Maßeinheit »Elektronvolt« (eV) angegeben. Innerhalb eines elektrischen Feldes mit einer Spannung von 1 Volt (V) gewinnt ein Elektron auf seinem Weg von einer Elektrode zur anderen genau 1 eV. Im Inneren einer Fernsehröhre, in der eine Spannung von etwa 10 kV herrscht, werden die Elektronen also auf Energien von 10 keV beschleunigt.

Die großen, für Forschungszwecke verwendeten Beschleuniger basieren auf demselben Prinzip wie eine Bildröhre. Allerdings werden die geladenen Teilchen hier auf Energien gebracht, die in Größenordnungen von Milliarden Elektronvolt (GeV) liegen, und erreichen 99,999999 % der Lichtgeschwindigkeit. Stoßen sie auf feste Ziele oder andere Teilchen, entstehen subatomare, zumeist hochgradig instabile Bruchstücke, die in der freien Natur nicht nachweisbar wären. Man vermutet, daß einige dieser Fragmente die fundamentalen Bausteine der Materie darstellen.

Die Ur-Teilchen werden nachweisbar

Stoßen Teilchen in einem großen Beschleuniger zusammen, werden ihre Energien gemäß Einsteins Formel $E = mc^2$ in Masse umgewandelt. Je höher die Geschwindigkeit der Teilchen vor der Kollision, desto mehr Energie steht zur Verfügung und desto größer ist die Wahrscheinlichkeit, schwere Teilchen zu erzeugen. Auf der Suche nach neuen Fragmenten aus energiereichen Kollisionen konstruiert man immer leistungsfähigere Beschleuniger.

Im 3 km langen Linearbeschleuniger des Stanford Linear Accelerator Center in Kalifornien werden Elektronen in einer geraden Röhre auf Energien von 50 GeV beschleunigt. Bei Kollisionen zeigte sich, daß viele Elementarteilchen aus noch kleineren Teilchen, den »Quarks«, bestehen,

Der Elektronen-Positronen Ring
A *Im CERN, der bei Genf gelegenen Europäischen Organisation für Kernforschung, befindet sich der Große Elektronen-Positronen Kollisionsring (LEP, nach dem englischen Large Electron-Positron Collider). Der riesige Beschleunigerring liegt 100 m unterhalb der Erdoberfläche. Die Teilchen bewegen sich im Inneren einer ovalen Röhre mit einem Durchmesser von 15 cm, in der – durch den Einsatz starker Pumpen – nahezu ein Vakuum herrscht. Elektronen und ihre Antiteilchen, die Positronen, laufen in dem Beschleuniger mit identischer Geschwindigkeit in entgegengesetzte Richtungen, da sie eine gleich große, aber entgegengesetzte elektrische Ladung tragen. Zu der Anlage gehören Ablenkmagnete, Beschleunigungsabschnitte, um die Energie der Teilchen zu erhöhen, und gewaltige Detektoren, die die winzigen, bei den Kollisionen entstehenden Fragmente aufspüren.*

um deren experimentellen Nachweis sich die Physiker lange Zeit vergeblich bemühten. Linearbeschleuniger mit Energien von bis zu 10 Millionen Elektronvolt (MeV) werden in Krankenhäusern verwendet, wo sie radioaktive Isotope mit geringer Halbwertszeit erzeugen, die bei der Krebsdiagnose und -behandlung eingesetzt werden.

Ringförmige Beschleuniger

Höhere Energien erreicht man in einem Zyklotron, wo Teilchen von einer zentralen Quelle ausgesandt und spiralförmig auf ein Ziel hingelenkt werden. Protonen lassen sich im Zyklotron auf bis zu 25 MeV beschleunigen. Für noch größere Energien (bis zu 100 GeV) kommt das Synchrotron zum Einsatz. Hier bewegen sich die Teilchen auf einem Ring mit konstantem Radius. Wechselnde magnetische Felder sorgen für die Beschleunigung der Teilchen, während Ringmagneten die geladenen Partikel auf ihrer Bahn halten.

Bauplan des LEP
Bevor die Elektronen und Positronen in den Hauptring des LEP gelangen, werden sie durch einen Linearbeschleuniger sowie durch drei kleinere Ringe (1) auf eine Energie von etwa 20 GeV beschleunigt.
B *Der Hauptring ist in Abschnitte mit unterschiedlichen Funktionen unterteilt.*
C *In Sektoren zur Fokussierung bündeln Magnete die Teilchenstrahlen.*
D *Ablenkmagnete halten den Strahl auf der kreisförmigen Bahn des Beschleunigerringes.*
E *Die Beschleunigung der Teilchen wird durch Resonatoren erhöht. Gelangt ein »Teilchenpaket« in einen*

Siehe auch: **Atome**, *S. 384/385* **Elektronenhülle**, *S. 386/387* **Quantentheorie**, *S. 388/389* **Grundkräfte**, *S. 390/391* **Elektronenmikroskop**, *S. 466/467*

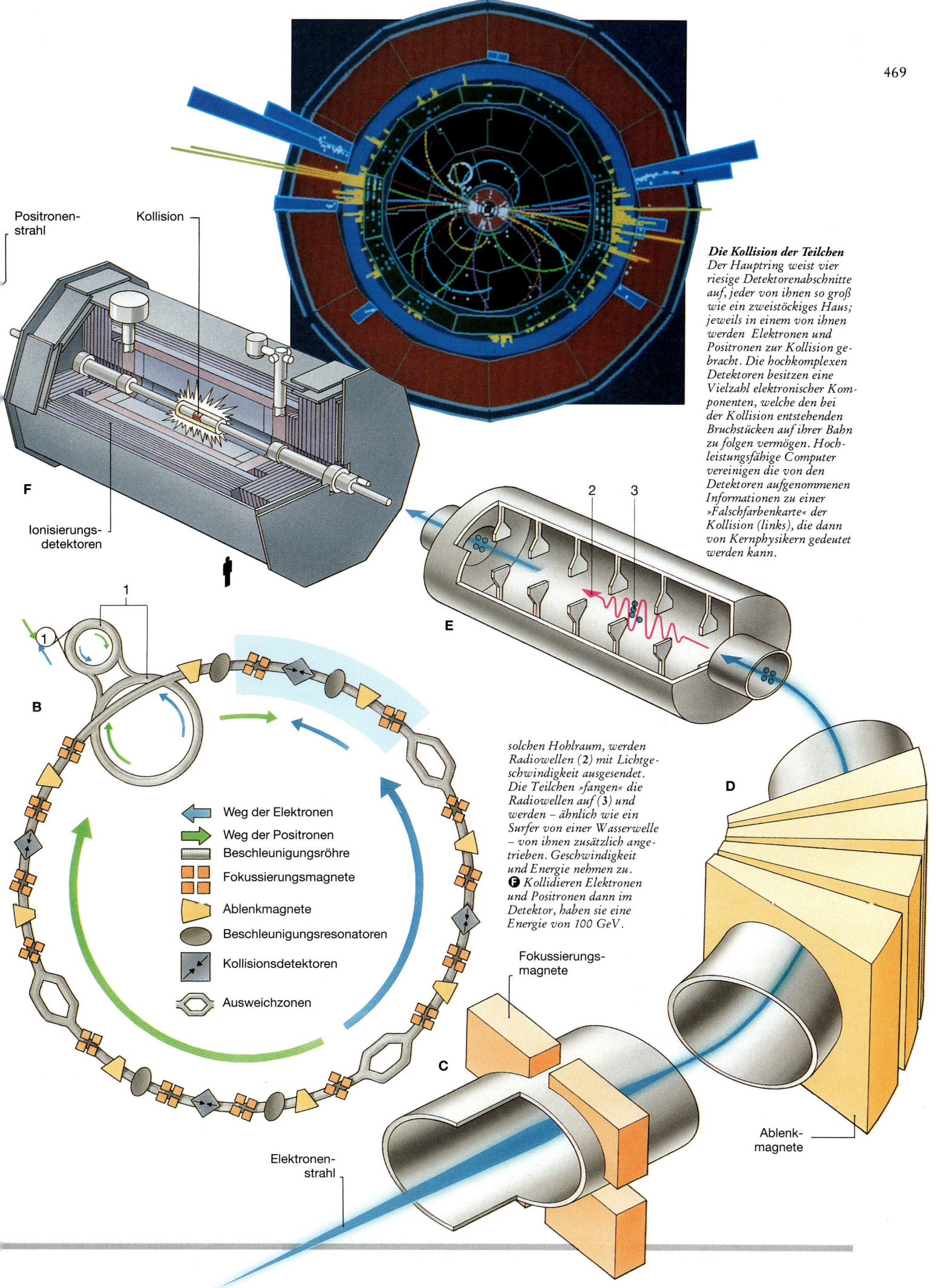

Positronen-
strahl

Kollision

F

Ionisierungs-
detektoren

Die Kollision der Teilchen
Der Hauptring weist vier
riesige Detektorenabschnitte
auf, jeder von ihnen so groß
wie ein zweistöckiges Haus;
jeweils in einem von ihnen
werden Elektronen und
Positronen zur Kollision gebracht. Die hochkomplexen
Detektoren besitzen eine
Vielzahl elektronischer Komponenten, welche den bei
der Kollision entstehenden
Bruchstücken auf ihrer Bahn
zu folgen vermögen. Hoch-
leistungsfähige Computer
vereinigen die von den
Detektoren aufgenommenen
Informationen zu einer
»Falschfarbenkarte« der
Kollision (links), die dann
von Kernphysikern gedeutet
werden kann.

2   3

E

1

1

B

Weg der Elektronen

Weg der Positronen

Beschleunigungsröhre

Fokussierungsmagnete

Ablenkmagnete

Beschleunigungsresonatoren

Kollisionsdetektoren

Ausweichzonen

solchen Hohlraum, werden
Radiowellen (2) mit Lichtge-
schwindigkeit ausgesendet.
Die Teilchen »fangen« die
Radiowellen auf (3) und
werden – ähnlich wie ein
Surfer von einer Wasserwelle
– von ihnen zusätzlich ange-
trieben. Geschwindigkeit
und Energie nehmen zu.
F Kollidieren Elektronen
und Positronen dann im
Detektor, haben sie eine
Energie von 100 GeV.

D

Fokussierungs-
magnete

C

Ablenk-
magnete

Elektronen-
strahl

Maschinen aus einzelnen Atomen

Miniaturisierung und Nanotechnik

1959 rief der berühmte Physiker Richard Feynman die Ingenieure in aller Welt auf, einen funktionierenden Elektromotor zu bauen, der in einen Würfel mit einer Kantenlänge von weniger als vier Zehntel eines Millimeters paßt. Es dauerte nicht einmal ein Jahr, bis die von ihm als Preis ausgesetzten 1000 Dollar für eine Maschine gezahlt wurden, die mit einem Millionstel PS arbeitete. Im Vergleich zu späteren Miniaturmotoren war dieser Apparat riesig. Heute werden Motoren gebaut, die tausendmal winziger sind. In noch kleinere Dimensionen dringen Instrumente vor, mit denen sich sogar einzelne Atome zu Mustern anordnen lassen.

Die Miniaturisierung zählt zu den spektakulärsten Errungenschaften der gegenwärtigen technischen Entwicklung. Dank immer kleinerer Silizium-Chips arbeitet ein moderner Laptop schneller als Computer, die in den 60er Jahren ganze Säle füllten. Und die Dimensionen schrumpfen weiter. Die Nanotechnik, die in der Größenordnung von Nanometern (milliardstel Metern) operiert, beschäftigt sich mit der Herstellung von Maschinen aus einzelnen Atomen.

Es gibt zwei Methoden, um Maschinen in dieser winzigen Größenordnung zu konstruieren. Man kann auf der atomaren Ebene beginnen und von dort zu größeren Einheiten gelangen, oder aber bestehende Maschinen immer weiter verkleinern. Ein Beispiel für diese zweite Herangehensweise sind die von Chip-Herstellern entwickelten Schneidetechniken, mit denen Maschinen gebaut wurden, die hundertmal kleiner sind als Feynmans Motor. Eigentlich kann man hier aber nicht von Nanotechnik, sondern nur von Mikrotechnik sprechen, denn man arbeitet in der Größenordnung von Mikrometern (millionstel Metern).

Atome als Bauelemente

Die Nanotechnik im eigentlichen Sinn entwickelt sich zusammen mit Instrumenten, die verläßliche Darstellungen einzelner Atome liefern. Solche Instrumente sind das Rastertunnelmikroskop und sein naher Verwandter, das Atomic Force Microscope (Atomarkraft-Mikroskop) oder AFM. Im AFM streicht eine extrem feine metallische Sonde über die Oberfläche einer Probe. Wenn sie von einzelnen Atomen auf- und abbewegt wird, lenkt sie einen Laserstrahl ab. Dessen Richtungsänderung wird aufgezeichnet, gemessen und von einem Computer in ein dreidimensionales Bild der untersuchten Oberfläche umgerechnet.

Die AFM-Spitze kann aber auch dazu benutzt werden, die Konfiguration einzelner Atome und Moleküle zu verändern. Mit Hilfe des AFM konnten Wissenschaftler bereits Muster aus Atomen bilden. Damit ist eine der wichtigsten technischen Voraussetzungen gegeben, um kleinste medizinische Sonden oder ultraschnelle Computer bauen zu können.

Normale Computer verarbeiten digitale Informationen, indem sich Tausende von Elektronen in Halbleiterelementen und Kabeln gleichzeitig bewegen. Eine Möglichkeit zur Konstruktion von Nanocomputern besteht darin, statt dessen mit beweglichen Kohlenstoffketten von nur einem Atom Dicke zu arbeiten. Da Nanoprozessoren tausendmal kleiner gebaut werden können als

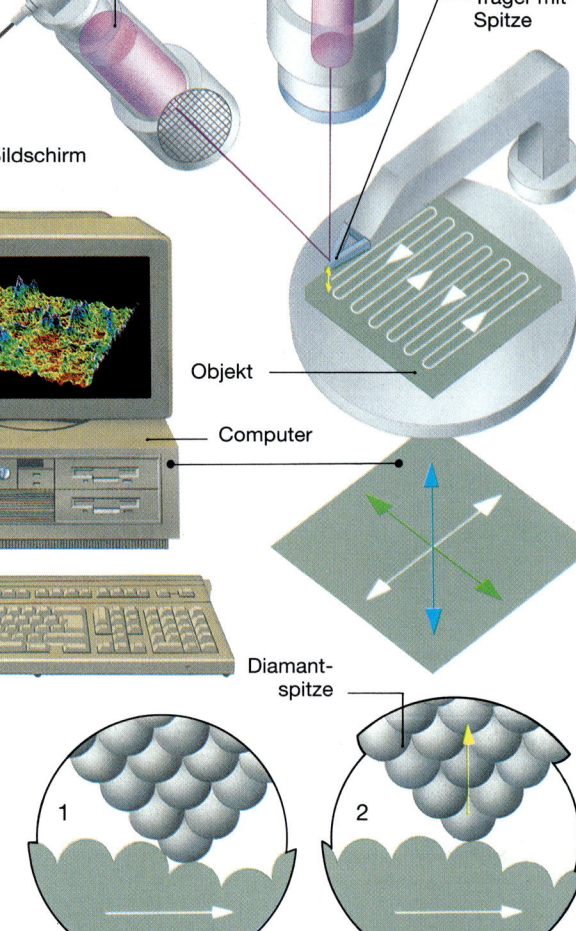

Lichtsensor
Laser
Träger mit Spitze
Bildschirm
A
Objekt
Computer
Diamantspitze
1
2

Wie Atome abgetastet werden

Ⓐ *Wie ein Tonabnehmer über die Unebenheiten in der Rille einer herkömmlichen Schallplatte gleitet, bewegt sich die Spitze eines »Atomic Force Microscope« oder AFM (Atomarkraft-Mikroskop) über eine Oberfläche. Die Spitze ist allerdings wesentlich feiner: Sie besteht nur aus einem einzigen Atom. Ihr Druck beträgt nur ein Millionstel des Drucks eines Tonabnehmers. Die AFM-Spitze, manchmal ein winziger Diamant, ist an einem Siliziumdioxid-Träger angebracht, der an seinem anderen Ende starr befestigt ist. Die Oberfläche bewegt sich unter der Sonde (1, 2), so daß die Stöße den Träger krümmen. Der Träger reflektiert einen Laserstrahl zu einem Sensor, dessen Output abhängig von der Bewegung des Strahls schwankt. Diese Daten werden in einen Computer eingegeben, der mit der beweglichen Platte verbunden ist, auf der sich das Untersuchungsobjekt befindet. Piezoelektrische Kristalle, die sich entsprechend*

der Spannung, unter der sie stehen, zusammenziehen, bewegen das Objekt in allen drei Richtungen. Einer von ihnen kontrolliert die vertikale Bewegung, so daß die Spitze der Sonde immer genau über die Probe gleitet. Die beiden übrigen Kristalle richten das Objekt so aus, daß das Gerät sie vollständig abtasten kann. Die Signale werden zu einem Bild der Probe umgerechnet (Foto), das Details von der Größe eines Atoms wiedergeben kann. Mit dem AFM können auch Moleküle zusammengebaut werden. Dabei nimmt die Spitze der Sonde Atome auf und plaziert sie genau. Mit dieser Technik wurde das Molekülmännchen (rechts) »gezeichnet«.

Siehe auch: **Atome,** *S. 384/385* **Elektronen,** *S. 386/387* **Elektronenmikroskope** *S. 466/467* **Mikrochirurgie,** *S. 480/481*

Ein Mikromotor

Zur Fertigung eines Siliziumchips werden Schichten auf einem Siliziumsubstrat aufgetragen und dann teilweise entfernt, bis die gewünschte Struktur übrigbleibt. Ähnlich können mechanische Geräte hergestellt werden. Beim »Surface micromachining« (Oberflächen-Kleinfertigung) beschichtet man ein Substrat zunächst provisorisch mit Siliziumdioxid. Darauf wird eine weitere Schicht Siliziumdioxid angebracht und bearbeitet. Schließlich entfernt man die erste Siliziumschicht, so daß das Bauelement auf allen Seiten frei ist. Mit dieser Technik werden die winzigen Beschleunigungsmesser produziert, die in Autos Airbags aufblasen.

Der Mikromotor (rechts) wurde mit dem LIGA-Verfahren hergestellt, bei dem Silizium mit Röntgenstrahlen entfernt wird. Den Rotor von etwa einem Zehntel Millimeter Durchmesser beschleunigen elektrostatische Kräfte auf über 20 000 Umdrehungen pro Minute.

○ Kohlenstoffatom

● Sonde

◉◉◉◉ Blocker

◀√√√√ Feder

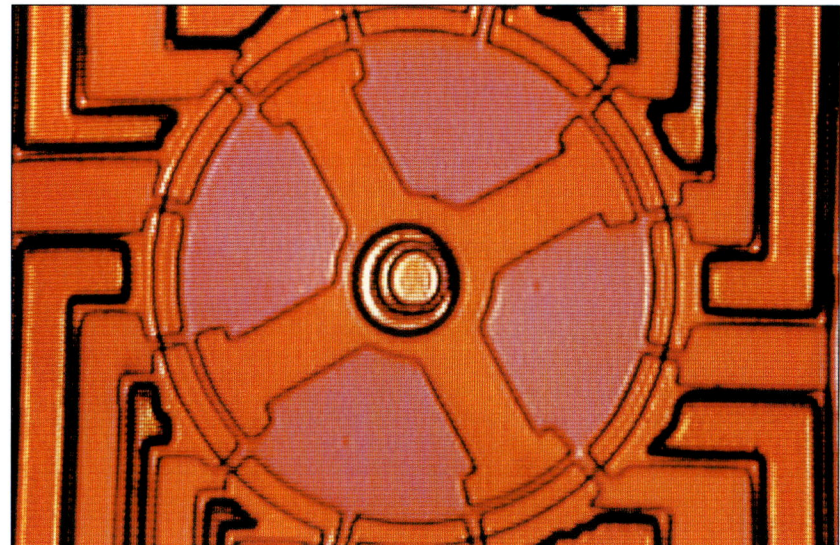

herkömmliche Siliziumchips, brauchen Signale wesentlich weniger Zeit, um an ihren Zielort zu gelangen. Dementsprechend können Rechenoperationen um ein Vielfaches beschleunigt werden.

Die größten Einsatzmöglichkeiten der Nanotechnik bietet deshalb wahrscheinlich die Informationstechnologie. Binäre Informationen lassen sich auf der Nanoebene durch die Anwesenheit oder Abwesenheit von Atomen oder den Zustand einzelner Elektronen repräsentieren. Mit Speicherelementen von solchen Dimensionen ließen sich alle Bibliotheken der Welt auf Medien vom Umfang weniger CD-ROMs unterbringen.

Nanomaschinen können die Atmosphäre reinigen

Es gibt zahlreiche weitere Möglichkeiten für den Einsatz von Nanotechnik, die sich meist noch im Entwurfsstadium befinden. Dazu zählen winzige Elektromotoren, die sich auf einem Luftkissen drehen, um Reibungsverluste zu vermeiden, und extrem kleine Lager. Solche Lager könnten aus zwei konzentrischen Ringen künstlichen Diamants gefertigt werden, die von einer wenige Dutzend Atome dicken Fluorschicht umgeben sind. Die zwischen nahen Atomen wirksamen Kräfte würden das Lager zentriert halten. In großer Zahl in die Atmosphäre eingebrachte Nanomaschinen könnten Verschmutzungen beseitigen, ja vielleicht sogar den Treibhauseffekt bekämpfen.

Ein weiteres wichtiges Anwendungsgebiet für die Nanotechnik bietet die Medizin. So wurden bereits Sensoren entwickelt, die den Blutdruck in einer Arterie messen können. Mit heute schon vorhandenen »Schlüsselloch-Techniken«, z.B. einem ganzen Arsenal von Miniaturskalpellen und medizinischen Lasern, kann ein Chirurg Operationen durch eine Öffnung von nur 2 mm hindurch vornehmen. Schon in naher Zukunft lassen sich möglicherweise Roboter von der Größe eines Bakteriums konstruieren, die in die Blutbahn eingeführt werden können, um dort unwillkommene Organismen oder Fettablagerungen in den Arterien zu zerstören.

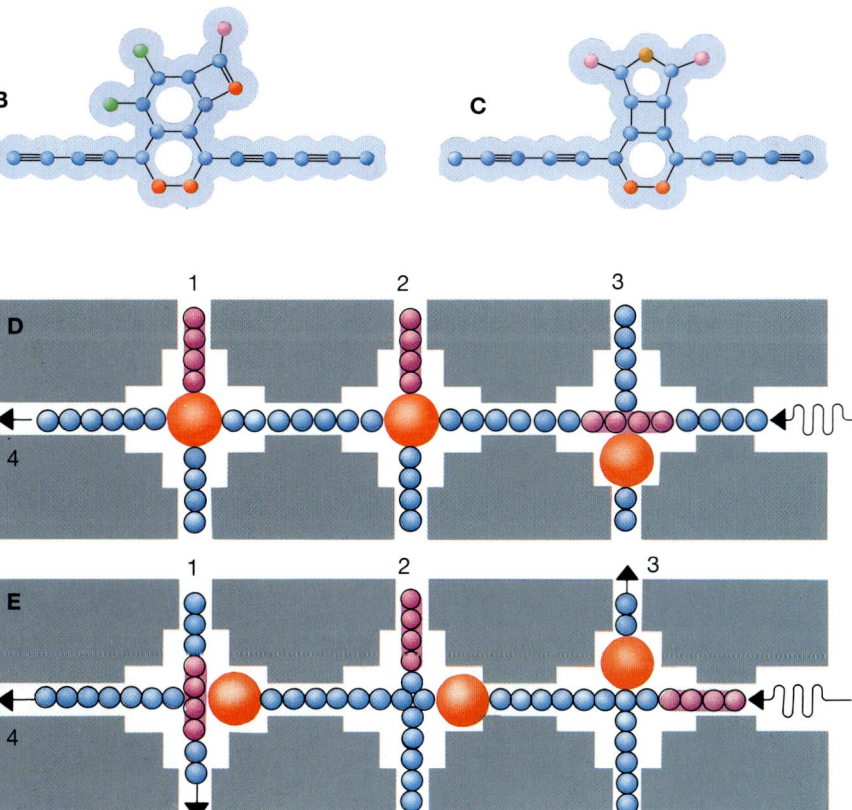

Rechenelemente aus Kohlenstoff

Eine Alternative zu den mit Siliziumchips funktionierenden Rechnern sind vielleicht Computer, die mit Kohlenstoffketten arbeiten. In diesem Entwurf führen verschiebbare Kohlenstoffketten von einem Atom Durchmesser logische Operationen aus.

B C Organische Verbindungen sorgen als Sonden (B) und Blocker (C) dafür, daß die Kohlenstoffketten nur bestimmte Positionen einnehmen können. Die Rechenoperationen werden mechanisch, wegen der Kleinheit der Elemente aber weit schneller als mit herkömmlichen Computern ausgeführt.

D E Wird bei diesem logischen Gatter eines der Inputelemente (1 oder 2) nach unten geschoben, verändert sich der Output (3), weil sich die Kette (4) nun nicht mehr nach links bewegen kann. Den Positionen des Outputelements (3) können die logischen Werte »1« oder »0« zugeordnet werden.

Chipherstellung S. 512/513 Computer der Zukunft, S. 524/525

Von der Sonnenuhr zur Atomuhr

Wie Zeit gemessen wird

Jahrtausendelang wurde die Zeit durch die Beobachtung von Sonne und Mond bestimmt. Ein Tag ist die Zeit, in der sich die Erde um ihre eigene Achse dreht. Ein Mondmonat ist die Periode zwischen zwei aufeinanderfolgenden Vollmonden. Und die Zeit, in der unser Planet einen Umlauf um die Sonne vollendet, entspricht einem Jahr. Aber diese Abläufe sind Schwankungen unterworfen. Atomuhren gehen dagegen so genau, daß ihre Abweichungen in 1 Million Jahren nicht einmal eine Sekunde ausmachen. Heute wird die Sekunde als das 9 192 631 770fache der Frequenz einer von Elektronen des Cäsium-133-Atoms geregelten Strahlung definiert.

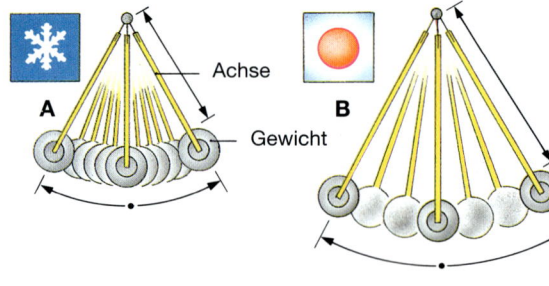

Die alten Ägypter teilten den Tag in 12 Stunden, deren Länge je nach Jahreszeit schwankte. Später basierten Zeitmeßvorrichtungen darauf, daß die Erde sich in genau 23 Stunden, 56 Minuten und 4 Sekunden einmal um ihre Achse dreht. Diese Zeitdauer trägt die Bezeichnung »Sterntag«. Aufgrund kleinerer Schwankungen bei der Rotation handelt es sich dabei aber nicht um eine exakt periodische Bewegung.

Lange wurden die Uhren in verschiedenen Städten eines Landes unabhängig voneinander gestellt. Zur Vereinheitlichung kam es mit der Entwicklung der Eisenbahn. Als die internationale Kommunikation sich beschleunigte, war auch eine weltweite Standardisierung der Zeit erforderlich. Als Nullmeridian wählte man den Längengrad aus, der durch die Sternwarte im Londoner Vorort Greenwich lief. Jedem Ort auf der Erdoberfläche wurde eine von 24 Zeitzonen zugeteilt, in der die Uhr gegenüber der Ortszeit von Greenwich (»Universal Time«, UT) eine festgelegte Anzahl an Stunden vor- bzw. nachging. Eine Verfeinerung der UT war die UT1, die die Schwankungen der Erdrotation berücksichtigte. Heute beruht die Zeitmessung auf der »koordinierten Weltzeit« (Coordinated Universal Time, UTC), die mit Atomuhren gemessen wird.

Zeitmessung in der Vergangenheit

Frühe Zeitmesser arbeiteten mit fließendem Wasser, Kerzen oder dem von der Sonne geworfenen Schatten. Im Mittelalter wurden die ersten Räderuhren gebaut. Sie basierten auf der Hinundherbewegung eines von Zahnrädern in Schwung gesetzten Kreuzbalkens, des »Foliot«. Allerdings liefen diese Räderuhren sehr unregelmäßig; eine Feineinstellung war unmöglich.

Im 17. Jahrhundert entdeckte Galileo Galilei den »Isochronismus« des Pendels: Ein Pendel einer bestimmten Länge hat eine konstante Schwingungsperiode. Dies machte das Pendel zum idealen Taktgeber für Zeitmesser. Auf Meereshöhe beträgt die Schwingungsdauer eines Pendels von 24,9 cm Länge genau eine Sekunde. Allerdings dehnt sich ein Pendel aus Metall bei Erwärmung aus. »Kompensationspendel« nutzen deshalb die unterschiedliche Wärmeausdehnung verschiedener Metalle wie Stahl und Messing, um diese Ungenauigkeit zu vermeiden.

1657 verbesserte der Niederländer Christian Huygens Galileis Konstruktion. Sie besaß nun eine Hemmung, die einerseits die Bewegung der Zeiger kontrollierte und andererseits das Pendel in Bewegung hielt.

Das Pendel gibt den Takt an
Ein Pendel behält seine Periode bei, wenn sich die Größe der Auslenkung aus der Ruhelage ändert. Es ist deshalb gut dazu geeignet, die Geschwindigkeit einer Uhr zu steuern. Die Periode bleibt aber nicht gleich, wenn sich die Länge des Pendels ändert. Wird die Pendelstange kürzer, schwingt sie schneller.
A *Die Pendellänge ist von der Temperatur abhängig. An kalten Tagen zieht sich das Pendel zusammen und schwingt schneller, so daß die Uhr vorgeht.*
B *An einem warmen Tag dehnt sich die Pendelstange dagegen aus, was zu einer längeren Schwingungsperiode führt: Die Uhr geht nach.*

Konstante Schwingungsdauer
C *»Kompensationspendel« gleichen die Wärmeausdehnung aus. Sie bestehen aus Stahlstäben, die am oberen Ende festsitzen und sich bei steigender Temperatur nach unten ausdehnen, sowie aus Messingstäben, die am unteren Ende befestigt sind und sich nach oben ausdehnen.*

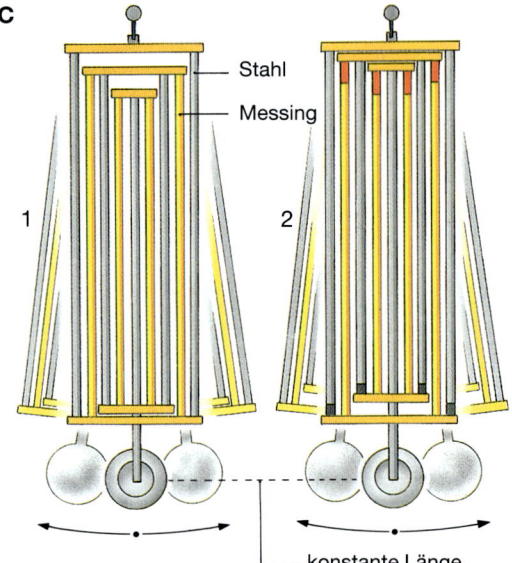

Messing dehnt sich bei Erwärmung stärker aus als Stahl. Deshalb werden jeweils längere Stahl- und kürzere Messingstäbe so miteinander verbunden, daß das Pendel insgesamt immer dieselbe Länge und daher eine konstante Schwingungsperiode behält – gleichgültig, ob es kalt (1) oder warm (2) ist.

Positionsbestimmung mit Hilfe der Zeit

Die Seefahrt war immer auf exakte Zeitmesser angewiesen. Um den Längengrad eines Schiffes zu bestimmen, mußte der Steuermann ermitteln, welche Ortszeit gerade an seinem Heimathafen herrschte. Durch den Vergleich mit der eigenen Ortszeit (die anhand des Standes der Sonne bestimmt wurde) ließ sich die Zeitdifferenz berechnen und der Längengrad herleiten. Noch heute, im Zeitalter satellitengestützter Positionsangaben, ist ein exaktes Zeitsignal erforderlich.

Die ersten Taschenuhren arbeiteten mit Federn. Eine Hemmung, die selbst von einer Spiralfeder angetrieben wurde, kontrollierte die Bewegung.

Quarzkristalle besitzen »piezoelektrische« Eigenschaften – wenn sie von Strom durchflossen werden, vibrieren sie mit einer bestimmten Frequenz. Sie eignen sich deshalb hervorragend zur Steuerung einer Uhr. Noch genauer sind Atomuhren, die erst nach mehr als 10 000 Milliarden Sekunden um eine Sekunde falsch gehen.

Atomuhren setzen neue Maßstäbe
E *Das äußerste Elektron in der Hülle eines Cäsium-133-Atoms bewegt sich parallel oder antiparallel zur Drehrichtung des Atoms um den Kern. Der antiparallele Zustand weist eine geringfügig höhere Energie auf. Wenn ein sich im parallelen Zustand befindliches Elektron von Strahlung einer bestimmten Frequenz (die sich im Mikrowellen-Bereich befindet) getroffen wird, kann es den antiparallelen Zustand erreichen. Darauf beruht die Funktionsweise einer Atomuhr.*
Im Inneren der Uhr wird Cäsium-133 erwärmt. Dabei verdampfen einzelne Cäsiumatome, die dann zu einem Strahl sich schnell bewegender Teilchen beschleunigt werden. Die Atome in diesem Strahl sind teils im parallelen (linksdrehender Spin), teils im antiparallelen (rechtsdrehender Spin) Energiezustand. Der Strahl bewegt sich durch ein Magnetfeld, das die linksdrehenden von den rechtsdrehenden Atomen trennt. Die linksdrehenden Atome werden in

Siehe auch: Erde und Universum, S. 12/13 Elektronen, S. 386/387 Navigation, S. 550/551

Moderne Quarzuhren

D *Quarzarmbanduhren kommen ohne Batterie aus. In ihrem Inneren befindet sich ein Gewicht, das sich bei Armbewegungen um seine eigene Achse dreht. Es betätigt einen Generator, dessen Elektrizität ein Kondensator speichert. Über ein Modul, das die fluktuierende Spannung glättet, wird die Antriebskraft vom Kondensator auf einen »Quarzoszillator« übertragen, der dadurch mit exakt 32 768 Schwingungen pro Sekunde vibriert. Ein »Frequenztrenner« zählt die Vibrationen und erzeugt einmal pro Sekunde elektrische Ströme. Sie treiben einen Schrittmotor an, der seinerseits über Zahnräder die Zeiger bewegt.*

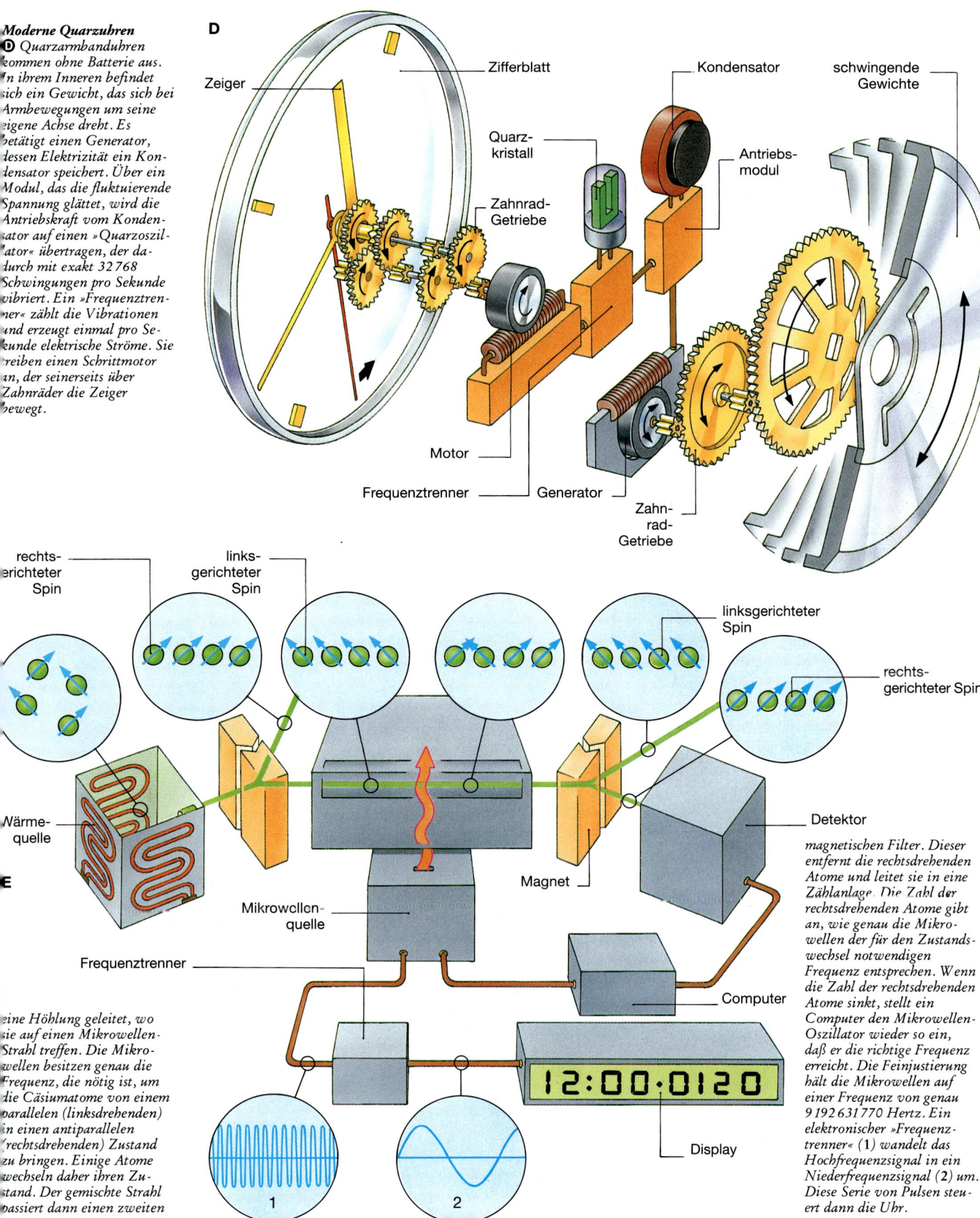

D

Zeiger
Zifferblatt
Kondensator
schwingende Gewichte
Quarzkristall
Antriebsmodul
Zahnrad-Getriebe
Motor
Frequenztrenner
Generator
Zahnrad-Getriebe

rechtsgerichteter Spin
linksgerichteter Spin
linksgerichteter Spin
rechtsgerichteter Spin
Wärmequelle
Detektor
Magnet
Mikrowellenquelle
Frequenztrenner
Computer
Display

E

12:00:0120

1
2

eine Höhlung geleitet, wo sie auf einen Mikrowellen-Strahl treffen. Die Mikrowellen besitzen genau die Frequenz, die nötig ist, um die Cäsiumatome von einem parallelen (linksdrehenden) in einen antiparallelen (rechtsdrehenden) Zustand zu bringen. Einige Atome wechseln daher ihren Zustand. Der gemischte Strahl passiert dann einen zweiten

magnetischen Filter. Dieser entfernt die rechtsdrehenden Atome und leitet sie in eine Zählanlage. Die Zahl der rechtsdrehenden Atome gibt an, wie genau die Mikrowellen der für den Zustandswechsel notwendigen Frequenz entsprechen. Wenn die Zahl der rechtsdrehenden Atome sinkt, stellt ein Computer den Mikrowellen-Oszillator wieder so ein, daß er die richtige Frequenz erreicht. Die Feinjustierung hält die Mikrowellen auf einer Frequenz von genau 9 192 631 770 Hertz. Ein elektronischer »Frequenztrenner« (1) wandelt das Hochfrequenzsignal in ein Niederfrequenzsignal (2) um. Diese Serie von Pulsen steuert dann die Uhr.

Porträts vor der Geburt

Der Einsatz von Ultraschall in der Medizin

Das erste Bild eines Kindes im Familienalbum ist heutzutage oft ein »Schall-Schnappschuß«, der Monate vor der Geburt aufgenommen wurde. Ultraschall-Bilder, die vom Echo nicht hörbarer, in das Körperinnere gesendeter Schallwellen erzeugt werden, liefern Ärzten diagnostische Informationen über den Fötus. Ultraschall wird aber auch für Körperaufnahmen von Erwachsenen verwendet. So lassen sich sogar bewegte Bilder des Blutflusses durch das schlagende Herz anfertigen. Weil sie bequem, sicher und preisgünstig ist, hat die Ultraschalluntersuchung bei vielen klinischen Anwendungen die Röntgenuntersuchung ersetzt.

Der Ausdruck »Ultraschall« bezeichnet die Schallfrequenzen, die über der Obergrenze des menschlichen Hörvermögens (ca. 20 kHz) liegen. Bei medizinischen Ultraschall-Abtastern sendet ein Wandler kurze Ultraschall-»Töne« zwischen 1 und 15 MHz in den Körper. Er erfaßt kurz darauf deren Echo und wandelt es in elektrische Signale um, die dann zur Analyse durch die Ärzte auf einem Bildschirm dargestellt werden können.

Wichtigste Komponente des Wandlers ist ein aus dem »piezoelektrischen« Material Bleititanatzirconat hergestellter Kristall. Wird eine Spannung an einen piezoelektrischen Kristall angelegt, verändert er seine Gestalt; schaltet man die Spannung aus, nimmt er seine ursprüngliche Form wieder an. Eine oszillierende Spannung kann den Kristall zur Vibration veranlassen und damit Ultraschallwellen hervorbringen. Die zurückkehrenden Echos erzeugen umgekehrt Spannung in den Kristallen.

Wie durch Schallwellen ein Bild entsteht

Die Erstellung eines erkennbaren Bildes durch Ultraschall ist kompliziert: Um viele Meßabtastungen (Scans) über einem Gewebeabschnitt vorzunehmen, muß der Ultraschallstrahl hin- und herbewegt werden. Bei früheren Instrumenten verschob der Arzt dazu einen einzigen Wandler per Hand. Heutzutage steuert ein Multikomponenten-Wandler die Ultraschallwellen elektronisch und bündelt sie zugleich auf einen Punkt. Die Intensität des von jedem Abtastpunkt zurückgeworfenen Ultraschalls wird elektronisch in einen Grau- oder Farbwert umgewandelt und auf dem Bildschirm des Gerätes dargestellt. Organgrenzen senden relativ starke Echos zurück, während kleine Strukturen innerhalb des Gewebes nur schwächere, »verrauschte« Echos hervorrufen. Mit Flüssigkeit gefüllte Zysten haben ein dunkles, echofreies Erscheinungsbild und unterscheiden sich dadurch von gesundem Gewebe; Tumore verraten sich ebenfalls durch ein nur für sie charakteristisches Echo.

Je höher die Frequenz des Ultraschalls ist, desto kürzer ist seine Wellenlänge und desto kleinere Details können die Geräte erfassen und sichtbar machen. Hohe Frequenzen werden jedoch vom Gewebe rasch absorbiert und verschwinden bald hinter dem vom Abtastsystem erzeugten elektronischen »Rauschen«. Die für Ultraschall-Scans verwendete Frequenz beträgt 3 MHz – eine Kompromißlösung, die bis zu der für die meisten Untersuchungen ausreichenden Tiefe eine Bildauflösung von ca. 1 mm ermöglicht.

Tiefen- und Dichte-Bilder

Ⓐ Die in der einfachsten Art der Ultraschallaufzeichnung verwendete Sonde besteht aus einem piezoelektrischen Wandler und einer akustischen Linse, die den abgegebenen Schall auf das Ziel richtet.
Die Ultraschallimpulse werden in Abständen von etwa einer tausendstel Sekunde abgegeben. Während der Intervalle »horcht« der Wandler die Echos der Ultraschallwellen ab. Die Stärke und Rücklaufdauer der Echos wird erfaßt und auf einem Bildschirm angezeigt. So läßt sich die Tiefe der Organe und die Dichte des Gewebes erkennen.

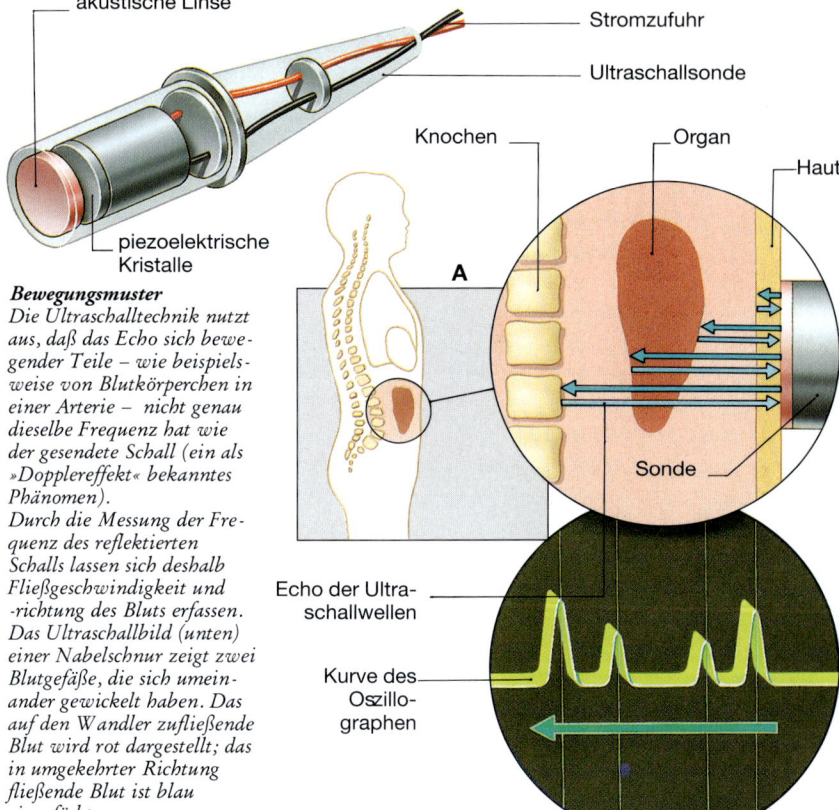

akustische Linse
Stromzufuhr
Ultraschallsonde
piezoelektrische Kristalle
Knochen
Organ
Haut
A
Sonde
Echo der Ultraschallwellen
Kurve des Oszillographen

Bewegungsmuster

Die Ultraschalltechnik nutzt aus, daß das Echo sich bewegender Teile – wie beispielsweise von Blutkörperchen in einer Arterie – nicht genau dieselbe Frequenz hat wie der gesendete Schall (ein als »Dopplereffekt« bekanntes Phänomen).
Durch die Messung der Frequenz des reflektierten Schalls lassen sich deshalb Fließgeschwindigkeit und -richtung des Bluts erfassen. Das Ultraschallbild (unten) einer Nabelschnur zeigt zwei Blutgefäße, die sich umeinander gewickelt haben. Das auf den Wandler zufließende Blut wird rot dargestellt; das in umgekehrter Richtung fließende Blut ist blau eingefärbt.

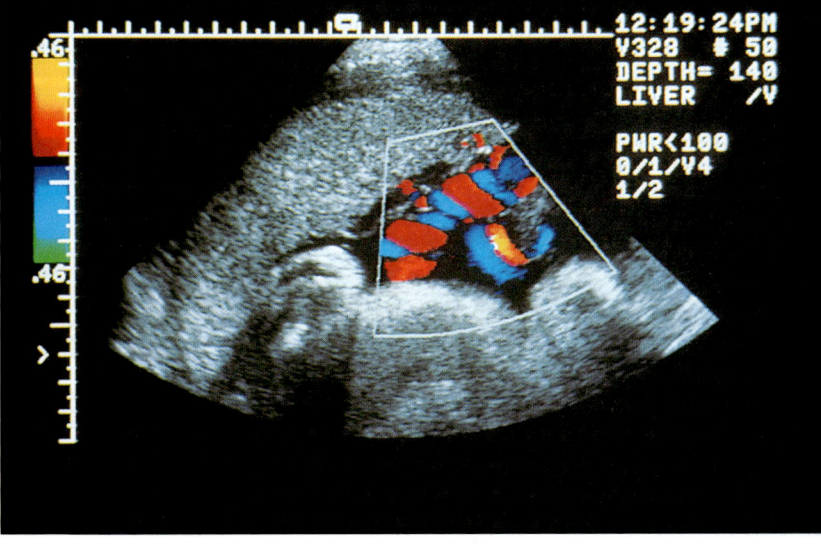

Siehe auch: **Schwangerschaft**, S. 318/319 **Wellen**, S. 414/415 **Röntgenstrahlen**, S. 476/477 **Kernspintomographie**, S. 478/479

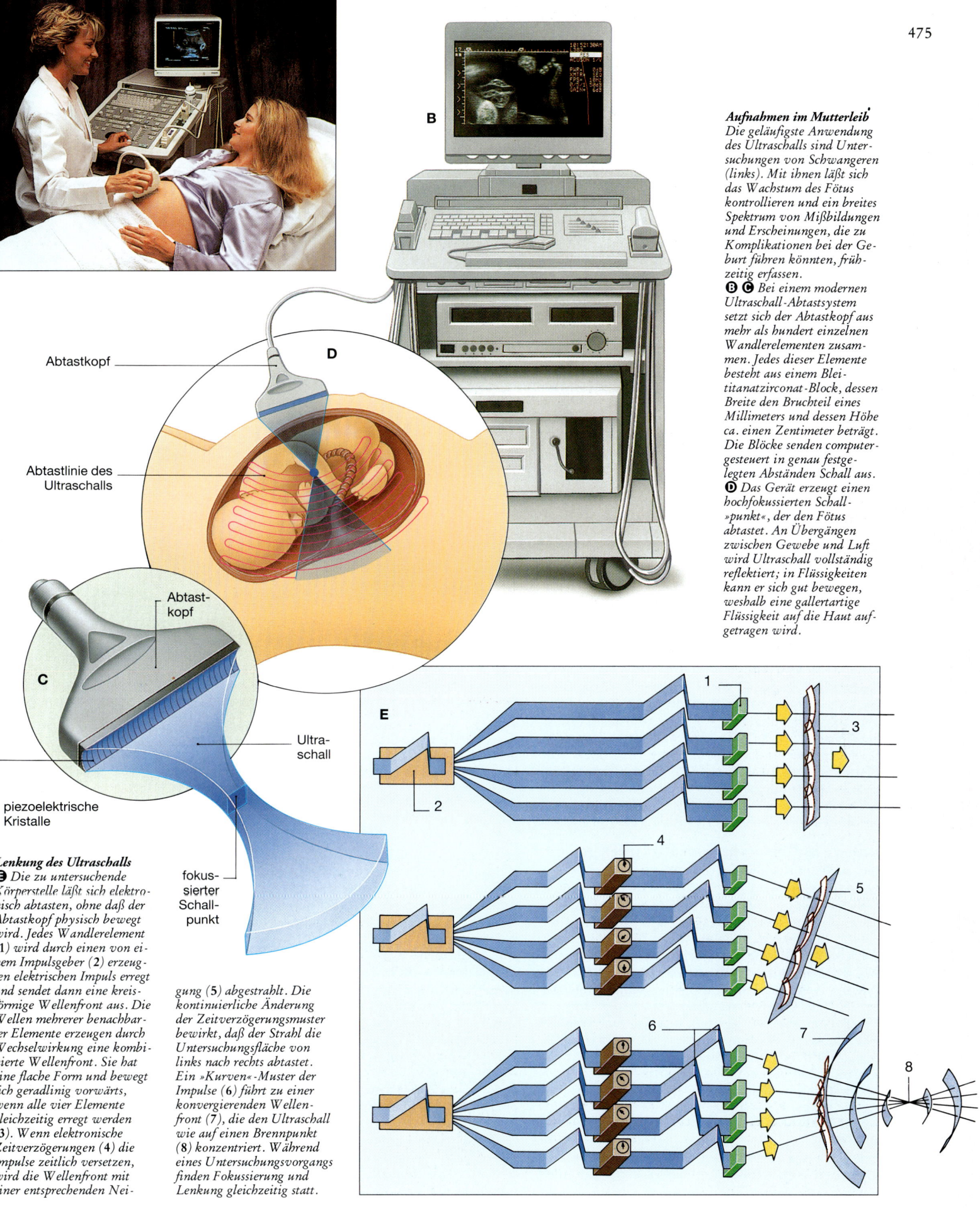

B

Aufnahmen im Mutterleib
*Die geläufigste Anwendung
des Ultraschalls sind Untersuchungen von Schwangeren
(links). Mit ihnen läßt sich
das Wachstum des Fötus
kontrollieren und ein breites
Spektrum von Mißbildungen
und Erscheinungen, die zu
Komplikationen bei der Geburt führen könnten, frühzeitig erfassen.*
B C *Bei einem modernen
Ultraschall-Abtastsystem
setzt sich der Abtastkopf aus
mehr als hundert einzelnen
Wandlerelementen zusam-
men. Jedes dieser Elemente
besteht aus einem Blei-
titanatzirconat-Block, dessen
Breite den Bruchteil eines
Millimeters und dessen Höhe
ca. einen Zentimeter beträgt.
Die Blöcke senden computer-
gesteuert in genau festgelegten Abständen Schall aus.*
D *Das Gerät erzeugt einen
hochfokussierten Schall-
»punkt«, der den Fötus
abtastet. An Übergängen
zwischen Gewebe und Luft
wird Ultraschall vollständig
reflektiert; in Flüssigkeiten
kann er sich gut bewegen,
weshalb eine gallertartige
Flüssigkeit auf die Haut aufgetragen wird.*

Abtastkopf

D

Abtastlinie des
Ultraschalls

Abtast-
kopf

C

Ultra-
schall

piezoelektrische
Kristalle

Lenkung des Ultraschalls
E *Die zu untersuchende
Körperstelle läßt sich elektronisch abtasten, ohne daß der
Abtastkopf physisch bewegt
wird. Jedes Wandlerelement
(1) wird durch einen von einem Impulsgeber (2) erzeugten elektrischen Impuls erregt
und sendet dann eine kreisförmige Wellenfront aus. Die
Wellen mehrerer benachbarter Elemente erzeugen durch
Wechselwirkung eine kombinierte Wellenfront. Sie hat
eine flache Form und bewegt
sich geradlinig vorwärts,
wenn alle vier Elemente
gleichzeitig erregt werden
(3). Wenn elektronische
Zeitverzögerungen (4) die
Impulse zeitlich versetzen,
wird die Wellenfront mit
einer entsprechenden Nei-*

fokus-
sierter
Schall-
punkt

*gung (5) abgestrahlt. Die
kontinuierliche Änderung
der Zeitverzögerungsmuster
bewirkt, daß der Strahl die
Untersuchungsfläche von
links nach rechts abtastet.
Ein »Kurven«-Muster der
Impulse (6) führt zu einer
konvergierenden Wellen-
front (7), die den Ultraschall
wie auf einen Brennpunkt
(8) konzentriert. Während
eines Untersuchungsvorgangs
finden Fokussierung und
Lenkung gleichzeitig statt.*

E
1
2
3
4
5
6
7
8

Blicke in den Körper

Von den Röntgenstrahlen zur Nuklearmedizin

Vor über 100 Jahren entdeckte der deutsche Physiker Wilhelm Röntgen die Fähigkeit der nach ihm benannten »Röntgenstrahlen«, Materie zu durchdringen. Schon nach wenigen Wochen setzten Ärzte die neuen Strahlen ein, um Knochenabbildungen zu erhalten und Kugeln in Schußwunden zu orten. Bis heute sind Röntgenstrahlen ein unentbehrliches Diagnoseinstrument, mit dem detaillierte Aufnahmen von Knochen, Gewebe, Blutfluß und Hirntätigkeit angefertigt werden. Durch digitale Detektoren und 3D-Scans werden Mediziner möglicherweise sogar bald in der Lage sein, Hologramme innerer Organe eines Patienten zu erzeugen.

Röntgenstrahlen sind energiereiche Wellen, die im elektromagnetischen Spektrum zwischen der UV- und der Gammastrahlung liegen. Sie werden in Vakuumröhren erzeugt. Die Tiefe, bis zu der sie bei einer Untersuchung in den Körper eindringen, hängt von der Atomzahl und der Dichte des Körpergewebes ab. Ein Teil der Röntgenstrahlen durchquert den ganzen Körper und trifft auf einen Detektor (meist eine Filmfolie) auf. Dort erzeugen die Röntgenstrahlen ein Bild, das die dichten Körperteile als Schatten abbildet. Feste Strukturen wie Knochen sind auf Filmen, die Röntgenstrahlen ausgesetzt wurden, gut zu erkennen. Details weichen Gewebes lassen sich jedoch nur mit empfindlicheren Techniken und größerer Bildauflösung sichtbar machen. Eine solche Technik, die Xeroradiographie, beruht auf dem gleichen Prinzip wie ein Fotokopierer und wird oft bei Brustuntersuchungen verwendet. Hier besteht der Detektor statt aus einer Filmfolie aus einer mit einer dünnen Schicht des Halbleiters Selen überzogenen Aluminiumplatte. An diese Schicht wird eine positive Ladung angelegt, bevor sie den durch das Gewebe dringenden Röntgenstrahlen ausgesetzt ist. Wo die Röntgenstrahlen auf die Platte auftreffen, wird die positive Ladung neutralisiert, so daß ein elektrostatisches latentes Bild entsteht. Anschließend besprüht man die Platte mit negativ geladenen Tonerteilchen, die an den verbliebenen Bereichen positiver Ladung haften und so ein sichtbares Bild erzeugen, das auf ein Blatt Papier übertragen werden kann.

Bewegte und dreidimensionale Röntgenbilder

Wenn Röntgenstrahlen mit Bildverstärkern gekoppelt werden, erzeugen sie Echtzeitbilder, die – etwa während eines chirurgischen Eingriffs – kontinuierlich betrachtet werden können. Bei einem Bildverstärker dient ein Phosphorschirm als Röntgendetektor. Wenn Röntgenstrahlen auf den Schirm treffen, gibt er Lichtphotonen ab. Sie lösen auf einer benachbarten lichtempfindlichen Schicht die Abgabe von Elektronen aus, die mit Hochspannung beschleunigt und auf einen weiteren, kleineren Phosphorschirm fokussiert werden. So entsteht ein helles, klares Bild, das über eine Fernsehkamera betrachtet oder für eine weitergehende Analyse digitalisiert werden kann.

Die Nachbearbeitung digitalisierter Bilder ermöglicht verfeinerte Techniken der Röntgenuntersuchung. Bei der digitalen Subtraktionsangiographie etwa fertigt man zuerst eine Röntgenaufnahme eines größeren Blutgefäßes an; die Aufnahme wird wiederholt, nachdem ein für Röntgenstrahlen undurchlässiges Kontrastmittel in die Blutbahn injiziert wurde. Anschließend muß das zweite Bild vom ersten Bild digital subtrahiert werden. So entsteht ein klar umrissenes Bild des Blutflusses beispielsweise zum Gehirn oder den Nieren.

Gewöhnliche Röntgenbilder sind oft schwer zu interpretieren, da sich in der Darstellung verschiedene Strukturen des Körperinneren überlagern. Um diese Strukturen genau analysieren zu können, wird die Computer-Tomographie eingesetzt. Hier durchläuft ein Röntgenstrahl eine dünne Körperschicht in verschiedenen Winkeln und wird beim Austritt aus dem Körper von kranzartig angeordneten Detektoren so oft erfaßt, bis die Körperschicht aus allen Perspektiven betrachtet worden ist. Aus den Daten der Detektoren baut der Computer ein komplettes Bild der Körperschicht auf. Durch »Aufeinanderstapeln« vieler Körperschichten auf dem Bildschirm läßt sich eine dreidimensionale Ansicht der Organe erzeugen.

Schäden durch Strahlen
A *Röntgenstrahlen sind eine ionisierende Strahlung und daher schädlich für sich teilende Zellen. Deshalb wird die Strahlendosis, der ein Patient ausgesetzt ist, so gering wie möglich gehalten.*

Wie Röntgenbilder entstehen
A *Eine Röntgenröhre ist eine hochevakuierte Glasröhre, in der eine Glühspirale aus Wolfram (1) als Elektronenquelle (Kathode) dient. Bei Erhitzung mit einer niedrigen Spannung (2) gibt die Kathode Elektronen ab. Sie werden durch eine hohe Spannung (3) zwischen der Anode und der Kathode konzentriert und beschleunigt. Die Elektronen kollidieren mit der Anode (4) und erzeugen dabei Röntgenstrahlen und Wärme. Um eine übermäßige Erhitzung zu vermeiden, dreht ein Motor (5) mit 3000 Umdrehungen pro Minute die Zielfläche; außerdem trägt eine Ölschicht auf der Röhre dazu bei, die Wärme abzuleiten. Die Röntgenstrahlen treten durch eine Öffnung im Gehäuse aus. Bevor sie den Patienten erreichen, passieren sie eine Reihe von verstellbaren Öffnungen (6), die die Größe des Röntgenstrahlenfelds je nach Größe der Filmfolie regeln. Eine Lampe (7) und ein Spiegel (8) liefern einen Lichtkegel, der sich mit der Bahn der unsichtbaren Röntgenstrahlen deckt; das Licht erlaubt die Ausrichtung des Strahlungsfelds. Röntgenfilm (9) ist viel empfindlicher als photographischer Film. Er ist auf beiden Seiten mit einer Emulsion (10) beschichtet, die sowohl Röntgenstrahlen als auch Licht erfaßt. Der Film ist sandwichartig zwischen zwei Leuchtschirmen (11) angeordnet, die Licht abgeben, wenn Röntgenstrahlen auf sie auftreffen. Das abgegebene Licht wirkt zusätzlich auf den Film und erzeugt so ein intensiveres Bild, als es die Röntgenstrahlen allein könnten. Oberhalb des Films befindet sich ein feines Gitter (12). Durch das Gitter dringen nur die Röntgenstrahlen, die den Patienten geradlinig durchquert haben (13), nicht jedoch jene, die durch Streuung abgelenkt worden sind (14) und das Bild unscharf machen würden.*

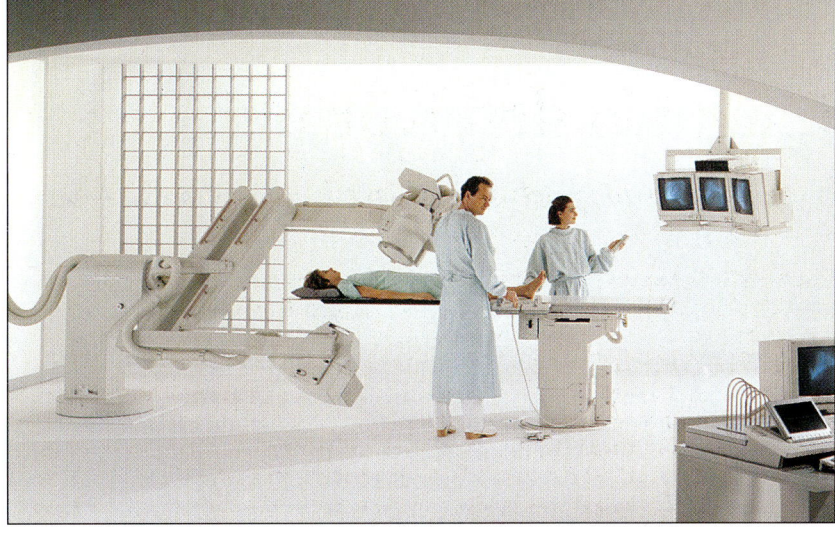

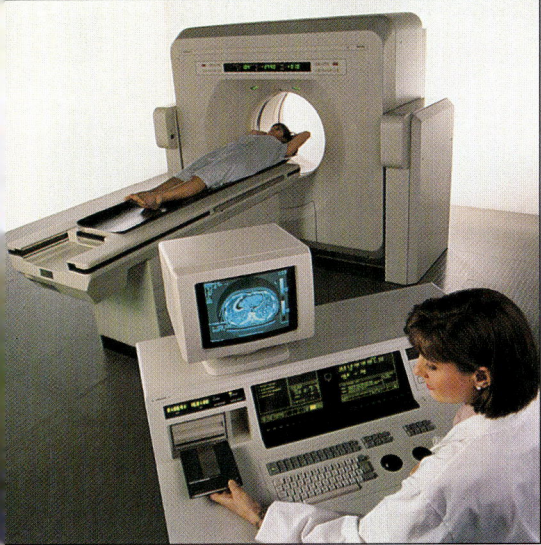

Computer-Tomographie

Die Computer-Tomographie (CT) ist eine hochempfindliche Technik, die es ermöglicht, ein dreidimensionales Bild des Körperinneren zu erstellen. Dank CT lassen sich sehr geringe Unterschiede in der Gewebedichte erkennen. Während einer Untersuchung liegt der Patient in einer ringförmigen Abtastanordnung (links). Während sich die Röntgenstrahlenquelle um den Patienten dreht, erfassen die kreisförmig angeordneten Detektoren über eine Million abgetasteter Röntgenstrahl-Intensitätswerte. Ein leistungsstarker Rechner setzt diese Daten in ein Bild um.

Echtzeitbilder

Elektronische Bildverstärker (oben) ermöglichen den Einsatz von Röntgenstrahlen in extrem niedriger Dosis. So ist es möglich, die Patienten während Operationen gefahrlos einer ständigen Bestrahlung auszusetzen und den Chirurgen Echtzeitbilder zu liefern.

○ Elektron
● Positron
● Kohlenstoffatom
● Sauerstoffatom
● radioaktive Fluoratome

〰→ Gammastrahlen

Positronen/Elektronen-vernichtung

Glucosemolekül

angesammelte Glucose

Detektoren-kranz

Glucosetropf

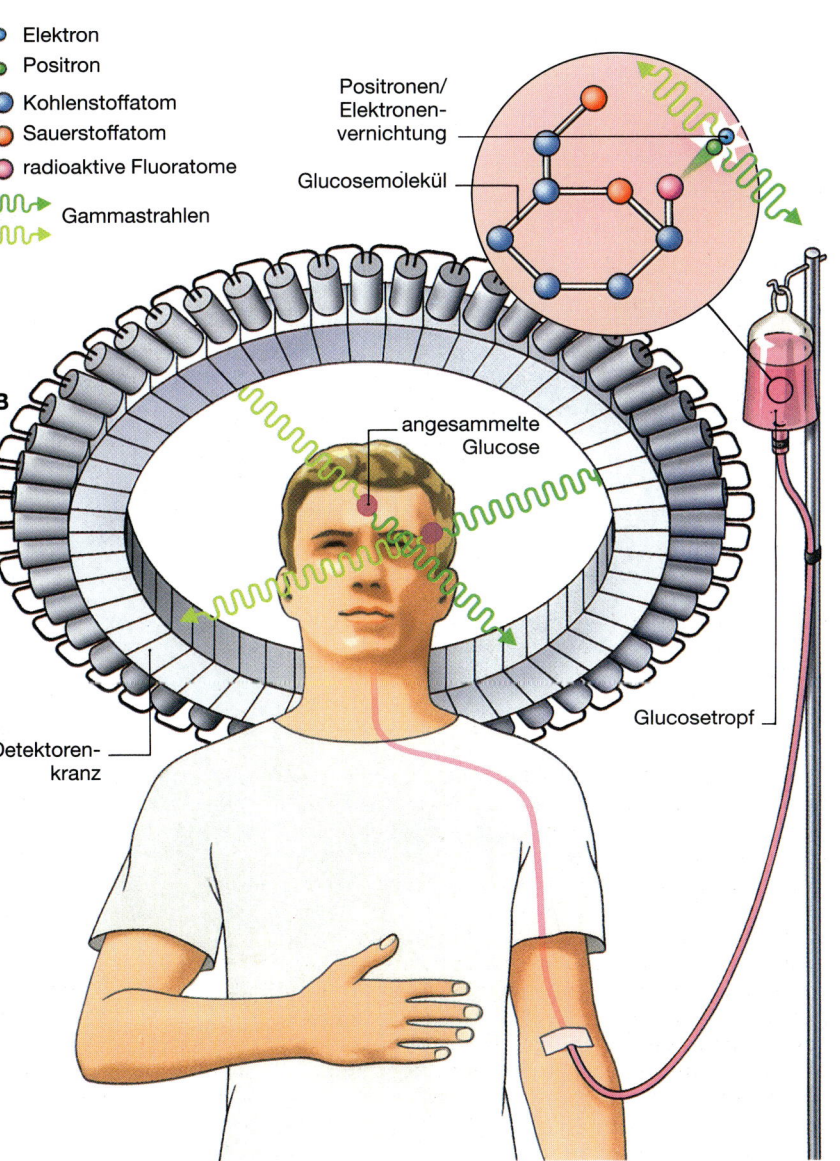

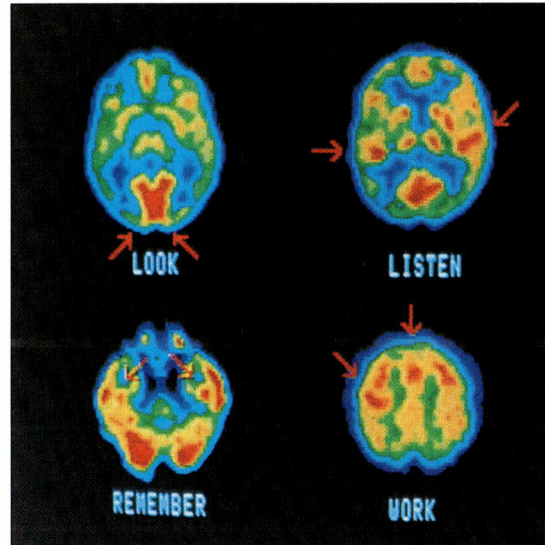

Diagnose mit Radioaktivität

B Die Positronen-Emissions-Tomographie (PET) gehört zur Nuklearmedizin. Sie benutzt kleine Dosen radioaktiver Strahlung als Diagnosemittel. PET-Scans werden für Gehirnuntersuchungen verwendet, weil sie es erlauben, das Gehirn in Aktion zu beobachten, statt es nur in seinem Aufbau zu zeigen.

Glucose liefert die Energie für die aktiven Bereiche des Gehirns. Für PET-Scans werden Glucosemoleküle mit radioaktiven Fluoratomen markiert, die subatomare Teilchen – Positronen – freigeben, wenn sie zerfallen. Fast unmittelbar danach treffen diese Teilchen auf ihre Gegenteilchen (Elektronen) und werden dabei vernichtet. Dieser Vorgang setzt zwei Gammastrahlen frei, die sich in entgegengesetzter Richtung bewegen.

Die dem Patienten zugeführte, markierte Glucose sammelt sich in den aktiven Teilen des Gehirns an. Ein Detektorenkranz erfaßt die Gammastrahlen, die den Körper verlassen, und ein Computer »sucht« nach den Strahlen, die gleichzeitig auf zwei gegenüberliegende Detektoren treffen. Die Daten werden dann zu Bildern synthetisiert, die jene Teile des Gehirns hervorheben, in denen der meiste »Brennstoff« verbraucht wird. So werden z.B. die Aktivitätszentren der Denkprozesse (oben) sichtbar.

Fotografischer Film, S. 504/505

Magnetfelder scannen den Menschen

Kernspintomographie ermöglicht gefahrlose Untersuchungen

Die Kernspintomographie erlaubt es den Ärzten, ohne einen chirurgischen Eingriff Einblick in das Innere des menschlichen Körpers zu nehmen. Die Kernspintomographie kann Knochen durchdringen und erzeugt scharfe Bilder von angrenzendem weichen Gewebe. Sie eignet sich daher besonders zur Diagnose von Gehirnerkrankungen. Während einer Untersuchung erstellt der Mediziner mit Hilfe von Magnetfeldern und Radiowellen eine Computerkarte der im Körper befindlichen Wasserstoffatomkerne. Die Technik ist sicher und schmerzfrei; Nebenwirkungen sind nicht bekannt.

Starke Magnetfelder

Ⓐ Der riesige zylindrische Magnet (grau) beherrscht die Kernspintomographie-Anlage. Er baut ein Kraftfeld auf, das 70 000mal so stark ist wie jenes der Erde. Daneben umgeben drei schwächere Elektromagneten (violett, blau und grün) den Patienten. Die durch diese Zusatzspulen erzeugten Magnetfelder werden dem Hauptfeld hinzugefügt, um innerhalb des Körpers Abstufungen der Magnetfeldstärke zu erhalten. Im Raum dürfen sich keine losen Metallgegenstände befinden, weil das starke Magnetfeld sie sofort anziehen und in Geschosse verwandeln würde.

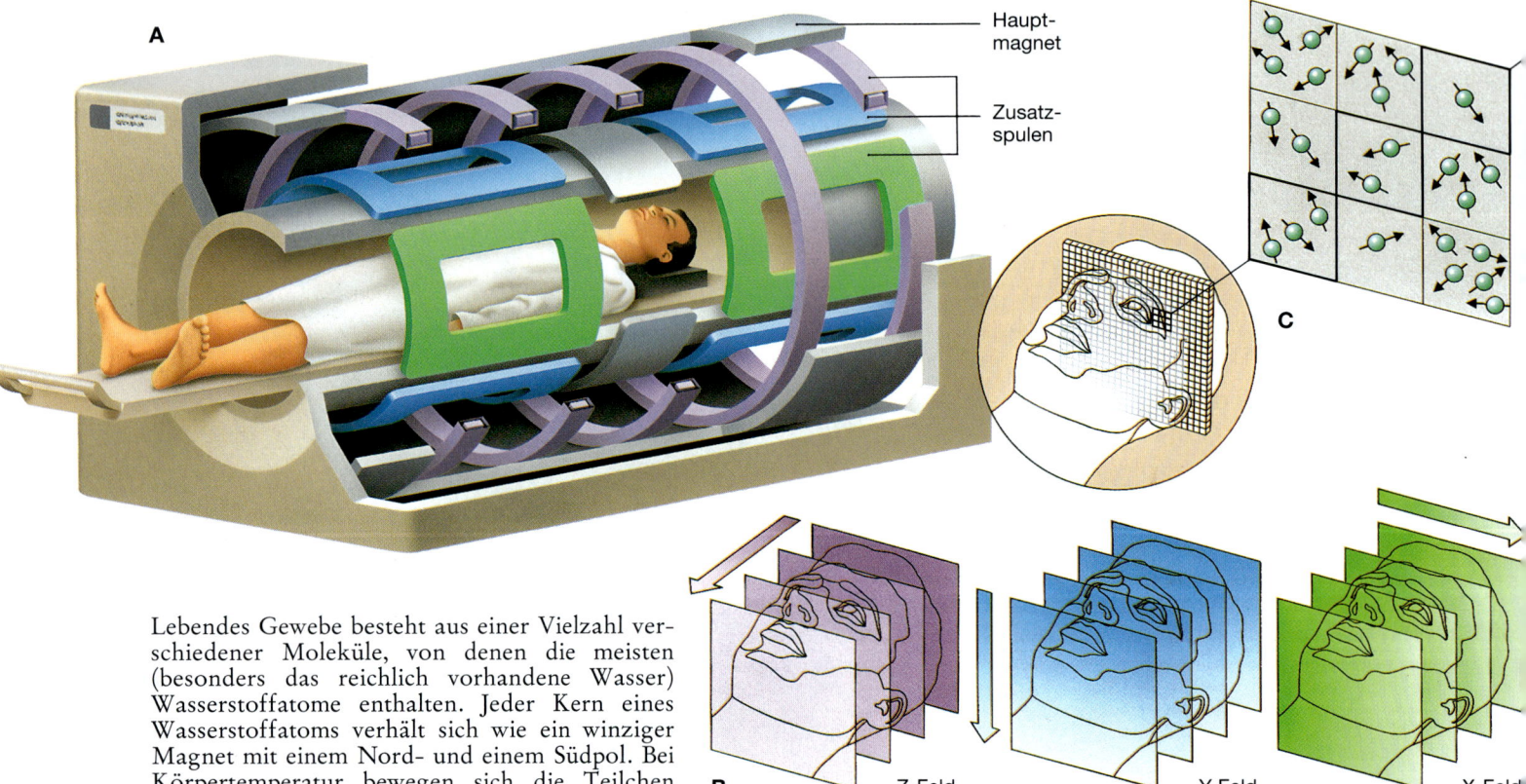

A

Hauptmagnet

Zusatzspulen

B   Z-Feld   Y-Feld   X-Feld

C

Lebendes Gewebe besteht aus einer Vielzahl verschiedener Moleküle, von denen die meisten (besonders das reichlich vorhandene Wasser) Wasserstoffatome enthalten. Jeder Kern eines Wasserstoffatoms verhält sich wie ein winziger Magnet mit einem Nord- und einem Südpol. Bei Körpertemperatur bewegen sich die Teilchen ständig in alle Richtungen; ihre magnetischen Momente heben sich gegenseitig auf. Unter normalen Umständen besitzt der Körper daher kein einheitliches Magnetfeld.

Bilder aus dem Körperinneren

Für eine Aufnahme mit dem Kernspintomographen ruht der Patient auf einer Liege in einer von den Spulen eines sehr großen Elektromagneten umgebenen Röhre. Der Magnet erzeugt ein starkes Feld, nach dem sich die Kerne der Wasserstoffatome im Körper des Patienten ausrichten. Unter dem Einfluß des Magnetfelds kommt es zu einer »Präzessionsbewegung«, einer Art Kreiseln um die eigene Achse. Die Frequenz der Drehung hängt von der Stärke des angelegten Magnetfeldes ab. Im nächsten Stadium der Bildproduktion stellt man mit Radiowellen ein schwaches magnetisches »Hochfrequenzwechselfeld« her. Die Atome verlassen kurzfristig ihre bisherige Ausrichtung. Bei der Rückkehr in den ursprünglichen Zustand senden sie einen Radioimpuls aus, dessen Frequenz genau der entspricht, die bei der ersten Ausrichtung zu messen war. Wenn zusätzliche Spulen das konstante magnetische Feld in ein Gefälle verwandeln, hängt die Frequenz des erzeugten Radioimpulses von der Position der Wasserstoffteilchen innerhalb des Magnetfeldes ab. So baut sich ein zwei- oder dreidimensionales Bild auf, das Auskunft über die Dichte der Wasserstoffatome gibt. Ein hochleistungsfähiger Rechner speichert die gesammelten Informationen und wertet sie aus. Das Ergebnis erscheint schließlich auf dem Monitor. Computer sind inzwischen sogar dazu in der Lage, die verschiedenen Gewebetypen automatisch zu erkennen. Ihr Maximum erreicht die Wasserstoffdichte in den Körperflüssigkeiten, gefolgt von weichen Geweben, Knorpelteilen und schließlich Membranen. Unbewegliche Atome in Knochen produzieren kein meßbares Signal, sie erscheinen daher bei der Untersuchung lediglich umrißartig an den Rändern der angrenzenden Partien.

Kartierung des Körpers

Ⓑ Jede der drei Zusatzspulen baut ein magnetisches Gefälle in einer anderen Richtung auf. Die Z-Spule erzeugt ein Gefälle, bei dem das Magnetfeld vom Kopf zum Fuß hin abnimmt (violett); das der Y-Spule sinkt von der Körperober- zur Unterseite (blau), das der X-Spule von links nach rechts (grün). So läßt sich jeder Teil des Körpers mit Hilfe von X-, Y- und Z-Magnetkoordinaten definieren.

Ⓒ Für die Aufnahme eines Schnittes durch den menschlichen Kopf unterteilt der Computer diesen in ein Raster von winzigen Kästchen oder Volumeneinheiten (»Voxel«). Jedes Voxel besitzt seine eigene magnetische

Siehe auch: Elektronen, S. 386/387 Magnetismus und Elektromagnetismus, S. 404/405 Ultraschall, S. 474/475 Röntgenstrahlen, S. 476/477

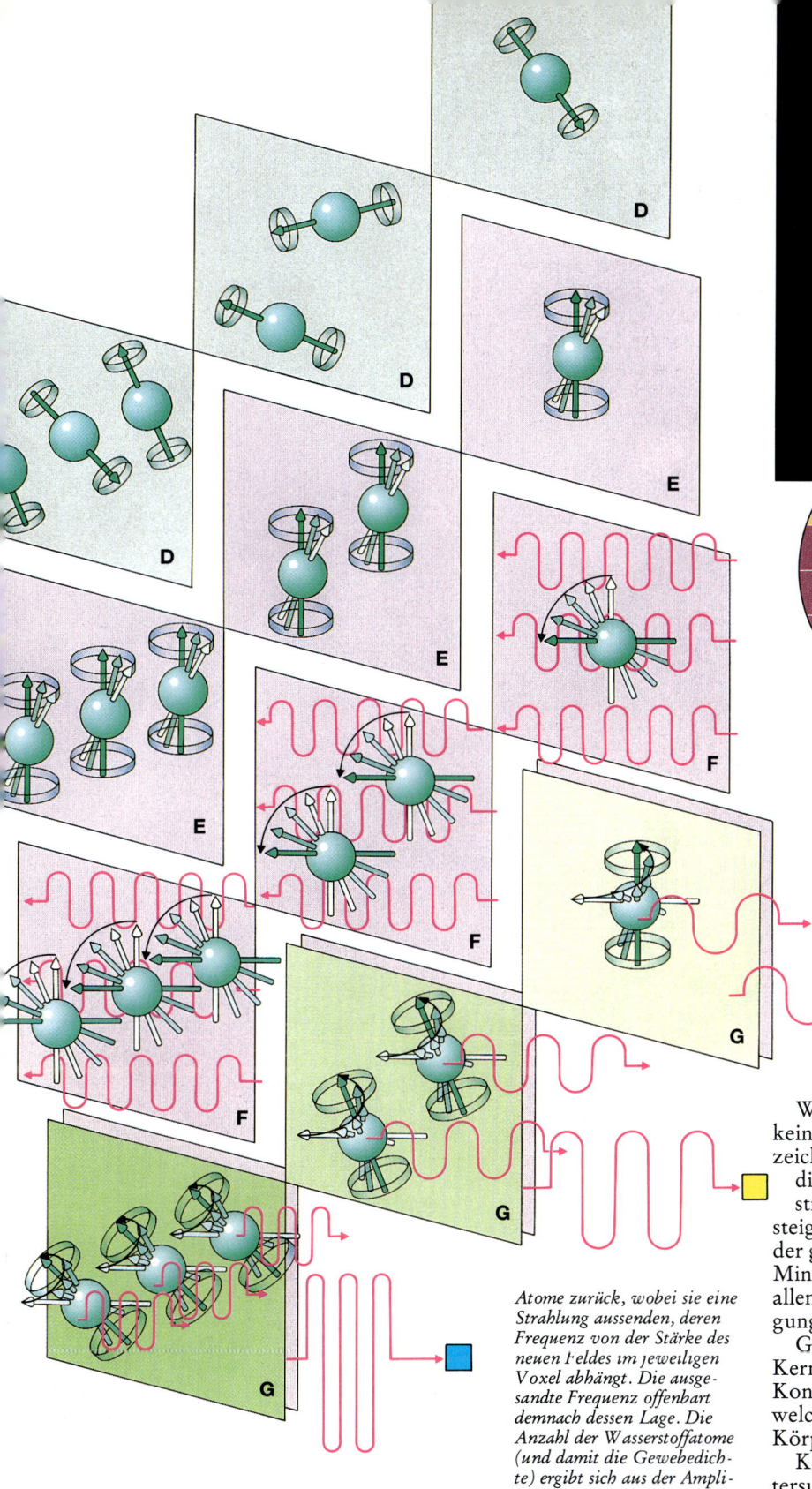

Während der Untersuchung wird der Patient keiner schädlichen Strahlung ausgesetzt. Überdies zeichnen sich die Bilder durch eine Schärfe aus, die jene traditioneller Röntgen- oder Gammastrahlenaufnahmen um ein Vielfaches übersteigt. Allerdings müssen die Patienten während der gesamten Dauer der Untersuchung – bis zu 30 Minuten – völlig regungslos verharren; einige, vor allem kleine Kinder, benötigen dazu Beruhigungs- oder Betäubungsmittel.

Genau wie bei Röntgenstrahlen lassen sich von Kernspintomographen erzeugte Bilder durch Kontrastmittel, etwa Gadolinium, verbessern, welche die örtliche magnetische Umgebung des Körpers beeinflussen.

Kernspintomographen erlauben zahlreiche Untersuchungen, die zuvor unmöglich oder sehr schwierig waren. Sie zeigen alle Weichteile des Körpers mit großer Schärfe – selbst dann, wenn das Organ wie das Knochenmark und das Gehirn von Knochen umgeben ist. Tumore und Zysten – vor allem im Gehirn oder Rückenmark – lassen sich ebenso frühzeitig erkennen wie Knochenerkrankungen, die im Mark beginnen. Die Herde der Multiplen Sklerose zeichnen sich auf den Bildern des Tomographen als kleine Pünktchen ab. Auch bei der Erforschung der Epilepsie wurde die Kernspintomographie zusammen mit anderen bildgebenden Verfahren erfolgreich eingesetzt.

»Adresse« und beinhaltet eine veränderliche Anzahl von Wasserstoffatomen.
D Unter normalen Bedingungen drehen sich die Atome völlig regellos.
E Wird der Hauptmagnet eingeschaltet und die Z-Spule in Gang gesetzt, baut sich ein Feldgefälle auf, welches die zu untersuchende Partie ausfindig macht. Die Wasserstoffatome richten sich nach

dem Magnetfeld aus und präzedieren um ihre eigene Achse.
F Ein auf die Resonanzfrequenz abgestimmter Radiowellenstoß trifft nun auf die Atome und bringt sie zum »Umklappen«.
G Noch bevor sie jedoch die Gelegenheit haben, sich nach dem neuen Feld auszurichten, wird die X-Spule eingeschaltet. Erst jetzt fallen die

Atome zurück, wobei sie eine Strahlung aussenden, deren Frequenz von der Stärke des neuen Feldes im jeweiligen Voxel abhängt. Die ausgesandte Frequenz offenbart demnach dessen Lage. Die Anzahl der Wasserstoffatome (und damit die Gewebedichte) ergibt sich aus der Amplitude der Radiowelle: Hohe Amplituden bedeuten entsprechend hohe Dichten und umgekehrt. Durch die Messung der Frequenzen und Amplituden entsteht eine Karte der Gewebedichten entlang der X-Achse. Der gleiche Vorgang wird anschließend mit den Y-Spulen wiederholt, so daß letztlich ein zweidimensionaler Schnitt durch den Kopf des Patienten entsteht.

Sanfte Eingriffe in den Körper

Mikrochirurgie und medizinische Laser

Der Laser ist in der modernen Chirurgie zu einem beinahe schon alltäglichen Hilfsmittel geworden. Erstmals in den 60er Jahren für den Einsatz in der Augenchirurgie entwickelt, zerstören medizinische Laser heute Gehirntumore, ohne das benachbarte Gewebe zu verletzen, oder schweißen bei Transplantationen Nerven und Blutgefäße zusammen. Neue Techniken der Laserchirurgie erlauben sehr genaue und feine Behandlungsformen ohne die Risiken einer herkömmlichen Operation. Mittlerweile lassen sich sogar schon herzchirurgische Eingriffe bei vollem Bewußtsein des Patienten durchführen, ohne daß es zu größeren Blutverlusten kommt.

Die Chirurgie nutzt die Fähigkeit von Lasern, einen stark gebündelten Lichtstrahl zu erzeugen. Zwar bringt es ein medizinischer Laser nur auf eine Leistung von 60 Watt – dies entspricht in etwa einer Haushaltsglühbirne –, doch fokussiert er seine gesamte Energie auf einen Punkt mit einem Durchmesser von nur 1 μm (ein tausendstel Millimeter). So zeichnet er sich durch eine sehr hohe Leistungsdichte aus (meßbar in Einheiten von Watt pro Quadratzentimeter, W/cm^2).

Die neue Wunderwaffe der Medizin

Sobald der Laserstrahl auf organisches Gewebe trifft, wird er durch Wasser oder Pigmente absorbiert und in Wärme umgewandelt. Bei einer Leistungsdichte von etwa einem Kilowatt pro cm^2 reicht die Hitzewirkung aus, um die anvisierten Zellen sofort verdampfen zu lassen und Gewebe zu durchtrennen. Niedrigere Leistungsdichten (weniger als 500 mW/cm^2) bewirken einen geringeren Temperaturanstieg, der die Zellen lediglich gerinnen läßt und sie abtötet, ohne sie zu verdampfen. Der Chirurg kann die Wirkung des Laserstrahls durch eine Veränderung der Leistungsdichte beeinflussen. Dazu fokussiert er den Laser mehr oder weniger stark auf sein Ziel: Ein schwach gebündelter Strahl trifft eine größere Fläche mit einer geringeren Leistungsdichte und erzielt damit Gerinnungseffekte, während ein stark gebündelter Strahl eine eng umgrenzte Fläche mit hoher Leistungsdichte durchschneidet.

Unblutige Skalpelle

Die Wirkung des Lasers auf Gewebe hängt auch von der Wellenlänge ab, die je nach Lasertyp schwankt. Der Strahl eines Kohlendioxidlasers (CO_2-Laser) besitzt z.B. eine Wellenlänge von 10,6 μm: Dieses Licht wird durch die Zellflüssigkeit schnell absorbiert. Seine Energie wandelt sich an der Oberfläche sofort in Wärme um, weshalb der Laser sich vor allem für präzise Schnitte eignet. Neurochirurgen entfernen Hirntumore mit Kohlendioxidlasern, weil hier bereits die geringste Beschädigung benachbarten Nervengewebes katastrophale Folgen hätte.

Das Licht des Nd-YAG-Lasers (hier besteht das Laser-Medium aus mit Neodymium »geimpften« Kristallen oder Gläsern aus Yttrium-Aluminium-Granat) wird aufgrund seiner kürzeren Wellenlänge weniger schnell von Wasser geschluckt und erreicht tieferliegendes Gewebe. Der Nd-YAG Laser erhitzt größere Bereiche, die er gerinnen läßt. Er dient vor allem zur Behandlung krebsartiger Wucherungen.

Schlüssellochchirurgie
Ⓐ *Mit einem »Endoskop« führen Chirurgen kleinere Operationen durch, ohne gesunde Gewebeschichten zu durchtrennen. Das Instrument besteht aus einer langen, biegsamen Röhre, die an einem Bedienungsgriff hängt. Die Röhre wird durch eine Körperöffnung eingeführt. Räder am Griff stellen eine Verbindung zu Steuerdrähten in der Röhre (1) her; Drehbewegungen steuern die Endoskopspitze ans Ziel. Optische Fasern (2) leiten Licht in diesen Bereich. Durch lichtempfindliche Zellen (CCDs, 3) an der Spitze wird ein Bild von der Operationsstelle erzeugt, das über ein Kabel (4) durch die Röhre befördert und auf einem Bildschirm wiedergegeben wird. Ein Kanal für Luft- und Wasserzufuhr (5) ermöglicht es, den Operationsort zu säubern und trocken zu halten. In einem parallel angeordneten Kanal (6) steuern Kabel kleinste chirurgische Instrumente. Das Endoskop läßt sich mit einer Vielzahl von Geräten ausrüsten: Biopsiezangen (7) entnehmen Gewebeproben für die Analyse; Metallschlingen (8) übertragen hochfrequenten Strom zur Gewebegerinnung.*

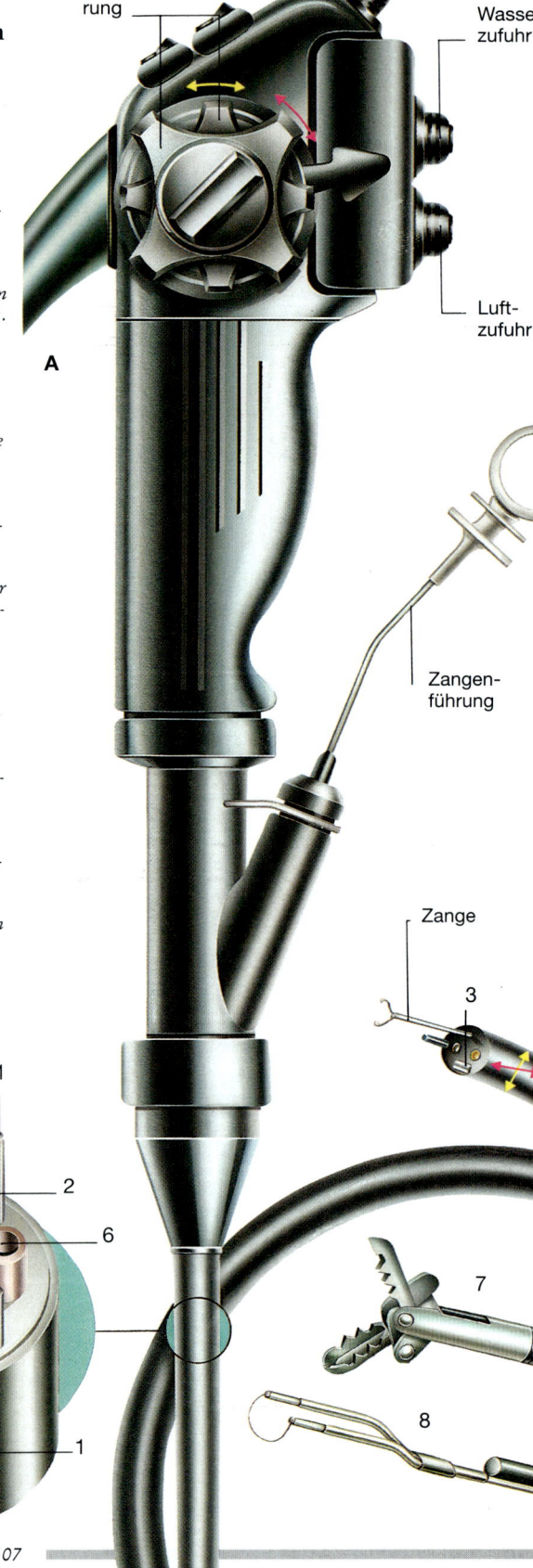

Siehe auch: **Miniaturisierung,** S. 470/471 **Camcorder und CCD,** S. 496/497 **Laser,** S. 506/507

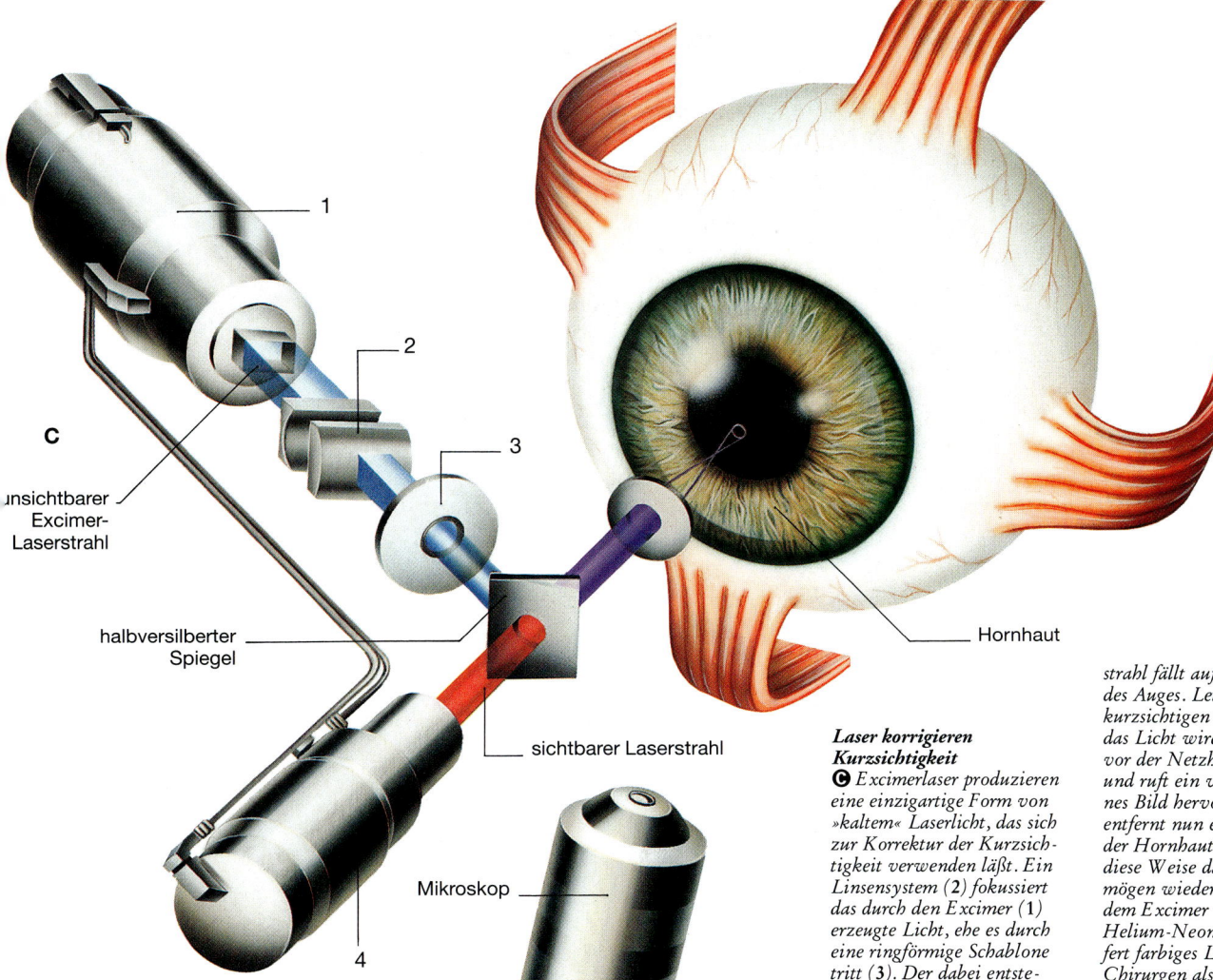

C

unsichtbarer Excimer-Laserstrahl

halbversilberter Spiegel

sichtbarer Laserstrahl

1

2

3

4

Mikroskop

Hornhaut

Laser korrigieren Kurzsichtigkeit

C Excimerlaser produzieren eine einzigartige Form von »kaltem« Laserlicht, das sich zur Korrektur der Kurzsichtigkeit verwenden läßt. Ein Linsensystem (**2**) fokussiert das durch den Excimer (**1**) erzeugte Licht, ehe es durch eine ringförmige Schablone tritt (**3**). Der dabei entstehende hohle, runde Laserstrahl fällt auf die Hornhaut des Auges. Letztere ist im kurzsichtigen Auge zu dick; das Licht wird daher bereits vor der Netzhaut gebrochen und ruft ein verschwommenes Bild hervor. Der Excimer entfernt nun einige Schichten der Hornhaut und stellt auf diese Weise das klare Sehvermögen wieder her. Ein mit dem Excimer verbundener Helium-Neon-Laser (**4**) liefert farbiges Licht, das dem Chirurgen als sichtbare Zielhilfe dient.

Bilder aus dem Inneren des Körpers

B Endoskope sind für bestimmte Körperteile konstruiert. Mit »Gastroskopen« wird z. B. der Magen untersucht. Das Foto zeigt ein Geschwür in der Magenwand.

B

Gastroskop

Magen

Wasserversorgung

Ein dritter Lasertyp, der sichtbare Argon-Ionenlaser, hilft häufig bei der Heilung von Augenleiden. Zu den Nebeneffekten der Diabetes zählt die Sauerstoffunterversorgung von Blutgefäßen in der Augennetzhaut. Um sie zu kompensieren, wachsen abnorme Gefäße bis in die Augenkammer hinein. Sie sind die Ursache einer schweren Beeinträchtigung des Sehvermögens. Der Laser verklebt die Netzhautränder, um die Bildung neuer Blutgefäße zu vermeiden und den Sauerstoffbedarf zu verringern. Das Verfahren schränkt zwar das Sehvermögen leicht ein, schützt aber vor Erblindung.

Ballon- und Kryochirurgie

Die Laserchirurgie ist nicht die einzige Form der Mikrochirurgie. Häufig angewandt werden heute auch die Ballon- und Kryochirurgie. Die Ballonchirurgie befreit verstopfte Arterien von Fettablagerungen. Die Chirurgen schieben einen Katheter durch die Arterie, bis er die Fettablagerungen berührt, und pumpen einen Ballon an der Spitze des Katheters auf, der dann das Fett gegen die Gefäßwände drückt, damit sich der Blutkanal wieder öffnet. Dieses Verfahren macht eine gefährliche Bypassoperation überflüssig.

Die Kryochirurgie zerstört Gewebe durch Kälteeinwirkung. Flüssiger Stickstoff mit einem Siedepunkt von -195 °C wird direkt auf das Gewebe aufgesprüht (wie bei der Behandlung von Warzen) oder über eine Hohlsonde eingebracht, um bösartige Tumore zu vernichten.

Eingriffe in den Bauplan

Gentechnik bei Tieren und Pflanzen

Eine genetisch veränderte Maus war 1989 das erste Tier, für das ein US-Patent vergeben wurde. Sie besitzt ein Gen, das Krebs verursacht, und ist daher für Forschungszwecke ausgesprochen wertvoll. Auch außerhalb der Forschung wird die Genmanipulation auf vielen Gebieten immer wichtiger: Getreidesorten können gegen Pestizide resistent gemacht werden, Gentherapien helfen Patienten mit Erbkrankheiten, und der genetische Fingerabdruck erleichtert die Aufklärung von Verbrechen. Die Frage, ob der Mensch auf diese Weise in die Evolution eingreifen darf, stellt sich deshalb immer dringlicher.

Die Gentechnologie entwächst ihren Kinderschuhen. Zu Anfang benutzte man zur Produktion von Insulin oder Wachstumshormonen genetisch veränderte Bakterienstämme, die menschliche Proteine in großen Mengen herstellten. Heute sind die Wissenschaftler in der Lage, auf die erblichen Merkmale von höheren Pflanzen sowie von Tieren und Menschen direkten Einfluß zu nehmen.

Pflanzenschutz durch neue Gene

Getreidepflanzen sind ständig von Viruserkrankungen bedroht, da die meisten Viren sich nicht durch chemische Mittel abtöten lassen. Wildformen mancher Getreidesorten oder überhaupt nicht mit ihnen verwandte Arten enthalten zuweilen Gene, die sie widerstandsfähig gegen bestimmte Viren machen. Früher kreuzten Züchter ertragreiche Getreidesorten mit verschiedenen verwandten Wildtypen und hofften darauf, daß sich die erwünschten Resistenzgene übertrugen. Dieses Verfahren war unsicher und schwierig und führte oft erst nach Jahrzehnten zum Erfolg. Gentechniker versuchen das Problem dagegen zu lösen, indem sie das entsprechende Gen direkt in die DNS einer Getreidepflanze einsetzen.

Nachdem es gelang, »transgene« Pflanzen zu erzeugen, die Anlagen zur Produktion virustötender Proteine tragen, untersucht die Gentechnologie nun sämtliche Organismen auf Gene, die sich dazu eignen, den Ertrag von Getreidesorten zu steigern und ihre Anfälligkeit zu mindern.

Schnellwüchsige Schweine

Pflanzen lassen sich in der Regel leichter gentechnisch verändern als Tiere, weil aus den Kulturen von Blatt-, Stamm- oder Wurzelzellen eine vollständige neue Pflanze entsteht. Genetisch umgewandelte Zellen wachsen zu reifen Pflanzen, die das neue Gen an ihre Nachkommen weitergeben.

Bei tierischen Zellen spielt dagegen der Unterschied zwischen Keimzellen, also Ei- und Samenzellen, und Körperzellen eine große Rolle. Nur wenn es gelingt, ein Gen in die befruchtete Eizelle eines Tieres einzupflanzen, ist dieses in der Lage, die neuen Merkmale auf seinen Nachwuchs zu übertragen. Zur Zeit ist dieses Verfahren noch sehr aufwendig und unsicher. Die Erfolge der Gentechnik liegen bei Haustieren deutlich unter jenen bei Pflanzen. Überdies reagieren Tiere in unvorhersehbarer Weise auf Genmanipulation: Schweine, denen man Gene zur Herstellung körpereigener Wachstumshormone eingesetzt hatte, wuchsen zwar schneller, litten aber unter einer Reihe von unerwünschten Nebenwirkungen.

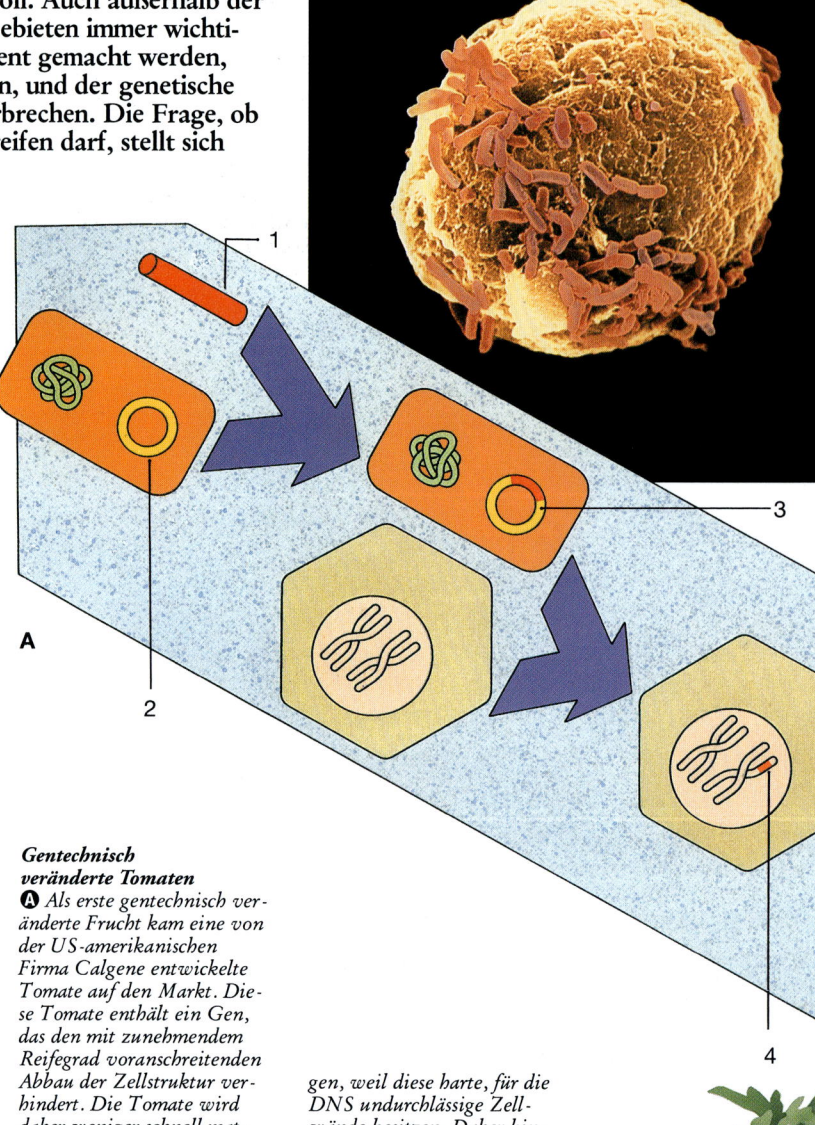

Gentechnisch veränderte Tomaten

Ⓐ Als erste gentechnisch veränderte Frucht kam eine von der US-amerikanischen Firma Calgene entwickelte Tomate auf den Markt. Diese Tomate enthält ein Gen, das den mit zunehmendem Reifegrad voranschreitenden Abbau der Zellstruktur verhindert. Die Tomate wird daher weniger schnell matschig und bleibt länger frisch. Die Hersteller behaupten darüber hinaus, sie übertreffe ihre herkömmlichen Artgenossinnen im Geschmack, da sie vor dem Pflücken länger an der Pflanze reift.
Die neue Tomate enthält kein Gen einer anderen Spezies, sondern eine spiegelbildliche Kopie jenes eigenen Gens, welches das Enzym Polygalacturonase erzeugt. Dieses Enzym beschleunigt den Abbau der pflanzlichen Zellwände während des Reifungsprozesses. Die spiegelbildliche Kopie des Gens blockiert das Original und unterbindet damit den Verfall der Tomate.
Es ist nicht leicht, die Kopie in die Pflanzen einzubringen, weil diese harte, für die DNS undurchlässige Zellwände besitzen. Daher binden die Wissenschaftler das Gen (1) zunächst in ein Plasmid (DNS-Ring) des Bakteriums Agrobacterium tumefaciens (2) ein (3). Das Bakterium betreibt nun »natürliche« Gentechnik: Es greift die Pflanze an und überträgt einen Teil seiner eigenen DNS auf die Pflanzenzelle. Die Fremd-DNS wird dann in die pflanzeneigenen Chromosomen eingebaut (4). Anschließend kultivieren die Wissenschaftler die betroffenen Pflanzenzellen und regen sie zur Teilung (5) sowie zur Ausbildung kleiner Pflänzchen an (6). In den Boden ausgebracht, reifen diese zu Trägern der Tomaten mit veränderten Eigenschaften heran (7).

Siehe auch: Erbgut, S. 300/301 Genomanalyse und Gentherapie, S. 302/303 Kohlenstoffchemie, S. 398/399 Polymere, S. 450/451

Bakterien implantieren Gene

In den meisten Fällen werden Gene mit Hilfe des Bakteriums Agrobacterium tumefaciens in Pflanzen eingeschleust. Dieses Bakterium greift zahlreiche Pflanzen an und infiziert sie durch die Übertragung seiner Gene mit der Wurzelhals-Gallenkrankheit. Gentechniker entwickelten Agrobakterien, denen die krankheitsauslösenden Gene fehlen. Diese »entwaffneten« Bakterien infizieren zwar noch immer Pflanzenzellen mit ihren eigenen oder mit fremden Genen, verursachen aber keine Krankheit mehr. Die Abbildung (links) zeigt, wie ein Agrobakterium (rot) die Zelle einer Tabakpflanze (gelb) angreift.

Patentierte Tiere

Mit gentechnischen Methoden wurde bereits eine Reihe transgener Tiere produziert. Diese Technik wird bisher auf drei Feldern eingesetzt:

Als lebende Fabriken können transgene Tiere medizinisch wichtige menschliche Proteine gezielt erzeugen. Zu den dafür am häufigsten benutzten Tieren gehören Schweine, Kühe, Schafe, Ziegen und Kaninchen.

Auch die landwirtschaftliche Nutzung transgener Haustiere wurde schon versucht. Schlicht ökonomisch betrachtet, ist ein Schlachttier nichts anderes als eine Maschine, die Rohmaterial – Futter – in ein Endprodukt – Fleisch – verwandelt. An einer effizienteren Umwandlung besteht in der landwirtschaftlichen Industrie großes Interesse. Dafür kämen vor allem gentechnisch veränderte Tiere in Frage, die zusätzliche Wachstumshormone produzieren. Bisher waren allerdings bei allen Versuchen der gentechnischen Verbesserung von Schlachtvieh die unerwünschten Nebenwirkungen so groß, daß sich das Verfahren wirtschaftlich nicht lohnte. Außerdem bestehen Zweifel daran, ob diese Techniken ethisch erlaubt sind.

Die dritte und bis jetzt erfolgreichste Anwendung gentechnischer Methoden dient der Erzeugung von Labortieren, an denen sich Entstehung und Therapie menschlicher Krankheiten erforschen lassen. So wurden transgene Mäuse erfolgreich mit dem AIDS-Virus infiziert und zum Testen von Arzneimitteln verwendet. Andere Mäuse dienen der Untersuchung von Zuckerkrankheit und Krebs, Arthritis, Allergien und multipler Sklerose.

Schafe produzieren Medikamente

Die transgenen Lämmer (oben) stammen von Eltern ab, in deren DNS ein menschliches Gen eingeschleust wurde. Die zusätzliche Erbinformation bewirkt die Produktion eines bestimmten Proteins – hier das 1-Antitrypsin oder AAT – in der Milchdrüse. Das Protein wird mit der Milch abgesondert und kann leicht isoliert und genutzt werden. Die Lämmer erhielten das Gen über die Keimbahn von ihren Eltern. Wenn sie erwachsen sind, wird ihre Milch eine wichtige AAT-Quelle sein. Das Protein ist besonders wichtig für die an einem Lungenemphysem Erkrankten; in der westlichen Welt sind das ca. 100 000 Menschen. Bisher werden Kühe nicht zu diesem Zweck genutzt, obwohl sie viel mehr Milch produzieren als Ziegen oder Schafe. Kühe werden jedoch viel später fortpflanzungsfähig und bringen dann nur eines oder zwei Kälber zur Welt. Die Erzeugung von Proteinen durch gentechnisch manipulierte Tiere bietet erhebliche Vorteile gegenüber der traditionellen Methode, solche Substanzen durch Fermentierung zu gewinnen. Es ist keine sterile Umgebung erforderlich, und es müssen nicht umständlich Nährlösungen für die Fermentationskulturen hergestellt werden. Außerdem produzieren die Schafe im Gegensatz zu den Laborkulturen nicht zugleich eine Reihe unerwünschter anderer Substanzen, von denen das AAT vor seiner Verwendung mühsam getrennt werden muß.

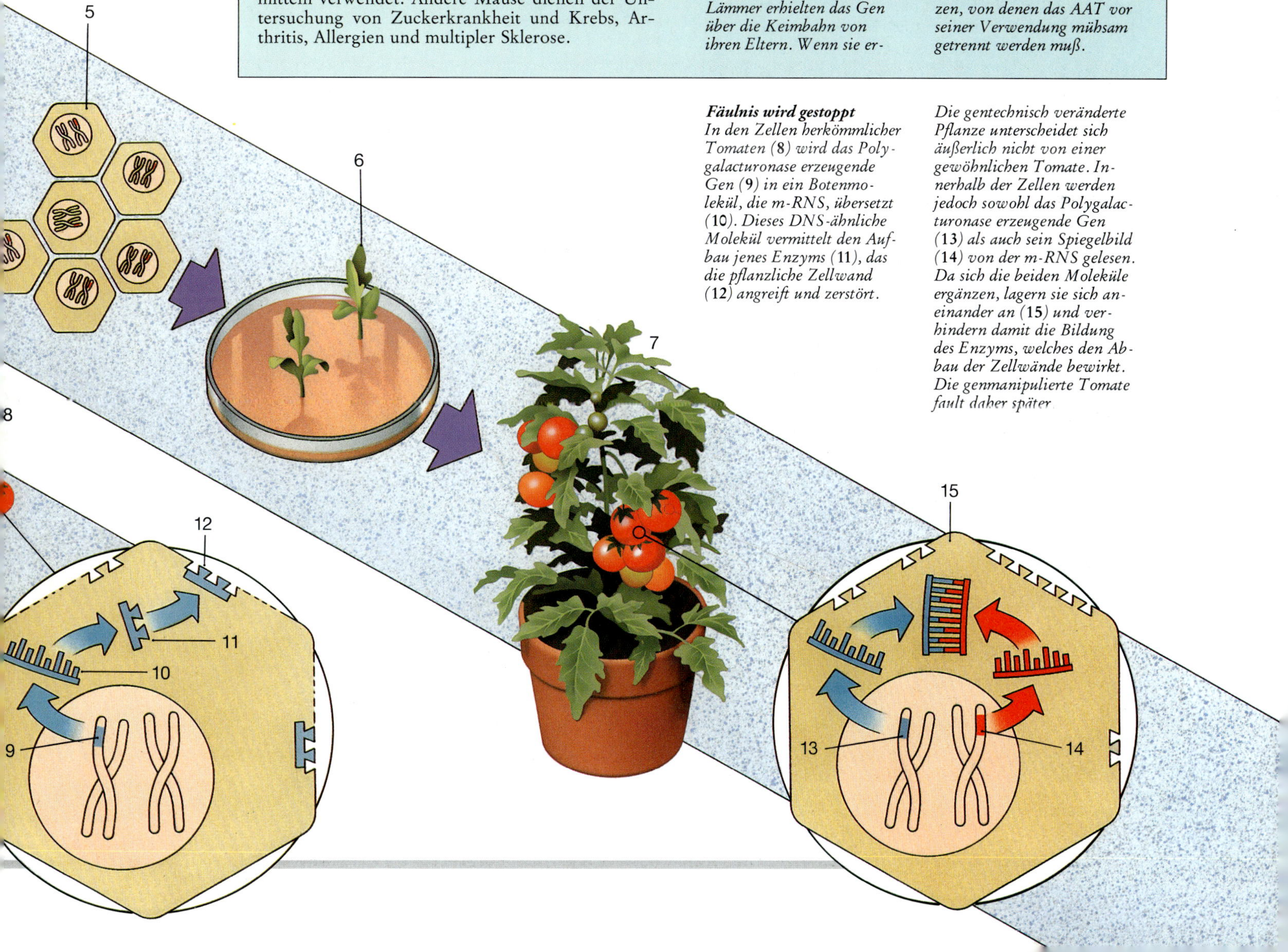

Fäulnis wird gestoppt

In den Zellen herkömmlicher Tomaten (8) wird das Polygalacturonase erzeugende Gen (9) in ein Botenmolekül, die m-RNS, übersetzt (10). Dieses DNS-ähnliche Molekül vermittelt den Aufbau jenes Enzyms (11), das die pflanzliche Zellwand (12) angreift und zerstört.

Die gentechnisch veränderte Pflanze unterscheidet sich äußerlich nicht von einer gewöhnlichen Tomate. Innerhalb der Zellen werden jedoch sowohl das Polygalacturonase erzeugende Gen (13) als auch sein Spiegelbild (14) von der m-RNS gelesen. Da sich die beiden Moleküle ergänzen, lagern sie sich aneinander an (15) und verhindern damit die Bildung des Enzyms, welches den Abbau der Zellwände bewirkt. Die genmanipulierte Tomate fault daher später

5

6

7

8

12

11

10

9

15

13

14

Starke Töne

Die Arbeit von Mikrofonen, Verstärkern und Lautsprechern

Wenn bei einem Rockkonzert der Sänger ins Mikrofon singt, löst er eine Kette von Energie-Umwandlungen aus, bevor das Publikum die Musik aus den Lautsprechern hört. Die meisten Mikrofone sind empfindlich genug, um selbst ein Flüstern in elektrische Wellen zu transformieren. Verstärker wandeln dieses winzige Signal in einen starken Strom um, der mächtige Lautsprechertürme antreiben kann. Gleichzeitig verstärken sie gewisse Frequenzen, damit ein ausgeglichenes Klangbild entsteht. Die Bandbreite der Lautsprecher reicht vom winzigen Hochtonlautsprecher für hohe Frequenzen bis zum Baßlautsprecher mit 40 cm und mehr Durchmesser.

Mikrofone und Lautsprecher sind wie die zwei Seiten einer Medaille: Ein Mikrofon wandelt die Druckwellen des Schalls in elektrische Ströme um; ein Lautsprecher transformiert solche Wellen zurück in Klang. Allerdings sind für Lautsprecher elektrische Ströme von weit größerer Amplitude erforderlich, als sie ein Mikrofon hervorbringt. Ein Verstärker erhöht deshalb die Amplitude.

Fast alle Mikrofone enthalten eine Membran – eine dünne Folie, die im Rhythmus der Druckimpulse der Schallwelle schwingt. In Kondensator-Mikrofonen ist die Membran Teil eines unter Spannung stehenden Kondensators. Das Elektret-Mikrofon ist eine Form des Kondensator-Mikrofons, bei dem die Ladung »fest« auf den Elektroden »installiert« ist. Kondensator-Mikrofone geben sehr kleine Wechselspannungen ab und benötigen daher empfindliche Verstärker. Zur Vermeidung von Störungen sind diese oft im Mikrofongehäuse selbst untergebracht. Ihre Versorgungsspannung wird über dasselbe Kabel geleitet wie das Sprach- oder Musiksignal; man spricht dabei von »Phantomspeisung«.

Die Membran eines Tauchspul-Mikrofons oder »Dynamischen Mikrofons« ist dagegen an eine Drahtspule in einem starken Magnetfeld gekoppelt. Schwingt die Membran, entsteht in der Spule eine Spannung, und es fließt ein Strom. Bei Kristall-Mikrofonen ist die Membran an einem piezoelektrischen Kristall befestigt, der durch den Druck der Schallwellen eine veränderliche Spannung erzeugt.

Die Stimme wird zum Strom

A *Mikrofone verwandeln Schallwellen in Elektrizität. Hinter dem Schutzgitter eines Elektret-Mikrofons liegt ein dünner Film aus dielektrischem Kunststoff; dahinter ist eine metallene Basisplatte montiert. Der Film ist ständig positiv geladen und zieht die negative Ladung in der Basisplatte an.*
Die auftreffenden Schallwellen versetzen den Film in Schwingung, dadurch verändert sich die Breite des Spalts zwischen Membran und Basisplatte, so daß mehr oder weniger negative Ladung angezogen wird. Der Ladungsfluß erzeugt einen wechselnden elektrischen Strom, der die Klangwelle genau wiedergibt.

Schalltoter Raum

Die Wände eines schalltoten Raums sind mit keilförmigen Schaumstoffteilen sowie aufgehängten Decken und Böden ausgestattet, die jede Schallwellenreflexion verhindern. Solche Räume dienen u.a. dem Test des Klangs und der Empfindlichkeit von Mikrofonen.

Mikrofontypen

Mikrofone in den unterschiedlichsten Größen und Ausführungen entsprechen den Notwendigkeiten bei der Schallaufzeichnung.
B *Nierenmikrofone fangen nur frontal auftreffende Schallwellen auf.*
C *Supernierenmikrofone mit »Keulencharakteristik« vermögen eine Schallquelle unter mehreren herauszufiltern.*
D *Mikrofone mit Achtercharakteristik sind nach zwei Seiten empfindlich und eignen sich deshalb besonders für die Aufnahme zweistimmiger Partien sowie zur Wiedergabe des direkten und reflektierten Schalls in einem Konzertsaal.*

»Pfeifende« Verstärker

E *Die elektrischen Signale von Mikrofonen, CD-Playern oder Instrumenten sind zu schwach für Lautsprecher.*
G *Ein Verstärker erhöht daher die Amplitude der elektrischen Welle. Sie darf dabei aber nicht ihre charakteristische Form verändern.*
F *Wenn die Verstärkung so hoch eingestellt wird, daß die Welle die Aussteuerungsgrenze überschreitet, treten Verzerrungen auf. Die Spitzen des Signals werden »abgeschnitten«, und das Klangbild wird rauh.*

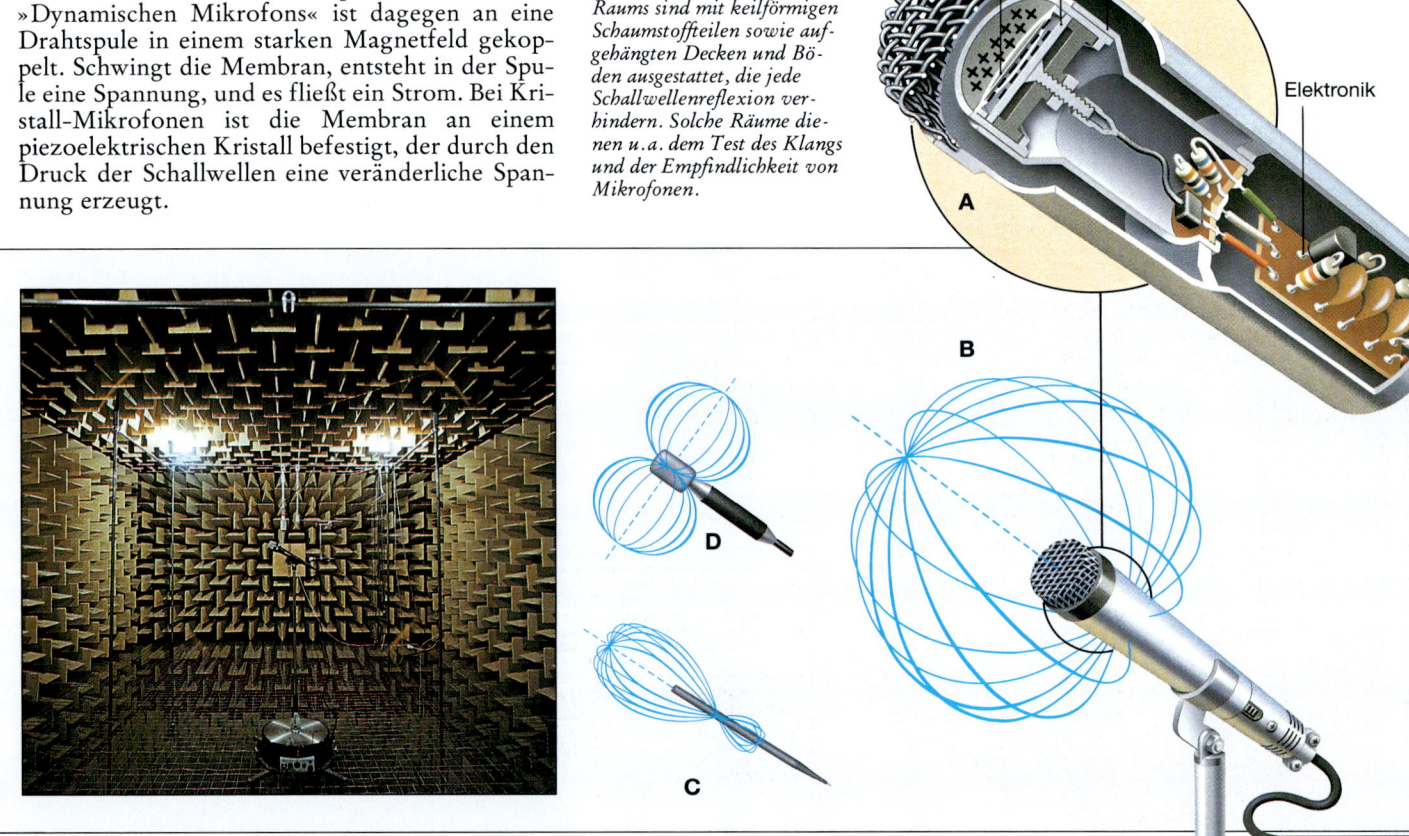

Schutzgitter

Membran

Basisplatte

Gehäuse

Elektronik

Siehe auch: **Wellen**, S. 414/415 **Radio** S. 488/489 **CDs**, S. 490/491 **Laser**, S. 506/507

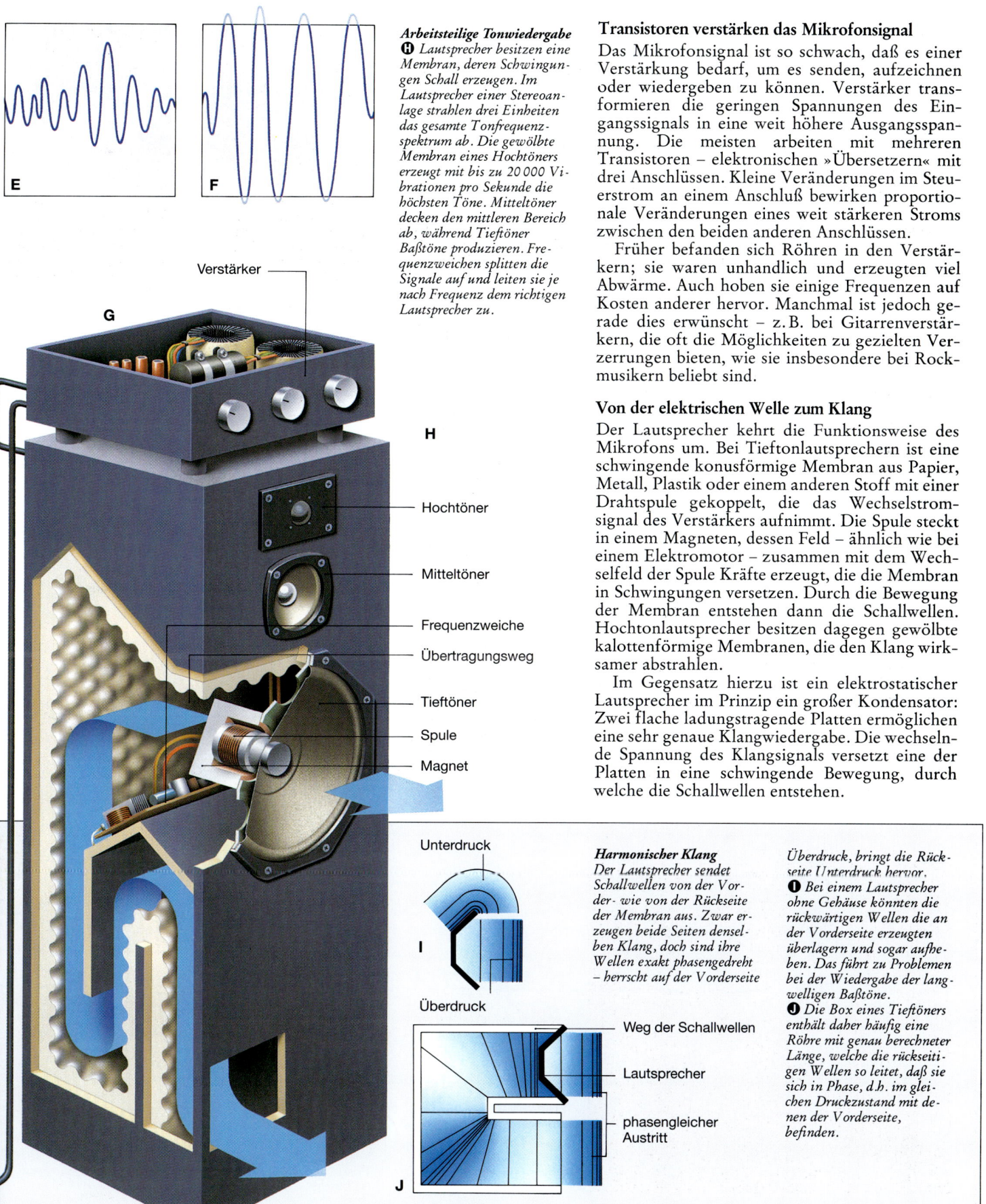

E

F

Transistoren verstärken das Mikrofonsignal

Das Mikrofonsignal ist so schwach, daß es einer Verstärkung bedarf, um es senden, aufzeichnen oder wiedergeben zu können. Verstärker transformieren die geringen Spannungen des Eingangssignals in eine weit höhere Ausgangsspannung. Die meisten arbeiten mit mehreren Transistoren – elektronischen »Übersetzern« mit drei Anschlüssen. Kleine Veränderungen im Steuerstrom an einem Anschluß bewirken proportionale Veränderungen eines weit stärkeren Stroms zwischen den beiden anderen Anschlüssen.

Früher befanden sich Röhren in den Verstärkern; sie waren unhandlich und erzeugten viel Abwärme. Auch hoben sie einige Frequenzen auf Kosten anderer hervor. Manchmal ist jedoch gerade dies erwünscht – z.B. bei Gitarrenverstärkern, die oft die Möglichkeiten zu gezielten Verzerrungen bieten, wie sie insbesondere bei Rockmusikern beliebt sind.

Von der elektrischen Welle zum Klang

Der Lautsprecher kehrt die Funktionsweise des Mikrofons um. Bei Tieftonlautsprechern ist eine schwingende konusförmige Membran aus Papier, Metall, Plastik oder einem anderen Stoff mit einer Drahtspule gekoppelt, die das Wechselstromsignal des Verstärkers aufnimmt. Die Spule steckt in einem Magneten, dessen Feld – ähnlich wie bei einem Elektromotor – zusammen mit dem Wechselfeld der Spule Kräfte erzeugt, die die Membran in Schwingungen versetzen. Durch die Bewegung der Membran entstehen dann die Schallwellen. Hochtonlautsprecher besitzen dagegen gewölbte kalottenförmige Membranen, die den Klang wirksamer abstrahlen.

Im Gegensatz hierzu ist ein elektrostatischer Lautsprecher im Prinzip ein großer Kondensator: Zwei flache ladungstragende Platten ermöglichen eine sehr genaue Klangwiedergabe. Die wechselnde Spannung des Klangsignals versetzt eine der Platten in eine schwingende Bewegung, durch welche die Schallwellen entstehen.

Arbeitsteilige Tonwiedergabe
H *Lautsprecher besitzen eine Membran, deren Schwingungen Schall erzeugen. Im Lautsprecher einer Stereoanlage strahlen drei Einheiten das gesamte Tonfrequenzspektrum ab. Die gewölbte Membran eines Hochtöners erzeugt mit bis zu 20 000 Vibrationen pro Sekunde die höchsten Töne. Mitteltöner decken den mittleren Bereich ab, während Tieftöner Baßtöne produzieren. Frequenzweichen splitten die Signale auf und leiten sie je nach Frequenz dem richtigen Lautsprecher zu.*

Verstärker

G

H

Hochtöner

Mitteltöner

Frequenzweiche

Übertragungsweg

Tieftöner

Spule

Magnet

Unterdruck

I

Überdruck

Harmonischer Klang
Der Lautsprecher sendet Schallwellen von der Vorder- wie von der Rückseite der Membran aus. Zwar erzeugen beide Seiten denselben Klang, doch sind ihre Wellen exakt phasengedreht – herrscht auf der Vorderseite

Überdruck, bringt die Rückseite Unterdruck hervor.
I *Bei einem Lautsprecher ohne Gehäuse könnten die rückwärtigen Wellen die an der Vorderseite erzeugten überlagern und sogar aufheben. Das führt zu Problemen bei der Wiedergabe der langwelligen Baßtöne.*
J *Die Box eines Tieftöners enthält daher häufig eine Röhre mit genau berechneter Länge, welche die rückseitigen Wellen so leitet, daß sie sich in Phase, d.h. im gleichen Druckzustand mit denen der Vorderseite, befinden.*

Weg der Schallwellen

Lautsprecher

phasengleicher Austritt

J

Die größte Maschine der Welt

Das moderne Telefonnetz

Das weltweite Telefonnetz ist die komplexeste Maschine, die je gebaut wurde. Sie bewältigt rund 600 000 Millionen Anrufe pro Jahr und verbindet dabei mindestens 600 Millionen Apparate. Das Netz wächst von Tag zu Tag und wird dabei immer raffinierter. Die heutigen Systeme stützen sich auf digitale Technik, die es ermöglicht, nicht nur Gespräche, sondern auch Bilder und Computerdaten mit nie dagewesener Präzision und Zuverlässigkeit zu übertragen. Digitale Vermittlungsstellen dirigieren über 1,5 Millionen Anrufe pro Stunde mit Hilfe von Kupfer- und Glasfaserkabeln, Mikrowellen- und Radiosendern, Satelliten und Bodenstationen.

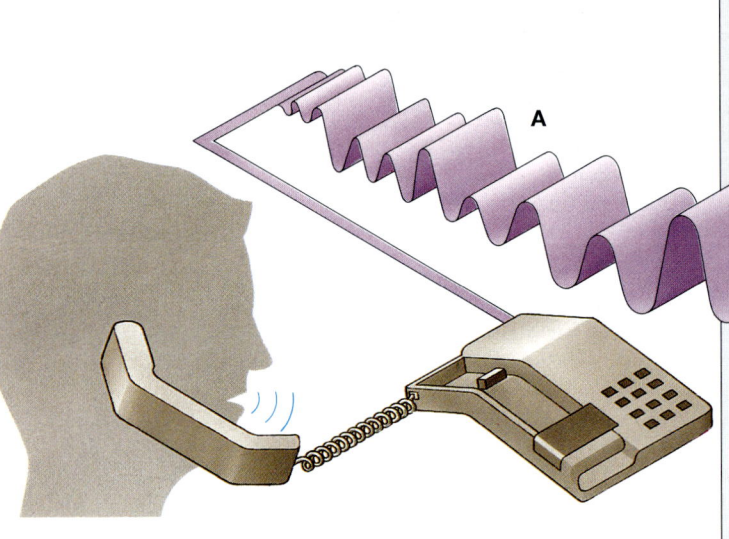

Mit digitalen Fernsprechsystemen können Informationen schneller, billiger und sicherer übertragen werden als je zuvor. Damit wurden Probleme gelöst, die durch die Fernübertragung elektrischer Signale entstehen und das Telefonieren behinderten: Störgeräusche, Verzerrungen und die Abschwächung des Signals mit wachsender Entfernung. Beim analogen Telefonieren werden die Luftdruckwellen der Stimme im Mikrofon des Hörers in elektrische Schwingungen übersetzt und im Hörer des Empfängers in Schallwellen zurückverwandelt. Ein digitales Telefonsignal besteht nur aus einer Folge von Einsen und Nullen. Deshalb läßt es sich leicht störungsfrei übertragen. Das empfangende Gerät muß nur zwischen zwei verschiedenen Signalen unterscheiden.

Die digitale Sprachübertragung ermöglicht es, die Leitungen zwischen den Vermittlungsstellen optimal auszulasten. Bei der heute üblichen Pulscodemodulation (PCM) werden verschiedene Gespräche so ineinander geschachtelt, daß man sie am Bestimmungsort wieder voneinander trennen kann: Alle 125 Mikrosekunden geht ein Impuls durch die Leitung. Da der Impuls nur vier Mikrosekunden dauert, entstehen 121 Mikrosekunden lange »Lücken«, in denen sich andere Impulse übermitteln lassen. Um die Kapazität der Leitungen weiter zu erhöhen, werden diese Signalbündel über Träger verschiedener Frequenzen geschickt – ein Verfahren, das als »Frequenzmultiplex« bezeichnet wird und schon bei der analogen Stimmübertragung verwendet wurde.

Von der Stimme zum Bit
Wenn man den Hörer eines Telefons abhebt, schließt sich damit ein Stromkreis zwischen dem Telefon und der Ortsvermittlungsstelle oder der Zentrale. Das Wählen einer Telefonnummer verschafft den Zugang zum Netz: Wenn man eine Ziffer wählt, werden zwei Tonfrequenzen in bestimmter Kombination durch die Leitung zur Zentrale geschickt. Sie setzen ein Schaltsystem in Gang, das den Anruf – oft über weitere Zentralen – an das Ziel leitet.
A *»Steht« die Telefonverbindung, so werden die Stimmen im Telefonapparat*

in eine sich kontinuierlich ändernde Spannung – oder ein analoges Signal – umgewandelt.
B *Dieses Signal gelangt durch Kupferdrähte zur Ortsvermittlungsstelle. Hier wird das Signal digitalisiert: Elektronische Geräte messen das Signal 8000mal in der Sekunde (1) – also in einem Rhythmus von 125 Mikrosekunden – und ordnen jeder Probe (englisch: Sample) eine Kombination von Einsen*

oder Nullen zu (2). Da eine Kombination von acht Einsen oder Nullen verwendet wird (»8-Bit-Codierung«), gibt es $2^8 = 256$ mögliche Kombinationen zur Aufzeichnung der jeweiligen Stimmintensität. Wird das Analogsignal in weniger als 8000 Proben zerlegt, kann die Stimme nicht mehr gleichmäßig fließend wiedergegeben werden.

Siehe auch: Wellen, *S. 414/415* Elektromagnetische Wellen, *S. 416/417* Kopierer und Fax, *S. 510/511* Netzwerke, *S. 518/519* Internet, *S. 520/521*

Globale Verbindungen

E *Das Telefonnetz ist ein hierarchisches System. Auf der unteren Hierarchieebene stehen die Millionen Teilnehmer, die direkt mit einer Ortsvermittlungsstelle oder Endstelle verbunden sind. In einer dicht bevölkerten Region sind mehrere, miteinander vernetzte Endstellen (1) erforderlich, um die vielen anfallenden Anrufe zu bewältigen. Die Endstellen sind außerdem mit Knotenvermittlungsstellen (2) verbunden, die ihrerseits mit übergeordneten Haupt- und Zentralvermittlungsstellen (3) kommunizieren.*

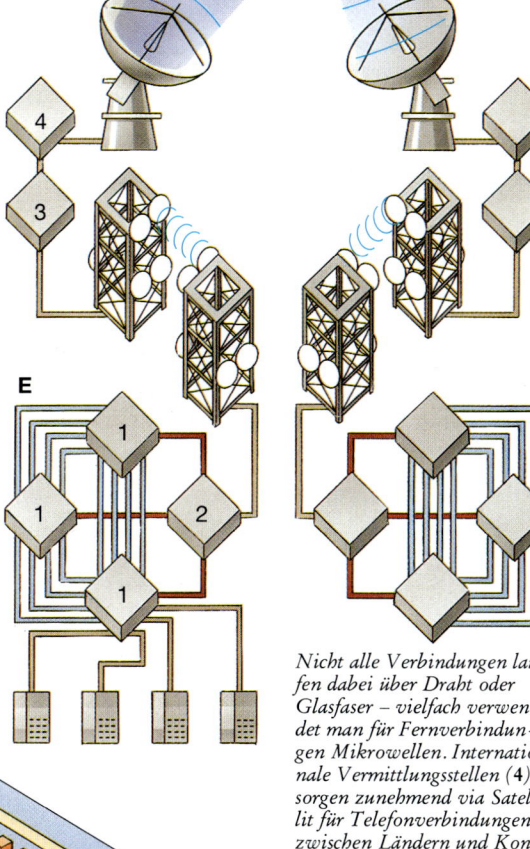

Nicht alle Verbindungen laufen dabei über Draht oder Glasfaser – vielfach verwendet man für Fernverbindungen Mikrowellen. Internationale Vermittlungsstellen (4) sorgen zunehmend via Satellit für Telefonverbindungen zwischen Ländern und Kontinenten. Die Fernmeldesatelliten kommunizieren dabei auch untereinander.

Multimedia über ISDN- und Glasfasernetze

Die wachsende Zahl von Faxgeräten, Online-Anschlüssen und neuen Telefonteilnehmern erfordert, daß die Übertragungsleitungen weit mehr Anrufe gleichzeitig bewältigen können als bisher. Ein erster Schritt in diese Richtung ist das ISDN-Netz, das in Deutschland inzwischen fast flächendeckend eingeführt wurde. Bei ISDN empfängt der Teilnehmer digitale Signale über die üblichen Telefonleitungen; auch die Übertragung auf »Datenhighways« und die Vermittlung sind voll digitalisiert. Hauptvorteile von ISDN sind die hohe Übertragungsgeschwindigkeit von 64000 Bits pro Sekunde und die digitalen Steuerungsmöglichkeiten. Sie wirken sich vor allem bei der Übertragung von großen Datenmengen – wie z. B. bei der Bildübertragung – aus. Über ISDN können Computer- und Telefonnetze von Firmen an unterschiedlichen Standorten zusammengeschaltet werden, so daß sich die Mitarbeiter ortsunabhängig gleichzeitig mit denselben Vorgängen beschäftigen können. Auch die Kapazitäten des ISDN-Netzes genügen für die Kommunikation im Multimedia-Zeitalter nicht. Das ISDN-Netz arbeitet mit Kupferkabeln, in denen sich Signale nur begrenzt gleichzeitig übertragen lassen. Lichtstrahlen sind schneller als elektrische Wellen und stören sich gegenseitig nicht. Deshalb sollen bereits bald flächendeckend Glasfaserkabel verlegt werden, die Hunderttausende von Telefongesprächen oder anderen komplexen Informationen simultan als schnelle Impulse intensiven Laserlichts befördern können.

Mehrere Gespräche in einer Leitung

C *Für die Aufzeichnung jedes Samples werden nur vier Mikrosekunden benötigt. Deshalb können Samples vieler Gespräche in einer 125-Mikrosekunden-Periode verflochten und durch dieselbe Leitung gesandt werden – ein Verfahren, das als Zeitmultiplex bezeichnet wird. Hier werden vier Gespräche in einer Leitung gezeigt.*
D *Wenn der Datenfluß der verflochtenen Samples die zweite Vermittlungsstelle erreicht, »entnimmt« ein elektronischer Schalter (3) ein Sample pro Gespräch und speichert es in einem »Kurzzeitgedächtnis« (4). Ein zweiter Schalter kann auf die gespeicherten Samples zugreifen (5), so jedes Gespräch wieder zusammensetzen und an jedes einzelne angeschlossene Telefon leiten. Bevor die Signale die Vermittlungsstelle verlassen, werden sie in die analoge Form zurückverwandelt (6), wie sie die meisten Telefone benötigen.*

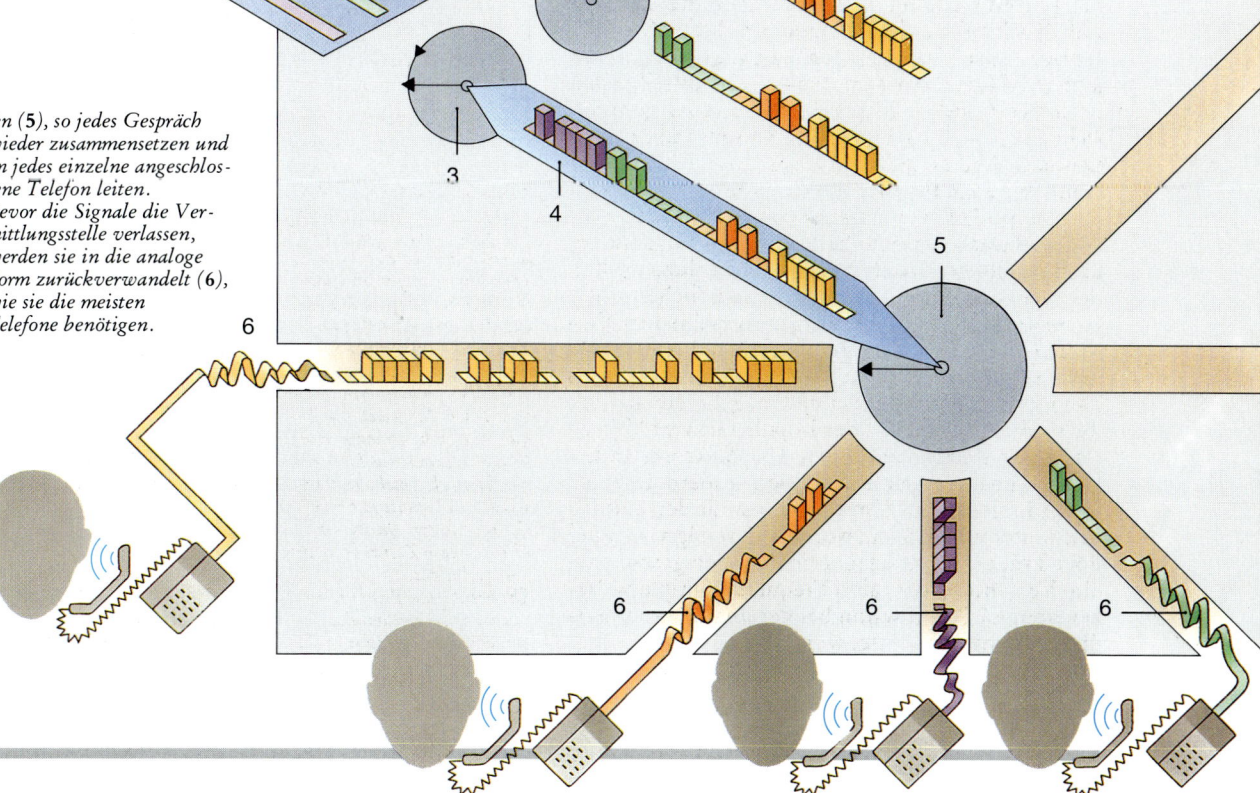

Musik liegt in der Luft

Senden und Empfangen von Radiowellen

Radiowellen durchqueren mit Lichtgeschwindigkeit die Atmosphäre und den Weltraum. Sie liefern uns Signale von fernen Galaxien; sie übertragen Sprache und Musik, aber auch eine Vielzahl anderer Informationen, darunter Navigationsdaten, mit denen sich die Position von Flugzeugen und Schiffen bestimmen läßt, und Fernsehbilder. Wie Mikrowellen, sichtbares Licht und Röntgenstrahlen stellen auch Radiowellen eine Form elektromagnetischer Strahlung dar. Sie unterscheiden sich jedoch von den anderen elektromagnetischen Wellen durch ihre Länge (sie ist millionenfach größer als die des Lichtes) und ihre Entstehung.

Radiowellen sind elektromagnetische Wellen mit Längen zwischen 1 cm und 100 km. Sie werden in einem Sender erzeugt, der einen elektrischen Strom in einer Antenne sehr schnell hin- und herschwingen läßt. Dabei strahlen die Elektronen im Draht eine einfache, regelmäßige Radiowelle von konstanter Frequenz und Stärke aus.

Die ersten Funksprüche wurden im Morsecode durch einfaches Ein- und Ausschalten der Welle gesendet. Um aber komplexere Informationen wie Ton und Bilder zu übermitteln, muß die Basis- oder Trägerwelle »moduliert«, d.h. mit einer anderen Frequenz abgestimmt werden.

Das Ton- oder Videosignal prägt die Trägerwelle auf zweierlei Weise. Bei der Amplitudenmodulation (AM) im Kurz-, Mittel- und Langwellenbereich richten sich die Spitzenwerte der Trägerwelle (oder Amplitude) nach der Wellenform des Signals. Bei der Frequenzmodulation (FM) im Ultrakurzwellenbereich folgt die Frequenz des Trägers (die Schwingungszahl pro Sekunde) dem Signal. AM-Sendungen benötigen einen schmaleren Frequenzbereich, FM-Sendungen zeichnen sich durch höhere Qualität aus.

Erreichen Radiowellen einen Empfänger, veranlassen sie die Elektronen in der Antenne, gemäß der eingehenden elektromagnetischen Energie mitzuschwingen. Dadurch entsteht ein Wechselstrom, der in einen Abstimmkreis fließt. Das angeschlossene Gerät läßt nur Wellen der eingestellten Frequenz passieren, so daß der Hörer sich die gewünschte Station auswählen kann. Andere Schaltkreise im Empfänger trennen das Tonsignal von der Trägerwelle (»Demodulation«), sodann wird das Signal verstärkt und an einen Lautsprecher geleitet.

Nicht nur ein eigens konstruierter Sender, sondern nahezu jedes geladene Teilchen, das sich mit entsprechender Geschwindigkeit bewegt, vermag Radiowellen hervorzubringen. Blitze geben Stöße von Radioenergie ab, die als störendes Knacken aus dem Rundfunkgerät ans Ohr dringen. Und Pulsare – dichte, rotierende Sterne – senden Radioimpulse von solcher Regelmäßigkeit aus, daß sie einst als Zeichen außerirdischen Lebens galten.

Die Frequenz bestimmt die Reichweite

Das Spektrum der Radiowellen gliedert sich in eine Anzahl willkürlich festgelegter Frequenzbänder mit verschiedenen Übertragungseigenschaften und Anwendungszwecken. Sendungen auf sehr niedriger Frequenz (3-30 kHz) überwinden große Entfernungen, befördern aber nur einfache Informationen. Sie durchdringen Wasser und werden

im Verkehr mit U-Booten benutzt. Auch hochfrequente Kurzwellensignale (3-30 MHz) können weite Strecken zurücklegen. Die Erde und eine obere Schicht der Atmosphäre, die Ionosphäre, reflektieren sie hin und her, so daß sie um die halbe Welt wandern und in der internationalen Nachrichtenübertragung und dem Amateurfunk Verwendung finden. Sonnenstrahlung stört die Reflexion an der Ionosphäre; Kurzwellenprogramme sind am besten nachts zu empfangen.

Die mittleren Frequenzen (300 kHz bis 3 MHz) dienen AM-Radiosignalen und haben eine Reichweite von einigen hundert Kilometern. Die Wiedergabequalität ist deutlich besser als bei Kurzwellensendern. Sehr hohe Frequenzen, Ultrakurzwellen (30-300 MHz), haben eine geringere Reichweite, doch können sie auch komplexe Signale befördern, die größere Bandbreiten benötigen, etwa zur Übertragung von UKW-Stereo-Radiosendungen, Fernsehbildern oder Mitteilungen per Funktelefon.

Wie Antennen arbeiten
Das auffallendste Element eines Radiosenders ist seine Antenne (oben). Diese arbeitet am wirkungsvollsten, wenn ihre Länge auf die Wellenlänge des ausgesandten Signals abgestimmt ist (gewöhnlich eine halbe oder viertel Wellenlänge). Antennen von Langwellensendern können daher mehrere hundert Meter messen, während Antennen für Mikrowellen, etwa bei Mobiltelefonen, es nur auf ein paar Zentimeter bringen. Antennen verbreiten Radiowellen in alle Richtungen. Parabolantennen dienen der Bündelung von Radiowellen. Mit ihnen läßt sich eine stärkere, aber auch deutlich genauer gerichtete Übertragung erzielen.

Senden und Empfangen
Ⓐ *Zu Beginn einer Radiosendung ertönt gewöhnlich Musik oder die Stimme eines Sprechers. Diese wird bei AM-Empfang zunächst über ein Mikrofon (1) in ein elektrisches Tonsignal (2) übersetzt und anschließend verstärkt (3). Es entsteht ein unregelmäßiges Muster verschiedener Frequenzen zwischen etwa 100 und 3 000 Hz (dem Frequenzbereich der menschlichen Stimme). Dann nimmt die Trägerwelle das Signal mit einer Frequenz von etwa einer Million Hertz auf. Der Schwingungsgenerator, der sie erzeugt (4), besteht häufig aus einem Quarzkristall, der einen äußerst regelmäßigen Stromimpuls aussendet und*

Siehe auch: **Wellen,** *S. 414/415* **Elektomagnetische Wellen,** *S. 416/417* **Teleskope,** *S. 462/463* **Fernsehen,** *S. 492/493* **Navigation,** *S. 550/551*

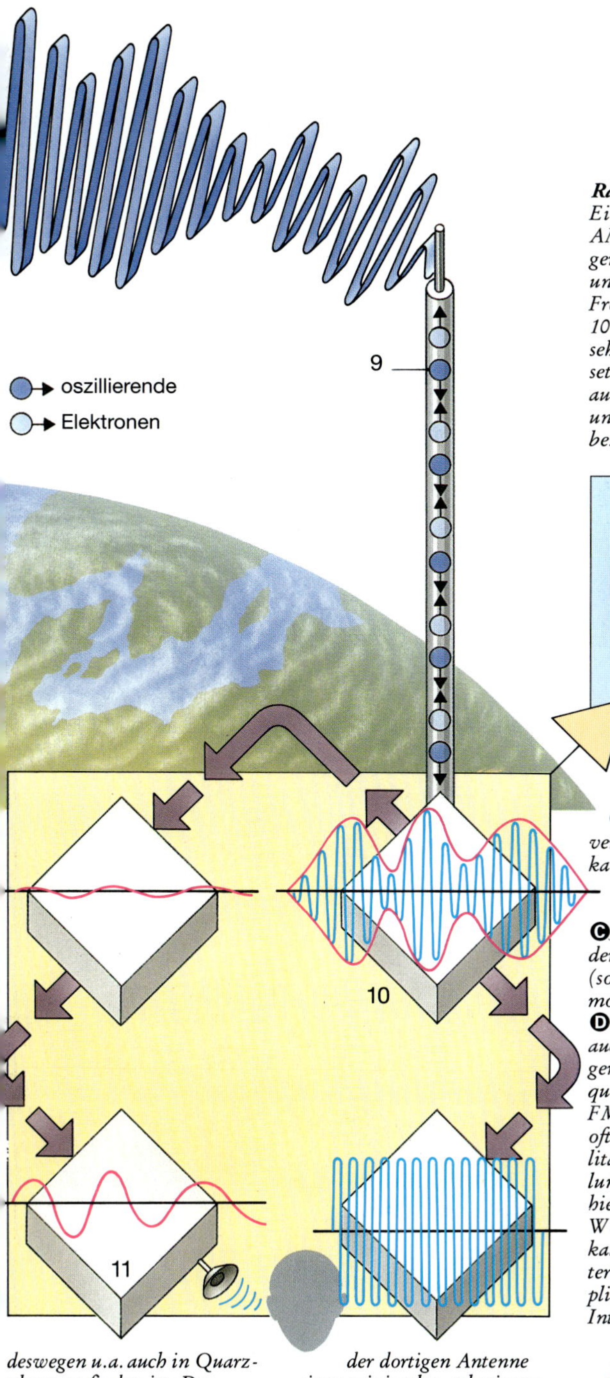

oszillierende

Elektronen

Radio- und Fernsehsignale
Ein Radiogerät (unten) kann AM-Ausstrahlungen mit Trägerfrequenzen zwischen 550 und 1700 kHz sowie FM-Frequenzen zwischen 88 und 108 MHz empfangen. Fernsehen wird als zusammengesetztes Signal gesendet, das aus einem AM-Videosignal und einem FM-Tonsignal besteht.

Die Modulation der Trägerwelle
B *Die in einem Tonsignal verborgene Information kann eine Hochfrequenzträgerwelle auf zweierlei Weise prägen.*
C *Sie kann die Amplitude der Trägerwelle variieren (sogenannte Amplitudenmodulation, AM).*
D *Das Tonsignal kann aber auch die Frequenz der Trägerwelle verändern (Frequenzmodulation, FM). FM-Sendungen zeichnen sich oft durch bessere Klangqualität aus als AM-Ausstrahlungen, weil die Information hier in die Frequenz der Welle eingeschlossen ist und kaum äußeren Störungen unterliegt. Dagegen ist die Amplitude einer Welle eher von Interferenzen betroffen.*

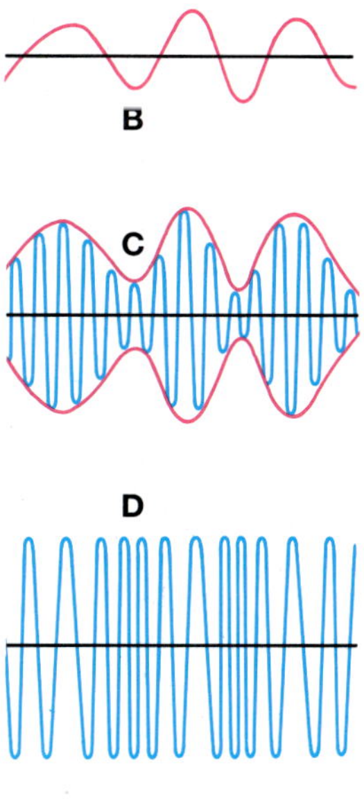

B

C

D

Suche nach dem Lieblingssender

Eine Radioantenne fängt viele verschiedene Frequenzen gleichzeitig auf. Ein Abstimmkreis, der Strom auf nur einer Frequenz schwingen läßt, filtert die gewünschte Station heraus. Er umfaßt einen Kondensator (1) und eine mit ihm verbundene Spule (2), die Energie als elektrisches beziehungsweise als magnetisches Feld speichern. Zunächst ist der Kondensator voll aufgeladen (3) – die eine Platte negativ, die andere positiv. Ladung fließt von einer Platte zur anderen und baut beim Durchqueren der Spule ein Magnetfeld auf (4). Läuft kein Strom mehr durch die Spule, dann bricht das Magnetfeld zusammen. Dabei induziert es einen elektrischen Strom in entgegengesetzter Richtung, der den Kondensator von neuem auflädt (5). Dieser entlädt sich wieder durch die Spule (6), und der Kreislauf beginnt von vorne. Auf diese Weise entsteht im Abstimmkreis ein Strom, der auf nur einer Frequenz schwingt.

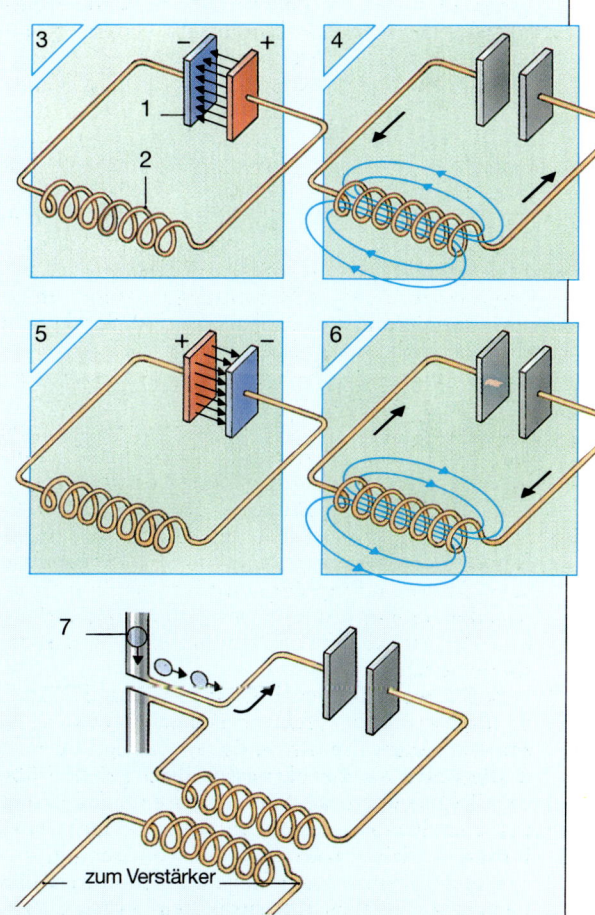

zum Verstärker

Der Wechselstrom in der Empfängerantenne (7) gelangt in den Abstimmkreis. Wenn die Schwingungsrate dieses Stroms genau der Frequenz des Abstimmkreises entspricht, fließt im Schaltkreis Strom. So wird unter allen Frequenzen, die die Antenne erreichen, nur eine ausgesondert. Die Frequenz des Schaltkreises hängt von der Größe des Kondensators im Abstimmkreis ab, die sich durch Drehen des Auswahlknopfs verändern läßt.

deswegen u.a. auch in Quarzuhren zu finden ist. Das Radiofrequenzsignal wird ebenfalls verstärkt (5) und in einen anderen Schaltkreis des Senders überführt, wo es auf das Tonsignal trifft (6). Die miteinander verbundenen Amplituden (Höhen) des Träger- und des Tonsignals ergeben gemeinsam ein Radiosignal von konstanter Frequenz mit einer vom Tonsignal geprägten oder modulierten Amplitude. Das Radiosignal läßt Elektronen in einer Sendeantenne auf- und niederschwingen (7). Durch diese Bewegung strahlen sie elektromagnetische Wellen aus (8), die sich in alle Richtungen verbreiten. Stoßen letztere auf einen Empfänger, so lösen sie in

der dortigen Antenne einen minimalen, schwingenden Strom aus (9). Wellen von vielen verschiedenen Sendern erreichen die Antenne gleichzeitig, so daß die gewünschte Frequenz (jede Radiostation benutzt eine andere Trägerfrequenz) in einem weiteren Schritt erst noch herausgefiltert werden muß. Dies geschieht mit Hilfe eines Resonanzkreises (siehe Kasten). Nun ist es noch nötig, das ausgewählte Signal (10) zu demodulieren, wobei das Tonsignal vom Radioträger getrennt und deutlich verstärkt wird (11). Jetzt erst ist es dazu geeignet, vom Lautsprecher des Empfängers aufgenommen und durch Schallwellen wiedergegeben zu werden.

Laserstrahlen spielen zum Tanz auf

Compact-Discs und CD-ROMs

Die schimmernden Lichtmuster einer Compact-Disc sind Spiegelungen von Milliarden Vertiefungen (»Pits«) unter der CD-Oberfläche, die weniger als $1/1000$ mm messen. Um die digitalen Signale dieser Pits zu lesen, ist die Präzision eines winzigen Lasers nötig. Jede der 12 cm großen Scheiben enthält in einer spiralförmigen Spur von über 5 km Länge mindestens drei Milliarden Pits. Das digitale Speichermedium CD kann ganz unterschiedliche Inhalte aufnehmen: Texte, Musikstücke oder Filme finden auf einer interaktiven CD ebenso Platz wie eine komplette vielbändige Enzyklopädie oder Video-Spiele.

Wie ein Laserstrahl Daten entschlüsselt

Ⓐ *In einem CD-Player werden die Daten von einem infraroten Laserstrahl »gelesen«, der durch ein halbdurchlässiges Prisma reflektiert und durch zwei Linsen geleitet wird, bevor er sich auf die Spur der Pits richtet. Trifft der Strahl auf eine freie Stelle zwischen zwei Pits, so wird er durch das Linsensystem zurückreflektiert. Von einem Pit wird er dagegen fast ohne Lichtreflexion zerstreut. Der reflektierte Strahl durchläuft eine zylindrische Linse und trifft dann auf vier Photodioden, die elektrische Impulse erzeugen. Ein Digital-Analog-Wandler setzt die digitalen elektrischen Signale*

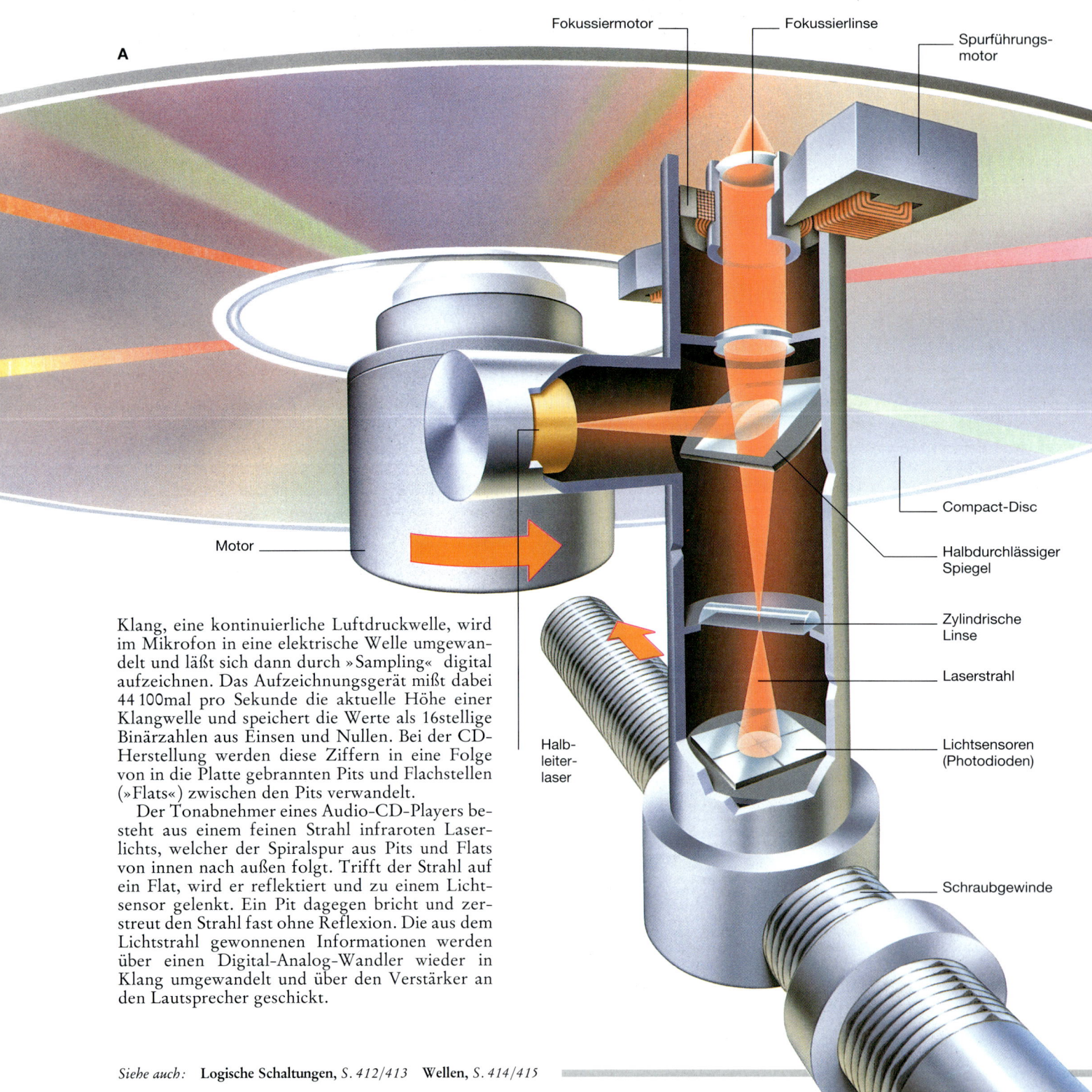

A

Fokussiermotor — Fokussierlinse — Spurführungsmotor

Compact-Disc

Halbdurchlässiger Spiegel

Zylindrische Linse

Laserstrahl

Lichtsensoren (Photodioden)

Motor

Halbleiterlaser

Schraubgewinde

Klang, eine kontinuierliche Luftdruckwelle, wird im Mikrofon in eine elektrische Welle umgewandelt und läßt sich dann durch »Sampling« digital aufzeichnen. Das Aufzeichnungsgerät mißt dabei 44 100mal pro Sekunde die aktuelle Höhe einer Klangwelle und speichert die Werte als 16stellige Binärzahlen aus Einsen und Nullen. Bei der CD-Herstellung werden diese Ziffern in eine Folge von in die Platte gebrannten Pits und Flachstellen (»Flats«) zwischen den Pits verwandelt.

Der Tonabnehmer eines Audio-CD-Players besteht aus einem feinen Strahl infraroten Laserlichts, welcher der Spiralspur aus Pits und Flats von innen nach außen folgt. Trifft der Strahl auf ein Flat, wird er reflektiert und zu einem Lichtsensor gelenkt. Ein Pit dagegen bricht und zerstreut den Strahl fast ohne Reflexion. Die aus dem Lichtstrahl gewonnenen Informationen werden über einen Digital-Analog-Wandler wieder in Klang umgewandelt und über den Verstärker an den Lautsprecher geschickt.

Siehe auch: **Logische Schaltungen**, S. 412/413 **Wellen**, S. 414/415

in die Schallwellen der ursprünglichen Aufnahme um. Während sich die CD dreht, bewegt ein Schraubgewinde das gesamte optoelektronische System von der Mitte nach außen.

B Die digitale Information einer Compact-Disc ist als Spiralspur von Pits aufgezeichnet und in die Plastikscheibe eingelassen.

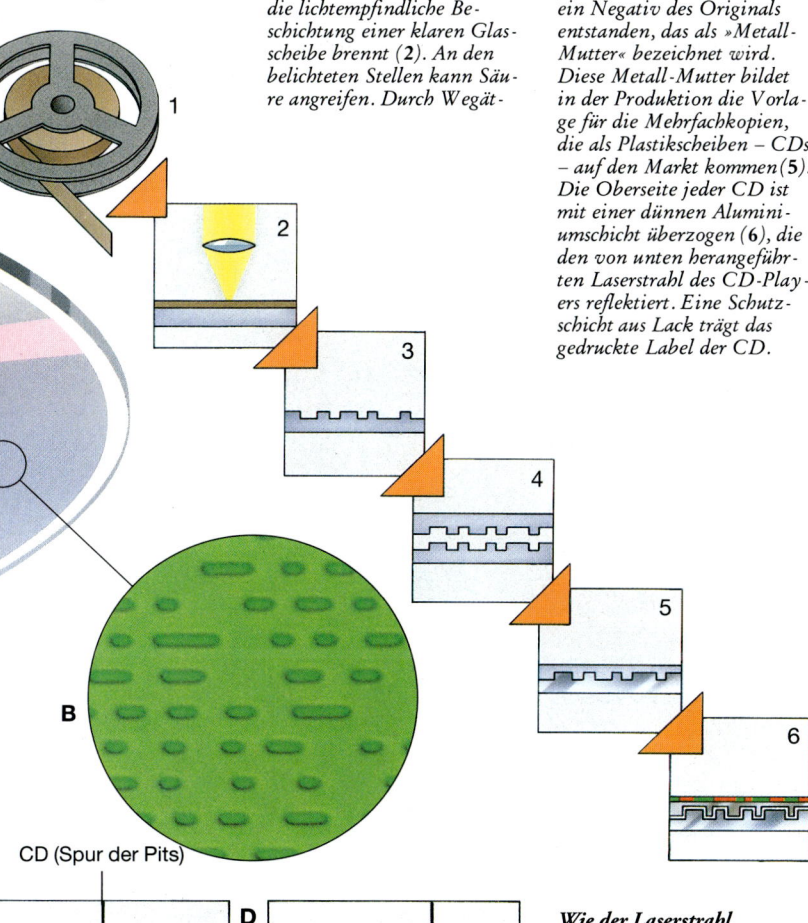

C

B

CD (Spur der Pits)

D

Linse

Laserstrahl

1

2

Sensoren

Die Herstellung einer CD
C Bei einer Tonaufnahme speichert ein Magnetband den Ton (1). Um eine CD produzieren zu können, wird eine digitale Fassung der Aufnahme einschließlich aller Fehlerkorrekturcodes für die Aufzeichnung der Compact-Disc hergestellt. Dieses Band steuert dann einen Laserstrahl, der eine Struktur in die lichtempfindliche Beschichtung einer klaren Glasscheibe brennt (2). An den belichteten Stellen kann Säure angreifen. Durch Wegät-

zen der Schicht und des Glases werden an diesen Stellen die Pits der Spur gebildet (3). Darauf beschichtet man den so entstandenen sogenannten »Glas-Vater« langsam mit Nickel, bis eine geeignete Stärke erreicht ist. Ein Ätzmittel löst die nun nicht mehr benötigten Reste des Glas-Vaters von der Nickelplatte (4). Auf diese Weise ist ein Negativ des Originals entstanden, das als »Metall-Mutter« bezeichnet wird. Diese Metall-Mutter bildet in der Produktion die Vorlage für die Mehrfachkopien, die als Plastikscheiben – CDs – auf den Markt kommen (5). Die Oberseite jeder CD ist mit einer dünnen Aluminiumschicht überzogen (6), die den von unten herangeführten Laserstrahl des CD-Players reflektiert. Eine Schutzschicht aus Lack trägt das gedruckte Label der CD.

Wie der Laserstrahl die Spur hält
D Ein aufwendiges System steuert die Scharfeinstellung und die Spurführung des Laserstrahls eines CD-Players: Der von der CD reflektierte Strahl trifft auf vier Photodioden. Bei optimaler Brennweite und Positionierung bildet der Laserstrahl einen Kreis, der alle vier Photodioden gleichmäßig berührt. Bei Abweichungen entsteht entweder ein Oval (1), oder der Laser trifft die vier Dioden mit unterschiedlicher Intensität (2). Die Informationen werden an zwei kleine Motoren weitergegeben, die die Brennweite des Lasers korrigieren oder ihn wieder in die richtige Position bringen.

Lesefehler werden automatisch korrigiert

Ein Pit ist nur 0,6 Mikrometer breit – hundert Pits nebeneinander erreichen gerade die Dicke eines Menschenhaars. Bei einer so feinen Anordnung der Daten auf der Disc könnte ein kleines Staubteilchen große Datenmengen blockieren und erhebliche Störungen verursachen. Durch Fehlerkorrektur wird eine saubere und genaue Wiedergabe erreicht. Bei der Aufnahme versieht man die in die Disc geschriebenen Werte mit Zusatzinformationen. Mit Hilfe dieser »Paritätsbits« prüft der Mikroprozessor im CD-Player, ob Daten fehlerhaft sind, und gleicht geringfügige Lücken aus. Zur Vermeidung grober Mängel sind die 16stelligen Zahlen aufgespalten und miteinander vernetzt, so daß ein Kratzer nur kleine Teile mehrerer Werte statt eines ganzen zerstören kann.

Trotz hoher Klangqualität sind CDs noch nicht vollkommen. Schon die Aufnahme führt unter Umständen zu Verzerrungen wie etwa »Quantisierungsfehlern«. Während der Aufnahme wird jedem Klangwert einer von über 32 000 digitalen Werten zugewiesen. Trotz dieser gewaltigen Spanne liegt der Klang häufig zwischen zwei möglichen Stufen. Das auf diese Weise verursachte, zufallsbedingte Auf- oder Abrunden wird als Rauschen wahrgenommen – ein störendes, hochfrequentes Zischen hinter der Musik. Nur durch Hinzufügen eines anderen, weniger störenden Geräusches ist es zu dämpfen, bleibt für empfindliche Hörer jedoch wahrnehmbar.

Die CD als universelles Speichermedium

Die CD-Technik wurde sehr schnell auch in anderen Bereichen als dem der Tonwiedergabe eingesetzt. Sie ist ein ideales Mittel, um eine extrem große Zahl von Daten auf sehr engem Raum zu speichern. Für unterschiedliche Zwecke wurden verschiedene Standards festgelegt, die sich vor allem in der Adressierung und Aufteilung der Daten und in der Form der Fehlerkorrektur unterscheiden. Bei der Audio-CD erfolgt die Adressierung über eine Zeitangabe. Die CD-ROM wurde für Wiedergabe und Verarbeitung von Daten durch Computer entwickelt. (»ROM« steht für »Read only memory« = »Nur-Lese-Speicher«.) Bei ihr steuern spezielle Synchronisations- und Adreßbereiche den Zugriff auf die Daten. Die Speicherkapazität beträgt 650 Millionen Bytes. Auf Multimedia-CDs können neben Text und Daten auch Musik, Stand- und Bewegtbilder abgespeichert werden. Eine Foto-CD nimmt 100 Fotos in hoher Auflösung auf, um sie am Bildschirm darzustellen oder Papierabzüge anzufertigen; auf eine Video-CD passen über 70 Minuten Bewegtbilder.

Eine revolutionäre Entwicklung bahnt sich in der Medienindustrie durch die »Digital Video Disc« oder DVD an, deren Standardformat 1995 festgelegt wurde. Sie ist im Gegensatz zur CD zweiseitig bespielbar; der Laser des Ablesekopfes läßt sich auf unterschiedliche Höhen fokussieren. Auf jede der beiden Seiten passen 4,7 Milliarden Bytes. Damit lassen sich jeweils 133 Minuten Video in Höchstqualität oder entsprechend viele andere Daten aufzeichnen.

Lautsprecher und Mikrofon, S. 484/485   **Laser,** S. 506/507   **Computer,** S. 514/515   **Speicher,** S. 516/517

Milliarden von Lichtpunkten

Wie ein Fernsehempfänger funktioniert

Farbfernsehen gilt heute als Selbstverständlichkeit: In die »Röhre« zu schauen, ist in den entwickelten Ländern die häufigste Freizeitbeschäftigung. Aber wie dieses Allerweltsgerät – hinter dem inzwischen über fünfzig Jahre Forschungsarbeit stecken – Informationen empfängt und wiedergibt, ist wahrhaft bemerkenswert. Jedes Fernsehbild besteht aus über 100 000 Bildpunkten, die in einigen hundert Zeilen übereinander gestaffelt sind – und dieses Bild wechselt im Laufe von wenigen hundertstel Sekunden. Um eine fünfzehnminütige Nachrichtensendung wiederzugeben, muß der Fernsehapparat über eine Milliarde Informationseinheiten verarbeiten.

Einer Eigentümlichkeit des menschlichen Sehens verdanken wir, daß Fernsehen möglich ist: Bilder, die auf die Netzhaut des Auges wirken, leuchten dort für einen Sekundenbruchteil nach. Teilbilder, Punkt für Punkt mit ausreichender Geschwindigkeit nacheinander präsentiert, erscheinen deshalb dem Betrachter als Einheit; wechselt dieses Vollbild 25 bis 30 mal pro Sekunde, so entsteht der Eindruck von Bewegung.

Ein Elektronenstrahl läßt Bildpunkte aufleuchten

Den Leuchtschirm im Inneren einer Fernsehröhre bedecken Millionen kleiner Punkte einer fluoreszierenden Substanz: Sie senden Licht aus, wenn hochbeschleunigte Elektronen auf sie treffen. Ein schmaler, in der Fernsehröhre gebildeter Elektronenstrahl wird nach einem bestimmten Muster auf den Bildschirm geschossen, so daß die einzelnen Bildpunkte nacheinander aufleuchten. Bei jedem neuen Fernsehbild zielt der Strahl zunächst in die obere linke Ecke und wandert dann horizontal nach rechts. Er wird für einen Moment unterbrochen, um dann direkt unter seinem ursprünglichen Ausgangsort wieder zu erscheinen und eine weitere Zeile auf den Schirm zu malen. Jedes Vollbild besteht aus 625 (in den USA 525) horizontalen Zeilen und wird in ca. einer fünfundzwanzigstel Sekunde auf den Bildschirm geworfen.

Aus drei Farben werden alle anderen aufgebaut

Um eine Zeile abzutasten, braucht der Elektronenstrahl eine zehntausendstel Sekunde. Dabei schwankt seine Intensität, so daß einige Bildpunkte heller und andere gar nicht leuchten. Auf diese Weise erscheinen auf dem Bildschirm helle und dunkle Bildteile.

Farbfernsehgeräte besitzen nicht nur eine, sondern drei »Elektronenkanonen«. Der Leuchtschirm besteht hier anstelle der durchgehend weiß fluoreszierenden Schicht von Schwarzweißgeräten aus Tausenden von Dreiergruppen (»Tripletts«) mit je einem rot, grün und blau leuchtenden Punkt. Jeder der drei Elektronenstrahlen ist einer Farbe fest zugeordnet; eine Maske im Inneren der Bildröhre sorgt dafür, daß er jeweils nur die zugehörigen Farbpunkte trifft. Beim Abtasten einer Zeile wird die Intensität der Elektronenstrahlen so gesteuert, daß durch die Mischung der drei Grundfarben in jedem Triplett die Farbe des gesendeten Bildes reproduziert wird: Rot und Grün ergeben Gelb; Blau und Grün eine bläuliche Farbe namens Cyan; Rot und Blau Magenta; alle drei Farben zusammen Weiß. Gesteuert werden die Helligkeit und die Farbe eines jeden Punktes

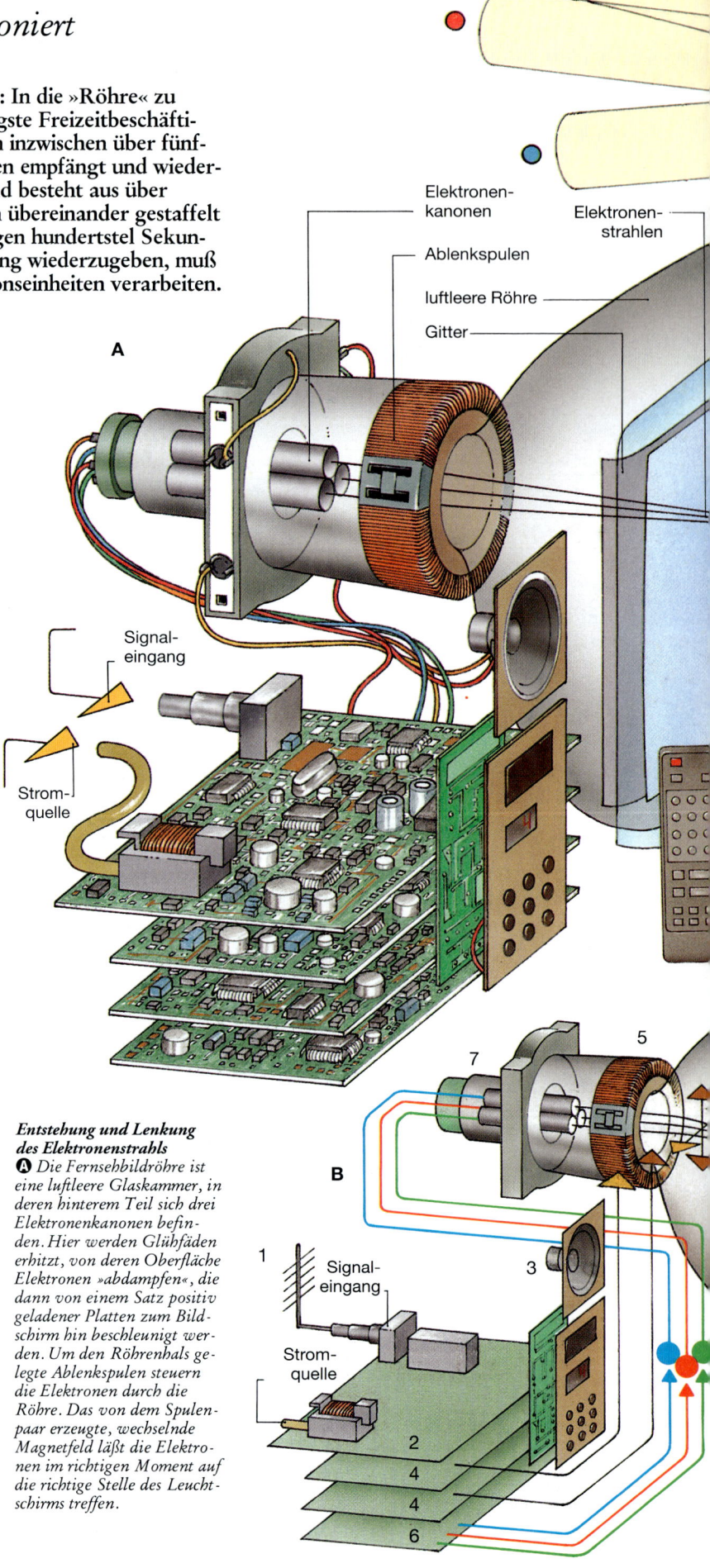

Entstehung und Lenkung des Elektronenstrahls

A *Die Fernsehbildröhre ist eine luftleere Glaskammer, in deren hinterem Teil sich drei Elektronenkanonen befinden. Hier werden Glühfäden erhitzt, von deren Oberfläche Elektronen »abdampfen«, die dann von einem Satz positiv geladener Platten zum Bildschirm hin beschleunigt werden. Um den Röhrenhals gelegte Ablenkspulen steuern die Elektronen durch die Röhre. Das von dem Spulenpaar erzeugte, wechselnde Magnetfeld läßt die Elektronen im richtigen Moment auf die richtige Stelle des Leuchtschirms treffen.*

Elektronenkanonen
Elektronenstrahlen
Ablenkspulen
luftleere Röhre
Gitter
A
Signaleingang
Stromquelle
B
7
5
1
Signaleingang
3
Stromquelle
2
4
4
6

Siehe auch: Elektronik, S. 408/409 Elektromagnetische Wellen, S. 416/417 Optik, S. 418/419 Radio, S. 488/489

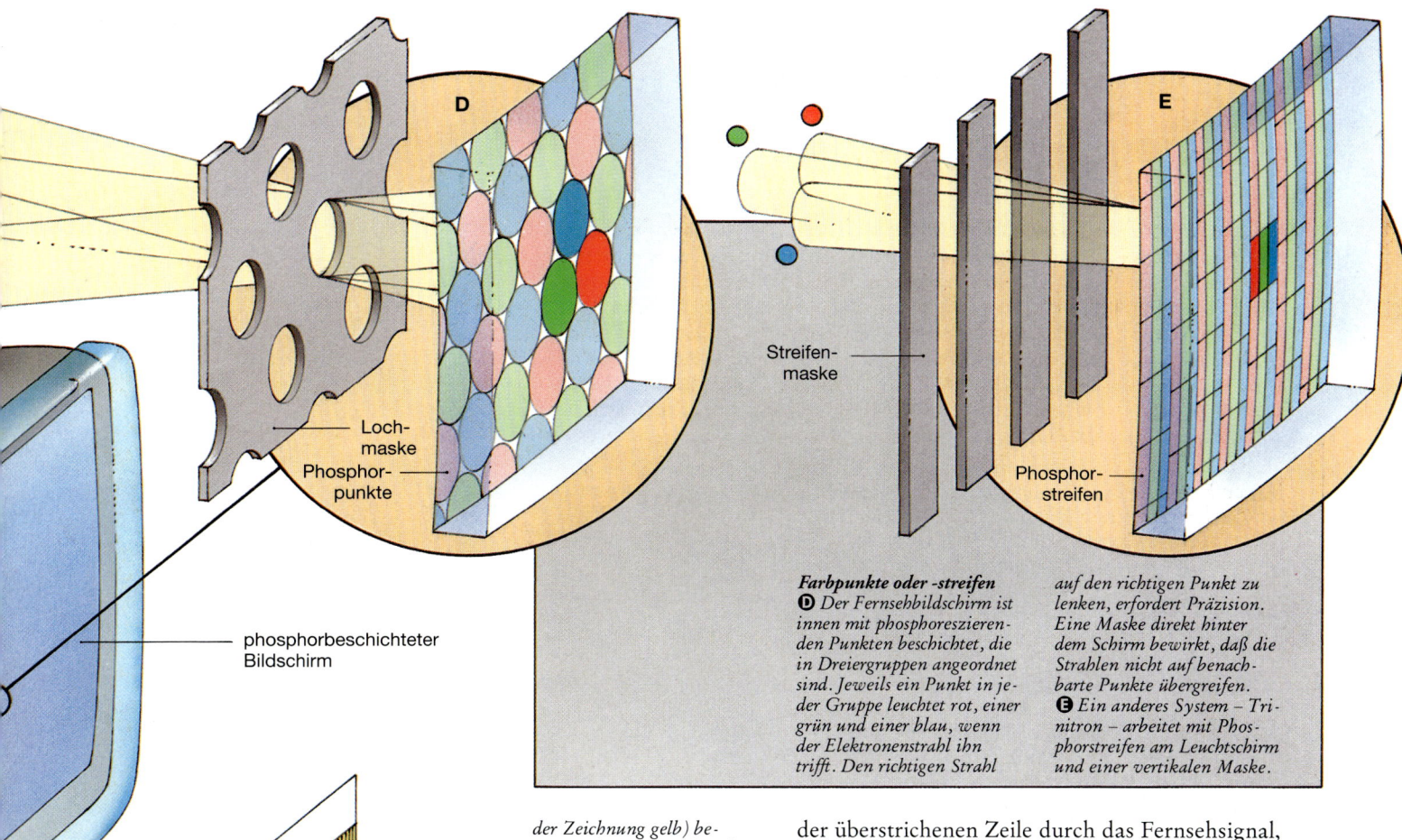

phosphorbeschichteter
Bildschirm

Loch-
maske
Phosphor-
punkte

Streifen-
maske

Phosphor-
streifen

Farbpunkte oder -streifen
D *Der Fernsehbildschirm ist innen mit phosphoreszieren-den Punkten beschichtet, die in Dreiergruppen angeordnet sind. Jeweils ein Punkt in jeder Gruppe leuchtet rot, einer grün und einer blau, wenn der Elektronenstrahl ihn trifft. Den richtigen Strahl auf den richtigen Punkt zu lenken, erfordert Präzision. Eine Maske direkt hinter dem Schirm bewirkt, daß die Strahlen nicht auf benach-barte Punkte übergreifen.*
E *Ein anderes System – Tri-nitron – arbeitet mit Phos-phorstreifen am Leuchtschirm und einer vertikalen Maske.*

Vom Signal zum Bild
B *Die Übertragung von Fernsehbildern geschieht durch komplexe Signale. Das Bild wird durch Wellen wie-dergegeben, die Informatio-nen über Farbe und Hellig-keit enthalten; ein separates Audio-Signal überträgt Ton. Zeitsignale sorgen dafür, daß die Bildelemente in der rich-tigen Reihenfolge zusam-mengefügt werden. Diese komplexe Information wird von einer Antenne aufge-nommen (1) und zu einem Empfänger-Schaltkreis gelei-tet (2), wo der gewünschte Sender ausgewählt und ein-gestellt wird. Danach spaltet sich das Signal auf. Das Ton-signal wandert zum Laut-sprecher (3). Die Zeitsignale gehen in Synchronisations-Schaltkreise (4), wo sie in zwei Komponenten zerlegt werden, bevor sie die Elektromagneten am Röhrenhals erreichen (5). Die eine Komponente (in*
der Zeichnung gelb) be-stimmt die waagerechte, die andere (orange) die senkrech-te Position des Strahls am Bildschirm. Farb- und Hel-ligkeitssignale durchlaufen eine Dekodier-Einheit (6), bevor sie zu den drei Elek-tronenkanonen in der Röhrenbasis gelangen (7). Sie erzeugen jeweils einen eigenen Strahl, entsprechend den roten, grünen und blauen Bildelementen. Sobald die Elektronenstrah-len ausgetreten sind, über-nehmen die um den Röhren-hals gelagerten Magnete ihre Lenkung; diese wieder-um werden durch die Zeit-impulse im Fernsehsignal gesteuert. Die Ablenkung des Strahls erfolgt von links nach rechts und von oben nach unten; so werden reihen-weise waagerechte Zeilen auf den Bildschirm gezeichnet.
C *Der Fernsehapparat kann 25 Bilder pro Sekunde in Folge zeigen. Das ist zu langsam, um Bewegung vor-zutäuschen: Das Bild scheint zu flackern. Um diesem Ein-druck vorzubeugen, zeigt man jedes Bild in Wirklich-keit zweimal. Beim Über-streichen des Bildschirms zeichnet der Elektronenstrahl nur jede zweite Zeile; eine fünfzigstel Sekunde später schreibt er dasselbe Bild dann in die Zeilen, die er vorher ausgelassen hatte. Jedes Bild ist also das Ergebnis von zwei Bewegungen der drei Elektronenstrahlen über den ganzen Bildschirm.*

der überstrichenen Zeile durch das Fernsehsignal, das über Antenne oder Kabel eingespeist wird. Das Signal enthält darüber hinaus Synchronisati-onsimpulse, die den Elektronenstrahl im richtigen Moment auf die richtige Stelle am Leuchtschirm treffen lassen. Ohne diese Information wäre das Fernsehbild nur ein wirres Durcheinander von bunten Punkten.

Die Informationsmenge setzt der Qualität Grenzen

Die gewaltige Menge verschlüsselter Informatio-nen, die zum Aufbau eines Fernsehbildes gesendet werden muß, setzt der Auflösung – der Detail-treue des Bildes – Grenzen. Jeder Fernsehkanal braucht für seine Übertragung eine Bandbreite von 6 Megahertz – sechshundert Mal soviel wie ein Radiosender. Um die Auflösung zu erhöhen, müßte man noch größere Informationsmengen durch den Kanal schicken, was wiederum größere Bandbreiten erforderte. Da die für Fernsehüber-tragungen reservierbaren Frequenzen in einem Gebiet begrenzt sind, ginge eine Verbesserung der Bildqualität auf Kosten der Zahl der verfügbaren Stationen. Unser heutiges Fernsehen ist also ein Kompromiß zwischen Bildqualität und Pro-grammvielfalt.

Das Digitalisierung sowie Fortschritte in der Glasfasertechnik werden es möglich machen, daß man auf weit mehr Kanälen gleichzeitig und störungsfrei senden kann, ohne daß die Auflö-sung darunter leidet. Damit dürfte hochauflösen-des Fernsehen (HDTV), das Bildqualitäten ähn-lich denen von Kinofilmen zu bieten hat, schon in wenigen Jahren zum Standard in unseren Wohn-zimmern werden.

Die Entwicklung neuer Fernsehsysteme hängt jedoch nicht allein vom Fortschritt der Technik, sondern auch von den Kosten ab, die etwa bei der Anbindung von Millionen von Haushalten an ein glasfasergestütztes Kabelnetz entstehen.

Cinemascope im Wohnzimmer

Das digitale Fernsehen der Zukunft

Von einem 35 800 km hoch über der Erde kreisenden Fernsehsatelliten strahlen Dutzende Sender auf einen ganzen Kontinent hinunter. Unter den Straßen unserer Städte liegen Glasfaserkabel – sie ermöglichen dem Zuschauer noch mehr Auswahl. Das Fernsehen selbst ist im Umbruch: Hochauflösende, digitale Systeme bieten Breitwandbilder und Raumklang in Kinomanier an. Flache Bildschirme, die an der Wand hängen können, sind bald für viele Verbraucher erschwinglich. Und diese neuen Bildschirme werden außer Fernsehbildern Spiele, Urlaubsfotos, aber auch Zeitungen und Enzyklopädien zeigen.

Bisher übertrugen Antennen, Fernsehsatelliten und Kabelnetze analoge Signale: Die Veränderungen der gesendeten elektromagnetischen Wellen steuern die Bewegung der Elektronenstrahlen in der Bildröhre. 1995 wurde der erste digitale europäische Fernsehsatellit gestartet. Für das digitale Fernsehen werden die Punkte der Fernsehbilder in Binärzahlen verwandelt, die ein mit dem Fernsehgerät verbundener Decoder wieder in Fernsehsignale zurückübersetzt. Beim digitalen Fernsehen kann der Satellit (oder das Kabelnetz) um ein Vielfaches mehr an Programmen übertragen als beim traditionellen Fernsehen. Digitale Daten lassen sich nämlich komprimieren: Bei einer gleichfarbigen Fläche wird nicht jeder Punkt gesendet; dem Decoder genügen die Daten eines Punktes zusammen mit der Angabe, wo und wie oft er sich wiederholt. Noch mehr Übertragungskapazität läßt sich sparen, indem man bei Bewegtbildern nur die Teile des Bildes überträgt, die sich gegenüber dem Vorgängerbild verändert haben. Der internationale Standard für die Kompression von Fernsehbildern wird als MPEG (von »Motion Pictures Expert Group«) bezeichnet. Die Decoder sind in »Set-Top-Boxen« untergebracht, über die sich kommerzielle Fernsehprogramme zugleich abrechnen lassen.

Die Grenzen zwischen den Medien verschwinden

Glasfasern bringen Hunderte digitalisierter Programme ins Haus – und auch wieder hinaus: Über denselben Kanal, über den das Programm gekommen ist, kann der Zuschauer interaktiv abstimmen, mitspielen oder die Wiederholung einer Szene verlangen. Es können die Bilder mehrerer Kameras gleichzeitig gesendet werden, so daß der Zuschauer zum Mitregisseur wird. Er wählt an seinem Bildschirm aus, aus welcher Perspektive er z. B. eine Szene eines Tennismatches oder eines Staatsbesuches ansehen möchte. Durch die Digitalisierung verschwinden die Grenzen zwischen den Medien. Schon bald werden ganz neuartige Abspiel-, Aufnahme-, Bearbeitungs- und Sendeplattformen für digitalisierte Informationen an die Stelle unserer Fernsehgeräte, Computer, Drucker, Radios, Telefone, Videorecorder, Kameras und CD-Player treten.

Die Vielfalt des Informations- und Unterhaltungsangebotes der digitalen Zukunft ist für den einzelnen nicht mehr überschaubar. Er wird die Auswahl der Sendungen, die er empfangen oder aufzeichnen möchte, programmierbaren elektronischen Agenten überlassen, die das Angebot seinen Wünschen entsprechend absuchen.

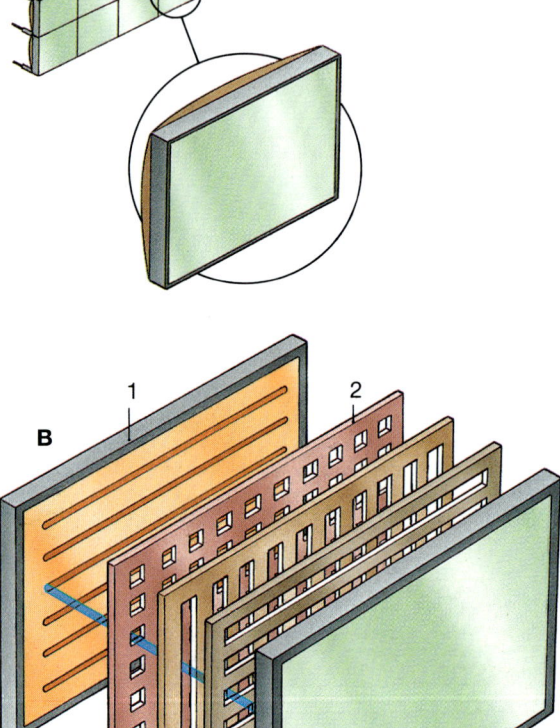

Schlanker Bildschirm

A *Statt sich mit der Entwicklung von Flüssigkristall-Displays für flache Fernsehbildschirme zu befassen, haben einige Firmen neue Kathodenstrahlröhren entwickelt. Eine konventionelle Kathodenstrahlröhre erzeugt einen Elektronenstrahl, der durch eine Magnetspule so abgelenkt wird, daß er den Bildschirm überstreicht. Beim Flachbildschirm ist der Schirm dagegen in eine Matrix von etwa 10 000 Einzelzellen unterteilt.*

B *Jede Zelle besteht aus sechs Schichten. Hinten erzeugen Streifenkathoden (1) Elektronen, die von der nächsten Platte verstärkt und zu Strahlen gebündelt werden (2). Die Strahlen passieren horizontale (3) und vertikale (4) Ablenkungsplatten, die die Strahlen über den Schirm führen (5). Da jeder Elektronenstrahl nur für einen winzigen Ausschnitt des gesamten Schirms zuständig ist, wird der Fernseher schlanker: Er ist statt 34 cm nur noch 10 cm tief.*

Hohe Auflösung durch Flüssigkristalle

Digitale Signale sind die entscheidende Voraussetzung für hochauflösendes Fernsehen (HDTV, High Definition Television). Ein HDTV-Bild umfaßt mit 1250 Zeilen doppelt soviel Bildpunkte pro Zentimeter wie ein traditionelles Gerät und liefert so ein viel schärferes Bild. Zudem verbreitern sich die Bildschirme vom 4:3 Format auf 16:9 und nähern sich so dem Kinoformat.

Zu den Zielen der Entwicklung gehören größere und flachere Bildschirme. Außer mit neuen Formen von Kathodenstrahlröhren wird dazu mit großen Flüssigkristallbildschirmen oder LCDs (»Liquid Crystal Displays«) experimentiert – Weiterentwicklungen der Bildschirme von Laptops. Flüssigkristalle sind Verbindungen, die wie Flüssigkeiten fließen, deren Moleküle aber kristallförmig angeordnet sind. Flüssigkristalle lassen Licht je nach der an sie angelegten Spannung unterschiedlich durchtreten und sind deshalb für Bildwiedergaben besonders gut geeignet. Allerdings liefern sie mattere Bilder als Kathodenstrahlröhren.

Flüssigkristall-Anzeigen

Eine der einfachsten Anwendungen von Flüssigkristall ist die Sieben-Segment-Ziffernanzeige. Dabei befinden sich die Flüssigkristalle zwischen zwei Glasplatten, die mit je sieben Elektroden bestückt sind; diese erzeugen bei Aktivierung elektrische Felder im Flüssigkristall.

Ein Polarisator läßt nur solche Lichtwellen durch die Flüssigkeit, die in eine bestimmte Richtung schwingen (1). Die Molekülspiralen des Flüssigkristalls drehen die Polarisationsebene des Lichts um 90° (2), so daß dieses durch einen zweiten Polarisator zum Bildschirm gelangen kann. Wird jedoch Spannung an ein Segment gelegt, so ordnen sich die

Siehe auch: **Elektronik,** *S. 408/409* **Elektromagnetische Wellen,** *S. 416/417* **Optik,** *S. 418/419* **Radio,** *S. 488/489*

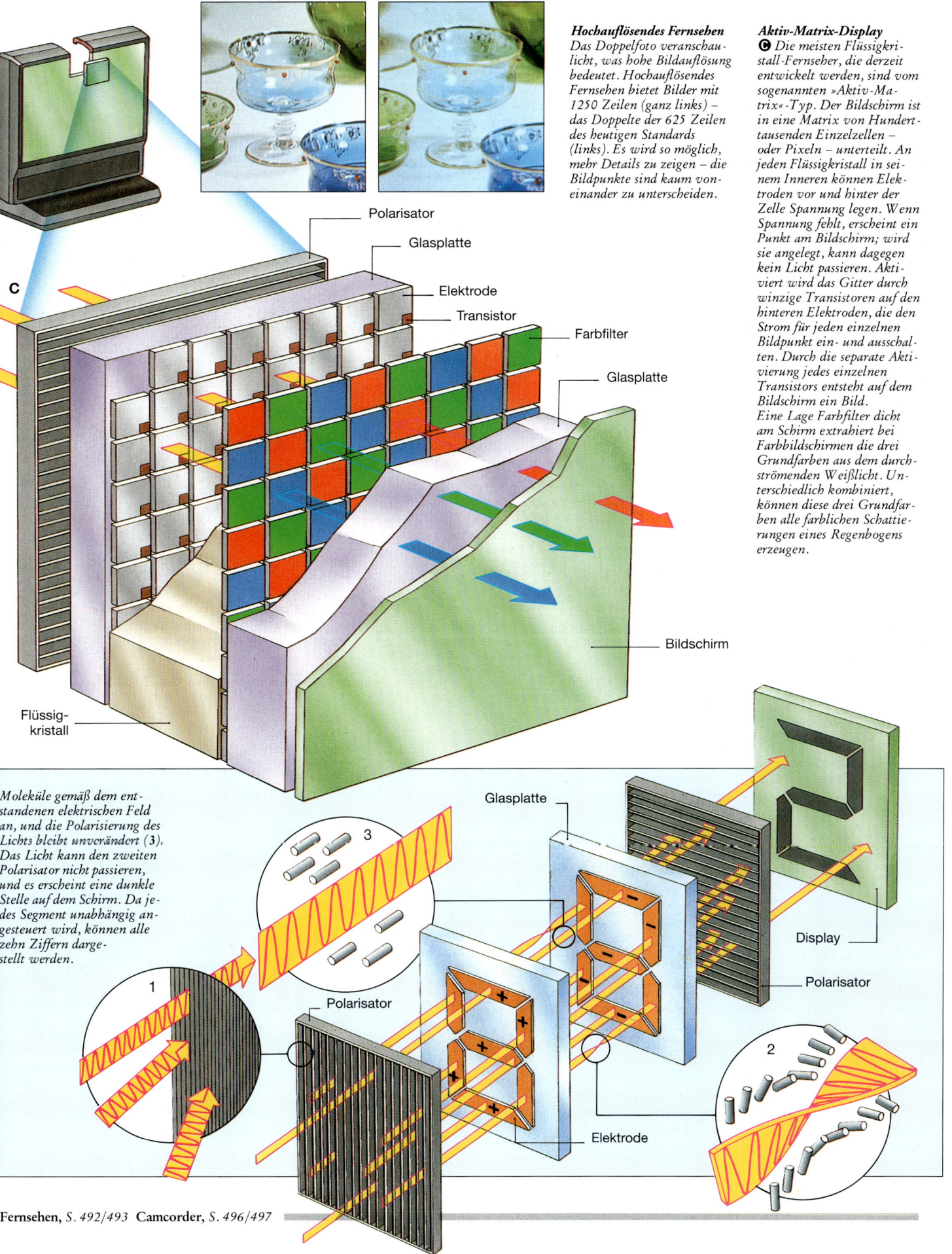

Hochauflösendes Fernsehen

Das Doppelfoto veranschaulicht, was hohe Bildauflösung bedeutet. Hochauflösendes Fernsehen bietet Bilder mit 1250 Zeilen (ganz links) – das Doppelte der 625 Zeilen des heutigen Standards (links). Es wird so möglich, mehr Details zu zeigen – die Bildpunkte sind kaum voneinander zu unterscheiden.

Aktiv-Matrix-Display

🅒 *Die meisten Flüssigkristall-Fernseher, die derzeit entwickelt werden, sind vom sogenannten »Aktiv-Matrix«-Typ. Der Bildschirm ist in eine Matrix von Hunderttausenden Einzelzellen – oder Pixeln – unterteilt. An jeden Flüssigkristall in seinem Inneren können Elektroden vor und hinter der Zelle Spannung legen. Wenn Spannung fehlt, erscheint ein Punkt am Bildschirm; wird sie angelegt, kann dagegen kein Licht passieren. Aktiviert wird das Gitter durch winzige Transistoren auf den hinteren Elektroden, die den Strom für jeden einzelnen Bildpunkt ein- und ausschalten. Durch die separate Aktivierung jedes einzelnen Transistors entsteht auf dem Bildschirm ein Bild. Eine Lage Farbfilter dicht am Schirm extrahiert bei Farbbildschirmen die drei Grundfarben aus dem durchströmenden Weißlicht. Unterschiedlich kombiniert, können diese drei Grundfarben alle farblichen Schattierungen eines Regenbogens erzeugen.*

Polarisator

Glasplatte

Elektrode

Transistor

Farbfilter

Glasplatte

C

Bildschirm

Flüssigkristall

Moleküle gemäß dem entstandenen elektrischen Feld an, und die Polarisierung des Lichts bleibt unverändert (3). Das Licht kann den zweiten Polarisator nicht passieren, und es erscheint eine dunkle Stelle auf dem Schirm. Da jedes Segment unabhängig angesteuert wird, können alle zehn Ziffern dargestellt werden.

3

Glasplatte

Display

Polarisator

1

Polarisator

2

Elektrode

Fernsehen, *S. 492/493* Camcorder, *S. 496/497*

Chips speichern Bilder

Wie Camcorder Videobilder aufzeichnen

Zu Beginn waren Fernsehkameras so kontrastarm, daß sich die Schauspieler die Lippen schwarz schminken mußten, damit man ihren Mund sehen konnte. Ein moderner Camcorder kann dagegen bei Kerzenschein detailgetreue Bilder aufzeichnen und vereint in sich alle Elemente eines kleinen Filmstudios. Sein Zoom-Objektiv bündelt Licht auf einen Detektor-Chip, der ein Bild in 300 000 Punkte zerlegt und ein elektrisches Signal erzeugt, das an rotierende Bandköpfe geleitet wird. Diese übertragen die Informationen über Helligkeit, Farbe und Geräusche auf einen Streifen des Magnetbandes, der nicht breiter ist als ein menschliches Haar.

A

Wie Filmkameras halten Videokameras bewegte Motive als Folgen von Standbildern fest. Videobilder bestehen aus einem Netz von Pixeln, die je einem Lichtpunkt auf dem Fernsehbildschirm entsprechen. Ein Zoom-Objektiv aus mehreren Linsen bündelt das Licht der Szene auf eine oder mehrere CCDs (ladungsgekoppelte Bauelemente). Die Lichtimpulse werden in eine elektrische Welle umgesetzt, deren Höhen und Tiefen den hellen und dunklen Stellen der Aufnahme entsprechen. Digitale Videokameras speichern die Signale als Folgen von Einsen und Nullen. Analog aufgezeichnetes Videomaterial läßt sich mit PCs und entsprechenden Erweiterungen nachträglich digitalisieren. Digitales Video kann praktisch verlustfrei reproduziert werden, läßt sich am Computer problemlos schneiden und bearbeiten und kann durch Weglassen wiederkehrender Informationen komprimiert werden.

Farbaufnahmen durch Lichtzerlegung

Für Farbaufnahmen macht sich die Kamera die besonderen Eigenschaften des roten, grünen und blauen Lichtes zunutze. Mit diesen sogenannten Primärfarben läßt sich das gesamte Farbspektrum reproduzieren. Ein winziger Filter vor dem CCD – bestehend aus Streifen, die nur ein fünfzigstel Millimeter breit sind – zerlegt das Licht. Detektoren tasten die jeweiligen Farben in Dreiergruppen ab und senden ein Signal aus, dessen Informationen den roten, grünen und blauen Punkten entsprechen. In empfindlicheren Kameras spaltet ein Prismensystem das Licht in die Primärfarben und wirft es auf drei getrennte CCDs.

Fällt zu viel Licht auf das CCD, kommt es zur Übersättigung und zu einem völlig weißen Bild. Deshalb kann die elektronische Steuerung die Objektivblende vergrößern oder verkleinern und die Lichteinwirkungsdauer pro Bild verändern.

Magnetische Speicherung

In Camcordern speichern kleine Elektromagneten – »Bandköpfe« – die Signale als Muster winziger Magnetpartikel auf einem Plastikband. Bei Sprach- oder Musikaufnahmen läuft das Band mit 4,8 cm/s an den Köpfen entlang. Videosignale benötigen eine Schreibgeschwindigkeit von vielen Metern pro Sekunde, wobei die »Schrägspurtechnik« die notwendige Bandlänge erheblich verkürzt. Dabei sind schmale Aufnahme-/Wiedergabeköpfe an Trommeln befestigt, die sich über 2000mal pro Minute drehen und eine hohe Schreibgeschwindigkeit gewährleisten, auch wenn sich das Band nur langsam vorbeibewegt.

Vom Objektiv zum Band
Ⓐ *In eine moderne Videokamera ist ein Stereomikrofon für eine hochwertige Tonaufzeichnung integriert (1). Verwackler lassen sich durch ein spezielles Aktivprisma (2) optisch korrigieren. Die Korrektur erfolgt ohne jegliche Qualitätsverluste. Über einen Prismenteiler (3) wird das durch das Zoomobjektiv einfallende Licht in seine roten, grünen und blauen Bestandteile zerlegt und auf je einen dafür vorgesehenen CCD-Bildwandler projiziert. Diese Technik garantiert eine differenzierte und nuancierte Farbtonwiedergabe. Das mechanische Herzstück eines Camcorders ist das Präzisionslaufwerk. Mit 9000 Umdrehungen pro Minute werden die Bild- und Toninformationen auf dem Band gespeichert. Bei neuesten Geräten werden sie zuvor digitalisiert.*

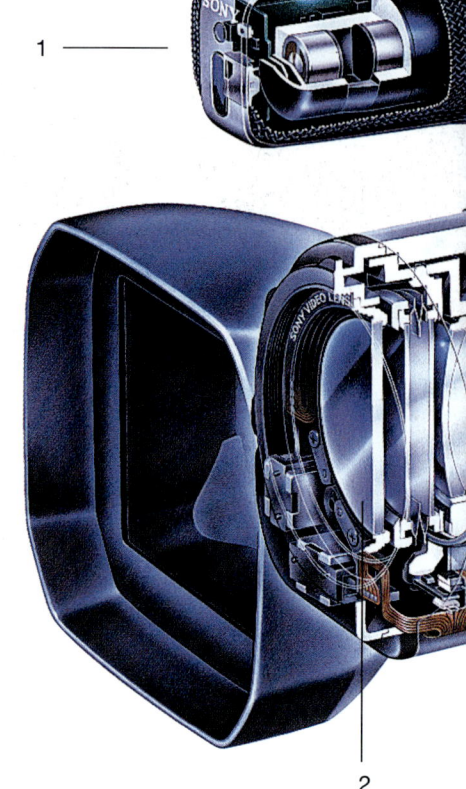

1

2

CCDs

Ein CCD (»Charge Coupled Device«; deutsch: »Ladungsspeicher« oder »ladungsgekoppeltes Bauelement«) ist ein lichtempfindliches Silizium-Sandwich, das eine isolierende Schicht aus Siliziumdioxid von einer Basis mit Metallelektroden trennt. Bei jeder Videoaufnahme wiederholen sich 25mal pro Sekunde zwei Arbeitsschritte: In der ersten Phase treffen Photonen (Lichtpartikel) auf Siliziumatome und setzen dort negative Elektronen frei. Eine bei jedem Pixel (Bildpunkt) angebrachte und durch die Isolierschicht vom Silizium getrennte Elektrode fängt diese Elektronen mittels einer positiven Spannung ein. Fällt genug Licht auf das CCD, entsteht so ein elektronisches »Bild«, bei dem die Ladungen der Helligkeit entsprechen. Im zweiten Arbeitsschritt erzeugt das Ladungsmuster Pixel für Pixel ein Videosignal.

Auch Fotokopierer und Faxgeräte arbeiten mit CCDs. Die größten und aufwendigsten CCDs finden sich jedoch in astronomischen Teleskopen, wo sie auf 5,5 x 5,5 cm Fläche über 4 Millionen Pixel speichern. Solche CCDs reagieren auf hundertmal schwächeres Licht als fotografische Platten und erfassen ein breiteres Spektrum von Wellenlängen.

Licht wird zu elektrischen Wellen
Wenn Photonen auf die Siliziumatome in einem CCD-Chip treffen, bewirkt der »photoelektrische Effekt«, daß sich Elektronen lösen. Eine positive Spannung in der mittleren der drei Elektroden unter jedem Pixel zieht die negativ geladenen Elektronen an (1). Der Lichtintensität der anvisierten Szene entspricht auf diese Weise die Anzahl von Elektronen pro Pixel.
Die Ladungsmenge wird regelmäßig gemessen. Dabei läßt eine von links nach rechts ansteigende, wandernde positive Ladung die Elektronen zunächst von einer Pixelreihe zur nächsten »springen« (2). Die auf der letzten Reihe ankommenden Elektronen werden dann auf ein Einzeilen-CCD geleitet, das mit einem Satz eigener Elektroden ausgestattet ist

Siehe auch: Optik, S. 418/420 Linsen , S. 420/421 Teleskope, S. 462/463 Mikroskope, S. 464/465 Fernsehen, S. 492/493

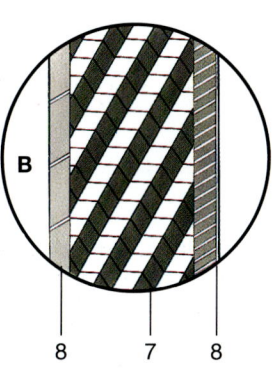

5

6

3

4

Schrägspuraufzeichnung nutzt das Band optimal

Ⓐ Ⓑ *Die Bewegung der Aufnahmeköpfe auf der rotierenden und geneigten Aufnahmetrommel (4) ergibt das Fischgrätenmuster (7) der Magnetpartikel. Die Videoinformation liegt in diagonalen Streifen auf dem Band, flankiert von der Ton- bzw. Kontrollspur (8). Bei der gezeigten Kamera werden in Schrägspurtechnik zwölf je ein hundertstel Millimeter breite Spuren aufgezeichnet.*

Verlustfreie Kopien durch Digitaltechnik

Ⓐ *Der Kontrollmonitor (5) arbeitet ähnlich wie ein Fernseher. Bei dem gezeigten Modell vermittelt ein LCD-Bildschirm mit 180 000 Punkten ein nahezu originalgetreues Farbbild. Eine digitale Videokamera besitzt neben den Ausgängen für Analogsignale auch einen digitalen Ausgang (6), durch den Signale ohne jeden Verlust an PCs oder digitale Videorekorder übertragen werden können.*

8   7   8

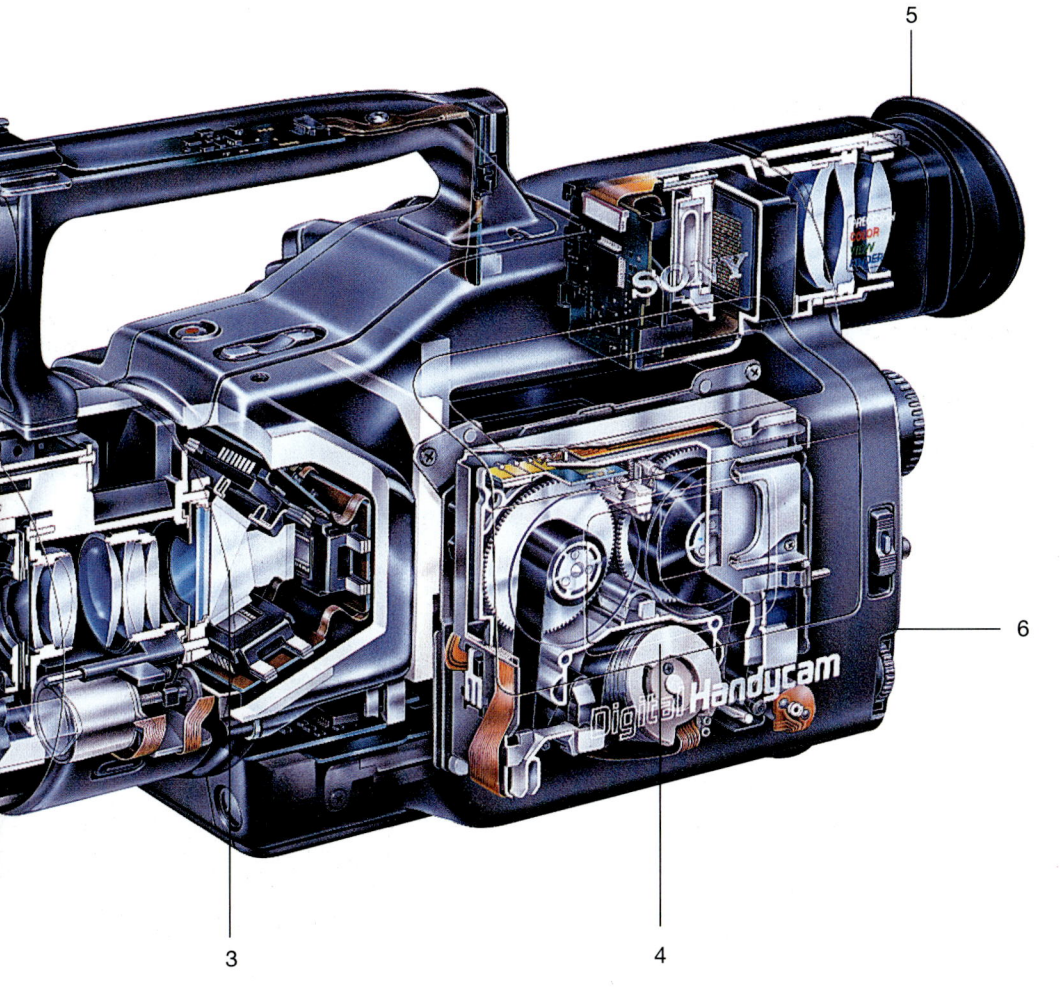

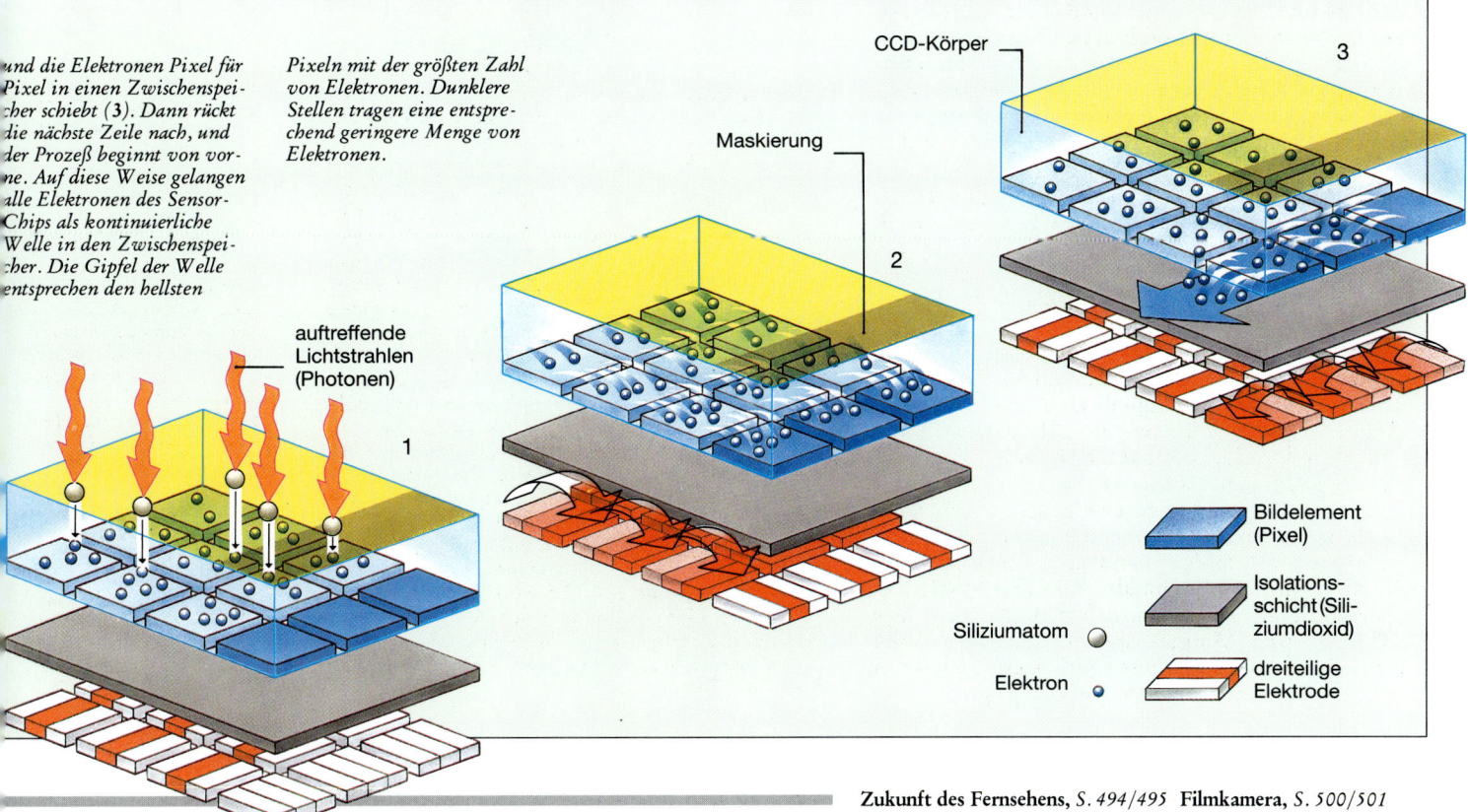

...und die Elektronen Pixel für Pixel in einen Zwischenspeicher schiebt (3). Dann rückt die nächste Zeile nach, und der Prozeß beginnt von vorne. Auf diese Weise gelangen alle Elektronen des Sensor-Chips als kontinuierliche Welle in den Zwischenspeicher. Die Gipfel der Welle entsprechen den hellsten

Pixeln mit der größten Zahl von Elektronen. Dunklere Stellen tragen eine entsprechend geringere Menge von Elektronen.

auftreffende Lichtstrahlen (Photonen)

CCD-Körper

Maskierung

1   2   3

Bildelement (Pixel)

Isolationsschicht (Siliziumdioxid)

Siliziumatom

Elektron

dreiteilige Elektrode

High-Tech auf kleinstem Raum

Spiegelreflex- und Kompaktkameras

»Sie drücken auf den Knopf, wir machen den Rest« – so warb die Firma Kodak 1888 für einen Fotoapparat, mit dem sie die Kunst der Fotografie für ein breites Publikum erschloß. Heute ist Fotografieren das beliebteste Hobby der Welt – und nie war es einfacher. In modernen Kameras stecken Mikrochips, die für die richtige Belichtung und Scharfeinstellung sorgen. Mit feinster Optik ausgestattet, verhelfen diese Apparate auch Amateuren zu professionellen Bildern. Doch alle Kameras, so ausgetüftelt sie auch sein mögen, beruhen auf technischen Prinzipien, die sich seit der Frühzeit der Fotografie kaum verändert haben.

Eine Kamera ist ein lichtdichter Kasten mit einer Linse (»Objektiv«) an einem und dem Film am anderen Ende. Die meisten Kameras erlauben die Einstellung der Entfernung und der Belichtung, um die größtmögliche Schärfe und Wirklichkeitstreue des Bildes zu erreichen.

Kameras werden in verschiedenen Größen hergestellt. Allgemein gilt: Je größer der Film, desto besser die Auflösung. Deshalb verwenden Landschafts- und Werbefotografen gern sperrige Kameras, die mit Planfilm in Formaten bis 26 x 20 cm arbeiten. Amateure bevorzugen handlichere Apparate für aufgerollte Kleinbildfilme. Jedes Negativ hat dabei eine Größe von 24 x 36 mm.

Wie eine Kamera arbeitet

Kompaktkameras besitzen weniger bewegliche Teile als eine Spiegelreflexkamera, sie sind kleiner und leichter, da bei ihnen die Bildbeobachtung nicht durch das Aufnahmeobjektiv, sondern durch ein separates Suchersystem geschieht. Der Nachteil liegt in der schlechten Übereinstimmung zwischen dem Sucherbild und der Abbildung auf dem Film; sie kann aber heute durch Autofokussysteme ausgeglichen werden. Bei der einäugigen Spiegelreflexkamera dagegen beobachtet der Fotograf sein Motiv über einen beweglichen Spiegel durch das Aufnahmeobjektiv. Das Sucherbild stimmt mit der fertigen Aufnahme überein. Die Belichtung läßt sich zum einen mit der Blendenöffnung, zum anderen durch die Verschlußzeit steuern. Die Blende ist eine kreisförmige, ver-

So entstehen scharfe Bilder
Die Belichtung ist sowohl von der Blendenöffnung als auch von der Verschlußzeit abhängig, doch beide wirken unterschiedlich.
C *Eine kleine Blende erhöht die Tiefenschärfe. Ursache ist, daß ein Punkt der Szene, der auf dem Film nicht im Brennpunkt steht, als Kreis mit geringem Durchmesser und somit relativ scharf wiedergegeben wird.*
D *Bei größerer Blende weitet sich der Punkt zu einem größeren Kreis aus, was die Tiefenschärfe verringert.*
E *Den Verschluß einer Spiegelreflexkamera bilden zwei »Vorhänge« unmittelbar vor dem Film. Löst man aus, so bewegen sich die Vorhänge von links nach rechts. Die*

Belichtung erfolgt durch den Schlitz zwischen den Vorhängen. Ein schmaler Schlitz bedeutet eine kurze Verschlußzeit – die Bewegung erscheint »eingefroren«.
F *Ein breiter Schlitz verlängert die Verschlußzeit – bewegte Motive werden unscharf.*

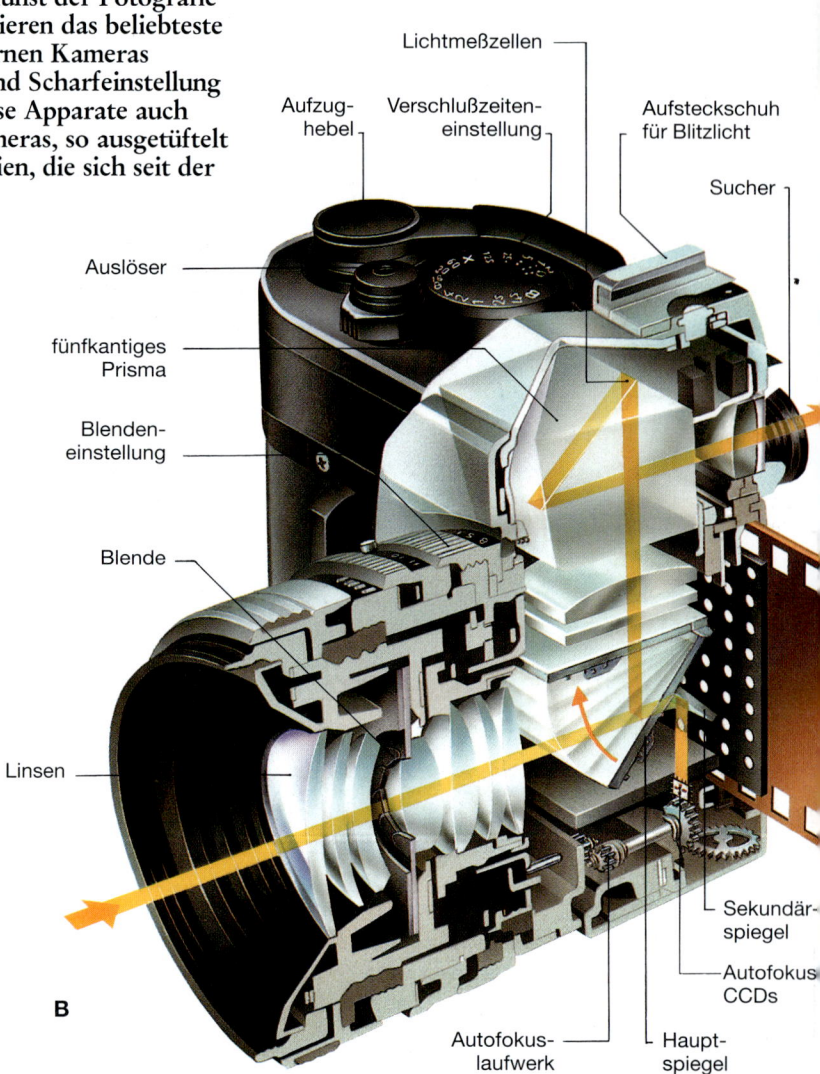

Lichtmeßzellen
Verschlußzeiteneinstellung
Aufsteckschuh für Blitzlicht
Sucher
Aufzughebel
Auslöser
fünfkantiges Prisma
Blendeneinstellung
Blende
Linsen
Sekundärspiegel
Autofokus CCDs
Autofokuslaufwerk
Hauptspiegel
B

C
Brennebene
Film
Blende
Linse
D

Siehe auch: Optik, S. 418/419 ▬▬▬ Linsen, S. 420/421 Mikroskope, S. 464/465 ▬▬▬

**Lochmuster-
verschluß**

Rückspulknopf

Mikrochip

Film

E

F

Kompaktkameras

Ⓐ *Der Verschluß einer Kompaktkamera befindet sich gewöhnlich direkt hinter der Linse (1). Der ringförmige »Zenralverschluß« (2) ähnelt der Blende (3); durch eine Radialbewegung seiner Flügel wird der Film belichtet (4).*

Spiegelreflexkameras

Ⓑ *In eine Spiegelreflexkamera dringt Licht durch ein mehrteiliges Objektiv. Die Menge des einfallenden Lichtes reguliert man mit der Blende. In der Kamera wirft ein um 45° geneigter Spiegel das Bild nach oben und projiziert es auf eine geschliffene Glasplatte. Das auf dem Kopf stehende Bild wird von einem fünfkantigen Prisma um 90° reflektiert und auf die Füße gestellt, so daß es im Sucher betrachtet werden kann.*
Nun drückt der Fotograf auf den Auslöser. Der Reflexspiegel schwenkt nach oben und macht den Strah-

lengang frei: Einen Sekundenbruchteil später öffnet sich der Verschluß, und der Film wird belichtet. Lichtempfindliche Zellen um das Prisma messen die einfallende Lichtmenge. In vielen Kameras ist der Belichtungsmesser mit einem Chip verbunden, der die Lichtverhältnisse prüft und die optimale Verschlußzeit und Blendenöffnung einstellt; so erhält der Fotograf die Möglichkeit, sich ganz seinem Motiv und der richtigen Einstellung zu widmen. Hoch-

stellbare Öffnung im Objektiv, die sich aus Lamellen zusammensetzt. Die Blendenöffnung wird in der »f-Zahl« angegeben; typische Werte sind: 2, 2.8, 4, 5.6, 8, 11, 16. Ein Blendenschritt verdoppelt oder halbiert die Lichtmenge, die durch das Objektiv auf den Film fällt.

Die Verschlußzeiten einer Spiegelreflexkamera reichen von 8 s bis 1/2000 s, eine Kompaktkamera hat einen kleineren Bereich. Sie sind wie die Blendenwerte so gestuft, daß eine Änderung um einen Wert einer Halbierung oder Verdopplung der Zeit entspricht (1/30 s, 1/60 s, 1/125 s, 1/250 s, ...).

Bei den meisten Kameras bestimmt ein Belichtungsmesser die einfallende Lichtmenge und steuert über eine Elektronik automatisch die Belichtungszeit, die Blende oder beides. Bei Spiegelreflexkameras werden diese Werte im Sucher angezeigt. Zusätzlich verfügen viele Kameras über eine automatische Schärfeeinstellung. Auch hier ist eine umfangreiche Elektronik am Werk, die dem Benutzer diese Tätigkeit abnimmt.

entwickelte Kameras besitzen Autofokussysteme auf der Basis von CCDs (»Charge Coupled Devices« = »ladungsgekoppelte Bauelemente«) – Halbleitern, die Lichtphotonen erkennen. Die CCDs messen Richtungsabweichungen von Lichtstrahlen nach deren Reflexion durch einen Sekundärspiegel unter dem Hauptspiegel der Kamera. Die Abweichung zeigt, ob das Bild im Brennpunkt steht. Daraus errechnet ein Mikroprozessor, wie weit (und in welche Richtung) die Steuerelemente des Objektivs bewegt werden müssen, um die Entfernung einzustellen, und steuert die Servomotoren des Autofokuslaufwerks.

Wie die Bilder laufen lernen

Moderne Filmkameras

Die Filmkamera gehört zu den erfolgreichsten technischen Entwicklungen des 20. Jahrhunderts. Und sie ist die tragende Säule der ökonomisch lukrativsten Kunstform, des Spielfilms. Schon einen Monat nach seinem Kinostart hatte Steven Spielbergs Erfolgsfilm »Jurassic Park« allein in den USA 236 Millionen Dollar eingespielt. Die Filmkamera hat aber auch das Bildungs- und Nachrichtenwesen revolutioniert und unser Bild von der Welt verändert. Denn sie gibt jedem die Gelegenheit, die wichtigsten und bewegendsten ebenso wie die furchtbarsten Ereignisse unserer Zeit mit eigenen Augen mitzuerleben.

Das menschliche Auge kann aufeinanderfolgende Bilder, die mit einer Geschwindigkeit von mehr als 16 Bildern pro Sekunde ablaufen, nicht mehr als Einzelbilder voneinander unterscheiden. Diese »Nachbildwirkung« ist das Geheimnis der Filmkamera, eines Apparates, der Bewegung als Abfolge von Standfotos auf einen Filmstreifen bannt. Projiziert man die Bilder mit derselben Geschwindigkeit, mit der man sie aufgenommen hat (normalerweise 24 Bilder pro Sekunde), auf eine Leinwand, entsteht die Illusion einer Bewegung.

Wie ein Fotoapparat besitzt die Filmkamera ein Objektiv, um Licht auf den Film zu bündeln, eine Linsenmembran, um die Blende — und die Menge des einfallenden Lichtes — zu regulieren, und einen Verschluß, um den Film im richtigen Moment zu belichten. Anders als beim Fotoapparat müssen die Bewegungen des Films und des Verschlusses genau abgestimmt sein, damit die Bilder im gleichen Abstand und mit korrekter Belichtung aufeinander folgen.

Das Kameraformat wird nach der Breite des verwendeten Films benannt. Die drei bekanntesten Formate sind Super 8, ein Amateurformat für 8mm-Film, das heute fast völlig durch Video ersetzt ist, 35mm als Standardformat für Spielfilme und 16mm als Format für Dokumentarfilme und experimentelle Filme, das von Amateuren wie Profis gleichermaßen verwandt wird.

Koordination von Bewegung und Belichtung

35mm-Kameras arbeiten oft mit unbelichtetem Film in Zuschnitten von 300 m Länge. Er ist auf eine Metallspule gewickelt, die in einem lichtdichten Magazin liegt. Das Magazin wird am Kameragehäuse befestigt, und der Film ins Filmfenster gezogen. Das Filmfenster ist eine Konstruktion aus Führungsschienen und Andruckplatten, die den Film genau hinter einer rechteckigen Öffnung in Höhe der Linse positionieren. Beim Drehen des Films öffnet sich der Verschluß, und der Filmausschnitt im Fenster wird für etwa eine fünfzigstel Sekunde belichtet. Dabei muß der Film absolut ruhiggehalten werden — die kleinste Bewegung würde das Bild verzerren. Dann schnappt der Verschluß zu, so daß kein Licht mehr in die Kamera gelangt. Nach einer knappen zwanzigstel Sekunde rückt der Film ein Stück weiter.

Der Transport des Films muß exakt und schnell erfolgen, da die kleinste Verschiebung in der Position der Bilder ein »Zappeln« bei der Projektion bewirkt. Gesteuert wird das komplexe »Stop-and-Go« durch Klauen und Zapfen, die in die seitliche Perforation des Films eingreifen.

Aufbau einer 35mm-Kamera

Ⓐ Kernstück einer 35mm-Filmkamera ist eine Mechanik, die die Bewegung von Film und Verschluß steuert und koordiniert.
Der Elektromotor der Kamera treibt eine Hauptantriebswelle, die mit dem Verschluß – einem halbkreisförmigen Spiegel, der 24mal pro Sekunde rotiert – über ein Getriebe gekoppelt ist. Während sich der Spiegel dreht, läßt er phasenweise Licht vom Objektiv her durch eine rechteckige Öffnung auf den Film treffen.
Ein Transportgreifer, der in die Perforation am Filmrand eingreift, befördert den Film am Verschluß vorbei. Er zieht den Film eine bestimmte Strecke weit nach unten, um dann in seine Ausgangsstellung zurückzukehren. Der Greifer wird über ein Getriebe von der Hauptantriebswelle bewegt. Das Getriebe ist so konstruiert, daß der Greifer den Film nur dann nach unten ziehen kann, wenn der Verschluß geschlossen ist. Wenn sich der Verschluß öffnet, hakt ein Sperrgreifer in die Perforation am Filmrand ein und hält den Film zur Belichtung absolut ruhig.
Bei geschlossenem Verschluß wird das durch das Objektiv einfallende Licht nach oben auf eine geschliffene Glasplatte reflektiert und über eine Anzahl Linsen und Prismen zum Sucher geleitet, damit der Kameramann sehen kann, was er filmt.

Filmtransport ist Maßarbeit

Ⓑ Bei geschlossenem Verschluß zieht der Transportgreifer den Film um eine Bildhöhe nach unten.
Ⓒ Während der Transportgreifer dann in seine Ausgangsstellung zurückkehrt, öffnet sich der Verschluß, und der fixierte Film wird belichtet.

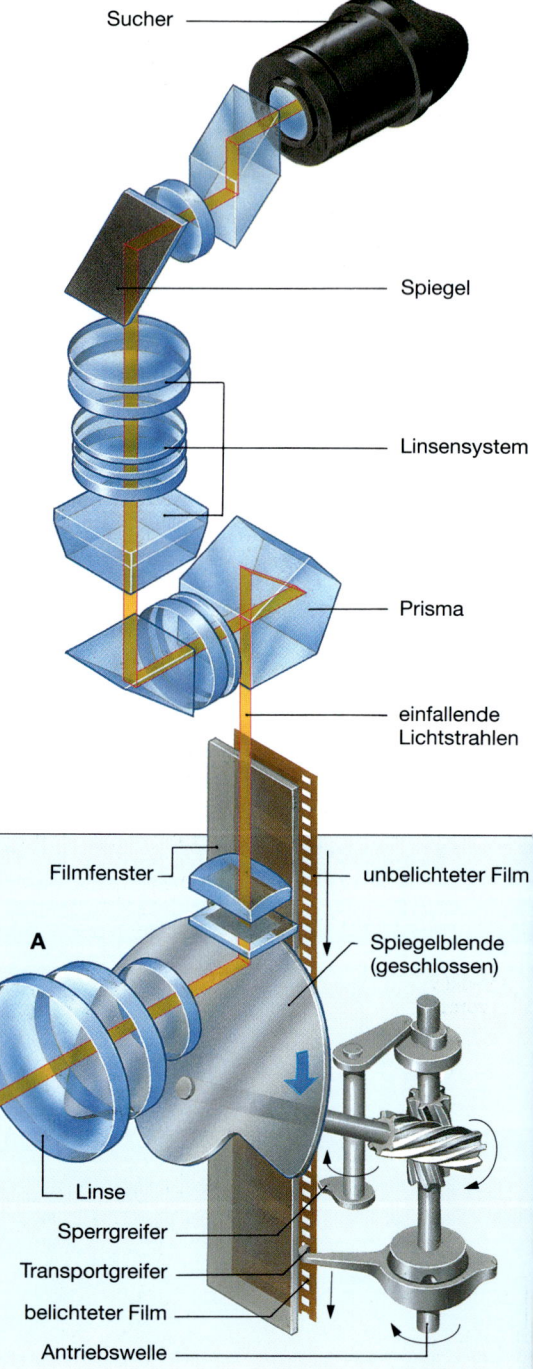

Sucher
Spiegel
Linsensystem
Prisma
einfallende Lichtstrahlen
Filmfenster
unbelichteter Film
Spiegelblende (geschlossen)
A
Linse
Sperrgreifer
Transportgreifer
belichteter Film
Antriebswelle

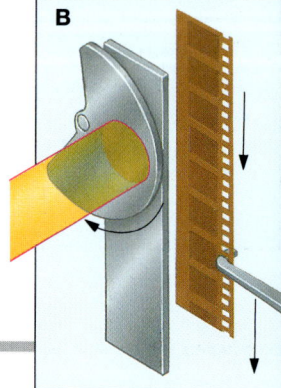

Ⓓ Ist die Belichtung fast abgeschlossen, packt der Greifer erneut zu und zieht den Film genau in dem Moment nach unten, in dem der Verschluß ganz geschlossen ist. Während der Film belichtet wird, hält ein Sperrgreifer (nicht im Bild) ihn absolut ruhig und in der richtigen Position.

B

Siehe auch: **Optik**, *S. 418/419* **Linsen**, *S. 420/421* **Camcorder**, *S. 496/497*

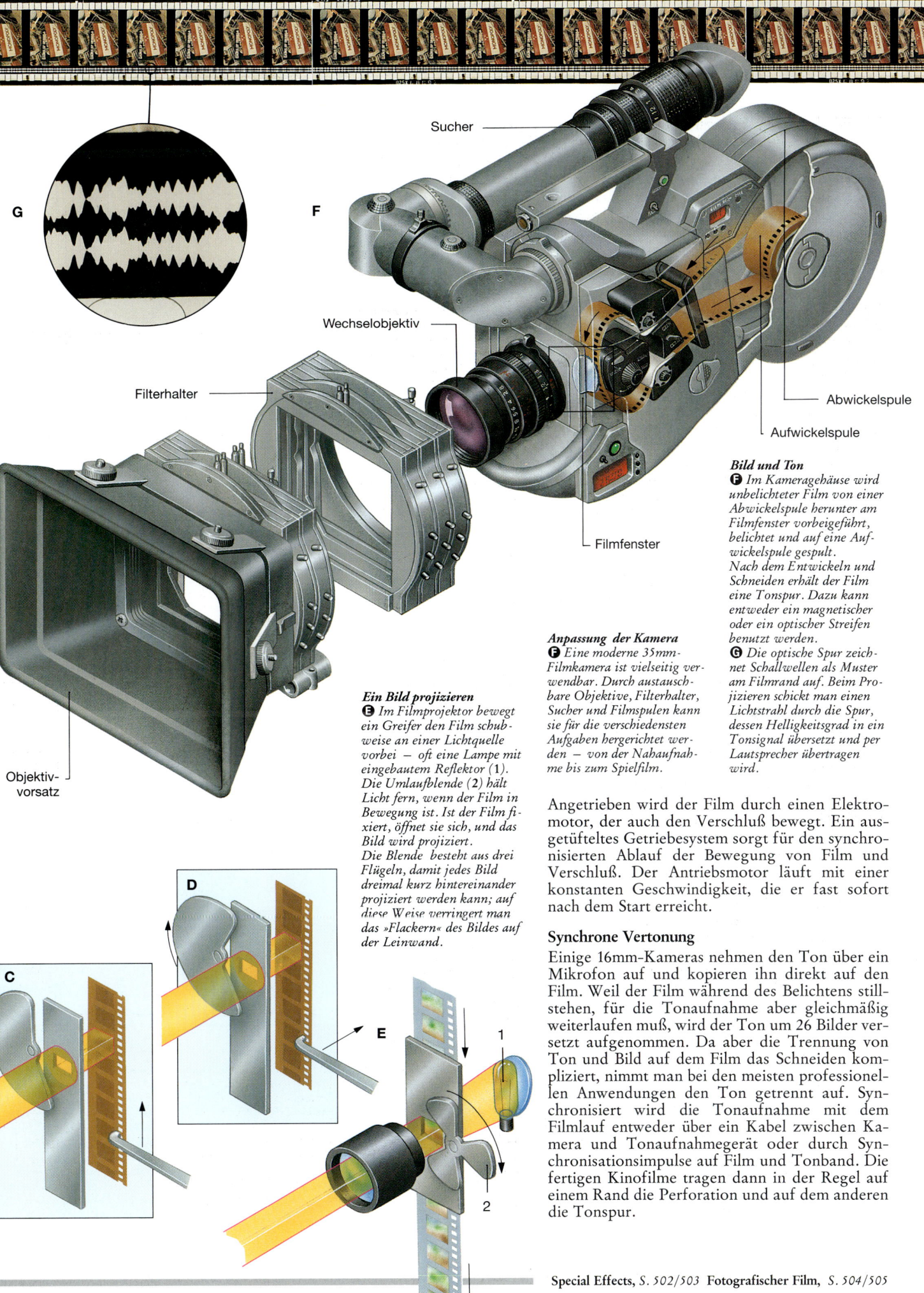

G

F

Sucher

Wechselobjektiv

Filterhalter

Abwickelspule

Aufwickelspule

Filmfenster

Objektiv-vorsatz

D

C

E

1

2

Ein Bild projizieren

Im Filmprojektor bewegt ein Greifer den Film schubweise an einer Lichtquelle vorbei — oft eine Lampe mit eingebautem Reflektor (1). Die Umlaufblende (2) hält Licht fern, wenn der Film in Bewegung ist. Ist der Film fixiert, öffnet sie sich, und das Bild wird projiziert. Die Blende besteht aus drei Flügeln, damit jedes Bild dreimal kurz hintereinander projiziert werden kann; auf diese Weise verringert man das »Flackern« des Bildes auf der Leinwand.

Anpassung der Kamera

Eine moderne 35mm-Filmkamera ist vielseitig verwendbar. Durch austauschbare Objektive, Filterhalter, Sucher und Filmspulen kann sie für die verschiedensten Aufgaben hergerichtet werden — von der Nahaufnahme bis zum Spielfilm.

Bild und Ton

Im Kameragehäuse wird unbelichteter Film von einer Abwickelspule herunter am Filmfenster vorbeigeführt, belichtet und auf eine Aufwickelspule gespult. Nach dem Entwickeln und Schneiden erhält der Film eine Tonspur. Dazu kann entweder ein magnetischer oder ein optischer Streifen benutzt werden.

Die optische Spur zeichnet Schallwellen als Muster am Filmrand auf. Beim Projizieren schickt man einen Lichtstrahl durch die Spur, dessen Helligkeitsgrad in ein Tonsignal übersetzt und per Lautsprecher übertragen wird.

Angetrieben wird der Film durch einen Elektromotor, der auch den Verschluß bewegt. Ein ausgetüfteltes Getriebesystem sorgt für den synchronisierten Ablauf der Bewegung von Film und Verschluß. Der Antriebsmotor läuft mit einer konstanten Geschwindigkeit, die er fast sofort nach dem Start erreicht.

Synchrone Vertonung

Einige 16mm-Kameras nehmen den Ton über ein Mikrofon auf und kopieren ihn direkt auf den Film. Weil der Film während des Belichtens stillstehen, für die Tonaufnahme aber gleichmäßig weiterlaufen muß, wird der Ton um 26 Bilder versetzt aufgenommen. Da aber die Trennung von Ton und Bild auf dem Film das Schneiden kompliziert, nimmt man bei den meisten professionellen Anwendungen den Ton getrennt auf. Synchronisiert wird die Tonaufnahme mit dem Filmlauf entweder über ein Kabel zwischen Kamera und Tonaufnahmegerät oder durch Synchronisationsimpulse auf Film und Tonband. Die fertigen Kinofilme tragen dann in der Regel auf einem Rand die Perforation und auf dem anderen die Tonspur.

Special Effects, S. 502/503   Fotografischer Film, S. 504/505

Stars aus dem Computer

Tricktechnik im modernen Kinofilm

Die Konstruktion des 3 m langen Modellschiffs, das die Zuschauer des 1980 gedrehten Films »Der Untergang der Titanic« begeisterte, war angeblich teurer als der Bau der Original-Titanic. Doch dient Tricktechnik vor allem dazu, die Material- und Drehkosten nicht ins Uferlose steigen zu lassen. Viele gute Tricks bleiben unbemerkt: Die üppigen Plantagen und reichen Herrenhäuser in »Vom Winde verweht« etwa existierten nur als Glasmalerei. Lediglich Science-Fiction-Filme lassen ahnen, wieviel Zeit und Geld die Erschaffung einer überzeugenden Phantasiewelt kosten kann.

Dank digitaler Tricks konnte Tom Hanks in »Forrest Gump« längst verstorbenen US-Präsidenten die Hand schütteln. Auch den sich verflüssigenden Metallmenschen in »Terminator 2: Tag der Abrechnung« riefen Computer ins Leben. Zu den spektakulärsten Effekten in Streifen wie »Terminator 2«, »Die Maske« oder »Der Rasenmähermann« gehört das »morphing«. Damit ist es möglich, einen Schauspieler nahtlos durch eine computergesteuerte Kopie zu ersetzen, die dann vollbringt, was der Schauspieler selbst nie könnte.

Digitale Effekte werden mit Computerprogrammen erzeugt, die sich aus Flugsimulatoren und ähnlichen Anwendungen entwickelt haben. Mit modernen Großrechnern ist es möglich, jede Filmsequenz zu digitalisieren. Die digitalisierten Bilder lassen sich dann mit hochspezialisierter Software weiterverarbeiten. Da man jeden einzelnen Bildpunkt verändern kann, eröffnen sich so den Filmemachern fast unbegrenzte Möglichkeiten – bis hin zum Design neuer Schauspieler.

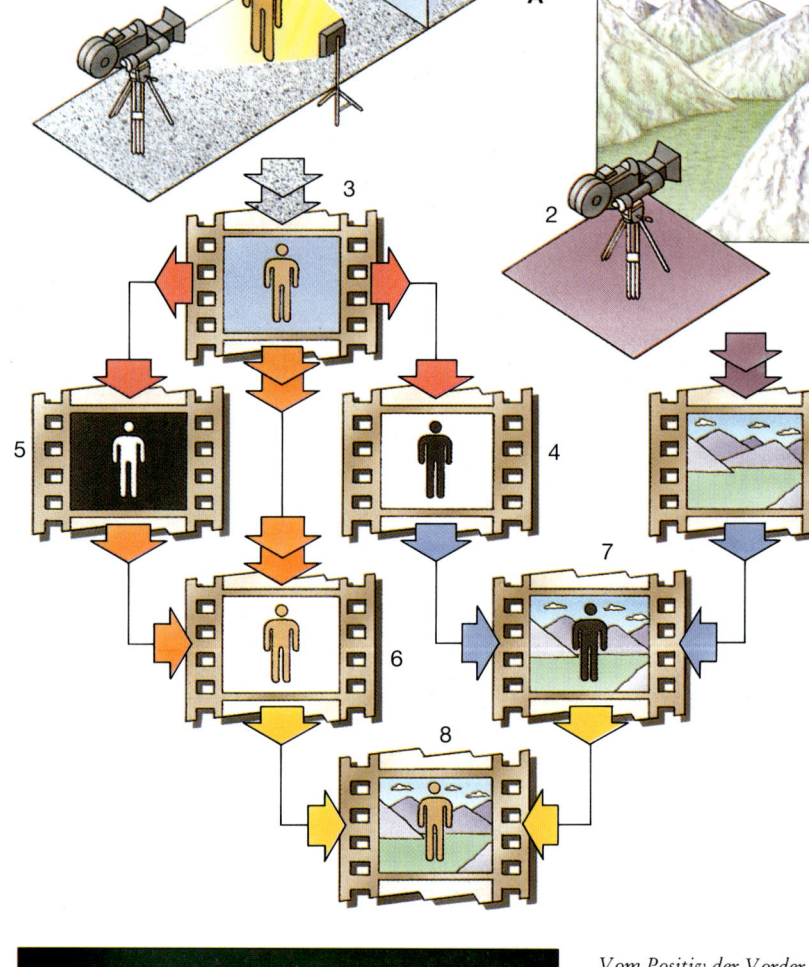

Aus blauem Hintergrund wird eine Landschaft
A Mit einer »travelling matte« (oder Maske) läßt sich ein Gegenstand oder ein Darsteller in jeden beliebigen Hintergrund hineinversetzen. So kann auf Reisen zu Originalschauplätzen verzichtet werden. Personen oder Objekte können sogar scheinbar mühelos durch den Raum schweben (rechts). Zunächst wird dazu das Vordergrundmotiv vor einem blauen Hintergrund gefilmt (oben, 1), weil diese Farbe in allen Hauttönen fehlt. Der fertige Film durchläuft den »optical printer« in mehreren Stufen, wobei Masken entstehen, die sich mit einem separat gefilmten Hintergrund kombinieren lassen (2).

Vom Positiv der Vordergrundhandlung (3) fertigt der optical printer zwei schwarz-weiß-Kopien an: die »male matte« (4) mit unbelichtetem Hintergrund und der schwarzen Silhouette des Darstellers und die »female matte« (5) mit dem unbelichteten Umriß der Person auf schwarzem Grund. Legt man den Streifen mit dem gefilmten Schauspieler über die female matte, so erzeugt der Printer das Bild des Darstellers vor unbelichtetem Hintergrund (6). Umgekehrt entsteht bei der Kombination von male matte und Hintergrundeinstellung eine Landschaft mit dem leeren Umriß des Protagonisten (7). Gemeinsam ergeben beide Streifen (8) die fertige Einstellung.

Siehe auch: Optik, S. 418/419 Filmkamera, S. 500/501 Fotografischer Film, S. 504/505 Computer, S. 514/515

Computerszenen

Mit dem »morphing« genannten Computereffekt läßt sich reale Handlung durch Computeranimation fortsetzen. Im »Rasenmähermann« wurde das Gesicht des Schauspielers durch ein Computermodell ersetzt, das man streckte und verzerrte, ehe es sein gewöhnliches Aussehen zurückerhielt. Um diesen Effekt zu erzielen, wird der Film digitalisiert und dann ein virtuelles Gitternetz über das Gesicht des Schauspielers gelegt (ganz unten links). Dieses Gitternetz läßt sich den Zügen des Schauspielers genau anpassen und am Computerbildschirm frei manipulieren (unten). Beim »morphing« berechnet der Computer alle Schritte

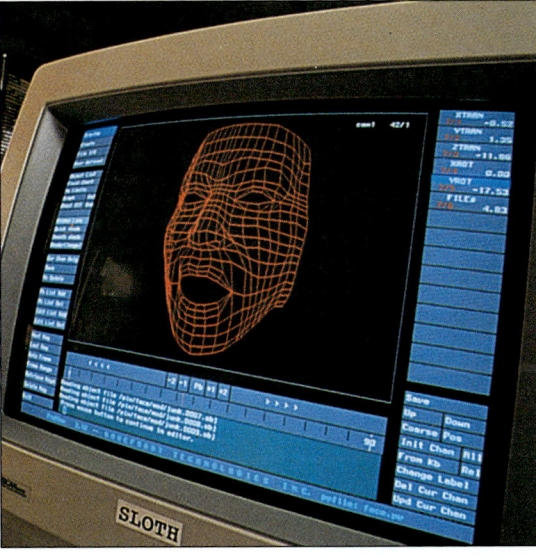

Meist gebraucht man den Computer jedoch zu wesentlich profaneren Zwecken, etwa um mit Masken (»optical mattes«) unerwünschte Bildteile abzudecken, um Sicherheitsvorkehrungen bei gefährlichen Stunts zu steuern oder beschädigtes Filmmaterial zu retuschieren. Die Produktionsfirmen setzen Digitaleffekte sparsam ein, weil sie kostspielig und zeitaufwendig sind: Die Herstellung bestimmter Einzelbilder des »Terminator 2« dauerte zwei Stunden (pro Sekunde zeigt ein Film 24 Bilder). Die meisten Produktionen kombinieren computergesteuerte Effekte mit einfacheren Tricks.

»Special effects« bei Hitchcock

Zu den nützlichsten Werkzeugen eines Regisseurs gehört der »optical printer«, eine einfache Filmkamera, die einen Filmstreifen auf einen zweiten aufnimmt. Mit dem optical printer lassen sich Effekte wie Überblenden oder Abblenden gestalten, die das Tempo der Handlung bestimmen. Die

zwischen einem Ausgangs- und einem Zielbild, bezogen jeweils auf die einzelnen Maschen des Netzes. Zwischen Ausgangs- und dem Zielbild lassen sich beliebig viele neue, verzerrte Bilder (unten Mitte) erzeugen. Schatten und Reflexe verleihen der Einstellung Perspektive und Natürlichkeit. Soll eine natürlich bewegte Person vorgetäuscht werden, benötigt die Einstellung einen Hintergrund. Um das digitale Bild in eine reale Filmszene zu integrieren, muß es durch Verwischen seiner Konturen dem körnigen Filmmaterial angepaßt werden.

Überblendung erweckt den Eindruck eines sehr raschen Geschehens, die Abblende den der Dauer. Obgleich es sich hierbei im Grunde um kinematographische Übereinkünfte handelt, werden sie von Zuschauern in aller Welt verstanden. Beim Auf- oder Abblenden wird das Originalmaterial auf ein Duplikat kopiert, während sich der Verschluß des optical printer langsam öffnet oder schließt. Bei einer Überblende wird eine neue Szene eingeblendet, während man die vorige Szene ausblendet.

Mit dem optical printer lassen sich auch zwei Einstellungen übereinanderlegen, um einen geisterhaften Effekt zu erzielen. Mit dieser Methode verwandelte Alfred Hitchcock in der letzten Szene von »Psycho« den Kopf von Norman Bates für einen Moment in einen Totenschädel. Ein noch bemerkenswerterer Effekt ist die »travelling matte«, bei der zwei oder mehr Szenen miteinander kombiniert werden, die in verschiedenen Teilen der Welt oder in unterschiedlichen Größen aufgenommen wurden.

Supermans Tricks

Viele Effekte beruhen auf der Kunstfertigkeit von Masken- und Bühnenbildnern oder Modellbauern. Die Modelle lassen sich mit Stop-Trick-Fotografie beleben, bei der das Objekt auf einem Einzelbild festgehalten wird, ehe man seine Position für die nächste Aufnahme verändert. Beim Abspulen des Films entsteht der Eindruck, der Gegenstand bewege sich.

Eine Weiterentwicklung dieser Tricktechnik ist die »go-motion«, bei der Motore und Drähte ein Modell per Computersteuerung bewegen. In »Superman« stemmt Christopher Reeve einen riesigen Felsblock einen Hügel hinauf. Für diese Szene bewegte ein hydraulisches System ein 3 m großes Modell des Steins. Um den Felsbrocken riesig erscheinen zu lassen, plazierte man den Schauspieler in ausreichender Entfernung und ließ ihn die Kraftanstrengung beim Schieben mimen. Durch die perspektivische Täuschung schien es so, als würde Superman den Stein selbst bewegen.

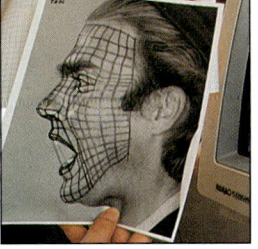

Miniaturwelten

Modelle (rechts außen) lassen sich billiger und einfacher herstellen als Kulissen in Originalgröße. In dem Film »Angriff der 20-Meter-Frau« mit Darryl Hannah fängt die Kamera Miniaturaufbauten in ungewöhnlichen Perspektiven ein und kombiniert überzeugend Objekte verschiedener Größenordnung.

Vom Bromsilber zum Bild

Wie fotografischer Film Aufnahmen ermöglicht

Das Fotografieren ist billig, einfach und schnell geworden. Die Voraussetzung dafür ist fotografischer Film – ein kaum ein zehntel Millimeter dickes, lichtempfindliches »Sandwich« aus mehreren Schichten. Moderne Filme können in Hundertsteln oder Tausendsteln von Sekunden ein Bild festhalten und später farbtreu mit einer Schärfe wiedergeben, die der eines Fernsehbildschirms millionenfach überlegen ist. Doch auch die empfindlichsten modernen Filme basieren auf den chemischen Gesetzen, die der französische Erfinder Joseph Nicéphore Niepce ausnutzte, als er 1826 das erste Foto der Geschichte machte – von einer Scheune.

Film wird in einer verwirrenden Vielfalt von Formaten und Sorten hergestellt. Großformatiger, schwarzweißer Planfilm zeichnet Röntgenstrahlen auf; dicke Spulen Farbnegativfilm dienen Filmemachern als Material, während Amateurfotografen kleine Kassetten mit Rollfilm bevorzugen. Doch gleich welchem Zweck sie dienen – in ihrer Funktionsweise unterscheiden sich die meisten Filme nicht voneinander.

Fotofilm setzt sich aus verschiedenen Materialien zusammen, die wie ein »Sandwich« geschichtet sind. Die Füllung des Sandwiches bildet die lichtempfindliche Emulsion. Schwarzweißfilm besitzt nur eine solche Schicht, die registriert, ob Licht vorhanden ist; Farbfilme haben drei Schichten, von denen jede auf eine andere Farbe reagiert.

Unter dem Mikroskop erscheint die Emulsion als Masse unregelmäßig geformter Körner, die in einen Träger aus Gelatine eingelassen sind. Jedes Körnchen ist ein Kristall der lichtempfindlichen Verbindung Bromsilber. Milliarden von Bromsil-

Die Schichten des Films
A *Ein typischer Farbnegativfilm besteht aus acht Schichten. Zwei Schutzschichten bewahren den Film vor Abrieb und ultraviolettem Licht. Darunter liegen drei Schichten Emulsion, die auf blaues, grünes bzw. rotes Licht reagieren. Ein Gelbfilter unter der blauempfindli-*

chen Schicht beseitigt restliches blaues Licht, das die tieferen Schichten stören könnte. Unter der Emulsion liegt eine Schicht, die Streulicht absorbiert und dessen Rückreflexion auf die Emulsion verhindert. Eine dicke Trägerschicht gibt dem Film schließlich die nötige Festigkeit und Elastizität.

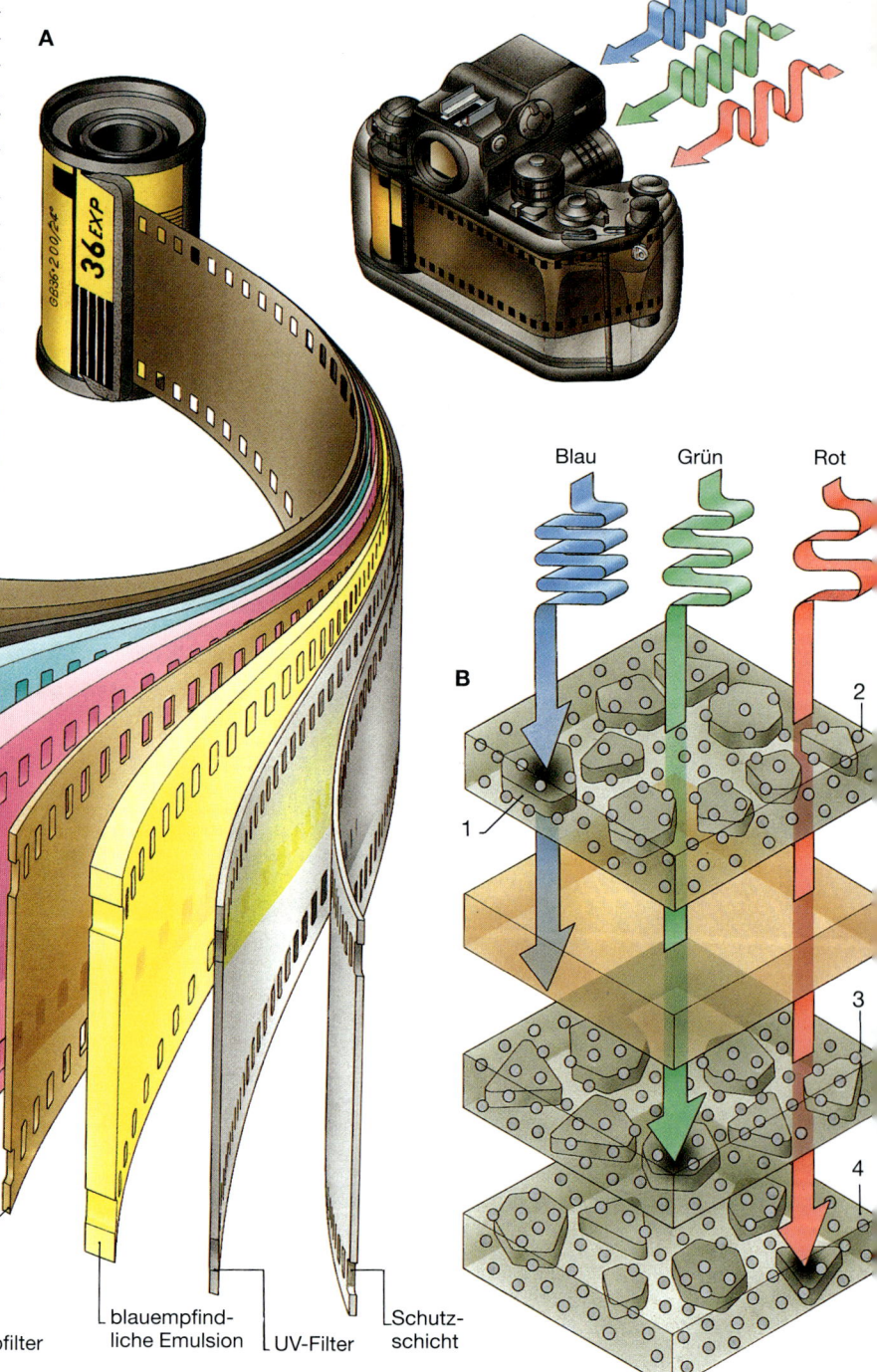

5 Mikrometer

Trägerschicht

Reflexionsschutzschicht

Vor- und Nachteile extrem lichtempfindlicher Filme
»Schnelle«, empfindliche Filme, wie sie in der Reportagefotografie Verwendung finden, sind lichtempfindlicher als normale Filme. Ihre Bromsilberkristalle sind gröber (oben) und bieten so dem Licht mehr Angriffsfläche. Der Nachteil ist allerdings, daß gröbere Kristalle ein körniges Bild mit schlechter Auflösung liefern.

rotempfindliche Emulsion

grünempfindliche Emulsion

Gelbfilter

blauempfindliche Emulsion

UV-Filter

Schutzschicht

Blau   Grün   Rot

B

1

2

3

4

Siehe auch: Optik, S. 418/419 Fotokamera, S. 498/499 Filmkamera, S. 500/501 Farbdruck, S. 508/509

berkristallen, deren Durchmesser etwa ein tausendstel Millimeter beträgt und die fein über die Emulsion verteilt sind, zeichnen die auf den Film einfallenden Muster aus Licht und Schatten genau auf.

Wie der Film Licht aufzeichnet

Ein Bromsilberkristall besteht aus Bromionen, zwischen die Silberionen eingestreut sind. Überschüssige Elektronen verleihen den Bromionen eine negative Ladung, während die Silberionen positiv geladen sind, also ein Defizit an Elektronen aufweisen. Trifft Licht auf das Kristall, so nehmen die Silberionen die von den Bromionen abgesprengten Elektronen auf. Die Silberionen wandeln sich in Atome metallischen Silbers um, die als mikroskopisch kleine schwarze Punkte auf den einzelnen Kristallen zu sehen sind. Wie viele Silberatome erzeugt werden, hängt von der Intensität und Dauer der Belichtung ab.

Vom Negativ zum Positiv

Zwar birgt der Film jetzt ein Bild, doch ist dieses noch versteckt oder »latent«. Um es für das bloße Auge sichtbar zu machen, erhöht man die Zahl der Silberatome um ein Vielfaches, indem man den Film in eine Entwicklerflüssigkeit taucht. Chemische Substanzen im Entwickler »erkennen« Kristalle, die Spuren von metallischem Silber enthalten, und »pumpen« Elektronen in sie hinein: So werden alle Silberionen im Kristall in sichtbare Silberatome verwandelt. Kristalle, die keine Silberatome enthalten, bleiben vom Entwickler unbeeinflußt. Nach dem Entwickeln werden die verbliebenen Bromsilberkristalle mit einem chemischen Fixiermittel ausgewaschen. Der entwickelte Film ist dadurch unempfindlich gegen Licht, und das Bild bleibt stabil.

Der Film enthält nun ein Negativbild, dessen dunkle Stellen hellen Teilen des Gegenstandes entsprechen. Ein Positivabzug entsteht bei der Projektion des Negativbildes auf ein Blatt Papier, das mit einer fotografischen Emulsion beschichtet ist. Man behandelt das Fotopapier dann wie zuvor den Film, und das Foto ist fertig.

Die Wiedergabe von Farben

Der Farbfilm besitzt eine dreischichtige Emulsion. Jede Schicht enthält Bromsilberkristalle, die chemisch auf Licht verschiedener Wellenlängen reagieren – die erste auf Blau, die zweite auf Grün, die dritte auf Rot. Nach der Belichtung wird der Film wie ein Schwarzweißfilm entwickelt, durchläuft aber noch ein weiteres Stadium, in dem die belichteten Silberkörnchen durch Farbstoffe ersetzt werden. Jede Schicht der Emulsion erzeugt einen Farbstoff, der der Farbe des einfallenden Lichtes komplementär ist. So bildet die blauempfindliche Schicht Gelb, die grünempfindliche Magenta und die rotempfindliche Cyan. Auf diese Weise zeigt der Film jede Farbe als ihr »Negativ«. Wie beim Schwarzweißfilm wird das Negativ auf ein Blatt Papier kopiert, das hier mit den drei Farbemulsionen sensibilisiert ist, und chemisch weiterbehandelt, bis ein Positivbild entsteht.

Bleichfixierbad

Entwickler

7   8

9

C

D

Wie durch chemische Prozesse ein Bild entsteht

B Bei der Belichtung zeichnet jede Schicht eine andere Wellenlänge auf. Die Bromsilberkristalle (1) der blauempfindlichen Schicht (2) reagieren nur auf blaues Licht und bilden ein latentes Bild – winzige Flecken metallischen Silbers auf den Kristallen. Grünes und rotes Licht bildet Bilder in den grün- (3) und rotempfindlichen (4) Schichten darunter.

C Um das latente Bild sichtbar zu machen, wird der Film in eine Entwicklerflüssigkeit eingetaucht. Der Entwickler vervielfacht den Silbergehalt der belichteten Kristalle und verwandelt sie ganz in dunkel-metallisches Silber (5). Während der Entwickler auf ein Kristall einwirkt, färbt er Farbmoleküle in seiner Umgebung ein (6) – in der oberen Schicht gelb, darunter in den Farben Magenta und Cyan.

D Darauf taucht man den Film in ein weiteres Bad – das Bleichfixierbad. In ihm werden alle Silber- (7) und Bromsilberkristalle (8) aus dem Film gelöst, so daß nur noch die eingefärbten Flächen übrigbleiben; diese ergeben dann ein Farbnegativbild, das die Lichtempfindlichkeit vollständig verloren hat. Außerdem wird nun der im Film enthaltene Gelbfilter (9) aufgelöst.

Dreidimensionale Bilder

Laser und Hologramme

Hologramme sind weder Tricks noch Trugbilder, sondern dreidimensionale Abbilder wirklicher Objekte. Am bekanntesten ist wohl ihre Verwendung zur Fälschungssicherung auf EC-Karten, aber auch in Industrie und Medizin haben sie vielerlei Aufgaben. Zahnärzte fertigen mit Hologrammen neuerdings genaue Abbilder der Gebisse ihrer Patienten an: Sie sind exakt zu vermessen und ersparen die umständlichen Gipsabdrücke. Mit Computer-Hologrammen können auch Architekten ihre Entwürfe in naturgetreue, dreidimensionale Modelle verwandeln. Digitale Daten lassen sich in Hologrammen platzsparend speichern.

Für das Auge hat ein Objekt eine bestimmte Form, weil seine Oberfläche Licht auf bestimmte Weise streut. Ein Foto gibt wieder, wie intensiv das vom Gegenstand gestreute Licht ist. Bei einem Hologramm wird auch aufgezeichnet, welche Phase der Lichtwelle der Gegenstand streut. Dafür macht man sich Laserlicht zunutze.

Ein Laser erzeugt kohärentes Licht. Die vom Laser ausgestrahlten Lichtwellen sind von gleicher Länge und befinden sich »in Phase« miteinander – ihre Berge und Täler stimmen überein.

Reproduktion der lichtstreuenden Eigenschaften

Normalerweise erzeugt man Hologramme, indem man das Licht aus einem einzigen Laser in zwei Strahlen aufspaltet. Ein Strahl – der Referenzstrahl – wird direkt auf fotografischen Film gerichtet; der andere – der Objektstrahl – fällt zuerst auf ein Objekt, von dessen Oberfläche er abprallt, und dann auf den Film. Die Lichtwellen der beiden Strahlen sind nicht mehr in Phase, wenn sie den Film erreichen. Wo zwei Wellengipfel zusammenkommen, addieren sie sich, wo ein Gipfel auf ein Tal trifft, heben sie sich gegenseitig auf. So entsteht auf dem Film ein »Interferenzmuster« aus hellen und dunklen Streifen.

Bei der Wiedergabe wird Laserlicht von der gleichen Wellenlänge und aus der gleichen Richtung wie bei der Aufzeichnung durch den Film projiziert. Das Streifenmuster beugt die Wellen des Laserlichts genau umgekehrt zu den Interferenzen bei der Aufnahme – etwa so, wie die Rillen einer Langspielplatte wieder in Schallwellen zurückverwandelt werden. Der Betrachter nimmt dadurch hinter dem Film einen Gegenstand wahr, dessen dreidimensionale Eigenschaften denen des aufgenommenen Objekts genau entsprechen.

Solche Hologramme, bei denen Referenz- und Objektstrahl auf dieselbe Seite des Films treffen, heißen Transmissions-Hologramme. Hologramme, für deren Betrachtung kein Laserlicht nötig ist, lassen sich dagegen auf Filmen mit einer dicken lichtempfindlichen Schicht erzeugen. Referenz- und Objektstrahl werden in den Farben Rot, Gelb und Blau von gegenüberliegenden Seiten auf den Film geleitet, so daß in der Emulsion senkrecht zum Film Interferenzmuster entstehen. Bei Beleuchtung mit natürlichem Licht wird von einem solchen Reflexions- (oder Weißlichtreflexions-) Hologramm nur die Farbe zurückgestrahlt, die bei der Aufnahme verwandt wurde. Reflexions-Hologramme dienen u.a. als Sicherung auf Kreditkarten und als Design-Element. Man setzt sie außerdem für Präzisionsprüfverfahren ein, z.B. beim Testen der Vernietungen an Flugzeugen.

Hologrammproduktion
Ⓐ Laserlicht wird in zwei Strahlen aufgespalten. Das geschieht, indem man es auf einen halb versilberten Spiegel richtet, der eine Hälfte des Lichts durchläßt und den Rest reflektiert. Linsensysteme leiten den einen Strahl (den Referenzstrahl) direkt auf fotografischen Film; den zweiten (den Objektstrahl) richtet man auf den Gegenstand, den man aufnehmen will. Das vom Gegenstand reflektierte Licht interferiert mit dem Licht des Referenzstrahles; es entsteht ein Interferenzstreifenbild, das auf dem Film als Folge verwobener mikroskopischer Linien erscheint.

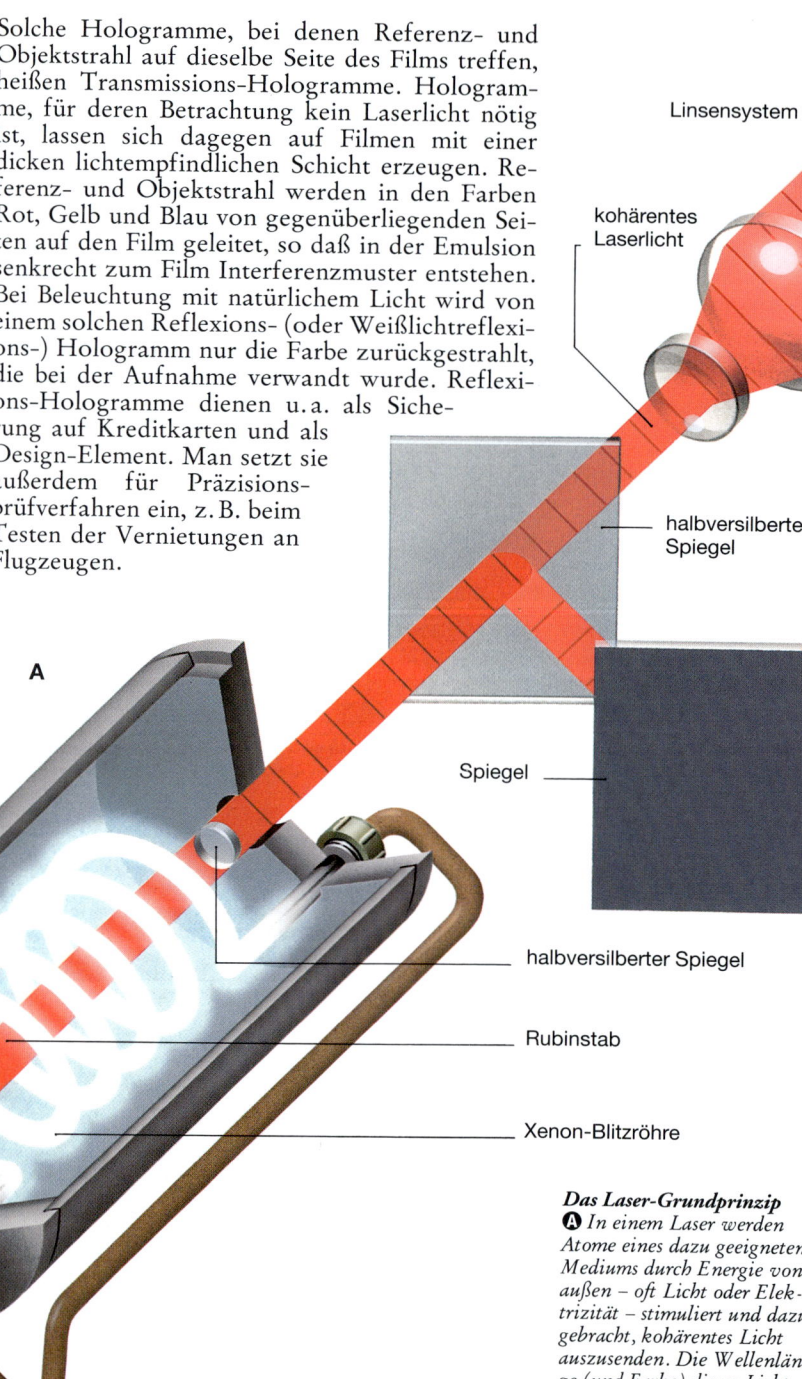

Linsensystem

kohärentes Laserlicht

halbversilberter Spiegel

Spiegel

A

halbversilberter Spiegel

Rubinstab

Xenon-Blitzröhre

Spiegel

Stromquelle

Das Laser-Grundprinzip
Ⓐ In einem Laser werden Atome eines dazu geeigneten Mediums durch Energie von außen – oft Licht oder Elektrizität – stimuliert und dazu gebracht, kohärentes Licht auszusenden. Die Wellenlänge (und Farbe) dieses Lichtes hängt vom verwendeten Medium ab. Der Rubin-Laser gibt z.B. rotes Licht ab.

Siehe auch: Elektronen, S. 386/387 Quantentheorie, S. 388/389 Elektromagnetische Wellen, S. 416/417 Optik, S. 418/419

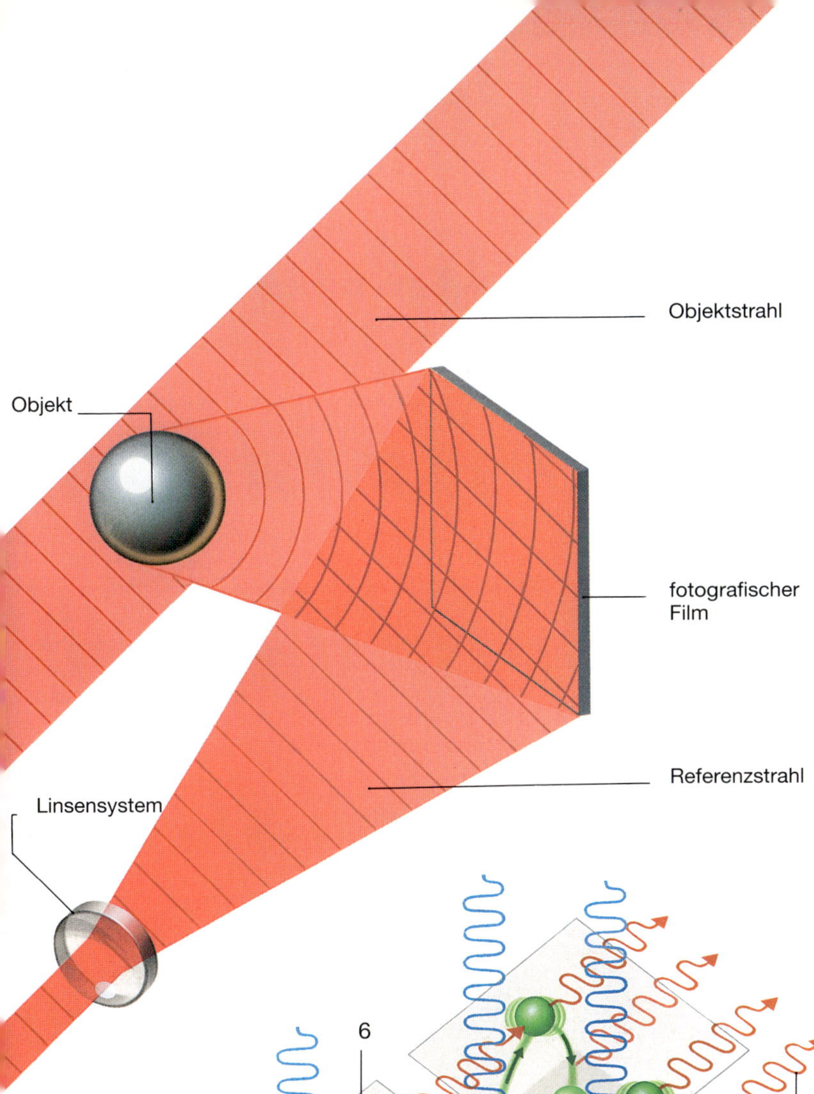

Objektstrahl

Objekt

fotografischer Film

Referenzstrahl

Linsensystem

1 3 5 6 7

2 4

B

kohärentes Laserlicht

Präzisionsarbeit
Bei der Belichtung müssen Objekt, Laser, Spiegel und Film absolut still gehalten werden. Eine Bewegung von weniger als einem tausendstel Millimeter würde die Interferenz von Objekt- und Referenzstrahl auf dem Film verändern und damit das Muster verderben.

Holografische Kunst
Die Holografie wurde 1948 von Dennis Gabor entwickelt. Die Verfügbarkeit preiswerter und praktischer Laser hat das Medium für die Kunst erschlossen und eindrucksvolle dreidimensionale Bilder (hier die Bearbeitung eines Selbstporträts Leonardo da Vincis) entstehen lassen.

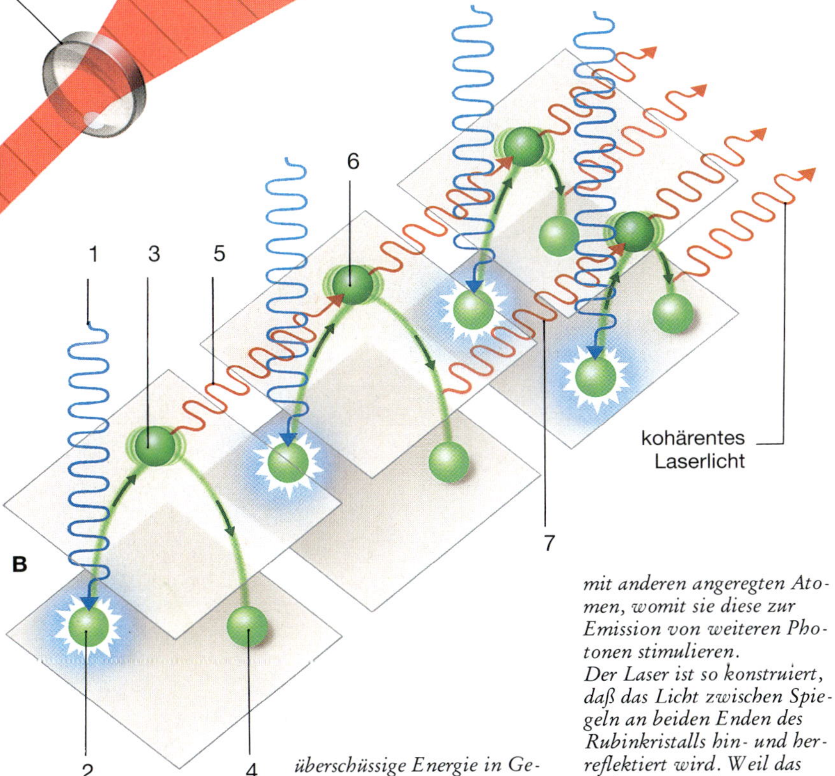

Was ist Laserlicht?
Laserlicht unterscheidet sich in dreierlei Hinsicht von dem einer Glühbirne. Erstens laufen alle Strahlen genau in dieselbe Richtung. Laserstrahlen haben parallele Ränder und divergieren kaum, während sich das gewöhnliche Licht kegelförmig ausbreitet. Zweitens erzeugen Laser »reines« Licht einer einzigen Farbe (oder Wellenlänge). Drittens ist Laserlicht kohärent: Die Berge und Täler der Lichtwellen sind synchronisiert – wie Reihen von Soldaten, die im Gleichschritt marschieren. Aufgrund dieser Eigenschaften ist Laserlicht intensiv und kann große Mengen Energie oder verschlüsselter Informationen bei minimaler Streuung über weite Strecken transportieren.

Die Intensität von Laserlicht wird durch die Ausgangsleistung des Lasers bestimmt. So erzeugt ein 40-Watt-Laser soviel Energie, wie von einer 40-Watt-Glühbirne verbraucht wird. Während die Energie der Glühbirne aber in alle Richtungen abfließt, bündelt ein Laser alle Energie in einem schmalen Lichtstrahl mit hoher Energiedichte. Industrielaser, die zum Präzisionsschneiden von Stahl verwandt werden, erreichen Energiedichten von über einer Million Watt pro Quadratzentimeter. Laser mit niedriger Leistung dienen dem extrem genauen »Lesen« und Übertragen von Informationen – etwa in CD-Playern, Laserdruckern und Glasfasernetzen.

Die Erfindung des Lasers wurde erst durch die Quantentheorie möglich, die erklärte, wie »angeregte« Atome elektromagnetische Strahlen abgeben. Um Laserlicht zu erzeugen, werden Atome eines gasförmigen, flüssigen oder festen Mediums auf ein hohes Energieniveau angehoben. Dazu »pumpt« man Energie in Form von Licht oder Elektrizität in das Medium. Springt ein Atom auf sein altes Energieniveau zurück, gibt es Energie ab: Ein Photon wird ausgesendet. Trifft dieses Photon dann auf ein weiteres, angeregtes Atom, so kann es dieses stimulieren, ein zweites Photon auszusenden. Durch diesen Prozeß, der sich milliardenfach wiederholt, entsteht ein Laserstrahl.

Wie ein Laserstrahl entsteht
B *In einem Rubin-Laser regt ein Lichtblitz (1) aus einer Xenon-Röhre Atome in einem Rubinkristall an (2). In diesen Atomen werden Elektronen auf ein hohes Energieniveau angehoben (3). In einigen der Atome fällt das Elektron dann spontan auf das niedrigere Energieniveau zurück (4), wobei die überschüssige Energie in Gestalt eines »Lichtteilchens« (Photon) freigesetzt wird (5). Trifft das Photon auf ein anderes angeregtes Atom (6), so »stimuliert« es dieses zur Emission (Ausstrahlung) eines Photons mit der gleichen Frequenz (7). Entscheidend ist dabei, daß sich das zweite Photon in dieselbe Richtung bewegt wie das erste und daß sich beide Photonen im vollen Gleichlauf (oder in Phase) befinden. Die Photonen jagen weiter durch den Rubinkristall und kollidieren mit anderen angeregten Atomen, womit sie diese zur Emission von weiteren Photonen stimulieren.*
Der Laser ist so konstruiert, daß das Licht zwischen Spiegeln an beiden Enden des Rubinkristalls hin- und herreflektiert wird. Weil das Licht so einen langen Weg durch den Rubinstab zurücklegt, tritt es in Wechselwirkung mit vielen Atomen und erzeugt eine Kaskade von Photonen. Ist genügend Intensität aufgebaut, so tritt Laserlicht durch den Spiegel mit der halb versilberten Oberfläche aus.
(Laser steht für light amplification by the stimulated emission of radiation = Lichtverstärkung durch stimulierte Aussendung von Strahlung).

Die schwarze Kunst wird bunt

Moderne Techniken des Farbdrucks

Was wäre unsere Gesellschaft ohne Zeitschriften und Bücher oder ohne Papiergeld, Verpackungsmaterial und Briefmarken? Die Bedeutung des Druckwesens nimmt immer weiter zu. Doch würde sich Johannes Gutenberg, der 1439 die beweglichen Lettern in Europa einführte, wundern, wenn er mit heutiger Drucktechnik konfrontiert würde. Moderne Druckmaschinen sind in der Lage, hochauflösende Farbbilder in Stückzahlen von über 25 000 Exemplaren pro Stunde anzufertigen. Auch der Computer hat die Druckverfahren verändert: Vollautomatisierte Maschinen können sich zwischen den Druckaufträgen sogar selbst reinigen.

Ausgangsmaterial für die meisten kommerziellen Druckverfahren ist fotografischer Film, auf dem die Texte und Bilder festgehalten sind, die gedruckt werden sollen – das »Druckbild«. Das Filmbild wird auf einen Träger übertragen – gewöhnlich eine Druckplatte. Dabei entsteht die »Druckform«, indem mit mechanischen oder chemischen Mitteln bildtragende und bildfreie Stellen auf dem Träger voneinander getrennt werden. Die später aufgetragene Farbe haftet nur an den bildtragenden Flächen. Schließlich wird der Träger gegen das Material gepreßt, auf das gedruckt wird – meist Papier oder Karton.

Es gibt drei grundlegende Druckverfahren: Hochdruck, Flachdruck (meist Offsetdruck) und Tiefdruck. Flachdruck ist die vielseitigste dieser Techniken – über 60 % aller Produkte der Druckindustrie werden so hergestellt.

Vom Druckfilm zum bedruckten Papier

Die Technik des Steindrucks, der »Lithografie«, hat sich im 19. Jahrhundert entwickelt. Sie war die erste Flachdrucktechnik. Zunächst diente eine Kalksteintafel (griechisch »lithos« = Stein) als Bildträger, heute verwendet man dünne Zink- oder Aluminiumplatten.

Vor dem Druck wird die Platte so präpariert, daß sie ein Bild aufnehmen kann. Zunächst macht man ihre Oberfläche auf chemischem Wege porös und überzieht sie mit einer fotografischen Emulsion. Dann wird die Platte mit dem bildtragenden Film in Kontakt gebracht, belichtet und entwickelt. Beim Entwickeln wäscht man die Emulsion von den bildfreien Stellen, so daß die poröse Platte darunter erscheint, und fixiert die Emulsion auf den bildtragenden Stellen.

Danach wird die Platte auf einen Metallzylinder gespannt und in der Druckmaschine befestigt. Walzengruppen beschichten die Platte mit Wasser und einer chemischen Lösung, danach mit fetthaltiger Farbe. Die porösen, bildfreien Teile der Platte nehmen das Wasser an, die bildtragenden stoßen es ab; umgekehrt nehmen die bildtragenden Stellen die Farbe auf, während auf den übrigen Teilen ein Wasserfilm die Farbe fernhält.

Das Bild wird auf ein Gummituch gedruckt (»offset«), das um einen zweiten Zylinder gewickelt ist. Dann gelangt es auf das Papier, das zwischen dem Gummizylinder und einem dritten Zylinder, dem Druckzylinder, läuft. Weil das Gummituch elastisch ist, kann auf Karton und Papier von unterschiedlicher Qualität gedruckt werden – neben der leichten Herstellung der Druckform der Hauptvorteil des Offsetdrucks.

Wie Zeitungen entstehen

Bei großen Auflagen sind Papierbahnen auf Rollen gegenüber Einzelblättern von Vorteil. Statt getrennter Gummi- und Druckwalzen haben die Rollendruckmaschinen zwei Gummizylinder, von denen jeder als Gegendruckzylinder für den anderen fungiert. So kann man die Papierbahn auf beiden Seiten gleichzeitig bedrucken – und wertvolle Zeit einsparen.

Das Verhältnis von Farbe zu Wasser muß auf der Platte immer genau stimmen, um per Flachdruck ein gleichbleibendes Druckbild zu erzielen. Für sehr hohe Auflagen (über 500 000 Exemplare) bevorzugt man daher den Tiefdruck gegenüber dem Flachdruck: Weil sich die Farbe in gravierten Vertiefungen auf einem Metallzylinder befindet, wird das Druckbild beständiger. Die höheren Kosten für Gravur und Zylindervorbereitung beim Tiefdruck werden durch längere Druckläufe ausgeglichen.

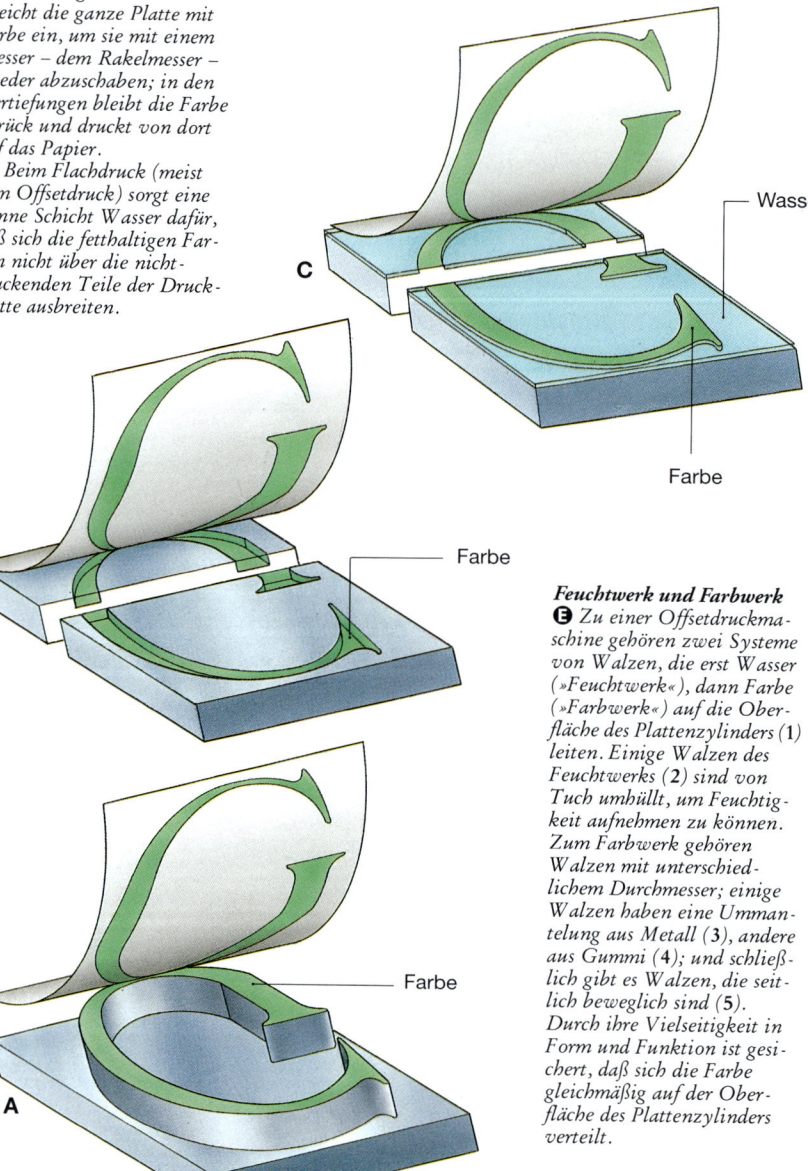

Druckverfahren
A *Bei der ältesten Drucktechnik, dem Hochdruck, sind die farbtragenden Teile erhaben über den nicht-druckenden angebracht. Walzen verteilen dicke Teigfarben auf der Druckform, bevor man die Platte gegen ein Blatt Papier preßt.*
B *Beim Tiefdruck wird das Bild in eine Metallplatte geätzt oder graviert. Man streicht die ganze Platte mit Farbe ein, um sie mit einem Messer – dem Rakelmesser – wieder abzuschaben; in den Vertiefungen bleibt die Farbe zurück und druckt von dort auf das Papier.*
C *Beim Flachdruck (meist dem Offsetdruck) sorgt eine dünne Schicht Wasser dafür, daß sich die fetthaltigen Farben nicht über die nicht-druckenden Teile der Druckplatte ausbreiten.*

Wasse

Farbe

Farbe

Farbe

Feuchtwerk und Farbwerk
E *Zu einer Offsetdruckmaschine gehören zwei Systeme von Walzen, die erst Wasser (»Feuchtwerk«), dann Farbe (»Farbwerk«) auf die Oberfläche des Plattenzylinders (1) leiten. Einige Walzen des Feuchtwerks (2) sind von Tuch umhüllt, um Feuchtigkeit aufnehmen zu können. Zum Farbwerk gehören Walzen mit unterschiedlichem Durchmesser; einige Walzen haben eine Ummantelung aus Metall (3), andere aus Gummi (4); und schließlich gibt es Walzen, die seitlich beweglich sind (5). Durch ihre Vielseitigkeit in Form und Funktion ist gesichert, daß sich die Farbe gleichmäßig auf der Oberfläche des Plattenzylinders verteilt.*

Siehe auch: Optik, S. 418/419 Fotografischer Film, S. 504/505 Kopierer und Fax, S. 510/511

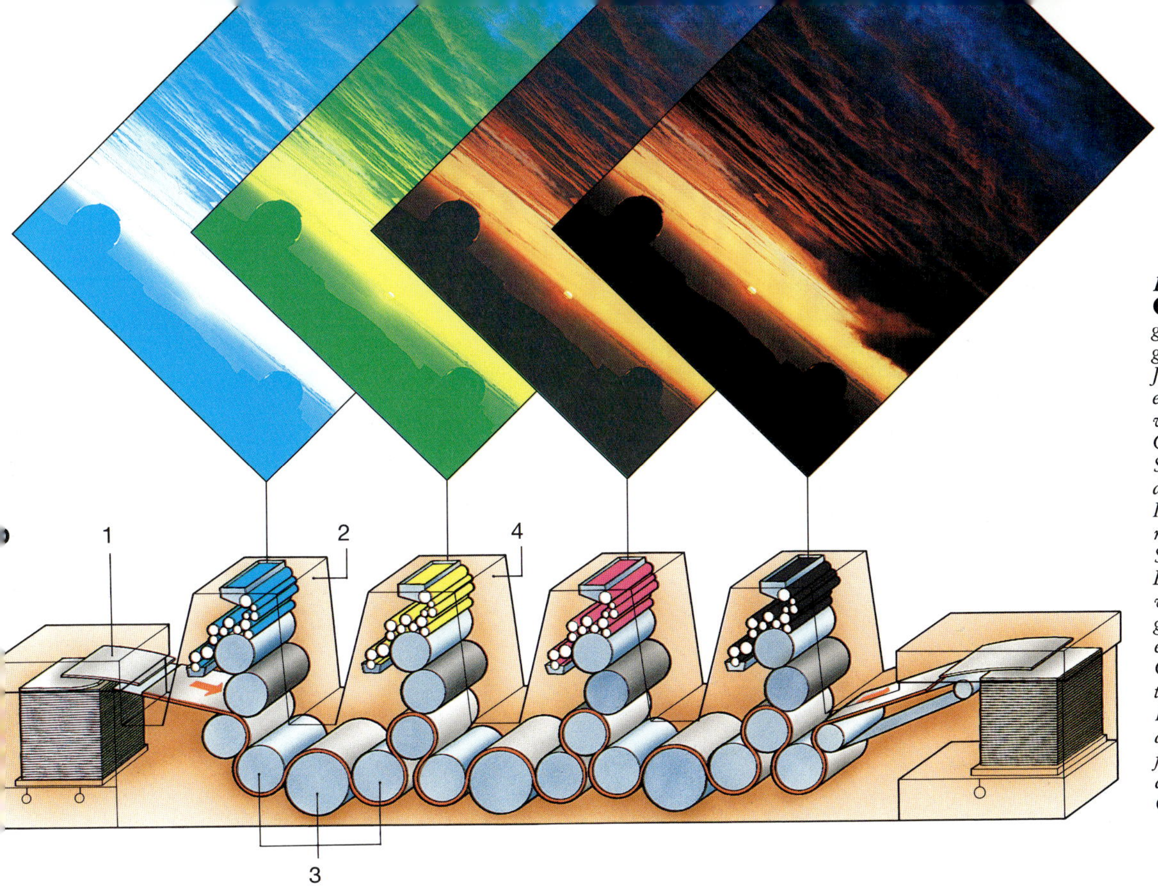

Die Farbdruckmaschine

D Zu einer Farboffsetpresse gehören vier hintereinander-geschaltete Einzelpressen. Jede von diesen trägt in engem Punktraster eine der vier Skalenfarben auf – Cyan, Gelb, Magenta oder Schwarz. Kombiniert man die verschiedenfarbigen Punkte im richtigen Verhält-nis, läßt sich jede Farbe des Spektrums erzeugen. Einzelbögen Papier werden von einem Sauganleger an-gehoben (1) und durch die erste Presse geschickt (2), die Cyan druckt. Überführungs-trommeln (3) tragen das Blatt zur nächsten Presse (4), die Gelb hinzufügt, und so fort. Der Gang des Papiers durch die Presse ist in Orange dargestellt.

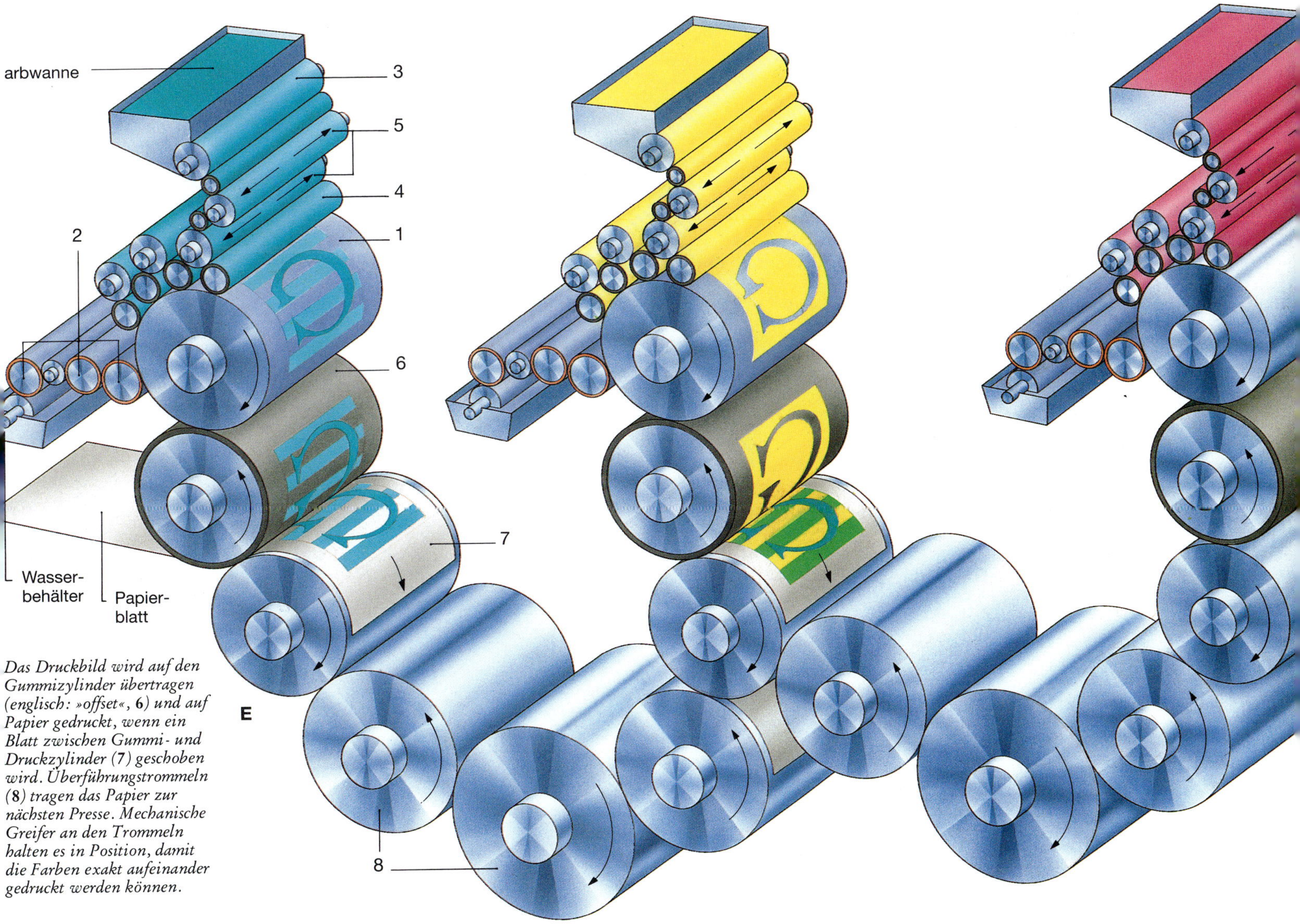

arbwanne

Wasser-behälter Papier-blatt

Das Druckbild wird auf den Gummizylinder übertragen (englisch: »offset«, 6) und auf Papier gedruckt, wenn ein Blatt zwischen Gummi- und Druckzylinder (7) geschoben wird. Überführungstrommeln (8) tragen das Papier zur nächsten Presse. Mechanische Greifer an den Trommeln halten es in Position, damit die Farben exakt aufeinander gedruckt werden können.

E

Wenn der Postmann nicht mehr klingelt

Wie Fotokopierer und Faxgeräte Texte übertragen und vervielfältigen

Faxgerät und Fotokopierer sind für das moderne Büro so wichtig wie Papier und Kugelschreiber. Als Fax kann man ein Schriftstück oder Foto in Sekundenschnelle um die ganze Welt schicken, und der Fotokopierer reproduziert auf Knopfdruck originalgetreu jede Vorlage. Allmählich werden die Kommunikation von Computer zu Computer und das Einscannen von Texten diese Geräte zwar überflüssig machen, doch heute ist das »papierlose Büro« noch längst nicht verwirklicht. Solange Zweifel an der Zuverlässigkeit elektronischer Informationssysteme bestehen, wird man Papierdokumente kopieren und übertragen müssen.

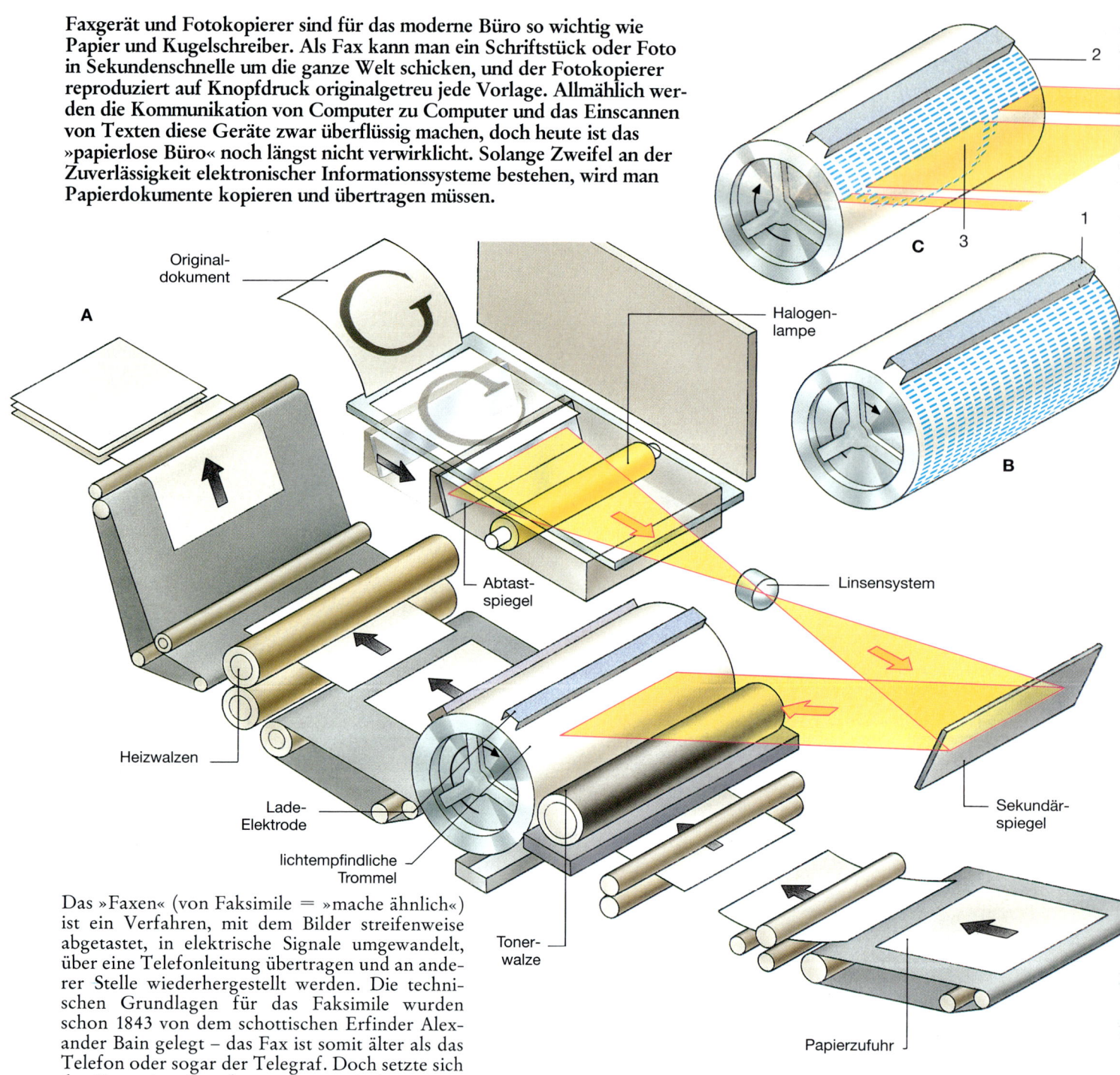

Das »Faxen« (von Faksimile = »mache ähnlich«) ist ein Verfahren, mit dem Bilder streifenweise abgetastet, in elektrische Signale umgewandelt, über eine Telefonleitung übertragen und an anderer Stelle wiederhergestellt werden. Die technischen Grundlagen für das Faksimile wurden schon 1843 von dem schottischen Erfinder Alexander Bain gelegt – das Fax ist somit älter als das Telefon oder sogar der Telegraf. Doch setzte sich das Fax, wie wir es kennen, erst seit den 1960er Jahren durch. Entscheidend für seinen Siegeszug in den Büros und zunehmend auch in Privathaushalten war eine internationale Standardisierung. So kann heute jedes Faxgerät mit jedem anderen kommunizieren, und es wurde möglich, ein internationales Netz von Faxgeräten zu schaffen.

Die Übertragungsgeschwindigkeit hängt vom Gerätetyp ab: Die meisten modernen Modelle übertragen wenigstens 9600 Bits (Informationseinheiten) pro Sekunde und können eine DIN A4-Seite in wenigen Sekunden senden.

Der Fotokopierer

Ⓐ In einem Schwarzweiß-Fotokopierer wird ein Dokument von einer Halogenlampe beleuchtet und von einem beweglichen Spiegel streifenweise abgetastet. Ein zweiter Spiegel lenkt das reflektierte Licht durch ein Linsensystem auf eine Drehtrommel, deren Oberfläche bei Lichteinwirkung stromleitend wird.

Ⓑ Vor dem Abtasten legt eine Elektrode (1) eine einheitliche negative Ladung (2) an die Trommeloberfläche. Dann wird das Bild projiziert. Leerstellen im Dokument reflektieren Licht, bedruckte Stellen kaum. Wo Licht einwirkt (3), fließt Ladung ab, so daß ein den schwarzen Stellen entsprechendes Muster entsteht.

Ⓒ Das latente Bild auf der Trommel besteht aus den Restflächen negativer Ladung.
Ⓓ Die Drehtrommel nimmt nun an den negativ geladenen Stellen den positiv geladenen Toner auf, in dem Kohle-Körnchen enthalten sind. Je geballter die elektrische Ladung, desto dunkler wird die Einfärbung.

Siehe auch: Farbdruck, S. 508/509 Internet, S. 520/521

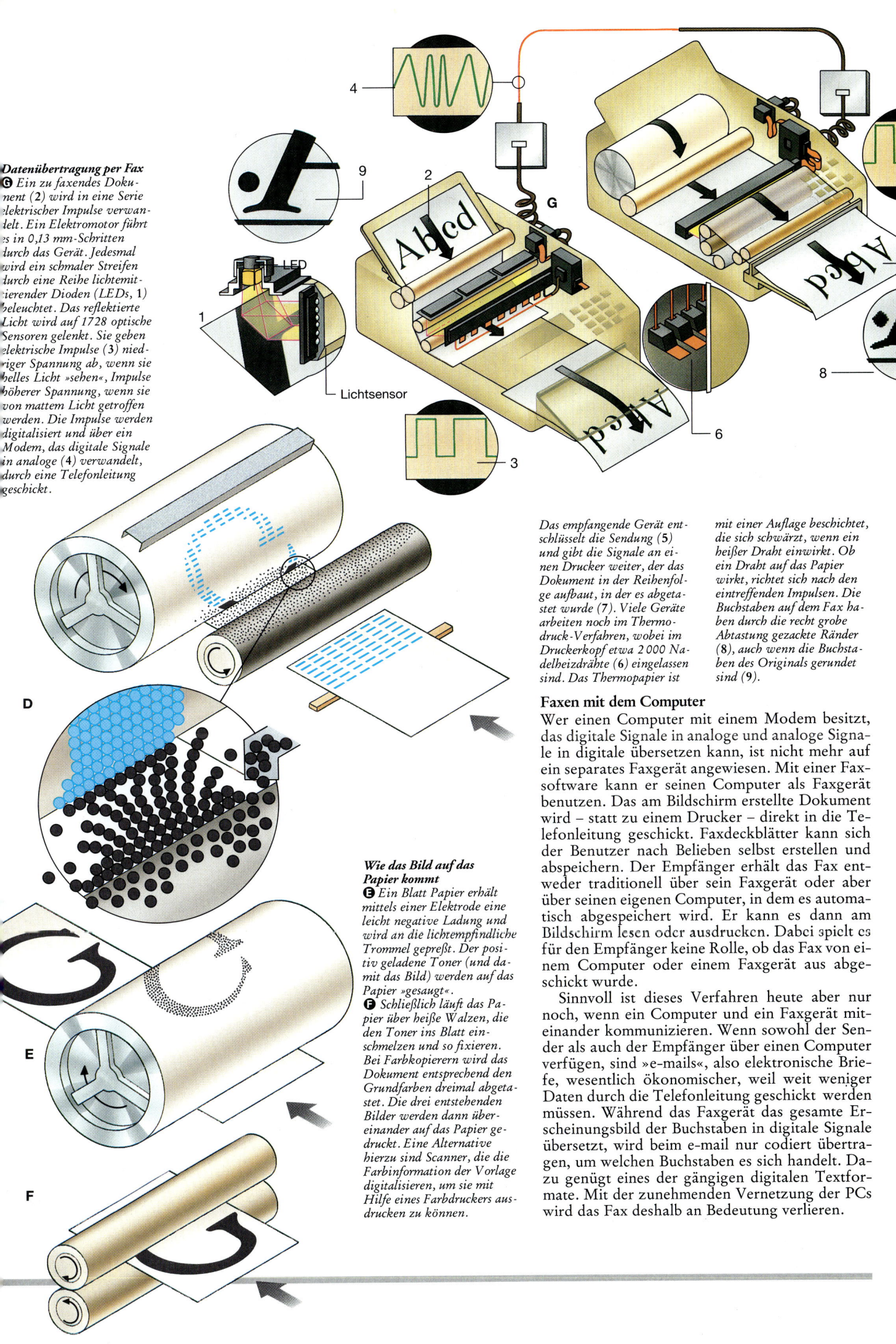

LED

Lichtsensor

Wie das Bild auf das Papier kommt
E Ein Blatt Papier erhält mittels einer Elektrode eine leicht negative Ladung und wird an die lichtempfindliche Trommel gepreßt. Der positiv geladene Toner (und damit das Bild) werden auf das Papier »gesaugt«.
F Schließlich läuft das Papier über heiße Walzen, die den Toner ins Blatt einschmelzen und so fixieren. Bei Farbkopierern wird das Dokument entsprechend den Grundfarben dreimal abgetastet. Die drei entstehenden Bilder werden dann übereinander auf das Papier gedruckt. Eine Alternative hierzu sind Scanner, die die Farbinformation der Vorlage digitalisieren, um sie mit Hilfe eines Farbdruckers ausdrucken zu können.

Das empfangende Gerät entschlüsselt die Sendung (5) und gibt die Signale an einen Drucker weiter, der das Dokument in der Reihenfolge aufbaut, in der es abgetastet wurde (7). Viele Geräte arbeiten noch im Thermodruck-Verfahren, wobei im Druckerkopf etwa 2 000 Nadelheizdrähte (6) eingelassen sind. Das Thermopapier ist mit einer Auflage beschichtet, die sich schwärzt, wenn ein heißer Draht einwirkt. Ob ein Draht auf das Papier wirkt, richtet sich nach den eintreffenden Impulsen. Die Buchstaben auf dem Fax haben durch die recht grobe Abtastung gezackte Ränder (8), auch wenn die Buchstaben des Originals gerundet sind (9).

Faxen mit dem Computer

Wer einen Computer mit einem Modem besitzt, das digitale Signale in analoge und analoge Signale in digitale übersetzen kann, ist nicht mehr auf ein separates Faxgerät angewiesen. Mit einer Faxsoftware kann er seinen Computer als Faxgerät benutzen. Das am Bildschirm erstellte Dokument wird – statt zu einem Drucker – direkt in die Telefonleitung geschickt. Faxdeckblätter kann sich der Benutzer nach Belieben selbst erstellen und abspeichern. Der Empfänger erhält das Fax entweder traditionell über sein Faxgerät oder aber über seinen eigenen Computer, in dem es automatisch abgespeichert wird. Er kann es dann am Bildschirm lesen oder ausdrucken. Dabei spielt es für den Empfänger keine Rolle, ob das Fax von einem Computer oder einem Faxgerät aus abgeschickt wurde.

Sinnvoll ist dieses Verfahren heute aber nur noch, wenn ein Computer und ein Faxgerät miteinander kommunizieren. Wenn sowohl der Sender als auch der Empfänger über einen Computer verfügen, sind »e-mails«, also elektronische Briefe, wesentlich ökonomischer, weil weit weniger Daten durch die Telefonleitung geschickt werden müssen. Während das Faxgerät das gesamte Erscheinungsbild der Buchstaben in digitale Signale übersetzt, wird beim e-mail nur codiert übertragen, um welchen Buchstaben es sich handelt. Dazu genügt eines der gängigen digitalen Textformate. Mit der zunehmenden Vernetzung der PCs wird das Fax deshalb an Bedeutung verlieren.

Vom Sand zum Chip

Die Produktion moderner Computerbausteine

Jedes Siliziumplättchen (»Chip«) ist das Endergebnis eines komplizierten und mit höchster Präzision durchgeführten Produktionsprozesses. Ausgehend vom gewöhnlichsten aller Rohstoffe – Sand – wird aus hochreinem Silizium ein meterlanger Einkristall produziert. Eine diamantbesetzte Säge schneidet diesen Kristall in ultradünne Platten (»Wafer«). Auf diese werden Hunderte einzelner Chips geätzt, die jeweils Millionen elektronischer Elemente enthalten. Zuletzt trennt man die fertiggestellten integrierten Schaltungen. Das Endprodukt sind Chips für Computer und andere technische Geräte – jeder kleiner als ein Fingernagel.

Ein moderner Mikroprozessor wie der Pentium-Chip besteht aus über drei Millionen verbundener Transistoren und zahlreichen anderen elektronischen Komponenten. Bereits in den nächsten Jahren werden Speicherchips mit bis zu 64 Megabyte Aufnahmekapazität in den Handel kommen. Die Elemente der leistungsstarken Winzlinge sind weniger als ein fünftausendstel Millimeter voneinander entfernt. Sie entstehen aus Lagen unterschiedlich dotierten Siliziums, isolierendem Quarzglas und metallischen Verbindungen.

Silizium für die Chipherstellung ist das Endprodukt eines langwierigen Reinigungsprozesses. Er beginnt mit Quarzglas, dem Hauptbestandteil von Sand, welches zusammen mit Kohlenstoff erhitzt wird, um 98 prozentiges Silizium zu gewinnen. Dieses ist jedoch immer noch zu unrein; durch verschiedene Verfahren wie die Auflösung in Schwefelsäure und anschließende Destillation sowie das Erhitzen in Wasserstoffatmosphäre werden fast alle Verunreinigungen entfernt. Das Durchlaufen eines Zonenreinigers ergibt ultrareines Silizium.

Dieses Silizium liegt jedoch in Form ungeordneter Einzelkristalle verschiedener Größe und Ausrichtung vor. Erst durch Techniken wie das Czchoralski-Kristallzieh-Verfahren wird aus dem Silizium ein meterlanger Einkristall erzeugt, dessen Atome perfekt ausgerichtet sind.

Arbeiten im Reinraum

Die Chipproduktion findet in Reinräumen statt, deren Luft in einem Würfel von 30 cm Kantenlänge weniger als 1000 Staubteilchen und keinerlei Feuchtigkeit enthält. Die Temperatur wird konstant auf 20 °C gehalten. Alle Personen müssen spezielle Anzüge, Handschuhe, Masken und Schuhe tragen. Ein Wassertröpfchen kann eine ganze Produktion unbrauchbar machen.

Die Siliziumstange wird zu einem exakten Zylinder geschliffen, den eine diamantbeschichtete Säge in Plättchen (Wafer) von bis zu 20 cm Durchmesser schneidet. Deren Oberfläche wird zu einer spiegelglatten Basis für das Aufbringen Hunderter identischer Chips poliert. Dotierungsstoffe geben dem Silizium die Eigenschaften, die notwendig sind, um Schaltungen aus ihm anzufertigen. Silizium leitet elektrischen Strom nur, wenn Spuren anderer Stoffe in ihm enthalten sind.

Die fertigen Siliziumchips werden in einem schützenden Plastikgehäuse verpackt und mit käferartigen Metallbeinchen durch feine Golddrähte verbunden. Man kann sie außer in Computer auch als Steuerungsinstrumente in unterschiedlichste Geräte einbauen.

Kristallwachstum
B *Chips werden auf Platten (»Wafern«) aufgebaut, die durch Zerschneiden eines fehlerfreien zylindrischen Kristall entstehen. Hochreines Silizium aus einem Zonenreiniger (7) wird gebrochen und in einem Tiegel geschmolzen (8). Der Tiegel dreht sich in einem mit Gas gefüllten Druckbehälter (9).*

Ein exakt ausgerichteter »Keim«-Kristall wird am Ende eines rotierenden Metallstabes in die Schmelze gesenkt (10) und die Temperatur der Schmelze so gesteuert, daß sich die Atome perfekt ausgerichtet abscheiden, während der Kristall aus dem Tiegel gezogen wird. Beim Erstarren formt sich ein 1 m langer Kristall (11).

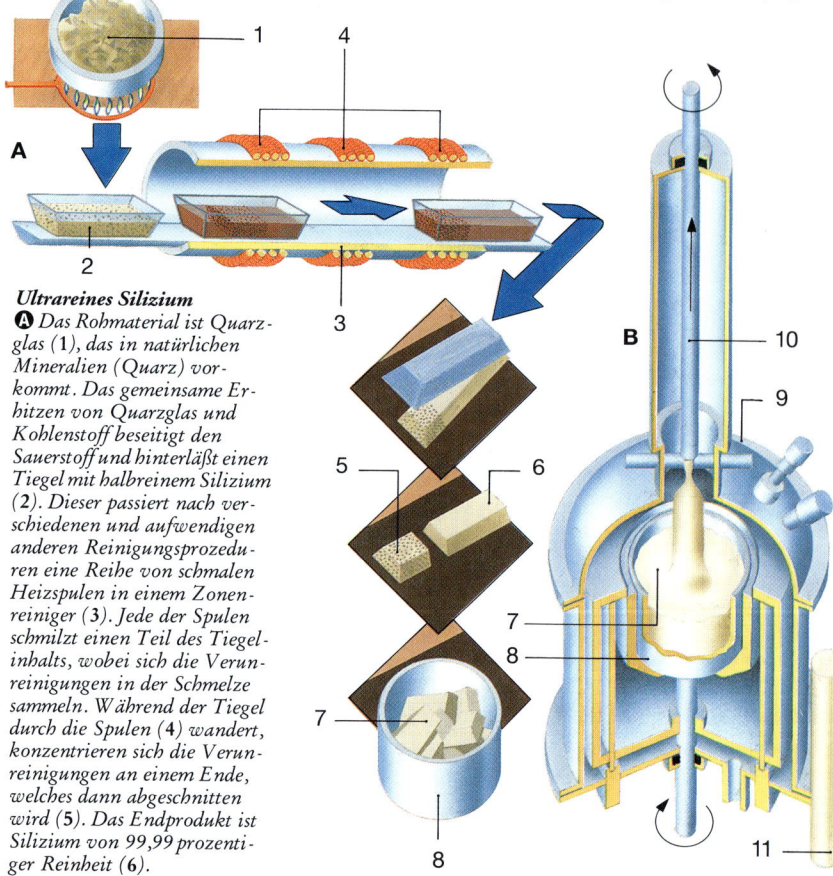

Ultrareines Silizium
A *Das Rohmaterial ist Quarzglas (1), das in natürlichen Mineralien (Quarz) vorkommt. Das gemeinsame Erhitzen von Quarzglas und Kohlenstoff beseitigt den Sauerstoff und hinterläßt einen Tiegel mit halbreinem Silizium (2). Dieser passiert nach verschiedenen und aufwendigen anderen Reinigungsprozeduren eine Reihe von schmalen Heizspulen in einem Zonenreiniger (3). Jede der Spulen schmilzt einen Teil des Tiegelinhalts, wobei sich die Verunreinigungen in der Schmelze sammeln. Während der Tiegel durch die Spulen (4) wandert, konzentrieren sich die Verunreinigungen an einem Ende, welches dann abgeschnitten wird (5). Das Endprodukt ist Silizium von 99,99 prozentiger Reinheit (6).*

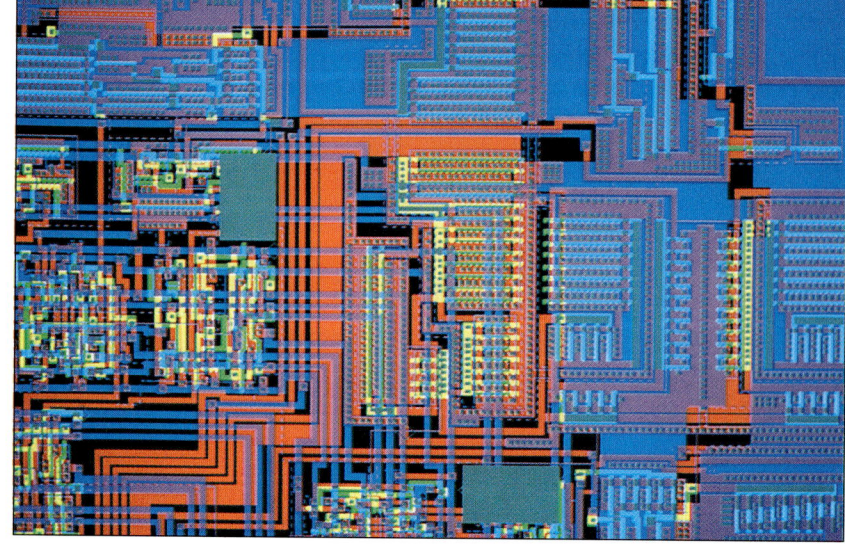

Siehe auch: **Halbleiter,** *S. 410/411* **Logische Schaltungen,** *S. 412/413* **Computer,** *S. 514/515*

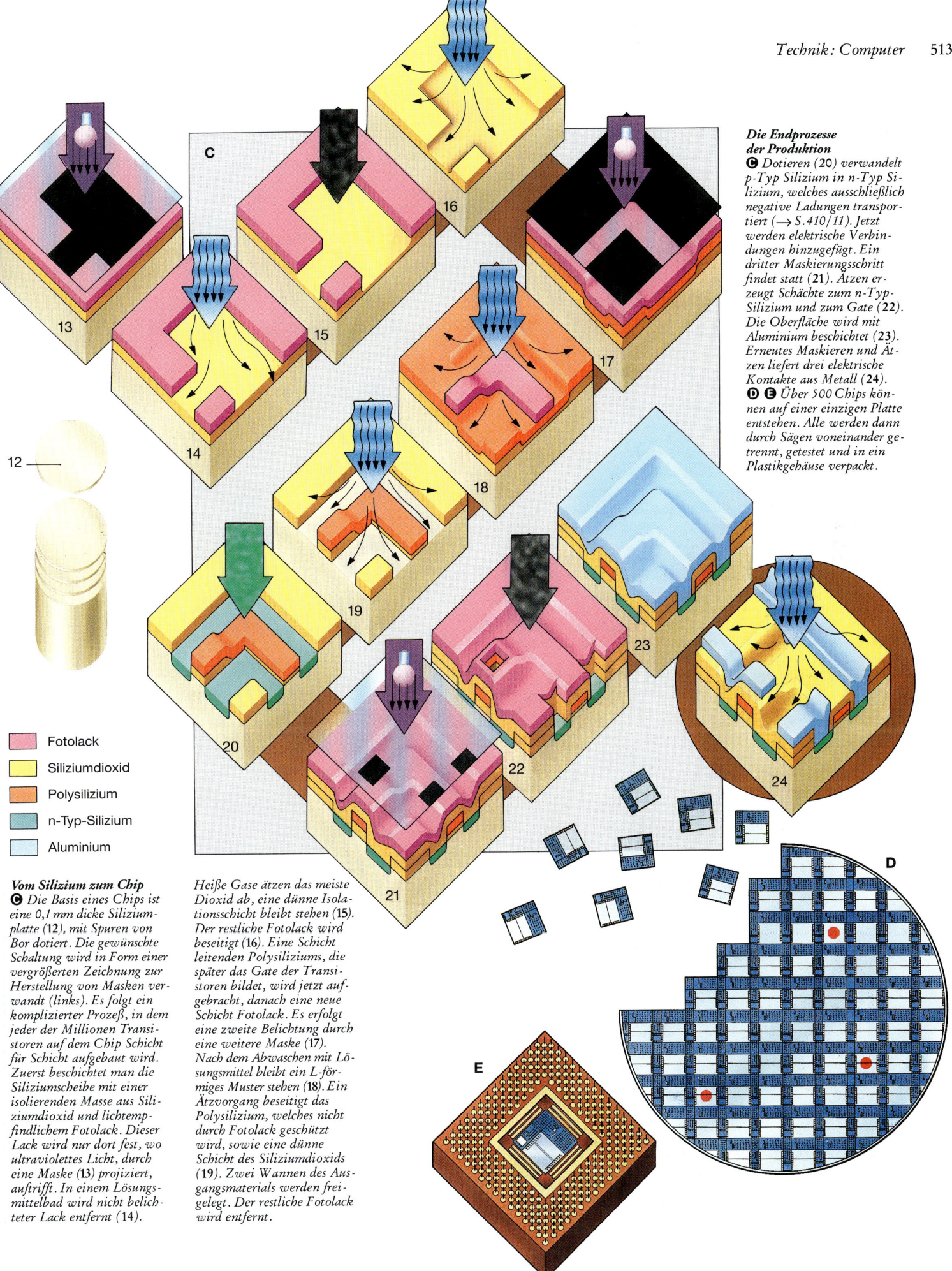

Die Endprozesse der Produktion

C *Dotieren (20) verwandelt p-Typ Silizium in n-Typ Silizium, welches ausschließlich negative Ladungen transportiert (→ S. 410/11). Jetzt werden elektrische Verbindungen hinzugefügt. Ein dritter Maskierungsschritt findet statt (21). Ätzen erzeugt Schächte zum n-Typ-Silizium und zum Gate (22). Die Oberfläche wird mit Aluminium beschichtet (23). Erneutes Maskieren und Ätzen liefert drei elektrische Kontakte aus Metall (24).*

D E *Über 500 Chips können auf einer einzigen Platte entstehen. Alle werden dann durch Sägen voneinander getrennt, getestet und in ein Plastikgehäuse verpackt.*

Legende:
- Fotolack
- Siliziumdioxid
- Polysilizium
- n-Typ-Silizium
- Aluminium

Vom Silizium zum Chip

C Die Basis eines Chips ist eine 0,1 mm dicke Siliziumplatte (12), mit Spuren von Bor dotiert. Die gewünschte Schaltung wird in Form einer vergrößerten Zeichnung zur Herstellung von Masken verwandt (links). Es folgt ein komplizierter Prozeß, in dem jeder der Millionen Transistoren auf dem Chip Schicht für Schicht aufgebaut wird. Zuerst beschichtet man die Siliziumscheibe mit einer isolierenden Masse aus Siliziumdioxid und lichtempfindlichem Fotolack. Dieser Lack wird nur dort fest, wo ultraviolettes Licht, durch eine Maske (13) projiziert, auftrifft. In einem Lösungsmittelbad wird nicht belichteter Lack entfernt (14).

Heiße Gase ätzen das meiste Dioxid ab, eine dünne Isolationsschicht bleibt stehen (15). Der restliche Fotolack wird beseitigt (16). Eine Schicht leitenden Polysiliziums, die später das Gate der Transistoren bildet, wird jetzt aufgebracht, danach eine neue Schicht Fotolack. Es erfolgt eine zweite Belichtung durch eine weitere Maske (17). Nach dem Abwaschen mit Lösungsmittel bleibt ein L-förmiges Muster stehen (18). Ein Ätzvorgang beseitigt das Polysilizium, welches nicht durch Fotolack geschützt wird, sowie eine dünne Schicht des Siliziumdioxids (19). Zwei Wannen des Ausgangsmaterials werden freigelegt. Der restliche Fotolack wird entfernt.

200 Millionen Rechenschritte pro Sekunde

Aufbau und Funktionsweise von Personalcomputern

Ein Blick ins Innere eines Personalcomputers (PC) gibt wenig Aufschluß über seine Funktionsweise. In Plastikbauteilen sind Mikroprozessoren und Speicherschaltkreise untergebracht – Chips aus Siliziumplättchen, die bis zu drei Millionen kleinste Transistoren umfassen können. Jeder Transistor funktioniert als elektronischer Schalter, der elektrische Impulse ein- und ausknipst. Diese Impulse stellen die digitalen Daten dar, die der Computer verarbeitet. Pro Sekunde laufen in modernen PC-Prozessoren bis zu 200 Millionen Rechenschritte ab, deren Ergebnisse als Texte oder Grafiken auf dem Monitor erscheinen und ausgedruckt werden können.

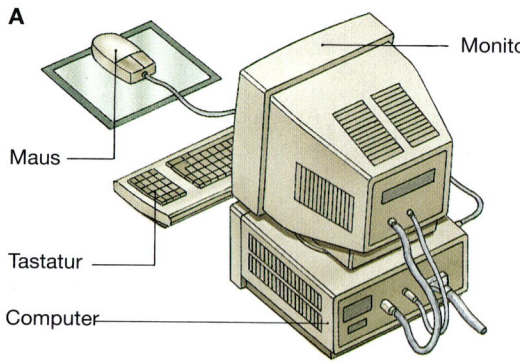

Ein Personalcomputer ist ein digitales Gerät: Er addiert Serien von Einsen und Nullen und nimmt logische Operationen an ihnen vor. Die Zahlen können vielerlei repräsentieren – z.B. Buchstaben, Adressen im Arbeitsspeicher des Computers oder Positionen auf dem Bildschirm. Ihre mathematische Verarbeitung findet in der »Zentraleinheit« (Central Processing Unit, CPU) statt, dem Nervenzentrum des Computers. Die CPU steckt auf der »Hauptplatine«, welche die eingebaute Elektronik des Computers – Speicherchips, logische Schaltkreise sowie Erweiterungssteckplätze – enthält. Die Erweiterungssteckplätze stehen für zusätzliche Karten oder Schaltungen zur Verfügung, die spezielle »Peripheriegeräte«, z.B. einen hochauflösenden Monitor, steuern. Der »Systembus« verbindet als Signalstraße die verschiedenen elektronischen Elemente auf der Hauptplatine. Der in neuen Personalcomputern eingesetzte PCI-Bus erreicht im Idealfall eine Datenübertragungsrate von 132 Megabyte pro Sekunde.

Einige Erweiterungskarten und Speicherelemente sind auf eine noch schnellere Datenzufuhr aus der CPU angewiesen. Der zusätzliche »Internbus« kann Daten noch fünfzigmal schneller befördern als der Systembus.

Das Gedächtnis des Computers

Zur Speicherung der Daten und Programme benötigt der Computer zwei Speicherarten: den Nur-Lese-Speicher (Read Only Memory, ROM) und den Direktzugriffs- oder Arbeitsspeicher (Random Access Memory, RAM). Grundlegende Dateneinheit ist das Byte – eine Sequenz von acht Einsen oder Nullen (oder acht »Bit«), die einer Zahl zwischen 0 und 255 entspricht. Die Speicherkapazität bemißt sich nach Kilobytes (eigentlich 1024 Bytes) oder Megabytes (1 048 576 Bytes). Im ROM sind die Programmroutinen gespeichert, die der Computer zum Starten und für das Funktionieren aller anderen Programme einschließlich des Betriebssystems braucht. Diese Programme selbst werden – wie die Daten, die der Benutzer eingibt – in den Arbeitsspeicher (RAM) geladen. 8 Megabyte RAM sind bei PCs heute Standard.

Eine dauerhaftere Form der Speicherung bieten Platten- und Diskettenlaufwerke. Das Festplattenlaufwerk kann Hunderte von Millionen Datenbytes auf seinen magnetischen Oberflächen speichern. Ein Diskettenlaufwerk erfaßt Dateien und Programme auf auswechselbaren Disketten. Eine CD-ROM ähnelt der Audio-Compact-Disc, ist aber in der Lage, beliebige digitalisierte Informationen aufzunehmen.

Computer-Anatomie

Ⓐ *An der Rückseite eines Computers verbinden Kabel das Hauptgerät mit den Peripherie-Elementen – Tastatur, Bildschirm, Drucker und Maus.*

Ⓑ *Die Maus läßt einen Cursor (Schreibmarke) über den Bildschirm gleiten. Bewegungen der Maus werden auf eine interne Gummikugel übertragen. Sie dreht ihrerseits mit Codierrädern verbundene Rollen, welche die Abläufe in elektrische Impulse übersetzen. Ein Chip in der Maus sammelt die Informationen und schickt sie an den Computer.*

Ⓒ *Im Rechner selbst findet sich ein Labyrinth von Chips und anderen Elementen, die alle an die Hauptplatine angeschlossen sind. Ein Netzteil verwandelt Strom aus der Leitung in die benötigte beständige Gleichspannung. Das Festplattenlaufwerk sitzt in einem luftdichten Gehäuse, um einen Zusammenbruch dieses Speichersystems durch herumfliegende Staubpartikel zu vermeiden. Das Diskettenlaufwerk des Computers dient zum Lesen und Beschreiben der auswechselbaren Magnet-Disketten. Beide Laufwerke sind mit dem Systembus verbunden, von dem Drähte zu den diversen Komponenten führen. In diesem Bus pulsieren die Signale mit einer von der Taktfrequenz des Computers bestimmten Geschwindigkeit, welche zusammen mit anderen Komponenten für die Schnelligkeit und damit die Leistungsfähigkeit des Computers entscheidend ist.*
Bei jedem Tastendruck wird der gesamte Funktionszusammenhang zwischen den verschiedenen Chips im Computer aktiviert. Die Taste selbst gleicht einem Schalter: Beim Niederdrücken schließen sich Kontakte, die einen Strom fließen lassen (1). Ein Niederleistungsprozessor in der Tastatur registriert diesen

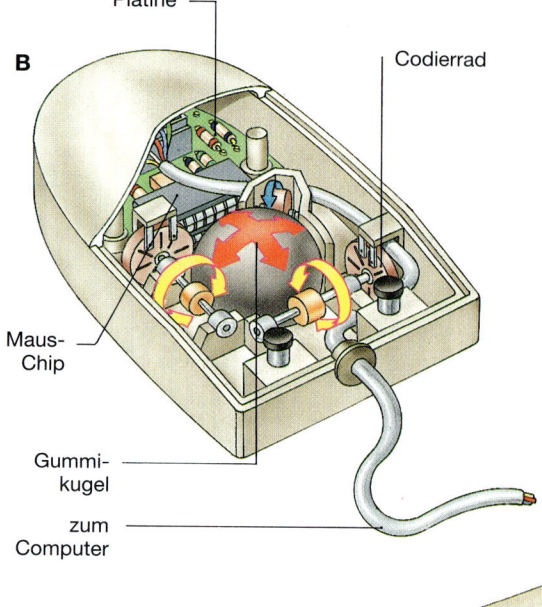

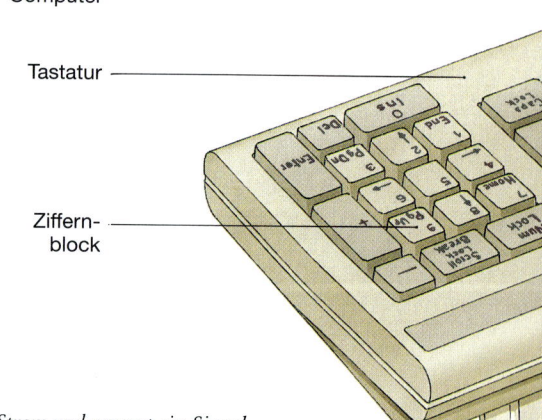

Strom und erzeugt ein Signal sowie bei Freigabe der Taste ein weiteres Signal. Die Informationen gelangen durch das Tastaturkabel an die BIOS- (Basic Input/Output Set) Chips (2), welche die Signale in ein ASCII-Signal (American Standard Code for Information Interchange) übersetzen – die Sprache, die den meisten Prozessen im Computer zugrundeliegt. Dieses Signal geht an die CPU (3), die die Daten verarbeitet und den Buchstaben am Bildschirm ausgibt. Programmroutinen im ROM-Speicher (4) weisen die CPU außerdem an, den Tastenanschlag im RAM (5), der aus einzelnen Speichermodulen (z.B. Single In-Line Memory Module, SIMM) besteht, festzuhalten.

Bildbeschriftungen:
- Monitor
- Maus
- Tastatur
- Computer
- Platine
- Codierrad
- Maus-Chip
- Gummikugel
- zum Computer
- Tastatur
- Ziffernblock

Siehe auch: **Halbleiter**, S. 410/411 **Logische Schaltungen**, S. 412/413 **Telefonnetz**, S. 486/487 **CD-Player**, S. 490/491

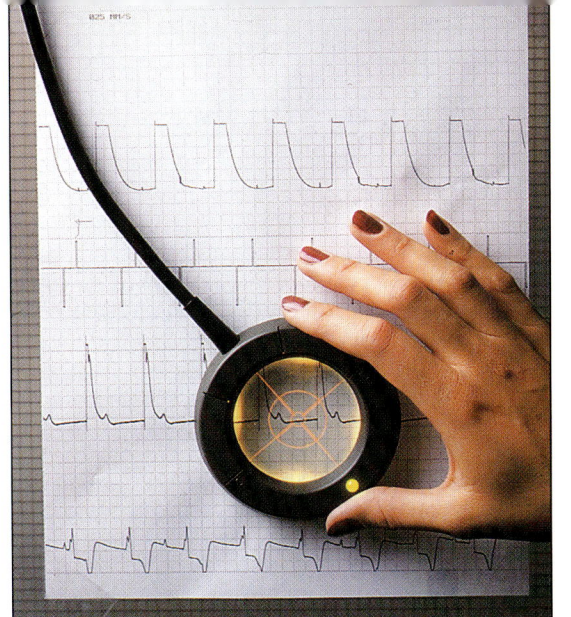

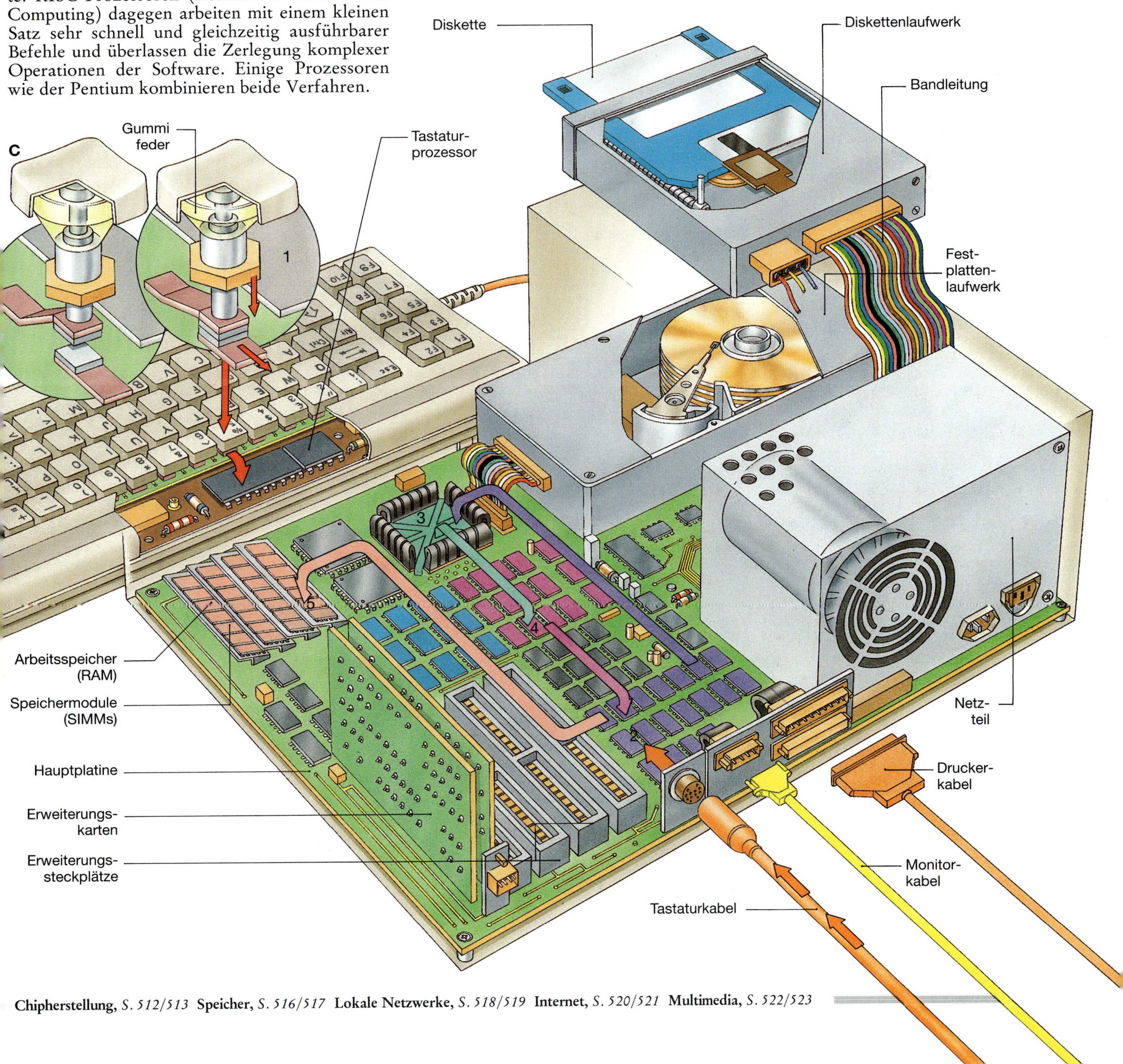

Neue Eingabegeräte
Tastatur, Maus und Monitor sind nicht die einzigen Medien, welche die Interaktion mit einem Computer ermöglichen. Dieser Zeichenpad erlaubt es, fortlaufende Linien, wie sie bei Karten und Diagrammen vorkommen, in digitale Signale zu übersetzen, mit denen ein Computer weitere Operationen vornehmen kann.

Die Leistungsfähigkeit moderner Prozessoren

Läuft ein Programm, bestimmt eine »Vorabrufeinheit« in der CPU, welche Codeteile benötigt werden, und weist die »Bus-Schnittstelleneinheit« an, diese aus dem RAM zu holen. Das Herz der CPU ist die arithmetisch-logische Einheit, die Berechnungen und Vergleiche zwischen binären Zahlen anstellt und die Ergebnisse an die Bus-Schnittstelleneinheit zurückmeldet, um sie im RAM speichern zu lassen. Die Rechengeschwindigkeit hängt von der Taktzahl des Prozessors ab. CISC-Prozessoren (Complex Instruction Set Computer) zerlegen die komplexen Anweisungen eines Programms selbst in einzelne Rechenschritte. RISC-Prozessoren (Reduced Instruction Set Computing) dagegen arbeiten mit einem kleinen Satz sehr schnell und gleichzeitig ausführbarer Befehle und überlassen die Zerlegung komplexer Operationen der Software. Einige Prozessoren wie der Pentium kombinieren beide Verfahren.

C
Gummi feder
Tastatur-prozessor
1
2
3
4
5
Diskette
Diskettenlaufwerk
Bandleitung
Fest-platten-laufwerk
Arbeitsspeicher (RAM)
Speichermodule (SIMMs)
Hauptplatine
Erweiterungs-karten
Erweiterungs-steckplätze
Netz-teil
Drucker-kabel
Monitor-kabel
Tastaturkabel

Chipherstellung, *S. 512/513* **Speicher,** *S. 516/517* **Lokale Netzwerke,** *S. 518/519* **Internet,** *S. 520/521* **Multimedia,** *S. 522/523*

Elektronische Archive

Wie Computer Daten speichern

Die magnetbeschichtete Oberfläche der Festplatte eines Personalcomputers vermag Milliarden von Zeichen zu speichern. Schreib-/Leseköpfe, elektromagnetische Abtastvorrichtungen, zeichnen die Daten auf. Diese Köpfe bestehen aus kleinen Elektromagneten, die sich zwei tausendstel Millimeter über der Plattenoberfläche befinden und sich in kaum 15 tausendstel Sekunden an jede beliebige Stelle bewegen können. Auch diese Zugriffszeit ist noch zu lang, um den Prozessor des Rechners zu füttern. Daher wird ein laufendes Programm von der Platte in schnelle Speicherchips kopiert, die eine weit raschere Ausführung der Befehle erlauben.

Die Leistung eines PCs wird häufig durch die Geschwindigkeit definiert, mit der seine Zentraleinheit (CPU) mathematische Operationen durchführt. Ebenso große Bedeutung kommt dem »Gedächtnis« des Rechners zu, in dem die CPU die Daten und Resultate ablegt, die sie für ihre Berechnungen benötigt. Darüber hinaus muß der Speicher das gerade aktive Programm enthalten – die Liste von Befehlen, die der CPU die Reihenfolge der durchzuführenden Schritte mitteilt.

Zwei Speicherhauptformen sind zu unterscheiden: Im ROM (Read Only Memory) ist Software gespeichert, die die Voraussetzung für das Funktionieren aller anderen Programme ist. Dazu gehören Routinen zur Ansteuerung der Tastatur und der Peripheriegeräte. Der immer neu ladbare Arbeitsspeicher (RAM, Random Access Memory) ist das Kurzzeitgedächtnis des PCs. Hier werden die gerade benutzten Programme geladen, und in ihm sind die aktuell bearbeiteten Dateien gespeichert.

Die Festplatte

A *Das Festplattenlaufwerk eines Computers funktioniert ähnlich wie ein analoger Plattenspieler. Statt einer einzelnen enthält es einen Stapel von Scheiben, der 100mal pro Sekunde rotiert. Ihre Oberflächen sind mit kleinsten Magnetpartikeln beschichtet. Schreib-/Leseköpfe – kleine, durch Positionierarme gesteuerte Elektromagneten – richten die Partikel in Mustern aus, die den Einsen und Nullen digi-taler Daten entsprechen. Der »Disk-Controller«, eine in einem Erweiterungssteckplatz des Rechners untergebrachte Elektronik, steuert die Arme, die Drehung der Platte und den Datenstrom zu den Köpfen.*

Um Daten auf die Festplatte zu schreiben, bewegt sich der Kopf zunächst zu einer Spur, d.h. zu einem bestimmten Bereich der Plattenoberfläche. Ein durch die Drahtspule am Schreib-/Lesekopf fließender Strom erzeugt ein Magnetfeld. Sobald die zunächst zufällig auf der Oberflächenschicht angeordneten Partikel (1) unter dem Kopf hindurchlaufen, richten sie sich nach dem Magnetfeld aus und erzeugen z.B. eine »1« (2). Hat sich die Platte ein winziges Stück weiterbewegt, kann ein Stromimpuls die Polarität des Feldes in entgegengesetzter Richtung ändern (3). Die Teilchen ordnen sich nun umgekehrt an und bilden eine »0«. Der nächste Impuls schreibt wiederum eine »0« (4).

Zum Lesen rückt der Kopf zur gewünschten Stelle (5). Die Magnetfelder in der darunterliegenden Schicht induzieren entsprechende Ströme im Lesekopf. Diese fließen zum Plattencontroller, der sie in digitale Daten zurückverwandelt.

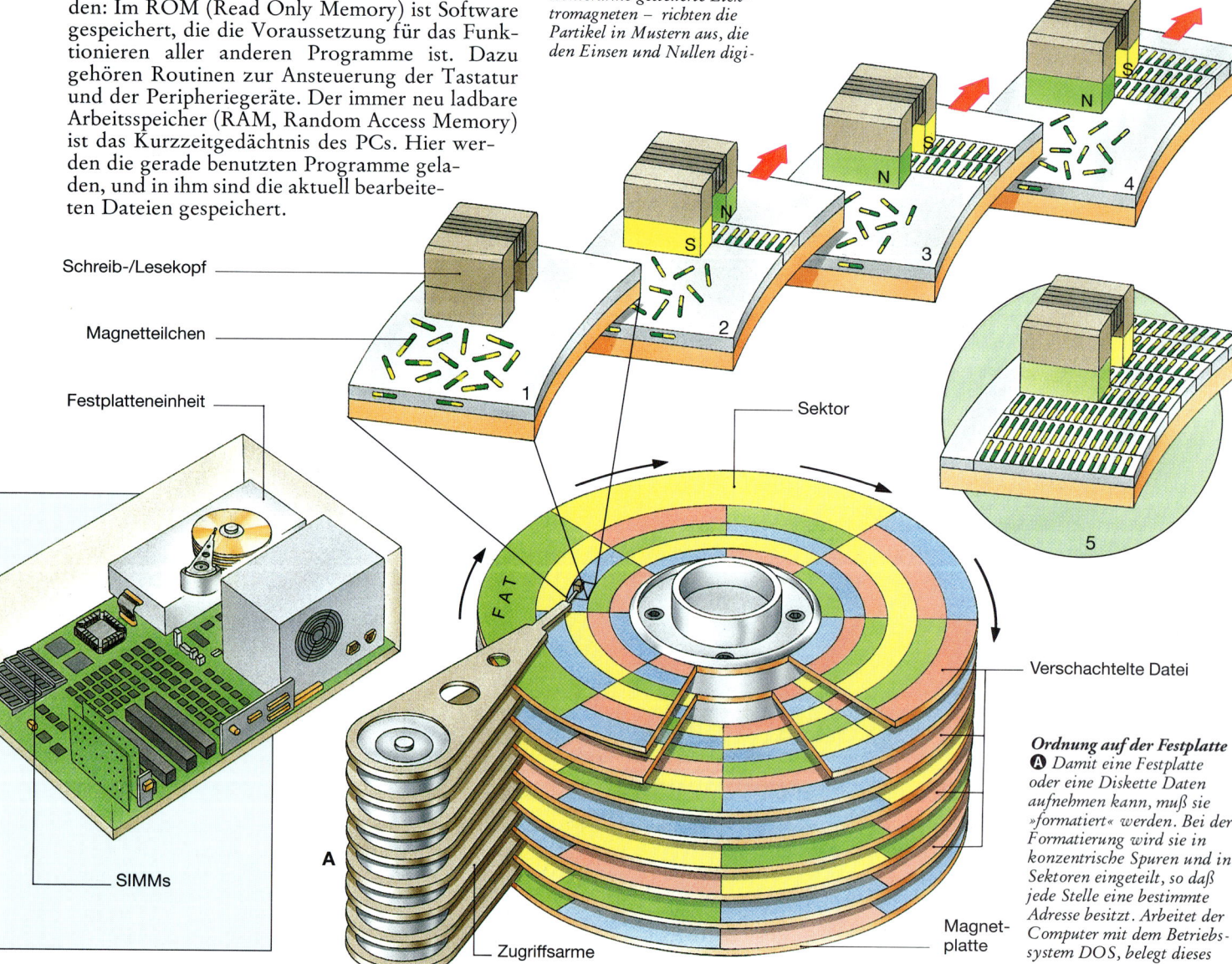

Schreib-/Lesekopf

Magnetteilchen

Festplatteneinheit

SIMMs

A

Zugriffsarme

Sektor

FAT

Verschachtelte Datei

Magnetplatte

1 2 3 4 5

Ordnung auf der Festplatte

A *Damit eine Festplatte oder eine Diskette Daten aufnehmen kann, muß sie »formatiert« werden. Bei der Formatierung wird sie in konzentrische Spuren und in Sektoren eingeteilt, so daß jede Stelle eine bestimmte Adresse besitzt. Arbeitet der Computer mit dem Betriebssystem DOS, belegt dieses*

Siehe auch: **Halbleiter,** *S. 410/411* **CDs,** *S. 490/491* **Computer,** *S. 514/515*

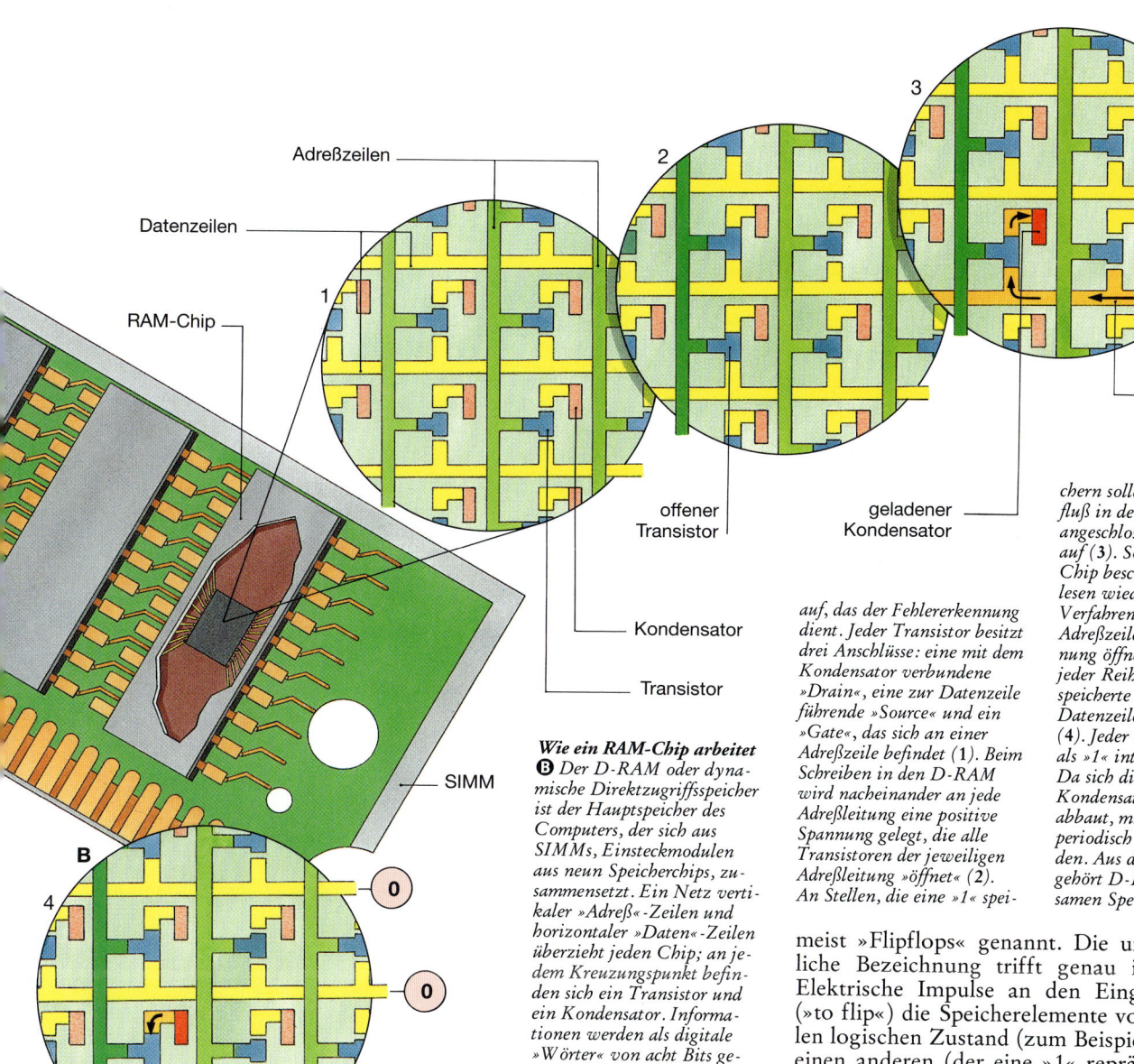

Adreßzeilen

Datenzeilen

RAM-Chip

SIMM

offener Transistor

Kondensator

Transistor

geladener Kondensator

Strom

B

Strom

Wie ein RAM-Chip arbeitet
Ⓑ *Der D-RAM oder dynamische Direktzugriffsspeicher ist der Hauptspeicher des Computers, der sich aus SIMMs, Einsteckmodulen aus neun Speicherchips, zusammensetzt. Ein Netz vertikaler »Adreß«-Zeilen und horizontaler »Daten«-Zeilen überzieht jeden Chip; an jedem Kreuzungspunkt befinden sich ein Transistor und ein Kondensator. Informationen werden als digitale »Wörter« von acht Bits gespeichert. Je ein Transistor an der gleichen Stelle auf jedem Chip speichert ein Bit eines Wortes; der neunte Chip nimmt ein Paritätsbit*

auf, das der Fehlererkennung dient. Jeder Transistor besitzt drei Anschlüsse: eine mit dem Kondensator verbundene »Drain«, eine zur Datenzeile führende »Source« und ein »Gate«, das sich an einer Adreßzeile befindet (1). Beim Schreiben in den D-RAM wird nacheinander an jede Adreßleitung eine positive Spannung gelegt, die alle Transistoren der jeweiligen Adreßleitung »öffnet« (2). An Stellen, die eine »1« spei-

*chern sollen, lädt ein Stromfluß in der Datenzeile den angeschlossenen Kondensator auf (3). So wird der gesamte Chip beschrieben. Beim Auslesen wiederholt sich das Verfahren: Eine an die Adreßzeile angelegte Spannung öffnet die Transistoren jeder Reihe, so daß die gespeicherte Ladung über die Datenzeilen abfließen kann (4). Jeder Stromimpuls wird als »1« interpretiert.
Da sich die Ladung in den Kondensatoren mit der Zeit abbaut, müssen die Daten periodisch reproduziert werden. Aus diesem Grund gehört D-RAM zu den langsamen Speichertypen.*

die ersten Sektoren der oberen Plattenscheibe mit der Dateizuordnungstabelle (File Allocation Table, FAT). Sie verzeichnet, welche Dateien welche Sektoren benutzen. Die Köpfe gleiten in so geringem Abstand über die Plattenoberflächen, daß ein Staubkorn schweren Schaden anrichten könnte. Daher sitzt die Platte in einem luftdichten Gehäuse. Weiteren Schutz bietet das »Interleaving« (Verweben oder Verschachteln der zu einer Datei gehörenden Daten). Längere Dateien nehmen mehr als einen Sektor ein. Statt sie nebeneinander auf dieselbe Spur zu schreiben, verteilt der Rechner sie auf die ganze Platte, so daß Fehler nicht die gesamte Datei zerstören.

Laden und Lesen des Arbeitsspeichers

Der RAM selbst hat zweierlei Gestalt. Der Arbeitsspeicher eines Personalcomputers besteht in der Hauptsache aus dynamischen Speichern (D-RAMs). Diese bewahren die Einsen und Nullen binärer Zahlen, also die gespeicherten Informationen, in winzigen Kondensatoren, die in spezielle Siliziumchips geätzt sind. Jeder Kondensator ist mit einem Transistor verbunden. Das ist ein elektronischer Schalter, der sich öffnet oder schließt, je nachdem, ob Ladung in die Kondensatoren hinein oder aus ihnen heraus gelangen soll. Beim Lesen von D-RAM fließen die Ladungen aus den Kondensatoren ab und treten als Ströme in Erscheinung. Zwangsläufig wird dabei der Speicher gelöscht, so daß die Daten jedesmal neu in die Schaltkreise geschrieben werden müssen.

Statischer RAM (S-RAM) stellt eine Alternative zu D-RAM dar. Statt Kondensatoren verwendet dieses System bistabile elektronische Schaltungen,

meist »Flipflops« genannt. Die umgangssprachliche Bezeichnung trifft genau ihre Funktion: Elektrische Impulse an den Eingängen kippen (»to flip«) die Speicherelemente von einem stabilen logischen Zustand (zum Beispiel einer »0«) in einen anderen (der eine »1« repräsentiert). Weil diese bistabilen Speicher ohne Kondensatoren auskommen, entfällt die Datenerneuerung. Dadurch ist S-RAM häufig schneller als D-RAM, jedoch größer und teurer in der Produktion. Er kommt deshalb vorzugsweise als Hintergrundspeicher (»Cache«) zur Anwendung. Der Cache bewahrt Daten und Programmteile, die die CPU voraussichtlich rasch abruft. Software überwacht den Datenfluß vom und zum Hauptspeicher und versucht vorauszusehen, welche Informationen der Computer als nächste benötigt. Diese werden in den S-RAM-Cache geladen und stehen sofort zur Verfügung, was zur Beschleunigung des gesamten Programms beiträgt.

Bei beiden RAM-Typen gehen die Daten verloren, wenn der Strom ausgeschaltet wird. Daher braucht der Rechner einen dauerhaften Speicher für Programme und Dateien: Das Festplattenlaufwerk besteht aus mehreren mit winzig kleinen Magnetpartikeln beschichteten Metallscheiben. Sie speichern Daten als Muster magnetischer Ausrichtung, ähnlich wie Musik auf dem Magnetband einer Tonkassette. Obwohl eine Festplatte nur einen kleinen Teil des Computervolumens beansprucht, liegt ihre Kapazität oft bei vielen Gigabytes (Milliarden achtstelliger Binärzahlen).

Arbeitsteilung zwischen Computern

Vernetzung macht Computer leistungsfähiger

Wenn sich ein Bankkunde am Geldautomaten bedient, nutzt er die Vorzüge eines Computernetzes. Leitungen verbinden den Geldautomaten – eigentlich einen kleinen Rechner, der Banknoten zählt – mit einem Zentralcomputer; dieser protokolliert alle Vorgänge und steht seinerseits in Kontakt mit Tausenden ähnlicher Apparate. Auch von anderen Staaten aus ist es möglich, Geld an Automaten vom eigenen Konto abzuheben, weil die Systeme grenzüberschreitend miteinander verbunden sind. Fast alle großen Firmen arbeiten heute mit eigenen Netzwerken. In sie können die Wohnungen von Mitarbeitern als Fernarbeitsplätze integriert werden.

Computer lassen sich zu lokalen Verbindungen (Local Area Networks, LANs) und zu Fernnetzen (Wide Area Networks, WANs) miteinander verknüpfen. Die Teilnehmer eines WAN sind räumlich so weit voneinander entfernt, daß sie zu ihrer Verbindung auf öffentliche Netze wie das Telefon- und ISDN-Netz zurückgreifen müssen. Das Spektrum lokaler Netze reicht von Benutzergruppen, die sich zum gemeinsamen Gebrauch eines Druckers zusammengeschlossen haben, bis hin zu umfangreichen Organisationen mit vielen hundert Geräten oder »Knoten«.

Ein LAN besteht in der Regel aus einem Zentralrechner, dem »Server«, und mehreren angeschlossenen Computern. Der Server besitzt meist eine große Festplatte und eine besonders schnelle Recheneinheit. Über den Server haben die Teilnehmer des Netzwerks gemeinsamen Zugang zu Peripheriegeräten und Kommunikationsmöglichkeiten nach außen. Die einzelnen Computer des Netzwerks können autark sein, also mit eigener Verwaltung und eigenen Programmen arbeiten, oder aber ihre Daten und Programme vom Server abrufen. In der Praxis kommen meist Mischformen vor. Die Art und Weise, in der die verschiedenen Teile eines Netzes miteinander verbunden sind, wird als Netzarchitektur oder Netztopologie bezeichnet. Grundformen sind Ring-, Stern-, Bus, Baum- und Maschentopologie. Physikalisch sind die Computer eines Netzwerks in der Regel durch Kupferkabel, gelegentlich auch durch optische Breitbandkabel miteinander verbunden.

Datenaustausch via Bus

Ⓐ *Die meisten lokalen Netze sind, wie das hier abgebildete in den Geschäftsräumen einer Bank (unten links), durch einen »Ethernet-Bus« verknüpft. Dieses Kabel verbindet Karten, die zur Grundausstattung jedes Knotens, ob Computer, Drucker oder Server, gehören. Die Zentraleinheit (CPU) eines Rechners sendet die zu übertragenden Daten an die Karte; diese fügt Kennungen hinzu, die das Ziel und den Absender codieren (1). Die Botschaft läuft in beiden Richtungen durch das Kabel und wird von jedem Knoten, den sie passiert, geprüft. Stimmt die Adresse, entnimmt der Knoten die Daten und läßt dem Absender eine Bestätigung zukommen (2), andernfalls ignoriert er die Botschaft. Schicken zwei Knoten zur gleichen Zeit Informationen aus, kommt es zu einer Kollision (3). Ein nahegelegener Knoten erkennt die Gefahr und fordert alle Zweigstellen auf, das Senden zu beenden (4). Nach einer angemessenen Pause können die Anwender einen weiteren Versuch unternehmen.*

Telefonleitungen übertragen Computerdaten

Ⓑ *Telefonleitungen übertragen menschliche Stimmen mit Hilfe von elektrischen Wellen. Um Computerdaten zu senden, muß ein »Modem« die Informationen zunächst in ähnliche elektrische Wellen umwandeln (modulieren). Es zerlegt die aus Einsen und Nullen bestehenden digitalen »Wörter« in zweistellige Blöcke und transformiert jeden Block in eine elektrische Wellenfrequenz. Dabei sind vier Umsetzungen möglich. Diese gelangen über das Telefonkabel an die jeweilige Zieladresse. Bei ihrem Eintreffen verwandelt ein zweites Gerät die Wellen in digitale Daten zurück (Demodulation).*

elektrische Welle

Ethernet-Karte

Zentra einhe

digita Dater

Ethernet-Bus

A

1

2

3

4

Siehe auch: **Telefonnetz,** *S. 486/487* **Computer,** *S. 514/515* **Speicher,** *S. 516/517* **Internet,** *S. 520/521*

Protokolle sichern den Datenaustausch

C *Auch wenn es viele verschiedene Möglichkeiten gibt, um Computer physikalisch miteinander zu verbinden, unterscheiden sich die Methoden oder Protokolle, nach denen Daten zwischen den Knoten ausgetauscht werden, gewöhnlich kaum voneinander.*

Ziel ist es, durch Verwendung von Korrekturcodes Fehler bei der Übertragung von Daten zu vermeiden. Die einfachste Methode besteht darin, daß der sendende Computer (1) eine lange Datei in Abschnitte, sogenannte »Pakete« zerlegt, die jeweils aus einigen Bytes bestehen. Auf jedes Paket folgt als Prüfzeichen ein »Paritätsbit«

(2); eine »1«, wenn die Summe der Bits des Pakets ungerade ist, und eine »0«, wenn sie gerade ist. Der empfangende Computer (4) vergleicht diese Information mit den Daten des Datenpakets. Stimmen beide überein, sendet er das Signal »Übertragung gelungen« (3) zurück. Andernfalls fordert er die Daten erneut an.

Netzwerke brauchen spezielle Software

Um miteinander zu kommunizieren, benötigen die Computer eines Netzwerks eine entsprechende Software. In die gängigen Betriebssysteme sind heute bereits Netzwerkfunktionen integriert. Sie erlauben es, mehrere Arbeitsplätze miteinander zu verbinden und individuell festzulegen, welche Dateien und Programme jeder einzelne Benutzer verwenden und ändern kann. Damit ein Netzwerk schnell funktioniert, ist es erforderlich, daß die Computer unterschiedliche Aufgaben gleichzeitig erledigen können (»Multitasking«), so daß z.B. von einem Rechner Informationen abgerufen werden können, während sein Benutzer an einer anderen Aufgabe arbeitet. Häufig werden für die Steuerung eines LAN besondere Organisations- und Steuerprogramme eingesetzt. Sie verhindern Überlastungen und stellen sicher, daß in größeren Netzwerken Computer mit unterschiedlichen Betriebssystemen problemlos Daten untereinander austauschen können.

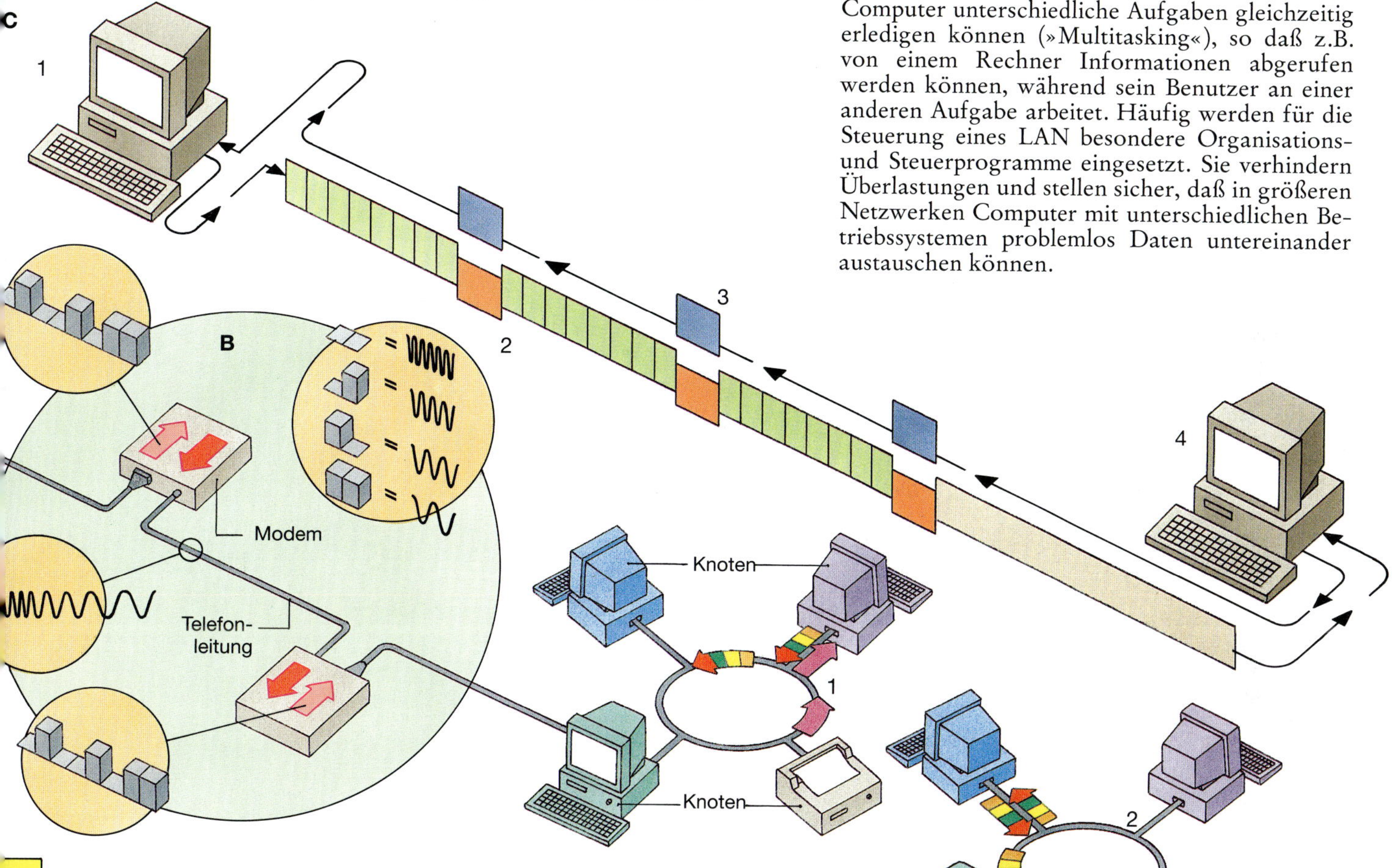

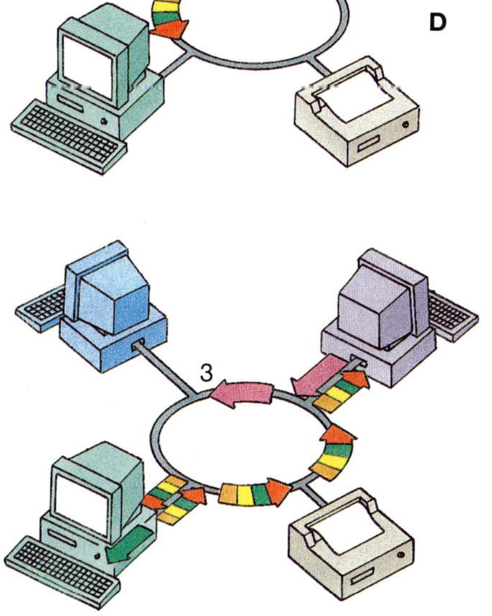

Modem

Telefonleitung

Knoten

Knoten

- Daten
- Empfängeradresse
- Absenderadresse
- empfangene Nachricht
- zweiter Absender
- Freigabesignal
- Token
- besetzt
- Fehlerprüfcode
- digitale Daten
- Hörfrequenzsignal

Informationsringe

D *Das »Token-Ring-Netz« verhindert, daß Nachrichten im Netz miteinander kollidieren. Zu jedem Knoten des Token-Ring-Netzes gehört eine Netzkarte, die nur in eine Richtung Daten senden und nur aus der anderen Richtung Daten empfangen kann. Das Token selbst ist ein »Nicht-belegt«-Signal, das im Netz kreist, wenn dieses nicht benutzt wird. Will ein Knoten eine Nachricht senden, dann greift er auf das Token zu (1) und ersetzt es durch eine vierteilige Kette: ein »Besetzt«-Zeichen, die Zieladresse, die Daten selbst sowie einen Code, der zur Überprüfung von Übertragungsfehlern dient. Diese Kette durchläuft das Netz-*

werk von einem Knoten zum anderen. Jede Karte liest die Nachricht und vergleicht die angegebene Adresse mit der eigenen (2). Stimmen die Adressen nicht überein, wirkt die Karte als Verstärker und schreibt die ganze Nachricht neu, um die Übertragungsqualität im Netz zu sichern. Hat die Botschaft ihr Ziel erreicht, entnimmt der Knoten die Daten. Er leitet diese an seine CPU weiter und speist die Nachricht wieder in den Ring ein (3). Nachdem sie den ganzen Ring durchlaufen hat, kehrt sie zu ihrem Ursprungsknoten zurück, der sie erkennt, aus dem Ring entfernt und an ihrer Stelle das »Nicht-belegt«-Token sendet. Das Netz steht nun wieder zur freien Verfügung.

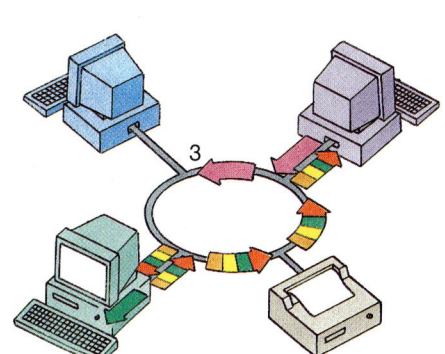

Ein Netz aus 40 Millionen Computern

Der Datenaustausch im Internet

Das Internet revolutioniert die globale Kommunikation. Etwa 40 Millionen Computerbenutzer tauschen im Netz elektronische Post aus, nehmen an Diskussionsforen teil oder erhalten Informationen aus Datenbanken. Ihre Zahl wird sich in den nächsten Jahren vervielfachen. Das Internet ist kein eigenes Netzwerk, sondern eine weltweite Kombination vieler nationaler und internationaler Netze. In den ersten Jahren des Internets konnten seine Benutzer sich nur einfache Buchstaben und Zahlen zuschicken. Heute ist es möglich, multimediale Dokumente zu betrachten, zu bearbeiten und sie auf die Festplatte des eigenen Computers herunterzuladen.

Das Internet entstand in den 70er Jahren durch ein Forschungsprojekt der US-amerikanischen Armee. Die Militärs suchten nach einem Kommunikationsnetzwerk, in dem sich auch dann noch Daten austauschen lassen, wenn ein Angriff es zu großen Teilen zerstört hat. Die Lösung heißt »packet switching« – die Botschaften werden in eine Folge kurzer Abschnitte zerlegt, die mit einer Angabe des Adressaten und der jeweiligen Position des Abschnitts in der Gesamtbotschaft versehen sind. Die Abschnitte können, jeweils für sich, über unterschiedliche Routen innerhalb des Netzwerks versandt werden. Dabei nimmt jeder Abschnitt den zum Absende-Zeitpunkt günstigsten Weg, so daß der Datenaustausch auch bei Ausfall oder Zerstörung eines Teils des Netzes weiter funktioniert. Am Zielort werden alle Teile der Botschaft wieder miteinander verbunden; Datenpakete, die das Ziel nicht erreicht haben, werden beim Absender erneut abgefragt.

Das Internet ist nichts anderes als eine Zusammenschaltung verschiedener Netzwerke, die packet-switching nach denselben Regeln (einem sogenannten »Protokoll«) zum Datenaustausch benutzen. Das Internet ist ein offenes Netzwerk: Wer die allen gemeinsame Computer-Sprache benutzt, kann sich in das Netz einklinken. Es gibt keine Kontrollinstanz, die das ganze System steuert oder überwacht. Im Internet bewegen sich Informationen der unterschiedlichsten Formen - von einfachen e-mails, die fast in Echtzeit von jedem Punkt der Welt aus jeden beliebigen anderen erreichen, bis zu komplexen, multimedialen Dokumenten, die Wörter, Bilder und Töne enthalten.

Server lassen Computer kommunizieren

Das »Client-Server«-Prinzip erlaubt es, unterschiedlichste Dienste im Netz anzubieten. Der Client ist das Endgerät zuhause oder im Büro. Er benutzt eine Software, die dazu in der Lage ist, über die Telefonleitung einen großen Computer – den Server – zu erreichen, der mit dem Internet verbunden ist. Dieser speichert z.B. die eingehenden e-mails in einer »Mailbox«– einem für einen Benutzer reservierten Bezirk in seinem Speicher. Auf Servern lagern auch umfangreiche Informationsangebote, die der Endbenutzer abrufen kann.

Mit neuen Programmiersprachen wie »Java« ist es möglich, Programme aus dem Netzwerk abzurufen oder im Netzwerk arbeiten zu lassen. So können die Kapazitäten vieler Rechner zugleich genutzt werden. Die vernetzten Computer wachsen dabei weltweit zu einer riesigen virtuellen Datenbank zusammen.

einem Computer zu einem anderen irgendwo auf der Welt nehmen kann. Dabei wächst die Bedeutung von Satelliten für die weltweite Kommunikation. Voraussichtlich wird man schon bald von jedem Platz der Erde aus über Satellit jeden anderen vernetzten Computer erreichen können.

Globale Vernetzung
Ⓐ *Das Internet ist eher ein Konzept als etwas physisch Vorhandenes. Es läßt sich daher nur als schematische Darstellung der verschiedenen unterschiedlichen Wege veranschaulichen, die eine elektronische Botschaft von*

A

Knoten

Datenpakete werden getrennt versandt
Ⓐ *Die Methode des packet-switching, nach der Daten im Internet ausgetauscht werden, veranschaulicht der Weg eines e-mails zwischen zwei Computern in verschiedenen Ländern. Der Sender tippt die Botschaft in seinen Computer (1) und benutzt ein Programm, um sie zum*

Empfänger zu schicken. Die Internet-Software zerlegt die Botschaft in Serien von Datenpaketen, die hier durch verschiedene Farben dargestellt werden. Zuerst bewegen sie sich durch das örtliche Telefonnetz zu einem »Einwählknoten« – dem Computer eines Internet-Anbieters (»service provider«, 2). Hier werden die verschiedenen

Pakete getrennt und in das Netz geschickt, in dem sie sich nun von Knoten zu Knoten bewegen. Jeder Knoten überprüft die Adressierung der Pakete und sendet sie über die beste gerade verfügbare Route weiter. Da die zahlreichen Netzwerke, die das Internet ausmachen, nicht immer gleich stark benutzt werden, können die

Siehe auch: **Computer,** *S.514/515* **Lokale Netzwerke,** *S. 518/519* **Multimedia,** *S. 522/523*

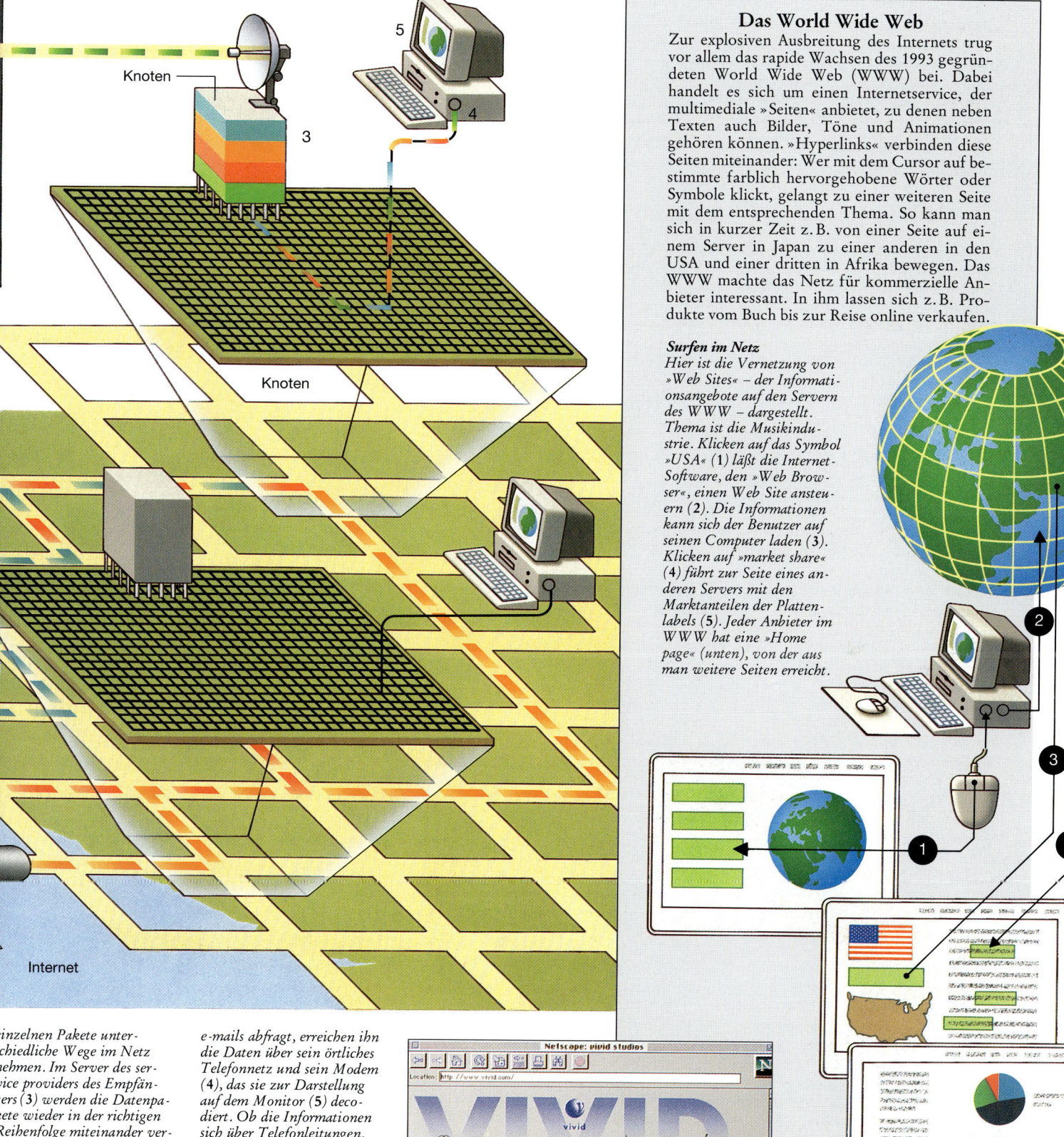

Knoten

Knoten

Internet

Das World Wide Web

Zur explosiven Ausbreitung des Internets trug vor allem das rapide Wachsen des 1993 gegründeten World Wide Web (WWW) bei. Dabei handelt es sich um einen Internetservice, der multimediale »Seiten« anbietet, zu denen neben Texten auch Bilder, Töne und Animationen gehören können. »Hyperlinks« verbinden diese Seiten miteinander: Wer mit dem Cursor auf bestimmte farblich hervorgehobene Wörter oder Symbole klickt, gelangt zu einer weiteren Seite mit dem entsprechenden Thema. So kann man sich in kurzer Zeit z.B. von einer Seite auf einem Server in Japan zu einer anderen in den USA und einer dritten in Afrika bewegen. Das WWW machte das Netz für kommerzielle Anbieter interessant. In ihm lassen sich z.B. Produkte vom Buch bis zur Reise online verkaufen.

Surfen im Netz

Hier ist die Vernetzung von »Web Sites« – der Informationsangebote auf den Servern des WWW – dargestellt. Thema ist die Musikindustrie. Klicken auf das Symbol »USA« (1) läßt die Internet-Software, den »Web Browser«, einen Web Site ansteuern (2). Die Informationen kann sich der Benutzer auf seinen Computer laden (3). Klicken auf »market share« (4) führt zur Seite eines anderen Servers mit den Marktanteilen der Plattenlabels (5). Jeder Anbieter im WWW hat eine »Home page« (unten), von der aus man weitere Seiten erreicht.

einzelnen Pakete unterschiedliche Wege im Netz nehmen. Im Server des service providers des Empfängers (3) werden die Datenpakete wieder in der richtigen Reihenfolge miteinander verbunden und in der für den Empfänger reservierten Mailbox gespeichert. Wenn sich der Empfänger in das Netz »einloggt« und seine

e-mails abfragt, erreichen ihn die Daten über sein örtliches Telefonnetz und sein Modem (4), das sie zur Darstellung auf dem Monitor (5) decodiert. Ob die Informationen sich über Telefonleitungen, ISDN-Verbindungen, Untersee-Kabel oder Satelliten bewegen, ist für die Struktur des weltweiten Netzes ohne Bedeutung.

Welten aus Bits

Multimedia und virtuelle Realität

Es gibt viele verschiedene Möglichkeiten, Informationen zu übermitteln – z. B. durch gedruckte Wörter und Bilder in einem Buch oder durch bewegte Bilder und Ton im Fernsehen. »Multimedia« bedeutet, alle diese Möglichkeiten mit einem Computer zu kombinieren. Multimedia-Anwendungen enthalten Informationen als Text, Illustration, Animation, Ton und Video. Zwischen ihnen läßt sich eine große Zahl verschiedener Verbindungen herstellen. Alle diese Informationen sind digital gespeichert – heute in der Regel auf einer CD-ROM – und lassen sich durch Satelliten, Funk- und Kabelnetze an jeden Punkt der Erde übertragen.

In den ersten 30 Jahren seiner Existenz wurde der Computer als Arbeitspferd betrachtet – als eine Maschine, die den Menschen von mechanischer Rechentätigkeit entlastet. Inzwischen sind die Prozessoren und Speicher jedoch so leistungsfähig, daß Computer Bilder, Töne und Filme verarbeiten und abspielen können. Die Öffentlichkeit lernte die neuen Fähigkeiten der Rechner zuerst durch Videospiele kennen. Von simplen Filmchen mit quäkender Tonuntermalung entwickelten sie sich rasch zu komplexen animierten Geschichten, die ein realistischer Stereosound begleitet. Gleichzeitig veränderten sich die Betriebssysteme und Benutzeroberflächen der Personalcomputer. Der Benutzer bewegt Symbole auf einer ansprechend gestalteten Bildschirmoberfläche, statt abstrakte Befehle über die Tastatur einzutippen. Durch Multimedialität und Interaktivität tritt der Computer in Konkurrenz zu den traditionellen Medien wie dem Buch und dem Fernsehen.

Die CD-ROM, der wichtigste Datenträger für Multimediaprodukte, ähnelt der Audio-CD, nimmt jedoch Daten unterschiedlicher digitaler »Formate« auf und läßt sich mit mehreren Leseköpfen schnell auf bestimmte Informationen absuchen. Multimedia-Anwendungen sind Programme, in denen Texte, Bilder, Töne und Filmclips miteinander zu einem interaktiven Ganzen kombiniert werden. An die Stelle der Seite des gedruckten Buchs tritt die Bildschirmoberfläche (»Screen«). Sie enthält Text und grafische Elemente, zu denen fast immer Tasten oder »Buttons« gehören – interaktive Zonen, die andere Screens, Videoclips oder Tonbeispiele öffnen, wenn man mit der Maus auf sie klickt.

Jede CD-ROM enthält ein Programm, das die Text-, Ton- und Videobestandteile über eine Datenbank mit verschiedenen Komponenten benutzt. Es bestimmt, in welcher Ordnung sie abgespielt werden können, und über welche Verbindungen der Benutzer von einem Teil der CD-ROM zu einem anderen gelangen kann. Bei vielen CD-ROMs erlaubt es eine »Retrieval-Software«, alle Texte in Sekundenbruchteilen nach einzelnen Wörtern oder Begriffen abzusuchen. Bei der Gestaltung der Benutzeroberfläche sind Einfachheit und Übersichtlichkeit geboten. Der Benutzer muß in der fast unübersehbaren Fülle von Informationen navigieren können. Dazu ist nicht nur eine ansprechende grafische Gestaltung notwendig, sondern ein »Informationsdesign«, das alle auf einer Disc enthaltenen Medien umfaßt und die Gliederung der CD-ROM auf Übersichts- oder Navigations-Screens abbildet.

Virtuelle Realität
Zu einer Virtual-Reality Ausrüstung gehören in der Regel Datenhelm und -handschuh.

Sensoren
Kopfhörer
Monitor
zum Computer

B
Glasfaserkabel

1
2
zum Computer

Ⓐ *Der Helm beherbergt zwei kleine Monitore und Kopfhörer, mit deren Hilfe der Benutzer in eine dreidimensionale simulierte Umwelt eintaucht. Ein Sensor an der Spitze überwacht alle Kopfbewegungen. Er reagiert auf die wechselnden Ströme, die in Spulen induziert werden, wenn sich der Träger bewegt. Den Kopfbewegungen entsprechend, verändern sich die Darstellungen in den Monitoren und der Ton aus den Kopfhörern in Echtzeit.*
Ⓑ *Den Datenhandschuh durchziehen Glasfaserkabel, die jeweils die Position eines Gelenks der Hand überwachen. Photodioden schicken Lichtsignale durch die Kabel. Ist das Glasfaserkabel gerade (1), wird alles Licht zurückreflektiert. Wird das Kabel jedoch gebogen, tritt etwas Licht aus (2). Durch die Messung der Intensität des reflektierten Lichts errechnet der Computer die Position der Hand in der simulierten Wirklichkeit und stellt sie dort dar.*

Siehe auch: CDs, S. 490/491 Computer, S. 514/515 Internet, S. 520/521

Neue Welten im Computer

CD-ROMs sind nur an einem zweidimensionalen Bildschirm zu benutzen. Der Ausdruck »Virtual Reality« (VR) bezeichnet Computer-Hard- und Software, die dem Benutzer eine animierte dreidimensionale Realität präsentiert, in der er sich in Echtzeit bewegen und dabei Gegenstände manipulieren kann. Extrem schnelle Rechner ermöglichen es bereits heute, sich innerhalb einer vom Computer errechneten realistischen Umgebung frei zu bewegen. In einem Datenhelm werden beiden Augen leicht abweichende Ansichten derselben Szenerie präsentiert, die das Gehirn als dreidimensionalen Raum interpretiert. Durch verschiedene Werkzeuge – vom Joystick bis zum Datenhandschuh – kann der Benutzer in diese Szenerie eingreifen.

Virtual Reality und die mit ihr verwandten dreidimensionalen Simulationstechniken sind bereits heute mehr als bloße High-Tech-Spielzeuge. Sie werden in der zivilen Technik und beim Militär benutzt, um das richtige Verhalten in komplexen und gefährlichen Situationen zu trainieren oder Prototypen zu erstellen.

Texte, Bilder und Töne auf der CD-ROM

Zu einem Multimedia-Computer gehören ein CD-ROM-Laufwerk sowie Sound- und Videokarten, die die Töne und Bilder auf der CD für die Wiedergabe durch Monitor und Bildschirm decodieren. Obwohl es Multimedia-Titel der unterschiedlichsten Formen gibt, ist die Art und Weise, in der der Benutzer die Programme und Informationen nutzen kann, meist sehr ähnlich. Ein Drehbuch legt fest, welche Wege die verschiedenen Bildschirme und Informationen miteinander verbinden. Bei einem elektronischen Lexikon kann der Benutzer die Maus (1) verwenden, um von einem Screen zum nächsten zu kommen. Wenn er auf die amerikanische Flagge (2) klickt, sucht das Programm nach dem Eröffnungsscreen zu den USA, auf den eine Serie von Bildschirmen zu diesem Thema folgt. Zwischen ihnen wählt der Benutzer durch Buttons (3, 4). Dabei kann er auch zu Bildschirmen über verwandte Themen springen, z.B. von einem Screen über die Industrie zu einem über Rohölverarbeitung. Von hier aus ruft er durch einen Button (5) vertiefende Einzelinformationen – etwa zur Kunststoffherstellung – ab, die untereinander wiederum verkettet sind (6).

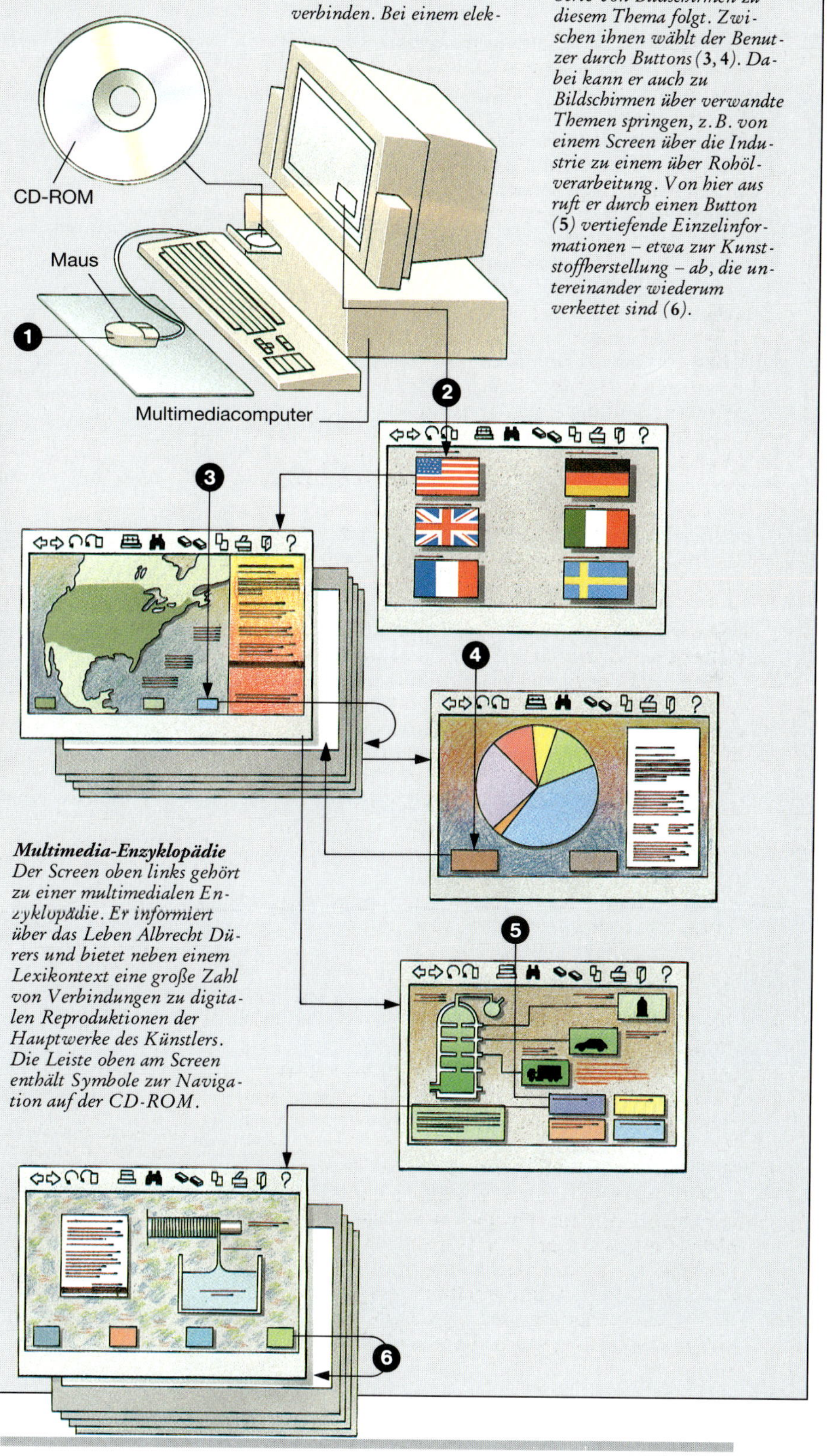

CD-ROM

Maus

Multimediacomputer

Piloten trainieren in simulierten Situationen

Die virtuelle Wirklichkeit hat bereits zahlreiche unterschiedliche Anwendungen gefunden – von der Schulung der Angestellten in Atomkraftwerken bis zur Untersuchung von Modellen komplizierter dreidimensionaler Moleküle durch Biochemiker. Militär- und Zivilpiloten trainieren in Flugsimulatoren, in denen Monitore das Cockpit und die Umgebung eines Flugzeugs simulieren (links). Der Sitz innerhalb des Flugsimulators läßt sich dabei hydraulisch entsprechend den virtuellen Manövern des Piloten bewegen. In die Simulationen können Bilder realer Landschaften eingespeist werden.

Multimedia-Enzyklopädie

Der Screen oben links gehört zu einer multimedialen Enzyklopädie. Er informiert über das Leben Albrecht Dürers und bietet neben einem Lexikontext eine große Zahl von Verbindungen zu digitalen Reproduktionen der Hauptwerke des Künstlers. Die Leiste oben am Screen enthält Symbole zur Navigation auf der CD-ROM.

Zukunft der Luftfahrt, S. 548/549

Optik statt Elektronik

Computer der nächsten Generation

Nur ein enger Kreis von Experten, der die komplexe mathematische Sprache des Programmierens beherrschte, konnte die ersten Computer bedienen. Dank Oberflächen, die sich auf Symbole oder einfache Befehle stützen, ist es heute fast allen Menschen möglich, mit einem Rechner zu kommunizieren. Je benutzerfreundlicher die Oberfläche eines Computers ist, desto leistungsfähiger muß der Rechner sein, um die eingehenden Anweisungen interpretieren zu können. Inzwischen sind Geschwindigkeit, Prozessorenleistung und Speicherkapazität so sehr gewachsen, daß Computer menschliche Stimmen und Handschriften fast fehlerfrei erkennen.

Das Herzstück eines modernen Computers ist der Mikroprozessor – eine Schaltung aus Millionen in die Oberfläche eines Siliziumchips eingeätzten Transistoren. Die nächste Rechnergeneration wird vermutlich mit Galliumarsenid (GaAs) arbeiten, einem Halbleiter wie Silizium. Auf seiner Oberfläche finden jedoch kleinere Bauteile Platz, was dichtere und schnellere Schaltungen ermöglicht. Überdies besitzt GaAs eine höhere »Schaltgeschwindigkeit« als Silizium, weil sich die Elektronen dank seiner Kristallstruktur freier bewegen können. Dadurch öffnen und schließen sich die auf einem GaAs-Chip untergebrachten Transistoren – elektronische Schalter – häufiger, so daß mehr logische Operationen in einem gegebenen Zeitraum möglich sind.

Noch weiter läßt sich die Leistungsfähigkeit von Rechnern auf Galliumarsenidbasis steigern, wenn mit sogenannten »Quantensenken« gearbeitet wird, die die Einsen und Nullen digitaler Daten über die An- oder Abwesenheit von Einzelelektronen darstellen, anstatt jeweils zahlreiche Elektronen zu verschieben. Auf diesem Prinzip basierende Chips werden noch kompakter sein; sie arbeiten außerdem schneller und schon bei niedrigeren Temperaturen.

Gegenwärtig verteilen sich Nachrichten im Rechner in Form von elektrischen Impulsen. Obwohl sich diese mit einem Drittel der Lichtgeschwindigkeit sehr schnell ausbreiten, liegt es na

Laserlicht beherrscht den Computer der Zukunft
Ⓐ *Als Mittel der Datenübertragung ist Licht elektrischem Strom weit überlegen: Lichtstrahlen können sich ohne Störung kreuzen, während jedes elektrische Signal seinen eigenen, isolierten Pfad benötigt. Zukünftige Computer werden deshalb wahrscheinlich verschiedene mit Licht arbeitende Komponenten enthalten: Ihr »Gehirn« dürfte aus mehreren »separaten Prozessoreinheiten« (DPUs) bestehen, die Daten mit Laserlicht austauschen. Die Informationen lassen sich per Laser auf »holographischen Platten« oder im Würfel eines »dreidimensionalen optischen RAMs« (ORAM) speichern.*

Hologramme speichern Daten
Ⓑ *Optische Plattenlaufwerke existieren bereits, doch speichern sie Daten nur auf der Oberfläche. Mit Hologrammen läßt sich das Volumen dickerer Platten ausnutzen, um große Datenblöcke zu speichern. Zum Lesen der Informationen würde dann Laserlicht mit einer akusto*

optischen Ablenkung auf die Platte geleitet. Um zwischen verschiedenen Hologrammen auswählen zu können, wäre der Einfallswinkel des Strahls variabel. Das Hologramm würde das Licht absorbieren oder reflektieren; ein Lichtsensorchip könnte das so geschaffene Muster abtasten und es in elektrische Impulse übersetzen.

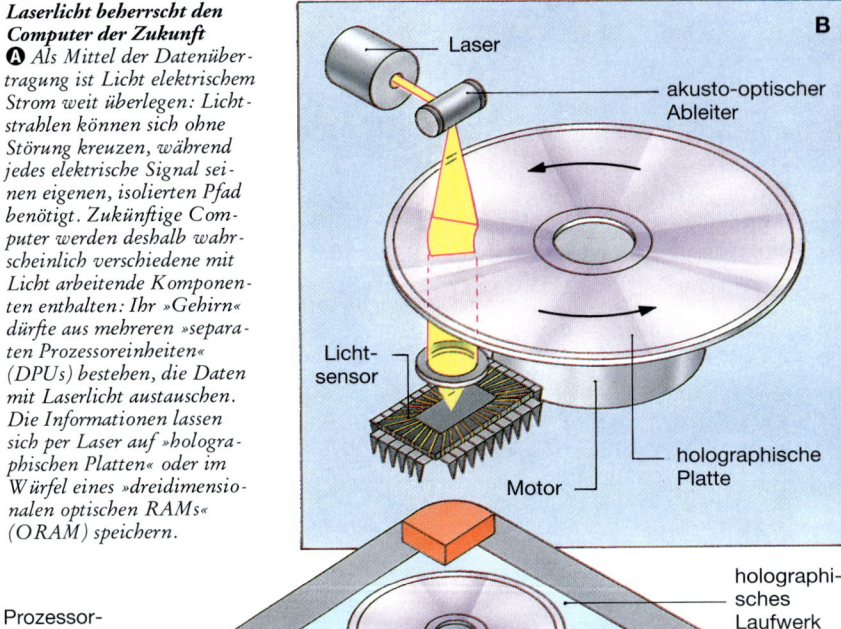

Lichtsignale verbinden mehrere Prozessoren
Ⓒ *Statt eines einzigen Mikroprozessors dürften künftige Computer aus mehreren diskreten Verarbeitungseinheiten (DPUs) bestehen. Diese wirken parallel, jede an einem anderen Teil der Aufgabe, wodurch sich die Geschwindigkeit erhöht. Ein*

Laser im Zentrum jeder DPU sendet Signale als Laserlichtimpulse, die von einem holographischen Spiegel reflektiert werden (1), zu den anderen Einheiten. Der Spiegel lenkt verschiedene Wellenlängen in unterschiedliche Richtungen (2) und teilt so die Datenströme den jeweils angesprochenen DPUs zu.

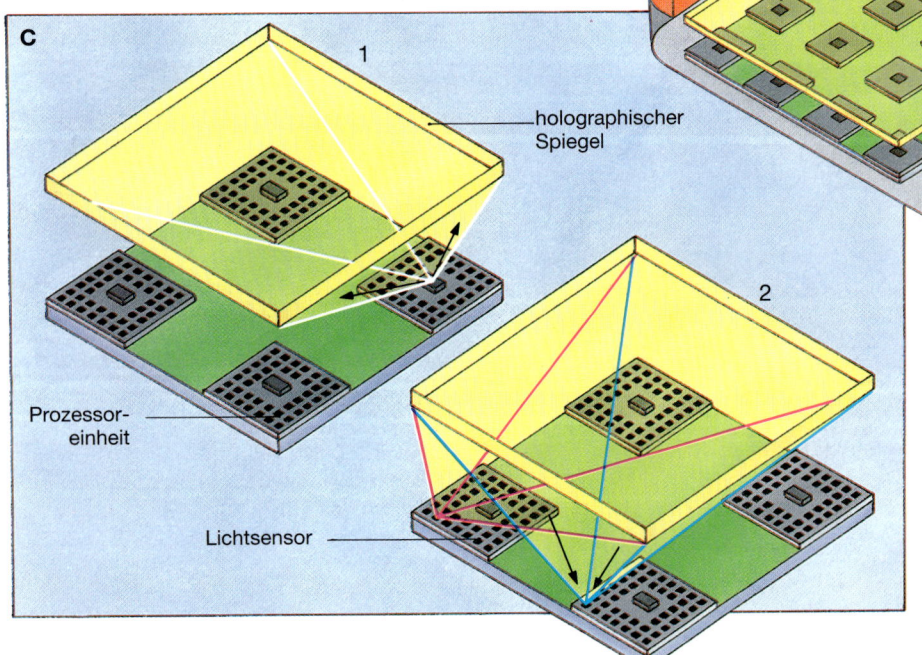

Siehe auch: **Laser**, *S. 506/507* **Chipherstellung**, *S. 512/513* **Computer**, *S. 514/515* **Speicher** *S. 516/517*

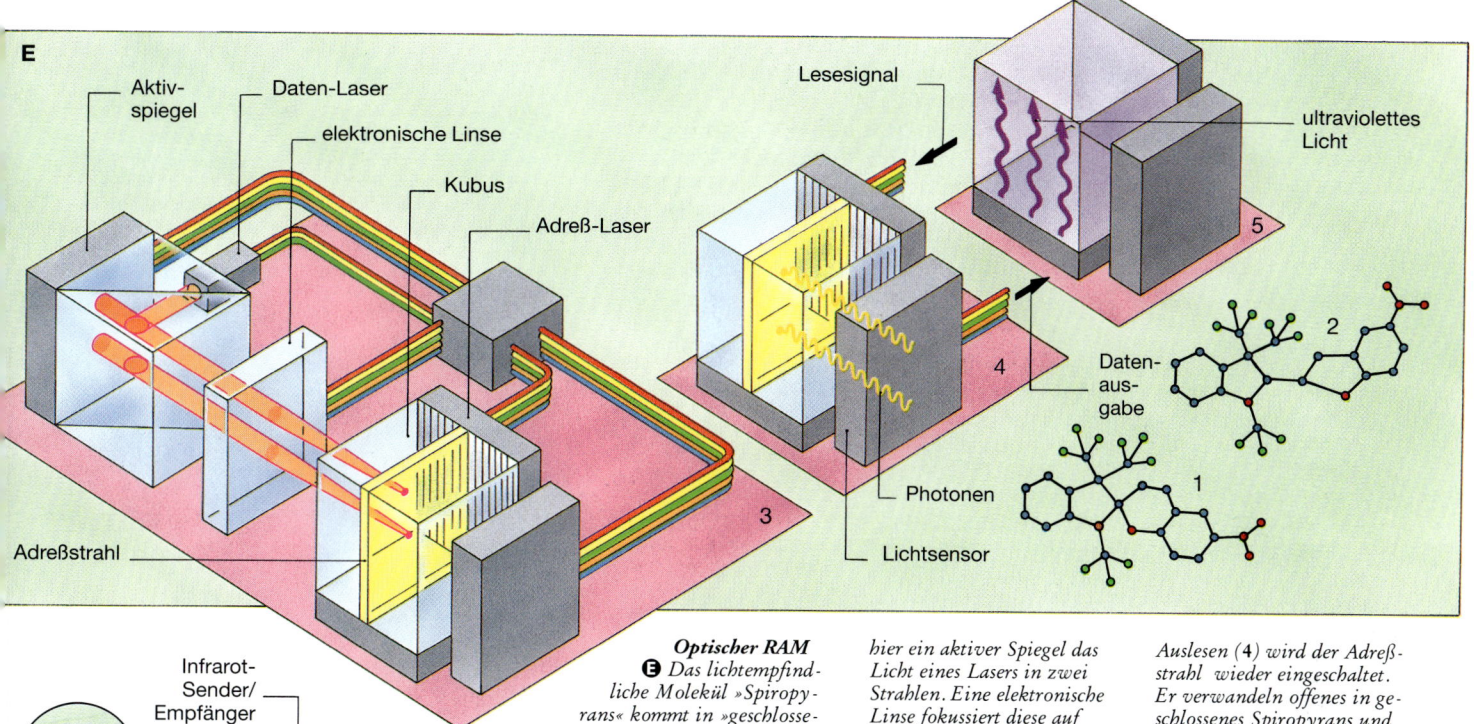

E

Aktiv-spiegel

Daten-Laser

elektronische Linse

Kubus

Adreß-Laser

Adreßstrahl

Lesesignal

ultraviolettes Licht

5

Daten-aus-gabe

4

Photonen

Lichtsensor

3

2

1

Infrarot-Sender/Empfänger

Stift

LCD

abc
2

abc
1

PDA

Optischer RAM

E *Das lichtempfind-liche Molekül »Spiropy-rans« kommt in »geschlosse-ner« (1) und »offener« (2) Form vor. Wird ein geschlos-senes Molekül von Photonen – Lichtteilchen – zweier be-stimmter Farben getroffen, bricht eine seiner chemischen Bindungen auf, und es ent-steht die offene Form. Beim Auftreffen eines weiteren Photons stellt sich die Bin-dung wieder her: Das Mo-lekül sendet ein Photon aus. Dieser Vorgang liegt einem 3-D optischen Direktzu-griffsspeicher (ORAM) zu-grunde, der einen mit Spiro-pyrans »verunreinigten« Kubus enthält. Zum Spei-chern von Daten (3) teilt*

hier ein aktiver Spiegel das Licht eines Lasers in zwei Strahlen. Eine elektronische Linse fokussiert diese auf zwei Punkte des Würfels, auf die bereits das Licht eines weiteren »Adreß-Lasers« fällt. Am Schnittpunkt der Strahlen bildet sich die offene Form des Spiropyrans-Mo-leküls, die z.B. der »1« des Binärcodes entspricht. Zum

Auslesen (4) wird der Adreß-strahl wieder eingeschaltet. Er verwandeln offenes in ge-schlossenes Spiropyrans und setzt damit weitere Photonen aus den beiden Speicherstel-len frei. Ein Sensor übersetzt sie in elektrische Impulse, die ihrerseits dem Computer zu-gehen. Die gespeicherten Da-ten lassen sich mit Ultravio-lettlicht löschen (5).

Elektronische Schreibblocks

D *Die Tastatur ist ein um-ständliches Mittel, um dem Computer Informationen zu übermitteln. In Zukunft sollen Rechner – wie heute bereits manche »persönlichen digitalen Assistenten« (PDAs) – mit handschriftli-cher Eingabe arbeiten. Da keine Handschrift der ande-ren gleicht, muß der Rechner dazu die Handschrift des Be-nutzers erlernen. Ein Stift, mit dem die Benutzer auf ei-ner berührungsempfindlichen Flüssigkristallanzeige schrei-ben, bildet die Schnittstelle. Der Rechner interpretiert die Handschrift (1) und verwan-delt sie in maschinengeschrie-nen Text (2). So werden auch Computer möglich, die per Infrarotsensoren mit an-deren Rechnern kommuni-zieren, während sich ihre Be-nutzer frei bewegen können.*

he, das Licht selbst als Übertragungsmedium zu verwenden, um die Geschwindigkeit weiter zu steigern. Im Gegensatz zu elektrischen Signalen, von denen jedes eine eigene Leitung benötigt, können mehrere Lichtstrahlen zudem einen ge-meinsamen Übertragungsweg benutzen, ohne sich zu stören. Damit ließe sich der Verdrahtungsauf-wand im Computer stark reduzieren.

Schnellerer Zugriff durch optische Speicher

Bei Anwendungen wie der Schaffung virtueller Realitäten müssen riesige Informationsmengen schnell speicher- und wieder abrufbar sein. Heuti-ge Festplattensysteme können die erforderlichen Milliarden von Bytes zwar speichern, doch reicht ihre Lesegeschwindigkeit für fließende, hoch-komplexe Grafikdarstellungen nicht aus.

Eine neuer, experimenteller Speichertyp – der dreidimensionale optische Direktzugriffsspeicher (3-D ORAM) – verfügt über eine vergleichbare Kapazität, seine Auslesegeschwindigkeit liegt aber um ein Vielfaches höher. Laserstrahlen, die sich in einem Würfel aus lichtempfindlichem Material

treffen, lesen die Daten ein. Das Bauteil arbeitet »hochparallel«: Es speichert und liest Tausende Bits gleichzeitig. Aus einem ähnlichen Material lassen sich Platten herstellen, die Information in Form von Hologrammen speichern können. Man schätzt, daß solche Scheiben von der Größe han-delsüblicher Festplattenlaufwerke in der Lage sein werden, über zwölf Stunden hochauflösender Vi-deosignale aufzunehmen. Künftige Prozessoren dürften aus einer Gruppe separater Verarbei-tungseinheiten bestehen, die über Lichtimpulse miteinander kommunizieren.

Mit Betriebssystemen der Zukunft werden die Funktionen verschiedener Programme frei kom-biniert werden können. So lassen sich z.B. Tabel-lenkalkulation und grafische Gestaltung direkt verbinden, während heute die mit dem Kalkula-tionsprogramm fertiggestellte Tabelle erst in ein Grafikprogramm exportiert werden muß. Neue Softwarekomponenten wird man aus Netzwerk-en, vor allem dem Internet, laufend in aktualisier-ter Form beziehen.

Derzeit unterscheiden Rechner nur zwischen den logischen Zuständen »richtig« und »falsch«. Die Alltagssprache kennt jedoch viele Nuancen dazwischen – man spricht von unscharfer (oder »fuzzy«) Logik. Auf ihr und auf dem Prinzip der neuronalen Netze – Systeme, die Probleme ähn-lich wie das Gehirn ohne feste Vorgaben lösen können – basieren Computer, die vielleicht einmal menschliches Denken und menschliche Kreati-vität simulieren werden.

Das Herz des Autos

Wie Verbrennungsmotoren funktionieren

Jahr für Jahr laufen in der deutschen Automobilindustrie ca. 3 Millionen Fahrzeuge vom Band, und fast alle werden von einem Verbrennungsmotor angetrieben. Das Spektrum dieser Motoren reicht von winzigen Einzylinderapparaten für Modellflugzeuge bis zu 20-Liter-Turbolader-Dieselmotoren für Baufahrzeuge, deren Leistung die eines Mittelklasse-PKW-Motors um mehr als das Fünfzehnfache übersteigt. Am Grundaufbau des Benzinmotors hat sich in den gut 100 Jahren seit seiner Erfindung durch Gottlieb Daimler und Carl Friedrich Benz wenig geändert. Die heutigen Maschinen sind jedoch ungleich leistungsstärker.

Fährt ein Auto, so kommt es in seinem Motor in jeder Sekunde zu Hunderten kleiner Explosionen. In einem Otto-Motor wird ein hochbrennbares Gemisch aus Kraftstoff und Luft in einen Zylinder oberhalb des sich bewegenden Kolbens gesaugt und dort auf ungefähr ein Achtel des ursprünglichen Volumens verdichtet. Ein Funke entzündet das Gemisch, das den Kolben nach unten drückt. Über eine Kurbel und eine Pleuelstange wird die Auf-und-Ab-Bewegung des Kolbens in eine Drehung der Kurbelwelle umgesetzt. Bei einem Auto bringt dieser Vorgang die Räder zum Drehen, er kann jedoch ebenso einen Flugzeugpropeller oder einen Stromgenerator antreiben.

Die Verbrennung ist eine stark exotherme, d.h. wärmeerzeugende, chemische Reaktion. Die Hitze erhöht den Druck der Abgase. Darüber hinaus besitzen die Gasprodukte der Reaktion ein größeres Volumen als das Ausgangsgemisch, was den Druck verstärkt. Der Unterschied zwischen den Gasdruckwerten bewirkt, daß die Abgase, die den Kolben herunterschieben, mehr Energie erzeugen als zur Verdichtung des ursprünglichen Luft-Kraftstoff-Gemischs nötig ist. Dieser Überschuß entspricht der Nutzleistung des Motors.

Stationärmotoren müssen ständig mit gleicher Drehzahl laufen und eine konstante Leistung erbringen. Bei einem Auto ist dies anders: Wenn man eine Steigung hinauffährt, benötigt man mehr Leistung als in der Ebene. Deshalb tritt der Fahrer auf das Gaspedal, wodurch mehr Luft und Kraftstoff in jeden Zylinder gelangen. Mehr Treibstoff erzeugt stärkere Explosionen und erhöht deshalb die auf die Kurbelwelle einwirkende Drehkraft. Früher steuerte der Vergaser den Durchfluß von Kraftstoff und Luft, während heute häufig ein elektronisches Kraftstoffeinspritz- und Motorregelungssystem zum Einsatz kommt. Dieses System regelt das Luft-Kraftstoff-Verhältnis und die Zündpunkteinstellung, so daß der Motor ständig effizient arbeitet, ohne die Umwelt über Gebühr zu belasten.

Technische Alternativen im Motorenbau

Bei einem Viertaktmotor erzeugt jeder Zylinder nur ein Viertel der benötigten Energie. Bei dieser Bauart, nach der die meisten Serienmotoren ausgelegt sind, reicht die Leistung eines der Zylinder stets aus, um die Kurbelwelle zu drehen. Bei mehr als vier Zylindern überlappen sich die Kolbentakte, so daß der Motor »weicher« läuft. Sechs-, Acht- oder Zwölf-Zylindermotoren gehören daher oft zur Ausstattung von teureren Wagen. Auch die Position der Zylinder läßt sich variieren.

Kühlung verhindert Überhitzung
C *Verbrennungsmotoren erzeugen mehr Abwärme als Nutzleistung. Ein Kühlsystem muß daher einer Überhitzung entgegenwirken. Oft umschließt ein Mantel aus wassergefüllten Rohrleitungen jeden Zylinder. Die am Kühler vorbeiströmende Luft senkt die Wassertemperatur. Das Gesamtnetz steht unter Druck, so daß sich das Wasser auf bis zu 120 °C erhitzen kann, ohne zu kochen. Für die Schmierung des Motors ist Öl notwendig. Eine Pumpe saugt das Öl aus der Ölwanne, filtert es und führt es den Kurbel- und Nockenwellenlagern zu.*

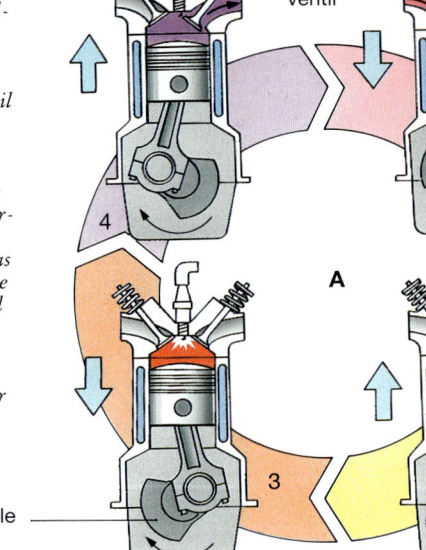

Viertakt-Rhythmus
A *Die meisten PKW-Motoren arbeiten im Viertakt-Otto-Zyklus. Beim Ansaugtakt (1) dreht sich die Kurbelwelle und drückt den Kolben nach unten, wodurch ein Kraftstoff-Luft-Gemisch durch das offene Einlaßventil strömt. Dieses schließt sich, wenn sich der Kolben während des Verdichtungstaktes (2) nach oben bewegt und so den Druck erhöht. Erreicht der Kolben die Obergrenze, zündet ein Funke das Gemisch. Die erzeugte Hitze dehnt das Gas rasch aus und preßt den Kolben im Arbeitstakt (3) nach unten. Schiebt sich der Kolben im Auspufftakt (4) dann wieder nach oben, öffnet sich das Auslaßventil und setzt die verbrauchten Gase frei.*

Einlaßventil — Zündkerze — Auslaßventil — Kolben — Kurbelwelle — Pleuelstange — Kraftstoffeinspritzung — Einlaßventil — Auslaßventil — Kurbelwelle

Der Diesel ist ein Selbstzünder
B *Der Aufbau eines Dieselmotors ähnelt dem eines Otto-Motors. Allerdings wird beim Dieselmotor nur Luft angesaugt (1) und auf ein Volumen verdichtet, das 22 mal kleiner ist als das ursprüngliche Luftvolumen (2). Das Verdichtungsverhältnis ist wesentlich höher als bei einem Motor mit Funkenzündung, doch steigt durch den starken Druck auch die Lufttemperatur. Fließt im richtigen Moment Dieselkraftstoff zu (3), entzündet sich das Gemisch von selbst. Die Explosion preßt den Kolben nach unten (4). Wenn er sich wieder nach oben bewegt, öffnet sich das Auslaßventil und setzt die Verbrennungsprodukte frei (5).*

Siehe auch: **Autos**, *S. 528/529* **Zukunft des Autos**, *S. 532/533* **Schiffe**, *S. 538/539*

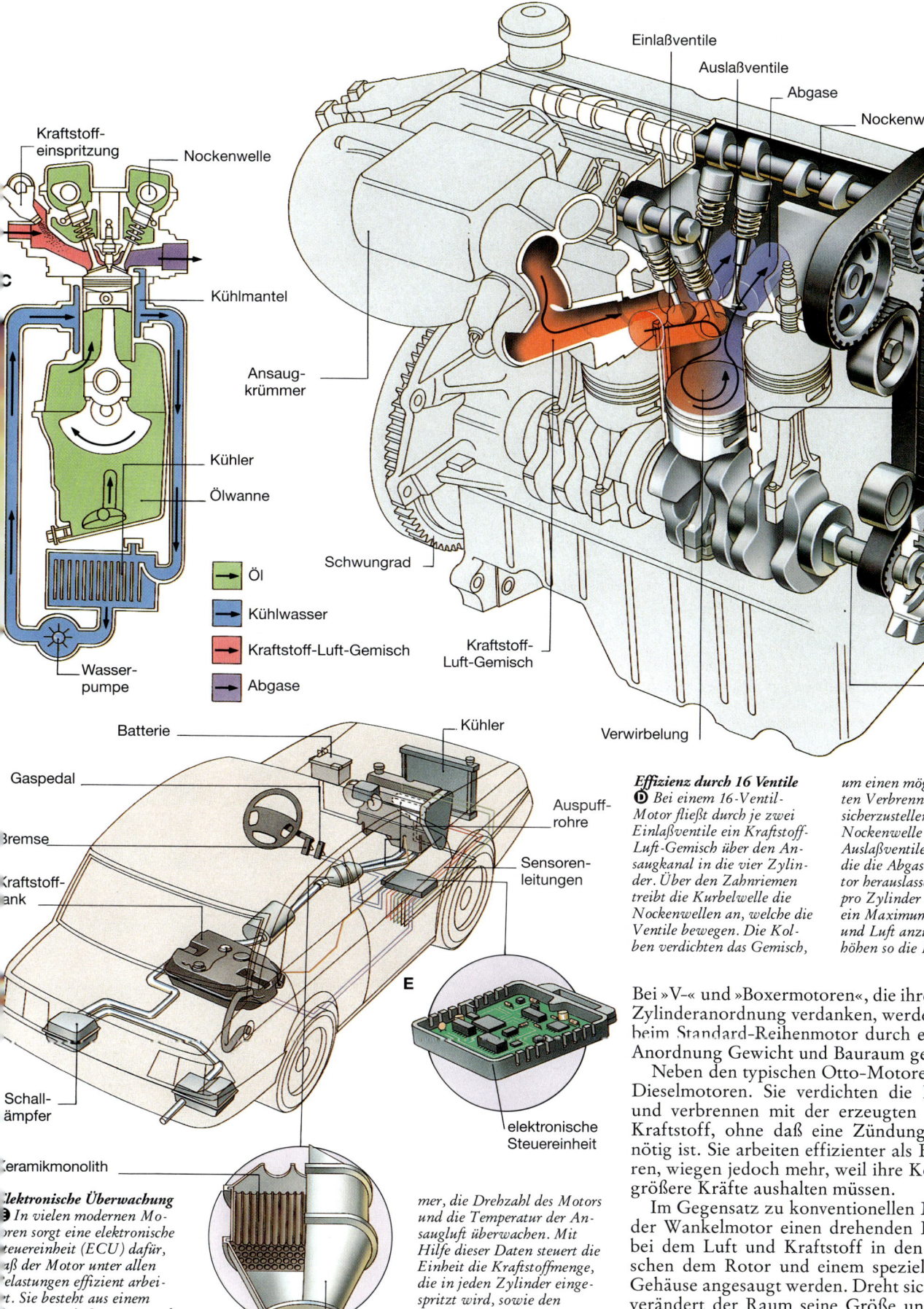

Kraftstoff-einspritzung

Nockenwelle

Kühlmantel

Ansaug-krümmer

Kühler

Ölwanne

Öl

Kühlwasser

Kraftstoff-Luft-Gemisch

Abgase

Wasser-pumpe

Einlaßventile

Auslaßventile

Abgase

Nockenwelle

Zahn-riemen

Kolben

Kurbelwelle

Verwirbelung

Kraftstoff-Luft-Gemisch

Schwungrad

Batterie

Gaspedal

Bremse

Kraftstoff-tank

Schall-dämpfer

Keramikmonolith

Kühler

Auspuff-rohre

Sensoren-leitungen

elektronische Steuereinheit

Katalysator

Effizienz durch 16 Ventile

D *Bei einem 16-Ventil-Motor fließt durch je zwei Einlaßventile ein Kraftstoff-Luft-Gemisch über den Ansaugkanal in die vier Zylinder. Über den Zahnriemen treibt die Kurbelwelle die Nockenwellen an, welche die Ventile bewegen. Die Kolben verdichten das Gemisch,* *um einen möglichst effizienten Verbrennungsvorgang sicherzustellen. Die zweite Nockenwelle öffnet zwei Auslaßventile pro Zylinder, die die Abgase aus dem Motor herauslassen. Vier Ventile pro Zylinder ermöglichen, ein Maximum an Kraftstoff und Luft anzusaugen und erhöhen so die Leistung.*

Bei »V-« und »Boxermotoren«, die ihre Namen der Zylinderanordnung verdanken, werden anders als beim Standard-Reihenmotor durch eine spezielle Anordnung Gewicht und Bauraum gespart.

Neben den typischen Otto-Motoren stehen die Dieselmotoren. Sie verdichten die Luft stärker und verbrennen mit der erzeugten Wärme den Kraftstoff, ohne daß eine Zündung von außen nötig ist. Sie arbeiten effizienter als Benzinmotoren, wiegen jedoch mehr, weil ihre Komponenten größere Kräfte aushalten müssen.

Im Gegensatz zu konventionellen Motoren hat der Wankelmotor einen drehenden Kreiskolben, bei dem Luft und Kraftstoff in den Raum zwischen dem Rotor und einem speziell geformten Gehäuse angesaugt werden. Dreht sich der Rotor, verändert der Raum seine Größe und verdichtet das Gemisch, bis es ein Funke zündet. Die sich ausdehnenden Abgase bewegen den Rotor, der damit zur leichten und vibrationsarmen Energiequelle wird.

Elektronische Überwachung

E *In vielen modernen Motoren sorgt eine elektronische Steuereinheit (ECU) dafür, daß der Motor unter allen Belastungen effizient arbeitet. Sie besteht aus einem Computer mit Sensoren, welche die Stellungen von Gas- und Bremspedal, die Zusammensetzung der Gase im Ansaug- und im Auspuffkrüm-* *mer, die Drehzahl des Motors und die Temperatur der Ansaugluft überwachen. Mit Hilfe dieser Daten steuert die Einheit die Kraftstoffmenge, die in jeden Zylinder eingespritzt wird, sowie den Zündpunkt. Dies ist eine Voraussetzung dafür, daß der Katalysator die Schadstoffe im Abgas um bis zu 90% reduzieren kann.*

Warum muß geschaltet werden?

Getriebe, Karosserie und Aufhängung von Automobilen

In einem Jahrhundert hat sich das Auto vom Luxusgut zum Massentransportmittel entwickelt. Die gewaltige Nachfrage nach Personenkraftwagen läßt die Hersteller scharf konkurrieren. Wachsende Anforderungen an Komfort, Sicherheit, Wirtschaftlichkeit und Umweltgerechtigkeit führten zu rasanten Fortschritten im Automobilbau. Die Grundelemente des Autos sind zwar seit seiner Erfindung die gleichen geblieben, erfüllen aber ihre Funktion heute weitaus besser: Ein Getriebe überträgt die Motorkraft auf die Räder. Die Aufhängung sichert eine optimale Straßenlage, die Karosserie schützt die Insassen und auch die komplizierte Mechanik.

Ein modernes Auto besteht aus zahlreichen komplexen Systemen. Die Zahl der verschiedenen Autotypen wird immer größer, und die Technik des Automobilbaus entwickelt sich laufend weiter, doch ergeben sich bestimmte Grundprinzipien daraus, daß jedes Auto die Leistung seines Motors bestmöglich ausnutzen muß. In nahezu allen Fällen treibt ein Verbrennungsmotor das Fahrzeug an. Dabei übertragen eine Kupplung und ein Getriebe die Kraft auf die Räder. Kleinwagen sind oft mit Vorderradantrieb ausgestattet. Lastwagen und viele größere PKWs haben einen Hinterradantrieb: Die Motorkraft wird über eine Kardanwelle auf die Antriebsachse übertragen. Geländewagen und einige moderne PKWs verfügen aus Sicherheitsgründen über Vierradantrieb.

Die Formen moderner Modelle erinnern indessen kaum noch an die Vehikel von einst. Mit computergestütztem Design und Simulationstechniken läßt sich der Luftwiderstand der Wagen auf ein Minimum reduzieren, so daß die Autos bei sinkendem Kraftstoffverbrauch immer höhere Geschwindigkeiten erzielen. Aus denselben Gründen bemühen sich die Konstrukteure darum, das Gewicht der Fahrzeuge durch immer leichtere Werkstoffe zu reduzieren.

Wie die Motorkraft auf die Räder übertragen wird

Ein Kraftfahrzeugmotor erbringt seine Nutzleistung normalerweise bei 3000-6000 Umdrehungen pro Minute; die Drehzahl der Antriebsräder übersteigt dagegen zumeist kaum 1000 Umdrehungen pro Minute. Deshalb muß ein Getriebe die Drehzahl des Motors auf die geringere Drehzahl der Wellen, die die Räder treiben, reduzieren. Da Verbrennungsmotoren ihre nutzbare Leistung nur in einem relativ engen Drehzahlbereich entwickeln, sind mehrere Übersetzungsverhältnisse nötig, um den Motor verschiedenen Geschwindigkeiten anzupassen.

Ein Handschaltgetriebe ist mit dem Motor über eine Kupplung verbunden. Sie unterbricht die Verbindung von Motor und Rädern, wenn das Übersetzungsverhältnis verändert wird. Bei den meisten Kupplungen überträgt eine Kupplungsscheibe die Kraft. Sie ist an der Eingangswelle des Getriebes befestigt; eine Feder preßt sie fest gegen das Schwungrad des Motors. Wenn der Fahrer das Kupplungspedal tritt, wird die Feder der Kupplungsdruckplatte zurückgezogen.

Automatische Getriebe wählen die für die Fahrbedingungen am besten geeignete Übersetzung selbst. Sie sind statt mit einer Kupplungsscheibe mit einem Drehmomentwandler ausgestattet. Das

A

Lenk-
getriebe

Motor-
aufhängung

Rahmen

Querlenker

Spurstange

MacPherson-
Federbein

Deformations-
element

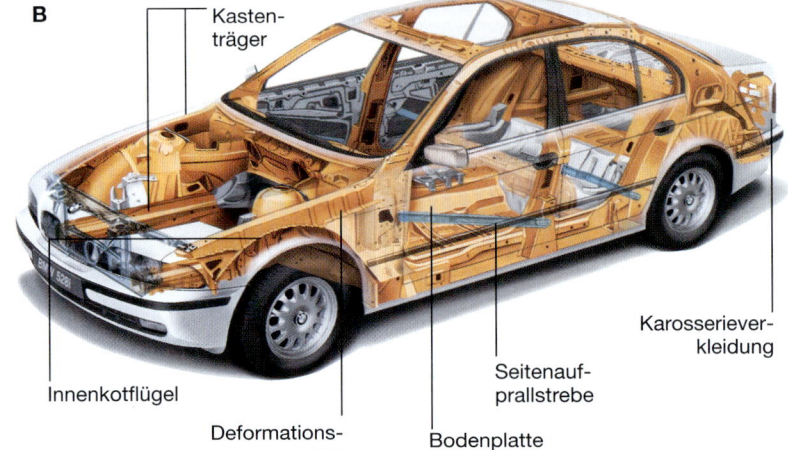

B

Kasten-
träger

Innenkotflügel

Deformations-
zonen

Seitenauf-
prallstrebe

Bodenplatte

Karosseriever-
kleidung

Sicherheitsbauweise

B *Als Karosserie bezeichnet man alle dem Fahrtwind ausgesetzten Teile eines Autos. Moderne Autokarosserien sind selbsttragend, d.h. in Einschalenbauweise konstruiert, und beziehen ihre Festigkeit aus der höchst präzisen Formung ihrer Blechverkleidung, deren Teile punktver-*

schweißt sind. Die am stärksten beanspruchten Elemente der Karosserie – wie die Längsholme – sind zudem noch zu Kastenträgern verstärkt; Motor und Aufhängung ruhen auf eigenen Unterrahmen. Die Bleche und die Bodenplatte sind vorn und hinten »knautschbar« ausgelegt: Deformations-

elemente sorgen dafür, daß bei einer Kollision die Energie des Aufpralls abgebaut und die Folgen für die Insassen abgemildert werden. Seitliche Prallschutzstreben sichern die Flanken des Fahrzeugs. Die Innenkotflügel verhindern, daß von den Rädern aufgewirbelter Schmutz in den Motorraum gelangt.

Siehe auch: **Automotor,** *S. 526/527* **Sicherheitssysteme im Auto,** *S. 530/531* **Zukunft des Autos,** *S. 532/533*

Automatikgetriebe wurde bereits zu Anfang des Jahrhunderts erfunden, setzte sich aber erst in den letzten beiden Jahrzehnten in größerem Umfang durch. Sein Hauptvorteil ist ein gesteigerter Fahrkomfort, da beim Fahren mit einer Automatik das Schalten und das Betätigen der Kupplung durch den Fahrer entfallen. Im Gegensatz zu älteren Typen unterscheiden sich moderne Automatikgetriebe im Beschleunigungsverhalten und im Spritverbrauch nur noch geringfügig von Schaltgetrieben. Da ihre Konstruktion aufwendiger ist, liegt ihr Preis allerdings höher. Viele teure Automarken werden heute serienmäßig mit einer Automatik ausgestattet.

Sichere Bodenhaftung

Das Fahrwerk ist bei der Konstruktion eines Fahrzeugs eine der schwierigsten Baugruppen. Es muß eine gute Straßenlage sicherstellen, gleichgültig ob gebremst, beschleunigt oder durch eine Kurve gefahren wird.

Im modernen Automobilbau ist dabei eine Einzelradaufhängung die Regel. Einzelne Lenker bewirken, daß sich die Räder nach oben und unten, nicht aber – etwa beim Bremsen oder Anfahren – von vorne nach hinten bewegen können. Federn schaffen vertikalen Spielraum. Damit das Auto nach einer Bodenwelle nicht zu lange nachfedert, besitzt es Stoßdämpfer: zusammenschiebbare, mit zähem Öl gefüllte Zylinder, die schnelle Bewegungen abbremsen und Auf- und Abwärtsschwingungen der Karosserie verhindern.

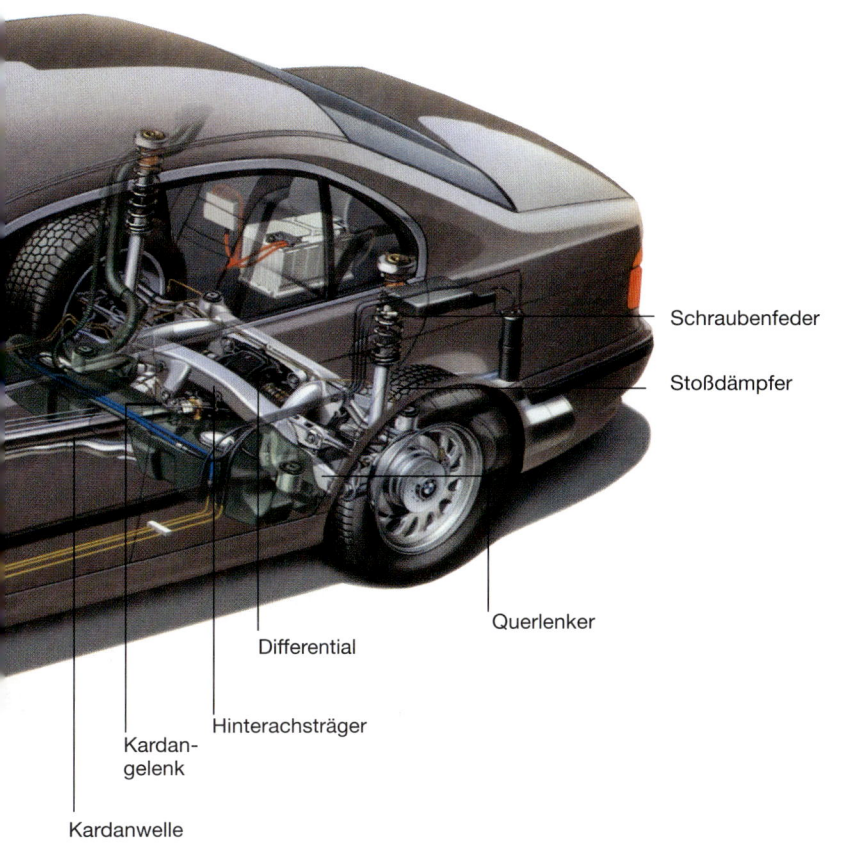

Schraubenfeder

Stoßdämpfer

Querlenker

Differential

Hinterachsträger

Kardangelenk

Kardanwelle

Schwungscheibe

Kupplung

der der Gänge

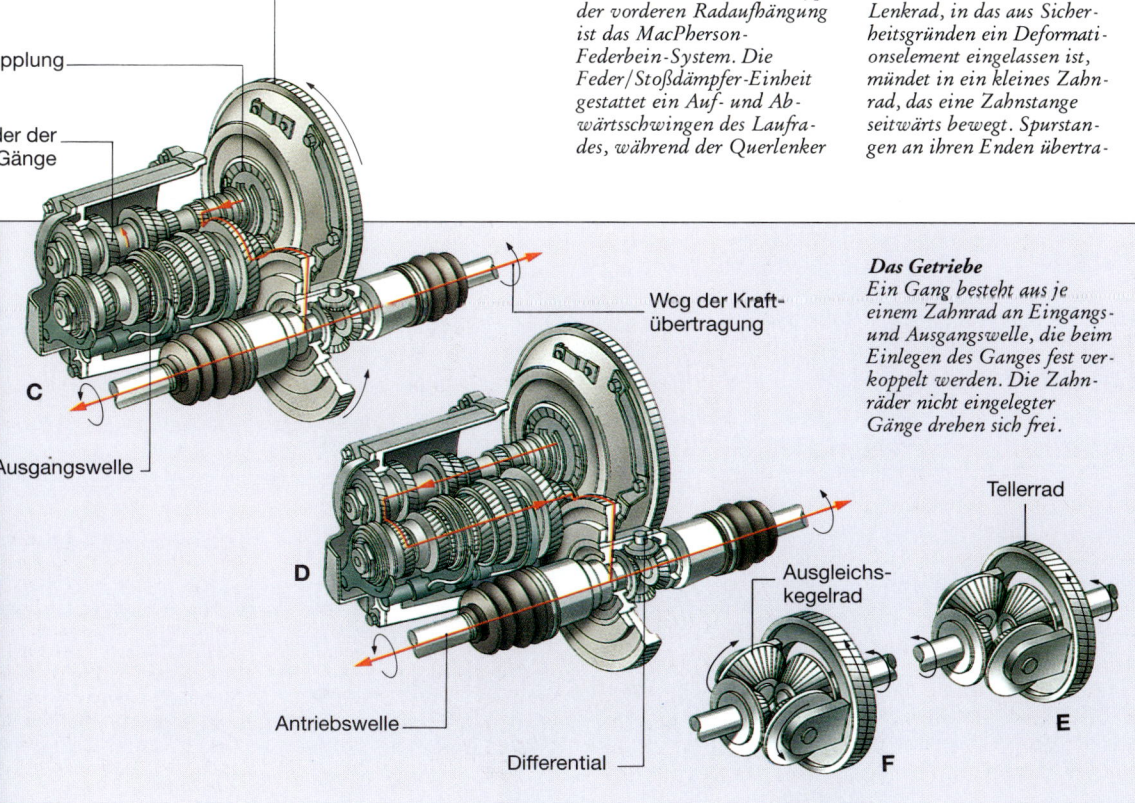

Weg der Kraftübertragung

Ausgangswelle

C

D

Antriebswelle

Differential

Tellerrad

Ausgleichskegelrad

E

F

Antrieb und Lenkung
A *Ein weit verbreiteter Typ der vorderen Radaufhängung ist das MacPherson-Federbein-System. Die Feder/Stoßdämpfer-Einheit gestattet ein Auf- und Abwärtsschwingen des Laufrades, während der Querlenker*

unten das Vor- und Zurückschwenken verhindert. Das Lenkrad, in das aus Sicherheitsgründen ein Deformationselement eingelassen ist, mündet in ein kleines Zahnrad, das eine Zahnstange seitwärts bewegt. Spurstangen an ihren Enden übertra-

gen diese Bewegung auf die Räder. Bei den Hinterrädern sorgen meist Schräg- oder Querlenker dafür, daß die Räder senkrecht zur Fahrbahn stehen. Bei manchen neueren Konstruktionen können auch die Hinterräder bei Kurvenfahrt mitlenken.

Das Getriebe
Ein Gang besteht aus je einem Zahnrad an Eingangs- und Ausgangswelle, die beim Einlegen des Ganges fest verkoppelt werden. Die Zahnräder nicht eingelegter Gänge drehen sich frei.

C *Im ersten Gang dreht ein kleineres Zahnrad an der Eingangswelle ein größeres an der Ausgangswelle.*
D *Im größten Gang sind die Zahnräder an beiden Wellen etwa gleich groß, so daß sich die Ausgangswelle sehr schnell bewegt.*
Die Kraft gelangt über ein Differential an die Räder, damit sie sich in Kurven unterschiedlich schnell drehen können.
E *Bei Geradeausfahrt drehen beide am Tellerrad befestigte Ausgleichskegelräder nicht, so daß beide Antriebswellen gleich schnell laufen.*
F *Ist ein Rad langsamer, drehen sich die Kegelräder, so daß mehr Kraft zum anderen Rad gelangt.*

Wie sicher sind unsere Autos?

Sicherheitssysteme in modernen Kraftfahrzeugen

Autos haben die Mobilität in einem früher unvorstellbaren Ausmaß erhöht. Sie verursachen jedoch auch Jahr für Jahr zahlreiche Unfälle, oft mit tödlichem Ausgang. Ein schnell fahrendes Auto hat die Wucht eines Zweitonnen-Projektils und kann immensen Schaden anrichten, falls es außer Kontrolle gerät. Die Karosserie ist zwar äußerst widerstandsfähig und hält enormem Druck stand; doch gilt es die Kräfte zu vermindern, die bei einem Unfall auf den menschlichen Körper einwirken. Der Sicherheitsgurt bietet hierbei einen wirkungsvollen Schutz und kann Verletzungen um mehr als 70% verringern.

Ein typischer Mittelklassewagen wiegt ca. zwei Tonnen und kann eine Geschwindigkeit von über 150 km/h erreichen. Daher muß das Fahrzeug bei einem Zusammenstoß eine große Menge kinetischer Energie abfangen, wenn die Insassen überleben sollen. Sicherheitssysteme funktionieren auf zwei Ebenen: Sie sorgen dafür, daß die Karosserie den Hauptteil der Aufprallkräfte absorbiert, und bieten dem Menschen direkten Halt und Schutz.

Die Stahlkarosserie des Fahrzeugs ist deshalb so konstruiert, daß sie bei einem Aufprall von vorne oder von hinten schrittweise in sich »verknautscht«. Wäre sie völlig starr, dann käme das Fahrzeug mit den Personen darin bei einem Zusammenstoß fast augenblicklich zum Stehen. Die Knautschzone verlangsamt den Bremsvorgang und vermindert dadurch die auf den Menschen wirkenden Kräfte. Außerdem schiebt sich bei einem Unfall der Motor so unter die Karosserie, daß die Passagiere keinen

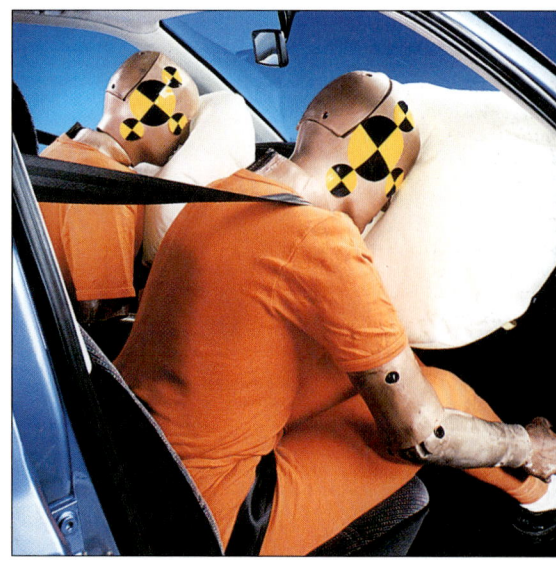

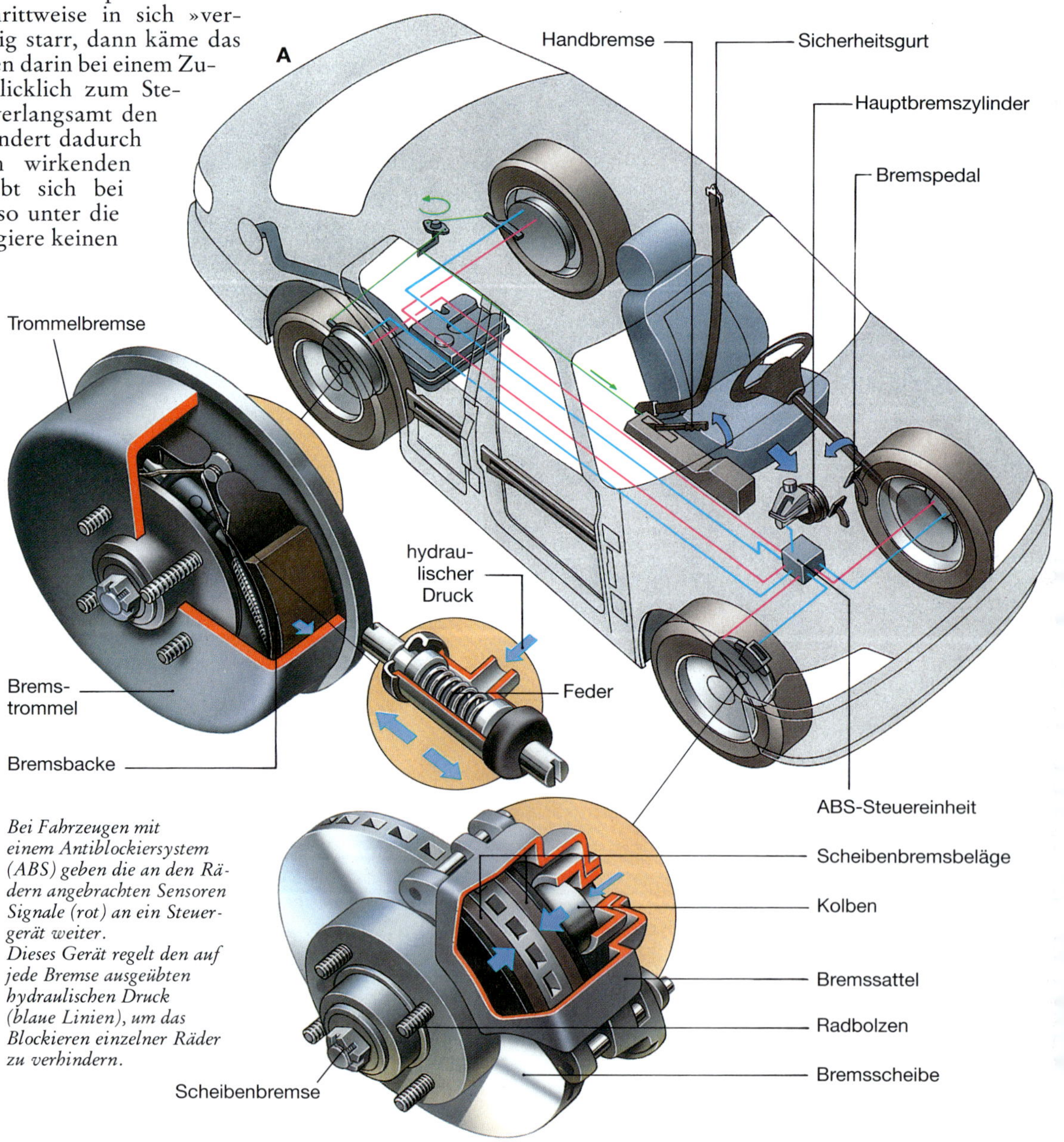

Luftkissen

Airbags (rechts) bieten einen sehr wirkungsvollen Schutz bei Auffahrunfällen. Mit ihnen werden immer mehr Fahrzeuge ausgestattet. Sensoren erfassen die plötzliche Abbremsung bei einem Aufprall und sorgen innerhalb von einer hundertstel Sekunde dafür, daß der Airbag sich mit Luft füllt.

Wie Bremsen funktionieren

Ⓐ *Die Bremsen heutiger Autos werden hydraulisch betätigt. Bei Druck auf das Bremspedal werden die Bremsbeläge mittels der Bremsflüssigkeit über den Hauptbremszylinder und die Radbremszylinder bewegt. Die Hinterräder sind bei Kleinwagen häufig noch mit Trommelbremsen ausgestattet. Der hydraulische Druck im Radbremszylinder schiebt zwei Kolben nach außen. Die Kolben pressen die Bremsbacken gegen das Innere einer Trommel, die mit dem Rad rotiert und es durch die Reibung verlangsamt. Die hinteren Bremsbacken lassen sich auch über einen mit der Handbremse verbundenen Seilzug (in der Abbildung grün) betätigten. Jedes Abbremsen verlagert die Gewichtsmasse des Fahrzeugs nach vorne. Die Vorderräder besitzen daher in der Regel stärkere Scheibenbremsen. Bei ihnen drückt die auf einen Kolben im Bremssattel wirkende Hydraulik zwei Bremsbeläge gegen die Seiten einer Metallscheibe und bremst so das Rad ab.*

Bei Fahrzeugen mit einem Antiblockiersystem (ABS) geben die an den Rädern angebrachten Sensoren Signale (rot) an ein Steuergerät weiter. Dieses Gerät regelt den auf jede Bremse ausgeübten hydraulischen Druck (blaue Linien), um das Blockieren einzelner Räder zu verhindern.

Handbremse — Sicherheitsgurt — Hauptbremszylinder — Bremspedal — A — Trommelbremse — Bremstrommel — Bremsbacke — hydraulischer Druck — Feder — Scheibenbremse — ABS-Steuereinheit — Scheibenbremsbeläge — Kolben — Bremssattel — Radbolzen — Bremsscheibe

Siehe auch: **Autos,** *S. 528/529* **Zukunft des Autos,** *S. 532/533*

Rückhaltesysteme

🅑 *Ein Sicherheitsgurt funktioniert nur dann einwandfrei, wenn er fest am Körper anliegt. Viele Autos besitzen mittlerweile Gurtstrammer, die verhindern sollen, daß der Körper des Gurtträgers bei einem Unfall unter dem Beckengurt hindurch nach vorne rutscht. Unter normalen Umständen läßt sich der Gurt ohne Widerstand aus der Spule ziehen (3). Ruckartiges Abbremsen des Fahrzeugs durch einen Unfall löst jedoch einen Mechanismus aus, der den Gurt fest einklemmt (4). Gleichzeitig zieht der Gurtstrammer den Verschluß abrupt nach unten (1, 2) und hält so den Gurtträger fest im Sitz.*

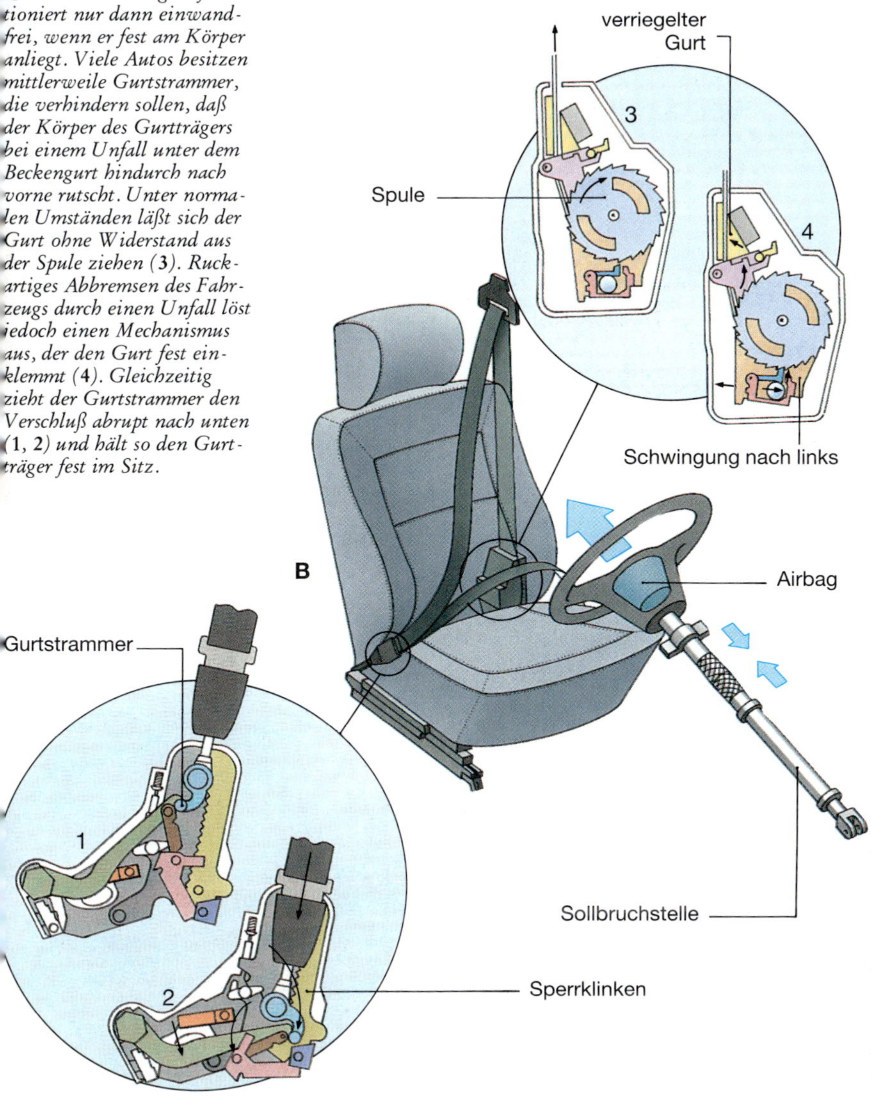

verriegelter Gurt

Spule

3

4

Schwingung nach links

Airbag

B

Gurtstrammer

1

2

Sollbruchstelle

Sperrklinken

ABS verhindert Schleudern

🅒 *Bei einer scharfen Bremsung können die Räder blockieren, so daß der Fahrer die Kontrolle über das Fahrzeug verliert. Das ABS (Antiblockier-System) hilft, das Blockieren zu verhindern. Beim Bremsen drehen sich die Räder langsamer (1). Ein Sensor erfaßt das Blockieren eines Rades (2) und sendet ein entsprechendes Signal an die ABS-Steuereinheit. Diese verringert den hydraulischen Druck in der zur Bremse führenden Leitung, so daß sich das Rad wieder drehen kann (3). Automatisches Anziehen und Lösen der Bremse wechseln nun ab und bewirken, daß das Fahrzeug trotz Vollbremsung durch den Fahrer lenkbar bleibt.*

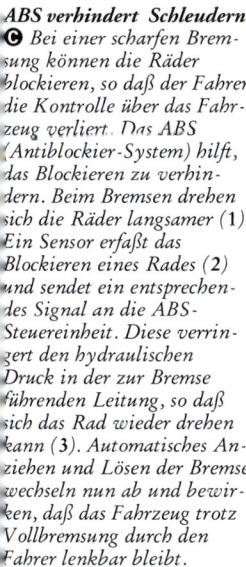

Schaden erleiden. Um einen Bruch des Kraftstofftanks und damit das Ausbrechen von Feuer zu vermeiden, befindet sich der Tank meistens an einer versteiften Stelle zwischen den Rädern.

Der Innenraum birgt eine Reihe zusätzlicher Sicherheitsvorkehrungen. Armaturenbrett und andere ungeschützte Flächen besitzen keine scharfen Kanten. Sicherheitsgurte verhindern, daß Fahrzeuginsassen durch die Windschutzscheibe geschleudert werden, und Kopfstützen schützen vor Schleudertraumata. Ein Gurt funktioniert indes nur dann einwandfrei, wenn er stramm am Körper des Benutzers anliegt. Viele Pkws sind daher mit Gurtstrammern ausgestattet, die den Gurt im Notfall automatisch straffen.

Sensoren, die den Ruck eines Aufpralls erfassen, aktivieren die Airbags. Diese blasen sich in Bruchteilen von Sekunden auf und geben ihre Luft langsam ab, wenn ein Körper auf sie prallt.

Unfallverhütung durch moderne Technik

High-Tech Entwicklungen sollen zusätzlich verhindern, daß ein Unfall geschieht. Gut haftende Reifen gewährleisten eine sichere Straßenlage. Bei einer scharfen Bremsung – vor allem bei Glatteis oder Nässe – können die Räder jedoch blockieren, das Auto kommt ins Rutschen und gerät außer Kontrolle. Dasselbe geschieht, wenn die Kraftübertragung nicht gleichmäßig erfolgt und die Reifen durchdrehen. Antiblockier- und Zugkraftsteuerungs-Systeme regeln in solchen Fällen das Fahrverhalten des Wagens.

Airbags schützen bei Unfällen

🅑 *Airbags gehören zu den wirksamsten Mitteln, um die Autoinsassen bei Aufprallunfällen zu schützen. Diese Luftkissen, die sich eine hundertstel Sekunde nach dem Zusammenstoß aufblasen, verhindern, daß die Insassen gegen das Lenkrad oder die Windschutzscheibe geschleu-* *dert werden. Modernste Fahrzeugentwicklungen verfügen auch über Seitenairbags. Sie bewahren – trotz geringer Deformationszonen in den Türen – die Insassen bei einem Seitenaufprall vor schweren Verletzungen. Möglicherweise werden in Zukunft Airbags auch an anderen Stellen des Autos eingebaut.*

mit ABS bleibt das Auto lenkbar

1   2   3

C

Beginn der Vollbremsung

Fahrzeug in Ruhe

ohne ABS blockieren die Räder

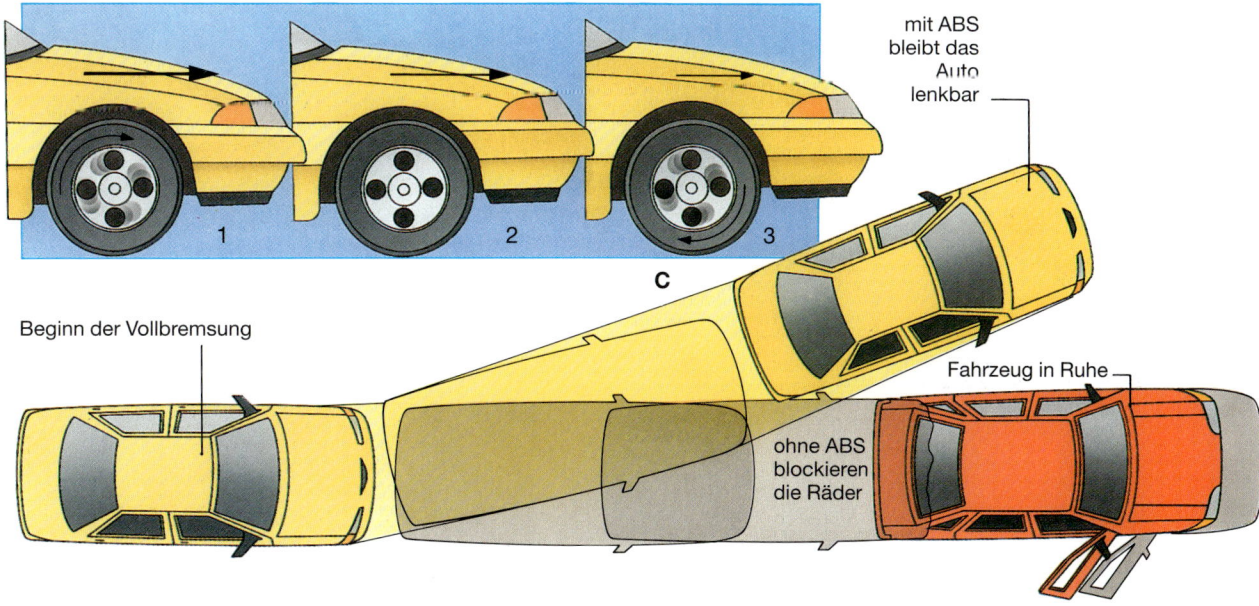

Sicher, sparsam, umweltfreundlich

Wie die Autos der Zukunft aussehen könnten

Jahrzehntelang verließen immer schnellere und stärkere Fahrzeuge die Autofabriken. Die ökologischen Folgen des lawinenartig angewachsenen Autoverkehrs zwangen jedoch zum Umdenken: Heute versuchen die Entwicklungsingenieure vor allem, den Kraftstoffverbrauch zu senken und die natürlichen Ressourcen zu schonen. Autos mit Verbrennungsmotoren sollen schon bald 100 km mit nur drei Litern Kraftstoff zurücklegen. Große Automobilkonzerne entwickeln Elektroautos, die, zumindest direkt, keine fossilen Brennstoffe mehr benötigen. Neue Werkstoffe machen die Fahrzeuge leichter und lassen sich einfacher wiederverwenden.

Die meisten Kraftfahrzeuge werden von Verbrennungsmotoren angetrieben. Die Senkung der Abgasgrenzwerte und die begrenzten Vorräte an fossilen Brennstoffen machen Forschungen auf dem Gebiet alternativer Antriebe oder Kraftstoffe nötig. Unterschiedliche Konzepte liegen zwar bereits vor, doch konnte bisher keines überzeugen.

Autos mit Elektroantrieb stoßen keine Schadstoffe aus, sind leise und überdies langlebig. Allerdings benötigen die bisherigen Typen viele Stunden zum Wiederaufladen der Batterie. Überdies sind Batterien für die erforderlichen Leistungen, z.B. Natrium-Nickelchlorid-Elemente, nicht nur sehr schwer, sondern auch sehr teuer. Der Kraftstoffverbrauch sowie die Abgaswerte herkömmlicher Fahrzeuge lassen sich durch technische Neuerungen wie Direkteinspritzsysteme, Katalysatoren, Zwei- und Dreitaktmotoren oder neue Automatikschaltungen noch weiter verringern. Als Nahziel streben die Ingenieure die Konstruktion von Fahrzeugen an, die nur 3 Liter Kraftstoff auf 100 km verbrauchen. Dazu soll die Leichtbauweise (Aluminium) beitragen. Alternativ könnte Wasserstoff als Treibstoff herkömmlicher Benzinmotoren dienen. Die Abgase sind weit weniger schädlich als die des Benzins, doch bedarf es wegen der leichten Entzündbarkeit des Wasserstoffs besonderer Sicherheitsvorkehrungen. Auch Rapsöl eignet sich als »nachwachsender« Kraftstoff bedingt als Antriebsmittel für Kraftfahrzeuge. Aber nur in Kombination mit Dieselmotoren ist es derzeit in Gebrauch.

Fahren mit Sonnenenergie
Der »Sunraycer« (rechts) gewann ein Rennen für Solarfahrzeuge über 3000 km durch Australien. Solarzellen bedecken sein aerodynamisch geformtes Dach und erzeugen die nötige Elektrizität. Das in extremer Leichtbauweise gefertigte Fahrzeug erreicht eine Spitzengeschwindigkeit von über 100 km/h.

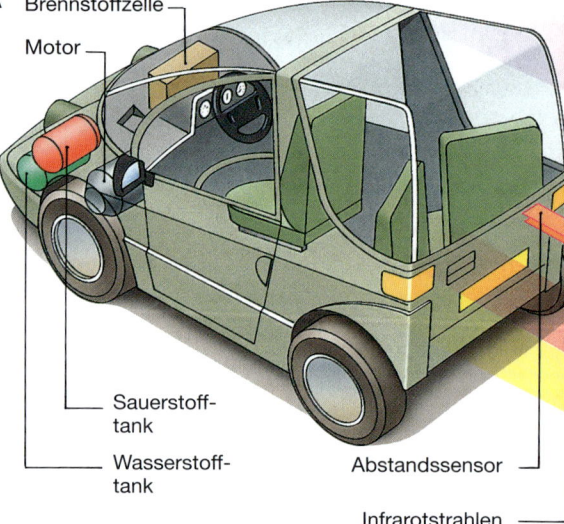

Weltraumtechnik im Auto
A *Zukunftsautos wie das abgebildete könnten die zum Betreiben der Elektromotoren nötige Spannung mit Wasserstoff-Sauerstoff-Elementen erzeugen. Die Brennstoffzelle wurde ursprünglich von der amerikanischen Weltraumbehörde NASA für die bemannte Raumfahrt entwickelt. Die Energieausbeute ist bei ihr besonders hoch (siehe Kasten). Da es sich bei Wasserstoff und Sauerstoff jedoch um explosive Stoffe handelt, ist es zur Vermeidung des Risikos einer Knallgasexplosion besser, den Wasserstoff aus Methanol abzuspalten, während Sauerstoff der Luft direkt entnommen werden kann.*

Labels: Brennstoffzelle, Motor, Sauerstofftank, Wasserstofftank, Abstandssensor, Infrarotstrahlen

---

Brennstoffzellen

Brennstoffzellen verwandeln chemische Energie direkt in elektrischen Strom. In ihnen reagiert eine leicht oxidierbare Substanz – meist Wasserstoff – in einem Elektrolyten mit Sauerstoff. Bis zu 60 % der bei dieser »kalten Verbrennung« freiwerdenden chemischen Energie läßt sich als elektrischer Strom nutzen. Bei Dieselmotoren werden dagegen nur 35 % der Energie des verbrannten Kraftstoffs in Bewegungsenergie umgesetzt. Als Abfallprodukt entsteht in mit Wasserstoff arbeitenden Brennstoffzellen lediglich lauwarmes Wasser. Deshalb könnten sie als saubere und billige Energiequelle dienen. Allerdings erzeugen einzelne Brennstoffzellen nur eine sehr niedrige Spannung, so daß viele Zellen zusammengeschaltet werden müssen, um eine für Autos ausreichende Energieausbeute zu liefern. Deshalb werden Brennstoffzellen allenfalls in einer ferneren Zukunft als Energielieferanten für Kraftfahrzeuge eingesetzt werden können.

Kalte Verbrennung
Bei Brennstoffzellen werden Elektroden in einen Elektrolyten getaucht. Durch eine Elektrode wird Wasserstoff, durch die andere Sauerstoff geleitet. Die Wasserstoffatome geben Elektronen ab, so daß sich eine Elektrode negativ auflädt. Die Sauerstoffmoleküle spalten sich unter Mitwirkung eines Katalysators und reagieren mit den Wasserstoffionen zu Hydroxidionen und dann zu Wassermolekülen. Dabei entziehen sie der Elektrode, durch die sie geflossen sind, Elektronen. Verbindet man die Elektroden, fließen Elektronen als Strom von der negativen zur positiven Elektrode.

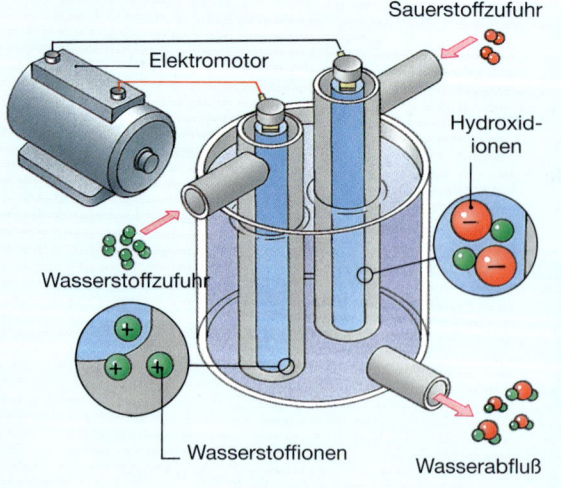

Labels: Sauerstoffzufuhr, Elektromotor, Hydroxidionen, Wasserstoffzufuhr, Wasserstoffionen, Wasserabfluß

Siehe auch: **Strom**, *S. 402/403* **Sonnenenergie**, *S. 438/439* **Automotor**, *S. 526/527* **Navigation**, *S. 550/551*

Immer mehr Elektronik entlastet den Fahrer

Der Autofahrer der Zukunft wird möglicherweise alle Fahrmanöver mit Hilfe eines einzigen, durch Glasfaserkabel mit Motor und Steuerung verbundenen Schalthebels durchführen. Schon heute lassen sich fast alle Systeme des Autos elektronisch kontrollieren. Computer können die Motorleistung steuern und ein Maximum an Effizienz sicherstellen. Aktive Regelungssysteme sind auch dazu imstande, mit einer exakt gesteuerten Hydraulik für eine optimale Straßenlage zu sorgen.

Vielleicht werden sogar Computer, die mit Verkehrsleitsystemen und den Satelliten des Global Positioning System kommunizieren, den Fahrern das Steuern teilweise abnehmen. Mit Infrarotsensoren läßt sich zudem der Abstand des Autos zum voranfahrenden Wagen beständig messen, und bei einer entsprechenden Ausrüstung und Vernetzung aller Bordcomputer könnte man sogar Fahrzeugketten bilden, die sich mit hoher Geschwindigkeit auf verkehrsreichen Routen bewegen.

Sind Elektroautos eine Alternative?

Der Peugeot 106 (oben) wird in Frankreich als erstes Auto überhaupt serienmäßig auch mit einem Elektroantrieb hergestellt. Vor allem im Großstadtverkehr bieten solche Fahrzeuge viele Vorteile. Allerdings ist die Euphorie, mit der man noch vor wenigen Jahren auf Elektroautos als Alternative zu Fahrzeugen mit Benzinmotoren setzte, inzwischen verflogen. Zwar verunreinigen sie die Luft nicht, doch ist ihre ökologische Gesamtbilanz nur dann positiv, wenn sie mit Strom gespeist werden, der selbst umweltfreundlich produziert wird. Außerdem sind Batterien, mit denen sich genügend Energie speichern läßt, auf absehbare Zeit noch zu teuer.

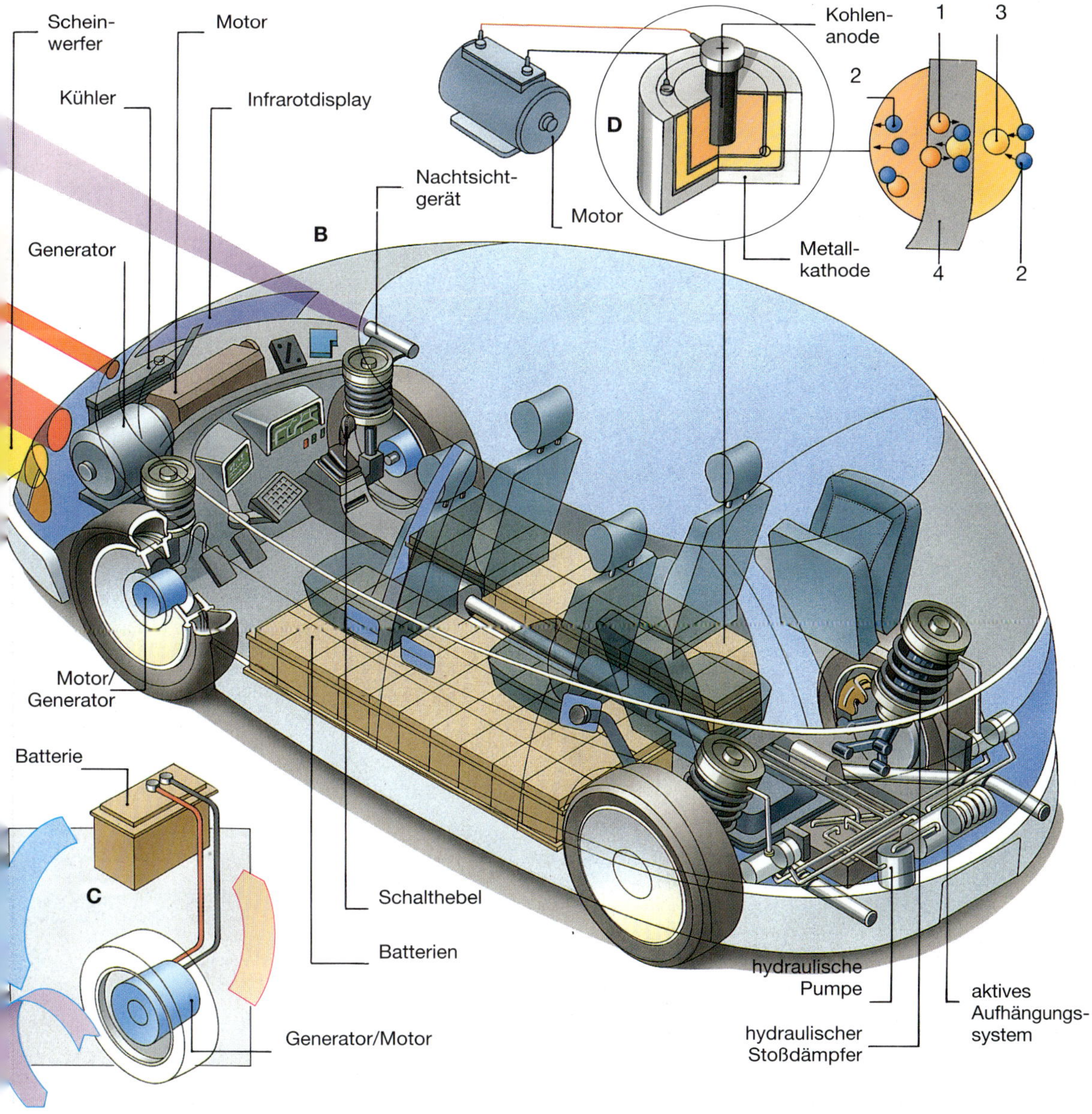

Zukunftsvisionen

D Das Auto der Zukunft könnte ein Hybridfahrzeug sein, das auf Überlandstraßen Strom von einem Generator erhält, den ein leistungsfähiger Verbrennungsmotor treibt, während es im Stadtverkehr von Natrium-Schwefel-Batterien angetrieben wird. Die Batterien bestehen aus Natrium, Aluminium und Schwefel. Diffundieren Natriumatome (1) in die Aluminiumschicht (4), geben sie Elektronen ab (2). Schwefelatome (3) absorbieren Elektronen von der Metallkathode und reagieren mit Natriumionen zu Natriumsulfid.

C Die dadurch entstehende Spannung versorgt Elektromotoren in den Radlagern der Vorderreifen. Rückkopplungsbremsen verlangsamen die Fahrt: Der Antrieb fungiert dabei als Generator und verwandelt einen Teil der Antriebsenergie zurück in Elektrizität, die erneut in die Batterien fließt.

B Ein computergesteuertes, Regelungssystem sorgt für Fahrkomfort. Derselbe Schalthebel dient zum Bremsen, Lenken und Beschleunigen. Neben den Scheinwerfern befinden sich Infrarotstrahler: Ein Nachtsichtgerät empfängt die reflektierten Infrarotwellen und wandelt sie in ein Bild auf der Windschutzscheibe um. Ein weiterer Infrarotsensor mißt den Abstand zum vorausfahrenden Fahrzeug.

Scheinwerfer

Motor

Kühler

Infrarotdisplay

Nachtsichtgerät

Motor

Kohlenanode

Generator

Metallkathode

B

D

Motor/Generator

Batterie

C

Schalthebel

Batterien

Generator/Motor

hydraulische Pumpe

hydraulischer Stoßdämpfer

aktives Aufhängungssystem

1 3

2

4 2

Die schnellsten Züge der Welt

Wie Hochgeschwindigkeitszüge die Kontinente schrumpfen lassen

Täglich starten Eurostar-Züge in London, um etwa 800 Passagiere in nur drei Stunden durch den Kanaltunnel nach Paris oder Brüssel zu befördern. Diese Züge verkehren mit bis zu 300 km/h auf drei unterschiedlichen Streckentypen. Sie gehören zu den schnellsten und modernsten Eisenbahnen. Die zwölf Elektromotoren des Eurostar liefern für den Antrieb des 400 m langen und 816 Tonnen schweren Zuges über 12 000 kw Zugleistung. Dank hochentwickelter Steuerungs- und Sicherheitssysteme kann ein einziger Zugführer den Zug über die gesamte Strecke fahren.

Gezogen werden diese Hochgeschwindigkeits-Personenzüge von modernen Elektrolokomotiven, die Hochspannungsstrom aus Oberleitungen entnehmen. Wo die Elektrifizierung einer Strecke nicht praktikabel oder rentabel ist, kommen dieselelektrische Lokomotiven zum Einsatz. Deren Hauptantriebsquelle ist ein Dieselmotor, der einen Generator treibt. Der erzeugte Strom fließt in Motoren, die in den Triebdrehgestellen angebracht sind. Die Räder einer Lokomotive oder eines Waggons sind nicht direkt mit der Karosserie verbunden, sondern stecken in separat gefederten Chassis oder Drehgestellen. Dadurch bleiben die Fahrgastabteile weitgehend von Erschütterungen und Vibrationen frei und können sich in Kurven neigen.

Der Eurostar: In drei Ländern zu Hause

Der Eurostar ist als Elektrozug aus dem 300 km/h schnellen französischen Train à Grande Vitesse (TGV) hervorgegangen, der seit 1981 in Betrieb ist. Ein besonders aufgerüsteter TGV hält mit 515 km/h den Geschwindigkeitsrekord für Personenzüge. Die Stromlinienform und die leichte Gelenkbauweise ermöglichen solche Geschwindigkeiten. Herkömmliche Züge haben zwei tonnenschwere Drehgestelle pro Wagen, eines an jedem Ende. Der TGV dagegen hat je ein Drehgestell zwischen zwei benachbarten Waggons (außer bei den Triebwagen), wodurch sich die Anzahl pro Zug halbiert. Auf diese Weise werden pro Waggon 5 Tonnen Gewicht eingespart.

Gegenüber dem normalen TGV weist der Eurostar erhebliche Veränderungen an Karosserie und Kraftanlage auf. Erstens wurde er schlanker gemacht, um der schmaleren britischen Norm zu genügen. Zweitens erforderte die Fahrt durch den Kanaltunnel andere Sicherheitsvorkehrungen. Dabei wurde vor allem darauf geachtet, daß der Zug in der Mitte zu entkuppeln ist, so daß im Notfall beide Hälften getrennt aus dem Tunnel gezogen werden können. Drittens galt es die Kraftanlagen des Zuges zu verändern, denn die Art der Stromversorgung ist von Land zu Land verschieden, obwohl die gesamte Strecke des Eurostar elektrifiziert ist. In Frankreich und im Tunnel führen Oberleitungen 25-kV-Wechselstrom, der über Scherenstromabnehmer entnommen wird. In Belgien haben die Oberleitungen 3-kV-Gleichstrom. In England fließt 750 V-Gleichstrom durch eine dritte Schiene. Um auf allen Strecken fahren zu können, ist der Eurostar mit zwei Scherenstromabnehmern und einem Satz Gleitschuhkontakten in Radnähe für die dritte Schiene ausgerüstet.

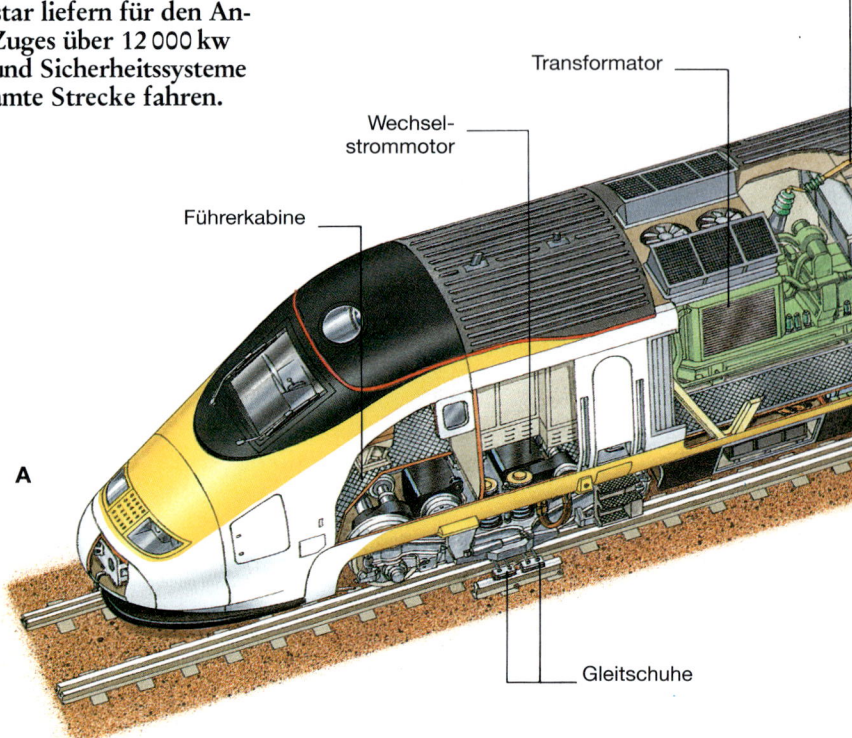

Führerkabine

Wechsel-strommotor

Transformator

Stromleitung

Gleitschuhe

A

Stromversorgung des Eurostar
A *Der Strom, der einen Eurostar-Zug antreibt, macht einige Wandlungen durch, bevor er an die Motoren gelangt. In Frankreich entnimmt ein Scherenstromabnehmer einer Oberleitung 25 kV-Wechselstrom mit 50 Hz. Dieser wird in einem Gleichrichter mit Siliziumdi-oden und Thyristoren in 1800 V-Gleichstrom umgewandelt, der an die Motorblöcke geleitet wird (einer pro Triebdrehgestell). Das sind Starkstromapparaturen, die den Gleich- in Wechselstrom zurückverwandeln – jedoch mit einer Frequenz, die der Drehgeschwindigkeit der Motoren entspricht. Ver-änderungen der Spannung der Motoren wirken sich auf deren Leistung aus. Ein zweiter Scherenstromabnehmer ist für den 3 kV-Gleichstrom in Belgien erforderlich, den man direkt an die Motorblöcke leitet – genau wie den englischen 750 V-Gleichstrom, der über Gleitschuhe aus der dritten Schiene entnommen wird.*

Alle Eurostar-Züge sind umsteuerbar, das heißt, jeder der beiden Triebköpfe kann die Spitze des 18 Wagen langen Zuges bilden. Alle Systeme, darunter die Klimaanlage, die Automatiktüren und die Kraftbremsen, werden über einen digitalen Datenbus zentral gesteuert.

Durch Bremsen Strom erzeugen

Wichtiger noch als der Antrieb des Zuges ist die Art und Weise, wie er zum Stehen kommt. Eurostar hat zwei sich gegenseitig ergänzende Bremssysteme. Beim rheostatischen Bremsen wirken die Motoren des Zuges als Generatoren, die die Bewegungsenergie des fahrenden Zuges in elektrischen Strom umwandeln. Er wird dann durch große Widerstände (Rheostaten) geleitet, wo er sich in Wärmeenergie verwandelt. Hochleistungsscheibenbremsen (vier Scheiben pro Achse) ergänzen diese Bremsleitung bei langsamer Fahrt. Die Bordcomputer sorgen automatisch für die richtige Mischung der beiden Bremssysteme.

Dieselelektrischer Antrieb
B *Eine dieselelektrische Lokomotive, wie beim britischen Inter-City 125, kommt da zum Einsatz, wo die Elektrifizierung einer Bahnlinie nicht praktikabel ist. In diesem Falle treibt ein zwölfzylindriger, turbogeladener Dieselmotor einen Hochleistungs-Wechselstromgenerator. Anders als der Eurostar wird der Zug von Gleichstrommotoren angetrieben, die einen Gleichrichter erfordern, um Wechsel- in Gleichstrom umzuwandeln. Die Motoren und Getriebe, die Kraft auf die Räder übertragen, sind in die Drehgestelle der Lokomotive montiert. Der dieselelektrische Antrieb ist wirkungsvoll und umweltschonend.*

Siehe auch: **Tunnel,** *S. 454/455*

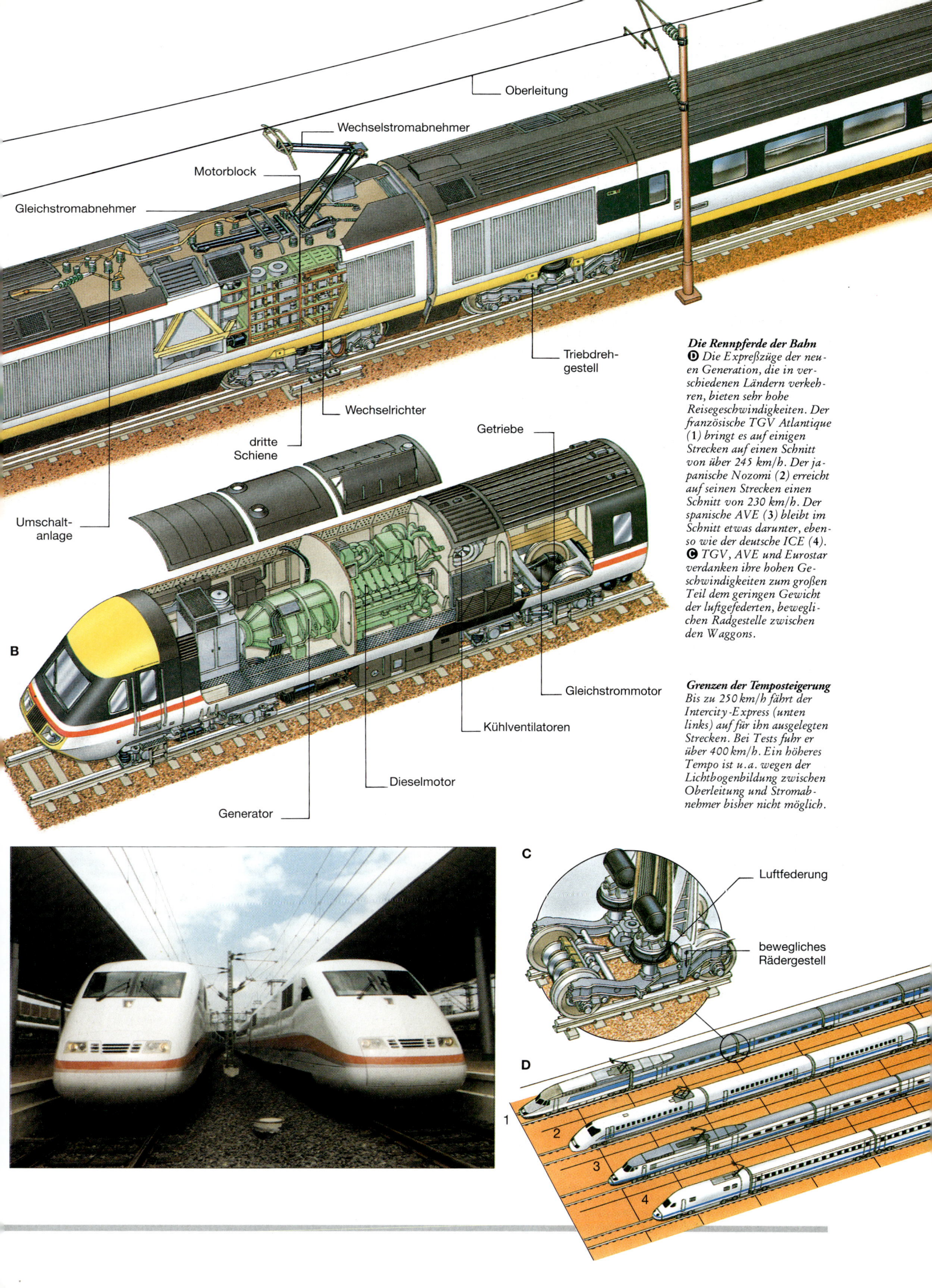

Oberleitung

Wechselstromabnehmer

Motorblock

Gleichstromabnehmer

Triebdreh-
gestell

Wechselrichter

dritte
Schiene

Getriebe

Umschalt-
anlage

Die Rennpferde der Bahn
D *Die Expreßzüge der neu-
en Generation, die in verschiedenen Ländern verkehren, bieten sehr hohe
Reisegeschwindigkeiten. Der
französische TGV Atlantique
(1) bringt es auf einigen
Strecken auf einen Schnitt
von über 245 km/h. Der japanische Nozomi (2) erreicht
auf seinen Strecken einen
Schnitt von 230 km/h. Der
spanische AVE (3) bleibt im
Schnitt etwas darunter, ebenso wie der deutsche ICE (4).*
C *TGV, AVE und Eurostar
verdanken ihre hohen Ge-
schwindigkeiten zum großen
Teil dem geringen Gewicht
der luftgefederten, beweglichen Radgestelle zwischen
den Waggons.*

Grenzen der Temposteigerung
*Bis zu 250 km/h fährt der
Intercity-Express (unten
links) auf für ihn ausgelegten
Strecken. Bei Tests fuhr er
über 400 km/h. Ein höheres
Tempo ist u.a. wegen der
Lichtbogenbildung zwischen
Oberleitung und Stromab-
nehmer bisher nicht möglich.*

B

Gleichstrommotor

Kühlventilatoren

Dieselmotor

Generator

C

Luftfederung

bewegliches
Rädergestell

D

1

2

3

4

Surfende Giganten

Luftkissen- und Tragflügelboote

In einer Wolke von Sand und salziger Gischt schwebt ein 300 Tonnen großes SR-N4-Hovercraft leicht zu seinem Halteplatz am Strand. Die 400 Passagiere und 60 Autos in seinem Inneren schweben – 2,5 m über der Wasseroberfläche – auf einem Kissen von 3000 m³ komprimierter Luft. Auch Tragflügelboote, hochbeinig auf ihre Unterwasserflügel gestützt, entziehen sich der bremsenden Wirkung des Wassers. Angetrieben von schäumenden Meerwasserfontänen aus seinen mit Gasturbinen bestückten Druckwasserjets, gleitet ein Boeing Jetfoil mit einer Geschwindigkeit von fast 100 km/h dahin.

Wasser ist 800mal dichter als Luft und daher 800mal schwerer zu durchdringen. Ein vorwärtsfahrendes Schiff braucht deshalb viel Energie, um Wasser aus seiner Bahn zu räumen. Um die dabei entstehende Reibung zu verringern, muß der im Wasser liegende Teil des Schiffs so klein wie möglich gehalten werden.

Luftkissenboote sind keine Schiffe im eigentlichen Sinn, denn mächtige Gebläse heben sie vollständig über die Wasseroberfläche und lassen sie, ähnlich wie Flugzeuge, dicht über den Wellen »fliegen«. Doch ist es sehr schwierig, die Tragluft festzuhalten, die ständig durch Spalten an den Bootsrändern entweichen will. Bei den meisten kommerziellen Fahrzeugen schließen Gummischürzen das Luftkissen ein. Diese besitzen an ihrem unteren Rand »Finger« – elastische, hufeisenförmige Fortsätze –, die sich den Wellen anpassen und einen Luftaustritt verhindern sollen.

Es gibt noch andere Methoden, das Luftkissen abzuschirmen: Kleinere Fahrzeuge haben keine Schürzen, sondern stützen sich auf einen unsichtbaren, von den Rändern des Fahrzeugs nach innen geblasenen Preßluftfilm. Andere Passagierboote besitzen starre Seitenteile, die wie ein Katamaran ins Wasser tauchen; nur an Heck und Bug sind Gummischürzen angebracht. Diese Fahrzeuge sind so schnell wie herkömmliche Luftkissenboote, können jedoch nicht über Land fahren.

Auf Luftkissen über Wasser und Land

Schiffsschrauben eignen sich nicht für Fahrzeuge, die das Wasser ganz verlassen. Luftkissenboote sind daher mit mächtigen Strahlturbinen ausgestattet. Die Propeller der SR-N4 sind die größten je gebauten. Zum Steuern lassen sie sich in verschiedene Richtungen schwenken – manche Fahrzeuge legen sich auch in die Kurve, indem sie auf einer Seite ein wenig Luft ablassen.

Luftkissenboote benötigen extrem starke, aber nicht allzu schwere Triebwerke, um den gewaltigen Schub zu erzeugen, der mehrere hundert Tonnen in der Schwebe hält. Die größten Modelle besitzen Strahltriebwerke, die Luftschrauben und Gebläse antreiben. Sie sind jedoch sehr empfindlich gegen Korrosion durch das salzige Sprühwasser, das die entweichende Luft in Wolken aufwirbelt. Kleinere Fahrzeuge verfügen daher über langlebigere Dieselmotoren.

Das Prinzip des Schwebens funktioniert nicht nur auf See. Luftkissenboote sind Amphibienfahrzeuge: Weil das Luftkissen das Gewicht auf eine möglichst große Fläche verteilt, kann das Boot auch schonend über schwieriges Terrain wie die nordkanadische Tundra gleiten. Außerdem ist Luft ein sehr gutes Schmiermittel: Deshalb werden Züge entwickelt, die mit über 350 km/h auf einer dünnen Luftschicht schweben sollen.

Unterwasserflügel erzeugen Auftrieb

Wie die Tragfläche eines Flugzeugs beim Flug eine aufwärts gerichtete Kraft erzeugt, so erfährt auch der Tragflügel eines Schiffes, über dessen Oberflächen Wasser strömt, Auftrieb. Er bewirkt, daß sich Tragflügelboote mit zunehmender Geschwindigkeit aus dem Wasser heben.

Solche Schiffe können mit halbgetauchten Tragflügeln in V-Form oder mit vollgetauchten Tragflügeln ausgestattet werden. Schiffe mit ganz untergetauchten Flügeln benötigen zu ihrer Stabilisierung aufwendige Zusatzeinrichtungen, bewegen sich aber auch bei schwerem Seegang sehr ruhig vorwärts. Bei langsamer Fahrt können ihre Flügel oft an den Schiffsrumpf gezogen werden.

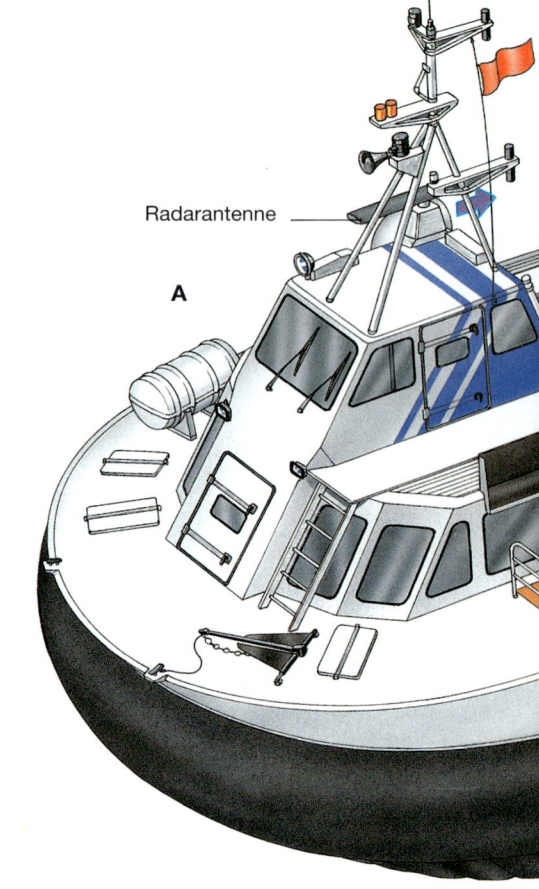

Radarantenne

A

Auf Luft schweben

A *Luftkissenboote sind viel schneller als herkömmliche Schiffe; es gibt Modelle, die 120 km/h erreichen. Weil sie auf Luftkissen ruhen, sind diese Fahrzeuge in der Lage, sich wie Amphibien zu Wasser und zu Lande zu bewegen und vielerlei Aufgaben zu übernehmen – vom Passagierdienst bis zu Such- und Rettungseinsätzen. Dieses Modell besitzt vier 12-Zylinder-Dieselmotoren. Zwei davon treiben große Gebläse, die Luft ansaugen und sie unter das Fahrzeug leiten. Den Hauptantrieb für das Boot liefern zwei 2,7 m hohe Luftschrauben, die über Treibriemen von den anderen beiden Dieselmotoren bewegt werden. Die Ruder hinter den Schrauben dienen zum Steuern. Andere Gebläse sind mit Bugstrahlrudern verbunden – schwenkbaren Luftabzugskanälen, die ebenfalls die Steuerung unterstützen. Leder- oder Gummischürzen umschließen das Boot ringförmig. Sie halten das Luftkissen fest und ermöglichen es dem Schiff, hoch über Hindernisse und Wellen zu schweben.*

B *Die obere Hälfte der Schürze des Luftkissenboots verfügt über zwei Wände, die die einströmende Luft in die Luftkammer unter dem Hovercraft leiten. An der Schürze des Boots hängt eine Reihe von »Fingern«, die nach der Oberfläche greifen, über die das Fahrzeug fährt, und das Luftkissen zusätzlich abdichten.*

Die Finger steigern außerdem den Fahrkomfort für die Passagiere, da sie sich durch ihre ständigen Auf- und Abwärtsbewegungen wie riesige Stoßdämpfer verhalten. Sollte es zu einem Riß in der Schürze oder einem Motorschaden kommen, hält ein Schwimmtank das Luftkissenboot sicher über Wasser.

Tragflügel unter Wasser
Getragen von einer flügelartigen Konstruktion, gleitet das Tragflügelboot (Bild rechts) dicht über der Wasseroberfläche dahin. Es kann sich den wechselnden Gegebenheiten auf See sehr gut anpassen: Bei Wellengang könnte ein solches Boot plötzlich gefährlich an Fahrt und an Auftrieb verlieren. Durch die V-Form der Tragflügel, die einen Teil der Flügel aus dem Wasser herausstehen läßt, stabilisiert sich das Boot jedoch von selbst. Schneidet das Boot eine Welle, so taucht mehr Flügelfläche ein und der Auftrieb vergrößert sich. Der Kiel des Bootes wird deshalb über den Wellenkamm angehoben und entgeht der Gefahr.

Siehe auch: **Schiffe,** *S. 538/539* **Düsentriebwerk,** *S. 540/541* **Tragflächen,** *S. 542/543*

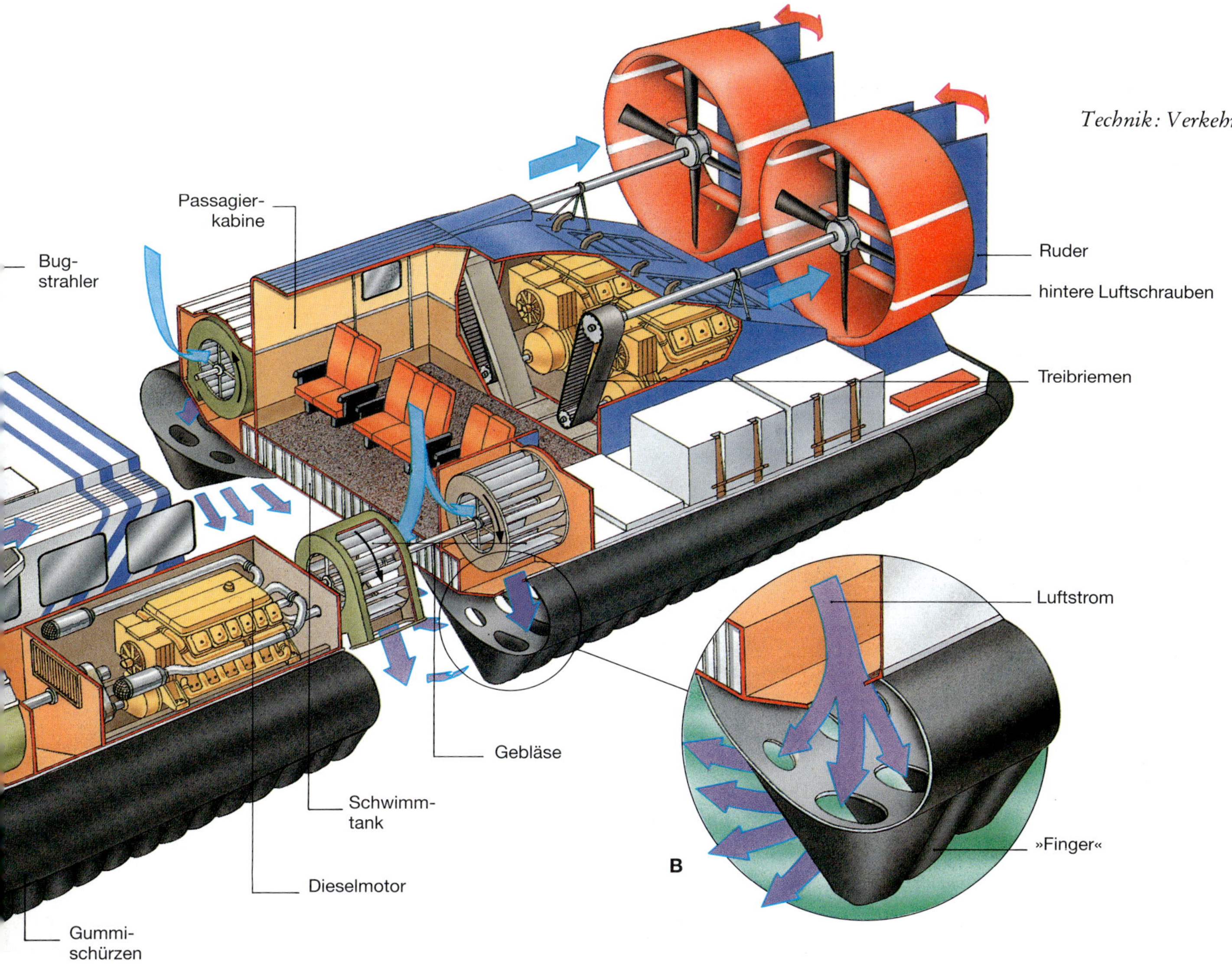

Bug-
strahler

Passagier-
kabine

Ruder

hintere Luftschrauben

Treibriemen

Luftstrom

Gebläse

»Finger«

B

Schwimm-
tank

Dieselmotor

Gummi-
schürzen

C

4

1

2

3

Steuerung des Jetfoil

C *Das Boeing Jetfoil ist eines der schnellsten Trag-flügelmodelle. Weil es sich dem Reibungswiderstand des Wassers entzieht, kann es mit fast 100 km/h dahingleiten. Das Jetfoil wird durch lenk-bare Vorderstreben (1) und Klappen an den Flügelhin-terkanten gesteuert. Eine Au-*

tomatik sorgt dafür, daß der Rumpf des Bootes sich immer in sicherem Abstand zu den Wellen befindet. Da das Wasser schneller über die gewölbte Oberseite der Tragflächen gleitet als über die Unterseite, entsteht auf der Oberseite eine Zone niedrigen Drucks, die das Boot nach oben »saugt«. Ein

Druckwasserstrahl treibt das Boot vorwärts: Zwischen den hinteren Flügeln wird Wasser eingesaugt (2) und durch Hochdruckpumpen (3) mit großer Geschwindigkeit am Heck ausgestoßen. Ihr Antrieb erfolgt durch Gastur-binen (4), deren hohe Luft-einlaßstutzen salziges Sprüh-wasser fernhalten.

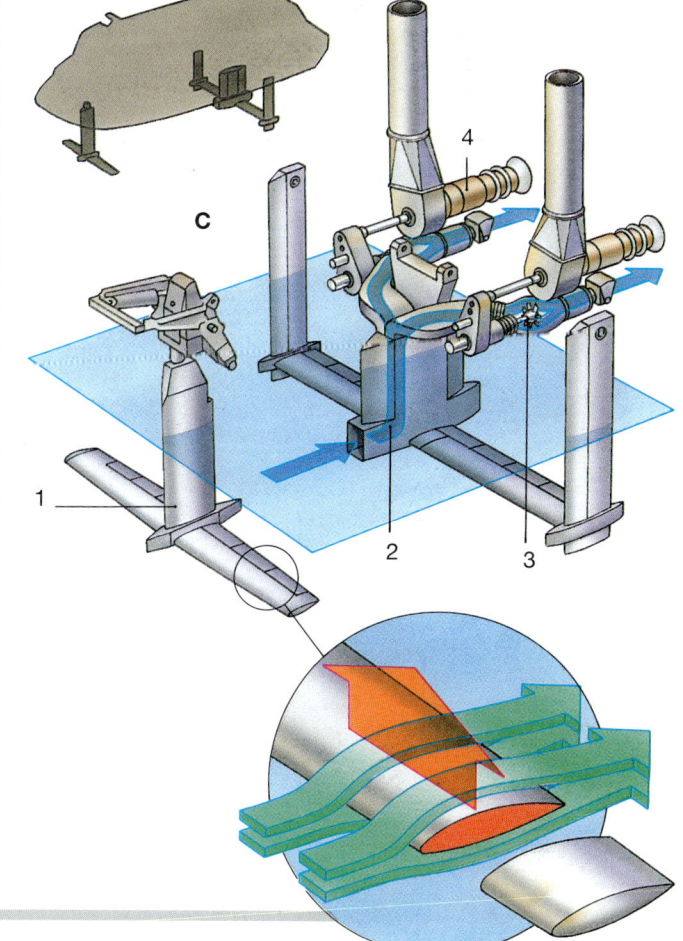

Gegen Wind und Wellen

Konstruktionsmerkmale moderner Schiffe

Mit einer Länge von über 450 m und einer Breite von mehr als 70 m sind Tanker nicht nur die gigantischsten Schiffe der Erde, sondern zweifellos die größten beweglichen Objekte, die je gebaut wurden. Sie benötigen Dutzende von Kilometern, um aus voller Fahrt zum Halten zu kommen, und können nur in den größten Häfen vor Anker gehen. Die Konstruktion eines Schiffes richtet sich nach der Aufgabe, die es erfüllen soll: Ein wuchtiger Öltanker unterscheidet sich deutlich von einem wendigen Fährschiff, bei dem zusätzliche Propeller oder Bugruder die Manövrierfähigkeit im Hafenbecken erhöhen.

Die Konstruktion des Schiffsrumpfs muß unterschiedliche Anforderungen berücksichtigen: Zunächst gilt es, den Widerstand beim Gleiten durch das Wasser möglichst gering zu halten. Der lange, dünne und spitz zulaufende Bug eines Kanus oder Ruderbootes erfüllt diese Bedingung besonders gut. Der Wasserwiderstand läßt sich auch verkleinern, wenn der Schiffsrumpf so wenig wie möglich ins Wasser eintaucht. Schnellboote besitzen daher eine besonders gleitfähige Unterseite, die den Rumpf bei hoher Geschwindigkeit aus dem Wasser hebt.

Darüber hinaus muß die Stabilität eines Schiffes gewährleistet sein. Segelboote verfügen z. B. über einen meist mit Blei beschwerten Kiel, welcher die durch den Wind und den Seegang bedingte »Krängung« (Seitwärtsneigung) reduzieren soll. Der Kiel wirkt zudem Schlingerbewegungen entgegen und läßt das Schiff dadurch schneller vorankommen.

Alle Rumpfformen haben auch den Zweck, das Fahrzeug gegen das Kentern zu schützen. Das Boot muß in einer stabilen Schwimmlage bleiben oder in sie zurückkehren können, wenn die aus der Verdrängung des Wassers (dem Auftrieb) und dem nach unten ziehenden Eigengewicht des Schwimmkörpers resultierenden Kräfte an unterschiedlichen Stellen angreifen. Der weite Abstand zwischen den beiden Rümpfen eines Katamarans sorgt für besondere Stabilität.

Schließlich sind die Funktion und die Ladekapazität für den Schiffbau von hoher Bedeutung. Frachtschiffe, ganz gleich ob Fischkutter oder Supertanker, sind aufgrund ihres hohen Fassungsvermögens zumeist nicht optimal stromlinienförmig konstruiert. Einige Rumpfformen passen sich ganz der jeweiligen Aufgabe des Schiffes an: Der hochgezogene Bug eines Fischkutters hält auch dem stärksten Seegang stand; das tiefliegende Heck erleichtert das Einholen der Netze. Der löffelförmig gebogene Bug eines Eisbrechers dringt Stück für Stück ins Packeis ein. Das Eigengewicht des Schiffes drückt dabei auf die gefrorene Schicht und bahnt eine Fahrrinne. Neuere Modelle arbeiten mit einem Wasser-Luft-Polster zwischen Rumpf und Eisschicht, das die Auswirkungen des Eisbruchs auf das Schiff dämpft.

Die Vorteile des Dieselmotors

Den unterschiedlichen Schiffstypen entspricht die Vielzahl verschiedener Motortypen. Bis vor kurzem arbeiteten in den größten Frachtern und Passagierschiffen Dampfturbinen, die den Erfordernissen des Schiffsbetriebes angepaßt waren. Doch

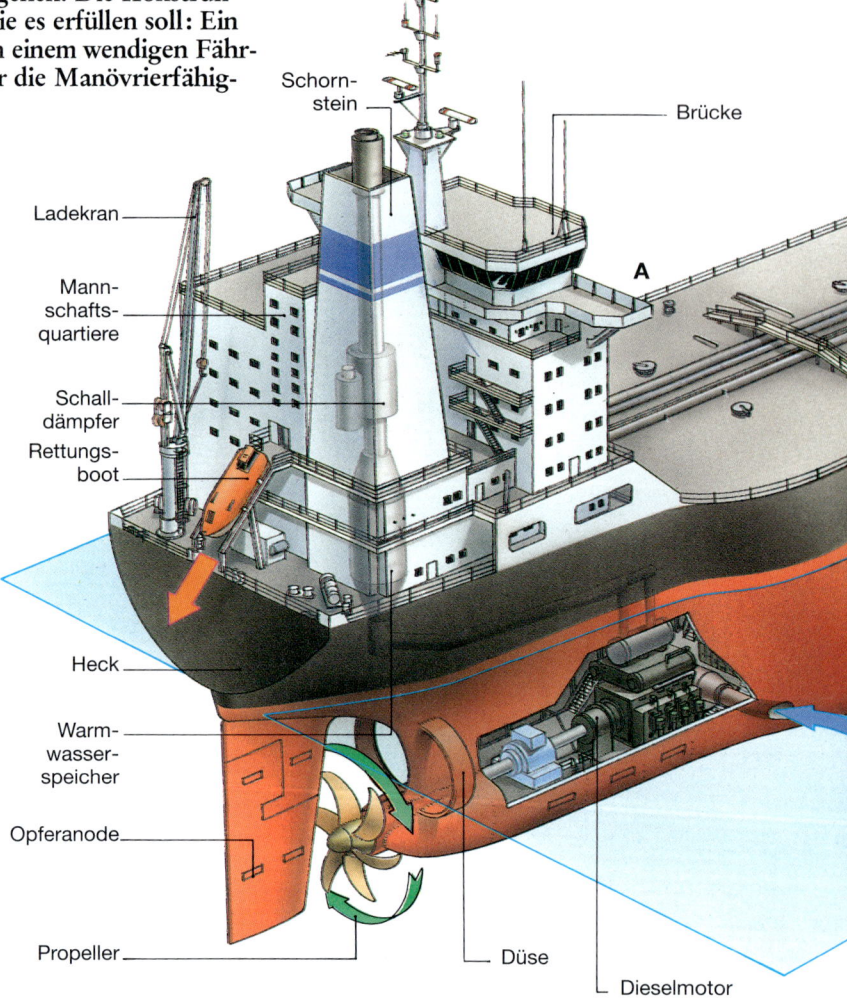

Schornstein
Brücke
Ladekran
A
Mannschaftsquartiere
Schalldämpfer
Rettungsboot
Heck
Warmwasserspeicher
Opferanode
Propeller
Düse
Dieselmotor

Ozeanriesen

Ⓐ *Ein modernes Tankschiff transportiert die größtmögliche Ölmenge zum geringstmöglichen Preis.*

Das Öl lagert in riesigen, durch Seitenlängsschotten und Querschotten unterteilten Tanks. Sie verhindern, daß die Flüssigkeit umherschwappt und das Schiff aus dem Gleichgewicht bringt. Bug und Heck »verjüngen« sich und bilden auf der Schwimmwasserlinie eine Art Taille, ehe sie unter der Wasseroberfläche wieder breiter werden. Dadurch wird die Berührung mit der Wasserlinie, wo der Wasserwiderstand am stärksten ist, auf ein Minimum reduziert, während die vom Schiff verdrängte Wassermenge und damit der Auftrieb sich er-

höhen. Große Dieselmotoren mit niedriger Umdrehungszahl treiben den Tanker an. An Steuerbord eingesaugtes Meerwasser, das auf der gegenüberliegenden Seite des Schiffes wieder abfließt, kühlt die Anlage. Die dabei freigesetzten heißen Dämpfe dienen der Warmwasserversorgung.

Der Motor dreht sehr langsam und ist deshalb direkt mit dem über 10 m breiten, bronzenen Schiffspropeller verbunden. Düsen regulieren den Wasserstrom über die Schraube und erhöhen ihre Leistung. Das Ruder steuert das Schiff auf hoher See, indem es die Richtung des von der Schraube erzeugten Strahls bestimmt. In seichteren Gewässern manövriert das Schiff dagegen mit Hilfe

von Bugstrahlrudern. Diese elektromotorgetriebenen Propeller können den Schiffsrumpf seitlich bewegen. Am Ruder sind »Opferanoden« aus Zink angebracht, die mit dem Meerwasser reagieren und dadurch die Korrosionsanfälligkeit des Rumpfes mindern. Das Rettungsboot ist am hinteren Teil des Schiffes verankert. Gerät das Schiff in Seenot, kann die Besatzung das Boot rasch besteigen und sich darin fest anschnallen. Dann wird das Haltetau gekappt; das Boot fällt direkt ins Wasser und vermag sich wesentlich schneller vom Schiff zu entfernen, als dies beim herkömmlichen Aussetzen der Rettungsboote an der Seite des Schiffes gelingt.

Siehe auch: Automotor, *S. 526/527* Luftkissenboot, *S. 536/537* Düsentriebwerk, *S. 540/541*

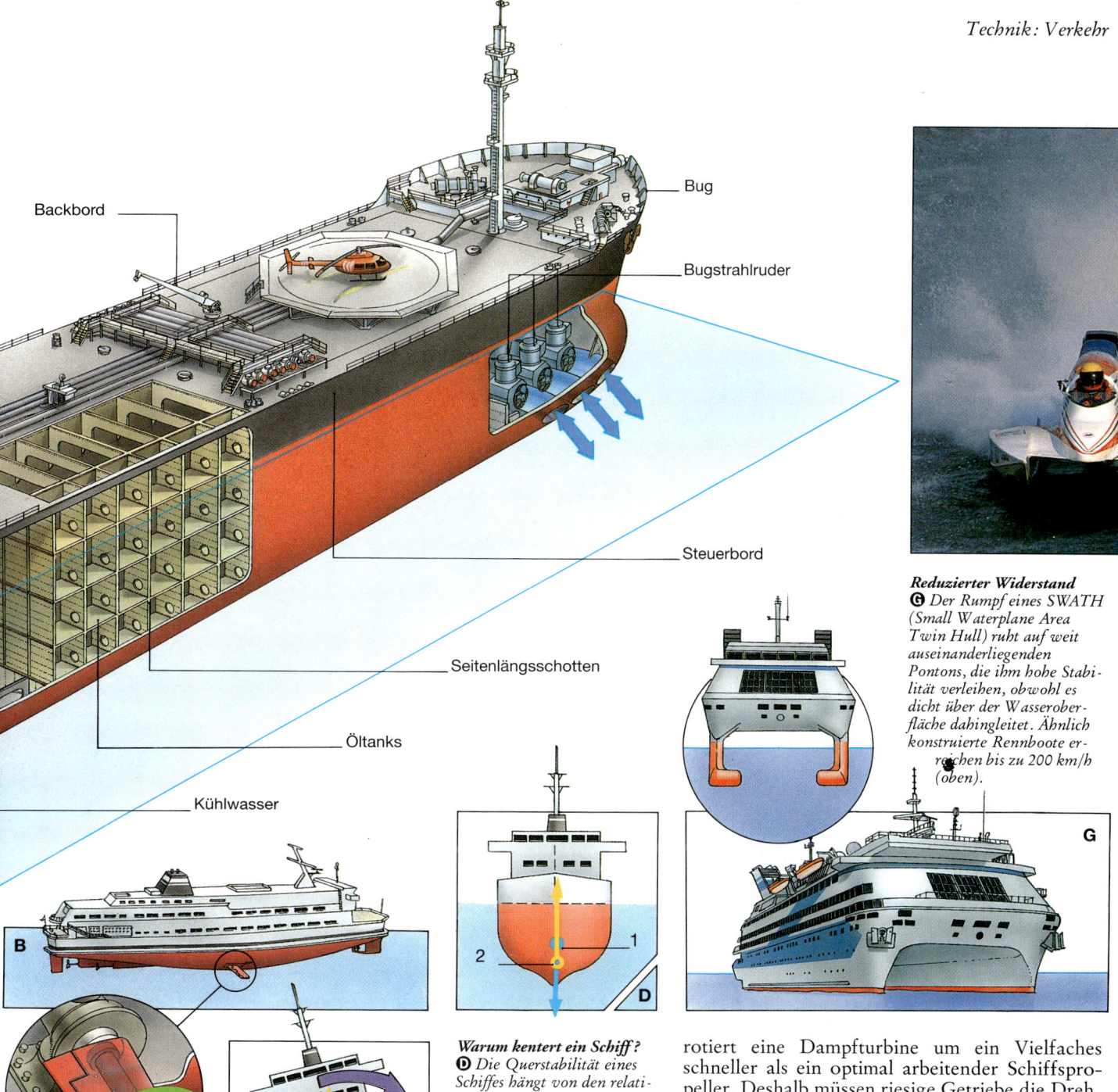

Backbord

Bug

Bugstrahlruder

Steuerbord

Seitenlängsschotten

Öltanks

Kühlwasser

B

C

Stabilisatoren

D

E

F

G

Reduzierter Widerstand
G *Der Rumpf eines SWATH (Small Waterplane Area Twin Hull) ruht auf weit auseinanderliegenden Pontons, die ihm hohe Stabilität verleihen, obwohl es dicht über der Wasseroberfläche dahingleitet. Ähnlich konstruierte Rennboote erreichen bis zu 200 km/h (oben).*

Stabilisierung durch Flossen
B C *Drehbare Stabilisatoren sorgen heute dafür, daß Passagierschiffe auch bei starkem Seegang so wenig wie möglich schaukeln. Diese »Flossen« sind in der Mitte des Rumpfes seitlich angeordnet und wirken der Schlingerbewegung des Schiffes entgegen.*

Warum kentert ein Schiff?
D *Die Querstabilität eines Schiffes hängt von den relativen Positionen seines Schwerpunktes (1) – an dem die Gewichtskraft angreift – und des Formschwerpunktes der verdrängten Wassermenge (2) – an der die Auftriebskraft wirksam wird – ab. In der Normallage bilden diese beiden Punkte eine senkrechte Linie.*
E *Ein seitlich geneigtes Schiff richtet sich von allein wieder auf, sofern der Punkt, an dem die Auftriebskraft die Schiffsmittelachse schneidet (3), oberhalb des Schiffsschwerpunktes (1) liegt.*
F *Schneidet die Auftriebskraft die Schiffsmittelachse unterhalb des Schwerpunkts, so kentert das Schiff.*

rotiert eine Dampfturbine um ein Vielfaches schneller als ein optimal arbeitender Schiffspropeller. Deshalb müssen riesige Getriebe die Drehzahl auf die Fahrbedingungen abstimmen. Außerdem verbrauchen Dampfturbinen große Mengen Brennstoff. Dieselmotoren arbeiten mit einem deutlich höheren Wirkungsgrad. Sie finden in neueren Schiffstypen wieder verstärkt Verwendung, weil sie sich ausreichend langsam drehen, um die Schiffsschraube direkt anzutreiben, und deshalb kein Getriebe benötigen. In anderen Schiffen treibt die Dieselkraft Generatoren an. Der erzeugte Strom fließt zu Elektromotoren, die dann den Propeller drehen. Dank dieser Konstruktion lassen sich die Motoren fernab von der Schiffschraube, an der für die Gewichtsverteilung günstigsten Stelle plazieren.

Auch bei Segelschiffen wird die Bautechnik immer ausgefeilter. Die Ansprüche an regattentaugliche Boote haben zu so außergewöhnlichen Konstruktionen wie Flügelkielen geführt.

Der Luftstrom wird zur Schubkraft

Strahltriebwerke

Moderne Strahltriebwerke sind die leistungsfähigsten Antriebssysteme, die je entwickelt wurden. Mit einem Eigengewicht von fünf Tonnen können sie einen Schub von bis zu 500 000 Newton leisten – genug, um eine 50-Tonnen-Last senkrecht anzuheben. Das Strahltriebwerk hat die Luftfahrt revolutioniert, weil Flugzeuge damit schneller, höher und wirtschaftlicher fliegen können als je zuvor. Aber Strahltriebwerke, auch Gasturbinen genannt, dienen noch anderen Zwecken: Sie bewegen die Schrauben von Kriegsschiffen und treiben Lokomotiven, Luftkissenfahrzeuge, ja sogar Industriemaschinen wie hochtourige Bohrer und Pumpen an.

Seit dem ersten Flug einer Düsenmaschine im Jahre 1939 wird das Strahltriebwerk ständig fortentwickelt. Fast alle Zivilflugzeuge und Militärmaschinen sind heute mit immer moderneren Ableitungen dieses Triebwerks ausgerüstet.

Das Strahltriebwerk ist wie der Motor eines Autos eine Verbrennungskraftmaschine, in der ein Gemisch aus Luft und zerstäubtem Kraftstoff verbrannt wird. Mit steigender Temperatur dehnt sich das verbrannte Gas rasch aus. Dieses Gemisch wird dann in Arbeit umgesetzt. Im Auto treibt der Motor die Räder über einen an die Kurbelwelle angeschlossenen Kolbenzug. Strahltriebwerke dagegen nutzen die Verbrennungsenergie direkter. Das expandierende Gas strömt durch eine Düse, wird dadurch beschleunigt und mit hoher Geschwindigkeit (meist über 2000 km/h) am Ende des Triebwerks ausgestoßen.

Während die Moleküle des komprimierten Gases nach hinten durch die Schubdüse geleitet werden, wirken sie mit gleicher Kraft, doch in umgekehrter Richtung auf die Innenwände der Gasturbine. Diese Kraft – Schub genannt – überträgt sich vom Triebwerksgehäuse auf Rumpf und Flügel und stößt das Flugzeug vorwärts.

Wovon hängt der Schub ab?

Der Schub ist gleich der Menge des aus dem Triebwerk gestoßenen Gases multipliziert mit dessen Beschleunigung. Eine große Menge gering beschleunigten Gases erzeugt daher den gleichen Schub wie eine kleinere Menge hoch beschleunigten Gases. Früher waren Strahlflugzeuge mit dieser Art von Triebwerk – auch Turbojet genannt – ausgerüstet, das mit starker Gasbeschleunigung bei hohen Temperaturen lief. Doch heute verfügen die meisten Verkehrsflugzeuge über Zweistromtriebwerke oder Mantelstromtriebwerke, die größere Mengen Luft weniger stark beschleunigen und leiser sowie ökonomischer laufen.

Klassische Strahltriebwerke und Turboprops

Ein einfacher Turbojet setzt sich aus drei Hauptkomponenten zusammen – einem Verdichter vorn, einer Brennkammer in der Mitte und einer Turbine hinten. Der Verdichter besteht aus einer Reihe von rotierenden Schaufeln und arbeitet wie ein riesiger Ventilator. Er saugt Luft ins Triebwerk, zwängt diese durch einen sich verengenden Kanal und verdichtet sie auf weniger als ein Zehntel ihres ursprünglichen Volumens, bevor er sie in die Brennkammer preßt. Dort wird die Luft dann mit zerstäubtem Kerosin (Paraffin) gemischt und anschließend gezündet. Da die Luft unter Druck

steht, verbrennt der Treibstoff schneller – wodurch sich Leistung und Wirkungsgrad erhöhen.

Die Temperatur des Gases steigt in der Brennkammer auf über 1400 °C. Das Gemisch dehnt sich aus und wird beim Ausstoß aus dem Triebwerk nochmals beschleunigt. Bevor es aus der Schubdüse austritt, wird ein Teil seiner kinetischen Energie dazu benutzt, eine Schaufelturbine zu treiben. Sie ist über eine Welle an den Verdichter gekoppelt, den sie auf die zur Kompression der einströmenden Luft nötige Drehzahl bringt.

Beim Turbojet liefert die restliche kinetische Energie des Gasgemischs den Schub. Beim Propeller-Turbinen-Luftstrahltriebwerk (Turboprop) wird diese Energie dagegen von einem weiteren Turbinensatz auf eine Welle übertragen, die über ein Übersetzungsgetriebe mit einem Propeller verbunden ist. Turboprops eignen sich besonders für niedrige Fluggeschwindigkeiten und werden deshalb vor allem für Kurzstreckenflugzeuge verwendet.

Turbojets
Ⓐ Die Luft, die ein Turbojet ansaugt, wird durch mehrere Stufen schnell rotierender Schaufeln auf einen Druck von 10 Atmosphären verdichtet und in eine Brennkammer gepreßt, in die Treibstoff einspritzt; dabei brennt das Gemisch kontinuierlich. Das entstehende heiße Gas strömt durch Turbinenstufen, die durch eine Achse mit den vorderen Verdichtern verbunden sind. Das Gefüge aus Verdichterstufe, Achse und Turbinenstufe wird als »Spool« bezeichnet.
Ⓑ Da die durch Verdichter und Turbinen strömende Luft verwirbelt, richten festestehende Schaufeln oder Statoren (Leitschaufeln) zwischen den rotierenden Schaufeln sie wieder »gerade«. Wirbel würden die Triebwerksleistung mindern.

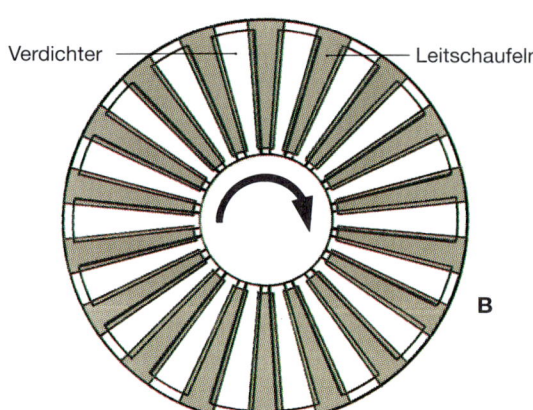

Verdichter — Leitschaufeln

B

A

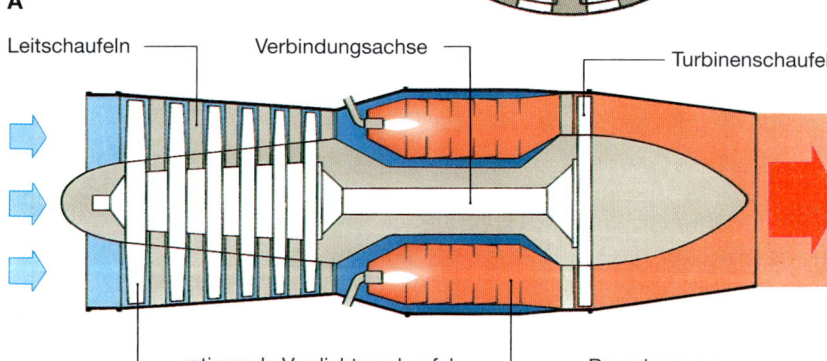

Leitschaufeln — Verbindungsachse — Turbinenschaufeln

rotierende Verdichterschaufel — Brennkammer

B

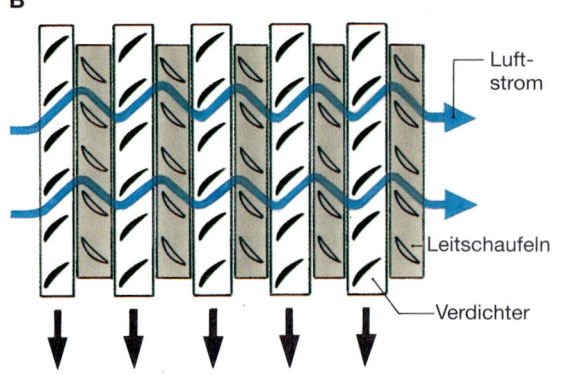

Luftstrom

Leitschaufeln

Verdichter

Senkrechtstart
Das Kampfflugzeug vom Typ Harrier (rechts) nutzt seine günstige Antrieb-Gewicht-Relation zu direktem Auftrieb, so daß eine Startbahn überflüssig wird. Der Schub eines Harrier kommt aus vier schwenkbaren Düsen, die beim Senkrechtstarten abwärts, beim Vorwärtsflug dann nach hinten gerichtet werden.

Siehe auch: **Automotor**, *S. 526/527* **Schiffe**, *S. 538/539* **Tragflächen**, *S. 542/543* **Hubschrauber**, *S. 546/547*

C

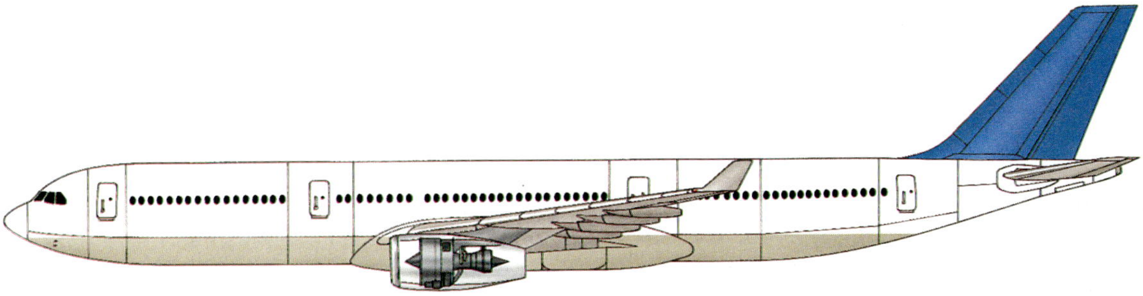

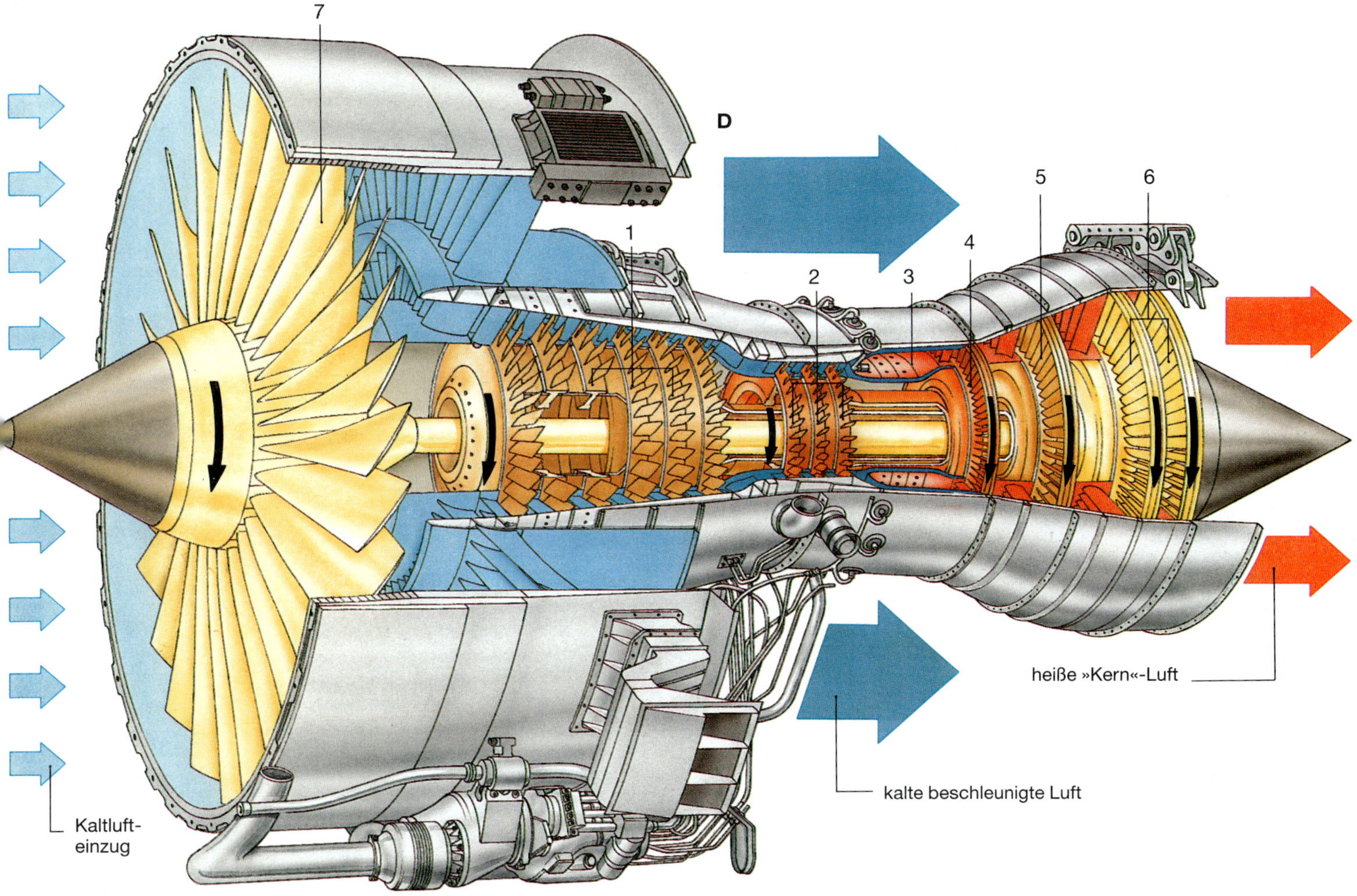

7

D

1

2

3

4

5

6

Kaltluft-
einzug

heiße »Kern«-Luft

kalte beschleunigte Luft

Zweistromtriebwerke

C Die meisten modernen Verkehrsflugzeuge besitzen zwei, drei oder vier Zweistromtriebwerke (Turbofans), die meist unter den Flügeln montiert sind.

D Ein Turbofan ist im Grunde ein konventionelles Strahltriebwerk, das mit einem weiteren Satz Turbinenschaufeln ausgestattet ist. Diese zusätzliche Turbine treibt einen großen, ummantelten Propeller.

Wie beim Turbojet wird Luft in den Triebwerkskern gesaugt. Zwei unabhängig voneinander rotierende Gruppen von Verdichtern (1, 2) komprimieren die Luft auf 30 Atmosphären, bevor sie in die Brennkammer gelangt (3). Ein heißes, expandierendes Gemisch verbrann-ten Gases schießt aus der Brennkammer heraus und an drei Turbinenstufen (4, 5, 6) vorbei, bevor es durch Düsen am Rückteil des Triebwerks hinausströmt.

Die erste Turbinenstufe (4) mit ihren kleinen Schaufeln wird von sehr heißen Gasen unter großem Druck auf eine extrem hohe Geschwindigkeit gebracht. Von hier überträgt sich die Rotationskraft über eine Welle auf den ebenfalls mit kleinen Schaufeln versehenen Hochdruckverdichter, der direkt vor der Brennkammer liegt. Eine zweite Turbinenstufe mit größeren Schaufeln (5) dreht sich langsamer; sie ist mit einem Niedrigdruckkompressor gekoppelt. Die dritte Turbinenstufe (6) besitzt noch größere Schaufeln. Sie be-zieht ihre Energie aus dem nun schwächeren Luftstrom und überträgt diese über eine Achse auf den mächtigen Ventilator (Bläser) im vorderen Teil des Triebwerks (7). Dieser Ventilator rotiert in einem großen Gehäuse. Die Luft, die er nach hinten ausstößt, erzeugt mehr als drei Viertel des gesamten Triebwerksschubes. Der Rest entstammt den heißen Gasen, die durch den Triebwerkskern strömen. Weil im Gegensatz zum Turbojet eine große Menge kalter, vom Ventilator beschleunigter Luft für den Hauptteil des Triebwerksschubes aufkommt, arbeiten die Turbofans wesentlich geräuschärmer und mit einem höheren Wirkungsgrad als gewöhnliche Strahltriebwerke.

Warum fliegen Flugzeuge?

Flugzeugtragflächen und Leitwerke

Die Idee des Fliegens hat die Phantasie des Menschen von jeher beschäftigt. Doch erst zu Beginn des 20. Jahrhunderts waren die Flugpioniere technisch in der Lage, ihre Träume zu realisieren. Die Brüder Wright konnten ihre Aerodynamik-Kenntnisse dank eines neuen Antriebs von geringem Gewicht – des Benzinmotors – umsetzen und bauten den Flyer. Dieser folgte auf seinem Jungfernflug von zwölf Sekunden am 17. Dezember 1903 denselben aerodynamischen Gesetzen, die noch heute die modernen Riesenmaschinen nutzen, die nonstop 400 Fluggäste und mehr über den Atlantik tragen.

Um sich in der Luft halten zu können, muß ein Flugzeug eine nach oben gerichtete Kraft – den Auftrieb – erfahren, die gleich groß oder größer als sein eigenes Gewicht sein muß. Jeder Flugkörper, der schwerer als Luft ist, verdankt diesen Auftrieb aerodynamischen Kräften, die wirksam werden, wenn Luft über tragende Flächen gleitet. Die Flügel und das Leitwerk eines Flugzeugs bilden ebenso wie die Rotoren eines Hubschraubers solche Tragflächen.

Eine Tragfläche erzeugt Auftrieb, indem sie den Luftstrom so um sich herumlenkt, daß an ihrer Oberseite – im Vergleich zur Unterseite – eine Zone geringeren Drucks entsteht. Als Folge wird der Flügel zugleich aufwärts »geschoben« und »gesogen«. Zwar sind vielerlei geometrische Formen dazu geeignet, in dieser Weise Auftrieb zu erzeugen, doch ist die Flugzeugtragfläche speziell konstruiert, um maximalen Auftrieb bei minimalem Luftwiderstand zu erreichen. Der Luftwiderstand ist jene Kraft, die einen Flugkörper bei der Bewegung durch die Luft bremst.

Flugmanöver

Ein Flugzeug wird von den Piloten gesteuert, indem sie mittels Klappen die Form der Tragflächen – der Flügel sowie des Höhen- und Seitenleitwerks – verändern und so den Auftrieb einer jeden Tragfläche variieren.
Ⓐ *Das Kurven nach links und rechts oder »Gieren« wird mit dem Seitenruder (violett) an der Heckflosse gesteuert. Wird das Seitenruder nach links gedrückt, dann dreht auch das Flugzeug nach links.*
Ⓑ *Die Höhenruder (grün) an den Höhenflossen ändern die Längs- oder Nicklage. Ein nach oben bewegtes*

Höhenruder vermindert den Auftrieb am Heck: Das Heck senkt sich, und der Bug des Flugzeugs richtet sich auf. Drückt man die Höhenruder nach unten, so neigt sich der Bug der Maschine abwärts.
Ⓒ *Werden die Querruder (orange) an den Flügeln betätigt, rollt das Flugzeug um die Längsachse: Zieht man das rechte Querruder an und senkt das linke ab, wird links mehr Auftrieb erzeugt als rechts, und das Flugzeug »kippt« nach rechts.*

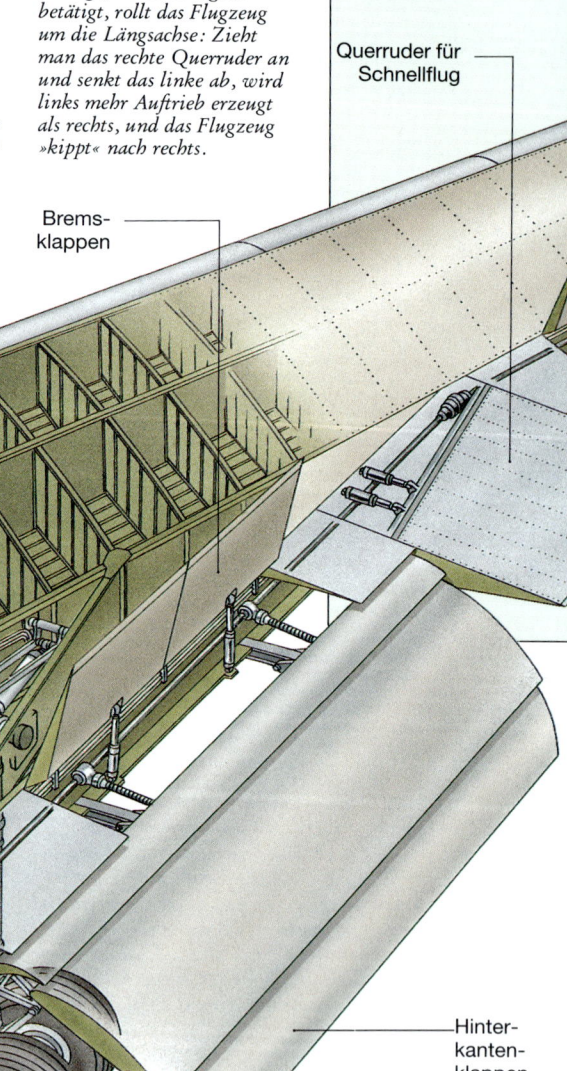

A

Querruder für
Schnellflug

Bremsklappen

Treibstofftanks

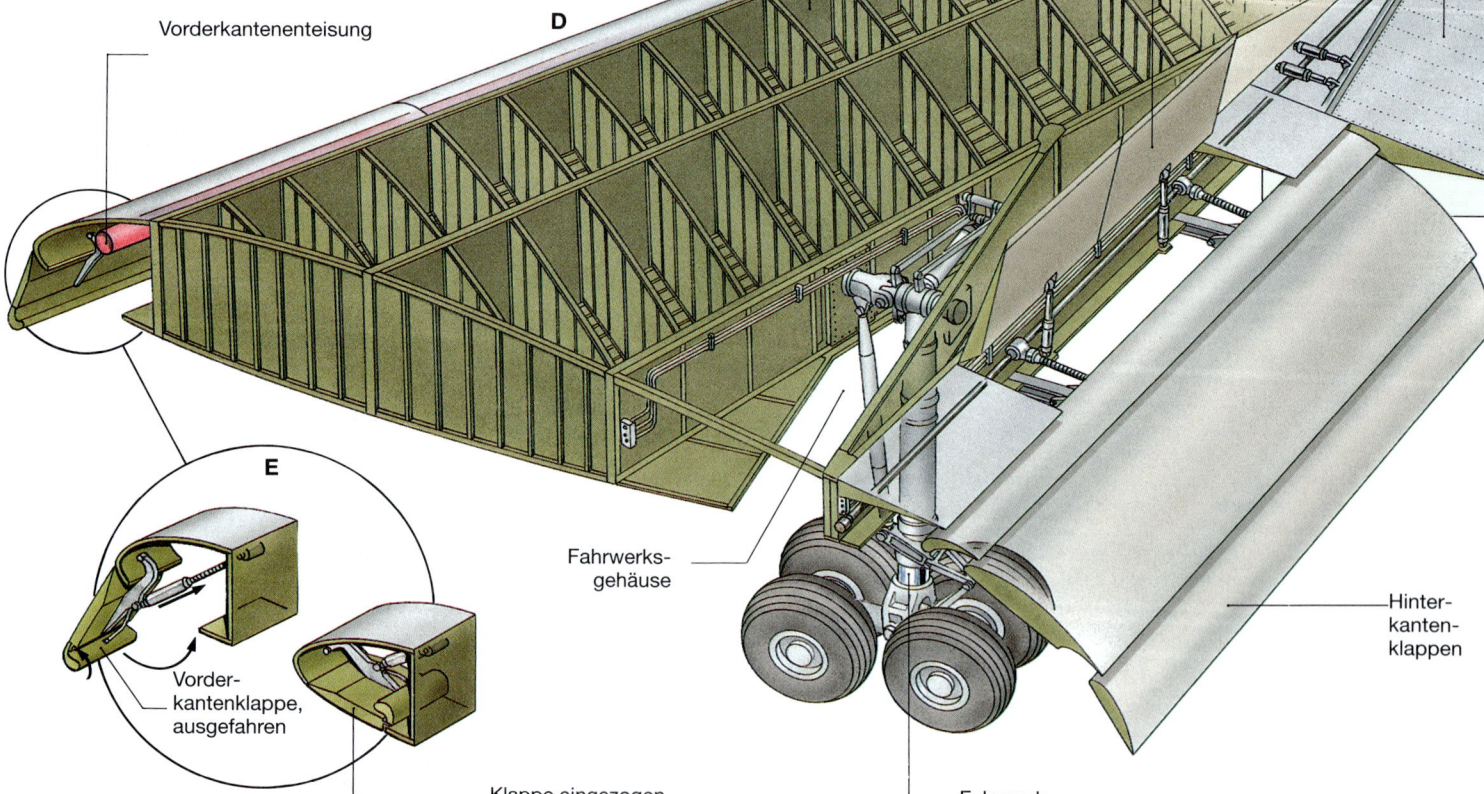

Vorderkantenenteisung

D

Fahrwerksgehäuse

E

Vorderkantenklappe, ausgefahren

Klappe eingezogen

Fahrwerk

Hinterkantenklappen

Siehe auch: **Düsentriebwerk**, S. 540/541 Hubschrauber, S. 546/547 Zukunft der Luftfahrt, S. 548/549

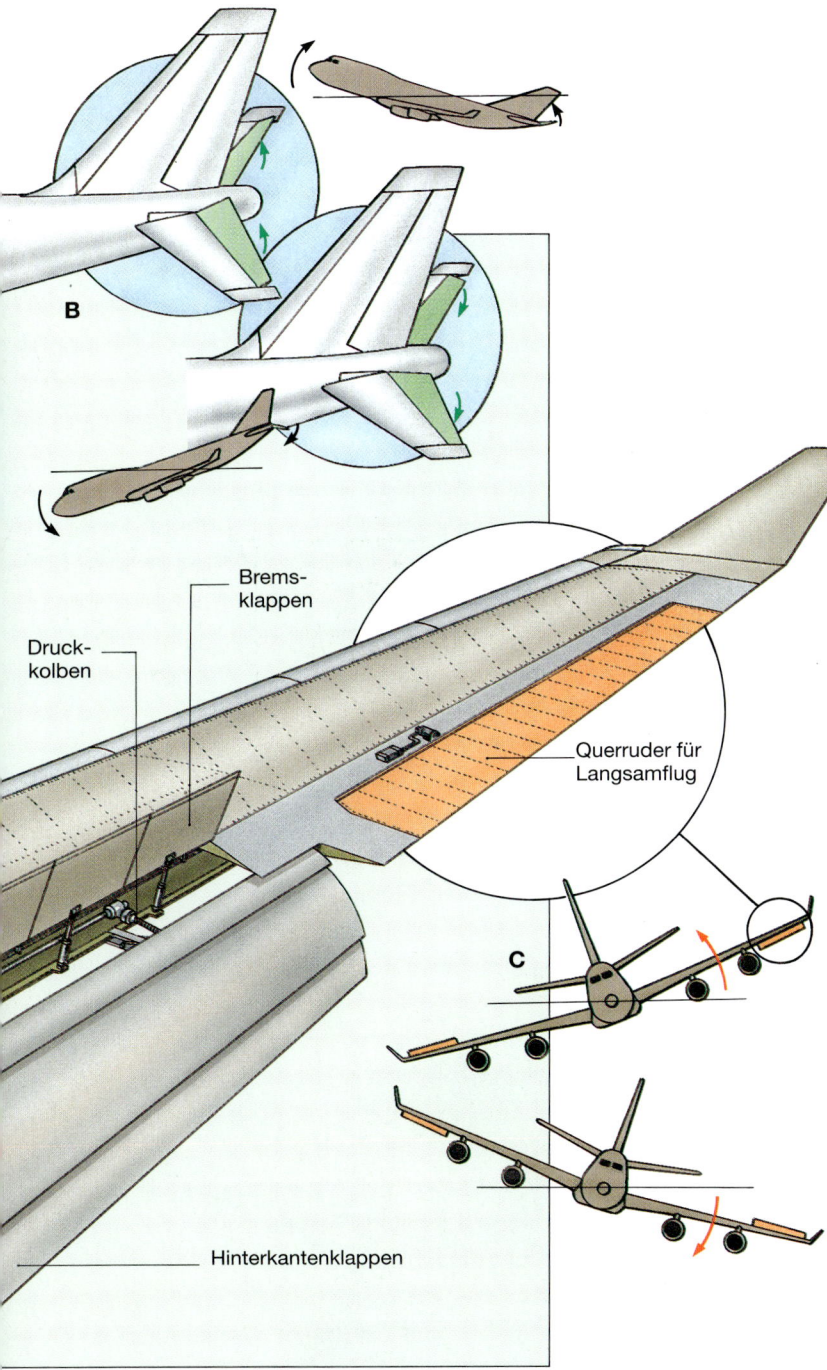

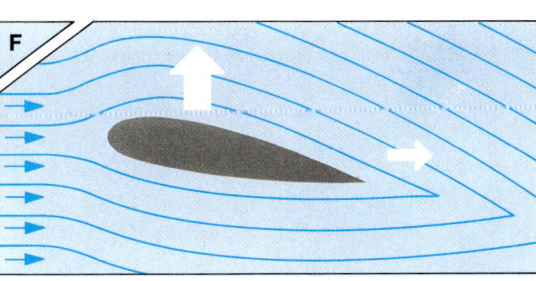

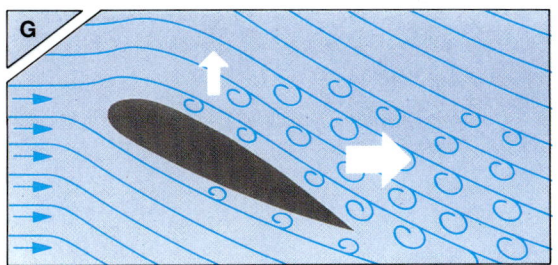

Druck-
kolben

Brems-
klappen

Querruder für
Langsamflug

B

C

Hinterkantenklappen

Die Struktur der Flügel
D *Der Flügel einer Verkehrsmaschine hat einen positiven Pfeilwinkel von 35°: Er zeigt um 35° nach hinten, um turbulente Strömungen (und damit Luftwiderstand) bei hohen Geschwindigkeiten zu vermeiden.*
Eine Wabenkonstruktion aus Sparren und Spanten verleiht dem Flügel Halt und zugleich Leichtigkeit und Elastizität. In den »Zellen« dazwischen lagert Treibstoff. Andere Teile bergen das Fahrwerk und die hydraulischen Leitungen. Durch einen Kanal an der Vorderkante strömt Heißluft, damit sich das aerodynamische Profil des Flügels nicht durch Eisansatz verändert.
Am Flügel sind in einer Reihe Querruder, Wölbungs-

und Bremsklappen (Spoiler) angebracht, die über Druckkolben bewegt werden. Mit diesen Elementen kann der Pilot die Form der Tragfläche je nach Flugphase variieren.
Beim Starten und Landen werden die Klappen ausgefahren, um Fläche und Wölbung des Flügels zu erhöhen und bei niedriger Fluggeschwindigkeit starken Auftrieb zu erzeugen. Die Bremsklappen an der Flügeloberseite sollen den Luftwiderstand beim Landeanflug steigern. Beim Flug selbst bleiben Klappen und Spoiler eingezogen.
E *Die Klappen befinden sich an den Hinter- und Vorderkanten beider Flügel und werden nach unten und vorne ausgefahren.*

Bei einer fliegenden Verkehrsmaschine trifft Luft mit mehreren hundert Stundenkilometern auf die Vorderkante der Flügel. Ein Teil des Luftstroms gleitet über die steil gewölbte Oberseite der Tragfläche, der Rest wird über ihre flachere Unterseite gelenkt. Da die oberseitig strömende Luft einen längeren Weg zurücklegt, bis sie sich am Flügelende wieder mit dem Luftstrom vereint, muß sie schneller fließen als die Luft an der Unterseite. Nach Bernoullis Gleichung erzeugt eine schnelle Strömung von Gasen oder Flüssigkeiten weniger Druck als eine langsame. Je geringer der Druck an der Oberseite im Vergleich zur Unterseite ist, desto größer ist der Auftrieb, den der Flügel erfährt.

Der Druckunterschied am Flügel – und damit der Auftrieb – nimmt mit wachsender Geschwindigkeit zu: Um abheben zu können, müssen Flugzeuge bereits am Boden stark beschleunigen. Überdies erhöht eine größere Flügelfläche und -krümmung den Auftrieb. Daher haben langsame Maschinen meist lange und steil gewölbte Flügel, während schnellere in der Regel kürzere, dünnere und geringer gewölbte Tragflächen besitzen.

Grenzen des Auftriebs

Die Piloten können den Auftrieb erhöhen, wenn sie den Bug nach oben ziehen: Sie verstellen den Winkel zwischen den Flügeln und dem Luftstrom (den Anstellwinkel), so daß sich der Weg der Luft über die Oberseite der Tragfläche verlängert. Bei Anstellwinkeln bis etwa 15° verringert sich die Fluggeschwindigkeit. Bei steileren Winkeln bricht der Luftstrom über die Flügel in Wirbel auf. Es kommt zu einem plötzlichen Auftriebsabfall, das Flugzeug sackt durch und trudelt. Moderne Flugzeuge sind mit Sicherheitsvorkehrungen gegen drohenden Strömungsabriß ausgestattet.

Die Piloten können das Auftriebsverhalten durch Senken oder Strecken der Tragflächenklappen verändern, was für Start und Landung wesentlich ist. Höhen-, Quer- und Seitenruder erlauben Manöver wie Steigen, Rollen und Gieren.

F

G *Bei langsamem Flug muß der Pilot den Winkel der Flügel zum Wind versteilen, um Auftrieb zu gewinnen. Unterhalb einer bestimmten Geschwindigkeit wird der Luftstrom unregelmäßig und verwirbelt. Dadurch schwindet der Auftrieb, und die Maschine droht abzusacken, wenn der Pilot nicht reagiert.*

Wenn die Strömung abreißt
F *Der Luftwiderstand resultiert aus der Reibung des Flugzeugs an der Luft. Er steigt, wenn der glatte Luftstrom über die Flügel abbricht oder unregelmäßig wird. Bei schnellem Flug fließt die Luft gleichförmig, der Auftrieb ist hoch und der Luftwiderstand gering.*

G

Computer kontrollieren die Piloten

Steuerungssysteme in Verkehrsflugzeugen

Selbst wenn der Pilot einer modernen Verkehrsmaschine heftig an seinem Steuerknüppel zerren und einen tödlichen Auftriebsabriß riskieren würde, könnte es kaum zu ernsthaften Problemen kommen, denn es gibt keine mechanische Verbindung zwischen dem Knüppel und den Steuerflächen des Flugzeugs. Vielmehr überwachen Computer die Eingaben des Piloten und führen nur aus, was sicher ist. Das Cockpit hat sich verändert: Vor 20 Jahren mußte die Besatzung einer Concorde 130 verschiedene Instrumente beobachten. Im modernen Cockpit warnen übersichtliche computergesteuerte Displays den Piloten, wenn etwas nicht stimmt.

In einem modernen Verkehrsflugzeug gibt es kein Wirrwarr von Zügen und Drähten, keine sperrigen hydraulischen Röhren und Zylinder mehr, weil keine mechanische Verbindung zwischen den Steuerknüppeln der Piloten und den aerodynamischen Flächen besteht. Statt dessen kontrollieren mehrere Computer die per Joystick und Pedal geäußerten »Wünsche« der Piloten und setzen sie in elektronische Befehle an Servoverstärker um, die dann die Steuerflächen betätigen. Gleichzeitig überwachen die Computer über diverse Sensoren die Fluggeschwindigkeit und den Kurs. Dieses System trägt die Bezeichnung »Fly-by-Wire«. Softwareprogramme legen die Sicherheitsgrenzen für Flugmanöver fest und sorgen für deren Einhaltung. Zwar verlieren die Piloten dadurch einen Teil ihrer fliegerischen Verantwortung, doch dafür erlaubt das schnelle Reaktionsvermögen der Computer die permanente Justierung von Quer-, Höhen- und Seitenrudern, was Unregelmäßigkeiten der Flugzeugführung sowie plötzliche Steigböen ausgleicht.

Die Verbindung zwischen Computern, Servoverstärkern und den verschiedenen Peilsensoren läuft über einen Datenbus – ein Draht- oder Glasfaserkabel, das über die gesamte Länge des Flugzeugs verlegt ist. Es leitet digitale Signale an alle Systemkomponenten weiter, die jedoch jeweils nur auf einen bestimmten Code reagieren, was den Verkabelungsbedarf erheblich reduziert.

Die von den Sensoren ausgesandten Signale gehen allen Systemkomponenten, die sie benötigen, gleichzeitig zu. So werden die von einem Pitot-Rohr ermittelten Luftdruckwerte nicht nur dem Piloten angezeigt, sondern auch an die Klimaanlage und das Kabinendrucksystem gemeldet.

Autopiloten übernehmen die Arbeit

Es ist sichergestellt, daß die Piloten die Kontrolle über das Flugzeug übernehmen können, falls ein Computer streikt oder der Strom ausfällt. Eine Gruppe von drei Computern steuert die Bewegungen des Flugzeugs. Jeder ist für bestimmte Steuerflächen zuständig, überprüft aber die anderen auf mögliche Fehler.

Für den unwahrscheinlichen Fall, daß alle drei Computer ausfallen, existieren zwei wesentlich schwächer ausgelegte Notprozessoren. In einigen Flugzeugen ist es auch noch möglich, auf einfache mechanische Steuerhilfen zurückzugreifen.

Auch das Flight Management System (FMS) ist an den Datenbus gekoppelt. Der Autopilot, der die Meldungen der diversen Geschwindigkeits- und Peilsensoren nebst Navigationsdaten von

Moderner Flugzeugbau
Ⓐ *Vom Rumpf eines Verkehrsflugzeugs wird hohe Festigkeit bei geringem Gewicht verlangt. Das Gerippe aus Spanten und Sparren besteht, wie die Verkleidung darüber, aus einer Legierung aus Leichtaluminium. Immer mehr Bauteile werden heute aus Verbundwerkstoffen gefertigt – hochstabilen Kohlen- oder Glasfasern, die wie Tuch verwoben und durch eine Deckschicht aus Harz oder einem anderen Kunststoff verstärkt sind. Verbundwerkstoffteile haben in der Regel um 20 % weniger Gewicht als entsprechende Aluminiumelemente. Für den Airbus A-330 verwendet man vor allem CFRP (Carbon Fibre Reinforced Plastic = Kohlenfaserverbundstoff) als Alternativmaterial. Dieses ist nicht nur fest, sondern auch extrem leicht und bestens für stark beanspruchte Elemente wie Querruder und Klappen geeignet. Verstärktes CFRP (TCFRP) dient als Material für größere Teile wie Leitwerk und Bodenholme, während ein Mischprodukt aus CFRP und einem weiteren Material – Nomex – in den Steuerflächen des Ruders verbaut wird. Unter einer Radarnase aus Glasfaser am Flugzeugbug ist eine Wetterradarschüssel eingelassen. Die von ihr empfangenen Signale werden, wie die von anderen Meßgebern, ins Datensystem des Flugzeugs eingespeist. Die Hohlräume zwischen den Sparren in den Flügeln sind versiegelt und nehmen den Treibstoff auf. Man hält das Flugzeug im Gleichgewicht, indem man Treibstoff durch ein Röhrennetz aus den Flügeltanks in jene im Heck pumpt. Am äußersten Ende der Maschine befindet sich das Hilfstriebwerk (APU) – eine kleine Gasturbine, die das Flugzeug mit Strom versorgt, wenn es geparkt ist und die Haupttriebwerke stillstehen. Direkt davor liegt eine gewölbte Schottwand, die für stabilen Kabinendruck sorgt.*

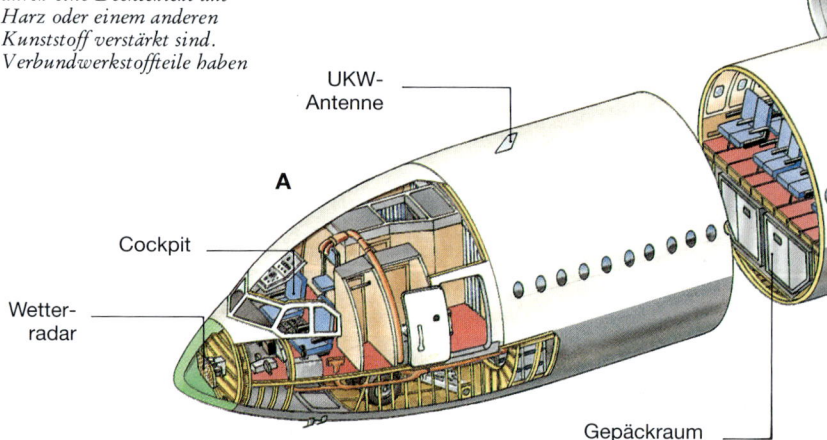

UKW-Antenne

A

Cockpit

Wetterradar

Gepäckraum

Cockpits im Wandel der Zeit
Sechs Computerbildschirme liefern dem Piloten eines Airbus A-330 (rechts) Flugdaten – in welcher Form und wann immer er sie wünscht. Dieses Cockpit-Design unterscheidet sich auffallend von dem dichten Skalengewirr in der Pilotenkanzel einer Concorde, wie sie vor 25 Jahre entwickelt wurde (oben).

Siehe auch: Lokale Netzwerke, S. 518/519 Düsentriebwerk, S. 540/541

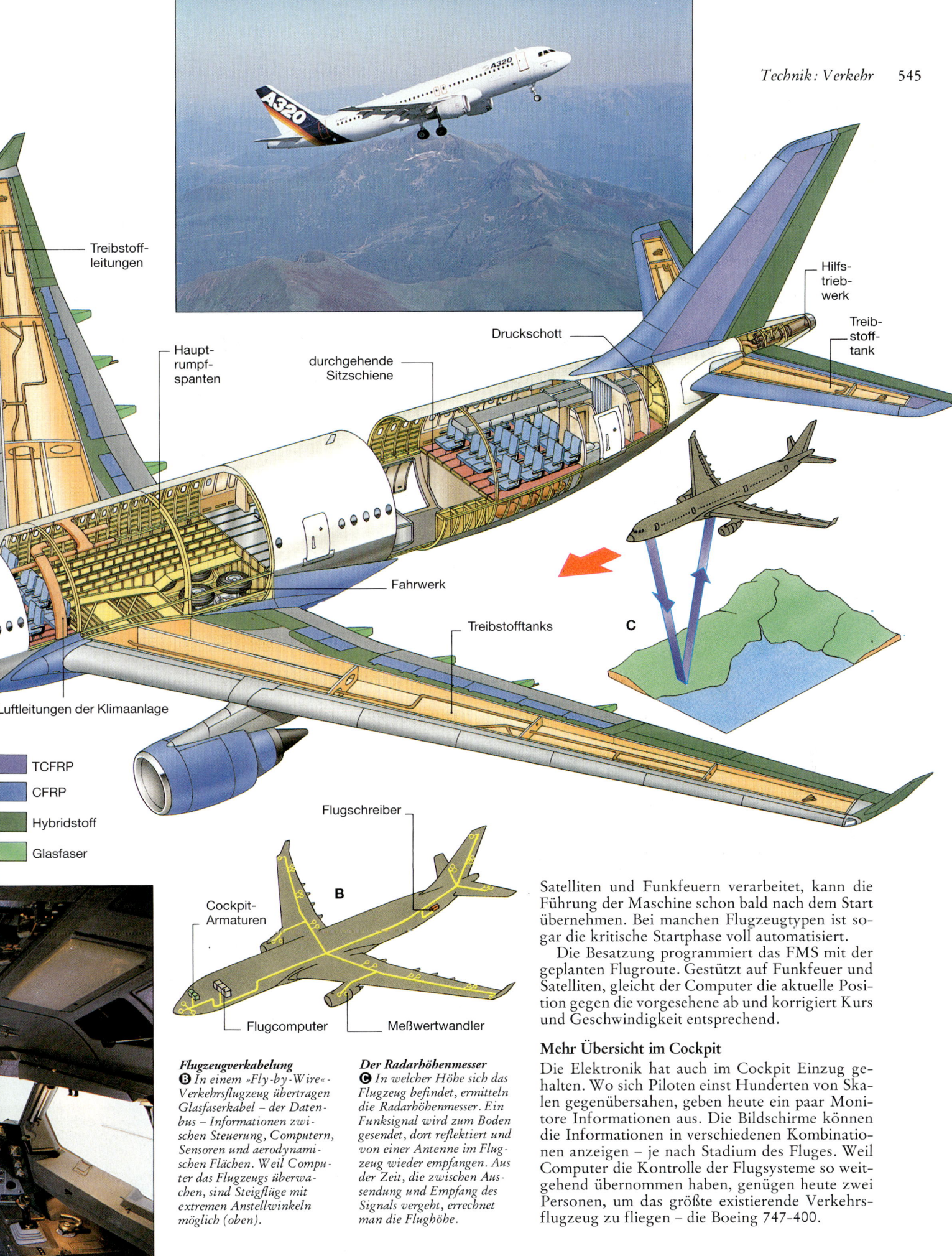

Treibstoff-
leitungen

Haupt-
rumpf-
spanten

durchgehende
Sitzschiene

Druckschott

Hilfs-
trieb-
werk

Treib-
stoff-
tank

Fahrwerk

Treibstofftanks

C

Luftleitungen der Klimaanlage

TCFRP

CFRP

Hybridstoff

Glasfaser

Flugschreiber

B

Cockpit-
Armaturen

Flugcomputer

Meßwertwandler

Flugzeugverkabelung

B *In einem »Fly-by-Wire«-
Verkehrsflugzeug übertragen
Glasfaserkabel – der Datenbus – Informationen zwi-
schen Steuerung, Computern,
Sensoren und aerodynami-
schen Flächen. Weil Computer das Flugzeugs überwa-
chen, sind Steigflüge mit
extremen Anstellwinkeln
möglich (oben).*

Der Radarhöhenmesser

C *In welcher Höhe sich das
Flugzeug befindet, ermitteln
die Radarhöhenmesser. Ein
Funksignal wird zum Boden
gesendet, dort reflektiert und
von einer Antenne im Flugzeug wieder empfangen. Aus
der Zeit, die zwischen Aussendung und Empfang des
Signals vergeht, errechnet
man die Flughöhe.*

Satelliten und Funkfeuern verarbeitet, kann die
Führung der Maschine schon bald nach dem Start
übernehmen. Bei manchen Flugzeugtypen ist sogar die kritische Startphase voll automatisiert.

Die Besatzung programmiert das FMS mit der
geplanten Flugroute. Gestützt auf Funkfeuer und
Satelliten, gleicht der Computer die aktuelle Position gegen die vorgesehene ab und korrigiert Kurs
und Geschwindigkeit entsprechend.

Mehr Übersicht im Cockpit

Die Elektronik hat auch im Cockpit Einzug gehalten. Wo sich Piloten einst Hunderten von Ska-
len gegenübersahen, geben heute ein paar Monitore Informationen aus. Die Bildschirme können
die Informationen in verschiedenen Kombinationen anzeigen – je nach Stadium des Fluges. Weil
Computer die Kontrolle der Flugsysteme so weitgehend übernommen haben, genügen heute zwei
Personen, um das größte existierende Verkehrsflugzeug zu fliegen – die Boeing 747-400.

Tragflächen, S. 542/543 Navigation, S. 550/551

Motorisierte Libellen

Warum Hubschrauber in der Luft stehen können

Hubschrauber können zu Orten vordringen, die für jedes andere Verkehrsmittel unerreichbar sind. Sie hängen wie reglos in der Luft, vermögen senkrecht zu starten und zu landen und lassen sich in jede Richtung manövrieren – so sind sie für die verschiedensten Aufgaben unentbehrlich. Die größten Hubschrauber dienen als fliegende Kräne und heben bis zu 50 Tonnen schwere Lasten auf Gebäudespitzen; kleinere Maschinen sind beim Seenotrettungsdienst im Einsatz, besprühen Felder oder inspizieren Pipelines. Da sie ohne Landebahn auskommen, versorgen Hubschrauber Schiffe, Bohrinseln und abgelegene Siedlungen.

Ein konventionelles Flugzeug fliegt, weil seine Flügel beim Durchschneiden der Luft Auftrieb erzeugen. Einen Hubschrauber halten die gleichen aerodynamischen Kräfte in der Schwebe. Er besitzt zwischen zwei und sechs Rotorblätter, die an eine zentrale Nabe angeschlossen sind. Jedes Blatt ist im Kern ein langer, dünner Flügel, der mit 300 Umdrehungen pro Minute über der Kabine kreist. Während ein Flugzeug mit festen Flügeln sich nur durch seine hohe Geschwindigkeit in der Luft hält, bewegen sich beim Hubschrauber die Flügel selbst und erlauben ihm, zu schweben, senkrecht zu steigen oder zu sinken und sich in jede Richtung fortzubewegen.

Wieviel Auftrieb ein Rotorblatt erzeugt, hängt vor allem vom Anstellwinkel ab. Gelenkt wird ein Hubschrauber, indem der Pilot den Blattwinkel eines jeden Rotorblatts und damit den Auftrieb variiert.

Erhöht man den Anstellwinkel sämtlicher Rotorblätter gleichzeitig, so steigt der Hubschrauber senkrecht. Beim Vorwärtsflug gibt der Pilot dem Rotorblatt, das über das Heck gleitet, jeweils einen höheren Anstellwinkel als den übrigen. Auf diese Weise entsteht hinten mehr Auftrieb als vorn, der Bug des Hubschraubers neigt sich, und die Maschine fliegt voran.

Wie Hubschrauber das Gleichgewicht halten

Beim Vorwärtsflug des Hubschraubers strömt die Luft schneller über die vorlaufenden Blätter des Rotors als über die zurücklaufenden. Deshalb erzeugen die vorlaufenden Blätter mehr Auftrieb als die zurücklaufenden. Dieses Ungleichgewicht würde den Hubschrauber zum Kippen bringen, wenn man es nicht durch Schlaggelenke kompensieren würde. Diese lassen das vorlaufende Blatt nach oben schwenken, wodurch sich sein Anstellwinkel und damit der erzeugte Auftrieb verringern. Das zurücklaufende Blatt fällt durch sein eigenes Gewicht nach unten, wodurch sich sein Auftrieb erhöht.

Wird eine bestimmte Vorwärtsgeschwindigkeit überschritten, kommt es am zurücklaufenden Blatt zum Strömungsabriß, weil dann der glatte Luftstrom in Wirbel aufbricht. Der Hubschrauber sackt durch und gerät außer Kontrolle. Deswegen fliegen auch die schnellsten Hubschrauber nicht mehr als 400 km/h – weit langsamer als andere Flugmaschinen.

Ein Hubschrauber braucht im Unterschied zum Flugzeug sehr viel Energie zur Erzeugung des Auftriebs. Kolbenmotoren von ausreichender Stärke kommen aufgrund ihrer Masse und der Vibration, die sie erzeugen, nur für kleinste Maschinen in Frage; deshalb werden die meisten Hubschrauber von Turboshaft-Triebwerken angetrieben. Bei diesen »Turboluftstrahltriebwerken« treibt die Turbinenwelle die Rotorblätter direkt über ein Getriebe an.

Die Aufgabe des Heckrotors

Die für den Antrieb der Rotoren erforderliche Drehkraft – das Drehmoment – wirkt auf den Rumpf des Hubschraubers. Nach dem Dritten Newtonschen Gesetz – für jede Kraft gibt es eine Gegenkraft von gleicher Größe in umgekehrter Richtung – versucht diese Kraft, den Rumpf in Gegenrichtung der Rotoren zu drehen. Für den Drehmomentausgleich haben die meisten Hubschrauber einen Heckrotor, der Luft nach einer Seite hin wegdrückt und dadurch die Drehung des Rumpfes verhindert. Über Fußpedale kann der Pilot den Anstellwinkel der Heckrotorblätter verändern und damit den erzeugten Schub variieren.

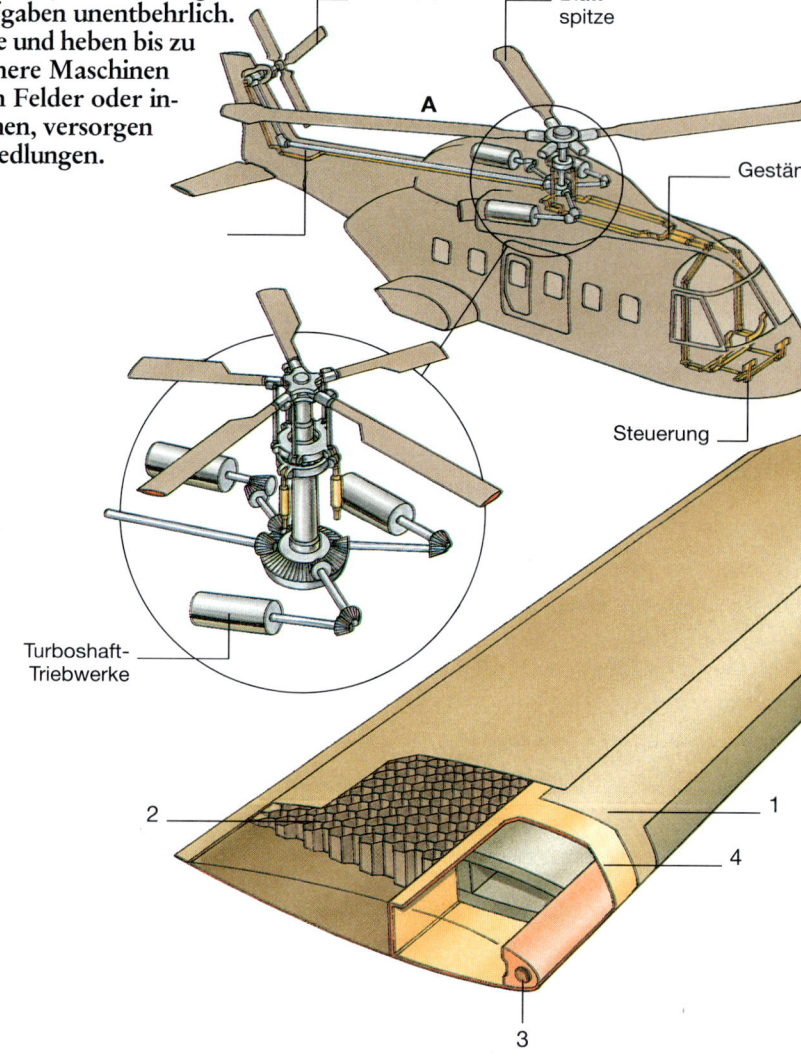

Antrieb und Rotorkopf
Ⓐ *Der Rotorkopf, der die Rotorblätter an die Rotorachse koppelt, ist ein komplexes Stück Mechanik. Drei Turboshaft-Triebwerke treiben die Achse über ein Kegelradgetriebe, die vierte Welle führt zum Heckrotor. Steuerstangen verbinden das Cockpit mit der Taumelscheibe (siehe C) am Hauptrotor und dem Heckrotor. Schwenkgelenke gewährleisten, daß die Blätter auf- und niederklappen können, wenn man den Anstellwinkel variiert. Sie erlauben, daß die Blätter bei wachsendem Luftwiderstand nachgeben. Ein Puffer zwischen Nabe und Blatt sorgt dafür, daß sich keine gefährlichen Vibrationen aufbauen.*

Siehe auch: **Düsentriebwerk**, S. 540/41   **Tragflächen**, S. 542/543

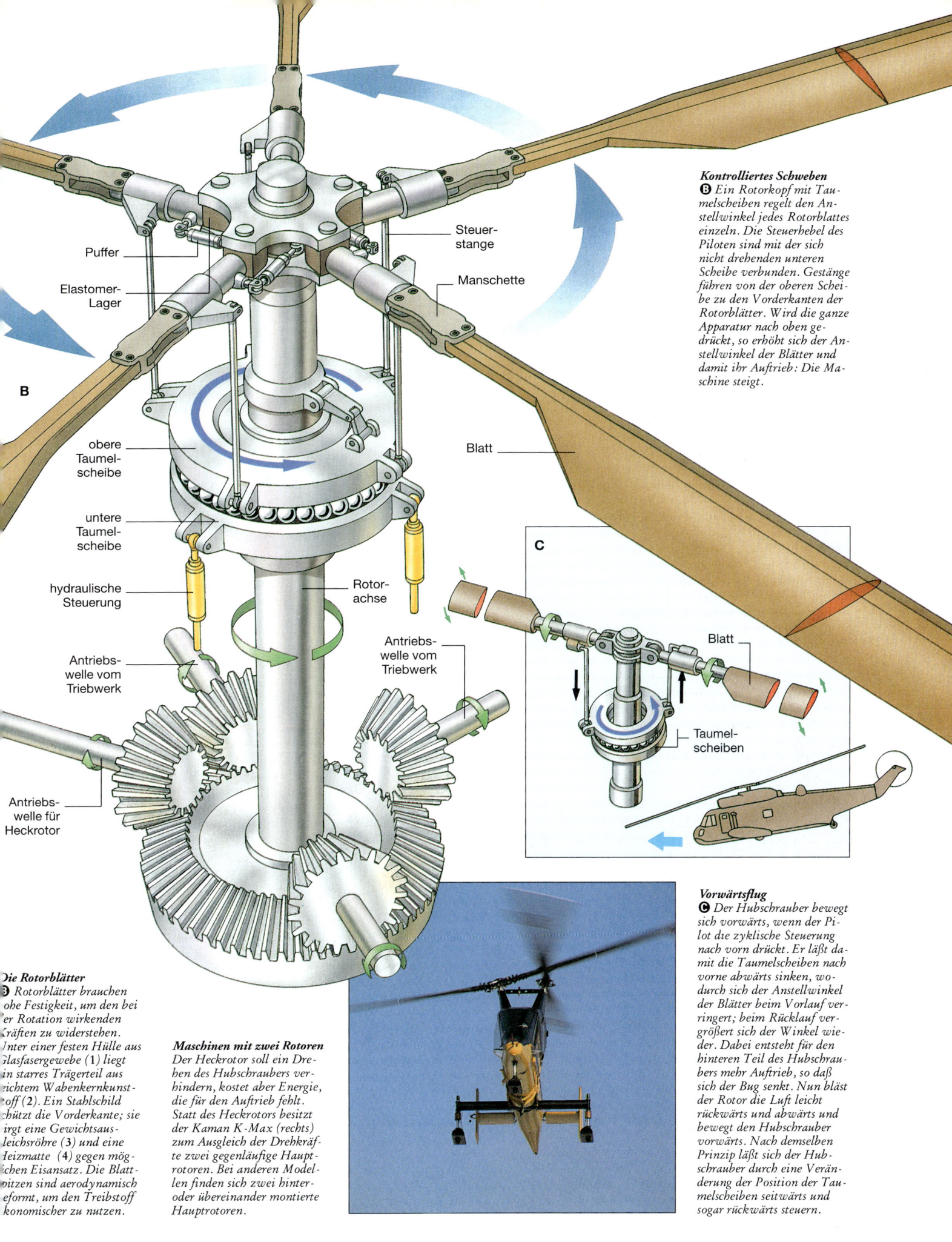

Puffer

Elastomer-Lager

Steuer-stange

Manschette

B

obere Taumel-scheibe

untere Taumel-scheibe

hydraulische Steuerung

Antriebs-welle vom Triebwerk

Antriebs-welle für Heckrotor

Rotor-achse

Antriebs-welle vom Triebwerk

Blatt

C

Blatt

Taumel-scheiben

Kontrolliertes Schweben
B *Ein Rotorkopf mit Taumelscheiben regelt den Anstellwinkel jedes Rotorblattes einzeln. Die Steuerhebel des Piloten sind mit der sich nicht drehenden unteren Scheibe verbunden. Gestänge führen von der oberen Scheibe zu den Vorderkanten der Rotorblätter. Wird die ganze Apparatur nach oben gedrückt, so erhöht sich der Anstellwinkel der Blätter und damit ihr Auftrieb: Die Maschine steigt.*

Die Rotorblätter
B *Rotorblätter brauchen ohe Festigkeit, um den bei er Rotation wirkenden Kräften zu widerstehen. Unter einer festen Hülle aus Glasfasergewebe (1) liegt ein starres Trägerteil aus eichtem Wabenkernkunst- toff (2). Ein Stahlschild chützt die Vorderkante; sie rgt eine Gewichtsaus- leichsröhre (3) und eine Heizmatte (4) gegen mög- chen Eisansatz. Die Blatt- pitzen sind aerodynamisch eformt, um den Treibstoff konomischer zu nutzen.*

Maschinen mit zwei Rotoren
Der Heckrotor soll ein Drehen des Hubschraubers verhindern, kostet aber Energie, die für den Auftrieb fehlt. Statt des Heckrotors besitzt der Kaman K-Max (rechts) zum Ausgleich der Drehkräfte zwei gegenläufige Hauptrotoren. Bei anderen Modellen finden sich zwei hinter- oder übereinander montierte Hauptrotoren.

Vorwärtsflug
C *Der Hubschrauber bewegt sich vorwärts, wenn der Pilot die zyklische Steuerung nach vorn drückt. Er läßt damit die Taumelscheiben nach vorne abwärts sinken, wodurch sich der Anstellwinkel der Blätter beim Vorlauf verringert; beim Rücklauf vergrößert sich der Winkel wieder. Dabei entsteht für den hinteren Teil des Hubschraubers mehr Auftrieb, so daß sich der Bug senkt. Nun bläst der Rotor die Luft leicht rückwärts und abwärts und bewegt den Hubschrauber vorwärts. Nach demselben Prinzip läßt sich der Hubschrauber durch eine Veränderung der Position der Taumelscheiben seitwärts und sogar rückwärts steuern.*

Flug in die Zukunft

Die Luftfahrt im 21. Jahrhundert

In den 30er und 40er Jahren entwickelte der deutsche Ingenieur Eugen Sänger eine Vision, an deren Realisierung Techniker in Europa, Amerika und Japan noch immer arbeiten: den Raumgleiter, eine Kombination aus Flugzeug und Raumschiff. Er sollte von einem Trägerflugzeug starten, die bremsende Atmosphäre verlassen und in wenigen Stunden Fracht oder Passagiere an jeden Punkt der Erde bringen. Noch ist ungewiß, ob sich das Fliegen in so großen Höhen wirtschaftlich lohnend und ohne Belastung der Umwelt verwirklichen läßt. Sicher ist aber, daß die technischen Möglichkeiten des Flugzeugbaus noch lange nicht ausgeschöpft sind.

Die wachsende Nachfrage nach Flugreisen treibt die Entwicklung im Flugzeugbau in vier Richtungen: größer, schneller, sicherer und sauberer. Megatransporter sollen an die Stelle der heutigen Jumbos treten. Überschallverkehrsflugzeuge werden vielleicht die doppelte Reichweite haben wie die Concorde und dreimal soviel Nutzlast transportieren. Die Sicherheitsstandards werden noch weiter verbessert; dabei sollen die Maschinen weniger Lärm verursachen als heutige Verkehrsflugzeuge und die Ozonschicht nicht weiter zerstören.

Bis an die Grenze des Möglichen

Die Zahl der Flugreisenden wächst so schnell, daß die Flugrouten an Überfüllung leiden. Fluggesellschaften und Hersteller versuchen, den enger werdenden Luftraum ökonomischer auszunützen: Sie konzipieren Airliner, die bis zu 1000 Personen über Strecken von 12 000 km befördern können. Solche Superjumbos werden voll beladen fast 500 Tonnen wiegen. Damit sind die Grenzen der Belastbarkeit heutiger Baumaterialien erreicht.

Da sich der Rumpf nicht beliebig verlängern läßt, planen die Hersteller den Bau doppelter oder sogar dreifacher Passagierdecks. Die vorhandenen Flughäfen werden zudem keine Flügelspannweiten verkraften können, die über die des heutigen Jumbos hinausgehen. Künftige Modelle müssen deshalb wahrscheinlich ihre Flügelspitzen ein- und ausklappen können. Radikalere Ingenieure entwarfen bereits Flugzeuge, deren Rumpf selbst wie eine riesige Tragfläche geformt ist.

Propeller mit Zukunft
C *Propfans sind eine Weiterentwicklung von Turbopproptriebwerken. Durch die große Zahl von Rotorblättern und die Kombination zweier gegenläufiger Rotoren, die »drücken«, statt zu »ziehen«, erlauben sie bei einem hohen Wirkungsgrad große Geschwindigkeiten.*

Megatransporter
Das größte heute existierende Verkehrsflugzeug, die Boeing 747, bietet höchstens 500 Passagieren Platz.
B *Sein Nachfolger, ein Riesenflugzeug für etwa 1000 Personen, ist zur Zeit in Planung. Um vorhandene Flughäfen nutzen zu können, erscheint eine Konstruktion mit zwei Decks als beste Lösung. Die übliche Eiform (1) ist nicht die einzige Möglichkeit, die als Querschnitt in Frage kommt; als aerodynamisch und statisch günstige Alternativen bieten sich das »Kleeblatt« (2) und die »horizontale Doppelzelle« (3) an, bei der zwei Rümpfe in einem zusammengefaßt sind.*

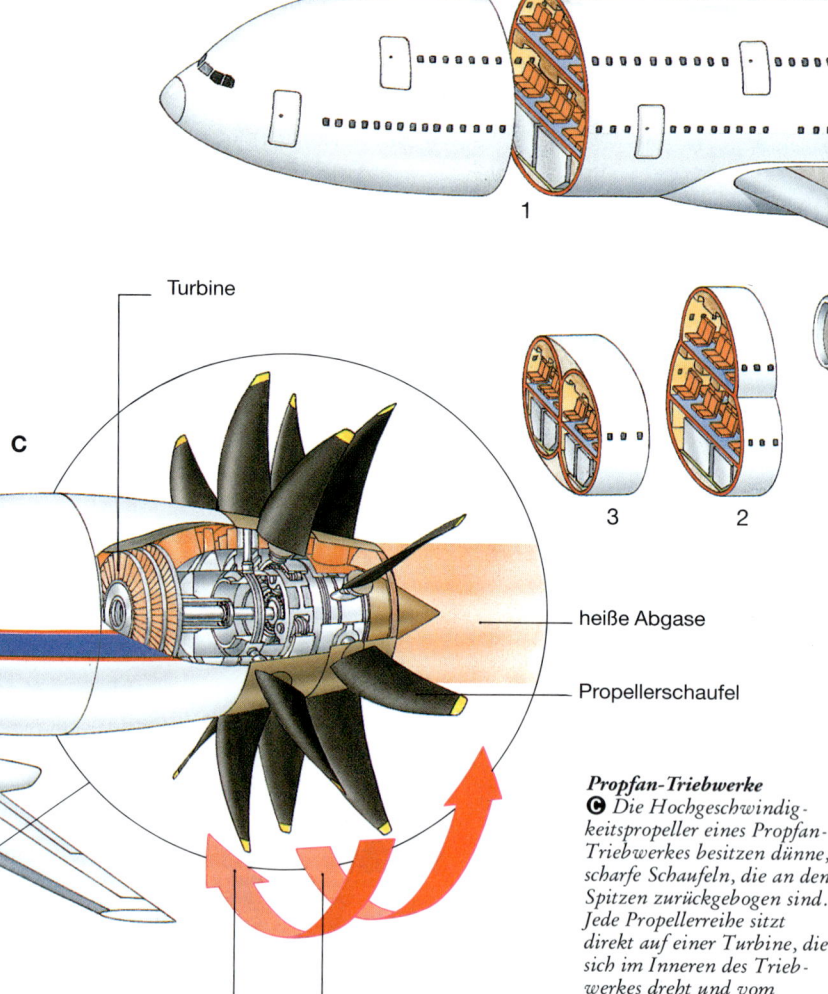

Turbine

C

A

B

1

3   2

heiße Abgase

Propellerschaufel

Propfan-Triebwerke
C *Die Hochgeschwindigkeitspropeller eines Propfan-Triebwerkes besitzen dünne, scharfe Schaufeln, die an den Spitzen zurückgebogen sind. Jede Propellerreihe sitzt direkt auf einer Turbine, die sich im Inneren des Triebwerkes dreht und vom Abgasstrahl bewegt wird.*

Laufrichtung der Propeller

Siehe auch: **Multimedia,** *S. 522/523* **Düsentriebwerk,** *S. 540/541* **Tragflächen,** *S. 542/543* **Hubschrauber,** *S. 546/547*

Logistikprobleme

Damit die Superflugzeuge auch wirtschaftlich fliegen können, wird man Passagiere und Gepäck in nur 20 Minuten aus- und einladen müssen. Auch für die Reinigung bleibt nicht mehr Zeit, so daß auf die schon jetzt überlasteten Flughäfen weitere Probleme zukommen.

Überschallflugzeuge

Zur Zeit ist nur ein einziges Überschallverkehrsflugzeug im Einsatz, die Concorde – ein veraltetes Modell, das aufgrund seines Schadstoffausstoßes und Lärmpegels kaum noch akzeptabel ist.
A *Zukünftige Überschallflugzeuge werden mit Raum für etwa 250 Passagiere nicht*

nur größer sein als die Concorde (100 Passagiere), sondern mit 8000 km auch eine größere Reichweite besitzen. Leistungsfähige Triebwerke mit verstellbaren Einlaßkanälen sowie Bauteile aus extrem leichten Werkstoffen werden dem Flugzeug doppelte Schallgeschwindigkeit ermöglichen.

Kinder der Concorde

Internationale Teams arbeiten an Folgemodellen der teuren, lauten und engen Concorde, die 250 bis 300 Personen in Höhen von über 20 000 m mindestens 8000 km weit befördern sollen. Die Forscher müssen dabei strengere Umweltschutzauflagen beachten, die eine Reduzierung des Lärmpegels und Grenzen für den Schadstoffausstoß vorschreiben, um die Ozonschicht besser zu schützen.

Die Triebwerke eines solchen Flugzeugs müssen unter zwei sehr verschiedenen Bedingungen funktionieren. Während der langsamen Start- und Landephase sind Lufteinlässe erforderlich, die so groß sind wie bei einer Boeing 747. Beim Überschallflug dagegen genügen weit kleinere Öffnungen, weil viel Luft unter hohem Druck in die Triebwerke gepreßt wird. Größenverstellbare Einlässe in Verbindung mit Vorrichtungen, die geregelte Mengen Luft an den Brennkammern vorbeidirigieren, erfordern komplizierte Konstruktionen, die noch der Vollendung harren.

Die Piloten der Zukunft können wahrscheinlich auf Flachbildschirmen ein simuliertes Bild ihrer Umgebung verfolgen. Computer werden Daten von vielen Sensoren am Flugzeug und auf dem Boden in Echtzeit in eine Detailkarte des überflogenen Gebietes übertragen und die Angaben dabei laufend auswerten. Solche Systeme der virtuellen Realität werden so genau arbeiten, daß die Maschinen auch unter schwierigsten Blindflug-Bedingungen sicher landen.

Flugzeuge als Hubschrauber

D *Das Kippflügelflugzeug vereint die Vorzüge von Hubschraubern mit denen von Strahl-Flugzeugen. Es wird auf sehr kurzen Rollbahnen starten und landen können und eine Reisegeschwindigkeit von etwa 450 km/h erreichen. Dieses Modell soll 14 Fluggäste und zwei Besatzungsmitglieder befördern. Es wird von einer Propellerspitze zur anderen nur 13 m messen und braucht nur so viel Landefläche wie ein mittelgroßer Hubschrauber. Die Maschine kann auf Geschäfts- und Pendlerflügen, aber auch zu Rettungszwecken eingesetzt werden. Die Flügel stehen beim Starten und Landen senkrecht (1): Damit verhält sich das Flugzeug wie ein Hubschrauber. Beim Vorwärtsflug kehren sie in die Horizontale zurück (2). Vier Turboshaft-Triebwerke, die am Flügel angebracht sind, treiben das Flugzeug an. Aus Sicherheitsgründen verbinden Antriebswellen die Triebwerke; sie bewegen auch die Heckschrauben für den Senkrecht- und Schwebeflug.*

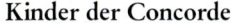

Triebwerksgondel · Kippmechanismus · **D** · Cockpit · Passagierkabine · 1 · Antriebswelle · 2 · Propeller · Turboshaft-Triebwerke · Heckschraube

Satelliten als Leuchttürme

Moderne Navigationssysteme

Moderne Verkehrsflugzeuge starten und landen in pechschwarzer Nacht und legen Tausende von Kilometern im Blindflug zurück. Zu Wasser, zu Lande und in der Luft ergänzen wetterunabhängige elektronische Leitsysteme die traditionellen Navigationshilfen. Neue Verkehrsleitsysteme informieren die Autofahrer an jeder Straßenkreuzung darüber, ob sie abbiegen müssen. Gestützt auf Positionsdaten von Funkfeuern auf der Erde oder von Satelliten, ist es heute möglich, Positionen auf 1 m genau zu bestimmen. Bei Objekten, die sich nicht fortbewegen, sind die Angaben sogar zentimetergenau.

Die ersten Seefahrer orientierten sich an markanten Punkten auf dem Land und an den Sternen. Später ermöglichten Seekarten, Schiffsuhren und Sextanten die präzise Beobachtung der Sonne und Gestirne. Gestützt auf astronomische Kalender, konnten die Seefahrer Gestirnbewegungen in Positionsdaten übersetzen und Längen- und Breitengrade definieren. Das Koppelnavigationsverfahren ergänzte die astronomische Standortbestimmung: Dabei errechnet sich die Position des Schiffs aus dessen Ausgangsposition, der Fahrtgeschwindigkeit und dem seit der Abfahrt laut Magnetkompaß gesteuerten Kurs.

Der Magnetkompaß ist nicht exakt, weil sich die magnetischen Pole der Erde verschieben. Außerdem stören die Stahlkörper moderner Schiffe das Magnetfeld. Zuerst ersetzte der Kreiselkompaß, der mit Hilfe eines Schwungrads seine eigene Ausrichtung immer gleich hält, den Magnetkompaß. Inzwischen navigieren Flugzeuge mit Laserkompassen. In ihrem Inneren befindet sich eine 1 km lange, aufgerollte optische Faser. Laserlicht wird in zwei Strahlen gespalten und so in beide Enden der Faser geleitet, daß Berge und Täler der Lichtwellen sich aufheben. Wenn das System sich um seine Achse dreht, z. B. weil der Pilot das Flugzeug in eine andere Richtung steuert, verlängert sich der Weg für einen Strahl, während sich der Weg des anderen verkürzt. Die Strahlen neutralisieren sich nicht länger, und die Messung des resultierenden Lichts läßt sich in Navigationsdaten übersetzen.

Kompasse bilden das Herzstück verschiedenartiger Leitsysteme, darunter des künstlichen Horizontes, der heute zu jedem Cockpit gehört. Dabei dreht sich ein Kreisel unabhängig von den Flugzeugbewegungen horizontal und gibt an, ob die Maschine nach Manövern wieder waagerecht und geradeaus fliegt. Kompasse sind auch Bestandteil der beiden wichtigsten Bordcomputersysteme, des »Autopiloten« und des »Trägheitsnavigationssystems« (Inertial Navigation System, INS). Der Autopilot hält Flugrichtung und -geschwindigkeit konstant. Beim INS erfassen Beschleunigungsmelder jede Flugzeugbewegung. In Verbindung mit dem Ausgangsort geben diese Daten Aufschluß über die Position. Kreisel registrieren Kursabweichungen. Systeme wie das INS benötigen zu ihrer Überprüfung feste Bezugspunkte, sonst könnten sich kleine Meßfehler bedrohlich ausweiten. Einst bildeten Landmarken und Funkfeuer diese Fixpunkte; heute verlassen sich die Piloten auf das Satellitenpositionierungssystem (GPS).

Die Autoatlanten der Zukunft

Navigationssysteme nehmen den Fahrern teurer Automobile schon heute das Suchen nach der richtigen Verbindung in Straßenkarten und Autoatlanten ab. Der Fahrer gibt Ausgangs- und Zielposition ein; eine Stimme teilt ihm dann rechtzeitig mit, wo und in welche Richtung er abzweigen muß. Dabei kontrollieren sich verschiedene Orientierungssysteme wechselseitig. Basis ist eine digitale Straßenkarte mit exakten Koordinaten für jeden beliebigen Punkt des erfaßten Gebiets. Mit ihren Daten werden laufend Signale der Satelliten des Global Positioning System (GPS) verglichen, aus denen sich die Position des Autos errechnen läßt. Gleichzeitig erfassen Sensoren im Auto alle Eigenbewegungen des Fahrzeugs. Schon bald werden zusätzlich die Meldungen des digitalen Rundfunks über Verkehrsdichte, Staus und Unfälle berücksichtigt werden können. Auf einem kleinen Bildschirm kann sich der Autofahrer zusätzlich über Sehenswürdigkeiten, Hotels und Restaurants in der Nähe seines Standorts informieren; diese Daten können ebenfalls digital ausgestrahlt werden oder auf einer CD-ROM gespeichert sein.

Schon bald werden solche Navigationssysteme nicht sehr viel mehr kosten als ein gutes Autoradio. Bereits heute können sie in Versuchen auch zur Orientierung von Blinden eingesetzt werden, weil das GPS eine Positionsbestimmung mit einer Genauigkeit von 1 m erlaubt.

Flugzeuge in
Warteschleife

Landekurs-
strahlen

Gleitweg-
strahlen

A

ILS-Ent-
fernungs-
funkfeuer

UKW-Dreh-
funkfeuer

Elektronische Lotsen
A *Verkehrspiloten benutzen das Instrumentenlandesystem (ILS), um bei jedem Wetter sicher aufsetzen zu können. Zwei Antennensysteme flankieren die Landebahn: Sie legen Leitebenen und schaffen so einen Gleitweg mit dem richtigen Anflugwinkel für herannahende Flugzeuge. Die zaunähnliche Landekursantenne zeigt die Mittellinie der Landebahn an. Sie erzeugt zwei sich überlagernde, horizontale »Strahlungsdiagramme«, und zwar jedes auf einer etwas anderen Frequenz (dunkel- und hellrot). Ein Bordempfänger im Flugzeug vergleicht die Stärke der beiden Signale: Stimmen sie exakt überein, dann hält das Flugzeug den richtigen Kurs. Das ILS meldet dem Cockpit*

Siehe auch: **Magnetismus und Elektromagnetismus,** *S. 404/405* **Zukunft des Autos,** *S. 532/533* **Elektronischer Pilot,** *S. 544/545*

Kontakt mit dem Flughafen

Über das UKW-Dreh-
funkfeuer des Flughafens erhalten die anfliegenden Flugzeuge Entfernungs- und
Peilungsdaten, auch wenn sie
noch Hunderte Kilometer
vom Flughafen entfernt sind.
Primär- und Sekundärradar
ermitteln die Position. Ist der
Flughafen zu voll für eine
sofortige Landung, müssen
die Maschinen Warteschlei-
fen um ein weiteres Funkfeuer herum fliegen. In einem
»Wartestapel« sind die Flugzeuge durch einen Höhenab-
stand von mindestens 305 m
voneinander getrennt.

gesendete
Radarwellen

reflektierte
Radarwellen

Primärradar

Sekundärradar

Kontrollturm

Flughafen-
hauptgebäude

Startbahn

Landekurs-
antenne

Gleitweg-
antenne

Verkehrsregelung in der Luft

Im Kontrolltower wird aus
den Radardaten laufend ein
Bild aller Aktivitäten im
Luftraum errechnet (oben).
Die grünen Linien entsprechen den Luftstraßen. Zu jedem Symbol eines Flugzeugs
gehören Angaben von Flug-
nummer und Höhe (im Kreis
vergrößert).

ede Abweichung und setzt
sie in eine Kurskorrektur um.
Die Gleitweg-Antenne funktioniert ähnlich, doch zeichnen sich ihre beiden Strahlungsdiagramme durch
vertikale Ausrichtung (hell-
und dunkelblau) aus. Stimmt
die Stärke ihrer beiden Signale überein, hat das Flugzeug den richtigen Anflugwinkel und setzt am Beginn
der Landebahn auf. Die ent-

lang der Landebahngrund-
linie installierten Einflugzei-
chen im Abstand von 7 km
bzw. 1 km übermitteln
Signale, die den nahenden
Flugzeugen die exakte Entfernung zum Flughafen
anzeigen.

Radar überwacht den Anflug

Fluglotsen in der Kontroll-
zentrale verfolgen die Bewegungen der Maschine. Dabei
kommen zwei Arten von Ra-
darsystemen zum Einsatz.
Der »Primärradar« vergleicht
die reflektierten mit den vorher ausgesendeten Wellen
und kann so Position und
Geschwindigkeit der Flug-
zeuge ermitteln. Der modernere »Sekundärradar« sendet
ein Abfragesignal, auf das
ein Antwortsignal zurückge-
sendet wird. Dieses enthält
ein spezifisches Rufzeichen
und eine Höhenangabe. Die
Illustration (links) zeigt die
von beiden Radararten er-
mittelten Daten vor der süd-
westenglischen Küste.

Signale aus dem All bestimmen die Position

B Das Globale Positionie-
rungssystem (GPS) gilt als
wichtigste navigationstechni-
sche Neuerung des 20. Jahrhunderts. Ursprünglich vom
US-Verteidigungsministeri-
um entwickelt, steht es heute
auch für zivile Zwecke zur
Verfügung. Das GPS umfaßt

24 Navstar-Satelliten, die
die Erde in 17 700 km Höhe
umkreisen. An jedem Punkt
der Erde befinden sich zu jeder Zeit mindestens vier Satelliten über dem Horizont.
Sämtliche Navstar-Satelliten (1) sind mit einer Atomuhr, die haargenaue Zeitan-
gaben liefert, sowie einem
Sender ausgestattet, der die
Zeitsignale zur Erde funkt.
Ein GPS-Empfänger an
Bord eines Schiffes (2) fängt
das Signal auf und vergleicht
es mit der bordeigenen Uhr.
Je weiter ein Empfänger auf

der Erdoberfläche von dem
Satelliten entfernt ist, desto
später erreicht ihn das
Signal (8). Da die Schnelligkeit, mit der sich dieses Signal ausbreitet, ebenso bekannt ist wie die
Umlaufbahn des Satelliten,
läßt sich die Position des
Schiffes auf einem Radius (3)
ermitteln. Zur Präzisierung
des Standorts müssen zeitgleich ausgesandte Signale
zweier anderer Satelliten (4,
5) herangezogen werden.
Der Schnittpunkt aller drei
Kreise (3, 6, 7) entspricht
schließlich der Position des
Schiffes, die so auf 1 m genau
bestimmbar ist. Flugzeuge
benutzen die Signale von jeweils drei GPS-Satelliten zur
Peilung ihrer Position, die
eines vierten erlauben die
Berechnung der Flughöhe.
GPS-Signale können überall
auf der Welt empfangen werden – weitgehend unabhän-
gig von Wetter, Jahreszeit
oder Standort. Das GPS
wird aber nicht mehr nur für
die Navigation benutzt. Da
zentimetergenaue Positionie-
rungsdaten möglich sind,
wird auch damit begonnen,
es z. B. in der Landvermessung einzusetzen.

2000 Tonnen auf der Startrampe

Wie Raketen die Schwerkraft überwinden

Die Ariane 4, eine der modernsten Raketen, erzeugt mit ihren Flüssigkeits-
triebwerken und den zusätzlichen Feststoffraketen genügend Schub, um
eine Nutzlast von 4 Tonnen in eine 400 km hohe Umlaufbahn zu befördern. Aber die 57 m hohe europäische Trägerrakete wird von der mächtigen russischen Energiya-Rakete, die 90-Tonnen-Satelliten in erdnahe Umlaufbahnen heben kann, an Größe und Leistungsfähigkeit noch deutlich
übertroffen. Ein Raketenstart kostet rund 100 Millionen US-Dollar, und
nur wenige Teile der Rakete sind wiederverwendbar. Die Rakete verglüht,
wenn sie durch die Atmosphäre zurückfällt.

Raketenbauer nutzen das dritte Newtonsche Be-
wegungsgesetz: Jeder Aktion entspricht eine Reaktion gleicher Größe in umgekehrter Richtung.
In einer Rakete reagieren Treibstoff und ein Oxidator miteinander. Die Abgase werden mit hoher
Geschwindigkeit durch die Düse gepreßt, und die
Gegenkraft schiebt die Rakete nach vorn.

Nur Flugkörper mit gewaltiger Bewegungsenergie können der Erdatmosphäre entfliehen
und mit einer Geschwindigkeit von 11,2 km/s das
Gravitationsfeld der Erde verlassen. Daher bildet
Kraftstoff die Hauptmasse des Startgewichts. Die
russische Energiya-Rakete bringt beim Start über
2000 Tonnen auf die Abschußrampe und schießt
damit 90 Tonnen Nutzlast in eine Erdumlaufbahn. Die Leistung des Space Shuttle beträgt etwa
40 Milliarden Watt.

Feststoffraketen lassen sich nicht stoppen

Feste oder flüssige Treibstoffe liefern die Verbrennungsenergie für Raketen. In Flüssigkeitsra-
keten führen Turbopumpen flüssigen Kraftstoff
(oft Wasserstoff) und einen Oxidator (meist reiner Sauerstoff) über ein Rohrleitungsnetz in einer
Brennkammer zusammen. Die Verbrennung heizt
die Düse so sehr auf, daß es notwendig ist, sie mit
noch nicht verbranntem Treibstoff zu kühlen.
Wasserstoff und Sauerstoff müssen zudem tiefge-
kühlt sein (-253°C für Wasserstoff), um nicht in
den gasförmigen Zustand überzugehen. Treibstoffe wie Hydrazin lassen sich leichter aufbewahren, leisten jedoch weniger Schub.

Feststoffraketen sind einfacher konstruiert.
Wie bei einer Feuerwerksrakete werden Treibstoff und Oxidator mit einem Bindemittel zu einer
zylinderförmigen Ladung gemischt. Nach der
elektrischen Zündung jagt die Explosivreaktion
die Gasprodukte durch die Düse. Der Schub
hängt davon ab, wie groß die Oberfläche des
Treibstoffs ist, die gleichzeitig brennt. Die meisten Füllungen haben in der Mitte eine längliche
Öffnung. Ist deren Querschnitt rund, nimmt die
Brennfläche während des Fluges zu, so daß sich
der Schub verstärkt. Ist sie sternförmig, bleibt der
Schub konstant. Durch Kombination verschiedener Abschnitte läßt sich der Schub variieren.

Im Verhältnis zu ihrem Gewicht sind Feststoffraketen sehr leistungsfähig. Sie lassen sich allerdings nicht abschalten, bis der Treibstoff verbraucht ist. Flüssigkeitsbrenner können dagegen
gedrosselt sowie ein- und ausgeschaltet werden.
Auch kann man diese komplexeren Maschinen
viel leichter steuern, indem man das relativ kleine
Triebwerk um ein zentrales Lager schwenkt.

*Ariane 4: Bauplan einer
modernen Rakete*
Ⓐ *Die Ariane 4 ist das jüngste Trägerfahrzeug der Europäischen Weltraumorganisation (ESA). Den Schub für
den Start der Rakete liefern
im wesentlichen zwei Fest-
stoffraketen-Booster mit je
540 t Schub. Die Booster
funktionieren wie 30 m lange
Feuerwerkskörper, deren
Feststoffladung als hohler
Zylinder in einem Gehäuse
steckt. Werden sie einmal gezündet, müssen die Booster
weiterbrennen, bis ihr Treibstoff erschöpft ist. An Fall-
schirmen gleiten die abgebrannten Booster ins Meer
hinab. Zwischen ihnen be-
findet sich das zentrale Rake-
tentriebwerk, in dem Sauerstoff und Wasserstoff
verbrannt werden; dieser
Schub ist während des Fluges
steuerbar. Die oberste Stufe
trägt Nutzlasten von fast
7 Tonnen in geostationäre
oder 20 t in erdnahe Umlaufbahnen. Um unterschiedliche
Nutzlasten – Satelliten oder
sogar bemannte Raumkap-
seln – aufnehmen zu können,
ist ihre zweiteilige Verkleidung in der Größe variabel.*

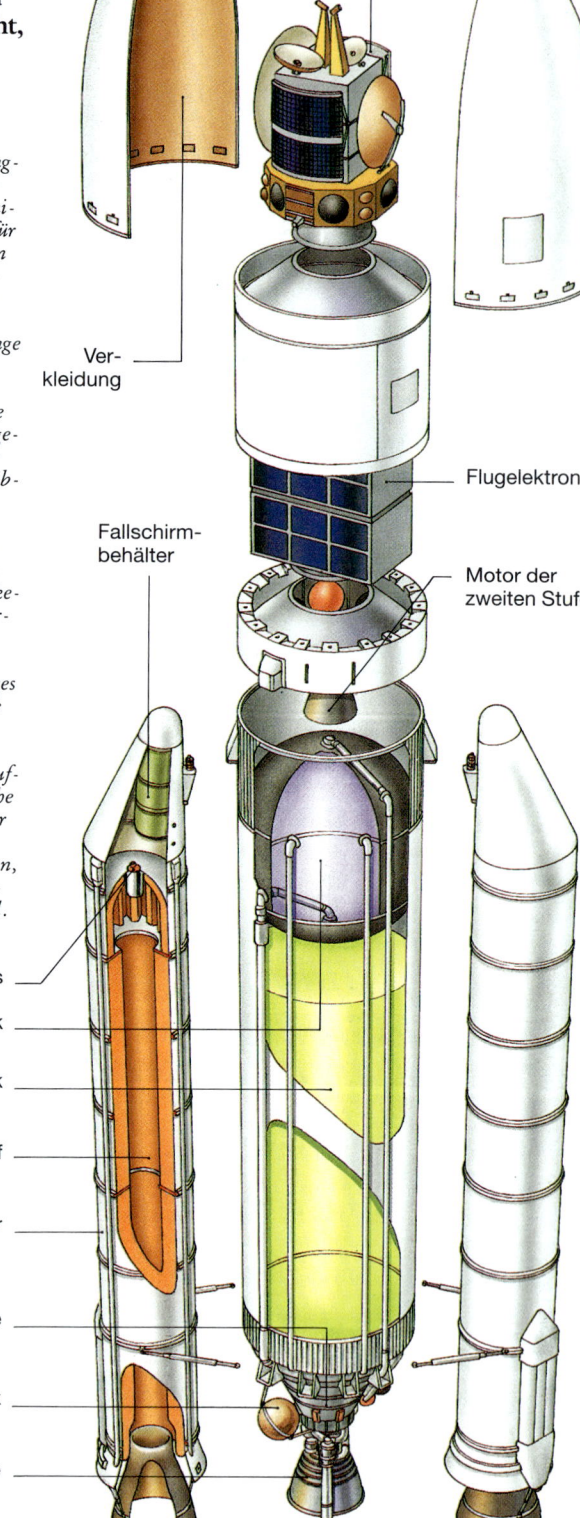

Nutzlast

A

Verklei-
dung

Flugelektronik

Fallschirm-
behälter

Motor der
zweiten Stufe

Zündmechanismus

Wasserstofftank

Sauerstofftank

Gekörnter Treibstoff

Feststoffbooster

Triebwerk der ersten Stufe

Heliumtank

Düse

Siehe auch: **Düsentriebwerk,** *S. 540/541* **Zukunft der Luftfahrt,** *S. 548/549* **Shuttle,** *S. 564/565, 566/567*

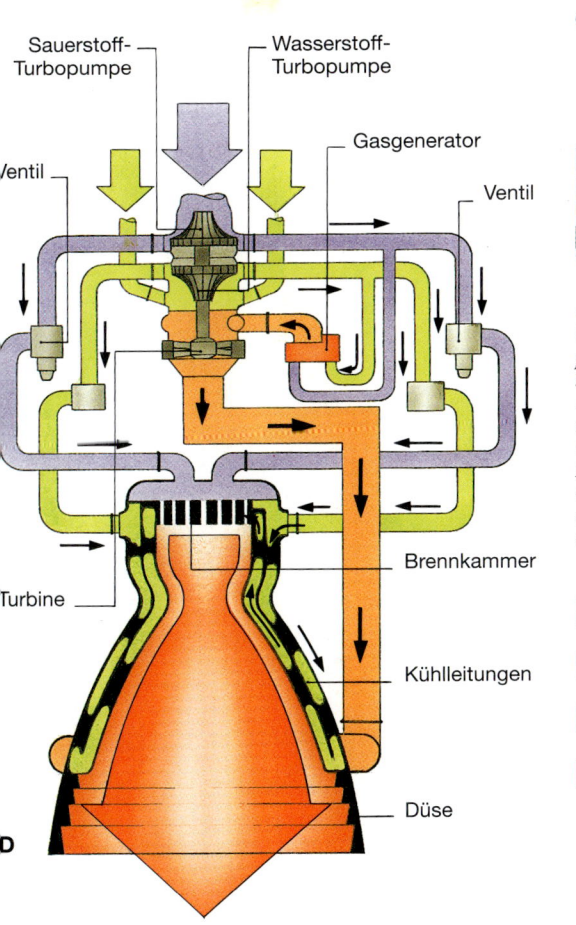

Der Aufbau eines
Flüssigkeitsraketenmotors

D *Das Schema zeigt ein*
Triebwerk, das mit flüssigem
Wasserstoff (als Treibstoff)
und Sauerstoff (als Oxidator)
arbeitet. Beide Flüssigkeiten
werden mit einem Paar Tur-
bopumpen aus ihren Tanks
gepumpt, bevor sie in der
Brennkammer zusammen-
kommen. Hier findet eine
Explosivreaktion statt, deren
Produkte hinten aus der Dü-
se schießen. Diese wird mit
flüssigem Wasserstoff, dessen
Leitungen um sie herumge-
legt sind, gekühlt. Kleinere
Mengen Treibstoff und Oxi-
dator werden für den Betrieb
der Turbopumpen abgezapft.
Sie verbrennen in einem
Gasgenerator, dessen Abgase
eine Turbine bewegen, die
über eine Welle die Turbo-
pumpen treibt. Ein Flüssig-
keitsraketentriebwerk hat
gegenüber einem Feststoffra-
ketenmotor den Vorteil, daß
sein Schub drosselbar ist.
Über Ventile in den Rohrlei-
tungen werden Treibstoff-
und Oxidatorzufuhr geregelt.

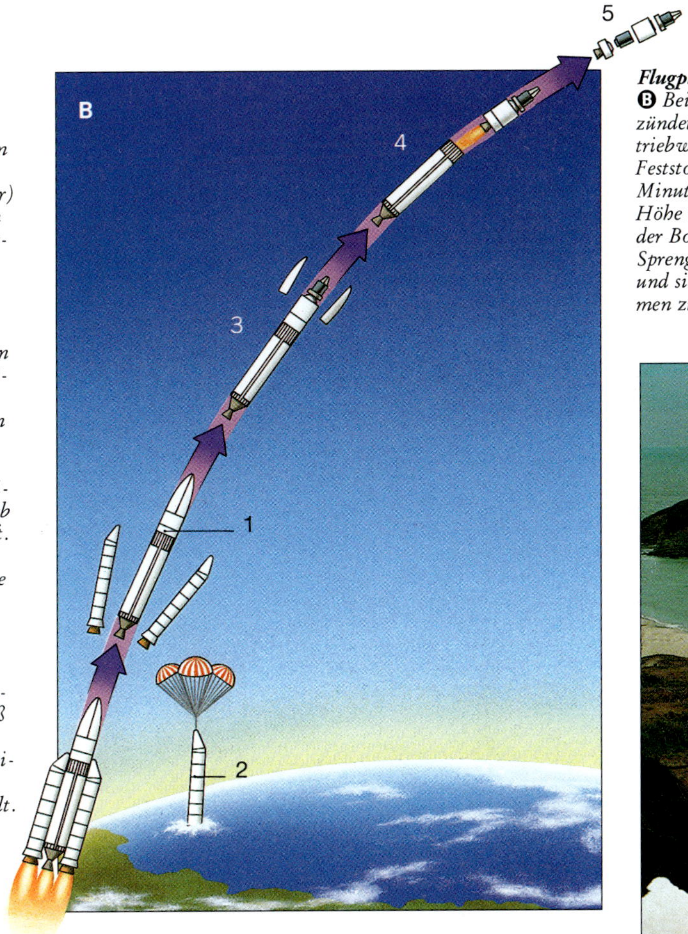

Sauerstoff-
Turbopumpe

Wasserstoff-
Turbopumpe

Gasgenerator

Ventil

Ventil

Turbine

Brennkammer

Kühlleitungen

Düse

D

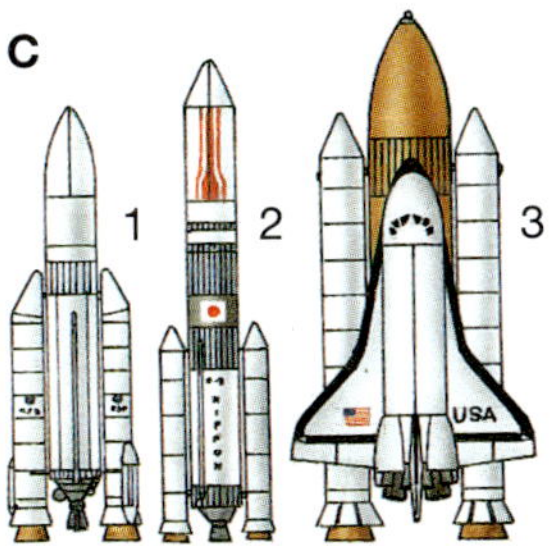

Größenverhältnisse
C *Ariane 5 (1) und die ja-*
panische H-II (2) transpor-
tieren Satelliten für einen
Bruchteil der Kosten des be-
mannten amerikanischen
Space Shuttle (3).
H-1 (oben rechts), ebenfalls
eine japanische Trägerrakete,
startet von einer Rampe auf
der Insel Tanegashima.

Flugphasen der Ariane 4
B *Beim Abheben der Ariane*
zündet das Hauptflüssigkeits-
triebwerk, dann folgen die
Feststoffbooster. Nach zwei
Minuten Flug und in 60 km
Höhe (1) ist der Treibstoff
der Booster verbraucht.
Sprengbolzen trennen sie ab,
und sie kehren an Fallschir-
men zur Erde zurück (2). In
110 km Höhe wird die Ver-
kleidung abgesprengt (3).
Das Haupttriebwerk brennt
noch 615 Sekunden weiter
und bringt die Rakete auf
145 km Höhe. Dort wird es
von der obersten Stufe abge-
trennt (4) und verglüht. Die
letzte Stufe bringt mit ihrem
eigenen Triebwerk die Nutz-
last in ihre Umlaufbahn (5).

Stufenweise in den Weltraum

Moderne Trägerraketen besitzen verschiedene
Arten von Motoren. Normalerweise wird eine mit
Flüssigkeitstreibstoff betriebene Hauptstufe zeitgleich mit einer Anzahl »Feststoffbooster« gezündet. Die Haupttriebwerke brennen solange, bis eine stabile, erdnahe Umlaufbahn erreicht ist. Dann
bringt eine zweite Stufe die Nutzlast in die endgültige, oft weiter entfernte Umlaufbahn. Der
Hauptvorteil mehrstufiger Raketen besteht darin,
daß sich ihre Masse während des Flugs reduziert.

    Weltraumraketen nutzen beim Start auch die
Energie der Erdumdrehung. Die Europäische
Weltraumorganisation (ESA) unterhält ihre Basis
in Kourou in Französisch-Guayana, das fast am
Äquator gelegen ist. Hier ist der zusätzliche
Schwung der Erdumdrehung am größten. Die
Trägerraketen benötigen deshalb weniger Treib-
stoff, um hohe Umlaufbahnen zu erreichen, als es
von nördlicher oder südlicher gelegenen Statio-
nen der Fall wäre.

Die künstlichen Monde der Erde

Wie Satelliten unseren Planeten umkreisen

Seit dem Fluge von Sputnik 1 im Jahre 1957 sind über 3000 Satelliten in die Erdumlaufbahn geschossen worden. Heute umkreisen Hunderte künstlicher Satelliten mit Geschwindigkeiten bis zu 8 km/s die Erde, übermitteln Telefon- und Fernsehsignale zwischen Kontinenten oder erkunden unsere Welt und das Universum. Daß Satelliten das Wetter beobachten, ist für uns so selbstverständlich geworden wie die Fernsehdirektübertragungen von jedem Punkt der Erde. Die Umlaufbahn eines jeden Satelliten ist genau auf seine Funktion zugeschnitten und wird durch Marschtriebwerke an Bord ständig korrigiert.

Ein Nachrichtensatellit rast mit einer Geschwindigkeit von 3 km/s um die Erde – zehnmal schneller als ein Düsenflugzeug. Zwei Faktoren bestimmen die Gestalt seiner Bahn: Einerseits würde sich der Satellit ohne Einwirkung anderer Kräfte wie jedes in Bewegung befindliche Objekt geradlinig und mit konstanter Geschwindigkeit fortbewegen – auf einer Bahn, die ihn immer weiter von der Erde entfernen würde. Andererseits zieht ihn die Gravitationskraft der Erde an. So wird die Bahn des Satelliten ständig durch die Schwerkraft zu einem Kreis (oder einer Ellipse) »verbogen«, der die Erde umspannt.

Je höher, desto langsamer

Das Gravitationsfeld der Erde ist am kräftigsten an der Oberfläche, schwächt sich dann aber mit der Höhe schnell ab und liegt bei einer Entfernung von 1 Million km bei Null. Je stärker die Schwerkraft der Erde auf den Satelliten wirkt, desto schneller muß er fliegen, um zu vermeiden, daß er in Spiralen zur Erde zurückfällt. Satelliten in niedrigen Umlaufbahnen (etwa 400 km) fliegen mit etwa 8 km/s und vollenden etwa alle zwei Stunden eine Erdumkreisung. Satelliten in höheren Bahnen bewegen sich langsamer und haben längere Umlaufzeiten. Nur wenige Satelliten läßt man in Bahnen unter 300 km kreisen, weil sie sich in solchen Höhen an der oberen Atmosphäre reiben. Durch Reibung gebremst, verlieren sie allmählich an Höhe und sind daher von kurzer Lebensdauer.

Nachrichtensatelliten drehen sich mit der Erde

Ein Satellit, der in etwa 35 800 km Höhe über dem Äquator »steht«, braucht für eine Erdumkreisung exakt einen Tag. In dieser Zeit dreht sich die Erde unter ihm genau einmal um ihre Achse: Der Satellit dreht sich also völlig synchron mit der Erde und scheint so stets am gleichen Punkt über der Erdoberfläche am Himmel zu stehen. Der Science-Fiction-Autor Arthur C. Clarke hat als erster eine praktische Nutzanwendung für eine solche geostationäre Umlaufbahn erdacht. Er kam auf die Idee, daß drei ringförmig in dieser Höhe plazierte Satelliten als Relaisstationen zur Funkübertragung zwischen jeden beliebigen zwei Punkten der Erdoberfläche dienen könnten. Heute übertragen geostationäre Satelliten alles vom Telefongespräch bis zu Navigationssignal, und schon ist der Weltraum so überfüllt, daß seine Nutzung international geregelt werden muß.

Es werden große und kostspielige Träger benötigt, um Satelliten in geostationäre Umlauf-

Bahnalternativen

Obwohl geostationäre Nachrichtensatelliten fast den ganzen Globus abdecken, sind sie in höheren Breiten nur schwach zu empfangen. Deshalb werden Gebiete wie Sibirien 24 Stunden am Tag von Molniya-Satelliten (8) auf schrägen, elliptischen Bahnen versorgt. Fernerkundungssatelliten umkreisen

Geostationäre Bahnen

A *Von allen Satellitenbahnen ist die geostationäre – 35 800 km über dem Äquator – wohl die nützlichste. Hier kreisen Wettersatelliten wie »Meteosat« (1), die eine ganze Hemisphäre des Planeten ständig beobachten, oder Nachrichtensatelliten wie »Intelsat« (2). Man kann eine Nachricht vom Boden an einen Satelliten der Intelsat-Gruppe senden, wo sie verstärkt und über einen zweiten oder gar dritten Intelsat (3) an jeden Punkt des Globus übertragen wird. TDRS (4) ist ein Nachrichtensatellit besonderer Art, der Informationen von verschiedenen Raumflugkörpern zur Bodenleitstelle überträgt. Die Plazierung eines schweren Satelliten in einer hohen geostationären Umlaufbahn geht schrittweise vor sich. Zuerst wird er in eine niedrige äquatoriale »Parkbahn« in 400 km Höhe (5) geschossen. Dann werden Schubtriebwerke gezündet, um ihn in eine elliptische Übergangsbahn (6) zu befördern. In geostationärer Höhe zünden die Triebwerke nochmals, um die elliptische Bahn zu runden (7).*

bahnen einzuschießen. Die »billigste« Bahn ist die »erdnahe Umlaufbahn«, auf der ein Satellit die Erde in etwa 400 km Höhe über dem Äquator umkreist. Es spart Kosten, den Satelliten in östliche Richtung starten zu lassen, so daß er etwas von der Rotationsenergie der Erde »mitnimmt«. Erdnahe Umlaufbahnen dienen zum »Parken« von Satelliten, bevor man sie in die vorgesehene höhere Bahn einschießt, wo sie mehr nützen; außerdem verwenden einige Beobachtungs- und Astronomiesatelliten diese niedrigen Bahnen ebenfalls.

Erkundungssatelliten fliegen von Pol zu Pol

Eine »polare Umlaufbahn« ist eine Kreisbahn, die Satelliten meist in relativ geringer Höhe über die Pole führt. Im Normalfall kreist der Satellit 14 mal pro Tag um die Erde. Während der Satellit (mehr oder weniger längenparallel) den Globus von Norden nach Süden überfliegt, dreht sich die Erde unter ihm von Westen nach Osten. So »be-

den Globus von Pol zu Pol. Landsat 3 (9) in 900 km Höhe umkreist die Erde 14 mal pro Tag und überfliegt nach und nach die ganze Erdoberfläche. Andere Astronomiesatelliten wie das Gammastrahlen-Observatorium (10) benutzen gewöhnlich Bahnen, die knapp über der Erdatmosphäre liegen.

A

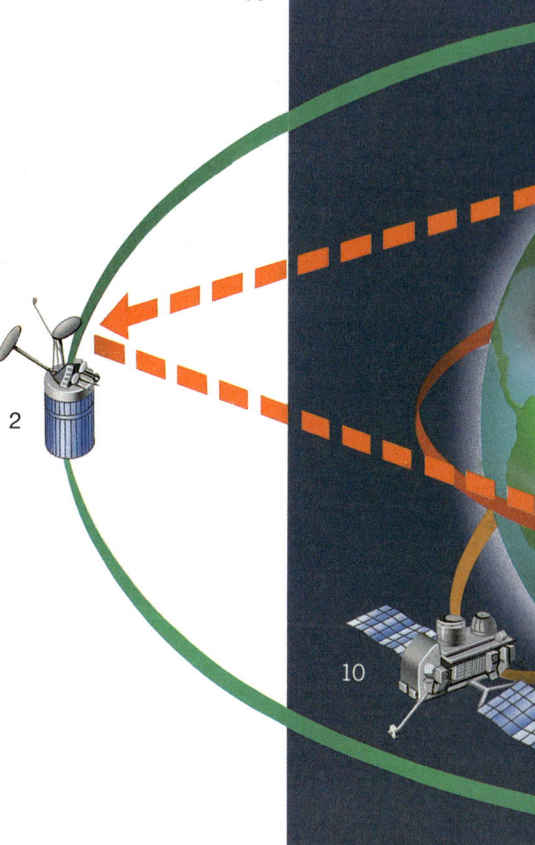

Kommunikation von Satellit zu Satellit

Inzwischen kommunizieren Satelliten mit modernsten Kommunikationssystemen untereinander. Der TDRS-Satellit (rechts), der Signale von der Erde an zahlreiche Raumflugkörper sendet, ist mit einem speziellen Antennensystem ausgestattet, dessen zwei große, schirmähnliche Schüsseln Daten mit 300 Megabits pro Sekunde von einer Bodenstation zu einer Raumstation und zurück überträgt. Die zentrale Multi-Access-Antenne kann Nachrichten an 20 weitere Satelliten gleichzeitig weitergeben. Neue Fernsehsatelliten übertragen Hunderte von digitalen Kanälen.

Siehe auch: Internet, S. 520/521 Navigation, S. 550/551 Raketen, S. 552/553 Fernerkundung, S. 556/557 Shuttle, S. 564/565, 566/567

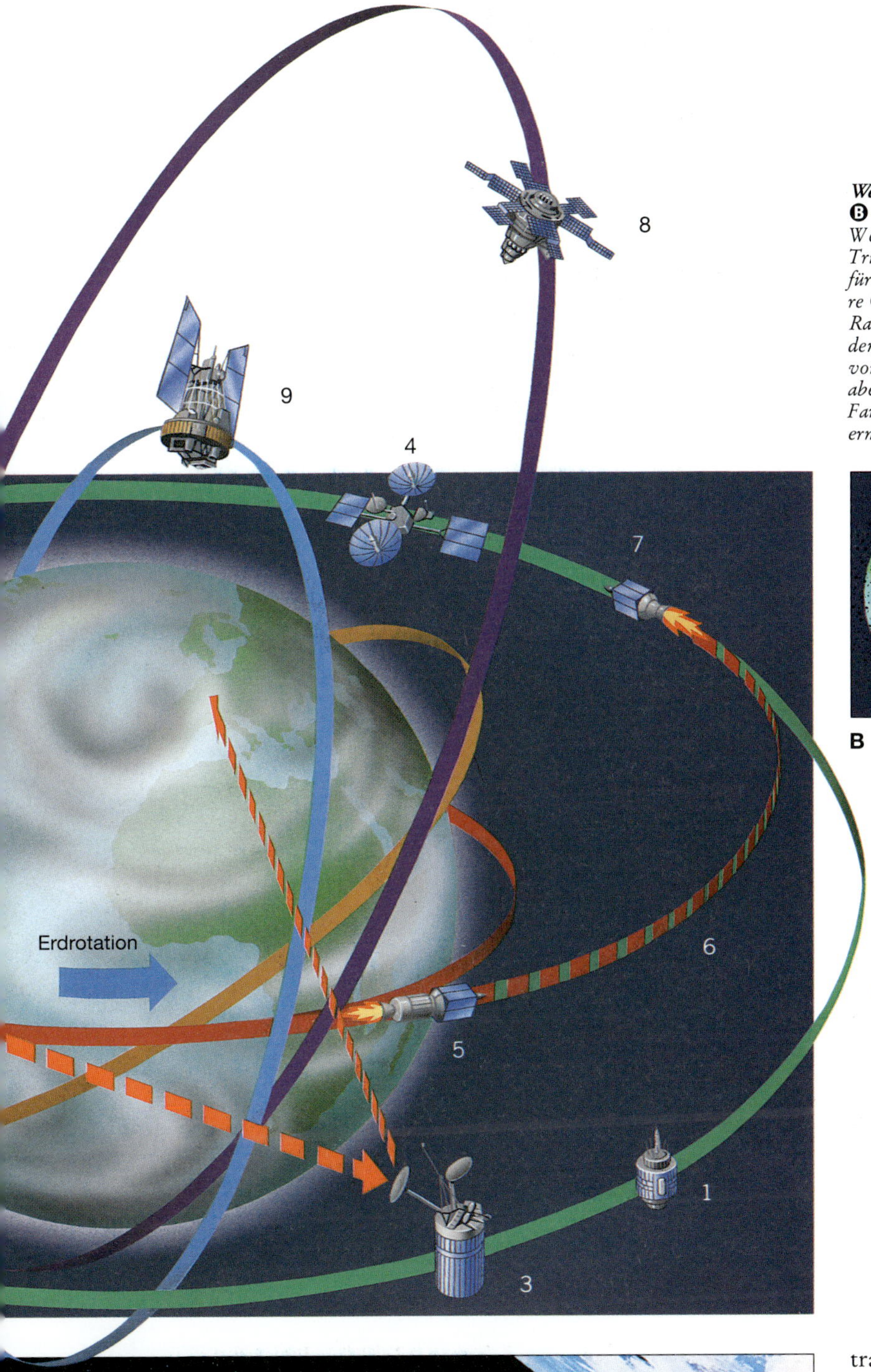

Erdrotation

8

9

4

7

6

5

1

3

Weltraumschrott

B *Die wachsende Zahl im Weltraum dahinrasender Trümmer stellt eine Gefahr für die Satelliten dar. Größere Objekte – ausgebrannte Raketenstufen usw. – werden, da sie gut sichtbar sind, von der Erde aus verfolgt, aber sogar kleinste Reste von Farbbeschichtungen können ernste Schäden verursachen.*

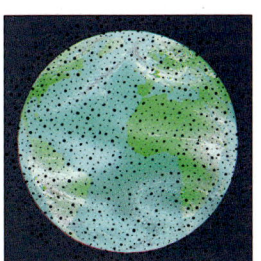

B

Lückenlose Erdbeobachtung

C *Im Idealfall kreist ein Fernerkundungssatellit in polarer Umlaufbahn immer zur gleichen Tageszeit über denselben Punkt der Erdoberfläche. Auf diese Weise kann auch sichergestellt werden, daß der Satellit den Boden immer bei Tageslicht überfliegt. Der Beleuchtungswinkel ändert sich aber mit der Jahreszeit. Um das auszugleichen, schießt man Erdbeobachtungssatelliten in sonnensynchrone Umlaufbahnen. Ein leichtes »Wackeln« in der Flugbahn des Satelliten sorgt dafür, daß sich seine Umlaufebene, unabhängig von der Jahreszeit, immer im gleichen Verhältnis zur Sonneneinstrahlung befindet.*

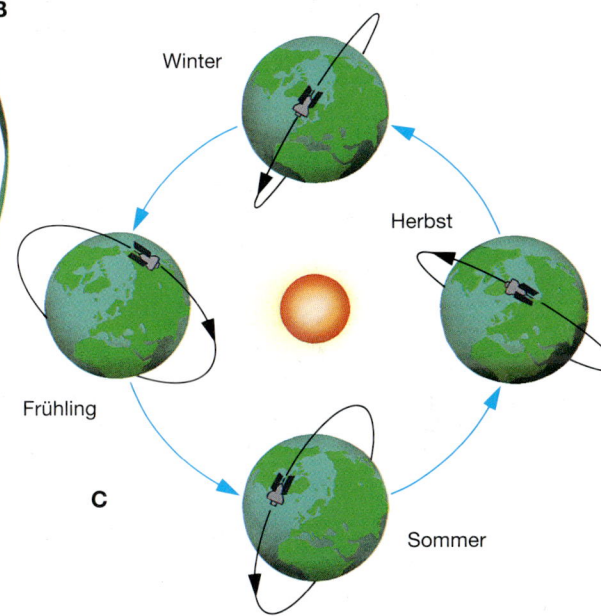

Winter

Herbst

Frühling

Sommer

C

trachtet« der Satellit jeden Teil der Erdoberfläche von nah, überfliegt denselben Punkt aber nur relativ selten. Polare Bahnen sind daher besonders für die Fernerkundung geeignet – für Aufgaben der Landvermessung, der Umweltbeobachtung und für militärische Aufklärung.

Die meisten Umlaufbahnen sind ganz oder annähernd kreisförmig. In deutlich gestreckten (elliptisch) Umlaufbahnen erreichen Satelliten in Erdnähe die größte Geschwindigkeit. Die Bewegungsenergie eines Satelliten ist in einer Kreis- oder elliptischen Bahn gleich, wenn der Durchmesser der Kreisbahn der Längsachse der Ellipse entspricht. Ein kurzer Triebwerkseinsatz am richtigen Punkt genügt deshalb, um von einer Bahn in die andere zu wechseln. Elliptische Übergangsbahnen sind daher günstig, um Satelliten in weit von der Erde entfernte Kreisbahnen zu transportieren, wie sie für Fensehsatelliten oder zur Erforschung des Erdmagnetfeldes nötig sind.

Überwachung aus dem All

Erdbeobachtung mit Satelliten

Satelliten haben Hunderte von Kilometern über der Erde eine ideale Position, um unsere Umwelt zu beobachten. Gespickt mit hochentwickelten Sensoren, liefern sie ein immer zuverlässigeres Bild von unserem Heimatplaneten und dem, was wir ihm antun. Die Meßgeräte, die sie mit sich führen, können Vegetationstypen unterscheiden, Wetterlagen analysieren und unbekannte Gebiete detailgetreu kartieren. In den letzten Jahren haben die immer wachsamen Augen der Satelliten das Ozonloch über der Antarktis entdeckt, Waldbrände beobachtet und die zunehmende Umweltverschmutzung dokumentiert.

Den Nutzen der Erdbeobachtung (oder Fernerkundung) vom Weltraum aus erkannte die Öffentlichkeit zuerst 1960 – nur drei Jahre nach dem Pionierflug des Sputnik –, als die USA den Wettersatelliten Tiros 1 in den Weltraum schossen. Doch wurde der ganze Reichtum der Möglichkeiten erst deutlich, als Astronauten beschrieben, daß sie Straßen, Gebäude und rauchende Schornsteine vom Weltraum aus sehen konnten. In den folgenden Jahren wurden immer mehr Satelliten gestartet, die Informationen von wissenschaftlichem, wirtschaftlichem oder militärischem Nutzen sammeln sollten. Militärische Fotoaufklärungssatelliten erkennen inzwischen Objekte von 10 cm Durchmesser.

Aktive und passive Sensoren tasten die Welt ab

Satelliten können passive oder aktive Instrumente zur Fernerkundung an Bord haben. Passive Sensoren registrieren die Strahlung, die von der Erde reflektiert oder abgestrahlt wird; aktive Instrumente untersuchen den Planeten mit elektromagnetischen Wellen, die sie selbst aussenden. Passive Sensoren sind u. a. Fernseh- und Fotokameras, die sichtbares Licht aufnehmen, sowie Infrarot-Scanner, die Wärmestrahlung erfassen.

Verschiedene passive Detektoren können zu einem einzigen Scanner zusammengefaßt sein. So besitzt der »Thematic Mapper« an Bord der amerikanischen Landsat-Satelliten sieben miteinander verbundene Sensoren, von denen jeder auf einen anderen Frequenzbereich reagiert. Jedes Frequenzband liefert spezifische Informationen über die Erdoberfläche. So kann z. B. Band 1 (sichtbares Licht) unbewachsene Erde von Vegetation unterscheiden und wird daher zur Forstkartierung verwendet. Band 3 mißt die Menge des von der Vegetation reflektierten grünen Lichtes – ein Indikator für mögliche Pflanzenkrankheiten. Der längere, infrarote Wellenbereich (Band 6 und 7) dient zur Bestimmung des Feuchtigkeitsgehaltes von Böden und Pflanzen und so zur Wahrnehmung drohender Dürreschäden. Die Infrarotstrahlung wird auch zur geologischen Kartierung verwendet.

Der größte Nachteil passiver Beobachtung liegt darin, daß die Zielgebiete oft durch Wolken verdeckt sind. Außerdem sind mit sichtbarem Licht arbeitende Instrumente zur Beleuchtung des Bodens auf Sonnenlicht angewiesen, dessen Richtung und Intensität wechselt, so daß man Meßwerte aus verschiedenen Gegenden nicht direkt vergleichen kann. Aktive Instrumente sind von solchen Einschränkungen nicht betroffen:

Plankton wird sichtbar
Zur Erkundung im sichtbaren und infraroten Spektralbereich bedient man sich häufig eines Abtaststrahlenmessers. Mit Hilfe eines Spiegels, der den Boden unter dem Satelliten abtastet, wird von der Erde reflektierte oder ausgesandte Strahlung auf einen Detektor gerichtet: Aus den dicht beieinanderliegenden Abtastlinien werden dann Bilder konstruiert. Das Bild der Ozeane (unten) wurde vom »Coastal Zone Colour Scanner« des NASA-Satelliten Nimbus 7 aufgenommen. Die Farben geben die Verteilung von Plankton in den Ozeanen wieder: Orange weist auf hohe, Violett auf eine geringe Planktonkonzentration hin.

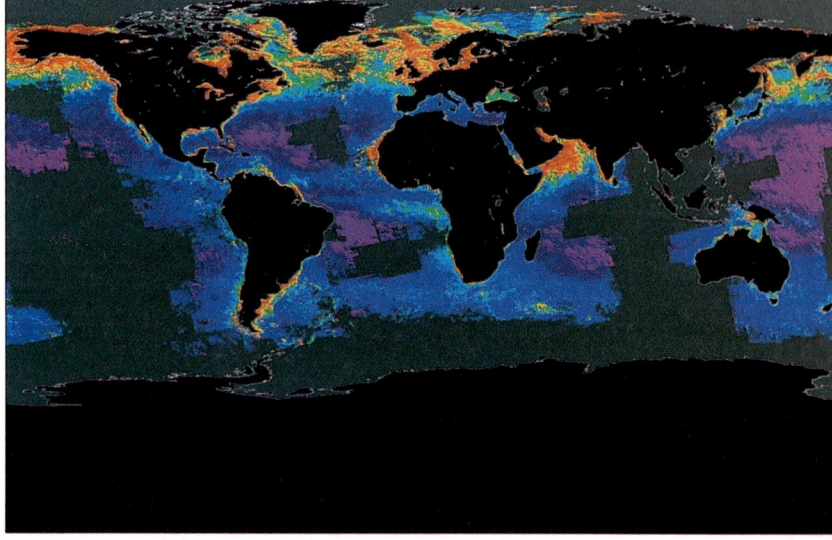

Das Auge Europas – der ERS-1
Ⓐ *Im Jahre 1991 startete der europäische Fernerkundungssatellit (ERS-1) in eine polare Umlaufbahn. Mit aktiven Radarsensoren ausgerüstet, hat er wertvolle Daten über Länder und Meere geliefert. ERS-1 muß von seiner Umlaufbahn in 780 km Höhe kräftige Radarsignale zur Erde funken, damit sie wahrnehmbare Echos erzeugen. Weil dafür große Antennen nötig sind, hat der Satellit mit 2,4 Tonnen ein recht hohes Gewicht. Er benötigt elektrischen Strom von 1 kW Leistung, den ein 12 m langes Solarzellenpaneel liefert. Um seine Daten verwerten zu können, muß man die Position des Satelliten kennen. Dazu dienen zwei Ortungssysteme: das Mikrowellen-Entfernungsmeßsystem PRARE und ein Reflektor, der Laserlichtimpulse reflektiert, die vom Boden auf den Satelliten gerichtet werden. ERS-1 besitzt ein Infrarot-Radiometer (ATSR), das genaue Messungen der Meerestemperatur sowie des Wasserdampfgehalts der Atmosphäre erlaubt. Das umfangreichste Meßgerät auf ERS-1 ist jedoch das »aktive Mikrowelleninstrument« (Active Microwave Instrument, AMI). Es umfaßt zwei Radarsysteme: den Wind-Streustrahlungsmesser, der die Windgeschwindigkeit und -richtung mißt, und den »Radar mit synthetischer Apertur« (Synthetic Aperture Radar, SAR), der höchst detaillierte Radarkarten der Erdoberfläche in Streifen von 100 km Breite erzeugt. Zur Übertragung der großen Mengen wissenschaftlicher Daten dient das »Instrumenten-Datenverarbeitungs- und Übertragungssystem« (Instrument Data Handling und Transmission, IDHT).*

Mikrowellen etwa durchdringen die Wolkendecke. So können bei jedem Wetter direkt vergleichbare Aufnahmen gemacht werden.

Beobachtung der Wetterfronten

Viele Erdbeobachtungssatelliten überfliegen jeden Punkt der Erde zweimal täglich auf polaren Umlaufbahnen von 250 bis 1000 km Höhe. Der geringe Erdabstand gestattet hochauflösende Bilder. Einige Wettersatelliten beobachten von viel höheren geostationären Umlaufbahnen aus kontinuierlich, aber mit schwächerer Auflösung ein weites Gebiet. Sie verfolgen unter anderem Wetterfronten, deren Richtung sich schnell ändert.

Die Beobachtungsdaten werden an Bord des Satelliten digitalisiert und entweder – meist über geostationäre Nachrichtensatelliten – in Echtzeit gesendet oder aber gespeichert und erst dann an Bodenstationen übertragen, wenn der Satellit in ihre Nähe gelangt.

Siehe auch: **Zukunft des Autos,** *S. 532/533* **Elektronische Piloten,** *S. 544/545* **Navigation,** *S. 550/551* **Satelliten-Umlaufbahnen,** *S. 554/555*

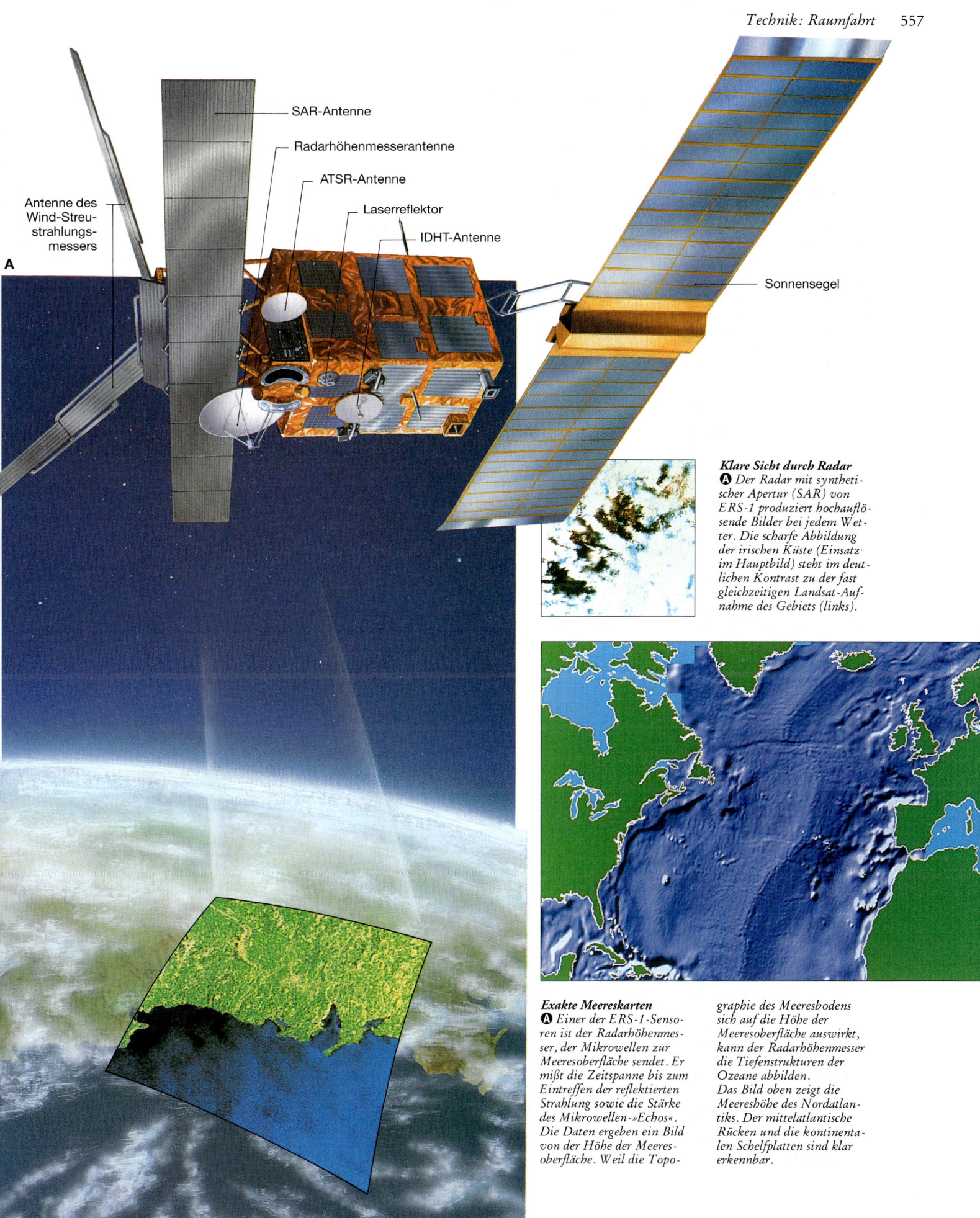

SAR-Antenne

Radarhöhenmesserantenne

ATSR-Antenne

Laserreflektor

IDHT-Antenne

Antenne des Wind-Streu-strahlungs-messers

A

Sonnensegel

Klare Sicht durch Radar

Ⓐ *Der Radar mit syntheti-scher Apertur (SAR) von ERS-1 produziert hochauflö-sende Bilder bei jedem Wet-ter. Die scharfe Abbildung der irischen Küste (Einsatz-im Hauptbild) steht im deut-lichen Kontrast zu der fast gleichzeitigen Landsat-Auf-nahme des Gebiets (links).*

Exakte Meereskarten

Ⓐ *Einer der ERS-1-Senso-ren ist der Radarhöhenmes-ser, der Mikrowellen zur Meeresoberfläche sendet. Er mißt die Zeitspanne bis zum Eintreffen der reflektierten Strahlung sowie die Stärke des Mikrowellen-»Echos«. Die Daten ergeben ein Bild von der Höhe der Meeres-oberfläche. Weil die Topo-*
graphie des Meeresbodens sich auf die Höhe der Meeresoberfläche auswirkt, kann der Radarhöhenmesser die Tiefenstrukturen der Ozeane abbilden.
Das Bild oben zeigt die Meereshöhe des Nordatlan-tiks. Der mittelatlantische Rücken und die kontinenta-len Schelfplatten sind klar erkennbar.

Freier Blick in ferne Welten

Astronomische Forschung mit Satelliten

Astronomie vom Erdboden aus zu betreiben ist so schwierig, wie vom Boden eines trüben Teichs den Himmel zu sehen. Die Atmosphäre unseres Planeten erweist sich als erhebliches Hindernis für die Himmelsbeobachtung, denn sie beeinträchtigt und verzerrt die Strahlung ferner Gestirne. Observatorien, die außerhalb dieser turbulenten Schicht liegen, ermöglichen einen ungehinderten Blick in das Universum. Das Hubble-Teleskop etwa erhöht die Auflösung der besten auf der Erde installierten Teleskope im selben Maß, wie Galileis Fernrohr die Sicht mit dem bloßen Auge verbesserte.

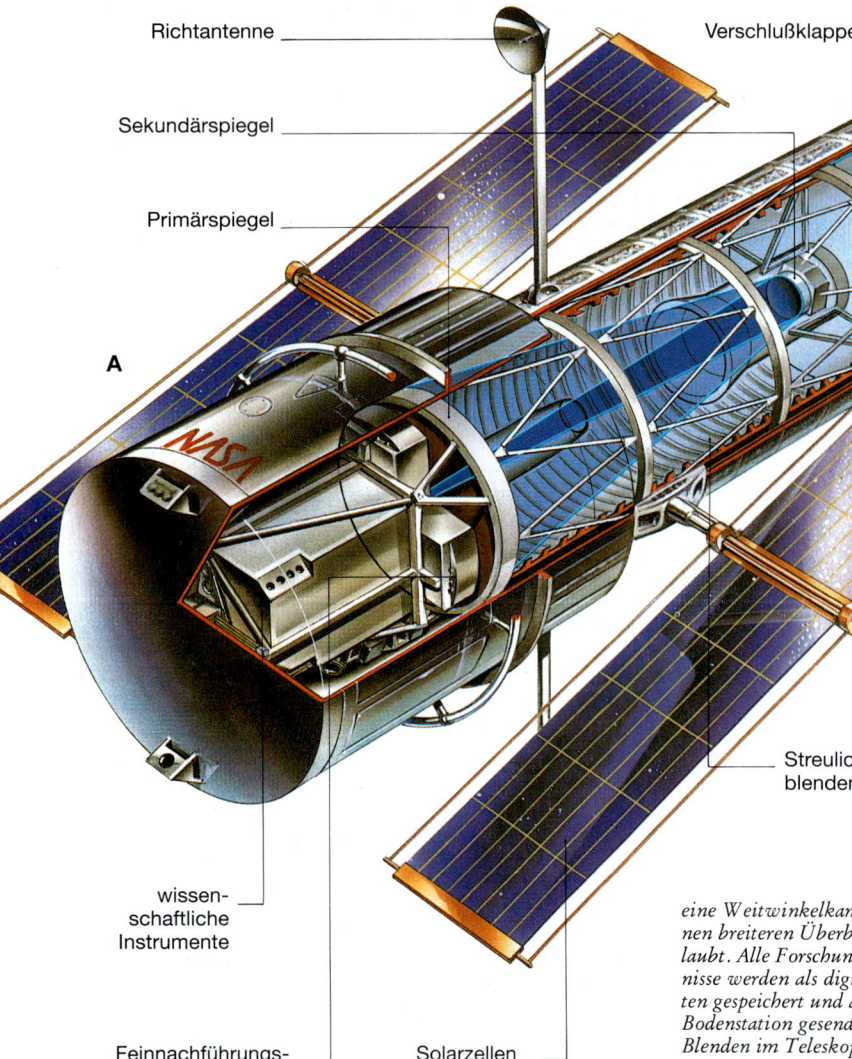

Richtantenne

Sekundärspiegel

Primärspiegel

Verschlußklappe

A

wissenschaftliche Instrumente

Feinnachführungssensoren

Solarzellen

Streulichtblenden

Das Weltraumteleskop

A Das 13 m lange Hubble Weltraumteleskop registriert sichtbare und ultraviolette Strahlung. Das Licht fällt auf den 2,4 m großen, konkaven Hauptspiegel und wird zum konvexen Sekundärspiegel zurückreflektiert, ehe es von dort durch ein Loch in der Mitte des Primärspiegels fällt. Wissenschaftliche Instrumente im hinteren Gehäuse untersuchen das gebündelte Licht. Zwei Spektrographen analysieren seine Struktur und liefern Daten, die Aufschluß über die chemische Zusammensetzung von Himmelskörpern geben. Eine Kamera für schwache Strahlung erzeugt Bilder mit hoher Auflösung von sehr dunklen Objekten, während eine Weitwinkelkamera einen breiteren Überblick erlaubt. Alle Forschungsergebnisse werden als digitale Daten gespeichert und an die Bodenstation gesendet. Blenden im Teleskoprohr verhindern, daß Streulicht ins Blickfeld dringt, während eine Verschlußklappe Optik und Instrumente schützt, wenn Hubble sich zur Sonne hin dreht. Das Sonnenlicht würde die sensiblen Instrumente zerstören.

Das Bild (oben rechts), das mit der Weitwinkelkamera des Hubble nach dessen Reparatur im Jahre 1993 aufgenommen wurde, zeigt die Spiralgalaxie M 100, deren Entfernung zur Erde auf etwa 50 Millionen Lichtjahre geschätzt wird.

Neue astronomische Observatorien werden gewöhnlich auf Berggipfeln über den Wolken errichtet, fern aller luftverschmutzenden Faktoren. Eine sorgfältige Standortwahl verringert die Störungen, vermeidet sie aber nicht ganz. Partikel in der Atmosphäre und Luftmassen unterschiedlicher Dichte, die wie Linsen wirken, streuen das Licht, bevor es das Teleskop erreicht, so daß lichtschwache Objekte selbst mit den besten Instrumenten kaum wahrnehmbar sind. Darüber hinaus wirkt die Atmosphäre wie ein gigantischer Filter, der die energiereichsten Strahlen (Röntgenstrahlen, Gammastrahlen und ultraviolettes Licht) sowie Teile des Infrarotlichtes absorbiert. Himmelskörper, die vorrangig in diesem Teil des elektromagnetischen Spektrums strahlen, sind von der Erde aus nicht zu sehen.

Hubble – ein optisches Teleskop im All

Die Astronomie geht den Einschränkungen eines auf der Erde stationierten Weltraumobservatoriums aus dem Weg, indem sie die Satellitentechnologie nutzt. Das Hubble-Weltraumteleskop ist die bisher wichtigste Entwicklung auf diesem Gebiet. 1990 transportierte die NASA das 2 Milliarden Dollar teure Teleskop mit dem Space Shuttle »Discovery« auf seine Umlaufbahn, 611 km über der Erde. 15-20 Jahre soll es von dort Bilder und Meßdaten des Universums liefern. Hubble kann Objekte orten, die 100 mal schwächer strahlen als die Lichtquellen, die mit den größten Teleskopen auf der Erde wahrzunehmen sind.

Siehe auch: Methoden der Astronomie, S. 14/15 Elektromagnetische Wellen, S. 416/417 Teleskope, S. 462/463 Shuttle, S. 564/565, 566/567

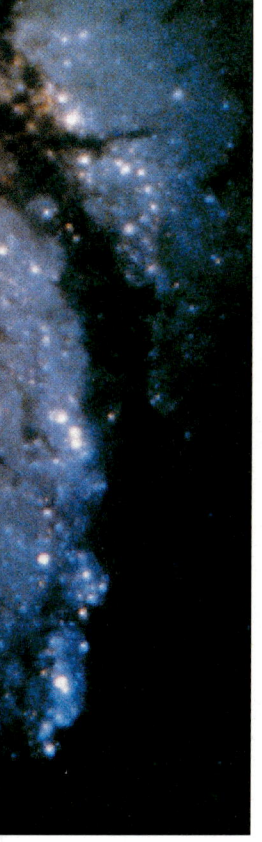

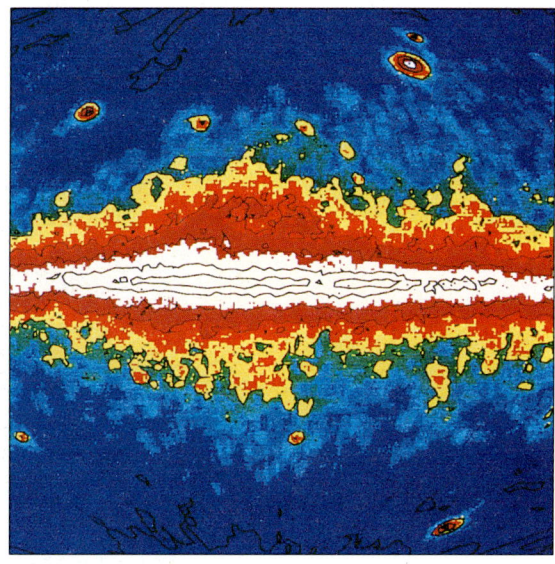

Unsichtbare Teile des Spektrums werden sichtbar

Heiße Zonen des Weltraums – wie die Atmosphären von Riesensternen und die Gaswolken, aus denen sich neue Sterne bilden – senden viel Energie in Form von ultraviolettem Licht aus. Beim Auftreffen auf die Erdatmosphäre wird ein Großteil dieser Strahlung von der Ozonschicht absorbiert und bleibt deshalb für Beobachter auf der Erde verborgen. Diesen Teil des elektromagnetischen Spektrums erforschen schon seit den 60er Jahren eine Reihe von Satelliten, darunter vor allem der 1978 gestartete International Ultraviolett Explorer (IUE).

Während der IUE mit einem konventionellen 45 cm-Parabolspiegel ultraviolettes Licht erfaßt, sind Satellitenteleskope für höhere Frequenzen grundlegend anders aufgebaut. Da Röntgen- und Gammastrahlen durch einen konventionellen Umlenkspiegel glatt hindurchgehen würden, berühren sie die Oberfläche eines goldbeschichteten, fast parallel zum eintreffenden Strahl stehenden Spiegels nur kurz, bevor man sie auf Detektoren lenkt. Auf diese Weise werden energiereiche Objekte wie Weiße Zwerge, Schwarze Löcher oder Neutronensterne untersucht. Seit seinem Start 1991 ortet das Compton-Gammastrahlenobservatorium der NASA Gammastrahlen, die energiereichste Form elektromagnetischer Strahlung. Sie entstehen bei einigen der gewaltigsten Ereignisse im Kosmos wie Supernova-Explosionen.

Weltraumteleskope können auch auf Infrarotstrahlung eingestellt werden: Sie ist weniger energiereich als sichtbares Licht und hat eine größere Wellenlänge. In der Erdatmosphäre wird Infrarotstrahlung von Wasserstoff absorbiert. Die Messung der Infrarotstrahlung von Satelliten aus ermöglicht den Forschern die Beobachtung kleiner Sterne und anderer kühlerer Objekte. Der Infra-red Astronomical Satellite (IRAS) entdeckte die bislang unbekannte Klasse der kühlen Braunen Zwergsterne sowie Staubringe um einige sonnennahe Sterne, möglicherweise die ersten Stadien in der Entstehung neuer Planetensysteme.

Gammastrahlenkarte
Die Gammastrahlenkarte (oben) des gesamten Himmels entstand mit Hilfe des Compton-Gammastrahlenobservatoriums. Weiße Flächen entsprechen den stärksten, blaue den schwächsten Emissionen. Der weiße Querstreifen in der Mitte zeigt die Gammastrahlen, die *unsere eigene Milchstraße aussendet. Weitere hell erscheinende Quellen sind Pulsare (rotierende Neutronensterne) und entfernte Quasare. Trifft ein Gammastrahl auf die Detektoren des Compton-Observatoriums, entsteht ein Lichtblitz, der seinerseits ein digitales Signal erzeugt.*

Gibt es bald Observatorien auf dem Mond?
B *Observatorien im All werden auch von Staub und Gas in der oberen Atmosphäre behindert. Der Widerstand der Atmosphäre bremst sie, und sie sind von Satellitentrümmern bedroht, die mit hoher Geschwindigkeit die Erde umkreisen. Außerdem werden feine Messungen dadurch erschwert, daß sich die Beobachtungsinstrumente zusammenziehen oder ausdehnen, wenn der Satellit in den Schatten der Erde eintritt oder ihn verläßt. Von der erdabgewandten Seite des Mondes aus böte sich ein freierer Blick auf das Universum. Auch gäbe es dank der geringen Schwerkraft an der Mondoberfläche keine*

B

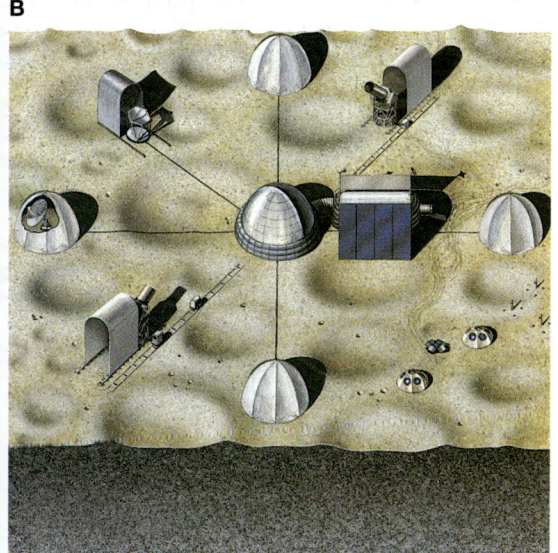

Beschränkungen hinsichtlich der Größe und des Gewichts optischer Teleskope. Es wäre daher denkbar, daß Anfang des nächsten Jahrtausends als erste fest installierte Mondstationen Observatorien entstehen. Links der Entwurf eines solchen Mondobservatoriums mit verschiedenen Instrumenten.

Atmosphärische Fenster
C *Einige Wellenlängen werden von der Erdatmosphäre vollständig absorbiert. Dadurch bleiben ganze Klassen von Objekten und Vorgängen, z. B. Radiogalaxien und Gammastrahlenausbrüche, unsichtbar. Das nebenstehende Diagramm zeigt, in welchem Maße elektromagnetische Strahlen die Atmosphäre durchdringen. Nur im Bereich der optischen Wellenlängen und der Radiowellen passieren bestimmte Frequenzen die Atmosphäre, so daß die Astronomen durch diese atmosphärischen Fenster ins Weltall blicken können. Alle anderen Teile des elektromagnetischen Spektrums werden dagegen absorbiert.*

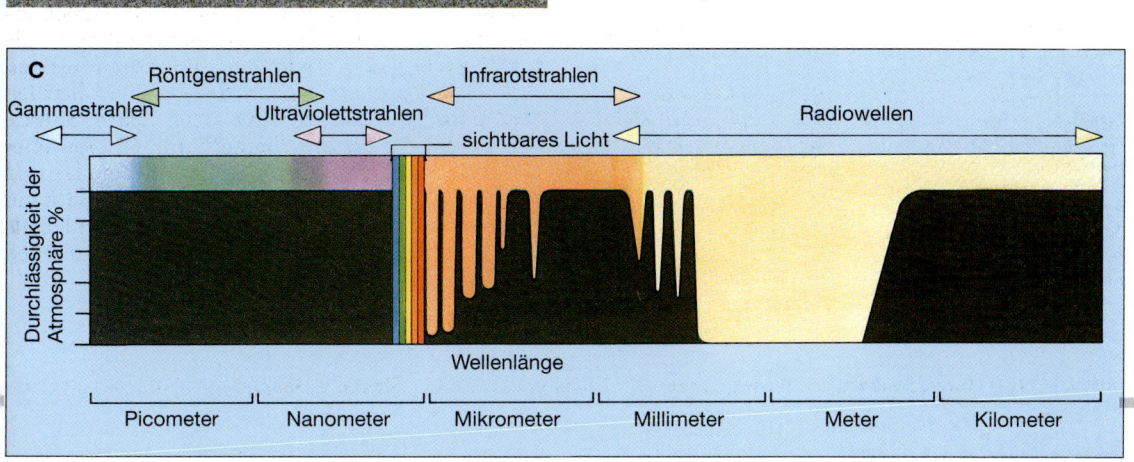

C

Gammastrahlen — Röntgenstrahlen — Ultraviolettstrahlen — sichtbares Licht — Infrarotstrahlen — Radiowellen

Durchlässigkeit der Atmosphäre %

Wellenlänge

Picometer — Nanometer — Mikrometer — Millimeter — Meter — Kilometer

Kundschafter im Weltraum

Wie mit Raumsonden das Sonnensystem erforscht wird

Mit über 30 km/s ist der Raumflugkörper Ulysses das schnellste Objekt, das je gebaut wurde. Die unbemannte Sonde hat die Aufgabe, den für uns unsichtbaren Nord- und Südpol der Sonne zu beobachten. Seit den 60er Jahren erkunden Raumsonden wie Ulysses das Sonnensystem und haben dabei bisher alle Planeten (außer Pluto), deren Monde und auch viele Kometen untersucht. Den Daten, die sie sammeln, verdanken wir ein völlig neues Bild unseres Sonnensystems. Sie geben uns wertvolle Aufschlüsse über die Geschichte, den Aufbau und vielleicht auch die Zukunft unseres eigenen Planeten.

Die Erforschung des Sonnensystems begann 1959, als die unbemannte sowjetische Sonde »Luna« am Mond vorbeiflog. Auf Lunas Flug folgte eine Reihe von Missionen mit dem Ziel, die Techniken zu erproben, die man für die bemannten Mondflüge der späten 60er und 70er benötigte. Auf solchen frühen Testflügen wurden wertvolle Daten über den Sonnenwind – den Strom geladener, von der Sonne abfließender Teilchen – und über die Verhältnisse auf der Mondoberfläche gesammelt. Die Mondoberfläche, seit Milliarden von Jahren fast unverändert, birgt in sich die Spuren vergangener Sonnenaktivitäten und damit Hinweise auch auf die Geschichte unserer Erde.

Treibhauseffekt auf der Venus

Die erste erfolgreiche interplanetare Sonde, Mariner 2, wurde von den USA 1962 gestartet. Da sie bis auf 35 000 km an die Venus herankam, konnten ihre Instrumente Temperatur (425 °C) und Luftdruck (90 Erdatmosphären) an der Oberfläche des Planeten messen und feststellen, daß Venus kein Magnetfeld besitzt. Über 20 Sonden haben die Venus bisher besucht, von denen einige in die dichte Kohlendioxidatmosphäre des Planeten eintauchten. Die Daten, die man bei diesen Missionen sammelte, lassen vermuten, daß das heiße Klima der Venus durch einen Treibhauseffekt entstand.

Auch Mars, unser anderer »Nachbar«, wurde von Mariner-Sonden besucht. Sie sendeten aufsehenerregende Bilder vom roten Planeten zurück. Die Fotos enthüllten eine Kraterlandschaft, durchfurcht von weiten Tälern und mit erloschenen Vulkanen übersät. Anhand der Auswertung von Radiosignalen konnten Wissenschaftler die Streuwirkung der Marsatmosphäre bestimmen.

Die »Viking«-Missionen von 1976 haben unsere Kenntnisse noch erweitert. Zwei Raumflugkörper wurden zum Mars geschickt, jeweils Kombinationen aus einem Orbiter, der den Planeten vom Raum aus kartierte, und einer Landestufe, die Messungen auf der Oberfläche vornahm. Die Landestufen übertrugen Daten über die Zusammensetzung der Atmosphäre (vor allem Kohlendioxid mit Spuren von Stickstoff, Sauerstoff und Edelgasen) und über ihren Feuchtigkeitsgehalt. Die Landestufen besaßen einen mechanischen Arm zur Aufnahme von Bodenproben, die dann in den ausgeklügelten Labors der Landestufe auf ihre chemische Zusammensetzung untersucht wurden; Spuren von Leben fand man allerdings nicht. Die neuere Marsforschung war wenig erfolgreich, da Sonden wie der »Mars Observer« der NASA

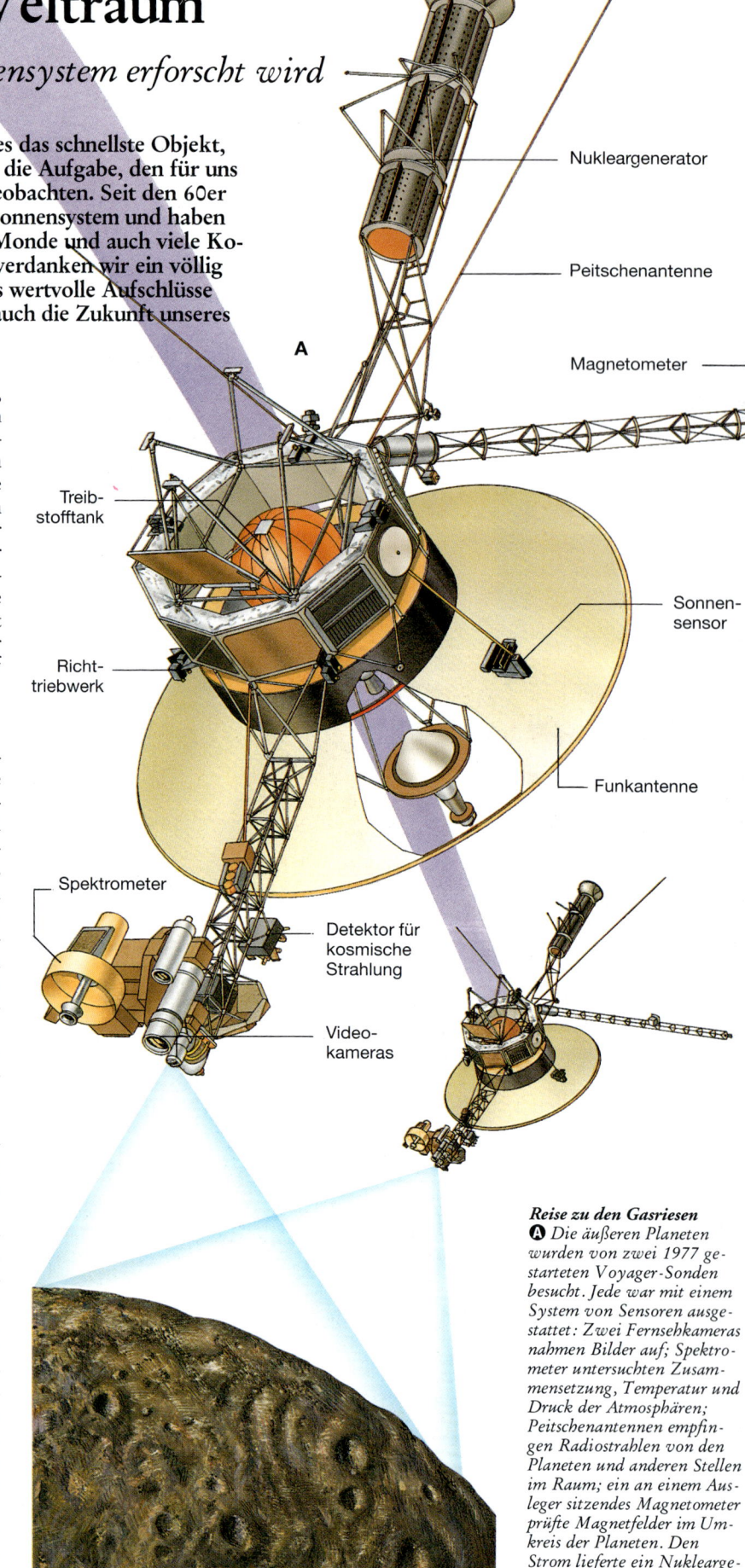

Labels: Nukleargenerator · Peitschenantenne · Magnetometer · Sonnensensor · Funkantenne · A · Treibstofftank · Richttriebwerk · Spektrometer · Detektor für kosmische Strahlung · Videokameras

Reise zu den Gasriesen

A Die äußeren Planeten wurden von zwei 1977 gestarteten Voyager-Sonden besucht. Jede war mit einem System von Sensoren ausgestattet: Zwei Fernsehkameras nahmen Bilder auf; Spektrometer untersuchten Zusammensetzung, Temperatur und Druck der Atmosphären; Peitschenantennen empfingen Radiostrahlen von den Planeten und anderen Stellen im Raum; ein an einem Ausleger sitzendes Magnetometer prüfte Magnetfelder im Umkreis der Planeten. Den Strom lieferte ein Nukleargenerator, denn die Sonnenenergie war für den Betrieb

Siehe auch: **Sonnensystem,** S. 32/33 **Äußere Planeten,** S. 36/37 **Monde der äußeren Planeten,** S. 38/39

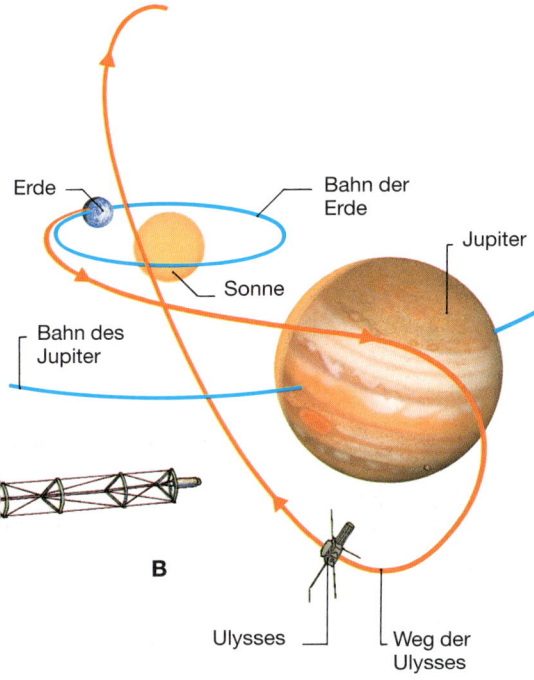

Erde
Bahn der
Erde
Jupiter
Sonne
Bahn des
Jupiter
B
Ulysses
Weg der
Ulysses

Kosmische Katapulte

B *Die 1990 gestartete Sonde »Ulysses« nutzte die Gravitation des Riesenplaneten Jupiter, um in eine Bahn zu den Sonnenpolen zu kommen. Deshalb wurde die Sonde statt zur Sonne in Richtung Jupiter geschossen, der sie aus der Ekliptik (die Ebene, in der sich Erde und andere Planeten um die Sonne bewegen) lenkte. Außerdem beschleunigte diese »Gravitationsschleuder« die Sonde auf 30 km/s. Ulysses überflog 1994/95 zunächst den Südpol, dann den Nordpol der Sonne und führte außerdem eine genaue Untersuchung des Sonnenwindes durch.*

noch vor der Ankunft versagten. Mit einer Reihe weiterer Missionen will man die Marsstudien jedoch fortsetzen. Automatische Geländefahrzeuge sollen die Marsoberfläche erfassen; ferner ist geplant, Eintauchmodule in die Oberfläche zu schießen und ballongetragene Sensoren einzusetzen. Die Ballons sollen sich in der Tageshitze aufblähen und ihre Sonden durch die Atmosphäre tragen, nachts dagegen wieder abkühlen, zur Oberfläche herabschweben und Messungen auf dem Boden vornehmen.

Zwölf Jahre Flugzeit bis zum Neptun

Raumsonden zur Venus brauchen etwa 145 Tage und Missionen zum Mars etwa 260 Tage. Die Reise zu ferneren Planeten nimmt Jahrzehnte in Anspruch, selbst wenn die mächtigsten Raketen zum Einsatz kommen. Diese Spanne läßt sich mit Hilfe der sogenannten »swing by-« (Gravitationsschleuder-) Technik erheblich verkürzen. Dabei fliegt die Sonde, der Bewegungsrichtung des Himmelskörpers folgend, dicht an einen Planeten heran, wird von dessen Bewegungsenergie mitgerissen und so in Richtung auf den nächsten Planeten beschleunigt. (Flöge sie in entgegengesetzter Richtung, würde sie vom Planeten gebremst.) Dazu müssen sich die Planeten zur richtigen Zeit am richtigen Ort befinden – also sind »Zielfenster« für Missionen zu den fernen Planeten äußerst selten. Der Flug von »Voyager 2« zu Saturn, Uranus und Neptun stützte sich z. B. auf eine Konstellation, die es zuletzt 180 Jahre vorher gegeben hatte.

Aufnahmen vom Saturn

Das computerverstärkte Bild vom Saturn (links) stammt von Voyager 2 und entstand am 12. Juli 1981 – vier Jahre nach dem Start der Sonde. Das Fernsehbild, das aus 800 Zeilen besteht, zeigt klar den in sieben Ringe gegliederten Aufbau des Saturn.

Landung auf Titan

C *Die Sonde Cassini soll 1997 starten und auf ihrer vierjährigen Mission das Saturn-System erforschen. Während der Hauptteil der Sonde (1) den Planeten selbst umkreisen wird, soll die Hygens-Sonde (2) auf Titan, dem größten der Saturnmonde, landen.*

D *Während sich Hygens Titan nähert, wird sie durch Reibung ihrer Bremsschüssel an Gasen der Mondatmosphäre von 7 km/s auf 270 m/s abgebremst. In etwa 175 km Höhe wirft die Sonde die Bremsschüssel ab, und die Fallschirme entfalten sich. Dadurch werden die Hauptsensoren der Sonde freigesetzt, können die Oberfläche des Mondes kartieren und bei ihrem zwei- bis dreistündigen Abstieg seine Stickstoffatmosphäre untersuchen. Man erwartet nicht, daß Hygens den Aufschlag auf der Oberfläche übersteht, doch hoffen die Wissenschaftler, daß sie lange genug »überleben« wird, um Daten über die untere Atmosphäre und vielleicht sogar den Boden zu sammeln, bevor der Kontakt mit ihr abbricht.*

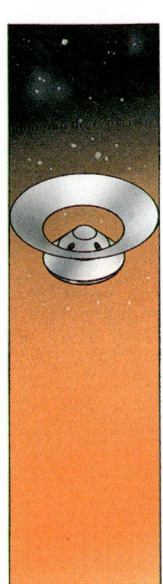

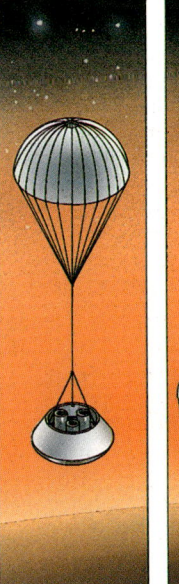

C
D
1
2

von Solarzellen zu schwach. Das matte Licht machte bei Bildaufnahmen lange Belichtungszeiten erforderlich. Zum Fotografieren der Oberfläche des Uranus-Mondes Miranda wurden die Richttriebwerke von Voyager gezündet, um seine Eigenbewegung auszugleichen.

Taucher im Vakuum des Alls

Raumanzüge und Weltraumspaziergänge

Zu den eindrucksvollsten Bildern aus der Frühzeit der Raumfahrt gehören die Mondspaziergänge amerikanischer Astronauten. Mit dem Fortschreiten der Weltraumforschung nahm die Bedeutung von Tätigkeiten außerhalb des Raumfahrzeugs zu. Oft müssen Astronauten ihre Raumkapsel verlassen, um draußen Reparaturen oder Experimente durchzuführen oder neue Techniken zu erproben – wie sie für den Bau der internationalen Raumstation Ende der 90er Jahre benötigt werden. Fern der Sicherheit ihres Raumfahrzeugs finden die Astronauten in ihren Raumanzügen Schutz vor dem feindlichen Milieu des Weltraums.

Oberhalb der 100 km dicken Atmosphäre unseres Planeten gibt es keine Luft zum Atmen mehr; und ohne atmosphärischen Druck würde das Blut in den Adern zu kochen beginnen. Die volle Gewalt des ganzen Spektrums der Sonnenstrahlung würde im Weltall auf den menschlichen Körper treffen. Das Sonnenlicht enthält hohe Anteile an ultravioletten Strahlen, Röntgen- und Gammastrahlen, die Sonnenbrand, Hautkrebs und Blindheit verursachen können. Die sonnenexponierte Seite des Körpers würde zudem auf über 100°C erhitzt, während die Schattenseite überhaupt keine Strahlen erhielte und – ohne Isolierung – ihre Wärme in den Raum abstrahlen und gefrieren würde.

Schutz vor Strahlung und Mikrometeoriten

Eine weitere Gefahr liegt im Einschlag von Mikrometeoriten. Viele Millionen winziger Partikel – meist kleiner als Sandkörner – kreisen mit Geschwindigkeiten von bis zu 18 000 km/h um die Erde. Einige sind Überreste aus der Zeit der Entstehung des Sonnensystems, andere blieben von Satelliten- oder Raketenexplosionen zurück. Raumanzüge müssen Schutz vor Mikrometeoriten und Strahlung bieten, die Temperaturen in erträglichen Grenzen halten, eine atembare Atmosphäre bereitstellen und so elastisch sein, daß der Astronaut auch schwierige Operationen durchführen kann.

Früher waren Raumanzüge nicht für Außenbordtätigkeiten bestimmt, sondern dienten vor allem der Sicherung gegen einen Druckabfall in der Kabine. Sie waren starr wie Ballons: Jede Bewegung des Astronauten verringerte das Volumen des Anzugs, steigerte den Druck und machte so weitere Bewegungen noch schwieriger. Der Shuttle-Raumanzug ist der erste Raumanzug, der ausschließlich für Außenbordtätigkeiten entworfen wurde.

Siehe auch: *Sauerstoffaufnahme*, S.268/269

Schutz-Schichten
Ⓐ *Der Shuttle-Raumanzug besteht aus mehreren Schichten: Direkt an die Haut legt sich ein weiches Futter aus Nylon-Chiffon (1), durchzogen von einem 90 m langen Netz feiner Röhren, durch die Wasser gepumpt wird. Es dient der Temperaturregelung und wird im Tornister erhitzt oder gekühlt. Direkt darüber folgt eine Überdruckhülle (2) aus mit Po-* *lyurethan beschichtetem Nylon, die den Anzug abdichtet. Sechs äußere Schichten bilden die Wärme- und Mikrometeoritenschutzhülle (3). Die erste Schicht verhindert das Eindringen von Mikrometeoriten. Die nächsten vier Schichten sind aluminiumbeschichtet und schirmen gegen die Sonnenhitze ab. Die sechste Schicht ist ein robustes, reiß- und feuerfestes Mischgewebe.*

Bemannte Manövriereinheit
Ⓑ *Ein Raumfahrzeug für eine Person – »bemannte Manövriereinheit« genannt – ermöglicht dem Astronauten die freie Bewegung im Raum ohne Verbindung zum Space Shuttle. Den Antrieb des Raumfahrzeuges besorgen 24 Stickstoffrichttriebwerke, die in Dreiergruppen in allen acht Ecken des Flugkörpers* *angeordnet sind. Das Stickstoffgas befindet sich, hoch komprimiert, in zwei stark isolierten Aluminiumtanks. Wenn der Astronaut die Steuerelemente am Ende der beiden Armlehnen bedient, leitet er Gas in eine oder mehrere Düsen. Das ausströmende Gas treibt die Manövriereinheit langsam in die gewollte Richtung.*

Shuttle, S. 564/565, 566/567

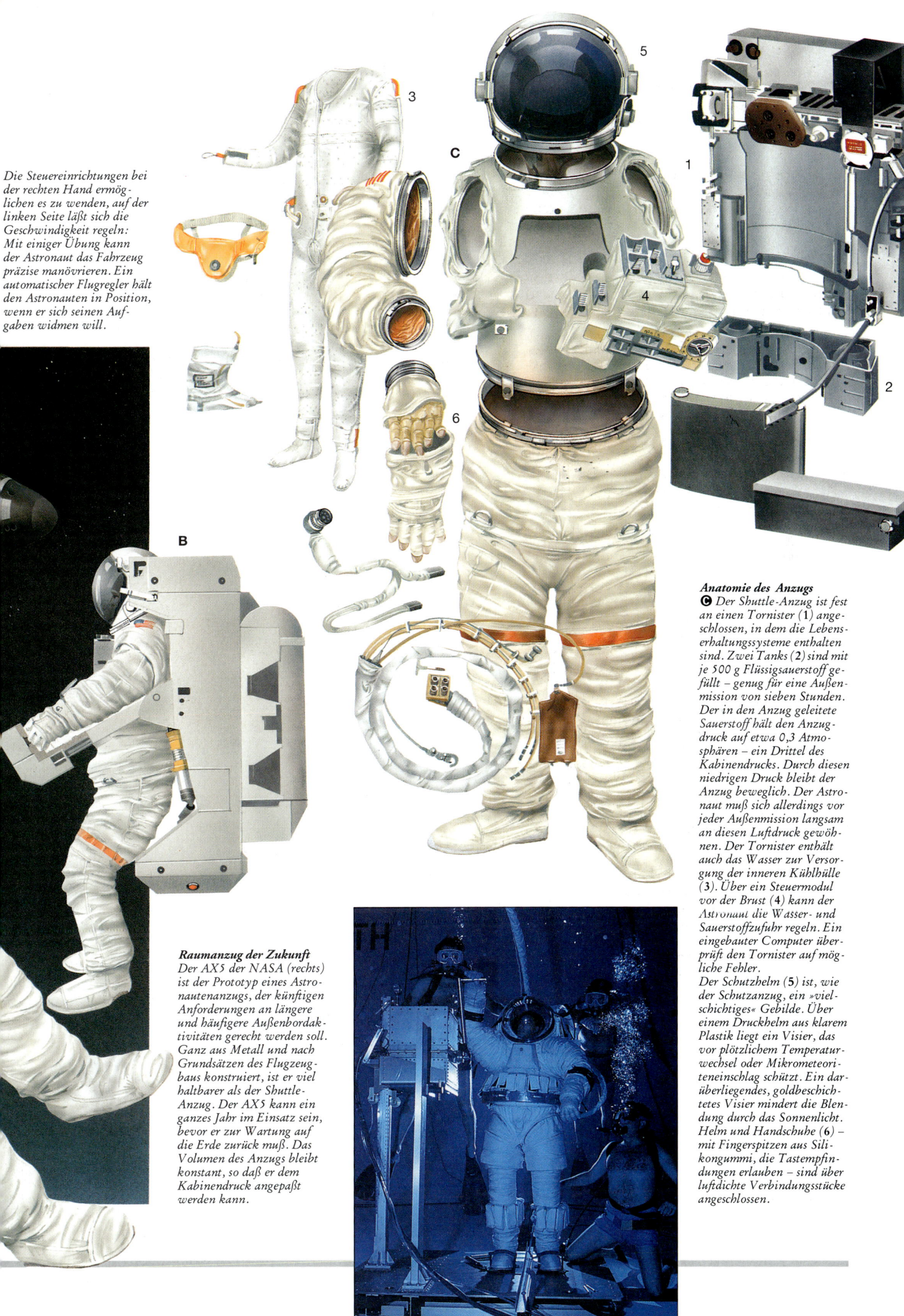

Die Steuereinrichtungen bei der rechten Hand ermöglichen es zu wenden, auf der linken Seite läßt sich die Geschwindigkeit regeln: Mit einiger Übung kann der Astronaut das Fahrzeug präzise manövrieren. Ein automatischer Flugregler hält den Astronauten in Position, wenn er sich seinen Aufgaben widmen will.

Anatomie des Anzugs

C Der Shuttle-Anzug ist fest an einen Tornister (1) angeschlossen, in dem die Lebenserhaltungssysteme enthalten sind. Zwei Tanks (2) sind mit je 500 g Flüssigsauerstoff gefüllt – genug für eine Außenmission von sieben Stunden. Der in den Anzug geleitete Sauerstoff hält den Anzugdruck auf etwa 0,3 Atmosphären – ein Drittel des Kabinendrucks. Durch diesen niedrigen Druck bleibt der Anzug beweglich. Der Astronaut muß sich allerdings vor jeder Außenmission langsam an diesen Luftdruck gewöhnen. Der Tornister enthält auch das Wasser zur Versorgung der inneren Kühlhülle (3). Über ein Steuermodul vor der Brust (4) kann der Astronaut die Wasser- und Sauerstoffzufuhr regeln. Ein eingebauter Computer überprüft den Tornister auf mögliche Fehler.

Der Schutzhelm (5) ist, wie der Schutzanzug, ein »vielschichtiges« Gebilde. Über einem Druckhelm aus klarem Plastik liegt ein Visier, das vor plötzlichem Temperaturwechsel oder Mikrometeoriteneinschlag schützt. Ein darüberliegendes, goldbeschichtetes Visier mindert die Blendung durch das Sonnenlicht. Helm und Handschuhe (6) – mit Fingerspitzen aus Silikongummi, die Tastempfindungen erlauben – sind über luftdichte Verbindungsstücke angeschlossen.

Raumanzug der Zukunft

Der AX5 der NASA (rechts) ist der Prototyp eines Astronautenanzugs, der künftigen Anforderungen an längere und häufigere Außenbordaktivitäten gerecht werden soll. Ganz aus Metall und nach Grundsätzen des Flugzeugbaus konstruiert, ist er viel haltbarer als der Shuttle-Anzug. Der AX5 kann ein ganzes Jahr im Einsatz sein, bevor er zur Wartung auf die Erde zurück muß. Das Volumen des Anzugs bleibt konstant, so daß er dem Kabinendruck angepaßt werden kann.

Taxi in den Weltraum

Start und Landung des Space Shuttle

Der Jungfernflug der NASA-Raumfähre Columbia am 9. April 1981 markierte den Beginn eines neuen Zeitalters der Raumfahrt. Etwa so groß wie ein kleines Verkehrsflugzeug, schafft das Shuttle dreizehnmal soviel Nutzlast in den Weltraum wie eine konventionelle Delta-Rakete – bei den anderthalbfachen Kosten. Der vereinte Schub aus Flüssig- und Feststoffraketen trägt das Raumflugzeug in seine Umlaufbahn, wo es durch zwei weitere Raketensysteme in Position gebracht wird. Nach erfüllter Mission landet das Shuttle wie ein Flugzeug und kann innerhalb von 100 Arbeitstagen für den nächsten Einsatz vorbereitet werden.

In der Zeit seiner Entwicklung ab den späten 60er Jahren galt das Space Shuttle als wesentlicher Bestandteil des ehrgeizigen Raumfahrtprogramms der USA. Regelmäßige Pendelflüge sollten Personal und Material zu permanenten Raumstationen befördern, die ihrerseits Zwischenstationen zur Erforschung und Nutzung des Sonnensystems sein sollten. Obwohl das kühne Projekt wegen Etatkürzungen und technischen Problemen nicht wie geplant durchzuführen war, bauten die USA doch eine Raumfähre, wenn auch in kleinerer Ausführung. Sie dient vor allem zum Transport von Nutzlasten, die für Militär oder Wissenschaft von Interesse sind. Es wurden bis heute sechs Raumfähren – oder Orbiter – gebaut: der Prototyp Enterprise, Columbia, Discovery, Atlantis, die verunglückte Challenger und ihre Nachfolgerin Endeavour. Insgesamt sind für die nächste Zukunft sechs bis acht Flüge pro Jahr geplant.

Startrampen für verschiedene Aufgaben

Das Shuttle kann, je nach Aufgabenstellung, von zwei Basen aus starten. Startet es von Cape Canaveral in Florida aus, dann fliegt es ostwärts über den Atlantik, sammelt zusätzlich Energie aus der Erdrotation, um dann in eine Umlaufbahn über dem Äquator einzuschwenken. Diese Bahn dient dazu, Nachrichtensatelliten und Raumsonden ins All zu befördern.

Alternativ dazu kann die Fähre von der Vandenberg Airforce Base in Kalifornien in südliche Richtung in eine polare Umlaufbahn starten, um Aufgaben der Umweltbeobachtung wahrzunehmen oder Aufklärungssatelliten auszusetzen.

Der Weg ins All

Die Haupttriebwerke des Space Shuttle (SSMEs) – drei hinten am Orbiter plazierte, hochentwickelte Flüssigtreibstoffraketen – werden 3,8 Sekunden vor dem Start gezündet. Kurz danach zünden die Feststoffbooster (SRBs), und die SSMEs werden gedrosselt, um die Beschleunigung unter erträglichen 3 g zu halten. 50 Sekunden nach dem Start durchbricht das Shuttle die Schallgrenze. Nach zwei Minuten erreicht es die 4,5fache Schallgeschwindigkeit und eine Höhe von 45 km. Jetzt schalten sich die SRBs ab, da ihr Treibstoff erschöpft ist, und stürzen ins Meer. Die Triebwerksgehäuse können nach der Wasserung geborgen und wiederverwendet werden.

Als nächstes wird der Schub der SSMEs wieder gesteigert, um die Fähre auf 15fache Schallgeschwindigkeit und 130 km Höhe zu bringen; dann

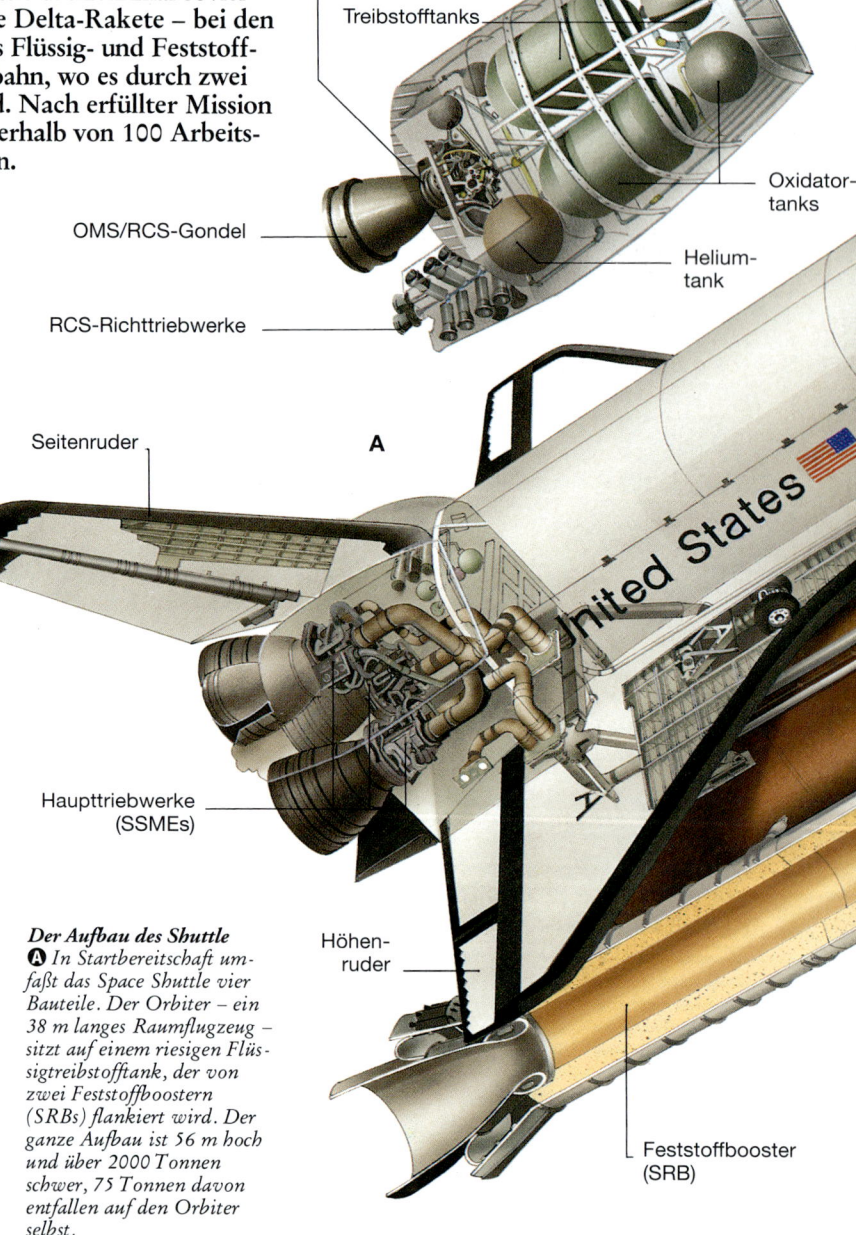

orbitales Manövriersystem (OMS)

Treibstofftanks

B

Oxidatortanks

OMS/RCS-Gondel

Heliumtank

RCS-Richttriebwerke

Seitenruder

A

Haupttriebwerke (SSMEs)

Höhenruder

Feststoffbooster (SRB)

Der Aufbau des Shuttle
A *In Startbereitschaft umfaßt das Space Shuttle vier Bauteile. Der Orbiter – ein 38 m langes Raumflugzeug – sitzt auf einem riesigen Flüssigtreibstofftank, der von zwei Feststoffboostern (SRBs) flankiert wird. Der ganze Aufbau ist 56 m hoch und über 2000 Tonnen schwer, 75 Tonnen davon entfallen auf den Orbiter selbst.*
Die SRBs sind die größten Feststoffraketentriebwerke, die je in Betrieb genommen wurden, und zugleich die ersten wiederverwendbaren Raketentriebwerke. Jedes von ihnen ist mit Aluminiumpulver gefüllt, dem ein starkes Oxidiermittel und ein Eisenoxidkatalysator beigemischt ist. Der Schub ist nach dem Start nicht mehr steuerbar. Die drei Haupttriebwerke (SSMEs) des Shuttle werden dagegen mit Flüssigtreibstoff betrieben. Da man die Treibstoffzufuhr regeln kann, lassen sich die SSMEs
zwecks Schubregulierung drosseln. In den Haupttriebwerken wird flüssiger Sauerstoff mit Wasserstoff aus dem mächtigen Außentank gemischt und gezündet. Der Außentank enthält in seinem vorderen Teil 540 000 Liter flüssigen Sauerstoff und in seinem hinteren 1,5 Millionen Liter flüssigen Wasserstoff. Beide Treibstofftanks sind durch einen Zwischentank voneinander getrennt, der einen Großteil der elektrischen Geräte zur Regelung der Treibstoffzufuhr enthält.
Der Außentank ist gründlich isoliert, um der extremen Belastung beim Start standzuhalten, verglüht aber nach dem Abwurf in der Atmosphäre. Flügel und Heckflosse des Raumflugzeugs bestehen aus Aluminiumrahmen. Kombinierte Höhen- und Querruder an beiden Flügeln sowie ein Seitenruder an der Heckflosse dienen zur Steuerung beim Landeanflug.

Siehe auch: **Düsentriebwerk,** S. 540/541 **Tragflächen,** S. 542/543 **Raketen,** S. 552/553 **Raumanzüge,** S. 562/563 **Aufgaben des Shuttle,** S. 566/567

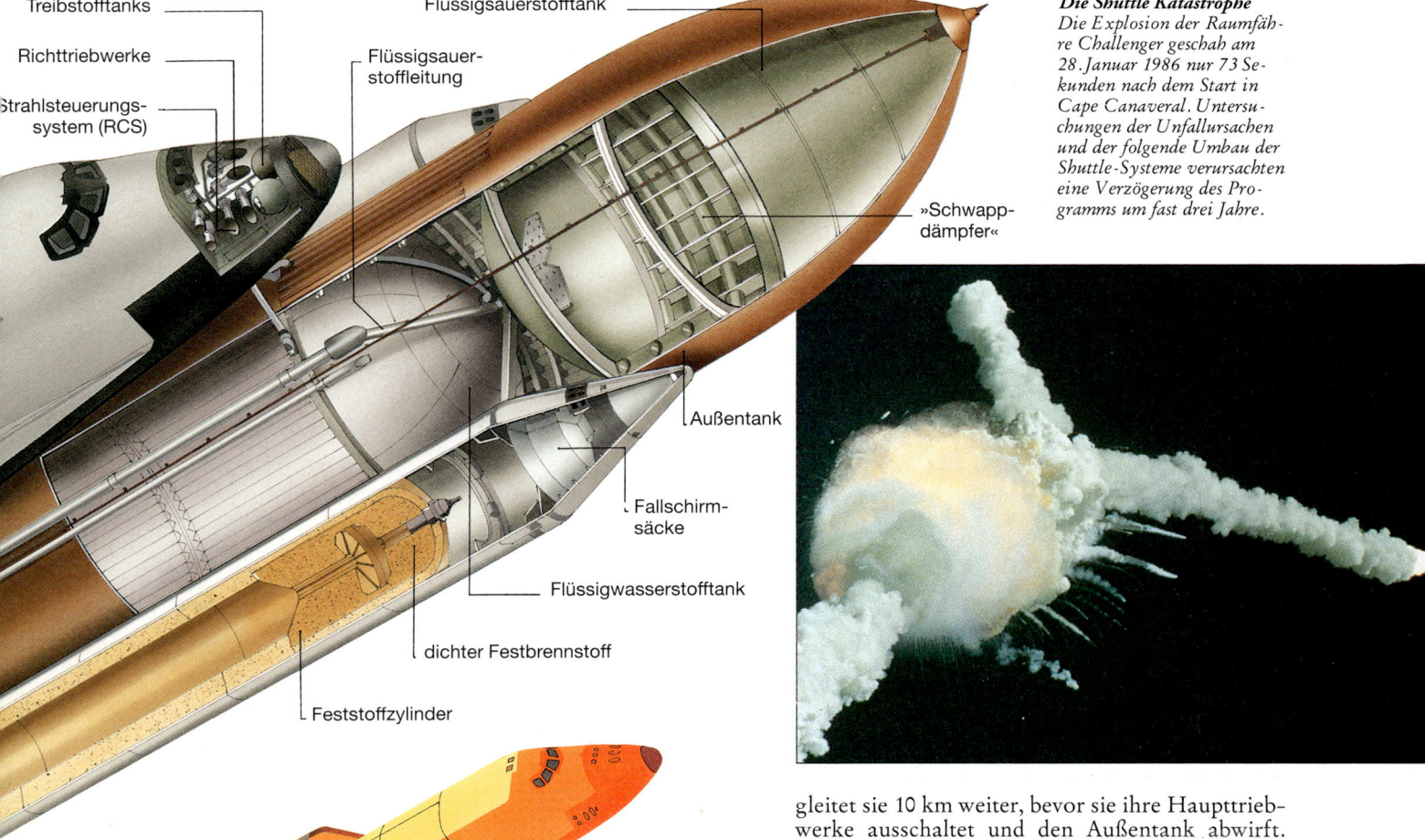

Treibstofftanks

Richttriebwerke

Strahlsteuerungs-system (RCS)

Flüssigsauerstofftank

Flüssigsauer-stoffleitung

»Schwapp-dämpfer«

Außentank

Fallschirm-säcke

Flüssigwasserstofftank

dichter Festbrennstoff

Feststoffzylinder

C

Kohlenstoffverbindung

Hochtemperatur-Kacheln

Niedrigtemperatur-Kacheln

Filzisolator

Die Shuttle Katastrophe
Die Explosion der Raumfähre Challenger geschah am 28. Januar 1986 nur 73 Sekunden nach dem Start in Cape Canaveral. Untersuchungen der Unfallursachen und der folgende Umbau der Shuttle-Systeme verursachten eine Verzögerung des Programms um fast drei Jahre.

Manöver im Raum
Ⓑ *Den Schub für Manöver im Raum und zum Verlassen der Umlaufbahn liefern zwei Triebwerke des orbitalen Manövriersystems (OMS), die sich in »Gondeln« im hinteren Teil des Orbiter befinden. Brennstoff und Oxidator werden durch Heliumgas aus ihren Tanks in die OMS-Triebwerke ge-*

preßt, wo sie sich vermischen und entzünden.
Kleine Kurskorrekturen im Orbit übernimmt das Strahlsteuerungssystem (RCS) – 44 kleine Raketentriebwerke, die in drei Gruppen angeordnet sind, je eine in jeder OMS-Gondel und eine am Bug des Orbiter. Die RCS-Triebwerke nutzen dieselben Treibstoffe wie das OMS.

Hitzeschutz
Ⓒ *Tausende wärmeisolierender Kacheln bedecken das Shuttle, um es vor der gewaltigen Hitze beim Wiedereintritt in die Atmosphäre zu schützen. Seine empfindlichsten Teile – die Vorderkanten der Flügel und der Bugkegel – sind von einer Kohlenstoffverbindung umhüllt, die Temperaturen bis zu 1650°C aushält. Die Unterseite der Fähre, wo es bis 1275°C heiß wird, ist mit Siliziumkacheln verkleidet, während leichtere Kacheln die Außenseiten oben und in der Mitte vor Temperaturen bis 650°C schützen. Ein Teil der Oberseite, wo die Temperaturen 370°C nicht überschreiten, ist mit hitzebeständigem Filz überzogen.*

gleitet sie 10 km weiter, bevor sie ihre Haupttriebwerke ausschaltet und den Außentank abwirft. Nun startet das orbitale Manövriersystem (OMS) – ein Raketensatz, dessen Treibstoff der Orbiter mitführt –, um die Fähre auf eine niedrige elliptische Umlaufbahn zu bringen. Nach einer halben Erdumrundung zündet das OMS nochmals und hebt die Fähre in eine 400 km hohe Bahn, auf der sie die Erde alle 92 Minuten einmal umkreist.

Landen wie im Flugzeug

Nach ungefähr sieben Tagen beginnt der Abstieg des Orbiters zur Erde. Die kleinen Raketen des Strahlsteuerungssystems (RCS) werden gezündet, um die Fähre im Raum um 180° zu drehen, so daß sie rückwärts mit etwa 27 000 km/h dahingleitet. Dann bremst das gestartete OMS die Fähre. Wieder wird sie gewendet. Mit nach oben gezogenem Bug trifft die stark isolierende Kachelung an der Unterseite der Fähre auf die Atmosphäre.

Durch die Reibung an der oberen Erdatmosphäre entstehen an der Außenwand der Fähre Temperaturen von über 1500°C. Aus der Luft, die das Raumflugzeug umgibt, schwinden die Elektronen, so daß ein ionisierter Bereich entsteht, der den Funkverkehr für zwölf Minuten lahmlegt. Wenn die Atmosphäre dichter wird, wandelt sich das Shuttle vom Raumfahrzeug zum Flugzeug und setzt seine Tragflächen zu einem kontrollierten Sinkflug ein. Es landet wie ein konventionelles Flugzeug – unterstützt von einem Fallschirm am Heck – wieder sicher auf der Erde.

Das Arbeitspferd des Raumzeitalters

Die Aufgaben des Space Shuttle

Am 10. April 1984 näherte sich die Raumfähre Challenger dem havarierten Solar-Max-Satelliten, der in 463 km Höhe die Erde umkreiste. Der 15 m lange Roboterarm der Fähre griff nach dem Satelliten und zog ihn in den weiten Laderaum des Shuttle. Astronauten im Raumanzug reparierten Solar Max und setzten ihn wieder in seine Umlaufbahn ein. Die Durchführung von Satellitenreparaturen vor Ort ist nur eine der vielen Aufgaben des Shuttle. Vor allem dient es auch als Trägerfahrzeug und als Laboratorium; gegen Ende der 90er Jahre wird es eine wichtige Rolle beim Aufbau der internationalen Raumstation spielen.

Der Schlüssel zum Erfolg des Space Shuttle liegt in seiner Vielseitigkeit. Sein 18 m langer und 4,5 m breiter Laderaum – er könnte einen Autobus aufnehmen – erlaubt es dem Raumfahrzeug, die verschiedensten kommerziellen, wissenschaftlichen und militärischen Nutzlasten zu befördern. Außerdem faßt das Shuttle bis zu sieben Astronauten – vier Besatzungsmitglieder und drei Wissenschaftler. Sie erledigen während einer Mission zahlreiche Aufgaben parallel, um die kostbare Zeit im All voll zu nutzen.

Fähre zum Weltraum

Häufig besteht die Hauptaufgabe einer Shuttle-Mission darin, eine Raumsonde oder einen Satelliten auf die Umlaufbahn zu bringen. Beim Start wird die Fracht durch Stützblöcke gesichert. Ist die Umlaufbahn erreicht, öffnen sich die Tore des Laderaums. Dann positioniert sich die Fähre mit Hilfe der Raketentriebwerke ihres Strahlsteuerungssystems und bewegt die Nutzlast entweder mit Federn aus dem Laderaum oder hebt sie mit dem Roboterarm heraus.

Weil das Space Shuttle nur für eine niedrige Erdumlaufbahn (480 km hoch) entwickelt wurde, sind Nutzlasten, die für geostationäre Umlaufbahnen (ca. 35 800 km Höhe) bestimmt sind, mit zusätzlichen Raketen versehen, die aber erst gezündet werden, wenn sich der Satellit und die Fähre in ausreichender Entfernung voneinander befinden.

Steuerung des Shuttle
Ⓐ *Die Mannschaft des Shuttle bewohnt die Kabine vorn im Raumtransporter. Sie hat zwei Ebenen – ein Flugdeck, von dem aus die Raumfähre und die Nutzlast gesteuert werden, sowie eine Ebene im Mitteldeck darunter, wo die Besatzung ihre Freizeit verbringt und schläft.*
Der Kommandant und der Pilot bedienen mit Hilfe der Steuerungsarmaturen im Flugdeck die Flugsysteme des Shuttle. Im Flugdeck befinden sich weiterhin Systeme für Operationen im Raum, Steuerungselemente für die Nutzlast (im hinteren Teil des Decks) und die Systeme für das Manövrieren des Shuttle zur Bergung von

Satelliten. Ist »Spacelab« an Bord, so werden seine Untersysteme von einem Punkt links im hinteren Flugdeck des Shuttle gesteuert, während dort rechts Experimente durchgeführt werden.

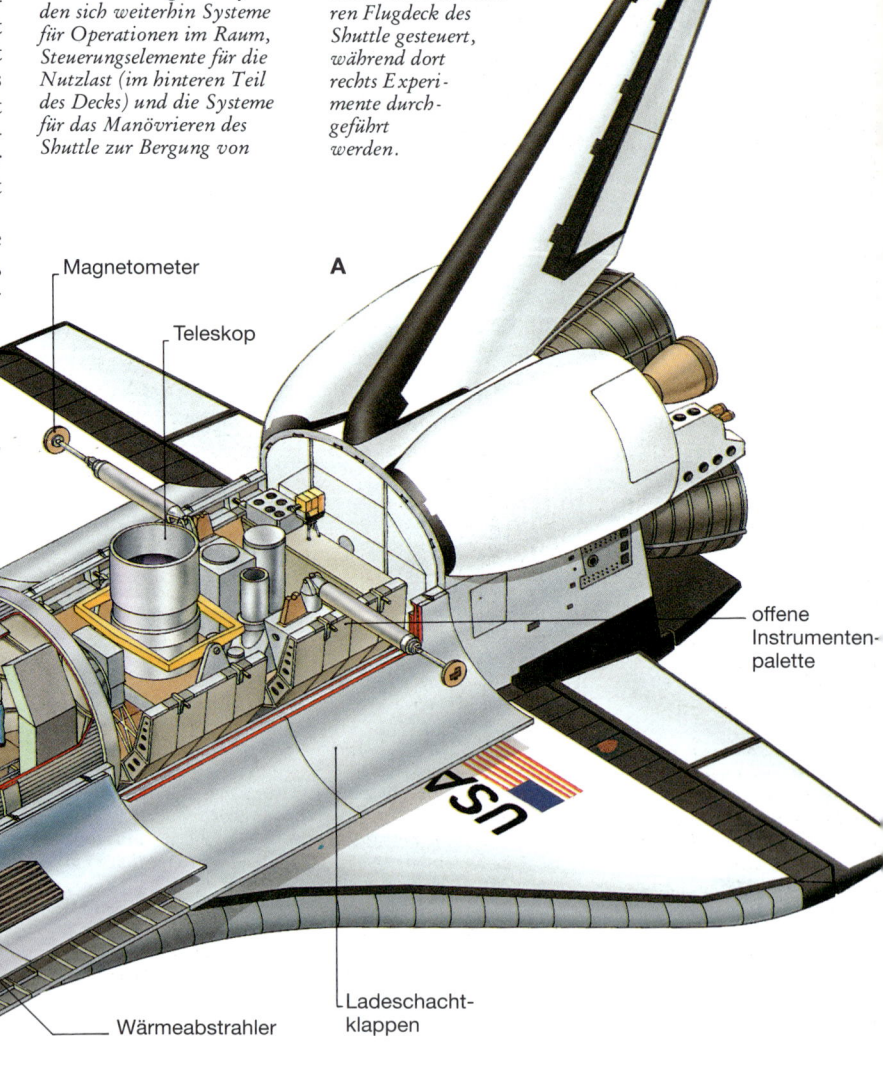

Magnetometer

Teleskop

A

Druckkapsel

Schleusen-
tunnel

Flug-
deck

Mittel-
deck

offene
Instrumenten-
palette

Wärmeabstrahler

Ladeschacht-
klappen

Die Nutzlast

B Das Shuttle kann Satelliten nicht direkt in eine geostationäre Umlaufbahn befördern. Damit die Nutzlast diese höhere Bahn erreicht, muß sie ein eigenes Antriebssystem haben, etwa die Inertial-Endstufe (Inertial Upper Stage, IUS). Zu ihr gehören zwei Feststoffraketentriebwerke, die durch eine Zwischenstufe getrennt sind. Nach Erreichen der erdnahen Umlaufbahn wird das IUS/Satelliten-System im Winkel von 58° aus dem Laderaum gehoben. Die ganze Apparatur bewegt sich mit 0,1 m/s aus dem Shuttle heraus. Nach einer Stunde, wenn das Shuttle eine sichere Entfernung erreicht hat, wird das Triebwerk der ersten Stufe gezündet: Der Satellit entfernt sich von der Erde bis zur geostationären Höhe, wo die zweite Stufe gezündet wird, die den Satelliten auf seine endgültige Bahn bringt.

Reparaturen im All

C Das Space Shuttle kann eingesetzt werden, um die Satelliten auf erdnahen Umlaufbahnen zu warten oder sie gar zur Reparatur auf die Erde zurückzubringen. Operationen außerhalb des Space Shuttle werden entweder von Astronauten im Raumanzug oder mit Hilfe eines 15 m langen, ferngesteuerten Arms durchgeführt. Dieses Fernbedienungssystem dient dazu, Satelliten an die Fähre heranzuholen. Eine Fangvorrichtung in der »Hand« des Auslegers greift nach einer genormten Andockkupplung, die für alle Shuttle-Nutzlasten gleich ist. Hat der Ausleger die Kupplung einmal im Griff, wird sie mit Drähten fixiert. Außerdem werden mit diesem System sehr große Satelliten wie z. B. das Hubble-Weltraumteleskop (links) beim Aussetzen aus dem Laderaum gehoben.

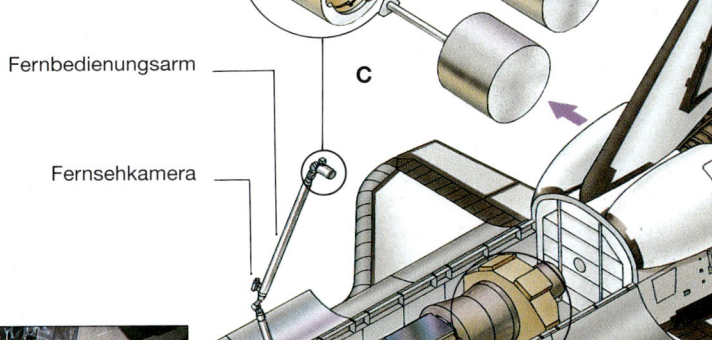

Andockkupplung   Schließdrähte

Fernbedienungsarm   **C**

Fernsehkamera

Zwischenstufe

B

Satellitenanschlußstelle

Raketentriebwerke

Cockpit für das Vakuum

Das Cockpit des Spacelab (oben) hat mehr Ähnlichkeit mit traditionellen Flugzeugen als mit den winzigen Kapseln der ersten Jahre des Raumflugs. Übersichtliche Displays versorgen die Piloten laufend mit allen wichtigen Informationen.

Shuttle und Spacelab

A Das Weltraumlabor »Spacelab« ist eine wissenschaftliche Laborkapsel, die für die Dauer einer Mission im Laderaum des Shuttle untergebracht ist und mit ihm zusammen startet und landet. Das Spacelab besitzt keine eigene Energiequelle und bezieht Heizung und Licht von der Raumfähre. Experimente können von den Astronauten frei im luftleeren Raum auf Paletten oder in Druckkapseln durchgeführt werden, die bis zu drei Wissenschaftlern eine komfortable Arbeitsumgebung bieten. In verschiedener Kombination erlauben die Kapseln und Paletten die Durchführung einer Vielzahl von wissenschaftlichen Experimenten. Die zylindrische Druckkapsel besteht aus einem »Kernsegment«, das das Lebenserhaltungssystem und Geräte zur Datenverarbeitung enthält sowie Arbeitsraum bietet; in einem zweiten Drucksegment können weitere Experimente stattfinden. Die Wissenschaftler müssen keinen Raumanzug anlegen, um durch einen Schleusentunnel vom Mitteldeck des Raumfahrzeugs zur Druckkapsel zu gelangen. Die physikalischen Experimente, die dort durchgeführt werden, umfassen unter anderem das Züchten von Kristallen unter Bedingungen der »Mikrogravitation« (annähernde Schwerelosigkeit), unter denen die Kristalle beim Wachstum nur ihren Struktursetzen folgen. Auch wurden im Spacelab Auswirkungen der Schwerelosigkeit auf Lebewesen studiert. Oft sind die Astronauten selbst die Versuchsobjekte, doch werden auch Tiere und Pflanzen mit in den Weltraum genommen. Auf den U-förmigen Paletten finden wissenschaftliche Vorrichtungen wie astronomische Instrumente und Geräte zur Fernerkundung besonders leicht Halt und Schutz.

Wissenschaftliche Experimente im All

Weil die USA bisher keine eigene ständige Weltraumstation einrichteten, hat das Space Shuttle die Rolle eines Weltraumlabors eingenommen. In der zweistöckigen Kabine des Orbiter betreiben die Astronauten Raumforschung im kleinen Stil. Größere wissenschaftliche Experimente können an Bord von »Spacelab« durchgeführt werden. Es ist ein auf das Space Shuttle zugeschnittenes europäisches Forschungslabor, das während einer Mission im Laderaum des Shuttle verankert werden kann. Darüber hinaus setzte das Space Shuttle die freifliegende Versuchspalette – die Langzeit-Bestrahlungsvorrichtung (Long Duration Exposure Facility) – im Weltraum aus. Sie führte als selbständiger Satellit für mehr als ein Jahr unterschiedliche Experimente durch und wurde bei einer späteren Shuttle-Mission wieder eingefangen. Inzwischen docken Shuttles zur Vorbereitung einer internationalen Raumstation auch an die russische Raumstation MIR an.

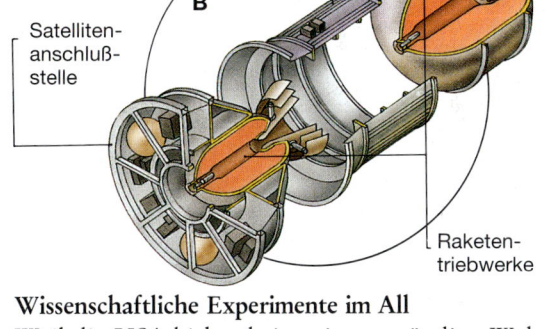

Siehe auch: **Tragflächen,** *S. 542/543* **Raketen,** *S. 552/553* **Hubble-Teleskop,** *S. 558/559* **Raumanzüge,** *S. 562/563* **Start des Shuttle** *S. 564/565*

Register

ABBILDUNGSNACHWEIS

Titel: Space Shuttle, Fliegenpilz, Illustration zu Luca Paciòlis »De divina proportione« von Leonardo da Vinci;
Schmutztitel: Hochgeschwindigkeitszug vor dem Fudschijama, Transglobe; **Vor- und Nachsatz:** Die Erde, ZEFA.

10/11: Manfred Kage, Inst. f. wissenschaftl. Fotografie; 12: Sandford/SPL; 13: Scagell/SPL; 15 o: Physics Department/SPL; 15 M (1): MPI/SPL; 15 M (2): NASA/SPL; 15 M (3): SPL; 15 M (4): UCLA/SPL; 15 M (5): MPI/SPL; 16: Tasso/SPL; 18/19 M: NASA/SPL; 19 o: Roberts/SPL; 23: Fowler/SPL; 24: NASA/SPL; 29: Telescope Institute/SPL; 31: Post/SPL; 35: NASA/SPL; 37: NASA/SPL; 39: NASA/SPL; 40 ul: Anderson/SPL; 40 ur: NASA/SPL; 41: SPL; 43: Giannich/SPL; 46 o: Jack Finch; 46 u: David C. Fritis; 53: Dieter and Mary Plage/Bruce Coleman; 54–55: GSF Picture Library; 57: Sinclair Stammers; 61 o: Haroldo Palo/NHPA; 61 u: John Mason/Ardea; 63: Alfred Pasieha/Bruce Coleman; 65: Prof. Dr. Franz-Dieter Miotke; 67 o: John Lythgoe/Planet Earth; 67 u: Joel Bennett/Survival Anglia; 69: Ronald Toms/OSF; 75: Messerschmidt/ZEFA; 76/77: Alan Hutchison Library; 81: Sinclair Stammers; 83: MSA/SPL; 85: Pillitz/Network; 88: Claude Nuridsany & Marie Perennou/SPL; 90: H. Binz/FLPA; 92: A. Weiner/Liaison/Gamma/Frank/Spooner; 94/95: Colorific; 99: Ken Lucas/Planet Earth; 111: David Scharf/SPL; 113: OSF; 114: Hans Reinhard/Bruce Coleman; 116: Sid Roberts/Ardea; 119 l: Laurie Campbell/NHPA; 119 M: Wandscheidt/Bruce Coleman; 119 r: Alfred Pasieka/Bruce Coleman; 123: Planet Earth; 135 M: Bruce Iverson/SPL; 135 u: Dr. Jeremy Burgess/SPL; 137: MPI Fogden/Bruce Coleman; 139: Holt Studios; 141: Premaphotos; 145 o: Jane Burton/Bruce Coleman; 145 u: Jane Burton/Bruce Coleman; 149 l: SPL; 149 r: Bruce Coleman; 150/151: Gerald Cubitt/Bruce Coleman; 152: Bruce Thomson/NHPA; 156: Lennart Nilsson/Mosaik Verlag; 161: Nuridsany & Perenous/SPL; 163 l: Bruce Coleman; 163 r: Premaphotos; 164: C.B. & FD.W. Frith/Bruce Coleman; 165: Davic Scarf/SPL; 166: Clem Haagner/Ardea; 168: Adrian Warren/Ardea; 169: K. G. Vock/Okapia/OSF; 173: NHPA; 174: NHPA; 177: Jane Burton/Bruce Coleman; 178 o: Mantis Wildlife Films/OSF; 178 u: Peter Parks/OSF; 179: Robert J Erwin/NHPA; 181: P. Permy/FLPA; 183 ol: L. P. Morris/Ardea; 183 or: Bryn Campbell/Biofotos; 183 ul: Dieter and Mary Plage/Survival Anglia; 183 ur: Peter Scones/Planet Earth; 184: Premaphotos; 191: NHPA; 205: John E. Swedberg/Ardea; 206: J.B. O'Rourke/ZEFA; 212/213: Meckes/Focus; 217: Manfred Kage, Inst. f. wissenschaftl. Fotografie; 219: Kings College School of Medicine/SPL/Focus; 221: Georg Thieme Verlag/aus: Kuner/Schlosser, Allg. Traumatologie; 225: Lennart Larsen/Nationalmuseet Kopenhagen; 229: Camazine/NAS/Okapia; 231: Dr. Lothar Reinbacher; 239: Naideau/ZEFA; 244: Alison/Tony Stone; 245 l: Liaison/Bildarchiv Schuster; 245: Gellie/Odyssey/Focus; 258/13, 258/14, 258/16: Manfred Kage, Inst. f. wissenschaftl. Fotografie; 259/10, 259/12: Sandoz AG/aus: Atlas Klinische Hämatologie/Wolfe Publishing 1993; 259/9, 259/11, 259/15: Manfred Kage, Inst. f. wissenschaftl. Fotografie; 273: Dr. Gisela Benecke; 275: Lennart Nilsson/Boehringer Ingelheim International GmbH, Dr. Karl Thomae GmbH, Biberach a.d. Riss; 276 l, 276 r: Boehringer Ingelheim International GmbH, Dr. Karl Thomae GmbH, Biberach a.d. Riss; 277 l: Manfred Kage, Inst. f. wissenschaftl. Fotografie; 277 M: Manfred Kage, Inst. f. wissenschaftl. Fotografie/Fuchs; 277 r: Manfred Kage, Inst. f. wissenschaftl. Fotografie/Meckes; 289: Prof. P. Motta, Dept. of Anatomy, University "La Sapienza", Rome/SPL/Focus; 291: Dr. Lothar Reinbacher; 295: Dr. Lothar Reinbacher; 302: CNRI/SPL/Focus; 311: Kage/Okapia; 324: Prof. Dr. Hans Franke; 325 l: ZEFA; 325 r: ZEFA; 335: Marcus Raichle/Med. Fak. der Universität Washington/Spektrum der Wissenschaft, SPEZIAL Gehirn und Geist; 352: Janicek/ZEFA; 363 lo: Recom Verlag; 363 lu: Recom Verlag; 363 Ml: Recom Verlag; 363 u: Raguet/Phanie; 367: Psihoyos/Contact Press Images/Focus; 375: John Durham/SPL/Focus; 381: Abril/ZEFA; 382/383: TCL/Bavaria; 384: Plailly/SPL; 385 l: Joyce/SPL; 385 M: ZEFA; 385 r: Burgess/SPL; 386: Fielding/SPL; 390: SPL; 391: Berkeley Laboratory/SPL; 394: Hutchison Library; 395: Smith/Hutchison Library; 396 M: Impact Photographers/Visa/CEDRI; 396 o: Woolfitt/Robert Harding Library; 397: Freeman/SPL; 398: Kage/SPL; 399 M: Impact Photographers/Perri; 399 o: Revy/SPL; 402: Ressmeyer/SPL; 404: Mequa/SPL; 407: ZEFA; 408: ZEFA; 410: Seth Loel/SPL; 411: Scharf/SPL; 412: ZEFA; 415: ESA/FRSI; 417 M (1): SPL/CNRI; 417 M (2): Tompkinson/SPL; 417 M (3): Pasieka/SPL; 417 M (4): Streichan/ZEFA; 417 o: Parker/SPL; 418: Stammers/SPL; 426: ZEFA; 428: SPL; 430: Vick/SPL; 432: ZEFA; 438 o: SPL; 438 u: SPL; 439: ZEFA; 440: Isar/Amper-Kraftwerke; 444: Holmes/SPL; 447: Gardner/Rex Features; 448: Tettoni: Robert Harding Picture Library; 452: Spectrum Colour Library; 455: QA Photos; 456: Raga/ZEFA; 460: Menzel/SPL; 461: ZEFA; 462 o: Yoshihaki/SPL; 462 u: Gohiers/SPL; 463: Greenwich Observatory/SPL; 464: SPL; 466: Plailly/SPL; 467 l: Burgess/SPL; 467 r: JEOL (UK) Ltd.; 469: CERN; 470 o: Plailly/SPL; 470 u: IBM; 471: Menzel/SPL; 474: Acuson UK Ltd.; 474: Kulyk/SPL; 475 u: Philips Medical Systems; 475 or: Acuson UK Ltd.; 477 M: Siemens plc; 477 ol, or: Philips Medical Systems; 481: KeyMed; 482: Burgess/SPL; 483: Parker/SPL; 484: Fotocentrum Zimmerman GmbH; 488: Streichan/ZEFA; 489: Sony UK Ltd.; 491: SPL; 495 l, r: Plailly/SPL; 496-7: Sony Deutschland; 498 o, u: Richard Clark; 499 o, u: Richard Clark; 502 l, r: Michael Freeman; 503 uM: First Independent; 503 ol, ul: Sygma; 503 ur: Rex Features; 504: ILFORD Anitec UK; 505: Richard Clark; 507: Jeff Robb; 509: SPL; 512: Shambroom/SPL; 518: Impact; 519: Morgan/SPL; 528-9 o, M: BMW; 530: Volvo UK Ltd.; 533: Peugeot Automobile Deutschland GmbH; 535: Deutsche Bahn AG; 537: Alberto Incucci; 539: Timbault/Rex Features; 541: Rex Features; 544 o: Airbus Industrie; 544: Qadrant Picture Library; 545 o: Airbus Industrie; 547: Kamen Aircraft; 551: Cliff Bolton/Siemens Plessey Systems; 553: Japan Society of Aeronautics and Space Sciences; 555: NASA/SPL; 556: Feldman/NASA/SPL; 557: ESA; 558: NASA/SPL; 559: NASA/SPL; 561: ZEFA; 563: Ressmeyer/SPL; 565: Associated Press; 566: NASA/SPL; 567: TRH Pictures.

o: oben, u: unten, M: Mitte, l: links, r: rechts